扉页题字：赵荣光

中国烹饪文化大典

主编 陈学智

浙江大学出版社
ZHEJIANG UNIVERSITY PRESS

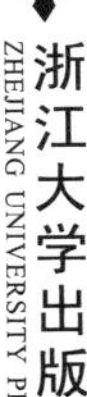

鼎中之变，惟大惟纤

——序《中国烹饪文化大典》

“饮食男女，人之大欲存焉。”这是三千年前中华民族先哲对社会人生认识的深入浅出的真理性表述。可以说，人类既往的历史，完全笼罩在食事活动的科技文化光明之中。正是伴随着食生产、食生活活动的坚持不懈和努力推进过程，人类社会才一直走到今天。而食生产、食生活行为的文化图像，就是食物原料开发、加工、利用过程的不断延伸与扩张；核心则是加工，也就是人们习常所讲的“烹饪”或“烹调”。

人类食物加工过程中的技术特征、科学蕴含、经验惯制、行为事象、礼俗思想等，构成了“烹饪文化”。《吕氏春秋·本味》说：“鼎中之变，精妙微纤。口弗能言，志弗能喻。”讲的是烹饪技艺的复杂与食物熟化过程的奇妙。烹饪事务的“手工操作，经验把握”，是贯穿了近代科学以前数千年之久人类食生活史的基本特征。而将“手工操作，经验把握”的烹饪技艺发挥到人类行为极致的，可以说中国堪称世界第一。这是笔者用多学科视角、多种类型文化比较的大历史观认识中国饮食文化和中国烹饪文化几十年的体会。这个“世界第一”的体会，基于以下六大根据：

一、由于生存环境食料系统及族群类别、结构与分布等原因，古往今来，中国人食物原料种类极为繁复，因之决定了食料加工技术的相对复杂化。中国人食料利用的“广泛”与“无禁忌”，是国际食学界一致的看法。

二、食物原料加工的需要、可资利用资材与利用程度，决定了中国烹饪工具的种类、功用与食料利用的同步繁复。

三、上层社会“钟鸣鼎食”、“食前方丈”的无限追求，是决定中国历史上食品品种与制作工艺无止境发展的主要推动力。

四、社会需求促成都会食肆餐饮业的历史发展与繁荣，决定后者持续不断向社会提供丰富更新的肴馔品种，烹饪工艺与工具的发展是必然的逻辑结果。

五、追求智力与体力的极致发展与发掘，是中国人的传统思维。“庖丁解牛”既是一种价值观，也同时是一种劳动审美观，它反映的是人智力无穷的理解和技能发掘的极致倾向。

六、食事至重、食学至高、精烹饪术和治食学者可以致圣，是中国历史上无偏见思想家的一致看法。

以上六点,可以说是中国传统烹饪文化所以取得辉煌历史成就的主要原因,同时也是中国烹饪文化所以区别于世界其他民族烹饪文化的主要方面。就后者来说,那是比较认识的结果。因此可以说,在社会与文化机制强化的力度、历史拓展的深度与广度两种意义上,中国烹饪文化都要超越世界任何其他烹饪文化类别。于是造成了中国烹饪文化历史积淀的丰厚,造就了中国烹饪文化的历史辉煌。从这种意义上说,中国算得上是世界民族之林中的"烹饪文化大国"。

然而,这只是事物的一个方面。中国烹饪文化还有不容忽视的另一方面。那就是许多业界研究者尚未足够注意的中国烹饪文化"君子远庖厨"一面的文化机制的存在及其深刻影响。正是这一机制的严重存在与巨大作用,使得中国历史上的"文化人"中鲜有深入关注烹饪文化并予以深刻研究者,而厨事实务者又绝大多数是些手不能握管的"无文化人"。于是造成了中国烹饪文化历史以下两大特征:一是中国历史上烹饪文化发达与烹饪文化研究相对滞后的并存,二是烹饪文化文字记录的社会视角片面性与历史局限性。这种现代人看来不合理的历史现象,恰恰是历史文化存在的"合理性",人类历史文化中普遍存在着这种悖论。

20 世纪 70 年代以来,中国烹饪文化际遇了前所未有的历史性颠覆,中国文字文明史上一向备受轻视的烹饪事务与职业由阴沟中无人看顾的丑小鸭一夜之间转变成了翱翔九天的白天鹅。持续了 30 余年的烹饪文化热集结了堪称浩瀚的研究成果。于是,中国烹饪文化历史的研究与时代成果的梳理总结就成了两大重任客观地摆到了中国当代烹饪文化人的面前。这是一桩历史使命,是"五千年文明,十三亿人口"的历史要求和现实需求。相当一段时间以来,中国烹饪文化业界一些有识、有志、有力者也曾为此做了一些努力。但是,这样一桩重大的历史课题非集天、地、人三才的时代优势之力,则大器难铸,成功无望。

《中国烹饪文化大典》的编撰出版,正是满足中华民族食生产与食生活上述烹饪文化历史要求与现实需求的努力结果。集结精英、陶铸经典,"总结一万年,服务十三亿,面向全世界,影响一百年",因之成为"大典"决策与主舵者的基本理念,成为贯穿于全部编撰过程的基本原则和所有参编者的工作精神。"大典"体现的中国烹饪文化理念理论、资讯容纳、结构体系是独特和突出的。我们认为,烹饪文化应当理解为"人类为了满足饮食的生理与心理需求,直接诉诸厨事活动的行为及其相关事象与精神意蕴的总合"。这种理解决定了"大典"既要无遗漏地包容烹饪文化的所有方面,又不作"泛烹饪文化"的无限漫汗,学科界限是严格明晰的。集结当代中国烹饪与文化研究业界公认的前沿学者专家,继承五千年文字文明优秀遗产,总结吸纳时代优秀成果,严格执行理论原则,《中国烹饪文化大典》因而名副其实得以圆满竣工。

在《中国烹饪文化大典》郑重付梓之际回顾全书成就的过程，感慨良多，而作为“序言”只能说些不能不说给读者并留给历史存照的话。毫无疑问，本书绝非完美无瑕。但这基本不属于努力程度的问题，而是能力与条件的局限。作为《中国烹饪文化大典》的主要责任者之一，我可以说编著者、审校者应当没有个人的遗憾，因为我们已经竭尽了全能。荣誉和遗憾都是社会的和历史的：21世纪初叶中国烹饪文化业界的精英们象一群工蜂一样集体地奉献了自己的智慧与能力。仅以七言小诗一首奉献读者：

饮食男女文明端，中华文化烹饪篇。
元谋举火开智力，半坡煮陶老妇饭。
农书本草大漫汗，思勰子才连峰巅。
十三亿人说中馈：五千文明汇一典！

赵荣光
2008年12月30日于诚公斋
2011年8月30改定

目　　录

第二编　中国烹饪文化历史篇

第三编 烹饪原料篇

第四编　中国烹饪工艺篇

第五编　中国名食篇

第六编 中国饮食民俗篇

第七编 中国餐饮名宴名店篇

附 录

饮食文化圈、西北饮食文化圈、西南饮食文化圈、东南饮食文化圈、青藏高原饮食文化圈、素食文化圈。其中本来以侨郡形式穿插依附存在于其他相关文化区中的素食文化圈，因时代、政治等因素致使佛教、道教迅速式微而于 19 世纪逐渐解析淡逝了，它在中华民族饮食文化史上大约存在了 13 个世纪。其余 11 个饮食文化圈，是经过了自原始农业和畜牧业发生以来的近万年时间的漫长历史发展，逐渐演变成今天的形态的。由于人群演变和饮食生产开发等诸多因素的特定历史作用，各饮食文化圈的形成和演变均有各自的特点。它们在相互补益促进、制约影响的系统结构中，始终处于生息整合的运动状态，尽管一般来说，这种运动是惰性和渐进的。图 1–1 是各饮食文化圈的大致区域示意图。

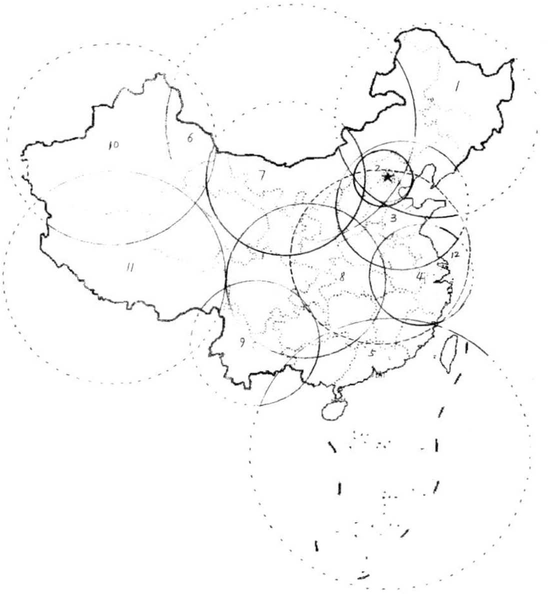

图 1–1　中华民族饮食文化圈示意图

1. 东北地区饮食文化圈　2. 京津地区饮食文化圈　3. 黄河下游地区饮食文化圈
4. 长江下游地区饮食文化圈　5. 东南地区饮食文化圈　6. 中北地区饮食文化圈
7. 黄河中游地区饮食文化圈　8. 长江中游地区饮食文化圈　9. 西南地区饮食文化圈
10. 西北地区饮食文化圈　11. 青藏高原地区饮食文化圈　12. 虚线部分为素食文化圈（约 6~19 世纪）

“中华民族饮食文化圈示意图” 旨在示意，表示的仅是其本质和原则关系的意义，还不是反映确切量的分布的文化地理图。该图旨在表达的意义主要有以下几点：第一，“中华民族饮食文化圈” 是一个以今日中华人民共和国版图为基本地域空间，以域内民众——中华民族大众为创造与承载主体的人类饮食文化区位性历史存在；第二，“中华民族饮食文化圈”由 12 个子属文化圈，即相对独立、彼此依存的次文化区位结构组成，无论是“中华民族饮食文化圈”这个母圈，还是各次文化区位的子圈，其饮食文化形态及其内涵，都是历史发展的结果，都是有条件的历史存在；第三，每个子圈显然不应当被简单理解为其所代表的次文化区位的实际地理阈值同样也是 360° 的绝对圆形态，事实上对“中华民族饮食文化圈” 也不能作为一个圆形的轨迹来图示，各次文化区位圆周轨迹走向中华人民共和国版图以外的部分采取虚线表述，既表明“中华民族饮食文化圈”的现实地域分野，同时也表明中华饮食文化作为一种传播能力很强的文化，不受政区地理界限限制的历史存在与现实影响；第四，各个子圈的相交，表明各相邻次文化区位的文化传播与相互影响、渗透的地域空间交叉关系，邻近子圈的直接交叉和这种交叉的连环链锁，体现了“中华民族饮食文化圈”是一个密切相关的生命整体；第五，以不同于其他虚线的特别虚点线标志的素食圈，已不作为一种区位性文化地域空间存在；第六，与“中华民族饮食文化圈”作为同心圆同时存在的“中华饮食文化圈”，是一个以历史上中国版图为传播中心，以相邻或相近受中华饮食文化影响较深、彼此关系较紧密的广大周边地区联结而成的饮食文化地域空间的历史存在。这种历史存在，以历史上的中国为文化传播中心，中心区的文化也不断积极地大量吸收周边文化。整个“中华饮食文化圈”的内部结构，历史上始终处于双向和多边的传播、交流状态中，不断增殖和整合，当然也少不了文化冲突。

（二）中国烹饪文化的社会层次性结构特征

中国烹饪文化的社会层次性结构，是指在中国饮食烹饪史上，由于人们的经济、政治、文化地位的不同，而自然形成的饮食生活的不同的社会层次。层次性结构现象的关注和理论的提出是赵荣光先生的创见。

人们所处的各个社会等级不同，其政治、经济地位也不相同，相应地决定了他们在社会精神、文化生活上地位的不同。反映在饮食生活中，各个等级之间，在用料、技艺、排场、风格及基本的消费水平和总体的文化特征方面，存在着明显的差异。

原始社会，所有人类整体的日常饮食区别不大，都是从食用天然的动植物到食用人工培育的植物和驯养的动物，这是遍及全球的规律，即使有差别也是由于历史生态状况的制约。在青铜时代之前，烹饪术很原始，食物的品种也很单调。在进入阶级社会后，产生了复杂的饮食习惯和高级的烹饪术。

饮食烹饪文化层的存在是阶级社会的一般历史现象。饮食文化层概念，是针对中国饮食史上明显存在着的基本的等级差异的一种概说，不可能非常细密准确，因为饮食层次上的区别毕竟不是直接和简单的政治、经济地位上的差异，不能与社会等级成一全等的概念。我们只着眼于中国饮食史上的一般情况，而不特指某一阶段。

粗略地分，可将饮食烹饪文化层分为上层饮食烹饪文化层、中层饮食烹饪文化层和下层饮食烹饪文化层。在古代及近代一个相当长的历史阶段，这种饮食烹饪文化层的差异大致可以看成是金字塔形，即层次越高，食者群越小。而改革开放后的中国，其经济结构与历史上任何时期相比都发生了翻天覆地的变化，而且随着小康社会的逐步到来，越来越显示出和以往不同的结构形式，即饮食烹饪文化层呈橄榄形，上层和下层饮食烹饪文化层较少，而中层饮食烹饪文化层食者群最大。烹饪文化的 3 个层次是一个有机的统一体，之间的关系大体如下。

在从前的中国社会中，下层饮食人群众多，其烹饪文化层的存在，是中层饮食烹饪文化层和上层饮食烹饪文化层存在的基础和前提。而在现阶段，由于中层饮食人群占据主要地位，在烹饪文化层中成为基础支柱，即随着社会经济的发展，烹饪文化层的基础得到了提升。

无论处于哪个阶段，上层饮食烹饪文化层的食者群都是少数。

一般而言，一个食者的社会、经济地位越高，他就可能处于相应较高的烹饪文化层次上。

一般说来，层次的高低，也就是饮食文化发展系列上的高低，越高的层次，越能更多地反映饮食文化的特征。

各层次间交互影响，高层次的辐射作用要大于低层次对高层次的影响。

中国饮食文化之花的根系虽然吸收着下层社会的营养，但其艳卉却大都绽放在上层。英国著名人类学家 J.Goody 把这个现象比做 trickle-down 效应（可直译为滴流效应）。无论是烹调技艺的不断提高，还是肴馔制作的成就；无论是开风导俗，还是创立风格；以至民族总体风格的形成，上层社会饮食文化层的历史作用都是不容低估的。上层社会特有的经济上、政治上和文化上的优势，既赋予较高层次食者群以优越的饮食生活，同时也赋予这些层次以特殊的文化创造力量。中国饮食文化的发展，主要是在上层社会饮食不断再创造的过程中实现的。

（三）中国烹饪文化的审美特征

饮食审美对象是特定人群在特定区域及地理条件下，经过不同历史阶段的演变，基于长期的共同生活，共同的宗教信仰，使用共同的语言，具有共同的生活习惯和爱好，渗透进自然、社会、历史因素而升华形成的饮食审美倾向，其特色往往通过特异的食料、食具、食技、食品、食规、食趣和食典展示出来。

快感和美感的关系问题，在美学史上一直是争论不休的问题。烹饪饮食活动中的美感与生理快感密切相关，因此，有人说，烹饪饮食活动中只有快感，没有美感。

马克思认为：人的眼睛跟原始的、非人的眼睛有不同的感受，人的耳朵跟原始的耳朵有不同的感受。非人的感觉何以成为人的感觉的呢？马克思回答道："只是由于属人的本质的客观地展开的丰富性，立体的、属人的感性的丰富性，即感受音乐的耳朵、感受形式美的眼睛，简言之，那些能感受人的快乐和确证自己是属人的本质力量的感觉，才或者发展起来，或者产生出来。因为不仅是五官感觉，而且所谓的精神感觉、实践感觉（意志、爱等等）——总之，人的感觉、感觉的人类性……都只是由于相应的对象的存在，由于存在着人化了的自然界才产生出来的。五官感觉的形成是以往全部世界史的产物。"（《1844年经济学—哲学手稿》）马克思在这里科学地论证了人化感觉的形成历史，并揭示了产生人化感觉的根源。美感正是产生在人化感觉的基础之上的。人化感觉有两个侧面：就客体而言，对象逐步成了人自身，人以全部感觉在对象世界中肯定自己。正是在人化感觉的意义上，马克思认定："感觉通过自己的实践直接变成了理论家。"通常说美感也是一种认识，感觉正是产生这种特殊认识的前提。感觉为什么具有理智的功能呢？在这里，马克思给予了科学的回答。

饮食文化学者赵荣光更对饮食烹饪审美给出了具体原则。他认为：经过漫长的历史过程，随着民族尤其是上层社会饮食生活的不断丰富，更由于饮食文化和历史文明的不断进步，中国古代饮食审美思想也逐渐趋向丰富深化和系统完善。"十美风格"审美原则的形成就是这种深化完善的历史标志。所谓"十美风格"，是指中国历史上上层社会和美食理论家们对饮食文化生活美感的理解与追求的10个分别而又紧密关联的具体方面，是充分体现传统文化色彩和美学感受与追求完备系统的民族饮食思想。它们分别是：

"质美"：原料和成品的品质、营养，贯穿于饮食活动的始终，是美食的前提、基础和目的。原料的质美是其他诸美的基础与灵魂，因而很早便作为美食要素提出，并一直是中国古代饮食审美的基本要素。

"香美"：香美是食物美的极为重要的标志之一，同时也是鉴别美质、预测美味的关键审美环节和检验烹调技艺的重要感观指标。先哲以为黍稷等食粮的养民活命之性可引发出施教化、行礼仪、申德道的功用，认为谷物的馨香是一种高尚的"德"之表征，故敬祀鬼神，"明德以荐馨香"。

"色美"：悦目爽神的颜色润泽，既指原料自然美质的本色（质美是前提，但烹调中的火候等因素也至关重要），也指各种不同原料相互间的组配。色美是又一审美指标。美色，不仅可以看得出原料的美质，也可以看得出烹调的技巧和火候等加工手段的恰到好处，还可以看得出多种原料色泽之间的辉映谐调美。色、香两个感观指标的直观判断，即可基本测定出肴馔的美学价值。

"形美"：体现美食效果，服务于食用目的的富于艺术性和美感的造型。中国古代饮食审美思想中对于肴馔形美的理解和追求，是在原料美基础之上并充分体现质美的自然形态美与意境美的结合。

"器美"：精美适宜的炊饮器具，以饮食器具为主。饮食器具不仅包括常人所理解的肴馔盛器、茶酒饮器、箸匙等器具，而且包括专用的餐桌椅等配备使用的饮食用具。美器不仅早已成为古人美食的重要审美标准之一，甚至发展成为独立的工艺品种，有独特的鉴赏标准。

"味美"：饱口福、振食欲的滋味，也指美味，它强调原料的"先天"自然质味之美和"五味调和"的复合美味两个宗旨。这是进食过程中美食效果的关键。无论是"独行"原料的先天质味，还是多种原料相互"搭配"的复合之味，都要"味得其时"，充分体现本味，认为"淡也者，五味之中也"，只有如此才能充分领略原料的美味。如上所述，辨味既属于生理功能，又属于一种技能，一种高层次的饮食文化鉴赏能力；而美味便是中国古代饮食追求的最主要目标，味之美便成了一种最高的理想境界。

"适美"：舒适的口感，是齿舌触感的惬意效果。对于"适"的理解和追求，"滑"、"脆"是两个最常用的词，在古代便留下了大量文录。由肴馔适宜的滑、脆、热、冷等触觉引起的美感，使宴饮者在进食过程中获得了极惬心的感受，达到一种享乐愉悦的意境。

"序美"：指一台席面或整个筵宴肴馔在原料、温度、色泽、味型、浓淡等方面的合理搭配，上菜的科学顺序，宴饮设计和饮食过程的和谐与节奏化程序等。"序"的注重，是把饮食作为享乐之事，并在饮食过程中寻求美的享受的必然结果。它可以上溯到史前人类劳动丰收的欢娱活动和早期崇拜的祭祀典礼行为中，人们从中获得特别的、隆重的欢悦感。

"境美"：优雅和谐又陶情怡性的宴饮环境。宴饮环境有自然、人工、内、外、大、小等区别。饮食生活，被人们作为一种文化审美活动之后，"境"就自然成了其中的一个美学因素。

"趣美"：愉快的情趣和高雅的格调。在物质享受的同时要求精神享受，最终达到二者结合通洽的人生享乐目的和境地。为此还要伴随整个宴饮过程安排各种丰富多彩的唱吟、歌舞、丝竹、伎乐、博戏、雅谈、妙谑、书画活动等等，从而使宴饮过程成了立体和综合性的文化活动。

综上所述，中国古代烹饪饮食审美思想在中华民族有文字可考的数千年饮食文明史上，经历了不断深化和完善的漫长历史过程，最终发展成独立、系统和严密的"十美风格"饮食审美原则。它说明，自遥远的古代，我们民族的先人，尤其是那些杰出的美食家和饮食理论家们，一向非常注重从艺术、思想和哲学等的高度来审视、理解与追求"吃"这一物质活动。烹饪饮食文化，作为精神和心理因素的一面，始终与物质和生理因素的另一面紧密结合并渗融参悟，逐渐形成民族饮食文化特征和民族历史文化重要组成的完美系统的审美思想。

（四）中国烹饪文化的社会交际和礼仪性特征

尽管人类已发明了种种情感交流手段来满足人们的需要，但毫无疑问的是，在这种种手段之中，利用饮食进行情感交流和沟通仍然具有无可替代的重要作用和地位，美酒佳肴总能营造出一种良好的增进交流和感情的氛围。这就是世界上所有民族无一不把饮食作为节庆娱乐、婚丧嫁娶仪式上的主角的原因。世界各民族无不把"共食"看做是友好的表示。

原始社会的人们，囿于获取食物的能力低下，必须结成一定的社会组织——氏族部落才能生存。他们在一起捕猎采集，获得的食物共同享用。在享用共同劳动成果的过程中，人们庆幸自己的收获，享用食物的过程就是大众娱乐的过程。随着社会的发展，由于岁时活动、祭祀神灵等需要，渐渐形成了许多目的不同的节日。节日是不同于平常劳动生活的日子，在节日里，除各种各样的庆典、祭祀等活动外，饮食是节日里重要的一环。

烹饪文化传导出的社会交际和礼仪性特征在一些少数民族的习俗里表现非常突出。如在某些少数民族中还存在着在特定节庆中举行全寨性的共饮共食活动，具有典型的礼仪性特征。哈尼族在欢度十月年的过程中有全村居民摆“街心酒”或“街心宴”的饮食风俗。一般由各家各户共同出酒肉饭菜，在村寨内的街道上用篾桌摆成一条长达数十米乃至百余米的长龙宴，由全村各户的当家男子参加聚餐。仅从这种聚餐活动中食品提供的方式和参加就餐者的身份角色，就可看出其中隐含着村寨居民有福同享、团结一心的公娱性特征，当然也包含着男子为上的意义。哀牢山区的傣族过年时要在长者的主持下摆“团圆宴”，由全村寨的人合欢会餐。席间，人们相互敬酒食，品尝各家做的美味佳肴，并相互祝福，以此共同欢娱，来增强全村寨的团结和睦意识。拉祜族过大年的第三天全寨人要共同吃“团结饭”。各家的人都要先到宗教头人家祭祀，同吃同祭之后，又转到铁匠家聚餐。来聚餐的人各自携饭菜和酒肉，按性别分桌坐好，男性在左边桌，女性在右边桌，大家欢聚一堂，通过吃“团结饭”共同欢娱，来密切相互之间的关系。布朗族 4 月 15 日过山抗节时每家每户也要准备一包糯米饭和一碗菜，集中在一起吃“团结饭”。这顿团结饭的菜肴特别丰盛，品种达数十种，届时由老年人和青年人搭配，围成一个圈，品尝各种菜肴。碧江一带白族过年节时家家户户宰年猪，若全寨商定合伙煮肉吃，宰年猪的人家要拿出十分之一左右的猪肉，煮熟后分给全寨每人一份。若寨中商定不合伙煮肉，杀年猪的人家则要给不杀猪的人家分别送上一份，谓之“亲肉”，以示全寨人共同欢娱，团结友爱。独龙族无论谁家杀猪，主人都要将整头猪分成大小不等的小块，再将它分成若干小堆，用事前准备好的竹篾穿起来，分送到寨子的每一家，以示共同欢娱，互相关照。在某些少数民族中还形成了“一家客人全寨亲”的社会风尚，即有客人来时由寨内的各家共同招待，显示全寨人团结一心的互助合作精神。以上这些村民们共同的饮食活动都从不同的侧面反映了“独乐乐不如众乐乐”的团结精神。

从烹饪文化的角度来看，饮食本身就可以给人带来生理需要以外的心理需要，带来生理上的快感和心理上的满足，可以起到沟通人际关系的作用。人们在一起聚餐、共食，无疑在共同享受烹饪成果的同时，也拉近了人们之间的距离。

（五）中国烹饪文化的传承性与传播性特征

文化与环境的差异，导致在封闭性极强的历史条件下区域文化的长久迟滞及内循环机制下的代代相因，即区域内食文化传承关系的牢固保持。这种传承性在区域文化历史顺序的每一个时期及历史过程的交替阶段表现得极为明显，它们几乎是凝滞的或周而复始、一成不变的，不相毗连、尤其是距离遥远的各区域的这种属性便更为鲜明突出。当然，不是事实上的丝毫不变，只是说变化与发展非常微小和缓慢，因而在历史上呈现为一种静态或粘结的表象。

生态环境、社会文化、个体三要素，都不可能成为饮食文化形成与发展的决定性因素，它们都是制约性因素。任何一种饮食文化特质都是三者互动的结果，而三者所起的作用也不是同一的。在不同的时期和社会发展状况下，各要素所起作用的大小完全不同。在前工业社会，由于生产力不发达，生态环境对生产方式有着相当大的制约作用。如人类社会早期，生产力低下，人类只能自发地去适应生态环境，产生了相应的饮食文化和生产方式。在此情形下，该族群就会形成相应的饮食文化。随着生产力的发展与人类改造自然能力的增强，特别是进入阶级社会以后，饮食文化受社会影响较大。孙中山先生曾说过："今日进化之人，文明程度愈高，则去自然亦愈远。"进入工业社会，特别是信息时代以后，人们的个性受社会传统控制逐渐减弱，个人要素起着越来越大的作用，人们追求个性的发展，传统饮食文化的变异与个性也在增强。改革开放后，传统的饮食、节令、服饰、婚丧、信仰等习俗的淡化，就是个体作用增强的明证。在同一要素内部，在不同时期、不同情况下诸子因素之间所起的作用也不完全一致。例如在较为封闭的社会中，生产方式因素所起的作用就会较大；在民族交往频繁的社会，外部因素就相应较多；在前工业社会，社会内部的诸社会要素，所起作用要大一些；在工业社会以后，外文化传播的成分就会较多。任何时代都存在文化的变迁，也可以说近代以前的历史上发生的变迁大多是出于社会内部革新和自我调适的需要而展开的，但对当代世界格局的形成起关键性影响的动因确实是外来的。饮食文化的发展也不可能超出这一文化变迁规律。在近代以来的世界上，文化和社会的边界已经越来越模糊了，"你中有我，我中有你"是社会和文化的基本现状。

总之，任何民族群体的饮食烹饪文化都是在生态环境、社会文化和文化个体的共同作用下，形成一个动态的文化系统。各个要素之间相互制约、相互影响，最终达到一种动态的平衡。整个系统在不断变迁、不断趋向成熟和稳定的过程中，其中某一要素发生变化，其他因素就会加以限制，在矛盾中相互又有协调和发展，从而实现饮食文化整体结构的平衡。

但是，目前的争论都过于强调生态环境与社会因素的作用，忽视了个人（即文化个体）的作用。实际上，文化个体的作用也是十分突出的。

文化个体是饮食文化发明创造的源泉。饮食文化尽管是一种群体文化，但就其本源而言，也是先由单个个体创造出来的：没有某个类人猿先吃到河蚌，就不会有原始人群食用蚌类的饮食习惯；没有第一个人去食用发酵的水果和粮食，就不可能产生人类喜爱的美酒，更不可能产生酒文化。所以说，单一饮食行为的真正开始，是从个体开始的，而当该个体具有特殊的权威性时，个人创造和改变饮食文化的能力就更加明显。

文化个体是饮食文化传承的载体。饮食文化是经过人类群体长期积淀和调适的产物，也是人们各种利益关系最终协调的结果。可以说，饮食文化相对该群体是具有同质性的。同时，这种文化在表现时还要靠具有异质性的个体展演实施，即个体的不同，饮食文化则会表现出个体的异质性差异。这种差异在文化传承中，反映得最为明显，乃至个人的展演都只是一种个体的话语或行为。因此，由于个体的不同，就会对共有饮食文化有不同的表现和诠释。例如，中国古代帝王祭祀天地的饮食礼仪，本应完全一致（有标准的经典传承），但每朝每代都会出现对该礼仪的争论。再如，皇室饮食文化以高贵排场为特点，但中国历史上也有个别皇帝节俭的特例。

各区位地域之间存在着各自空间环境下和不同时间序列上的彼此差异性与相对独立性。事实上，饮食生活是动态的，饮食文化是流动的，可以说世界上绝大多数民族(或聚合人群)的饮食文化都是处于内部或外部多元、多渠道、多层面的持续不断的传播、渗透、吸收、整合、流变之中的。饮食文化的交流性特征，主要表现为各文化区位相互间的互通有无、补益发展，各民族之间食生产、食生活领域的交流互助，不同社会层次间食生活、食习尚、食思想的交互影响等。

一个民族的饮食习俗植根于一定的经济生活之中，并且受它的制约。以中华民族而言，各个民族基本上都各自生活在一定的地域，依赖着特定的自然环境与自然资源维持生存，繁衍后代，同时又改造着自然。人们一年辛勤劳动的成果，就是该民族的衣食之源。大致说，居住在草原的蒙古、藏、哈萨克、柯尔克孜、塔吉克、裕固等民族，从事畜牧业生产，食物以肉类、奶制品为主。南方气候温和，土地肥沃，雨量充沛，宜于农耕，居住在那里的壮、苗、布依、白、傣、瑶、黎、哈尼、侗、土家等众多民族，从事农业生产，食物以粮食为主。高原地区，气候寒冷，无霜期短，适宜种植大麦、青稞、玉米、荞子、土豆等，居住在那里的藏、彝、撒拉、保安、羌等民族，就以这些杂粮为生。居住在大兴安岭的鄂伦春、鄂温克等民族从事狩猎活动，肉类和野味成了他们的主要食物。松花江下游的赫哲族，过去以渔业为主，食鱼肉，穿鱼皮，衣食来源离不开鱼类。饮食鲜明的地方性和民族性，是中外各民族间饮食文化交流融合的客观基础，而民族间饮食文化的交合并蓄又是整个民族文化传播的重要内容，也是中华民族的饮食文化之所以辉煌发达的重要原因。

早在遥远的古代，中国各民族饮食方面的交流就非常频繁，创造了辉煌草原文化的匈奴等北方游牧民族．就和中原华夏民族有着密切的经济文化交往。早在商代，东胡祖先就与商王朝有过朝贡纳献的关系，至春秋战国时期，燕国的“鱼盐枣栗”素为东胡等东北少数民族所向往。

先秦时代民族间饮食交流的一个重要原因，是民族大迁徙。我国有些民族历史上曾发生过举族大迁徙的情况。究其原因，或因发生民族之间的战争；或因统治阶级强迫搬迁；或因不适应自然环境而离去，等等。迁徙之后，由于脱离了原来赖以生存的故土，定居到新的自然环境中，经济生活发生了变化，饮食习俗也随着改变。

中国封建社会发展到西汉，进入鼎盛时期。建元三年(前138)以后，汉武帝多次派遣卓越的外交官张骞出使西域各国，开辟了令人称颂的“丝绸之路”。张骞“凿空”西域，为各民族间的经济文化交流创造了有利条件。西域的苜蓿、葡萄、石榴、核桃、蚕豆、黄瓜、芝麻、葱、蒜、香菜(芫荽)、胡萝卜等特产，以及大宛、龟兹的葡萄酒，先后传入内地。过去，人们把异族称为“胡”，所以这些引进的食品原先多数都姓“胡”，如黄瓜为胡瓜，核桃为胡桃，蚕豆为胡豆，等等，组成一个“胡”氏家族。它们纳入了中国人的饮食结构，扩大了中国人的食源。其中蔬菜的新品种与调味品，尤其扩大了中国人的饮食爱好。中国原产的粟、稻、粱、菽、麦、稷等只作为粮食食用。其中只有菽豆，可做菜肴。如韭、薤、荠，多是野生。在《尔雅》中汇集的菜蔬，品种不多。

在民族大融合时期，饮食文化的交流更加频繁，影响更加深远。一方面，北方游牧民族的甜乳、酸乳、干酪、漉酪和酥等食品和烹调术相继传入中原；另一方面，汉族的精美肴馔和烹调术，又为这些兄弟民族所喜食和吸纳。特别是北魏孝文帝实行鲜卑汉化措施以后，匈奴、鲜卑和乌桓等兄弟民族将先进的汉族烹调术和饮食制作技术，应用于本民族传统食品烹制当中，使这些食品在保持民族风味的同时，更加精美。

隋唐时期，汉族和边疆各兄弟民族的饮食交流，在前代的基础上又有了新的发展。宋、辽、西夏、金是我国继南北朝、五代之后的第三次民族大交融时期。北宋与契丹族的辽国、党项羌族的西夏，南宋与女真族的金国，都有饮食文化往来。契丹人进入中原以后，宋辽之间往来频繁，在汉族先进的饮食文化影响下，契丹人的食品日益丰富和精美起来。汉族的岁时节令在契丹境内一如宋地，节令食品中的年糕、煎饼、粽子、花糕等也如宋式。难怪到了元代，蒙古族统治者把契丹和华北的汉人统统叫做“汉人”。

曾以鞑靼为通称的蒙古族，在整个13世纪，其军队的铁蹄踏遍了东起黄海西至多瑙河的广大地区，征服了许多国家，在中国灭金亡宋建立了元朝。蒙古人按照自己的嗜好，以沙漠和草原的特产为原料，制作着自己爱好的菜肴和饮料，他们的主要饮料是马乳，主要食物是羊肉。蒙古民族入主中原，北方民族的一些食品，随之传入内地。而汉族南北各地的烧鸭子(今烤鸭)、芙蓉鸡和饺子、包子、面条、馒头等菜点，也为蒙古族等兄弟民族所喜食。

明朝时，我国食谱中的兄弟民族菜单更多。到了清代，满族入关，主政中原，发生了第四次民族文化大交融，汉族佳肴美点满族化、回族化和满、蒙、回等兄弟民族食品的汉族化，是各民族饮食交流的一个特点。汉族古老的食品白斩鸡、酿豆腐、馓子、麻花、饺子等又成为壮族、回族和东乡族等许多少数民族的节日佳肴。

总的来说，我国各民族饮食文化的交流，大致经历了原料的互相引入、饮食结构的互补、烹饪技艺的互渗到饮食风味的互相吸收四个阶段，各民族在保持自身饮食风貌的同时，都不同程度地糅合了其他民族的饮食特点。这种融合要比服饰、建筑等其他物质文化表现得更为鲜明、丰富。中国文化，是中国各民族人民共建的文化；中国的饮食文化，是中国各民族人民共同的智慧结晶。正是由于各民族创造性的劳动，才使中华美食具有取材广博、烹调多样、品种繁多、风味独特的特色。

由饮食烹饪所代表的人类文化，在不同民族中通常表现出各自不同的风貌，所显示的文化特征也具有一定的典型性。

在很长时间中，中国烹饪在国外所以声名远扬，并非出自烹调技术和美食的传递，而是由于那些输出海外名目众多的锅灶、釜镬以及饮器、餐具。这些物质文化的实体又是生产技术高超及饮食文化发达的生动体现。那时中国的烹饪技术虽无如此广阔的影响，然而中国式的烹饪器皿却从海上走遍了整个旧大陆。秦汉以来，首先为中国的烹饪和饮食赢得了国际声誉的是漆器的餐具。从公元前1世纪开始，它们是中国和印度、罗马三大国家贸易的主要项目。然而，精制的漆器毕竟是一种易于破损难受高温的轻脆之物，在饮食方面的实用价值既难以和金属器、玉器相提并论，甚至也比不上玻璃器。真正给中国烹饪带来世界性声誉的是瓷器。瓷器从9世纪成为外销的主要货物，维持了千年之久。釉色光亮、刻绘花纹的各种实用瓷，多半是供饮食用的食具、饮器，有杯、碗、碟、壶、盘、钵之类，以及贮备饮料与食物的各式瓶、罐。它们耐酸、耐碱、耐高温和低寒，没有青铜器和漆器那样的弊病，非常卫生。这些瓷质的饮食器皿不愧是中国烹饪与饮料的文化结晶，作为中国式菜肴、茶酒的象征而在海外传扬。不仅如此，瓷器还向世界展示了中国绘画之魅力及中国人的审美情趣。这些精美绝伦的艺术瑰宝，往往被世界各国朋友视为稀世珍宝收藏起来。瓷器的成批外销和中国帆船的通行海外几乎同时开始，足以说明许许多多品类齐全的瓷器所以能够在异国拥有市场，是和中国人的足迹所至相连的。中国人所到之处，都有秀丽的瓷器相随，使世人对中国的佳馔和烹饪留下了美好的印象。

到过中国的许多国外人士总会对中国物产的富饶、园艺的精湛、饮食的味美、酒宴洋溢着的和谐融洽的气氛长久难忘。马可·波罗、利玛窦都向西方介绍过中国的烹饪文化。

中外饮食文化的交流很早就已开始了，只不过在明清之前，中国饮食文化输出的多而引入的少。自古以来，中华民族在不断丰富其他国家和民族饮食文化的同时，逐步吸收域外饮食文化的新鲜血液，才使得中国饮食文化如此辉煌灿烂。

中国封建社会发展到西汉，进入鼎盛时期。生产力的不断提高，国力的强盛，促使统治阶级有向外发展的实力和要求。尽管西北地区强大的匈奴连年侵扰，构成对汉王朝的威胁，也无法改变中国与外界的隔绝状态。汉武帝刘彻即位以后，致力于消除边患，打开通往西域的道路。建元三年(前138)以后，他多次派遣卓越的外交官张骞出使西域各国，获得了大量有关军事、政治、地理、物产等多方面的知识，终于使汉朝大军联络西域各国，把匈奴驱逐到漠北，开辟了令人称颂的“丝绸之路”。

经过张骞等人不顾艰险的先导和开拓，汉朝使者最远到达安息(今伊朗)、条支(今伊拉克)、身毒(今印度)等地区，带去的产品，有丝绸、缯帛、黄金、漆器、铁器等等，带回来的有骏马、貂皮、香料、珠宝，以及各种外国的农作物和食品，引进了多种农作物和食品，扩大了中国人的食源，使中国人的饮食习惯也起了某种程度的变化。此外，经越南传入中国的有薏苡、甘蔗、芭蕉、胡椒等。

唐代实行开放政策，域外客商得以随时出入，带来了许多域外食品，其中尤以胡食即西域饮食为主。玄宗开元以后，“贵人御馔，尽供胡食”，成为一种时尚。唐代慧琳《一切经音义》曾总结胡食有：饆饠、烧饼、搭纳等。饆饠有人认为类似今天新疆等地的羊肉抓饭，有人认为是一种面食，唐代长安城中有许多卖饆饠的店肆，东市、长兴里均有饆饠店，樱桃饆饠的名食更名闻海外，还有石蜜，即冰糖。这时期，我国与国外往来频繁，还引进了莴苣、菠菜、无花果、椰枣等，原产欧洲和中亚的能引种栽培的植物大多数在这个时期都引进了。在五代时期，由非洲绕道西伯利亚引进了西瓜。

元朝覆灭后，东西方陆路的直接贸易越来越困难。明代以后主要通过海路交流。在明代，从南洋群岛引进了甘薯、玉米、花生、番茄、马铃薯、向日葵、丝瓜、茄子、倭瓜（南瓜）、番石榴等，其中许多是从南美原产地经过东南亚而后传入的。随着新大陆的发现，美洲植物的大量引进是这一时期的特点。同时，循海路引进了欧洲产的芦笋（石刁柏）和甘蓝，中亚产的洋葱，中南半岛产的苦瓜等。

据史料记载，明清时期最早输入中国的西洋饮品是葡萄酒。明清时期，在耶稣会士的一些著述里，也曾对西洋饮食习俗作过专门介绍，从中可知西洋饮食文化的特点为：① 分餐制：“鸡鸭诸禽经烧烤，盛在盘内，置于桌上，以示敬客。其食法或由主人亲自剖分，或令厨庖分配，每人各有一具空盘，众人不共用一盘，以避不洁净也。”② 用餐巾：“又人各有手巾一条，敷在襟上，以防汤水玷污衣服，也可用之净手。”③ 餐桌皆铺白布，以示洁净。④ 西式餐具：“不用箸筷，只用小勺小刀，以便剖取。”应该说，上述介绍实际上已经概括出西洋饮食文化的一些特点，但国人对此并未特别注意。

1840 年鸦片战争后，随着五口通商和租界的建立，西洋饮食文化在旅居沿海城市的外国人当中颇为风行，但在中国人的生活中影响仍然很小。

到 19 世纪末，西餐菜肴（当时称“番菜”或“大菜”）、西式糕点（面包、饼干、糖果）、西式罐头才逐渐被国人所认识、接受，不仅市面上出现了西餐馆，甚至西太后举行国宴招待外国公使有时也用西餐。20 世纪初，西餐开始为上流社会所崇尚，人们请客非西菜花酒不足以示敬诚。由此，西洋饮食文化开始在中国广为流行，并对中华传统的饮食文化构成了巨大的冲击。

在人类文明史上，由于各民族所处的地理环境、宗教信仰和生活方式不同，其饮食文化也往往是千差万别，这就使得不同饮食文化结构的交流成为必然。与宗教、思想等观念形态的文化现象相比，饮食文化显得更表层一些。但是，由于它和人类生存、繁衍息息相关，因而饮食文化的改变往往是民俗改变、社会演进的重要尺度和标志。在古代中国，虽不乏中外饮食文化交流的记载，但真正的、大规模的中外饮食文化交流，还应首推 16 世纪以来的交流和碰撞。这一交流过程至今尚未结束。以至于现在，中国有些人仍然认为，采取牛奶、牛肉，“每日一餐烤面包”的饮食结构与“分餐制”的饮食方式，是中餐改革的方向。而在大洋彼岸的美国，为避免长期食肉导致的心血管疾病，中餐素食却又受到相当重视。各种出售素食的中餐馆不断涌现，仅纽约就有 2000 多家。纽约人上中国餐馆往往以素食为主，而且每餐几乎都有一道菜——豆腐。这充分说明，为增强人类体质，推动人类的文明开化，即使在 21 世纪的今天，世界各国家、民族间广泛地进行饮食文化交流，仍是十分必要的。

文化个体是饮食文化传播与接受的关键性因素。人们之间的交往，必然引发文化的互动。这种互动在宏观上表现为群体之间的互动，就微观而言，仍是以个体交往为表现形式。一方面,某一异民族饮食文化的个体进入另一文化区,相应地把自己的文化带入其中,对该群体产生示范作用，同时该群体文化对异民族饮食文化也产生示范作用。另一方面，这种示范之后，发生交往的当事人对外来饮食文化的接受与否、吸纳多少都是由个体成员自己决定的。因此，在饮食文化传播过程中,个体依然起着重要作用,尤其是与传播者个体地位结合起来,作用就更加明显了。如火锅、涮羊肉的风靡全国,与宫廷、皇帝的权威影响是不无关系的。（何　宏）

二、中国烹饪文化基本理论及厨艺传承

（一）中国烹饪文化基本理论

饮食对于人类而言，最重要的莫过于营养。人类为了维持生命和身体各个器官的正常活动,必须从外界摄取一定数量的食物,并经过消化吸收而取得能被机体利用的各种营养素。各类食物的营养素组成比例不同,通过不同食物的合理搭配，机体可以获得所需要的各种营养素。从营养学的观点来看,全面而均衡的营养是合理营养的基础。

合理的营养是人体维持正常生长发育、组织修复,维持体内各种生理活动,提高机体抵抗力和免疫功能，适应各种环境条件的变化和延年益寿的基本保证。因此,合理的营养对于保持身体健康,有效预防和治疗疾病,具有重要意义。当某种营养物质摄入不足时,会引起营养缺乏病，而摄入过多也会对身体产生不良的影响。

营养素的摄取是通过摄食食物获得的,而食物是经过加工的。世界上各个国家、民族、区域、族群对食物的加工方式不同,形成了不同的风味。

就中国烹饪文化而言，其基本理论正是基于上述两点：一是对营养的认识,即“食药同源,饮食养生”;一是对食物加工的原则,即“主张本味,五味调和”。

1. 食药同源,饮食养生

中国传统饮食营养学的发生与发展,因受历史条件的影响，其理论与中国古代朴素的哲学理论紧密地结合在一起。其特点体现于宏观与整体观方面。

食药一体营养观。中医学历史表明,食物与药物同一来源,二者皆属于天然产品。食物与药物的性能相比,具有同一的形、色、气、味、质等特性。因此,中医单纯使用食物或药物,或食物与药物相结合来进行营养保健,及治疗康复的情况是极其普遍的。

食与药同用，除基于二者系同一来源的原因外，主要基于食物和药物的应用皆由同一理论指导,也就是食药同理。正如金代《寿亲养老书》所说:“水陆之物为饮食者不管千百品,其五气五味冷热补泻之性,亦皆禀于阴阳五行,与药无殊……人若知其食性,调而用之，则倍胜于药也……善治药者不如善治食。”数千年来,在中医产生与发展过程中,食药同源、食药同理、食药同用已经成为不可否认的现实,成为中医饮食营养学的一大特点。同属天然产物的中药和食物,某些气质,特别是补益或调整人体的阴阳气血之功能本来相通,有着水乳交融、密不可分的关系。从众多的本草、方剂典籍中不难发现食药同用的例证,如古代医者博采禽、畜、蛋、蔬,诸如乌鸡、羊肉、驴皮、猪肤、鸟卵、葱、姜、枣等作为补益阴、阳、气、血,或调补胃气之用,以达到防治疾病之功效;而从大量古代食谱、菜谱、茶谱中又不难发现其中也有不少药物,如枸杞、淮山、北芪、茯苓、丁香、豆蔻、桂皮之类,用以提高食品保健强身和防治疾病的功效。今日中华民族的传统保健医疗食品在海内外得到不断发展，受到广大民众之欢迎，便是明证。这是中医饮食营养学在今后的发展中值得重视的一个方面。

天人相应整体营养观。人处在天地之间，生活于自然环境之中，是自然界的一部分。因此，人和自然具有相通相应的关系，共同受阴阳法则的制约，并遵循同样的运动变化规律。这种人和自然息息相关的关系也体现在饮食营养方面。早在2000年前，古人就认识到饮食的性质对机体的生理和病理方面的影响。例如，《素问·宣明五气篇》所载的“五味所入”和《素问·阴阳应象大论》所指出的“五味所生”等皆说明作为自然界产物的“味”与机体脏腑的特定联系和选择作用。除此，食物对脏腑尚有“所克”、“所制”、“所化”等作用。

自古以来，注重养生益寿，防治疾病的古代道、佛、儒、医、武各家学说，无不用人体内部与自然界的协调统一理论来阐述人体的生、老、病、死规律，同时也无不应用天人相应的法则来制订各种休逸劳作、饮食起居措施。对须臾不可离的饮食内容以及进食方式方法，提倡既要注意全面膳食“合而服之”，同时又主张因时、因地、因人、因病之不同，饮食内容也应有所变化，做到“审因用膳”和“辨证用膳”。

调理阴阳营养观。分析历代食养与食疗著作不难看出，掌握阴阳变化规律，围绕调理阴阳进行食事活动，使机体保持“阴平阳秘”，乃是传统营养学理论核心所在。正如《素问·至真要大论》所说：“谨察阴阳之所在，以平为期。”

中医理论认为，机体失健或罹患疾病，究其原因，无一不是阴阳失调之故。如阴阳之偏盛，或阴阳之偏衰。因此，饮食养生，治疗与康复手段，和药物疗法、针灸、气功、按摩、导引等一样，无一不是在调理阴阳这一基本原则指导下确立的。《素问·骨空论》说：“调其阴阳，不足则补，有余则泻。”传统饮食养生与治疗可概括为补虚与泻实两大方面。例如益气、养血、滋阴、助阳、填精、生津诸方面可视为补虚；而解表、清热、利水、泻下、祛寒、祛风、燥湿等方面则可视为泻实。或补或泻，无一不是在调整阴阳，以平为期。

对饮食的宜与忌，中医也是以阴阳平衡为出发点的，有利于阴平阳秘则为宜，反之为忌。例如痰湿质人应忌食油腻；木火质人应忌食辛辣；阴不足而阳有余的老年人，应忌食大热峻补之品；发育中的儿童，如无特殊原因也不宜过分进补；某些患者，如皮肤病、哮喘病人应忌食虾、蟹等海产品发物；胃寒患者忌食生冷食物等。其实质均是以防止造成“实其实”、“虚其虚”而导致阴阳失调的弊病为目的。总之，在平人或病人饮食调理方面要体现“虚则补之”，“实则泻之”，“寒者热之”，“热者寒之”等原则。做到如《素问·上古天真论》所说的：“其知道者，法于阴阳，和于术数，食饮有节。”

另外，在食物搭配和饮食调剂制备方面，中医也是注重调和阴阳的，使所用膳食无偏寒、偏热、偏升、偏降等缺陷。例如烹调鱼、虾、蟹等寒性食物时总要佐以姜、葱、酒、醋类温性的调料，以防止本菜肴性偏寒凉，食后有损脾胃而引起脘腹不舒之弊。又如食用韭菜等助阳类菜肴常配以蛋类滋阴之品，也是为了达到阴阳互补之目的。

全面膳食与审因用膳相结合的营养观。数千年来的饮食文化历史表明，中华民族的饮食习惯从整体来看，是在素食的基础之上，力求荤素搭配、全面膳食的。其营养观正如《素问·五常政大论》所说的“谷肉果菜，食养尽之”和《素问·藏器法时论》所说的“五谷为养，五果为助，五畜为益，五菜为充，气味合而服之，以补精益气”。

所谓全面膳食，就是要求长期或经常地在饮食内容上尽可能做到多样化，讲究荤素食、主副食、正餐和零散小吃，以及食与饮等之间的合理搭配。对常人来讲，不主张偏食，更不提倡过量与废食。对一味追求山珍海味、鸡鸭鱼肉、美酒名茶、大吃大喝，或过分茹苦清素，乃至为追求体型苗条而厌食、长期减食或辟谷绝食等做法，都是中医所反对的。但另一方面，对特殊人群与患者，也不主张采用与常人一样的饮食模式，可根据其不同的体质、职业、信仰与病情，做到审因用膳和辨证用膳，做到饮食内容的合情、合理。

中国传统饮食十分重视脾胃在饮食保健中的重要作用，认为脾胃为饮食营养之本，因此饮食保健应首重脾胃，并将这种观念贯穿于饮食保健的理论体系中，从而形成了中国饮食保健学的又一个特点。

脾胃为饮食营养之本。《素问·灵兰秘典论》指出："脾胃者，仓廪之官，五味出焉。"中国传统医学认为，脾和胃同属于消化系统的主要脏器，并把胃对饮食物消化吸收的功能概括为"脾主运化水谷"与"胃主受纳和腐熟水谷"。饮食入胃以后，必须依赖于脾胃的运化功能，人体才能将饮食物转化为可以直接利用的"精微物质"，并进一步转化为精、气、血、津液，为人体的生命活动提供足够的养料。因此，脾胃的功能对于整个人体的生命活动也就至关重要，二者是不可或缺的重要脏器，是连接外界饮食物与营养保健机体的桥梁。机体生命活动的持续、气血津液的生化都有赖于脾胃运化饮食物的"精微物质"，故称脾胃为"饮食营养之本"，气血生化之源。这实际上是对传统医学中脾胃为"后天之本"认识的深化，是对脾胃在饮食营养上消化吸收这一重要生理意义的高度概括。这种在饮食营养上重视人体的内因，强调脾胃的作用，以脾胃为饮食营养之本的观点是中国饮食保健学理论体系的一个重要特征。

饮食保健应首重脾胃。金代著名医学家李东垣在《脾胃论·脾胃盛衰论》中说："百病皆由脾胃衰而生也。"脾胃为人体"饮食营养之本"，在食养和食疗上都具有重要的意义。在饮食养生上，不能单纯地考虑饮食物对人体的营养作用，单纯地注重膳食的营养平衡，而应首先重视人体内部的脾胃功能状况，重视通过饮食调理和增强脾胃的消化吸收功能。不能只见食物的养生保健作用，而忽视人体脾胃的功能，这在饮食生活中具有现实的指导意义。其次，由于饮食不节，容易损伤脾胃，包括饮食生活没有规律、饥饱无度、偏嗜太过、生冷不洁等。如李东垣在《脾胃论》中所说："饮食失节，寒温不适，脾胃乃伤。"因此，饮食保健学非常强调"饮食有节"，强调在日常饮食生活中，应重视保护脾胃的功能，养成科学的饮食习惯，并构成了饮食保健学的重要内容之一。如《素问·生气通天论》说："食饮有节，谨和五味。"关于"食饮有节"，在历代有关文献中都有较多的论述，内容也极为丰富，体现了"食饮有节"在保护脾胃功能，增进机体健康上的重要意义。第三，重视饮食宜忌在保护脾胃功能方面的重要作用。如避免过食寒性的食物，特别是对于脾胃虚弱体质的人，更应注意，以免损伤脾胃的阳气。第四，重视烹调加工在保护脾胃功能方面的作用。如在烹调方法上，应尽量选择炖、焖、煨、煮等以水为传热媒介的加热方法，以利于脾胃的消化吸收等。在食疗方面，食疗食物疗效的发挥，也必须首先经过脾胃的消化和吸收才能发挥其应有的作用。因此，也应重视和加强保护脾胃的功能，包括食疗食物的选择、食疗配方的组成、烹调加工方法的选择及饮食禁忌等。

2. 主张本味，五味调和

注重原料的天然味性，讲求食物的隽美之味，是中华民族饮食文化很早就明确并不断丰富发展的一个原则。所谓"味性"，具有"味"和"性"两重含义，"味"是人的鼻、舌等器官可以感觉和判断的食物原料的自然属性，而"性"则是人们无法直接感觉的物料的功能。中国古人认为性源于味，故对食物原料的天然味性极其重视。先秦典籍对此已有许多记录，《吕氏春秋》一书的《本味篇》，集中地论述了"味"的道理。该篇从技术的角度和哲学的高度对味的根本，食物原料自然之味，调味品的相互作用、变化，水火对味的影响等方面均作了精细的论辩阐发，体现了人们对协调与调和隽美味性的追求与认识水平。唐代段成式在《酉阳杂俎》一书中概括烹饪的真谛："唯在火候，善均五味。"它既表明烹调技术的发展已经超越了汉魏以前的粗加工阶段，进入“烹”、“调”并重阶段，也表明了人们对味和整个饮食生活有了更高的认识和追求。明清时期美食家辈出，他们对味的追求也达到了历史的更高水平。中国古代食圣，18世纪的美食学大家袁枚(1716—1797)，更进一步认为，“求香不可用香料”，“一物有一物之味，不可混而同之”，“一碗各成一味”，“各有本味，自成一家”。数千年中国食文明历史的发展，中国人对食物隽美之味永不满足的追求，中国上流社会宴席上味的无穷变化，美食家和事厨者精益求精的探索，终于创造了中国历史上饮食烹饪文化“味”的独到成就，形成了中国饮食历史文明的又一突出特色。

在中国历史上，“味”的含义是在不断发展变化的。“味”的早期含义为滋味、气味，触感(指食物含在口中的感觉)与味感(指某种物质刺激味蕾所引起的感觉)共同构成“味”的内涵。《吕氏春秋》中讲：“若人之于滋味，无不说甘脆。”甘是人们通过味蕾感受到的美味，脆则是食物刺激、压迫口腔引起的触觉。同时又说：“调和之事，必以甘、酸、苦、辛、咸，先后多少，其齐甚微，皆有自起。鼎中之变，精妙微纤，口弗能言，志不能喻。若射御之微，阴阳之化，四时之数。故久而不弊，熟而不烂，甘而不哝，酸而不酷，咸而不减，辛而不烈，澹而不薄，肥而不厚。”这里讲的是调和味道的技巧和调味之后的理想效果。文中甘、酸、咸、苦等属味感，辛辣是物质刺激口腔、鼻腔黏膜引起的痛感，而“熟而不烂”的“烂”，“肥而不厚”的“肥”、“厚”，则属触感无疑。联系到“味”归于口部而不归于舌部，说明“味”不仅指味感，还应包括食物在口腔中的触感。

“五味调和”原则是中国传统烹调术的根本要求和古代美食审鉴的最高境界。“五味调和”理论至迟距今3000年左右已初步形成，并于春秋战国时作为人们的日常生活常识被用来喻说深刻的哲理。“若作和羹，尔惟盐梅”，商王汤把良弼宰臣比做调和美味肉汤的咸、酸调料即是典型的例证。到了周代，王廷的食医制度已建立，这可能是世界上最早的营养师。其职责是掌管王饮膳的卫生原则：“凡和，春多酸，夏多苦，秋多辛，冬多咸，调以滑甘。”这种观点是周朝上层社会食生活观念的共识，而作为饮食制度，却又不仅属于周天子的王廷，它是各诸侯国统治者的通行饮食礼规：“和如羹焉，水、火、醯、醢、盐、梅，以烹鱼肉，焯之以薪，宰夫和之，齐之以味，济其不及，以泄其过。”

到了公元前2世纪的战国末期，人们对于调和味美的认识已经相当深刻了。由“调”致“和”，掌握各种原料的先天物性，“齐”之以水、火，精辨先后多少，顺乎四季自然，“济其不及，以泄其过”，于是达到“允执其中”的和谐至美的境界。

从“和”的思想来源上看，春秋战国时期乃是政治上以“农战”为国本，竞相“争于气力”，思想上“百家争鸣”时期。诸子“各择其术以明其说”，至战国末年已有以老、庄为代表的道家学说，以孔子为代表的儒家思想，以荀子、韩非子为代表的法家思想……所谓道、儒、法、墨、农、兵、名、杂等“百家”自由鸣放，不拘一格，不屈一尊。调味理论自然融进了诸子思想的成分。

从“和”的内容上看，“夫三群之虫，水居者腥，肉玃者臊，草食者膻。臭恶犹美，皆有所以”。这水居之“腥”、肉食之“臊”、草茹之“膻”，“臭恶犹美，皆有所以”，差异迥然。烹调之理正合于道，烹调之道旨在于“和”。而致“和”之法，“水最为始”，“火之为纪”，“水火”不“齐”则为“失饪”，“失饪”则“不食”。所以清人袁枚对火候做了精辟的论述：“熟物之法，最重火候。有须武火者，煎炒是也；火弱则物疲矣。有须文火者，煨煮是也；火猛则物枯矣。有先用武火而后用文火者，收汤是也；性急则皮焦而里不熟矣。”所以事厨者应“知火候而谨伺之，则几于道矣”。而甘、酸、苦、辛、咸“五味”又必须衡先后多少之物性变化，用“其性”且又不失“其理”，才能“灭腥去臊除膻”，达于“和”之大道也。

从“和”的效果上看,“甘而不哝,酸而不酷,咸而不减,辛而不烈,淡而不薄,肥而不腻”,恰恰是“执其两端”而“用其中”的中庸思想的典型表现。先秦的人们已不满足于单一的调味品或味型了,而是在“甘、酸、苦、辛、咸”等众多的味型中追求“和”之境界。在这里,我们不能把“五味”机械地和绝对地理解成5种味型或5种调味品,而应看作是多种调味品或多种味型。这种多样统一是形式美的高级形式,即“和谐”。“五味调和”的理论将“甘、酸、苦、辛、咸”五味加以调和,折其中而用之,使之“甘”不过“哝”,“酸”不过“酷”,“咸”不过“减”……真正达到至善至美的“和”之目的。

从“和”的思想之辩证关系与深刻性上看,烹调过程中各种物料之间的对比关系,参加变化的先后顺序及适当时机,各种细致复杂的味性变化,都缘自各种物料的自然属性。它们是有规律可循的,但因其精妙微纤,变幻万千,所以只能凭心领神会,匠心独运,很难用语言表达得精确透彻,一人一时或众人毕生都无法穷尽其理。这是个寓可知于不可知之中的永无止境的实践过程与认识过程。应当看到,我们的古人绝非故弄玄虚地搞不可知论。因为他们明确地说,“必以其性,无失其理”,“凡味之本,水最为始”,“火为之纪”。实践永无休止,认识不能完结,这正是古人对甘、美、善的理解和追求。“五味调和”,“调”可以致“和”,“和”又没有穷尽。

可见,“五味调和”理论的形成,是先秦时代人们对长期饮食实践的经验总结,是先秦诸子思想,尤其是儒家思想饮食审美意识的反映。而对饮食美“和谐”至高境界的无尽追求,乃是烹饪文化理论中指导我们饮食审美实践和认识的法则。 (何 宏)

(二)中国烹饪厨艺传承和现代烹饪教育

最古老的烹饪技术是对液态食物的加热,在此之前的各种固态食物的直接加热只能算是原始的熟食(包括人们常说的石烹)。因此,陶器的发明和使用是中国烹饪文明的开端,有了陶器,中国才算得上有了厨艺。当家庭成为社会的细胞以后,炊爨就是家庭主妇的主要职掌,她(们)同时负责将炊事技术传授给下一代女性(女儿和媳妇),这是最早产生的厨艺传承系统,至今仍是如此(特别是在农村)。当社会劳动分工进一步细化以后,开始有了需要重体力的屠夫之类人员,并且逐渐产生了男性职业厨师。他们的主要任务是为祭祀活动和部落首领烹制食物,并且演变为后来的宫廷厨师和贵族家厨。另外,在军事训练和大型工程(诸如水利工程、道路工程、城市建筑和君主的宫殿与陵墓工程等)施工时,同样需要有专职的炊事人员。至于因人员和物资的流动而产生的社会餐饮业,更需要厨艺精湛的职业厨师。以上这些家庭以外的职业厨师,他们的厨艺传承的主要形式就是师徒相授,即已经掌握熟练厨艺的师父把技术传授给徒弟,这是一切手工行业共同的技术传承方式。

中国历史上有确凿文字记载的传授厨艺的师徒关系是春秋末期的吴国的太湖公(亦作太和公)和专诸(《左传》作鲄设诸)。这个专诸就是被伍子胥雇来帮助吴公子光(即后来的吴王阖闾)刺杀吴王僚的刺客。由于吴王僚喜食炙鱼,为了能够使专诸有接近吴王僚的机会,伍子胥安排专诸向当时的炙鱼高手太湖公学炙鱼,艺成之后,以向吴王僚敬献炙鱼的名义,在鱼腹中先藏短剑,结果刺死了吴王僚,专诸也被卫士所杀,公子光做了新的吴王,封赏专诸,以致在苏州无锡一带,至今还有多处专诸纪念地。

师徒相授的厨艺传承方式后来逐渐成了行规,徒弟要举行三跪九叩的拜师仪式,进入师门以后,要遵守“一日为师,终身为父”的约定,在学艺期间(一般为3年),徒弟对于师父有一种人身依附关系,不仅师父无偿占有徒弟的劳动价值,而且在技术上也很难脱师门的窠臼,久而久之,便形成行业帮派。所谓“名师出高徒”便是这种关系中的佼佼者。如果师徒关系处理得不好，也会有“教会徒弟，饿煞师父”的尴尬。

师徒相授给教学双方增添了一份人间亲情，但却也容易抑制徒弟的创造活力。加之，厨师的科学文化素养普遍偏低，因此很难在传授技术的同时，扩大徒弟的知识眼界。所以，延续了几千年的师徒相授的厨艺传承方式，并不能将中国烹饪推向现代化，因为它无法吸取相关学科的理论和技术新成就。新中国建立后，师徒之间的人身依附现象曾有所改变，但并没有给这种厨艺传承方式带来新的活力。客观事实说明，一个师父教一个或数个徒弟，如果没有徒弟在师门之外的学习，是出不了名厨的。相反，一群老师教育一群学生，必将成就大批新生力量。所以，当近代教育方式于19世纪末形成体系以后，必将影响一切知识和技能的传授系统，用课堂教学形式培养厨师就势在必行，世界上许多国家都是如此。用课堂教学方式传授厨艺，在我国最早出现于20世纪三四十年代。一些著名教会学校如北平的燕京大学和辅仁大学、南京的金陵女子大学、上海的震旦大学等的家政系，曾经开设烹制常见西式菜点的烹饪课。不过由于家政系毕业生并不当厨师，所以对中国烹饪行业并没有影响。此外，在20世纪初，长江三角洲地区曾兴办了一批女子中学，也曾设过烹饪课程，并且曾编过烹饪教材，但也没有产生什么社会影响。

1956年的城乡社会主义改造运动，使得全国的社会餐饮业都纳入国营、公私合营和合作经营的轨道。旧式的师徒关系失去了存在的主客观条件，师父和徒弟都是拿工资的劳动者，师父收徒也不能取得额外收入，失去了收徒的积极性；徒弟对师父也不必唯命是从，无须师父的指点也可以学成自己的技能，老的厨艺传承链条实际上名存实亡。在企业领导和工会主持下的拜师活动，一直坚持到现在，但并没有实在的技术传承活动。然而，社会对合格厨师的需求量越来越大，迫使相关的行政主管部门用开办厨师学校的方法解决这个矛盾。

中国烹饪厨艺传承真正纳入近代教育体系的时间是在1958年前后，一方面是社会主义改造的需要，一方面是借助于“大跃进”的推动。从现有的资料看，全国第一所培养职业厨师的学校是北京第二商业服务学校，以后各省、市、自治区都陆续开办此类学校，有的还不止一所，由于这些学校均归商业部门管辖，所以多称为“商业技工学校”。仅江苏省就先后办了南京、苏州、扬州、徐州、淮阴、无锡、常州、盐城等近十所商业技工学校，它们几乎都设有培养厨师的烹饪专业。就全国来说，尚有广州、桂林、株洲、武汉、重庆、合肥、福州、上海、杭州、绍兴、青岛、烟台、石家庄、天津、沈阳、长春、哈尔滨、乌鲁木齐等地，都办有类似的学校，不过学校的名称并不统一，但培养的都是工人身份的厨师，这种情况一直延伸到1966年“文化大革命”开始，所有学校都停止招生为止。

1972年以后，各类学校恢复招生，不仅技工学校仍设有烹饪专业，连原先只培养干部的中等专业学校也开设了烹饪专业，而且招收的是高中毕业生，只不过当时对烹饪中专生的身份没有明确，这些毕业生曾长期用“以工代干”的身份就业。直到改革开放深入以后，公务员制度代替模糊的干部概念以后才自然消失。

20世纪80年代以后，一部分普通高中因升学率低而改为职业中学，烹饪是这类学校的常见专业之一。它们的毕业生已没有干部或工人身份的困扰，加之国家教育部规定，技工学校、中等专业学校和职业中学都只招收初中毕业生，从此技校生、中专生和职中生（通称三校生）在入学资格、培养目标、教学内容、就业待遇等方面，都完全相同了，统称为中等职业教育。

以技工学校为起点的中国烹饪中等职业教育和师徒相授的厨艺传承方式有本质的区

别，它在如下几方面作出了明显的突破：①使中国烹饪从单纯的手艺上升为一门生活科学；②使中国烹饪的技能类型上升为子学科，红案规范为烹调，白案规范为面点；③将近代营养科学和食品卫生科学引入厨师培养的必修内容，提高了全民的健康意识；④用近代食品工程科学的方法，总结了中国烹饪数千年来的技术系统，开辟了中国烹饪走向科学化、现代化的道路。而作为这些突破的文字结晶就是由中国商业出版社在1981年出版的，由中华人民共和国商业部教材编审委员会主持编写的技工学校的烹饪教材（1套6种），虽然显得粗糙，甚至还有些错误，但作为首创，其学术地位不容低估。

烹饪中等职业教育兴起以后，必然促成烹饪高等教育的诞生。最早在1962年，黑龙江商学院（今哈尔滨商业大学）曾建立过烹饪系，但并没有按大学本科标准坚持下去，所招一届新生按相关的师资班匆匆结束，该校至今未说明当时下马的原因。直到1982年，前商业部部长刘毅等再次提出兴办烹饪高等教育，并将此项试办任务交给当时的江苏商业专科学校，从高中毕业生中招收3年制的高等专科学员，取名中国烹饪系，于1983年正式招生。当时该校对烹饪专业的学科属性、培养目标、课程设置、培养手段等有关专业前途的认识并不明确，缺乏符合专业内在规律的教学计划，往往是有什么教师就开什么课程，课程的教学大纲没有专业特色，更没有合适的教科书。加之社会对厨行的轻视，许多高中毕业生不愿意报考烹饪专业，招生工作遇到了困难。所有这些均由于忽视了烹饪教育的职业教育特征，在经过数年探索以后，该校于1987年对中国烹饪系进行了很大的调整，在系内划分烹饪工艺专业（从有初步烹饪技能的三校生和现职厨师中招生，培养高级厨师）和烹饪职业师范专业（招收高中毕业生，培养烹饪中等职业教育的专业师资），明确烹饪专业是食品科学的分支学科，属于理工科。为了突出其高等职业教育特征，要求建立“双师型”（既是具有现代科学文化素养的教师，又是有实践能力的厨师）的师资队伍，对教师作出必要的学历规定；要求学生毕业时持有“双证”（大专毕业文凭、厨师等级证书）；要求加强科学实验性课程的教学，培养学生的科学精神。同时大力加强课程建设，积极编写并正式出版教材。到20世纪90年代初，该校并入扬州大学时，中国烹饪系即成为新组建的旅游烹饪学院的一部分，这个专业所取得的经验，在经过前商业部教育司组织的全国同类专业的经验交流互相学习后，得到丰富和发展，从而形成了目前国内普遍采用的3年制的高等专科层次的烹饪高等教育体系。尽管各学校的专业和系科的名称不同，但实际内涵大同小异，特别是近几年兴起的职业技术学院，这个专业的框架都是一样的。

1984～1985年，前商业部在全国按东西南北中5个方位分别兴办了烹饪高等教育，即江苏商业专科学校（东）、四川烹饪专科学校（西，1984年）、广东商学院（南，1985年）、黑龙江商学院（北，1984年）和武汉商业服务学院（中，1985年）。1986年，上海旅游专科学校（国家旅游局管辖）也设立了烹饪系。以后各地纷纷兴办，到2006年底，在互联网上发布烹饪或类似专业招生广告的院校就有：江苏的扬州大学、扬州商业职业高等学校、南通职业大学、常熟理工学院、无锡商业职业技术学院、南京财经学院；浙江的浙江旅游职业学院、浙江商业职业技术学院；安徽的黄山学院、安徽工商职业技术学院；上海的上海旅游专科学校；江西的井冈山师范学院；广东的湛江师范学院、肇庆学院、韩山师范学院；广西的南宁职业技术学院；湖北的武汉商业服务学院、华中农业大学、湖北商业专科学校、湖北经济学院、黄冈职业技术学院；四川的四川烹饪高等专科学校；陕西的西安大学、陕西烹饪学院；河南的河南职业技术学院、郑州航空工业管理学院、河南科技学院、河南职业技术师范学院；山东的济南大学、山东商业职业技术学院、威海工程技术学院；天津的天津青年职业学院；山西的太原大学；北京的北京联合大学、北京京安学院职业技术学院；河北的河北师范大学；新疆的新疆职业大学；内蒙古的内蒙古财经学院、河套大学；吉林的长春大学、吉林商业高等专科学校；黑龙江的黑龙江省烹饪技术学校、黑龙江餐旅专修学院、哈尔滨商业大学、黑龙江旅游职业技术学院等等。还有些院校很早就办了烹饪专业，但近年未见其招生信息，如广东商学院和北京工商大学(原北京商学院)安徽的蚌埠高等专科学校。另外，有些院校尚在筹备之中，其中牌子最大的是设在广东顺德大良镇的中国烹饪学院。据2006年6月15《佛山日报》报道：由中国餐饮协会(应为中国烹饪协会)和顺德职业技术学院合办的中国烹饪学院，于2006年10月挂牌成立，不过这个校名不符合中华人民共和国教育部的规定，新办学校一律不得冠以“中国”、“中华”或“国家”的字样。现在称“烹饪学院”的单位不少，但名实相副者寥寥，这与各地不加控制的厨师培训有利可图密切相关。

前面所列的那些院校，其所设烹饪专业名称各异，而教育部的专业目录中为“营养与烹饪教育”，但各校并未按此命名。因绝大多数是高等专科层次，仅有扬州大学、华中农业大学、哈尔滨商业大学等几所院校是4年制的本科层次。至于硕士研究生，哈尔滨商业大学曾以食品工程的烹饪方向培养过几名硕士，而扬州大学则已取得烹饪教育硕士授予权，浙江工商大学取得专门史(饮食文化史)硕士授予权。中国烹饪高等教育体系已经基本完备，在国际上也处于领先地位，但国内各院校的水平参差不齐，有待评估、调整、规范、充实和提高。

除了正规的学校教育以外，从20世纪80年代起，全国各地普遍开办了为数众多的厨师培训班，甚至办了许多专门的厨艺培训学校。这些非学历的技能培训，原先是多头管理(主要是商业和旅游业)，而且各自制订培训标准，更没有固定的培训教材，所以很不规范。1993年，国家劳动部进行了统一管理，制定了全国统一的知识和技能标准，统一了考核的要求和方法，以后还作了修订和补充，目前共分中式烹调师、中式面点师、西式烹调师、西式面点师、餐厅服务员、营养配餐员等6个工种。每个工种又分为初级、中级、高级、技师和高级技师等5个等级，工种和等级都需要经过省、地市级劳动部门委托的专业职业技能鉴定机构的考核和认定，并由劳动主管部门发给证书。目前国内的职业厨师，基本上都经过这种考核。即使是经过学历教育的人员，也都要经过这种考核，从而取得相应的厨师证书。

当前，非学历的职业技能培训、烹饪中等职业教育、烹饪高等职业教育(2或3年制的高等专科和4年制的本科)、饮食营养科学和教育以及饮食文化专业的硕士研究生，构成了中国烹饪厨艺传承和烹饪科学文化研究的完整系列，师徒相授的传承方式日益衰微，而偶见报道的拜师活动，只不过是名厨声望的炒作，与厨艺传承几无关系。(季鸿崑)

三、中国古代烹饪饮食文献概述

我们伟大的祖国拥有璀璨的文化典籍，并以历史文献名邦著称于世。在这些文献里，有着丰富的饮食生活资料。虽然，这些资料中可能有一些并没有直接讲述烹饪的技法和相关问题，但对于我们了解烹饪的历史发展，开阔我们研究烹饪文化的视野，无疑具有十分重要的意义和价值。而且，这些资料并不集中于某几部书内，而是散见于经、史、子、集和无文字记录的史料中。以往一些学者，常常苦于饮食生活资料的缺乏而难于开展研究工作。因此，如何检索历代的饮食生活资料，是中国饮食文化研究者十分关注的问题。

（一）无文字的烹饪饮食资料

1. 原始社会的艺术作品

在原始社会的造型艺术中，彩陶是富有特色的工艺美术品，也是新石器时代文化的重要特征，它体现了当时绘画艺术的水平和人们的生活水平。彩陶上美丽的花纹图案，从简单的几何纹饰到动植物纹样，朴素而真实地反映了当时人类的渔猎、采集饮食生活。

新石器时代的彩陶，距今已有大约五六千年的历史，这一时期的彩陶有陶盆、陶罐、陶壶、陶碗等饮食器具。制作者在这些饮食器具上描绘出各种纹饰，如几何图形、人面纹、鱼纹、鸟纹、蛙纹、鹿纹等等，形态别致，富有生活气息。

饮食生活是艺术的源泉，彩陶艺术如此丰富多彩，优美而又实用，是由于它植根于当时人们的饮食生活之中。彩陶纹饰中的鱼、蛙、鹿、鸟、植物的枝叶、果实等，都是人们在采集、渔猎、农耕等生活中经常接触到的食物。例如，在河南庙底沟出土的彩陶上发现了大量的植物纹装饰，反映出中原地区的居民这时的农业生活就已十分发达。西北地区的马家窑文化出土的彩陶上，动、植物纹样各占有一定比例，说明他们是以渔猎和农业相辅共存为生的。稍后于马家窑的西北地区半山和马厂文化的彩陶上，以植物纹为主，在某些彩陶的纹饰中还有反映农作物的图案，可见半山、马厂居民的饮食是以农作物为主的。由此可知，彩陶是与远古人们饮食的发展相一致的。彩陶艺术对于帮助我们了解先民的饮食结构，无疑是大有裨益的。

2. 商、周青铜饮食器及其纹饰

大约在公元前2000年左右，我国进入了青铜时代的初期，这也标志着中国社会步入了一个新的文明时期。

目前保存的青铜器，光是铸有铭文的就有上万件，不铸铭文的青铜器，无疑要多得多，这其中又以饮食器为主。食器有鼎、鬲、甗、簋、簠、盨等，酒器有爵、觚、斝、尊、壶、卣、罍等。在这些青铜饮食器具方面，西周和商是有明显的继承关系的，但两者又各有其自己的特点：商代青铜器中以酒器的品种最为丰富，西周时代则着重于发展饪食器。

根据墓葬发掘的材料，商代最简单的青铜酒器是以爵、觚、斝合成一组。爵是三足有流的酒杯，觚是容酒器，斝是灌酒器。在这个基础上扩大和发展，又增添了盉、尊、卣、壶、罍等中型、大型的饮器和容酒器。此外，更高级的容酒器还有方彝、兕觥、牺尊等。这些五花八门的青铜酒器的存在，是需要以大量粮食的消耗为前提的。它反映了商代农业生产比前代有了较大的发展，贵族们获得的粮食愈来愈多，因而能够大量地酿造酒。另外，酒器的品种和数量之多的情况表明，商代奴隶主贵族沉溺于酒的情形确实存在。这些豪华的青铜器中酌享的美酒，都是用奴隶们的劳动和智慧酿制而成的。

周朝人们的习惯与殷人不同，周初的酒器大为减少。在取得政权以前，周人也没有大量饮酒的风俗。周武王伐商，历数商纣王的罪状，酗酒便是其中之一，以此作为鉴戒，颁布《酒诰》，严禁周人酗酒。这就是周代初年青铜酒器大为减少的原因。

青铜酒器的比例大为减少，食器的数量就相应增加。西周青铜食器的主体是鼎、鬲、甗和簋、盨、簠。周代贵族列鼎而食，所谓列鼎是指大小相次成单数排列的盛放各种肉食的鼎。贵族等级愈高，使用的鼎愈多，他能享受到肉食的品种也愈多。据记载，天子用九鼎，诸侯用七鼎，卿大夫用五鼎，士用三鼎。宗周王臣的礼数也与此相仿。西周列鼎制度的存在也得到考古发掘的证实。陕西宝鸡茹家庄弛伯之妾的墓中，发现了5件一组的列鼎。河南三门峡上村岭虢国墓地发掘的情况，按墓的等级不同，随葬的青铜鼎有7件、5件和3件之分。这种青铜列鼎的陪葬制度，所反映的正是西周以来统治阶级各个等级层次在饮食上的差别。

青铜簋是盛饭食的器物，它的使用和鼎不同之处是以偶数组合。据记载，天子用八簋,诸侯六簋,大夫四簋,士二簋。传世的青铜簋,也以偶数为多。河南三门峡上村岭西周晚期至春秋早期的墓葬中，随葬的青铜簋有六器、四器和二器之别,与记载的情况相符。这些都是饮食上的等级差别的明证。

周代减少酒器的铸造，并不是要禁绝饮酒,不过是要有节制而已。西周中晚期的青铜酒器主要是壶和盉。一组青铜饮食器中,通常要配一对方壶或圆壶。盉是调酒味的器,主要是盛水调和酒的浓度。但是,终周之世,青铜酒器的铸造从未达到商代的程度。

值得注意的是,在周代青铜鼎上,常装饰有一种名为饕餮的纹饰。它是一些被夸张了的或幻想中的动物头部的正面形象。这种纹饰,是宋朝人根据《吕氏春秋》一书而定名为饕餮纹的。《吕氏春秋·先识览》说:“周鼎著饕餮,有首无身,食人未咽,害及其身,以言报更也。”《左传·文公十八年》亦曰:“缙云氏有不才子,贪于饮食,冒于货贿……谓之饕餮。”这些古代神话传说都说明饕餮是非常贪吃的,周人在青铜饮食器上装饰饕餮纹是有深意的,它主要是告诫人们不可贪于饮食,贪吃必将害己。因此,我们认为,饕餮纹实际上反映了周人提倡饮食节俭的思想。

商、西周青铜饮食器上的纹饰内容,绝大多数都与当时人们的生活极为密切，有些是人们常吃的动物,如鱼、蛙、龟、羊、牛、鸟等。到了东周，青铜饮食器上的纹饰出现了描写现实生活的题材。藏于四川省博物馆的战国早期出土的宴乐攻战纹壶就是如此，这上面有宴乐、采集、狩猎等场面,形象地表现了当时贵族们的生活情景和饮食状况。

商、周青铜器在一定程度上反映了中国历史和文化的发展进程，反映了当时社会生活的部分面貌,是研究商、周饮食的物质证据。

3. 汉代的画像石和画像砖

汉代的画像石是我国古代文化遗产中的瑰宝，其中一些场面直接描绘了当时权贵们钟鸣鼎食的宴饮情景，使我们得以窥见汉代社会生活面貌，为我们研究汉代饮食生活提供了十分宝贵的实物资料。

在《史记》、《汉书》、《后汉书》中记载汉代帝王的部分,可以发现,大的宴飨活动连年不断。逢年过节要宴飨,祭祀宗庙要宴飨,为出征的有功将士庆功要宴飨，巡视郡国慰问当地的官吏要宴飨,回到老家会见“故老”要宴飨，接见外宾要宴飨，还不时在朝廷大宴群臣。上行下效,各级大小官吏、贵族世家、豪强地主、富豪大贾动辄大摆酒筵,迎来送往,媚上骄下，宴请宾客和宗亲子弟，借以拉拢关系,沽名钓誉,形成了一股很坏的社会风气,汉代画像石就印证了这一事实。

在河南密县打虎亭一号汉墓出土的《饮宴》图上,宴会大厅上帷幔高垂,富丽堂皇。主人端坐在方形大帐内,其前设一长方形大案,案上有一大托盘,托盘内放满杯盘。主人席位的两侧各有一列宾客席,已有3位客人就坐,画面的右侧有4位侍者。这个图表现的仅是宴会之一角,整个宴会规模之大似可想见。这类宴饮图在各地出土的石刻画中比比皆是。有在前面大吃大喝的,就有在后面厨房内辛勤操劳的。在打虎亭一号汉墓中出土的一幅《庖厨》石刻画,画上共刻10人,按其操作程序可分为4组:第1组是屠宰;第2组是汲水、洗涤,集中在画面的下部;第3组是烹饪;第4组是把烹调好的食物送上席面。《庖厨图》与上面的《宴饮图》联系起来,组成了连环画,《宴饮图》中大吃大喝的奢侈生活与《庖厨图》中汗流浃背拼力干活的庖厨形成了鲜明的对照。

在一幅名为《投壶》的石刻画上,画面的中间立一壶,壶的右侧放的是盛有酒的樽,樽上搁置一把勺,供人舀酒用,有两人分别跽(jì技)坐,这是当时人们吃饭时的一种坐法。这种坐法，在今天日本家庭进食时还十分流行,因此,这幅石刻画就形象地告诉了我们当时的饮食风俗。

画像砖是汉墓里出土的又一种珍贵艺

术品，它的位置往往嵌在墓室的壁上，一方面是墓室结构的一部分，另一方面又是艺术装饰品。由于画像砖大多是从豪门富室的墓穴里出土的，所以内容也多半是记录墓主人的生活情况，它真实地反映了汉代贵族的奢靡生活。

现藏于成都博物馆的一幅名为《宴乐》的画像砖上，一人长袖起舞，其左边有一头上戴冠的人，正击鼓为之伴奏。左上方坐二人，其中一人正操琴弹弦。右上方一男一女，席地而坐，正在观赏。中间有两几、一奁、一盂。奁、盂上都有勺，这是一幅贵族饮食宴乐生活的描绘。左太冲《蜀都赋》云："金罍中坐，肴鬲四陈。觞以清醴。……巴姬弹弦，汉女击节，纡长袖而屡舞，翩跹跹以裔裔。"正是这幅图的写照。汉代画像砖不仅反映了贵族的生活，而且也有大量反映平民生活的场面。如描绘舂米、酿酒、制盐、田猎等内容的画像砖也为数不少。在四川出土的名为《舂米》的画像砖上，有一粮仓，仓前四人正在舂米，右一人举桶作倾倒状，另一人持筛。左二人两臂凭靠栏杆，借身重踩动二足碓的杠杆。桓谭《新论·离事》说："宓牺之制杵臼，万民以济。及后世加巧，因延力借身重以践碓，而利十倍杵舂。又复设机关，用驴、骡、牛、马及役水而舂，其利乃且百倍。"这说明汉代舂米技术比战国时已有长足的进步，普通人们的饮食也必然比之前代更为精细。

煮盐是我国古代重要手工业之一，四川的制盐业尤为发达。在四川出土的名为《盐场》的画像砖上，左方是盐井，四人正在提取盐卤。盐卤提上倒入井架旁一盛器内，然后以竹筒流入右角盐锅熬煮。盐锅一排数口，有一人在灶前点火，一人正弯腰在锅前取盐。有些专家认为，此图的煮盐方法系用火井，即天然气煮盐，近年来在出土此砖处也发现了古火井管道的遗迹。

我国在新石器时代就已发明了酿酒技术，汉代的酿酒技术已经很先进了，以前用"蘖"来造酒，汉代已经用"曲"了。在名为《酿酒》的画像砖上，左端上方一人正推车往外送糟。左端下方一人担一双酒瓮，瓮口有套绳。其右有灶一座，灶上有釜。上边一人左手靠于釜边，右手在釜内和曲，一人在旁观看。灶前有座酒炉，炉内有瓮，瓮有螺旋圆圈，连着通至炉上的圆圈，这可能是曲子发酵，淀粉溶化后输入瓮内的冷管。这幅图反映了汉代的酿酒技术及其过程。

由于汉代农业和手工业的发展，商品经济也繁荣了起来。在名为《沽酒》的画像砖上，右侧房内坐一人，有酒瓮一个，沽酒人正为门前一人盛酒，门外人作接酒状。左侧一人手推辇，上有一装酒物，并回首观沽酒人。左上方二人正作行走状，意欲前来沽酒，这反映了汉代的饮食业已有了一定的发展。

总之，汉代的画像砖石，不仅具有很高的艺术价值，而且还有很高的历史价值，是我们研究饮食生活不可或缺的史料。

4. 古代绘画作品

中国画有悠久的历史，根据史书的记载，我国在春秋时期已有绘画艺术，中国画不仅有鲜明的艺术特色，而且也有着丰富的表现内容。许多绘画，都直接而生动地反映了贵族和平民的饮食生活和风俗。

例如《韩熙载夜宴图》是南唐画家顾闳中创作的，代表着中国古代人物画杰出成就的重要作品。它描绘了政治上失意的官僚韩熙载尽情声色、颓唐放纵的夜宴生活。韩熙载坐在床上，案桌上置满了酒菜。饮食器具均为青瓷，为当时有名的越窑出产。越窑专门烧造供奉之器，庶民不得使用，故称"秘色"瓷。清人评论"其色似越器，而清亮过之"。该图中所绘的执壶和带托的酒杯，都是五代上层贵族使用的典型器具，它的釉色以黄为主，滋润有光，呈半透明状，但青釉也占有一定的比重。该图使我们了解到唐宋时期我国饮食器具发展的水平。

再如宋代的《清明上河图》，它是我国古代风俗画的杰出代表，画家以写实的态度表现了北宋都城开封在清明节时的繁华景象，具有较高的历史文献价值。宋人孟元老《东京梦华录》“清明节”条中说这一天是“坊市卖稠饧、麦糕、乳饼之类”、“四野如市，往往就芳树之下，或园圃之间，罗列杯盘，互相劝酬。都城歌儿舞女遍满园亭”。这些情况都可以在画面上找到。此外孟元老所说的京师酒楼，如：“曹婆婆肉饼”、“唐家酒店”、“正店七十二户……其余皆谓之脚店”，等等，无不符合画面。图中拱桥的南端，屋宇错落，临河众多的酒楼茶肆里，有闲者正在酒楼欢宴，或闲谈于席间。《清明上河图》把北宋末期城市商业，特别是饮食业发达的面貌，表现得淋漓尽致。

又如明代仇英所画的《春夜宴桃李园图》，它以李白《春夜宴桃李园序》为题材，描绘李白与其三从弟，春夜于桃李园中设宴，斗酒赋诗的情景。在画幅中间偏下部位，大桌上杯盘佳肴，桌旁红烛纱灯，几上放着诗篇画卷。四位诗人，围桌而坐。右边的两位，一人举杯，一人提箸，正在对饮。左边的一位，正举目欣赏着桃花夜色，而背向着外的一位，正要举杯畅饮。诗人们沉醉在春、酒、诗的情景中。诗人周围，男女僮仆有斟酒的，有持盘前趋的，还有一个僮仆打着灯，提着酒坛，从园外或宅中急急赶来，给主人添酒。右边三个孩子则正蹲着开樽取酒。这一切都说明了主人对酒的兴趣，证实了李白确为“酒中仙”的传说，此图对于我们探究唐宋以来封建士大夫的生活不无裨益。

（二）有文字的烹饪饮食资料

研究饮食生活，主要的还是依靠有文字记录的饮食史料。恩格斯曾说：“不论在自然科学或历史科学的领域中，都必须从既有的事实出发。”列宁在评论恩格斯《家庭、私有制和国家的起源》一书时指出：“这是现代社会主义主要著作之一，其中每一句话都是可以相信的，每一句话都不是凭空说出，而都是根据大量的历史和政治材料写成的 。”从经典作家对待历史资料的郑重态度上，我们可以看出：可靠的历史资料，对于我们研究工作具有极其重要的意义。史料之于研究工作，正像生米之于熟饭，俗语说：巧妇难为无米之炊。不占有充分的史料，谁也不可能写出有价值的著作。

以往人们为我们留下的饮食生活史料是十分丰富的，但由于历次战乱及有意无意的破坏，很大一部分已湮没无闻。加之过去古书的流传，多系手抄，自宋代雕版印刷术发明以后，书籍才广泛地传播开来。在抄写或刻印中，字句脱落、衍文增句常有发生，如果不进行对比校勘，便难于探索书中内容，更谈不上作为立论的依据了。因此，我们认为要寻找饮食文化史资料，就应从最早、最可靠的文字记录着手。

1. 甲骨文饮食资料

我国现存最早的文字记载，是商代的甲骨文，距今已有 3000 多年的历史了。甲骨文是当时史官保管的重要文献，因为这些文字刻在龟甲或牛、羊、猪、鹿的肩甲骨上，因此称为甲骨文。

甲骨文自 1899 年首次发现，迄今已 100 多年了。在此期间出土的甲骨实物甚多，达 15 万片以上。甲骨文属于商代中晚期文字，它是在河南安阳小屯村附近首先发现的，这里是商朝最后的都城“殷”的废墟，所以又称殷墟。甲骨文单字大约有 4500 多个，可释者约 1000 字左右。一片甲骨文少则几个字或几十字，多则一二百字。每片甲骨刻文虽然很简单，但涉及的内容极为广泛，主要记载商代的农业、畜牧、狩猎、酿酒、灾害、医学、祭祀等，为后世研究商代的社会经济生活和风情民俗提供了大量的珍贵资料，是古代饮食文献的重要组成部分。

众所周知，食物主要依靠农业部门提供。从甲骨文记载来看，商代农业已成为当时主要的生产部门，商代畜牧业就是在农业较为发达的基础上发展起来的。商代的统治阶级出于生活的需要和剥削更多农业产品的欲望，主观上也非常重视农作物的种植和收成。

围绕着农业生产，他们常举行各种占卜和祭祀活动，盼望有好的年成。甲骨文对这些活动有着详细的记载，这方面的龟甲卜辞，所占的比重最大，反映了殷人对饮食事项的关注。

甲骨文所载当时农作物的主要品种有黍、稷、麦、稻、豆等，这与后世的谷食种类基本相同。可以说，商代已经奠定了我国古代农作物品种的大致布局。

史书记载，殷人普遍饮酒，不仅饮酒成风，而且最后因酒亡国。酒需谷物酿造，这也说明商代的农业收获量一定很大。据甲骨文记载，在商代，主要是用糵酿造甜酒，所以称管理酿酒之官为“小糵臣”。甲骨文中酒的品类有醴（甜酒）和鬯（香酒）。鬯是商周时期最高级的酒，多用以祭祀，也用于帝王赏赐臣僚，在著名的毛公鼎和大盂鼎铭文中都有“赐鬯”的记载。

随着农业的发展，商代的园圃业也出现了。甲骨文中有“甫”字和“囿”字，前者像蔬菜长在田中，后来演变成圃字；后者像树木长在园囿中。同时，甲骨文还有“果”字，可见商代已知道种菜和栽培果树。

甲骨文中已是六畜俱全，不仅有马、牛、羊、鸡、犬、豕等字，而且有牢、家等字，说明马、牛、羊、豕等均是人工圈养的家畜。从卜辞中祭祀大量用牲的材料可以看出，殷人用牲多为家畜，可知当时畜牧业已成为人们肉食的主要来源。甲骨文还反映了殷人食鱼的情况，近代陈梦家在《殷墟卜辞综述》中就有八条食鱼的记载。

总之，甲骨文中有关商代饮食情况的材料不少。近年来，中华书局出版了《甲骨文合集》，该书经过剪裁书刊，重新墨拓，恢复原形，校对重出，拼合断片，同文类聚，去伪存真，去粗取精等一系列综合整理工作，然后选出在文字学、历史学上具有一定意义的甲骨，共约 5 万片，分为 22 类，编辑而成。原国务院古籍整理出版规划小组组长李一氓说：“这部书是建国以来文化上最大的一项成就”，“它对古文字的研究，殷代社会史的研究，作出了相当完备的学术贡献”，“是清末发现殷墟甲骨文以来划时代的一部甲骨文汇编”。学者们在研究商代饮食文化时，可充分利用这部《甲骨文合集》。

2. 金文饮食资料

中国古代青铜饮食器是祖国饮食文化宝库中的瑰宝，这些饮食器具上面常铸或刻有文字，这些文字通常称为“铜器铭文”，又称“金文”或“钟鼎文”。金文不但是研究汉字的珍贵资料，也是研究古代饮食文化的重要材料。

如从古代典籍的角度来看，研究先秦饮食文化，材料是比较贫乏和混乱的，主要是借助于《尚书》、《诗经》、《春秋》三传等书。正如美国著名华裔人类学家张光直先生所说：“商代甲骨文字里面关于烹饪、食物和仪式的一些字的形状，常常反映这方面的一些内容。类似的字也见于商周的金文里面，而且这些金文偶然也提到在仪式中使用的饮食。”古代典籍历经传写刊刻，不可避免地会有讹误，而铜器除后代伪作者外，则为古人真迹，其真实性与可靠性比典籍更强。加之青铜器又是以饮食器为主，而铜器铭文中亦有些是对这些饮食器的用途和作器的原因所作的注释和说明，可见，金文无疑是了解先秦贵族饮食文化不可缺少的资料。

过去的许多历史学家由于种种局限，在研究先秦社会时往往十分重视典籍史料，而常常忽略地下发现的金文资料，这不能不说是一个极大的欠缺。而许多研究铜器铭文的学者，又常常脱离不了旧金石学的影响，不能结合社会历史进行研究。这样，就不能使金文资料和典籍史料有机地结合起来。近年来，随着我国考古事业的发展，先秦铜器的不断出土，发现了一批具有较长铭文的青铜器，这些铭文的内容极其丰富，详细地记载了先秦社会的经济与政治生活。一些学者在解释和利用这些金文方面已作出了一些努力，相信在利用金文来认识先秦饮食文化方面，今后一定会有较大的突破。

3. 饮食烹饪文化史料典籍

我国有文字记录的饮食烹饪文化史料极其丰富，并大多编写成册，为了找到这些书，以及这些书的主题，就得从目录学入手。我国古代的目录学，一般是按经、史、子、集四部排列的，现把其中有关烹饪饮食文化的著作分述如下。

经部 自从汉武帝罢黜百家、独尊儒术以来，我国封建王朝的历代统治者，都把儒家的一些重要著作奉为经典，叫做“经书”。这些经书及后人解释这些书的著作，在我国古代的4部分类法中，都归于“经部”，放在各类图书的首位。清朝乾隆年间编《四库全书总目》，把经部书籍分为易、书、诗、礼、春秋、孝经、五经总义、四书、乐和小学等10类。其中主要部分就是儒家的经典《十三经》，即《易》、《书》、《诗》、《周礼》、《仪礼》、《礼记》、《左传》、《公羊传》、《穀梁传》、《论语》、《孟子》、《孝经》、《尔雅》。这13部经书是我们研究古代饮食，特别是汉代以前饮食的基本材料，仅以《周礼》、《仪礼》、《礼记》这“三礼”为例，其中就有众多篇章介绍古代的饭食、酒浆、膳牲、荐羞、饮食器皿、饮食礼俗和习俗。

史部 列入历代书目中的史部书很多，《四库全书总目》把这些书分为正史、编年、纪事本末、别史、杂史、诏令奏议、传记、史钞、载记、时令、地理、职官、目录、史评15个子目，没有列饮食类或食货类。但正史中有《食货志》，如《史记·平准书》、《汉书·食货志》都记有耕稼饮食之事，历代正史多沿袭《汉书》，相继撰有《食货志》。据不完全统计，史部中有关饮食的典籍有：《四民月令》、《南方草木状》、《岭表录异记》、《东京梦华录》、《都城纪胜》、《武林旧事》、《南宋市肆记》、《梦粱录》、《中馈录》、《繁胜录》、《馔史》、《酒史》、《闽小记》、《清稗类钞》，等等。

子部 西汉刘歆的《七略》中，把先秦和汉初诸子思想分为10家，即儒、道、阴阳、法、名、墨、纵横、杂、农、小说家。后来因为时代的变迁，10家之中有的已经失传，有的虽然流传下来，但后继无人，有的合并，有的增立。到编《四库全书》时，诸子百家之书不仅数量繁多，而且流派也发生了重大变化，因此《四库全书总目》分“子部”图书为14类，饮食图书属农家类。《四库全书总目》在《农家类·序言》中指出：“农家条目，至为芜杂，诸家著录，大抵辗转旁牵……因五谷而及《圃史》，因《圃史》而及《竹谱》、《荔枝谱》、《桔谱》……因蚕桑而及《茶经》，因《茶经》而及《酒史》、《糖霜谱》、至于《蔬食谱》，而《易牙遗意》、《饮膳正要》相随入矣。”可见“农家类”中饮食典籍十分庞杂，不能一一介绍，只把书名略示如下：

《吕氏春秋·本味篇》、《禽经》、《食珍录》、《齐民要术》、《食谱》、《食疗本草》、《茶经》、《煎茶水记》、《食医心鉴》、《酉阳杂俎·酒食》、《膳夫经手录》、《膳夫录》、《笋谱》、《本心斋蔬食谱》、《山家清供》、《茹草记事》、《寿亲养老新书》、《北山酒经》、《玉食批》、《茶录》、《荔枝谱》、《东溪试茶录》、《品茶要录》、《酒谱》、《桔录》、《糖霜谱》、《宣和北苑贡茶录》、《北苑别录》、《蟹谱》、《菌谱》、《食物本草》、《农书》、《日用本草》、《饮膳正要》、《农桑衣食撮要》、《饮食须知》、《云林堂饮食制度集》、《居家必用事类全集》、《易牙遗意》、《天厨聚珍妙馔集》、《神隐》、《救荒本草》、《便民图纂》、《野菜谱》、《宋氏养生部》、《云林遗事·饮食》、《食物本草》、《食品集》、《广菌谱》、《本草纲目》、《墨娥小录·饮膳集珍》、《多能鄙事》、《茹草编》、《居家必备》、《遵生八笺·饮馔服食笺》、《野蔌品》、《海味索隐》、《闽中海错疏》、《野菜笺》、《食鉴本草》、《山堂肆考》、《野菜博录》、《上医本草》、《觞政》、《农政全书》、《养余月令·烹制》、《饮食须知》、《调鼎集》、《食物本草会纂》、《江南鱼鲜品》、《簋贰约》、《日用俗字·饮食章菜蔬章》、《食宪鸿秘》、《饭有十二合说》、《居常饮馔录》、《续茶经》、《农圃便览》、《醒园录》、《粥谱说》、《养生随笔》、《随园食单》、《吴蕈谱》、《记海错》、《证俗文》、《醯略》、《养小录》、《扬州画舫录》、《调疾饮食辨》、《清嘉录》、《桐桥倚棹录》、《随息居饮食谱》、《艺能篇·治庖》、《湖雅·酿造饵饼》、《食品佳味备览》，等等。

集部　集部图书是历代的诗文集以及文学评论与词曲方面的著作。因此，集部的饮食文献不多，主要有《楚辞·大招》及《招魂》、《士大夫食时五观》、《闲情偶寄·饮馔颐养部》等等。

类书　类书是我国古代的百科全书，它是辑录古书中各种材料，按类编排而成的。类书的内容非常广泛，天文地理、草木虫鱼、饮馔服食、典章制度，无所不包。所以《四库全书总目》说："类事之书，兼收四部，而非经非史，非子非集，四部之内，乃无类可归。"类书中的饮食资料十分丰富，主要有《北堂书钞·酒食部》、《艺文类聚·食物部》、《太平御览·饮食部》、《渊鉴类函·食物部》及《菜蔬果部》、《古今图书集成·食货典》、《格致镜原·饮食类》、《成都通览·饮食》，等等。

以上所列举的，仅是重要的中国古代饮食文献，而且还很不完备，希望通过这番论述，人们能从中摸索到一条开拓饮食生活研究领域的途径，这也是深入研究的基础。因为在古今中外的著名学者中，凡是能在人类历史上作出总结性的工作，写出一部伟大著述的，都是穷年累月，从研究整理文献着手，再结合社会生活实际才取得成功的。司马迁写《史记》、马克思写《资本论》都是如此，由于他们有着宏伟的气魄，为了撰写一部总结性的巨著而广搜博采，终于成为世界上整理文献最成功的人，为人类作出了巨大贡献。所以，我们认为要想从事饮食生活的研究，也必须先从饮食文献入手，这样才能取得较好的成绩。

（三）中国古代饮食烹饪文献举要

1. 先秦饮食文献

《周礼·天官》　出自《周礼》，作者不详，一般认为此书成于战国时代。该书分6篇介绍了周朝、春秋战国时代的各种官制，为儒家经典之一。《天官》一篇详细记述了当时王室的饮食制度及与饮食有关的各种官员，各种宫廷食品的种类、原料、调味、使用等情况，还有食疗治病的记载，是研究我国古代烹饪史的重要资料。

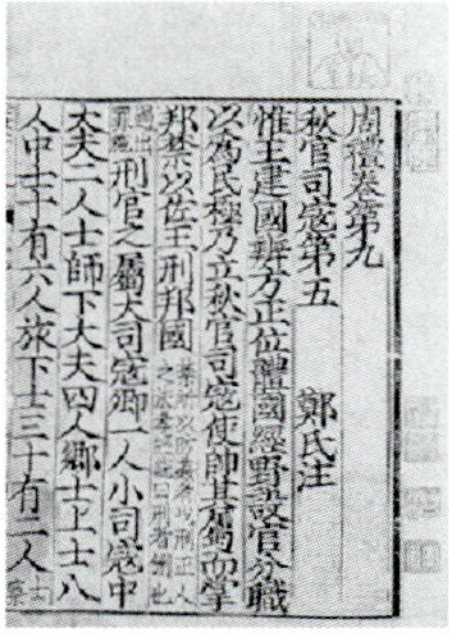
周禮卷第九
秋官司寇第五　鄭氏注
惟王建國辨方正位體國經野設官分職
以爲民極乃立秋官司寇使帥其屬而掌
邦禁以佐王刑邦國
刑官之屬大司寇卿一人小司寇中
大夫二人士師下大夫四人鄉士上士八
人中士十有六人旅下士三十有二人

《仪礼》　作者不详，据书中内容和汉简残片考证应为春秋战国时代所成，是叙述仪节、礼仪的经典，为儒家经典之一。该书对饮食烹饪的重要贡献在于大量记述了作为礼品或祭品使用的食物及宴会的仪礼。其中有6个篇目涉及到当时各种阶层的宴饮仪礼，如国君宴饮使者，贵族、士大夫在家庙中的祭祀，及基层的敬老酒会等，是研究古代饮食礼仪的重要文献。

《礼记》　记载先秦的社会规范、伦理礼节和文化制度的儒家经典之一。原为孔子的弟子及其再传、三传弟子所记，而一般认为由西汉戴圣所编定，今本有东汉郑玄注本。

禮記卷之一
曲禮上第一
曲禮曰毋不敬儼若思安定辭安民哉

书中与烹饪有关的内容很多，其中《曲礼》、《礼运》、《玉藻》、《月令》、《内则》等篇目涉及到烹饪的起源、古代宴饮制度、八珍等菜肴的制法，及选料、配食、调味等。《内则》中的周代八珍是我国最早的食谱之一。

《诗经》　传说由孔子修订而成，是我国第一部现实主义诗歌总集，分风、雅、颂3个部分，共305篇。内容丰富多彩，广泛地反映了西周初年至春秋中期我国中原地区及部分长江流域地区各种阶层的社会生活，对饮食一类有大量记述。关于烹饪原料、器具、方法，及宴饮、祭祀等饮食风习遍及全书，是研究我国古代饮食文化的重要资料。

《尚书》　相传为孔子根据夏、商、周三代

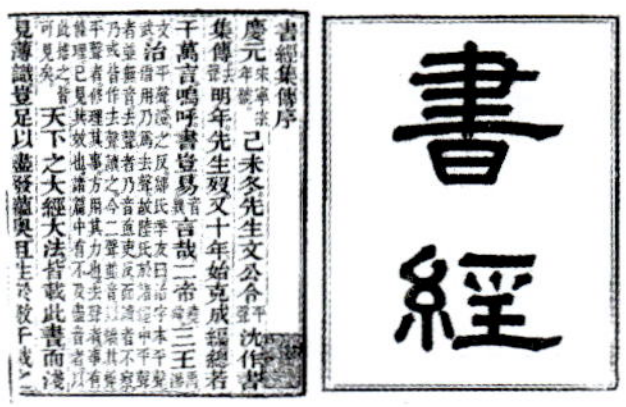

史官的记录编纂而成。原百篇，秦火后仅存二十八篇。

全书记载了上起传说中的尧舜时代，下至春秋中期，约1 500年的史事，主要为古代帝王的文诰和君臣谈话内容，反映了上古华夏文化的各个不同的侧面。其中，《禹贡》篇记述了各地贡品和农作物名称，对研究上古烹饪原料有参考价值。

《楚辞》 成书于战国时代，是楚国屈原等人所作。屈原，名平，字原，楚武王熊通之子屈瑕的后代，丹阳（今湖北秭归）人，杰出的政治家和爱国诗人。

该书中有关烹饪的内容主要集中在《招魂》、《大招》两篇中，通过仪式或典礼的形式记述了当时楚国的饭菜、饮品，展现了当时楚地烹饪方法和调味的多样化。诗中还有对冰镇饮品的记述，是研究楚国及古代饮食、烹饪发展的重要资料。

《吕氏春秋·本味》

成书于公元前238年，吕不韦率其门人编撰。吕不韦，战国末年卫国濮阳人，即今河南濮阳人，从商人做到秦国相国，足见其足智多谋，是我国古代著名的政治活动家。

《本味》篇中不仅记述了当时各地的美味佳肴，更详细介绍了各种美味的选料、火候、调味等烹饪知识，保留下了许多珍贵的烹饪理论。在阐述天下美味的过程中，记录了当时天下美食的品种、产地等信息，是我国现存最早的论及饮食、烹饪的著作之一，对我国烹饪发展的历史有一定的影响。

《尔雅》 非一家一世之作，而是杂采多家几世材料逐步汇编而成，初成于战国时代。它是一部解释我国古代经典词语的书。

全书19篇，在《释草》、《释虫》、《释鱼》、《释鸟》、《释兽》等7篇中都涉及到先秦时期人们对烹饪原料的认识和利用情况。其中，还有关于茶的最初记载。

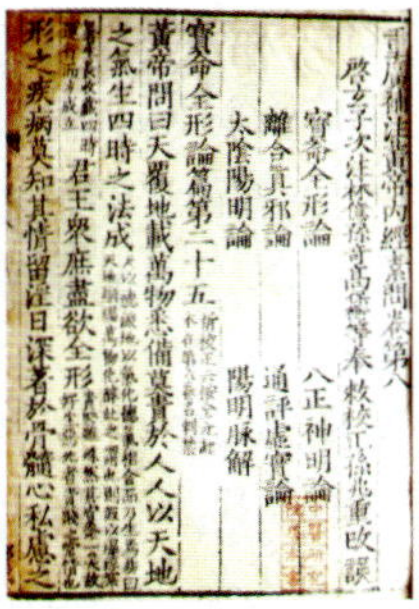

《黄帝内经·素问》 大约成书于战国至西汉时期，是后人托黄帝名而作，是我国现存最早的较为完整的医学典籍。

全书24卷，分81篇，论述了中医学理论的基本内容，涉及很多食疗内容。如《生气通天论》中指出，要维持健康、保持长寿就必须调和五味；《汤液醪醴论》中提到酒在治疗疾病中的效用；《藏气法事论》中论述了饮食和养生，认为“五谷为养，五果为助，五畜为益，五菜为充”。

《神农本草经》

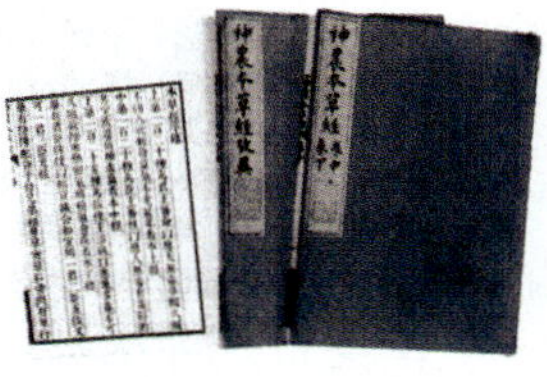

我国最早的药物学专著，亦称《本草经》、《本草》。书名虽冠以传说中的古帝王神农的名字，但一般认为，该书是战国时代至秦汉期间编纂的。

原书已失传，今本多是后人辑录逸文所成，共收录了356种药物，分上、中、下三品。药食本同源，其对药物名称、性味、出产、主治功用等的介绍，是研究先秦饮食的重要参考文献。书中有关于黄豆芽的最早记载。

2. 两汉饮食文献

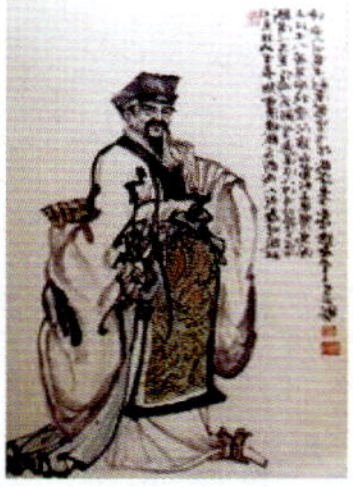

《上林赋》 西汉司马相如著。司马相如，字长卿，蜀郡成都（今四川省成都市）人，少时好读书、击剑，被汉景帝封为“武骑常侍”，西汉文学家，善鼓琴。

诗中颂咏了皇帝在上林（即皇帝的御苑）游猎的情景，其中提到了许多食品和饮料。他另有描写诸侯游猎情景的《子虚赋》，对考察汉代饮食都有一定参考价值。

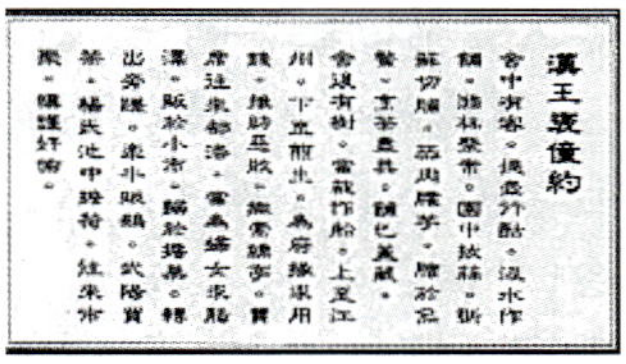
漢王褒僮約

《僮约》　汉代王褒撰。王褒，字子渊，蜀资中（今四川省资阳市雁江区）人，生平不详，其文学创作活动主要在汉宣帝在位时期（前73—前49），著名的辞赋家。

这是一篇关于奴隶义务契约的赋，全文600余字，其中有“脍鱼炮鳖，烹茶尽具”，“牵犬贩鹅，武阳买荼”的文字记载，是“荼”代指为“茶”字的最早由来，也是全世界最早的关于饮茶、买茶和种茶的记载。

《释名》　训诂之书，东汉刘熙仿《尔雅》而著。刘熙，字成国，北海（今山东高密一带）人，东汉著名经学家、训诂学家。

全书27篇，第13篇为《释饮食》，对10多种饮食词语的命名由来加以推究，胡饼、糜、酪、韲、脯炙等，有助于后人更好地认识和了解古代食品和烹饪方面的知识。

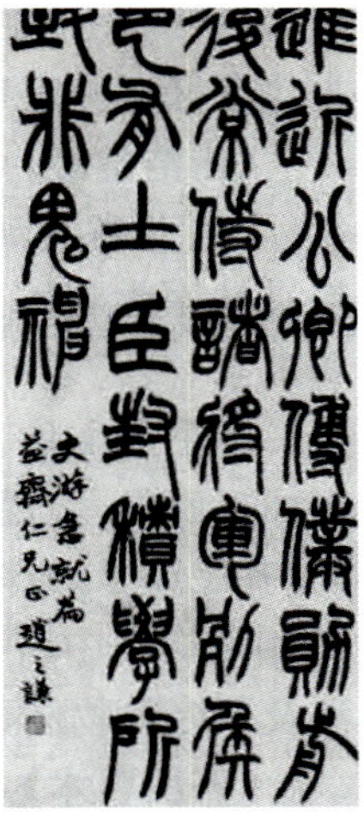

《急就篇》　西汉史游著。史游，西汉元帝（前48—前33）时官至黄门令，精于字学，善书法，开草书之先河。

本书又称《急就章》、《急就》，为学童识字之书。全书4卷，34章，2000多字，按姓名、衣物、器用、市里名称等分类编成三言、四言、七言韵语，有不少关于饮食的语汇，涉及烹饪原料、调味品、菜点的名称，如饼、饵、麦、饭、甘、豆、羹、葵、韭、葱、蓼、脍、炙等，反映了当时的饮食烹饪状况。

《四民月令》　古代农书，东汉崔寔著。崔寔，字之真，冀州安平人，出身望族，中年后出任侍郎，官至尚书，东汉政治家，颇重视生产知识。此书是仅次于《氾胜之书》的现存最早农书，原书已失传，仅有辑佚本不过3000字。该书简要记述了当时士、农、工、商每年12个月的生产生活情况，每个月份都有关于烹饪和饮食的简单记载，涉及制酱、酿酒、藏瓜、做枣米粉、干葵等内容，对研究我国烹饪饮食史有重要参考价值。

《方言》　西汉扬雄著。扬雄，字子云，蜀郡成都（今四川省成都市）人，西汉著名的辞赋家、哲学家、语言学家。

本书是西汉末期的字典，全名《輶轩使者绝代语释别国方言》，又称《扬雄方言》，全书13卷，集录了从各地到朝廷来的使者所用的方言，共收入11900余字。其中有不少有关饮食的语汇，对研究古代食品名称极有参考价值。

《说文解字》　成书于公元100年，东汉许慎著。许慎，字叔重，东汉汝南召陵（今河南郾城县）人，汉代有名的经学家、文字学家、语言学家，有“五经无双许叔重”美誉，是我国文字学的开拓者。

全书收入15116字，分别对每字的字形、字义、音韵作了说明，其中有不少与饮食有关的字如“美”、“炮”等，涉及烹饪方法和烹饪原料，对研究古代烹饪有一定参考价值。

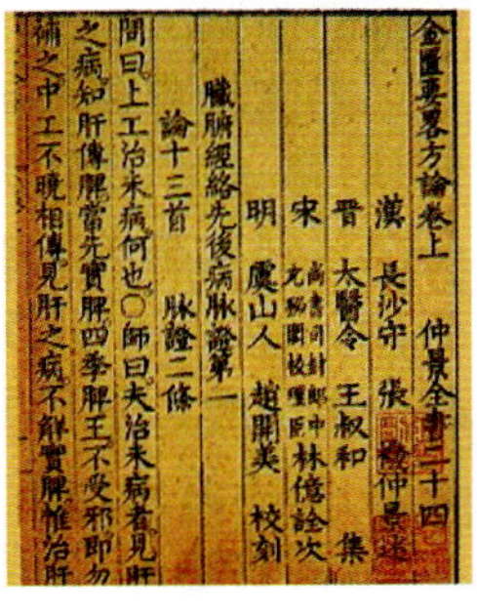
金匱要畧方論卷上　仲景全書二十四
漢　長沙守　張機仲景述
晋　太醫令　王叔和　集
宋　尚書司封郎中充秘閣校理臣林億詮次
明　虞山人　趙開美　校刻
臟腑經絡先後病脉證第一
論十三首　脉證二條
問曰上工治未病何也○師曰夫治未病者見肝之病知肝傳脾當先實脾四季脾王不受邪即勿補之中工不曉相傳見肝之病不解實脾惟治肝

《金匮要略》　东汉张机著。张机，字仲景，南郡涅阳（今河南南阳）人，古代著名医学家，著有《伤寒杂病论》。

本书内容即出自《伤寒杂病论》。《禽兽鱼虫禁忌并治第二十四》和《果实菜蔬禁忌并治第二十五》两卷记述了大量饮食疗法，兼及数百条饮食禁忌和应对附方，理论丰富，食用性强，是食疗研究的重要参考文献。

3. 三国魏晋南北朝饮食文献

《临海水土异物志》　三国沈莹著。沈莹，做过丹阳（今江苏省南京市一带）太守。

分介绍食疗理论外，其余 4 部分对 100 多种动植物食物原料的性味、食疗作用、使用方法进行了分析，是研究古代饮食疗法的重要文献。

《食疗本草》 唐代孟诜著，张鼎补录。孟诜，汝州梁（今河南临汝）人，少时好医药方术，进士及第，官至司马、刺史等职，晚年辞官归乡，重拾少年之好。张鼎生平不详。

本书为现存古代重要食疗文献，其中关于有医疗作用食物的说明，对研究古人食疗和保健饮食有重要的参考价值。该书还收录了很多时人所未录的食物，如鳜鱼、鲈鱼、黄花鱼、空心菜、菠菜等。

《茶经》 中国历史上的第一部茶学专著，唐代陆羽著。陆羽，字鸿渐，复州竟陵（今湖北天门）人，性诙谐，隐居著述，拜官不受，一生嗜茶，对之素有研究，有“茶圣”美称。

全书分 3 卷 10 门介绍了茶的来源、性状、品质、产地、采制、典故及饮茶方法、器皿用具等，不过 7000 余言，却道出茶之真谛，影响深广。

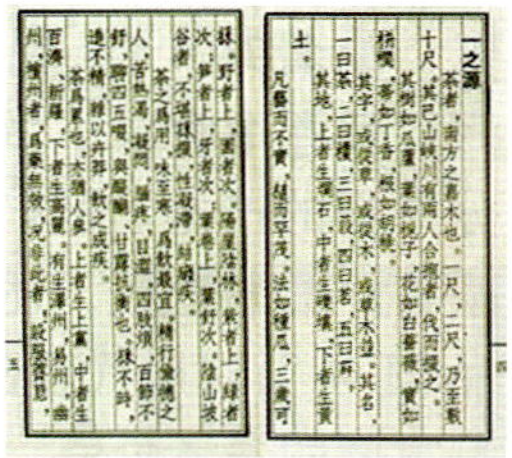

《食医心鉴》 9 世纪中叶成书，昝殷撰。昝殷是蜀地（今四川省）名医，著有我国最早的妇产科的医书《产宝》。

全书 3 卷，宋代以后，原书散佚。现存的一卷本是日本人从朝鲜的《医方类聚》一书中辑录的。全 1 卷，分 16 类，共收录了 211 种食疗法，不仅记述了名称和用量，而且还记述了制作方法和服用方法，简明实用，尤其详于妇产科疾病的食疗方法论述。

《酉阳杂俎》 唐代段成式著。段成式，字柯古，山东临淄人，官至太常少卿，著述颇丰。

该书内容丰富，很多篇目提到食物品名和动植物原料。其中第七卷集中记述了酒食之事，主要有：南北朝和唐代的食物原料、酒名、饮食掌故；《吕氏春秋·本味》中的菜肴、原料；几条亡佚的《食经》、《食次》中所载菜点的做法。

《云仙杂记》 唐代冯贽著。冯贽，金城（今甘肃兰州）人，约唐昭宗天祐（904）前后在世，或以为并无其人，疑为宋人王铚伪造。

该书以笔记体的形式记述了不为正史所载的逸事，内容丰富庞杂，其中涉及了很多饮食烹饪的史料。如对洛阳岁节饮食的记载，对“过厅羊”、“甲乙膏”、“桃花醋”、“洗心糖”等饮食典故的记载，均可作为研究古代饮食烹饪的参考。

《岭表录异》 唐代刘恂著。刘恂，唐昭宗时人，任过广州司马，后定居南海。

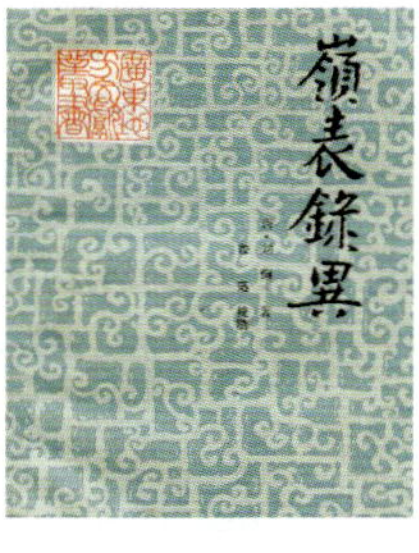

该书记述了以广东为主的岭南地区特有的物产种类和风土人情。其中涉及饮食烹饪的有 20 多条，记载了稀有的食物原料、食用方法、罕见的烹饪用具和奇特的饮食风俗，对研究唐代岭南地区的饮食文化有极高的参考价值。

《初学记》 成书于唐开元年间，是徐坚、张说等奉玄宗之命编撰而成。徐坚，字元固，湖州人，进士出身，官至东都留守判官、司封员外郎、给事中等。张说，字道济，3次为相，唐代文学家。

全书30卷，其中第26卷是专门记载饮食烹饪的，内容丰富、系统，对食品的名字、历史掌故、变化演进都有详实的记载，对研究唐及其以前的饮食烹饪有较高的参考价值。

《艺文类聚·食物部》　唐代欧阳询、陈叔达等人于公元624年奉敕编修。欧阳询，字信本，潭州临湘（今湖南长沙）人，官至太子率更令。陈叔达，字子聪，唐朝开国元老之一。

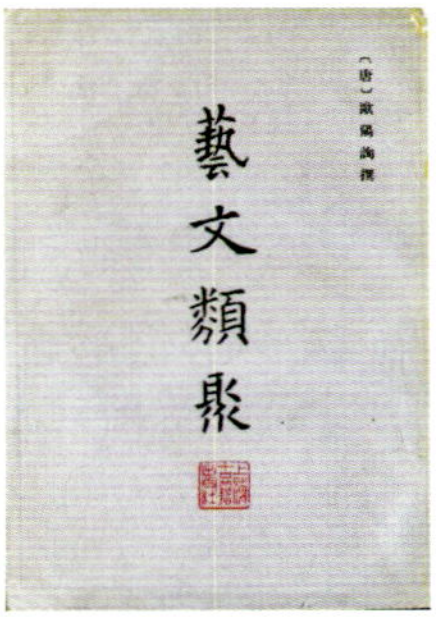

全书100卷，分为74部。《食物部》见该书第72卷，分食、饼、肉、脯、酱、鲊、酪酥、米、酒等条目，每一部分先释名记事，然后标出所引古书的书名，再摘录有关的诗文等，是对唐代以前有关饮食资料的汇编，可用做研究饮食烹饪的工具书。

《一切经音义》　又称《（大唐）众经音义》，唐代释玄应撰。释玄应，俗姓吴，泉州晋江（今福建泉州）人，住漳州报劬院，称玄应定慧禅师，唐太祖赐其紫衣师号。

本书是唐代初期的字书，是作者于贞观年间奉敕为《一切藏经》中的词汇作的注解。全书25卷，引用了很多古书的逸文，记载有关于“馄饨”等许多饮食的用语。

《新修本草》　简称《唐本草》，又名《英公本草》，成书于公元659年，唐代苏敬等23人编撰。

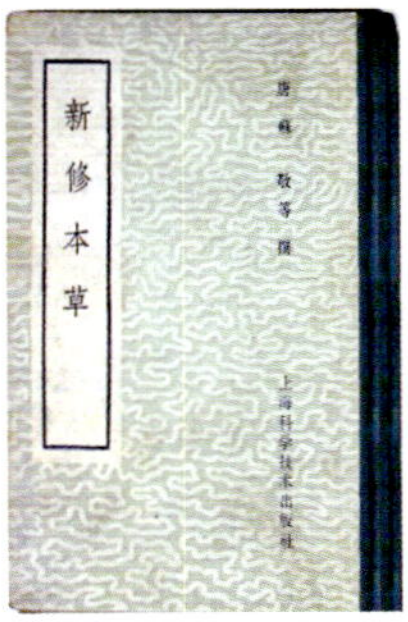

全共54卷，以陶弘景的《本草经集注》为基础，增补114种药物品种，分为玉石、草、木、禽兽、虫鱼、果、菜、米、有名无用9类，共计850余种药材，介绍药物性味、良毒、主治、用法、别名、产地、形态等，附有大量图片，其中不少是饮食原料，对研究古代烹饪原料有参考价值。

《煎茶水记》　成书于公元825年，唐代张又新撰。张又新，字孔昭，深州陆泽人，进士出身，官至江州刺史。

本书原名《水经》，共1卷，卷首列举了刑部侍郎刘伯刍品定的“七水”，接着论述了团茶的衰退和抹茶的起源，最后记载了据说是由陆羽品评并口授其友的“二十水”。是古代论述煎茶之水的专著。

《北户录》　又称《北尸录》，唐代段公路著。段公路，《酉阳杂俎》作者段成式之子，咸通年间供职于岭南（今广东省和广西壮族自治区）。

全书3卷，记述岭南地区异物奇事，卷1主要讲动物，卷2、3讲器物、植物等，从中不仅可以了解唐代岭南地区的物产，也可以得知一些生活习惯和饮食风俗等，其中有广东人吃蛇的记载。

《十六汤》　又称《十六汤品》、《汤品》，成书于公元900年前后，唐代苏廙撰。苏廙事迹无考。

书中在“掌握茶的生杀予夺大权的是汤（开水）”这一认识的基础上，评论了冷热程度不同的汤3种、注水时缓急程度不同的汤3种、用不同茶具盛装的汤5种、用不同薪柴加热的汤5种，共计16种汤的得失，是研究唐代烹茶饮茶的重要文献。

《唐摭言》　五代王定保著。王定保，南昌人，进士出身，曾任南汉宁远军节度使、中书侍郎同平章事等职。

全书15卷，记述了唐代贡举（即选官的考试）制度和杂事，较一般史志记述详尽。与饮食烹饪有关的内容主要收录在卷3中，详细记载了有关曲江宴的礼仪、名目、宴名、诗文、典故和逸闻等，对研究唐代饮食有一定参考价值。

5. 宋代饮食文献

《清异录》 宋代陶穀著。陶穀，山西彬县人，博闻强识，历仕后晋、后汉、后周，至宋朝，曾任礼、刑、户3部尚书。

该书杂采隋唐、五代、宋初典故轶事，按天文、地理、花、鸟、虫、鱼、丧葬、鬼神等分门记述，关于饮食烹饪有大量记载，对果、蔬、禽、鱼、酒、茗有专门记述，其余都集中于饮馔门。书中对前人饮食文献、饮食轶闻掌故多有收录，有关于豆腐的最早文字记录和使用红曲的较早记录。

《太平御览·饮食部》 北宋李昉等人编撰，成书于公元983年。李昉，字明元，河北人，历侍后汉、后周，北宋时官至右仆射、中书侍郎平章事，三进翰林，参修主编多部著作。

《饮食部》分60多个名目详细介绍了菜肴、主食、糕点、酒茶、饮食原料、食品加工、烹饪方法、饮食掌故、节日食俗等内容，为饮食烹饪研究保存了大量宋代以前的资料。

《太平圣惠方》 又称《圣惠方》，成书于公元992年，北宋王怀隐等撰。王怀隐，宋州睢阳（今河南商丘南）人，精通医药，初为道士，后奉诏还俗，任命为尚药奉御，官至翰林医官使。

全书100卷，广泛收集了宋前各种医药书籍和流传于民间的治病方法16834个，其中第96和97卷的"食治门"中收录了129种药粥，是研究宋代及其以前饮食疗法的参考资料。

《大观茶论》 成书于1107年，宋徽宗赵佶著。宋徽宗在位25年，擅书画，存世有真书、草书及《雪江归棹》、《池塘秋晚》等画卷。

全书20篇，涉及北宋时期蒸青团茶的产地、采制、烹试、品质、斗茶风尚等。详细记述了煎茶时用茶筅取代茶匙，将茶末搅拌起泡的方法。据说这是日本茶道中的抹茶煎茶法的起源，反映了北宋以来我国茶业的发达程度和制茶技术的发展状况，是研究宋代茶道的珍贵文献资料。

《笋谱》 宋僧赞宁撰。赞宁，号通慧大师，杭州灵隐寺僧人，曾为两浙僧统，后加右街僧录，著有《宋高僧传》等书。

全书2卷，分5个部分详细记述了近百种笋的产地、特性、收贮、食疗和多种加工、食用方法。另有关于解笋毒的方法记载，对于相关失传古书也多有引用，是研究笋的烹饪与食用的重要参考资料。

《本心斋蔬食篇》 宋代陈达叟编。陈达叟，清漳（今河北）人，有人认为本心是其老师的别号，《四库全书总目提要补正》以为本心翁即是其本人。

全书共记载20种食品，每一种食品下面都有简单的文字说明和16字的小赞。赞文简单概括，有"小引"说明其制法或揭示其特点，简单明了，易于记诵。本书的特色在于所记20种肴馔均为素食，为蔬菜、豆类、粮食烹饪而成，对今天的素食烹饪有很高的参考价值。

《圣济总录》 原名《政和圣济总录》，成书于宋政和年间，是宋徽宗时由政府主持编撰的方书。

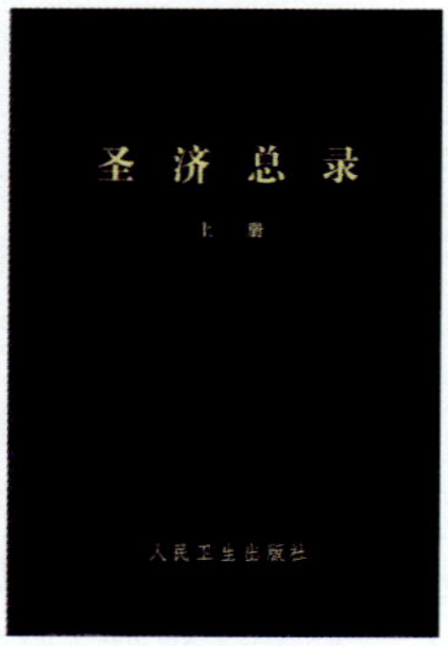

全书200卷，收集整理了流传于民间的治病方法和历代的文献。其中卷188~190中详细介绍了"苁蓉羊肾粥"、"商陆粥"、"生姜粥"、"补虚正气粥"、"苦楝根粥"等113种药粥的做法和功效，对研究药膳食疗有一定参考价值。

《山家清供》　南宋林洪著。林洪，字龙落，号可山人，自称是林和靖的后人。

全书分上下两卷，共记载了百余种菜点、饮料，且菜名多有新颖奇特之处，以素食为主，涉及用中草药加工制作的食疗饮馔。突出特点在于每个饮馔名目下都有名称由来掌故、用料、烹饪制作方法及其诗文评价。另外，书中还有关于涮肉和食用花粉的较早记载。

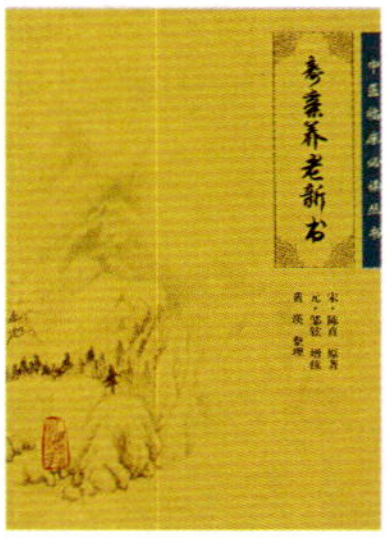

《寿亲养老新书》　宋初陈直撰，元代邹铉续补。陈直，泰州兴化（今江苏兴化）县令。邹铉，号冰壑，又号敬直老人，福建泰宁人。

该书主要记述了老年人的饮食调制、备急方药等内容，从中阐述了食疗的理论和重要性，并收录列举了100多条针对老年各种疾病的食疗方案，对保健饮食和食疗的研究有重要参考价值。

《北山酒经》　宋代朱肱著。朱肱，字翼中，号大隐翁，乌城（今浙江吴兴）人，进士出身（元天祐三年进士），官至奉议郎直秘阁，后隐居杭州大隐坊，著书酿酒。

全书分上、中、下3卷，上卷总论酒事，介绍了酒的由来、功用、酿酒关键、酿酒术语等，中卷记载13则制曲方法，下卷记述了22则酿造方法和当时名酒，另附神仙酒仙5则，是我国古代重要酿酒专著。

《玉食批》　宋代司膳内人著。司膳内人，泛指宫内女厨，玉食批即关于美食的指示、说明。

书中记载了南宋东宫美食30多种，仅有550余字，所列美食名目都比较珍贵，如：酒醋三腰子、烙润鸠子、糊炒鲶鱼、蝤蛑签、鹿脯、浮助酒蟹、江瑶、青虾辣羹、燕鱼、干鱼、酒醋蹄酥片、生豆腐百宜羹、酒煎羊、二牲醋脑子、清汁杂熰胡鱼、肚儿辣羹、酒炊淮白鱼等，是研究南宋宫廷饮食和两宋之际烹饪文化的珍贵史料。

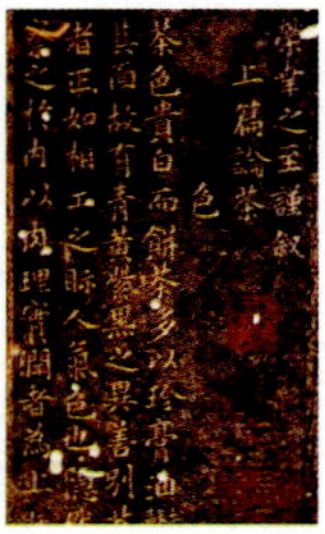

《茶录》　宋代蔡襄著。蔡襄，字君谟，谥号忠惠，兴化仙游（今福建仙游）人，善草书，创“飞草”字体，曾任福州太守，官至端明殿学士。

蔡襄对茶素有研究，创有名茶“大小龙团”。《茶录》共1卷，分上、下两篇，上篇论茶，下篇论茶器，都比较注重烹茶方法，是研究古代茶文化的重要文献资料。

《糖霜谱》　宋代王灼著。王灼，字晦叔，号颐堂，四川遂宁人，绍兴年间曾为官员幕僚。

全书1卷，分7篇，记述了遂宁（古代出产糖霜最佳之地）糖霜的出产情况，涉及制糖方法的传入、工艺过程、糖霜原料甘蔗的生产分布、宫廷御食糖霜的供应等，是我国古代第一部制糖霜的专著，对研究古代烹饪调味有参考价值。

《蟹谱》　宋代傅肱著。傅肱，字自翼，会稽（今浙江绍兴）人。

《蟹谱》是我国古代论述蟹类的专著。全书2卷，分总论、上篇和下篇3部分。总论中分门别类地介绍了蟹的名称、形状、习性等知识。上、下两篇则逐条记述了有关蟹类的故事、食品、诗赋，达60余条，是研究蟹类烹饪的重要资料。另外，该书对保留前代文献也有所贡献，如对《唐韵》的引用。此书对研究蟹类与饮馔以及烹饪史都有重要的参考价值。

《蟹略》　宋代高似孙著。高似孙，字续古，号疏寮，嵊县（今浙江嵊州）中爱乡高家村人，进士出身，历任校书郎，出知徽州，迁守处州。

此书比《蟹谱》的记述更为详细，全书4卷，分门别目地介绍了30多个品种的蟹类，资料丰富详细，涉及蟹原、蟹象、蟹品、蟹馔、蟹咏等。第3卷集中论述了蟹的烹饪与食用，往往引经据典，对研究蟹类的烹饪及蟹馔的发展情况有一定的实用价值。

《菌谱》 南宋陈仁玉撰。陈仁玉，字碧楼，浙江台州人，官历礼部郎中、浙东刑提，著有《淳祐临安志》等。

该书从多个方面对台州地区所产的11种菌类作了详细的论述，包括各种菌的形状、性味、品级、生长、采摘和食用方法。其中，对误食毒菌也附有解毒疗法。该书是我国古代关于菌类的最早专著。

《东京梦华录》 宋代孟元老撰，成书于1147年。孟元老，号幽兰居士，宋代汴京人，在东京（开封）生活20多年，任过侍郎。本书是作者随宋室南渡后，追忆北宋都城的繁华盛况而著。全书10卷，每卷都有涉及烹饪饮食的资料，对东京的酒楼、茶肆、肉行、鱼行、食店等行业都有详细的记载，还记述了当时的节日饮食与宫廷、市民食俗，是研究北宋饮食文化的重要著作。

《都城纪胜》 成书于1235年，宋耐得翁著。耐得翁是别号，本姓赵，名不详，生平不可考，曾寄居临安。

该书分14个专题，详细记述了南宋都城临安的市井风貌，包括酒肆、食店、茶坊、点心店的经营状况及南食、北食、川食的特色，是研究南宋饮食行业和饮食烹饪的重要著作。

《武林旧事》 南宋周密著于宋末元初。周密，字公谨，号草窗，又号苹洲、四水潜夫等，原籍济南，后为吴兴（今浙江湖州）人，曾任义乌令等职，宋亡不仕，文学家。

全书10卷，有关饮食风貌的篇章较多。其中前3卷中记载了很多节令食品、食俗，第6卷中记载了数百种菜肴、面点、饮料，第9卷有关于清河郡王供进御宴内容和席次的记载。这是极难得的御膳食单与礼仪资料，对研究古代宴饮和烹饪极具参考价值。

《梦粱录》 约成书于1334年，南宋吴自牧撰。吴自牧，临安（今杭州）钱塘人，该书是其仿《东京梦华录》追忆而成。

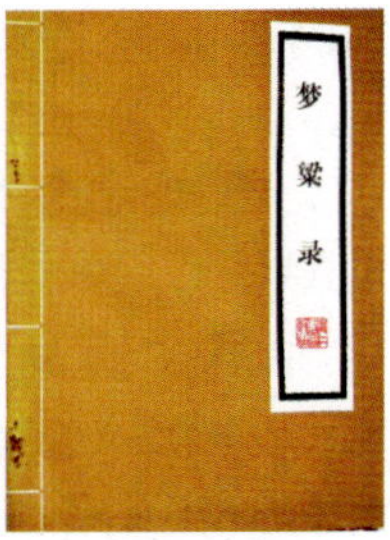

全书20卷，内容丰富，有大量关于饮食烹饪的资料。第1～6卷中介绍了各种节令食品，第13、16卷中记载了临安的饮食市场，涉及茶肆、酒肆、面食和荤素从食店等，还有200多种菜谱名称和夜市饮食的记述。书中还记述了南渡以后饮食风味的变迁，如："南渡以来，几二百余年，则水土既惯，饮食混淆，无南北之分矣。"是研究南宋饮食烹饪和饮食习俗的重要著作。

《南宋市肆记》 宋周密著。周密，字公谨，号草窗，又号蘋洲、四水潜夫等，原籍济南，后为吴兴（今浙江湖州）人，曾任义乌令等职，宋亡不仕，文学家。

全书1卷，分为20多类，如诸市、酒楼、歌馆、作坊、市食、果子、粥等。其中不少是烹饪品名或饮食行业的记载。各类下分列品名，如"作坊"类有麸面、馒头等；"市食"类有小吃熟食，如七色烧饼、豆团、炒螃蟹等41种；"果子"类即糕点糖果子40多种。该书名目繁多，具有鲜明的地方特色。

《吴氏中馈录》 南宋浦江吴氏撰。吴氏，南宋烹饪能手，中国烹饪史上卓有贡献的女厨师，浙江省金华人，生平不详。"中馈"是指女子在家庭中烹调，或指烹调的饭菜，亦指妇女或妻子。

全书分脯鲊、制蔬、甜食3部分，共载录了70多种菜点的制作方法，都是当时江南（主要是浙江）民间家食之法，代表宋代浙江民间烹饪的最高水平，是我国古代重要的烹

饪文献之一。

《能改斋漫录》 南宋吴曾撰。吴曾，字虎臣，崇仁人，博闻强识，善政爱民，历任工部郎中、严州知事等职，“能改斋”是其书斋名。

全书18卷，述及历史故事、诗文用典、名物及制度的考证等2000余条。该书十分之一的内容与饮食有关。其中有趣的记述很多。如脍残鱼的传说、盐豉与豆豉、小食与点心、鹘突与鹘突羊羹、汤饼、煮饼、水引饼、煮面、虾蟆与田鸡、一顿饭、缩项鳊等。

《宣和北苑贡茶录》 刊于1182年，南宋熊蕃撰，熊克补修。熊蕃，字叔茂，建阳（福建建阳县）人，博闻强识，喜欢著述，尤其熟悉宋朝典故，著有《中兴小记》，熊克是其子。

全文1卷，约1700余字，详细记述贡茶的历史、品质、种类，并附载38幅图形和大小分寸，可以考见当时各种贡茶的形制。北苑是当时宫廷御用茶园，在宣和年间处于极盛期。

《鸡肋编》 宋代庄绰撰。庄绰，字季裕，自称清源人，早年在襄阳、顺昌、澧州等地做官，宋室南渡后官历建昌军通判、东南安抚制置司参谋等职。

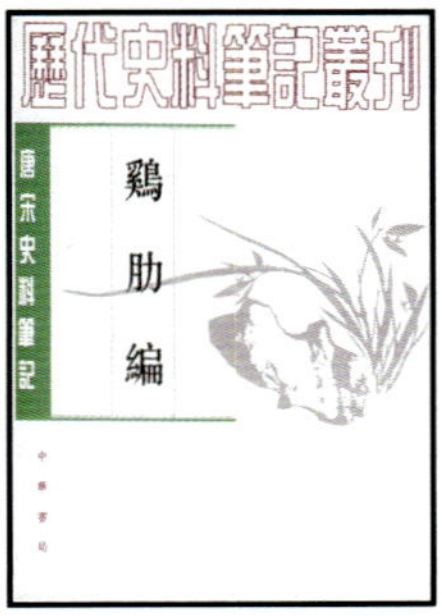

全书3卷，部分内容涉及饮食烹饪、节令食俗，有记载馓子的重要资料，对研究宋代饮食有参考价值。

《混俗颐生录》 宋代刘词著。刘词，自号茅山处士，生平不详，宋代养生学家。

作者早年健康状况不佳，后着意于养生之道，注重饮食与保健，身体日益好转。本书即是从其切身体验中得来，记述养生饮食之事，养生理论较为新颖实用，如他认为养生长寿不必如高人隐士远离尘世，而可以混迹于众生之中，过普通人的生活，只要遵循饮食养人之道，就达到了祛病养生之功。

《事林广记》 南宋末年，陈元靓著。陈元靓，建州崇安（今福建）人，著有《岁时广记》等。

与饮食有关的内容收录在癸集里，全集13卷，收录了100多条关于制作曲、酒、熟水、香茶、脯、鲊、菜肴、面点、收藏果品、采茶、酒令等资料，记述烹调方法多详于他书，是研究宋代烹饪史及在菜肴方面推陈出新的重要参考资料。

《食物本草》 金代李杲著，明代李时珍参定。李杲，字明之，号东垣、东垣老人，河北正定人，金末元初著名医学家，“金元四大家”之一，著有《脾胃论》、《兰室密藏》、《内外伤辨惑论》等。

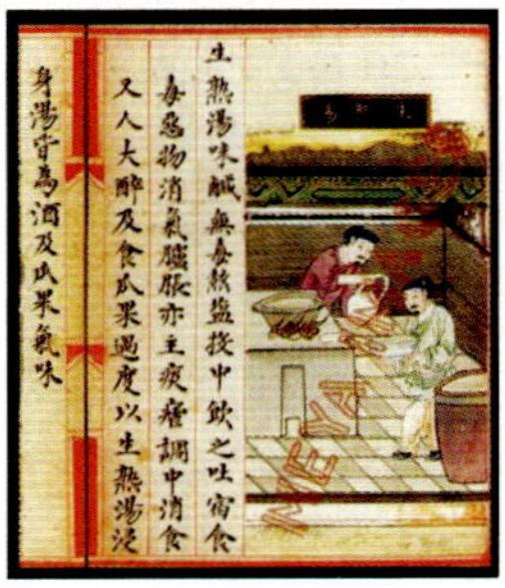

全书22卷，分16部、58类，记述了多种食疗药物，内容丰富，解说详细，是研究古代食疗养生的参考文献。

6. 元代饮食文献

《农书》 成书于1313年，元王祯著。王祯，字伯善，东平（今山东东平县）人，做过旌德和永丰的县尹，重农艺，我国古代著名农学家与活字版印刷改进者。

全书主要有3个部分，第1部分为农业总论，第2部分介绍各种农具，附有200多幅图，第3部分介绍了谷物、蔬果、竹木等的源流、特性和栽培方法。其中烹饪器具和百谷源流的记述是研究古代饮食史的重要资料。

《饮膳正要》 成书于1330年，忽思慧著。忽思慧，元朝蒙古族人，元仁宗延祐年间，被选任为宫廷饮膳太医，我国古代药膳学的奠基人。

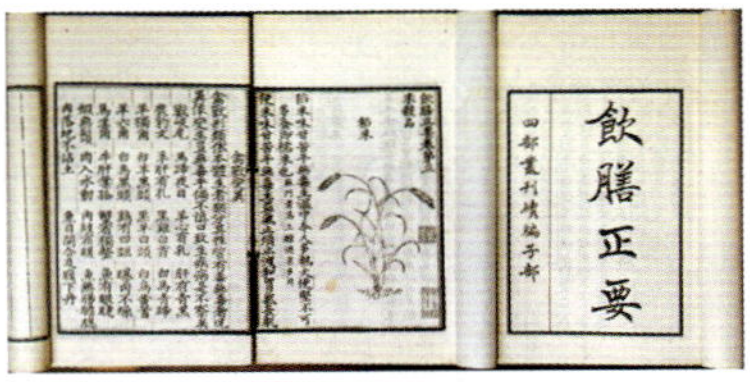

全书共3卷，第1卷介绍了94种药膳的作用和烹调方法，第2卷叙述了56种诸般药煎，24条延年益寿的药膳，以及食疗61首，第3卷叙述了日常食物的性味功能，对于米谷、禽兽、蔬菜、水果等均有叙述，是药膳学的奠基之作。

《农桑衣食撮要》 元代鲁明善著。鲁明善，维吾尔族人，本名铁柱，曾做过地方官。

全书按1年12个月份逐月介绍农事、岁时、种植、贮藏，无所不包。与烹饪有关的内容约有30多条，主要来自对种植蔬菜和农产品加工的记载，从中不难看出当时的部分烹饪原料和一些农家饮食习俗，对研究元代饮食生活有参考作用。

《饮食须知》 元代贾铭撰。贾铭，字文鼎，号华山老人，浙江海宁人，重侠义，能赈人之急，善养生，年逾百岁。

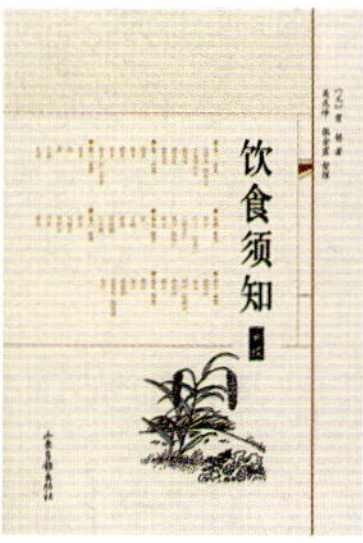

全书8卷，分类介绍了300多种食物的性味、补益、相反相忌等情况，分别为水火类、谷类、菜类、果类、调味类、鱼类、禽类。虽是对诸家本草疏注的选录，但对研究我国古代饮馔仍有重要参考价值。

《云林堂饮食制度集》 成书于元代末期，倪瓒撰。倪瓒，字元镇，号云林，无锡人，地主兼商人，元末四大画家之一，晚年隐居。

该书虽然仅收录了50多种菜点和饮料的做法，但它是介绍元代无锡地区饮食的唯一的著作，对后世产生了很大的影响。书中介绍的菜肴有许多是今日名菜的原型。如“青虾卷焐”实为今日的“凤尾虾”，“海蜇羹”为“芙蓉海底松”等。

《居家必备事类全集·饮食类》 元代无名氏编撰。全书10集，以天干为目录，资料丰富，内容翔实，影响深远。

与饮食烹饪有关的内容主要收录在庚集和巳集中。庚集为饮食类，巳集为蔬食、肉食、藏腌品。两部全面介绍了食品菜肴、烹饪方法、食物贮藏加工腌制等内容，还有对回族和女真族菜点烹饪的记载，是研究宋元以来民族饮食烹饪的重要文献资料。

《馔史》 元代无名氏著。全书1卷，从《酉阳杂俎·酒食编》、《食谱》、《清异录》、《武林旧事》等书中辑录了诸如“高宗幸张府节次略”等有关饮食的轶闻轶事，书中还将元代以前的67位饮食家划分为“味妙者”、“味工者”、“味俊者”、“味勇者”、“味洪者”、“味酷者”、“味猥者”、“味小人者”，较有风趣，是一部与饮食有关的故事杂谈。

7. 明代饮食文献

《墨娥小录》 成书于元末明初，作者不详，吴继辑录。《明史·艺文志》有载，是一部杂录性质的著作。

本书涉及内容较为广泛，“自文艺、种植、服食、治生以至诸般怡玩，一切不废”。共14卷。其中，饮膳集珍、汤茗品胜、禽畜宜忌等卷目都涉及到饮食烹饪之事，大多采自江浙一带，有关于烧饼、火烧的区分和豆腐制作等的记载，是研究明代江南饮食的参考资料。

《易牙遗意》 元末明初韩奕撰。韩奕，字公望，号蒙斋，通医术，平江（今江苏省苏州市）人，韩琦的后人。

全书2卷，分12类介绍了150余种食品，其烹饪特点多与现代的苏州菜相似。另外，除介绍多种珍贵点心的制作方法，如“烧饼面枣”、“卷煎饼”（春卷）、“藏粢”（糯米粉豆沙卷）、“五香糕”等之外，还首次记载了“火肉”（即火腿）的制作方法。该书是我国古代著名的食谱。

《救荒本草》 成书于1406年，明代朱橚撰。朱橚，明太祖第五子，封为周王，谥号定，是为周定王，好学能文。

本书是明代初期的救荒书，为在灾荒之

年救济灾民而作。全书 4 卷，分 5 部分，附图记述了 414 种草木野菜，与前人本草相比新增 276 种。有草部、木部、米谷部、果部、菜部，对各种植物的可食部分都有详细介绍，对后人研究野菜入馔有参考价值。

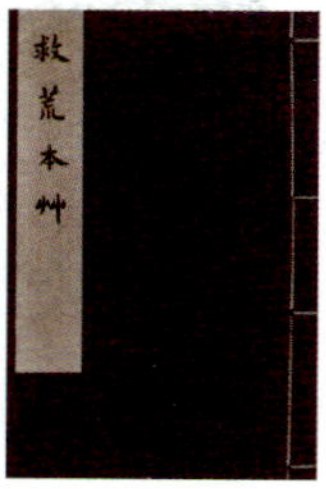

《多能鄙事·饮食类》　成书于明代初期，刘基撰。刘基，字伯温，浙江青田人，元朝末年进士，后为明朝的重要开国功臣。

饮食类有 4 卷，主要有造酒法、造醋法、造酱法、造豉法、造鲊法、糟酱淹藏法、酥酪法、饵饼米面食法、回回女真食品、糖蜜果法、老人饮食治疗疾病法等 500 余条，有些虽与前书类同，但在保存资料方面仍有所贡献。

《广菌谱》　成书于 1500 年左右，明代潘之恒著。潘之恒，字景升，号鸾啸生，安徽歙县人，嘉靖年间做过中书舍人，明代戏曲理论家。

本书是在宋代陈玉仁著的《菌谱》的基础上编写而成，全书 1 卷，收录各种蘑菇 40 余种，其中包括非食用菌，是古代研究菌类的专著，对研究古代菌类入馔很有参考价值。

《宋氏养生部》　成书于 1504 年，明朝宋诩著。宋诩，字久夫，松江华亭（今上海松江）人。此书内容多为其母所授。

全书 6 卷，记述了多种主食、菜点、饮料、果品的烹制、加工，茶、酒、酱、醋、面、米、禽、兽、虫、鱼、蔬、果、饮食宜忌等饮食烹饪名目，内容丰富、详实。有炙鸭的详细记载："炙鸭，全体用肥者，熬汁中烹熟，将熟油沃，架而炙之。"史料价值较高。

《草木子》　刊于 1516 年，明代叶子奇著。叶子奇，字世杰，号静斋，浙江龙泉人，任过巴陵县主簿，后因事获罪，此书成于狱中。

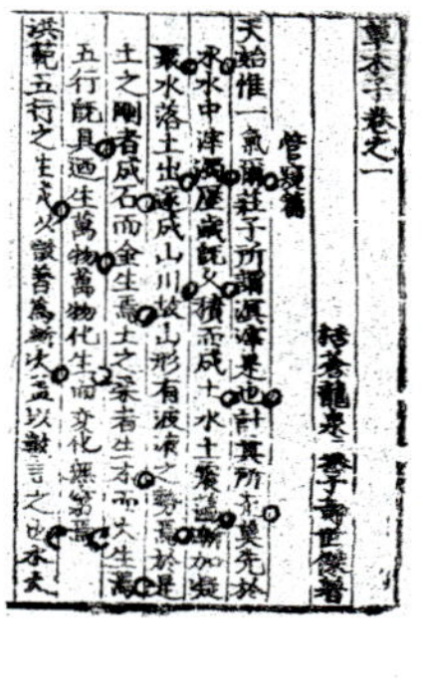

全书 8 篇，4 卷，内容庞杂，天文、地理、人事、动植物等无不涉及，对于饮食烹饪也多有记载，且较为珍贵，如阴山之"雪蛆"和南海之"石决明"入馔、"五蔬五果五按酒"的宴饮场面、"诈马宴"、烧酒的工艺等。

《制茶新谱》　成书于 1530 年前后，明代钱椿年著。钱椿年，字宾桂，江苏常熟人。

全书分茶略、茶品、茶艺等 9 部分，记述了茶树概况、各地的茶、茶的栽培、采茶、贮存、炙茶、各种茶的制作法、煎茶四要（水的选择、洗茶、开水的冷热程度、茶具的选择）、点茶三要（茶具的清洗、烤干茶盏、选择水果）、茶的效用等内容，简洁实用，是研究明代烹茶、饮茶的参考资料。

《煮泉小品》　成书于 1554 年，田艺蘅著。田艺蘅，字子艺，号品嵒（岩），钱塘（今浙江杭州）人，夙厌尘嚣，嗜酒任侠，历览名胜，著有《大明同文集》、《田子艺集》、《留青日札》等。

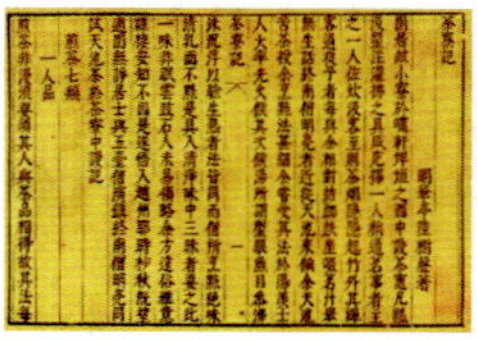

全书 1 卷。书中分源泉、石流、清寒、甘香、宜茶、灵水、异泉、江水、井水等 10 个部分，论述了沏茶用的泉水，评论与考证并举，是研究茶文化的参考文献。

《本草纲目》　成书于 1578 年，明代李时珍著。李时珍，字东璧，号濒湖，蕲州（今湖北蕲春）人，出身医师世家，另著有《濒湖脉学》、《奇经八脉考》等，是伟大的医药学家。

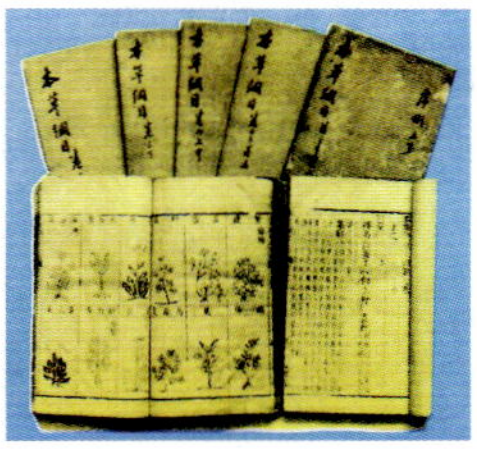

全书52卷，收录了1900多种药物、1万余种药方及1000余幅插图，广征博引，图文并茂。在考证药物本草的名称、性味、功效等特性时，广泛涉及到饮食原料、日常食品加工及食疗药膳等，是研究食疗的重要参考文献。

《茹草编》 约成书于1582年，明代周履靖著。周履靖，字逸之，自号梅颠道人，浙江嘉兴人，好金石，善书法，明代后期著名文人，著有《夷门广牍》、《颠梅稿选》等。

全书4卷，分为“茹草纪事”和“茹草纪言”，汇集了李日华的《茹草解》、张之象的《飧英歌》、张服采的《采芝歌》、皇甫涝的《烹葵歌》等，记录了105种野菜的形状、性味、食用，每种野菜都配有图画，对研究野菜入馔有参考价值。

《茶疏》 编撰于1597年，明末许次纾著。许次纾，字然明，号南华，钱塘(今杭州)人。

全书1卷，分36条论述有关种茶、茶的品质、采茶、制茶、贮存、烹点等方面的技术，兼及饮茶嗜好与煎茶方法的变迁。其中，采茶、炒茶的记载较有特色，有炒制绿茶的最早记载。从内容及体例上看，该书是明代茶书中最完备的一部。

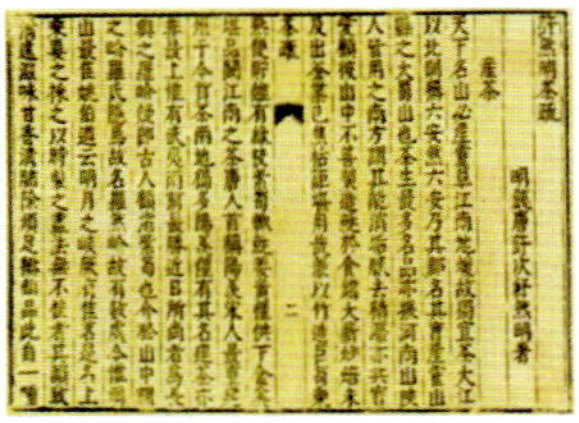

《饮馔服食笺》 明代高濂著。高濂，字深甫，号瑞南道人，钱塘(今浙江省杭州市)人，剧作家，著有《雅尚斋诗集》、《玉簪记》、《节孝记》等书。

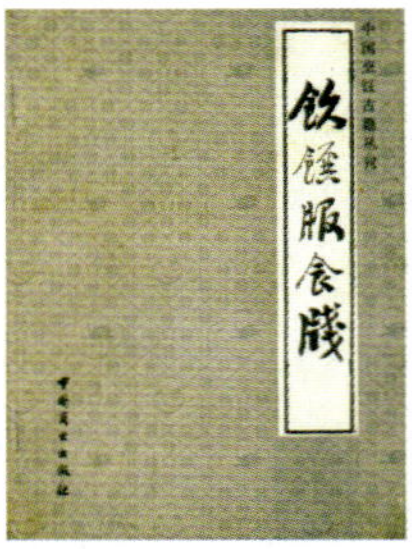

该书是《遵生八笺》之一，共3卷，收录了约3000多种饮食、药方及多种专论，内容丰富，搜罗广泛，所附各种食品制法明了、珍贵，为后人研制提供了宝贵资料，是研究明代饮食生活的重要著作。

《海味索隐》 明代屠本畯著。屠本畯，字田叔，自称憨先生，浙江宁波人，官历太常典簿、辰州知府，好读书，另有《闽中海错疏》、《野菜笺》等。

该书以赞、颂、铭、解等形式介绍了16种闽浙海味的性味、别名、产地、食法，包括子蟹解、砺房赞、淡菜铭、土铁歌、蛤有多种、团鱼说、青鲫歌等，对研究古代闽浙地区的海味有重要参考价值。

《群芳谱》 又名《二如亭群芳谱》，成于1621年，明代王象晋撰。王象晋，字荩臣，自号好生居士，山东省新城(今桓台县)人，万历年间考中进士，历任浙江右布政使等职。

全书30卷，分为12谱，略于种植而详于治疗之法，其中“谷谱”、“蔬谱”、“果谱”、“茶谱”的内容有不少与饮食有关，对研究烹饪原料有参考价值。

《臞仙神隐书》 又称《神隐》，明代朱权撰。朱权，朱元璋第17子，自号臞仙，好仙道术，明代戏曲理论家、剧作家、古琴家。

全书4卷，“归田之计”部分按月令体裁逐月介绍了种植树木、花果、蔬菜、药材、修馔等农家活动。修馔类共记述了150多种食物的加工、烹制，很多都有独到之处，如松蕊、晒蕨菜、杞菊茶、烧茄、山药拔鱼等，对研究明代烹饪有参考价值。

《种芋法》 亦称《芋经》，明代黄省曾撰。黄省曾，吴县(今江苏苏州)人，字勉之，号五岳。嘉靖举人，著有《西洋朝贡典录》、《五岳山人集》等。

全书1卷，分4个部分。第1部分介绍了芋薯的种类及其方言名称，并未提到甘薯和马铃薯；第2部分记载了有关芋薯的“食忌”；第3部分援引古籍，论述了苏州一带的芋薯栽培方法；第4部分记述了有关芋薯的传闻故事，是古代研究芋薯的重要专著。

《天工开物》 成书于1637年，明代宋应星撰。宋应星，字长庚，江西省奉新县人，曾任福建汀

州府推官、安徽亳州知事等职，重实学。

该书是我国17世纪的工艺百科全书，内容丰富，共18卷，有5卷涉及到饮食烹饪，即第1卷的“乃粒”（谷物）、第2卷的“作咸”（制盐）、第6卷的“甘嗜”（制糖）、第12卷的“膏液”（油脂）和第17卷的“曲蘖”（制曲）。

《便民图纂》　明代邝璠撰。邝璠，字廷瑞，河北任丘人，进士出身，曾任江苏吴县（今苏州）知县、河南右参政等。

全书16卷，介绍了农业、园艺、养殖、药方等知识，其中《起居类·饮食宜忌》、《制造》等详细介绍了鱼、肉、禽的腌腊，蔬菜的腌制，食品加工与收藏等方法，是研究明代百姓饮食的重要资料。

《野菜谱》　明代王磐著。王磐，字鸿渐，自号西楼，江苏省高邮县人，散曲家，著有《王西楼乐府》。

本书是明代中期的救荒书，作者为防饥民误食有毒野菜而作。他将60余种野菜描绘成图，附上与之有关的歌谣，说明了其野生状态及吃法。姚可成的《救荒野谱》对之有所收录，并进一步指出了这些野菜的具体可食部分。

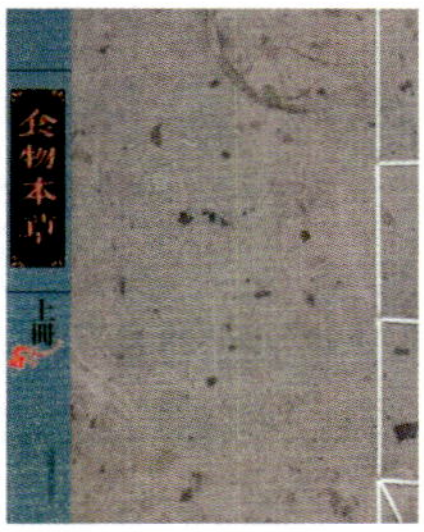

《食物本草》　明代卢和、汪颖撰。卢和，字廉夫，浙江东阳（今浙江金华）人。汪颖，湖北江陵人，任过九江知府。

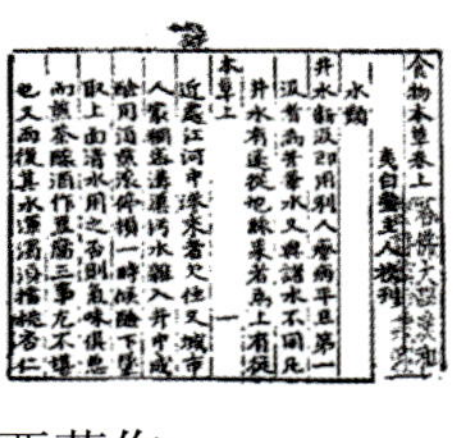

本书是从本草诸物中辑录与食物关系密切者而成。全书2卷，分水、谷、菜、果、禽、兽、鱼、味8类，介绍食物本草的形态、性味和食疗药效，主张多食蔬菜，节制肉类，是研究古代饮食疗法的重要著作。

《食品集》　成书于明嘉靖年间，吴禄著。吴禄，嘉靖年间任江苏吴江县医官。

全书分上下两卷。上卷记述谷部37种、果部58种、菜部95种、兽部33种，下卷记述禽部33种、虫鱼部61种，每种食物之下都具体说明形态、性味，另有18则记述饮食宜忌和部分原料的毒性及解毒法，是明代一部重要的食疗著作。

《农政全书》　明代徐光启著。徐光启，字子先，号玄扈，天主教徒，上海人，官至礼部尚书、东阁大学士，明末科学家、农学家、政治家，中西文化交流的先驱。

全书60卷，12门，是一部重要的农书，与烹饪有关的内容主要为制造和树艺、牧养、荒政等门，对菜肴烹饪、腌腊食品、食物贮藏、酿酒、谷物历史等多有涉及，是研究明代饮食的重要文献。

《留青日札》　明代田艺蘅著。田艺蘅，字子艺，浙江钱塘人，田汝成之子，著有《煮茶小品》。

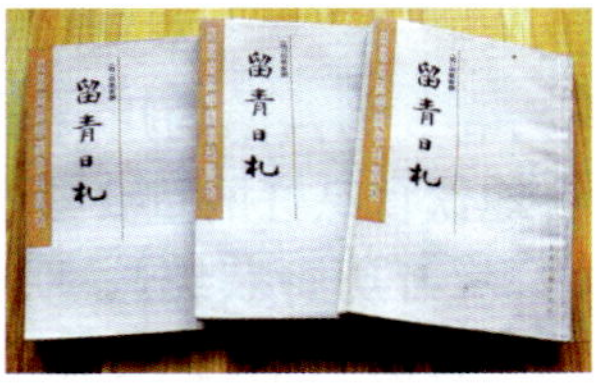

全书39卷，以记述明代社会生活为主，丰富详实，大量记载饮食烹饪之事，如卷24、25专述酒事，卷26记述较广，有七件事、桃花米饭、御麦、重罗面、米豆、雕胡米、雕梅、八珍两种、养生妙法等，卷30、31论及诸多荤素饮食原料，对研究明代饮食有一定参考价值。

《养余月令》　成书于1640年，戴羲撰。戴羲，字漱园，号灌叟，做过光禄寺典簿。

全书30卷，1～20卷为“月令之部”，按测候、经作、艺种、烹制、调摄、栽博、药饵、收采、畜牧、避忌的分类，列举了各月份的农事。烹制目介绍了煮新笋、蒸时鲥、蜜煎樱桃、大麦醋、鸡鸣酒等

常之物，但真知灼见随处可

木、竹、卉、约11谱，对每种

中国烹饪文化大典

植物都从“综说”、“汇考”、“集藻”(即诗文)、“别录”(种植、收获和制用)几个方面作了记述。谷谱、蔬谱、茶谱、果谱中有不少关于饮食的记载。

《江南鱼鲜品》 清代陈鉴著。陈鉴,字子明,南越(今闽浙)人。

本文文字简短,约600余言,记述了鲥鱼、刀鲚、鲤鱼、青鱼、鲈鱼、菜花小鲈(松江)、鳜鱼、白鱼、鲟鼻、玉筋、面条鱼、鳊等21种鱼类的形状、性味,这些鱼类多产于江南苏浙之地,对研究江南鱼类入馔有一定参考价值。

《簋贰约》 清代尤侗著。尤侗,字同人、展成,号悔庵、西堂老人,长洲(今江苏吴县)人,康熙年间入翰林,清代文学家、戏曲家,著有《西堂全集》等。本书仅300余言,实为家庭平时待客饮馔的要约,简述了待客规格、饭菜内容、数量、使用器皿的等级等,从中可见清代部分官宦之家的饮食理论。

《日用俗字》 成书于康熙年间,蒲松龄撰。蒲松龄,字留仙、剑臣,号柳泉居士,人称聊斋先生,山东淄博人,清代著名文学家,著有《聊斋志异》等。

全书31章,与饮食有关的内容主要收录于饮食章、菜蔬章、果实章,七字一句,简练上口,说明烹饪操作要点、介绍菜饭糕点及烹饪术语等,颇具地方风味,是研究清代饮食生活的参考资料。

《食宪鸿秘》 清代朱彝尊著。朱彝尊,字锡鬯,号竹坨,浙江省秀水(今嘉兴市)人,客游南北,擅长诗词古文,清代著名文学家、浙西词派创始人。

全书2卷,介绍了400多种饭菜、饮料、调味品、果实、面点等的制作方法,内容丰富,南北兼备。其中不少食品使用了金华火腿及浙江省出产的竹笋和水产品。卷后附录《汪拂云抄本》。

《饭有十二合说》 清代张英著。张英,字敦复,号乐圃,安徽桐城人,进士出身,官至文华殿大学士兼礼部尚书,著有《渊鉴类函》等。

全书1卷,1500余字,分稻、炊、肴、蔬、侑、羹、茗、器等12题,认为饮食需做到原料上乘、割煮得法、鱼肉丰美、果蔬新鲜、腌制到位、羹汤浓香、薄酒酽茶、器具得当、恰逢佳时等,对研究烹饪文化有一定的参考作用。

《渊鉴类函》 成书于1710年,清代张英、王士祯等奉敕编撰。张英,安徽桐城人,官至文华殿大学士。王士祯,新城(今山东桓台县)人,官至刑部尚书。

全书14卷,涉猎内容甚为广泛,其中“饮膳集珍”和“汤茗品胜”卷记有食物、五谷、药、菜蔬、果、花、草、木、鸟、兽、鳞介、虫各部,每类首为释名、总论,次列典故、对偶、摘句、诗文等,出处详明,是研究古代饮食烹饪的重要参考资料。

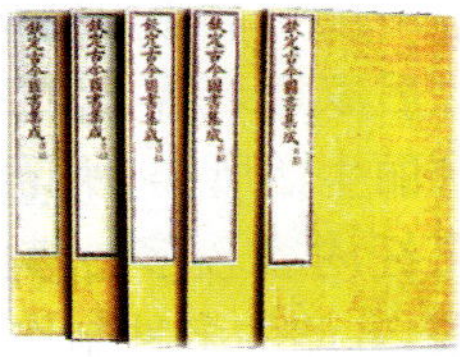

《古今图书集成·食货典》 成书于1726年,清代陈梦雷编,蒋廷锡等重编。陈梦雷,字则震,福建闽侯人。蒋廷锡,字扬孙,号西谷,江苏常熟人,官至文华殿大学士。

该书是古代记载饮食内容最多的一部类书。全书1万卷,按典分类,典下有部,其中食货典介绍了与饮食有关的内容,涉及菜点、佐料、茶酒等的制作方法、饮食源流、诗文掌故等。

《格致镜原》 清代陈元龙著。陈元龙,字广陵,号乾斋,浙江海宁人,进士出身,官历文渊阁大学士兼礼部尚书、广西巡抚,著述颇丰,有《爱日堂文集》等。

全书100卷,分30类,是古代科学技术史的类书。饮食类居第6卷,记载了前代食品、菜肴烹饪方法、糕点制作过程、饮食典故等。

《农圃便览》 成书于1755年,清代丁宜曾著。丁宜曾,字椒圃,山东日照人,屡试不

第，后专注农事，辑古访今，撰成此书。

全书不分卷次，按季节、月令分述农耕、园艺、气象等农事。其中，涉及农副产品加工、菜点制作、饮食养生等内容约200条。菜点制作类介绍了60多种日常菜点的制法，多有地方特色，对研究清代山东地方饮食有参考价值。

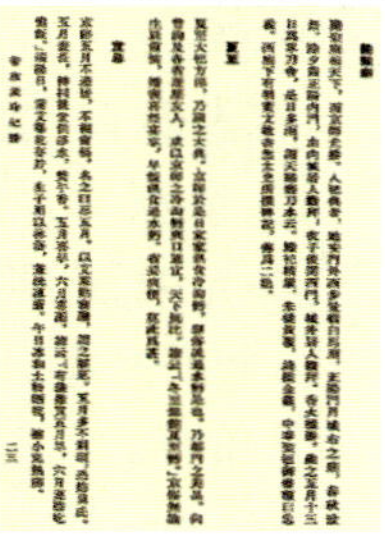

《帝京岁时纪胜》 刊于1758年，清代潘荣陛撰，潘荣陛，大兴人，雍正年间曾在皇宫供职。

全书1卷，是关于北京岁时风物的专著。书中逐月记述了北京的节日行事，饮食内容较多，如正月元旦的饮食、二月中和节的饮食、三月清明节的饮食、四月立夏的饮食等。其中，第十二月里有“皇都品汇”一条，专记北京名特食品，史料价值较高。

《醒园录》 清代李化楠撰。李化楠，字廷节，号石亭，四川罗江人，在浙江余姚、秀水任过职。此书是其子李调元整理其多年来有关饮食的笔记所得，“醒园”是李调元住所名称。

全书上下2卷，记载了121种关于食品加工、调味品、菜肴、面点等的制作方法和5种食品贮藏方法，大多不见于前书，以江南风味为主，兼有川味，是清代重要食谱之一。

《养生随笔》 原名《老老恒言》，刊于1773年，曹廷栋著。曹廷栋，字楷人，号六圃慈山、慈山居士，浙江嘉善人，著述颇丰，自成一家。

全书5卷，前4卷记述老年人的日常保健方法，第5卷为粥谱，列举百种粥类食品配方，并按等级将其分为上、中、下3品，介绍粥的益处和煮制方法，是研究古代粥食的重要参考文献。

《随园食单》 清代袁枚著。袁枚，字子才，号随园，浙江省钱塘（今杭州市）人，历任翰林院庶吉士和江宁知县等职，著名文学家，著有《随园诗话》等。

全书以“单”为纲，在须知单、戒单中，开创性地总结了我国古代的烹饪经验，使其上升到理论的高度。全书12单，介绍了300余种菜肴、点心的制作方法，丰富多样，富于变化，是古代烹饪经验和理论的重要著作。

《吴蕈谱》 清代吴林著。吴林，字息园，江苏长洲（今苏州市）人。蕈，即伞菌类植物。

全书1卷，书中所述蕈类，都是苏州地区特产。其中，引言部分介绍了吴地之蕈的种类，正文分上、中、下3品介绍8种可以食用的菌类，对有毒菌类也有详细介绍，是研究古代菌类入馔的重要参考。

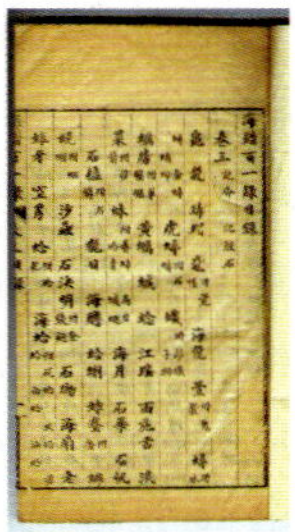

《海错百一录》 清代郭伯苍著。郭伯苍，字蒹秋，福建闽侯人，博物学家、笔记散文家、诗人，著有《闽产录异》等。海错，原指众多的海产品，在此专指海产烹饪原料。

全书5卷，有附记，记述了渔、鱼、介、壳、虫、盐、海菜、海鸟、海兽、海草等闽地海产，很多资料是第一次见于文字，对研究清代闽地海味原料和海产入馔有参考价值。

《记海错》 成书于1807年，郝懿行著。

全书1卷，记载了作者家乡山东沿海所产的40多种海鲜，以名称为题，详细介绍了其形状、性味、出产、掌故、食用和储存方法等，兼及对某些品种的考辨，对研究海产入馔有一定参考价值。

《证俗文》 清代郝懿行著。郝懿行，字恂九，号兰皋，山东栖霞人，官至户部主事，清代著名经学家、文学家，著有《记海错》等。

全书19卷，为训诂之作，引经据典考证辨析各种饮馔的名称、起源、制作、食用方法兼及烹饪器皿，取材广博、严谨，记述恰当，是不可多得的食物训诂资料。

《养小录》 清代顾仲撰。顾仲，字闲山，号浙西饕士，浙江嘉兴人，好诗文、书画，擅画蝴蝶，有“顾蝴蝶”之称。

本书是作者于康熙三十七年辑《食宪》和自己阅历而作，分3卷介绍了190余种菜肴、饮料和调味品的制作方法，以浙江风味为主，兼及中原和北方地区。所述菜肴的烹饪方法简明扼要，实用性强，反映了清代浙江饮食概况和特点。

《扬州画舫录》 清代中期的风土记。成书于乾隆末年，李斗撰。李斗，字北有，号艾堂，真州（今江苏仪征）人。

全书18卷，记述了扬州的城市区划、运河沿革、文物、工艺、园林、乾嘉时代当地的生活习俗等。其中有很多关于饮食的介绍，涉及地方特色饮食原料，名店名食，满、汉席，沙飞船等，对研究中国烹饪史和扬州饮食有重要参考价值。

《清嘉录》 成书于1830年，清代顾禄著。顾禄，字总之、铁卿，自号茶磨山人，江苏吴县（今苏州市）人，著有《桐桥倚棹录》等。

本书按月设卷，每月1卷，记述了民间节令风俗242条，饮食风俗和节令食品并记，所述详尽，为他书所不及，且每条之后都附有考证分析，是研究清代苏州饮食的重要参考文献。

《桐桥倚棹录》 清代顾禄编撰。

全书12卷，记述了苏州虎丘山塘一带山水、名胜、市廛、舟楫等。与饮食有关的内容主要集中在市廛里，介绍了当时有名的几家酒楼，收录174种菜点和筵席规格，另有关于沙飞船的记载，是研究清代苏州虎丘饮食的重要资料。

《随息居饮食谱》 成书于1861年，清代王士雄著。王士雄，字孟英，号半痴、睡乡散人等，浙江海昌（今海宁）人，通医学，对瘟病的症治和理论有独到见解，近代著名瘟病学家。

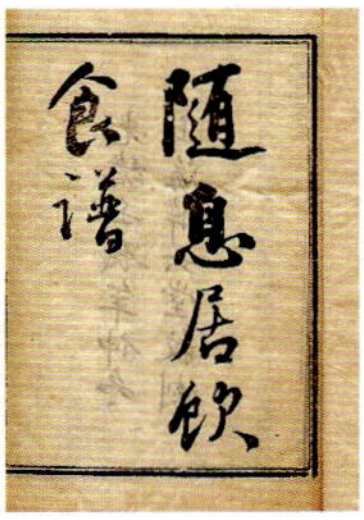

全书分7类记述了水饮、谷食、调和、蔬食、果实、毛羽、鳞介，列举各种食品370多种，述及性味、营养、食疗效用、饮食宜忌，兼有少数烹调、食用方法，是中国食疗名著之一。

《湖雅》 成书于1872年，汪曰桢撰。汪曰桢，字刚木，号谢城，乌城人，精通史学、算学，参与编纂《湖州府志》。

全书9卷，记述了湖州（今浙江省吴兴县一带）的物产，有谷、蔬、瓜、果、茶（附泉水）、禽、鱼、介、酿造、饼饵（附粥饭）、烹饪等26类，其中第8卷专述烹饪，具有地方特色，是研究湖州饮食的重要参考资料。

《中馈录》 清代曾懿著。曾懿，女，字朗秋、伯渊，四川华阳县人，少时随其父宦游江西、安徽、湖南等地，通书史，善中馈之事，《清史稿·列女传》有传。

全书1卷，20节，介绍了20种家庭常备便用食品的做法，或兼及保藏方法，记述详明，易于仿制，且所述食品不限于一地，如有云南的“宣威火腿”、四川的“泡盐菜”、江苏的“醉蟹”等。

《粥谱》 成书于1881年，黄云鹄撰。黄云鹄，字翔云，湖北省蕲春县人。咸丰三年中进士，先后任职于四川、江苏、湖北等地。

全书1卷，除收录李时珍《本草纲目》和高濂《遵生八笺》中的粥谱外，还收录了湖北、四川两省的粥品，共计247种，是现存药粥收集数量最多的一部，具有较高的食疗价值。卷末附有作者自撰的《广粥谱》。

《食鉴本草》　清代费伯雄撰。费伯雄，字晋卿，江苏省武进县孟河镇人，生长在世医家庭，博学通儒，医术精湛，清代著名医学家。

全书1卷，介绍了各种食物的功用、主治、宜忌，并把常见疾病归为10类病因，对症列出食疗药物和具体制法，是研究清代饮食疗法的参考资料。

《艺林会考·饮食部》　清代沈自南著。沈自南，字留候，江苏吴江人，进士出身，做过山东蓬莱知县，著有《历代纪事考异》、《乐府笺题》等。

全书按篇分类记述，有栋宇、服饰、饮食、称号、植物5篇，共24卷。其中，饮食篇用7卷文字记载了菜肴、面点、汤羹、茶酒等知识，往往总结汇编前人对各种食品、烹饪方法及饮食词语的考述，取材严谨，记述详尽，文献价值较高。

《食味杂咏》　清代谢墉著。谢墉，字昆城，号金圃、东墅，浙江嘉善人，进士出身，官至吏部左侍郎。

本书收录了有关南北饮食风味的101首诗歌，赞咏南方美食的有58首，北方美食的43首，包括蔬菜、瓜果、面点、荤腥、调味、饮料等，并以引文、夹注的形式述及食品的历史沿革，是研究清代中期浙江和北京地方风味饮食的重要参考文献。

《乡味杂咏》　清代施鸿保著。施鸿保，字可斋，钱塘（今杭州）人，久居他乡做幕僚。

本书是赞咏南方风味美食的诗歌专集，全2卷，下卷亡佚。上卷收录南方美食咏赞173首，涉及闽地和苏杭一代地方风味名食、饮食习俗、烹饪方法等，对部分失传江南名菜的制作方法也有记载，对研究清代道光至咸丰年间江南饮食有重要参考价值。

《胡氏治家略》　成书于1758年，清代胡炜著。胡炜，字尔华、赤抒，号晓庐，浙江汤溪人，在山西做过地方官。

全书8卷，记述日常农事活动，其中，第1卷的"月令事宜"、第7卷的"备荒"中涉及饮食烹饪之事，多为农副产品的加工，如糟姜、腌制鸭蛋等，另有关于灾荒年里用野菜杂粮充饥方法的记载，对研究清代民间地方饮食有参考价值。

《邗江三百吟》　成书于1808年，清代林苏门著。林苏门，字步登，号兰痴，甘泉（今江苏扬州）人，在山东做过地方官，曾参与四库全书的校对。

全书10卷，是记述扬州山川风物的诗歌集。其中，与饮食烹饪有关的诗文40多首，主要见于卷九的"名目饮食"，谈及扬州饮食习俗、著名菜点、特色小吃、烟、酒等，另有关于筵席的诗文4首，"七簋两点"、"三碗六盘"各2首，是研究清代扬州地方饮食烹饪的参考资料。

《素食说略》　晚清薛宝辰撰。薛宝辰，字寿宪，陕西省长安县人，曾任翰林院侍读学士、文渊阁校理等职，辛亥革命后闭门著书。

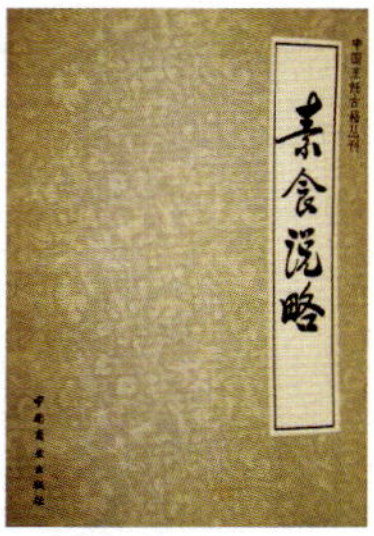

书中介绍了流行于清末的170余种素食的制作方法，多为陕西和北京地区日常食用的食品，如陕西的金边白菜、发菜、羊肚菌，北京的拔丝山药、龙头菜等。书中还阐述了素食与生食的益处，以及肉食与加热烹调的弊害。

《燕京岁时记》　刊行于1906年，清代富察敦崇撰。富察敦崇，满族人，晚清著名民俗学家。

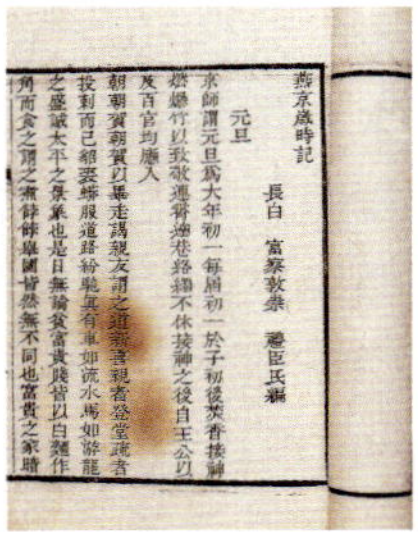

全书1卷，记载了燕京（今北京）从元旦至除夕的年节行事，并谈到了观光、风俗、物产、曲艺杂技等，内容丰富有趣。其中，有很多饮食习俗，如立春

日吃春饼，中秋食月饼，冬至吃饺子，农历十二月初八食腊八粥等，是研究北方节日饮食的重要参考资料。

《成都通览》 成书于1909年，清末傅崇榘著。傅崇榘，四川成都人，曾供职于成都通俗报社。

全书8卷，36万字，介绍了当时成都各方面的社会概况。其中卷7专述饮食类，记载了成都的饮食业，涉及物产、餐馆、食店、家常便菜、风味食品等1300多种，是研究清代成都饮食业和市民饮食生活的重要史料。

《清稗类钞》 成书于1916年，徐珂主编。徐珂，原名昌，字仲可，杭州人。光绪十五年中举，官至内阁中书，参加过南社，后在商务印书馆任职。

全书50册、92类，饮食类位于第47、48册，下设1724条，记述内容从各种宴食、菜点、原料到饮食研究、饮食卫生，从大江南北、黄河内外，再到边疆少数民族地区都有记述，被认为是20世纪初记述中国烹饪资料最为丰富的史籍。

（姚伟钧　刘双　李伟）

四、中国现当代烹饪文化出版物评述

（一）学术论著

1. 民国时期研究状况（1911～1949）

中国人开始对传统文化进行深刻反思，应当说是在资产阶级民主思想萌芽以后，尤其是近代西风东渐和民族先驱“睁眼看世界”以后。很显然，中国饮食文化的研究，一方面要跳出传统的文学之士余暇笔墨的模式，另一方面更要用近代科学来武装研究者的头脑。而这两者在封闭的传统文化空间中是难以办到的，西方文化则给了我们新的方法、新的力量。中华民族饮食文化的科学研究，如同其他专项历史文化研究的开展一样，基本上是20世纪以来的事情。

中国饮食文化研究始于1911年出版的张亮采《中国风俗史》一书。在该书中，作者将饮食作为重要的内容加以叙述，并对饮食的作用与地位等问题提出了自己的看法。此后，相继发表的文章和著作有：董文田《中国食物进化史》（《燕大月刊》第5卷第1期、第2期，1929年11月版）、《汉唐宋三代酒价》（《东省经济月刊》第2卷第9期，1926年9月），王兆澄《皮蛋文献考》（《学艺》第9卷第6期，1929年），陆精治《中国民食论》（上海启智书局1931年版），冯柳堂《中国历代民食政策史》（商务印书馆1933年版），论文集《中国民食问题》（辑入论文6篇，包括：侯厚培《中国食粮问题数字上的推测》、唐启宇《足食运动与农业经济》、境三《中国民食问题检讨》、吴觉农《我国今日之食粮问题》、马寅初《为讨论续借美麦问题联想及于中国之粮食政策》、毅盦《谷贱伤农应如何救济》，上海太平洋书店1933年版），郎擎霄《中国民食史》（商务印书馆1933年版），全汉昇《南宋杭州的外来食料与食法》（《食货》第2卷第2期，1935年6月），冯玉祥《煎饼抗日与军食》(天津时事研究社，1935年版)，杨文松《唐代的茶》（《大公报·史地周刊》第82期，1936年4月24日），杨荫深《饮料食品》、《谷蔬瓜果》(世界书局1936年版)，邓云特（邓拓）《中国救荒史》（商务印书馆1937年版），胡山源《古今酒事》（世界书局1939年版）、《古今茶事》（世界书局1941年版），闻亦博《中国粮政史》（重庆正中书局1943年版），黄现璠《食器与食礼之研究》（《国立中山师范季刊》第1卷第2期，

1943 年 4 月），韩儒林《元秘史之酒局》（《东方杂志》第 39 卷第 9 期，1943 年 7 月），许同华《节食古义》（《东方杂志》第 42 卷第 3 期），李海云《用骷髅来制饮器的习俗》（《文物周刊》第 11 期，1946 年 12 月版），刘铭恕《辽代之头鹅宴与头鱼宴》（《中国文化研究汇刊》第 7 卷，1947 年 9 月版），友梅《饼的起源》（《文物周刊》第 71 期，1948 年 1 月 28 日版），李劼人《漫游中国人之衣食住行》（《风土杂志》第 2 卷第 3 期～第 6 期，1948 年 9 月～1949 年 7 月），等等。

2. 改革开放前的研究状况（1949～1979）

中华人民共和国成立后至 1979 年的 30 年时间里，大陆由于各种政治运动的不断开展，中国饮食史的研究也受到了严重的影响，基本上处于停滞状态，发表的论著屈指可数。在 20 世纪 50 年代，有关的中国饮食史论著有：王拾遗《酒楼——从水浒看宋之风俗》（《光明日报》1954 年 8 月 8 日）、杨桦《楚文物（三）两千多年前的食器》（《新湖南报》1956 年 10 月 24 日）、冉昭德《从磨的演变来看中国人民生活的改善与科学技术的发达》（《西北大学学报》1957 年第 1 期）、林乃燊《中国古代的烹调和饮食——从烹调和饮食看中国古代的生产、文化水平和阶级生活》（《北京大学学报》1957 年第 2 期），等等。1964 年，中国科学院民族研究所贵州少数民族社会历史调查组和中国科学院贵州分院民族研究所编印了一套“贵州少数民族社会历史调查资料”，其中一本是《贵州省台江县巫脚交苗族人民的饮食》，调查时间为 1956 年，调查者是吴泽霖、罗时济、宾竞泉，执笔者是龙济国。

此外，吕思勉著《隋唐五代史》（上海中华书局 1959 年版）专辟有一节内容论述这一时期的饮食。20 世纪 60 年代的论著主要有：冯先铭《从文献看唐宋以来饮茶风尚及陶瓷茶具的演变》（《文物》1963 年第 1 期）、杨宽《“乡饮酒礼”与“飨礼”新探》（《中华文史论丛》1963 年第 4 期）、曹元宇《关于唐代有没有蒸馏酒的问题》（《科学史集刊》第 6 期，1963 年版）、方杨（《我国酿酒当始于龙山文化》）（《考古》1964 年第 2 期）。

20 世纪 70 年代，大陆在“文革”结束后，又有学者对中国饮食史进行研究，其中见诸报刊的有：白化文《漫谈鼎》（《文物》1976 年第 5 期）、唐耕耦等《唐代的茶业》（《社会科学战线》1979 年第 4 期）。

3. 20 世纪 80 年代研究状况（1980～1989）

进入 20 世纪 80 年代，大陆的中国饮食史研究开始进入繁荣阶段。下面仅就饮食文化专著进行介绍。

20 世纪 80 年代大陆的中国饮食文化研究，主要体现在以下几方面。

一是对有关中国饮食史的文献典籍进行注释、重印。如中国商业出版社自 1984 年以来推出了《中国烹饪古籍丛刊》36 种。

二是编辑出版了一些具有一定学术价值的中国饮食史著作。据不完全统计，有：李廷芝《简明中国烹饪词典》（山西经济出版社 1987 版），王仁湘《民以食为天》Ⅰ、Ⅱ（香港中华书局 1989 年版），王学泰《中国人的饮食世界》（香港中华书局 1989 年版），林乃燊《中国饮食文化》（上海人民出版社 1989 年版），林永匡、王熹《食道·官道·医道：中国古代饮食文化透视》（陕西人民教育出版社 1989 年版），姚伟钧《中国饮食文化探源》（广西人民出版社 1989 年版），林则普《烹饪基础》（江苏科学技术出版社 1983 年版），熊四智《中国烹饪学概论》（四川科学技术出版社 1983 年版），陶文台《中国烹饪史略》（江苏科学技术出版社 1983 年版）、《中国烹饪概论》（中国商业出版社 1988 年版），施继章《中国烹饪纵横》（中国食品出版社 1989 年版），王仁兴《中国饮食谈古》（轻工业出版社 1985 年版），邱庞同《古烹饪漫谈》（江苏科学技术出版社 1983 年版），周光武《中国烹饪史简编》（科学普及出版社广州分社 1984 年版），曾纵野《中国饮馔史（第一卷）》（中国商业出版社 1988

年版),《中国年节食俗》(中国旅游出版社1987年版),张劲松等《饮食习俗》(辽宁大学出版社1988年版),曾庆如《神州食俗趣闻》(中国食品出版社1988年版),洪光住《中国食品科技史稿(上)》(中国商业出版社1984年版),王明德《中国古代饮食》(陕西人民出版社1988年版),赵荣光《天下第一家衍圣公府饮食生活》(黑龙江科学技术出版社1989年版),杨文骐《中国饮食文化和食品工业发展简史》(中国展望出版社1983年版),杨文骐《中国饮食民俗学》(中国展望出版社1983年版),陶振纲《中国烹饪文献提要》(中国商业出版社1986年版),张廉明《中国烹饪文化》(山东教育出版社1989年版),张孟伦《汉魏饮食考》(兰州大学出版社1988年版),林正秋《中国宋代果点概述》(中国食品出版社1989年版),邢渤涛《全聚德史话》(中国商业出版社1984年版)、《北京特味食品老店》(中国食品出版社1987年版),王仁兴《满汉全席源流》(中国旅游出版社1986年版),吴正格《满汉全席》(天津科学技术出版社1986年版)、《满族食俗与清宫御膳》(辽宁科学技术出版社1988年版),陈先国《从五谷文化中走来》(上海百家出版社1989年版),王子辉《素食纵横谈》(陕西科学技术出版社1985年版),洪光住《中国豆腐》(中国商业出版社1987年版),胡锡文《粟、黍、稷古名物的探讨》(农业出版社1984年版),靳祖训《中国古代粮食贮藏的设施与技术》(农业出版社1984年版),谢成侠《中国养牛羊史》(农业出版社1985年版),庄晚芳《中国茶史散论》(科学出版社1988年版),陈椽《茶业通史》(农业出版社1984年版),贾大泉《四川茶业史》(巴蜀书社1989年版),吴觉农《茶经述评》(农业出版社1987年版),王尚殿《中国食品工业发展简史》(山西科学教育出版社1987年版),秦一民《红楼梦饮食谱》(华岳文艺出版社1988年版),蒋荣荣《红楼美食大观》(广西科学技术出版社1989年版),苏学生《中国烹饪》(中国展望出版社1983年版),熊四智《中国烹饪学概论》(四川科学技术出版社1988年版),林则普《烹饪基础》(江苏科学技术出版社1983年版),陶文台《中国烹饪概论》(中国商业出版社1988年版),施继章《中国烹饪纵横》(中国食品出版社1989年版),张廉民《中国烹饪文化》(山东教育出版社1989年版)等。

4. 20世纪90年代研究状况(1990~1999)

20世纪90年代的中国饮食文化研究,无论是研究的角度还是研究的深度,都远远超过80年代,这具体体现在以下几个方面。

大型饮食文化工具书。编撰了饮食文化及烹饪方面的大型工具书。代表性的有:高启东主编《中国烹调大全》(黑龙江科学技术出版社1990年版),林正秋主编《中国美食大辞典》(浙江大学出版社1991年版),姜习主编《中国烹饪百科全书》(中国大百科全书出版社1992年版),萧帆主编《中国烹饪辞典》(中国商业出版社1992年版),张哲永主编《饮食文化辞典》(湖南出版社1993年版),汪福宝主编《中国饮食文化辞典》(安徽人民出版社1994年版),任百尊主编《食经》(上海文化出版社1999年版)等。

饮食文化史 有关饮食史的研究著作纷纷涌现。具代表性的有:徐海荣主编《中国饮食史》六卷(华夏出版社1999年版),曾纵野《中国饮馔史》第二卷(中国商业出版社1996年版),庄志龄《中国饮食史话》(黄山书社1997年版),陈光新《中国烹饪史话》(湖北科学技术出版社1990年版),胡汉传《烹饪史话》(辽宁人民出版社1995年版),杨文翻《食品史》(辽宁少年儿童出版社1997年版),邱庞同《中国面点史》(青岛出版社1995年版),曹健民《中国全史:简读本—21,风俗史饮食史服饰史》(经济日报出版社1999年版),王仁湘《中国史前饮食史》(青岛出版社1997年版),黎虎《汉唐饮食文化史》(北京师范大学出版社1998年版),王子辉《隋唐五代烹饪史纲》(陕西科学技术出版社1991年版),陈伟民《唐宋饮食文化初探》(中国商业出版社

1993年版),林永匡《美食·美味·美器:清代饮食文化研究》(黑龙江教育出版社1990年版),杨英杰《四季飘香:清代节令与佳肴》(辽海出版社1997年版),林永匡《饮德·食艺·宴道:中国古代饮食智道透析》(广西教育出版社1995年版),王明德《中国古代饮食》(陕西人民教育出版社1998年版),王仁湘《饮食考古初集》(中国商业出版社1994年版),林乃燊《中国古代饮食文化》(中华书局1997年版)等。

饮食文化通论 有关饮食文化通论的著作也层出不穷。具代表性的有:梅方《中国饮食文化》(广西民族出版社1991年版),马宏伟《中国饮食文化》(内蒙古人民出版社1993年版),王学泰《华夏饮食文化》(中华书局1993年版),王仁湘《饮食与中国文化》(人民出版社1993年版),徐旺生《民以食为天:中华美食文化》(海南出版社1993年版),杨菊华《中华饮食文化》(首都师范大学出版社1994年版),林永匡《饮德·食艺·宴道——中国古代饮食智道透析》(广西教育出版社1995年版),万建中《饮食与中国文化》(江西高校出版社1995年版),向春阶《食文化》(中国经济出版社1995年版),潘英《中国饮食文化谈》(中国少年儿童出版社1996年版),赵连友《中国饮食文化》(中国铁道出版社1997年版),张明远《饮食文化漫谈》(中国轻工业出版社1997年版),林少雄《口腹之道:中国饮食文化》(沈阳出版社1997年版),李东祥《饮食文化》(中国建材工业出版社1998年版),林乃燊《饮食志》(上海人民出版社1998年版),陈耀昆《中国烹饪概论》(中国商业出版社1992年版),李曦《中国烹饪概论》(中国旅游出版社1996年版),路新生《烹饪饮食》(上海三联书店1997年版),陈光新《烹饪概论》(高等教育出版社1998年版),熊四智《中国烹饪概论》(中国商业出版社1998年版),陈诏《食的情趣》(香港商务印书馆1991年版),陈诏《美食寻趣:中国馔食文化》(上海古籍出版社1991年版),陈诏《美食源流》(上海古籍出版社1996年版),熊四智《食之乐》(重庆出版社1989年版),熊四智《中国人的饮食奥秘》(河南人民出版社1992年版),秦炳南《人生第一欲——中国人的饮食世界》(天津社会科学院出版社1996年版),朱伟《考吃》(中国书店1997年版),李志慧《饮食篇:终岁醇浓味不移》(三秦出版社1999年版)等。

饮食文化专论 对饮食文化专题方面的研究从广度与深度方面均有新突破。代表性的有:姚伟钧《中国传统饮食礼俗研究》(华中师范大学出版社1999年版),谭天星《御厨天香:宫廷饮食》(云南人民出版社1992年版),姚伟钧《玉盘珍馐值万钱:宫廷饮食》(华中理工大学出版社1994年版),苑洪琪《中国的宫廷饮食》(商务印书馆国际有限公司1997年版),邵华安《满汉全席》(辽宁科学技术出版社1993年版),林苛步《满汉全席论略》(上海交通大学出版社1995年版),赵荣光《满族食文化变迁和满汉全席问题研究》(黑龙江人民出版社1996年版),赵荣光《天下第一家衍圣公府食单》(黑龙江科学技术出版社1992年版),赵荣光《中国古代庶民饮食生活》(商务印书馆国际有限公司1997年版),李向军《清代荒政研究》(中国农业出版社1995年版),杨福泉《火塘文化录》(云南人民出版社1991年版),杨福泉《灶与灶神》(学苑出版社1994年版),蓝翔《筷子古今谈》(中国商业出版社1993年版),刘云《中国箸文化大观》(科学出版社1996年版),蓝翔《筷子三千年》(山东教育出版社1999年版),史红《饮食烹饪美学》(科学普及出版社1991年版),王莉莉《宴时梦幻——饮食文化美学谈》(北京燕山出版社1993年版),刘琦《麦黍文化研究论文集》(甘肃人民出版社1993年版),杨晓东《灿烂的吴地鱼稻文化》(当代中国出版社1993年版),杨晓东《吴地稻作文化》(南京大学出版社1994年版),郭家骥《西双版纳傣族的稻作文化研究》(云南大学出版社1998年版),刘芝凤《中国侗族民俗与稻作文化》(人民出版社1999年版),陶思炎《中国鱼文化》(中国华侨出版公司 1990 年版)，麻承照《中国鱼文化》(中国文联出版公司 1999 年版)，张寿橙《中国香菇栽培历史与文化》(上海科学技术出版社 1993 年版)，赵建民《中国人的美食——饺子》(山东教育出版社 1999 年版)，王治寰《中国食糖史稿》(农业出版社 1990 年版)，季羡林《文化交流的轨迹：中国蔗糖史》(经济日报出版社 1997 年版)，柴继光《中国盐文化》(新华出版社 1992 年版)，张铁忠《饮食文化与中医学》(福建科学技术出版社 1993 年版)，冷启霞《寿膳、寿酒、寿宴：饮食与长寿》(四川人民出版社 1993 年版)，王宏升《饮食文化与海洋》(中国大地出版社 1999 年版)等。

区域、民族饮食文化 有关区域、民族饮食文化的研究有了更多新的领域。具代表性的有：《食俗大观》(知识出版社 1992 年版)，齐滨清《中国少数民族和世界各国风俗饮食特点》(黑龙江科学技术出版社 1990 年版)，汪青玉《竹筒饭·羊肉串·鸡尾酒：别具风味的饮食习俗》(四川人民出版社 1992 年版)，佟玉华《百国地区礼俗与食俗》(中国商业出版社 1993 年版)，刘景文《民俗与饮食趣话》(光明日报出版社 1994 年版)，翁洋洋《中国传统节日食品》(中国轻工业出版社 1994 年版)，王崇熹《乡风食俗》(陕西人民教育出版社 1999 年版)，李春万《闾巷话蔬食：老北京民俗饮食大观》(北京燕山出版社 1997 年版)，周家望《老北京的吃喝》(燕山出版社 1999 年版)，张洪光《饮食风俗(山西)》(山西科学技术出版社 1998 年版)，夔宁《吴地饮食文化》(中央编译出版社 1996 年版)，顾承甫《老上海饮食》(上海科学技术出版社 1999 年版)，章仪明《淮扬饮食文化史》(青岛出版社 1995 年版)，戴宁《浙江美食文化》(杭州出版社 1998 年版)，《福建饮食文化》(海潮摄影艺术出版社 1997 年版)，石文年《厦门饮食》(鹭江出版社 1998 年版)，朱新海《济南烹饪文化》(山东科学技术出版社 1998 年版)，魏敏《民间食俗(河南)》(海燕出版社 1997 年版)，张磊《广东饮食文化汇览》(暨南大学出版社 1993 年版)，伍青云《广东食府文化》(广东高等教育出版社 1995 年版)，湛玉书《三峡人的食俗》(香港中华国际出版社 1999 年版)，何金铭《长安食话》(陕西人民出版社 1995 年版)，何金铭《百姓食俗(陕西)》(陕西人民出版社 1998 年版)，李东印《民族食俗》(四川民族出版社 1990 年版)，鲁克才《中华民族饮食风俗大观》(世界知识出版社 1992 年版)，贾银忠《彝族饮食文化》(四川大学出版社 1994 年版)，赵忠《河湟民族饮食文化》(敦煌文艺出版社 1994 年版)，王增能《客家饮食文化》(福建教育出版社 1995 年版)，贾蕙萱《中日饮食文化比较研究》(北京大学出版社 1999 年版)等。

文学与饮食文化 古典文学的研究触角延伸到饮食文化领域。具代表性的有：王柏春《红楼梦菜谱》(中国旅游出版社 1992 年版)，孟庆丽《红楼梦食膳与戏剧》(天津古籍出版社 1993 年版)，傅荣《〈红楼梦〉与美食文化》(北京经济学院出版社 1994 年版)，陈诏《红楼梦的饮食文化》(台湾商务印书馆 1995 年版)，邵万宽《〈金瓶梅〉饮食大观》(江苏人民出版社 1992 年版)，胡德荣《金瓶梅饮食谱》(经济时报出版社 1995 年版)，百川《三国食话》(中国国际广播出版社 1999 年版)。

饮食文化论文集 饮食文化研究丛刊。如：李士靖主编《中华食苑》第 1 集(经济科学出版社 1994 年版)、《中华食苑》第 2 ~ 10 集(中国社会科学出版社 1996 年版)。会议论文集。具代表性的有：《首届中国饮食文化国际研讨会论文集》(中国食品工业协会等 1991 年版)，《烹饪理论与实践(首届中国烹饪学术研讨会论文选集)》(中国商业出版社 1991 年版)，《中国烹饪走向新世纪(第二届中国烹饪学术研讨会论文选集)》(经济日报出版社 1995 年版)，王守初主编《饮食文化与餐饮经营管理探索('98 广州国际美食节饮食·文化·管理学术研讨会论文集)》(广东旅游出版社 1999 年版)，赵建民主编《药膳食疗理论与实践('98首届国际药膳食疗学术研讨会论文集)》(山东文化音像出版社1998年版),赵建民主编《〈金瓶梅〉酒食文化研究('98景阳冈《金瓶梅》酒食文化研讨会论文集)》(山东文化音像出版社1998年版),焦桐主编《赶赴繁花盛放的飨宴(饮食文学国际研讨会论文集)》(台湾时报文化出版企业股份有限公司1999年版)。个人论文集。具代表性的有:赵荣光《中国饮食史论》(黑龙江科学技术出版社1990年版),赵荣光《赵荣光食文化论集》(黑龙江人民出版社1995年版),王子辉《中国饮食文化研究》(陕西人民出版社1997年版),陈光新《春华秋实:陈光新教授烹饪论文集》(武汉测绘科技大学出版社1999年版),赵建民《鼎鼐谭薮》(中国文联出版社1999年版),胡德荣《胡德荣饮食文化古今谈》(中国矿业大学出版社1998年版)。

茶文化和酒文化 关于茶文化的研究具有代表性的有:《茶的历史与文化('90杭州国际茶文化研讨会论文选集)》(浙江摄影出版社1991年版),《中国普洱茶文化研究(中国普洱茶国际学术研讨会论文集)》(云南科学技术出版社1994年版),丁文《大唐茶文化》(东方出版社1997年版),梁子《中国唐宋茶道》(陕西人民出版社1994年版),徐德明《中国茶文化》(上海古籍出版社1996年版),余悦《茶路历程:中国茶文化流变简史》(光明日报出版社1999年版),冈夫《茶文化》(中国经济出版社1995年版),赖功欧《茶哲睿智:中国茶文化与儒释道》(光明日报出版社1999年版),王从仁《玉泉清茗:中国茶文化》(上海古籍出版社1991年版),陈香白《中国茶文化》(山西人民出版社1998年版),王玲《中国茶文化》(中国书店1998年版),严文儒《中国茶文化史话》(黄山书社1997年版),罗时万《中国宁红茶文化》(中国文联出版公司1997年版),朱世英《中国茶文化辞典》(安徽文艺出版社1992年版)等。关于酒文化的研究具有代表性的有:王守国《酒文化中的中国人》(河南人民出版社1990年版),钱茂竹《绍兴酒文化》(中国大百科全书出版社上海分社1990年版),何满子《醉乡日月:中国酒文化》(上海古籍出版社1991年版),田久川《中华酒文化史》(延边大学出版社1991年版),傅允生《中国酒文化》(中国广播电视出版社1992年版),罗西章《西周酒文化与宝鸡当今名酒》(陕西人民出版社1992年版),林超《杯里春秋:酒文化漫话》(花城出版社1992年版),徐少华《西凤酒文化》(陕西人民出版社1993年版),杜景华《中国酒文化》(新华出版社1993年版),张鹏志《中华酒文化》(首都师范大学出版社1994年版),李华瑞《中华酒文化》(山西人民出版社1995年版),向春阶《酒文化》(中国经济出版社1995年版),梁勇《河北酒文化志》(中国对外翻译出版公司1998年版),杜金鹏《醉乡酒海:古代文物与酒文化》(四川教育出版社1998年版),何明《中国少数民族酒文化》(云南人民出版社1999年版),王炎主编《辉煌的世界酒文化:首届酒文化学术讨论会论文集》(成都出版社1993年版),《94国际酒文化学术研讨会论文集》(浙江大学出版社1994年版),《97国际酒文化学术研讨会论文集》(学林出版社1997年版),朱世英《中国酒文化辞典》(黄山书社1990年版),沈道初《中国酒文化应用辞典》(南京大学出版社1994年版)等。

5. 新世纪研究状况(2000~现在)

进入新世纪仅仅七八年的时间,饮食文化研究出现了新势头,辞典类基础性书籍明显减少,包括一批博士书库在内的具有较高学术品位的专著大量涌现。

饮食文化史 赵荣光《中国饮食文化史》(上海人民出版社2006年版),王仁湘《饮食之旅》(台湾商务印书馆2001年版),邱庞同《中国菜肴史》(青岛出版社2001年版),王利华《中古华北饮食文化的变迁》(中国社会科学出版社2000年版),王赛时《唐代饮食》(齐鲁书社2003年版),王晓华《吃在民国》(江苏文艺出版社2004年版),王建中《东北地区食生活史》(黑龙江人民出版社 2004 年版), 王赛时《中国千年饮食》(中国文史出版社 2002 年版),王仁湘《珍馐玉馔:古代饮食文化》(江苏古籍出版社 2002 年版),王明德《中国古代饮食艺术》(陕西人民出版社 2002 年版),张征雁《昨日盛宴:中国古代饮食文化》(四川人民出版社 2004 年版)、王学泰《中国饮食文化史》(广西师范大学出版社 2006 年版)等。

饮食文化通论 贾明安《隐藏民族灵魂的符号:中国饮食象征文化论》(云南大学出版社 2001 年版),李曦《中国饮食文化》(高等教育出版社 2002 年版),华国梁《中国饮食文化》(东北财经大学出版社 2002 年版), 朱永和《中国饮食文化》(安徽教育出版社 2003 年版),徐文苑《中国饮食文化概论》(清华大学出版社 2005 年版),李曦《中国烹饪概论》(旅游教育出版社 2000 年版),李志刚《烹饪学概论》(中国财政经济出版社 2001 年版), 陈诏《中国馔食文化》(上海古籍出版社 2001 年版),陈诏《饮食趣谈》(上海古籍出版社 2003 年版),刘士林《谁知盘中餐:中国农业文明的往事与随想》(济南出版社 2003 年版),车前子《好吃》(山东画报出版社 2004 年版),李波《"吃"垮中国:中国食文化反思》(光明日报出版社 2004 年版)。

饮食文化专论 赵荣光《满汉全席源流考述》(昆仑出版社 2003 年版),安平《中外食人史话》(时代文艺出版社 2001 年版), 陈彦堂《人间的烟火:炊食具》(上海文艺出版社 2002 年版), 郝铁川《灶王爷·土地爷·城隍爷:中国民间神研究》(上海古籍出版社 2003 年版), 刘云《筷子春秋》(百花文艺出版社 2000 年版),蓝翔《古今中外筷箸大观》(上海科学技术文献出版社 2003 年版),王远坤《饮食美论》(湖北美术出版社 2001 年版), 刘芝凤《中国土家族民俗与稻作文化》(人民出版社 2001 年版), 裴安平《长江流域的稻作文化》(湖北教育出版社 2004 年版),周沛云《中华枣文化大观》(中国林业出版社 2003 年版),陈益《阳澄湖蟹文化》(上海辞书出版社 2004 年版), 张平真《中国酿造调味食品文化:酱油食醋篇》(新华出版社 2001 年版), 薛党辰《辣椒·辣椒菜·辣椒文化》(上海科学技术文献出版社 2003 年版),王明辉《古今食养食疗与中国文化》(中国医药科技出版社 2001 年版),史幼波《素食主义》(北京图书馆出版社 2004 年版),野萍《素食纵横谈》(中国轻工业出版社 2004 年版), 丁大同《佛家素食》(天津人民出版社 2004 年版),丁大同《佛家大百科——礼仪素食》(大象出版社 2005 年版),杨朝霞《禅茶素食》(大众文艺出版社 2005 年版),尹邦志《饮和食德:佛教饮食观》(宗教文化出版社 2005 年版),包亚明《上海酒吧:空间、消费与想象》(江苏人民出版社 2001 年版)等。

区域、民族饮食文化 姚伟钧《饮食风俗》(湖北教育出版社 2001 年版),邱国珍《中国传统食俗》(广西民族出版社 2002 年版), 薛理勇《食俗趣话》(上海科学技术文献出版社 2003 年版),张辅元《饮食话源》(北京出版社 2003 年版),潘江东《中国餐饮业祖师爷》(南方日报出版社 2002 年版),康健《中华风俗史——饮食·民居风俗史》(京华出版社 2001 年版),翟鸿起《老饕说吃(北京)》(文物出版社 2003 年版),高岱明《淮安饮食文化》(中共党史出版社 2002 年版),李维冰《扬州食话》(苏州大学出版社 2001 年版), 王稼句《姑苏食话》(苏州大学出版社 2004 年版),承嗣荣《澄江食林(江阴)》(上海三联书店 2004 年版), 张观达《绍兴饮食文化》(中华书局 2004 年版),茅天尧《品味绍兴》(浙江科学技术出版社 2005 年版),《饮食 (齐鲁特色文化丛书)》(山东友谊出版社 2004 年版),梁国楹《齐鲁饮食文化》(山东文艺出版社 2004 年版),刘福兴《河洛饮食》(九州出版社 2003 年版),高树田《吃在汴梁:开封食文化》(河南大学出版社 2003 年版),刘国初《湘菜盛宴》(岳麓书社 2005 年版), 张新民《潮州天下:潮州菜系的文化与历史》(山东画报出版社 2006 年版),熊四智《举箸醉杯思吾蜀:巴蜀饮食文化纵横》(四川人民出版社 2001 年版),杜莉《川菜文化概论》(四川大学出版社 2003 年版),杨文华《吃在四川》(四川科学技术出版社 2004 年版),车幅《川菜杂谈》(三联书店 2004 年版),张楠《云南吃怪图典》(云南人民出版社 2004 年版),高启安《敦煌饮食探秘》(民族出版社 2004 年版),高启安《唐五代敦煌饮食文化研究》(民族出版社 2004 年版),姚伟钧《长江流域的饮食文化》(湖北教育出版社 2004 年版),薛麦喜《黄河文化丛书·民食卷》(山西人民出版社 2001 年版),姚吉成《黄河三角洲民间饮食文化研究》(齐鲁书社 2006 年版),李炳泽《多味的餐桌:中国少数民族饮食文化》(北京出版社 2000 年版),颜其香主编《中国少数民族饮食文化荟萃》(商务印书馆国际有限公司 2001 年版),博巴《中国少数民族饮食》(中国画报出版社 2004 年版),李自然《生态文化与人:满族传统饮食文化研究》(民族出版社 2002 年版),马德清《凉山彝族饮食文化》(四川民族出版社 2000 年版),《凉山彝族饮食文化概要》(四川民族出版社 2002 年版),赵净修《纳西饮食文化谱》(云南民族出版社 2002 年版),杨胜能《西双版纳傣族美食趣谈》(云南大学出版社 2001 年版),王子华《彩云深处起炊烟:云南民族饮食》(云南教育出版社 2000 年版),韦体吉《广西民族饮食大观》(贵州民族出版社 2001 年版),白剑波《清真饮食文化》(陕西旅游出版社 2000 年版)等。

文学与饮食文化 施连方《饮食·生活·文化:〈西游记〉趣谈》(中国物资出版社 2001 年版),苏衍丽《红楼美食》(山东画报出版社 2004 年版),赵萍《水浒中的饮食文化》(山东友谊出版社 2003 年版),王子辉《周易与饮食文化》(陕西人民出版社 2003 年版),葛景春《诗酒风流赋华章:唐诗与酒》(河北人民出版社 2002 年版),闫艳《唐诗食品词语语言与文化之研究》(巴蜀书社 2004 年版)。

饮食文化论文集 会议论文集有:刘广伟主编《中国烹饪高等教育问题研究》(东方美食出版社有限公司 2001 年版),《饮食文化与中餐业发展问题研究(国际饮食文化研讨会论文集)》(中国商业出版社 2002 年版),姚关仁主编《太湖菜传承与创新》(昆仑出版社 2003 年版),李贻衡主编《湘菜飘香(加快湘菜产业发展研讨会文集)》(湖南科学技术出版社 2004 年版),廖伯康主编《川菜文化研究》(四川大学出版社 2001 年版),杜青海主编《中国黔菜》(中央文献出版社 2003 年版),洪贤兴主编《中国渔文化研讨会论文集》(宁波出版社 2005 年版)。个人论文集有:赵荣光《中国饮食文化研究》(香港东方美食出版社有限公司 2003 年版),熊四智《四智论食》(巴蜀书社 2005 年版)等。

茶文化和酒文化 有关茶文化的研究具有代表性的有:《第六届国际茶文化研讨会论文选集》(浙江摄影出版社 2000 年版),《茶,茶文化,旅游(2003 茶文化与旅游国际学术研讨会论文集)》(重庆出版社 2003 年版),刘勤晋《茶文化学》(中国农业出版社 2000 年版),黄志根《中华茶文化》(浙江大学出版社 2000 年版),王从仁《中国茶文化》(上海古籍出版社 2001 年版),刘勤晋《茶文化学》(中国农业出版社 2000 年版),于观亭《茶文化漫谈》(中国农业出版社 2003 年版),高旭晖《茶文化学概论》(安徽美术出版社 2003 年版),姚国坤《中国茶文化遗迹》(上海文化出版社 2004 年版),滕军《中日茶文化交流史》(人民出版社 2004 年版),朱世英《中国茶文化大辞典》(汉语大词典出版社 2002 年版)等。有关酒文化的研究具有代表性的有:韩胜宝《姑苏酒文化》(古吴轩出版社 2000 年版),罗启荣《中国酒文化大观》(广西民族出版社 2001 年版),齐士《中华酒文化史话》(重庆出版社 2002 年版),韩胜宝《华夏酒文化寻根》(上海科学技术文献出版社 2003 年版),程殿林《酒文化》(中国海洋大学出版社 2003 年版),沈亚东《走入中国酒文化》(兰州大学出版社 2003 年版),蒋雁峰《中国酒文化研究》(湖南师范大学出版社 2004 年版),清月

《酒文化》(地震出版社2004年版),方爱平《中华酒文化辞典》(四川人民出版社2001年版),《国际酒文化学术研讨会论文集》(西北轻工业学院学报2000年版),日本酿造学会、日本酒类综合研究所、中国酿酒工业协会编《第五届国际酒文化学术研讨会论文集》(2004年)等。

(二)教材

烹饪专业教材大致可分为培训教材、考级教材、技校(中专)教材、高校教材。

1. 培训教材

培训教材是以培训厨师或家政人员为目的而编印的教材。

《俞氏空中烹饪》是较早的一套烹饪培训教材。目前见有《俞氏空中烹饪教授班》中菜组5期,西菜组3期,点心组5期。每本书厚约30页,封底印有"编辑者俞士蘭"及"铅印者上海永安印务局印行"等字句。内页以单面印刷再对折钉装,有别于一般民国书籍使用的双面印刷。这本书可能是作者自费出版,并非经由正统出版社发行,印量不多,估计流通于20世纪40年代或50年代初的上海。根据书名"空中"一词推断,可能是电台广播讲座的教材。作者俞士蘭在序言中自称累积10多年烹饪"研究心得",并指出烹饪"似易实难,欲求精通端赖实习"。

20世纪80年代以前,很少有专用的厨师培训教材,一般是借用烹饪技工学校的教材。80年代以后,各部门和一些省、市、自治区自编了一部分培训教材。如:辽宁省工人技术培训教材编委会主编的《厨师培训教材》(辽宁科学技术出版社1983年版),汪荣等编著的《厨师必读:千题问答》(中国展望出版社1986年版),后被厨师考级教材取代。

2. 考级教材

20世纪80年代,商业部制定了"饮食业中餐业务技术等级标准",共有6个工种:中式烹调师、中式面点师、中餐服务师、西式烹调师、西式面点师、西餐服务师。细分为7~10个等级不等,以中式烹调师为例,分为特一级、特二级、特三级,一级、二级、三级、四级、五级,一级技工、二级技工、三级技工。每个等级都规定了相应的知识标准内容和技能标准内容。

1993年8月,劳动部培训司正式制定并颁布了中式烹调师、中式面点师、西式烹调师、西式面点师、餐厅服务员等工种的"职业技能标准",各分为初级、中级和高级3个等级。在此期间,国家旅游总局吸收了劳动部标准的精神,也制定了旅游系统的技能标准。1994年8月,劳动部和国内贸易部联合颁发了上述工种的"职业技能鉴定规范"。

20世纪90年代以后,各部门和一些省、

组织编写单位	书名	出版社	出版年
国内贸易部饮食服务业管理司	烹饪基础	中国商业出版社	1994
	烹调工艺	中国商业出版社	1994
	面点工艺	中国商业出版社	1994
劳动部培训司	实习菜谱	中国劳动出版社	1992
	饮食营养与卫生	中国劳动出版社	1992
	烹饪技术	中国劳动出版社	1992
	面点制作	中国劳动出版社	1992
国家旅游局人事劳动教育司	中式烹饪	高等教育出版社	1992
	西式烹饪	高等教育出版社	1992
	中式面点	高等教育出版社	1992
	西式面点	高等教育出版社	1992
	烹饪综合基础知识	高等教育出版社	1992

续表

组织编写单位	书名	出版社	出版年
劳动部职业技能开发司 国内贸易部行业管理司 国家旅游局人事劳动教育司	中式烹调师:初级、中级、高级	中国劳动出版社	1995
	中式面点师:初级、中级、高级	中国劳动出版社	1995
	西式烹调师:初级、中级、高级	中国劳动出版社	1995
	西式面点师:初级、中级、高级	中国劳动出版社	1995
辽宁省劳动厅、商业厅	中级厨师培训教材	辽宁科技出版社	1992
	新编厨师培训教材	辽宁科技出版社	1994
黑龙江省劳动厅	中式烹调师培训教材	黑龙江科技出版社	1995
江苏省劳动厅、商业厅	初级厨师培训教材	江苏科技出版社	1993
	中级厨师培训教材	江苏科技出版社	1993
	高级厨师培训教材	江苏科技出版社	1998
山东省劳动厅培训处	中式烹饪	黄河出版社	1995

市、自治区自编了一部分考级培训教材。现将最早的一批培训教材分列如下。

2000 年，国家劳动和社会保障部规定，包括烹饪诸工种在内的工人技术等级一律分为初级、中级、高级、技师和高级技师 5 个等级，至此，烹饪行业等级标准正式确立。

为推动烹调师、面点师职业培训和职业技能鉴定工作的开展，在烹饪专业从业人员中推行国家职业资格证书制度，劳动和社会保障部中国就业培训技术指导中心在完成“国家职业标准”制定工作的基础上，编写了中式烹调师、中式面点师、西式烹调师、西式面点师的《国家职业资格培训教程》。劳动和社会保障部教材办公室组织编写了《职业技能鉴定指导》，2001 年起由中国劳动社会保障出版社出版。

各地根据实际情况，依照“国家职业标准”的要求，编写了适合当地的教材。

系列	教材名
基础系列	烹饪基础知识 社会培训机构培训计划、大纲——中式烹调师、中式面点师
中式烹调师系列	国家职业标准——中式烹调师 国家职业资格培训教程——中式烹调师(初级技能 中级技能 高级技能) 国家职业资格培训教程——中式烹调师(技师技能 高级技师技能) 职业技能鉴定指导——中式烹调师(初级 中级 高级)
中式面点师系列	国家职业标准——中式面点师 国家职业资格培训教程——中式面点师(初级技能 中级技能 高级技能) 国家职业资格培训教程——中式面点师(技师技能 高级技师技能) 职业技能鉴定指导——中式面点师(初级 中级 高级)
西式烹调师系列	国家职业标准——西式烹调师 国家职业资格培训教程——西式烹调师(初级技能 中级技能 高级技能) 国家职业资格培训教程——西式烹调师(技师技能 高级技师技能) 职业技能鉴定指导——西式烹调师(初级 中级 高级)
西式面点师系列	国家职业标准——西式面点师 国家职业资格培训教程——西式面点师(初级技能 中级技能 高级技能) 国家职业资格培训教程——西式面点师(技师技能 高级技师技能) 职业技能鉴定指导——西式面点师(初级 中级 高级)

系列	教材名
营养配餐员系列	国家职业标准——营养配餐员 国家职业资格培训教程——营养配餐员(基础知识) 国家职业资格培训教程——营养配餐员(中级技能 高级技能 技师技能) 职业技能鉴定指导——营养配餐员(基础知识 中级 高级技师)
复习指导丛书	国家职业技能鉴定理论知识考试复习指导丛书，营养配餐员，中级 国家职业技能鉴定理论知识考试复习指导丛书，营养配餐员，高级

2000 年初，国家劳动和社会保障部主持编写了《国家职业分类大典》，将“营养配餐员”新列了一个职业，分为中级、高级和技师 3 个等级。劳动和社会保障部中国就业培训技术指导中心编写了营养配餐员的《国家职业资格培训教程》，劳动和社会保障部教材办公室组织编写了《职业技能鉴定指导》，2003 年由中国劳动社会保障出版社出版。劳动和社会保障部职业技能鉴定中心组织编写了《国家职业技能鉴定理论知识考试复习指导丛书》，2004 年由中国财政经济出版社出版。

3. 技校(中专)教材

20 世纪 50 年代，我国创办第一批烹饪技工学校。在改革开放以前，没有统一教材，各校自行编写讲义，更多的是将《中国名菜谱》作为教材。《中国名菜谱》第 1 版最先是 1957 年由中华人民共和国城市服务部饮食业管理局组织编写，食品工业出版社出版的第 2 辑《北京名菜名点之一》，1958 年由中华人民共和国第二商业部饮食业管理局组织编写，轻工业出版社出版了第 1 辑《北京特殊风味》，到 1960 年，又出了第 3 辑《北京名菜名点之二》，一直出到第 10 辑。

1962 年，在上述菜谱的基础上，由商业部饮食业管理局组织编写、中国财政经济出版社出版的《中国名菜谱》也出版了多辑，分别为：第 1 辑《北京特殊风味》、第 2 辑《北京名菜名点之一》、第 3 辑《北京名菜名点之二》、第 4 辑《广东名菜点之一》、第 5 辑《广东名菜点之二》、第 6 辑《山东名菜点》、第 7 辑《四川名菜点》、第 8 辑《苏、浙名菜点》、第 9 辑《上海名菜点》、第 10 辑《福建、江西、安徽名菜点》。1965 年，又出了第 11 辑《云南、贵州、广西名菜点》；1966 年，出版第 12 辑《湖南、湖北名菜点》。

这套“中国名菜谱”，中国财政经济出版社于 1988 年再版，一直出到 1999 年，共 19 本，多为各地饮食服务公司和烹饪协会组织编写，成为我国迄今为止最权威经典的一套菜谱。这 19 本菜谱是：《北京风味》(1988)、《天津风味》(1993)、《辽宁风味》(1996)、《黑龙江风味》(1995)、《上海风味》(1994)、《江苏风味》(1990)、《浙江风味》(1988)、《安徽风味》(1988)、《福建风味》(1989)、《山东风味》(1990)、《河南风味》(1990)、《湖北风味》(1990)、《湖南风味》(1988)、《广东风味》(1991)、《四川风味》(1991)、《云南风味》(1993)、《陕西风味》(1992)、《清真风味》(1999)和《素菜风味》(1992)。这套菜谱成为许多技校(中专)的教材。

另外，上海市饮食福利公司编辑的由中国财政经济出版社 1962 年出版的《烹饪技术》作为“中等商业学校试用教材”，是当时为数不多的教科书。

“文革”后期，蚌埠市饮食服务公司厨师培训班 1972 年编印的《烹调与营养讲义》，山东省饮食服务学校 1973 年编印的《烹调技术》，潍坊市饮食服务公司 1973 年编印的《烹调技术》，江门市饮食服务公司 1973 年编印的《粤菜烹调技术讲义》，武汉市第二商业学校 1976 年编印的《烹饪学》等，成为当时烹饪技校的教材。

1979 年，商业部在长沙召开教材编写规划会议，在商业部教育司、基层商业局的规划领导下，共编写了一套6本教材作为饮食服务技工学校的试用教材，于1981—1982年由中国商业出版社出版。6本教材分别为《烹调技术》（王树温）、《烹饪原料加工技术》（王振才等）、《烹饪原料知识》（秦达伍等）、《饮食营养卫生》（李家祥）、《面点制作技术》（巫德华）、《饮食业成本核算》（向家方）。这套教材发行量很大，有些品种累计印数在100万册以上。20世纪90年代中期曾再版。这套教材是新中国第一套正式烹饪教材，影响很大，但由于在若干科学原理表述上有不严密的地方，甚至有明显的常识性错误，因此在科学的严谨性方面与其他成熟学科差距甚大。这套教材是名品，但不是精品。其后，出版了许多技校（中专）系列教材，但在影响方面还没有哪一套教材可以与之并肩。

4. 高校教材

以近代教育方法传授烹饪技艺，在中国始于20世纪30年代。一些著名的教会大学如北京的北京女子师范学院、燕京大学和辅仁大学，上海的震旦大学，南京的金陵女子文理学院等，在其家政专业或者家政课上开设了课时很少的烹饪技术课，教授一些西餐、西点的制作等。北京女子师范学院曾在20世纪20年代印制过《西法烹饪》讲义。

烹饪真正进入高等教育始于20世纪50年代末。1959年起，黑龙江商学院、上海财经学院曾先后设置过烹饪专业，各招收过一届学员。大规模兴办烹饪高等教育始于20世纪80年代。1983年起，江苏商业专科学校、黑龙江商学院、四川烹饪专科学校、广东商学院、武汉商业服务学院率先设置烹饪系科、专业，中国烹饪高等教育初具规模。现在，哈尔滨商业大学（原黑龙江商学院）、扬州大学（江苏商业专科学校并入）招收烹饪专业在职攻读硕士的研究生，哈尔滨商业大学、扬州大学、河北师范大学、河南科技学院、济南大学、黄山学院、湛江师范学院、安徽科技学院、吉林农业科技学院、湖北经济学院（原武汉商业服务学院）等10所高校招收“烹饪与营养教育”本科生，50余所职业技术学院招收烹饪类专业的学生。

20世纪80年代初期，烹饪专业没有正式出版的专用教材，但江苏商业专科学校、黑龙江商学院、四川烹饪专科学校、广东商学院、武汉商业服务学院都有部分课程自编讲义，以后正式出版的教材是在讲义的基础上逐步发展起来的。

1986年，商业部教育司组织江苏商业专科学校、黑龙江商学院、四川烹饪专科学校等院校的专业教师，编写了第一套烹饪专业统编教材，由中国商业出版社出版。这套教材分别为：朱婉芳《烹饪基础化学》（1989），陈文生《烹饪基础化学》（1989）、《烹饪化学》（1990），聂凤乔《烹饪原料学》（1989），罗长松《烹调工艺学》（1990），刘铭《烹饪营养学》（1990），崔生发《烹饪卫生学》（1990），陈耀昆《中国烹饪概论》（1992），向家方《饮食企业管理学》（1990），张家骝《烹饪设备与器具》（1992）。

由于是初创时期，教学经验积累不足，对烹饪学科属性的认识不统一，各校之间的交流也不够，故各校在采用一段时间后，江苏商业专科学校、黑龙江商学院、四川烹饪专科学校这3个实力较强的学校，又分别编写自己的系列教材。江苏商业专科学校的“高级烹饪系列教材”由上海科学技术出版社出版，包括：季鸿崑《烹饪化学基础》（1993），徐传骏《烹饪分析方法》（1993），彭景《烹饪营养学》（1989），路新国《中医饮食保健学》（1992），周明杨《烹饪工艺美术及菜肴造型图例》（1992），陈忠明《江苏名菜点》（1992），张嵩庆《饮食企业管理学》（1990），沈祖润《烹饪专业用英语》（1990）。

1998年，第二届中国烹饪高等教育学术研讨会在青岛召开，研讨会对以大合作的方式共同组织编写一套完整的高等学校用烹饪专业教材进行了具体策划和分工，组织成立了以赵荣光为主任、季鸿崑为副主任的教材编审委员会，自1999年起由中国轻工业出版社出版了1套20本的教材：李文卿《面点工艺学》(1999)，黄明超《中国名菜》(2000)，谢定源《中国名点》(2000)，崔桂友《食品与烹饪文献检索》(1999)，周晓燕《烹调工艺学》(2000)，郭亚东《西餐工艺》(2000)，周旺《烹饪器具及设备》(2000)，朱云龙《冷菜工艺》(2000)，王冰《食品雕刻》(2002)，季鸿崑《烹饪化学》(2000)，彭景《烹饪营养学》(2000)，蒋云升《烹饪卫生学》(2000)，赵荣光《饮食文化概论》(2000)，陈金标《宴会设计》(2002)，周明扬《烹饪工艺美术》(2000)，崔桂友《烹饪原料学》(2001)，郑昌江《餐饮企业管理》(2001)，双长明《饮品知识》(2000)，周忠民《饮食消费心理学》(2000)，路新国《中国饮食保健学》(2001)。这套教材是目前规模和影响最大的一套教材，各烹饪院校选用率很高。2005年对部分教材修订后出了第二版。

这之后，2003年由高等教育出版社出版的"烹饪专业系列教材"反映也不错，这套教材有9本：赵荣光《中国饮食文化概论》，冯磊《烹饪营养学》，季鸿崑《烹调工艺学》，王向阳《烹饪原料学》，李文卿《面点工艺学》，谢定源《中国名菜(配盘)》，周旺《中国名点(配盘)》，郭亚东《西餐工艺(配盘)》，杨欣《餐饮企业经营管理》等。

2003年，中国烹饪协会会同全国自学考试委员会在全国举行餐饮管理专业专科段和独立本科段的自学考试，并组织编写了一批教材。专科教材有9种，本科教材有10种。餐饮管理专业专科段教材：马开良《餐饮管理与实务》(高等教育出版社2003年版)，唐炳洪《餐饮业法规》(湖南科学技术出版社2004年版)，陈云川《餐饮市场营销》(高等教育出版社2003年版)，马开良《现代厨房管理》(高等教育出版社2004年版)，汪志君《食品卫生与安全》(高等教育出版社2004年版)，周晓燕《烹饪工艺学》(线装书局2004年版)，朱水根《烹饪原料学》(湖南科学技术出版社2004年版)，郭剑英《餐饮服务》(湖南科学技术出版社2005年版)，李勇平《酒水知识》(湖南科学技术出版社2004年版)。餐饮管理专业独立本科段教材：邢颖《餐饮经济学导论》(湖南科学技术出版社2004年版)，华国梁《中国饮食文化》(湖南科学技术出版社2004年版)，李勇平《餐饮企业人力资源管理》(高等教育出版社2003年版)，杨欣《餐饮企业信息管理》(高等教育出版社2003年版)，杨荫稚《餐饮企业财务管理》(高等教育出版社2004年版)，邢颖《餐饮企业战略管理》(高等教育出版社2004年版)，周明扬《餐饮美学》(湖南科学技术出版社2004年版)，翟凤英《食品营养学》(湖南科学技术出版社2004年版)，李维冰《国外饮食文化》(辽宁教育出版社2005年版)，鞠志中《宴会设计》(湖南科学技术出版社2004年版)。

自学考试的教材主要供自学，在内容安排上讲求清晰明了，在形式体例上要求理论要有足够的实际例证进行说明，在行文风格上要避免晦涩难懂。这套教材也基本符合要求。

5."十五"规划教材

2002年教育部确定了普通高等教育"十五"国家级教材规划选题，将高职高专教育规划教材纳入其中。"十五"国家级规划教材的建设将以"实施精品战略，抓好重点规划"为指导方针，重点抓好公共基础课、专业基础课和专业主干课教材的建设，特别要注意选择一部分原来基础较好的优秀教材进行修订使其逐步形成精品教材。同时还要扩大教材品种，实现教材系列配套，并处理好教材的统一性与多样化、基本教材与辅助教材、文字教材与软件教材的关系，在此基础上形成特色鲜明、一纲多本、优化配套的高职高专教育教材体系。

普通高等教育"十五"国家级规划教材(高职高专教育)适用于高等职业学校、高等专科学校、成人高校及本科院校举办的二级职业技术学院、继续教育学院和民办高校使用。"十五"国家级规划教材中烹饪专业的教材仅有2本。

国家级“十五”规划教材中烹饪专业用书目录

教材名称	主编姓名	主编单位	申报单位	出版年
宴席设计实务	周宇	深圳职业技术学院	高等教育出版社	2003
餐饮经营与管理实务	沈建龙	浙江旅游职业学院	中国人民大学出版社	2003

国家级“十一五”规划教材中烹饪专业用书目录

教材名称	主编姓名	主编单位	申报单位
中国饮食文化	杜莉	四川烹饪高等专科学校	旅游教育出版社
中外饮食文化	何宏	浙江旅游职业学院	北京大学出版社
食品文化概论	徐兴海	江南大学	东南大学出版社
烹饪学	戴桂宝	浙江旅游职业学院	浙江大学出版社
烹饪学	郭亚东	北京联合大学	中国旅游出版社
烹饪学概论	马健鹰	扬州大学	中国纺织出版社
中国烹饪概论	邵万宽	南京金陵旅馆管理干部学院	旅游教育出版社
烹饪原料	阎红	四川烹饪高等专科学校	旅游教育出版社
烹饪原料	冯玉珠	河北师范大学	中国轻工业出版社
烹饪原料学	王向阳	浙江工商大学	高等教育出版社
烹饪原料学	霍力	哈尔滨商业大学	科学出版社
烹饪原料学	赵廉	扬州大学	中国纺织出版社
烹饪材料	孟祥萍	北京联合大学	中国旅游出版社
烹饪工艺学	张文虎	上海师范大学	对外经济贸易大学出版社
烹饪工艺学	陈金标	无锡商业职业技术学院	高等教育出版社
烹饪工艺	袁新宇	四川烹饪高等专科学校	旅游教育出版社
烹调工艺学	周晓燕	扬州大学	中国纺织出版社
中式烹调工艺	郑昌江	哈尔滨商业大学	科学出版社
面点工艺学	陈忠明	扬州大学	中国纺织出版社
西餐工艺	周晓燕	扬州大学	中国纺织出版社
冷盘工艺	朱云龙	扬州大学	中国纺织出版社
烹饪工艺美术	周明扬	扬州大学	中国纺织出版社
餐饮管理	匡家庆	南京金陵旅馆管理干部学院	旅游教育出版社
餐饮管理	黄文波	天津商学院	对外经济贸易大学出版社
饭店餐饮管理	王天佑	天津财经大学	北京交通大学出版社
餐饮经营管理实务	沈建龙	浙江旅游职业学院	中国人民大学出版社
宴会设计与管理	丁应林	扬州大学	中国轻工业出版社
营养与卫生	黄刚平	四川烹饪高等专科学校	旅游教育出版社
烹饪卫生与安全学	蒋云升	扬州大学	中国轻工业出版社
中医饮食保健学	路新国	扬州大学	中国纺织出版社

6.“十一五”规划教材

为全面贯彻落实科学发展观，切实提高高等教育的质量，教育部决定制订普通高等教育“十一五”国家级教材规划。经出版社申报、专家评审、网上公示，最后确定了9716种选题列入“十一五”国家级教材规划。其中有关烹饪专业的教材有30种。

（三） 专业期刊

1. 概述

国内原先没有专业的烹饪期刊，相关的学术论文散见于历史学、食品学和医药卫生科学的期刊上，也有少量见于一些高等院校的学报上，而一般性的饮食或烹饪的文章则散见于普通报刊上，例如《人民日报·海外版》就常有这方面的文章，不过大多属于饮食感想、趣闻轶事之类，学术价值不是太高。

国内第一家烹饪专业期刊是《中国烹饪》，最早由原国家商业部所属的中国商业出版社主办。1987年，中国烹饪协会成立以后，才成为中国烹饪协会的会刊。此后，各省、市、自治区的烹饪协会几乎都自办相关的专业期刊。一时间公开和内部发行的刊物曾达到20多种。与此同时，香港、台湾地区甚至新加坡，都有关于中国烹饪的专业中文期刊，日本还出版了专门研究中国烹饪的专业期刊，刊名《圆卓》，颇有影响。目前，属于学术性的烹饪和饮食文化研究性的期刊主要是《扬州大学烹饪学报》、《饮食文化研究》和《中国饮食文化》（台北）3种，其他多是普及性的刊物。

2. 专业期刊

《中国烹饪》杂志创刊于1980年，月刊，是中国第一本最具影响力的全面介绍国内外餐饮业态、饮食文化及烹饪技艺的专业性期刊。创刊25年来，《中国烹饪》始终立足于推进中国餐饮业的发展，引领“食尚文化”的风潮，受到了业内人士及读者的广泛关注和好评。

《餐饮世界》杂志创刊于2001年，月刊，中国烹饪协会和世界中国烹饪联合会会刊，集权威性、专业性、实用性为一体，为业内餐饮企业及相关行业人士提供全方位服务。内设2大版块：餐饮前沿——倾情关注餐饮业最新动态，独家报道餐饮业热点问题，全面交流经营管理经验，以独特的视角、鲜活的观点展现中国餐饮业的前沿信息；时尚厨艺——大师泼墨、名厨点彩，多彩的各地美食，一道道经典美味展现在读者的面前，让读者在识书、闻香中学艺，在厨门五味的世界里纵横驰骋。

《扬州大学烹饪学报》创刊于1984年，季刊，原名《中国烹饪研究》，扬州大学旅游烹饪学院主办，是我国烹饪界办刊最早、层次最高、影响最大的理论学刊。办刊宗旨：探索总结烹饪理论，继承弘扬饮食文化，反映烹饪研究最新成果，为教学科研工作服务。该刊融科学性、理论性、实践性于一体，既是烹饪理论研究者、烹饪教学工作者的科研阵地，又是餐饮企业从业者的技术指南和烹饪爱好者的良师益友。

《饮食文化研究》创刊于2001年，季刊，初为中国食文化研究会主办，后改由东方美食（美国）国际联盟主办，2008年复为中国食文化研究会主办，中国食文化研究会会刊。是研究中国饮食文化的学术园地，旨在弘扬东方饮食文化优良传统，培养健康文明的饮食规范，推动东方饮食文化和饮食科学研究。该杂志汇集了饮食文化和饮食科技领域内众多学者、专家、教授撰写的具有时代感的论文，并不定期地出版某方面的专号，如“酒文化专号”、“茶文化专号”，是目前中国饮食文化研究最高水平的专业学术杂志。

《东方美食·烹饪艺术家》创刊于1992年，是图文结合的烹饪专业期刊。杂志分出品、技艺、人物、原料及管理等5大版块，以满足读者学艺学菜需求为核心，以关注提升中国厨师素养为己任，从细节入手揭示“旺菜”制作秘笈和技术要领，引领业内潮流，快速捕捉业界热点,案例说明厨政管理技巧。

《东方美食·餐饮经理人》创刊于1992年,月刊,立足酒店实际,全面解读餐饮经营管理中的实际问题,提供具体有效的解决方案。设有“综合、经营、管理、人才与学习”4大版块,“封面故事、专题报道、成功者说、案例分析、蓝十字门诊、法律顾问、专家视角、成本控制、指点迷津”等众多栏目,回放“最真实的案例”,解决“最真实的问题”,是国内首家餐饮经理人杂志。

《东方美食·北美版》创刊于2006年,双月刊,立足于亚洲,全方位解读中国饮食文化在国外的发展状况,阐释中国饮食的国际化趋势,揭示中国饮食的未来发展方向,为广大同仁和各界人士提供了解中国饮食文化在异域发展现状的窗口。设有“文化”、“旅游”、“健康”、“生活”、“厨艺”、“资讯”六大板块,封面故事、专题报道、美食物语、快乐厨房、边走边尝、精彩资讯等众多栏目,介绍各国人民的饮食爱好、营养搭配,传播美食文化、厨政理念,推荐各个城市的餐饮旺店、招牌菜点。

《中国食品》原名《食品科技》,创刊于1972年,半月刊,北京市食品研究所主办。

《饮食天地》创刊于1978年,月刊,香港饮食天地出版社主办,香港著名餐饮刊物。

《中国饮食文化》创刊于2005年,半年刊,每年1月与7月发行,台湾中华饮食文化基金会主办。这份人文社会性学术刊物,其主旨在于推动对中国饮食文化之内涵、技术、仪节、书写之社会与文化相关研究,希望能借此介绍中国饮食文化之区域性、整体性,历史饮食概貌及在人类文明中的一般意义,并为学者提供一个学术交流之园地。

《吃在中国》创刊于1994年,季刊,吃在中国杂志社主办,第1期(1989年10月)至第28期(1992年4月)刊名为《吃在台北》,第29期(1992年5月)至第48期刊名为《吃在台湾》,自第49期(1994年3月)起改为现名。

《美食天下》创刊于1990年,双月刊,台湾美食世界杂志社主办,原名《美食世界》,自第41期(1995年3月)起,改为现名。

《烹饪教育》,原名《烹饪教育通讯》,创刊于1987年,季刊,商业部系统烹饪教育研究会主办。现已停刊。

各地主办的杂志详见下表。

刊名	刊期	主办单位	创刊年	备注
天津烹饪		天津市烹饪协会	1990	
燕赵美食		石家庄市饭店烹饪行业协会	2004	
烹调知识	月刊	太原市商业文化研究会 山西省烹饪协会	1983	CN11－1644/TS
食品与生活	双月刊	上海市食品协会 上海市食品研究所	1979	CN 31－1616/TS
美食	双月刊	江苏省烹饪协会	1989	CN 32－1379/TS
美味	月刊	浙江省餐饮行业协会		CN 11－4564/GO,已停刊
中国徽菜	月刊	安徽省烹饪协会		
美食家		安徽省烹饪协会		已停刊
烹饪者之友		山东省烹饪协会	1986	
鲁菜研究	月刊	鲁菜研究杂志社		
餐饮文化	双月刊	河南省豫菜文化研究会	2000	原名《当代烹饪文化》
中原美食文化	旬刊	河南省餐饮行业协会	2005	

续表

刊名	刊期	主办单位	创刊年	备注
烹饪学刊	旬刊	武汉烹饪学会 武汉市第二商业学校	1984	
广东烹饪		广东省烹饪协会		
四川烹饪	月刊	四川省烹饪协会	1983	CN 51-1197/TS
四川美食家协会会刊		四川美食家协会	2004	
四川烹饪高等专科学校学报	季刊	四川烹饪高等专科学校	1984	CN 51 - 1525/G4 原名《烹饪学报》
中国美食地理	月刊		2006	已停刊
民族食风	双月刊	云南省烹饪协会	2005	
贵州美食	双月刊	贵阳市旅游局 贵阳市烹饪协会	2002	

（何　宏）

（四）国外对中国烹饪文化的研究

1. 日本对中国饮食文化的研究

海外的中国饮食史研究，当首推日本。日本在世界各国中对中国饮食史的研究时间较早，也最为重视，成就最为突出。在 1940～1970 年这三十余年的时间里，几乎由日本学者垄断着中国食文化研究的领地。

值得一提的是古代中国著作向日本传递，无论就其历史的久远，还是规模的宏大，在世界文化史上都是仅见的。这其中也包括饮食文化典籍大量传到日本。在日本的古代典籍中也有中国饮食状况的记载。

《清俗纪闻》是二百年前日本出版的关于清代乾隆时期我国江、浙、闽一带民间传统习俗及社会情况的一部调查纪录。调查工作由主管长崎与中国贸易的德川幕府官员中川忠英主持，他派出下属官吏直接去询问到日本经商的中国商人本国之俗习，并让日本及在日的我国苏杭等地画工详绘各种物事的具体图像，最后由他整理编次成书。书中文字、图画相得益彰，全面、综合地展示出了当时我国社会，特别是普通庶民生活的实际状况，是考察清代社会及我国古代习俗传承的珍贵史料，在存留历史文献资料中也极具特色。《清俗纪闻》的出版目的是给管理清朝贸易的官员及德川幕府了解清朝情况提供参考，后来成为日本专家学者及历史文化爱好者了解我国古代民情的重要资料。全书以变体假名文言文书写，1799 由年东都书林堂刊印。1966 年日本平凡社出版了松村一弥和孙伯醇先生使用现代日文整理的注解本，至今已重印了九版，受欢迎程度可见一斑。中译本《清俗纪闻》由中华书局 2006 年出版。《清俗纪闻》卷四为《饮食制法》，内容有炊饭、茶、酒、醋、酱油、麴、醃菜、豆豉、宴会料理请客诸品等。

早在上世纪四五十年代，日本学者就掀起了中国饮食史研究的热潮。1942 年，位于日本占领区北京的华北交通社员会出版了井川克己主编的《中国的风俗和食品》(中国の风俗と食品）分为风俗和食品两篇。在下篇《料理和食品》，有三个单元：第一单元“中国料理的话题”，作者村上知行(1899 —1976)，介绍了中国的家庭料理和街头料理、饭馆料理，第二单元“关于中国料理”，作者大木一郎，介绍了中国料理的分类、汉人饮食和回民饮食的区别、北方饮食和南方饮食、餐馆、宴会以及北京主要餐馆名录；第三单元“中国的糕点”，由资业局提供资料，介绍了糕点的种类、季节与糕点、著名的糕点店、北京糕点业统计等。华北交通社员会名义上是公司企业，实际上是日本间谍机构。其时日本对中国各方面的研究（包括饮食）实际上是为奴役中国而服务，但该书的出版，客观上起到保留饮食研究资料的作用。

战后相继发表有：青木正儿《用匙吃饭考》（《学海》，1949 年）、《中国的面食历史》（《东亚的衣和食》，京都，1946 年）、《用匙吃饭的中国古风俗》（《学海》第 1 集，1949 年）、《华国风味》（东京，1949 年）、篠田统《白干酒——关于高粱的传入》（《学芸》第 39 集，1948年）、《向中国传入的小麦》（《东光》第 9 集，1950 年）、《明代的饮食生活》（收于薮内清编《天工开物之研究》，1955 年）、《鮨年表（中国部）》（《生活文化研究》第 6 集，1957 年）、《古代中国的烹饪》（《东方学报》第 30 集，1959 年）、《五谷的起源》（《自然与文化》第 2 集，1951 年）、《欧亚大陆东西栽植物之交流》（《东方学报》第 29 卷，1959 年），天野元之助《中国臼的历史》（《自然与文化》第 3 集，1953 年）、冈崎敬《关于中国古代的炉灶》（《东洋史研究》第 14 卷，1955 年）、北村四郎《中国栽培植物的起源》（《东方学报》第 19 卷，1950 年）、由崎百治《东亚发酵化学论考》（1945 年），等等。

六十年代，日本中国饮食史研究的文章有：篠田统《中世食经考》（收于薮内清《中国中世科学技术史研究》，1963 年）、《宋元造酒史》（收于薮内清编《宋元时代的科学技术史》，1967 年）、《豆腐考》（《风俗》第 8 卷，1968 年），《关于〈饮膳正要〉》（收于薮内清编《宋元时代的科学技术史》，1967 年），天野元之助《明代救荒作物著述考》（《东洋学报》第 47 卷，1964 年）、桑山龙平《金瓶梅饮食考》（《中文研究》，1961 年）。

到七八十年代，日本的中国饮食文化史研究更掀起了新的高潮。1972 年，日本书籍文物流通会就出版了篠田统、田中静一编纂的《中国食经丛书》。此丛书是从中国自古迄清约 150 余部与饮食史有关书籍中精心挑选出来影印的，分成上下两卷，共 40 种（上卷 26 种、下卷 14 种），具体所收书目见表 6–1 和表 6–2。它是研究中国饮食史不可缺少的重要资料。

《中国食经丛书》广泛辑录了有关中国饮食的各类经典文献。从所收各书内容看来，此丛书中既有烹饪专著，如《食谱》（唐·韦巨源）、《中馈录》（宋·吴氏）、《随园食单》（清·袁枚）等；也有辑入中国古代类书中关于饮食烹饪的专类文献，如《居家必用事类全集》；还有关于饮食保健者，如《食疗本草》；关于烹饪原料者，如《南方草木状》；关于饮料者，如《茶经》、《酒谱》；关于饮馔故事者，如《酉阳杂俎》、《事林广记》；关于饮食业经营者，如《市肆记》。

《中国食经丛书》上卷目录

书目	朝代	作者	书目	朝代	作者
南方草木状	晋	嵇含	山家清供	宋	林洪
食疗本草（部分）	唐	孟诜	本心斋蔬食谱	宋	陈达叟
茶经	唐	陆羽	酒谱	宋	窦革
十六汤品	唐	苏廙	市肆记（部分）	宋	著者不详
煎茶水记	唐	张又新	士大夫食时五观	宋	黄庭坚
食谱	唐	韦巨源	饮膳正要	元	忽思慧
酉阳杂俎（部分）	唐	段成式	事林广记（部分）	元	陈元靓
膳夫经	唐	杨晔	云林堂饮食制度	元	倪瓒
食经	隋	谢讽	饮食须知	元	贾铭

续表

书目	朝代	作者	书目	朝代	作者
膳夫录	宋	郑望之	居家必用事类全集(部分)	元	著者不详
北山酒经	宋	朱翼中	多能鄙事(部分)	明	刘基
中馈录	宋	吴氏	神隐(部分)	明	朱权
玉食批	宋	司膳内人	宋氏尊生	明	宋公望

《中国食经丛书》下卷目录

书目	朝代	作者	书目	朝代	作者
齐民要术(七至十卷)	北魏	贾思勰	养小录	清	顾仲
馔史	元	著者不详	随园食单	清	袁枚
便民图纂(卷十四制造)	明	邝璠	醒园录	清	李石亭
尊生八笺(饮食服食笺)	明	高濂	清俗记闻(卷四)	日本(1799)	中川惠英
居家必备	明	高濂	湖雅(卷八)	清	汪曰桢
易牙遗意	明	韩奕	粥谱	清	黄云鹄
食宪鸿秘	清	王士祯	食品佳味备览	清	鹤云

其他著作还有:1973年，天理大学鸟居久靖教授的系列专论《〈金瓶梅〉饮食考》公开出版;1974年,柴田书店推出了篠田统所著的《中国食物史》和大谷彰所著的《中国的酒》两书;1976年,平凡社出版了布目潮沨、中村乔编译的《中国的茶书》;1978年,八坂书房出版了篠田统《中国食物史之研究》;1983年,角川书店出版中山时子主编的《中国食文化事典》;1985年,平凡社出版石毛直道编的《东亚饮食文化论集》。1986年,河原书店出版松下智著的《中国的茶》;同年旺文社出版了岛尾伸三的《中华食三昧》,图文并茂地描述了中国丰富的民间民俗饮食文化;1987年,柴田书店出版田中静一著的《一衣带水——中国食物传入日本》;1988年,同朋舍出版田中静一主编的《中国料理百科事典》等。

九十年代后,1991年，柴田书店出版田静一主编的《中国食物事典》。1993年東京筑摩书房出版筧久美子《中国的餐桌》,1998年新潮社出版平野久美子《从饮食看香港历史》(食べ物が語る香港史),1997年日本经济新闻社出版井上敬胜《中国料理用語辞典》,2000年讲谈社出版胜见洋一《中国料理の迷宮》。一些旅日华人在这一时期也参与到中国饮食文化研究的行列。张競(1953—　),上海人，华东师范大学毕业后赴日本求学,1991年获东京大学博士学位,现为明治大学教授。1997年筑摩书房出版张競《中華料理の文化史》;2008年出版《中国人の胃袋——日中食文化考》。周達生(1931—　),定居日本的华侨,日本国立民族学博物馆教授,兼任日本国立综合研究大学院大学文化科学研究科教授,博士生导师。1989年创元社出版周達生著的《中国食文化》,1994年平凡社出版周達生著的《中国食探検——食の文化人類学》,2004年日本农山渔村文化协会出版一套多本的《世界食文化》,其中《中国》卷是由周達生编写的。谭璐美(1950—　),生于东京,原籍中国广东省高明县。曾任日本庆应大学、中国中山大学讲师,现居美国。2004年文艺春秋出版社出版《中華料理四千年》。

日本对中国的盐业也有深入研究。早在1905年东亚同文书院的日野勉经过在中国的实地调查,撰写了《清国盐政考》一书,是第一部运用现代的史学方法研究清代盐政的著作，分为盐政、各盐区概况、盐商三章。从总体上看，该书只是一般性的介绍，但对某些问题的叙述，仍有参考价值，如各地盐课、盐厘征收数额、长芦的盐产、盐商，以及长芦、淮南等地的盐商利润的计算等。1956年日本京都大学东洋史研究会发行的佐伯富《清代盐政之研究》是早期研究清代盐政的重要著作，分为序说、盐场问题、盐销区问题、私盐问题、官盐价格的昂贵、运商的没落与盐政的败坏、两淮盐政改革、结语诸章。1987年，京都法律文化社出版佐伯富的《中国盐政史的研究》，是一部盐政通史性著作，出版以后颇受注目。

在日本研究中国饮食史的学者中，最著名的当推青木正儿、篠田统、田中静一、石毛直道、中山时子等人。

青木正儿（1887—1964）是日本著名汉学家，文学博士，国立山口大学教授，日本学士院会员，日本中国学会会员，中国文学戏剧研究家。三十年代，青木正儿就被中国学术界誉为“日本新起的汉学家中有数的人物”，后更被誉为“日本研究中国曲学的泰斗”。除中国戏曲外，青木正儿还研究中国饮食文化和风俗。他撰写了《中华名物考》和《华国风味》两部书稿。此两部书稿属于风俗、名物学方面的著作，《中华名物考》收集了青木自1943年至1958年之间发表的有关名物的论考，题材从草木之名到节物之名，非常广泛。青木在其名物学中导入了虽然同样是考证学而不同于清朝考证学的近代考证学的方法，开启了通向新名物学之道的端绪。《华国风味》则旨在于介绍中国风味的饮食。而这两部书稿更处处透露着中国文化的种种相关知识、相关传统，具有深厚的文化内涵。青木正儿的一些中国文学研究著作不仅在日本颇有影响，在中国学术界也是有一定地位的。中华书局于2005年出版青木正儿撰写的《中华名物考（外一种）》（范建明译）一书，为“日本中国学文粹”丛书中一本。《中华名物考（外一种）》一书包括了《中华名物考》和《华国风味》两部书稿。

篠田统（1899—1978）教授是日本京都大学人文科学研究所中国科学史研究班的成员。他对中国饮食史的研究，始于20世纪40—50年代。1948年，他在《学芸》杂志第39期上发表了《白干酒——关于高粱的传入》一文，引起了学术界的注意。次年，他又在《东光》杂志第9期上发表《小麦传入中国》一文。此后，他相继发表了《明代的饮食生活》（1955年）、《鲘年表（中国部）》（《生活文化研究》第6集，1957年版）、《中国古代的烹饪》（《东方学报》第30集，1959年）、《中世食经考》（收于薮内清编《中国中世科学技术史研究》，1963年）、《宋元造酒史》（收于薮内清编《宋元时代的科学技术史》，1967年）、《豆腐考》（《风俗》第8集，1968年版）等，这些文章后来结集成《中国食物史研究》一书（八坂书房1978年版）。此外，篠田统教授还著有《中国食物史》一书（柴田书店1974年版）。1987年中国商业出版社翻译出版了篠田统的《中国食物史研究》（高桂林等译）一书。

田中静一（1913—2003）是最早开展中日食物学史专项研究的著名学者。1970年，田中静一在书籍文物流通会正式出版了《中国食品事典》。这是中国食物史上一部很有影响的大书。1972年，田中静一又与篠田统合作出版了《中国食经丛书》上下册。1976年至1977年期间，田中先生监修了《世界的食物》（中国篇·朝鲜篇）一集15卷，由日本著名的朝日新闻社出版，向全世界发行。该书内容广泛，图文并茂，印刷极其精美，对读者很具吸引力。1987年，田中先生的大作《一衣带水——中国食物传入日本史》由柴田书店出版。该书史料翔实可靠，论述极其严谨，是一部具有很高学术价值的著作。1991年，黑龙江人民出版社翻译出版了《中国饮食传入日本史》。此后，田中先生又在《中国食品事典》的基础上于1991年编著出版了《中国食物事典》一书。该书内容极其丰富，对食品的名称、产地、发展过程等作了比较详细、认真的考证

电视烹饪节目;印刷品(食谱)、烹饪课程等。

5. 中国饮食文化基金会的学术活动

1989 年 9 月 21 日，由台湾中国饮食文化基金会举办的第一届中国饮食文化学术研讨会在台北召开,主题是“中国饮食的奥秘”。151 位中外学者参加了会议。除主题演讲外,计发表论文 18 篇,其中中文论文 12 篇、日文 4 篇、韩文 2 篇。会后编印了《第一届中国饮食文化学术研讨会论文集》。

中国饮食文化学术研讨会自 1989 年举办以来,每两年举办一届,至今已举办十届,至今已举办十届。其宗旨是: 推动中国饮食文化研究风气,增进信息交流,提升中国饮食文化之学术地位。第二届于 1991 年 9 月 5 ~ 6 日在台北举办,主题有: 1. 中国的茶和酒; 2. 中国的饮食与养生; 3. 蜕变中的中国食品技术; 4. 中国饮食文化中的美学; 5. 从经济学的观点看中国饮食。第三届于 1993 年 9 月 9 ~ 10 日在台北举办,主题有: 1. 中国饮食文化之发展; 2. 中国餐饮之未来; 3. 器物之演变; 4. 食品术话之探讨。第四届于 1995 年 9 月 21 ~ 22 日在台北举办,主题有: 1. 从人类学探讨中国饮食文化; 2. 从考古学探讨中国饮食文化; 3. 从酒文化探讨中国饮食文化; 4. 从祭祀神馔探讨中国饮食文化; 5. 从文学与艺术探讨中国饮食。第五届于 1997 年 11 月 21 ~ 22 日在香港中文大学举办，主题是“廿一世纪的中华饮食与全球化之展望”。第六届于 1999 年 10 月 25 ~ 27 日在福州举办，主题是 “中国地域与饮食文化”。第七届于 2001 年 11 月 12 ~ 13 日在日本东京举办,主题是“二十一世纪中国饮食的新面貌”。第八届于 2003 年 10 月 17 ~ 19 日在四川大学举办,主题是“中国饮食文化溯源: 饮食原料生产之研究”。第九届于 2005 年 11 月 4 ~ 6 日在台湾台南举办,主题是“中华饮食文化的小传统”。第十届于 2007 年 11 月 12 ~ 14 日在马来西亚槟城举办,主题是“中华食物在东南亚: 历史视角下的适应性案例研究”。第十一届于 2009 年 10 月 12 ~ 14 日在韩国首尔大学举办,主题是“中国和东北亚烹饪: 本土、民族和全球化的饮食方式”。

前十届学术研讨会均编印有《论文集》,收录论文逾 200 篇。中国饮食文化学术研讨会是目前学术水平最高、历史最长、周期最稳定的国际性饮食文化学术会议。

（何　宏）

第二编　中国烹饪文化历史篇

一、概述：中国烹饪文化的起源

（一）“烹饪文化”的界定

1.“烹饪文化”源于火的利用

从文化人类学的角度来看，“烹饪文化”应当始于人类为了生存而从事的食物原料热加工性质的活动，而为了生存目的的在掌握食物原料热加工技术之前的冷加工阶段，则应当属于人类文明进化的“前烹饪文化”性质。这个“前烹饪文化”的“前”是与“烹饪文化”有着不可分割的逻辑关系的，因此，也应当是人类“烹饪文化”的结构部分，同样属于民族烹饪文化的历史范畴，是“烹饪文化”研究不应忽略的内容。而冷加工与热加工两者之间的逻辑关系，就在于“加工”。“文化”的意义也就在于此，直接攫取消化食物原料的养分，而没有任何创造性改变其形态或性质的食事行为，属于动物生存行为的属性，是不能视为“文化”和“烹饪文化”的。

中华民族烹饪文化，伴随着早期人类食生产的过程，其发轫历史可谓十分久远。然而中国烹饪文化研究的历史却相对落后得多，悠久、厚重、发展的烹饪文化和相对落后得多的烹饪文化研究是中华民族烹饪文化的一个突出的历史性特征。20世纪70年代以后，伴随着国家改革开放政策的施行，社会餐饮业兴旺发展，烹饪文化和烹饪文化研究热在中国兴起。进入80年代以后，“烹饪文化”研究热持续升温，90年代中期，中国烹饪文化学科逐渐明确定位。中国烹饪文化的生存状态与研究过程，在既往的30余年时间里，经历了徐徐渐进、不断累积的过程，中坚学者的研究成果、影响和中国轻工业出版社1999年、高等教育出版社2003年全国协作高教“中国烹饪教材”的使用，集中代表了这一过程的主流与趋势。

2. 不能离开烹饪过程谈“烹饪文化”

在20世纪90年代中期以前的相当长一段时间里，曾有一种将“烹饪文化”的“文化”意蕴无限“弘扬”外延的思维方式。这种思维方式的存在与蔓延，是烹饪学科范畴与研究对象一直没有科学界定的结果。在“烹饪文化”的题目下，泛谈、奢谈“文化”，却忽略了“烹饪”的本质与核心，对烹饪生命力所在的科学技术的关注与研究力度则过于薄弱。烹饪的工具、加工对象、劳动成果都是物质的，“使用”、“实用”与“食用”应当是“烹饪文化”的本质特征。“烹饪文化”应当是食物加工与食物消费的文化，是食物加工者、加工对象、加工过程与食物消费影响的文化。“加工者—加工过程—加工结果”是其主体内容。因此，“烹饪文化”概念的准确理解应当是：“人类为了满足饮食的生理与心理需求，直接诉诸厨事活动的行为及其相关事象与精神意蕴的总和。”也就是说，“烹饪文化”可以从狭义上表述为“基本是特定社会人群进入厨房之后和走出厨房之前的行为方式文化”，也可以更简洁理解为“经验把握、手工操作的食物工艺文化”。作这样的界定，既把握住了“烹饪文化”“加工”的本质要求，也注意到了与大机械的工业化、规模化的标准化食品生产应有的区别。

3. 应当明确"烹饪文化"与"饮食文化"的区别

还有一个不能不严肃认真对待的问题，就是"烹饪文化"与"饮食文化"两者的区别问题。"烹饪文化"与"饮食文化"两者区别的重要性，在西方世界，甚至在整个除中国以外的世界上，也许并不那么重要，但在中国则有特别重要的意义。因为在中国大陆上相当长一段时间里，在相当多的一部分人群和相当广泛的社会层面上，曾一度将"烹饪文化"等同于"饮食文化"，有以前者替代后者的意见，甚至有否定"饮食文化"的意见发表。这些意见的一个共同点，同样是由于持有者对自己所从事的研究工作的学科范畴与研究对象没有科学界定的结果。"烹饪文化"与"饮食文化"两者的区别，在于后者是一个更大的范畴，或者说前者是后者中的一个子范畴。"饮食文化是指食物原料开发利用、食品制作和饮食消费过程中的技术、科学、艺术，以及以饮食为基础的习俗、传统、思想和哲学，即由人们食生产和食生活的方式、过程、功能等结构组合而成的全部食事的总和。"也就是说，饮食文化涵盖了人类（或一个民族）在什么条件下吃、吃什么、怎么吃、吃了以后怎样等所有"食事象"、"食行为"。因此可以说，"烹饪文化"与"饮食文化"两者的根本区别就在于：前者是以食物加工者的行为与事象为主体的"加工文化"，后者则是包容食物享用者行为与事象的"消费文化"。两者都是人类的"食事象"，前者的特征是"食生产"，后者则是"食生活"，合两者则是普遍广泛意义的"食文化"。

（二）中国烹饪文化的起源

1. 中国"烹饪文化"的多元性

任何一种文化都是特定族群的"生活的样法"。英国人类学家 S.E.B.Tylor 将文化概括为"人类在社会里所得的一切能力与习惯"。应当说，人类所从事的一切与食物加工有关的"样法"，是人类生存最具决定意义的"样法"；毫无疑问也是人类生存繁衍的最重要的"能力"和最重要的"习惯"。《诗经》中的"民之质矣，日用饮食"，可以说就是这种能力、习惯"样法"的最为生动准确的历史实录。这种民俗或风俗传统文化，在任何一个民族的民间谣谚俗语中都有生动的反映。中国俗语"人吃土欢天喜地，土吃人哭天怆地"，将农业生活人群对大地所出食物原料的依赖，和生命物质循环中"吃"的重要意义表达得极为形象深刻。"一方水土一方人"，在相当意义上就是食生产方式、食生活样法所决定的该种族群的社会特征。也就是时下西方流行的表述：You are what you eat（人如其食）；Do you want to understand another culture? Then you ought to find out about its food.（你想了解某一种文化吗？那么你就必须认识它的食物。）当然，我们清楚任何一种文化都是特定的人群与具体的物相结合的结果，或说是特定的人群作用于具体物过程中的物化与人化的双重结果，而非绝对的物质或环境决定论。"文化"毕竟是人的，"烹饪文化"是人的创造、人的拥有。

史前考古发掘与研究表明，在今日中国版图之内，如满天星斗一样广泛分布着史前各阶段和多种类型的文化。而新石器时代的考古文化，各个地区都有所发现和研究，但其深度、广度有所不同，因各种条件的制约，发展得不够均衡。随着资料的不断积累，研究探讨不断深入，人们对文化的认识日益接近真实，更能体现文化发展的统一性和规律性。以仰韶文化系统为代表的黄河中、上游高原地区，是粟作农业文化区，为古代羌戎族系活动范围；以大坟口、青莲岗文化系统为代表的长江中、下游及东方沿海地区，系古代夷僚（越）部族活动地区，为稻作农业文化区；以细石器文化系统为代表的采猎、牧畜经济文化——北方沙漠草原地区及高寒地区，为古代胡、狄、戎族系活动地带。它们分别属于彼此不尽相同的史前烹饪文化类型。

2.“烹饪文化”的本质特征

“加工”需要利用工具，人类“烹饪文化”的第一页也应当是用烹饪工具来书写，尽管这最初的工具是那么的原始和粗糙。这里，“烹饪工具”含义的界定应当是一个重要的问题。而“烹饪工具”的认定，又是以“烹饪”的理解为基础的。《易经》记录的中国人的正统和传统理解是：“鼎，象也，以木巽火，烹饪也。”《集韵·庚韵》：“烹，煮也。”《说文》：“饪，大熟也。”《广韵·寝韵》：“饪，熟食。”因此，我们可以这样理解，“烹饪”就是熟物的过程。那么，“烹饪工具”的释义就应当是：人类用来将食物原料加工至熟过程中的器具。这里需要特别予以说明的是：“烹饪工具”是“器具”，而非一般意义的“熟物”凭借物，因为后者的范围更为广泛，如包括传热介质的水、油，产生热量的燃料，等等。比较“未有火化”时代的“食草木之实，鸟兽之肉，饮其血，茹其毛”的漫长生食史，人类用火熟食的历史还是短暂的：“史前人类的物质生活是从生食开始的，物质生活的真正改善的时间占整个人类历史的1%左右。在人类发展的长河中，至少有三分之二的时间是生食者，学会用火以后才逐渐转变为熟食者。”人类的烹饪史，还应当从火用于熟食开始。

世界各地人类各种文化的博物馆陈列，向我们展示了早期人类所使用过的各式各样的石质工具，从天然石料，到打制石器，再到磨制石器。在人类的史前文明史中，石器的利用伴随了超过90%的时间。但是，史前人类的石器基本是劳动工具，其中绝大部分是食生产的工具，如用于捕猎、渔捞、采集食物原料获取的投掷、砍砸、挖掘、敲剥等功用。石器之外，居第二位的应当是骨器，骨器中的相当一部分是食具，如匕、柶、箸、盂(动物颅骨)等。除了石器、骨器之外，还有蚌、贝壳等其他质料的食生产与食生活工具。但所有这些工具必须与“熟物过程”直接相关、紧密相连才具有真正的“烹饪”意义，否则则属于食生产或一般食生活意义的器具，而非严格意义的“烹饪工具”。

3.“火塘”的意义

如此说来，围拢火塘的炙石倒是原始人群最早掌握的熟物工具之一。炙石是伴随火塘而生的，它是简陋的，易得的，同时也是最重要的。在陶器发明以前，炙石的作用应当是相当重要的，它可以将任何食物原料炙熟，而火塘是昼夜燃烧、经久不息的。“夫礼之初，始诸饮食。其燔黍捭豚，污尊而抔饮，蒉桴而土鼓，犹若可以致其敬于鬼神。”引文中的“燔黍捭豚”、“污尊抔饮”，正是陶器发明之前，甚至是原始农业发生之前人们饮食生活的真实写照。汉代学者郑玄认为：“中古未有釜甑，释米捭肉，加于烧石之上而食之耳，今北狄犹然。”汉代学者所说的“烧石”，就是“炙石”，当时草原民族还在普遍使用。史前人类的“炙石”就犹如今天的煎锅，而用于割裂、敲剥、碾磨各种食料直接置于“炙石”之上的工具就是烹饪工具，类似今天的厨刀。但是，并不是所有的食物原料都采取炙石致熟法，正如我们知道的，“烧烤”同样是早期人类熟物的重要方法。事实上，“烧烤” 很可能还是陶器发明以前早期人类熟物的最重要方法。于是，除了“炙石”以外，早期人类还应当有维系“烧烤”生活方式的工具，那就是用来挑、叉、插、刺、支、架、拨、持等各种功用的植物“条棒”，中国人已经使用6000年之久的“箸”就是从这种“条棒”演化而来的。至今中国人仍在普遍使用着的烤肉签，甚至烤猪的叉、烤鸭的杆也都是其演变和遗义。当我们目睹新疆沙漠中的作业者用随手拾取的胡杨枝削制成长达100厘米的烤肉签，惊讶那在杂货市场上一捆捆出售的足有50厘米长的铁烤签，并且将其与阿斯塔那唐墓出土的长长的叉肉木杆儿联系起来思考，我们就不会怀疑史前人类食事生活中这种“条棒”文化存在的无从选择的必然性。但是，由于枝条、木棒易得、易毁的自然属性，它们的使用寿命极短,旋取即用、用后则焚,重复使用的概率很低,因此考古学者很难发现其遗存痕迹。由此,我们可以说“条棒”和“炙石”是陶器出现之前最重要的两种“烹饪工具”。这两种主要“烹饪工具”的使用,决定了中国先秦典籍所说的史前社会“燔炙烧烤”的典型特征。“燔炙烧烤”的历史,在陶器进入人们的烹饪生活之前,大约存在了200万年,甚至更长久的时间。可以说,人类饮食文化或烹饪文化历史上并不存在单一的“石烹阶段”,这还不仅仅是因为“条棒”作用不可轻视的存在。近现代民族、民俗、人类文化学者田野考察所见的“炙石煮物法”,如果在史前存在的话,也很可能并不是陶器水煮方法以前普遍或主要的熟物方法,也就是说它并无代表性。

4. 陶器中的“烹饪文化”

紧接“燔炙烧烤”阶段的,是以陶器为烹饪工具的“陶饪”阶段。作为一个饮食文明的历史阶段,“陶饪”大约开始于原始农业发生以后的距今8000年左右,其代表性器形是膨腹三袋足的“鬲”。鬲的功用是煮。由于有了鬲,中国人开始了“吃煮食”的历史。鬲的三袋足可以安放在石块上,也可以在袋足下掘一凹坑,以便于更好加热。在鬲中煮食物时,鬲内要注入足够的水,而且整个烧煮过程都必须保证水分的充足,还要随时搅动以免内壁附着致使陶壁积温过高爆裂。鬲中可以煮大块的肉料或块茎食料,但更多时候则是流质的食物,如各种植物的根、茎、叶、籽实,切割碎小的肉料,等等。因此,鬲的煮功能给人们提供的只能是不分“饭”、“菜”的混合性食物。然后又有了甑,甑同样也是一件具有革命性意义的烹饪工具。有了甑的工具,就有了“蒸”工艺的用武之地,于是“饭”和“菜”开始分家,“吃饭”、“吃菜”才有了实实在在的明确意义。当“陶饪”阶段开始之后,“燔炙烧烤”便作为一般意义的烹饪手段而非阶段性标志延续下来,并且一直延续至今,而且随着科技文明的不断进步变得愈来愈丰富多彩。接续“陶饪”阶段的是“铁烹”阶段,铁质刀具与饪具功能的充分发挥,引起了烹饪技术全面深化的变革,使中国人的烹饪文化因之而累积丰厚,更趋发展,最终造成了中华民族彪炳于世界民族之林的辉煌成就和独特风格。

（赵荣光）

二、史前时期的中国烹饪文化

1. 史前期的食生产工具与技术

史前期的食生产工具由石质、骨质、贝壳类、木质、陶质以及动物结缔组织等广泛的各种材质加工而成。正是凭借手中这些工具,史前人类直接向大自然索取各种天然食物原料,满足个体生存与族群生息繁衍的需要,使自身一步步缓慢地走到文明中来。

(1)石质工具。史前人类使用时间最长和数量最为丰富的食生产工具当属石器。在北京人遗址中发现的经过选择、打击和加工修整过的数万件石器,其主要功用就是获取食料和加工食物。对这些石器的形状进行综合分析后可以认为,砍斫、投掷、刮削、剥剔等应是这些石器的基本使用方法。与北京人文化类型大略相近的其他一些遗址,也基本上反映了相近的文化特征,这无疑是相近的食生产方式所决定的。

距今1万年前,中国大地上开始出现了原始农业。山林文化、山麓文化、河谷文化大致代表了中国大地原始农业起源、发展的历史过程。山林文化阶段是狩猎采集经济为主的食生产方式,距今3.6万年~1.3万年的山西沁水下川旧石器时代晚期遗址是这一文化类型的代表。遗址出土的大量石器分为细小石器和大石器两大类,主体的细石器类型多达数十种，其中可明显认定用于食生产与食生活的有刮削、切割、锥钻、镞等类。同样道理，粗大石器除了传统的砍斫、投掷功用的核、片、锥、锛、锤等形制外，石碾盘的出现具有特别重要的意义。石碾盘(考古学界称之为“石磨盘”、“研磨盘”等)的出现，其形制的精制化和数量的增加，表明植物性食物原料的结构地位与人们可能拥有某种特殊理念的意义。石碾盘之后出现的重要加工工具是杵臼，臼为石质，杵则是石或木制的。杵臼最初用于谷粒与坚果脱壳，连带的是谷粉的出现，后来又用于餈饵的加工。碾盘除石质之外还有烧土——陶质的；臼也有土、陶、木等多种质地。

(2) 骨质工具。骨耜、骨镞、骨匕等。骨耜用于挖掘，骨镞用于射猎，骨匕则主要用于割剥。质地坚硬、容易获取和便于加工等特质，决定了骨质材料广泛被利用为食生产、食生活工具选料。

(3) 贝壳类工具。贝壳可以用来掘取植于地表下的植物块茎，更可以将贝壳的边缘磨制成为锋利的刀刃，用于割取谷穗、切割猎获动物的机体。当然，大的贝壳还可以作为盛装食物的食具，如同后来的碗盘一样。

(4) 木质工具。此类工具应当包括棍棒类和植物纤维绳索类两大基本种类。但是，由于木质易于燃烧、腐烂等难以长久保留的局限性，我们一般很难见到原始社会时期的木质食生产与食生活工具遗存。

(5) 陶质工具。陶质食生产工具主要指用于贮藏、酿造、腌渍、加工等用途的瓮、罐、碾盘、臼等器具。

(6) 动物结缔组织工具。此类工具主要是指利用动物的皮、筋所制成的绳索、弓弦、用于烧煮的皮袋、大型动物的胃囊，等等。

2. 史前期的食生活工具与技术

考古学研究证明，这个时期，也是人类富于创造发明的时期，由于外婚制的实行，体质、智力的发达，工具技术的进步，在征服自然的过程中，有大量的创造发明。今天我们餐桌上的食物、饮料品种，基本上都是新石器时代的祖先为我们制备的。在人类的历史上，他们的功劳最大，为我们遗留下一个充满文化果实的库存。“新石器时代文化产生是人类历史上一次真正的文化革命。”著名史学家柴尔德称它为新石器时代革命。人类文化进入新石器时代后，从利用适应自然的采猎经济文化类型，进入了以农业为主，创造财富以维持生存的自为阶段，人类历史文化进入了崭新的时期。人类从高级采集经济和狩猎经济的长期实践中，发明了农业和驯化了家畜，第一次摆脱了自然力的束缚，自为地创造生活资料以维持群体的生存和生活。人类从自然经济，进入了自给经济。新石器时代是氏族社会形成和发展的时代，是人类历史上第一个有组织的社会，在这里形成了人类社会历史上的社会组织结构：氏族、家族和部落。我国原始文化的多样性和特点，都是在这个时期形成的。分布在世界各个角落的人类群体，为适应不同的生态环境而创造出不同类型的文化。考古发掘和研究告诉我们，新石器时代人类活动的史迹，在我国境内广泛而普遍地存在着，凡在当时生产力水平条件许可的范围内几乎都有这一时代的文化层积，不同程度地存在着不同的人类文化共同体。由于这一时期的文化遗址一般都埋藏在地史形成的最上层，因此文化层多暴露于外，而且多在现代人们的活动地区内，所以最易被人们认识和发现，当然也就同时具有了易于受到毁坏和难以长久完整保留的局限性特点。

这一时期的食生活工具主要是陶器，种类与数量是繁多和大量的。它们几乎为近代以前的中国大众饮食生活提供了基本器型的全部范本，其技术特征也曾在中国小农经济的历史上长期保存着，甚至直到今天仍然大量遗存。这其中主要有：

熟物的火塘。火塘应当是人类发明最早的熟物工具。一般是与定居生活同时出现的，或者也可以理解为是定居生活的重要前提条件。人类对火的注意和认识，最初并非是熟物的需要。火令一切生物恐惧的神奇而巨大的威力，使其首先成为原始人用以驱逐猛兽的防卫工具，其次才是对熟物、驱寒功能的利用。最初的火塘应当是安置在原始人定居洞穴的入口处，既可以照明驱兽，又可以不影响洞穴内的氧气需求，当然后者是冥冥中逐渐经验性地掌握的。

烹饪的灶。灶有随机随地和固定地址的两种形态。前者可以是三块石头摆成的最简易的三角形支架，或者是掘地为穴垒积而成，它们多用于游动状态下的临时熟食之需。最初的固定的灶是与火塘结合的结果，也就是说，是固定的火塘与熟物器皿组合而成了最初的固定灶，至今一些少数民族仍在保留着的火塘与吊锅组合可以视为其远古遗存的标本。这种灶与火塘的意义是重合的，是定居地具有防卫作用、熟食加工、聚餐场所、祭祀礼拜、驱寒取暖、方位地标等多重意义的创造。烧、烤、炙、焙、炮以及煮、蒸等原始社会制度时代的一切熟食加工方法都要借助早期的灶——火塘与其组合器来施行。

烹饪的陶器。用于饪物的陶器依出现的时序主要有罐、釜、鼎、鬲、甑、甗等。其中，罐、釜、鼎、鬲是煮食器，甑、甗是蒸食器。釜、鼎、鬲是罐的逐级演进，并具有了灶的部分功能；甗是甑的进化，甑则是鬲的革命性成果，甑的出现源于箅的发明和利用。

盛贮陶器。各种形制的罐、坛、瓮、罍、缸等，分别用于盛贮食料、食物、水、酒等。一些盛贮陶器同时也可以用做腌渍、酝酿的加工器具，事实上后者也正是由前者发展而来的。

进食具。盂、碗、碟、豆、小型釜、杯等。其中小型釜既是饪煮器，同时也可以作为进食器，犹如时下流行的方便面纸碗（杯）一样，既是冲泡器亦是进食器。

助食具。箸（筯）、匕、柶、勺、刀、叉等。其中箸经历了 5 个历史发展阶段，“前形态阶段”和“过渡形态阶段”都属于史前时代。

其他材质器具。在陶器出现之前和其后，都有许多其他材质的食器服务于史前人类的生活，诸如骨器、蚌壳器、竹木器、石器，等等。其中，骨质食器具在早期人类的饮食生活中就具有特别的意义。考古发掘和历史文献学、人类学、民俗学、饮食文化史学等学科研究启示我们，包括人类自身在内的哺乳动物的颅骨很可能是早期人类最早的食器器型摹本。哺乳动物的食物原料象征和人类智慧的寓意，使早期人类对哺乳动物和人类的颅骨特别钟情，于是颅骨成了具有特别的福佑与象征意义的饮具和食器。

3. 中国烹饪文化史的开端

在明确了“烹饪”与“烹饪文化”的上述界定之后，史前期的中国烹饪文化就应当从现今中国版图内早期人类“经常性的用火熟食”，也就是对火塘火种的长久保护开始算起。这里，“经常性”是绝对的前提，只有当“经常性用火熟食”成为早期人类的主要生存方式和基本行为特征时，“人类社会”的意义才能最终明确。又因为人类的史前文明发展主要是从原始农业和原始畜牧业的出现以后才逐步实现的，因此，史前期中国烹饪文化的重点自然也就是新石器时代的历史内容。中国大地新石器时期的时限大约是原始农业与原始畜牧业开始的距今 1 万年前至夏王朝国家政权的建立（约公元前 2070 年），也就是说，中华民族烹饪文化的历史考察，主要的是在这一段大约 5000 ~ 6000 年时间里的烹饪文明的历史积淀。

大量的地下发掘与考古学研究成果证明，现今中国版图内广泛地分布着原始人类的生存遗迹。古史传说时代的伏羲、神农、黄帝等“三皇五帝”都是中华大地上在食生产与食生活方面各自取得杰出成就的不同族群文化的代表。伏羲，又称“庖牺”、“包牺”、“宓羲”等，是渔猎肉食文化特征的反映。神农即“炎帝”，则是擅长农业的证明。这些氏族部落的生存活动涉及到黄河流域的广阔区域，其时间跨度则在距今 8000 ~ 4500 年之间。文献记载：“宓羲氏之世，天下多兽，故教民以猎。”

(《汉书·律历志》)“《易》曰:‘炮牺氏之王天下也。’言炮牺继天而王,为百王先,……作罔罟以田渔,取牺牲,故天下号曰炮牺氏。”“取牺牲以供庖厨,食天下,故号曰庖牺氏。”(皇甫谧《帝王世纪》)但伏羲氏集团也并非是单一的渔猎经济，他们同时也从事农业生产并且还有相当的成就:“宓羲之制杵舂，万民以济。”(桓谭《新论》)杵舂是谷物去壳和粮食加工工具，这些历史文献记载已经相继被昔日伏羲氏活动地域范围出土的大量杵、臼等器具所证实。事实上,史前人类的食生产活动一般都是在某一地域和某一时限以某一生产类型为主的多种经营结构,而非完全单一的类型。也就是说，在原始农业和原始畜牧业出现之前,人类从大自然直接获取食料的方式,应当是搜寻型(forager)和收集型(collector)交叉存在的。有限生存空间内的食料种类分布、土地生长数量与人群获取能力的种种局限,决定了人们只能是杂食的。神农氏是中华农业文明的伟大代表。“谓之神农何?古之人民,皆食禽兽肉。至于神农,人民众多,禽兽不足。于是神农因天之时,分地之利,制耒耜,教民农作,神而化之,使民宜之,故谓之神农也。”(班固《白虎通义》)史载:“神农作树五谷于淇山之阳……神农教耕生谷以致民利。”(《管子·轻重篇》)

4. 甑使“饭”、“菜”分家

甑是蒸食工具，它的出现在工具与技术层面是早期烹饪技术的革命性成果。而在此层面之下，则是食物原料充分利用和人类健康保障升级的更重要意义。从迄今为止的中国考古发现资讯看,甑的最初实物是 2007 年浙江余杭南湖考古发掘一处“原生遗址”出土的一件距今四五千年前的陶质蒸食器。该器直径 20 多厘米、高约 25 厘米,外表红色,内有隔档,下部有一可以随时注水的小孔。从器型来看,当是下注水、上置食物原料的蒸具,考古人员据此称之为“隔档鼎”。其实,该器型当属于缶、盂类的饪食器,其功用是“蒸”则是肯定的。

甑使“饭”与“菜”分离开来,从而结束了先民既往“一鬲煮之”的“饭菜未分”的历史,粒食的“饭”用蒸法,菜则仍用煮法。三代时期最重要的菜就是“羹”,无论上层社会还是下层社会都是如此。但“羹”是史前时代传留三代时期的遗产，从食生产与食生活的角度认识和解读人类历史文明的演进过程,可以说:是甑促生了王权社会的出现。伴随史前社会食生活领域“饭”、“菜”分家的,是传统社会结构的变革,是社会的分化和父系王权的诞生。“羹”字,《说文》作小羊煮鬲中热气升腾形“鬻”,三代期的“羹”是用肉或肉与菜调和五味所成的汤肴。上层社会“羹”的种类很多,大都是以各种精选上乘的肉料为主料精心烹调而成的。春秋时期,曾有诸侯国国君宴大臣而大臣请求以宴间羹持归奉母的事:郑庄“公赐之(颍考叔)食。食舍肉,公问之,对曰:‘小人有母,皆尝小人之食矣,未尝君之羹,请以遗之。’”(《左传·隐公元年》)大国之君的尚膳之羹,连一般贵族等级都很难成为常餐。等而下之,到了黎民百姓的家里,佐餐之“羹”则只能是蔬素的汤,“粝粢之食,藜藿之羹”是真实的历史记录。比较上层社会,羹对于广大劳力者社会组群来说有着尤为重要的意义，因为除了粗糙简陋的羹以外，他们几乎就没有可以称之为“菜”的东西来帮助同样粗糙的主食下咽了。而将舂谷过程中出现的糁、粉撒入羹中,既可充分将其有效利用,又能使本来薄淡的“藜藿之羹”变得稠厚些,堪称是“果腹层”黎庶大众日常饮食生活的两利之举。其实,这种将糁、粉撒入羹中的调羹方法早在“石磏盘时期”就已经习以为常了,在当时那是可能选择最好的食用方式，并且一定意义上正是这种做法最终导致了甑的出现。但羹中掺入糁、粉又并不局限在下层社会中,“凡羹齐宜五味之和,米屑之糁”(《礼记·内则》)。三代期的中层社会之家也是这样的习俗。羹在三代期社会人们的日常饮食生活中的地位是举足轻重的,从天子、诸侯直到庶民百姓,几乎每餐必有陈列，而且除了天子王廷之外,“羹食自诸侯以下至于庶人无等”(《礼记·王制》)。也就是说，王廷的羹有更明确的礼制规范与相应的技术要求。

“饭”、“菜”分家的文化学意义，是改变了既往煮食结果只能是粥状物，因而人们只能啜食的进食方式。而其更深刻的生理学与社会学意义则是“干食”耐饥、易贮、便携，因而更有利于人们的生产活动与生存需要。也正是因为有了甑蒸米饭，才使“糗”、“糍”、“饵”等原始意义的“干粮”的出现有了可能。

5. 史前期的食品与烹饪技术

史前人类获取的食物种类，理所当然应当是一切能够得到的可食之物。地上地下的植物，水域中的鱼蛤与萍藻，各种兽禽，等等，只要是可食的和能够得到的，均是史前人类的果腹之物，于是采集、狩猎、渔捞就成了他们为了生存而需要的食生产手段和领域。

史前期的文明进步是缓慢的，然而经过漫长时间的逐渐积累，史前期烹饪技术的成就仍然是不可低估的。围绕着火塘与鬲、甑的舞台，史前人类的饮食生活得以有声有色甚至还带有几分神圣意味庄重地展开。烤肉、燎鼠、炙鱼、炮鸟、煨薯、焙米、熏腊、干修、贮醢、酝醯、酿酒、渍脯、拌脍、煮粥、蒸饭、调羹、抟糍、舂饵，等等，均是史前人类的食物品类与加工技巧。当然，我们同时也不能忽略大量生食物的存在和生食习惯与技巧的存在。

石碾盘的使用，在谷物脱壳的同时也引发了淀粉末出现的必然结果，粉食的最初方式是放在鬲中和羹而煮的。但是，淀粉撒在羹中煮的一个不可避免的麻烦是极容易粘牢器壁，既难以清除又极易毁器。于是，将淀粉先用水合成黏结状再煮，就应当是逻辑性的结果。这个“黏结状”的淀粉，最初可能是块状的，就如同至今北方人一直在吃着的面疙瘩的形状。当然也可以再精心一点做成片状、条状等不同的形状，如同面片、面条的形状。史前人类还真的就是这样利用的：2002 年 11 月在青海喇家齐家文化遗址的 20 号房址中就发现了 4000 年前的面条遗物。喇家齐家文化遗址位于青海省民和回族土族自治县官亭镇，距离西宁市 190 公里，总面积约 20 万平方米。2000 年 5 ~ 9 月的正式发掘和研究认为遗址形成于一次突然到来的洪水灾难。2005 年 10 月的英国《自然》杂志刊文将青海喇家遗址出土的面条状遗存鉴定为小米做成。该面条遗存因被红陶碗倒扣于地面上，碗里积满了泥土，考古人员揭开陶碗时，直观感觉就是面条状的食物。虽然已经风化，仅有像蝉翼一样薄薄的表皮尚存，不过面条的卷曲缠绕的原状还依然保持着一定形态。经实验鉴定，最终确认了喇家面条的食物成分是粟和黍。“黄河上游从新石器时代较早期的大地湾一期文化开始，经仰韶文化到新石器时代末期的齐家文化，一直是以耐旱早熟的粟为种植对象，表明这种适宜于黄土地带的传统农作物由来已久。”有理由推测喇家面条可能是手工揉搓而成的，因此它的正确名称应当是“喇家索面”。（赵荣光）

三、三代期的中国烹饪文化

自夏至秦是中国饮食文化历史上的“三代期”。在三代期，铜、青铜、铁相继进入社会生活领域，商周的青铜礼食器具更是中国和世界饮食文化历史上的极致辉煌。因此，从生产工具与科技视角考察三代历史的政治与制度，历史学家又习惯称之为“青铜时代”。但是，从食生产、食生活视野认识，终三代期而论，金属烹饪、食、饮器具基本囿于贵族社会的礼食场合，其功能并没有超越陶器的既有范畴。从技术角度考察，青铜烹饪器相对陶器的最大优点主要有两点：一是器型可以较陶器放大，故功能随之扩大；二是耐火性提高，故耐用性随之增大。但食物加工工艺较之陶器并没有质的不同。至于广大中下层社会,则基本是一仍旧章的陶饪生活。我们对中国饮食史上“三代期”的时限把握,是按史事及其结构所体现的阶段性特征来界定的，从禹夏立国到秦帝国覆亡大约2000多年的一段中国饮食史,具有有别前后、承前启后的独特的时代内容。综合加工技术、工具、食品形态等因素考察中国烹饪文化的历史发展，应当说也是这样一种三代期基本一贯的风格。这种风格事实上也是陶饪时期已经奠定的，是陶饪时期成为熟物基本法的煮、蒸和石炙时期出现的烧、烤、炙以及炮、煨熟物方法的维系与延续。除了科学技术领域的累计成就之外,中国饮食史三代期的突出阶段内容或文化成就最典型的应当是调味认识与实践、饮食思想与理论两大领域。

1. 三代期烹饪的特征

这一时期,上层社会的主食有蒸饭、饘、粥等,普通百姓则主要是饘和粥:“饘于是,粥于是,以糊于口。”(《左传·昭公七年》)蒸饭是将煮过的米捞出沥清浮水后再蒸而后得到的粒食。最初的做法应当是:米在鬲中煮至约九分熟,用笊篱类器具将米捞出控去浮水,松散地置于“箅”上,箅再置于注有足够清水的鬲上,然后再覆以盆釜一类的器皿,用旺火烧鬲,直至饭熟。其后有了甑,密闭性增强,蒸的效果也就更好。《诗经·泂酌》记载这一民俗:“泂酌彼行潦,挹彼注兹,可以饙饎。”《说文解字》释“饙”为“滫饭也”。《玉篇》说:“饙,半蒸饭。”“饎”,《说文解字》释为“酒食也”,郑玄认为“炊黍稷曰饎”。中国人吃蒸饭的历史足足有6000年之久，直到20世纪中叶还普遍存在，甚至今天在许多省区的乡镇也还不难发现。饘和粥二者的区别是,米熬煮的黏稠一些的为饘,相对稀薄而水多的则叫粥,其实也就是稠粥和稀粥的不同。甲骨金文中“粥”的本字作“鬻”,是鬲中煮米、热气上升之形。但甲骨文金文中尚无“饭”字,这也是粥生于前,饭出于后的必然结果，表现在烹饪工具的演进历史上,就是鬲先出而甑后现。

三代期,人们的日常主食基本是粒食。谷物脱壳的主要工具是杵臼,以杵捣臼谓之舂。先秦元典《周易》等文献说杵臼出现在黄帝尧舜时代:“断木为杵,掘地为臼。”前引文还谓:“宓羲之制杵舂,万民以济。”其实,杵臼发明的历史还应早于伏羲至尧舜的时代，说这些上古圣王时代普遍使用杵臼合理，若认为杵臼由他们发明则与史不符。“掘地为臼”应是实情,这个“地”可以是土地,也可以是石地。石地掘臼宜用,但为之难;土地掘臼虽易,然用则不如石地臼;但以难易而言,似应是土地臼在先而石地臼继后。古人在居处石地上因势凿研出臼,应当是生活习惯使然,此即郦道元考察河流水源时发现“东厢石上,犹传杵臼之迹”(郦道元《水经注·河水四》)的原因。考古发掘与研究成果表明，中国先民利用石臼的历史已经不下1万年。以石为臼,其加工的难度比因形而制的石地臼更高，但却更适宜使用,因而也就最终成了臼的主流。除了土地臼(多为经火烧固)、石地臼之外,考古发现还有陶臼,陶臼的历史当然要晚于“掘地为臼”。此外，以今日民俗考察所见木臼仍在许多国家和地区的一些民族中普遍存在的事实反观历史，我们也不能排除史前人类同样使用过木制杵臼的可能。当然,杵臼并不是人类最早掌握的谷物脱壳工具,在杵臼之前,早期人类用来脱壳的工具是石碾盘。考古学界给出的称谓是“石磨盘”,而以我们对史前人类食生产、食生活的理解来认识其具体的功能性,还是将“磨”称之为“碾”更为恰切。《尔雅·释器》:“玉谓之琢，石谓之磨。”《集韵·戈韵》:“磨,治石谓之磨。”《集韵·线韵》:“碾,所以轹物器也。”碾的明确意义是“滚压”、“研磨”,“碾压”是其功用的基本特征;而“磨”在人们的理解中则主要是“研磨”。“碾压”主要是为了脱壳,“磨”则与磨碎、磨粉的理解相连;中国人对旋转“石磨”有太深刻的印象,对石磨制粉功能有极强的程式化认识。从考古发现的实物来看，早在旧石器时代晚期中国的先民就已经在使用石碾盘了，山西下川遗址出土的石碾盘距今已有2万多年之久了。石碾盘的加工对象应当广泛地包括一切外有坚壳的可食性植物的果实，既包括谷物类草本植物的籽粒，也包括木本植物的坚果等，因此，除了碾压之外，也还会有敲砸的动作，当然这些加工物都是野生的。杵臼是石碾盘的逻辑结果，杵臼的舂加工法是一种综合效应的结果。因为在对谷物籽粒脱壳碾磨加工的过程中，不可避免地会出现籽粒破碎成糁（shēn申）和粉的结果。糁和粉的结果最初是先民们不希望、不喜欢的，它们是脱谷过程中不可避免的伴生物。它们之所以是不受欢迎的，是因为在陶饪以前不便于食用；而在陶饪时代开始以后，糁和粉，尤其是粉极易粘附于陶器的内壁。淀粉糊化附着在陶器内壁是很令先民们头痛的事，最严重的后果就是造成器表局部积温过高，从而导致器皿毁裂。这大概就是新石器时代大量存在小型陶饪器的原因所在。小型陶饪器是个人使用的，人各一器饪物的方式看似有些费解，但却是那个时代分解风险，减轻大型饪器破毁概率的可行方法。正是因为这种顾虑，才诱导先民最终发明了“箅”，进而发明了甑。釜取代鬲，也是出于同样的原因，因为鬲的袋足尽管有充分加热传温、缩短饪物时间、有效利用燃料等优点，但易于淀粉糊化附着且不易涤清的缺点同样也是十分明显的，于是有其利而无其弊的釜的出现就是理所当然的了。

2.“羹”的烹饪历史地位

在人类饮食文明演进的历史上，技术进步的成就和文化繁茂的色彩总是集中地体现在权贵阶级和上层社会饮食文化层，烹饪文化的时代成就总要到不同历史时期的上层社会等级中去寻找。三代期的权贵阶层的羹就集中反映了该时代烹饪文化的历史特征。首先是羹的种类繁多，明确见于先秦典献记载的羹的品目就有：雉羹、鹄羹、雏羹、羊羹、豕羹、犬羹、兔羹、鳖羹、鱼羹、脯羹、藿羹等，总之是一切的动物性和植物性食料都可以用来煮羹，而且因此就根据所用原料的不同而命名为“某羹”，于是就有了多种的羹。甚至汉代有学者认为三代时期的贵族食礼是每宴公列铏羹四十二品，侯、伯排列二十八品，子、男拥有十八品的大排场。

羹的技术性要求是“和”。这个“和”是羹的品质指标，也是制作者追求的结果。而“调”则是技术手段，同时也是制作过程。至今仍极富生命活力的“调和”一词，即由此古代的“调”制“和羹”而来。“调”制手段，依靠的是调料。《尚书·说命》记载商王武丁议论宰臣辅弼国王治国的重要作用时对傅说讲了一个形象生动的比喻：“若作和羹，尔惟盐梅。”盐和梅代表咸、酸两种基本味型的代表性调料。而实际上要调成美味的“和羹”，仅仅靠一些盐和几粒梅子（或梅酱）恐怕还是不够的，所以才会有“五味调和”之说。三代典籍中的“五味”一词，只是个泛指，而非确切认定仅有5种味型或5种具体的调味料。人手五指谓之全，“五”因此有各种各样、全面包罗之义。三代时期，人们尤其是上层社会可以用来调味的食品和调味料可以说是颇为丰富的。据汉代学者研究推测，周天子常膳时的“食前方丈”上摆放的主要品种就是咸味的醢和酸味的醯，这咸、酸两大类食品的品种数量据说就分别是120种。除了醢、醯两大类可以用来调味的咸、酸食品外，其他的调味料还很多，如甜味的蜜、枣、栗、饴等；辛香味的姜、桂、蓼、蘘荷、紫苏、甘草、茱萸、韭、薤、葱、蒜，以及芥酱、酒，甚至动物的胆汁，等等。

只有一种羹是不用任何调料的，那就是“大羹”。“大羹”亦作“太羹”、“泰羹”，“大羹不致五味也”。因为有调味和不调味的不同，贵族社会的羹也就有了“大羹”、“铏羹”的区别，“铏羹加盐菜矣”（《周礼》郑司农注）。而在食用加了“盐菜”的“铏羹”时，就必须使用一种特别的助食工具“梜”，此即《礼记》所记当时的饮食礼俗：“羹之有菜者用梜，其无菜者不用梜。"(《礼记·曲礼上》)铏羹系列又有不同的等级,其中最重要的是"肜"(牛肉羹)、"臐"(羊肉羹)、"膮"(豕肉羹)"三等之羹"。这最重要的三等羹又有调制技术上的特别要求:牛羹用藿为菜,羊羹用苦菜,豕羹用薇菜,同时用陪鼎调以五味,盛于铏器。"铏羹"是祭祀鬼神、宴享贵宾、孝养父母的必需或应备食品。鉴于三代时期人们对于不同食物原料的认识和对牛、羊、猪特别重视的理由,那时的"大羹"也应当是有等级区别的,因为"大羹"是"六牲之肉汁不和以味者"。"大羹"是祭祀鬼神的必需品,所谓"孝子之爱于其亲,以德不以味也。事于其先,以诚不以苟也。故其祭也,始不忘乎古所以追崇其德也,终必备其物所以竭其诚也"。这也就是荀子所说的"大羹,贵饮食之本也"(《荀子·礼论》)。也就是说,"大羹"所要体现的是"以德不以味"的理念,目的是让天下后世知礼义,所尚的是道德而非美味与口腹之欲。本味的大羹是各种铏羹的本羹,铏羹是对各种已经煮好的大羹实行调味以致达到"和"的技术要求的结果。

羹是三代时期人饮食生活与膳食结构中具有特别重要意义的食品。羹在人们饮食生活与膳食结构中的这种独特地位的形成,既是甑使"饭"独立出来之后人们依赖羹下饭传统的直接延续,同时也是更早的鬲煮流食烹饪与饮食习俗的间接影响。三代时期人们每餐下饭都离不开羹,羹既是贵族等级常膳和上层社会宴享的肴品主体,也是庶民大众的主肴,因此是整个社会肴品的重心和大宗。这也就同时表明,煮、调是三代时期肴品制作技术的基本风格。正因如此,当时从王廷到整个上层社会的职业厨人因之而称为"烹人",他们的职司就是"爨亨煮辨膳羞之物"。爨、亨、煮,指的就是厨房中加工之事,"爨"是灶生火,"亨"即烹——本意是在陶器中加工食物——亦即是煮,又特别突出"煮",则可想而知"煮"应当是其时厨房熟物技术的核心功夫。羹的烹饪工艺基本就是"煮"和"调"两个环节,而煮自然是其基础。

黄河流域社会族群的人们食用羹的习俗如此,但当时长江流域的风俗则有明显的不同。江淮以南广大地区因食物原料生态结构与分布的区域性特征,由于"用土之所宜","饭稻羹鱼","鱼羹"因而成为中原以南地区羹的大宗。春秋(前 770—前 476)以前,因为中原地区稻作比重很小,这种北南的差异也就格外明显突出。

3."和"的理念与"宜配"原则

"和"的理念,是充溢在先秦典籍中的中国人的宇宙观、自然观和认识论的基本原则,是在"羹"调理技术与美味品评中得到充分体现的思想。"和"在相当大程度上是抽象理念与情感体会,但中国人却努力对其进行把持,于是在厨房的操作层面便有了具体的"宜配"原则和细密的规则。三代时期上层社会,尤其是贵族等级的食礼,就特别注重羹与饭的搭配,如:"蜗醢而苽食,雉羹麦食,脯羹、鸡羹析稌,犬羹、兔羹和糁不蓼。"(《礼记·内则》)"宜配"原则在《周礼》、《仪礼》、《礼记》等元典中得到了充分体现,最典型集中的则莫过于周王廷的饮食管理制度。周王廷中隶属于"天官"管理系统的"食医"一职,就是负责"掌和王之六食、六饮、六膳、百羞、百酱、八珍之齐"。"凡食齐视春时,羹齐视夏时,酱齐视秋时,饮齐视冬时。凡和,春多酸,夏多苦,秋多辛,冬多咸,调以滑甘。"(《周礼·天官·食医》)具体来说就是:饭应当是温的,羹应当是热的,酱应当是凉的,饮料应当是寒的。这事实上与今天人们的饮食生活习惯基本符合。为什么要求"饭应当是温的"呢?除了各种膳品彼此间的温度协调配伍要求之外,另一个不容忽视却又恰恰被研究者们忽略了的一个因素则是:当时人们是直接以手抓饭进食的,至少上层社会的礼食场合是这样的。酱的品种很多,而且都是早就已经酿制好了的,因此温度自然是凉的,久而久之人们也习惯了。羹是经过长时间熬煮,并且是现吃现烧的,因而是热的。至于饮料的"寒",其实就相当于今日宴会上的冷饮品。三代时期的饮品包括含乙醇的各种酒类、淀粉汁饮料、自然浆果轧汁、水等。而当时的醴、醙两大类酒品乙醇含量一般都很低，其中醴类饮料乙醇含量约在1%—3%之间，而醙类饮料的乙醇含量可能也不过就是5%左右，因此都是适宜于冷饮的。不同种类的各种食物原料会有形态与性质的很大差异，不同地区出产或同一地区出产但不同节气的同种类物料，其形态、品质也会有相当的不同。古人很早就对此密切关注，并且认为食物原料的种种细微差异都与自然物候变化的规律紧密相关，因此也就自然而然地产生了食品与食事努力适合自然节气、物候变化的理论与实践。三代时期人的"各尚其时味"的习俗传统就是这样形成的。"凡会膳食之宜，牛宜稌，羊宜黍，豕宜稷，犬宜粱，雁宜麦，鱼宜苽。凡君子之食恒放焉。"也就是说，这种基于"和"的"宜配"原则是通行的礼俗，是社会的共识。

这种"和"的理念与"宜配"原则，反映了三代时期人们宇宙有序、万物有时、凡事有节、天人和谐的宇宙观、自然观、人生观、饮食观。以人类今天的知识来观察三代时期人们的这种认识，也许我们会发现许多唯理念、不科学的成分。但是，它们反映的是人们对合理饮食的执着探索，对饮食与健康、长寿关系的努力把握，于是历史文献记录了这种探索与把握的时代水准。

4. 调味认识与实践

调味实践与认识，无疑是史前时代就存在的事。但是，上升到理论层面是需要思考能力的支撑的，那就需要语言与文字的跟进发展。因此，至少现在我们还只能在文字历史上寻求答案。事实上，调味的经验积累、认识深化与理论需求，应当是人们把多种原料共烹于一器的长久实践的逻辑结果。"和"的理念与"宜配"原则可以视为三代时期人们调味认识的最高哲学境界。而在调味的物化形态和具体操作层面，则是"五味调和"的实践与经验总结。早在三代期的初期，我们的先民就已经对"五味"及其变化规律有了相当认识。并且在距今3000多年以前有了初步的理论形态。继承了夏、商政治传统和文化成就的周朝，则更长足地将其发展成严格的制度，周天子等贵族的食生活要有专门的管理机构或人员实行"以五味、五谷、五药养其病"的原则，认为"凡药以酸养骨，以辛养筋，以咸养脉，以苦养气，以甘养肉，以滑养窍"(《周礼·天官·疾医》)，形成了循从自然、适时择物辨味的"五味，六和，十二食，还相为质"(《礼记·礼运》)的进食传统，并注意到生活于不同的食文化区域中的人们的口味好尚也会有所差异，即所谓"五味异和"(《礼记·王制》)。

(1) 咸味调料与各种盐。在迄今为止人类所认识和利用的所有调味料中，可以说，没有哪一品类是比咸味更重要的了。无论是被人们认识和利用的时间之早，还是范围之广、倚重程度之深，均是其他任何一种味型调料所难以比拟的。咸味调料中最主要的就是盐。故管仲(？—前645)说："十口之家，十人食盐；百口之家，百人食盐。凡盐之数，一月丈夫五升少半，妇人三升少半，婴儿二升少半。"(《管子·地数》)东汉许慎《说文解字》释"卤"为"西方咸地也"，卤字形作㔾，其下部"象盐形"，即位于西方的盐泽之地所自然析结出的盐粒。西汉时曾于今甘肃境内设置卤县。又释"盐"云："卤也，天生曰卤，人生曰盐。"盐字繁体为鹽，表明盐之来由卤。卤经人滤煮加工后结晶成可食之盐，故云"人生曰盐"。在早期人类的生存活动空间里，盐是无处不在的：盐池、盐泉、盐渍地、含卤的泥土、山石上析出的岩盐、海水蒸发附积的海盐等。那时的人们或舔食，或饮用，或蘸食，总之是很早便开始了直接用盐的历史。海盐，古代文献记作"散盐"、"末盐"，所谓"散盐煮水为之出于东海"。苦盐，"谓出于盐池"，故又称为"池盐"、"泽盐"。形盐，"盐之似虎形"，"盐，虎形是也"。古人所谓"形盐，即印盐，或以盐刻作虎形也；或云积卤所结，其形如虎也"。"饴盐，盐之恬者，今戎盐有焉”，“即石盐是也”。饴，即戎盐或石盐、岩盐，不像卤盐、池盐、土盐等盐那样“味苦寒”，它结晶得较好，味与色，尤其是味较适口，故被美誉为“饴”。井盐的认识和用为食盐，均比以上诸盐晚得多。据说秦昭襄王（前325—前251）令李冰守蜀，李冰“识察水脉，穿广都盐井、诸陂池，蜀于是盛有养生之饶焉”。

（2）名目繁多的醢。在先民们的食生活中，盐作为唯一的咸味调料曾经单一和单调地使用了相当漫长的一段时间。其后，大概是在盐和食物贮存过程中，人们注意到了盐具有使食物（原料或食品）保鲜防腐的作用。再以后，用盐腌渍的菹等咸菜类食品（植物质或动物质）、微盐的发酵食品也随之出现于人们的食生活中了。中国古代食文化的一个堪称辉煌的成就便是品类众多的醢（hǎi 海）的制作和利用。

醢，《说文·酉部》：“醢，肉酱也。”郑玄所谓制醢“必先膊干其肉。乃复莝之，杂以粱曲及盐，渍以美酒，涂置甀（zhuì 坠）中，百日则成矣。此酱从肉、从酉之脂（zhǐ 旨）也”。醢的制作，据汉代学者依其时代的传统习俗考释三代时期的工艺，其程序是：先将肉料加工除去多余的水分，然后精细地剁碎；第二步是将一定比例的粱曲、盐拌和；之后是调入适量醇美的酒以渍腌；最后是将其置于大坛中，泥封其口，静待一百日即酵酿而成。并且说，这就是“酱”字所以由“酉”、“肉”结构的原因。鉴于人类对肉类食料保存的历史及酿酒和食盐历史的久远，我们有理由推测“醢”的最初试制一定开始得很早。但迄今所能依凭的文字资料却基本上只能提供三代中期即商王朝以后有关醢的较详细的情况。我们从先秦文献中发现，几乎所有动物性原料都可以用来制醢，并且因之而出现了难以尽数的醢的品目：豕醢，以烤熟的或大块的猪肉为原料制成，即“醢豕炙”、“醢豕胾（zì 字）”；牛醢，以烤熟的牛肉、切成大块或片状的牛肉为原料制成，有“醢牛炙”、“醢牛胾”、“醢牛脍”；鹿醢，以带骨的鹿肉制成，“麋臡（ní 尼）、昌本麋臡、菁菹鹿臡”、“茆菹麇臡”；兔醢，以兔肉制成，“芹菹兔醢”；雁醢，以雁肉制成，“箈菹雁醢”；醓醢（肉汁醢），以动物的肉汁渍酵而成，较其他醢来说略呈酸味，“醓醢昌本”、“韭菹醓醢”、“醢醢”；鱼醢，以鱼为原料渍酵制成，“笋菹鱼醢”、“豚拍鱼醢”（此醢系用猪肋肉与鱼肉合制）；蠃（luǒ 裸）醢，以螺肉制成；蠯（pí 皮）醢，以蛤肉制成；蚳（chí 迟）醢，以蚁卵为原料制成的酱，“腶修蚳醢”（以捶治而加姜桂所制成的干肉与蚁卵合制而成）；卵（鲲鱼子）酱，以鱼子为原料制成，“卵酱实蓼”；蜗醢，以蜗牛肉为之；凡此种种，不能尽数。以周天子宴制所有醢的数量来看，其时醢的品目当极可观：“王举，则共醢六十瓮……宾客之礼，共醢五瓮；凡事，共醢。”三代时期的醢，因是以所用肉食原料及其状态、部位、加工方法的不同来区别品类的，而那时人们的食用原料又漫无限制，故其时醢的品目也就超乎想象的多了。然而，我们也只是想象，正如郑玄所说：“记者不能次录，亦是有其物未尽闻也。”（《周礼·天官》郑玄注）

三代期的醢，可以视为是后世肉酱的历史形态，可见这一文化的绵远流长。当时的醢，主要是作为正餐肴品使用的，如同今日的佐酒、下饭之菜一样。然而，与其他一些烹调好之后热吃的肴品不同，醢一般都是冷食的，而且是可以“饮”的流质形态的。在天子食前方丈和贵族们满案陈列的肴、胾、羹、脍、炙、脯、修等诸多膳品之中，醢与醯等均明显属于佐肴之物，亦即是调味食品的性质。醢，是多种以咸为基本味的各具风韵精美调味食品的总称。

（3）酱。三代期时，已有“酱”的称谓。直到三代时期的周王朝时，“酱”一词都一直是醢和以酸味为主的醯两大类发酵食品的总称。先秦文献在记叙周天子食制时便说：“凡王之馈，食用六谷，膳用六牲，饮用六清，羞用百有二十品，珍用八物，酱用百有二十瓮。”（《周礼·天官》）不言醢、醯分用之数，而统言“酱用百有二十瓮”，显然酱是两者的泛称无疑。这也正与周王廷职官醢人、醯人各自掌管

属”;“酒则苦也”。先秦时,动物的胆汁也作为苦味使用,如“以胆和酱”等。

(11)辛香味调料。封建社会中叶以前,中国人习惯上将五种基本味型之一的“辣味”按自己的理解称之为“辛香”,这是根据辣味物质所伴有的挥发性香味而认定的。“辛”,是指一些食物所含有的挥发性成分,而非味觉。辛,《说文解字·辛部》释云:“辛痛即泣出。”古人正是因这类食物所含的挥发性成分的刺激性使人产生特殊兴奋舒适的感觉,而将其列为“五味”之一的。“香”,不是味觉而是嗅觉,有些食物经咀嚼后使人感到香味,古人没有认识到香气(气味)和香味的区别,因而混为一谈。中国古代列为辛香类的调味料很多,粗略统计见于历史文录的即有:椒、桂、姜、蒜、葱等。椒有木本、草本两种。木本俗名即花椒。在数千年的中华民族食生活史上,花椒广泛地被用为调和食物的香料、药料。先秦时已大量见于文录,如《诗经·唐风·椒聊》:“椒聊之实,蕃衍盈升”,“椒聊之实,蕃衍盈匊(同掬)”,“视尔如荍,贻我握椒”(《诗经·陈风·东门之枌》);《楚辞·离骚》:“杂申椒与菌桂”等。桂俗称桂皮,樟科木肉桂的树皮。中国人用桂皮做佐料的历史约略同于用椒,并且又都是本草学重要的药材。在入药这一用途上,桂还在椒上,《说文·木部》:“桂,江南木,百药之长。”而在用为佐料上,桂又常常同椒并用。如《楚辞·东皇太一》所记:“奠桂酒兮椒浆”;《礼记·内则》有“屑桂与姜”。姜的辣味来源于生姜中的姜酮、姜酚(姜辛素)。姜很早便被广泛用于中国人的食生活,味美需姜,动物性食料尤需姜,故有孔子所谓“不撤姜食,不多食”(《论语·乡党》)之说。三代时期,因产地广泛和品质差异而有“和之美者,阳朴之姜、招摇之桂”(《吕氏春秋·本味》)的优良品种记录。葱是中国人,尤其是北方人习食的辛辣味蔬菜,同时也是一种久有传统的调味食料。东汉崔寔《四民月令》谓:“三月,别小葱。六月,别大葱。七月,可种大、小葱。‘夏葱曰小,冬葱曰大。’”(《齐民要术》)蒜是中国人通常所用的最为广泛的调料,习惯上“葱姜蒜”并称的佐料之一。

(12)其他类。中国历史上作为辛香类调味料的还有芥、韭、薤(xiè 谢)、橘、蓼、苴蓴、芗、茱萸以及酒等多种。芥,一年生植物,植株高大,分枝多,种子磨成末供调味之用。文献记载,我国周代即已以芥菜的种子做调味品:“鱼脍芥酱”。韭,韭菜原产我国,是栽培历史悠久、面积广阔,深为广大民众所喜食的蔬菜。薤,亦称藠(jiào 较)头或藠子,百合科,多年生草本植物,原产东南亚,我国苏浙一带山地有野生种。南方自古栽培,先秦时黄河流域已习食,并形成“脂用葱,膏用薤”的烹饪习惯。蓼,蓼科部分植物的泛称,如水蓼(辣蓼)、红蓼、刺蓼等,中国人用为辛香料的当是水蓼。《说文·草部》释云:“蓼,辛菜,蔷虞也。”所谓“烹鳬用蓼,取其辛能和味”。三代时,蓼已广泛用为调料:“脍,春用葱,秋用芥;豚,春用韭,秋用蓼”;“鹑羹、鸡羹、鴽、酿之蓼”;“食,蜗醢而苽食雉羹,麦食脯羹鸡羹,析稌犬羹兔羹,和糁不蓼;濡豚、包苦实蓼;濡鸡、醢酱实蓼;濡鱼、卵酱实蓼;濡鳖、醢酱实蓼”。苴蓴(pò 迫),即蘘荷,又称蒚葙、阳藿,姜科,多年生草本,根状茎淡黄色,具辛辣味。《楚辞·大招》中有“醢豚苦狗,脍苴蓴只”句,王逸注云:“苴蓴,蘘荷也。言乃以肉酱啖烝豚,以胆和酱,啖狗肉,杂用脍炙,切蘘荷以为香,备众味也。”芗,即紫苏,又略称为苏,唇形科,一年生草本,茎方形,叶两面或背面带紫色,夏季开红或淡红色花。茎、叶、种子均入药,嫩叶可调味,种子可用来榨油。芗于三代时期即被用为中国人的调料,多用于动物性原料的肴品烹饪时。《礼记·内则》载其时调料使用原则为:“鲂鮈烝,雏烧,雉,芗无蓼。”郑玄注:“芗,苏荏之属也。”茱萸,有三种,一为芸香科的食茱萸;二为芸香科的吴茱萸;三为茱萸科的山茱萸。用为调料的是食茱萸,其果实为裂果,味辛香,供食用。茱萸,先秦文献记作“藙”,主要用为畜肉食料的烹饪佐料,先秦典籍记食俗为“三牲用藙”,郑玄释云:“藙,煎茱萸也。”

四、两汉时期的中国烹饪文化

（一）两汉时期的食物原料生产

1. 汉代的谷

“百谷”、“九谷”、“六谷”、“五谷”等多见三代末期以来文录。“百谷”是各种不同种或同种异品谷物的泛指，“五谷”之称则首先见于《论语》。

（1）菽、粟。菽和粟是汉代人的主要食粮。汉代豆类作物的高比重是沿袭三代末期以来的传统。三代末期至汉代的近千年间，菽、粟一直习惯并称，足见二者对汉代人养生活命的重要意义。“贤者之治邑也，蚤出莫入，耕稼树艺，聚菽粟，是以菽粟多而民足乎食。”（《墨子·尚贤》）“圣人治天下，使有菽粟如水火，菽粟如水火而民焉有不仁者乎？”（《孟子·尽心》）秦朝时军士、役夫，所食均为菽粟：“当食者多，度不足，下调郡县转输菽粟刍藁，皆令自齎粮食，咸阳三百里内不得食其谷。”（《史记·秦始皇本纪》）《氾胜之书》记载春秋战国时北方农民“谨记家口数，种大豆，率人五亩，此天之本也”。按照汉代“户田百亩”的说法，则五口之家当种豆田二十五亩（约1.47公顷），若是八口之家则豆田可达四十亩（约2.67公顷），也就是说豆田比例占全部农田比例的25%～40%。汉代的“豆”是以大豆为主的多种豆科植物籽粒的泛称，大豆因其色黄而区别于其他品种被称为“黄豆”或“黄大豆”。除了大豆以外，著名的还有小豆、豌豆等，它们既见于汉代文献记载，也为后来的考古发掘所证实。

粟虽然与菽并列且位在其后，但其在主食粮食结构中的地位却居菽之上。因粟的地位重要，故汉代时以粟指代齐民百姓的口粮：“十五斗粟，当丁男半月之食。”（桓宽《盐铁论·散不足》）粟的具体品种很多，考古发掘证实，汉代粟的分布已经广泛覆盖了黄河流域、长江流域广大地区，并且在更远的广西等地均有分布。粟不仅在汉代，事实上也是黄河流域广大地区自原始农业开始以来直至近代最为重要的粮食作物。因为粟有如此重要的地位，它就理所当然成为祭祀祖先的最为重要的牺牲之物，“社稷”之谷指的应当就是粟。《尔雅·释草》：“粢，稷。”孙炎注：“稷，粟也。”邵晋涵正义：“前人释稷多异说，以今验之，即北方之稷米也，北方呼稷为谷子，其米为小米。”粟有性糯与不糯两大类，其中糯的为黍，不糯的为稷，即李时珍所说：“稷与黍，一类二种也。黏者为黍，不黏者为稷。稷可做饭，黍可酿酒。”（《本草纲目·稷》）黍色黄，所酿酒体色最初亦呈黄，“黄酒”之名因之而来。因为品种众多，粟米的品质也就自然有了品质等级的差异。其中，上等粟中的“赤粱粟”、“白粱粟”最为著名。粟米人食，植株则用为重要的马、牛秣料。

（2）麦。麦是小麦、大麦的总称，又特指小麦。小麦、大麦又各有诸多品种。我国是世界上小麦的起源和栽培小麦最大的变异中心之一。麦在三代时期就是重要的“五谷”品种之一，周王廷宴享规定：“凡会膳食之宜，牛宜稌，羊宜黍，豕宜稷，犬宜粱，雁宜麦，鱼宜苽。凡君子之食恒放焉。”（《周礼·天官·食医》）汉代，小麦的种植区主要是黄河流域及广大中原地区，但长江流域一带也有相当数量的分布，是结构地位仅逊于稻的粮食品种。见于汉代文献记载的麦品种还有穬麦，以及未见文献记载却被考古发掘实物所证实的荞麦、雀麦（燕麦）、青稞。

（3）稻。汉代时期的稻作区主要是长江流域及其以南地区，司马迁笔下的西汉初期南中国广大地区，是“地广人希（稀），饭稻羹鱼”的食文化生态特征（《史记·货殖列传》）。

考古发掘和研究完全证实了司马迁眼中所见的稻作广泛分布的事实。

(4)稗。稗为野禾,是汉代大田作物之外颇为人珍贵的粮食品种之一。据汉代农书《氾胜之书》所载:“稗既堪水旱,种无不熟之时;又特滋茂盛,易生,芜秽良田,亩得二、三十斛。宜种之,备凶年。”因为稗是野生,故其生命力优于人工驯化的谷物品种,往往会肆蔓铺张,结果危害栽培谷生长,影响产量,荒芜良田。这也就是汉代人所说的“养稊、稗者伤禾稼,惠奸、宄者贼良民”(王符《潜夫论·述赦》)。但是,汉代人稗米炊饭又被认为是珍贵之食:“常民文杯画案,几席缉蹭,婢妾衣纨履丝,匹庶粺(稗)饭肉食。”(《盐铁论·国病》)

(5)菰。菰即茭笋,禾本科,多年生水生宿根草本。嫩茎基部经黑粉菌寄生后膨大为“茭白”;颖果为“菰米”,亦称“雕胡米”。

(6)麻。麻曾是三代时期重要的“五谷”之一。麻是两利之物:籽实食用,茎皮纤维可以纺布结索等。汉代麻的种植面积很大,全国各州县,到处是“千亩桑麻”(《史记·货殖列传》)景观。

(7)芝麻及其他。芝麻系胡麻科胡麻属一年生草本植物。汉代又称胡麻、巨胜、方茎、狗虱、鸿藏等,为油料作物。薯蓣,又作“署豫”,别称山药、诸署、修脆、儿草等,系山药类根茎植物,主要分布于长江以南的岭南广大地区。薯蓣“似芋,亦有巨魁;制去皮,肌肉正白如脂肪,南人专食,以代米谷”(《齐民要术》)。蔆,即菱角,又称“芰”,一年生水生草本植物。芡,又名“鸡头”、“雁头”,睡莲科水生草本。汉代百姓习惯以菱、芡作为口粮补充,地方政府亦明文号召采集储蓄(《汉书·循吏传》)。“夏日则食菱、芡,冬日则食橡、栗”(《吕氏春秋·恃君》),是汉代人从历史上继承下来的备荒救急之食。

2. 畜、禽饲养

牛、羊、犬、豕、鸡、鸭、鹅,是汉代社会用为庖厨以供膳食的大宗肉食原料。

(1)牛。牛用于肉食分为两种情况:一是贵族社会的专为供膳的肉食之牛,所谓“犓牛之腴……此亦天下之至美也”(枚乘《七发》)。所谓“腴”,是指牛“腹下肥者”。《说文》:“犓,以刍茎养牛也。从牛、刍,刍亦声。《春秋国语》曰:‘犓豢几何。’”三代时期就有专为祭祀与庖厨之需的肉用牛饲养,诸侯王公“莫不犓牛羊、豢犬彘、洁盛酒醴以祭祀上帝鬼神,而求祈福于天”(《墨子·天志》)。汉代王公贵族追求肥牛美味,“菰饭犓牛,弗能甘也”(《淮南子·诠言训》)。第二种牛则是役牛,老不能用,最后被宰杀而食。当然也不排除伤、病、死诸种原因而转入厨房的牛,因为历史上的人们是轻易不会放弃毕生难得几回遇的肉食机会的。但是,总体上说,汉代甚至整个中国封建制时代,牛都是十分珍贵的牲畜,虽然最终难免下汤锅的结局,但耕田驾车的役用是其基本职能,食用并非其主要的社会功能。

(2)羊。羊是主要的肉食源,《说文》所谓“美,甘也。从羊大。羊在六畜主给膳也”。汉代制度,凡颐德懋行、勤劳卓绩大臣致仕归乡之际,朝廷都会“诏行道舍宿,岁时羊、酒、衣、衾”(宋·魏了翁《经外杂抄》)。养尊处优者的平居生活,也是“岁时伏腊,烹羊炮羔,斗酒自劳”(《汉书·杨恽传》)。但人们更珍视的是羔羊,“古者,谷物菜果不时不食,鸟兽鱼鳖不中杀不食。故缴网不入于泽,杂毛不取。今富者遂驱歼网罝,掩捕麑鷇,躭湎沉酒,铺百川;鲜羔䍮,几胎肩,皮黄口;春鹅秋雏,冬葵温韭,浚茈蓼苏,丰奕耳菜,毛果虫貉”(《盐铁论·散不足》)。上层社会“宾朋萃止,则陈酒、肴以娱之;嘉时吉日,则烹羔、豚以奉之”(《后汉书·仲长统列传》)。羊的品种主要有绵羊、山羊两种,北方以绵羊为主,南方以山羊为多。

(3)豕。猪与羊一样是汉代社会最主要的家饲大型肉食牲畜。对于自然经济社会的小农家庭来说,猪、狗、鸡几乎是必需的家庭副业。猪的饲养主要是为了补充力田所得,维系家庭最低开销的不足,如租、赋、税、役等的货币转化或实物相抵,而非自家餐桌的改善。

因此,“彘者家人所常畜,易得之物也”(《淮南子·道应训》)。猪是家自为畜圈养与集体牧放结合的饲养方式。因此,汉代文献中大量见到职业“牧豕人”的记载。富贵大家,畜豕量大,家中佣役便有分工专一“持梢牧猪”的“牧豕人”(王褒《僮约》)。“村野牧主奴”是中国历史文献中对社会地位极为低下者的羞辱称呼,一般是由村民或其未成年子弟充任。但也不尽然,仕宦书香之家的落魄者也往往跻身其中谋生以图一时之存。东汉南海太守吴恢之子吴祐“年二十丧父,居无担石,而不受赡遗,常牧豕于长垣泽中,行吟经书。遇父故人谓曰:‘卿二千石子,而自业贱事。纵子无耻,奈先君何?’”(《后汉书·吴祐列传》)东汉末平原县令杨匡,因郡国相徐曾是中长侍而耻与之交辞官,“耻与接事,托疾牧豕”(《后汉书·杜乔列传》)。

(4)犬。三代以下至汉代,狗是颇受重视的肉食畜:“犬有三种:一者田犬,二者吠犬,三者食犬。”对“食犬”的优劣鉴定就是“视其肥瘦”。而较之三代,汉人嗜狗之习尤甚。汉代,“时人食狗,亦与羊、豕同”。西汉政治家指出:“古者庶人粝食藜藿,非乡饮酒、膢腊祭祀无酒肉。故诸侯无故不杀牛、羊,士大夫无故不杀犬、豕。今闾巷县伯阡陌屠沽,无故烹杀,相聚野外,负粟而往,挈肉而归。”(《盐铁论·散不足》)杀狗食肉,已成汉代社会流行风气。汉代“屠狗”一如宰猪“屠户”一样为社会职业。西汉开国功臣樊哙造反起事前就是一名中国历史上颇为著名的“屠狗为事”之徒。

(5)马、驴等。马、驴在汉代基本属于役畜,一般是在不能继续服役或救饥应急等特殊情况下才会为人所食。马和驴肉不仅随时就地消耗,而且还以优质食品、传统风味的形象出现在帝国京师等通都大邑的食肆上。但汉代人认为马肝有毒不可食,因此,“食肉毋食马肝”被作为常识接受。比较来说,驴下汤锅的概率要比马高许多,也就是说汉代人似乎认为驴比马更适合、更便利食用。

(6)鸡、鸭、鹅禽类。鸡、鸭、鹅是汉代庶民社会寻常百姓家饲养的禽类,禽可肉食,但非重大节庆、贵客临门等特别需要一般不会宰食,汉代已有“杀鸡为馔”以待贵客的习俗。农民之家喂养家禽,主要还是饲之产卵。卵虽可食,但主要并非为了自食,通常情况下也还是用于充值换钞、抵物交换的目的。禽卵当然是上层社会平居常食之物,大量鸡蛋用为厚葬冥物也证明汉代人对禽蛋的喜爱。

3. 蔬菜瓜果

(1)蔬菜。汉代社会的蔬菜消费,仍然是人工栽培和野生采集两大类。《尔雅·释天》:“蔬不熟为馑。”晋人郭璞注:“凡草菜可食者通名为蔬。”《说文·草部》:“菜,艸之可食者。从艸,采声。”汉代的蔬菜主要有:

葵。西汉末年的生活知识书记载的当时社会大众日常生活中最重要的菜蔬为“葵、韭、葱、薤、蓼、苏、姜”(史游《急就篇》)等。葵位居第一。葵属锦葵科两年生草本,又名“冬葵”、“冬苋菜”、“冬寒草”,嫩叶、梢为菜,种子、全草入药。葵系三代以后直至18世纪以前庶民大众生活中最重要的蔬菜品种之一,在汉代蔬菜结构中的地位颇为重要。诗歌中也记录了汉代人园中大量种植的历史风情:“青青园中葵,朝露待日晞。”(《古乐府·长歌行》)直到元代,农书仍有这样记载:“葵为百菜之主,备四时之馔。本丰而耐旱,味甘而无毒。供食之余,可为菹腊;枯枿之遗,可为榜簇子,若根则能疗疾,咸无弃材。诚蔬茹之上品,民生之资助也。”(元·王祯《农书》)

芹。芹有水、旱两种,三代时期以后至汉见于文献者多为水芹。水芹为伞形科水芹属,又称“楚葵”。《尔雅·释草》:“芹,楚葵。”晋人郭璞注:“今水中芹菜。”三代时期,“芹菹”已经是见于文献记载的周天子常膳品种。

藿(yù)。《尔雅·释草》:“藿,山韭。”郭璞注:“今山中多有此菜,皆如人家所种者。”说明汉代时藿有野生与园植两种,这种人工栽培与野生两大类别并存且都被用来食用的现象,在汉代及其前后的历史上本来是极为平常的情况。韭系百合科葱属多年生草本宿根植物,韭的多年生这一属性特为汉代人看重,誉其为“百草之王”,认为“草千岁者唯韭”(《马王堆汉墓帛书(四)》)。因此,汉代农家一般都于园田中种韭,有的地方政府还明令鼓励百姓按每口人标准种“一树榆、百本薤、五十本葱、一畦韭,家二母彘、五鸡”(《汉书·循吏传》)。

薤。薤即藠头,亦有野生、园植区别,野生者称为“山薤”,又名“葝(qíng)”,属百合科多年生草本。

葱。百合科多年生草本植物,有园植、野生区别。野生者为“茖(gé)”,《尔雅·释草》:“茖,山葱。”与园植者的区别是“细茎大叶”。

蒜。多年生草本,有大蒜、小蒜两种和园植与野生两类。野生者为“山蒜”,又称为“蒚(lì)”。

姜。姜科姜属多年生宿根草本,是汉代人家家户户必备的重要调味料,同时备用为寻常百姓家“御湿”、“御温”之药。《说文·艸部》:姜“御湿之菜也”。《神农本草经》:“干姜味辛温,主胸满欬逆上气、温中止血、出汗逐风湿、痹肠澼下利。生者尤良。久服去臭气,通神明。”说明姜也有园蔬与野生两大类别。由于社会需求量大,致使有种植“千畦姜”大富“与千户侯等”(《史记·货殖列传》)的专业户。

荠。十字花科一年生或两年生草本,亦有园蔬与野生两大类。“谁谓荼苦?其甘如荠。”三代时期,荠就是人们喜爱的菜蔬大宗。《尔雅·释草》:大荠又名“菥蓂”;郭璞注:“荠叶细,俗呼之曰老荠。”

荼。《说文·艸部》:“荼,苦菜也。”三代时期文献记载,“荼”通常是指苦味的野生菜蔬,具体品种应当很多。《尔雅·释草》:“荼,苦菜。”郭璞注:“《诗》曰‘谁谓荼苦’,苦菜可食。”

瓠。葫芦科葫芦属一年生蔓性草本植物,是三代与汉代时频繁见于文献记载的重要蔬菜品种之一。《释名·释饮食》:“瓠,蓄皮瓠以为脯,蓄积以待冬月时用之也。”

藿。豆叶,是三代时期以来百姓社会的主要传统菜蔬。《尔雅翼》:“秐藜藿与蘘荷,盖茎蕙贵而藜藿贱。”藿是下层社会的食物,因而是“贱”的。作为蔬食的豆叶必须是嫩的,但是过量采摘豆叶则会影响豆实的生长和产量。人们很早就已经掌握了合理采摘的界限,他们认识到:“大豆、小豆,不可尽治也。古所以不尽治者,豆生布叶,豆有膏,尽治之则伤膏,伤则不成。”(《齐民要术》)这也正表明藿在汉代人生活中的重要地位。

芦菔。萝卜,两年或一年生草本植物。汉代社会各阶层普遍习食,皇宫中亦有菜园种植。两汉之际,战乱殃及京师,在外部食物供应完全断绝情况下,许多宫女只好“掘庭中芦菔根、捕池鱼而食之”(《后汉书·刘盆子列传》)。

菘。俗称白菜,十字花科芸苔属两年生草本。

芥。十字科芸苔属一年或两年生草本,有大、小两种。芥原产于中国,很早就被用为食蔬,周王廷常膳中就有“芥酱”。汉代蒙学知识读本《急就篇》将芸、蒜、荠、芥、茱萸等列为日常食生活必需品种。

蓼。一年或多年生草本植物,《说文·艸部》:“蓼,辛菜,蔷虞也。”蓼味辛,自三代时期以来就是用于生香的重要菜蔬原料,也是经常与动物性食料配伍的惯用原料之一。“濡豚,包苦实蓼;濡鸡、醢酱,实蓼;濡鱼、卵酱,实蓼;濡鳖、醢酱,实蓼。”(《礼记·内则》)汉代时,富家所用“……春鹅秋雏,冬葵温韭,浚茈蓼苏,丰奕耳菜,毛果虫貉”(《盐铁论·刺议》)等应时反季、珍奇难致之物皆入盘馔,而蓼在其中。

苏。又称“紫苏”,唇形科一年生草本植物,有园植、野生类多种。《尔雅·释草》:“苏,桂荏。”宋代学者邢昺疏:“苏,荏类之草也。以其味辛似荏,故一名桂荏。陶注《本草》云:叶下紫色而气甚香。其无紫色不香似荏者,名野苏,生池泽中者名水苏,皆荏类也。”汉代人文献中多有家中园艺和食用记录:“园中拔蒜,断苏切脯”（王褒《僮约》）；“秋黄之苏，白露之茹”（枚乘《七发》）。苏叶用于蔬食调味，种子富含油脂食用尤可生香。苏的植株枯干则为柴易燃，故又是汉代助炊的重要燃料：“樵苏脂烛，莫非种殖之物也。”（《颜氏家训》）

芜菁。即蔓菁，俗称“菁”，又称“冥菁”、“芴菁”，块根肉质宜为蔬，今俗称大头菜。“老菁蘘荷冬日藏”（《急就篇》），芜菁是汉代重要的冬贮菜蔬之一。东汉桓帝永兴二年（154）：“诏司隶校尉部刺史曰：‘蝗灾为害，水变仍，至五穀不登，人无宿储。其令所伤郡国：种芜菁以助人食。’”（《后汉书·桓帝纪》）汉代时芜菁种植地很广泛，不仅汉民族聚居区普遍种植芜菁，就连西北少数民族地区也是“地宜大麦，而多蔓菁”（《晋书·西戎传·吐谷浑》）的景象。

蘘荷。蘘荷一名“蘘草”，又名“覆葅”、“菖葅”、“莼苴”，多年生草本植物。人们习常以其茎、叶、根为菹，至冬老成则蓄藏以御冬。视其为与姜同样重要的菜蔬：“茈姜蘘荷，葴橙若荪。”（《史记·司马相如列传》）

芸。芸一名“芸蒿”，汉代时“生熟皆可啖”，“芸、蒜、荠、芥、茱萸香”（《急就篇》），是汉代人习惯性的理解。芸自三代以来就被人们视为重要的芳香菜，先秦典献记为“阳华之芸，云梦之芹”；“芸，芳菜也，在吴越之间”（《吕氏春秋·本味》）。芸已经是久为驰名的地方特产。

芜荑。木名，又名“姑榆”、“无姑”，叶、果、皮皆入药，仁可做酱，味辛。汉代蒙学课本《急就篇》记作：“芜荑、盐、豉、醯、酢、酱。”唐代颜师古注：“芜荑，无姑之实也。无姑一名‘橭榆’，生于山中。其荚圆厚，剥取树皮，合渍而干之，成其辛味也。”“芜夷生于燕，橘枳死于荆”（董仲舒《春秋繁露·郊语》），汉代时芜夷主要分布地是今天的河北地区一带。

茱萸。又名“越椒”、“艾子”，木本茱萸有吴茱萸、山茱萸和食茱萸之分，都是著名的中药。食茱萸为芸香科落叶乔木，具有特殊芳香味。茱萸是见于先秦元典的牛、羊、猪等“三牲”畜类食材烹调的必用调味料。汉代时人们常识观念的“芸、蒜、荠、芥、茱萸香”（《急就篇》），突出了茱萸芳香性能为人所爱的时代烹饪文化特征，唐代颜师古注云：“茱萸似椴，而大食者贵，其馨烈，故云茱萸香也。”

桂。桂皮，是见于先秦元典的与姜并列的“草木之滋”重要调味料。《说文·木部》：“桂，江南木，百药之长。”桂既是重要的药材，也是肉食原料加工、烹调的必备香料，因此经常食肉的上层社会家家必贮。

藕。睡莲科属宿根水生植物荷的泥中茎部。荷一名“芙蓉”。《尔雅·释草》：“荷，芙蕖。其茎茄，其叶蕸，其本蔤，其华菡萏，其实莲，其根藕，其中的。”《神农本草经》则记为：“藕实茎，味甘平，主补中养神、益气力，除百疾。久服轻身耐老，不饥延年。一名‘水芝丹’，生池泽。”

笋。竹笋，《尔雅·释草》：“笋，竹萌。”三代时期人们就有腌渍笋制作“笋菹”的习惯。汉代时则有春夏笋与冬笋之别，中原以南地区普遍有食笋的习俗。西汉伏波将军马援南征“至荔浦，见冬笋名曰‘苞笋’……其味美于春夏笋”（《东观汉记》卷十二）。

苜蓿。苜蓿名系古大宛语 buksuk 的音译，一年生或多年生豆科植物，原产西域地区，汉武帝时传入内地，又称“怀风草”、“光风草”、“连枝草”。《史记·大宛列传》载：大宛“俗嗜酒，马嗜苜蓿。汉使取其实来，于是天子始种苜蓿……”苜蓿传入内地之后，迅速广为种植，既为牲畜饲料，亦作为人的菜蔬。《四民月令》中即有正月和七月“可种苜宿（蓿）”的记载。

蕹菜。蕹菜系旋花科番薯属一年或多年生草本植物，原产中国。江苏邗江汉代墓葬遗址出土有蕹菜籽实物。

苋菜。苋菜，汉代文献作“苋”，一名“蕢”，系苋科苋属一年生草本，中国是重要的原产地之一。《说文·艸部》：“苋，菜也。”《尔雅》：“蕢，赤苋。”郭璞注：“赤苋，一名‘蕢’，今苋菜之赤茎者。”

菌耳类。蘑菇、木耳等菌类植物是汉代人的重要菜蔬品种。《尔雅》：“中馗，菌。小者菌。”

郭璞注:“地蕈也,似蓋。今江东名为土菌,亦曰馗厨,可啖之”,“大小异名”。菌类入食,且多有珍品,“越骆之菌”就是“和之美者”的代表品种。在富贵之家喜食的菜蔬品种“冬葵、温韭、浚茈、蓼苏、丰奕、耳菜”(《盐铁论·刺议》)等中,“丰奕”、“耳菜”指的就是蘑菇和木耳类品种。

胡荽。胡荽即芫荽,繖形科一、两年生草本。《玉篇·艸部》:“荾,胡荾,香菜。”汉以后又有名“香荽”、“香菜”,原产中亚地区,汉武帝时期传入内地。

苤。苤即车前草,又作“芣苡”、“芣苢”,是见于《诗经》等先秦元典的三代期采集菜蔬:“采采芣苢,薄言采之。”长沙西汉墓出土的封泥食物匣中明确标有“苤”等40余个品种。

其他类。被汉代人作为菜蔬食料的植物名目还很多,而且由于生态分布、信息传布、采撷局限等原因,见于文字记载的品种一定比事实上当时人们曾经食用过的种类要少许多。即便由于记录的疏漏不全,除了以上的种类之外,还有许多汉代人曾经作为菜蔬食用过的植物。

(2)瓜果。两汉时代的瓜果品种,有两大突出历史特征:一是园圃农业规模的扩大导致瓜果生产远超先秦,二是域外品种进入,丰富了传统结构。据历史文献记载、考古发掘、农史研究,我们明确知道的先秦时代的干鲜果类主要有:瓜、桃、李、枣、杏、梅、棘、栗、梨、柑橘,以及榛、柿、杞、郁、棣、薁、木瓜、山楂、柘等。西汉中叶时,最具大众化的8种代表性干鲜果分别是:梨、柿、柰、桃、枣、杏、瓜、棣。其中,作为地方特产进贡朝廷的就有桃10种:秦桃、榹桃、缃核桃、金城桃、绮叶桃、紫文桃、霜桃、胡桃、樱桃、含桃;梨10种:紫梨、青梨、芳梨、大谷梨、细叶梨、缥叶梨、金叶梨、瀚海梨、东王梨、紫条梨;枣7种:弱枝枣、玉门枣、棠枣、青华枣、梬枣、赤心枣、西王枣。8种之外,同样作为地方特产进贡朝廷的还有:李15种:紫李、绿李、朱李、黄李、青绮李、青房李、同心李、车下李、含枝李、金枝李、颜渊李、羌李、燕李、蛮李、侯李;査3种:蛮査、羌査、猴査;棠4种:赤棠、白棠、青棠、沙棠;梅7种:朱梅、紫叶梅、紫花梅、同心梅、丽枝梅、燕梅、猴梅,等等。其他如:棘,《说文·木部》:“棘,小枣丛生者。”“田中五果桑柘棘枣”,种植极普遍。栗,种植普及与数量之大与枣齐名。以及榛、杞、郁、薁、木瓜、山楂、薯、蔗、橙、橘、柚、荔枝、龙眼、葡萄、安石榴、椰子、橄榄、枇杷、香蕉、菱,等等。

4. 采集渔猎

除了种植业、饲养业提供的创造性食物原料之外,向大自然伸手的采集、渔猎,在汉代仍然是重要的食生产补充。当然,我们说的“重要食生产补充”,是就整个汉帝国社会而言的。在广大农业区,这种补充的意义应当是因地而异的,而在边陲、山区、河湖周边及近海地区,采集、渔猎的比重则会相对更大些。

(二)两汉时期的食品与加工技术

1. 主食品类与加工

主食原料为米。汉代的米以其加工深度的差异而有不同的等级,据《古微书》引《春秋说题辞》载孔子语:磨谷去壳为粝米,粝再舂为粺米,再舂得糳米,再舂得毇米,再经樀择,则为晶米。其实,这更应当是历史入汉以后的事。粝米,《广韵·泰韵》:“粝,粗米。”粺米,《玉篇·米部》:“粺,清米也。”糳米,《说文》:“糳,粝米一斛舂为九斗曰糳。” 毇米,《集韵·未韵》:“毇,米一斛舂为八斗。或不省。”晶米,《说文》:“晶,精光也,从三日。”段玉裁注:“凡言物之盛皆三其文。”徐灏笺:“‘晶’即‘星’之象形文。”可见,晶米已经是当时历史加工条件下最为白粲精美的米。一般将米分为粝、精两等,“精”即认真选出的颗粒完整的米,孔子主张的祭祀之饭应当“食不厌精”的精就是其义。因此,“精”又有三等区别:“舂米一石,得米四斗,曰精;得三斗曰糳;得二斗曰粹。”(明代陈继儒《书蕉·精糳粹》)但是,在粮食极为珍贵的古代,人们通常食用的基本是粝米、糳(或精)米两种,粝米基本属于中层以下社会,糳米主要为上层社会所食。

(1)蒸饭。“蒸饭”是凭借工具“箅”,利用蒸汽加工而成的谷粒食品,严格些说是甑的普遍使用决定了“饭”在人们日常食品结构中的重要地位。因此,饭是史前社会一直流传下来的主食品种。汉代时期,饭不仅仍然是传统的主食品种,而且是最重要的主食品种之一。两汉时期,“饭”的烹饪方法基本是蒸。这是因为,当时用于烧饭的工具仍然是三代甚至是史前流传下来的陶器,不同的是陶釜开始流行和使用。煮粥、蒸饭是陶釜在当时的基本用途。铁釜虽然已经出现,但不仅民间尚未使用,上层社会也通常不用。原因有二:一是铁器珍贵,陶器易得;二是陶器优于铁器的透气性、保温性使蒸饭更为适口。铁釜出现之后相当长的时间里应当是与陶甑配合使用的,即铁釜容水在下、陶甑盛米(已煮至八分熟)在上,一如史前社会的鬲甑搭配结构。这种搭配可以充分发挥铁釜质坚久用、耐高温、器容大、导热快、节省燃料等诸多长处。以汉代时铁釜的桶锥纵深基本形制和内壁铸造普遍毛糙的特点来看,铁釜还不会是被用来直接焖饭的,煮、蒸应当是其基本的使用方法。铁釜的最初使用,很可能是用于军旅。

饭的烹饪,要分两道工序。先是将淘洗好的米投入沸水中煮至八分熟(用手指掐捏还略有硬芯),然后用笊篱捞出除去浮汤,将米松散置于箅上;再将釜中注入适当清水(或不致沸起的液态如汤等),箅覆其上,再上罩以覆盆类器皿,旺火蒸至熟透。这种蒸饭松软喧柔,米香溢口,且易消化吸收。对于寻常百姓来说,米汤既是煮羹的必需,也是传统的餐间、餐后饮料。这是汉代社会家庭生活中普遍的饪饭方法,南朝《世说新语·夙惠》记载东汉末年上层社会家庭中以箅蒸饭的故事:“宾客诣陈太丘宿,太丘使元方、季方炊。客与太丘论议,二人进火,俱委而窃听。炊忘著箄,饭落釜中。太丘问:‘炊何不馏?’元方、季方长跪曰:‘大人与客语,乃俱窃听,炊忘著箄,饭今成糜。’太丘曰:‘尔颇有所识不?’对曰:‘仿佛志之。’二子俱说,更相易夺,言无遗失。太丘曰:‘如此,但糜自可,何必饭也?’”这种在箅上蒸食物的方法,不仅一直到今天还在使用着,就是高压锅、电饭煲等流行的现代社会,用笼、甑蒸饭的传统方法也还时时处处可见。铁锅进入寻常百姓家之后,作为改进和变通,传统的陶釜箅上“蒸饭”后来成了“炖饭”:将煮到八成熟的米同样用笊篱捞出控去浮汤后松散置于盆中(当然也是陶盆),锅中注入适量净水,或同时炖煮汤菜等其他食物,上方置一木质支架,然后将饭盆端放其上,锅覆盖,谨防热气外泄,大火烧锅,看汽闻声而知分寸时机,片刻即可告成。支架,俗称“锅杈”,通常多是选取自然树杈加工而成,最简洁者如“Y”字形,亦有用木料加工成“井”字形的。

“蒸饭”一般是即食性的,是所谓“一日三餐”的主食品种和烹饪方法。

(2)干饭。“干饭”,即汉代文献所记的“糒”、“糗”、“餱”。与通常是即食性的“蒸饭”不同,干饭一般是可以存放相当长的时间、且能够携以致远和冷食的食品。

“糒”是干饭中的一种。《释名·释饮食》谓“糒”,“干饭,饭而曝干之也”。《说文·米部》:“糒,干饭也。”也就是说,“干饭”是将蒸饭在日光下晒干的结果,当然要充分地使饭粒松散开来。这种干饭可以视为是一种比较原始的干燥食品,易于长久贮存、便于携带、耐饥应当是其具有历史意义的优点。这种干饭对于既不能随时掘灶埋锅,又难以找到供应食店的出行在外者来说,无疑是重要的果腹充饥之物。因此,干饭也就自然成了军旅必备之食,并且在中国历史上一直沿用了很长时间。汉武帝元狩四年(前119)大将军卫青、骠骑将军霍去病率军与匈奴战,李广随军,“大将军使长史持糒醪遗广”(《史记·李将军列传》)。糒为行军之粮。当然,糒以其久贮、便携、耐饥等特点宜用为军粮,却并非仅用为军粮。事实上糒也是百姓居家常备以应不时之需的干粮。中国历史上那位“卧冰求鲤”的著名的大孝子、魏晋之际显宦王祥一生节俭，85岁高龄临终之前郑重遗嘱不可铺张厚葬，仅需“糒、脯各一盘，玄酒一杯，为朝夕奠”(《晋书·王祥传》)即可。糒也可用于祭祀、庙享，应知其为日常生活中普通易致之物。元朝中叶，帝国中枢重臣伯颜为内部权力斗争计，大整武备，“会计仓廪、府库、谷粟、金帛之数，乘舆供御、牢饩膳羞、徒旅委积、士马刍糒供亿之须，以及赏赉犒劳之用，靡不备至。不足，则檄州县募民折输明年田租，……”(《元史·伯颜传》)糒仍为军粮大宗。

“糗”是另一种干粮。《说文·米部》：“糗，熬米麦也。”桂馥“义证”谓：“米麦火干之乃有香气，故谓之糗……无论捣与未捣也。”“熬”字汉代的意义还是用火焙干，《说文·火部》：“熬，干煎也。从火，敖声。”《方言》：“熬，火干也。凡以火而干五谷之类，自山而东，齐、楚以往，谓之熬。”汉代字书的解释，正是原始农业产生以前远古时代人们长久食用的“燔黍”风习的延续。这种在炙石上“燔黍”的方法，不久前还曾在青藏高原地区的个别少数民族生活中有所保留。汉代及其以前的“熬”，还不具有铁釜普遍使用后食物和水于锅中长时间煨煮、炖焙之意。因此，可以说这种“干饭”早在甑时代以前就已经被人们食用了。据《孟子·尽心》记载：“孟子曰：‘舜之饭糗茹草也，若将终身焉。及其为天子也，被袗衣，鼓琴，二女果，若固有之。’汉代赵岐注：“糗，饭干糒也；袗，画也；果，侍也。舜耕陶之时，饭糗茹草，若将终身如是。及为天子，被画衣，黼黻絺绣也，鼓琴以协音律也，以尧二女自侍，亦不佚豫，如固自当有之也。”舜在成为部落联盟首领之前，他的饮食生活只能是“饭糗茹草”，应当说“饭糗茹草”是舜时代正常年景下先民们的历史性水准。《尚书·费誓》记载：周灭商之后，伯禽被封为鲁国第一代诸侯国之君，地方势力不服，“徐夷并兴，东郊不开”。于是，伯禽集结兵力于国都曲阜东郊费的地方，誓师征伐“徐戎”、“淮夷”，命令部署做好各种战备工作，军需干粮就是不容丝毫差错的重要战备物资：“峙乃糗粮，无敢不逮。”

麦饭，是“磨麦合皮而炊之”(《急就篇》)的饭。新莽末期，刘秀于军旅之中得一餐麦饭而欣悦异常。(《后汉书·冯异列传》)

“餱”，《说文·食部》：“餱，干食也。从食，侯声。《周书》曰：‘峙乃餱粻。’” 餱字又作“糇”。汉代张衡的《思玄赋》：“屑瑶蘂以为糇兮，蓻(jū 居)白水以为浆。”可见“餱”的意义是泛指“干粮”。这种意义曾在中国历史上长期使用，如唐代杜甫《彭衙行》：“野果充糇粮，卑枝成屋椽。”

(3) 饘、粥。饘，饘为稠粥，是汉代时重要的主食品之一。《说文·食部》：“饘，糜也。周谓之饘，宋谓之餬。”《广韵·仙韵》：“饘，厚粥也。”粥因有暖身、养胃、省粮、易消化吸收，且较蒸饭、干饭柔滑利口，米香醇郁的诸多优点，故自三代以来就为人所爱。汉代人不仅承袭了这一习俗，而且喜爱的程度更胜于前人。《礼记·檀弓》记载周代时“饘粥之食，自天子达。”汉代郑玄注：“子丧父、母，尊、卑同。”居丧，自天子至庶人皆食“饘粥之食”。

粥，为稀粥，相对于饘来说，就是米少而水多。《尔雅·释言》：“粥，淖糜也。”三代社会重老，周代更形成健全的尊老、养老制度：“人君养老有四种：一是养三老、五更；二是子孙为国难而死，王养死者父、祖；三是致事之老；四是引户校年，养庶人之老。”(《礼记·王制》)于孟春之月在全国隆重举行“养衰老，授几、杖，行糜粥饮食”，“以助老气”(《礼记·月令》)。汉标榜“以孝治国”，“故汉家之谥，自惠帝以下皆称‘孝’”(《汉书·惠帝纪》)。“制使天下诵《孝经》，选吏举孝廉。”(《后汉书·荀爽列传》)国家干部选拔政策实行的是“举孝廉”，“孝”是选拔干部的核心与第一位的标准。因此，国家政策和社会风气重老、敬老、养老之风更胜过前代。西汉文帝诏令全国各县、道，凡民年龄 90 以上者皆给米使为糜粥。东汉章帝章和元年(87)“秋，令是月养衰老，授几、杖，行糜粥饮食”。受糜粥之民年龄的政策限定，后来又降到了 70 岁：“仲秋之月，县、道皆案户比民，年始七十者，授之以王杖，铺之糜粥。”

汉代人食粥既可以一种谷物原料为之，亦可多种谷物合一而煮，其中谷、豆合煮的“豆粥”为汉代人习尚。汉代人普遍食用豆粥，无疑是因为农业作物品种的生产结构所决定的。东汉光武帝刘秀创业初，“昨得公孙豆粥，饥寒俱解”（《后汉书·冯异列传》）。豆粥的烹饪方法，通常是先将豆清洗、反复用清水浸泡，然后入釜中宽汤煨煮至熟；接下来将淘洗干净的米搅入釜中合煮，直至豆酥、米糜，浑然一体。“光武在滹沱，有公孙豆粥之荐。至今西北州县，有号粥为滹沱饭者。”（陶穀《清异录》）“孔文举为北海相，……母有病瘥，思食新麦。家无，乃盗邻麦，熟而进之。”（《后汉书补注·孔融传》）

（4）饼类食品。两汉的 4 个世纪，汉帝国社会的文化中心和重心地域仍然是黄河流域，小麦粉食一直在黄河流域居主食料中的珍贵品种地位。饼，是以小麦粉为主要原料，经各种加工方法加工的、不同形态食品的通称。东汉时记录时俗实事著述释说：“饼，并也，溲面使合并也。‘胡饼’，作之大漫冱也，亦言以胡麻着上也。‘蒸饼’、‘汤饼’、‘蝎饼’、‘髓饼’、‘金饼’、‘索饼’之属，皆随形而名之也。”（刘熙《释名·释言语》）三国时著名文人束皙的《饼赋》，可以视为两汉至三国时代“饼文化”的绝唱，当然其意义甚至通观中国古代烹饪文化历史可谓皆然。

“《礼》仲春之月，天子食麦，而朝事之笾，煮麦为麷（fēng 丰）。《内则》诸馔不说饼，然则虽云食麦，而未有饼。饼之作也，其来近矣。若夫安干、粔籹之伦，豚耳、狗舌之属，剑带、案盛、餢飳、髓烛，或名生于里巷，或法出乎殊俗。三春之初，阴阳交际，寒气既消，温不至热，于时享宴，则曼头宜设，吴回司方，纯阳布畅，服絺饮水，随阴而凉。此时为饼，莫若薄壮。商风既厉，大火西移，鸟兽氄（rǒng 冗）毛，树木疏枝，肴馔尚温，则起溲可施。玄冬猛寒，清晨之会，涕冻鼻中，霜成口外，充虚解战，汤饼为最。然皆用之有时，所适者便。苟错其次，则不能斯善。其可以通冬达夏，终岁常施，四时从用，无所不宜，惟牢丸乎！尔乃重罗之麸，尘飞雪白，胶黏筋黍刀，膈（hè 贺）漾柔泽；肉则羊膀家胁，脂肤相半，脔若绳首，珠连砾散，姜株葱本，菶缕切判，剉末椒兰，是灑是畔，和盐漉豉，搅合樛乱，于是火盛汤涌，猛气蒸作，攘衣振掌，握搦俯搏，面弥离于指端，手萦回而交错，纷纷驳驳，星分雹落，笼无逆肉，饼无流面，姝媮咧敕，薄而不绽，嶲嶲和和，䑋（rǎng 壤）色外见，弱如春绵，白如秋练，气勃郁以扬布，香飞散而远遍，行人失涎于下风，童仆空嚼而斜眄，擎器者呧唇，立侍者干咽。尔乃濯以玄醢，钞以象箸，伸要虎丈，叩膝偏据，盘案财投而辄尽，庖人参潭而促遽，手未及换，增礼复至，唇齿既调，口习咽利，三笼之后，转更有次。”

赋中历列了安干、粔籹、豚耳、狗舌、剑带、案盛、餢飳、髓烛、曼头、薄壮、牢丸等诸多“饼”的名目，指出它们“或名生于里巷”——因而形象生动、鄙俗有趣；“或法出乎殊俗”——故别开生面、独擅风情。其致用，有的宜于一时，有的适合四季；或充饥驱寒，或大快朵颐，足称各有千秋。其制法，则汤瀹、笼蒸、炉焙（因为是焙烤，而且有了酵法，可以认为面包也已经有了）、油炸、釜炙，因名而异。其形制，则若猪耳、似狗舌、如剑带（油炸索饼），或“漫汗”须用案盛（大胡饼），或圆团滚汤必器容，圆、团、薄、粗、细、长、短、象形，无不毕具。其用料，则面粉雪白、羊猪肥美、香料齐备。其火候汤温、刀工技法更是传神炫目，各擅胜场。

当然，《饼赋》没有也不可能包罗无遗地尽列其时的所有“饼”食品目，当然也更不可能详细记述各种品目面食品的具体制法。至于《饼赋》的疏漏，略后于束皙的贾思勰在他的《齐民要术》一书中提供了许多足以考实的记述。从汉人的《急就篇》、《方言》、《释名》、

它的版本很多，注释者也不少，本大典在本编中引用的文字大都依据缪启愉《齐民要术校释》(农业出版社 1982 年版)，下文不再一一标注。

(二) 加速流动与融汇的各民族烹饪文化

1. 少数民族与汉族烹饪文化的亲近影响

魏晋南北朝时期是中国历史上长期战乱纷争与对立割据的时代，社会生产与经济发展无疑会受到严重限制与制约。但是，人们活命总要吃饭，因此烹饪文化也就必然生存着、演变着，也就自然而然体现着特定的时代特征。随着汉族中央政权的衰微和颠覆，长城壁垒被彻底打破，各少数民族的生存空间得以充分扩大，汉族与各少数民族生存地域重叠交叉的情态普遍存在，各民族烹饪文化这种近距离接触所引发的必然结果是相互影响、交叉互补。

这一时期，北方各族政权上层社会日常饮食中肉食原料比重结构的上升，奶食品消费观念的形成，面食品与烹饪技法的备受重视等，都与民族烹饪文化交汇有着不可轻视的重要关系。“羌煮”、“胡炙”、“肉粥”、“胡饼”、“羊酪”等美食都具有典型的少数民族风格。《齐民要术》所记载的野猪、熊、鹿、獐、兔、雁、凫、雉等野兽飞禽原料虽然不能说是草地民族的禁脔，也的确是其钟爱和偏得；至于马、牛、驴、羊、猪、鹅、鸭、鸡则是各个民族都喜欢或均能接受的了。因为肉类食料占据最重要的位置，因此，“炙”的烹饪方法也相应在《齐民要术》中居于第一位的意义。在这种民族融汇和贾思勰曾在鲜卑族皇朝政权中做官的历史背景下思考《齐民要术》一书的烹饪文化历史意蕴，应当是颇富启示性的，事实上，《齐民要术》中关于烹饪文化信息的记录也的确与其前、其后的许多农书颇有不同。

2. 汉族南迁触动的烹饪文化南北融汇

少数民族从长城以北草地进入黄河流域农耕区的过程，是伴随着屠杀掠夺的血腥军事活动进行的。于是，自东汉末期黄巾举事开始，迭经三国纷争、西晋末年战乱、五胡侵扰，中原地区汉族持续南迁。不断涌入南方的大批北方人带去了故土的饮食习惯、烹饪文化，引起了持续、普遍和深入的北南烹饪文化的交流与融汇。客家人族群的出现与客家烹饪文化的存在，就是这种历史性北南交流的结果。

中国是有 3000 年历史的小农经济封建社会。小农经济是很少交换的自产自销的自然经济生活，封建制度本质上是封闭分割的社会机制。但是，偌大的中国，饮食文化历史上的区域与民族差异尽管十分显明，烹饪文化的差异却相对小得多。这主要是因为食物原料出产的地域性决定了消费的地域性，即食生产、食生活的地理、自然差异决定了人们食文化的时空不同。但是，烹饪工具与技术却可以超越地域局限，因为人群是不断流动的，经验、技术、知识因此就相互交流、补充互益。中国历史上这种烹饪文化与饮食文化的“错位现象”，恰恰是两种文化生存运动规律比照失谐的必然结果。

多眼灶、陶甑、铁釜是这一时期南北普遍使用的基本烹饪工具，基本和统一的助食工具则是箸和匙，它们的基本形制与功用是相同的。尽管食物原料的地域差异和人们长久积习不同，但是烹饪技术体系与基本技法则是完全相同或相通的。

(三) 魏晋南北朝时期的食品文化

《齐民要术》一书很详备地记录了当时普遍为人们所食用的各种酱品及其制作工艺，不仅再现了作者时代的酱品生产与酱品文化风貌，而且也为研究者借以窥测《齐民要术》时代以前的酱品及其工艺历史提供了线索与参照。它们具体是：

（1）酱。“十二月、正月为上时，二月为中时，三月为下时。用不津瓮（瓮津则坏酱。尝为菹、酢者，亦不中用），置日中高处石上（夏雨，无令水浸瓮底）。用春种乌豆（春豆粒小而均，晚豆粒大而杂），于大瓮中燥蒸之。气馏半日许，复贮出更装之，回在上者居下（不尔，则生熟不多调均也），气馏周徧，以灰覆之，经宿无令火绝（取干牛屎，圆累，令中央空，燃之不烟，势类好炭。若能多收，常用作食，既无灰尘，又不失火，胜于草远矣）。啮看：豆黄色黑极熟，乃下，日曝取干（夜则聚、覆，无令润湿）。临欲舂去皮，更装入瓮中蒸，令气馏则下，一日曝之。明旦起，净簸择，满臼舂之而不碎（若不重馏，碎而难净）。簸拣去碎者。作热汤，于大盆中浸黄豆。良久，淘汰，挼去黑皮（汤少则添，慎勿易汤；易汤则走失豆味，令酱不美也），漉而蒸之（淘豆汤汁，即煮碎豆作酱，以供旋食。大酱则不用汁），一炊顷，下置净席上，摊令极冷。预前，日曝白盐、黄蒸、草蓠、麦曲，令极干燥（盐色黄者发酱苦，盐若润湿令酱坏。黄蒸令酱赤美。草蓠令酱芬芳；蓠，挼，簸去草土。曲及黄蒸，各别捣末细簁——马尾罗弥好）。大率豆黄三斗，曲末一斗，黄蒸末一斗，白盐五升，蓠三指一撮（盐少令酱酢；后虽加盐，无复美味。其用神曲者，一升当笨曲四升，杀多故也）。豆黄堆量不槩，盐、曲轻量平槩。三种量讫，于盆中面向‘太岁’和之（向‘太岁’则无蛆虫也），搅令均调，以手痛挼，界令润彻。亦面向‘太岁’内着瓮中，手挼令坚，以满为限；半则难熟。盆盖，密泥，无令漏气。熟便开之（腊月五七日，正月、二月四七日，三月三七日），当纵横裂，周回离瓮，彻底生衣。悉贮出，搦破块，两瓮分为三瓮。日未出前汲井花水，于盆中以燥盐和之，率一石水，用盐三斗，澄取清汁。又取黄蒸于小盆内减盐汁浸之，挼取黄沈，漉去滓。合盐汁泻着瓮中（率十石酱，用黄蒸三斗。盐水多少，亦无定方，酱如薄粥便止：豆干饮水故也）。仰瓮口曝之（谚曰：‘萎蕤葵，日干酱。’言其美矣）。十日内，每日数度以杷彻底搅之。十日后，每日则一搅，三十日止。雨即盖瓮，无令水入（水入则生虫）。每经雨后，辄须一搅。解后二十日堪食；然要百日始熟耳。”

（2）芥子酱。“作芥子酱法：先曝芥子令干；湿则用不密也。净淘沙，研令极熟。多作者，可碓捣，下绢簁，然后水和，更研之也。令悉着盆，合着扫帚上少时，沙其苦气——多停则令无复辛味矣，不停则太辛苦。抟作丸。大如李，或饼子，任在人意也。复曝干。然后盛以绢囊，沈之于美酱中，须则取食。”

（3）芥酱。“作芥酱法：熟捣芥子，细筛取屑，着瓯里，蟹眼汤洗之。澄去上清，后洗之。如此三过，而去其苦。微火上搅之，少熇，覆瓯瓦上，以灰围瓯边。一宿即成。以薄酢解，厚薄任意。”

（4）肉酱。“肉酱法：牛、羊、獐、鹿、兔肉皆得作。取良杀新肉，去脂，细剉（陈肉干者不任用。合脂令酱腻）。晒曲令燥，熟捣，绢簁。大率肉一斗，曲末五升，白盐两升半，黄蒸一升（曝干，熟捣，绢簁），盘上和令均调，内瓮子中（有骨者，和讫先捣，然后盛之。骨多髓，既肥腻，酱亦然也）。泥封，日曝。寒月作之。宜埋之于黍穰积中。二七日开看，酱出无曲气，便熟矣。买新杀雉煮之，令极烂，肉销尽，去骨取汁，待冷解酱（鸡汁亦得。勿用陈肉，令酱苦腻。无鸡、雉，好酒解之。还着日中）。”

（5）卒成肉酱。“作卒成肉酱法：牛、羊、獐、鹿、兔、生鱼，皆得作。细剉肉一斗，好酒一斗，曲末五升，黄蒸末一升，白盐一升（曲及黄蒸，并曝干绢簁。唯一月三十日停，是以不须咸，咸则不美），盘上调和令均，捣使熟，还擘破如枣大。作浪中坑，火烧令赤，去灰，水浇，以草厚蔽之，令坩中才容酱瓶。大釜中汤煮空瓶，令极热，出，干。掬肉内瓶中，令去瓶口三寸许（满则近口者焦），椀盖瓶口，熟泥密封。内草中，下土厚七八寸（土薄火炽，则令酱焦；熟迟气味美好。是以宁冷不焦；焦，食虽便，不复中食也）。于上燃干牛粪火，通夜勿绝。明日周时，酱出，便熟（若酱未熟者，还覆置，更燃如初）。临食，细切葱白，着麻油炒葱令熟，以和肉酱，甜美异常也。”

（6）鱼酱。“作鱼酱法：（鲤鱼、鲭鱼第一好；鳢鱼亦中。鲚鱼、鲐鱼即全作，不用切。）去鳞，净洗，拭令干，如脍法披破缕切之，去骨。大率成鱼一斗，用黄衣三升（一升全用，二升作末），白盐二升（黄盐则苦），干姜一升（末之），橘皮一合（缕切之），和令调均，内瓮子中，泥密封，日曝（勿令漏气）。熟以好酒解之。凡作鱼酱、肉酱，皆以十二月作之，则经夏无虫（余月亦得作，但喜生虫，不得度夏尔）。”又法：“成脍鱼一斗，以曲五升，清酒二升，盐三升，橘皮二叶，合和，于瓶内封。一日可食。甚美。”

（7）干鲚鱼酱。“干鲚鱼酱法：一名刀鱼。六月、七月，取干鲚鱼，盆中水浸，置屋里，一日三度易水。三日好净，漉，洗去鳞，全作勿切。率鱼一斗，曲末四升，黄蒸末一升——无蒸，用麦蘖末亦得——白盐二升半，于盘中和令均调，布置瓮子，泥封，勿令漏气。二七日便熟。味香美，与生者无殊异。”

（8）虾酱。“作虾酱法：虾一斗，饭三升为糁，盐二升，水五升，和调。日中曝之。经春夏不败。”

（9）燥脡。“作燥脡法：羊肉二斤，猪肉一斤，合煮令熟，细切之。生姜五合，橘皮两叶，鸡子十五枚，生羊肉一斤，豆酱清五合。先取熟肉着甑上蒸令热，和生肉；酱清、姜、橘和之。”

（10）生脡。“生脡法：羊肉一斤，猪肉白四两，豆酱清渍之，缕切。生姜、鸡子，春、秋用苏、蓼，着之。”

（11）鱁鮧。“作鱁鮧法：取石首鱼、魦鱼、鲻鱼三种肠、肚、胞，齐净洗，空着白盐，令小倚咸，内器中，密封，置日中。夏二十日，春秋五十日，冬百日，乃好熟。食时下姜、酢等。”

（12）麦酱。“《食经》作麦酱法：小麦一石，渍一宿，炊，卧之，令生黄衣。以水一石六斗，盐三升，煮作卤，澄取八斗，着瓮中。炊小麦投之，搅令调均。覆着日中，十日可食。”

（13）榆子酱。“作榆子酱法：治榆子人一升，捣末，筛之。清酒一升，酱五升，合和。一月可食之。”

（14）豉。“先做暖荫屋，坎地深三二尺。屋必以草盖，瓦则不佳。密泥塞屋牖，无令风及虫鼠入也。开小户，仅得容人出入。厚作蘘篱以闭户。四月、五月为上时，七月二十日后八月为中时；余月亦皆得作，然冬夏大寒大热，极难调适。大都每四时交会之际，节气未定，亦难得所。常以四孟月十日后作者，易成而好。大率常欲令温如人腋下为佳。若等不调，宁伤冷，不伤热：冷则穰覆则暖，热则臭败矣。”

（15）家理食豉。“作家理食豉法：随作多少，精择豆，浸一宿，旦炊之，与炊米同。若作一石豉，炊一石豆。熟，取生茅卧之，如作女麹形。二七日，豆生黄衣，簸去之，更曝令燥。后以水浸令湿，手抟之，使汁出——从指歧间出——为佳，以着瓮器中。掘地作坎，令足容瓮器。烧坎中令热，内瓮着坎中。以桑叶盖豉上，厚三寸许，以物盖瓮头，令密涂之。十许日成，出，曝之，令浥浥然。又蒸熟，又曝。如此三遍，成矣。”

（16）麦豉。“作麦豉法：七月、八月中作之，余月则不佳。䃺治小麦，细磨为面，以水拌而蒸之。气馏好熟，乃下，掸之令冷，手挼令碎。布置覆盖，一如麦䴷、黄蒸法。七日衣足，亦勿簸扬，以盐汤周边洒润之。更蒸，气馏极熟，乃下，掸去热气，及暖内瓮中，盆盖，于蘘粪中燠之。二七日，色黑，气香，味美，便熟。抟作小饼，如神麹形，绳穿为贯，屋里悬之。纸袋盛笼，以防青蝇、尘垢之污。用时，全饼着汤中煮之，色足漉出。削去皮粕，还举。一饼得数遍煮用。热、香、美，乃胜豆豉。打破，汤浸研用亦得；然汁浊，不如全煮汁清也。”

（17）油豉。“油豉：豉三合，油一升，酢五升，姜、橘皮、葱、胡芹、盐，合和，蒸。蒸熟，更以油五升，就气上洒之。讫，即合甑覆泻瓮中。”

（四）《齐民要术》中的醋品、酸酵食品及其制作技术

《齐民要术》时代，人们对酸味食品和酸味调料的嗜好是普遍的。北魏政权时，王公权贵奢靡成习，好竞相奢华，高阳王拓跋雍即为其典型一例："雍识怀短浅，又无学业，虽位居朝首，不为时情所推。既以亲尊，地当宰辅，自熙平以后，朝政褫落，不能守正匡弼，唯唯而已。"（魏收《魏书·高阳王》）就是这样一个仅仅凭借"亲尊"关系而拥有军国大权、宰割百姓命运的尸居之徒，却留下了饮食奢华无限的记载："（高阳王）雍为丞相，给羽葆鼓吹虎贲班剑百人，贵极人臣，富兼山海，居止第宅，匹于帝宫，白殿丹槛，窈窕连亘，飞檐反宇，轇轕周通，僮仆六千、妓女五百，隋珠照日，罗衣从风。自汉晋以来，诸王豪侈，未之有也。出则鸣驺御道，文物成行，铙吹响发，笳声哀转。入则歌姬舞女，击筑吹笙，丝管迭奏，连宵尽日。其竹林鱼池，侔于禁苑；芳草如积，珍木连阴。雍嗜口味，厚自奉养，一日必以数万钱为限。海陆珍羞，方丈于前。陈留侯李崇谓：'人曰高阳一日敌我千日。'"相比之下，陈留侯李"崇为尚书令，仪同三司，亦富倾天下，僮仆千人，而性多俭吝。恶衣粗食，常无肉味，止有韭菹。崇客李元佑语人云：'李令公一食十八种。'人问其故，元佑曰：'二九一十八。'闻者大笑。世人即以为讥骂"（杨衒之《洛阳伽蓝记·城南·高阳王寺》）。这一有趣的对比，是颇有启示意义的。

主食、副食、饮品领域均可发酵制酸，动物、植物食材范畴皆能选取利用，书中记录的品种不仅丰富，而且技术过程详备，具体有：

（1）酢。"作大酢法：七月七日取水作之。大率麦䴸一斗，勿扬簸；水三斗；粟米熟饭三斗，摊令冷。任瓮大小，依法加之，以满为限。先下麦䴸，次下水，次下饭，直置勿搅之。以绵幕瓮口，拔刀横瓮上。一七日，旦，着井花水一椀。三七日，旦，又着一椀，便熟。常置一瓠瓢于瓮，以挹酢；若用湿器、咸器内瓮中，则坏酢味也。"又法："亦以七月七日取水。大率麦䴸一斗，水三斗，粟米熟饭三斗。随瓮大小，以向满为度。水及黄衣，当日顿下之。其饭分为三分：七日初作时下一分，当夜即沸；又三七日，更炊一分投之；又三日，复投一分。但绵幕瓮口，无横刀、益水之事。溢即加甑。"又法："亦七月七日作。大率麦䴸一升，水九升，粟饭九升，一时顿下，亦向满为限。绵幕瓮口。三七日熟。"

（2）秫米神酢。"秫米神酢法：七月七日作。置瓮于屋下。大率麦䴸一斗，水一石，秫米三斗，——无秫者，黏黍米亦中用。随瓮大小，以向满为限。先量水，浸麦䴸讫；然后净淘米，炊为再馏，摊令冷，细擘曲破，勿令有块子，一顿下酿，更不重投。又以手就瓮里搦破小块，痛搅令和，如粥乃止，以绵幕口。一七日，一搅；二七日，一搅；三七日，亦一搅。一月日，极熟。十石瓮，不过五斗淀。得数年停，久为验。其淘米泔即泻去，勿令狗鼠得食。馈黍亦不得人啖之。"

（3）粟米曲酢。"粟米、曲作酢法：七月、三月向末为上时，八月、四月亦得作。大率笨曲末一斗，井花水一石，粟米饭一石。明旦作酢，今夜炊饭，薄摊使冷。日未出前，汲井花水，斗量着瓮中。量饭着盆中，或栲栳中，然后泻饭着瓮中。泻时直倾下，勿以手拨饭。尖量曲末，泻着饭上，慎勿挠搅，亦勿移动。绵幕瓮口。三七日熟。美酽少淀，久停弥好。凡酢未熟、已熟而移瓮者，率多坏矣；熟则无忌。接取清，别瓮着之。"

（4）秫米酢。"秫米酢法：五月五日作，七月七日熟。入五月则多收粟米饭醋浆，以拟和酿，不用水也。浆以极醋为佳。末干曲，下绢筛。经用粳、秫米为第一，黍米亦佳。米一石，用曲末一斗，曲多则醋不美。米唯再馏。淘不用多遍。初淘沈汁泻却。其第二淘泔，即留以浸馈，令饮泔汁尽，重装作再馏饭。下，掸去热气，令如人体，于盆中和之，擘破饭块，以曲拌之，必令均调。下醋浆，更搦破，令如薄粥，粥稠即酢克，稀则味薄。内着瓮中，随瓮大小，以

满为限。七日间,一日一度搅之;七日以外,十日一搅,三十日止。初置瓮于北荫中风凉之处,勿令见日。时时汲冷水遍浇瓮外,引去热气,但勿令生水入瓮中。取十石瓮,不过五六斗糟耳。接取清,别瓮贮之,得停数年也。”

(5)大麦酢。“大麦酢法:七月七日作。若七日不得作者,必须收藏取七日水,十五日作。除此两日则不成。于屋里近户里边置瓮。大率小麦䴷一石,水三石,大麦细造一石——不用作米则利严,是以用造。簸讫,净淘,炊作再馏饭。挥令小暖如人体,下酿,以杷搅之之绵幕瓮口。三日便发。发时数搅,不搅则生白醭,生白醭则不好。以棘子彻底搅之:恐有人发落中,则坏醋。凡醋悉尔,亦去发则还好。六七日,净淘粟米五升,米亦不用过细,炊作再馏饭,亦挥如人体投之,杷搅,绵幕。三四月,看米消,搅而尝之,味甜美则罢;若苦者,更炊二三升粟米投之,以意斟量。二七日可食,三七日好熟。香美淳严,一盏醋,和水一椀,乃可食之。八月中,接取清,别瓮贮之,盆合,泥头,得停数年。未熟时,二日三日,须以冷水浇瓮外,引去热气,勿令生水入瓮中。若用黍、秫米投弥佳,白、苍粟米亦得。”

(6)烧饼酢。“烧饼作酢法:亦七月七日作。大率麦䴷一斗,水三斗,亦随瓮大小,任人增加。水、䴷亦当日顿下。初作日,软溲数升面,作烧饼,待冷下之。经宿,看饼渐消尽,更作烧饼投。凡四五投,当味美沸定便止。有薄饼缘诸面饼,但是烧煿者,皆得投之。”

(7)回酒酢。“回酒酢法:凡酿酒失所味醋者,或初好后动未压者,皆宜回作醋。大率五石米酒醅,更着曲末一斗,麦䴷一斗,井花水一石;粟米饭两石;挥令冷如人体,投之,杷搅,绵幕瓮口。每日再度搅之。春夏七日熟,秋冬稍迟,皆美香。清澄后一月,接取,别器贮之。”

(8)动酒酢。“动酒酢法:春酒压讫而动不中饮者,皆可作醋。大率酒一斗,用水三斗,合瓮盛,置日中曝之。雨则盆盖之,勿令水入;晴还去盆。七日后当臭,衣生,勿得怪也,但停置,勿移动、挠搅之。数十日,醋成,衣沈,反更香美。日久弥佳。”又法:“大率酒两石,麦䴷一斗,粟米饭六斗,小暖投之,杷搅,绵幕瓮口。二七日熟,美酽殊常矣。”

(9)神酢。“神酢法:要用七月七日合和。瓮须好。蒸干黄蒸一斛,熟蒸麸三斛:凡二物,温温暖,便和之。水多少,要使相腌渍,水多则酢薄不好。瓮中卧经再宿,三日便压之,如压酒法。压讫,澄清,内大瓮中。经二三日,瓮熟,必须以冷水浇;不尔,酢坏。其上有白醭浮,接去之。满一月,酢成可食。初熟,忌浇热食,犯之必坏酢。若无黄蒸及麸者,用麦䴷一石,粟米饭三斛合和之。方与黄蒸同。盛置如前(动酒酢)法。瓮常以绵幕之,不得盖。”

(10)糟糠酢。“作糟糠酢法:置瓮于屋内。春秋冬夏,皆以穰茹瓮下,不茹则臭。大率酒糟、粟糠中半。粗糠不任用,细则泥,为中间收者佳。和糟、糠必令均调,勿令有块。先内荆、竹篁于瓮中,然后下糠、糟于篁外,均平以手按之,去瓮口一尺许便止。汲冷水,绕篁外均浇之,候篁中水深浅半糟便止。以盖覆瓮口。每日四五度,以椀挹取篁中汁,绕四畔糠糟上。三日后,糟熟,发香气。夏七日,冬二七日,尝酢极甜美,无糠糟气,便熟矣。犹小苦者,是未熟,更浇如初。候好熟,乃挹取篁中淳浓者,别器盛。更汲冷水浇淋,味薄乃止。淋法,令当日即了。糟任饲猪。其初挹淳浓者,夏得二十日,冬得六十日;后淋浇者,止得三五日供食也。”

(11)酒糟酢。“酒糟酢法:春酒糟则酽,颐酒糟亦中用。然欲作酢者,糟常湿下;压糟极燥者,酢味薄。作法:用石硙子辣谷令破,以水拌而蒸之。熟便下,挥去热气,与糟相拌,必令其均调,大率糟常居多。和讫,卧于酮瓮中,以向满为限,以绵幕瓮口。七日后,酢香熟,便下水,令相腌渍。经宿,酮孔子下之。夏日作者,宜冷水淋;春秋作者,宜温卧,以穰茹瓮,汤淋之。以意消息之。”

(12)糟酢。“作糟酢法:用春糟,以水和,搦破块,使厚薄如未压酒。经三日,压取清汁两石许，着热粟米饭四斗投之，盆覆，密泥。三七日酢熟，美酽，得经夏停之。瓮置屋下阴地。”

（13）大豆千岁苦酒。“《食经》作大豆千岁苦酒法：用大豆一斗，熟汰之，渍令泽。炊，曝极燥。以酒醅灌之。任性多少，以此为率。”

（14）小豆千岁苦酒。“作小豆千岁苦酒法：用生小豆五斗，水汰，着、瓮中。黍米做馈，覆豆上。酒三石灌之，绵幕瓮口。二十日，苦酢成。”

（15）小麦苦酒。“小麦三斗，炊令熟，着堈中，以布密封其口。七日开之，以二石薄酒沃之，可久长不败也。”

（16）水苦酒。“水苦酒法：女麹、粗米各二斗，清水一石，渍之一宿，泲取汁。炊米麹饭令熟，及热酘瓮中。以渍米汁随瓮边稍稍沃之，勿使麹发饭起。土泥边，开中央，板盖其上。夏月，十三日便醋。”

（17）卒成苦酒。“卒成苦酒法：取黍米一斗，水五斗，煮作粥。麹一斤，烧令黄，捶破，着瓮底。以熟好泥。二日便醋。”

（18）乌梅苦酒。“乌梅苦酒法：乌梅去核一升许肉，以五升苦酒渍数日，曝干，捣作屑。欲食，则投水中，即成醋尔。”

（19）蜜苦酒。“蜜苦酒法：水一石，蜜一斗，搅使调和，密盖瓮口。着日中，二十日可熟也。”

（20）外国苦酒。“外国苦酒法：蜜一升，水三合，封着器中；与少胡荽子着中，以辟，得不生虫。正月旦作，九月九日熟。以一铜匕水添之，可三十人食。”

（21）白梅。“作白梅法：梅子酸、核初成时摘取，夜以盐汁渍之，昼则日曝。凡作十宿、十浸、十曝，便成矣。调鼎和齑，所在多入也。”

（22）乌梅。“作乌梅法：亦以梅子核初成时摘取，笼盛，于突上熏之，令干，即成矣。乌梅入药，不任调食也。”

（23）白菹。“《食经》曰：白菹：鹅、鸭、鸡白煮者，鹿骨，斫为准：长三寸，广一寸。下杯中，以成清紫菜三四片加上，盐、醋和肉汁沃之。”又云：“亦细切，苏加上。”又云：“准讫，肉汁中更煮，亦啖。少与米糁。凡不醋，不紫菜。满奠焉。”

（24）菹肖。“菹肖法：用猪肉、羊、鹿肥者，䪥叶细切，熬之，与盐、豉汁。细切菜菹叶，细如小虫丝，长至五寸，下肉里。多与菹汁令酢。”

（25）蝉脯菹。《食经》：“蝉脯菹法：捶之，火炙令熟。细擘，下酢。”又云：“蒸之。细切香菜置上。”又云：“下沸汤中，即出，擘，如上香菜蓼法。”

（26）咸菹。“葵、菘、芜菁、蜀芥咸菹法：收菜时，即择取好者，菅、蒲束之。作盐水，令极咸，于盐水中洗菜，即内瓮中。若先用淡水洗者，菹烂。其洗菜盐水，澄取清者，泻着瓮中，令没菜把即止，不复调和。菹色仍青，以水洗去咸汁，煮为茹，与生菜不殊。其芜菁、蜀芥二种，三日抒出之。粉黍米，作粥清；捣麦麸作末，绢筛。布菜一行，以麸末薄坌之，即下热粥清。重重如此，以满瓮为限。其布菜法：每行必茎叶颠倒安之。旧盐汁还泻瓮中。菹色黄而味美。”

（27）淡菹。“作淡菹：用黍米粥清，及麦麸末，味亦胜。”

（28）汤菹。“作汤菹法：菘菜佳，芜菁亦得。收好菜，择讫，即于热汤中煤出之。若菜已萎者，水洗，漉出，经宿生之，然后汤煤。煤讫，冷水中濯之，盐、醋中。熬胡麻油着，香而且脆。多作者，亦得至春不败。”

（29）蘸菹。“蘸菹法：菹，菜也。一曰：菹不切曰‘蘸菹’。用干蔓菁，正月中作。以热汤浸菜冷柔软，解辫，择治，净洗。沸汤煤，即出，于水中净洗，复作盐水暂度，出着箔上。经宿，菜色生好。粉黍米粥清，亦用绢筛麦麸末，浇菹布菜，如前（芜菁、蜀芥咸菹）法；然后粥清不用大热。其汁才令相淹，不用过多。泥头七日，便熟。菹瓮以穰茹之，如酿酒法。”

（30）卒菹。“作卒菹法：以酢浆煮葵菜，擘之，下酢，即成菹矣。”

（31）葵菹。“《食经》作葵菹法：择燥葵五斛，盐二斗，水五斗，大麦干饭四斗，合濑：案葵一行，盐、饭一行，清水浇满。七日黄，便成矣。”

（32）菘咸菹。“作菘咸菹法：水四斗，盐三升，搅之，令杀菜。又法：菘一行，女曲间之。”

（33）酢菹。“作酢菹法：三石瓮。用米一斗，捣，搅取汁三升；煮滓作三升粥。令内菜瓮中，辄以生渍汁及粥灌之。一宿，以青蒿、薤白各一行，作麻沸汤，浇之，便成。”

（34）菹消。“用羊肉二十斤，肥猪肉十斤，缕切之。菹二升，菹根五升，豉汁七升半，切葱头五升。”

（35）蒲菹。“《诗义疏》曰：‘蒲，深蒲也。’《周礼》以为菹。谓蒲始生，取其中心入地者也，蒻，大如匕柄，正白，生噉之，甘脆；又煮，以苦酒浸之，如食笋法，大美。今吴人以为菹，又以为鲊。”

（36）梅瓜。“梅瓜法：用大冬瓜，去皮、穰，竿子细切，长三寸，粗细如研饼。生布薄绞去汁，即下杭汁，令小暖。经宿，漉出。煮一升乌梅，与水二升，取一升余，出梅，令汁清澄。与蜜三升，杭汁三升，生橘二十枚——去皮核取汁——复和之，合煮两沸，去上沫，清澄令冷。内瓜讫，与石榴酸者、悬钩子、廉姜屑。石榴、悬钩，一杯可下十度。皮尝看，若不大涩，杭子汁至一升。又云：乌梅渍汁淘奠。石榴、悬钩，一奠不过五六。煮熟，去粗皮。杭一升，与水三升，煮取半升，澄清。”

（37）梨菹。“梨菹法：先作漤：用小梨，瓶中水渍，泥头，自秋至春。至冬中，须亦可用。——又云：一月日可用——将用，去皮，通体薄切，奠之，以梨漤汁，投少蜜，令甜酢。以泥封之。若卒作，切梨如上，五梨半用苦酒二升，汤二升，合和之，温令少热，下，盛。一奠五六片，汁沃上，至半。以篸置杯旁。夏停不过五日。又云：卒作，煮枣亦可用之。”

（38）木耳菹。“取枣、桑、榆、柳树边生犹软湿者（干即不中用，柞木耳亦得），煮五沸，去腥汁，出置冷水中，净洮。又着酢浆水中，洗出，细缕切。讫，胡荽、葱白（少着，取香而已），下豉汁、酱清及酢，调和适口，下姜、椒末。甚滑美。”

（39）蔈菹。“蔈菹法：《毛诗》曰：‘薄言采芑。’毛云：‘菜也。’《诗义疏》曰：‘蔈，似苦菜，茎青；摘去叶，白汁出。甘脆可食，亦可为茹。青州谓之芑。西河、雁门蔈尤美，时人恋恋，不能出塞。’”

（40）蕨菹。“取蕨，暂经汤出；小蒜亦然。令细切，与盐、酢。”又云：“蒜、蕨俱寸切之。”

（41）瓜菹。“瓜菹法：采越瓜，刀子割；摘取，勿令伤皮。盐揩数徧，日曝令皱。先取四月白酒糟盐和，藏之。数日，又过着大酒糟中，盐、蜜、女麹和糟，又藏泥缸中，唯久佳。又云：‘不入白酒糟亦得。’又云：‘大酒接出清，用醅，若一石，与盐三升，女麹三升，蜜三升。女麹曝令燥，手拃令解，浑用。女麹者，麦黄衣也。’又云：‘瓜净洗，令燥，盐揩之。以盐和酒糟，令有盐味，不须多，合藏之，密泥缸口。软而黄，便可食。大者六破，小者四破，五寸断之，广狭尽瓜之性。’又云：‘长四寸，广一寸。仰奠四片。瓜用小而直者，不可用喎。’”

（42）瓜芥菹。“用冬瓜，切长三寸，广一寸，厚二分。芥子，少与胡芹子，合熟研，去滓，与好酢，盐之，下瓜。唯久益佳也。”

（43）汤菹。“汤菹法：用少菘、芜菁，去根，暂经沸汤，及热与盐、酢。浑长者，依杯截。与酢，并和菜汁；不尔，太酢。满奠之。”

（44）苦笋紫菜菹。“苦笋紫菜菹法：笋去皮，三寸断之，细缕切之；小者手捉小头，刀削大头，唯细薄，随置水中。削讫，漉出，细切紫菜和之。与盐、酢、乳。用半奠。紫菜，冷水渍，少久自解。但洗时勿用汤，汤洗则失味矣。”

（45）竹菜菹。“竹菜菹法：菜生竹林下，似芹，科大而茎叶细，生极概。净洗，暂经沸汤，速出，下冷水中，即搦去水，细切。又胡芹、小蒜，亦暂经沸汤，细切，和之。与盐、醋。半奠。春用至四月。”

（46）蕺菹。“蕺菹法：蕺去土、毛、黑恶者，不洗，暂经沸汤即出。多少与盐。一升，以暖米清沈汁净洗之，及暖即出，漉下盐、酢中。若不及热，则赤坏之。又，汤撩葱白，即入冷水，漉出，置莪中，并寸切，用米。若椀子奠，去莪节，料理接奠，各在一边，令满。”

（47）菘根蘸菹。“菘根蘸菹法：净洗徧体，须长切，方如筭子，长三寸许。束根，入沸汤，小停出，及热与盐、酢。细缕切橘皮和之。料理，半奠之。”

（48）熯菹。“熯菹法：净洗，缕切三寸长许，束为小把，大如筚篥。暂经沸汤，速出之，及热与盐、酢，上加胡芹子与之。料理令直，满奠之。”

（49）胡芹小蒜菹。“胡芹小蒜菹法：并暂经小沸汤出，下冷水中，出之。胡芹细切，小蒜寸切，与盐、酢。分半奠，青白各在一边。若不各在一边不即入于水中，则黄坏，满奠。”

（50）菘根萝卜菹。“菘根萝卜菹法：净洗通体，细切长缕，束为把，大如十张纸卷。暂经沸汤即出，多与盐，二升暖汤合把手按之。又，细缕切，暂经沸汤，与橘皮和，及暖与则黄坏。料理满奠。煴菘、葱、芜菁根悉可用。”

（51）紫菜菹。“紫菜菹法：取紫菜，冷水渍令释，与葱菹合盛，各在一边，与盐、酢。满奠。”

（52）鲊。“凡作鲊，春秋为时，冬夏不佳（寒时难熟，热则非咸不成，咸复无味，兼生蛆；宜作裛鲊也）。取新鲤鱼（鱼唯大为佳。瘦鱼弥胜，肥者虽美而不耐久。肉长尺半以上，皮骨坚硬，不任为脍者，皆堪为鲊也）。去鳞讫，则脔。脔形长二寸，广一寸，厚五分，皆使脔别有皮（脔大者，外以过熟伤醋，不成任食中始可噉；近骨上，生腥不堪食：常三分收一耳。脔小则均熟。寸数者，大率言耳，亦不可要。然脊骨宜方斩，其肉厚处薄收皮，肉薄处，小复后取皮。脔别斩过，皆使有皮，不宜令有无皮脔也）。手掷着盆水中，浸洗去血。脔讫，漉出，更于清水中净洗。漉着盘中，以白盐散之。盛着笼中，平板石上迮去水（世名‘逐水’。盐水不尽，令鲊脔烂。经宿迮之，亦无嫌也）。水尽，炙一片，尝咸淡（淡则更以盐和糁；咸则空下糁，不复以盐按之）。炊秫米饭为糁（饭欲刚，不宜弱；弱则烂鲊）。并茱萸、橘皮、好酒，于盆中合和之（搅令糁着鱼乃佳。茱萸全用，橘皮细切：并取香气，不求多也。无橘皮，草橘子亦得用。酒，辟诸邪恶，令鲊美而速熟。率一斗鲊，用酒半升，恶酒不用）。布鱼于瓮子中，一行鱼，一行糁，以满为限。腹腴居上（肥则不能久，熟须先食故也）。鱼上多与糁。以竹箬交横帖上（八重乃止。无箬，菰、芦叶并可用。春冬无叶时，可破苇代之）。削竹插瓮子口内，交横络之（无竹者，用荆也）。着屋中（着日中、火边者，患臭而不美。寒月穰厚茹，勿令冻也）。赤浆出，倾却。白浆出，味酸，便熟。食时手擘，刀切则腥。”

（53）裹鲊。“作裹鲊法：脔鱼，洗讫，则盐和糁。十脔为裹，以荷叶裹之，唯厚为佳，穿破则虫入。不复须水浸、镇迮之事。只三二日便熟，名曰‘暴鲊’。荷叶别有一种香，奇相发起香气，又胜凡鲊。有茱萸、橘皮则用，无亦无嫌也。”

（54）蒲鲊。“《食经》作蒲鲊法：取鲤鱼二尺以上，削，净治之。用米三合，盐二合，腌一宿。厚与糁。”

（55）鱼鲊。“作鱼鲊法：锉鱼毕，便盐腌。一食倾，漉汁令尽，更净洗鱼，与饭裹，不用盐也。”

（56）长沙蒲鲊。“作长沙蒲鲊法：治大鱼，洗令净，厚盐，令鱼不见。四五宿，洗去盐，炊白饭，渍清水中。盐饭酿。多饭无苦。”

（57）夏月鱼鲊。“作夏月鱼鲊法：脔一斗，盐一升八合，精米三升，炊做饭，酒二合，橘皮、姜半合，茱萸二十颗，抑着器中。多少以此为率。”

（58）干鱼鲊。“作干鱼鲊法：尤宜春夏。取好干鱼——若烂者不中，截却头尾，暖汤净疏洗，去鳞，讫，复以冷水浸。一宿一易水。数日肉起，漉出，方四寸斩。炊粳米饭为糁，尝咸淡得所；取生茱萸布瓮子底；少取生茱萸子和饭——取香而已，不必多，多则苦。一重鱼，一重饭（饭倍多早熟）。手按令坚实。荷叶闭口

（无荷叶，取芦叶；无芦叶，干苇叶亦得），泥封，勿令漏气，置日中。春秋一月，夏二十日便熟，久而弥好。酒、食俱入。酥涂火炙特精，脏之尤美也。”

（59）猪肉鲊。“作猪肉鲊法：用猪肥豵肉。净燗治讫，剔去骨，作条，广五寸。三易水煮之，令熟为佳，勿令太烂。熟，出，待干，切如鲊脔：片之皆令带皮。炊粳米饭为糁，以茱萸子、白盐调和。布置一如鱼鲊法（糁欲倍多，令早熟）。泥封，置日中，一月熟。蒜、齑、姜、鲊，任意所便。脏之尤美，炙之珍好。”

（60）绿肉。“绿肉法：用猪、鸡、鸭肉，方寸准，熬之。与盐、豉汁煮之。葱、姜、橘、胡芹、小蒜，细切与之，下醋。切肉名曰‘绿肉’，猪、鸡名曰‘酸’。”

（61）白瀹豚。“白瀹豚法：用乳下肥豚。作鱼眼汤，下冷水和之，攀豚令净，罢。若有粗毛，镊子拔却，柔毛则剔之。茅蒿菜揩洗，刀刮削令极净。净揩釜，勿令渝，釜渝则豚黑。绢袋盛豚，酢浆水煮之。系小石，勿使浮出。上有浮沫，数接去。两沸，急出之，及热以冷水沃豚。又以茅蒿叶揩令极白净。以少许面，和水为面浆；复绢袋盛豚，系石，于面浆中煮之。接去浮沫，一如上法。好熟，出，着盆中，以冷水和煮豚面浆使暖暖，于盆中浸之。然后擘食。皮如玉色，滑而且美。”

（62）酸豚。“酸豚法：用乳下豚。焊治讫，并骨斩脔之，令片别带皮。细切葱白，豉汁炒之，香，微下水，烂煮为佳。下粳米为糁。细擘葱白，并豉汁下之。熟，下椒、醋，大美。”

（63）寒食浆。“作寒食浆法：以三月中清明前，夜炊饭，鸡向鸣，下熟热饭于瓮中，以向满为限。数日后便酢，中饮。因家常炊次，三四日辄以新炊饭一碗酘之。每取浆，随多少即新汲冷水添之。讫夏，飧浆并不败而常满，所以为异。以二升，得解水一升，水冷清俊，有殊于凡。”

（64）胡饭。“胡饭法：以酢瓜菹长切，脟炙肥肉，生杂菜，内饼中急卷。卷用两卷，三截，还令相就，并六断，长不过二寸。别奠‘飘齑’随之。细切胡芹、蓼下酢中为‘飘齑’。”

（65）藏瓜。“藏瓜法：取白米一斗，鍑中熬之，以作糜。下盐，使咸淡适口，调寒热。熟拭瓜，以投其中，密涂瓮。此蜀人方，美好。又法：取小瓜百枚，豉五升，盐三升。破，去瓜子，以盐布瓜片中，次着瓮中，绵其口。三日豉气尽，可食之。”

（66）藏梅瓜。“藏梅瓜法：先取霜下老白冬瓜，削去皮，取肉方正薄切如手板。细施灰，罗瓜着上，复以灰复之。煮杬皮、乌梅汁着器中。细切瓜，令方三寸，长二寸，熟煠之，以投梅汁。数日可食。以醋石榴子着中，并佳也。”

（67）徐肃藏瓜。“《食经》曰：乐安令徐肃藏瓜法：取越瓜细者，不操拭，勿使近水，盐之令咸。十日许，出，拭之，小阴干熇之，仍内着盆中。做和法：以三升赤小豆，三升秫米，并炒之，令黄，合舂，以三斗好酒解之。以瓜投中，密涂。乃经年不败。”

（五）《齐民要术》时代的酱、醋等发酵调料的广泛使用

《齐民要术》时代，酱、酱清、豉、豉清、醋、酢、苦酒、酒、梅汁、榴汁等各种发酵调味料广泛地被用于烹调、加工等食品制作的诸多环节中，具体有：

（1）白饼。“作白饼法：面一石。白米七八升，作粥，以白酒六七升酵中，着火上。酒鱼眼沸，绞去滓，以和面。面起可作。”

（2）烧饼。“作烧饼法：面一斗。羊肉二斤，葱白一合，豉汁及盐，熬令熟，炙之。面当令起。”

（3）藏蟹又法。“直煮盐蓼汤，瓮盛，诣河所，得蟹则内盐汁里，满便泥封。虽不及前味，亦好。慎风如前法。食时下姜末调黄，盏盛姜酢。”

（4）杏李麨。“作杏李麨法：杏李熟时，多收烂者，盆中研之，生布绞取浓汁，涂盘中，日曝干，以手摩刮取之。可和水为浆，及和米麨，所在入意也。”

（5）五味脯。“作五味脯法：正月、二月、

九月、十月为佳。用牛、羊、獐、鹿、野猪、家猪肉。或作条，或作片，罢(凡破肉，皆须顺理，不用斜断)。各自别捶牛羊骨令碎，熟煮取汁，掠去浮沫，停之使清。取香美豉(别以冷水淘去尘秽)，用骨汁煮豉，色足味调，漉去滓。待冷，下：盐(适口而已，勿使过咸)；细切葱白，捣令熟；椒、姜、橘皮，皆末之(量多少)，以浸脯，手揉令彻。片脯三日则出，条脯须尝看味彻乃出。皆细绳穿，于屋北檐下阴干。条脯浥浥时，数以手搦令坚实。脯成，置虚静库中(着烟气则味苦)，纸袋笼而悬之(至于瓮则郁浥；若不笼，则青蝇、尘污)。腊月中作条者，名曰'瘃脯'，堪度夏。每取时，先取其肥者(肥者腻，不耐久)。"

(6)鳢鱼脯。"作鳢鱼脯法：(一名鲖鱼也)十一月初，至十二月末作之。不鳞不破，直以杖刺口中，令到尾(杖尖头作樗蒲之形)。作咸汤，令极咸，多下姜、椒末，灌鱼口，以满为度。竹杖穿眼，十个一贯，口向上，于北屋檐下悬之，经冬令瘃。至二月三月，鱼成。生刳取五脏，酸醋浸食之，隽美乃胜'逐夷'。其鱼，草裹泥封，煻火中爊之。去泥草，以皮、布裹而捶之。白如珂雪，味又绝伦，过饭下酒，极是珍美也。"

(7)五味腊。"作五味腊法：(腊月初作)用鹅、雁、鸡、鸭、鸧、鸨、凫、雉、兔、鹌鹑、生鱼，皆得作。乃净治，去腥窍及翠上'脂瓶'(留脂瓶则臊也)。全浸，勿四破。别煮牛羊骨肉取汁(牛羊则得一种，不须并用)，浸豉，调和，一同五味脯法。浸四五日，尝味彻，便出，置箔上阴干。火炙，熟捶。亦名'瘃腊'，亦名'瘃鱼'，亦名'鱼腊'(鸡、雉、鹑三物，直去腥藏，勿开臆)。"

(8)腩炙。"羊、牛、獐、鹿肉皆得。方寸脔切。葱白研令碎，和盐、豉汁，仅令相淹。少时便炙……拨火开，痛逼火，回转急炙。色白熟食，含浆滑美。"

(9)肝炙。"羊、牛、猪肝皆得。脔长寸半，广五分，亦以葱、盐、豉汁腩之。以羊络肚䐿脂裹，横穿炙之。"

(10)灌肠。"灌肠法：去羊盘肠，净洗治。细剉羊肉，令如笼肉，细切葱白，盐、豉汁、姜、椒末调和，令咸淡适口，以灌肠。两条夹而炙之。割食甚香美。"

(11)𦢊(膊)炙豚。"𦢊(膊)炙豚法：小形豚一头，𦢊(膊)开，去骨，去厚处，安就薄处，令调。取肥豚肉三斤、肥鸭二斤，和细琢，鱼酱汁三合，琢葱白二升，姜一合，橘皮半合，和二种肉，着豚上，令调平。以竹弗弗之，相去二寸下弗。以竹箬着上，以板覆上，重物迮之。得一宿。明旦，微火炙。以蜜一升合和，时时刷之。黄赤色便熟。先以鸡子黄涂之，今世不复用也。"

(12)捣炙。"捣炙法：取肥子鹅肉二斤，剉之，不须细剉。好醋三合，瓜菹一合，葱白一合，姜、橘皮各半合，椒二十枚作屑，合和之，更剉令调。裹着充竹弗上。破鸡子十枚，别取白，先摩之令调，复以鸡子黄涂之。唯急火急炙之，使焦，汁出便熟。作一挺，用物如上；若多作，倍之。若无鹅，用肥豚亦得也。"

(13)衔炙。"衔炙法：取极肥子鹅一头，净治，煮令半熟，去骨，剉之。和大豆酢五合，瓜菹三合，姜、橘皮各半合，切小蒜一合，鱼酱汁二合，椒数十粒作屑。合和，更剉令调。取好白鱼肉细琢，裹作弗，炙之。"

(14)饼炙1。"作饼炙法：取好白鱼，净治，除骨取肉，琢得三升。熟猪肉肥者一升，细琢。酢五合，葱、瓜菹各二合，姜、橘皮各半合，鱼酱汁三合，看咸淡、多少，盐之适口。取足作饼，如升盏大，厚五分。熟油微火煎之，色赤便熟，可食。"

(15)饼炙2。"用生鱼，白鱼最好，鲇、鳢不中用。下鱼片：离脊肋，仰几上，手按大头，以钝刀向尾割取肉，至皮即止。净洗，臼中熟舂之，勿令蒜气。与姜、椒、橘皮、盐、豉和。以竹木作圆范，格四寸面，油涂绢藉之。绢从格上下以装之，按令均平，手捉绢，倒饼膏油中煎之。出铛，及热置柈上，盌子底按之令拗。将奠，翻仰之。若盌子奠，仰与盌子相应。"又云："用白肉、生鱼等分，细研熬和如上，手团作

升米酘之。再酘酒熟，则用，不连出。瓜，盐揩，日中曝令皱，盐和暴糟中停三宿，度内女曲酒中为佳。"

(36)八和齑。"蒜一，姜二，橘三，白梅四，熟粟黄五，粳米饭六，盐七，酢八。齑臼欲重(不则倾动起尘，蒜复跳出也)，底欲平宽而圆(底尖捣不着，则蒜有粗成)。以檀木为齑杵臼(檀木硬而不染汗)，杵头大小，令与臼底相安可(杵头着处广者，省手力，而齑易熟，蒜复不跳也)，杵长四尺(入臼七八寸圆之；以上，八棱作)。平立，急舂之(舂缓则荤臭，久则易人，舂齑宜久熟，不可仓卒。久坐疲倦，动则尘起；又辛气荤灼，挥汗或能洒污，是以须立舂

求浓。"

(37)芋子酸臛。"《食经》作芋子酸臛法：猪羊肉各一斤，水一斗，煮令熟。成治芋子一升(别蒸之)，葱白一升，着肉中合煮，使熟。粳米三合，盐一合，豉汁一升，苦酒五合，口调其味，生姜十两。得臛一斗。"

(38)鸭臛。"作鸭臛法：用小鸭六头，羊肉二斤，大鸭五头。葱三升，芋二十株，橘皮三叶，木兰五寸，生姜十两，豉汁五合，米一升，口调其味。得臛一斗。先以八升酒煮鸭也。"

(39)鳖臛。"作鳖臛法：鳖且完全煮，去甲藏。羊肉一斤，葱三升，豉五合，粳米半合，姜五两，木兰一寸，酒二升，煮鳖。盐、苦酒，口

饼，膏油煎，如作鸡子饼。十字解奠之，还令相就如全奠。小者二寸半，奠二。葱、胡芹生物不得用，用则斑，可增。众物若是，先停此；若无，亦可用此物助诸物。”

(16)酿炙白鱼。“酿炙白鱼法：白鱼长二尺，净治，勿破腹，洗之竟，破背，以盐之。取肥子鸭一头，洗治，去骨，细剉；酢一升，瓜菹五合，鱼酱汁三合，姜、橘各一合，葱二合，豉汁一合，和，炙之令熟。合取从背、入着腹中，弗之如常炙鱼法，微火炙半熟，复以少苦酒杂鱼酱、豉汁，更刷鱼上，便成。”

(17)腩炙。“腩炙法：肥鸭，净治洗，去

得。腊月中作者良，经夏无虫；余月作者，必须覆护，不密则虫生。粗脔肉，有骨者，合骨粗剉。盐、曲、麦䴷合和，多少量意斟裁，然需盐、曲二物等分，麦䴷倍少于曲。和讫，内瓮中，密泥封头，日曝之。二七日便熟。煮供朝夕食，可以当酱。”

(25)糟肉。“作糟肉法：春夏秋冬皆得作。以水和酒糟，搦之如粥，着盐令咸。内捧炙柔于糟中。着屋下阴地。饮酒食饭，皆炙啖之。暑月得十日不臭。”

(26)葱韭羹。“葱韭羹法：下油水中煮葱、韭——五分切，沸俱下。与胡芹、盐、豉、研

调其味也。”

(40)一斛猪蹄酸羹。“作猪蹄酸羹一斛法：猪蹄三具，煮令烂，擘去大骨。乃下葱、豉汁、苦酒、盐，口调其味。旧法用饧六斤，今除也。”

(41)羊蹄臛。“作羊蹄臛法：羊蹄七具，羊肉十五斤。葱三升，豉汁五升，米一升，口调其味，生姜十两，橘皮三叶也。”

(42)兔臛。“作兔臛法：兔一头，断，大如枣。水三升，酒一升，木兰五分，葱三升，米一合，盐、豉、苦酒，口调其味也。”

(43)酸羹。“作酸羹法：用羊肠二具，饧六斤，瓠叶六斤。葱头二升，小蒜三升，面三升，豉汁、生姜、橘皮，口调之。”

(44)胡羹。“作胡羹法：用羊肋六斤，又肉四斤，水四升，煮；出肋，切之。葱头一斤，胡荽一两，安石榴汁数合，口调其味。”

(45)笋笴鸭羹。“作笋笴鸭羹法：肥鸭一只，净治如糁羹法。脔亦如此。笋笴四升，洗令极净；盐净，别水煮数沸，出之，更洗。小蒜白及葱白、豉汁等下之，令沸便熟也。”

(46)羊盘肠雌解。“作羊盘肠雌解法：取羊血五升，去中脉麻迹，裂之。细切羊胳肪二升，切生姜一斤，橘皮三叶，椒末一合，豆酱清一升，豉汁五合，面一升五合和米一升作糁，都合和，更以水三升浇之。解大肠，淘汰，复以白酒一过洗肠中，屈伸以和灌肠。屈长五寸，煮之，视血不出，便熟。寸切，以苦酒、酱食之也。”

(47)羌煮。“羌煮法：好鹿头，纯煮令熟。着水中洗，治作脔，如两指大。猪肉，琢，作臛。下葱白，长二寸一虎口，细琢姜及橘皮各半合，椒少许；下苦酒、盐、豉适口。一鹿头，用二斤猪肉作臛。”

(48)脍鱼莼羹。“食脍鱼莼羹：芼羹之菜，莼为第一。四月莼生，茎而未叶，名作‘雉尾莼’，第一肥美。叶舒长足，名曰‘丝莼’。五月六月用丝莼。入七月，进九月十月内，不中食，莼有蜗虫着故也。虫甚细微，与莼一体，不可识别，食之损人。十月，水冻虫死，莼还可食。从十月尽至三月，皆食‘瓌莼’。瓌莼者，根上头、丝莼下芰也。丝莼既死，上有根芰，形似珊瑚，一寸许肥滑处任用；深取即苦涩。凡丝莼，陂池种者，色黄肥好，直净洗则用；野取，色青，须别铛中热汤暂㶿之，然后用，不㶿则苦涩。丝莼、瓌莼，悉长用不切。鱼、莼并冷水下。若无莼者，春中可用芜菁英，秋夏可畦种芮菘、芜菁叶，冬用荠菜以芼之。芜菁等宜待沸，接去上沫，然后下之。皆少着，不用多，多则失羹味。干芜菁无味，不中用。豉汁于别铛中汤煮一沸，漉出滓，澄而用之。勿以杓抳，抳则羹浊——过不清。煮豉但作新琥珀色而已，勿令过黑，黑则䶕苦。唯莼芼不得着葱、薤、及米糁、菹、醋等。莼尤不宜咸。羹熟则下清冷水，大率羹一斗，用水一升，多则加之，益羹清儁甜美。下菜、豉、盐，悉不得搅，搅则鱼莼碎，令羹浊而不能好。”

(49)莼羹。《食经》曰：“莼羹：鱼长二寸，唯莼不切。鳢鱼，冷水入莼；白鱼，冷水入莼。沸入鱼与咸豉。”又云：“鱼长三寸，广二寸半。”又云：“莼细择，以汤沙之。中破鳢鱼，邪截令薄，准广二寸，横尽也，鱼半体。煮三沸，浑下莼。与豉汁、渍盐。”

(50)醋菹鹅鸭羹。《食经》：“醋菹鹅鸭羹：方寸准，熬之。与豉汁、米汁。细切醋菹与之，下盐。半奠。不醋，与菹汁。”

(51)菰菌鱼羹。“菰菌鱼羹：鱼，方寸准。菌，汤沙中出，擘。先煮菌令沸，下鱼。”又云：“先下，与鱼、菌、茉、糁、葱、豉。”又云：“洗，不沙。肥肉亦可用。半奠之。”

(52)笋笴鱼羹。“笋笴鱼羹：笴，汤渍令释，细擘。先煮笴，令煮沸。下鱼、盐、豉。半奠之。”

(53)鳢鱼臛。“鳢鱼臛：用极大者，一尺已下不合用。汤鳞治，邪截，臛叶方寸半准。豉汁与鱼，俱下水中。与研米汁。煮熟，与盐、姜、橘皮、椒末、酒。鳢涩，故须米汁也。”

(54)鲤鱼臛。“鲤鱼臛：用大者。鳞治，方寸，厚五分。煮，和，如鳢臛。与全米糁。奠时，去米粒，半奠。若过米奠，不合法也。”

（55）脸臘。“用猪肠。经汤出，三寸断之，决破，细切，熬。与水，沸，下豉清、破米汁，葱、姜、椒、胡芹、小蒜、芥——并细切锻。下盐、醋。蒜子细切血，将奠与之——早与血则变。大可增米奠。”

（56）鳢鱼汤。《食经》：“鳢鱼汤：䲕，用大鳢，一尺已下不合用。净鳞治，及霍叶斜截为方寸半，厚三寸。豉汁与鱼，俱下水中。与白米糁。糁煮熟，与盐、姜、椒、橘皮屑末。半奠时，勿令有糁。”

（57）鮀臛。“鮀臛：汤焬，去腹中，净洗，中解，五寸断之，煮沸，令变色。出，方寸分准，熬之。与豉清、研汁，煮令极熟。葱、姜、橘皮、胡芹、小蒜，并细切锻与之。下盐、醋。半奠。”

（58）椠淡。“椠淡：用肥鹅鸭肉，浑煮。研为候，长二寸，广一寸，厚四分许。去大骨。白汤别煮椠，经半日久，漉出，淅箕中杓迮去令尽。羊肉，下汁中煮，与盐、豉。将熟，细切锻胡芹、小蒜与之。生熟与烂，不与醋。若无椠，用菰菌——用地菌，黑里不中。椠，大者中破，小者浑用。椠者，树根下生木耳，要复接地生，不黑者乃中用。米奠也。”

（59）损肾。“损肾：用牛羊百叶，净治令白，薤叶切，长四寸，下盐、豉中，不令大沸——大熟则肕，但令小卷止。与二寸苏，姜末，和肉。漉取汁，盘满奠。又用肾，切长二寸，广寸，厚五分，作如上。奠，亦用八。姜、薤，别奠随之也。”

（60）烂熟。“烂熟：烂熟肉，谐令胜刀，切长三寸，广半寸，厚三寸半。将用，肉汁中葱、姜、椒、橘皮、胡芹、小蒜并细切锻，并盐、醋与之，别作臛。临用，写臛中和奠。有沈，将用乃下，肉候汁中小久则变，大可增之。”

（61）蒸熊。《食经》曰：“蒸熊法：取三升肉，熊一头，净治，煮令不能半熟，以豆清渍之一宿。生秫米二升，勿近水，净拭，以豉汁浓者二升渍米，令色黄赤，炊做饭。以葱白长三寸一升，细切姜、橘皮各二升，盐三合，合和之，着甑中蒸之，取熟。”“蒸羊、肫、鹅、鸭，悉如之。”一本：“用猪膏三升，豉汁一升，合洒之。用橘皮一升。”

（62）蒸肫。“蒸肫法：好肥肫一头，净洗垢，煮令半熟，以豉汁渍之。生秫米一升，勿令近水，浓豉汁渍米，令黄色，炊作馈，复以豉汁洒之。细切姜、橘皮各一升，葱白三寸四升，橘叶一升，合着甑中，密覆，蒸两三炊久。复以猪膏三升，合豉汁一升洒，便熟也。蒸熊、羊如肫法，鹅亦如此。”

（63）蒸鸡法。“蒸鸡法：肥鸡一头，净治；猪肉一斤，香豉一升，盐五合，葱白半虎口，苏叶一寸围，豉汁三升，着盐。安甑中，蒸令极熟。”

（64）缹猪肉。“缹猪肉法：净焬猪讫，更以热汤遍洗之，毛孔中即有垢出，以草痛揩，如此三遍，梳洗令净。四破，于大釜煮之。以杓接取浮脂，别着瓮中；稍稍添水，数数接脂。脂尽、漉出，破为四方寸脔，易水更煮。下酒二升，以杀腥臊——青、白皆得。若无酒，以酢浆代之。添水接脂，一如上法。脂尽，无复腥气，漉出，板切，于铜铛中缹之。一行肉，一行擘葱、浑豉、白盐、姜、椒。如是次第布讫，下水缹之，肉作琥珀色乃止。恣意饱食，亦不饴，乃胜燠肉。欲得着冬瓜、甘瓠者，于铜器中布肉时下之。其盆中脂，练白如珂雪，可以供余用者焉。”

（65）缹豚。“缹豚法：肥豚一头十五斤，水三斗，甘酒三升，合煮令熟。漉出，擘之。用稻米四升，炊一装；姜一升，橘皮二叶，葱白三升，豉汁涑馈，作糁，令用酱清调味。蒸之，炊一石米顷，下之也。”

（66）缹鹅。“缹鹅法：肥鹅，治，解，脔切之，长二寸。率十五斤肉，秫米四升为糁——先装如缹豚法，讫，和以豉汁、橘皮、葱白、酱清、生姜。蒸之，如炊一石米顷，下之。”

（67）胡炮肉。“胡炮肉法：肥白羊肉——生始周年者，杀，则生缕切如细叶，脂亦切。着浑豉、盐、擘葱白、姜、椒、荜拨、胡椒，令调适。净洗羊肚，翻之。以切肉脂内于肚中，以向满为限，缝合。作浪中坑，火烧使赤，却灰火。内肚着坑中，还以灰火覆之，于上更燃火，炊一石米，顷便熟。香美异常，非煮、炙之例”。

（68）蒸羊。“蒸羊法：缕切羊肉一斤，豉汁和之，葱白一升着上，合蒸。熟，出，可食之。”

（69）蒸猪头。“蒸猪头法：取生猪头，去其骨，煮一沸，刀细切，水中治之。以清酒、盐、肉，蒸，皆口调和。熟，以干姜、椒着上食之。”

（70）熊蒸。“熊蒸：大，剥，大烂。小者去头脚。开腹，浑覆蒸。熟，擘之，片大如手。又云：方二寸许。豉汁煮秫米；薤白寸断，橘皮、胡芹、小蒜并细切，盐，和糁。更蒸：肉一重，间米，尽令烂熟。方六寸，厚一寸。奠，合糁。”又云：“秫米、盐、豉、葱、薤、姜，切锻为屑，内熊腹中，蒸。熟，擘奠，糁在下，肉在上。”又云：“四破，蒸令小熟。糁用馩，葱、盐、豉和之。宜肉下，更蒸。蒸熟，擘，糁在下；干姜、椒、橘皮、糁，在上。”“豚蒸，如蒸熊。”“鹅蒸，去头，如豚。”

（71）裹蒸生鱼。“裹蒸生鱼：方七寸准。又云：五寸准。豉汁煮秫米如蒸熊。生姜、橘皮、胡芹、小蒜、盐，细切，熬糁。膏油涂箬，十字裹之，糁在上，复以糁屈牖篸之。又云：盐和糁，上下与。细切生姜、橘皮、葱白、胡芹、小葱置上。篸箬蒸之。既奠，开箬，褚边奠上。”

（72）毛蒸鱼菜。“毛蒸鱼菜：白鱼、鳊鱼最上。净治，不去鳞。一尺已还，浑。盐、豉、胡芹、小蒜，细切，着鱼中，与菜，并蒸。”又：“鱼方寸准。亦云‘五六寸’，下盐、豉汁中。即出，菜上蒸之。奠，亦菜上。”又云：“竹篮盛鱼，菜上，蒸。”又云：“竹蒸并奠。”

（73）脡鱼鲊。“脡鱼鲊法：先下水、盐浑豉、擘葱，次下猪、羊、牛三种肉，脂两沸，下鲊。打破鸡子四枚，泻中，如瀹鸡子法。鸡子浮，便熟，食之。”

（74）脡鲊。“《食经》脡鲊法：破生鸡子，豉汁，鲊，俱煮沸，即奠。”又云：“浑用豉。奠讫，以鸡子、豉怗。”又云：“鲊沸，汤中与豉汁、浑葱白，破鸡子写中。奠二升。用鸡子，众物是停也。”

（75）五侯脡。“五侯脡法：用食板零揲，杂鲊、肉，合水煮，如作羹法。”

（76）纯脡鱼。“纯脡鱼法：一名缹鱼。用鳊鱼。治腹里，去鳃不去鳞。以咸豉、葱、姜、橘皮、鲊，细切，合煮。沸，乃浑下鱼。葱白浑用。又云：下鱼中煮。沸，与豉汁、浑葱白。将熟，下鲊。又云：切生姜令长。奠时，葱在上。大，奠一；小，奠二。若大鱼，成制准此。”

（77）脂鸡。“脂鸡：一名‘缹鸡’，一名‘鸡臘’。以浑。盐、豉，葱白中截，干苏微火炙——生苏不炙——与成治浑鸡，俱下水中，熟煮。出鸡及葱，漉出汁中苏、豉，澄令清。擘肉，广寸余，奠之，以暖汁沃之。肉若冷，将奠，蒸令暖。满奠。”又云：“葱、苏、盐、豉汁，与鸡俱煮。既熟，擘奠，与汁，葱、苏、在上，莫安下。可增葱白，擘令细也。”

（78）脂白肉。“脂白肉：一名‘白缹肉’。盐、豉煮，令向熟，薄切：长二寸半，广一寸准，甚薄。下新水中，与浑葱白、小蒜、盐、豉清。”又：“薤菜切，长三寸。与葱、姜，不与小蒜，薤亦可。”

（79）脂猪。“脂猪法：（一名‘缹猪肉’，一名‘猪肉盐豉’。）一如缹白肉之法。”

（80）脂鱼。“脂鱼法：用鲫鱼，浑用。软体鱼不用。鳞治。刀细切葱，与豉、葱俱下，葱长四寸。将熟，细切姜、胡芹、小蒜与之。汁色欲黑。无鲊者，不用椒。若大鱼，方寸准得用。软体之鱼，大鱼不好也。”

（81）蜜纯煎鱼。“蜜纯煎鱼法：用鲫鱼，治复中，不鳞。苦酒、蜜中半，和盐渍鱼，一炊久，漉出。膏油煎之，令赤。浑奠焉。”

（82）勒鸭消。“勒鸭消：细研熬如饼臛，熬之令小熟。姜、橘、椒、胡芹、小蒜，并细切，熬黍米糁。盐、豉汁下肉中复熬，令似熟，色黑。平满奠。兔、雉肉，次好。凡肉，赤理皆可用。勒鸭之小者，大如鸠、鸽，色白也。”

（83）鸭煎。“鸭煎法：用新成子鸭极肥者，其大如雉。去头，烱治，却腥翠、五脏，又净洗，细剉如笼肉。细切葱白，下盐、豉汁，炒令极熟。下椒、姜末食之。”

魏晋南北朝时期是中国历史上割据林

立、动乱不已、战争频仍的时代。社会经济秩序破坏，百姓生活不得安宁，商品流通受阻，典籍文献严重受毁就是这种动乱时代的恶果之一。但是，另一方面，这又是长城外民内迁、中原人南移的民族大迁徙、大交融的历史时期，也是社会饮食生活严重两极分化的特别历史时代。社会大动乱时期，由于社会期望不可待、个人安全无保障，结果往往会促动人们基本生存欲望的过分张扬。而食与色两者，恰恰是权贵族群最普遍恣肆的领域。于是，上层社会会"吃"出许许多多奇闻轶事、名肴美馔，也同时就拉动了服务于上层社会的烹饪技术的发展和饮食文化的绚丽多彩。而居于社会底层的芸芸众生小民，则会为了生存的目的因陋就简，甚至化腐为奇，开发出一些太平富足年间一般不会尝试的食品。这应当是人类饮食史的一般规律，更是中国饮食史的突出特征。《齐民要术》一书的记载，一定程度上反映了这一特征。

《齐民要术》一书屡屡征引的《食经》，应当是北魏名臣崔浩的《崔氏食经》（魏收《魏书·崔浩传》）。如果说，天下望族、累世显宦的崔家还不失儒教传统家箴的话，那么另外一些世居草地、以肉酪为食的游牧射猎民族中涌现出来的美食品味专家现象就显然具有另一番深意了。前秦苻坚从兄子苻朗就是这样的人物。史载苻朗"又善识味，咸酢及肉皆别所由。会稽王司马道子为朗设盛馔，极江左精肴。食讫，问曰：'关中之味，孰若此？'答曰：'皆好，惟盐味小生耳。'既问宰夫，皆如其言。或人杀鸡以食之，既进，朗曰：'此鸡栖恒半露'，检之皆验。又食鹅肉。知黑白之处，人不信，记而试之，无毫厘之差。时人咸以为'知味'"（房玄龄《晋书·苻坚传》）。苻朗的知味，既是中国历史上权贵阶层骄逸享乐人生态度的一般代表，同时也是魏晋以下至南北朝时期放逸贵族耽于物欲、驰纵口腹的典型一例。苻朗本际会风云乘乱而起的鞍马氐人，非汉族簪缨大姓、累世名门有钟鸣鼎食传统，耳闻目濡、长久积习者所可比拟。因此，苻朗的典型就更具有特殊的意义。

事实上，"知味"的苻朗也的确是那个特定时代的产物，而且苻朗还并非是完全孤立的一个个人，而是族群产物，或可称之为"苻朗现象"。北朝时期，出现了为数不少见于史载的少数民族政权中心中的饕餮汉与美食家。苻朗字符达，是拥有前秦皇帝名号的苻坚从兄之子。苻朗本人则在前秦爵拜乐安男，为镇东将军、青州刺史，归东晋后封员外散骑侍郎。苻朗家族累"世为西戎酋长"，至太祖父苻洪时已奠定前秦政权规模。因此，可以说苻朗本人是《齐民要术》时代"五世长者知饮食"族群中的佼佼者，这种代表性不仅是北朝少数民族的，同时也是南北朝整个历史时代的。

元嘉二十七年（450）北魏太武帝拓跋焘亲率大军征宋，宋国太尉江夏王刘义恭统诸军出镇彭城。两军对垒之际，阵前相互馈赠食物礼品，拓跋焘送给刘义恭的礼物中有"……毡及九种盐，并胡豉。云：此诸盐各有宜：白盐是魏主所食；黑者疗腹胀气满，刮取六铢以酒服之；胡盐疗目痛；柔盐不用食，疗马脊创；赤盐、驳盐、臭盐、马齿盐四种，并不中食。胡豉，亦中啖。"（沈约《宋书·张合列传》）。盐用九种，且为军旅所备，功用各异。其中"胡豉"颇耐寻味。所谓"胡豉"，当是胡人之国所出、胡人习惯所尚之豉，亦即《齐民要术》所记各种豉之一种或泛指其事。胡人所立之国，其实即华夏主区、汉帝国中心地带，仍为汉代以下黄河流域传统之物。

（六）南北朝时期的造酱俗礼与禁忌

南北朝时期的造酱俗礼与禁忌具有重要意义，因为它是中国酱文化的历史承传。我们这里使用"俗礼"而非惯用词"礼俗"，并非刻意杜撰，实为避免可能引起的认知混乱。"俗礼"指的是历史上庶民大众俗生活层面的特别规制性习惯，而非"礼俗"的礼仪风俗泛泛义。所谓承传，是说这种俗礼与禁忌是从很早的古代延续下来而又由其流传后代的。中国数千年传统的造酱俗礼及其禁忌就属于这一类“俗礼”，其具体表现为：

1. 造酱最佳时间理念

“十二月、正月为上时，二月为中时，三月为下时。”造酱时间的习惯确定，最初应当是利于发酵掌控的最佳规律的选择。这种习惯性的感觉与经验层面的认识，虽然不过是基于自然温度、湿度、光照等对发酵过程微妙影响的观察所得，但应当说是隐合自然规律的。人们已经知道，如果不这样的话，会因气温回升，致使霉菌活动过于活跃而打破酱坯入缸以后理想的持续发酵过程，从而导致酱的味、色、香等品质降低。

2. 酱缸选择的禁忌

要“用不津瓮”，因为“瓮津则败酱”。而且“尝为菹、酢者，亦不中用”。

3. 酱缸摆放与辟邪俗礼

“置日中高处石上。夏雨，无令水浸瓮底。”通常要预先在石头下面放一枚生了锈的铁钉。据说这样一来，即便缸里的酱被怀孕的妇女吃了也不会变质。值得注意的是，这一俗礼直到作者的幼少时期依然存在，放一枚铁钉，更多的则是放一枚废弃的马蹄铁。马曾作为人类文明史上负重、牵引、乘骑、交通的主要工具通行于既往的数千年之久的时间。铁也同样是人们依赖的至关重要的生产和生活资料。因此，马蹄铁在人们生活中拥有特别的意义似乎也就顺理成章。铁钉信仰的形成一定早于马蹄铁信仰的形成，南北朝时期马挂铁掌的习俗似乎还没有很流行，因此贾思勰记录的仍是铁钉信仰。耐人寻味的是，马蹄铁作为一种驱凶、避灾、保吉祥、兆好运的象征文化，在很早的古代起就为东西方许多民族所共同拥有。马蹄铁的文化寓意，自然是与马联系在一起的。它象征力量、财富、幸运、阳刚强盛之气。马蹄铁还往往与人类的婚礼联系在一起。但是，马蹄铁与酱缸亲近的意义则是家家户户的人民大众文化。

这一习俗表明：① 中国历史上家家户户都对酱有极强的依赖。② 中国历史上百姓家造酱败坏的概率不低，故人们都极为谨慎。③ 人们对酱发酵过程及风味变化机理还不能科学地认识，对其规律性变化还停留在形而上学的表层。人们企图找到原因，却错误地将其归咎于妇女的月事和妊娠。④ 妇女的月事是隐秘的，不仅难以防范别家的月事在身的妇女，就是本家中也难以十分严格地禁绝有月事的妇女与酱划清界限。而且十月怀胎的妇女也不能一直封闭在自家的屋子里，劳动妇女总是要里出外进地操劳，或者为家中的劳力送饭到田间地头。一个三五十户人家的自然村落，每年总会有若干妇女怀有身孕，而且各家各户间总免不了各种往来。因此家家户户的酱缸也就自然经常会受到月事和妊娠妇女的冲击。所以酱缸的防护手段就成了不能忽视的普遍性规制。⑤ 中国历史上对妇女月事和妊娠的禁忌是普遍和广泛的文化现象，它牵涉到许许多多隐秘的和人们不明就里的事项。而在那些发酵现象与化学反应的活动中则尤为强烈禁忌。如因与我国知识分子政策紧密联系在一起而名闻遐迩的长沙火宫殿臭豆腐，它的陈年老卤水贮放之屋就一向有“女人身上不洁不得入内，女人有孕在身也不得接触”的传统禁忌。今天回过头来审视这种对劳动妇女的不科学、不理性态度，其实也正是历史文明与理性特征的局限，而其隐喻的恰恰是妇女与酱的难以割舍清楚的紧密关系，是妇女的劳动造成了这种紧密关系。事实上，劳动妇女恰恰正是中国酱文化历史的主要创造者。

4. 礼敬太岁俗礼

豆黄、麴末、黄蒸、白盐，“三种量讫，于盆中面向‘太岁’和之(向‘太岁’则无蛆虫也)，搅令均调，以手痛挼，界令润彻，亦面向‘太岁’内着瓮中，手挼令坚，以满为限；半则难熟”。中国民间有敬畏回避“太岁”神的悠久信仰习俗。太岁是中国古代民间对木星的一个别称，木星每12年绕太阳转一圈，中国人认为太岁星每年在太空的位置对应的地下就有一个地上的“太岁”出现。中国民间视“太岁”为神秘莫测，具有在冥冥之中支配和影响人们命运的力量：“太岁如君，为众神之首，众煞之主，有如君临天下，不可冒犯。”为避免得罪“太岁”神，在冲犯“太岁”之年必在新年开春期间祭拜，以祈求新的一年平安顺利、逢凶化吉。民间兴土木盖房子时，门不能正对着太岁在天上的星位，否则地上的太岁就会动怒，当事人就会遭殃。“太岁头上不能动土”的说法由此而来。唐代文献记载：“莱州即墨县有百姓王丰，兄弟三人。丰不信方位所忌，常于太岁上掘坑，见一肉块，大如斗，蠕蠕而动，遂填。其肉随填而出，丰惧弃之。经宿，长塞于庭。丰兄弟、奴婢数日内悉暴卒，唯一女存焉。”（段成式《酉阳杂俎·续集》）“太岁”在历代典籍中还分别被称为“视肉”、“聚肉”、“肉芝”、“无损”、“肉芫”等称谓。先秦典籍《山海经》中就已经有大量的记载。《神农本草经》亦有记载。李时珍在《本草纲目》中称之为“肉芝”，列入“菜”部“芝”类。除了上述原因之外，造酱礼敬太岁，应当是与人们理解的地上的太岁具有气味永不变异、生命息息不衰的特点有关。历代文献记载太岁有“人割取其肉不病，肉复自复”，“奇在不尽”的特性。造酱不败，用之不竭，不也正是人们朴实而又很实在的愿望吗？贾思勰解释说：“向‘太岁’，则无蛆虫也。”看来，我们的理解不错。当然，我们今天不难理解，酱生蛆虫是因为雨水漏入、苍蝇污染、高温过酵所致，这又是不能苛责古人的。

5. 晒酱习俗

《齐民要术》指出：若使酱后酵美好，必须“仰瓮口曝之”，即充分日照。并引用谚语说：“谚曰：‘萎蕤葵，日干酱。’言其美矣。”同时，“十日内，每日数度以杷彻底搅之。十日后，每日则一搅，三十日止。雨即盖瓮，无令水入（水入则生虫）。每经雨后，辄须一搅。解后二十日堪食。然要百日始熟耳”。“萎蕤”即“葳蕤”，原指草木垂萎的状态，引申为凋萎。《史记·司马相如列传》：“纷纶葳蕤。”司马贞《索引》引胡广说：“葳蕤，萎顿也。”葵是《诗经》时代以下无数历史典献记载的最为美好的菜蔬品种，经霜秋葵则更是“肥美”、“脆美”不可言。《齐民要术》卷九《作菹藏生菜法》：“葵经十朝苦霜乃采之”，所腌渍的菹是最美好的葵菹。也就是说，“日干酱”是与“萎蕤葵”并美的美食。

6. 禁忌与补救习俗

贾思勰据世俗经验认为：“若为妊娠妇人坏酱者，取白叶棘子着瓮中，则还好。”又谓：“俗人用孝杖搅酱，及炙瓮，酱虽回而胎损。”又云：“乞人酱时，以新汲水一盏，和而与之，令酱不坏。”“白叶棘子”当指白棘果仁，棘即酸枣（Zizyphus spinosus Hu.）属落叶灌木或小乔木。《唐本草》注谓：“棘有赤白二种。”又云：“白棘，茎白如粉，子叶与赤棘同，棘中时复有之，亦为难得也。”酸枣仁是中医的名贵药材，系将秋季成熟的果实晒干后碾破而取出的果肉。酸枣仁味甘甜带酸，中医药学认为性平。将酸枣仁放在瓮中就能收到令“坏酱”品质“还好”的效果，不知贾思勰先生是否亲自做过试验，大概也是“姑妄听之，姑妄信之”的人云亦云之说而已。至于“孝杖”，亦即“家法”——用以责罚家中子弟、仆佣的刑杖。中国古代有“棍棒出孝子”之说，“好孩子是管出来的”，“管”就是打，用棍棒——“孝杖”去打，也就是“好孩子是打出来的”。用孝杖搅败酱，然后再用火烤瓮，据说可以收到将坏酱治好的效果。但贾思勰同时也指出：不可避免的后果是“胎损”，也就是说，这样处理过的酱虽然可以继续食用，但原有或应有的美味却无法得到了。

（赵荣光）

六、隋唐五代时期的中国烹饪文化

随着南北朝分裂局面的结束，中国南北重新走向统一。从时间上看，该时期承前而启后；从中外文化交流的角度看，这一时期又是中国文化传播、政治体制和经济发展最为繁盛的时期之一。尤其是唐朝，它所拥有的先进的政治体制、繁荣的经济、发达的文化，三者形成的“唐文化圈”在中国历史上而且在人类文明史上都具有重要的地位。长安城成为了世界著名的国际化大都市，各种文化交流都在唐朝时进行着“吞吐”的过程。其间，中国烹饪文化在从未间断地融入到世界外来文明大潮中不断更新和吸收。安史之乱后，黄河流域的经济被严重破坏，也标志着唐代走向衰落，中国的经济中心转移到南方的格局形成。这也是五代时期北方持续战乱，而南方经济在稳定的情况下，社会生产力和社会关系得到进一步发展的原因之一。在讨论烹饪文化的时候，把隋唐和五代相联系，不仅是因为朝代的关联，更为重要的是，隋唐和五代时期政治、经济、制度、文化流传上的源流和变革具有极大的传承关系和扩布性。在这个大的时代背景下，中国饮食文化历史发展阶段特征明晰，其阶段性文化内涵和文化范畴的对比研究也就更加有意义。

（一）隋唐五代时期的食物原料生产

1. 粮食类

（1）黍、粟类。北方河套地区受地理条件限制，粟类是主要的粮食作物。唐人陈藏器《本草拾遗》云：“稷、穄、粟一物也，塞北最多，如黍，黑色。”这表明人们对五谷作物种植和生产的扩大。粟、稷、菽和粱都属于该类粮食。粟类粮食是隋唐五代重要的主要粮食类谷物，其品质和种类有较大提高。《新唐书·地理志》记载，在以前粟类粮食作物基础上，关内道京兆府有紫秆粟，扬州广陵郡和吴郡有蛇粟，山南道利州益昌郡有粱米，襄阳地区的传统名粟，竹根黄粱，都属于良种。

隋唐五代时期，南方地区以种植水稻为主。但是与前代相比较，粟类作物的分布依然是扩大了。特别是在巴蜀地区，粟类作物由于耐寒、适应性强等特点，在高地和土地贫瘠的地方依然受到大众的热爱。

黍类有黑黍、赤黍（又叫红黍、丹黍）和白黍。黍类食物既是主食，也有酿酒、社祭和定制律历等用途。唐代诗人曹邺《田家效陶》诗云：“黑黍春来酿酒饮，青禾刈了驱牛载。”而用五谷祭祀则是悠久的历史传统。“五谷不可遍祭，祭其长以该之也。上古以厉山氏之子为稷主，至成汤始易以后稷，皆有功于农事者云。”（《本草纲目·谷部》）

（2）稻。隋唐五代时期，西北草原地区游牧民族大体上以羊肉、牛肉为主食；长江以北为粟麦产区，人们以面食为主食。而长江以南为稻米产地，稻米饭为人们日常主食。除了一般的稻米饭以外，还有蔬菜和米混在一起烹饪的蔬饭，用特殊工艺制作而成的清风饭。特别是在安史之乱后，北方人口大规模南迁，南方劳动力迅速增加，耕地面积扩大，耕作技术提高，南方水稻产区和产量大幅度增长。

从南方水稻生产和北方水稻生产来看，江浙地区是水稻的主要产区。灌溉面积达到万顷的有鉴湖、绛岩湖、小江湖、长兴湖等，而灌溉面积千顷以上的地区如杭州西湖、北湖，湖州乌兴塘等，更加充分地说明南方水稻生产的盛况。处于洞庭湖流域和江汉平原的湖南、湖北地区，凭借优越的地理条件和气候条件，在唐和五代时期是仅次于江淮地区的稻米产区。而在四川地区、岭南地区，水稻生产都得到迅速发展。北方地区的水稻生产情况跟政治上的动乱影响密切相关。关中地区是隋唐京师所在，凭借灌溉系统的完善，整修白渠、成国渠等水利设施，水稻生产为当地居民生活提供了重要保证。今河南、山东、华北、甘肃、新疆等地，也都有大规模的水稻种植。

隋唐五代时期，水稻的粳、籼、糯三大品系正式确立，水稻品质得到进一步提高。粳稻又叫做秔稻，是隋唐五代时期的主要稻米品种。《新唐书·地理志》云：江南地区的苏州和常州每年都向朝廷进贡香秔。杜甫诗云："香稻三秋末，平田百顷间。"史籍中多有提到的稻米，如无特别说明，一般都是指粳稻。籼稻色白粒长，口味不如粳稻，种植面积也不如粳稻。糯稻种植面积更小，但是糯米也是贡品之一。如《新唐书·地理志》记载，唐代湖州吴兴郡的贡品中就有糯米。糯稻是唐代人们粮食作物中重要的组成部分。

（3）麦。隋唐五代时期，随着一年两熟制的推广，特别是北方的一年两熟轮种技术的成熟，小麦在人们的饮食生活中的地位仅次于水稻，并且从总体上来说，已经超越了粟米的使用率。散见于各种文献和史料中，以麦为原料的主食仍泛称"饼"、"饵"，具体品种则数不胜数。

北方地区是麦的主产区。东都洛阳地区的小麦种植更是统治者十分关心的。而在山东淮北地区的麦产区得到进一步扩大，并且品质上乘。据《元和郡县图志·河北道》记载，棣州（今山东惠民）所产小麦质量上乘，作为贡品向中央缴纳。山西、河北地区，西北秦陇地区的麦种植面积和品质都在传统的粟作基础上，得到了进一步的发展。不仅北方小麦种植产量扩大，淮河—秦岭以南地区，本质上说，跟北方的粮食生产体制是一体的，其水稻和小麦的产量也超越了粟类。特别是在长江下游地区，小麦生产发达。如苏州，白居易《和微之四月一日作》诗云："去年到郡日，麦穗黄离离。今年去郡日，稻花白霏霏。"长江中游的湖北地区，洞庭湖流域的湖南地区，麦子的种植和产量发展令人瞩目。巴蜀地区汉代就开始种植麦子，但是确切地说，是在中唐五代时期才得到大幅度提高。

这一时期主要的麦的品种有小麦、大麦、荞麦等。品种和前朝变化不大，主要是在麦种的品质和适应性上得到了进一步的提高。小麦在总产量上居高不下，种植范围十分广泛。荞麦在隋唐五代时期属于推广时期，并不是种植最为广泛的麦种。但是该时期的人们喜欢用荞麦烹饪烧饼和食物，作为一种喜好食品的原料存在。我们从韦巨源《烧尾宴食单》以及其他隋唐时期文字材料中发现，食用麦类原料制作的食物名目数不胜数。

（4）菰米及其他。除去以上的谷物类主要粮食，菰米、芡实（鸡头米）、橡实（橡粟）、菱角等淀粉类植物通过加工成为了人们的食物。除此之外，其他许多野生的果实如野粟、榛粟以及偶见于竹林的竹米都是广大人民采集的谷物类粮食。他们对处于果腹层或者说许多处于温饱线下的人们来说，是生活中的必需品了。不仅如此，其他食物，基本上属于淀粉类的植物如葛粉、魔芋（川蜀地区特别多）、黄精等，也是粮食作物的重要内容。正是由于充分利用了中国所处地理位置的区位优势，广泛采集可获得的动植物原料，才使得中国先民在艰苦的岁月里可以得到延续，在战乱饥荒的日子生息不止。通过对这些少数类植物原料的食用，折射出中国人民的生存智慧和旺盛的生命力量。

2. 畜、禽饲养

随着人们生活水平的提高、物资的充裕，人们对食物的选择范围不断扩大。时至隋唐五代，中国农耕文明发展到一个新的阶段，畜牧业也取得了长足进步，畜养技术和农业条件也进一步提高。人们饮食生活中以肉制品为原料的食物比前代有进一步增加，并在隋唐五代的饮食生活中扮演着重要角色。

间和地域的限制，随时食用鱼肉等食物，对人们的饮食结构有重大影响。著名的脍类菜肴有：海鲍干脍、缕子脍、飞鸾脍、拖刀羊皮雅脍、丁子香淋脍、鲈鱼脍等。

（5）调味品类。盐的使用情况和南北朝时期相仿。著名的盐地有东海盐、南海盐、四川井盐以及西羌岩盐。盐的食用和医疗作用在各类《本草》中多有记录，如唐代曾使用光明盐来治疗瘟疫。

酱，尤其是豆酱的食用已经十分普遍。按照食物性质和来源，分为植物酱、肉酱和鱼酱三大类。主要名目有：麦酱、榆仁酱、鱼酱、兔酱、鹿尾酱等。

隋唐五代时期，人们年年腌制并贮存菜菹。菜菹由于物美价廉，需求量很大。杜甫《病后过王倚饮赠歌》云："遣人向市赊香粳，唤妇出房亲自馔。长安冬菹酸且绿，金城土酥静如练。"冬天以食用菜菹来替代其他蔬菜在该时期家庭中常有出现。各种肉类和植物类酱，在先秦时期就已经走入了寻常人家。正如谚语云："百家酱，百家味。"

其他如豆豉、豆腐乳、醋类、糖类、油、姜葱类，甚至是用于酿酒的红曲，都是人们喜好的副食品和调味品，在上层社会作为配菜或者副食，在下层社会中作为人们重要的菜肴成品。

（6）濯、烩、煎、焙、蒸、腌、渍、腊、修等烹饪与加工方法。这一时期的烹饪与加工办法主要有：濯、烩、煎、焙、蒸、腌、渍、腊、修等。通过这些办法制作而成的烹饪菜点散见于各种文献中，如蒸驴头、酿猪肚、热洛河、拌水母丝、糟蟹、糖蟹、炒蜂子等。

（三）隋唐五代时期的食物原料加工

1. 粮食加工工具和炊具

杵臼、碓、碾和簸扇都是对稻米、粟米和麦类等粒食作物进行加工的必备劳动工具。铁制炊具在前朝的基础上得到进一步发展，如生铁釜、三足铁锅的使用更加广泛。铁制品的普及并不意味着青铜炊具制品的消亡，铜质的釜、铛依然在使用，宫廷和中层贵族的国祭和家祭还通过使用金、银制的釜、铛、鼎、盆、瓮等加工器具，以示对祖先的孝和敬意。

2. 面粉加工技术和面食原料的制作

隋唐五代时期面食的盛行带来了面粉的大规模生产，面粉加工工具的进步成为了历史的必然。当时的主要工具有磨和罗，通过磨将麦类磨碎成细粉状，经过罗筛得到面粉。驴子拉磨的传统生产方法已无法满足如此巨大的需求量，因而官营和私营的水磨得以产生，从而大大节省了人力，提高了磨面的效率。罗筛用于清除麦麸皮和大颗粒结状物，得到精细的面粉。

3. 燃料

隋唐五代时期，燃料的使用基本上是用石炭、柴禾、竹、草等。庶民阶层用于烹饪的燃料可获取性高。在唐代，人们已经习惯使用木炭和石炭这一类便于储藏的和高效的燃料。白居易名篇《卖炭翁》中关于木炭的记载，说明了木炭既可以用于烹饪食物（烧煮、炙烤），也可以用于冬日烤火取暖。

（周鸿承）

七、宋元时期的中国烹饪文化

中国的政治版图在经历了唐末藩镇割据以及五代十国的分裂之后，出现了北宋、辽、西夏以及南宋、西夏、金并存的局面。之后兴起的蒙古族，经过了一系列的战争，在忽必烈时完成了大一统。在这一历史时期，文化出现了空前繁荣的局面，特别是在宋王朝统治的地区。科学技术稳步提高，并逐步运用于农业生产，促进了封建经济的发展和人口的增长，而对外贸易的发展又促进了宋代商业经济的发展,从而加强了中国对外文化的交流。此后的元朝不仅出现了民族大融合的局面，对外的联系和交流也更加频繁，中国烹饪文化的内容在承传隋唐的基础上，于这些进步和变迁中不断吸收和更新,民族之间的“榷市”和对外海上贸易推动了中国烹饪文化与不同民族烹饪文化之间的交流和融合。宋元时期是一个从局部统一到大一统的历史时期，这一背景下中国烹饪文化的发展乃是基于以汉族为主体的宋朝在政治、经济、制度、文化上与少数民族政权之间的融合，而经济重心的最终南移，使得中国烹饪文化在宋元时期具有独特的时代性和阶段性。

(一) 宋元时期的食物原料生产

1. 谷

宋元时期,北方以粟米、麦面为主食,南方以稻米为主食。北宋时,宫廷中尚以粟米、麦面为主食,而到了南宋时,大量南迁的人口带来了北方的饮食习惯，南方的面食比重随之增大。到了元代,蒙古人以牲畜的肉乳为基本食物原料，而在汉人地区仍然保留了北粟南稻的饮食习惯。

(1) 黍、粟。中国种粟历史悠久。出土粟粒的新石器时代文化遗址如西安半坡村、河北磁山、河南裴李岗等距今已有六七千年。南宋之前，由于中国的经济重心一直是在北方的黄河流域，粟在全国的粮食供应中占有重要的地位。随着经济重心的南移在南宋时期的完成,稻逐渐取代粟在粮食供应中的地位,形成了稻、粟、麦为主的饮食结构。南宋朱熹《劝农文》中记载:“山原、陆地可种粟、麦、麻、豆去处,亦须趁时竭力耕种,务尽地力,庶几青黄未交之际,有以接续饮食,不至饥饿。”粟的重要性虽然已远不及稻，但仍然是人们的主食来源之一，并且依然是饥荒时期的重要食物来源。粟类作物由于耐寒、适应性强等特点,在中国的广大地区广泛种植,尤其在南宋时期耕地有限的情况下,粟较之于稻,更适合于山地种植，因而在这一时期依然具有重要地位。元代贾铭《饮食须知》:“粟米味咸,性微寒,即小米也。生者难化,熟者滞气。隔宿食,生虫,胃冷者不宜多食。粟浸水至败者损人。与杏仁同食令人吐泻。”这里可以从粟的食性看出它对人体有一定的不利因素,宋元时期,随着养生观念的加强和宋元时期经济的发展，加之人们都有趋利避害的天性，粟在与麦、稻的竞争中趋于下风,势必影响到粟的主导地位。

宋代王安石《后元丰行》:“麦行千里不见土,连山没云皆种黍。”元代王祯《农书·地利篇》中说:“天下地土,南北高下相半。且以江淮南北论之:江淮以北,高田平旷,所种宜黍稷等稼;江淮以南,下土涂泥,所种宜稻秫。又南北渐远,寒暖殊别,故所种早晚不同;惟东西寒暖稍平，所种杂错，然亦有南北高下之殊。”宋元两个时期的文献证明黍在这个时期种植十分广泛,但品种的质量已经有了区分。

(2) 麦。宋元之前,北方地区是麦的主产区,但在唐安史之乱和宋靖康之变以后,第二次和第三次北方人口南迁高潮的相继出现,将麦作推向了全国。北宋时期,南方麦的种植分布更加广泛，在唐朝时认为不适宜种植小麦的岭南地区在北宋时也有了麦的种植。北宋初年,陈尧佐出任惠州知州,当时“南民大率不以种艺为事，若二麦之类，益民弗知有也。公始于南津间地,教民种麦,是岁大获,于是惠民种麦者众矣”。(见《西塘集》)

南宋时期,麦在南方的分布更加广泛,庄绰《鸡肋编》记载:“建炎(1127—1130)之后,江、浙、湖、湘、闽、广,西北流寓之人遍满。绍兴(1131—1162)初,麦一斛至万二千钱,农获其利倍于种稻,而佃户输租,只有秋课,而种麦之利,独归客户。于是竞种春稼,极目不减淮北。”《宋史·食货志》记载:“湖南一路,惟衡、永等数郡宜麦。”可见麦的种植在宋元时期已经非常广泛。

以麦作原料的肴馔不胜枚举。宋代吴自牧《梦粱录》记载："凡御宴至第三盏方有下酒肉、咸豉、爆肉，双下驼峰角子。"元代《居家必用事类全集》："面二斤半，入溶化酥十两，或猪羊油各半代之。冷水和盐少许，搜成剂。用骨鲁捶捍作皮，包炒熟馅子捏成角儿，入炉熬煿熟供，素馅亦可。"这里所指的"驼峰角子"就是饺子的前身，宋、元两代均有记述，说明宋、元时期对于麦的使用具有继承性，而麦的食用范围从宋的"御宴"到元之民居，说明以麦为主的肴馔受到了上至宫廷，下至百姓人家的青睐。

（3）稻。宋元时期，水稻的种植主要在长江以南的地区。明代徐光启《农政全书》记载："稻田用水，随地随时，不拘一法，括之以两言曰，蓄与泄而已。"从这里就看出水稻种植对水的自然条件要求较高，而南方地区因为雨水充沛，气候宜人，并且水利设施完善，河流纵横，故成为了水稻重要的种植地区。到了南宋时期，因南宋丧失了淮河以北的地区，水稻逐渐成为南宋农业的基础。

但要特别指出的是，在南宋时期南方出现了稻麦合种的现象。南宋《陈旉农书》记载："早田刈获才毕，随即耕治晒暴，加粪壅培，而种豆麦蔬茹。"但是由于气候、地理因素的情况，这样的种植方式并没有达到预期的效果，《宋史·食货志》记载："淳熙六年（1179）十有一月，臣僚奏：比令诸路帅漕督守令劝谕种麦，岁上所增顷亩。然土有宜否，湖南一路唯衡、永等数郡宜麦，余皆文具。"从这种现象可以深挖出，在一段时间内，北方烹饪文化和南方烹饪文化激烈碰撞，并且还经过了一段复杂的磨合期，才达到了两种文化之间的融合。元代贾铭《饮食须知》："香稻米：味甘，性软。其气香甜。"从水稻的食性上说明水稻的口感极佳，从养生角度来说与身体相适应，故在宋元时期，逐渐与粟、麦成为中国人餐桌上的主食之一。

（4）菰。菰米又被称为雕胡。宋代林洪《山家清供》记载："雕菰叶似芦，其米黑，杜甫故有'波翻菰米沉云黑'之句，今胡穄是也。曝干砻洗造饭，既香而滑。杜诗又云：'滑忆雕菰饭。'又会稽人顾翱，事母孝著。母嗜雕菰饭，翱常自采撷。家住太湖，后湖中皆生雕菰，无复余草，此孝感也。世有厚于己薄于奉亲者，视此宁无愧乎？"从文献中表明菰米是生长在湖边的植物，并且在相当长的一段时期内还是人们喜爱的主食之一。

宋元时期，随着人口增长，对耕地的需要非常迫切，特别是南宋时期国土面积丧失了近一半，于是政府鼓励人们开拓耕地，于是出现了围湖垦田的"圩田"，以增加粮食的产量来满足人口增长的需要。而菰是生长在湖泊周围的，影响围湖垦田，势必遭到清除。此种植物生长的环境出现了变化，造成了菰米产量的减少，人们也就越来越少地将其作为主要的食物来源。

2. 畜、禽饲养

宋元时期，经济的发展促使人们对食物的需求已不仅仅停留在果腹层面，而是积极寻求新的食物原料以及对传统肴馔的精致化。因此，主食之外的副食品的种类丰富、花样繁多。畜养技术和农业条件的显著提高，使得肉类逐步成为上至宫廷层、下到果腹层不可缺少的食品。

（1）牛。宋代时期以农业作为国家基础，牛作为人们耕种的帮手发挥了极其重要的作用。宋代由于土地有限，在农业地区牛一般采用牛舍饲养，牛畜大多时间都是在牛舍中度过。

《农桑辑要》记载："一顿可分三和，皆水拌：第一和草多料少；第二和比前草减少，少加料；第三和草比第二和又减半。"足见当时对牛的喂食十分讲究，对草、料的分配以及添加顺序都经过了细化，这样就提高了养牛的质量，不仅提供了更好的劳动力，还为烹饪提供了良好的食材。

牛作为极其重要的劳动工具，很少以食物原料见于宋代文献记载中。但到了元代，由于统治者是来自北方的游牧民族，日常膳食以羊、牛肉为主，还是出现以牛肉为主料的菜肴，如牛肉瓜齑。《居家必用事类全集》中记载了详细的制法：“每十斤切作大片，细料物一两，盐四两。拌匀腌过宿，次早翻动再腌半日控出，此春秋腌法。夏伏腌半日，冬腌三日控干，用香油十两炼熟，倾肉下锅不住手搅，候油干倾入腌卤再炒。用醶醋倾入上指半高，慢火熬三五滚，下酱些小。慢火煮令汁干漉出，筛子摊晒干为度。如要久留，肉每斤用盐六钱，酒醋各半盏。经年不坏，猪羊皆可。”

从元朝文献记载制作牛的肴馔中表现出宋元时期的烹饪文化较之隋唐又有所发展，对于烹饪时间的掌握、材料的运用、制作的方法、注意事项都开始变得精细、讲究。

（2）羊。羊肉作为人们的主要副食品，含有丰富的脂肪、蛋白质、钙、铁以及纤维素等，对体质虚弱、胃寒、贫血等人有很好的补虚和保健功效。从先秦时期就开始对此有明确的记载，经过隋唐时期的发展，到了宋元时期，羊肉的需求更是突飞猛进，羊肉的制作也更加多元化。《山家清供》记载：“山煮羊，羊作脔，置砂锅内，除葱椒外有一秘法，只用槌真性杏仁数枚，活火煮之，至骨亦糜烂。每惜此法，不逢汉时一关内侯，何足道哉？”

元代时，蒙古族虽然入主中原，但其好食羊肉的习惯未有改变。《居家必用事类全集》中记载了烹制羊肉的方法：“羊牛等肉去骨净，打作小长段子，乘肉热精肥相间，三四段作一垛，布包石压，经宿，每斤用盐八钱，酒二盏，醋一盏。腌三五日，每日翻一次，腌至十日。后日晒至晚，却入卤汁。以汁尽为度，候干挂厨中烟头上，此法惟腊月可造。”之外，还有羊红肝、锅烧肉、碗蒸羊、肝肚生、曹家生红、法煮羊头、法煮羊肺等许多以羊为原料的精致肴馔。

由于受到地域、气候等自然条件的限制，羊在北方以牧养为主，在南方则以野草、桑叶、蚕沙等全年舍饲育成湖羊。但是从烹饪的角度来说，羊的制作过程已经非常精细，且成为宋元餐桌上必不可少的菜肴。

（3）豕。豕就是我们现在常说的猪。由于宋元时期人口迅速增长，使粮食需求增加，特别是南宋时期，由于国土沦丧，土地资源严重不足，所以江南大片山泽荒地逐渐被开垦用以生产粮食。只有人力所不及的多余荒地，才用来种饲料以饲养大量的猪，而其粪肥再施于粮食作物，达到循环利用的效果。元代时期，经济中心已经完成南移的过程，所以猪的饲养还是集中在广大的南方地区。

宋元时期，以猪为原料的肴馔十分丰富。最著名的就是东坡肉，相传为宋代苏轼所创。苏轼《食猪肉》诗云：“……慢着火，少着水，火候足时他自美。”宋代浦江吴氏《吴氏中馈录》记载：“肉生法。用精肉切细薄片子，酱油洗净，入火烧红锅、爆炒，去血水、微白，即好。取出，切成丝，再加酱瓜、糟萝卜、大蒜、砂仁、草果、花椒、橘丝、香油拌炒。肉丝临食加醋和匀，食之甚美。”元代倪瓒《云林堂饮食制度集》记载：“煮猪头肉。用肉切作大块。每用半水半酒，盐少许，长段葱白混花椒入朱钵或银锅内重汤顿一宿。临供，旋入糟姜片、新橙、橘丝。如要作糜，入糯米，擂碎生山药一同顿猪头一只，可作糜四分。”“川猪头用猪头不劈开者，以草柴火薰，去延，刮洗极净。用白汤煮。几换汤，煮五次。不入盐。取出后，冷，切作柳叶片。入长段葱丝、韭、笋丝或茭白丝，用花椒、杏仁、芝麻、盐拌匀，酒少许洒之。荡锣内蒸。手饼卷食。”这里所举例的仅仅是这些肴馔的代表，可见宋元时期以猪为原料的肴馔日益精细、细致，更讲究猪肉与其他配料的和谐搭配，从而变换出不同的口味，并且菜肴越来越接近普通化、市民化。这也从另一方面表现出经济繁荣后人们对烹饪的更高追求。

（4）狗、马。宋元时期，人们食用狗肉之风渐衰。元代贾铭《饮食须知》：“犬智甚巧，力能护家，食之无益，何必嗜之？”可见作者并不主张食用狗肉，并且以狗肉为原料的肴馔鲜见于当时文献记载。

马作为主要的交通工具以及古时候战争不可缺少的战略物资，历朝历代都十分重视

普遍认可，从而增加了瓜果肴馔的数量。

瓜果的肴馔在宋元时期更加精致，用料十分讲究且具有养生的内涵。《山家清供》记载："山栗、橄榄，薄切同拌，加盐少许同食，有梅花风韵，名梅花脯。"《吴氏中馈录》记载："蒜梅，青硬梅子二斤，大蒜一斤，或囊剥净，炒盐三两，酌量水煎汤，停冷，浸之。候五十日后，卤水将变色，倾出，再煎其水，停冷，浸之入瓶。至七月后，食，梅无酸味，蒜无荤气也。"

4. 渔猎

（1）渔捞。宋元时期，一部分农民成为赖渔为生的捕鱼专业户，随着渔业与农业的逐渐分离，渔业税在宋代财政上成为专有的税目。宋代渔业发展的另一重要标志是淡水养鱼业的推广，且宋代沿海捕鱼业已初具规模。到了元代时期，海上运输持续发展提高了渔捞的水平，进而增加了鱼的品种。《梦粱录·虫鱼之品》记载："鲤、鲫，西湖产者骨软肉松。鳜，独西湖无此种。鳊、鳢、鲻、鲈、鲚、鳝、鲇、黄颡、白颊、石首，王右军帖云：'此鱼首有石，是野鸭所化。'春鳖、鲥鱼，六和塔江边生，极鲜腴而肥。江北者味差减，鳗、鳝、蚌、龟、鳖，又名神守。湖河生者壳青，江产者名白，大者名青斑、蝤蛑、黄甲、螃蜞、彭，产盐官。蟹，《淮南子》云：'蚌蟹珠龟，与月盛衰，皆阴属也。'西湖旧多葑田，蟹鳌产之。今湖中官司开拆荡地，艰得矣。和靖诗有'草泥行郭索'之句。刘贡父诗云：'稻熟水波老，霜螯已上罾。味尤堪荐酒，香美最宜橙；壳薄胭脂染，膏腴琥珀凝。情知烹大鼎，何似莫横行？'厍、蚬、蛤、螺，有数种：螺蛳、海螺、田螺、海蛳、金鱼，有银白、玳瑁色者。东坡曾有诗云：'我识南屏金鲫鱼。'又曰：'金鲫池边不见君。'则此色鱼旧亦有之。今钱塘门外多畜养之，入城货卖，名'鱼儿活'，豪贵府第宅舍沼池畜之。青芝坞玉泉池中盛有大者，且水清泉涌，巨鱼游泳堪爱。"粗略数下，数量达到 39 种之多，说明渔捞业是十分发达的，为烹饪食材提供了广泛的选择余地。

渔捞业的发达同时说明以鱼、海产品为原料的肴馔也十分丰富。《吴氏中馈录》记载："蒸鲥鱼，鲥鱼去肠不去鳞，用布拭去血水，放荡锣内，以花椒、砂仁、酱擂碎，水、酒、葱拌匀，其味和，蒸之。去鳞，供食。"还有醋搂鱼、宋嫂鱼羹这些宋之名菜，蒸、炒等各种烹饪的方法已经融入到了鱼的制作中去。

元代关于鱼、海产品的肴馔也十分精细。以蟹为例，元代倪瓒《云林堂饮食制度集》记载："酒煮蟹，用蟹洗净，生带壳剁作两段。次擘开壳，以股剁作小块，壳亦剁成小块，脚只用向上一段，螯擘开，葱、椒、纯酒，入盐少许，于砂锡器中重汤顿熟。啖之不用醋供。"其他还有香螺、煮鲤鱼、江州岳府腌鱼法等等。

可见，宋元时期渔捞业为人们的餐桌上的食物提供了更为丰富的选择余地。

（2）捕猎。《梦粱录·兽之品》记载："马，昔吴越钱王牧马于钱塘门外东西马塍，其马蕃息至盛，号为'马海'。今余杭、临安、於潜三邑，犹有牧马遗迹焉。豕、牛、鹿、虎、狐、狸、麂，系牛尾玉面，生于昌化於潜山中。兔，獭，猫，都人畜之，捕鼠，有长毛。白黄色者称曰'狮猫'，不能捕鼠，以为美观，多府第贵官诸司人畜之，特见贵爱。犬，畜以警盗。《太平广记》载灵隐寺造北高峰塔，有寺犬自山下衔砖石至山巅，吻为流血，人怜之，以草系砖于背，塔成犬毙，寺僧恤衔砖之功，葬于寺门八面松下。又钱塘县界地名狗葬，桥名良犬，故老相传云：昔人被火燎几毙，犬入水以濡其主，得苏省，后犬死，里人葬之，立此名旌其义耳。"从以上的文献记载来看，宋朝基本上还是在山林中进行捕猎，且仅作为农业的一种补充形式而存在。

众所周知，元朝的建立者是来自蒙古草原的游牧民族，是靠捕猎为生的民族。《元史·卷二十二·武宗纪》记载："筑呼鹰台时，发军千五百人助其役。"《元史·卷三十·泰定帝纪》记载："造豢豹毡车三十辆。"从这些简单的记录可以看出元朝的蒙古贵族还是保留了捕猎的习惯，所以以野外捕猎所得为原料的肴馔在元朝是经常能见到的。

（二）宋元时期的食品与加工技术

1. 主食品类与加工

（1）饭。宋元时期的米饭主要有稻米饭、粟米饭。因南方盛产水稻，故稻米饭主要流行于南方地区。因为粟生长在北方，故粟米饭是北方地区的主食，所以宋元时期基本保持了北粟南稻的情况。

但是随着经济的发展，人们不单纯满足于简单的饭，而是将饭更加精致化，变换各种口味来增加饭在烹饪领域的深度。玉井饭就是一个例子。宋代林洪《山家清供》记载："章艺斋鉴宰德清时，虽怀古为高，尤喜筵客，然饮多不取诸市，恐旁缘而扰人。一日往访之，适有蝗不入境之庆，留以晚酌数杯，命左右造玉井饭，甚香美。法：削藕截作块，采新莲子去皮，候饭少沸投之，如盦饭法。盖取'太华峰头玉井莲，开花十丈藕如船'句。昔有藕诗云：'一弯西子臂，九窍比干心。'今杭都范堰经进斗星藕，孔七、小孔二，果有九窍。因笔及之。"

饭在宋元时期更多时候还是单调的白饭，但是却已经开始加入了各式花样，形成具有不同风味的肴馔，极大地丰富了人们的口味。

（2）馇、粥。粥在宋元时期不但继承了前朝的传统，比如腊月初八喝"腊八粥"，还加入了属于自己时代特色的风味。

梅粥就是用梅花瓣与白米、雪水煮成的粥。《山家清供》记载："扫落梅英拣净洗之，用雪水同上白米煮粥，候熟，入英同煮。"真君粥以杏仁为主要原料，并且此粥的命名还与道家升仙传说有关。《山家清供》又载："杏煮去核，候粥熟同煮，可谓'真君粥'，向游庐山阅董真君，未仙时多种杏，岁稔则以杏易谷，岁歉则以谷贱粜，时得活者甚众，后白日升仙，世有诗云：'争似莲花峰下客，种成红杏亦升仙。'岂必专於炼丹服气？每有功德于人，虽未死而名以仙矣，因名之。"

这样的粥不仅保留了原有的易消化、清淡特色，还增加了粥的韵味，体现了平淡之中的不平凡。

（3）饼类食品。麦子的食用主要是通过深加工或者作为原料制饼或者糕点。比如梅花汤饼，这是我国早期用凿子做的花式点心。

另一种类型就是将中药与饼类食物相结合。《山家清供》记载：黄精"仲春深采根，九蒸九曝，捣如饴，可作果食。又细切一石，水二石五升，煮去苦味，漉入绢袋压汁，澄之，再煎如膏，以炒黑豆黄作饼，约二寸大，客至，可供二枚。又采苗可为菜茹。随羊公服法，芝草之精也，一名仙人余粮。其补益可知矣"。黄精是中药中的滋补良物。另有神仙富贵饼，这是将白术、干山药、菖蒲混合在一起的饼。

元代时候的饼类食品，除了继承了宋代的风格外，还带有蒙古民族色彩。《居家必用事类全集》："摊薄煎饼，以胡桃仁、仁桃、仁榛、仁嫩、莲肉干、柿熟藕、银杏、熟栗芭、揽仁，以上除栗黄片切，外皆细切，用蜜糖霜和，加碎羊肉姜末盐葱调和作馅，卷入煎饼油煠焦。"除此之外还有白熟饼子、山药胡饼、烧饼、肉油饼、酥蜜饼、七宝卷煎饼、金银卷煎饼、甘露饼、烧饼等，品种之丰富奠定了烹饪文化中饼类食品发展的基础。

宋元时期的饼类食品不仅仅拥有了传统的风味，还加入了药用、保健的作用，提高了饼类食品的价值，并且吸收了其他民族的风格，博采众长，提高了中国烹饪文化的内涵。

2. 副食品类与加工

（1）羹。古老的烹调法之一，是指切制成丁的食物用沸汤煮后，加入湿生粉，使汤水变成糊状的烹调方法。宋元时期，羹的食材出现了新的品种。如骨董羹是用芋艿、山药、胭脂菜等原料，和碎米同煮而成。苏轼《仇池笔记》："罗浮颖老取凡饮食杂烹之，名'骨董羹'。"

骊塘羹出现在宋代的骊塘书院，其独特之处是厨者根据诗文来完善羹的做法及口味，显示出在这个时代羹的制作还是受到名人口味的影响。《山家清供》记载：“曩客于骊塘书院，每食后，必出菜汤，清白极可爱，得之醍醐，未易及此。询庖者，只用菜与萝菔，细切，以井水煮之，烂为度，初无他法。后读东坡诗，亦只用蔓菁萝菔而已。诗云：‘谁知南岳老，解作东坡羹。中有芦菔根，尚含晓露清。勿语贵公子，从渠醉膻腥。’以此可想二公之嗜好矣。今江西多用此法者。”

因栗片色黄，山药片色白，故名金玉羹。宋代林洪《山家清供》记载：“山药与栗各片截（切成片子），以羊汁（羊肉汤）加料煮，名‘金玉羹’。”

雪霞羹是用花朵为原料的羹。《山家清供》：“采芙蓉花，去心，带汤瀹之，同豆腐煮，红白交错，恍如雪霁之霞，名‘雪霞羹’。加胡椒、姜亦可也。”

炒肉羹是一道用肉类为食材的羹，其中运用了羊肉为原料。羊肉性温，具有很高的营养价值。元代《居家必用事类全集》记载：“羊精肉切为缕，肾胠脂骰块切二两，葱二握，水四碗。先烧热下肉、葱，入酒、醋调和。肉软下脂、姜末少许。”

以上几道羹可以表现出宋元时期的羹已经开始注重养生之道，散发一种清雅的味道，原料已经不单纯是蔬菜、肉类，还加入了花朵、中药材，可见宋元时期羹的材料加入了新的元素。

（2）炙。这一传统烹饪加工技艺在继承先前传统的基础上有所发展。炙肉非常讲究火候，但是也要根据不同的原材料而选用不同的燃料，保证食物的特殊风味。从文献记录上看，我们发现这一时期可以用于炙烤的食物原材料更加丰富多样，牛、猪、羊、兔、鱼都可以作为炙的对象。《吴氏中馈录》：“鲚鱼新出水者治净，炭上十分炙干，收藏。一法：以鲚鱼去头尾，切作段，用油炙熟。每服，用箬间盛瓦罐内，泥封。”《居家必用事类全集》记载：“带皮羊胁每枝截两段，用硇砂末一稔，沸汤浸，放温蘸炙，急翻勿令熟，再蘸再炙，如此三次，好酒略浸，上铲一翻便可飡。凡猪、羊脊膂，獐、兔精肉，用羊脂包炙之。”

（3）鲊。鲊是我国具有悠久历史的烹饪方法，到了宋元时期，鲊有了更大的发展。宋代浦江吴氏《吴氏中馈录》：“生烧猪羊腿，精批作片，以刀背匀捶三两次、切作块子。沸汤随漉出，用布内扭干。每一斤入好醋一盏，盐四钱，椒油、草果、砂仁各少许，供馔亦珍美。”又载：“切作片子，滚汤略焯，控干。入少许葱花、大小茴香、姜、橘丝、花椒末、红麹，研烂同盐拌匀，罨一时，食之。”从文献中我们看出，这个时期鲊的前期做法已经加入了刀工的方法和更多的配料，从形态和口味上追求更高的层次。

（4）脍。脍这种传统的做法在宋元时期已经非常少，只有《居家必用事类全集》记载：“猿猪脊皮三斤净，及膘刷净入锅添水，令高于皮三指，急火煮滚，却以慢火养，伺耗大半，即以杓撇清汁浇大漆单盘内。如作煎饼，乘热摇荡令遍满盘底，候凝揭下，切如冷淘，簇生菜、韭、笋、萝卜等丝，五辣醋浇之。”

（5）炒。炒在宋元时期成为了主要的烹饪手段，在很多文献记录中的菜肴都是采取此法制作。

《山家清供》：“采笋蕨嫩者，各用汤焯，以酱、香料、油和匀，作馄饨供。向客江西林谷梅少鲁家，屡作此品。后作古香亭，下采芎菊苗荐茶，对玉茗花，真佳适也。玉茗似茶少异，高约五尺许，今独林氏有。林乃金台山房之子，清可想矣。”《吴氏中馈录》：“虾用盐炒熟，盛箩内，用井水淋，洗去盐，晒干，色红不变。”《居家必用事类全集》载：“每只洗净，剁作事件，炼香油三两炒肉，入葱丝盐半两，炒七分熟，用酱一匙，同研烂胡椒、川椒、茴香入水一大碗，下锅煮熟为度，加好酒些小为妙。”

炒的方法促使食物在烹饪过程中爆发出香气，使人们在品尝之前就已经感受到食物的美好，勾起了人们对食物的欲望，促使烹饪文化向更多元化发展。（吴　昊）

八、明中叶至清中叶的中国烹饪文化

（一）明中叶至清中叶中国烹饪文化的时代特征

明清时期的约6个世纪，是在中国小农经济基础上发展起来的民族饮食文化进入历史辉煌发展的时代。而辉煌发展的具体时段则是15～18世纪的明代中叶至清代中叶约4个世纪的时间。社会安定、手工业与商业的发展、城市及市民阶层的崛起、物欲人生与社会风气的转变、上层社会的倡导扬励、文人阶层对民族与个人食事生活的热情关注、社会餐饮业的兴旺繁荣，这一切汇合而成了明清中叶中国烹饪文化的历史繁荣。

1. 食学家的历史集群

中国是一个饮食文化的大国，但饮食文化研究则是历史空疏、近代落后。所以如此，主要是因为极端专制的封建政治强制民众无思想地顺从，本质上排斥科学与进步，独立人格与个人物欲都在严格禁止之列。于是，一方面是上层社会饕餮万方、美味可食，另一方面则是知识阶层人性禁欲、美食免谈。于是，造成了中国历史上食学家的寥若晨星，有之，则都寄寓于农学、本草学领域。但是蒙元统治对学术思想的漠视，使食学研究的土壤开始松动，继之则是明清时代的联袂接踵、成群涌现，如贾铭、袁宏道、高濂、陈确、陈继儒、冒辟疆、张大复、张岱、李渔、曹庭栋、曾懿（女）、朱彝尊、梁章钜、薛宝辰、王士雄、李化楠、顾仲、袁枚，等等。当然，这还不包括许多未曾留下姓名的食学研究者。

2. 袁枚食学的历史成就

袁枚（1716—1798），字子才，号简斋，晚年自号“仓山居士”、“随园老人”，世称“随园先生”，浙江钱塘（今杭州）人。袁枚生活的康熙五十五年至嘉庆二年的80余年间，正是爱新觉罗氏清帝国和平安定、鼎盛繁荣的最佳时期。由于以皇帝为首的满族贵族社会族群的耽于安逸享乐，清帝国官僚阶层与上层社会宴安成习。而袁枚一生主要生活的当时南中国的第一大都会江宁（南京），更是物阜文萃、风俗奢丽。史载：“当是时，清兴且百年矣，海宇乂安，物力充裕。江左当道以其余力，开阁延宾。”（《袁枚全集》第八册附录二）正是这样的时代风气与区域文化生态环境，为袁枚独特的美食活动提供了历史上同类人物无与伦比的客观条件，因而使他把自己别开生面、极富创意建树的食学研究推向历史的巅峰成为可能。

袁枚12岁为县学生，24岁中进士、选庶吉士；后在江苏做了4任知县，又曾一度调任陕西，所至皆有廉能之声。但他决计早早结束仕宦生涯，于南京小仓山营造“为大江南北富贵家所未有”的随园（《小仓山房诗集》卷三十一），史称其“为当时诗坛所宗仰者凡五十年”（《清史稿·文苑》），他自己也很自信地说：“千秋万世，必有知我者。”（同上）正是由于有了海内宗仰的学术成就和人皆向慕的声誉，才使得袁枚拥有了“所至延为上宾”的特殊社会地位（《袁枚全集》第八册附录二），这对他遍食四方异味的美食实践无疑是十分重要的。

袁枚在总结自己的学术成就时说：“平生品味似评诗，别有酸咸世不知。”（同上）他的学术生涯和成就中相当一部分是食学，他自认为自己的食学成就也不在有“当代龙门”之誉的诗学成就之下，而且已经达到了远在世人认识与理解能力之上的超凡入圣的境界。他被饕餮贵族、上层社会视为无出其右的品味专家，公卿宴会多延请他对膳品宴事做鉴定评判，正如其诗文所说：“随身文史同商榷，到处羹汤教品题。”（《小仓山房诗集》卷三十三）而在其遍历大半个中国的游踪所到之处，多是“招饮一霄三四处”(同上卷三十五),“有如不期而会百八国,都为先生一张口,千里脯,五侯鲭,三十六种古董羹。一一罗列求褒评,不怕忙杀天上天厨星。……珍馐吞尽珠玑吐,莫管衙外冬冬报三鼓”(同上卷十九)。

袁枚认为个人人生与国家大事莫过于饮食,“饮食”也是一门可以与任何其他学科相类似的大学问。他说:“夫所谓不朽者,非必周、孔而后不朽也。羿之射,秋之弈,俞跗之医,皆可以不朽也。……余雅慕此旨,每食于某氏而饱,必使家厨往彼灶觚,执弟子之礼。四十年来,颇集众美。”(《小仓山房文集》卷十九)袁枚的食学思想与食学研究成就大量散见于他的诗文著述中,《随园食单》、《厨者王小余传》是其典型代表。他认为:“学问之道,先知而后行,饮食亦然。”(《随园食单》序)也就是说,只有掌握了正确的理论和科学的方法,一个人治学从艺才不会走弯路、入迷途,才可能收到事半功倍的效果。显然,他认为中国厨行技艺授受数千年传统完全依赖于个人经验把握是非理性的。当然,他也很清楚,造成这种状况的根本原因是厨者整体的文化教养缺乏和封建行帮制度与行业习气使然。于是他才会决心为天下先,下大气力著肇基立极的《随园食单》为厨者立百代典则。同样,《厨者王小余传》也是史无前例的创举,不仅是文学史上为厨者立传的创举,更是为当时和其后以千百万计数的厨者树立德、艺、绩三才兼备业者楷模的创举。

“莫怪何曾唤奈何,肴佳原不在钱多。”(《小仓山房诗集》卷三十三)袁枚视高层次的饮食生活为一种艺术化境界,肴馔的制作也能够并且应当追求极致化结果。这种境界和结果,需要他这样的食学专家、美食行家与“良厨”的共同努力。袁枚认为“作厨如作医”(《随园食单》序),称厨德、厨艺、厨绩三者皆备的厨者为如同史家称颂的良相、良将、良医一样的“良厨”,等而下之是名厨、名手、俗厨、恶厨。达到艺术化操作境界的肴品制作,不是一般意义的厨师烧菜,而是如治国、治军一样的“治菜”。他认为世间万事万物“知己难,知味尤难”(《厨者王小余传》)。《随园食单》中的二十“须知单”、十四“戒单”,精要独到、生动深刻、系统完备地阐述了饮食理论和厨事法则,是中国古代食学理论和饮食思想的历史性总结。其他诸“单”所记载的326种精致肴馔、名茶美酒等,均确记原料、制法、品质、由来,至今仍极具参考意义。《随园食单》初版于乾隆五十七年(1792),以后200多年间曾多次再版,一向被认为是中国历史食学和传统烹调的经典著作,有中国古代“食经”之誉,1979年日本东京岩波书店出版了日文版。作为食学理论家和美食品鉴家,袁枚代表了中国全部古代史民族饮食文化的辉煌。

袁枚的《随园食单》一书所记名美之肴,上至元明,下迄清乾隆末年,可谓品品皆精,款款有据。大多数菜品至今仍在流行中,且广为大众所喜爱。炒菜最重刀、勺、火三功,如炒腰花、炒春芽(豆芽去两端)、芽韭炒肉、熘鱼片、熘里脊等传统品种是其典型代表。如豆芽菜本极俗贱,但却最见火候之功,出勺、装盘、上桌一气呵成,接目之际,当是看去似生,入口恰熟,方为极至之美。炒法精细发展,又有爆炒、熘炒、滑炒、清炒等多种更细微的区分,要在司厨者运用之妙,存乎一心。

袁枚食学成就在中华民族饮食、烹饪文化史上的地位,可以简括为10个“第一”:

(1)袁枚是海内外饮食文化界和餐饮界普遍认同的中国古代食圣,是中国历史上最伟大的饮食理论家和最著名的美食家。

(2)袁枚是中国历史上第一个公开声明饮食是堂皇正大学问的人。

(3)袁枚是中国历史上第一个把饮食作为安身立命、益人济世的学术,毕生研究并取得了无与伦比成就的人。他研究饮食文化大半个世纪,历时约半个世纪撰成的中国历史上的食学代表作是不足2万字、被海内外食学家称为中国古代“食经”的《随园食单》。该书的理论与实践价值至今仍非常重大。《随园食单》的价值不仅是食学的,其思想哲学和语言文学价值同样是不可低估的。

（4）袁枚是中国历史上第一个为厨师立传的人。一篇深寓哲理、醇情实义、文采飞扬的《厨者王小余传》，使一个身居封建社会最底层、默默无闻的厨子成为了当代中国2500万事厨者脍炙人口、心仪崇敬的历史名人。在袁枚笔下，王小余没有了那个时代厨人职业性和社会族群性的粗俗愚昧、固执保守、苟安短见、卑微扭曲等局限与陋习，人们读到的是一个心志高远、锐意进取、特立独行、技艺超群的不凡之辈，一个屈身于三尺灶台的大隐之贤。袁枚笔下的王小余的厨德、厨艺、厨绩毕集，臻一人之身而至善，不仅古史无侪，即使在现今时代厨行中也罕有其匹。可以不夸张地说，袁枚笔下的王小余足堪为中国厨人史上的百代楷模。

（5）袁枚是中国历史上第一个得到社会承认的专业美味鉴评家。乾隆三十年（1765）冬至日，袁枚给他的宗师、由两江总督任入阁的尹继善写了2首诗，其中之一有句："随身文史同商榷，到处羹汤教品题。"（《小仓山房诗集》卷十九）这是袁枚得到社会承认其专业美味鉴评家身份经历的形象生动的证明。诗中自注云："公命将群官膳饮，戏加甲乙。"当时以总督尹继善为首的地方大员，更番治宴，竞相美食相夸，成为社会风尚。著名学者孙星衍曾有明言："江左当道以其余力，开阁延宾。枚以山人预其游，排日燕乐，或畏其雌黄，争致金币。"大有袁枚一言九鼎，荣辱全凭其可否的阵势。历史实情也确是如此，袁枚的确赢得了"味许淄渑辨"的独特身份声誉（同上卷二十二）。不仅南京城里冠盖豪门待袁枚为座上客，大江南北贵门名家也纷纷柬招函邀，所至美味敬陈，冀其指点扬揄："文武纷纷宴老饕，家家亲手动鸾刀。为来护世城中客，欲试羹汤若个高。"（同上卷三十）

（6）袁枚是中国历史上第一个系统提出文明饮食思想的人。袁枚在《随园食单》中明确提出"戒耳餐"、"戒目食"、"戒暴殄"、"戒纵酒"、"戒强让"、"戒落套"，以及他反对吸烟等一系列文明饮食的观念和主张。如此系统、全面、深刻、鲜明、独到地论述饮食文明，并将对中国古代饮食文明的认识提高到历史高度的，袁枚堪称是中国历史上第一人。

（7）袁枚是中国历史上第一个大力倡导科学饮食的人。袁枚在倡导文明饮食思想的基础之上，又进一步倡导科学合理的饮食原则和良好的饮食行为规范。他在"洁净须知"、"本分须知"等有关节目中提出了系统的科学饮食主张。他明确反对以奢为贵、以奇为珍的错误观念和不良习尚，认为中国菜肴应当以鸡猪鱼鸭、蔬笋豆腐等大众可及的日常大宗食物原料为主，认为官场、市肆追求燕窝、鱼翅、海参等奇特山珍海味的风习是不可取的。应当说，这在袁枚的时代是极其难能可贵的。

（8）袁枚是中国历史上第一个敢于公开宣称自己"好味"（《小仓山房续文集》卷二十九）的人。自从孔子树立了简食薄食的榜样形象，并为后世留下了"君子谋道不谋食"的圣人教诲之后，再加上孟子的"饮食之人，则人贱之矣"的观点，"君子远庖厨"就成了中国历史上读书人的定型心态，耻言个人食事成了中国历史上传统的社会主导意识。在中国历史上，一个人无论其道德修养多么高，无论其学识多么深，也无论其功绩和声望多么显赫，只要他是好吃的，或者说他喜爱美味被发现了，那就一定会被认为是污点，所以任何人也不敢公开谈论美食品味之事。然而袁枚竟然敢冒天下之大不韪，公然大言宣称自己平生有九大爱好，第一好就是"味"："袁子好味，好色，……又好书。"（同上）一个有大成就、大名气的读书人，竟然将"好书"殿于人生所有爱好的最后，相反却把犯道统时议大忌的"味"、"色"列在首位，其用意显然是在挑战，是对来自上层社会责难压迫的无畏反击，是向牢固统治2000多年的食禁锢主流意识的主动出击，这无疑是中国历史上第一声打破数千年牢固人生食事禁忌的呐喊。随后是他将食事作为大雅学问历半个多世纪之久的郑重而卓有成效的研究。人生食事正是在袁枚手里变成了庄重的学术。

(9) 袁枚是中国历史上第一个将“鲜味”认定为基本味型的人。袁枚对美味追求的一个突出特点，袁枚食学的一个典型特征，就是他对“鲜味”的独到理解：“味欲其鲜，趣欲其真，人必知此，而后可与论诗。”(《小仓山房诗集》卷三十三)一部《随园食单》频繁使用“鲜”字有40余处。袁枚和李渔(1611—1679)是中国饮食史上两个讨论鲜味最多、也最深刻的饮食理论家和美食家，而袁枚又是继承了李渔且超过了李渔的鲜味论者。

(10) 袁枚是中国历史上第一个把人生食事提高到享乐艺术高度的人。毫无疑问，袁枚既不是那种只想满足个人口腹之欲的饕餮之徒，也不是中国历史上不乏其人的那种游戏笔墨型咏食文人，而且又与仅仅直录食事表象的人们很不同。袁枚是远远高出所有这些人之上的伟大的食学家。他的一首《品味》讲得很清楚、很准确：“平生品味似评诗，别有酸咸世不知。第一要看香色好，明珠仙露上盘时。”(同上)袁枚的诗学成就是当时举世闻名的，“士多效其体。著《随园诗文集》凡三十余种。上自朝廷公卿，下至市井负贩，皆知其名。海外琉球有来求其书者”(《清史稿·文苑》)。而袁枚却郑重对世人说：你们不是已经知道我诗学的才力成就了吗？那么，你们也要明白我的食学功力也不亚于我的诗学呀！食学在袁枚心里，食事在他的平居生活中，完全升华到精神体悟、艺术享乐的境界。他认为浩荡天下“知己难，知味尤难”(《厨者王小余传》)，“知味”是一种极高的人生际遇与境界，是一种很难的认识与感悟能力。

3. 饮食与烹饪文化著述的涌现

明清时期，从饮食文化的广阔视野来考察，以丰饶的原料为物质基础、厚重的传统为文化底蕴的下江地区餐饮业的兴旺和饮食文化的发展，在全国范围来说，没有哪一个文化区是能出其右的。饮食文化的发展，通常是依靠物质基础、社会需求、科学技术等基本要素支撑的。而社会需求的最具代表性事例，就是这一时期食事烹饪著述的大量涌现，它反映的无疑是社会对饮食与烹饪的关注。食事烹饪著述大量涌现于明清时代，“天下食书出下江”，这种涌现又基本集中于江苏、浙江等东部沿海地区。今天看来，我国历史上成熟食书的大量出现是在明清。由于城市经济的发展，宋代食事与烹饪类书开始增多。这些食书的撰著者多为下江籍学人，这无疑是下江社会食生活的记录与反映；另外一些非下江籍著述者中亦多有对下江地区食生活不同程度的体验，或对下江地区饮食文化有相当的认知和理解。其中的重要著作，均已列于本大典的第一编，这里从略。但宋以下历代食书记事，已足使人管窥明清两代及下江食学家之多、食学研究之盛与饮食文化之发达，的确为中国古代饮食史奇异之现象。

(二) 外来物种对中国社会食生产与食生活的影响

明代中叶至清代中叶，从海外持续进入的一批新食料物种对中国人的食生产、食生活与烹饪文化产生了革命性的影响。这些引进的新食料作物，以源自美洲的为主。引进食料作物的首要意义是缓解了历史上中国人渐趋尖锐的吃饭矛盾。明清时期，我国人多地少的矛盾日渐突显。既耐瘠、耐寒又高产的新作物的引种，使许多一向未曾利用的荒山、滩涂成了有用之地，人们的食料数量增加了，品种结构也因之得到了改变与改善。从生产角度看，引进新作物的逐渐推广普及，同时也进一步强化了中国农业精耕细作、集约经营的历史传统。而这些新食料引发的烹饪技术变化及其文化意义同时也是不可低估的。

传入中国的这些新食料作物品种计有玉米、番薯、马铃薯、花生、辣椒、木薯、向日葵、南瓜、西红柿、菜豆、烟草等近30种。它们对中国人烹饪文化的影响力，应当是显而易见和有目共睹的，直到今天，这些食物原料还在深刻有力地支撑和影响着中国人的日常饮食生活。引进的新食料,最初都会被中国人以惊异好奇的心态特别关注,甚至钟爱。玉米,最初被称为“番麦”、“玉麦”、“西天麦”、“玉米”。市井文学记录明中叶上层社会珍馐宴客,玉米就在桌上:“登时四盘四碗拿来,桌上摆了许多嗄饭,吃不了,又是两大盘玉米面鹅油蒸饼儿推集的,把金华酒……”(《金瓶梅词话》第三十一回)其受重视程度可想而知。玉米广泛普及之后,数百年间一直是中国杂粮种植区广大下层社会百姓赖以活命的主要食物原料品种。窝窝头、贴饼子、糊糊粥、大馇粥、小馇粥、疙瘩汤、饸饹条、粑粑,等等,玉米原料演变出了许许多多中国式的特有的食物品种,当然还有青棒煮、烤,干粒爆花以及由玉米或玉米粉与其他食物原料搭配制成的更多食品。其中,“贴饼子”的烹饪方法是将玉米粉饼“贴”附在铁(或其他金属)锅壁上,然后锅中略着水或其他汤汁菜,锅盖盖严(外蒙巾布以阻热气外泄),火烧片时即可开锅铲取。玉米粉可以有发酵与不发酵两种,既可单一使用玉米粉,亦可与大豆粉或其他谷物粉掺兑使用。这种“贴烙”的烹饪方法除“贴饼子”外很少用于其他食物原料和食品品种。

番薯,又名“甘薯”,山东等地俗名“地瓜”,属于旋花科块茎植物。明万历年间番薯经菲律宾吕宋传入闽广,后逐步普及到各省区。和其他农作物比较,番薯的抗灾害能力和土壤适应能力都有明显优势。番薯的淀粉含量大,故为中国人重要的粮食代用品。在人口密集的山东省竟成为劳动人民的主要食料。种植番薯和其他农作物相比较,还有省工、省力、省成本的优越性:“薯则插苗入地,俾之自蕃。薙草以犁,培而待熟。荷锄无耘耔之劳,涤场无刈获之瘁。始播西畴,终殿南亩。工力未半于农功,丰登自倍于百谷。”番薯的高产更是其得以在中华大地广泛普及的重要前提:“上地一亩约收万余斤,中地约收七八千斤,下地约收五六千斤。”鲜薯“每万斤,晒干三千五百斤零”(清代陈世元《金薯传习录》)。史载,乾隆末期山东地区种番薯,“一亩种数十石,胜谷朴二十倍”(清代陆耀《甘薯录》)。番薯用途很广,如清人所说:“甘薯可生食、可蒸食、可煮食、可煨食。可切为米,晒干可作粥饭。可磨为粉,晒干团为饼饵。共造粉之法,取薯卵洗净和水磨细,仍以大缸贮水,淘去浮渣,做法同藕粉,渣可饲豕,将其粉作丸,与弥珠细谷米无异。”“可生、可熟、可截、可羹,可为饼饵,可制团饴,可如瓠以丝,可如米以碓,可连皮以造酒,可捣粉以调羹,可作脯以资粮,可晒片以积囤,味同梨枣,功并稻粱。”番薯的“可以代食”,“甚为谷与菜之助”,“根蔓叶皆可食,晒干耐陈”。鲜食之余,人们还将番薯“切片曝干(每 1.5 千克鲜薯可晒薯干 0.5 千克)囤藏,以御荒歉。”许多地区“乡人皆蓄以御冬……值与粮食等”。

马铃薯,在我国有“洋芋”、“土豆”、“山药蛋”、“地蛋”、“荷兰薯”等多种称谓,这表明马铃薯在我国种植分布之广和百姓民生依赖之重。马铃薯的高淀粉、易充饥、易种植、易加工等特性,加上其抗旱耐贫瘠的属性,使其理所当然地成为民艰于食的中国人的钟情依赖物。历史上中国人的马铃薯食用方式,主要是削皮以后基本原形态的煮、烀、蒸、煨;改制成块、片、条、丝、丁等形态的煮、煲、炒;磨粉后蒸、煮;加工成粉条、粉丝,等等,此外还有干淀粉用于烹调芡粉。马铃薯也如同番薯一样,可以晒干(生、熟)后煮食。至于用作饲料和酿酒原料等用途,则已经越出了烹饪文化的范畴。

辣椒,又名“番椒”、“海椒”、“秦椒”、“地胡椒”、“辣茄”等。如同佛教不同程度地影响每一个中国人思想行为和全面渗透进中国文化一样,辣椒无疑是中国人从灶房到餐桌最具外来文化影响力的要素了。

南瓜,别名“番瓜”、“饭瓜”、“倭瓜”、“回回瓜”、“金瓜”等,系葫芦科南瓜属一年生蔓生草本植物,该属约 25 个种,全产自美洲,引入我国的南瓜、笋瓜和西葫芦 3 个品种中最普遍的是南瓜。元末明初已见于贾铭的《饮食须知》:“南瓜味甘性温,多食发脚气黄疸,同羊肉食，令人气壅，忌与猪肝赤豆荞麦面同食。”南瓜在人们的膳食结构中本属蔬菜性质,但因其较其他蔬菜还富含糖以及蛋白质、脂肪、粗纤维等,所以通常也被中国人用作谷物的代食料和备荒食料。作为蔬菜,南瓜通常是采用单独或与其他蔬菜搭配烹饪，具体方法是炖、炒等。作为谷物代食料,一般是用蒸、焙烤等方法。作为备荒食料,通常是蒸或煮后去外皮晒干,直接或碾成粉后贮存备用。

菜豆,又称四季豆、时季豆、芸豆、四月豆、梅豆、联豆、架豆等,具有粮食、蔬菜、饲料等多种用途。中国文献记载最早见于康熙年间纂修的四川、云南、贵州等省方志。南北皆有种植,栽培面积仅次于大豆。

西红柿于明朝万历年间(1573—1620)传入我国,1613年山西《猗氏县志》中已有记载。西红柿引种初为观赏植物,19世纪中后期开始食用。

烟草的传入、普及与吸食,属于广义的饮食文化范畴,与烹饪文化关系不是很紧密。因此,即便其对民族生活、社会文化产生了极其重大的影响,也只能阙如。

（三）烹饪文化的历史繁荣

1. 权贵阶层的烹饪文化特征

历史进入明代中叶之后，富贵阶层作为社会族群整体对物欲享乐的追求呈现出心安理得、少有顾忌的时代性文化特征。权贵阶层是上层社会的核心结构，通常也是一个社会最具导向性影响力的结构。值得注意的是,这个阶层食事生活在“饮食文化”与“烹饪文化”二者相权的历史评估价值上，要比其他任何社会阶层更倾向于后者。因为,正是他们的食事活动更注重烹饪技术追求,更严格关注食品的终极审美。于是,厨房、厨师的声誉与价值因服务于他们的满意需要而得以实现与突显。

而构成权贵阶层烹饪文化物质结构的，则主要是府第家厨、市肆高档酒楼两大厨事机构与宴享场合。权贵阶层的宴饮活动,主要表现为官场酬酢、家庭宴会、青楼流连几大类型,它们的场所无外乎府邸餐厅、衙署食堂、酒楼饭庄,或者秦楼楚馆餐室,或其他优游陶情之所。以国家名义运作维系的宫廷饮食本质虽属于权贵阶层食事的范畴，但由于其垄断、封闭、律制规定不可模仿等属性,因而使其相对独立于烹饪文化流动的社会机制之外。因此,所谓社会权贵阶层的烹饪文化应当属于“一人之下”、“百姓之上”的那部分社会成员的食事生活。如明代那些饕餮纵欲的藩王、朝纲垄断的显宦、权倾朝野的巨铛,清代那些专事吃喝玩乐的众多八旗王公贵族、私壑难填的军机长官、耽欲口腹的封疆大吏、政府扶持的专营官商、醉生梦死的末代贵胄豪富、舞袖游刃于权利场的名流闻人,等等,都是权贵阶层在烹饪文化舞台上的重要角色。《随园食单》中收录的许多膳品,就是来自于这些成员私家府第的家厨绝技、席上珍品。明代世人侧目的各种规格“上席”,清代天下瞩目的“满汉全席”、河督的昼夜连筵等,都是权贵阶层独享的豪华大筵。而号称“天下第一家”的曲阜衍圣公府,则是明清两代权贵阶层烹饪文化中最具典型性的代表。

衍圣公府的“祭祀筵”、“延宾筵”、“府筵”三大筵式系列中的各类“燕翅席烧烤席”、“翅子鱼骨席”、“鱼翅席”、“海参席”、“一品锅筵”等，比较集中地代表了历史时代的烹饪文化最高水准。厨膳管理,名厨绝技,奇珍异馔,美酒名茶,华堂美器,礼仪典雅,中国饮食文化的“十美风格”得到系统的充分展现。明清两代的大部分名肴美食、基本烹调技法一直保留到今日，并且还基本是社会餐饮高层消费与服务的重要资财。

2. 市肆餐饮繁荣发展

市肆餐饮的基础是城市的发展、市民族群规模的扩大、社会性外食需求的不断增长以及整个社会所能提供的物质条件。15世纪以后,沿着大运河经济文化地缘,北起京、津,南抵闽、广，中带苏、浙，逐渐形成了东部沿海地带星罗棋布的城市群的文化生态结构，市肆餐饮随之同步发展。明清时期宁、苏、沪、杭各中心城市中鳞次栉比、别帜标榜的饭店酒楼；晚清民初北京的各大饭庄，天津、福州、广州、武汉、成都等诸省都会大埠的宴享之所，都荟萃着烹饪文化的时代精华与历史成就。

如清晚期，苏州商业文化中心区的饭店中经营各种“满、汉大菜及汤炒小吃”，计有：鱼翅蟹粉、鱼翅肉丝、清汤鱼翅、黄焖鱼翅、拌鱼翅、炒鱼翅、烩海参、十景海参、蝴蝶海参、炒海参、拌海参、烩鱼肚、炖鲥鱼、汤鲥鱼、汤着甲、黄焖着甲、烧小猪、哈尔巴肉、烧肉、烧鸭、烧鸡、烧肝、红炖肉、木樨肉、口蘑肉、金银肉、高丽肉、东坡肉、香菜肉、果子肉等各种山珍海错菜肴150余种；八宝饭、水饺子、烧麦等点心26种。正如清人沈朝初《忆江南》词所云：“苏州好，酒肆半朱楼。迟日芳尊开槛畔，月明灯火照街头，雅座列珍馐。”清末汇集市肆庖人行厨手册成书的《调鼎集》更将下江一带社会餐饮经营的品种做了集大成的整理，它们从灶房和餐桌的视角给我们展现了那个时代市肆餐饮的繁荣。该书几乎涓滴不漏地记录了清代下江地区规模酒楼饭店灶房所利用的原料和提供给消费者的所有肴馔品种。举凡燕窝、鱼翅、海参、熊掌、驼峰、鹿筋、蹄筋、果子狸、鸡、鸭、雀、猪、羊、牛、鱼、虾、蟹、鲍鱼、兔、蛋等诸般荤食原料，以及笋、菇等各类蔬菜，皆历历在案。大概其数：燕窝菜10余品，蹄筋鹿筋菜10余品，海参菜13品，鱼翅菜17品，鸡菜约150品，鸭菜约80品，鹅菜13品，野鸭菜20品，猪菜约600品，熊掌4品，鹿17品，牛13品，羊87品，果子狸1品，鸽、鹌鹑、麻雀、黄雀等20品，鸡、鸭、鹅、鸽蛋100余品，鱼约250品，蟹45品，虾约45品，甲鱼16品，水鸡12品，鲜干笋近70品，各种萝卜近70品，青菜、白菜、黄芽菜53品，芥菜、大头菜、油台菜、瓢儿菜、韭菜、苋菜、菠菜、莼菜、芹菜、荠菜、香椿、蓬蒿菜、萎蒿、莴苣、豌豆头、紫果菜、金针菜、茭白、茭儿菜、芋艿、菜花头、马兰头等不下160品。其具体品目，略举即可知原料、风味与技法一斑：酥鸡、炒鸡、烹鸡、荷叶包鸡、干炒鸡脯片、石耳煨捶鸡、炉焙鸡、烩蹄筋、海参煨肉、爆肚、烧炸肉、烀肉、甜酱肘、糟鲫鱼、香糟豆腐、香糟炒肉、松仁烧豆腐、粉蒸肉、锅焖肉、干焖肉、盖碗装肉、黄焖肉、酱切肉、东坡肉、烧酒焖肉、茶叶肉、熏煨肉、豆豉煨肉、家常煨肉、盐酒肉、盐水肉、酱肉、千里脯、酱风肉、酱晒肉、挂肉、风肉、松熏肉、家香肉、辣椒肉、腌肉、灰腌肉、黄泥封肉、醋烹肉、蒸腊肉、芥末拌肉、糖烧肉、油炸肉、挂炉肉、苏烧肉、出油复汤白肉、糯米肉圆、葱嵌肉、扣肉、酒醋蹄、灌油肚、炙肉皮、炖鹿肉、叉烧金钱肉、冻羊肉、网油羊肝、瓤肫肝、茶油鸭、滚水提桶鸭、醋熘变蛋、拆骨野鸭、炙子鹅、蒸鲥鱼、酱醋拌鳊鱼、面煨鳊鱼、干煎胖鱼、炖银鱼、煮河豚、醉蟹、八宝鸭、酸笋、炝笋、卤萝卜、拌韭菜芽、烤芋片……此外，又有：“上席”肴品110品，“中席”肴品69品，“汉席一”70品，“汉席二”75品，“满席”25品，常用干鲜果40品，习惯性“冷盘”18品，常用“热炒”26品，传统“点心”10品，“择用菜类”16品，“小杂菜”32品。又按“或取其为，或取起色”原则的“配菜菜式”品种有八宝燕窝把、蟹肉鱼翅、鳝鱼海参、松菌煨鸡、香椿烧芽笋等约300余品。

《调鼎集》的行厨手册特征是明显的。它不是教科书或培训教材一类的厨事书，它是主灶者保存在自己手中的，是他们的行厨记录和经验记录、章法依据、参考资料。严格来说，《调鼎集》不能称作一本书，因其未经过基本的梳理编排，几无体例规范可言。但对于烹饪历史文化研究来说，因其未经加工润色，恰恰较多地保留了厨事活动的原真性历史信息。《调鼎集》中“铺设戏席部”之“进馔款式”、“碗盘菜类”的划分，既是当时市肆餐饮灶房厨事管理与筵式规范记录，同时也是该时代市民社会各阶层外食群体的消费习惯反映。“上席”、“中席”之称源于明代，清代中叶以前仍十分流行。而“满席”、“汉席”则是清初至中叶的官场酬酢筵式。《调鼎集》中的“菜式”分类明显地沿袭了明中叶以下至清中叶许多流行食书的格式，而其许多内容则直接录自前者。其中，对《随园食单》的抄录数量就颇为可观。这些让我们认识到，《调鼎集》汇总内容的时间下限，大约迟至道光中叶以前。

（四）烹饪工具与工艺

明清两代的烹饪技术，并没有突出的进步，有的基本是既往时代传统的承续。基本烹饪工具——灶，在庶民大众的家庭中基本无大变化，燃料仍是以传统的柴草为主，球冠形广口、深腹铁锅则是大众家庭普及使用的范式。铁锅的这一器型，是历史上中国多人口百姓家以煮食为主食生活的需求特征。这样的锅，除了满足人们吃饭的需要外，还同时兼有煮家饲猪、鸭等畜禽食料的作用。

但上层社会私家与衙署食堂及市肆餐饮业灶房，则有明显的不同。由于对强旺火力的需要，木柴和煤炭成了这些食堂与灶房越来越倚重的燃料。而除了传统的用于煮的各种型号铁锅之外，“北勺南锴”成为时代特征与地域分野的重要烹饪工具。勺，又称炒勺，近现代有铁板轧制成型和捶打成型两种，清代中叶以前则基本是铸铁与捶打成型者。捶打成型者又称“刨勺”，最宜旺火炒菜使用。炒勺一端有榫，内安一木柄，操作时，厨师一手握柄持炒勺，一手持长柄手勺，两手协调动作：灶内燃料燃烧的噼啵声，勺内食料受热的吱吱声，两勺丁当碰击声，一应嘈杂呼应声，火光喷薄跳跃之中肴香四溢，场景颇具观赏性。南方的锴亦有两种，一为铸铁，一为薄铁片，铸铁者底部多有便于放置的三钉足。锴的边沿有对称双耳，锴又称“炒瓢”，厨者操作时用抹布裹住一耳把持运作，另一手持手勺配合动作。

中国烹饪传统工艺的源头是原始人类的火塘，我们称之为“明火直接烹饪阶段”，之后是“传统陶烹阶段”和“经验铁烹阶段”。“经验铁烹”作为一个食品加工技术的历史性阶段，其下限终结在近代科技给中国社会厨房带来革命性影响的时代——20 世纪中叶开始之前。所谓“经验铁烹”，指的是用铁制工具按传统工艺烹饪肴馔的过程，操作者完全凭习传知识、个人经验手工完成食品加工制作任务。这样，明清中叶历史时期的中国烹饪技术，完成了中国烹饪文化自史前人类穴居的火塘以来的全部历史过程，“传统”在这一时代完成和终结。直到今天，中国餐饮业仍在广泛使用着的烧、烤、炙、炮、煨、煮、汆、涮、烹、熬、煎、炸、蒸、熏、卤、酱、拌、炝、腌、烩、炖、焖、扒、溜、炒、爆，以及贴、煸、拔丝、挂浆、蜜渍等烹饪技法，几乎都在清代中叶以前就被熟练使用着了。

（赵荣光）

九、晚清与中华民国时期的中国烹饪文化

晚清至中华民国 1 个多世纪时间的中国烹饪文化，最突出的时代特征就是外来烹饪文化的登陆中国，中国社会严重两极分化下上层社会烹饪文化的畸形繁荣以及西方对中国烹饪文化的深度接触与认知。三者中，前两者是属于整个社会的，可以认为属于中国烹饪文化的历史范畴，后者则是西方对中国的认识，属于中西文化交流与西方烹饪文化的视野。

（一）烹饪文化的欧风东渐

1. 西方烹饪文化的影响

西方烹饪文化的登陆中国，是在列强军事征服、经济压迫、文化欺凌和中华文化全面

衰危的综合态势下实现的。事实上,西方烹饪文化登陆中国的历史过程早在鸦片战争以前就开始了。不必作更早的历史追溯,但葡萄牙人将其欧洲故土的饮食生活习惯与食品加工方法带到了占据地澳门则应当视为是西方烹饪文化成功登陆的开始。其后,最初的挎枪荷兰人和葡萄牙人还一度将他们的烹饪文化带到了台湾岛,但人数寥寥,时间短暂,均未留下什么影响。后来,康熙二十四年(1685)开始的粤、闽、浙、苏四省海关通商与乾隆二十二年(1757)广州一口通商的政策对外国人有许多人身限制,因此,那时的西方烹饪文化对中国内地的影响还基本可以说是微不足道。

但是,鸦片战争之后,情况则开始变得完全不同了。政府的政策限制与社会的文化封闭很快土崩瓦解,西方影响犹如洪泄奔腾,几乎无孔不入。鸦片战争之后西方烹饪文化对中国文化的强劲态势有两大历史性特征:一是随着通商口岸增辟、租界地开辟、入境开禁等一系列重大变化,来华洋人日益增多、活动范围日益扩大,作为生活习惯的西方烹饪文化因之身影相随肆为漫溢;二是在中国社会传统的文化自尊彻底粉碎的同时开始以尊崇的心态对待西方的餐桌及其行为。严格来说,西方烹饪文化从这时起才真正开始对中国社会与中国烹饪文化产生影响。从鸦片战争的19世纪中叶到国民党政权在中国大陆完结的20世纪中叶的短短100年间,西方烹饪文化对中国社会的影响是咄咄逼人和效果显著的,尽管它在以广大贫苦农民为主的中国大众家庭厨房里与餐桌上的痕迹几乎是很难发现的。但是,在口岸城市,在租界区,在中国上层社会与知识界,西方烹饪文化的影响却是重大和深刻的,它在有限地进入中国上层社会家庭的厨房、走上他们家庭的餐桌的同时,正在积累最终足以改变中国人传统烹饪理论与理念的力量。西方烹饪文化对中国的影响,可以概括为中国人对外来食物品种与洋人进食方式的冷眼旁观、中国人尝试体验的感觉接触、吸纳接受的传统烹饪结构改造这样3个过程与阶段。

2. 洋人的饮食与番菜馆

一个人从幼小时期逐渐养成的饮食习惯是根深蒂固的,一个成年人离开故土到极其遥远而又十分陌生的环境中去,最大的生存苦恼就是不得不面对完全陌生的饮食。于是,强力征服者就力所能及地在居留地保持固有的饮食习惯,西方烹饪文化因此得以在中华大地上立足生根。中国人最初面对洋人饮食时,可以说是十足陌生惊异、疑惑不解、手足无措、局促尴尬的。一位出席了洋人宴会的中国商人感慨道:"现在,你判断一下这些人吃东西的品味吧:他们坐在餐桌旁,吞食着一种流质,按他们的番话叫做'苏坡',接着大嚼鱼肉。这些鱼肉是生吃的,生得几乎跟活鱼一样。然后,桌子的各个角都放着一盘盘烧得半生不熟的肉;这些肉都泡在浓汁里,要用一把剑一样形状的用具把肉一片片切下来,放在客人面前。我目睹了这一情景,才证实以前听人说的是对的:这些'番鬼'的脾气凶残是因为他们吃这种粗鄙原始的食物。他们的境况多么可悲,而他们还假装不喜欢我们的食物呢!想想一个人如果连鱼翅都不觉得美味,他的口味有多么粗俗。那些对鹿腱的滋味都不感兴趣的人,那些看不上开煲香肉、讥笑鼠肉饼的人,是多么可怜!他们就是吃着罗万记——他将永远被人们记起——的方法烹制的象蹄,也不会产生满足的快感,至于对可爱的犀牛角那种融化的丰富滋味,他们就更无动于衷了!"显而易见,中国人最初面对西方烹饪文化时,惊诧疑惑的同时也怀着明显的鄙夷和不以为然。而上层社会中国人引以为傲的那些奢侈食品的文化价值与文明意义,今天已经不难作出判断了。一般来说,在中国居留的洋人日常饮食的基本原料大都是就地取材,只是烹饪方法与调料、调味手段尽可能保持着故土的传统:"每天早上起来,他们会在睡房喝一杯茶,然后洗个冷水澡。9点左右,他们便吃早餐,早餐包括炸鱼或炸肉排、冷烤肉、水煮鸡蛋、茶、面包和牛油。”“正餐包括龟汤、咖喱、烧肉、烩肉丁和酥皮糕点。除了咖喱之外，所有菜都是英式做法——虽然厨子是华人。”酒水是宴会不可或缺的食品，西餐宴会的主要特征之一就是各种功能与特色的洋酒：餐前的开胃酒、餐中的佐餐酒、餐后的甜酒等。“雪梨酒”是餐前开胃酒，“极好的玫瑰酒”、“霍奇森的淡色啤酒”则是餐中酒品种。这些品目众多的洋酒，在早期都是西方的舶来品。除了满足自身消费之外，洋酒还通常被用作馈赠从皇帝到地方政府的各级长官的礼物：“皇上命令送酒的诏书由赵昌在养心殿颁布，诏书一下，殷弘绪就进献六十四瓶葡萄酒和一瓶哈尔各默斯。该月（1709 年 4 月）稍后郎廷极奏闻皇帝，除了殷弘绪的礼物，其他西方传教士也正在准备如下贡献：建昌马若瑟，一瓶哈尔各默斯和四瓶葡萄酒；临江傅圣泽，八瓶葡萄酒；抚州沙守信，六瓶葡萄酒；九江冯秉正，六瓶葡萄酒；赣州达科斯塔，两瓶葡萄酒和一瓶德利亚尔噶；南昌妥安当，两瓶葡萄酒。传教士手中有这么多的葡萄酒储备不足为奇，因为他们频频以此为礼物赠送本省官员。”西餐的助食具是数量众多、规格多样、功用各异的刀叉和汤匙。尽管中国人曾经有过使用刀、匕、叉、匙助食的悠久历史，但是公元 11~12 世纪时就转化成基本用箸进食了。因此，面对西方人的舞刀弄叉，中国人自然无法掩饰诧异和好奇。西方人足履中国土地的同时，也带来了他们进食必需的刀叉。一位洋人来华时，除了随身携带的 542 瓶洋酒外，还带来了“30 把外国餐刀，及 30 把叉子，30 个玻璃杯及玻璃瓶（盛水瓶）……”好大喜功的清朝皇帝乾隆的御膳案上也出现了西餐刀叉：“乾隆十八年三月十二日，员外郎白世秀来说，太监胡世杰交金星玻璃靶西洋刀十一把，西洋叉子一把。传旨：将刀子俱改做叉子。钦此。”“乾隆十八年四月初七日，员外郎白世秀、达子来说，太监胡世杰交西洋布膳单一件，西洋布毡衬垫单一件，金地红花西洋锦一块，红地金花西洋锦一块。传旨：将金地红花西洋锦照样做单膳单一件，红地金花西洋锦照西洋布垫单一样做垫单一件，周围边要匀，中间不要边。钦此。”但是，在鸦片战争之前和其后相当长的一段时间里，西方烹饪文化对中国社会的影响，还局限在上层社会的某些界面，它们还基本上属于西方人自己的文化。

西方饮食与烹饪文化在中国进一步扩张的重要标志是西方餐饮饭店——“番菜馆”的出现。因开埠、租界领先和战略地位的突出重要，上海不仅成了最早出现西餐饭店的都会，而且也是西方饮食文化在中国的最主要生存发展地区。位于苏州河与黄浦江交汇处，约创办于道光二十六年（1846）的礼查饭店（今浦江饭店）是上海的第一家西式大饭店，创办人 Richard 是一位在海上漂泊大半生的美国船长。1917 年时，礼查饭店的“统仓”房间月租（包括膳食、午茶）是 60 美元。据说创办人是想将上海礼查饭店经办成美国最著名的纽约礼查饭店的。位于最繁华的南京路上的华懋饭店（今和平饭店北楼）是英籍犹太人维克多·沙逊，兴造于民国十五年（1926）的。华懋饭店本名沙逊大厦，是当时“远东第一高楼”，13 层，其中 4 ~ 9 层为华懋饭店。民国二十年（1931），沙逊又于长乐路茂名南路上兴建 18 层高的高纳公寓（今锦江饭店中楼）。位于茂名南路的法国总会（今花园饭店）兴造于民国十五年（1926），其前身则是德国人冯·都林和莱默斯等于光绪三十四年（1904）建造的德国乡村俱乐部。位于北苏州路的百老汇大厦（今上海大厦）由英国人兴造于民国二十三年（1934）。汇中饭店（前身为中央饭店，今和平饭店南楼）起造于同治四年（1865）。此外如都城大楼（今都城饭店）、大华饭店、马立斯花园（今瑞金宾馆）以及更多的洋人的俱乐部、公馆内部的西式餐饮基本都是服务于洋人的。当然，数量更多的则是规模小得多的各种同样以服务洋人为对象的西餐馆。时至 20 世纪 30 年代时，上海已经有英、美、法、德、意、日、俄等各式洋餐馆近百家：“西菜馆，从前又称番菜馆，一名大菜馆，清末民初就有一江春、一枝春、一家春、一品香、大观楼等十余家，现在陆续开设的又有数十家，所卖的均是英美式的西菜，也有几家卖俄式的西菜等。”最初的西餐馆既然主要是为洋人服务的，因此其开设地点也就靠近洋人的聚居或主要活动地区：外商银行、洋行集中的黄浦江一带密集了上百家西餐馆；南京东路至西黄陂路一带除了汇中饭店、吉美饭店、国际饭店外，还有德大西菜社、马尔斯、沙利文、冠生园、东亚又一楼、喜来临等数十家；复兴西菜社、红房子西菜馆、天鹅阁西菜馆等著名的西菜馆则分布在淮海中路外商集中地带。而到了40年代末，上海的各式洋餐馆已经发展至上千家之多。数量如此之多的西餐馆，主要是华人经营的，而其服务对象，则已经是洋华兼有了。这是因为，自清末开埠以来，来华洋人日益增多。20世纪初的国际形势造成了俄、犹太、日等外籍人移居中国的狂潮，40年代仅上海一地居留的犹太人、俄国人、日本人以及欧洲和世界许多地方的外籍人口已经约有10万之数。民国二十三年(1934)中国人吴鼎昌于南京路上兴建24层楼的国际饭店，数十年间一直享有“东亚第一”的称号，它的出现与生意兴隆，就是外国人和中国人共同需要的证明。同样，广州、天津、北京、汉口、青岛、沈阳、哈尔滨等许多城市也都相继汇聚了许多洋人，外籍人口的大量涌入中国，无疑也有力推动了西式餐饮业的发展。

著名的北京饭店，始于1900年邦扎和佩拉蒂两个法国人开的主要经营猪排、牛排、煎鸡蛋和红、白葡萄酒的西式小酒馆。六国饭店、德昌饭店、长安饭店等相继出现的西式饭店，分别经营着法、德、俄等烹调风格的餐饮，它们不仅是滞留北京的外国人的消费场所，同时也是中国上流社会各色人物经常光顾流连之处。等而下之的“醉琼林”、“裕珍园”、“得利”等西菜馆同样满足着许多中等消费群体成员的好奇与需求。汉口最早的西餐经营始于汉口大旅社“瑞海西餐厅”的开设，时在民国二年(1913)。紧随其后的是“一江”、“海天春”、“第一春”、“万四春”、“美的卡尔登”、“大中美”等西餐馆的相继出现，到了20世纪30年代，汉口已经有大中型西餐馆26家。以光绪二十四年(1898)中东铁路的修建为标志，开始了欧洲人涌入东北地区的高潮，俄国人、犹太人、日本人以及法国、波兰、德国、希腊、南斯拉夫、匈牙利等许多外籍侨民进入东北，他们大都分布在大中城市。他们中的一些人开始经营各种欧式风味的餐馆，如：“斯坡耳秃”(1930，苏联)、“孟杰缶尔老”(1931，苏联)、“奥古尔悔”(1940，苏联)、“家常午饭”(1945，波兰)、“松花江”(1945，苏联)、“家常午饭”(1947，苏联)、“旅顺口饭店”(1945，德国)、“阿各老他”(1942，苏联)、“克立时饭店”(1947，希腊)、“家庭午餐”(1947，苏联)、“苏联俱乐部饭店”(1947，苏联)等等。民国二十六年(1937)，据伪满洲国调查，哈尔滨的西餐馆已经发展到了260多家，大型的有“美国饭店”、“雅拉饭店”、“凡达基饭店”、“金角饭店”、“马尔斯饭店”、“紫罗兰饭店”等，仅道里区中央大街就有37家，著名的有华梅西餐厅、马迭尔等。

西方烹饪文化的影响远不仅仅止于食品物化形态和人们消费行为层面，它还更深刻地影响着中国传统的烹饪文化的生存发展和中国人的饮食文化观念。中国社会餐饮业对西餐文化开始吸纳：首先是对西餐习惯使用的原料、调料的接受，继之是对其烹饪方法的参照借鉴，接下来是服务与管理的学习。洋米、洋面、番茄、洋葱、卷心菜(莲花白)、生菜、咖喱、黄油、牛奶、味之素(味精)等逐渐进入中餐厨房；煎猪排、煎牛排、煎羊排、煎鱼排等西餐传统菜品也为中餐厨师所认可；西餐厨师的服饰也被中国饭店的老板所借鉴，青年女服务员开始被普遍采用，等等。民国初年，北京“西来顺饭庄”老板褚祥(回族)学习西餐烹饪技术成功创制的“鸭泥面包”、“茉莉竹笋”、“扒四白”等新菜品赢得很高的社会赞誉，可以视为一个典型。日本饭馆的登陆中国是以“料理”标招进入人们的视野的,“料理”一词是日本化的汉语词,《齐民要术》中就多次使用。但“料理”一词在中国厨事活动中并非是严格的“烹饪”或“烹调”意义。大概由于日本人在全面吸纳中国文化时,中、日两国烹饪技术的“热”、“冷”对比分野十分明显,因此我们这位善于学习的邻居选择了“料理”而弃置了“烹饪”。而当日本以强国的面目进入中国之后,“料理” 一词也开始为中国人所接受了。西方烹饪文化登陆中国的过程,同时也是西餐逐渐中国化的过程,因为许多原料是中国出产和生产的,许多制作者是中国人,许多消费者也是中国人,文化交流过程中的这种“蝙蝠形态现象”是普遍的,而且在食事领域里表现得尤为典型。

(二)食品机械加工业的出现

严格来说,食品机械加工业不属于中国传统烹饪的范畴,而属于食品工程或食品工业的领域。但是,食品工业与灶房烹饪之间又有相当的纽带联系,尤其是晚清以来处于社会文化转型过程中的中国就表现得更为明显了。

1. 西式点心及其影响

西方人有茶食、零食的习惯,因此点心与糖果在洋人日常饮食生活中的地位远比中国人来得重要。西式点心与糖果应当是伴随着西方人的脚步同时来到中国的,也就是说它们的登陆中国要比西式厨房来得早。西式点心与糖果由于赏心悦目、美味可口、精巧方便,以及便于贮存携带(干式)等诸多优点,在中国是近乎奢侈的享用品,也是登得大雅之堂的馈赠礼品,因此很快就在中国得到了认同。

因为点心与糖果是越来越多的来华洋人们的迫切需要,因此,最初由西方人兴办的以洋人为消费群体的西式点心糖果工厂便在当时最大的消费市场——上海出现了。咸丰八年(1858),英国人开办了“埃凡馒头店”,主要产销面包、糖果、啤酒、汽水。其后,美商“海宁洋行” 所设的 “沙利文糖果饼干面包公司”、“美发公司”,民国十九年俄人劳马契开设的“克莱夫特”食品店(上海食品厂前身),法式糕点厂 “巧克良” 等是为外资食品加工企业的代表。然而,工业化本质上是与大市场紧密相连的,社会人群必然是食品工业生产永恒的潜在的市场,外资西式点心糖果企业产品的主消费群体逐渐演变成了中国人。尽管晚清和民国时期绝大部分中国人是三餐难继、根本无力染指工业化食品,但是那些有消费能力的人群也足以维系西式食品厂店的利润追求了。

西式点心糖果店的成功,给民族资本做了示范,民国四年(1915)中国人冼冠生的“冠生园”开始产销糖果、糕点、罐头食品;民国十九年(1930)中国人经营的德式风格食品店“凯司令”在上海开业,该店的技术特点与产品风格事实上是西方技术与中国工艺的集萃。此外,康泰食品厂、梅林食品厂等,均是十分著名的西方饮食文化观念支配和西方技术支撑的食品加工企业,它们可以被认为是西方烹饪文化在工业化领域里的中国化范例。适合中国人口味,更易为中国人接受的中国式面包、中国式糖果、中国式食品应运而生:各式饼干、香肠、罐头食品中的红烧牛肉、红烧鸡、凤尾鱼、油焖笋、果子酱、肉酱、辣酱,等等,西方食品加工的文化因素逐渐深入到中国传统烹饪领域了。中国人的食品认知观念与消费习惯在悄悄而缓慢地改变:“旧式饽饽铺,京钱四吊(合南钱四百文),一口蒲包。今则稻香村、谷香村饼干,非洋三四角,不能得一洋铁桶矣。”由于资本有机构成的改变,机械生产的食品价格提高了,但在市场上也随之逐渐站稳了。

2. 食品工业出现的意义

食品工业出现的意义是深远的,它最终会引导中国社会的食事行为与烹饪文化发生根本性变革。但是,由于晚清和民国一个世纪时间中国的过度积贫积弱,这一根本性变革留待了后来,并且一直延迟至 20 世纪与 21

世纪之际才基本完成。

味之素工厂的出现和味精产品的日益普及,首先在餐饮业改变了中国人的调味手段。民国十年(1921)左右,日本人借助德国技术生产的"味之素"登陆中国,而且迅速打开市场。中国化学师吴蕴初同时开始试验,并最终从面筋中提取出了谷氨酸钠。民国十九年(1930),中国第一家味精厂"天厨味精股份公司"在上海正式成立。天厨味精厂的佛手牌味精一上市,立即打破了日本"味之素"的垄断。天厨味精成本低于日本,产品推销的口号之一就是"国货味精","完全胜过日本味之素"。此后的3年时间,日本"味之素"在中国失去了80%的市场。民国十四年(1925),吴蕴初的生产工艺公开在英美等国申请专利。民国二十五年(1936)佛手牌味精获得美国费城世界博览会金奖。民国十九年(1930)、二十二年(1933),吴蕴初的味精继续在世界博览会上连续获得奖项,佛手牌味精打入了欧洲等海外市场。日本"味之素"在东南亚的市场也被中国产品取代。"唱戏的腔,厨子的汤",中国厨师数千年的调味传统在饭店酒楼厨房被颠覆了。简单便捷、便宜高效是味精很快进入社会厨房并长久垄断调味舞台的根本原因。在中国本土生产、市场销售以后的半个多世纪时间里,味精一直是整个中国社会餐桌上的宠物,尽管高端服务与精品烹调仍然讲究本味高汤,但完全依靠好汤调味的烹饪传统事实上是被改变了。

民国十二年(1923),美国孟山都公司确定了其在中国的第一位代理人 Herbert M.Hodges。Hodges 从 1923 年至 1936 年一直是该公司在中国的业务代表,他的助理 Sidney Hill 后来接替了他的工作。Hodges 先生和 Hill 先生开创了孟山都公司在中国的早期销售业务。最初孟山都公司进入中国市场的主要产品就是其早期消费产品之一——糖精。二战期间,糖精在世界各国的使用明显增加。糖精作为相对廉价的甜味素,在中国食品加工业中大量地取代了传统的蔗糖,手工操作的社会餐饮业出于同样的成本考虑也在使用糖精。

清朝末年,主要是民国时期,民族食品工业得到了初步发展,主要是机械碾米、磨粉、榨油、压面、炼乳,以及啤酒、葡萄酒酿造,饮料工业,香肠等肉类加工,罐头食品以及点心糖果加工等,它们在整体上影响和改变着中国人传统的烹饪与饮食习惯。

(三)两极分化的民族烹饪文化

1. 上层社会烹饪文化的畸形繁荣

与面向大众基本消费的食品工业不同,中国传统烹饪直接服务于人们不同层次、不同类别的日常生活需求。社会餐饮代表的时代烹饪技术与风气是由上层社会的需求所决定的。晚清和民国的一个世纪恰恰是中国传统烹饪最为辉煌的历史时期。

清朝权贵、民国政要、社会强豪,以及各种国籍的"洋大人",一道吃出了中国菜的名气和中国烹饪的光荣。清代官场筵式的最高级和最奢侈模式"满汉全席"就是光绪(1875—1908)时期流行起来的。北京的著名饭庄酒楼,上海的大饭店,许多大中城市的特色餐馆基本都是晚清和民国时期开张并兴盛繁荣起来的,它们的服务对象无一例外都是中层以上社会的消费者。而且,这些社会餐饮的社会职能并非承担着一般意义的社会外食功能,因为到这些饭店酒楼里的各色消费者,大多数情况下要解决的主要并不是肚皮的需要。各种"上席"、"中席"、"全席",都是为了满足权贵阶层的,那些燕窝、鱼翅、海参、鲍鱼、干鲜贝、鱼骨、鱼唇、鱼子、鹿尾、驼蹄、熊掌,以及数不尽的山珍海错原料所烹饪出来的奇珍异馔不仅是普通劳动者永远无法染指的,而且也恐怕是他们毕生无缘目睹的。

事实上,晚清和民国时期的中国下层百姓是历史上最卑微痛苦的苦难人群,不仅是那些珍贵的食物原料与他们完全无缘,就是鸡鸭鱼肉一类的动物性食料也很少能够摆上他们的餐桌。民族饮食文化与社会烹饪文化的分野,在这里十分清楚。然而,烹饪技术与文化在历史上的发展,也正是上层社会的消费才提供了基本动力与保障。上层社会畸形消费的积极意义在于它客观上推动了民族烹饪技术的发展,丰富了民族烹饪文化的形态,给后人留下了记录与借鉴。此外,上层社会与知识阶层对西方食品科学的关注,也为近代营养学的进入中国并进一步推动中国传统烹饪认识与理论进步发挥了积极作用。

2. 果腹阶层大众的烹饪文化

在极度贫穷和严重两极分化的中国社会,下层社会大众的饮食生活几乎被严格地隔离在近代文明之外。也就是说,晚清和民国时期的中国下层百姓的烹饪文化基本是一仍旧章,很少有文明进步的变化。

在社会等级差异不断拉大的同时,民众食事生活的城乡对立是明显的。农村下层社会食者群的食物原料仍然维系着南方籼米(平原地区)、玉米(山区)为主,瓜菜补充的主食结构;北方则是玉米、粟、高粱等杂粮与甘薯、马铃薯以及瓜菜的主食组合。至于副食,南北方都仍然是地产时蔬、腌渍菜为主;由于过度捕捞和垦殖,野生采集、渔捞比重极小,有限的家庭饲养业并不能用来改善家庭餐桌。由此决定了中国近代农民的家庭厨房烹饪,工具与技术也基本是历史传统的。相比之下,城市中下层社会食者群的烹饪文化要略高于广大农村与边远山区,而所谓略高也并不意味着消费水准的相对高。这一历史时期,中国城市中的下层社会食者群的烹饪文化特征是:一、食物原料的消费基本依赖市场供应,但主副食基本结构与农民既无很大差异,消费水准也基本相同。二、城市生活要求相对严格的节律,通常是三餐定时。三、东部中心城市市民的家庭灶房主要以煤为燃料,更多的中小城镇居民还基本是传统的柴草烧饭。四、烹饪工具与饮食器具,除了铁锅、铜釜金属加工具的普及之外,陶器、瓦器、瓷器、玻璃器皿已基本普及,搪瓷器具也开始进入城市市民的餐饮生活之中。五、烹饪方法基本是煮、蒸、炖,以及煎、炒等传统工艺,基本依赖腌渍、风腊等保存贮藏方法。总之,下层社会烹饪文化的极少变化,是晚清和民国时期中国社会小农经济衰败迟滞状态的必然映象。

城市化在逐步加深,市民对市场供应的依赖也在加重。晚清和民国时期各大中城市酱园的大量存在应当是大众饮食生活历史特征中的一个突出特征。酱园主要是面向城市中庶民大众提供盐、酱、酱油、醋、酒、酱菜、豆腐、腌腊等各种日用食品、食料的供应点。它们是星罗棋布于城市的各条街巷之中的,正是它们支撑着城市中千家万户的灶房与餐桌需要。它们也同时是该时代市民大众烹饪文化历史特征的反映。酱园的数量是巨大的,上海、天津等大都市的酱园均达到数百上千之多。而"绍兴酱缸文化"正是在这一时期覆盖中国各大中城市,赢得了"天下酱人出绍兴"的声誉的。"绍兴酱缸文化"是小农经济基础上城市化市民生活的依赖,它是手工操作、经验把握的作坊手工业,它支撑的只能是近代食品科技以前的家庭灶房与餐桌。

(赵荣光)

十、中外烹饪文化交流

(一)张骞"凿空"与丝绸之路上的烹饪文化交流

"丝绸之路"是中外也是世界交通史上最壮观、最富诗意,并具永久魅力的题目。它以长安(今西安)为起点,经甘肃、新疆,到中亚、西亚,并联结地中海各国。其最初且具有决定意义的事件,便是张骞出使西域。张骞(前

175？—前114)，于建元二年(前139)奉汉武帝相约大月氏夹攻匈奴之命，率100多人的使团出使西域。他从陕西(今甘肃陇西县)出发，越过葱岭，亲历大月氏(今阿富汗)、大宛(今吉尔吉斯)、康居(今乌兹别克、哈萨克)和大夏(今阿富汗北部)等中亚诸国，饱经磨难历时十三年，于元朔三年(前126)返回。元狩四年(前119)，张骞又奉命率300多人的使团，驱赶着“以万数”的牛羊、丝绸及金银之物出使乌孙，并在乌孙分遣副使数十人至大宛、康居、大夏、大月氏、安息(今伊朗)、身(yuān)毒、于阗(今新疆和田)、扜罙(今新疆于田)等国。张骞完成使命，偕同乌孙的使者数十人回到长安，分遣其他各国的使者也相继回国。后来汉朝还专门派使节出使安息、奄蔡、黎轩(今土耳其一带)、条枝(今叙利亚一带)、身毒诸国。当时由中国通向西域的道路主要有天山北路和天山南路两条，中国丝绸从这里源源不断地流向埃及、希腊和罗马等国，于是“丝绸之路”得名。西方的葡萄、苜蓿等，随同汉帝国使者的归来和域外烹饪文化持有者的络绎到来也进入了中国。“汉使取其(葡萄、苜蓿等之)实来，于是天子始种苜蓿、蒲陶肥饶地。及天马多，外国使来众，则离宫别观旁尽种蒲陶、苜蓿极望。”《史记·大宛列传》张骞的返回，还带回了沿途的人文地理、经济政治以及各国各地区人们食生产、食生活、食风俗等方面的信息。而各国派来的使者们更是异域烹饪文化的承载者，他们带来了异域饮食习尚、心理与观念，而在他们返回故国时则又是汉文化的传播者。自张骞出使西域之后，大汉帝国的华夏中心可以与西方世界频频通畅交往了，包括烹饪文化在内的中西文化交流逐渐成了俗常之事。

著名的西瓜传入即是一证。西瓜原产非洲，为一年生草本植物。西瓜何时传入中国，学界至今尚有分歧。但有一点是可以肯定的，那就是：西瓜是从丝绸之路进入中国，并首先在黄河流域以北移种成功，推广开来的。10世纪中叶，中原有人入辽，记录了辽上京一带的身历目见：“始食西瓜，云契丹破回纥得此种，以牛粪覆棚而种，大如中国冬瓜而味甘。”《新五代史·四夷附录第二》引文中的种西瓜之地约在今内蒙古阿巴哈纳尔旗与克什克腾旗之间，大兴安岭南、达来诺尔湖北一带。所谓破回纥，当是指公元916年契丹征服突厥、吐浑、党项、吐蕃、沙驼诸部事。事实上，西瓜种植之地在10世纪初深入到如此边远之地，一定有一个由西而东逐渐推移，并转而南下进入中原逐渐扩展的过程。历史文献也证明了这一点。金人元好问(1190—1257)曾记录奇闻轶事说：“临晋(今山西临猗县临晋一带)上排乔英家业农，种瓜三二顷。英种出西瓜一窠，广亩二分，结实一千二三百颗，他日耕地，瓜根如大椽。”(元好问《续夷坚志》)考古研究则可证明这样一条历史文化的流动脉络，又同时表明西瓜进入中国的时间实际上要比上述文字记录早得多。现陈列于陕西历史博物馆之西安东郊田家湾出土的唐代“三彩西瓜”可为力证。

除此之外，石榴、胡桃、胡麻、胡蒜、核桃、胡萝卜、胡椒、胡豆、菠菜(又称为波斯菜)、黄瓜(汉时称胡瓜)等的传入也为中国人的日常饮食增添了更多的选择。而西域特产的葡萄酒经过历史的发展最终融入到了中国的传统酒文化当中。

(二)释教弘法与求法事业中的中外烹饪文化交流

自佛教传入中国起近20个世纪间，漫漫弘法求法道路上由不绝如缕的无数虔诚释子组成的特殊人流成了中外烹饪文化交流的独特媒介。

在众多的西行求法者队伍中，最著名的当然是法显(334—420)和玄奘(600或596、602—664)。晋安帝隆安三年(399)，65岁的高僧法显与同行者慧景等9人从长安出发，遍历北、西、中、东、南天竺(今印度)，然后到狮子国(今苏门答腊)、爪哇等地，渡南中国海及东海，前后历14年回到中国。法显是第一个漫游中天竺及航海归来的中国人，他据亲身见闻撰成9900多字的《佛国记》(又名《法显传》或《历游天竺记传》)一书，记述了中亚、印度及南海等地的地理风俗，其中有许多关于烹饪文化的珍贵资料。

玄奘，于唐太宗贞观三年(629)从长安出发，历经西域一带20多个国家，在天竺留居15年，漫游了北、中、东、南、西天竺，取经和弘法都取得了巨大成功。公元643年，动身回国，历时2年，于贞观十九年(645)正月二十四日到达长安。据其在外游历见闻撰成的《大唐西域记》十二卷，是距今15个世纪前西域文化和中外烹饪文化交流史上弥足珍贵的文献。

据研究者统计，仅唐初往印度求学的和尚就有65人。西行求法僧有许多曾以文字记录了旅行考察的见闻认识，如：道安(314—385)《西域志》、支僧载《外国事》、智猛(?—458)《游行外国传》、昙景(勇)《外国传》、竺法维《佛国记》、法盛《历国传》、竺枝《扶南记》、惠生《惠生行传》等。但遗憾的是这些文录迄今皆已佚。

鉴真东渡日本是中日烹饪文化交流史上具有非常历史意义的大事。鉴真(688—763)，日本律宗祖，唐玄宗天宝元年(742)应日本留学僧荣睿和普照邀，决定赴日弘布戒律，于天宝十三年(754，日天平胜宝六年)第6次东渡成功，在日本萨摩秋妻屋浦(今日本九州南部鹿儿岛大字秋目浦)登陆，居日10年，圆寂于奈良唐招提寺。随同鉴真东渡的还有中国僧人17人(内有3名比丘尼)、2名日本僧人和胡僧、越南僧人等23人。每次东渡，鉴真一行都准备了足够的食料：粮食、饼饵、菜蔬、干鲜果、盐、酱、醋、腌菜、药品、大量淡水等，以及加工烹饪工具、餐饮器具等。唐国僧人的饮食习惯，唐朝烹饪文化，也随之更生动地展示给了日本社会。至今，日本“做豆腐的人们，都把鉴真和尚作为自己的始祖，尊崇备至。据说，做豆腐的方法，就是鉴真和尚从中国带往日本的。包括豆腐在内的各种素菜，毫无疑问是伴随佛教一同传来的”。(《中村新太郎《日中两千年——人物往来与文化交流》)

法显、玄奘、鉴真三人，仅是历史上无数虔诚释子中成功者的杰出代表。这股历史人流之中，除了华人之外，来自包括印度在内广阔“西域”的其数无法确计的“胡僧”是异域烹饪文化的重要传播者。自汉以下直至明代，中国历代文献中屡屡记录的各种“胡食”，无疑他们是其主要传播群体之一。而来自朝鲜半岛、日本列岛、越南等东南亚地区的无数求法者，同样一方面是异域烹饪文化的内传者，另一方面又是中华烹饪文化的外播者。最为典型的，大概要属以日本禅宗始祖“千光法师”荣西为代表的日本求法僧对中国茶文化的创造性学习了，正是他们继承中国唐宋茶文化而创立了独树一帜的日本茶道。

(三)“贡使”与商人：中外烹饪文化交流史上最重要的使者

中国历史文献尤其是官修“正史”记载中，域外邦国的“朝”、“贡”之使络绎不绝。历代史家以安尊大国的虚荣心态，将一切来访者均称之为匍匐称臣的“贡使”。所谓“贡使”，许多实则为商人——取得某种官方凭信或干脆是伪造某种官方凭信的商人。因为有了这种中国政府或地方政权最感兴趣的凭信之后，他们不仅可以获得入境权，而且中方还会提供绝对的安全保障、一切免费的奢华优待、厚重的赐礼和官私贸易的特惠等。所以历代官修正史中所记的各方“贡使”的数量格外庞大，所携商品数量之多，自然不难想象。而当贡使们返程时同样也满载中国的丝绸、瓷器(多数为饮食器)、茶、药、烹饪具(如铁釜等，中国政府一般是禁止大宗贸易的)、食料、粮食与食品等各种物品，当然也包括一些植物的种实等。由于长途跋涉和交通不便，许多使节都要在中国滞留经年或更长时间，他们往往周游许多通都大邑，长时间接受中国食品和深刻感受中国的烹饪文化。

中国“正史”所记域外“贡使”来朝，仅略举数例即可见其大概。《旧唐书》：“林邑国（今越南南部）……俗以二月为岁首，稻岁再熟。自此以南，草木冬荣，四时皆食生菜，以槟榔汁为酒。……武德六年（623），其王范梵志遣使来朝。八年（625），又遣使献方物，高祖（李渊，566—635年，618—626年在位）为设《九部乐》以宴之，及赐其王锦綵。……自此朝贡不绝。”诃陵国，“食不用匙箸，以手而撮……俗以椰树花为酒，其树生花，长三尺余，大如人膊，割之取汁以成酒，味甘，饮之亦醉。贞观十四年（640），遣使来朝。大历三年（768）、四年皆遣使朝贡”。这种使节往来往往越过礼节交接的层面，引发更深的文化接触。如中天竺的摩揭它（摩伽陀）国，“土沃宜稼穑，有异稻巨粒，号供大人米”，贞观二十一年（647），“始遣使者自通于天子，献波罗树，树类白杨。太宗遣使取熬糖法，即诏扬州上诸蔗，拃沈如其剂，色味愈西域远甚”。（《新唐书·西域列传》）

唐朝是中外历史文化交流最为灿烂的时期，日本国的遣唐使团是中外文化交流史上最富有代表性的事例。自630年（日舒明天皇二年，唐贞观四年）第一次遣唐使来华，其后的300余年间，日本曾先后派出了18次遣唐使，实际入唐的15次。遣唐使人数，最初是120～250人，以后则人数渐多。正是中日之间这种久远深厚的文化交往，使得至今仍可在日本民族的饮食生活中看到中华文化圈的影响广泛存在。从唐朝直到明代的“唐”式食品，并一直延及当代的“中华料理”，已成为举世周知的日本三大食风之一（余为和式与欧式）。

而在漫长封建时代的无数商人兼使节的“贡使”中，最负盛名的，则无过于意大利旅行家马可·波罗了。1271年（南宋咸淳七年、元至元八年）11月，年仅17岁的马可·波罗（1254—1324）与其父、叔父（二人是第二次来华）一行三人出于“享大名而跻高位”的目的开始了中国之旅。自1275至1292年的17年间，他们父子三人一直在元朝政府供职，马可·波罗除在京城大都应差外，还经常奉命巡视各省，或出使外国。其足迹遍及长城内外、大江南北，曾穿行山西、陕西、四川到云南执行任务，并到过缅甸北部。他出使南洋，到过越南、爪哇、苏门答腊等地，还可能到过斯里兰卡和印度。他曾任扬州总督，管理24个县。元世祖忽必烈至元二十九年（1292），作为护送远嫁波斯的蒙古公主阔阔真的使臣，马可·波罗父子三人踏上了归程，于1295年冬回到了阔别26年之久的故乡。1298年马可·波罗在保卫威尼斯的失败战斗中成了热那亚一方的战俘。在监狱中，他向一位通晓法文的难友——比萨作家鲁思梯谦（Rusticiano）口述了自己传奇般的旅行见闻，这便是举世闻名的《马可·波罗游记》（亦称《东方见闻录》）。马可·波罗以商人特有的眼光特别关注元朝统治下中国社会的经济生活，向西方满怀热情地介绍中国，为后世留下了永久性的光辉历史记录。包括烹饪文化在内的中国信息，被马可·波罗以震撼人心的力量传播开来，迄今为止，中外学者倾向认为：享誉世界的比萨饼和意大利面条、意大利饺子等都是马可·波罗介绍中国食品文化的结果。

（四）“郑和下西洋”与海上丝绸之路上的中外烹饪文化交流

郑和（1371—1434），回族，本姓马，云南晋宁人，因信佛而人称“三宝太监”。在明永乐三年至宣德八年（1405—1433）的28年间，先后7次成功进行了震古烁今的远洋航行。历史以“郑和下西洋”为题永久记录着中国第一位伟大的航海家和世界航海史上的这位先驱。

郑和船队规模最大时由大船60余艘，近3万人组成。船队遍历了今越南、爪哇、苏门答腊、印度、孟加拉国、斯里兰卡、泰国、马来西亚、马尔代夫、伊朗、加里曼丹、亚丁、肯尼亚、索马里等诸多国家和地区。一些国家的使节随同郑和航队访问中国，从此“海外诸国朝贡沓至”，海外与中国经济文化往来日益频繁。郑和航海留下的珍贵文献《航海地图》、

《瀛涯胜览》、《星槎胜览》、《西洋番国志》等都是我国最早和最好的“西洋”各国的地理名著。它们分别记录着所至各国的风土人情，食品食俗、食事内容亦颇丰富。在诸国使节的“贡献方物”中，与烹饪文化有关的有：象、犀、孔雀、龟、马、倒挂鸟、鹦鹉、火鸡、黑熊、黑猿、白鹿、白獭、红猴、莺哥、黄黑虎、狮子、麒麟（长颈鹿）、驼鸡（或驼蹄鸡）、福鹿、灵羊、驼（或骆驼）、金钱豹等兽禽。其中许多最后都入了食人之口。外国所进的象、狮、虎等大食量巨兽，数量很多，动辄数十只，以至富有四海的皇帝也无力养活它们。而从烹饪文化的角度看，更有意义的还是各种珍异香料、药材，如伽南香（又作奇南香、奇楠香、棋楠香，为沉香上品）、降真香（又作降香、土降香、紫藤香）、檀香、龙脑、苏木、丁香、豆蔻（肉豆蔻、白豆蔻，入药与用作调味料）、荜茇（bì bá，胡椒科植物）、沉速香（沉香、速香合称）、安息香、乳香、没药（又作末药）、龙涎香（又作阿末香、暗八香、俺八儿香、撒八儿香）、金银香、烧碎香、柏香、橘皮抹身香、花藤香、麻藤香、木香、黄熟香、罗斛香、乌香、丁皮、阿魏、藤黄、片脑、栋脑、米脑、糠脑、梅花脑、脑油、脑柴、紫梗、藤竭、碗石、树香、大枫子、芦荟、紫胶、蔷薇水（露）、金刚子、番红土、血竭、番木鳖子、闷虫药、珍珠、荜澄茄、粗黄、羚羊硫黄、黄蜡、番盐、苏合油、子花、乌爹泥、糖霜等，以及象牙、犀角、龟筒、玳瑁、螺（许多用为箸、匙、杯、碗等食器具）等。诸多香料中最重要和最大宗的莫过于胡椒，其数量巨大，常至万数以上。至于与饮食关涉不大的众多珍异物品则不在我们的征引之列。

这些贡使商人在归国时带回本国的物品，除政府颁赐者外，多为瓷器、陶铁器等。而明政权“给赐”各国使节的礼品以中国纻丝、纱罗、锦绮、绵绢、绫缎等传统织物、被服等为主，与食事相关者有羊酒、金银与瓷陶、器皿、手巾等。当然还有其返程所需的大量粮食、肉禽、果蔬、醯醢以及食品等必备之物。

使节往来，使相互之间直接感受认识对方的饮食生活与文化，这种在当时具有重大意义的异文化接触，给我们留下的是焕发永久魅力的历史记录。如永乐中太监侯显等出使纳朴儿（今属印度），该国“铺羢毯于殿地，待我天使，宴我天兵，燔炙牛羊，禁不饮酒，恐乱其性，惟以蔷薇露和香蜜水饮之”。《咸宾录·西夷志》）考虑到明朝使团动辄万人的庞大队伍，如此盛宴招待，恐怕是会有倾国之虞了。而郑和船队往返一次以两年为度的航行，其所需食料之巨是不难想象的。许多外国使节在中国的食事则留有更确切的资料记载：如宣德八年（1433）满剌加国王朝贡，广东布政司并南雄、赣州、临江、淮安、济宁各府州相继管待沿途茶饭。至通州，令行在光禄寺办送茶饭接待。其标准，据宣德二年（1427）规定，筵宴本等口粮廪给外，日用下程，番王每人鸡二只、肉二斤、酒一瓶，并柴薪厨料若干；王亲每人肉一斤、酒一瓶、柴薪厨料若干；使臣头目每人肉半斤、酒半瓶、柴薪若干；番伴女使人等，止支口粮柴薪。其筵式规制，永乐元年（1403）规定：上桌按酒五般、果子五般、烧炸五般、茶食汤三品、双下大馒头、羊肉饭、酒七盅，中桌按酒果子各四般、汤二品、双下馒头、牛马羊肉饭、酒五盅。其“上桌”、“中桌”的筵式膳品品种与成本合成具体是：“上桌：按酒用牛羊等肉，共五碟，每碟生肉一斤八两（即0.75公斤）。茶食五碟，每碟一斤。果五碟，核桃、红枣、榛子，每碟一斤；胶枣、柿饼，每碟一斤八两。中桌：按酒用羊牛肉四碟，每碟生肉一斤。茶食四碟，每碟十两。果四碟，核桃、榛子、红枣，每碟十两；胶枣十二两。酒三盅，汤饭各一碗。”《明会典·礼部》

当然，郑和下西洋还有远远超越这些筵式饭食层次的更具历史意义的内容，如郑和使团从亚非各国引进的西府海棠、薝卜花、五谷树、娑罗树（一作沙罗拱树）、沉香、黄熟香、返魂香等植物，不仅填补了我国植物栽培史的空白，更因其多为药用植物，因此为民众健康做出了实实在在的有益贡献。郑和下西洋，是一个独立的重大而意义深远的中外文化交流事件，但它同时也是中国历代政权使节交流的典型代表，它代表着2000余年间国与国之间文化交流的方式和方面，告诉我们中外烹饪文化交流的重要历史特征及其意义。

（五）传教士：沟通中西烹饪文化的桥梁

16世纪中叶以后，西方文化以天主教传教士（随后又有基督教传教士）为媒介相继进入中国。此后直至20世纪前期，在3个多世纪时间里，他们极大地影响了中国社会的政治和生活。其间，他们自觉或不自觉地传播的西方烹饪文化和近现代饮食文明，对中国传统烹饪文化起到了不容低估的启蒙、补益的积极作用。

除了他们在中国长期生活直接认识中国饮食生活，并同时将自身的饮食生活习惯、观念、知识等展示给中国这种一般意义上的文化接触与交流以外，他们在烹饪文化领域里的更积极、更有意义的影响是具有研究性质的工作。择要来说，主要有："第一次正式向中国介绍了大量的西方宗教和科学知识，并且也把有关中国的知识及其历史文化第一次正式介绍给西方"的意大利耶稣会士利玛窦（Ricci Matteo，1552—1610，1582年来华，居留30年最后客死中国）的《利玛窦中国札记》。（何兆武、何高济《利玛窦中国札记·中译本序言》）该书旨在将作者对中国长期深入观察的研究结果介绍给西方。约刻于明万历二十年（1592）的中文本《无极天主正教真传实录》，其中大量内容为西方生物学与医学知识介绍。清顺治十二年（1655）海牙出版传教士卫匡国著《中国新图》，介绍了中国各省草木，尤详细地介绍了人参。顺治十三年（1656）维也纳出版的波兰教士卜弥格著拉丁文《中华种物》，书仅75页，记有中国名花约20种及若干珍奇动物，并附图23幅。康熙三十五年（1696），李明《中国新回忆录》有关于中国种茶及京畿、川、陕、晋诸省种烟法的记载。雍正元年（1723）巴多明有关于中国若干少数民族及在华搜寻植物的通讯。汤执中（Petrus d'lncarviller，1757）《植物志》、《中国游记》等对中国的植物研究与标本采集成果有国际性影响，其植物标本的搜集仅北京地区即达260种之多。乾隆十九年（1754），清高宗拟扩大御园，汤执中曾提供菜蔬花卉种子，并蒙召见。韩国英（Martialus Cibot）对中国野蚕、香榛、木棉、草棉、竹、荷、玉兰、秋海棠、茉莉、荸荠（或菱）、牡丹、橡、栗、灵芝、香菌、白菜、哈密干葡萄、杏、艾、木树果子、皂荚等许多植物均有深入的研究介绍。杜赫德（Du Halde）《中国全志》（雍正十三年，1735年）按各省区所产分别记有参、荔枝、棉花、梧桐、茯苓、茶、竹、大黄、胡椒、地衣、捕鱼鸟、骆驼、海马、石蚕、蚕、麝香、冬虫夏草、山薯、当归、白蜡虫、五倍子、乌桕树等资料。其《中国事物辑录》则对中国园艺有系统研究，并对皇帝躬耕礼及更多植物和蜜蜂、燕、蝉等昆虫作广泛介绍。两书均为多卷巨帙，为研究介绍中国食料及有关食事的重要图书。此类介绍研究，更多见于耶稣会士的通讯资料中，乾嘉年间（1736—1820），许多已以欧洲文本流行于欧美世界。明穆宗（1547—1572，1566—1572在位）隆庆三年（1569），加内罗（D. Melchior Carneiro）在澳门设立医院，西方近代医学进入中国。汤若望（Schall von Bell Adam，1591—1666）主编的《群徵》有人体解剖学内容；傅汛际《环有诠》、《名理探》等分别介绍了人体血液循环、心脏、大脑功能机理等。其中，著名物理学、哲学、数学和医学家邓玉函《人身说概》（毕拱辰译二册）为西方解剖学传入中国之始。明末来华之卜弥格曾研究中医药学，康熙二十一年（1682）有以《中医示例》为名的拉丁文本行于西方。许多精擅西方医药知识与技能的传教士，大都深受明清社会统治集团官宦人士的看重。如清圣祖（1654—1722，1661—1722在位）曾多次长时间巡行在外，每次均有传教士随行。英籍传教士傅兰雅（1839—1928）的贡献值得特别记述。少年时代的傅兰雅便已萌生了研究中国的决心。为此傅兰雅的母亲常按她的理解做中国饭，以便从饮食上做先期适应的准备。咸丰十一年(1861)他到达香港，3年后到北京任同文馆英文教习，同治四年(1865)任上海英华书馆校长,次年兼任《上海新报》编辑,做了大量介绍西方文化的工作，同治七年(1868)任江南制造局翻译馆译员。其一生所译多达129种,广泛涉及基础科学、应用科学、军事科学、社会科学各个领域。有许多即属于与烹饪文化相关或成为基础学科的内容。如《化学卫生论》、《居宅卫生论》、《延年益寿论》、《治心免病法》被益智书会列为教科书,被视为“晚清介绍化学卫生、环境卫生、营养卫生、心理卫生的开风气之先的译作,在当时影响相当广泛”(熊月之《西学东渐与晚清社会》)，在介绍西方文化方面作出了重大贡献。以上为来华天主教耶稣会士在烹饪文化领域里的作为要录。传教士关于西方知识的介绍，对中国人在近代科学的基础上认识中国传统食理,检讨民族烹饪文化的启示意义，无疑是积极而重要的。其沟通中西两种差异甚大的文化交流的历史作用自然不应低估。

此外，早期基督教传教士关于戒食鸦片的宣教亦值得一提:道光二十年(1840)出版于新加坡的郭实腊《改邪归义之文》,道光二十七年(1847)崔理时《鸦片六戒》(据前者改写成),是其代表。在华西方传教士还于1874年成立了“英华禁止鸦片贸易协会”(The Anglo-Oriental Society for the Suppression of the Opium Trade)。

传教士不仅给中国带来了烹饪文化的时代文明和异域习尚，不仅传来烹饪文化理论和知识，而且许多具体食品品种及其制作工艺也都被中国人掌握了。明末来华的汤若望在自己的京中寓所曾用以款待华人僚友的模焙鸡蛋饼被中国仕宦阶层所雅慕，于是效法流布开来。至清中叶时,仍有巡抚家厨用为宴宾点心,号称“西洋饼”而驰名(袁枚《随园食单·点心单》)。清咸丰二年(1852)来华的美国传教士高丕弟(宣统二年〈1910〉逝于中国)之夫人办学传授西方文化，于同治五年(1866)编写出版（上海英国浸礼会美华书馆)《造洋饭书》,书中介绍268种西菜、西点的制法。

（六）华侨：庞大的中华烹饪文化海外承传群体

中国历史上很早便出现，并一直存在着海外移民的现象。华侨遍布世界各地,他们成了中华烹饪文化向海外传播的群体力量。由于小农自然经济和宗法制度的长久影响,这些外移的社会下层的庶民大众,多聚居,并大都从事体力劳动谋生。其中许多人以经营中华餐馆为谋生手段。中华肴馔的独特魅力对世界各地的人们具有普遍而强烈的异文化吸引力，而对于移居的中国人来说又是技艺简易、成本低廉、劳动力密集(因而更适于中国式家庭经营)的最易于从事的职业。

中国人批量移居国外的历史开始得很早，正如中国交通史学者所指出的那样:“有史以来,中国人民在移民的方式下,把中国的先进文明传播到许多地域，尤其是在中国周围的民族地区和国家，使那里的土著民族得以开化,提高生产力,促使其社会发展。”这种古代移民及其影响,朝鲜半岛、日本列岛及中国广大的周边地区概莫能外。因此很早便形成了至今为国际食文化学者所认同的“中华饮食文化圈”的历史存在。中国与朝鲜半岛的文化联系紧密,由来久远,考古发掘与研究表明，这种联系自史前时代开始至近现代始终未间断过。通过朝鲜半岛,中国文化开始了进入日本列岛的历史。这一历史开端也是以人口大批量外移为标志的。考古发现和包括日本学者在内的国际学界一般认为，公元前2~3世纪左右就有来自中国的“准备有武装的有组织集团”进入日本,这一过程至少可以从公元前3~4世纪以前日本的绳纹文化(日本新石器时代文化，约从公元前1万年至公元前3世纪)后期开始。(柳田康雄《发掘出来的倭人传各国》、《日本的古代一·倭人的登场》)关于秦始皇“遣振男女三千人，资之五谷种种、百工而行。徐福(渡海)得平原广泽，止王不来”的历史记录与传说也正与此印合。(《史记·淮南衡山列传·淮南王安传》)对于绳纹末期和弥生初期，两次大规模进入日本列岛的中国和朝鲜半岛移民，日本学界分别称之为“第一次渡来人”和“第二次渡来人”(过去称为“归化人”)。正是这些移民促成了日本列岛由绳纹文化向弥生文化（日本早期铁器时代的文化，约相当于公元前3世纪到公元3世纪)的飞跃发展。

在和中国2000余年的交往中，东南亚地区则从中国引进了新的蔬菜和水果品种。菲律宾人从中国引进了白菜、菠菜、芹菜、莴苣、大辣椒、花生、大豆、豌豆、芋头、梨、柿、柑橘、石榴、水蜜桃、香蕉、荔枝等蔬菜和水果。从中国引入缅甸的芹菜、韭菜、油菜、蚕豆及荔枝、红枣、枇杷、柿子等，在缅语名称中前面都加有“德田”(意即中国)以示其来源，或者干脆直接借用汉语音译来命名。在柬埔寨，一些植物和农作物的名称前冠以“秦”(中国)来说明它们来自中国。历代来到印度尼西亚的中国移民，向当地人提供了酿酒、制茶、制糖、榨油、水田养鱼等技术，并把中国的大豆、扁豆、绿豆、豆腐、豆芽、白菜、韭菜、萝卜、花生、龙眼、荔枝、酱油、粉丝、米粉、面条等引入印度尼西亚。同时，中国文化在东南亚的政治、法律、历法、数学、军队组织、经济、货币、科学、农业、渔业、建筑、采矿、桑蚕丝织、制糖、酿造、雕刻、造船、造纸、印刷术、火药、工艺、语言文字、文学、史学、科举制度、音乐、戏剧、舞蹈、宗教、习俗、中医药等各个领域产生了广泛而深远的影响。

中国人的外移，在历史上是个断断续续的持久过程，而每当大的战乱、动乱及各种严重的自然和社会灾难来临时，则往往出现较大的移民潮。明清两代由于人口和政治压力，更是中国东南沿海民众源源涌向南洋谋生图存的外移活跃期。至明代时，南洋地区华侨数量已极可观，马欢所撰《瀛涯胜览》记述所经爪哇国时说：“国有三等人：一等回回人……一等唐人，皆是广东、(福建)漳(州)、泉(州)等处人窜(即避难)居此地，食用亦美洁，多有从回回教门受戒持斋者。”清中叶以后到民国的100多年间，基于同样的历史原因，中国人惜别故土，舍生历险远涉重洋，赴美、去欧、渡日……造成了星布世界的格局。许多国家的“唐人街”、“中华街”，正是华侨社会性聚居的真实反映。

各国民众对中国膳食的爱慕，既是中国商人以谋商利的可操之券，同时也为华侨在彼处的落脚谋生提供了便利机缘。他们在新的生息地保持着故土的文化，在展示和传播中华文化的同时，也在逐渐渗入当地的主体文化。正是他们的这种传播作用，才使世界更直接、真切地认识和感受到了中国烹饪文化的独特魅力，才对中国餐饮有了非常广泛和积极的认同。

据1991年的初步统计，全世界各地由中国侨民开设的中餐馆就有160000家。其中英国4000多家，法国5000多家，澳大利亚6000多家，德国1000多家，意大利500多家，瑞典500多家……在英国的10多万华侨、华裔中，经营餐饮业者高达90%；在美国的80多万华人中有13%从事中式餐饮业，仅纽约一地就有大小中国餐馆1000多家；而仅有80多万人口的圭亚那，华人有6000人左右，他们则几乎完全占领了当地的餐饮业。以美国为例，来华侨餐馆就餐的顾客主要是两类人：一是唐人街的唐人，另一类是唐人街以外的美国人。唐人街的餐馆，较多经营保留故土风味的广东菜；而唐人街以外的中国餐馆则是追寻美国人的习惯好尚，因而美国化了的中国菜更能为其所接受和喜爱。后者即是在美国土地上扎了根的异化了的中国烹饪文化，是中美结合的中国烹饪文化，同时也可以称作是一种新的美国烹饪文化，即“美国式的华夏烹饪文化”。对此美国圣若望大学亚洲研究所教授李又宁博士指出：“对绝大多数的老美来说，孔夫子、林钦差大人，以及当代

- 烹饪原料
  - 植物性原料
    - 粮食类
      - 谷类
      - 豆类
      - 薯类
    - 果蔬类
      - 蔬菜类
        - 种子植物蔬菜
          - 根菜类
          - 茎菜类
          - 叶菜类
          - 花菜类
          - 果菜类
        - 孢子植物蔬菜
          - 食用藻类
          - 食用菌类
          - 食用地衣
          - 食用蕨类
      - 果品类
        - 鲜果
        - 干果
  - 动物性原料
    - 高等动物类
      - 畜类原料
      - 禽类原料
      - 爬行类原料
      - 两栖类原料
      - 鱼类原料
    - 低等动物类
      - 棘皮动物类原料
      - 节肢动物类原料
      - 软体动物类原料
      - 环节动物类原料
      - 腔肠动物类原料
      - 其他低等动物类原料
  - 调辅原料
    - 调料
      - 调味料
      - 香辛料
      - 调色料
      - 调质料
    - 辅料
      - 食用淡水
      - 食用油脂

图 3-1　烹饪原料分类图

粉为原料，再经加工而成的制品，如粉丝、粉条、粉皮、凉粉、西米等。

1. 粮食的组织结构特点

（1）谷类的组织结构。谷类除玉米外，谷粒外都由稃包裹，除稃后的谷粒就是谷类的可食部分。各种谷类种子形态大小不一，但其结构基本相似，由谷皮、糊粉层、胚乳、胚 4 个主要部分组成。

谷皮为谷粒的外壳，由多层坚实的角质

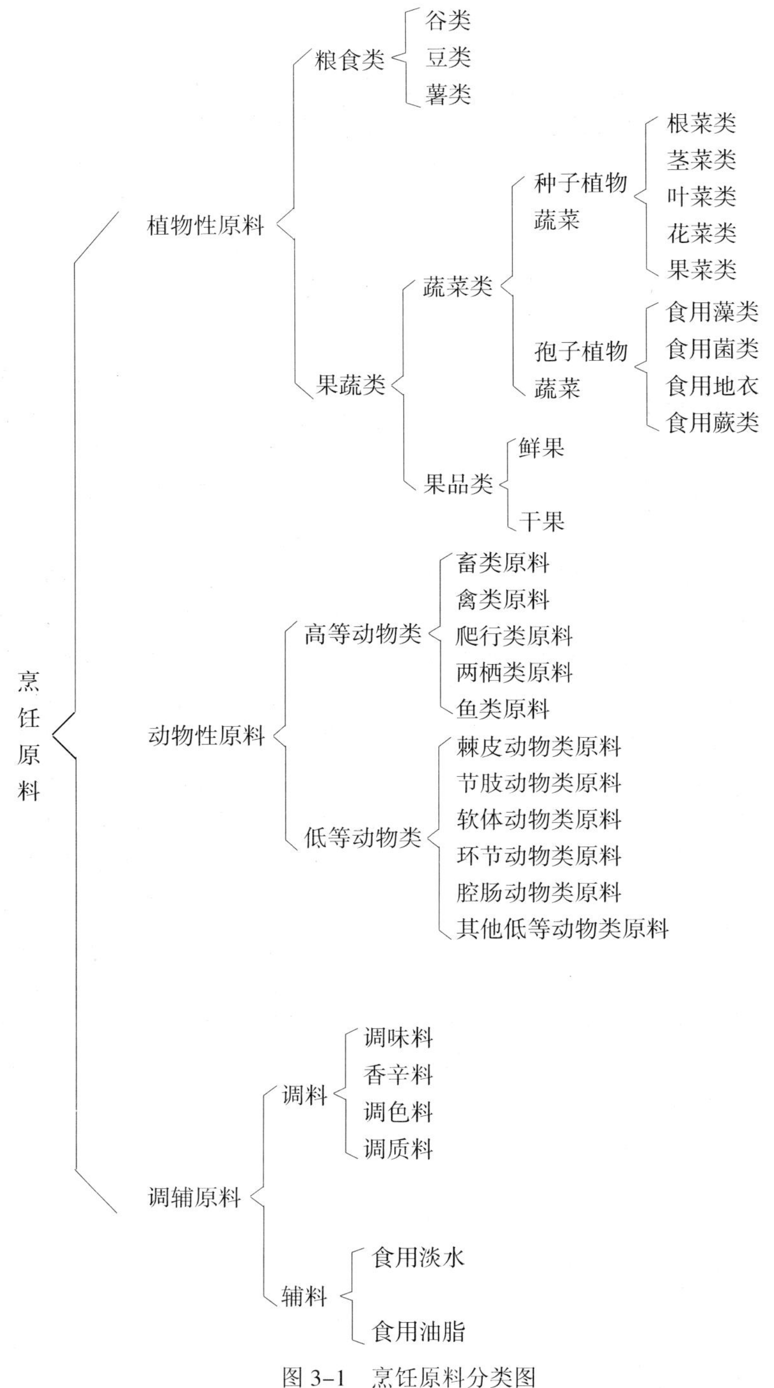

化细胞构成，对胚和胚乳起保护作用。主要成分为纤维素、半纤维素，食用价值不高，常因影响谷的食味和口感，而在加工时去除。

糊粉层位于谷皮与胚乳之间，除含有较多的纤维素外，还含有较多的磷和丰富的B族维生素及无机盐。另外，糊粉层还含有一定量的蛋白质和脂肪。但在碾磨加工时，糊粉层易与谷皮同时脱落，混入糠麸中。

胚乳位于谷粒的中部，约占谷粒重量的83%～87%，是谷类的主要部分，由许多淀粉细胞构成，含大量淀粉和一定量的蛋白质。越靠近胚乳周边部位，蛋白质质量分数越高，越靠近胚乳中心，蛋白质质量分数越低。

胚位于谷粒的下端，约占谷粒重量的2%～3%，富含脂肪、蛋白质、无机盐、B族维生素和维生素E。胚芽质地比较软而有韧性，不易粉碎，但在加工时因易与胚乳分离而损失。

（2）豆类的组织结构。豆类的果实为荚果。一些豆类在青嫩时连同荚都可以食用，但在成熟后可食部分为荚内的种子。豆类种子的结构基本相似，主要由种皮和胚构成。种皮位于种子的最外层，起保护胚的作用。胚由子叶、胚芽、胚轴、胚根4部分构成。

如果说禾谷类种子的可食部分主要是胚乳，那么豆类的豆皮所包的两片肥大子叶便是豆类的可食部主体。子叶部约占种子的90%，子叶的外侧为表皮和薄膜组织，内部便是蛋白质、脂肪和淀粉颗粒组成的子叶主体。

2. 粮食的营养特点

（1）谷类的营养特点。谷类蛋白质的含量一般在6%～14%之间。大多谷类赖氨酸较少，是限制氨基酸。玉米的限制氨基酸还有色氨酸，但荞麦中赖氨酸较多，蛋氨酸成了限制氨基酸。

谷类碳水化合物质量分数大约为70%，其中90%为淀粉，集中在胚乳的淀粉细胞内，糊粉层深入胚乳的部分也有少量淀粉。谷类中的淀粉因结构上与葡萄糖分子的聚合方式不同，可分为直链和支链淀粉。其质量分数因品种而异，可直接影响食用风味。除淀粉外，其他糖类还有纤维素、半纤维素、糊精及少量可溶性糖。谷类的膳食纤维也比较丰富，除了纤维素和半纤维素外，甚至淀粉本身在一定生理条件或加工条件下，也会转化为难以消化的膳食纤维。

谷类一般脂肪含量较低，只有2%左右，多含在胚芽中，但燕麦例外，达6%左右。谷类所含脂肪多由不饱和脂肪酸组成，而谷类的加工形态一般是粉末。因此，这些脂肪易氧化酸败造成变味。脂肪的大部分在磨粉时，常随胚芽被除去。

谷类含矿物质以磷、钙为主，此外，铜、镁、钼、锌等微量元素的质量分数也较高。总量约为1.5%～3%，谷类食物含铁较少，仅为每100克1.5～3毫克。

全谷粒中维生素B族，尤其是维生素B_1比较丰富，但精米、精粉，经精制后的谷粉会使维生素B_1损失殆尽。谷类一般不含维生素A、维生素C和维生素D。

（2）豆类的营养特点。豆类的蛋白质和脂肪含量丰富。与谷类相比，豆类的蛋白质与脂肪往往高出一倍至数倍。食用豆类含有大量淀粉细胞，蒸煮可使这些细胞溶胀而不破裂，形成“豆沙”。豆类淀粉颗粒与谷类淀粉相似，其大小和性质介于谷类和薯类之间。

豆类一般含B族维生素比较多，但作为蔬菜的青豆或豆芽菜，却也含有一般禾谷类不含的维生素C。例如青豌豆和豆芽的维生素C含量分别为0.55毫克／克、0.25毫克／克，比白菜、萝卜和芹菜的含量还高。

豆类特有的皂角苷、单宁和卵磷脂含量丰富，一些豆类还含有丰富的黄酮类、低聚糖、α－亚麻酸、核黄素等具有生理活性的成分。

（三）蔬菜原料概述

蔬菜是可佐餐食用的草本植物的总称，也包括部分可食的木本植物的幼芽、嫩茎叶和食用菌、藻、地衣及蕨类等。蔬菜的种类很多，由于划分的标准不同，分类方法亦不同。按植物学分类，蔬菜分为藻类、真菌门、地衣门、蕨类植物门及种子植物门。

按农业生物学分类，蔬菜分为根菜类、白菜类和绿叶蔬菜类、葱蒜类、茄果类、瓜类、豆类、薯芋类及食用菌类等。

按蔬菜主要食用部位分类，蔬菜分为根菜类、茎菜类、叶菜类、花菜类、果菜类及孢子植物类（见图 3–2）。

根菜类
- 肉质直根类：萝卜、胡萝卜、芜菁等
- 肉质块根类：葛、豆薯等

叶菜类
- 普通叶菜类：白菜、菠菜、苋菜、蕹菜等
- 结球叶菜类：包心菜、大白菜等
- 香辛叶菜类：葱、韭菜、芫荽等
- 鳞茎状叶菜类：洋葱、大蒜、百合等

花菜类——黄花菜、花椰菜等

果菜类
- 瓠果类：黄瓜、南瓜、冬瓜、苦瓜等
- 浆果类：茄子、番茄、辣椒等
- 荚果类：菜豆、扁豆、豌豆、蚕豆等

茎菜类
- 地上茎类：竹笋、莴苣、茎用芥菜等
- 地下茎类：马铃薯、山药、藕、姜、荸荠等

孢子植物类
- 食用藻类：海带、紫菜、石花菜等
- 食用菌类：香菇、猴头菌、竹荪等
- 食用地衣：石耳
- 食用蕨类：蕨、紫萁等

图 3–2　蔬菜分类图

蔬菜制品是以蔬菜为原料经一定的加工处理而得到的制品。蔬菜制品的种类，按照加工方法的不同，一般可分为酱腌菜、干菜、速冻菜、蔬菜蜜饯、蔬菜罐头以及菜汁（酱、泥）等 6 大类。

1. 蔬菜的组织结构特点

在蔬菜品种中绝大多数属于种子植物。在种子植物中，其组织分为两大类，即分生组织和永久组织。

分生组织是位于植物体一定部位、具有持续进行原生质合成和通过细胞分裂而新生细胞的组织。它由较小的、等径的多面体细胞组成，细胞壁很薄，核较大，细胞质浓厚，液泡小而少。由分生组织连续分裂增生的细胞一部分仍保持高度的分裂能力，另一部分则陆续分化为具有一定形态特征和生理功能的细胞，从而构成其他各种组织，使器官得以生长或新生。根据分生组织在植物体内的位置，可分为顶端分生组织、侧生分生组织及居间分生组织 3 类。分生组织在植物体上所占的比例相当小，食用意义不大，但由它衍生出的植物体的根、茎、叶、花、果实等组成了果蔬食用的主要部分。

永久组织是一类具有特殊结构和功能的组织，包括薄壁组织、保护组织、输导组织、机械组织和分泌组织。在永久组织中，细胞常常停止分裂。

薄壁组织又称基本组织、营养组织，是构成植物体最基本的组织。其组成细胞具有生活的原生质体；细胞壁薄，胞间层中几乎全是果胶物质；细胞壁由纤维素、半纤维素、果胶质组成。由薄壁组织组成了植物的基本组织部分，构成了植物体根与茎的皮层和髓、维管组织中的薄壁组织区域、叶的叶肉组织、花器官的各部分、种子的胚乳及胚、果实的果肉，成为果蔬食用的主要部分。如在萝卜、胡萝卜、马铃薯等供食用的肉质根、肉质块茎中，薄壁组织非常发达。从生理上看，薄壁组织的功能主要是进行光合作用、呼吸作用、分泌作用及储藏作用。叶菜类蔬菜供食用的部分即是可进行光合作用的绿色叶片、叶柄或嫩茎，如小白菜、菠菜、芹菜、苋菜、蕹菜、葱、韭菜等等。在这类蔬菜中，一般认为叶肉组织发达、叶脉细嫩者质量为佳。另外，与蔬菜质量密切相关的是具储藏作用的薄壁组织，储藏物为糖类、蛋白质、脂类及水分等。由于薄壁组织的细胞壁薄，常含有大量的水分、营养物质和风味物质，因此，水果和蔬菜的质地、新鲜度、风味等与其所含薄壁组织的多少有密切的关系。

保护组织是位于植物体表面起保护作用

的组织,如初生生长时产生的表皮、根冠及次生生长过程中产生的周皮。其中,与蔬菜质量有关的则主要是表皮结构。茎、叶的表皮细胞外壁较厚并覆盖有角质层,可防止水分的过度散失、微生物的侵害和机械性或化学性的损伤。对新鲜的果蔬而言,表皮完整的个体光泽度好、耐储性强,是个体品质优良的标志之一。随着成熟度的增加,某些蔬菜的表皮细胞还会向外分泌蜡质或粉状物质,如冬瓜、南瓜的表面有粉状白霜。

机械组织是在植物体内起支持和巩固等机械作用的组织。其组成细胞的细胞壁局部整体加厚,常木质化。根据组成机械组织的细胞的形状和壁加厚程度的不同,可将其分为厚角组织和厚壁组织两类。厚角组织是由纵向延长的、细胞壁不平均加厚的活细胞组成,有原生质体且常常具叶绿体,细胞壁只有柔软的初生壁,加厚部分除纤维素外,还含有大量的果胶质和半纤维素,但无木质素。由于果胶质是亲水的,所以,厚角组织的细胞壁内含丰富的水分。某些蔬菜具有丰富的厚角组织,如芹菜叶柄中的纵肋、莴苣肉质化的茎等。厚壁组织是由细胞壁显著增厚且木质化的死细胞组成,并特化为单纯适应机械功能的结构。从细胞形状上看,可分为等径的、伸长的、分枝状的石细胞或细长的纤维两种类型。蔬菜的厚壁组织含量越多,其质量越差。如成熟的丝瓜瓜筋(纤维)、油菜薹的外皮(茎皮纤维)。

输导组织是植物体内输导水分和养料的组织,其细胞一般呈管状,上下相接,贯穿于整个植物体内。在种子植物中包括主要运输水分和无机盐的导管,以及运输有机养料的筛管。它们与薄壁细胞、纤维细胞、分泌细胞等组合,分别形成了木质部和韧皮部,组成了叶中的叶脉及根、茎的维管柱。由于输导组织具有木质化的导管分子,有时也有木纤维、韧皮纤维等,因此,输导组织中发达的木质化组成分子会影响果蔬的质量。

分泌组织为植物体内具有分泌功能的组织,存在于植物体表面或体内。分泌组织常由单个的或成群聚集的薄壁细胞特化为蜜腺、腺毛、树脂道、乳汁管等,所产生的分泌物是植物代谢的次生物质。分泌物或排出体外,或分泌于细胞内或胞间隙中。在某些果蔬中,其独特的芳香气味与分泌组织有密切的关系。如橙的外果皮上的油囊、香辛叶菜的叶片和叶柄中的挥发油。茎用莴苣的叶及茎皮上的乳汁管因分泌乳汁使这两部分具有一定的苦味。

食用藻类植物是一类含有叶绿素和其他辅助色素,能进行光合作用的低等自养植物。植物体由单细胞、群体细胞或多细胞组成。无根、茎、叶的分化,构造简单。

食用菌类指以肥大子实体供人类作为蔬菜食用的某些真菌,已知的约有2000多种,广泛被食用的约30余种。食用菌类的形态和结构:各种菌菇的形状不尽相同,但均是由吸收营养的菌丝体和繁殖后代的子实体两部分组成。供食用的是子实体。子实体常为伞状,包括菌盖、菌柄两个基本组成部分,有些种类尚有菌膜、菌环等。此外,还有耳状、头状、花状等形状的子实体。颜色繁多,质地多样,如胶质、革质、肉质、海绵质、软骨质、木栓质等。

食用地衣。地衣是真菌和藻类共生的结合体。藻类制造有机物,而真菌则吸收水分并包被藻体,两者以不同程度的互利方式相结合。其生长型主要有壳状地衣、叶状地衣、枝状地衣和胶质地衣4大类型。地衣的适应能力特别强,能生活在各种环境中,特别能耐干、寒,在裸岩悬壁、树干、土壤以及极地苔原和高山荒漠都有分布,是植物界拓荒的先锋。除对自然环境有重要影响外,还可作为空气污染、探矿的指标植物。少数可供食用,并为高山和极地兽类的食料;有些可供药用、工业(染料、香料、试剂)用。

蕨菜植物属于高等植物中较低级的一个类群。现生存的大多为草本植物,少数为木本植物。与低等植物相比,蕨类植物的主要特征是具有发育良好的孢子体和维管系统,孢子体有根、茎、叶之分,无花,以孢子繁殖。蕨菜植物分为石松纲、水韭纲、松叶蕨纲和真蕨纲，约有12000种，我国约有2600种，多分布于长江以南各地。蕨菜植物在经济上用途广泛，可药用（如贯众、骨碎补等）、工业用（石松）以及食用（如蕨菜、紫萁等）；有的还可作绿肥饲料（如满江红），或作为土壤的指示剂。

2. 蔬菜的营养特点

水分。水分是蔬菜的重要组成成分，平均含量可达80%~90%。它对于原料的外观、风味、新鲜程度有极大影响。水分通常以自由水和结合水的状态存在于蔬菜中。自由水是指没有被非水化学物质结合的水，与原料组织结合不是十分紧密，易结冰，可造成水果和蔬菜组织被破坏。同时自由水能够被微生物所利用，从而引起原料的腐败变质。所以，可通过降低原料的含水量、提高细胞的浓度来抑制原料的腐败变质。结合水是指溶于溶质或其他成分，并以化学键的形式结合的水分。较稳定，不易结冰，不易改变，对形成食品的风味起着非常重要的作用，如果结合水被强行与原料分离，譬如脱水干燥后，原料的风味和质地就会大大改变。

碳水化合物。淀粉见于变态的根和茎以及豆类蔬菜中。如马铃薯含14%~25%，藕含12.77%，荸荠和芋头当中也较多。可溶性糖主要有葡萄糖、果糖、蔗糖。纤维素和半纤维素是植物细胞壁的主要成分，构成了蔬菜本身固有形态的支架，起支持作用。一些叶菜、茎菜含量较高，蔬菜中的纤维素含量约为0.3%~2.8%，半纤维素为0.2%~3.1%。果胶物质分布在植物的果实、直根、块根和块茎等器官的细胞壁中的胶层中，起黏合细胞的作用。

维生素。蔬菜中含有丰富的维生素C、维生素B_1（硫胺素）、维生素B_2（核黄素）、维生素A原（胡萝卜素）、维生素E及K。菜豆、香椿、毛豆、花菜等蔬菜维生素B_1较多，韭菜、洋葱、苋菜、豆类等蔬菜维生素B_2较多，辣椒、青蒜、番茄、菜苔、豆芽等蔬菜维生素C较多，红、黄色蔬菜胡萝卜素较多。由于维生素C是最不稳定的维生素，在烹饪中极易损失，如加热、空气氧化、遇碱处理、盛装在铁或铜器中都会造成维生素C的损失。因此在烹制菜肴时要尽量保护维生素C，如现切现用、大火急炒快出锅、焯水时不加碱等，以减少维生素C的损失。维生素B_1在酸性条件下稳定，在碱性和中性条件下很容易被破坏，因此烹调加工时应尽量避免加碱。维生素B_2性质比较稳定，可以溶于水，对热、酸稳定，短时间加热不会被破坏，加工干制也不会流失。由于维生素A原、维生素E及K都为脂溶性维生素，因此，在烹制富含这些成分的蔬菜时，宜多加食油。如炝炒豌豆苗、胡萝卜烧肉、韭菜炒鸡蛋等，以利于人体的吸收。

有机酸在部分蔬菜中含量丰富，某些蔬菜含有较多的草酸，如菠菜、竹笋、叶用甜菜、食用大黄等，在烹制前应焯水处理，除去草酸，从而避免影响钙质的吸收、减少对胃肠道的刺激、降低酸涩味。

含氮物质。豆菜类含蛋白质多，叶菜类含氮物质较多，食用菌、笋、豆芽等游离氨基酸较多。

矿物质。钙、磷、铁、镁、钾、钠、碘、铝、铜等以无机态或有机盐的形式存在于蔬菜中。金属成分约占80%，非金属成分约占20%。由于某些蔬菜含相当量的草酸，与钙、铁等离子结合形成不溶性的草酸盐，影响了人体对钙、铁等无机离子的吸收。

单宁物质。单宁又称鞣质，属于多酚类物质，在蔬菜中含量较少。多酚类物质在氧化酶的作用下会发生酶促褐变反应，含单宁较多的蔬菜如马铃薯、莲藕、茄子等切开后放置在空气中会变褐就是这个原因。

色素物质。色素物质是蔬菜呈现出鲜艳色彩的物质来源，包括脂溶性的叶绿素、类胡萝卜素和水溶性的花青素、花黄素等。通过这些色素物质的变化可以鉴定原料的新鲜度。在烹饪过程中，色素物质常发生变化，从而与成菜效果有关。

芳香物质。芳香物质在蔬菜中含量虽少，

但成分非常复杂，主要是酯、醛、酮、萜、烯等。烹饪中可以利用蔬菜的香辛气味赋味增香、去腥除异，从而达到丰富菜肴的品种、刺激食欲、保护维生素 C 的目的。

油脂和蜡质。蔬菜中的油脂含量通常较少。油脂富含于种子中，蜡质存在于果面、叶表。蔬菜的茎、叶和果实表面有一层薄的蜡质，主要是高级脂肪酸和醇所组成的酯，可以防止原料的枯萎、水分的蒸发和微生物的侵入，对保护原料的新鲜品质具有一定的意义。有的蔬菜在成熟后表皮会有蜡粉产生，如冬瓜、南瓜等，所以也是蔬菜成熟的标志之一。

酶。酶是由生物活细胞产生的有催化功能的蛋白质，大量分布于植物性原料的组织细胞内，虽然绝对含量很低，但与原料的组织结构、性质特点、营养成分有着非常重要的关系。酶的种类繁多，对原料的性质有很大影响。如多酚氧化酶可使切开的茄子、马铃薯发生酶促褐变反应；风味酶作用于风味前体会使洋葱等原料产生特有的香味。

（四）果品原料概述

果品，一般是指木本果树和部分草本植物所产的可以直接生食的果实（如苹果、草莓、西瓜等），也常包括种子植物的种仁(如裸子植物的银杏、香榧子、松子，被子植物产的莲子、花生等)。果品的种类较多，一般按以下两种划分方法进行划分。

按果实成熟后含水分多少划分，可分为鲜果(桃、梨、橘等)、果干(红枣、柿子等)、干果(栗子、核桃等)3 类。

按果实的组织结构特点划分，可分为仁果类(苹果、梨等)、核果类(桃、杏等)、浆果类(葡萄、猕猴桃等)、坚果类(核桃、银杏等)、柑橘类(柑橘、柠檬、柚子等)、复果类(菠萝、菠萝蜜等)6 类。

果品制品是以果品为原料经一定的加工处理而得到的制品。一般可分为果干、果脯、蜜饯和果酱 4 大类。

1. 果品的组织结构特点

果实通常由外果皮、中果皮、内果皮和种子构成。完全由子房发育而成的果实称为真果；有些植物的果实除由子房发育形成外，还有一部分是由花托、花筒或花序参与发育形成的，这类果实称为假果。

2. 果品的营养特点

水分。水分是果品的重要组成成分，平均含量可达 80% ~ 90%。它对于原料的外观、风味、新鲜程度有极大影响。

碳水化合物。单糖、双糖和糖醇是果品呈现甜味的主要原因，包括葡萄糖、果糖、蔗糖、阿拉伯糖、甘露糖、山梨糖、甘露醇等。仁果类以果糖为主，葡萄糖和蔗糖次之；核果类以蔗糖为主，葡萄糖和果糖次之；浆果类主要是葡萄糖和果糖；橘柑类含蔗糖较多。这些糖类与有机酸相互影响就形成了各种果品的不同风味。淀粉见于未熟的水果、某些干果中。如板栗中含 33%、未成熟的香蕉中含 9%。水果中的纤维素含量约为 0.2% ~ 4.1%，半纤维素含量约为 0.3% ~ 2.7%。果胶物质以原果胶、果胶和果胶酸 3 种形式存在于果品中。利用果胶质的水溶性可以将含果胶丰富的水果制成果冻或果酱。如苹果酱、草莓酱、杏酱等。

维生素。果品中含有丰富的维生素 C，硫胺素、核黄素、胡萝卜素、维生素 E 及 K。

有机酸。有机酸在水果中含量丰富，主要包括柠檬酸、苹果酸、酒石酸，一般通称为果酸。此外还含有少量的草酸、水杨酸、琥珀酸。这些有机酸以游离状态或结合成盐类的形式存在，形成了果实特有的酸味。有机酸和果实中所含的糖分共同构成的糖酸可直接影响果实的风味。柠檬中含有较多的柠檬酸；仁果类的苹果、梨和核果类的桃、杏、樱桃中含有较多的苹果酸；葡萄中含有较多的酒石酸。有机酸可以刺激食欲、保护果品原料中的维生素 C，丰富食品的味感。

含氮物质。在一些核果和坚果的种仁中

含有丰富的蛋白质，如核桃仁中的蛋白质含量可达 14%。

矿物质。钙、磷、铁、镁、钾、钠、碘、铝、铜等以无机态或有机盐的形式存在于水果中。

单宁物质。单宁在口味上有一定的涩味，未成熟的果实中含量大，因此未熟果中大都有酸涩的味道。随着果实的成熟，单宁逐渐分解、涩味减弱。单宁与糖和有机酸比例适当时会表现出果品的良好风味。多酚类物质在氧化酶的作用下会发生酶促褐变反应，含单宁较多的果品如苹果、梨等切开后放置在空气中会变褐就是这个原因。果汁中的蛋白质可以与单宁结合成不溶于水的沉淀，因此，在果汁加工时加入一定量的单宁可使果汁变得澄清。

苷类。苷类是由糖和其他含羟基的化合物(如醇、醛、酚)结合而成的物质。大多数苷类具苦味或特殊香味，但有的有毒性。如甘草苷、橘皮苷、苦杏仁苷等。

色素物质。是水果呈现出鲜艳色彩的物质来源，包括脂溶性的类胡萝卜素和水溶性的花青素、花黄素等。

芳香物质。芳香物质含量虽少但成分非常复杂，主要是酯、醛、酮、萜、烯等。烹饪中可以利用水果的特异性芳香气味制作出各式冷盘、冷点。

油脂和蜡质。果品中的油脂含量通常较少，但也有例外，如鳄梨。有的果品在成熟后表皮会有蜡粉产生，如葡萄、桃等，是果蔬成熟的标志之一。

酶。酶的种类繁多，对原料的性质有很大影响。如多酚氧化酶可使切开的苹果、梨、香蕉发生酶促褐变反应；果胶酶会促进果实的成熟和果肉组织的软化；风味酶作用于风味前体会使香蕉、苹果等原料产生特有的香味。

（五）畜禽乳蛋原料概述

畜一般是指家畜，由人类饲养驯化，且可以人为控制其繁殖的哺乳类动物。野畜即兽类，指那些已经驯化成功、尚未在生产中广泛应用，尚未被国家认定为家畜的，以及正在驯化中的、有待驯化的野生哺乳类动物。

禽一般是指家禽，由人类饲养驯化，且可以人为控制其繁殖的鸟类动物。野禽指那些已经驯化成功、尚未在生产中广泛应用，尚未被国家认定为家禽的，以及正在驯化中的、有待驯化的野生鸟类动物。

肉在食品学中一般指动物躯体中可供食用的部分。在肉类工业中往往是指经屠宰后去皮(大牲畜)、毛、头、蹄及内脏后的胴体。肉的组织中包括肌肉、脂肪、骨骼、韧带、血管、淋巴等组织，及以肌肉组织和结缔组织为主。而肉的质量高低主要以肌肉组织的含量多少为主要标准。

畜禽的种类一般可分为家养和野生两大类。

家养畜禽中畜类原料有猪、牛、羊、狗、马、驴、家兔、鹿、猫等。禽类原料有鸡、鸭、鹅、鹌鹑、鸽等。

野生畜禽中野畜类原料有竹鼠、果子狸、熊、小香猪、獭兔、穿山甲、刺猬等。野禽类原料有竹鸡、野鸡、野鸭、禾花雀、飞龙、雪鸡、山鸡、鹧鸪、鸵鸟、红腹锦鸡、黑凤鸡、鹌鹑、黑凤绿皮蛋鸡等。

畜类制品是指用家畜和兽类的肉及副产品加工而成的产品。家畜类制品多以猪为原料加工制作；兽类制品较少，但有些属高档原料，如熊掌、鹿筋等，常用于高级筵席中。

1. 畜禽类制品的种类

根据加工方法不同，将畜类制品分为 7 类，即腌腊制品、干制品、灌肠制品、酱卤制品、熏烤制品、油炸制品、乳制品。

（1）畜类制品的种类。

腌腊制品。选择优质的胴体肉或内脏等原料，用盐及其他调味品混合均匀，将其放置发酵或经过晾晒或烘干的制品。一般将未经干燥的制品称腌制品，将腌制后又干制的称腊制品。由于加工上相关联的关系，所以将其通称为一体。金华火腿、广东腊肉、北京酱肉、培根即是腌腊制品的代表。

干制品。采用各种方法，将新鲜原料中的水分降低，既有保藏作用，又可根据工艺不同，形成多种风味的肉制品。干制方法一般分自然干燥和人工干燥法。自然干燥有晾晒、风干和阴干等；人工干燥法有煮炒、烘焙、真空干燥、远红外干燥等。蹄筋、驼峰、肉松、肉干、肉脯等即是常见的干制品。

灌肠制品。主要是以猪肉、牛肉等为原料，经刀工处理后，加入各种调辅料腌制，然后灌入天然或人工合成的肠衣中，经短时烘干，再煮熟或烟熏、干制而成。多为熟制品，少为半熟制品或生制品。熟制品可直接供食用。根据加工方法的不同灌肠制品可分为生鲜灌制类（新鲜猪肉香肠）、烟熏生灌制类（四川香肠、广东香肠等中的部分品种）、烟熏熟灌制类（哈尔滨红肠、北京香雪肠等）、熟灌制类（泥肠、茶肠、法兰克福肠、小红肠等）、发酵灌制类（色拉米香肠等）、粉肚灌制类（北京粉肠等）和其他类（肉糕、午餐肉等）。灌肠制品不仅工艺多样，在用料上也越来越广泛，除畜类胴体肉外，内脏、血液等副产品也单独地或混合地作为灌肠制品的用料，如血肠、肝肠、舌心肠等，且用料处理形式也多样，有块、片、丁、颗粒、糜等形式。

酱卤制品。是将肉类原料放入调味汁中，经卤、酱、糟、煮等工艺加工而成的制品。这是我国的传统肉制品加工方法之一。根据所用调味料和加工方法的不同，通常将其又分为酱制品、蜜汁制品、卤制品、白煮制品和糟制品等五类。北京酱猪肉、上海蜜汁蹄膀、镇江肴肉、白水羊头肉、糟猪舌和糟猪肚都是各具地方特色的制品。

熏烤制品。一般是指以熏烤为主要加工手段的肉类制品。可分为熏制品和烤制品两大类。熏制是利用燃料未完全燃烧时产生的烟雾对肉品进行烟熏，由于在熏制过程中对产品起到加热作用，所以其产品不仅有独特的烟熏味而且已经成熟，可直接食用。如有的酱卤制品、西式火腿、灌制品等进行烟熏后即成为熏制品，北京熏肉就是有名的熏制品。烤制品则是利用无烟明火或烤炉、烤箱产生的高温致使肉类原料成熟的一种方法。广东叉烧肉、烤乳猪、哈尔滨烤火腿是知名的特产。

油炸制品。将肉类原料放入油中，利用其高温改变原料的形状、质感以及风味特点，使制品具有香、脆、松、酥等良好的口感，并产生金黄色。炸猪排、酥肉、响皮等就是烹调中常见的油炸制品。

乳制品。用鲜奶经脱水干制或乳酸发酵等不同的加工方法而制成的多种制品，使之产生多种富有特色的原料。目前常见的品种有奶酪、酸奶、乳粉、乳扇、炼乳、乳饼、奶皮、冰淇淋等。

（2）禽类制品的种类。

禽类制品是以禽类的肉、蛋等为原料，经过腌制、干制、烤制、煮（卤、酱）制、熏制等烹调方法加工而成的制品。

根据不同的烹调方法进行分类，禽类制品可分为腌制类、干制类、烤制类、煮制类、熏制类等。

根据原料加工特点的不同分类，禽类制品可分为板鸭、盐水鸭、香酥鸭、风鸡、烧鸡、扒鸡、熏鸡等禽肉制品，以及咸蛋、皮蛋、糟蛋、蛋粉等禽蛋制品。

按照原料生熟来分，有些品种是可以直接食用的熟禽制品，如扒鸡、香酥鸡、皮蛋，有些则必须加工后才能食用，如风鸡、板鸭、咸蛋等。

2. 畜禽肉的组织结构和营养特点

（1）畜禽的组织结构特点。肉由结缔组织、脂肪组织、骨骼组织和肌肉组织构成。

结缔组织分为疏松结缔组织和致密结缔组织。疏松结缔组织广泛分布于皮下、真皮内、各器官之外、肌内膜及肌束之间的内外肌束膜等部位，填满动物体中器官之间的空隙，各器官借以彼此附着，并能自由运动。含胶原纤维和弹性纤维较多，网状纤维较少。致密结缔组织分布于真皮、肌腱、韧带及某些器官的

牛奶中矿物质质量分数约为 0.7%～0.75%，富含钙、磷、钾、硫、镁等常量元素及铜、锌、锰等微量元素。100 毫升牛乳中含钙 110 毫克，为人奶的 3 倍，且吸收率高，是钙的良好来源。牛奶含磷约为人奶的 6 倍。牛奶中钙和磷的比值为 1.2：1，而人奶钙磷比为 1：1。牛奶中铁含量很低，如以牛奶喂养婴儿，应注意铁的补充。

牛奶中含维生素较多的为 A，但 B_1 和 C 很少，每 100 毫升分别为 0.03 毫克和 1 毫克，但奶中维生素含量随季节有一定变化。

4. 蛋类的组织结构及营养特点

（1）蛋的组织结构特点。常见的蛋类有鸡、鸭、鹅和鹌鹑蛋等。其中产量最大，食用最普遍，食品加工工业中使用最广泛的是鸡蛋。各种禽蛋的结构都很相似。主要由蛋壳、蛋清、蛋黄 3 部分组成。以鸡蛋为例，每只蛋平均重约 50 克，蛋壳重量占全部的 11%，其主要成分中 96%是碳酸钙，其余为碳酸镁和蛋白质。蛋壳表面布满直径 15～65 微米的角质膜，在蛋的钝端角质膜分离成一气室。蛋壳的颜色由白到棕色，深度因鸡的品种而异。颜色是由于卟啉的存在，与蛋的营养价值无关。蛋清包括两部分，外层为中等黏度的稀蛋清，内层包围在蛋黄周围的为质冻样的稠蛋清。蛋黄表面包有蛋黄膜，有两条韧带将蛋黄固定在蛋的中央。

（2）蛋的营养特点。蛋清和蛋黄分别约占总可食部的 2/3 和 1/3。蛋清中营养素主要是蛋白质，不但含有人体所必需的氨基酸，且氨基酸组成与人体组成模式接近，生物学价值达 95 以上。全蛋蛋白质几乎能被人体完全吸收利用，是食物中最理想的优质蛋白质。在进行各种食物蛋白质的营养质量评价时，常以全蛋蛋白质作为参考蛋白。蛋清也是核黄素的良好来源。蛋黄比蛋清含有较多的营养成分。钙、磷和铁等无机盐多集中于蛋黄中。蛋黄还含有较多的维生素 A、D、B_1 和 B_2。维生素 D 的含量随季节、饲料组成和鸡受光照的时间不同而有一定变化。蛋黄中含磷脂较多，还含有较多的胆固醇。蛋类的铁含量较多，但因有卵黄高磷蛋白的干扰，其吸收率只有 3%。生蛋清中含有抗生物素和抗胰蛋白酶，前者妨碍生物素的吸收，后者抑制胰蛋白酶的活力，但当蛋煮熟时，即被破坏。蛋制品主要有皮蛋、咸蛋、糟蛋等，这些产品具有独特的风味，在烹饪中常用。蛋制品的营养价值与鲜蛋相似，经过加工，部分蛋白质降解为更易被人吸收的氨基酸，消化吸收率提高。但 B 族维生素损失较大。糟蛋在制作时加入了酒精、醋，可使蛋壳中的钙的溶解度增加，其钙的质量分数较鲜蛋高 40 倍。

（六）水产及其他动物原料概述

鱼是用鳃呼吸、用鳍游泳的水生脊椎动物。

两栖类动物原料是指陆栖脊椎动物中隶属于背椎动物亚门两栖纲中的可供入馔的一类烹饪原料。

爬行类动物原料是指陆栖脊椎动物中隶属于背椎动物亚门爬行纲中的可供入馔的一类烹饪原料。

水产及其他动物原料有鱼类原料、爬行类原料、两栖类原料、节肢动物类原料、软体动物类原料、棘皮动物类原料、环节动物类原料、腔肠动物类原料等种类。鱼类包括圆口纲、软骨鱼纲和硬骨鱼纲等 3 大类群，世界上已知鱼类约有 26000 多种，是脊椎动物中种类最多的一大类，约占脊椎动物总数的 48.1%。它们绝大多数生活在海洋里，淡水鱼约有 8600 余种。我国现有鱼类近 3000 种，其中淡水鱼约 1000 种。两栖类动物约有 2000 多种，常见的如大鲵，俗称“娃娃鱼”，以及蛙类等。爬行类现存种类约 5000 多种，常见的有蜥蜴、蛇、龟、鳖、鳄鱼等。低等动物即无脊椎动物，约占动物界总数量的 95%，主要有原生动物、海绵动物、腔肠动物、扁形动物、线形动物、环节动物、软体动物、节肢动物、棘皮动物等类群。其中软体动物、棘皮动物、节肢动物和腔肠动物中包含有不少的烹饪原料。

鱼类制品是以鱼肉或是以鱼身体上的某个器官，采用不同的加工方法制作而成的产品，多为干制品。除咸鱼、鱼子酱等制品外，大多本味不显，烹制时应以高汤入味，或与鲜美原料合烹。由于多为干制品，应用前需先涨发，所以，烹调工艺较其他原料复杂。

1. 鱼类的肉组织结构及营养特点

鱼类的肉组织包括肌肉组织、结缔组织、脂肪组织和骨骼组织。

肌肉组织是鱼类供人们食用的主要部分。鱼肉的肌纤维较短，结合疏松，且其肌节从侧面观察呈 M 形。在鱼类的体侧肌中，白肌和红肌的分化很明显。红肌的肌纤维较细，周边结缔组织的量较多，其血管分布也较丰富。另外，脂肪、肌红蛋白、细胞色素的含量也较白肌多。肉食性鱼类一般白肌发达而厚实、红肌较少，尤其是淡水鱼类表现得更为明显。由于白肌所含肌红蛋白较红肌少，故呈白色，是制作鱼圆的上好原料。同时，白肌的结缔组织相对较少，口感细嫩，肉质纯度相对较高，便于切割和加工。

鱼肉中结缔组织形成的肌鞘很薄，加热时易溶解，从而使鱼类在烹制时不易保形。

鱼类的脂肪含量较低，多在 1% ~ 10%之间。冷水性鱼类通常含脂肪较多。同品种鱼年龄愈大含脂肪也愈多。产卵前比产卵后含脂肪多。鱼类脂肪多集中分布于内脏，有的皮下和腹部脂肪含量也较高。鱼类脂肪中不饱和脂肪酸含量高，熔点低，常温下呈液态，容易被人体吸收，但在保存时极不稳定。鱼类脂肪中还常含有二十二碳壬烯所形成的酸，具有特殊的鱼油气味，是形成鱼油腥臭的主要成分之一。

在生物学分类上，人们将鱼类分为软骨鱼类和硬骨鱼类两类。软骨鱼类的骨骼全部为软骨，有些由于钙化的原因相对较硬，如鲨鱼、魟、鳐等都属于软骨鱼类。有些软骨鱼类的鳍、皮、骨等经加工后可制成相应的干制品，如鱼翅、鱼皮、鱼骨。软骨鱼类除骨骼为软骨外，其鳞是盾鳞，较硬，烹制初加工时需要特殊处理。硬骨鱼类较为常见，为烹调中常用的鱼类原料，其骨骼一般不单独用来制作菜肴。

鱼类肌肉蛋白质质量分数一般为 15% ~ 25%。肌纤维细短，间质蛋白少，组织软而细嫩，较畜禽肉更易消化，其营养价值与畜禽肉近似，属于完全蛋白质。鱼类的外骨骼发达，鱼鳞、软骨中的结缔组织主要是胶原蛋白，是鱼汤冷却后形成凝胶的主要物质。

鱼类脂肪多由不饱和脂肪酸组成（占 70% ~ 80%），熔点低，常温下为液态，消化吸收率达 95%。部分海产鱼（如沙丁鱼、金枪鱼、鲣鱼）含有的长链多不饱和脂肪酸，如二十碳五烯酸（EPA）和二十二碳六烯酸（DHA），具有降低血脂和胆固醇质量分数，防治动脉粥样硬化的作用。鱼类的胆固醇质量分数不高，一般约为 60~114 毫克 /100 克。但鱼子质量分数较高，一般为 354~934 毫克 /100 克，鲳鱼子的胆固醇质量分数高达 1070 毫克 /100 克。

鱼类（尤其是海产鱼）矿物质质量分数较高，为 1%~2%。其中磷的质量分数最高，钙、钠、氯、钾、镁质量分数丰富。鱼类钙的质量分数较畜禽肉高，为钙的良好来源。海产鱼类含碘也很丰富，可达 500~1000 微克 /100 克，而淡水鱼的碘质量分数只有 50~400 微克 /100 克。

鱼类是维生素 B_2 和尼克酸的良好来源，如黄鳝含维生素 $B_2$2.08 毫克 /100 克，河蟹为 0.28 毫克 /100 克、海蟹为 0.39 毫克 /100 克。海鱼的肝脏是维生素 A 和维生素 D 富集的食物。少数生鱼肉中含有硫胺素酶，在存放或生吃时可破坏鱼肉中的硫胺素。加热烹调处理后，硫胺素酶即被破坏。

鱼类还含有一定量的氨基乙磺酸，对胎儿和新生儿的大脑和眼睛正常发育，维持成人血压，降低胆固醇，防止视力衰退等有重要作用。

2. 两栖爬行类的组织结构及营养特点

两栖类动物是从水生生活向陆地生活过

渡的一类动物，具有与其生活习性相适应的形态结构。身体分为头、躯干、四肢3部分；皮肤裸露，有丰富的腺体，可分泌黏液使皮肤保持湿润，皮肤上还有大量的微血管用以进行气体交换，以帮助呼吸。体温不恒定。从幼体至成体的发育过程中，部分种类发生变态。两栖类动物中，鱼状的大鲵的肌肉分节现象仍然存在，但蛙类的肌肉分节现象消失，成为纵行或斜行的长肌肉群，形成身体上一块块的肌肉。躯干部位的肌肉为长条型或"V"字型；腹部的肌肉薄而分层；四肢肌肉发达，尤以后肢肌肉特别发达。由于结缔组织少，因此躯干部位的肌肉色白而柔嫩。脂肪组织不明显，肌肉组织中更少。

爬行纲动物的特征是身体分为头、颈、躯干、四肢、尾5部分，卵生，体温不恒定，皮肤干燥，体被角质鳞片。爬行类原料常见的为龟、鳖、蛇类。鳖类的背腹甲由结缔组织相连形成厚实而柔软的裙边；龟鳖的肌间脂肪较少，脂肪主要集中在腹腔内；胶质重；肌纤维较为粗糙。蛇类的肌肉色泽洁白，肌纤维细嫩而柔软，滋味鲜美。爬行类动物多数是高档烹饪材料，在烹饪中应用较广，是高档宴席的重要组成部分。

皮肤、肌肉、内脏、卵供食用。其肌肉蛋白质约占12%~20%，龟、鳖胶原蛋白比例较大，胶质丰富，由于缺乏色氨酸，大多为不完全蛋白质。其余品种蛋白质质量较高。本类原料脂肪组织不明显，如100克田鸡的脂肪仅有0.3克，甲鱼脂肪较高，也只有1.1克。两栖爬行类动物肉有较丰富的钙、磷、铁、B族维生素，尤其是尼克酸质量分数较高。

3. 低等动物类的组织结构及营养特点

节肢动物为动物界种类最多的一门，有许多种类是常用的烹饪原料。其形态特征为：身体左右对称，由多数结构与功能各不相同的体节构成，一般可分为头部、胸部和腹部3部分；体表被有坚厚的几丁质外骨骼，生长发育过程需蜕皮；附肢分节，节与节间以关节相连。形态结构极其多样，具有高度的适应性。供食用的种类主要有甲壳纲的虾、蟹类及昆虫纲的少量昆虫。

甲壳动物的组织结构特点：体分节，胸部有些体节同头部愈合为一坚硬的头胸甲所被覆，形成头胸部；个体节几乎都有一对附肢，且基本上都是双肢型的；虾、蟹的身体上都包裹着一层甲壳，甲壳内是柔软纤细的肌肉和内脏。虾、蟹的甲壳下有许多色素细胞，呈青灰色。肉质特点：虾和蟹的肌肉均为横纹肌，色泽洁白，持水能力强；蛋白质含量高，脂肪含量低，矿物质和维生素的含量也较高，营养丰富。虾蟹类容易腐败变质。

虾蟹的营养特点：蛋白质质量分数为15%~20%，与鱼肉相比，缬氨酸、赖氨酸质量分数相对较低。脂肪为1%~5%。虾蟹钙、铁的质量分数较丰富，尤其是虾皮中钙的质量分数特别高，可达体重的2%。

昆虫纲原料的组织结构特点：昆虫的身体由连续的体节所组成，分为头、胸、腹3部分。体表被几丁质外骨骼，外骨骼内陷形成内骨骼。肉质特点：昆虫的肌肉一般与体壁或内突相连，在结构上均为横纹肌，且肌肉数目很大，是高蛋白、低脂肪、营养价值高的原料，有些昆虫还是良好的保健食品或药材。昆虫纲原料的烹饪运用：可采用炸、煎、炒、蒸、煮、酱、卤等多种方法烹制。还可以加工成调味品、酒、保健饮料等。

软体动物类原料形态特征：身体柔软，不分节，左右对称。身体分头、足、内脏囊3部分，背部还有外套膜和由其分泌的贝壳。头在身体的前端，具有口、眼、触角和其他感觉器官；足在身体的腹面，由肌肉组织组成，是运动器官。贝壳是软体动物的保护器官。瓣鳃纲有2个贝壳，呈瓣状；腹足纲的贝壳为单一的螺旋形；头足纲则有的是外壳，有的内陷于外套膜中或退化。软体动物类原料肉质特点：贝类原料含水量大。中胚层结缔组织多，肉质细密脆嫩，脂质少。加热后水分损失较多，硬度一般都有所增加，但长期炖煮后，肉质又可回软。软体动物的肌纤维之间含较多的热凝固蛋白，受热后肌纤维相互的接触力增强，也使原料加热后硬度增加。烹饪运用：采用快速加热的方式或生食，以突出其脆嫩的质感；长时间炖、煮，以体现其软糯绵香；调味上，以清淡为主，从而突出其自身独特的鲜美风味。

棘皮动物现在生存的有5个纲，作为烹饪原料运用的主要有海参纲和海胆纲的部分种类。

海参为海参纲动物的通称。在世界各地的海洋中广有分布。其种类约有1000多种，但具有食用价值的只有40多种，其中我国有20多种，以南海为多。海参体为长圆筒形。背面较凸出，管足退化成肉刺状的庞足；腹面平坦，有管足沿3个步带区作不规则排列，有爬行作用。海参的体形具有从辐射对称向左右对称过渡的趋势。海参的体腔明显。其内具有长管状的消化道、一对呼吸树及悬挂的树状生殖腺。组织结构特点：海参体质柔软，体壁由结缔组织和肌肉组成，是主要的食用部位。体壁中散布有极细小的小骨片。真皮层构成体壁的主要部分，并决定体壁的厚度。体壁的外表面是角质层和上皮，其内是包围小骨片的真皮外层疏松结缔组织。

软体动物的营养成分类似鱼类，蛋白质10%～20%，脂肪1%～5%。贝类以糖原代替脂肪而成为储存物质，因而碳水化合物质量分数可达5%以上，个别甚至高达10%。贝类蛋白质的精氨酸比其他水产品高，而蛋氨酸、苯丙氨酸、组氨酸质量分数比鱼类低。软体动物肉含有较多的甜菜碱、琥珀酸，形成肌肉甜味和鲜味。贝类矿物质约为1.0%～1.5%，其中钙和铁质量分数高，海产软体动物的碘质量分数较高，微量元素质量分数类似肉类。需要注意的是牡蛎肉锌的质量分数很高，每100克含锌高达128毫克，是人类锌的很好的来源。软体动物的维生素以维生素A、维生素B_{12}较丰富。干制的墨鱼、鱿鱼蛋白质可达65%。干贝蛋白质可达63.7%，脂肪达3.0%，碳水化合物为15%左右。

（七）调辅原料概述

1. 调料

调料是在烹饪加工过程中使用量比较少，但对食品的色、香、味、质等风味特色起重要调配作用的一类原料。

调料分为调味料、香辛料、调色料和调质料等。

调味料又称调味品，是在食品加工及烹调过程中广泛使用的，用以去腥、除膻、解腻、增香、调配滋味的一类调料。按其味型分，主要有咸味调料（食盐、酱油、酱等）、甜味调料（食糖、饴糖、蜂蜜、糖精、甜叶菊苷等）、酸味调料（醋、番茄酱、柠檬酸、苹果酸等）、鲜味调料（味精、蚝油、虾油等）、苦味调料。

香辛料是以植物的种子、果实、根、茎、叶、花蕾、树皮等为原料，使食品具有刺激性香味和辣味的一类调料。按香辛料的芳香特征、植物学特点分类，可分为辛辣味类：如辣椒、姜、胡椒、芥末等。芳香味类：如肉豆蔻、小豆蔻、葫芦等。伞形花序植物类：如茴芹、葛缕子、芫荽、香芹、莳萝、小茴香等。含丁香酚类：如丁香花蕾、众香子等。芳香树皮类：如斯里兰卡肉桂、中国肉桂等。

调色料在烹饪中可分为食用色素（天然色素和人工合成色素）和发色剂。食用色素又称着色剂，是一类以食品着色为目的，对健康无害的食品添加剂。着色剂按照来源和性质可分为食用天然色素和食用人工合成色素两大类。食用天然色素主要有：红曲色素、紫胶虫色素、姜黄素、叶绿素铜钠、焦糖色素等；食用人工合成色素主要有：苋菜红、胭脂红、柠檬黄、日落黄、靛蓝等。发色剂主要有亚硝酸钠、硝酸钠、硝酸钾。

调质料在食品运用中可分蓬松剂，包括化学蓬松剂（碳酸氢钠、碳酸氢铵等）、复合化学蓬松剂和生物蓬松剂（鲜酵母、老酵面等）；致嫩剂（木瓜蛋白酶、菠萝蛋白酶等）；增稠剂

(芡粉、琼脂、明胶、果胶、羧甲基纤维素钠等);凝固剂(硫酸钙、氯化钙、盐卤等)。

2. 水

水是由氢、氧两种元素组成的无机物,在常温常压下为无色无味的透明液体。水是最常见的物质之一,是包括人类在内的所有生命生存的重要资源,也是生物体最重要的组成部分。水在生命演化中起到了重要的作用。人类很早就开始对水产生了认识,东西方古代朴素的物质观中都把水视为一种基本的组成元素,东方为五行之一,西方古代的四元素说中也有水。

根据水质的不同,按其中钙、镁离子不同可以分为硬水和软水。硬度低于 8 度的水为软水。硬度高于 8 度的水为硬水。饮用水根据氯化钠的含量,可以分为淡水和咸水。

水在常温常压下为无色无味的透明液体。在自然界,纯水是非常罕见的,水通常是酸、碱、盐等物质的溶液,习惯上仍然把这种水溶液称为水。水是一种可以在液态、气态和固态之间转化的物质。固态的水称为冰,气态叫水蒸气。水具有高沸点、高溶解热、高蒸发热、低蒸汽压的特点。其中与烹调有关的性质表现为水的比热、温度、汽化热和溶解热几个方面。水的比热大,烹饪中广泛作为传热介质使用,如煮、烫、汆等加热方式以及冷漂等使原料快速降温。可以根据食品降温或保藏要求,调节使用不同水温。水发生汽化或冷凝时,可吸收或放出大量的热量。烹调时热蒸汽常用于传热。水的溶解热为 334 焦 / 克,在融化时可以吸收食物的热量而使其降温,常用于冷藏和冰镇食物。许多物质能很好地溶于水中,即使某些不溶于水的物质,如脂肪和某些蛋白质,也可分散在水中形成胶体溶液或乳浊液。

3. 食用油脂

食用油脂是指能供烹饪使用的各种植物油、动物脂及其再制品的统称。是人们生活的必需品,是提供人体热能和必需脂肪酸,促进脂溶性纤维吸收的重要食物。按其来源可分为动物油脂和植物油脂。在室温,植物油脂通常呈液态,称为油。动物油脂通常呈固态,称为脂肪。

按脂肪酸组成分类,油脂分月桂酸型,如椰子油、棕榈油;油酸、亚油酸型,如棉籽油、花生油、玉米油;芥酸型,如菜油、芥子油;亚麻酸型,如大豆油、亚麻籽油;共轭酸型,如桐油;羟基酸型,如蓖麻油。

按油脂的原料及特点分类:(见图 3–3)

- 油脂
  - 植物油
    - 干性油(碘价 >130)
    - 半干性油(碘价 100 ~ 130)
    - 不干性油(碘价 <100)
  - 动物油
    - 淡水动物油
    - 海产动物油
    - 陆地动物油
  - 脂
    - 植物脂
    - 动物脂
      - 乳脂
      - 体脂肪

图 3–3 食用油脂分类图

油脂是膳食的重要组成部分,是热能的一个重要来源,可供给人体一些必需的脂肪酸,并提供一定量的脂溶性维生素。天然的食用油脂是由多种物质组成的混合物,其中最主要的成分是脂肪(又称甘油酯)。目前大多食用精炼油,其脂肪质量分数均在 99%以上,植物油精制后含脂肪 100%,还含有脂溶性的胡萝卜素和核黄素。粗制油含有少量非甘油酯类化合物,如磷脂、甾醇、蜡、黏蛋白、色素及维生素等,在油脂中的质量分数很低,但对于食用油脂的质量影响较大。油脂经高温加热后,脂肪酸、胡萝卜素、维生素 A、维生素 E 等均受到破坏,热能供给只有生油脂的 1/3 左右。经过高温加热的油脂,尤其是反复加热的油脂,不但不易被机体消化,而且妨碍同时进食的其他食物的吸收率。

(谢定源)

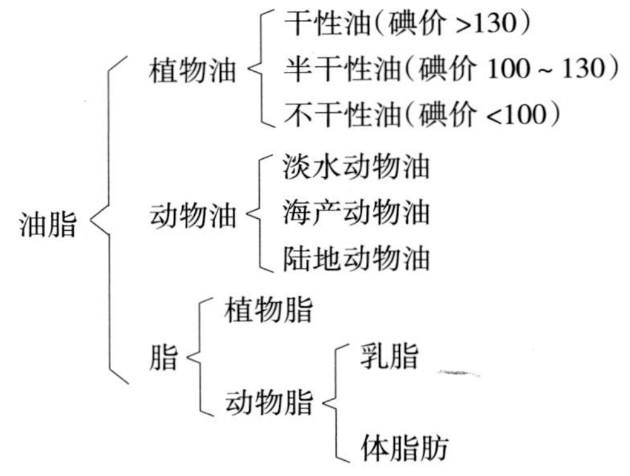

二、粮食原料

（一）谷类原料

1. 稻米

稻米是禾本科稻属一年生草本植物稻的种子经碾制脱壳而制成的，又称大米。全世界约一半的人口以大米为主食，我国大部分地区也以大米为主食。稻主要分布在热带和亚热带地区，按生长所需的自然环境不同分为水稻和陆稻(旱稻)。我国主要栽培水稻，主产区集中在长江流域和珠江流域，包括四川、湖南、湖北、广东、广西、浙江、安徽、江西、江苏、贵州、福建、海南、华北和东北等地。陆稻主要种植在少数南方山坡地、旱地和北方低洼涝地。另外，稻按生长期的长短分为早稻、中稻、晚稻；按籽粒的特征特性不同分为籼稻、粳稻、糯稻 3 种。

我国是亚洲稻的原产地之一，从湖南澧县彭头山早期新石器文化遗址和河姆渡遗址中出土的稻谷遗存来看，早在 7000 年前我国有原始农业时，长江中下游就开始种植水稻，是栽培和食用稻米历史最悠久的国家之一。到了先秦时期，稻在南北均有种植，主要产区在南方。在诸子百家著作中有许多有关稻的记述。《周礼》中最早提到稻的名称，还有舂人(专门管理大米的官员)的称呼；《诗经》中有“黍稷稻粱，农夫之庆”(《小雅·莆田》)，“滤池北流，浸彼稻田”(《小雅·白华》)，“丰年多黍多稌”(《周颂·丰年》)等记载，以后所出版的农书和食物书中都有关于稻的记载，有了“五谷”、“六谷”、“九谷”、“百谷”的说法，稻也有了籼稻、粳稻、糯稻之分。历代一些本草书中，常根据糯、粳、籼的食性寒热不同，以之入药，治疗某些疾病或调理脾胃性能。糯米除了食用以外，还是重要的建筑原料，可用糯米和石灰等筑城墙、筑坟。明清时期，水稻栽培几乎已遍及全国各地，明代宋应星著《天工开物》所说：“今天下育民人者，稻居十七”，也许估计偏高，但稻在粮食作物中已跃居首位。我国农业科学家长期辛勤收集、研究，现在保存有水稻品种资源 3 万多份，20 世纪 70 年代还培育出高产优质的杂交水稻，我国农业科学家袁隆平被国际上称为“杂交水稻之父”，为解决世界粮食短缺问题作出了巨大的贡献。

稻米相对于其他粮食(除小麦粉外)被称为细粮，具有柔软可口、味香甜的特点。稻米按照稻的种类不同主要分为籼米、粳米和糯米 3 类，此外还有特色米等。

籼米。在我国的稻米中，籼米的产量居首位。四川、湖南、广东是籼米的主要产地。籼米的米粒细长，色泽灰白，一般是半透明的。籼米所含的直链淀粉最高，可达 26% ~ 31%，米质疏松，硬度较低，加工时容易破碎。蒸煮时胀性大，出饭率高，但黏性小，口感较差。由于籼米粉的粉团质硬，可用于发酵。

籼 米

粳米。粳米的产量次于籼米，主要产地为华北、东北、江苏等地。粳米米粒有短圆粒和长粒之分，透明度较好。粳米所含的直链淀粉较低，为 17% ~ 25%，质地硬而有韧性，加工时不易破碎。蒸煮后胀性较小，出饭率低于籼米，但黏性较大，冷

粳 米

却后不易变硬，柔软可口，食味品质佳，所以产量有逐年上升的趋势。由于粳米粉的粉团有黏性，一般不用于发酵。

糯米。又称江米、元米、酒米等。亩产量和总产量都低于籼米和粳米，主要产于高纬度的东北和江浙的高山地区。糯米有粳糯和籼糯两种，粳糯粒形短圆，籼糯粒形细长。两者均呈不透明的乳白色。糯米所含的淀粉几乎全是支链淀粉，其直链淀粉的含量非常低，为0～2%，蒸煮后胀性小、黏性大，出饭率比粳米还低。由于糯米粉的粉团黏性极强，不用于发酵。

糯　米

稻米除以上3种外，还有一些经长期培育形成的特色稻谷加工的特色米。

香米。香米因烹煮后有浓郁的香气而得名，我国仅部分地区有分布，且产量相对较低。著名的香米如山东曲阜香米，古代曾为贡米；河南的香稻米，米粒洁白似珍珠，煮制成饭，味香异常。此外，还有安徽的夹沟香稻、陕西的香米、上海的香粳稻、湖南源口香米、广西的环江香粳、福建的过山香、云南景谷县的大香糯、黑龙江五常市的长粒香等等。香米通常用于做饭煮粥等。

黑米。黑米又称紫米、墨米等，籼稻和糯稻均有黑色品种。黑米通常为糙米，米粒外观呈黑色，糊粉层呈紫褐色、紫黑色或黑色，胚乳呈白色（也有个别黑色品种）。黑籼米黏性较小，黑糯米黏性较强。黑米的营养成分比普通稻米高，清代以前曾被作为朝廷贡米。黑米品种较多，名产主要有：江苏常熟鸭血糯、陕西洋县黑米、建湖和武进香血糯、广西东兰墨米、云南墨江紫米、贵州惠水黑糯米等。

稻米每100克约含蛋白质7.4克，脂肪0.8克，碳水化合物77.9克，硫胺素0.11毫克，核黄素0.05毫克，尼克酸1.9毫克，及钙、磷、铁等多种营养素，是人类食物中热量的主要来源。谷类的碳水化合物、脂肪、蛋白质、矿物质等营养物质主要集中在胚乳中，维生素主要集中在胚及糊粉层中。谷物加工精度越高，胚和糊粉层被碾去越多，其维生素损失也就越多。

黑　米

稻米因种类不同，烹饪应用也不同。籼米通常用来制作米饭和粥等主食，也可以用磨制的米粉制作各种菜肴和小吃，如云南米线、广东河粉、苗寨竹筒饭以及新疆手抓饭等。籼米炒制后磨制的粗粉可作蒸菜的配料，如粉蒸牛肉、粉蒸排骨、荷叶粉蒸肉等。粳米的应用与籼米基本相同，但纯粳米粉调制的粉团具有黏性，一般不用于发酵。糯米煮后胀性小，黏性很强，光泽明亮，一般不作主食，是制作各种风味食品、小吃、糕点的主要原料，如糯米鸡、糯米鸭、糯米藕、珍珠丸子、八宝饭、糍粑、打糕、粽子、元宵、年糕、叶儿粑等。此外，还可用做酿酒、制酒酿等的原料。香米清香扑鼻，在煮饭、粥时加入少量的香米就可改善饭的香味，也可直接煮饭、粥，还可做年糕、糍粑和酿制米酒。黑米通常用于制作甜食、粥品，如黑米饭、黑米粥等，也可与其他原料配合制作黑米八宝饭、黑米八宝粥、黑米八珍汤等，还可制作菜肴如黑米炖鸡、黑米八宝鸡、黑米丸子等，此外还可以酿制黑米酒。

2. 小麦粉

小麦粉是禾本科小麦属一、二年生草本

植物小麦的种仁经磨制加工而成的粉，又称面粉。小麦适应性强，分布广，用途多，是世界上最重要的粮食作物，栽培面积及总贸易额均居粮食作物第一位，也是我国主要粮食作物之一，总产量仅次于稻谷。小麦的品种很多，有普通小麦、密穗小麦、硬粒小麦、波兰小麦等。我国主要种植的是普通小麦，主产于长江流域及其以北地区，小麦粉已成为北方传统的主食品种之一。此外，按照播种的季节有冬小麦和春小麦之分，我国主要种植冬小麦。按照麦粒性质的不同有硬麦和软麦。

小麦在中国的栽培历史已有4000多年。从考古发掘以及《诗经》所反映的情况看，公元前6世纪以前，小麦栽培主要分布于黄淮流域。春秋战国时期发明的石转磨在汉代得到推广，使小麦可以加工成面粉，改善了小麦的食用方法，从而促进了小麦栽培的发展。据《晋书·五行志》记载，当时江浙一带已经有较大规模的小麦栽培。在公元3世纪的晋代已利用一个水轮带动八盘磨，并有"水轮三事"的发明。唐诗《观刈麦》说明，唐代小麦在粮食生产中已经占有重要地位。食用上已经出现了馒头、面条和各种面点。到明代，小麦栽培几乎遍及全国，在粮食生产中的地位仅次于水稻而跃居全国第二，但其主要产地仍在北方。正如《天工开物》所说：在北方"燕、秦、豫、齐、鲁诸道，烝民粒食，小麦居半"，而在南方种小麦者仅有"二十分而一"。《天工开物》中还载有"凡小麦既飏之后，以水淘净，尘垢净尽，又复晒干，然后入磨"，"凡麦经磨之后，几番入罗，勤磨不厌重复"。其加工方法合乎现代制粉工艺的原则。在19世纪末，我国引进了辊式磨粉机，在沿海地区相继建立了一些面粉厂。面粉加工技术的进一步改进，使面点制作的花色品种更加丰富多彩。

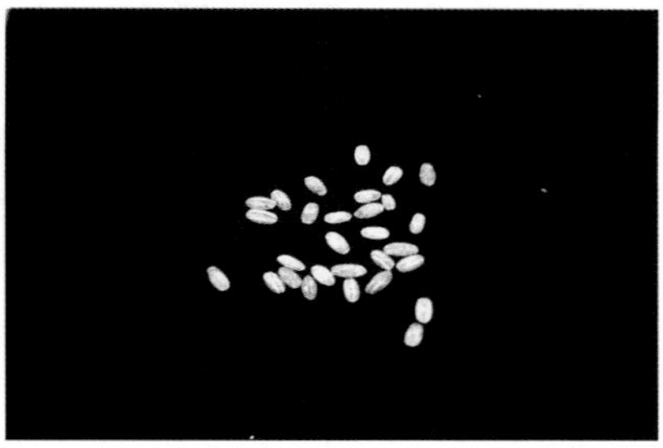

小 麦

小麦粉色白质细，口感细腻滑润，是制作面食的主要原料。小麦粉按照加工精度和用途的不同分为等级粉和专用粉两大类。

等级粉按照加工精度的不同分为特制粉、标准粉和普通粉3个等级。特制粉：又称富强粉、精白粉，是加工精度最高的面粉，含麸量少，色白，质细，面筋含量高，为26%，是面粉中质量最好的一种。用特制粉调制的面团，筋力强，适于制作各种精细点心。标准粉：又称八五粉，加工精度次于特级粉，含麸量高于特级粉，色稍带黄，面筋含量中等，为24%，是等级粉中最常用的一种，可制作一切面食品种。普通粉：加工精度低，含麸量高于标准粉，色泽较黄，面筋含量较低，为22%，口感较粗糙，适用于制作大众化面食品种及带色的油酥品种。

按照用途的不同，小麦粉又分为各种专用粉。专用粉是利用特殊品种的小麦加工而成，或在等级粉的基础上加入其他成分制成的面粉，以方便消费者制作不同种类的面制品。常用的专用粉有以下几种。

面包粉：又称高筋粉，由硬质小麦和部分中硬小麦加工而成，蛋白质含量高，强度高，发气性好，吸水量大等。糕点粉：又称低筋粉。将小麦高压蒸汽加热2分钟后，再制成面粉。经过高压蒸汽处理后，面粉中的酶失去活性，破坏了面筋质，因此这种面粉具有较高吸水力，黏性小，适合制作饼干、月饼等，具有细、酥、松脆的特点。面条粉：多由硬质小麦制成。蛋白质含量高，和成的面团具有较好的延展性、弹性和韧性，可作为制作面条、水饺、馄饨的原料。家庭用粉：由含蛋白质较低的软质小麦加工而成，蛋白质含量低，主要用来制作蛋糕、布丁、软点心等。自发粉：在家庭普通用粉中，加一定量的碳酸氢钠和磷酸氢钙等添加剂混合而成，蓬松效果好，可制作馒头、烤饼、油炸饼等。

每100克标准粉中约含蛋白质11.2克，脂肪1.5克，碳水化合物73.6克，硫胺素0.28毫克，核黄素0.08毫克，尼克酸2.0毫克，钙31毫克，磷188毫克，铁3.5毫克。中医认为小麦味甘性平，具有养心安神、补益脾胃、利小便、除烦止渴等功效，适用于失眠、心神不宁、更年期综合征、慢性腹泻等。小麦中蛋白质含量较大米高。现代营养学研究发现小麦芽含锌丰富，有利于儿童生长发育。

小麦粉在中餐烹饪中应用很普遍，其制品花色品种繁多，加工方法多样，可以制作各种馒头、包子、饺子、面条、馄饨、饼等。我国的每个省份几乎都有独特的面点制品，如北京的龙须面，天津的烧饼、麻花、狗不理包子，河北的锅贴饺子，朝鲜族的冷面，江苏的蟹黄汤包，江西伊府面，陕西的岐山臊子面，福州线面，四川的钟水饺、担担面，新疆的馕以及山西的刀削面、拉面、猫耳朵等。面点制品已经成为我国人民最重要的日常食品之一。目前，在某些创新菜式中，锅魁（烧饼）、馒头、北方烙饼、麻花等也在菜肴的制作中作为配料使用，如锅魁回锅肉、酸辣豆花、金黄韭菜肉丸等。小麦粉在西餐和食品加工中的应用也十分广泛，可以制作各种面包、西点、饼干等。

3. 玉米

玉米是禾本科一年生草本植物，又称玉蜀黍、苞米、苞谷、棒子、珍珠米、玉麦、玉茭等。玉米生长适应性强，栽培广泛，全世界有70多个国家栽培玉米。我国的玉米栽培面积和总产量均居世界第二位，其主要生产区集中在东北、华北和西南地区。在部分地区还作为主粮食用，在我国粮食作物中仅次于稻麦而居第三位。目前，我国玉米的70%用做饲料，约10%用做工业原料，其余20%用于食用和出口。

玉米原产于中美洲，约有4000年的栽培历史，于16世纪初传入我国，在我国有400多年的栽培历史。对玉米的详细描述首见于甘肃明代《平凉府志》（1560）：“番麦，一曰西天麦，苗叶如蜀秫而肥短，末有穗如稻而非实，实如塔，如桐子大，生节间；花垂红绒在塔末，长五六寸。三月种，八月收。”明代李时珍《本草纲目》中也有类似的描述。清代高润生《尔雅谷名考》说它初结粒时剖而烹之，可为佳肴，并美其名为“珍珠笋”。清代吴其濬《植物名实图考》卷二说：“山农之粮，视其丰歉；酿酒磨粉，用均米麦；瓤煮以饲豕，秆干以供炊，无弃物。”这已经是对玉米的综合利用了。此外，明代田艺衡《留青日札》及16世纪中叶部分地区的方志中均有记载。

玉米的种类很多，按颜色可分为白玉米、黄玉米、杂色玉米3种；按玉米籽粒形状、胚乳性质和有无稃壳，又可以分为硬粒型、马齿型、粉质型、爆裂型、甜质型、糯质型、甜粉型和有稃型8个类型。

硬粒型。籽粒近圆形，角质淀粉含量高，质地坚硬，表面平滑而有光泽，适应性强，是我国最早引入的类型。其品质优良，食味好，主要用做粮食。

硬粒型玉米

马齿型。籽粒顶部凹陷，近似长方形，很像马齿。粉质淀粉含量高，籽粒大，产量高，是栽培最多的类型。但食感较差，主要用于饲料、制取淀粉或酒精生产。

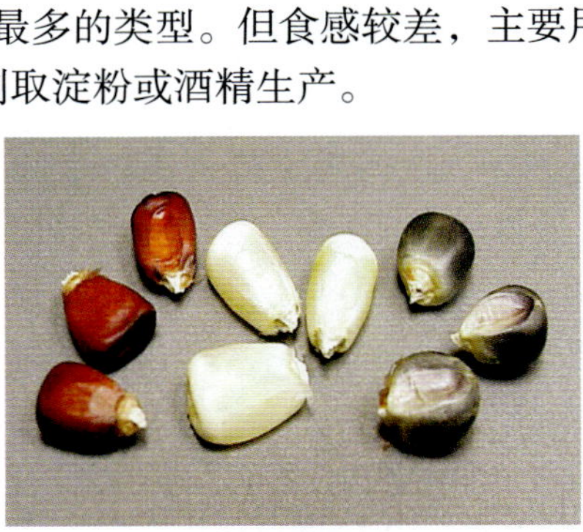

马齿型玉米

粉质型。籽粒外形与硬粒型相似,胚乳全部由粉质淀粉组成,质地松软,所以又叫软质型,表面无光泽,产量低,不耐储藏。我国栽培较少,适用于制取淀粉和酒精。

爆裂型。籽粒小,质地坚硬有光泽,胚乳全为角质淀粉,遇热爆裂膨胀,一般用于做爆米花食用。

甜质型玉米

甜质型。籽粒含糖分较多,淀粉较少,成熟后籽粒皱缩,一般在乳熟期采摘,作为嫩玉米食用或制罐头,茎叶作青饲料。

糯质型玉米

糯质型。籽粒不透明,无光泽,外观似蜡状,故称蜡质玉米。它是在我国云南、广西发现的变种,全国广有栽培,但数量不多。胚乳全部由支链淀粉组成,煮熟后黏软,富于糯性,俗称黏玉米或糯玉米,常作为嫩玉米鲜食,或制成各种糕点。

爆裂型玉米

甜粉型和有稃型很罕见,在生产上利用价值低,主要用于研究。

每 100 克黄玉米中约含蛋白质 8.7 克,脂肪 3.8 克,碳水化合物 73.0 克,硫胺素 0.21 毫克,核黄素 0.13 毫克,尼克酸 2.5 毫克,及钙、磷、铁等多种营养素。中医认为玉米味甘性平,具健脾和中之效。玉米胚尖所含的营养物质能增强人体新陈代谢、调整神经系统功能,能起到使皮肤细嫩光滑,抑制、延缓皱纹产生的作用。玉米油中有丰富的亚油酸、卵磷脂、维生素 A 和维生素 E,可以降低胆固醇并软化血管,是动脉粥样硬化、冠心病、高血脂、脂肪肝病人及老年人的理想食用油脂。玉米蛋白质中含大量的谷氨酸,能帮助和促进细胞代谢,并有健脑作用。玉米中的谷胱甘肽在硒的参与下合成的谷胱甘肽氧化酶具有很强的抗氧化作用。玉米须可利水消肿,可辅助降血压。但玉米中的尼克酸为结合型,不易被人体吸收,故长期以玉米为主食者会出现尼克酸缺乏症,即癞皮病。制作玉米食品时可适当加食用碱,能使结合型尼克酸成为游离型尼克酸,便于吸收。

成熟玉米磨成粉可以直接制作窝头、丝糕、玉米饼等;也可膨化后,再磨成粉,制作玉米面饺子;或与面粉混合后制作发酵糕点、小吃。玉米加工的碎米叫玉米糁(北方俗称小子),可用于煮粥、煮玉米糊,或与大米混合煮饭等。嫩玉米可做煮玉米,也可作为菜肴的主料和配料,如玉米剥粒后,制作玉米羹、松仁玉米、金沙玉米、青椒炒玉米、玉米酪等,还可加工玉米粒罐头、玉米糊罐头、玉米浆饮料等。现我国引种的美洲玉米新品种——珍珠笋,则是味清香、质细嫩、色形美观的特种蔬菜。此外,玉米还可作饲料、制取淀粉、提炼油脂和酿酒等。

4. 小米

小米是禾本科狗尾草属一年生草本植物粟的种子脱壳后的种仁。粟又称黄粱、谷子、粟谷等。作为五谷之一的粟曾是我国古代重要的粮食作物，现在我国也是世界上种粟最多的国家，主要产区集中在华北、西北及东北各省。其他种植较多的国家有印度、俄罗斯、日本等。

粟起源于我国的黄河流域，在我国的栽培历史很悠久，约有7000多年，是我国北方原始农业中最早驯化的谷类作物之一。据考古记载，河北武安磁山遗址中发掘出的粟粒，距今已有7000余年。商代甲骨文中的禾字是粟植株的象形描述，粟字是禾结实时带籽实的象形描述。后来禾成为禾谷类作物的总称。先秦时期粟是主要的粮食栽培作物，《诗经》、《尚书》等历代文献都有记载。汉代时大小麦生产得到发展，粟仍占据首位。粟在粮食中的主导地位一直到唐朝前期仍然不变，中唐以后南方水稻迅速发展，从全国范围来说，稻米生产开始超过了粟，但粟仍是黄河流域的主粮。现在，在南方山区丘陵旱地和西南少数民族山地粮食作物中，粟仍占有重要地位。

小米粒小，色淡黄或深黄，质地较硬，制成品有甜香味，口感不及大米和面粉。小米的品种较多，按照小米的性质分为粳性小米、糯性小米两种。

粳性小米由非糯性粟加工制成，米粒有光泽，黏性小，种皮多为黄、白色、褐色、青色；糯性小米由糯性粟加工制成，米粒略有光泽，黏性大，种皮多为红色、灰色。一般浅色谷粒皮薄，出米率高，米质好；深色谷粒壳厚，出米低，米质差。著名品种有：山西沁县的沁州黄、山东章丘的龙山米、山东金乡的金米、河北蔚县的桃花米及新疆小米、陕西小米、黑龙江小米等。

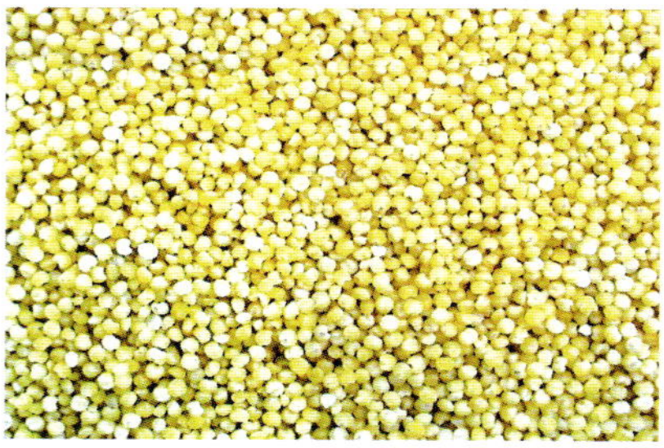

小　米（黄）

每100克小米约含蛋白质9.0克，脂肪3.1克，碳水化合物75.1克，尼克酸1.5毫克。其蛋白质和脂肪含量均较大米高。因其碾制加工时一般仅去除外壳，所以富含维生素B_1（每百克含0.33毫克）和维生素B_2（每百克含0.10毫克），与主粮混食可弥补其不足。小米还含有钙、磷、铁等多种矿物质。中医认为小米味甘性凉，具有补益脾胃、除烦止渴、滋阴除湿、补肾气之功，适用于脾胃虚弱、呕逆少食、烦热口干、小便不利、产后体虚等症。民间传统保健认为小米养护脾胃甚好，粥养最佳，适用于术后患者的恢复或者脾胃虚弱者的治疗。蒸食则益气补肾较佳。

小米是黄河流域及其以北一些地方的重要主食之一，可以煮粥、蒸饭，若与豆类一同煮成豆粥、豆饭，其营养价值将大大提高。磨粉后可单独或与其他粉掺和做饼、窝头、丝糕等，糯性小米可制作糕点或酿酒、酿醋、制糖等。

5. 大麦

大麦是禾本科大麦属一年生、越年生或多年生草本植物，又称元麦、牟麦、饭麦等。大麦属约有30多个种，中国已发现11种，仅普通的栽培大麦有栽培价值，为重要的饲料和酿造原料，少数用做粮食。大麦生长期短，适应性强，分布广，从南纬50°到北纬70°的广大地区均有分布。中国西藏高原海拔4750米处仍有种植，是世界粮食作物分布的最高点。世界大麦的种植总面积和总产量，仅次于小麦、稻、玉米，居第四位。主产国为俄罗斯、加拿大、中国、美国、西班牙、澳大利亚、土耳其、摩洛哥等。中国大麦种植面积和总产量居稻、小麦、玉米和粟之后，为第五位。冬大麦主要分布在长江流域。裸大麦主要分布在青海、西藏、四川、云南和甘肃。春大麦主要分布在东北、西北和晋、冀、陕、甘等省北部。

大麦有悠久的栽培历史。一般认为原产于西亚美索不达米亚一带，后传至东亚、北非和欧洲。大麦是中国古老的粮食兼饲料作物之一，迄今已有5000多年的栽培历史。甘肃民乐县六坝乡东灰山新石器时代遗址发现的炭化大麦籽粒，与现在西北地区栽培的青稞大麦形状十分相似，距今已有5000年，这是迄今为止在中国境内发现的最早的大麦遗存。商代甲骨文中有麦字，可能包括小麦和大麦。《诗经》中常常来牟并称，如“贻我来牟”，“于皇来牟”等，“来”指小麦，“牟”指大麦。

大麦的营养与小麦接近，但粗纤维含量高，口感较粗糙，不及小麦细腻。

根据麦穗的排列和结实性的不同，大麦可分为六棱大麦、四棱大麦、二棱大麦。六棱大麦的穗呈有规则的六角形，其颗粒的蛋白质含量较高，适合食用和制作麦曲；四棱大麦的穗呈四角形，蛋白质较六棱大麦低，可食用或作为饲料；二棱大麦的穗呈扁平的二棱，皮薄淀粉含量高，蛋白质含量较少，适于作酿造啤酒的原料。

按大麦粒仁与麦稃的分离程度可将大麦分成有稃大麦和裸大麦。一般有稃大麦称皮大麦，其特征是稃壳和籽粒黏连；裸大麦的稃壳和籽粒分离，称裸麦，青藏高原称青稞，长江流域称元麦，华北称米麦等。

大麦按用途分为啤酒大麦、饲用大麦、食用大麦(含食品加工)3种类型。

大麦每100克约含蛋白质10.2克，脂肪1.4克，碳水化合物73.3克，维生素B_1 0.43毫克，维生素B_2 0.14毫克，尼克酸3.9毫克，及钙、磷、铁等多种营养素。《本草纲目》中言：“大麦做饭食，香而有益。煮粥甚滑。磨面做酱甚甘美。”大麦味甘性凉，能补脾和胃、消食化积、除烦止渴、解毒，适用于过食饱胀、小儿伤乳、烦热口渴、消化不良等。大麦芽可用来治疗食欲不振、伤食、食积，常常炒焦配合焦谷芽、焦山楂使用，名之“焦三仙”。大麦苗可提取麦绿素，用于改善体质、预防疾病，并且作为功能食品的重要原料之一。

大麦的食用方法很多，直接磨成粉后，可以制作饼、馍等；裸大麦炒熟磨粉，做成的糌粑是藏族人民的主要粮食。长江和黄河流域的人们习惯用裸大麦做粥或掺在大米里做饭。大麦仁煮的粥是我国北方的传统食品，同时大麦仁也是八宝粥中不可或缺的原料，去麸皮后压成片，可以用于制作饭粥等。大麦茶是朝鲜族人民喜欢的饮料。此外，大麦还是酿造啤酒、制取麦芽糖的原料。

6. 燕麦

燕麦是禾本科燕麦属一年生草本植物，又称雀麦、乌麦、莜麦、玉麦、杜老草、皮燕麦等。因其子粒外壳及芒形如燕雀而得名，是喜冷凉抗干旱的低温类作物，主要分布在北半球的温带地区。俄罗斯的种植面积占世界总面积的一半以上，居世界首位，其次是美国、加拿大、澳大利亚、波兰等。我国主要分布在华北、西北、西南等高寒干旱、半干旱地带，其产量仅次于大小麦而居麦类作物第3位。其中北纬40°~41°之间的西北、华北等高寒地带是主产区，约占全国燕麦播种面积的90%以上，成为当地农民主要的粮食作物和饲料、饲草作物。

燕麦原为谷类作物的田间杂草，约在2000年前才被驯化为农作物。南欧首先作为饲料栽培，以后才作为谷物种植。在中国的栽培历史也很悠久，根据《尔雅》、《史记》等的记载，中国燕麦栽培始于战国时期，距今至少已有2200年历史，略早于世界其他国家。古乐府中的“道边燕麦，何尝可获”，即指燕麦而言。有人认为东汉张衡《南都赋》中“冬稌夏穱”的“穱”即燕麦。在许多牧区燕麦是重要饲料作物之一，有些地方还把它作为主要粮食作物。

燕麦按其外稃性状可分为有稃型和裸粒

燕　麦

型两大类。世界各国以有稃型为主，其中主要是普通燕麦，其次是东方燕麦和地中海红燕麦，绝大部分用做饲料。中国以裸燕麦（又称莜麦、玉麦）为主，约占燕麦总面积的 90%，籽粒几乎全供食用。

每 100 克中国裸燕麦粉约含蛋白质 12.2 克，脂肪 7.2 克（高于其他常用粮食作物的一般含量），碳水化合物 67.8 克，硫胺素 0.39 毫克，核黄素 0.04 毫克，尼克酸 3.9 毫克，及钙、磷、铁等多种营养素。中医认为燕麦味甘性平，可充饥滑肠。燕麦中的可溶性膳食纤维为谷类之冠，可降胆固醇、降血脂。燕麦全麦制品热量低，适合肥胖及心脏病、高血压、糖尿病患者食疗用。燕麦中的类脂酶、磷酸酶、糖苷酶、脂肪氧化酶等活性较强，能起到很好的抗氧化作用，预防脂褐质堆积及老年斑形成。燕麦性滑，对老年性便秘有良好改善作用，但脾胃虚寒者应少食。

燕麦经加工去掉麸皮后，可以用于做饭煮粥。燕麦中缺少面筋蛋白质，烹调时用开水和面，使淀粉糊化，产生黏性，从而形成面团，制作各种面食，也可与面粉混合后制作。常见的吃法有：栲栳饸饹、烙饼、莜麦面条、莜面卷、莜面饺子等。燕麦的食用须经过三熟：磨粉前要炒熟，和面时要烫熟，制坯后要蒸熟，否则不易消化，引起腹胀或腹泻。另外，燕麦还可以加工成燕麦片、炒面作为早餐食用。

7. 高粱

高粱是禾本科高粱属一年生草本植物，又称蜀黍、蜀秫、芦穄等。高粱具有适应性强，耐寒、耐涝、耐盐碱的特点，在热带和温带的许多国家都有栽培，主产国有美国、印度、尼日利亚和中国，在世界粮食作物中排名第五。我国东北、华北地区是高粱的主要产区。

高粱起源于我国，有 5000 多年的栽培历史，是中国古代的重要粮食作物。高粱早期称蜀黍或蜀秫，以后又有木稷、荻粱、稻黍、芦粟等别称，明代以后统称高粱。蜀黍之名最早见于魏张揖《广雅》释草部，到晋代张华的《博物志》有“地三年种蜀黍，其后七年多蛇”的记述。中国古代对高粱的利用是多方面的，除了食用及作饲料外，还可用来酿酒，茎秆则用来织席、作篱、作燃料。明代李时珍《本草纲目》还说：“其谷壳浸水色红，可以红酒。”元代王祯《农书》指出高粱一身“无有弃者，亦济世之良谷，农家不可阙也”。20 世纪 50 年代初期，高粱曾是东北地区的主食，而 70 年代后大部分作为饲料。

高粱中淀粉的糊化率较低，不易煮熟，种皮和果皮中含有较多的鞣质，影响口感，食味较差。高粱按照用途分为食用高粱、糖用高粱、帚用高粱。食用高粱穗密而短，子粒大且裸露，脱粒容易，品质优良；糖用高粱的子粒较小，品质欠佳，但其茎节间长，含糖丰富，可以生吃，多用于制糖；帚用高粱穗大而散，子粒小而结实，且数量少不易脱落，食用价值不大，一般用于制作扫帚。按照子粒的颜色，高粱又有白、黄、红、黑褐等品种，一般随种皮颜色加深，鞣酸含量增加，故白壳高粱质量最好，黄壳高粱次之。由于鞣酸主要分布在高粱的皮层，可通过提高加工精度来降低鞣酸含量。

高粱米

每 100 克高粱糁（白）约含蛋白质 10.4 克，脂肪 3.1 克，碳水化合物 74.7 克，硫胺素 0.29 毫克，尼克酸 1.6 毫克，及钙、磷、铁等多种营养素。中医认为高粱味甘涩，性温，具有温中、固肠胃、健脾、渗湿止泻、利小便等功效，适用于肠胃虚寒及脾失健运所致的消化不良、吐泻、小便不利等。可以治疗时令泄泻、湿热下痢等症。高粱米中含有较多鞣质，不利于消化，应在加工中注意去除或煮烂食用。

高粱脱壳后即是高粱米，主要作为主食原料食用，可制作饭、粥，也可以磨成粉后制作糕、饼等。在烹饪过程中，烹调过程中应选择加工精度高的高粱米，或倒掉第一次煮米的水，以减少鞣酸对食用性能的影响。另外，高粱还是酿酒和制作淀粉、醋、酱油、味精的主要原料。

8. 荞麦

荞麦是蓼科荞麦属一年生或多年生草本植物，又称乌麦、花荞，因子实呈三棱卵圆形，也称三角米。荞麦原产于中国和亚洲中部，生长期短，耐旱耐寒耐贫瘠，主产国有俄罗斯、中国、印度、日本、意大利等。我国荞麦的产量居世界第二位，主要分布在西北、东北、华北、西南的高山地带。

荞麦在我国的栽培历史悠久，出土于陕西咸阳杨家湾前汉墓中的荞麦实物，距今已有2000多年。文字记载始见于先秦古籍《神农书》，北魏贾思勰的《齐民要术》、唐代韩鄂的《四时纂要》和唐代孙思邈的《备急千金要方》均有关于荞麦的确切记载，说明唐代已广泛栽培。元代王祯《农书》说"北方山后诸郡多种"，"南方农家亦种"；明代李时珍《本草纲目》、明代王象晋《二如亭群芳谱》等也说荞麦"南北皆有"。清代各地方志中多有关于荞麦的记载，普遍认为它是"旱时珍品"、"备荒之善谷"。

荞麦淀粉颗粒小，易糊化；水溶性蛋白质含量高，黏性强；口感黏软，易消化吸收。按照形态和品质，荞麦分可为甜荞、苦荞、翅荞、米荞等。

甜荞又称普通荞麦，是我国栽培较多的品种。瘦果较大，三棱形，表面与边缘光滑，口感品质好。

苦荞又称鞑靼荞麦，我国西南地区栽培较多。瘦果较小，棱不明显，有的呈波浪状，表面粗糙，两棱中间有深凹线，壳厚，因含有较高的芦丁而具有明显的苦味，疗效品质好。

翅荞又称有翅荞麦，在我国北方和西南地区有少量栽培。瘦果有棱而呈翼状，品质差。

米荞在我国各荞麦主产区均产。瘦果似甜荞，两棱中间饱满若胀，光滑无深凹线，但棱钝皮皱又似苦荞。其种皮容易爆裂而成荞麦米。

每100克荞麦约含蛋白质9.3克，脂肪2.3克，碳水化合物73.0克，硫胺素0.28毫克，核黄素0.16毫克，尼克酸2.2毫克，钾401毫克及钙、磷、铁等多种营养素。荞麦作为粗粮，蛋白质含量较大米、小麦面高，其脂肪酸中亚油酸及油酸含量也高，可改善人体血脂代谢。荞麦中含有其他谷类原料很少有的芦丁，在防治高血压、冠心病、动脉粥样硬化等心血管疾病方面有良好的食疗作用，还可降低血脂。配合其中丰富的矿物质如磷、铁、镁等可防止血栓形成。中医认为荞麦味甘性凉，可开胃宽肠、下气消积、健脾除湿、清热解毒。因荞麦性凉，故脾胃虚寒、消化不良者不宜多食。

荞麦粒

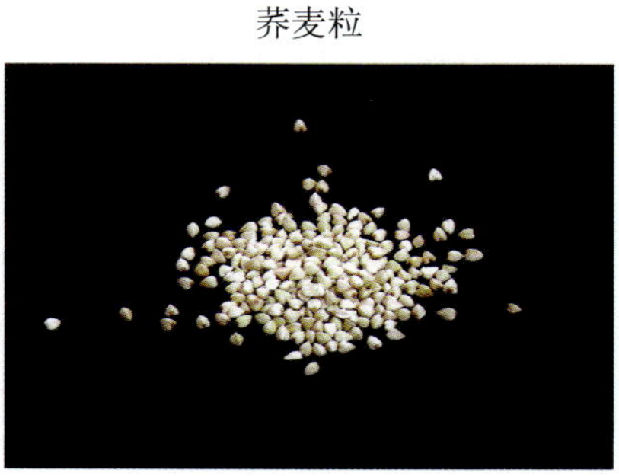

荞麦仁

荞麦去壳后，可制作饭粥食用，也可以磨成粉，制作面条、饼子、饺子、馒头等。如山西的荞面碗托、河北的荞面坨子、台湾的荞面小吃、彝族的荞面千层饼、西北的荞面饸饹、朝鲜族的冷面等。荞麦的嫩茎叶可作为蔬菜，用于炒、拌、涮等。

9. 薏米

薏米是禾本科薏苡属一年生或多年生草本植物薏苡的种仁，又称薏苡仁、苡仁、六谷子、药玉米等，原产于亚洲东南部的热带、亚热带地区，生长于河边、溪涧边或阴湿山谷中。我国各地均有栽培，以福建、江苏、河北、辽宁产量较大。

薏苡原产中国，是古代较重要的药用做物和救荒作物，已有6000多年的栽培历史。薏苡在中国古代有很多别名，如解蠡、芑实、回回米、薏珠子、西番蜀秫等。浙江余姚河姆渡新石器遗址中出土了薏苡种子。典籍记载始见于《神农本草经》，并列为上品。《诗经·周南》中有“采采芣苢”句，芣苢便是薏苡。《逸周书·王会解》中所说的“桴苡”，指的也是薏苡。很多方志上均有记载。清代包世臣《齐民四术》说：“薏苡丛生，秆叶似芦稷而瘦狭，种法同，亦有夙根自生者。米益人心脾，尤宜老病孕产，合糯米为粥，味至美。”而且其“价于谷中至为高，然人罕种之”。

薏米呈圆球形或椭圆形，表面白色或黄白色，光滑。侧面有一条深而宽的纵沟，沟底粗糙，褐色。质坚实，断面白色，粉性。其米质和稻米一样有糯性和非糯性之分，非糯的子实供食用或药用，糯质除食用外，亦可酿酒。

薏　米

每100克薏米约含蛋白质12.8克，脂肪3.3克，碳水化合物71.1克，及少量维生素。薏苡仁中还含有薏苡仁酯、薏苡醇、薏苡丙酮、薏苡多糖、三萜类化合物等多种生理活性成分。现代研究认为其可抗癌、美容、增强免疫力、降血糖，治疗风湿性关节炎、肩周炎、肝炎、肾病综合征等。薏米在抗病毒方面有独到之处，可用在治疗病毒性疾病如病毒性感冒、扁平疣、寻常疣等疾病方面。中医认为其味甘性凉，可健脾止泻、除湿、补肺利尿、清热解毒、排脓消肿等。适用于脾胃虚弱、食欲不振、水肿、脚气、小便短赤等。

薏米主要用于制作甜食，如制作各种羹汤，或加入各种米中做成粥、饭食用，也可以制作咸味菜，如薏苡仁炖鸡。此外，薏米还是药食两用原料，常用来制作药膳，如苡仁鸭肉、苡仁酿藕、苡仁罗汉肚、苡仁炖猪蹄、苡仁紫菜鱼丸汤等。很多本草书把薏苡列为重要补品之一，其根、茎亦可入药。

（孙俊秀）

（二）豆类原料

1. 大豆

大豆是豆科大豆属一年生草本植物，又称黄豆、毛豆、枝豆、菜用大豆。大豆原产于我国，世界各国栽培的大豆都是直接或间接由我国传播出去的。大豆现在全国普遍种植，目前在东北、华北、陕西、四川、长江中下游等地区均有出产，其中以东北大豆质量最好。

大豆在中国已有5000多年的栽培历史。古称“菽”或“荏菽”，商朝甲骨文中有菽的象形文字，《诗经·大雅·生民》中记述后稷“艺之荏菽，荏菽旆旆”。大豆在西周和春秋时已成为重要的粮食作物，被列为五谷或九谷之一。战国时大豆的地位进一步上升，在不少古籍中已是菽、粟并列。《管子》还指出“菽粟不足”，就会导致“民必有饥饿之色”。豆叶也供蔬食，称为“藿羹”。如《战国策》就谈到韩国“民之所食，大抵豆饭藿羹”，说明大豆是普通人的主粮。大豆是我国四大油料作物之一，历史上中国的大豆生产一直居世界首位，至1953年美国开始跃居首位，现在约占世界生产量的一半。而我国大豆的消费量不断增加，从 1995 年起由大豆出口国变为大豆进口国。

大豆的荚果呈长圆形，黄绿色，密布棕色茸毛。豆粒圆形、椭圆形、扁圆形、肾形等，嫩时绿色，老熟后有多种皮色。按种皮颜色不同分为：黄豆、青豆、黑豆、紫豆等。种皮黑色、子叶青色的称黑皮青豆或青仁乌豆；摘嫩豆荚作蔬菜用的称毛豆。大豆中的小粒类型，褐色的在中国南方称泥豆、马料豆，在北方称秣食豆；黑色的称小黑豆。按用途分为：油用大豆、食用大豆、饲用大豆、绿肥用大豆等。

大　豆(黄)

每 100 克黄豆中约含蛋白质 35.0 克，脂肪 16.0 克，碳水化合物 34.2 克，硫胺素 0.41 毫克，核黄素 0.20 毫克，尼克酸 2.1 毫克，钙 191 毫克，磷 465 毫克，铁 8.2 毫克，钾 1503 毫克。蛋白质含量极高，素有“植物肉”之称，是经济实惠且优质的蛋白质。大豆含有多种生理活性成分，如大豆异黄酮、大豆低聚糖及大豆皂苷等，还有丰富的大豆卵磷脂、脑磷脂等。中医认为大豆味甘性平，具有健脾、利湿、解毒、益气和中等功效。在防治高血压和动脉粥样硬化、缓解更年期综合征、抗癌、降胆固醇、保护心脑血管、抗疲劳、增强免疫力、护肤方面有良好作用，适用于脾胃虚弱、气血不足、消瘦萎黄、习惯性便秘、胃及十二指肠溃疡等症。

大豆是常用的烹饪原料，无论是在家庭饮食还是餐厅宴席上，种类繁多的菜肴、小吃都常把大豆选作平衡膳食的重要原料。在烹调加工时要注意加热制熟，以破坏大豆凝集素、蛋白酶抑制素、致甲状腺肿素等有害成分。大豆嫩豆粒称为青豆，常用于制作菜肴；老熟豆粒除制作菜肴、休闲食品或作粥品的辅料外，还可磨粉与面粉或米粉混合制作主食和各种糕点、小吃等。大豆是制作豆制品如非发酵豆制品的豆腐、豆腐脑、豆腐干、豆浆、腐竹和发酵豆制品的豆瓣酱、酱油、豆豉、豆腐乳、臭豆腐等的重要原料，还可用来加工黄豆芽，并且还是榨油(豆油)的原料。菜品如青豆烧鸭、焖青豆、黄豆炖猪蹄、黄豆烧鸡、油酥黄豆、麻婆豆腐、芙蓉豆腐、一品豆腐、杏仁豆腐、砂锅豆腐、小葱拌豆腐、香椿拌豆腐、油炸臭豆腐、炒豆芽、海米烧豆芽、豆芽豆腐海带汤等。

(孙俊秀)

2. 黑豆

黑豆属豆科一、二年生草本植物，又称乌豆、枝仔豆、黑大豆、橹豆、料豆、零乌豆等，民间多称黑小豆和马科豆，有豆中之王的美称。原产中国东北，现河南亦有种植。栽培品种有青仁黑豆、恒春黑豆等。

黑豆有矮性或蔓性两种，株高约 40 ~ 80 厘米，根部含根瘤菌极多，叶互生，三出复叶，小叶卵形或椭圆形，花腋生，蝶形花冠，小花白色或紫色，种子的种皮黑色，子叶有黄色或绿色。

中医历来认为，黑豆为肾之谷，入肾，具有健脾利水、消肿下气，滋肾阴、润肺燥、制风热而活血解毒，止盗汗、乌发黑发以及延年益寿的功能。现代药理研究证实，黑豆除含有丰富的蛋白质、卵磷脂，脂肪及维生素外，尚含黑色素。正因为如此，黑豆一直被人们视为药食两用的佳品。

黑　豆

黑豆中蛋白质含量高达 36% ~ 40%，相当于肉类的2倍、鸡蛋的3倍、牛奶的12倍；还含有18种氨基酸和19种脂肪酸，其不饱和脂肪酸含量达80%；以及微量元素如锌、铜、镁、钼、硒、氟等。黑豆中粗纤维含量高达4%，含有丰富的维生素，其中维生素E和B族维生素含量最高，且维生素E的含量比肉类高5~7倍。

黑豆味甘性平，为清凉性滋补强壮药，具有祛风除热、调中下气、解毒利尿、补肾养血、促进消化、防老抗衰、软化血管、滋润皮肤之功能。特别是对高血压、心脏病患者有益，既能补身，又能去疾，药食咸宜。黑豆具有高蛋白、低热量的特性，药食俱佳。烹饪可做豆卷、豆豉、黑豆衣等。（郭春景）

3. 蚕豆

蚕豆是豆科蝶形花亚科蚕豆属一年生或二年生草本植物，又称胡豆、佛豆、罗汉豆、马料豆等。一般认为蚕豆起源于亚洲西南部、中部和非洲北部。汉代由西域传入我国，在我国栽培广泛，目前产量约占世界的60%左右，尤以四川、云南、江苏、湖北等地为多。

蚕豆在我国约有2000多年的栽培历史，相传是公元前由汉朝张骞出使西域带回的，而大粒种蚕豆则是在公元1200年左右由欧洲的商人传入我国的，是中国古代重要的豆类作物之一。北魏贾思勰《齐民要术》引《本草经》说张骞"使外国，得胡豆"。明代李时珍《本草纲目》认为张骞带回的胡豆是蚕豆，并说蜀人呼蚕豆"为胡豆，而绿豆不复名胡豆矣"。按照李时珍的说法，蚕豆自汉代便已传入中国了。

蚕豆最早的明确记载是宋代宋祁的《益部方物略记》和苏颂的《图经本草》，前者所载四川物产"佛豆"中说，"豆粒甚大而坚，农夫不甚种，唯圃中莳以为利"，后者比较详细地描述了蚕豆的形状。清代黄世荣《味退居随笔》提到蚕豆"闽人最嗜之，视同珍果，宴客必具，行销各省，此为最夥"。清代包世臣《齐民四术》及奚子明《多稼集》等还说蚕豆可"作甜酱"，且"甚鲜美"。蚕豆也有药用价值，明代王象晋《二如亭群芳谱》说它能"解酒毒"。

蚕豆的种子扁平，长圆形，种脐较大，两瓣子叶易分开，成熟后种皮有青绿色、绿色、肉红色、褐色、黄色或灰白色等。蚕豆按豆粒大小分为大粒种、中粒种和小粒种。大粒种种子宽而扁平，千粒重大于800克，品质好，通常作为粮食和蔬菜用，如四川、青海的大白蚕豆等。中粒种种子扁椭圆，千粒重650至800克，粮蔬兼用，如江苏、湖南等地的启豆1号。小粒种种子椭圆，千粒重400至650克，其产量高，品质较差，宜作为畜禽饲料或绿肥作物，如四川等地的马料豆等。

另外，按种皮的颜色又可以分为青皮蚕豆、白皮蚕豆和红皮蚕豆3种不同类型。

蚕　豆

每100克蚕豆（带皮）中约含蛋白质24.6克，脂肪1.1克，碳水化合物59.9克，硫胺素0.13毫克，核黄素0.23毫克，尼克酸2.2毫克，及钙、磷、铁等多种营养素。蚕豆的蛋白质含量是豆类中仅次于大豆的高蛋白作物。成熟蚕豆较嫩蚕豆营养成分高，但嫩蚕豆含有丰富的维生素C。中医认为蚕豆味甘性平，具有健脾、利湿之效，适用于脾胃虚弱、少食腹泻、脾虚水肿、小便不利等症。蚕豆可降低胆固醇及预防动脉粥样硬化。生食蚕豆可能因其中所含的巢菜碱苷导致溶血性贫血，故有家族史及过敏史者不宜食用。蚕豆皮中含有较多的胀气因子，多食易使人出现腹胀、腹痛等，生食更甚。蚕豆还含有蚕豆嘧啶和伴蚕豆嘧啶，会使缺葡萄糖-6-磷酸脱氢酶的人发生急性深血性贫血症，从而出现黄疸、血尿、发热与贫血等症状。

蚕豆无论老嫩均可应用于烹调中。嫩蚕

豆多制作多种菜肴，如作主料制作酸菜蚕豆、椿芽蚕豆，作配料制作鸡米蚕豆、翡翠虾仁等。老蚕豆煮、炒、油炸，也可以浸泡剥皮后作炒菜或汤，制作点心、小吃等面点，如蚕豆饼、怪味胡豆、玉带蚕豆等。此外，蚕豆可以制成蚕豆芽，提取的淀粉用于加工粉丝、粉皮，发酵后制作酱油、豆瓣酱、甜酱、辣酱等，如著名的四川胡豆瓣酱。

4. 豌豆

豌豆是豆科豌豆属一年生或二年生攀缘草本植物，又称毕豆、麦豆、寒豆等，起源于亚洲西部、地中海地区和埃塞俄比亚、小亚细亚西部。因其适应性很强，在全世界的地理分布很广。现在各地均有栽培，主要分布于四川、河南、湖北、江苏、青海等地。

豌豆在中国至少有 2000 年的栽培历史。明确记载豌豆的最早文献是东汉崔寔《四民月令》，甘肃敦煌马圈湾还出土过汉代的实物。古代很重视豌豆的种植，宋元间的《务本新书》说："诸豆之中，豌豆最为耐陈，又收多熟早"，故"甚宜多种"。元代王祯《农书》也说在青黄不接时，豌豆可以"接新，代饭充饱"，是"济饥之宝"。豌豆除炒食煮食之外，宋代苏颂《图经本草》指出"可造粉，可为面"。明代高濂《遵生八笺》载有制"寒豆芽"法，即以豌豆制成豆芽菜。此外，明代周文华《汝南圃史》、王象晋《二如亭群芳谱》和清代吴其浚《植物名实图考》中都有关于豌豆的食疗和药用价值的记述。

种子的形状大多呈圆球形，也有椭圆形、扁圆形、不规则形等。颜色有白、黄、褐、绿、玫瑰、杂色等多种。表皮光滑或皱缩。豌豆的分类：可按株形分为软荚豌豆（荷兰豆）、谷实豌豆、矮生豌豆 3 个变种；按花色分为白色和紫（红）色豌豆；按豆荚壳内层革质膜的有无和厚薄分为软荚和硬荚豌豆。硬荚豌豆的壳内层有革质膜，纤维素含量高，不宜食用，以青豆粒供做菜，老熟后菜粮兼用。软荚豌豆的壳内层无革质膜，豆荚宽扁，纤维少，质地脆嫩，有甜味，主要以嫩荚供做菜。

豌　豆（白）

豌　豆（绿）

每 100 克豌豆约含蛋白质 20.3 克，脂肪 1.1 克，碳水化合物 65.8 克，硫胺素 0.49 毫克，核黄素 0.14 毫克，尼克酸 2.4 毫克，及钙、磷、铁等多种营养素。中医认为豌豆味甘性平，具有和中下气、利小便、解疮毒等功效。适用于呃逆呕吐、下肢水肿、小便不利、产后乳汁不下等症。多食易令人腹胀。

老熟的豌豆种子可用做主食，整粒炒、煮汤；磨粉或煮熟捣泥用于制作糕点、豆馅、粉丝、凉粉、面条、风味小吃等，如豌豆黄、豌豆泥、油酥豌豆、川北凉粉；豌豆淀粉质量好，可用于上浆、挂糊、勾芡、拍粉等。豌豆的嫩荚和嫩豆粒（青元）用于制作菜肴，可炒、煮、烧、烩、炸、蒸、拌、煮汤等，如腊肉焖豌豆、清炒豌豆、鸡茸豌豆、素烩青元、鱼香青元。也可作配色配形的原料，如八宝鸡、什锦炒饭；还可加工罐头。豌豆的鲜嫩茎梢"豌豆苗"碧绿清香，质柔嫩，可用于炒食或煮汤。

5. 绿豆

绿豆是豆科豇豆属一年生草本植物，又称吉豆、绿小豆。原产中国、印度、缅甸，在温带、亚热带、热带地区广泛种植，以印度、中国、泰国、菲律宾及东南亚等一些国家和地区

食，多用于制作糕点小吃，主要是用于制作各种特色点心、糕、团、饼、汤圆等。可单独使用，制作汤圆、叶儿粑、年糕等小吃；也可与其他米粉混合制作各种黏软米糕。

5. 粉丝和粉皮

粉丝是中国特产粮豆加工制品。《齐民要术》称粉饼，宋代陈述叟《本心斋疏食谱》称绿粉，宋代陆游《老学庵笔记》称索粉，清代章穆《调疾饮食辩》称粉索，又称线粉、汤丝、粉条、粉干等。粉丝通常是以豆类、薯类、玉米等淀粉含量高的原料经浸泡、磨浆、提粉、打糊、漏粉、拉锅、理粉、晒粉、泡粉、挂晒等多道工序加工而成的制品。原由家庭或作坊（旧称粉坊）手工生产，20世纪50年代后已实行机械化生产，产量、质量均有提高，最有名的是山东龙口粉丝。粉丝已成为家庭和餐厅常用的原料，也是我国传统出口商品之一。

利用淀粉加工粉丝，在我国至少已经有1400年历史，始见载于北魏贾思勰的《齐民要术》，书中的“粉饼法”介绍了用牛角钻六七小孔作为流粉工具的制作工艺，并介绍了吃法，赞其“真类玉色，稹稹著牙，与好面不殊”。宋代陈述叟《本心斋疏食谱》“绿粉”条的赞词称：“碾破绿珠，撒成银缕。热蠲金石，清澈肺腑。”陆游《老学庵笔记》记载了皇宫宴请金国使臣的菜单中有“柰花索粉”。元代忽思慧《饮膳正要》卷一《聚珍异馔》中载有，大麦筭子粉、糯米粉挡粉、鸡头粉血粉、鸡头粉挡粉等的制作方法，所谓“粉”、“挡粉”，即是今天粉丝一类食品。倪瓒《云林堂饮食制度集》收有用鸡汤加鸡丝或肉丝配制而成的“蜜酿红丝粉”。清代汪曰桢《湖雅》中也介绍了粉丝的制作方法。

粉丝有干、湿两类。刚制成的粉丝养在水中出售者为湿粉，古称索粉，俗称水粉；晒干后为干粉丝，可供贮藏或远销，俗称粉条、粉干、线粉。按照原料的不同又有豆粉丝、薯粉丝、混合粉丝3种。

豆粉丝：以各种豆类为原料制成，如绿豆、蚕豆、豌豆等，以绿豆制作的粉丝质量为佳，细度在0.7毫米以内，呈半透明状，弹性和韧性好，不断条，为粉丝中的上品。主产于山东、江苏、湖南、贵州、浙江及上海市郊等地。其中湖南所产的有一定声誉，又称湘粉、南粉。其他豆类粉丝民间偶有制作。如山东龙口粉丝。

薯粉丝：一般以甘薯、马铃薯等为原料加工而成。有时掺入玉米或高粱淀粉。粗细不均匀，色灰暗不透明，涨性大，烧煮后易软烂。主产于河南、安徽、黑龙江等地。

混合粉丝：是以豆类原料为主，兼以薯类、玉米、高粱等混合制作而成。一般蚕豆粉、玉米粉、番薯粉的比例为5∶3∶2。主产于江苏、浙江及上海市郊等地。色泽稍白，有韧性，但涨性大，煮后易软烂，品质优于薯粉丝。

此外，也有制成扁条状的，俗称瓢粉、宽粉条、裙带粉。

粉 丝

每100克粉丝约含蛋白质0.8克，脂肪0.2克，碳水化合物83.7克，硫胺素0.03毫克，核黄素0.02毫克，尼克酸0.4毫克，及钙、磷、铁等多种营养素。粉丝中碳水化合物含量丰富，可作为主食替代品，并且血糖生成指数较低，亦适合糖尿病患者食用。在配菜时应用广泛，可以弥补许多菜肴中碳水化合物较少的缺点，以期获得平衡营养。现代食品工业在粉丝制作配方中加入蛋白粉或者维生素等，提高其营养价值，具有开发潜力。

粉丝入馔可作主食，像面条一样煮食；也可作菜肴、小吃、点心。既可作大众化食物，也能用于高档宴席。用于菜肴，可配荤素各种原料制成多种菜品，是素馔的主要原料。多用于拌、炝、炒、煮,还可作汤及火锅等菜式。菜品如凉拌粉丝、蚂蚁上树、五色龙须、粉丝牛肉汤、酸菜粉丝汤、芥末粉丝、炸熘粉丝、粉丝板鸭汤等。也可以制作面点的馅心,在北方常把粉丝切碎用于包子、饺子的馅料。另外,用干粉丝经炸制呈松泡状,可以配入菜肴,也可作为菜肴的垫衬、装饰,如制作"雀巢"之类。

利用豆类加工粉丝时,如果不经过漏丝工艺,可以推制成粉皮。粉皮在北魏贾思勰《齐民要术》中称豚皮饼、拨饼,又俗称片粉、拉皮,为我国传统的淀粉加工制品之一,一般以绿豆、蚕豆、豌豆及薯类淀粉为原料,经调浆、摊片、加热成型、冷却、晾晒而成的片状加工制品。现已用机械化流水线生产,产量、质量也大大提高,为出口商品之一。

粉皮始见载于《齐民要术》"豚皮饼法":"汤溲粉,令如薄粥。大铛中煮汤,以小杓子挹粉著铜钵内。顿钵著沸汤中,以指急旋钵,令粉悉著钵中四畔。饼既成,仍挹钵倾饼著汤中,煮熟。令漉出,著冷水中,酷似豚皮臛。浇麻酪任意,滑而且美。"如今荡粉皮,有时仍用此法。元代《居家必用事类全集》中多款菜品用粉皮配制,如"假鳖羹"、"假鱼脍"等,清代《食宪鸿秘》中之"素鳖"、鳖裙均是。今粉皮仍为民间所常食。

粉 条

粉皮口感爽滑柔嫩,有干、湿两种。湿粉皮乳白色,方形或圆片状,厚 3 ~ 5 毫米,直径约 20 ~ 30 毫米,柔软光亮,有一定的弹性,供产地销售。干粉皮由湿粉皮干燥而成,可供贮藏、远销。如干燥前先切成条状再经干制,则为粉条。

粉皮以纯绿豆粉制作的为最好。干制后片薄平整,色泽银白光洁,半透明,有弹性韧性,久煮不溶,口感筋道。河北邯郸纯绿豆干粉、河南汝州粉皮等均为知名产品。用蚕豆、绿豆、豌豆淀粉混合的制品质量稍差。另有用番薯或马铃薯淀粉制作者,成品灰黄或灰白,色泽滞暗,韧性差。

营养保健与粉丝同。

用粉皮制作菜肴时,须先用温水泡发。常作为凉拌菜的原料,经切成块状、条状后,可以直接调拌作小吃或作冷菜,如黄瓜拌粉皮、鸡丝拉皮等。也可与肉类、鱼头、食用菌类等一同搭配制成砂锅鱼头粉皮、汤卷、猴戴帽等热菜。油炸后可制成拔丝粉皮、火腿蛋粉皮等菜。

6. 西米

西米是西谷米的简称,是以淀粉为原料经机器或手工制成的白色圆珠形颗粒。原产印度尼西亚,最初由当地一种称为西谷椰树的植物树干中提取出的淀粉制成,故称为西谷米。现在用于制作西米的原料,并不仅限于西谷椰树的淀粉,凡品质纯净、色泽洁白、熟后韧性强的淀粉都可以作为原料,但以木薯粉、马铃薯粉、玉米粉居多。其中,以木薯粉、马铃薯粉制作的西米质量最好。西谷米在明末清初传入我国,当时的史料曾记载:"西谷米,煮而不化,色紫柔滑者真,伪者以葛粉为之"。

西 米

西米的品质以色泽白净、颗粒均匀而坚实、硬而不碎、表面光滑圆润、煮熟后透明度高而不黏糊、口感有韧性的为佳。按照粒形的大小分为大西米和小西米两种,均为圆形。大西米又称弹丸西米,直径约 8 毫米;小西米又称珍珠西米，直径约2～3毫米。

根据其淀粉原料的不同，营养成分稍有差异。其主要成分是淀粉，约含88%的碳水化合物、0.5%的蛋白质、少量脂肪及微量B族维生素。西米味甘性温，可温中健脾，在治疗脾胃虚弱和消化不良方面有良好的功效。西米羹颇受女性喜爱，因为西米具有使皮肤恢复天然润泽的功能。西米粥营养甚佳，或配合百合、银耳制羹，可滋阴润燥。

西米主要用作甜羹、甜菜、工艺点心的制作，如白果西米羹、银耳西米羹、百合西米羹、酒酿桂圆西米羹、珍珠元子等；也可煮熟后加果汁、冰块、糖食用，可消暑解热。

7. 豆腐及其制品

宋代陶穀《清异录》称豆腐为小宰羊，苏轼诗称软玉，陆游诗称黎祁、犁祁；明代陈懋仁《庶物异名录》称菽乳，并有没骨肉、鬼食等异称；清代高士奇《天禄识余》称来其。豆腐是以大豆为原料，经过浸泡、磨浆、过滤、煮浆、点卤等程序制作而成的，是中国人食用最广、最大众化的烹饪原料之一。全国各地广有制作，名产、特产亦多，如安徽寿县八公山豆腐、山东泰安豆腐、湖北房县豆腐、广东英德九龙豆腐、湖南富田桥豆腐、陕西榆林豆腐、江苏淮安平桥豆腐、浙江丽水处州豆腐等等，不胜枚举。

豆腐的发明是人民生活中的大事，相传豆腐是汉代淮南王刘安发明的，但没有确凿的证据。近年来河南密县打虎亭东汉墓出土的线刻砖上，发现有制作豆腐的绘图，说明汉代的确能制作豆腐。关于豆腐的明确记载始见于五代末至北宋初陶穀的《清异录》："时戢为青阳丞，洁己勤民，肉味不给，日市豆腐数个，邑人呼豆腐为小宰羊。"自宋代起，豆腐已逐渐普及，并见于食谱。如宋代司膳内人《玉食批》有生豆腐百宜羹，林洪《山家清供》有东坡豆腐，王辟之《渑水燕谈录》有厚朴烧豆腐，陆游《老学庵笔记》有蜜渍豆腐，清代袁枚《随园食单》有蒋侍郎豆腐、王太守八宝豆腐，薛宝辰《素食说略》有玉琢羹，传为童岳荐的《调鼎集》有隔纱豆腐、芙蓉豆腐等。宋代以后，历代均有赞颂豆腐的诗文。如元人郑允端很著名的豆腐诗："种豆南山下，霜风老荚鲜。磨砻流玉乳，蒸煮结清泉。色比土酥净，香逾石髓坚。味之有余美，玉食勿与传。"明人宋应星的《天工开物》、宁原的《食鉴本草》等书中均有较为详尽的有关豆腐的记载。元、明时期豆腐传往日本、印度尼西亚等地，清代传到欧洲。现在，豆腐在日本、美国等地深受重视，并被视为健康食品。在中国，豆腐生产遍及全国各地，已由作坊手工操作发展到工厂机械化流水线生产。

豆腐质地细腻，色洁白，具有多种软嫩度。据制作过程中所使用的凝固剂和软嫩度的不同，豆腐有嫩豆腐和老豆腐两类。嫩豆腐多用石膏（硫酸钙）点制，又称"石膏豆腐"、"南豆腐"，含水量多，色泽洁白，质地细嫩。老豆腐多用盐卤（氯化镁）点制，又称"盐卤豆腐"、"北豆腐"，含水量较少，色泽白中略偏黄，质地比较粗老。近年来，从日本引进了用葡萄糖酸内酯作凝固剂的嫩豆腐，称为内酯豆腐。由于水分含量过大，不能成形，故用塑料盒包装出售。内酯豆腐保留了较多的大豆类黄酮，故有良好的保健功能。

豆　腐

每100克豆腐约含蛋白质8.1克，脂肪3.7克，碳水化合物4.2克，硫胺素0.04毫克，核黄素0.03毫克，尼克酸0.2毫克，钙164毫克，钾、磷、铁等多种营养素。豆腐是一种高蛋白、低脂肪的原料，被人们美誉为"植物肉"。大豆经过加工，蛋白质由致密变得疏松，且去除了抗营养因子，品质和营养价值均大大提高。豆腐中钙含量较为丰富，配合虾皮、奶类等成为膳食的良好钙源。豆腐中的豆固醇具有抑制人体对胆固醇的吸收，有助保护心脑血管、防治动脉粥样硬化等功用。中医认为豆腐味甘性凉，具有益气和中、生津润燥、清热解毒等功效，适用于赤眼、消渴、胃热口臭、咽痛、便秘等患者。

豆腐在烹调中应用十分广泛，适于各种烹调方法，各种调味，可用于制作主食、菜肴、小吃以及用做馅料。但烹饪时，应注意老嫩的区别。含水分多的嫩豆腐适于拌、烩、烧、制作汤羹等；含水分少的老豆腐则适合煎、炸、酿以及制馅等。植物性原料与豆腐配菜时，应注重去除其中的草酸、植酸等物质，防止其与豆腐中的钙质结合为不溶性钙盐影响钙的吸收。

以豆腐制作的菜肴多达上百种，既有家常菜，又有宴席菜。著名的菜肴有四川麻婆豆腐，江苏镜箱豆腐、三虾豆腐，上海炒豆腐松，浙江砂锅鱼头豆腐，安徽徽州毛豆腐，山东锅贴豆腐、三美豆腐、黄鱼豆腐羹，北京朱砂豆腐，湖北葵花豆腐，湖南湘潭包子豆腐，江西金镶玉，福建发菜豆腐、玉盏豆腐，广东蚝油豆腐，山西清素糖醋豆腐饺子，吉林砂锅老豆腐，河南兰花豆腐，广西清蒸豆腐圆以及孔府菜一品豆腐，素菜口袋豆腐、小葱拌豆腐等等。有些烹调师专门研究豆腐菜，甚至创制了豆腐宴。用豆腐制作的小吃也很多，知名的如长沙火宫殿臭豆腐、贵州雷家豆腐丸子、天津虾籽豆腐脑、山东泰安泰山豆腐面和临清撅腚豆腐、陕西汉中菜豆腐、杭州菜卤豆腐等。此外，豆腐冷冻后，再经解冻，可以制成冻豆腐，或称海绵豆腐。由于冻豆腐多孔可以饱吸汤汁，适于烧、烩、制汤以及作为火锅用料等。

随着豆腐制作工艺的改进，海内外不断出现豆腐新品种，如豆腐粉、豆腐冻、球型豆腐、海绵豆腐、液体豆腐和蔬菜豆腐、鸡蛋豆腐、咖啡豆腐、海藻豆腐、牛奶豆腐、维生素强化豆腐等等。

豆腐脑经过成型压制，也可以制成豆干，广东称豆腐，湖南称包子豆腐，又称豆腐干、白干、干子。豆浆点卤后的豆腐脑是用布包成小方块，或盛入模具，压去大部分水分的半干性制品。含水分指标不超过75%。以扬州产的最著名。

豆干始载于明代宋诩《宋氏养生部》，据所记“豆腐……欲熏晒，唯压实，以充所须”，说明当时已制熏豆干。其后吴敬梓《儒林外史》中，多回目提及豆腐干，如五十五回就记有当时名产“牛首豆腐干”，以后又见载于袁枚《随园食单》“牛首腐干：豆腐干以牛首僧制者为佳”。《儒林外史》二十二回还有“芦蒿炒豆腐干”一款。清代，扬州以豆干所切的干丝为人称道，费轩《梦香词·调寄望江南》一词赞之：“扬州好，茶社客堪邀，加料干丝堆细缕……”今仍为扬州名菜。汪曰祯的《湖雅》中还记载了白豆腐干、香豆腐干、熏豆腐干、臭豆腐干等的制作方法。

用豆脑直接制成的豆腐干称为白豆腐干或白干，可作为烹饪原料，也可以经加酱油、香料等卤煮后成为香干、茶干、酱干或卤干，经用臭卤泡制后成为臭干。各地名产甚多，著名的如：河南开封朱仙镇五香酱干、虞城贾寨豆腐干，安徽采石矶茶干、铜陵大通茶干，浙江宁波楼茂记香干，湖南平江长寿五香酱干，广东大埔三河坝豆腐干，四川南溪五香豆腐干，江西会昌酱干，山西广灵五香豆腐干，江苏苏州卤干、如皋白蒲茶干、高邮界首茶干、扬州十二圩茶干等，福建长汀豆腐干属名产闽西八大干之一。臭干如贵州毕节臭豆腐干，以及江苏、浙江等地所产臭干，均有一定知名度。

豆　干

每100克豆干约含蛋白质16.2克，脂肪3.6克，碳水化合物15.5克，硫胺素0.03毫克，核黄素0.07毫克，尼克酸0.3毫克，钙308毫克，及磷、铁等多种营养素。豆干水分低，蛋白质含量高，对营养不良患者有良好改善作用，与谷类蛋白可以起到蛋白质互补作用，提高我国居民膳食蛋白质质量。中医认为豆干味甘性平，可健脾益胃、生津润燥、理气宽中。其中丰富的大豆卵磷脂、大豆皂苷等，对高血脂、高血压、冠心病等有防治作用。其中的谷氨酸、维生素E及磷脂等还可预防老年痴呆。消化能力弱者及小儿不宜多食。

豆干可切成片、丝、丁、粒等作荤素菜肴的配料，或作馅料。扬州地区以一种特制的豆干片成薄片（每块可片成18~25片），再切成细丝，用于制作淮扬名馔烫干丝、大煮干丝。还可经刀工加工后切片成兰花干，先炸后卤煮，是著名酒菜。小型豆干先炸后卤煮，是江苏等地的名小吃回卤干。茶干、香干、酱干、卤干可直接作为茶点、酒菜或冷盘，也是小吃，还是某些炒菜、凉菜的良好配料。臭干除可炸成油炸臭豆腐干供下酒外，也可直接配炒雪里蕻、辣椒、毛豆等成菜，或制成蒸、煮、烩及砂锅等菜品，近年已为宴席常用。

将豆腐脑去水压成片状，便称为百叶。清代王世雄《随息居饮食谱》称为千层、百叶，薛宝辰《素食说略》称千张，湖北称皮子，河北称豆片，东北称干豆腐，此外还有豆腐片、千张皮等名称。百叶是将大豆磨浆、煮沸、点卤后，将豆腐脑按规定分量舀到布上、分批折叠、压制而成的片状制品，其实是豆腐的一种形态。

百页是随着豆腐制作方法的形成而产生的。始见于明代吴敬梓的《儒林外史》，书中有“脍腐皮”。汪曰祯在《湖雅》中记载了百页的加工方法：“豆浆点以石膏或点以盐卤成腐……下铺细布，泼以腐浆，上又铺细布交之，施泼施交，压干成片曰千张，亦曰百页。”

百页属半干性制品，口感细腻，有一定韧性。名产有安徽芜湖千张，河南永城豆腐皮，河北遵化东旧寨豆片，山西汾阳郭家庄豆腐丝，湖北红安永河皮子（分鲜皮、臭皮两种），江苏徐州百页，浙江上虞崧厦霉千张，黑龙江尚志干豆腐等，各有特色。据说徐州百页长40厘米、宽30厘米，每500克有十二三张，柔如绸，薄如纸，久搓不烂，铺在报纸上可透见小字，是百页之中的精品。

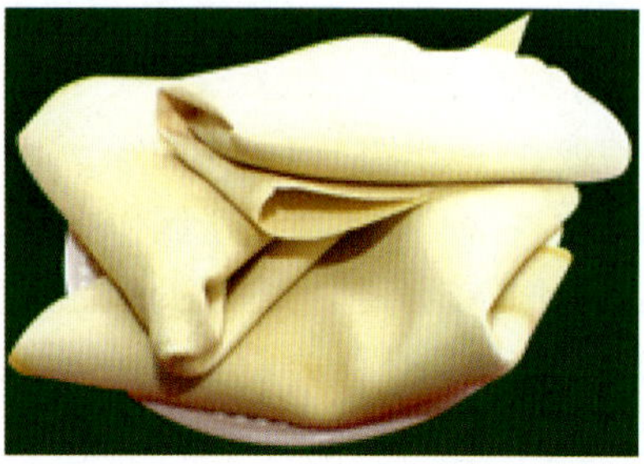

百　叶

百页是素馔中的上等原料，切成细丝，可经烫或煮后，供拌、炝食用；或用于炒菜、烧菜、烩菜，可配荤料、蔬菜，如肉丝、鸡丝、韭菜、白菜、食用菌等，也可单独成菜。切成长片捻转打结后称百页结，用于红烧肉，颇有特色。切成大片包以馅料的有湖北江陵的千张肉，浙江湖州的丁莲芳千张包子，后者为著名小吃，已经有100多年历史。运用其可供包卷的特点，可用于制作素鸡、素鹅、素火腿、素香肠等，名产如湖南常德的武陵豆鸡和南昌捆鸡等。切细丝过油后加料烧煮，则可制成豆皮松。河北冀中有些地方将其切成长梳齿丝，梳背部卷起捆住，经卤煮后供作小吃或酒菜，或用于菜肴，称做马尾豆丝或把豆丝。用其制作素馔菜品，很有特色，如切块包金针、木耳、笋丝制成素蛏子之类。各类百页食品是家常美食，亦可作为宴席上的冷热菜品。

8. 腐衣和腐竹

腐衣又称豆腐皮、豆腐衣、油皮、挑皮等。将豆浆倒入浅锅中加热煮熟，再用小火煮浆浓缩，保持豆浆表面平静，使豆浆中的脂肪和蛋白质上浮凝集，在豆浆表面逐渐自然凝固形成薄膜，用长竹筷将薄膜挑出后平摊成半圆形烘干或晾干即为豆腐皮。我国的产地很广，以江西、浙江、福建、广东居多。

明代李时珍在《本草纲目》中云：“豆腐之法，始于汉淮南王刘安。凡黑豆、黄豆及白豆、泥豆、豌豆、绿豆之类,皆可为之。造法:水浸,硙碎,滤去渣,煎成……其面上凝结者,揭取晾干,名豆腐皮,入馔甚佳也。”清代汪曰祯的《湖雅》中记载:“其浆面结衣者,揭起成片曰豆腐衣。”薛宝辰《素食说略》谓其“晾干收之,经久不坏,可以随时取食,各菜可酌加”。

腐衣为干制品,色泽奶黄油亮,薄而透明,手折易断,以最初揭起者品质最好,每500克在20张以上。浙江富阳的产品,每500克可达40~60张,被称为金衣。浙江义乌豆腐皮、福建长汀豆腐皮等都很著名。

腐 衣

每100克腐衣约含蛋白质44.6克,脂肪17.4克,碳水化合物18.8克,硫胺素0.31毫克,核黄素0.11毫克,尼克酸1.5毫克,及钙、磷、铁等多种营养素。中医认为腐衣味甘性平,具有清热利肺、止咳消痰、养胃、解毒止汗的功效,适用于胃弱食少、脾胃不健、咳嗽多痰、自汗盗汗等病症。腐衣蛋白质含量高,有“素肉”之名,是优良的富含蛋白质原料。

腐衣清鲜素净,为素食中的上等原料。在烹调前,要先用温水将其泡软。腐衣可单独烹调,也可与其他原料相配,适合多种烹调方法,烧、制汤、煎炒,凉拌等。此外,还是制作仿荤菜肴的重要原料,可以制作素鸡、素鸭、素鹅,以及素火腿、素香肠、素肉松等。常见菜品有干炸响铃、烧素鹅等。

腐衣同类的产品还有腐竹,《调鼎集》称人参豆腐、油腐条,又称豆筋棍、豆精、豆棒、豆笋、枝竹等。腐竹是将湿腐衣卷成杆状,捋直后经充分干燥而制成的。因外形像竹笋干,故称腐竹。清人薛宝辰《素食说略》一书中有腐竹的做法,“竹篾按一尺许长,削如线香样,要极光滑。以新揭豆腐皮铺平,再以竹篾匀排于上,卷作小卷,抽去竹篾,挂于绳上晾之。每张照作,晾干收之,经久不坏,可以随时取食,各菜可酌加。”品质以细长均匀挺拔为佳。腐竹产地很广,名产有桂林腐竹、长葛腐竹、陈留豆腐棍等,其营养保健与腐衣同,烹饪应用也与腐衣相同。常见菜品有油焖腐竹、虾子拌腐竹、卤腐竹等。

腐 竹

9. 豆芽

豆芽是豆类原料在合适的湿度、温度条件下,避光培育出来的芽苗,又称芽菜。另外,花生仁和萝卜籽、荞麦籽、菜籽等也可培育出芽供食。豆芽四季皆可生产,常年供应,更多用于蔬菜淡季时作为调剂品种。

中国食用豆芽约有2000多年的历史。最早的豆芽,是以黑大豆作为原料的。豆芽最早用于食疗,《神农本草经》说豆芽主要治风湿和膝痛。其作为素菜食用,较早见于宋人林洪《山家清供》:“焯以油、盐、苦酒、香料可为茹,卷以麻饼尤佳。色浅黄,名‘鹅黄豆生’。”同样文字,亦见于明代黄瑜《双槐岁钞》。明代高濂《遵生八笺》黄豆芽条则称:“洗尽煮熟,加以香蕈、橙丝、木耳、佛手柑丝拌匀,多著麻油、糖霜,入醋拌供。”这些吃法都较讲究。绿豆芽始见载于南宋孟元老《东京梦华录》:“又以绿豆、小豆、小麦于瓷器内,以水浸之,生芽数寸,以红蓝草缕束之,谓之‘种生’,皆于街心彩幕帐设出络货卖。”在宋朝时,食豆芽已相当普遍。豆芽与笋、菌并列为素食鲜味三霸。明代诗人陈嶷则有《豆芽赋》,称誉其“冰肌玉质”。《遵生八笺》有发制“寒豆芽”法,并谓将其“去壳洗净，汤焯入茶供；芽长作菜食”。至明清之际，豆芽之类已入食籍。据清人阮葵生《茶余客话》称，绿豆芽与鲟鳇鱼等被作为太庙荐新之品。袁枚《随园食单》中有豆芽条称：“豆芽柔脆，余颇爱之。炒须熟烂，佐料之味才能融洽。可配燕窝，以柔配柔，以白配白故也。然以其贱而陪极贵，人多嗤之，不知惟巢由正可陪尧舜耳。”18 世纪华人将豆芽携往欧美，到 20 世纪后期为现代国际营养学界所重视，在西方曾掀起“豆芽热”，将之列为“健康食物”，对其营养保健之功的认识正在深化中。如今豆芽的应用更加广泛，既可作为宴席大菜的配料，也可作家常小菜。

根据原料的不同，豆芽有黄豆芽、绿豆芽、蚕豆芽等。黄豆芽粗长，子叶黄色；绿豆芽细嫩，较短，子叶淡绿色；花生芽又称象牙菜，芽洁白粗壮。

黄豆芽。《神农本草经》称大豆黄卷；陶弘景《名医别录》称豆蘖；林洪《山家清供》称鹅黄豆生，又称大豆芽。一般长 10 厘米左右，色泽洁白，子叶黄色，卵圆形，根须长而粗。如以黑大豆制作，芽瓣则呈灰绿色。还有一种豆嘴，豆芽刚吐出，长不足 1 厘米，亦作蔬菜，市场少见。

绿豆芽。宋代方岳《豆苗》诗称豆苗、玉髯；清代刘献廷《广阳杂记》称豆牙菜；近代况周颐《蕙风词话》称巧芽，又称豆莛、如意菜、掐菜、雀菜、银芽、银条、银针、银苗、芽心等。一般长 5～7 厘米，色泽洁白，子叶淡绿色，卵圆形，有许多子叶张开露出初生叶，质脆嫩。

蚕豆芽。周密《武林旧事》称芽豆；高濂《遵生八笺》称寒豆芽，又称胡豆芽、芽蚕豆、

黄豆芽

绿豆芽

发芽豆。种皮在芽嘴部绽开，露出短壮、白色的嫩芽，长约 0.5～1 厘米，多扭曲。

每 100 克黄豆芽约含蛋白质 4.5 克，脂肪 1.6 克，碳水化合物 4.5 克，硫胺素 0.04 毫克，核黄素 0.07 毫克，尼克酸 0.6 毫克，维生素 C　8 毫克，及钙、磷、铁等多种营养素。每 100 克绿豆芽含蛋白质 2.1 克，脂肪 0.1 克，碳水化合物 2.9 克，胡萝卜素 20 微克，硫胺素 0.05 毫克，核黄素 0.06 毫克，尼克酸 0.5 毫克，抗坏血酸 6 毫克。大豆经发芽后，其中的抗营养因子如水苏糖、棉籽糖等消失，其副作用大为减少。发芽过程中由于酶的作用，使植酸降解，从而磷、锌等矿物质解离出来，有利于吸收利用。大豆在萌发过程中，能产生大量的维生素 C，特别是芽长 2～5 厘米时含量最高。豆芽为冬季、沙漠地区富含维生素 C 的蔬菜的重要来源。中医认为豆芽味甘性寒凉，能清热解毒。绿豆芽消暑热良，黄豆芽解脾胃郁热佳。

豆芽可以制作冷菜、热菜、面点，做主配料和馅心，也可以用于制汤或菜肴的垫底。绿豆芽、花生芽还可以用于腌渍。黄豆芽多做热菜，可以炒、烧、煮、氽等，如豆芽烧臭干、豆芽豆腐海带汤、炒豆芽、海米烧豆芽等。用做汤菜，具特有鲜味，如豆芽豆腐海带汤。绿豆芽常做凉菜，可以炝、拌等，如银芽拌鸡丝、炝银芽、银芽拌金针菇、五彩银芽、油泼豆莛等；也可做热菜，如素炒绿豆芽、银菜炒鸡丝、银菜炒鱼丝、掐菜牛肉丝、银菜爆腰片等。因其色白如玉、形似银针、口感脆嫩，经常用做炒爆菜品的配色、配形和调节口感的配料，作部分荤菜的垫底，也可混炒、混爆等。烹调时应旺

火速成，并放点醋，以保持豆芽的脆嫩，并有保护维生素 C 的作用。芽蚕豆不退皮可煮制五香发芽豆或煮作小菜；退皮后破成瓣可配炒菜、烧菜，如芽豆雪菜、豆瓣烧肉等；也可卤作下酒菜，或用做汤菜，其汤甚鲜美。

10. 豆渣

豆渣又称豆腐渣、雪花菜等，为加工豆浆或豆腐制品时，滤去浆汁后余下的渣滓。在加工豆制品的过程中，豆渣往往被丢弃或作为饲料使用。但豆渣含有丰富的营养成分，疏松柔软，所以，近年来开发了许多豆渣菜点。关于吃豆渣，清人汪日祯在《湖雅》中就有记载："豆腐渣用以饲猪，也可油炖供馔名雪花菜。"每 100 克干豆渣中约含蛋白质 11.71 克，脂肪 4.50 克，膳食纤维 62.50 克。显而易见，作为大豆加工废物的豆渣仍然具有很大的利用和营养价值。豆渣中可提取粗伸展蛋白（糖蛋白之一种），可在细胞防御及抗病抗逆性方面起良好作用。还含有较多的黄酮、异黄酮等生理活性物质，在抗氧化及女性保健方面有益。豆渣中含量最为丰富亦受人推崇的是大量的膳食纤维。豆渣适用于降低食物热能、调节血糖和血脂、预防便秘及肠癌、减肥降脂，是一种新型的保健食品，具有广阔的开发前景。

豆渣可用来制作主食，也可用来做菜点。制作过程中，要注意改善豆渣的口感和去掉豆腥味。可以和米面混合后煮饭、煮粥，做馒头、蒸糕、烙饼、窝窝头等主食，还可做豆渣蛋饼、豆渣松饼等小吃。豆渣做菜主要是热菜，如豆渣丸子、豆渣排骨、豆渣猪头、炒豆渣、豆渣豆腐等。另外，把豆渣炒热，趁热的时候做成圆球或圆饼，包上，等自然发酵、发霉后即成霉豆渣饼，然后用油煎或蒸后作为下饭菜，具有较浓的特殊香味。

11.　豆沙

豆沙是富含淀粉豆类经浸泡、蒸煮、去皮制沙、脱水炒制等工序加工制成的细沙状原料。若用机械加工，则不用去皮制沙，直接打浆即行。在炒制豆沙时要加入油 12% ~ 15%，糖 40% ~ 45%，这样豆沙才起沙松散、细腻甜润。加工豆沙的原料主要是红豆、绿豆、蚕豆等淀粉含量高，脂肪含量低的豆类。淀粉多以淀粉粒的形式存在，加工后呈细纱状。黄豆含有高脂肪，不宜做豆沙。加工豆沙不受季节的限制，全国各地都有生产。

豆　沙

在豆沙的食用过程中，多用于作馅。宋范成大有诗云："猪头烂熟双鱼鲜，豆沙甘松粉饵团。"宋代浦江吴氏《中馈录·煮沙团方》载曰："沙糖入赤豆或绿豆，煮成一团，外以生糯米粉裹作大团蒸。或滚汤内煮亦可。"清代徐珂《清稗类钞》中有豆沙糕："豆沙糕者，以赤豆（以色白者为佳）一合，煮熟研烂，滤去其皮，复以白糖八两、冰糖二两、洋粉若干和水煮沸。少间，加豆沙及清水一合，尽力搅和，以不文不武之火再煮，经一小时（冬日须二小时）。及熄火，盛以方器，经一夜，凝结成糕。"

每 100 克豆沙约含蛋白质 5.5 克，脂肪 1.9 克，碳水化合物 52.7 克，硫胺素 0.03 毫克，核黄素 0.05 毫克，尼克酸 0.3 毫克，及钙、磷、铁等多种营养素。豆沙做馅在糕点中应用较广，较高脂及纯糖类馅更符合现代人的营养需求。其味甘性平，可健脾益气和中，为传统食用佳品。

豆沙是我国的传统风味原料，广泛应用于食品加工的各个方面，如中秋月饼、豆沙饼等。烹饪中，主要作为馅料，也可作为甜味小吃的配料。如汤圆、包子、粽子、夹沙肉、八宝饭等。近年来，还有许多用红豆沙或绿豆沙制作的冰激凌。

（孙俊秀）

三、蔬菜原料

蔬菜是烹饪植物原料中很大的一类，包括制作菜肴的所有栽培和野生蔬菜。我国蔬菜品种资源极为丰富，品种和产量均居世界前列。据目前统计约为300余种。随着温室培育、园艺栽培以及贮藏、运输、管理技术的不断发展，目前许多蔬菜品种已无明显的产地和上市季节的限制。

蔬菜是人体最重要的维生素供给源，尤其是维生素A和维生素C，人体维生素摄取量的50%以上来自于蔬菜。蔬菜富含食用纤维(纤维素和半纤维素)，其作用是刺激胃肠蠕动、增强消化能力，缩短有害性消化产物在胃肠内的滞留时间，促进新陈代谢。蔬菜还含有多种植物色素、无机盐、微量元素和各种香、辣、涩、苦、酸等特殊成分。

除营养作用外，蔬菜的烹饪性能极高，色美、鲜嫩、清香，既可炒、炝、拌、煮，又可做馅心配料及调味料。

各种蔬菜本身的植物组织结构、生物化学成分的含量及组成比例决定着蔬菜的质地、色泽、口感和营养价值，与贮存、运输、加工及烹饪水平有着密切关系。在选择、鉴定蔬菜原料时，应以蔬菜本身的含水量、饱满度、新鲜度为准。无畸形、霉变、虫蛀、干瘪、腐烂现象，口感好，质地优的为上品。原料应随进随用，储藏应置阴凉通风处，最好放在冰箱中，不挤压、不混放、不沾水。

(一) 根菜类

根菜类一般指供食部位具有肥大变态肉质根的蔬菜，特点是含水足，便于贮运，一般生熟均可食用，还可作为雕摆、造型材料。

1. 萝卜

萝卜属十字花科一年或二年生草本植物，别名莱菔、温菘、大菜根、紫红菘。萝卜原产我国，远在3000年前就有栽种。《诗经·国风·邶风·谷风》有“采葑采菲，无以下体”的记载，“菲”一般认为是萝卜。东晋郭璞为《尔雅》作注也有关于萝卜的记载，西汉扬雄的《方言》记有“(芜菁)其紫华者谓之芦菔”，北魏《齐民要术》有“种崧、芦菔法”，唐代孟诜《食疗本草》也有萝卜之称谓，宋代孟元老《东京梦华录》中有“姜辣萝卜”的菜名，故萝卜在我国的栽种和食用历史非常悠久。至今，萝卜在我国各地均有栽培，在北方为秋季蔬菜栽培的主要品种，是冬春两季的大宗蔬菜，其营养价值较高，味道好，产量大。主要分中国萝卜和四季萝卜两大类群。

中国萝卜依栽培季节可分为4个基本类型：① 秋冬型。中国各地均产，有红皮、绿皮、白皮、绿皮红心等不同的品种群，主要品种有薛城长红、济南青圆脆、石家庄白萝卜、北京心里美等。② 冬春型。主产于长江以南及四川等地，主要品种有成都春不老萝卜，杭州笕桥大红樱萝卜和澄海南畔洲晚萝卜等。③ 春夏型。中国各地均产，主要品种有北京炮竹筒、蓬莱春萝卜、南京五日红。④ 夏秋型。主产于黄河以南地区，常作夏、秋淡季蔬菜，主要品种有杭州小钩白、广州蜡烛趸等。

四季萝卜叶小、叶柄细、茸毛多，肉质根较小且极早熟，适用于生食和腌渍。主产于欧洲西部、美国、中国，日本也有少量种植。中国

萝　卜

栽培的主要品种有南京杨花萝卜、上海小红萝卜、烟台红丁等。烹调应用中,一般按上市季节和老嫩程度分别应用。

每 100 克萝卜可食部分含水分 91 克、蛋白质 0.8 克、脂肪 0.1 克、碳水化合物 7 克、粗纤维 0.8 克、钙 61 毫克、磷 28 毫克、维生素 C 30 毫克、胡萝卜素 1.35 毫克等,还含有一种能帮助消化淀粉的糖化酶,能促进人体对大米、淀粉等的消化,也能加快人体对肉类的消化。其含有的木质素可以增强人体抗癌能力;含有芥子油,故有辛辣味,能促进肠胃蠕动、增加食欲、帮助消化。萝卜不含草酸,是人体补充钙质的最佳来源之一。值得注意的是:萝卜缨的营养更丰富,所含有的钙、铁以及维生素 A、维生素 C 比萝卜还高。此外,中医认为萝卜有消食、顺气、化痰、利尿、治喘的功效,药用方法很多,因此民间有"冬吃萝卜夏吃姜,不劳医生开药方"的说法。但由于萝卜性凉,脾胃虚寒者不宜多食,服用补气中药后,也不能吃萝卜。中国北方栽培的秋冬型萝卜,适宜在 0℃～3℃、相对湿度为 95%的条件下用沟窖埋藏法贮存。贮藏中若温度偏高,则易生叶抽薹,消耗营养和水分,导致糠心。

萝卜的食用方法很多,多以拌、烧、泡、炖、煮、烩、炒等见长,与猪、牛、羊肉搭配合烹最为常见,可与鲫鱼等煮汤,也可以素烧素炒,做馅、凉拌、腌渍,还可以作新鲜水果进食,常用萝卜菜肴有清炖萝卜、萝卜烧牛肉、生烧连锅汤、芝麻萝卜饼等,萝卜还可以加工制成菜脯或其他酱、腌制品。

2. 胡萝卜

胡萝卜属伞形花科,能形成肥大肉质根,一年生或二年生草本植物,别名金笋、十香菜、红萝卜、黄萝卜、药味萝卜等,我国南北各省均有栽培,尤以山东、浙江、江苏、湖北和云南等地栽培的品种最佳。

胡萝卜原产亚洲西南部,阿富汗为最早演化中心,栽培历史在 2000 年以上。公元 10 世纪从伊朗引入欧洲大陆,15 世纪见于英国,发展成欧洲生态型,16 世纪传入美国。约在 13 世纪,胡萝卜从伊朗引入中国,发展成中国生态型。在我国胡萝卜最早见于元代吴瑞 1329 年成书的《日用本草》,到明代金幼孜的《北征录》中有记载"交河北有沙萝卜,根长二尺许,大者径寸,下支生小者如箸,其色黄白,气味辛而微苦,亦似萝卜气"。可见胡萝卜在我国栽培历史非常悠久。李时珍在《本草纲目》中写到:"元时,因产自胡地,气味微似萝卜,故名。"

胡萝卜肉质根为圆锥或圆柱形,呈紫红、橘红、黄或白色,肉质致密有香味。肉呈红、黄色者含胡萝卜素多。叶柄长,三回羽状复叶,裂片狭小。复伞形花序,花小,白色。果实的果面有刺毛。性喜冷凉,较耐旱,适于松软湿润、排水佳良的土壤。春季播种,秋季大量上市。胡萝卜品种较多,一般按其肉质根形态分为 3 种类型:① 短圆锥型。为早熟品种,主要品种有烟台三寸胡萝卜,其皮肉均为橘红色,单根重 100～150 克,肉厚,心柱细,质嫩味甜,宜生食。② 长圆锥型。多为中、晚熟品种,主要品种有内蒙黄萝卜、烟台五寸胡萝卜、汕头红胡萝卜等。味甜、耐贮藏。③ 长圆柱型。为晚熟品种,根细长、肩粗壮,主要品种有南京、上海的长红胡萝卜,湖北麻城棒槌胡萝卜、浙江东阳、安徽肥东的黄胡萝卜及广东麦村胡萝卜等。

胡萝卜

胡萝卜营养价值很高,含较多糖分、多种维生素和矿物质,最主要是含较多胡萝卜素。

每 100 克胡萝卜含蛋白质 1 克、脂肪 0.4 克、碳水化合物 8.3 克、磷 23 毫克、钙 19 毫克，胡萝卜素 2.8～3.62 毫克，此外还含有维生素 C、维生素 B_2、维生素 B_6 和纤维素。含挥发油，有增进消化和杀菌的功效。胡萝卜素和木质素有防癌的功效，食用含胡萝卜素较高的蔬菜，可以减少胃癌、肠癌、鼻癌和皮肤癌的发病率。长期吃胡萝卜还可以增强视力，防止夜盲，但过多摄入胡萝卜素，皮肤和眼珠会发黄，但不会影响健康，只要停食，这些症状就会消失。我国传统医学认为胡萝卜味甘辛，性平，无毒。元代吴瑞《日用本草》认为"宽中，下气，散胃中邪滞"。此外，胡萝卜汁还可美容，空腹喝胡萝卜汁易于胃肠吸收，促进红细胞生成，疏泄和消除汗腺污垢，调整体温，从而使皮肤清洁健康，嫩滑光润，对美容健肤有独到之处。

在烹饪中，味型以甜咸味口感较好，不宜使用豆瓣、辣椒等调味品，多炒糖色使其色呈金黄，宜红烧、炒、拌、泡等，亦可生吃，但生吃吸收率不高。因其所含维生素 A 原属脂溶性维生素，故适宜与动物性原料如鸡，排骨，尤其是五花肉合烹，更有利于人体对胡萝卜素的消化和吸收。在初加工过程中，为使其色泽鲜艳，可以将其外层刮去，也可以盐腌、泡菜、糖渍或加工成蜜饯。菜品有四川灯影红萝卜丝、红萝卜卷、湖北红白萝卜球和仿膳菜炒胡萝卜酱等。作配料与牛肉、羊肉等共烧，尤其鲜美，还具有去除膻味的作用。此外，胡萝卜色泽鲜艳，可用做食品雕刻材料，或切片用模具压成各种花形，点缀冷热菜肴。

3. 牛蒡

牛蒡属菊科二年生草本直根类植物，别名大力子、东洋参、牛鞭菜等。牛蒡原产于我国，公元 920 年左右传入日本，在日本栽培驯化出多个品种。20 世纪 80 年代末，我国由日本引种菜用牛蒡，大部分出口，少量进入国内市场。明代缪希雍《本草经疏》称其为"散风除热解毒三要药"。《本草纲目》称其"通十二经脉，洗五脏恶气"，"久服轻身耐老"。

牛蒡肉质根呈圆柱形，全部入土，长约

牛　蒡

65 厘米，直径约 3 厘米。表皮厚而粗糙，暗黑色。根肉灰白色，水分少，有香味，质地细致而爽脆。除肉质根外，嫩叶也可食用。

牛蒡在我国长期作为药用，近年来才开始对牛蒡的营养价值、食用价值和药理进行研究。在日本，牛蒡成为寻常百姓家强身健体、防病治病的保健菜。它可以与人参相媲美，因此被称做东洋参。牛蒡的纤维可以促进大肠蠕动，帮助排便，降低体内胆固醇，减少毒素、废物在体内的积存，达到预防中风和防治胃癌、子宫癌的功效。西医认为它除了具有利尿、消积、祛痰、止泄等药理作用外，还可用于便秘、高血压、高胆固醇症的食疗。中医认为其性温、味甘、无毒，有疏风散热、宣肺透疹、解毒利咽等功效，可用于风热感冒、咳嗽痰多、麻疹风疹、咽喉肿痛。其子、其根均可入药，也可食用，现开发有牛蒡菜、牛蒡茶、牛蒡酒、牛蒡糊等系列产品。

在烹饪加工过程中，将粗皮去掉，用清水泡，以防变色。牛蒡适宜于炖、煮、炒，尤以与排骨同烹，效果为好。实用味型以本味咸鲜为主，切忌加豆瓣，酱油，辣椒等有色调料。

4. 芜菁

芜菁属十字花科芸薹属芸苔种芜菁亚种二年生草本植物，古名葑，别名蔓菁、诸葛菜、大头菜、圆菜头、圆根、盘菜、台菁、根芥等。原产于地中海沿岸，中世纪传入埃及、希腊、罗马等地，现世界各地分布广泛。中国在东汉时已普遍栽培，主要产区在华北、西北、西南及华东江浙一带。后随各类新的蔬菜品种的引进，现种植面积已显著减少。

芜菁古代已经有栽培，称为葑，《诗经》有"采葑菜菲，无以下体。德音莫违，及尔同死"的记载。晋代葛洪《肘后方》、唐代孙思邈《千金方》中对于芜菁的应用均有记载，北魏贾思勰《齐民要术》记载芜菁条注释中有"（块根）细剉和茎饲牛羊，全掷乞猪，并得充肥，亚于大豆耳"。可见我国食用芜菁的历史非常悠久。

芜菁肉质根柔嫩、致密，略带甜味。外观呈球形或扁圆形，多白色，也有上部绿色或紫色，下部白色的。按用途的不同可分为食用芜菁和饲用芜菁，中国、日本等亚洲国家以栽培食用芜菁为主。按肉质根外形可分为圆形和圆锥形两类。圆形类肉质根扁圆或球形，肉质根较小，主要品种有河南焦作芜菁、浙江温州盘菜等。圆锥类肉质根较大，主要品种有猪尾巴芜菁、菏泽芜菁等。

芜 菁

每100克鲜芜菁含水分87～95克、碳水化合物3.8～6.4克、粗蛋白0.4～2.1克、纤维素0.8～2.0克、维生素C 19.2～63.3毫克，以及其他矿物盐。中医认为芜菁有开胃下气、利湿解毒的功效，可以治疗热毒风肿、疔疮乳痛、黄疸、痞积、消渴等。此外，芜菁花还有补肝明目的作用。

芜菁可生食，也可盐腌、酱渍或干制。叶可盐腌，也可煮熟后投入缸内，加凉开水与米汤使其自然进行乳酸发酵，制成浆水菜。此菜古时无论平民或贵族筵宴都普遍采用，现在筵席上已少见，但仍是一些地方民间常食蔬菜。芜菁也是酱菜加工厂制作盐腌菜、酱菜、咸菜的原料。

5. 根用芥菜

根用芥菜属十字花科芸薹属一、二年生草本植物，别名大头菜、芥疙瘩、玉根、水苏等。原产我国，为特产菜之一，全国各地均有栽培。芥菜是小亚细亚和伊朗起源的黑芥与地中海沿岸起源的芸苔杂交形成的异源四倍体植物。我国栽培芥菜历史悠久。宋代苏颂《本草图经》有菏、紫两色芥菜的描述；明代王世懋《瓜蔬疏》（16世纪）述及根芥菜；明代李时珍《本草纲目》也谈到了苔芥菜。

根用芥菜

根用芥菜品种繁多，在我国演化出根芥菜、茎芥菜、叶芥菜、苔芥菜、芽芥菜、子芥菜等6个变种。主要品种有二道眉芥菜、济南疙瘩菜、湖北大花叶大头菜、成都大头菜、山西圆叶芥菜等。

烹调方法可拌、可炒、可腌制酱菜；叶可以做酸菜；种子味道辣香，可以做调味品。大头菜夹锅魁为成都著名小吃。

（胡晓远、朱多生）

6. 桔梗

桔梗属桔梗科桔梗属多年生宿根草本植物，别名道拉基、六角荷、包袱花、铃当花、白药、利如、梗草、卢茹、房图、苦梗、苦桔梗等。原产我国，广布华南至东北，生于山地草坡、林缘。全国各地均有栽培。

《说文》："橘，直木。"《尔雅》："梗，直也。"唐代苏敬《新修本草》谓其"一茎直上"。《纲目》云其"根结实而梗直"，故名桔梗。陶弘景《名医别录》记载"桔梗，近道处处有之……二三月生，可煮食之"。朝鲜及我国朝鲜族人民将桔梗作为蔬菜，颇喜食之。16世纪朝鲜许浚《东医宝鉴》载："今人作菜茹，四时长食

白、香糟茭白等。

3. 莴苣

莴苣属菊科一、二年生草本植物，别名莴笋、青笋等。为我国长江流域3～5月份淡季主要蔬菜之一。原产亚洲西部及地中海沿岸，唐代传入我国。《本草纲目》认为"莴苣，正二月下种，最宜肥地，叶似白苣而尖，色稍青，折之有白汁黏手，四月抽芽，高三四尺，削皮生食，味如胡瓜，糟食亦良"，这段记载表明，生食或糟腌莴苣，古时已有之。

莴苣的茎、叶有淡绿、绿和紫红色，叶片平展或皱缩，全缘或有锯齿或深裂。根浅，圆锥形头状花序，花黄色。按食用部位分叶用和茎用两个类型。

叶用型莴苣可分为：① 结球莴苣。叶片较大，全缘或有锯齿或深裂，叶片光滑或微皱，外叶开展，心叶形成叶球。② 长叶莴苣。又称散叶莴苣，叶全缘或有锯齿，外叶直立，一般不结球或有松散的圆筒形或圆锥形叶球。③ 皱叶莴苣。叶片深裂，叶面皱缩，有松散叶球。

茎用型莴苣又称为莴笋、青笋、莴菜，分尖叶和圆叶两个类型，各类中依茎的色泽又有白笋、青笋之分。① 尖叶莴笋，叶片披针形，先端尖，叶簇较小，节间较稀，叶面平滑或微皱，肉质茎下粗上细呈棒状，主要品种有北京紫叶莴笋、陕西尖叶白笋、成都尖叶子、重庆万年桩、上海尖叶等。② 圆叶莴笋，叶片长倒卵形，顶部稍圆，叶面多皱，叶簇大，节间密，茎粗。主要品种有北京鲫瓜笋，成都桂线红、二白皮、二青皮，济南白莴笋，陕西圆叶白笋，上海小圆叶、大圆叶，南京紫皮香，湖南锣锤莴笋及湖北孝感莴笋等。

莴　苣

每100克莴苣含蛋白质1.3克、脂肪0.2克、碳水化合物1.4克、钙42毫克、磷33毫克、铁0.7毫克等。莴苣叶营养价值比莴苣茎营养价值高，含脂肪、胡萝卜素、维生素B_1、维生素B_2和钙、磷、铁等。莴苣含糖量低，纤维素多，尤其适合糖尿病人食用。具有通经络、利五脏、利排便的功效，可以增强胃液、胆汁和消化液的分泌，对牙齿的发育也有好处。中医认为，莴苣味苦性甘微寒，有清热化痰、利气宽胸、利尿通乳的功效。凡胸膈烦热，咳嗽痰多、小便不利，以及尿血者宜食。产后乳汁不通者亦可酌食。

莴苣肉质细嫩，清甜鲜美，春季初上市时，最宜生食。切片、切丝、切条，经淡味调和，清新爽口，稍加辛辣，也别具风味。既可作主料，又可作配料。除可用于拌、炝等法，又可作热菜用于素炒、氽汤，还可和肉类、蛋类、鱼虾等一同烹炒，加在红烧肉或炖肉的汤中同烧或同炖，味道都很鲜美。莴苣也可腌制咸菜、酱菜，并可做成泡菜，非常可口。莴苣还可用于冷盘雕刻。莴苣叶可焯水后加调味料拌食、炝食，或腌过晒干拌以香油蒸食，或略放盐拌入面糊，以油炸食，都是很有风味的美食。常见菜肴有：葱油莴苣、椒油拌莴苣、麻辣莴苣、莴苣烧鸡、金钩凤尾、莴苣炒鸡丝、莴笋烧肚条、麻酱凤尾、莴笋炒肉片等。

4. 芦笋

芦笋属百合科天门冬属宿根草本植物，别名石刁柏、龙须菜。食用部位为嫩芽茎。中国原产野生种，嫩茎瘦小，不供食用。欧洲已有2000多年的栽培历史，后逐渐传播到美洲、大洋洲及亚洲等地区。我国于19世纪引进，目前，福建、江苏、浙江、河南、安徽、四川等省均有生产。

嫩茎圆柱状，长10～30厘米，横茎1～1.5厘米，地下部分为白色，地上部分为绿色，甘香柔嫩，有特殊清香。由于栽培方法的不同，芦笋有绿、白、紫三色之分。以紫芦笋为最佳。

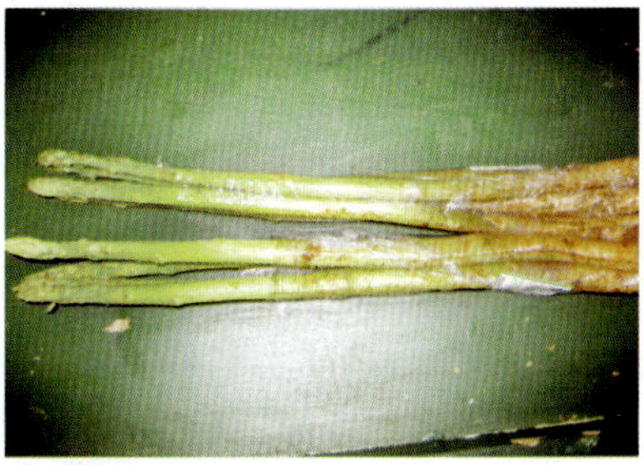

芦　笋

每100克鲜食部分中含有蛋白质3.1克、脂肪0.2克、碳水化合物3.7克、纤维素0.8克、维生素C 33毫克、钙22毫克、磷52毫克、铁1.0毫克等，此外还含有丰富的天门冬氨酸等多种氨基酸，有增进食欲、帮助消化、缓解疲劳的功效。对心脏病、高血压、肾炎、肝硬化等病症，有一定的治疗作用。中医认为其味甘性寒，无毒，清肺止渴，利水通淋，对热病口渴、淋病、小便不利有疗效。

芦笋纤维柔软，口感细嫩，具特有清香。在烹调应用中，可作主料，也可作配料。适于炒、熘、扒、烩，以及烧、煮等，可制作多种菜肴。冷菜如"拌芦笋"(罐头芦笋直接装入盘中，浇盐水食用)；热菜如四川鸡蒙芦笋(芦笋逐根裹上鸡茸，入当时汤氽熟再烩制)、广东珊瑚扒芦笋(芦笋蒸熟排于盘中，上盖蟹肉、蟹黄，浇汁)，以及扒龙须菜、锅塌龙须菜、芦笋炒鸡丝等。有时亦用做"植物四宝"之类菜式的组合料，或用于荤菜的垫底、围边。家常多用于配炒肉丝、鸡蛋等。因其质地柔嫩，不宜采用长时间加热的烹调法。

5. 球茎甘蓝

球茎甘蓝属十字花科芸薹属二年生草本植物，是甘蓝能形成肉质茎的变种，别名苤蓝、擀拉、玉蔓菁、荠蓝头、苻蓝头、擘蓝等。原产地中海沿岸，在德国栽培最为普遍。16世纪传入中国，现全国各地均有栽培，以山东、河北为多且品质较好。

球茎甘蓝

球茎甘蓝按球茎皮色分绿、绿白、紫色3个类型。按生长期长短可分为早熟、中熟和晚熟3个类型。早熟品种植株矮小，叶片少而小，定植后50～60天收获，代表品种有北京早白、天津小缨子等。中、晚熟品种植株生长势强，叶片多而大，定植到收获需80～100天。代表品种有笨苤蓝、大同松根、云南长擘蓝等。在长江流域一带，10～11月份收获上市，华南地区12月至来年4月上市。茎肥硕，球形或椭圆形。肉厚，淡白绿色，肉质茎脆嫩。

每100克产品含水分91～94克、碳水化合物2.8～5.2克、粗蛋白1.4～2.1克、维生素C 34～64毫克，是一种营养比较丰富的蔬菜。

烹调方法可供生拌鲜食、也可炒食和腌渍。在烹饪中最适合炒，尤以与牛肉合烹，口感更佳。代表菜为甘蓝牛肉丝、甘蓝炒猪肉等。

（胡晓远　朱多生　郭春景）

6. 茎用芥菜

茎用芥菜属十字花科草本植物，是芥菜的一个变种，别名榨菜、青菜头。原产我国西南，栽培历史悠久，现主要产区为四川、浙江、广东、广西、河南、山西大同等地。

茎用芥菜茎基部有瘤状突起，青绿色，分长茎和圆茎两类。长茎类又称榨菜类，肉质茎粗短，呈扁圆、圆或矩圆筒状，节间有各种形状的瘤状突起物，主要供腌制榨菜；圆茎类又称笋子菜类，肉质茎细长，下部较大，上部较小，主要用于鲜食。

茎用芥菜

茎用芥菜含有较多的水溶性维生素，如维生素 C，也含有一定量的纤维素。

茎用芥菜属于时令鲜蔬，质地脆嫩，烹饪方法可作泡菜，可炒食，也可腌制。最适合的烹饪技法为泡、拌。先用泡菜水泡熟，捞出再拌以红油、味精，口感最佳。

（胡晓远　朱多生）

7. 芥蓝

芥蓝属十字花科芸薹属甘蓝种中的变种，一、二年生草本植物，别名芥蓝、甘蓝菜、盖蓝菜、紫芥蓝、芥蓝菜等。味道带甘如芥，故称之为芥蓝。芥蓝原产我国南方，栽培历史悠久，在广东、广西、福建等省栽培较多，产于秋末至春季，是一种很受人们喜爱的常见蔬菜，现已传至日本、东南亚和欧美等国家。

芥蓝叶柄较长，叶呈长倒卵型，色泽深绿，茎粗壮、直立，分枝性强，边缘波状或有小齿，茎叶多白粉，气味清香、质地柔嫩，总状花序，花白或黄色，嫩花茎作蔬菜。较常见的品种有白花和黄花两种。白花的称白花芥蓝，黄花的称黄花芥蓝。白花芥蓝主食嫩薹，叶质较粗；黄花芥蓝为叶薹兼用种，叶质柔嫩，而菜薹较细。因为芥蓝含淀粉多，口感不如菜心柔软，但十分爽脆，别有风味。芥蓝以叶茎鲜嫩，味道清香，无烂叶、泥土者质佳。因此，芥蓝采后不要过水，这是保持菜薹柔软爽口的关键。芥蓝的叶片有特殊蜡层，故采后不需进行防腐处理。短途运输最好加碎冰降低菜温，但是碎冰千万勿直接与叶片接触，否则叶片将被"冻伤"，失去商品价值。

每 100 克芥蓝含蛋白质 2.8 克，碳水化合物 2.6 克，膳食纤维 1.6 克，钙 128 毫克，磷 50 毫克，钾 104 毫克，钠 50.5 毫克，锌 1.3 毫克，硒 0.88 毫克，维生素 A 575 毫克，维生素 C 76 毫克，维生素 E 0.96 毫克，维生素 K 26 微克，胡萝卜素 3.45 毫克。

芥　蓝

芥蓝味甘、性辛，含有机碱，故带有一定的苦味，能刺激人的味觉神经，增进食欲，加快胃肠蠕动，有助消化，含有大量粗纤维，能防止便秘。芥蓝含有丰富的硫代葡萄糖苷，它的降解产物叫萝卜硫素，是蔬菜中迄今为止所发现的最强有力的抗癌成分，经常食用还有降低胆固醇、软化血管、预防心脏病的功能，有利水化痰、解毒祛风的作用。

芥蓝的食用部分是肥大的肉质茎和嫩叶，适用于炒、拌、烧，也可作配料，汤料等。菜品有蚝油炒芥蓝、芥蓝炒牛肉、培根炒芥蓝、腊肠炒芥蓝、芥蓝炒香肠、白灼芥蓝等。芥蓝菜有苦涩味，炒时加入少量糖和酒，可以改善口感。同时，加入汤水要比一般菜多一些，炒的时间要长些，因为芥蓝梗粗，不易熟透，烹制时水分挥发相对多些。

（郭春景）

8. 仙人掌

仙人掌属仙人掌科仙人掌属多年生草本植物，其肉质茎可作为蔬菜食用，果实可以作为水果鲜食。仙人掌作为烹饪原料在国外已很普遍，食用仙人掌种植目前在南美洲、欧洲等地一些国家已形成较大规模产业。其中墨西哥人称"仙人掌王国"，自 1945 年该国农业家成功培育出食用仙人掌后，又将其分化成菜用（墨西哥米邦塔、墨西哥金字塔等）、果用

(墨西哥皇后等)、药用、饲料用几大类。目前墨西哥食用仙人掌的产量居世界第一位。

仙人掌

仙人掌生长迅速，含水量大，纤维含量少，绿色扁平茎上的针状叶易脱落，口感清香，质地脆嫩爽口。

仙人掌营养丰富，含有丰富的维生素 B_1、维生素 B_2、胡萝卜素和铁、锌等微量元素以及多种氨基酸、矿物质、蛋白质、纤维素、钙、磷等营养成分。清代赵学敏《本草纲目拾遗》记载，仙人掌行气活血、清热解毒、消肿止痛、健脾止泻、安神利尿，可以增强人体免疫力，对某些癌症、心脑血管疾病和糖尿病具有一定疗效。

由于具有较高的药用价值，仙人掌可加工成多种保健品，还可以制作罐头、饮料、酿酒等。仙人掌的烹制方法可采用煎、炒、炸、煮、凉拌等，菜肴有椒盐吐司仙人掌、蒜茸仙人掌等。

9. 马铃薯

马铃薯属茄科一年生草本植物，别名洋芋、土豆、地蛋、洋山芋、爪哇薯、山药蛋等，为世界五大食物之一。原产秘鲁和玻利维亚的安第斯山区，为印第安人由野生种驯化而成，最初在南美洲的智利南部沿海栽培，哥伦布发现美洲大陆后才陆续传到世界各地。1570年左右传入西班牙，1590 年传入英格兰，大约两个世纪后传遍欧洲，成为欧洲大陆国家主要的经济作物。17 世纪末传入印度和日本。中国约在 16 ~ 19 世纪分别由西北和华南多种途径引入，1700 年台湾《松溪县志》已有栽培食用土豆的记载。中国东北、西北及西南高山地区粮菜兼用，华北及江淮流域则多作蔬菜应用。主产区为西南山区、西北、内蒙古和东北地区。马铃薯营养成分多，风味好，可以满足人体营养需要的 95%，为世界人民普遍接受，在欧洲有“第二面包”的美誉。

马铃薯

马铃薯块茎膨大，形状有扁圆形、圆形或圆筒形。依据其表皮颜色可以将马铃薯分为白皮种、红皮种、黄皮种和紫皮种。

每 100 克马铃薯含水分 79 克、蛋白质 1.9 克、脂肪 0.7 克、碳水化合物 16 克、磷 59 毫克、钙 11 毫克、铁 0.9 毫克及维生素 C、维生素 B_1 等。马铃薯含有丰富的钾，为少有的“高钾蔬菜”之一，同时，马铃薯还含有多酚类单宁。中医认为马铃薯能和胃、健脾、益气和中，对胃痛、便秘、胃肠溃疡有疗效，具利尿作用，对心脏、肾脏病患者有好处。

马铃薯适用炒、烧、炖、煎、炸、煮、烩、焖、蒸等烹调方法，最适合的烹饪方法为烧、拌、炒。其与牛肉合烧即为名肴土豆烧牛肉。土豆入馔，作主食不多，主要用做菜肴，可加工成片、丝、丁、块、泥等形状。既可作主料，又可配荤配素，还可以作馅或制作糕点，并可用于制粉丝、酿酒等。作为素馔，最常见的主要有清炒土豆丝、香酥土豆、拔丝土豆、葱油土豆泥等。

注意事项：① 马铃薯含有单宁，如切开后不立即烹饪，时间稍长，就会同空气中的氧气发生反应呈现红色或红褐色，重者呈紫色，略带涩味。②正常情况下，马铃薯含有 0.002% ~ 0.01%的龙葵素，不能对人体造成伤害。但刚发芽的马铃薯龙葵素含量超过 0.02%，能对人体带来损害；发芽 1 ~ 5 厘米的马铃薯龙葵素含量在 0.42% ~ 0.73%，有剧毒，能危及人的生命，因此,对发芽后表皮呈现绿色的马铃薯,切忌食用。③ 马铃薯煮熟后去皮,贴近皮的肉也带有一定的毒素,故食用马铃薯必须去皮。

（胡晓远　朱多生　郭春景）

10. 山药

山药属薯蓣科多年生草本植物，别名薯蓣、薯药、白山药、长山药、佛掌薯等。原产我国和亚洲热带地区,现在我国南北大量栽培。

《神农本草经》记载,山药久服耳目聪明。我国作为蔬菜栽培的有家山药和田薯，家山药主要分布在我国长江流域一带，田薯在华南地区栽培较多。长江流域一带每年 10 月份左右收获上市，华南地区则 8 月到 9 月为上市期。

主要品种有广州鹤颈薯、广州大白薯、广西苍梧人薯、四川脚板苕等。块茎外皮呈黄褐色、赤褐色或紫褐色;块茎形状有长形棒状、扁形掌状、块状 3 种。

山　药

每 100 克山药含蛋白质 1.9 克、脂肪 0.1 克、碳水化合物 19.9 克、钙 44 毫克、磷 50 毫克、铁 1.1 毫克,此外,山药含淀粉酶,有助于消化。山药药用价值比较高，中医认为其性甘、平、无毒,具有滋养壮身、滋养皮肤、助消化、敛汗、止泻等医疗作用。

山药的烹饪方法一般适宜熟食,如红烧、蒸、煮、油炸、拔丝、蜜汁、炖、烧等,也可以做糕点。

（胡晓远　朱多生）

11. 洋葱

洋葱属百合科葱属二年生或多年生草本植物,别名葱头、玉葱、球葱、圆葱、团葱、皮芽子等，具强烈的葱香。洋葱作为蔬菜已有 5000 年的历史。原产地中海、伊朗、阿富汗等地。欧美栽培甚广,被誉为“蔬菜皇后”。我国新疆地区栽培历史比较悠久。优良品种如：湖南的零陵红衣葱、广东的冲坡洋葱、北京的紫皮洋葱等。

洋　葱

洋葱鳞茎大,呈球形、扁球形或椭圆形,品种繁多,按生长习性可分为普通洋葱、分蘖洋葱和顶生洋葱。普通洋葱按鳞茎的皮色又分为黄皮洋葱、紫皮洋葱和白皮洋葱。

每 100 克洋葱含钙 40 毫克、磷 50 毫克、铁 1.8 毫克、维生素 C 8 毫克,还含胡萝卜素、维生素 B_1 和尼克酸。洋葱几乎不含脂肪,却含有前列腺素 A、二烯丙基二硫化物及硫氨基酸等成分。其中,前列腺素 A 是一种较强的血管扩张剂，可以降低人体外周血管和心脏冠状动脉的阻力，具有降低血脂和预防血栓形成的作用。高血脂患者食用洋葱一段时间后,其体内的胆固醇、甘油三酯和脂蛋白均可明显降低。一般冠心病患者每日食用 50～70 克洋葱,其作用比降血脂药还要强。洋葱还含有一种天然的抗癌物质——槲皮素,经常吃洋葱的人，胃癌的发病率比少吃或不吃洋葱的人少 25%。洋葱还可以清除体内废物,延缓皮肤衰老,防止老年斑的出现,为一种理想的美容食品。但应该注意,眼睛有疾病的人忌进食洋葱。

洋葱入馔，中国以北方和西北地区食用较多,作菜多用做配料,偶尔单独成菜,也可以取代葱作为菜肴的调味料或加工成花形用于菜肴的装饰,又可以加工成酱菜或生食。烹调方法上，最宜于煎、炒、爆等法，也可余熟后用于凉拌，偶用于炸。刀工处理上，多切成片、丝、小块或小丁、末等，适应多种调味。制作菜品多与主料配用，如：洋葱猪排、洋葱烧牛肉、葱头排骨、洋葱爆羊肉、洋葱炒鸡蛋、洋葱炒鳝鱼、洋葱炒牛肝、酒腌圆葱、糖醋圆葱、葱丝凉拌肉等。

12. 蒜

蒜属百合科葱属一、二年生草本植物，古称葫，别名荤菜、葫蒜。以其鳞茎、蒜薹、幼株供食用。有大蒜、小蒜两种。中国原产有小蒜，蒜瓣较小，俗称狗芽蒜，已罕见种植。

大蒜原产于欧洲南部和中亚。最早在古埃及、古罗马、古希腊等地中海沿岸国家栽培，汉代由张骞从西域引入中国陕西关中地区，后遍及全国，9世纪传入日本，现已遍布全球。中国是世界上大蒜栽培面积和产量最多的国家之一。

蒜的种类较多，一般按鳞茎的皮色可分为白皮蒜和紫皮蒜；按蒜瓣的大小分为大瓣蒜和小瓣蒜；按瓣数还可分为独头蒜、四瓣蒜、六瓣蒜、八瓣蒜等；按是否抽薹还可分为有薹种和无薹种；按叶形及质地可分为狭叶蒜、宽叶蒜和硬叶蒜；按种植方法的不同分为青蒜(蒜苗)和蒜黄。此外还有一种南欧蒜，鳞茎特大，辛辣味淡，叶片比较宽大。烹调应用的特产品种有：河北永年大蒜，山东苍山大蒜，河南洛渎金蒜，上海嘉定大蒜，江苏太仓白蒜，江西龙南大蒜、上高大蒜，广东金山大蒜，四川独蒜，新疆昌吉大蒜等。

蒜

蒜含丰富的营养成分，每100克含蛋白质4.4克、脂肪0.2克、碳水化合物23克、磷44毫克、钙5毫克和多种维生素。中医认为大蒜味辛、温，有强烈的蒜气味，性燥热，能健脾胃，散痈肿，祛风湿，治疮癣，还具有降低高血压和预防心肌梗死的作用，但肝脏和肠胃病患者应尽量少吃。如果食用过多，会伤肝损目，致视力模糊。大蒜中含有蒜氨酸和蒜酶，大蒜本身没有辛辣味，只有当大蒜细胞被破坏，两者接触后才形成大蒜特有的蒜辣素，发出大蒜的臭辣味。要解除大蒜臭味的最好办法是喝冷浓茶，冷牛奶，咀嚼枣子或用糖水漱口。蒜辣素在水中迅速同蒜中的胱氨酸反应生成结晶性沉淀，破坏细菌的生长环境。所以大蒜能杀灭葡萄球菌、痢疾杆菌、霍乱杆菌和伤寒杆菌。

以蒜入馔的用法颇多，可单用、配用、调味、装饰等。青蒜，又称蒜苗，秋末冬初上市，切段可作炒、爆、熘菜的配料，也可水烫后凉拌，切成蒜花可用于凉拌菜和烧烩菜的佐料，切成细丝可作清蒸、拌菜的调料，兼有配色的作用。蒜薹，又称蒜毫，可单炒或与肉类相配烧、炒。蒜头，用途最广，蒜瓣整用，可配腥味重的动物性原料，如烧黄鱼、烧鳝段等，以蒜瓣配制的名菜有江苏炖生敲，四川大蒜鲶鱼、大蒜烧鲢鱼，云南蒜烧熊掌，广东蒜子瑶柱脯等。蒜瓣切片、米多用于炒爆菜的调料。蒜泥，系用小石臼捣成，用以调拌成菜，如四川蒜泥白肉、贵州蒜泥慈菇等。蒜泥还可与甜酱、麻油一起调拌成一种糊状调味品，谓之老虎酱(或称老虎蒜)，配合炸类菜食用。蒜粉，系将蒜切片，用香草浸泡后，烘干打成细粉状或颗粒状的干粉。蒜粉去除了蒜中臭味，食后口腔无异味。此外，蒜头还可腌渍成醋蒜、糖蒜、泡蒜、蜜渍果脯黑蒜等。

13. 百合

百合属百合科百合属多年生宿根草本植物，别名韭番、重箱、倒仙、玉手炉、夜合等，食用部位为鳞茎。原产于亚洲东部的温带地区，中国、日本、朝鲜有野生百合分布，后传至欧洲，至今欧美各国均有栽培。中国食用百合始见于汉初的《尔雅》，此后历代文献均有记载。近代中国百合主产于湖南邵阳，江苏宜兴、南京，江西万载，山东莱阳及甘肃兰州等地。其中尤以邵阳、南京、宜兴、兰州的品种较为著名。

百合茎为绿色，表面光滑，圆柱形，节上生叶，叶互生和轮生。叶色绿、浓绿或紫绿色，多数为狭长披针形，长12～15厘米，宽1.5～2.5厘米。叶多数无柄，基部抱茎。以其地下肉质鳞茎供食用，也可制作淀粉，花供观赏。世界约有80种，中国产41种，供食用的主要有：①龙牙百合。又称白花百合，主产于湖南、湖北、浙江、河南、河北、陕西，其中以湖南邵阳所产最佳。鳞茎球形，鳞片披针形、白色、无节、味淡不苦。②川百合。主产于四川、云南、陕西、甘肃等地。鳞茎扁球形，鳞片宽卵形至卵状披针形，白色。③兰州百合。川百合的一个变种，主产于兰州。鳞茎扁圆，白色，抱合紧密，味甜质优。④卷丹百合。分布于华中、华北、东北、西北、西南、青海高原、朝鲜、日本及西伯利亚南部。其中以太湖宜兴所产为佳。鳞茎扁圆，白色微黄，略有苦味。⑤王百合。原产于中国四川西北山谷，后传入欧美。鳞茎大，色红，抗病性强。

百　合

百合鲜品每100克中约含蛋白质4克，淀粉28.7克，还含有钙、磷、铁及多种维生素。中医认为百合味甘、平、无毒、性微寒，具有补中益气、温肺止咳的功效，可以作强身健体的滋补食品，还能增强免疫功能，但风寒咳嗽、脾胃虚弱、寒湿久滞、肾阳衰退者禁止食用。

百合入馔适宜蒸、烧、炒、熘、烩、炖以及腌渍、蜜饯等方法，常用于制作甜菜，也可以做点心、甜羹，如百合干、百合粉和糖水百合罐头等。代表菜为西芹百合。兰州百合宴享有美誉。其中名馔有兰州百合与兰州玫瑰调配制成的“百合玫瑰羹”。百合瓣与肉片、鸡蛋等可炒、蒸成鲜咸味的佳肴。百合与绿豆等可做成夏季的清凉饮料，还可做成“八宝百合”等蜜汁菜。将百合花蕾干制，也可入馔，百合亦可生吃。

14. 藠头

藠头属百合科葱属多年生宿根草本植物，可以作为二年生蔬菜栽培，能形成小鳞茎，别名薤、藠子、野蒜等。藠头原产于中国，北魏贾思勰《齐民要术》记述了薤的栽培与加工方法。中国以湖南、湖北、云南、广西、四川和贵州栽培较多。前苏联、朝鲜、日本有分布和少量栽培。

藠头气味与大蒜相似，根色白，又名薤白。弦状须根，6～16条。茎短缩呈盘状。叶细长，中空，横切面呈三角形，深绿色而稍带蜡粉。根据叶型及叶柄又可分为：

大叶薤：又名南薤。叶较大，分蘖力较差，一般每个鳞茎分蘖5～6个，但鳞茎大而圆，产量高。薤柄短，叶多倒伏于地。

细叶薤：又名紫皮薤、黑皮薤，叶细小，分蘖力强，一般每个鳞茎分蘖15～20个，但鳞茎小，薤柄短。叶长30厘米左右，倒伏。

长柄薤：又名“白鸡腿”。分蘖力较强，每一鳞茎分蘖10～15个。薤柄长，形似鸡腿，白而柔嫩，品质佳。叶直立，产量高。

藠　头

每100克鳞茎含水分约87.9克、碳水化合物 8.0 克、蛋白质 1.6 克,还含有较丰富的维生素和矿物质。性味苦辛,温,无毒。

鳞茎多盐渍或糖渍,也可炒食,入中药用。民间多用做泡菜食用,属时令蔬菜。在烹饪过程中注意将其粗皮去掉。

(胡晓远 朱多生 郭春景)

15. 小根蒜

小根蒜属百合科葱属多年生宿根草本植物,别名薤白、莱芝、荞子、藠子、祥谷菜、小根菜、小根蒜、山蒜、苦蒜、小么蒜、香菇菜、大脑瓜儿、野蒜、野薤、野葱、薤白头、野白头等,生于田野间、草地和山坡上。分布于我国东北、华北、华东、中南、西南,朝鲜、日本、俄罗斯(远东地区)也有分布。其味道如栽培的大蒜,鲜嫩可口,以个大、质坚、饱满、黄白色、半透明、不带花茎者为佳。小根蒜是东北地区早春食用野菜的主要品种。东北地区目前有人工栽培。

《本草纲目》记载:"其根煮食、糟藏、醋浸皆宜。"根色白,作药用,名蘸白。本种植物的鳞茎供药用,为健胃理肠药,有理气、宽胸、散结、祛痰之效,并可治痢疾、慢性支气管炎、慢性胃炎等,外用治火伤。东北通称"小根菜",作蔬菜食用,高达 70 厘米。鳞茎近球形,外被白色膜质鳞皮。叶基生,叶片线形,长 20 ~ 40 厘米,宽 3 ~ 4 毫米,先端渐尖,基部鞘状,抱茎。花茎由叶丛中抽出,单一,直立,平滑无毛;伞形花序密而多花,近球形,顶生;花梗细,长约 2 厘米;花被 6,长圆状披针形,淡紫粉红色或淡紫色;雄蕊 6,长于花被,花丝细长;雌蕊 1,子房上位,3 室,有 2 棱,花柱线形,细长。果为蒴果。花期 6 ~ 8 月。果期 7 ~ 9 月。根据鳞茎的形状和颜色可分为两种。

小根蒜:呈不规则卵圆形,高 0.5 ~ 1.5 厘米,直径 0.5 ~ 1.8 厘米。表面黄白色或淡黄棕色,皱缩,半透明,有类白色膜质鳞片包被,底部有突起的鳞茎盘。质硬,角质样。有蒜臭,味微辣。

薤:呈略扁的长卵形,高 1 ~ 3 厘米,直径 0.3 ~ 1.2 厘米。表面淡黄棕色或棕褐色,具浅纵皱纹。质较软,断面可见鳞叶 2 ~ 3 层,嚼之黏牙。

小根蒜

除小根蒜及薤的鳞茎作薤白使用外,尚有山东产的密花小根蒜、东北产的长梗薤白、新疆产的天蓝小根蒜的鳞茎在少数地区亦作薤白使用。

小根蒜可防止动脉硬化,具有通阳化气、开胸散结、行气导滞,治疗痢疾以及抑制高血脂病人血液中过氧化酯的升高等功效。

烹调方法多样,可直接生食、凉拌、炒食、暴腌,也可将鳞茎洗净,捣如泥,以米粉和蜜糖适量拌和做饼,炊熟食。亦可作为烹饪配料及调料。主要吃法有小根蒜拌豆腐等。

(张 兴)

16. 荸荠

荸荠属莎草科荸荠属多年生浅水性草本植物,古称凫茨,别名乌芋、马蹄、地栗等。食用部位为地下球茎。以球茎繁殖,春夏间育苗,冬季采收。原产于印度和中国南部,现广泛分布于朝鲜、日本、越南、美国。中国长江流域以南各地均有栽培,主产于江苏、安徽、浙江、福建、广东、广西等水泽地区,江西、贵州、湖南以及山东、河北也有种植。以广西桂林的马蹄最为著名。

根据其成熟时期可以将其分为两类,即早熟荸荠和晚熟荸荠。地下匍匐茎先端膨大为球茎,呈扁圆形。质地细嫩,肉白色,富含水分、淀粉,味甜。按淀粉含量分为水马蹄型和红马蹄型。水马蹄型含淀粉多,质地较粗,适于熟食或制取淀粉;红马蹄型富含水分,茎柔甜嫩,粗渣少,适于生食及制罐头。

荸　荠

每100克鲜荸荠含水分74~35克，碳水化合物12.9~23.8克，蛋白质0.4~1.5克，还含有丰富的维生素及少量的脂肪、矿物质等。中医认为荸荠味甘性寒滑，具有清热止渴、开胃、消食化痰等功效，常用为清凉生津剂。临床适用于温病消渴、黄疸、咽喉肿痛、消化不良、食积、大便燥结、小便黄赤、醉酒等病症。其苗称通天草，味性苦平。荸荠含有一种抗菌成分，对金黄色葡萄球菌、大肠杆菌、产气杆菌、绿脓杆菌等有抑制作用。脾胃虚寒者不宜多吃。

荸荠肉质细嫩，爽脆多汁，鲜甜可口，生食、熟食皆宜，既可作水果生食，又可作蔬菜。制作菜肴适于拌、炒、熘、炸、烧等烹调方法，可作咸味菜，也可作甜菜。可作主料也可作配料。单用多整料入烹，作配料多加工成片、丁、末等。菜品有陕西糖醋荸荠，甘肃酿荸荠鼓，安徽荸荠肉，江西荸荠冬菇、荸荠炒鸡丁、雪花荸荠球、拔丝马蹄糕、蜜汁雪塔等。荸荠可加工成罐头食品，如清水马蹄、糖水马蹄等。荸荠加工成淀粉即马蹄粉，是制糕点和冷饮食品的原料，还可加工成蜜饯等。

17. 慈姑

慈姑属泽泻科一、二年生或多年生草本植物，别名茨菰、茨菇、剪头草、蒲钱、乌芋等，原产我国东南地区，现我国南方各省均有栽培，以浙江和广东最多。长江流域一带上市时间为11月份至第二年2月份，华南地区上市时间为12月份至第二年3月份。

慈姑品种比较多，食用部位为地下肥大的球茎，呈扁圆形、椭圆形或卵圆形，皮色黄白或紫色光滑，肉质紧密。主要品种有刮老乌、苏州黄、沈荡慈姑、白肉慈姑、沙菇等。

慈　姑

每100克慈姑含蛋白质5.6克、脂肪0.2克、碳水化合物25.7克、钙8毫克、磷260毫克等。所以，慈姑含丰富的淀粉、蛋白质和矿物盐，尤其磷的含量高，为其他蔬菜所不及。中医认为其性味甘、苦、微寒无毒，具有敛肺、止咳、止血、解百毒、治疗毒蛇咬伤的功效，但孕妇、便秘者不宜多食。

慈姑在烹饪中应注意保持其新鲜度、脆度和色度，适宜作馅心辅料。慈姑生可作果，熟可当菜，如与鸡丁、猪肚合烹，即为慈姑炒鸡丁、慈姑炖猪肚。若剁碎，可以与猪肉搭配，制作成扬州著名的清炖蟹黄狮子头。

18. 芋

芋属天南星科一年生草本植物，别名芋头、芋艿、毛芋、芋子、白芋等。

芋起源于印度、马来西亚和中国南部等亚热带沼泽地区，后随原始马来民族的迁移从菲律宾、印度传到澳大利亚、新西兰等地，另一路从印度传入埃及、地中海沿岸地区的欧洲大陆。16世纪从太平洋岛屿传入美洲。中国为芋的主产区之一，栽培面积居世界首位，主要分布在珠江流域和台湾，其次为长江和淮河流域，华北地区也有栽培。在长江流域一带8月份开始采收，9月份为旺季，华南地区6月份到来年2月份为上市期。

芋的地下球茎膨大，呈球形、卵形、椭圆形、块形不等，皮为褐色或黄褐色，粗糙，皮薄肉白，肉质细。茎上具有叶痕环，节上的棕色鳞片毛为叶鞘残迹。节上腋芽能发育出新的

14. 芦荟

芦荟属百合科多年生肉质草本植物，别名油葱、龙舌草等。原产非洲，多肉质，生命力极强。早在公元前1552年，古埃及的书中就记载了芦荟的效能。在我国民间有用芦荟做药用和美容的传统。现在我国各地多有栽培。

芦　荟

芦荟种类繁多，变异多样，现在估计有400多个品种，但常用的仅有巴巴芦荟、中华芦荟、木力芦荟等数种。菜用芦荟多选择肥厚多汁的品种，如翠绿芦荟、中国芦荟、花叶芦荟等。叶片去皮后呈白色半透明状，味清淡、质柔滑，富含黏液。以生长两年以上的、宽厚、结实、边缘硬、切开后能拉出黏丝的叶片为佳。

芦荟有抑制心律、扩张血管、增长红细胞、缩短出血时间、利尿、抑制真菌及抗癌等效果，被誉为妇女恩物、美容佳品。其实芦荟原只作清火、通便、杀虫之用，偶尔作为湿疹、疮癣的外用药。近年来发现，用10%的芦荟水浸液治创伤后的脊背，有促进愈合的作用。有人以芦荟叶浆汁加工制成含多糖类的凝胶，用于皮表组织，可消炎，对紫外线或X线有轻度保护作用，但不同芦荟有不同的药效和药性，对于体质虚弱者和少儿应慎用。由于其能扩张毛细血管，孕妇绝对禁止使用。

烹饪芦荟时应选用嫩茎部分，注意保持其原料固有的色彩及脆性。芦荟适宜于素烧，口味讲究清淡咸鲜，以突出其时令菜蔬的本质。可凉拌或做汤。将芦荟的鲜叶洗净去皮，加入各种配料，摆上餐桌，就成为一道新鲜、美丽、可口的美食。

15. 牛皮菜

牛皮菜属藜科甜菜属二年生草本植物，是甜菜栽培种的一个变种，别名君达菜、叶用甜菜、光菜、波斯菜等，与根用甜菜、饲用甜菜、糖用甜菜为同种藜科植物。叶用甜菜是中国仅有的甜菜种质资源，在中国已有2500多年的栽培历史。在我国中部的长江、黄河流域以及西南地区都有广泛的分布。

牛皮菜叶片肥厚，叶柄粗长，抗寒能力强，而且耐酷暑，既可不断播种采食幼株，也可栽植一次连续采食叶片，供应时间长，为大众蔬菜。在我国栽培的品种类型有绿甜菜、红甜菜、牛皮菜、君达菜等，还有观赏甜菜，叶呈紫红色。叶用甜菜直根粗壮，圆锥形。短缩茎上着生大量叶片和侧芽。叶片簇生，长达40厘米，光滑无毛，茎高约1米。

牛皮菜

其根部赤红，主根粗大而发达，又叫赤根菜，一般生食嫩叶，有叶柄特别发达的，则以食叶柄为主，可煮食、炒食或盐渍。烹调代表菜为五香牛皮菜。

16. 菠菜

菠菜属藜科菠菜属一年生或二年生草本植物，别名菠菱菜、波斯草、赤根菜、鹦鹉菜、鼠根菜。原产波斯，在我国各地均有栽植，唐代由波斯经尼泊尔传到我国。清代乾隆皇帝赞颂其为“红嘴绿鹦鹉”，我国民谣曰“菠菜豆

菠　菜

腐虽贱，山珍海味不换”。食用部位为叶片及嫩茎。菠菜是常见蔬菜之一，多数地区一年四季均有供应。

菠菜根略带红色，有甜味。叶片呈戟形或卵圆形。菠菜按叶型分为尖叶菠菜、圆叶菠菜和大叶菠菜 3 种类型。叶簇生短缩茎上，在适宜条件下发生较多的分蘖。叶柄较长，叶质软。根上部呈紫红色，叶为浓绿色。菠菜的耐寒力强，是我国北方的主要蔬菜之一。

每 100 克菠菜含有蛋白质 2.4 克、脂肪 0.2 克、碳水化合物 3.1 克、钙 72 毫克、磷 53 毫克、铁 1.8 毫克、维生素 C 39 毫克和胡萝卜素 3.87 毫克。《本草纲目》记载菠菜“通血脉，开胸膈，下气润中，止泻润燥”，能利五脏、通胃肠、调中气、解酒毒，对便秘、痔疮、高血压有一定疗效。

菠菜是良好的绿叶菜，可以素炒，可以与肉片、猪肝、鸡鸭杂炒食、开汤，作馅，凉拌也很爽口，也可作为某些动物类扒烧菜肴（如红扒蹄膀、扒鸭）的配色垫底料。菠菜用于汆法，主要是制作汤菜，如菠菜蛋汤、菠菜肉丸汤；用于拌法，多将菠菜以沸水汆烫至熟，切成段或碎末，配上火腿、虾米等末，浇芝麻油、酱油、醋、糖等调味料，可冷食佐酒。菠菜又可制成筵席菜，如北京的翡翠羹、宁夏的翡翠蹄筋等，即用菠菜为主料制成，还可制作软炸菠菜叶等。菠菜还可以作包子、饺子、元宵等食品的馅心。此外，用菠菜茎叶挤成的汁，是烹调中常用的绿色素之一，有些地方用以调和面团，制成绿色面条、饺皮（如四川的菠饺银肺汤等）很有特色。

由于菠菜含草酸量比较高，烹调方法不当，食用时会产生涩味感，影响人体对钙的吸收，引起泌尿系统结石。所以在加工时，应将菠菜放入开水中烫几分钟，使草酸大部分溶解于水。尤其菠菜不宜与豆腐同煮，如果与豆腐同煮，会合成草酸钙，沉淀于血管壁上影响血液循环，严重时会影响儿童的正常发育。

17. 茼蒿

茼蒿属于菊科一、二年生草本植物，别名茼蒿菜、蓬蒿、塘蒿、蒿子秆、蒿子、打某菜（台湾）等。原产地中海和中国，现我国各地均有栽培，每年冬春上市比较多。根据茼蒿叶子大小和缺刻深浅分为大叶种和小叶种。

大叶种：叶形大而肥厚，缺刻少而浅，嫩枝短而粗，生长较慢，品质鲜嫩，水分较多，纤维少，味清淡而略有香味，品质优良。

小叶种：叶小狭长，缺刻深，枝细，生长快，产量低，品质鲜嫩，水分多，纤维少，味清淡略有香味。

茼　蒿

茼蒿叶中含有胡萝卜素，维生素 B_2，钙和磷都比较丰富，品质柔嫩，且有特异香味，具有开胃、健脾作用。而茼蒿秆中含的维生素和矿物质比较少。中医认为具有清血、养心、降压、润肺、清痰的功效。

每 100 克茼蒿含有水分 93.6 克、蛋白质 1.9 克、脂肪 0.4 克、碳水化合物 2.5 克、粗纤维 0.6 克、灰分 1.0 克、钙 65 毫克、磷 24 毫克、铁 2.1 毫克、胡萝卜素 2.00 毫克、硫胺素 0.03 毫克、核黄素 0.06 毫克、烟碱酸 0.4 毫克、抗坏血酸 2 毫克。

烹调方法适宜凉拌、炒、作馅、作汤。茼蒿中的芳香精油遇热易挥发，烹调时应以旺火快炒。汆汤或凉拌有利于胃肠功能不好的人。与肉、蛋等荤菜共炒可提高其维生素 A 的利用率。在重庆万县一带，用茼蒿菜来做粉蒸菜肴，也可拌、炒，但风味均不及粉蒸。

18. 芹菜

芹菜属伞形花科芹属二年生草本植物，别名香芹、胡芹、旱芹、勤菜、澎菜等。原产地中海沿岸沼泽地带，由古希腊人驯化成功，并逐渐遍布世界各地。芹菜为中国重要蔬菜品种之一。《诗经》有“薄采其芹”的记载，古往今来，人们对芹菜十分嗜好，唐代著名宰相魏徵几乎每天用糖醋拌芹菜佐餐。

芹菜直立分支，根大，空心，叶柄细长，香味浓。依产地的不同，芹菜可分为本芹和洋芹。本芹为中国类型，根大，叶柄细长，香味浓。又依叶柄的颜色分为青芹、白芹；依生长环境又有旱芹、水芹之分。洋芹为芹菜的欧洲类型，根小，株高，叶柄宽而肥厚，实心，辛香味较淡，纤维少，质地脆嫩，如西芹。

白芹：叶比较细小，淡绿色，叶柄细长呈黄白色，植株较矮小柔弱，香味浓，品质好，易软化。主要品种有贵阳白芹、昆明白芹和广州白芹等。

青芹：叶片较大，绿色，叶柄粗，绿色，植株高而强健，香味浓，软化后品质较好。叶柄有空心和实心两种。空心芹菜春季易抽薹，品质较差，抗热性强，主要品种有福山芹菜、小花叶和旱青芹等。实心芹菜春季不易抽薹，品质较好，耐贮藏，主要品种有北京实心芹菜，山东恒台芹菜和开封玻璃脆等。

西芹：又称洋芹、大棵芹、玻璃脆。棵高，叶柄宽而肥厚，实心，肉质脆嫩，味淡，单株重1～2千克，有青柄和黄柄两个类型。主要品种有矮白、矮金和伦敦红等。此外，按其收获季节的不同还可分为春芹菜、夏芹菜（伏芹）、秋芹菜和越冬芹菜。另外还有经软化栽培后通体嫩黄的芹黄。

芹　菜

另有水芹，古称楚葵，俗称路路通，多生于水泽地区，分布在我国华北、东北地区等地，以嫩茎供食用。烹饪应用与芹菜相似。

每100克芹菜约含水分90～95.3克、蛋白质0.1～2.2克、钙160毫克、磷61毫克、铁8.5毫克，此外，还含有少量的脂肪、碳水化合物、胡萝卜素、硫胺素、核黄素、尼克酸和抗坏血酸。上述物质成分多含于叶片中。叶片所含脂肪比茎高2.6倍，胡萝卜素高28倍，达每100克约含5.32毫克。中医认为，芹菜味甘苦，性凉，有平肝清热、祛风利湿、健胃、利尿、降压和醒脑健脑的功效。经常食用芹菜，对孕妇、乳母及缺铁性贫血、肝脏病人有恢复健康的功效，对高血压、眩晕头痛、疮疡痈肿等也有很好的食疗作用，但胃脾虚弱、中焦有寒和溃疡病患者，宜少食芹菜。

芹菜是一种别具风味的香辛蔬菜。去叶后的叶柄是它的主要食用部分，鲜香、脆嫩。芹菜入馔，烹法多用炒、拌，或作为一些荤菜的配料，也可用来制作馅心，或腌、酱、泡、渍作小菜。用芹菜嫩叶柄经水烫后，切碎，拌和配料、调味料，可制成清香脆嫩、色泽翠绿的芹菜松；取胀发的虾米与水烫后的嫩芹菜段加调味料调和，即为黄绿相间的虾米炝芹菜。芹菜炒爆多切成段，单炒或配荤、素料（切成丝状）均可，有时亦用做荤菜的垫底、伴边。芹菜名菜有北京芹菜炒干贝、仿唐菜的醋芹以及常见的开洋芹菜等。芹菜色泽翠绿，常作配色配形料；因其独特清香，也常作菜码或切碎作调味料。芹黄为筵席上的佳品，烹制后色泽鹅黄，香鲜肥嫩，清脆异常。菜品如四川芹黄鱼丝、芹黄鳝丝、芹菜炒肉丝、芹黄拌鸡丝、麻辣芹菜干丝等。芹菜叶的维生素及矿物质含量比叶柄高，用水浸泡或用开水稍焯去除苦味后调拌作菜很可口。西北一些地方多用其制作浆水，于夏天配着面条食用，有清凉解暑的作用。

19. 芫荽

芫荽属伞形科芫荽属一、二年生草本植物，别名香菜、香荽、胡菜、原荽、园荽、胡荽、莚荽菜、莚葛草、满天星等。原产于地中海沿岸及中亚。埃及于公元前3世纪至前2世纪曾以此作为贡献。汉代张骞出使西域时引入中国。8～12世纪传入日本。现世界各地均有栽培，其中以俄罗斯、印度居多。中国栽培已很普遍。食用部位主要为叶及嫩茎。

芫荽主根粗大，白色。根出叶丛生，长5～40厘米不等。子叶披针形，绿色。叶片一或三回羽状全裂，裂片卵形。按叶柄的颜色可分为青梗和红梗两个类型，有特殊浓郁香味，质地柔嫩。主要品种有北京香菜、山东大叶香菜、上海青梗芫荽、大同芫荽等。

芫 荽

每100克芫荽含有水分88.3克、蛋白质2克、脂肪0.3克、碳水化合物6.9克、钙170毫克、磷49毫克、铁5.6毫克、胡萝卜素3.77毫克、维生素C 41毫克，还含有硫胺素、核黄素、尼克酸、正癸醛、壬醛、芳樟醇、二氢芫荽香豆精、异香豆酮A、异香豆酮B和香柑内酯等。中医认为，芫荽性温味甘，能健胃消食，发汗透疹，利大小便，祛风解毒。芫荽之所以香，得香菜的美名，主要是因为含有α，β－十二烯醛和芫荽醇等挥发性香味物质。

芫荽入馔，多见生食，最宜以幼株凉拌，清香扑鼻，或取嫩茎配以它料炒食，还可用做冷盘装饰料。在烹饪中多用做调味，尤其适宜于做粉蒸肉或烧牛肉的配料，也可将之裹全蛋豆粉放盐和花椒面，用油炸，形状极似溪河里游的小鱼，口感与形充满神韵。芫荽的叶和种子含挥发性的芫荽油，有香气。因此，芫荽有调味、去腥臭和增进食欲的作用。牛羊肉菜加点芫荽，可压腥增味；烧汤放点芫荽，翠绿香郁；烧鱼放入芫荽，增味压腥；面条、馄饨放点芫荽，别有风味。芫荽还可腌、渍或晾干，以供常年食用。

20. 茴香

茴香属伞形科茴香属多年生草本植物，一般作一、二年生栽培，别名茴香苗、小茴香、怀香、香丝菜等。原产地中海地区，我国各地普遍栽培，适应性较强。我国北方主要春秋两季栽培。

茴香全株被有粉霜和特殊的强烈香辛气。表面有白粉。叶羽状分裂，裂片线形。夏季开黄色花，复伞形花序。果椭圆形，黄绿色。性喜温暖，适于在沙壤土中生长，忌在黏土及过湿之地栽种。春秋均可播种或春季分株繁殖。茴香全株有大茴香、小茴香两个品种。

小茴香的主要成分是蛋白质、脂肪、膳食纤维、茴香脑、小茴香酮、茴香醛等。其香气主要来自茴香脑、茴香醛等香味物质。小茴香是集医药、调味、食用、化妆于一身的多用植物。

茴 香

每100克茴香鲜食部分中含有蛋白质1.1克、脂肪0.4克、碳水化合物3.2克、纤维素0.3克、维生素C 12.4毫克、钾654.8毫克、钙70.7毫克，此外茎叶中还含有90毫克/千克的茴香脑。有健胃、促进食欲、祛风邪等食疗作用。入药有祛风祛痰、散寒、健胃和止痛之效。

嫩茎、叶可作蔬菜、馅食，茴香果实中含茴香油2.8%，茴香脑50%～60%，α–茴香酮

18%～20%，甲基胡椒粉10%及α-蒎烯双聚戊烯、茴香醛、莰烯等。胚乳中含脂肪油约15%，蛋白质、淀粉糖类及黏液质等约85%。可作香料，常用于肉类、海鲜及烧饼等面食的烹调。

21. 韭菜

韭菜属石蒜科多年生宿根草本植物，别名起阳草、一束金、草钟乳、翠法等，为我国古老的蔬菜品种之一。约在周代，韭菜已经被人工栽培，已经有3000多年的历史。《尔雅》曾记载"一种久而生者故谓之韭"。《黄帝内经》中所说"五菜为充"中就有韭菜。韭黄鲜嫩色美，是烹饪山珍海味的理想配料，被誉为"菜中珍品"。杜甫诗"夜雨剪春韭，新炊间黄粱"，陆游曾赋诗"新津韭芽天下无，色如鹅黄三尺余"。一般可以生长7～8年，故称为韭(与久同音)菜，一年四季均有生产，我国各地均有栽培。

由于韭菜容易栽培，适应性强，耐寒、耐热，所以又被人们称为"懒人草"。我国韭菜品种极多，按其食用部位不同，可分为叶韭、根韭、花韭及叶花兼用韭4种类型。

叶韭：叶片宽厚、柔嫩、抽薹率低，以食叶为主。

根韭：又称披菜、山韭菜、鸡脚菜，主要食用根和花薹。

花韭：叶片短小，质地粗硬，抽薹率高，以食用花薹为主。

叶花兼用韭：叶片、花薹发育良好。

此外按其叶片宽窄还可分为宽叶韭和窄叶韭两种类型。宽叶韭产量高，质柔嫩，辛辣味较淡；窄叶韭产量稍低，纤维多，辛辣味浓。食用韭菜的最佳季节在春秋季，夏季味差。经软化栽培的韭菜称为韭黄，又称黄韭，其味更加鲜嫩香美。韭黄多在冬季应市。

每100克鲜韭菜含蛋白质2.1克、脂肪0.6克、碳水化合物3.2克、纤维素1.1克、钙48毫克、磷46毫克、维生素C 39毫克和胡萝卜素3.21毫克等，其所含挥发油使韭菜香辣。《本草纲目》载有"韭菜叶热根温，功用相同。生则辛而散血，熟则甘而补中"。能补肝肾，固精助阳，味甘、辛、性温、无毒，具有健胃、提神、健身强体作用，对肠炎腹泻，均有疗效。由于韭菜含有抗生素，现代临床医学用于脓杆菌感染疾病，效果较好。韭菜虽然好吃，但不宜过量进食，因其纤维素含量多，不容易消化，故民间有"春吃香，夏吃臭，多吃伤脾胃"的说法。消化不良和肠胃有病者不宜多吃，否则易上火。

韭　菜

韭菜入馔，既可作主料，又可作配料。作主料，可单炒，也可水焯后凉拌，色绿质嫩；作配料，可与很多动物性原料组配，宜于炒、爆、熘等菜式；作调料则香味四溢。在面食中，可作包子、水饺、馄饨等面点小吃的馅心。在我国北方习惯用韭菜做饺子馅，清香可口。春季的韭菜最适宜煎鸡蛋、做炊饼，更适宜作馅心的配料，如韭菜盒子、韭菜饺子。韭菜花可腌制。

韭菜食用时季节的选择，民谚有"春之韭，贵如油；六月韭，臭死狗"之说。

22. 葱

葱属石蒜科葱属多年生宿根草本植物，别名芤、菜伯、和事草等。原产于中国西部和西伯利亚，由野生种在中国驯化选育而成，后经朝鲜、日本传至欧洲。我国种植和食用生葱已经有3000多年的历史。中国关于葱的记载早见于《尔雅》、《山海经》、《礼记》，《齐民要术》及《清异录》等古籍更有详细记载。我国是栽培葱的主要国家，目前全国各地均有栽培。食用部位主要为叶鞘组成的假茎和嫩叶，为家庭常用的调味品。同大蒜、生姜和辣椒一起被称为"四辣"。主要品种有大葱、分葱、细香

有明显的抑制作用。还可作中毒急救的催化剂,外用可治疥癣、湿疹、痔疮等。蕺菜性寒,凡属脾胃虚寒或虚寒性病症者均忌食。

其茎、叶、根可生食亦可熟食。生食可将蕺菜切断盐腌脱水,再加姜蒜、麻油等凉拌;也可根据个人的喜好另择佐料。其特点是保留原有风味,上口脆鲜,异香独有。熟食的烹调方法较多,有蕺菜炒蛋花,蕺菜三鲜汤,火腿焖蕺菜,肉丝炒辣椒蕺菜等。川黔一带有人在烤馒头中夹蕺菜同食,还有做蕺菜馅饺子的。也可腌渍或制作蕺菜茶、酒、汽水等系列保健饮料。

26. 荠菜

荠菜属十字花科荠菜属一年生草本植物,别名护生草、鸡心菜、净肠草、芊菜、地米菜、香菜、地菜、菱角菜、鸡脚菜、蓟菜、枕头草、粽子菜、三角草、荠荠菜、上巳菜等。原产我国,目前遍布世界。我国自古就采集野生荠菜食用,早在公元前300年就有荠菜的记载。19世纪末至20世纪初,上海郊区开始栽培,至今已有90多年的栽培历史。目前国内各大城市开始引种栽培,是人们喜爱的一种野菜。

南宋大诗人陆游对它情有独钟,吟诗称赞:“残雪初消荠满园,糁羹珍美胜羔豚。”甚至说自己曾“春来荠香忽忘归”。清代扬州八怪之一的郑板桥作画题诗云:“三春荠菜饶有味,九熟樱桃最有名。”诗人苏轼也非常推崇荠菜,他在给友人的信中写道:“君若知其味,则陆八珍皆可鄙厌也。”

荠菜根白色。茎直立,单一或基部分枝。基生叶丛生,挨地,莲座状,叶羽状分裂,不整齐,顶片特大,叶片有毛,叶耙有翼。茎生叶狭披针形或披针形,基部箭形,抱茎,边缘有缺刻或锯齿。荠菜呈三角状心形,熟时开裂,种子细小,长椭圆形,淡褐色。花期3~4月,花后果实渐次成熟,秋季也有开花结果的,生于林边、路旁、田间。荠菜的嫩叶尤其是嫩根味鲜,具特殊的清香味。野生或人工栽培。目前生产上主要有下述两个品种。

板叶荠菜:又叫大叶荠菜,上海市地方品种。植株塌地生长,开展度18厘米。叶片浅绿色,叶长10厘米,宽2.5厘米,有18片叶左右。不宜春播,一般用于秋季栽培。

散叶荠菜:又叫百脚荠菜、慢荠菜、花叶荠菜、小叶荠菜、碎叶荠菜、碎叶头等。植株塌地生长,开展度18厘米。叶片绿色,羽状全裂,叶缘缺刻深,长10厘米,叶窄较短小,有20片叶左右,绿色,香气浓郁,味极鲜美,适于春季栽培。

野生荠菜类型较多,常见的有:① 阔叶型荠菜:形如小菠菜,叶片塌地生长,植株开展度可达18~20厘米,叶片基部有深裂缺刻,叶面平滑,叶色较绿,鲜菜产量较高。② 麻叶(花叶)型荠菜:叶片塌地生长,植株开展度可达15~18厘米,叶片羽状全裂,缺刻深,细碎如飞廉,叶型绿色,食用香味较好。③ 紫红叶荠菜:叶片塌地生长,植株开展度15~18厘米,叶片形状介于上述两者之间,不论肥水条件好坏,长在阴坡或阳坡,高地或凹地,叶片叶柄均呈紫红色,叶片上稍有茸毛,适应性强,味佳。

荠　菜

每100克荠菜含水分85.1克、蛋白质5.3克、脂肪0.4克、碳水化合物6克、钙420毫克、磷73毫克、铁6.3毫克、胡萝卜素3.2毫克、维生素 B_1 0.14毫克、维生素 B_2 0.19毫克、尼克酸0.7毫克、维生素C 55毫克,还含有黄酮甙、胆碱、乙酰胆碱等。荠菜含丰富的维生素C和胡萝卜素,有助于增强机体免疫功能,还能降低血压、健胃消食,治疗胃痉挛、胃溃疡、痢疾、肠炎等病。民间流传着“阳春三月三,荠菜当灵丹”、“春食荠菜赛仙丹”的谚语。荠菜被誉为“菜中甘草”。中医认为，荠菜味甘、性凉，归肝、脾、肾经，有和脾、利水、止血、明目等效用。对防治软骨病、麻疹、皮肤角化、呼吸系统感染、前列腺炎、泌尿系统感染等均有较好的效果。近年来，医药界将荠菜中的提取物用来治疗高血压症，经测试，它优于芦丁，而且无毒性。所以有些地方干脆叫它“血压草”，服其煎剂或用它沏茶喝，颇有疗效。带花全草供药用，能凉血、止血、降压、明目、利尿、消炎；根入药，煎水服治结膜炎。全草含芥菜酸、生物碱、氨基酸、黄酮类；种子含黄酮类（香叶木苷等）、胆碱、乙酰胆碱、柠檬酸和荠菜酸钾等。

荠菜食用方法很多，可拌、可炒、可烩，还可用来作馅或作汤，均色泽诱人、味道鲜美，嫩株作蔬菜，也可直接生食、凉拌、炒食、暴腌。　　（胡晓远　朱多生　郭春景）

27. 蒲公英

蒲公英属菊科蒲公英属多年生草本植物，别名蒲公草、婆婆丁、食用蒲公英、尿床草、西洋蒲公英、凫公英、仆公英、地丁、金簪草、孛孛丁菜、黄花苗、黄花郎、白鼓丁、黄花地丁、蒲公丁、真痰草、狗乳草、奶汁草、残飞坠、黄狗头、卜地蜈蚣、鬼灯笼、羊奶奶草、双英卜地、黄花草、古古丁、茅萝卜、黄花三七等。原产欧亚大陆，人工引进到美洲和澳大利亚。因为生长力非常强，在新居繁旺，很少有人记得它并非当地生物。城市居民一般将它当做杂草。我国的东北、华北、华东、华中、西北、西南各地均有分布，生于道旁、荒地、庭园等处。目前各地多有栽培。为东北特产山野菜之一，被称为“天然野味”、“健康食品”。

蒲公英是药食兼用的植物。它性平味甘微苦，有清热解毒、消肿散结及催乳作用。《神农本草经》、李绩《唐本草》、现代《中药大辞典》等著作均给以高度评价。《唐本草》：“蒲公英，叶似苦苣，花黄，断有白汁，人皆啖之。”《本草纲目》：“地丁，江之南北颇多，他处亦有之，岭南绝无。小科布地，四散而生。茎叶花絮并如苦苣，但小耳，嫩苗可食。”“生食治感染性疾病尤佳”。

蒲公英高 10 ~ 25 厘米，含白色乳汁。根深长，单一或分枝，外皮黄棕色。叶根生，排成莲座状，狭倒披针形，大头羽裂或羽裂，裂片三角形，全缘或有数齿，先端稍钝或尖，基部渐狭成柄，无毛蔌有蛛丝状细软毛。

蒲公英

蒲公英含有蒲公英醇、蒲公英素以及胆碱、有机酸、菊糖、葡萄糖、维生素、胡萝卜素等多种健康营养的活性成分，同时含有丰富的微量元素，其钙的含量为番石榴的 2.2 倍、刺梨的 3.2 倍，铁的含量为刺梨的 4 倍，更重要的是其中富含具有很强生理活性的硒元素。因此，蒲公英具有十分重要的营养学价值。国家卫生部新近将蒲公英列入药食两用的品种。其药用价值早已载入各种医书。全草含蒲公英甾醇、蒲公英赛醇、蒲公英苦素、咖啡酸、胆碱、菊糖等成分，性平味甘微苦。可清热解毒，消肿散结，有显著的催乳作用，治疗乳腺炎十分有效。可煎汁口服，也可捣泥外敷。此外，蒲公英利尿，缓泻，退黄疸，利胆，助消化，增食欲，可辅助治疗胃及十二指肠溃疡，对防治胃癌、食管癌等也有药用价值。

蒲公英可生吃、炒食、做汤、炝拌，风味独特。生吃：将蒲公英鲜嫩茎叶洗净，沥干蘸酱，略有苦味，味鲜美清香且爽口。凉拌：洗净的蒲公英用沸水焯 1 分钟，沥出，用冷水冲一下。佐以辣椒油、味精、盐、香油、醋、蒜泥等，也可根据自己的口味拌成风味各异的小菜。做馅：将蒲公英嫩茎叶洗净水焯后，稍攥、剁碎，加佐料调成馅（也可加肉）包饺子或包子。欧洲人在中世纪时就已经用蒲公英花来酿酒。日本还用蒲公英制成酱汤、花酒、糖果、饮料和糕点等系列保健食品,将蒲公英直接作蔬菜食用亦十分盛行。注意:阳虚外寒、脾胃虚弱者忌用。 (张 兴)

28. 苣荬菜

苣荬菜属菊科一、二年生草本植物,别名苦菜、苦麻子、苦苣菜、取麻菜、苦马菜、基荬菜、曲曲菜等。原产欧洲,目前在世界各国均有分布。我国主要分布于西北、华北、东北等地,生于荒山坡地、田间、海滩、路旁。近年来,由于苣荬菜的保健功能日益受到人们的重视,在我国各地已开始进行人工种植。其越冬栽培可于春节及早春蔬菜淡季上市。塑料大棚人工栽培,比露地早上市 40～50 天,亩产可达 1000 公斤以上。

民间食用苣荬菜已有 2000 多年历史。《诗经·邶风·谷风》中有"谁谓荼(苣荬菜)苦,其味如荠"之说。苣荬菜过去还被老百姓称为揑或藚。民间有:"擎锊慌氯胀飞梗,团录抑忻豢嗖藚"的歌谣。它不但具有较高的营养价值,而且还有清热解毒等医疗作用。《本草纲目》记载:"初春时生苗,茎中空,折断时会流出白汁,开黄花和野菊相似,其种子附生白毛,能随风飘扬。"

苣荬菜嫩茎叶每百克含水分 88 克,蛋白质 3 克,脂肪 1 克,维生素 C 58.10 毫克,维生素 E 2.40 毫克,胡萝卜素 3.36 毫克。还含有 17 种氨基酸,其中精氨酸、组氨酸和谷氨酸含量最高,占氨基酸总量的 43%,这 3 种氨基酸都对浸润性肝炎有一定疗效。苣荬菜还含有铁、铜、镁、锌、钙、锰等多种元素。其中钙、锌含量分别是菠菜的 3 倍、5 倍,是芹菜的 2.7 倍、20 倍。而钙、锌对维持人体正常生理活动,尤其是儿童的生长发育具有重要意义。此外,苣荬菜富含维生素。苣荬菜性寒味苦,具有消热解毒、凉血、利湿、消肿排脓、祛瘀止痛、补虚止咳的功效。

苣荬菜

烹调方法各地不同,其吃法多种多样,可凉拌、做汤、蘸酱生食、炒食或做饺子、包子馅,或加工酸菜或制成消暑饮料。味道独特,苦中有甜,甜中有香。东北地区食用多为生食蘸酱;西北地区食用多为作包子、饺子的馅,拌面或加工酸菜;华北地区食用多为凉拌。苣荬菜是人们喜食的一种野生蔬菜。

备注:浙江地方和北方部分地区也有将败酱作为苦菜食用的,称苦叶菜或胭脂麻。属败酱科多年草本植物,分白花败酱和黄花败酱两种。《本草纲目》中记载:"南人采嫩者,曝蒸作菜食。"性平、味苦,具有清热解毒、活血化瘀的功效,久病脾虚者忌食用。黄花者味较苦,均入药,功效相似。味道微苦,有陈酱气,适合旺火蒸、炖、炒。 (郭春景)

29. 刺嫩芽

刺嫩芽属五加科落叶小乔木植物,别名刺老芽、刺龙牙、霸王菜、龙牙楤木、辽东楤木等。在我国主要分布在东北地区。生于针叶或针阔混交林缘、沟边、火烧迹地的灌木丛中和林中空地。野生或人工栽培,皮与根部可入药。刺嫩芽的树皮呈灰色,树干和树枝上长有皮刺。叶为 2～3 回奇数羽状复叶,伞形花序顶生,淡黄白色,果实浆果球形黑色。食用部位主要是它的嫩芽。春季 4 月末 5 月初在乔木的尖端抽芽发育,待生长到 5～15 厘米时采集,然后人工将芽包去净。

刺嫩芽的药用价值很高,植株总皂甙含量为 20.40%,是人参的 2.5 倍。对人体有兴奋和强壮作用,对急慢性炎症、各种神经衰弱都有良好的疗效。中医认为龙芽楤木有补气安神、强精滋肾等功能。常食之对于治疗风湿性腰腿痛、糖尿病、肾炎、胃肠溃疡及跌打损伤

肠胃，安下焦，解百药毒”。清代汪绂《医林纂要探源》说莼菜“除烦，解热，消痰”。莼菜性寒，有清热解毒作用，用莼菜煮汤可清火除痱疖。把莼菜茎叶捣烂外敷，可治痈疽疔疮。莼菜所含的多糖能强化机体的免疫系统，增强免疫功能，达到防治癌症的目的。

莼菜入馔多取其嫩茎叶，以春夏两季的莼菜为嫩。食用方法多种，在家常菜谱中，莼菜可汤可菜，可煮可炒，可荤可素，更可与鱼、鸡、虾、肉、鲜贝、禾花雀、蘑菇、面筋、腐竹、豆腐等相配一起烹调，色香味俱佳。食之柔滑不腻，味道清香，风味独特。新鲜的莼菜还可用白糖拌食，亦别有风味。著名菜肴有莼菜氽塘鳢鱼片、鸡丝莼菜汤、三丝莼菜羹、莼菜鱼羹、西湖莼菜汤、莼菜黄鱼羹、虾仁拌莼菜等。

36. 水芹菜

水芹菜属伞形科水芹菜属多年生水生宿根草本植物，别名水芹、河芹、水英、细本山芹菜、牛草、楚葵、刀芹、蜀芹、野芹菜等。原产亚洲东部，现在分布于中国长江流域、日本北海道、印度南部、缅甸、越南、马来西亚、爪哇及菲律宾等地。中国自古食用，2000多年前的《吕氏春秋》中称，“云梦之芹”是菜中的上品。野生水芹菜主要生长在潮湿的地方，如池沼边、河边和水田。现在我国中部和南部栽培较多，以江西、浙江、广东、云南和贵州栽培面积较大。

根茎于秋季自倒伏的地上茎节部萌芽，形成新株，节间短，似根出叶，并自新根的茎部节上向四周抽生匍匐枝，再继续萌动生苗，上部叶片冬季冻枯，基部茎叶依靠水层越冬，第2年再继续萌芽繁殖，株高70～80厘米；二回羽状复叶，叶细长，互生，茎具棱，上部白绿色，下部白色；伞形花序，花小，白色；不结实或种子空瘪。性喜凉爽，忌炎热干旱，25℃以下母茎开始萌芽生长，15℃～20℃生长最快，5℃以下停止生长，能耐零下10℃的低温。生活在河沟、水田旁，以土质松软、土层深厚肥沃、富含有机质保肥保水力强的黏质土壤为宜。长日照有利匍匐茎生长和开花结实，短日照有利根出叶生长。

水芹菜各种维生素、矿物质含量较高，每100克可食部分含蛋白质1.8克、脂肪0.24克、碳水化合物1.6克、粗纤维1.0克、钙160毫克、磷61毫克、铁8.5毫克。水芹还含有芸香苷、水芹素和槲皮素等。水芹味甘辛、性凉，入肺、胃经，有清热解毒、养精益气、健脾和胃、消食导滞、清洁血液、降低血压、宣肺利湿、抗肝炎、抗心律失常、抗菌等功效，还可治小便淋痛、大便出血、黄疸、风火牙痛、痄腮等病症。

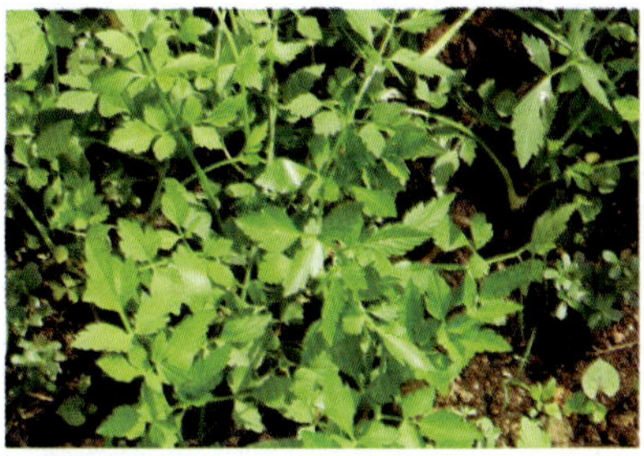

水芹菜

水芹菜其嫩茎及叶柄质鲜嫩，清香爽口，可生拌或炒食。常吃的有猪肉炒水芹、水芹羊肉饺和水芹拌花生仁。

（朱多生　胡晓远　郭春景）

（四）花菜类

花菜类一般是指食用部位主要以植物花器官为主的蔬菜。种类较多，但有些并不常用或大量上市。

1. 花椰菜

花椰菜属十字花科芸薹属一、二年生草本植物，是甘蓝的一个变种，别名花菜、菜花、白花菜等。原产于欧洲，17世纪传入中国，由于叶长如椰叶故名花椰菜。花椰菜风味鲜美，粗纤维少，营养价值高，有“穷人医生”的美誉。

花椰菜叶披针形或长卵形，叶色浅蓝绿，有蜡粉。花球由肥嫩的主轴和50～60个一级肉质花梗组成。正常花球呈半球形，表面呈颗粒状，质地致密，白色。

花椰菜拥有一个庞大的品种群，按生长期可以分为早熟、中熟和晚熟3种类型。

每100克花球含蛋白质2.4克、碳水化合物3～4克、脂肪0.4克、维生素C 88毫克、胡萝卜素0.08毫克、磷33～66毫克、铁1.8毫克、钙18毫克等。此外,还含有维生素A、维生素B_1、维生素B_2硒等。花椰菜能提高人体免疫功能,促进肝脏解毒,增强人的体质和抗病能力。含有的硒能够抑制癌细胞的生长。常吃菜花有爽喉、开音、润肺、止咳的功效。由于花椰菜的含水量高达90%以上,所含热量较低,可充饥而不发胖。花菜性平味甘,有强肾壮骨、补脑填髓、健脾养胃、清肺润喉的作用。适用于先天和后天不足、久病虚损、脾胃虚弱、咳嗽失音者。绿花椰菜还有一定的清热解毒作用,对脾虚胃热、口臭烦渴者更为适宜。

花椰菜

花椰菜的烹调讲究技法,烧煮和加盐时间不宜过长,才不致丧失和破坏防癌抗癌物质。一般不主张花菜与黄瓜同炒同炖,黄瓜中含有维生素C分解酶,容易破坏花菜中的维生素C。但花菜色白,黄瓜带有绿色,两菜搭配,为外观增色,最好分开煸炒,然后混合装盘。

2. 西兰花

西兰花属十字花科芸薹属一、二年生草本植物,是甘蓝的一个变种,别名茎椰菜、青花菜、绿花菜等。原产于地中海沿岸意大利一带,所以叫意大利芥蓝。西兰花按成熟期可分为早熟、中熟、晚熟3个类型。我国目前栽培的青花菜品种多由美国、日本等国引进。西兰花品质柔嫩,纤维少、水分多,花球绿色,色泽鲜艳,味清香、脆甜,风味较花椰菜更鲜美。

每100克鲜菜中,含蛋白质3.6克、碳水化合物7.3克、脂肪0.3克、矿物质5.9毫克、维生素C 113毫克、胡萝卜素2.5毫克,还含有维生素B_1、维生素B_2等营养素。

西兰花

西兰花的烹调方法：用沸水焯1分钟，沥出,用冷水冲一下。可拌、可炒,主要供鲜食,碧绿青翠,烹调后颜色更显翠绿,脆嫩爽口,风味鲜美、清香。其营养高,质地脆嫩,清爽适口。烧煮和加盐时间不宜过长,才不致丧失和破坏防癌抗癌物质。

3. 黄花菜

黄花菜属百合科多年生草本宿根植物，别名萱草、忘忧草、金针菜等。原产地为中国，南北均有栽培。

花色金黄,味幽香,含多种微量元素,黄花菜与冬笋、香菇、木耳齐名,被誉为“山珍海味”中的山珍之一。以新鲜花蕾或干花蕾供食，因鲜品的花蕊中含较多的秋水仙碱故需摘除或煮熟后供食。而干品经过了蒸制,故毒性丧失,质地柔嫩,具特殊清香味。

每100克干花中含蛋白质14.1克、脂肪

黄花菜干品

黄花菜鲜品

1.1 克、碳水化合物 62.6 克、钙 463 毫克、磷 173 毫克,以及多种维生素。特别是胡萝卜素含量最为丰富,干品每 100 克含量达 3.44 毫克。黄花菜具有显著的降低动物血清胆固醇的作用,是预防中老年人疾病和延缓机体和智力衰老的佳蔬。黄花菜含冬碱等成分,又具有止血、消炎、利尿、健胃、安神等功能,其花、茎、根均可入药。民间就流传着用金针菜苗、花治肝炎、乳腺炎、失眠、全身水肿、风湿性关节痛、大便出血、声音嘶哑等 10 多种疾病的药方。同时,其具有较佳的健脑、抗衰功能。中医认为其味性甘、凉、无毒,其根可以入药,有利尿、消肿、消炎解热、止痛的功能。

黄花菜通常煮汤或配菜,也可以与肉、鸡、豆腐、银鱼红烧,或与肉丝、豆腐干丝、胡萝卜等烧食,若配以木耳、香菇、榨菜等烧汤,味尤鲜美。

4. 朝鲜蓟

朝鲜蓟属菊科菜蓟属多年生草本植物,别名菜蓟、法国百合、洋百合等。原产于北非和地中海东端之间的地区,种植已有几千年的历史。现以法国种植最多,意大利、西班牙次之,三国种植面积占世界总生产面积的 80%以上。19 世纪由法国传入我国。目前在上海、浙江、湖南、云南、北京等地有少量栽培。

朝鲜蓟主要食用部位为幼嫩的头状花序的总苞、总花托及嫩茎叶,有类似板栗的香味,脆嫩似藕。茎叶经软化后可作菜煮食,味清新。

每 100 克朝鲜蓟花蕾可食部分含蛋白质 2.8 克、脂肪 0.2 克、碳水化合物 2.3 克、维生素 B_1 0.06 毫克、维生素 B_2 0.08 毫克、维生素 C 11 毫克、钙 53 毫克、磷 80 毫克、铁 1.5 毫克。含有多酚类化合物如菜蓟素、黄酮类化合物、菊粉以及天门冬酰胺等物质,经常食用可保护肝肾和增强肝脏排毒功能,有促进氨基酸代谢和降低胆固醇以及治疗消化不良、改善胃肠功能、防止动脉硬化、保护心血管等功效。朝鲜蓟中含有大量菊粉,菊粉本身既是一种功能性低聚果糖,又是可溶性膳食纤维。菊粉能改善肠道内的微生物种群,是肠内双歧杆菌的活化增殖因子,减少和抑制肠道内腐败物质的产生,抑制有害菌的生长,恢复肠内平衡。菊粉成为整肠食品的首选,能够提高肠内有益菌群的数量。朝鲜蓟基本上不产生热量,可减少血脂,改善脂质代谢,降低血液中胆固醇和甘油三酯含量;减少和防止便秘现象,增加 B 类维生素的合成量,提高人体免疫功能;促进微量元素铁、钙的吸收和利用,可以防止骨质疏松症;减少肝脏毒素,特别是氨基毒素;能在肠中生成抗癌的有机酸,有显著的防癌功能;减轻食物过敏症以及排斥反应。朝鲜蓟有淡淡的甜味,并且具有类似脂肪的香味和爽口的滑腻感,尤其适合糖尿病人食用。

朝鲜蓟

朝鲜蓟的花蕾部分食用方法较多,可生食,也可煮食、炒食、油炸、腌制、制酱、做汤,还可制成罐头,其味清香宜人。茂盛的叶片可制开胃酒,法国、西班牙、意大利等均有朝鲜蓟罐头和开胃酒外销。制成的开胃酒外观褐红、清澈,清香,富含有益健康的养分。

5. 菊花

菊花属菊科多年生草本植物，别名菊华、秋菊、九华、黄花、帝女花等。原产中国，是我国栽培历史最悠久的传统名花。我国古代又称菊花为“节花”和“女华”。自古以来，菊花被视为高风亮节、清雅洁身的象征，是花中四君子之一。在8世纪前后，由我国传到日本。17世纪末，荷兰商人将我国菊花引入欧洲。18世纪60年代传入英国。19世纪中期引入北美。此后菊花遍及全球。

汉代《神农本草经》记载：“菊花久服能轻身延年。”晋代葛洪《西京杂记》：“菊花舒时，并采茎叶，杂黍米酿之，至来年九月九日始熟，就饮焉，故谓之菊花酒。”当时帝宫后妃皆称之为“长寿酒”，把它当做滋补药品，相互馈赠。这种习俗一直流行到三国时代。“蜀人多种菊，以……花可入药，园圃悉植之，郊野火采野菊供药肆。”

菊属有30余种，中国原产17种，主要有野菊、毛华菊、甘菊、小红菊、紫花野菊、菊花脑等。头状花序顶生或腋生，舌状花著生花序边缘，白色或黄色；管状花位于花序中央，黄色。按头状花序干燥后形状大小，舌状花的长度，可把药菊分成4大类，即白花菊、滁菊花、贡菊花和杭菊花4类，都有疏散风热、平肝明目、清热解毒的功效。菊花除具有观赏价值外，还是一种食用植物。一般分为食用菊、茶用菊和药用菊等。

食用菊：主要品种有蜡黄、细黄、细迟白、广州红等，广东为主要产地。食用菊主要作为酒宴汤类、火锅的名贵配料，流行、畅销于港澳地区。菊花脑，则为江苏南京地区老百姓喜爱的菜蔬，通常用于做汤或炒食，具有清热明目之功效。

茶用菊：主要有浙江杭菊、河南怀菊、安徽滁菊和亳菊。茶用菊经窨制后，可与茶叶混用，亦可单独饮用。饮用茶用菊泡出的茶水，不仅具有菊花特有的清香，且可去火、养肝明目。

菊　花

药用菊：主要有黄菊和白菊，还有安徽歙县的贡菊、河北的泸菊、四川的川菊等。上面提到的茶菊亦可列入药用之中。药用菊具有抗菌、消炎、降压、预防冠心病等作用。

菊花中含有挥发油、菊甙、腺嘌呤、氨基酸、胆碱、水苏碱、小檗碱、黄酮类、菊色素、维生素、微量元素等物质，可抗病原体，增强毛细血管抵抗力。其中的类黄酮物质已经被证明对自由基有很强的清除作用，而且在抗氧化、防衰老等方面卓有成效。从营养学角度分析，植物的精华在于花果。菊花花瓣中含有17种氨基酸，其中谷氨酸、天冬氨酸、脯氨酸等含量较高，此外，还富含维生素及铁、锌、铜、硒等微量元素，具有一般蔬果无法比拟的作用。

菊花气味芬芳，绵软爽口，是入肴佳品。吃法也很多，可鲜食、干食、生食、熟食，焖、蒸、煮、炒、烧、拌皆宜，还可切丝入馅，菊花酥饼和菊花饺都自有可人之处。菊花入食多用黄、白菊，尤以白菊花为佳，杭白菊、黄山贡菊、福山白菊等都是上品。

（胡晓远　朱多生　唐焕伟）

（五）果菜类

果菜类一般指食用部位为果实的蔬菜。在植物学上多属于浆果、瓠果和荚果。

1. 菜豆

菜豆属于豆科菜豆属一年生缠绕性草本植物，主要为栽培种，别名四季豆、芸豆、玉豆、棍豆、敏豆、芸扁豆、龙爪豆、梅豆等。中国原产硬荚种，唐代起本草历有记述，称为白豆，以豆粒供食；约16世纪时引入荚用种，后又由隐元和尚（1592—1673）传入日本，现广有栽培。食用部位为幼嫩的荚果或籽粒。荚果条形，略膨胀，无毛。种子为红、白、黄、黑色或斑纹彩色。

菜豆依茎的高矮可分为蔓性种、矮性种；依荚的色泽可分为绿荚种、黄荚种；依荚壳软硬可分为硬荚种、软荚种，硬荚种宜取籽供食，软荚种宜带荚入馔。名产有北京口籽芸豆、棍儿豆、敏儿豆，贵州长荚豆、豆子豆，台湾扁荚敏豆、牛油黄荚豆，东北花雀蛋、大姑娘挽袖等。

菜　豆

每100克嫩荚含水分88～94克、蛋白质1.1～3.2克、碳水化合物2.3～6.5克，以及各种矿物质、维生素和氨基酸。每100克干种子含水分11.2～12.3克、蛋白质17.3～23.1克，是很好的植物蛋白质来源。菜豆中的纤维有利于降低人体内的胆固醇，适用于高血脂人群；还能加强胃肠蠕动，防止便秘。菜豆中还含有较高的维生素C和多种矿物质。

菜豆中毒是由于菜豆中含有红细胞凝集素、皂素等天然的毒素，只有持续长时间的高温才可以将其破坏。当采用沸水焯菜豆、急火炒菜豆等方法加工时，由于加工时间短，加工时炒（煮）温度不够，往往不能完全破坏其中的天然毒素，因此食用后致人中毒。为防止发生菜豆中毒，应先将菜豆在沸水中焯水，将其煮透。中医认为菜豆具有滋补、解热、利尿、消肿等功效，可用于治呕吐、便血、脚气、抽搐、吐血、肠类等症。

菜豆嫩荚脆嫩，烹调方法很多，一般可掐成寸段后，供烧、煮、焖；也可焯水后切成丝或丁、片拌食。炒制少用，因不易入味。家常多单用，或与猪肉一同烧、焖；筵席偶作冷菜或作重荤菜的垫底、围边。调拌常用姜汁、蒜泥、腐乳汁等；烹制有干烧、酱焖、油炒等制法。此外当可制成粉蒸四季豆、瓤芸豆、酥红豆等菜式。山西将之与面食同做，有菜豆焖面等。干豆粒经煮后可制成豆泥，供制宫廷名点芸豆卷；也可用做包子馅料等。欧美一些国家大多用来速冻和制罐头，中国多以嫩荚作鲜菜。味道清脆爽口，可以荤素炒食，焖、煮、腌制或干制，代表菜为干煸四季豆等。

2. 豇豆

豇豆属豆科豇豆属一年生缠绕性草本植物，原产于埃塞俄比亚和印度。北魏以前传入中国，明代以后在全国各地广泛栽培。名出《本草纲目》，又称江豆、豆角、长豆角、带豆、豆等。以嫩荚及种子供食用。现已分布于世界各地。阿拉伯人常把豇豆当做爱情的象征，小伙子向姑娘求婚，总要带上一把豇豆，新娘子嫁到男家，嫁妆里也放有豇豆。

豇豆按食用方法可分为粮用豇豆和菜用豇豆两大类。其中菜用豇豆根据荚果的颜色又分为青荚、白荚、红荚3种类型。

青荚型：荚果细长，绿色，嫩荚肉厚，质地脆嫩，主要品种有广东铁线青、细叶青、竹叶青，浙江青豆角、早青红，青岛的青丰、大条青。白荚型：肉薄质地疏松，种子易显露，主要品种有广东的长角白、金山白，浙江白豆角，湖北白鳝鱼骨，四川的五叶子，云南白，广西桂林白，陕西罗及分布各地的红嘴燕等。红荚型：荚果较粗短，紫红色，嫩荚肉质中等，

豇　豆

易老化，主要品种有上海、南京等地的紫豇豆，广东的西圆红，湖北的红鳝鱼骨、紫荚、白露以及北京的紫豇等。

每100克嫩豆荚含水分85～89克、蛋白质2.9～3.5克、碳水化合物5～9克，还含有各种维生素和矿物质等。豇豆性味甘平，有健脾肾、生津液的功效，特别适合于老年人，尤其是脾胃虚弱者。豇豆含有丰富的膳食纤维，可加速肠蠕动，治疗和预防老年性便秘。其热量和含糖量不高，饱腹感强，适合于肥胖、高血压、冠心病和糖尿病患者食用。豇豆含钠量低，每100克豇豆只含钠4.6毫克，宜心、肾功能不好者食用。豇豆中含有丰富的维生素C和叶酸，这两种维生素能促进抗体的合成，提高机体抗病毒的能力。怀孕初期的孕妇，得了风寒感冒，以豇豆这种食物进行治疗要胜过药物，还可防止由于缺乏叶酸而引起的神经管发育缺陷、胎儿畸形。豇豆中钾、钙、铁、锌、锰等金属元素含量很多，是不错的碱性食品，可以中和体内酸碱值、抗疲劳，适合于常吃筵席的人、高血脂的人。豇豆中的膳食纤维在蔬菜中也异常丰富，膳食纤维素可以降低胆固醇，减少糖尿病和心血管疾病的发病率，并可促进肠蠕动，有通便、防止便秘的功效，可降低结肠癌、直肠癌的发病率。

豇豆亦系"五谷"之菽，国外许多地方只用种子代粮，传入我国后才逐步发展成为粮菜并用的作物。清代王士雄《随息居饮食谱》载"嫩时采荚为蔬，可荤可素；老则收子，宜馅宜糕"。豇豆作为粮食原料，可制作豆汤、豆饭等多种粥饭类食品。鲜嫩的豆荚作为烹饪原料，可用蒜泥、芥末、芝麻酱等调味制成清爽可口的夏令冷菜；作配料使用，可做成豇豆炒肉丝、豇豆炒鸡丝、豇豆炒鱼片、豇豆炒腰花、豇豆炒肝尖等各式美味佳肴。除炒外，也可烧、烩，此外，还可以用酱、腌、泡或风干等方法保存。

3. 刀豆

刀豆属豆科一年生半直立缠绕草本植物，食用部位为刀豆的种子，别名大刀豆、挟剑豆、刀鞘豆等。刀豆原产南美洲，我国栽培历史悠久。

刀豆包括洋刀豆和大刀豆两种。洋刀豆又称矮生刀豆、直立刀豆或立刀豆，豆荚绿色，籽粒白色。

刀　豆

干豆粒富含的蛋白质约为总重的25%～27%。种子入药，有活血、补肾、散瘀的功效。刀豆嫩荚可炒食或腌渍，干豆粒可煮食或磨粉。

4. 扁豆

扁豆属豆科扁豆属一年生缠绕草本植物，别名藤豆、鹊豆、沿篱豆、蛾眉豆等。原产印度和印度尼西亚，约在汉晋间引入中国，文字记载始见于南朝梁代陶弘景《名医别录》。中国除高寒地区外均有分布。主要以嫩荚供食，种子也可食用。

荚果微弯扁平，宽而短，倒卵状长椭圆形，呈淡绿、红或紫色，每荚有种子3～5粒，种子扁椭圆形，黑褐、茶褐或白色。以嫩豆荚或豆粒供食。名产有上海猪血扁，浙江慈溪红扁豆、白扁豆，贵州湄潭黑子白鹊豆、木耳白鹊豆等。

扁　豆

扁豆含有多种营养物质，其中粗蛋白含

汁,配以蒜泥、麻油、味精即成拌黄瓜。切条,加蜜、白糖、少量的糖精腌渍后,入冰箱冷冻后食用,味甜、质脆、色绿,别具风味;黄瓜也可与其他荤素原料相配拌食;黄瓜还是花色冷盘中常用的配色原料,如用于制作凤凰尾羽等。黄瓜熟食,多作配料,比在冷菜中逊色得多,扬州酱菜中的"乳黄瓜"是用小黄瓜腌制的。黄瓜还可制成酸黄瓜等不同风味的酱菜。速冻黄瓜可长期保鲜,也可制作盐渍、酱渍、糖醋渍、虾油渍或酸黄瓜等半成品。

10. 西葫芦

西葫芦属葫芦科一年生草本植物,别名葫芦、搅瓜、茭瓜、美洲南瓜,果柄五棱形。原产南美洲秘鲁、印度等地,我国引进后以西北地区栽培比较多,目前在我国南北各省均有栽培。

西葫芦按植株性状分 3 个类型:矮生类型的主要品种由阿尔及利亚引进,我国东北地区栽培较多的站秧西葫芦和北方栽培的一窝猴葫芦属此类。半蔓生类型很少栽培。蔓生类型的主要品种有北京地方品种长西葫芦和甘肃地方品种扯秧西葫芦。

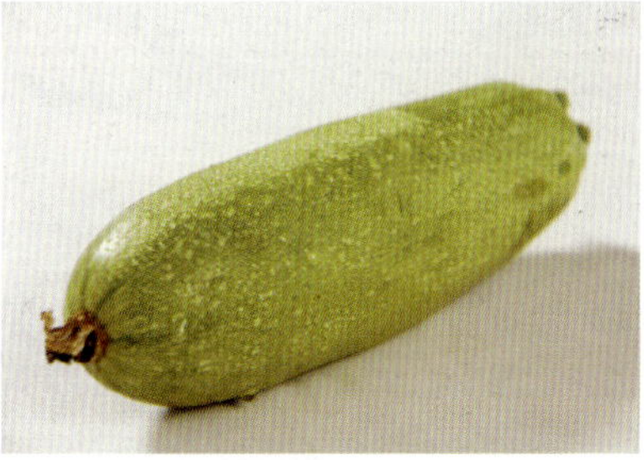

西葫芦

西葫芦含有钙、磷、铁以及多种维生素。一般熟食,可以煮汤或素炒,烹饪制作成多种菜肴。

11. 笋瓜

笋瓜属葫芦科南瓜属一年生蔓性草本植物,别名印度南瓜、玉瓜、北瓜等。笋瓜起源于南美洲的玻利维亚、智利及阿根廷等国,已播种到世界各地,中国的笋瓜由印度引入。

笋　瓜

知名品种比较多。甘肃的笋瓜、金瓜;安徽的白皮笋瓜、黄皮笋瓜、花皮笋瓜;山东的腊梅瓜、白玉瓜及看方瓜等。笋瓜的品种依皮色分为白皮、黄皮及花皮;按大小分为大笋瓜及小笋瓜。长江流域常用的品种有南京的大白皮笋瓜、小白皮笋瓜、大黄皮笋瓜,安徽的白笋瓜、黄皮笋瓜、花皮笋瓜,淮安的北瓜等。果柄圆形、软,果实多椭圆形,也有圆形、近纺锤形等形状,果面平滑,嫩果白色、成熟果外皮淡黄、金黄、乳白、橙红、灰绿或花条斑等色。

每 100 克笋瓜果实含碳水化合物 2 ~ 3.9 克、蛋白质 0.5 ~ 0.8 克,还含有多种维生素。笋瓜味性甘、寒、无毒,有治疗喘咳的功能,含有维生素 A 较高,是夜盲患者的理想食品。

嫩瓜适于炒、煎瓜饼、做馅或做汤用。由于水分含量高,适合急火短炒。

12. 丝瓜

丝瓜属葫芦科一年生草本植物,别名布瓜、天丝瓜、天罗、天络、菜瓜等。原产于亚热带地区,现广泛分布于亚洲、澳洲、非洲和美洲热带地区。2000 年前印度已有栽培,6 世纪初传入中国,17 世纪前后传到欧洲。我国南北均有栽培,以华南、西南为最多,以幼嫩的

丝　瓜

浆果供食用。丝瓜的根系发达，茎蔓生，呈5棱形，绿色，分枝力强，每节有分枝的卷须。叶掌形或心脏形，花冠黄色。丝瓜有无棱丝瓜和有棱丝瓜之分。

无棱丝瓜：又称圆筒丝瓜、蛮瓜、水瓜等。果实呈圆柱形或长圆柱形，表面粗糙，有数条墨绿色纵纹，无棱。印度、日本、东南亚各地广泛栽培，中国长江流域及其以北地区栽培较多，6～8月采收上市。主要品种有南京长丝瓜、线丝瓜，湖南肉丝瓜，华南短度水瓜、长度水瓜及台湾的米管种和竹管种等。

有棱丝瓜：又称棱角丝瓜、胜瓜等。果实短圆柱形或长圆柱形，有9～11道棱，色墨绿，大多分布在广东、广西、台湾及福建等地。春瓜4～7月采收，秋瓜9～11月应市。主要品种有广东的青皮丝瓜、乌耳丝瓜、棠东丝瓜及长江流域各地所产的棱角丝瓜。

每100克丝瓜含水分92.9克、蛋白质1.5克、脂肪0.1克、碳水化合物4.5克、粗纤维0.5克、钙28毫克、磷45毫克、铁0.8毫克、胡萝卜素0.32毫克、尼克酸0.5毫克、抗坏血酸8毫克。《本草纲目》认为丝瓜“老者烧存性服，去风化痰，凉血解毒，杀虫，通经络，行血脉，下乳汁，治大小便下血、痔漏崩中、黄积、疝痛卵肿、血气作痛、痈疽疮肿、痘疹、胎毒”。丝瓜味性甘、平、无毒。将老丝瓜瓜皮瓜瓤晒干，即瓜络，其性平，可以通经络。瓜藤可以镇咳。瓜根可以消炎、杀菌。瓜子味苦，可清热、化痰、解毒和驱除蛔虫。丝瓜叶洗干净捣烂，擦敷患处，可以治疗神经性皮炎。

烹饪用途广泛，可炝、炒、烧、煮，宜热食而不宜生拌，口味以清淡为佳，或炒或烧，或做汤羹。具有清、爽、鲜、脆、色调淡雅等特色。丝瓜既可作主料，又可为辅料，切片清炒，荤素两宜。用于凉拌，宜沸水烫熟。做汤制羹，不可油腻，或配以豆腐，或配以虾皮，既细嫩又鲜滑。以汤清、羹薄为佳，保持丝瓜独特的清香。名菜有江苏的菱肉丝瓜、湖南的干贝丝瓜、四川的滚龙丝瓜等。

13. 苦瓜

苦瓜属葫芦科一年生蔓性植物，别名癞瓜、锦(金)荔枝、癞葡萄、癞蛤蟆、红姑娘、凉瓜、君子菜等。因果实内含有苦瓜苷，具有一种特殊的苦味而得名。原产于印度东部，大约在明代初传入我国南方。目前在我国南北各省均有栽培。

据清代王士雄《随息居饮食谱》记载：苦瓜“青则苦寒涤热，明目清心；熟则养血滋肝，润脾补肾”。苦瓜的主要品种有扬子洲苦瓜、长白苦瓜、大白苦瓜、夏丰苦瓜等。由于苦瓜果实的表面具有奇特的瘤皱，它的茎、叶、花和果实都显奇特，可作为观赏植物栽培，但由于它的营养价值和药用价值较高，一般作为蔬菜栽培。果实为浆果，表面有多数瘤状突起，果实有纺锤形、短圆锥形、长圆锥形等。表皮有浓绿色、绿色与绿白色，成熟时黄色。嫩果果肉柔嫩、清脆，味稍苦而清甘可口，这种特殊的口感风味，有刺激食欲的作用。成熟果实，苦味减轻，含糖量增加，但肉质变软发绵，风味稍差。

苦　瓜

每100克苦瓜鲜果肉中含有维生素A 0.08毫克、维生素C 84毫克、尼克酸0.3毫克、蛋白质0.9克、脂肪0.2克、碳水化合物3.2克、钙18毫克、磷29毫克、铁0.6毫克、粗纤维1.1克。抗坏血酸含量在瓜类中突出，为黄瓜的14倍、冬瓜的5倍、番茄的7倍。苦瓜的根、茎、叶、花、果实和种子均可供药用，性寒味苦，清暑解热，明目解毒，果实中富含苦瓜苷、苦瓜素，并含有谷氨酸、丙氨酸、苯丙氨酸、脯氨酸、瓜氨酸，半乳糖醛酸及果胶等。

种子中含有大量的苦瓜素。据现代药理试验，发现苦瓜有降低血糖的作用，这是由于苦瓜中含有一种类似胰岛素的物质的缘故，所以苦瓜是糖尿病患者理想的保健蔬菜。

另外，用苦瓜加粳米、糖，煮成苦瓜粥，有清暑涤热、清心明目的解毒作用，可治热痛烦渴、中暑发热、流感、痢疾、目赤疼痛等症；用苦瓜加瘦肉煮成苦瓜汤有清热解暑、明目去毒的作用，适用于暑热烦渴、痱子过多、眼结膜炎等症；用苦瓜焖鸡翅，加黄酒、姜汁、酱油、糖、盐调味，有清肝明目、补肾润脾、解热除烦等功效。苦瓜还可制成保健饮料，用青苦瓜泡制或煎汤成凉茶，饮后可清暑怡神，除烦止渴。用青苦瓜制成糖汁，饮后可清热解毒，补肾润脾。苦瓜的茎、叶经捣烂可作外敷药，能治疗水烫伤、湿疹皮炎、热毒疮肿、毒蛇咬伤等。种子炒熟研末，用黄酒送服，能益气壮阳。

苦瓜做菜肴的方法多种多样，一般以炒食为主，先将鲜瓜洗净后，纵向切开，剔去瓜瓤和种子，再切成薄片或细丝，然后放入油锅内煸炒，加入适量的肉片、肉丝、香菇配菜，并按不同口味要求，选加酱油、盐、酒、醋、糖、味精、辣椒等调料。初食者大多不喜欢太浓的苦味，可先将切好的瓜片(丝)放入开水锅中氽一下，或放在无油的热锅中干煸片刻，或用盐腌一下即可减去苦味而风味犹存。苦瓜除炒食外，也可煮食、焖食、凉拌食，还可加工成泡菜、渍菜，脱水加工成瓜干，以长期贮藏供应冬春淡季。代表菜肴有干煸苦瓜、苦瓜烧鸭、苦瓜鸡蛋等。

14. 瓠瓜

瓠瓜属葫芦科葫芦属一年生攀绿草本植物，别名瓠子、扁蒲、蒲瓜，是葫芦的变种之一。原产赤道非洲南部低地，7000 年前西半球已有瓠瓜。瓠瓜主要分布在印度、斯里兰卡、印度尼西亚、马来西亚、菲律宾、热带非洲、哥伦比亚和巴西等。中国浙江余姚河姆渡新石器时代遗址有瓠瓜子出土，说明在我国有悠久的栽培历史。瓠瓜文字记载始见于《诗经》。瓠瓜的果实呈长圆筒形或腰鼓形。皮色绿白，且幼嫩时密生白色绒毛，其后渐消失。果肉白色，厚实，松软。按果形分为 4 个变种，即瓠子、大葫芦瓜、长颈葫芦和细腰葫芦。良种有浙江早蒲、济南长蒲、江西南丰甜葫芦、台湾牛腿蒲等等。

瓠 瓜

每 100 克瓠瓜嫩果含水 95 克左右、蛋白质约 0.6 克、脂肪 0.1 克及碳水化合物 3.1 克，还含有其他矿物质及维生素等。瓠瓜味甘、平滑、微寒、无毒，具有清热利尿、除烦解毒、润心肺、消水肿的功效。脾胃虚寒者及脚气虚肿者不宜食用。瓠瓜栽培时因土壤或光照等原因，可能含有醣苷结构化合物，食后易中毒。烹调前可以舔尝，如有苦味，应弃之勿食。

食用时去皮、瓤，可以炒、烧、做汤等。瓠瓜肉色洁白，质地柔嫩，宜做汤，味道清爽淡泊。做汤时如冬瓜，可与豆腐、蚕豆瓣、香菇、粉丝等配用，也可配以猪肉片、银鱼干或淡菜、海米等。有时也可与肉类一同红烧，或与鱼片白烧。民间也有将瓠瓜刨丝后，和入面粉，制成煎饼，称为瓠塌子，或作包子馅。另外，古来已有用瓠瓜作脯、作酱、作蜜饯的记载，宋代以前就有名馔瓠羹，现均已失传。仅农家间或制作瓠瓜干，也已少见。

15. 佛手瓜

佛手瓜属葫芦科多年生宿根蔓性草本植物，别名隼人瓜、安南瓜、菜梨等。原产于亚洲，我国长江以南各省、自治区都有栽培。以云南、贵州、四川、浙江、广西、广东、福建等地栽培最多。

佛手瓜

佛手瓜从瓜皮颜色上区别有绿皮和白皮两大类。绿皮的品质差，被称为“饭性”品种；白皮的品质好，称为“糯性”品种。绿皮佛手瓜形较长而大，上有硬刺，皮深绿色或绿色，单瓜重约0.5千克左右。古岭合掌瓜呈梨形，外皮绿色有光泽，无肉刺，肉质致密，品质佳。台州白皮佛手瓜品质好，为“糯性”品种，与绿皮佛手瓜相似，果皮白色，上有不规则的细刺，瓜肉白而脆。云台白佛手瓜，瓜无刺，耐贮存，风味同台州白皮品种。

每100克鲜瓜中含蛋白质5克、脂肪1克，还含有维生素C 220毫克、核黄素0.1毫克、钙500毫克、磷320毫克、铁40毫克。常食佛手瓜可利尿排钠，有扩张血管、降压之功能。据医学研究报道，锌对儿童智力发育影响较大，缺锌的儿童智力很低，常食含锌较多的佛手瓜，可以提高智力。佛手瓜对男女因营养引起的不育症，尤其对男性性功能衰退有较好的保健作用。

佛手瓜的烹调方法有拌、炝、腌、炒、煮及做汤。鲜食脆嫩多汁，清香可口。熟用时，可做成长寿汤、滑肉片等多种高档品种菜，还可凉拌、腌制各种咸菜。

16. 冬瓜

冬瓜属葫芦科一年生攀缘草本植物，别名枕瓜、白瓜、寒瓜、越瓜、白冬瓜等。原产我国，南北均有栽培，以广东、台湾栽培最多。

瓜体硕大，长圆形或近球形，表皮青绿、灰绿、深绿或白色，披白粉，皮厚，果肉白色。一般5～6月开始上市。冬瓜品种按颜色可以分为青皮种、白皮种、灰皮种、黑皮种4类。按冬瓜果实大小可以分为两种类型：小型冬瓜和大型冬瓜。

冬　瓜

每100克冬瓜含水96.5克、蛋白质0.4克、碳水化合物2.4克、粗纤维0.4克、钙19毫克、磷12毫克、铁0.3毫克、维生素C 16毫克，以及核黄素、尼克酸、胡萝卜素等多种维生素。中医认为冬瓜性甘寒，能祛风、养胃、生津、止泻、利尿、消肿，能有效改善糖尿病人的消渴症状。冬瓜味道鲜甜清香，能消暑解渴，是需要减轻体重又要填饱肚子的肥胖病人和糖尿病人的理想食品。

冬瓜肉质细嫩，味道清淡，适宜熟食，烹制菜肴的品种很多，同猪肉、鸡、鸭或海味煮或炖都非常好，也可以素炒或滚汤。还可以干制或加工成蜜饯。其瓜皮、瓜子有多种药用。代表菜肴有冬瓜盅、冬瓜燕、冬瓜绿豆汤等。

17. 南瓜

南瓜属葫芦科一年生大型蔓生草本植物，别名金瓜、倭瓜、番瓜、饭瓜、窝瓜等，原产于亚洲南部，主要分布在中国、印度、马来西亚、日本等地。明代李时珍《本草纲目》已有栽培南瓜的记载。现全国各地普遍栽培。7月下旬开始分期分批采收上市，8月中下旬大量采收上市。南瓜是夏秋季节的主要蔬菜。

南瓜以果实供食用。南瓜果有梨形、扁形、圆球形、长筒形或狭颈形，表面光滑或有瘤状突起，瓜肉肥厚，质地结实，瓜成熟时，表皮颜色由青变黄，或具有各种颜色斑纹或条纹相间，表面有粉，柄黄而硬。

南瓜按果实的形状分为圆南瓜和长南瓜

两个变种。圆南瓜果实扁圆或圆形，果面多有纵沟或瘤状突起，果实深绿色，有黄色斑纹。名品有湖北柿饼南瓜、甘肃磨盘南瓜、广东盒瓜、台湾木瓜形南瓜等。长南瓜果实长形，头部膨大，果皮绿色有黄色花纹。名品有山东长南瓜、浙江十姐妹、江苏牛腿番瓜等。

南　瓜

每100克南瓜含蛋白质0.6克、脂肪0.1克、碳水化合物5.7克、粗纤维1.1克、钙10毫克、磷32毫克、铁0.5毫克、维生素C 5毫克，以及其他多种维生素。中医认为南瓜味甘、性温、无毒，能补气益中，具有明目、消炎、止痛的作用。南瓜种子是有效的驱虫药，可以防止血吸虫病，含油比率高达53%，含有钙、镁、磷等矿物质，可以加工成小食品。

南瓜皮薄肉厚、组织细密、风味甜美，既可以作为蔬菜食用，又能长期储存代替粮食。嫩南瓜可切丝炒食、做菜汤、菜馅，味甜鲜美；老熟南瓜可代替粮食与米同煮成香甜可口的南瓜饭，也可以煮熟捣烂，拌以面粉制成糕饼、面条或切成小块蒸食、烧食等。一般嫩瓜炒食，老瓜煮食，也可以制糖，为工业制维生素A的原料。

18. 蛇瓜

蛇瓜属葫芦科栝楼属一年生攀缘性草本植物，别名蛇丝瓜、大豆角、蛇王瓜等。蛇瓜起源于印度、马来西亚，广泛分布于东南亚各国和澳大利亚。在西非、美洲热带地区和加勒比海等地也有栽培。目前我国各地均有栽培。蛇瓜依果形分为短果型、长果型。依皮色分为灰白色系、绿色系、青黑色系。肉白色，质松软，具腥臭味。成熟果浅红褐色，不能食用。

蛇　瓜

蛇瓜每100克嫩果中含蛋白质5～9克、碳水化合物30～40克，以及其他营养物质。具有特殊的腥臭味。其嫩叶和嫩茎也可食用。蛇瓜具清暑解热、利尿降压等功效，加上形状似蛇，给人一种奇美的感觉，因而有较高的食用价值和观赏价值。

蛇瓜烹饪应用多样，主要以炝、炒、烧、煮等法烹制。

19. 节瓜

节瓜属葫芦科冬瓜属一年生攀缘草本植物，是冬瓜的一个变种，别名毛瓜。原产我国，在广东、广西、海南、福建、台湾等地栽培较多，是我国的特产蔬菜之一。

节　瓜

在果实形状上，节瓜从短圆柱形到长圆柱形，果皮颜色从浓绿色、绿色到黄绿色都有。

每100克节瓜果肉含水分93.8克左右、蛋白质约0.7克、碳水化合物1.5克、维生素C 69毫克，还含有丰富的钾盐、胡萝卜素、钙、磷、铁、维生素A、维生素B。节瓜含钠量和脂肪量都较低，常吃具减肥作用。它还具有清热、清暑、解毒、利尿、消肿等功效。此外，治疗肾脏病、水肿病、糖尿病等也有一定的辅助作用。

节瓜是口感鲜美,炒食做汤皆宜的瓜类。老瓜、嫩瓜均适合炒、煮食或做汤用。嫩瓜肉质柔滑、清淡,烹调以嫩瓜为佳。用节瓜、胡萝卜、花生、栗子、冬菇、姜片,以慢火同煲2小时,是一道可预防感冒,清肠胃,利尿,补肾,养颜润肤的靓汤。

(胡晓远　朱多生)

(六) 藻类、地衣类

藻类绝大多数生活在淡水、海水中,少数生活在潮湿的地面上,部分生长在土壤、岩石和树上。地衣不是单一的植物,而是真菌与藻类的复合体。烹调方法多为凉拌和做汤。

1. 海带

海带属褐藻门褐子纲海带目海带科海带属植物,别名昆布、海带菜、江白菜。我国辽宁、山东、江苏、浙江、福建及广东省北部沿海均有养殖,野生海带在低潮线下2~3米深度的岩石上均有生长。由于从北到南温差、光照等诸因素差异的影响,使海带的生长成熟期有早有迟,在同一海区或同一苗绳上的海带,其成熟期也有先后,所以,收获期从5月中旬延续到7月上旬。

沿海产地多用鲜品。商品海带多为干料,分盐干、淡干两种。收割后用盐腌制再晒干的为盐干海带。优质盐干海带一般叶体长度在1.2米以上,最宽部分在14厘米以长,色泽深褐、褐色、褐绿色,允许带黄白边和稍有花斑,不带黄白梢,水分不超过34%,用盐量不超过25%,含盐硝、砂土、杂质不超过4%。收割后直接晒干的为淡干海带,身干质轻。优质淡干海带叶体长度在1.2米以上,最宽部分在12.5厘米以上,平直部分约70厘米左右,色泽深褐,其余叶体为褐色、褐绿色,允许带黄白边和稍有花斑,不带黄白梢,含水分不超过26%,含沙土、杂质不超过2%。淡干海带因营养成分损失较少,较盐干海带的质量好,且易于储存保管。

海　带

每100克干海带中含粗蛋白质8.2克、脂肪0.1克、碳水化合物57克、粗纤维9.8克、无机盐12.9克、钙2.25克、铁0.15克,以及胡萝卜素0.57毫克、硫胺素0.69毫克、核黄素0.36毫克、尼克酸16毫克。与菠菜、油菜相比,除维生素C外,其粗蛋白、糖、钙、铁的含量均高出几倍、几十倍。海带是一种含碘量很高的海藻。养殖海带一般含碘3%~5%,从中提制得到的碘和褐藻酸,广泛应用于医药、食品和化工。缺碘会使人患甲状腺肿大症,多食海带能防治此病,还能预防动脉硬化,降低胆固醇与脂肪的积聚。海带中褐藻酸钠盐有预防白血病和骨痛病的作用,对动脉出血亦有止血作用,口服可减少放射性元素锶-90在肠道内的吸收。褐藻酸钠具有降压作用。海带淀粉具有降低血脂的作用。

中医认为,海带性寒味咸,有软坚化痰、清热利水之功效,对甲状腺肿大、颈淋巴结肿大、慢性气管炎、咳喘、肝脾肿大、水肿、睾丸肿痛、冠心病、肥胖症等疾病具有一定的治疗效果。海带中含有丰富的甘露醇,对治疗急性肾功能衰退、脑水肿、乙型脑炎、急性青光眼都有疗效。近年来,还发现海带的提取物具有抗癌作用。另外,海带含砷,食用前宜长时间浸泡去除。

烹制海带鲜品可用清水洗净后备用。干品则需洗净后干蒸30分钟左右,洗净即可。海带作菜,风味独特,色调别致,口感爽脆。烹制可拌、炝、爆、炒、烧、烩、煮、焖、汆汤等。调味幅度大,适应多种味型,如咸鲜、酱汁、葱油、红油、麻辣、鱼香、怪味、酸辣、酸甜等均可，加工成形，可切成段、条、片、丝、丁以及斩末。既可作主料，又可作配料，还可作冷菜、热炒、大菜、汤羹，及充当馅料。名菜有海带卷、酥海带、麻辣带丝、海带炖肉、酸辣带丝汤等。有时亦用做配色料。近年来，我国对海带的开发利用日益发展，海带食品花样繁多。属于罐头类的有原汁海带、海灵糕；糕点糖果类有海带片；饮料类有海带冰淇淋等。另外，尚有海带酱、海带茶、粉末海带乃至海带馒头、海带面条等。

2. 紫菜

紫菜属红藻门红藻纲红毛菜目红毛菜科紫菜属植物，别名子菜、索菜、膜菜。紫菜是一种重要的经济海藻，广泛分布于世界各地，以温带海域为主。紫菜自然生长于浅海潮间带的岩石上，生长期为 12 月至翌年 5 月。藻体呈胶状，其薄如纸，颜色绛紫或褐绿、褐黄。我国辽东半岛、山东半岛及浙江、福建沿海均有出产。

中国以紫菜入馔始见于北魏《齐民要术》，至北宋年间已为贡品，此后历代文献均有采集食用紫菜的记载。中国人工养殖紫菜，已有 300 多年历史。

紫菜种类较多，现已发现的约有 70 余种。但自然生长的紫菜产量有限，主要来自于人工养殖。主要品种有坛紫菜、条斑紫菜、圆紫菜、长紫菜、绉紫菜、甘紫菜、边紫菜等。

坛紫菜：生长于风浪大的高潮带岩石上。人工养殖在竹筏上。分布于浙江、福建、广东沿海。藻体披针形，暗绿紫而带褐色，一般高 12～28 厘米，最长达 40 厘米以上，一般宽 3～5 厘米，有的可达 8 厘米以上。

条斑紫菜：生长于大干潮线附近的岩石上。藻体卵形或长卵形，鲜紫红微带蓝色，一般高 12～30 厘米，宽约 6 厘米，少数可达 12 厘米。

圆紫菜：多生长于中潮带上部的岩礁上。中国分布于黄海南部以及东海和南海沿岸，南方产量高，北方较低。藻体紫红或紫色。体圆形或肾状形，不呈裂片。高 2～3 厘米，可达 6 厘米；宽 3～8 厘米，可达 10 厘米。

依采收季节区分，腊月产者为冬菜，立春后产者为春菜，春末产者为梅菜。其中，以春菜质量最佳。

紫　菜

每 100 克干品含水分 10.3 克、蛋白质 28.2 克、脂肪 0.2 克、碳水化合物 48.3 克、钙 343 毫克、磷 457 毫克、铁 33.2 毫克、胡萝卜素 1.23 毫克、维生素 B_1 0.44 毫克、维生素 B_2 2.07 毫克、尼克酸 5.1 毫克、维生素 C 1 毫克、碘 1.8 毫克。紫菜含有高达 29%～35% 的蛋白质，味道鲜美。中医认为，紫菜味甘咸，性寒，有化痰软坚、清热利尿等功能，长期食用，对瘿瘤、脚气、水肿、胆固醇偏高、甲状腺肿大等有一定的治疗效果。另外，用紫菜与牡蛎、远志各适量，以水煎服，可治疗慢性气管炎、咳嗽。用紫菜与决明子以水煎服，还可以治疗高血压。此外，药理研究认为其还可降低血浆中胆固醇含量。但脾虚消化不良者多食可能引起腹胀。明代李时珍《本草纲目》载“瘿瘤脚气者宜食之”。清代王士雄《随息居饮食谱》载“和血养心”。脾胃虚寒者忌食。

紫菜是调味性食品，具有海味品特有的鲜香气味，而且菜质脆嫩爽口。紫菜入馔，既可作主料、配料，又可作调料或包卷料、配色料等。烹法拌、炝、蒸、煮、烧、炸、氽汤皆可。紫菜经水烫，拌以酱油、芝麻油、糖、醋，是佐膳的可口小菜。用开水氽汤可做成紫菜汤。鸡蛋皮、紫菜片夹以鱼虾茸，经卷制成云彩形、如意形皆可，蒸后即为紫菜蛋卷。紫菜同葛根一起可制成“素海参”，不仅色泽相似，且味道鲜美。在红烧羊肉将熟时，加一些紫菜，吃起来别有风味。代表菜为酸辣蛋花紫菜汤、紫菜肉卷紫、湖南的紫菜汆鱼、海燕紫菜汤,以及炸紫菜鲳鱼、五色紫菜汤、三丝紫菜等。紫菜还可以用于打卤和作馅料。

3. 石花菜

石花菜属红藻门石花菜科石花菜属植物,别名鸡毛菜。藻体紫红色或棕红色。石花菜属暖温性藻类,广泛分布于世界温带暖海中,主要产区在太平洋西岸,以中国、日本、朝鲜、韩国为主。

石花菜属植物共约 70 种,产于中国的有 10 余种,以石花菜、小石花菜、大石花菜、细毛石花菜为常见种。石花菜含胶量达 40%,是供提取琼胶的优质工业用海藻。颜色随海区环境、光照的不同而有变化,有紫红色、棕红色、淡黄色等。藻体多年生,直立丛生,基部以假根状固着器固着。主枝圆柱形或扁压,两侧伸出羽状或不规划分枝,分枝上再生短侧枝。

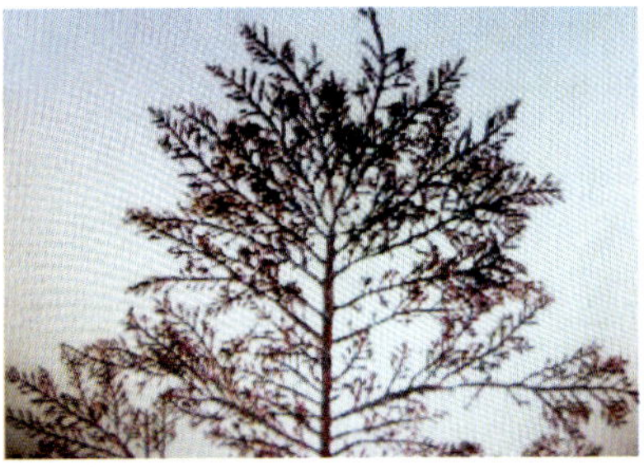

石花菜

藻体细胞空隙间充满胶质,这种胶是制冻粉的理想原料,石花菜富含蛋白质、糖类、琼脂。

石花菜干制品用淡水洗净后加水蒸煮,蒸煮液经过滤冷凝后成为凝胶(俗称凉粉)。将凝胶反复冷冻、加压或以电泳法脱水,并经喷雾、红外线辐射等法干燥后即成琼胶。

4. 发菜

发菜属蓝藻门念珠藻属植物,别名发状念珠藻,又称头发菜、地毛、旃毛菜、仙菜、净池毛等。发菜是一种野生食用藻类,世界各大洲均有分布,以亚洲腹地荒漠、半荒漠的草地多产。生长在高原地带阴湿山间的石坡和沙地上,中国西北的青海、新疆、甘肃、宁夏和内蒙古西部是其主产区,河北坝上地区也产。发菜是一种野生的陆生藻,是由多数单个细胞连接而成的丝状群体,包被在胶状物质中形成发丝状体,无根,附着地面。干旱时干缩成一团,呈黑色;遇水湿润后即膨大柔软,呈暗茶绿色,半透明,是地球上 40 多万种植物中最低等级的一种藻类。吃时口感柔脆,具藻类清香,被视为"戈壁之珍"。青海将其列为"三宝"之一;宁夏将其列为"塞上五宝"之一。

中国食用发菜不迟于汉代,在唐宋时就已经将发菜出口国外。东南亚各国将其视为山珍并作为喜庆筵席的佳肴,特别是侨胞、华裔,过年时大都有一道发菜配制的菜肴,并把发菜当作馈赠亲友的高级礼品,取发菜与"发财"同音,象征长年吉祥、生活富足。关于发菜的文字记载始见于明末清初李渔所撰的《闲情偶寄》。

发　菜

干制品色泽乌黑,细长如丝,形如乱发,故名发菜,当地称为地毛,一般丝体直径 1 毫米,长 10 ~ 20 厘米,有少数可以达到 30 ~ 40 厘米,水发后变为绿色,气味清香,被人们视为山珍。每年 11 月至来年 5 月份为采收季节。

发菜质地脆嫩,味道鲜爽,100 克干制品所含蛋白质高达 20.92 克、脂肪 3.72 克、碳水化合物 28.92 克、钙 2560 毫克、铁 200 毫克和其他维生素。发菜性凉,味甘,能降火、散血。有理肺顺肠、解毒滋补、化痰止咳、利尿通便的功效。常食发菜,对营养不良、高血压、佝偻病、妇女月经不调等有一定疗效,但其性凉寒，身体虚寒的人应该禁食。

鲜品发菜除产地外，均为干货，烹调前须经涨发。一般用温水浸泡，膨胀后拣去草屑杂质，用凉开水冲洗干净即可应用。发菜素拌配上味汤，是传统素席上的佳品，配鱿鱼、肚尖制成鲜羹，也是传统筵席上传统的汤菜。置于鱼脯、肉脯中形成各种图案，栩栩如生。发菜具弹性，耐蒸煮，质爽滑。可用拌、炒、烧、烩、蒸等法做菜，也可以做汤，可用于凉菜、热菜、甜菜、汤菜及火锅中。因其自身无显味，做菜须配以鲜料或鲜汤，调味适应面也广。因其又是原料中少见的黑绿色，可作花色拼盘或菜肴配色、装饰料。发菜用于烹调一般均取散用，但易在菜肴中纠结成团，也影响菜肴视感。可取蛋液定形法处理，即：发菜洗净匀铺于深平底盘中，盘之大小以铺匀发菜达 1 厘米厚为度；另备蛋液（蛋黄蛋清混液或单蛋清均可，可加适量盐、味精等调味）搅拌后倒入盘中，自然渗入发菜；然后上笼锅蒸 15 ~ 20 分钟，蛋液已凝固，倒出供用。可以改刀成条、块、片、角等形状。或用模具压制成形，配入菜料中。按上述原理，亦可用模具加发菜、蛋液成形。如做拌菜或做汤，则可散用。烹制时稍加料酒可使风味更佳。酿发菜是北京名菜。小鸭发菜、金钱发菜、和平发菜为甘肃名菜，发菜球为福建名菜，蚝豉发菜（好市发财）、鲍脯发菜（包保发财）为香港、澳门的热门菜。同样，发菜泡软后，蒸熟，切成细末，放入姜、酱、醋、糖凉拌，乃下酒的佳肴。

由于采集发菜会严重破坏草原生态，为此，国务院于 1998 年 3 月 31 日发布了国发〔2000〕13 号文件，即《国务院关于禁止采集发菜和销售发菜，制止滥挖甘草和麻黄草有关问题的通知》，坚决禁止采集天然发菜。为此，应大力发展人工培植发菜，以满足人们对于发菜的需求。

5. 葛仙米

葛仙米属蓝藻门蓝藻纲段殖藻目念珠藻科植物，别名地软、地木耳、地耳、天仙米。是一种淡水野生藻类植物，为湖北省鹤峰县的著名特产，出口历史悠久。葛仙米是一种多细胞丝状蓝藻，我国目前主要分布在湖北省鹤峰县的走马镇。清代饮食专著《调鼎集》和薛宝辰的《素食说略》等食书，均记载有葛仙米的烹调制法。清代烹饪学家和美食家袁枚，在他所撰的《随园食单》中记载说：“将米细捡淘净，煮半烂，用鸡汤、火腿汤煨。上桌时，要只见米，不见鸡肉、火腿掺和才佳。”

葛仙米

藻体为由无数藻丝互相缠绕、外包胶鞘的大型球形或不规则状群体。鲜品为蓝绿色，洗净晒干后呈亚圆球形，大的似黄豆，小的似赤豆，墨绿色，附生于水中的砂石间或阴湿泥土上。味似黑木耳，滑而柔嫩。

葛仙米含 18 种氨基酸，其中含人体必需的 8 种氨基酸，干物质 100 克含蛋白高达 56 克左右、粗脂肪 8.11 克、灰分 10.88 克，维生素 C 含量接近鲜枣，维生素 B_1、维生素 B_2 高于一般菌藻类，富含磷、硫、钙、钾、铁等矿物质。葛仙米性味甘、淡、寒，有清热明目的作用，能治目赤红肿、夜盲症、烫伤。据清代龙柏《脉药联珠药性考》：“（葛仙米）消神解热，痰火能疗，且久服延年。”现代的《全国中草药汇编》记载：葛仙米性寒、味淡，可以清热、收敛、益气、明目，能治疗夜盲症、脱肛，外用可治疗烧伤、烫伤等疾病。

葛仙米食用方法多样，蒸、煮、炒、熘、做汤、凉拌不拘，与各种配料相处和谐，因性淡而调味宜浓。葛仙米清脆爽口，芳香悠长，味道鲜美。若喜欢素食，将葛仙米以水发开，沥去水后，可用高汤煨之，并可加入小豆腐丁，“以柔配柔，以黑间白”，这样烹调制作出的葛

石　耳

石耳营养价值极高，内含很多高蛋白、肝糖、胶质、多种微量元素及多种维生素，是一种高蛋白滋阴润肺之补品和稀有的名贵山珍。明代李时珍在《本草纲目》中记载："石耳，庐山亦多，状如地耳，山僧采曝馈远，洗去沙土，作茹胜于木耳，佳品也。"并对"石耳气味甘、平、无毒，久食益色，至老不改，令人不饥，大小便少，明目益精"的药用功能，作出详尽记载。石耳其性清热解毒，可治吐血红崩、热结小便痛、白浊、白带、痢疾、毒蛇咬伤、火烫、牙痛、便秘等症，亦有降血压作用。

石耳干制品，用时需先用沸水，加少许盐泡发，泡软后轻轻揉搓，将细沙除净，然后磨去背面毛刺，以免口感糙涩。因其自身无显味，制作菜肴须与鲜味原料相配，或用上汤赋味。石耳食用方法大致可分为甜咸两种。甜食是用冰糖或白糖清蒸，亦可加入红枣、莲子、桂圆肉之类；咸食是用母鸡或瘦猪肉炖、蒸或烧，每只鸡或每500克瘦肉可放石耳约15克左右，"石耳炖鸡"为名贵佳肴。

注意事项：石耳入馔，一定要与生姜同烹，否则有异味。（胡晓远　朱多生　郭春景）

（七）食用菌类、蕨类

食用菌一般指可供食用的大型真菌。其种类繁多，我国的食用菌约有350余种。市场经营的食用菌有野生和人工栽培之分。烹调可用于主料、配料，也可制馅、调汤等。

1. 木耳

木耳属担子菌纲木耳目木耳科木耳属植物，别名黑木耳、光木耳、黑菜等。我国各地山区均有出产，主要分布于黑龙江、吉林、福建、台湾、湖北、广东、广西、四川、贵州、云南等地。因其形状如耳，故名木耳。

木耳由菌丝体和子实体两部分构成，夏、秋季丛生于柞、槭、桦、椴、杨等阔叶树的倒木、伐桩、枯立木、枯枝及木栅上，为常食的菌类。

根据形状的不同，木耳分为运耳、金耳、白背耳、黄背耳和沙耳。根据生长过程可以分为野生木耳和人工栽培木耳。

木耳：食用子实体形状似耳朵，颜色黑褐，湿润时半透明柔软，干燥则暗爽韧硬。有些生长在枯树上，终年经风霜雨露，长出朵朵如云，也称云耳。黑木耳又分光木耳和毛木耳，光木耳质软，朵大，背部光滑无毛，品质比较好；毛木耳肉厚实，朵小，质硬，背部有白茸毛，品质比较差。

每100克干品含蛋白质10.6克、脂肪0.6克、碳水化合物65克、粗纤维7克、钙358毫克、磷201毫克、铁185毫克、维生素B_1 0.15毫克、维生素B_2 0.55毫克、胡萝卜素0.03毫克，被誉为"素中之肉"，食用可以提高人体免疫力，《本草纲目》认为"木耳生于朽木

木耳干品

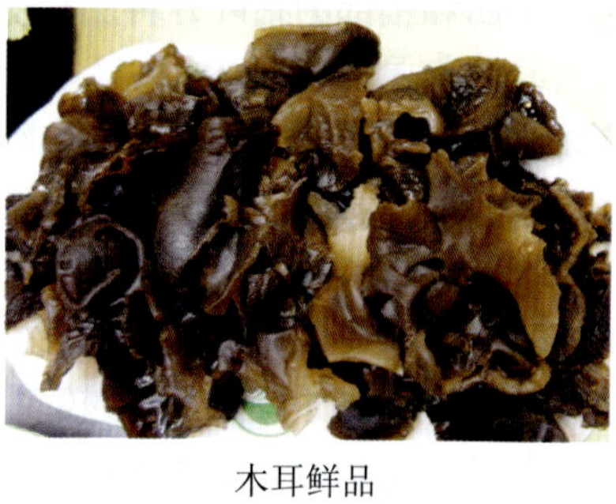
木耳鲜品

之上”能“轻身强志,断谷治痔”。木耳有润肺、清肠、补血、止血、宁神、益气的功效,还有降血脂、抑制血栓形成的作用,能预防心脏病的发生,也含有防治癌症的物质。冠心病人和老年人常进食黑木耳,对于防治心肌梗死、脑血栓或其他部位血栓形成具有重要作用。但应该注意,新鲜木耳不能吃,因为含有卟啉性物质成分,人进食后可能引起植物日光性皮炎。

木耳本身味淡,质地脆嫩,能吸收主料或辅料的滋味,因此主要作荤菜和素菜的佐料,与猪肉、鱼肉或干菜一起烹饪不仅味美,而且能增强菜肴的色彩对比。木耳炒肉为家庭常用的菜肴,炖肉汤,放入少量木耳,可以提高汤的滋味。现在,还有一种流行的吃法,发好洗净的木耳,蘸酱油芥辣混合汁食用,脆嫩爽口,佐酒开胃,名为“木耳刺身”。

2. 银耳

银耳属担子菌纲银耳目银耳科银耳属腐生真菌植物,别名白木耳、雪耳。因其晶莹透白,色白如银,形似耳朵而得名,是传统滋补品。世界各地均有分布,我国银耳主要产区为四川、贵州、福建、湖北、陕西、湖南、广东、广西、浙江、安徽、江西等省、自治区,以四川通江、南江、万源和福建漳州的银耳质量最佳。

中国清代以前,银耳是一种天然稀有的珍品。野生银耳量少而价贵,非一般人可以问津。经我国科学家的深入研究,掌握了银耳的生态学和生物学特性,经人工驯化,培育出的银耳新品种大而体轻,杂质少而无斑。浸泡后,个大如碗,晶莹透白,胜似雪白的牡丹花。银耳既可鲜烹,又可干制,干品以色泽白(蒂头白、白中显微黄),肉肥厚,有光泽,胶汁重,朵形圆整、松大,无脚耳,底板小,浸泡后为干耳原重30倍者为优;而肉薄,朵形大小不一,带有斑点,底板大的质量较差。

银耳由菌丝体和子实体两部分构成。菌丝体不断生长、延伸、分枝,吸收基质中的营养成分,进而产生子实体。成熟后,耳片似鸡冠花或菊花,色洁白,半透明,耳茎则黄褐色或红褐色,干后色白或米黄,呈角质,硬脆。

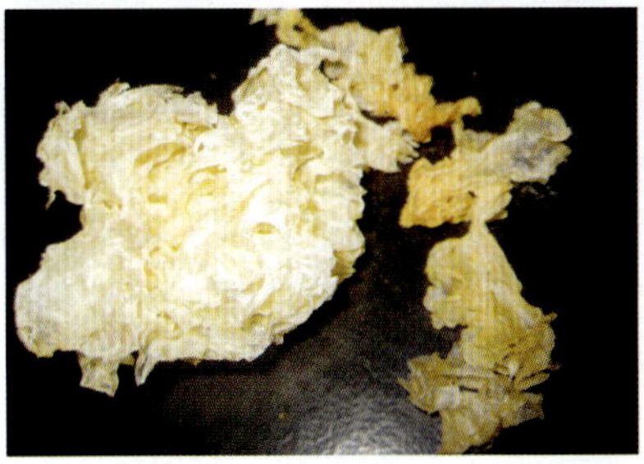

银 耳

每100克干银耳含蛋白质5克、脂肪0.6克、碳水化合物7.9克、粗纤维2.6克、钙380毫克、磷250毫克、铁34.5毫克,含有17种氨基酸,还含有胶质物、有机磷和有机铁化合物,并含有多种保持人体健康所必需的营养物质,为一种高级滋补品。中医认为银耳味甘性平,有健脑、补肾、润肺、润肠、养胃、益气、嫩肤等功效,历来与人参、鹿茸同享美誉。对于肺热咳嗽、痰中带血、阴虚低热、妇女白带、慢性胃炎和高血压等有一定疗效。银耳含有硝酸盐类,煮熟后存放过久,在空气和细菌作用下,容易形成亚硝酸盐,进食后妨碍正常造血功能,所以银耳应现煮现吃为宜。

银耳入馔多做汤羹,咸甜均可,品类很多。如用银耳加冰糖用文火可炖成冰糖银耳;用银耳、枸杞、冰糖、蛋清等一起可炖制成枸杞炖银耳;用银耳和鸽蛋及少许火腿、冬菇经蒸制后,加鸡汤可调制成银耳鸽蛋。银耳亦可与优质大米熬成粥。另外银耳还可与黑木耳制成炒双耳等菜式。银耳同鸡、鸭、鸡蛋、猪肉、虾仁等可以配制出多种汤羹和菜肴,如清汤银耳、冰糖银耳、云片牡丹、银耳炖鸡、银耳炒鸭片、银耳炒蛋、银耳虾仁、银耳冬笋等。

3. 香菇

香菇属真菌门担子菌亚门层菌纲伞菌目口蘑科香菇属植物,别名合蕈、香菌、香蕈、香信、椎茸、冬菰、厚菇、花菇等。主要出产于浙江、福建、台湾、广东、广西、安徽、湖南、湖北、江西、四川、贵州、云南、陕西、甘肃,是一种含特异芳香物质鸟嘌呤的食用菌,有菌中皇后之美誉。食用部分为其子实体，形状似伞，盖灰褐色，底褶白色，柄呈圆筒形，茎部红褐色。香菇在立冬至次年清明期间生长和摘收，生长在麻栎、毛榉、赤杨、枫香等200多种阔叶树的倒木上，其中以檀香树上所产者香味最浓，大者如碗口，小者如硬币。

我国是世界上人工培育香菇最早的国家，已有八九百年历史。宋代陈仁玉撰写《菌谱》，记载有香菇的生长期、形状和色味等。元代王祯的《农书》也记载有香菇的栽培方法。其中择场、选种、砍花、惊蕈等工艺一直沿用至今。过去，菇农主要分布在浙江庆元、龙泉、景宁等地。冬至左右，菇农奔赴福建、江西、安徽等地从事栽培活动。现在由于栽培方法的改进及人工接种技术的完善，栽培面积和产量都有明显提高。

香菇味鲜而香，质地嫩滑而具有韧性，为优良食用菌。以隆冬严寒、霜重雪厚时所产的最佳。因气候越冷，香菇菌伞张得越慢，故肉质厚而结实。若表面有菊花纹，称为花菇；若无花纹，称为厚菇，二者均又称为冬菇。春天气候回暖，菇伞开得快，大而薄，称为春菇或薄菇，品质稍次；菌盖直径小于2.5厘米的小香菇，称为菇丁，质柔嫩，味清香。

每100克香菇干品含蛋白质13克、脂肪1.8克、碳水化合物54克，以及多种维生素、钙、磷、铁等。《本草纲目》记载："香菇乃食中佳品，味甘性平，尤能益胃助食及理小便不禁。"民间用香菇辅助治疗小儿天花、麻疹，颇有疗效。常食用可以促进小儿骨骼和牙齿的正常生长，能预防佝偻病。香菇含有腺嘌呤，可以预防肝硬化和血管硬化，也能解毒、

香　菇

降低血压和减少胆固醇。同时，最近研究表明香菇中含有一种抗癌物质，对预防胃癌有疗效。

香菇乃山珍中的上品，可以作主料，也可以作高级菜肴的佐料，也可以烘干成为干制品，食用时味道异常鲜美。香菇是素食的名贵原料，主要用于配制高级荤菜及制汤和冷拼、食疗菜肴。香菇既可作主料单制，又可作辅料配用，适宜于卤、拌、炝、炒、烹、煎、炸、烧、炖等多种烹调方法。我国传统香菇菜肴有半月沉江、红娘自配、佛跳墙、香菇鸡、花菇无黄蛋、香菇里脊、滑炒香菇鱼片、香菇银杏、香菇菜花、卤香菇、炒二冬(冬菇、冬笋)、栗子冬菇、凤采牡丹(同鸡合炖)、炸冬菇、清汤蛋白香菇、清炖冬菇汤、三鲜冬瓜汤、香菇炒肉、香菇炖猪脚、香菇熘马蹄和香菇烧冬笋等。

4. 平菇

平菇属真菌门担子菌亚门层菌纲伞菌目侧耳科侧耳属植物，古称天花，别名侧耳、糙皮侧耳、冻菌、北风菌、秀珍菇、天花蕈、钱包鱼菇、蚝菌、表蘑、桐子菌等。子实体大型，菌盖扇形或平展歪喇叭形，直径5~21厘米，成熟时呈白色或灰色。现已广泛人工栽培，成为家常广泛应用的食用菌之一。

平　菇

元代吴瑞《日用本草》记载："天花菜出山西五台山，形如松花而大，香气如蕈，白色，食之甚美。"肉白嫩肥厚，质地柔脆腴滑，具有类似鲍鱼的香味。

平菇原是专指糙皮侧耳，现常将侧耳属中一些可以栽培的种或品种泛称为平菇。常见

品种有糙皮侧耳、美味侧耳、环柄侧耳、榆皇蘑、凤尾菇、鲍鱼菇等，以鲍鱼菇质量为最佳。质地肥厚，嫩滑可口，有类似于牡蛎的香味。

在100克干平菇中，含蛋白质7.8～17.72克、脂肪1.0～2.3克、碳水化合物57.6～81.8克、粗纤维5.6～8.7克，还含有一定量的钙、磷、铁、钾、锌等矿质元素及维生素B_1、维生素B_2等。游离氨基酸含量丰富，谷氨酸含量最多。中医认为其味甘性温，能追风散寒、舒筋活络。药理学认为平菇有降血压、预防动脉硬化的功效，对肝炎、胃溃疡、十二指肠溃疡、慢性胃炎、软骨病、植物神经功能紊乱及肿瘤等有疗效。

平菇适用于各种加工方法，可以作片、条、块、丝、粒、丁、末等。平菇菌烹调时应去根梢后洗净入烹，如先予焯水则可增加其滑润度。平菇既可作主料单烹，又可作辅料，乃至用于调味增味。可供拌、炝、烩、炒、熘、烧，也可做汤等。名菜有北风雪塔、红烧平菇、牛奶煮平菇、清蒸平菇、火腿冻菌、台湾的四菇临门、素菜的鼎湖上素等。

（胡晓远　朱多生　唐焕伟）

5. 榛蘑

榛蘑属真菌门担子菌亚门层菌纲伞菌目口蘑科蜜环菌属植物，别名蜜环菌。产地主要分布于黑龙江、吉林、辽宁省诸省区。夏末和秋季，子实体丛生于针叶或阔叶树的伐桩、树根或其附近地上，味美好食。干后气味芳香，但略带苦味，食前须经处理，在针叶林中产量大。蜜环菌在我国东北通称榛蘑，产量大，是一种很好的野生食用蘑菇。

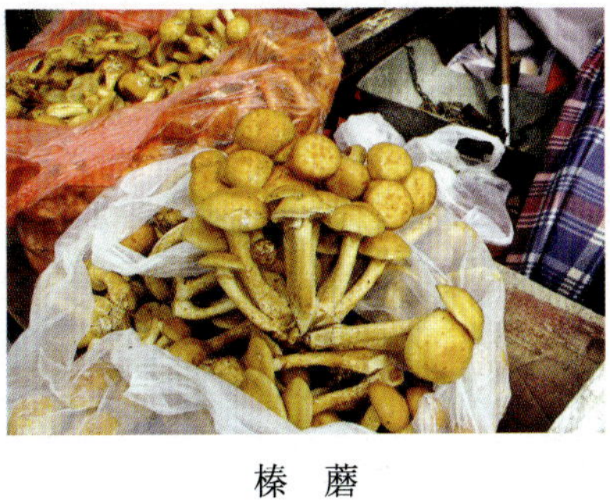

榛　蘑

榛蘑可入药，能清目、利肺、驱风寒、益胃肠，主治眼炎、夜盲、皮肤干燥、黏膜分泌能力减弱等症状，并能增强抗呼吸道疾病的能力。

本菌地下菌丝与著名中药“天麻”块茎共生。近年来，随着医药事业的发展，天麻渐供不应求。目前通过人工发酵将蜜环菌丝接种天麻块茎上的栽种方法已成功，亦有用其菌丝体代天麻入药。近年来国内有进一步研究，以蜜环菌发酵液及菌丝体，治疗风湿腰膝痛、四肢痉挛、眩晕头痛、小儿惊痫等症。

野生榛蘑是中国东北特产山珍之一，是极少数不能人工培育的食用菌之一，是真正的绿色食品。每年的7～8月是采集榛蘑的季节，入伏后采集的榛蘑质量尤佳，榛蘑可鲜食，也可采集后除掉泥土杂物，晒干后贮存。榛蘑味道鲜美，榛蘑炖小鸡等榛蘑菜肴是东北人招待贵客的不可缺少的传统佳肴。（唐焕伟）

6. 元蘑

元蘑属真菌门担子菌亚门层菌纲伞菌目侧耳科亚侧耳属植物，别名亚侧耳、冬蘑、黄蘑（吉林）。元蘑分布在黑龙江、辽宁、吉林、河北、山西、陕西、内蒙古、广东、四川等地。

元　蘑

元蘑秋季生于榆、桦等树的枯立木、倒木上，引起木材腐朽。其味道鲜美，可以食用。菌肉白色，味极鲜。晒干后，成黄色大块，温水浸泡便恢复鲜时形状。它是蘑菇中仅次于猴头蘑的上品蘑，由于人工栽培周期较长，因此多采用野生品种。

元蘑含有丰富的蛋白质、脂肪、糖类、钙、磷等营养成分，滋味鲜美，有较高的食用价值。元蘑入药，具有舒筋活络、强筋壮骨的功能，主治腰腿疼痛、手足麻木、筋络不舒等症。抗癌试验表明，对小白鼠肉瘤180的抑制率是70%，对艾氏癌的抑制率为70%。

元蘑其味道与海鲜相似，用元蘑做菜肴，荤素兼宜，可以作片、条、块、丝、粒、丁、末等。有炒、炖、烩、烧等多种吃法，堪称“素中有荤”的山珍。

7. 黄柳菇

黄柳菇属真菌门担子菌亚门层菌纲伞菌目球盖菇科环锈伞属植物，别名黄伞、刺儿蘑、肥鳞伞、多脂鳞伞、金柳菇等，分布于黑龙江、辽宁、吉林、河北、山西、陕西、内蒙古、广东、四川等地。

黄柳菇

黄柳菇夏、秋季生于冷杉、云杉、桦、椴、杨、鹅耳枥等衰弱树木活立木的干基部。也常生于枯立木、倒木、原木、伐桩上。可以食用。

黄柳菇富含蛋白质、碳水化合物、维生素及多种矿物质元素，食之黏滑爽口，味道鲜美，风味独特。该菇菌盖上有一种特殊的黏液，据生化分析表明，这种物质是一种核酸，对人体精力、脑力的恢复有良好效果。黄柳菇是一种中低温型食用菌，生产工艺简单，产量较高，市场售价较好，是大有发展前途的食用菌新品种之一。黄柳菇子实体蛋白质含有17种氨基酸，必需氨基酸占氨基酸总量的40%，其氨基酸比值系数分高达66.53，分别比草菇、茶薪菇和毛头鬼伞高42.74%、50.89%和36.58%。这些结果说明黄柳菇具有较高的营养价值，营养丰富，氨基酸含量高，是一种食药兼优、具有较高商品价值的大型真菌。

烹调方法可以作片、条、块、丝等。去根梢后洗净入烹，可供拌、炝、烩、炒、熘、烧，也可做汤等。调味适应面广。

8. 刺儿蘑

刺儿蘑属真菌门担子菌亚门层菌纲伞菌目球盖菇科环锈伞属植物，别名尖鳞环锈伞、锐鳞环柄菇、翘鳞伞等。主要分布于黑龙江、辽宁、吉林等省。

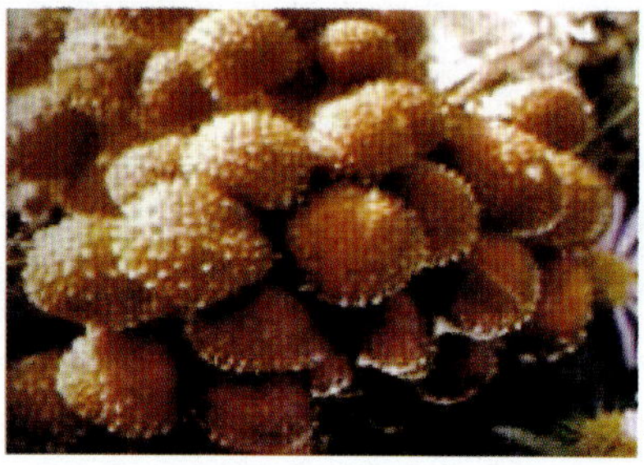

刺儿蘑

刺儿蘑子实体肉质，通常丛生。菌盖初期呈钟形至球形，渐平展呈扁半球形，宽3～10厘米。盖面干燥，土黄色，覆有红褐色反卷的毛状鳞片，边缘残留着菌幕残片。菌肉淡黄色。菌褶直生，稠密，初期青黄色，后变为锈色。菌柄近圆柱形，弯曲，与盖面同色，中实。菌环以上平滑，淡黄色；菌环以下锈黄色，覆有反卷的褐色鳞片。菌环上位，小形，暗褐色，纤维质，常开裂，永存性。

刺儿蘑生于阔叶、针叶树树干基部，倒木、枯立木、原木和伐桩上，多丛生，偶尔见于梁头上。此种分布较广，往往野生量大，便于收集利用。

烹调方法可作片、条、块、丝等；可供拌、炝、烩、炒、熘、烧，也可作汤等，味道鲜美。

（张　兴）

9. 滑子菇

滑子菇属真菌门担子菌亚门层菌纲伞菌目球盖菇科鳞伞属植物，别名光帽鳞伞、滑子磨。主要分布于黑龙江、吉林和贵州等省。

滑子菇担子果丛生或群生。菌盖半球形，后平展，宽3～10厘米。盖面被有胶黏液层，中央栗褐色，周围黄褐色，平滑，无毛无鳞，老时变淡色；盖缘薄，有条纹，初期内卷，往往有胶质菌幕残片。菌肉淡黄色，后期肉桂色，表皮下红褐色，致密，软肉质，中央厚，边缘薄，无臭无味。菌柄圆柱形，同粗或向上稍细；菌环上部乳白色，带淡褐色，有绢丝状纤维，菌环下部与盖面同色或稍淡，平滑无鳞，黏，中实或稍中实。菌环上位，薄膜质，胶黏易脱落。

滑子菇

滑子菇夏、秋季生于阔叶树的枯立木及伐桩上，味道鲜美，可以食用。滑子菇体小、出菇多、产量高，适宜在东北气候条件下栽培，目前多为人工栽培。

滑子菇味道鲜美，营养丰富，是汤料的美好添加品，而且附着在滑菇菌伞表面的黏性物质是一种核酸，对保持人体的精力和脑力大有益处，并且还有抑制肿瘤的作用。补脾胃，益气，主治食欲减退，少气乏力。

烹调方法主要是去根梢后洗净入烹，用于调味、增味。可供炒、熘、烧，也可做汤等。

10. 长柄侧耳

长柄侧耳属真菌门担子菌亚门层菌纲伞菌目侧耳科侧耳属植物，别名灰白侧耳、平菇。分布于黑龙江、吉林、云南、贵州等省。

长柄侧耳子实体丛生或群生，中等，肉质。菌盖半球形，渐平展为扇形，宽3～10厘米；盖面白色，光滑，中央淡黄色，干后黄褐色。菌肉厚，柔软，白色。菌柄扁生或侧生，近圆柱形，中实，白色，长4～12厘米，粗0.5～1.5厘米。菌褶白色，延生，稍稀。

秋季生于山杨、白桦等阔叶树的枯立木、倒木和伐桩上，引起木材白色腐朽，可以食用。

长柄侧耳

长柄侧耳适用于各种加工方法，可以作片、条、块、丝、粒、丁、末等。烹调时去根梢后洗净入烹，如先予焯水则可增加其滑润度。可供拌、炝、烩、炒、熘、烧，也可做汤。调味适应面广。（唐焕伟）

11. 榆黄蘑

榆黄蘑属真菌门担子菌亚门层菌纲伞菌目侧耳科侧耳属植物，别名玉皇蘑、金顶蘑、金顶菇、金顶侧耳、榆黄菇。分布于黑龙江、吉林、河北、贵州、内蒙古等省、自治区。

榆黄蘑夏季生于东北榆等阔叶树的枯立木、倒木、伐桩和原木上，偶尔见于衰弱的活立木上。其菌盖状犹如金顶皇冠，营养丰富，细腻柔软，味道鲜美，有清香气味，实为野生食用菌中的上品，色、香、味俱佳，非常诱人。榆黄蘑还可入药，有滋补强壮的作用，为东北著名土产，现已人工栽培。

榆黄蘑富含蛋白质、维生素和矿物质等多种营养成分，其中氨基酸含量尤为丰富，且人体必需氨基酸含量高。榆黄蘑属高营养、低热量食品，长期食用有降低血压、降低胆固醇含量的功能，是老年人心血管疾病患者和肥胖症患者的理想保健食品。可入药，治虚弱痿

榆黄蘑

境，适宜在18℃～20℃生长。主要生长在阔叶树林或混交林中的硬质阔叶树干上。每年8～9月份阴雨季节，便会长出一个毛茸茸的猴头菌。子实体圆而厚，表面长刺，腹部为光滑的肉质块状体，新鲜时白色，干制后浅褐色或金黄色。直径约3.5～10厘米，个体重0.5千克左右。我国于1959年开始对猴头菌进行人工培育栽培，1960年获得成功，其品质以选用东北黑龙江小兴安岭和河南伏牛山区出产的野生猴头菌，以及浙江常山人工栽培的为佳。

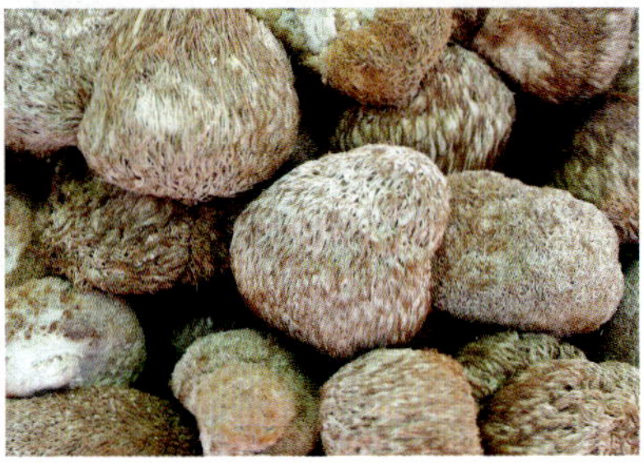

猴头菌

每100克（干重）猴头菌子实体含蛋白质26.3克、脂肪4.2克、碳水化合物44.9克、细纤维6.4克、磷850毫克、铁18毫克、钙2毫克、硫胺素0.89毫克、核黄素1.89毫克、胡萝卜素0.01毫克等，含有氨基酸16种，其中有7种人体必需的氨基酸。猴头菌子实体还含有多糖和肽类物质，有增强抗体免疫功能。“猴头菌片”可治疗消化道溃疡，预防癌症。对消化不良、神经虚弱、身体虚弱等均有医疗作用，被视为宜药膳食的食用菌。

猴头菌分鲜品和干品两类。鲜品可直接用于做菜，干品需先进行涨发后再使用。烹调方法有红烧、素扒、清炖、烩、炒、煨、焖等，既可作主料单独成菜，也可配制其他原料成菜，荤素皆宜。代表菜有红烧猴头、飞龙炖猴头、云片猴头、芙蓉猴头等。

17. 口蘑

口蘑属真菌门担子菌亚门层菌纲伞菌目白蘑科口蘑属和杯伞属植物的食用菌的统称，别名白蘑菇、白蘑、蒙古口蘑。口蘑有“草原明珠”之称，主产于我国内蒙古和河北坝上等地，因其集散地在张家口，故统称口蘑。

口蘑按商品分类，常分为白蘑、青蘑、黑蘑和杂蘑4大类，有40余种，以白蘑质量为佳。其中幼小未开伞者称为珍珠蘑，开伞后称为白片蘑，原为野生，现已人工栽培成功。肉质厚实而细腻，香味浓郁，以味鲜味美而著称。

口　蘑

每100克口蘑干品含碳水化合物23.1克、蛋白质35.6克、磷1620毫克，含人体必需的8种氨基酸，有降血压和胆固醇的作用。口蘑性平、味甘，能宣肠益气，散热，解表，预防肝病、软骨病、肺结核，并具抗癌活性。

口蘑在烹饪中用途广泛，可以单独成菜，也可以做配菜，形状为丝、丁、片、块、末均可，可烧、可煲、可煮、可拌，也可作馅。干品口蘑烹调前须经涨发，涨发时宜用温水，水量不可过多，浸出汤沉淀后可用做鲜味调料，是一种适用于多种烹饪技法的高档原料，代表菜肴有口蘑烧鸡、口蘑四季豆、口蘑汤包等。

18. 羊肚菌

羊肚菌是属子囊菌纲盘菌目羊肚菌科羊肚菌属植物的多种羊肚菌的统称，是著名的野生食用菌，其外形似羊的肚子，故人们称为羊肚菌，全世界有15种，我国有其半数。常见的有小顶羊肚菌、光顶羊肚菌、山羊肚菌、粗腿羊肚菌、皱柄羊肚菌等，均可食用。分布于我国陕西、甘肃、青海、西藏、新疆、四川、山西、吉林、江苏、云南、河北、北京等地。

羊肚菌子实体的菌盖呈圆锥形、球形或卵形，由不规则的网状棱纹分割成许多蜂窝状的凹陷，酷似牛羊的蜂巢胃，故又称羊肚子、羊素肚、地羊肚子。羊肚菌菌柄较肥大，通体中空，质地脆爽，一般高 4～9 厘米，春末夏初野生于潮湿的阔叶林中或林缘空旷处。羊肚菌属珍馐原料，明人潘之恒所著《广菌谱》，清人袁枚《随园食单》以及薛宝辰的《素食说略》均有记载。

羊肚菌

每 100 克干羊肚菌就含有蛋白质 24.5 克，故有“素中之荤”的美称。人体中的蛋白质是由 20 种氨基酸搭配组成的，而羊肚菌就含有 18 种，其中 8 种氨基酸是人体不能制造的。羊肚菌至少含有 8 种维生素，包括维生素 B_1 等。

羊肚菌在烹饪过程中，尤其适用于煮汤，并多以火锅为主，其味道鲜美，也可以素炖、煲汤等。

19. 鸡菌

鸡菌属真菌门担子菌亚门层菌纲伞菌目伞菌科鸡菌属植物，古称鸡菌，别名鸡肉丝菇、伞把菇、蚁枞、黑根鸡菇、伞把菇、豆鸡菇、白蚁菇、三大菌等，是高营养的食用菌，是食用菌中的珍品之一。清代田雯在《黔书》中写道：“鸡菌，秋七月生浅草中，初奋地则如笠，渐如盖，移晷纷披如鸡羽，故名鸡，以其从土出，故名 。”古时就被列为贡品。

鸡菌的种类很多，有黑皮鸡菌、青皮鸡菌、白皮鸡菌 、草皮鸡菌等。其中以黑皮鸡菌的品质为佳。鸡菌产季为每年的 6～9 月，夏秋季单生或群生于未受污染的红壤山林的山坡上，或田野丛中的白蚁巢上或其近围。鸡菌菌盖光滑粉披如鸡羽，中部凸起状如斗笠。以后逐渐展开如伞状，菌柄圆柱形至纺锤形，菌柄实心，表面光滑，四周为灰色，边缘常呈辐射状开裂似羽毛，末端多具不等长的假根与菌台相连。鸡菌生长在海拔 1600 米的温带及其以南地区。主产于我国的云南、四川、贵州、福建、广东及台湾。其中云南是中国鸡菌的主产区，年产 2000 吨以上。

鸡　菌

鸡菌肉细嫩、质韧，味如鸡肉丝，含有多种氨基酸、核黄素、尼克酸、维生素 C 及钙、磷等多种矿物质元素。菌体鲜甜可口，清香四溢，具有益胃、清神、治痔等药效，是集食用、药用为一体的著名野生食用药菌珍品。

我国食用鸡菌，始见于唐代，明代李时珍《本草纲目》、张志淳《南园漫录》、方以智《通雅》、谢肇淛《五杂俎》等也均有记述。鸡菌可以单料为菜，还能与蔬菜、鱼肉及各种山珍海味搭配，可作一般的家常小菜，也可作珍馐供宴会使用。无论炒、炸、腌、煎、拌、烩、烤、焖，还是清蒸或做汤，其滋味都很鲜美。尤其是鲜品，应及时烹制，不宜过夜，否则香味散失。用鸡菌可以制作多种名菜，如凉拌鸡菌、红烧鸡菌、生煎鸡菌、火腿夹鸡菌等。鸡菌经过晾晒，盐渍或植物油煎制而成干鸡菌、腌鸡菌或油鸡菌，可以贮存较长时间，以备常年食用，食之仍有鸡的特殊风味。

20. 牛肝菌

牛肝菌属真菌门担子菌亚门层菌纲伞菌目牛肝菌科牛肝菌属植物多种牛肝菌的统称，别名美味牛肝菌、大脚菇、白牛头。其中除少数品种有毒或味苦不能食用外，大部分品种均可食用。

菌盖扁半球形，光滑、不黏、肥厚多肉，密生管孔、形如筛板，土褐色或赤褐色，稍具茸毛，味微酸而香甜可口，生于柞、栎等阔叶林及针阔混交林地上，单生或群生。牛肝菌是一种世界性著名食用菌，生长于海拔 900～2200 米之间的松栎混交林中，或砍伐不久的林缘地带，生长期为每年 5 月底至 10 月中，雨后天晴时生长较多，易于采收。主要产于云南、贵州、四川、黑龙江、台湾、河南及西藏、吉林、辽宁等地。

牛肝菌

每 100 克牛肝菌干品中含蛋白质 20.2 克、碳水化合物 64.2 克、钙 23 毫克、磷 500 毫克、铁 50 毫克、核黄素 3.68 毫克。该菌具有清热解烦、养血和中、追风散寒、舒筋和血、补虚提神等功效，是中成药“舒筋丸”的原料之一，又是妇科良药，可治妇女白带症及不孕症。牛肝菌具有清热除烦、追风散寒、养血活血、补虚提神的功效。特别神奇的是，牛肝菌具有极强的抗流感和预防感冒的功效。动物试验证明，美味牛肝菌和厚环黏盖牛肝菌均具较强的抗肿瘤作用。

在烹调前，鲜品应及时洗去泥沙，剪去底根，用沸水汆透后，浸入冷水中待用。干品先用热水涨发后，剪去老根再用。腌制品先用清水浸泡脱盐后再使用。宜烧、煮、炒、爆、熘等，可荤可素，鲜品宜素烹保持味清鲜醇美，代表菜有红油牛肝菌、白油牛肝菌、三鲜牛肝菌等。

21. 鸡油菌

鸡油菌属真菌门担子菌亚门层菌纲非褶菌目鸡油菌科鸡油菌属植物，别名鸡蛋黄菌、杏菌、黄花菌，主要产于黑龙江、吉林、河南、河北、陕西、甘肃、江苏、安徽、福建、湖南、四川、云南、贵州、西藏、青海等地的林中地上。

鸡油菌实体肉质，喇叭形，杏黄色或蛋黄色。菌盖直径 3～9 厘米，最初扁平后下凹，边缘波状，常裂开内卷。菌柄内实、光滑，长 2～6 厘米，直径 0.5～1.8 厘米，如牵牛花形。菌肉蛋黄色，香气浓郁，具有杏仁味，质嫩而细腻、鲜美，为世界著名的食用菌。

鸡油菌

鸡油菌干品每 100 克含蛋白质 21.5 克、脂肪 5 克、碳水化合物 64.9 克，还含有多种维生素、矿物质等营养成分。性味干寒，具有利肺明目、益肠胃的功效。可预防视力失常、眼炎、夜盲、皮肤干燥及抵抗呼吸道感染和消化道感染，具有抗癌功效，对癌细胞有一定的抑制作用。

烹调方法是将鲜品先洗净泥沙，剪去老根，再焯水数分钟后，浸入冷水中待用。干品则先用水发，再洗净，去老根，在烹调过程中鸡油菌适合于炒、烧、熘、烩、煮汤等。

鸡油菌香气浓郁，颜色悦目，鲜美可口，代表菜有素烧鸡油菌、鸡油菌炖鸡、鸡油菌炖肉、鸡油菌炒猪肝、虾仁鸡油菌等。

22. 松茸

松茸属真菌门担子菌亚门层菌纲伞菌目口蘑科口蘑属植物，别名松口蘑、大花菌、松蕈、松蘑、松菌、剥皮菌等。以子实体供食用，生长于松林地和针阔叶混交林地，夏秋季出菇，7～9 月为出菇高潮。以原始林中为多，主要产于吉林长白山、四川、云南、贵州以及台湾地区，是名贵野生食用菌之一，也是极少数不能人工培育的食用菌之一。有“食菌之王”之称。

新鲜松茸形若伞状，色泽鲜明，菌盖呈褐

色，菌柄为白色，均有纤维状茸毛鳞片。菌肉白嫩肥厚、质地细密，有浓郁的特殊香气。松茸最宜鲜食，味美清鲜，享有“海里鲱鱼子，地上好松茸”之美誉。

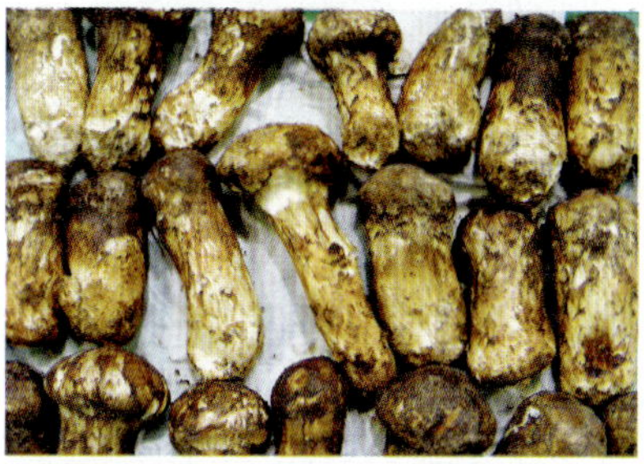

松　茸

松茸干品每 100 克约含蛋白质 17 克、粗脂肪 5.8 克、粗纤维 8.6 克、矿物质 7.1 克，可溶性氮化合物 61.5 克，还含有一定的维生素 B_1、维生素 B_2、维生素 C 和尼克酸等。松茸具有药用价值，能强身、益肠胃、止痛、理气化痰、驱虫及治疗糖尿病，含有丰富的蘑菇多糖，有抗癌效用，是老年人理想的保健食品，故有“松茸赛鹿茸”之说。

松茸食法甚多，既可单独使用，又可与其他鲜味原料合烹，可荤可素，烧、炒、煮汤均宜。食用时，鲜甜可口，香味浓郁，食用后余香满口，别具风味。

23. 冬虫夏草

冬虫夏草为麦草麦角菌科真菌冬虫夏草寄生在蝙蝠蛾科昆虫幼虫上的子座及幼虫尸体的复合体，别名虫草、夏草冬虫。每年秋冬之际，冬虫夏草菌孢侵染蝙蝠蛾幼虫，生成菌丝，进入虫体，被害幼虫因菌丝滋长蔓延，无法化蛹。虫体被菌丝作营养吸收，形成菌核，外皮成虫形僵壳。次年夏季形成棒形子座，伸长出地面。此菌多长于高山草地上，产于四川、云南、甘肃、青海、西藏等地。

冬虫夏草由虫体与从虫头部长出的真菌子座相连而成。虫体似蚕，长 3～5 厘米，直径 0.3～0.8 厘米，表面深黄色至黄棕色，有环纹 20～30 个，近头部的环纹较细。头部红棕色，足 8 对，中部 4 对较明显。质脆，易折断，断面略平坦，淡黄白色。子座细长圆柱形，长 4～7 厘米，直径约 0.3 厘米。表面深棕色至棕褐色，有细纵皱纹，上部稍膨大，质柔韧，断面类白色。气微腥，味微苦。

虫　草

虫草干品每 100 克含水分约 10.84 克、粗蛋白 26 克、脂肪 8.5 克、碳水化合物 28.89 克、粗纤维 18.50 克、灰分 4.10 克，并含虫草酸和冬虫夏草素。冬虫夏草素具有抗菌、舒张支气管、降血压的作用。中医认为虫草味甘、性温，归肾、肺经，有平喘补虚损、益精气、壮肾阳、止咳化痰等功效。

用冬虫夏草制作菜肴主要取其滋补效用，用量不多。烹调加工简单，洗净泥沙即可。烹制方法随主料与菜肴要求，一般与主料同下，较长时间加热为妥，并多带汤汁，使其有效成分析出，利于吸引。为保证其药用价值，多以清蒸、煲汤为主，陪以其他原料一起烹饪，药性发挥更好，代表菜肴为虫草鸭、虫草炖乳鸽、虫草雪鸡、黄焖虫草牛肉等。

近年来，冬虫夏草的功效被夸大宣传，价格猛涨，被称为“软黄金”。暴利驱使下，人们疯狂地挖取虫草，严重地破坏了生态环境，已经到了无虫草可挖的地步。从 1979 年起，有关部门开展了人工培育虫草的研究，迄今仍未完全取得成功，但保健品市场上成功的宣传，令人真假难辨。对于此类宣传，人们应持科学态度，虫草并没有那么神奇。

24. 灰树花

灰树花属担子菌亚门层菌纲非褶菌目多孔菌科树花属植物，别名贝叶多孔菌、栗子蘑、千佛菌、莲花菌、舞茸等。

灰树花子实体肉质，有柄，多分枝，末端生扇形或匙形菌盖，重叠成丛，最宽可达40～60厘米，重达3～4千克。菌盖宽2～7厘米，灰色至淡褐色。表面有细的或干后坚硬的绒毛，老熟后光滑，有放射状条纹，边缘薄，内卷。菌肉白色，厚1～3毫米，管孔延生，孔面白色至淡黄色。管口多角形，平均每毫米1～3个。孢子无色，光滑，卵圆形至椭圆形。野生分布于河北、北京、吉林、浙江、福建、广西等地。

灰树花

每100克灰树花干品中含蛋白质31.5克（其中含18种氨基酸，总量为18.68克）、脂肪1.7克、粗纤维10.7克、碳水化合物49.69克、灰分6.41克、维生素E109.7毫克、维生素B_1 1.47毫克、维生素B_2 72毫克、维生素C 1.0毫克、胡萝卜素0.04毫克，是一种高蛋白、低脂肪、多营养的珍贵食品。灰树花具有免疫调节及抗肿瘤作用，经常食用能够益气健脾补虚扶正，可防癌、治癌，能促进脂肪代谢及防止动脉硬化，因此被誉为“食用菌王子”。

灰树花多用于煮、煲汤或作为火锅原料，食之脆嫩可口，味如鸡丝。

（胡晓远　朱多生）

25. 蕨菜

蕨菜属蕨科蕨属多年生草本植物，别名龙头菜、蕨儿菜、如意菜、狼萁、假拳菜、乌糯等，喜生于浅山区向阳地块，多分布于稀疏针阔混交林，广泛分布于热带、亚热带及温带地区向阳林区的山坡草丛或灌丛中。我国各地均有分布，春季采集食用。

以刚出土的嫩叶叶柄及蜷曲的幼叶供食，口感脆滑，有特殊香味，称为蕨菜。其根状茎蔓生土中，富含淀粉。蕨菜茎高约10～20厘米，茎粗2～3毫米，顶上嫩叶芽苞呈拳形。

蕨　菜

每100克鲜品中含蛋白质0.43克、脂肪0.36克、碳水化合物3.6克、有机酸0.45克，并含有多种维生素和矿物质，享有“山菜之王”的美誉。蕨菜味甘、性寒，入药有解毒、清热、润肠、降气、化痰等功效，经常食用可治疗高血压、头晕失眠、子宫出血、慢性关节炎等症，对流感也有预防作用。

蕨菜以食用嫩茎为主，先去掉茎上绒毛，摘去叶芽苞，用沸水焯后，切成寸段，凉水浸泡后供炒、烧、拌、炝成菜，配以肉丝、豆干丝等或其他荤素各料。烹调时应重用油或加入肥膘肉，口感滑而柔脆，具有清香，可鲜炒或做汤食用，又可盐渍或晒成干菜，也可以做炒菜、凉菜等。

26. 猴腿菜

猴腿菜属蹄盖蕨科蹄盖蕨属猴腿蹄盖蕨植物的嫩叶，别名猴腿蹄盖蕨、绿茎菜、紫菜等。吉林长白山是我国主产区。

猴腿菜是多年生草本，株高80～90厘米。根状茎短，斜升，密生黑褐色披针形鳞片。叶簇生，深禾秆色，基部黑褐色，羽片密集。披针形，基部对称，平截，有短炳；第二次羽片近平展，基部略与羽轴合生，先端钝尖至渐尖，羽状浅至中裂；裂片顶端有3个锯齿。孢子囊群长圆形。生羽片背部，叶草质，叶脉羽状。分绿、紫两个品种。猴腿菜含有各种营养素，比栽培蔬菜营养丰富，其味道鲜美而独特，药用价值与蕨菜相似，是著名的食、药用山野菜之一，一般生长在针阔混交林中或灌木丛中及沟边河岸草地。

猴腿菜鲜品含蛋白质、脂肪、糖类、有机酸，并含有多种维生素。即可当蔬菜又可制饴糖、饼干、代藕粉和药品添加剂。

猴腿菜

每 100 克嫩茎叶含蛋白质 2.2 克，脂肪 0.19 克，糖类 4.3 克，胡萝卜素 1.97 毫克，维生素 B_2 0.25 毫克，维生素 C 67 毫克。每克干品含钾 31.2 毫克，钙 1.9 毫克，铁 125 微克，锰 81 微克，锌 62 微克。此外，还含有尖叶土杉甾酮、促脱皮甾酮、鞣质等成分。

猴腿菜卷曲未展的嫩叶为当地群众喜食的山野菜，每年春季采摘，鲜食时需先将猴腿用开水烫过，也可加盐渍或晒成干菜。食用时用水泡后，冷炝、凉拌或以肉丝炒食均可，也可用于作汤作馅，脆嫩可口，馨香宜人。味道鲜美而独特，是不可多得的上等佳肴，药用价值与蕨菜相似。著名菜肴有速冻猴腿、红猴腿炒肉、青猴腿炒肉等。

（张　兴）

27. 薇菜

薇菜属紫萁科紫萁属多年生草本地生蕨类植物，别名紫萁、薇、紫蕨、紫萁贯众、高脚贯众、老虎台、老虎牙、水骨菜、黑背龙、见血长、牛毛广等。薇菜产于长白山区的次生林或灌木中，也分布于秦岭以南温带及亚热带地区。质脆，味美，少纤维，含蛋白质、有机矿物质及多种维生素，在国际上享有“无污染菜”之誉。

根状茎短块状，斜升，集有残存叶柄，无鳞片。叶丛生，二型，幼时密被绒毛，营养叶三角状阔卵形，顶部以下二回羽状，小羽片披针形至三角状披针形，叶脉叉状分离。孢子叶小羽片狭窄，蜷缩成线形，沿主脉两侧密生孢子囊，成熟后枯死。薇菜生于山坡林下，溪边、山脚路旁酸性土壤中。

薇菜干品

薇菜性味苦，微寒。具有润肺理气、补虚舒络、清热解毒的功效。适用于赤痢便血、子宫功能性出血、遗精等症。幼叶上的绵毛，外用治创伤出血。

每 100 克薇菜中含碳水化合物 4.3 克，蛋白质 2.2 克，脂肪 0.19 克，胡萝卜素 1.68 毫克，还含有维生素 C 和多种矿物质。

薇菜的幼叶营养丰富，水焯去毛后搓揉成薇菜干。食用时用温水浸泡，可以烹饪多种菜肴，适宜炒、炖等烹饪方法。与肉炒食，味美可口。

（郭春景）

四、果实类原料

果实类泛指植物中带有种子的植物器官，是鲜果、干果和瓜果的总称，广义讲还包括果干、果脯和蜜饯。果实作为商品时称为果品，因其营养丰富，故在人类食物构成中占有重要地位。我国的野生和栽培果实资源非常丰富，品种多达 1 万多个。

果实类原料中含有丰富的多种维生素、矿物质和糖类，许多坚果中还含有植物性蛋

能阻断致癌物质——亚硝胺合成的活性成分，阻断率达98%，有抑制癌细胞的作用。猕猴桃有滑泻之性，大便秘结者可多食之，而脾胃虚寒、尿频、月经过多和先兆流产病人则应忌食。猕猴桃根是一味很好的中药，称藤梨要，味苦涩，性寒，具有清热解毒、活血消肿、祛风利湿的作用。猕猴桃适于跌打损伤、疖肿、水肿、急性肝炎、风湿性关节炎、肺结核、乳汁不下等。猕猴桃叶洗净，加酒精、红糖捣烂热外敷，可治疗乳腺炎。

猕猴桃一般鲜食，也可作配料点缀菜肴，也可以制作猕猴桃汁，作罐头饮料等。

9. 柿子

柿子属柿科柿属多年生乔木植物，别名米果、猴枣。原产中国，亚、欧、非洲均有栽培。其中以日本较多，朝鲜、意大利次之，印度、菲律宾、澳大利亚也有少量栽培。19世纪后半期传入欧美，迄今只有零星栽培。我国是柿树栽培最多的国家。除黑龙江、吉林、内蒙古、宁夏、青海、新疆、西藏等地以外，其他地区均有分布，其中以黄河流域的陕西、山西、河南、河北、山东5省栽培最多，栽培面积占全国的80%～90%，产量占全国的70%～80%。

柿子作为我国的传统果品，已有3000多年的历史。唐代段成式《酉阳杂俎》总结柿子有7大好处：一多寿，二多阴，三无鸟巢，四无虫蠹，五叶可玩，六落叶肥大可临书写字，七果实可食。

我国柿子品种繁多，有300多种。按地域不同，可以分为北方柿子和南方柿子；按形状不同可以分为扁圆柿、方圆柿、椭圆柿和方形柿；根据色泽不同可以分为红黄柿、橙黄柿、深黄柿、绿黄柿；根据味道可以分为甜柿和涩柿；按成熟期不同分为7月早、8月黄、9月青等。

柿　子

每100克柿子含碳水化合物15克，另有蛋白质、脂肪、多种维生素和矿物质。柿子性平，味甘，有清热、止渴、生津、润肺和健脾的功效。《本草纲目》记载“柿乃脾、肺、血分之果也。其味甘而气平，性涩而能收，故有健脾、涩肠、治咳、止血之功”。柿子生食能通便，煮熟后可以止渴，适合老年人和儿童食用。但柿子含单宁比较多，影响肠胃消化，因此空腹不宜多食，单宁会妨碍人体对铁的吸收，故缺铁性贫血患者应少吃。脾胃虚寒、外感咳嗽、贫血、产后妇女和病后虚弱者，忌食用柿子。柿子与蟹同吃会导致吐、泻或昏迷，如果发生这样的情况，应用木香和水研磨汁灌，可以解救。同时，柿叶、柿蒂、柿霜均可入药。柿蒂性温，味涩，能下气止呃；柿霜可用于治疗干性支气管炎、干咳、喉痛等疾病。柿叶制成柿叶茶，饮用能软化血管，可以防止血管硬化，也可以防治冠心病和高血压。

柿子是人们喜食的大众化果品。果实色泽鲜艳，味甜多汁，营养丰富。除鲜食外，还可加工制成柿饼、柿糕、柿干、柿角、柿酱、柿子罐头、果冻、果丹皮等，也可以提取甘露糖醇，作为糖果原料。柿子也可代替粮食酿成各种柿子酒、柿子醋，还可做成柿子汽水、柿涩饮料、柿子晶等各种产品。

10. 柑橘

柑橘属芸香科柑橘亚科柑橘属植物，为一种多室的浆果，是我国南方的主要果品。我国除北方外，广大地方均出产柑橘，以四川、浙江、广东、福建和广西等省、自治区产量较多。我国是柑橘的故乡，已经有2000多年的栽培历史。

柑橘大约有300多种，一般分为柑子、橘子和橙子3大类。柑和橘的共同特点是果实扁圆形，果皮黄色、鲜橙色或红色，薄而宽松，容易剥离,故又称宽皮橘、松皮橘。两者的区别在于橘的果蒂处凹陷,柑的果蒂处隆起。著名品种有福建芦柑、广东芦柑、四川红橘、温州蜜柑等。甜橙品种较多,常见的如冰糖橙、脐橙、血橙、鹅蛋柑、新会橙等。

柑 橘

每 100 克柑橘果肉含碳水化合物 12 克、蛋白质 0.9 克、脂肪 0.1 克、钙 26 毫克、磷 15 毫克、维生素 C 30 毫克。由于其肉质细柔,水汁比较多,酸甜适口,能帮助消化、增进食欲,而且有镇咳、润肺、理气、健脾的功效,儿童食用有助于成长,老年人进食有助于健康。但柑橘上火,易引起口腔炎、牙周炎和咽喉炎,故不能多吃。新鲜柑橘皮可泡菜或泡酒饮用,能健脾、开胃和帮助消化;晒干为陈皮,其性温、味苦,能理气、化痰、健胃、止呃,对胸腹胀、呕吐、咳嗽、多痰有显著疗效。柑橘皮除去果皮内层,就是橘红,能理气化痰;除去果皮外层,就是橘白,能和胃化湿;橘瓢上的纤维细丝,就是橘络,能通络化痰;柑橘子为橘核,能理气止痛,治疝气、睾丸痛效果良好;橘叶能疏肝解郁,可以治疗乳痈、肋痛;柑橘皮含有油分,能提取橙油,为食用香精的重要原料。此外,烂柑橘涂擦烫伤处颇有疗效,因为烂柑橘中有一种橘霉素,有较强的抗菌作用。

柑橘可以鲜食,果肉可以制作果酱、罐头;果汁可以制作果汁、果酒、果汁粉和果汁糖浆;果皮可以制作蜜饯、盐渍果皮或陈皮。四川名菜陈皮鸡丁即用陈皮与鸡丁炸收而成。此外,在炖牛肉、猪排骨时,放入一小块柑皮,口感更佳。煮肉或炖猪蹄,放少许陈皮,味道更加鲜美。

11. 柠檬

柠檬属芸香科常绿乔木植物,别名香桃、洋柠檬。原产马来西亚、印度等热带地方,我国种植不多,主要产地为广东、四川、福建。其叶、花和果与橘、柑、橙相似,一头尖,一头有乳头壮突起,果汁极酸。

柠檬主要品种有纯种柠檬和杂交柠檬。纯种柠檬为椭圆形,杂交柠檬为圆形。柠檬与甜橙杂交为香柠檬,与橘杂交有红黎檬、白黎檬,常见品种有“油力克”柠檬、“里斯本”柠檬、香柠檬、红黎檬、白黎檬等。

柠 檬

柠檬含大量维生素 C 和柠檬酸,有帮助消化和促进造血功能,可以有效防治坏血病,提高机体抵抗力,促进创伤愈合,也含有维生素 P(能调节微血管生长),可以防止血管硬化和溢血。做完外科手术的病人嗅其气味可以止呕、解闷。柠檬还能使面部皮肤光洁润滑,可以配制化妆品。研究发现,柠檬果含有丰富柠檬酸盐的柠檬汁,可以防治肾结石,也可以抑制链球菌生长和杀灭链球菌,对风湿病人有疗效。

柠檬为药用果,由于其皮酸而涩,不能直接鲜食,可以腌制,制作柠檬鸭,醮白砂糖佐餐。

12. 柚子

柚子属于芸香科常绿乔木植物,别名文旦、香抛。柚子在我国种植历史悠久,主要出产于我国广东、广西、福建和四川等地,《吕氏春秋》有“果之美者,云梦直柚”的记载。10 月成熟上市。果实巨大,皮厚达 1 厘米。

柚子果实球形、扁球形或竖卵形,顶圆,

皮色碧绿，成熟后金黄或淡黄色，光滑油润，个头大，皮厚，密布油点，油腺大，不容易剥离。切开后剥离外皮有 12～18 瓣的果肉瓤囊，去掉瓤衣后为可以食用的果肉，其颜色有白色、粉红色等。果肉为小圆锥形物，内部有汁水，味道有的甜、有的酸，汁水有多有少，均有纤维质，有籽，可以榨油。品种比较多，知名的有广西沙田柚、福建平山柚、文旦柚，泰国暹罗柚被称为世界名柚。沙田柚因出产于广西容县沙田、坪山柚由于出产于福建华安县坪山而得名，文旦柚出产于同华安县交接的长泰县，传说为一个演戏的文姓小旦所种植而得名。

柚子为一种品质优良的水果，含有丰富的维生素 C 和糖分，并有枸橼酸，可以增强末梢血管组织，对高血压和肥胖病患者有益处。柚子含类胰岛素成分，常饮用柚子汁，可以降低高血糖。柚子皮味辛，性温，能化痰、止咳、止痛。

柚　子

柚子可以鲜食，柚皮可以制作蜜饯、柚皮糖，也可以做菜肴食用。柚子皮晒干点燃有香气，可以驱虫。柚皮、花、叶和籽可以提取高级芳香油料。柚籽提取油味道苦涩，不能食用，一般作工业原料或点灯照明用。

13. 菠萝

菠萝属凤梨科凤梨属多年生草本植物，别名地菠萝、草菠萝、凤梨、露兜子、番梨等。原产巴西，南洋称凤梨，我国广东、广西、福建和台湾均有出产。菠萝是热带和亚热带地区的著名水果，《本草纲目》载其功用：“补脾气，固元气，制伏亢阳，扶持衰土，壮精神，益气，宽痞，消痰，解酒毒，止酒后发渴，利头目，开心益志。”

菠　萝

菠萝果实长球形或圆柱形，长 13～20 厘米，直径 9～13 厘米，皮质肥厚，有鳞片覆盖，形状同凤尾，肉黄白色，香甜、柔软、汁水多，部分含纤维素，味道似梨，故称凤梨。表皮有钉眼，钉眼中有毛刺。成熟前皮为绿色，成熟后为金黄色或红黄色，散发出特有的芳香。个体重量在 500～1000 克，较大的可以达到 2000～3000 克，可以用果实顶端的冠芽、果柄、果茎长出的衣芽播种。我国出产的菠萝品种主要有沙捞越种、广东潮汕菠萝、广西武鸣菠萝等。沙捞越种：果实大，肉黄，纤维少、汁水多，味道酸甜适中，不能久放，适宜制作罐头。广东潮汕菠萝个头小，肉黄色，味道香、脆、清甜，鲜食最好，放置时间长。广西武鸣菠萝果实小，表面不起丁，肉黄，清甜有香气。

每 100 克菠萝含蛋白质 0.4 克、脂肪 0.3 克、碳水化合物 9 克、钙 18 毫克、磷 28 毫克、维生素 C 24 毫克，还含有维生素 A、维生素 B 等，菠萝含有“菠萝朊酶”，有分解蛋白质的作用，能帮助消化，菠萝中糖、盐能利尿，对肾炎患者、高血压病人有好处，也对支气管炎病人有好处。中医认为，菠萝性平，味甘，能健脾、解渴、祛湿、消肿、助消化。

菠萝鲜食时，用刀削去头尾两端，削去凸皮，从右上角往左下角逐行逐个挖去钉眼，横切成片块，用盐水泡几分钟，除去皂素和涩味方可食用。除鲜食外也能制作罐头、蜜饯和其他产品，制作罐头剩下的果心、果皮，可以制作菠萝汁、菠萝酒、菠萝醋，提取柠檬酸、维生素、菠萝酶等。用菠萝做菜，大多去皮掏心，酿上主要原料，蒸熟即成，如菠萝八宝饭等。

注意事项：① 食用菠萝可能会导致皮肤发痒，故皮肤湿疹患者和生暗疮病人最好忌食，或少量食用。② 患有溃疡病、肾脏病、凝血功能障碍的人应禁食菠萝，发热及患有湿疹、疥疮的人也不宜多吃。

14. 香蕉

香蕉属芭蕉科芭蕉属多年生草本植物，别名弓蕉、甘蕉。香蕉出产于热带和亚热带，我国已经有2000多年栽种香蕉的历史，为我国南方省、自治区主要果品之一，主要产区为广东、台湾、广西、福建等地。其果实无籽，通过地下茎分生芽进行繁殖，喜高温，怕干旱，怕霜冻，一年四季都有出产。

香蕉果实一般长12～18厘米，宽3～4厘米，条状，弯曲，长圆，表面光滑，有些带棱，未成熟时果实为青色，含淀粉和单宁，味道苦涩，成熟后变黄色，淀粉转化为蔗糖，单宁转化为不溶性单宁或被氧化而减少，变得甜香，食之可口。我国香蕉主要品种有香蕉、大蕉、糯米蕉、龙牙蕉、天宝蕉、台湾蕉和西贡蕉等。

香　蕉

每100克香蕉含有碳水化合物20克、蛋白质1.2克、脂肪0.6克、钾472毫克、钙10毫克、磷35毫克和多种维生素A、维生素C、维生素E、维生素P等。含有的维生素E能增强人体细胞分裂次数，有延年益寿的功效；含有的维生素P能增强血管壁的弹性，适合高血压和肥胖病患者食用。中医认为香蕉味甘、性寒，有清热、润肠、通便、利尿、安胎和解酒的功效，但有溃疡病或胃酸过多、肠虚寒的人要忌食，否则容易导致腹泻。由于含糖量高，糖尿病病人也不宜食用。

香蕉除新鲜进食外，还可以制作蕉粉、蕉汁、酿酒或提取酒精。部分热带地区居民把香蕉作为主要粮食食用。香蕉做菜，则多选择做甜点，如拔丝香蕉等。

15. 荔枝

荔枝属无患子科荔枝属常绿乔木植物荔枝的果实，古称离支，别名丹荔、红荔。原产我国，汉武帝年间就已经种植，根据记载已经有2000年左右的历史，《汉书》有关荔枝记载“汉初南越王尉陀……于是荔枝始通中国”。宋代蔡襄已有《荔枝谱》问世。荔枝10世纪前后传入印度，17世纪传入越南、马来西亚、菲律宾、印度尼西亚等东南亚各国。主要分布在热带以及亚热带地区。广西、福建、台湾和四川都有出产。

荔枝在夏季成熟，果皮深红色或草绿色，果肉白色，形似心脏，外有瘤状突起，肉多汁味甜、品种甚多，有100多种，按成熟季节分为早熟、中熟和晚熟3大类。其中以香甜核小的中熟种糯米滋、桂味、妃子笑和晚熟种香荔等最为名贵。

荔　枝

每100克荔枝肉含有碳水化合物14克、磷34毫克、钙9毫克、维生素C 36毫克、脂肪、蛋白质、维生素B等营养物质。荔枝肉味甘、性温，能益气补血，健身强脑。由于含有比较多的蔗糖、葡萄糖和柠檬酸，可以使病后虚弱的人强壮起来。中医常用荔枝核作散寒祛湿的良药，其功能为散滞去湿、行血气，可以治疗因寒而致的胃痛、疝疾等症。但应该注意的是：谚云"一只荔枝三把火"，荔枝虽然好吃，但不可食用过多，否则会影响消化吸收，引起便秘，轻者发热上火，重者导致低血糖。患"荔枝病"，症状为四肢无力、恶心、头晕，甚至昏迷。胃热口苦和皮肤容易生疮的人应该忌食荔枝，以免引起身体不适。

荔枝新鲜食用最佳，也可以加工成罐头、荔枝干、荔枝果酱等。荔枝干以新鲜的荔枝果实晒干或焙干，有养肝血、补心肾的功效。广东有许多酒家餐馆，在新鲜荔枝大量上市季节以此为原料，创制了各种佳肴，如荔枝炖鸡、荔汁熏鱼。

16. 龙眼

龙眼属无患子科龙眼属常绿乔木植物龙眼的果实，别名桂圆、圆眼、益智。原产于我国南部的海南、云南等地，已有2000多年的栽培史，汉武帝时已作为贡品，主产于福建、广东、广西、四川等地，此外台湾南部也有出产，其中福建产量占全国总产量的50%。部分东南亚国家如泰国、印度尼西亚、越南等地也有出产。

龙　眼

龙眼果实圆形或扁圆形，外壳浅黄或褐色，有不明显的小瘤体，质薄、粗糙，直径1.5～2.8厘米。果肉为假种皮白色肉质，透明、多汁、味甜。

龙眼的品种极为复杂，以果实大小不同分为大果、中果、小果；按果壳颜色不同分为黄壳、花壳、青壳；根据果汁含量不同分为砂肉和水肉。据统计，我国共有龙眼近400个品种，主要为：福建产乌龙岭、普明庵、鸡蛋龙眼、清壳等；广东产石硖、乌圆、蛇皮龙眼；广西产木格大乌圆、雅瑶黄壳等；四川产八目鲜、泸圆106号等。这些品种具有果大、皮薄、核小、肉厚、味甜、晶莹爽脆等特点。鲜果脱水干制后即为桂圆，再进行去壳去核处理即为桂圆肉。

每100克龙眼肉含碳水化合物20克、蛋白质4克、维生素C68.7毫克，还含有维生素A、维生素B及铁、磷、钙等。明代李时珍《本草纲目》认为"食品以荔枝为贵，而滋益则龙眼为良"。龙眼肉为高级食品和药品，有补气、益心脾、安神志的功效，对贫血和神经衰弱有显著疗效，对老人、产妇和病后虚弱者有极佳的滋补效果。思虑过度而引起的健忘、失眠和心悸者，常食用龙眼能起到补脑、健身、益智、延年之效。

龙眼除新鲜食用外，还可以加工成罐头、龙眼干和龙眼肉，肉和核可作主药和配药应用于治疗多种疾病。鲜品宜于拌、烩，干品宜于蒸、炖等，甜咸均可。名菜有东壁龙珠、桂圆红蚂、炖桂圆山药、龙眼果羹、龙眼八宝饭等。也可用于制作各式糕点的馅料，或用来煮粥。此外还可加工成糖水龙眼罐头、龙眼膏、速冻龙眼等食品。

17. 椰子

椰子属棕榈科椰子属常绿乔木植物椰子的果实，别名椰栗，古称胥邪、胥余越王头、椰林，俗称好桃。原产马来西亚，分布于热带地区。我国早在汉代即已栽培、食用椰子。司马相如《上林赋》中的"胥邪"即为椰子。宋代文献也多次提到食椰肉、饮椰汁，并称椰汁为椰子酒。我国主要产于海南岛、西沙群岛、雷州半岛和台湾，以海南岛最多。

椰子果实呈圆或椭圆形，顶端微具三棱，直径20～30厘米，成熟时褐色，外果皮较薄，中果皮为厚纤维层，内果皮角质而坚硬。

我国出产椰子按树种高矮不同分为高椰和矮椰两种。椰子为圆或椭圆的大核果，一般长30～35厘米，直径25厘米左右，重1500～

2000克,其壳外表有椰衣。果壳坚硬,壳内有果肉,为白色或淡黄色,香甜,可以生食,亦可以榨油。果肉里面有空腔,藏有椰水,称为椰汁或椰乳,清凉,可以直接饮用。椰子成熟前椰水多,成熟后椰水逐渐减少,摇晃椰果,就可以判断其成熟程度。椰肉白色,呈乳脂状,质脆滑,具花生仁和核桃肉的混合香味,可鲜食。

椰　子

每100克椰肉含脂肪35克、蛋白质3.4克、碳水化合物11克、钙21毫克、磷98毫克,还含有多种维生素和矿物质。每100克椰水含糖5克、蛋白质0.3克、脂肪0.4克、钙24毫克、磷29毫克,是极好的清凉饮料。椰子味甘、性平,能生津、利尿、益气、祛风和杀虫等,椰壳苦涩,性温,能止痒、杀虫,含有木质素、戊聚糖等。

椰肉可以新鲜食用,可以制作糖果、果酱、点心、蜜饯和菜肴。椰肉榨取的椰油可食用,制作肥皂、化妆品、机器润滑油等。椰壳可以作化工原料,也可制作器皿用品、雕塑成工艺品。椰衣纤维多而好,是作绳、刷、扫帚的天然材料。椰叶可以编制用品或盖屋顶。椰树为优质木材,椰肉、汁、皮、壳均可作药材。椰子肉、汁食用方法很多,鲜食,作糖、饼、糕、酱、汤饭等均可。椰鸽茸银耳汤、椰肉焗鹌鹑饭为椰子产区家庭和饭店经常制作的食品。著名的菜品有海南的椰奶鸡,广东的椰汁咖喱鸡、椰子水晶鸡等。

18. 杧果

杧果属漆树科杧果属常绿乔木植物杧果树的果实,别名檬果、芒果、鸡腰果、木莽果。原产印度和东南亚,已有4000年以上的栽培历史。相传唐代(8世纪前)传入中国。主要生产国有印度、巴基斯坦、墨西哥、巴西、中国和菲律宾等，以印度栽培最多，占世界产量的2/3。寿命长,可达400年。

杧果属约有41个种,果实可供食用的有15个种,全世界主栽品种有100多个。优良品种有阿方索、椰香杧、秋杧、哈登、肯特和缅甸球杧等。中国已知有普通杧果、桃叶杧果、滇南杧果、林生杧果、蓝灰杧果、五蕊杧果、小叶杧果、巴胡杧果、褐杧果、瓢形杧果等。

杧　果

每100克杧果肉中可溶性固形物含量14～21克、蛋白质0.6～0.9克、维生素C含量10～179毫克、维生素A 13.2～80.3毫克、维生素B微量等。

杧果在烹饪中以鲜食为主，也可以制作甜点等。

19. 榴莲

榴莲属木棉科榴莲属热带落叶乔木植物,别名流莲(台湾)。原产东南亚,主产于泰国。关于泰国榴莲的起源有两种说法,一种是它原产地在马来西亚，大城王朝时代传入泰国。马来语称榴莲为“徒良”,泰语至今也是这样叫法,中文译为“榴莲”。另一种说法是,它是从缅甸的他怀、玛立和达瑙诗等地引进来的。尖竹汶府是泰国榴莲的主要产区。泰国曾有这样一句民谚:“榴莲出,沙笼脱。”意思是姑娘们宁愿脱下裙子卖掉，也要饱尝一顿榴莲。我国的广东、云南、台湾有少量引进栽培。果实被称为“万果之王”、“水果皇后”。

泰国榴莲有200多个品种，目前普遍种植的有60～80种。其中最著名的有3种：轻型种有伊銮、胶伦通、春富诗、金枕和差尼，4~5年后结果；中型种有长柄和谷，6～8年结果；重型种有甘邦和伊纳，8年结果。它们每年结实一次，成熟时间先后相差一两个月。

榴莲树干高达25～40米。一棵树每年可产榴莲80个左右。果实为卵圆球形，一般重约2千克，外面是木质硬壳并附有刺，内分数房，每房有三四粒如蛋黄大小的种子，共有10～15枚。种子外面裹一层软膏就是果肉，果肉是由假种皮的肉包组成，肉色淡黄，黏性多汁，酥软味甜。从表皮可认识榴莲的优劣，凡锥形刺粗大而疏者，一般都发育良好，果粒多，果肉厚而细腻；如刺尖细而密，则果粒少，果肉薄而肉质粗。每年8、9月成熟。榴莲从树上摘下来后，10天就可成熟。有一种独特的"猫屎臭"味，很多人无法忍受，但喜欢榴莲的人却专门喜欢尝试这种异味。

榴　莲

榴莲具有强身健体的作用，其性热，食用过量会上火。大量食用榴莲后接着喝酒，将会导致流鼻血。中国文学家郁达夫在《南洋游记》中写道："榴莲有如臭乳酪与洋葱混合的臭气，又有类似松节油的香味，真是又臭又香又好吃。"榴莲吃起来有雪糕的口感，初尝有异味，续食清凉甜蜜，回味甚佳，故有"流连（榴莲）忘返"的美誉。榴莲大补，广东人称："一只榴莲三只鸡。"《辞海》和《本草纲目》中都说榴莲"可供药用，味甘温，无毒，主治暴痢和心腹冷气"。用榴莲煮汤，可以化入汤中，使汤色乳白，又香又甜。当地人在病后、产后都用它来补身。用榴莲皮内肉煮鸡汤喝，可作妇女滋补汤，能去胃寒。

每100克榴莲含淀粉11克、糖分13克、维生素B 60.14毫克、蛋白质2.60克、脂肪3.30克、叶酸116.90微克、膳食纤维1.70克、维生素A3.00微克、胡萝卜素20.00微克、硫胺素0.20毫克、核黄素0.13毫克、尼克酸1.19毫克、维生素C 2.80毫克、维生素E 2.28毫克、钙4.00毫克、磷38.00毫克、钾261.00毫克、钠2.90毫克、碘5.60微克、镁27.00毫克、铁0.30毫克、锌0.16毫克、硒3.26微克、铜0.12毫克、锰0.22毫克。

榴莲可直接食用，也可以做菜、煮汤或发酵后制成果酱或快餐食用。果核可煮或烤着吃，味道像煮得半熟的甜薯。煮榴莲的水能治疗皮肤敏感性的疮痒。榴莲壳与其他化学物可合成肥皂，还能用做皮肤病药材。

注意事项：① 榴莲属热性水果，糖尿病患者忌食，不能与酒同时食用，肾病和心脏病人慎食，感冒时不宜多吃。② 因吃榴莲过量，导致热痰内困，呼吸困难、面红、胃胀，可吃几个山竹化解。

20. 西瓜

西瓜属葫芦科一年生草本植物，别名夏瓜、寒瓜、水瓜。原产非洲撒哈拉沙漠，栽培始于太古埃及人，在汉代从西域引入中国，《汉书·地理志》记载"敦煌古瓜州，有美瓜"。最早在新疆、甘肃一带种植，五代后传入华北、东北地区，南宋时传入浙江或南方各省，逐渐成为我国重要的经济作物。西瓜有"天生白虎汤"之称，我国民间谚语云："夏日吃西瓜，药物不用抓。"有夏季"瓜果之王"的美誉。

西瓜果实有圆球、卵形、椭圆球、圆筒形等。果面平滑或具棱沟，表皮绿白、绿、深绿、

西　瓜

墨绿、黑色，间有细网纹或条带。果肉乳白、淡黄、深黄、淡红、大红等色。肉质分紧肉和沙瓤。种子扁平、卵圆或长卵圆形，平滑或有裂纹。种皮白、浅褐、褐、黑或棕色，单色或杂色。

西瓜果肉含维生素C等，有利尿作用。生食西瓜有解渴生津、解暑热烦躁、解酒毒等功效，可用来治一切热症、暑热烦渴、小便不利、咽喉疼痛、口腔发炎、酒醉等。西瓜皮可以用来治肾炎水肿、肝病黄疸、糖尿病。西瓜子有清肺润肺的功效，和中止渴，助消化，可治吐血、久咳。籽壳用于治肠风下血、血痢。因此，中医认为脾胃虚寒、寒积腹痛、小便频数、小便量多，以及平常有慢性肠炎、胃炎及十二指肠溃疡等属于虚冷体质的人均不宜多吃西瓜。正常健康的人也不可一次吃太多或长期大量吃，因西瓜水分多，大量水分在胃里会冲淡胃液，引起消化不良或腹泻。

西瓜既可作菜肴的主料，也可作配料，还可用于食品雕刻。以瓜汁为原料可制作“西瓜糕”，以瓜肉为原料，可制作拔丝西瓜。还可将整个西瓜外皮雕刻成山水、龙凤、花草等图案，中间掏空，放入其他原料，制作成“西瓜盅”。另外，西瓜皮还可用于烧炒、做泡菜、做汤剁馅等。

21. 甜瓜

甜瓜属葫芦科甜瓜属一年生蔓性植物，别名香瓜。果实有圆球、椭圆球、纺锤、长筒等形状，成熟的果皮有白、绿、黄、褐色或附有各色条纹和斑点。果表光滑或具网纹、裂纹、棱沟。果肉有白、橘红、绿黄等色，具香气。种子披针形或扁圆形，大小各异。

甜 瓜

按植物学分类方法把甜瓜分为网纹甜瓜、硬皮甜瓜、冬甜瓜、观赏甜瓜(看瓜)、柠檬瓜、蛇形甜瓜(菜瓜)、香瓜和越瓜等8个变种。按生态学特性，中国通常又把甜瓜分为厚皮甜瓜与薄皮甜瓜两种。

甜瓜果实香甜，富含糖、淀粉，还有少量蛋白质、矿物质及维生素。除了水分和蛋白质的含量低于西瓜外，其他营养成分均不少于西瓜，而芳香物质、矿物质、糖分和维生素C的含量则明显高于西瓜。多食之，有利于人体心脏和肝脏以及肠道系统的活动，促进内分泌和造血功能。中医确认甜瓜具有“消暑热，解烦渴，利小便”的显著功效。

甜瓜以鲜食为主，也可制作果干、果脯、果汁、果酱及腌渍品等。

22. 哈密瓜

哈密瓜属葫芦科甜瓜属的一个变种，为一年生蔓性草本植物，别名厚皮甜瓜、新疆哈密甜瓜、甘瓜。维吾尔语称“库洪”。清代苏尔德《新疆回部志》云：“自康熙初，哈密投诚，此瓜始入贡，谓之哈密瓜。”还有一种说法是新疆甜瓜运入内地多由哈密启运，所以人们习惯称其为哈密瓜。我国只有新疆和甘肃敦煌一带出产哈密瓜。新疆除少数高寒地带之外，大部分地区均产哈密瓜，优质的哈密瓜产于南疆鄯善、哈密、吐鲁番盆地和石河子一带。

哈密瓜有1700多年的栽培历史，品种大约有60多个。哈密瓜分网纹、光皮两种。按成熟期分为早熟瓜、夏瓜(中熟)、冬瓜(晚熟)等品种群。不同品种的瓜，其形态、颜色、皮纹也不一样。常见的优良品种有夏皮黄、巴登、红心脆、黑眉毛蜜极甘（瓜皮有深色条纹如秀眉，故称黑眉毛；“蜜极甘”，维吾尔语意为花裙子)、炮台红、铁皮、青麻皮、网纹香梨、哈密加格达、小青皮、白皮脆和香梨黄等。夏瓜多在6~8月初成熟上市，一般皮薄不耐贮存。秋瓜又称冬瓜，多在8月中旬到霜降前成熟，皮坚实，耐贮存。哈密瓜通常作瓜果鲜食，也可用于甜菜制作，整瓜可用于制作盅或用于树莓果具有补肝健胃、祛风止痛、补肾固精等作用。用于治疗急性、亚急性肝炎，食欲不振，风湿性关节炎，遗精等症。还具有延缓衰老、提高免疫力、促进脑代谢、降压、降血脂和抗心律失常的作用。

树莓的果实是一种优良的野生浆果，可以鲜食，也可做成果酱、果酒、果脯、甜点、无子果冻等。（郭春景）

26. 黑加仑

黑加仑属虎耳草科茶藨子属多年生落叶小灌木植物，别名黑醋栗、黑豆果、黑穗醋栗。原产欧洲，400 年前在北欧开始被驯化栽培，17 世纪传入美洲大陆。我国栽培黑加仑的历史很短，仅有 80 余年，从北方到南方均有栽培，主要产区在黑龙江和吉林省，辽宁、内蒙古、甘肃等地有少量引种栽培。主要品种有厚皮亮叶黑豆果、薄皮丰产黑豆果、红穗醋栗、白穗醋栗等。

黑加仑

黑加仑喜光，耐寒、耐贫瘠。4 月初开始萌芽，2 年结果，3 年后为盛果期，每年 7 月中旬开始逐渐成熟，果实呈近圆形，穗状着生，艳丽紫黑色，味酸甜。

黑加仑可增强人体免疫力、抗衰老，还能治疗高血压和心血管等疾病。可预防坏血病、痛风、贫血、水肿、关节炎、风湿病、口腔和咽喉疾病、咳嗽等。

黑加仑含有非常丰富的维生素 C、磷、镁、钾、钙、花青素、酚类物质以及氨基酸和蛋白质，还富含糖、有机酸、黄酮、矿物质等多种营养成分。维生素 C 的含量居我国现有野生浆果之首，被誉为“维 C 果王”。

每 100 克鲜果黑加仑含维生素 C 98 ~ 417 毫克。种子中含有多种不饱和脂肪酸，其中生物活性最强的γ－亚麻酸可达 12.9%，远高于月见草油，是重要的医药原料。

黑加仑除供鲜食外其果实主要用于加工果汁、果酒、果糖、蜜饯、果酱饮料、罐头等多种食品。其品质优良，风味独特，深受国内外市场欢迎。如“黑豆果酱”、“黑豆蜜酒”等。

（张　兴）

（二）干果类原料

1. 核桃

核桃属胡桃科核桃属多年生乔木植物。别名：核桃仁、山核桃、胡桃仁、羌桃、黑桃、胡桃肉、万岁子、长寿果、胡桃、核桃果、青皮果等。原产伊朗，公元前 10 世纪传入亚洲西部、地中海沿岸国家及印度、中国等国家。主要分布在美洲、欧洲和亚洲很多地方。其产量美国最多，中国次之。在国际市场上它与扁桃、腰果、榛子一起并列为世界四大干果。享有“大力士食品”、“营养丰富的坚果”、“益智果”、“万岁子”、“长寿果”、“养人之宝”等美称。核桃的使用融入民间习俗，已作为婚庆和爱情的象征，喻为“百年好合”。因核桃一次栽培，百年收益，故有“百年庄稼”之称。另有一种山核桃，又叫野胡桃，是我国浙江杭州的土物产，营养价值与核桃基本相同，还有一种核桃楸，果肉少，但材质优良，是我国东北地区珍贵用材树种之一。

我国栽培核桃历史悠久，晋代张华著的《博物志》一书中，就有“张骞使西域，得还胡桃种”的记载。现今核桃分布于我国各地。我国培育了许多优质核桃新品种。如按产地分类，有陈仓核桃、阳平核桃；按成熟期分类，有夏核桃、秋核桃；按果壳光滑程度分类，有光核桃、麻核桃；按果壳厚度分类，有薄壳核桃和厚壳核桃。我国各地还有许多优良的核桃品种，如河北的“石门核桃”，其特点为纹细、皮薄、口味香甜，出仁率在50%左右，出油率高达75%，故有"石门核桃举世珍"之誉。新疆库车一带的纸皮核桃，维吾尔族人叫它"克克依"。山西汾阳、孝义等地核桃以皮薄、仁满、肉质细腻著称。陕西秦岭一带的核桃皮薄如鸡蛋壳，俗称"鸡蛋皮核桃"。最好的品种是"绵核桃"。此外，杭州出产的小胡桃做出的椒盐五香核桃，也很受南方人欢迎。

《神农本草经》将核桃列为久服轻身益气、延年益寿的上品。唐代孟诜著《食疗本草》中记述，吃核桃仁可以开胃，通润血脉，使骨肉细腻。宋代刘翰等著《开宝本草》中记述，核桃仁"食之令肥健，润肌，黑须发，多食利小水，去五痔"。明代李时珍著《本草纲目》记述，核桃仁有"补气养血，润燥化痰，益命门，处三焦，温肺润肠，治虚寒喘咳、腰脚重疼、心腹疝痛、血痢肠风"等功效。核桃还广泛用于治疗神经衰弱、高血压、冠心病、肺气肿、胃痛等症。

每100克核桃肉中含有20.97克的抗氧化物质，比柑橘高20倍，比菠菜高21倍，比胡萝卜高500倍，比西红柿高70倍。

核桃富含大量的不饱和脂肪酸、亚油酸及矿物质元素，营养丰富，无论是配药用，还是单独生吃、水煮、作糖蘸、烧菜，都有补血养气、

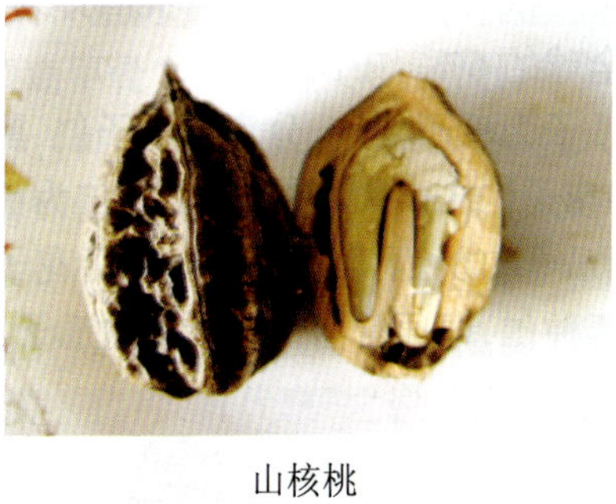

山核桃

核　桃

补肾填精、止咳平喘、润燥通便等良好功效。

核桃的食法很多，核桃可生食、熟食，或做药膳粥、煎汤等，也可以榨油。将核桃加适量盐水煮，喝水吃渣；核桃与薏仁、栗子等同煮作粥；核桃与芝麻、莲子同做糖蘸；生吃核桃与桂圆肉、山楂，能改善心脏功能。

小窍门：将核桃放在蒸屉内蒸上3~5分钟，取出即放入冷水中浸泡3分钟，捞出来用锤子在核桃四周轻轻敲打，破壳后就能取出完整的核桃仁。

注意事项：① 核桃不能与野鸡肉一起食用，肺炎、支气管扩张等患者不宜食之。② "饮酒食核桃令人咯血"，核桃不宜与酒同食。③ 痰火喘咳、泻痢、腹胀及感冒风寒者忌食。

（张　兴）

2. 松仁

松仁为松科松属植物中的华山松、红松、马尾松、樟子松的种仁。其中以红松的种仁最为常见，别名松果、松籽、松子、海松子等。红松生长在纬度40°~45°之间，主要分布于我国的东北长白山东山脉及小兴安岭林区，朝鲜、俄罗斯及欧洲少数国家略有出产，但数量极少，属国家一级濒危物种，其种仁称为松仁，为坚果中的一种。

野生红松需生长50年后方开始结籽，成熟期约2年。因此极为珍贵。其种子粒大，种仁味美，被誉为"长生果"、"长寿果"，并以较高的营养价值受到人们的青睐。《本草纲目》中写道："海松籽，释名新罗松籽，气味甘小无毒；主治骨节风、头眩，去死肌、变白，散水气、润五脏，逐风痹寒气，虚羸少气补不足，肥五脏，它诸风，温肠胃，久服身轻，延年老。"《日华子诸家本草》载："逐风痹寒气，虚羸少气，补不足，润皮肤，肥五脏。"清代黄元御《玉楸药解》载："润肺止咳，滑肠通便，开关逐痹，泽肤荣毛。"可见常食松子能延年、美容。松子仁味甘性温，具有滋阴润肺、美容抗衰、延年益寿等功能。

银杏早在2亿年前就已经在地球上生存着，是最古老的植物品种之一，称为“植物化石”，为中国特产，日本亦有栽培。江南一带约于汉末、三国时已食用白果。宋代已被列为贡品，改称银杏。元代吴瑞著的《日用本草》中记载“白果味甘平、苦涩有毒”；明代李时珍《本草纲目》称“白果熟食能温肺益气、定喘咳、缩小便、止百浊”。

白果外壳坚硬，果肉甘苦带涩，除去外种皮，洗净，稍蒸或略煮后，烘干，呈椭圆形。无臭，味甘、微苦。商业经营习惯分为3类：梅核果，果核卵形或近于椭圆形，略扁，良种有浙江诸暨大梅核；佛手果，果核狭长而尖，核饱满而味甘美，良种有江苏泰兴穴佛子等；马铃果，形似佛手果长，良种有浙江诸暨大马铃等。一般以粒大、光亮、饱满、肉丰、无虫蛀者为佳。

白　果

白果果仁含有丰富的淀粉、粗蛋白、脂肪、蔗糖、矿物元素、粗纤维。中医认为白果味甘苦带涩，性平，小毒。主要功能是敛肺气、定喘嗽、止带浊、缩小便。白果含少量的氰苷、赤霉素、蛋白质、脂肪、碳水化合物、微量重金属和氨基酸等等。在药理上，白果具有抗结核、抗细菌、抑皮肤真菌的作用。但树皮、树根、树叶、果仁都有不同的医疗价值。其中白果叶（银杏叶）在西方国家的医疗保健中使用量是所有草药之冠。含白果苦内酯A、B、C类和山柰酚、槲皮素、芸香苷、白果双黄酮、黄酮醇等。其中的多种成分联合引起的疗效比任何单独的一个成分强得多。

因白果中含有银杏酚和银杏酸，生食可使人中毒。在烹饪前需先经温水浸泡数小时，然后入开水锅中余熟后再行烹调，使有毒物质溶于水中并受热挥发。为确保安全，即便熟食也应适量。用白果可制成多种菜点，适宜于炒、蒸、煨、炖、焖、烩、烧、烘、烤等多种烹调法。民间常将白果用盐水烹炒，滋味香醇；用糖水煮熟，略加桂花糖渍，或用铁丝笼装白果烘烤成熟，当作小吃。山东民间用白果、糯米蒸制八宝饭，孔府菜中的“诗礼银杏”是色、香、味、形俱佳的名菜。四川青城山道观用白果配猪肘炖鸡，与洞天乳酒、洞天贡茶、道家泡菜同称“青城四绝”。其他名菜有广西桂林的白果羹、白果鸽鸡、白果水鱼，云南的果仁炒石蹦、椒盐白果、白果炖小肠，河南的蜜汁白果等。此外，白果还可制成甜白果、生炒白果等作为点心。

7. 杏仁

杏仁为蔷薇科植物山杏、西伯利亚杏、东北杏或杏的成熟干燥种仁。

杏　仁

夏季采收成熟的果实，除去果肉及核壳，取出种仁晒干。种仁呈扁心形，无臭，味苦。杏仁有苦杏仁和甜杏仁之分，前者多被当成药物，后者多用于食品。

每100克杏仁含有25克左右的优质蛋白，其中所含的氨基酸种类齐全，消化率高于一般动物蛋白，杏仁含有的蛋白质和单不饱和脂肪酸，二者相加的含量占到了总重的70%以上，同时富含钙、锌、硒等微量元素。杏仁性味苦、辛，可以入肺、脾。唐代甄权《药性论》指出，杏仁可以治心肺疾患，对咽喉、声带也有保健作用。唐代陈藏器《本草拾遗》上说，杏仁对中医说的五脏心、肝、脾、肺、肾都有益处。

杏仁主要做杏仁和乳制品为原料的饮品，也可以做杏仁粥、杏仁汤、杏仁茶等。

8. 花生

花生原名落花生，亦名番豆，相传宋元之间，广东商人得自海上诸国，种于沙地上，又曰长生果。花生一般栽培于沙地，是一年生草本植物。

花生开花受精后，子房柄迅速伸长，钻入土中，子房在土中发育成茧状荚果。

花　生

花生营养丰富、全面，是良好的蛋白质来源，富含不饱和脂肪酸，不含胆固醇，含有膳食纤维，是天然的低钠食物。花生里富含维生素E、叶酸、烟酸、维生素B_1、镁、钾、铜、锌和铁等许多人体必需的微量元素，具有降血脂，预防心血管病、糖尿病和癌症的良好功用，同时有助于控制体重、减少肥胖。

花生的主要4种食用方式是：直接食用、花生酱、花生油和制作菜肴等食品。直接食用的方式有生食或熟食两种。生食的好处是微量营养素的损失最少，但要考虑到能致癌的有害物质黄曲霉素的污染和抗营养因子的存在，故要选择干净无霉变的花生。熟食的方式有：干炒、微波、油炸、水煮。熟制的好处是增加口感香味，破坏毒素和抗营养因子，助消化。不利的地方是会损失一定量的微量元素。高温油炸对维生素的破坏更大，同时增加不饱和脂肪的含量，所以不宜多吃油炸花生。水煮花生也丢失了一定量的微量元素，最好的方式是干炒或微波。花生本身含油，不需另外加油，只要控制温度和时间，就可以达到熟化、防止焦黑、增加风味的目的。

花生酱在西方非常流行，家庭可以自制新鲜、不含添加剂的花生酱，也可以到商店购买。花生酱可以直接涂抹食用，也可以制作沙拉、糕点，还可以根据自己的口味添加到各种菜肴中去。花生油是一种品质较高的食用油，可与橄榄油相媲美。

花生还可以制作成各种菜肴，一般先破碎以后再与其他物料一起烹制，用花生熬粥、煮汤等也比较普遍。花生还可加工成花生粉，与其他粉状食物混合食用，如与奶粉混合食用，与面粉混合加工成面包、糕点等，生花生用水泡后去膜，可以作为凉菜进食，用油炸可以做成油酥花生米。

9. 夏威夷果仁

夏威夷果仁原产地是澳大利亚昆士兰省，别名昆士兰果或澳洲胡桃。为澳洲原住民日常食物的一部分，成熟后会自动从树上落下。

果仁直径约1厘米，近球形。芳香味美，松脆可口。

夏威夷果

每100克夏威夷果含油量高达60～80克，还含有丰富的钙、磷、铁、维生素B_1、维生素B_2和氨基酸。

果仁营养价值极高，可以提炼健康与不含胆固醇的食用油、花蜜、果酱、护肤乳液、精油及其他保养品、香皂等。夏威夷果仁可以鲜食，但更多的是加工成咸味或甜味点心，也可以作为糖果、巧克力和冰淇淋等的配料。

10. 腰果

腰果属漆树科常绿乔木或灌木植物。坚果肾形，又叫鸡腰果、介寿果。

腰果原产美洲，现主要生产国是巴西、莫

桑比克、印度等。我国海南、云南、广西、广东、福建和台湾也有种植。

腰果的果实由两部分组成。果蒂上具有膨大的肉质花托，称假果或果梨，长3～7厘米，红色或黄色，柔软多汁，味甜酸，具香味，可作水果鲜食或加工。果蒂上方为肾形的腰果，由果壳、种皮和种仁3部分组成。

腰　果

每100克腰果含脂肪48克、蛋白质21克、淀粉10～20克、糖7克及少量矿物质和维生素A、维生素B_1、维生素B_2。腰果仁油为上等食用油。副产品有果壳液、果梨等。果壳100克含壳液40克左右，是一种干性油，可制高级油漆、彩色胶卷有色剂、合成橡胶等。果肉柔软多汁，100克含水87克、碳水化合物11.6克、蛋白质0.2克、脂肪0.1克，以及少量钙、磷、铁、维生素A等。腰果含有多种致敏原。有过敏体质的人吃了腰果，常常引起过敏反应，严重的吃一两粒腰果，就会引起过敏性休克，如不及时抢救，往往发生不良的后果。

除腰形果仁可食外，它的肉质假果也可食，可生吃，或制作果汁、果酱、蜜饯，还可造酒。腰果果仁含油量高，可制高级菜肴，如腰果虾仁、椒盐腰果等。（胡晓远　朱多生）

五、畜禽原料

（一）畜类原料

1. 猪

猪属于哺乳纲偶蹄目猪科猪属，又称豕、彘、豚。家猪由野猪驯化而来。猪肉细嫩味美，营养丰富，是人类主要肉食品之一。除以鲜肉供食用外，还适于加工成火腿、腌肉、香肠和肉松等制品。猪皮、猪鬃和猪肠衣可作工业原料。猪血和猪骨可分别制成血粉和骨粉作饲料用。猪的内脏和腺体可以提制多种医疗药品。中国是世界上最大的猪肉生产国，也是猪肉消费量最高的国家。

中国养猪的历史可以追溯到新石器时代。据考古发现，约在公元前5000～6000年前的河北武安磁山和河南新郑裴李岗两遗址，均出土了猪的遗骸，被认为是中国北方已知最早的家畜遗存；南方则于广西桂林甑皮岩和浙江余姚河姆渡遗址发现家猪骨骸，均在公元前5000年以前。到商代早期，中国已育成特征稳定的家猪品种。据先秦文献记载，猪列为五畜或六畜、六牲之一，常用做祭品，与羊并称为少牢。是时，猪已成为肉食之一。《礼记·王制》规定："士无故不杀犬豕。"什么人可以经常吃猪肉呢？《孟子·梁惠王》中说："鸡、豚、狗、彘之畜，无失其时，七十者可以食肉矣。"用其制作的菜肴已有膮、炙、濡豚、豕胾、蒸豚等等。著名的炮豚则为周代八珍之一。其后至今，猪肉名肴历代迭出，如东坡肉、烤乳猪、清炖蟹粉狮子头、粉蒸肉等。用猪的肉与脏器制作的冷荤食品或小吃，和用猪肉制作的肉制品，品种、数量均很多。

家猪的体躯丰满，四肢短小，鼻面短凹或平直，耳下垂或竖立，被毛较粗，有黑、白、棕、红、黑白花等色。成年猪体重不等。如产于中国贵州和广西接壤处的香猪和产于海南岛的五指山猪仅重30～50千克，较大的种类则可重达数百千克。

猪根据体型结构和主要用途分为脂肪

型、腌肉型、瘦肉型3种。脂肪型以体躯短宽，头颈粗重，胸宽而深，腹部松弛，背膘厚和胴体脂肪率高为主要特征。腌肉型以体躯长，头、颈、肩较轻，胸深而窄，背腰和腿臀部发达，腹围紧缩，背膘薄和胴体瘦肉多，适于腌制咸肉和火腿为主要特征。瘦肉型以体长适中，颈短肩轻，背腰宽平，腹部紧凑，腿臀丰满，背膘薄，背最长肌发达，胴体瘦肉率高，适于鲜肉用为主要特征。

中国地方猪种根据其来源、分布、体质、外形和生产性能可划分为华北型、华南型、华中型、江海型、西南型、高原型6个类型。

华北型分布于秦岭和淮河以北。其主要代表为东北等地的民猪、西北地区的八眉猪和淮河流域的淮猪。外形特征为头直嘴长，背腰狭窄，臀部倾斜，四肢粗壮，皮厚毛密，鬃毛发达，冬季密生绒毛，被毛多黑色。腹腔脂肪沉积量大，肉味香浓。

华南型分布于中国南部。以云南的滇南小耳猪、福建的槐猪和广东、广西的小花猪等为典型代表。外形特征为头较小，面微凹，耳竖立或向两侧平伸，体躯短而宽，腿臀丰满，四肢短，骨骼细小，皮薄毛稀，鬃毛短少，毛色多为黑或黑白花。胴体背膘厚，腹脂多，肉质细嫩。

华中型分布于长江以南，北回归线以北，大巴山、武陵山以东，包括湖南、江西和浙江南部以及福建、广东和广西北部的广大地区，此外在安徽和贵州的局部地区也有分布。以浙江的金华猪、广东的大花白猪、湖南的宁乡猪以及分布于华中地区和广西的两头乌猪为主要代表。体型大于华南型猪，背腰较宽，且多下凹，腹大下垂，体呈圆桶形。骨骼较细，毛色以黑白花为主，头尾多为黑色，肉质细嫩。

江海型分布于汉水和长江中下游沿岸以及东南沿海的狭长地带，包括台湾西部的沿海平原，由华北型和华中型猪杂交而形成。额宽，耳大下垂，在体型上，背腰稍宽，较平直或微凹，腹较大，骨骼粗壮，皮厚而松软，且多皱褶。毛色多为黑色，间有白斑。以分布于太湖流域的太湖猪为主要代表，浙江的虹桥猪、湖北的清平猪和台湾的桃园猪等都属这一类型。

西南型分布于四川盆地和云南、贵州的大部分以及湖南、湖北的西部地区。由于高原、山地、盆地、丘陵、坝子、平原等纵横交错，自然条件和农耕制度差异大，所包括的猪种也不尽相同。一般特点是个体稍大，头大，额多横行皱纹，且有旋毛，背腰宽而凹陷，腹大略下垂，四肢粗短，毛色以全黑或“六白”（或不完全“六白”）为多，也有黑白花和红毛猪。以四川的内江猪、荣昌猪和云南、贵州、四川三省接壤处的乌金猪为主要代表。

高原型主要分布于青藏高原，品种数和头数均较少，以藏猪为主要代表。体型小，形似野猪。头狭长，嘴呈锥形，耳小竖立，背窄微弓，腹紧凑，臀倾斜，四肢强健，短而有力，蹄质坚实，毛长而密，丛生绒毛，以黑色和黑灰色为多，也有红或黑白花的。胴体中瘦肉率52%左右。

在引进外国猪种方面，中国早在19世纪末就引入了巴克夏猪和约克夏猪。20世纪以来又从国外引入不少优良猪种。在引进猪种与地方猪种杂交的基础上育成的新品种主要有大白型、中黑型、黑花型3种类型。

大白型系由约克夏猪和俄罗斯大白猪为主杂交育成的品种。特征是体躯较大，耳大小适中，背腰宽平，腿臀丰满，直立或微向前倾，毛色全白。比地方猪种生长快，腹内脂肪减少，瘦肉量增加，胴体瘦肉率50%左右。属于这一类型的有哈尔滨白猪、上海白猪、伊犁白猪、赣州白猪和汉中白猪等。

中黑型系受巴克夏猪影响较大，或以地方黑猪为主，混有其他品种血统的品种。体躯中等大，但小于大白型。耳小前倾，胸宽而深，背腰宽平，腹不下垂，腿臀发达，四肢较短，肢蹄坚实，毛色全黑或有少量较少的白斑。成熟较早，脂肪较多，胴体瘦肉率略低于大白型。属于这一类型的有新金猪、新淮猪、北京黑猪和福州黑猪等。

长白猪

大约克夏猪

两广小花猪

大白猪

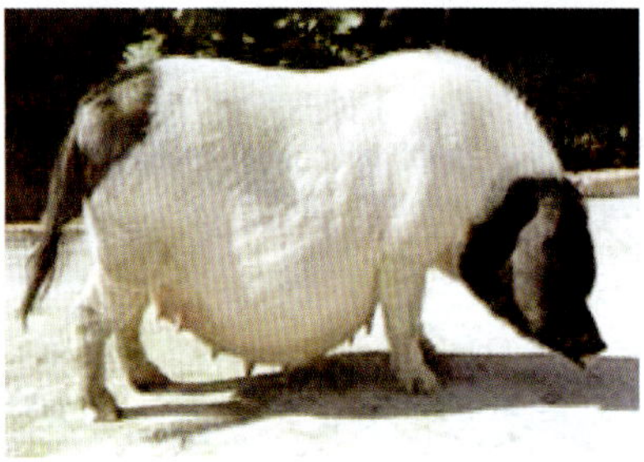

金华猪

新淮猪

杜洛克猪

成华猪

黑花型早期曾受波中猪的影响，近期系用克米洛夫猪等品种杂交育成。前者如山东的山猪和河北的定县猪等；后者有东北花猪和河南省的泛农花猪等。体躯大小中等，毛色为黑白花，生产性状与中黑型相近。

每 100 克猪肉（肥瘦）约含蛋白质 13.2 克、脂肪 37 克、碳水化合物 2.4 克、硫胺素 0.22 毫克、核黄素 0.16 毫克、尼克酸 3.5 毫克、钙6毫克、磷162毫克、铁1.6毫克。每100克猪肉(瘦)约含蛋白质20.3克、脂肪6.2克、碳水化合物1.5克、硫胺素0.54毫克、核黄素0.1毫克、尼克酸5.3毫克、钙6毫克、磷189毫克、铁3毫克。其中含有不饱和脂肪酸和人体必需脂肪酸,熔点较低,风味良好,且易消化吸收,为牛、羊所不及。尤其是其中所含的花生四烯酸,有助于降低血脂水平。中医认为,猪肉味甘咸,性平,具滋阴、润燥的功效,可治热病伤津、消渴羸瘦、燥咳、便秘等症。

猪的肌肉纤维细而柔软,肉质细嫩,肉色较淡,结缔组织少而柔软。脂肪组织蓄积多,肥膘厚,而且肌间脂肪也较其他畜肉多,猪脂肪熔点较低风味良好,且易消化吸收。猪肉本身无腥膻味,而持水率较高。所以,猪肉适用的烹调范围广,而且烹调后滋味较好,质地细嫩,气味醇香。

除毛、齿、蹄甲外,猪的全体均可入馔。应用最多的是胴体,即通称的猪肉。按不同部位经分档取料后,分不同性质用于烹调。从总体说,猪肉可作主料也可作配料,适应任何刀法加工,可与任何原料组配,适应除生食外的任何烹调方法,适宜于任何口味调味,可用以制成众多菜肴、小吃和主食。制作菜肴,可用于制作冷盘、热炒、大菜、小菜、汤羹、火锅等等。

名菜有北京的白肉片、冰糖肉,上海的桂花肉,河北的坛焖肉,山西的过油肉,吉林的白肉血肠、抽刀白肉,陕西的商芝肉、带把肘子,山东的火爆燎肉、甏肉、酥肉,江苏的水晶肴蹄,浙江的干菜焖肉,湖北的江陵千张肉、应山滑肉,湖南的走油豉扣肉,广东的烤乳猪,广西的荔芋扣肉,四川的回锅肉、蒜泥白肉、鱼香肉丝,贵州的金钱肉等,以及清宫菜荷包里脊。用于主食,多作馅料制成包子、饺子等,或作臊子用于面条、炒饭等。用做点心、小吃,除作馅料制成馄饨、元宵、春卷、粽子、烧卖等外,还被做成各种小吃,如上海的油氽排骨年糕,吉林的李连贵熏肉大饼,福建的五香捆蹄等等。猪肉还可制成火腿、腌肉、腊肉、香肠、香肚、肉脯、肉松等等。猪的内脏及头、鼻、眼、舌、耳、颚、脑、髓、骨、血、筋、爪、尾、膀胱、睾丸等等也用于制成菜肴、小吃等食品。

2. 牛

牛是哺乳纲偶蹄目牛科牛属和水牛属家畜的总称。我国水牛主要分布于长江流域及以南水稻产区,黄牛主要分布于淮河流域及以北地区,牦牛主要分布于青藏高原及西南一些地方。

中国是早期驯养牛为家畜的国家之一。黄牛的驯化,距今至少已有6000年的历史。水牛在中国南方驯化较早。浙江余姚河姆渡和桐乡罗家角二处文化遗址的水牛遗骸,证明在约7000年前的中国东南滨海或沼泽地带,野水牛已开始被驯化。牦牛系由中国古羌人在藏北高原羌塘等地区驯化野牦牛而来。牦牛驯化迄今已5000多年。至先秦时期,牛已列为六畜之一,并以牛为牺牲,列为三牲之首,称为太牢。有“伏羲氏教民养六畜,以充牺牲”的传说,曾被认为是我国进入原始畜牧业的标志。《史记·五帝本纪》认为尧时就“用特牛礼”,即选用牡牛作为祭品。由于牛在夏商时期还没有应用于农业生产中,因而那时在人们的饮食生活中就不显得特别珍异。殷商时,牛已成为一种隆重的祭祀用的牺牲。《礼记》所记周代八珍中捣珍、渍、熬都用牛肉制作。此外,还有肜、牛炙、牛胾、牛脍、牛脩等等。对牛的加工技艺也很高超。《管子》介绍过一位叫坦的屠夫日解九牛。《庄子》所载“庖丁解牛”的事迹已达神乎其技的境地。在周朝,由于牛逐渐运用于农业生产,作为饮食的牛少了,牛显得贵重了,在祭祀和宴享中用牛的数量比商代有所减少。《国语·楚语》:“其祭典有之曰:国君有牛享,大夫有羊馈,士有豚犬之奠,庶人有鱼炙之荐,笾豆脯醢,则上下共之。”意为牛是国君的祭品,羊是大夫的祭品,猪是士以下官员的祭品。这反映了春秋战国时期牛肉的珍贵,以及饮食生活中的等级差别。《礼记·王制》“诸侯无故不杀牛”,是农业生产需要牛协助的反映。秦汉以后,重农思想发展，许多朝代都曾下过禁屠令以保护耕牛。除从事畜牧业生产的部分少数民族外，一般都于冬闲以淘汰牛供食，直至近代。故其肉的消费量一直很低。

牛属包括4个种：普通牛，其分布较广，数量最多，如各种奶牛、肉用牛、兼用牛，中国以役用为主的黄牛以及日本的和牛等，与人类生活的关系最为密切；瘤牛，亦称驼峰牛，是印度和非洲等热带地区特有的牛种；牦牛，是中国青藏高原的独特畜种，所产奶、肉、皮、毛，是当地牧民的重要生活资源；野牛，如美洲野牛、欧洲野牛等。水牛属中的水牛是水稻地区的主要役畜，在印度则兼作乳牛用。中国供食用的牛，主要有牛属的黄牛、水牛属的水牛和牦牛属的牦牛。牛的生物学共性是体形壮大，体重自数百千克至千余千克不等。按用途分为肉用、乳用、役用以及兼用等多种。由于中国农业多以牛为役使畜，肉用较少。近年来肉牛饲养有所增加，牛肉消费量也在逐步增长中。中国3种牛的肉质，以牦牛肉为最好，黄牛肉次之，水牛肉最次。

黄牛较著名品种有秦川牛、南阳牛、鲁西黄牛、延边黄牛、晋南牛等。黄牛一般体格高大结实，肌肉纤维较细，组织较紧密，色深红近紫红，肌间脂肪分布均匀。入口细嫩芳香，经酱卤冷却后，收缩成较硬实的团块，可顶刀切成如纸样的薄片。

水　牛

黄　牛

水牛躯体粗壮，役力强，肌肉发达，但纤维粗，组织不紧密，色暗红或暗紫，脂肪含量少。卤煮冷却后不易收缩成块，切时易松散。食用时虽具鲜香却稍含膻臊，风味品质较差。

牦牛肌肉组织较致密，色紫红，肉用种肌间脂肪沉积较多，柔嫩香醇。

牦　牛

每100克牛肉（肥瘦）约含蛋白质19.9克、脂肪4.2克、碳水化合物2克、硫胺素0.04毫克、核黄素0.14毫克、尼克酸5.6毫克、钙23毫克、磷168毫克、铁3.3毫克。与同龄牛相比，牦牛肉的水分与蛋白质含量较高，脂肪含量低。与成年牛相比，小牛肉则具有脂肪少、蛋白质含量高及纤维细嫩等特点。

中医认为，牛肉一般味甘性平，入脾胃经，有补脾胃、益气血、强筋骨的功效，可以治虚损羸瘦、消渴、脾弱不运、痞积、水肿、腰膝酸软等症。其中，黄牛性温，补气，与黄芪同功；水牛性平，能安胎补血。牛胃味甘性温，补虚、益脾胃；牛肝味甘性平，补血、养肝、明目；牛肾补肾气、益精去湿痹；牛肠厚肠，除肠风痔漏；牛肺补肺，止咳逆；牛脾味甘微酸，性温，健脾消积；牛鼻治妇人无乳；牛脑味甘性温，治头风眩晕、消渴、痞气、脑漏；牛髓味甘性温，润肺、补肾、填髓；牛蹄性凉，下热风；牛筋补肝强筋，益气力，续绝伤；牛血味咸性平，理血、补中；牛喉治反胃吐食；牛骨味甘性温，治邪疟等；牛皮熬制品味甘性平，可滋阴润燥、止血消肿；水牛皮与尾治水气大、腹水肿、小便涩少；牛睾壮阳补肾，治疝；牛鞭味甘性温，壮阳补肾；牛胎盘味甘性温，安心养血、益气补精。

牛肉结缔组织多而坚硬，肌肉纤维粗而长，一经加热烹调，蛋白质变形收缩，失水严重，老韧不化渣，不易烧烂，有一定的膻味。但由于肌肉组织比例大，蛋白质含量高，营养丰富，有特殊的香味，仍然不失为良好的肉用原料。在烹调牛肉时须注意：对肌纤维粗糙而紧密、结缔组织多、肉质老韧的牛肉，多采用长时间加热的方法，如炖、煮、焖、烧、卤、酱等，且多与根菜类蔬菜原料相配。对牛的背腰部和臀部所得的净瘦肉，因结缔组织少、肉质细嫩，可以切成丝、片，以快速烹调的方法成菜，如炒、爆、熘、拌、煸、炸等。为尽量去除牛肉的膻臊味，常采取在烹调中加入少量香辛原料、香味蔬菜，从而抑制、减弱膻味。

由于牛肉肉质总的来说较为粗老，除注意选用烹调方法外，还应在烹调前对牛肉进行嫩化处理，保证菜品的质量。通过悬挂、加嫩肉剂、加碱拌和、加植物油等方法，都可起到嫩肉的目的。传统的方法是用悬挂法，将大件牛肉吊挂起来，利用其自重拉伸肌肉，使其僵直时肌纤维不收缩，并使其易于断碎。此法可使其嫩度提高30%。在炒牛肉丝上浆时，加1～2汤匙生植物油，稍静置后炒制，利用油分子配合水分子在肌纤维中遇热膨胀而爆开的效果，使菜品金黄油润、细嫩松软。往肌肉里注射木瓜蛋白酶，或在切好的牛肉中加入嫩肉粉，利用酶的作用破坏肉中的胶原纤维，提高其嫩度。炖煮时加凤仙花籽、山楂、冰糖、茶叶，也可提高牛肉的嫩度。

牛的胴体经分档取料后，烹调时多作主料，可做主食、菜肴、小吃。做菜肴时可制成冷盘、热炒、大菜、汤羹、火锅等。名菜有北京烤肉宛的烤肉，内蒙古的烤牛肉，吉林的牛肉锅铁，广东的蚝油牛肉，四川的水煮牛肉、干煸牛肉丝，清真菜袈裟牛肉等等。名小吃有陕西的牛羊肉泡馍、甘肃的兰州牛肉面、湖北的老谦记枯炒牛肉豆丝、四川的灯影牛肉、云南的卤牛肉烧饵等。用于主食，多作馅料用于包子、饺子、馅饼等，或作臊子用于面条、面片等。此外，牛肉亦用于腌、腊、干制，制成牛肉松、牛肉脯、牛肉干等食品。

牛的头、鼻、舌、耳、尾、蹄、脂、筋、血、骨、脑、髓、皮、睾丸、牛鞭（牛的外生殖器干品）及其全部脏器均可制作食品。其中著名的菜肴或小吃有广东以牛肝、牛心、牛肚制成的“牛三星”，湖南以牛瓣胃、牛蹄筋、牛脑髓制成的“牛中三杰”，以及四川的毛肚火锅、夫妻肺片，湖南的原蒸牛鞭，内蒙古的清汤牛尾，藏族的蒸牛舌，傣族的酸皮等。

3. 羊

羊是哺乳纲偶蹄目牛科羊亚科绵羊属的绵羊和山羊属的山羊的统称，是肉食和毛皮的重要资源，是草原各族人民衣食的主要来源。绵羊主要分布于西北、华北、内蒙古等地。山羊主要分布于华北、东北、四川等地。

一般认为在波斯和中东广大地区，绵羊和山羊早在公元前5500年已进入驯化阶段，在中国也不会晚于这个时期。甲骨文中有羊字，没有绵羊、山羊的区分。直到春秋时期前后，绵羊和山羊在文字上才有所区别，而历代训诂学者又各有不同的解释。《尔雅》郭璞注指出，羊指绵羊，夏羊才指山羊。中国食用羊肉，古已有之。新石器时代仰韶、龙山文化遗址中都曾发掘出羊骨。在先秦时期的江陵望山遗址和随县曾侯乙墓均出土了羊的遗骸，说明当时长江中游地区的先民把羊肉当做重要的肉类食物之一。距今3000年前后的殷商甲骨文记述祭祀用羊曰“少牢”，重大庆典最多时一次用牛、羊300多头。《周礼·天官》篇所载“八珍”中，除捣珍、渍均用羊肉外，还有一个“炮 ”的名馔，它是采用烧、烤、炖的方法烹制而成的。不过西周时期，羊仅限于士大夫阶级享用，《礼记·王制》规定：“大夫无故不杀羊。”《礼记·月令》中说：“孟春之月，……天子食麦与羊。”可见，当时羊主要供权势者享用。在乡饮酒礼中，只有乡人参加，就吃狗肉，如果大夫参加，就另加羊肉。至春秋战国

在中国新疆罗布泊一带和蒙古国戈壁尚有极少数生存。马的驯化始于新石器时代。如中亚细亚接近阿姆河和锡尔河的地区、底格里斯河和幼发拉底河以北的地区、黄河流域和南俄罗斯草原等都是世界马匹驯化的起源地。中国是最早开始驯化马匹的国家之一，从近年来黄河下游的山东以及江苏等地的大汶口文化时期及仰韶文化时期遗址的遗物中，都证明距今6000年左右时，几个野马变种已被驯化为家畜。中国食马历史已很久。据考古发掘，仰韶文化时期已发现有吃马的遗存。先秦时，马列为供食的六畜之一，文字记载始见于《周礼》。此后，《东观汉记》有“马醢”的记载，《齐民要术》提及用马作脾肉之法。近年世界市场出现“马肉热”，中国已建立肉马饲养场等，以适应需要。

不同品种的马体格大小相差悬殊。大型品种体重达1200千克，体高200厘米；小型品种体重不到200千克，体高仅95厘米，所谓袖珍矮马仅高60厘米。头面平直而偏长，耳短。四肢长，骨骼坚实，肌腱和韧带发育良好，附有掌枕遗迹的附蝉（俗称夜眼），蹄质坚硬，能在坚硬地面上迅速奔驰。毛色复杂，以骝、栗、青和黑色居多。全世界马的品种约有200多个，中国有30多个。主要可分为役用型、乳用型、肉用型及马术用型等类型。此外，马血清在医疗上具有重要价值。妊娠马的血清是提炼激素的原料。

母马的泌乳期一般为8～10个月，有些青年母马可持续挤乳2年以上。泌乳期的前几个月乳量较多。壮年母马和重挽品种的产乳量较高。与牛乳相比，马乳的乳糖含量较多，脂肪和蛋白质较少。蛋白质中酪蛋白与白蛋白加球蛋白之比为1∶1，在胃中不形成致密的凝块，易溶于胃液，且脂肪球小，溶点低，有利于消化，更适于哺育婴儿。维生素A、维生素B，特别是维生素C的含量丰富。马乳的制品酸马奶（也称马乳酒）含有1%～3%的酒精和0.5%～1%的乳酸和某种抗生素，能兴奋神经、调整胃肠、活化胰腺功能、促进消化吸收，对某些慢性病有一定疗效。

在合理的培育条件下，幼驹由出生至断乳每天能增重1～1.5千克，到6～7个月龄时，改良马体重可达到230～250千克。膘情较好的马匹屠宰率可达48%～60%。瘦肉较多，脂肪的熔点亦较低。肉质以放牧育成的较好。舍饲的老龄役马肉纤维粗硬，无脂肪层，水煮时有难闻的气味。中国牧民素有吃马肉的习惯，多在冬季或招待贵客时杀马吃肉。日本和西欧一些国家马肉消耗量大，多靠进口。俄罗斯、波兰和巴西等为马肉或肉用马输出国。

每100克马肉约含蛋白质20.1克、脂肪4.6克、碳水化合物0.1克、硫胺素0.06毫克、核黄素0.25毫克、尼克酸2.2毫克、钙5毫克、磷367毫克、铁5.1毫克，属高蛋白低脂肪食品。中医认为马肉味甘酸，性寒，有除热下气、长筋骨、强腰脊、壮健、强志轻身等功效。马肉脯可治寒热痿痹。马奶味甘，性凉，可补血润燥、清热止渴。

马

马肉纤维较粗，结构不似牛肉紧密。因其肌间含有糖分，吃口回甜，但易孳生致病微生物。退役老马则于肌间积聚较多乳酸，酸味较重。因此，烹制时不宜生炒生爆，宜采取长时间加热的炖、煮、卤、酱等烹调法成菜，或重味红烧，或先白煮后再行烧、烩、炒、拌。此外，亦可烤、熏、涮或腌、腊。调味宜浓口重味，多用香辛料以矫其异味。用马肉制作的火腿、香肠、灌肠亦具较好风味。传统名食有桂林马肉米粉和呼和浩特车架刀片五香马肉等。哈萨克族的马肉腊肠也很有特色。蒙古族、维吾尔族等少数民族喜欢以马奶制作马奶子等食品。

6. 驴

驴是哺乳纲奇蹄目马科马属草食家畜，主要供役用，其肉味道鲜美，是重要的肉类资源之一。亚洲野驴广泛分布于亚洲的中部和西南部，如中国的新疆、内蒙古、青海、西藏以及俄罗斯的中亚细亚、尼泊尔、锡金、印度、伊朗和阿富汗等地。中国内地驴主要分布在新疆、甘肃、山西、陕西、河南、山东、河北、黑龙江和西藏等省、自治区，数量居世界首位。

一般认为家驴由非洲野驴驯化而来。也有人认为东方家驴驯化自亚洲野驴。非洲野驴 8000 ~ 9000 年以前已被驯化为家畜。中国内地的驴约在汉代由西域传入。驴在人类历史记载和神话中经常出现，据说耶稣就是骑驴进入耶路撒冷的，基督教世界传说认为驴两肩黑纹和黑鬃组成的一个十字架就是因为耶稣骑过它的缘故。中国古代成语“黔驴技穷”讲的是身高马大的关中驴开始能吓坏没有见过驴的老虎。关于驴肉的食用方法，唐代段成式《酉阳杂俎》载：“煮驴马肉……”清代袁枚《随园食单》云：“驴肉闻极鲜嫩，生炒尤佳。”

驴形态与马相似，但比马的体形小，头大耳长，无鬃毛，鬣毛稀短。背稍隆，腰短而坚实，尾根无长毛，尾端长毛稀短。四肢细长，仅前肢有附蝉，蹄小而直立，蹄质坚硬。毛色有灰、黑、青、棕 4 种，以灰色居多。驴的品种类型因各地自然条件不同而有较大差异。中国有大、中、小 3 型：大型驴主要分布在渭河流域和黄河中下游的平原农区。体高一般在 130 厘米以上，少数可达 150 厘米。以关中驴、德州驴、渤海驴为代表，在国际上享有盛名。关中驴是中华人民共和国成立后最早向国外输出的家畜。中型驴体型介于大型驴和小型驴之间，主要分布在华北平原、河南的西北部、陕西北部和甘肃东部。体高 110 ~ 130 厘米。以陕西的佳米驴和河南的泌阳驴最为著名。小型驴也称毛驴，分布区域最广。西北、华北、西南、东北、内蒙古等的丘陵或荒漠地区以及西藏高原牧区所饲养的多为此型。体高一般在 85 ~ 115 厘米之间。

驴

每 100 克驴肉（瘦）约含蛋白质 21.5 克、脂肪 3.2 克、碳水化合物 0.4 克、硫胺素 0.03 毫克、核黄素 0.16 毫克、尼克酸 2.5 毫克、钙 2 毫克、磷 178 毫克、铁 4.3 毫克。中医认为，驴肉味甘酸，性平，具有补气血、益脏腑等功能，对于积年劳损、久病初愈、气血亏虚、短气乏力、食欲不振者皆为补益食疗佳品。脾胃虚寒、有慢性肠炎、腹泻者忌食驴肉。

驴肉质地比牛肉细嫩，味道鲜美，有“天上的龙肉，地上的驴肉”之誉。驴肉稍有腥味，烹调时须注意除腥，可通过加入姜片、葱结、黄酒、花椒等增香去腥料，经水煮加以去除。用适量的苏打粉拌和切好的驴肉片、肉丝，可去腥增嫩。驴肉入馔，可切块用砂锅长时间炖、焖、煨、煮，可切条整齐排列用于扒、烧。也可将驴肉制成腌腊制品。烹制驴肉调味宜浓厚，红油味、麻辣味、蒜香味、家常味、芥末味等均可。驴肉名菜肴有山西长治腊驴肉、山东保店驴肉、陕西凤翔腊驴肉干等。驴肉因易含致病微生物，国家有关部门规定市场禁售鲜驴肉，只允许熟制品供市。烹制驴肉宜取长时间加热的卤、酱、炖、煮等烹调方法成菜，多制成酱菜、卤菜等。

7. 骆驼

骆驼属于哺乳纲偶蹄目骆驼科骆驼属。该属有双峰驼和单峰驼 2 个种，通称骆驼，又称橐驼,有"沙漠之舟"之称。单峰驼又称阿拉伯驼,产于非洲和亚洲阿拉伯炎热沙漠地区及印度北部干旱平原,主要分布于北非、西亚的一些国家,以北非的撒哈拉大沙漠数量最多。双峰驼产于亚洲寒冷沙漠地区,主要分布在亚洲中部的中国和蒙古等国家。中国的双峰驼主要分布在内蒙古、新疆、甘肃、青海、宁夏,以及山西、陕西、河北的北部地区。

双峰驼约在公元前4000~前3000年开始在中亚驯化,然后扩大到亚洲其他地区。单峰驼驯化可能是从中阿拉伯或南阿拉伯开始的。东方朔《七谏》:"腾架橐驼。"说明中国自西汉已见驯养骆驼的记载。《汉书·西域传》:"大月氏国,出一封橐驼。""一封"即"一峰",即独峰骆驼。骆驼肉、驼峰、驼蹄古人视为珍品。宋人周密在《癸辛杂识》中指出:"驼峰之隽,列于八珍。"旧题王世贞撰的《异物汇苑》谓:"陈思王(曹植)制驼蹄羹,一瓯值千金,号七宝羹。"元末陶宗仪《辍耕录》中的"迤北八珍"兼收有驼峰、驼蹄。

骆驼外形特征为:躯短肢长,颈长呈"乙"字形大弯曲,上唇有一天然纵裂,形似兔唇。前躯大于后躯,背短腰长,肋骨12对。单峰驼体型较轻,头较小,额部隆凸,脸部长,鼻梁凹下,额顶无鬃毛,鬣毛短而宽,长至颈上缘之中部为止。被毛多为灰白色或沙灰色。一般体高185~200厘米,体重700千克以上。双峰驼躯干较宽长,脸部短,嘴较尖,颈较短而稍凹,被毛有黄色、杏黄色、紫红色、棕色、褐色、黑褐色等。毛长而厚密,御寒力强。一般体高168~180厘米,体重500~700千克。

骆　驼

驼　掌

骆驼肉富含蛋白质,一般为暗红色,肌肉纤维粗,脂肪少,呈白色,多集中在驼峰中,肌肉间脂肪很少。驼蹄形如盘状软垫,富含胶质,每100克食部约含蛋白质25.6克、脂肪1.4克、碳水化合物0.2克、硫胺素0.01毫克、钙36毫克、磷53毫克、铁4毫克。骆驼肉性温,味甘,益气血,壮筋骨,适宜气血不足、营养不良、筋骨软弱无力者食用。驼峰为胶质脂肪构成。驼峰质地柔嫩腴润,似脂肪而不腻滞,似胶质而致密,性味甘温无毒,具有润燥、祛风、活血、消肿的功效,适宜顽痹不仁之风疾者食用。

驼峰雌峰与雄峰的识别:雄峰又称甲峰,肉质发红,呈半透明,质地较嫩,为上品;雌峰又称乙峰,白而发滞,质地较老,品质较次。前、后驼峰质量不同,前峰优于后峰。鲜品可直接应用,但除产地外极少见,常用者多为罐装制品、速冻品及干品。干品使用前须经涨发:用温水泡软,去除外皮,切成大厚片,水煮2~3小时,煮时随时撇去浮油,至松软后捞出,加少许精盐、胡椒粉、葱、姜、料酒等以矫除膻臊气味,再蒸2小时,晾凉备用;或切成4厘米的厚块,温水下锅,加葱、姜、料酒,旺火烧2.5小时,再换水煮两次,换冷水浸泡2小时即可。涨发后的驼峰烹前宜刀工加工,可切成条、块、片、丝,适于炒、爆、烧、炸、烩、扒、蒸、炖、煮、烤等烹调法。因其自身无显味,烹制前须与鸡、瘦猪肉、火腿、干贝等同煨以赋味,或烹制时配以鲜味料以增味。名菜有青海的猴头驼峰,内蒙古与宁夏的清炒驼峰丝,甘肃的油爆驼峰,吉林的白扒驼峰,北京谭家菜的香酥驼峰、酥炸驼峰等。

驼蹄鲜品可直接入烹。常见的多为干品,

入烹前应先涨发：先去毛皮，放入温水锅，煮开 2 小时取出用温水洗净，片去底皮、掌边和掌踝部黄烂肉，多换温水浸洗，漂去膻躁味，再下锅加葱、姜、料酒煮焖矫味，1 小时后取出，去骨后用凉水反复泡洗，浸于凉水中备用。驼蹄宜烧、炖、扒、烩等法烹调。驼掌本身味极淡，烹制时必须以鸡、干贝、火腿等煨制赋味，或配以具鲜味的配料以增味。名菜有内蒙古金饺扒驼掌、扒驼蹄，宁夏扒驼掌，吉林红扒驼蹄，北京谭家菜的红烧驼掌、清炖驼掌、紫鲍烧驼掌，仿膳菜龙须驼掌和陕西仿唐菜驼蹄羹等。

8. 兔

兔属于哺乳纲兔形目兔科穴兔属，生长快，性成熟早，繁殖力强，饲料利用率高，可供肉用、皮用、毛用或实验用，也可作玩赏小动物。第二次世界大战以后，兔肉需求增加，养兔业获得发展。在中国，养兔是重要的农村家庭副业，兔毛、兔肉等已成为重要的出口商品。

家兔的驯化历史较短，约在 2000 年前由野生穴兔驯化而成。穴兔原栖息于西班牙，以后逐渐分布到地中海西部沿岸国家如法国、意大利和阿尔及利亚等。西班牙和法国是欧洲驯养家兔最早的国家。距今约 3000 年前《诗经·大雅·巧言》中的“跃跃毚兔，遇犬获之”，当是中国最早的有关野兔的记载。中国食兔历史悠久，《礼记·内则》载：“析稌犬羹、兔羹。”宋代陶穀《清异录》载，韦巨源上烧尾食有“卯羹”。卯羹即兔羹。陶宗仪《元氏掖庭记》载：“宫中以玉版笋及白兔胎作羹，极佳，名曰换舌羹。”

兔体重 1～7 千克，一般母兔重于公兔。毛色白、黑或黄褐等。耳长，眼大，上唇中央有裂缝。按经济用途可分为肉用、毛用，皮用和皮肉兼用 4 类。主要的品种有：

安哥拉兔。世界上唯一的毛用兔品种。原产地不详，或云来自小亚细亚的安哥拉。传入各国后，经当地的风土驯化和选育，形成不同的品系，如法系、英系、德系和中系等。成年兔体重约 3 千克。

中国兔。古老的肉用兔品种，分布在中国南北各地。因毛色大多为白色，亦称“中国白兔”。被毛短而紧密，皮板厚实，体型较小，成年体重约 1.5～2.5 千克。繁殖力、抗病力和适应性都强。但生长较慢，产肉性能并不理想，可用做杂交母本。

喜马拉雅兔。一种皮肉兼用品种，原产于喜马拉雅山两麓。除中国外，美国、俄罗斯及其他许多国家都有饲养。体型紧凑，被毛白色，短而柔软，耳、鼻、四肢下部均为黑色，成年兔体重 2.5～3 千克，体质健壮，耐粗饲，繁殖力强，是良好的育种材料。世界有名的青紫蓝兔和加利福尼亚兔等都有它的血统。

日本大耳兔。以中国白兔为基础，经选育而成的一种皮肉兼用品种。毛色纯白，耳大而直立，皮肤白色，血管清晰。体型大，成年兔体重 4～5 千克。生长快，繁殖能力强。

青紫蓝兔。由法国育成的优良皮肉兼用品种，在世界上广泛饲养。有 3 个不同的类型：标准型较小，成年体重仅 2.5～3.5 千克；美国型较大，约重 4～5 千克；巨型重达 6～7 千克。

比利时兔。英国育成的著名肉用品种。体躯长而清秀，腿长。被毛深赤而带黄褐色，有光泽。骨骼细小、肌肉丰满、肉质细嫩。成年体重 4～5 千克。

兔

其他。较有名的肉用品种有新西兰兔和加利福尼亚兔，二者杂交具有很好的杂种优势。皮用品种有法国育成的雷克斯兔。皮肉兼用品种有银狐兔和哈瓦那兔等。

每 100 克兔肉食部约含蛋白质 19.7 克、脂肪 2.2 克、碳水化合物 0.9 克、硫胺素 0.11

鹿肉质细嫩，味鲜美，瘦肉多，结缔组织少，可烹制多种肴馔。以鹿入馔，多作主料，适于炒、炝、烩、煮、炸、烤、煎、烧、蒸、焖等多种烹调技法。名菜有白汁玲珑鹿肉、清炖鹿肉、鹿肉氽丸子、串烤鹿肉等。

鹿尾、鹿筋、鹿鞭、鹿膝、鹿茸等也是品质优良的烹饪原料，且常以干品供市，烹制时需以鲜汤提鲜助味。鹿尾制馔，适于做清汤、烩菜、蒸菜，名菜有三丝芙蓉鹿尾、烩什锦鹿尾、清烩鹿尾等。

鹿筋质地柔韧，富含胶原蛋白，多以扒、烧、炖、烩等法烹制。名菜有红烧鹿筋、白扒鹿筋等。蒸鹿筋的汤汁冷却凝固后，是名贵的水晶鹿筋冻。

鹿鞭含有丰富的胶原蛋白质，经初加工后，以砂锅清炖或烧、烩为宜。口味宜清淡，以咸鲜为佳，若配以蘑菇、鸡同烧，其味更美。名菜有：清炖鹿鞭、鲜蘑鹿鞭。鹿茸为名贵的滋补品，可制作三鲜鹿茸羹、鹿茸三吃虾等高级滋补名菜。

鹿膝系梅花鹿腿部关节外软组织干制品，富含胶原蛋白，经涨发后，以清炖、清蒸、白煮常见，口味清鲜，砂锅鹿膝、清汤鹿膝等均为佳品。

11. 果子狸

果子狸属于哺乳纲食肉目灵猫科，又称花面狸、玉面狸、牛尾狸、白锦、白额、白额灵猫、青摇、白麋子、围子、柿狐、玉面猫、斋公。果子狸广泛分布在亚洲、非洲的热带和亚热带地区，多产于广东、广西以及长江中下游及其以南地区，为山珍之一。俗谚“天上龙肉，地上狸肉”，“沙地马蹄鳖，雪天牛尾狸”，均是赞美果子狸质佳味美的，现为国家二类保护动物。

中国食用狸类动物历史悠久。北京周口店山顶洞人遗址中已发现有果子狸化石遗存。《楚辞·九歌》：“乘赤豹兮从文狸。”《楚辞·九思·怨上》：“狐狸兮徶徶。”明代张自烈《正字通》：“狸，野猫。有数种，大小似狐，毛杂黄黑，有斑，如猫。圆头大尾者为猫狸，善窃鸡鸭。斑如貙虎，方口锐头者为虎狸，食虫鼠果实。似虎尾黑白相间者为九节狸。……”食狸的文字记载始见于《礼记·内则》篇。此后，唐代韦巨源《烧尾宴食单》、孟诜《食疗本草》及北宋寇宗奭《本草衍义》等文献亦均有食狸记载。南宋林洪《山家清供》载有烹制牛尾狸的方法：“去皮，取肠腑，用纸揩净，以清酒洗，入椒、葱、茴香于其内，缝密，蒸熟，去料物，压缩，薄切如玉，雪天炉畔，论诗饮酒，真奇物也。故东坡有‘雪天狸尾’之咏。或纸裹糟一宿，尤佳……”周密《武林旧事》载，当时临安酒楼上已有小贩在座间零卖“玉面狸”制作的食品。清代《调鼎集》还载有蒸狸的方法。袁枚《随园食单》记载：“果子狸，鲜者难得。其腌干者，用蜜酒酿，蒸熟，快刀切片上桌。先用米泔水泡一日，去尽盐秽。较火腿觉嫩而肥。”明代宋诩《宋氏养生部》谈到另一种蒸的方法：“银锡沙锣中先铺白糯米，以花椒葱盐酒沃狸身，置于上蒸熟。宜蜜，宜火，宜小麦面之蒸。”《红楼梦》第七十五回写贾母晚餐桌上，先吩咐将自己吃了半碗的红稻米粥“送给凤哥儿吃去”，又指着一碗笋和一盘风腌果子狸“给颦儿、宝玉两个吃去”。

果子狸主要栖息在森林、灌木丛、岩洞、树洞或土穴中，晨昏和夜间活动，以野果和谷物为主食，也吃树枝叶、昆虫、蛙、鸟及卵、老鼠及水果。果子狸大小如家猫，体躯细长，四肢较短。体长50～60厘米，尾长44～54厘米。头部、颈背、下颏黑色，从鼻端向后延展至前背有一白纹，眼后及眼下各具有一小块白斑，自两耳基部至颈侧也有一条白纹，故有“花面狸”之称。体背、体侧、四肢上部以及尾部呈暗棕黄色，腹面灰白色。体重2～2.5千克，以2千克上下最好。肉质香浓、细嫩、腴滑，味甚鲜美。因主要食果类，故肉无甚异味。民间视为补品。现已人工饲养，但偏肥，风味不及野生者。除果子狸外，民间常将食肉目、啮齿目中一些动物作为果子狸应用。如笋狸、香狸、虎狸、猫狸、狗狸、芒狸、斑林狸等。

果子狸

中医认为，果子狸性味甘、平，有补中益气的功能，治肠风下血、痔漏。孙思邈《千金·食治》谓之“补中益气”，五代韩宝异《蜀本草》谓之“治鼠瘘”。果子狸适用于颈部淋巴结核、痔疮出血、脱肛疼痛等症。在冬季食以烂熟鲜嫩的果子狸，不仅能祛风散寒，更能健脾和胃、益智强身，且其肉味之鲜美更是难得，堪称滋补佳品。

果子狸凶而易于咬人，可取淹死、摔死或灌酒后割喉放血等方法宰杀，然后剥皮，或用沸水烫后煺毛。剥皮法，宜于斩块；煺毛法，宜于整烹。煺毛时应先烫身，后烫头，因其耳内油脂沾上狸身，毛即不易退净。烹制时除糟、蒸法外，现在常用烧、炖、烩、焖、煎、炸、炒等法。调味宜浓厚，以红烧法为多，广东、广西、安徽及湖北荆门等地均有红烧果子狸，各有不同技法和风味特色。广东还常将果子狸与多种名贵原料配合成菜，如鱼翅、鲍鱼、乌骨鸡、蟹黄蟹肉、鱼肚等，并常将之作为“虎”，与蛇、鸡配用，为“龙虎”或“龙虎凤”菜式中的高档组合。果子狸的头、爪、脑等也可用于作菜。烹果子狸时，广东常用竹蔗以矫味，吃时除去。其他地方又有各自的菜式。如广西桂林腐乳扣果子狸、五彩果狸丝，安徽果子狸卷等。

我国南方向来嗜食果子狸，一般烹调书上都说它是珍稀野味。但在2003至2004年间，一场传染性非典型肺炎（简称“非典”、“SARS”，在东亚地区肆虐，人们发现导致“非典”流行的冠状病毒，竟然在果子狸身上。人们对此进行了研究，并于2006年11月23日发表了相关的研究报告说，SARS与果子狸的存在相关，但不能说SARS就是果子狸传播的。不过，为了人类的健康，果子狸还是不吃为好。

（二）禽类原料

1. 鸡

鸡是鸟纲鸡形目雉科原鸡属家禽。现今广泛饲养的家鸡起源于红色原鸡、蓝喉原鸡、灰原鸡和绿原鸡。一般认为红色原鸡为现代家鸡的祖先，主要分布在中国云南、广西南部、广东、海南及印度，东南亚一带也有分布。经过2000多年来的倡导，养鸡已成为全国农村最普遍的副业生产之一。

中国是世界上最早驯养鸡的国家，其历史可上溯到公元前2500年的新石器时期，甲骨文中已有反映，中国周代已将鸡列为“六畜”之一。古代养鸡除供食用卵肉外，有时也为玩赏和利用雄鸡的啼声司晨。商代，鸡已成为祭祀中的常品，周代还设有“鸡人”官职，掌管祭祀、报晓、食用所需的鸡。鸡当时是自平民至贵族都爱饲养和食用的家禽。在湖北江陵望山一号墓和江西清江营盘里遗址均有先秦时期的陶鸡出土。《楚辞》中也屡次出现“鸡”字。如《九章》：“鸡鹜翔舞。”《卜居》：“将与鸡鹜争食乎。”《七谏》：“鸡鹜满堂坛兮。”春秋时期养鸡已相当普遍，如老子《道德经》说：“邻国相望，鸡犬之声相闻”。吴王夫差就在越国设过养鸡场。汉代时有养鸡名手祝鸡翁，因善于养鸡而致富。某些地方官也鼓励农民每家养母鸡四五只和猪一二口。《礼记》、《齐民要术》等历代古籍也均有记载。中国以鸡供馔，历史久远。《淮南子·说山训》载有“齐王食鸡，必食其数十而后足”。战国时《楚辞·招魂》中载有露鸡。北魏《齐民要术》记有脂鸡。唐代有黄金鸡。宋代有蒸鸡。至清代，《随园食单》、《调鼎集》、《清稗类钞》等典籍中均记载了多种鸡肴。

全世界鸡的品种数有100个左右，变种

多达300个以上，但经济价值较高的品种仅10多个。鸡品种分类方法，按体型大小可分成普通型鸡和矮小型鸡两种。普通型鸡又可按产地、毛色和冠型分成6类：美国类的洛克鸡、亚洲类的狼山鸡、英国类的多金鸡、地中海类的来航鸡、欧洲大陆类的波兰鸡、其他玩赏类品种如斗鸡和丝毛鸡等。矮小型鸡按体型、冠型和脚部有无羽毛分为斗鸡、单冠光脚、玫瑰冠光脚、其他冠型光脚和毛脚5类。现代商品鸡按用途可分为肉用、蛋用、肉蛋兼用、食药用4大类。蛋用鸡又可分白壳和褐壳2种。前者为来航鸡配套品系间的杂交鸡，体小，母鸡重1.5～1.8千克，72周龄产蛋量250～270个，蛋重60克以上。后者多为褐壳蛋鸡配套品系的杂交鸡，体稍大，重2.2～2.5千克，72周龄产蛋240～260个，蛋重62克以上。肉用鸡有白羽和有色羽两种。前者生长较快，后者肉质较佳，可据羽色鉴别雌雄。现代商品肉鸡的父本多用生长快、胸腿发育好的科尼什鸡，母本则用产蛋量较高、肉用性能也佳的白洛克鸡，二者杂交产生的商品肉鸡生长较快。肉蛋兼用鸡主要品种有上海浦东鸡、辽宁大骨鸡、山东寿光鸡、河南固始鸡、浙江山鸡及湖南桃源鸡等。食药用鸡主要品种有江西泰和县的乌骨鸡。烹调应用中一般分为仔鸡、成年鸡、老鸡、阉鸡及公鸡、母鸡等。

每100克鸡肉约含蛋白质19.3克、脂肪9.4克、碳水化合物1.3克、硫胺素0.05毫克、核黄素0.09毫克、尼克酸5.6毫克、钙9毫克、磷156毫克、铁1.4毫克。鸡肉与畜肉比较，脂肪含量低，脂肪中饱和脂肪酸少，而亚油酸较多。中医认为，鸡肉味甘，性温，具有温中益气、补精添髓的功效，对虚劳羸瘦、中虚食少、产后乳少、病后虚弱、营养不良性水肿等有一定治疗保健作用。民间常用老母鸡炖食作滋补品。鸡肫味甘，性平，具有消积滞、健脾胃的功效。鸡肝味甘，性微温，有补肝肾之功，可用于治疗肝虚目暗、小儿疳积、孕妇胎漏。鸡肠味甘，性温，可以补肾缩尿，还治遗尿、遗精、白浊。鸡油味甘，性寒，能养阴泄热，可治烫伤、火伤。

鸡肉味道鲜美，结缔组织少，肌纤维又较柔细，肉的硬度较低，易为人体消化吸收。鸡胸脯肉成型条件好，因此用胸肌作菜的品种特别多。以鸡入馔，因使用部位不同，其烹调应用亦有所差异。

整只仔鸡多用于炸、烤，成年整鸡多用于扒、烧、煮、焖，老鸡多用于炖、煨。鸡肉含有多量的呈鲜物质，具有浓郁的鲜香味，是制汤的理想原料。整鸡经整料出骨后，可制作工艺难度大的出骨菜，如八宝鸡、鸡包鱼翅、蛤蟆鸡等。

根据鸡体的肌肉、骨骼等组织的不同部位进行分割，又可分为头、颈、翅膀、脯肉、鸡芽肉、脊背、腿、爪等。鸡头肉少，适宜制汤。鸡颈肉虽少但质地细嫩，可以烧、卤，如红卤鸡颈。鸡脯肉持水性好，肉质细嫩、香鲜，最宜批片、切丝，用于炒、熘等方法，也可剞花、斩茸，适宜多种烹调法、多种调味，冷菜、热菜、汤羹、火锅、小吃、点心、粥饭，无不可用，为制馔上品。鸡芽肉应用同脯肉，制馔宜炒、熘、汆、炸，制作茸泥菜，质嫩味鲜。鸡腿结缔组织偏多，最宜整只炸、烤，肉味香美；亦可斩块炖、焖、煮、烧，还可切丁、条用于炒、熘、爆、烹等方法。鸡翅膀又名凤翅，可整形带骨或斩块烧、煮、煨、炖，也可煮熟后拆骨并保持整形用于拌、烩或穿入它料替代骨骼，谓之“偷梁换柱”。鸡爪又名凤爪，肉少，富含胶原蛋白，最宜烧、煮、煨、卤、酱，也可煮熟拆骨后用于凉拌，柔韧、爽脆，清鲜可口。此外，鸡的肫、肝、心、肠、肾等又称鸡杂，连同鸡的血、油等经加工后也是较好的烹饪原料。名肴有北京的白露鸡，山东的黄焖鸡块、奶汤鸡脯，江苏的芙蓉鸡片，云南的汽锅鸡，广东的白斩鸡、东江盐焗鸡，浙江的叫化童鸡，四川的宫保鸡丁、棒棒鸡、怪味鸡块，山东的德州扒鸡，安徽的符离集烧鸡，河南的道口烧鸡等。鸡杂等还可制成炒鸡杂、卤菊花肫、清炸鸡肝、香芋炒鸡肠、烩酸辣鸡血、炒鸡腰、鸡油菜心等。

2. 乌骨鸡

乌骨鸡是乌纲鸡形目雉科原鸡属家禽，为珍贵的药用鸡，又称泰和鸡、武山鸡、丝毛鸡、竹丝鸡、药鸡、乌鸡。它源自于中国的江西省，已有超过2000年的饲养历史。经过进化及繁殖分布，现在，在很多国家都有它的踪迹。

唐代陈藏器《本草拾遗》已有乌鸡的记载，孟诜《食疗本草》有一方子：“用乌鸡一只洗净和五味炒香，投二升酒封一宿取饮，令人肥白，能补虚劳羸弱，治消渴中恶心腹痛，益产妇。”明代《本草纲目》认为乌骨鸡有补虚劳羸弱、制消渴、益产妇、治妇人崩中带下及一些虚损诸病的功用。清乾隆时曾列为贡品，为中国江西泰和县的特产。

乌骨鸡一般全身羽毛雪白、反卷，呈丝状。体小，雄重1～1.25千克，雌重0.75千克。古人归纳其外貌特征计有“十全”：紫冠（复冠）、缨头（毛冠）、绿耳、有须、五爪、毛脚、丝毛、乌皮、乌骨、乌肉。且眼、喙、内脏、脂肪均为黑色。此鸡是药用鸡也是观赏鸡、食用鸡。乌骨鸡的羽毛除了原本的白色，现在则有黑、蓝、暗黄色、灰以及棕色。

乌骨鸡

每100克乌鸡食部约含蛋白质22.3克、脂肪2.3克、磷210毫克、钙17毫克、铁2.3毫克、硫胺素0.02毫克、核黄素0.2毫克、尼克酸7.1毫克。中医认为，乌骨鸡味甘性平，具补肾强肝、补气益血、退虚热等功效。著名妇科药乌鸡白凤丸即以其为主料制成。药理学认为，乌骨鸡除含有较丰富的营养成分外，还含有激素和紫色素，对人体血红蛋白和血铁素有营养作用，对治疗妇女体弱、不孕、月经不调、习惯性流产、赤白带下及产后虚弱等症均有疗效，并可用做肺结核、心脏病、胃溃疡、神经衰弱及小儿佝偻等症的辅助治疗剂。

乌骨鸡味鲜美甘甜，烹调应用同一般家鸡。江西名菜有清炖武山鸡等。乌鸡连骨熬汤滋补效果最佳。炖煮时最好不用高压锅，使用砂锅文火慢炖最好。

3. 鸭

鸭是脊椎动物门鸟纲雁形目鸭科河鸭属家禽，也称家鸭，是一种重要家禽。古称鹜，又称舒凫、家凫。家鸭系由野生绿头鸭和斑嘴鸭驯化而来的，鸭的分布现遍及世界各国而集中于欧亚大陆。中国、印度和东南亚国家以饲养蛋用鸭或蛋肉兼用鸭为主，近年肉鸭也有较大发展。

鸭的驯化至少已有3000年的历史，早在2000多年前，已知家鸭和野鸭有密切关系。古代多称家鸭为鹜；如《楚辞·九章》：“鸡鹜翔舞。”《楚辞·卜居》：“将与鸡鹜争食乎？”《曲礼·疏》：“野鸭曰凫，家鸭曰鹜。”《尔雅·释鸟》郭璞注：“野曰凫，家曰鹜。”但也有相反称鹜为野鸭的。据唐代陆广微《吴地记》载，春秋时期吴王所筑的鸭城，已是规模很大的养鸭场。三国时，东吴还以养斗鸭闻名。唐代冯贽《云仙杂记》中“富扬庭常畜鸭万只，每饲以米五石，遗毛覆渚”的记载，是唐代在桂林地区养鸭的实例。鸭的著名品种北京鸭在明代已形成，当时在北京近郊上林苑中养种鸭达2624只，仔鸭不计其数，专供御厨所需。中国以鸭入馔甚早，《礼记·内则》篇有“弗食舒凫翠”的记载，《战国策》等古籍也时有记载。

成年公鹅体重达 7～8 千克，母鹅 6～7 千克，为加工冻鹅远销港澳地区的优良品种。

象山白鹅。主产于浙江象山县。体大毛纯，肉质鲜嫩，含脂肪均匀。为中国出口产品。

中国鹅。原产于中国东北，以产蛋量高著称。现主产于安徽、江苏、浙江等地。头大，前额有一大肉瘤，颈长，胸部发达。按毛色分白鹅与灰鹅，以白鹅居多。公鹅体重 5～6 千克，母鹅 4～5 千克。年产蛋 60～70 只，蛋重 150～160 克。

太湖鹅。主产于江苏苏州地区。全身羽毛纯白，喙、脚、蹼均呈橘红色。体态高昂，体质强健。成年公鹅约重 4.5 千克，母鹅约重 4 千克，具有成熟早、生长快、肉质好、产蛋率高等特点，是苏州名产糟鹅的主要原料。

清远鹅。主产于广东清远县。羽毛大部分呈乌棕色，又名乌棕鹅或黑鬃鹅。肉质细嫩，滋味鲜美，是广东制作烧鹅的主要原料。

每 100 克鹅食部约含蛋白质 17.9 克、脂肪 19.9 克、硫胺素 0.07 毫克、核黄素 0.23 毫克、尼克酸 4.9 毫克、钙 4 毫克、磷 144 毫克、铁 3.8 毫克。鹅肉中赖氨酸、组氨酸和丙氨酸的含量丰富。中医认为，鹅肉味甘性平，具有益气补虚、和胃止渴的作用，对年老体衰，病后虚弱，消化力差和糖尿病者有一定帮助。鹅内金有消食化积作用。另外，鹅掌补虚，宜于病后食用。鹅血能治噎嗝反胃，解药毒，抗肿瘤。

鹅

鹅肉比鸡肉的肉质稍粗，有腥味，但比家畜肉结缔组织少，肉纤维较细，故肉的硬度较低，易消化吸收。鹅肉的组胺酸含量又高于其他肉类，尤其是水解氨基酸数量多，具较多鲜味。鹅常以整只烹制，既可制作筵席常用菜，又可整料出骨，制作脱骨菜。嫩鹅还可加工成块、条、丁、丝、末等多种形态供用，宜用烤、熏、炸、烧、炖、煨、卤、酱、焖等法制作，适应于咸鲜、咸甜、酱香、烟香、五香、甜香、腊香、葱油、姜汁、红油、咖喱、芥末、蚝油、麻辣、椒麻等多种调味味型。名菜有糟鹅、盐水鹅、挂炉烤鹅、黄焖仔鹅、胭脂鹅、脆皮香麻鹅、脆皮烤鹅、黄焖子铜鹅、潮州卤鹅、宁波烤鹅等。鹅舌可制糟鹅信、椒麻鹅舌；鹅掌可制掌上明珠、芥末鹅掌；鹅头、鹅翅可酱可卤；鹅血或炒或烧，或做汤羹；鹅肠或炝或卤；鹅肫则酱、卤、炒、烧、爆、熘等均可；鹅肝质地细嫩，味道鲜美，营养丰富，别具风味，已风行国际食品市场。

5. 鹌鹑

鹌鹑是鸟纲鸡形目雉科鹌鹑属主供食用的家禽，简称鹑，古称鴽、鹑鸟、宛鹑、奔鹑，又称赤鹑、红面鹌鹑、秃尾巴鸡等。鹌鹑属候鸟，夏季在中国内蒙古东北部及东北地区繁殖；迁徙及越冬时，遍布东部。目前，中国各地均有人工饲养。

中国古代已用鹌鹑入馔，《礼记》及《盐铁论·散不足》等古籍均有记载。春秋战国时，鹌鹑肉、蛋是宫廷筵席上的珍馐。北魏贾思勰所著《齐民要术》中首次出现“鹌鹑”的名称。此后唐代韦巨源《烧尾宴食单》、明代李时珍的《本草纲目》及清代《随园食单》、《调鼎集》、《清稗类钞》等古籍均载有鹌鹑制作的肴馔。在中国，历来有把鹌鹑当做平安象征物的传统。尤其在清朝时，人们习惯用寓意谐音的方式，鹌鹑亦谐平安之意。在以前的纹饰与画作中，人们常用一鹭、一瓶、一鹌鹑谐“一路平安”之意；用一瓶、一鹌鹑、一如意表示“平安如意”等。随着人们心愿的不同而有着不同的搭配组合，但鹌鹑总是平安、安顺、安逸、安康等意思的代言。野鹌鹑被驯养成为专供蛋用和肉用的家鹌鹑有百余年历史。蛋用品种以日本鹌鹑为主，肉用品种以澳大利亚鹌鹑和美国金黄鹌鹑较有名。中国现有鹌鹑品种主要来自日本。

鹌鹑体型、大小如雏鸡。翅长而尖，尾短，眉纹近白。上体黑褐，具棕色横斑，并杂以浅黄色羽干纹，颏和喉浅灰黄，上胸黄褐，杂以黑色锚状斑，腹部及两胁均灰白，杂以栗黄色宽阔纵纹，尾下覆羽棕白。雌雄羽色相似，但雄鸟较鲜艳。嘴角蓝色，跗跖淡黄色，无距。鹌鹑有野生和家养两种。野鹌鹑体小尾短，背羽呈斑驳的褐色，体态丰满，肉质鲜嫩，有独特的清香味，中国约在 20 世纪 20 年代开始大量家养鹌鹑供食用，成年鹌鹑体长 15 厘米左右，体重 200 ~ 250 克，肥嫩而香，比其他家禽更为鲜美可口，富于营养，是家禽中具有特殊风味和较高经济价值的肉卵兼用型品种。烹饪应用中鹌鹑又有活禽、死禽和速冻禽之别。活禽多见于家养，死禽多为野生鹌鹑。家养、野生鹌鹑经煺毛、去内脏后，均可速冻。

鹌　鹑

鹌鹑肉的营养和药用价值较高，有“动物人参”之誉。每 100 克鹌鹑食部约含蛋白质 20.2 克、脂肪 3.1 克、碳水化合物 0.2 克、硫胺素 0.04 毫克、核黄素 0.32 毫克、尼克酸 6.3 毫克、钙 48 毫克、磷 179 毫克、铁 2.3 毫克。鹌鹑肉胆固醇含量比鸡肉低 15% ~ 25%，易于为人体吸收，是婴儿、孕妇、产妇和年老体弱者的理想食品。中医认为，鹌鹑肉味甘性平，能补脾益气、健筋骨，利水除湿，对小儿疳积、营养不良、支气管哮喘、体弱恶寒怕热、脾虚食少、腹泻、水肿、肝肾不足的腰膝酸软有一定治疗保健作用。

鹌鹑肉质细嫩，鲜香可口。鹌鹑入馔，多以整只烹制为佳；鹑脯细嫩香鲜，可批片、切丝或剞上花纹烹调；鹑腿筋多，常切成条、块、丁制馔；还可取鹑肉剁末斩茸应用。鹌鹑鲜品宜烧、卤、炸、扒，也可炒、熘、煎、烩、煮、炖、焖、蒸、焗、腊。名菜有脆皮鹌鹑、五香鹌鹑、香酥鹌鹑、果汁焗鹌鹑等。

6. 鸽

鸽属于鸟纲鸽形目鸠鸽科鸽属，是一种多用途家禽，主要用于肉食、体育竞翔和观赏。鸽的分布广泛。

家鸽起源于原鸽。在欧洲、东南亚、非洲和南北美洲等温带、热带地区，至今仍有原鸽存在。家鸽被认为是最早驯化的鸟类之一。考古学家发现公元前 4500 年美索不达米亚的艺术品和硬币上已镌有鸽子的图像。公元前 3000 年左右的埃及菜谱上有关于鸽子烹调的记载。公元前 1900 年左右鸽子被指定为供奉上帝的祭品。16 世纪阿拉伯人远道经商，都身带鸽子借以传书与家人联系。中国相传在秦汉时代宫廷和民间已有人热衷于养鸽。唐代宰相张九龄曾让鸽子送信千里，即所谓“飞奴传书”。南宋皇帝赵构喜养鸽，“万鸽盘旋绕帝都，暮收朝放费工夫”的诗句至今脍炙人口。清代张万钟所著《鸽经》是分类详细、记载丰富的一部早期养鸽著作。晚清时，在制作工艺较难的“五套禽”中也用及鸽。

肉　鸽

野　鸽

鸽属中等体型鸟类，一般雄鸽比雌鸽大。羽毛紧凑，羽色有灰、白、红、黄、黑和雨点等。颈羽常有金属光泽。按用途分为肉鸽、信鸽和观赏鸽3类，烹调应用以肉鸽为主。

肉用鸽指4周龄左右专供食用的乳鸽品种。特点是生长快，肉质好。中国饲养较多的有：

石岐鸽。原产中国广东省中山县石岐镇。1915年由华侨从美国带回的大型贺姆鸽、王鸽和仑替鸽等肉用鸽与当地鸽杂交育成。体型较小，每年可产乳鸽7~9对，成年雄鸽重0.7~0.8千克，雌鸽重0.6~0.7千克，乳鸽重0.5~0.6千克。羽色较杂，有灰二线、白、红、黄、黑和雨点等多种。

王鸽。世界著名肉鸽。育成于美国。体型矮胖，嘴短而鼻瘤细小，头盖骨圆而向前隆起，尾短而翘，性情温驯。1932年美国王鸽协会宣布其标准体型为：身高30.5厘米，胸宽12.7厘米，尾尖至胸膛25.4厘米。中国1977年引进的有白王鸽和银王鸽两个品系。白王鸽纯白色，1890年在美国新泽西州用仑替鸽、马耳他鸽、公爵夫人鸽和几种白色贺姆鸽杂交育成，成年雄鸽体重0.9~1.0千克，雌鸽重0.7~0.8千克，乳鸽体重0.7~0.8千克。银王鸽为灰色，翅膀上有两条黑线，1909年在美国加利福尼亚州用蒙腾鸽与仑替鸽、马耳他鸽和几种大型灰色贺姆鸽杂交育成，体型比白王鸽大，生产性能亦较好。

每100克鸽食部约含蛋白质16.5克、脂肪14.2克、碳水化合物1.7克、硫胺素0.06毫克、核黄素0.2毫克、尼克酸6.9毫克、钙30毫克、磷136毫克、铁3.8毫克。中医认为，鸽肉味咸性平，具有滋肾益气、祛风解毒之功效，主治病后虚羸、消渴、久疟、肠风下血、血虚经闭等症；另外对头晕神疲、记忆衰退具有显著疗效。

鸽体态丰满，肉质细嫩，纤维短，滋味浓鲜，芳香可口。以鸽入馔，常以整只烹制，最宜炸、烧、烤、焗，风味独特，也宜蒸、炖、扒、熏、卤、酱。其胸脯大而肉细嫩，可加工成片、丝或剞上花纹烹调，采用熘、烤、炒、烹、贴等方法烹制。鸽腿的筋多而小，常切成条、块、丁制馔。名菜有广东的玫瑰酒焗乳鸽、柱侯乳鸽，江苏的三丝炒鸽松，甘肃的兰草芙蓉扒乳鸽，等等。

7. 野鸡

野鸡属于鸟纲鸡形目雉科，又称雉、雉鸡鸟、疏趾、环颈雉、山鸡、项田野鸡。中国分布最广的为环颈雉，分布几遍全国。

传说少昊氏以鸟纪官，即以雉作为图腾的标志。雉是最古老的猎物之一。《尔雅》和《禽经》曾根据产地和羽色纹彩的不同，定出各种雉名。汉高祖的吕后名雉，为避讳，从此改称野鸡。《说文解字》指出雉有14种。野鸡入馔，由来已久。早在《周礼·天官》中就将雉列为可食的六禽之一。《楚辞》载有“彭铿斟雉帝何飨”。唐代《食医心鉴》讲烹制野鸡需“细切”。清代《随园食单》、《调鼎集》、《清稗类钞》及近代人《食味杂咏注》等都记载了多种野鸡食法。《随园食单》载：“野鸡披胸肉，清酱郁过，以网油包，放铁奁上烧之，作方片可，作卷子亦可，此一法也；切片加佐料炒，一法也；取胸肉作丁，一法也；当家鸡整煨，一法也；先用油灼，拆丝，加酒、秋油、醋，同芹菜冷拌，一法也；生片其肉，入火锅中，登时便吃，亦一法也。其弊在肉嫩则味不入，味入则肉又老。”

野鸡雄鸟体长0.9米，羽毛华丽，颈下有一显著的门色环纹，足后具距。雌鸟形体较小，尾也较短，无距，全体呈砂褐色，具斑。野鸡喜栖于蔓生草莽的丘陵中，冬时迁至山脚草原及田野间。以谷类、浆果、种子和昆虫为食，喜走而不能久飞，繁殖时营巢于地面。其肉味鲜美，胸部肌肉发达，冬季较肥。

野　鸡

每100克野鸡肉约含蛋白质24.4克、脂肪4.8克、钙14毫克、磷263毫克、铁0.4毫克。中医认为，野鸡肉味甘酸、性温，具有补中益气之功，对下痢、消渴、小便频数有一定的治疗作用。

野鸡的烹调应用同家鸡一样。在宰杀处理上可根据不同烹调法而采取煺毛或剥皮等办法。方法有三：一是干煺毛；二是用85℃的水烫透后煺去羽毛；三是剥皮。野鸡入馔，可制作冷菜、炒菜、大菜、汤羹、火锅、小吃、点心、饭粥。除整鸡烹制外，还可批片、切丝、切丁、剞花、剁块及斩茸为馅。野鸡脯作菜鲜嫩无比，肉的持水性和爽口性均较好，最宜炒、熘，能体现出野味飞禽的鲜和嫩，名菜有江苏的豆苗山鸡片、甘肃的清汤野鸡卷、四川的炸山鸡卷、广州的大良野鸡卷等。

8. 野鸭

野鸭属于鸟纲雁形目鸭科，古称凫、鳱、沈凫、野鹜、晨凫、凫鸭，又称山鸭、水鸭、蚬鸭。狭义的指绿头鸭，广义的包括多种鸭科鸟类。在我国北方繁殖，在长江流域或更南地区越冬。

野鸭入馔，历史久远。《楚辞·招魂》上已记有"鹄酸臇凫"，即以野鸭肉制的少汁的羹。《楚辞·大招》："炙鸹烝凫。"《楚辞·卜居》："若水中之凫乎。"洪补："凫，野鸭也。"《尔雅·释鸟》："舒凫鹜。"郭注："鸭也。"《疏》："野曰凫，家曰鸭。"明代《本草纲目》已载野鸭。到了清代，野鸭肴馔更加丰富，单《调鼎集》就记载了18种野鸭菜谱，涉及到13种烹调方法，并得出"家鸭取其肥，野鸭取其香"的经验。

野鸭体型差异颇大，通常较家鸭为小。趾间有蹼，善游泳，多栖息在湖泊中，肉可供食用。野鸭是一种迁徙性候鸟，一般是春夏在北方繁殖，秋冬在南方越冬，东北的北大荒、华北的白洋淀和长江中下游环境僻静的湖区较为多见。分布中国境内的大多为候鸟，品种很多，有体羽棕红的赤麻鸭，嘴上长瘤的翘鼻鸭，尾羽似杈的针尾鸭，头部深栗的绿翅鸭，嘴尖呈黄色的斑嘴鸭，翼镜无光的赤膀鸭，头顶棕白的赤颈鸭，眉纹雪白的毛眉鸭，嘴形似铲的琵琶鸭，脑后拖小辫的凤头潜鸭，嘴巴狭长、前端有沟的秋沙鸭等。每年冬末初春大量捕获，肥大质好，肉味香鲜，是中国重要的经济水禽。

商品野鸭有鲜品、速冻品两大类。鲜品应时上市，肉质肥厚，其味香美，风味颇佳。速冻品以品质新鲜、肉体完整、无重枪伤，带头、翅、脚及内脏，去毛和肠，去嗉囊，每只净重不低于0.6千克为佳。

野　鸭

野鸭体内含有丰富的蛋白质、碳水化合物、无机盐和多种维生素。中医认为，野鸭味甘性凉，入脾、胃、肺、肾经，具有补中益气、消食和胃、利水解毒之功效，可主治病后虚羸、食欲不振、水气水肿、热毒疮疖。清代汪绂《医林纂要探源》载其又可"补心养阴，行水去热，清补心肺"。《日华子诸家本草》指出"不可与木耳、胡桃、豉同食"。

野鸭肉质肥嫩，滋味香醇，烹饪应用如家鸭。烹制野鸭，烫皮拔毛时要注意保持鸭身的完整，并认真清除其含有异味的尾脂腺；多用葱、姜、蒜、绍酒、白糖和花椒末，盖压水腥气，并挥发野味特有的芳香；适量加水，注意调节火候，务求鸭肉酥烂爽口，易于脱骨剔刺。在宰杀处理上，可根据不同的烹调方法，采取煺毛或剥皮等方法。野鸭肉有一定的腥味，烹调时以采用扒、烧、焖等法为佳。野鸭整只烹制，可采取酱、焖、煮、炖、烧等办法，分件后也可炒、爆、炸、熘、蒸、煮。名菜有天津麻栗野鸭、湖北洪湖烧野鸭、江苏麻花野鸭等。

9. 榛鸡

榛鸡属于松鸡科类榛鸡属，又叫飞龙，分布于西伯利亚、蒙古、朝鲜、日本北部和中国东北。春、夏季喜栖于针阔混交林或阔叶林深处，秋冬季常在河谷、道旁等林缘活动。中国主产于黑龙江省及内蒙古大兴安岭北部森林一带和吉林等地的森林中。

清代多见于文献。《黑龙江志稿》载：“江省岁贡鸟名飞龙者，斐耶楞古（满族语音译）之转音也，形同雌雉，脚上有毛，肉味和雉同。汤尤鲜美，然较雉难得……”“斐耶楞古”，意思是“树上的鸡”，后来取其谐音，称为“飞龙”。旧时被列为贡品。

榛　鸡

榛鸡上体棕灰色，具有棕或黑色大形横斑，冠羽短但很明显，有一白色宽带从颊部延伸至肩部。喉黑色，尾羽青灰色，中央二枚褐色，具黑色横带。羽灰白色。眼栗红色，嘴黑色，短强而钩曲。眼上裸皮红色。体重355～450克。胸脯发达，约占体重的一半，肉质尤为细嫩鲜美。

榛鸡肉质细嫩，味道鲜美并富营养，富含蛋白质，还含多种维生素及矿物质。

榛鸡不分雌雄，以新鲜、洁净为佳。初加工有二法：一为去毛，以70℃左右热水烫焗；一为剥皮，然后去脏洗净，取胸脯肉供作主菜。骨架另用。其肉色紫，用前宜入清水，泡去血质，至呈粉红色时再用。榛鸡肉在加热烹调中有两个特点须加注意：一为肉色于加热后转为洁白，须注意配色；二为其肉含脂肪少，加热攒缩，易于梗硬发柴，老韧乏味，特别是用烤、炸等法烹制时要注意避免直接受热失水，宜取包裹法保护之。其他方法如炒、爆、熘、烩、氽、涮等，应旺火快速加热成菜，或宜事先上浆、拍粉，使其保持鲜嫩。榛鸡因脂肪少，用整只或切块炖汤，汤水清澈，具有独特鲜香。配以鸡、火腿等料，既可增味增鲜，又可避免少油寡薄的缺点。榛鸡名菜多见于黑龙江等省，如清炖飞龙、串烤飞龙等。榛鸡味鲜美，故滥遭猎捕，数量已日趋减少，现已被列为国家二级保护动物，并需要得到切实的保护。有些地方已试行人工饲养。

10. 雪鸡

雪鸡属鸟纲鸡形目雉科。雪鸡属是世界上地理分布最高或海拔分布最高的鸟类之一，全世界共有5种雪鸡，均分布于欧亚大陆腹地。其中的藏雪鸡又名淡腹雪鸡，是国家二级保护动物，是鸡形目雉科中体形较大的一种，体长60厘米，体重1.5千克以上，仅分布于青藏高原及其毗邻地区，是青藏高原特有的珍稀禽类，具有很高的生物学、食用和药用价值。

清人赵学敏《本草纲目拾遗》载，雪鸡可“暖丹田，壮元阳，除一切积冷、阴寒、痼癖之疾”；《青藏高原药物图鉴》谓其“滋补、壮阳，治妇女病、癫痫、疯狗咬伤”。藏医认为它是药物上品。牧民常用之治风湿病、高血压等症。

中国有淡腹雪鸡、暗腹雪鸡两种。淡腹雪鸡又称藏雪鸡，成年淡腹雪鸡体重约2.5千克，体长约60.7厘米，通体大都呈棕或红棕色，而密布以黑褐色虫蠹状斑。颏、喉白。翅上

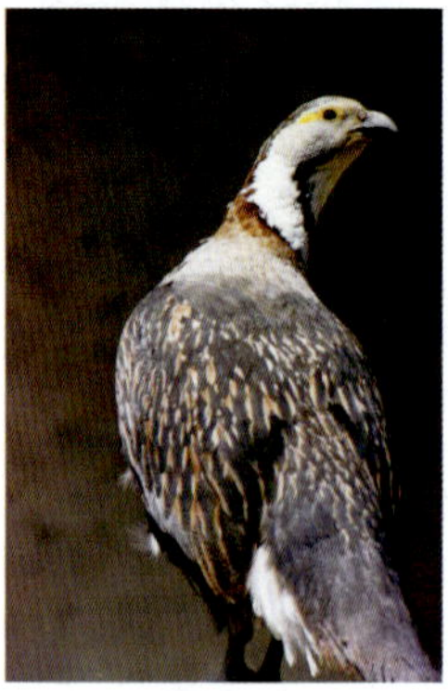

暗腹雪鸡

有大型白斑，颈侧有白斑，前额、颈侧和上胸棕黄色。尾下覆羽白色。下胸及腹深棕色。

暗腹雪鸡又称高山雪鸡。成年暗腹雪鸡体重 1.4～1.7 千克，体长 44～58 厘米，头颈褐灰。翅上有一大白斑，上体全部土棕色，大都呈黑褐色虫蠹状斑，前额及上胸各有暗色环带。下体白，下胸及腹杂以黑色纵纹。

每 100 克雪鸡肉中含蛋白质 26.1 克、脂肪 1.54 克、铜 0.21 毫克、铁 3.40 毫克、锰 0.06 毫克、锌 1.35 毫克、磷 223 毫克、钙 10.99 毫克、镁 21.0 毫克、钾 411 毫克，其中前 4 种微量元素的平均值与家禽肉相比均为正值，具有蛋白质含量高、脂肪低等特点。雪鸡在民间早已用于治疗各种疾病，雪鸡肉具有活血化瘀、通经活络、补身壮阳、滋润脏腑、止咳化痰、温脾暖肾、清热解毒等功效。

雪鸡肉质鲜美但较老韧。因其常食秦艽之类药草，其肉带有淡淡的药香，宜于用炖、煨法成菜。名菜有虫草雪鸡等。

11. 火鸡

火鸡是一种大型家禽，属于鸟纲鸡形目吐绶鸡科火鸡属，又名吐绶鸡。火鸡肉是感恩节、圣诞节和元旦期间欧美人家庭餐桌上的必备佳肴。火鸡也可供观赏用。

火鸡起源于野火鸡，约在公元 1500 年为墨西哥印第安人驯化，后渐普及于美洲，约于 1530 年传入欧洲。现仍有墨西哥野火鸡和北美洲野火鸡存在，其外貌与驯化的家火鸡相似，但性情较凶猛。

火鸡的羽毛颜色常见的有青铜色、白色和黑色 3 种。体躯高大，背略隆起，胸宽而突出，胸与腿部肌肉特别发达。头颈无毛，而有珊瑚状皮瘤，安静时为赤色，激动时为浅蓝色。成年公火鸡喙上有肉瘤，颈上皮瘤较大，羽毛闪闪发光，胸前有黑色须毛一束。求偶时，往往双翅下垂，尾羽展开成扇形，并发出咯咯叫声。母火鸡皮瘤小，尾羽不展开。火鸡有飞至舍顶和树上高栖的习性。30 周龄前后开始产蛋，公母火鸡配种比例约为 1∶10。产蛋期短，就巢性强，年产蛋仅 80～100 个，蛋重 75～85 克，蛋壳为灰白色，有棕色斑点。种火鸡在产蛋 22～30 周后淘汰，有的可再利用 1 年。

美国家禽协会曾将火鸡分为标准型和非标准型。标准型有青铜色火鸡、荷兰白色火鸡、波朋红火鸡、那拉根塞火鸡、黑色火鸡、石板青火鸡 6 个品种。青铜色火鸡原产美洲，个体大，胸部宽。羽毛黑色带红、绿、古铜色等光泽，颈部羽毛深青铜色，背羽有黑边，尾羽末端有白边。荷兰白色火鸡原产荷兰，在英国称英国白色火鸡。全身白色，公火鸡胸前有黑色须毛一束，体躯比青铜色火鸡小。波朋红火鸡产于美国肯塔基州波朋县，由青铜色火鸡、浅黄色火鸡与荷兰白色火鸡杂交育成。躯体深褐色，但主翼羽、副翼羽及尾羽为白色。那拉根塞火鸡产于美国，由诺福克黑色火鸡、新英格兰及墨西哥野火鸡杂交育成，外貌与青铜色火鸡相似，但毛色较浅，有银灰色和白斑纹，尾羽末端有黑色和白色边缘。黑色火鸡原产英国诺福克郡，羽毛黑色，有绿色光泽。石板青火鸡产于美国，由诺福克黑色火鸡与荷兰白色火鸡杂交，或青铜色火鸡与浅黄色和白色火鸡杂交育成。羽毛暗灰色。

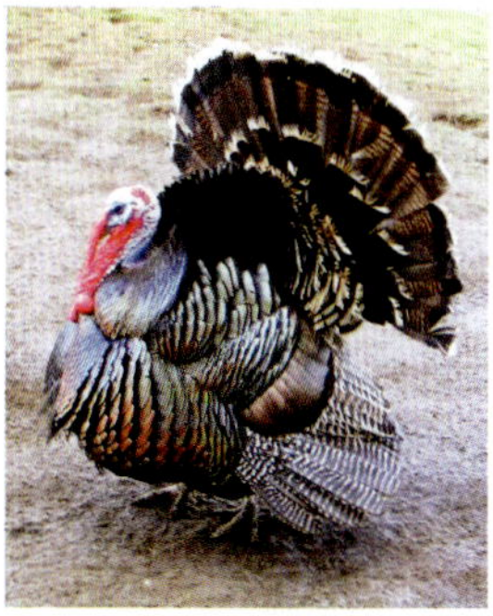

火　鸡

火鸡按体重通常分为大、中、小 3 种类型。一般成年公火鸡体重：大型为 16 千克，中型为 12 千克，小型为 8 千克左右。母火鸡比公的约小一半。

火鸡蛋白质含量高，脂肪和胆固醇含量都较低，在国外被认为是心脑血管疾病患者的理想保健食品，火鸡肉也是益气补脾的食疗佳品。每100克火鸡腿约含蛋白质20克、脂肪1.2克、硫胺素0.07毫克、核黄素0.06毫克、尼克酸8.3毫克、钙12毫克、磷470毫克、铁5.2毫克。目前，世界上有许多国家以火鸡肉代替牛肉、猪肉、羊肉和鸭肉。

火鸡主要供肉用，火鸡肉肉质细嫩鲜美，富含营养。宰杀年龄通常为小型火鸡在12周龄左右、中型火鸡在14周龄左右、大型火鸡为17～24周龄，体重分别为4～6千克、6～8千克和8～14千克。母火鸡的屠宰周龄一般比公火鸡早。白色火鸡由于屠体外观较佳，较受欢迎。近年由于市场上广泛采用分割包装方式销售火鸡肉，大型火鸡已基本上取代了中、小型的地位。

12. 蛋

蛋指卵生动物为繁衍后代排出体外的卵。除了禽类外，爬行类的蛇、龟、鳖，也可以产蛋。但烹调中应用最广泛的是禽类所产的蛋。

蛋的食用历史悠久，后又不断出现新的制作食用方法，具有典型特征的是镂鸡子、咸蛋、皮蛋的产生。晋代宗懔《荆楚岁时记》说，寒食节有斗鸡、雕画鸡蛋（“镂鸡子”）和斗鸡卵的风俗。北魏贾思勰《齐民要术》说：“瀹鸡子法：打破，泻沸汤中，浮出即掠取，生熟正得，即加盐醋也。又炒鸡子法：打破，着铜铛中，搅令黄白相杂，下盐米、浑豉麻油炒之，甚香美。又鸡鸭子饼：破泻瓯中，不与盐，锅铛中膏油煎之，令成团饼，厚二分。全奠一。”还讲：“浸鸭子一月任食，煮而食之，酒食俱用，卤咸则卵浮。”这说明咸鸭蛋可以下酒，可以佐食。皮蛋大约发明于14世纪，明代宋诩《竹屿山房杂部》记载：“混沌子：取燃炭灰一斗，石灰一升，盐水调入，锅烹一沸，俟温，直于卵上，五七日，黄白混为一处。”这种“混沌子”，就是皮蛋。清代袁枚《随园食单》载：“鸡蛋去壳放碗中，将竹箸打一千回，蒸之绝嫩。凡蛋一煮而老，一千煮而反嫩。加茶叶者，以两炷香为度，蛋一百用盐一两，五十用盐五钱，加酱煨亦可。其他或煎或炒亦可，斩碎用黄雀蒸之亦佳。”介绍了制作蛋菜的经验和技巧。

禽蛋的结构：禽蛋由蛋黄、蛋白、蛋壳3个部分组成。蛋黄约占全蛋重量的32%～35%，蛋白约占全蛋重量的55%～66%，蛋壳约占全蛋重量的12%～13%。禽蛋的常用品种有鸡蛋、鸭蛋、鹅蛋、鸽蛋、鹌鹑蛋等。应用最多的是鸡蛋。鸭蛋、鹅蛋较大，腥味较重，通常用于制作咸蛋、皮蛋等。鸽蛋、鹌鹑蛋形态较小，质地细腻，在烹调中多整只使用。

鸡　蛋

鸭　蛋

鹅　蛋

鸽　蛋

鹌鹑蛋

每100克鸡蛋约含蛋白质13.3克、脂肪8.8克、碳水化合物2.8克、维生素A 234毫克、硫胺素0.11毫克、核黄素0.27毫克、尼克酸0.2毫克、钙56毫克、磷130毫克、铁2毫克。每100克鸭蛋约含蛋白质12.6克、脂肪13克、碳水化合物3.1克、维生素A 261毫克、硫胺素0.17毫克、核黄素0.35毫克、尼克酸0.2毫克、钙62毫克、磷226毫克、铁2.9毫克。每100克鹅蛋约含蛋白质11.1克、脂肪15.6克、碳水化合物2.8克、维生素A 192毫克、硫胺素0.08毫克、核黄素0.3毫克、尼克酸0.4毫克、钙34毫克、磷130毫克、铁4.1毫克。每100克鹌鹑蛋约含蛋白质12.8克、脂肪11.1克、碳水化合物2.1克、维生素A 337毫克、硫胺素0.11毫克、核黄素0.49毫克、尼克酸0.1毫克、钙47毫克、磷180毫克、铁3.2毫克。

为防止蛋壳表面带有的大量微生物侵入内部，以及蛋内水分蒸发和二氧化碳逸散，影响蛋的质量、重量，大量贮存鲜蛋时常采用下列方法：①蛋壳表面处理。通常用水或稀碱液，或用杀菌性液体洗涤蛋壳表面，洗涤后用通风干燥机干燥。②蛋壳密封。如用水玻璃处理、油蜡涂布、石灰水贮存以及二氧化碳贮藏等。用二氧化碳贮存时，通常将鲜蛋装入不透气的薄膜袋，然后充入二氧化碳，在室温下能保存6周，也可在运送鲜蛋的车厢内充入30%～60%的二氧化碳保存鲜蛋。③冷藏。可抑制微生物的繁殖，并避免贮藏中因理化特性变化而降低营养价值。贮存温度以0℃～5℃为宜。冷库需设缓冲间，以便冷藏蛋出库时温度逐渐升高，避免蛋壳表面产生水珠而发生腐败。

烹饪中应用较多的是蛋清的起泡性和蛋黄的乳化性。利用蛋清的起泡性，可将蛋清抽打成蛋清糊，用于制作雪山等造型菜肴或与淀粉混合制作蛋清泡糊，以及制作西式蛋糕等等。利用蛋黄的乳化作用，可以制作色拉酱（蛋黄酱）、冰激凌、糕点等。禽蛋在烹饪中的应用：单独制作菜肴，也可以与其他各种荤素原料配合使用。适应于各种烹调方法，如煮、煎、炸、烧、卤、糟、炒、蒸、烩等。常见菜肴有蛋松、鸽蛋紫菜汤、糟蛋、子母会、鱼香炒蛋、炸蛋卷等。适应于各种调味。由于蛋本味不突出，所以可进行任意调味，如甜、咸、麻辣、五香、糟香等。可以用于制作各种小吃、糕点。如金丝面、银丝面、蛋糕、蛋烘糕。蛋类还可以用于各种造型菜，如将蛋白、蛋黄分别蒸熟后制成蛋白糕和蛋黄糕，通过刀工或模具造型后，广泛用于各种造型菜式中。蛋还可以作为黏合料、包裹料，广泛用于煎、炸等烹饪方法中。

（三）畜禽制品原料

1. 火腿

火腿是用猪后腿经修坯、腌制、洗晒、整形、发酵、堆叠等十几道工序加工腌腊制成的。较为著名的是浙江金华火腿（南腿）、江苏如皋火腿（北腿）和云南宣威火腿（云腿）。

金华火腿是金华市最负盛名的传统名产，据史料考证，金华火腿始于唐盛于宋，距今已有1200多年历史。民间传说，火腿名称的来历，与宋代抗金名将宗泽有关，南宋时，金华火腿就被列为贡品。当时东阳、义乌、兰溪、浦江、永康、金华等地农家，腌制火腿成风，因均属金华府管辖，故统称金华火腿。到了清代，金华火腿已外销日本、东南亚和欧美各地。1913年，金华火腿荣获南洋劝业会奖状；1915年获巴拿马万国商品博览会优质一等奖；1929年在杭州西湖商品博览会上又获商

者，将熟，以烧红炭数块淬之，或寸切稻草或周涂黄泥一二日即去）。”又有烹制“腊猪舌”法，为“切片，同肥肉片煨”。

腊肉种类很多，同一品种，又因产地、加工方法、质量、口味、形态的不同而各具特色。以原料分，有猪肉、牛肉、羊肉及其脏器和鸡、鸭、鹅、鱼等之分。以产地分，有广东、湖南、云南、四川之分。因所选原料部位等的不同，又有许多品种。名产有广东的广式腊肉、腊肥猪肉、腊瘦肉、无皮腊花肉、腊金银润（肝）、腊乳猪（香猪）、腊鸡片、腊野兔、腌鹌鹑、腊狗肉、腊鼠干、广东腊肠（广式香肠），湖南的带骨腊肉（三湘腊肉）、腊猪肚、腊猪心、腊猪蹄，江西的腊猪肉，河南的蝴蝶腊猪头，湖北的腊猪头、腊鸡、腊鱼、腊鸭、腊鹅，广西的腊猪肝，四川的腊猪肘、川味腊肉、腊精条、腊猪舌、缠丝兔，陕西的腊羊肉、腊驴肉，山西长治腊驴肉，甘肃的腊牛肉等。其中以广东无皮腊花肉与湖南带骨腊肉为著名。

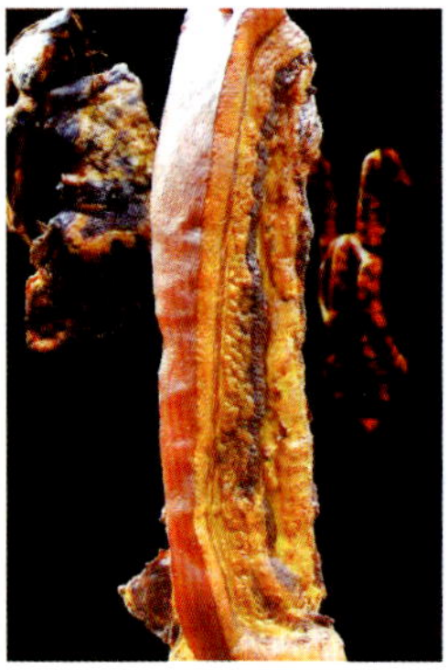

腊　肉

每 100 克腊猪肉（生）约含蛋白质 11.8 克、脂肪 48.8 克、钙 22 毫克、磷 249 毫克、铁 7.5 克。

烹制腊肉与腊制品可以单用，也可与其他荤素原料配合烹制。现常用炒、烧、蒸、煮、炖、煨等法成菜，可以制成冷盘、热炒、大菜等菜式，剁碎也可用做馅料。名菜有湖南腊味合蒸、湖北洪山菜苔炒腊肉、江西藜蒿炒腊肉等。

3. 香肚

香肚以猪的膀胱灌入调好味的肉料风干而成的腌腊制品。其形如苹果，娇小玲珑，老南京俗称之为“小肚”。

南京香肚历史悠久，南京香肚是南京著名特产之一，创于清同治年间。相传，清同治年间，南京中华门有家叫“庄顶泰”的夫妻店，自己动手制作“小肚”，由于香味醇厚浓郁，故称“香肚”。后来彩霞街有一家叫“周益兴”的火腿店继承了前人制作香肚的经验，并改进了配料方法，所制香肚更为清嫩可口。光绪年间，香肚已行销北京、天津、广州、上海等地。1910 年，在两江总督端方创办的南洋劝业会上，南京香肚成为获奖商品，从此远销海外。1947 年，《南京文献》有“彩霞街周益兴冰糖香肚之著名，闻于大江南北，远处人亦知之”的记载。20 世纪 70 年代以后，食品生产厂在南京香肚的传统工艺基础上，改进了制作工艺，采用现代加工设备，保证了香肚的产量和质量。

南京香肚是一种腌制品。这里的“肚”实际就是猪的膀胱，俗称“猪尿泡”。制作香肚时，为了除去膀胱的臊味，要在 2 个月前开始腌制膀胱。腌了之后还要进行反复搓洗，使“肚”里的臊味除得更彻底，变得更纯净、松软。香肚的填料讲究，须选用健康生猪后腿瘦肉，剔去皮、筋、骨，切成筷状细条肉，加上少量肥肉，瘦肥比例为 8∶2，再配以适量细盐、白糖、粉状调料花椒、八角、桂皮等，拌匀后，腌 15 分钟，灌入肚衣内，边灌边揉边转，直至肉质紧密为止，肚坯口用细线扎紧。用竹签在肚坯上穿孔，使肚内空气、水分能顺利排出。然后将灌好的香肚置放太阳下晒 1～3 天，再挂到室内干燥通风处，经过 2 个月以上的风干发酵，方成为成品。南京香肚的制作须在冬季进行，尤以农历十二月份生产的香肚质量最好，味道最正，香气最浓。制成的香肚，因经过日晒、风干，比较干硬，食用前，须先放在清水中浸泡 20 分钟，洗干净下锅加水煮沸，再停火焖 40 分钟左右即熟透。上桌前撕去外皮，先对切成半圆形，后切成薄片装盘。切面瘦肉红似火，肥肉白如玉，肉质紧结，红白相间，吃起来香嫩可口，略带甜味。

香　肚

香肚富含蛋白质、脂肪、碳水化合物，及钙、磷、铁等矿物质。

质量好的香肚外皮干燥，并与内容物黏合，不离壳，坚实而有弹性，无黏液、无虫蛀霉斑等。切面肉质紧密，瘦红肥白，香气浓郁。香肚熟制时，先将肚皮表面用水刷干净，放入冷水锅中加热煮沸，沸腾后立即停止加热，使锅内水温保持在85℃～90℃之间，经1小时左右即煮熟。煮熟的香肚须冷却后才能切片食用，否则脂肪因受热熔化而流失，肉馅变得松散，口感就会差许多。香肚肉质紧实，红白相间，吃起来香嫩爽口，略带甜味，所以被称做“冰糖香肚”。

4. 香肠

香肠是畜禽制品类加工性烹饪原料。以猪的小肠衣（亦有用大肠衣的）灌入调好味的肉料风干而成。依灌入的肉料不同分为猪肉香肠、鱼肉香肠、火腿香肠等。一般所说的香肠系指猪肉香肠，全国各地均有生产。

香肠是我国传统的灌肠制品，距今已有1000多年的历史。明代刘若愚《明宫史》中有灌肠的记载。灌肠的色泽粉红，鲜润可口，咸辣酥香，别有风味。清光绪福兴居的灌肠很有名气，人称普掌柜的为“灌肠普”，传说其制作的灌肠为西太后所喜。卓然《故都食物百咏》中提到煎灌肠说：“猪肠红粉一时煎，辣蒜咸盐说美鲜。已腐油腥同腊味，屠门大嚼亦堪怜。”

香肠的一般制法是将肠衣先刮掉肠的内容物，浸在淡盐水里，再把小肠翻转，洗掉肠壁上的黏膜，洗净后，将一端用线扎紧，然后把小肠吹满空气后扎紧晾干即成。新鲜的猪腿肉（一般瘦肉占70%，肥肉30%）切成小方块或条，加入精盐、酱油、白糖、黄酒或白酒、硝水、五香粉、生姜等调料拌腌入味，然后装入肠衣内，用线把肠口紧扎，整条者每隔10～15厘米各扎一道，扎时用针在肠的周围刺些细孔，排出空气。随后，悬挂在空中，晒几天即成。比较有名的是广式香肠、川式香肠、江苏如皋香肠、湖南大香肠、哈尔滨香肠等。广式香肠具有色泽油润、红白鲜明、香甜适口、皮薄肉嫩的特色。其花色品种多样，主要有生抽肠、腊金银肠、猪肉肠、牛肉肠等几十种。川式香肠花色品种及味型多样，有咸鲜醇香、咸麻鲜香、麻辣浓香、果味花香等。所用的调味原料非常丰富，特别增加麻味或麻辣味，但不重甜味。

香　肠

每100克香肠约含蛋白质24.1克、脂肪40.7克、磷198毫克、钙14毫克、铁5.8毫克、硫胺素0.48毫克、核黄素0.11毫克、尼克酸4.4毫克。

质量标准（广式）：色泽鲜艳，红白分明，表面干燥，无发白现象，具有特殊的香味，表面不应有较大横花纹，收缩皱纹较整齐。每条香肠长短相似，粗细均匀，肥瘦肉比例适宜。香肠食用时需蒸熟或煮熟，可单独成菜作冷盘，或搭配其他原料制作冷拼或热菜，也可作配色装饰料，有时也作火腿替代品。

5. 乳和乳制品

乳又名奶，是哺乳动物从乳腺中分泌出来的白色不透明液体。乳中的乳糖、乳脂肪、矿物质和水组成乳浊液，蛋白质以胶体状态悬浮其中。乳中所含的各种组成足以供给幼小动物生长发育的全部营养需要，是一种全营养食品。以乳为原料可以加工制成各种乳制食品，加工的主要作用有：① 延长保藏期或取其精华，如乳粉、炼乳、奶油、干酪；② 增加花色品种，丰富饮食生活，如巧克力消毒奶、酸奶、麦乳精、冰淇淋；③ 调整乳中化学成分，使之适合不同营养需要，如婴儿调制乳粉、孕妇乳粉、低脂乳粉、低乳糖乳粉；④ 综合利用乳源，取得更大效益，如乳糖、干酪素、乳清粉、酪乳粉。

早在石器时代，人类已开始从事畜牧业并生产乳和乳制品。考古学家根据撒哈拉沙漠岩石上的雕刻判断，那时的人类已从事养牛并挤奶。还发现美索不达米亚地区的人已用干酪作为食品之一。印度的早期梵文和古雅利安语记载了印度在公元前6000年已利用乳加工几种乳制品。埃及在公元前4000年，畜牧业和乳制品业已有较大的发展。

在中国历代史书中也多有关于乳和乳制品的记载。如汉文帝（公元前179—前157）时已能制作奶酒。北魏（386—534）已有酸奶和干酪，贾思勰在《齐民要术》中就汇集了“奶酪”、“干酪”和“马酪”等的加工方法。唐高祖（618—627）及唐太宗（627—649）时将乳和乳制品用做营养食品并治疗疾病。五代（907—960）时已用乳制品佐餐。宋代（960—1279）设乳品制造部门，宋孝宗乾道二年（1166）明堂大礼中已陈列乳糖；元太祖（1206—1228）出征时，军粮中有乳粉；13世纪《马可·波罗行纪》中也叙述过元代军队以干燥乳制品作军用食粮的情景。明李时珍（1518—1593）所著《本草纲目》中，对人乳、牛乳、羊乳、马乳、骆驼乳、驴乳、猪乳等的性质和医疗效果等都作了详细阐述。清代宫廷中所用乳制品有奶酪、酪干、奶卷等16种，有些流传至今。1987年和1988年中国曾先后两次在日本展出宫廷乳制点心。

19世纪，乳制品进入工业化生产时期。1851年美国建立了第一个干酪工厂和冰淇淋工厂。1855年英国颁布乳粉制造法的专利。1856年一种可长期保存的甜炼乳问世。1877年瑞典和丹麦都制出了奶油分离机，从此可以机械化生产奶油。1901年德国首先用喷雾法制造乳粉。1908年日本生产酸奶。1939年德国用连续法生产奶油，美国于1946年工业化生产无菌灌装的全脂灭菌牛乳。1948年采用超高温工艺进行牛乳灭菌，1971年应用超滤和反渗透技术处理乳清。

在中国，1924年宇康炼乳厂建于浙江瑞安，1926年百好乳品厂在浙江温州建成，1928年浙江海宁成立西湖乳品公司。1949年以后中国的乳品工业较快地发展起来。截至1987年全国共有乳品厂500多家，主要分布在黑龙江、内蒙古、甘肃、陕西、青海等省和自治区以及北京、上海、天津等大城市。

原料乳的颜色、气味必须正常，酸度不超过18° T，含脂率不低于3%，非脂乳固体不低于8.5%，细菌数不超过100万个/毫升。均质是借机械作用，使脂肪球分裂得更小，可延缓脂肪上浮、增强乳脂肪香味又有利于消化吸收。杀菌是应用加热的方法杀死乳中的微生物，以保证卫生安全。按杀菌温度分类，有低温长时、高温短时和超高温瞬时。按杀菌目的分类，有：① 巴氏杀菌，即杀死全部致病菌和绝大部分杂菌，用于市售消毒牛乳，成品在室温下只能存放一两天。② 灭菌，即杀灭全部微生物，并配合无菌包装，成品可在室温下存放数月。以牛乳为原料可以制成多种食品。主要乳制品有消毒牛乳、炼乳、乳粉、酸乳制品、干酪、奶油和冰淇淋等。

消毒牛乳，又名消毒奶。以健康牛群所产鲜乳为原料，经过预处理、加热杀菌，然后作零售小包装，供直接消费的牛乳。

炼乳。经真空浓缩的乳制品，饮用前加水

稀释。种类甚多，主要为全脂甜炼乳和全脂淡炼乳。甜炼乳是按全脂牛乳重量添加15%～16%蔗糖，杀菌以后，浓缩到2.5倍的产品。淡炼乳又名蒸发乳，是全脂牛乳经标准化并预热杀菌以后，真空浓缩至乳固体提高2～2.5倍，装罐、密封、加压杀菌所得的产品。要求成品中乳固体不低于26%，不得有沉淀和凝块。

乳粉。以鲜乳为原料，经预处理及真空浓缩，然后喷雾干燥而制成的粉末状食品。乳粉按原料和工艺可分为全脂乳粉、全脂加糖乳粉、脱脂乳粉、调制乳粉、速溶乳粉、保健乳粉、酪乳粉、乳清粉8类。全脂乳粉由新鲜牛（或羊）乳为原料，经喷雾干燥而成。食前加7倍水冲调，即成复原乳。全脂乳粉供冲调后直接饮用，也用做食品工业原料。全脂加糖乳粉又称全脂甜乳粉，以全脂牛（或羊）乳为原料，加适量的蔗糖以调整碳氮比例，并改善冲调性。成品中蔗糖含量，中国规定不得超过20%。脱脂乳粉以除去乳脂肪的脱脂乳（生产奶油的副产品）为原料，经喷雾干燥而成。成品中脂肪含量不得超过2%。一般用做食品工业原料。其特点是脂肪含量低，不易氧化变味，保藏期长，因此也可从产地将脱脂乳粉和奶油运往城市，按比例调配，生产全脂消毒奶，这种饮料称为再制奶。调制乳粉是根据婴幼儿或其他特殊营养需要，以鲜乳为基础，添加其他营养素，按乳粉生产工艺制成的粉末状食品。供婴儿食用的调制乳粉是模拟人乳中氨基酸、脂肪酸、乳糖、矿物质的组分进行调配，并添加维生素和微量元素进行强化的。按不同月龄婴幼儿的营养需要，还形成系列化产品。速溶乳粉的特点是具有良好的可湿性与分散性，用冷水冲调也能迅速溶解。其工艺关键是提高浓缩乳的浓度，放大喷雾嘴的锐孔（或降低离心喷雾机的转速），并通过流化床进行附聚，以取得大颗粒乳粉。对全脂乳粉还要增加一道喷涂卵磷脂的工序。保健乳粉是以牛乳为原料，经接入各自特定的纯粹菌种，保温培养后干制而成。如双歧乳杆菌乳粉、嗜酸菌乳粉、酸奶粉等，其外观和普通乳粉相同，但含有对人体健康有益的活菌。用前加5～6倍温水，在40℃左右保温5～10小时，待凝固后即可饮用。酪乳粉由奶油副产品酪乳干制而成，用做食品工业原料。乳清粉由生产干酪的副产品乳清干制而成。因富含乳清蛋白，可用做生产婴幼儿调制乳粉的原料。

酸乳制品。以牛（或羊、马）乳为原料，接入专用菌种，经保温发酵，成品中含有以乳酸为主的多种有机酸以及多种醛、酮、醇等芳香物质，是供直接消费的饮料。酸乳制品的特点除各具独特风味且蛋白质部分分解容易消化外，乳酸和其他抗生物质还能抑制大肠内腐败微生物的繁殖，又有改善肠道微生物菌群的作用。世界各国的酸乳制品品种多样，常见的有酸牛乳、酸菌乳、酸牛乳酒、酸马奶酒、双歧乳杆菌乳等几种。酸牛乳又名酸奶，是全世界消费量最大的酸乳制品。所用菌种为保加利亚乳杆菌和嗜热链球菌，分别培养，混合使用。酸奶按原料脂肪含量可分为：全脂酸奶，脂肪不低于3%；半脱脂酸奶，含脂0.5%～3%；脱脂酸奶，脂肪不超过0.5%。酸奶按成品形态分为凝固型和搅拌型。前者呈胶冻状态，后者为黏稠的糊状流体。为增加花色品种，可在酸牛乳中添加蔗糖、果浆或果块，如草莓、菠萝、黑加仑、柑橘等。有些国家添加合成香精和色素。酸牛乳的保存性好，在0℃的冷库中可存放20～40天。嗜酸菌乳是将嗜酸乳杆菌接入杀菌后的牛乳中，在38℃下保温18～24小时，待酸度达到1%时，立即冷却到10℃，用零售小容器灌装，运往市场。嗜酸乳杆菌可在2%胆汁内汤培养基上生长，能抑制对人体肠道有害的细菌。嗜酸菌乳能治疗胃肠疾病，如便秘、腹泻、非溃疡性结肠炎等。酸牛乳酒起源于高加索，也可用山羊乳或绵羊乳制造。制造酸牛乳酒的微生物是高加索乳杆菌、明串珠菌及酵母菌的混合菌种。成品中约含0.8%乳酸、1%酒精，还有丁二酮、乙醛、酮类、醇类芳香物质。酸马奶酒是对马乳接种保加利亚乳杆菌和酵母菌制成的。成品后，去除藻、毛等杂质，再用海藻胶黏结成饼状，质地近于白燕；二为燕碎，又称燕条，为燕窝剩下的破碎体。

土燕窝系雨燕科棕雨燕属白腰雨燕的窝。此燕分布于沿海至四川、甘肃一带，常巢于山地岩洞或海边岩礁上，也用所吐胶液筑成，呈杯状，色泽、质地均不及金丝燕属的燕鸟所筑的窝，含有较多杂质，如草茎、竹叶、须根、残羽等。

根据燕窝发制后的形状，燕窝又可以分为燕盏、燕丝、燕条、燕碎、燕饼等。燕盏发制后呈条状；燕碎发制后呈散沙状；燕饼是毛燕发制后，去掉杂质再加入海藻类黏结而成的半人造燕窝。

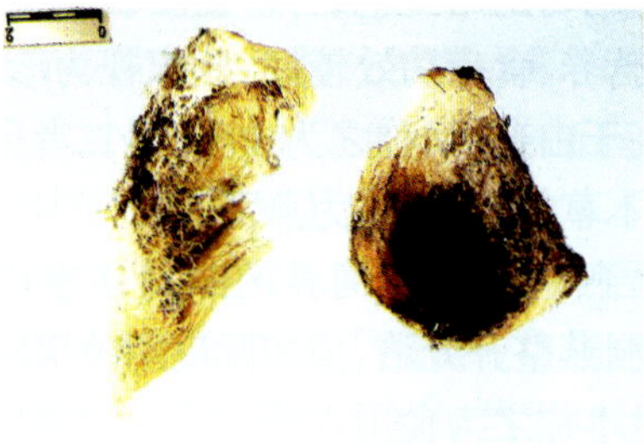

毛　燕

血　燕

100 克干燕窝内含有蛋白质 49.9 克、碳水化合物 30.6 克，并含有钙、磷、钾等物质。中医认为，燕窝味甘性平，入肺、胃、肾经，有养阴润燥、益气补中的功效，可治虚损、痨瘵、咳嗽、痰喘、咯血、吐血、久痢、久疟以及噎膈反胃等症。燕窝中含有表皮生长因子和辅促细胞分裂成分，有助于刺激细胞生长及繁殖，对人体组织生长、细胞再生，以及由细胞生发的免疫功能均有促进作用。加之燕窝还含有大量的黏蛋白、糖蛋白、钙、磷等多种天然营养成分，有润肺燥、滋肾阴、补虚损的功效，能增强人体对疾病的抵抗力，有助于抵抗伤风、咳嗽和感冒。

鉴别燕窝，首先要区别真假。确定是真燕窝后，再分品类、定档次。一般要求外形完整、匀称、无缺损，干燥而微有清香。两只相碰有声。如已回软，质量即受影响。燕窝易受潮，极易发霉。一般可装入洁净木箱或铝皮箱，内衬防潮保护层和吸湿剂，密封并放于干燥处。霉季要及时检查。冷藏效果较好，包装严密，防止潮气侵入，温度在 5℃左右时，可保存较长时间。家庭小量贮存，可于包裹后装入塑袋，封口，放入垫有石灰的容器内，可不致变质。

燕窝烹制前须经涨发，有碱发、蒸发、泡发等法。燕窝经涨发后，通常采用水烹法如蒸、炖、煮、扒等方法进行烹调，以羹汤菜式为多，制作时常辅以上汤或味清鲜质柔软的原料，如鸡、鸽、海参、银耳等，也可以制作甜、咸菜式。调味则以清淡为主，忌配重味辅料掩其本味，色泽也不宜浓重。燕窝菜肴一般用于高档宴席，著名的菜式有五彩燕窝、冰糖燕窝、鸽蛋燕菜汤、鸡汤燕菜等。

7. 板鸭

板鸭是选用健康的活鸭经过宰杀煺毛、去内脏、水浸、擦盐（干腌）、复卤（湿腌）、晾挂风干制作而成的腌腊制品。

南京板鸭驰名中外。明清时南京就流传“古书院，琉璃塔，玄色缎子，咸板鸭”的民谣，可见南京板鸭早就声誉斐然了。板鸭是用盐卤腌制风干而成的，分腊板鸭和春板鸭两种。因其肉质细嫩紧密，像一块板似的，故名板鸭。南京板鸭的制作技术已有 600 多年的历史，到了清代时，地方官员总要挑选质量较好的新板鸭进贡皇室，所以又称“贡鸭”。朝廷官员在互访时以板鸭为礼品互赠，故又有“官礼板鸭”之称。据民国陈作霖《金陵琐志》载：“鸭非金陵所产也，率于邵伯、高邮间取之。么凫稚鹜，千百成群，渡江而南，阑池塘以畜之。约以十旬肥美可食。杀而去其毛，生鬻诸市，谓之‘水晶鸭’；举叉火炙，皮红不焦，谓之‘烧鸭’；涂酱于肤，煮而味透，谓之‘酱鸭’；而皆不及‘盐水鸭’之为无上品也，淡而旨，肥而不浓；至冬则盐渍，日久呼为‘板鸭’，远方人喜购之，以为馈献。”

南安板鸭始产于明朝江西布政使北道南安府方屋塘（今大余县城东门外），至今已500余年历史，原名“泡腌”，大余县民间仍沿用此名，1905年成为商品销往香港、澳门，并转销新加坡、马来西亚等地，为东南亚各国之席上佳肴，馈亲友之珍品，颇受东南亚各国欢迎。因大余为当时南安府衙所在地，故名南安板鸭。

建昌板鸭主产在西昌、德昌等县、市。据历史记载，元、明两代，西昌（原名建昌）以出产板鸭著称。《西昌县志》记载：“鸭古名鹜，雄者羽毛美丽，雌者次之，县人挨户饲养，用为筵宴上品，重为四五斤。其肉、肝及卵，气味之美，为他省之冠，虽著名之苏鸭、闽鸭，亦所不及所谓建鸭、建肝是也。鸭肝以西宁镇所产者为第一，每副重十二两者；鸭肉若用盐腌之成为板鸭后，则美不可言矣。”

腌制板鸭需选用体长、身宽、健壮的活鸭。宰杀前，需用稻谷催肥，使胸肉和双腿肌肉饱满，两腋需要有“核桃肉”突出，体重一般要在1.8千克以上，要求肉嫩、膘肥、脂白，每年小雪到次年清明，为腌制板鸭的生产期。大雪至立春腌制出来的板鸭，油脂不易酸败变质，又有腊香味，称为腊板鸭；从立春到清明腌制的称为春板鸭，质量较次。板鸭在我国的许多地方都有加工，著名的板鸭有：南京板鸭、南安板鸭、建瓯板鸭、建昌板鸭、白市驿板鸭等。

南京板鸭从选料制作至成熟，有一套传统方法和要求。其要诀是“鸭要肥，喂稻谷，炒盐腌，清卤复，烘得干，焐得足，皮白、肉红、骨头酥”。制作板鸭的鸭要体长、身宽、胸部及两腿肌肉饱满，两腋有核桃肉，去毛后体重1.75千克以上的健康活鸭，宰杀前要用稻谷催肥。南京板鸭外形较干，状如平板，肉质酥烂细腻，香味浓郁，故有“干、板、酥、烂、香”之美誉。

南安板鸭为江西物产，鸭体扁平、外形桃圆、肋骨八方形、尾部半圆形。尾油丰满不外露，肥瘦肉分明，皮色奶白，瘦肉酱色。食味特点是皮酥、骨脆、肉嫩，咸淡适中，肥肉不腻。有南安板鸭的独特风味，非其他腊味所可比拟。其背部盖有长圆形“南安板鸭”珠红印章四枚，与翅骨及腿骨平行，呈倒八字形。背部盖有长圆形“南安板鸭”朱红印章四枚，分别与翅骨及腿骨平行。

建瓯板鸭产于福建建瓯县，此菜在武夷山及闽北一带属颇有名气的风味食品。它形如龟体，色泽白嫩光润，肉质肥厚，味道香美。建瓯板鸭选料考究，加工精细，每年农历九月开始制作，到翌年二月二收盘。其中尤以霜风天制作的板鸭最佳。建瓯板鸭烹饪简便，经清洗切块或油炸，或加入老酒清蒸、红烧，风味独特，香嫩可口。

建昌板鸭具有体大、膘肥、油多、肉嫩、气香、味美等特点。

白市驿板鸭是重庆的著名特产，这种板鸭，成品呈蒲扇状，色泽金黄，清香鲜美，余味

板　鸭

法是按 5 千克蛋、750 克盐的比例，取盐加水煮开后，使盐完全溶化，待盐水晾凉后，浸泡鸭蛋或鸡、鹅蛋，置于缸中，上压一物体，以免蛋上浮，缸口要加盖，密封，腌 30 ~ 40 天即可，此法加工的咸蛋不宜久存，否则蛋壳上易出现黑斑。如用辣酱腌制，可制成辣酱咸蛋，加香料则制成香咸蛋。腌蛋时间不宜超过 3 个月，不然蛋白会变硬，蛋黄油质减少或没有油质。江苏高邮咸鸭蛋久负盛名，此蛋在 1910 年的南洋劝业会上曾名噪一时，畅销国内，还销往美国等 10 多个国家。此外还有湖北沔阳沙湖盐蛋、河南郸城唐桥咸蛋、浙江兰溪里桃蛋、湖南益阳朱砂盐蛋等。咸蛋以蛋白细嫩，蛋黄松沙带油者为好。

咸　蛋

咸鸭蛋每 100 克食部约含蛋白质 12.7 克、脂肪 12.7 克、磷 231 毫克、钙 118 毫克、铁 3.6 毫克、硫胺素 0.16 毫克、核黄素 0.33 毫克、尼克酸 0.1 毫克。中医认为，咸鸭蛋味甘，性凉，有清肺火、降阴火之功能。

咸蛋的选择：以咸淡适口、个大、蛋黄含油丰润、无空头、壳青白者为佳。食用时，取出咸蛋，洗净泥土，放在冷水锅中煮熟，供作小菜，破头掏食，或切作冷盘，又可与皮蛋一同制成玛瑙蛋作凉菜。咸蛋还可作粽子、月饼的馅料，或作咸蛋粥。用咸蛋蒸猪肉、蒸鱼等，可作饭菜。咸蛋蛋黄色泽红黄，富含油脂，具有鲜、细、嫩、松、沙、油等特点，油炒后颇似蟹黄，故常用于热菜中，以咸蛋代替蟹黄制作菜肴，如赛蟹黄、蟹黄豆腐、金沙炒蟹等。

10. 皮蛋

皮蛋是蛋奶制品类加工性烹饪原料，又称松花蛋、变蛋、彩蛋。皮蛋是中国特产，多用鲜鸭蛋制作，也有用鸡蛋、鹅蛋、鹌鹑蛋制作的。加工方法一般分为料泥包蛋和料液泡蛋两种。

皮蛋至迟发明于 14 世纪，也就是明代初，发明人已不可考。至今能查找到的最早见诸文字的记录，是明代宋诩著的《竹屿山房杂部》：“混沌子：取燃炭灰一斗，石灰一升，盐水调入，锅烹一沸，俟温，苴于卵上，五七日，黄白混为一处。”这种“混沌子”，就是皮蛋。这以后，明末戴羲所作的《养余月令》上，又有“牛皮鸭子”的制法：“牛皮鸭子：每百个用盐十两，栗炭灰五升，石灰一升，如常法腌之入坛。三日一翻，共三翻，封藏一月即成。”清初，科学家方以智所著《物理小识》中，把皮蛋称做“变蛋”：“池州今安徽铜陵一带。出变蛋，以五种树灰盐之，大约以荞麦谷灰则黄白杂糅；加炉炭、石灰，则绿而坚韧。”方以智认为使用不同的炭灰，蛋内会产生不同的化学变化，形成两种不同的产品。另外，方以智认为这种“变蛋”是在古时“咸杭子”的基础上发展而成的。他在叙述“变蛋”之前有这样一段话：“《老学庵笔记》、《齐民要术》有咸杭子法，以杭皮渍鸭卵，今吴人用虎杖根渍之亦古遗法。”至清代，有更详细的关于皮蛋制作的记载。清代潘仕成《调燮类编》：“鸭蛋以硇砂画花及写字，候干，以头发灰浇之，则黄直透内。做灰盐鸭子，月半日做则黄居中，不然则偏。”此时，对配料的比例已规定得很明确。李化楠《醒园录》：“用石灰、木炭灰、松柏树灰、砻糖灰四件（石灰须少，不可与各灰平等），加盐拌匀，用老粗茶叶煎浓汁调拌不硬不软，裹蛋。装入坛内，泥封固，百天可用。其盐每蛋只可用二分，多则太咸。又法：用芦草、稻草灰各二分，石灰各一分，先用柏叶带子捣极细，泥和入三灰内，加砻糠拌匀，和浓茶汁，塑蛋，装坛内半月，二十天可吃。”清代曾懿《中馈录》认为：“制皮蛋之炭灰，必须锡匠铺所用者。缘（缘：因为）制锡器之炭，非真栗炭（栗树烧制之炭）不可，故栗炭灰制蛋最妙。盖制成后黑而不辣，其味最宜。而石灰必须广灰

（广灰：结块的优质生石灰，碱性较强），先用水发开，和以筛过之炭灰、压碎之细盐，方得入味。如炭灰十碗，则石灰减半，盐之减半。以浓茶一壶浇之，拌至极匀，干湿得宜。将蛋洗净包裹后，再以稻糠滚上，俟冷透装坛，约二十日即成。"

皮蛋通常以鸭蛋为主料(也可以鸡蛋、鹌鹑蛋为主料)，以食盐、石灰、纯碱、茶叶等为配料制作而成。皮蛋可分为硬心皮蛋和溏心皮蛋两种。前者蛋黄凝固，无溏心；后者蛋黄中心呈稠黏液状。皮蛋具有色彩鲜明、质感细腻、味道浓香的特点。湖南、四川、北京、江苏、浙江、山东、安徽为主要产地。著名品种有湖南松花蛋、江苏松花蛋、山东松花蛋、北京松花蛋、永川皮蛋、山东鸡彩蛋等。

皮　蛋

每 100 克皮蛋食部约含蛋白质 14.2 克、脂肪 10.7 克、磷 165 毫克、钙 63 毫克、铁 3.3 毫克、硫胺素 0.06 毫克、核黄素 0.18 毫克、尼克酸 0.1 毫克。

皮蛋的质量鉴别：蛋壳完整，两蛋轻碰有清脆声，并能感到内部弹动。剥去蛋壳，蛋清凝固完整，光滑洁净，不黏壳，无异味，呈棕褐或绿褐，有松枝花纹。蛋黄味道清香浓郁，稍具或无辛辣味、无臭味。含铅量每千克不超过 6 毫克。烹调中，皮蛋多作凉菜，可用麻油、香醋、酱油等调味，也可不调味，还可以再加工，做成糟皮蛋。作热菜，宜于熘、炸，也可用炒、烩等烹调方法。菜肴有醋熘皮蛋、软炸皮蛋、夹沙皮蛋、烩皮蛋等。广东等地还以此制作地方小吃，如皮蛋瘦肉粥、咸蛋皮蛋粥等。

（谢定源）

六、水产及其他动物原料

（一）鱼类原料

1. 鲤鱼

鲤鱼属硬骨鱼纲鲤形目鲤科鲤亚科鲤属。古称赤鲤鱼、赬鲤、赤鲜公，又称鲤子、鲤拐子、六六鱼、毛子、龙鱼等。主产国有中国、俄罗斯和印度尼西亚等国。中国除青藏高原外，全国各水系均有分布。全年均有生产，以春秋两季产量较高。

我国是最早养殖鲤鱼的国家，早在公元前 11 世纪的殷末周初就已开始养鲤。鲤鱼 13 世纪传入欧洲，后又传至美国，成为各国主要养殖对象。春秋时代越国大夫范蠡所著《养鱼经》，又称《范蠡养鱼经》，大约写于公元前 460 年，是世界上最早的一部养鱼专著。范蠡的养鱼理论，已提及雌雄鲤鱼配比以及鲤鳖混养等内容。1965 年，陕西省汉中市发掘的东汉墓中，出土了反映范蠡养鱼法的陂池模型，池底塑有鲤鱼 6 尾。唐代皇帝姓李，"李"和"鲤"同音，于是统治者认为"鲤"象征皇族，鲤鱼也就代表祥瑞了。皇家以鲤为佩，"虎符"改为"鲤符"，直呼鲤鱼竟算犯讳，所以改称鲤鱼为"赤 公"，曾一度严令禁止朝野上下食鲤，捕到鲤鱼必须放生，卖鲤鱼要受到重罚。我国古代有崇尚鲤鱼的风俗，常以鲤鱼作为赠礼和祭品。《论语》中记载，孔子的妻子生了儿子，"鲁昭公以鲤鱼赐孔子，孔子荣君之赐，因名子曰鲤，而字伯鱼"。我国人民非常偏爱鲤鱼，把它视为灵物，称鲤为"椰龙"。据传说鲤鱼跃过龙门则化为龙，故将科举应考称"跳龙门"。唐人章孝标《鲤鱼》诗云："眼似珍珠鳞似金，时时动浪出还沈。河中得上龙门去，不叹江湖风月深。"这个风俗在日本也很流行，每年男孩节(5 月 5 日)前夕，许多家庭里挂着鲤鱼旗，象征着男孩要像鲤鱼那样勇敢、有出息。中国老百姓历来把鲤鱼看做吉祥之物，传统年画中胖娃娃怀抱一条大红鲤鱼，画题为“吉庆有余”；跳跃的鲤鱼，配有红花绿叶的莲藕，被称为“连年有余”；大鲤鱼相配大寿桃，称“福寿有余”等，寄托了广大人民庆祝丰收的喜悦和渴望生活富裕、幸福美满的心情。

以鲤鱼入馔则始见于《诗经》。《诗经》中曰：“岂其食鱼，必河之鲤”；“饮御诸友，炰鳖脍鲤。”古时俚语：“洛鲤河鲂，贵于牛羊。”可见古人把黄河鲤鱼视为珍贵之物，而且喜食。因此，汉代大诗人蔡邕食过黄河鲤鱼后，给后人留下了“客从远方来，遗我双鲤鱼，呼儿烹鲤鱼，中有尺素书”的诗句。此后历代文献均有反映。在唐代，鲤鱼尾被视为“八珍”之一。宋代《图经本草》将鲤鱼列为“食品上味”。元代《居家必用事类全集》已载有用鲤鱼皮、鳞熬制“水晶脍”的方法。清代《调鼎集》上列有鲤鱼菜20多品，已用鲤白、鲤肠、鲤胰、鲤唇、鲤尾、鲤脑、鱼子等成菜，并有了多种烹制方法。《清稗类钞》中也说：“黄河之鲤甚佳，……甘鲜肥美，可称珍品。”鲤鱼自古就受人喜爱。

鲤鱼体延长，略侧扁，背部在背鳍前稍隆起。口下位或亚下位，呈马蹄形。有吻须一对，较短；颌须一对，其长度为吻须的2倍。鳃耙短。下咽齿3行。腹部圆。鳞片大而圆。侧线明显，微弯，侧线鳞36枚。背鳍长，其起点至吻端比至尾鳍基部为近。臀鳍短。背鳍、臀鳍第3棘为粗壮的带锯齿的硬棘。尾鳍深叉形。体背灰黑或黄褐色，体侧带金黄色，腹部灰白色，背鳍和尾鳍基部微黑，尾鳍下叶红色。但其体色常随栖息水域的颜色的不同而异，大体上体色有青黑、灰白、金黄之分。体长约为9～27厘米。鲤鱼按生长环境分为野生种和饲养种两大类。主要品种有：

龙江鲤产于黑龙江各水系。体型较高，侧扁，背黑褐，腹部粉红，尾鳍上叶红色带黄。肉纤维较细，味清香而鲜美。

黄河鲤又称龙门鲤，与松江鲈鱼、兴凯湖大白鱼、鳜鱼并称中国四大淡水名鱼，产于黄河流域及内蒙古乌里梁素海。个大体肥，金光闪闪，俗称金翅金鳞。肉质较厚实，但纤维较粗，稍有土腥味。以河南开封、郑州一带所产为佳。

淮河鲤产于长江、淮河水系。体型较长，背高，淡黑色，腹部淡黄色，各鳍边缘红色。肥壮鲜美，肥而不腻，稍有土腥味，肉质粗糙。

岩原鲤又称黑鲤、墨鲤、岩鲤巴，分布于长江上游和中上游的干支流内。体略高，背部隆起，腹部圆。头小，呈圆锥形。口稍下位，马蹄形。唇厚，20厘米以上的大个体表面有显著的突乳，小个体不明显。须2对。背鳍、臀鳍有粗壮的硬刺，其后缘带锯齿。背鳍长，外缘平截，基部被鳞鞘。胸鳍末端接近或达到腹鳍起点。尾鳍深叉形，两叶末端尖。头部及体背部深灰色，腹部银白色，各鳍深灰色，尾鳍后缘黑色。

尖鳍鲤分布于海南岛各水系及广西钦江的下游，属于中下层鱼类，栖息于江河口。体极高，背部显著隆起，而后急剧下斜。头短。口端位。须两对，吻须甚短。背鳍、臀鳍具带锯齿的强刺。背鳍外缘明显内凹，起点位置后于腹鳍基部；胸鳍末端不达腹鳍。尾柄长高相等。

荷包红鲤又称洛鲤，产于江西婺源一带水系，形雅色美，腹部肥大丰硕，立放桌上似荷包，故名。于明代万历年间(1573—1620)开始饲养，质嫩味鲜。

禾花鲤又称禾花鱼，产于广西桂林、全州一带的稻田中。相传唐代即已放养，现有乌肚鲤、乌嘴鲤、白肚鲤、火烧鲤、黄鲤、红鲤等种。肉嫩细滑，刺少无腥，味甜可口。

文岗鲤主产于广东高要县文岗塱一带，故名。头小、身肥、肉厚，富含脂肪，鳞薄骨软，肉嫩味美。

鲤　鱼

红　鲤

岩原鲤

尖鳍鲤

此外，尚有革鲤，皮绿黑色，无鳞；镜鲤，皮面光滑，仅有少数大鳞；以及火鲤、直背鲤、芙蓉鲤、荷包鲤、三角鲤、团鲤、丰鲤、岳鲤等等。

鲤鱼每 100 克食部约含蛋白质 17.6 克、脂肪 4.1 克、磷 204 毫克、钙 50 毫克、铁 1 毫克、硫胺素 0.03 毫克、核黄素 0.09 毫克。中医认为鲤鱼味甘性平，有利尿、消肿、通乳的功效，适宜于治疗黄疸、水肿、肾炎、乳汁不通、咳嗽气喘、胸痛、痈肿、恶心吐食、十二指肠溃疡，尤其对孕妇下肢水肿、胎动不安有显著疗效。鲤鱼皮能治鱼鲠喉，鱼脑治中耳炎，胆明目除翳，脂治诸痫等。宋代王怀隐等《圣惠方》载："鲤能消肿、催乳、祛淤、健脾、和胃、降逆呕之功，疗效如神。"李时珍在《本草纲目》中说："鲤，具有养肝、补肾、养血、益气、安胎、下乳之功能。""鲤，其功长于利小便，故能消肿胀、黄疸、脚气、喘咳、湿热病。烧之则从火化，故能发散风寒，平肺通气，解肠及肿毒之邪。"

鲤鱼肉质肥厚、坚实、鲜美，适宜整条或切块鲜烹。鲤鱼略有土腥味，食用前可放在水池中放养 1 ~ 2 天，使之吐尽腹内泥污。鲤鱼加工需放尽血淤，并注意抽去其脊骨两侧的两根酸筋。取法是：在鱼两侧鳃后各横切一刀至脊背（或去头），再在脐门处两侧各横切一刀至脊骨，然后将鱼身平放，用刀或手由尾向头方向边拍边前移，略重一些，同时观察鳃后切口靠脊骨处，见露筋头，立即捏住，再由尾向前轻拍，边拍边抽，直至抽出为止，然后再烹制菜肴即可清除鲤鱼的土腥味。

鲤鱼鲜活品可用于白烧、清蒸、软熘、煮汤。对于肉质较粗、土腥味较大的鲤鱼，则多用于红烧、干烧、酱汁等。名菜有河南的糖醋软熘鲤鱼焙面，天津的挣蹦鲤鱼，山东的糖醋鲤鱼，陕西的奶汤锅子鱼，山西的清蒸活鲤鱼、荷包鱼，河北的金毛狮子鱼，黑龙江的一尾双身鱼，安徽的淮南烧鱼，贵州的酸汤鱼、盐酸干烧鱼，孔府菜的怀抱鲤，北京的潘鱼、锅贴鱼、酱汁活鱼等。还可制成熏鱼、糟鱼、咸鱼、风鱼等。

2. 青鱼

青鱼属于硬骨鱼纲鲤形目鲤科青鱼属，又名乌青、乌鲩、乌鲻、乌鲭、螺蛳青、青鲩、黑鲩、青根子、青棒。中国各大水系均有分布。主产于长江以南的平原地区水域，其中以长江水系的青鱼种群为最大。每年农历十二月最为肥美。为中国主要淡水养殖鱼类之一，与鲢、鳙、草鱼合称"四大家鱼"。

青鱼自古入馔，清代王士雄《随息居饮食谱》谓其"可脍、可脯、可醉，古人所谓'五侯鲭'即此。其头尾烹鲜极美，肠脏亦肥鲜可口。……脍，以诸鱼之鲜活者刽切而成，青鱼最胜。……鲊，以盐、糁酝酿而成，俗所谓糟鱼、醉鲞是也，惟青鱼为最美"。袁枚《随园食单》载有用青鱼制作的鱼圆、鱼片、鱼脯等菜品。

青鱼体圆筒形。腹部平圆，无腹棱。尾部稍侧扁。吻钝，但较草鱼尖突。上颌骨后端伸达眼前缘下方。眼间隔约为眼径的 3.5 倍。鳃耙有 15 ~ 21 个，短小，呈乳突状。咽齿一行，4(5)/5(4)，左右一般不对称，齿面宽大，臼状。鳞大，圆形。侧线鳞 39 ~ 45 片。体青黑色，背部更深，各鳍灰黑色，偶鳍尤深。

青鱼每 100 克食部约含蛋白质 19.5 克、脂肪 5.2 克、钙 75 毫克、磷 171 毫克、铁 0.8 毫克、硫胺素 0.13 毫克、核黄素 0.12 毫克、尼克酸 0.17 毫克。中医认为青鱼肉性味甘、平，无毒，有益气化湿、和中、截疟、养肝明目、养胃的功效。凡产后、久病肝肾亏虚、阴血不足、视物模糊、脚软无力以及脾虚水湿内困，症见腹胀水肿、小便不利，以及痢疾、疟疾、脚气等，可用青鱼作辅助治疗食品。其胆性味苦、寒，有毒，可以泻热、消炎、明目、退翳，外用主治目赤肿痛、结膜炎、翳障、喉痹、暴聋、恶疮、白秃等症；内服能治扁桃体炎。由于胆汁有毒，不宜滥服。过量吞食青鱼胆会发生中毒，半小时后，轻者恶心、呕吐、腹痛、水样大便；重者腹泻后昏迷、尿少、无尿、视力模糊，继之骚动、抽搐、牙关紧闭、四肢僵直、口吐白沫、两眼球上蹿、呼吸深快。如若治疗不及时，会导致死亡。

青鱼肉白，质嫩味鲜，皮厚胶多，最宜于红烧、清蒸，也可用熘、炸、炒、烹、煎、贴、焖、扒、熏、烤等烹调方法成菜。青鱼的整用、分档用，归纳起来主要有全鱼、头尾、中段、腹4种。

全鱼做菜是将刮鳞、挖鳃、除内脏、洗净后的整条鱼不经解体烹制成菜，可用于烧、蒸、熘等烹调方法，不但可在整形鱼体两侧施用花刀，使成菜形态美观，而且鲜美肥腴。头尾做菜：一是合用，安徽菜有红烧头尾，上海菜有汤头尾；二是单用头，有上海和平饭店的红烧葡萄，将青鱼头劈两爿，以眼为中心修圆，14个为1份制成；三是单用下巴，上海、安徽菜均有红烧下巴，如上海和平饭店的红烧嘴封；四是单用尾，苏州菜有出骨糟卤划水，上海菜有烧划水。中段做菜：一般500克左右的青鱼的中段可以整段入烹，如红烧中段、油浸鱼、豆瓣青鱼等；切块烹调如湖北菜有粉蒸青鱼、瓦块鱼，安徽菜有火烘鱼，上海菜有老烧鱼、萝卜醋鱼等。江、浙、沪一带有一组取青鱼中段先经腌制，再经糟制，然后烹制成菜的特色菜肴：经煎后成菜的叫青鱼煎糟，经氽后成菜的叫氽糟，经煮后成菜的叫煮糟青鱼，配咸肉烧制成菜的叫腌川。中段剔骨取肉，又可批片，切丝、条、粒，斩茸，供进一步加工成菜。如：上海菜有拌鱼瓜，江苏菜有菊花青鱼、三丝鱼卷，湖北菜有拔丝鱼条，杭州菜有龙井鱼片等等。亦可做成鱼丸、鱼饼、鱼糕，如上海虹桥饭店的火腿鱼丸汤，浙江的豆苗清汤鱼丸、青鱼白饼，湖北的鱼氽、荆沙鱼糕。鱼腹做菜。青鱼腹肉软嫩腴润，可单独应用，如：湖北的油焖青鱼软边、安徽菜的红烧肚裆。

3. 草鱼

草鱼属于硬骨鱼纲鲤形目鲤科雅罗鱼亚科草鱼属，古称鲩鱼、鰀鱼，俗称鲩鱼、鲩子、草鲩、草根鱼、草包鱼、厚鱼、草鲲、草棒、混子。草鱼栖居在江河湖塘中下层，习性活泼，行动迅速，以水草为主要饵料，食物链短，繁育快，易成活，系中国主要淡水养殖鱼类之一，与鲢、鳙、青鱼合称为“四大家鱼”。广泛分布于中国的各大水系，长江和珠江水系是其主要产区。草鱼一年四季均产，每年5～7月为生产旺季。人工养殖的草鱼，多在9～11月份上市。

中国食用草鱼的历史悠久。《尔雅》“鲩”注：“今鲜鱼，似鳟而大。”范蠡《养鱼经》：“鲜谓之草鱼，食草而易长。”唐末刘恂《岭表录异》有如下记载：“伺春雨，丘中聚水，即先买鲩鱼子散于田内。一二年后，鱼儿长大，食草根并尽。既为熟田，又收鱼利，及种稻且无稗草，乃齐民之上术也。”其中所述鲩鱼即为草鱼。《本草纲目》：“鲜性舒缓，故曰鰀鱼。”

草鱼体粗壮，亚圆筒形，尾部侧偏。腹部无腹棱。吻钝；口前位，中大，上颌骨后端伸达后鼻孔下方；鳃耙短小、14～19，稀疏排列；咽齿2行、一般为2(5)/4(2)，内行发达，外行稍弱；齿侧扁，梳状，齿面略凹，中间有一沟，两侧有锯齿状缺刻。鳞片中大，圆形，边缘略暗。侧线鳞39～46。肠长为体长的2.3～3.8倍。体茶黄色，背部青灰，腹部灰白，胸鳍和腹鳍略带灰色，其他各鳍淡灰色。一般重1～2千克，大者可达40千克。

草　鱼

草鱼每100克食部约含蛋白质16.6克、脂肪5.2克、磷203毫克、钙38毫克、铁0.8毫克、硫胺素0.04毫克、核黄素0.11毫克、尼克酸2.8毫克。中医认为，草鱼肉性味甘、温、无毒，有暖胃和中之功效。广东民间用以与油条、蛋、胡椒粉同蒸,可益眼明目。其胆性味苦、寒,有毒。动物实验表明,草鱼胆有明显的降压作用,有祛痰及轻度镇咳作用。江西民间用胆汁治暴聋和水火烫伤。胆虽可治病,但胆汁有毒,常有因吞服过量草鱼胆引起中毒的事件发生。中毒过程主要为毒素作用于消化系统、泌尿系统,短期内引起胃肠症状,肝、肾功能衰竭,常合并发生心血管与神经系统病变,引起脑水肿、中毒性休克,甚至死亡。对吞服草鱼胆中毒者尚无特效疗法,故不宜将草鱼胆用来治病,如必须应用,亦需慎重。

草鱼肥厚多脂,肉质细嫩,鲜烹制多取清蒸、滑炒、熘,亦可红烧、油焖、煎炸、腌熏。草鱼肉含水量大,草腥气重,出水易腐烂,所以用其制菜,必须鲜活,且要多放酒、醋、葱、姜等调料,不宜长时间烹烧,否则会影响肴馔的质地与风味。名菜有四川的蒸五柳鱼,浙江的西湖醋鱼,北京的煎糟鱼,安徽的火烘鱼,江苏的鲜鱼饺,湖北的鲩鱼片,福建的葱烧草鱼,湖南的豆豉辣椒蒸腌鱼,上海的火烧草鱼粉片和草鱼豆腐,广东的酥炸西湖鱼和清蒸鲩鱼。草鱼也可加工成糟制和熏制品,或制作鱼松、油浸草鱼罐头等。

4. 鲢鱼

鲢鱼属于硬骨鱼纲鲤形目鲤亚目鲤科鲢属,古称鲊鱼、白鲊、白脚鲢,又称白鲢、鲢子、扁鱼、洋胖子、镖鱼,主产于中国长江中、下游及黑龙江、珠江、西江等水域,与鳙鱼、草鱼、青鱼合称“四大家鱼”。

中国以鲢入馔,由来已久。《诗经·国风·齐风》:“敝笱在梁,其鱼鲂鲊。”陆玑《毛诗草木鸟兽虫鱼疏》:“鲊似鲂,厚而头大,鱼之不美者,故俚语曰:‘网鱼得鲊,不如啖茹’。”《埤雅》:“鲊,亦或谓之鲢也。似鲂而弱鳞,色白,北土皆呼白鲊。”清代《调鼎集》已详细记述了鲢鱼的制作方法。《随园食单》中记载了鲢鱼豆腐的做法:“用大鲢鱼煎熟,加豆腐,喷酱、水、葱、酒滚之,俟汤色半红起锅,其头味尤美。此杭州菜也。”

鲢鱼体延长侧扁,体高与头长约略相等。腹部刀刃状,腹棱自胸鳍前下方起直至肛门。口宽大、前位,略向上斜。眼小而低,位于头侧中轴线下方。咽齿一行,4/4, 每个略似鞋底形,齿面平扁。鳞片细小,侧线鳞 105 ~ 125,围尾柄鳞 40 ~ 43。臀鳍分枝鳍条 12 ~ 13。肠为体长的 6 ~ 10 倍。体侧上部银灰色、稍暗,腹侧银白色。体侧扁稍高,体长 10 ~ 40 厘米,重可达 1.5 ~ 20 千克。

鲢 鱼

鲢鱼每 100 克食部约含蛋白质 17.8 克、脂肪 3.6 克、磷 190 毫克、钙 53 毫克、铁 1.4 毫克、硫胺素 0.03 毫克、核黄素 0.07 毫克。中医认为,鲢鱼味甘性温,有暖胃、补气、泽肤、利水等功效。鲢鱼胆有毒,不能食。

鲢鱼的烹制方法很多,常用烧、烩、炖等方法成菜,也可煮、煎、汆、炒等。菜品有拆烩鲢鱼头、砂锅鱼头豆腐、红烧鲢鱼、炒鲢鱼片、汆鲢鱼丸等。因为其肌纤维细而短,烹调应用时以 750 克以上者为佳。

5. 鳙鱼

鳙鱼属于硬骨鱼纲鲤形目鲤科鲢亚科鳙属。古称鳐鱼、皂包头,又称花鲢、黑鲢、黄鲢、胖头鱼、大头鱼、松鱼等,分布于中国东部平原各主要水系,尤其是长江流域下游和珠江地区,和鲢鱼、草鱼、青鱼合称“四大家鱼”。

中国以鳙入馔古已有之,文字记载始见于《山海经》、《史记》等古籍。明代张自烈《正字通》:“鳙似鲢而黑,大头细鳞,鲢之美在腹,鳙之美在首。”《本草纲目拾遗》云:“处处江湖有之,状似鲢而黑,故俗呼黑色头鱼。其头最大,有至四五十斤者,肉味次于鲢而头甲于鲢，故曰：‘鲢之美在腹，鳙之美在头。’吴越人多嗜此鱼，以为上品，每宴客，以大鱼头进。剖头取脑，洁白如腐，肥美甘美，食之益人，功等参蓍。”清代《调鼎集》“烧胖头鱼”条详细记述了烹制鳙鱼的方法：“去骨入鲜汤，和酱油、酒、姜、葱红烧”，其制法关键是，须拆去鳙鱼头骨。注意：以鳙鱼头制菜，其头宜大不宜小，头大胶厚肥腴，头小拆骨较难，如：扬州名菜拆烩鲢鱼头，此鲢鱼头即鳙鱼头。

鳙鱼生活于水的中、上层，性温顺，行动迟缓，主要以浮游动植物为食。体延长，体长10～40厘米，侧扁。腹鳍前方的腹部圆平，腹棱自腹鳍后方伸达肛门。头大，体长仅约为头长的2.9～3.1倍。眼小，位于头侧中轴线下方。口宽大，前位，略上斜。鳃耙细长密列，但不愈合。具咽上器官。咽齿一行，齿形相似，均为鞋底形，齿面光滑。鳞片细小，侧线鳞95～115片。胸鳍长，远超过腹鳍基部。生殖期雄鱼胸鳍前面数鳍条的上缘各生有向后倾斜的骨质棱突，似刀刃，有割手感觉，雌鱼完全光滑。体背部及上侧面呈暗色，具不规则黑色斑块，下侧面及腹面银白色，各鳍灰褐色，上具许多黑色小斑点。

鳙　鱼

鳙鱼每100克食部约含蛋白质15.3克、脂肪2.2克、磷180毫克、钙82毫克、铁0.8毫克、硫胺素0.04毫克、核黄素0.11毫克、尼克酸2.8毫克。中医认为其味甘性温，有暖胃补虚之功效。清代赵其光《本草求原》谓其能“去头眩，益脑髓，老人痰喘宜之”。

鳙鱼头肥大，其软腭组织和唇部松软肥厚，富含胶质，配以豆腐、粉皮、粉丝成菜，风格独具，为鱼菜佳品，也是其入馔的独到之处。鳙鱼肉质虽不如鲤、鲫、青、鳜等鱼肥美，但冬季肉质较厚实，只要合理配料，精心烹制，口味亦佳。民间以红烧、白烩、炖汤为多，也有腌制后风干，同猪肉红烧，或煮熟拆骨作冷菜的吃法。

6. 鲫鱼

鲫鱼属硬骨鱼纲鲤形目鲤科鲤亚科鲫属，古称鲋、鲼，又称鲫瓜子、鲫壳子、喜头金鱼、喜头鱼、鲫子。鲫鱼适应性强，除青藏高原外，广布于全国各水系水体中。湖北梁子湖、河北白洋淀、江苏六合龙池所产的鲫鱼尤佳。除中国外，日本、朝鲜和越南等国也产。

中国自古食用鲫鱼，《礼记》、《楚辞》等均有记载。《楚辞·大招》：“煎鲼臛雀。”《广雅》：“鲋，一名鲼，今之鲫也。”《吕氏春秋》曰：“鱼之美者，洞庭之鲋。”北魏贾思勰《齐民要术》、唐人杨晔《膳夫录》、段成式《酉阳杂俎》、宋代陶穀《清异录》等历代文献资料也有记述。《酉阳杂俎》：“鲤一尺，鲫八寸，去排泥之羽。鲫圆天肉，腮后耆门。用腹腴拭刀，亦用鱼脑，皆能令脍缕不着刀。”《清异录》：“广陵法曹宋龟造缕子脍，其法用鲫鱼肉、鲤鱼子，以碧笋或菊苗为胎骨。”《埤雅》曰：“鲫，即也。鲋，附也。此鱼旅行，相即而相附也。形似小鲤，腹稍阔。生胞水者，脊微黑，味甚佳，头味尤胜。”元代以后，鲫鱼烹法日趋精细，且大都流传至今。如明代刘基《多能鄙事》中所载的酥骨鱼、清代《调鼎集》中所载的荷包鱼、熏鲫鱼等，至今仍是席上隽味。

鲫鱼体侧扁，腹部圆。头较小，吻钝圆。口前位，弧形。眼大。无须。鳞片较大，侧线鳞30枚左右。背鳍基部较长，有15～19枚分枝鳍条，前方具带锯齿的粗壮硬刺；臀鳍基部短，前方亦具带锯齿的硬刺。鳔2室，后室较前室长。体银灰色，背部灰黑，腹部乳白色，各鳍灰白。鲫鱼是一种小型广适应鱼类，可生活于各种水体中，喜栖在水草丛生的浅水河湾湖泊中。在不同地区鲫鱼生长速度不同，长江中下游的鲫鱼，一般在250克左右，大的可达1250

克。鲫鱼四季皆产，以春、冬两季肉质最佳。

鲫　鱼

每 100 克鲫鱼食部约含蛋白质 17.1 克、脂肪 2.7 克、磷 193 毫克、钙 79 毫克、铁 1.3 毫克、硫胺素 0.04 毫克、核黄素 0.09 毫克。中医认为，鲫鱼味甘性平，有健脾利湿的作用，对治疗脾胃虚弱、食少、乏力、水肿、痢疾等病症有疗效。适宜慢性肾炎水肿、肝硬化腹水、营养不良性水肿、孕妇产后乳汁缺少、脾胃虚弱、饮食不香之人食用；适宜小儿麻疹初期或麻疹透发不快者和痔疮出血、慢性久痢者食用。鲫鱼补虚，诸无所忌。

注意事项：感冒发热期间不宜多吃。根据前人经验，鲫鱼不宜和大蒜、砂糖、芥菜、猪肝、鸡肉、野鸡肉、鹿肉，以及中药麦冬、厚朴一同食用。

鲫鱼食法较多，尤以做汤最能体现其鲜美滋味，也可烧、煮、蒸等。配以不同辅料，可制成各种菜式，如江苏的白汤鲫鱼，配春笋、香菇、火腿，山东的奶汤鲫鱼配蒲菜，上海的萝卜丝汆鲫鱼，浙江的汆蛤蜊鲫鱼等，均注重以辅料增味。

7. 鳢

鳢是硬骨鱼纲鲈形目月鳢科鳢属鱼类的统称，古称蠡鱼、鳢，俗称黑鱼、乌鱼、生鱼、财鱼、活头、乌棒等。鳢的种类较多，其中线鳢主产于菲律宾和泰国，也产于中国云南。乌鳢和斑鳢主产于中国。细盾鳢主产于印度尼西亚。除了西北地区以外，全国各地均有分布。常年均有生产。

鳢中国自古捕食，《诗经》、《神农本草经》、《尔雅》等均有记述。《诗经·小雅·白华之什》：“鱼丽于罶，鲂鳢。君子有酒，多且旨。”明代缪希雍《本草经疏》：“蠡鱼，乃益脾除水之要药也。补其不足，补泻兼施。故主下大水及湿痹，面目水肿。”清代王士雄《随息居饮食谱》：“蠡鱼甘寒。行水，化湿，祛风，稀痘，愈疮，下大腹水肿、脚气，通肠，疗痔。主妊娠有水肤浮。病后可食之。”元代贾铭《饮食须知》提醒：“有疮人不可食，令瘢白。食之无益，能发痼疾。”

鳢体延长、粗壮，前部圆筒状，后部稍侧扁。头尖，前部略扁平，头顶部覆盖鳞片，酷似蛇头。口大，前位。下颌稍向前突出。上下颌和腭骨均具尖细牙。眼上侧位，近吻端。有鳃上器官。侧线不连续，在臀鳍起点的上方处折断。背鳍和臀鳍基部均长，鳍条伸达尾鳍基。胸鳍圆。腹鳍短小，紧靠在一起，约位于体前方的 1/3 处。尾鳍圆形。鳔长，一室，后端尖。体侧具许多不规则黑色花斑；头侧有 2 条纵行黑纹，背鳍、臀鳍、尾鳍均具黑白相间的花纹。

鳢

每 100 克鳢食部约含蛋白质 18.5 克、脂肪 1.2 克、磷 232 毫克、钙 152 毫克、铁 0.7 毫克、硫胺素 0.02 毫克、核黄素 0.14 毫克。中医认为其味甘性寒，具有健脾利水、益气补血、通乳等功效，可治水肿、湿痹、脚气、虚弱羸瘦、产妇乳汁不下等症，对创伤愈合亦有良好疗效。中国南方民间视黑鱼为滋补鱼类，常选作药用，尤以广东、广西将其作为珍贵补品，道教以其为水厌，戒不可食。适宜心脏性水肿、肾炎水肿、肝硬化腹水、营养不良性水肿、妊娠水肿、脚气水肿等一切水肿之人食用；适宜身体虚弱、低蛋白血症、脾胃气虚、营养不良、贫血之人食用；适宜痔疮、疥癣之人食用；也适宜高血压病、高血脂症者食用。

鳢肉质厚实紧密，成熟后色白而较挺嫩，少刺。烹调应用宜于切段红烧；作汤色白如奶，鲜美异常；又常用于出肉后切片，供作鱼片、鱼丝式菜品，或用于卷制其他原料成菜。东北也用其作“杀生鱼”食用之习俗，将其肉切片，再拌入焯过的豆芽、葱丝，加入醋、味素、盐等食用。名菜如北京鸡汤鱼卷、河南葱椒炝鱼片、浙江焙红鱼片以及仿膳菜抓炒鱼片等。出肉后的骨架可用于制汤，江苏名菜将军过桥即属鱼肉做菜、鱼骨架做汤类型。其肉亦可制茸泥，质地略显粗老。

8. 黄鳝

黄鳝属于硬骨鱼纲合鳃鳝目合鳃鳝科黄鳝属，古称䱇、鳝，又称善鱼、长鱼等。黄鳝生活于稻田、池塘、河沟中，夏出冬蛰，钻洞穴居，白天藏在穴中，夜出觅食，现已人工饲养。黄鳝广泛分布于湖泊、河流、水库、池沼、沟渠等水体中。除西北高原地区外，各地区均有分布，特别是珠江流域和长江流域，更是盛产黄鳝的地区。国外主要分布于泰国、印度尼西亚、菲律宾等地，印度、日本、朝鲜也有出产。黄鳝四季均产，小暑前后最肥美。

中国食鳝鱼历史悠久，范晔《后汉书·杨震传》：“有冠雀衔三䱇鱼，飞集讲堂前，都讲取鱼进曰：‘蛇䱇者，卿大夫之服象也。’”明代彭大翼《山堂肆考》：“鳝似鳅而长，无鳞，有涎，黄色，俗呼黄鳝。”清代时，江苏淮安有以鳝鱼为主料制作的鳝鱼席。袁枚《随园食单》载：“炒鳝拆鳝丝，炒之略焦，如炒肉鸡之法。”“段鳝：切鳝以寸为段，照煨鳗法煨之。或先用油炙，使坚，再以冬瓜、鲜笋、香蕈作配，微用酱水，重用姜汁。”

黄鳝体呈鳗形。头大。眼小，为皮膜所覆

黄　鳝

盖。前、后鼻孔分离较远。口大，前位。上下颌及腭骨具细牙。唇厚。左右鳃孔在腹面合而为一，呈“∧”形。体无鳞，富黏液。背鳍与臀鳍退化，仅具低皮褶，胸鳍和腹鳍消失。体黄褐色，布满黑色斑点，腹部灰白色。

每 100 克黄鳝食部约含蛋白质 18 克、脂肪 1.4 克、磷 206 毫克、钙 42 毫克、铁 2.5 毫克、硫胺素 0.06 毫克、核黄素 0.98 毫克。中医认为其肉味甘性温，有补虚损、祛风湿、强筋骨、壮肾阳之功。民间有“小暑黄鳝赛人参”之说。鳝鱼体内含有丰富的组胺酸，是其鲜味的主要成分。鳝鱼死后，组氨酸迅速分解成有毒的组胺，故非宰杀而死的鳝鱼不可食用。

黄鳝的烹调方法很多，烹制前加工一般有 3 种方法：一为活杀，即先将鳝鱼用力掼晕，然后用刀剖腹，去内脏、剔其脊骨；二为先用白酒一勺倒入装鳝鱼的容器中，迅速盖上，盖数分钟，待其醉后再剖腹剔骨；三为烫熟剔骨。较常见的是将鳝鱼倒入沸水锅中，加盖浸焐，待鳝鱼蜷缩张口，将其捞出置清水中。然后用刀划去鳝骨，取肉供用。黄鳝剖腹去内脏后，即可烧、焖成菜肴。出骨后的生黄鳝肉适宜爆、熘；熟黄鳝肉适合炒、炝、炸等。一般的烹调应用烧、炖、爆、炒等法为佳。各地都有用黄鳝制作的名菜，如江苏的大烧马鞍桥、炒软兜长鱼、炖生敲、梁溪脆鳝，上海清炒鳝糊，安徽的鳝糊，浙江的五色鳝丝，广东的焖瓤鳝卷、龙虎斗，湖北的皮条鳝鱼，湖南的子龙脱袍等。黄鳝的头、尾骨等是加工鱼粉的原料。

9. 泥鳅

泥鳅属于硬骨鱼纲鲤形目鲤亚目鳅科泥鳅属，古称鳛、鳅、鳝、委蛇，又称广鳅鱼。泥鳅一年四季均有生产，以秋季产量较大。中国除西部高原地区外，南北各地均有分布。现已有人工养殖。为中国出口鱼类品种之一。

《庄子》：“食之以委蛇。”委蛇即泥鳅。《说文》：鳅，“一名鳛”。《通鉴注》：“今江淮湖荡、河港皆有之。春月，人取食之，甚美。至三月，人不甚食，谓之杨花鳅。”《本草纲目》：

"鳅鱼一名泥鳅。"明代李梴《医学入门》中称它能"补中、止泄"。《本草纲目》中记载鳅鱼有暖中益气之功效;对解渴醒酒、利小便、壮阳、收痔都有一定药效。《本草拾遗》载泥鳅"主治痹气,补虚损,妇女产后淋沥,气血不调,羸瘦等病"。《滇南本草》载泥鳅"治痨伤,添精益髓,壮筋骨"。《随息居饮食谱》认为,泥鳅能"暖胃壮阳"。李时珍《濒湖集简方》亦载:"治阳事不举:泥鳅煮食之。"

泥鳅体呈细长,长 3~30 厘米,前端稍圆,后端侧扁。吻突出,眼小;口小,下位,呈马蹄形。唇软而发达,具有细皱纹和小突起。头部无细鳞;体鳞极细小,埋于皮下,侧线鳞 150 个左右;体表黏液丰富。背鳍无硬刺,起点在腹鳍起点上方稍前;尾鳍圆形,尾柄上、下方有窄扁的皮褶棱起。体灰黑,并杂有许多黑色小斑点,体色因生活环境不同而有所差异。常栖于湖泊、池塘、沟渠和水田中,喜居于静水底层。

泥鳅

每 100 克泥鳅食部约含蛋白质 17.9 克、脂肪 2 克、磷 302 毫克、钙 299 毫克、铁 2.9 毫克、硫胺素 0.1 毫克、核黄素 0.33 毫克。中医认为,泥鳅味甘性平,有暖中益气、祛湿邪之功效,对消渴、阳痿、黄疸性肝炎、皮肤瘙痒、腹水、小便不利、痔疾、疥癣等具有一定的疗效。肝病、糖尿病、泌尿系统疾病患者宜食。

泥鳅做菜,肉质细嫩,以爽利滑润的口感取胜,口味清鲜腴美。泥鳅土腥味重,烹制前需放入水池或盆中滴入数滴菜油,让其去除泥垢,排尽肠内粪便,再剪去头部,理净肚腹,洗净即可。泥鳅烹制最宜烧、煮、做汤,还可炸、熘、爆、炒、烩、炖,制作火锅。氽汤,肥而不腻;清炖,清而不淡;红烧,清鲜腴美;干炸,酥香细嫩。调味力求清淡,以咸鲜为主。名菜有清炒鳅片、糟熘鳅鱼、干炸鳅鱼、腊肉炖鳅鱼、雪花鳅鱼羹、泥鳅钻豆腐等。除鲜食外,泥鳅还可以加工成咸干制品。

10. 鲶鱼

鲶鱼属于硬骨鱼纲鲇形目鲇科鲇属,为无鳞鱼。古称鳀鱼、鳀鱼,又名鲇鱼、鲶、鲶拐、土鲇等。鲇从黏,因体多黏液黏滑而得名。淡水经济鱼类之一。分布于中国及朝鲜、日本、俄罗斯等亚洲东部地区。在中国,除青藏高原及新疆外,遍布于东部各主要水系。一年四季均有出产,以 9 月~10 月最肥,质量最好。肉质细嫩,少细刺,为较好的食用鱼。鳔可入药。

鲶鱼史籍多有记载,《楚辞·九思·哀岁》曰:"鳣鲇兮延延。"《尔雅·释鱼注》:"鲇别名鳀,江东通呼之为鳀。"南北朝陶弘景:"鲇鱼肉不可合鹿肉食,令人筋甲缩。"宋代苏颂:"鲇鱼肉不可合牛肝食,令人患风,噎涎;不可合野猪肉食,令人吐泻。"《本草纲目》:"鲇鱼无鳞,大头偃额,大口大腹,背无鬣,有齿有须有胃,多涎沫。""鲇鱼反荆芥。"王士雄《随息居饮食谱》:"鲇鱼,甘温,微毒。利小便,疗水肿。痔血、肛痛,不宜多食。"

鲶 鱼

鲶鱼体光滑无鳞。头平扁,眼小。口宽大,口裂可达眼前缘下方。牙细尖,颌牙及腭牙均排列呈绒毛带状。须 2 对。但幼鱼期尚另有 1 对,至体长达 60 毫米左右时开始消失。背鳍小,无硬刺。脂鳍缺如。胸鳍硬刺前缘有明显锯齿。臀鳍很长,连于斜截形或略凹的尾鳍。体绿褐乃至灰黑色,或有暗云状斑块。鲶生活在河、湖、池塘、水库等水体的中下层,产卵期为 4~7 月。一般个体重 1~2 千克。鲶鱼品种

每 100 克河豚约含蛋白质 17～21 克、脂肪 0.8～1.3 克。中医认为,河豚有降低血压、治腰腿疲软、恢复精力等功能。河豚毒素可止痛,制成强镇痛剂,对癌症止痛常有奇效。对皮肤痒、痒疹、疥疹、皮肤炎、气喘、百日咳、胃痉挛、破伤风痉挛、遗尿、阳痿等疾病有显著疗效。河豚皮肤提炼的止血粉,对大出血有特效。用鱼子同蜈蚣烧焦研末,调麻油后可搽治疥癣虫疮。用卵或肝焙干研末,调以麻油,外涂患处能治疮疖、无名肿毒、颈淋巴结核、乳腺癌。

河豚毒性极大,如烹调不当,食后往往中毒,甚至危及性命。食河豚鱼时,应特别谨慎,必须选择鲜活鱼体,严格去除有毒部位,以免中毒。河豚毒素作用于神经,主要分布于卵巢和肝脏,其次是肾脏、血液、眼睛、鳃和皮肤。鱼死后较久,毒素能逐渐渗入肌肉内。河豚每年 2～5 月为卵巢发育期,毒性较强;6～7 月产卵后,毒性减弱。河豚毒素是一种无色针状结晶体,属于耐酸、耐高温的动物性碱。其五千万分之一,就能在 30 分钟内麻醉神经,对人体的最低致死量为 0.5 毫克。

除毒方法:河豚去鳃、眼、皮、内脏,取净肉,入清水中反复洗涤,彻底清除血液,可腌制、干制成咸干品。方法:鱼肉加 5%～10%的盐腌渍,半月后出晒,如在盐腌时加入一定量的碱性物质(如碳酸钠),能更有效地破坏河豚毒素。河豚毒素 240℃便开始炭化。在弱碱溶液里(以 4%氢氧化钠处理 20 分钟),可被破坏为葡萄糖化合物而失去毒性。100℃加热 4 小时,115℃加热 3 小时或 120℃加热 30 分钟,或 200℃以上加热 10 分钟,可使毒素破坏。适宜制法有煮、蒸、烧、炖、焖等。名菜有奶汤河豚、红烧河豚、清炖河豚等。

18. 鲥鱼

鲥鱼属于硬骨鱼纲鲱形目鲱科鲥属,是洄游鱼类,因每年定时由沿海上溯入江而得名。古称鳉、鲥鱼,又称三来、三黎、惜鳞鱼。鲥鱼是一种较名贵的鱼类,分布于中国的渤海、黄海、东海、南海沿海及长江、珠江、钱塘江、富春江、西江、鄱阳湖等水域。其中江苏的镇江、南京,安徽的芜湖、安庆,浙江富春江的七里垅一带和江西的鄱阳湖为著名产地。有很强的季节性。以 4～6 月质量最佳,过时则次。近年来由于滥捕、滥捞致使鱼类资源大减,现已加强保护措施。

中国很早就有鲥鱼的记载,《尔雅》:"鳉,当魱。"郭璞注:"海鱼也,似鳊而大鳞,肥美多鲠,今江东呼其最大长三尺者为当魱。"唐代孟诜《食疗本草》有记载。此后,宋元明清各代多有文字、诗词赞美鲥鱼的美味。宋代周密《武林旧事》:"五月,富春江鲥鱼最盛,或曰,自汉江来,非富春产也。"宋代《类篇》:"魱鱼出有时,吴人以为珍。即今鲥鱼。"宋元之际戴侗《六书故》:"魱生江海中,四五月大上,肥美而多骨,江南珍之。以其出有时,又谓时鱼。"据明代李时珍《本草纲目》记载,鲥"不宜烹煮,惟以笋、苋、芹、荻之属连鳞蒸食乃佳,亦可糟藏之"。能"补虚劳","蒸下油,以瓶盛埋土中,取涂汤火伤,甚效"。

鲥鱼是我国四大名贵鱼类之一,古代诗人多有吟咏。宋代苏东坡曾赋诗赞曰:"芽姜紫醋鲥银鱼,雪碗擎来二尺余。尚有桃花春气在,此中风味胜莼鲈。"王安石也有"鲥鱼出网蔽江渚,荻笋肥甘胜竹乳"的诗句。清代名人谢塘说它形美犹如西施,蒸食风味绝伦,且为席上珍馐,并作诗曰:"网得西施国色真,诗云南国有佳人。朝潮拍岸鳞浮玉,夜月寒光尾掉银。长恨黄梅催盛夏,难寻白雪继阳春。维其时矣文无赘,旨酒端宜式燕宾。"当代文学大师郭沫若也留下"鲥鱼时已过,齿颊有鱼香"的诗句,赞美了鲥鱼的鲜美。

鲥鱼体延长,侧扁。头背光滑。眼小,脂眼睑发达。口小,上颌中间具一显著缺口,下颌前端有一突起,与上颌缺口吻合。鳃耙 233～391。消化道有明显的胃部,幽门盲囊近千枚。体被圆鳞,无侧线,纵列鳞 40～47,横列鳞 16～17,腹棱 29～34。体侧及腹部银白色,背部灰黑色,带蓝绿色光泽。各鳍灰黄色。鲥鱼肉质细腻，滋味鲜润，刺多而软，富含脂肪。一般重1～1.5千克，最重可达3～3.5千克。捕捞方法有网捕、钩捕两种。网捕者，鱼体鳞片完整，质量佳；钩捕者，鱼体有伤，鳞片脱落，质量次。因鲥鱼出水即死，故应用时以鲜为贵；凡新鲜者，鱼目光亮，鱼鳃鲜红，鱼体银白，鱼鳞完整，肉质坚实，嗅之无不良异味。

鲥　鱼

每100克鲥鱼食部约含蛋白质16.9克、脂肪17克。中医认为其性味甘平，能补虚损、益脾肺，适宜体质虚弱、营养不良者、小儿及产妇食用。凡患有瘙痒性皮肤病者忌食，患有痈症、红斑性狼疮、淋巴结核、支气管哮喘、肾炎、痈疖疔疮等疾病之人忌食。

烹制鲥鱼菜时，因其鳞下富含脂肪，故多不去鳞。烹调方法上以清蒸的风味为最佳，也可以红烧、白烧、粉蒸、烟熏等，多作筵席中的主菜。著名菜肴有江苏清蒸鲥鱼、安徽砂锅鲥鱼，以及红烧鲥鱼、烟熏鲥鱼、香糟鲥鱼等。生产旺季时可冷藏转运鲜销，也可腌制、糟制或制成罐头。

19. 银鱼

银鱼是硬骨鱼纲鲱形目银鱼科鱼类的统称，古称王余、鲙残鱼，又称银条鱼、面条鱼、面杖鱼、面鱼。此鱼新鲜时能散发出一种黄瓜的清香味，故又称黄瓜鱼。因其色泽银白、鱼体细小，又称白小。又因其冬季子满鱼肥，结冰越厚，此鱼越肥嫩，故又称冰鱼。分布于中国、朝鲜、日本、越南及俄罗斯库页岛。

中国唐代已有银鱼的记载，宋时已见食用。到了明代，食用银鱼日趋常见，李时珍《本草纲目》云：“彼人尤重小者，曝干以货四方。清明有子，食之甚美；清明后子出而瘦，但可作鲊腊耳。”清康熙年间，银鱼曾列为贡品。杜甫诗云：“白小群分命，天然二寸鱼。”诗中“白小”即银鱼。杨万里吃过银鱼后亦赋诗曰：“淮白须将淮水煮，江同水煮正相违。风吹柳叶都落尽，鱼吃雪花方解肥。”“淮白”即淮河银鱼。清代袁枚《随园食单》讲：“银鱼起水时名冰鲜。加鸡汤、火腿煨之，或炒食甚嫩。干者泡软，用酱水炒亦妙。”

银鱼体细长，体长6～20厘米，略呈圆筒形，后部稍侧扁。头平扁。吻尖或短钝。两颌具齿，犁骨、腭骨及舌上常具齿。体无鳞，仅雄性个体臀鳍上方具鳞。背鳍1个，位于臀鳍前方或部分与之相对。脂鳍小。雄鱼臀鳍中部鳍条略弯曲呈波浪状，胸鳍一般尖长。银鱼计有16种，中国产15种，常见的有太湖新银鱼、大银鱼、前颌间银鱼3种。太湖新银鱼吻短钝，个体较小(大者体长7厘米)，分布于长江及淮河中、下游湖泊，亦见于长江口。大银鱼亦称才鱼，吻尖，呈三角形，体长可达20厘米，分布于渤海、黄海、东海沿海和从辽宁到浙江沿海一带河川以及江淮中、下游湖泊，朝鲜和越南亦有记录。前颌间银鱼亦称面丈鱼、面条鱼。吻圆钝，前上颌骨宽，延长成钝三角形前突，体长可达14厘米，分布于鸭绿江口至浙江的沿海及河口地带，亦见于朝鲜。其中太湖银鱼与白鱼、白虾并称为“太湖三白”。银鱼又与紫蟹、韭黄、铁雀并称为天津冬令年菜的四珍。有“银鱼紫蟹”之说。

银鱼

每100克银鱼食部约含蛋白质17.2克、脂肪4克、磷22毫克、钙46毫克、铁0.9毫克、硫胺素0.03毫克、核黄素0.05毫克、尼克酸0.2毫克。中医认为，银鱼味甘性平，善补脾胃，且可益肺、利水，可治脾胃虚弱、肺虚咳嗽、虚劳诸疾。

银鱼入馔，肉质细腻，鲜嫩爽口，可烹制出多种味美可口的肴馔。银鱼的烹调以炒、炸方法为佳，此外，熘、氽、蒸、焖、烤、烧等方法亦可，调味以咸鲜、椒盐、糖醋、茄汁、酸辣味为多。尤以咸鲜味更能突出银鱼清鲜之本味。名菜有银鱼涨蛋、高丽银鱼、干炸银鱼、银鱼蛋汤、三丝扣银鱼、糖醋银鱼等。除去银鱼的头尾做成的银鱼糊，可与蟹糊媲美。银鱼还可切丝或剁末做馅，制成银鱼春卷、银鱼馄饨等，味亦佳。银鱼可鲜食，也可制成鱼干。银鱼干品，形如玉簪，色、香、味经久不变，为其他鱼类所不及。食用时，用温水稍浸泡，由嘴叉下扯断，连同内脏一起取出，用温水洗净后，炸、熘、烧、炒均可。

20. 鳗鱼

鳗鱼是硬骨鱼纲鳗鲡目鳗鲡科鳗鲡属鱼类的统称，别名鳗鲡，又称鲀、白鳝、河鳗、风鳗、青鳗、白鳗、青鳝。鳗鱼原产海水中，溯流而上到淡水中生长，然后回到海水中产卵。广泛分布于欧洲及地中海沿岸、北美洲东岸、非洲东岸、印度洋北部沿岸及中国、日本和澳大利亚东岸。全世界的鳗约有 20 余种。鳗鱼在中国主要分布在长江、闽江、珠江流域及海南岛等地，生长速度快，肉质细嫩，有“水中人参”之誉。现已人工养殖成功。

三国时张揖《广雅》：“鳗，鲀鱼也。”宋代陆佃《埤雅》：“鳗有雄无雌，以影漫于鳢鱼而生，子皆附鳢之鬐鬣而生，故谓之鳗鲡。一曰鲇亦产鳗。”“鳗鲡一名白𫚉，一名蛇鱼。干者名风鳗。”“海鳗鲡一名慈鳗鲡，一名狗鱼。”清代郝懿行《记海错》就把鳗鲡的特性记录下来，说：“鳗鲡鱼似鳝而腹大，如鱿而体长，其色青黄，善钻泥淖，能攻堤岸，沟渠中亦喜生之。俗人呼之‘泥里钻’，盖鳗鲡之声转为泥里也。……今验此鱼形状可恶，而能补虚劳。”但山东很多地方对鳗鲡鱼缺乏了解，记述此鱼时往往采用前人的错误论点，如光绪十二年《日照县志》卷三《食货》有述：“鳗鲡，似蛇，无鳞，有雄无雌，以影漫于鳢鱼而生子，皆附鳢之鬐鬣而出，故谓之鳗鲡也。……今呼钩鱼。”实际上雌性鳗鲡性成熟过程中，均从淡水移向海水，而后降河入海产卵，产卵后雌鳗将死在海中，不再洄游。鳗鲡在山东沿海产量不多，渔人钓钩获之，故名钩鱼。《随园食单》载：“汤鳗最忌出骨。因此物性本腥重，不可过于摆弄，失其天真，犹鲥鱼之不可去鳞也。清煨者，以河鳗一条，洗去滑涎，斩寸为段，入瓷罐中，用酒水煨烂，下秋油起锅，加冬腌新芥菜作汤，重用葱姜之类，以杀其腥。常熟顾比部家用芡粉山药干煨，亦妙。或加佐料，直置盘中蒸之，不用水。家致华分司蒸鳗最佳。秋油、酒四六兑，务使汤浮于本身。起笼时尤要恰好，迟则皮皱味失。”还载有红煨鳗、炸鳗的制法。

鳗鱼体细长，前部近圆筒形，后部侧扁，体长 30 ~ 50 厘米，背鳍、臀鳍、尾鳍相连，头尖，吻部平扁。唇厚，鳞小埋于皮下，呈席段状排列。

鳗 鲡

日本鳗鲡

星 鳗

每 100 克鳗可食部分含蛋白质 19 克、脂肪 7.8 克、钙 46 毫克、磷 70 毫克、铁 0.7 毫克、硫胺素 0.06 毫克、核黄素 0.12 毫克、尼克

大黄鱼

小黄鱼

大小黄鱼的主要区别是：大黄鱼的鳞较小而小黄鱼的鳞片较大而稀少；大黄鱼的尾柄较长而小黄鱼尾柄较短；大黄鱼臀鳍第二鳍棘等于或大于眼径。而小黄鱼则小于眼径；大黄鱼颌部具4个不明显的小孔，小黄鱼具6个小孔；大黄鱼的下唇长于上唇，口闭时较圆，小黄鱼上、下唇等长，口闭时较尖。肉质细嫩，呈蒜瓣状，刺少肉多。

大黄鱼肉质坚实，每100克可食部中约含蛋白质16.2~19克、脂肪0.8~3.2克、钙33~188毫克、磷25~160毫克，还含有多种维生素。小黄鱼每100克可食部约含蛋白质16.7~18.7克、脂肪0.9~3.6克、钙43~175毫克、磷127~210毫克，以及多种维生素。中医认为，黄鱼味甘性温，具有滋补填精、开胃益气的功效。对虚劳不足、食欲不振、便溏等症具有一定的疗效。黄鱼鳔熬炼成胶，再焙黄如珠，称鱼膘胶，有大补元气、调理气血等功效。民间认为其具有开胃、清火、生津、养血的功效。加生姜清炖用于产后补虚。鲞头煎汤可治红眼症等。耳石性味甘咸寒，清热通淋，平肝熄风。因其动风发气、起痰助热，古称发物，故不宜多食，有疮疡肿毒者慎食。

黄鱼肉质细嫩呈蒜瓣状，味道清香。黄鱼入馔可不开膛，用双筷由口插入腹中，绞出鳃及全部内脏，刮鳞洗净即可烹调加工。适宜于清蒸、清炖、干煎、油炸、红烧、红焖、醋熘、汆汤等多种烹调方法。除采用突出本味“鲜”的咸鲜口味外，还可用五香、葱油、酱汁、红油、酸甜、酸辣、甜香、椒麻等多种味型。名菜有浙江咸菜大汤黄鱼、丝瓜卤蒸黄鱼、莼菜黄鱼羹，福建松只瓜、三星八宝瓜，上海家常黄鱼、蛙式黄鱼，山东生熏大黄鱼、家常熬黄花鱼等。

黄鱼除鲜食外，还可腌制、制罐头或加工成黄鱼鲞。鱼膘大的可干制成名贵的黄鱼肚和营养价值很高的鱼膘胶珠。黄鱼肉质较好且味美，大部分鲜销，其他盐渍成“瓜鲞”，去内脏盐渍后洗清晒干制成“黄鱼鲞”或制成罐头。大黄鱼肝脏含维生素A，为制鱼肝油的好原料。耳石可作药用。小黄鱼肉味鲜美，主供鲜销，小部分制成干品、罐头。鳔可制黄鱼胶，为工业用胶原料或供药用。耳石也可作药用。用雪里蕻咸菜烧黄鱼，称“咸菜大汤黄鱼”，是宁波名菜之一，鲜美无比，别具风味。用酱油红烧，称“红烧黄鱼”佐酒下饭皆宜。黄鱼晒干称“白鲞”，可长期贮藏。明代陆容《菽园杂记》记载：“痢疾最忌油腻、生冷，唯白鲞宜食。”鱼鳔，俗称黄鱼肚，营养丰富，为上等补品，可治多种疾病。黄鱼子，蒸熟炙干，为佐酒佳肴。

黄鱼鲞按加工方法的不同，一般分有3种：无头鲞，为去头后的干片；三刀鲞，在脊部开一刀、腹部开两刀的制品；瓜鲞，整条黄鱼是不经开片的制品。黄鱼鲞主产于浙江、福建沿海。名产有浙江温岭县出产的松门白鲞，又称松鲞、白鲞；象山县爵溪出产的爵鲞等。黄鱼鲞肉厚实，色白，背部青灰色，撕之可成丝。以洁净有光泽、刀口整齐、盐度轻、干度足为上品。又以三伏天所制者为好，光洁白净，称为伏鲞。其中，头伏制者最佳，用来烧汤色白无杂质。黄鱼鲞的一般吃法是将之切条煨汤、蒸食，或用之与白菜、豆腐同熬，味甚鲜美。

24. 带鱼

带鱼属于硬骨鱼纲鲈形目带鱼亚目带鱼科带鱼属，又称刀鱼、银刀、鳞刀鱼、海刀鱼、大带鱼、牙带、白带、鞭鱼、带柳、青宗鱼、裙带鱼。带鱼主要分布于西北太平洋和印度洋，中国南北沿海均产，以东海产量最高。带鱼为中国海洋四大经济产品（小黄鱼、大黄鱼、带鱼、乌贼）之一。除带鱼外，其同属近缘种有小带鱼和沙带鱼。小带鱼又名小刀鱼、小金叉、骨带、小带，为暖水性中下层鱼类，体长一般为11～35厘米，通常栖息于近岸浅海、咸淡水及河口附近。中国南海、东海、黄海和渤海均产之，为沿海习见种类。沙带鱼又称白带、青宗带，产量较少，经济价值不如小带鱼。

古籍对带鱼多有记载，明代谢肇淛《五杂俎》："闽有带鱼，长丈余，无鳞而腥，诸鱼中最贱者，献客不以登俎。龙中人家用油沃煎，亦甚馨洁。" 清代赵学敏《本草纲目拾遗》："带鱼出海中，形如带，头尖尾细，长者至五六尺，大小不等，无鳞，身有涎，干之作银光色，周身无细骨，止中一脊骨如边箕状，两面皆肉裹之，今人常食，为海鲜。据海人言，此鱼八月中自外洋来，千百成群，在洋中辄衔尾而行，不受网，惟钩斯可得。渔户率以干带鱼一块作饵以钓之，一鱼上钩则诸鱼皆相衔不断，掣取盈船。此鱼之出以八月，盛于十月，雾重则鱼多，雾少则鱼少，率视雾以为贵贱云。"乾隆二十九年《诸城县志》卷十二《方物》记载说："鱼类不可枚举，……最多者银刀，鲜肥无鳞。"道光二十五年《胶州志》卷十四《物产》亦说："银刀，一名带鱼，大者长三尺余，宽三四寸，色白如银，故名。银刀谷雨时网之，动以万计。"清代王培荀在《乡园忆旧录》卷八考释"银刀鱼"，说："此鱼初名银花鱼，……俗呼鳞刀，银、鳞声相近。又形长而尾尖体薄，取名以形似也。"光绪《文登县志》卷十三《土产》亦谈及带鱼的称呼："今海人以其状如带，故名带鱼，亦似刀，故名林刀鱼。

带　鱼

带鱼体延长呈带状，甚侧扁，长30～76厘米。体前部背腹缘几乎呈平行状，向尾部渐细，口大，眼大，下颌长于上颌，稍向前突，背鳍几占体背部全长，胸鳍宽短，无腹鳍，尾鳍鞭状，体银白色。带鱼有鲜品、速冻品、盐腌品3类。鲜品只见于产区附近，细嫩、腴美、香鲜。速冻品方便运输，味亦鲜香。盐腌品除可远运外，还耐贮藏。带鱼肉细嫩肥美，含脂肪量高，易氧化酸败而使表面发黄。

每100克带鱼可食部分中约含蛋白质16.3～18.1克、脂肪3.8～7.4克、钙11～24毫克、磷160～201毫克，还含有多种维生素。咸带鱼每100克肉中约含蛋白质24.4克、脂肪11.5克、钙132毫克、磷113毫克。中医认为，带鱼味甘性平温，有滋补强壮、和中开胃、补虚泽肤之功效，对病后体虚、乳汁不足、外伤出血等症具有一定疗效。其油补而不腻，有养肝作用，可治肝炎。今人叶桔泉《食物中药与便方》载："带鱼，滋阴、养肝、止血。急慢性肠炎蒸食，能改善症状。"根据古代医家及民众经验，带鱼实为一种海腥发物，有触发宿疾、痼疾、疮毒之弊，所以，患癌症者应谨慎食用，否则易诱发或加重病情。清代龙柏《脉药联珠药性考》载："带鱼，多食发疥。"清代王士雄《随息居饮食谱》也说："带鱼，发疥动风，病人忌食。"过敏体质者宜慎用，如牛皮癣、神经性皮炎、急慢性湿疹、疥疮、荨麻疹等，皆不可食；凡患有癌症、哮喘、红斑性狼疮、淋巴结核等痼疾者，概莫能食；凡患痈肿疔疮等感染性疾病者，不食为妥。据近代研究，带鱼的银白色油脂层中，含有一种抗癌成分6－硫代鸟嘌呤，其作为抗癌药，应用于白血病、胃癌、淋巴肿瘤。

带鱼肉嫩体肥，丰腴油润，鱼刺滑软，味道极鲜，有"开春第一鲜"之誉。带鱼入馔，炸、熘、煎、烹、烧、扒、炖、焖、蒸、煮、熏、烤，乃至卤制，无不适宜。红烧，勿放味精及高汤，以保持原汁原味，且口味宜清淡以显其鲜美。清蒸，为烹调上品，最能品出带鱼的"鲜"来。油炸、干煎等法亦可品尝带鱼本味。因带鱼脂肪含量高，烹调时宜用冷水。热水烹调后的带鱼腥味较重，影响成菜口味。带鱼入馔，适应于咸鲜、咸甜、香甜、酸辣、麻辣、红油、家常、椒麻、芥末等多种味型。原料成型，宜段、条、块等较大形态。常见菜品有红烧带鱼、清蒸带鱼、干煎带鱼、糖醋带鱼、烧无刺带鱼、炸刀鱼块、桂花带鱼等。另外，带鱼还可加工成各种罐头。如可加工成罐制品、鱼糜制品、腌制品。

25. 鲳鱼

鲳鱼是硬骨鱼纲鲳亚目鲳科鲳属鱼类的统称，又称鲳。鲳鱼广泛分布于印度洋非洲东岸及日本、中国、朝鲜温带及热带海区，中国沿海均产，初夏游向近海产卵，我国南海和东海较多，4～5月份大量上市。

《本草纲目》载："昌，美也，以味名。或云：鱼游于水，群鱼随之，食其涎沫，有类于娼，故名。"唐代陈藏器《本草拾遗》称鲳鱼："肥健，益气力。"清代王士雄《随息居饮食谱》："鲳鱼甘平，补胃，益气，充精。"《本草拾遗》："腹中子有毒，令人痢下。"郝懿行《记海错》记载说："鲳鱼，《玉篇》云：鲳鱼名不言其形。今海人云小者为镜，大者为鲳，其形似魴而圆，如镜而厚，丰肉少骨，骨又柔软，炙啖及蒸食甚美。此鱼古传者，始见唐《本草拾遗》。今莱阳、即墨海中多有之。"山东沿海多产银鲳，俗称镜鱼。道光《招远县续志》卷一记载："邑呼大者曰鲳，小者曰镜，味香美，亚于鲻鲈。出水光可以鉴，故有镜鱼之目。"

产于中国的鲳鱼有银鲳（又称平鱼、白鲳、车片鱼、鲳鱼、镜鱼、草鲳、白伦、乌伦、扁鱼）、灰鲳（又称长林）、刺鲳、白鲳（又称燕子鲳、瓜核）、乌鲳（又称黑皮鲳、黑鲳、婆子、假鲳、铁板鲳、乌鳞鲳），其中以银鲳最多，其体卵圆形，侧扁。尾柄短，头较小。吻短而钝。眼小。口小，前位。两颌牙细小，1行。腭骨、犁骨及舌上均无牙。食管有一侧囊，囊内具乳头状突起，密布小棘，基部有辐状骨质根。鳃耙粒状。体被小圆鳞。侧线上侧位，与背缘平行。背鳍具4～9鳍棘，33～49鳍条，有时最长鳍条可伸达尾柄。臀鳍具3～9鳍棘，有时最长鳍条可伸达尾鳍中部。胸鳍具20～23鳍条。无腹鳍。尾鳍分叉。体背部青灰色，腹部乳白色，具银色光泽。肉厚白，味鲜美。

每100克鲳鱼食部约含蛋白质18.5克、脂肪7.3克、磷155毫克、钙46毫克、铁1.1毫克、硫胺素0.04毫克、核黄素0.07毫克、尼克酸2.1毫克。中医认为，鲳鱼味甘性平，有补胃、益气、养血、充精等作用，适宜体质虚弱、脾胃气虚、营养不良之人食用。凡患有瘙痒性皮肤病者忌食。根据前人经验，鲳鱼属海鲜"发物"，有病之人忌食之。

银　鲳

灰　鲳

刺　鲳

白　鲳

乌　鲳

鲳鱼鲜品肉嫩刺少，最宜于清蒸、红烧，也可用熘、炸、煎、烹、烤等烹调方法成菜。常用鲳鱼多为鲜冻制品，化冻后去鳞、去鳃、剖腹去内脏洗净即可。新鲜鲳鱼治净后，加葱、姜、料酒、食盐上笼旺火速蒸便成为清蒸鲳鱼菜。若红烧，则将治净的鲳鱼下热锅，加葱、姜、料酒、酱油、白糖、蒜头和少许汤水，大火烧开，小火略焖，再大火收稠卤汁即可。也可先将治净的鲳鱼改成瓦块形，用葱、姜、食盐、料酒调制腌渍入味后，拍上干淀粉，再用热油炸制成菜，进食时蘸食花椒盐。若改用淀粉糊，用热油炸后，浇上糖醋汁，便成为甜酸适口的熘菜。若拖上全蛋糊，下平锅，用中小火加热至两面金黄，则又成为干香鲜嫩的煎菜。如果将鱼切成瓦块形，调制腌渍后，直接下热油炸制，然后趁热倒入事先调好的卤汁中，使卤汁迅速渗入，便成为外酥里嫩、咸甜鲜香、滋味独特的烹鲳鱼菜。鲳鱼也可用烟熏法烤制后食用。

26. 加吉鱼

加吉鱼属于硬骨鱼纲鲈形目鲷科真鲷属，别名真鲷，古称过腊、嘉鯕，又称红 、红加级、加力鱼、加级鱼、铜盆鱼。加吉鱼分布于印度、日本、中国、菲律宾及大洋洲西岸，中国沿海均产，以黄海、渤海所产为著名。民间习惯将青黑色的黑鲷、黄色的黄鲷同称为加吉鱼。中国山东沿海5月为捕捞季节，福建沿海则在10～12月。黄、渤海区原是真鲷的著名渔场，由于捕捞过度，资源已遭极大破坏。日本的真鲷养殖较发达，主要采用网箱养殖方式，苗种培育已达生产规模，还进行苗种放流以增殖资源。中国的真鲷人工繁殖和苗种培育也已成功。

中国古时已食加吉鱼，宋人庞元英《文昌杂录》卷二记载：“登州有嘉骐鱼，皮厚于羊，味胜鲈鳜，至春乃盛，他处则无。”在山东出产的海鱼中，加吉鱼名气最大。明代屠本畯《闽中海错疏》、清代郭伯苍《海错百一录》、郝懿行《记海错》均有记载。郝懿行《记海错》描述说：“登莱海中有鱼，厥体丰硕，鳞鬐紫，尾尽赤色，啖之肥美。其头骨及目多肪腴，有佳味。”过去，海产资源未受破坏，加吉鱼上市极多，每到春季，沿海居民均可大饱口福。清代郭麟《潍县竹枝词》有云：“梨花才放两三枝，名蟹佳虾上市时。但年椿芽和一寸，争分垛子嘉鯕鱼。”自注：“俗谓驴上负曰垛子。潍谚：椿芽一寸，嘉鯕一垈。”民间有“加吉头，鲅鱼尾”之谚。

加吉鱼

加吉鱼体侧扁，呈长椭圆形，一般体长12～28厘米。自头部至背鳍前隆起。体被大栉鳞。左右颌骨愈合成一块，前端圆形。背鳍鳍棘不延长，呈丝状。两颌前端具4～6个犬牙，两侧为2行臼齿。犁骨、颚骨及舌上无牙。前鳃盖骨后半部具鳞。全身呈现淡红色，体侧背部散布着鲜艳的蓝色斑点。尾鳍后缘为墨绿色，背鳍基部有白色斑点。

每100克加吉鱼肉含蛋白质19.3克、脂肪4.1克，无腥味，特别是颅腔内含有丰富的脂肪，营养价值很高。

加吉鱼肉丰骨少，肉质细密软滑，洁白鲜美，且少腥味，多鲜销，部分制成罐头及熏制品。常用于清蒸、干烧、红烧、清炖，也可熘、烤。以清蒸、清炖、干烧最佳，可以突出原料的色泽和丰腴。名菜有山东清蒸加吉鱼、福建橘汁加力鱼等。加吉鱼鱼名为吉祥的象征，深受欢迎，常用于喜庆筵席。其头常用于吃肉后回锅制汤，鲜美异常。眼多胶质，腴滑适口，常被主人用来敬贵宾。鱼头骨还可组装成羊形，俗称拉羊，为筵席增趣。

27. 鲅鱼

鲅鱼是硬骨鱼纲鲈形目鲭亚目鲅科鱼类的统称，为上中层中型海产经济鱼类。鲅鱼分布于中国、日本、朝鲜沿海。中国主产于南海以及东海外海。当今鲅鱼的主要渔场在舟山、连云港外海及山东南部沿海，4～6月为春汛，7～10月为秋汛，盛渔期在5～6月份。鲅鱼常集群作远距离洄游，性凶猛。民间有“山有鹧鸪獐，海里马鲛鲳”的赞誉。

郝懿行在《记海错》中对鲅鱼进行了考释：“登莱海中有鱼，灰色无鳞，有甲，形似鲐而无黑文，体复长大，其子压干可以饷远，俗谓之鲅鱼。”光绪二十三年《文登县志》卷十三描述了鲅鱼的外形：“形圆、无鳞、尾岐、纯黑色，腹下微白，长三四尺，子最美，压干可以饷远，俗谓之鲅鱼。”光绪十二年《日照县志》卷三则描述此鱼：“无鳞、燕尾、长或数尺，今呼马鲛鱼。”《宁波府志》载：“马鲛鱼形似鳙，肤似鲳，黑斑，最腥，一曰社交鱼，以其交社而生。”《事物原始》云：“马鲛色白如雪，俗名摆锡鲛；其小者名曰青箭。”

鲅鱼种类较多，常见的有中华马鲛、康氏马鲛（又称花交、马交、马交村）、蓝点马鲛（学名蓝点鲅，又称鲅鱼、燕鱼）和斑点马鲛等。鲅鱼体呈纺锤形，侧扁，尾柄细。体长20～80厘米，头长，吻尖突，口大而斜裂，上口角延至眼后缘下方。鳞极细小或退化，腹部大部无鳞。体背部青褐色，有黑蓝色横纹或斑点，腹部银灰色。

鲅　鱼

每100克鲅鱼食部约含蛋白质19.1克、脂肪2.5克、磷209毫克、钙35毫克、铁0.8毫克、硫胺素0.03毫克、核黄素0.04毫克。中医认为其有补气、平咳的作用，对体弱咳喘者有一定疗效。

鲅鱼多做家常菜。烹制鲅鱼经去除黏膜、鳃及内脏，洗净后即可烹制。新鲜鲅鱼肉质紧密，味道鲜美。烹法最宜红烧，也可用炸、熘、烹等法。红烧鲅鱼，口味咸鲜略甜，是江浙一带典型的家常菜。干炸鲅鱼，成菜干香、爽口，食时可配上调味碟（辣酱油、番茄沙司、椒盐、沙姜粉）。熘鲅鱼，可采用脆熘和软熘。脆熘鲅鱼成菜外酥里嫩，软熘鲅鱼成菜肉嫩味鲜。烹鲅鱼，成菜干香味浓爽口。另外，沿海渔民也取新鲜鲅鱼肉制成鲅鱼水饺、鲅鱼丸子、鲅鱼烩饼子、鲅鱼氽丸汤，鲅鱼氽丸汤那真是丸香、汤鲜、味美。鲅鱼若腌制后风干做菜，有特殊的香味。现代食品工业多将鲅鱼肉制成罐头。

28. 鲐鱼

鲐鱼属于硬骨鱼纲鲈形目鲭科鲐属，又称鲐巴鱼、青占、鲭、油筒鱼、青花鱼、青鲭、真鲐等。鲐鱼还有2个近似种：狭头鲐，又称圆鲐、胡麻鲐；大西洋鲭，又称鲭，主要分布于欧洲各国。鲐鱼为暖水性中上层鱼类，游泳力强，能作远距离洄游，主要分布于菲律宾、中国、日本和太平洋西部水域。中国主要分布于黄海、东海、南海沿岸，是太平洋西部诸海中最重要的经济鱼类之一。

鲐，《汉书音义》曰：“音如楚人言荠，鮆鱼与鲐鱼也。”《说文》云“鲐，海鱼也。从鲐声。鮆鱼，饮而不食，刀鱼也。”

鲐鱼体稍侧扁。尾柄细短，截面近圆形。尾鳍基部左右侧各具2条隆起脊。脂眼睑发达。上、下颌各有细牙1行。体被细小圆鳞，胸鳍基部鳞片较体侧者大。侧线完全，波状。侧线鳞210～220枚。背鳍2个，第1背鳍具9～10鳍棘；第2背鳍及臀鳍后方各有5个游离小鳍。胸鳍和腹鳍短小，两鳍间具一小鳞突。尾鳍深叉形。背部的深蓝色不规则斑纹向下扩展达侧线以下，侧线下有一列蓝褐色圆斑。有鳔。鲐肉结实。

每100克鲐鱼约含蛋白质19.9克、脂肪

死，形同阳鱼，盖即阳鱼之一种也。"山东人称中国魟为鲼鱼，称光魟为土鱼，有时也混称，这两种魟鱼尾刺有毒，人被刺后剧痛、红肿、有烧灼感。鲼的尾刺也有毒，唯独孔鳐一类的鳐鱼尾刺无毒。光绪二十三年《文登县志》卷十三《土产》对鳐鱼的认识最为确切："老般鱼即老盘鱼，状如荷叶，故亦名荷鱼。又形近隶书'命'字，俗亦谓之'命字'。鱼口在腹下，正圆如盘。般，古音同盘，故老般即老盘也。体有涎腥，软甲，甲边鬐皆软骨，骨如竹节，正白。其肉蒸食之美，骨柔脆，亦可啖之。"清代郝懿行《记海错》也说："老般实无毒。"

鳐鱼体平扁。皮肤光滑或被结刺，有些种类尾部具尾刺，眼和喷水孔背位。上眼缘不游离，无瞬膜或瞬褶。鳃孔腹位。胸鳍前缘与头侧相连成体盘。无臀鳍，眶前软骨连于嗅囊，左右肩带在背面相连，或连于脊柱。雄鱼腹鳍具鳍脚。电鳐头部两侧有大型发电器官，鳐属尾部有小型发电器官。全世界现有鳐类 4 个目 20 个科 50 余属，约 350 种，中国有 4 个目 17 个科约 28 个属 80 余种。

中国团扇鳐

每 100 克鳐鱼食部约含蛋白质 20.8 克、脂肪 0.7 克、磷 159 毫克、钙 22 毫克、铁 0.6 毫克、硫胺素 0.01 毫克、核黄素 0.11 毫克、尼克酸 3.6 毫克。

犁头鳐科和锯鳐科种类肉味鲜美。前者的皮肤干制品称"鱼皮"，可烹制佳肴。鳍为优良鱼翅，在中国广东称为"群翅"，属名贵海珍品。头侧的半透明组织，干制品叫"鱼骨"，浸煮后膨胀，柔软可口。鳐科产量大，常腌制成干，但肉薄味差。皮含丰富胶质，可用以制作胶片，肝为制油的重要原料，肉可食用。蝠鲼科肉可食用，肝可制油，内脏和骨骼可制鱼粉。

33. 凤尾鱼

凤尾鱼属硬骨鱼纲鲱形目鲱科鲚属，别名凤鲚，又称拷子鱼、黄鲚，为洄游性鱼类，生活于近海，每年春夏间洄游入河口产卵。中国沿海均有分布，为沿海河口区主要经济鱼种，以浙江温州瓯江江心屿所产为著名，福建闽江等水域也产。

中国凤尾鱼入馔约始于南宋，吴自牧《梦粱录》及明代万历年间的《温州府志》均有记载。温州历代相传，有"雁荡美酒茶山梅，江心寺后凤尾鱼"之说。每年三月，生活在浅海的凤尾鱼就溯江而上，群集到江心孤屿四周的江面上。近郊渔民们便驾着子鲚船，撒网捕鱼。最多的是在江心寺后面的江中。"一袋凤尾鱼，万里思乡情。"温州侨乡的一些眷属，每逢凤尾鱼上市，就将它晾得半干，佐以茴香、姜椒、茶叶和食糖，然后将鱼泡熟，放在小竹篮上烘干，精制成鱼干，风味鲜美，香而又脆，寄给在海外的亲友，让他们分享家乡的温暖与馨香。侨胞们感动地称故乡凤尾鱼为"香(乡)鱼"。

凤尾鱼体形与鲚相似，但臀鳍条数目较少，仅 73～86 根。体侧纵列鳞也较少。体呈淡黄色。其吻端和各鳍条均呈黄色，鳍边缘黑色。凤鲚属于河口性洄游鱼类，平时栖息于浅海。每年春季，大量鱼类从海中洄游至江河口半咸淡水区域产卵，但绝不上溯进入纯淡水区域。刚孵化不久的仔鱼就在江河口的深水处肥育，以后再回到海中，翌年达性成熟。雌鱼大于雄鱼，雌鱼体长 12～16 厘米、重 10～20 克，雄鱼体长仅 13 厘米、重 12 克左右。

大凤尾鱼每 100 克食部约含蛋白质 13.2

凤尾鱼

克、脂肪5.5克、磷498毫克、钙114毫克、铁1.7毫克、核黄素0.08毫克、尼克酸1毫克。小凤尾鱼每100克食部约含蛋白质15.5克、脂肪5.1克、磷460毫克、钙78毫克、铁1.6毫克、硫胺素0.06毫克、核黄素0.06毫克、尼克酸0.9毫克。凤尾鱼含有其他肉类中少有的磷酸,适宜老人、儿童食用,鱼肉鲜美细嫩。

凤尾鱼个体较小,不易使其骨肉分离,但汛期捕获者鱼骨较软,一般都是整条连骨食用。烹制多采用煎炸法,可作冷盘或作热菜。在产地,多将其制成罐头应市,风味极佳,是国际市场上的畅销品。民间亦将其鲜品用于炖汤,或腌渍后制成鱼干食用。

34. 刀鱼

刀鱼属硬骨鱼纲鲱形目鳀科,别名刀鲚,古称鮤、鱴刀、鮆鱼,又称凤尾鱼、野毛鱼、毛芪鱼,分布于黄海、渤海和东海的中国海域及日本、朝鲜。刀鱼平时栖息于浅海,每年春末夏初由海洋进入河口产卵,主产于长江中下游一带。

中国食用刀鱼历史悠久,陶朱公《养鱼经》中说:“鮆鱼身狭长薄而首大,长者盈尺,其形如刀,俗呼刀鲚。”郭璞《江赋》曰:“鰽鮆顺时而往还。”《山海经》注曰:“鮆狭薄而长,大者长尺余,一名刀鱼,常以三月八月出故曰顺时。”宋代诗人苏东坡曾有“恣看收网出银刀”的赞美诗句。元代王元恭《至正四明续志》:“亦作鲚,前启切。腹背如刀刃,故又名刀鱼,可为鲊,其子曝干名寸金子。”清代郑辰《句章土物志》:“吾乡江中出者特美,菜花时谓之菜花鮆,梅时谓之梅鮆。煎炙作鲊,配酒物也。谢山诗:正是菜花黄日,寸金子来朝。”《慈溪县志》按:“多子曰子鲚,见《戒庵漫笔》,今人极重之。县境产半浦者佳。”《调鼎集》载有鲚鱼圆、炸鲚鱼、炙鲚鱼、鲚鱼汤、鲚鱼豆腐等10多种做法,袁枚《随园食单》里也载“刀鱼用蜜酒酿、清酱放盘中,如鲥鱼法蒸之最佳”。又说:“金陵人畏其多刺,竟油炙极枯,然后煎之。”清代李渔称其为“春馔妙物”,他说:“食鲫鱼及鲟鳇鱼有厌时,鲚则愈嚼愈甘,至果腹而不能释手。”扬州以刀鱼制作菜肴,早在清代就很著名。当时主要菜肴有“清蒸刀鱼”、“白汁双皮刀鱼”及“刀鱼鱼圆汤”等。谚曰:“驼背夹直,其人不活。此之谓也。”“加吉头,鲅鱼尾,刀鱼肚子,鲕鱼嘴。”为人熟知海中鱼类以此四物最美。长江刀鱼,其肉质细嫩、味鲜美、脂肪多,被誉为“长江三鲜”之一。懂吃的行家都知道,长江刀鱼“清明前鱼骨软如绵,清明后鱼骨硬似铁”。刀鱼体内细刺极多,清人称其“为春馔中高品”,长江三鲜中,最先吃到的便是刀鱼,但有个时令界限,也就是最好在清明前品尝,其时肉嫩刺软,若过了清明,鳞刺会逐渐硬化,除了吃时会卡人外,鲜味也少上许多,故扬州地方有“刀不过清明”之说。

刀鱼体延长,侧扁,向后渐细,体长12~35厘米。吻圆突,上颌骨末端伸到胸鳍基底,体银白色,为洄游性鱼类。刀鱼肉细嫩,味鲜美。刀鱼以清明节前质量最佳,此时鱼刺是软的,清明后,鱼刺则逐渐变硬,吃口较差。

每100克刀鱼可食部约含蛋白质18.2克、

凤鲚(凤尾鱼,刀鲚)

七丝鲚(马刀、刀鲚、青鲚、凤尾鱼)

刀鲚(刀鱼、毛花鱼)

脂肪 2.5 克、磷 529 毫克。中医认为其味甘性温,能补气,但不可多食,有助火动痰之弊。烹制刀鱼多用清蒸、红烧,也可出肉制茸作鱼圆。名菜有清蒸刀鱼、双皮刀鱼、出骨刀鱼球、芙蓉刀鱼片、白炒刀鱼丝、发菜刀鱼圆汤、干炸刀鱼等。刀鱼羹卤子面是江苏扬州的名点小吃。

(二)两栖爬行类原料

1. 鳖

鳖属爬行纲龟鳖目鳖科鳖属动物,古名鼋、河伯,俗称甲鱼、团鱼、水鱼、元鱼、脚鱼、霸王、王八等。中国除新疆、青海、宁夏和西藏尚未发现外,各地均产,洞庭湖区和鄱阳湖区较多,现已有人工养殖。鳖四季均有,六、七月份时大量上市。

中国先秦时即有鳖的记载,《楚辞·哀时命》曰:“驷跛鳖而上山兮。”《玉篇》:“龟属,一名神属,一名河伯从事。”罗愿《尔雅翼》:“鳖卵生,形圆、脊穹,四周有裙。”《淮南子》曰:“鳖无耳而神守,故名神守。”陆佃《埤雅》曰:“鱼满三千六百,则蛟龙引之而飞,置鳖守之则免,故名神守。”此说未必可信,然引此以示“神守”之来历。《古今注》:“鳖,一名河伯(传说之河神)从事,一名河伯使者。”中国以鳖入馔,历史久远,先秦文献,多有记载。《礼记·内则》“不食雏鳖”说明古人已关注鳖的繁殖。西汉桓宽《盐铁论·散不足》中更有“鸟兽鱼鳖,不中杀不食”的记载。张华《博物志》:“鳖臛(甲鱼羹)数食可长发。”可见鳖在晋时已用于食疗。《溪蛮丛笑》:“沙鳖,如马蹄者佳。”据《江陵县志》记载,北宋时期,宋仁宗召见荆州府张景时问道:“卿在江陵有何景?”答曰:“两岸绿杨遮虎渡,一湾芳草护龙舟。”又问:“所食何物?”答曰:“新粟米炊鱼子饭,嫩冬瓜煮鳖裙羹。”清代以后,鳖之肴馔增多,《随园食单》、《调鼎集》均有多处食鳖记载。

鳖体躯扁平,呈椭圆形,背腹具甲。通体被柔软的革质皮肤,无角质盾片。体色基本一致,无鲜明的淡色斑点。头部粗大,前端略呈三角形。吻端延长呈管状,具长的肉质吻突,约与眼径相等。眼小,位于鼻孔的后方两侧。颈部粗长,呈圆筒状,伸缩自如。颈基两侧及背甲前缘均无明显的瘰粒或大疣。背甲暗绿色或黄褐色,周边为肥厚的结缔组织,俗称“裙边”。腹甲灰白色或黄白色,平坦光滑,有7个胼胝体,分别在上腹板、内腹板、舌腹板与下腹板联体及剑板上。尾部较短。四肢扁平,后肢比前肢发达。前后肢各有 5 趾,趾间有蹼。内侧 3 趾有锋利的爪。四肢均可缩入甲壳内。雌鳖体圆形,背面平坦,背腹间较肥厚,尾短,不突出甲外,后肢间距稍宽;雄鳖体椭圆,尾较长,尖端露出甲壳外,后肢间距狭窄。

鳖滋味肥厚,营养丰富,是一种珍贵的补品,富含胶原蛋白,结缔组织的含量较多。每 100 克鳖肉中约含蛋白质 17.3 克、脂肪 4 克、钙 15 毫克、磷 94 毫克、铁 2.5 毫克,还含有多种维生素。鳖甲、肉、头、血、卵、胆等都有治病的功效。中医认为,鳖肉味甘、性平,可滋阴凉血、补肾健骨,能治体虚、肺结核、肝脾肿大等症。鳖甲性寒,有滋阴、除热、散结、消痞、益肾、健骨等功效,能够散淤血、调月经、消脾肿、除痨热。鳖血,可滋阴退热,治虚劳温热、脱肛等症。鳖卵补益,兼治久泻久痢。鳖胆汁有治痔瘘等功效。鳖头干制入药称“鳖首”,可

鳖

治脱肛、漏疮等。用活鳖、鳖甲或鳖甲胶作原料配制的中成药有二龙膏、乌鸡白凤丸、化症回生丹、史国公酒、鳖甲煎丸等。鳖性滋阴,不可久食或一次多食,多食则败胃伤食。食欲不振、消化能力差、孕妇及产后泄泻、失眠者不宜食用。

用鳖制菜,首在鲜活,次为刮洗,自死者和不净者不可食。宰鳖一须收集余血,二须用70℃~80℃的热水浸泡，三须完整取下头、甲,四须刮净体表黑膜,五不可弄破胆囊和膀胱。以鳖制馔,雌鳖胜过雄鳖,以500~750克为佳。鳖过小,叫做雏鳖,骨多肉少,肉虽嫩但香味不足;鳖过大,肉质老硬,滋味不佳。鳖的食法较多,最宜清炖、清蒸、扒烧,原汁原味,风韵独特,鲜香四溢,最能体现其肥美甘鲜之特色,也可烩、煮、炒、焖。因鳖腥味较重,宜热不宜冷,炒菜、大菜、汤羹、火锅均可。鳖裙是肉质中最美的部分，自古以来被宫廷中视作滋补佳品,是筵席上的上乘名菜,广泛应用于高档筵席,名菜有浙江的凤爪甲鱼,江西的金丝甲鱼,陕西的白雪团鱼,四川的瑞气吉祥,江苏的金蹼仙裙,吉林的砂锅人参元鱼,天津的元鱼酒锅,云南的气锅甲鱼、虫草炖甲鱼,福建的杏圆凤爪鱼肚,上海的冰糖甲鱼,湖北的黄焖甲鱼、冬瓜鳖裙羹,安徽的清炖马蹄鳖等。

2. 龟

龟是爬行纲龟鳖目动物的统称，主要分布在黄河以南各省、自治区的平原和水乡。

吃河龟或海龟的习俗，可上溯到距今7000~8000年前的裴李岗文化时期。河南舞阳贾湖墓葬随葬的龟甲，是迄今最早的卜龟实物,同时也是最早的食龟证据。稍晚于该遗址时代的浙江余姚河姆渡遗址，也发现了龟的遗骸，类似的情况在中国其他新石器时代遗址中也有所发现。夏、商、周三代均盛行龟卜,二里头文化发现的卜龟,殷墟遗址历年发现的大量龟甲卜辞片和龟遗骸，西周遗址发现卜龟和龟甲,充分说明了夏、商、周三代不仅盛行龟卜习俗,而且也盛行吃龟肉。从新石器时代到西周时期吃龟习俗的出现与流行，当与龟卜习俗的发生与流行密切相关，两者是相辅相成的。中国古代把龟当吉祥之物。《礼记·礼运》云:“麟凤龟龙,谓之四灵。”自汉代起,龟已开始供药用,并认为龟肉可使人长寿。清代以后,多有食龟记载。龟板入药始载于《神农本草经》。

龟有3个科8个属17种,作为烹饪原料使用的有乌龟、黄喉水龟、黄绿闭壳龟及平胸龟等。

乌龟。龟科乌龟属。俗称秦龟、金龟、山龟、草龟,多呈盒状,体短略扁,有骨质硬壳。背甲与腹甲在甲桥处直接相连，头尾及四肢可在壳中自由伸缩。头三角形,嗅觉与触觉发达。四肢扁平,有爪有蹼,适于爬行和游泳。

黄喉水龟。龟科水龟属。俗称蕲龟、香龟、绿毛龟、小头金龟。形似乌龟,主要区别是体扁呈椭圆形,背部隆起,中有背棱,鼓腹系圆形。头颈后部平滑无磷,咽喉部黄色无斑,背浅棕色,腹黄色。有的背上长满绿色水藻,轻柔飘浮如丝,此即名贵的绿毛龟。

黄缘闭壳龟。龟科闭壳龟属。俗称驼背龟、断板龟、金钱龟、万寿龟。较为特异,头颅金黄,壳有钱状斑纹。背甲高高隆起,好似驼峰,且经韧带与腹甲相连。胸盾和腹盾间亦有坚实韧带，腹甲前后两半可折成钝角，故名“断板”。头尾及四肢缩入壳后,腹甲完全闭合于背甲,酷似一顶钢盔。

乌　龟

黄缘闭壳龟

平胸龟。平胸龟科平胸龟属。俗称玄龟、旋龟、大头龟。头特大,喙强,上喙钩曲呈鹰嘴状,壳甲扁平,头背均被覆以整块角质盾片。尾长,尾鳞排列呈环形,有腋、胯臭腺。头尾及四肢皆不能缩入壳内。

龟的食用和药用价值很高。中医认为,龟肉性温,有止寒嗽、疗血痢、治筋骨痛的功效,常用于治疗尿多、小儿遗尿、子宫脱垂、糖尿病、痔疮下血等症。龟血和黄酒同服可治妇女闭经,龟头可治脑震荡后遗症和头疼、头晕。龟甲味咸、甘,性寒,归肝、肾经,功用是滋阴潜阳、益肾健骨、养血补心,主治阴虚发热、骨蒸盗汗、阴虚阳亢、头晕目眩、虚风内动、手足瘛疭、筋骨痿软、囟门不合、小儿行迟、心虚惊悸、失眠健忘,及阴虚血热、崩漏经多等症。甲主要含胶质、脂肪及钙、磷等,具有增强免疫功能的作用。

龟在烹调应用中以作主料为主，尚可配以其他原料及少量中药。由于龟肉中结缔组织较多,胶质重,加工时需要长时间加热,最宜用烧、焖、煨、蒸等烹调法成菜,保持原汁原味,从而发挥药食兼用的功效。名菜有北京的汽锅金龟、土家族的党参金龟、湖南的潇湘五元龟、四川的虫草炖金龟、广西的蛤蚧炖金龟、陕西的白果炖金龟、安徽的龟汁地羊汤、湖北的八卦汤等,都是龟菜中的名品。

龟甲用治阴虚发热、骨蒸盗汗,常配伍黄柏、知母、熟地黄等同用。阴虚阳亢、虚风内动,可配阿胶、鳖甲、生牡蛎等滋阴潜降之品同用。肝肾不足、筋骨痿软、囟门不合、小儿行迟,可配伍牛膝、锁阳、当归等,以培补肝肾,强筋健骨。心虚惊悸、失眠健忘宜配伍石菖蒲、龙骨、远志等,以养血补心,安神定志。阴虚血热、崩漏经多者,宜配伍黄芩、白芍、黄柏等。龟甲内服煎汤用量 15 ~ 40 克,入汤剂宜先煎。外用适量,烧灰研末敷。孕妇及胃有寒湿者忌用。

3. 蛇

蛇是爬行纲有鳞目蛇亚目动物的统称。中国吃蛇以广东、福建、台湾、海南等地为多。广东还设有专门的蛇餐馆。广西、四川、云南、贵州、湖南、江西等地也有吃蛇的习惯。

最早的蛇类化石发现在白垩纪初期的地层里,离现在大约有 1.3 亿年。实际上,蛇的出现比这还要早些。据推测,在距今 1.5 亿年前的侏罗纪,大概就已经有蛇了。毒蛇的出现要晚得多,它是从无毒蛇进化而成的。中国吃蛇始见于先秦《山海经·海内南经》、《左传》等文献。此后汉代杨孚《南裔异物志》、清代徐珂《清稗类钞》等文献也有记载。

蛇体细长，四肢退化，身体表面覆盖鳞片,大部分是陆生,也有半树栖、半水栖和水栖的。蛇以鼠、蛙、昆虫等为食,一般分无毒蛇和有毒蛇。毒蛇和无毒蛇的体征区别有：毒蛇的头一般呈三角形;口内有毒牙,牙根部有毒腺,能分泌毒液;尾短,突然变细。无毒蛇头部呈椭圆形;口内无毒牙;尾部是逐渐变细。虽可以这么判别，但也有例外，不可掉以轻心。蛇的种类很多,遍布全世界,热带最多。中国境内的毒蛇有五步蛇、竹叶青、眼镜蛇、蝮蛇和金环蛇等;无毒蛇有锦蛇、蟒蛇、火赤链等。蛇肉可食用,蛇毒和蛇胆是珍贵药品。多数蛇类均可供食,常见品种如下：

银环蛇俗称寸白蛇、48 节、金钱白花蛇、银包铁等。头部稍椭圆,背鳞通身 15 行,脊鳞扩大呈六角形,体背具有黑白相间的横纹,黑色横纹较宽,白色横纹较窄,腹部白色,尾较细长,全长 1 ~ 1.5 米。生活于平原、家屋近水旁及丘陵地带多水处。多在夜间活动。卵生。毒性强烈，毒型以神经毒为主。人被咬伤以后,伤口处不红不肿不痛,仅有微痒及轻微麻木感。分布于安徽、浙江、江西、湖南、福建、广东、广西等地。

金环蛇俗名铁包金、黄金甲、金脚等。是与银环蛇类似的剧毒蛇，它不同于银环蛇的特征是：体较粗大,通身有黑黄相间的环纹,黑环与黄环几乎等宽，宽大的环纹围绕背腹面一周。背脊隆起呈明显的棱脊。尾略呈三棱形,末端扁而圆钝。背鳞通身 15 行。多栖息于

齿蚌、褶纹冠蚌、三角帆蚌等数种，贝壳大型，背缘喉部具有异状突起。

三角帆蚌

每 100 克河蚌可食部分含蛋白质 10.9 克、钙 248 毫克、铁 26.6 毫克、锌 6.23 毫克、磷 305 毫克、维生素 A 243 微克、硒 20.24 微克、胡萝卜素 2.3 微克，还含有较多的核黄素和其他营养物质。河蚌盖壳中矿物质较丰富，含钙 32.9%，含磷 0.03%。中医认为，蚌肉止渴，除热，解毒，去眼赤。蚌汁用于涂痔肿。壳粉能中和胃酸。珍珠母（蚌壳内珠光层的疙瘩）平肝，镇静，治眩晕。珍珠粉去翳，明目，定惊痫，化痰、解毒。

河蚌取肉洗净后，需摘去其灰黄色的鳃和背后的黑色泥肠；斧足部分要用木棍（或刀把）拍松，否则煮后不易嚼动；洗涤时可加点盐或明矾，去其黏液。小河蚌肉质较嫩，大河蚌则次之。烹法以制汤为多，汤汁浓白，味鲜美，也可用烧、烩、炖、煮等方法成菜。民间以之与咸鱼或咸肉同炖，别有风味。名菜有江苏的吴江酱肉烧蚌肉、扬州蚌肉狮子头、泰州风肉煨蚌、东海蚌肉涨蛋，安徽的老蚌怀珠、河蚌豆腐羹，浙江的火腿炖蚌肉等。

8. 牡蛎

牡蛎是软体动物门双壳纲异柱目牡蛎科动物的统称，又名蠔、蛎黄、海蛎子。肉味鲜美，含丰富的蛋白质，有“海中牛奶”之称。我国宋代苏颂《图经本草》称之为“海族最贵者”，古罗马曾把它誉为“海中美味——圣鱼”，日本人称它为“粮之源”。牡蛎是贝类中主要的养殖对象，产量在世界贝类养殖生产中占首位，1983 年产量为 100 万吨。世界上养殖牡蛎的主要有美国、日本、朝鲜、法国、荷兰、英国、澳大利亚、中国等。中国养殖牡蛎以广东、广西、福建、浙江和台湾等比较发达地区为主。牡蛎有 100 多种，中国约有 20 种。其中经济价值较大、已养殖生产的种有：长牡蛎、欧洲牡蛎、美洲牡蛎、食用牡蛎、希腊牡蛎、近江牡蛎和褶牡蛎等。

据考古发现，中华民族早在新石器时代已采食牡蛎。北魏贾思勰《齐民要术》载有“炙蛎：似炙蚶。汁出，去半壳，三肉共奠。如蚶，别奠酢随之”。其后文献时有所见。宋代已有在海滩插竿养牡蛎的记述，见于梅尧臣的《食蚝诗》。苏轼被贬至南海，食牡蛎而美，曾致函其弟苏辙说：“无令中朝士大夫知，恐争谋南徙，以分其味。”南宋吴自牧《梦粱录》记载当时南宋都城临安（今杭州）市售的著名菜品中，有“酒掇蛎、生烧酒蛎”、“酒蛎”、“酱蜜丁”等。周密《武林旧事》记述宋高宗至张浚府第时的筵席菜单中，十款厨劝酒菜中有“煨牡蛎、牡蛎炸肚”两款。明、清时，食经、药籍等均已有记载。中国牡蛎养殖生产历史悠久，早在宋代就出现了“插竹养殖法”。牡蛎中所含的汁液用于制汤特别鲜美，清代郝懿行《记海错》说：“凿破其房以器承取其浆。肉虽可食，其浆调汤尤美也。”牡蛎用于美容亦有悠久的历史，唐代药王孙思邈就用牡蛎壳粉和土瓜根调制用于涂面、护肤美容。明代滕硕、刘醇《普济方》记及，用牡蛎治疗面色黧黑，可以洁肤美容。所用方剂为牡蛎壳研成粉末，以蜜制成丸口服，用时也可炙食其肉。清代陈念祖《食物秘书》载：“清热，调中，令人细肌肤、美颜色。”

牡蛎两壳不等，左壳较大。铰合部无齿，有时具有结节状小齿。内韧带。闭壳肌位于中

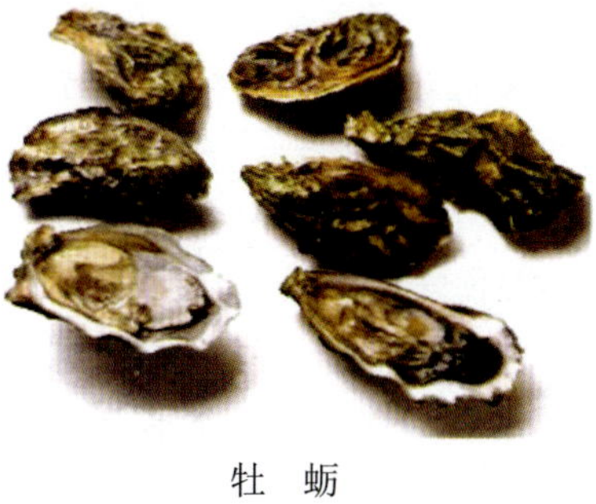

牡　蛎

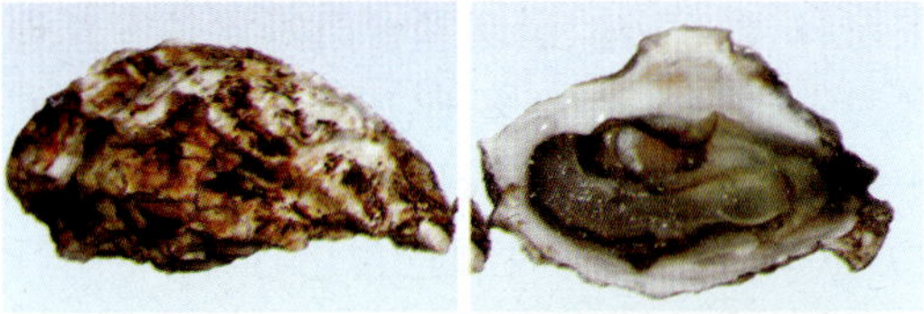

僧帽牡蛎

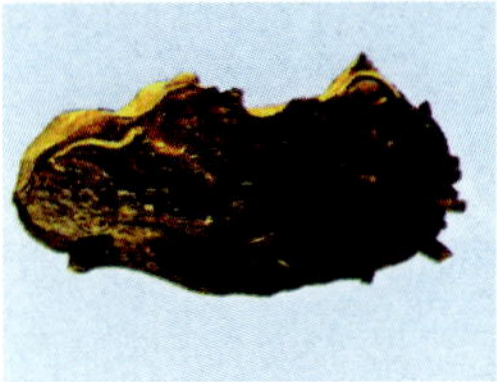

褶牡蛎

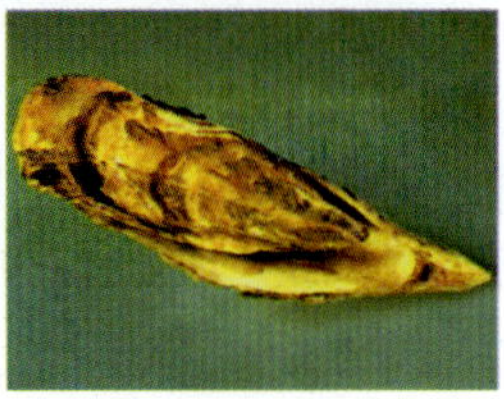

长牡蛎

央或后方。外套痕不明显。成体无足和足丝。鳃与外套膜相结合。心脏在直肠的腹侧。营固着生活,贝壳的形态常随生境而有很大差异。

每100克牡蛎食部约含蛋白质5.3克、脂肪2.1克、磷115毫克、钙131毫克、铁7.1毫克、硫胺素0.01毫克、核黄素0.13毫克,还含有牛磺酸、谷胱甘肽和碘等。中医认为,蛎肉味甘性平,可滋阴养血。近年医学研究发现,牡蛎肉提取物中,有的有抑癌作用,有的可缓解抑郁症。

鲜活牡蛎应置于2℃~4.5℃的湿润环境下,杯状贝壳向下放置。去壳牡蛎肉应置于1.5℃的环境中,但不要用冰保存,淡水会缩短牡蛎存放时间。牡蛎除鲜采生食外,将其肉上洒少许豆粉,轻轻揉搓后用清水冲洗,便雪白干净,即可烹制,也有拣尽碎壳,略加冲洗应用的。适应多种烹调方法,宜于多种调味,可做冷盘、热炒、大菜、汤羹乃至火锅、馅料,也是做点心、小吃的上等材料。名菜有山东的清氽蛎子、炸蛎黄、炒蛎子、蛎子羹、干煎蛎子、烤蛎黄,福建的一品酥包蛎,广东的炸生炒明蚝等。

牡蛎肉的干制品称牡蛎干、蚝豉,近似淡菜,干缩而金黄有光泽,主产在广东、广西一带。有生熟两种。生牡蛎肉直接晒干者称生蚝豉。牡蛎肉连汁一同倒入开水锅煮20分钟,捞出晒干者称熟蚝豉。生品滋味优于熟品。烹调应用时用水泡软后即可烹制,红烧、氽汤、油炸、火锅等均可应用,与肉同炖则味尤美好。煮牡蛎的汤经浓缩后即为鲜味调味品蚝油。

9. 缢蛏

缢蛏属于软体动物门双壳纲真瓣鳃目竹蛏科缢蛏属,又名蛏仔、蜻,是海产经济贝类。其贝壳自壳顶至腹缘有一条微凹的斜沟,形似绳索的缢痕,缢蛏因此而得名。缢蛏为中国和日本特有的广温性贝类,在中国沿海都有分布,山东寿光,浙江宁海、玉环、乐清,福建连江、长乐、福清、晋江、龙海和云霄等地是主要产区。日本的九州岛、四国、濑户内海也有出产。繁殖季节因地而异,中国北方比南方早。盛产期北方为6月,南方为10~11月。现已有人工养殖。

中国食缢蛏历史悠久,江苏南通海安隆镇的新石器时代文化遗址中已有被食用过的缢蛏壳。宋代吴氏《中馈录》中也介绍过古代蛏酢的制作方法。明代李时珍《本草纲目》中提到的养蛏概况为"闽粤人以田种之,候潮泥壅沃,谓之蛏田"。明代屠本畯《闽中海错疏》中对缢蛏的形态、习性也作了许多正确的描述。

缢蛏穴居于河口或有少量淡水注入的内湾的潮间带的软泥或泥沙滩内,壳薄而脆,长方形。壳顶位于背缘前端,约为贝壳全长的

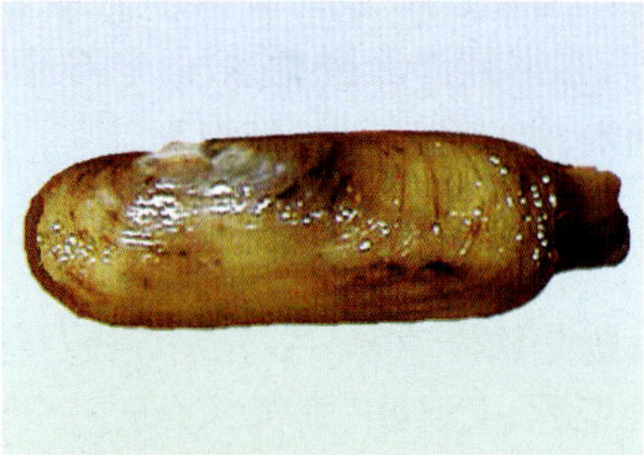

缢 蛏

1/3处。背、腹缘近平行，前缘稍圆，后缘略呈截形。两壳闭合时，前、后端开口。外韧带黑褐色，短而突出壳面，具黄绿色壳皮，生长纹明显。壳内呈白色，壳顶下方有与壳表凹沟相应的一条突起。铰合部狭小，右壳具2枚主齿；左壳有3枚主齿，中央一枚较大，两分叉。前、后闭壳肌痕均略呈三角形。外套窦宽大，前端圆形。足部肌肉发达，两侧扁平，在足孔的周围生有2～3排触手。水管细长，入水管较出水管粗大，两管分离。雄贝的性腺是乳白色，表面光滑、雌贝的性腺呈淡黄色，表面粗糙。

缢蛏肉滋味鲜美，每100克含蛋白质7.1克，脂肪1.1克，碳水化合物2.5克，钙133毫克，磷114毫克，铁22.7毫克。中医认为，蛏肉味甘咸，性寒，有滋补、清热等功效，常用于治疗产后虚损、烦热和痢疾等。蛏壳可治胃病和咽喉肿痛，也是煅烧壳灰的原料。

中国市场供应的缢蛏有3大类：第一类为鲜品，又分为时鲜品和速冻品两种。时鲜品在产地始有供应，应时上市，色白质嫩，香鲜味美，但仅见于沿海产区。速冻品可供应于非产区，加工时先将活蛏放于2%的盐水中养2小时，促其自行吐沙，再放入沸水锅中煮至蛏壳张开，剔肉去壳，或直接将活蛏撬壳取肉，去掉内脏和黑膜，保留腹内淡黄色的脂肪，洗净泥沙后供用。第二类为罐头制品，以鲜蛏经蒸煮后制成，可直接食用，也可进一步烹调加工。第三类为干制品，系用鲜缢蛏煮熟后晒干或以鲜品晒干制成的海味干制品。每年4～9月为生产旺季，以色泽蜜黄、质地干燥、少带咸味、气味清香、肉质肥厚、无折碎者为上品。鲜蛏肉色泽白润，质脆嫩鲜，经加热煮熟后，汁白而清淡，鲜味纯香。即可用醉、拌、炝、腌等方法制作凉菜，又可用炒、爆、烩、烧等方法制作热菜。缢蛏作菜，以旺火、沸油、快烹居多。蛏干质地坚硬，用前须涨发。除供鲜食外，还可加工制成蛏罐头、蛏干和蛏油等。

10. 泥蚶

泥蚶是软体动物门双壳纲列齿目蚶科蚶属，是中国传统的养殖贝类。泥蚶广泛分布于印度洋、西太平洋，生活在内湾潮间带的软泥滩中。中国南北沿岸均产，山东、浙江、福建、广东和台湾沿岸都有养殖。世界泥蚶产量主要出自东南亚沿海国家。

中国食蚶历史悠久，北魏贾思勰《齐民要术》载：“炙蚶：铁铛上炙之。汁出，去半壳，以小铜柈奠之。大，奠六；小，奠八。仰奠。别奠酢随之。”唐代刘恂《岭表录异》载：“瓦屋子，南人呼空慈子。壳中有肉，紫色而满腹。广人重其肉，炙以惹酒，呼为‘天脔’，亦谓之‘蜜丁’。”中国东南沿海的养蚶业已有四五百年的历史。早在明代，浙江、福建、广东沿海就已养蚶。据明代屠本畯《闽中海错疏》载：“四明蚶有二种：一种人家水田中种而生者，一种海涂中不种而生者，曰野蚶。”其中四明蚶即浙江宁波一带的泥蚶。该书又载：“石马、蒲岐、朴头一带多取蚶苗养于海塵，谓之蚶田。其苗小者如芝麻，大者如绿豆，有粗细陇之别，细陇能飞不可养，养者惟粗陇，然处三五年始成巨蚶，每岁冬秋，四明及闽人多来买蚶苗。”这说明温州的乐清湾一带，很早就是蚶苗的重要产地。

贝壳极坚厚，卵圆形。两壳相等，极膨胀，尖端向内卷曲。韧带面宽，韧带角质，具排列整齐的纵纹。壳表放射肋发达，共18～20条，自壳顶至壳缘渐粗大。肋上具极明显的颗粒状结节，故又名粒蚶。壳石灰白色，被褐色壳皮。生长线明显。壳内面灰白色，无珍珠质层。铰合部直，具细而密的一列片状小齿。前闭壳肌痕呈三角形，后闭壳肌痕呈四方形。泥蚶的血液中含有血红素，呈红色，因而又称为血

泥　蚶

蚶。泥蚶壳长达2.5厘米以上、每千克含50粒以内时即达食用规格。

泥蚶每100克食部约含蛋白质10克、脂肪0.8克、磷103毫克、钙59毫克、铁11.4毫克、硫胺素0.01毫克、核黄素0.07毫克、尼克酸1.1毫克。蚶壳可入药,有消血块和化痰积的功效。

泥蚶肉质丰满肥嫩,色鲜红,味可口,鲜食或腌渍加工均可,自古作为滋补佳品、佐酒名肴。常用爆、炒等方法成菜,也可烫后凉拌或蘸味汁食用。食用时用滚汤浸泡即可,忌炒,忌久煮。

11. 文蛤

文蛤属于双壳纲真瓣鳃目帘蛤科文蛤属。文蛤主产于中国山东莱州湾、长江口以北的江苏沿岸,广东及广西防城等沿海一带也产。江苏如东是盛产区,大量供应国内外市场。

中国食用文蛤,可追溯到上古时代,《韩非子·五蠹》篇就有"上古之世,民食果蓏蚌蛤"之记载。北京附近的旧石器时代遗址中发现的文蛤壳,经测定距今已有5万多年。历代古籍如《山海经》、《礼记》、《左传》、《齐民要术》、《酉阳杂俎》、《神农本草经》、《梦溪笔谈》《本草纲目》、《随园食单》等都有记载。《本草纲目》:"文蛤,生东海,表有文,小大皆有紫斑。今出莱州海中。三月中旬采,大者圆三寸,小者圆五、六分。"

文蛤贝壳略呈三角形,腹缘呈圆形,壳质坚厚,两壳大小相等,两侧不等,壳长略大于壳高,壳顶端偏前方。韧带粗短,黑褐色。壳面光滑被有黄褐色或红褐色壳皮,具有"W"或"V"字形的褐色花纹。贝壳内面白色,铰合部

文　蛤

宽。右壳具有3个主齿和2个前侧齿。左壳具有3个主齿和1个前侧齿。前闭壳肌痕小略呈半圆形,后闭壳肌痕大呈卵圆形,外套痕明显,外套窦短,呈半圆形。文蛤肉肥大,足斧形,又有"月斧"之称。

文蛤肉富含氨基酸、琥珀酸,其味鲜美异常。每100克文蛤肉约含蛋白质11.8克、脂肪0.6克、糖类6.2克,还含有多种维生素,尤以维生素A和维生素D含量为丰。中医认为,文蛤肉味咸性干,有清热、利湿、化痰、散结的功效。据现代药理研究,文蛤提取物对肿瘤细胞有明显的抑制作用。壳可入药,有清热、利湿、化痰、散结的功效,可治疗慢性气管炎、淋巴结结核、胃及十二指肠溃疡等。

文蛤入馔需先用圆头小刀将蛤壳劈开,用刀头沿壳旋挖出蛤肉(不要将衣膜挖破)后,将文蛤肉装入竹篮内,在大量清水中顺一个方向搅动,洗涤中不能将竹篮提离水面,否则蛤肉含沙。鲜活文蛤肉可直接用酒、酱腌后生食。炒文蛤肉则要将调味料与文蛤肉一并下旺火热油锅,快速煸炒瞬间即成,鲜嫩无比,若加热时间稍长,则肉老味次。将文蛤肉切碎与猪肉、丝瓜末等同搅成茸,用煎或烤,可做成文蛤饼。也可斩碎与其他佐料做成馅,装进文蛤双壳内煎后焖或蒸,因形似元宝,故名"元宝斩肉"。也可将文蛤肉装进文蛤单壳内,上烙盘加油烙制,非常鲜嫩。文蛤亦可挂糊后炸而食之。也可用文蛤馅做烧卖、包子、饺子等点心。文蛤味鲜,炒后与其他原料同烧,无需味精、鲜汤。文蛤干品经碱发后一般用于煨汤,亦可炒爆烧烩,但鲜味不及鲜品。文蛤除供鲜食外,还可冷冻或加工成干制品和罐头食品。汤汁可制成"海鲜油"。

12. 乌贼

乌贼是软体动物门头足纲枪形目乌贼科动物的统称,古称乌鲗、鲗,又称乌贼鱼、乌鱼、目鱼。因其近漏勺管附近有贮水墨囊,遇危机时,即放出墨汁,又称墨鱼、墨斗鱼。又因其头部有触须似缆,遇风浪可用腕部吸附在

岩石上如锚缆，故又谓之缆鱼。主产于南海、东海、黄海等海域。中国沿海各地常见的乌贼是金乌贼和无针乌贼。因其产量大，与小黄鱼、大黄鱼、带鱼并列为中国海洋四大经济海产鱼类。

中国食用乌贼，古已有之。汉代许慎《说文》、唐代刘恂《岭表录异》、宋代罗愿《尔雅翼》、沈括《梦溪笔谈》和清代郝懿行《记海错》、袁枚《随园食单》及徐珂《清稗类钞》等古籍均有记载。《尔雅翼》："乌鲗状如革囊，两带极长，腹中有墨；背上独一骨，形如蒲槫子而长，名海螵蛸。"《岭表录异》："乌贼鱼只有骨一片，如龙骨而轻虚，以指甲刮之即为末。亦无鳞，而肉翼前有四足，每潮来，即以二长足捉石，浮身水上，有小虾鱼过其前，即吐涎惹之，取以为食。广州边海人往往探得大者率如蒲扇，炸熟，以姜、醋食之，极脆美。或入盐浑腌为干，槌如脯亦美，吴中好食之。"

乌贼科约有 100 种，其中成为捕捞对象的约 10 种，如曼氏无针乌贼、金乌贼、白斑乌贼、虎斑乌贼、乌贼等。乌贼眼大，眼眶外有膜。口周有腕 10 只：其中 4 对较短，腕上具 4 行吸盘。雄体左侧第 4 腕茎化，部分吸盘缩小并稀疏，司传递精荚至雌体的功能，另 1 对腕甚长，称触腕或攫腕，有穗状柄，触腕穗上的吸盘随种类不同，从 4～20 行不等。胴部盾形，狭窄的肉鳍几乎包被胴部全缘，仅在后端分离。胴部腹面具漏斗。内壳厚，很发达，但完全包埋于外套膜内，石灰质，椭圆形，通称乌贼骨或海螵蛸。内壳的后端多具骨针，有的种类后端不具骨针。乌贼最大胴长可达 500 毫米，最大体重可达 7～8 千克。乌贼肉味鲜美，可供鲜食，也宜干制。乌贼的干制品称墨鱼干，中国曼氏无针乌贼的淡干品称螟蜅鲞或南鲞，由金乌贼制成者则称为乌鱼干或北鲞，均是有名的海味。乌贼的雄性生殖腺干制品，称墨鱼穗，经腌制的雌乌贼缠卵腺俗称墨鱼蛋，味极鲜美，是海味中的珍品。元代吴瑞《日用本草》已有记述："（乌贼）盐干者为明鲞，淡干者为脯鲞。"以鲜乌贼制成。先剖开去内脏，以海水或淡盐水漂洗，再用清水冲净，经晒至七八成干，再经压制、罨蒸发花，使鱼肉水分外析，同时使其体内的甜菜碱等氮素化合物析出，形成白粉末，带碱性有甜味，使具独特风味。也有的不经罨蒸、发花，色黄亮而美观。

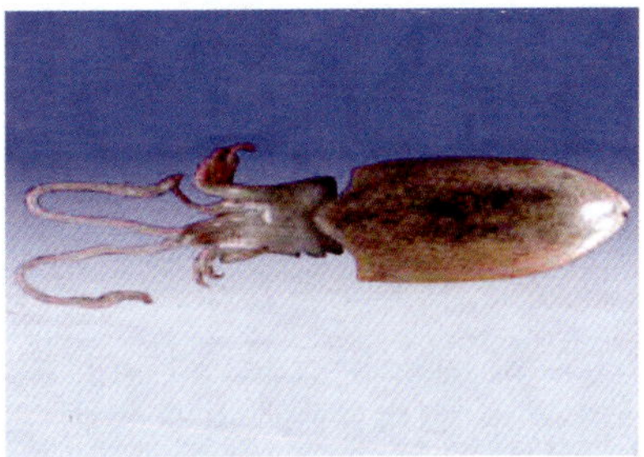

曼氏无针乌贼

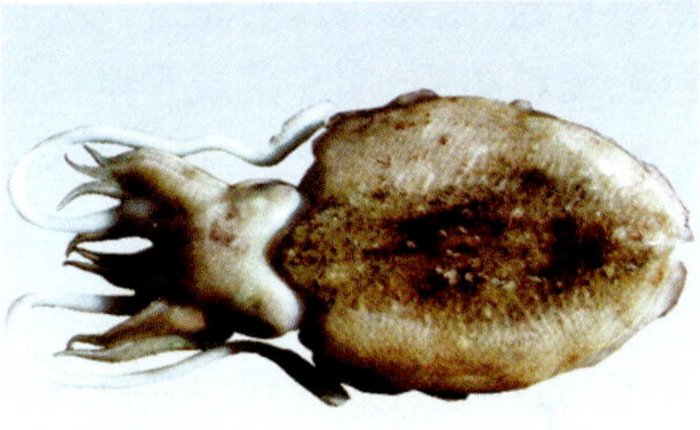

金乌贼

乌贼（曼氏无针乌贼）每 100 克食部约含蛋白质 15.2 克、脂肪 0.9 克、磷 165 毫克、钙 15 毫克、铁 1 毫克、硫胺素 0.02 毫克、核黄素 0.04 毫克、尼克酸 1.8 毫克。中医认为，乌贼鱼肉性味咸平，能养血滋阴、补益肝肾，对血虚经闭、崩漏、带下等妇科疾患有一定疗效。乌贼的内壳——海螵蛸是重要的中药原料，主治胃病和气管炎。乌贼的墨囊干粉对抑制内出血有良效。南朝梁代陶弘景《名医别录》谓其"益气强志"。五代《日华子诸家本草》谓其"益人，通月经"。

鲜品乌贼宜冷藏，外表多呈青灰色和灰黑色，肉质洁白光亮，经销时多拌以碎冰或冷冻成块。若体色转红，则质量下降。干品乌贼粉霜较多，以只大肉厚，色泽蜡黄明亮，体形匀称，体身平展，质轻而挺、沉而软，剖开刀路平直，肉腕完整无残缺，气味清香者为上品。干品乌贼最忌受潮，应贮藏在通风干燥处。如发软回潮，要及时采取日晒、吸湿等干燥措施。

乌贼鲜品肉质洁白，脯肉柔韧，最宜爆炒，还可烧或焖煮，也可拌、炝成菜，脆嫩鲜美。烹制干品乌贼前须涨发原料，方法有多种：一是用碱7%、石灰3%加沸水90%配成涨发液，将已经用水泡软的螟蛸鲞投入发制，至柔软爽亮时即已发足，漂净碱分待用；涨发后的乌贼入馔，香鲜腴美，肉质脆嫩爽滑，别具风味，适于制作爆、炒、烩、烧、焖等菜式。二是以冷水浸润至软，切丝配以肉丝、笋丝、芹段等烹炒成菜，具醇厚鲜香味，此法多见于广东、广西及海南地区。三是用干货直接入烹，多用于煨汤，或用于煮粥。此外江西、湖北一带民间以其干片切丁，和猪肉块一同用砂锅煨汤，配以香菇、木耳、黄花、海带、淡菜等，至汤汁浓稠、汤料柔糯，加芹菜或香菜以及胡椒粉等佐食，鲜、香、稠、腴、烫，是地方风味菜。还可制成汕氽螟蛸、烤螟蛸等小吃。乌贼无论鲜品、干品，均适应于咸鲜、咸甜、椒麻、红油、糖醋、葱油、姜汁、酸辣、麻辣、鱼香、酱香等多种口味。名菜有油爆双穗、氽乌鱼花、三鲜乌鱼、红油乌丝、芫爆乌片、烩乌鱼蛋等。

13. 枪乌贼

枪乌贼是软体动物门头足纲枪形目枪乌贼科的总称，古称锁管、油鱼、柔鱼，又称鱿鱼、笔管。

清代袁枚《随园食单》载："油鱼干者形如蝴蝶，发透切丝，脍之、炒之均可，味在鳆鱼、乌贼之间。"清代赵学敏《本草纲目拾遗》载："乌鱼蛋产登莱，乃乌贼腹中卵也。"鱿鱼肉质细嫩，味道鲜美，质量上远超乌贼，可食部分达98%。鱿鱼可鲜食，大部分加工干制成鱿鱼干。鱿鱼干和鲍鱼、干贝、鱼翅、海参等被列为海产八珍，在国内外市场上均享有较高的声誉。

枪乌贼科共有50多个品种，其中成为捕获对象的约16种，主要品种有中国枪乌贼、日本枪乌贼、剑尖枪乌贼、福氏枪乌贼、皮氏枪乌贼及莱氏拟乌贼等。最大可长达55厘米，重量达5～6千克。中国枪乌贼是枪乌贼鱼中最重要的捕捞对象，主产于泰国、中国、菲律宾和越南。枪乌贼头前和口周有腕5对，其中4对甚短，1对甚长，称触腕或攫腕。腕上生吸盘两行，触腕生四行，鱿鱼胴部比乌贼细长，末端呈长棱形，再加上那菱形的肉质鳍，分列胴体的两侧，倒过来看像一只标枪头，故名枪乌贼。

莱氏拟乌贼分布于日本南部和中国南部沿海。肉鳍宽，位于胴体两侧的全缘。体内无石灰质内壳，而是同科鱿鱼的软甲。胴长达40厘米。

火枪乌贼分布于黄海和渤海，每年冬春以山东石岛南部沿岸产量最为集中。体型小，短而宽。一般胴体长2～20厘米。肉鳍长度约为胴体长的1/2，呈三角形。胴背部具浓密的紫色斑点。

莱氏拟乌贼

火枪乌贼

柔　鱼

剑尖枪乌贼分布于日本海南部、东海及澳大利亚沿岸,区域广泛。形态分产地略有不同。渔期为每年的7～9月。夏季产卵。胴部圆锥形,长度约为宽度的3倍。肉鳍大,呈菱形状,约为胴体的1/2长度。触腕超过胴长,穗菱形。背部红褐色。

剑尖枪乌贼

滑柔鱼分布于乌拉圭、阿根廷至福克兰大陆架等海域。冬天生的鱿鱼群从夏天至冬天快速成长,分布区域向南面扩展。其鱿鱼寿命约为1年,最盛期为7～9月。胴体长30厘米左右。胴体背面有一条纵向的黑色带。鳍宽呈菱形。眼球裸露。触腕的大吸盘角质环具锐齿,腕的基部边缘平滑。

柔鱼广泛分布于暖水区域、混合水和冷水区域,为鱿鱼种类中栖息、洄游范围最广的品种。胴体长可超过40厘米,体重可达4千克以上。体色浓重,背部有黑色纵带,两侧赤红,腹侧亦红色。

滑柔鱼

日本枪乌贼分布于黄、渤海,每年冬春以石岛南部沿海产量最为集中。日本枪乌贼体型小,体短而宽。一般胴体长12～20厘米,长度为宽度的4倍。肉鳍长度稍大于胸部的1/2,略呈三角形。腕吸盘2行,其胶质环外缘具方形小齿。触腕超过胴长。内壳角质,薄而透明。眼背部具浓密的紫色斑点。

日本枪乌贼

鲜鱿鱼每100克食部约含蛋白质17.4克、脂肪1.6克、磷19毫克、钙44毫克、铁0.9毫克、硫胺素0.02毫克、核黄素0.06毫克,并含有十分丰富的硒、碘、锰、铜等微量元素,对骨骼发育和造血十分有益,可预防贫血。鱿鱼除了富含蛋白质及人体所需的氨基酸外,还是含有大量牛磺酸的一种低热量食品。可以缓解疲劳、恢复视力、改善肝脏功能。其所含的多肽和硒等微量元素有抗病毒、抗射线作用。中医认为,鱿鱼有滋阴养胃、补虚润肤的功能。

鲜鱿鱼入馔需撕净鱿鱼外面的一层套膜,从头体上摘下鱿鱼的头腕,并且带出内脏,再将内脏从鱼的头腕上摘掉,挤出两眼,去掉鱼嘴软骨,洗净。清洗鱼体时,将鱼体浸没在水中,用手撕开(或剖开),撕去角质内壳,洗净污物即可。鲜鱿鱼肉体以切成丝、片,用旺火热油爆炒法成熟为最佳,或者汆熟后凉拌,成菜脆嫩鲜美。若在鱼体内的一面剞上刀花,经骤热还可以蜷缩成美丽的形状。鱿鱼头腕部分经刀工处理后一般应用烧、烩、汆等方法成熟。头腕部分腥味较重,烹制时应加些姜、葱、料酒、雪里蕻等辅料为宜。

鱿鱼干在烹调前需进行涨发。常用的涨发方法有水泡法、碱发法。水泡法是将鱿鱼干放在冷水中浸泡1～2小时,使鱼体吸水变软,撕掉外层衣膜和角质内壳,将头腕部分与鱼体分开,洗净即可。这种方法涨发率极小,其优点是制成菜后不失鱿鱼干的特殊风味,口感较韧、有劲。碱发法又分为:①熟碱水涨发。一般是取150克石灰、350克碱,加入2

白和提炼蚕蛹油。

3. 蝉猴

蝉猴是昆虫纲同翅目蝉科蚱蝉、黑蚱等的刚出土蜕皮而尚未羽化的若虫，古称蜩，又称蝉蛹、知了猴，形同蝉，但尚无翅，色由奶白至浅褐。江苏、安徽北部，山东，河北东南部一带习以作菜肴或小吃食用。

中国吃蝉，见于《庄子》“佝偻承蜩”和《礼记》等记载。北魏贾思勰《齐民要术》有“蝉脯菹法”及“蝉臛”。至今，广东一些地方和西南一些少数民族仍有吃成蝉的习惯，如傣族的知了背馅肉、布朗族的蝉酱等。

蝉猴头部宽大，复眼发达，有3个明显的单眼，触角短，口器是刺吸式，方便吸取树干里的树汁。前翅较后翅大。雄蝉有一对大型的发音器官，雌蝉则有发达的产卵器，可以刺穿树枝。蝉是完全变态昆虫，它的一生可分为卵、若虫和成虫3个阶段。

蝉　蜕

蝉　猴

干蝉猴蛋白质含量达72%。中医认为蚱蝉味咸甘，性寒，有清热、熄风、镇惊的功效。蝉蜕散风除热，利咽，透疹，退翳，解痉，用于风热感冒、咽痛、音哑、麻疹不透、风疹瘙痒、惊风抽搐、破伤风。

烹制蝉猴多取炸法，蘸椒盐或其他调味料食用。炸制后的蝉猴外皮很酥脆，背部的两块白色肌肉很鲜美，清香可口。炸后烹以糖醋即成糖醋蝉猴，风味更佳。民间则用盐水浸渍半日，然后煎食，或直接烤食。

4.禾虫

禾虫属于环节动物门多毛纲游足目沙蚕科。禾虫在早晚两造水稻孕穗扬花时破土而出，故得禾虫之名，别名疣吻沙蚕，又称蜞、雷基、沙虫。禾虫栖于沿海、河口或稻田中，分布于广东、广西、福建等地，是当地人民喜食的美味海鲜。广东斗门县产者粗大肥壮，常供出口。珠海斗门濒临南海，盛产禾虫。当地有一首禾虫诗：“小虫出禾根，潮退游莘莘；误投薯莨网，农家席上珍。”每年4月和8月是禾虫出海的高潮期，称为春造和秋造。

唐代段成式《酉阳杂俎》始见关于禾虫的记载。清代笔记记有福建、广东食用禾虫的诗文。清代屈大均《广东新语》“禾虫”条谓其“乘大潮断节而出，浮游田上，网取之，得醋则白浆自出，以白米泔滤过，蒸为膏，甘美益人。……其腌为脯作醯酱，则贫者之食也”。赵学敏《本草纲目拾遗》谓：“闽、广、浙沿海滨多有之，形如蚯蚓。闽人以蒸蛋食，或作膏食，饷客为羞，云食之补脾健胃。”另外，也可制成沙虫干以供贮存或远携。现已开始利用海滩滩涂人工试养。斗门民谚云：“天红红，沤禾虫。”“灯光闪闪似火龙，清明夤夜装(即捕捞)禾虫。”《广东新语》中“采者以巨口狭尾之网系于木桩，逆流迎之。网尾有囊，囊重则倾泻于舟”，正是水上人家捕捞禾虫的写照。清代郭麟有一首《潍县竹枝词》描写捕卖禾虫的情景：“夏云积雨暮天红，落网安兜趁晚风。晨早埋街争利市，满城挑担卖禾虫。”从前禾虫当造时，叫卖“禾虫”之声响遍街市。诗人黄廷彪有《见食禾虫有感》。诗曰：“一截一截又一截，生于田陇长于禾。秋风鲈脍寻常美，暑月鲥鱼亦逊之。庖制味甘真上品，调来火候贵中和。王侯佳馔何曾识，让与农家鼓腹歌。”禾虫长约4～8厘米，径约5毫米，有60多个体节，两旁均有疣足。禾虫一般色泽金黄，但有

禾　虫

趣的是，它身上也可随时交替变换着红、黄、青、绿、蓝、紫等颜色。

禾虫含蛋白质达60%以上，富含硫胺素，不但味道鲜美，且有滋补作用。中医认为禾虫味甘性温，有补脾益胃、补血养血、利水消肿的功效；对脾胃虚弱、贫血、肢体肿满等有一定疗效；有防治水肿病、脚气病及风湿等功效。古方治疗脚气病，就是以干禾虫煲眉豆，若加上一些蒜子，功效更显著。

禾虫可鲜用也可干用，可作菜肴也可作小吃。菜肴有炖禾虫、酥炸禾虫、禾虫煎蛋、蒜爆炸虫干、海鲜沙虫煲、油泡沙虫、沙虫火锅等；小吃有鲜沙虫粥之类；此外，还可制成禾虫酱，供调味应用。沙虫腹内含泥沙，烹制前应去除干净。鲜虫可用一根筷子顶住其沙囊底部，像翻肠子一样将它全条翻过来，即可洗净。干虫先剪去沙囊和吻嘴，再将其全身剖剪开，然后洗涤，沙囊和吻嘴可在水中反复搓捏，沙子即可去尽。

（五）水产及其他动物制品原料

1. 鱼翅

鱼翅是鲨鱼、银鲛鱼等软骨鱼类鳍的干制品，又称鲛鲨翅、鲨鱼翅、金丝菜，包括背鳍、胸鳍、腹鳍、臀鳍、尾鳍。鱼翅主要以鳍中的软骨（又称翅筋、翅针）供食，属珍贵烹饪原料，为“八珍”之一，常用做筵席头菜。广东有“无翅不成席”之说。

中国食用鱼翅较早见于《宋会要》，至明代，应用已较广泛。明代陈仁锡《潜确类书》、李时珍《本草纲目》等古籍均有记载。李时珍《本草纲目》曾提到：“鲨鱼古称鲛……腹下有翅……南人珍之……”至清代应用更广，据赵学敏《本草纲目拾遗》叙述：“鱼翅，今人习为常嗜之品，凡宴会肴馔必设此物为珍享。其翅干者成片，有大小，率以三为对，盖脊翅一，划水翅二也。煮之拆去硬骨，捡取软色如金者，瀹以鸡汤佐馔，味最美。漳泉（漳州、泉州）有煮好剔取纯软刺作成团，如胭脂饼，金色可爱，名沙刺片，更佳。”《随园食单》云：“鱼翅难烂，须煮两日才能摧刚为柔。用有二法。一用好火腿、好鸡汤加鲜笋、冰糖钱许煨烂，此一法也；一纯用鸡汤串细萝卜丝、拆碎鳞翅掺和其中，飘浮碗面，令食者不能辨为萝卜丝，为鱼翅，此又一法也。用火腿者，汤宜少；用萝卜丝者，汤宜多，总以融洽柔腻为佳。若海参触鼻，鱼翅跳盘，便成笑话。吴道士家做鱼翅，不用下鳞，单用上半厚根，亦有风味。萝卜丝须出水两次，其臭才去。尝在郭耕礼家吃鱼翅炒菜，绝佳，惜未传其法。”到晚清民初时，鱼翅价格日渐昂贵，烹调技法也日趋精细，并且成为判断厨师工艺水平的标志之一。清代徐珂《清稗类钞》指出：“粤东筵席之肴，最重者为清炖荷包翅，价昂，每碗至十数金。闽人制者亚之。”

鱼翅产品名目繁多，分类方法也多，但常见的分类方法为按鱼鳍的部位、加工与否或加工品的形状及鱼的种类等3种方法。

按鱼鳍的位置可分为背翅、胸翅、腹翅和臀翅、尾翅。

背翅又称披刀翅、刀翅、劈刀、脊翅、脊披翅、顶鲨、顶沙翅。呈正三角形，肉少，翅长而多，质量最好。有些鲨鱼有两个背鳍，广东一带称前背鳍为头围，后背翅为二围。

胸翅又称肚翅、青翅、划翅、划水翅、分水、大骨翼翅、翼翅。呈长三角形，左右两只一副，外向面鼓起，青色，内向面凹入，灰白色或灰黄色。肉多翅筋少、筋粗而口感软糯者，质量中等。

腹翅、臀翅又称上青翅、荷包翅，呈钝三

鱼　翅

角形。质量同胸翅。但因采割手法不同，分为两等：肉根小或无根者，称净根上青，质量较好；肉根大者，称青翅上青，质量较差。

尾翅又称尾勾翅、勾尾、三围、钩翅、叉鱼翅。呈鱼尾形，肉多骨多，翅筋短而少，质量最次。有些地方为了分等出售，将尾翅自尾叉处分为上下两块。上半块带骨，称玉尾，翅筋更少，去骨后大多是皮，质量次；下半块不带骨，称玉吉，涨发率较高，质量比较好。

按加工与否或加工品的形状又分为未加工翅（即原翅）和加工翅两大类。

原翅又称皮翅、青翅、毛翅、生割。鱼鳍割下后，不去皮、不退沙（沙为鱼皮上附着的沙鳞，又称盾鳞），直接干制而成，以翅根白净为佳品。按漂洗用水的不同，又分为咸水翅和淡水翅两种。用海水漂洗者为咸水翅，又称咸水货，带咸味，成品率高，但是不耐贮藏；用淡水漂洗者为淡水翅，又称淡水货，色洁白，质量好，耐贮藏，但是成品率低。原翅大都成套供应，故又称套翅，分为玉吉翅、沙翅、沙婆翅、上色翅、中色翅、小杂翅6种。

玉吉翅以锯鲨的鳍制成。背翅两只、尾翅一只为一套。翅筋多，质量好。以形体厚大者为佳，分特、大、中、小四档。涨性较差，但是肉质腴软，可用于制作扒翅。

沙翅以许氏犁头鳐的鳍制成，又称犁头鲨翅。背鳍两只、尾鳍一只为一套。以体形大、翅筋多、涨性足者为佳。分大沙、二沙、三沙、四沙四等。质地软糯，可用做扒翅。尾翅开成两块者，上半叶带骨的一块叫尖翅，下半叶不带骨的一块叫荷包翅。

沙婆翅以锥齿鲨的鳍制成。全套8只：背翅、胸翅、腹翅各2只，臀翅、尾翅各1只。背翅、臀翅又称横如沙翅；尾翅又称沙婆尾，但如开成两块，则上半叶带骨的称沙婆吉翅，下半叶不带骨的称沙婆净钩。此套鱼翅翅板薄，翅筋呈淡红色褐色，质地较糯，属名贵翅类。但是烹制后如果冷却，容易回复生硬。

上色翅以圆头鲨的鳍制成。全套4只：背翅1只，称上披刀；胸翅2只，称上青；尾翅1只，称上色净钩。多产于台湾高雄一带，涨发率较高。

中色翅以杂鲨的鳍制成，又称杂翅、乌沙翅。全套4只：背翅1只，称中色披刀；胸翅2只，称中青；尾翅1只，称中色尾，如开成两块后，上半叶带骨的称中色吉尾，下半叶不带骨的称中色净钩。涨发率低于上色翅。

小杂翅以较小鲨鱼的背鳍、尾鳍和大鲨的小鳍制成，每500克可达数十只，常用于加工散翅、翅饼等净翅。

加工翅一般选含翅筋较多、骨头较少的鱼鳍加工而成，除去鱼鳍基部附着的肉，经过浸洗、加温、退沙、去骨、挑翅、除胶、漂白、干燥等工序制成。根据加工方法和成品形状的不同，分为明翅、大翅、长翅、青翅、翅绒、净翅几种。

明翅又称金花翅。将鲜翅剖开，除去中骨，再黏合一起，有些经压平，再经熏制和干燥而成。成品色白而微黄，可以直接供烹调应用。按成品大小又分为大明翅、中明翅、小明翅。

大翅是加工中只退沙、不出骨的制品。

长翅是加工中仅退沙、出骨的制品。

青翅是加工时仅除去鱼鳍基部附着的肉，即浸洗、干燥而成，不作退沙、出骨等处理的制品。

翅绒是将鱼鳍加热去沙后，用刀自翅根部剖成两片，除去中骨，分离翅筋，再将两片黏合，使成扇形，用硫磺熏制后干燥而成。

净翅又称翅针、须翅、翅条、翅筋。用小杂鳍等经泡发后，去皮去肉去骨，取出净翅筋经熏制、干燥而成。色白或微黄，透明或半透明。按加工形状可分为散翅、排翅、翅饼、月翅、翅砖。

按鱼的种类可分为黄肉翅（尖齿锯鳐的鳍）、群翅（群尾翅，许氏犁头鳐的鳍）、披刀翅（青翅、勾尾翅等，日本翅鲨、阔口真鲨、大青鲨等的鳍）、象耳白翅（三锋锥齿鲨的鳍）、象耳刀翅（平头哈那鲨的鳍）、猛鲨翅（姥鲨的鳍）、花鹿翅（皱唇鲨与豹鲨的胸鳍）等等。

鱼翅干品每100克约含蛋白质达83.5克、钙146毫克、磷1.94毫克、铁15.2毫克。但因缺少色氨酸，属不完全蛋白质。烹制时须注意配以色氨酸含量较多的配料，如肉类及鸡、鸭、虾、蟹、干贝等，达到营养互补的作用。中医认为，鱼翅味甘咸，性平，具有益气、开胃、补虚的功效。鱼翅供食部分主要为软骨鱼类鳍中的软骨，由软骨细胞、纤维和基质构成。有机成分主要有多种蛋白如软骨黏蛋白、胶原和软骨硬蛋白等。

鱼翅以背鳍最好，一般均含有一层肥膘似的肉质体，翅筋层层排列在内，胶质丰富。胸鳍较次，皮薄，翅筋短细，质地柔嫩。腹、臀鳍制者形体更小，质量更次。尾鳍最差。未加工的原翅，以体形硕大，翅板厚实、干燥，表面洁净而略带光润，边缘无卷曲，翅根短净，无蛀口及怪异气味者为上品。加工过的净翅，以外观疵点少、翅筋粗长、色光明亮者为上品。鱼翅的贮藏须防潮、防蛀。咸水翅更易吸湿返潮，尤须注意。收藏前应充分晒干，包装时用防潮纸或用塑料袋，压紧密封，置于阴凉高爽处。霉季或夏天，最好低温冷藏。贮藏中应定期检查，发现受潮或虫蛀要及时处理。受潮者晒干，虫蛀者要在曝晒中敲拍翅身，倒尽蛀虫，然后再包装收藏。

鱼翅在使用前均需用水涨发。鱼翅涨发需视商品加工程度来确定发制方法。大致可以概括为原翅发制与净翅发制两大类。原翅发制的涨发要求为退沙和发至柔软。常用方法为先将鱼翅按体形大小、质地老嫩等分开，以防发制时进度不一。忌用钢、铁器皿，否则翅身易生黑迹黄斑，影响质量。净翅发制因商品加工时已涨发过一次，并已剔骨退沙，发制仅需煮焖。

由于鱼翅无鲜味，所以必须在烹制前或烹制过程中用高汤或鲜美原料如鸡、火腿、干贝、虾蟹、冬笋、香菇等赋味增鲜。常采用烧、扒的方法成菜，也可烩、蒸、炖、煨等，适于多种味型。代表菜式有黄焖鱼翅、红烧大群翅、蟹黄鱼翅、鸡茸鱼翅、蚝油扒鱼翅等。鱼翅软骨含胶原较多，形似筋质，遇热后可膨胀软化，直至成动物胶。因此发制时须掌握好温度与时间，使之达到软硬适度即可，防止糊化。

2. 鱼肚

鱼肚为大黄鱼、鳇鱼、鲟鱼、鮸鱼、鮰鱼、鳗鲡等大中型鱼类的鳔的干制品，富含胶质，故又称为鱼胶，又称玉腴、佩羹、鱼脬、鲛鲨白、鱼白、鱼鳔。鱼肚自古便属于海珍之一。

中国以鱼鳔入馔历史久远，北魏《齐民要术》已有制作鱼肚的记载，唐代鱼肚已列为贡品。唐代《大业拾遗记》载：“吴郡献鮸鱼含肚千头，极精好，味美于石首含肚。然石首含肚年常亦有入献者，而肉强不及。”《酉阳杂俎》云：“细飘，一曰鱼鳔。”宋代江休复的《江邻幾杂志》及陈世崇的《随隐漫录》上也有记载。明代《本草纲目》已记述具体食法：“今人以鳔煮冻作膏，切片以姜醋食之，呼为鱼膏者是也。”至清代，已有进口货。《清稗类钞》载：“鱼肚，以鱼类之鳔制之，产于浙江之宁波及福建沿海。由国外输入者，产于波斯海及印度群岛。为动物胶质，略带黄色。食之者或清炖、或红烧。”《随园食单》：“鱼肚则有二：一名广肚，清浓并宜，法与鱼唇相似；一名鮸肚，小而薄，蒸之即委烂，只能以油炙透，然后煨之。若市肆以油灼肉皮混充者，则袭其面目，如任华之学太白，徒见其妄也。”清末以后，鱼肚应用逐渐增多，制作方法也更精细，民间用做补品。民国《沾化县志》卷一亦云：“鳘，即鳘子鱼，体形似石首鱼而大，其鳔味美，即筵席所用之鱼肚，并可制良胶。”

根据加工的鱼种不同，可分为黄唇肚、毛鲿肚、鮸鱼肚、黄鱼肚、鮰鱼肚、鲟鱼肚等。

黄唇肚以石首科黄唇鱼的鳔加工制成，又称皇鱼肚、黄唇胶。成品呈椭圆形，扁平并带有两根长约20厘米、宽约1厘米的胶条。淡黄色或金黄色，光泽鲜艳，半透明，波纹显著。肚长约26厘米，宽约19厘米，厚约0.8厘米，是鱼肚中品种最好、质量最佳的一种，成品为金黄色，鲜艳有光泽，具有鼓状波纹，稀少而名贵。

毛鲿肚以石首鱼科毛鲿鱼的鳔制成，又称广肚、大肚，产于广东、广西、福建、海南沿海一带。有雌雄之分。雄的形如马鞍，略带淡红色，身厚，涨发性能好，入口味美；雌的则略圆而平展，质较薄，煲后易溶化。

鮸鱼肚以石首鱼科鮸鱼的鳔制成，又称鳘肚、米鱼肚、广肚，有时也称毛鲿肚，但与毛鲿肚并不相同。成品呈椭圆形，片状，凸面略有波纹，凹面较光滑，色淡黄鲜艳而有光泽，半透明。一般长 22 ~ 28 厘米，宽 17 ~ 20 厘米，厚 0.6 ~ 1 厘米。以体形完整、片厚大瓷实并有鼓状波纹的为上品。

黄鱼肚以大黄鱼的鳔制成，又称大黄鱼肚。秋季剖摘加工的称秋水肚，又称冷水肚，质量较好；春夏捕获加工的，称大水肚，又称热水肚，品质略差。一般以色白或淡黄、身干半透明并洁净者为上品。

鲟鳇胶以鲟科的鲟鱼和鳇鱼的鳔和胃加工制成。成品体大质厚，大者重可达 2 千克左右，厚约 1.5 厘米左右，小者重也在 500 克左右。色淡黄或深黄，鳔面有深浅皱纹。

鳗鱼肚以海鳗的鳔加工制成，又称胱肚、门鳝肚。成品呈圆筒形，细长，壁薄中空，两端尖似牛角，淡黄色有光泽。

鮰鱼肚以长江所产的鮰鱼的鳔加工制成。成品大如巴掌，肥大厚实，色白肥嫩，光洁晶莹，只重约 50~100 克。以湖北石首所产者为上品。因其外形颇似长江边之笔架山，鱼肚上又有一“山”形图案，又称笔架鱼肚。

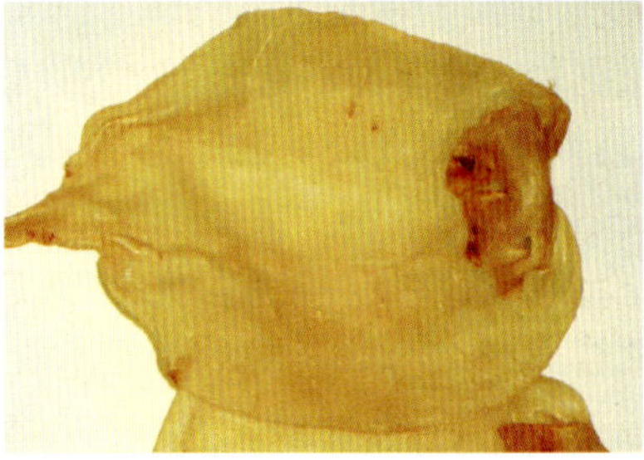

鱼　肚

干鱼肚每 100 克约含水分 14.6 ~ 21.2 克、蛋白质 78.2 ~ 84.4 克，仅含脂肪 0.2 ~ 0.5 克，属高蛋白、低脂肪食品。营养成分主要为高黏性胶体蛋白和黏多糖物质等。中医认为鱼肚味甘，性平，具有补肾益精、滋养筋脉、止血散淤、消肿益肺等功效，可用于治疗因肾虚所致的遗精、滑精、腰膝酸软以及各种出血等症。

鱼肚一般以片大纹直、肉体厚实、色泽明亮、体形完整的为上品；体小肉薄、色泽灰暗、体形不完整的为次品；色泽发黑的，说明已经变质不能食用。

鱼肚的涨发常采用油发、水发或盐发。发好的鱼肚色白、松软、柔糯。烹饪中常采用烧、扒、烩、炖等方法成菜，但烹制时间不必太长。以白扒、白烩为多见。因其自身无显味，单用鱼肚成菜需要用上等鲜汤调制，或将鱼肚用高汤煨制入味后再烹调成菜。如加配料需选具浓郁鲜味的原料，如鸡、鸭或其他禽类、猪肘、干贝、鲍鱼、火腿或鱼肉、蟹肉、虾肉等。常见菜式有红烧鱼肚、奶汤鱼肚、虾仁鱼肚、鸡油扒广肚、蟹肉烧广肚、三鲜广肚、干贝广肚、鸡茸鱼肚、清汤八宝鱼肚、扒海参鱼肚、鸡油扒鱼肚菜心、蚝油鱼肚、虫草鱼肚、蟹黄鱼肚及氽鱼肚卷等。

3. 鱼唇

鱼唇以鲟鱼、鳇鱼、鲨鱼、黄鱼、赤魟或犁头鳐等鱼的唇部软肉（有时带有眼腮）干制而成。此外，广东、香港一带将取自鲨鱼尾部的皮也称为鱼唇。古称鹿头，又称鱼嘴。福建、广东、浙江、山东、辽宁沿海均产，以闽浙所产为多。因其产量少而可口，被列为“海中八珍”之一。

中国唐代已有食用鱼唇的记述。唐人陈藏器所撰《本草拾遗》载：“鲟鱼……鼻上肉作脯，名鹿头，一名鹿肉，补虚下气。”明代李时珍《本草纲目》“鳣鱼”（即鳇鱼）条谓“其脊骨及鼻并鳍与鳃皆脆软可食”。至清代，童岳荐《调鼎集》“鲟鱼、脍冲”条记述：“取鲟鱼冲（上唇曰冲），去净花刺（方可用），配莴苣干，加佐料脍。又，鸡腰、肝脍鲟鱼冲。鮰鱼同。”另“烧鲟鱼”、“鲟鱼冲”等条，均用鲟鱼唇作原料。袁枚《随园食单》:“鱼唇味厚而质清,以鸡汁清煨,方不失其风趣。”清末民初,鱼唇已列为筵席珍馔,常有应用,并有以鱼唇为主菜的鱼唇席。

一般从唇中间劈开分为左右相连的两片,带有两条薄片软骨。以犁头鳐制成的鱼唇为佳品。

鱼　唇

干鱼唇约含蛋白质 61.8 克,主要为胶原蛋白,含脂肪 0.2 克、糖类 5 克,并含多种矿物质和维生素,具有较好的营养价值。

干鱼唇均为淡干品,以体大、有光泽、迎光时透光面积大、洁净而无残污水印者为上品。保存鱼唇须防潮,以免回软引致腐臭变质。天气热时,还要注意防虫。以密封后存于干燥阴凉处为宜。春夏季应检查是否生虫,如已生虫,要翻晒、扑打,将虫驱除后再晒干收藏。一般生虫后即不应再长期贮存,应及时食用。

干鱼唇烹制前须经涨发,可先加水煮至绵软后取出,刮去皮上沙质杂物,清水漂净,再蒸至可掐动时取用。或者先用 70℃热水浸泡 30 分钟,使之涨软,刮去沙层或黑皮,修去黄肉,再入 40℃温水锅中恒温泡 2 小时左右,时间可按鱼唇的厚薄度调节,以柔软可掐动为度。鱼唇本味不显,烹制时需用上汤赋味或与鸡、火腿、干贝等鲜美原料合烹。用水涨发后,可采用烧、扒、蒸、煮、煨、烩等方法制作菜肴、羹汤。代表菜式如红烧鱼唇、白扒鱼唇、肉末鱼唇等。

4. 鱼骨

鱼骨是以鲟鱼、鳇鱼的鳃脑骨或鲨鱼、鳐鱼的鱼软骨加工干制而成的干制品,又称明骨、鱼脑、鱼脆。

中国明代始见食用鱼骨的记述。《本草纲目》“鳣鱼”(即鳇鱼)条记有:“其脊骨及鼻并鳍与鳃皆脆软可食。”《随园食单》:“鱼骨,鲟鳇鱼骨也。故杭俗谓之鲟脆。鲜者吴中有之,干者稍逊。用鸡汁煮烂亦佳,入鸡粥亦可。食甜者以冰糖杏酪煮,亦有风味。”

鱼骨成品为长形或方形,白色或米色,半透明,有光泽,坚硬。由于鱼的种类及原料骨的位置不同,质量有所区别。通常以头骨或颚骨制得的为佳,尤以鲟鱼的鼻骨制成的为名贵鱼骨,称为龙骨。

鱼骨对神经、肝脏以及循环系统有一定滋补作用。从鱼软骨中提取的硫酸软骨素,可用治肝炎、动脉硬化、头痛、神经痛等症。鲨鱼软骨还可提取药用明胶。

鱼骨贮藏时应置容器内盖严,放在干燥、阴凉处,防止受潮。干品鱼骨烹制前须经泡发,一般先用开水泡涨捞出,放入清水内,拣去杂质洗净,再放入清水,加料酒笼蒸发透,换凉水浸泡备用。也有的将干鱼骨洗净用干布擦去表面水分后,拌油直接蒸发。涨发好的鱼骨色洁白,形似凉粉。烹制时多做筵席高档菜应用,宜烧、烩、煮、煨等带汤汁的菜式,或做汤、羹菜,如芙蓉鱼骨、烧鱼骨、清汤鱼骨等。烹制时须用上汤调制,或配以鸡、鸭、猪肘、火腿、干贝等鲜味料。也可配以果料做成甜品菜,如桂花鱼脆等。

5. 干贝

干贝是软体动物门瓣腮纲动物闭壳肌干制品的泛称,又称江珧柱、甲柱、角带子等。闭壳肌附着于左右两贝壳内面,前后各一枚,收缩时可使两壳紧闭,能持续数小时至数日,断续收缩,可控制壳内水的出入,并可借此在水中运动。有些贝类前闭壳肌退化,仅剩后闭壳肌,位于壳内中心,特别肥大。闭壳肌均呈短圆柱形,肌纤维纵向排列,鲜品色白,质地柔脆,干制后收缩,呈淡黄至老黄色,质地坚硬,须经涨发后才可烹制食用。每 15～25 千克鲜闭壳肌约可加工成500克干贝，故其价格昂贵，属高档原料，多用于高档筵席。因其味道特别鲜美，有“海味极品”之誉，被一些地方列为“海八珍”之一。古人曰：“食后三日，犹觉鸡虾乏味。”

江珧柱，始见载于三国吴沈莹所撰之《临海水土异物志》，以后历代均有记述，至明、清尤多。《齐民要术》：“炙车螯：炙如蛎。汁出，去半壳，去屎，三肉一壳。与姜、橘屑，重炙令暖。仰奠四，酢随之。勿太熟，则肕。”江复休《邻幾杂志》：“四明（四明：浙江旧宁波府的别称）海物，江珧柱第一，青虾次之。韩文公（韩愈）谓即马甲柱也。二物无海腥气。”车螯肉柱，据宋代吴曾《能改斋漫录》载：“绍圣三年（1096），始诏福唐（今福建省福清县）与明州（今浙江宁波市），岁贡车螯肉柱五十斤，俗谓之红蜜丁，东坡所传江瑶柱是也。”《本草纲目》：“其壳色紫，璀粲如玉，斑点如花，海人以火炙开，取肉食之。”蛤丁，宋代《吴氏中馈录》上已有“用枇杷核内仁同蛤蜊煮脱丁”的方法。清代周亮工《闽小记》述及“江珧柱……美只双柱。所谓柱，亦如蛤中之有丁。蛤小则字以丁；此巨，因美以柱也，味亦与蛤中丁不小异。蛤之美实亦在丁”。

中国至今称做干贝或江珧柱的产品有多种：

干贝为扇贝科贝类闭壳肌的干制品。中国沿海均产扇贝，已发现30余种。主产品种是栉孔扇贝，又称干贝蛤、海扇、扁贝。它的前闭壳肌已退化，后闭壳肌肥大，取下即为鲜贝，干制后称干贝，又称肉柱、肉芽、海刺，是所有闭壳肌中质量最好、应用最多的品种。

江珧柱为江珧科贝类闭壳肌的干制品。中国沿海均产江珧，已发现9种。属大型贝类，壳呈锐三角楔形，一般长30厘米左右，其肉的干制品称大海红。前闭壳肌很小，后闭壳肌发达，约占体长的1/4，体重的1/5。肌纤维较粗，风味比干贝稍逊。

带子为扇贝科日月贝的闭壳肌。日月贝因壳表一面呈玫瑰色、一面呈淡黄白色而得名，又称日月螺、带子螺、飞螺。中国多产于南海，尤以北部湾为多。主产种为长肋日月贝。捕后一般摘去内脏团，将剩下的外套膜与闭壳肌几个一同编在一起成辫状，干制后因如带状故称带子；或仅取闭壳肌鲜食、干制，沿用带子名称。干制品如中国5分硬币的大小，较厚，色黄而油亮。烹制前涨发应用，现多以鲜品供食，味亦美，近似鲜干贝。

海蚌柱为蛤蜊科西施舌的闭壳肌。西施舌在福建称海蚌、闽江蚌，以乐清县樟港一带所产最为知名。近年以其鲜闭壳肌用于筵席，风味与鲜干贝相近。

面蛤扣为海菊蛤科面蛤的闭壳肌。面蛤又称棘蚝、红螺。其闭壳肌又称红带子，个体很发达，口感少纤维而有粉糯感，可干制也可鲜用，风味一般。

车螯肉柱为帘蛤科大帘蛤或文蛤的闭壳肌。大帘蛤又称蜃、昌娥、紫贝、车螯；文蛤又称花蛤、黄蛤、海蛤、青螯、车蛤。二者的闭壳肌

栉孔扇贝

日月贝

西施舌

文　蛤

栉江珧

古称红蜜丁。今沿海民间或见食用,风味鲜美。

珠柱肉为珍珠贝科珠母贝或合浦珠母贝的闭壳肌。个体较小,今仅产珠地民间散见食用,市上无售。

蛤丁为帘蛤科杂色蛤仔、菲律宾蛤仔,或蛤蜊科四角蛤蜊的闭壳肌。

干品干贝和带子每100克含蛋白质63.7克、脂肪3克、碳水化合物15克、磷886毫克;干海蚌筋每100克含蛋白质57克、脂肪1.8克、碳水化合物25克、磷604毫克。近年来医学界还发现鲜干贝中含有一种糖蛋白,具很强的抗癌作用。中医认为江珧柱味甘咸性平,可滋阴、补肾、调中、下气、利五脏,适宜脾胃虚弱、气血不足、营养不良或久病体虚、五脏亏损之人食用;适宜脾肾阳虚的老年夜尿频多者食用;适宜高脂血症、动脉硬化、冠心病者食用;适宜不思纳谷、食欲不振、消化不良者食用;适宜各种痛症患者及放疗化疗后食用;适宜糖尿病、红斑性狼疮、干燥综合征等阴虚体质者食用。

干贝以色泽淡黄有光泽、身干、颗粒完整、大小均匀、肉质细嫩、坚实饱满、无碎片者为佳;色泽老黄、粒小或残缺者次之;颜色深暗或黄黑、肉质老韧者品质更次;如果表面有点点白霜,表示干贝发霉或咸的成分过高。通常干贝的颗粒越大风味越好。以干贝为例,干品须先经涨发:先以少量清水加黄酒、姜、葱隔水蒸1~2小时,至一捏能断即可。然后将干贝体侧的硬柱挤去,或将干贝撕开抽去,用原汤泡起来待用。因其味鲜,经常用做赋鲜剂。如鱼翅、鱼皮、鱼肚、鹿筋等本身味淡的珍贵原料,以及许多白烧、白烩、清蒸等菜品,常用干贝赋鲜、增鲜,或者直接配用,或者用以吊汤应用。

鲜贝多作主料应用,可与多种原料配合,适应多种烹调方法和多种口味,如油爆、盐爆、清蒸、白烩乃至炒、熘、氽、烧、扒、拌、烤、炸等均可,又可制成贴或糟、醉菜式。口味原重清鲜,20世纪末已向浓口重味延伸,出现麻辣、酸甜、酱汁、咖喱等风味,并创制出串烤鲜贝、炸鲜贝串、鲜贝铁板烧、鲜贝原鲍等菜肴。

6. 虾米

虾米,又称虾肉、虾仁,用海产及淡水产鲜虾经干制后去头、去壳而成。海虾制者概称海米,又称开洋、金钩、虾尾、扁尾;淡水虾制者概称湖米。虾米加工一般在春、秋两季。一般须经选洗、煮制、晒干、去头脱壳等过程。中国沿海及内陆淡水湖区均产,东南亚和北美沿海亦有所出,品种与质量均不及中国。

中国早在明代已有食用虾米的记载。李时珍《本草纲目》谓:“凡虾之大者蒸曝去壳,谓之虾米,食之姜、醋,馔品所珍。”清代袁枚《随园食单》云:“虾米用处极多,冲汤、炒菜均宜,以性淡者为上。其极者曰开阳,则海虾为之。”民间将之列为“海八珍”之一。

海虾米沿海各地名特产甚多,且各有特色。市场常见海米有大、中、小之别,一般体长2.5厘米以上者为大海米,体长2~2.5厘米者为中海米,2厘米以下者为小海米。按其形状和特征,又有金钩米、白米、钱子米之别。金钩米有红、黄两种,一般尾细,略有干壳,前部圆粗,色鲜艳,体弯如钩,肉坚味鲜淡,为海米中之佳品;白米为常见的米色海米,产量多,质较次;钱子米因体形如铜钱而得名,为对虾之幼虾制成,近年因保护对虾资源,此种产品已甚少见。

虾 米

虾米(海米)每100克食部约含蛋白质43.7克、脂肪2.6克、磷666毫克、钙555毫克、铁11毫克、硫胺素0.01毫克、核黄素0.12毫克、尼克酸5毫克。中医认为虾米味甘性平,有补肾益阳、通乳腺、下乳汁的功效。

虾米的体形为前端粗圆、后端尖细的弯钩形，以大小均匀、体形完整、丰满坚硬、光洁无壳和附肢、盐度轻、干度足、鲜艳有光泽者为佳。虾米味道鲜美，具有很强的增鲜味作用，用开水浸泡至软即可入菜。适合炖、煮、烩、拌、炒等烹调方法，多用做菜肴的配料，也可作馅料以及火锅的增鲜原料。烹调应用以开水浸泡至软即可。可用于拌、渍类或炒、爆类菜式，如虾米炒鸡蛋、虾米拌黄瓜等。最宜用于汤水较宽的烧、烩菜式，或长时间加热的炖、熬菜式，利用其呈鲜物质稀释于汤中，以增风味。尤其适用于自身无显味的主料，如蹄筋、海参、鱼翅、白菜、冬瓜、豆腐、菜花之类。如开洋冬瓜汤、金钩熬白菜、海米蹄筋、虾米海参等菜品。此外还可用于火锅或作馅料，又可用于制作虾米辣酱。

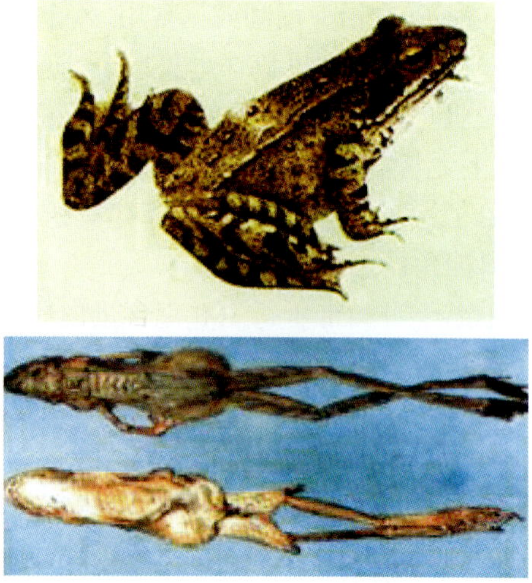

林　蛙

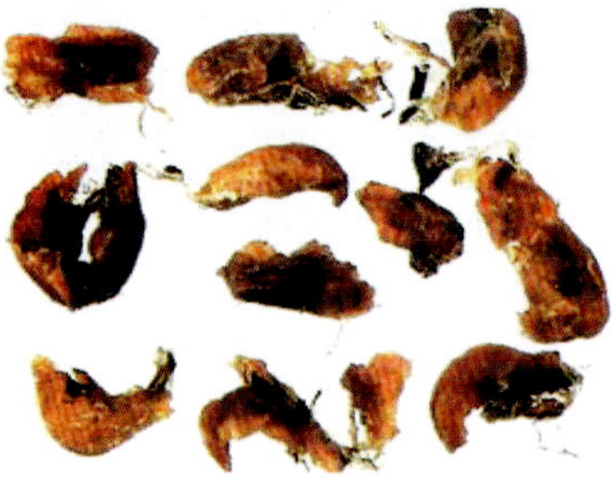

蛤士蟆油

7. 蛤士蟆

蛤士蟆属于两栖纲无尾目蛙科蛙属林栖蛙类，又称雪蛤、蛤蟆、金鸡蛤蟆。蛤士蟆肉质细嫩，味道鲜香，属上等原料，与熊掌、猴头蘑、飞龙并称东北"四大山珍"。蛤士蟆油为雌性中国林蛙或黑龙江林蛙的卵巢与输卵管外所附的脂肪，又称田鸡油、蛤蟆油、雪蛤膏。蛤士蟆主产于东北、华北、西北、西南，湖北、江苏等地亦产，以吉林长白山区所产为佳。每年秋冬季捕捉，此时蛙体肥重，蛤士蟆油质量也好。

据清代杨同桂《沈故》一书中《蛤什蚂》条载："蛤什蚂形似田鸡，腹有油如粉条，有子如鲜蟹黄，取以作羹，味极肥美。……满洲人用以祀祖，取其洁也。"

蛤士蟆形同青蛙，一般体长约6～7厘米。其中的中国林蛙生活时体色变异大，背面棕红、棕褐或灰棕色，散布黄色及红色斑点，四肢背面有棕黑色横纹4～5条，鼓膜处有一黑色三角斑。雌蛙腹面一般为棕红色，散有深色斑点；雄蛙腹面乳白色。生活于阴湿山坡树丛中，冬季多群居于河水深处石块下冬眠。蛤士蟆油多为干品，呈不规则块状，约长1～1.8厘米，宽1厘米，厚0.5厘米左右，黄白色，有脂肪样光泽，偶有灰色或白色薄膜状皮，手感滑腻，以块大，肥厚，不带血、膜及杂质者为佳品。

干蛤士蟆含蛋白质43.2%，脂肪1.4%，碳水化合物36.4%，以及蛙醇、三磷酸腺甙等。中医认为其味甘咸、性平，具有补肾益精、润肺养阴等作用，对产后、病后虚弱，身体消瘦及神经衰弱有康复功效。据《中华人民共和国药典》2000年版一部记载：蛤蟆油"补肾益精、养阴润肺、健脑益智、平肝养胃，用于阴虚体弱、神疲乏力、心悸失眠、盗汗不止、痨嗽咯血等症。蛙油具有抗衰驻颜的神奇功效，对人体增高、降血脂、稳血压、抗感冒、嫩肌肤、增强免疫力也有一定效果。另外，如果有冻疮、脚气、水火烫伤，外敷蛙油也有治疗作用。

鲜品可直接入烹，干品须先泡发。选料多用其后腿，最宜用烧、炸方法成菜，也可用熘、烩等烹调法成菜，还可做汤。名菜有烧海米蛤士蟆、芙蓉蛤士蟆、什锦蛤士蟆等。干蛤士蟆油用前须经泡发。泡发后体积可增大10～15倍。烹制时宜用汆、煨、烩、熬、蒸、炖等法，火力不宜太强。调味可甜可咸。甜品菜如冰糖田鸡油等，可配莲子、百合、银耳、西米等，调以玫瑰、桂花等芳香料成菜，如鸡茸蛤士蟆油、清汤蛤士蟆油等，因其自身无显味，须用上汤，或配以上等鲜味原料。因其易吸潮，小量贮存须密封置于干燥处，最好置入干燥剂，以防返潮变质。

（谢定源）

七、调辅原料

（一）香辛料

1. 辣椒

辣椒又称番椒、海椒、辣茄。它是烹饪中常用辣味调料中最重要的一种。辣椒在我国各地均有生产，以四川、湖南、湖北等地产量最多。

辣椒原产于美洲，哥伦布发现新大陆时把它带到欧洲。1493年，辣椒传入西班牙。明代后期，辣椒才传入我国。辣椒最早见于明代高濂的《遵生八笺》的记载，被称为“番椒”，时间是1591年。此时辣椒已作为一种观赏花卉被中国人引进栽培。清康熙初出版的园艺书《花镜》里谈到了干辣椒可以被研磨成粉末以代替胡椒。1742年（乾隆七年）刊行的农书《授时通考》的蔬菜部分把辣椒收录进去了。

辣椒的品种很多，而且各地方的品种各有其特点。辣椒的辣味，首先与品种有关，如湖南生产的朝天椒、四川的海椒都是辣味极强的品种，而常用的柿子椒却是辣味最淡的品种。其次是用量及用法，用量愈多味就愈辣，加热的时间越长，菜肴的辣味越重。此外，辣椒中的辣味物质较易溶于水，在30℃～40℃的温水中浸泡，辣椒素和二氢辣椒素将会有部分溶入水中，浸泡的时间愈长，辣味物质溶于水的量愈多。故实践中也可利用辣味物质水溶性的特点减少辣椒的辣味，适当浸泡，使辣味明显减弱，却仍能保持辣椒的风味。辣椒除了直接用于烹饪调味外，还有许多以辣椒为主要原料加工成的辣味调味品，同样具有辣味，并且常伴有其他风味，使用方便，能丰富菜肴的风味。

在烹饪中常以辣椒为主料的调味料有以下几种。

干辣椒。用鲜红辣椒晾晒而成。四川、江西、湖南、湖北、贵州等地使用较多。河北、安徽等地也使用干辣椒调味。如河北特产辣椒干，尤以邯郸及鸡泽县等地所产为佳。鸡泽的辣椒干，色泽红艳，个大肉厚，为烹饪调味和佐餐佳品。邯郸椒干，色泽鲜红，皮薄味辣。安徽特产安徽椒干，是传统出口产品，椒干有大椒、小椒两种，尤以大椒为佳。大椒个大、色红、皮薄、肉厚，辣味足。用干辣椒作调料，如宫保鸡丁、炝辣青笋、水煮牛肉等，具有强烈辣味，又有增香、增色等作用。干辣椒一般以色紫红鲜艳、油润有光泽、果大完整、皮薄肉厚、身干籽少、辣香浓郁、无霉烂虫蛀为佳者。

辣　椒

辣椒面又称辣椒粉、海椒面。它是将老熟了的尖头辣椒经日晒或烘烤成为干辣椒制品以后，再配以少量桂皮（不超过1%）混合磨制成粉末状而成的辣味调料。辣椒面以色泽红艳、质地细腻并具有油性者为佳品。辣椒面在

芥末面含蛋白质 23.6%、脂肪 29.9%、碳水化合物 28.1%、灰分 4.0%，以及多种维生素和矿物质。其风味物质主要成分是芥子苷。白芥子中含有 2.5%～5.0%，其强烈刺鼻辛辣味就来源于白芥子苷和白芥子苷酶在有水的条件下发生酶解生成的二硫化白芥子苷、烯丙基异硫氰酸、酸性硫酸芥子碱等。黑芥子含有 0.25%～1.25%的精油，主要成分为黑芥子苷，是黑芥子的主要呈味物质。芥末面性味辛、温，有利通五脏、开胃、发汗、化痰、利气等作用。

在烹饪中使用芥末时往往须经必要的前期加工，制成香辣可口的芥末糊后才能用于调味。芥末面发酵时，先将芥末面用温开水和醋调拌（比例约为 100∶75∶5），再加入植物油和糖拌匀。糖、醋可起到去除苦味的作用，植物油可起到使芥末糊色泽光润的作用。然后，静置十几分钟，使味与味之间相互渗透，以便使苦味消除，产生一种适口刺鼻通窍的辛辣味。此外，也可在热锅里稍微蒸一下，同样会使芥末面发酵产生辛辣味。芥末糊香辣、味冲，在烹调中常用于凉拌菜或一些面食、小吃，是北方饮食常用的调味料，尤其是夏季，是常备调料之一。芥末面含油多，保管时注意防潮。最好在玻璃瓶内存放，才能保证质量。如果保管不善，受到潮湿，不仅容易跑油，而且会产生哈喇味和苦味，严重时不能食用。

4. 辣根

辣根属蓼科蓼属一年生宿根草本植物辣蓼的根。别名马萝卜、山嵛菜，日本称之为山葵。

辣根多为野生，分布于全国各地。近年才开始栽培，种植主要集中在南方。用辣根生产的绿芥末成为生吃海鲜的最佳伴侣，更是食用日式生鱼片时所不可缺少的，辣根也因此身价倍增。辣根还可用于肉制品的调香除异味，在凉拌菜、焙烤食品、方便食品中也有应用。

辣根供食用的肉质根呈圆柱形，似甘薯，外皮较厚，全部入土，长 30～50 厘米，横径 5 厘米左右，根皮为浅黄色，肉呈白色，有很多侧根。每年冬天，地上的部分全部枯死，第二年春天又萌芽长叶，开小白花。辣根喜欢长在近水旁的湿润处，鲜品含水量很高。

辣　根

鲜辣根含水量为 75%，还含有丰富的淀粉、蛋白质、脂肪、维生素和微量元素。辣根有强烈的催泪性辛辣味，含挥发性油，主要风味物质为烯丙基芥子油、异芥苷等。辣根味道辛辣通窍，具有很强的刺激性，使人“爱不释口”。

辣根也是制作辣酱油、咖喱粉和鲜酱油的原料之一，还是制作食品罐头不可缺少的一种香辛料，具有增香防腐作用。炼制后的辣根制品味道更浓，加醋后还可保持辛辣味。辣根还具有一定的药用功效，具有利尿、降压、通窍、兴奋神经的功能。辣根中含有一定量的黄酮，具有一定的抗氧化作用。

5. 花椒

花椒又称山椒、秦椒、巴椒、川椒，是芸香科植物花椒树的果实。我国大部分地区都出产花椒，四川、陕西、河南、河北、山西和云南等省皆有产，尤以四川省产的最佳。花椒具有特殊而强烈的芳香味，味辛麻而持久。它不仅是调味佳品，而且是功效较高的药品。

中国人对花椒的利用历史悠久，已有 2000 多年的种植与使用历史。花椒最早是作为香料使用的，据史学家考证，花椒作为调味使用大约始于南北朝，在这之前的历史文献中，未见有花椒直接入味的记载。后魏贾思勰的《齐民要术》里关于花椒脯腊的记载，是花椒进入调味角色的先河。到唐宋以后，才有花椒作味烹菜的详细文字记载。如宋代林洪的《山家清洪》、元代忽思慧的《饮膳正要》、明代刘基的《多能鄙事》、清代袁枚的《随园食单》等较为多见。但将花椒作为一种独立的基本味，则是清代以后的事。这种突出花椒基本味的方法，被美食家们公认始于巴蜀。因为四川口味(包括陕南在内)的组成，主要有“麻、辣、咸、甜、酸、苦、香”七种，其中“麻”指的就是花椒。自从清末《成都通览》中有椒麻鸡片这道菜名后，麻便成为一种基本味了，并且列入群味之首。

川椒肉厚皮皱，比秦椒略小，又有青椒、麻椒之分，特别是麻椒，麻香强烈，不仅本身特征明显，而且川菜也因其饱含地域风味而名扬天下。花椒的调味作用常因品种而有差异。花椒一般于立秋前后成熟，其品种分大椒和小椒两种。大椒称“大红袍”、“狮子头”，粒大、色红，内皮呈淡黄色，气味香，麻味重。小椒称“小红袍”、“小黄金”，粒小、色红，味较香，味麻，但次于大椒。

花椒含蛋白质 6.7%、脂肪 8.9%、碳水化合物 31.8%，并且含有胡萝卜素、硫胺素、核黄素、尼克酸、维生素 E 以及多种矿物质。花椒是常见调味料中唯一的麻辣味品种，醇麻可口，是一种极佳的调味料。与此同时，花椒的麻辣成分也是一种制药原料，具有麻醉、兴奋、抑菌、祛风除湿、杀虫和镇痛等功效，是一种传统的中药材。花椒的麻味成分主要是一些酰胺类成分，如山椒素、山椒醇等以及菌芋碱、青椒碱等，都是一些水溶性化学物质，富含于花椒的果皮中。花椒中的风味物质主要有效成分是花椒精油，含量一般为 2% ~ 9%。

花 椒

其精油中的主要成分是花椒油素（也称山椒素)、花椒烯、茴香醚等。川椒中主要挥发油为爱草脑。花椒在烹饪中具有增香、除腥去异味的作用。花椒的香味主要来自于花椒油香烃、水芹香烃、香叶醇等挥发性油。其性味辛、温，有毒，具有温中散寒、除湿止呕、杀虫止痛的功效。

花椒不但能独立调味，同时常与其他调味料和香料按一定比例配合使用，从而调和出多种味型。花椒以生花椒粒或花椒粉作调料时，主要取其麻味。因此常直接用于冷菜中，在热菜中一般于装盘后洒上即可。花椒经加热或炒熟后作调料时，主要取其芳香味，广泛用于各种风味汁中，如花椒油、花椒盐等，香味四溢，催人食欲。花椒的品质以果实干燥、粒大而均匀、外皮色大红或淡红、椒果裂口、果内不含籽粒、香味浓、麻味足、无杂质、无腐烂者为佳品。花椒保管时，应注意防潮，一旦受潮会生白膜，味变淡，故一般于玻璃瓶或瓷瓶中密封保存，以保持花椒香味不受影响。花椒适宜炒、炝、烧、烩、蒸等多种烹调方法，还可用以腌制各种风味食品。

6. 茱萸

茱萸属芸香料常绿带香植物，别名红刺葱，俗称越椒、艾子等。

按照我国民俗，重阳节这一天，人们都要用红色香囊装茱萸登高，以求消病灭灾。东晋葛洪在《西京杂记》中说：“九月九日佩茱萸，食蓬饵，饮菊花酒，令人长寿。”在中国古代，辛辣的调料众多，除花椒外，还有姜、茱萸、扶留藤、桂、芥辣等，在明代以前，花椒、姜、茱萸三者使用最多，被称为中国民间三大辛辣调料，即为“三香”。

茱萸有吴茱萸和山茱萸之分，这两种都是我国著名的中药材。

吴茱萸是成熟的果实，又名吴萸、茶辣，吴辣等，气芳香浓郁，味辛辣而苦，主产于长江以南地区。

茱　萸

山茱萸的果肉称“萸肉”，俗名“药枣皮”，为传统名贵中药材。山茱萸为落叶乔木，清明时节开黄色花，秋分至寒露时成熟，核果椭圆形，红色。果经沸水浸煮，捏出果核，晒(烘)干而成。

吴茱萸果实能温中、止痛、理气、燥湿，治疗呕逆吞酸、腹痛吐泻、口疮齿痛、湿疹溃疡等。其枝叶能除泻痢、杀害虫，其根也可入药。祖国医学中以吴茱萸为主药的成方很多，如唐代孙思邈《千金翼方》中用它治头风，元代朱震亨《丹溪心法》用它治肝火等。

山茱萸是一种扶助正气的中药，含有丰富的矿物元素、氨基酸、多种糖、有机酸、维生素等营养成分和药用成分，其食用、药用历史在1500年以上，具有很高的营养价值和药用价值，可补肝肾、益精气、固虚脱，常用来治疗腰膝酸痛、眩晕耳鸣、阳痿遗精、小便频数、虚汗不止等症。现在常用的六味地黄丸就是以它为主药的，另有金匮肾气丸、知柏地黄丸、杞菊地黄丸、八仙长寿丸等，均是以山茱萸为主药的良方。民间也有用鲜萸肉以糖、蜜、酒浸汁作健身饮料的习俗。

7. 肉桂

肉桂属樟科的常绿乔木植物，别名玉桂、木桂、桂树、安桂、连桂等，外表呈灰褐色，有小裂纹，茎干内皮为红棕色，具有肉桂特有的芳香和辛辣味。野生的肉桂树高达10米以上，整个树皮厚约1.3厘米。一般生长5~10年后才可剥皮，好的肉桂一般采自30~40年树龄的老树，以7~8月份产的树皮质量最好，晒干后即成。肉桂树的嫩枝晒干后称为桂枝。晒干的未成熟果实称为桂子，大多用做药材。

肉桂是人类最早发现并应用的香料之一。肉桂原产于斯里兰卡和印度南部一带，是古代宗教礼仪及保存木乃伊必备的香料之一。我国肉桂主要产于广东、广西、海南、云南等省，越南、印度尼西亚等国也有出产。肉桂具有强烈刺激性肉桂醛香气，入口先甜后辣、味苦，自古被视为爱情与思念的象征，更是进贡王公贵族的最佳赠礼。在15~16世纪的航海时代，肉桂也是探险家远渡重洋寻找的香料之一。1636年，荷兰商人先在斯里兰卡掠取加工肉桂并垄断了肉桂市场，为了维护高额利润，不惜将生产过量的肉桂烧毁。

肉桂选用新鲜优质的树皮，将其剥下，去除外层的软木质，经干燥3~4天制成，靠近树干中心剥出制得的肉桂为上等品。树皮加工方法不同决定其产品不同。加工成板状者称为板桂；加工成长条圆筒状者称为广条桂；剥取10年以上的树皮，将两边削成斜面，夹在木制的凹凸板中晒干，称为企边桂；剥取5~6年的幼树皮和枝皮，卷成筒状晒1~2天后阴干，称为油筒桂。肉桂以不破碎、外皮细而肉厚、断面呈紫红色、油性大、香气浓郁、味甜微辣者为佳。肉桂在我国种植的品种有3种：即白茅肉桂(黑油桂)、红茅肉桂(黄油桂)和沙皮桂。

肉　桂

肉桂以白茅肉桂品质最好，含油量最高。肉桂含蛋白、脂肪，以及硫胺素、核黄素、维生素E和各种矿物质。肉桂的主要风味成分是肉桂醛，约占精油的85%，其次还有乙酸肉桂酯、肉桂酸、水杨醛、丁香酚等。

肉桂在烹饪中起到增味、增香、去除食物

腥膻的作用，广泛用于食品调味，是制作五香粉、咖喱粉的必备原料，也是肉类原料烹制时常用的增香去腥香料。

8. 桂皮

桂皮是樟科樟属常绿乔木天竺桂、阴香、细叶香桂、柴桂和浙樟等树的皮。树皮薄而粗糙，色深味甜，香气较肉桂淡。主要产于广东、广西、福建、四川、浙江、安徽和湖北等地，尤以广西所产的桂皮质量最好。

桂皮是最早被人类使用的香料之一。在公元前 2800 年的史料记载中就曾提到桂皮，在西方的《圣经》和古埃及文献中也曾提及。秦代以前，桂皮在我国就已作为肉类的调味品与生姜齐名了。

桂树分玉桂和菌桂两种。玉桂多作药用，菌桂皮多作调味之用。菌桂皮，又称官桂皮、紫桂皮，其形状各异，品种较多。一般有呈半槽形、圆筒形、板片状等。外表面灰棕色或黑棕色，有细皱纹及小裂纹，内表面呈暗红棕色，颗粒状，质硬而脆。断面外层灰褐色，内层紫红色或棕红色。

桂皮油性大，香味浓烈。尝之味辛辣、回味略甜。其香味主要来自于挥发性的桂皮油，含量约为 1%～2%，香味纯正。其桂皮油的主要成分为桂皮醛，约占挥发油总量的 65%～75%。其他如丁香酚、蒎烯等成分也能挥发出一定的香味。桂皮性味辛、温，有温脾和胃、祛风散寒、活血利脉的功效，还可增加胃液分泌，有助于食物的消化吸收。

桂皮是烹饪中广泛用于烧、卤等菜肴的香料，对原料具有去腥增香的作用，也常与八角、丁香、葱、姜、蒜等香料配合使用，使菜肴更具香味；也可用做荤食原料的腌制，具有独特的风味。桂皮还是制作五香粉不可缺少的原料。在使用中应注意的是，桂皮的用量一般以少量为佳，因其味浓色深，用量过多，会影响菜肴汤汁，使之变黑。桂皮的质量以外皮灰褐色、内皮红黄色、皮肉厚、香味浓、无虫、无霉、无白色斑点者为佳。其贮存应注意干燥密封，常存放于干燥阴凉处，以保证桂皮的香味。

桂　皮

9. 八角

八角是木兰科木本植物八角茴香的果实经干燥后所得，别名大料、大茴香、八月珠。

八角茴香原产于我国广西西南部，现主要产于广东、广西和贵州等地区。目前在西欧、西班牙、俄罗斯、日本等地也有种植。八角香油是我国传统的重要出口产品之一，早在 1897 年中国就将八角茴香油出口到法国和意大利等国。八角在烹饪中使用较广，是一种人们喜爱的传统调味香料。

八角果实外形呈六角形、八角形，颜色紫褐色至浅褐色，味道微辣并带有甜味，具有强烈的芳香气味。八角的质量以色紫褐、朵大饱满、完整不破、身干味香、无硕梗者为佳品。

八　角

八角的香味主要成分为大茴香脑、大茴香醛、水芹烯、黄樟油素等香味物质，其中大茴香脑含量最高，占挥发油总量的 80%～90%，是香味的主要来源。八角性味辛、甘、温，具有温阳散寒、理气止痛的功效。

八角在烹饪中广泛用于炖、烧、焖等法制作荤食类菜肴，具有去腥膻、增香、调味的作砂仁果长卵形，紫红色，干后褐色。种子多角形，黑褐色。将砂仁的果实收获后，用火焙干或晒干，取其种仁，即为“砂仁”。砂仁以个大、坚实饱满、气味浓郁者为上品。另外，姜科的山姜制成的砂仁被称为“土砂仁”、“福建土砂仁”、“建砂仁”，果实椭圆形，直径约 1.5 厘米，被短柔毛，熟时红色，香气和辣味较淡，产于福建、浙江、广东、广西和台湾等地。

砂　仁

砂仁每 100 克含蛋白质 8.1 克、灰分 8.1 克、视黄醇 30.33 毫克、硫胺素 0.02 毫克、核黄素 0.11 毫克、尼克酸 2.6 毫克、维生素 C 0.24 毫克以及多种矿物质等。砂仁的风味物质为龙脑、龙脑酯、伽罗木醇、橙花三烯醇等，有特殊的香气，并有浓烈的辛辣味。砂仁尝之涩口，闻之有香味。作为药用，其性味辛、温，有健脾、行气等功效，对食欲不振、积食、呕泻有一定疗效。作为调料，主要用于肉食加工，如卤鸡、烧鸡、烧鸭、熏肉的制作调味，有时也作为腌制榨菜、话梅、糕点的调料。用于火锅和卤菜中则用量不可过多，以 3 克以内为宜。用砂仁粗粉浸制的白酒，称为“缩砂酒”。

15. 百里香

百里香为唇形科多年生草本植物的茎叶。别名五肋百里香、麝香草等，俗称山胡椒。

百里香原产于地中海西部。人类很早就懂得在厨房里使用百里香。公元前 3000 多年，两河流域的人就开始使用百里香，古埃及人还用做防腐剂，古希腊人用它烹饪菜肴。医学之父希波克拉底的 400 多种草药单中，百里香就是其中的一味，他建议人们餐后饮用它，说具有帮助消化的作用。

百里香的叶为对生，呈椭圆状披针形，两面无毛。叶长 2～5 厘米，可见油腺，小坚果为椭圆形，开蓝紫色或白色小花，常生长于向阳山坡或林区阳坡的灌木丛中。夏季枝叶茂盛时采收，将茎直接干燥后加工成粉状，用水蒸气蒸馏可得 1%～2%精练油。干草为绿褐色，有独特的叶臭和麻舌样口味，带甜味，芳香强烈。

百里香

百里香具有浓郁的香味，精油在茎梢和叶中占 0.5%～3%，主要成分为百里香酚、香荆芥酚、芳樟醇、龙脑、麝香草酚、桉油醇、香叶醇等。

百里香在烹饪中可用于烧烤牛肉、鱼类等，使食物香气四溢；加入鸡肉和水果拼盘，使食物更加香美；炖肉和煮汤时，有助于去除油腻感；在西餐中做米饭时，撒上少许百里香粉，米饭更加芳香可口；烹制羊肉时，有较强的去腥膻味的作用；其叶还可作茶饮用。

16. 山奈

山奈为姜科多年生宿根草本植物山奈的根状茎加工而成。又称三奈、沙姜、香柰子、山辣。山奈原产于热带地区，我国的广东、广西、云南、台湾等地有野生或栽培。

山奈，单生或簇生，淡绿色，芳香。地下有块状的根状茎，叶数片，无柄或有柄，平展生长，圆形或椭圆形，质薄，全缘。根茎皆如生姜，有樟木香气。切断泡干，皮为赤黄色，肉为白色。秋季由叶鞘内抽生穗状花序，有 4～12 朵花，花白色，芳香。每年的 11 月，待苗枯后，挖出其根茎，洗去表面泥沙，削掉须根，切成片，姜黄具有辛辣和类似胡椒的芳香，在调味品加工中作增香剂，用于肉制品、腌制品、休闲食品、方便食品、罐头和其他食品之中。姜黄也是天然食品着色剂，可以用于各种食品的调色，是配制咖喱粉的主要原料之一，约含25%。

21. 罗勒

罗勒为唇形科一年生草本植物，又称兰香、香菜、丁香罗勒、紫苏薄荷、千层塔、香花子、香佩兰、鸭头、雀头草等。在我国各地均有栽培。

罗勒具有辛辣味，并有甜味，气味浓香，有清凉感。

罗　勒

罗勒含有丰富的蛋白质、脂肪、纤维素以及矿物质。罗勒性辛温、微毒，具有疏风行气、化湿消食、活血、解毒等功效。

在烹饪中用于调香、调味，取其芳香味和清凉的味道，而且能除膻气、腥味。罗勒在西餐调味中被广泛使用。

22. 紫苏

紫苏为唇形科紫苏属一年生草本植物紫苏的干燥叶，又称水苏、鱼苏、山鱼苏、赤苏、红苏、红紫苏、皱紫苏等。我国各地均有紫苏种植，主要分布于江苏、湖北、四川、广东、河北等省，南方野生紫苏较多。

紫苏具有较多分支，紫色或紫绿色的茎呈圆角四棱形，长有紫色或白色的长柔毛。叶子为边缘带有圆齿的卵圆形或宽卵形，对生，有长柄，通常下面为紫色，上面为绿紫色，两面均生有柔软的细毛。紫苏取叶晒干即成香料。以叶大、色紫、香味浓郁、无梗者为上品。

紫　苏

紫苏全草含有丰富挥发油约0.5%，其中含紫苏醛约55%、左旋柠檬烯20%~30%及少量α-蒎烯、紫苏酮等，并且含有丰富的维生素和矿物质。紫苏具有解饥发表、散风寒、行气宽中、消痰利肺、定喘安胎、解鱼蟹毒等功效。

紫苏具有特殊的清鲜草样的香气，紫苏叶可煮汤、炖肉，是调味佳品。目前流行的日本料理，其生海鲜食品的调味、解毒和装饰等常用新鲜紫苏。

23. 桂花

桂花是木樨科植物木樨树的花朵，具有清新的芳香味。桂花多产于江苏和浙江等省，其品种可分为金桂、银桂、丹桂、四季桂等，而以前三种桂花香气浓郁，质量较好。每年秋季桂花盛开，应采集含苞欲放的花朵，花香最浓。

桂　花

采集到的桂花，先用盐腌制成咸桂花，然后将腌桂花漂洗以后，放入高浓度的糖汁中，过几天便可制成糖桂花。糖桂花以色泽黄亮、香气芬芳、味甜滋润、水分少、无杂质、无异味者为佳。

糖桂花的香气主要来自于丁香酚、芳樟酚等香味物质。

桂花在烹饪中多用于点心馅及热菜、甜菜和糕点的调味，味甜而香浓，别有风味。

24. 玫瑰

玫瑰是蔷薇科植物玫瑰的花蕾或初开放的花，又称赤蔷薇、刺玫花。主要产于江苏苏州等地。

食用的玫瑰原料是用玫瑰花加糖制成的，味甜，作用和桂花相同，也可酿酒、制酱等。

玫 瑰

新鲜玫瑰花中含挥发油（玫瑰油）约0.3%，油中主要成分为香茅醇（达60%）、香叶醇、丁香酚、橙花醇等，还含有槲皮素、胡萝卜素等。玫瑰花性味甘、苦、温。有舒肝理气、活血散淤的功效。

25. 月桂叶

月桂叶是樟科月桂树和天竺桂的干叶片，又称香叶。月桂树主要产于地中海沿岸及南欧诸国，是西餐烹饪中常用的香味调料。天竺桂产于我国广东、浙江、四川、广西、云南、台湾等地，其叶和皮皆可用做调料，但香气较淡。其叶为长椭圆形或椭圆形，长10~13厘米，宽3~5厘米，先端钝，表面深绿有光泽，背面色稍淡。

月桂叶

月桂叶互生，叶面平滑有光泽，呈长椭圆形，边缘波状，顶端尖锐。干叶呈浅黄褐色，香味较重。月桂叶每两年采集一次，晒干即成。

月桂叶的气味芳香诱人，具有桂皮和芳樟的混合香气。月桂叶中的挥发油主要成分为桉叶素、月桂素、丁香酚、芳樟醇、倍半萜烯等。其挥发油的含量约为1%~3%，故香味较浓。

在烹饪中月桂叶用量一般较少，在西餐中用途很广，一般荤食烹制都需加入月桂叶，也可用于汤、羹、番茄及各种泡菜中调味。中餐烹调中，月桂叶一般用于焖、烩、烤等肉类菜肴，也可用于肉类原料的腌制，具有去腥除膻、增加香味、调和滋味等调味作用。

26. 陈皮

陈皮又称橘子皮，为芸香科植物常绿乔木福橘、朱橘、蜜橘等多种橘柑的果皮，是经干燥处理后所得的干性果皮。

陈皮呈不规则的裂片状，皮层厚约1.5厘米，外表面为橙红色、黄棕色或棕褐色，有密集的油室，对光照视不透明，内表面淡黄色或白色，质脆易碎。气味微香，味辛而苦。

陈皮的苦香味物质是以柠檬苷和苦味素为代表的“类柠檬苦素”，味苦，易溶于水。此外，陈皮中还含有一些低分子的挥发性物质，可以刺激消化道内的消化液分泌，有助于食物的消化。

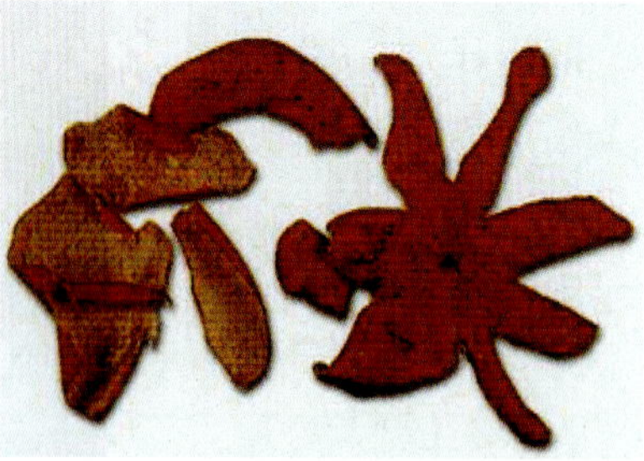

陈 皮

陈皮用于菜肴制作，既可增食欲，又有除异味增香的作用。陈皮中的苦香味物质与其他调料相互调和形成别具一格的滋味，如陈皮牛肉、陈皮鸡丁等。陈皮品质因原料品种和存放时间不同而有差异，但其品质总体应以色正光亮、香气纯正、身干无霉者为佳。在保管中应置通风干燥处，防止潮湿霉变使质量下降,影响调味效果及菜肴的质量。

（二）调味料

1. 食盐

食盐是我国人民最早使用的调料之一，是人类生活的必需品,也是重要的营养素。一般来说,每人每年可以从食物中摄入 42.5 千克左右的食盐。食盐不仅可以调味,同时又是保持人体生理平衡不可缺少的物质，可以刺激胃肠分泌消化液,帮助消化,兴奋神经,增强肌肉的弹性和活力，并参与人体血液循环和生理代谢的过程。长期无盐，人会食欲不振，出现消化不良和精神萎靡等生理不正常的现象。

人类采集和制盐的历史很悠久，最初是采集海滩上自然结晶的盐花、盐湖中的天然卤水和石盐以及露出地面的盐泉和岩盐,进而发展到用人工产制。据文字记载,中国在距今 5000 多年前已利用海水制盐,4000 多年前已生产湖盐,2000 多年前已凿井汲取地下的天然卤水制盐。

食盐按其加工精度可分为大盐、加工盐和精盐三种。

大盐即为海盐,是我国沿海一带生产的。它的制取方法是利用自然风力和阳光晒制,使海水蒸发到饱和溶液,氯化钠结晶后析出。质量高的大盐,氯化钠含量可达 94%左右。一般适用于腌菜、腌肉和腌鱼等。加工盐即以大盐磨制而成的产品,盐粒较细,易溶化,适合于一般调味之用。再制盐即为精盐,是大盐溶化成卤水,经过除杂处理后,再经蒸发而结晶的产品。再制盐呈细粉状,色泽洁白,适合于作调料。特等的再制盐因杂质和水分极少,可作医药之用。

食盐按其来源的不同,还可分为海盐(海水晒取)、井盐(地下卤水熬制结晶)、池盐(湖水中提取)、岩盐(又称矿盐,直接从地下岩层开采)等;商品盐按加工程度可分为原盐、洗涤盐和精盐；按其组成成分还可分为普通食盐、低钠盐、加锌盐、加碘盐等品种。

低钠盐是由钠、钾、镁等主要元素组成的,其主要成分的比例为氯化钠 65%、氯化钾 25%、氯化镁 10%。普通食盐中含钠量过高，含钾量过低，容易引起膳食中钠与钾摄入量的不平衡。而低钠盐中的钠与钾的摩尔比为 1∶1,镁与钾的摩尔比为 1∶4,从营养角度而言是较合理的配比。低钠盐对维持人的生理活动更有效,可预防心血管病和高血压病。低钠盐色泽雪白,结晶细小,口味与普通食盐相似,用于菜肴调味或腌制原料,风味不变,因此,低钠盐是一种十分理想的烹饪用盐。

加锌盐是一种添加锌的营养强化型食盐。锌元素是人体内一种非常重要的微量元素。人体的许多代谢酶为含锌元素的酶,故锌元素具有促进儿童生长发育、增长智力等功效,同时还有增进人食欲的作用。

加碘盐是在食盐中添加碘酸钾或碘化钾和稳定剂混合而成的一种营养盐。碘为人体甲状腺分泌甲状腺激素的重要元素,缺乏碘,人的甲状腺功能消失,会引起甲状腺肿胀。因此加碘盐具有防治甲状腺肿大的功效。食用加碘盐时必须注意,碘是一种易挥发的物质,食用的效果常与温度、时间与烹调方法都有密切的关系。一般使用时投入碘盐于成菜时,最好不要在高温条件下,以避免碘的挥发。此外贮存时要避光、防潮,以减少挥发。食盐是人体氯化钠的主要来源，食盐随食物进入人体后,在消化道内几乎全部被吸收。正常成年人每日需要食盐 6 ~ 10 克，一般不低于 0.5 克,高温工作等出汗多者适当增加。在人体血液中每 100 毫克含食盐 0.79 ~ 0.89 克，人体借盐以保持正常的渗透压。实践中食盐的用量要科学合理。一般人体每日最佳需要量为 5 ~ 6 克,目前我国平均每人每日的食盐摄入量为 15 克左右,远远超过以上标准。菜肴中用盐过重,轻者可引起食者咳嗽难以下咽,重者易发生高血压病变,故心脏和肾脏病患者宜少食盐。而盐腌的食物贮存时间过长易发生霉变,摄入人体后,易形成亚硝酸盐之类的强致癌物质。因此,低盐是当前国际食品发展的一种趋势。

食盐在烹饪中享有“百味之主”的称号,它既能提味,又能解腻;既能增进食欲,又能促进消化。在实践中常以酸味、甜味来缓冲咸味,以咸味调和糖醋味和鲜味。食盐在烹饪中除具调和滋味、增鲜、提味、定味等主要作用外,还有许多其他作用。食盐在原料加工中的作用,如利用盐的高渗作用,对含水分高的蔬菜和肉质细嫩易碎的肉,用盐稍腌,使其组织紧密,蔬菜可去苦水起脆,肉类烹调时不易碎,且风味更佳。制作肉茸、鱼茸、虾茸时,加少量盐,可使肉茸蛋白质的亲水能力增强,蛋白收缩,肉茸易上劲,制作的肉丸鲜嫩多汁,具弹性。利用食盐提味的作用,可调和其他味型,如糖醋味、甜味等。在面团发酵过程中稍加些盐,可使面团孔隙增多,更具弹性和韧性。此外,食盐还可用于动物内脏原料的洗涤加工,腌制各种原料以及防止原料腐败变质等。优质食盐质量要求是色泽洁白,结晶细小、疏松、不结块,咸味纯正,无苦涩味。食盐常伴有苦涩味,是由于含有硫酸镁、氯化镁、氯化钾等成分,含量过高则影响食盐的口味。此外,食盐具有很强的吸湿性,并容易溶解,如果环境湿度超过 70%,就会使食盐发生潮解。如果空气中相对湿度降低,就会发生食盐干缩和结块现象,影响食盐的品质。因此,食盐应存放在干燥容器中,并保持清洁卫生。

2. 酱油

酱油是一种以大豆、小麦、食盐、水等原料,经过制曲和发酵,在微生物分泌的各种酶作用下酿造而成的液体状调味料。

酱油起源于中国,是一种古老的调味品,早在周朝时期的《周礼·天官篇》中就有酱的记载,《论语·乡党篇》中则有“不得其酱不食”之说。据考证,酱油起源于豆麦酱。西汉人史游的《急救篇》中就有“芜荑盐豉醯酢酱”的记载。这里的酱是指以豆和面制成的酱,自此之后,有关豆麦酱的记述大见增加。东汉崔寔的《四民月令》说:“正月可作诸酱。至六七月之交,可以作……清酱”,此处的“清酱”就是现在的酱油。在唐代,酱油的生产技术得到进一步发展,它不仅是人们日常生活中的美味食品,而且在苏敬的《新修本草》、孙思邈的《千金要方》、王焘《外台秘要》等医书中已成为常用的药剂。酱油生产历史悠久,早在汉代时,我国就已生产并运用于烹饪,现酱油仍是一种用途极为广泛的调味佳品。

酱油的种类按生产工艺的不同,可分为天然发酵酱油、人工发酵酱油和化学酱油三类。

天然发酵酱油是以黄豆、黑豆或豆饼为原料煮熟后做成酱坯,利用空气中的微生物进行发酵制成的。天然发酵酱油具有风味独特、味厚鲜美、质量极佳等特点。但此法生产原料消耗大,出品率低,生产周期长达一年之久,所以成本高。目前只有少数著名品牌和具有特殊风味的用于腌酱菜的酱油才采用天然发酵酱油。

人工发酵酱油是由人工培养曲种,加温发酵生产的产品。我国用温酿法制作酱油的生产工艺有两种,即低盐固态发酵和无盐固态发酵法。目前推广的是低盐固态发酵工艺,此法生产周期只要 20~25 天,每 50 千克豆饼可生产酱油 300 千克左右。蛋白质利用率可达 75%~80%,酱油的风味虽比不上天然发酵酱油,但比无盐固态发酵法有较大的提高。人工发酵酱油具有营养成分高,色、香、味等品质标准高,售价低等特点,是目前市场上销量最大的酱油品种。

化学酱油是用麸皮、米糠、芝麻饼、豆饼等为原料,加盐酸水解原料中的蛋白质,再用纯碱中和,过滤,并加入酱色而成的酱油。这种酱油氨基酸含量高,味道也鲜美,但缺少酿造酱油所特有的风味,因此常用它掺到普通酱油内，以提高氨基酸含量和鲜味，又使成品具有酿造酱油的芳香味和色泽。

酱油的品种很多，全国各地都有传统名产，其中以生抽王最负盛名。生抽即为酱油，为广东地方语。生抽王是以黄豆、面粉为原料，采用传统天然发酵工艺酿造而成。品质上具有色泽红褐、氨基酸含量较高、鲜味浓、酱香和脂香纯正等特点，是酱油中的上品。

酱油品种除了普通酱油以外，还有许多风味酱油，譬如，辣酱油、虾子酱油、鱼露、蘑菇酱油等。

辣酱油是以辣椒、生姜、丁香、砂糖、红枣、鲜果以及上等药材为原料，经过高温浸泡熬煎、过滤而成。其产品色泽红润，汇辣、鲜、香、甜、酸为一体。辣酱油也是一种用途极广的调味佳品，但与酱油有着本质的差别。辣酱油的品质除了香味和酸度适当外，还必须有一定的浓稠度和一定的沉淀物。辣酱油虽无酱香味，但因辣酱油辣中有鲜、辣中有酸、酸中有甜，具有消腻解腥、健脾开胃的特点。

虾子酱油的生产是以本色酱油加新鲜虾子、白糖、高粱酒、生姜等原料，经加热煮沸，至虾子上浮后出锅冷却，装瓶即为成品。其成品色泽较淡，为浅褐色，鲜美，并具海鲜品的风味。

蘑菇酱油以本色酱油，加新鲜蘑菇、白糖、味精等原料，同时加热混合，至蘑菇向上浮即停止加热出锅冷却装瓶即为成品。成品色深褐色，味鲜美，营养价值较高。

一般优质酱油的颜色应是红褐色或棕褐色，有光泽不发乌，体态澄清、无沉淀物和霉花膜，闻之有酱香和脂香味，无其他不良气味，尝之应咸甜适口，味鲜醇厚、柔和，不得有苦、酸、涩等异味。反之则为劣质酱油。酱油的滋味集咸、甜、鲜、酸、苦五味为一体，是一种综合味。

酱油中的主要成分为氯化钠、氨基酸（谷氨酸、天冬氨酸、甘氨酸、丙氨酸、苏氨酸、脯氨酸和色氨酸）、糖类（葡萄糖和淀粉水解的各种中间产物）、酯类（油酸乙酯、乳酸乙酯）和有机酸等。全国各地供应的酱油，其化学成分有着明显的区别。质量好的酱油，其营养价值高，如蛋白质含量为 8%～10%，糖 8%～10%，脂肪 1.1%～1.6%，钙 80～100 毫克，磷 200～500 毫克，还有微量维生素。质量好的酱油品种，发热量每 500 克达 2000 千焦，质量差的为 410 千焦左右。

酱油的等级是根据酱油中无盐固形物（即主成分）的含量高低划分的。主成分是反映酱油中存在的水溶性成分高低的标志，是衡量酱油生产原料出口率高低和产品等级的主要依据。根据酱油主成分的含量，可分为以下几个等级：

特级酱油：无盐固形物在 25 克 /100 毫升以上；

高级酱油：无盐固形物在 20~25 克 /100 毫升以上；

一级酱油：无盐固形物在 15~20 克 /100 毫升以上；

二级酱油：无盐固形物在 10~15 克 /100 毫升以上；

三级酱油：无盐固形物在 8~10 克 /100 毫升以上。

酱油在烹调中具有为菜肴确定咸味、增加其鲜味的作用，还可增色、增香、去腥解腻。所以酱油多用于冷菜调味和热菜的烧、烩菜品之中。酱油在菜点中的用量受两个因素的制约，菜点的咸度和色泽，还要考虑加热中会发生增色反应。因此，一般色深、汁浓、味鲜的酱油用于冷菜和上色菜；色浅、汁清、味醇的酱油多用于加热烹调。另外，由于加热时间过长会使酱油颜色变黑，所以，长时间加热的菜肴不宜使用酱油，可采用糖色等增色。

3. 酱

酱是以动植物为主要原料，采用单菌或复菌微生物制曲、发酵等工艺，使其发生一系列复杂的生化反应，添加盐水，并产生具有特定风味组成和营养成分的发酵食品。

酱是我国的传统调味料。与酱油一样，我

国制酱技术的起源可以追溯到公元前1000余年,《周礼》和《论语》中都有记载,在西汉初期,酱已经是我国北方人民广泛使用的调味品。我国南方的四川、两湖、两广、云贵等地都有吃辣的习惯,因而辣酱很盛行。

由于制酱原料、工艺和食酱习惯诸因素影响,酱的种类也很多。有豆酱、甜面酱、米酱、虾酱等,可单独食用,也可作为佐餐调料使用,还可添加其他食物制成风味独特的食品,如桂林酱、柱候酱、沙茶酱、八珍酱、香酱、辣酱、海鲜酱等。

豆酱可分为干稀黄酱、豆瓣酱、豆豉及各种辣酱,主要是以黄豆、黑豆、红豆和豌豆等为原料制成的。面酱可分为甜面酱和咸酱,主要是用大麦、小麦为原料制成的。

黄酱的主要原料是黄豆、面粉、食盐等,经制曲、发酵制成。原产中国,后传入日本、韩国、朝鲜及东南亚地区。有甜香味,颜色棕褐,不易生蛆。以不发苦、不带酸味者为佳。黄酱品种可分为两大类:黄干酱和黄稀酱。黄干酱采用大豆、面粉制曲,固态低盐发酵,经过30天生产周期即为成品;黄稀酱采用大豆、面粉制曲,成熟后加入盐水进行发酵、捣缸,固态低盐发酵及液态发酵,经过30天生产周期即为成品。黄干酱质量特点是色红黄,有光泽,有甜香味,不苦、不咸、不带辣味,不酸,不变黑,用手掰开后有白茬,内红、结实,可炸酱作馅、炒菜等。黄稀酱特点是色呈深杏黄色,有光泽,有浓郁的酱香味和鲜味,咸淡适口。黄酱常用于炸酱和北方菜中酱爆一类的菜肴,如"酱爆肉丁"、"酱爆鸡条"等。

豆瓣酱的主要原料为大豆或者蚕豆,豆瓣酱也称豆瓣辣酱或蚕豆辣酱,原产于我国的四川资中、资阳和绵阳一带,而后遍及全国,并传入日本、韩国、朝鲜及东南亚地区。豆瓣酱或蚕豆辣酱,主要原料为大豆、蚕豆、面粉、辣椒、食盐等,辅料有植物油、糯米酒、味精、蔗糖等。酿制豆瓣酱的辣椒以鲜辣椒为好。口感味鲜稍辣,可以做汤、炒菜,也可蘸食。四川豆瓣酱历史悠久,采用生料制曲的特殊工艺精工酿制而成,以鲜辣著称。如郫县豆瓣酱和重庆生产的元红豆瓣酱,都是川菜烹饪中不可缺少的调味料。豆瓣酱以辣味重、瓣子酥脆、色泽油润红亮、味道香醇等特点著称。豆瓣酱含蛋白质10.7%、脂肪9.0%,并含有丰富的磷、钙、铁、尼克酸等。豆瓣酱既可调味,又可佐餐。用以烹调,分外增色、提味,在我国享有盛誉。豆瓣酱烹制方法很多,可炒菜、烧菜,如烧豆瓣鱼、麻辣豆腐等;可做粉蒸菜,如川菜粉蒸肉就要略加豆瓣酱于蒸粉中;做水煮菜,如川菜中的水煮肉片,要放豆瓣酱;有时吃火锅用重辣的豆瓣酱作调料,如重庆火锅。

甜面酱也称甜酱,是以面粉和食盐为主要原料,经制曲、发酵制成的。由于滋味咸中带甜而得名。在面酱生产中又分成两种不同的做法,即南酱园作法和京酱园做法,简称为南做法和京做法。它们之间的区别在于一个是用死面,一个是用发面。南酱园用发面,即将面粉蒸成馒头,而后制曲拌盐水发酵。京酱园用死面,即将面粉拌入少量搓成麦穗形,而后再蒸,蒸完后降温接种制曲,拌盐水发酵。发面的特点是利口、味正。死面的特点是甜味大、发黏。该产品现已远销日本和其他国家,是烤鸭的必备调味料,也是烹调中的调味佳品。甜面酱含蛋白质7.3%、脂肪2.1%,并含较丰富的磷、钙、铁、尼克酸等。利用米曲霉分泌的淀粉酶,将面粉经蒸熟而糊化的大量淀粉分解为糊精、麦芽糖及葡萄糖。曲霉菌丝繁殖越旺盛,糖化程度越强。制曲时面粉中的少量蛋白质也经曲霉分泌的蛋白酶的作用,分解成为氨基酸,使甜酱又有了鲜味,成为特殊的产品。甜面酱特点是色金红,有光泽,咸味适口,有甜香味,除生食外,还是四川菜"漳茶鸭子"、北京菜"北京烤鸭"及广东菜"脆皮鸡"的调味料。甜面酱也可用于酱爆一类的菜肴。此外,还有一种在原料中加入大米的甜面酱,是介于黄酱和甜酱之间的产品,所用原料黄豆占50%,面粉和大米各占20%,进行糊化分解,只用10%的生面粉与黄豆拌和进行通风制曲,温酿发酵。该产品味道香甜,酯香浓郁。

桂林酱俗称蒜头豆豉辣椒酱,是用豆酱、豆豉、大蒜、野山椒、红糖、食油等原料精制而成,是广西桂林的特产。桂林蒜头酱以其酱稠、辣味浓烈而闻名。广东生产的桂林酱,吸取了广西桂林酱的风味,又结合广东人的口味。桂林酱色泽深褐,有浓郁的豉香味。桂林酱既可用来拌食米粉、面及饭菜等,又可用来调制各种食品,粤桂二地居民常用它来炒田螺、煮官达菜等。

柱候酱主要原料是黄豆、面粉,附加蒜肉、生抽、白糖、食油、八角粉等煮制研磨而成,创始于清朝嘉庆年间,至今已有170多年的历史,是广东特有的一种调味食品,素有调味香酱之称。柱候酱含有氨基酸、糖类等人体必需的营养成分,还含有大蒜中的硫化丙烯基化合物,在烹调食物中,可除去鱼、肉中的腥味,有提高食品风味、增进食欲的作用。柱候酱香气浓郁,味道调和,咸甜适口。柱候酱的食用方法多种多样,在烹制食品时用做主要调料,可烹制鸡、鸭、鹅、猪蹄、牛杂等。

沙茶酱又称"沙嗲酱"。它是东南亚各国以及我国南方沿海地区的一种独特的调味料,在我国多见于福建、广东及港澳等地的菜肴中。沙茶酱源于印度尼西亚,是印度尼西亚文"state"的中文译音。印度音为"沙嗲",意为"烤肉串"。多用于荤食,为辣味的佐料。沙茶酱复合有多种味道,属于辛辣型复合调味酱。其色红褐或棕褐,香辣协调,味美适口。在烹饪中使用时,用量少,以香味为主,用量多则香辣齐备。沙茶酱的制作一般是将虾米、香葱和海鱼放入油锅内进行油炸,并将花生仁焙炒出香味,接着把虾米、鱼、葱、花生仁磨碎或捣碎放入锅内,再加白糖、酱油、食盐、蒜粉、辣椒粉、芥末粉、五香粉、茴香粉、沙姜粉、肉桂粉、香草粉、芫荽子粉、芝麻酱和植物油等,混合后放在中小火上慢慢熬炼,边熬炼边搅拌,当锅内酱体成为黏稠度较高的糊状体,并且不泛泡时即可离火,待其自然冷却后即装瓶而成制品。沙茶酱在烹饪中主要用做一些烤熏的肉类、鱼类和鸡类菜肴的调味汁,也可用于汤类及某些新鲜蔬菜的调味,沙茶酱可使菜肴增香、增鲜,具有特殊的风味。

八珍酱主要用豆酱、酸梅、八角粉、酱油、豆豉、白糖、蒜肉等调料,经煮制研磨而成,为广州特产,是酒楼、饭店、家庭调味之珍品。此外,潮州菜肴中的八珍酱则是由梅羔酱、橘油、番茄汁、糖粉各200克,芥末粉50克,精盐、味精各5克加鸡蛋黄50克拌匀而成。八珍酱浅褐色,有浓郁的酱香气,味鲜美,入口时咸,回味微甜。八珍酱拌菜肴、蘸肉类、包饺子可随意使用,蒸鲜鱼、蒸猪肉、生锅(打边炉)更是别有风味。

香酱主要以面酱、蒜肉、苏姜、芝麻、沙姜等原料,采用科学方法配置而成。香酱以优质面粉作原料,蒸煮后,接种米曲霉,制成面糕,然后加入腐乳汁和食盐,经自然发酵后酿成面酱,再配上可口的苏姜、芝麻、蒜肉、沙姜、黄酒等研磨而成。该产品香甜味鲜,风味独特。优质的香酱呈红褐色,有光泽,有酱香气,味甜而鲜美。香酱的用途比较广泛,可拌粉、拌面及烹制各种菜肴。

辣酱是豆酱添加磨碎的红辣椒混合制成的,也有用研磨的系用鲜红辣椒、小麦、黄豆和江米等为原料制成的。永丰辣酱是湖南省双丰县的一种传统地方特产,闻名全国,远销十几个省、自治区、直辖市,成品色泽鲜艳,气味芳香,辣而带甜,味道鲜香,营养丰富,既可调味,又可佐餐。同时它还具有一定的药用价值,可以抵御风寒、预防伤风感冒,防冻疮、脱发和坏血病,提高身体的活力。永丰辣酱的品种很多,既可作调味料,也可当佐饭之小菜,有适宜于南方人口味的辛辣南味酱,有北方人爱吃的香甜酒味酱,有深受港澳同胞和外国人欢迎的细质的无籽酱等。

海鲜酱又称甜酱,黄豆、面粉经酿制,加红糖、白醋、酸梅、蒜肉等经破碎高温蒸煮研磨而成,为广东特产。海鲜酱含有丰富的蛋白质、脂肪、糖、碳水化合物及多种维生素,易于被人体吸收。海鲜酱色泽枣红，甜为主，略带酸味，味道鲜美，能增进食欲、帮助消化。人们常用来拌食粉、面、饭菜等，因其味道可口，故深受人们的欢迎，特别受到少年儿童的欢迎。南宁海鲜酱是选用鲜辣椒、蒜末、黄糖、花生油和生晒豉渣、糯米醋渣等配制而成，是广西南宁的传统产品。酱面淡黄、鲜艳、光滑如饼，酱质嫩，酱味鲜美，酸甜可口，是蘸食粉面、卷筒粉、九层糕的佳品。

酱的应用历史悠久，也深得人们的偏爱，主要是由于酱中含有较多的蛋白质、脂肪、碳水化合物、钙、磷、铁、硫胺素、核黄素、烟酸、甲酸、乙酸、琥珀酸、乳酸、曲酸等，营养价值较高。酱中还含有多肽以及各种氨基酸，如酪氨酸、胱氨酸、丙氨酸、亮氨酸、脯氨酸、天冬氨酸、赖氨酸、精氨酸、组氨酸、谷氨酸等。

酱有刺激食欲、开胃的功效。黄酱和甜面酱的化学成分中含有较高的盐，是一种很好的咸味料。而丰富的氨基酸使酱类具有增鲜的调味作用，糖分还可使酱类的风味柔和，此外酱类中通常含有丰富的脂肪酸、醇类、有机酸类，使酱类产生很好的香味和口感。

4. 豆豉

豆豉是将大豆经浸泡、蒸煮，并用少量面粉、酱油、香料、盐等拌和，经霉菌发酵而制成的营养丰富、口味鲜美的颗粒状调味品。豆豉是一种传统发酵制品，早在隋唐时期就有咸豆豉和淡豆豉之分，在浙江、江苏、湖南、湖北、四川、江西、福建等地都很流行，甚至在东南亚各国也被广泛食用。

豆豉按形态分为干豆豉、水豆豉；按口味分为咸豆豉、淡豆豉、臭豆豉；按发酵采用微生物种类的不同可分霉菌型豆豉、细菌型豆豉。豆豉的种类不同则色泽不一。① 阳江豆豉，以黑豆为原料，制曲后洗豆，蒸煮，再经过加盐、日晒、发酵，晒至水分为35%后而成。豆豉醇香回甜，鲜美可口，颗粒完整，乌黑油亮，口感松软。② 湖南五香豆豉，以大豆为原料，蒸煮后用食盐、白酒、香料及水调味后进行保温发酵，再晒干即为五香豆豉。湖南五香豆豉属真菌型豆豉。产品香味浓郁，营养价值较高。③ 江西豆豉，自古以来，每逢六月早豆收获后，江西民间就有家庭自制豆豉的习俗。主要以黑豆为原料，制曲后洗豆蒸煮再发酵，拌入适量食盐和五香粉，经日晒后而成。豆豉色泽黑亮，美味可口。④ 四川三台豆豉，起源于四川三台，距今已有 2000 年的历史，因三台古名潼川府，故又称潼川豆豉。它以黑豆为原料，蒸煮发酵后用食盐、白酒调味，入坛6 个月，经日晒后即可食用。产品色黑粒散、滋润无渣。⑤ 四川永川豆豉是全国产量最大、最具特色的豆豉。它起源于四川永川县的家庭式小作坊，已有 300 多年的历史，主要以黄豆为原料，加入 50° 以上的白酒以及自贡井盐、糟卤等入缸发酵。产品鲜美醇香，油润发亮。⑥ 水豆豉也是传统豆豉之一，其制作技术在我国广为流传。制作特点是在发酵时加入少许八角、小茴香、辣椒等辛香料，发酵后用食盐、味精、白糖或红糖、红辣椒、鲜姜及其他香料进行调味。产品风味独特、辛咸适度、香气浓郁、黏稠适度、营养丰富，是烹饪佐餐的佳品。

一般干豆豉以颗粒饱满、色泽褐黑或褐黄、香味浓郁、甜中带鲜、咸淡适口、油润质干为佳。豆豉在烹调中，主要起提鲜、增香、解腻的作用，并具有赋色的功能。烹饪中可作调味品或单独炒、蒸后佐餐食用，广泛用于蒸、烧、炒、拌制的菜品中。做菜时只要蘸取少量成品与肉类、排骨、鱼拌匀，便可进行清蒸。豆豉还可用于牛腩、羊肉、鸡、鸭、鹅以及腐竹、豆腐等豆制品的焗、炖、红烧以及煎、炒等。

5. 食糖

食糖是烹饪中最常用的一种甜味调料，在调味料中有很重要的地位，也是制作糕点和甜味菜肴的重要原料。

我国人民以甘蔗取糖，其烹制佳肴的过程早在《楚辞·招魂》上就有记载。汉朝时人们将甘蔗汁在太阳下曝晒，令水分蒸发，制成

“石蜜”。到了南北朝时,人们就已经掌握了用熬煮的方法制取砂糖和冰糖了。甜味是我国南方地区的主味之一,加糖烹制的甜味菜肴被称为甜菜或甜食。甜食是传统中餐中颇具特色的一个组成部分,具有选料广泛、制作方便、品种繁多、甜美可口、营养丰富等特点。无论是拔丝、挂霜、蜜汁、水煮、油炸、冷冻等都是制作甜食经常采用的方法。经过上千年的锤炼,打造出了许多名菜,如冰糖燕窝、拔丝山药、糖水蜜枣等。

食糖的种类较多,按生产原料可分为:甘蔗糖、甜菜糖、红糖、白砂糖、绵白糖、赤砂糖、冰糖、方糖等。

甘蔗糖,以甘蔗为原料制成的糖,主要成分为蔗糖,纯度较高,主要产于我国南方。

甜菜糖,以甜菜的块根为原料制成的糖,主要成分也是蔗糖,纯度较高,主要产于我国北方。

按生产可分为:机制糖,采用机械压榨、提净、蒸发、煮糖、结晶、分蜜、干燥等工序制成,生产集中,产量大,品质纯净,颜色均匀,质量较好。土制糖,是用手工操作,其产量小,色泽深浅不一,纯度较低,含杂质、水分较高,质量较差。

按照经营习惯分:红糖是由于在生产过程中没有把糖蜜分离,里面所含杂质较多,故呈红色。红糖结晶细而软黏,色泽深浅不一,有红、黄、紫、黑等数种,以鲜艳、松燥无块状的为好;以色泽灰黑、潮润、多块状的为次。红糖含糖蜜、杂质、水分及其他营养物质,营养价值较高,但容易吸水,在空气中常常会返潮结块,不易保管。

白砂糖是机制糖中最主要的产品,纯度高,含蔗糖在99%以上,色泽洁白、明亮,晶粒均匀、坚实。这是由于制糖过程中,经分蜜、提净、脱色等工序。白砂糖含水分、杂质、还原糖很低,故不易吸水返潮,容易保管。白砂糖按晶粒大小又分为粗砂、中砂和细砂三种。粗砂糖多用于食品工业中做原料,中砂和细砂糖则多用于市场供应。

绵白糖是将白砂糖磨碎后加入转化糖浆制成的。这种加工形成的绵白糖由于晶粒的晶面被破坏,缺乏光泽。绵白糖,色泽白,颗粒细,质地绵软,较容易溶化,入口即化,在短时间里就可达到最高浓度。但绵白糖含水分和还原糖的含量较高,故不如白砂糖耐保管。

赤砂糖是机制糖的三号糖,由于不经过洗蜜工序,表面附着的糖蜜较多,不仅还原糖含量高,而且非糖的成分,如色素、胶质等含量较高,所以砂糖晶粒比较明显,色泽赤红,糖蜜和水分含量大,不易保管。赤砂糖多作调味材料。

冰糖是用砂糖溶化成液体,经过烧制,除去杂质,然后蒸发水分,使其在40℃左右条件下进行自然结晶制成的。由于结晶时间较长,晶体形成较大,故成为透明或半透明的块状。冰糖的糖味纯正,质量较优。色泽有无色、黄色之分,无色透明的冰糖质量最好。

方糖是将优质白糖磨细后,经润湿、压制和干燥而制成的产品。形状为六面体的正方形。方糖主要用于饮料食用,具有洁白、纯净、卫生,在温水中能迅速溶化等特点。

食糖主要成分为蔗糖,此外还含有还原糖、水分、灰分等。食糖组成的成分不同,其品质也有区别。蔗糖,是一种白色的结晶体,由一分子葡萄糖和一分子果糖所组成。蔗糖的比重比水大,为1.588,熔点为160℃~186℃。蔗糖易溶于水,并随温度升高而加速。蔗糖在常温情况下比较稳定,吸湿性较差,但在受潮及微生物的作用下,或吸收空气中的二氧化碳后,会分解成还原糖,从而使食糖品质下降。食糖中蔗糖含量愈多,糖的品质愈纯净;甜度愈高,营养价值也愈大。还原糖,是葡萄糖和果糖的混合物,味甜,吸湿性强,有黏性。食糖中含还原糖愈高,其稳定性愈差,容易吸潮溶化,不易保管。灰分,是指食糖中所含的矿物质和其他杂质。灰分的含量愈高,食糖的纯度愈低,色泽愈深,并且还容易与水结合或溶解于水,因此,也会影响食糖的品质。水分,主要指吸附于食糖晶体粒表面的水分。

水分含量多,表面蔗糖溶解,使食糖发黏,如温度下降,食糖易结块;如温度升高,食糖易溶化。在相同的温度条件下,食糖含水量愈高,其吸湿点愈低,吸湿能力愈强。

食糖的营养价值很高,人体消化吸收后,能产生很高的能量,帮助人体迅速消除疲劳,增加体力和热量。根据中医的药理,糖能解表和中,生津润肺,促进收敛。因此,红糖和冰糖常用来泡、炖其他药物和食物来治疗疾病和食补。然而食糖摄入量过多,被人体吸收以后,不仅增加了血液中的糖分,而且增加了血液中的甘油三酯和胆固醇,引起心血管疾病。糖摄入过多,能量过剩,会导致肥胖,所以目前国际上推行低糖食物,每人每日摄入碳水化合物比重不断降低,故食糖的消费量也日益降低。

食糖在烹饪中广泛用于甜菜和点心制作,甜味清新纯正,口感愉快。食糖作为调味料则作用更多,具有提味、增鲜、增色、收汁等作用。食糖在加热中,在160℃时开始熔融,继续加热则生成葡萄糖和果糖的无水物,当温度高达170℃~220℃则生成黑褐色的焦糖,超过220℃以上则发生碳化。在制作拔丝菜时,熬糖就是单独加热砂糖,在温度升到155℃~160℃时则可以把黏稠的糖液拉成金黄色的长丝,延伸很长。

6. 麦芽糖

麦芽糖又称饴糖、糖稀、胶饴等,为米、大麦、小麦、粟或玉蜀黍等粮食经发酵糖化制成的糖类食品。

麦芽糖的食用历史较悠久,并大量用做医药、营养品。南朝梁代陶弘景《本草经集注》:“方家用饴糖,乃云胶饴,皆是湿糖如厚蜜者,建中汤中多用之。其凝强及牵白者不入药。今酒用曲,糖用蘖,犹同是米麦,而为中上之异,糖当以和润为优,酒以醺乱为劣。”五代韩保异《蜀本草》也有:“《图经》云,饴即软糖也,北人谓之饧。粳米、粟米、大麻、白术、黄精、枳椇子等,并堪作之,惟以糯米作者入药”的记载。明代李时珍《本草纲目》记载有“按刘熙《释名》云,糖之清者曰饴,形怡怡然也;稠者曰饧,强硬如锡也;如饧而浊者曰沃,《方言》谓之长馏。《楚辞》云,‘巨粔蜜饵有长馏’是也”。“饴饧用麦蘖或谷芽同诸米熬煎而成,古人寒食多食饧,故医方亦收用之。”可见,麦芽糖古时被广泛用于入药。

麦芽糖,可分为软饴糖和硬饴糖。软饴糖,又名胶饴糖、胶饴,为黏性很大的黄褐色浓稠液体。药用多用此种。硬饴糖,又名白饴糖、硬饴,为软饴糖经搅拌混入空气后凝固而成的多孔的黄白色糖饼。

饴糖成分中,麦芽糖约占1/2,并含有蛋白质、脂肪、维生素B_2、维生素C及烟酸等营养物质。麦芽糖的熔点为102℃~103℃,易溶于水。其甜味度约为蔗糖的1/3,甜味较爽口,不像蔗糖那样有刺激胃黏膜的作用,而营养价值是糖类中较高的。

麦芽糖是菜肴、面点、小吃等常用的甜味调味品,且具有和味的作用。在腌制肉的过程中加入麦芽糖可减轻加盐脱水所致的老韧,保持肉类制品的嫩度。利用麦芽糖在不同温度下的变化,可用于制作挂霜、拔丝菜肴、琉璃类菜肴,以及一些亮浆菜点;还可利用糖的焦糖化反应制作糖色为菜点上色;在发酵面团中加入适量的糖可促进发酵作用,产生良好的发酵效果。此外,利用高浓度的糖溶液对微生物的抑制和致死作用,可用糖渍的方法保存原料。

7. 蜂蜜

蜂蜜是一种由蜜蜂酿制,经加工制成的淡黄色至红黄色的黏性半透明糖浆,是烹饪中常用的一种甜味调料,广泛用于点心和风味菜肴的制作。它不但具有很高的甜味,而且也具有很高的营养价值。

人类饲养蜜蜂已有几千年,了解蜂产品功效的历史也很悠久。在古埃及金字塔的方尖石上,就有用象形字记载的蜂蜜的食用和药用方法。在我国,对蜂产品的认识也可追溯到远古的年代。据考古学家查证，早在三四千年前的殷商甲骨文中就已出现了“蜜”字；在公元前1～2世纪所著的《神农本草经》已把蜂蜜列为药中上品；明朝医药学家李时珍在他所著的《本草纲目》中，也有蜂产品及其应用的记载。

我国的蜂蜜品种繁多，并且随着蜜蜂采蜜的季节和地点不同而有差异。蜂蜜的品种习惯上按蜜源花种划分，有紫云英蜜、刺槐蜜、荆条蜜、椴树蜜、榆花蜜、荔枝蜜、龙眼蜜、枣花蜜、山桂花蜜、油菜蜜、荞麦蜜等20多种，如果蜜蜂从两种或两种以上不同的蜜源植物采集花蜜，混合在一起，则为混合蜜或百花蜜。品种以紫云英蜂蜜、椴树蜜品质最佳。蜂蜜的品种依蜜源的不同色泽差别很大，有浅白色、浅黄色、金黄色、暗褐色等几种，有的是透明或半透明液体，也有的是凝固的脂状，并且在温度较低的环境中会产生部分结晶而呈浊白色，其黏稠度也加大。以浅白色挑起不断流的质量为好。蜂蜜溶于水其甜味度比食糖高。

蜂蜜中转化糖（葡萄糖和果糖）占蜂蜜总量的65%～80%，还约含有蔗糖20%、蛋白质0.3%、淀粉1.8%、苹果酸0.1%，以及脂肪、酶、芳香物质、无机盐和多种维生素等。蜂蜜性味甘、平，有补中润燥、止痛解毒等功效。

蜂蜜具很强的吸湿性，在制作点心时能使制品绵软、质地均匀。由于容易吸收空气中的水分，蜂蜜还能防止制品干燥龟裂，在一定时间内保持柔软性和弹性，因此被广泛用于软绵的糕点制作。在烹饪中则主要用于一些蜜汁类菜肴的调味，如蜜汁三元、蜜汁火方、蜜汁八宝饭等。

8. 食醋

食醋是以含糖或淀粉的粮食为主料，以谷糠、麸皮为辅料，经糖化、酒精发酵、下盐、淋醋等工序制成的调味品。

我国制酒的历史至少已有4000多年，制醋的历史略晚于制酒。醋的最初制法是用麦曲使煮熟的小米发酵，生成酒精，然后靠醋酸菌的作用将酒精氧化成醋酸，酿制过程和酒基本相似，所以，两晋的炼丹方士又称醋为“苦酒”。食醋，古称苦酒、淳酢、醯等，周朝就设有醯官。《礼记》“檀弓”中记载：“宋襄公丧其夫人醯醢百瓮”，证明在距今2600多年前的春秋时期就已经开始大规模制醋了。在先秦时期，醋还是一种贵重的调味料，至汉代以后，醋的制造和使用才比较普遍起来，《史记·货殖列传》说，那时的“通邑大都”里面每年酿醋上千瓮。随着年代的变迁，醋的生产和发展很快，醋已成为人们日常生活中开门七件事（即“柴米油盐酱醋茶”）之一。

食醋的种类很多。根据原料不同，食醋可以分为粮食醋、果醋、酒精醋和合成醋。以大米、高粱为原料的食醋称为粮食醋；以薯类为原料酿造的食醋称为薯干醋；以麸皮为原料酿造的食醋称为麸醋；以含糖原料，如废糖液、糖渣、蔗糖等为原料酿造的食醋称为糖醋；以果汁、果酒酿造的食醋称果醋；以白酒、酒精、酒糟等酿造的食醋称酒醋；以冰醋酸、水兑制的食醋为醋酸醋；以野生植物和中药材等酿造的食醋称为代用原料醋。

粮食醋，如果原料未经过蒸煮糊化处理，所得到的醋又称生料醋；若原料经过蒸煮，所得到的醋为熟料醋。

食醋根据生产工艺的不同还可分为固态发酵醋、液态发酵醋、固稀发酵醋和化学调制醋。

食醋还可以从颜色来进行分类，熏醋和老陈醋呈棕褐色或黑褐色，被称为浓色醋；未加水或未经过熏醅处理的醋，颜色为浅棕黄色，被称为淡色醋；用酒精为原料生产的氧化醋或用冰醋酸兑制的醋酸呈透明状态，称为白醋。

烹饪中常用的醋主要有米醋、熏醋和糖醋三种，品质各异，用于不同菜点制作。

米醋是以黄米、高粱为原料，经发酵成熟的白醋坯直接过淋的一种产品。其品质特点是色泽黄褐，有芳香味，保管时不怕日晒，就怕闷热。在闷热环境中会长白膜并发混，这是由于微生物中产膜酵母菌繁殖的结果。米醋被产膜酵母菌感染后，最初在米醋的表面产生灰白色的小斑点，逐渐扩大到整个表面，形成一层有皱纹的皮膜，随着发展逐渐变为一层厚厚的白膜，使米醋受污染，香气消失，产生霉臭气味，滋味淡薄，变苦，严重时不能食用。米醋根据总酸度不同分为超级米醋，其总酸度为6%，市场中也有总酸度为9%的产品；高级米醋，总酸度为4.5%；一级米醋，总酸度为3.8%。米醋适宜炒菜用，生食亦可，中医药常将醋作为药引。

熏醋又名黑醋。原料与米醋相同，不同之处是用成熟的白坯在80℃～100℃高温下，经过10天左右熏制成熏坯，以熏坯和白坯各半，加入适量的花椒和大料，再经过淋的食醋即为熏醋。熏醋色泽较深，故也叫黑醋，具有特殊的熏制风味，较受人们欢迎。根据总酸度分为高级熏醋，总酸度为6.2%；特级熏醋，总酸度为5.5%；一级熏醋，总酸度5%。

糖醋主要原料是饴糖，加曲和水，搅拌均匀后封缸，在30℃以上的高温下进行发酵，经60～70天即成熟，取其上面澄清的透明液，即为糖醋。其色泽较浅，口味更加纯正清爽。糖醋最易长白膜，由于酸味单调，缺乏香气，故风味不及米醋、熏醋。

有些合成醋可能添加一些氨基酸、香精等辅助用料。也有少数品种的合成醋添加了部分焦糖色素，使醋的颜色有所加深。用冰醋酸制成的合成醋，酸味单一，不柔和，具有不宜人的刺激气味。合成醋中既没有普通酿造醋中所含的多种营养成分，也没有酿造醋的那种香味和滋味。一般合成醋中所含的醋酸在3%～4%左右，烹饪中主要作为制作本色或浅色菜肴的调味之用。

我国食醋种类很多，各地都有其独特的制作工艺和酿造方法，各品种都有其不同的风味。其中闻名全国的有镇江香醋、山西老陈醋、四川保宁醋和山东乐口醋等。此外还有地方名特产品，如辽宁的精制陈醋、天津的浙醋、河南的介中米醋和伏陈醋、山西的玉泉陈醋和大曲醋、湖南的德山桥香醋、福建的永春老醋、四川的屏山套醋、云南的剥隘七醋和禄丰醋，这些都是各地有名的优质食醋，在此简单介绍几种优质醋的特点。

以镇江香醋为代表，又名金山香醋，是江苏省镇江市的特产，已有120多年的历史。这种醋素以“酸而不涩，香而微甜，色浓而味鲜”著称，誉满中外。镇江香醋有它独特的工艺和酿造方法。香醋以糯米为原料，经过酿酒、制坯、淋醋三大过程，约40多道工序，前后需要50多天才能酿出产品。因此，镇江香醋具有色、香、酸、醇、浓五大特色。其总酸度约为5.9%～6.8%，在消费者中享有较高的声誉，尤以江南使用最多。

老陈醋是我国北方最著名的食醋，以山西老陈醋为代表。传说春秋战国时候，在太原市附近的清徐县，就有了醋的作坊。据文字记载，山西陈醋始创于清初顺治年间，距今已有300多年的历史。山西老陈醋是以色、香、味著称的。陈醋的主要原料是高粱和大曲，经过粉碎、蒸煮、醋化及过滤等过程，再经“伏晒抽水”的传统工艺，将400～500千克的新醋，经过夏日曝晒蒸发水分和严冬捞取坚冰，使醋中的水分失去了近一半，只剩下不足200千克的浓醋。将这种陈醋滴入白瓷碗里，打一个转，就会匀称地黏在碗的周围，色泽黑紫，香酸扑鼻。此醋存放时间越久，香味越浓。存放数十年以上的陈醋，更会变成半透明的结晶体，十分美观。山西老陈醋具有色泽黑紫、液体清亮、酸香浓郁、醇厚不涩等特点，而且夏不发霉，冬不结冻，越放越香，久放不腐，在国内外市场上享有较高的声誉。

保宁醋的生产原料不同于一般食醋，它除了用麸皮作为主要原料外，还加入少量的大米、小麦和近百味中药，经过制曲、发酵、淋坯、熬制而成。四川阆中县所产的保宁醋至今已有300多年的生产历史。其品质具有色泽乌红、味香醇厚、风味独特等特点，是川味菜肴不可缺少的酸味调料。

食醋的酸味主要来自醋酸。根据产地和品种的不同，食醋中所含醋酸的量也各不相同，一般为5%～8%之间，最高为9%。醋酸量的多少直接影响食醋的酸味度。食醋中除了醋酸以外，还含有对人体有益的其他一些营养成分，如乳酸、葡萄糖酸、琥珀酸、氨基酸、糖、钙、磷、铁、维生素 B_2 等等。

食醋在烹饪中的应用很广泛。质量好的食醋，酸而味甜，带有香味，既是调味佳品，又是一种保健佳品。其主要烹调作用有调和菜肴滋味，除去异味，增加菜肴香味，可软化质地老韧的原料，使肉质显得柔嫩。食醋性味酸、苦、温，具有活血散淤、开胃消食、消肿软坚、解毒杀虫等功效。并且还可以调和成其他一些风味汁，如糖醋汁、醋熘汁、酸辣汁、姜醋汁等，更加丰富了菜肴的风味。

9.番茄酱

番茄酱是烹饪中常用的一种酸味调味品。它是将成熟的番茄破碎、打浆、去除皮和子等粗硬物质后，经浓缩、装罐、杀菌而成的稠糊状食品。虽在名称中称为酱，但未经发酵，与酱有本质上的区别。严格讲应为“泥”或“沙司”。

番茄酱色泽红艳，味酸甜，所含干物质在22%～30%左右。其酸味来自苹果酸、酒石酸等，红色主要来自番茄红素，并且含多种营养物质，如糖分、粗纤维、钙、磷、铁、维生素C、维生素B、维生素PP等。

番茄酱的风味介于糖醋和荔枝味之间，除直接用于佐餐外，烹饪中主要用于甜酸味浓的菜品，突出其色泽和特殊的风味，使菜肴甜酸醇正而爽口，如茄汁味。在冷菜中常用于糖粘和炸菜品如茄酥花生、茄汁排骨等；在热菜中常用于炸熘和干烧菜品，如茄汁瓦块鱼、茄汁冬笋、番茄兔丁、茄汁鱼花等。烹调中一般多选用浓度高、口味好的番茄酱，这不仅是因为便于控制卤汁，而且可使菜肴色泽红艳、味酸鲜香。番茄酱使用前需炒制，使其增色、增味，若酸味不够可添加柠檬酸补足。

10. 普通味精

普通味精是使用最广的一种工业化生产的鲜味调料。

普通味精是指采用工业化生产的第一代味精。味精最早产于日本，称之为“味之素”。我国开始生产的味精称“味之素”，简称“味素”，以后统一商品名称叫“味精”。谷氨酸钠是最早被发现的鲜味剂，同时也是最早实现工业化生产的鲜味剂。谷氨酸钠在自然界中分布比较广泛，几乎所有的食品中都有谷氨酸钠。味精的主要成分是谷氨酸钠，是日本池田菊苗博士于1908年从海带中发现的。味精常以MSG来表示，是日常生活中的重要调味品之一。

味精的生产最初是利用蛋白质水解法，但这种方法原料的利用率低，成本高，产量却不高，极不经济。随着发酵工业的发展，蛋白质水解生产味精的工艺已被淀粉发酵法所代替。新的方法利用产谷氨酸的微生物对淀粉发酵，形成谷氨酸，再经中和、浓缩、结晶等过程，最后生成味精。目前，我国市场上的味精大部分是由淀粉发酵法制成的。在味精的包装上都标有99%、90%、80%、70%等谷氨酸钠的含量标记。味精微有吸湿性，易溶于水，味道极其鲜美。在偏酸性环境中(pH值6～7)具有强烈的肉鲜味。随着酸度的增加，鲜度逐渐减弱，当pH值为3.2时，呈鲜效果极低。味精在碱性环境中，随着碱性增加，不仅不会产生鲜味，反而会产生令人不快的气味。味精在高温加热时，会失去结晶水而变成无水谷氨酸钠，进而分子脱水成焦谷氨酸钠。

味精的主要成分是谷氨酸钠，不含蛋白质。谷氨酸钠含量的高低，决定着味精的质量。味精中还含有其他成分，主要是精细的食盐，作为一种填充料和助鲜剂。如90%的味精，谷氨酸钠含量为90%，余下10%为精制的再制盐。普通味精为无色至白色的结晶或结晶性粉末，味道鲜美，有鱼肉的荤味。味精易溶于水，溶解度随温度的升高而增大。味精

时，组织较松软，掺冻量可少些，约500克馅掺200克皮冻。馅心中皮冻太少，影响汤包的风味；太多皮冻在蒸制中易被面坯吸收，发生穿底、露馅等现象，影响汤包的食用品质。

2. 明胶

明胶是由富含胶原蛋白的动物性原料，如皮、骨、软骨、韧带、肌膜等经加工而制成的凝胶物质。明胶可由厨师自制，选择富含胶原蛋白的原料，如猪爪、韧带、肌膜等，洗净投入锅内，加清水(以浸没原料为限)后大火煮开，随时漂去浮油和浮沫，并添加料酒、葱、姜等去腥味调料，然后移置于小火上，保持微开焖煮，至原料完全酥烂，除去原料后经过滤冷却即可得到淡黄色的明胶。

自制的明胶含有大量的胶原蛋白水解后的高分子的多肽聚合物，经加热后溶化，温度降至25～30℃时又重新凝结成胶冻。明胶在工业上常用碱法和酶法来制取，外观为白色半透明、微带光泽的薄片或粉粒。明胶溶解于水，在浓度为15%左右，即可凝成胶冻。胶冻柔软而有弹性，口感嫩滑。

烹饪中广泛用于制作高级水晶冻菜。水晶菜透明凉爽，是夏秋季节的佳肴。明胶在使用时应注意其水溶液加热煮沸时间不可过久，以避免继续水解，否则溶液冷却后也不会凝结成胶冻，将导致菜肴制作的失败。此外明胶贮存中较易受到微生物的污染，导致明胶发霉变质，故不宜贮存过久。

3. 蛋白冻

蛋白冻是一种富含蛋白质的凝胶体。它是用动物的肌肉组织、骨骼等为原料，在大火上烧开后，再以小火长时间焖煮，使原料中的蛋白质尽可能地溶于水中，溶液中蛋白质浓度越高其黏稠度越强。这种蛋白溶液经冷冻处理后即可凝结成柔软而有弹性的蛋白冻。

蛋白冻因其主要成分是蛋白质，其凝结能力较差，必须经冷藏才会凝固成冻胶。因此在烹饪中常添加一些富含胶原蛋白的原料制备，或直接添加皮冻或明胶于蛋白冻溶液中以增加其凝固能力。

蛋白冻营养丰富，滋味鲜美，一般适合制作羊糕、水晶肴肉等冷菜。调味时可偏重些。用蛋白冻制成的冷菜是高级宴席上的佳肴，受到食者的青睐。

4. 琼脂

琼脂又称洋菜、琼胶、冻粉。它是由海藻石花菜中提取出来的海藻多糖类物质。其主要成分是琼脂糖和琼脂胶。

海藻多糖的结构单位为半乳糖，形成具有支链的链状高分子物质。人体由于没有这种糖类的分解酶，故进入人体后不能被消化吸收，仍以原来的分子形状排出体外，因此琼脂本身对人体无任何营养价值。琼脂溶于热水，冷却后凝结成冻胶状，故琼脂常用于甜菜和果冻类菜肴的制作。琼脂的产品形状有条状、薄块、粉状或颗粒状多种，色泽为白色或淡黄色，呈半透明状。琼脂不溶于冷水，但可吸水膨胀成胶状，柔软、透明且有弹性，可用于冷拌菜的制作，口感滑韧爽口，可任意调色调味。琼脂的凝结能力很强，1%的琼脂溶液在42℃时即可凝结成胶状体，凝结后的凝胶稳定性好，即使加热到90℃也不会溶化，因此琼脂具有不可逆性。

琼脂的吸水性和持水性很高。干燥的琼脂在冷水中浸泡可吸收20倍于琼脂的水。琼脂的凝胶含水量可高达99%，并具有较好的持水性，性质稳定。在烹饪中一般使用琼脂的浓度为0.2%～0.6%，可制成凝胶，用于菜肴制作。琼脂因其没有营养和风味，因此在加热琼脂制成凝胶的过程中可加入调料或鲜汤，甜菜则可加入甜味料和少量香精，然后趁热浇于装有原料的模盘中，冷却后即可改刀食用。以琼脂制成的大都为甜菜汤类或水果冻，如杏仁豆腐、水晶橘冻、西瓜冻、莲心西瓜冻等冻制菜肴。更因琼脂的凝结温度很高，在30℃时即可变成凝胶，故琼脂菜肴是夏季美味的甜食，清凉爽口。

5. 果胶

果胶是植物性原料中一种可溶性的食用纤维,其主要成分是多聚半乳糖醛酸甲脂。果胶广泛存在于水果蔬菜中，在植物细胞内壁中起到支撑的作用。果胶在成熟的瓜果类中含量较少，在蔬菜的茎叶和未成熟的瓜果类中含量极为丰富。果胶在酸和糖存在的条件下形成凝胶,可用做增稠剂,并在食品生产和烹饪中得到广泛应用。

果胶的提取一般选用富含果胶的柑橘皮、山楂、苹果皮等原料,用水漂洗去部分糖类及其他可溶性物质,再加水及酸,经保温、过滤、减压浓缩和冷却,再用70%酒精提取、过滤、洗涤和干燥成粉末状的果胶粉。果胶为白色或淡黄色透明状凝胶,其凝结能力较强,溶于20倍于果胶的水中也可成为黏稠状的胶体溶液。果胶的溶解度与其分子中的甲氧基有关,甲氧基含量越高,其溶解性越强。此外果胶形成凝胶还与酸和糖有关。将果胶溶于水中后,调节溶液pH值至2～3.5的范围,溶液中蔗糖含量为60%～65%，果胶浓度在0.3%～0.7%时,即可形成凝胶,并不受温度的影响，这与以前所述几种增稠剂有明显的不同,不需用热水溶解,不需冷却凝胶。果胶形成凝胶需要在酸和糖存在的条件下进行,酸在果胶的凝胶过程中起到消除果胶分子负电荷相排斥的作用；糖则起到了脱水剂的作用,使果胶凝胶富于弹性和韧性。

果胶在烹饪中主要用于制作冻制类的蔬菜和水果等甜食,如水晶桃、枇杷冻等,制作成品具不破不裂、透明光亮及形态美观等特点。

6. 酵母菌

酵母菌是一种微生物蓬松剂，广泛用于我国传统菜点的制作中。酵母菌形态有圆形、卵圆形、椭圆形或香肠形等。繁殖方法是以无性出芽生殖,在营养充足、温度适宜条件下,其繁殖迅速,发酵的作用也较强。利用酵母菌的繁殖和酶的作用，产生大量的二氧化碳气体及其他一系列产物。在加热中气孔膨胀,做成的面点松软适口,色泽洁白,并且在一定程度上能提高面点的营养价值和改善面点风味。

酵母是一种微生物，只有在适宜的温度下才能迅速繁殖,达到发酵的目的。一般温度控制在25℃～28℃之间，最高不超过30℃。温度过低繁殖较慢,发酵时间长;温度过高,酵母失活，不能起发酵和蓬松作用；温度稍高,发酵时间过短很难控制,反而有利于其他杂菌的繁殖，使面团酸度过高，影响制品质量。酵母的品种主要有压榨鲜酵母、液体鲜酵母和活性干酵母。压榨鲜酵母,为淡黄或乳白色,有酵母的特殊气味,无酸臭味,不黏手,无杂质,使用时取适量鲜酵母,加入少量温水,用手捏合成稀薄的浆,然后加入到面粉中,揉和均匀使其发酵;液体鲜酵母,活性较强,可按比例直接与面粉揉和均匀,使其发酵;活性干酵母,含水量较低,呈粉状,使用时,首先使酵母激活,一般按比例取适量干酵母,加入等量糖,再加50倍的温水,使酵母激活,加快繁殖生长，经过45分钟即可与面粉混合在一起,揉和均匀使其发酵。酵母的用量越多,发酵作用越强,发酵所需的时间越短;相反,则发酵作用缓慢,发酵所需的时间较长。因此控制酵母的用量是发酵的关键之一，一般酵母用量控制在面粉的1.5%～2%为宜。

以酵母作蓬松剂，没有化学蓬松剂在制品中有化学物质残留之弊。酵母在条件适宜时以淀粉酶分解淀粉产生的糖作营养，分泌产生酵酶,水解淀粉产生二氧化碳和酒精。加热时气体膨胀逸出，而残留的酵母本身就含有蛋白质和维生素,提高了制品的营养价值,并有独特的风味。酵母一般适合于制作面包和馒头等发酵面团。酵母在含油和糖量多的面团中,发育不良,达不到疏松的效果。因此酵母的使用范围并不广，但它的制品中没有化学物质残留,制品易消化,营养价值高,酵母乃是一种良好的蓬松剂。

7. 碳酸氢钠

碳酸氢钠是一类碱性化学蓬松剂，在糕点生产中使用广泛，并且其使用方便，价格便宜而且蓬松效果好。化学蓬松剂可直接掺入面团中，揉和均匀即可。制品加热时，蓬松剂便在面团内部分解产生大量的气体，如二氧化碳，膨胀而产生疏松多孔的结构。

碳酸氢钠又称小苏打、重碱，其外观为白色结晶状粉末，无臭味。小苏打稳定性较差，在潮湿空气中，或气温较高的空气中即可分解产生二氧化碳。加热至270℃时完全分解失去二氧化碳。碳酸氢钠是一种弱碱性化学物质，遇酸迅速分解产生二氧化碳，并且容易溶解于水，其水溶液pH值为8.3。

在烹饪制品加热过程中产气量迅速，而残留的碳酸氢钠不能挥发，留在制品中会影响制品色泽。并且其产气较碳酸氢铵弱，故在烹饪中一般将碳酸氢钠和碳酸氢铵混合使用，以得到更好的蓬松效果和口感。其混合使用总量一般为面粉的0.5%～1.5%。

8. 碳酸氢铵

碳酸氢铵又称臭粉、臭碱。

其特点是外观为白色粉状结晶，有氨味。碳酸氢铵的热稳定性较差，在35℃以上即可分解，而在室温下非常稳定。碳酸氢铵易溶于水，一般经冷水溶化后使用，但不宜用于蒸制品中，以防制品带有氨味。

碳酸氢铵的蓬松能力强，在加热后，迅速分解产生二氧化碳和氨气及水，产气量大，蓬松速度快，很少单独使用，否则容易造成面制品过松软，其内部或表面出现较大的空洞，光泽较差，冷却的制品易塌化。因此常与碳酸氢钠混合使用。碳酸氢铵虽然受热后分解无残留物质，但常伴有氨味，影响制品的风味，故应适当控制碳酸氢铵的用量。

9. 明矾

明矾又称钾矾或钾明矾。明矾的主要化学成分为含结晶水的硫酸钾和硫酸铝，味微甜，稍有酸涩味。

明矾外观为无色透明的结晶体，结晶体有大块、小块和粉末之分，溶于水，并随水温升高而溶解度增大。明矾的稳定性较好，其熔点较高，当温度升至92℃左右才熔化。

明矾在烹饪中主要用于油炸食品，一般与碱配合使用。面坯在短时间加热过程中，明矾与碱反应产生大量二氧化碳气体，使面坯迅速产生均匀的气孔。在高温油中炸至面筋迅速凝固，使食品变得蓬松，吃口酥脆，如油条、馓子等。明矾因带有酸涩味并有化学物质残留，要注意其用量，以每千克面粉添加不多于30克的明矾为限。

10. 发酵粉

发酵粉又称发粉，是一种由碳酸氢钠、明矾和淀粉等混合而成的复合蓬松剂。

发酵粉易溶于水，水溶液酸碱度pH值为6.5～7.0。遇水即迅速产生二氧化碳，使用时一般直接与面粉拌和均匀，蓬松效果更好，切不可先溶于水后再加入面粉，其蓬松效果较差。

发酵粉含有35%左右的碳酸氢钠，49%左右的明矾，16%左右的淀粉，其中碳酸氢钠与明矾遇水后迅速产生二氧化碳，产气迅速而量大，能使面团迅速蓬松。但有时因产气过快，面筋质尚未完全形成，大量气体逸出，从而影响面团的蓬松效果。发酵粉中的填充剂淀粉即起到了调节气体产生的速度或使气泡均匀产生等作用。此外在实践操作中，如添少量的盐，也可加速面筋质的形成，并增加面筋质的韧性，面团的气体保存性更好，蓬松的效果也更好。发酵粉中的明矾能起到减低面制品的碱性，调节产品的色泽和口感。而其中的淀粉还能起到吸潮作用，防止发酵粉吸水结块而失效，因此发酵粉的保存性较好，具有较好的稳定性。发酵粉在面团中产生蓬松作用后，仍有大量的其他物质残留其中，因此在糕点制作时，发酵粉使用量为面粉的1%～3%；馒头和汤包等食品制作时，其使用量为面粉的0.7%~2%。

11. 碳酸钠

碳酸钠为白色的粉末或微细颗粒，呈碱性，易溶于水。其水溶液呈强碱性，遇酸则会分解并产生二氧化碳。碳酸钠具有一定的腐蚀性，能破坏肉类组织结构。质地粗老干硬的肉品浸泡在碳酸钠溶液之中，肉品表面及肌纤维之间结缔组织中的蛋白结构被破坏，在一定程度上提高了肉的嫩度。同时碳酸钠溶液又是一种电介质溶液，增加了肌肉蛋白质的电荷数，在一定程度上提高了蛋白质的吸水能力，浸泡后的肉品含水量增加，并且有持水能力，从而使肉品变得柔软、多汁、富有弹性，肉品的嫩度更加提高。

碳酸钠因具有较强的腐蚀性，并有碱味，在烹饪中使用时应注意溶液的浓度和浸泡时间，并漂洗去除碱味。碱液的浓度一般控制在1%~2%左右，质地老硬的原料浸泡时间稍长些。在具体使用时，注意勤检查，不可置之不理。如干制鱿鱼、墨鱼和鲍鱼等浸泡，发现原料发软、膨胀、有弹性、易加工时，即可用清水漂洗，除去碱液和碱味。如浸泡时间过长，原料表面组织易腐蚀，影响原料的营养、质感和风味；浸泡时间短，则原料内部仍较干硬。碳酸钠还可用于浸泡富含胶原蛋白的原料如蹄筋、鸡翅和鸡爪等，一方面使其结构变化，提高嫩度，另一方面也起漂白作用。但鸡翅、鸡爪等原料浸泡过久会变得没有韧性而酥烂，并且大大降低营养价值和食用价值。此外还可用于富含结缔组织的原料，如肚尖、肫和毛肚等原料的浸泡，浸泡后烹调出来的菜肴鲜嫩爽脆，色泽白净，并且易于消化。

12. 嫩肉粉

嫩肉粉又称嫩肉精，其主要作用在于利用蛋白酶对肉中的弹性蛋白和胶原蛋白进行部分水解，使肉类制品口感达到嫩而不韧、味美鲜香的效果。由于其嫩化速度快且效果明显，因此目前已广泛应用于餐饮行业。

嫩肉粉的主要成分为2%的木瓜蛋白酶、15%的葡萄糖、2%的味精及食盐等。其中的蛋白酶是一种分解蛋白质的酶。其作用机理主要是能部分分解肉类结缔组织中的胶原纤维和弹性纤维蛋白，使蛋白质分子之间的化学键部分断裂，肉类结构发生变化，从而大大提高了肉品的嫩度，肉品变得鲜嫩、多汁、易熟，并且风味得以改善，也提高了肉品的营养价值。蛋白酶广泛存在于植物性果实之中，常用的蛋白酶如木瓜蛋白酶、无花果蛋白酶、菠萝蛋白酶及猕猴桃蛋白酶等，其中以木瓜蛋白酶最常用，使用最广泛。木瓜蛋白酶是从未成熟木瓜的果实的白色胶乳中提取的一种蛋白分解酶。其特点是外观白色或浅黄褐色，为粉状或晶体状，易溶于水。其对蛋白质降解受酸碱度和温度的影响。木瓜蛋白酶对蛋白质降解的温度范围为不低于室温，不超过80℃。其最佳温度为65℃，酸碱度范围pH值为7~7.5，此时木瓜蛋白酶的降解作用效果最好。

在烹饪中使用嫩肉粉可直接用温水化开，加入水淀粉中，用于切好的肉片和肉丝等的上浆，放置0.5~1小时后即可烹制菜肴。木瓜蛋白酶也可用于个体较大的肉类，如整鸡、整鸭、大块牛肉、整只蹄膀等，可直接或溶于调味汁中，抹在原料表面，放置0.5~1小时后用于烹调，可缩短烹调时间。嫩肉粉不仅嫩化效果佳，而且安全、无毒、卫生。它实际上是将蛋白质在人体内的水解作用提前进行，提高蛋白质转化率及利用率，增加了营养价值。同时，它不产生任何异味，并能提高肉类的色香味，但添加量并非越多越好。如果原料过分分解，则不利于肉品成形。

（五）食用油脂

1. 豆油

豆油是从大豆中提取的油脂。我国是世界上最早利用大豆榨取油脂的文明古国，大豆的栽培大约已有5000年的历史,长期以来主要产区在东北,其次是华北和长江中下游等地区。

豆油的产量居于各种植物性油脂生产的首位,占人类食用植物油总量的1/3左右。大豆油的色泽较深,毛油呈黄色,有特殊的豆腥味,热稳定性较差,加热时会产生较多的泡沫。精炼过的豆油为淡黄色。

豆油的营养价值较高,它含有大量的人体必需脂肪酸——亚油酸,约为50%~60%,此外还含有22%~30%的油酸、5%~9%的亚麻油酸、7%~10%的棕榈酸、2%~5%的硬脂酸、1%~3%的花生酸等成分。大豆油的脂肪酸构成较好,有显著的降低血清胆固醇含量,预防心血管疾病的功效。同时豆油在人体内的消化率高达98%,所以豆油是一种营养价值很高的优良食用油。

豆油是烹饪中常用的一种油脂,同时它还是制造人造奶油的原料。

2. 花生油

花生油是从花生仁中提取的油脂。目前我国花生的种植面积和花生油的产量均占世界第二位,仅次于油菜。花生的主要产区在山东、河南、江苏、广东、广西和辽宁等地。

花生油色泽淡黄、透明清亮,气味芬芳可口,是一种易消化的食用油。

花生油含不饱和脂肪酸达70%~80%,其中油酸含37%左右,亚油酸38%左右。其次含有软脂酸13%、硬脂酸3.5%、花生酸6%~8%。花生油中因含饱和脂肪酸的量稍高,其在室温下,黏度较高,易出现浑浊现象。温度上升,浑浊便会消失。花生油易凝固,在-3℃呈乳浊状,温度过低则凝固。而凝固后的花生油熔化易发生氧化,酸值增加,影响花生油的品质,故贮存时需防止凝固。

花生油在烹饪中广泛应用于炒、煎、炸、煸、拌等菜肴烹调,既可润色,又可增加菜肴的口感和香味。

3. 菜油

菜油取自于油菜、甘蓝、萝卜和芥子的种子,其中以油菜种子的含油量高、质量好。油菜在我国已有2000多年的栽培历史。在世界十大油料中,油菜籽的总产量次于大豆、棉花、花生、葵花子而位于第五。我国油菜的产量居世界首位。菜油的产量约占我国植物油年产量的1/3以上,主要产区在长江和珠江流域。

油菜籽毛油,色泽深黄略带绿色,具有一种令人不愉快的气味和辣味。精炼后的菜油澄清透明,色泽淡黄并且无味。

菜油含花生酸0.4%~1.0%、油酸14%~29%、芥酸31%~55%、亚麻酸1%~10%,此外还含有少量软脂酸和硬脂肪。菜油含有50%左右的芥酸,影响其营养价值。据国外报道,芥酸能导致心脏内脂肪积存、心脂增高,对心肌不利。近年来,国内外已陆续培育出含低芥酸(2%以下)的油菜品种,这对提高菜油的质量有着重要作用。

菜油是一种主要的食用油,烹饪中用量较大。同时,菜油也可制作色拉油、人造奶油和氢化油。菜油应贮存于阴凉的仓库或密封的油池内,不应在阳光下曝晒,贮存温度一般以高于10℃为宜,以免凝固后熔化而氧化,影响食用品质。

4. 芝麻油

芝麻又名胡麻、脂麻、油麻,属胡麻科。胡麻属一年生草本植物。芝麻原产于非洲西部,相传西汉时期传入我国种植。芝麻的含油量高达53%~59%,占世界十大油料中的第8位,我国芝麻的产量占世界首位。我国芝麻主要分布在河南、湖北、安徽和江西等省,产量占全国总产量的80%。

芝麻油按加工方法可分为大槽油和小磨香油。大槽油是用压榨法制取的,不具有小磨香油特有的浓郁芳香味,但色泽澄清,在国际市场上较畅销。小磨香油又称香油,是用传统方法(即水代法)生产,经炒芝麻、磨糊、加开水搅拌,油水分离而制成的。加工的关键在于炒芝麻,火候适宜则其香味浓郁。

芝麻油中含脂肪酸的量分别为软脂酸7.2%～12.3%、油酸36.9%～50.5%、硬脂酸2.6%～6.9%、亚油酸36.8%～49.1%、花生酸0.4%左右。芝麻油的消化率为98%,并富含维生素E,是一种非常优良的食用油脂。

芝麻油的脂肪酸中虽然不饱和脂肪酸含量较高,但因有维生素E及麻油酚等天然抗氧化剂,因此较一般油脂耐贮存,稳定性好。此外芝麻种子的外皮含有较多的蜡质,制油时蜡质溶于麻油中,在气温较低的季节贮存的麻油常见有乳白色沉淀析出,影响麻油的外观。但稍加热,这种沉淀就立即消失。烹饪中常用于拌、炝菜肴。

5. 玉米油

玉米油主要是从玉米胚中提取的油脂,玉米胚含油量为37.7%,是玉米加工时的副产品,其资源非常丰富。

玉米油清淡爽口,稳定性好,这是因为含有天然抗氧化剂维生素E的缘故。玉米油中含有的叶黄素和较多的叶红素难以除去,故经精炼后的玉米油色泽较深。玉米油经低温处理脱蜡以后,品质更佳。新鲜玉米油味清香,滋味淡雅可口。

玉米油含软脂酸10%、硬脂酸2.5%～4.5%、油酸19%～49%、亚油酸34%～62%、亚麻油酸2.9%。玉米油的脂肪组成较好,亚油酸的含量较高,不饱和脂肪酸占脂肪总量的85%以上,具有较高的营养和生理保健价值。它可以减少心脏病的发病率和促进动脉粥样硬化病变的消退,并且有阻止人体血清中胆固醇沉积的特殊功能。玉米油中还含有丰富的维生素A原、维生素E和维生素D。玉米油营养全面,消化率高达97%,是一种优质的食用油脂。

玉米油的热稳性较好,加热时起泡少,即使在200℃高温加热时,也能保持其独特的优良风味。因此玉米油广泛用于高温煎炸和一般烹调用油,也是一种优质的凉拌用油。

6. 葵花籽油

葵花籽油来自向日葵的种子。向日葵属菊科一年生草本植物,起源于秘鲁和墨西哥,公元17世纪从南洋引入我国。现向日葵主要分布在东北、华北等地区。

葵花籽油未精炼时呈黄而透明的琥珀色,精炼后呈清亮的淡黄色或青黄色。气味芳香,滋味纯正。葵花籽油溶点低(-18.5℃～-16℃),在零下十几度仍是澄清透明的液体。葵花籽清淡易消化,消化率为96.5%,维生素E含量高且和亚油酸含量的比例均衡,是一种有利于人体健康的优良食用油。南方的葵花子油或北方轻度氢化的葵花籽油的热稳定性能好,可做起酥油或高温烹炸油。葵花籽油炸出的食品色美、味香,酥脆可口,感官鉴定的评价高,在欧洲备受欢迎。

葵花籽油中的脂肪酸含有油酸34%、亚油酸56%、硬脂酸4.3%、棕榈酸5.1%。一般北方生产的葵花籽油营养价值较南方生产的高,而南方生产的葵花籽油贮存稳定性较北方生产的好。葵花籽油中除了亚油酸的含量较高外,还含有植物固醇0.4%、磷脂0.2%,这两种物质均有抑制体内胆固醇合成和防止血脂胆固醇过多的作用。此外葵花籽油中还含有较丰富的维生素E和胡萝卜素,因此葵花籽油的营养价值较高。

7. 橄榄油

橄榄油是由油橄榄果肉中提取的油脂。油橄榄是世界著名的木本油料植物,它的单位面积产油量仅次于油棕,并且油质十分优良,经济寿命一般在200年以上,世界上许多国家都在大力引种。油橄榄在我国是一种新兴油料,据统计,我国现有油橄榄树1000多万株。

油橄榄榨油是用新鲜果为原料,其果肉多汁,并含有35%～70%脂肪。由于它是由新

可可脂的熔点较高，为 31.8～33.5℃，因此常温下为固态。可可脂的口感很好，入口容易溶化，但却没有油腻感，并具有浓郁而独特的香气。因此可可脂可用于风味独特的一些糕点中，口感很好。

12. 猪脂

猪脂是从猪的脂肪组织板油、肠油或皮下脂肪层的肥膘中提炼出来的。骨髓中亦可提取油脂称为骨油。

猪油以鲜板油提炼出的脂肪质量最好，呈白色软膏状，其熔点为 24~48℃。

猪脂中脂肪酸主要含豆蔻酸 7.3%、棕榈酸 28.3%、硬脂酸 11.9%、十六烯酸 2.7%、油酸 47.5%、亚油酸 6%。猪脂因含饱和脂肪酸和胆固醇都较高，常温下呈固态，并且色泽纯白或淡黄。

猪脂是烹饪中常用的主要油脂之一。无论是烹制菜肴，还是制作面点，猪脂都是较理想的油脂，尤其是制作白色或浅色的菜肴和面点时，更显得重要，使得菜肴色泽淡雅、和谐统一。面点制作中猪脂具有较好的起酥性，使制品形成特殊的结构而酥脆可口。此外猪脂用于肉茸、鱼茸、虾茸中，使得制品光亮润滑，口感更佳，香味浓郁诱人。猪脂因含胆固醇较高，一般不宜过多食用，否则会影响人体健康，尤其是心血管病人，不可多食。

13. 牛脂

牛脂是使用普通间接蒸汽干燥法从牛的脂肪组织中提取出来的脂，经精炼后成为食用油脂。

牛脂与猪脂相同皆含有大量饱和脂肪酸，其熔点为 42~52℃，在常温下呈黄色固态状脂。

牛脂中含有豆蔻酸 3.1%、十六烯酸 2.4%、棕榈酸 24.9%、硬脂酸 24%、亚油酸 2%、油酸 42%。

牛脂色泽较深，并有浓重的牛腥味，食用时口感不太好，人体的消化率也较低。因此牛脂直接用于菜肴制作的较少，只有少数传统菜肴中有少量使用，如四川火锅中的底料用油中常需少量的牛脂，具有特殊的风味。而大多数牛脂用于制作人造奶油和起酥油。

14. 羊脂

羊脂是从羊的脂肪组织中提取出来的脂。

羊脂在常温下也呈固态状，色泽纯白，并且具有较浓重的羊腥味。

羊脂中含有豆蔻酸 4.6%、棕榈酸 24.6%、硬脂酸 30.5%、油酸 36%、亚油酸 4.3%。由此可见，羊脂中饱和脂肪酸的含量较猪脂、牛脂还高，其熔点高达 44~55℃，食用时其口感较差，人体对其的消化率仅为 81%，为动物油脂中最低的一种脂。

羊脂因其口感较差并带腥味，故在烹饪中很少直接用做烹调用油，只有在烹制以羊肉为主的菜肴、点心、汤时，添加少量羊脂以增加它们的羊肉风味。此外羊脂经精炼及脱色、脱臭处理后，可用于制作人造奶油和起酥油。

15. 鸡油

鸡油是从鸡皮下脂肪组织和内脏周围的沉积脂肪组织中提取出来的油脂。

鸡油的提取与猪、牛、羊相同，在厨房中可自行提炼，一般加水用中火慢慢熬炼即成。鸡油色泽浅黄至金黄，在常温下为液态或半固态，并且具有浓郁的鸡肉风味。

鸡油中的脂肪酸含有较丰富的不饱和脂肪酸，其中亚油酸为 24.7%、亚麻油酸为 1.3%，为陆生动物油脂中含量最高的油脂。因此鸡油的营养价值较其陆生动物性油脂高。

鸡油在烹饪中一般不作主要烹调用油，但也可用于有些菜肴、面点、小吃中，以达到丰富口感、增加香味、补充色泽的良好效果。

16. 奶油

奶油是由牛乳中的乳脂肪提炼加工制成的油脂。奶油的生产已有相当悠久的历史，在西菜和西点的制作中大量使用。

奶油的提取是将牛乳静置，悬浮的乳脂球就会上浮，也可用离心机分离，很容易分出乳脂球。随后把乳脂肪层放入装有挡板的箱式容器内，使容器回转，乳脂肪在容器中搅拌而逐渐被粉碎而乳化，分离成奶油颗粒一类的富有脂肪成分的块状。将奶油粒在冷水中洗涤 3 次后，加入 25%的食盐，进行充分搅拌而配制成奶油。一般每 100 千克牛乳可分离加工成 3.5~4 千克的奶油。奶油的品种较多，有乳脂肪发酵后制成的发酵奶油；有不经发酵制成的无酵母奶油；还有加盐和不加盐奶油等等。

奶油富含营养，其脂肪酸组分中含月桂酸 2.5%、豆蔻酸 11.1%、棕榈酸 29%、硬脂酸 9.2%、花生酸 2.4%、棕榈油酸 4.6%、油酸 26.7%、亚油酸 3.6%。此外还含有酪蛋白、乳糖、维生素 A、维生素 E、维生素 D、胡萝卜素等营养成分。

优质的奶油色泽透明淡黄，用刀切开，切面光滑，不出水滴、无空隙，放入口中能溶化，口感润滑不油腻，有奶油特有的芳香味。烹饪中奶油的用途很广，尤其是用于蛋糕制作，可用奶油涂抹或雕花点缀，可提高蛋糕制品的色、香、味、形等感觉指标，也可用于菜肴制作，尤其是甜菜制作，能赋予菜肴特殊的奶油香味。因此奶油自古以来一直是人们非常青睐的油脂。

17. 人造奶油

人造奶油，起源于法国，由法国化学家梅吉·摩里斯于 1869 年发明。

人造奶油又称麦淇淋，是将精炼氢化硬脂配合一定比例精炼植物油，添加乳化剂、维生素、色素和水溶性的食盐、防腐剂、香料等成分，经乳化、灭菌、急冷、捏和、结晶老化而制成的。

人造奶油的原料主要为植物油脂，其油量在 80%以上。人造奶油的加工关键在于植物油脂的氢化。氢化的好坏，对人造奶油的滋味、口溶性、稠度及稳定性都有很大影响。人造奶油的含水量在 22%以下，含油脂量不少于 75%，熔点在 35℃以下，含气体量为 100 克中少于 20 毫升。优质的人造奶油必须具备良好的保形性、延展性、口溶性和营养性。随着科学技术的发展，现生产的人造奶油在营养上有超过奶油的优点。

烹饪中人造奶油因具有良好的保形性、延展性和起酥性，所以广泛用于糕点和油酥等点心的制作中，也可将其涂抹在面包上食用，可增加其风味和口感。因人造奶油价廉物美，其消费量远远超过奶油。但须注意的是植物油氢化过程中会产生反式脂肪酸，所以人造奶油制品不宜多吃。

18. 起酥油

起酥油最初起源于美国。它是由植物油脂氢化和精炼，配合一定比例精炼植物油，添加乳化剂，经充氮、急冷、混合搅拌熬制后，进行熟化（通常置于 20 ~ 30℃的室内保存 2 天)，使起酥油结晶稳定化。熟化以后便得到起酥油。

优质的起酥油熔点为 33 ~ 35℃，具有良好的起酥性、起泡性、延伸性和稳定性。

在烹饪中，利用起酥油的起酥性，用于制作酥饼、层糕等食品。利用起酥油的乳化性，可用于糕点和面包等的制作，使制品的蜂窝孔细致有弹性。而起酥性的延伸性即指其在很大的温度范围内保持黏稠度的性质，起酥油即使在较高温度下也不会变稀软，但在低温下也不会太硬，所以使起酥油的起酥性能更好。此外起酥油具有良好的保存性，无论是加热还是贮存中，起酥油的性质仍相当稳定。可防止制品老化，即便冷却而塌陷的制品，经稍加热、油炸或烤后，仍能恢复原来的品质。由此可见，起酥油是面包房、饭店和家庭必备的食用油脂，以它生产的制品，色、香、味、形俱佳，深受人们喜爱。起酥油和人造奶油一样，其中的反式脂肪是一种不理想的成分。

（朱水根）

第四编　中国烹饪工艺篇

烹饪工艺，是从人们的饮食需要出发，对烹调原料进行选择、切割、组配、调味与烹制，使之成为符合营养卫生标准，并达到人们对菜点具体品种色、味、香、形、质、皿、趣等属性要求，能满足人们饮食需要的菜点制作流程、技术、技能的方法。

烹饪工艺最初仅是将生食原料用火加热制熟。早在秦汉时期就有了断割、煎熬、齐和三大要素的说法，如果用今天的烹饪术语来表达那就是刀工、火候和调味。此后，人类在烹调与饮食的实践中，随着食物原料的扩展和炊具、烹调法的不断发展与提高，烹饪工艺随着时代的发展，已逐步形成众多的技法体系，构成许多完整的工艺流程。它包括一切技能、技术和工具操作的总和，具体内容有选择和清理工艺、分解工艺、组配工艺、优化工艺、混和工艺、熟制工艺、成品造型工艺以及新工艺的开发等要素。

在我国烹饪生产中，每一个地区、每一个民族乃至每一个自然村镇，都有着特色性的食品，这是人类饮食文化中的优秀遗产。这些食品有浓郁的地方风味，更有独特的加工技艺，那些多变的形式、丰富的品种、鲜明的文化风格，是各地区物质文化与精神文化的结晶。

随着社会的发展与科学的进步，中国烹饪工艺逐渐地由简单向复杂、由粗糙向精致发展。在此过程中，不但通过烹调工艺生产制作出食品，适应与满足了人们饮食消费的需要；而且在烹调生产与饮食消费的过程中，逐渐认识到它们所产生的养生保健作用，并能动地加以发挥与利用；同时，也逐渐认识到了它们所具有的文化蕴涵，赋予它们以艺术的内容与形式，使饮食生活升华为人类的一项文明的享受。因此，中国烹饪技术活动，兼具物质生活资料生产、人的自身生存和种族延续、精神文明创造等三种功能。

应该说，烹饪工艺是一种复杂而有规律的物质运动形式，在选料与组配、刀工与造型、施水与调味、和面与制馅、加热与烹制等环节上既各自成章，又相互依存。因此，烹调工艺中有特殊的法则和规律，包含着许多人文科学和自然科学的道理。在烹饪生产中，料、刀、炉、水、火、味、器等的运用都各有各自的法则，而在这些生产过程中，都要靠人来调度和掌握。通过手工的、机械的或电子的手段（目前我们主要靠手工）进行切配加工、加热，使之成为可供人们食用的菜点。一份成熟的菜点的整个生产工艺过程都要涉及到许多基础知识技能。

烹调技法是我国烹饪技艺的核心，是前人宝贵的实践经验和科学总结。它是把经过初步加工和切配成形的原料，通过加热和调味，制成不同风味菜品的操作工艺。由于烹饪原料的性质、质地、形态各有不同，菜品在色、香、味、形、质等诸质量要素方面的要求也各不相同，因而制作过程中的加热途径、糊浆处理和火候运用也不尽相同，这就形成了多种多样的烹饪技法。我国菜肴品种虽然多至上万种，但其基本方法则可归纳为以水为主要导热，以油为主要导热，以蒸汽和干热空气导热，以辐射（含微波辐射）导热，以盐、沙子、石子为导热体的烹调方法，其代表方法主要有烧、扒、焖、烩、氽、煮、炖、煨、炸、炒、爆、熘、烹、煎、贴、蒸、烤、卤、油浸、拔丝、蜜汁等几十种。

随着烹饪技术的进一步发展，特别是许多新的炊具的不断涌现，20 世纪 40 年代以后，高压锅、电饭锅、焖烧锅、不粘锅、电磁灶、电炒锅等打开了烹饪的新领域，为大批量生产提供了许多便利，并在菜品的烧制时间和质量上提供了有利条件。许多烹饪工艺参数得到了有效的控制，传统的烹饪工艺又进入了一个新的历史时期。

进入 21 世纪，在保证产品质量的前提下，简化烹饪工艺流程已成为现代烹饪工作者的当务之急。广泛利用现代科技成果，将其新方法引入现代烹饪生产中，不断革新烹调方法，缩短烹调时间，以保证产品的标准化和技术质量；在保持传统菜品风味的前提下，加速厨房生产速度，以满足大批客人进餐消费的需求；在菜品的生产工艺上，充分利用食物的营养成分、合理配合、强化烹饪生产与饮食卫生，以达到促进食欲、饮食享受的需求。这正是现代烹饪工艺发展的主要任务。

烹调是制作菜肴的一项专门技术。在《辞源》、《现代汉语词典》中都解释为"烹炒调制（菜肴）"。"烹"是"化生为熟"，就是对烹饪原料加热使其成熟，"调" 是调和滋味。烹调是"烹"和"调"的结合，具体地说，就是将经过加工整理的烹饪原料，用不同加热方法加入调味品而制成菜肴的一门技术。其工艺包括食物加热成熟的一切劳动，诸如食物原料的选择与加工、烹制与调味等都在内，目的在于制作便于食用、易于消化、安全卫生、能刺激食欲的食品。

通过"烹"的工艺，把生的食物制成熟的食品，可将食物杀菌消毒，使食物成为可供安全食用的食品；加热后，食物有利于牙齿的咀嚼，使食物中的养料便于人体消化吸收；烹制后食物能够味香可口，诱人食欲。"调"的工艺是使菜肴滋味鲜美。在烹制过程中，加入适当的调味品，可以起到除去异味的作用。所有调味品，都有提鲜、添香、增加菜肴美味的效果。调味品的加入，还可以丰富菜肴的色彩，从而使菜肴色彩浓淡相宜，鲜艳美观。烹制加上调味，人类食物才有了多样化的必要条件。

（邵万宽）

一、原料的机械性加工

（一）烹饪原料选择和初加工

1. 烹饪原料的选择

烹饪原料是生产制作菜点的物质基础，原料质量的优劣直接关系到菜点的质量，因此，正确地选择原料是烹饪工作的前提。一般来说，美味佳肴取决于烹调师技艺的高低，而技艺的发挥则决定于原料的正确选择和因料施艺。

合理使用原料，做到物尽其用。由于不同的烹饪原料各有所长，在使用方面也就不尽相同。同一种原料的不同季节、不同部位，其风味特征都不尽相同。动物肉经过分档取料，各部位肉的品质就有区别，可用于不同菜点品种的制作。

准确选择原料，丰富菜肴品种。一种原料根据其部位不同可以制作出不同风味的菜点，使菜点品种多样化，这是原料选择运用的结果。同样，使用同一种主料也可以制作出若干不同的菜点。就某一种原料而言，运用不同的烹调方法、使用不同的调味品，同样使菜点变化无穷。这一切都依赖于对原料的正确选择。

（1）选料的基本原则。原料的选择，实际上是对某些原料质量的选择。原料因种类不同有不同的质量要求，根据制作菜点的需要，一般应掌握以下各点。

原料品种的选择。原料品种的选择是根据某一菜点的要求对原料进行的选择。中国烹饪原料数以千计，原料品种质量各不相同，若随意选择用来烹调，即使名厨也难成美味。

例如，常用原料中的鸡，就有仔、老之别，又有公、母、阉之异，更有肉用和卵用之分，其内在的质地、口味的属性各不相同。如果烹制脍炙人口的广东脆皮鸡，就必须选用仔鸡，不然就达不到皮脆肉嫩而味鲜的质量要求；如果需要制取香味浓、滋味鲜的鸡汤，就必须选用老而肥的母鸡。再如鸭就有普通鸭和填鸭等不同品种，脍炙人口的北京烤鸭，就是选用经专门人工填喂的优良品种北京填鸭作为原料的，它膘肥而肉嫩，烤制后才能达到皮脆、肉嫩、油润而鲜香的特色。闻名遐迩的南京板鸭，就是选用桂花鸭——因桂花盛开时正值秋高气爽、稻熟鸭肥的季节，故名。用这种放养的麻鸭加工成板鸭，皮白，肉嫩，无腥味。以上这些都是品种的原因。

原料季节的选择。原料因季节的不同，质量也有明显的区别，因为原料有其自身的生长规律，即自身的兴衰时期，旺盛期一过精华耗尽，质量就必然下降。如河蟹在不同的季节质量有明显的差别，正所谓“九月团脐十月尖”。因为随着季节的变化，到农历九月雌蟹已长得蟹黄丰满而鲜美，十月雄蟹蟹油丰腴而肥壮，但在这个季节之前蟹壳松空，质量显然逊色。此外，如春天的菜花甲鱼、初夏的鲥鱼、六月的花香藕、秋天的桂花鸭、冬季的山鸡都是时令佳品，过时而味差矣。如萝卜过时则心空，山笋过时则味苦，刀鲚过时则骨硬，土豆过时则发芽，韭黄过时则成青韭，这都是季节的原因。虽然随着科学技术的发展，在蔬菜方面有了温室培植，但其质量与天然原料仍有差别。在动物性原料方面有了人工养殖，然其质量，尤其是其鲜美、本味与天然出产者无法媲美。

原料产地的选择。同一原料品种，由于产地的不同质量悬殊较大，故有名产、特产之分。著名的江苏阳澄湖清水大闸蟹，不仅以其金爪、黄毛、青背、白肚、蟹足刚健为特色，而且因个大、肉肥、黄满膏丰、鲜嫩而驰名中外。阳澄湖清水大闸蟹之所以有如此质量特点，皆是自然条件之优，因为阳澄湖的水质清澈见底，阳光照射透底，河床平滑坚实没有污泥，螃蟹生长在这样的环境中，故青背白肚，蟹足坚硬有力，加之水草茂盛，饲料丰富，螃蟹肉实膏厚皆事出有因。如火腿，各地皆有出产，然以浙江金华所产的蒋腿最为世人所晓。它以其色、香、味、形四绝著称于世。同是鳗鱼，产在湖泊、溪流中的鳗鱼，腥味少而鲜嫩；产于江里的鳗鱼则骨硬而刺多。同是虾，产于池塘沼泽地的河虾，壳厚、色黑而腥味重；而产于江湖的河虾，壳薄、色佳、鲜味足。

原料部位的选择。有些原料根据其结构特征和性质，可分为若干部位，而且每个部位的原料品质特点以及适用性都有所不同。猪肉在烹饪中是最为普遍的原料，然而部位不同，质量差之千里，前腿肉精中夹肥质粗而老韧，后腿肉精多肥少，脊背部的肉鲜嫩异常，应根据烹饪之需要而合理选用。有的宜爆炒，有的宜烧煮，有的宜酱卤，有的宜做馅料等。不同质地的部位，加工的方法也有不同，有的宜切丝、片、丁，有的宜整块烧煮。莼菜用头，韭菜用根，笋用尖，鸡用雌才嫩，鸭用雄才肥，皆有它一定的道理。科学、合理地选用不同部位，也是我国烹饪选料的风格。

原料的卫生选择。原料必须选择无毒、无害的新鲜优质原料，符合应有的卫生要求。要能识别对原料的生物污染（如细菌等致病微生物等）、化学污染（农药残留等），区别有毒的动植物（如河豚鱼、苦杏仁、毒蘑菇等），并区分不可用做原料的制品（如亚硝酸盐、非食用色素、桐油等）和发霉、腐败、变质、变味以及虫蛀、鼠咬等原料。原料在选择时，要求原料中所含的营养素的种类、质量、数量比例都符合人们的生理和生活需要。在选择时重视原料感官性状的选择，使原料符合卫生要求，富含营养，以适应人体的营养必需和消化吸收，充分发挥原料的食用价值。

（2）原料品质鉴定。原料的品质鉴定是识别原料质量优劣的基本方法。品质好的、新鲜度高的原料，加上高超的烹饪技艺，烹制的菜肴质量就高；反之，菜肴的质量也不会太好。因此，烹饪原料的品质检验是决定菜肴质量的前提条件。

理化检验。理化检验包括物理检验和化学检验两个方面。物理检验法是运用一些现代化的物理器械，对原料的一些物理性质进行检验鉴定。如用比重计测定食品的密度；用比色计测定液体食品的浓度；用旋光计测定含糖量；用显微镜来测定食品的细微结构及纤维粗细、微粒直径、杂质含量等。化学检验法是运用各种化学仪器和化学试剂来测定原料的含水量、含灰量、含糖量，含有的淀粉、脂肪、维生素量及其酸碱度等，从而确定食品、原料的优劣。

感官鉴定。主要是借助于眼、耳、鼻、舌、手等感官来区别原料的质量，这是实际工作中最简便、最实用的检验方法。通过人们的感官看、听、嗅、尝、摸等对原料进行检验鉴定，主要用于鉴定原料的外形结构、形态、色泽、气味、滋味、硬度、弹性、重量、声音以及包装等方面的质量问题，主要有视觉检验、味觉检验、嗅觉检验、听觉检验、触觉检验等。这些方法几乎对所有的原料都适用，在实际应用时，往往需要几种检验方法同时并用。如检验肉类，先嗅其味，然后看其形状、颜色有无变化，再摸摸质地如何，这样综合多方的检验，就可判断出肉的品质。（邵万宽）

2. 原料的初步加工

从市场上购进的鲜活原料，一般都有不宜食用的部位及泥沙等污秽杂物，烹调前必须经过摘剔、洗涤处理，使原料达到清洁卫生的要求。无论是动物性原料还是植物性原料，都不可直接烹制菜肴，必须根据自身的特点，按照烹调的要求进行洗涤、整理。对动、植物原料进行宰杀、去皮、除去污秽物质，或剔除不能食用的部分，再进行洗涤、整理，使之成为符合烹调要求的备用材料。

原料初步加工时，要注意尽可能地保存原料所含的营养成分，如青菜和菠菜等叶菜类是人体内维生素 C 和矿物质的重要来源，而这些营养成分极易溶于水中，为保护这些营养，对蔬菜初加工时就应做到先洗后切。初步加工时既要干净卫生，符合烹调的要求，同时又要注意节约，除了污秽及不能食用的部分外，不得浪费任何有用的原料，如虾的卵可干制成“虾子”，鮰鱼的鳔可制成鱼肚等。

（1）新鲜蔬菜的初步加工。新鲜蔬菜种类繁多，食用部位各不相同。但蔬菜在初步加工时都需经过整理和洗涤 2 个步骤。新鲜蔬菜的整理方法因蔬菜的食用部分不同而异。① 叶菜类蔬菜的整理。以肥嫩的茎叶作为烹调原料的蔬菜，常见的品种有：白菜、芹菜、青蒜、菠菜、韭菜等。叶菜类蔬菜的整理主要是将黄叶、老叶、老帮、老根等不能食用部分及泥沙等杂质除去。② 根茎类蔬菜的整理。以肥嫩变态的根或茎为烹饪原料的蔬菜，如茭白、山药、土豆、莴笋等。这类蔬菜的整理主要是剥去外层的毛壳或刮去表皮。应引起注意的是：根茎类蔬菜，大多数含有多少不等的单宁物质（鞣酸），去皮时与铁器接触后在空气中极易被氧化而变色，故而根茎类蔬菜在去皮后应立即放在水中浸泡，以防“生锈”变色。③ 瓜类蔬菜的整理。以植物的瓠果为烹调原料的蔬菜，常见品种有：冬瓜、南瓜、黄瓜、丝瓜、笋瓜等。整理时，对于丝瓜、瓠瓜等除去外皮即可，外皮较老的瓜，如冬瓜、南瓜等刮去外层老皮后由中间切开，挖去瓤洗净即可。④ 茄果类蔬菜的整理。以植物的浆果为原料的蔬菜，常见的有茄子、辣椒、西红柿等。这一类原料整理时去蒂即可，个别蔬菜，如辣椒等还需去籽瓤。⑤ 豆类蔬菜的整理。以豆科植物的豆荚（荚果）或籽粒为烹调原料的蔬菜，常见品种有青豆、扁豆、毛豆、四季豆等。豆类蔬菜的整理有 2 种情况：一种是荚果全部食用的，掐去蒂和顶尖，撕去两边的筋络；另一种是只食用种子的，剥去外壳，取下籽粒。⑥ 花菜类蔬菜的整理。以某些植物的花蕊为烹调原料的蔬菜，常见品种有西兰花、花椰菜、金针菜等。花菜类蔬菜在整理时只去掉外叶和花托，将其撕成便于烹饪的小朵即可。

新鲜蔬菜的洗涤方法常见的有冷水洗涤法、盐水洗涤法。① 冷水洗涤是将经过整理的蔬菜放入清水中反复搓洗至干净即可。冷水洗涤可保持蔬菜的新鲜度。这种方法是蔬菜洗涤的最常用的方法。② 盐水洗涤常用于夏、秋季节上市的一些蔬菜，如扁豆等在叶片和豆荚等处吸栖着许多虫卵，用冷水洗一般清洗不掉，可将蔬菜放入浓度为 2% 的盐水中浸泡 10 分钟左右，再放入清水中洗就很容易洗干净了。

（2）水产品的初步加工。水产品在烹制之前一般需经过宰杀、刮鳞、去鳃、去内脏、洗涤及分档等初步加工。水产品的初步加工应除尽污秽物质，除了要除去鱼鳞、鱼鳃、内脏、硬壳、黏液等污秽物质外，特别要除去腥臊气味，保证原料在烹调前干净卫生。

水产品初步加工的方法应根据水产品的品种和烹调方法而异。一般先去鳞、鳃，然后摘除内脏，洗涤等。① 去鳞、去鳃。去鳞时将鱼头朝左、鱼尾朝右摆放在案上，左手按稳鱼头，右手持刀，由鱼尾向鱼头方向将鱼鳞逆着刮下。操作时应注意：不可弄破鱼皮，否则会影响菜肴成熟后的造型；鱼鳞要刮干净，特别是要检查靠近头部、背鳍部、腹肚部、尾部等地方鱼鳞是否去尽。另外，鲥鱼和鳓鱼的鳞下因附有脂肪，味道鲜美，初加工时可不去鳞。去鳞后应除鳃，一般鱼鳃用手就可挖去，但有些鱼，如鳜鱼、黑鱼等，鱼鳃坚硬且鳃上有“倒刺”，这类鱼的鳃应用剪刀剪去，以防划破手指。② 煺砂。鲨鱼等一些海产鱼，鱼皮表面带有砂粒，需要煺砂。煺砂前，应将鱼放在热水中泡烫。水的温度根据原料老嫩而定，质地老的可用开水，质地嫩的可用温度低些的水。泡烫的时间，以能煺砂而鱼皮不破为准。煺砂后用刀刮净表面砂粒，洗净即可。③ 摘除内脏。水产品内脏摘除的方法通常有 2 种：一是剖腹去内脏，操作时在鱼的肛门和胸鳍之间用菜刀沿肚剖一直刀口，取出内脏。一般鱼类都采用这种方法摘除内脏。二是从口中取内脏，为保护鱼体的完整形态，用菜刀在鱼肛门正中处横向切一小口，割断鱼肠，用两根竹棒从鱼口斜插入腹内，卷出内脏和鱼鳃。另外，根据一些特殊菜肴的需要还可以从脊部处剖开摘除内脏，如江苏名菜“荷包鲫鱼”的制作。④ 泡烫。鳝鱼、鳗鱼等表面无鳞，但有一层黏液腥味较重，故应放入开水锅中泡烫，然后洗去黏液和腥味。⑤ 剥皮。鱼皮粗糙，颜色不美观的鱼，如比目鱼、橡皮鱼等，初加工时应先剥去皮。具体操作时，由背部鱼头处割一刀口，捏紧鱼皮撕下即可。⑥ 摘洗。主要用于软体水产品的加工，如墨鱼、鱿鱼等的加工。⑦ 洗涤。水产品经过刮鳞、去鳃、剖腹等加工后，应进行洗涤，洗净鱼腹内紧贴腹肉上的一层黑衣和各种污秽物质。

（3）禽类的初步加工。各种禽类的初步加工，基本方法均相同。一般可分为宰杀、泡烫煺毛、开膛去内脏和内脏洗涤 4 个过程。① 宰杀。宰杀家禽时，首先准备一个大碗，碗中放适量食盐和清水（夏天用凉水，冬天用温水），左手握住鸡翅，小拇指勾住鸡的右腿，用拇指和食指捏住鸡颈皮，向后收紧颈皮，手指捏到鸡颈骨的后面，以防止下刀时割伤手指。右手在鸡颈部落刀处拔净鸡毛，然后用刀割断气管和血管（技术熟练者所割刀口只有红豆大小）。左手捏禽头，右手勾住禽脚并抬高，倾斜禽身，使禽血流入大碗内，俟血放尽，用筷搅拌，使之凝结。② 泡烫煺毛。这个步骤必须在禽类完全断气、双脚不抽动时才能进行。过早会因肌肉痉挛，皮紧缩而不易煺毛，过晚会因机体僵硬羽毛也不易煺净。烫泡时水的温度依季节和禽的老嫩而异，一般老母鸡及老鹅、老鸭等应用沸水，嫩禽用 60℃ ~ 80℃ 的水泡烫。冬季水温应高些，夏季水温可略低。③ 开膛去内脏。禽类去内脏的方法应视烹调的需要而定。常用的去内脏方法有：腹开去内脏法、背开去内脏法和肋开去内脏法。④ 家禽内脏的加工。禽类的内脏除嗉囊、气管、食管、肺和胆囊不可食用外，其余均可烹制成菜肴，家禽内脏因肮脏程度不同，洗涤加工也有所区别。肫的初步加工:加工时割断连接在肫上的食管和肠,除去油脂,沿肫一侧凸起处剖开,除去内部污物,剥去内壁黄肫皮,洗净即可。肝的初步加工:开膛取去肝后,立即去掉附着在肝上的胆囊,将肝放在清水中漂洗一下,捞出即可(注意肝在清水中漂洗时间不宜过久,否则肝的外表会变色)。肠的初步加工:先去掉附着在肠上的两条白色胰脏及网油,将肠子理直。用剪刀剖开肠子,冲洗掉污物,放入盐、醋中搓洗吸附在肠壁上的黏液和异味,用开水稍烫即可。油脂的初步加工:各种禽类的油脂含有多种人体必需的脂肪酸及丰富的脂溶性维生素,在初步加工时应注意保留。鸡的油脂颜色金黄,在提炼时应注意不要煎熬,否则色泽会变得混浊,正确的方法是先将油脂洗净切成小块,放入盒内,加入葱、姜、少许花椒,用保鲜膜封口后上笼蒸至脂肪融化取出,捡去葱、姜和花椒,这样制作出的鸡油色泽金黄明亮,故而烹饪上常称之为“明油”。禽血的初步加工:将已凝固的血块,用刀割成方块,放入开水锅中,小火煮至血块内心凝固,捞取放入冷水中浸泡。

禽类中的鸽子习惯上采用闷、淹或摔死的办法,鹌鹑用手捏断脊骨致死。两者一般都采用干煺法煺毛,如湿煺,水温不能高于60℃。野禽大多数为枪杀,对于枪杀的野味,应注意取尽枪弹,并检查枪口附近是否变质,已变质的要用刀剜去。严禁使用各种药杀的野味入肴,以防引起食物中毒。

(4)家畜的初步加工。主要是对猪、牛、羊的内脏及四肢等部位进行洗涤。家畜内脏及四肢污物多、黏液重,初加工方法应根据其部位及肮脏程度而有所区别。家畜的内脏及四肢洗涤加工的方法大体上有里外翻洗法、盐醋搓洗法、刮剥洗涤法、清水漂洗法及灌水冲洗法几种。① 里外翻洗法。将原料里外轮流翻转洗涤,这种方法多用于肠、肚等黏液较重的内脏的洗涤。如洗涤大肠:初加工时把大肠口大的一头倒转过来,用手撑开,然后向里翻转过来,再向翻转过来的周围灌注清水,肠受到水的压力就会渐渐地翻转,等到全部翻转完后,就可将肠内的污物扯去,加入盐、醋反复搓洗,如此反复将两面都冲洗干净。② 盐醋搓洗法。如肠、肚等黏液多,污秽重,在清水中不易洗涤干净,因而洗涤时加入适量的盐和醋反复搓洗,去掉黏液和污物。以猪肚为例:先从猪肚的破口处将肚翻转,加入盐、醋反复搓洗,洗去黏液和污物即可。③ 刮剥洗涤法。用刀刮或剥去原料外表的硬毛、苔膜等杂质,再将原料洗涤干净,这种方法适宜于家畜脚爪及口条的初步加工。如猪脚爪,用刀背敲去爪壳,将猪脚爪放入热水中泡烫,然后取出刮去爪间的污垢,拔净硬毛(若毛较多、较短不易拔除时,可在火上燎烧一下,待表面有薄薄的焦层后,将猪脚爪放入水中,用刀刮去污物即可)。④ 清水漂洗法。将原料放入清水中,漂洗去表面血污和杂质。这种方法主要用于家畜的脑、筋、骨髓等较嫩原料的洗涤。在漂洗过程中应用牙签将原料表面血衣、血筋剔除。⑤ 灌水冲洗法。主要用于洗涤家畜的肺,因为肺中的气管和支气管组织复杂,灰尘和血污不易除去。操作时将肺管套在自来水龙头上,将水灌进肺内,使肺叶扩张,大小血管都充满水后,再将水倒出,如此反复多次至肺叶变白,划破肺叶,冲洗干净,放入锅中加料酒、葱、姜烧开,浸出肺管内的残物。

(王德成)

3. 出肉与去骨

(1)分档取料。分档取料就是对已经宰杀和初步加工的家畜、家禽、鱼类等整只原料,按其肌肉组织的不同部位、不同质量,正确地进行分档,取出适合不同烹调要求的原料。原料各个不同部位的肌肉具有各种不同的质量及特点。要根据这些不同的质量及特点,最大限度地合理分档原料,做到物尽其用。因此,要求做到两点:第一,下刀要正确。要熟悉原料的各个部位,准确地在肌肉与肌肉之间的筋膜处正确下刀,保证每块肌肉的完整。第二,必须注意分档的先后次序。原料的各个部位是按一定的方式组合在一起的，只有按一定的顺序取料，才不会破坏各个部分的完整。否则，会影响原料的质量，造成原料的浪费。例如，分档猪前腿肉时，应先取出肩胛骨上的上脑肉，才能取夹心肉。

（2）整料去骨。将整只原料去净骨或剔其主要的骨骼，而仍保持原料原有的完整外形的一种技法。它需要运用复杂的刀法和手艺，以及较高的技术来增加原料出骨后的美观度。凡作为整料去骨的原料，必须仔细地进行选择，要求肥壮肉多、大小适宜，例如鸡应选择大约一年左右的肥壮母鸡；鸭应选用8~9个月的肥母鸭；选用鱼时，应选择大约500克左右的新鲜鱼，而且应用肉肥厚，肋骨较软，刺少的，如黄鱼、鳜鱼等。肋骨较硬的鱼，出骨后腹部瘪下、形态不美，一般不宜使用，如青鱼、鲫鱼等。

整鸡（鸭）的出骨方法：① 划开颈皮，斩断颈骨。在鸡颈两肩相夹处直划一条约6. 5厘米长的刀口，把刀口处的皮肉用手扳开，在靠近鸡头处将颈骨剁断，将颈骨从刀口处拉出。要注意刀不可碰破颈皮。② 出翅骨。从颈部刀口处将皮翻开，鸡头下垂、连皮带肉用手缓慢向下翻剥，至翅骨关节处，骱骨露出后，用刀将两面连接翅骨关节的筋割断，使翅骨与鸡身脱离，然后用刀将翅骱骨四周的肉割断，用手抽出翅骨，用刀背敲断骨骼即可（小翅骨可不出）。③ 出鸡身骨。一手拉住鸡颈，一手按住鸡胸的龙骨突起处，向下揿一揿，然后将皮继续向下翻剥，剥时要特别注意鸡背部处，因其肉少紧贴脊椎骨易拉破。剥至腿部时，应将鸡胸朝上，将大腿筋割断，使腿骨脱离，再继续向下翻剥至肛门处把尾尖骨割断，但不要刮破鸡尾。鸡尾仍留在鸡身上，将肛门处直肠割断，洗净肛门处的粪污。④ 出鸡腿骨。将大腿皮肉翻下些，使大腿骨关节外露用刀绕割一周，使之断筋，将大腿骨向外抽至膝关节时，用刀沿关节割下，然后抽小腿骨，与爪连接处，斩断小腿骨。至此，鸡的全身骨骼除头与脚爪处已全部清出。⑤ 翻转皮肉。将鸡皮翻转朝外，形态仍然是一只完整的鸡。另外，鸭、鸽、鹌鹑等也可按上述方法进行整料去骨。只是鸭在出骨时，尾部两颗鸭臊要去掉，以免影响菜肴口味。鸽、鹌鹑去骨时用力不宜过大。

4. 干货涨发

干货原料是指经过脱水后干制而成的烹饪原料。干货涨发的方法要根据原料干制的原始过程及原料的性能而区别使用。根据干货原料在涨发过程中所使用的媒介不同，可把干货涨发加工的方法分为一般水发法、碱水发法、油发法和盐发法等几种。在原料的涨发过程中，几种方法也并非是孤立使用的，往往是混合使用的，有些干货原料泡发前还需经火燎等特殊的加工过程。

一般水发法。将干货原料放在水中浸泡，使其重新吸收水分，尽量恢复到原料新鲜时的状态的一种涨发方法。这种方法通常简称水发法。这在干货原料的涨发中是一种最常见、最基本的发料方法，几乎所有的干货原料都必须经过水发的过程。

一般水发通常可分为冷水发、热水发。① 冷水发法。把干货原料放在冷水中，使其自然地吸收水分，最大限度地恢复到新鲜时鲜嫩的状态（要注意的是冷水发所用的水是常温的清水，并非很凉的水，只是为了与热水发法相区别才这样称）。冷水发法的特点是：简单易行，同时可较多地保持原料原有的风味。冷水发法的操作方法可分为浸和漂两种。浸就是把干货原料放在冷水中，使其慢慢吸收涨发，这种方法适应于体小质嫩的原料，如木耳、口蘑等。漂主要是一种辅助的发料方法，这种方法有助于清除原料本身或在涨发过程中混入的杂质和异味，如鱼肚、乌鱼蛋等反复煮焖涨发后，还必须用清水漂，以除去一些腥膻气味。② 热水发法。把干货原料放入热水（温水或沸水）或水蒸气中，经过加热处理，使其迅速吸收水分，涨发回软成为半熟或全熟的半制成品，再经过切配和烹调就可制成菜肴。因此热水发料对菜肴质量的影响极大，如果原料发得不透，制成菜肴后必然僵硬，难以入味和入口；反之，如果原料发得过于熟烂，也会影响菜肴的质量。所以，热水发料时必须根据原料的品种、大小、老嫩情况，以及烹调的要求，分别运用各种热水发料方法，同时掌握不同的火候及操作程序，才能提高菜肴的质量，符合烹调的要求。热水发料的具体操作方法应根据干货原料的情况区别使用，归纳起来，大体可分为一般热水发料和反复热水发料两种。一般热水发料，指基本上只要一道热水操作程序就可达到发料目的的发料方法。这种方法，适用于体积小、质微硬、略带异味的原料，如发菜、粉丝、黄花菜等。反复热水发料，指要先后经过几道操作程序才能达到发料目的的发料方法。这种方法，适用于体积较大、坚硬带筋、有腥臊气味的原料，如鱼翅、干鲍鱼、驼掌等。热水发料的具体方法有热水泡发法、煮发法、焖发法和水蒸气蒸发法。

水发法的原理是：干货原料在新鲜的时候，机体内的蛋白质分子表面布满了各种极性不同的基团。这些极性基团同水分子之间有极强的吸引力，使水分子得以均匀地分布在蛋白质中，并达到饱和状态，从而使蛋白质具有一定的弹性和形状，在分子间的游离水和分子内部结合水的共同作用下，蛋白质呈丰满状态。当这些原料被干制时，由于受外部能量的作用，蛋白质也就变成了干制的凝胶块，但蛋白质分子间和蛋白质分子内部还会留有一定的当初存有水分子的空间。当这些干货原料放在水中长时间浸泡时，水分子会慢慢地渗透到原料内部的各种物质中，大量水分子重新进到蛋白质分子之间或蛋白质分子内部，填补原料干制后的水分子留下的空间，使干货原料体积膨胀、增大，重新变为柔软而富有弹性的原料。应当强调的是：涨发后的原料是绝对不可能达到新鲜时的状态的，因为原料在干制时由于外部因素，如紫外线照射、加热等的影响，使一些蛋白质发生了不可逆的变化。

碱水发法。碱水发法是将干货原料先在清水中浸泡，然后再放入碱溶液中浸泡一定的时间，促使干货涨发回软，再用清水漂浸，消除碱水和腥臊气味的一种发料方法。碱水对于干货原料表面有一定的腐蚀和脱脂作用，可大大缩短干货涨发的时间，但在涨发过程中，会使原料的营养成分受到一定的损失，故而应准确掌握碱的用量和涨发时间。

碱水发法又可分为生碱水发法和熟碱水发法2种。① 生碱水发法。生碱水的配制方法是：纯碱0.5千克加清水10千克，搅匀溶化后即成。生碱水所使用的碱为碳酸钠（俗称苏打），这是一种强碱弱酸生成的盐，当碳酸钠溶于水中时，由于水解的作用，使水溶液表现出较强的碱性，水溶液变得黏滑，有一定的腐蚀作用，这时水溶液变成了强的电解质溶液，大大增强了水分子的极性。当干货原料放入纯碱溶液中时，干货原料外表角质被腐蚀，蛋白质分子的极性也被加强，使其极易与水分子结合，这样就缩短了干货原料的涨发时间。② 熟碱水发法。熟碱水的配制方法是：将沸水4.5千克、纯碱0.5千克、生石灰0.2千克在容器中搅和均匀，然后再加入4.5千克凉水，冷却后去掉渣滓，即成熟碱水溶液。生石灰、纯碱和沸水在容器中搅和后，已发生了一系列的变化。当干货原料放入熟碱水溶液中时，干货表面很快就被腐蚀和脱脂，强烈的电解质水溶液大大加强了水分子和干货原料蛋白质分子的极性，蛋白质分子的亲水能力明显加强，干货原料能迅速吸收水分，缩短了干货涨发的时间。因为，熟碱水的碱性和腐蚀性比生碱水要大得多，所以熟碱水泡发的干货原料比生碱水泡发的要更柔润，更膨松，涨发同一干货原料时间更短。

碱水发的过程大致可分为清水泡洗、碱水浸泡、清水漂洗3个过程。① 清水泡洗。将干货原料放在清水中浸泡一定时间后，洗涤干净。有些原料如鱿鱼等，还应撕去血膜，进行一定的初步加工。② 碱水浸泡。把洗净的原料放在配好的溶液中浸泡，见干货起发、回软、变色时捞出即可。③ 清水漂洗。将捞出的已涨发好的原料用清水反复冲洗清除掉碱液，然后放入冷水中浸泡即可（浸泡时要注意每隔一天换一次水，否则原料会发黏）。

油发法。油发法是将干货原料放入适量的油中，经过加热，使其回软、膨胀，变得松脆的一种涨发方法。油发的干货一般要求含有较多的胶原蛋白，如蹄筋、鱼肚、干肉皮等。这些原料在汆油时，由于油的传热作用，使胶原蛋白受热而发生变化回软，随着温度的升高，蛋白质分子结构发生了变化。当温度升到100℃以上时，干货原料中的水分子（各种干货原料在干制时虽已脱水，但还保持着一定的水分）开始蒸发、产生气泡，由于蛋白质结构的改变，干货原料内部在气体的膨胀压力下开始涨大，这样就使干货原料逐渐变得膨松，最终达到涨发要求。

油发法的操作方法主要是将干货放在适量的油锅内炸发，具体必须注意以下几点：① 用油量要多。油的用量应是干货的几倍，要浸没干货原料，同时要便于翻动原料，使原料受热均匀。② 检查原料的质量。油发前要检查原料是否干燥，是否变质。潮湿的干料事先应晾干，否则不易发透，甚至会炸裂，溅出油将人灼伤。已变质的干货原料无论价格多么昂贵，一定要禁止使用。③ 控制油温。油发干货原料时，原料要冷油或低于60℃的温油下锅，然后逐渐加热，这样才容易使原料发透。如原料下锅时油温太高或加热过程中火力过急，油温上升太快，会造成原料外焦而内部尚未发透的现象。当锅中温度过高时应将锅端离火口，或向热油锅中加注冷油以降低油温。④ 涨发后除净油腻。发好的干货原料带有油腻，故而在使用前要用熟碱水除去表面油腻，然后再在清水中漂洗脱碱后才可使用。

盐发法。盐发法是把干货原料放在适量的盐中加热，利用盐中的热能，使干货原料变得膨胀松脱，达到涨发目的的涨发方法。盐发的原理与油发基本相同，凡是可以用油发的原料均可采用盐发法。同一干货原料，用盐发的质量比用油发的较为松软有力，但色泽不如油发的光洁美观。盐发的方法是：先将适量的盐下锅炒热，使盐中水分蒸发后，将原料放入翻炒，直至发透为止。发好的干货原料要在清水中漂洗除去盐分。　　（王德成）

（二）刀法刀工

刀法，是用刀具切割各种烹饪原料完成不同形状时的施刀程序、角度、路线。刀法的种类很多，各地名称叫法不一。按刀刃与菜墩接触的角度和刀的运动规律大致可分为直刀法、平刀法、斜刀法、剞刀法和其他刀法几大类。

刀工，是运用刀法的熟练程度。“工”在这里指本领、造诣，也通“功”，指技术和技术修养。

1. 直刀法

直刀法指刀面与菜墩面保持垂直运动的一种用刀技法。根据膀臂摆动及用力的大小，这种刀法又可分为切、剁、砍等几种。

切。切一般用于无骨原料的加工。因原料质地不同，所以切又可分为多种方法。根据不同的原料，需要采用不同的切法，具体又分为直切、推切、拉切、锯切、铡切、滚切等。① 直切，也叫跳切。直切要求两手有节奏地配合：左手按稳原料，等距离向后移动；右手执刀，运用腕力，紧随向后移动的左手，一刀接一刀，笔直地切下去。黄瓜、莴笋、冬笋等质地脆嫩的原料，都可采用直切法。② 推切，一般刀口由右后方向左前方切下去，着力点在刀的后端。一刀切到底，不能拉回来，能防止原料破碎。切生鱼片，用的就是这种推切法。③ 拉切，与推切的运刀方向相反。刀口由左前方向右后方拉动，着力点在刀的前端。为防止原料破碎，也要一刀切到底，不能推回去。拉切适用于质地坚韧、不易切断切齐的原料，如：切生肉丝。④锯切。把推切和拉切结合起来，便成了“推拉切”，也叫“锯切”。进刀后，先向前推，再向后拉，一推一拉，如同拉锯。锯切适用于质地松散的原料。例如：涮羊肉的肉片、回锅肉的肉片、火腿、面包。⑤铡切，有两种用刀法。第一种：右手握住刀柄，刀柄高于刀的前端，左手按住刀背，刀刃前部按在原料上，对准要切的部位，用力向下铡切；第二种：右手握住刀柄，刀刃对准要切的部位，左手掌用力猛击刀背，使刀直铡下去。铡切，操作要敏捷，一刀切好，切后成品整齐。适于铡切的原料，有带壳的，有体积小的，有形圆易滑的，还有略带细小骨头的。例如：活蟹、油鸡。⑥滚切，也叫“滚刀切”、“滚料法”。滚切的成品，称“滚料块”。在滚切时，左手按住原料，右手执刀与原料垂直，切下一刀，滚动一次原料，边滚边切——滚切。圆形、圆柱形、圆锥形的原料适于滚切。左手滚动的原料，斜度适中，右手以一定的角度切下去。滚切同一种原料时，刀的角度要保持一致，切出来的成品才能整齐划一。胡萝卜、茄子、茭白等，常被用作滚切的原料。⑦摇切，右手握住刀柄，左手握住刀背前端；刀的一端靠在砧墩上，另一端提起；刀刃对准要切的部位，两手交替用力切。左手切下去，右手提上来；右手切下去，左手提上来。如此反复摇动，直到把原料切开。例如，花生、花椒、核桃仁等形体小、形状圆、易滑动的原料，都适于摇切。刀在上下摇动时，应保持刀的一端靠在砧墩上。如果刀刃全部离开砧墩，会因原料跳动而使摇切失散。切时还要用力均匀，保持原料形状整齐，大小一致。无论运用哪种切法，使用哪种原料，切成什么形状，都有一个共同

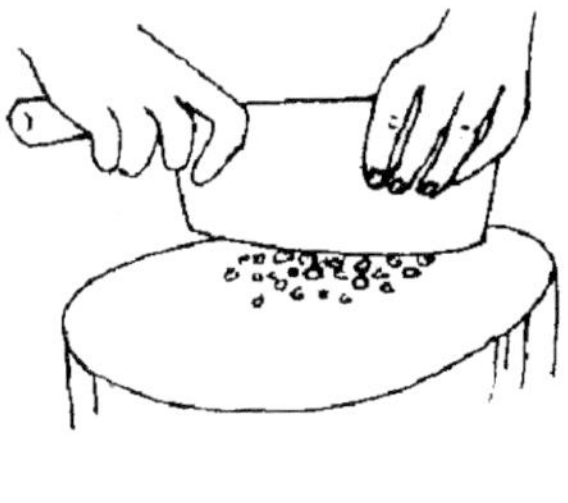

的要求：粗细均匀，长短相等，大小一致，整齐划一，清爽利落。

剁。根据用刀的数量可将剁分为单刀剁和双刀剁。一般来说，辣椒、青菜及鸡肉、猪肉、牛肉、羊肉等禽畜类原料，都经常采用剁的刀法。因为这些原料含有筋络和纤维组织，只有用刀口剁的方法，才能将筋络和纤维组织完全破坏、分开。①单刀剁，操作时刀与墩面垂直，刀上下运动，抬刀比切刀法高，角度较大。主要用于加工末原料，如剁肉末、蔬菜末等。②双刀剁又称排剁，即左手和右手各持一把菜刀，同时操作，从而提高剁制的效率。两刀间隔一定距离，从左至右，从右至左，有节奏地反复排剁。排剁到一定程度时，及时翻动原料，直至剁成细腻均匀的茸泥状。

砍。由于原料不同，砍法也不一样。厨师们“看料下刀”，主要有直刀砍、跟刀砍、拍刀砍、开片砍几种。①直刀砍。将刀对准原料要分割的部位，垂直向下用力砍，将原料砍断。直刀砍适用的范围是：带大骨、硬骨的动物性原料，质地坚硬的冰冻原料。例如：带骨的猪肉、牛肉、羊肉，冰冻的肉类、鱼类。②跟刀砍。有3种砍法：一是，左手按稳原料，右手把刀刃按入要分割的部位，先直砍一刀，让刀刃嵌进原料，刀与原料同时起落，砍断原料；二是，与第一种砍法相同，只是右手与原料下落时，左手离开原料；三是，砍过一刀后，提起刀，照砍口再砍，直至砍断原料。跟刀砍适用的范围是质地坚硬、骨大形圆、需连续砍才能砍断的原料。例如，蹄膀、火腿、猪肘子、大鱼头。③拍刀砍。右手执刀，将刀

刀按入原料要分割的部位，用左手捏成的拳头或左手掌猛力拍击刀背，把原料砍断。如果一刀没能砍断，不起刀，继续用左拳或左手掌拍击刀背，直到砍开原料。适用的范围是：坚硬、带骨、形圆、体积小而滑的原料。例如，鸡头、鸭头、熟蛋。④ 开片砍。将整只猪、羊的后腿分开，吊起来，先在背部从尾至颈将肉剖至骨头，然后顺着脊骨砍到底，砍成两半。适用范围是整只猪、羊等畜类原料。

2. 平刀法

平刀法又称片刀法、批刀法。刀面与墩面平行，呈水平运动的一种刀法。它适合于加工无骨的原料，可分为平刀片、推刀片、拉刀片、抖刀片、锯刀片、滚料片等。① 平刀片。左手按住原料，右手持刀，将刀身放平，使刀面与砧板几乎平行，刀刃从原料的右侧片进，全刀着力，向左作平行运动，直到将原料片开。从原料底部靠近砧墩的部位开始片，是下片法；从原料上端一层层向下片，是上片法。平片法，适用于白豆腐干、鸡鸭血、肉皮冻的刀工处理。② 推刀片。左手按稳原料，右手执刀，放平刀身，使刀身与砧板呈几乎平行状态，刀刃从原料的右侧片进，逐渐向左移推，直到将原料片开。推刀片，多用于煮熟的、嫩脆的原料。例如：嫩笋、鲜蘑、熟胡萝卜。③ 拉刀片。同推刀片的角度一样，不同之处在于：推刀片时，刀身直接向前移动，而拉刀片则是刀身随着腕力轻轻左右移动，使刀刃在原料中呈现平面左右移动状态，将原料片开。拉刀片，多用于较有韧性的原料，例如：猪肉、牛肉、鹿肉。④ 抖刀片。左手指分开，按住原料，右手握刀，从原料右侧片进，刀刃向上均匀抖动，呈波浪形运动，直到把原料片开。蛋白糕、猪肾、黄瓜、豆腐干等软嫩、无骨或脆性原料，采用抖刀片法，能片出别具一格的波浪形、锯齿形，使菜肴造型更美观。⑤ 锯刀片。这是将推刀片与拉刀片连贯起来的一种刀法。左手按住原料，右手持刀，将刀刃片进原料后，先向左前方推，再向后右方拉。一前一后，一推一拉，如同拉锯，直到把原料片断。适用于火腿、大块腿肉以及无骨、块大、韧性和硬性较强的原料。⑥ 滚料片。左手按住原料表面，右手放平刀身，刀刃从原料右侧底部片进后，平行向前移动时，左手扶住原料向左滚动，边片边滚，直至片成薄而长的片状。黄瓜、红肠、丝瓜等圆形、圆柱形原料都可通过滚料片，加工成长方片。

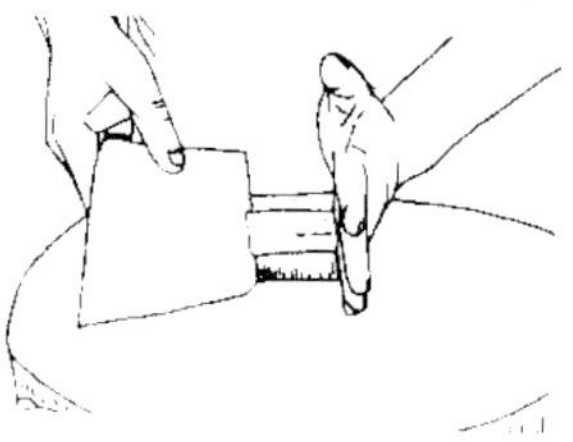

3. 斜刀法

斜刀法指刀面与菜墩面呈锐角或钝角，刀倾斜运行，将原料片断的运刀技术。根据刀与菜墩夹角的不同可分为斜刀片和反刀片两种。① 斜刀片。左手手指按住原料左端，右手将刀身倾斜，刀刃向左片进原料后，立即向左下方运动，直到原料断开。每片下一片原料，左手指立即将片移开，再按住原料左端，等第二刀片入。② 反刀片。也称反斜片。左手按住原料，右手持刀，刀身倾斜，刀背向里，刀刃向外，刀刃片进原料后，由里向外运动，直到把原料片断。每片一刀，左手向后移动一次，每次向后移动的距离基本一致，以保证片的形状大小厚薄一致。反刀片适用于黄瓜、白菜梗、豆腐等脆性或软性原料。

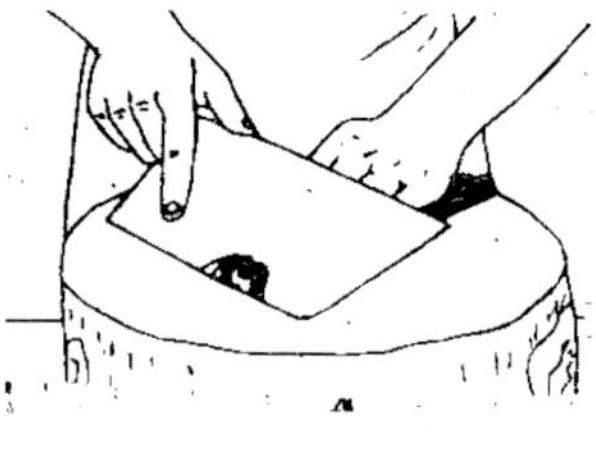

4. 剞刀法

剞刀法又称花刀、混合刀法等。利用切或片的方法，在原料上锲上横竖交叉、深而不断的花纹的用刀技法。烹饪原料经过剞刀法加工，再经过加热，便能卷曲成各种各样的形状：麦穗形、荔枝形、梳子形、蓑衣形、菊花形、柳叶形、蜈蚣形、佛手形、网眼形、百叶形、球形等等。其方法有直刀剞、斜刀剞两种。① 直刀剞。直刀剞与直切、推切、拉切基本相似。这种剞法,适用于各种脆性、软性原料。例如:黄瓜、猪肾、鸡肫、鸭肫、墨鱼、青鱼、豆腐干。② 斜刀剞。斜刀剞分为两种:斜刀推剞与反刀片基本相似;斜刀拉剞与正刀片基本相似。这两种剞法都适用于各种韧性、脆性原料。例如:猪肉、鱼类。剞刀法综合运用直刀法、平刀法、斜刀法,在原料表面或切或片,但不切开,不片断,只是剞成深而不透的各种刀纹,刀纹深浅一致,距离相等,整齐均匀,互相对称。

5. 其他刀法

除以上四大刀法以外,还有一些其他的刀法,其加工范围广、操作方法灵活、原料所成的形状不规则,主要有拍、削、剔、剜、旋、刮等。

拍。拍也称拍刀、拍料。拍是用刀膛(刀面)将原料的组织拍松或将较厚的原料拍打成较薄形状的一种刀法。这种刀法可用于加工脆性的植物性原料,如黄瓜、葱姜等;又可用于加工韧性的动物性原料,如鸡肉、猪肉、牛肉等。操作方法:右手将刀身端平,刀口向外,用刀面拍击原料。动物性原料如斩鸡丁,先将鸡肉用刀轻轻地拍一拍,推切成小丁,是因为用刀面拍鸡肉,能把鸡肉的纤维组织拍破拍碎,肉的质地更加松软,肉面显得粗糙,易于入味和成熟。植物性原料如将蒜粒拍碎、把青瓜拍裂、把竹笋拍松等,使其质地更加鲜嫩、疏松,也更容易入味。操作要领:拍击原料用力的大小,根据原料的性质和菜肴要求来掌握,或拍松,或拍碎,或拍薄,以达到拍的目的为原则。拍击时,用力要均匀。

削。操作时左手扶稳原料,右手持刀。将刀口对准原料被削部位,一刀刀平削下去,此刀法一般用于除去烹饪原料的皮。削的刀法有两种:一种是左手持原料,右手持刀,刀刃向外,对准要削的部位,一刀一刀按顺序削;另一种是左手持原料,右手持刀,刀刃向里,对准要削的部位,一刀一刀按顺序削。使用削式刀法,一是原料去皮,如削土豆皮,削山药皮,削鲜笋皮,削莴苣皮,削黄瓜皮;二是将原料加工成一定的形状,一些体长形圆,放在砧板上不易按稳的原料,往往要用削的刀法制成片,如削茄子片、山西刀削面等。削式刀法,要求刀刃锋利,用力均匀。

剔。剔式刀法的运用,需要熟悉家畜、家禽的肌肉和骨骼结构及其不同部位,做到下刀准确。要求出肉不带骨,出骨不带肉。下刀时,刀刃紧贴骨骼操作。剔骨或剔肉,因为原料生熟不同,分为生剔和熟剔两种。剔式刀法,应用范围很广。猪、牛、羊和鸡、鸭等形体大的家畜家禽,以及鱼类、虾类、蟹类、贝壳类等形体小的水产品,都常常需要剔骨剔肉。在原料的整料出骨中,剔式操作时须持刀平稳,用力均匀,臂力和腕力配合得当;进刀要准,刀身要平,不能左右倾斜;刀刃紧贴骨骼操作。

剜。剜是从原料表面的处理到原料内部的掏空。剜掉土豆的芽子,剜掉山药的斑点,剜掉肉类表面不宜食用的部位。如整料出骨把鸡、鸭等的骨骼全部剜出,再把肉翻转过来。把冬瓜剜空,把苹果剜空,把辣椒剜空,填入制好的馅料,然后采用蒸、炸、煽等技法制成菜肴。

旋。左手扶稳原料,右手持刀从原料上部片入,一面片一面转动原料,即可将原料片成长条形的带状,此法适用于脆性原料的加工。旋制时,落刀准确,轻快有力,实而不浮,韧而不重。对含水多的原料,轻拿轻放,出手快速,进刀轻巧,干净利落。两手动作要协调,配合紧密,旋去的皮薄厚要均匀。

刮。刮是对形状特异、外表凸凹不平的烹饪原料,用刀刃与原料接触去除残余的毛根、皮膜、污物等的手法。多用于动物性原料的肉、肚、舌等部位,除污垢、去血污。如刮鱼鳞、刮取鱼胶等。运用刮制刀法的目的,是把需要去掉的东西刮下来。操作要领:刀身基本保持垂直,刀刃接触实物,横向运刀,均匀用力,左手按稳原料,不让原料滑动。

炉灶的右侧，或放在专门的调料车上，用时拉到炉灶的旁边。④ 漏勺：是一种铁制的带柄的勺，现多为不锈钢制品，勺面带有许多的孔洞。漏勺有大有小，主要用来淋沥食物的油和水分，也用来捞取水锅或油锅中的食物。⑤ 笊篱：一般带有竹制长柄，笊体用不锈钢钢丝编成凹形网罩，边上往往加一道加固的箅，其用途与漏勺相似。⑥ 油隔：又称隔油筛，一般用不锈钢制成圆圈并带一柄，圆圈上有很细的不锈钢网，主要用来过滤油，或过滤汤料。⑦ 筷子：用来翻动油炸食品、捞取成品或划散油锅中的细小原料，长度约 30 厘米左右，有竹制、铁制和不锈钢制 3 种。⑧ 铁钎：用以戳制原料，一头粗一头尖，有铁制和不锈钢制两种。⑨ 锅贴铲：用不锈钢片制成，主要用来铲煎熟的锅贴和翻动煎、烙制品。⑩ 蒸笼：用于蒸制食物的厨具，一般分竹制、特种塑料制及不锈钢制等，主要由笼圈、笼垫、笼盖组成。

4. 厨用刀具

厨用刀具主要有铁制和不锈钢制两种，也有特殊的，用铜制的如削皮刀。刀具按照烹饪加工中的不同用途可分为切削刀、雕刻刀和专用刀。

切削刀。切削刀主要用于对烹饪原料的切、批、片、削、剁、砍等。根据其用途不同，分为多种类型。① 文武刀，刀前段可切各种肉片、丝，后段可斩鸡、鸭、鹅等。其外部特征是刀身前薄而根部较厚。② 片刀，用于切肉片、肉丝、鸡丝和不带骨的原料。③ 桑刀，刀形薄、窄、轻便，适用于切鱼片、牛肉片、姜、葱、笋等。④ 砍刀，又叫开片刀，刀身厚、大且重，适用于斩硬骨头、排骨、畜肉的分离等。⑤ 尖刀，身薄前尖后宽，呈三角形，通常用来剔骨或杀鱼。⑥ 拍皮刀，一般是木柄，刀身光滑，刀口较钝，用于制作虾饺及同类性质面皮而不同形状饺子的拍皮。

雕刻刀。雕刻刀是专门用于食品雕刻的刀具。一般用不锈钢或铜质材料精制而成，小巧灵便、刀口锋利，品种较多，按其形状和用途可分为：① 平口刀，刃在刀身一侧或两侧，刀口在一侧的为单刃刀，刀口在两侧的为双刃刀。平口刀中使用最广泛的是尖头单刃刻刀。刀头呈长斜形，主要用于坯形的整理和雕刻花瓣较大的花卉，如月季花、牡丹花等。② 斜口刀，刃平直与刀体的两条边呈钝角。主要有斜口平面刻刀和斜口弯头刻刀两种。斜口平面刻刀，刀口呈尖形状，按刀体的宽度和刀尖的斜度分为多种不同的规格。斜口弯头刻刀，由斜口平面刻刀从前部靠近刀口部分折弯与刀身平面呈 150° 的夹角，刀体两边平行，用于镂空雕或浮雕。③ 圆口刀，刀体的一端或两端都有刀刃，但两端的刀刃宽窄不同，都呈半圆形，主要有两种。一种是单圆口刀，另一种是双圆口刀。④ 槽口刀，形似圆口刀，只是刀刃的形状不是呈圆形，而是呈方形、尖底形、双槽形等。因此，槽口刀又有方槽刀、尖槽刀、双槽刀之别。⑤ 模具刀，不锈钢片弯制成各种形状的模具，其一面是光洁的，另一面是锋利的刀口。有凤尾形、圆形、柳叶形、梅花形、葫芦形、桃形、蝴蝶形、鸟形、兔形、金鱼形等各种形状，其作用是用以美化菜肴，烘托气氛。

专用刀。专用刀是指诸如刨刀、鱼鳞刨、波浪花刀、镊子、挖球刀、剪刀、水果刀等刀具。

5. 砧板

砧板或菜墩是切原料时所使用的垫具，圆形。传统的砧板一般用紧、细密的木质材料制成，如银杏树、橄榄树、柳树、红松树等制作的砧板使用效果较好。目前普遍推广用特种塑料制的硬质塑料砧板。一些高星级酒店已分别用不同颜色的塑料砧板，如绿色、黄色、红色、橙色、白色来区别使用，实行初加工、蔬菜切配、荤菜切配、冷菜、点心切配的砧板采用不同色泽，实行砧板的专用化制度，严防食品交叉污染。

6. 餐具

餐厅是用来摆台或厨房用于盛装菜点的

器皿。按其质地可分瓷质餐具、不锈钢餐具、金餐具、银餐具、铁餐具、镀金边餐具、镀银边餐具、釉质餐具、玻璃餐具、竹器餐具、木器餐具及漆器餐具等。就瓷质餐具来说，从色质上分有增白瓷、白瓷、骨瓷、花瓷、土釉瓷等；从强化程度上又可分为高强化瓷、普通强化瓷。具代表性的有重庆兆丰强化瓷、唐山海格雷骨瓷、山东淄博镁质强化瓷、广东潮州美地皇家强化骨瓷、山东华阳强化瓷等。餐具的形状已从传统的圆形、椭圆形向各式异形发展，就连盛装汤的碗也向海螺形、莲花形、六角形等花色发展。近年来乡土菜长盛不衰，与之相适应的一些土制餐具，其色质多样，以黑色、土灰、墨绿、土红色泽为主，给人以亲切感，丰富了餐具的品种。

7. 食品加工机械

厨房生产中运用其将原料进行初步加工，使原料成半成品或成品的机械设备。其代表设备有：

食品处理机。食品处理机是近年来加工设备中的新秀，能将食品加工成片状、块状、丝状，实现一机多用，并可配置不同的刀具，随心所欲地调节片、块、丝的厚薄、大小、粗细。全不锈钢制作，体积小，高效、卫生、易于清洁，使用寿命长。

切片机。切片机有半自动和全自动两种，全自动切片机是在半自动切片机的机身上多一个装料斗。切片机具有一体化的驱动系统，切片效果好，噪声小。刀片设计精确，制作工艺特殊，能保证刀刃持久锋利。切片机适宜切脆性植物性原料，如藕、土豆、萝卜等。如用来切动物性原料，原料需冷冻。切片机能调节切刨厚度，能根据需要切制出大小、厚薄一致的片。

绞肉机。绞肉机主要用来将动物性原料粉碎成茸泥状，有时也用来绞制蔬菜、水果等。它分为手动绞肉机和电动绞肉机两种。规格、型号多样，有台式和立式，其主要由机身、进料口、出料口、机筒、转动轴、刀片、多孔盖板、电动机等构成。

去皮机。去皮机是专门用来除去根茎类蔬菜表皮的机械器具，运用离心运动使原料之间互相碰撞、摩擦来达到除去外皮的目的，常用来除去土豆、芋头、生姜等脆质根茎蔬菜的表皮。

锯骨机。锯骨机的规格、型号多种，由不锈钢制成。主要零件有电动机、圆环形钢锯、调节滑轮、不锈钢钢架、操作平面板等。常用于切割带骨的大型动物性原料以及大的猪骨、牛骨等。

食品切碎机。食品切碎机用于肉类、蔬菜类食物，能快速地将肉、蔬菜瓜果等食物切碎。该机采用蜗轮、蜗杆减速传动。设备接触食物的部件均采用电蚀铝合金或不锈钢制作，符合卫生标准，并设有保护装置。掀开上盖就自动停机，安全可靠。

切肉机。切肉机主要用来切肉片、肉丝、肉丁，肉的厚薄、粗细、大小可以自由调节，工作效率极高。

脱壳机。脱壳机一般分卧式或立式，型号、规格各异，采用电动机传动装置，由主机、进料口和两个出料口组成：一个出料口出沙，另一个出料口出壳，主要用于豆沙的去皮脱壳。

磨浆机。磨浆机一般使用立型碟式电动机，主要由进料口、机身、电动机、出料口、过滤网、刀片组成。它的特点是：机身体积小，占用地面较小；用来磨豆类、谷物的粉浆，它磨制的粉浆细,效率高。

磨粉机。磨粉机主要用来磨制糯米、粳米、籼米的粉料。有立式及卧式两种类型,型号及规格多样,主要由进料口、出粉口、传动马达、主机及网筛等构成。

多功能搅拌机。多功能搅拌机的规格、大小、型号多样,集和面、调馅、打发蛋泡糊于一体。由机身、机座、搅拌器、升降滑轮、传动齿轮、搅拌桶、调速器、电动机等部分组成。使用时先旋转升降滑轨把手,将搅拌桶下降再放入所需搅拌的原料,装上相应的搅拌器后,再旋转升降滑轨的把手,将搅拌桶上升到相应的高度,根据所搅拌的原料的性质,选择调速器的档位,开机操作。

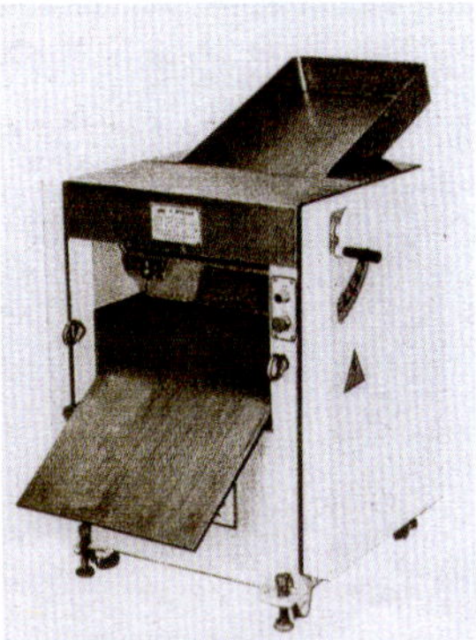

压面机。压面机是专门用来压制面团的面食器具。它分立式、直立式两种,机身装有光滑的双滚筒,滚筒的下端装有切面刀,机身的一侧装有活螺栓,能够自由地调节两滚筒间的距离。使用时先启动电动机,等机器运转正常后,将和好的面团放入进料口,调节螺栓,压面机就能根据需要压出厚薄不同的面皮。由于面条切刀的牙数不等,又可切出粗细不同的面条。它是一种集压面、制皮、切面多种功能于一体的机械。

全自动包馅成形机。全自动包馅成形机的主要部件由主机和各式模具构成,只需要在使用过程中,根据成品的规格、形状、大小,适当更换不同模具,便可生产出各种形状的有花纹或无花纹的成形品种,如:各种肉包、夹花包、小笼包、大小汤圆、馅饼等各式有馅点心,具有一机多用途的优势。该机规格大小都由显示盘控制,采用不锈钢等卫生材料和特殊合金钢制成,耐磨,无噪音。

冻藏醒发箱。冻藏醒发箱的型号、规格大小多样,有单开门和双开门之别。箱体采用不锈钢材料制成,夹层以发泡材料保温,保温性能好,省时、省电。采用全自动程式控制温、湿度,数字式显示,采用间隔喷雾式,强制冷热风循环对流,从整块面团快速冷冻、抑止发酵,到自然回温发酵、最后快速发酵都可自由设定,使面团处于最佳状态。

8. 冷藏设备

厨房在生产中为了使食物不变质,一般都需要冷藏保管。冷藏设备通常包括:① 冷库:分冷冻库和冷藏库。冷冻库温度在-30℃～0℃范围内自由调节,冷藏库温度在-10℃～2℃范围内自由调节。传统冷库可自制,一般为混凝土砖砌成房屋形,墙体夹有保温层。主要由制冷压缩机、铜制盘管、温控器、电源开关等构成。现在市场上的冷库大都是采用发泡保温材料制作的板,根据用户的需要拼装而成,无论是在卫生方面还是在制冷效果上,都远远超过了传统自制冷库。有的还配备了微电子中央处理器精确控温,液晶数字清晰显示温度,防触电保护装置等,大大方便了使用,并且更安全、卫生、节能。② 点菜风幕机:用来直观展示酒店出售的菜点样品,规格、型号多样,其长短可根据需求量身定做。主要由制冷压缩机、散热风扇、机身、隔层架、照明灯、风幕帘等组成。有的还装有防触电保护装置,柜内温度通常控制在4℃～10℃。③ 冰箱:现代厨房中使用的冰箱一般有四门、六门或冷藏工作台。它们的大小、规格多样,由不锈钢制成,主要由制冷压缩机、温控调节器、电源开关、发泡保温层组成。其温度一般控制在-15℃～8℃。

9. 排风设备

一般装在厨房的炉灶上方，由吸风罩与抽油烟机两部分组成。它能把厨房中的油烟、灰尘、水蒸气、热量排到室外，改善厨房内部的环境，保障厨房工作人员的健康。排油烟罩种类很多，有手工自制的和机械制作的，使用的材料有白铁皮、镀锌板、不锈钢等。较为先进的有：① 气帘式排油烟罩：这种设备在抽吸油烟、蒸汽的同时，在炉灶上方靠近操作人员处往下输出新鲜空气，形成“气帘”，防止油烟向外扩散，以增加排气效果。② 带循环水式排油烟罩：该设备顶部是倾斜角为 45 度左右的不锈钢板，循环自来水从板的背面流过，当高温的油烟和蒸汽被抽吸向上升腾时，遇到温度相对较低的不锈钢板，会凝结在其表面，形成油滴和水滴，沿倾斜的不锈钢板流进油污收集槽内被排出。

10. 清洗设备

清洗设备主要指酒店用来清洗、消毒、保洁餐具的有关设备，具体包括：洗碗机、不锈钢水池、工作沥水台、餐具保洁柜、消毒柜等。洗碗机是专门用来洗涤餐具的洗涤机具，型号多种，有掀盖式洗碗机、转盘式洗碗机和隧道式洗碗机等。全自动隧道式洗碗机由高压花洒、洗涤药水分配器、杯筐、锥齿轮传动、电动机、水温控制系统等组成。操作时，先将洗碗机电源开关打开，待水温升到控制系统所需的水温时，机器自动工作，齿轮开始传动杯筐。此时将餐具表面的残物刮净，然后斜插在洗涤筐中，将洗涤筐放入洗碗机的进口处，杯筐就会自动进入。操作人员只需在杯筐出口处等待杯筐自动输出，此时的餐具已经过洗涤、烘干、消毒等工序。该机操作方便、卫生、效率高。　（端尧生）

二、火候——熟制技术

（一）火候的定义

我国厨师历来十分注重火候的运用。远在 2000 多年前的《吕氏春秋·本味篇》中曾有这样的记载：“五味三材、九沸九变、火之为纪，时疾时徐，灭腥去臊除膻，必以其胜，无失其理。”宋代大诗人苏东坡擅长烹调，做菜很讲究火候，在总结烧肉经验时，曾写过这样的句子：“慢着火，少着水，火候足时它自美。”清代袁枚《随园食单》中也强调：“熟物之法，最重火候。”纵观古今都是“火之为纪”，把火候的掌握列为菜肴创作的关键，所以厨师必须学会掌握火候。第一，火候掌握得是否恰当是决定菜肴质量的主要因素。第二，火候是形成多种烹调方法和不同风味的重要环节。如果火候掌握不当，炒菜不像炒菜，爆菜不像爆菜，炸菜不像炸菜，该香的不香，该嫩的不嫩，会失去各种烹调方法的特点。所以掌握火候被视为厨师的第一技术，是衡量厨师技术水平高低的重要标准。

火候是指烹制菜肴时所用火力的大小和时间的长短。由于原料质地有老嫩软硬之分，形状有大小厚薄之别，烹调的要求也有脆嫩酥烂等的不同，所以不仅应当使用多种加热方法，而且必须运用不同的火力，掌握不同的加热时间。根据不同的烹调要求采用不同的火力，对烹饪原料热源的强弱和加热时间的长短进行控制，就是掌握火候。火候与热源、传热介质、原料的性质和周围环境有着密切的关系。要使菜肴达到烹饪要求，必须在实践中不断地总结经验掌握规律，才能正确掌握好火候。火候发生变化，受热原料也就发生变化，所以火候是决定菜肴质量的关键。只有运用不同的火力和加热时间，才能烹制出色、香、味、形俱佳的菜肴，因此火候又是烹调方法多样化的重要因素。

在烹制菜肴的过程中，由于可变因素较多，而且变化复杂，只能根据烹饪原料性状、制品要求、传热介质、投料数量、烹调方法等可变因素，结合烹调实践总结掌握火候的一般原则：质老形大的原料用小火，时间要长。质嫩形小的原料用旺火，时间要短。要求脆嫩的菜肴用旺火，时间要短。要求酥烂菜肴，用小火，时间要长。用水导热，菜肴要求软、嫩的，需要用旺火，时间要短。用蒸汽导热，菜肴要求鲜嫩的，需要用大火，时间要短；菜肴要求酥烂的，要用中火，时间要长。采用爆、炒烹调方法的菜肴，需要用旺火，烹调时间要短。采用炸、熘烹调方法的菜肴，需要用旺火，烹调时间要短。采用炖、焖、煨烹调方法的菜肴，需要用小火，烹调时间要长。采用煎、贴烹调方法的菜肴，需用中、小火，烹调时间略长。采用氽、烩烹调方法的菜肴，需用大火，烹调时间要短。采用烧、煮烹调方法的菜肴，需用中火、小火，烹调时间略长。总之，火候的掌握应根据实际情况灵活运用，要根据烹饪原料的性质、菜肴要求，正确地掌握火力的大小和加热时间长短。

火力通常指燃烧的烈度。鉴别火力的大小是准确掌握火候的前提。处在剧烈燃烧状态中，火力就大，反之就小。在烹饪实践中根据火力的不同特征，主要是从火眼的高低、火光的明暗、热气大小以及不同的火色等鉴别火力的大小。人们一般把火力分为旺、中、小、微 4 类。① 旺火，又称大火、武火等，是最强的火力。它的特征是火焰高而稳定，火光亮、耀眼灼人，热气逼人，适用于炒、爆、炸、熘等快速的烹调方法。② 中火，是仅次于旺火的一种火，称之为文武火。它的特征是火苗较旺，火力小，火焰不稳定，亮度较暗，仍能保持较强的热气，这种火力适用于烧、烩、煮、扒、煎、贴等烹调方法。③ 小火，又称文火。它的特征是火势时起时落，亮度暗淡，辐射热较弱，适用于烧、焖、煨等烹调方法。④ 微火，又称慢火。它的特征是火焰呈暗红色，火焰细小，供热微弱，可供菜肴保温。

上述各项，均是明火亮灶的经验之谈，与近代热学原理的关系不大。近代热学是物理学的一个重要分支，它主要研究热现象的定量测定，以温度为热的强度指标，以热量（热容量）为广度指标。因为热是能量的表现形式之一，所以温度和热量（即能量）都可以用特定的物理量加以表述。按近代热学原理讲，火候就是“温度曲线”，上述经验之谈中的 4 种火力，就是不同形状的温度曲线。用温度曲线来解释火候，任何形式的加热设备和过程，不管是否有明火，都可以得到正确的说明，而且都可以进行准确的定量测定。所以，千万不可将火候概念神秘化。（张荣春）

（二）传热方式

热的传递亦称传热，是物质系统的热量传递过程。传热是由于温度差的存在而引起的热量传输。加热使原料由生变熟，整个过程中都存在着热量的传输。热源释放的热量通过各种热媒传输到原料表面，又由原料表面传输到原料中心。原料在一定的时间内吸收一定的热量，才能完成由生变熟的转化，并达到烹调的具体要求。根据热量在传输过程中物理本质的不同，传热可分为 3 种形式，即传导、对流和辐射。烹制过程中的传热，这 3 种方式都存在，并且是这 3 种方式的各种组合。

传导是指热量从温度较高的部分传递给温度较低的部分，或从温度较高的物体传递至与之接触的温度较低的物体的过程，直到能量达到平衡为止。所以传导主要在固体和液体中进行。传导是各种烹制方法热量传递的主要形式。

对流是指流体各部分之间发生相对位移时所引起的热量传递过程。对流仅发生在流体中，如液体、气体，而且必然伴随有热的传导现象。具体地说，气体或液体分子受热后膨胀，能量较高的分子流动到能量较低的分子处，同时把能量传递给生坯，直到温度达到平衡时为止。气体或液体加热后之所以会流动是由于热的气体或液体比重轻，冷的比重大，于是位于炊具底部与热源接触最近的气体或液体获得能量最快，温度升高后，气体或液体发生扰动，靠近热源的那些分子因温度升高而获得较多的热量，变得更加活跃，从而向其他部位扩散。这样便造成物体内部冷热对流现象的出现，从而促成那些带有相当能量的气体或液体与温度较低的食品接触后，能量便会以传导的方式不断地、慢慢地传递到原料内部，使食品逐渐由生变熟。

辐射是物体以电磁波方式向外传递能量的过程。在接近可见光低频段部分（即红外线部分）的电磁波称为热辐射，频率更低的便是微波辐射，它也能用于烹饪加热，所以辐射方式加热有红外或远红外和微波两种加热方式，但它们的原理各不相同。当红外线辐射到物体表面时，一部分被物体表面反射，另一部分则进入物体内部，或者被吸收，或者穿过物体向前传播。被物体吸收的电磁波转变为热能，使物体温度升高。物体吸收的电磁波越多，物体升温越快、越高。物体反射、吸收和透过红外线的程度是随物体的性质、种类、表面状况及红外线的波长等因素而变化的。各种高分子有机物（如蛋白质、淀粉、脂肪等）在红外区都有自己的吸收峰。当这些物质的分子、原子吸收到与自己吸收峰相一致的红外线时，便加剧分子运动，使能量得到充分利用，使菜点制品在远红外加热中发生一系列的物理、化学变化，成为色、香、味俱佳的熟食品。

传热是通过热的传导、对流和辐射 3 种方式来实现的，在实际的传热过程中 3 种方式是同时进行的。热力学告诉我们，热量可以自动地从高温物体传向低温物体。高温物体与低温物体间的热传递，除直接接触外，一般需要传热介质。在烹饪过程中，热源发出的热传递给锅，锅由水、汽、油、盐或砂等几种传热介质把热传递给烹饪原料，使原料温度升高以至成熟成为菜品。烹饪原料从生到熟，除运用不同的火候外，还要通过不同媒介物传递热量，使原料发生变化，以达到食用的目的。

烹调时的传热介质有水、油、蒸汽、盐或砂，也有不用介质的辐射方式等。① 以水为介质导热。主要是对流作用。水在受热后温度升高，并使其中的原料受热。在常压（101325 帕）下，水的沸点是 100℃，无论火力怎样旺，水温只能达到 100℃，超过了水就会变成气体逸出。质地软嫩的原料只要内外温度相同，就基本成熟，有脆嫩、清爽的口感，又保护了营养成分。质地老的原料用较多的水长时间地煨、炖，才能使原料水解、膨松，从而达到具有酥烂的质感。这些都是通过水传热而实现的。② 以油为介质导热。主要是依靠热的对流作用。油脂所能吸收、保持的热量比水高得多，当油温升高到开始冒青烟时，植物油可达 170～190℃。③ 以盐为介质导热。这是以热传导的方式把热量传给原料。盐比油的传热能力强，它不像液体那样能够对流，所以，用盐和砂粒等作为介质时，必须不断翻炒，以使原料受热均匀。④ 以空气导热。在烹调加热中，也有不利用传热媒介给原料加热的方法，而是直接用燃料产生的热能使原料成熟，这种热的传递是靠热量的辐射传热。如烘、烤法所需的热能都是应用炉灶火力的辐射传热。特点是受热较均匀，使原料表面焦脆、内部鲜嫩、色泽金黄。⑤以蒸汽为介质导热。这是靠对流的作用，使原料受热成熟。它的温度高于水的温度，因为蒸汽的温度最低为 100℃。其特点是水分不易蒸发，能保持菜肴的原味、原形，减少营养素的损失。

（张荣春　邵万宽）

（三）初步熟处理与制汤

1. 原料初步熟处理

初步熟处理就是把经过初步加工的烹饪原料，根据菜肴的需要在油、水或蒸汽中进行初步加热，使其成为半熟或刚熟的状态的半成品，为正式烹调做好准备的工艺操作过程。

经初步熟处理使烹饪原料发生质的变化，可以使原料色泽鲜艳、口味脆嫩，可以去除血污及腥膻味，可以调整和缩短正式烹调的时间，便于切配成形。一部分原料还可以在初步熟处理的过程中提取鲜汤。因此初步熟处理是正式烹调前的准备阶段，是烹调过程中的一项基础工作。它同菜肴的质量密切相关，在技术上也有不少讲究。

常用的初步熟处理的方法有：焯水、过油、走红、汽蒸。① 焯水，俗称水锅、出水、飞水，就是把经过初步加工的原料，放入水锅中加热至熟或半熟的状态，随即取出以备进一步切配成形或正式烹调之用。② 过油，俗称走油，是以油为传热介质，把经过加工整理成形的原料，投入热油锅内加热，使其成为成品或半成品的熟处理方法。③ 走红，又称红锅或酱锅，就是将加工、整理的原料投入各种有色的调味品中或热油锅内，使原料上色，以增加美观的过程。④ 汽蒸，又称蒸锅，以蒸汽为传热介质，将已加工整理的原料，采用不同火力蒸制成半成品的熟处理方法。汽蒸是在封闭状态下加热，并根据原料的性质，采用不同的火力决定加热时间的长短，以保证半成品符合正式烹调的要求。

2. 制汤

制汤，在饮食行业中又称吊汤或汤锅，为烹调技术的基本功之一。它是把富含蛋白质与脂肪的动、植物原料如鸭、鸡、排骨、牛肉等放在水中长时间加热，使烹饪原料内部的脂肪与蛋白质和其他呈味物质溶解于沸水中成为鲜味浓郁的汤汁，以作烹饪之用。汤是制作菜肴的重要辅助原料，是形成菜肴风味特色的重要组成部分。制汤工艺在烹饪实践中历来都很受重视，无论是普通烹饪原料还是高档原料，都需要用高汤加以调配，味道才能更加鲜美。所制汤的质量好坏对菜肴有着很大的影响，饮食行业中俗称“唱戏的腔，厨师的汤”。

汤的种类很多，根据其质量和色泽可分为 3 大类，即奶汤、清汤和素汤。① 奶汤，又称白汤，其特点是汤呈乳白色，味鲜，常用于一般烹调法中提鲜及奶汤类汤菜的制作。在烹调中，奶汤又分为一般奶汤和特制奶汤。② 清汤，汤汁澄清，口味鲜醇，常用于高档菜肴的制作，根据其用料和制法的不同又分为一般清汤和高级清汤。③ 素汤，是制作素菜时常用的汤，根据制汤方法不同分为一般素汤和特制素汤。在制汤操作中须掌握如下关键：必须选用鲜味足、无腥膻气味的原料；煮汤的原料均应冷水下锅，且不宜中途加水；恰当掌握火力和时间；调味品选用要适当；制汤的原料与加水量比例要恰当。（张荣春）

（四）菜肴熟制技法

1. 冷菜的烹调方法

冷菜又称凉菜、冷荤、凉盘，是为凉吃而制作的一类原料直接凉制或热制凉食的菜肴。冷菜在中餐中占有重要地位，无论是便餐小吃，还是中高档宴席，冷菜都以它独特的味道、鲜艳的色彩、美丽的造型和不可或缺的进食温差口感，及原料自身特有属性天然约定的烹制、食用方式，在餐桌上彰显着诱人的魅力。冷菜最大的特点是味道稳定，便于切配造型。

拌。拌就是把可食的生原料或晾凉的熟原料经卫生、刀工处理后，再加入调味料，直接调制成菜肴的烹调方法。其操作过程比较简单，但重在调味。常用的调味品有酱油、醋、香油、辣椒油、麻酱、芥末、蒜泥、姜汁等。成品具有清脆爽口、味道多样、汁少或无汁等特点。

拌的操作要点：① 要选新鲜质嫩的原料。拌的菜肴是在原料改刀或加热成熟以后，再加入调味品，因而不像热菜那样通过加热可以除去异味，增进美味。因此，原料新鲜质嫩是烹制好拌菜的前提。② 刀工要精细。要求原料的薄厚、长短、粗细均匀适当。因为拌的菜肴调好味后不再加热，其形状不发生变化，而是直接装盘上桌，所以刀工的精细与否直接关系到菜肴质量的好坏。③ 要灵活掌握菜肴的口味。拌菜的最大特点是调味灵活，它可以根据原料的性质、人们的口味要求进行调味，如调成红油味、蒜泥味、姜汁味或大酸、大辣等。④ 对直接生制的原料，如蔬菜、三文鱼等，一定做好洗涤、灭菌等卫生处理，而且在切配、装盘环节不能发生任何污染。

根据原料的生熟不同，拌可分为生拌、熟拌、生熟混合拌 3 种方法。① 生拌，原料没有经过加热而直接加调味料拌制的方法。② 熟拌，原料经过煮烫致断生或刚熟后，再加调味料拌制的方法。③ 生熟混合拌，就是将生拌原料和熟拌原料掺合在一起，再加调味料拌制的方法。

炝。炝是将原料经过初步熟处理之后，加入调料和热花椒油拌匀的一种方法。炝和拌在操作上很相似，但炝的原料一般为熟的，要经过焯水或划油，而且要使菜肴具有浓郁的花椒油的芳香味。其所用的调料仅有精盐、味精、蒜、姜和花椒油等几种，成品具有无汁、口味清淡等特点。

炝的操作要点：① 炝的菜肴不使用米醋、酱油等调味品，以保证菜肴的清淡和无汁。② 要用热花椒油。花椒油的芳香味受温度的影响，温度低其味变淡，影响菜肴的味道。③ 炝的原料范围相对较广，所以在调味前要将原料进行处理，使其断生成熟。

炝的操作方法：① 选料、改刀：选择新鲜、质嫩的蔬菜或肉类，原料的形状不宜改得过大，主要以丝、片、丁为主。② 初步熟处理：是在调味前进行的，有打水焯烫熟和温油划熟两种。③ 调味、炝制：将晾凉或投凉的原料进行调味炝制。

腌。腌以精盐、酒等为主要调味料，将原料拌和、擦抹和浸渍，并经过静置一段时间后，使原料入味的烹调方法。腌是将原料直接腌透入味，常用的调料有精盐、酱油、花椒、白糖、白酒、料酒、米醋、干辣椒、香糟汁等。

腌的操作要点：① 选料要精，加工要细，口味要因地、因人进行合理调制。② 要根据原料的性质和菜肴的要求，正确掌握腌制的时间和调料的用量。③ 要保持原料的脆嫩程度和形状的完整和整齐。

腌的方法根据所用调味料的不同，可分为盐腌、糖腌、醉腌 3 种方法：① 盐腌，是以精盐为主要调味料，将原料拌和、浸渍，以除去原料的水分和异味，使原料入味的方法。② 糖腌，是将原料加入少许精盐，腌渍一段时间挤出水分后再加入白糖及其他调味料继续腌渍，使原料入味的方法。③ 醉腌，按加工原料方法的不同又可分为生醉和熟醉。生醉是将鲜活原料消毒后装进盛器，再加入醉卤直接醉制，不需加热即可食用的方法。熟醉是将原料加工成片、丁、丝、条、块或整料，经焯水、蒸、煮等熟处理后，再加入醉卤浸泡后食用的方法。

卤。卤是将原料经过焯水或过油后，放入配有各种调味料的卤汁中，以中小火煨、煮至成熟，使之入味的烹调方法。卤制原料比较广泛，适用的原料有豆腐干、素鸡、香菇等植物性原料，有猪、牛、羊、鸡、鸭等动物性原料，也有肚、肝、肫等动物内脏原料。卤制成熟后一般把原料浸泡在卤汁中，食时随用随取，也可即行捞出，但晾凉后必须在原料表面刷上芝麻油，以防止卤菜表面发硬和干缩变色。

卤的操作要点：卤制时应用小火加热，根据菜肴的特点掌握卤汁的颜色，如卤的菜肴要延长保藏，应将原料及卤汁加热后存放，根据情况可以保存陈卤，保存的方法是要经常加热，杀死微生物以防止变酸或发霉。调制卤汁所用的原料有沸水、酱油、精盐、白糖、料酒、葱、姜、大料、桂皮、砂仁、花椒、豆蔻等香料。不同地区、不同师傅有不同的配方，可灵活掌握。

熏。熏是将原料置入密封的容器（特制熏锅或烘箱）内，利用熏料的受热炭化所产生的浓烟，熏制上色，以增加烟香味和色泽的烹调方法。常用的熏料有白糖、木屑、茶叶等。熏制品可以批量加工，其特点是色泽美观，干香浓郁，具有突出的烟香味。熏制品由于表面一是受热失水，蛋白质产生凝固形成了保护膜，细菌、微生物难以吸附；二是茶叶、木屑熏料碳化产生的烟雾呈固体小颗粒状分布吸附在熏制品表面，消除了微生物、细菌的生存温床，因此，可以延长保存时间。

不过烟熏的方法会给食品带来一定程度的化学污染，污染物主要是3,4-苯并芘等高级多环芳烃，它们主要产生在原料受热溢出的油滴中，这些油滴在熏制过程中大多因滴落在原料之外而流失掉，原料本身含量微乎其微。

熏的操作要点：① 熏的原料要经过腌制和熟制两个过程。腌的调料一般为酒、精盐、花椒、酱油、葱和姜。熟制的方法一般采用蒸或煮，如熏鱼是蒸熟后再熏，而熏鸡一般是先用调味汁煮熟后再熏。② 要严格掌握熏制的时间，时间过长会影响菜肴的味道和色泽。③ 熏制的原料表面不应有水珠，而且还要保持70℃以上的温度，这样才容易熏制上色和入味。

根据原料加工前的生熟不同，熏可分为生熏、熟熏两种方法：① 生熏就是未经过熟处理的生料，经过腌渍后，再下熏锅熏制的方法。② 熟熏就是经过熟处理(一般采用酱汤煮熟)的熟料，不用腌渍直接下熏锅熏制的方法。

煮。煮是将经初步熟处理的半成品，放入汤汁或清水中，先用旺火烧开，再用中火或小火煮制成熟的方法。煮能保持原料的本色和原味，调味灵活，便于切配造型。

煮的操作要点：要选新鲜质嫩的原料；掌握好煮的火候，锅中加水烧开，放入原料慢煮，熟后即刻捞出；煮熟后捞出调味，兑好调味汁，可根据原料的性质和人们的口味要求灵活掌握。

常见的煮的方法有白煮和盐水煮。① 白煮(也称水煮)：就是将经初步加工的原料放入清水锅或汤锅中煮制成熟的烹调方法。白煮在煮制的过程中，一般不加调味料，但有时加入黄酒、葱、姜以除去腥膻异味。食用时把原料捞出，经刀工处理后整齐地装盘，将兑好的调味汁浇在上面拌食，或随带调味汁上桌蘸食。② 盐水煮：就是将经初步加工的原料放入锅中，加清水淹没，投入精盐、葱结、生姜、花椒、黄酒等调味料加热成熟的方法。

酱。酱是将原料放入酱汤中，先用旺火烧沸，再用小火加热至原料酥烂的一种方法。酱的菜肴一是色深，二是酥烂味浓。色深一般是通过酱油、糖色或红曲水进行着色。酱制的菜肴常用的调味品有酱油、精盐、白糖、花椒、大料、桂皮、丁香、砂仁、草果、白芷、豆蔻、小茴香、料酒等。

酱的操作要点：① 要调好卤汁。制作酱的菜肴首先要用骨架、牛肉、猪皮或老母鸡做汤，然后加入糖色、酱油或红曲水调好色，再加入调料(将上述香料装在纱布袋中)，烧开后用盐调好口味，再放入原料煮制。② 为了使酱的菜肴味透肌里，应在入锅前用酱油、料酒、葱、姜和花椒将原料腌制入味后再放入汤锅中。

酱的具体方法：① 酱制前，原料一般要进行焯水处理，以除去血污和腥膻气味。② 酱制时，要先把酱汤调制好，酱油、盐、香味调料应一次加足。③ 酱好的原料应浸在撇净浮油的酱汤中，以保持新鲜，避免表面发硬和干缩变色。

油炸卤浸。将原料改刀调和口味后，经过油炸，再浸入兑好的汁中使其入味的一种方法。主要分两个步骤完成，油炸是使原料成熟，卤浸是为了入味。成品特点是色泽金黄、形状整齐、味透肌里、鲜嫩适口。

油炸卤浸的操作要点：① 原料在未经油炸之前，要事先腌制入味，然后用热油炸制使其上色。② 用卤汁浸泡时，卤汁应浸没过原料，并要掌握好浸渍时间，食用时捞出。③ 原料的形状要大一些，以防在炸和浸渍的过程中破碎，上桌时应改刀装盘。

油炸卤浸的具体方法：① 将原料进行加工处理，用调料调制口味。② 用油进行炸制。③ 将炸制后的原料浸在调好的卤汁中。

油焖五香。油焖五香指原料经改刀腌制后，过油炸制成金黄色，再放入调好的汁中用小火加热，待汁收尽时撒上五香粉出锅的一种方法。制成的菜肴质地酥软、五香味浓郁、色泽金黄或呈枣红色。

油焖五香的操作要点：① 要突出五香料的使用（五香料是指大料、白芷、草果、丁香、桂皮），在实际中以使用五香粉更为方便。② 原料要事先腌制，炸制时用热油使其上色定型。③ 要用慢火收汁，否则原料不易入味。

油焖五香的具体方法：① 原料初加工后，使其腌制入味。② 用温油和高温油结合炸熟后，另备勺加底油，放葱、姜块炒出香味，添加适量的汤，加入炸好的主料急火烧开，调好口味，转慢火收紧汤汁出锅。

酥。酥是原料（多用于烹制较小的鱼类原料）放在以醋、糖为主要调料的汤汁中，经过慢火长时间煨焖，使主料骨酥肉烂、醇香味浓的烹调方法。其成品特点是骨质酥软，味鲜咸带酸微甜，略有汤汁。

酥的操作要点：① 使原料变酥的调料是醋，所以掌握好醋的用量是做好菜的关键。② 要用小火长时间加热。在烹制时为了防止粘锅应在锅底垫上帘子或铺上葱、骨头之类的原料。

酥的具体方法：酥制法分硬酥和软酥两种。硬酥是将原料过油后再放入汁中酥制，软酥的原料不过油。

冻。冻也叫水晶，是将动物的胶质蛋白经过煮或蒸，使其充分溶解，再冷凝成菜肴的方法。冻制品具有清澈透明、软韧滑润、口味鲜醇等特点。

冻的操作要点：① 要掌握制冻的原料与水的比例和煮制的时间。② 如用冻粉和食用胶制冻时，应先将冻粉或食用胶用凉水泡软或使其溶胀，再放入水中加热使其充分溶解。③ 用猪皮制冻时应先将猪皮煮到二成熟后刮去皮上的油脂，再切成丝放入水中煮制。④ 要用小火加热，以防止油脂与胶原蛋白接触而形成乳浊液影响冻的清澈程度。⑤ 制冻时，除了煮以外，还可以上屉蒸。采取蒸的方法更能使冻清澈透明。

在冻制品中，根据颜色又分为清冻和混冻两种。清冻不使用酱油，以精盐为主进行调味。如用猪皮制作清冻时，待煮（蒸）好后将肉皮去除，其色白透明。混冻是指在制作时加入酱油，使冻的颜色变深，如用猪皮煮冻时，其皮不用挑出。

腊。腊是将原料先用盐和其他调味料腌制后，再用日光晒、烘烤、烟熏，然后放在通风处吹干的一种方法。腊制的原料一般为畜禽肉及脏腑制品，其制品具有风味独特、易于保藏的特点。

在操作时，先要腌透原料，熏烤后，必须将原料置于通风处吹干。其具体方法是：① 原料经加工后，用盐、硝、酒、酱油、香料等腌制。② 将原料进行晾晒、烘烤、熏制，最后放在通风处吹干。（郑昌江）

2. 热菜的烹调方法

热菜的烹调方法，在其漫长的发展过程中，由于原料的性质、形态的不同，以及菜肴的色、香、味、形、质等诸要素的要求不同，再加上工艺上的区域性，形成了众多的烹调方法。然而，这些烹调方法是在自然状态中逐渐形成的，囿于诸多因素的制约，随意性较强。这里按照传统的分类方法，着重阐述常用的、具有普遍性的烹调方法。

炸。炸是将原料改刀腌制后，挂糊或不挂糊，用热油或温油使之成熟的一种方法。炸主要适用于形小质嫩的原料。炸需要用多量的油，一般要用旺火速成，以保持原料对油温的要求。炸的菜肴多外焦里嫩、香酥干爽，多数菜肴要带调料（如椒盐、番茄汁等）食用。

炸的操作要点：炸是常用的一种烹调方法，菜肴的品种多，选料范围比较广，糊的种类也很多。虽然在操作上并不复杂，但对火候的要求高，因此要掌握以下 3 点：① 要严格掌握火候。炸的菜肴多数需要旺火热油，而大部分要炸 2 次，称为重油。重油的主要原因是由于炸的菜肴多要求外焦里嫩，要达到外焦，就要除去表面的水分；要保持里嫩，就要缩短原料在油中的停留时间，以保持更多的水分。这“一除”、“一保”是一对矛盾，解决的方法则是间隔地过两三遍油，以提高原料与油的温差，使原料在很短时间内除去表面的水分达到“外焦”和更多地保持里面的水分使之“里嫩”。② 炸前要腌制原料，就是在改刀后，用调味品短时间地腌一下，以八分口为宜。这是由于在炸的过程中无法进行调味。③ 炸的菜肴要带调味品上桌，供蘸着食用，主要的目的是增加菜肴滋味，形成独特的风味，同时弥补味道的不足。

由于原料的质地和菜肴味道及口感要求不同，炸又可分为清炸、干炸、软炸、香炸、酥炸、纸包炸等6种。① 清炸，将原料改刀后用调料腌制入味，再直接用热油炸熟的一种方法。成品的特点是外焦里嫩，清爽利落，色泽多为枣红色。在烹制清炸菜肴时，选料要精，改刀后的形状要大一些，炸时应采用不同的油温，间隔地炸三四遍，如清炸鸡胗、清炸里脊、清炸肝等。② 干炸，将原料改刀腌制后，将淀粉用凉水浸泡，然后再挂到原料的表面，或者将干淀粉放入原料中，再加入少量的凉水搅拌，静置一段时间后再入油锅炸，如干炸肉条、炸八块、干炸丸子等。③ 软炸，将原料腌制后，挂蛋泡糊或全蛋糊，用温油炸熟的一种方法。这种炸应将原料改成小片或茸，油温不宜过低或过高，以防炸焦色深或脱糊浸油。软炸的主要特点是软嫩味鲜，形状整齐美观，如软炸里脊、软炸蛋卷、软炸鱼条等。④ 香炸，又称板炸、吉利炸，是将原料改刀后挂上蛋液，再粘上面包屑入油锅炸熟的一种方法。在具体的制作上，一般在挂蛋液前应在原料的表面粘上面粉，力求均匀，然后挂蛋液，才能将面包屑黏匀。粘上面包屑后，应用手轻轻捺实，以防在炸的时候脱落。另外，要注意油的温度，要使用咸面包，而不应使用甜面包。成品的主要特点是外表松酥，主料鲜嫩，形色较好，如炸虾排、蒲捧里脊、吉利肉饼等。⑤ 酥炸，将原料熟制后，用热油炸至金黄色，再改刀装盘(有的挂糊后再炸)的一种方法。酥炸是先将原料制熟，其方法可煮或蒸，而且要求达到酥烂的程度，炸的时候应用旺火热油，成品香酥、肥嫩，如香酥鸡、香酥鸭等。⑥ 纸包炸，使用糯米纸或玻璃纸把原料包上后，入温油炸熟的一种方法。纸包炸的原料多是鲜嫩无骨的，而且多数都切成片或茸，经调料腌制后，包成包，再放入温油锅中炸。包的时候应留一个角，便于食用时打开。成品特点是原汁原味，质地鲜嫩，造型别致，如纸包鸡、纸包鱼、纸包虾等。

烹。烹是将原料改刀挂糊（也有不挂糊的），然后用油炸好，再倒入清汁颠翻出勺的一种方法。烹是炸的延伸，与炸的区别就是多一个烹汁调味过程。烹的主要特点是外焦里嫩、色泽美观、口味香醇，以鲜咸为主略带甜味或以甜酸为主。在操作上以挂淀粉糊的为多，而且使用清汁(汁中不加淀粉)。

烹的操作要点：① 必须炸2遍，要急火速成。烹要在炸后倒入兑好的清汁，且对火候的要求更高，必须要达到外焦里嫩，除去表面的水分，才利于汁水渗入，才能做到味透肌里，质地不变软。② 要掌握好清汁的用量。为了使原料能将汁全部地吸收形成菜肴的味道，汁的用量不宜过多或过少。另外，在兑汁时除了调味品（如酱油、醋、食盐、白糖、味精等）外，一般不加水或汤，以免影响外焦里嫩的质地。

烹的方法有炸烹与清烹之分。① 炸烹，是将原料改刀后挂上淀粉糊用热油炸熟，再倒入清汁的一种方法。它与干炸所挂的糊相同，但比干炸的糊稍薄些，如锅包肉、炸烹仔鸡、炸烹虾段等。② 清烹，是将主料改刀后，粘上面粉(也有不粘面粉的)，放油中炸好，倒入清汁颠翻出锅的一种方法，如清烹里脊、清烹鸡块、清烹鸡胗等。

熘。熘是将原料改刀后挂糊或上浆，用油加热成熟再倒入兑好的混汁加热搅拌的一种方法。熘与烹的区别在于调味汁上，烹是使用清汁不带芡，而熘是用混汁，而且汁相对较多。熘的菜肴多数都要上浆或挂糊，质地要求外焦里嫩适口，明油亮芡。在操作上一般都是事先兑好汁或采用卧汁，以便提高操作速度，保证菜肴的质量。

熘的操作要点：① 要旺火速成，颠翻勺次数不宜过多。由于熘的菜肴有的要求外焦里嫩，有的要求软嫩滑润，加之过油后浇入兑好的混汁，如果火候不到或颠翻次数过多，会使本来要求外焦的菜肴反而变软，原来很嫩的原料，由于加热时间过长而变韧变老。② 要明油亮芡。这是熘制菜肴的一大特点。明油是指在菜肴成熟后已经勾完芡，在出锅前淋入事先炸好的材料油或香油。要做到明油亮芡，既要掌握好芡汁的长短，又要注意到芡汁的软硬。但关键是芡汁的软硬，软了不亮，硬了虽亮但不符合菜肴的要求，影响口感。另外，还要注意芡汁成熟的程度，因为熘的菜肴有两种勾芡的方法：一是卧汁，二是兑汁，尤其是兑汁，如果不等芡汁熟透，即一变稠了就出锅，那么，明油加得再多也不会亮，而且易解芡。③ 对于一些形大的原料，要剞花刀或用调料腌制一下。

熘的方法又分为焦熘、滑熘和软熘等。① 焦熘，又称糖熘或炸熘，是将原料改刀后挂淀粉糊，用旺火热油炸至金黄色时，再倒入兑好的混汁搅拌的一种方法。焦熘的最大特点是外焦里嫩，明油亮芡，一般要过 2 遍油，如焦熘肉段、焦熘丸子、焦熘里脊等。如果调料中以糖、醋为主，可做成甜酸口味的菜肴，如浇汁鱼、糖醋排骨、糖醋瓦块鱼等。② 滑熘，将原料改刀后上浆，用温油滑熟，再倒入兑好的粉汁。滑熘适用于质嫩、形小的原料，芡汁也比焦熘的稍长。如果在调料中加上多量的醋，以食其酸味被称为醋熘，如醋熘白菜、醋熘鱼片等。如果加上香糟汁则称为糟熘，如糟熘白菜。③ 软熘，将改刀后的原料先蒸熟或煮熟，再浇上熬好的汁。由于这种做法的芡汁与熘芡相似，虽不是以油为传热介质，但习惯上仍将此法归到熘类，如软熘草鱼、荷花白菜、熘豆腐等。

爆。爆是将原料改刀后，用急火热油使之成熟再进行调味的一种方法。爆是一种急火速成菜肴，所以，一般都使用调味兑汁芡进行调味及勾芡。爆的主要特点是急火速成，成品要求脆嫩爽口，芡汁紧包原料，盘内没有多余的芡汁。

爆的操作要点：① 要选质嫩、形小的原料。因用急火热油烹调，加热时间短，不能使形大、质老的原料成熟或酥烂。所以，用于爆的原料多为质脆的鸡胗、肚仁、墨鱼、鱿鱼、猪腰等，而这些原料也不宜长时间加热，否则，就会失去脆嫩的程度而变韧，不易咀嚼。② 爆的原料一般要剞花刀。在原料的表面剞上花刀，不仅使菜肴形状美观，而且扩大了原料的受热面积，在同样的温度下缩短了烹调时间，从而保证了菜肴脆嫩程度。③ 要掌握汁的用量。爆的菜肴使用的是调味粉汁，要求芡汁都要包裹在原料表面，多了影响菜肴的脆嫩程度，少了又会影响菜肴的味道。因此，掌握汁的用量和淀粉的浓度，是做好爆菜的关键。

爆的方法又可分为油爆和汤爆两类。① 油爆，将原料改刀后，用热油使之成熟，再加入配料，倒入兑好味的芡汁。在具体的操作中，有的原料不需上浆，而是先用沸水烫，如鸡胗、腰子、肚仁、鱿鱼等；有的原料需要上浆，不用水烫，而是直接过油，如鸡肉、里脊等。② 汤爆，以汤或水为传热介质，用急火速成，使菜肴的质地脆嫩。亦有两种做法：一是先将汤烧沸，再加入原料，调好味连汤一起食用；二是先将水烧沸，再将原料加入烫熟，随即捞出蘸着调料食用，如汤爆肚、汤爆双脆、水爆百叶等。此外，还有诸如酱爆、芫爆、葱爆等说法，只是调料的使用变化，而这些方法实质都与上面所说的爆有较大的区别。

煎。煎是将原料改刀后腌制，然后锅内放入适量的油，将原料放入直接加热制熟的一种方法。煎在烹调中具有双重意义，它既是一种独立的烹调法，也是一些菜肴的初步加热的辅助手段，如煎焖鱼，就是先煎后添汤再焖；又如煎烹鱼片，是煎好后再加入汁烹，如干煎黄花鱼、煎猪排、煎茄盒等。

由于煎用油量少，并且不用急火，所以能将原料中的汁液最大限度地保存下来，不像炸那样使原料中的水分大量蒸发。因此，煎的菜肴具有原汁原味、外香酥、里软嫩的特点，另外，煎的菜肴形状整齐，色泽以金黄色为多。

煎的操作要点：① 锅必须先烧热，用油涮一下，然后再放入原料，这样可以避免粘锅。② 煎时的油量不宜过多，以不粘锅为准，油少了可随时从四周淋入，对于个别菜肴可采取半煎半炸的方法。③ 煎的菜肴要事先腌制，使原料入味。另外，煎的菜肴多数要挂蛋液或加入鸡蛋（将鸡蛋与原料搅拌在一起）。④ 原料加热煎制时，要翻动，让其两面均匀受热，色泽一致。

贴。贴是将两种或两种以上的原料改刀后，挂上糊黏合在一起，下锅后只煎制一面至熟的一种方法。贴与煎相似，但只煎一面，因此，在加热过程中往往需要加点料酒或鲜汤，促使其成熟。常见的菜肴有锅贴鱼、锅贴鸡、锅贴里脊等。贴的菜肴制作比较精细，一般是以肥膘肉垫底，中间放上主料（可切成片，也可斩成茸），再盖上青菜叶（菠菜叶或油菜叶等），煎时要用小火。成品特点是一面香酥，一面软嫩，并要改刀、带椒盐上桌。

贴的操作要点：① 贴的菜肴一般由 3 种主要原料构成，即肥膘肉、青菜叶和主料（鸡、鱼、虾仁、里脊等）。肥膘的作用，一是用来增加主料的香味；二是用来传热，使主料鲜嫩。② 贴的菜肴是以肥膘肉垫底。主料可切片，也可斩茸。用肥膘肉垫底时应采用九成熟的肥肉，以防在煎时收缩而影响菜肴的形状。③ 贴的原料要事先腌制好，并要将原料上浆以便使原料黏合在一起。

㸆。㸆是将原料改刀后挂蛋液，用油煎至两面金黄时，再加入汤汁及调料，用小火收尽汁的一种方法。㸆是在煎的基础上发展而来的，在操作上比煎只多一道收汁的过程，即调味的过程。常见的菜肴有锅㸆豆腐、锅㸆菜卷、松㸆白肉等。㸆菜在操作上与煎相似，虽然只多一道调味，即添汤收汁的过程，但成品特点却有很大差别，其质地酥软、味醇、形色美观。

㸆的操作要点：① 㸆的菜肴要煎两面，而且多数菜肴要经改刀、腌制、拍粉、拖蛋等工序，色泽以金黄为主。② 㸆菜的用油要少。有的菜肴要求成为一体，即片与片（或其他形状）之间相连，如果用的油多，原料之间就会由于油的作用不能黏合在一起而影响菜肴的形状。油的用量以不粘锅为准，如果油少可随时从四周淋入。③ 㸆菜不勾芡，菜肴不带汁，所以，在煎好后要少添汤，将汁收尽后再出锅。④ 㸆菜不加酱油着色。

炒。炒是将改刀后的原料放入锅内，用旺火加热并不断翻动使其成熟的一种方法。炒适用于形小、质嫩的原料。炒的操作一般较简单，多数需急火速成，成品有汁或无汁，能保持原料本身的特点。多数菜肴的质地脆嫩、咸鲜不腻。

炒的操作要点：① 根据原料的性质掌握投料的次序，菜肴多数都带有配料，即使无配料，也有葱、姜、蒜之类的调料，它们入锅的先后直接影响着菜肴的质量。② 一般都要求急火速成，尤其是一些脆嫩的蔬菜，为了保持原料本身的脆性，如豆芽、黄瓜、莴苣等，就要在短时间内成熟，以免原料中汁液流失。应用急火热油，其原因就是提高锅或油与原料的温差，缩短加热时间。③ 要搅拌均匀。炒菜时要勤翻勺（锅），使原料受热均匀，但翻得快或慢要视原料的性质、火力的大小而定。对一些易碎而要保持原形的菜肴，在翻炒时要特别注意。

炒的方法有：① 煸炒，将原料改刀后，在锅内直接加热成熟的一种方法。煸炒一般要求旺火、热锅、热油，根据原料的性质可勾芡或不勾芡。适于煸炒的原料范围广、品种多，如芹菜炒肉、片炒青椒等。② 滑炒，将原料改刀后上浆，用温油滑熟再放入勺（锅）内加入兑好的汁。滑炒是在煸炒的基础上派生出来的。它既避免了煸炒受热不均的缺点，又保持了原料质嫩的长处，如滑炒鸡丝、滑炒鱼米、五彩脊丝等。

除上述最基本的两种方法外，还有软炒、爆炒、清炒、抓炒等，其实它们多数以煸炒或滑炒为基础，或者与炒关系不大。

熬。熬是将锅内加底油烧热，用葱、姜炝

锅,再放入原料煸炒、添汤、加调料制熟的一种方法。熬是一种以水为传热介质的烹调方法,具有较强的区域性,主要体现在北方菜中。熬主要适用于形小质嫩的原料(如白菜、鱼、肉等),如家常熬鱼、五花肉熬白菜等。熬菜的制作方法比较简单,能做到原汤原味、酥烂不腻、味道鲜香。熬的菜肴不需勾芡,是一种带汤的菜肴。

熬的操作要点:① 要选新鲜的原料。因为熬菜的特点之一就是原汤原味,如果原料不新鲜,就会影响菜肴的味道和汤的色泽。② 熬的原料在添汤加调料前,要经过煸炒或煎,以除去原料中的部分水分后,再加调料及汤汁。

氽。氽是将改刀后的原料首先放入沸汤中烫熟,然后熟制的原料带汤一起食用的一种方法。氽适用于质地脆嫩、无骨、形小的原料。氽是制作汤菜常用的方法之一,如氽丸子、萝卜丝氽鲫鱼等。氽制菜品具有汤清、味鲜、原料脆嫩的特点。

氽的操作要点:氽的菜肴在烹制上有两种方法:一是先将汤烧开后,再投入原料,一烫即成;二是先将原料烫熟后,装入碗内,再倒入调好的鲜汤。但是,无论用哪一种方法,都要掌握以下4点:① 氽的菜肴属于急火速成的菜肴,因为只有急火速成,才能保证主料的质地脆嫩。② 一般的动物性原料,在氽制时多数都要上浆,如鸡丝、鸡片、脊丝等。③ 氽的菜肴,事先都要备好鲜汤,忌用清水,提倡用原汤,不能只追求汤清,而忽视汤的味道。④ 氽的菜肴不勾芡,汤要清。

煨。煨是将经过炸、煎、煸炒或水煮后的原料放入陶制器皿中加调料及汤汁,用旺火烧开,再转用小火长时间加热成熟的一种方法。煨的另一种意义是用小火长时间地加热,但这里讲的是一种独立的烹调方法,虽然这里的煨也是小火长时间地加热,但所用的烹调工具是陶制的,所以,这里讲的煨是指砂锅一类的菜肴。煨制的原料多在烹调前,要先经过热处理,而且使用的是砂锅或特制的陶罐。此成品特点是汤汁浓白、口味醇厚、质地酥烂不腻。

煨的操作要点:① 煨制的菜肴要求汤浓、色白,所以,在烹制时不加有色的调味品。② 煨制的主料要求酥烂,因此,应先用急火烧开后,再用小火保持微开,一般还要加盖,如砂锅鸡块、砂锅豆腐、砂锅排骨、砂锅白肉等。

烩。烩是将质嫩、形小的原料放入汤中加热成熟后,用淀粉勾成米汤芡的一种方法。烩属于制作汤菜的一种方法,但这种汤菜不同于氽。氽菜的汤一般多于原料。烩的菜肴是汤菜各半,而且汤汁呈米汤芡,如烩什锦、芙蓉三鲜等。烩菜由多种原料构成,以鲜咸味为主。其主料滑嫩、汤鲜味醇、口感滑润。

烩的操作要点:① 烩的原料要经过初步熟处理,其方法可焯、炸、煸炒等。② 烩的菜肴多数要勾薄芡(米汤芡),菜肴的色泽可根据原料的性质和质量要求而定。③ 烩菜要用旺火,开锅后再勾芡,否则影响菜肴的质量。

炖。炖是将原料改刀后,放入汤锅中加入调料,先用旺火烧开后改小火,烧至原料酥烂时即好的一种方法。炖的菜肴汤汁较多,要求原汁原味、质地酥烂。

炖的操作要点:① 炖前原料一般要经水焯处理,以除去血水和腥膻气味,以保证汤清、味醇。② 炖菜时应将汤一次性加足,不宜中途加水。炖时应先用急火,后用小火。炖的菜肴一般不使用有色调味品。

炖菜也是一种带汤的菜肴,它与熬相似,但是炖的原料多是形大、质老的,而且加热时间也较长,菜肴的质地以酥烂为主。另外,炖菜一般要求用砂锅,如清炖甲鱼、清炖鸡块、土豆炖牛肉等。

涮。涮是用火锅将汤烧沸,把形小质嫩的原料放入汤内烫熟,随即蘸着调料食用的一种方法。涮是一种特殊的烹调方法,是就餐者的自我烹调,所以,带有很大的灵活性,如涮羊肉、涮生片、涮海鲜、涮什锦等。现在也有一种火锅,事先在锅内调好汁的味道,将原料涮熟后不用蘸着调料食用。涮必须具备特制的火锅,按热源分为炭火锅、电火锅、燃气火锅、液体或固体酒精火锅等。涮的最大特点是主料鲜嫩、调味灵活、汤鲜味美。

由于原料的性质和口感要求的不同，有的原料可以直接烫熟食用，有的先将原料煮熟再涮。无论怎样涮，都应注意以下几点：① 涮锅的火力一定要旺，要保证锅内汤的沸腾，并要及时加汤。② 涮的原料要精选，一般为新鲜、质嫩的原料。其形状切得要薄，刀口要均匀，码放要整齐。涮的调料、配料要配置齐全。

扒。扒是将初步熟处理的原料改刀后整齐地放入锅内，加入调配料、汤水，用小火烧透入味，勾芡翻锅后仍保持整齐形态的一种方法。扒的原料较广泛，尤以扒制山珍海味著称。扒的制法比其他烹调方法细致，除了严格的选料之外，在北方，大翻勺是扒的主要特点之一。其成品具有形状整齐、味道醇厚、清淡不腻、明油亮芡的特点。

扒的操作要点：扒制的原料搭配讲究大小一致、质地相仿，原料大多是无骨、扁薄的熟料或半熟料。原料切配后像冷菜那样拼摆好，下锅时倒扣于锅底，要求不乱不散。烹制时，一般先以葱姜炝锅，原料入锅加调味料后以较大的火烧开，盖上锅盖，随后用中小火焖烧。此法最见功夫处是勾芡和大翻勺。扒菜的汤汁应呈米汤芡，勾芡时，勺内的汤汁要适量。为了避免形状被破坏，一般采取淋的方法进行勾芡，具体方法是先中间，后四周，然后淋入明油，再翻勺。代表菜有扒海参、扒三白等。

扒在具体制作上，从菜肴的颜色可分为白扒和红扒两种。① 白扒，是在烹制时不加有颜色调味品，成品的色泽要求是白色的，如白扒鸡茸鱼翅、扒三白、扒鸡茸白玉等。② 红扒，烹调时用酱油或糖色着色，其成品呈酱红色，如红扒鸡、扒肘条、鸡腿扒海参等。如果用特殊的调料，如奶油、鸡油、蚝油等，即可分别称为奶油扒、鸡油扒、蚝油扒等。但这些扒的操作过程与白扒或红扒技法相同。

烧。烧是将经过熟处理的原料，加入调料和汤汁，用旺火烧开，转中火烧透入味，再用旺火收浓汤汁或用淀粉勾芡的一种方法。烧主要用于一些质地紧密、水分较少的植物性原料和新鲜质嫩的动物性原料，如土豆、冬笋、油菜、豆腐、鸡、鱼、海参等。烧的菜肴有的需要勾芡，如红烧；有的要自来芡（通过炒糖收汗而成），如干烧。因此，在成品的特点上也不一致，但烧的菜肴多质地软嫩、口味醇厚、汁少。

烧的操作要点：① 注意火候。烧菜的火候是几种火力并用，如红烧要求是旺火→中火→小火→旺火；干烧要求是旺火→小火→旺火→小火。② 掌握菜肴汤汁的量。烧的菜肴讲究吃原汁原味，所以放汤要适量，汤多则味淡，汤少则主料不易烧透，并影响菜肴的外观。另外，烧的原料在正式烹调前作油炸处理时，上色不能过重，否则成品易变黑发暗。

烧的菜肴根据操作过程不同，可分为红烧和干烧两种：① 红烧。红烧是将原料用油炸过，再加调配料和汤汁，先用急火，后用慢火，使味渗入和收浓汤汁，再以淀粉勾芡。红烧的主要特点是枣红色、汁浓呈油芡，如红烧鱼、红烧海参、红烧蹄筋等。② 干烧。干烧与红烧相似，但不勾芡，需加入白糖炒化成浆后加入鲜汤，再将原汁用小火收浓。口味特点是鲜咸带甜、颜色红亮，如干烧鱼、干烧鸡块、干烧白果等。

在烹调中，由于所用的调料和配料的不同，行业上又有葱烧、酱烧等。然而，这些方法与红烧和干烧没有本质的区别，只是调料或配料的区别而已。

㸆。㸆是将原料油炸或煸炒后，加调配料添汤，烧至汁浓并全部黏附在原料表面的一种方法。㸆的应用范围比较广，但主要适用于一些质地较嫩的动物性原料，如大虾、鱼、鸡、肉类等。㸆对火候要求很严格，汁的浓薄要靠火候来掌握，其菜肴的特点为汁浓油亮，味醇鲜香不腻，口味多鲜咸带甜。

㸆的操作要点：① 㸆的菜肴多数都不挂糊，可煎可炸，但要用新鲜的原料，为了保持原料的本味，只适用于煎，如㸆大虾。另外，火候的应用先是旺火烧开，然后改用小火，见原料熟透，再用旺火收汁，当汁剩下 1/3 时，再改小火，这时应特别注意，防止煳锅。② 糖的用量要适当。㸆菜的汁要浓，而糖起着重要的作用。如糖用多了，不仅影响菜肴的味道，也影响菜肴的外观；如用量过少，则不能达到所需的浓度和亮度。

焖。焖是将经过初步熟处理的原料，加上调料和汤汁，用旺火烧开，再用小火长时间加热使原料酥烂的一种方法。由于焖属于小火长时间加热的一种方法，所以，它主要适用于一些带皮、形大、质地较老的原料。在烹制中，多数原料都不挂糊，但为了改变菜肴的质地，也有挂糊油炸后再焖制的，如黄焖鸡块。焖的菜肴多为深色，形状完整，汁浓味厚，质地酥烂，多数要用淀粉勾芡。

焖的操作要点：① 焖的菜肴多为深色，所以一般要用酱油或糖色着色。② 焖的菜肴事先要将原料熟处理，所用方法可根据不同的原料、条件而定，如做红焖鱼或炸或煎，红焖肉一般为煸炒等等。③ 焖菜的汤汁要少，口味要浓。④ 焖菜时要不时地晃动锅，使主料在锅内晃动，以防粘锅、烧煳，也可在焖之前，在锅底码放一层葱或者垫上竹帘或其他物料。

蒸。蒸是将原料改刀后，加上调配料，装在容器内，上屉利用蒸汽加热成熟的一种方法。蒸一般选用新鲜味美、质嫩的鸡、鱼、肉等。由于蒸锅内接近密封状态，温度也略高于沸水，并且是一种湿加热，所以，蒸的菜肴具有原汁原味、质地酥烂、汤清、形状完整等特点。

蒸的操作要点：① 蒸的菜肴关键在于掌握好原料的质地和形状，这是因为蒸时不能直接观察原料的变化，生、熟全靠加热时间来掌握。这就要求严格掌握火力和气压的大小，一般蒸的菜肴都要做到旺火、沸水、足汽。② 由于在蒸制时，为了保持蒸锅内的压力，不能随时打开蒸锅进行调味，所以，在蒸前必须进行调味。③ 一般蒸制的菜肴，在出锅后还要进一步地调味，如清蒸鱼、清蒸羊肉等。

烤。烤是将原料腌制或加工成半成品以后，放入烤炉，利用辐射热能使其成熟的一种方法。烤的菜肴，都具备外香脆焦酥、内鲜嫩适口、色泽鲜艳等特点。

烤的操作要点：① 烤前应将炉温升高。无论是明炉还是暗炉，在烤前都必须先将炉温升高，然后再装入原料。炉温的高低，要视原料的性质、多少和炉的容积大小而定。② 烤的原料一般需腌制。由于烤炉的性质决定了在烤时不易调味或不能调味，因此，在烤前必须将原料码好味，一般用料酒、酱油、精盐、洋葱等。

根据烤炉的不同，烤分为明炉烤和暗炉烤两种。① 明炉烤，一般是敞口的火炉或火盆，炉(盆)上置有铁架，烤时需将原料用烤叉叉好，或放在烤盘内，再搁在铁架上反复烤制。明炉的特点是设备简单，火候较易掌握，但因火力分散，烤制的时间较长，但烤小形薄片的原料或烤大形原料的某一个需要烤透的部位，明炉烤的效果均比暗炉烤好，如烤羊肉、烤牛肉等。② 暗炉烤，是使用全封闭的烤炉，烤时需要将原料挂上烤钩、烤叉或放入烤盘，再放进烤炉。一般烤生料时多用烤钩或烤叉，烤半熟或带汁的原料多用烤盘。暗炉的特点是炉内可保持高温，使原料四周均匀受热，容易烤透，如奶汁烤鱼、洋葱烤里脊等。

挂浆(拔丝)。挂浆是将原料改刀后挂糊或不挂糊，用油炸熟，趁热挂上熬好的糖浆的一种方法。挂浆的原料是否挂糊，要根据原料的性质而定，一般含水较多的水果类原料多需要挂糊，而质地细密的根茎类（含淀粉多的）原料则多数不挂糊。挂浆是制作纯甜口味菜肴的一种方法，一般具有外脆香甜、里嫩软糯、色泽美观等特点。挂浆的操作要掌握好熬浆的火候，主料的挂糊要均匀。

糖浆的制作种类有：① 油浆，是用糖加油炒熟成糖浆挂匀原料表面而成。其特点是操作迅速、色泽呈金黄或深黄色、成品脆甜。但对于一些表面光滑或挂蛋泡糊的原料，不易挂匀。另外，要求色浅的如酥白肉，也不适用此浆。熬浆时应注意火力的大小，要勤搅动，油不宜过多，以不粘锅为准。② 油水浆，是一种广泛使用的糖浆，是由糖加上油和水炒成，成品色泽浅黄，对于一些用油浆挂不匀

多用于荤料。柱候味可以在浸卤、焖、蒸、焗、炒、炸等多种烹调方法中使用。柱候味的基本调味原料有:原油面豉、白酒、上汤。最早使用柱候味的菜品是柱候鸡。调制方法:先将原油面豉剁成茸状，放在有油的砂锅或铁锅内爆香,调入白酒略炒,再加入上汤。烧开后放进宰杀干净的光鸡慢火浸熟。熟后斩件上盘,用原汁勾芡,浇在鸡上即成柱候鸡。由于柱候味非常受欢迎，现在酱料厂已经生产出柱候酱成品。烹调时,直接使用柱候酱,再根据主料的特性适当地添加姜、葱、蒜、精盐、白糖、味精等辅助性的调味料。代表菜有柱候鸡、柱候乳鸽、柱候鹅、柱候甲鱼、柱候白鳝、柱候鲩鱼片、柱候焖排骨、柱候牛腩等。

卤水味。卤水味是常用味型之一,属于热菜复合味。卤水味主要适用于禽畜肉类,豆腐也可以使用,卤水豆腐是常见食品。卤水味一般只用于浸卤烹调方法。卤水味有 3 种基本的配料方法,形成一般卤水、精卤水和白卤水 3 种不同特色的卤水味。无论哪一种卤水都要用到香料。这些香料有:八角、桂皮、陈皮、甘草、沙姜、草果、丁香、花椒、香叶、豆蔻等。一般卤水的调味原料有:香料、罗汉果、干蛤蚧蛇、姜、生抽、老抽、冰糖、绍酒、精盐、清水等。精卤水的调味原料与一般卤水基本相同,只是不用清水,全用生抽调制。白卤水的调味原料有香料、清水、精盐等。一般卤水和精卤水的调制方法是：把干净的香料装进纱布袋里,放进清水中滚 30 分钟。在锅内用油把姜炸香,然后加入滚香料的水、冰糖、料酒,加热,待冰糖溶化即可使用。白卤水的调制方法是:把干净的香料装进纱布袋里,放进清水中滚 1 小时,加入精盐即可使用。烹调时,把原料放在卤水里浸卤至熟即可。代表菜有桶子油鸡、卤水牛腱、卤水猪肚、白云猪手、白云凤爪等。

豆豉味。豆豉味属于冷菜复合味型,在烹饪技法上多采用炸收的手法,调味原料有:豆豉、盐、白糖、香料、葱、姜、味精、香油、料酒、鲜汤。调制方法:原料先放盐、料酒、姜、葱拌匀,放置 20 分钟,下油锅炸 2 次,捞出,锅内留油少许,放豆豉炒香,掺鲜汤,放入已炸过的原料、盐、白糖、香料、葱、姜、料酒,烧至水汁收干,起锅拣去葱、姜、香料不用,再放入味精、香油拌匀冷晾即成,代表菜有豆豉鱼、豆豉排骨等。

沙茶味。沙茶味是一种盛行于广东潮汕和福建的味型,既适合做热菜,也可做冷菜,还可以作佐料和凉拌菜，主要适用于禽畜类原料。调制沙茶味的一般原料有蒜头、洋葱、辣椒、桂皮、茴香、虾米、花生仁、白糖、生抽等。潮州沙茶味增加花生酱、芝麻酱、虾酱、豆瓣酱、五香粉、芸香草、草果、姜黄、南姜、芫荽子、芥菜子、丁香、香茅、精盐、老抽、味精等原料。福建沙茶味在一般原料的基础上增加比目鱼干、芝麻酱、葱、五香粉、芥末、沙姜、芫荽子、香木草、精盐等原料。沙茶味是由预先调好的沙茶酱调味来呈现的。沙茶酱的调制有两种基本方法。一是先粉碎再调制,其调制方法:先把花生仁炸透,虾米炒香碾碎,香茅烤香斩碎,丁香、芫荽子、草果、桂皮、茴香、比目鱼干等碾碎,蒜头、生姜剁成茸,然后把所有原料放在有油的锅里慢慢炒透即可。二是先调制后磨粉,调制方法是:先把各种原料(先炸香,花生仁除外)放在锅里先炒香,再煮透,最后加入炸花生和炒香的虾米磨成酱。代表菜有沙茶牛肉、沙茶鸭片等。

烟香味。烟香味属烟熏制品味型,所烹菜品既可作冷菜,也可作热菜。因其熏料不同而香味有异。中餐菜肴多以樟树、茶叶、松柏为主,如樟茶鸭;有些则以白糖、大米为熏料,如米熏鸡;最普通的则选用木屑、花生壳、甘蔗皮、橘皮等为熏料，如民间百姓自家做的腊肉、香肠。烟熏制品味香,但因其烟雾中含有 3、4- 苯并芘等有害物质,故不宜多食。

2. 新潮调味味型

新潮港、粤、潮菜以新奇的南海海鲜及新颖的调味品和复合味，使菜肴的滋味和香味充满着新的魅力。香港菜由于受它所处的地理、经济、政治、文化和历史等因素的影响，菜品的调味味型独具一格。港菜不断吸取粤、闽及北方的精华，又最早从西菜烹调中引进一些新颖调味品，加之各地烹调师的不断创新，使我国菜品调味的味型不断得到丰富。

咖喱味。咖喱味是一种带辛香的味型，为热菜复合味，适用范围广但有选择性。在禽类原料中主要用于鸡和鸭，在畜类原料中主要用于牛肉和猪肉，在蔬果原料中主要用于马铃薯，在主食原料中可用于米粉。在东南亚菜式里使用面较广。咖喱味的主要调味料是咖喱。咖喱本身就是一种复合调味品，主要成分是姜黄，另配有小豆蔻、芫荽子、枯茗子、八角、花椒、芥子、姜、小茴香、肉桂、丁香、肉豆蔻、肉豆蔻衣、红辣椒。中国、印度、泰国等地的咖喱有所不同，形成各自风味。将各种原料磨成粉，组合起来便成咖喱粉，咖喱粉辣而香味不足，且带有药味，用花生油将蒜蓉、生姜、干葱头、红辣椒炸香，捞出渣后放入咖喱粉略炒便成油咖喱。东南亚盛产椰子的国家喜欢在咖喱味里加入椰汁。用咖喱调味时如果加入椰汁和淡奶，辣味会变得柔和，属于东南亚风味。此味也叫做葡国汁味。代表菜有咖喱焖鸡、咖喱牛肉、星洲米粉、葡国鸡等。

黑椒味。黑椒味为热菜复合味，适用范围广，遍及禽、畜和水产品。调制黑椒味的主要调味品是黑胡椒。黑胡椒和白胡椒实际上就是同一种果实——胡椒。调制黑椒味的其他原料有柱候酱、沙茶酱、茄汁、蒜蓉、洋葱蓉、干葱蓉、辣椒油、精盐、味精、白糖、辣椒油、食用油、汤等。调制方法是：先将蒜蓉、洋葱蓉、葱蓉放在锅内用油爆香，再下柱候酱、沙茶酱爆香，加入所有调味品及汤水，慢火煮至调味品溶化，待酱汁略变稠，加入辣椒油搅匀即可，代表菜有黑椒焗肉排、黑椒爆螺片、黑椒牛仔骨、黑椒煎鸡柳等。

泡椒味。泡椒味属改良后的新型味型。有冷菜复合味和热菜复合味之分。冷菜复合味在技法上以拌为主，调料有：泡野山椒、香料、盐、泡菜水。调制方法：将上述调料放在一坛内，把所要泡制的原料（动物性原料要事先进行初步熟处理）放入浸泡数天，捞出装盘即可。代表菜有泡椒凤爪、泡椒耳片等。热菜的泡椒味在调制方法上以热烹为主，调味原料有：泡野山椒（带汁水）、盐、豆瓣、花椒粒、泡红辣椒节、白糖、味精。调制方法：在主料下锅煸炒后，加入豆瓣、白糖、盐、泡野山椒（带汁）、泡红辣椒节炒匀，再加入辅料，掺少许鲜汤，烧熟入味，勾芡，放入味精起锅即成。代表菜有泡椒牛蛙、泡椒兔块等。

煎封味。煎封味是具有特殊风味的味型，是热菜复合味。煎封味特别适用于鱼类原料，它能够为鱼类菜品除腥提鲜，提高菜品的质量。煎封味适用于煎的烹调方法。使用煎封味时，一般在烹调前把所需的各种调味品兑成复合调味品。调煎封味的调味品有：喼汁、生抽、老抽、精盐、味精、清水等。烹调时，一般要配蒜头、生姜、辣椒、葱辅助调味。煎封味的调制方法是：把清水放在锅内加热，放进精盐、味精化开，然后加入喼汁、生抽、老抽搅匀即成为煎封汁。煎封菜品的制作一般是先把鱼煎透，在锅里爆香蒜蓉、姜米、辣椒米，放进煎封汁和鱼略焖，收汁，撒葱花即可上碟。代表菜有煎封鲳鱼、煎封马鲛鱼、煎封鲫鱼等。

XO 酱味。XO 酱味是一种在粤港澳最早流行的新味型，属于热菜复合味。XO 酱味适用于多种原料，而用于海鲜和畜肉调味效果更佳。调制 XO 酱味的一般原料有：珧柱、虾米、火腿、咸鱼、指天椒、红椒干、大地鱼、红椒粉、海鲜酱、蒜蓉、干葱蓉、虾子、胡椒粉、味精、白糖、麻油、花生油。XO 酱味的调制方法是：除红椒干外，所有原料均处理成较细的颗粒。把花生油放在锅里，放进红椒干略炸至红油渗出，取起红椒干，继而放进蒜蓉、葱蓉、指天椒末煸炒至香，然后下珧柱丝、虾米末、咸鱼粒、虾子煸炒，使水分蒸发，最后下海鲜酱、味精、白糖、红椒米、胡椒粉、大地鱼末、麻油炒匀即可。代表菜有 XO 酱爆带子、XO 酱爆牛柳、XO 酱茄子煲等。

百搭酱味。百搭酱味是一种在粤港澳最

早流行的新味型，有较浓的酱香味，属热菜复合味。百搭酱味适用范围广，海鲜、畜肉、禽鸟、蔬果均可使用。百搭酱味的调制原料有豆瓣酱、火腿、珧柱、虾米、咸鱼、虾子、蒜蓉、干葱蓉、指天椒、辣椒粉、味精、白糖、鸡精、植物油等。百搭酱的调制过程是：热锅下油，下蒜蓉、干葱蓉、指天椒粒炒香，下珧柱丝、虾米粒、咸鱼粒、火腿茸、虾子炒香，最后下豆瓣酱、味精、白糖、鸡精、辣椒粉炒透即可。代表菜有百搭酱焗生蚝、百搭酱焖野兔、百搭酱焗金瓜条等。

京都味。京都味也称京都骨汁味，是源于港澳地区的一种味型，属热菜复合味。京都味主要适合于排骨。调制京都味的原料有镇江醋、浙醋、茄汁、西柠、精盐、味精、白糖等。调制方法是：先把西柠绞烂成茸备用，把清水放进锅内，加入白糖、精盐、味精烧开溶化，然后加入其余调味品及西柠茸和匀即可。代表菜有京都排骨。

香橙味。香橙味是一种带有浓郁橙香的味型，属于热菜复合味。香橙味橙香浓郁，微酸略带咸鲜味，有醒胃的作用，可用于禽畜、海鲜等肉料。调配香橙味的原料有：鲜橙、浓缩橙汁、白醋、白糖、精盐、味精、吉士粉等，也可以增加西柠。制作方法：锅内放进清水，加入白糖、精盐、味精烧开，使白糖、精盐、味精溶化，加入浓缩橙汁和白醋，最后加入鲜橙榨出的橙汁和西柠榨出的西柠汁，和匀便成香橙汁，调味时把香橙汁作调味料加到菜品里。代表菜有岭南香橙骨、新奇橙花骨、橙柠牛柳条等。

西柠味。西柠味是一种较早在广东地区使用的味型，属热菜复合味。柠汁味甜酸适口，色泽淡黄，有较浓的柠檬香味，较适合用于禽畜肉料（用于禽鸟较多）。西柠味的调配原料是鲜柠檬、浓缩柠檬汁、白醋、白糖、黄油、精盐、吉士粉等。西柠味的调制过程是：先榨柠檬取汁备用；在锅内下黄油加热溶化，然后下清水、白糖和精盐滚溶，下白醋、浓缩柠檬汁、吉士粉、鲜柠檬汁搅匀即成柠汁。使用时取柠汁下锅，用湿淀粉勾芡即可。代表菜有柠汁煎软鸭、柠汁煎鸡脯等。

果汁味。果汁味是广东盛行的味型，属热菜复合味。果汁味茄果味浓，微酸带鲜，色泽大红，适合于煎炸类的禽畜肉料食品。调制果汁味的主要用料有：茄汁、喼汁、白醋、白糖、精盐、味精和清水等。果汁味的调制方法是：先将清水放在锅内，放进白糖、精盐和味精，加热滚溶，然后加入白醋、茄汁和喼汁搅匀便成果汁。使用时直接取果汁调味。代表菜有果汁煎猪扒、果汁煎鸡脯、果汁焗猪肝、果汁煎牛扒等。

乳香味。乳香味是流行于粤港澳地区的味型，属热菜复合味。该味型使用了南方特有的南乳（别名南方豆腐乳、红腐乳），有独特的咸香风味。乳香味适合于禽畜原料。其调制味型有两种。一种调配原料有：南乳、海鲜酱、芝麻酱、五香粉、沙姜粉、绍酒、玫瑰酒、白糖、味精、精盐、蒜蓉、食用油等。调制方法：先将食用油放在锅内，下蒜蓉爆香，然后放压碎的南乳、芝麻酱、海鲜酱、绍酒、玫瑰露酒、五香粉、沙姜粉、精盐、白糖、味精等原料，慢火炒透即为乳香酱。使用时取出调味即可。另一种调配原料只用南乳、蒜蓉、八角、精盐、味精、白糖等调制而成，最常见的是用于广东的名菜香芋扣肉。调制方法是：先把八角铡碎成末，在锅内下油，爆香蒜蓉、南乳，再加入精盐、白糖、味精、八角末炒匀，放进切好的熟五花肉块拌匀，与炸好的香芋块间隔地排在大碗里，加少量的汤，蒸至猪肉和香芋质焾，取出，滗汁，覆盖在碟上，用原汁成芡浇上。代表菜有乳香吊烧鸡、乳香吊烧鸽、乳香猪颈肉、香芋扣肉等。

蜜椒味。蜜椒味是流行于粤港澳地区的新味型，属热菜复合味。其味以带有蜂蜜的甜与香和黑胡椒的辛与香为特色，适用范围较广，尤其适合于禽畜类原料。蜜椒味的调制原料有：蜜糖、黑胡椒粉、豆瓣酱、柱候酱、蚝油、精盐、白糖、味精、鸡精、蒜蓉、干葱蓉、食用油等。蜜椒味的调制过程是，先在锅内下食用油，下蒜蓉、葱蓉爆香，接着下豆瓣酱、柱候酱慢火略炒，然后放进余下原料炒匀便成。代表菜有蜜椒鸡、蜜椒金蚝、蜜椒煎软鸭、蜜椒牛柳、蜜椒焗排骨等。

虾酱味。虾酱味是沿海地区广泛使用的味型，属热菜复合味，也可做佐料。虾酱由小虾经发酵加工而成，有独特的鲜味。虾酱味以虾酱为主要调味料，搭配白糖、味精、姜、蒜头为辅助调味料，还可根据具体的主料的需要配用调味料，如辣椒酱油等。虾酱味主要适用于畜肉和蔬菜类原料，用于炒、爆、油泡类菜式的，可在锅内下油，下蒜蓉、姜米和虾酱略爆炒，再下原料烹制；用于蒸制菜式的，将虾酱及其余调味料与原料拌匀便可蒸制；用于做佐料的，先将虾酱放在味碟内，淋入热油搅匀即可。代表菜有虾酱蒸猪肉、虾酱炒通菜、白焯鲜鱿鱼等。

海鲜豉油味。海鲜豉油味是一种用于海鲜调味的专用味型，属热菜复合味。顾名思义，海鲜豉油味主要适用于海鲜，尤其是蒸或焯的菜式。海鲜豉油味的调制原料有上等生抽、老抽、鱼露、精盐、味精、白糖、胡椒粉、鲮鱼骨、芫荽头等。调制海鲜豉油味的过程是：先将鲮鱼骨和芫荽头放到清水中熬出鱼汤，滤去骨渣，再加入生抽、精盐、味精、鱼露、白糖、胡椒粉和匀便可。代表菜有豉油王蒸东星斑、堂焯鳜鱼、白焯花蛤等。

鲍汁味。鲍汁味是一种较为流行的味型，属热菜复合味。鲍汁味适用范围广，其含义有两个：一是用于对鲍鱼调味的鲍汁味；二是带有鲍鱼味的复合味。第一种鲍汁味的调制原料有鸡、火腿、瘦肉、排骨、珧柱、香叶、精盐、老抽等。调制过程是：将鸡、瘦肉、排骨等斩成大块，焯水，连同火腿、浸发的珧柱、香叶、草果、清水一起放进锅内熬成浓汤汁，加精盐调味，加老抽调色。第二种鲍汁味用于植物类原料效果较好，调制的原料有煲发干鲍鱼的汤汁、蚝油、精盐、味精、冰糖、老抽等。鲍汁味的调制方法较简单，只需将所有原料混合煮沸便可。代表菜有红烧网鲍、鲍汁百灵菇、鲍汁扒山水豆腐、鲍汁鹅掌等。

烧汁味。烧汁味是流行于粤港澳地区的味型，属热菜复合味。烧汁味适用范围较广，禽、畜、海鲜、蔬果均可使用。调配烧汁的原料有烧烤汁、美极鲜酱油、生抽、喼汁、蒜汁、精盐、味精、冰糖、五香粉、姜汁酒、麻油、蒜蓉等。烧汁味的调制方法：先将清水放在锅内，加入精盐、味精、冰糖，加热滚溶，然后加入其余原料煮沸即可。代表菜有烧汁焗鲈鱼、烧汁茄子、烧汁焗肉排、串烧牛柳等。

（胡晓远　黄明超）

（二）勾芡、挂糊、上浆、拍粉

1. 勾芡

勾芡是用水把淀粉稀释成粉浆（即水淀粉），在菜肴接近成熟时，将调制好的粉汁淋入锅内，使汤汁稠浓，增加汤汁对烹饪原料附着力的一种方法。勾芡的粉汁通常是用淀粉和水调制的，经过加热淀粉发生糊化膨胀，并吸收汤中的水分，形成具有黏性并光洁滑润的芡汁。

勾芡在烹调中的作用：能够增加菜肴汤汁的黏性和浓度；保持菜肴香脆、滑嫩的状态；使汤菜融和，主料突出；使菜肴形状美观，色泽鲜明；能对菜肴起到保温作用。勾芡所用的粉汁及调制方法有两种，一种是单纯粉汁，另一种是粉汁加调味品。勾芡的大体分类有：按芡汁调制方法可分兑汁芡、跑马芡；按芡汁的颜色可分红芡、白芡；按芡汁的浓度可分厚芡、薄芡。勾芡的方法一般根据不同烹调技法和菜肴质地的要求而定，具体可以有翻、拌、摇、推 4 种。

勾芡的操作关键：必须在菜肴成熟或接近成熟时勾芡，必须在汤汁恰当时勾芡，必须在菜肴口味、颜色确定后勾芡，必须在菜肴油量不多的情况下勾芡，粉汁浓度必须适当。

2. 挂糊

挂糊是根据菜肴的特点、要求，将整只或

蒸的清香酥烂，烤的鲜嫩清香，煎的金黄酥香，各有风味。

皮包类。皮包类一般是以可食用的薄皮为材料包制各式调拌或炒制的馅料。根据所包“皮子”的不同，具体又可分为春卷皮（或称薄饼皮）、蛋皮、豆腐皮、海带皮、粉皮和千张等种类。此类皮包料较薄较宽，且具有一定的韧性，易于包裹造型。馅料的形状常用茸、丝、粒等。包裹成形有长方形、圆筒形、饺形、石榴形等。长方形用方形薄饼皮或粉皮对角包折，如三丝春卷、粉皮鲜虾仁。圆筒形用任何皮都可包卷成圆柱形，封口需用蛋糊，如薄饼虾丝包、鸭肝蛋包等。饺形常用蛋皮包。石榴形（或叫烧卖形）是用10厘米见方的蛋皮包入馅心，上部收口处用葱丝扎紧成石榴形蒸制成熟；或用蛋液倒入热锅或手勺内，包上馅心用筷子包捏收紧，如蛋烧卖等。

包制时封口要粘牢。不同的皮料，可采取不同的烹调方法。一般多采用蒸、炸之法，其品种有挂糊与不挂糊之分。

茸制包类。茸制包类，主要是采用具有黏性的肉类泥茸和一些植物泥茸，精心制作为皮料包制菜肴。如鱼、虾、鸡肉泥茸，豆腐泥，山药、土豆、芋茸泥等，以这类做皮层包制，款式新颖，形态别致。因其柔软，且具有黏性，可塑性强，特别是含淀粉类多的原料，经包入馅心后，可捏成各式不同的花色形状。如包成饺形、圆盒形、圆球形、椭圆形，还可用模具做成桃形、梨形、苹果形以及兔形、鸟形等形态。例如：鲜虾玉兔（虾胶作皮）、茄汁鱼饺（鱼泥为皮）、烧豆腐饺（豆腐泥为皮）、像生雪梨（土豆泥包馅）等等。

一般说来，用肉类泥茸做皮包馅后，常以蒸、汆、煮的加热法烹之，熟后取出，勾芡淋汁。其特点是成形好，味清爽鲜嫩。薯类泥茸包馅造型后，多用炸的烹饪法制成，因其皮、馅是熟料并已入味，只有采用炸的方法，才能确保形状完整、口味酥香鲜嫩。但炸的油温应先高后低，达到入锅定型，逐步炸透，最后用高温油起锅，使之外香酥、里软糯。

其他包类。其他包类菜肴，是指除上述之外的包类菜肴，如利用网油包制，其菜肴品种繁多，制作各具特色。网油包菜一般都需经过挂糊后油炸，由于网油面积大，包制成熟后都要采用改刀切段装盘。另外如用黏土包裹成菜，较有代表性的品种是叫化鸡以及泥煨火腿、泥煨蹄膀等。黏土以酒坛泥为最好，因其黏性大，不易脱落损坏，能保持内部的温度。其他还有糯米包等，糯米加水蒸熟有较强的黏性，通过加工可以包制食品，做成美味的肴馔。

2. 卷菜工艺

卷制菜肴是中国热菜造型工艺中特色鲜明、颇具匠心的一种加工方法。它是指将经过调味的丝、末、茸等细小原料，用植物性或动物性原料加工成的各类薄片或整片卷包成各种形状，再进行烹调的工艺手法。

在清代，我国菜肴的制作就有许多用卷制类制成的肴馔，《调鼎集》、《随园食单》、《食宪鸿秘》中都有卷类菜的记载，虽然文字简单，但也勾画出卷制菜肴的制作风格和特色。“蹄卷”：“腌、鲜蹄各半。俟半熟，去骨，合卷，麻线扎紧，煮极烂，冷切用。”“腐皮披卷”：“劗肉入果仁等物，用腐皮卷，油炸，切长段，脍亦可。”“炸鸡卷”：“鸡切大薄片，火腿丝，笋丝为馅，作卷，拖豆粉入油炸，盐叠。”“野鸭卷”：“生野鸭披绝薄片，卷火腿、冬笋烧。”

卷制菜肴发展至今，已形成了丰富多彩、用途广泛、制作细腻、风格各异的制作特色。不论何种卷制菜肴，都是由皮料和馅料两部分组成。其基本操作程序：选料→初步加工及刀工处理（皮与馅）→码味或不码味→卷制成形→挂糊浆或不挂糊浆→烹制成熟→改刀或不改刀→装盘→（有些需补充调味）→成品。

卷制菜肴的原料非常丰富。以植物性原料作为卷制皮料的，常见的有卷心菜叶、白菜叶、青菜叶、菠菜叶、萝卜、紫菜、海带、豆腐皮、千张、粉皮等。将其加工可做出不同风味特色的佳肴，如包菜卷、三丝菜卷、五丝素菜卷、白汁菠菜卷、紫菜卷、海带鱼茸卷、粉皮虾茸卷、粉皮如意卷、腐皮肉卷等。

利用动物性原料制作卷菜的常用原料有:草鱼、青鱼、鳜鱼、鲤鱼、黑鱼、鲈鱼、鲑鱼、鱿鱼、猪网油、猪肉、鸡肉、鸭肉、蛋皮等。将其加工处理后可做成外形美观、口味多样的卷类菜肴,如三丝鱼卷、鱼肉卷、三文鱼卷、鱿鱼卷四宝、如意蛋卷、腰花肉卷、麻辣肉卷、网油鸡卷、蛋黄鸭卷、香芒凤眼卷、叉烧蟹柳卷等。

卷式菜肴的类型一般有3类：一类是卷制的皮料不完全卷包馅料，将1/3馅料显现在外,通过成熟使其张开,增加菜肴的美感,如兰花鱼卷、双花肉卷等。一类是卷制的皮料完全将馅料包卷,外表呈圆筒形,如紫菜卷、苏梅肉卷等。一类是卷制的皮料将馅料放入皮的两边,由外卷向内,呈双圆筒状,如如意蛋卷、双色双味菜卷等。但不管是哪种卷法,用什么样的皮料和馅料，都需要卷整齐、卷紧。对于所加工的皮料,要保持厚薄均匀、光滑平整,外形修成长方形或正方形,以保证卷制成品的规格一致。

鱼肉类卷。鱼肉类卷是以鲜鱼肉为皮料卷制各式馅料的菜肴。对于鱼肉,须选用肉多刺少、肉质洁白鲜嫩的上乘新鲜鱼(如鳜鱼、青鱼、鲤鱼、草鱼、鲈鱼、黑鱼、鲑鱼、比目鱼等)。鱼肉的初步加工须根据卷类菜的要求,改刀成长短一致、厚薄均匀、大小相等的皮料。做馅的原料在刀工处理时,必须做到互不相连、大小相符、长短一致,便于包卷入味及烹制,否则会影响鱼肉卷菜的色、香、味、形等。

鱼肉类卷菜，一般采用蒸、炸的烹调方法。蒸菜,能够保持鲜嫩和形状的完整;炸菜,则要掌握油温以及在翻动时注意形状的不受破坏。根据具体菜肴的要求,有的需要经过初步调味,在炸制时经过糊、浆的过程,以充分保持在成熟时的鲜嫩和外形。有的在装盘后进行补充调味,以弥补菜味之不足,增加菜肴之美味。

畜肉类卷。畜肉类卷是以新鲜的肉类和网油为皮料卷制各式馅料而制作的菜肴。畜肉类卷主要以猪肉、猪网油制作为主。对于猪肉,须选用色泽光润、富有弹性、肉质鲜嫩、肉色淡红的新鲜肉为皮料,如里脊肉、弹子肉、通脊肉等。选用肥膘肉,须以新鲜色白、光滑平整的为皮料。猪网油须选用新鲜光滑、色白质嫩的为皮料。

畜肉类卷菜中，有的用一种烹调方法制成，有的同一个卷类菜可用两种或两种以上的烹调方法制成。特别是各种网油卷的菜肴,网油面积较大,卷菜经过烹制后因形体过长,往往需经过改刀处理后再装盘。

禽蛋类卷。禽蛋类卷以鸡、鸭、鹅肉和蛋类为皮料卷入各式馅料。禽类须选用新鲜的原料,在加工制作禽类卷时,可分为两类：一类是将禽类原料用刀批成薄片，包卷馅料制作而成。另一类是将整只鸡、鸭、鹅剖腹或背,剔去其骨,将皮朝下肉朝上,然后放入馅心(或不放馅心)卷起,再用线扎好,烹调制熟切片而成。蛋类做皮料需先制成蛋皮,蛋皮须按照所制卷包菜要求,改刀成方(长)块或不改刀使用。因蛋皮面积较大,卷制成熟后一般都需改刀。改刀可根据食者的要求和刀工的美化进行,可切成段(斜长段、直切段)、片等,要做到刀工细致,厚薄均匀,大小相同,整齐美观。

陆生菜卷。陆生菜卷是以陆地生长的菜蔬为皮料而卷制各式馅料的菜肴。常用的陆生植物性皮料有卷心菜叶、白菜叶、青菜叶、冬瓜、萝卜等。其选用标准应以符合菜肴体积的大小、宽度为好。在使用中,把蔬菜中的菜叶洗净后,用沸水焯一下,使其回软,快速捞起过凉水，这样才能保持原料的颜色和软嫩度,便于卷包。萝卜切成长片,用精盐拌渍,使之回软,洗净捞出即为皮料。冬瓜须改刀成薄片,以便于包卷。

水生菜卷。水生菜卷是以水域生长的植物原料为皮料而卷制的各式菜肴。常用的水生植物性皮料有紫菜、海带、藕、荷叶等。在用料中,紫菜宜选用叶子宽大扁平、紫色油亮、无泥沙杂质的佳品为皮料。海带选用宽度大、质地薄嫩、无霉无烂的为皮料。藕选用体大质嫩白净的,切薄片后,漂去白浆卷制馅品。荷叶以新鲜无斑点、无虫伤的为佳品，在使用之前，须将荷叶洗干净改刀成方块。

在皮料的加工过程中，如海带在使用之前，要用冷水洗沙粒及杂物，漂发回软；用蒸笼蒸制使之进一步软化，取出过凉水改刀或不改刀均可使用。蒸的时间不能过长，一般20分钟左右即可，如蒸的时间过长则易断，不利于包卷；反之，硬度大则不好吃。

加工菜卷。加工菜卷是以蔬菜加工的制成品为皮料卷制的各式菜肴。用以制作卷类菜肴加工的成品原料主要有腐皮、粉皮、千张、面筋以及腌菜、酸渍菜等。

腐皮是制作卷类菜的常用原料。许多素菜都离不开腐皮的卷制，如“素鸡”、“素肠”、“素烧鸭”等。腐皮又称腐衣、油皮，以颜色浅麦黄、有光泽、皮薄透明、平滑而不破、柔软而不黏为佳品。粉皮（有干制和自制）须选用优质的淀粉（如绿豆、荸荠等）过滤调制，过凉水改刀即成。千张以光滑、整洁为好。腌菜和酸渍菜主要以菜叶为皮料。

其他类卷。如以虾肉为皮料的“冬笋虾卷”、“雪衣虾卷”，以薄饼做皮料的“脆炸三丝卷”、“炸饼鸭卷”，以糯米饭做皮料的“芝麻凉卷”、“糯米鸭卷”等等。

3. 茸塑工艺

茸塑工艺是利用鱼、虾、鸡或猪肉加工成茸泥状物质做坯料，再加上其他原料以塑造成形的一种造型方法。全国各地称谓不同，如北京称之为“腻”，广东称之为“胶”，四川称之为“糁”，山东称之为“泥”，河南称之为“糊”，江苏称之为“缔”。由于茸泥状物质如同“塑料”一样，便于美化成形，所以，自古以来厨师们利用其制作出千姿百态的菜肴品种。此类菜肴比较适宜制作炸、煎或氽、蒸制的菜肴，成形后外形美观，口感鲜嫩。

茸塑菜的制作，在古代早已有之。在《金瓶梅》中就记有“鸡子肉丸子”、“山药肉圆子”两款菜品。《随园食单》中记有多种泥茸类菜品。其中，肉圆有空心肉圆、杨公圆，鸡有鸡圆，鱼有鱼圆，虾有虾圆和虾饼，鸭有野鸭圆等。其“野鸭团”载曰：“细斩野鸭胸前肉，加猪油、微芡，调揉成团，入鸡汤滚之；或用本鸭汤亦佳。太兴孔亲家制之甚精。”清代《调鼎集》记载：“虾饼：以虾捶烂，团而煎之，即为虾饼。”“炸虾圆：制如圆眼大，油炸作衬菜。”《红楼梦》中也有“虾丸鸡皮汤”的记载。可见茸塑菜在明清时期已有丰富的经验了。

茸塑菜品是烹饪技术发展到一定高度的重要标志。它是在基本原料基础上的细加工。泥茸菜看似简单、灵活，但在加工制作中，还须注意以下几个方面：① 选择优质原料。制作泥茸料必须选用质地鲜嫩、细腻、无筋膜杂质、肌肉纤维不宜太粗、黏性大、韧性较强的动植物原料。原料本身必须含有较多的动物蛋白质成分和一定的脂肪成分。而且每一种制作泥茸类菜品的原料都必须经过严格的挑选。虾、鱼、鸡、肉都是制作泥茸菜最好的原料，但是，虾需选洁白细嫩的清水河虾；鱼宜选用肉色白、黏性大、刺较少、吃水量多的鱼；肉要选用无筋膜杂质的猪肉的里脊部分。② 精心加工原料。就一般选用的原料而言，因为它们本身制作的菜品也并不十分完美，所以原料在加工过程中，要根据不同的原料，掺进一些其他原料，以保持菜品的口感。如鱼虾，尽管味鲜美、无筋膜，但缺乏脂肪，油润不足。肉，味鲜美、油润，但缺少黏性，色泽稍逊。为弥补以上的不足，根据不同的需要，必须加入适量的配料，以达到增强其韧性、黏性及口味特色的目的。在加工搅拌时须向同一方向尽力搅动，当胶体在机械力的作用下充入空气后，菜料就会膨松、增大，增加黏性。③ 注意搅拌的方法。由于将粗大的原料加工成泥茸料，所以口感非常细腻、细嫩，又由于肉类中具有一种黏性强的胶状物质，加上盐、淀粉等，使茸胶物质具有较好的可塑性，这些为制作各种花色菜品创造了有利的条件。

4. 夹制工艺

夹制工艺通常有两种情况，一是将原料

通过两片或多片夹入另一种原料，使其黏合成一体，经加热烹制而成的菜肴；另一种是“夹心”，就是在菜肴中间夹入不同的馅心，通过熟制烹调而成的肴馔。

片与片之间的夹制菜肴，须将整体原料加工改制成片状，在片与片之间夹上另一种原料。这又可分为“连片夹”，其造型如蛤蜊状，两片相连，夹酿馅料，如蛤蜊肉、茄夹、藕夹；有“双片夹”，如冬瓜夹火腿、香蕉鱼夹；有“连续夹”，如彩色鱼夹、火夹鳜鱼等。夹菜的造型，构思奇巧，在主要原料中夹入不同的原料，使其增味、增色、增香，产生了不同的艺术效果。制作时须注意以下几点：① 夹制菜所用原料，必须是脆、嫩、易成熟的原料，以便于短时间烹制，便于咀嚼食用，达到外脆内嫩或鲜嫩爽口的特色。② 刀切加工的片不要太厚和太粗，既不要影响成熟，也不要影响形态，并且片与片的大小要相等，以保证造型的整体效果和达到成熟的基本要求。③ 夹料的外形大小，应根据菜肴的要求来决定。一般来说，外形片状不宜太大太粗，特别是挂糊的菜肴，更要注意形态的适体。

“夹心”类菜肴，是在菜品内部夹入不同口味的馅料，使表面光滑完整的肴馔。清代，袁枚在《随园食单》中记有“空心肉圆”：“将肉捶碎郁过，用冻猪油一小团作馅子，放在团内蒸之，则油流去，而团子空心矣。”此菜创意独具匠心，为菜肴制作打开了另一扇窗户——“夹心”（菜肴）。此类菜大多是圆形和椭圆形的，如江苏菜系中的“灌汤鱼圆”、“灌蟹鱼圆”以及近几年来创制的“奶油虾丸”、“黄油菠萝虾”等。夹心菜肴所用的原料，多为泥茸状料，以方便馅料的进入。从造型上讲，要求馅料填入中间，不要偏倚。

5. 酿制工艺

酿制工艺是将调和好的馅料或加工好的物料（如鸡肉茸、猪肉茸、鱼肉茸、虾肉茸）镶嵌在另一原料内部或上部，使其内里饱满、外形完整的一种热菜造型工艺法。这种方法是我国传统热食造型菜肴普遍采用的一种特色手法。其操作流程主要有 3 大步骤，一是加工酿菜的外壳原料；二是调制酿馅料；三是酿制填充与烹调熟制。根据酿菜制作的操作特色，可以将酿制工艺划分为 3 个类别。

平酿法。平酿法即是在平面原料上酿上另一种原料（馅料）。用料大多是一些泥茸料，如酿鱼肚、酿鸭掌、酿茄子、虾仁吐司等。因平酿法是在平面片上酿制而成的，制作时可将底面加工成多种多样的形状，如长方形、正方形、圆形、鸡心形、梅花形等，使平酿菜肴显示出多姿多彩的造型风格。

斗酿法。这是酿制菜中较具代表性的一类。其主要原料为斗形，在其内部挖空，将调制好的馅料酿入斗形原料中，使其填满，两者结合成为一整体。如酿青椒、田螺酿肉茸、镜箱豆腐、五彩酿面筋等。斗酿法的馅料多种多样，可以是泥茸料，也可以是加工成的粒状、丁状、丝状、片状料等。

填酿法。填酿法在某一种整形原料内部填入另一种原料或馅心，使其外形饱满、完整。运用此法在成菜的表面见不到填酿物，咀嚼食用时，表里不一，内外有别，十分独特。如水产类菜“荷包鲫鱼”、“八宝刀鱼”，在鱼腹内填酿肉馅和八宝馅；禽类菜“鸡包鱼翅”、“糯米酥鸭”、“八宝鹌鹑”等，将鱼翅、糯米八宝酿入其中，馅美皮酥嫩。

6. 沾制工艺

沾制工艺是将预制成的几何体坯料（一般为球形、条形、饼形、椭圆形等）在其表面均匀地黏上细小的香味原料（如屑状、粒状、粉状、丁状、丝状等）而制成的一种热菜工艺手法。沾类菜肴主要是增加菜肴口感的酥香醇和。如运用芝麻制成的“芝麻鱼条”、“寸金肉”、“芝麻肉饼”、“芝麻炸大虾”等；运用核桃仁、松子仁粒等制作的“桃仁虾饼”、“桃仁鸡球”、“松仁鸭饼”、“松仁鱼条”、“松子鸡”等。其他如火腿末、干贝茸、椰茸等都是沾制菜肴的上好原料。根据制作风格的特点，可将其分为3类。

不挂糊沾。不挂糊沾即是利用预制好的生坯原料,直接沾粘细小的香味原料。如桃仁虾饼,将虾茸调味上劲后,挤为虾球,直接沾上核桃仁细粒,按成饼形,再煎炸至熟。松子鸡,在鸡腿肉或鸡脯肉上,摊匀猪肉茸,使其黏合,再沾嵌上松子仁,烹制成熟。交切虾,在豆腐皮上抹上蛋液,涂上虾茸,再蘸满芝麻,成为生坯,放入油锅炸制成熟。不挂糊沾法,对原料的要求较高,所选原料经加工必须具有黏性,使原料与沾料之间能够黏合,而不至烹制成熟时使被沾料脱落,影响形态。

糊浆沾。糊浆沾就是将被沾原料先经过上浆或挂糊处理,然后再沾上各种细小的原料。如面包虾,是将腌渍的大虾,抓起尾壳,拖上糊后,均匀沾上面包屑炸成。香脆银鱼,是将银鱼冲洗、上浆后,沾裹上面包屑,放入油锅炸制而成。香炸鱼片,取鳜鱼肉切大片,腌拌后蘸上面粉,刷上蛋液,再沾上芝麻仁,用手轻轻拍紧,炸至成熟。菠萝虾,将虾仁与肥膘、荸荠打成茸,调味搅拌上劲,挤入虾球放入切成小方丁的面包盘中,沾满面包丁,做成菠萝形,炸熟后顶端插上香菜即成。糊浆沾法,就是将整块料与碎料依靠糊浆的黏性沾合成形。

点沾法。点沾法将菜品生坯某一部分小面积地沾粘细碎料,主要起点缀美化的作用。其沾料主要是细小的末状和小粒状,许多是带颜色和带香味的原料,如火腿末、香菇末、胡萝卜末、绿菜末、黑白芝麻等。譬如花鼓鸡肉,用网油包卷鸡肉末、猪肉茸,上笼蒸熟后滚上发蛋糊,入油锅炸制,捞出沥油,改切成小段,在刀切面两头蘸上蛋糊,再将一头沾上火腿末,一头沾上黑芝麻,下油锅重油略炸后捞出,排列盘中,形似花鼓,两头沾料红黑分明。再如虾仁吐司,将面包片上抹上虾茸,在白色的虾茸上,依次在两边点沾着火腿末、菜叶末,即可制成色、形美观的生坯,成菜后底部酥香,上部鲜嫩,红、白、绿三色结合,增加了菜品的美感。许多菜中点沾上带色末状原料,主要是使菜肴外观色泽鲜明,造型优美,从而增进食欲。 (邵万宽)

四、面点工艺

(一)面点和主食

1.面点

面点泛指以粮食(米、麦、杂粮及其粉料)、蔬菜、果品、鱼、肉等为主要原料,配以油、糖、蛋、乳等辅料和调味料,经面团调制和馅心、面臊制作,成形、成熟等工艺,制成的具有营养价值且色、香、味、形、质俱佳的各类主食、小吃和点心。面点是中国饮食的重要组成部分,具有悠久的历史,品种丰富多彩,制作技艺精湛,风味流派众多,且与食疗、风俗、节气结合紧密,反映了中华民族古代的文明和饮食文化的发达。

面点的起源与发展。据考古发掘的资料显示,在没有文字记载的新石器时代,距今约有4000~7000年历史,我国黄河流域、江南各地已经有了原始农业和畜牧业,为面点的出现提供了原料。原始的粮食加工用具杵臼和石磨盘之类设备的出现使谷物可以脱壳,甚至破粒取粉,为面点制作奠定了基础。到了商、周、战国时期,出现了双扇石磨,调味品、动物油逐步在面点中使用,青铜炊具的出现和使用,使面点的熟化技术得到提高。汉代随着生产的发展,石磨逐步改进并广泛使用,面粉、米粉加工更为精细。面点制作技术的提高,使汉代面点品种不断增加,并在民间普及。西汉史游编撰的儿童识字课本《急就篇》中就有"饼饵麦饭甘豆羹"之句,说明饼饵类食品已在民间流传。晋人束皙《饼赋》是目前已知最早的保存最完整的面点文献。赋中描绘了饼的起源、品名、食法以及厨师的制作过程，在面点史上具有重要的史料价值。隋唐五代宋元时期，商业的发展促进了饮食业的繁荣，也促进了面点业的兴盛发达，面点制作技术大幅度提高，面团、馅心、浇头、成形和熟制方法多样化，面点花色品种极其丰富。市肆面点、少数民族面点、食疗面点的发展尤为突出，早期面点流派已产生。到了明清时期，面点的制作技艺更加成熟，面点的主要类别已经形成，每一类面点都派生出许多具体品种，面点的风味流派也基本形成，面点与风俗结合更加紧密，面点在饮食中的地位更加突出，各地面点出现许多名品，如北京的豌豆黄、苏州的糕团、山西的刀削面、山东的煎饼、扬州的包子、广州的粉点、四川的担担面等均享誉四方。随着中外饮食交流，西方的面包、蛋糕、西饼、布丁等品种传入中国，更加促进了中国面点的发展。新中国成立后，在党和政府的关怀下，各地面点师通过不断总结、相互交流和创新，使面点制作技术又有了新的发展和提高。

面点的分类。面点品种繁多，各具特色，可根据制作原料、面团性质、熟制方法、制品形态、制品口味、干湿特性等方面进行分类，从不同角度反映出制品的特点。如按原料可分为麦类制品、米类制品、杂粮制品、淀粉制品、果蔬制品等；按面团性质可分为水调面团制品、膨松面团制品、油酥面团制品、浆皮面团制品等；按熟制方法可分为蒸制品、煮制品、炸制品、煎制品、烙制品、烤制品等；按口味可分为甜味制品、咸味制品、甜咸味制品、无味制品等；按形态可分为饼类、饺类、糕类、团类、包类、卷类、条类、羹类、冻类、饭粥类等；按成品干湿可分为干点、湿点、水点等。

面点的风味流派。我国地域广阔，民族众多，各地气候、物产、人民生活习惯不同，面点制作在选料、口味、制法上，形成了不同风格和浓郁的地方特色，由此产生并形成了面点风味流派。从口味上讲，有南甜、北咸、东辣、西酸之说；从用料上讲，有南米、北面之说；从帮式派系分有"广式"、"苏式"、"京式"、"川式"、"闽式"、"滇式"等。我国面点代表性的风味流派主要有京式面点、苏式面点、广式面点等。

2. 主食

主食指膳食中的主要食品。中国膳食中的主食一般指粮食性食品，如米饭、馒头、面条等，约占每日膳食量的 65% ~ 70%，是人体所需热能的主要来源。由于地理和历史等原因，中国大部分地区自古以农业为主。在粮食生产逐步增长的同时，逐步形成了中国人民以粮食为主食，以肉、禽蛋、水产、蔬菜为副食的传统。在中国南方大部分地区以大米为主食，用它煮成米饭或粥。在北方大部分地区以小麦、玉米、小米等为主食，用小麦粉做成馒头、面条等面食，用玉米面做成窝窝头、贴饼子，用小米做成饭或粥。藏族地区以青稞掺豆类的炒面做成糌粑作为主食，有些粮食低产区，间以薯类等杂粮做主食。

（二）面团及其调制

面团亦称坯团，是指粮食粉料或其他原料加水、油、糖、蛋等辅料调制成的相互混合黏结的团块或浆料的总称。从某种意义上讲，没有面团就无所谓面点制品。而粮食粉料的种类不同、掺入的辅助原料不同、采用的调制方法不同，形成的面团性质也就各不相同，如此才能得到不同质感特色的各类面点。

面团是面点制作的基础条件，其作用归纳起来有 4 点：① 便于各种物料均匀混合。② 充分发挥皮坯原料应起的作用。如用油脂和面粉调制的面团具有酥松性，用冷水和面粉调制的面团具有良好的筋力和韧性，利用酵母发酵的面团具有良好的膨松性和特殊的发酵风味。③ 适于面点特点需要，丰富面点品种。面点分别具有松、软、爽滑、筋道、糯、膨松、酥、脆等质感特色。除了原料特性以及熟制作用外，面团调制也是实现成品质感的重要因素。④ 便于面点成形。

面团按照调制介质及形成的特性，可分为水调性面团、膨松性面团、油酥性面团、浆皮面团等。具体分类见图 4-1。

- 面团
  - 麦粉类
    - 水调性面团
      - 冷水面团
      - 温水面团
      - 热水面团
      - 沸水面团
    - 膨松性面团
      - 生物膨松面团——发酵面团
      - 化学膨松面团
      - 物理膨松面团
    - 油酥性面团
      - 层酥面团
      - 混酥面团
    - 浆皮面团
  - 米及米粉类
    - 米团
    - 米粉面团
      - 糕类粉团
      - 团类粉团
      - 发酵粉团
  - 杂粮类面团
    - 淀粉类面团
    - 谷类杂粮面团
    - 豆类面团
    - 薯类面团

图 4-1

面团的形成是由于面粉、米粉等粮食粉料所含的物质在调制过程中产生的物理、化学变化所致，一般认为有 4 种作用：① 蛋白质溶胀作用（即面筋形成作用）。当面粉与水混合后，面粉中的面筋性蛋白质——麦胶蛋白和麦谷蛋白迅速吸水溶胀，膨胀了的蛋白质颗粒互相连接起来形成面筋，经过揉搓使面筋形成规则排列的面筋网络，即蛋白质骨架，同时面粉中的淀粉、纤维素等成分均匀分布在蛋白质骨架之中，就形成了面团。蛋白质的溶胀作用是麦粉类筋性面团形成的主要机理，如冷水面团、水油面团等。② 淀粉糊化作用。将淀粉在水中加热到一定温度后，淀粉粒吸水膨胀，体积增大，最后破裂，形成均匀黏稠的糊状溶液，这种现象称为淀粉的糊化。淀粉糊化后黏度急骤增高，随温度的上升增高很快。在一些面团的调制中常利用淀粉糊化产生的黏性形成面团，如沸水面团、米粉面团、澄粉面团等。③ 黏结作用。利用具有黏性的物质使皮坯原料彼此黏结在一起而形成面团。如川式面点中的珍珠园子皮坯。④ 吸附作用。如干油酥面团的形成，是依靠油脂对面粉颗粒表面的吸附而形成面团的。

1. 基础操作法

基础操作法指调制面团和包捏前的工序，为大多数面点成形前的必要加工环节，特别是包馅面点，更是必不可少的一项工艺内容，包括和面、揉面、搓条、下剂、制皮和上馅等过程。

和面。和面就是将粉料与水、油、蛋等原辅料掺和调制成团的过程，可分为手工和面与机器和面两种。手工和面的方法有抄拌法、调和法、搅和法 3 种。① 抄拌法。将面粉放入盆（缸）中或案板上，中间挖一个坑塘，加入水等辅料，用一只手或双手在坑内由外向内、由下向上，手不沾水，以水推粉，抄拌成雪花状，再加入少量水揉搓成团，达到“三光”，即盆光、面光、手光。此和面法既适于在盆内调制大量的冷水面团和发酵面团，也可在案板上调制小量的冷水面团、水油面团。② 调和法。面粉放在案板上围成中薄边厚的圆圈，将水倒入中间，双手五指张开，从内向外慢慢调和，使面粉与水结合，面成雪花片状后，再掺入适量的水揉和成团。饮食业常用此法调制水调面团和水油面团等。③ 搅和法。将面粉放入盆内，左手浇水，右手拿面杖搅和，边浇水边搅拌，搅匀成团；或锅内加水煮沸后一手拿小面杖，一手将面粉徐徐倒入锅中，边倒面粉边用小面杖快速搅和，至面粉烫熟成团。这种方法主要用于热水面团、稀软面团和烫面的调制。

机器和面是指利用和面机将面团原料调制成团的方法。通过和面机搅拌桨的旋转工作，先将面粉、水、油脂、糖、蛋等物料混合形成团块，再经搅拌桨的挤压、揉捏作用，使团

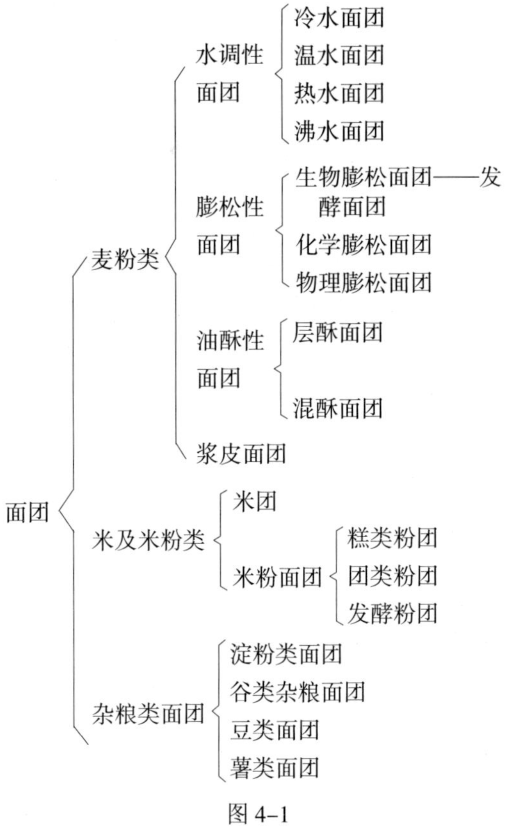

块相互黏结在一起形成面团。影响机器和面的因素主要是和面机转速、搅拌器形状、面团温度、搅拌时间、原料投放顺序等。

揉面。揉面是将和好的面团经过反复揉搓，使粉料和辅料调和均匀，形成柔润、光滑的面团的过程。由于和面后，面粉大部分吸水不均匀，工艺性能达不到制品的要求，通过揉面可促使各原料混合均匀，促进面粉中的蛋白质充分吸水形成面筋，增加面团筋力，使面团光滑、柔润。揉面的手法主要分为揉、捣、揣、摔、擦、叠等6种。① 揉。使用最多、最基本的揉面方法，主要依靠手臂与手腕之力作用于面团，分单手揉、双手揉和双手交替揉3种。揉法适应范围广，水调面团、发酵面团、水油面团等多用此法调制。② 捣。指在和面后，双手握紧拳头，在面团各处，用力向下捣压。当面团被压开，折叠好再继续捣压，如此反复多次，一直到把面团捣透上劲。筋力大的面团多用此法，如油条面、面条面。③ 揣（搋）。是双手握紧拳头，交叉在面团上揣压，边揣、边压、边摊，把面团向外揣开，然后卷拢再揣，有一些面团要沾水揣，为的是使面团更加柔顺、均匀有劲。此法多用于抻面面团的调制、发酵面团的使碱操作，揉制大量面团时也常结合揣的动作。④ 摔。分两种手法，一种是双手拿住面团的两头，举起来，手不离面地摔在案板上，摔匀为止，一般情况下是揣后再摔，使面团更加滋润有劲，如抻面；另一种做法是用手抓起稀软面团，脱手摔在盆内，拿起，再摔，如此反复摔匀为止，如春卷面的调制。⑤ 擦。用手掌跟把面团一层一层向前边推边擦，面团推擦至前面，再回卷成团，重复推擦，至面团擦匀、擦透。通过擦可以增强物料间的彼此黏结，减少松散状态。如干油酥面团、熟米粉团、部分烫面的调制等。⑥ 叠。先将配料中的油、糖、蛋、乳、水等原料混合乳化，然后与干性粉料拌和，用双手或与刮板配合操作，上下翻转、叠压面团，使粉料与糖油混合物层层渗透，从而黏结成团。叠制操作主要是为了防止面团生筋，避免面团内部过于紧密而影响制品的疏松效果，如混酥面团、浆皮面团的调制。

搓条。搓条是将揉和均匀的面团搓成长条的一种手法。搓条是摘坯成形的准备步骤，其操作方法是取出揉好的面团，先拉成长条，然后双手的掌跟压在条上，来回推搓，边推边搓，使条向两侧延伸，成为粗细均匀一致、光洁的圆形长条的方法。

下剂。下剂是指将搓条后的面团分割成大小一致的剂子。下剂的好坏将直接影响下一工序的操作，影响成品的形状。下剂的方法主要有以下5种：① 揪剂。又称摘剂、扯剂、掐剂。用左手握住圆柱形剂条，虎口处露出相当剂子大小的截面，右手大拇指和食指捏住，顺势使劲往下一揪，即成一个面剂。操作时每揪下一个剂子，左手握住的剂条也要趁势翻个身（即转动90°），使其保持圆柱形。剂条翻身也可以用右手在揪时连转带拉，既揪下剂子，又把剂子转身变圆。主要用于水饺、蒸饺等较细的剂条。② 挖剂。又叫铲剂。将面团搓成长条后，放置案板上，左手按住，右手四指弯曲，伸入剂条下，向上用力挖下剂子。操作时每挖一次，左手向左移动露出一个剂子大小的截面，右手再挖。适用于剂条较粗、剂量较大，左手没法拿起，右手也无法揪下的剂坯，如大包、烧饼等剂子。③ 拉剂。用右手五指抓住一个剂量大小的面团，用力拉下即成。主要用于较稀软的面团，如馅饼剂子。④ 切剂。按成品规格要求用刀将剂条或面团切成面剂的方法。主要用于柔软，无法搓条或需要保持层次和形态的面团。⑤ 剁剂。用刀根据剂子的大小，快速剁下，既是剂子又是半成品，如刀切馒头、花卷等剂子。

制皮。制皮是将剂子制成面皮的方法。通过制皮可便于包馅和成形。制皮的方法主要有：① 按皮。将剂子揉成球形，用右手掌跟按成边薄中间较厚的圆形坯皮。② 拍皮。将剂子竖放案台上，先用手指按压，再用手掌沿剂子周围着力拍薄，边拍边转动，把剂子拍成中间厚、四周薄的圆形坯皮。③ 捏皮。先把剂子揉匀搓圆，再用双手捏成圆壳形坯皮。一般适

(2) 混酥面团。混酥面团又称单酥、松酥等,是以面粉、油脂、糖、蛋、乳、化学疏松剂等为主要原料调制而成的面团,成品口感酥松,但不分层,如桃酥、甘露酥、拿酥等。原料用量比例按品种需要而定,一般油脂用量为面粉重量的40%~60%。面团中的油、糖一方面起到限制面筋生成的作用,增加面团的酥性结构;另一方面在面团调制中结合空气,使制品达到松、酥的口感要求。混酥面团起酥与油脂性质有密切关系。油脂以球状或条状、薄膜状存在于面团中,在这些球状或条状的油脂内,结合着大量的空气。油脂结合空气的能力与油脂中脂肪酸的饱和程度有关。含饱和脂肪酸高的动物油脂、人造奶油、起酥油大多以条状或薄膜状存在于面团中,它们比以球状分布在面团中的植物油润滑的面积大,具有更好的起酥性。当成形的生坯被烘烤、油炸时,油脂遇热流散,气体膨胀,并向两相界面聚结,就使制品内部结构碎裂成很多孔隙而成片状或椭圆状的多孔结构,使制品体积膨大,食用时酥松。

当混酥面团中油脂用量充足时,依靠油脂结合的空气量即可使制品达到酥松,且组织结构细腻,孔眼均匀细小。当油脂用量减少或者为了进一步增大制品酥松性,可通过添加化学疏松剂,如小苏打、臭粉、泡打粉等,借疏松剂分解产生的二氧化碳气体来补充面团中气体含量。通常化学疏松剂用量越大,制品的内部结构越粗糙,孔眼大小无规则。

需要特别指出的是,曾经受到热捧的人造黄油,虽然起酥性能很好,但近年来发现其中的反式脂肪酸对人体有害,所以使用得越来越少,有些国家甚至明令禁止使用。

5. 浆皮面团

浆皮面团亦称提浆面团、糖皮面团、糖浆面团,是用蔗糖加水熬制成的转化糖浆,与油脂、枧水等配料搅拌乳化后加入面粉调制成的面团。该面团组织细腻,有一定韧性,具有良好的可塑性,成品外表光洁、花纹清晰、饼皮松软,如广式月饼、提浆饼、鸡仔饼等。浆皮面团主要凭借高浓度的糖浆,达到限制面筋生成的目的,使面团弹性、韧性降低,可塑性增加。转化糖浆是由白砂糖加水溶解,在加热时,在酸(主要是柠檬酸)的作用下部分转化为葡萄糖和果糖而得到的糖溶液。糖浆中的转化糖使面团有保干防潮、吸湿回润的特点。成品饼皮口感湿润绵软,水分不易散失。调制中需注意:① 熬糖浆时,柠檬酸最好在糖液煮沸即温度达到104~105℃时加入。② 糖浆熬好后让其自然冷却,并放置一段时间后使用。③ 面团调制时,糖浆、油脂、枧水应充分搅拌乳化后再拌粉。④ 拌粉宜用翻叠方式,防止面团生筋。⑤ 拌好的面团应尽快使用,不宜久放。

6. 米及米粉面团

稻米是我国人民用来做饭煮粥的主要粮食,也是制作各种糕团饼点的主要原料。其品种丰富,形式多种多样,有甜有咸,有干有湿,有冷有热,配合时令季节。根据米质的不同,大米有糯米、粳米、籼米之分,米粉有糯米粉、粳米粉、籼米粉之分,其物理性质存在很大差异。如糯米、糯米粉黏性大、硬度低,制成品吃口黏糯,不宜返硬,适宜制作黏韧柔软的品种,如各种糕、团、粽等。籼米、籼米粉黏性小、硬度大,制成品放置易返硬,适宜制作米粉、米线、米饼、米饭等。籼米中直链淀粉含量较高,也常用作发酵,制作各种发酵米糕。粳米及粳米粉性质介于糯米和籼米之间,粳米粉常和其他米粉掺和制作各种糕、团等。

米粉的主要成分也是淀粉和蛋白质,但调成的面团性质却和麦粉面团不同。如用冷水调制的米粉团松散、无黏性,一般不作发酵,原因是米粉中所含的谷蛋白和谷胶蛋白不能形成面筋,而淀粉在常温下吸水性差,使粉粒间不易黏结,难于成团。因此调制米粉面团时,一般都需作热处理,如提高水温或用沸水冲泡粉心、打熟芡等,依靠淀粉受热糊化产生的黏性使粉粒彼此黏结成团。另外米粉所含淀粉除籼米外均以支链淀粉为主,且淀粉五指从腰部包拢，稍稍挤紧，但不封口，从上端可见到馅心，下面圆鼓，上呈花边，形似白菜棵状或石榴状。包拢法主要用于烧卖包制。④ 包捻法。左手拿一叠皮子，右手拿筷子，挑一点馅心，往皮上一抹，朝内滚卷，包裹起来，抽出筷子，两头一粘，即成捻团馄饨。⑤ 包卷法。把制好的皮平放在案板上，挑入馅心，放在皮的中下部，将下面的皮向上叠在馅心上，两端往里叠，再将上面的皮往下叠，叠时均抹点面糊粘住，成为长条形。如春卷、煎饼盒子的成形。⑥ 包裹法。适于粽子成形。粽子形状有多种，五角菱形粽子包法是将两张粽叶一正一反合在一起，扭成锥形筒子，灌进糯米等粽料后包裹成菱角形扎紧的方法。三角锥形粽子包法是把一张粽叶扭成锥形筒子，灌进糯米，将粽叶折上包好而成。四角粽子包法是先把两张粽叶的头尾相对合在一起，各叠三分之二，折成三角形，灌进糯米后，用左手整理呈长形，右手把没有折完的粽叶往上摊，与此同时，把下面两角折好，再折上边第四角，包好后用绳扎紧即成。

捏。捏是将加馅的生坯，运用各种手法及工具捏制成形的方法。捏的技术性很强，制作手法多样，变化灵活，特别是捏花色品种，具有较高的艺术性，捏出的制品不但形态美观，而且生动形象。捏是在包的基础上进行的，是一种综合性的成形法，从捏本身来讲，可分为挤捏、推捏、捻捏、叠捏、扭捏、花捏等多种手法。① 挤捏。双手食指弯曲托住夹馅的坯，拇指并拢将皮边挤捏在一起的方法。如北方水饺。② 推捏。右手拇指和食指沿加馅坯皮的边缘推捏出各种折褶花边的方法。如月牙饺。③ 捻捏。将加馅封口后的饺坯皮边用拇指、食指推捻出单波浪或双波浪花边的方法。如冠顶饺、白菜饺。④ 叠捏。将加馅后的坯皮边缘的某一点与另一点黏合在一起捏成形的方法。如四喜饺、梅花饺。⑤ 提褶捏。左手托住皮坯呈窝状放入馅心，右手拇指、食指捏住皮坯边缘，拇指在里，食指在外，拇指不动，食指由前向后一捏一叠，同时借助馅心的重力向上提起，左手与右手密切配合沿顺时针方向转动，形成均匀的皱褶。适用于各式包子成形。包出的花褶要求间隔整齐，大小一致，花褶在 16 ~ 24 之间。⑥ 扭捏。将加馅后的坯皮边缘捏合，用右手拇指、食指沿边捏出少许，将其向上翻的同时向前稍移再捏，再翻，直到将边捏完，形成均匀的绳状花边。如酥合、眉毛饺。⑦ 花捏。将生坯捏制成各种象形形态的方法。要求捏工精细，形象逼真。如瓜果类的南瓜、桃子、柿子、梨、菱角、橘子、玉米等，兽禽虫鱼类的兔、猪、金鱼、青蛙、小鸡、企鹅、鹅、孔雀等。

擀。擀是指将面团、生坯擀成片状。擀是面点制作的基本技术动作，主要用于各类皮坯的制作及面条、馄饨的擀制，是饼的主要成形方法。擀分为按剂擀和生坯擀两种：按剂擀是指将揪好的面剂按扁后，擀成圆形皮，如饺子皮、包子皮等；或是将面团按扁后，擀成大薄片，然后再用刀分割成小块，如馄饨皮、面条等。生坯擀是将制好的生坯擀成形，一般的饼类均用此法。即面团和好后，揉匀，下成剂子，或直接擀成圆饼，如春饼、发面饼等；或者先按品种的要求，擀片刷油，撒盐，卷折起层，再擀成符合成品要求的圆形、腰圆形、长方形等，如家常饼、葱油饼等。

叠。叠是把剂子加工成薄饼后，抹上油、浆料或馅心等，再折叠起来形成有层次的半成品的方法。折叠的形态和大小可以视品种的要求灵活掌握。叠多与擀配合使用，叠也是很多品种成形的中间环节。

摊。摊是一种特殊的成形工艺，主要适用于煎饼、春卷皮、锅饼皮等的制作。其主要特点：一是使用稀软面团或糊浆面团；二是熟制成形，即边成形边成熟。摊制手法有：① 刮摊。将调制的糊浆舀少许入热锅或铁板上，迅速用刮子将其刮薄、刮圆、刮匀的方法。如煎饼。② 手摊。用手抓稀软面团在热锅或铁板上摊转成圆形薄饼、皮的方法。如春卷皮。③ 旋摊。即将糊浆倒入有一定温度的锅内，将锅略倾斜旋转，使糊浆流动，受热形成圆皮的方法。如锅饼皮。

切。切是用刀具将加工成一定形状的面坯分割而成形的方法。常与擀、压、卷、揉、叠等成形方法连用，主要用于面条、馄饨皮、刀切馒头、花卷等品种生坯成形，以及成熟后改刀成形的糕类制品，如凉蛋糕、千层油糕、凉卷等。

削。削是用刀将面团削成窄长条的方法，多用于面条制作，如刀削面。一般用左手将揉成长方形的面团托在胸前，对准煮锅，右手持用钢片制成的瓦片形削面刀对准面团，向前推削，使削出的面条落入锅内，削刀返回，如此反复推削。操作时注意面团要硬，刀口与面团持平，削出返回时，不能抬得过高，后一刀要削在前一刀刀口的上端，逐刀上削，削出的面条要宽窄一致，呈三棱形。

抻。抻是把调制好的面团搓成长条，用双手拿住两头反复抻拉、抖动、扣合，将大块面团抻拉成粗细均匀、富有韧性的条、丝的方法。主要用于面条制作，如兰州拉面、抻面、龙须面、空心面等；也是某些品种进一步成形的基础加工方法，如银丝卷、缠丝饼等。以抻法制成的面条形状可分为扁条、圆条、棱角条、空心条等，粗细可分为粗条、中细条、细条、特细条(龙须面)等。一般抻面的粗细由扣数多少决定，扣数越多，条越细。若面条根数以 Z 表示，扣数以 n 表示，则 $Z = 2n$。一般拉面为 8 扣左右，龙须面为 13 扣左右，不超过 16 扣。

抻的技术性较强，其操作分两步进行：一是溜条，再是出条。溜条也叫溜面，是将和匀揉透的面团搓成长条，用双手握住两头提起，连拉带抖抻开后两手迅速交叉顺势使条并成双股麻花绳状，右手拿起另一头再拉抖抻开后双手合并使条向相反方向转动成麻花状，如此反复至条顺劲有韧性。出条是将溜好的条，沾上干面粉，反复折合抻拉，抻出粗细均匀的面条。具体做法是当大条溜好后，放在案上，撒上干面粉，双手握住两头，抻拉开后在案板上一抖，左手食指、中指和无名指夹住条的两头，右手拇指、中指抓住条的折转处成为另一头，右手向外一翻，抻拉抖开，使条成为两根，俗称一扣。再将右手的面头扣到左手，右手抓住条的折转处再拉抻，使条变成 4 根，称为 2 扣。如此反复，直到面条达到要求的粗细为止。

拨。拨是用筷子将稀软面条拨成圆柱形条的方法，多用于制作面条，如拨鱼面。因拨出的面条圆肚两头尖，入锅似小鱼入水而得名，又称剔尖。制作时将调好的稀软面团放盆中，置煮锅上方，使盆倾斜，用筷子顺盆边拨下快流出的面糊入沸水锅内，面条成两头尖、10 厘米长的圆条，煮熟即成。

滚沾与沾饰。滚沾是将馅心或生坯放入粉料上滚动，使其表面均匀沾裹粉料的方法。用滚沾成形的面点并不多，它也是一种特殊的上馅方法，并与成形连用。如元宵制作，即是先将馅心加工成球形或小方块，表面洒水润湿后，放入装有干糯米粉的簸箕中，通过摇晃簸箕使元宵馅来回滚动均匀沾上一层粉，然后拣出，再洒水，入粉中滚动，又沾上一层粉，如此反复多次而成。沾饰是将成品、半成品直接或经沾水，沾蛋液，沾挂糖浆或膏料后，粘以果仁、芝麻仁、面包屑、糖霜、豆面等粉、粒装饰料的方法。根据制作特点又分为生坯沾饰和熟坯沾饰两种。沾水、沾蛋液多用于生坯滚沾，如麻团、芝麻萝卜饼、土豆饼等。沾糖浆、沾膏料及直接沾裹多用于成熟后的制品装饰，如挂浆蜜果、椰丝团等。

2. 器具成形法

器具成形法是利用各种成形工具或模具使面点生坯或成品塑形的方法。常见的有：模具成形法、钳花成形法、挤注成形法等。

模具成形法。模具成形法指利用各种不同规格、不同形态、不同花式的模具使面点成形的方法。按模具种类可分为印模成形、套模成形、盒模成形、螺管成形。① 印模成形是指借助用木头或塑料、塑胶制成的有凹形图纹的印模，将坯料填入模眼中，使制品具有一定外形和花纹的成形方法。印模的模眼大小、形状各异，图案多样，有单眼模，也有多眼模。② 套模成形是指利用金属材料（也有塑料材质）制成的两面镂空、有平面图形的套模（亦称套筒、卡模、花戟等），在擀成一定厚度的面片上刻出形态、规格统一的面坯的方法。使用时，右手持模的上端，在面片上用力垂直按下，再提起，使其与整个面片分离。套模主要用于面片成形加工，以及花色点心、饼干成形等。③ 盒模亦称胎模，是以金属、铝箔、纸或塑料、塑胶、陶瓷等为材质制成的具有各种形态、规格，作为载体用于盛装面团、面糊等物料进行加热熟制或冷冻凝结的模具。盒模成形多用于发酵面团、物理膨松面团、发酵米浆类制品的加热成形及凉冻冷点的成形，如蛋糕、面包、米蜂糕、果冻等。④ 螺管成形是指将面团卷裹在金属制成的三角锥形或圆筒形螺管上，加热熟制后取出螺管，形成一定形态的成形方法，如羊角酥。

模具成形按成形时机可分为生坯成形、加热成形和熟料成形 3 类。① 生坯成形是指面坯利用模具成形后再进行熟制的方法，如用印模成形的月饼、套模成形的饼干等。② 加热成形是指将面团或面糊装入模具内，连同模具一起加热，熟制脱模后得到的有形成品，如用盒模成形的蛋糕、棉花糕、蛋挞，用螺管成形的羊角酥等。③ 熟料成形是指将熟制后的坯料放入模具中成形后扣出或液体浆料装模冷冻凝结后取出的方法，如用印模成形的绿豆糕、冰皮月饼，用塑料盒模成形的果冻等。

钳花成形法。钳花成形法是在包捏的基础上，利用钳花工具使面点生坯表面呈现各种花样形态的成形方法。钳花用的花钳形式多样，从钳口看，有平口也有槽口；从花纹看，有齿形、直线槽形和波浪槽形。此外剪刀、夹子、镊子、雕刻槽刀、鹅毛管等工具也常用于面点的钳花。钳花的方法多样，如横钳、竖钳、斜钳、交叉钳、错位钳、装饰钳等。操作中注意：① 根据制品形态合理选择花钳种类和钳花方法。② 依据坯料的性质掌握钳花的深度与力度。③ 钳花用坯团不宜太软或太黏，酵面团不宜发得太足。

挤注成形法。挤注成形法是将糊状或膏状坯料装入带有花嘴的布袋（又称裱花袋）内，袋口朝上，左手紧握袋口，右手捏住袋身，用力向下挤压，利用裱花嘴的变化、挤注角度、力度的变化，使挤出物料呈一定的纹样。挤注与裱花相似，皆源于西点，不同之处是挤注用于坯料成形，裱花用于面点的装饰美化。

（钟志惠）

（五）面点与主食的熟制

熟制工艺是指将成形的面点生坯或半成品，运用一定的加热方法，使其受温度作用，发生一系列变化，成为色、香、味、形、质俱佳的熟食品的过程。由于面点的种类繁多，风味特色各异，要求加热熟制的方法也不尽相同。常见的方法有蒸、煮、炸、煎、烙、烤等。

1. 蒸制

蒸制是将成形的面点生坯放入蒸具（蒸笼、蒸屉、蒸箱等）中，利用蒸汽传热使之成熟的方法。蒸制品具有质地柔软、易于消化、形体完整、保持原色、馅心鲜嫩，但不利贮存的特点。蒸制适用范围广泛，除油酥面团外，其他各类面团制品都可采用蒸的方法成熟，特别适用于发酵面团和米粉面团及米团类制品，是面点熟制中应用最广泛的方法。

蒸制主要利用传导、对流使面点生坯获得能量而慢慢成熟。蒸时需注意：① 蒸锅中水量适宜，水要烧开。② 蒸格或蒸笼上需要加垫具或抹油，防止生坯粘笼。③ 生坯间距不能过密或过疏。④ 摆屉后根据品种需要静置（如一些酵面制品）。⑤ 蒸制时应掌握好火力。⑥ 蒸制中途不宜揭盖，蒸具的密闭性要好。⑦ 蒸制时间适当。⑧ 保持锅中水质的洁净。⑨ 准确判断成熟程度。⑩ 制品蒸熟后应略为敞气，可使表面水汽挥发，形成干爽的表皮。

五、菜点的美化

（一）菜肴的装盘与装饰

菜点的美化是将菜点的制成品根据需要有规则地装入盛器内，形成某种造型的技法。这是烹调操作过程的最后一道工序，制成的菜点需要用餐具盛装才能上席供客人享用。因此装盘的效果必须符合客人进餐的需要，必须符合食品卫生要求，要讲究装盘的规则和造型，反映出菜点本身固有的特征，体现菜点的色彩和外形的和谐、整齐、美观，诱人食欲。

1. 盛器选择

如果从美食的角度考察，作为中国烹饪工艺中的美食与美器的匹配，有着一定的规律和特色。

盛器的大小与制品的分量相适应。量多的菜点应选用较大的盛器，量少的菜点应选用较小的盛器。装盘时菜点宜装到盘的中心圈内，呈中心饱满状，汤汁不要浸到盛器口沿。碗形盛器装盛时，应占碗的容积的 80%～90%左右，应留有一定的空间。

盛器的形态与制品品种相配合。盛器品种多样，一般炒菜、冷菜宜用腰盘、圆盘，整条的鱼宜用腰盘，烩菜及一些带汤汁的制品宜用汤盘，汤菜宜用汤碗，砂锅制品宜将原砂锅上席，全鸡、全鸭宜用大型瓷锅、大直径汤碗，分餐制的制品宜用各客小盘、汤盅等。

盛器的色彩应与制品相协调。制品的盛装，如果餐具器皿色彩选用得当，就能把菜肴的色彩衬托得更鲜明美观。一般而言，洁白的或有色线条的盛器适用于大多数制品，适宜装盛深色、暗灰或色彩复杂的制品，以起烘托作用；带有彩色图案的盛器可装盛色彩单纯的制品，以起衬托作用。装盘时色彩搭配，才能产生清爽悦目的艺术效果，又体现了盘中的纹饰美。

2. 冷菜盛装技艺

冷菜的装盘就是将制作好的冷菜，经过刀工处理后，按一定的规格要求整齐美观地装入盛器。它不但要求有熟练的刀工技术及装盘技巧，还需要有一定的艺术修养。在装盘时要考虑到色彩的搭配、盛器的选择、原料的配伍等，使其达到美妙的效果。

盛装类型。冷菜的盛装一般根据一定的规格要求和形式拼摆在盘内，其拼摆形式大致可分为 3 大类型。① 单盘，也称独盘、独碟，就是每盘中只装一种冷菜菜肴的装盘技术。尽管只用一种冷菜，也需要讲究刀工和装盘形式，大多运用各种刀工技术，加工拼摆成一定的式样。常用的式样有馒头形、三角性、四方形、菱形、桥梁形、花朵形等。② 拼盘。拼盘是用两种或两种以上的冷菜合装在一只盘内的装盘技术。它按冷菜种类的多少分为双拼（也称对拼）、三拼、四拼、五拼及什锦拼盘等。双拼就是把两种不同的冷菜原料相对拼摆在一只盘中，其拼法多样，有的将一种冷菜装在中间，另一种冷菜围在四周，或摆在上面；有的是将两种冷菜装在盘中成对称状，各占一半；还有的是先将一种冷菜像单拼那样装好后，再用另一种冷菜在周围摆成装饰图形等。双拼要求刀工整齐精致，色彩对比简洁明快。三拼是利用 3 种冷菜拼摆在一只盘中，形成一个完美组合的装盘技法。其拼摆形式主要有桥梁形、三角形、馒头形等。四拼、五拼都是同一类型，拼摆相对比较复杂。多种冷菜的拼摆，要求冷菜的色泽、口味、数量的比例、拼摆的角度等方面要协调、恰当。什锦拼盘是把许多不同色泽、滋味的冷菜菜肴，经过切配拼摆在一只大盘内的装盘技术。它要求外形整齐美观，刀工精巧细腻，角度拼摆准确，数量比例适当，色彩明快协调。其拼摆方式有：圆、五角星、九宫格等几何图形及梅花、葵花、牡丹等花朵形等。拼摆后的画面五彩缤纷，美观诱人。③艺术拼盘，又称工艺花盘、花色冷盘、象形拼盘等。其冷菜多样，操作工序比较复杂。它要求主题突出，图案新颖，形态生动，造型逼真，色彩鲜艳，食用性强。拼摆时通过精心构思后，选择多种冷菜菜肴，运用精湛的刀工及艺术手法，拼摆成花鸟鱼虫、飞禽走兽、山水园林等各种平面、立体、半立体图案。艺术拼盘以其栩栩如生的艺术造型，使食用者赏心悦目，留下深刻的印象。

盛装式样。冷菜拼摆的表现手法随地区、习惯、审美观的不同而有所差异。常见的式样有：① 馒头形，又称为半圆形，是将冷菜装入盘内，形成中间高周围低，像圆馒头似的形状。这是较常用的装盘式样，常用于单拼、双拼、三拼的拼摆形式。② 三角形，就是将冷菜摆入盘内，形成一个等边的平面三角形或立体的三角锥体形，一般常用于单盘和原料相称的拼盘。③ 四方形，就是将冷菜经过刀工处理，切成长短一致的条形，在盘内摆成线条清晰的正方形或将冷菜切成几个正方形后再重叠拼摆。一般常用于单拼、双拼、四拼。④ 菱形，就是将冷菜经刀工处理后，加工成片、块，整齐地排列在盘中呈菱形状；也可以用几种冷菜菜肴拼摆成小菱形后再组合成一个大的菱形。一般常用于单盘、拼盘等。⑤ 桥梁形，就是将冷菜在盘中摆成中间高、两头低像桥梁一样的形状。一般常用于单盘、双拼、三拼。⑥ 螺旋形，也称螺蛳形，就是将冷菜经加工处理后，在圆盘内沿着盘边，由低向高盘旋，形成螺蛳状拼摆在盘中。一般常用于单盘拼摆。⑦ 花朵形，就是将冷菜经过刀工处理，切成各种圆形、象眼形等片、块形状，在盘中拼摆成各种花朵状。一般常用于单盘、双拼、三拼、什锦拼盘。

盛装步骤。冷菜的盛装步骤有：① 选料。根据冷菜的规格式样对原料进行取舍，并结合原料的性质、色泽、刀工处理后的形状及盛器的大小来选用原料。② 垫底。用修整下的边角余料或质地稍次、不成形的块、片等原料，垫在盘的中间，作为盖面的基础。但垫底的原料不能过于马虎，既不能太薄太小，也不能太厚太大，要与所拼摆冷菜的式样、规格要求相适应。③ 盖边。也称围边，用切得比较整齐的片、块、段，把碎料垫底的边沿盖上。盖边的原料要切得厚薄均匀，并根据冷菜式样的规格、角度的需要，将边角修整齐。盖边的原料一般用较整齐的冷菜相叠而成。④ 盖面。也称装刀面，用质量最好、切得最整齐、排得最均匀的片、块、段，整齐均匀地排到垫底的上面，使整个冷菜显得丰满美观。

盛装手法。冷菜装盘的方法主要有：① 排。把刀工处理后的冷菜成行摆在盘中，其原料大都加工成较厚的长方块或椭圆块。拼摆根据盛器、冷菜形状的不同，有多种不同的排法，有的适宜排锯齿形，有的适宜排椭圆形，有的适宜配色间隔排等。② 堆。把冷菜堆放在盘中，一般用于单盘或双拼盘。用堆的手法可堆出三角形、圆锥形、菱形等简单图案，也可直接抓堆成馒头形、假山形等。③ 叠。把冷菜切成片后整齐地叠成各种形状，一般以叠片为主。叠是比较精细的操作过程，往往与刀工同时进行，随切随叠，叠好后铲起，装在垫底、盖边的面上，或是切成长片、半圆片，折叠成花朵形、叶片形、梯形等。叠拼的冷菜具有整齐美观的特点。④ 围。把冷菜在盘中排列成环形，层层围绕，显示出层次和花纹。围的手法有多种，在已排好的主料四周，另围上一圈不同颜色的配料来衬托，称为围边；将主料排围成花朵形，在中间再点缀一点配料作花心，称为排围。⑤ 摆。也称为贴，是运用精巧的刀法，把切成各种形态的冷菜在盘中拼摆成山水、花卉、飞禽走兽等图案，一般常用于制作花色拼盘。采用此法需要熟练的刀工技巧和艺术修养，才能将菜肴摆成生动活泼、形象逼真的图形。⑥ 覆。有两种方法，一种是将一般的冷菜垫底，上面再覆盖一层较好的般是富含水分，质地脆嫩，个体较大，外形符合作品要求，具有一定色感的果蔬。如南瓜、北瓜、白萝卜、青萝卜、胡萝卜、红菜头、黄瓜以及柠檬、苹果、菠萝等均可选用。立雕工艺有简有繁，体积有大有小，一般都是根据命题造型。其中有些传统品种，寓有喜庆意义的吉祥图案，配置在与宴会主题相吻合的席面上，能起到加强主题、增添气氛和食趣、提高宴会规格的作用。

艺术拼合。艺术拼合是取用常见的果蔬、叶类以及雕刻、制作的小型物料，利用原料的自然色彩，运用一定的艺术手法，使其组装成一个完整的画面或简易的图形，将成熟的菜品装入一定的盘饰范围之内，使整个盘饰和菜品的拼合好似一幅美丽的风景图画。艺术拼合法，不在于对菜肴本身进行艺术加工，而在于整个盘饰的美化与拼合，给人以既美味又美观的雅趣效果。（邵万宽）

（二）面点的装饰与点缀

面点的装饰与点缀是指在面点成形、熟制和装盘工艺中应用造型变化、色彩搭配等工艺手段组合成品的工艺过程。中国面点具有艺术性强，技艺精湛，色、香、味、形俱佳的特点。其在制作中非常注意形象的塑造，强调给人的视觉、味觉、嗅觉、触觉以美的享受。面点的色彩和造型首先带给顾客视觉上的感受，色彩清新自然、造型生动美观的制品总是诱人食欲的。围绕着食用和增进食欲这一目的，通过一定的艺术造型手法塑造、装饰、点缀面点形态，使人们在食用时既满足了对饮食的生理需求，同时又获得美的享受。

1. 镶嵌、拼摆、铺撒

镶嵌是指在制品坯身上镶上或嵌入可食性的原料作点缀，起到装饰美化造型和调剂制品口味的作用，分直接镶嵌和间接镶嵌两种。直接镶嵌法是指在制品表面均匀镶上配料。如发面枣糕、发酵米糕等是在生坯上镶上红枣或果仁、蜜饯而成；象形面点中各种鸟兽的眼睛是直接镶嵌的；四喜饺、一品饺、梅花饺、知了饺、鸳鸯饺等制品通过在其眼孔中镶上各色配料达到装饰目的。间接镶嵌法是把各种配料和粉料拌和在一起，制成成品后表面或截面露出配料，如百果年糕、赤豆糕等。

拼摆是指在制品的底部或上部，运用加工成一定形态的辅料有条理地摆放成一定图案的过程。拼摆料多为水果、蜜饯、果仁等，色彩美观，营养丰富。拼摆时图案随意选择，操作简便，利用装饰料在色、形、质上的变化，表现出制品的艺术美感。拼摆多用于较大型的坯体，便于构图造型。

铺撒是指用手或借助一些辅助用具将粉状或粒状装饰料直接撒在已造型的制品表面而装饰面点的方法。大多用于成熟的制品表面装饰，如蛋糕表面撒糖粉、巧克力彩针、朱古力针等，油炸的混酥制品表面撒糖粉、糖粒等。铺撒可以是全部或局部的覆盖，所用粉料应铺撒均匀，厚薄、疏密一致，通过铺撒的装饰料衬托出制品的美感情趣。

2. 裱花

裱花是利用裱花袋、纸筒、裱花嘴等挤注工具，将装饰膏料从裱花袋中裱注在饼坯、糕坯表面的装饰方法。通过裱花嘴的变化和熟练技巧，可裱制出各种花卉、草木、山水、动物、水果等图案和文字，组合成各式精美图案。裱花用的膏料大体可分为油膏（如奶油膏、鲜奶油膏等）和糖膏（如琼脂膏、奶白膏、白马糖膏、白帽糖膏等）两类。各种膏类使用时均可根据需要加入可可粉、色素、香精等，对其风味与色泽加以变化和修饰。

3. 面塑

面塑是以面粉、米粉或澄粉为主料，按一定比例添加油、糖、盐等辅料，将其调制成有良好可塑性的面坯，经手工捏塑制成动物、植物及其他物品形态装饰品的工艺过程。面塑造型以面坯为表现载体，虽可食用，但以观赏为主。按实用性分为可食用的，如硕果累累、葫芦满架等面塑点心；观赏性的，如龙、凤、面人等观赏面塑；用做装盘点缀的花、草、果、蔬、编织物等装饰品。

4. 糖塑

糖塑是以砂糖为原料熬制成糖浆，通过特定工艺，塑造成各种形态装饰品的工艺过程。若将熬制好的糖浆直接倒入模具中或浇绘在大理石台板上，冷却后可做成各种平面图形的糖饼或糖画，也可再组合成大型糖塑作品。若将糖浆放置在不粘垫上，稍冷后反复拉扯成晶莹透亮的柔软糖团，经捏塑或吹气可制成各种形态的糖花制品。糖塑制品晶莹透亮，色彩丰富艳丽，有着丝一般的光泽，华丽而精美。常用来装饰、点缀，以烘托气氛，虽可食用，但属于观赏性制品，尤其用人口吹气成形的糖塑，不可食用。

5. 编织

编织是以面粉为主要原料，利用面坯的延伸性、可塑性仿照民间生活用品的编织方法进行的面点造型艺术。如面坯编织的竹篮、鱼篓等。

6. 面点色泽与调配

色、香、味、形、质是衡量面点质量的标准，鲜艳、明快、自然、逼真的色泽，能使人产生和悦的快感，给人以享受，从而激发人们的食欲。面点色泽的形成主要源于原料本身固有色、食用色素的应用及熟制加工手段等几方面。

原料固有色的应用。面点工艺中使用的原料十分广泛，其中有许多原料本身就具有各种美丽的色相，且色度、明度变化多样，层次丰富。充分利用原料的固有色，不仅能使制品色相自然、色调优美，也适应广大消费者对色彩安全卫生的要求和饮食追求营养的要求。如在面坯中添加菠菜汁、番茄汁、蛋黄、紫菜头汁、南瓜泥等，不仅可使成品呈现美丽的色泽，还能提高成品的营养价值。

食用色素的运用。在色调单一的米面坯团中添加食用色素可弥补其自身色泽的不足，使制品更加自然美观。目前使用的食用色素有天然食用色素和人工合成食用色素两大类。天然色素对光、酸、碱、热等条件敏感，色素稳定性较差。人工合成食用色素具有色彩鲜艳、成本低廉、性质稳定、着色力强、可以任意调配各种色调等优点，但要注意用量，过量会危害人体的健康。目前国内准许使用的人工合成食用色素主要有苋菜红、胭脂红、柠檬黄和靛蓝等几种。

工艺法着色。工艺法着色指面点制作的各种原料在调制、成形、成熟等工艺中，相互影响而形成的色泽，尤其是原料通过加热发生理化变化而形成的色泽，是面点工艺中较难控制和掌握的一部分。如白色面团制成生坯，采用蒸、煮方法可以形成色泽洁白光润的制品，如采用烙、烤、炸、煎等成熟方法，可形成色泽淡黄、金黄、红褐等不同颜色的制品。生坯表面涂刷一层蛋液，使其在熟制过程中由于美拉德反应形成金黄、棕黄、红褐等光亮的色泽，起到增加美观、增进食欲的作用。

色泽调配运用技法大致分为4种：① 上色法。即用排笔（或毛刷）在制品表面刷上色素液使制品表面着色的方法。② 喷色法。即将色素液喷洒在面点的外部，而内部则保持制品本色的着色方法。具体做法是用干净的牙刷蘸上色素液，喷洒在制品的表面，或用专用喷枪进行喷色。喷洒色调的深浅，可根据色素液的浓淡、喷洒距离的远近、喷色时间的长短来调整。③ 卧色法。将有色物质掺入坯料中使本色面团变成有色面团的着色方法。其中有色物质可以是食用色素，也可以是有色食品原料，如蔬菜汁、蔬菜泥、水果汁、豆茸、可可粉等等。④ 套色法。两种或两种以上有色面团配合使用包、卷、捏、粘、贴、拼摆等造型手法，使面点着色的方法。苏州船点是使用套色技法的典型范例。　（钟志惠）

（三）食品雕刻

食品雕刻工艺是指运用雕刻手法将烹饪原料制成各种艺术形象，用来美化菜肴、装饰宴席的一种艺术性技术。食品雕刻作品是厨师根据菜品和宴会的内容、性质、形式、规模、宾客生活习惯、饮食特点、嗜好、忌讳等因素，以丰富的想象力，精心构思命题，选择合适的自然食品，利用不同的工具，采用多种技法，雕刻出形态生动优美、造型新颖逼真、意境传神深邃的人物、动物、植物等艺术品。食品雕刻既是我国饮食文化的组成部分，也是中国烹饪技艺中的一颗璀璨明珠。

我国运用食品雕刻美化菜肴历史悠久，早在先秦时期即已有食雕艺术存在，当时的食雕品只是作为敬神和祭祀之用。《管子》、《荆楚岁时记》、《玉烛宝典》、《左传》等古籍中已有了“雕卵”的记载。在唐代《岭表录异》中记载：“枸橼子，形如瓜，皮似橙而金色，故人重之，爱其香气……南中女工竞取其肉雕镂花鸟。”吴越时，外戚孙承祐命人以龙脑香煎奶酥制作了“方圆丈许”的骊山模型，且“山水、房屋、人畜、桥道，纤悉皆备”，号曰“龙酥方丈小骊山”。北宋汴梁每年七夕，人们将“瓜刻成花样，谓之花瓜”。以蜜饯为主的多种花雕叫“看菜”，周密所著的《武林旧事》中记有“绍兴廿一年十月高宗幸清河郡王第，共进御宴节次如后……雕花蜜煎一行：雕花梅球儿、红消花、雕花笋、蜜冬瓜鱼儿、雕花红团儿、木瓜大段儿、雕花金橘、青梅荷叶儿、雕花姜、蜜笋花儿、雕花枨子、木瓜花儿”。到了清代出现了瓜灯食雕之作，《扬州画舫录》记载：“取西瓜皮镂刻人物、花卉、虫鱼之戏，谓之西瓜灯。”随着时代的发展，今天的食品雕刻取材更为广泛，其应用范围也不断扩大，加上厨师精湛的技术，雕刻作品刀法细腻、造型逼真。无论是其内容、形式、表现题材还是雕刻技法，都有突飞猛进的发展，使食品雕刻艺术呈现出百花齐放、姹紫嫣红的局面。食品雕刻作品现常用于国际国内的高档宴席中，体现了中国饮食文化的文明和艺术的特色。

1. 品种及原料

食品雕刻的原料取材广泛，一般以蔬菜瓜果类原料为主，除此之外，还使用琼脂冻、鸡蛋糕、黄油块、食糖、冰块等作雕刻原料。故有果蔬雕、冻糕雕、黄油雕、糖雕、冰雕等之分。

（1）果蔬雕。果蔬雕以蔬菜瓜果作雕刻原料，方便简捷、成本低廉，是食品雕刻中最为常见的品种之一。果蔬雕一般选用的原料有：

萝卜类。① 红萝卜、白萝卜，肉色白，网纹细密，肉质细嫩，可雕刻各种萝卜灯、人物、动物、花卉、盆果、山石等。② 青萝卜，皮色青，肉呈绿色，网纹较细，肉质细嫩，可雕刻小鸟、草虫、花卉及小动物等。③ 心里美萝卜，皮色青，肉色红，肉质细嫩，可雕刻各种复瓣花朵，如牡丹花、月季花等。④ 洋花萝卜，皮色红艳，肉白色，肉质细嫩，形态圆而小，可雕刻各种小型花朵，如桃花等。⑤ 胡萝卜，肉质略粗，皮肉均为红黄色，呈长条形，可雕刻各种小型花朵、虾、装饰性圆柱等。

薯芋类。① 马铃薯，肉质细嫩，外皮呈褐色，肉白或白中带黄色，可雕刻各种小动物。② 甘薯，肉质较老，皮色略红，肉色微黄，体型较大，可雕刻各种动物，如马、牛等。③ 芜菁，又称大头菜，肉质较老，皮色青中带白，筋络较多，肉色白，体型较大，可雕刻小型建筑物和各种动物。④ 球形甘蓝，又称擘兰，肉质略粗，肉绿色，皮色青，多筋络，呈球形，可雕刻各种鱼类动物。⑤ 芋，又称芋艿、毛芋等，宜选用体大、肉质细腻白净的作雕刻原料，一般可雕刻人物、麒麟、马与羊等。

瓜类。① 冬瓜，皮色青，肉色白，肉质细嫩，呈椭圆形。小冬瓜可雕刻冬瓜盅，大冬瓜可雕刻平面镂空装饰图案等，专供欣赏。② 西瓜，皮有深绿、嫩绿等色，瓜瓤有红、黄等色，呈圆形或椭圆形，可用于雕刻西瓜灯、西瓜盅等。③ 番瓜，皮有橙、绿等色，瓜肉橘红色，肉质细嫩，呈椭圆形，可雕刻各种人物、动物、建筑等。④ 南瓜，皮和肉均呈橙色，肉质结实，可雕刻龙、凤等。

水果类。① 苹果，肉质软嫩，肉色淡黄，皮有红、青、黄色，呈圆形，可雕刻各种装饰花朵、鸟，也可做苹果盅。② 梨，肉质脆嫩，色白，皮色青、黄，呈椭圆形，可雕刻佛手、梨盅等。③ 番茄，肉质细嫩，色泽鲜艳，有橙色、红色，呈扁圆形，可雕刻各种单瓣花朵，如荷花等。④ 荸荠，肉质脆嫩，色质洁白，皮褐色，呈扁圆形，可雕刻宝塔花等。⑤ 樱桃，肉质细嫩，色泽鲜红，呈椭圆形，可雕刻红梅花等。

其他蔬菜。① 菱，肉质细嫩，色泽洁白，皮绿色，呈长条形，可雕刻小花朵，如白兰花、佛手等。② 辣椒，有尖头、圆头辣椒，尖头椒可雕刻石榴花等，圆头椒可雕刻玫瑰花叶等。③ 白果，肉质软嫩，色黄绿，皮色淡黄，有硬壳。熟白果去壳可雕刻腊梅花。④ 冬笋，肉色淡黄，质地脆嫩，呈圆锥形，可雕刻小竹桥等。⑤ 莴笋，肉色嫩绿、翠绿，质地脆嫩，皮色淡绿，有筋络，呈长条形，可雕刻各种小型花朵和虾虫，如喇叭花、对虾、螳螂等。⑥ 生姜，肉色嫩黄，质地较粗，皮色淡黄，可雕刻山石、金鱼等。⑦ 大白菜，又称黄芽菜，叶黄梗白，质地脆嫩，根芯部可雕刻菊花等。⑧ 球葱，又称洋葱，肉色白中带红，质地脆嫩，可雕刻各种复瓣花朵，如荷花等。⑨ 紫菜头，肉质较老，皮、肉紫红色，呈球形，可雕刻各种花朵，如月季花等。

（2）冻糕雕。冻糕雕刻多采用琼脂冻为原料，其次以蛋糕、鱼糕类为原料。冻糕雕刻与其他雕刻相比，原料不受地域性、季节性的限制，成品如美玉、似翡翠，晶莹剔透，给人以强烈的视觉美感。特别是琼脂冻可反复使用，能有效地降低原料的成本。

琼脂糕。琼脂糕是将干琼脂浸泡蒸熔后调入果蔬汁或食用色素等，冷却成初坯，再用其制作成不同风格题材的雕刻作品，如假山、龙凤、人物、动物、波浪等。

蛋卵。蛋卵是煮熟去壳的鸭蛋，蛋白细嫩，可雕刻花篮等。煮熟去壳的鸡蛋，细嫩白净，可雕刻小白兔、熊猫、小白猪等。

蛋糕。蛋黄糕用鸡蛋黄打散加盐等调料蒸熟，成块状，蛋质有韧性，色泽金黄，用途较广，可雕刻人物、花卉、动物等。白蛋糕用鸡蛋清加盐等调料蒸熟，成块形，蛋质细嫩，色洁白，可雕刻花卉、动物等。黑白蛋糕用鸡蛋清、皮蛋小丁加盐等调料蒸熟，成块形，蛋质有韧性，色黑白相间，形似大理石，可雕刻各种宝塔、台阶等。

（3）黄油雕。黄油雕常见于大型自助餐、酒会及各种美食节的展台，可以增加就餐的气氛，提高宴会的档次，营造出一种高雅的就餐环境。一般选用硬度大、可塑性强的人造黄油为原料，如专门用于制作酥皮点心的酥皮黄油，可塑性强，熔点也较高，含水很少，容易操作。小件的黄油雕作品，可以直接用手捏出来用于盘中装饰。用于装饰展台的大型作品，则先要根据作品的形态做一个支架，就像人体的骨骼一样，因为大型作品光靠黄油是很难长时间稳定的，这就要用竹片、木头、金属、泡沫等原料做支架。黄油雕与果蔬雕不同的是，果蔬雕是由表到里去掉多余的部分，是一个减料的过程；而黄油雕则是一个加料的过程。

（4）糖雕。糖雕又称“糖塑”，采用糖粉或脆糖工艺制作，造型优美，色彩浮翠流丹，常常令人耳目一新。其中，由糖粉与蛋清、柠檬汁制成的糖粉膏，通过使用不同的裱花嘴，挤出不同的花朵、叶子、人物及动物造型等，而且还能用于大型蛋糕的挂边、挤面、拉线装饰。由糖粉与蛋清、鱼胶、葡萄糖、色素、柠檬汁制成的糖粉面坯制品，是各种高级宴会甜点装饰、各种大型结婚蛋糕、立体装饰物常用的装饰品。由白砂糖、葡萄糖和柠檬酸上火熬至特定的温度，加入各种颜色的色素，又成为一种独特的装饰原料脆糖。用脆糖可制成花朵、树木、叶子等，制品形象逼真、晶莹剔透、色彩斑斓、立体感强，在室温下可保持较长时间，制品不易因受潮、受热而变质。因此，糖雕是制作大型装饰品的首选品种。

量、质量和数量。海鲜称后必须交于服务员让客人确认，并快速加工。

面点岗操作流程。上班首先清点冰箱、冷冻库。检查所有设备卫生及安全情况，领料出库进行馅料加工，根据面点规格要求进行制作，按照餐点的质量要求，备齐相关原料，控制火候，利用包、裹、卷等手法制成半成品并合理放置。对点心大小、数量准确计算，确保规格质量统一。做好午餐各种面点制作的准备工作，准时做好自助餐台的面点，根据预定菜单和零点面食，及时供应。

火锅岗操作流程。将展示柜原料准备齐全。根据客情需要，及时加工调料汁、涮肉等原料，确保质量合格，数量充足，满足供应。开餐期间不断巡查展示柜的原料，及时添加。做好对特殊客人的服务工作。（常维臣）

（二）菜品的评价标准

1. 评价原则

符合质量标准的菜品应该达到无毒、无害、卫生、营养、芳香可口、易于消化吸收等项指标，从而，使客人食用后能获得较高程度的满足。作为供食用的菜品，不同于其他产品，它必须具有明确的质量指标和基本要素。

2. 评价标准

（1）菜品的安全卫生。菜品质量的第一要素就是安全卫生，厨房提供的菜点必须无毒、无害，有利于人的健康。菜品在采购、生产、服务中必须控制好每一个环节，以确保菜品的安全性。食品原料在运输、加工、生产、储存、服务等环节中稍有不慎就可能出现安全障碍，导致食物中毒等现象发生。菜品在生产过程中，有的违背《食品安全法》的规定，生产和经营不符合卫生条件，有的乱用防腐剂、色素、甜味剂等食品添加剂，甚至用化学毒物来“美化”食品等，这些都违背了菜品制作的本意，而且也会对消费者造成身体上的伤害。因此，必须对原料从加工、生产到菜品服务的全过程进行危害分析与关键点的控制，以确保菜点的质量，排除危害性。

菜品卫生首先是看加工菜肴的食品原料是否有毒素，如河豚鱼、有毒蘑菇等；其次是看食品原料在采购加工等环节中是否遭受有毒、有害物质的污染，如化学有毒品和有害品的污染等；再次是检查食品原料本身是否由于有害细菌的大量繁殖，造成食物的变质等状况。这三个方面无论是哪个方面出现问题，均会影响产品本身的卫生质量。因此，在加工和成菜中始终要保持清洁，包括原料处理是否干净，盛菜器皿、菜点是否卫生等。避免不卫生因素的发生，最有效的方法就是加强生产卫生、储存卫生、销售卫生过程等的管理与有效控制。

（2）菜品的营养平衡。菜品的营养平衡是质量不可忽视的重要内容。现代科学技术的进步与发达，使得人们越来越将食品营养作为膳食的需求目标。鉴别菜品是否具有营养价值，主要看三个方面：一是食品原料是否含有人体所需的营养成分；二是这些营养成分本身的数量能达到怎样的水平；三是烹饪加工过程中是否由于加工方法不科学而使食品原有的营养成分遭到了不同程度的破坏。菜点制作中的质量评价，要做到食物原料之间搭配合理，菜点的营养构成比例合理，在配置、成菜过程中符合营养原则。

（3）菜品的适宜温度。温度是体现食品风味的最主要因素。菜品的温度是指菜肴在进食时能够达到或保持的温度。不同的食品菜肴有不同的温度要求。同一种菜肴、点心等食品，食用时的温度不同，口感、香气、滋味等质量指标均有明显差异。许多菜肴热吃时鲜美腴肥、汤味浓香，冷后食之则口感挺硬。带汤汁的点心热吃时汤鲜汁香、滋润可口，冷后而食，则外形瘪塌，色泽暗淡，汤味大减。热菜品种无温度则无质量可言，因此，温度是菜品质量评价的基本要素。所谓的“一热胜三鲜”，说的就是这个道理。虽然过去未将其单独列项，但今天已经成为人们评价菜肴出品质量的一个不可或缺的指标。这是人们生活水平提高和评价体系完善的重要体现。

（4）菜品的色泽。外观色泽是指菜点显示的颜色和光泽，这是吸引消费者的第一感官指标，许多人往往通过视觉对食物进行第一步评判。“色”往往以先入为主的方式，给就餐者留下第一印象。

厨房菜品的颜色可以由动物、植物组织中天然产生的色素形成。厨房菜品的生产烹调加工过程能对菜点成品的颜色变化发生作用，烹调加工的目的之一，就是通过恰当的处理，使原料转变为趋于理想的颜色。

菜品颜色改变的另一种途径是通过添加含有色素的调味品完成的，如番茄酱、酱油等均具有这样的功能。菜品的颜色以自然清新，适应季节变化，适应地域跨度不同，适合审美标准不同，合乎时宜，搭配和谐悦目，色彩鲜明，能给就餐者以美感为佳。那些原料搭配不当或烹调过分，成品色彩混沌，色泽暗淡的菜品，不仅表明其营养方面的质量欠佳，而且还将有损就餐者的胃口，影响就餐者的情绪和食欲。

热菜的色，指主、配、调料通过烹调汁芡显示出来的色泽，以及主料、配料、调料、汤汁等相互之间的配色是否谐调悦目，要求色彩明快、自然、美观。面点的色，需符合成品本身应有的颜色，应具有洁白、金黄、透明等色泽，要求色调匀称、自然、美观。

（5）菜品的香气。菜品的香气是指菜肴挥发出的芳香，人们是通过鼻腔上部的上皮嗅觉神经系统和口腔味蕾综合反应来感知它的。香气是菜点所显示的火候运用与锅气香味，是不可忽视的一个项目。嗅觉的产生通过两条途径：一是从鼻孔进入鼻腔，然后借气体弥散的作用，到达嗅觉的感觉器官；二是通过食物进入口腔，在咀嚼时，口腔内味蕾聚合，咽食物的时候，由咽喉部位进入鼻腔，到达嗅觉的感觉器。人的嗅觉较味觉灵敏得多，但嗅觉感受比味觉感受更易疲劳。

人对气体的感受程度同气体产生物本身的温度高低有关。一般来说，物体本身的温度越高，其散发的气体就越易被感受到。反之，如果菜品特有的芳香不能得以呈现和挥发，则影响了消费者对菜品的期望，对其质量的评价自然不会高。

美好的香气可产生巨大的诱惑力，好的菜点要求香气扑鼻，香气纯正。嗅觉所感受的气味会影响人们的饮食心理，影响人们的食欲。因此，嗅之香气是辨别食物、认识食物的又一主观条件。

（6）菜品的口味。菜品的滋味系指菜品入口后，通过咀嚼对人的口腔、舌头上的味觉系统产生作用，给人口中留下的感受。味是菜点质量指标的核心。人们去餐厅用餐，并非仅仅满足于嗅闻菜肴的香味，他们更需要品尝到食物的味道。各种调味品的不同组合，各取不同比例、用量，调制出的菜品滋味可谓丰富多彩。

热菜的味，要求调味适当，口味纯正，主味突出，无邪味、糊味和腥膻味，不能过分口咸、口淡，也不能过量使用味精以致失去原料的本质原味。面点的味，要求调味适当，口味鲜美，符合成品本身应具有的咸、甜、鲜、香等口味特点，不能因过分口重口轻而影响特色。

（7）菜品的外形。主要指菜品的成形、造型。原料本身的形态、加工处理的技法，以及烹调、装盘的拼摆都直接影响到菜品的“形”。刀工精美，整齐划一，装盘饱满，形象生动，能给就餐者以美感享受。

菜肴的造型要求形象优美自然；选料讲究，主辅料配比合理；刀工细腻，刀面光洁，规格整齐，芡汁适中；油量适度；使用餐具得体，装盘美观、协调。面点的造型要求大小一致，形象优美，层次与花纹清晰，装盘美观。为了陪衬面点，可以适当运用具有食用价值的、构思合理的少量点缀物，反对过分装饰，主副颠倒。

对菜品“形”的追求要把握分寸，过分精雕细刻，反复触摸摆弄，或者污染菜品，或者动箸品尝时,却品尝出特殊的、非同寻常的风味,此物非彼物,料中藏“宝石”。这正是“更材法”带来的奇特效果。

从改变菜点原料方面入手,也不乏创造性思考方案。由于偷梁换柱、材料变异,使原来之物发生了变化,菜肴上桌后,产生了另外一种特殊的风格。如“瓤田螺”、“葫芦鸡”、“八宝鸭”、“什锦凤翅”等。有时,当人们从构思中找不到标新立异的好办法时,若把思路转移到原材料的更易上,很可能就会事半功倍、出奇制胜。

巧用法。烹调师们每天烧饭做菜,接触的原料很多,但这些动植物原料,除供人们使用之外,还有许多被弃之的下脚废料。在菜品制作中,尽量利用原料的特点,减少浪费,充分加工,或巧妙地化平庸为神奇,化腐朽为珍物,创制出美味可口的佳肴来。

巧用脚料,关键就是要“巧”。巧,可以出神入化。像动物下水、食物杂料、下脚料件之类,不仅可以避免浪费、减少损失,而且能增加菜肴的品种和风格特色。下脚料制菜可精可粗,只要合理烹制都可成馔。如利用鱼鳞制成的“龙袍加身”、“鱼鳞冻”;利用鳝鱼骨制成的“香炸龙骨”备受人们青睐。作为菜品的研发来说,巧妙地利用各种原材料,在人们称之为下脚废料的地方可以发现创新的契机。

探古法。古为今用,推陈出新本是一项文艺创作方针。作为菜点创新的一种方法,则是利用古代菜点制作技术和文化遗产来开启思路,构思富有民族特色的新款菜点。古为今用,首先要挖掘古代的烹饪遗产,然后加以整理、取舍,运用现代的科学知识去研制。只要有心去开发、去研究,都可挖掘整理出许多现已失传的菜点,丰富我们现在的餐饮活动。

探古法的关键在于推陈出新,古为今用,决无止境。制作者应力求借助现代科学技术的力量,使传统的烹饪法、菜点品种、风味特色、数量、质量上均可得到新的发展。仿唐菜、仿膳菜、红楼菜、随园菜等的挖掘与研制,丰富了现代的餐饮活动。由此,再现古风,让人们发思古之幽情,是用探古法搞创新的常用招式。

仿造法。中国菜点的世袭相沿莫不是从徒弟模仿师傅开始的。世界上的烹饪教育莫不是从学生模仿老师已有的经验而开始的。餐饮界惯用走出去、请进来的方式培养厨师力量,让厨师开眼界,也都是找机会让厨师们模仿学习。“仿造法”前者在于会模仿,后者在于去创造。“仿造法”的关键在于一个“造”字。模仿不“造”非新也。模仿现有的东西,可以节省时间,减少工作量。聪明的模仿者,在模仿对象的基础上,敢于突破框框,创出新品。

模仿出新,是许多厨师创制菜点的一条捷径之路。模仿不仅是创新的起点,也是诱发创新的钥匙。如在传统点心“烧卖”的基础上设计的“蛋烧卖”以及“石榴虾”等,都是仿造出的新菜品。在菜品的模仿中,不要一味地去机械照搬,而是应以模仿为突破口产生更多的新品佳作。

替代法。替代的东西目前在社会上已很流行了。在餐饮原料中应用也十分广泛,如“人造鱼翅”、“人造海蜇”、“素蟹柳”、“素虾仁”等。它的成功之处就是因为创造者在思维流程中,在寻求解决问题时,采用了“替代法”的思考法则。

菜品的创新不妨多运用“替代法”,也可产生意想不到的效果。我国古代菜肴制作就出现了许多以假乱真的替代品。如“假蛤蜊”、“假河豚”、“素香肠”、“素火腿”等,特别是一些花色素菜,经制作者妙手生辉,巧妙替代,使菜品真假难辨。运用替代法制作新肴,可以使菜馔色、形相似,而香、味有变异,如赛东坡、素脆鳝、素鲍鱼的创制。这种运用以素托荤的仿制技艺制作而成的特色素馔,其清鲜浓香的口味特点,淡雅清丽的馔肴风貌,标新立异的巧妙构思,确实不同凡响,可以给宾客以假乱真和喜出望外之乐。

变技法。《易经》中曰:“穷则变,变则通。”这就是说,当我们要解决一个问题而碰壁,没有办法可想时,就要变换一下方式方法或者顺序,或者改变一下形状、色泽、技法等等,这样可以想出连自己也感到意外的解决方法,从而收到显著的效果。

运用变技法,首先要寻找所要改变的对象,通过改变要能够有所创意,而不是越改越糟,改得面目全非。经过对菜品的技术手段的改变加工,可以建立起体现新风格、新品位的技术革新和特色。在菜品制作中,运用变技法创作新菜的例子是很多的,如“饺子宴”、“全席宴”等,利用某一类原料,运用不同的制作技法制作出不同风格特色的菜品。只要我们去多动脑筋,做一些有意义的变化,有意识地将烹饪工艺进行改良,若变得有个性、有风格,就能产生重大突破,成为广大顾客欢迎的新菜品。

描摹法。描摹法是以自然界的万事万物为对象之源,直接从客观世界中汲取营养,获取菜点的创造灵感。描摹法并不局限于单纯地模仿自然界的生物,而应发挥自己的想象力,适当加以夸张,可从对原料结构、形态或功能特征的观察中,悟出超越原料的技术创意。

在大自然中,可供我们选择制作的东西太多,只要放眼捕捉,用食品菜点之料去描摹创意,就能丰富菜肴品种,如松鼠鳜鱼、蛤蟆鸡、知了白菜、鸳鸯海底松等。创新是需要想象和技艺有机结合的。猪肉、鸡肉、鱼肉、虾肉的肉茸和豆腐泥,是描摹法运用的最好的材料,点心中的面粉、米粉、澄粉、杂粮粉之类原料,都是捏制各色形状和图案的好材料。前辈们已留下了许多宝贵的财富,只要多动脑筋,细心观察,发挥想象力,自然之物,都可被菜点所利用。

缩减法。这种思维方式在品种开发中运用广泛,如袖珍辞典是许多大辞典的缩减。我们用的微型计算机,便是用“缩减”的思考方式设计而成的。“缩减法”在菜品的创新中也起着独特的作用。其主要表现是“由大到小”的缩减成新和“由繁到简”的缩减成新两个方面。

“由大到小”的思路值得去探究。从“套羊”到“套鸭”,此后人们又利用“缩减法”,将家鸭换成更小的鸽子和鹌鹑,并创制出了“八宝乳鸽”、“八宝鹌鹑”等。浙江嘉兴的“迷你小粽子”是在原有大粽子的基础上而缩减创新的。从大砂锅到小汤盅,将炖品缩减为炖盅,料与味依然,是菜品缩减创新思考的结果。

“化繁为简”的思路也是缩减法的主要内容。为实现同一风味或同一特色,或提供同等服务,如果能用简单的工艺来代替复杂的工艺,则意味着创造性的发挥。简单的工艺能减少精力和物力的投入,能提供高效率的服务。在菜品开发中,利用缩减法可以不断创造出新的改良菜品来。

添加法。添加法即是在原有菜品中添加不同的材料,而产生新的菜品。运用添加法生成新的菜肴一般有两大类型:一是在传统菜品的基础上添加新味、新料;一是在传统菜品中添加某类功能性食物。通过添加可使菜品风味一新。

添加新味、新料,就是在菜肴制作中加上新的原材料。如在原有菜品中添加些新的调料,产生新的特殊的味型,而今流行的水果菜品、花卉菜品等,都是在原有菜品的基础上添加某种水果、花卉而成新的。有了新的调味料,就可创制新的菜肴,如加入XO酱、色拉酱就形成新的味型菜品。在普通菜品中添加药材原料就形成了“药膳菜品”。食疗菜品、美容菜品、减肥菜品等,都是在菜品中添加某一类食物原料而成的。菜品制作中如果能恰当地添加上某料、某味,或许就能产生出意想不到的、令人耳目一新的菜品来。

颠倒法。菜品的制作是按一定的规章、程序进行的,但打破常规将某些程序、规章按新的观点和思路进行新的剪辑,使其颠倒过来,在思考改变现存的规则方面寻求突破,就是出奇制胜的创造性表现,就能产生出有创意的菜品。

这种颠倒法创新的追求,并不是因为对熟悉的东西感到厌倦而去猎奇,而是有意识地改变思维定式，设法对已有的原料、加工方法、烹调技术从新的角度去考察、实践，如大良炒鲜奶、火烧冰淇淋、上汤涮鲍片等。因此，研究菜品时不妨“倒过来想一想”，积极思考能否以逆反的方法和形式促使制作过程和成品达到新、奇的目的，能否使其在相反的环境中改变原来的特性。因为这样颠倒常规，才有可能谱写出菜品创新的新篇章。

移植法。移植本是把一种花木从原生地移栽到另一地。从古到今，菜点创新也离不开这一方法。即将某一地方风味菜中的某一菜点或几个地方风味菜中较成功的技法、调味、装盘等，转移、应用到另一菜点中以图创新。广东菜的特色之一就是“兼容善变”，它“集技术于南北，贯通于中西，共冶一炉”，然后博采众长，自成一格。正是在这种品种兼容、原料兼容、制法兼容、调味兼容中，广东菜“变”出了风格。

移植法带有“拿来主义”的味道，但它绝不是简单的拿来就用，而是在借鉴移植中创新开拓。如“水煮海螺片”是移植“水煮鳝片”而成，“鱼香脆皮藕夹” 是移植广东的脆皮糊和四川的鱼香味型等。没有创新的移植，只是一种缺乏新意的模仿学习。菜点制作，通过移花接木这种手段，促进技术的进步和新菜品的开发，无疑是烹饪天地再造辉煌的途径。

引入法。世界上的万物都有其特定的、固定的功能，若将某一功能引入另一物体中，则又会产生新的创造。在菜品的创作中，也常常引用一些原本与菜品无关的东西，但一经引入又会产生意想不到的效果，发明出新风格的菜品或新的方法来。

运用“引入”思考方法时，需要有一定的创造意识，如把动、植物形象引入到菜品制作中，把特异的象形餐具引入到菜品的气氛营造上，把许多新的工艺和物品引入到菜品的装饰上等等。如雀巢、渔网、帆船、桑拿等将已有的物体和创造通过创意的思考，把它引入到菜品制作中，就可能有新的风格品种出现，如雀巢鲜贝、桑拿基围虾等。利用引入法，只要是对菜品有利，增加菜品的特色，而不是故弄玄虚，都可以创造出新的菜品或者新的方法。如果能抓住静态的、动态的新奇现象，深入思考，菜品创新的机遇就很容易出现。

（邵万宽）

3. 烹饪技术的创新之路

刀工、火候和调味是烹饪的三大基本技术要素。数千年来，烹饪一直都是手工技艺，至今仍然基本如此。只是近些年来，由于机械和电器的普及和发展，许多小型、轻便、精密的电动机械设备的发明和推广，在刀工技术方面已经实现了一定程度的现代化，并且逐步为从业人员和消费群体所接受。这就大大降低了厨师的劳动强度，更有效地扩大了服务面，也降低了餐饮企业的人力成本。但是在火候和调味方面至今没有取得实质性的突破。

火候，是手工烹饪技艺中最具神秘色彩的技术，几成油温、几成生熟，使得初学者一头雾水，即便是训练有素的大师们，也很难十拿九稳，“失手”的时候也常令他们尴尬不已。在这种情况下，有些肯动脑筋的厨行精英，也会因此走上发明创新之路。20 世纪末期，江苏盐城厨师刘正顺先生，把热电偶测温技术组合到厨师必用的手勺功能中去，可以解决烹调师测量温度的困难。《中国烹饪》杂志对此也给予了很大的支持，刊登了好多篇技术推广文章，但是收效甚微。刘先生的测温勺硬生生地被同行们所推拒，人们觉得烹饪温度的测定，并不那么重要。因为“模糊”是中国烹饪技艺的硬功夫，带着几分神秘色彩，更能彰显中国烹饪的“博大精深”。

调味，也是一种“模糊”本领，“少许”、“略加”等等，全凭手上功夫。国人常把外国人做菜要用天平和量杯，当做黑色幽默，所以至今没有人去仿效。然而，一向追求精准数量关系的刘正顺，却又研究起他的调料秤，但同样得不到同行的认可。

最近，计算机技术在各行各业得到广泛

的应用，于是有人想到利用电脑程序来控制烹饪操作。在国内，扬州大学旅游烹饪学院最早将此作为科研课题，并取得了一定的成果。随后，上海市的一位高中学生也取得了初步成功。2008 年 4 月，中央电视台 10 套节目，还播出了一位自动控制专家的发明创造，他把火候和调味技术都编入电脑程序，把机械手和电磁炉组合在一起。贵州大学食品学院邓力博士，多年来从事自动烹饪炒菜机的研究。他采用计算机模块控制，将装有配料的覆膜菜盒自动撕膜，原料逐次投入，并用曲柄摇块机构驱动锅具完成晃锅、颠锅动作，滑油系统将油与物料分享并将油回收到顶部油槽，密封抽风系统排出油烟，使菜肴在机器内完成了现制现炒。目前，已制出了样机模型，一旦成功，将解决家庭烹饪自动化问题并催生自动售菜机的面世。以上这些，都是有益的尝试。

“工欲善其事，必先利其器。”这也是中国烹饪技术史告诉我们的真理，中国烹饪技术的工程问题，必须借鉴先进的科学技术，才会取得最终的突破。

（季鸿崑）

第五编　中国名食篇

一、历代肴馔

（一）历代肴馔名录

1. 先秦肴馔名录举例

雉羹即野鸡羹，古史传说约4000多年前由彭祖所创。屈原《楚辞·天问》曰："彭铿斟雉，帝何飨？受寿永多，夫何久长？"

鹄羹即用天鹅肉制作而成的羹。相传是商汤时由伊尹所创。屈原《楚辞·天问》曰："缘鹄饰玉，后帝是飨。"东汉王逸注："后帝谓殷汤也。"

胹鳖即烂煮鳖，可追溯到2000多年前。屈原《楚辞·招魂》曰："胹鳖炮羔，有柘浆些。"

柘浆为用甘蔗榨制的浆水。

露鸡即卤鸡。屈原《楚辞·招魂》曰："露鸡臛蠵，厉而不爽些。"

粔籹在《楚辞·招魂》中就有记载。《楚辞·招魂》曰："粔籹蜜饵，有餦餭些。"以蜜和米面，搓成细条，组之成束，扭作环形，用油煎熟，犹今之馓子，又称寒具、膏环。

寒具泛指制熟后冷食的干粮。春秋战国时期，"寒食（节）禁烟"时食用，始见载于《周礼·笾人》："笾人掌四笾之实。朝事之笾，其实麷、蕡、白、黑、形盐、膴、鲍鱼、鱐。"其中麷、蕡、白、黑分别是："麦曰麷，麻曰蕡，稻曰白，黍曰黑。"郑司农注云："朝事谓清朝未食，先进寒具口实之笾。"这里"清朝"即清早的意思。

臑牛腱即牛筋。《楚辞·招魂》曰："肥牛之腱，臑若芳些。"

雏烧即烧烤小鸟。始于周代，《礼记·内则》曰："脂用葱，膏用薤，三牲用藙，和用醯，兽用梅。鹑羹、鸡羹，鴽酿之蓼。鲂、鱮烝，雏烧，雉芗，无蓼。"

蜗醢即蜗牛肉制成的肉酱，相传商周时期，蜗牛就已成为天子的珍食。《礼记·内则》曰："食，蜗醢而苽食，雉羹；麦食，脯羹、鸡羹；析稌，犬羹、兔羹；和糁不蓼。"

卵酱即鱼子酱。可追溯到周代，《礼记·内则》曰："濡鱼，卵酱实蓼。"

淳熬传为周代"八珍"之一，相传是我国早期的盖浇饭。《礼记·内则》曰："淳熬，煎醢加于陆稻上，沃之以膏，曰淳熬。"

淳毋传为周代"八珍"之一，和淳熬的不同点在于其原料是黍米。《礼记·内则》曰："淳毋，煎醢，加于黍食上，沃之以膏，曰淳毋。"

炮豚、炮牂（羊）。炮字始于殷代的炮刑，就是以炭加热使铜柱变烫，让罪人站于热柱之上。炮烙用于烹饪，就是在急火上烘烤浑猪、浑羊。《礼记·内则》说："炮，取豚若将刲之刳之，实枣于腹中，编萑以苴之，涂之以谨（墐）涂。炮之，涂皆干，擘之。濯手以摩之，去其皾，为稻粉，糔溲之以为酏，以付豚，煎诸膏，膏必灭之。鉅镬汤，以小鼎芗铺于其中，使其汤毋灭鼎，三日三夜毋绝火，而后调之以醯醢。"《礼记》中所记这炮法，就是宰杀小猪与肥羊后，去脏器，填枣于肚中，用草绳捆扎，涂以黏泥在火中烧烤。烤干黏泥后，掰去干泥，将表皮一层薄膜揭去。再用稻米粉调成糊状，敷在猪羊身上。然后，在小鼎内放油没猪羊煎熬，鼎内放香草，小鼎又放在装汤水的大鼎之中。大鼎内的汤不能沸进小鼎。如此三天三夜不断火，大鼎内的汤与小鼎内的油同沸。三天后，鼎肉猪羊酥透，蘸以醋和肉酱。

捣珍传为周代"八珍"之一，据说是我国早期的肉松。《礼记·内则》曰："捣珍，取牛、羊、麋、鹿、麕之肉，必胨。每物与牛若一，捶反侧之，去其饵，孰出之，去其皽，柔其肉。"

渍传为周代"八珍"之一，据说是我国早期的醉肉片。《礼记·内则》曰："渍，取牛肉必新杀者，薄切之，必绝其理，湛诸美酒，期朝而食之，以醢若醯醷。"

熬传为周代"八珍"之一，据说是早期熟制的香料肉干或肉脯。《礼记·内则》曰："为熬，捶之，去其皽，编萑，布牛肉焉，屑桂与姜，以洒诸上而盐之，干而食之。施羊亦如之。施麋，施鹿，施麇，皆如牛羊。欲濡肉，则释而煎之以醢。欲干肉，则捶而食之。"

肝膋传为周代"八珍"之一，据说是我国早期的烤肝。《礼记·内则》曰："肝膋，取狗肝一，幪之以其膋，濡炙之，举燋其膋，不蓼，取稻米，举糔溲之，小切狼臅膏，以与稻米为酏。"

蟹胥即蟹酱，可追溯到周代。《周礼·天官·庖人》郑玄注："青州之蟹胥。"蟹胥，简称胥。《说文·肉部》曰："胥，醢也。"《释名》曰："蟹胥，取蟹藏之，使骨头解胥胥然也。"

蚳醢即蚂蚁酱，可追溯到周代，《周礼·天官·醢人》曰："馈食之豆，其实葵菹、蠃醢、脾析、蠯醢、蜃、蚳醢、豚拍、鱼醢。"

鱼脍，可追溯到周代，《诗经·小雅·六月》曰："饮御诸友，炰鳖脍鲤。侯谁在矣？张仲孝友。"这里的"脍"指鱼脍。

熊蹯即熊掌。相传最早出现在商代，《吕览·本味篇》记载："伊尹曰：肉之美者，述荡之掔。"述荡之掔即熊掌。《左传·宣公二年》："宰夫胹熊蹯不熟，杀之。"

2. 两汉魏晋南北朝肴馔名录举例

在《齐民要术》成书之时的食谱，今多不传。例如我国早期的香肚叫"胃脯"。见于《史记·货殖列传》："胃脯，简微耳，浊氏连骑。"如何制法，语焉不详。而《齐民要术》一书，不仅记述了当时的食品肴馔，而且还摘引了前人《食经》资料，因在第二编中已详加摘录，故这里不再列举。

3. 隋唐五代肴馔名录举例

海鮸干脍。李昉《太平广记》卷二百三十四："当五六月盛热之日，于海取得鮸鱼。大者长四五尺，鳞细而紫色，无细骨不腥者。捕得之，即于海船之上作脍。去其皮骨，取其精肉缕切。随成随晒，三四日，须极干，以新白瓷瓶，未经水者盛之。密封泥，勿令风入，经五六十日，不异新者。取啖之时，开出干脍，以布裹，大瓮盛水渍之，三刻久出，带布沥却水，则曒然。散置盘上，如新鲙无别。细切香柔叶铺上，筯拨令调匀进之。海鱼体性不腥，然鱕鮸鱼肉软而白色，经干又和以青叶，皙然极可噉。"

缕金龙凤蟹。《太平广记》卷二百三十四："吴郡又献蜜蟹三千头，作如糖蟹法。蜜拥剑四瓮，拥剑似蟹而小，二螯偏大。"陶榖《清异录》："炀帝幸江都，吴中贡糟蟹、糖蟹，每进御，则上旋洁拭壳面，以'金缕龙凤花'云贴其上。"

天脔炙。唐·刘恂《岭表录异》卷下："瓦屋子，盖蚌蛤之类也。南中旧呼为'蚶子头'。因卢钧尚书作镇，遂改为'瓦屋子'，以其壳上有棱如瓦垅，故名焉。壳中有肉，紫色而满腹，广人尤

六禽，即羔、豚、犊、麛、雉、雁，凡鸟兽未孕曰禽。（郑玄注）

副食类。《仪礼·燕礼》记载：“凡荐与羞者，小膳宰也。有内羞。”郑玄注：内羞谓羞豆之实，酏食糁食。羞笾之实，糗饵粉餈。内羞，即指房中之羞，在《周礼》中属内羞的豆、笾之实是糗饵、粉餈、酏食、糁食。不仅有这些副食品目，《礼记·内则》记载，国君燕食所食庶羞有：“牛脩、鹿脯、田豕脯、麋脯、麕脯，麋、鹿、田豕、麕皆有轩；雉、兔皆有芼。爵、鷃、蜩、范、芝栭、蔆、椇、枣、栗、榛、柿、瓜、桃、李、梅、杏、柤、梨、姜、桂。”注释：脯，皆析干肉也。轩，读为宪，义为肉片。芼，可供食用的水草或野菜。蜩，蝉；音条。范，蠭也。蠭，本又作蜂。蔆，芰也。椇，枳椇也。椇，藜之不臧者。《周礼》天子羞用百有二十品，记者不能次录。而选用的副食品原料来源也是非常丰富的。

羹。《礼记·内则》：“羹食自诸侯以下，至于庶人，无等。”羹是宫廷膳食中重要的饮食内容。羹是古代祭祀及宴宾大典时的重要食品，是王室、贵族飨食的必备食物。现在学界基本认为羹不仅有肉，也有汤汁。具体来说，古代羹通常是肉、菜加米、面熬煮成浓汤或薄糊状的食物。古代的羹分三种基本类型：三羹，即和羹（酸、辛、咸调和之羹）、太羹（又名大羹，无调味的羹）、铏羹（用青铜之铏煮制、盛装而得名，加肉、菜等多种配料而成）。肉类羹主料主要是牛、羊、猪、犬、鸡、豺、熊、蛙、鹑、蟹、鱼等。《礼记·内则》载：“蜗醢而苽食，雉羹；麦食，脯羹、鸡羹；析稌，犬羹、兔羹。”其中也有菜羹。比如加入“藿、薇、苦荼之类的蔬菜”。

醢、醯类。“醢”，《说文·酉部》：“醢，肉酱也。”醢，是用小型的坛子类器皿盛装的发酵肉酱。《周礼·天官》“醢人”职文：“醢人掌四豆之实，朝事之豆，其实韭菹、醓醢，昌本、麋臡，茆菹、麇臡。馈食之豆，其实葵菹、蠃醢，脾析、蠯醢，蜃、蚳醢，豚拍、鱼醢。加豆之食，芹菹、兔醢，深蒲、醓醢，箈菹、雁醢，笋醢、鱼醢。羞豆之食，酏食糁食。凡祭祀，共荐羞之豆实。宾客丧纪，亦如之。为王及后世子，共其内羞。王举则共醢六十瓮，以五齐七醢七菹三臡实之。宾客之礼，共醢五十瓮，凡事共醢。”

东汉末年的经学大师郑玄有明确的解释：“醓，肉汁也；昌本，菖蒲根，切之四寸为菹。三臡，亦醢也。作醢及臡者，必先膊干其肉乃后莝之，杂以粱、曲及盐，渍以美酒，涂置瓶中，百日则成矣。”即首先将各种肉料加工处理后改成丁末状，然后拌上上好的米饭、曲（帮助发酵）、盐，然后用优质酒腌渍，最后装进瓶中封存一百天时间后，醢就制作成功了。中国酱文化博物馆馆长赵荣光先生认为，上述各种醢，都是以主料得名的：醓（dān 耽）醢——肉汁酱（味咸而略酸）；麋臡（ní 尼）——带骨的四步象肉酱；麇臡——带骨的獐子肉酱；蠃（luǒ 裸）醢——一种用细腰蜂卵制成的酱；脾析——牛百叶酱；蠯（pí 皮）醢——一种狭长形蚌肉制成的酱；蜃——大蛤蜊；蚳（chí 迟）醢——蚁卵酱；豚拍——小猪肋肉制的酱；鱼醢——鱼酱；兔醢——兔肉酱；雁醢——雁肉酱。至于植物原料的菖蒲根、韭菜、茆（一种可食用的茅草）、葵、芹、嫩香蒲、箈（tái 抬）——嫩笋、笋等都是咸而呈酸的醢。这些主料，分别加上米饭（助酵、生味，口感柔润）、曲（助酵、生味）、盐（抑制发酵、生味）、酒（控制发酵、生味、增香）等辅料，适当处理和合理贮存之后，就可以得到风味各不相同的理想的醢了。

炙、烤类。其为经过多次加工烹饪并带有滋味的食物。据《礼记·内则》记载：“膳：肜、臐、膮、醢（醢为衍字）、牛炙；醢、牛胾，醢、牛脍；羊炙、羊胾、醢、豕炙；醢、豕胾、芥酱、鱼脍；雉、兔、鹑、鹤。”上述系列食品中，通过烹饪加工的主要是肉食类，比如脔肉等。还有一些名品菜肴如荆州鳜鱼、青州之蟹胥（蟹酱）等。

饮品。在周代，君王膳食中不仅主食内容丰富，副食、饮料、调味品也是品种繁多。“饮用六清”，即指饮料用水、浆、醴、凉、医、酏。具体来说浆是指一种微酸的酒类饮料，不过在后来浆成为一般饮料的统称；醴，为一种薄酒，曲少米多，味稍甜；凉，以糗饭加水及冰制成的冷饮；医，煮粥而加酒后酿成的饮料，清于醴；酏，更薄于“医”的饮料。皆由浆人掌管之。《周礼·天官·浆人》：“掌共(供)宾客之稍礼，共(供)夫人致饮于宾客之礼，清、醴、医、酏，糟而奉之。凡饮共(供)之。”

2. 汉唐宫廷膳品

汉唐时期，中国礼制高度发达，中国的饮食礼制也不例外。由于贵族上层拥有的特权以及对宫廷膳食制度的严格要求，汉代和唐代的宫廷饮食生活都得到进一步发展。特别地，由于汉代，中外文化交流增多，许多西域饮食内容以及其他少数民族的饮食内容也被融合到汉代宫廷食事内容中。

汉朝按年代和建都分为西汉和东汉。汉朝建立了当时全国最为完备的食物管理系统。负责皇帝日常事务的少府所属职官中，与饮食活动有关的职官有太官、汤官和导官，他们分别“主膳食”、“主饼饵”和“主择米”。这是一个人员庞大的官吏系统。太官令下设有七丞，包括负责各地进献食物的太官献丞、管理日常饮食的大官丞和大官中丞等。汉朝礼制规定：“天子饮食之肴，必有八珍之味。”他们“甘肥饮美，殚天下之味”。关于汉唐宫廷皇帝的餐制，《白虎通义》有记载：“(天子)平旦食，少阳之始也；昼食，太阳之始也；晡食，少阴之始也；暮食，太阴之始也。”

西汉时期的宫廷膳品情况，在西汉枚乘《七发》中有相关记载。不仅如此，张骞出使西域，汉朝大一统时期的民族融合过程，都给宫廷食尚带来新鲜气息。《续汉书》载，汉灵帝好胡饼(饼上有胡麻)，京师皆食胡饼。唐代食俗受到波斯(今伊朗地区)、印度等国影响。类似今天的八宝饭即为波斯所有，后传入我国，其音为直译。糖的制作也是从印度传入的，对我国食俗有重要影响。

关于唐代宫廷膳食在《酉阳杂俎》有许多记载。诸如猩唇、石鳆、巩洛之鳟、洞庭之鲋、灌水之鲤、菜黄之鲐，臑鳖、炮羔、粔籹、寒具、小蛳、熟蚬等。其他烹饪典籍也有关于汉唐时期宫廷膳品的记载。

烧尾宴食单。据《辨物小志》记载：“唐自中宗朝，大臣初拜官，例献食于天子，名曰烧尾。”其实“烧尾宴”一种是在官场同僚间举行，一种是由大臣敬奉皇上时举行。据《清异录》卷下记载，烧尾宴食单(部分)是：单笼金乳酥[是饼，但用独隔通笼，欲(使)气隔]、曼陀样夹饼(公厅炉)、巨胜奴(酥蜜寒具)、婆罗门轻高面(笼蒸)、贵妃红(加味红酥)、七返膏(七样作四花糕)、金铃炙、御黄王母饭(遍缕印脂盖饭面，装杂味)、通花软牛肠、光明虾炙、生进二十四气馄饨(花形、馅料各异，共二十四种)、生进鸭花汤饼(厨典入内下汤)、同心生结脯(先结后风干)、见风消(油浴饼)、金银夹花平截(剔蟹细碎卷)、冷蟾儿羹(冷蛤蜊)、唐安餤(斗花)、水晶龙凤糕(枣米蒸破，见花乃进)、双拌方破饼(饼料花角)、玉露团(雕酥)、汉宫棋(钱能印花煮)、长生粥(进料)、天花(饆饠)(九炼香)、赐绯含香粽子(蜜淋)、甜雪(蜜爁太例面)、八方寒食饼(用木范)、素蒸音声部(面蒸象蓬莱仙人，凡七十字)、白龙臛(治鳜肉)、金粟平䭔鱼子、凤凰胎(杂治鱼白)、羊皮花丝(长及尺)、逡巡酱、乳酿鱼(完进)、丁子香淋脍(醋别)、葱醋鸡(入笼)、吴兴连带鲊(不发缸)、西江料(蒸彘肩屑)、红羊枝杖(蹄上裁，一羊得四事)、升平炙(治羊鹿舌，拌三百数)、八仙盘(剔鹅作八副)、雪婴儿(治蛙，豆荚贴)、仙人脔(乳瀹鸡)、小天酥(鹿鸡糁拌)、分装蒸腊熊(存白)、卯羹(纯兔)、青凉臛碎(封狸肉夹脂)、箸头春(炙活鹑子)、暖寒花酿驴蒸(耿烂)、水炼犊炙(尽火力)、五生盘(羊、兔、牛、熊、鹿并细治)、格食(羊肉肠脏缠豆夹各别)、过门香(薄治群物，入沸油烹)、缠花云梦肉(卷镇)、红罗饤(膋血)、遍地锦装鳖(羊脂、鸭卵脂副)、某一款菜肴,原创地可能是关东,烹制法和口味则可能是山东或苏杭特色。同样,山东或苏杭的菜肴,往往又由满族厨师来烹制。满、汉厨师经过长时期的相互学习、配合,从而创造了一种新的膳食格局,既不同于各个地方菜点,也不同于清以前的历代宫廷御膳。在清宫御膳中,满族食风和满族传统烹饪起着主导作用。

清宫宫廷饮食由内务府和光禄寺管理。下设御膳房、御茶膳房、寿膳房、外膳房、内膳房、皇子饭房、侍卫饭房,分别承办宫廷饮宴和日常饮食。"御膳房"是负责皇帝饮食的专职机构。内设管理事务大臣若干名,都是由皇帝特派的心腹之人。管理事务大臣下设尚膳正、尚膳副、尚膳、主事、委署主事、笔帖式等官职,专司皇帝吃饭事宜。其下再设厨役、掌灶,具体为皇帝备膳。据记载,清宫膳食归内府管辖,具体由总管太监3员、首领太监10名、太监100名,"专司上用膳馐、各宫馔品、节令宴席,随侍坐更等事"。当时,紫禁城里有大大小小数不清的膳房。伺候皇帝吃喝的御膳房到底共有多少人,无从准确统计,目前只知道"养心殿御膳房"一处就有几百人。

康熙之前的清宫膳食还基本保持着东北的饮食习惯,烹饪原料大体上由北京、蒙古和东北地区供应。乾隆以后,宫膳原料有了明显的变化,西北、新疆和南方的膳食贡品增加很多。南方的膳食贡品,为清宫御膳增加了很多新内容,这与乾隆喜食南味有关。道、咸时期,南味减少。道光只偶尔吃一顿乾隆时期的御膳,平时以北方口味为主。同治以后,宫中御膳比乾隆时期更丰富多彩,但使用原料仍以黄河以北和东北地区供应的为主。除了福建的燕窝是必贡之品,南方一些特产,如火腿、菇笋、鲜蔬等,北方地区亦能制作和栽培。光绪喜食海产品,沿海地区向清宫贡献的鱼翅、鲍鱼、海参、大虾、海蜇、海带等原料在光绪时期大大增加。

清宫饮食制度严格,不仅有专门的厨师,专门的膳房,还有一套祖先留下来的膳食制度,有严格的份额规定,即每人每天有固定的米、面、肉、菜及调料,称为"口份"。如皇帝每日份额,有盘肉11千克、汤肉2.5千克、猪油0.5千克、羊2只、鸡5只、鸭3只、各种蔬菜、牛乳50千克、玉泉水12罐、乳油0.5千克、茶叶75包等等。皇后每天盘肉8千克、汤肉5千克、猪肉5千克、羊2只、鸡5只、鸭3只、蔬菜9.5千克、萝卜(各种)60个、葱3千克、玉泉水8罐,清酱1.5千克、醋1千克,以及米、面、香油、奶酒、酥油、蜂蜜、白糖、芝麻、核桃仁、黑枣等。皇后以下妃嫔、皇子、福晋相应递减。宫廷膳食的工序要求特别高,如有一道"清汤虎丹"的菜,是用小兴安岭雄虎的睾丸做成,其形状如小茶碗口大小,制作时需要微开不沸的上好鸡汤炖煮3小时,然后剥去皮膜,放在调有佐料的汁水中渍透,再用特制的钢刀或银刀,平片成纸一样的薄片,在盘中摆成牡丹花形状,佐以蒜泥、香菜末而食。

清代皇宫中的太上皇、皇太后、皇帝、皇后等各级"主子"进膳称"传膳"、"用膳"或"进膳",有各自的膳房备膳,并且独自用餐。一日两次正餐。据清人吴振棫《养吉斋丛录》卷二十四记载:皇帝"卯正二刻,早膳。午正二刻,晚膳。申、酉以后或需饮食,则内宫别有承应之处,其物随时命进,无定供矣"。"卯正"指卯时的正时——6点,午正二刻指12点30分。

平时,皇帝每膳20多品菜肴、小菜,四品主食,二品粥(或汤)。菜肴以鸡、鸭、鱼、鹅、猪肉及时鲜蔬菜为主,山珍海鲜、奇瓜异果、干菜菌类辅之。主食是"贡米"、新麦。皇帝独自进膳,而皇太后、皇后及嫔妃则在各自的宫内进膳。皇帝吃饭没有固定地点,多在寝宫和办事、活动的地方随意命进。乾隆皇帝时,居住的寝宫是养心殿后殿,早膳经常在养心殿的东暖阁进行。晚膳、酒膳多在漱芳斋和重华宫进行。

名目繁多的筵宴本身就是清宫政治和外交的重要内容。如太和殿筵宴、除夕保和殿宴、招待外国使节的宴席、凯旋宴、元旦宴、乾清宫家宴、皇太后的圣寿宴、皇后千秋宴、皇子成婚宴、重华宫茶宴以及康熙、乾隆年间举行的千叟宴、乡试宴(鹿鸣宴)等。

清宫御膳就其肴馔的品种和质量、技艺等方面,都已达到我国历代封建王朝御膳的最高水平。总体上说,清宫饮膳的历史流变可以概括为:(1)原料上逐渐丰富,野味所占比重逐渐减少。(2)技法上逐渐以炒蒸为主,兼及炖、煨、烤、烀、拌、炸、爆、熏、焖、酿、煮、火锅等多种烹调方法。

清代宫廷膳品代表品种。清宫膳档保留至今约近2亿字,是清代宫廷食事的第一手珍贵资料,对研究清宫饮食生活、宫廷制度,甚至典章制度、文化风俗均有重要意义。清宫宫廷膳品名录亦极为浩繁。有关《清宫膳档》膳品的研究,在赵荣光《满汉全席源流考述》(昆仑出版社,2003年)一书中有详细的讨论,这里不再重复。　　(周鸿承)

二、中国各区域名菜名点

(一)黑龙江省菜点文化与代表作品

1. 黑龙江省菜点文化概述

黑龙江省菜点文化是中华民族饮食文化重要的组成部分,这里有一望无际的平原沃野,数以百计的大小河流,星罗棋布的湖泊沼泽,绵亘千里的丘陵,自古以来就是天然优越的采集、狩猎、农牧之地。自二万三千多年前就有人类在这块土地上繁衍生息,鲜卑、女真、蒙古族和满族这4个少数民族都是以黑龙江为发源地,先后入主中原或君临全国,使黑龙江地区同内地保持着紧密、频繁的经济、文化、政治上的联系,同时,黑龙江也受周边国家和地区的多民族文化的影响,接受着中原文化的精髓。因此,黑龙江的文化是一种多民族的历史聚合体的多元文化,其典型的特征就是开放包容、兼收并蓄。在这种整体文化影响下形成的饮食文化,必然也是丰富斑斓,多姿多彩。

(1)沿革。黑龙江虽地处边塞,但自古以来就是一个文化的开放带。生活在旧石器时代晚期的"哈尔滨人",就是由华北平原进入黑龙江大地的,他们过着集体围猎、共同分配的原始公社母系氏族生活。其主要食物是游荡在草原上的猛犸象、野牛、野猪、鹿、羚羊等动物。到了新石器时代,黑龙江出现了新开流文化、昂昂溪文化、莺歌岭文化,形成了早期的农业和定居的生活方式,石器、骨器、陶器被广泛使用。狩猎、渔猎、采集、种植成为食物生产的主要方式,食用方法也不再是单一的烧烤或生食。到了隋唐时代,由于与中原地区往来日益密切,封建的儒学思想被当时黑龙江的统治集团所崇奉和倡导,并逐步成为整个社会的统治思想;其农业、种植业都有了较大的发展,农作物主要有黍、麦、稷、菽、麻、稻、豆类等,并培育出优良的"卢城之稻";蔬菜品种日益丰富,在饮食方式上也受到"饮食类皆用俎豆"等中原文化的影响。因此,黑龙江的整个社会生活都带有中原地区的色彩。从宋代到清末民初,由于金、蒙古族、满族先后入主中原,以及内地的汉人流入黑龙江,给黑龙江带来了先进的内地文化和饮食时尚,加之外族的入侵与通商,外域的饮食习俗融入了当地的饮食当中。在这一时期,融汇了当地少数民族的饮食文化,内地,尤其是山东的饮食文化及外域饮食文化,特别是俄罗斯的部分饮食文化于一体的龙江菜基本形成。如黑龙江《呼兰县志》(第八卷,1920年哈尔滨铅印本)载:该县饮食"近年奢风日启,酒坊林立,如官燕鱼翅,各色筵席,客入座咄嗟可办(尝历辽、吉各属县,酒肆尽有，而官燕鱼翅等品多不预备，无食之者故也。亦可见风俗质朴之一斑矣）。士大夫宴客必以华筵重篡相征逐，一席恒费数十元”。由此说来，历经几个世纪的交流、碰撞、融合，最终在清末民初，以当地少数民族风味、山东风味、俄罗斯风味为基础的龙江菜凸显而成。

建国以后，尤其是改革开放以来，有着悠久历史与深厚文化底蕴的龙江菜，借助于独特的原料优势、丰富的人才积淀、便利的交通及龙江人开放与包容的性格，使龙江菜无论在选料、口味、烹调工艺等各方面，随着时代的发展无不以崭新的面貌，纷呈于祖国的大江南北。

（2）构成。龙江菜是在兼收并纳、包容百川的发展过程中，逐渐形成了具有浓郁特色的地方风味。这些风味大体上可分为家常风味、食肆风味、少数民族风味、特色筵席 4 大类。

家常风味。家常风味是龙江人日常饮食的主要部分，不仅是社会饮食的根基和母体，而且最具有传承性。这部分风味又包括传统的和现代流行的两种风味。最具代表性的菜点有白肉血肠、氽白肉、渍菜粉、排骨炖豆角、猪肉炖粉条、小鸡炖蘑菇、倭瓜炖土豆、杀猪菜、烀肉、猪头焖子、酱猪肉、酱牛肉、小葱拌豆腐、拌凉菜、炒土豆丝、酱焖茄子、雪里红炖豆腐、尖椒炒干豆腐、鸡刨豆腐、炖豆腐、烧豆腐、拔丝土豆、红焖鸡、红焖肘子、蘸酱菜、拍黄瓜、红焖肉、火锅等。主食主要有：大米饭、小米饭、高粱米饭、大馇子粥、馒头、油饼、面条、疙瘩汤、面片、饺子、包子、玉米面大饼子、玉米面窝头、发糕、黏豆包等几十种。

食肆风味。食肆风味是指餐饮行业传承下来并经营至今的传统风味和与时俱进的创新菜肴。这些菜肴有红肠、干肠、锅包肉、焦熘肉段、香酥鸡、锅烧肘子、葱扒肘子、葱烧海参、煎焖大马哈、醋熘鳇鱼片、酱爆鸡丁、扣肉、三丝扒鱼翅、清炸里脊、熘腰花、姜丝肉、滑溜里脊海米葱、白肉火锅、羊肉火锅、浇汁鱼、烧鸡、罗汉肚、清蒸大鲌鱼、拔丝丸子、生熏大马哈、扒猪脸、锅塌豆腐、豆腐脑、熘三样、熘白肚、炝三鲜、豆豉鲮鱼油麦菜、豆豉烧冬瓜、葱油螺片、松花鸡腿、椒盐小排、干蕨菜扣肉、蚝油乳鸽、西芹炒鲜鱿、炸鲜鱿等上千种。主要经营的主食有：大米饭、饺子、包子、油饼、草帽饼、葱油饼、清糖饼、手擀面、烧饼、水煎包、馅饼、锅烙、肉火烧、油条（大果子）等。

少数民族风味。黑龙江是一个多民族的省份，居住着汉族、满族、朝鲜族、回族、蒙古族、达斡尔族、鄂温克族、鄂伦春族、赫哲族、锡伯族等十几个民族。这些民族在长期的生活中，相互交流、相互影响，在相互融合的同时又各自保持着特色。例如满族的烀肉、猪头焖子、白肉血肠、蒜泥白肉、白肉火锅、小豆腐、冻白菜蘸酱、老黄瓜汤、饭包、豆面卷子、黄米饭、黏豆包、黏糕饼子等；赫哲族的生鱼片、刨花（将生鱼肉冷冻后，刨成很薄的片，蘸调料食用）、拌生鱼丝、烤鱼、炒鱼毛、炸鱼块（用鳇鱼油炸）、蒸鱼干、腌鱼子；朝鲜族的煎牛排、涮狗肉、凉狗肉、拌狗皮、辣白菜、大头鱼萝卜咸菜、大酱汤等；达斡尔族的柳蒿芽（是一种野菜，可以炖、做汤、做馅、蘸酱等）、稷子米饭鲫鱼汤、土豆酱、米汤炖菜、小豆腐炖冻白菜等。这些少数民族风味都是脍炙人口的美味佳肴。

特色筵席。筵席是按一定的规格和程序组合起来并具有一定质量的整套菜点。在黑龙江的宴席中有传统的如满汉全席、燕翅全席、燕菜席、鱼翅席、海参席、结婚宴席等，也有创新的具有特色的新式宴席，如鳇鱼宴、山珍宴、镜泊湖鱼宴、冰雪宴等。例如鳇鱼宴，就是以鳇鱼为主料，辅以其他淡水名鱼烹制而成的上品鱼宴。鳇鱼是黑龙江、乌苏里江、松花江等江河中出产的最大最名贵的淡水鱼类。“鳇鱼宴”的制作方法主要有红烧、扒、熏、拌、烤、爆、煸、熘、氽、等，主要特点是营养价值高，操作工艺精细，鱼鲜、肉肥、味美、色形别致，一般由 6 个凉菜、8 道热菜、2 道汤菜和 4 道面点组成。例如现代的结婚宴席，仍保持着传统的菜肴组成，无论是哪个档次的宴席，四大件是不可少的，如整只的鸡、肘子、鱼、四喜丸子（高档筵席中已不再使用)等。

(3)特点。原料丰富,结构合理。黑龙江自有史以来一直是地广人稀,从未因食物的压力而造成生态系统的严重破坏。"棒打狍子瓢舀鱼,野鸡飞到饭锅里"的自然生态也一直持续到20世纪中叶,直到今天,黑龙江人所食用的食物种类及其质量仍居全国之首。日常的烹饪原料大体可分为5大类。

粮食类:主要有小麦、水稻、沙谷、芝麻谷、稷子、糜子、高粱、玉米、大豆、小豆、绿豆、芸豆、芝麻等十几种。

蔬菜类:品种主要有豌豆、蚕豆、红豆、扁豆、菜豆、刀豆、韭菜、葱、蒜、白菜、小白菜、生菜、菠菜、土豆、萝卜、水萝卜、茼蒿、芹菜、南瓜、角瓜(西葫芦)、番茄、大辣椒、小辣椒等几十种之多。

肉与水产类:黑龙江不仅有天然的良好牧场,还有悠久的养殖历史。这里养的猪、牛、羊及鸡、鸭、鹅等,数量多、品种好。另外,这里自然水域辽阔,境内遍布江河,盛产淡水鱼,生长着105种鱼类,其中经济鱼类有40余种。在这些鱼类中不乏特产和名鱼,如大鳇鱼、大马哈鱼、白鱼、滩头鱼、哲罗、同罗鱼等,都是黑龙江的特产鱼。除此,还盛产河虾、河蚌等。

野生动植物类:现在一些野生动物已被列为保护动物,所以野生的以植物为主,如猴头蘑、松茸、榛蘑、元蘑、白蘑、榆黄蘑、鸡腿蘑、黑木耳、韭菜花、黄花菜、婆婆丁、小根蒜、老山芹、刺嫩芽、季季菜、柳蒿芽、刺五加、薇菜、黄瓜香等有上百种之多。

瓜果类:黑龙江的瓜果主要有沙果、山梨、苹果、葡萄、稠李子、香瓜、西瓜、松子、榛子、都柿、山丁子等几十种。

烹饪方法多样,工艺技法讲究。烹饪工艺是形成菜肴及其特点的手段,黑龙江的烹饪工艺可以概括为以下几点。

讲究基本功:由于烹饪是以手工操作为主,因而,历代的黑龙江厨师都十分重视厨艺的基本功,行业内将厨师的基本功归纳为"刀工、勺工、原料的初步加工"。又有"七分刀工、三分勺工"之说。用刀的功夫主要表现在切肉丝上,行业内称为"扶肉丝",是厨师晋级考核的必考项目,技术过硬者,可将纱布铺在菜墩上,在其上面切肉丝,既将肉丝切得均匀利落,又不将纱布切透。除刀工,最值得黑龙江厨师骄傲的则是大翻勺。大翻勺就是将菜肴原封不动地在大勺内翻过来,这种功夫动作优美大方,快捷实用,利于菜肴的造型。

注重工艺过程:一盘菜肴的形成要通过不同的工艺过程,从选料、初步加工到勾芡出勺、装盘,忽略任何一个环节都不能烹出色味香俱佳的菜肴。龙江菜要求选料要适宜,初加工要得当,刀工要精细,火候要适应原料的性质,芡汁要做到明油亮芡,装盘要突出主料,显得丰满。

善于运用火候:在烹调菜肴时,掌握好火候是决定菜肴质量的关键。龙江菜肴在烹制过程中,使用火候相当考究,有旺火速成的菜,如熘腰花、爆双脆等;有用小火长时间烹制的菜肴,如小鸡炖蘑菇、红焖肉等;也有旺火与小火并用的菜肴,如红烧鱼、鸡茸扒猴头等。另外,炸、烹之类也是火候要求很高的菜肴,龙江的厨师在这方面积累了丰富的经验。

烹制方法多样:龙江菜在选择原料上具有广泛性,而与之相适应的制作方法也是多种多样。目前,普遍运用的烹饪方法就有38种之多,其中热菜达24种(炒、熘、炸、烹、爆、煎、贴、煽、熣、烧、焖、炖、瓤、蒸、烤、氽、涮、煨、烩、扒、熬、挂浆、挂霜、蜜汁),凉菜14种(拌、炝、熏、腊、冻、卤、酱、糟、油炸卤浸、油焖五香、腌、白煮、卷、酥),如果再细分可分为近百种。在这些烹调方法中,炝、酱、熏、卤、熬、炖、拌等方法都有独到之处。

菜肴是烹饪技术的产物,它集中反映了一个民族或一个地区的饮食文化底蕴。龙江菜肴虽植根于中华文化这块沃土之中，其菜肴具有中原地区的精华，但也有当地民族、外来文化的秀气，“朴实中透析出秀气，粗犷中蕴蓄着精华”，这是对龙江菜特点的高度概括。

甜咸分明，味道浓郁。龙江菜在以咸为基本味的同时，对甜味的菜肴也情有独钟，但是，龙江菜的甜味与南方菜甜得不同，多数都是纯甜口味的菜肴，例如挂浆土豆（即拔丝土豆）、酥黄菜、挂霜白梨、挂霜丸子、蜜汁苹果、蜜汁莲子等。这种甜咸分明是龙江菜肴有别于其他地域菜肴的突出特点。味道浓郁是对清淡而言，是指菜肴的味道醇厚，回味无穷。例如龙江熏卤酱的菜肴，都具有浓郁的香味。但是，浓郁并不意味着油腻，即使像氽白肉、血肠白肉、蒜泥白肉之类的菜肴，由于搭配合理、调味得当、烹制适宜，也一改五花肉油腻之旧，让人食后也有回味三日之感。

质地酥烂爽脆并存：龙江菜在菜肴质地上主要追求的是酥烂和爽脆这两种口感。酥烂具有代表性，无论是动物性原料，还是植物性原料，都可以烹制成酥烂的菜肴，如酱焖茄子、炖豆角、熬白菜、香酥鸡、红焖肘子、四喜丸子等都以质地酥烂、口味浓郁而成为大众喜爱的菜肴。生脆爽口是龙江传承下来的饮食习惯之一，如蘸酱菜、炒肉拉皮、拌生鱼、爽口白菜等菜肴都是以清淡爽口而著称。

用料实而量足：龙江的菜肴主配料分明，每种菜放什么配料，放多少，都有约定俗成的规定，例如“青椒肉段”中的青椒，不能超过主料的五分之一；“葱烧海参”的葱只是起调味作用。量足是指盛器容量大、分量足，这是龙江菜最典型的特点之一。

（4）成因。地理依托。黑龙江虽地处边疆，但它是东北亚的核心地带，自古以来就是一个开放的区域。例如在19世纪末至20世纪40年代，与内地“江河日下”的趋势相反，黑龙江呈现出了小区域的文化活跃上升现象，大批的俄国人、法国人、希腊人、犹太人、德国人、日本人、朝鲜人等外籍人涌进黑龙江的哈尔滨地区，因此，啤酒、面包、香肠、西餐及进食礼仪逐渐成为哈尔滨饮食文化的一部分。加之在19世纪末，“关东”封禁政策的完全打破，内地人也纷纷涌到东北地区“闯关东”，出现了前所未有的经济开发和饮食文化交流的局面。另外，黑龙江在我国也是一个地大物博的省份之一，有着温带湿润、半湿润的季风气候和平原、山水并存的地貌，这些得天独厚的自然条件，使得黑龙江食物原料丰富，品质优良，生活在这样食物乐园里的人们，固然不艰于生计，对待他人也从不“斤斤计较”，对待客人更是慷慨大方，充分显示着龙江人的殷实和富有。所以，今天的黑龙江无论家庭还是饭店所用的都是大盘大碗，饭菜码大量足，这不仅仅是因为龙江人需要热量高，更是区域文化造就的龙江人慷慨大方的性格体现。

历史积淀。黑龙江古代民族主要过着游牧和狩猎的生活，其烹饪不可能像内地农耕民族那样，有固定的居所，对食物精烹细调。所以烧烤、炖煮是其主要的烹调方式，这就为黑龙江风味的形成奠定了食物加工方式的基础，至今炖菜及烧烤仍是龙江菜的特色。龙江菜形成的过程就是黑龙江各民族融合的过程，是当地文化与内地文化及外来文化相互碰撞的结果。

民俗传承。龙江菜主要由当地的少数民族风味、山东风味、俄罗斯风味等三大饮食习俗融汇而成。在先秦以前，黑龙江地区就形成了肃慎、秽貊和东胡三大族系，他们过着狩猎和游牧的生活，食物以肉食为主，这种食俗一直被后人延续。例如挹娄、靺鞨人“好养猪，食其肉，衣其皮”。《史记·匈奴列传》中也载：“其畜之所多，则马牛羊……儿能骑羊，引弓射鸟鼠，少长则射狐兔，用为食……自郡王以下，咸食畜肉。”后来的满族也喜欢食用猪肉。由于受内地的烹调工艺和俄罗斯食俗的影响，龙江菜在烹制肉类，尤其是猪肉上更为特长。在当今的菜谱中，肉食仍占有龙江菜的重要位置。但是，由于汉民族逐渐成为黑龙江的主体民族，正如《奉天通志》中说：“满汉旧俗不同，久经同化，多以相类。”所以，其食俗和菜肴又带有浓厚的中原地区色彩。

2. 黑龙江省菜点著名品种

（1）传统名菜类。龙江菜的传统名菜有三丝扒鱼翅、鸡茸扒猴头、葱烧海参、红烧鳇鱼唇、鳇鱼炖土豆、煎焖大马哈、生熏大马哈、糖醋瓦块鱼、浇汁鱼、清蒸白鱼、油浸白鱼、清蒸鳊花、干烧鱼、扣肉、红焖肉、清炸里脊、锅包肉、焦熘肉段、香酥鸡、油淋鸡、酱爆鸡丁、扒肘子、熘腰花、滑熘里脊海米葱、干炸里脊、干炸丸子、拔丝丸子、猪肉炖粉条、汆白肉、拼白肉、煸白肉、酥白肉、白肉血肠、渍菜粉、熘三样、熘白肚、白肉火锅、羊肉火锅、烧鸡、罗汉肚、红肠、干肠、粉肠、炒肉拉皮、炝三鲜、酱肉、酱牛肉、五香鱼等。

（2）传统名点类。龙江菜的传统名点有三鲜水饺、小笼包子、清糖饼、草帽饼、丝饼、椒盐烧饼、水煎包、金丝卷、银丝卷、搅面馅饼、锅烙、肉火烧、牛力酥等。

（3）创新名菜类。龙江菜的创新名菜有海参蘸酱、三吃龙虾、开片小青龙、大蒜烧鲇鱼、油浸鳜鱼、粉丝蒜茸蒸扇贝、鹅掌烧海参、西芹炒鲜鱿、炸鲜鱿、豆豉鲮鱼油麦菜、豆豉烧冬瓜、葱油螺片、松花鸡腿、椒盐小排、蒜香排骨、杭椒牛柳、松仁玉米、干蕨菜扣肉、蒜茸娃娃菜、腊肉荷兰豆、鸳鸯鹿血糕、手撕大鹅肉、四味带鱼等。

（4）创新名点类。龙江菜的创新名点有鱼翅捞饭、酱油炒饭、抛饼、玉米面条、鸳鸯盒子、蔬菜饼等。

（郑昌江）

3. 黑龙江省菜点代表作品

（1）炒肉拉皮

制作过程

制作者：刘长生　杜显峰

①原料：猪瘦肉 50 克，淀粉 100 克，绿豆芽 50 克，白菜 50 克，胡萝卜 50 克，菠菜 50 克，水发海米 25 克，辣椒油 20 克，麻酱 25 克，大蒜 15 克，陈醋 50 克，芥末 5 克，油 50 克。②将淀粉放入容器内，加适量的凉水调匀。锅内加多量水烧热，将淀粉倒在铝制的旋子内，晃匀，放在水上转动加热，见淀粉变成白色时，快速提起旋子的一边，将旋子放入水中烫片刻，提出后用凉水投凉，倒出粉皮，将粉皮切成 1 厘米宽的条。③瘦肉切丝，蒜切末，菠菜洗净后切 3 厘米长的段和绿豆芽一起打水焯，其余蔬菜洗净后切丝。④将烫好和切好的蔬菜拼摆成型(可以有多种造型)，然后将粉皮码放在蔬菜上，最后将用酱油炒熟的肉丝码放在粉皮上面，点缀上水发海米。⑤将辣椒油 20 克，麻酱 25 克，大蒜 15 克，陈醋 50 克，芥末 5 克，盐、糖、味精少许，油 50 克调成汁，装碗随菜同上，食时浇在菜上拌匀即可。

风味特点　大酸大辣，清鲜爽脆，通气开胃。

技术关键　制作粉皮时注意水温和加热时间。

品评　龙江大拉皮(粉皮)，源于龙江黑土种植的土豆(马铃薯)。黑龙江土豆淀粉含量高，糊化后筋性大，龙江人用以为原料，制成粉条、粉皮，透明光亮，入口筋道。拉皮原料本身没有味道，人们为了满足口味、营养、美观的需要，逐渐总结制作出了具有特殊风味的炒肉拉皮。此菜原形态为拉皮上放上炒肉丝(肉帽)及香菜末、蒜末、辣椒丝。近年又拓展为加放多种蔬菜丝，达到颜色、口味、口感的多种变化。

半分钟，然后勺移到火上，将里脊肉捞出。④ 待油温再次上升到七八成热时，放入肉炸第 3 遍，当炸制成枣红色时捞出装盘，带椒盐上桌即可食用。

风味特点 色泽枣红，外焦里嫩。

技术关键 腌制要入味(半口)，炸制时注意油温及炸制时间。

品评 此菜色枣红、味干香，在制作中还可同时配上几种可以清炸的蔬菜类原料，如炸青椒、炸土豆条、炸元葱等菜品。

(9) 炝三鲜

制作过程

制作者：杜显峰 刘长生

① 原料：水发海参 50 克，鲜虾仁 50 克，鸡脯肉 100 克，冬笋 25 克，火腿 15 克，鲜姜 5 克，花椒 5 克，豆油 35 克，精盐 2 克，味精 1 克。② 将海参切成抹刀片，虾仁摘洗干净，鸡脯肉切成抹刀片，冬笋、火腿分别切成片，鲜姜切丝。③ 勺内加水烧开，将鸡脯肉(烫前可用鸡蛋清和水淀粉上浆)、海参、虾仁分别烫熟投凉，冬笋打水焯。④ 勺内加豆油烧热后炸成花椒油备用。将烫好的鸡脯肉、海参、虾仁、冬笋、火腿放在一起，加入精盐、味精、鲜姜丝拌匀，最后拌入花椒油即可。

风味特点 鲜嫩、色美、味醇，属高档凉菜。

技术关键 原料焯水时注意掌握好时间，以免焯老。

品评 炝的烹调方法主要运用于较嫩的动物性原料和蔬菜类菜品，讲究清爽芳香。主要调味品为花椒油。龙江人尤其喜欢食肉，创造了炝肉丝、炝虾仁以及炝三鲜等菜肴。其中尤以炝三鲜最为流行、最为著名。炝字取自于龙江人在家做菜时，为了突出葱姜的香味，习惯在锅内加少许油烧热，放入葱姜炸一下，再放入原料炒或烧，人们将这一过程称为“炝锅”或“爆锅”。

(10) 得莫利炖鱼

制作过程

制作者：杜显峰 刘长生

① 原料：活鲤鱼 1 条约 1500 克，五花肉 100 克，大豆油 200 克，葱段 10 克，姜片 10 克，蒜片 10 克，干辣椒段 10 克，豆腐片 200 克，白菜 200 克，木耳 50 克，香菜段 20 克，粉条 50 克，盐 5 克，味精 2 克，鸡精 2 克，酱油 5 克，料酒 6 克，八角 5 个，花椒 10 克，桂皮 2 块。② 将鲤鱼宰杀刮鳞去内脏洗净，五花肉切成片备用，各种蔬菜洗净，粉条泡发。③ 锅上火，油烧热，炒香五花肉、姜片、蒜片、葱、干辣椒、八角、桂皮、花椒，加入鲜汤，放入鱼，加入酱油、料酒，烧至六成熟。④ 加入豆腐、粉条、白菜、木耳，调入盐、味精、鸡精，烧炖入味，撒上香菜即可。

风味特点 汤鲜味美,肉质嫩,口味鲜咸微辣。

技术关键 选用活鱼烧炖入味,注意口味调和。

品评 偌大盘子,盛满了滚滚的浓汤,下勺子一捞,脆生生的白菜,筋道道的粉条儿,炖得烂烂的猪肉片,吸满汤汁的豆腐,面面的土豆块儿,林子里的木耳,还可以放几只哈士蟆。单吃都是寻常之物,可混在一起,长时间用小火炖,竟变得出奇的好吃、过瘾,那鱼肉就更是浸满了汤汁,还有那热火朝天的气氛!大块吃肉,大碗喝酒,你才能知道,什么是真正的得莫利炖鱼!

(11)鸡茸扒猴头蘑

制作过程

制作者:杜显峰 刘长生

①原料:水发猴头蘑500克,鸡脯肉150克,鸡蛋清5个,火腿20克,兰片20克,红泡椒1个,香菜10克,面粉50克,淀粉20克,精盐4克,味精2克,芝麻油6克,葱10克,姜10克,鲜汤100克,豆油30克。②将猴头蘑片成大片,挤去水分,选用10~12片形好的猴头蘑,加少许精盐,味精喂口,其余的猴头蘑放在碗内。③取鸡脯肉斩成茸,先取100克放入碗内,然后加入水,2个鸡蛋清和部分精盐、味精搅拌成稀糊状,取1个碗放入另一部分鸡茸,加水和3个鸡蛋清搅成稀糊状,然后将泡红椒刻成梅花状备用。④将猴头蘑两面粘面粉,然后沾稀鸡茸下沸水氽,逐片氽过后用凉水投凉码入碗内,再加精盐、味精、葱、姜、鲜汤(部分)、兰片、火腿片上屉蒸。将另外10~12片猴头蘑摆入盘内,上面抹较稠的鸡茸(针刺上不抹),在鸡茸上的中间位置点缀红梅花,两边放香菜叶,上屉蒸熟取出。⑤将蒸好的猴头蘑取出,去掉葱、姜,扣入盘中央。炒勺放入底油,加鲜汤烧开,用淀粉勾成米汤芡,点上明油,浇在猴头蘑上,将围边的猴头蘑也淋上芡,然后码在蒸碗的猴头蘑周围即成。

风味特点 质地鲜嫩,汁明芡亮,味道清香,色泽洁白。

技术关键 猴头蘑涨发要经过多次泡、挤,除去苦味,在开水中煮一两个小时,去除老根,芡汁浓度要适当。

品评 猴头蘑很珍贵,不是长在地上,而是长在树上,别的树上都不长,唯有柞树上长,不是成片长,而是成双结对地长,也不是长在一起,而是隔十步八步远地在两棵树上相对望着长,像牛郎织女似的。采猴头蘑,只要发现一株,保准儿能在相对的树上找到另一株。现在猴头蘑已可人工栽培。做好的猴头蘑软、滑、香、嫩,不但汁肥味浓,还具有保健作用。

(12)四味带鱼

典故与传说 在传统的东北菜肴中,带鱼是黑龙江人冬季,尤其是春节前后不可或缺的海鲜美味。在20世纪50~70年代的东北,每到冬季,鲜鱼、青菜十分匮乏,百姓的餐桌上有5个月的时间是以萝卜、土豆、大白菜、酸菜为主要菜肴。因带鱼宜冷冻保鲜贮藏,在冷藏车运输、家庭冰箱尚不普及的时代背景下,冬季黑龙江人家家贮藏带鱼就成了当年改善伙食的一种时尚。带鱼的做法林林总总,这道四味带鱼是哈尔滨天鹅饭店原中餐厅经理曲发良先生在炸烹带鱼制法基础上进行研制创新的一道新品,自问世后,经久不衰。

合吉林省各族人民饮食文化而形成的具有绿色理念的风味菜点。

（1）沿革。吉林省地处我国东北中部，有广阔的黑土地，有巍峨的长白山，有辽阔的西部大草原，还有美丽的松花江、图们江。盛产山珍野味，五谷鲜蔬，淡水鱼鲜和牛羊禽畜。诸多条件都为吉菜的形成与发展提供了坚实的物质基础。这块有3000多年历史的文化边陲地域，是满清皇族的发祥地，是无数"闯关东"移民的沃土，是满、汉、蒙、回、朝鲜等多民族文化交融的吉祥地。自19世纪末期，中国内忧外患不断发生，黎民百姓处于水深火热之中，关内大批移民冲出山海关来到吉林大地谋生，许多山东招远地区的厨师纷纷落脚在哈大铁路各主要城镇，如四平、长春、德惠等地，他们大都在高档酒楼执灶，善烹山珍海味，如海参席、鱼翅席、燕翅鸭全席，将齐鲁饮食文化与本地饮食文化融为一体，形成吉菜发展的主力军——山东帮。最早活跃在沈吉铁路沿线各城镇的厨师源于当地的肆食和窝子行（承办红、白事的厨师），他们善烹满、汉、回族的风味菜，如火锅、白肉血肠、鸡里爆、腰里爆等，讲究"响堂响灶"（展示灶，由服务员报菜）、"麻利快"（速度快），逐渐形成为吉菜发展的一大支柱——本地帮。清朝咸丰年间（1852年），大批朝鲜族难民涌入吉林东部山区集安、临江及延吉、图们一带，他们善烹狗肉，精于制作冷面、打糕、泡菜，使朝鲜半岛烹饪文化在吉林地区得以发扬光大。本省西部草场、湖泊、湿地纵横交错，那里是蒙汉民族杂居的地区，他们邻里相望，互助耕耘，饮食文化相互借鉴，相互融合，相互渗透，形成了粗犷、豪放的饮食风格，善烹牛羊肉，善于烤、烧、煎、炸、煮等烹调方法，形成了本省的又一风味流派。

伪满时期（1934~1945年），长春市（伪满称新京）成为伪满帝国的政治、经济、文化中心，皇宫御膳与奉帮（沈阳称奉天）厨艺是当时的帮菜代表，长春、四平、通化、辽源、德惠、吉林、白城等地出现了一些高档酒楼，推出了一些山珍海味高档菜肴，如葱烧海参、扒通天鱼翅、绣球燕菜、八宝鱼翅、烧鹿筋、扒熊掌及满汉席、全羊席等。

新中国成立后至改革开放前这一时期，吉林省的饮食业也同全国各地一样，经过了公私合营、大跃进、国民经济调整和"文化大革命"阶段，经过"继承、挖掘、整理"传统经营品种的活动，全省整理出了上千个传统品种，出现了上百个风味小吃店及"名菜、名点、名宴"，如清蒸松花江白鱼、蝴蝶海参、白扒猴头蘑、炸铁雀带铃铛、神仙炉、口袋鸡、脱骨鸡、荷包鲫鱼、李连贵熏肉大饼、杨麻子大饼、三杖饼、真不同酱肉、回宝珍饺子、吉林白肉血肠、带馅麻花、长白山珍宴、松花江白鱼宴、长白野味宴、清宫宴、聚仙宴、农家宴、龙凤宴等。

改革开放以后，吉林风味菜又有了新的飞跃。省政府为了进一步激活全省餐饮业，引导消费，扩大内需，活跃市场，做出了"开发吉菜"的战略决策。经过5年的实施，吉菜特色更加突出，品种更加多样化，跨进了"天然、绿色、营养、健康"的绿色餐饮通道，出现了"生态餐饮"、"连锁经营"等模式。目前，吉林省餐饮市场也和全国一样，川菜、粤菜、湘菜、苏菜、台湾菜以及日本料理、韩国料理等特色风味餐馆、酒楼遍布各地，悠久的饮食文化，精湛的烹饪技艺，精美的各种风味菜点，为"吉菜"的进一步开发、研究、创新提供了最佳空间。同时，吉菜又借"振兴东北老工业基地"的强劲东风，吸纳各种风味流派之精华，使吉林农家风味菜、吉林家常风味菜脱颖而出。吉菜洋溢着黑土地的芬芳，白山黑水的神韵，承载着古朴的民风，厚重的饮食文化，以崭新的姿态冲出吉林，走向全国。

（2）构成。纵观吉林省菜点沿革不难看出，吉林菜点风味体系是由本帮风味、山东风味、宫廷风味、少数民族风味等4个部分组成。本帮风味是土生土长的满族家常风味与汉民族家常风味的结合，形成历史源远流长；山东风味源于鲁菜而又不同于鲁菜，主要由山东招远一带"闯关东"的厨师结合吉林地区人们的饮食习俗创新发展而来，它对吉林风味体系的形成与发展起到主导作用；宫廷风味是清宫御膳与山东风味、民间风味相互交融而成，它对吉林风味体系的形成具有重要影响；少数民族风味主要由朝鲜族风味、蒙族风味、回族风味组成，它们分别活跃在吉林省的东部、北部和中部地区，对吉林风味体系的形成与发展起到了推动作用。

吉菜虽然属于东北风味体系的范畴，同龙江菜与辽菜一样都经过了清末、民初、伪满时期的历史传承与积淀，但是很多肴馔的制法、口味，乃至饮食习惯上都有别于辽宁和黑龙江两省的菜肴，即除饮食文化的共性一面外，又有其特殊性。

（3）特点。吉菜是以民俗、民族菜为根，承袭鲁菜、东北菜为脉，以“天然、绿色、营养、健康”为理念，烹饪技法精细求新，菜肴口味增鲜趋淡，原料广泛精选，注重营养平衡，追求健康时尚。

吉菜发挥资源优势，精选“天然、绿色”原料。“天然”指野生，“绿色”指无污染。由于吉林省生态环境好，水土肥沃，气候条件适宜，农作物生长期长、品质好。自然生长的山珍野菜和人工栽种、养殖种类非常多，常用的烹饪原料有400余种。人参、鹿茸、林蛙、猴头蘑、榛蘑、蕨菜、薇菜、刺嫩芽和天然牧场养殖的梅花鹿、飞龙、牛肉、大鹅等闻名遐迩。近年来，人工养殖远离添加剂，种植施用有机肥，绿色基地和产品越来越多，这为吉菜的发展提供了资源保障。

吉菜注重创新，在加工制作中追求“营养、健康”。吉菜遵循继承、发扬、创新的方针，师传统而不拘泥，崇时尚而不脱俗，学他人而不照搬，是“集千家炊烟为一缕，移万店清新为一堂”，不断创新菜点，满足消费需求并引领绿色消费时尚。创新菜肴在口味上改变了过去那种汁浓、色重、油腻、偏咸、不利健康的弊端，传统菜在醇香咸鲜的基础上向清淡型方向发展，注重四季人体需求变化，科学配膳，追求弱咸强鲜，淡而不寡，咸淡分明。

吉菜刀工精巧细致，讲究火候，擅长勺工，烹调技法以烧、爆、扒、熘、炖、酱、拔丝见长。吉菜由本地菜、山东菜、少数民族菜组成。本地帮厨师擅用“片刀”，精于急火快炒。如“丝炒，片炒”（炒肉丝、熘肝尖、熘肉片之类），操作干净、利落、麻利快。山东帮厨师擅长用“大方刀”，精于扒、烧、爆等菜肴的烹制，大翻勺的功夫令人叫绝，如扒三白、扒二白、扒通天鱼翅，个个做到不散不乱，分毫不差，汁明芡亮，晶莹剔透。少数民族菜肴清秀素雅，口味异彩纷呈，如朝鲜族的咸菜、泡菜、冷面、石锅拌饭。有的古拙朴实，肥硕醇厚，如蒙古族的烧烤菜肴，无论在原料的选择、调味料的搭配、品种翻新、器皿的使用上，都承袭了当地的民俗、民族传统饮食习惯，吸纳了各民族风味之所长，不断创新发展繁荣。

吉菜乡土文化气息浓郁，定位于大众化，讲究“好吃不贵，精细实惠”。吉菜的许多菜点源于农家餐厅，易于被广大群众所接受，具有扎实的群众基础。吉菜也体现了民族文化，在众多的菜点中，满族、朝鲜族、蒙古族、回族等少数民族菜点占了很大的比例，具有鲜明的民族特色。同时，吉菜追求符合时代特点，注重营养，科学配膳，讲究健康。吉菜在不同时期推出不同的品牌，逐渐向荤素搭配、低糖、低脂肪方向转化，并以“绿色餐饮”为理念，重点突出乡土民间特色。

（4）成因。吉菜风味体系的形成发展取决于其优越的地理环境，经过几千年的历史积淀，蕴含着多民族饮食文化交融的内涵。

地理因素。吉林省地处东北长白山脉和松花江流域，冬季漫长，气候寒冷。特殊的地域与气候决定了人们的饮食以肉类居多，炖菜为主。人们住火坑，用火锅炖菜，从而形成了民间简单的烹饪技法，“一炖、二烀、三蒸、四贴”。每到农历腊月临近过年时，要吃杀猪菜，做豆腐，蒸黏豆包，后经演变产生了氽白肉、猪肉炖粉条、白肉血肠、东北火锅、东北饺子等典型民间菜点。

历史积淀。在近代、现代，许多山东人不远千里来到东北谋生，所谓“闯关东”，带来了历史悠久、深具影响的鲁菜文化。吉菜融入、吸纳、借鉴了鲁菜之精髓，大大丰富了当地风味菜肴的内容。新中国成立后，吉林省的烹饪技术发展较快，许多精通鲁菜的名厨和本帮名厨共同努力，积极利用当地丰富的物产资源，挖掘地域饮食文化，不断加以研究、改进、创新，推出了很多地方风味名菜，如“人参鹿茸羹”、“葱油鹿筋”、“冰糖田鸡油”，及“三熘三酥”（锅熘里脊、锅熘豆腐、锅熘鱼卷、香酥鸡、香酥肉、香酥鱼）。这些都为吉菜风味体系的形成奠定了基础。

民俗传承。吉林省是多民族聚集的地区，除汉族、满族，还有朝、蒙、回等多个民族在这里繁衍生息，他们有各自的民俗、民风、文化传统及饮食习惯。朝鲜族酷爱泡菜、拌菜、冷面及狗肉，口味以酸辣为主；蒙古族喜食牛羊肉及烧烤制品；汉民族在保持原有饮食习惯外，又融合了其他民族的饮食习俗。各民族在饮食、文化上相互借鉴，相互影响，相互融合，使吉菜形成了特有的体系和风味。

2. 吉林省菜点著名品种

改革开放以后，吉菜开发工作受到了省政府的重视和支持，先后举办了“长白山杯”、“同达杯”、“天景杯”、“皓月杯”、“净月杯”等美食节，推出菜点 4000 多种，评出吉菜名宴 91 台，吉菜名菜 207 种，各种风味小吃 91 种，代表性菜点 30 种，创新菜点 135 种，使吉菜出现了一个万紫千红的繁荣景象。

（1）传统名菜类。著名菜肴有葱烧海参、扒通天鱼翅、八宝鱼翅、烧鹿筋、扒三白、蟹黄鱼翅、扒猴头蘑、三彩鱼肚、烧鱼唇冬菇、绣球干贝、炒三泥、冰糖莲子、神仙炉、铁锅里脊、冰酥羊尾、白扒鸭掌、翡翠人参茅台鸡、百花大虾、香酥沙半鸡、香酥鸡、山东酥肉、抽刀白肉、脱骨鸡、真不同酱肉、烧驼鞍等。

（2）传统名点类。著名面点品种有李连贵熏肉大饼、回宝珍饺子、三杖饼、杨麻子大饼、清糖饼、银丝饼、带馅麻花等。

（3）创新名菜类。著名创新菜肴有扣鹿三宝、果味人参、长白三珍、松茸两吃、参杞田鸡油、烤羊腿、庆岭活鱼、五彩鱼丝、双味血肠、三丝素鱼翅、一品鹿盅、鹿血羹、好来登风味肘、拔丝脆皮打糕、红扒猪手、民俗狗肉、渔舟唱晚、两吃溪水龙虾、清蒸鳌花、飞龙烧松茸、银锅狗肉、一品豆腐、软煎鱼子、珍珠鹿筋、葵花千层肉、一品冰糖肘子。

（4）创新名点类。著名创新面点品种有六合饼、手撕饼、金丝饼、糯米饼、香河肉饼、朝鲜冷面、石锅拌饭等。

（何荣显）

3. 吉林省菜点代表作品

（1）参海林蛙

典故与传说 参海林蛙是一道食客非常喜爱的山珍菜肴，外地人到吉林长白山做客，多以品味此菜为荣。吉林林蛙是吉林山林水系中的一种珍贵的特有品种。林蛙又名为长白林蛙，属水陆两栖爬行动物，它专吃青草、草籽和水虫，肉质干净，营养价值较高。人们常说林蛙是春天鲜，秋天肥，冬天香，一年四季都可以食用，是民间饮食补品中的上品。清朝初年，朝廷在东北建立“打牲乌拉”衙门，设总管三品，专为朝廷进贡东北的山珍野味，贡品中就有林蛙。林蛙的做法除了红烧、酱焖还可以清蒸，林蛙油还可以冲成茶水，也是上好的补品。为保护野生动物，现入馔的都是在林地里有计划人工养殖的林蛙，其口感、口味及营养价值比野生林蛙毫无逊色。

制作过程

① 原料：林蛙 250 克，长白山人参 1 棵，海鲜酱 2 克，精盐 2 克，味精 2 克，料酒 3 克，白糖 1 克，鸡粉 2 克，酱油 2 克，猪油 10 克，葱姜片少许。② 把林蛙用清水冲洗干净，人参洗净剞上花刀备用。锅中加入清水大火烧沸，把洗好的林蛙下入锅中氽烫，定型立即捞出备用。③ 炒锅加入猪油烧热，炒香葱姜片，烹入料酒，加入高汤、林蛙、长白山人参、调料，盖上锅盖小火焖熟，捞出摆盘即可。

制作者：夏金龙

风味特点　口味咸鲜浓郁，肉嫩参香味浓。

技术关键　林蛙氽烫后外皮容易破碎，捞起时应注意要沿锅边轻轻捞起，以免影响美观；焖制林蛙的时间掌握在 25 分钟左右为宜，时间短不易入味，时间长易碎。

品评　此菜造型美观，营养价值高，尤其是采用人参烧制的方法，可以使林蛙本身的油脂散发出来，奇香无比。其口感嫩滑鲜香、十分独特。

(2) 雪蛤梅花鹿雪糕

制作过程

制作者：夏金龙

① 原料：鹿血 100 克，发好雪蛤 50 克，鸡蛋 2 个，尖椒圈 5 克，枸杞 5 克，精盐 3 克，味精 2 克，大豆油 2 克。② 把鹿血和蛋液分别加入调料，温水搅拌均匀备用。先将 1/2 的鹿血和蛋液混搅均匀倒入鲍鱼盘内，蒸成糕底备用。③ 蒸好的糕底上面放上梅花模具，在模具的中间倒入蛋液，周围倒入鹿血继续蒸熟，取出模具，放入雪蛤、尖椒圈、枸杞即可。

风味特点　色泽分明，糕质软嫩，且富有弹性，入口细腻香滑。

技术关键　调制鹿血和蛋液的比例应以 2∶1 为宜；蒸制鹿雪糕火候不宜过旺，否则容易蒸出蜂窝眼。

品评　“雪蛤梅花鹿血糕”是在传统“蒸鹿血”的基础上改良的创新菜。采用自制的梅花模具将鹿血、鸡蛋隔离蒸制的方法，配上营养价值极高的雪蛤，口感鲜嫩、香美。整个菜肴层次感很强，白、黄、红色泽搭配鲜艳，在视觉上能增加人们的食欲。这道菜已经成为地道的吉菜名菜。

(3) 扇影煎松茸

制作过程

① 原料：松茸蘑 200 克，鲜鹿肉 250 克，薯片 20 克，生粉 30 克，辣酱 3 克，味精 2 克，鸡粉 2 克，海鲜酱油 2 克，姜汁 2 克，料酒 3 克，色拉油 30 克。② 将松茸蘑洗净切至薄厚均匀的片状备用；再将鹿肉切成小块，放入搅肉机内搅成肉馅。③ 把肉馅放入容器里，加入调料搅拌均匀调制入味，然后再把切好的松茸，两面拍上少许生粉，夹上鹿肉馅。④ 锅中加入色拉油烧热，把夹好肉馅的松茸逐个下入锅中，小火至两面金黄色，取出摆在薯片上即可。

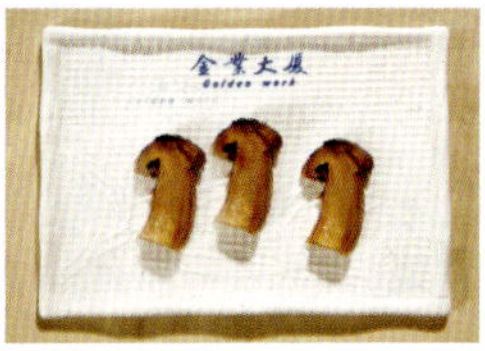

制作者：夏金龙

风味特点 造型美观，外香脆，内鲜嫩微辣。

技术关键 松茸蘑夹肉馅时，一定要薄厚均匀，否则可能生熟不一；火候应以小火为宜，在煎制时，油也不宜放得过多，还要勤翻动，要将两面煎黄。

品评 “松茸”自古以来被列为八大山珍之一，具有“食菌之王”的美誉。传统的松茸做法有“松茸炒鸡片”、“飞龙松茸汤”等。现在的松茸做法非常多，这道“扇影煎松茸”是采用吉菜调馅的方式，配上松茸煎制而成。扇影在这道菜中体现的是象形美观的寓意，它用面条炸制而成，形态逼真。此菜不但风味独具，而且在做法上也颇见档次，深受食客的喜爱。

(4) 一品熊掌

制作过程

制作者：夏金龙

① 原料：熟猪肘子 750 克，大头油菜 60 克，蚝油 3 克，酱油 2 克，精盐 2 克，鸡粉 2 克，高汤 80 克。② 把熟肘子用片刀完整的将皮片下来，然后再把净肘子肉切成小块备用。把片下来的肉皮铺在模具内，再将切好的肉块填满，放入蒸箱内蒸透，取出扣在盘中。大头油菜洗净放入沸水锅中氽烫摆盘子周围备用。③ 炒锅烧热，加入高汤、调料调制入味，淀粉勾芡浇在蒸好的“熊掌”上即可。

风味特点 口味香浓，油而不腻。

技术关键 片肘子皮时，切记不可把皮片透，刀从猪皮厚的 1/2 处平行片制，将猪皮片成薄厚均匀的一大片，简单修理一下边角再铺入模具。

品评 “一品熊掌”采用的是以模具定型整体菜肴的形状，使猪肘变成了“熊掌”。常见肘子做法有“脱骨”、“扣”、“扒”等，这些做法只能在普通餐桌或一些简单宴席当中出现。经过创新，把肘子做成熊掌形状，再在口味上加以变化，不但外观逼真，口感软烂，而且还将一种普通原料进行了有机升华，使其登上了高档宴席的大雅之堂，是烹调技术创新的典范之作。

(5) 南瓜肉末扣海参

制作过程

① 原料：海参 4 只，南瓜 500 克，五花肉 150 克，红椒 30 克，洋葱 20 克，葱、姜段各 10 克，精盐 3 克，味精 2 克，蚝油 3 克，酱油 2 克，白糖 2 克，鸡粉 2 克，生粉 20 克，料酒 20 克，色拉油 20 克。② 将海参用清水浸泡 12 小时，再换清水上火烧沸，熄火加盖焖六七个小时，取出用冷水浸漂 1 小时，再换清水烧沸，加盖再焖，如此反复 3 次后，将海参取出，剖腹除去内脏洗净，最后再放入清水锅中，烧沸后，熄火加

制作者：夏金龙

盖焖至海参发软，用手按下海参就马上弹起时，海参就完全发涨发好了。③ 五花肉切成肉末；红椒、洋葱洗净切成末；南瓜用刻刀修饰成小船形状，下入沸水中烫熟取出，摆在盘中备用。④ 海参用鲜汤加入姜、葱、料酒煨制 10 分钟取出，放入南瓜船内；另起锅加入色拉油烧热，下入五花肉末、洋葱末、红椒末炒出香味后，再加入其调料调制入味，生粉勾芡浇在海参上即可。

风味特点　浓淡相宜，滋味鲜美。海参软滑，富有弹性。

技术关键　海参在剖腹除去内脏和内壁筋膜时，需注意不要将海参的内壁弄破，以免涨发后破烂；涨发海参时工具和水应避免接触油、碱、矾、盐等物质。因为海参接触到油、碱、矾就会变腐烂，溶化；而碰到盐，则会使海参变硬而不易发透；做海参一般要勾芡，如果芡汁勾不好，就会使海参吃起来不那么爽滑，为此在勾芡时必须要离火，淋芡汁时要慢慢地淋入，直到每次淋入的芡汁完全包裹在海参上。

品评　此菜体现了“美食配美器”的技法。选用了最普通的原料南瓜雕刻成小船作为盛器，既简单又逼真。以往扣海参都要跟着配料，如西兰花、冬瓜等一些清口的原料，而这道菜则是直接选择了南瓜做配料，浇海参的肉末汁流在南瓜船上，与海参同食，软糯醇香、营养丰富。

(6) 裙边扣白灵菇

制作过程

制作者：夏金龙

① 原料：裙边 200 克，白灵菇 300 克，西兰花 80 克，香菇 1 朵，顶汤 200 克，酱油 3 克，精盐 2 克，味精 2 克，胡椒粉 1 克，蚝油 3 克，白糖 2 克，鸡粉 2 克，葱、姜片各 3 克，色拉油 20 克，淀粉 10 克。② 将裙边用冷水涨发好，刮去裙边的黑皮，用清水冲洗干净，切成梳子花刀；白灵菇洗净片成大片；把西兰花放入淡盐水中洗净，切成小朵，下入沸水中氽烫摆盘。③ 白灵菇和香菇一同放入沙锅内，加入顶汤、酱油、精盐、味精，煲至熟烂，取出摆在碗里，扣在盘中，将原汤用淀粉勾薄欠淋在白灵菇上，再把烫好的西兰花围在四周；另起锅加入色拉油烧热，爆香葱姜片，加入顶汤、裙边及其它调料烧至入味，淀粉勾薄芡，离火盛盘即可。

风味特点　滑润爽口，味道鲜美，香气浓郁。

技术关键　选择白灵菇应以大小一致、洁白光滑为佳；裙边改刀要均匀，容易入味，汁芡应稀稠适中。

品评　白灵菇因其色泽洁白如玉，侧卧出菇时的形态与灵芝相似而得名。此菜采用扣、扒、烧 3 个烹饪技法完成，创新目的是利用白灵菇的白色，质地紧密柔嫩的特点，将其切成大片，与裙边结合，达到荤素搭配、构思新颖、营养丰富、口感和谐的目的。

(7)蟹黄虾胶酿白玉

制作过程

制作者：夏金龙

① 原料：卤水豆腐2块，太白虾仁200克，发好的人工发菜10克，蟹黄100克，精盐3克，味精2克，葱姜料酒3克，鸡粉2克，淀粉30克，鸡汤100克。② 将豆腐切成大厚片，用模具压成圆柱形状，摆在盘中，把虾仁用竹签挑去虾线，用肉锤砸至松散，然后用刀背砸成肉茸备用。③ 将砸好的虾茸加入精盐、味精、葱姜料酒调制入味，分成九等份，分别放在豆腐上，再将蟹黄点缀在虾胶上，放入蒸箱内蒸熟取出。④ 锅中加入鸡汤烧沸，放入发菜、精盐、味精、鸡粉调味，用淀粉勾薄芡，浇在原料上即可。

风味特点　形似白玉，白里透红，口味清淡，咸鲜可口，口感滑嫩适度，突出了海鲜的鲜美味道。

技术关键　操作时虾线一定要挑净，否则不但影响口感，还会影响美观；蒸制的时间要掌握好，时间过长容易蒸老。

品评　此菜在传统的基础上进行了大胆创新。以往豆腐的做法多，例如红烧、酱焖、扒、炖等做法，这道菜则选择了蒸制方法，尤其与海鲜的搭配是一个上好的选择，既做到了荤素搭配，营养滋味及口感互补，又体现了雅俗相间恰到好处的高贵品相。

(8)蜜汁南瓜

制作过程

① 原料：南瓜600克，棉糖3克，蜂蜜5克，精盐2克。② 将南瓜洗净去皮，把南瓜籽用小勺刮出来，切成方块，然后用刻刀修饰小南瓜形状。③ 锅内加入清水烧沸，下入南瓜氽烫捞出；另起锅加入适量清水、调料、南瓜，先旺火烧沸，转为小火焖制熟软，取出摆在盘中，将剩余的糖汁淋在原料上即可。

风味特点　造型逼真，色泽金黄，口味甜香绵糯。

技术关键　选择南瓜厚度要够，便于修形；焖制时间要掌握好，时间过长容易焖碎、变形，影响美观。

品评　此菜形态逼真，视觉冲击力强。原料选择简单，成本低，利润高。经过厨师的精心设计，把一种普通的原料，制成了高档宴席中的精品。

制作者：夏金龙

(9) 菊花豆腐汤

制作过程

制作者：夏金龙

① 原料：日本豆腐2袋，老鸡500克，猪肉100克，香菇50克，精盐3克，鸡粉2克，胡椒粉2克。② 将日本豆腐取出，改成菊花刀，放入沸水盆中泡透备用。③ 将老鸡、猪肉、香菇分别洗净，放入沙锅内加入清水烧沸，小火煲至汤汁浓香，然后用纱布过滤出汤汁备用。④ 把泡透的豆腐取出放入玻璃碗内。另起锅，加入过滤好的汤汁、精盐、鸡粉、胡椒粉调制入味，盛入玻璃碗内浸透即可。

风味特点　咸鲜清淡，色调淡雅，汤鲜味美，豆腐嫩滑。

技术关键　切菊花豆腐时注意刀要稳，粗细均匀，这样才能够体现菊花形状的美观；注意此做法只适合浸汤做法而不适宜煮制。

品评　这是一道体现刀工的菜肴，它打破了人们对豆腐不能切丝的传统认识，给人一种惊奇新颖感，产生了很强的视觉冲击效果，诱人食欲。用同样的改刀方法后，还可以撒上干面粉，炸制菊花豆腐，效果也颇具特色。

(10) 滋补鹿宝汤

制作过程

① 原料：鹿鞭400克，冬虫夏草2克，鹿茸0.5克，瘦肉100克，枸杞2克，精盐3克，味精2克，鸡粉2克。② 将鹿鞭处理干净，放入高压锅内加入清水小火煮至熟烂取出，切成寸段，改成梳子花刀，瘦肉切成丁状，焯水去除血沫备用。③ 把所有原料四等分，分别放入沙煲内，倒入高汤，放入蒸箱内蒸至5小时取出即可。

制作者：夏金龙

风味特点　汤浓味香爽口，沁香宜人。

技术关键　注意烹制此汤不能用油，切鞭花时注意刀工整齐。

品评　滋补鹿宝汤是吉菜中的创新风味佳肴之一。这道菜要想吃到最佳效果，顾客必须提前五六个小时预订，否则喝不到那种浓香的汤汁。此菜看似简单，但厨师没有一定的技术功底则难能制作出上品。此菜的搭配都是高档滋补佳品，具有补五脏，填精补髓，暖肾壮阳之功效。

(11) 花旗虾球

制作过程

①原料：竹节虾 200 克，土豆 150 克，西芹 50 克，西红柿 50 克，洋葱 30 克，精盐 1 克，味精 0.5 克，番茄沙司 5 克，卡夫奇妙酱 4 克，炼乳 2 克，色拉油 50 克。②竹节虾切去头尾留用，取净肉，从背部切开焯水待用。将土豆去皮洗净，放入蒸箱内蒸熟，取出捣成泥，拌入卡夫奇妙酱、炼乳，放入挤花袋内，再盘子周围挤成波浪型；将西红柿、西芹、洋葱分别洗净切成块状。③炒锅加色拉油烧热下入洋葱、西芹、西红柿翻炒片刻，下入番茄沙司、虾球、精盐、味精，炒至入味，盛在围有土豆泥的盘内，虾头、尾炸熟，摆在盘子两端即可。

制作者：夏金龙

风味特点　一菜两吃，甜酸适口，做法新颖。

技术关键　注意土豆泥不能调试太稀，否则不易定型。土豆泥既可挤成波浪形状，也可根据自己的爱好和审美观点做成其他形状。

品评　花旗虾球为夏季淡爽菜，是女士青睐的佳肴。观其色，红白相间；食其味，酸甜适口，沙拉味浓。此菜是中西合璧的菜肴，雪白的土豆泥配上火红的虾球，主辅原料相得益彰。

(12) 鲜人参烧鹿肉

制作过程

制作者：夏金龙

①原料：鲜人参 1 棵，鹿肉 300 克，西兰花 100 克，葱姜片 10 克，精盐 3 克，味精 2 克，嫩肉粉 2 克，蚝油 3 克，老抽 2 克，鸡粉 1 克，白糖 2 克，料酒 2 克，色拉油 500 克(实耗 50 克)，淀粉 10 克。②将鲜人参洗净切成片状；鹿肉切成大片；西兰花切成小朵下入沸水中氽烫捞出备用。③把鹿肉放入容器内，加入精盐、味精、嫩肉粉、料酒上浆腌制入味。④锅中倒入色拉油烧至五成热时，把腌好的鹿肉下入锅中滑熟，捞出控油；锅中留少许底油，下入葱姜片、人参片炝炒，加入鹿肉、精盐、味精、蚝油、老抽、鸡粉、白糖和少许高汤烧至入味，淀粉勾薄芡出锅盛在盘中，西兰花围在四周即可。

风味特点　肉嫩香美，味道鲜咸。

技术关键　腌制鹿肉也可以加入调料后，放少许生粉和清水抓匀，使鹿肉更加滑嫩。

品评　鹿肉是闻名国内外的吉林特产，它是高蛋白低脂肪的瘦肉类食材。鹿肉的用途非常广泛，烹调方法也很多，有的做主料，有的做辅料，有的做汤等。鲜人参烧鹿肉采用了先将鹿肉腌制入味，然后再借助人参的味道进行烧制，这样，不仅参鲜肉嫩，而且营养价值更高一筹。造型上采用了西兰花围边，果蔬鹿形雕刻，使其在优雅中不失实惠，朴实中体现出档次。

(13) 三杖饼

制作过程

① 原料：高筋面粉 300 克，土豆 150 克，肉丝 80 克，香菜 80 克，胡萝卜 50 克，香葱 50 克，精盐 5 克，味精 3 克，香醋 2 克，香油 2 克。② 把土豆、香菜、胡萝卜分别洗净切成丝状。③ 将高筋面粉加入精盐、清水制成冷面团，饧 1 小时左右，放入案板上刷上色拉油，用擀面杖三杖擀出透明的饼，下入饼锅烙熟备用。④ 将肉丝和土豆丝、香葱丝、胡萝卜丝、香菜分别加入调料清炒出锅；然后再分别卷入三杖饼内包好装盘即可。

风味特点　口感香软，咸鲜可口，晶莹剔透。

技术关键　三杖饼的面一定要和得软，必须是三杖擀成，而且要有透明度，拿起来隔着饼可以看字；下入锅中烙时，油温度不宜过高，否则影响透明度。

制作者：夏金龙

品评　三杖饼是吉林民间一道著名的面食，它的技术主要体现在三杖成饼、饼薄透字的功夫上。擀面、揉面、甩面、摔面、按面几个步骤都是在抹了油的案子上完成的。“托饼”也是非常讲究，托前先把饼擀成椭圆，搭在杖上，托到锅前让饼自然垂圆，烙制即成。吃饼前配上炒合菜、甜面酱等，风味佳美。

(14) 什锦布袋饼

制作过程

制作者：夏金龙

① 原料：面粉 200 克，色拉油 30 克，香葱 50 克，红椒 25 克，黄瓜 50 克，香菜 30 克，熟肉丝 100 克，鸡蛋 1 个，酵母 2 克，泡大粉 2 克，白糖 5 克，白芝麻 2 克。② 将香葱、红椒、黄瓜、香菜分别洗净，切成段备用。③将面粉加入酵母、泡打粉、白糖、鸡蛋和清水和成面团，饧 5 分钟待用。把饧好的面团下剂子，擀成薄皮，中间抹上一层色拉油包上，表面沾上芝麻，再擀成椭圆形。④ 将擀好的饼下入饼锅内，烙成金黄色，一切为二，然后把熟肉丝和青菜段分别夹在中间即可食用。

风味特点　色泽金黄，香脆可口。

技术关键　饼的空心部分要均匀，烙饼时掌握好锅的温度，颜色不宜太深，注意勤翻动。

品评 传统饼在馅料上搭配得非常简单，不注意外观，经过改良后，不论从外观还是口味上，都有了很大的提升，而且吃起来更加方便。

(15) 三鲜回头烙

制作过程

① 原料：面粉 200 克，韭菜 150 克，鸡蛋 3 个，虾仁 30 克，精盐 3 克，味精 2 克，鸡粉 5 克，胡椒粉 2 克，花椒粉 3 克，色拉油 40 克，香油 5 克。② 将韭菜摘洗干净，切成碎末，虾仁洗净切成碎末，然后把鸡蛋下入热锅中炒成小碎块备用。③ 把面粉加入精盐、清水、色拉油和成冷水面团，醒好后下剂子，擀成薄饼皮，韭菜、鸡蛋、虾仁放入盆中，加入精盐、味精、鸡粉、香油、胡椒粉、花椒粉调制入味备用。④ 把调制好的馅料放入薄饼内，包成长方形，当饼锅的温度达到 170℃~180℃时，下入包好的回头，两面烙成金黄色取出即可。

制作者：夏金龙

风味特点 外酥里嫩，味道鲜美，清淡适口。

技术关键 调制馅料一定要突出鲜味，馅料要包得严紧，否则在烙制时容易露馅，不但影响美观，而且还会影响口感。

品评 传统的回头馅大，而且以肉馅为主，随着人们生活水平的提高，呈碱性的菜肴越来越受欢迎，经过技术改良，用韭菜鸡蛋做馅料，再加入虾仁，既减少了酸性代谢，还能够在咸香当中体现出海鲜的味道。

(16) 翡翠白菜饺

制作过程

① 原料：澄粉 150 克，生粉 50 克，猪肉馅 50 克，香菇 50 克，木耳 20 克，胡萝卜 15 克，青菜汁 80 克，精盐 3 克，味精 2 克，香油 2 克，料酒 2 克，花椒面 2 克。② 把香菇、木耳、胡萝卜分别洗净，切成小粒备用。③ 将 1/2 的澄面放入面盆内，加入生粉、热水和成面团；另外 1/2 的澄面加入生粉、热青菜汁和成绿色面团待用；然后把猪肉馅放入盆中，加入香菇、木耳、胡萝卜、精盐、味精、香油、料酒、花椒面调制成馅料备用。④ 将白色、绿色面团分别下剂子，擀成圆皮，但白色要比绿色的圆皮小 2/3，然后再把两个面皮合在一起擀成面皮，白色面向外包入馅料，制成白菜形状，放入蒸箱内蒸制 6 分钟取出摆盘即可。

风味特点 外观晶莹剔透，质地软嫩爽滑，馅料口味清香鲜咸。

技术关键　包制馅料时注意面皮要有层次感，白色、绿色面皮千万别混合，否则就成花皮了，青菜汁选择菠菜最为理想，色泽碧绿，效果最佳。

品评　老一辈面点师傅做有颜色面食最常用的着色方法是使用食用色素，经过新一代年轻厨师的改良，采用了绿色蔬菜挤汁和面，不但色泽美观，而且还能突出蔬菜的清香味道，同时也符合现代人吃出天然、绿色、营养、健康的理念。

制作者：夏金龙

(17) 韭香豆腐饼

制作过程

制作者：夏金龙

① 原料：面粉 200 克，韭菜 100 克，豆腐 1 块，胡萝卜 50 克，精盐 5 克，味精 2 克，鸡粉 2 克，胡椒粉 2 克，花椒粉 2 克，香油 3 克，调料油 3 克，色拉油 500 克(实耗 30 克)。② 把韭菜摘洗干净，切成小段；豆腐切成丁状；胡萝卜也切成小丁备用。③ 将面粉放入面盆中，倒入沸水和成烫面，冷却后待用。把韭菜、豆腐、胡萝卜、精盐、味精、鸡粉、胡椒粉、花椒粉、香油、调料油拌在一起调制成馅料备用。④ 把烫好的面团，下成剂子，擀成圆皮。首先把一张面皮放在手中，盛入馅料，再取一张面皮合在上面，对捏成花边；锅中加色拉油烧至四五成热时，下入豆腐饼，炸制金黄色捞出即可。

风味特点　咸香适口，外酥里嫩，突出了面皮的脆香味道。

技术关键　豆腐饼捏边时，面粉不宜沾得太多，否则捏不严实，炸制时容易散开；油温要控制好，勤翻动，使饼体受热均匀统一。

品评　这道面点由韭菜合子衍化而来，在馅料、口味、外观上都进行了改良处理，其外观造型更加精致美观，口味更加别致。

(三) 辽宁省菜点文化与代表作品

1. 辽宁省菜点文化概述

辽宁省是我国的文化大省，有着悠久的历史传统和地域文化的积淀，辽宁餐饮文化在中国饮食文化史上占有重要的地位。

(1) 沿革。从远古以来，辽宁各族人民的祖先就劳动、生息、繁衍在辽河两岸富饶的土地上，创造出了灿烂的文化。东北是个多民族杂居的地方，周秦以前就有汉人、肃慎人、东胡、回

控干。青椒切成双桃叶连片。大葱顺切成5厘米长的一字片。③鲍花用六成热油闯一下捞出，勺中用鸡汤100克，绍酒10克，味精2克，盐3克，酱油2克，糖3克，胡椒粉3克，烧开成红汁，加鲍鱼花煨烧入味后，用水淀粉3克勾芡，淋香油3克摆在盘外圈。中间用鲜花隔开。每只鲍花内侧下方插一个青椒桃叶。辽参用开水余过，勺下底油25克，下大葱煸出香味，入鸡汤100克，糖5克，盐2克，酱油2克，胡椒粉3克，味精3克，料酒5克烧开，放辽参烧入味，待汤汁稠浓淋淀粉2克勾芡，加入香油5克摆在盘中央，用黄瓜在周围打一围子即可。

制作者：柳爱民

风味特点 鲍花鲜嫩绯亮，辽参乌黑软糯。

技术关键 鲍鱼飞水只为断生，闯油为去净表皮水分，切不可煮老，火候掌握一定要准确，才能使其鲜嫩。

品评 辽参为辽宁特产的珍品，大连紫鲍为鲍中佳品。两者色差较大，口感各异。本着辽菜色泽艳丽、一菜多味、讲究造型的特点，作者设计出此佳肴，用时尚的鲜花做配形，可收到色艳形美的效果。此菜用料高档，色艳形美，为辽菜精品。

（4）金龙玉珠梅花参

制作过程

制作者：刘家骥

①原料：水发梅花参1个约重350克，猪肉馅200克，罐头鹌鹑蛋8个，西兰花8朵100克，南瓜500克，盐6克，料酒5克，味素8克，鸡粉4克，胡椒粉5克，淀粉7克，糖8克，香油5克，高汤50克。②梅花参肚里剞花刀（易熟、易入味），猪肉馅用盐2克，味素3克，胡椒粉2克，鸡粉2克，高汤20克调好，酿入参腹之中，上屉蒸熟。鹌鹑蛋煮熟，剥去皮，西兰花切成均匀的自然朵块，洗净，飞水，用盐2克，味精2克，香油2克拌好。③把蒸透的酿梅花参摆放鱼盘中间，两边摆好间隔开的鹌鹑蛋和西兰花，把蒸参的原汤入勺，上火，放入盐2克，糖8克，味素3克，鸡粉2克，料酒5克，胡椒粉3克烧开，用水淀粉5克勾芡，淋香油3克，炒均匀，浇在梅花参上。再把高汤30克，盐2克，味精2克入勺烧开，用水淀粉2克勾成米汤芡，淋在鹌鹑蛋上面。在梅花参两端，摆配上南瓜雕成的金龙头尾即成。

风味特点 软糯入味，形意逼真，味美富于营养。

技术关键 梅花参水发火候必须恰好，肚里剞花刀深浅要适当，酿馅调制要匀，蒸参和摆形是关键。

品评 此菜富丽堂皇，用料高档，用中国龙烘托整体造型，更加彰显其大气磅礴。

(5) 凤蛋宝塔肉

制作过程

制作者：王长厚

① 原料：猪五花肉 26 厘米正方 1 块约 500 克，笋干 300 克，鸡蛋 500 克，海参、虾仁、猪里脊各 20 克，油菜胆 150 克，辣酱 25 克，植物油 1000 克，（实用 75 克），盐 10 克，糖 5 克，料酒 5 克，味精 6 克，胡椒粉 3 克，麦芽糖 2 克，香油 5 克，淀粉 8 克。② 五花肉飞水，抹麦芽糖，七成热油中炸皮面，放酱锅中煮 30 分钟，取出压平，立切大片，下边不要断，翻面再连着切，从四面边连切成 8 米长，装入塔的模子中，成塔状。笋干用水发开，用辣酱炒成红色，填入塔肉中，上屉蒸 35 分钟，使味融菜合，肉酥烂。虾仁、海参、猪里脊切粒，炒成咸鲜口"三鲜馅"，鸡蛋煮熟剥皮，顺切两半，抠去蛋黄，添上三鲜馅，两个蛋清打泡糊，兑好干淀粉 3 克。抹在鸡蛋"三鲜馅"上面，点缀花草，微波炉打 2 分钟成凤凰蛋，取出备用。③ 油菜胆飞水铺垫在盘中央，上面扣上宝塔肉，肉的原汁入勺，加糖 5 克，盐 2 克，料酒 5 克，胡椒粉 3 克，味素 3 克，烧开，拢芡，炒成红汁，淋在塔肉上。凤蛋摆在塔肉四周，用高汤 50 克，盐 2 克，味素 2 克，烧开勾芡炒成白米汤汁，淋香油 3 克在凤凰蛋上。

风味特点 塔肉醇香酥烂，软嫩鲜香。

技术关键 肉不能煮十分熟，要压平，凉透用刀像拉锯一样的锯切，才能切匀不断片，这是成宝塔的关键。

品评 满人喜食猪肉，在传统的"白片肉"、"扣肉"、"千张肉"的基础上延伸、发展出了"宝塔肉"。此菜更具技术性和艺术性。作者又配以三鲜馅做成的凤凰蛋和时蔬，使菜肴更具全面营养，实为锦上添花的辽菜经典。

(6) 珍珠金驼掌

制作过程

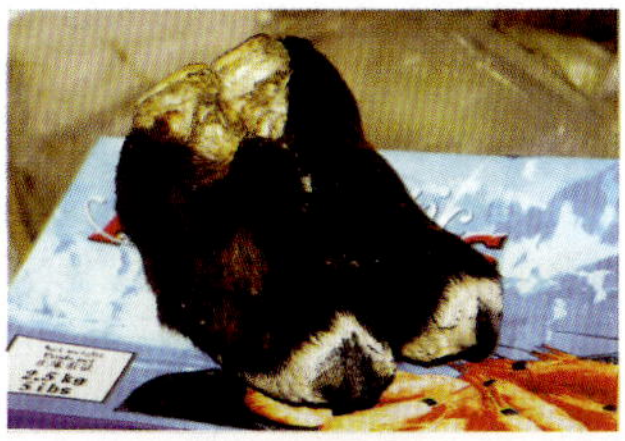

① 原料：水发驼掌 1 只约 1000 克，金华火腿 150 克，鱼丸子 10 个约 200 克。胡萝卜 20 克，油菜胆 12 棵约 200 克，熟鸡油、猪油、豆油各 25 克，鸡汤 1200 克，盐 16 克，料酒 20 克，糖 8 克，鸡粉 3 克，胡椒粉 5 克，淀粉 7 克，葱 100 克，姜 100 克，香叶 6 克，味素 5 克，香油 2 克，老抽 3 克。② 发好的驼掌先用开水煮开，捞出投净，装在一个大海碗里，倒入鸡汤 600 克，放入葱 50 克，香叶 3 克，料酒 8 克，盐 10 克。把金华火腿洗净，剁成小块放在里面，上屉蒸 3～5 小时。取出，剔去脆骨修整边缘，放回原碗，放同样调料和汤，再上屉蒸 30 分钟，取出，把驼掌提出。尤菜胆和鱼丸子飞水。③ 油菜胆和鱼丸下勺加鲜汤 20 克，盐 2 克，味精 3 克，2 克水淀粉拢芡，淋香油 2 克，有间隔地摆在大盘外围。勺上火把蒸好的驼掌入勺加原汤少许，放入盐 4 克，味素 2 克，鸡粉 3 克，糖 8 克，料酒 4 克，胡椒粉 5 克，烧开，加入老抽 3 克，用 5 克水淀粉边晃动大勺边淋芡，再浇入 3 种熟油，大翻勺，托入盘中央即可。

风味特点　酥烂醇香，造型美观，咸鲜味浓。

技术关键　煮、剔、蒸，特别是换汤时，要注意皮面完整。扒制用芡时要晃动勺和淋入芡和谐同步，防止芡打团，浇3种熟油要边淋边晃勺，使汁、油融合。

品评　金驼蹄为八珍贵重原料，运用传统的烫、煮、蒸、扒制出成品，酥烂入味，回味绵长，又加上新鲜时蔬、弹性十足的鱼丸子，使老菜更合时尚。

制作者：刘家骧

(7) 菇蔬玉扇

制作过程

制作者：柳爱民

①原料：罐头口蘑100克，罐头白灵菇50克，花蘑50克，西兰花30克，南瓜50克，油菜100克，朝天椒2只，魔芋丝1个，香菇1克，盐5克，味素6克，鸡粉6克，糖5克，胡椒粉3克，淀粉5克，高汤10克，香油5克。②冬瓜切成10厘米长、1.5厘米厚长片，白灵菇切成自然1.5厘米厚片，口蘑、香菇正面剞十字花刀。以上原料分别飞水，摆成香扇图案，用竹夹夹好，放盘中，添高汤30克，盐2克，味素3克，鸡粉3克，上屉蒸好(8~10分钟)。③蒸好的扇形拖入大平盘，用朝天椒、魔芋丝做扇坠。原汁加盐3克，味精3克，糖5克，胡椒粉3克，鸡精3克烧开，用水淀粉5克打成白汁，加香油5克淋在扇子上即可。

风味特点　低盐低脂、富含矿物质、维生素，形美味佳，是素食精品。

技术关键　由于所有原料都要上屉蒸，所以必须分别飞水，度也要掌握准确，以保证菜品中各种原料的口感都佳。

品评　现代营养学认为，菌类是防癌的上佳食品。此菜鲜脆的口感、别致的造型，又冠以“姑苏”之谐音，给人一种雅致之美。

(8) 金盏雪梨竹燕窝。

制作过程

①原料：燕窝(竹花)20克，鲜橙5个1000克，雪梨20克，南瓜750克(雕刻用)，冰糖25克。②雪梨削皮、去核切成3厘米小丁。③竹燕窝用温水发好，加冰糖雪梨粒，添水约15克上屉蒸20分钟，再放勺内熬制，使其

变浓入味。④鲜橙刻成花篮状、去肉，把竹燕分装其中。南瓜雕成孔雀，放在中央，周围是橙筐装竹燕窝。

制作者：柳爱民

风味特点　口味甘甜，具开胃润肺之功效。

技术关键　冰糖雪梨、冰糖竹燕，要分别蒸、熬，关键是水分适量，熬净水分，浓而不干。

品评　孔雀落金窝整体造型，完美体现了此菜的名贵。雪梨加燕窝达到了口感、滋补和谐统一的目的。

(9) 锦绣荷花金钩翅

制作过程

制作者：柳爱民

①原料：水发金钩翅200克，银芽100克，河蟹黄20克，紫甘蓝50克。植物油5克，香油5克，盐5克，味素5克，鸡粉3克，白醋5克，水淀粉2克，料酒5克，高汤250克。②紫甘蓝修成荷花瓣状10片，飞水消毒过凉，摆在盘周边。③勺上火加植物油5克，把开水氽过的银芽下勺，用盐2克，味精2克，白醋5克清烹后，每个荷花瓣里整齐顺放10～15根。剩余的银芽堆在盘中央。蟹黄上屉蒸10分钟，取出切成豆粒大的块撒在荷花瓣里的银芽上边。④金钩翅装盘，加高汤200克，上屉蒸酥烂后，留少许汤下勺，加入白糖5克，盐3克，料酒5克，味精3克，鸡粉3克，胡椒粉3克，烧开后，用2克水淀粉拢芡，加香油5克，大翻勺，拖入盘中央银芽上即可。

风味特点　鱼翅酥烂，银芽嫩脆，营养丰富。

技术关键　氽银芽必须旺火、宽沸水一氽即成。烹时白醋到位方能嫩脆，鱼翅要蒸酥烂，扒时要清汁清芡入味。

品评　此菜色泽艳丽，造型如绽开的荷花，传统高档的鱼翅用白银芽、紫甘蓝及蟹黄配菜，营养均衡，意境高远。

(10) 太极香米南瓜泥

制作过程

①原料：香米75克，南瓜200克，菠菜300克，柠檬汁10克，白糖8克，盐5克，味精3克。②南瓜去皮去子、蒸熟压成泥，加糖、柠檬汁，烧成香甜口。菠菜打成泥，上火加盐5克，烧成咸鲜口。③香米淘净，加1倍的水，蒸25分钟成熟后取出。④蒸熟的香米饭，垫在玻璃

制作者：那树伟

11个面剂。将剂按成中间稍厚、边缘稍薄的圆形剂片，包入馅心，收严剂口，搓成中间细、两端粗。将一端用手掌砸扁，中间切一刀成两部分，再拉若干刀口成金鱼尾部，取花夹子在另一端顶端捏两道花纹，成金鱼嘴，上面捏一道花纹，成金鱼脊。再用红樱桃做两个金鱼眼睛，用蛋液沾在金鱼头的两侧，鱼尾稍刷蛋液。④ 再取面剂，包入馅心，收严剂口成圆形，上顶用快刀拉成6瓣成莲花酥。把金鱼酥及莲花酥坯一起码入烤盘，放入烤炉，烤约25分钟呈白色，表面不软，即熟。⑤ 取出，将莲花酥码在盘的中央，周围码金鱼酥，即成金鱼卧莲。

风味特点　形如金鱼卧莲，酥松香甜，入口即化。

技术关键　包酥时，面团收口要严，擀片用力要均匀，以达到薄厚一致，不黏不厚，这样才能皮面整齐，起层酥匀，入口即化。

品评　运用传统工艺，制出栩栩如生的金鱼酥，并把荷花酥摆放其中，形成美丽的图画，可使人食欲大增。

(15) 绣球卷

制作过程

制作者：那树伟

① 原料：面粉400克，发面100克，香油50克，白糖50克，香菜梗少许，青红丝20克，碱液适量。② 把面粉加入发面，加凉水250克，碱适量(只起酸碱平衡作用)，合成面团。稍饧之后，经摔条，掺条，拔条，按量切成25厘米长的剂。两面刷香油，再抻成如汤粉粗细，折成13厘米长条。把剂头擀成两张薄片，一张铺在屉上，把13厘米长的条放在上面，再把另一张薄片盖在上面。边缘压严。放入蒸箱蒸20分钟，即熟。③ 掀开薄片，用香菜梗把13厘米长条两端分别捆住，再用刀在13厘米长条正中间切断，切面朝上，码在盘内(条自然后四面下垂，成绣球状)，在每个球上面撒白糖、青红丝即成。

风味特点　形如绣球，松散丝细，柔软香甜。

技术关键　丝抻均匀是关键。蒸时上下两片薄片封严，是条爽、下垂成绣球状的关键。

品评　制作者独具匠心，把传统的银丝卷加以改进，发展成颇具象形艺术的绣球卷，使人耳目一新。

(16) 丝饼

制作过程

① 原料：面粉600克，熟豆油150克，精盐10克。② 把360克凉水放入盆中，加10克盐，溶化后加入面粉，抄拌成面梭子，用手带入少许凉水，扎成有筋力的面团。稍饧之后，进行擀条、掺条、拔条、将面抻成筷子粗细时，掐成25厘米长的段，放入方盘里，两面刷油。将刷油的面条抻长，折成双条，经几次抻拔，成汤粉细度时，掐断剂头，盘成饼形，共10个。③ 平锅烧热，擦少许油，将饼下锅，两面刷少许油，烙成金黄色取出，用热潮布包严，焖一会，将饼丝磕开，码入盘内。

风味特点　细丝松散，香软适口。

技术关键　遛条时要把面遛熟，能运用自如，才能出条均匀、不断条，饼面整齐。出锅的饼一定要用湿巾焖透，这样才能饼面的丝完整不碎。

品评　丝饼外焦里嫩，抖开之后如巢丝一团，或拌糖，或配菜肴、汤羹，真是色、香、味、意齐全，既好吃，又富神秘感、美感。加放奶油、各种果汁等，会制作出不同口味的丝饼。

制作者：那树伟

(17) 马家烧卖

制作过程

制作者：田雨森

① 原料：面粉 500 克，大米面 50 克，牛肉 400 克，牛油 100 克，姜 50 克，味精 17 克，精盐 15 克，老汤 250 克，酱油 17 克，葱 125 克，香油 25 克，花椒水 25 克，佐料酒 60 克。② 先把精粉放入盆中，然后把烧好的开水(100℃)倒入面粉上(吃水量 200 克)，烫透、晾透、揉透，然后和成面团。搓成条型，下成面稷(每个稷重 10 克)，用走锤压成小皮子(直径 70 毫米)，10 个为一组，之后用走锤碾成菊花皮，即可。③ 首先把剁好的牛肉馅放入盆中，然后放入姜末、味精、精盐、酱油和花椒水，加入老汤顺时针搅拌均匀。把葱花均匀的撒在和好的肉馅上面，放入佐料油和香油上下搅拌均匀即可使用。④ 把碾成的菊花皮放入左手中，用右手拿馅尺把和好的牛肉馅放入菊花皮中间(牛肉馅 17 克)。拢成牡丹花状，垂直放在屉中，开水上屉，蒸 7 分钟即可。

风味特点　风味独特，鲜香味美，口味纯正，爽口不腻，馅松散而有汁。

技术关键　调馅时，只能上下调匀，不能搅拌。肉去掉筋膜，煮熟，剁碎，和馅时加入馅中。烫面的水必须达到 100℃，烫透，晾透，揉透，用大米面做铺面。合拢烧卖时，大拇指和中指用力要均匀。

品评　造型美观，制成的烧麦晶莹洁白，透剔显馅，如牡丹含苞，似兰花待放，赏心悦目。

(四) 宁夏回族自治区菜点文化与代表作品

1. 宁夏回族自治区菜点文化概述

宁夏回族自治区是中国最大的回族聚居地，也是中国回族饮食文化的发祥地。世界上有东方菜、西方菜和伊斯兰菜三大菜肴风格之说。中国的回族饮食兼收并蓄了东方菜和伊斯兰菜的特色技法，在长期的历史发展与烹饪演变中，宁夏回族饮食在保持传统清真饮食的基础上，较多地、有选择地融入了中华饮食文明，形成了既具有浓郁的伊斯兰民族特色，又具有中国传统的注重色、香、味、形、质的烹饪特点，从而使回族饮食以显著的宗教性、兼容性、丰富性等个性特征屹立于中华饮食文化之林。

（1）沿革。据史料记载，早在唐宋时期，信仰伊斯兰教的波斯、大食及西域各国的穆斯林就沿丝绸之路频繁东进，其中部分“蕃客”、“胡商”就定居于宁夏，成为最早的回族先民。元初，随着蒙古军队的东归，又有大批中亚、阿拉伯、波斯的穆斯林军士、工匠、商人迁徙宁夏，为回族饮食文化的产生和空前繁荣奠定了基础。明朝初年，不断有大批回人以归附士达的身份安插到宁夏灵州及固原各州县，形成了许多回族聚居点。清朝初期，宁夏回族人口更加繁盛，乾隆四十六年，山西巡抚毕沅在奏折中称，“宁夏至平凉千余里，尽系回庄”。明代中后期，渐成体系的回族饮食文化还被作为回族形成的标志之一，可见其历史地位的显要。正是受中西交通便利和对外贸易兴盛的影响，宁夏成了东西文明的交汇点，古老的伊斯兰文明哺育和造就了宁夏清真饮食文化体系，并使之成为我国清真饮食文化的发祥地。

宁夏回族饮食文化具有悠久的历史。概括地说，它起源于唐代，发展在宋、元，定型在明清，振兴于当代。新中国成立后，尤其是西部大开发战略的实施，宁夏回族饮食进入繁荣、创新时期，已形成完整的风味特色，主要表现为兼收并蓄、博采众长、融合创新。宁夏回族饮食文化显著的民族宗教特性，使得回族饮食天然地占据着当地市场的主导地位。在对外开放与交流的进程中，不同地域的风味菜点纷纷进入宁夏，这些风格迥异的菜系文化大多选择了尊重清真饮食习俗的原则，客观上极大地丰富了回族饮食，加之回族饮食文化具有很开放的灵活性的特征，使得宁夏回族饮食在保持清真饮食禁忌的基础上，借鉴了其他民族的饮食制作方式，对其他菜系进行有机结合，不仅没有被其他菜系同化，反而使回族饮食文化再次别开生面，更加丰富了独具特色的回族饮食文化体系。

（2）构成。在明清时期，宁夏回族饮食就已拥有了自己独特的风格与体系，在保留了较多的阿拉伯饮食特色的同时，较多地、有选择地融入中华饮食文明，形成了以饮食禁忌为基础并且由面食、风味小吃、宴席菜、正餐菜、家常菜构成的完整体系。其中，饮食禁忌是回族饮食的明显特征之一。面食则是回族饮食的传统主食，其品种之多、花样之新、味道之香、技术之高都是让人称道的。面食中的馓子、油香等还是反映回族民族、民俗文化的象征性食品。回族的风味小吃更是独具特色，品种繁多，味美色鲜，历来为人所称道。就菜肴而言，以就餐类别分，有宴席菜、正餐菜、家常菜等类型。以原料分，有以吃素食的反刍动物等制成的菜肴，如牛、羊、骆驼、鹿等类；飞禽类的鸡、鸭、鸽子、鹌鹑等制成的菜肴；还有以有鳞的鱼及蔬果等制成的菜肴。

（3）特点。

清真为本，用料讲究。宁夏回族饮食在烹饪原料方面，严格遵守伊斯兰教的“清净无染，真乃独一”的饮食规定，在走兽中可以食的为吃草（素食）的反刍动物，如牛、羊、骆驼、鹿等，在飞禽中也定为“素食者方可吃”，即为吃谷物和草的，如鸡、鸭、鸽子、鹌鹑等，鱼类则定为有鳞的鱼可食。但对于海产品，并没有严格的限制。因为按《古兰经》的说法：“海里的动物和食物，对于你们是合法的，可以供你们和旅行者享受。”因此，改革开放以后，从南方沿海引入的生猛海鲜以及与粤菜等菜系有机的融合，使宁夏回族饮食锦上添花，为宁夏回族饮食注入了活力。

牛羊肉在宁夏回族饮食中占有相当重要的地位，回民特别喜爱吃牛羊肉，这和伊斯兰的饮食思想有关。同时，宁夏地产的羊，因其独特的生长环境加之精妙的加工技艺而闻名遐迩。

主料突出，善用香料。宁夏回族饮食用料讲究，不仅表现在饮食禁忌方面，更表现在菜品的烹饪方面。其菜肴主料突出，注重香料的使用。明代马愈的《马氏日钞记》中，有“回回人食事之香料”的记载。因为注重香料，所以菜点一般醇香味浓，甜咸分明，酥烂香脆，色深油重，肉肥而不腻，瘦而不柴，鲜而不膻，嫩而有味。

博采众长，技法精湛。宁夏回族饮食作为清真菜系的发祥地，经历几百年的发展，交融了伊斯兰饮食文化和中华饮食文化的精粹，不断博采众长，在继承、发掘、引入、改进等一系列烹饪工艺与技法之后，一大批清真菜点脱颖而出，擅长扒、烧、爆、炒、炸、涮、炖、煨、焖、烩、馏、蒸、烹、汆等烹饪技法，博采众长表现出的是创新与升华。例如饺子，汉族饺子改成清真饺子，着眼点是在主料、做法甚至吃法上的彻底变革。其中的酸汤饺子已成为精益求精的代名词。而技法精湛最为典型的当属“全羊席”，全羊席菜肴主料全部取自羊全身部位，经过精细加工，合理搭配，采用不同的制作手法，分别制成总计 108 道各类菜肴，味各不同，丰富多彩，诱人食欲。

面点小吃，独具风味。面食是宁夏菜点的传统主食，品种之多，花样之新，味道之香，技术之精，都是一枝独秀的，而且如油香、馓子已成为民族的象征食品。大凡回族节日，都要制作，用来招待客人及赠送亲友。

回族风味小吃也堪称一大特色，人称“回回两把刀，一把拉羊肉，一把卖切糕”，切糕只是回族风味食品中的一种，小吃中的烩小吃、手抓肉、辣爆羊羔肉、羊杂碎、炒煎粉、羊脖子、羊肉搓面等更是久负盛名。

(4) 成因。宁夏回族饮食源于清真，神系塞上，扎根西北，既有高原大气磅礴的气势，又有江南水乡杏花雨的韵味；既有“阳春白雪”的高雅境界，又有“一方水土养一方人”的朴实无华，加上回族“大分散、小集中”的居住特点，使宁夏回族饮食在不断吸收其他烹饪文明的同时，演变成今天“回归自然，变化无穷”的特点。

地理依托。从地理环境看，宁夏地处西北的黄土高原、黄河中下游。九曲黄河从中部进入宁夏，给宁夏带来了丰富的水源。黄河宁夏段水面宽阔，水势平缓，银川平原成为宁夏最富庶的地区，风光秀美，稻香鱼肥，素有“天下黄河富宁夏”之说。唐朝诗人韦蟾就有诗赞曰：“贺兰山下果园成，塞北江南旧有名。”优越的地理环境和富饶的物产资源，为宁夏饮食文化奠定了坚实的基础，塞上大地迥然不同的生态和地域，造就了宁夏饮食的丰富多彩，且不说油炸馓子系列，就是西海固山区的“面条像裤带，干馍像锅盖，盆碗不分开，油泼辣子也当菜”的独特韵味，其“大漠孤烟直，长河落日圆”的气概，也与那“小桥流水人家”完全是两个不同的境界。

历史积淀。从历史发展角度而言，宁夏菜点可以说是伴随着伊斯兰饮食文化进入中国并与中国饮食文化相融合的结晶。长期以来，宁夏回族与汉族等民族和谐相处，彼此相互依存而生活，在饮食文化表现上，已不是一般意义上的吃什么，而是在借鉴其他民族的饮食制作，同时保持自身饮食禁忌的基础上，通过长时间的发展而形成的独具特色的饮食风格。尤其是随着改革开放的深入，人员流动愈加频繁，餐饮市场中各种菜式风格流派纷至沓来，餐饮经营者与制作者根据宁夏清真饮食的主流市场需求，不断吸收、借鉴国内外的原料与烹饪技法，在保持传统特色的基础上兼收并蓄，极大地丰富完善了宁夏菜点与烹饪文化。

民俗传承。在民俗传承上，宁夏菜点深深地打上了清真饮食习俗的烙印。在清真饮食习俗中，有日常习俗、节日习俗和其他习俗等。喝“三炮台”称谓的盖碗茶佐餐烤馍片、馓子是日常不可或缺的饮食行为。回族的开斋节、古尔邦节、圣纪节的世代传承，为宁夏饮食文化与烹饪文化的不断发展创造了巨大空间。清真饮食历经 700 余年的发展，深刻地影响着宁夏菜点的风格，形成了宁夏菜点主食中面食多于米食，菜肴中牛羊肉占主导地位，菜点中的甜食占有很大比重的明显特征。在其他习俗中，宁夏还有一个不同于全国其他地区的特点：所有的清真餐馆、酒楼不用什么标志，而是非清真的餐馆、酒楼无一例外地均标注“汉餐”字样，以示区别。

由此看出，清真饮食在宁夏餐饮业中占主导地位。

2. 宁夏回族自治区菜点著名品种

1994年，编委会初次编纂《宁夏清真菜谱》时，收录了1993年以前宁夏著名菜品400种，而当时的实际品种应在3000种以上。如今，随着宁夏的改革开放进程、对外交流的频繁、市场需求的多元化以及餐饮市场空前的竞争，创新速度越来越快，新的名菜名点源源不断地涌现，可谓日新月异、精彩纷呈。这里，仅以菜点的知名度与特色分类列出宁夏菜点的部分名品。

（1）传统名菜类。用牛羊肉等制作的名品有手抓羊肉、黄渠桥羊羔肉、固原水盆羊肉、烧羊肉、黄焖羊肉、辣爆羊羔肉、羊肉小炒、酸菜羊肉、清炖羊肉、同心碗蒸羊肉、夹沙羊肉、酱香羊腱子、锅烧羊肉、扒羊肉条、黄芪炖羊脖、爆炒羊腰花、翡翠蹄筋、煨牛筋、扒驼掌。用家禽制作的名品有香酥鸡、中宁枣园炖土鸡、泾原土豆蒸鸡、锅烧鸭。用黄河鱼制作的名品有糖醋黄河鲤鱼、清蒸鸽子鱼。此外，还有回乡十大碗，包括烩丸子、烩夹板、烩肚丝、烩羊肉、烩假莲子、烩苹果、烩狗牙豆腐、红炖牛肉、烩酥肉、酿饭。

（2）传统名点类。传统名点有荞面猫耳朵、固原搓麻食、炒糊饽、羊肉搓面、粉汤水饺、烩小吃、回族油香、炸馃子、回乡花花、中卫捆馍、固原锅盔、盐池和了面、酿皮子、面浇羊杂、碾馔儿、烧卖、燕面揉揉、回族蒸艾叶、羊肉小揪面、烩小吃、手把馓子、滚粉泡芋头、羊肉臊子面。

（3）创新名菜类。用牛羊肉等制作的创新名菜有西夏烤羊排、油淋羔羊、塞外羊排、百花羊蹄、红烧尾杆咖喱羊排、黄豆烧羊肉、千层牛头肉、富贵羊排、羊头三吃、鲮鱼羊腩、炒羊肉、水晶羊头、沙湖鱼头、石砚牛肉。用海类产品及黄河鱼制作的创新名菜有枸杞黄河鲶鱼、酸枣烧鲶鱼、肉泥海参、芙蓉醋椒桂鱼、生氽鱼片、南瓜鲜蟹鱼翅、金盏鱼米。用蔬菜制作的创新名品有回族油菜、中宁座碗菜、回族蒸艾叶、金秋辣椒枸杞芽、冰爽脆果、酿发菜。

（4）创新名点类。创新名点有羊肉提花包、牛肉生煎包、素菜盒子。

（吴　坚　关书东）

3. 宁夏回族自治区菜点代表作品

（1）羊肉小炒

制作过程

① 原料：上好的羊后腿肉200克，青红椒条各10克，韭菜段10克，洋葱条5克，葱花5克，酱油3克，精盐5克，味精5克，十三香2克，粉条100克，尖椒丝10克，胡麻油50克。② 羊腿肉切片，青红椒、洋葱切条，韭菜切段，葱切葱花，尖椒切丝。③ 羊肉切片，加盐、味精、酱油、十三香腌渍5分钟。④ 锅内倒油，将肉片煸炒至白色时倒出控油，另起锅放油，葱花炝锅，放入辅料投入主料调味翻炒，出锅即成。

制作者：白永锋　马建龙

风味特点　菜肴色泽红亮，味鲜咸香辣。

技术关键　羊肉不能炒老，旺火爆炒，快速调味出锅。

品评　羊肉小炒是宁夏清真菜之一，起源于回乡之都同心县的回族家庭，是家家户户招待客人或婚庆宴席时不可缺少的佳肴，体现了浓郁的回族风情。羊肉小炒以香辣鲜咸、旺火速成彰显特色。尤其采用爆炒的烹饪方法，不但能够使羊肉达到非常嫩的程度，而且还最大限度地保留了羊肉的原有鲜味。

(2) 翡翠蹄筋

制作过程

①原料：水发牛蹄筋400克，黄瓜50克，精盐5克，味精4克，鸡粉2克，上汤500克，葱段10克，色拉油50克，水淀粉少许，白糖2克，胡椒粉20克，高汤200克。②将水发蹄筋与黄瓜切条，葱切段。③将切好的蹄筋用高汤煨透，黄瓜条氽水，葱段炝锅，加高汤，投入煨好的蹄筋，调味收汁勾芡，淋明油，出锅即成。

制作者：白永锋　马建龙

风味特点　清爽明亮，口味咸鲜。

技术关键　蹄筋要发透，必须要用鸡汤煨制入味，芡汁要紧，亮芡明油。

品评　翡翠蹄筋是宁夏清真传统菜，是宁夏回族宴席上的必备名菜，已有300多年的历史，其中含丰富的胶原蛋白，清爽明亮，口感咸鲜，极适宜于人体消化吸收，而且还能促进伤口愈合。

(3) 红扒驼掌

制作过程

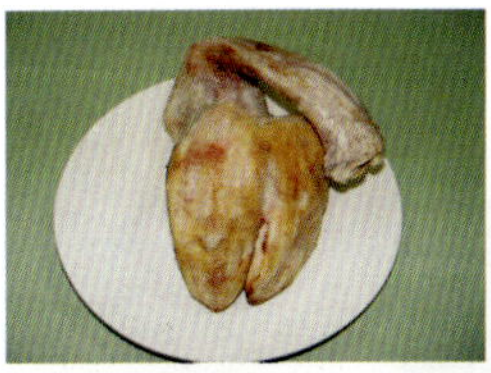

制作者：白永锋　马建龙

①原料：驼掌1只1500克左右，菜心150克，鲍鱼酱10克，葱段250克，姜片250克，蒜籽500克，大料50克，小茴香50克，桂皮25克，白扣25克，丁香5个，草果3棵，香叶10克，花椒25克，酱油1瓶，冰糖100克，老鸡3只，盐250克，味精10克，清水5千克，料酒1瓶。②将驼掌去皮后加香料，反复煮6~8次，达到去腥的目的，然后放入清水锅中，加入调料卤熟，捞出备用。③处理后的驼掌切片装碗，加原汤调味蒸透后扣入盘中，菜心焯水后炒制围边，浇汁即成。

风味特点　菜肴色泽红亮，口味软糯鲜香。

技术关键　加工驼掌时要反复去腥，煲制时要用鸡汤，成品选用上等驼皇。

品评　驼掌就是驼蹄，以前蹄为最好，是古代帝王贵族所用的烹饪原料之一，营养丰富，有强身健体之功效，有上八珍之称。营养最丰富的为驼皇，每只驼掌所有的驼皇约50克，极为稀有，可和熊掌相媲美。

(4) 辣爆羊羔肉

制作过程

制作者：白永锋 马建龙

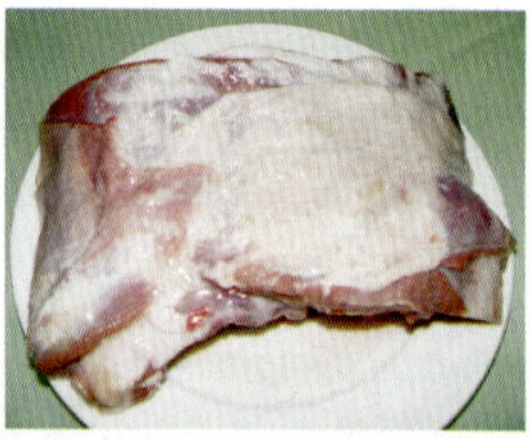

① 原料：羊羔前腿肉 500 克，葱段 10 克，蒜苗段 5 克，尖椒 20 克，粉条 100 克，姜片 5 克，蒜籽 5 克，胡麻油 100 克，十三香 5 克，大料粉 2 克，精盐 5 克，酱油 5 克，味精 2 克，细辣椒粉 10 克。② 将羊羔肉切成 3 厘米大小的方块，葱切段，尖椒切丝，蒜切粒，姜切片。③ 锅内放油 100 克，大料炝锅，放入葱、姜、蒜，投入主料煸炒至水分收干，加入调味料。放羊肉汤慢火烧，待汤汁收干时加入蒜苗、粉条，翻炒即成。

风味特点　菜肴色泽红亮，香辣鲜咸。

技术关键　选料时要注意羊羔肉的老嫩和火力大小以及时间长短，应用五六千克的羊肉慢火炖至熟透。

品评　辣爆羊羔肉是宁夏传统风味菜肴，以盐池和平罗黄渠桥羊羔肉为代表，有细嫩、味纯正、易成熟等特点，深受广大消费者的青睐。

(5) 手抓羊肉

典故与传说　手抓羊肉是宁夏清真名菜，在过去由于在街上叫卖或现宰现煮大块羊肉，用手直接抓之沾汁食用，故名“手抓”，流传至今。此菜贵在选料讲究，配料巧妙和火候掌控得当，是回族宴席不可缺少的佳肴。

制作过程

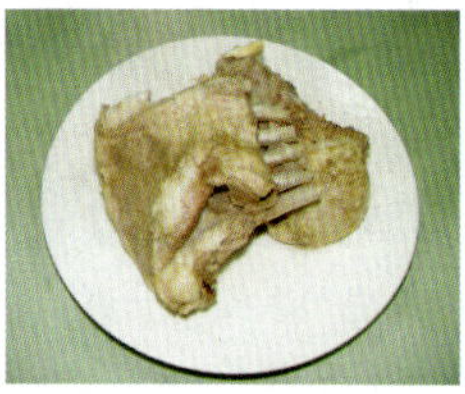

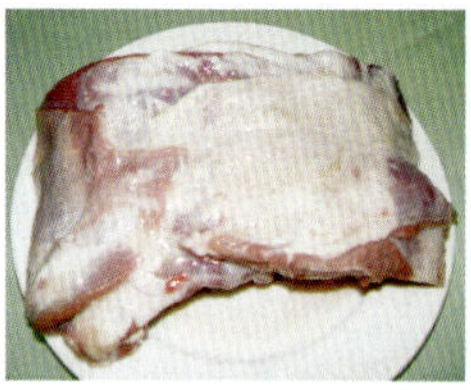

① 原料：上好绵羯羊前腿 1500 克，蒜茸 50 克，精盐 20 克，味精 2 克，酱油 10 克，香醋 20 克，葱花 5 克，香菜末少许。② 将羊腿肉放入清水中反复冲洗，去除膻味，然后下入冷水锅中用小火焖煮 1 小时，待肉熟烂取出，切成 12 厘米的条状备用。③ 用蒜茸、葱花、香醋、精盐、酱油，调和成蘸汁备用。④ 经过刀工处理后的羊肉蘸汁及香菜末食用。

制作者：白永锋 马建龙

风味特点　菜肴色泽洁白爽亮，口感滑而不腻，羊肉鲜香嫩而不脱骨。

技术关键　选料要好，浸泡漂洗，必须冷水下锅，小火焖煮。

品评　手抓羊肉是宁夏回族传统的饮食菜肴，选料精细。必须选用 1 年以内的米齿羊，此种羊肉质细嫩，滑爽不腻，煮时要注意火候的处理，使肉烂而不脱骨。

(6) 糖醋黄河鲤鱼

典故与传说　“塞上江南名得旧，嘉鱼早稻利同登”，这是清代顺治年间担任宁夏巡抚的黄图安写的诗句(1646 年)。嘉鱼在这里指的是黄河鲤鱼。黄河鲤鱼是中国的四大名鱼之一，相传康熙平定葛尔丹叛乱后到宁夏体察民情，当时有位名厨叫荷花，误将糖稀当醋浇到烹好的鱼上，吓得急忙请罪，康熙一看荷花，人面如花竟然做得一手好菜，便敕封此佳肴为“糖醋鲤鱼”。

制作过程

① 原料：黄河鲤鱼 1 尾 1250 克左右，色拉油 2000 克(实耗 100 克)，葱段 10 克，姜片 5 克，蒜末 10 克，番茄酱 5 克，料酒 10 克，白糖 300 克，香醋 150 克，鸡蛋 3 个，面粉 50 克，生粉 100 克，精盐 3 克，味精 2 克。② 将鱼宰杀洗净后改牡丹花刀，葱切段，姜切片。将改好刀的鱼用盐、味精、料酒、葱段姜片腌渍 10 分钟。③ 用鸡蛋、面粉、生粉制成全蛋糊，锅中加入色拉油烧热，待油温升至三四成热时，鱼挂全蛋糊炸至定型，转小火浸炸至熟。④ 另起锅炒糖醋汁，将鱼复炸至表皮酥脆成金黄色时捞出浇汁，即成。

制作者：白永锋　马建龙

风味特点　鱼肉外酥脆里鲜嫩，色泽金黄，突出酸甜味。

技术关键　糖醋以 2 : 1 比例为佳，炸鱼时要掌握好油温、火候，鱼要炸透，复炸两次，以达到酥脆的效果，口味酸甜可口，造型美观。

品评　此属宁夏传统名菜，色泽金黄，明油亮汁，口感外焦里嫩，是佐酒佐饭佳品。

(7) 碗蒸羊羔肉

制作过程

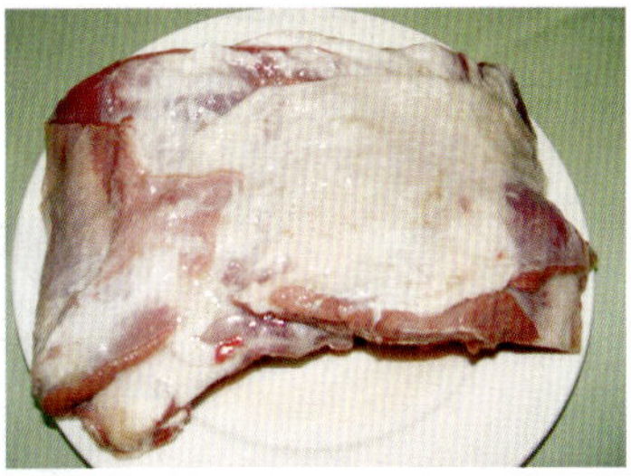

① 原料：羊羔肉 500 克，姜米 5 克，面粉 25 克，葱花 50 克，酱油 5 克，精盐 5 克，十三香 5 克，大料粉 2 克，胡麻油 50 克，味精 2 克，香菜少许。② 将羊羔肉切成大小均匀的方块备用。③ 将羊羔肉加入葱花、面粉及其他调料拌匀，腌渍 20 分钟。④ 腌渍后的羊羔肉装入碗内蒸 40 分钟即成，上桌时带葱花、香菜，即可食用。

风味特点 色泽红亮，蒜香味浓，肉质细嫩。

技术关键 炸鱼时注意火候和油温的掌握，炖制时间不少于20分钟。

品评 自古以来，天下黄河富宁夏，黄河更盛产鲶鱼。一代代厨艺大师博采众长，再现了黄河的神奇。此菜正是以黄河鲶鱼为料，由色泽红亮、肉质细腻、突出蒜香而著称。

(12) 滋补大鱼头

制作过程

制作者：程　波

① 原料：2500~3000克沙湖大鱼头1个，葱姜蒜各50克，当归、党参、沙枣、红枣、枸杞各15克，料酒50克，清汤2000克，味精5克。② 将鱼头从中切开，去鱼鳃。③ 用葱50克，姜50克，蒜50克，料酒50克腌渍2小时。④ 锅中加入清汤烧沸，下入鱼头及腌渍用的调料和当归、党参、沙枣、红枣、枸杞，小火炖1小时，放入味精，即可食用。

风味特点 与传统的清炖鱼头有很大差别，滋补味浓，但不失鱼头的鲜味。

技术关键 一定要把腌渍时间掌握好，在炖制时火不能太旺，小火慢炖易入味。

品评 大鱼头主要产自宁夏著名的沙湖旅游区。沙湖芦苇荡漾，万鸟飞翔，湖光景色如画，万亩湖泊盛产莲鱼、娃娃鱼等珍贵水产品。俗语说“一方山水养一方人”，宁夏特有的生态环境养育了沙湖大鱼，此菜不仅汤鲜味美，而且富含营养，滋补性强。

(13) 羊肉提花包

制作过程

① 高精粉500克，酵母100克，泡打粉8克，盐池羯羊肉1000克，盐30克，味精30克，白糖20克，甜面酱40克，纯净水500克。② 精选盐池羯羊肉，洗净改刀剁碎，加入盐、味精、白糖、甜面酱、纯净水调制成馅心，待用。③ 高精粉加入酵母、泡打粉、纯净水，制成面团，搓条，下剂包捏成型，上笼蒸8分钟。

制作者：杨　敬

风味特点 面色洁白，花纹清晰，酱香味突出，皮薄馅大，汁多肥嫩。

技术关键 上笼蒸前一定要饧发到位。包捏时，注意手用向上提劲捏褶，使包子上端形似花瓣。

品评 属宁夏地方小吃，造型美观整齐，鲜香味美，汁多肉嫩。

尔泰，低海拔河湖的五道黑、鲢、鲤、草鱼及河蟹等水产品。这些丰富而独特的烹饪原料为新疆菜点的发展打下了坚实的物质基础。

历史的积淀。新疆的历史，可以说是民族交汇的历史。据《史记·李斯列传》中记载，秦朝宫中就已收藏有"昆山之玉"，自秦开始，西域已与内地中原地区有了贸易交往，至汉时得以确立，唐朝达到鼎盛时期。唐朝时，长安的胡人酒肆随处可见，西域与长安来往密切。在漫长的历史进程中，新疆的菜点由于频繁的经济、文化交流而不断发展，一方面是中原各种烹调方法及食物原料随丝绸之路的兴旺发达而一路传播开来，定居西域的汉族居民将此烹调方法逐渐融入了西域各地的传统烹调方法中；另一方面是阿拉伯、波斯及西域地区的传统烹调方法随着丝路文化的发展而反向输入内地，使得长安及其周边地区的"胡食"逐渐增多。

新中国成立以后，改革开放以来，新疆这块神奇的土地成了一个大熔炉，尤其是近十余年来，西部大开发引来了全国各地的人才专家，新疆的餐饮市场更是争妍斗奇，潮州菜、粤菜、鲁菜、京津菜、川菜乃至西餐的德克士、肯德基、百富汉堡，还有一些地方的传统名店、连锁经营店等，都在新疆这块大地上开了花，结了果。这些输入菜式还不断吸收新疆传统菜点的烹饪技法，将许多别的菜式融入其中，新疆菜点也在继承传统的同时，不断吸收借鉴外来的烹饪技法，利用丰富多彩的烹饪原料，在传统风味的基础上进行大胆创新，使许多地方菜肴、小吃得到发展和弘扬。

宗教信仰和民俗交汇。新疆的传统菜点是随着伊斯兰教教规的禁忌而形成的，"嗜羊忌豕"是他们的基本食规；汉餐则以川菜风味为主，其他风味兼顾。进入21世纪以来，这种输入式风味菜点与全国连锁式经营店明显增多，新一轮的百家争鸣的局面已经出现。其次，川、鲁、京、津、苏、杭、粤、湘、黔、东北等地菜品逐步向清真菜点中心渗透，交融速度加快，大量的烹调方法、菜点品种在符合伊斯兰教食规的前提下，逐步被清真菜点采纳。清真宴席中的汉餐菜点品种随处可见，有些情况下，汉餐品种甚至占到主导地位，只是增加几道民族特色品种就成为清真宴席。但传统的清真宴席仍有其特色所在，原料、菜式、制作都非常严格地按照伊斯兰教的食俗禁忌来进行。清真菜点也在逐步渗入到汉餐宴席和日常的风味菜点中。在使一些外来菜点保持基本原貌的前提下，使用一些清真特色的原料和烹饪技法，使其菜品更进一步适应新疆人的"水土"，更适应新疆人的口味。清真菜点主要是指维、哈、回等信伊斯兰教的民族饮食，新疆菜点在吸纳各地技法、调味、原料的前提下，又以清真菜肴风格为主导，特色突出，自成一格。

2. 新疆维吾尔自治区菜点著名品种

1983年9月，由新疆饮服公司编写的《新疆风味食谱》收录了1983年以前的新疆风味菜点175个品种，汉餐中的相当一部分品种未被收入。而当时新疆的实际品种在800～1000种。1998年，新疆职业技能中心编写的《中式烹调师》已收录314个品种，而实际市场上流行的品种达2000种。如今，新疆菜品处于快速交融时期。清真与汉餐相互渗透，农家菜点也已登上大雅之堂，并迅速呈红火扩张之势。目前的新疆菜点，应该是以传统清真菜品为龙头，以川菜风味为基础，其他地方菜品为依托，老字号名店菜和农家菜相呼应的丰富多彩的餐饮格局。

（1）传统名菜类。用家畜肉类制作的名菜肴有过油肉、醋喷肉、带泡生烧肉、葱爆羊肉、手抓羊肉、贝母煨牛肉、响堂里脊、炮仗肉、胡辣羊筋、粉汤、氽汤肉、烤全羊、馕坑烤肉、烤羊肉串、烤羊肉丸子，等等。用禽蛋制作的名菜有椒麻鸡、仔鸡辣子、黄焖鸡、雪莲全鸡、炸八块、翡翠鸡丸、水塌鸡、香酥鸡、木樨豆腐、醋熘黄菜。用河鲜制作的名菜有党参炖鸡、五柳鱼、三色鱼丸、红烧鱼、干烧盆盆鱼、酸辣瓦块鱼、糖醋脆皮鱼、梅花彩色鱼、菊花鱼、胡辣鱿鱼卷、糖醋鱿鱼卷、鸡皮鱼肚、贝母煨海参、鸡腿扒海参、曲曲海参。用蔬果制作的名菜有炸羊尾、拔丝洋芋、蜜汁杏脯、拔丝香梨、拔丝葡萄、新疆八宝梨、口袋豆腐、鱼香茄子、虎皮辣子、醋熘白菜等。

(2)传统名点类。属于筵席点心的名品有帕尔木丁、疙瘩包子、扁撒子、油塔子、薄皮包子、黄面、曲曲、肉火烧、泡油糕、果酱排、佛手酥、菊花酥、银丝卷、酥盒子、鲜蛋饺、花色蒸饺、核桃酥。属特色风味小吃的名品有小油馕、烤包子、羊肉抓饭、那仁、肉馕、油馓子、羊肠子、面肺子、爆炒蝴蝶面、丁丁炒面、揪片子、拉条子、阿尔瓦(糖浆子)。

(3)创新名菜类。用家畜肉制作的名菜有蒜香羊排、烤羊排、如意牛方、风味羊腰、牙签烤肉、亚运圣火、风味馕炒肉、清汤夹沙、烤羊腿、盆盆肉、香辣羊蹄、薄饼羊肉、小笼一品羊杂、爆炒羊肚、西域小羊排、巴里坤扒羊肋、老干妈回锅牛肉、螺丝牛方、脆皮羊肉卷、干煸牛肥肠、五彩驼峰丝、红扒牛蹄、特式爆肚条、农家一品炖、丝路羔方、四味羊杂。用禽蛋制作的名菜有干煸鸡、辣子鸡、阿魏菇扒鸡、风味鸡柳、红烧鹅、魔芋烧鹅、啤酒鸭、椒麻鸡、羊肚菌煨土鸡、鱼羊狮子头。用水产制作的名菜有菊花鱼、蜜瓜鲜贝、葡萄虾仁、葡萄鱼、风味烤乔尔泰、清蒸高白鲑。用菌类制作的菜肴有一品阿魏菇、风味阿魏菇、干煸土豆丝、椒蒿土豆丝、鲍汁阿魏菇、拔丝葡萄、八宝酿香梨、巴楚菇烧牛肉、拔丝香梨、百花阿魏菇、清炒椒蒿、新疆三宝。

(4)创新名点类。创新名点类有巴哈力、新疆抓饭、萝卜羊肉酥、肉馕、黄面烤肉等。

(张军仓　朱洪江　王　强)

3. 新疆维吾尔自治区菜点代表作品

(1)霍尔达克

典故与传说　"霍尔达克"是维吾尔语,有炒炖烧之意,汉语又称"霍尔炖"。是新疆维吾尔、塔吉克、乌孜别克等信仰伊斯兰教的少数民族的一种混合烧炖菜。一般情况下霍尔达克的主要原料是羊肉、胡萝卜、土豆、洋葱,有时也用牛肉。先将肉炒干,然后加土豆、胡萝卜等加水烧炖,至羊肉稣烂即可。此菜为新疆的传统家常菜,味道鲜美,营养丰富,尤其是新疆少数民族的家庭中特别擅长制作此菜肴。

制作过程

制作者:马　渊

① 原料:连骨羯羊肉 1500 克,胡萝卜 300 克,土豆 300 克,植物油 100 克,洋葱 100 克,花椒粉 15 克,胡椒粉 10 克,姜片 30 克,盐 20 克。② 将连骨羊肉剁成 4 厘米见方的块,土豆、胡萝卜改刀成 3.5 厘米见方的滚刀块,姜切片,洋葱切成丝。③ 锅内放入底油烧至七成热时,加入羊肉块煸炒,至水分干,肉质收紧时,放入盐、花椒粉、胡椒粉、姜片,加入水小火烧煮,至羊肉即将酥烂时,加入胡萝卜、土豆,再用小火焖烧 10 分钟左右至成熟,带少量汤汁一起装入盘中即可。

风味特点　色泽红亮,肉质酥烂,胡萝卜与土豆软糯适口,羊脂膻味较小。

技术关键　根据羊肉的老嫩程度控制添水量,以肉烂时锅内有余汤为佳。加入土豆与胡萝卜时,注意土豆不能烧烂变形,以形整熟透为佳。

品评　此菜色泽红亮，肉质酥烂，将传统的新疆清炖羊肉与汉餐中的红烧法相结合，给人大方实惠之感，口味软烂，色泽较好，是新疆羊肉的一种传统吃法。

（2）曲曲海参

典故与传说　曲曲是维吾尔族语，即汉语的馄饨，但包制方法有别。曲曲海参即炸馄饨和葱烧海参共为主料制作的菜肴。曲曲在回族、维吾尔族中较为流行，一般为家常汤饭类。曲曲海参最早由新疆的老字号鸿春园的师傅们在20世纪70年代中后期创制。曲曲与海参制成菜品后即成为一道带有新疆风味的菜肴，历时30余年而不衰，它是汉餐文化与伊斯兰饮食文化相结合的典型产物。

制作过程

制作者：张元松

①原料：水发海参300克，曲曲皮30张，鸡肉50克，干贝15克，海米15克，蘑菇30克，兰片30克，葱30克，姜水20克，味精2克，盐10克，胡椒粉2克，植物油500克（实耗100克）。②鸡肉剁成末，干贝泡开揉碎，海米、蘑菇切成小粒，兰片切成片，葱一半剁成末一半切成葱段。左手拿曲曲皮，右手打馅，折起下面的一角包起馅心，然后将两边的两角向内弯曲，捏压在一起，另一角留出或抻拉成扁平形，整齐地摆入盘中。③炒勺内放入油烧至五成热，放入曲曲炸成黄色捞出，待油温烧至七八成热时，将海参过油，留底油炒兰片、葱段，下海参翻炒，加汁芡出锅装盘中间，将炸好的曲曲围摆在盘沿即成。

风味特点　海参滑嫩，曲曲鲜脆爽口。海鲜味突出，海参、曲曲色差大，菜肴醒目。

品评　曲曲金黄发亮，入口酥脆，馅味鲜嫩。海参滑嫩爽口，色感对比强烈，属酒店中的中高档菜品。

（3）新疆烤羊肉串

制作过程

制作者：刘新疆

①原料：净羯羊肉700克（肥瘦比为1∶4），洋葱（皮芽子）100克，鸡蛋1个，精盐10克，辣椒粉10克，孜然粉20克，烤肉钎10支。②将净羊肉改刀成宽1.5～2.0厘米，长3～4厘米，厚0.3～0.4厘米的厚片，肥肉部分改刀应较厚，洋葱切成薄片。③将肉片放入盆中加入盐、鸡蛋、清水、洋葱一同腌渍10～20分钟，此后逐片平行串入铁钎中部，以每钎6～8片为宜，且其中有1片肥肉。③将烤肉槽炉放上无烟煤燃烧，至烟烧尽，出现红火苗时，将肉串架在铁槽上，上下翻烤肉片，至肉片受热收缩时撒上盐、辣椒面和孜然粉，7～10分钟即成熟。

风味特点　肉片有辣椒面的红色并伴有孜然的鲜香味，入口咸辣、肉质细嫩。

技术关键　腌渍时盐要少放，烤制时切忌火力太旺。肉片易焦煳，应掌握好火力，煤燃烧至无烟时烤制最佳。

品评 新疆烤羊肉串是一种古老烤制方法的延续，是新疆风味菜之经典品种，食客执钎而食，食法独特，肉串入口香韧，肉质鲜嫩，孜然香味浓郁，对青少年有着极大诱惑力，也深受饮酒者喜爱。陈佩斯在“春节联欢晚会”中的羊肉串小品，以文化方式将新疆的烤羊肉串推向了全国。目前的新疆烤羊肉串仍然是街头巷尾、酒店餐桌、旅游景点一道亮丽的饮食风景线。

注 ①烤羊肉串钎目前有铜钎和铁钎两种。铁钎是将长约45厘米，直径为0.4厘米的铁丝压扁，一端加工成尖形，一端安装上手柄。铜钎是将铜皮加工成长约50厘米，宽0.5~0.7厘米，厚0.10~0.15厘米的宽片铜钎，并加装塑料或木制手柄，另一端打成尖状便于串肉。②烤肉槽炉是用马口铁(也有用薄钢板)经维吾尔族工匠砸制或焊接而成的烤羊肉串专用槽炉。槽炉分上下两层，上下隔板间有通风孔，便于无烟煤的燃烧。比较经典的烤肉炉除基本的炉体外，还在炉体的下方和侧面加装上带有维吾尔传统图案的铁艺挡板，炉体上方则加装有维吾尔传统的屋面穹顶，穹顶中部顶端竖细铁杆，铁杆上端带有半月牙形图案的穆斯林传统标志，俨如一座维吾尔族的烤肉宫殿。

(4) 蒜香羊排

制作过程

制作者：张元松

①原料：嫩羊排700克，生粉150克，嫩肉粉7克，蒜香粉5克，吉士粉5克，元宵粉30克，大蒜30克，鸡蛋2个，味精5克，胡椒粉3克，盐8克，植物油1000克(实耗200克)。②将羊排改刀成4~5厘米长，2.0~2.5厘米宽的条形块，浸泡于清水中，大蒜剥皮去蒂剁成茸。③羊排用清水浸泡，流动的水冲洗，去除血色，使羊排块呈白色时，加入盐、味精、嫩肉粉、蒜香粉、胡椒粉、吉士粉、元宵粉进行拌和腌味，待肉块入味后再加入鸡蛋和生粉进行挂糊。④将挂糊后的羊排块依次放入五六成热的油中炸制，至羊排成型时捞出，依次全部炸完，油温复升至七成热时将初炸的羊排块全部放入，复炸至金黄色时捞出装盘，盘边适当点缀。

风味特点 色泽金黄，排骨鲜嫩，外糊酥脆，蒜香味浓郁。

技术关键 将排骨的血色漂洗干净，利于去除腥膻味。掌握好油温，以炸制成金黄色，羊肉块以成熟鲜嫩为佳。

品评 此菜为汉餐中的引入品种，运用新疆的大尾羊排骨制成，色泽黄亮，羊排肉质鲜嫩，入口酥脆

(5) 风味馕炒肉

制作过程

制作者：王　强

① 原料：剔骨羊肉后腿肉 400 克，色拉油 700 克（实耗 150 克），洋葱 100 克，孜然粉 30 克，辣椒粉 20 克，鸡蛋 1 个，淀粉 30 克，大片无油扁馕 1 个，盐 10 克。② 将羊肉改刀成宽 2.0 ~ 2.5 厘米，长 4.0 ~ 4.5 厘米，厚 0.15 ~ 0.20 厘米的片，薄馕将边取来改刀成三四厘米见方的菱形块，洋葱切成丝。③ 将羊肉中加入盐、鸡蛋和水淀粉、洋葱，拌和均匀，腌制 20 分钟左右，将改刀成的菱形块馕放入六七成的热油中炸制成淡黄色，捞出控净油。④ 将油烧至六成熟时，下入羊肉片，滑至成熟时倒入漏勺，另起勺，加底油烧八成热，加入洋葱丝炒出香味，然后加入滑好油的肉片、炸好的馕块，大火翻炒加入辣子面、孜然粉和盐，调完味后即可出勺。

风味特点　馕块黄亮，羊肉片鲜香，孜然与辣椒面的混合香味浓郁，新疆烤羊肉风味突出。

技术关键　肉片挂芡时不易太厚，以流芡的状态为佳，过油时以六成左右的油温为宜，过油后的肉片应鲜嫩且成熟；炒制成品时火力要大，属旺火急炒型。

品评　此菜属锅炒烤羊肉与馕的混合菜肴，带有传统的新疆风味，烤羊肉片口味浓郁，肉质鲜嫩，馕块酥脆油香，是一款非常受大众欢迎的新品菜肴。

（6）古博尔盆盆肉

典故与传说　新疆的盆盆肉，是地道的回族菜肴创新品种。盆盆肉最早于 1993 年前后在吐鲁番地区产生，随后在乌鲁木齐和昌吉地区流行。古博尔盆盆肉是盆盆肉中后期发展的代表，1998 年开始，昌吉的回族青年古博尔在昌吉盆盆肉的基础上，进行了改良，并在乌鲁木齐开设了古博尔盆盆肉专营店，从餐具配置到系列菜品配套、服务餐饮环境等都进行了标准化的改造。古博尔连锁经营店迅速扩张，古博尔盆盆肉的名声随之叫响了新疆，为新疆增添了一道特色的美食佳肴。

制作过程

① 原料：连骨羯羊肉 1500 克，粉丝 150 克，粉块 400 克，洋葱 50 克，干红椒 10 克，花椒粒 20 粒，盐 15 克，大蒜 30 克，生姜 20 克，枸杞 10 克，香菜 20 克，胡萝卜 200 克，味精 5 克，醋 10 克。② 将羊肉剁成 5 厘米见方的块，清水漂洗，粉丝泡好改刀成 20 厘米长的段，粉块改刀成 2.0 ~ 2.5 厘米见方的菱形块，胡萝卜改刀成 3 厘米的大片，大蒜、生姜切成片，香菜改成段。③ 羊肉块入冷水锅中，开后撇去浮沫，加入花椒粒煮约 1 小时，肉即将成熟时，下入胡萝卜，加入盐、枸杞、泡红椒、粉块、粉丝调味略煮后，再加入蒜片、洋葱和味精，淋上醋。④ 将煮好的肉块用平底漏勺和筷子轻轻捞入古博尔专用陶瓷汤盆中，加入 2 倍于料的原汤，最后撒入香菜段即成。

制作者：张元松

风味特点　此菜属汤菜合一，汤大肉重，红绿相间，肉块软烂带骨，粉块细腻滑爽，汤略带甜味和辣味，粉丝筋道，原料色感对比度大。

风味特点 色泽黄亮,孜然粉和辣椒面点缀其上,入口酥脆,菇片滑嫩,羊肉味浓郁。

技术关键 挂糊均匀,单个炸制,严防脱糊,翻炒时洋葱最后下锅,以洋葱无辣味、有脆感为佳。

品评 新疆野生阿魏菇又名野生侧耳,阿魏菇因生长在我国干旱地区的草本植物阿魏上而得名。阿魏菇味美可口,富含营养,它含有丰富的蛋白质和碳水化合物及人体必需的8种氨基酸,有极高的药用价值。此菜为新派创新菜中的中档菜肴,在新疆酒店的普及面较广。成品金黄诱人,口感脆嫩,盘边适当绿色点缀,给人以高档豪华之感,诱人食欲,受到广大食客的好评。

(13)新疆抓饭

典故与传说 抓饭是汉语名称,维吾尔语称为"朴劳",原为波斯语,意为用蔬菜、水果和肉类做成的甜味饭。进餐时大家围桌而坐,净手抓食,故称抓饭。抓饭是维、回、乌孜别克等伊斯兰民族的传统风味食品,也为新疆其他民族所喜食。抓饭最早始于北宋年间(公元960–1127年)。据维吾尔族的传说,有位叫阿艾里·依比西的医生,晚年身体虚弱多病,吃了许多药都不见好转,后来他发明一种用胡萝卜、大米、羊肉、皮芽子作为原料加油焖制的抓饭食用,过了一段时间,身体逐渐恢复了健康。抓饭因此慢慢流传开来。清代《西疆杂述诗》对抓饭有如下记载:"若烹稻,喜将羊肉切细,或加鸡蛋与饭交炒,佐以油、盐、椒、葱,盛于盘,以手撮食之,谓之抓饭。遇喜庆事,治此待客为敬。"

今日所说的抓饭,已非传统的抓饭,而是指一种用大米、羊肉和多种果品或蔬菜共同焖制的饭菜合一的食品。如在辅料中,除选用羊肉,还可以选用雪鸡、野鸡、家鸡、鹅、牛肉等,果蔬类有葡萄干、杏干、桃皮、瓜脯等,蔬菜有白菜、西红柿、辣椒、豇豆、笋子等,无论是菜抓饭还是肉抓饭,一般都有胡萝卜和洋葱(新疆叫皮芽子)。胡萝卜是抓饭之核心,俗有"新疆人参之称",有补气生血,生津止渴,安神益智之功效。鉴于抓饭的药用功能,有人称新疆抓饭为"十全大补饭"。

传统的抓饭食法是大家饭前净手后,围桌面坐用手直接抓食。目前抓饭的食法大多已改用为小匙或筷子,并且是人手一份,每份一盘,并配有萝卜辣子丝、榨菜丝、糖蒜或其他爽口的小菜。新疆抓饭的品种非常多,目前在乌鲁木齐地区有用维吾尔人姓名命名的抓饭,如:艾买提抓饭、阿曼古丽珍珠抓饭等;有根据用料的不同命名的抓饭,如羊肉抓饭、素抓饭、甜抓饭、薄皮包子抓饭等。不特指时,一般所说的抓饭是指羊肉抓饭,其制法基本是大同小异。

制作过程

①原料:大米3500克,连骨羊肉2000克,胡萝卜1500克,植物油500克,洋葱800克,盐25克,白糖30克,榨菜丝40克,青椒50克,孜然50克。②将大米除去杂质并用水洗多遍,然后放入水中浸泡20分钟,把羊肉连骨剁成4厘米见方的块,焯水去膻味,1300克胡萝卜切成0.5厘米见方的条,200克切成细丝,青椒切成细丝,洋葱去蒂切成大片。③锅内加入油,烧热后加入肉块翻炒至羊肉收紧时再加入胡萝卜和洋葱一同炒,然后加入盐和白糖,待胡萝卜和洋葱炒绵软时,将泡好的大米全部覆于菜上,然后加入清水约300克,盖上锅盖,用湿布封住锅盖边,以减少漏气,然后用大火加热,待沸腾后再改用小火加热,约80分钟,水干肉烂米成熟时即可。④抓饭焖制成熟后,用平铲将已成熟的羊肉块盛出置于盘中,再用铲将米饭翻拌均匀,然后盛装入盘,每盘米饭上再放上两三块连骨羊肉,根据客人口味不同可撒上孜然粉。凉拌胡萝卜、辣椒丝、榨菜丝等三四个小吃碟同时上桌。

品评　“手抓羊肉”即用手抓食羊肉，它是青海省特别是牧区的一款主要菜肴之一，在青海等地已流传几百年。现在，从街头摊点到宾馆饭店以及家庭餐桌都有它的踪影。手抓羊肉原为牧民在游牧过程中的一种简便的用餐方法，其烹调方法简单，即先以新鲜羊肉用水煮熟，再加盐或蘸椒盐食用，吃法别具一格。装盘讲究，调味品制作也较为丰富，食用时味道纯正，充分体现了青海藏系羊肉的自然香味，是青海当地一道独特的名菜。

(2) 家乡焖羊排

制作过程

制作者：张　宁

① 原料：羊排 1000 克，色拉油 1500 克(实耗 80 克)，玉米 300 克，土豆 300 克，胡萝卜 300 克，蒜苗 100 克，盐 3 克，味精 2 克，辣椒面 4 克，生抽 2 克，循化辣酱 5 克，大蒜、生姜各 5 克。② 将羊排煮八成熟备用(切成长条)。将玉米切成 2 厘米厚的圆片，土豆切成 1 厘米厚的片，胡萝卜切成圆片，蒜苗切成段。③ 勺内加入油，将土豆炸成金黄色，羊排轻炸备用。玉米及胡萝卜氽水。勺内加少许油，将调料逐一放入，再将羊排、玉米、土豆、胡萝卜一起焖 5 分钟。装入铁锅，将土豆、胡萝卜、羊排整齐排好，玉米围边，中间放入蒜苗段，淋入少许辣油，将铁锅烧热即可。

风味特点　香辣爽口，荤素搭配，营养丰富。

技术关键　煮羊排一定掌握好火候，不宜太烂。焖制时一定将各种原料融合在一起，以使菜品的口味更加突出。

品评　此菜是青海新一代厨师的创新菜肴，特别注重营养的搭配，同时菜肴色彩丰富，装盘大气，突出了青海人家待客的热情与豪爽。此菜也是活血强体，壮阳健身的佳品。

(3) 酸辣里脊

制作工程

① 原料：精选牦牛里脊肉 500 克，青椒 30 克，红椒 50 克，大蒜 50 克，精盐 12 克，胡椒粉 10 克，干辣椒 20 克，葱 10 克，辣椒油 15 克，绍兴玫瑰米醋 20 克，植物油 2000 克(实用 200 克)。② 先将牛里脊肉切成长 2 厘米，宽 2 厘米大小的方块。将切好的肉放入盐、味精、胡椒粉、料酒等调料腌制 10 分钟。将切好的肉块加入蛋清和土豆淀粉挂糊抓匀，放入油锅炸成金黄色出锅装盘。③ 勺内放少许油，放入干辣椒、大蒜、青红椒、绍兴玫瑰米醋制成酸辣汁，然后倒入炸好的里脊上即可。

制作者：张　宁

肉馅，折叠后包起，用蒜苗叶扎牢，切齐底边。西兰花改刀用水氽一下，切成片备用。③ 把包好的佛手卷上笼蒸15分钟，再把水氽过的西兰花起锅煸炒一下，装入小碗，取16寸平盘将装好的西兰花扣在盘中央，蒸好的佛手白菜摆在盘周围，起锅加汤、盐、味精、胡椒粉，勾芡后浇在西兰花、佛手白菜上即可。

风味特点 造型逼真，美观大方，形似佛手鲜花。

技术关键 包制馅心要均匀。也可将包好的白菜包用刀从蒜苗叶以上每包切4刀，更似手型，利于食用。

品评 菜品造型美观，主料形似佛手，配料西兰为花，做工讲究，荤素搭配合理，口味鲜美，装盘华贵大方。

(13) 月饼

制作过程

制作者：王培玲

① 原料：精制小麦粉1500克，食用碱3克，红曲5克，姜黄5克，草红花5克，香豆粉5克，色拉油200克(实耗50克)，酵面引子3克。② 取精面粉1500克，加湿酵面或发酵粉，用温水拌和成面团，三四小时发酵后，加食用碱揉匀，稍饧30分钟。取面团1000克，擀成长方块，表面抹上色拉油，分段均匀地撒上红曲(红色)、草红花粉(黄色)、香豆粉(绿色)、姜黄后卷好，再切成约200克1个的面剂。将剩余的发酵面团揪成约100克1个的面剂，分别擀成圆饼状，把擦有红曲等切成的200克的面剂，包入100克的面饼后反扣在案板上，整理成圆形，在其上面贴上用面做成的花草图案(取50克发面团擀成0.2厘米厚的薄饼，切成3份，表面抹上色拉油，分别撒上红曲、草红花粉、香豆粉后依次叠砌，切成1厘米宽的长条，长条刀切口朝上可任意组合花草图案)饧好待用。③ 入笼蒸用中火蒸30分钟即熟，摆盘食用。

风味特点 香味纯正，造型美观。

技术关键 发面时间掌握要准确，以免发酸。

品评 每到中秋节前后，青海各族人民都要制作月饼(类似于大馒头)，这种月饼和内地月饼(点心)有质的区别，实际是一种蒸馍。制作时用绿色的香豆粉和草红花、姜黄、红曲等天然香料层层包裹，表面上镶嵌各种图案，有莲花、菊花、梅花，等等。当月饼蒸熟时，中间绽开裂缝，色彩艳丽，好似绽放的花朵。这种月饼除中秋供大人小孩食用外，还用来祭月和馈赠亲友。月饼(蒸馍)一般使用新面制作，因此香气浓厚，软糯可口。这种月饼是青海具有独特风味的民俗文化象征性食品。

(14) 酿皮

制作过程

① 原料：面粉1000克，菜籽油200克，盐5克，辣子50克，草果50克，桂皮10克，味精5克，芥末10克，醋50克，香油5克，蒜泥50克，韭菜50克，黄豆芽50克。② 1000克面粉用凉水调和成面团，揉匀后放入盛有5千克凉水的盆中，用双手反复抓捏，待盆中变成奶白色混浊粉液时，此时手中只有搓洗后剩下的丝丝罗罗的面筋。混浊面粉液静置3小时左右后倒去上面的清水，剩下干糊状沉淀面粉，

制作者：王培玲

然后加入碱10～20克搅匀，倒浅平盘中上笼旺火蒸约40分钟取出，待凉后抹上适量菜籽油防干，即成酿皮坯料。面筋也上笼旺火蒸约40分钟即熟，待凉后切成片备用。③将酿皮坯料切成长条，放上适量面筋装碗内，炒勺放底油，加入所列调配料略炒，或将各种调料分别直接加入即可。

风味特点　酸辣适中，清凉爽口。

技术关键　上笼前要掌握好面的稀稠以及整个调料的制作工艺。

品评　具有鲜明的地方风味，味道酸辣适度，口感清爽滑嫩。其制法、调味以及装碗、装盘，都具有浓厚的地方特色。

（15）长饭（家常拉面）

制作过程

制作者：王培玲

①原料：精白面1000克，羊肉200克，红、白萝卜各50克，鲜蘑菇、黄花菜、豆腐、木耳、粉条各50克，葱10克，姜5克，花椒5克，胡椒粉3克，酱油5克，盐5克，醋5克，油辣10克，色拉油40克。②面粉用凉水调和成硬面团，揉匀饧面15分钟后再揉光揉透，用擀面杖擀成圆薄片，切成长条抹上色拉油，叠放在小盆内，盖上盖子后饧1小时。羊肉、萝卜、豆腐、蘑菇切成粒，木耳、黄花、粉条切成寸段，葱、姜切成末待用。炒锅内倒40克油烧热，放入葱、姜、肉粒煸炒出香味后，倒入2千克水烧开，再加入萝卜、豆腐、蘑菇、木耳、粉条辅料，放调料调好，即成“肉臊子”。③上锅加3千克清水烧开，将饧好的面拉成细长条放入沸水中，够一碗面时盖上锅盖，等水烧开即可捞面，浇上肉臊子即成。

风味特点　口感筋道爽滑，调味灵活多变。

技术关键　拉面要均匀，臊子原料刀工要精细。

品评　青海居民逢年过节、喜庆贺寿、亲友团聚等时要吃“长饭”（拉面），意味着天长地久、健康长寿、友情长存。此面在西北地区随处可见，大同小异。青海地区的拉面，制作臊子所用的肉大部分是羊肉和青海当地的土豆，荤素搭配营养丰富，实惠好吃。

（16）焜锅子

制作过程

①原料：面粉500克，植物油20克，香豆粉100克，食用碱5克。②面粉加入酵面或发酵粉调成面团，约饧4小时后加食用碱，揉好饧20分钟。将揉好的面擀开抹上油，擦上香豆粉卷起，再切成

制作者：王培玲

50克一个的小卷，整齐排放在用铸铁为模具的平底锅中，盖上盖子封严，然后将模具平底锅置放在草木燃烧后的火灰中埋好，利用火灰余烬热量焖约2小时即熟。

风味特点 香脆可口。

技术关键 掌握好埋入火灰中的时间长短。

品评 独特地理气候条件下产生的传统火焖（古代叫"举爈"）方法，具有鲜明的地方特色。锅馍外脆里嫩，鲜香味美，便于携带和长时间储存，是青海地区随处可见的传统面点。

（17）狗浇尿油饼

典故与传说 "狗浇尿"油饼是青海各族人民喜欢的传统家常面饼之一。"狗浇尿"的传说有很多种，最具代表性的是烙制面饼时用尖嘴壶在锅内围着面饼转着断续性浇油，浇油之状像狗撒尿，故叫"狗浇尿"。"狗浇尿"形容烹饪技法虽不雅，但却反映了青海当地百姓质朴的民风，因其饼深受当地百姓喜爱，叫法易记，故流传至今。

制作过程

① 原料：面粉500克，水200克，菜籽油200克，盐5克，香豆粉10克。② 面粉放盆中，掺少许盐、香豆面，加热开水（80℃）调和成软硬适中的面团，揉匀揉光搓条揪成50克重的面剂，用擀面杖擀成直径0.2厘米的薄饼待用。③ 平底锅烧热后放入少许油，将面饼放上面用小火烙制，一边旋转面饼，一边用尖嘴壶沿着面饼边缘浇油。等面饼上色后，将面饼翻过来用同样方法烙制，至面饼成金黄色取出即成。

制作者：王培玲

风味特点 色泽金黄，香味醇厚。

技术关键 必须掌握好烙制过程中的浇油量和火候。

品评 狗浇尿油饼是青海的传统食品之一，最具青海特色。油饼香味纯正，色泽金黄，是当地居民招待贵宾的常用食品之一。

（七）陕西省菜点文化与代表作品

1. 陕西省菜点文化概述

陕西省是中华民族的发祥地之一，公元前28世纪左右，黄帝、炎帝就曾在陕西活动过。自周开始又有秦、西汉、西晋、前赵、前秦、后秦、西魏、北周、隋、唐等13个王朝在陕西建都，时间长达1180年。此外，还有刘玄、赤眉、黄巢、李自成4个农民起义在此建立政权计11年。陕西是中国历史上建都时间最长的省份。都城文化的历朝积淀，必然带来饮食与烹饪文化的汇聚、繁荣与发展。杜甫在《丽人行》中这样描述："御厨络绎送八珍，鸾刀镂切空纷纶。紫驼之峰出翠釜，水晶之盘行素鳞。”悠久深厚的三秦历史文化底蕴，孕育了独具特色的陕西菜点。

（1）沿革。陕西菜又称秦菜，具有悠久的历史渊源。陕西早在65万～80万年前已有蓝田猿人繁衍生息。陕西先民早在7000年前已开始从事农业生产，种植谷物和蔬菜，发明了先进的双连地灶，有了精美的陶器，从而使烹饪成为可能。据《周礼》、《礼记》、《诗经》的记载，早在3000多年前出现的“西周八珍”，已经形成了一定的烹饪特色，即用料广泛，选料严格，讲究刀功，注重火候，使用油、盐、酱、醋、梅、姜、桂、葱、芥、蓼、蜜、茱萸、饴糖等多种调料，拥有了烤、煎、炸、炖、煮、酿、腌、渍、腊等多种烹饪方法，所制菜肴具有鲜、香、酸、咸、甜多种味道俱全的风味特色。此外，烹饪机构的严密组织和科学分工、食品卫生、食医同源、筵席定式、食礼、以乐侑食等，都对后世产生了广泛而深远的影响。

秦汉时期，陕菜发展到第2个高峰。由秦相吕不韦主编的《吕氏春秋》，在《本味》篇，全面总结了先秦时期的烹饪成就，对烹饪从选料、加工到调味、火候等都做出了系统而科学的论述，一直指导着中国烹饪的实践，其中许多观点直到现在还是正确的。到两汉时，饮食业已是“淆旅重叠，燔炙满案”（《盐铁论·散不足》），而且引进“胡食”，红、白案有了分工（《汉书·百官公卿表》）。由西域引进的胡瓜、西瓜、黄瓜、胡萝卜、胡豆、胡葱、胡椒、菠菜、胡桃等，也首先在关中试种成功，进一步丰富了饮食原料。

隋唐时期，陕菜发展到第3个高峰。那时的京城长安已发展成世界上最大的城市之一，不但茶楼酒肆鳞次栉比，而且经营规模很大，以至“三五百人之馔”可以“立办”（《国史补》）。烹饪原料已是“水陆罗八珍”（白居易《轻肥》），美馔佳肴不胜枚举，仅韦巨源一席“烧尾宴”就有名菜、美点58款。

从宋朝开始，由于中国经济、政治中心的变迁，陕菜呈现出缓慢发展的趋势。直到新中国成立以后，尤其是改革开放、国家实施西部大开发以来，随着陕西经济、旅游业的发展和当地政府对餐饮的高度重视，陕西菜点又焕发出勃勃生机，逐渐成为中国西北地区重要的风味流派。

（2）构成。陕西菜由民间菜、市肆菜、宫廷官府菜、民族菜、寺院菜构成，又可分为关中、陕北、陕南3个地方风味。三个地方风味各有特色，各有所长。关中风味是以西安为中心，包括三原、大荔、咸阳、铜川、宝鸡在内的关中道菜肴，是陕西菜的典型代表。陕北风味是包括榆林、延安、绥德在内的菜肴，烹饪原料以禽畜为主，特别是羊馔，几乎家家善烹。陕南风味是包括汉中、商洛、安康在内的菜肴。

（3）特点。

用料广泛，选料严格。陕菜原料，不论跑、跳、潜、翔，肉、脏、头、尾，根、茎、花、果，无所不用；还将猪、鸡血提纯入馔；就连人们视之为废的鸡嗉、鱼肠，也能变成席上之珍。但选料又极严格，如葫芦鸡，非三爻村“倭倭鸡”不用；奶汤锅子鱼，非黄河活鲤不做；牛羊肉菜，从主料到调料，非陕西出产不入馔。

刀功细腻，烹法独特。陕菜在技法上，除继承发扬周、秦、汉、唐的炒、炸、炖、汆、酿、烤、烧、烩、蒸、煮，又吸收了外帮的扒、涮、煸、煎、爆等，逐步形成技术全面、质感丰富、味型多、适应面广的独特风格。陕菜的刀功堪称一绝，可以单手切肉，肉片薄如纸；可在绸布上切肉丝，而绸布无损；可将猪耳朵切得细如毛发；可用前推后移的“来回刀”双切肉丝，等等。陕菜的瓢功（勺功）也有独到之处，“飞火”炒菜令人拍手称奇，那菜在勺中前后左右颠翻的“花打四门”更令人眼花缭乱。这些绝技都是为了使烹调达到特定效果，而不是花架子，例如制作“金边白菜”，如不使用“花打四门”的大小翻勺技术，断难达到“金边”和脆嫩的品质。

醇厚鲜香，酸辣爽嫩。陕菜精于用汤、长于用芡，注重原色、原形、原汁、原味，菜点风格华丽、典雅大方，以鲜香、酸辣、浓醇、嫩爽、酥烂而独树一帜。陕西菜善用三椒(辣椒、花椒、胡椒)，风味独特。其酸辣味达到辣而不燥，辣中带香，酸而不烈，酸中含香，香气浓郁，味道醇和。陕西菜烹制牛羊肉为中国一绝。牛羊肉泡馍的煮肉制汤，用18种香料，整牛或整羊下锅，熬煮一整夜，泡馍成品达到肉烂汤浓、料重味醇、馍筋光润、绵韧适口、肥而不腻的效果。苏轼有“秦烹唯羊羹”诗句，赞美三秦大地的羊肉汤。

此外，陕西菜还有相当一部分主菜是以大块肉、整鸡、整鱼的形式出现，“形整而烂，淡而不薄”，体现了秦人豪爽大方的性格特征。

(4) 成因。

地理依托。从地理环境看，陕西位于黄河中游，被北山和秦岭分为3大自然区域，横跨3个气候带：北部是陕北黄土高原，为温带气候，雨量较少，盛产禽畜水果，尤以红枣、甘草、苹果、栈羊最负盛名；陕南为亚热带气候，汉中盆地更是河渠纵横，一派江南风光，禽畜、水产、野生动植物资源非常丰富，有核桃、板栗、柿子、木耳、生姜、山芝、薇菜、魔芋、花椒、鲩鱼等大量销往省外，还有珍稀的竹荪；中部的关中平原号称八百里秦川，为暖温带，气候温和，雨量适中，灌溉便利，农业发达，有名的秦川牛、关中驴、渭河鱼、黄河鲤以及葱、姜、蒜、辣椒产量大，质量好。这些丰富多彩的物产，为陕菜奠定了雄厚的物质基础。

历史积淀。从历史发展看，陕西菜经历了大起大落的曲折道路。周秦汉至唐代，陕西菜达到鼎盛时期，胡汉饮食大交流，13个王朝的建都为陕西留下了丰富的饮食文化遗产。但自五代十国以后，秦岭北麓原始森林的破坏，水土流失，政治经济文化中心东移，陕西菜点遂处于缓慢发展状态，直至明末清初，才逐渐恢复发展。

新中国成立后，特别是改革开放以来，具有古老历史传统的陕西菜迅速发展，人才辈出，名馔竞妍。值得一提的是，陕西菜在全面继承发扬传统优良技艺的同时，不断吸取国内外先进经验和现代科学技术成果，积极挖掘，大胆改革，勇于创新，使其在色、香、味、形、质、营养、卫生、食疗以及意境、情趣等方面融为一体。例如“长安八景宴”，把美味、美景巧妙结合，早为中外宾客所赏识；仿唐菜的研制成功，使失传多年的古代珍馐重放异彩，并已进入日本市场；近年研制的“魔芋席”、“五行菜”、“陕西风味小吃宴”、“饺子宴”、“泡馍宴”等，以其异彩纷呈的魅力受到各界宾客的热烈欢迎。以西安饭庄为代表的新派陕菜的研制和经营，也取得了巨大的经济效益。陕西菜正以一个新的姿态，迎接新的发展阶段的到来。

民俗传承。从社会民俗看，陕西菜既有悠久的历史传承，又有丰富的民俗遗存。陕菜与许多历史事件、人物、故事、传说，甚至古代哲学有关，成为历史的见证。例如“细沙炒八宝”与“周八士火化商纣王”；“全家福”与秦始皇“焚书坑儒”；“商芝肉”与商山四皓；“枸杞炖银耳”与张良、房玄龄；“凤吞翅”与周勃、陈平灭诸吕；“菊花锅”、“炒腰花”与武则天；“氽双脆”与酷吏来俊臣、周兴；“三皮丝”与中唐王旭等三御史；“贵妃鸡翅”与杨贵妃；“菊花干贝”与重阳节；“八卦鱼肚”与易经八卦等均有关联。小吃中的牛羊肉泡馍、腊羊肉、太后饼、千层饼、岐山面、乾州锅盔，也都有着深厚的历史渊源或民间传说。历史与民俗交织一体而融入饮食文化之中，使得陕西菜点大多具有传说典故，文化底蕴十分深厚。

2. 陕西省菜点著名品种

陕西菜历史悠久，品类繁多，精品荟萃，风格华丽典雅。这里依据《陕西烹饪大典》、《中国名菜谱·陕西风味》、《新编陕西名小吃》等权威著作记载，选其精要，介绍陕西部分名菜名点。

(1) 传统名菜类。用海鲜产品制作的名菜有冰糖燕菜、清汤宫燕、菊花干贝、三丝鱼翅、海参烀蹄子、鸡茸鱼翅、麻腐海参、烧鱼皮、清汁鱼唇、牡丹干贝。用河鲜产品制作的名菜有奶汤锅子鱼、金齑玉脍、四宝鲩鱼、菊花全鱼、软钉雪龙、油爆鳝卷、光明虾炙、遍地锦装鳖、鲤鱼跳龙门、烧鱼枚、蟹黄鱼肚、明珠大虾。用家畜产品制作的名菜有薇菜里脊丝、温拌腰丝、芥末拌肚、奶汤肚块、芝麻里脊、氽肩、烤羊腿、芥末肘子、带把肘子、炝腰片、炝白肉。用禽蛋产品制作的名菜有莲蓬鸡、葫芦鸡、秦巴四珍鸡、芝麻鸡、软炸鸡片、桂花鸭子、箸头春、凤眼鸽蛋、飞奴、奶油鹌鹑蛋。用蔬菜产品制作的名菜有金边白菜、草堂八素、拔丝猕猴桃、枸杞炖银耳、八珍羹、一品山药、喜梅豆腐、山药寿桃、蜜汁葫芦、细沙炒八宝。用山珍产品制作的名菜有龙眼团鱼、驼蹄羹、红烧熊掌、包封鱼团、炒娃娃鱼、清炖娃娃鱼、三鲜猴头、红烧猴头、珍珠猴头、孔雀猴头。

(2) 传统名点类。传统名点有牛羊肉泡馍、泡泡油糕、莲子羹、小笼包饺、德发长饺子、柿子面锅盔、陇县油旋、麻花油茶、炒穰皮、岐山臊子面、酸汤水饺、萝卜饼、开花馒头、糍糕、浆水面、素糊饽、羊汤饸饹、宝鸡油酥、三原麻花、三原烧卖、蛋丝饼、白云章饺子、白剂馍、荷叶饼、三原凉粉。

(3) 创新名菜类。用海鲜产品制作的名菜有糖醋鱿鱼卷、蟹黄煨鱿鱼丝、红梅鱼肚、乌龙烧鲜。用河鲜产品制作的名菜有碧绿虾扇、彩熘生鱼卷、荷包鲍鱼、白汁扒鲍。用家畜产品制作的名菜有茄汁牛舌。用禽蛋产品制作的名菜有碧绿骨香鸡、珧柱鸽粥。用蔬菜产品制作的名菜有拔丝桃仁、贵妃荔枝、招财进宝、芝麻魔芋条、酿菊花苹果。用山珍产品制作的名菜有华松扒熊掌、钳蝎竹鸾凤珠。

(4) 创新名点类。创新名点有水盆羊肉、秦味烧卖、春发生葫芦头泡馍、教场门荞面饸饹、金线油塔、粉蒸羊肉、大肉饼。

（郑可望　师　力）

3. 陕西省菜点代表作品

(1) 糖醋鱿鱼卷

制作过程

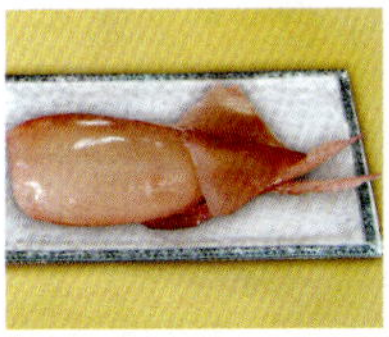

制作者：师　力

① 原料：水发鱿鱼 200 克，姜末 3 克，葱花 5 克，蒜末 5 克，白糖 100 克，醋 50 克，酱油 10 克，精盐 0.5 克，水淀粉 10 克，熟猪油 75 克，菜籽油 500 克(实耗 25 克)。② 将水发鱿鱼撕净皮膜，切去头尾，皮面朝下，平铺在砧板上，剞成十字花刀纹(刀纹深度为鱼身的 3/4)，再切成 4 厘米大的方块，放入碱水中(水 500 克，碱 15 克)浸泡 3 小时捞出，用清水再浸泡 1 小时，将碱味拔净。③ 将白糖、酱油、醋、精盐、葱、姜、蒜、水淀粉同放一碗中，加清水 150 克，调成糖醋芡汁。④ 炒锅内注入菜子油，用旺火烧至七成热，投入鱿鱼，炸至卷起时，立即倒入漏勺沥油。原炒锅放入熟猪油(50 克)，用旺火烧至八成热时倒入糖醋芡汁，用手勺搅动，烧至起鱼眼泡时，浇入熟猪油(25 克)，倒入鱿鱼卷，颠翻裹汁出锅即成。

风味特点　色如琥珀，晶莹透亮，花形美观，质地脆嫩，甜酸适口。

技术关键　鱿鱼能否成卷，关键在于改刀——要在内面下刀。

品评　此菜是一道功夫菜，陕西烹饪界常以此测试厨艺，厨师要熟练掌握改刀和调汁、烹制三道工序，方可制作出上乘的糖醋鱿鱼卷。

(2) 三皮丝

典故与传说 此菜属陕西传统名菜。相传始创于唐代，原名“剥豹皮”。中唐时期殿中御史王旭，监察御史李嵩、李铰三人依仗权势作恶多端，老百姓给他们起了绰号，称王旭为黑豹，李嵩为赤黎豹，李铰为白额豹。当时长安一家酒店有位姓吕的厨师，用乌鸡皮(黑色)、海蜇皮(浅红色)、猪皮(白色)制成菜肴，暗含剥(三豹)皮之意，遂名为三皮丝。

制作过程

① 原料：乌鸡皮(或鸡腿肉)100 克，熟猪肉皮 100 克，海蜇皮 100 克，熟火腿细丝 10 克，水木耳细丝 10 克，绿色青菜细丝 5 克，姜末 2 克，花椒 10 粒，精盐 3 克，酱油 15 克，芝麻酱 15 克，芝麻油 50 克。② 将熟猪肉皮除净皮下脂肪，片成薄皮，切成 5 厘米长的细丝，熟鸡皮、海蜇皮也切成 5 厘米长的细丝，即成“三丝”。③ 将三丝各堆积成塔形摆在盘中，将火腿、木耳、绿菜丝分别放在三个塔顶上。④ 炒锅内放芝麻油 25 克，投入花椒用小火炸出椒香味，捞出花椒不用。加入醋、酱油，放入精盐、姜末同熬三合油，浇在三塔之间后，浇上芝麻酱，再将芝麻油 25 克淋在三丝上即成。

制作者：郑新民

风味特点 筋韧鲜脆，清爽利口。

技术关键 “三丝”要切配得整齐划一。

品评 口感筋韧爽脆，三色分明，是佐酒或下粥佳品。

(3) 糟肉

制作过程

制作者：师　力

① 原料：带皮猪五花肉 500 克，干红枣 150 克，醪糟醅 200 克，白糖 100 克，熟猪油 25 克，水淀粉 10 克。② 五花肉去骨刮洗干净，入沸汤锅煮至六成熟捞出，用刀在肉皮面上剞成 1.3 厘米大的斜方形(菱形)花刀纹(刀深约 0.3 厘米)，然后翻过来皮朝下。先从中间剞 1 刀(皮要连而不断)，再切成 0.7 厘米厚的片。③ 皮朝下装入蒸碗，干红枣洗净泡软，放置于肉上，再将醪糟醅置于枣上，加白糖，上笼蒸约 2 小时，滗出原汁，扣入汤盘。④ 炒锅置火上，添入熟猪油，用中火烧至五成热，倒入原汁，化开后用水淀粉勾成硬汁，浇入汤盘即成。

风味特点 融肉香、枣香、酒香于一体，形整肉烂，肥而不腻。

技术关键 改刀要整齐，蒸制时间要长。

品评 糟肉是陕西传统风味菜肴，是西安市民的传统节日佳品。糟肉一款，早在北魏《齐民要术》中就有记载。成菜呈玲珑半球状，光润红亮，食之毫无肥腻之感，佐以大碗白酒或白米饭食用更是大快朵颐。

(4) 贝尖鱿鱼丝

典故与传说　陕西传统菜中有煨鱿鱼丝一款，技法精妙，风味独特，源出陕西三原县，曾得于右任先生赞赏，为西安饭庄特色菜之一，久盛不衰。贝尖鱿鱼丝系西安饭庄新一辈青年厨师在煨鱿鱼丝的基础上改制而成的。新菜继承了传统的刀法（切丝）和烹法（煨），改主料为贝尖，而以鱿鱼为配料，配料中也不用猪后肘肉和鸡腿肉，调料中不用八角，从而使鲜味更加突出。

制作过程

制作者：师　力

① 北极贝 400 克，鱿鱼 200 克，葱、姜各 5 克，盐 5 克，味精 2 克，料酒 10 克，上汤 500 克，生抽 25 克，蚝油 25 克，菜油 100 克。② 干鱿鱼片 200 克，用凉水浸泡软，搌干水分修好边，用刀横片成极薄的长片，再顺长切成细丝，放入小盆中，加入面碱 5 克，清水 500 克，搅拌匀浸腌 1 小时，再倒入锅中烧沸捞出，再倒入凉水中漂去碱味。③ 贝尖用开水略氽后，放入盘中。鱿鱼丝入锅加上汤、盐、味精、料酒烧开煨至入味，放在贝尖中间。④ 锅内添底油，下葱、姜炒香后，烹进料酒、上汤、盐、味精、生抽、蚝油，勾入芡汁，淋明油浇在菜上。

风味特点　菜肴色泽艳丽，筋韧软绵，鲜咸浓郁。

技术关键　贝尖略氽即可，鱿鱼丝则要煨透入味，切丝时要先横片再顺切。

品评　此菜直接用贝尖，色泽红亮且增加了鲜脆爽韧的感觉，调料中加蚝油，更增新意。

(5) 上汤鸡米海参

制作过程

制作者：杨泉明

① 原料：水发海参 250 克，鸡脯肉 75 克，火腿 30 克，熟青豆 20 克，葱 20 克，姜 10 克，料酒 5 克，盐 2 克，味精 1.5 克，花椒油 20 克，上汤 300 克，熟猪油 100 克。② 水发海参顺长片成坡刀片，用开水氽透。鸡脯肉剁成细米，加入精盐 0.5 克，料酒 5 克抓匀，用水淀粉 15 克，鸡蛋清 1 个抓拌上劲，火腿切粒米。③ 炒锅置旺火上，添入熟猪油，烧至四成热时，投入鸡米划散，色白时捞出沥油。炒锅坐旺火上，加上汤、葱段、姜片、海参烧开，煨至入味捞出海参。④ 炒锅置中火上，加入花椒油烧至六成热时，投入葱米、姜米炒出香味，烹入上汤，倒入海参，加盐、料酒、味精烧开，移小火煨入味。再改旺火，倒入鸡米用水淀粉勾芡，淋熟猪油装盘，撒上火腿末、青豆即成。

风味特点　鸡米乳白，海参润滑，汁浓味鲜，软绵柔滑。

技术关键　海参宜片坡刀片，以扩大粘裹面积，划鸡米时油不可过热，以划散色白为度。

品评 鸡米海参是传统陕西官府菜中的名品，为高级筵席头菜。西安桃李村饭店、西安饭庄、西秦饭庄都以此菜作为坐庄菜。21世纪初，西安饭庄的青年厨师在用料、调味上对此菜进行了改进，遂成新派名菜。此菜摒除了传统制法中菠菜心、玉兰片之杂色，使成菜更加黑白分明，又改用上汤煨制，味鲜汁浓。

(6) 顶汤锅子鱼

典故与传说 此菜原名奶汤锅子鱼，系由唐代韦巨源“烧尾宴食单”中的“乳酿鱼”演变而来，为西安饭庄传统名菜。原菜用高汤，现用鲜牛奶，配以金碧辉煌的专用鱼锅，锅下盛西凤名酒，上桌时点燃，火起汤沸，顿时满堂生辉，鱼香、酒香、汤香扑鼻，气氛热烈。

制作过程

制作者：杨泉明

① 原料：黄河鲤鱼1条700克，顶汤1000克，鲜牛奶150克，火腿30克，冬笋30克，香菇20克，香菜5克，葱20克，姜30克，面粉50克，胡椒粉2克，盐10克，绍酒15克，味精2克，姜醋汁25克，熟猪油50克。② 活鲤鱼打鳞，去内脏，洗净，劈成两半，去脊骨，横片成瓦块形(连刀不断)，保持头尾完整。③ 炒锅添熟猪油烧热，下鱼稍煎，加料酒、精盐、上汤、姜块、葱片、葱段煨入味后，出锅装在大盘内，摆放成整鱼形。④ 炒锅放熟猪油烧热，加入面粉稍炒，再加进鲜牛奶、顶汤、葱、姜烧开，热后放入精盐、绍酒、香菇片、火腿片，撇去浮沫，加味精后倒入铜制鱼锅内，即速上桌，点燃锅底的西凤酒，倒入鱼块，烧沸即可食。食用时配以姜丝、香醋、香菜、胡椒粉四小碟，也可以将粉丝、豆腐、菠菜分别投入涮食。

风味特点 汤汁白如奶，鱼肉细嫩味鲜。

技术关键 片鱼时要从腹内下刀，连而不断。

品评 此菜客人参与性强，乡土气息浓厚，气氛热烈，为宴中佳品。

(7) 乌龙赏月

制作过程

① 原料：水发海参12个，鸡脯肉100克，鸡背脊肉100克，琼脂100克，鸡蛋2个，冬笋丁15克，虾仁15克，鱿鱼丁15克，红樱桃适量，菠菜汁10克，水淀粉15克，鸡汤100克，葱段50克，姜片5克，酱油6克，精盐3克，芝麻油20克。② 将水发海参(12个)放进沸水中氽透，捞出沥水，再将鸡脯肉和鸡背脊肉冲洗干净，剔去筋膜切成粒状，砸成泥茸，拌入调料，成酿子，填入海参腹内，上笼蒸熟。炒锅置中火上，依次加入鸡汤、葱、姜、清汤、酱油、精盐及蒸熟的海参，沸后用小火煨，待汤汁煨进主料，起锅待用。③ 将琼脂切碎放入开水(50克)锅中，加进菠菜汁，沸起后倒进大扒盘晾凉。鸡蛋打匀摊成薄饼，修整成约8厘米直径的圆饼，把制熟的冬笋

丁、鱿鱼丁、虾仁铺在上边,其上再铺盖约1厘米的鸡酿子,中间隆起,呈月亮形。上笼蒸熟后,平摆于琼脂盘中心。④炒锅加鸡汤烧沸,勾水淀粉,淋芝麻油10克,浇在鸡泥子上。再将炒锅中煨熟的海参置旺火上,收干汁,淋芝麻油10克后取出,均匀地摆在鸡酿子周围,每个间隙处放一颗樱桃即成(亦可如图摆放)。

制作者：师永红

风味特点　黑白分明,造型美观,鲜香味浓,营养丰富。

技术关键　海参宜用刺参,煨制要做到形整而烂。

品评　乌龙赏月是西安清雅斋饭庄创新的清真名菜。此菜以海参为主料,配鸡肉、虾仁、鱿鱼精工制作。因成菜海参似乌龙,辅料形若明月而得名。成菜形整口感酥烂,汁浓而鲜,造型逼真,增加情趣。此菜原料名贵,多为清真宴席大菜。

(8)彩熠生鱼卷

制作过程

制作者：郑新民

①原料:生鱼750克,虾仁100克,蟹黄50克,菜心12颗,火腿50克,蛋清2个,猪网油50克,高级清汤100克,淀粉20克,肥肉20克,精盐3.5克,料酒3克,味精1.5克。②生鱼宰杀、刮鳞、挖鳃、剖腹,取出内脏,洗净,斩下头、尾,并修好形,鱼肉从中批开,剔净骨刺,鱼皮朝下横片成波浪形的连刀片(皮不片断),用清水漂白,搌干水分,加入精盐2克、料酒3克、味精1克、蛋清1个、淀粉20克抹匀腌制。③虾仁100克、肥肉20克剁碎,加蟹黄50克、精盐1克、蛋清1个搅拌成虾蟹瓤子,装入喇叭形的纸筒里;菜心12棵根部削尖洗净;火腿50克切成长5厘米,宽2厘米,厚0.2厘米的片。④鱼肉两片顺长放入鱼盘,然后将虾蟹瓤子挤入每片连刀片之间,卷成鱼卷,再给每个鱼卷中间整齐地夹上火腿片,放上头尾,盖上猪网油50克,上笼用旺火蒸8分钟左右,熟时取出,去掉网油膜,鱼卷的两边及中间均点缀上烧好的菜心,同时净锅添高级清汤100克,加入精盐、味精各0.5克烧开,用水淀粉勾流水芡浇鱼上即成。

风味特点　色泽艳丽,鲜嫩适口。鱼形似麒麟,身披层层彩浪,泛彩溢光。

技术关键　片鱼、瓤制都要做到形态整齐,蒸制亦要恰到好处。

品评　此菜以陕西官府菜中的麒麟鱼为参考,辅以多种配料,营养更丰富,形色更美,有点铁成金之妙。

(9)孔雀猴头

制作过程

制作者：王发荣

①原料：干猴头蘑200克，黄瓜500克，鲜口蘑150克，火腿片20克，人工种植熟发菜50克，葱段30克，生姜片10克，精盐5克，味精1克，胡椒粉2克，水淀粉15克，鸡汤200克，熟鸡油30克。②将干猴头放入沸水盆中，约3小时泡软后漂洗干净，沥干水分，用刀片成两半，斜刀片成0.3厘米的大片，装碗内，加精盐3克，葱段30克，姜片10克，火腿片20克，添入鸡汤，上笼蒸1小时取出，将原汁滗炒锅内，黄瓜顺长切开去籽用皮，先雕刻孔雀头，余下的切成佛手形块，均用沸水稍烫一下捞出。鲜口蘑一切两半，再切成虎爪形，放入蒸猴头的原汁锅内，烧开捞出。③取直径36.5厘米条盘1个，先用黄瓜摆孔雀身的轮廓，再用猴头片摆孔雀身的羽毛，颈、胸处用发菜垫底，接着摆上蘑菇，最后摆上孔雀头。④上笼用旺火蒸5分钟取出，整形后，将装原汁的锅上火烧沸，加入精盐2克，味精、胡椒粉，用水淀粉勾薄芡，淋入鸡油，浇在孔雀身上即成。

风味特点　孔雀形态逼真，色彩典雅，软绵软嫩，鲜香味浓。

技术关键　刀工要稳、准，摆形要有动态感。

品评　此菜选用“山珍之冠”猴头磨为主料，配以口蘑、黄瓜、发菜制成，维生素及膳食纤维含量丰富。孔雀羽翎华美、高雅，是富贵、友谊、幸福的象征。

(10)太极八宝

典故与传说　本品系甜菜，从陕西传统菜八宝甜饭和细沙炒八宝演变而来。八宝即红枣(去核)、核桃仁、青红丝、蒸莲籽、青梅、葡萄干、百合、豆沙。传说商代末年，伯达、仲突等8位贤人投奔武王，号称“周八士”。周八士积极参与了消灭殷商的斗争，并用火烧死了纣王。在庆功宴会上，御厨用8种珍品合烹，上浇色红似火的山楂汁，寓意“周八士火化殷纣王”。近年来，将八宝饭用模具隔开摆成太极图的做法，在西安颇为流行。

制作过程

制作者：郑更民

①原料：江米200克，细豆沙100克，红枣(去核)30克，葡萄干25克，核桃仁20克，青红丝10克，青梅30克，百合20克，蒸莲籽40克，熟猪油125克，白糖150克，冰糖25克，番茄酱100克。②红枣(去核)30克、葡萄干25克、核桃仁20克、青红丝10克、青梅30克、百合20克均切成丁，与蒸莲籽40克同放在抹过熟猪油的碗内拌匀。③江米200克淘净，用开水煮八成熟，倒入笊篱，滗净水分后倒入碗中，加冰糖料25克、白糖100克、熟猪油25克拌匀，投入装有7种料的碗中，抹平抹光，上笼用旺火蒸熟取出，成八宝饭。④炒锅置中火上，添熟猪油25克，烧至四成热时，倒入一半八宝饭，加入细豆沙及水，用手勺搅动，加入白糖25克翻炒，再徐徐淋入熟猪油25克，炒至起沙、软嫩、不结团、明亮光滑时，出锅装盘之一半，呈鱼形。另一半八宝饭改细豆沙为番茄酱如法炮制。整盘呈阴阳鱼太极图形，再以樱桃点缀鱼眼即成。

风味特点 形态典雅高贵，入口香甜，软糯而松散。

技术关键 八宝饭蒸制时间不能过长，以保持米粒形为度，炒时加油要适度，否则造成粘锅；点缀鱼眼，其色与另一鱼身相同，不能出现第3种颜色，此为太极图之关键。

品评 本品将八宝饭炒制，提升了品味，再摆以太极图，增添了文化气氛，诱人食欲。

(11) 秦椒鸵鸟肉

制作过程

①原料：鸵鸟肉300克，秦椒200克，葱段50克，老抽10克，食盐5克，料酒10克，味精2克，色拉油500克(实耗25克)。②鸵鸟肉切成象眼片，秦椒切片。③肉片加盐、料酒、味精、生抽、水淀粉上浆。炒锅内添油烧至四成热，下肉片滑散，捞出沥油。④炒锅内留底油，下葱段煸出香味，倒入秦椒片煸炒几下，再加进鸵鸟肉，烹入料酒、盐、味精、老抽，勾芡，淋明油出锅。

制作者：梁力行

风味特点 肉质软嫩，口味浓香。

技术关键 滑肉片时油温不可过高；煸葱段爆辣椒时油温则要高，且操作要迅速。

品评 近年来，陕西关中因地理、气候适宜，已成为全国驯养鸵鸟大省，以鸵鸟肉为主料的菜肴也被普遍开发供应。鸵鸟肉外观色泽与肌纤维均似牛肉，属纯红肌类，但较牛肉柔滑细嫩，宜于各种刀工处理和烹调。本菜所用秦椒，形体细长，肉厚油大，味道辛香，入油锅爆，辣香特别。本品营养丰富，为佐酒佐餐佳品。

(12) 上汤煨驼峰

制作过程

①原料：熟驼峰肉250克，上汤150克，葱15克，姜20克，盐10克，味精4克，料酒20克。②驼峰用水略氽，改成3厘米厚的片，放入碗内。葱切段、姜切片。③碗内加葱、姜、味精、料酒、上汤蒸至熟烂时取出。④拣出葱、姜，将原汁漏倒入锅内，加食盐、味精、料酒、上汤，勾芡汁，浇在驼峰片上即成。

制作者：杨泉明

风味特点 驼肉筋柔，色泽淡红，口味醇厚。

技术关键 驼峰肉的前期熟制，入味一定要透，否则膻臊不除，大煞风景。

品评 驼峰由胶质脂肪构成，柔嫩腴润，似脂肪而不腻，似胶质而又滑韧，历来被视为烹饪原料中的珍品，唐杜甫诗“紫驼之峰出翠釜”可为例证。现内蒙、北京皆有一些著名的驼峰菜。驼峰干品使用前须涨发、水煮、笼蒸以除去膻臊气。本品口感筋柔不柴，润滑不腻，口味醇厚，以上汤蒸煨更增其鲜，为佐酒佳肴。

(13)牛羊肉泡馍

典故与传说 本品系西安小吃代表品种,号称"陕西一绝"。其渊源可上溯至公元前11世纪。《诗经》中就有"朋酒斯飨,曰杀羔羊"之语。西周时曾将羊羹列为国王、诸侯的"礼馔"。《宋书》记载,南北朝时的毛修之因献出羊羹这一绝味,武帝封其为太令官,后又升为尚书光禄大夫。隋朝谢讽《食经》即有一款美馔叫"细供没忽羊羹"。据文献记载,唐代宫廷御膳和市肆都擅长制羹汤。羊羹就是用羊肉烹制的羹汤,即当今羊肉泡馍的雏形。

苏东坡在陕西凤翔府(今凤翔县)做官时,曾有"秦烹惟羊羹"的诗句。及至明崇祯十七年(1644年),西安专营羊肉泡馍的"老马家"在桥梓口开业,由名厨马建行掌勺,食客盈门,誉满古城。光绪二十六年(1900年),八国联军攻占北京,慈禧太后携光绪皇帝避居西安,来此品尝,倍加赞赏,写下"天锡楼"3个大字。从此"老马家"改名"天锡楼",将题字做成立式金字巨匾挂于临街的三楼之上,名声大振。当时在华协助邮政工作的英籍侨民也常来进餐。继天锡楼之后,又先后涌现出同盛祥、老孙家、义祥楼、一间楼、鼎兴春、老童家等10余家规模经营的泡馍餐馆,竞相争辉,各具特色,使泡馍烹调技艺日臻完善。

1936年西安事变前,爱国将领杨虎城在西安老孙家用羊肉泡馍宴请蒋介石。1947年,国民党竞选国大代表时,曾用羊肉泡馍争拉选票,当时西安报纸标题有《君欲竞选国大代,请客先吃羊肉泡》,以一碗羊肉泡馍换取一张选票。

20世纪50年代,周恩来总理、陈毅副总理曾分别在西安以羊肉泡馍宴请尼泊尔马亨德拉国王、越南胡志明主席。后来,羊肉泡馍在首都北京落户,北京民族文化宫和新街口西安饭庄以及天津食品街均经营牛羊肉泡馍。1986年,北京钓鱼台国宾馆邀请西安技师传授泡馍技艺,使羊肉泡馍这一地方风味跻身国宴。1989年,同盛祥的羊肉泡馍荣获国家商业部金鼎奖。1987年,西安黎明羊肉泡馍馆在羊肉泡馍的基础上首创羊肉泡馍宴,以羹汤相同,用料不同、口味各异的多种泡馍组合而成,1994年荣获全国首届清真烹饪技术竞赛金牌。1992年12月,老孙家与香港建秦贸易有限公司合资成立西安老孙家食品有限公司,年产180万听牛羊肉鲜汤的罐头厂正式投产,每听罐头可做两碗泡馍,销往京、津、粤、晋、深圳及香港等地。2005年5月,中国国民党主席连战、亲民党主席宋楚瑜分别来陕西寻根拜祖时,在西安品尝老孙家羊肉泡馍后,更是连声赞叹。

制作过程

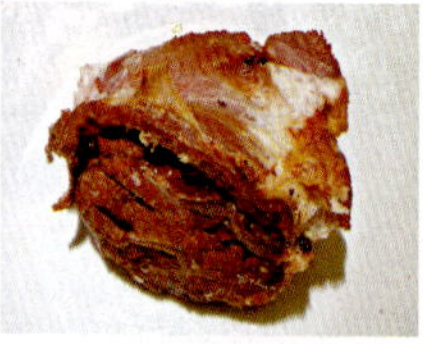

①原料:羊肉50千克,桂皮50克,草果100克,大红袍花椒400克,小茴香900克,干姜50克,良姜250克,八角200克,精盐1250克。②将羊肉(牛肉)50千克剔净骨头,切成约2.5千克重的块,投入清水池中,先洗去血污,换水再浸泡两小时。将肉上污垢刮净,用清水冲洗,再放入水中浸泡1小时,待肉色发亮即可。将全羊骨架六副或全牛骨架一副半放入另一水池中浸泡1小时,换水再泡1小时,捞出,冲洗干净,砸成20~23厘米长的段。锅内加入清水约25千克,旺火烧开,放入骨头,再烧开。加入明矾8克,旺火熬半小时后,撇去浮沫。把桂皮50克、草果100克、大红袍花椒400克、小茴香900克、干姜50克、良姜250克、八角200克,装入净布袋内,扎紧袋口,放入锅内。旺火烧两小时后,将肉块皮面向下摆放在骨头上,煮三四小时后,放入精盐1.25千克,用肉板压上,加盖,改用小火。保持肉锅微开。约炖12个小时,即可肉烂汤浓。揭开锅盖,取出肉板,撇去浮油,把铁肉叉从锅边插入锅内,将肉略加松动。左手拿直径40厘米长的平面竹笊篱,右手拿肉叉,将肉块

皮面向下捞放在笊篱上，然后翻扣在肉板上，用肉汤在板上冲浇几次，使肉面干净。以此法将肉全部捞出，晾凉。③ 肉的部位分肥肋、腱子（又名腱胡）、头皮、羊眼、口白、蹄筋、肚头（又叫肚梁）等。顾客既可单选一种，也可兼要几种。经切配师傅按顾客选定的肉逐碗配好，每份 100 克，分别装入小碟内。再由服务员连同馍碗端回桌上，逐人逐碗核对，叫做“看菜”。如无异议，由顾客向服务员说明煮法后，服务员即将肉块盖在馍块上，再端回厨房交给煮肉师傅并告知煮法。有的顾客想多吃些肉，也可再要一份肉同煮，叫做“双合”。④ 煮馍。有 3 种煮法（所用调料，辅料相同）：一为“干泡”，要求煮成的馍，碗内无汤汁。炒勺内放入原汁汤及开水各 500 克，烧开后，放入精盐 3 克，倒入肉块煮约 1 分钟，再倒入馍块、水发粉丝 25 克及蒜苗少许，用手勺略加搅动，将汤陆续撇出约 250 克。然后，放入料酒、味精各少许，用旺火煮 1 分钟，淋入熟羊油 5 克，颠翻几下，再淋入熟羊油约 5 克，再颠翻几下，如此二、三次，盛入碗内即成。盛好后，要求肉块在上，馍块在下；二为“口汤”，要求煮成的馍吃完后仅留浓汤一大口。其煮法与干泡相同。只要求汤汁比干泡多一些，盛在碗里时，馍块周围的汤汁，似有似无；三为“水围城”，适用于馍块较大的。先放入汤汁和开水各 750 克，汤开后，下入肉、馍。煮成后盛入碗里时，馍块在中间，汤汁在周围，故名。另外，还有碗里不泡馍光要肉和汤的吃法，叫做“单做”。

制作者：王　锋

风味特点　此风味名品需要食者自己动手并和厨师配合默契，讲究“会掰馍”、“会吃”。烹制精细，火候到家，肉烂汤浓，料重味醇，馍筋光润，绵韧适口，肥而不腻。此品滋补、果腹作用强，为膳食珍品。

技术关键　煮肉制汤的调料、火候是关键。

品评　进餐时需佐以糖蒜、香菜、辣子酱及小磨香油，分别置入小碟。顾客按自己的食性、爱好，自行选择，放入碗内，食用时不能来回翻搅，以免发懈，只能从一边一点一点地“蚕食”，始终保持鲜味不变。餐后还要饮用以原汁汤加粉丝烹制而成的高汤一小碗，再喝两杯湖南安化浓茶，顿觉心旷神怡，余香满口，回味无穷。

注　介绍饦饦馍制法（以制 10 个为例）。用温水 400 克将碱面 2.5 克溶化，倒入 1 千克上白面粉中，和成硬面团，用湿布盖严，饧约 10 分钟后，将面团分成 10 个面剂，擀成直径约 8.2 厘米的圆饼坯，再用擀杖将饼坯周围打起棱边，放在三扇鏊烘烤 5 分钟，约有八九成熟时即成（三扇鏊：用来烙烤面点及烧饼的一种铁制炉鏊，以木炭为燃料。直径约 39.6 厘米，分上鏊、中鏊、底鏊，故称“三扇鏊”。上鏊面向上，中鏊鏊面向下，底鏊周围用耐火泥砌 16.5 厘米高的边，成凹形烘炉，下设木炭炉）。

（14）白剂馍夹肉

典故与传说　我国加工腊汁肉的历史悠久。在《周礼》一书提到的“周代八珍”中的“渍”就是腊汁肉雏形。战国时代有“寒肉”，也近似腊汁肉，当时位于秦、晋、豫三角地带的韩国已能制作。秦统一后，“寒肉”制作技艺传到长安（今西安），并世代流传下来。北魏贾思勰《齐民要术》记载的“腤肉”制法，与今天腊汁肉基本相同，只是现有的用料制法更为讲究。清光绪年间（1904 年），祖籍陕西蓝田的樊炳仁在西安南院门卢进士巷（今卢荡巷）经营起腊汁肉，他继承唐代传统技法并加以改进，在诸多腊汁肉中独树一帜。1926 年，他把在北京从厨的儿子樊凤祥叫回参与店务，并把儿子的别名“茂春”用在店名里，取名“义茂春”，从此，挂起了“义茂春樊记腊汁肉”的牌子。

当时，南院门商贾云集，店铺林立，是西安最繁华的地方。不仅白天闹市腊汁肉卖得火爆，而且每天晚上戏散以后，商号的掌柜们（老板）也总要打发学徒到樊记腊汁肉铺子买些腊汁肉

风味特点 面条细长，软而有筋，光滑油润，雪菜味浓。

技术关键 和面时要分次加水，饧好再擀。雪里蕻应腌渍后再用。

品评 本品是西安厨师在传统臊子面的基础上创新的面食。臊子面的臊子是将肉丁煸炒后制汤，现改为肉丝划散与雪菜同炒，直接置于面上。成品肉丝滑嫩，雪菜辣呛，较传统面条更加鲜香爽滑。

（八）甘肃省菜点文化与代表作品

1. 甘肃省菜点文化概述

我国饮食文化底蕴深厚，各地方风味独立成章，表现了不同地域的饮食文化价值。甘肃饮食文化同样孕育着陇原大地淳朴的民风和厚重的历史，是中国烹饪百花园里的一枝奇葩。在上下几千年的历史长河中，通过不断推陈出新，植根于大西北，以自己独有的特色魅力，在陇原大地上放射着光芒。

（1）沿革。甘肃位于我国西部的黄河上游，地跨青藏、内蒙古、黄土三大高原，面积45.4万平方千米，是我国经济文化发展较早的省（区）之一，取北魏始名的甘州（今张掖）、隋代始名的肃州（今酒泉）两地名称字首而得名，常以甘简称，又因省境大多在陇山之西，古代曾有“陇西郡”和“陇右郡”的设置，故又称“陇”。甘肃，在中华民族的发展历程中，有着悠久的历史和灿烂的文化。大地湾遗址被证明是中华民族发祥地之一，中华民族的人文始祖伏羲就诞生在渭河上游。3000多年前，周人先祖发祥于陇东一带。汉唐以来，甘肃成为中西文化交流、商贸往来的丝绸之路，留下了丰富的文物古迹。

早在七八千年之前，西北先民在甘肃东部纵横千里的黄土高原地区进行着艰苦卓绝的开拓生产活动。在甘肃秦安大地湾文化已发掘的遗址中发现了一批碳化植物种子——黍，是国内同类标本中时代最早的。出土的还有可翻地的石铲、收割作物的石刀、研磨粮食的石磨和石盘等，这些工具形式较为固定且有一定数量，从而表明此时的农业生产及加工技术已经形成。由于有了粮食，家畜饲养的条件逐渐成熟。众多的猪狗骨骼在大地湾遗址出土，无疑表明当时人们已开始畜养家畜。农业的发展和家养动物的产生，为甘肃烹饪提供了原料来源。为满足基本的盛储炊事需求，大地湾先民利用取之不尽的黄土神奇地将泥胚烧制成各类坚固的陶器。陶器以三足、圜底、圈足器为主，以三足罐做炊器，钵形器、三足碗盛装食物。农业的发展，制陶术的发达，为当时饮食的发展提供了坚实的物质基础。“烤乳猪”就是发源于西周宫廷“八珍”中的“炮豚”，西周故乡的原生地正是甘肃的陇东。

从春秋战国开始，由于社会生产力的发展，铁器工具的出现，促进了水利灌溉，扩大了耕地面积，经济繁荣，畜产品增多，冶炼钢铁、制陶煮盐、酿酒等工业的发展为烹饪提供了大量的食品原料和较为先进的工具。烹饪技术开始在选料、火候、刀工、调味、饮食卫生、餐具、厨具等方面进行严格的分工，而且有了严格的等级制度和礼节仪式。

在秦汉时期，秦始皇统一六国，建立中央集权的封建帝国，天下分为三十六郡，在甘肃设陇西郡。汉在甘肃分设安定郡、天水郡、陇西郡、金城郡、武威郡、张掖郡、酒泉郡、敦煌郡，甘肃境内政治稳定，经济繁荣。汉派张骞等人两次出使西域，为开辟丝绸之路立下功勋，同时引进了西域的饮食材料，使胡瓜、胡萝卜、菠菜、胡桃、葡萄、苜蓿等从甘肃大地输入中原，这不仅促进了东西方经济文化的交流，也使甘肃和西方的烹饪技术不断融合。公元前121年，前骠骑将军霍去病大败匈奴，打开了通往西方的交通要道，东西方人在热闹的丝绸之路上腾挪周转，他们将家乡的饮食口味、烹饪习惯与技法带入大漠绿洲，促进了甘肃饮食文化的发展。皇甫谧（平凉人）的针灸及食疗理论广为传播，相传当时有“枸韭卵”、“枫叶马奶酒”、“热粱和炙”等菜肴。在1971年嘉峪关出土的汉墓画像砖中有灶前烧火图、持锤击杀牲畜图、切肉烤肉图、婢托盘提壶图等，从中可看出当时红白案已分工，铁器已广泛使用，炊具、炉灶已有改进，调味品及酒已有发展。这些汉墓画像生动地反映了汉代甘肃烹饪发展的概貌，为西北陇菜的形成奠定了坚实的基础。

魏晋南北朝时代，西凉、南凉、北凉、后凉相继在河西建都，晋王在天水建都，形成了民族交流融合时代。由于丝绸之路商业繁荣，佛教在中国流行，素菜传入甘肃。364年（前秦建元二年）在敦煌开始凿建莫高窟，420年（北魏太常五年）开凿炳灵寺石窟，502年（北魏景明三年）开凿麦积山石窟。在这些艺术宝库中，都有反映东西方烹饪技术方面的画像。399年，名僧法显从长安西行到印度取经，在金城居住数月，带来长安的斋食。在1979年嘉峪关出土的魏晋墓中的画像砖上有婢女烫洗家禽图、杀牛图、屠夫杀猪图及墓室壁画，栩栩如生地反映出当时甘肃的政治、经济、文化和烹饪技术的水平。相传贾思勰所著《齐民要术》中提到的“古啖法”、“胡炮法”、“胡羹法”等烹饪方法当时在甘肃已有流行。在敦煌文献和敦煌壁画中，保存有丰富的饮食文化资料，直接记载饮食的资料就有200多种，敦煌壁画中还有50多幅宴饮场面。榆林窟壁画中也有酒肉满桌、猜拳行令的饮酒场面。

隋唐时期，中国成为世界发达国家之首，经济、文化影响世界各地。各国纷纷派人来中国，进行交流学习，他们带走了中国先进的生产技术和科技发明，也传播了他们特有的生活习俗和饮食文化，甘肃地处丝绸之路，受其影响，经济发展日趋繁荣。

唐之后，北方五代十国，诸侯雄起，兵火连天，西夏立国，河西趋于稳定；元朝，成吉思汗提出重农政策后，鼓励开荒，兴修水利，发展植物栽培，动物驯养，甘肃的农作物棉花、葡萄、西瓜、小麦等都比较丰富，东西方商业交流更加频繁，对当地的饮食发展起到很大的促进作用。

明清时期，兰州作为陕甘总督府所在地，是封建统治的重镇，各少数民族和中原先进的烹饪技术在此交融，促进了甘肃烹饪技术的发展。在制作上，厨房分工明确，选料精细，切配细致，以肃王府、总督府菜为标准，讲究菜肴的色、香、味、形、器、名，并有严格的宴会配制和上菜程序。

抗战时期，兰州作为大后方，大批南北名人志士来兰州活动，各地名菜相继传入兰州，扬州的狮子头、杭州西湖醋鱼、四川麻婆豆腐、宫保鸡丁、京菜油爆双脆等，相继为甘肃陇菜增辉。

（2）构成。随着古丝绸之路的开通，东西方文化的交流，贸易商人的餐馆、宴席、小吃逐日增多，地方风味的菜肴进城上市，使甘肃烹饪兼收并蓄、融汇中外，既具有独特的地方风味，又博采众长，富有民族特色。在历史的变革与社会的发展中，陇菜日益完善，逐渐形成了以兰州为中心，包括河西走廊地区（武威、张掖、酒泉、敦煌等）、陇南地区（成县、文县、武都、徽县等）、天水地区、陇东地区的清真菜和多民族的特色小吃。

明清时期，陕甘总督坐镇兰州，使陇菜在发展中初具规模，主要由宫廷与官府菜、家常菜、少数民族菜、面点与风味小吃等几类构成。金鱼发菜、烤猪、沙锅牛膝、蜜汁百合等宫廷与官府菜，久传不衰。家常菜主要指民间婚丧嫁娶宴席上的菜，有“五碗”、“六君子”、“八大碗”、酸辣海参、捆子肉、腐乳豆腐、全家福等。清真菜有烤全羊、香酥羊腿、梅花羊头、杏花肠子、涮羊肉、五溜夹沙。面点风味小吃有泡油糕、胰子点心、水晶饼、肠子面、清汤牛肉面、搅团等。

新中国成立后，在开发大西北的号角中，京、津、沪、杭、扬、徽等地方菜进入甘肃餐饮市场，在丰富甘肃饮食市场的同时，也为甘肃餐饮市场带来了生机。陇原厨师和外来厨师相互团结、互为补充，本着以繁荣饮食文化为宗旨，根据陇菜特有的原料，结合外来人才的先进技术，共同研制出适合甘肃乃至西北人民喜食的美味佳肴，进一步丰富了陇菜的内涵。如今甘肃的餐饮可谓是红红火火，热热闹闹，宴席菜、大众消费的便餐菜、民间家常菜、地方小吃以及在外来火锅基础上发展创新出来并适合本地大众口味的各色火锅、突出地方民族特色的各式风味菜点，比比皆是，构成了甘肃餐饮一道道亮丽的风景。

（3）特点。选料精细。甘肃地域辽阔，物产丰富，盛产山珍野味、土特名产，不但可制作名贵肴馔，而且具有滋补、延寿功效。动物性禽畜类的原料有牛、羊、驴、鹿、兔、驼峰、驼掌、羊羔肉、鸡、鸭、鹅及某些野禽、野兽，另有甘南蕨麻猪及陇西腊肉、金钱肉等。水产类原料有草鱼、鲤鱼、鸽子鱼、鲫鱼、团鱼、虹鳟鱼、罗非鱼、鲶鱼、黄鳝等。植物性的原料有韭菜、韭黄、百合、黄花菜、大枣、核桃、板栗、马铃薯及其他蔬菜。花卉类的有牡丹、菊花、玫瑰、韭菜花等。山珍类的原料有发菜、羊肚菌、人参果、蕨菜、薇菜干、银杏、银耳、木耳、竹荪等。瓜果类的原料有白兰瓜、麻醉瓜、黄河蜜、冬果梨、花牛苹果、苹果梨、秦安桃、安宁白粉桃、李广杏等。药材类的原料有岷县当归、党参、天麻、枸杞、黄芪、红花、虫草、锁阳等。用这些原料制作的菜肴，不仅其名如诗似画，而且其味鲜美异常，令人不能忘怀。如“驼峰炒五丝”，选用肉质细嫩、丰腴肥美的河西驼峰为主料，配之以火腿、玉兰片、冬菇、韭黄、鸡脯肉等，选料考究，调配得当，刀工精细，注重火候。成菜后色形美观，营养丰富，质地鲜嫩，独具风味，世称“西北珍馐”。诗人陆游曾在《东山》中赞驼峰道“驼酥鹅黄出陇右，熊肪白玉黔南来”。再如“金鱼发菜”，选用甘肃特产发菜作主料，以金鱼为形，构思巧妙，制作精细。成菜后金鱼浮游于汤面，活灵活现，栩栩如生，汤鲜而清澈，味美而质地嫩，令人不忍下箸。再如“火烧蕨麻猪”，选用甘肃特产蕨麻猪，此猪肉质鲜美，脂肪少而精肉多，是猪肉中的上品，火烧后皮脆肉嫩，鲜香醇美，是脍炙人口的美味佳肴。近年来，肉嫩味鲜、肥而不腻、滋补效果佳、老少咸宜的“靖远羊羔肉”和“手抓羊肉”风靡陇原大地，无论春夏秋冬，在星罗棋布的“靖远羊羔肉”和“手抓羊肉”店前车水马龙，人来人往，店中食客云集，气氛热烈，充分展示了清真菜的魅力。“韭黄炒鸡丝”，选用茎粗叶壮，色鲜质嫩，食疗兼备的兰州韭黄作主料，配以鸡脯肉，成菜后滋味鲜美，风味独特，为新春时令佳品。有一首七言绝句赞兰州的“韭黄炒鸡丝”道：“鲜菜个个争新春，还数韭黄更喜人。茎嫩叶壮汁欲滴，鸡丝韭黄味最新。”陇菜中的山珍以百合、蕨菜为佳。百合号称百蔬之尊，兰州百合久负盛名，品质之佳，堪称世界第一，这里出产的百合鳞茎硕大，瓣厚肉肥，色白如玉，味甜美，蒸、煮、炒吃均可。百合鸡丝是陇菜中的创新菜，曾风靡全国，盛极一时，它以鸡脯肉、百合、旱芹为主料烹制而成。蕨菜又名佛手菜、吉祥菜，是一种别具风味的野生蔬菜。食用部分是它的嫩叶和幼茎，炒食、凉拌均可，其中以兴隆山蕨菜最为有名，清脆微苦。夏天吃，能解暑清火。

技法多样。陇菜的烹饪技法既能在继承传统的基础上全面发展，又能保持自己的风格，有许多独到之处，炒、炸、炖、焖、烧、蒸、清汆、温拌是其主流技法。烧蒸菜，形状完整，酥烂软嫩，汁浓味香，特点突出；清汆菜，汤清见底，主料脆嫩，鲜香光滑，清爽利口；温拌菜，不凉不热，葱香扑鼻，乡土气息极浓。石烹、水煮、油浸、铁板煎、拔丝、蜜汁，这些方法的运用皆因材制宜，因料施法。像石烹黄河鲤鱼，就是将黄河鲤鱼剞上柳叶花刀，加盐、料酒、鸡粉、葱段、姜片、蒜片腌渍入味，用锡纸包紧，将石子烧至 270℃时，将鱼埋在石子中焗熟，盘中放入一定量的热石子，再将焗好的鱼放在上面即可上桌。

香味突出。陇菜的香除了主料特有的香，还普遍使用八角、茴香、排香草、薪苡、草果、豆蔻、丁香、荜茇、花椒、孜然（安息茴香）、苦豆子（胡卢巴）等香料。香料不仅可去除肉类的腥臊味，更可刺激嗅觉，增添食欲。由于甘肃位于东西文化交汇的古丝绸之路上，自古以来便有使用来自欧陆、中亚各地香料的烹饪习惯，而当地特有的骆驼草、薪苡等外地少见的香草，更为它增添了一股不同于中原地区的大漠风情。陇菜除多用芫荽、大蒜、沙葱、旱芹等辛香类蔬菜作配料，还常选干辣椒、陈醋和花椒来提香。干辣椒经油炸后辣而不烈，辣香浓郁，花椒过油后，麻味逊少，香味增加。选用这些调料的目的并非单纯为了辣、酸、麻，而是取其香味。由于陇菜主味突出，一盘菜肴所用的调味品虽多，但每个菜肴的主味却只有一二个，其他味处于从属地位。香味是陇菜的主打味型，居诸味之首，因此，在调和香味上陇菜厨师使出了浑身解数，吃过陇菜之后弥漫在唇齿间的淡雅清香让人感到通体舒坦。

擅长瓜果入菜。兰州，人称瓜果城，是西北有名的瓜果之乡。哈密瓜、白兰瓜、西瓜、苹果、沙果、核桃、葡萄、李、梨、杏、柿、枣、人参果等质优味鲜，品种多样。其中的白兰瓜又称兰州蜜瓜，瓜色白如玉，瓜味甜如蜜，瓜汁醇如露，吃上一口，满颊留香。其金花宝西瓜，号称中国西瓜王。其冬果梨，个大皮薄，汁多肉脆，甜中带酸，且耐贮藏，入冬后，将核掏去，加入冰糖、贝母等，用小火煮透，连汤带梨食之，解渴消寒，滋阴润肺，化痰止咳，是兰州冬季名小吃。以兰州特产的瓜果和其他原料拔丝、蜜汁方法制成的风味菜肴如百合桃、瓤白兰瓜、金城八宝瓜雕，都是陇菜中的传统名菜。金城（兰州别称）八宝瓜雕是把瓜皮面用连环刀雕刻成图案，挖出瓜瓤，作为盛食瓜器。瓜雕图案精美，玲珑剔透，食品清凉甜美，沁人心脾。

艺术气息浓重。陇菜以丝绸之路厚重的文化为背景，敦煌菜几乎每道菜都与丝路风情和大漠风光相联系。正式的敦煌筵席，菜肴讲究形体塑造。食材的雕刻，多以坚硬的根茎蔬果为主。花鸟虫鱼，飞禽走兽，亭台楼阁，歌女舞伎，宗教人物神态万千，栩栩如生，美不胜收。菜肴讲求“色香味形器，质量情景意”。“敦煌乐舞宴”中，每一道菜肴都有一个舞蹈相伴，人们一边品尝佳肴美食，一边欣赏敦煌乐舞，一边细细品味杯盘碗盏之间流露的浓浓历史风情，令人怡然自得，物我两忘。敦煌宴的主雕塑“飞天神女”惟妙惟肖，使人恍如置身于莫高窟内壁画前，名菜“雪山驼掌”将蛋白发打成“雪山”，在雪山前铺上海米末（虾米磨粉）代表沙漠，以映衬主料骆驼掌，这种将河西走廊的祁连雪峰与大漠戈壁景观微缩于一盘构思出来的肴馔，与一幅大漠风景画别无二致；“酒乡葡萄”则再现了“葡萄美酒夜光杯”的情韵，至于菜点“月泉秀色”、“红梅百合”、“陇原春色”、“九色神鹿”、“三兔奔月”，仅其菜名就给人以无限的艺术遐想。兰州菜中的瓜雕常常因其形象逼真而使人走神，那些走笔飞刀的创作者是厨师又是工艺美术师（参见《饮食科学》2006.4《西域舞伎之陇菜》）。

小吃独具特色。陇菜的风味小吃有 100 多种，它以兰州为代表，汇聚了各民族饮食之精粹。穿行在兰州的大街小巷，几乎到处可以看到经营小吃的招牌，如酿皮子、灰豆子、甜醅子、拉条子、浆水面、臊子面、猪脏面、大卤面、炒面片、麻辣粉、油炒粉、糖油糕、羊杂碎、鸡肉串、羊肉串、窝窝血、杏仁茶、油炸洋芋片、水晶包子、羊肉泡馍、牛肉泡馍、高三酱肉、拔面鱼、呱呱之类。风味怪异的小吃勾引行人的喉咙咕咕作响，能抵得住它的诱惑的游客更是凤毛麟角。兰州风味小吃中，最负盛名、最让人惊梦、最值得用浓墨重彩大书特书的无疑是清汤牛肉面。牛肉面虽出现在晋代，有 1000 多年的历史，但真正出尽风头不过百余年。光绪年间，回族老人马保子首创清汤牛肉面，它讲究“一清、二白、三红、四绿”，肉汤用了 10 多种调料调配却清白如水，萝卜片净白如玉，辣椒油鲜红艳丽，蒜苗、香菜碧绿青翠，具有牛肉烂软，面条柔韧，滑利爽口，诸味和谐，经济实惠等特点，赢得了“中华第一面”的美名，被评为三大中式快餐之一。

（3）成因。甘肃地处祖国西部，其坐中联四的地理位置及丰富多样的物产，对饮食业的发展起着取长补短、推陈出新的作用。甘肃历来就是一个兵家必争之地，它在历代的政治、经济、

蒸透，挂蛋液糊下油锅炸酥，名曰“酥羊”，款待易开占，赞美他过人的智慧和高超的技术。张不信把此事和人们款待易开占的“酥羊”一起上呈给朝廷，皇帝闻之，龙颜大悦，品尝“酥羊”后，也赞不绝口道：“此菜极像朕的金印，何不叫它‘雄关金印’？”，此后“雄关金印”一菜就留传于世。历经600多年，古砖犹在，“雄关金印”则几经改造，以选料考究，调配恰当，手法独特，制作精细，色、形、味俱佳而为人称誉。后来厨师们为了适应社会的变革和人们食用的方便，把大金印改为若干个小金印，并用锡纸包裹，配以雕刻的嘉峪关造型，成为现在的“雄关金印”。

制作过程

①原料：羊羔肉500克，花椒3克，小茴香3克，香叶0.5克，山奈1克，陈皮0.5克，洋葱10克，红萝卜10克，大葱5克，生姜10克，香菜1克，芹菜5克，盐20克，料酒20克。②用以上调料将羊羔肉腌制2小时左右，上笼蒸30分钟取出后去掉调料，晾凉后入冰箱冷冻2小时。取出切方块(约2厘米见方)，用锡纸包上，上笼蒸15分钟取出装盘，配上雕刻好的嘉峪关城楼即可。

天龙美食城提供

风味特点 羊羔肉鲜嫩味美。

技术关键 羊羔肉的腌制是关键，冷冻后切块要大小一致。

品评 此菜因制作精细，菜品外形犹如古时的官印而得名。特别是加以创新改用锡纸包裹，创意新颖、构思巧妙，色、形、味俱佳，既保持了该道菜肴传统的古朴意蕴，又适应了当前人们饮食消费的心理和习惯。

(2)拔丝籽瓜

制作过程

天龙美食城提供

①原料：兰州籽瓜400克，生粉50克，蛋清2个，淀粉100克，白糖100克，色拉油1000克(实耗50克)，芝麻5克。②将籽瓜去子切块，沾生粉、蛋清、淀粉调成蛋清糊，然后将沾生粉的籽瓜挂糊，下五、六成油炸透，升油温后复炸。③炒糖至成浆时，倒入炸好的籽瓜，翻锅，撒上熟芝麻即成。

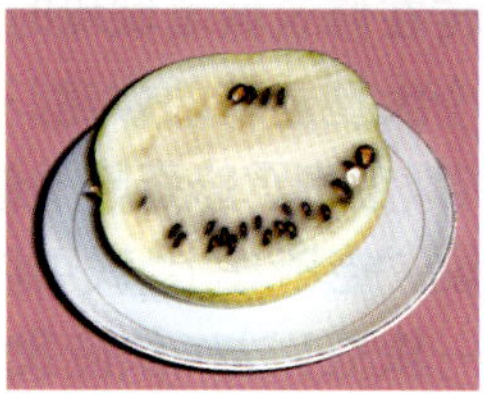

风味特点 色泽黄亮，糖丝细长，香甜可口。

技术关键 炸制时的火候和炒糖的火候是制作此菜的关键。

品评 籽瓜属低糖瓜类，是一种极具地域特色的农产品，形状与西瓜类似，但比西瓜小，瓜肉黄白，清甜，核籽就是畅销的大板瓜子。《本草求真》记载：“籽瓜肉汁可润肺，解心脾胃热，止消渴，消除溃肿。”此菜是用兰州特产籽瓜制作的拔丝菜品，用料虽简单，但火候要求极高，难度较大，是近几年兰州流行的“籽瓜宴”中的一款名菜。

(3) 浆水娃娃菜

制作过程

①原料：娃娃菜400克，浆水500克，盐25克，葱花10克，菜油25克。②将娃娃菜改刀后，焯水，漂凉装入盘中，浆水中调入盐。③炒锅放菜油烧熟，下入葱花，炝出香味倒入浆水，再把炝好的浆水烧开后，倒入娃娃菜中即可。

天龙美食城提供

风味特点　菜嫩味酸，清凉爽口。

技术关键　浆水要发酵好，娃娃菜焯水要达到脆嫩程度。

品评　浆水，就是用包心菜或芹菜等蔬菜作原料，在沸水里烫过后，加浆水酵母发酵而成，其中芹菜浆水为上品。浆水成淡白色，微酸，直接舀出饮用时若加以少许白糖，便酸甜可口，它营养丰富，消暑解渴，具有清热止咳、祛火通便利尿的功效。清末兰州进士王煊所写《浆水面戏咏》，颇能道出浆水的绝妙之处："消暑凭浆水，炎消胃自和……"

(4) 陇上蕨麻扣肉

制作过程

红土地酒家提供

①原料：蕨麻猪1000克，青笋100克，红萝卜50克，水3000克，绍兴至味酱油500克，桂皮、茴香、花椒、八角各50克，盐100克，红曲米150克，姜、葱、糖、料酒各250克。②将以上原料除酱油、料酒、糖外，其它，用纱布包好料包，同水一起煮成酱汤。③将蕨麻猪肉切成大方，焯水后，下酱汤锅中酱40分钟，成熟入味后取出。④将肉压平，冷冻，去边角料改成长方形，然后改成薄片，装盘。⑤青笋、红萝卜挖成球形焯水后摆放在主料的两侧，上笼蒸透，浇上原有的酱汤即可。

风味特点　菜肴色泽红亮，刀工整齐，鲜香软烂，回味悠长。

技术关键　选料要严，只用蕨麻猪的五花肉。注意酱制的火候和颜色，改刀要薄厚一致，层次要分明。

品评　蕨麻猪是高寒农牧区放牧饲养的小型原始地方猪种中最优良的品种。此猪放生草原自然生长，专靠拱吃蕨麻为生，体形瘦小，一般体重不超过20千克。蕨麻猪肉具有皮脆、肉质鲜嫩、瘦肉较多、微黏不腻、味鲜美、少脂肪等特点。食之嫩中带脆，肉中带丝，肉色微红，味道细腻，品之余味无穷，营养丰富，符合现代人健康环保的饮食观念。此菜是近几年的一款创新菜品。它在传统高汤酱肉基础上改进而成，是甘肃市场上非常受欢迎的一款美味。

(5) 陇原香饼夹腊肉

制作过程

天悦餐饮娱乐有限公司提供

①原料：陇西腊肉400克，发酵面团300克。②将酵面团加碱和匀后，加入酥油、白糖、奶油、芝麻，和匀后制成10个圆饼，烤熟。腊肉蒸熟后切片，装盘，围上烤好的香饼，即可。

风味特点 此菜肉咸鲜可口，饼酥软微甜，二者合在一起，咸鲜中带甜味，甜味中带咸味，回味独特。

技术关键 刀工要均匀，做饼时面要多揉，烤时要控制好火候。

品评 陇西腊肉历史悠久，据《陇西县志》记载，陇西腊肉腌制约始于清朝乾隆年间。制作陇西腊肉宰杀的生猪主要来自漳县、岷县一带，尤其以岷县蕨麻猪为最佳。岷县野生药材甚多，农户饲养生猪春季放牧，秋季圈养。腊肉腌制户在冬季收购宰杀猪时，把肥瘦肉相间的五花肉加上盐、花椒、小茴香、姜皮、桂皮、大香等10多种佐料进行腌泡和太阳暴晒，制成腊肉。瘦肉灿艳似红霞，瘦而不柴，肥肉晶莹若玛瑙，肥而不腻，微带透明，色美味鲜，风味独特，此品口味独特，酥软适中。

(6) 黄河石烹羊腰

典故与传说 相传西汉时，匈奴经常侵扰西汉领土。李广受命，抗击匈奴。李广有一支特殊的部队，叫“先锋骑兵营”，经常出其不意地打击敌兵。这支部队出兵神速，深入敌后，破坏敌兵后备补给线，使敌兵不战自溃。有一次，先锋骑兵营深入到敌兵后方，遭敌兵围攻，没有粮草，李广就命军士射杀野兔来充当军粮，由于他们是轻骑部队，没带烹制食物的工具，李广就让军士们找来石板，瓦片烧红后，烹制野兔。后来人们把这种方法称“飞将烹兔”。当他们被敌兵逼退到黄河边时，既没有野兔可以射杀，也没有石板和瓦片来烹制食物。这时李广看到河床上有很多黄河卵石，就命军士们把石头烧烫，再把打捞上来的黄河鲤鱼埋在烧烫的卵石中，用石头的热量来烹熟鲤鱼，士兵们吃了香气四溢、鲜嫩味美的石烹鲤鱼后，个个精神倍增，士气高昂，把围攻的敌军打得溃不成军。李广的神勇为世人传为佳话，他的烹饪技艺也为后人所赞扬。经过几代厨师的改进，现已有多种石烹技法和卵石系列菜品，石板烧和石烹菜肴已成为陇菜的一大亮点。

制作过程

①原料：羊腰3对，色拉油500克(实耗50克)，青红椒各50克，洋葱20克，姜片、蒜片、葱节各5克，味精10克，鸡粉10克，胡椒粉10克，蚝油20克，老抽5克，香油5克。②将羊腰从中间一分为二，去腰臊，片成大片，用老抽、蚝油、拌匀备用。③锅上火，下油50克，姜、葱蒜炒香。下入拌好的羊腰，边炒边焗1分钟，放入青红椒、洋葱、鸡粉、味精，翻匀，淋香油，出勺后装入锡纸做好的包内封好。④将黄河石用热油炸2分钟装入盘内，再将包好的羊腰放在石头上即可。

风味特点　北料南做，羊腰口感滑嫩，口味香浓。

技术关键　羊腰要薄厚一致，切忌过火，羊腰老了会影响口感。黄河石要炸热。

品评　烹调方法新颖，石头不但可以提供热量让羊腰成熟，还可以保持菜肴的温度，又可以体现菜品的文化内涵。羊腰具有甘、温，补肾气，益精髓，治肾虚劳损、腰脊疼痛、足膝痿弱的作用。

制作者：高德前

(7) 甘肃百合龙

制作过程

天龙美食城提供

① 原料：百合 500 克，莲茸 150 克，果丹皮 1 张，白糖 50 克，色拉油 25 克，糯米粉 100 克。② 将百合切成鱼鳞片，果丹皮加工成龙的鳍、须，眼、舌待用。③ 将改刀后的百合边角料上笼蒸 20 分钟，取出擦成泥加入白糖、色拉油、糯米粉制成百合泥，百合泥做成龙的身体形状，把改成鱼鳞形的百合片逐一插成龙形。用百合泥做成龙头、尾、爪。点缀上改好的果丹皮即成龙形坯料。④ 将坯料上笼蒸 15 分钟，浇上蜜汁即可。

风味特点　造型美观，逼真生动，百合软糯香甜。

技术关键　百合泥要软硬适中，成形的坯料上笼蒸时须先用保鲜膜包好。

品评　此菜以中华民族图腾“龙”为主题，运用甘肃特有的百合为原料制作，不仅体现了中华民族龙文化的精髓，而且表现出了现代烹饪的高超技艺。

(8) 西芹蜜瓜

制作过程

① 原料：西芹 150 克，黄河蜜瓜 150 克，精盐 5 克，味精 5 克，鸡粉 15 克，姜葱油 5 克，白糖 5 克，淀粉 3 克。② 将西芹去皮切菱形块，黄河蜜瓜挖成球形。味精、盐、鸡粉、糖、淀粉、姜葱油兑成汁，西芹、蜜瓜球分别焯水后出锅。③ 炒锅烧热，下入焯好的原料，烹入兑好的汁即可。

天龙美食城提供

风味特点 色泽清亮，咸甜适口。

技术关键 焯水时要注意西芹断生即可，蜜瓜球要大小均匀。

品评 此菜是一款蔬菜与瓜果结合的菜品，既有蔬菜的清香又有瓜果的香甜，可谓一举两得。

(9) 菊花圣鞭

制作过程

① 原料：驴鞭 1000 克，水发香菇 100 克，藏红花 5 克，红油 5 克，葱姜油 10 克，盐 10 克，鸡粉 5 克，鲍鱼素 10 克。② 将驴鞭用高压锅蒸 30 分钟后冲凉，入冰箱冷冻 4 小时取出，改菊花刀，焯水成形，备用。③ 香菇改刀后焯水入味，摆入盘中。藏红花用温水浸泡透。取其汁加入盐、鸡粉、鲍鱼素、葱姜油上火勾芡，加红油，浇在鞭花上即可。

天龙美食城提供

风味特点 造型别致，刀工精细，色泽鲜艳，口味鲜咸微辣。

技术关键 驴鞭压制时要掌握好时间，刀工要求严格。

品评 此菜选用陇南特有的驴鞭为原料，以色彩丰富，花形多变的菊花为形，配以名贵药材藏红花，形成一道色形俱佳，富有营养的补品菜肴。

(10) 山珍羊肚菌

制作过程

红土地酒家提供

① 羊肚菌 20 个(150 克)，猴头菇 10 个(约 100 克)，鸡腿菇 200 克，小滑菇 200 克，西兰花 150 克，高级清汤 2500 克，盐 5 克，鸡精 5 克，高汤，葱，姜，料酒。② 将羊肚菌和猴头菇分别用温水泡软，加高汤、葱姜、料酒、鸡精、盐上笼蒸透，西兰花改 10 小块，鸡腿菇、小滑菇分别焯水备用。③ 把原料装入玻璃杯盘中，倒入调制好口味的高级清汤即可。

风味特点 此菜汤清味鲜，色艳，营养丰富。

技术关键 羊肚菌和猴头菇的发制要好。高级清汤要调得味浓而鲜，色泽要清，透明度要高。

品评 此菜是按位制作(以上是十人位)，它运用了多种山珍野菌和高级清汤，既保持了主料野山珍的原味，也提高了菜品的档次。

(11) 金蛋菊花

制作过程

红土地酒家提供

① 原料：土豆 500 克，色拉油 1000 克（实耗40克），淀粉 100 克。② 将土豆 250 克切细丝，另 250 克改梳子刀片，然后把切好的梳子片包卷起来，用牙签在底部固定。③ 将土豆丝分份炸酥，分堆码盘。将包卷好的梳子片拍淀粉下油锅（油温控制在五成）炸 3 分钟左右，炸脆炸酥、沥油后取掉牙签装盘盖在土豆丝堆上。根据客人的需求上佐料，椒盐味、孜然味、香辣味等。

风味特点　菜肴色泽金黄，形似菊花，口味多样。

技术关键　刀工要好，丝要切得均匀，油温要控制好。

品评　此菜用料简单，造型美观，口味由客人自由选择。

(12) 甘肃特色暖锅

制作过程

红土地酒家提供

① 原料：水发鱿鱼 100 克，油炸丸子 100 克，鲜肉 100 克，夹沙肉 100 克，水氽鱼丸 100 克，酥肉 100 克，红烧肉 100 克，大白菜 200 克，粉条 200 克，冬瓜 200 克，油炸豆腐 100 克，上汤 2500 克。② 将白菜、粉条、冬瓜焯水垫入锅底，然后放入油炸豆腐，将其他原料整齐地摆码在上面，灌入调好口味的上汤，锅底用酒精炉加热，烧开后即可。

风味特点　此菜用料多样，口味丰富，是甘肃的一大特色菜品。

技术关键　每种原料加工时根据要求制作。原料要在暖锅内加盖加热。要控制好酒精的火力。

品评　此菜为甘肃传统菜品，经过厨师们的不断改进创新，遂成为甘肃的一道名菜。

(21) 麻腐包子

制作过程

红土地酒家提供

① 面粉 500 克，面肥 150 克，碱粉 5 克，温水 350 克，胡麻油 50 克，洋芋 500 克，麻子 200 克，小葱 100 克，盐 5 克，味精 3 克，白糖 3 克。② 将面肥用温水化开后倒入面粉中调制成发酵面团，饧发 2 小时左右，待面团完全膨松后加碱揉均。③ 洋芋去皮上笼蒸熟后擦成泥备用。麻子炒熟后碾成粉末包入纱布中，在温水中反复捏洗至纱布包中只有麻子皮为止。然后将麻子水沉淀备用。锅上火，待油热后小葱炝锅，放入洋芋泥和沉淀后的麻子反复炒制，待水分干时调味即成麻腐馅。④ 面团搓长条，下成两三个的剂子，制皮后包入麻腐馅，捏成月牙形入烤箱烤熟即可。

风味特点 造型美观，口味独特，富于营养。

技术关键 施碱用量准确，下剂要大小一致，制馅时要注意火候、调味，包捏时注意造型。

品评 此点选料讲究，制作细致，烘烤后的包子香味宜人，是甘肃地区民间风味面食。

(22) 兰州牛肉拉面

制作过程

“黄师傅”牛肉面提供

① 原料：高筋面粉 500 克，甘南牦牛肉 250 克，棒子骨 500 克，拉面剂 5 克，色拉油 30 克，青蒜苗 20 克，白萝卜 200 克，香菜 20 克，红辣椒油 25 克，生姜 10 克，盐 20 克，料酒 10 克，胡椒粉 3 克，味精 3 克，鸡精 3 克，醋 15 克，调料包适量。② 牛肉用清水浸泡 4 小时后捞出（浸泡牛肉的血水清汤待用），放入汤锅中加水 2500 克再放入牛棒子骨，放入调料包小火炖 4 小时即熟，牛肉捞出稍凉后切成丁或片待用。将肉汤撇去浮沫，把泡肉的血水倒入煮开的肉汤锅里，待开后撇沫澄清，清除汤中的杂质使之成为清澈的牛肉清汤。再加入盐、味精、胡椒粉、鸡精，即成为牛肉面清汤。③ 面粉加水调成软硬适中的冷水面团，加入拉面剂兑制的溶液，反复揉制成劲力足、有延伸性能的面坯。和面讲究“三遍水，三遍灰，九九八十一遍揉”。经多次遛条后，将面搓成长条，抹上色拉油下成 300 克的面剂待用。白萝卜切成片焯水后加在牛肉汤中，蒜苗和香菜切成末备用。④ 锅内烧水，将面剂按食客的爱好，拉出宽窄粗细不同的面条，有粗、二细、三细、细、二柱子、毛细、宽、韭叶、“荞麦棱”等 9 种款式。煮熟后，捞入碗内浇上调好的牛肉汤，放入蒜苗、香菜、切好的牛肉丁或片淋上红油

即可。有句顺口溜形容往锅里下面:“拉面好似一盘线,下到锅里悠悠转,捞到碗里菊花瓣”。

风味特点　一(汤)清、二(萝卜)白、三(辣子)红、四(香菜、蒜苗)绿、五(面条)微黄,汤清味醇,肉烂味香,面细筋道。

技术关键　牛肉面面团的调制要软硬适中,拉面剂的添加要准确,揉面手法要正确,抻拉时速度要快,用力要均匀,牛肉汤要清澈鲜美。

品评　兰州牛肉面是具有西北风味的一道特色面食,选料讲究,采用高原绿色原料。牛肉面拉面方法独特,讲究技术与艺术的配合,是当地民众最喜爱的风味品种,是享誉全国乃至世界的名品,是兰州的三大名片之一。

(九) 内蒙古自治区菜点文化与代表作品

1. 内蒙古自治区菜点文化概述

内蒙古自治区地处我国北方,地域辽阔,在这片广阔的土地上,生活着蒙古、汉、达斡尔、鄂温克、鄂伦春、回、满、朝鲜等众多民族同胞。内蒙古资源丰富,素有“南粮北牧、东林西铁,遍地乌金”的美誉,新时期更有“羊(羊绒)煤(煤炭)土(稀土)气(天然气)”之称。

美丽、辽阔的内蒙古大草原,是令人神往的地方。在这里,不但有绚丽多彩的草原风光,饶有情趣的那达慕大会,额尔古纳河的潺潺流水,鄂尔多斯高原的巍巍成陵,更有着历史悠远而丰富多彩的饮食文化。草原不仅孕育了勤劳善良、热情好客的蒙古族人民,更创造了一系列特色鲜明的民族美食。内蒙古自治区源远流长的菜点是我国北方菜点的重要组成部分,其浓郁的地方特点和民族特色为人称道,使人能从中感受到深厚的民族文化和浓浓的民族风情。

(1) 沿革。内蒙古自治区菜点文化是与该地区民族发展同步的。内蒙古自治区在历史上是我国北方诸游牧民族游猎的地方。公元 11 至 12 世纪,蒙古族逐步定居在这里养畜游牧。1271 年,横跨欧亚的元大帝国的诞生创造了蒙古族文化的历史辉煌。内蒙古受地产资源和游牧民放牧生活习性的影响,形成了独特的蒙古族饮食结构和菜点风格。元代饮膳家忽思慧所著的《饮膳正要》中,罗列了许多合理的膳食和饮食营养搭配方法。当时,蒙古宫廷宴会烹艺高超,选料已是南北尽收无奇不有了。

内蒙古自治区的历史也是一部移民史。早在商周时期就有汉族从中原一带移居内蒙古。秦统一六国后曾派大将蒙恬率众 30 万进入内蒙古五原、云中诸郡。西汉时期,也有过两次大规模的移民,移至河套、鄂尔多斯一带。此后,历代都有大量的移民进入内蒙古地区。在移民过程中,晋、陕、鲁、豫等地的菜肴风味和饮食特色也相继传入,丰富和发展了内蒙古居民的菜点。此外,内蒙古自治区菜点文化也是该地区多民族饮食文化融合的产物。内蒙古境内居住着四十多个民族,长期以来,不同民族的饮食风味和烹饪方法的融合,使内蒙古菜点更加丰富多彩。

新中国成立后,特别是实行改革开放政策以来,内蒙古自治区的菜点进入了繁荣创新阶段。各风味菜系、菜品你方唱罢我登场,演绎着内蒙古餐饮史上的繁荣与精彩,也为独具特色的一大批内蒙古自治区品牌菜点的形成和发展提供了学习借鉴的良机。

(2) 构成。内蒙古自治区菜点在其发展的过程中虽未形成独立的“菜系”,但是拥有独立的菜点结构和完整的风味类型,可以粗略地划分为蒙古族菜点和非蒙古族菜点两大部分。

蒙古族菜点民族特色浓郁,外来成分较少,菜点特色延伸脉络较为清晰。蒙古族菜点又可分为两大系列:白食和红食。所谓“白食”,即指乳及乳制品;所谓“红食”,即指肉及肉制品。传统的蒙古族菜点有手扒肉、风干肉、奶菜、炒菜、奶豆腐等。随着社会的发展,蒙古族传统菜点也逐步得到了丰富和发展。

非蒙古族菜点主要是汉族及其他民族菜点、外来风味风格菜点。内蒙古自治区菜点内涵丰富,包容性大,非蒙古族菜点占有很大比例。非蒙古族菜点除可按菜品风味分类外,还可以分为筵席菜点、家常菜点、大众菜点和风味小吃等类型。20世纪80年代以来,内蒙古自治区菜点受外来风味风格菜点的影响较大,各地风味风格菜点纷纷驻足内蒙古,呈现出空前的繁荣局面。

(3)特点。内蒙古菜点特色主要体现在蒙古族的菜点风味上。蒙古族人的饮食比较粗犷,以羊肉、奶、野菜及面食为主要烹饪原料。烹调方法相对比较简单,以烤最为著名。菜点崇尚丰满实在,注重原料的本味。

(4)成因。内蒙古自治区是草原文化和黄河文化的结合地,融合了蒙、汉、回、满等多民族的文化历史,形成了具有浓郁地方性、民族性特色的内蒙古自治区菜点文化。内蒙古自治区有着得天独厚的地理条件,出产众多优质的烹饪原料。这些特产原料中尤以牛、羊等草原特色的畜类产品和黄河鱼虾及众多湖泊水产品著称。品种繁多、优质廉价的烹饪原料为内蒙古自治区菜点提供了取之不尽、用之不竭的物质资源。

蒙古族的饮食文化是随着人们管理、利用自然力的提高和生产力的发展,逐渐丰富起来的。11世纪以后,蒙古人的食品已形成肉食、奶食、粮食3大类并用的习惯。这种习惯至今仍保留着。但是,由于自然条件和社会经济发展水平的不同,各地蒙古人食品中,肉、奶、粮所占比例不同,品种不同,食法不同。牧业区的牧民,至今仍以肉食为主,多为牛羊肉。在农业区和半农半牧区的蒙古人则以粮食为主,肉食除牛羊肉外,猪肉占的比重较大,而且肉食方法日益讲究,在继承蒙古族传统吃法的同时,很注重调味,增加色香味。

由于北方游牧的生活习性和草原风情的陶冶,内蒙古自治区菜点凸显了粗犷朴实、崇尚丰满的个性。"大块吃肉,大碗喝酒"是内蒙古自治区朴实民风和热情好客性格的真实写照。盘大量足已是内蒙古自治区菜点的主流色调。特别是蒙古族菜点,更显粗犷恢弘的特色。元朝时期活跃在宫廷王府宴饮中的"诈马宴"可与"满汉全席"相媲美。蒙古族菜点中的烤全羊、手扒肉、烤羊腿等代表性菜品,无不彰显出粗犷朴实、崇尚丰满的特色。

总之,内蒙古自治区作为北方游牧民族的居住地,长期形成的饮食风格和菜点风味,为内蒙古自治区菜点蒙上了浓郁的草原风情和民族色彩。

2. 内蒙古自治区菜点著名品种

(1)传统名菜类。用家畜制作的名菜有烤全羊、烤羊腿、乌拉特羊背子、手把肉、风干羊肉炖干菜、焖羊棒、全羊汤、蒜泥羊头、荞面沙葱灌血肠、干炖羊肉、清蒸羊肉、草原牛头、红烧牛排、红扒牛肉条、酱牛肉、酱牛筋、铁板牛柳、梅花牛鞭、干炸牛宝、红烧牛蹄筋、焖牛尾、焖牛腕骨、干煸牛肉丝、牛肉丸子、爆炒牛肉、锅仔烩牛髓、猪肉烩酸菜、猪肉勾鸡、猪排骨干豆角、红焖猪肉块、红炖大骨头、红扒猪脸、杞汁红皮肘、红扒猪手、红烧丸子精烩菜、猪尾焖乳鸽、千层猪耳、罗汉猪肚、酱肘花、石烹腰花、土豆萝卜炒猪肝、腌猪肉炒山药条、红扒西沙驼掌、四丝扒驼掌、红烧驼掌、清炒驼峰、果味驼峰、炸烹驼峰、拔丝驼峰、枸杞驼蹄羹、奶汁驼髓、沙锅驴肉土豆、铁锅柴火干崩兔、羊杂碎等。用禽蛋制作的名菜有鞭打小公鸡、草原吉祥鸡、驴胜炖全鸡、南味北做鸡、两味放养鸡、清蒸肥母鸡、草菇蒸鸡、锅烧鸭、红焖鸭、米粉蒸鸭、黄焖鸡块、红卤鸡珍、口水鸡腿等。用河鲜制作的名菜有清炖黄河鲤鱼、炖鲶鱼、清蒸马郎棒、家常炖草鱼块、葱油活鲤鱼、红烧鲤鱼、果味鲤鱼、肉焖小鲫鱼、肉末浇汁鲫鱼、茄汁草鱼条、干炸小鲫鱼、酸菜烧鱼等。用蔬果制作的名菜有丰收烩、鲜奶荤素烩、拔丝西瓜、鸡蛋炒苦菜、河套红腌菜、西北泡菜、酸黄瓜、三色烂腌菜、五香大豆、炝黄瓜条、蒜泥茄子、红油土豆丝等。

(2)传统名点类。传统名点有水饺、蒙古水饺、炒米、烧卖、河套雪花粉馒头、河套雪花粉花卷、三鲜薄皮烫面蒸饺、花肉灌肠小包、家常油烙饼、荞面煎饼、莜面圪团儿、油炸糕、铜钱小油糕、雪花粉吊酿皮、糜米糊糊摊凉粉、内蒙古熏肉夹焙子、赤峰对夹、胡麻盐糜米酸粥、蒙古刀切、蒙古果子、蜜麻叶、焙子等。

(3)创新名菜类。用家畜制作的创新名菜有金牌扣肉、苦瓜炖猪排、蒜仔小排骨、荷包里脊、荷叶千层肉、东坡荷叶肉、河套三蒸、外婆回锅肉、锅仔肥肠、豉汁牛髓、荷香牛柳、金汁肥牛锅仔、鲍汁扒牛肉、玉耳花枝牛口条、兰花蹄筋、古道春风(扒驼掌)、丝绸之路(红烧驼峰)、香辣乳羊排、香煎羊羔肉、农家炖羊排、两吃吉祥羊、草原羊腩煲、叉烧羊宝、锡纸羊腰、羊肉莲藕夹、香辣脑花等。用禽类制作的创新名菜有辣子鸡、干笋炖笨鸡、桃仁鸡方、河套美味风添香、烤鸡腿、新派坛子肉、风沙鸡、笼仔三鲜等。用河鲜制作的创新名菜有香煎南瓜酱鱼、回锅鱼片、橘子全鱼、龙井芦荟鱼片、富贵荣华、酱焖鱼子、油浸福寿鱼、金毛狮子鲶鱼、翡翠如意鳝、游龙绣金钱、麒麟鲶鱼、老干妈酥鱼串、蟹黄美蓉蛋、竹篱烤鲫鱼等。用蔬果制作的创新名菜有酱焖茄子、上汤番杏、椒盐虾皮南瓜、翠柳花菇、河塘翠柳、南瓜酱爆茄子、神仙老爷菜、金枕南瓜、仙鹤白菜、白灼田间蔬等。用海产品制作的创新名菜有发菜四宝、清汤燕菜、黄扒鱼翅、鲍汁花菇等。

(冯耀龙)

3. 内蒙古自治区菜点代表作品

(1)蒙古功勋烤全羊

典故与传说 烤全羊也称“烤整羊”,蒙古族传统食物,蒙语称“昭木”,是内蒙古最名贵的菜肴之一。据《元史》记载,12世纪蒙古人“掘地为坎以燎肉”。到了13世纪即元朝时期,肉食方法和饮膳有了极大的改进。《朴事通·柳蒸羊》对烤全羊做了较详细的记载:“元代柳蒸羊,于地作炉,周围以火烧……用铁芭盛羊,上用柳枝盖覆土封,以熟为度。”据史料记载,它是成吉思汗最喜爱吃的一道宫廷名菜,也是大元朝宫廷御宴“诈马宴”中不可或缺的美食,其制作技术也一直由宫廷御厨及大都(今北京)各亲王府内的厨师掌握。

制作过程

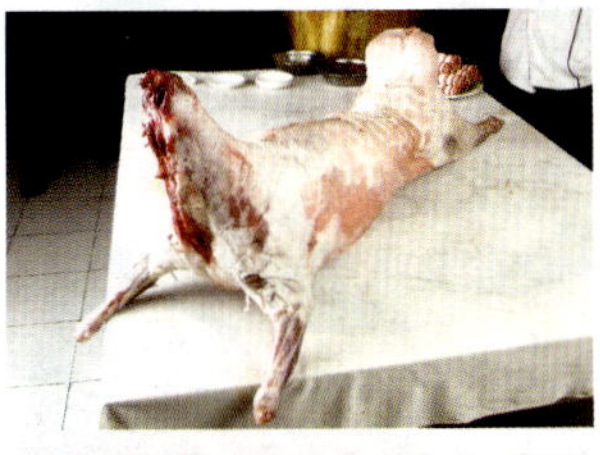

①原料:内蒙古草原绵羊1只(羯羊约重16千克),鲜姜250克,干姜50克,良姜50克,花椒50克,川椒100克,草果50克,茴香50克,肉蔻50克,豆蔻50克,桂皮50克,香叶150克,丁香20克,白芷20克,白胡椒10克,大葱段250克,葱头块250克,蒜瓣250克,芹菜段250克,精盐500克,味精150克。②将羊从耳后宰杀,用热水煺净毛,用清水冲洗干净,开膛取出内脏,将调料切碎,放盒内拌均匀待用。③将清洗干净的羊,用一根铁链从头至尾穿上,羊脖卡在铁链上捆好,膛内装入拌好的调料,用细铁丝封好口,羊的外皮抹匀烧烤上色皮水。将羊挂起来,用羊自身水分腌渍2小时。烤羊炉提前用梭梭柴火烘热,去明火,稍凉片刻,将调料分别撒入腹腔及四条腿的厚肉内,并将早已用特制调料熬制好的酱油等调味汁均匀地刷在身上。④全羊抹上调好的糊汁后,头部朝下放入炽热的馕坑中。盖严坑口,用湿布密封,焖烤四五个小时后取出。出炉前,还要稍加炭火,使烤炉升温。将羊皮、羊肉切片,羊排骨卸下,分别装盘上菜。上菜前按蒙古族礼节为烤全羊剪彩。

风味特点 草原上的空气寒冷而干燥，新鲜牛肉在自然环境中冷冻，然后在通风的环境中悬挂，不但肉中的水分全无，油分也散失掉了，而且肉质变得相对松散，香味凝结浓缩，使得口味独特，浓香无比。

技术关键 风架为长高各 1 米，宽 0.6 米的木架，外面用纱网罩住，可防止虫蝇污染。风干牛肉干夏天一般需要 30 天，冬天风干的时间则稍长些。但须注意，如果风干的时间太长，牛肉会发黑，且变得太干，甚至会变质。

品评 风干牛肉干是内蒙古最具代表性的饮食之一，历史悠久，有制作讲究、营养丰富、贮存简单、携带方便等特点，在蒙古人食俗和饮食文化中占有重要地位。风干牛肉色泽较深，肉质带点柔韧却不失香嫩，有嚼劲更香口，油炸或烘烤更能发挥其独特的咸香，自有一股清新的香气，不仅是内蒙古的名土特产，也是真正天然的绿色食品，深受食客青睐。

（10）古道西风（扒驼掌）

典故与传说 驼掌在历史上就是食用的珍品，早在汉代以前乃至周代，人们就将驼掌与醍醐、鹿吭、鹿唇、驼乳麋、天鹅炙、紫云浆、玄玉浆列为“壮八珍”，可与名扬中外的扒熊掌媲美。驼掌在历史上曾被作为贡品向皇帝纳贡，也是蒙古王宫贵族宴会上的佳肴。扒驼掌不仅腴鲜质美，风味醇厚，而且有着很高的营养价值，并有特殊的滋补作用，是补中益气的佳品。建国前，呼和浩特市的麦香村、风鳞阁、锦福店、荣生元，包头市的同和楼、万和轩等著名饭店，都曾经营过此菜。

制作过程

制作者：刘 浩

① 原料：水发驼掌 500 克，熟冬笋 50 克，青菜心 10 棵，口蘑 20 克，精盐 2 克，酱油 25 克，白糖 10 克，味精 2 克，熟鸡油 25 克，鸡汤 400 克，绍酒 50 克，水淀粉 20 克，葱段、姜片各 10 克。② 将驼掌剞上井字形花刀，刀深为原料的 1/2，切成 5 厘米长、3 厘米宽的斜块，放在沸水锅中煮 10 分钟，再换水煮，加葱段、姜片、绍酒 25 克，煮 10 分钟。口蘑放冷水锅中焯水，捞出切成片，青菜心放沸水锅中焯水摆在盘中。③ 炒锅置旺火上，加鸡汤、驼掌、口蘑、冬笋、精盐、酱油、白糖、熟鸡油、绍酒、味精，烧沸后改用小火烧 10 分钟，用水淀粉勾芡，装盘即成。

风味特点 驼掌软烂，肉嫩清爽，色泽红润，鲜美光洁，醇香适口。

技术关键 煮制中一定要换水，以免有腥气。

品评 此品系内蒙古风味菜，其风味独特，搭配为肉蔬一盘，色差分明，原料珍稀，是名贵的待客佳品。

（11）内蒙古涮羊肉

典故与传说 涮羊肉传说起源于元代。当年元世祖忽必烈统帅大军南下远征，一日，人困马乏饥肠辘辘，他猛想起家乡的菜肴——清炖羊肉，于是吩咐部下杀羊烧火。正当伙夫宰羊割肉时，探马飞奔进帐报告敌军逼近。饥饿难忍的忽必烈一心等着吃羊肉，他一面下令部队开拔一面喊：“羊肉！羊肉！”伙夫知道他性情暴躁，于是急中生智，飞刀切下 10 多片薄肉，放在沸水里搅拌几下，待肉色一变，马上捞入碗中，撒下细盐。忽必烈吃后翻身上马率军迎敌，结果旗开得胜。在筹办庆功酒宴时，忽必烈特别点了那道羊肉片。伙夫选了绵羊嫩肉，切成薄片，再配上各种佐料，将帅们吃后赞不绝口。伙夫忙迎上前说："此菜尚无名称，请帅爷赐名。"忽必烈笑答："我看就叫'涮羊肉'吧！"从此"涮羊肉"就成了宫廷佳肴。

吃涮羊肉的起源在我国虽有许多版本，但一些专家坚持涮羊肉是"成吉思汗的孙子忽必烈发明的"这个的说法，并举证涮锅"把锅盖上的时候，看到的是一个完整的蒙古包，而锅盖拿掉，看到的是蒙古骑兵的军盔或是蒙古族姑娘的帽子"。马可·波罗在游记里写到，他在元大都皇宫里吃到了蒙古火锅，所以英文、法文对涮羊肉的翻译就是 Mongolia；而日本和韩国人则把涮羊肉直接说成"吃忽必烈"、"吃成吉思汗"。

制作过程

① 原料：草原精羊肉 750 克（最好是上脑、大三叉、小三叉、磨档、黄瓜条等 5 个部位），白菜、粉丝、豆腐、糖蒜适量。② 羊肉去筋骨，切成薄片。③ 芝麻酱、腌韭菜花、酱豆腐、酱油、辣椒油、卤虾油、香油、绍酒、味精适量，依据餐者口味喜好调成味汁。④ 火锅加清汤烧开，下肉片涮至熟捞出加味汁，以糖蒜佐食。

制作者：李永幸

风味特点　鲜嫩醇香，不膻不腻，吃时配以糖蒜，更觉清爽可口。

技术关键　涮肉选料十分讲究，一般来说，选料上以 20 千克以上的羯羊为标准用料，选其"上脑"、"大三岔"、"小三岔"、"磨裆"、"黄瓜条"5 个肥瘦适中的部位。要求切得薄而整齐均匀，需达到薄如纸，齐如线，美如花。每斤肉要切 20 厘米长，5 厘米宽，80～100 片肉片。需先把羊肉用冰块压去血水，以专用大刀切成薄片，才能保证肉质鲜嫩，不膻不腻。调味上用芝麻酱、绍酒、腐乳汁、韭菜花、酱油、辣椒油、卤虾油几种调味料，吃时配以糖蒜，更觉清爽可口。

品评　提起"涮羊肉"，几乎尽人皆知。因为这道佳肴吃法简便、味道鲜美，所以深受欢迎。涮羊肉以其选料精良，加工细腻，调味讲究，自涮自吃，尽随人意而博得人们的赞赏。

（12）巴盟烩酸菜

典故与传说　千百年来，内蒙古河套人民都喜欢吃猪肉烩酸菜。这是气候、环境、生活习惯使然。每逢 10 月份左右，河套百姓，无论城乡，都要腌酸白菜（青麻叶、平头白、卷心白均可），即将白菜放入瓮中，瓮的大小以菜的多少而定，同时放一层菜，撒一层盐，不加水，然后用适当重量的石头压 10～15 天，以酸为止，即可食用。所腌酸菜吃到来年五六月份新菜上市。在贫苦年代，酸菜烩土豆可顶半年粮。猪肉烩酸菜就糜米捞饭是最上乘的饭菜。

河套地区十冬腊月家家户户都要杀猪。每家杀完猪时，第一件要做的事就是将整个槽头肉割下让其主妇烩酸菜，以此犒劳帮忙杀猪打杂人等以及四邻五舍、亲朋好友。待猪的内脏清洗干净，并将杀猪现场打扫完毕时，香喷喷的猪肉烩酸菜已上了炕桌。人们喝酒划拳唱山曲儿，甚是一番豪爽畅怀景象。

制作过程

① 原料：猪肉 250 克，酸菜 750 克，土豆 150 克，猪油 50 克，酱油 10 克，精盐 5 克，大料、花椒各 2 克，葱、鲜姜、蒜各 30 克。② 先将猪肉（早先都是槽头肉，现在选猪身上什么地方的肉都行，选猪排骨也可）切片备用。③ 锅加猪油烧七成熟，下入猪肉爆炒至猪肉出油呈微黄色时，放入佐料（大料、花椒、葱段、姜片、蒜片、酱油）和土豆块，翻炒几下，随即将洗净切碎后的酸菜放入锅内。翻炒几分钟后，再加入适量的水，覆锅盖焖熟即成。

制作者：杨艳芳

风味特点 浓香可口，好吃不腻。

技术关键 烩酸菜一定要有猪油，而且油大点才好吃；酸菜里的土豆用油稍微煎一下口感更好；花椒用整粒的比较香，用葱、姜、蒜炝锅要恰到好处，少许酱油适量盐。放入酸菜，加水刚好没过酸菜即可，不要太多，也不能少。

品评 烩猪肉酸菜，因各人的手法不同，味道也各有所异。烩，为汤菜，以煮肉的老汤将肉和酸菜烩于其内，酸菜起到了分解油腻的作用，滋味互补，风味独特。东北地区称其为“杀猪菜”系列之一。

（13）黄米油炸糕

典故与传说 内蒙古地区较适宜抗旱性强的黍子生长。黍子去皮糠成黄米，磨成面粉做黄米油糕吃最为讲究。人们寻常不吃油糕，只有在生日、祝寿、婚嫁、丧礼、待客、盖房、乔迁时才吃。尤其在春节，它伴随着劳动人民守岁迎年，经历了漫长的历史进程。在内蒙古农业集聚地区，黄米油糕的说法很多，但主要是取其“步步登高”的吉祥谐音。油糕在贫困时期也是比较耐饥的食品，因此有“三十里的莜面四十里的糕”之谚语。

制作过程

① 原料：黄米糕面 1500 克，红豆沙 1000 克，胡麻油或菜籽油 1500 克（实耗 150 克）。② 将黄米糕面放在盆内用温水拌成略干的面块垒，然后用手搓开，如糕面发干时可酌情加水。锅内加清水，放笼屉垫纱布用旺火烧开，底笼先铺一层面团蒸熟，然后揭开锅，一边加火，一边往笼中撒湿面，哪里冒气往那里撒。待蒸透后再撒一层至蒸熟后取出。③ 将蒸熟的糕面团放在抹好油的案板上，趁热反复揉搓，然后揪成约 30 克的剂子。④ 将糕面剂子擀成直径七八厘米，厚 0.5 厘米的圆饼，包上红豆沙馅，捏成饺子状。⑤ 锅内放入胡麻油，用旺火烧至六成热时，将捏好的糕下锅炸至金黄色捞出，沥净油装盘即可，吃时可根据口味蘸白砂糖。

制作者：赵素英

风味特点 此点以熟黄米面包红小豆泥茸，油炸而成。外焦里嫩，色泽金黄，香味扑鼻，甜香可口。

技术关键 “揣糕面”在油炸糕制作中是关键的一道程序，面团出笼时厨师要手醮凉水（用碱水），以极快的速度插入黏烫的糕面中，拖下一块往抹了水的大案上一摔，再蘸一把凉水，揣揉成一光溜的面团后，方挤成剂子，包上豆沙等入油锅炸，这样的油糕外脆里软，筋绵香甜。

品评 黄米油糕又有许多种吃法。把炸熟的糕放入罐子里焖一焖，油糕软绵香甜，适合老年人口味；现炸现吃的糕，外焦里嫩，适合青少年口味；隔夜油糕，可上笼屉蒸软，吃时加入白糖，味香丝长，风味更佳。油炸糕色泽金黄、外脆内绵、米香悠长。金黄色的炸糕洒满绵白糖，好似被白雪覆盖一样，诱人食欲。由于黄米油糕便于携带和保存，也成为旅游者赠送亲友的佳品。

（14）雪花粉吊酿皮

制作过程

制作者：高 峰

①原料：河套优质雪花面粉2500克，清水1750克，盐水10克，酱油10克，醋10克，味精5克，大汤料40克，辣油5克，香油1克，油炸辣椒5克，蒜泥10克，烂腌菜30克，黄瓜丝10克，香菜适量。②将面粉放盆内，用清水和成同饺子面硬的面团，饧半小时待用。③将饧好的面团，用清水洗六七遍（洗一遍用小罗过一遍，一直洗到罗子过不去的就是面筋为止）。将面筋团成一团放盆内待用。④将洗下的面糊沉淀3小时，多余的水控出去，用勺搅拌稠稀均匀，用粉旋在清水锅内吊成酿皮。⑤将洗好的面筋放盘内上笼蒸熟，取出切成小方块。食时将酿皮切成长宽条，同面筋块放碗内，浇上用调料调好的汤料即可。

风味特点 色艳味美，油浓汁足，凉爽利口、喷香解暑。

技术关键 在面粉中要掺和适量碱面（最好用土法制造的称为“蓬灰”的碱），用温水调成硬性面团，几经揉搓，等面团揉匀光滑，再放进盆中用凉水连续揉洗，洗去淀粉，直到面团洗成蜂窝状的软胶状时为止。

品评 调味油重，小菜味浓，辣油香，味型独特，四季皆宜，是游人必尝的风味小吃。

（15）烧卖（稍美、捎卖）

典故与传说 烧卖古称“捎卖”，据传始于元代。明代称“纱帽”，清代称为“鬼蓬头”，其风味与制法南北各异。如广东的“干蒸烧卖”、江苏的“蟹黄烧卖”、“翡翠烧卖”风味各不相同。但在历史上，呼和浩特称为“归化城”时，这里的烧卖就已经名播京师了。据《绥远通志稿》载：“惟市内所售捎卖一种，则为食品中之特色，因茶肆附带卖之。俗语谓‘附带’为捎，故称捎卖。且归化（呼和浩特）捎卖，自昔驰名远近。外县或外埠亦有仿制以为业者，而风味稍逊矣。”早年呼和浩特的烧卖，都是在茶馆里出售，食客一边喝着浓浓的砖茶或各种小叶茶，吃着糕点，一边就着热腾腾的烧卖，天南地北地聊着旧事与新闻，那浓郁的香气久久飘荡在茶肆之间。吃烧麦、喝浓砖茶是呼和浩特市茶馆一道独特的风景线。

制作过程

制作者：杨　忠

① 原料：面粉 500 克，羊肉 800 克，大葱 200 克，鲜姜 100 克，土豆淀粉 200 克。② 用剔除筋皮、肥瘦适宜的精选绵羊肉剁馅，大葱切米状，鲜姜切末，加生油、大葱米、姜末、味精、色拉油、清水等搅拌上劲，最后放入精盐搅匀，成为干湿适度，红、白、绿相间，香味扑鼻的烧卖馅。③ 上等小麦面粉用沸水和面，用特制的擀面锤（烧卖锤）把揉透的面垫上土豆淀粉擀成薄的荷叶皮。④ 把馅放在烧麦皮里轻轻捏成石榴状，上笼蒸 7 ~ 10 分钟，出笼装盘即成。

风味特点　清香爽口，味浓不腻。

技术关键　擀烧卖面皮一定要垫上土豆淀粉（俗称"醭面"），这样蒸出的烧卖才能晶莹剔透。拌馅时要顺一个方向搅拌。

品评　烧卖底端晶莹饱满，上端如一簇白花。烧卖出笼，鲜香四溢，皮筋馅嫩。观其形，晶莹透明；食其味，浓香可口。皮薄如蝉翼，柔韧而不破，用筷子夹起来，垂垂如细囊；置于盘中，团团如小饼，令人垂涎欲滴。

（16）莜面系列

制作过程

① 原料：莜面、土豆、羊肉末、辣椒、水萝卜、黄瓜、香菜等视制作品种确定具体用量。② 先把莜麦洗干净，上炒锅煸炒，待冒过大气，约炒至 2 分熟即可出锅，然后上磨加工成面，称之为莜面。

莜面鱼鱼：将莜面用开水和起，充分揉好，成小块，用手外侧在面案上搓成细条，愈细愈好，然后来回盘放在笼屉上。笼蒸到大气即可，一般平原地区气压高，大火蒸七八分钟即熟，山区气压低，须蒸 20 分钟方熟。食用时，冬季可将羊肉末佐以鲜姜等小料熬成羊肉汤，另有辣椒和家制小菜，并以煮土豆为副食；春季食用，以时菜如水萝卜、黄瓜、香菜等切成丝，拌葱花辣椒，用盐水或腌菜水调和成的汤汁（俗称"盐汤"）拌着吃；夏季同样佐以各种时菜，秋季食用常以大烩菜下饭。用"盐汤"下饭称之为"冷调莜面"，用大烩菜和羊肉汤下饭称为"热调莜面"。

莜面窝窝：开水和面，揪成小面剂子，在光滑的石板上或菜刀平面上用二拇手指搓成薄片，再卷成筒状（像儿童食品蛋卷儿），齐排到笼上蒸熟。食用方法同上。

莜面拿糕：把开水烧至七成沸，把生莜面一把一把撒到水中搅成糊状，注意充分搅匀，不能留下生面疙瘩。搅好后再用小火焖一会儿，成黏糕状后，出锅入盆。水和面等量。食用时，将腌菜水或醋水作汤汁，佐以各种时菜及腌制的小菜等，另拌放辣椒、葱花油即可。此饭为"应急饭"，农民劳动了一天后（特别在夏日农忙季节）很累，做"搅拿糕"，很方便。

莜面饺饺：将白菜、黄萝卜或腌酸白菜切成末，佐以各种小料，也可放少许肉馅，搅拌好以后待用。把莜面用开水和起，象包饺子那样，揪剂子，擀成皮儿包入馅，每个约 50 克重。上笼蒸熟后即可。饺饺食用工序比较复杂，多于农闲时食之。

莜面块垒：把土豆煮熟，剥皮后在盆内搓成碎末，拌入葱末、素油、食盐等，最后拌入生莜面(2 千克土豆放 1 千克莜面)。再用手把土豆和生莜面拌匀，搓成散粒状，铺笼布上笼蒸熟，出锅后即可食用。

莜面炒面：莜麦洗干净，后将麦粒炒熟，另将 2 份高粱、2 份玉米、1 份糖菜片(晒干)炒熟，把 4 种原料配匀，一并粉碎成面。内蒙古中西部农民的炒面和蒙古族牧民的炒米一样，是常备食品。农民出远门，多携带炒面作干粮。当地农民早晚习惯吃小米粥，也常离不开炒面。

制作者：陈唤玲

风味特点　清香可口，根据不同调料风味各异。

技术关键　和莜面应用开水，这样蒸出的莜面更加清香。

品评　莜面出自莜麦。莜麦耐盐碱，属低产农作物。莜面味香，耐消化(俗称“耐饿”)，是内蒙古中西部地区人们十分喜爱的食物。莜面民间吃法颇多，主要与土豆配食，荤素均可，四季皆宜，常吃常鲜。有搓鱼鱼、推窝窝、卷囤囤、蒸吃、煮吃、炒吃等多种吃法，每种吃法根据调味方法不同，会产生不同风味。

(十) 北京市菜点文化与代表作品

1. 北京市菜点文化概述

北京菜，俗称京菜，又称京帮菜、京朝菜。在长达千年的历史进程中，北京一直是全国的政治、文化中心，由此形成了北京菜肴集全国之大成的得天独厚的优势，也形成了北京菜雍容华贵、技术精良、风味隽永的特点。在我国饮食文化的发展中，北京有着举足轻重的地位。

(1) 沿革。北京历史悠久，文化积淀深厚。自春秋时燕国建都于此，以后陆续有辽、金、元、明、清诸朝代在此建都。在历次的改朝换代中，北京的人口构成发生着急剧变化，致使饮食习俗也在不断地丰富发展。

北京是华北平原与内蒙古高原之间的交通要道，自古以来，这里一直是中原农业经济与北方草原畜牧经济商品交换的集散地，也是兵家必争的军事战略重镇。京郊昌平曾出土一件 3000 多年前的青铜四羊方尊酒器，作为畜牧业代表的羊与农业产品的酒结合在一起，表明它正是这两种经济交流结合的产物，也说明远在 3000 年前，北京人的饮食即兼有中原与北方游牧民族的特点。

辽、金、元时期是北京菜的形成发展期，这时不仅游牧民族与农耕民族交流频繁，而且更有中亚、西域等地的回族迁徙于此，形成了五方杂处、百味汇聚的繁盛局面。元代御医忽思慧的《饮膳正要》和《马可·波罗游记》对此都有生动的反映。

明清时期是北京菜的成熟鼎盛期，宫廷菜、官府菜为其最高成就，满汉全席是其典型代表，并逐渐形成了荟萃百家、博采众长、格调高雅、风格独特的“北京菜”。

新中国成立以后尤其是改革开放以来，京菜更是海纳百川、兼收并蓄，八方美食荟萃，各地高手云集，成为了汇集各国、各地风味的美食博览会。吸收和改造了外地进京名菜的北京菜变得更为丰富多彩，成为受国内外宾客欢迎的重要风味流派。

（2）构成。北京菜是以北方菜为基础，兼收各地饮食精华形成的。到了清末，以宫廷菜、官府菜、清真菜和改进了的山东菜为四大支柱的北京菜风格基本形成。

宫廷菜："天厨珍膳，滋味万品"的宫廷菜高贵典雅、不同凡响，是我国菜肴的登峰造极之作，是中国烹饪王冠上的明珠，也是历代御厨留下的一宗珍贵的文化遗产。

官府菜：又称府邸菜，清末民初时尤为兴旺。它是由王府、皇亲国戚、高官巨贾、社会名流、军阀府邸的家厨创造的，特点是用料极为讲究，工艺精细，味道醇鲜，文化特色突出，以谭家菜为代表。

清真菜：以牛羊肉为主，以"爆、烤、涮"为特色，经过改良的北京清真菜色泽明亮、味道清鲜，深受北京人的青睐。

改进的山东菜：明、清之际，山东菜兴盛于北京。经过几百年不断的改良创新，山东的胶东派和济南派在京相互融合交流，出现了适合北京人口味的，与济南、胶东两派均不相同，以爆、炒、炸、熘、蒸、烧等为主要技法，口味浓厚之中又见清鲜脆嫩，堪称北京风味的山东菜。

此外，乡土气息浓郁的庶民菜、以素菜为标志的佛道寺观菜，也是北京菜的重要组成部分。

（3）特点。

选料讲究，善制羊肴。北京以都城的特殊地位，集全国烹饪技术之大成，菜肴原料更是天南地北、山珍海味、时令蔬菜应有尽有，可以优中选优，造就了京菜选料讲究的特点。以北京当地的优质原料制作的菜肴更是闻名遐迩，如以北京"填鸭"制成的烤鸭、"全鸭席"驰名中外，名品如"火燎鸭心"、"烩鸭四宝"、"北京鸭卷"等。清真菜在北京菜中占有重要的位置，它以牛羊为主要原料。如著名的"全羊席"用羊身上的各个部位，可烹制出百余种菜肴，是北京菜的重要代表。另外，"涮羊肉"、"烤肉"、"煨羊肉"等历史悠久，风味独特的菜肴，也深受北京群众喜爱。

烹法朴实，注重咸鲜。京菜菜品繁多，四季分明，有完善、独特的烹调技法，可基本概括为：爆炒烧燎煮、炸熘烩烤涮，蒸扒㸆焖煨、煎糟卤拌汆。尤为擅长的烹饪方法是炸、熘、爆、炒、烤、涮等。每种方法又可细分，"爆"在京菜技法中特别突出，可分为油爆、芫爆、酱爆、葱爆、水爆、汤爆等，每种"爆"法都有很多名品。"熘"又可分为焦熘、软熘、醋熘、糟熘等。还有锅煽、醋椒、拔丝、高力等特色技法。调味上讲究酥脆鲜嫩，清香爽口，保持原味。成品讲究突出主料和主要烹调方法，菜名朴实，味感纯正，气派大方。

气魄宏大，名菜众多。受国都文化传统与庄重气氛熏陶，京菜显得雍容华贵、气魄宏大。如以满汉全席为代表的宫廷菜在京菜中地位显著，它选料珍贵，调味细腻，菜名典雅，富于诗情画意。现在的宫廷菜多是明清宫廷中传出来的菜肴，著名菜品有抓炒鱼片、荷包里脊、熘鸡脯等。京菜中的谭家菜是官府菜的代表，讲究原汁原味，咸甜适中，不惜用料，火候足到，选料精细的"黄焖鱼翅"居各鱼翅菜之首。此外，早在乾隆年间就出现的"全羊席"用羊的各个部位做出多种美味佳肴，有"汤也、羹也、膏也、鲜也、辣也、椒盐也"，"或烤或涮、或煮或烹、或煎或炸"，使烹羊技术达到了一个高峰。

（4）成因。北京是典型的移民城市，人口的迁移变化和习俗好尚对北京菜的形成与发展起着至关重要的作用。五方杂处使各民族之间的饮食文化相互渗透、相互影响，北京菜汇集了汉、满、蒙、回等许多民族的灿烂文化而形成今天的局面。

作为都城的北京，在历次改朝换代中遭受战争洗劫最为惨重，北京居民的更新率极高，饮食习俗也因此而不断丰富发展。如今，北京人喜吃羊肉，应是辽、金、元时代的遗风。元代《饮膳正要》中记述的皇家饮食，大半是以羊肉为主料制成的。此外，13 世纪成吉思汗大举西征，先后征服了葱岭以西、黑海以东信仰伊斯兰教的各民族。随着战争转移，大批波斯人、阿拉伯人、中亚细亚人被迁徙东来，人数多达数十万之众，大批西域人入籍中原后形成回族。作为元大都的北京有很多像牛街这样的回民聚居区，随着他们的入迁，清真菜的品种和烹制技艺也随之带入北京。

明王朝建立以后，北京的居民既有随朱明大军来北京定居的南方人，又有从山西等地迁来充实京畿的大批移民。《明经世文编》上说："京师之民，皆四方所集，素无农业可务，专以懋迁为生。"由于居民来自四面八方，饮食也就兼收各地之长。至满族入主中原，北京居民再次大变。内城（北城）成了旗人的天下。饮食上，满族饮食文化与汉族饮食文化又产生了大交融，进入我国饮食文化发展的鼎盛时期，满汉大席代表着这个时期烹饪技术的最高成就。猪肉是满族的传统肉食，故在清宫御膳中有着特殊的重要性。皇室穷奢极欲，王公贵族、官僚巨商紧步其后，"无不争奇立异，以示豪奢"。清末出名的谭家菜即是官府菜的代表。此外，奠定北京菜基础的鲁菜进入北京，是因为明清时期山东人在北京做官的增多，山东菜馆随之大量涌现。北京有名的"十大堂"、"八大楼"几乎都经营山东菜，使山东风味菜肴的影响越来越大。再一个原因是山东菜浓少清多、醇厚不腻、鲜咸脆嫩的特色，易为北京人接受。不过，在北京的山东菜经数百年的演变改进，已与原来的山东菜有明显区别，成为北京菜体系的一大组成部分。

近几十年来，北京人口激增，全国各地来北京定居的人口占相当大的比重，他们带来了各地区的饮食习俗，这是我国各地饮食文化空前的大融合。北京菜也正面临着前所未有的发展机遇。

2. 北京市菜点著名品种

北京名菜品种繁多，仅在《中国名菜谱》（1958 年由商业部饮食管理局编写出版）即选有 220 多种。新涌现的创新名品更是不胜枚举。

（1）传统名菜类。用家畜制作的名菜有涮羊肉、沙锅白肉、烤肉、烧羊肉、葱爆羊肉、油爆肚仁、煳肘、炸鹿尾、它似蜜、筒子肉。用禽蛋制作的名菜有北京烤鸭（便宜坊焖炉烤鸭及全聚德挂炉烤鸭）、葵花鸭子、白露鸡、糟熘鸭三白、炒生鸡丝掐菜、熘鸡脯、芙蓉鸡片、草菇蒸鸡、柴把鸭子、三不粘。用河鲜制作的名菜有潘鱼、酱汁活鱼、干煎鱼、豉油活鱼、醋椒鱼、抓炒鱼片、荷花鱼丝、焖酥鱼、罗汉大虾、炸烹虾段。用海产制作的名菜有沙锅通天鱼翅、黄焖鱼翅、葱烧海参、锅塌鲍鱼盒、清汤燕菜、蚝油鲍片、龙井鲍鱼、扒大乌参、清汤冬瓜燕、百花鱼肚。用蔬果制作的名菜有栗子烧白菜、海米拌芹菜、糟煨茭白、桃花泛、翡翠羹、核桃酪、琥珀莲子、银耳素烩、干烧冬笋、罗汉菜心等。

（2）传统名点类。属于筵席点心的名品有豌豆黄、芸豆卷、萨其马、小窝头、艾窝窝、麻茸包、糖茶菜、三鲜烧卖、甜（咸）卷果、烫面炸糕、开口笑、炸三角、蛤蟆吐蜜、千层糕。属于风味小吃的名品有褡裢火烧、片丝火烧、墩饽饽、蜜麻花、姜汁排叉、焦圈、驴打滚、茶汤、豆汁、爆肚、炒肝、灌肠、白水羊头、羊霜肠等。

（3）创新名菜类。用家畜制作的创新名菜有玉兔五彩丝、五彩牛肉丝、扒海羊、扒驼掌。用禽蛋制作的创新名菜有蚝油鸭卷、火燎鸭心、芝麻鸭卷、蒲棒鸭肝、拔丝鸡盒。用河鲜制作的创新名菜有四味三文鱼、软炸凤尾虾、蒜辣虾球。用海产制作的创新名菜有什锦燕窝热锅、炉鸭扒鲍鱼、麻酱烧紫鲍、金丝海蟹。用蔬果制作的创新名菜有素糖醋排骨、炸时蔬，葫芦竹荪、烧二冬、拔丝火龙果等。

（4）创新名点类。属于筵席点心的创新名品有百子寿桃、翡翠烧卖、枣糕、龙须饼。属于风味小吃的创新名品有扒猪脸、南瓜金元宝、水晶桃花饼、鹌蛋八珍盏、葫芦包、刺猬包、五仁玉兔酥、金丝烧卖、像生海棠果、草帽酥、珍珠枣泥柿、千层鸡肉盒、金银夹，金钱串、百花凤眼饺、樱桃椰茸堆、奶油蝴蝶酥等。

（周秀来）

3. 北京菜点代表作品

（1）一品燕窝汤

典故与传说 燕窝又称燕菜，产于我国南海、泰国、马来西亚、菲律宾等地，为雨燕科鸟类金丝燕及多种同属燕类，在海边岩石洞中用其吐出的胶体液筑成的巢。因其有较高的营养滋补功效，历来被视为珍贵补药、珍稀烹饪原料。古有“香有龙涎，菜有燕窝”之说，后并将其列入“八珍”，为历代贡品。据清宫档案：乾隆几次下江南，每日清晨御膳之前，必空腹吃冰糖燕窝。一直到光绪朝御膳，每天都少不了燕窝。以光绪十年十月七日慈禧早膳为例，一桌 30 多样菜点中，用燕窝的就有 7 样。

燕窝上桌，极讲究餐具配套，器皿精致晶莹，益显其美。燕窝在席，均为头菜。上桌时先用盘子盛放，让客人看好后再放入汤中，分而食之，以示主人待客郑重，益显燕窝之名贵。

燕窝本身味淡，全靠清汤提鲜味。

制作过程

制作者：张铁元 韩应成

①原料：干燕窝 25 克，清汤 1000 克，豆苗、熟火腿丝 15 克，精盐 1 克，碱适量（可用可不用）。②将干燕窝在温水中浸泡回软，轻轻捞出，择净燕毛和杂质，再用温水洗净，然后放入适量的碱调匀（不断搅拌，随时注意掌握燕窝的涨发情况），发透后取出燕窝反复用清水漂洗，直到去掉碱味，搌净水分。③汤勺里放入清汤烧开，放入发好的燕窝，放入盐，煨片刻捞出放在盘中。④汤勺里放入清汤烧开，加入盐，调好口味，盛入汤盫中，放上豆苗和火腿丝即成。

风味特点 燕窝洁白，汤清味鲜美。

技术关键 清汤要色清，味鲜，这是关键。燕菜发时可放在小盘里，放上适量的水，在光线充足的地方择去杂质及绒毛。发好燕菜后要多次漂洗，以除去碱味。上菜时由服务员一手端着汤盫子，一手端着燕菜到客人的餐桌上，当着客人面把燕菜倒入汤盫中，然后再盛入小碗分给每位客人。

点评 燕菜入馔历史久远，制作的菜品繁多。如将燕菜发制好后，加入白糖，清蒸后，再加入冰糖，可制成“冰糖燕菜”。燕菜不仅可以做主料，单独成菜，也可做配料，大都配以其他原料制成汤菜或烩菜，一般甜菜略多，都是筵席的大菜。在使用上一般量不宜过大，复合味较少，忌配重味或腥味原料。

（2）黄焖鱼翅

典故与传说　鱼翅即鲨鱼的鳍，是一种名贵的海产品，早已被列为“八珍之一”，此菜是高档宴席中的一道大菜。是北京著名的官府菜“谭家菜”中具有代表性的名菜之一。

“谭家菜”本出自清末官僚谭宗浚家中。谭宗浚一生喜食珍馐美味，他在翰林院做官时，便热衷于与同僚相互请客，以满足口腹之欲。其子讲究饮食更胜其父，谭家女主人及家厨为满足父子俩的欲望，很注意学习本地名厨的特长和绝招，在烹制上精益求精，逐渐形成了独具特色的“谭家菜”。后来“谭家菜”的名气越来越大，许多大官为了一饱口福，辗转托人，借谭家宴客，掷千金而不惜。到了20世纪30年代末和40年代初，“谭家菜”在北京地区几乎是无人不晓、有口皆碑了，以至于一度曾有“戏界无腔不学谭（指谭鑫培），食界无口不夸谭（指谭家菜）”的说法。

在北京，“谭家菜”最著名的菜肴有100多种，以海味菜最为著名，尤其以鱼翅烹制最为出名，一向为人们所称道，而众多鱼翅菜肴中以“黄焖鱼翅”最为上乘。此菜选用珍贵的黄肉翅（俗称吕宗黄）来烹制，讲究吃整翅。鱼翅要在火上焖6个小时。菜肴形成后，汁浓，味厚，吃着柔软糯滑，极为鲜美。在1983年全国名厨技术表演鉴定会上，“谭家菜”传人陈玉亮大师以一道金黄透亮、味醇而鲜的“黄焖鱼翅”赢得广泛赞誉，并获得全国最佳厨师的荣誉称号。

制作过程

制作者：张铁元　韩应成

①原料：干黄肉翅1750克，鸭子750克，老母鸡3000克，干贝25克，火腿250克，奶汤、盐15克，白糖15克，料酒25克，葱段250克，姜片50克。②将洗净切好的鸡鸭块用开水焯一下，放在盆里，再放上择好的干贝和切好的火腿，加入水，上蒸锅蒸至干贝软烂，沥出干贝汤。③将黄肉翅放在清水中洗净，放在一个砂锅里。下面放一双竹筷子，上面放一个竹箅子，把鱼翅放在上面，放入清水、葱段、姜片，用旺火烧开煮10分钟左右，沥去水，再反复两三次，直至腥味减少。④将鸡鸭用开水煮透捞出，和火腿放在锅里，上面放一个竹箅，再放上鱼翅，加满水，用火烧开，放入葱段、姜片、料酒，盖上盖用微火把鱼翅焖透。⑤炒锅里放入奶汤、干贝汤和焖透的鱼翅，加入料酒、盐、白糖，烧开改用微火煨至入味，捞出鱼翅放在盘子里，再把余下的汁熬浓，淋在鱼翅上即成。

风味特点　色泽黄亮，柔软糯滑，汁浓、味厚。

技术关键　鱼翅在烹制前一定要刷洗干净，检查是否有砂粒或腐肉。发的程度要掌握好，不能欠火。焖制时要用小火，不可旺火。出盘时，鸡鸭、火腿、葱姜要捡干净，保持鱼翅干净利落。注意鱼翅的光泽。

点评　鱼翅是名贵产品，我国食用的历史较长，烹制菜肴也很多，如“芙蓉鱼翅”、“三丝鱼翅”、“蟹黄鱼翅”等等。如若选用发好的优质鱼翅，经过小火烧煨，入味后，与猪肉、鸡翅、高汤、葱姜、酱油放在一起，放入蒸锅中，用大火蒸透后，取出鱼翅，放在炒勺里加入适量的好汤及调味品，扒至汤浓入味，淋入明油大翻勺，出勺装盘，则是一道色泽红润油亮，糯软有劲，鲜咸适口的“红扒鱼翅”。

(3) 珍珠鲍鱼

典故与传说 此菜是一道海味菜肴，所用原料主料为干鲍鱼。鲍鱼亦称鳆鱼，不是鱼而是腹足纲单壳软体动物，是名贵的海产珍品，列海味之冠。

鲍鱼制作菜肴始见于《汉书·王莽传》，《癸辛杂谈》等古籍均有记载。明清时期，鲍鱼被列为“八珍”，成为名贵烹饪原料之一。我国国内市场供应的鲍鱼有3大类，第1类为鲜品，又分为时鲜品和速冻品两种。时鲜品在产地始有供应，随采随用，最为鲜美。速冻品供应于非产区。这两种宜用于爆、炒、拌、炝等烹调法，菜品原汁原味，鲜美脆嫩，尤以时鲜的风味更为突出。第2类为罐头制品，以鲜鲍鱼经蒸煮后制成，可直接食用，也可进一步烹调加工，一般用于烧、烩、扒、溜等等，或做羹汤、冷盘，口感柔软，鲜味略次于鲜品。第3类为干制品，采用鲜鲍鱼煮熟后干制而成。一般有淡干品和咸干品两种，以淡干品质量为好。干鲍鱼在烹制前需提前涨发，常用的涨发方法有蒸发、煮发等，发制后的鲍鱼呈乳白色，肥厚软滑。

鲍鱼烹调时，可做主料，也可做配料，可调制成多种口味，菜品菜式十分丰富。此菜是高档宴会上的一道大菜，式样美观，鲍鱼鲜嫩，鹌鹑蛋色白晶莹，形似珍珠，因此故名。

制作过程

制作者：张铁元 韩应成

① 原料：发好鲍鱼300克，鹌鹑蛋150克，鸡脯肉150克，香菇、红绿柿椒各25克，料酒12克，姜片10克，葱段10克，鸡蛋清2个，味精4克，盐3克，淀粉25克，葱姜油10克，清汤200克。② 将鲍鱼用开水焯一下，切成薄片，整齐地摆放在小碗里，放入清汤、料酒、姜片、葱段、味精，上蒸锅蒸透。沥出汤，扣在盘中。③ 将鸡脯肉用机器或用刀剁成茸状，再加入凉汤、料酒、盐、味精、鸡蛋清、继续搅匀至起劲时为止。将鹌鹑蛋煮熟剥去皮，香菇、柿椒切成小圆片。④ 将搅好的鸡茸分别放在小布碟上，抹成0.8厘米厚的圆形，再把鹌鹑蛋放在圆形中间，四周摆上香菇、柿椒的小圆片，上蒸锅蒸熟取出。把蒸好的鲍鱼取出，沥去汤汁，扣在盘中，再把蒸好的鹌鹑片围在四周。⑤ 把蒸鲍鱼剩余的汁放在勺中烧开，淋入水淀粉，勾成芡汁，淋上葱油即可盛入盘中。

风味特点 色泽美观，鲍鱼鲜嫩，香咸适口，是高档宴席的一道大菜。

技术关键 如使用罐头鲍鱼应以每桶2头为宜，取出后必须用开水焯一下，用清汤煨透入味。鸡茸调制时要加适量的清汤，蒸制时严格掌握火候，以防蒸制过老。切鲍鱼片不可过厚，要均匀。烹制鲍鱼时，一定要蒸透入味，要加好汤及调味品。炒芡汁时不可过稠，要保持菜肴熟后的亮度。

点评 鲍鱼作为海味类的“八珍之一”，可制作的菜肴很多。如用鲜鲍鱼可制成“白扒原壳鲍鱼”、“扒鲍鱼冬瓜球”等。如按照制作“珍珠鲍鱼”的工艺流程和制作方法可制作“鸡茸鲍鱼”。“云片鲍鱼”是把鹌鹑蛋打碎后放在小汤勺内蒸成云片状，再围在鲍鱼的四周而成。

(4) 炸烹虾段

典故与传说 此菜所用的原料对虾又叫大虾、明虾。在北京地区，“对虾”这个叫法并不是因雌雄虾相伴而得名，而是因为渔民捕捞大虾，常以“对”统计劳动成果，所以我国北方市场也以“对”计算售价，对虾的名字便这样流传下来。每年三四月间为汛期，此时的大虾大者十八九厘米，和墨西哥棕虾、圭亚那白虾并称为“世界三大名虾”。大虾肉肥色白，勾结如环，以它为原料烹制的菜肴不仅鲜嫩、酥香，而且营养价值高，列居高级宴席上的名馔之一。选此种原料烹制“炸烹虾段”，充分体现了北京菜取料讲究的特点。此菜成熟后，色泽红润油亮，质地酥香，深受食客的赞赏。诗人淮南先生品尝虾段后，即席赋诗云：“红艳荤入宝石光，盘虾叠叠待人尝。烹来不论双螯味，赢得英朋举箸忙”。

制作过程

① 原料：大虾 400 克，色拉油 1000 克（实耗 50 克），盐 3 克，料酒 9 克，葱丝 10 克，姜丝 10 克，味精 3 克，白糖 4 克，蒜片 5 克，醋 5 克，淀粉 35 克，汤 40 克。② 将大虾从脊背挑出虾线，从头部取出沙包，去须，去爪，洗净。每只虾斜刀切 3 段，加入淀粉和盐搅匀。蒜切成片，葱切成丝。③ 碗里放入汤、盐、姜汁、料酒、白糖、葱丝、蒜片、味精调成清汁。④ 炒勺里放入油，烧至 120℃左右时，放入沾好淀粉的虾段，用温油炸至酥透后，倒入漏勺中。勺内留底油，热后放入葱、姜丝煸炒至出香味时，随即放入炸好的虾段翻炒两下，立即倒入调好的清汁，急速翻炒，放醋，出勺放到盘里即成。

制作者：张铁元　韩应成

风味特点　质地酥香，口味鲜咸，色泽浅红。

技术关键　取沙包时，在虾头部位剪个小口，位置要准，挑出即可（不要把虾脑油取出）。取脊背沙线，刀口不宜过深。淀粉要沾均匀，不可或多或少。过油时，油温不宜过凉，以免脱粉，炸时要严格掌握火候。烹炒时，火要旺，动作要快，烹醋时要往勺边淋，不可淋在虾段身上。炸烹菜在制作时，要炸得透，烹得快。

点评　大虾类菜肴在北京菜占有一席之地，品种繁多，不但能切段，还能做整只的。如把大虾去掉沙包、沙线，用热油煎一下，加入适量调味品和清汤，用小火焖制，最后淋油，一盘红亮亮的“油焖大虾”就制成了。也可把大虾的皮去掉，腌好码上味，用鸡蛋清打成高丽糊，抹在去皮的虾肉身上，再摆上各式图案，过油炸或蒸制，制成“琵琶大虾”、“百花大虾”等，也可沾上面包渣制成“炸虾排”，食用时沾花椒盐，是一道别有风味的菜肴，并可登上大雅之堂。

虾的种类很多，产量也很大，供应时间长，应用广泛。可制成“炒虾仁”，也可和鸡丁相配制成具有典故的“鸡里蹦”。另外还可以变换口味，如“番茄虾仁”、“二吃大虾”等等，改变了一贯的咸鲜口味，变为其他复合口味。

（5）乌龙吐珠

典故与传说　此菜是北京宫廷传统菜之一，是海参席中的头菜。因海参俗称“乌龙”，再配以晶莹明亮的鹌鹑蛋，形似“珍珠”，故名。选用海参必须是质量上乘的灰刺参。此菜源于宫廷御膳房，御厨出宫后把此菜带到民间的北京酒楼餐馆。

制作过程

制作者：张铁元 韩应成

①原料：水发灰刺参12个（500克），鹌鹑蛋12个，猪油25克，葱姜油15克，酱油20克，料酒8克，姜汁5克，味精4克，葱10克，白糖5克，清汤250克，水淀粉1克。②海参洗净，从膛里面剞上花刀，鹌鹑蛋煮熟，剥去皮，用水洗一下。③汤勺里面放入水，烧开后，把海参放入水中汆一下，除去腥味，捞出控净水。炒勺里放入熟猪油，烧热后，放入葱丝，煸炒至出香味，放入酱油、料酒、姜汁、味精、白糖，待烧开后打去浮沫，放入海参、鹌鹑蛋，移至微火至入味后，淋入水淀粉，勾芡，淋上葱姜油，即可出勺，盛放在盘里即成。

风味特点 色泽红亮，海参油亮，式样美观，鲜味浓厚，是高档宴席上的一道大菜。

技术关键 选海参时，要求海参的个头要大小均匀，肉厚，富有弹性，个头完整无破损。海参的正反极口及膛内的污物杂质一定要清洗干净，腔内剞花刀时不可过深，以免遇热变形。海参在焯水时一定要开水下锅。烧制海参时一定要用清汤，勾芡时要用旺火。一定要预制葱姜油，最后淋在海参上。

点评 海参（灰参）是高档原料之一，一般在烹调技法上采用扒、焖、煨，烧、烩等烹调技法。海参经过泡发后可烹制出多种菜肴，在调味上一般都以咸鲜为主，兼有其他味型。因海参不易入味，在烹制时需借助鲜味较足的原料或用鲜汤来调味。海参不但能单独成菜，还能配上其他副料制成菜肴。如北京菜的“芙蓉海参”、“眉毛海参”、“鸡腿扒海参”、“鱼肚海参”，等等。“芙蓉海参”也是一道名菜，在制作时选用鸡蛋清、鸡脯肉制成芙蓉，过油制成“芙蓉片”，再和海参一起烧制，加入调味品，勾芡，淋葱油，出勺，装盘即成。菜肴成型后，黑白分明，软嫩鲜香，特别是适合老年人食用。

（6）四味三文鱼

制作过程

①原料：三文鱼200克，番茄沙司40克，色拉油500克（实耗30克），料酒8克，盐3克，淀粉30克，鸡蛋2个，辣椒油25克，绿芥末10克，美极鲜20克，味精3克，姜汁4克，葱段、姜片适量。②将三文鱼切成长6厘米，宽4厘米，厚0.6厘米的片，加入盐、料酒、葱段、姜片略腌。③鸡蛋加入淀粉、盐、姜汁、味精，调匀成为蛋糊。④炒锅里放入油烧至120℃，把腌好的鱼片沾上蛋糊，放入油锅中炸至金黄色至熟，捞出切成条状，整齐地摆放在盘中。将辣椒油、绿芥末、美极鲜酱、番茄沙司分别装在小碟里，和三文鱼一起上桌食用。

制作者：张铁元　韩应成

风味特点　肉质鲜美，色泽金黄，再蘸上甜、辣、咸、香的调味品，别有风味。

技术关键　三文鱼要选新鲜的，片切得不要过薄。腌制时注重葱香味，咸味不宜过重。鸡蛋糊调制时稀稠适度，最好在糊里放入一点食油。过油时油温不可过凉以免出现脱糊现象。炸时不宜时间过长，呈金黄色时即可。番茄沙司、绿芥末、花椒盐、美极鲜酱 4 种调味品要准备齐全。

点评　三文鱼能制作的菜肴品种很多，它可以做主料，也可做配料，并且适合多种口味。如“三文鱼松仁米”、“寿字三文鱼”、“三文鱼鱼卷”等。特别值得一提的是，它的头也是很好的原料，配上其他原料，也能烹制出色香味形兼具的佳肴。

(7) 兄弟全鱼

典故与传说　此菜是老北京传统菜，传说此菜是根据“和合二仙”传授而改进制做的。菜肴成熟后，头挨头，嘴挨嘴，尾挨尾，犹如亲兄弟一样。它以色泽红润油亮，鲜、咸、辣、香而得到食客的赞誉。

制作过程

制作者：张铁元　韩应成

① 原料：鲜活鲤鱼 1 条约 750 克，猪五花肉 100 克，色拉油 70 克，酱油 2 克，料酒 5 克，姜片 10 克，葱段 10 克，大料 6 克，干辣椒 10 克，辣椒油 10 克，白糖 60 克，醋 5 克，汤 400 克。② 鲤鱼修理干净，由嘴的中间片开成两片，在每片的上面每隔 2 厘米切一刀，不要切断。③ 炒勺放入油烧热，把鱼皮朝下煎一下取出。④ 炒勺里放入底油。放入切好的肉片、葱姜煸炒，加入汤、料酒、白糖、盐、味精、醋、大料、干辣椒、红辣椒油烧开，打去浮沫，放入煎好的鱼，熟后捞出，皮朝上放在盘中。⑤ 炒勺里放入余下的汁，炒至发黏时淋在鱼身上即成。

风味特点　色泽红润油亮，鱼肉鲜嫩，香辣、咸、甜香。

技术关键　鱼的喉节部位一定要去掉洗净，最好去掉鱼体两侧的白筋。切花刀时间距要均匀，煎鱼时火候不要过大。放鱼时要皮朝下放，出勺时要皮朝上放在盘里。最后炒汁时，一定要把水分炒干，淋在鱼身上。

点评　鲤鱼肉体肥厚，肉味纯正，是常见的烹调原料，既可做主料全鱼，又可加工成块、段、条、片、丝、丁、粒等形状，还可加工成茸泥，再制成型。在技法上可炸、熘、爆、炒、烹、煎、贴、炖、焖、烧等。在口味上适应于咸鲜、咸甜、香甜、酸甜、酸辣、五香、酱汁、茄汁、麻辣、红油、烟香等。菜肴品种很多，如北京的“潘鱼”、“锅贴鱼”、“酱汁活鱼”、“红烧鲤鱼”、“糖醋鲤鱼”、“龙舟鲤鱼”、“荷包鲤鱼”，等等。

(8) 清蒸炉肉

典故与传说 此菜是老北京的传统菜。炉肉又称“烤方”、“挂炉肉”,清代也为中秋食品。《帝京岁时纪胜》:“中秋桂饼之外,则……烧小猪,挂炉肉。”这里的挂炉肉就是炉肉。炉肉,源出于御膳房。从前清宫御膳房专设“包哈局”,用特制的挂炉,制烤鸭、烤猪、烤炉肉,供宫廷御宴之用。清咸丰、同治年间,东华门里有人开设了一个东海坊,请了御膳房里退下来的一位烧烤的孙老师傅,传授御膳房的烧烤技艺,往宫里送些烤鸭、烤猪、烤炉肉,另外也批发给市面上一些经营熟食的盒子铺。“炉肉”皮红肉白,肥而不腻,清香味美,深受北京人的喜欢,不久成为北京的著名食品。在同治三年,北京“全聚德烤鸭店”开业时便请来了东海坊那位孙师傅传授烤炉肉的技术,从此这一技艺代代相传。

炉肉的吃法很多,可以在出炉后趁热片成片蘸老虎酱吃;也可以切片,油烹后装盘上席,称为烹炉肉;也可以做凉菜,切片切丝蘸着调料吃。在冬日可以作为火锅的原料,更有许多老北京人喜欢清蒸后吃,称做“清蒸炉肉”。北京的“京华食苑”做此菜堪称一绝,凡是到“京华食苑”用餐者无不品尝此菜。

烤炉肉是京菜中的烤炙品,皮酥肉嫩,未品味,其色香早已夺人。炉肉再加工或蒸或扒,可做出多种菜肴。清蒸炉肉皮红肉白,肥而不腻,清香味美。

制作过程

① 原料:五花肉 500 克,冬瓜 150 克,盐 3 克,料酒 10 克,清汤 200 克,葱段、姜片各 5 克,酱豆腐 50 克,韭菜花 50 克,辣椒油 10 克。② 将烤好的炉肉切成长约 10 厘米,厚 0.3 厘米的片。冬瓜去皮、瓤,切成比炉内稍厚的片。把炉肉片整齐地码入碗里,呈放射形,上面垫冬瓜片、盐、料酒及清汤。③ 将酱豆腐搅碎成糊状,与韭菜花、辣椒油分别装入调味碟中待用。④ 将炉肉上屉,大火蒸至熟烂,下屉后滗出汤,把肉扣在盘中。把汤过罗,倒回炉肉上,上桌吃时蘸碟中调味品。

制作者:张铁元 韩应成

风味特点 色泽红润,皮酥肉嫩,肥而不腻,清香味美。

技术关键 炉肉最好用猪五花肉经洗刷、烫皮、挂糖、烤炙、蒸等工序加工而成。清蒸炉肉,要蒸透,皮韧而不凉为好。菜肴上桌时要把调料备齐。

点评 炉肉是“京菜”的烤制品,历史较长,吃法很多,既可做主料,也可和其他荤素原料搭配在一起烹制菜肴,如“三鲜炉肉”、“菜心炉肉”、“黄芽菜扒炉肉”等。另外选好的灰参,洗净内脏和杂质,用开水焯一下,然后采用“红烧海参”的技法,加入调味品及汤烧好,再把蒸好的炉肉去汤,放在盘子中间,把烧好的海参码放在周围,就烹制成一盘黑白分明,味道鲜香、软烂的“海参扒炉肉”。

(9) 涮羊肉

典故与传说　涮羊肉为北京传统名菜，又名“羊肉火锅”。以羊肉为主料，配以白菜头、细粉丝和糖蒜等调料，用涮的方法边涮边吃。其特点是选料精致，调料多样，涮熟的羊肉鲜嫩醇香。

涮羊肉历史悠久。公元17世纪，清代宫廷冬季膳食单就有关于羊肉火锅的记载。由于吃法简单，便于流行，加上它味道鲜美，所以受到人们的青睐。在民间，每年秋冬季，人们普遍喜食涮肉。《旧都百话》云：“羊肉锅子，为岁寒时最普通之美味，须至羊肉馆食之。此等吃法，乃北方游牧遗风加以研究进化，而成为特别风味。”

制作过程

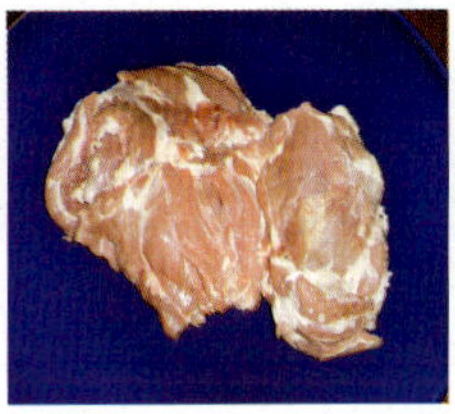

制作者：张铁元　韩应成

① 原料：小尾绵羊的上脑肉1000克，白菜、细粉丝、海米、芝麻酱、酱油、料酒、腐乳、腌韭菜花、辣椒油、卤虾油、葱末、香菜、糖蒜。② 最好选用内蒙古集宁的小尾绵羊，而且是羯羊（指阉割过的公羊），因为这种羊肉膻味小，且只选择上脑、大小三岔、黄瓜条、磨裆等部位。③ 涮肉切片可采取手工和机械切片两种方法，从肉片的形状可分为对折片和刨花两种。无论哪种形式的肉片，都应要求薄厚均匀，整齐美观。④ 芝麻酱、酱豆腐、韭菜花，分别磨细调匀，酱油、辣椒油、卤虾油、米醋、葱花、香菜等分别装入调料碟中。可根据个人喜好适量调配。此外，锅底汤中可适量加入海米、口蘑、高汤等来增加鲜味。⑤ 涮肉时，火锅里汤要烧开，再将肉片夹入汤中抖散，当肉片变成灰白色时，即可捞出蘸着配好的调料，就着芝麻烧饼、糖蒜吃。在涮完肉后，可放入白菜、青菜、粉丝、杂面、豆腐、水饺等，煮熟食用，其营养更全面。

风味特点　选料精细，调料多样，涮熟的肉鲜嫩醇香，没有膻味，为冬令进补佳肴。

技术关键　选羊肉最嫩的部位。“锅底”的调料要全。羊肉片要切得薄厚均匀。火锅火势要旺。

点评　“涮”为食用者将备好的原料放入沸汤中，来回晃动至熟供食的烹调方法。涮法系由食用者自涮自吃，热烫鲜美，别有情趣。涮法始见于南宋林洪《山家清供》的“拨霞供”。涮法南北均有，吃法各有不同。主要有“涮羊肉”、“打边炉”（广东的称呼）、“涮九门头”（福建的称呼）、“毛肚火锅”等。特别值得一提的是老北京的“菊花火锅”，它和涮羊肉基本相同，只是火锅里的汤要单吊制而成，另外燃料由炭火改用酒精，原料也不同，和调料略有区别，多为鱼、虾，猪的肉、肝、肚、腰，鸡的肉、肫、肝，以及海鲜贝类和野味，分别切片涮熟食之。

(10) 焦溜烙炸

典故与传说　此菜是老北京的家常菜，是老北京人最喜爱吃的一种食品。它用绿豆面糊烙制而成。据传说，烙炸这个名字是慈禧太后起的。

慈禧用膳时是非常挑剔的，当地官员和厨师对此十分谨慎。一次慈禧去东陵巡视，非要尝尝当地风味土菜，当地厨师就给她做了一道用红小豆和绿豆做的菜。当菜端上桌后，慈禧连看都不看一眼，就说“搁着”，然后继续品尝别的菜。突然，她闻到一种蒜香味，顺着味道飘来的方向看去，原来是刚端上来的菜。她马上品尝这道菜，尝后啧啧称赏，问这道菜叫什么名。传膳太监知道慈禧太后的脾气是说出的话绝不更改，就顺势捧场地说：“回老佛爷，刚才您不是说叫

‘搁着’吗?就叫‘搁着’。”慈禧太后听了很是高兴,便吩咐宫里的厨师向当地厨师学做此菜,带回宫中。从此,烙炸这道菜肴一直出现在宫里的膳桌上。后来回到民间,老北京人都喜欢此菜,一直流传至今。

制作过程

制作者:张铁元 韩应成

① 原料:烙炸 250 克,色拉油 700 克(实耗 50 克),料酒 8 克,酱油 15 克,味精 3 克,姜汁 10 克,葱末 8 克,蒜茸 10 克,淀粉 15 克。② 烙炸去老边切成长 5 厘米,直径 0.5 厘米的长条。③ 取一个碗,里面放入酱油、料酒、味精、葱末、姜汁、汤、蒜茸、水淀粉调成汁。④ 锅中放入油烧至 120℃,放入烙炸条,炸至呈金黄色挺实焦脆时捞出。⑤ 将炸好的烙炸放回炒锅中,倒入调好的芡汁,轻轻翻炒几下,淋入明油出勺装盘。

风味特点 色泽金黄,外焦酥脆,味咸鲜,烙炸酥香,有较浓的姜、蒜味道。

技术关键 烙炸要选熟透的为好,否则炸时容易放泡伤人。炸烙炸,油温不宜过高,用温油慢慢浸炸,以免烙炸颜色变深。在调碗芡时,姜蒜要多些。炸完烙炸控净油,放回炒勺里。倒入芡汁后,火要旺,动作要快,这才能更好地保持烙炸的酥焦。成菜芡汁不宜过多,而且食后盘内不见芡汁。

点评 烙炸是北京特有的食品,是用上等红小豆、绿豆磨成细粉,放点姜黄,和成糊浆。将大柴锅用清水洗净,小火将锅焙干,放入少许油把全锅润遍,而后倒入浆料,烙制成熟。烙炸可做焦溜、醋熘、干炸,但不论怎样做都应放葱、姜、蒜。烙炸称得上是一种季节性食品,到了夏天一般就无人再制作烙炸。用它制作的菜肴虽不是很多,但也可以制作“糖醋烙炸”、“肉丝炒烙炸”等。在北京百姓家里,常把炸好的烙炸直接蘸兑好的蒜茸、醋、酱油、香油汁食用,外焦里嫩,别有一番风味。

(11)拔丝莲子

制作过程

① 原料:水发莲子 200 克,色拉油 500 克(实耗 50 克),白糖 75 克,面粉 50 克,淀粉 40 克。② 发好莲子洗净,沾上面粉,再沾上干淀粉。③ 炒勺内放入油,烧至 120~140℃时,把沾好淀粉的莲子放入油中,炸至成金黄色时,捞出,控净油。④ 炒勺刷洗干净,放入白糖,放入温水,慢慢熬炒,见糖由稠变稀,由白色变成浅黄色时,即可放入炸好的莲子,颠翻几下,见糖汁均匀地沾在莲子上,即可出勺,放在盘子里,再把切好的红、绿樱桃小丁撒在上面即成。

制作者：张铁元 韩应成

风味特点　色泽金黄，金丝缕缕，甜、酥、香。

技术关键　发莲子时要注意掌握火候和温度，不可发得过大，以免莲子破碎。过油炸莲子时，油温不可过高，一般掌握在四成热左右，炸至金黄色时即可捞出，控净油。炒糖时严格掌握火候，不可用的时间过长。出勺前，盛装的器皿上要抹上一层油或撒上一层白糖。

点评　关于拔丝技法由来，应是元朝人制作“麻糖”手法的延伸或演化。据元末明初人韩奕撰的《易牙遗意》中记载，制麻糖时，“凡熬糖，手中试其黏稠，有牵丝方好”。北京菜中的“拔丝莲子”色泽金黄，金丝缕缕，入口甘甜香酥。其独特的技法，严格的火候掌握，使如雪的绵糖，在眨眼之间“化茧为蝶”。其神奇的变化和那酥脆糖香最能招引食客。有人在品尝后写下“金丝缕缕甜如意，藕断丝连心连心，亲朋情丝贵如金”的诗句。此菜也是经营正宗北京菜的老字号“柳泉居饭庄”的压店名菜。

(12) 北京烤鸭

典故与传说　北京烤鸭为北京传统名菜，它不仅是北京名菜，也是风味独特的中国名菜。“京师美馔，莫妙于鸭，而炙者为佳”。“忆京都，填鸭冠寰中。焖烤登盘肥且美，加之炮烙制尤工……”这些都是历史名人在杂记中对“北京烤鸭”的赞美之词。

烤鸭，起源于公元十世纪北宋时代，初时的“汴京烤鸭”就是现在北京烤鸭的原型。据《元史》等书记载，元破临安后，元将伯颜曾将临安城里的百工技艺徙至大都(北京)，烤鸭技术就这样传到北京，烤鸭成为元宫御膳之一。据《元一统志》载，元宫所用之鸭，大多来自北京潮白河畔的宝坻贡品鸭(即白河蒲鸭)。元人郑迁玉的杂剧《看财奴买冤家债主》中，有一段“贾员外”吃烤鸭的戏：有一天贾员外想吃“烧鸭子”，在街上看到店铺的烤鸭“油汪汪”，怪馋人的，他又舍不得花钱买，于是用手使劲地握了一把鸭子，五个手指头都沾满了鸭油，他高兴地回到家里咂一个指头，吃一小碗饭，就这样连咂了四个指头，吃了四小碗饭。不想他饭后酣睡之时，一只馋狗将他第五个指头上的鸭油舔个精光，他一气之下便病卧不起。这个戏剧性的情节生动地反映出民间烤鸭技艺的精湛，味美绝伦。

据史料记载，公元十五世纪，明成祖迁都北京，将南京的一种烤鸭技术也带到北京，经融合、演化得到进一步改进，发展成为“北京烤鸭”。最早的北京焖炉烤鸭的鼻祖——“便宜坊”创建于永乐十四年，在北京所有老字号中，这是历史最长的一家(明《菊隐记》、《都门汇纂》中均有记载)，是由姓王的南方人创办的。1553年(嘉靖三十三年)，明兵部员外郎杨继盛曾为老便宜坊题写牌匾(据《食林外史》、《中华饮食纵览》记载)。1555年(嘉靖三十四年)，戚继光赴浙江招兵抗倭前夕，来便宜坊用餐，题诗“封侯非我意，但愿海波平”，并以便宜坊鸭饼为原型，创制光饼以为军粮。便宜坊助军一千斤面饼(据《食林外史》、《中华饮食纵览》记载)。到了清朝，《都门琐记》中有载：“北京膳填鸭，有至八九斤者，席中心必以全鸭为主菜，著名者为‘便宜坊’。”当时一些外国人，如美国人安格联在《北京杂志》中述：昔日在游历北京名胜风景，品尝多种风味之后，认定便宜坊之焖炉烤鸭为“京中第一”。在同治年间还有一本类似旅游指南的图书《都门汇纂》，就专门向远省来北京做生意的客商们介绍了便宜坊的特色烤鸭。北京烤鸭的产生是同北京填鸭的养殖成功分不开的，自从明成祖于十五世纪初由南京迁都北京后，为了调运江南粮米来供宫廷挥霍，每年从运河船运的粮米数量很大，粮米落入河里不计其数，北京运河一带的鸭子,长期以这些散落的粮食为食,体型、肉质逐渐起了变化,以后经过不断地改良品种,特别是借鉴南北朝时即有记载的养鸭"填嗉"法,创造了人工填鸭法,培育出了毛色洁白、体态丰满、肉质肥嫩的新品种——北京填鸭。用北京填鸭烤出的鸭子,鲜美的程度远远超过以往的各种烤鸭。到了清代,在北京专门经营烤鸭者就有几十家。其中专门挂炉烤的"全聚德"的烤鸭技术精湛,烤出的鸭子皮脆、肉嫩、色艳、味香,油多不腻,久吃不厌,声誉至今不衰。

清代,无论是乾隆和慈禧都特别喜欢吃烤鸭,为此"御膳房"增设了专做烤鸭等妙馔的"包哈房"(包哈为满语,意即下酒菜)。据《五台照常膳底档》载,乾隆皇帝在 13 天中就连吃了 8 次。在当时还把北京烤鸭作为礼品相送。北京烤鸭,不仅鸭种独特,烤技高超,而且片鸭也实在是一种艺术。烤鸭出炉后,片鸭师能在五六分钟内将一只烤鸭片出 100 ~ 120 片,且做到片片形如丁香叶状,片片皮肉相连。吃烤鸭的方法也是多种多样的,不过最宜卷在荷叶饼里蘸上甜面酱、葱丝食用,喜食甜味的可蘸上白糖。

北京烤鸭发展到现在,早已成为外国人心中中国饮食文化的象征之作。"全聚德"、"便宜坊"也已成为世人皆知的"中国餐饮文化象征企业"。四海友人和港澳台同胞到了北京不尝此味是不肯离开的。据说美国前总统尼克松曾派特使基辛格多次秘密到北京会谈,他每次来北京都要大吃烤鸭,以致回国前腰围大增,要重新做礼服才行。时到今日,在世界各大城市都有中国人经营北京烤鸭的餐馆,使世界各国人民都能尝到中国的烤鸭。而凡到北京的中外宾客,莫不以一尝烤鸭为快事。"不到长城非好汉,不吃烤鸭真遗憾!"正是这一心情的生动描述。

制作过程

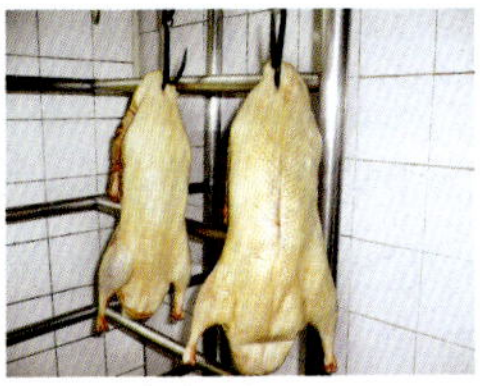

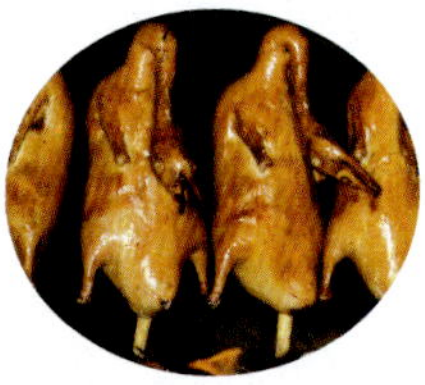

制作者:白士清

① 原料:北京填鸭 1 只(2 千克),饴糖水 35 克,甜面酱 50 克,葱,蒜泥,荷叶饼。② 将光鸭洗净,除鸭掌,食管及气管,然后用气泵从鸭颈部刀口处充气到八成满时,取下气嘴,并用手指卡住鸭颈部,防止漏气。然后从肋处开膛取内脏洗净。③ 左手握住鸭头,提起鸭子竖直勾挂,然后用沸水浇烫,使毛孔紧缩,再用饴糖水浇匀(30 克的饴糖兑 200 克开水熬制而成),挂在通风处晾干。④ 烤鸭时,炉温应保持在 230℃,入炉前,先在鸭肛门处塞入 2.6 厘米长的高粱杆 1 节以"堵塞",再灌入八成满的开水。烤时使鸭内煮外烤,这样才熟得快。一般入炉烤 40 分钟,至鸭皮呈枣红色,油润光亮即可出炉。用鸭刀一刀刀片下,摆入盘中,配以荷叶饼、葱段、蒜泥、甜面酱等卷在一起食之。

风味特点 色泽红润,皮脆肉嫩,油而不腻,酥香鲜美。

技术关键 严格掌握填鸭的质量,肥瘦大小适宜。注意燃料一定要用果木,最好用枣木,梨木、苹果木次之。鸭子的内脏一定要去净,晾制鸭坯时要掌握好温度、时间。打饴糖水要均匀。烤制时要掌握火候,不断转动鸭坯使其受热均匀,成熟一致,颜色一致。菜肴成品要色泽枣红,外皮酥脆,肉质鲜嫩,腴美香酥。

点评　北京烤鸭以其无可替代的古都地域优势，历经数百年历史发展的深厚文化底蕴优势，及填鸭地域适应养殖优势和企业品牌经营、加工工艺优势而蜚声海内外。北京烤鸭已成为中国饮食文化的一种象征符号植根于中国人心中，更令外国友人向往。

（13）北京烤肉

典故与传说　烤肉源于北方游牧民族的“帐篷食品”。它是游牧民族和猎人们的拿手佳肴。他们把羊或黄羊、鹅、鸭等小动物宰杀剥皮后，架在篝火上烤制成熟，再用短刀割下，蘸调料吃，后来演变为将牛肉或羊肉切成方块用葱、盐、豉汁（酱油）浸一会儿再烤制。据元朝文字记载，羊肋生着上火烧（烤），羊脯煮熟烧，羊奶脂半熟烧，全身羊炉烧（即盆火烤）。而当时把北京作为统治中心的明清统治者，既要食用各种美味，又不得不遵守严格的宫中律治，因此，不能采用烤食用刀割食的办法。所以，御厨们采用了将牛肉、羊肉先切好再制熟的办法。而切好的肉无法用篝火烤制，于是他们发明了“炙子”，即用铁条做成的有缝隙的形如饼铛的烤具，把炙子架起来，下面放炭火，上面放上切好的肉片烧烤，其味道独特。据《明宫史·饮食好尚》中记载“凡遇雪，则暖室赏梅，吃炙子肉”，可见烤肉源于北方游牧民族，在明代已经形成了京味烤肉的形式。到了清代中期，京味烤肉已形成为一大特色菜肴。清道光二十五年（1845 年），诗人杨静亭在《都门杂咏》中赞颂烤肉道：“严冬烤肉味其饕，大酒缸前围一遭。火炙最宜生嗜嫩，雪天争得醉烧刀。”可见，烤肉佐食烧酒，在严冬雪天已成为京都市井餐馆的一大特色。如今北京最负盛名的两家烤肉店“烤肉宛”、“烤肉季”分别建于清康熙二十五年（1686 年）和清道光二十八年（1848 年）。

制作过程

制作者：张铁元　韩应成

① 原料：精选羊肉 500 克（以后腿、上脑、扁担肉为好），色拉油 30 克，大葱白 150 克，香菜 50 克，糖蒜瓣 10 粒，嫩黄瓜条 50 克，料酒 10 克，酱油 30 克，姜汁 50 克，白糖 15 克，味精 4 克，卤虾油 2 克，盐 3 克，辣椒油 25 克。② 将羊肉切成薄片，加入料酒、酱油、姜汁、卤虾油、白糖、味精、盐调味，腌渍一会儿。葱切成 3 厘米的斜长丝，香菜切成 3 厘米的长段。糖蒜去掉外衣老皮，黄瓜切成长 6 厘米的条，分别装盘，辣椒油装入小碗。③ 烧热烤肉炙子达到 180～200℃时，加入适量色拉油后再将腌好的肉片倒在上面，用特制长筷子将肉摊开并翻动肉片，使肉片变色，待肉片呈粉红色时放上葱丝，继续翻动。当收浓肉汁并沾在肉片上时，撒上香菜段，淋上少量熟植物油，翻动均匀装盘。

风味特点　选料考究，工艺精细，肉嫩味香，含浆滑美，不膻不柴，久食不腻，佐以美酒，独具风味。

技术关键　腌渍肉的时间不宜过长。烤肉前，炙子的温度一定要掌握适度，各个部位的温度要一致。烤肉时要翻动，不要让肉片汤汁过多流失，调味品要分先后顺序放。烤肉可根据顾客的要求，烤成“老、嫩、焦、煳”，口味上还可分为“甜、咸、辣”。“老”的不柴，“煳”的脆焦煳香，并具有特殊滋味。

点评　烤肉在北京经营多年，深受食客青睐。如果不喜食羊肉，也可把羊肉换为牛肉，但要用 150 千克重的四五岁的羯牛，即阉过的公牛或乳牛的上脑、排骨、里脊等部位的鲜嫩肉，按上述方法制作为“烤牛肉”。

鸡胸肉去筋膜，切成抹刀片，按上述办法操作即为“烤鸡肉”。鱼肉去骨去皮，用刀切成0.5厘米厚的片，腌味后，在炙子上翻烤（不宜频繁翻动，不然易碎），即为“烤鱼肉”。总之，北京烤肉凭着特有的魅力，又经过不断改进发展，已形成系列化特点。

（14）芥末墩

制作过程

制作者：张铁元 韩应成

① 原料：青口大白菜2500克，白糖130克，精盐5克，米醋250克，芥末糊适量。② 将白菜去叶留下叶柄及嫩根，切成小圆墩，用开水浇烫，趁热码在小坛内，上面撒上一层芥末糊，再撒上一层白糖，再码一层白菜墩，照此法将白菜全部装入坛内，最后加盐、米醋，12小时后即可食用。

风味特点 辣香味浓，脆嫩爽口。

技术关键 白菜烫的时候要掌握水温和时间。抹芥末糊时要均匀。焖发时要注意温度。

点评 此菜是老北京的传统菜，清爽，利口，解腻。食用时要用干净筷子把芥末墩夹出来放在盘里，再倒上些原汤。酸、甜、脆、辣、香，五味俱全，喝一口原汤透心凉，芥末钻鼻的辣香味儿顿时令人畅快。当食用了油腻食物之后，吃芥末墩不仅换了口味，那舒服适意的劲儿更是妙不可言。

（15）莲花酥

制作过程

制作者：李惠英

① 原料：面粉500克，豆沙馅250克，猪油200克。② 先把面粉200克过箩，放在案子上开窝，放上猪油搋匀，成为油酥面。③ 先把面粉300克过箩，放在案子上开窝，放上猪油50克，加上适度的清水和匀，软硬要和油酥面相同成为水油皮。④ 用水油皮包上油酥面，用面棍擀长，叠成日字形，再擀成长方形，卷成条形揪成剂，用手压薄，包入豆沙馅，把口收在下，捏成花包形。用刀切成六瓣，不要切透。下入油锅中炸成乳白色，成莲花状，捞出控净油摆放在盘中，在每个莲花上再放上一点色糖即成。

风味特点 外形美观，香酥可口。

技术关键 和面加水的温度要根据季节而定。擀酥时要讲层次（12～15层），厚薄要均匀。如果层次少，不均匀，会影响成品美观。炸时先用温油泡浸开起酥瓣，然后立即加温，成熟时，不宜再用温油浸泡，否则花瓣塌落不成形，也不宜用过高的油温，否则酥瓣呈深红色，不美观。成品以洁白为佳。

点评　此品种是一道传统的御膳点心。它的制法细腻，外形美观，香酥可口并有利尿消肿，清热解毒的功能。在皇宫日常的御膳里，或是在“满汉全席”宴、“万寿无疆”宴、“福禄寿禧”宴、“延年益寿”宴等宴会上，都有它的出现。后传入民间，通过不断改进，一直流传至今。

(16) 元宝酥

制作过程

制作者：李惠英

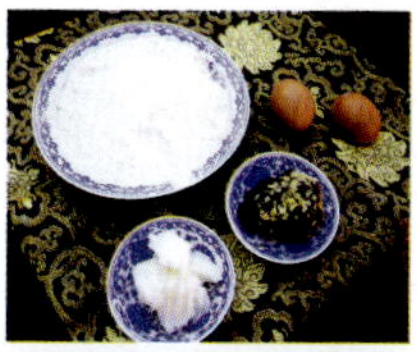

① 原料：面粉 500 克，猪油 200 克，腰果馅 250 克，鸡蛋适量，白糖 30 克。② 先把面粉 200 克过箩，放在案子上开窝，放入猪油 100 克撮匀成油酥。③ 再将余下的面粉 300 克，猪油 50 克，白糖 30 克，加入清水和匀，软硬要和油酥面相同，成水油皮。④ 用水油皮包入酥面，用面棍擀长，叠成日字形，再擀成长方形，卷成条揪成剂，包入腰果馅，成长圆形，收口放在下边。两头用手压扁往上捏成元宝形，刷上蛋液，放入烤箱烤至金黄色已熟即成。

风味特点　形象逼真，酥香可口。

技术关键　腰果制馅时要调制均匀。包馅时皮的收口要紧，并且底部不宜厚，否则不宜烤透。烤制时要严格掌握火候，旺火易外焦里生，微火烤得时间过长，水分蒸发过大，会影响成品质量。

点评　此品种的制作工艺较为复杂，要求制作者不但要有一定的面案技术，还要具备一定的艺术修养，才能制作出形象逼真的元宝形态。由于它的成品外形美观，又有中国文化中发财致富的寓意，深受食客青睐。

(17) 刺猬包

制作过程

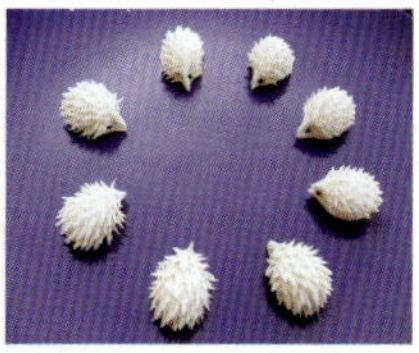

制作者：李惠英

① 原料：面粉 300 克，豆沙馅 100 克，面肥 50 克，碱面适量。白糖 30 克。② 先将面粉加入 10%面肥，根据季节加入适当清水(50℃)，把面和匀，发酵 15 小时。③ 将发好的面加入白糖、碱适量揣匀，搓条下剂。④ 将剂揉圆按扁，使周边薄中间厚，包入豆沙馅，捏成刺猬形，用剪刀剪出刺猬毛，放入盘里上屉经过饧发后再蒸熟，摆放在盘里即成。

风味特点　形似刺猬，松软洁白，豆香馥郁，绵甜细润。

技术关键　和面时要注意面肥的比例，要揣匀。炒馅要均匀。剪刺猬毛时要细腻、均匀。蒸制时要掌握好火候。

点评 此品种在烹调技法上采用“蒸”。蒸可以使加工好的半成品保持形态。此品种经常出现在宴会上，其栩栩如生的造型，可给就餐者营造喜悦气氛。

(18) 小窝头

典故与传说 此面点是北京宫廷传统名小吃。虽然它只是用普通的玉米面、豆粉制成的，却有一番来历。传说八国联军侵占北京时，慈禧太后和皇帝在仓皇出逃的路上饿了，走到一个叫惯世里的地方，有人给了她一个窝头吃，她吃了这个窝头，觉得分外香。回到北京后，仍念念不忘，叫御膳房给她蒸窝头吃。御厨们深知她吃惯了山珍海味，怎能吃得了贫穷人家用来度日的粗粮制成的窝头，但又不敢违抗，于是绞尽脑汁，用玉米粉加黄豆粉、白糖，制成形状极小、一口能吃一个的小窝头。慈禧非常爱吃，于是小窝头就成了宫廷御膳。后来又传入民间，深受老北京人喜爱。

制作过程

① 原料：细玉米面 400 克，黄豆粉 100 克，白糖 50 克，桂花 5 克，苏打 0.5 克。② 将玉米面、黄豆粉、白糖、苏打掺在一起，再逐渐加水，慢慢揉和，和均和透即可。③ 将和好的面揪分成剂（每 50 克做 10 个），再蘸着桂花水团成小窝头，上屉用旺火蒸熟即可。

制作者：李惠英

风味特点 色泽金黄，小巧玲珑，甜香细腻。

技术关键 小窝头又称栗子面窝头，但是窝头里并未加栗子面。栗子面虽香，但配入窝头里会发黑色，色泽不美观。揉制窝头时个头要均匀，大小要一致，窝头壁不宜过厚。蒸制时要严格掌握火候。

点评 此品种为北海公园内“仿膳饭庄”最有名。它的制作工艺非常细腻，每个小窝头只有 4 厘米高，形似小塔，中间是空的，壁厚只有 0.3 厘米，成品内外壁光滑发亮诱人食欲。在“满汉全席”宴中，是一道必不可少的点心。

(19) 豌豆黄

典故与传说 豌豆黄是老北京的传统名吃。按北京的习俗，农历三月初三，人们要吃豌豆黄。明代小说中就有豌豆黄的名字，清代晚期成为宫廷御膳。据说，有一天慈禧太后正在静心斋休息，忽听大街上有打铜锣的声音，慈禧问起原因，当差的回答说是卖豌豆黄、芸豆卷的。慈禧差人买些来尝，觉得好吃，从此就把这个卖豌豆黄的留在御膳房，豌豆黄也就成了宫廷的名食。

制作过程

① 原料：白豌豆 500 克，白糖 350 克，碱、水适量。② 用小磨将豌豆破碎去皮，再用凉水把破好的豌豆洗净。③ 在铜锅或铝锅里面放入水烧开，放入豌豆，加入碱，将豌豆煮烂成稀粥状，然后带原汤过箩。④ 将过了箩的豌豆放入锅内，加入白糖，炒 30 分钟左右，要用小火，炒至黏度适中。⑤ 将炒好的豆泥倒入长 40 厘米，宽 25 厘米，高 5 厘米的盛器里，上面盖一张消过毒的专用纸（以防凝结后表面裂口，并可保持清洁），晾透后，放入冰箱，食用时切成小块装盘。

风味特点　色泽浅黄，细腻纯净，甜香爽口，入口即化，别有风味，与芸豆卷、小窝头同属北京宫廷名点。

技术关键　白豌豆一定要洗净。碱放得不宜过多，否则成品会发红黑，色不美观。炒豆时一定要严格掌握火候。若炒得太嫩，水分过多，则凝固后切不成块；反之，水分太少凝固后又会有裂纹出现，影响美观。在炒的过程中，须随时用木板捞起试验，如豆泥往下淌得很慢，淌下去的豆泥不是随即与锅中豆泥相融合，而是形成一个堆，逐渐与锅中的豆泥融合（俗称“堆丝”），在这种情况下就可以起锅了。

制作者：李惠英

点评　豌豆黄原是百姓的传统小吃。在《故都食物百咏》中有“从来食物属燕京，豌豆黄儿久著名。红枣都嵌金屑里，十文一块买黄琼”的诗句。后传入宫廷就不用枣了，再后来又传回民间一直至今。每当春回大地，柳枝吐绿的季节，北京人总喜欢争先品尝豌豆黄。在宫廷御膳里它也是不可或缺的，甚至连“满汉全席”这样的豪宴也少不了豌豆黄这道名点。

（十一）天津市菜点文化与代表作品

1. 天津市菜点文化概述

天津是晚清发展起来的城市，从元代的直沽算起，至今也只有600余年。从五方杂居、聚落始繁的直沽寨，从鱼虾畅游、帆樯络绎的三岔口，从“龙飞”、“渡跸”的北码头，从市肆豪奢、商旅辐辏的侯家后，从延纳名俊、文盛肴丰的水西庄，人、水、船、商、文相聚，特殊的环境，孕育了具有津派风格的天津菜。

（1）沿革。天津菜的起源、形成与发展要追溯到四五千年前。从天津地区大量出土的新石器时代的文物证明，早在四五千年前，天津人的祖先就在津沽大地劳作生息。1987年，张家园出土的青铜鼎（食器也用作礼器）和盛装食物称作粢盛器的铜簋，均是商周时代只有贵族才能享用的精美铜制炊具。《吕氏春秋》写道：“鼎中之变，精妙微纤。”铜鼎的出现，把天津烹调技术推进到新的历史阶段，即铜烹时期。天津出土食器之精美，说明饮食文化美食美器的理念在天津由来已久。在天津郊区发现的50多处战国时期墓葬和遗址中，出土了大量的铁制农具、渔网坠、生活用具以及食用后的贝壳、兽骨，说明当时的先民膳食结构已包含粮食、水产品和家畜。铁器的出现带来了快速成熟的烹法，使水熟、油熟混合成熟的系列烹调技法逐步形成，烹饪工艺日趋完善周密。由此证明，那时天津地区的饮食文化已相当发达。

源于民间的烹饪技法和菜肴，历经世代演变发展，由粗放到精致，由简陋到精美，完成了由简便质朴的民间本色到都市化的嬗变，津菜技法日臻成熟。1400年，燕王朱棣率军“渡直沽”南下，后于永乐二年（1404年）在直沽设卫筑城，并赐名“天津”，意谓天子“车驾所渡处”。明王朝迁都北京，天津成为首都东大门，漕运更加繁忙，这里不仅是产盐地，也是北方销盐中心，盐商巨贾开始出现。随着海河交通的发展，天津商业贸易日渐繁荣，成为北方商品的集散地，北门外、东门外早期商业区已成雏形。此时的天津名虽曰卫，实在不亚于一个大都会。漕运不仅是物资的交流，也是文化的交流，漕运给天津带来了大运河流域苏杭水乡、江淮平原、齐鲁大地及京师王都先进的饮食文化、各地的乡风食俗。天津作为新兴的商业城市，尤其作为一个高速发展的移民城市，少保守，不排外，对外来饮食文化兼收并蓄。明王朝灭亡后，宫廷御厨流落民间，天津作为首都的门户，广为收纳，这些技术精湛的厨师为津菜平添了活力。清代康熙时，北运河畔河西务的户部钞关迁至卫城北门外南运河畔。雍正时，天津改卫为州，后设府置县，漕运的规模也远远超过明代。由于清王朝取消了海禁，东北的黍、米、豆类从辽东大量转运到天津，使天津很快成了华北地区的粮食集散市场。与此同时，闽、粤航线开通，广东、福建、浙江、江苏一带经商的海船纷纷来到天津，其中以广东和福建的船队规模最大，每年有 200 艘以上的大船驶至北门外的钞关等待验关纳税。大批的洋广杂货、南北物资源源到来，吸引了各地的行商坐贾，促进了天津与沿海各省以及华北、东北、西北地区商业贸易的发展，天津作为区域性经济中心的作用日益明显起来，成为"蓟北繁华第一城"，从而为天津带来了"万商云集，百货罗陈"的繁荣景象。商业的发展繁荣带来了餐饮业的空前兴盛，使津菜的发展由量变积累发展到质变，完成了从起源到形成的过程。

传说康熙元年(1662 年)，天津"八大成"饭庄的第一家——聚庆成饭庄开张营业，它标志着津菜已经形成。道光年间，通庆楼开业，是天津餐饮史上第一家有记载的规模饭庄。之后，名满津门的"八大成"，在尔后 200 多年里对津菜的发展起着博采兼收、创新完善、传承推广、承前启后的巨大作用。雍乾年间，天津大盐商查日乾父子建设了水西庄，聘请南北名庖二百余人极尽美食精品接驾，成满汉全席之雏形。又接纳天下名士，诗酒唱和，奠定了津菜河海两鲜的基础。《红楼梦》作者曹雪芹原与查家有旧，曾两次长住水西庄。受水西文化影响，曹雪芹笔下的大观园亦有水西庄饮食与建筑文化的影子。至清同治、光绪年间，津菜烹饪的发展形成高潮，达到鼎盛时期。据《津门小志》载，清末天津餐馆"约五百有奇"，其最著名者为侯家后红杏山庄与义和成两家，其次则为第一轩、三聚园，足见津菜发展之势迅猛，盛极一时。名馆、名师迭出，津菜之影响在漕运一线的枢纽之地保持了烹饪技术中心的优势。

(2) 构成。天津菜起源于民间，得势于地利，发展于兼取，随着政治、经济、文化的发展，凭借天津地区富饶的物产，特别是质优量大的河海两鲜，在明末清初逐渐形成，至今已有 400 多年的历史。经过数代人博采众长，兼收并蓄，苦心钻研，积极探索，推陈出新，不断丰富、完善，天津形成了独特的津菜体系。津菜是一个兼容并蓄的文化体系。它以徽、齐、鲁文化打底，以大运河文化交流为脉，体现了"九河下梢、九方杂居、九国租界、九五之门"的文化特色。以河海两鲜、蒸煮食文化、特色小吃为主要内容。既包括天津本地传统的汉族菜、清真菜、素菜和风味小吃，又包括用天津独特烹饪技法研制出的适合津沽民众口味的现代新派肴馔。其菜品高、中、低档共达 5000 余种，粗细面点、风味小吃 800 余种，风格由简便、实惠、质朴的民间本色发展成为以咸鲜为主、酸甜为辅、小辣微麻的津菜风格。

(3) 特点。

独特的烹饪技法。天津菜除见长于烹、炸、蒸、烧、煎、㸆、扒、熬、烩、氽、焖等烹调技法，勺扒、软熘、清炒、油爆 的技法最为独特，尤以勺扒堪称津门烹调之绝技。勺扒，不同于其他菜系的扒制方法，它采用大翻勺，使主料软烂入味、汁明味厚、造型完美，有"一菜一扒一翻勺"的特点。大至整鸡、整鸭或四五条鱼齐烹一勺，小至一两白肉丝的烧三丝盖帽，无不可用此法。以最具代表性的"扒全菜"、"罗汉斋"为例：将原料初步加工、加热处理后，整齐反码于盘中，熘入勺内，烧㸆入味，勺内转动勾芡，淋明油，大翻勺，使其光面朝上拖入盘中，原形不散不乱。勺扒技法，因其成菜色泽和选用调味的不同，又分为"红扒"、"白扒"、"奶扒"等；又因所用原料和形状的不同，还分为"单一扒"、"盖面扒"(副料垫底、主料盖面)、"拼配扒"(两种以上原料制成)。

勺扒技法,最关键是大翻勺,津门厨师的大翻勺技术十分娴熟,讲究上下翻飞、左右开弓、前后自如。此外,津菜技法中的黄焖、软熘、烧、煎、锅爆等大部分菜品,也都是采用大翻勺,这早已成为津门厨师入道必学之绝技。

津菜的软熘技法,是以原料质地软嫩来区别于其他熘菜的。采用软熘技法烹制的菜肴,质地松嫩,口味以小酸小甜为主。油爆菜肴成馔后,汁抱主料,主料脆嫩爽口,菜净盘中无汁无芡。清炒的成菜特点必须是清汁无芡,主副料分明,干净利落,口味多以咸鲜清淡为主。熇法,是烧、焖、扒多种技法的结合。所谓熇,用天津地方方言说,就是"咕嘟",此种烹调技法最适合重色、重味菜肴,其成菜入味醇厚,汁芡明亮。如熇面筋一菜,尽管主料档次很低,但它反映了天津传统的烹调技法,是大众喜食的风味美馔。

擅烹河海两鲜。津门物产丰富,盛产咸和淡两水的鱼、虾、蟹等。因此,津门厨师对烹制河海水产品极为讲究,数十种烹调技法无所不用,仅鱼、虾、蟹菜肴即各达百余种,且按季选取,适时推出。论鱼,讲究春吃黄花、鲅鱼;夏吃鲙鱼、目鱼;秋吃刀鱼;冬吃银鱼。论蟹,又有春吃海蟹;秋吃河蟹;冬吃紫蟹之别。论虾,又分为对虾、晃虾、青虾、港虾等多种。代表菜品有软熘黄鱼扇、清蒸鲙鱼、高丽银鱼、煎转目鱼、白崩鱼丁、天津敖鱼、罾蹦鲤鱼、煎烹大虾、荷包牡丹虾、炒青虾仁、芙蓉蟹黄、烹大虾、炒全蟹、熘河蟹黄、酸沙紫蟹、金钱紫蟹、紫蟹银鱼火锅等。其中的"罾蹦鲤鱼"一菜,是采用全鳞活鱼烹制而成,炸好的鱼,端到桌面上浇上烧好的酸甜汁,发出"吱吱"响声,鳞酥肉嫩,颇具特色,别有情趣。

咸鲜清淡,清浓兼备,不拘一格,富于变化。天津菜较常见的味型有酸甜(又分大酸大甜和小酸小甜)、酸甜咸、酸辣、咸甜、咸甜辣、酸咸辣、甜酸辣等数十种,以适应八方食客的需要。此外,"津菜"各工序均十分注意保护原料应有质地,讲究软、嫩、烂、脆、酥、素,有软而不绵,嫩而不生,烂而不松,脆而不艮,酥而不散之妙。

使用调料妙而精。在扒、炖、烧各式菜肴中,不用或少用酱油,而以嫩糖色挂色,使菜品既保持应有色泽,其本味又不被破坏。常在扒、烩、熬、炖部分菜品中调以甜面酱、酱豆腐,使成品具有独特浓厚的清香气味。很少用熟芝麻油、熟猪油作明油,而惯用芝麻油炸成的花椒油代之,以其焦香、辛香除腥解腻,为菜肴提味,促人食欲。善用"大佐料"(行业俗称),即以峨嵋葱丝、一字姜丝、凤眼蒜片炝锅,烹制风味浓厚的菜肴(如熬鱼和突出酸甜味的菜肴),以增特有风味。凡清淡菜品(尤其两鲜),多用鲜姜泥加水浸成姜汁,适当加入食醋调味,不仅有食姜不见姜之妙,更有去腥、增味、解腻、开胃、散寒、增食欲、促消化之功能。

蹲汤、燂卤。津菜讲究制汤,有"无菜不用汤"之说。津菜的汤有多种,一是清汤(高汤),以鸡、鸭炖制,用途较广;二是白汤,用猪、鸡、鸭骨,以旺火熬制,用于白汁菜和汤;三是素汤,用黄豆芽熬制,并下苹果、香蕉提味,用于素席菜。不同的汤要用不同的稍子加工。毛汤要吊,清汤要蹲,白汤要焖,素汤要提。高档清汤,即以清汤加牛腱子肉、鸡肉茸提制,因汤不见大开,故称"蹲汤",因用火时间长,又称"燂卤",又因制作此汤需两遍提制,故又称"双套汤"。此汤透明如水,无渣,鲜醇浓酽,回味香甜,凉后成"冻",可插住筷子,主要用于燕窝等贵重原料所烹制的高级汤菜。故《津门竹枝词》有"海珍最属燕窝强,全仗厨人兑好汤"句。津菜讲究制汤,也始终注重因菜用汤、分别调制,传统上很少用味精,以保制馔鲜美醇厚、本味纯正。

注重菜肴色泽搭配。单一原料烹制的菜品,注重保持本菜应有色泽不受破坏,以体现各种原料固有的颜色;多种原料配伍入馔的菜品,不仅讲究色泽谐调,而且讲究荤素搭配合理,给人以美好的享受。

筵席高、中、低档兼备,名目繁多。津门名席名宴中有津派风格的满汉全席。清真菜中有高档宴席全羊席，全羊席中头道菜有鹅毛血片、花爆金钱、百子囊等20道菜，并有四干、四鲜、四冷荤、四青菜、四甜碗，点心有龙须糕、一品烧饼等5种，汤为鲍鱼汤；二道菜有爆炒玲珑、五关锁、天花板等20道菜，点心有喇嘛糕、香菜托等5种，汤为里脊丝氽酸菜粉；三道菜有算盘子、迎草香等32道菜，主食为稻米饭、荷叶卷（随带酱小菜、虾油小菜），汤为三鲜紫菜汤、酸菜干贝汤。以燕窝大菜、鱼翅大菜领衔的高档筵席，有春季汉民燕翅席、夏季汉民燕翅席、秋季汉民燕翅席、冬季汉民燕翅席、清真燕翅席。天津还设有低于燕翅席的鸭翅席，有四干、四鲜、四蜜饯、四押桌、冷菜、头菜、面点、挂炉烤鸭、汤。在天津民间还流传"六六"格式的鸭翅席。天津菜擅烹河海、干鲜珍品，尤其是烹制鱼类菜肴，独有特色，设有目鱼席，席单上有冷菜、热菜、面点、饭菜、汤菜、主食、水果和香茶，热菜有清蒸目鱼卷、高丽目鱼条、五彩目鱼丝、官烧目鱼条、油爆目鱼花、松仁鱼米、白蹦目鱼丁、扒菜心目鱼片、干煎目鱼中段、蟹黄豆腐丸。天津民间宴席流行"四大扒"、"八大碗"，内容丰富，变化多样，不拘一格，适应各阶层享用。四扒多为熟料，码放整齐，兑好卤汁，放入勺内小火㸆透入味至酥烂，挂芡，用津菜独特技法"大翻勺"将菜品翻过来，仍保持不散不乱，整齐美观之状。八大碗用料广泛，技法全面，有素有荤，分为粗、细、高3个档次。且有"素八大碗"和"清真八大碗"之分。天津的素席是以蔬菜、果品、菇耳、粮豆等植物性原料为主题制作的筵席。老天津人遇到喜、寿、宴请，喜爱吃面席，讲究用喜面、长寿面来庆贺，为此产生了不同的面席，有四碟捞面、家常捞面、五卤面。

（4）成因。

物产丰饶。天津东临渤海，有大沽、北塘两大渔港，境内河流渠道纵横交错，港塘淀洼星罗棋布。清代诗人就有"十里鱼盐新泽国，二分烟月小扬州"和"七十二沽沽水阔，一般风味小江南"的赞誉。

在海河入海口附近的渤海海域盛产对虾、晃虾、毛虾、黄鱼、鲙鱼、目鱼、平（鲳）鱼、鲈鱼、带鱼、墨鱼、银鱼、面鱼、海刀鱼、海梭鱼、河豚及海蟹、海蜇等，在浅海滩涂上还出产栉孔扇贝、青蛤、麻蛤、蛏子等贝类。在港洼、河流、养殖水面，则出产港梭鱼、港虾钱、鳜鱼、鲤鱼、鲫鱼、黑鱼、河刀鱼及鲢、鲂、鳙等鱼类。天津的蟹（尤其是冬令紫蟹）、金眼银鱼、对虾，更是闻名全国。明正德皇帝就曾派人来天津督办海鲜水产，进贡京师。在栽培的农作物中有著名的天津小站稻米、朱砂红小豆、御河青麻叶、卫青萝卜、"津研"黄瓜、卫韭（天津韭黄）、荸荠扁葱头、实心芹菜、宝坻大蒜、鸡腿葱及芦笋、天鹰椒等，均享誉全国，远销海外。畅销国内外的还有许多冠以"天津"字头的干鲜果品，如板栗、核桃、鸭梨、红果、小枣、盘山柿子、苹果，以及品质优良、产量大、供酿酒和生食的葡萄等。

乾隆时，天津诗人于扬献在《津门食品诗序》中曾说："津邑人濒海，号鱼米之乡，鳞介鲜肥，四时继美，允足脍炙人口。"清代天津著名文学家华长卿在评点此序文时也写道："北方食品之乡，以津门为最。"张焘在光绪十年（1884年）写的《津门杂记》中也有记载："津沽出产，海物俱全，味美而价廉。春月最著者，有蚬蛏、河豚、海蟹等类。秋令螃蟹肥美甲天下，冬令则铁雀，银鱼驰名远近，黄芽白菜嫩于春笋，雉鸡鹿脯野味可餐。而青鲫白虾四季不绝，鲜腴无比。至于梨、枣、桃、杏、苹果、葡萄各品，亦以北产者为佳。"天津丰饶质优的物产为天津饮食文化的繁荣、发展，为津菜的产生与发展，提供了丰厚的物质基础。

历史积淀。纵览天津菜点文化历史，之所以能在数百年间迅速发展至鼎盛，享誉中国烹坛，皆因得"天之厚、地之华、人之灵"。而"人之灵"则体现了世世代代劳动人民的勤劳与智慧。清道光年间，宝坻县张光庭著《乡言解颐》"食工"中载：有位梁五妇，善炙肉，不用叉烧，釜中安铁奁，置硬肋肉于上，用文火先炙里，使油膏走入皮肉，以酥名上，脆次之。蟹肉炒面亦佳。还有一位孙功臣,善于办一桌、二桌的精致酒菜,有人要吃全羊,羊刚杀毕,客人已登席,他不慌不忙地先烧羊尾、熘腰、爆肚之类,让客人下酒,渐次地烹煮羊肉,一一上桌,极有条理,他的子孙继承烹事,也有拿手菜闻世。正是这些民间的能工巧匠一代一代的传承,天津饮食文化才得以被搜集积累、改进创新。正是这些烹坛魁首、厨艺巨匠打破门第帮派界线,干到老学到老,博采众家之长,以"改革创新、超越前人"的进取精神和"站碎方砖,靠倒明柱"的敬业精神,操厨刀、站墩立案,切柳叶象眼千变万化,抖大勺"五鬼闹判儿",烹珍馐美味代有创新,才成就了天津菜点高超的烹饪技艺。

民俗传承。产量丰富、质优价廉的河海两鲜,养成了天津人爱吃鱼虾蟹的习俗,以"吃鱼吃虾,天津为家"自诩。天津人吃河海两鲜,不但春夏秋冬各有所食,而且讲究时令节气,即老天津卫说的"应时到节"。一种水产品一上市,数日之内,购者趋之若鹜,烹时处处炊烟,食后膏腴腥唇,几天之后,即使质同价低,也很少有人问津。这种以先尝为荣的习俗由来已久。津门诗人于扬献在乾隆三十二年所作的《津门食品诗序》中就曾说:"凡海鲜河淡应时而登者,素封家必争购先尝,不惜资费;虽贫窭士亦多竭绵尤效,相率成风。"乃至文人雅士"亦资贪馋,其未能免俗,与标犊鼻者同辙也"。这种风气沿袭到民国以后,就演变成"当当吃海货,不算不会过"的食俗谚语了。天津人由于"五方杂居"的多元化风格,而产生"好美食,喜尝鲜"、"俗尚奢华"的食俗民风。更有甚者是"讲究吃、研究吃、自己动手会做吃",而且是吃得明明白白,菜烧得地地道道,既得味又得法。民间的出色厨师更是不乏其人,此风亦沿袭至今,使天津饮食文化在渐进与形成中更具广泛的民众性。天津的餐饮文化是由厨师、民众、文人、官吏、寓公、商人等经若干代的整合,创造的一种宝贵的精神与物质文明财富。这是津菜起源于民间,形成于"市肆烹饪"的又一原因。

2. 天津市菜点著名品种

2002 年 10 月,天津科学技术出版社出版《津菜》一书,收录了 2002 年以前津菜著名品种 220 种。到 2005 年出版《巧烹妙饪肉菜 1000 种》、《巧烹妙饪素菜 1000 种》时,收录天津名菜点达 2000 种,而实际品种在 5000 种以上。

为了进一步提升天津菜点文化的品位,丰富菜品内涵,激活市场需求,推动新品开发和餐饮行业可持续性发展,创新是近年繁荣天津菜点文化的主基调。其中,菜品创新是天津餐饮企业立足竞争的根本,是天津餐饮市场菜品丰富繁多的源泉。这种创新将不再是传统形式上的产品翻新,而是融入了人文、地理、社科、营养等多学科后的创新,同时,这种创新也将是原料选取体现环保概念、追求绿色,菜品搭配体现美学内涵,烹饪加工注重营养价值,菜品搭配强调营养用膳等为核心内容的创新。

(1) 传统名菜类。传统名菜有一品官燕、汆菊花燕菜、鸡茸燕菜、蒸燕菜把、扒通天鱼翅、蟹黄鱼翅、原汁鱼翅、清炒翅针、软炸鱼翅把、扒海羊、扒鲍鱼龙须、红烧唇尾、奶汁炖鱼唇、汆鸡茸鲨鱼尾、桂花鱼骨、清炒鱼信、扒鱼皮鸡肉、扒蟹黄鱼肚、扒参唇肠、鸡粥哈什蚂、扒猴头蘑、桂花干贝、一品海参、高丽银鱼、朱砂银鱼、煎烹大虾、牡丹大虾、炸晃虾、晚香玉炒虾片、煎炸虾饼、炒青虾仁、直腰虾仁、七星紫蟹、酸沙紫蟹、雪衣油盖、炸熘蟹油、熘河蟹黄、炸蟹盖、炒全蟹、银鱼紫蟹火锅、扒蜇头、散花蟹黄、烧熏鳜鱼、清蒸快鱼、脱骨鲤鱼、醋椒鲤鱼、烩滑鱼、软熘黄鱼扇、烩花鱼羹、碎熘鲫鱼、煎转目鱼、官烧目鱼条、白崩目鱼丁、油爆目鱼花、酒醉玉带白鳝、软熘金钱鱼腐、面鱼托、清炒面鱼、天津熬鱼、姜丝鱼、清汤汆鱼穗、鱼白、炖淡菜、爆蛤仁、爆炒虾腰、玉兔烧肉(天津烧肉)、天津坛肉、虎皮肘子、酱豆腐肉、瓜姜里脊丝、汆白肉丝、炒腰

烧六七成热,将牛肉丝沾干淀粉(干抖粉法)过油炸至呈松散焦脆状捞出。④另起勺加少许底油,放入调料下入炸好的牛肉丝,烹翻三四次后倒入盘中,撒上葱丝即可。

风味特点 无汁无芡,肉丝酥脆,爽口干香,口味甜咸适度。

技术关键 牛肉撕得要均匀,过油时油温不宜过高,以免炸煳。炒制烹味要快速,以保证它的酥脆度。

点评 将牛肉用切丝炸烹的技法烹制,使本来不宜熟烂的牛肉变成了外焦里嫩的佳肴,是一道佐酒上品。

天津市烹饪协会提供

(4) 津沽酿馅油条

制作过程

天津市烹饪协会提供

①原料:油条8根,墨鱼400克,鸡蛋白50克,盐2克,味精2克,葱姜水10克,色拉油2000克(实耗50克)。②将大墨鱼去筋,改切成小丁,放入粉碎机内,加入蛋白、葱姜水、盐、味精制成茸,把油条切成10厘米长的段。③把制好的鱼茸酿入油条内。④将酿好的油条放入六成热的油内炸至金黄色捞出,装盘即可。

风味特点 外焦里嫩,馅咸鲜,造型新颖。

技术关键 墨鱼必须用碎粉机打成茸。油条掏空后,再酿入鱼茸。要选火轻的油条作坯料。

点评 油条是天津人普遍喜食的早点,将传统的主食油条作为菜肴的外皮,借鉴了日本的墨鱼丸制馅方法,使中国的传统食品和日本的传统食品相结合,给人一种情理之中预料之外的惊奇感,达到了化腐朽为神奇的效果。这也反映出天津厨师的丰富想象力和创造力。装盘时也可将油条改成小段,便于取食。

(5) 津门罾蹦鲈鱼

制作过程

①原料:鲈鱼750克,芥蓝50克,色拉油2000克(实耗70克),盐3克,味精2克,酱油5克,糖20克,醋10克,高汤50克,香油1克,淀粉10克,葱、姜水各10克,香菜段10克。②将鲈鱼宰杀去除内脏但不刮鳞,芥蓝用花刀劈成兰花,用水泡透。③勺中放入色拉油,烧至八成热,将鲈鱼从腹部开刀处掰开,压在漏勺上,下入油锅,炸制定型,炸熟炸透至外焦里嫩时捞出。④另起勺,放少许底油,放入糖醋等调料,加入少许高汤烧开后,淋入淀料,勾成比米汤芡稍浓一点的芡,迅速浇淋在鱼上,点缀芥蓝、香菜即可。

风味特点 明油亮芡,色浓味厚,口味咸甜微酸,口感外焦里嫩。

技术关键 炸鱼时一定要高油温炸透。浇汁时要发出嗞嗞的响声。带鳞炸制。

点评 此道菜中的"罾蹦"二字,罾是指方形的网,此网利用杠杆原理,

天津市烹饪协会提供

在岸上通过压杆、松杆起网、下网捕鱼，又称“搬罾子”。“罾蹦”是形容当鱼从网中搬出水面时那种活蹦乱跳的形态。罾蹦鱼是天津一道传统的菜肴，原来都是用鲤鱼做原料，现创新为用鲈鱼。它的特点主要体现在上桌时“头扬尾巴翘，上桌嗞嗞叫”。此道鱼因为带鳞，不仅含有丰富的钙质和胶原蛋白，而且鱼在高温受热后，淋入芡汁时产生的温差响声和鱼鳞油炸后的酥脆口感，既入味又产生了音响效果，还达到了外焦里嫩的目的，是一道颇受天津人欢迎的传统名菜。

(6) 津味羊排

制作过程

天津市烹饪协会提供

①原料：生羊排800克，葱100克，红鲜椒50克，干红辣椒10克，盐8克，味精3克，酱油10克，香叶2克，小茴香2克，蚝油10克。②将葱切丝穿入干红辣椒圈内呈柴把状，红鲜椒切细丝用冷水浸泡。③将羊排改成10厘米长的段，用冷水泡约40分钟，去净血水捞出，拌入调料腌制4个小时左右。④将腌制好的羊排包上锡纸放入180℃的烤箱烤约20分钟至成熟，去掉锡纸，码入盘中，点缀“柴把”葱丝、红鲜椒丝即可。

风味特点　色泽酱红，鲜咸鲜香。

技术关键　羊排腌制时间要充分，注意烤箱温度及烤制时间，切勿烤焦烤煳。

点评　羊排与各种调料充分融合，用锡纸包裹后，用烤箱成熟法，保证了主料的原汁不走、原味不散，使羊排更加美味扑鼻，营养更为丰富。

(7) 扒菊花茄子

制作过程

天津市烹饪协会提供

①原料：圆茄子750克，虾仁150克，盐2克，白糖5克，香油3克，味精2克，蒜茸15克，酱油10克，水淀粉15克，蛋清10克，高汤300克，色拉油2000克（实耗70克）。②将茄子切成菊花型连刀片，放入七八成热的宽油中，炸至外皮焦时捞出，沥静余油。虾仁用淀粉和鸡蛋清、盐上浆滑熟，捞出。③另起勺，勺内放少许底油烧热，加入蒜茸炝锅，然后将茄子皮朝下推入勺内，加调料、高汤烧至入味后，用水淀粉勾米汤芡，点香油，大翻勺出勺装入盘内，将滑好的虾仁放在中间，并用黄瓜根造型点缀即可。

风味特点 明油亮黄，色泽红亮，软嫩爽口，口味鲜美。

技术关键 茄子过油时油温不宜过高，扒制时一定要烧透，并要不断地晃动炒勺，便其增加亮度和避免粘锅。

点评 扒菜是天津厨师擅长的烹调技法，此道菜将平常普通的茄子，经过刀工处理，在造型上提升了档次。通过扒制法，在菜肴的形态、色泽、亮度上及味道上都达到了最佳效果，是粗菜细作的典型作品。此菜可用于大型宴席，是佐酒下饭佳肴。

（8）木瓜燕菜

制作过程

天津市烹饪协会提供

①原料：水发燕窝 100 克，木瓜 500 克，黄瓜 30 克，火龙果 20 克，冰糖 30 克。②将黄瓜、火龙果刀工处理成形，码边。③将木瓜去皮，雕琢成盅。将冰糖溶化成冰糖水。④将发制好的燕窝放入木瓜盅内，加入冰糖水，放入盘内，蒸 8～10 分钟取出，放入围好边的盘内即可。

风味特点 质地软嫩，香甜可口，营养丰富。

技术关键 燕窝要发透，择清杂物。蒸制时间不宜过长，以免将木瓜盅蒸烂蒸塌。

点评 将燕菜与木瓜一起制作，给人一种稀世珍品、高雅华贵的感觉。此菜品含有丰富的营养，有生精养血，滋阴补肾，强胃健脾的功效。

（9）碧玉虾球

制作过程

天津市烹饪协会提供

①原料：虾肉 350 克，芥蓝梗 200 克，盐 2 克，味精 2 克，绍酒 3 克，色拉油 1000 克（实耗 30 克），葱姜水 10 克，鸡蛋清 20 克，水淀粉 10 克。②将大虾去头、沙线，取出虾仁，从背部片深刀呈连刀片再断成 5 厘米长的段，加鸡蛋清、淀粉上浆抓匀。芥蓝梗去皮，刀工切成形状一致的 6 厘米左右的斜刀条，焯水后，用盐、味精码味，码入盘内围边。③另起锅放入油，烧到四五成热，下入虾肉滑散成球形，倒入漏勺。④另起锅，放少许底油，烧七成热，下入虾球，用绍酒烧烹，然后放入事前用葱姜水、盐、味精、水淀粉调和好的混合汁，翻勺 3～5 次，倒入芥蓝梗围边的盘内即可。

风味特点 荤素俱全，清爽不腻，虾仁滑嫩，咸鲜香美。

技术关键 虾滑油时，油温不宜过高，保持滑嫩。

点评 这是天津菜中一道大件菜，原料采用细嫩的虾肉。此菜改变了大虾的原有形状，保持了大虾的原有味道，虾白如玉，口味咸鲜脆嫩。尤其是配以适当调味料，更加突出了津菜善烹河海两鲜的特色。

(10)银螺爆花枝

制作过程

天津市烹饪协会提供

①原料：墨鱼400克，白萝卜100克,油菜150克,胡萝卜50克,南瓜50克，盐3克，味精2克，淀粉3克,姜水10克。②先将胡萝卜、白萝卜、南瓜雕刻成形,飞水后码味，再将胡萝卜镶入油菜做蕊，在盘中码放造型。③将墨鱼去皮,切薄片，用80℃的水氽熟。④另起锅打底油放入姜水、盐、味精、虾片,勾玻璃芡装盘,放入油菜造型的盘内即成。

风味特点 晶莹洁白,入口滑嫩。

技术关键 墨鱼要洗净,切片时要大小一致。要使烹制的墨鱼嫩而不老,需掌握好烹制的时间。

点评 此菜造型美观,色泽洁白,宛如一片片玉兰花瓣飘落盘中,诱人食欲。咸鲜清淡,爽滑适口。

(11)开口笑

制作过程

①原料：面粉100克,色拉油1000克(实耗50克),糖50克,鸡蛋50克,水50克,吉士粉5克,酵母0.1克,泡打粉0.2克,豆沙馅30克。②将50克油、50克糖、50克蛋、50克水、吉士粉、酵母、泡打粉放入面盒中,将其调至成软硬适中的面团,饧发待用。③下剂,每50克面团下6个剂,用手掌压扁,包入豆沙馅,封口时留有3道缝痕。④勺内放宽油,烧到六成热,下入坯料,慢慢炸成金黄色成熟即可。

天津市烹饪协会提供

风味特点 色泽金黄,外焦里软,甜香。

技术关键 包馅时不要捏紧,留有三角形的3条缝痕,油温不能过高,只有浸炸才能使其开口。

点评 从名称上就可看出它是一个很有喜庆色彩的点心。开口笑是一种炸制甜点,制法简单、快捷,造型美观生动,香甜可口。该制品很适合大型的喜庆宴会。

(12)南瓜饼

制作过程

①原料：去皮老南瓜350克,南瓜馅75克,生粉6克,色拉油10克,糯米粉25克。②将去皮老南瓜上蒸锅蒸至熟软,然后将其搓成泥,加入生粉、油、糯米粉,揉成光滑细腻的面团。③将南瓜面团下成10个剂,包馅,放入模具压制成型。④将成型的南瓜饼坯先蒸熟(大约8分钟),然后用电煎锅淋入少许油,将其两面煎制成金黄色即可。

天津市烹饪协会提供

风味特点 外焦里糯，清香宜人。

技术关键 要蒸熟蒸透南瓜，并充分搓匀南瓜面团。

点评 该制品属先蒸后煎成的面点。先蒸后煎既可达到成品外焦里嫩，不油腻，也可通过先蒸熟坯料，再用多少煎多少，现吃现煎，达到煎制成品时的简单快捷。

（13）糯米糍

制作过程

①原料：优质糯米粉180克，糖25克，豆沙馅150克，椰茸50克，色拉油10克。②将糯米粉和糖放入盆中，加入适量的开水烫制成面团，然后加入少量的油，将其揉至光滑细腻。面团要硬一些。③将面团下成12个剂，包入豆沙馅，成圆形。④将成型好的坯放在开水中进行煮制，成熟后捞出，稍凉一下，沥净水，再放入椰茸中滚满椰茸即可。

天津市烹饪协会提供

风味特点 软糯可口，馅心饱满，椰香突出。

技术关键 水煮成熟是为了外皮糯软。煮制的时间不能过长，外皮熟透即可，又不能欠火不熟。

点评 该制品属于煮制甜点，制作简单快捷，软糯香甜，椰味突出，色洁白，既可作宴会的点心上席，也可用做节令食品进入寻常百姓家中。

（14）水煎饺

制作过程

天津市烹饪协会提供

①原料：低筋粉150克，虾仁150克，韭菜5克，炒好的鸡蛋10克，老醋10克，面粉10克，水50克，盐2克，味精2克，香油2克，色拉油10克。②将低筋粉加开水烫熟，加油调至成面团。③将虾仁、韭菜、鸡蛋拌匀，加入盐、味精、香油调味料，制成馅料，待用。④将面团下成15个剂，擀皮包成饺子型。⑤将饺子坯放入平锅中，加少许油进行煎制，煎制时将事先用水、油、味精、香油、醋、面粉制成的调汁均匀的撒在煎锅上，然后盖上盖，稍焖，用中火煎成底面呈金黄色时即可。

风味特点　咸鲜可口，鲜味宜人，表皮酥，色金黄。

技术关键　把握调汁的浓度。

点评　该制品造型美观、大方，色泽金黄，口感酥脆、软糯，营养丰富，是亲朋好友聚餐或宴请宾客的宴席佳选。

(15) 水晶饺

制作过程

①原料：澄面100克，生粉50克，虾仁150克，胡萝卜粒30克，色拉油3克，香菜5克，盐2克，味精2克，香油2克。②先将澄面和生粉调配在一起，然后加油，用开水烫成面团，揉制光滑细腻待用。③将虾仁和胡萝卜粒、香菜末放在一起，顺方向搅打起胶，然后加入盐、味精、香油拌成馅。④下剂、擀皮，包成饺子型。⑤将饺子生坯上屉蒸四五分钟即可。

天津市烹饪协会提供

风味特点　外皮透明，咸鲜可口，造型美观，白里透红。

技术关键　饺子至少要捏8～10个褶，把握烫面手法。

点评　该制品制作考究，造型美观，色泽透明，口感滑爽咸香，是宴席中的高档咸点。如将此品外皮造型改为烧卖型，即为水晶烧卖。

(16) 素合子

制作过程

①原料：低筋粉250克，韭菜200克，鸡蛋50克，发好的粉丝50克，油条50克，色拉油5克，盐2克，味精2克，香油2克。②将低筋面粉加开水烫熟，加油调至成面团。③将韭菜、鸡蛋、粉丝、油条均切丝，拌在一起，加入盐、味精、香油调成馅即可。④下剂、擀皮、上馅，用模具成型为盒子生坯。⑤将素合子坯放在煎锅上，加少许油，中火进行两面煎，至金黄色成熟即可。

天津市烹饪协会提供

风味特点　韭香味突出，咸鲜可口。

技术关键　掌握电煎锅的温度变化。

点评　该制品属于油煎面食，制作简单，成熟速度快。成品外观色泽金黄，内里馅味复合，香而不腻，是现代人们饮食理念中颇受欢迎的佳品。

(17) 荷花酥

制作过程

①原料：高筋面粉200克，低筋面粉130克，糕点用起酥油50克，莲蓉馅50克，色拉油1000克(实耗50克)。②将高筋粉和80克低筋粉拌和均匀，然后加少量的水调制成皮面，和成水油面团，饧发待用。③将50克低筋粉加入50克起酥油，揉至软硬适中、光滑细腻的油酥面团待用。④以小包酥的方法，将水油面团压成大饼，包入油酥面团，然后擀、叠三四次，再卷成细长的大手指般粗细的卷。下剂，用手压扁，包入莲蓉馅成圆形。⑤将坯料均匀地划三刀深至1/2，成为六瓣。⑥油锅加油，将油温烧到三四成热时，下入坯料，炸至酥层分明成熟时，捞出装盘即可。

天津市烹饪协会提供

风味特点 皮酥馅甜,造型美观,层次分明,形态逼真。

技术关键 最重要的是控制油温,既不能高,又不能低。如果油温高,容易封住起酥层,油温过低,易散。

点评 该制品从制作到成熟,工艺要求都比较高。成品酥层清晰分明,色洁白,造型如半开的荷花,形态逼真,口感酥脆香甜。荷花酥是传统的颇具代表性的酥点,它体现了面点师的高超技艺,是高档宴会中吸人眼球、提人胃口的上乘佳品。

(十二)河北省菜点文化与代表作品

1. 河北省菜点文化概述

(1)沿革。河北地处华北平原,西倚太行山,东临渤海。据考古发掘,位于河北省西北部的阳原县桑干河畔的泥河湾遗址有距今约200万年前人类进餐的遗迹,生活在距今50万年前旧石器时代的燕赵大地上的"北京人"最早懂得用火熟食,是名副其实的发明加热制熟技术的先祖。

殷商时代,古冀州是当时全国九州之首,是最开化的地区,市、镇已具有相当的规模,饭铺、酒肆已经出现。春秋战国时期,燕国因有"鱼盐之饶",成为"渤碣之间"一大商业都会。兴隆的红果最早载于《礼记》,中山国已能养鱼。《东周列国志》中记载燕"太子丹有马,日行千里,轲偶言马肝味美,须臾夫(厨子)进肝,即所杀千里马也"。《战国策》中有中山君"吾以一杯羊羹亡国"的记载。西汉时期,许多西域的烹饪原料传入了中原地区,"柴案佳肴,银杯绿茶,金樽甘露,玉盘黄瓜"。胡瓜(黄瓜)引进后率先开始种植的是河北一带。

南北朝到隋、唐、宋这800年间,由于陶瓷业的兴起、大城镇的兴建和佛教、寺庙的兴盛,又大大推进和拉动了河北菜点文化的发展。隋开皇六年,在真定(现正定县)修建隆兴寺(俗称大佛寺),素食文化兴起。当时豆腐、豆油等素食原料已广泛使用,名菜"张民炸豆腐"深受食客欢迎。唐朝,保定、赵州、定州、真定(正定)、大名府等为河北餐饮业发展提供了广阔的市场。各州、府饮食市场不仅有酒楼、饮食店、茶坊,还有夜市。据《真定县志》载:"优肆娼门,酒炉茶灶,豪商大贾,并集于此,极为繁丽。"河北的传统菜"崩肝"、"热切丸子"、"敬德访白袍"等就是当时有名的菜肴。著名的"枸杞扒鸡"一菜即源于宋代,表明河北人已开始讲究膳食营养和饮食养生,将饮食和烹饪技艺推向了一个更高的层次。

自1271年元朝定都北京以来,北京一直是我国的政治、经济、文化活动中心。河北省处在北京的周围,因而发展饮食业,得天独厚。到清代,河北菜点流派已初步形成,烹调技艺独特,名师、名菜、名店构成一体,菜肴的结构和宴席的规格形成一定的格局。

新中国成立后,尤其是20世纪80年代后,河北菜点文化走上了开拓进取的健康发展轨道,进入了从未有过的蓬勃发展的最好历史时期。烹饪原料不断丰富,名优菜点层出不穷,饭店、酒楼越来越多,大师、名师人才辈出,一个有文化的厨师群体正在形成,一批有影响的专业书刊、传媒问世。新世纪,燕赵厨师互相学习,互相支持,博采众长,进一步推广、弘扬、发展了河北菜点文化。

（2）构成。在清末，河北菜点文化发展已基本成熟，并初步形成了官府菜点、寺院菜点、清真菜点、宫廷野味菜点、民间菜点5种格局和以保定为代表的冀中南派、以唐山为代表的京东沿海派、以承德为代表的宫廷塞外派3大流派体系。1902年京汉铁路建成和1907年正太铁路通车，尤其是1968年河北省政府由保定迁至石家庄以来，石家庄餐饮业迅速崛起，石家庄的地方菜已具备了自己的风格特点，并成为河北菜点文化的一个重要组成部分。

（3）特点。

就地取料，精细严格。河北省自然地理条件优越，物产丰富，可供烹调的原料千种以上。其中，有陆产的粮食、蔬菜、家畜、家禽及野味山珍等，有水产的鱼、虾、蟹和海鲜品。此外，许多名特烹调原料出自河北。如张家口的口蘑、白鸡、胡麻油，宣化的牛奶葡萄，承德的蕨菜、山鸡、鹿肉、大扁杏、无角山羊，渤海的对虾、梭子蟹、海蜇，白洋淀的鲫鱼、甲鱼、青虾、鸭肝等，胜芳的河蟹，京东的板栗，石门薄皮核桃，兴隆的红果，徐水的贡白菜，赵县的雪梨，深州的蜜桃，望都的辣椒，保定的春不老、甜面酱，沧州的金丝小枣、冬菜，芦台的银鱼、海盐，定州的猪和小磨香油，永年的大蒜，涉县的花椒，隆尧的鸡腿葱等，举不胜举，丰富的物产资源为河北菜就地取料奠定了物质基础。

冀菜注重就地取材，选用当地名优物产入馔。如用蕨菜配以山鸡脯制作的滑炒如意菜，以外脊配以保定酱瓜制作的勺拌肉瓜，以及“烹虾段”、“一品寿桃”、“天桂山鸡”、“烧南北”、“山庄鹿肉”、“常山甲鱼”等。

冀菜讲究选料严格，如“白玉鸡脯”，必须选用鸡芽子，再配以时令蔬菜；白切肉必须肥瘦相间。就鱼类来说，有春银、夏刀、秋厚、冬鲫和冬吃头、夏吃尾、春秋吃分水之说，可谓严格之至。

刀工考究，刀法绝伦。冀菜刀工考究精细，各种刀法使用娴熟自如。尤其是切肉丝的甩刀法、砍刀法和连片法颇有特色，堪称“三绝”。所谓甩刀法，就是以剁、推、甩的技法切肉丝。剁、推、甩这三个步骤几乎是同时进行，需要密切配合。砍刀法是用砍、拉的技法切肉丝。连片法是将原料用批刀法片成极薄且连成一体的大条片。这些刀技不仅切时姿势美观，而且切割原料速度快、形状整齐划一。此外，经刀工处理后的形状美观、多样化，尤其是花刀的形状更加逼真。如片状有柳叶片、月牙片、大小单双象眼片、骨排片、木渣片、大小火镰片、夹刀片、抹刀片。块状的有滚刀块、劈柴块、菱角块、枕头块、板指块、象眼块、骨排块以及马牙段、大寸段、小寸段、车键条、骰子丁、冬子丁、蚂炸腿、香炉腿等。花刀有麦穗、荔枝、蓑衣、菊花网眼、鱼鳞、梳子、佛手、蜈蚣、人字、牡丹等形状。原料成形的多样化，使菜肴造型更加丰富多彩。保定的抓炒鱼、唐山的爆鱿鱼筒，石家庄已故名师袁清芳创制的金毛狮子鱼等就是刻意于刀工的典型菜式。

烹调技法全面，以熘、炒著称。冀菜使用的烹调方法有30多种，其中以熘、炒、炸、爆、烧、扒、拔丝、涮、烤等方法为主，尤以熘、炒更为见长。熘炒菜是速成菜，急火速成，对火候、糊浆、调味、芡汁等工序有着严格的要求，必须基本功扎实，动作敏捷，干净利落。在具体制法上有滑炒、清炒、软炒、抓炒、干炒、软熘、焦熘、糖熘、醋熘、炒熘等16种方法之多。这些技法对河北厨师来说，均需运用自如。

讲究芡汁，擅长糊浆。冀菜讲究芡汁，对不同类的菜肴有着不同的要求。如熘炒菜讲究旺油爆汁，清油爆芡。滑炒菜又有勾芡不见芡、吃芡不见芡之说。制法上要求碗内兑汁，勺内烹汁或卧汁，一次成功。这就需要掌握好调味品、汤（水）和粉芡的比例及炒菜的火候，因而技术要求颇高。烧、扒、熘菜讲究明油亮芡，这就必须正确地掌握汤汁的多少、芡的浓度和勾芡的时机。

糊浆的使用在冀菜中非常广泛，菜肴原料在烹调之前，根据原料的性质和菜肴质地、色泽等方面的特点，进行挂糊和上浆，虽然糊浆的原料相同，但在使用上有着严格的区别。如滑炒

风味特点 色泽红亮,质地软糯,味鲜醇香。

技术关键 要加入保定特有的面酱才能使成菜味美鲜醇。

品评 此菜在一般烩菜的基础上,放入牛鞭、松茸、海参、鱼翅等高档原料,一锅煮炖,味道复合浓郁,不但使此菜具有高蛋白、低脂肪、营养丰富的特点,还提升了此菜的档次。

(5)飘香灯笼骨

制作过程

制作者:高俊宏

①原料:鲜鸡关节软骨300克,罐头酥香辣椒50克,烤熟去皮花生仁50克,花生油500克(实耗100克),葱姜蒜30克,淀粉3克,料酒2克,精盐2克,麻仁2克,胡椒粉1克,味精1克。②将鲜鸡的关节软骨放置一盆内,放入适量料酒、精盐、胡椒粉、葱姜、蒜茸汁腌制两三个小时,再另起锅放入花生油,待油加热至150℃放入鸡关节软骨,炸至金黄色捞出备用。③将腌制的红辣椒,改刀成2厘米左右小段,用净水浸泡片刻,捞出,控净水分,放入碗内,再放葱姜汁、生粉、麻仁等搅拌均匀,另起锅,把软骨放入80~100℃油锅,小火慢慢炸制,复炸2次,炸至色泽红润、松酥即可捞出。④将炒锅放入适量的佐料油,油热后放入炸好的灯笼骨,加入料酒、精盐、味精,煸炒后放入罐头酥香辣椒、烤熟的去皮花生仁,迅速翻炒几下,淋入红油,装盘即成。

风味特点 色泽黄红,形似灯笼,外酥里脆,鲜香微辣,蒜香浓郁,风味独特。

技术关键 腌制鸡关节的软骨时,蒜茸比例要恰当。为保持酥椒酥香可口,加入生粉、麻仁、糊浆调匀,控制油量使其达到酥脆,烤制花生仁时要控制好加热烤箱温度。最好用家养的土鸡,一般生长6~8月最佳。必须选用鸡爪上部与鸡腿下部连接的关节部位的软骨,才能保证菜品质地上乘。

品评 此菜形状美观,色泽黄红相间,口感酥脆,保健养身,平衡合理,点击率很高,深受消费者的欢迎,是冀菜中的一道特色创新菜品。

(6)金牌狮子头

制作过程

制作者:赵国志

①原料:猪肥膘70克,上好五花肉300克,净水发香菇200克,净金瓜300克,净鲩鱼肉200克,净菜心150克,净墨鱼肉100克,鸡蛋4个,盐12克,味精9克,香油3克,胡椒粉2克,白酱油3克,蘑菇精5克,淀粉60克,葱末7克,姜末7克。②将上述净料分别切成0.5厘米大的方丁备用。③将水发香菇丁加五花肉丁100克,盐3克,味精3克,蘑菇精5克,葱末2克,姜末2克,鸡蛋1个,淀粉10克,香油1.5克,搅打上劲备用。金瓜丁加

鸡蛋 1 个，淀粉 20 克，盐 3 克，猪肥膘 20 克，搅打上劲备用。将净鮀鱼肉丁加净墨鱼丁，加猪肥膘 50 克，白酱油 3 克，盐 3 克，味精 2 克，胡椒粉 1 克，淀粉 15 克，葱、姜末各 3 克泡水，鸡蛋 1 个，搅打上劲备用。将菜心丁加五花肉丁 200 克，鸡蛋 1 个，盐 4 克，味精 3 克，胡椒粉 1 克，香油 1.5 克，淀粉 15 克，葱、姜末各 2 克，搅打上劲备用。④ 将上述 4 种原料调好口味，搅打上劲的狮子头馅料，分别团成 4 个狮子头生坯备用。⑤ 将锅放至火上注入高汤，烧开后将团好的生坯分别氽至定型，放入 4 个成器内，上笼屉蒸酥软，装盘浇原汁即成。

风味特点　色泽艳丽，鲜、香、醇厚，质感酥软，各原料本味突出。

技术关键　切丁时要整齐一致，团制前要摔打上劲，成型时水温切莫过高，否则容易被冲散冲碎，影响菜品形象。

品评　此菜打破传统狮子头在用料上的单一性，融合了多种原料，从而更适应现代人求新、求绿色环保、求营养均衡的消费心理。红白黄绿四色从视觉上给人一种冲击力，四味又适合不同体质的人食用，加之传统的茶道餐具和食雕，更为此菜增添了中国食文化的传统情趣。

(7) 虾兵蟹将满堂红

制作过程

制作者：汪　凯　李英伟

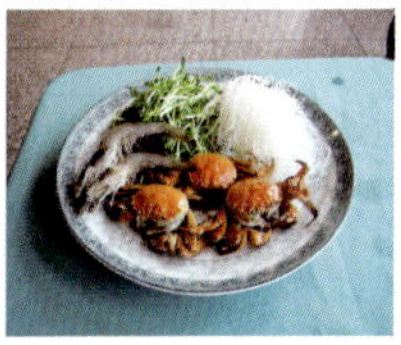

① 原料：龙口粉丝 200 克，河蟹 150 克，南瓜 250 克，八爪鱼、腊肉粒各 10 克，大虾 4 只，糯米、蜜枣各 50 克，豌豆苗 150 克，葱头 50 克，自制辣酱 10 克，精盐、味精、料酒各 3 克，绵白糖 5 克，花生油 200 克。② 将窝刻成金元宝状，上蒸箱蒸熟待用。将河蟹蒸熟，取出蟹黄待用。将虾去皮取肉，背部改刀成形，龙口粉丝用温水浸泡 5～10 分钟捞出沥干水分即可。③ 将豌豆苗清炒垫盘底，锅内放少许底油，投入葱、姜、蒜和自制酱料爆香，再把粉丝入锅内反复翻炒入味至干爽，放入虾肉和蟹黄稍翻炒，起锅盛入豆苗垫底的盘内。将蒸熟的窝酿上糯米和蜜枣再上蒸箱蒸 5～8 分钟，摆放在盘子四周，浇上蜜汁即可。

风味特点　造型美观，菜肴色泽分明，粉丝干爽，海鲜酱味浓郁，南瓜糯米软糯。

技术关键　粉丝泡制时间要适宜，入锅翻炒时要注意火候的大小，否则易出现焦煳味。

品评　营养搭配合理，造型美观。粉丝中放入虾肉、蟹黄、腊肉粒的烹调手法，不拘泥于传统的制作方式，口感独特。将洋葱刻成莲花瓣嵌插南瓜圈制成莲花状盛器，使此菜在装盘上别有新意，再加上用南瓜制作成的金元宝酿入糯米和蜜枣相搭配，使此菜更加熠熠生辉，层次分明。

(8) 骨渣丸子

制作过程

① 原料：肥瘦猪肉馅 400 克（六肥四瘦），猪月牙骨 150 克，盐 2 克，味精 1.5 克，料酒 5 克，姜葱水 50 克，五香粉 1.5 克，红薯团粉 80 克，鸡蛋 1 个，香油 10 克，大料 3 瓣，葱姜片 5 片，生抽 3.5 克，老抽 1.5 克，高汤 1500 克。② 将肉馅放在容器内，依次加入葱姜水、料酒、五香粉、盐、味精，用力搅打，顺一个方向搅上劲后加入鸡蛋和切成小丁状的月牙骨拌

匀,再加入团粉和香油,顺一个方向搅上劲。③锅内注入色拉油2000克,烧六成热时将肉馅挤成乒乓球大小的丸子放入锅中,炸至色泽金红,视熟透捞出。④锅内加底油,放入大料和姜葱片炝锅,再依次加入料酒、老抽、生抽后注入高汤1500克,加盐、味精调好口味,下入炸好的丸子小火炖制1.5个小时后捞出盛在盘内,再盛入适量的原汤即可。

制作者:张昌军

风味特点 色泽酱红,口感醇香酥烂并带有脆骨的韧劲。

技术关键 掌握好肉馅的肥瘦比例,注意肉馅剁得不宜太细。团粉加得不宜过多,否则口感不好。肉馅一定要顺一个方向搅上劲,才能炸出形状好的丸子,炖制时间要控制在1.5小时。

品评 丸子在保定民间广为流传,此菜在传统制作丸子的基础上加入脆骨,在丰富口感的同时又增加了营养。脆骨的含钙量极高,特别是对缺乏钙的人群有一定的辅助疗效,丸子象征着团团圆圆,是逢年过节人们餐桌上不可或缺的一道美味。

(9)布衣神仙鸡

制作过程

制作者:李龙朝

①原料:生鸡腿2只(1千克左右),沙姜粉、盐焗鸡粉一小袋,十三香0.3克,盐2克,白砂糖2克,味精1克,蒜香粉1克,大蒜3瓣,葱头10克,生姜8克,香菜5克,大葱8克,胡萝卜5克。②将生鸡腿洗净并把鸡腿从中间剖一刀(使之入味)。③将沙姜粉、盐焗鸡粉、十三香、盐、白砂糖、味精、蒜香粉等调料拌匀。④鸡腿沾入上述拌匀的调料。将大蒜、葱头、生姜、香菜、大葱、胡萝卜切成碎末,拌匀。将沾满拌匀调料的鸡腿放入刚切成碎末的调料中拌匀腌制12小时。⑤取出腌制好的鸡腿,用水冲去多余的调味料,上笼蒸15分钟成熟后取出。⑥锅内注入1.5千克色拉油(实耗50克)烧至六成热,下鸡腿入锅内炸至色泽金红、外皮酥脆时捞出,改刀装盘即可。

风味特点 色泽金红,外酥脆里香嫩,有浓郁的蔬菜香味。回味悠长,唇齿留香。

技术关键 腌鸡腿时间控制在12小时,时间过短不易入味。蒸鸡腿要掌握火候,刚熟即可,不可过火。炸鸡腿时油温控制在六成,用不锈钢锅炸制。

品评 此菜原材料搭配合理,加入了多种提香味的蔬菜。菜品不仅有鸡肉的鲜香更有蔬菜的清香,在丰富菜品口味的同时又增加了菜品的营养,补充了鸡腿内缺乏的维生素,符合现代食客对膳食均衡的追求。

(10) 珍珠狍子排

制作过程

制作者：贾建民

① 原料：狍子肉 500 克，松仁 75 克，鸡蛋 60 克，淀粉 20 克，青菜叶 50 克，料酒 3 克，盐 3 克，味精 2 克，松肉粉 2 克，油 1000 克。② 将狍子肉改刀成 5 厘米长，3 厘米宽的片，用清水漂洗，去净血水，控干，青菜叶切丝。③ 将狍子肉加入精盐、味精、料酒、松肉粉抓匀，腌制 15 分钟。④ 将腌好的狍子肉拍淀粉，拖蛋液，裹上松仁。锅内加油烧至七成熟，将青菜丝下锅炸成菜松捞出，其次下入狍子肉浸炸 2 分钟，至金黄色时捞出，最后将炸好的狍子排摆在盘中间，菜松围在四周即成。

风味特点　菜肴色泽黄绿相间，狍子肉口感外焦里嫩，口味醇香。

技术关键　炸制时要掌握好油温，油温低松仁脱落，高则容易焦煳。

品评　狍子肉与松仁同食，更增加了菜品的香味，对菜品改刀更便于食客享用，色泽黄绿相间，给人一种和谐的美感。

(11) 口口香鹿肉

制作过程

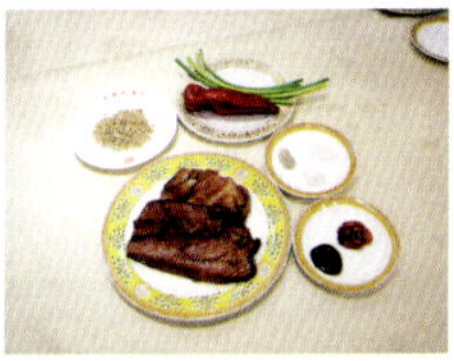

制作者：刘志国

① 原料：鹿肉 500 克，窝头 250 克，蒜薹粒 20 克，红尖椒粒 5 克，蚝油 3 克，蒜茸辣酱 5 克，精盐 5 克，味精 2 克，料酒 3 克，胡椒粉 0.2 克，淀粉 2 克，油 500 克，白糖 2 克，鸡精 2 克。② 将鹿肉切成小丁，用清水漂洗去净血水，蒜薹、红尖椒均切小粒。③ 将鹿肉粒加入精盐、味精、料酒、胡椒粉抓匀，放淀粉上浆，腌制 10 分钟。④ 窝头入蒸柜加热备用，锅内加油烧至五成热，倒入鹿肉滑油捞出，另起锅加入蚝油、蒜茸辣酱炝锅，炒出酱香味后倒入鹿肉，加鸡精、白糖调味，出锅前加入蒜薹、尖椒粒翻炒出锅，装于盘中间，窝头摆在四周即成。

风味特点　菜肴色泽酱红，四周窝头颜色分明，鹿肉口感滑嫩醇香，突出了鹿肉原有的野味。

技术关键　腌制上浆要到位，滑油要掌握好油温，切忌过火使鹿肉口感发硬。

品评　鹿肉配以独特的调料，使其口味与传统做法大有区别，再配上三色窝头，色泽上给人耳目一新的感觉，为菜肴增辉，营养上也符合了现代人的膳食要求。

（12）酱香雪梨骨

制作过程

① 原料：猪排骨 750 克，赵县雪梨 100 克，葱 20 克，姜 10 克，酱油 150 克，蜂蜜 100 克，食盐 3 克，大料 4 个，草果 2 个，烹调油 15 克，面酱 50 克。② 将排骨切 6 厘米长的段，雪梨切筷子粗细的条，葱切块，姜切片。③ 将排骨加入精盐、味精、料酒、松肉粉抓匀，腌制 15 分钟。④ 将腌味的排骨煮八成熟捞出，抽出骨头，将雪梨条插入肉内。锅内放油，放入葱、姜，稍炸，放入排骨、酱油翻炒上色，放入煮骨的原汤、草果、大料、蜂蜜，烧制 10 分钟，等汤汁浓稠时装盘即可。

制作者：剧永起

风味特点 色泽艳丽，酥烂爽口。

技术关键 口味是咸甜的，要将咸味找准之后再加蜂蜜。

品评 色泽艳丽，口感甚佳，肉果搭配，相得益彰。

（13）淀虾糊饼

典故与传说 康熙皇帝一生醉心于白洋淀美景，曾经 47 次到这里巡幸。一次皇帝来白洋淀水上围猎，船经淀中一个水村，村边渔民织席、编篓、结网，一派太平盛世的景象。康熙被这和谐浓郁的水乡劳动场面吸引住了，便令停船靠岸，与几名近臣上岸。这时，附近传来阵阵香味，既有米粮之香，又有鱼虾之香，香味是从不远处一渔民家传出来的。康熙走近时，有位老妇人正用铲子从锅中轻轻起着饼边，饼是金黄的，外焦里嫩，小虾是红的，色香俱备。康熙吃了几口，食欲大振，问是什么食物，老妇人答道："白洋淀的淀虾糊饼。"皇帝盛赞不绝。康熙走后，老妇人便在门前挂起了"白洋淀——淀虾糊饼"招牌，专做渔家饭菜，"白洋淀——淀虾糊饼"的名声也就从此叫响起来。

制作过程

① 原料：小河虾 200 克，玉米面 250 克，香葱 40 克，盐 5 克，油 100 克。② 将小河虾洗净，香葱切成 0.5 厘米的小段。③ 玉米面中加小河虾、香葱段、盐、味精、适量水，搅拌均匀。④ 电饼铛烧热，淋油，放入调好的玉米面煎熟即成，改刀成片装盘。

制作者：孙永萍

风味特点 色泽金黄，口感酥软，虾香味浓。

技术关键 必须选用新鲜小河虾。

品评 该小吃选用玉米面与河虾为主料，属于典型的粗料细做，精细的做工提高了小吃的品相。

（14）一百家子拨面

典故与传说　张三营原名“一百家子”，据《承德府志》及《隆化县志》记载，乾隆27年（1762年），乾隆皇帝率文武百官赴木兰围场狩猎，途经一百家子，住在伊逊河东龙潭山脚下的行宫（康熙四十二年所建）。当天下午，行宫主事周桐向随驾太监呈报御膳安排，特命当地拨面师姜家兄弟为乾隆制作荞麦拨面，并从西山龙泉沟取来上好的龙泉水和面，以老鸡汤、猪肉丝、榛蘑丁和木耳做卤。饭菜呈上后，御前太监将饭盘银盖取下，乾隆一见眼前的拨面洁白无瑕，条细如丝，且清香扑鼻，顿开食欲，连吃两碗，并一再称赞此面“洁白如玉，似雪赛霜”，还当即吟诗一首：“罢围依例犒筵加，施惠兼因答岁华。耐可行宫逢九日，雅宜应节见黄花。朱提分赐一千骑，文绮均颁廿九家。苏对何妨频令预，由来泽欲不遗遐。”又命御前太监赏赐姜家兄弟白银二十两，从此，拨面改名“拨御面”，一百家子白荞面名声大振，身价提高百倍，成为清朝皇家用膳珍品，姜家兄弟生意也更加兴隆。延续至今，拨面不仅是河北人喜食的名品，也是接待中外嘉宾的代表性作品。白荞面不仅好吃，还有减糖、降压、开胃、健脾的功能。

制作过程

制作者：孟凡萍

①原料：白荞面50克，盐3克，味精3克，鸡精5克，油100克，香菜5克，黄瓜25克，纯净水10克，猪精肉10克，酸菜10克，蘑菇10克，鸡汤150克。②将猪精肉切肉丝8克、肉丁2克备用。黄瓜切丝，香菜切段，酸菜切丝，蘑菇改刀切丁备用。③将以上原料用鸡汤分别调制出酸菜肉丝卤、蘑菇肉丝卤、鸡汤肉丝卤备用。④用纯净水将白荞面和好，并用刀依次拨出粗细均匀的面条，待火烧沸后下锅，开锅后立即捞出装碗，配上3种卤和黄瓜丝、香菜段即可。

风味特点　面条洁白无瑕，条细如发，卤鲜香味美。

技术关健　卤一定要用鸡汤兑制。和好的白荞面，必须冷藏备用，否则容易风干，影响拨面的效果。

品评　传统的拨面，经过对其所配的卤进行改良，从而丰富了拨面的口味。

（15）会馆大包子

典故与传说　保定府曾长期为清直隶总督署、直隶督军府驻地。那里衙门林立，各地官宦商贾和莘莘学子纷至沓来。清代乃至民国，各地在保定府所建会馆颇多，如湖广（湖南湖北）会馆、两江（江苏江西）会馆、浙绍（以浙江绍兴府为主）会馆、三晋（山西）会馆、山左（山东）会馆，同时还有许多同乡会馆、行业会馆等等。这些会馆经常为联络乡谊等各种事由，举办大型活动及聚餐宴请。民国年间非常流行吃保定老马号“天义斋”的大包子，此包子皮儿选用当时最好的乾义面粉公司出品的“红鱼”牌特等面粉，肉馅精选五花肉，用保定面酱拌制而成，吃起来喧软浓香，风味独特。民国年间保定府八大会馆纷纷将其引进，受到南来北往行旅客商的欢迎。

(5) 清蒸羊肉

制作过程

制作者：黄建会

① 原料：羊肉 500 克，双色蛋皮、香菜各适量，精盐、葱、姜、花椒水、干辣椒、汾酒、白胡椒、鸡汤、大料、香油等各适量。② 将羊肉入沸水氽透，切成 1 厘米厚的片。葱切段，姜切片，香菜切小段。③ 将切好的羊肉放入扣碗中，摆成梯形状，加精盐、葱段、姜片、花椒水、干辣椒、汾酒、白胡椒、鸡汤、大料上笼蒸 2 小时，拣出葱、姜、辣椒，扣入汤碗中。将原汤倒入炒锅中调味后，再倒入汤碗中，淋上香油，撒上白胡椒、双色蛋皮、香菜即可。

风味特点 健脾长肌，味道浓腴，清爽可口。

技术关键 要选择中腰部位的羊肉。蒸制时宜用大火，时间要长。

品评 寒冬腊月正是吃羊肉的最佳季节。在冬季，人体的阳气潜藏于体内，所以身体容易出现手足冰冷，气血循环不良等情况。按中医的说法，羊肉味甘而不腻，性温而不燥，具有补肾壮阳、暖中祛寒、温补气血、开胃健脾的功效，所以冬天吃羊肉，既能抵御风寒，又可滋补身体。

(6) 芙蓉腊八肉

制作过程

制作者：黄建会

① 原料：软五花肉 250 克，鸡蛋 5 个，黄瓜 100 克，精盐、酱油、葱段、姜片、花椒水、汾酒、鸡汤、水淀粉、香油等各适量。② 将五花肉切成 1.5 厘米长，3 厘米厚、3 厘米宽的条，挂上全蛋浆，过油成金黄色后捞出。将 3 个蛋清打散，放入蒸蛋盘中，蒸蛋白糕。摊黄，白蛋皮切成丝。黄瓜切成半圆片，围在盘边作装饰。③ 将肉条放入碗中，加鸡汤、汾酒、精盐、酱油、葱段、姜片、花椒水等上笼蒸 1 小时后取出。将碗中的汤汁倒入炒锅中，肉扣到蒸好的蛋白糕上。④ 炒锅上火，调味勾芡，淋入香油，浇在肉上。上撒黄、白蛋皮丝即可。

风味特点 一菜两味，清香软嫩，咸鲜利口。

技术关键 选用软五花猪肉，以达到软烂的质感。过油时，油温不可太高。蒸制时宜用大火，时间要长。

品评 猪肉味甘、性微寒、无毒；有滋养脏腑，滑润肌肤，补中益气的功效。鸡蛋中含有丰富的 DHA 和卵磷脂等，对神经系统和身体发育有很大作用，能健脑益智。鸡蛋中含有人体需要的几乎所有的营养物质，被营养学家称之为“完全蛋白质模式”。“芙蓉腊八肉”将两者结合到一起，充分发挥了原料的营养价值。每年的腊月初八，是百姓祭祖之日，山西地区多以碗菜祭之。此菜采用传统的制作方法，结合芙蓉底，成品菜肴别具一格，是老少皆宜的菜肴。

(7) 猪肉白菜卷

制作过程

制作者：黄建会

① 原料：净猪肉 200 克，白菜 250 克，猪肥膘 50 克，水泡大米 50 克，蛋皮丝 30 克，香菜段适量，精盐、汾酒、葱、姜、花椒水、鸡蛋、鸡汤、淀粉、香油、大料、花椒等各适量。② 将白菜洗净，用水氽过。将猪肉剁碎，加鸡蛋、淀粉、水泡大米、盐、汾酒、葱姜末、花椒水、香油，调拌均匀。③ 把氽好的白菜叶平铺，撒上淀粉，将调好的肉馅抹在白菜叶上，卷成细卷，上笼蒸熟。葱、姜切片。④ 将蒸熟的白菜卷，斜切成金钱状，放入碗中，加鸡汤、葱、姜片、大料，再入笼蒸 20 分钟后扣入汤碗中，滗出原汤入炒锅中，调味后到入碗中，淋香油，撒上蛋皮丝、香菜段即可。

风味特点　味鲜清香，汤醇味浓。

技术关键　注意肥瘦肉的比例。大米要泡软。成型大小要一致。

品评　白菜中含有多种维生素和钙、磷等矿物质以及大量粗纤维。白菜与肉类同食。白菜既可增添肉的鲜美味，还可增加白菜的口感。正如俗语“肉中就数猪肉美，菜里唯有白菜鲜”。祖国医学认为，白菜性味甘平，有清热除烦、解渴利尿、通利肠胃的功效，经常吃白菜可降解体内毒素的积存。

(8) 冰糖肘子

制作过程

制作者：黄建会

① 原料：猪肘子 500 克，冰糖 100 克，柠檬 2 个，精盐、料酒、葱、姜、红葡萄酒、鸡汤、水淀粉、香油、大料、花椒等各适量。② 将猪肘子改成正方形大块，入水锅煮至四成熟时捞出。上火把肉皮烧成红黑色后，放入硝水中，用刷子刷去肉皮表面黑色，洗净。葱切段，姜切片，柠檬切成金钱片。③ 将肉块放入汤锅中，加入葱段、姜片、红葡萄酒调色，煮至八成熟捞出；另起油锅，将肉块走油成金红色后，再入汤锅中煮数分钟捞出。从肉块里面将肉切成连皮的四方小块。④ 将肉块皮朝下，装入碗中，加精盐、料酒、葱段、姜片、鸡汤、香油、大料、花椒、冰糖等上笼蒸 2 小时，取出扣在汤盘中，把汤汁倒入锅中，加冰糖、精盐等调味，勾薄芡，淋入香油，倒在肉块上即可。柠檬片摆入盘中装饰。

风味特点 色泽红亮，甜香不腻，美味适口。

技术关键 最好选用猪后肘，结缔组织少。走红、上色要均匀。蒸制时间要长，以达到软烂的质感。

品评 冰糖有补中益气，和胃润肺，止咳化痰的作用。猪肘子加冰糖一起烹制，利用冰糖的特性，可使肘子表面色泽红润，诱人食欲，还起到了去腥解腻的作用。

(9) 水晶白菜

制作过程

① 原料：白菜心 250 克，墨鱼肉 200 克，火腿 50 克，肥膘肉 50 克，精盐、汾酒、鸡汁、鸡汤、葱、姜、鸡油、鸡粉、生粉等各适量。② 将白菜洗净，用鸡汤氽水入味。墨鱼肉切碎，加入肥膘肉、精盐、鸡汁、鸡粉等制胶。③ 把氽好的白菜叶平铺吸水，撒上少许生粉，抹上墨鱼胶，然后分层码回成白菜状，上笼蒸 15 分钟至熟。④ 鸡汤调味勾流水芡，淋鸡油，浇在白菜上即可。

制作者：徐列杰

风味特点 清新爽口，营养丰富，养胃健脾。

技术关键 选择质嫩、形态完整的白菜。白菜入味要透彻。鱼蓉调制宜清淡，黏性要强。

品评 晶莹剔透的一棵白菜，给人一种返朴归真的视觉冲击力。其视觉上的清淡、典雅、大气，更能令人联想起现代健康饮食新理念。以普通原料做出不寻常菜肴，这是晋菜厨艺的一大特色。

(10) 满载而归

制作过程

① 原料：吕梁柏籽羔羊肉 300 克，莜面 100 克，台蘑 50 克，胡萝卜 20 克，蒜薹 100 克，酸菜 20 克，精盐、味精、鸡粉、胡椒粉、花椒油、香辣酱、葱、姜等各适量。② 羔羊肉制蓉，打入葱、姜水，加精盐、味精、鸡粉、花椒油，台蘑、胡萝卜剁碎与羊肉拌在一起制成馅。莜面用开水和成面团，饧 10 分钟。蒜薹编成船形，焯水过凉。葱、姜切末。③ 将莜面推成卷，酿入肉馅，上笼蒸 8 分钟。④ 将蒸熟的莜面卷放入小船中，浇上酸辣汁即可。

制作者：徐列杰

风味特点　面菜合一，味道鲜美，体现了山西的饮食风尚，具有保健养生之功效。

技术关键　用花椒、葱、姜水调制羊肉蓉，以便除去羊膻气味。必须用开水调制莜面面团，且卷制时大小、粗细要一致。

品评　“满载而归”（酸辣羔羊酿栲栳）是在山西传统小吃“莜面栲栳栳”的基础上创新而来的。是宴席中面菜合一的一道精品菜点。莜面中所含水溶性膳食纤维，能够消除肠道内的胆固醇物质，是世界公认的营养保健食品，与羊肉一起制成菜肴，更增添了它的营养价值。

（11）盂封饼

典故与传说　盂封饼相传创制于光绪十年。太原市清徐县有个盂封村，当时南里旺村有个姓冯的财主，苛求每天不吃重样饭，顿顿要调剂。厨师某一天偶用面粉与油、糖炒成油酥面，和面粉加水混在一起和成面团，不料面团过稀，无法做饼，只好一块块堆在鏊子上，自然摊成饼形。谁知歪打正着，熟后一尝酥软香甜，摆到桌上财主一吃，顿感可口，香酥不腻，问叫何饼，厨师因家住盂封，随口道：“盂封锅块。”其后经不断流传改进成现今的“盂封饼”。

制作过程

制作者：邸元平

① 原料：中筋面粉 500 克，素油 125 克，白糖 125 克，酵面 100 克，食碱适量，泡打粉 6 克，温水适量，蜂蜜。② 取面粉 300 克加入酵面，碱，素油 25 克，白糖 25 克，调制成膨松面团（皮面）。取面粉 200 克，加入素油 100 克，白糖 100 克，泡打粉 2 克，调成酥面。③ 将皮面搓条下剂，将皮包入酥面收口后，揉成椭圆形再卷起成筒状，然后排在一起，用刀顺长切开，翻转旋捏成油旋状按扁。摆放烤盘，刷上用蜂蜜、蛋黄配制的面料，撒少许芝麻。④ 将做好的饼坯，入烤箱烤制成金黄色即可。

风味特点　色泽金黄，甜香酥松。

技术关键　面团皮面与酥面要软硬一致，以防包酥不匀，开酥后要饧置一段时间。要恰当掌握烤制火候，以防不熟或焦煳。

品评　盂封饼是清徐县盂封村独特的传统名食，以外脆里酥、层次分明、香甜可口的特点久负盛名。

（12）龙须夹沙酥（一窝酥）

典故与传说　龙须夹沙酥是太原市著名的风味小吃，它由晋阳饭店特一级面点师胡世年老先生于 1958 年在龙须面的基础上改进创新、烤制而成，后成为筵席中的一道佳点，为太原人宴席中普遍食用的面食品种之一。其制法简单、经济实惠，很受当地人喜爱。

制作过程

① 原料：精粉 500 克，白糖 100 克，豆油 150 克，酵面 50 克，食碱适量，豆沙馅 200 克。② 将精粉、酵面、白糖、碱和起面团（水温要求：冬暖、夏凉、春秋温），饧置 30 分钟，揉光待用。豆沙搓丸待用。③ 将面团搓长、晃条，放面案板

制作者：邸元平

上，按拉面的方法拉 10 扣(为 1024 根)，铺在油案板上，刷匀豆油，顺长卷起，剁成剂子(35 克 / 个)，再逐个盘旋成圆形饼坯，中间夹入豆沙馅。④ 将制好的饼坯入烤箱，用中高火烤至金黄色即可。

风味特点 色泽金红，丝丝甜脆。

技术关键 要用膨松面团，抻拉要均匀。抻拉好的面丝刷油也要均匀，不可粘结。馅要盘在中心位置。

品评 把面团抻成龙须面条，盘卷包馅心，烤熟，为山西一绝。其色泽金黄，油丝细长，酥软飘香，馅香甜可口，为人们所称赞。

(13) 莜面栲栳栳

典故与传说 "莜面栲栳栳"是山西高寒地区民间的主要家常面食。著名歌唱家郭兰英演唱的山西民歌中有"……交城的大山里，没有那好莱饭，只有莜面栲栳栳，还有那山药蛋"，生动地描述出山区人民的食俗风情。"莜面栲栳栳"这种山区普通的杂粮便饭，距今已有 1000 余年的历史。民间传说，隋文帝杨坚偏信奸佞之言，要立次子杨广为太子，唐国公李渊力谏不纳，被贬为并州(太原)留守。李渊途经灵空山时，不料身怀六甲的李夫人要临盆分娩，只好借宿灵空山古刹盘谷寺，生下公子李元霸。李渊滞留该寺，常与老方丈谈论天下大事。一日，老方丈对李渊说，我夜观天象，近日天下大乱，群雄恶战，将军应养精蓄锐，将来必成大业。今日我让香积房给你做顿稀罕饭，吃了之后定会精神焕发，体强力壮。午时方丈命人将莜面"蜂窝"端了出来，李渊蘸上辣椒吃后，顿觉神清气爽，便问何名。老方丈说是用莜麦面做的，形似"蜂窝"，所以当地老百姓称其为"莜面窝窝"。后来李渊当了皇帝，便派老方丈到五台山当主持。老方丈带领众僧赴任中，路过静乐县，看到当地盛产莜麦，便把制作"莜面窝窝"的技术传给了静乐人。从此莜面窝窝成为静乐人的待客饭。后静乐人看见这种窝窝像存放东西的直筒"栳栳"，故将窝窝改称为"栲栳栳"。日久，这种民间面食传遍了山西、陕西、内蒙、河北、山东等地，成为山区人民的家常美食。莜面栲栳栳是山西大同、吕梁等山区人民最喜爱的一种面食。其色泽土黄、性寒，吃着筋道、利口、醇香、耐饥。吃时蘸上肉卤(最好是羊肉的)更有滋味。

制作过程

① 原料：莜面、羊肉馅、黄瓜、西红柿、葱、姜、蒜等。② 将莜面用沸水调制成烫面面团，黄瓜切丝，西红柿切丁，葱切花，姜切末，蒜切泥。③ 莜面掐小剂，在石板上搓成薄片，卷成卷筒生坯，放入小笼屉中。④ 上大火蒸 7 分钟即可。羊肉、西红柿炒卤。食用时，浇上羊肉西红柿卤，拌上黄瓜丝等。

制作者：邸元平

风味特点　筋韧、醇香，有独特的莜面香味。

技术关键　要用沸水调制面团。搓制栲栳栳时，用力要均匀，不可搓得太厚。

品评　莜面的原粮叫"莜麦"，也称"燕麦"、"玉麦"，脱壳碾粉即叫"莜面"。已有2500多年的种植历史，是沁源县首屈一指的粗粮品种。它不仅有耐饥抗寒、保肝、保肾、造血及增强免疫力的作用，而且还有强体、健脑、清目、美容之功能，常食可提高智力、降低胆固醇，对糖尿病也有良好效果。它既是营养丰富的食物，也是降血防癌的药物。"莜面栲栳栳"是山西高寒地区民间的主要家常面食之一。食用时蘸上羊肉与醋调和，别有风味。

(14) 家常烙饼

制作过程

① 原料：中筋面粉500克，豆油100克，椒盐5克，水300克。② 面粉加热水，调制成水调面团。③ 面团揪10个剂子，逐个擀开成长方形薄片，刷上油，撒上椒盐，折叠成长条，再盘卷成圆片，擀成直径12厘米的大圆饼。④ 将大圆饼两面刷油，烙制成金黄色即可。

制作者：邸元平

风味特点　外脆里嫩、层次分明。食用时配以葱段、面酱，风味更佳。

技术关键　要用温水调制面团，不可过硬。盘饼时不要盘得过紧或过乱。烙制时以选用胡麻油或豆油为佳。

品评　家常烙饼制作简单易行，口感爽脆、色泽金黄、营养丰富，适合普通家庭制作，是山西民众经常食用的食品之一。

(15) 三晋泡泡糕

典故与传说　山西省侯马市的新田饭店有位屈志明师傅，他制作的"太后御膳泡泡糕"，晶莹透亮、酥脆香甜。这种糕又恰似盛开的泡泡花，故此得名。太后御膳泡泡糕所以在侯马流传，这里还有段历史故事。

1948年冬，屈志明在侯马车站摆饭摊，专卖大碗面。有个耄耋老人常来喝茶聊天，也吃些他的大碗面。可是，却常见他摇头晃脑地反复唠叨："这茶叶不如宫里的好，这饭也不如宫里的香……"原来，老人叫许德盛，生于清道光十六年，曾在皇家御膳房为厨，他制作的泡泡糕，慈禧太后很爱吃。1900年，八国联军攻占北京，慈禧太后逃往西安，许德盛随驾备膳。途中，他因病不能侍奉太后，辗转流落侯马。由于不愿技艺失传，又见屈师傅为人忠厚，就把泡泡糕的制作绝技传授给他。1954年许德盛老人去世时享年118岁，据说他之所以长寿与常吃泡泡糕有关。屈师傅于1986年病故，生前又把此技传给侯马市新田饭庄经理黄静亚。

（十四）湖北菜点文化与代表作品

1. 湖北省菜点文化概述

湖北省菜点历史悠久，是中国烹饪行中重要的风味流派。

（1）沿革。新石器时代是湖北菜点的萌芽期。根据考古发现，距今 50 万 ~ 100 万年前，湖北就有古人类在这里生活。10 万年前，湖北长阳下钟家湾龙洞中有“早期智人”在生活，他们学会了人工取火和用火，并掌握了烤、炙、炮、石烘的制食方法。至新石器时代，这里曾出现了大溪文化、屈家岭文化、青龙泉文化和印纹陶文化。人们学会了种植粮食、饲养畜禽，能制作并使用陶制炊具蒸、煨、煮制食物。

夏、商、周是湖北菜点的开拓期。随着楚国的强盛，湖北菜点迅速发展，此时稻米、水产品以及蔬果、畜禽等食物原料丰富，《战国策·楚策》记苏秦游说楚威王，言楚“粟支十年”。《楚辞·大招》中有“五谷六仞”一语，可谓粮食堆积如山。《楚辞》以及《诗经·召南》中记载了楚地众多的蔬菜瓜果及畜兽禽鸟、水产品种，反映出当时食物品种十分丰富。同时，这里拥有发达的青铜饮食器具和先进的烹调技术。1978 年湖北随州曾侯乙墓出土的青铜炉盘，据考证，当为煎、炒食物的炊具。曾侯乙墓出土了类似冰箱，制作十分精巧的“冰鉴”。菜品制作与筵宴达到了当时的一流水平。《楚辞》中的《招魂》和《大招》篇留下了两张相当齐备的菜单，文中要招的虽是死者的“灵魂”，但所列举的食物必然是生活的写照。面点小吃已从主食中分化出来，形成了一种新的食品类别。当时调料已有盐、梅子、饴、蜜、柘浆、动物油脂等。

秦汉魏晋南北朝是湖北菜点的积累期。此时形成了“饭稻羹鱼”的特色。旋转磨广泛使用与炉灶改进引起饮食变革。食物品类繁多，一批荆楚名肴脱颖而出，《淮南子》有“煎熬楚炙，调齐和之适，以穷荆、吴甘酸之变”的赞美。西汉时枚乘《七发》赞美楚地食馔为“天下之至美”。“武昌鱼”、“槎头鳊”、“镂鸡子”等名食脱颖而出。

隋唐宋元是湖北菜点的茁长期。此时，士大夫饮食文化的兴起，菜点的文化艺术色彩增强，涌现出一批名菜点，如缠花云梦肉、东坡肉、鲫鱼脍、风鱼黄雀鲊、煎鸭子、翰林鸡、冬瓜鳖唇羹等。食品加工业得到发展，可批量生产荆州胎白鱼、糖蟹、光粉等特色食品。

明清是湖北菜点的成熟期。湖北的粮食生产在全国居于举足轻重的地位，“湖广熟、天下足”的谚语广为流传。甘薯、玉米等作物的引进对本区食物结构产生较大影响。菜点形成了鲜明的地方特色，产生了大量名菜点，出现了一批历史名店。

从清末至今的近一个世纪是湖北菜点的繁荣期。在急剧变化的社会环境中，湖北饮食文化得到了快速发展。区域内风味流派迅速发展，名菜、名点、名酒、名师、名店、名筵席层出不穷，饮食的科技含量与艺术性不断增加，产生了饮食文化的大融合与食俗的嬗变，人们的饮食观念从追求温饱转变到追求营养、快捷方便、新潮风味以及审美享受上来。各饮食文化分区具有鲜明的地方特点。

（2）构成。在长期的发展过程中，湖北菜点逐渐形成了风格各有差异的四大流派。

鄂西北风味。包括襄樊、随州、十堰、神农架等地。此区域为楚文化的萌生地，具有明显的中原风味特色。稻与麦、玉米等旱粮平分秋色，面制品小吃丰富，擅长炸、红扒、焖、回锅炒等烹调技术。口味偏重，干香、酥脆、软烂菜较突出。擅烹獐、鹿、野兔、猴头、香椿、银耳等山珍野味，羊肉、槎头鳊、猕猴桃、香菇等菜也很有特色。武当山道教饮食颇有影响。

鄂东风味。包括黄冈、鄂州、黄石、咸宁等地。以水稻为主粮，甘薯、小麦、豆类等为辅。擅长烧、炸、煨、蒸、炒等烹制技术。整体上经济实惠，乡土味浓郁，咸鲜辣味突出，口味和色泽偏重。擅烹武昌鱼、石鸡、竹笋、猪肉、鸡鸭等水产畜禽及山珍，豆腐、萝卜、板栗等粮豆蔬果菜十分突出，五祖寺禅宗斋菜、东坡菜颇有声誉。

江汉平原风味。以江汉平原为主体，包括武汉、孝感、荆州等地。它广泛吸收国内外各种风味之长，融会贯通，自成风格，为鄂菜之精华。稻米占绝对优势，以甘薯、小麦、豆类为辅。米制小吃闻名于世。注重刀工、造型与火候，擅长红烧、黄焖、蒸及煨汤技术。咸鲜、咸鲜回甜及酸甜味菜突出。擅烹山珍海味，甲鱼、鮰鱼、鳜鱼、武昌鱼、青鱼等高档水产品以及鸡肉、野禽、鱼、肉茸类等工艺大菜和花色冷拼，食疗保健菜居全省领先水平。

鄂西南风味。以清江流域为主体的湖北西南部地区，包括鄂西土家族苗族自治州和宜昌地区西部的广大地区。主要以玉米、薯类为主食，辅以稻米、小麦等。一些城镇和河谷地带以稻米为主食。该地风味古朴、粗放、自然，擅长腌鱼、腌肉、腌菜制作，多采用蒸、煮、烤、烧、炒法制菜，口味厚重，以酸辣最突出，以腌酸鱼、肉、菜，山珍野味与杂粮山菜为特色，鸡菜及糯米糍粑也很有特色。

（3）特点。

湖北菜技法多样，形态万千。湖北菜擅长蒸、煨、炸、烧、烩、熘等技法，最具特色的是粉蒸、红烧、煨等。注重汁浓芡亮，鄂菜给人亮爽之感。人们习惯于鸡鸭鱼肉蛋奶粮蔬果合烹，突出体现在肉茸菜、鱼茸菜、蒸菜、瓤菜、煨菜、炖菜之中。由于多料合烹，可使多种营养素相互补充，色彩丰富，味道醇厚，有利于提高原料的食用价值，如荆沙鱼糕、烧三合、八宝饭、八宝鸭、排骨汤、粉蒸肉等均是多料合烹的典型。市肆筵席菜式的烹调工艺精细，多选用山珍海味、畜禽水产，配以地产时令鲜蔬制成。民间筵宴菜则烧、煮、蒸、炒并举，味浓、色重、量大，荤素兼备，朴实无华，经济实惠。此外，湖北菜形态千姿百态，不少菜肴使用花刀，将占相当比重的菜肴原料剁成茸、泥后再进行烹制，新品菜有追求艺术化的倾向。

湖北菜风味独特。在滋味上，湖北菜以咸鲜为主，注重本味。咸鲜甜、咸鲜甜酸、微辛（众多菜肴添加生姜、葱、蒜、胡椒粉增鲜提香）、咸鲜甜辣菜肴很有地方特色。质感以嫩最为突出，湖北菜中长时间小火加热的菜占有较大比重，软烂、酥烂等质感的菜肴颇见功夫。此外，酥脆、酥嫩、外酥内嫩等质感的菜肴数量多，风味好。

湖北面点小吃用料广泛，且注重就地取材，制作精细，地方性突出。米、麦、豆、莲、藕、薯、菱、菇、橘、野菜、桂花、木耳、鱼、虾、蟹、畜、禽、蛋等均被选作小吃的原料，因此湖北小吃的花色品种繁多。其中，米、豆、莲、藕、薯、鱼等原料使用广泛，地方风味鲜明。湖北面点小吃在工艺上能扬己之长，并广泛吸收外来技术。能广泛采用揉、搓、擀、切、叠、包、捏、嵌、擦、盘、削等操作技艺，以及煮、蒸、炸、煎、烙、烤、炒、煨、炖、烩、烧、炕等熟制方法。湖北面点小吃工艺讲究。如三鲜豆皮，要求火功正、皮薄浆清、油匀形美、内软外脆；四季美汤包在包馅时讲究剂准、皮圆、馅中、花匀；枯炒牛肉豆丝要求一次只炒一盘，且火不宜过猛。就成品而言，颜色上有白色、淡黄、金黄、褐黄、红色、黑色、绿色、花色等类别；质感上有软嫩、滑嫩、滑爽、松泡、酥脆、酥松、软糯、粉糯、肥糯、软烂、酥烂、柔韧、干香等类型；滋味上有咸鲜、咸甜、咸鲜酸甜、咸鲜酸辣、咸鲜酸辣麻、咸鲜麻、纯甜、纯甜酸等味型；形状上有圆饼、包子、饺子、面条、方形、菱形、球形、羹汤、丝形等种类。

（4）成因。湖北菜点之所以发展成为中国著名的地方风味菜点之一，是与许多有利因素分不开的。概括而言，湖北在地理与物产、政治与经济、历史与文化、理论与技术、风味与品种、群众基础与声誉等方面均有自己的优势。正是这些优势因素的共同作用，才使湖北菜点具有

风味特点 色泽金黄油亮，皮薄酥脆，馅心柔糯鲜醇，软润爽口，兼有肉香、菇香、葱香和糯香。

技术关键 绿豆与大米按1∶2配比为宜，掺水量以100克磨成浆290克为宜。糯米一定要用旺火一气蒸熟，切不可夹生不熟。猪肉须煮至熟烂。锅一定要滑好烧红再下绿豆米浆，防止粘锅。根据情况变化，灵活增减火力。

品评 鲜肉豆皮的配料丰富，荤素搭配，营养互补，色泽美观，味美可口。

(15) 炸面窝

典故与传说 炸面窝是武汉市民最喜爱的早点之一，已有100多年的历史。所谓“面窝”，其实是添加配料的圆形米豆浆饼。因为米豆浆液与面浆相似，成品又很像圆形的面饼，所以武汉人习惯这么称呼。相传清朝光绪年间，汉口汉正街口的集家嘴附近，有一摊贩，名叫昌智仁。他靠打烧饼谋生，生意清淡，度日艰难。他琢磨着变换个花样，萌生了用碎米制成咸的米制食品的想法。他找铁匠打了个窝形铁勺，又经反复试验，终于用米、豆浆制成了面窝。集家嘴为商品集散之地，车贩走卒，每日水流云涌，而面窝价廉味美，于是迅速普及开来。

制作过程

制作者：周三保

① 原料（制100个）：大米4600克，精盐100克，黄豆400克，姜末100克，芝麻50克，葱花500克，麻油5000克，（实耗750克）。② 将浸泡的大米和黄豆(150克)磨成细浆。将黄豆250克浸泡后磨成豆浆。③ 在大米浆中放中精盐、葱花、姜末拌匀。在开锅炸面窝时，边炸边加入黄豆浆拌匀。④ 麻油入锅置旺火上，待油烧到220℃时，执铁制圆形窝勺，先将芝麻撒入窝勺，放入油锅中炸至一面呈金黄色时，翻出铁勺中的米窝，用铁火钳翻面续炸，视两面呈金黄色时，钳出沥油即成。

风味特点 色泽金黄，呈圆窝状，中间薄枯酥、边圈厚柔软，味正，含有葱、姜、芝麻香，脍炙人口。

技术关键 掌握好浸泡大米的时间，一般春秋季4小时，夏季3小时，冬季6小时。芝麻要先撒入窝底。炸面窝需用旺火、热油，油温不宜低，火不宜小。

品评 炸面窝两面黄、外面酥、里面软、中间脆，几种不同的质感集于面窝之中，可令人产生别致的饮食快感。武汉面窝种类很多，如果仅用米豆浆液炸成，则叫“米面窝”，如果在米豆浆中添加红薯丁、萝卜丝、豌豆、小虾、小鱼等，则分别称做“苕面窝”、“萝卜丝面窝”、“豌豆面窝”、“虾子面窝”和“鱼面窝”，且风味各异，如米面窝较酥脆，米香浓郁；苕面窝较粉糯，薯香突出；萝卜丝面窝柔韧有咬劲；豌豆面窝焦香爽利；虾子面窝红亮鲜醇；鱼面窝酥香鲜美。

(16) 沙市牛肉抠饺子

典故与传说 牛肉抠饺子是沙市传统风味小吃。是用大米粉面团作皮，牛肉剁碎加调料作馅包成木鱼状，炸制而成。饺子口小肚大，“肚内”牛肉馅多，外酥内嫩，是一种与众不同的饺子。关于这道小吃，《湖北特产风味指南》一书中讲了一个有趣的传说。据说，明太祖朱元璋出身贫寒，小时候给财主放牛，经常饿肚子。有一天，他饿急了，就宰了一头小牛，找了个坛子将牛肉煨熟，与几位放牛娃饱餐了一顿。为了对付财主，他哄骗财主说："小牛拱进地里了！"，财主不信，随朱元璋到野地里去看，只见半截牛尾巴朝天翘着，他用力一拉，突然"小牛"(有个放牛娃躲在草丛里学牛叫)哞哞地叫，财主信以为真，说："牛真的拱了地哩。"后来朱元璋当了皇帝，吃腻了山珍海味，想换换口味，记起当年偷吃小牛之事，就召来他的同乡，当时已任御厨的张义，令他做一种用坛子煮牛肉的食物。张义反复琢磨，做出了牛肉抠饺子。朱元璋吃后十分高兴，又害怕张义把自己小时候偷牛吃的事传扬出去，欲加害张义。张义为免遭不测，便偷偷地跑了，流落到沙市，也把制作牛肉抠饺子的技术带到了沙市，从此，此小吃就在沙市一带流传开来。

制作过程

制作者：湖北　周三保

①原料(制40个)：大米500克，精瘦牛肉350克，豆瓣酱25克，精盐5克，葱花150克，纯碱0.5克，味精1克，酱油60克，姜末25克，麻油2500克(实耗200克)。②大米淘洗干净，晾干，磨成细粉，置细目罗筛，筛出米粉。取小碗1个，放入麻油10克、纯碱调匀，拌成油碱。炒锅置中火烧热，擦一遍油，下清水750克烧沸，将米粉徐徐下锅约煮10分钟，至七成熟时，用木棍搅匀，搅到米粉不沾手时起锅，倒在案板上，用干净湿布包着搋揉均匀，取出湿布洗净，盖在米粉面团上。③剔去牛肉筋膜，切成小丁入盆，加酱油、精盐、味精、葱花、姜末、豆瓣酱、麻油50克和少量水搅匀呈黏稠状作馅料。④双手擦匀油碱，将米粉面团稍揉，搓成圆条，揪成40个剂子。每个剂子搓成一头粗、一头细的圆柱形，逐只竖立用右手大拇指按成坛子口形。取1个放在左手掌上，右手中指擦油从"坛子口"处伸进，慢慢地抠，边抠边转动，转成肚大口小的圆坛形，挑入牛肉馅10克，封口捏拢，在口边捻出6瓣花纹。依此法将其余的做完。⑤炒锅置旺火上，下麻油烧至210℃，将饺坯逐个下锅内炸，边炸边用铁勺推动，炸至抠饺向外翻出水泡，发出声响时，再炸1分钟捞出即成。

风味特点　色泽金黄，形似木鱼，外酥脆，馅心质嫩味鲜。

技术关键　米粉应煮至淀粉充分糊化，煮时应适时用木棍搅匀。制作"坛子口"坯时，注意用力均匀，制好的"坛子口"坯肚大口小，用眼从坛口朝里观看，肚皮和底清晰透明。

品评　这道小吃的独到之处在于，一般饺子以面粉作皮，而抠饺子则用米粉作皮；一般饺子制成月牙形，而抠饺子则制成木鱼形，像个泡菜坛子口；一般饺子用煮、蒸或煎法制成，而抠饺子用炸法制成。

(17)襄阳玉米饼

制作过程

①原料(制30张)：玉米1000克，籼米500克，花生仁50克，白砂糖300克，碱水10克，色拉油300克。②将籼米、玉米洗净，剔除沙粒，浸泡约6小时后加少许清水磨成浆，让其自然发酵20小时左右。将发酵好的浆，兑入碱水和白砂糖搅拌均匀，视其情况可加少量清水，直至呈半稀半稠的流质物

即可。③将花生仁炸熟，去掉外皮，将仁切成米粒大的细丁。④置平底锅于炉上，留少许色拉油，舀入大约100克的浆于锅内，撒上花生仁丁，使其形成饼状，待其凝固后，再加少许油，边煎边晃动锅，一面煎成金黄色后，再煎另一面至呈同样的金黄色即可。

制作者：湖北　张红英

风味特点　饼面金黄，松软甜香，形态饱满，清爽适口。

技术关键　玉米和籼米要浸泡6小时以上，磨浆时，开始水不要加得太多，以便掌握浆的干稀度。自然发酵一定要在20小时以上。用锅煎制时，要使饼的厚度为0.8～1.0厘米，不要太厚，否则口感不好。

品评　襄阳玉米饼与武汉市流行的玉米饼存在着差异，后者是用玉米粒加糯米粉一起和成面团，表面沾上面包糠或椰丝、芝麻仁，入锅煎或油炸而制成。玉米饼还可变化出很多类似的小吃，比如将玉米与大米磨成浆后，不经过发酵，加入一定比例的泡打粉，可以制成玉米面窝；或者制成软饼状，卷上果料。也可以经过发酵后做成带有宫廷风味的小窝头。

(十五)湖南省菜点文化与代表作品

1. 湖南省菜点文化概述

湖南省素有“鱼米之乡”的美称，物产丰饶，人杰地灵。千百年来凭借这种得天独厚的自然和人文条件，湖南人创造了绚丽多彩的烹饪文化和精湛的烹调技艺，形成了湘菜的独特风格，在中国烹饪文化艺苑中一枝独秀，始终绽放着迷人的光彩。当代的湖南菜(湘菜)在中国烹饪文化大家庭中具有独特的地位。

(1)沿革。先秦时期，今日中南地区巫觋之风盛行，在人们的心理上，留下了深深的烙印，流传下来的古代南方诗篇《楚辞》中有明显的反映，这和更早产生于北方的诗集《诗经》有显著的差别。《楚辞》依托鬼神说事，而《诗经》则立足于人。在《招魂》和《大招》中记述的当时的饮食生活充分地体现了这一点，诗中赞颂的那些精美的食物都是献给鬼神的。当然这些同样也是世俗人间的享受，例如楚国爱国诗人屈原在《招魂》中描述了当时湘楚境内的珍馐美味：“稻粢穱麦，挐黄粱些。大苦咸酸，辛甘行些。肥牛之腱，臑若芳些。和酸若苦，陈吴羹些。胹鳖炮羔，有柘浆些，鹄酸臇凫，煎鸿鸧些。露鸡臛蠵，厉而不爽些。”大意是说：吃的食物丰富多彩，大米小米、稻麦芡粱，随你食用，酸甜甘苦，调和适口，烧甲鱼、烤羊羔，还加上蔗汁，醋烹的天鹅、焖野鸡、煎天鹅和鸧鹄，还有卤鸡和炖龟肉汤，味浓而不伤胃口。至于闻名世界，于长沙马王堆汉墓出土的《饮食遣策》，是迄今为止世界上最早的竹简菜单，其中记载了103种名贵菜品和羹炙(烤肉)、脍(细切肉)、濯(肉放在汤里煮熟)、熬(干煎)、炮(肉去毛裹泥放在火上烧烤)、蒸、腊、濡(煮熟再用汁和拌)、脯(肉干)、菹(切成肉米和酱混合弄熟)等10余种烹饪方法。随同出土的还有豆豉、生姜等调味品，还有许多精美的漆器餐具，特别是在一个漆盘上放置的一双竹筷，是迄今为止发现的最早的竹木筷子的实物。1999年，在湖南沅陵县虎溪山1号汉墓中，有300余支竹简记载了很多食谱，统称为《美食方》，可以说是湘菜的第一食谱。其中的美味佳肴名称近百种，调味品有盐、酱、豉、糖、蜜、芷、梅、橘皮、花椒等，可见湘菜的雏形。

汉唐以后，湖南地区的农业生产有了很大的发展，"湖广熟，天下足"的民谚广为人知，王昌龄、杜甫、柳宗元、辛弃疾等唐宋诗词大家都曾留下赞誉湖南美食的诗词。

湘菜独特风格的形成及影响的进一步扩大，则是明清之后。湖南人一改"碌碌无所轻重于天下"的局面，一跃而成为"功业之盛"、"举古无出其右"的省份。当时，湖南出现了不少能员大吏，尤其是十九世纪中叶太平天国起义后，湖南出现了以曾国藩、左宗棠等为代表的大批名声显赫的湘军官吏，他们无论是在籍候补还是放官外出，都雇带湘厨，为其烹制湘菜，供其享用，也使湘菜名声远播。同时，当时的长沙、湘潭、岳阳、衡阳等城市经济繁荣，商贾云集，豪商大贾们纷纷仿效达官贵宦，竞相聘用湘厨，开办湘菜馆，美食之风遍及湘江沿岸城市，使湘菜由官衙流入民间，更促进了湘菜的提高和发展。

自清代中叶以后，长沙陆续出现了对外营业的著名湘菜馆。当时的湘菜馆分为轩帮和堂帮两种。轩帮的经营以正宗湘菜为主，承制酒宴。堂帮则以经营堂菜为主，开市招客。随着政治、经济、文化、交通等方面的发展，长沙逐步形成了十大菜馆，即"式宴堂"、"旨阶堂"、"先垣堂"、"香菜圃"、"菜香根"、"嘉宾乐"、"秘香居"、"庆星园"、"同春园"、"六香园"，当时称作餐饮界"十柱"。在20世纪初，"十柱"人员发展很快，烹饪技艺各具特色，形成了多种流派，比较著名的有戴(明杨)派、盛(善斋)派、柳(三和)派、肖(麓松)派及"祖庵菜"派等，并成立了同业行会，筹集资金，在长沙东庆街兴建祖庙宇——"詹王宫"。同行们经常在此聚会，相互切磋技艺，取长补短，培养弟子，从而更加有力地推动了湘菜的发展。

(2) 构成。饮食消费向来是分层次的，各地都是如此，湖南也不例外。高级市肆筵席菜、达官贵人家庭私房菜、大众市肆筵席菜、民间家常菜和风味小吃是几种普遍的层次。但对湖南来说，清中叶以后，达官贵人家庭私房菜和风味小吃则颇具特色，谭延闿的祖庵菜至今仍有很大的影响力。而始建于明万历年间的长沙火宫殿小吃群，虽然几度兴废，但至今仍与上海城隍庙小吃、南京夫子庙小吃、苏州玄妙观小吃并称全国四大小吃群，姜二爹臭豆腐名闻遐迩，整个小吃群经营品种近百种。外地人到长沙，不进火宫殿是一大遗憾。

从菜点风味特点上看，湘菜内部主要包括三大流派：一是以长沙、株洲、湘潭、衡阳为中心的湘江流派，这是中等程度的嗜辣地区，菜点制作比较精细，祖庵菜是它的代表；二是以湘西、张家界、怀化为中心的湘西山区流派，苗族、土家族饮食的影响较大，是重度嗜辣地区，也是熏腊制品和山珍野味流行的地区；三是常德、岳阳、益阳为中心的洞庭湖区流派，嗜辣程度较低，擅长河鲜的烹制。

(3) 特点。辣是湖南菜的基本特点，湖南人素有"怕不辣"的美誉，毛泽东甚至说过：不吃辣椒不革命。长沙"山河剁椒"厂厂长陈爱国发起向全省征集有关辣椒的楹联，其中有一副大家公认的佳联："披红着绿占据东南西北，统荤领素贯辣春夏秋冬。"很形象地说明了湖南人对辣椒的推重。而至今在长沙流传的关于辣椒的一首打油诗："青辣椒，红辣椒，豆豉辣椒，剁辣椒，油煎、爆、炒用火烧，样样有味道。"则形象地反映出湖南人对辣椒的喜爱。然而作为辣味主要物质载体的辣椒，是明朝末年才从外国引进的，那么在此之前，湖南(以及云、贵、川等)人是不是就不嗜辣呢？答案是否定的。实际上，中国自古的"五味调和"中有一"辛"味，其中就有辣的成分。在没有辣椒之前，嗜辣的人们通常从具有辣味的蔬菜中获得这种享受。辣蓼就是古籍上常见的辣味蔬菜，不过它的风味不及辣椒，所以很快被辣椒所代替。另外其他蔬菜也有些显辣味的品种，例如有些萝卜，也能达到其辣无比的程度。湖南人不仅嗜辣而且还吃"苦"，苦瓜炒辣椒是一道湖南名菜，毛泽东也很喜爱它。湖南人说苦瓜是"君子菜"，尽管它自己很苦，但不去沾染其他菜，在调味过程中独树一帜，整个菜中吃到它便苦，不吃它就不苦。

（4）成因。

地理依托。湖南处于亚热带的北缘，气候湿润，所以食物容易霉变或腐烂，湖南人（也包括西南地区的其他省、市）因势利导，发明了用熏腊的方法保藏食物，夏日用熏，冬日用腊，从而制得各种各样风味独特的熏腊制品，丰富了人们的食谱。湖南雨量充沛，多寒湿，常食辣椒能祛寒去湿开郁，故湖南菜中常将辣椒作为佐料，食之开胃、开郁、提神。辣椒是近、现代湘菜的灵魂，是湘菜的一个显著特征，但不是所有的湖南菜都放辣椒，带辣味的湖南菜只占二三成而已，但一桌湖南菜中不能没有辣椒。至于湖南菜点的普遍技法和中国烹饪的基本格局并无太大区别，唯独以上所述很有特色。

湖南位于我国长江中游南端，气候湿润湿热，四季分明，雨量充沛，湘、资、沅、澧四水连接大小支流，纵贯全省，汇入八百里洞庭湖，素称“鱼米之乡”。境内山川纵横、河湖交错，盛产稻米粮油、水产鱼鳖、家禽六畜、山珍野味、时鲜瓜果，品种丰富，质量优良。先秦典籍《吕氏春秋·本味篇》中就有记载：“鱼之美者，洞庭之鲋，东海之鲕，澧水之鱼，名曰朱鳖，六足，有珠百碧。菜之美者，云梦之芹……”其中所指“洞庭”即洞庭湖，澧水现为湘江的四大支流之一，均多产鱼鳖。所以，湖南历来就盛产从农耕到渔牧多方面的食材土特产，如桃源鸡、东安鸡、临武鸭、武冈鹅、宁乡猪、洞庭金龟、武陵甲鱼、浏阳黑山羊、沅江银鱼、南岳寒菌、益阳玉兰片、湘潭湘莲等。

历史积淀。从历史上讲，湖南人嗜辣吃苦，可以上溯到屈原的那个时代，前引《招魂》中的“大苦咸酸”和“和酸若苦”，这两句即为明证。至于湖南人嗜辣，和“辛甘行些”不无关系，何况“有柘浆些”一句，还说明了湖南人早在战国时代，就知道用甘蔗（柘）汁调味了。所以说湖南风味的形成绝非偶然。至于湖南菜今日的高贵风貌，显然受到富豪阶层私家菜的影响。

民俗传承。湖南各地的地貌、物产及民风民俗的差异不同，形成了湘菜各具特色的地方风味和地方特色，散发出湖南三湘四水浓郁的地方风情。如岳阳的水产鱼类菜，常德的钵子菜，张家界的野生菌菜，湘西的酸味菜，怀化的麻鸭菜，娄底的全牛菜，邵阳的铜鹅菜，永州的蛇菜，郴州的野菜，南岳的素菜等等。湘菜，就是由湖南各地风味汇集和提炼而成的，具有浓郁的湖湘地方特色。目前，湘菜出湘，湘菜馆开遍大江南北，深受各地顾客喜爱和赞誉，体现了湘菜通过千百年积淀下来深厚的文化底蕴，散发出湘菜的独特魅力。

2. 湖南省菜点著名品种

湖南省编撰过一些餐饮、烹饪方面的书籍，湘菜的菜谱类书籍也有多部。湘菜大师许菊云先生所著《湘菜精品》收录热菜 151 种、凉菜 14 种；中国餐饮文化大师郑强生先生所著的《湘菜新潮流——家常风味菜》收录有 500 多种。但是，湘菜品种实际上达 4000 多个。由于湖南餐饮市场竞争日趋激烈，使得菜点创新速度越来越快，方法越来越多，用料越来越广，个性化特点也越来越明显。现按湖南餐饮市场菜点的知名度、占有率和创新程度等因素考虑，分类列出湖南菜点的部分名品。

（1）传统名菜类。用家畜制作的名菜有瑶柱鹿筋、双味太极里脊丝、鸡汁素鲍鹿筋、发丝百叶、福寿千层肉、螺旋腊肉、金钱赛熊掌、霸王举鼎、酱汁肘子、腊味三合蒸、太极里脊、桂花蹄筋、虫草三霸、牛中三杰、毛家红烧肉、滋阴补肾汤、贵妃牛鞭、明珠牛掌、富贵火腿、荷叶粉蒸肉、明炉黑山羊、美味牛排、纸包牛腩、苗家粉蒸肉、清蒸湘西腊肉、纸锅血燕等。用禽蛋制作的名菜有东安子鸡、瓜盅鸡球、麻辣仔鸡、鸡汁鸭舌万年菇、棕叶粉蒸鸡、清蒸一品鸡、潇湘三味鸡、醋焖鸭三件、山珍烩鸭舌、红白鸡鸭块、银鱼蒸蛋、桃源鸡三味、清汤虫草柴把鸭、洞庭盐水鸭、油辣白鸡等。用河鲜制作的名菜有柴把桂鱼、网油叉烧桂鱼、洞庭金龟、荷花鱼肚、洞庭龟鞭、双味桂鱼卷、瑶柱鱼肚、翡翠虾仁、雀巢虾仁、金盏菠萝虾、茄汁菠萝鱼、茄汁狮子鱼、潇湘响螺、芙蓉蟹盒、灌汤桂鱼球等。用海产制作的名菜有祖庵鱼翅、金鱼戏莲、酸辣荔枝鱿鱼卷、鸡汁透味鲍鱼、龙舟载宝、一品鲍脯、鱼翅蟹黄玉扇、鸡汁辽参、鸡汁鲍脯鸭舌、奶汤霸王鱼翅等。用蔬果制作的名菜有祖庵豆腐、双味素翅、香芋虎掌菌、猴头素烩、竹荪蛋烧菜胆、鸡汁一品素鲍、虎掌芥蓝、干煎八宝果饭等。

(2) 传统名点类。属于筵席点心的名品有姊妹团子、糖油粑粑、鸳鸯滚酥油饼、脑髓卷、马蹄卷、三丝春卷、银丝卷、瑶柱鲜肉包、瓜仁水晶包、千层糕、枣子糕等。属于风味小吃的名品有臭豆腐、龙脂猪血、双燕馄饨、荷兰粉、和记米粉、金钩萝卜饼、柳德芳汤圆、穿心葱油饼等。

(3) 创新名菜类。用家畜制作的名菜有香辣口味蛇、船家红烧肉、湘西竹签肉串、香辣排骨、姜辣蒜茸排骨、手撕腊牛肉、龙马鞭花、鳅鱼蒸腊肉、富贵双夹、汤泡肚尖、芋仔牛腩煲、霸王肘子、一帆风顺、辣椒炒肉等。用河鲜制作的名菜有剁椒鱼头、酱椒鱼头、开屏白鳝、双果蛙腿、芙蓉虾排、纸包活桂鱼、生仁鱼排、湘北鱼片汤、软蒸火夹桂鱼、湘江鲫鱼、香辣黄鸭叫、子龙脱袍、金龙鳝段、豆辣活螃蟹、瑶柱鳅鱼羹、竹筒水鱼、油酥火焙鱼、桔洲河蚌、糟香鱼条等。用海产制作的名菜有生鱼裙边、兰花裙边、鸡汁霸王鱼翅、剁椒龙虾仔、寿桃海参、瑶柱参鲍羹、金银鱿鱼卷、大碗全家福、汤泡双味、丰收有余、干锅墨鱼仔、双龙相会、鱿鱼三丝等。用蔬果制作的名菜有油焖烟笋、芙蓉脆皮冬瓜、什锦冬瓜盒、酱汁冬瓜、橙子南瓜、拔丝湘莲、金枝玉叶、川贝梨罐、手撕包菜、蜜汁玫瑰藕丸、一品豆腐煲、烧红辣椒、农家擂辣椒、脆香萝卜皮、湘西蕨根粉等。

(4) 创新名点类。属于筵席点心的名品有兰花卷、吉利玫瑰饼、长生酥、萝卜酥、蓉和麻球王、蒿子粑粑、蒸黄金糕、土豆饼、南瓜饼、寿桃包、蛋白冻、鸳鸯饺、雪云包点等。属于风味小吃的名品有口味虾、口味蟹、唆螺、血肠粑、武冈卤干子、鸭血粑、擂茶、糯米撒子、桐叶糍粑、猪血丸子等。

(李安鸣)

3. 湖南省菜点代表作品

(1) 酱椒鱼头(鸿运当头)

典故与传说 相传湘军首领曾国藩酷爱吃鱼头,每次打胜仗,必用大盘鱼头犒劳三军,军中伙夫为庆祝胜利,在鱼头上用大红椒辅满以示庆贺,并以吉言"鸿运当头"称之。鱼头美味无比,极受三军将士喜爱,后起名"剁椒鱼头"而流传于世。此菜盛行于 20 世纪末与 21 世纪初的湖南餐饮市场。

制作过程

① 原料:1250 克左右的洞庭湖雄鱼头 1 个,嫩芋仔 200 克,大红椒 6 个,酱椒 50 克,香油 10 克,葱花 3 克,盐 5 克,味精 15 克。② 将酱椒、大红椒分别切成黄豆般大小的米待用。③ 将鱼头用盐、味精等自制酱料腌制,盖上上等酱椒米,用芋仔围边放满,再盖上大红椒米。④ 蒸 15 分钟,淋香油,撒上葱花即可。

制作者:李自康

风味特点 肉质嫩滑,清香爽口,美味浓郁。

技术关键 讲究原料鲜活,火候控制适当,上笼蒸的时间不可过长,也不可过短。

品评 "剁椒鱼头"(采用新鲜剁椒)是近年湘菜文化星空里升起的一颗璀璨明星,风行全

风味特点 一甜一咸，一高一矮，口感细腻。

技术关键 一定要将糯米粉揉匀揉透。

品评 该品为湖南著名点心，细腻可口，甜、咸相宜，流传百余年仍为湖南点心中的经典之作。

制作者：马 力

（15）蓉和魔芋饺

制作过程

① 原料：芋头 300 克，五花腩 150 克，薯粉 100 克，小米椒 10 克，葱 5 克，盐 3 克，味精 2 克，胡椒粉 1 克，生姜 1 克。② 先将山芋头去皮蒸熟捣成泥，加入精装薯粉制成面皮。五花腩制成肉茸拌入姜、葱，调入盐、味精、胡椒粉、清水成馅，用传统手法将芋头皮包入馅，制成三角型。③ 锅中加清水烧沸，下入魔芋饺煮 8 分钟，加入小米椒、香葱即可。

制作者：李海平

风味特点 口感滑嫩，馅心肉香。

技术关键 注意配料比例，肉馅搅水，充分打上劲。

品评 芋头常作为蔬菜主、配料，使其成为面点主料是湖南大蓉和的一种创新。该品风味独特，老少皆宜，有通便、止泻、解毒作用，特别适宜肿瘤患者食用。健康人常食该品，可达到平衡膳食的作用。

（十六）河南省菜点文化与代表作品

1. 河南省菜点文化概述

河南省位于我国的中原腹地，是中华文明最重要的发源地，3000 多年前，为中国九州之中心豫州，故简称“豫”。悠久的历史孕育了豫菜文化。豫菜以其深厚的文化底蕴和独特的原料、工艺和风味特质及完整的品种类型，加上特殊的食俗礼仪著称于世。

（1）沿革。河南是华夏文明的发祥地之一。追溯到新石器时代，河南就有仰韶文化；登封有夏代龙山文化；郾城有二里头文化。商朝的最后一个都城“殷”，就位于今天的安阳。1978 年 9 月，在豫西南的南召县云阳镇杏花山，人们发现一枚更新世中期的古人类臼齿化石，被命名为“南召人”。其后又在南召人居地小空山洞穴遗址内发现 1 厘米厚的灰烬层，表明距今 50 万年左右的南召人已会用火，从此变生食为熟食，改变了传统的“茹毛饮血”的生活习惯，开创了中州烹饪的先河。

《左传·昭公四年》载：“夏启有钧台之享”，意指距今约 4000 多年以前的夏代帝王夏启在袭位时，召集各路诸侯、部落首领在钧台举行大型宴会，表示自己正式继承王位。这是我国见诸文字最早的一次宴会。钧台就是今天的河南禹县。尔后，夏代中兴之主少康，曾当过有虞氏的“庖正”。商代宰相伊尹，生于伊水之滨，“耕于有莘之野”（今河南陈留一带），做过有莘氏的庖人。《吕氏春秋·本味篇》中伊尹答商汤问，以至留下的“调和鼎鼐”等成语，是中国烹饪理论的开山之作，伊尹被世人尊称为“厨师鼻祖”。《史记·殷本纪》记载了殷纣王“以酒为池，悬肉为林”的奢侈豪华的日宴夜饮。到了周代，“八珍”已风行宫廷和官宦人家，《礼记·内则》对东周洛阳宫廷中的周代“八珍”的选料加工方法进行了记录。及至汉代，洛阳、南阳已发展成较大的商业中心，从密县汉墓壁画“庖厨图”、“宴饮百戏图”，南阳汉代画像石刻“舞乐宴食”、“鼓舞宴餐”中，可以清楚地看到樽、觞、肥鸭、烧鱼和烤好的肉串、六博及乐舞表演。发展到宋代，河南地域的烹饪发展到了一个全新的鼎盛时期。由于宋太祖赵匡胤采取“恩施于百官者唯恐其不足，财取于万民者不留其余”的国策，使京城内商行林立，酒楼饭店鳞次栉比。《东京梦华录》称之为“集四海之珍奇，皆归市易；会寰区之异味，悉在庖厨”。仅“七十二正店”经营的菜肴就有鸡、鱼、牛、羊、山珍海味达数千个品种，烹调技法多达30余种。宋代洛阳、开封被当代学者一致公推为中国餐饮行业的发轫肇始之地。

综观河南一带，从夏商到北宋，许多朝代都建都于此。洛阳为九朝古都，开封为七朝古都。首都的政治、经济、文化的中心汇聚及帝王将相、文人墨客、才子佳人、显宦富贾的穷奢极欲的生活方式，必然带来烹饪文化与工艺技术的兴盛。从文字记载的发生在河南的中国第一次夏启宴，到中国伊尹烹饪理论的开山论述、原料中的周代八珍、饮食中的宴饮百戏、宋代的餐饮鼎盛等，无不昭示着河南烹饪文化的历史渊源、沿革及发展形态。可以说，河南是中国古代烹饪文化发展历程的缩影，是提供古代烹饪文化发展演变的舞台。

自宋室南迁后，灾难深重的中原大地兵祸连连，水、蝗为患，开封、洛阳的城市地位每况愈下。加之元、明、清三个朝代经济、政治、文化中心的北迁，豫菜发展也大不如前。但其中的烹饪技艺却被一代代传承下来，直到民国时期和新中国成立后至今，再度崛起，出现了前所未有的蓬勃发展。

（2）构成。豫菜由于其发展历史悠久，构成从地理上讲以洛阳、开封、郑州3个地区为主，形成了豫菜完整的风味体系，这个体系由筵席菜、宫廷菜、大众便餐菜、风味小吃、家常菜等构成。不同的地区有不同的风味特点，洛阳人爱喝汤，有驴肉汤、牛肉汤、羊肉汤、胡辣汤等，其中最著名的是洛阳特有的“水席”，它以其蕴含的悠久历史文化积淀而驰誉四方。开封菜在豫菜风味体系中占有很重要的地位，有许多菜肴是从开封菜发展而来的，如“软熘黄河鲤鱼焙面”、“烤方肋”等。开封的小吃也很有名气，每当夜幕降临，鼓楼广场的小吃生意异常火爆。自从20世纪50年代，河南省会由开封迁至郑州后，郑州迅速成为河南的政治、经济和文化中心，在烹饪上也成为豫菜发展的主力军。此外，寺院菜、清真菜也是豫菜的重要组成部分。

（3）特点。河南菜经过长期的发展，形成了自己独特的风格，概括起来说，河南菜的特点是：取料广泛，选料严谨；配菜恰当，刀工精细；讲究制汤，火候得当；五味调和，以咸为主；甜咸适度，酸而不苦；鲜嫩适口，酥烂不浓；色形典雅，淳朴大方。

河南菜取料广泛，选料考究，强调依时令选取鲜活原料。河南在我国也是盛产烹饪原料的省份，在河南的西部山区，盛产猴头、鹿茸、荃菜、羊素肚和蘑菇；在河南北部出产全国著名的怀庆山药、宽背淇鲫、百泉白鳝和青化笋；南部的鱼虾，平原的禽、蛋，其资源都相当丰富。在长期的烹饪实践中，河南厨师总结出许多选料方面的宝贵经验寓于谚语中，如“鲤吃一尺，鲫吃八寸”、“鸡吃谷熟，鱼吃十月”、“鞭杆鳝鱼，马蹄鳖，每年吃在三四月”等等。其菜的辔头有常年辔头与四季辔头，还有大辔头与小辔头之别，素有“看辔头下菜”的传统。严谨的选料，不仅便于切配烹制，而且使菜肴具有色形典雅、配料恰当、常食常新、百尝不厌的风味格调。

配菜恰当，刀工精细。中国烹饪经久不衰，且日臻精良，缘由很多，其中刀下之功，令烹饪之法锦上添花。杜甫云："饔子左右挥霍刀，鲙飞金盘白雪高。"可见古人就已十分看重刀艺。河南厨师刀功十分高超，有"切必整齐，片必均匀，解必过半，斩而不乱"的传统技法。经厨师切出的丝，细可穿针，片出的片薄能映字，用花刀法可以表现多种形态，达到了出神入化之境。

讲究制汤，汤品精致，功夫独到。河南受历代显贵需求影响，特别讲究制汤、用汤。所谓"无鸡不香、无鸭不鲜、无皮不稠、无肚不白"，可见汤是菜味之源。"唱戏的腔，厨师的汤"，这是句流传于河南烹饪界的口头禅。河南菜的汤，常有头汤、白汤、毛汤、清汤之分。制汤的原料，须经"两洗、两下锅、两次撇沫"。若需高级清汤，还要另施原料，或"套"或"追"，务使汤达到：清则见底，浓则乳白，清香挂唇，爽而不腻。

火功精湛，烹调细致，调味尤为擅长。临灶烹调是加工制作热菜的核心过程，火候和调味非常关键，河南厨师在烹调热菜时，不论采用哪些烹调技法都务求做到"烹必适度"，使菜肴质地适中。在调味上"调必匀和"，淡而不薄，咸而不重，用多种多样的佐料来灭殊味，平畸味，提香味，藏盐味，定滋味，各种味料益损得当，浓淡适度，使菜肴五味调和，质味适中，体现出河南菜较强的适应性。

(4) 成因。

地理因素。河南在中国版图上为中原大地，位于古代九州之中，又称中州。境内从东南到西北，群山环抱，中部、东部为幅员辽阔的黄淮平原。河道纵横，铁路、公路如网，四通八达。河南物产丰富，气候温和，四季分明，是亚热带向暖温带过渡地带，适宜于多种农作物生长，小麦、玉米、豆类、芝麻等农产品和肉类、禽蛋、奶类等畜产品产量均居全国前列。这些因素为豫菜的发展提供了丰厚的物质基础。

历史积淀。中原地区是我国文明的发祥地，也是农耕文化的摇篮。在距今 7000 ~ 8000 年前的裴李岗文化遗址中，曾发现大量的农业生产工具和谷物加工工具，这时候，人们已经学会种粟（小米），将野生的狗尾草培植为农作物。在距今 5000 ~ 6000 年的仰韶文化遗址中，出土过粟粒、大麻籽、莲籽和高粱、稻谷。当时，人们已经成功地驯化了六畜——狗、猪、羊、鸡、牛、马。农业和家畜饲养业的发展，为饮食业的进步提供了物质基础。河南各地出土过新石器时代大批陶制的炊器、饮食器和酒器，其中陶灶是现代炉灶的始祖，鼎、釜、鬲相当于后世的锅。春秋战国时期的铜鉴，在河南境内屡有出土，鉴是古代的"冰箱"，表明当时的人们已知利用天然冰来延长肉类和蔬果的贮放时间。所有这一切，为河南菜的发展创造了良好的条件。河南的人文历史为豫菜的形成发展起到了重要作用。九朝都城洛阳、七朝都城开封除汇集了达官显贵、富商大贾，也汇集了天下名厨和高超的烹饪技能，可谓名师、高技集一体，名料、名宴汇一炉。这些名宴、名菜在竞争中创新，在盛世中发展，在选择沉淀中淘汰，直至将精华世代传承下来。如隋代宫廷名菜"软竹雪龙"、唐代名菜"洛阳牡丹燕菜"、宋代的"蟠龙珠"，以及名士菜"霍香鱼"、"东坡豆腐"、"东坡肉"等。发展到了清末，豫菜以其博采众长的"三大烤"（烤鸭、烤鱼、烤方肋）和兼收并蓄的"八大扒"（扒鱼翅、扒广肚、扒肘子、葱扒鸡、扒素什锦、扒素鸽蛋、扒铃铛面筋、扒海参）及独树一帜的"四大抓"（抓炒里脊、抓炸丸子、抓炒腰花、抓皮春卷）而闻名全国。此外，北宋汴京（河南开封）是我国餐饮业的肇始，张择端的《清明上河图》画载了首都汴京的城市一隅，街两边的茶坊、酒肆、脚店、肉铺等鳞次栉比，据《东京梦华录》载，当时的菜点已达数千种。这些菜点名品为后来豫菜的发展提供了强有力的阶梯。

民俗传承。河南人文荟萃，古代伟大的思想家老子、庄子、韩非子，政治家商鞅、李斯，科学家张衡，医圣张仲景，文学家韩愈、蔡邕（蔡文姬之父），哲学家程颢、程颐，军事家范蠡（后去经商，为中国商业的祖师爷）均是河南人。加上北宋前历代名人雅士、皇宫贵族汇聚河南，必然给河南饮食习俗带来重要影响。例如：这些社会高层人士，已知晓养生之道，懂得喝汤、吃面食养人的道理。因此，将汤以及用熬吊的好汤烹菜视为上品，面食易消化吸收，面食制品成为日常主食。传流至今，河南人喜食汤面，烹汤、制面仍是豫菜的一大主流。此外，从南北朝时起，中原佛教盛极一时，仅嵩洛一带，就有古寺名刹1000多个，大批僧尼潜心研究素斋，寺院菜流传至今，成为豫菜传承中不可或缺的一部分。

2. 河南省菜点著名品种

河南菜作为我国的主要菜系之一，在我国烹饪史上占有重要的地位。为继承发扬河南的传统烹调技术，挖掘整理河南的传统名菜，总结研究河南菜，河南省于1982年8月编写了《河南名菜谱》，从近千个名馔佳肴中筛选了300多个品种，该书于1995年9月进行了修订，使内容质量进一步充实和提高，实用性更强。

（1）传统名菜。以家畜为原料的有爆里脊丝、炸紫酥肉、烤方肋、烤臆子、炸核桃腰、油爆肚、桂花皮丝、烩三袋、大葱爆羊肉。以禽蛋为原料的有汴京烤鸭、套四宝、熬炒鸡、炸八块、铁锅蛋、炒三不粘、爆鸡片、料子鸡。以河鲜为原料的有果汁龙磷虾、糖醋软熘黄河鲤鱼焙面、清蒸头尾炒鱼丝、葱椒炝鱼片、烧淇鲫。以海产为原料的有大葱烧海参、扒广肚、清汤鲍鱼、牡丹燕菜、桂花干贝、爆鱿鱼卷。以山珍为原料的有扒猴头、清汤竹荪、烧羊素肚。以蔬果为原料的有清汤素燕菜、扒酿菜心、红袍莲子、琥珀冬瓜。

（2）传统名点类。传统名点有萝卜丝饼、水煎包、开花馍、开封灌汤包、佛手酥、菊花酥、月牙卷、郑州烩面、高炉烧饼、鸡蛋灌饼、蔡记蒸饺。

（3）创新名菜类。以海鲜为原料的有蟹黄扒鱼翅、龙舟献宝、兰花广肚。以禽蛋为原料的有菠萝鸭片、银芽爆鸡丝、橙汁鸡排。以家畜为原料的有红扒猪头、银杏大肠。以果蔬为原料的有蜜汁元宝莲子、松仁玉米。

（4）创新面点类。创新面点有五彩樱花饺、丰收南瓜、象生雪梨。

（李顺发　朱长征　李恩波）

3. 河南菜点代表作品

（1）糖醋软熘鲤鱼焙面

典故与传说　“熘鱼焙面”是开封地区历史悠久的传统名菜。此菜由软熘鲤鱼和焙面搭配而成。因用糖醋卤汁，故又称为“糖醋熘鱼焙面”。据史书记载，汴梁在北宋时，已经有糖醋熘鱼，北宋以后，糖醋熘鱼的制作方法流传外地，并得以继承和发展。“焙面”又称“龙须面”。据《如孟录》载，明清年间，开封人谓每年农历二月初二为“龙抬头”，达官显贵市井乡人，届时以“龙须面”相互馈赠，以示吉祥之意。此菜虽然受食客欢迎，但名气不大，直到清代庚子事变时，慈禧太后和清朝光绪皇帝，仓皇逃往西安，不久取道开封回北京时，在开封品尝了“熘鱼焙面”。慈禧和光绪皇帝吃后，十分高兴，赞赏此菜与众不同，据传光绪皇帝说：“古汴珍馐。”慈禧太后说：“膳后忘返。”一位随身太监，便随笔写了“熘鱼何处有，中原古汴州”的字句给开封县以示表彰。从此“熘鱼焙面”就更加出名了。

制作过程

①原料：黄河鲤鱼1条约750克，水粉芡12.5克，葱花10克，精面粉500克，清水350克，碱0.5克（冬天减半，夏天加倍），盐水15克，姜汁15克，花生油1500克（实耗75克），盐面3克（冬天减半，夏天加倍）。②把鱼刮去鳞，挖掉腮，鱼头朝里，从腹鳍外边顺长开口取出内脏，冲洗干净，将鱼扩一下，两面剞成瓦垄形花

风味特点 色泽鲜明，营养全面。

技术关键 鞭花切剞时，刀口一致。竹荪要在碗内紧扣，否则易散开。

品评 此菜鞭花的使用增加了菜肴的美感，造型美观，并且胶原蛋白含量高，与食用菌配合成菜，可以起到营养素互补的作用。

制作者：任　鹏

(5) 杏花羊肚菌

制作过程

制作者：任　鹏

① 原料：水羊肚菌 300 克，水杏仁 50 克，生鱼肉 250 克，青菜 250 克，青椒 100 克，精盐 5 克，清汤 100 克，味精 2 克，生粉 50 克，蛋清 2 个，水玉兰片 100 克，鱼子酱 50 克。② 把生鱼肉洗干净去刺，加蛋清、生粉、盐、味精，制成鱼糊（即粤菜常用的鱼胶）备用。羊肚菌发开洗净，飞水两次，青椒加工成杏叶，青菜留菜心。③ 羊肚菌灌入鱼糊蒸熟后装入碗内，用鱼糊封口，上笼蒸 20 分钟。④ 羊肚菌扣在盘中央，四周围摆调过口的菜心，外面摆杏花、青椒片、鱼子酱点缀，捻白汁浇在菜肴上即成。

风味特点 色泽分明，造型逼真。

技术关键 羊肚菌大小均匀，易成型。鱼糊不宜太稀，加热时间不宜过长。

品评 本菜肴造型细腻，整体效果好，食用价值高，营养成分全面，操作工艺流程细致考究。

(6) 荷香明虾球

制作过程

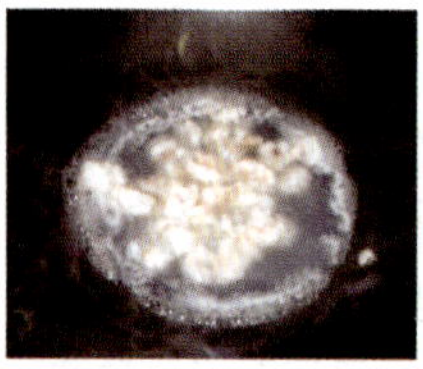

制作者：焦　春

① 原料：明虾 400 克，鲜荷花 12 瓣，鸡粉 3 克，精盐 3 克，清油 500 克（实耗 75 克），生粉 10 克，南瓜 500 克，鱼子酱 3 克。② 明虾从背部片成夹刀片，去沙线后上粉浆，上过浆的明虾先飞水，再泡嫩油，炒制调味成菜。荷花清洗干净，南瓜刻成绣球，飞水后备用。③ 把炒成的菜盛在盘子中间，外面围上花瓣和绣球，最后点缀鱼子酱。

风味特点　咸鲜适口，色泽美观。

技术关键　明虾过油，油温不宜高，否则虾肉易老。荷花选粉红色的。

品评　此菜制作方便，尤其是使用鲜花入馔，色彩明快，效果更佳。

(7) 波浪鲩鱼

制作过程

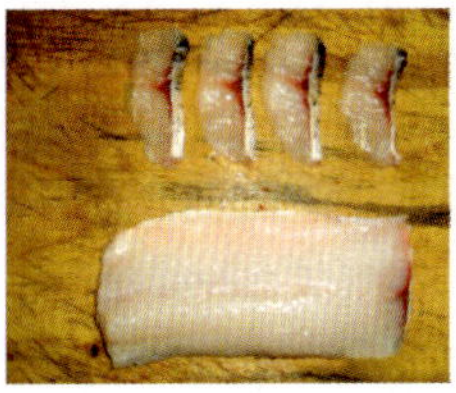

① 原料：鲩鱼 1 条（约 1000 克），大葱 400 克，盐水 15 克，头汤 10 克，味精 2.5 克，料酒 15 克，醋 10 克。② 鲩鱼宰杀洗干净后，切下头尾，头从下部剁开，平放在鱼盘一端，鱼尾立在盘子另一端，鱼肉去脊骨、肋骨，葱切丝放在盘内头尾中间垫底。③ 把鱼肉用坡刀片成二、三毫米厚的片，用盐水、味精、料酒码味 10 分钟后，将原料一层层地摆在葱丝上，用调料兑成汁浇在鱼肉上，上笼蒸 7 分钟即可。

制作者：朱长征

风味特点　味鲜肉嫩，形似波浪。

技术关键　鱼片厚薄一致，否则不易弯曲，蒸制时间不宜过长。

品评　此菜在清蒸鱼的基础上，经刀工处理，既丰富了鱼肴的造型，又便于入味，便于取食。

(8) 蜜炙元宝莲子

制作过程

制作者：杨学明

① 原料：水发莲子 100 克，红枣 150 克，南瓜 2000 克，山药 800 克，江米 100 克，白糖 200 克。② 将南瓜刻成元宝状，山药去皮刻成球状，红枣去核后，酿入莲子。③ 将南瓜、山药放入糖水中蜜炙成熟入味，红枣、莲子排入抹过油的碗内，填入焯过水的江米，上笼蒸透。④ 把蒸好的红枣莲子扣在盘中间，周围放山药，第 3 层将“元宝”围摆整齐，浇糖汁即可。

风味特点　造型美观，营养丰富，软香绵甜，寓意吉祥。

技术关键　蜜炙的火力不宜太强。红袍莲子不宜久放，易发黑。

品评　河南山药闻名遐迩，同元宝型南瓜同组，不仅色彩、营养互补，而且菜肴品相又有团圆、喜庆、富裕的文化象征之意，引人注目，诱人食欲。此菜在传统豫菜“红袍莲子”的基础上，通过增加原料的品种，使菜肴的形状更美观，色泽更鲜丽，营养更丰富。

(9) 花好月圆

制作过程

制作者：朱长征

① 原料：虾仁 200 克，油菜 150 克，竹节虾 10 头，肥肉 100 克，熟蛋黄 3 个，生蛋清 2 个，盐 10 克，味精 3 克，水粉芡 5 克。② 虾仁与肥肉放在一起剁成泥，加蛋清，调味制成虾胶，把虾胶做成 10 个丸子，外面滚粘蛋黄末，上笼蒸熟备用。油菜根部修成尖头状，中间劈开一刀，刀口塞入一颗菱形胡萝卜块，然后飞水备用，竹节虾剥去外壳，从背部片成夹刀片，上蛋清浆后，焯水成桃花状。③ 把菜心摆成环状，上面摆蒸熟的虾胶丸子，菜心外面围上烧制的虾花，多余的白汁淋在菜心和虾胶丸子上，最后中间用雕刻月季花点缀。

风味特点 咸鲜适口，简洁明快。

技术关键 虾丸大小一致，芡汁白亮。

品评 本菜肴营养搭配合理，黄、绿、粉红色彩明朗，摆放层次感强。适用于婚宴第一道菜。象征团圆美满、喜庆欢乐之意。

(10) 金龙戏珠

制作过程

制作者：杨学明

① 原料：大虾 10 只，虾仁 300 克，青红椒各 5 克，面包糠 250 克，料酒 5 克，盐 3 克，鸡蛋 3 个，淀粉 20 克，油 500 克。② 虾仁加料酒、盐、鸡蛋清、淀粉，拌匀上浆。青、红椒切片。大虾去头、壳留尾，背部划开去沙线，码味后，拍粉，拖蛋，粘面包糠，六成油温下锅炸熟。③ 虾仁滑后炒熟盛盘子中间，炸好的虾排摆在盘边。

风味特点 虾球软嫩，虾排酥脆。

技术关键 滑油注意油温，汤汁不宜过多，芡汁紧包主料。

品评 此菜采用组合成形的方法加工，菜肴色彩分明，质地各异。

(11) 金丝绣球

制作过程

① 原料：猪肥瘦肉 200 克，馄饨皮 200 克，鸡蛋 1 个，干粉芡 25 克，味精 2 克，料酒 10 克，盐水 10 克，清油 1500 克（实耗 100 克），花边纸 1 张。② 馄饨皮切成细丝备用，猪肥瘦肉剁成馅。③ 把肉馅里加入鸡蛋、粉芡，调料打匀，用手挤成核桃丸子，放在馄饨皮切成的丝里粘裹均匀。锅里放油，烧至七成热，将丸子放入锅里炸制，并炖两次火，炸成金黄色，捞出放在花边纸上即成。

风味特点　色泽金黄,外焦里嫩。

技术关键　馄饨皮要切细不能过粗，否则效果不好。炸时注意油温,防止炸煳。

品评　"金丝绣球"是在炸丸子的基础上进行改进制作而成。造型、色彩比炸丸子品相美观,肉中的营养素,因有外皮包裹,不流失,味道也更加鲜美。

制作者：焦　春

(12)双荷花卷

制作过程

①原料：精面粉500克,泡打粉5克,酵母粉5克,白糖25克,红米浆3克。②把泡打粉、酵母粉、白糖放入面粉中和成面团,揉光。经过发酵的面团下成剂后,擀成饼,做成两个月牙卷,再把两个月牙卷粘合在一起。③最后把加工好的半成品上笼蒸熟，再点上米浆。

制作者：尹贺伟

风味特点　造型似荷花,艺术感强,口感暄软。

技术关键　面团不能和得太软,发酵时间不能过长。

品评　本面点是在传统面点"月牙卷"的基础上,经过创新而制成。将两个月牙卷合在一起,造型似花朵。

(13)丰收南瓜

制作过程

①原料：南瓜250克,糯米粉100克,澄面100克,牛油100克,白糖100克,吉士粉20克,莲蓉100克,青丝10克。②先把南瓜蒸熟备用。把糯米粉、澄面放入盆中用热水烫1/3,然后加入牛油、吉士粉、白糖、南瓜泥和成面团。③把和好的面团包入莲蓉成南瓜形,入四成热油锅炸熟捞出,瓜蒂处插上青丝作瓜柄即成。

制作者：尹贺伟

风味特点　形象美观逼真,外酥脆,内香甜。

技术关键　和面时不要太软,炸时油温不能太高。

品评　成品造型生动,将点心制成南瓜原料形状,给人返璞归真之感,诱人食欲。

制作过程

① 原料：生猪耳朵 2 只（约 400 克），干红椒 30 克，玉兰片 50 克，葱头 10 克，酱油 3 克，精盐 2 克，肉汤 200 克，水淀粉 50 克，麻油 2 克，猪油 50 克。② 将猪耳洗净切去耳尖，耳根中间部分切成薄片，干红椒切碎，玉兰片切成薄片，葱头切段。③ 炒锅置中火上烧热加入猪油烧至 140℃热时，先下干红椒稍炸再倒入猪耳朵片、玉兰片、葱头段煸炒片刻，随之放入酱油、精盐、肉汤焖 1 分钟，勾芡，淋上麻油即可。

风味特点 色泽金黄，鲜辣脆爽，形似双层。

技术关键 猪耳片厚薄均匀，控制油温，急火快炒。

品评 此道菜肴粗料精制，可用于中档次的宴席，具有浓郁的南昌地方特色。

制作者：南昌市餐饮行业协会

（4）三杯鸡

典故与传说 “三杯鸡”起源于江西宁都。相传百年前有一户农家只有姐弟二人相依为命，因生活贫困，弟弟欲外出谋生。临行前姐姐将家中仅有的一只嫩母鸡杀了，剁成块连同内脏装在一个砂钵里，因无更多调料，只能放些米酒和邻家施舍的一点酱油。烧沸时香气四溢，惊动了隔壁一位在官府司厨的熊某，他登门拜访时恰逢鸡熟，厨师品尝，其味甚美，赞不绝口。后来，这位厨师将烹调方法加以改进和完善，用一杯米酒、一杯酱油、一杯豆油烹制鸡块，深受赞誉。从此“三杯鸡”成为赣菜传统佳肴中的一道代表性作品。

制作过程

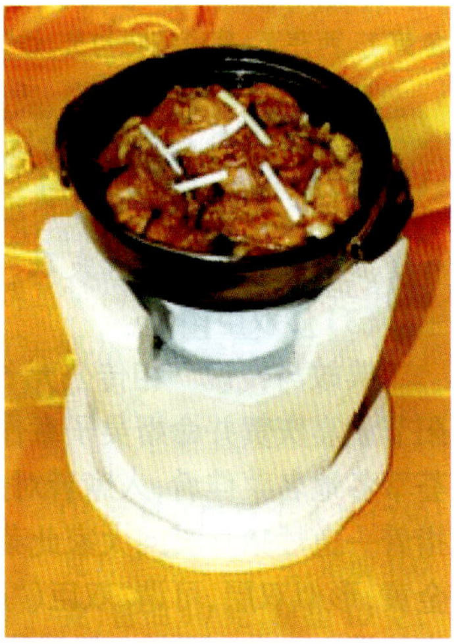

① 原料：嫩子鸡 1 只（约 1000 克），酱油、食油、米酒各 1 杯（每杯约 80 克），姜块 10 克，葱白 10 克，香油 2 克。② 将鸡宰杀去毛，连内脏洗净，剁成三四厘米见方的块，连同内脏装入砂钵内。③ 装好鸡块和内脏的沙锅放上姜块、葱白段，放入酱油、米酒、食油，用炭火炉子微火烧开，约半小时至卤汁收浓，拣去葱、姜，淋上麻油即成。

风味特点 色泽金黄，口味醇厚，香酥不腻，四季宜食。

技术关键 此菜烹制不放水，小火慢炖，约 10 分钟翻动一次，以防烧焦。

品评 此道菜肴使用传统的炭火炉焖烧，保留鸡的原汁原味和营养成分，具有浓郁的赣南客家乡土风味。

制作者：南昌市餐饮行业协会

（5）四星望月

典故与传说 1929 年中秋时节，毛泽东在兴国品尝过米粉鱼和四碟小菜后，脱口称之为

“四星望月”；1972年12月邓小平同志在兴国视察，指名要吃“四星望月”；1993年9月9日江泽民同志在兴国视察，也要求为他准备“四星望月”。新中国三代领导人都很看好这道赣州客家菜。

制作过程

制作者：赣州市烹饪协会

①原料：活草鱼2500克，粉干150克，红辣椒50克，大蒜籽50克，生姜30克，葱白30克，淀粉50克，盐10克，味精3克，料酒5克，食用油30克，香油2克，辣椒酱3克。②将草鱼取出鱼边，斜切成鱼片，红辣椒、大蒜籽、生姜搅成酱。粉干煮至八成熟，拌入调料，加辣椒酱，装入小蒸笼内。③锅放水烧沸，将蒸笼蒸上气后，将鱼片加入辣椒、酱油、盐、味精、料酒、淀粉、食用油拌匀，整齐排列在蒸笼粉干上面，浇上辣酱调的卤汁，再蒸2分钟出锅，菜面上撒些葱花，淋些热油即可。

风味特点　色泽金红，粉干软香，在米粉鱼的四周摆放四碟不同品种的小菜，即为“四星望月”，是一道经典赣州客家名菜。

技术关键　严格选料，控制火候，拌料均匀。

品评　此道菜肴采用传统的笼蒸方法，保留了主辅料的原汁原味和营养成分。各调料渗透均匀，融为一体，是一道赣州客家名菜。

（6）酱爆花腰胶丝

制作过程

制作者：南昌市餐饮行业协会

①原料：鲜墨鱼350克，肥肉50克，香菜150克，鲜山椒20克，XO海王酱20克，极品鲜味素10克。②将鲜墨鱼洗净打制成墨鱼花胶，装入托盘放入蒸炉蒸熟取出，改刀成丝备用。③把净锅上火入油400克，待油温升至80℃时投入花胶丝，酥炸成金黄色捞起沥净油待用，净锅上火下入XO海王酱煸香，并放入主料与辅料，大火翻勺调味爆炒即成。

风味特点　色泽清爽秀丽，酱香味美可口。

技术关键　控制油温，不要把花胶丝炸得过干，以免影响口感。

品评　此道菜肴运用快速爆炒烹饪手法，快速把XO海王酱、极品鲜的特别味素炝入菜肴内，使菜肴的风味独特，口感鲜美，让人食欲大增。加之香菜的清香、墨鱼的鲜香，令食客闻之馋涎欲滴，食之回味持久。《本草求真》中记载，乌贼鱼“入肝补血，入肾滋水强志”。入肝者，是指其补血作用；入肾，是有滋阴之功。常吃对妇女血虚性月经失调、月经过多或带下清稀、腰疼、尿频等有辅助治疗作用。

(7) 金蟾戏莲

制作过程

制作者：南昌市餐饮行业协会

① 原料：人工饲养田鸡 10 只(约 1100 克)，鲜山椒 20 克，香葱 15 克，特晒酱油 40 克，极品鲜 20 克，卤水汁 50 克，植物油 50 克，高汤 150 克。② 将田鸡洗净去皮去内脏，保持完整形状备用。把净锅上火入水 1000 克，待水沸后将田鸡焯水待用。③ 净锅上火入植物油烧热，下入鲜山椒、香葱炒香，填入高汤，放入田鸡，加入特晒酱油、极品鲜、卤水汁烧至田鸡酥烂即成。

风味特点 色泽清爽秀丽，酱香味美，肉质鲜嫩，甘香可口。

技术关键 烹饪过程中要注意保持田鸡的完整，收汁要干。

品评 此品是一款夏令创新菜肴，运用卤、烧烹饪手法，使特晒酱油、极品鲜、卤水汁的特别味型渗入菜肴内，使菜肴清香中有一种独特口感，令人食欲大增，加之田鸡味美嫩滑，清香悠扬，让人油然而生味韵的神奇之感。田鸡不仅口味鲜美，而且营养丰富，是一种高蛋白、低脂肪、低胆固醇，富有多种氨基酸的食品。

(8) 鄱湖胖鱼头

制作过程

① 原料：大鳙鱼头 2000 克，葱、姜、蒜、榨菜、小米椒、野山椒、萝卜干各 50 克，盐 5 克，味精 3 克，料酒 5 克，陈醋 10 克，蚝油 5 克，鱼露 3 克，辣椒油 3 克，香油 3 克，色拉油 50 克。② 鱼头从背部剁开洗净，入味腌制，将其他配料分别切成末备用。③ 锅中加入色拉油烧热，下入配料末炒香，加入高汤，加入调料，拌匀浇胖鱼头上，放入蒸柜蒸熟入味，撒上葱花，红油烧热后浇匀于鱼头上即成。

制作者：南昌市餐饮行业协会

风味特点 鱼头肉质鲜嫩，酸辣相容。

技术关键 掌握蒸鱼的时间，防止肉质老硬，调味适当，酸辣有度。

品评 大鳙鱼产自全国最大的淡水湖鄱阳湖，由于野生成长，比人工饲养鳙生长缓慢，肉味也极其鲜美。此道菜肴选料讲究，酸辣适中，营养丰富。

(9) 洪城焖鸭

制作过程

① 原料：农家谷鸭 1 只约 1000 克，十三香 10 克，姜块 5 克，葱结 5 克，冰糖 5 克，盐 5 克，味精 3 克，酱油 3 克，料汤 2000 克，红椒干 10 克。② 将鸭宰杀掏空内脏，洗净，焯水。将鸭子抹上酱油用油炸至上色时捞出。③ 将香料、调料、姜、葱制成料包投入沙锅，烧沸后移小火焖 1 小时即成。

制作者：南昌市餐饮行业协会

风味特点　原汁原味，香浓味美，甜香酥烂。

技术关键　选料一定要以农家谷鸭为宜，在制作过程中应注意火候的调节，烧沸后以温火煲制酥烂。

品评　此道菜肴宜采用正宗农家谷鸭为原料，配以10多种中草药材经多道工序烹制而成。成品甜香酥烂，食用后回味无穷，具有滋阴补气养胃等药用价值，实为一道不可多得的滋补药膳。

(10)赣味金式肥牛

制作过程

制作者：南昌市餐饮行业协会

①原料：古蒸燕150克，肥牛150克，金针菇100克，蒜茸10克，姜米5克，葱花少许，豆瓣酱20克，蒸鱼豉油5克，香辣酱15克，二汤150克，色拉油30克。②将自制的古蒸燕入蒸炉蒸熟取出备用(古蒸燕用鱼肉打制馅皮，猪肉做馅)。把肥牛、金针菇焯水分别分成若干份，用肥牛把金针菇卷起待用。③先将净锅上火入油炒香豆瓣酱、香辣酱，投入辅料煸出味后再注入二汤，放入肥牛调味煮沸装盘即可(金针菇做垫底，古蒸燕摆放在盘周边)。

风味特点　色泽酱红，香辣味美，爽滑开胃。

技术关键　保持菜肴形状，控制火候。

品评　此道菜肴用豆瓣酱增鲜增味，用香辣酱增香提味，用极品鲜增加古蒸燕和肥牛的美味鲜嫩，从而极大地提升了本菜的口味和质感，可谓“颊齿留酱香，回味久鲜辣”。

(11)秘制大桥排

制作过程

①原料：净猪大排1500克，香芋150克，家乡豆豉50克，青辣椒、红辣椒各30克，精盐8克，味精3克，排骨酱100克，生粉150克，植物油2000克(实耗100克)。②将猪大排去掉边角，整理成拱桥形状。香芋切成丝，青红椒切成圈，家乡豆豉剁碎，然后再将大排加盐、味精、排骨酱、生粉腌制半小时，入蒸锅内蒸2小时，到软烂后取出。③锅内加油烧至七成热时，入大排、香芋丝炸至金黄色取出，装入盛器内。将切配好的家乡豆豉、青红椒圈在锅内加油，炒香浇在大排上，点缀后即成。

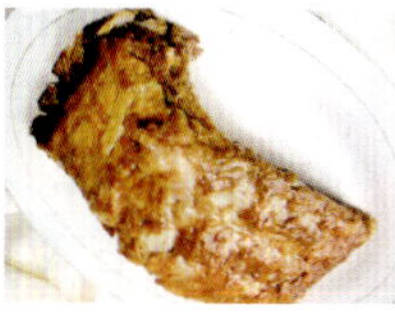

制作者：赣州市烹饪协会

技术关键 米粉煮熟过水，换水一定要净。辅料加工停当后，放入米粉要不停地翻炒，使其上色，入味均匀。

风味特点 色泽红亮，柔韧爽滑，鲜香入味。

品评 此款面点是南昌市及周边地区一种最常见的传统小吃品种，既可上高档酒宴，担当主食之责，又是平民百姓日常生活中喜爱的早点、夜宵，为常吃不衰的食品，既可炒制，又可凉拌，还可加入高汤煮成汤粉。

(17) 白糖糕

制作过程

制作者：南昌市餐饮行业协会

① 原料：糯米粉 500 克，糖粉 200 克，冻米粉 100 克，精炼油适量(炸成品用)。② 糯米粉倒入盆内，用沸水冲入搅拌均匀，稍冷后搅成团下挤，搓成长条，把长条叠成 3 层，两头相连，待炸。③ 将油倒入锅中，待油烧至三成热下入生坯，慢火慢炸，待炸品稍硬时，需要加温至六成热直至炸熟，然后将炸品从锅中捞出，放入准备好的糖粉中，沾上糖粉，即可装盘食用。

风味特点 糯香，洁白，甜而不腻。

技术关键 掌握好油温，油温过低会影响成品的外形，油温过高则影响成品的色泽。

品评 此款面点外表洁白、美观，内质香甜，糯软可口。

(18) 葡香米发糕

制作过程

① 原料：一级晚米 2500 克，白糖 500 克，泡打粉 5 克，葡萄干 25 克，碱水适量。② 一级晚米浸泡 10 小时后，再用清水洗净，磨浆。倒入桶内，加入适量老浆(酵种)搅匀，让其发酵。③ 约经 8 小时，米浆发酵好后，放入白糖、适量碱水、发酵粉搅拌均匀。倒入托盘内，洒上葡萄干，用猛气蒸 30 分钟。蒸熟后冷却，用刀切成块即成。

制作者：南昌市餐饮行业协会

风味特点 色泽洁白，松软可口，开胃增食。

技术关键 选好米，掌握好发酵程度。

品评 此款面点具有天然的口味和品质，既可上高档宴席，也可做大众主食，老少皆宜、富有农家田园风味。

(19) 牛舌头

制作过程

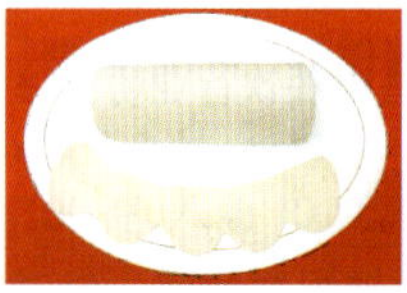
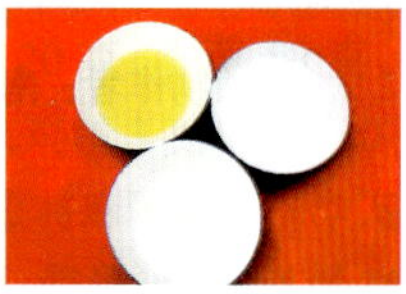

① 原料：水磨糯米粉 500 克，白砂糖 100 克，植物油 1500 克。② 将 300 克糯米粉加水约 150 克，调制成粉团，分成 10 个芡饼，放入沸水内煮熟后捞出待用。再将 2 个芡饼及少量清水拌入糯米粉中，和匀成团，用湿布包好，留作包边用。③ 余下糯米粉倒入面板

制作者：赣州市烹饪协会

上开窝，将白糖投入，再放入热芡饼及少量清水，用手擦匀调制成团，搓成约10厘米直径的圆形长条即成牛舌头初坯。④留作包边用的粉团，用滚锤压成长条面皮，在面皮上沾上少许清水，再将牛舌头初胚放入面皮上，将长条全部包裹，制成呈棱圆三角形的长条生胚，用刀切成厚约3毫米的片状，投入七成热的油锅中，待生胚浮出油面，用筷子两面翻动，炸至呈金黄色时捞出即成。

风味特点　色泽金黄，香甜糯软，造型美观，以形似牛舌头而得名。

技术关键　掌握粉团软硬度，做好牛舌头初坯，控制油温不超过七成。

品评　此款面点，因质地韧软，香甜可口，加之形象逼真，深受老少顾客喜爱。

（十八）山东省菜点文化与代表作品

1. 山东省菜点文化概述

山东菜点是鲁菜的重要组成部分，有着悠久的历史与丰厚的积累，为中国烹饪的发展贡献过恢弘的业绩。在很长一段时期内，山东菜点都在向外界炫耀自己的光环，这是因为，山东菜点从齐鲁文化的根基中派衍而出，携带了儒家思想和正统观念的诸多要素，并且育就出富含传统思维模式的饮食文化，这种文化以地域偏好、民众习惯、饮食倾向和理论支撑为基点，深深根植于山东全境乃至中国北方的偌大区域之间，形成强大的传统力量，以至于对中国北方很多地区的烹饪模式都产生过震撼性甚至是指导性的影响。

现代山东菜点不但承继了传统鲁菜的历史精华，而且吸纳了最新的时代元素和科研成果，已经上升到更高的境界。因此，它具有了全新的文化定义，即以齐鲁文化为根基，以儒家思想为背景，构成了自己的主体风格，讲究礼仪和谐，追求民生完美；又以功底扎实的烹饪技艺为基础，深度锤炼，精益求精，推崇自然本味，形成返朴归真的烹饪本色和味兼四海的饮食内涵，中规中矩，厚重大气。经过几千年的培育积累和现代活力的注入，山东菜点已经成为中国健康烹饪的先进代表和中流砥柱。

（1）沿革。山东古称齐鲁，是中华民族群构时期的策源地之一，也是中国最早生成烹饪文化的文明基地。远古文化的纵横积淀加之水陆物产的充足供应，使得齐鲁礼仪之邦在饮食文化方面获得了先行发展的历史机遇，并通过“邹鲁之风”的层层熏染而培育出了良好的饮食习惯。孔圣人的中庸之道，长久以来向山东菜点灌输着以“和”为上的主题思想，产生了饮食与天和、饮食与地和、饮食与人和的朴素观念。天、地、人、食合为一体，构成了山东饮食文明的至上境界。同时，孔子“食不厌精，脍不厌细”的饮食理论，也推动着山东菜点日臻精美的走势。

自春秋战国以来，山东地区的经济就处于繁荣发展的阶段，在上层社会形成钟鸣鼎食的饮食模式，“美食东方”的荣誉率先笼罩在齐鲁之邦。汉代社会的繁荣，使得山东饮食水平再度提高，我们从出土的诸城前凉台庖厨画像石上，已能看到挂满各种畜类、禽类、野味的食品架，并且欣赏到精彩有序的烹饪流程，其中汲水、烧灶、劈柴、宰羊、杀猪、杀鸡、屠狗、切鱼、切肉、

风味特点 菜肴色彩艳丽缤纷，鲜嫩爽口不腻。

技术关键 鱼肉一定要新鲜，滑油时控制好油温，出锅时急火速成。

品评 五颜六色的色彩搭配给人一种视觉上的享受。此菜肴做工精细，原料要求高，菜肴档次较高。

(5) 太极鱼米

制作过程

①原料：牙片鱼1000克，鸡蛋清50克，食盐10克，味精5克，葱姜油10克，蒜香粉3克，料酒3克，熟猪油100克，水淀粉30克。②牙片鱼取肉剁细，加熟猪油、食盐、味精、鸡蛋清、料酒等制茸，分成两等份，其中一份加入绿色菜汁。③将两种颜色的鱼茸，分别装在抹了油的方形盛器中，上屉蒸熟，晾凉取出切成米粒大小的"鱼米"备用。④将两种颜色的鱼米分别下入两个勺内，勺内加清汤、食盐、味精、料酒、蒜粉调好后，勾芡出勺，倒在提前用南瓜食雕做好的形体内，拼摆成太极造型即成。

制作者：刘寿华

风味特点 黄、绿、白三色富丽和谐，鱼味鲜嫩且酸甜醇和。

技术关键 鱼茸蒸制火候要恰当，鱼米米粒大小均匀、规范。

品评 传统上的"鱼米"是用鲜鱼肉直接切出来的，形态规范程度不够，特别是颜色处理难度大，经过工艺改进后，此菜肴更容易操作，并显现出中国古老的道教文化，大大增加了菜肴的亮点。

(6) 三鲜鱼丸

制作过程

制作者：纪泓宇

①牙片鱼肉300克，鸡蛋清10克，虾仁50克，火腿10克，香菇8克，小菜心10克，食盐10克，醋10克，胡椒粉5克，葱姜水10克，清汤200克，鸡油5克。②鱼肉去刺骨打成泥，将鱼肉泥放入器皿内，加入清汤、食盐，顺一方向搅拌到有黏性时，再加入清汤，搅拌均匀，放置30分钟，加入葱姜水、绍酒、味精、猪油、蛋清，搅匀成鱼茸。鸡蛋开小孔，控出蛋液，逐个装进鱼茸。③将装入鱼茸的蛋壳装盆，上屉蒸制10分钟。取出过凉，剥去鸡蛋壳，把鱼丸放入汤碗中备用。④勺内清汤，放入食盐、醋、味精，烧开，加胡椒粉、虾仁、火腿、香菇、小菜心(经水焯过)，淋鸡油，分别浇在鱼丸碗里即可。

风味特点 鱼丸清淡洁白，滑嫩爽口，鱼丸的口感较好，弹性也很大。

技术关键 鱼肉要剔净，不能带进鱼刺或筋皮等，上浆搅拌要朝一个方向进行。

品评　此菜在传统的基础上，对工艺进行了改革、创新，用蛋壳为模具，造型统一，工艺精细，颇上档次。

(7) 秋菊鞭花

制作过程

制作者：闫景祥

① 原料：牛鞭 400 克，枸杞 25 克，葱姜油 25 克，料酒 5 克，白糖 5 克，胡椒粉 5 克，食盐 5 克，味精 3 克，清汤 100 克，水淀粉 20 克。② 牛鞭经涨发后切成段，剞上花刀。③ 将改刀的鞭花焯水，加葱、姜、清汤、料酒，上笼蒸制入味。④ 勺内加葱、姜、油、清汤、鞭花、糖、料酒、胡椒粉、食盐、味精煨透，加水淀粉勾芡，装盘点缀，浇汁即成。

风味特点　牛鞭软糯，形如菊花，色泽明亮，芡汁通透。

技术关键　处理时一定要去掉筋皮，保持原料的洁白色泽。

品评　此菜颜色白里透红，质地糯烂，口味咸鲜、微甜，富有营养。

(8) 牡丹双脆

典故与传说　"油爆双脆"是山东历史悠久的传统名菜。相传此菜始于清代中期。为了满足当地达官贵人的需要，山东济南地区的厨师以猪肚尖和鸡胗片为原料，经刀工精心操作，沸油爆炒，使原来必须久煮的肚头和胗片快速成熟，口感脆嫩滑润，清鲜爽口。该菜问世不久，就闻名于市，原名"爆双片"，后来顾客称赞此菜又脆又嫩，所以改名为"油爆双脆"。到清代中后期，此菜传至北京、东北和江苏等地，成为中外闻名的山东名菜。"牡丹双脆"是传统"油爆双脆"的升华，一改传统用料，采用两种脆性海鲜原料海螺和海蜇头研制而成，与传统的"油爆双脆"有异曲同工之妙。

制作过程

制作者：杨荣臻

① 原料：净海螺肉 200 克，海蜇头 150 克，菜胆 100 克，绍酒 5 克，食盐 3 克，葱姜 25 克，蒜片 1.5 克，味精 2 克，水淀粉 25 克，清汤 50 克。② 将海螺肉、海蜇头片成大薄片。多彩辣椒切片。菜胆根部装饰。用清汤、食盐、味精、水淀粉兑成滋水。③ 主料放八成热油中爆熟，捞出将油控净，多彩辣椒和菜胆焯水，过凉备用。④ 菜胆码入味后摆放盘中。勺内加葱姜油、蒜片、多彩辣椒爆锅，加料酒一烹，再将海螺肉和海蜇头、滋水一并下勺勾成薄芡，淋上香油装盘，四周用食雕的牡丹花点缀即可。

风味特点　菜肴色泽红白相间，表面油亮，质地脆嫩滑爽，口味清鲜，红黄绿相映，美观大方，为烟台传统名菜。

技术关键　主料爆油要严格掌握火候，旺火热油爆炒，切忌过火，过火便老而不脆。

品评 一改传统油爆双脆的原料为海鲜原料，并且色彩丰富，提高了成品档次，再加上形象的牡丹花食雕点缀，红黄绿相映，分外靓丽，使菜肴更加色彩宜人，勾人食欲。

(9) 两吃鱼

制作过程

制作者：胡 波

① 原料：黄花鱼 1 尾(500 克左右)，净牙片鱼料子(茸泥)100 克，食盐 5 克，味精 4 克，葱姜水 30 克，蒜香粉 3 克，料酒 8 克，香油 5 克，水淀粉 15 克，清汤 200 克。② 将黄花鱼鱼鳞刮洗干净，清除内脏切下鱼头、鱼尾，从脊部将鱼片成两扇，鱼肉剞上松鼠花刀，用葱姜水、食盐、味精、料酒入味备用。③ 入味的鱼扇下入 90℃水中逐渐烧沸余熟(不可大沸滚)捞出，摆放在盘内，中间顺长摆放牙片鱼料子制成的鱼线，装点余熟的鱼头、鱼尾备用。④ 勺内加清汤烧开，加食盐 3 克，味精 2 克，蒜香粉 3 克，料酒 3 克，加水淀粉 15 克勾芡，淋香油 5 克，将芡汁分别均匀地浇在鱼头、鱼尾和鱼线、鱼扇上即可。

风味特点 菜肴色泽乳白，味鲜肉嫩，吃法新颖，造型美观。

技术关键 鱼扇改刀时鱼皮朝下，剞的花刀不能割破鱼皮，制作鱼扇时的水温不可过高。

品评 两种鱼料，合二为一，构思巧妙。如将其中的一爿黄花鱼用炸的技法制作，可成为“三吃鱼”。

(10) 兰花海参

制作过程

制作者：高速建

① 原料：水发海参 500 克，鲜鱼料子(鱼茸)100 克，葱段 100 克，菜胆 10 棵，清汤 150 克，食盐 5 克，味精 3 克，老抽 10 克，香油 3 克，水淀粉 10 克。② 菜胆片开，用水略烫过凉，挤净水分，将鱼料子抹在菜胆帮的位置上，呈扁圆形，点缀成兰花形，摆在盘的四周。③ 摆好“兰花”的盘子，上屉将兰花蒸至嫩熟，成兰花菜心，海参放烧开的清汤中余透，捞出控净水。④ 勺内加底油下葱段，煸炒至微黄色，加料酒烹锅，再加清汤、老抽、味精烧开，撇去浮沫，下入海参煨透，用水淀粉勾芡，淋上香油，放在兰花菜心中央。

风味特点 菜肴造型美观，味道香鲜醇厚。

技术关键 葱段煸炒时，微火加热。海参煨制一定要入味而不烂。

品评 传统上的葱烧海参色泽较深暗，形态单一，装盘简单。加上玉兰菜心围边后，色泽产生了黑白相间的对比，突出了主料的品位，营养搭配也更加科学合理。

(11) 金池裙边

制作过程

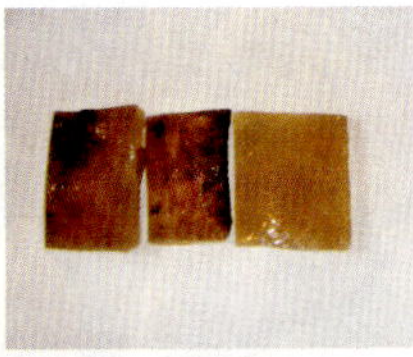

① 原料：鼋鱼裙边 750 克，火腿片 15 克，油菜心 10 棵，高汤 300 克，食盐 8 克，白糖 10 克，酱油 25 克，胡椒粉 3 克，芝麻油 15 克，葱姜油 25 克，水淀粉 10 克，料酒 15 克，芝麻 10 克。② 将干裙边用水发制后切成长方块，油菜心去筋去皮，用水洗净。③ 将裙边用开水余透、捞出，用温水洗净。油菜心用开水余透、过凉，控净水。④ 将用高汤煨透的菜心捞出，围摆在盘子的周围。锅内加高汤，裙边放入锅内，火腿片放在上面，再加葱姜油、料酒、酱油、食盐、白糖、胡椒粉，先用大火烧开，然后用小火煨。待裙边上色、糯烂后，用水淀粉勾薄芡，浇上鸡油，盛入盘内，造型上桌。

制作者：孙录国

风味特点　此菜造型美观，色泽金红，咸鲜适口，裙边糯烂，香味浓郁。

技术关键　裙边烧制不可过火，以免过烂，丧失筋滑口感。

品评　富含蛋白质，香气四溢，引人食欲，是高档宴席中的佳品。

(12) 炒虾片

制作过程

① 原料：对虾 500 克，净菜胆 100 克，葱油 25 克，精盐 3 克，味精 2 克，蒜香粉 3 克，鸡蛋清 25 克，料酒 3 克，淀粉 5 克，烹调油 1000 克(实耗 30 克)。② 对虾取净肉，抹刀片成片备用，净菜胆洗净。③ 虾片加鸡蛋清、食盐、生粉调好上浆，焯水、过凉，备用。④ 菜胆装盘备用。勺内加油，烧至六成热，放入虾片滑熟，捞出控净余油。另起勺，加葱油烧热，下入虾片，加料酒、精盐、味精、蒜香粉翻炒，出勺装盘即可。

风味特点　虾片洁白明亮，质地滑嫩，口味咸鲜。

技术关键　对虾的沙线和黑色外皮要处理掉，要控制好油温。

品评　原料档次高，制作精细，翠绿色的菜胆上面，盛装上雪白的虾片，给人一种清新明快、阳春白雪的高雅感觉，引发食欲。

制作者：徐芦芳

(13) 寿桃

制作过程

① 原料：面粉 500 克，莲蓉 200 克，酵母 5 克，清水 100 克，猪油 5 克，菠菜汁、红苋菜汁少许。② 将面粉放面盆中，放入酵母，倒入温清水和面，搓至润滑，饧放 1 小时。③ 将面团搓成长条，分成每个约 8 克的剂子，用手压扁，包

甘泉山)，御厨制松鼠鱼献上，炀帝赞绝，定为宫中常菜，后历代相传，经久不废。及至乾隆皇帝下江南，有一次，便服走进苏州松鹤楼菜馆，一定要吃神台上鲜活的元宝(鲤鱼)鱼，然而此鱼乃该馆敬神祭品，不能烹制，因乾隆坚持要吃，堂倌出于无奈，遂与厨师商量，厨师发现鲤鱼头似鼠头，又联系到本店店招“松”字上去，顿时灵机一动，决定把鱼烹制成松鼠形状，以避宰杀“神鱼”之罪。乾隆食后赞扬不已。自此，松鹤楼的松鼠鱼(后改用鳜鱼)轰动全城，扬名姑苏，享誉全国。1963 年，长春电影制片厂在影片《满意不满意》中，把松鼠鳜鱼搬上银幕后，此菜更为驰名。1983 年，在全国烹饪名师技术表演鉴定会上，松鹤楼菜馆特一级烹调师刘学家，以制作此菜获全国优秀厨师的光荣称号。

制作过程

制作者：卞立民 郑小楼

① 原料：鲜活鳜鱼 1 条（约重 750 克)，河虾仁 30 克，熟笋丁 20 克，水发香菇丁 20 克，青豌豆 12 粒，绍酒 25 克，精盐 11 克，白糖 200 克，香醋 100 克，番茄酱 100 克，葱白段 10 克，蒜末 2.5 克，干淀粉 60 克，水淀粉 35 克，猪肉汤 100 克，芝麻油 15 克，色拉油 1500 克(实耗 235 克)。② 将鳜鱼治理干净，齐胸鳍斜切下鱼头，在鱼头下巴处剖开，用刀面轻轻拍平，再用刀沿脊骨两侧平片至尾部（不要片断鱼尾)，斩去脊骨，鱼皮朝下，去掉胸刺，然后在两片鱼肉上先直剞，刀距约 1 厘米，后斜剞，刀距约 3 厘米，深至鱼肉(不能剞破皮)，呈菱形刀纹，似松鼠毛状待用。③ 取绍酒、精盐放入碗内调匀，将经过刀工处理过的松鼠鳜鱼生坯和鱼头，放入碗内，抹遍鱼身(刀纹处)，腌制约 5 分钟后，再蘸上干淀粉，并用手提起鱼尾抖去余粉。④ 将番茄酱放入碗内，加清汤、白糖、香醋、绍酒、水淀粉、精盐，搅拌成调味汁。⑤ 将锅置旺火上烧热，倒入色拉油，烧至八成热时，将两片鱼肉翻卷，翘起鱼尾成松鼠形，然后一手提起鱼尾，一手用筷夹住另一端，放入油锅，炸约 20 秒钟，使其成型，然后把鱼头放入油锅中，一起炸至淡黄色捞起，待油温升至八成热时，把鱼复炸至金黄色捞出，盛入长腰盘中，将鱼肉稍揿松后，装上鱼头，拼成松鼠鱼形。⑥ 炒锅置旺火上烧热，倒入色拉油(100 克)，放入虾仁滑熟后，倒入漏勺内沥去油，原锅仍置旺火上，留底油烧热，放入葱白段炸至葱黄发香时，加入蒜末、笋丁、香菇丁、青豌豆煸炒，加入清汤、调味汁搅匀，然后再加入油、芝麻油搅匀，起锅浇在鳜鱼上面，顿时发出“嗞嗞”的声音，再撒上熟虾仁即成。

风味特点 造型逼真，色泽红亮，外脆内嫩，酥香扑鼻，甜中带酸，是男女老少都爱享用的一款佳肴。

技术关键 鳜鱼剞刀距离相等，并深至鱼肉，拍粉油炸后以保证外形美观。掌握好油温和时间，不宜炸得太老，否则会影响鱼肉外酥里嫩的效果；糖醋比例恰当，卤汁口味适中，稀稠适度。

品评 松鼠鳜鱼以其色、香、味、形、声五大特点闻名全国。此菜构思独特，将两块鱼肉剞上花刀，翻卷后形成菱形刀纹，似松鼠之毛，这一独到的创意开创了中国菜品整形花刀的新思路。加之重油炸制的方法，使鱼肉嗞嗞作响，不仅展现了菜肴外形美观、形状逼真的特色，而且发出的声响，也渲染了菜肴的气氛，堪称中国菜品制作之一绝。

(2) 清炖蟹粉狮子头

典故与传说 相传江苏镇扬名菜清炖狮子头始于隋朝，至今已有 1000 多年的历史。因形态丰满，犹如雄师之首，故名“狮子头”。1949 年，在庆祝中华人民共和国成立宴会上，周总理

（8）香芒银鱼卷

制作过程

制作者：卞立民　郑小楼

① 原料：大银鱼 20 条，鲜芒果半个，鲜柠檬 1 个，西芹末 30 克，火腿末 30 克，胡萝卜末 30 克，威化纸 20 张，鸡蛋 3 个，面粉 50 克，面包屑 200 克，吉士粉少许，卡夫奇妙酱 50 克，精盐 15 克，白糖 40 克，味精 2 克，胡椒粉 1 克，葱姜汁少许，色拉油 750 克（实耗 50 克）。② 银鱼去头、尾、肠和鱼骨，用刀批成片状，用沸水焯过，放在碗内，加盐、味精、胡椒粉、葱姜汁拌和，再加入卡夫奇妙酱和西芹末、火腿末、胡萝卜末，挤少许柠檬汁拌匀。③ 鲜芒果去核，切成片状，加盐、糖、柠檬汁拌匀。取威化纸平摊，放 1 片芒果、4 片银鱼，再放 1 片芒果，包成四方形。④ 取碗 1 只，放入鸡蛋、吉士粉、面粉、水，调成糊，将纸包银鱼逐个挂糊，拍面包屑成形。⑤ 取炒锅上火放色拉油，待油温升至六成热时，将纸包下锅炸成金黄色取出，装在盘中即可食用。

风味特点　外脆里嫩，酸甜适中，滋味鲜纯，色形美观。

技术关键　银鱼加工要去除腥味。包制时要注意大小一致，外形饱满。油炸时要掌握好油温和色泽。

品评　素有“太湖三宝”之称的银鱼是苏锡地区的特色水产品，因其散发一种如黄瓜似的清香味，故又名黄瓜鱼。它肉质极细嫩，烹制菜肴后鲜美异常。此菜为江苏无锡大饭店的周国良师傅在传统银鱼菜肴的基础上的再创作，其构思新颖，口感独特，是苏南的一款改良创新菜。此菜在纸包银鱼菜肴的基础上，通过移植的手法，以太湖银鱼为主料，巧妙地移植特殊调味料及加工方法，配以芒果、柠檬、蔬菜，调以吉士粉、卡夫奇妙酱、面包屑，中西交融，南北兼顾，酥香与软嫩相结合，是一味独特的美馔佳肴。

（9）水晶手敲虾

制作过程

制作者：卞立民　郑小楼

① 原料：大明虾 12 只，澄粉 250 克，绿花菜 100 克，料酒 6 克，精盐 5 克，味精 1.5 克，葱姜汁 50 克，水淀粉 10 克，鸡清汤 50 克，色拉油 35 克。② 取大明虾去外壳（留尾壳），洗净后，沥水，用刀从脊部稍划开，斩断虾筋，放入碗内，用精盐、味精、料酒、葱姜汁腌渍片刻。③ 将明虾沥干水，平铺案板上（或砧板上），在虾肉上放澄粉，用擀面杖，轻轻敲打，将虾肉敲打成椭圆形变薄散开呈饼状。④ 取锅上火，放水烧开，将水晶虾入锅焯水即起。将炒锅上火放色拉油、清汤、料酒、精盐、味精、葱姜汁，烧开后放入水晶虾，勾薄芡，成熟后取出装盘。绿菜花放入加精盐、油的沸水中焯后围水晶虾四周即成。

风味特点 明虾晶莹透明,口味鲜嫩爽口。

技术关键 明虾在加工时要去掉红色的外皮,斩断虾筋,漂水洗净,以保持虾肉的白净和不卷曲。敲打时要保证虾体大小均匀,小者用另外的虾肉一起敲打做大,使其整齐划一。

品评 水晶手敲虾是以“变技法”的手法设计创作,将制虾技艺进行巧妙变化,即以小变大,以圆变扁,以白色变透明,利用澄粉敲使凝结,形成一种独特而意外的效果,创造了一种别具风味的菜肴,提高了菜品的卖相。

(10)灌油菠萝虾

制作过程

制作者:卞立民 郑小楼

① 原料:虾仁 500 克,黄油 150 克,肥膘 100 克,荸荠 100 克,蛋清 1 个,面包 100 克,干淀粉 15 克,料酒 10 克,精盐 3 克,味精 2 克,胡椒粉 1 克,葱姜汁适量,色拉油 1000 克(实耗 75 克)。② 将虾仁洗净沥干水分,用搅拌机打成茸。荸荠、肥膘分别打成茸。把虾茸、荸荠、肥膘一起放入容器中,加蛋清、精盐、料酒、味精、胡椒粉、干淀粉搅拌上劲。面包去皮,切成 0.2 厘米见方的小丁备用。③ 黄油切成 1.2 厘米的方丁,入冰箱冻硬后取出。将虾茸挤成虾球并夹上黄油丁,放在面包丁上沾满面包丁,做成椭圆形菠萝状。④ 炒锅上火,放入色拉油,烧至六成热时,放入菠萝虾生坯,中火炸熟至金黄色时捞出,装入盘内即成。

风味特点 色泽金黄,形似菠萝,外香内鲜嫩。

技术关键 面包丁需切制成大小均匀、整齐一致的颗粒,面包丁若不整齐,会影响整个菠萝的外形。炸制时要控制好油温,以确保金黄诱人、外层酥香。

品评 灌油菠萝虾是一款造型菜,制作者巧妙地运用“移植法”,将“菠萝虾”与“灌蟹鱼圆”两菜有机的衔接、移植而成。小小的“菠萝”,每人一只,盛装一盘,雅致清新,配上绿色的香菜,更是栩栩如生。

(11)酱香咖喱骨

制作过程

制作者:卞立民 郑小楼

① 原料:鲜猪肋排 750 克,西红柿半个,黄瓜适量,咖喱粉 10 克,海鲜酱 25 克,沙茶酱 25 克,花生酱 15 克,玫瑰露酒 15 克,葱白 10 克,蒜仁 3 粒,芝麻油 10 克,白卤水适量,色拉油 25 克。② 取装菜圆盘 1 只,将西红柿与黄瓜切成片状摆在圆盘的外围,作装饰用。蒜仁、葱白分别切成极细的末备用。③ 将排骨剁成 4 厘米长的段,放入白卤水锅中煮熟至离骨时,捞出。④ 炒锅上火,放入色拉油烧热,投入蒜末、葱末炒香后,将锅离火,下入海鲜酱、沙茶酱、花生酱炒匀出香味,加入咖喱粉,添入适量鲜汤,放入卤好的排骨和玫瑰

露酒，大火收汁，淋入麻油，搅匀，出锅盛入点缀好的盘中即成。

风味特点 排骨肉软韧，酱香，咖喱味浓郁。

技术关键 排骨的预加工一定要入味和煮熟透，后加工要收汁，使其多种复合味沁入排骨内部，味道浓郁、可口。

品评 近年来，各式排骨菜成了宴会上的时尚菜品，诸如“蒜香骨”、“酱香骨”、“卤水骨”等等。“酱香咖喱骨”即是采用“换味法”，利用咖喱粉、海鲜酱、沙茶酱、花生酱等一起配制的复合味，使排骨入味而成。多重味的复合，突出了咖喱的特殊风味，使普通的排骨菜，变得芳香诱人，回味无穷。

（12）元宝虾

制作过程

制作者：卞立民 郑小楼

① 原料：青虾 350 克，蜂蜜 25 克，麦芽糖 15 克，番茄沙司 5 克，大红浙醋 10 克，柠檬汁 5 克，生姜 15 克，葱 10 克，料酒 10 克，色拉油 500 克（实耗 35 克）。② 选个头大小一致的大青虾，剪去须，抽去虾线，从虾的腹部用刀批进 2/3 处，使虾肉底部相连，用生姜、葱泡成的汁，加料酒，浸泡 10 分钟，以去掉腥味。③ 净锅上火，放入色拉油。将虾用漏勺沥去水，取出葱、姜。待油烧至七八成热时，将虾放入油锅中，炸至虾肚鼓起成元宝状、半透明时，倒入漏勺，滤去油。④ 将蜂蜜、麦芽糖、番茄沙司、大红浙醋、柠檬汁一起调成卤汁，倒入锅内，再放入滤去油的青虾于锅中，将炒锅颠翻几下，使青虾翻拌均匀，吃进卤汁，即可倒入干净的盘内，用筷子将元宝虾排放整齐，盘边略加点缀即成。

风味特点 色泽金黄、透明，虾形鼓起，形如元宝，口感甜酸鲜香，食之酥脆爽口。

技术关键 虾的加工须在腹部下刀，批刀不能太浅，否则虾身难以鼓起。油炸时需掌握好油温，温度低不易鼓起，口感不酥脆，温度过高，影响虾肉的嫩度和色泽。

品评 这是近年来江苏江南一带创制的新菜。它是在传统菜“油爆虾”的基础上的再创作。油爆虾用糖和醋，虾体不开刀，元宝虾用蜂蜜、麦芽糖、番茄沙司和大红浙醋。尽管口味相似，材料相同，其口感已有很大改进，而且营养价值更丰富。在宁、苏、锡、常的餐饮企业中，不同的饭店的调料也略有差异，有的不用番茄沙司或柠檬汁，但总的口味大同小异。

（13）黄桥烧饼

典故与传说 1940 年 10 月初，新四军东进苏北地区，进行了著名的黄桥战役，取得了辉煌的胜利。当时，黄桥人民用自己做的美味芝麻烧饼，拥军支前，慰问子弟兵。“黄桥烧饼黄又黄，黄黄烧饼慰劳忙。烧饼要用热火烤，军队要靠百姓帮。同志们啊吃个饱，多打胜仗多缴枪”。这首优美的苏北民歌，从苏北唱到苏南，响彻解放区。黄桥烧饼也随之名扬大江南北。今日黄桥烧饼，由于精工细作，用料讲究，品种多样，而受到人民群众的喜爱，已成为江苏的著名面点品种。

制作过程

制作者：张　云

①原料：面粉5000克，酵种30克，猪生板油1250克，食碱45克，去皮芝麻350克(制200只)，精盐150克，饴糖125克，香葱末1000克，熟猪油1350克。②将面粉用80℃热水拌和，摊凉至微温，夏季凉透，再加酵种揉匀发酵12小时后再加面粉拌和，稍凉再与已发好的面团揉和，静置1小时，将猪板油去膜，切成2厘米的丁加盐拌匀。③将面粉置放盆内，用熟猪油拌和成油酥待用。将芝麻用冷水淘净，去皮，倒入热锅中，炒至芝麻起鼓呈金黄色时出锅，摊到大匾内待用。将油酥面加上葱末和精盐和匀成葱油酥。④将食碱用沸水化开，分数次对入酵面里揉匀，饧10分钟。擀成圆筒形长条，摘成200个面剂，每个面剂包上油酥(13克)，擀成10厘米长、6厘米宽的面皮，左右对折后再擀成面皮，然后由前向后卷起来，用掌心平揿成直径6厘米的圆形面皮，放在左手掌心，包上葱油酥，封口朝下，擀成直径8厘米的小圆饼。上面涂一层饴糖，糖面向下扣到芝麻匾里，蘸满芝麻后，装入烤盘，送进烤箱，关好门，烤约至金黄成熟后即可出炉，装盘。

风味特点　饼形饱满，色泽金黄，香脆肥润，热食尤佳。

技术关键　制作黄桥烧饼一般采用烫酵面，使成品达到酥松的要求。包酥时，按照酥面的要求擀叠，要体现出烧饼的层次。下剂后，要用湿布盖好面团，以防面团硬化，影响成型和吃口。

品评　黄桥烧饼为江苏各地民众普遍喜爱的点心，其种类有肉松、火腿、虾米、桂花、豆沙和枣泥等10余种。其制作方法与普通油酥点心略有差别，它是发酵面与油酥面的结合，酵面还需要用烫酵面才能体现其酥脆的特色。目前，许多点心师已较简化，直接用水油面包油酥面，其风格特色就逊色多了。

(14)松子枣泥拉糕

典故与传说　“枣泥拉糕”最初是弄拙成巧而制成的一款美味点心。因制作松糕时失手，水加多了，使松糕不松，而拌和成了黏质糕团，于是以“化拙为巧”的方法，创制出新的黏质糕粉团。因它水分较多，食用时要用筷子挑出来，所以名为“拉糕”。1933年松鹤楼厨师张福庆改进了制作方法，减少水分，压扁切块，使之既携带方便，又可零售，受到顾客欢迎。

制作过程

制作者：张　云

①原料：细糯米粉900克，细粳米粉500克，红枣750克，干豆沙300克，猪板油丁250克，松子仁50克，绵白糖850克，熟猪油150克。②将红枣洗净，放盆中，加适量清水，上笼蒸至酥烂，滗出枣汤，去其皮核，制成枣茸(枣汤待用)。③将铁锅置中火上，倒入枣汤、枣泥、干豆沙、绵白糖、熟猪油，熬至溶化，离火稍凉。将细糯米粉、细粳米粉一起倒入盆中拌匀，中间扒窝，将熬好的枣泥倒入，用手搅至均匀，加入猪板油丁

拌匀，倒入已抹过熟猪油的瓷盘内，铺平，撒上松子仁。置旺火沸水锅蒸 45 分钟，用筷触至不黏即熟。④ 将蒸熟的糕盆取出冷却，待凉透后切成菱形块，食时蒸热装盘即成。

风味特点　糕呈酱褐色，枣香扑鼻，入口甜糯润滑。

技术关键　上述原料和制法为传统做法，而今应减少猪板油丁的用量，并尽量切细一点，也可不用。红枣要蒸至酥烂，要将枣皮去净，熬制枣泥时，糊要厚、匀，以中小火为宜。

品评　苏州以糕团点心闻名全国，而松子枣泥拉糕又是糕团中的代表性品种，因用枣泥拌和米粉，口感十分美妙。其制作方法并不很难，关键就是把握好糕品的软嫩、爽口度。食用时将糕切成菱形，缀以松子小粒，细腻糯软不粘牙，十分甜香可口。

（15）雨花石汤圆

典故与传说　20 世纪 90 年代中期，南京中心大酒店的创新菜大比武，一位点心师傅以“雨花石汤圆”获得了大赛的一等奖，至此，此点就成为该店的招牌。随着人们对“雨花石汤圆”的喜爱，又加上与南京的特产“雨花石”有异曲同工之妙，一时间，“雨花石汤圆”在全城以及整个江苏流传开来。

制作过程

制作者：张　云

① 原料：糯米粉 200 克，大米粉 50 克，可可粉 5 克，天然红色果汁 5 克，豆沙馅 120 克，白糖 50 克，芝麻油 50 克。② 将糯米粉、大米粉一起用开水和成粉团取一小块粉团揉进可可粉，再取一小块粉团揉进红色果汁，将本色粉团加有色粉团，随机调和备用。③ 将揉成玛瑙花纹的粉团搓条，下坯剂，逐个捏成酒盅形面坯，包入豆沙馅心，收口捏拢后做成雨花石形状。④ 锅中放清水，用中火烧沸，将雨花石汤圆轻轻投入锅内，用勺顺一个方向轻轻推动，当汤圆浮出水面时，再稍加冷水，改小火煮约半分钟，捞出盛入热开水的小碗中即成。

风味特点　色彩绚丽，小巧玲珑，香甜细腻，柔软滑润，酷似雨花石。

技术关键　把握调色尺度，在配色时，颜色不宜太深。外形不要太圆，略显扁圆，以做成雨花石的外形模样。煮制时要用中火，火过大会影响汤圆的外形和入口细腻感。

品评　制作者构思独特，其点心的创作之妙，为利用江苏传统的汤圆，巧妙地借鉴了南京雨花石之形状，在制作汤圆的粉团中掺进了少量的可可粉和果汁。略加搓揉，色泽自然，外形逼真，可起到以假乱真的效果。

（16）金陵菊叶饼

制作过程

① 原料：菊叶 100 克，糯米粉 150 克，大米粉 100 克，豆沙馅 130 克，色拉油 100 克（实耗 50 克）。② 菊叶摘拣、洗净，用刀切细碎，放和面案板上，加糯米粉、大米粉，一起加水，搅拌揉和成菊叶粉团。③ 将粉团搓条，按 50 克 2 个坯剂下

料，压成面皮后包入豆沙馅心，收口向下，捏成小圆饼状。④取平底锅上火，加油烧热后，放入菊叶饼坯，用中小火煎至两面金黄至熟后，取出沥油，装入盘中，盘边菊叶稍作点缀即成。

制作者：张　云

风味特点　碧绿、金黄相会，清香、软糯共融，为夏秋季特色风味食品。

技术关键　选用菊叶时最好选择其嫩叶部分，尽量不要用其较老的茎部。煎制时火候不要太大，要体现菊叶的碧绿特色。

品评　点心师们独具匠心，在菊叶上做文章，将菊叶切碎，与米粉一起和面，让白色的米饼，妆扮得碧绿清香，使普通的米饼增加了新的风味，更加诱人。蔬菜本是做馅，而此点用以做皮，给人以全新的感觉。此点为夏秋时令佳品，具有清热凉血、调中开胃、降血压、清凉解毒之功效。

（17）荞麦葱油饼

制作过程

①原料：荞麦粉500克，香葱50克，精盐5克，味精2克，色拉油500克（实耗50克）。②将荞麦放入案板上，中间扒一小塘，倒入开水250克拌和，揉制成面团。香葱洗净，切成葱末。③将面团切成小块，搓揉成长条，压扁后用擀面杖擀成长方形面皮，用油刷刷一层油后，撒上精盐、味精、香葱末，从一端卷起成长卷，用手摘下剂子，将剂子上下竖起压扁再擀成圆饼。④取平底锅烧热，倒入色拉油，待油温升至四成热时，放入圆饼煎炸至两面金黄、香熟，捞起沥油，趁热上桌食用。

制作者：张　云

风味特点　葱香扑鼻，清香可口。

技术关键　这是一款较普通的点心，制作也不复杂，只要掌握油煎炸的温度，保持金黄色即可。

品评　荞麦，又名棱麦，曾是困难时期普通百姓常食之品。在当今城市人消费的餐桌上，荞麦又成为人们的“回头客”，如荞麦茶、荞麦面、荞麦馒头等，这些早餐点心、宴会点心都是人们爱吃的品种。此品的制作只是把原来葱油饼中的面粉改换成荞麦粉。原料的变异产生了新的特色，也迎合了人们食杂、食野的饮食风尚，更重要的是满足了人们健康长寿的饮食需求。

（江苏菜点文字说明撰稿：邵万宽；摄影：徐晓峰）

（二十）安徽省菜点文化与代表作品

1. 安徽菜点文化概述

徽菜以皖南菜为代表，并囊括皖江、皖北、合肥、淮南地方风味，是五大风味的总称。徽菜具有深厚的文化底蕴，是中国饮食文化宝库中一颗璀璨的明珠。它的形成与发展，凝聚了千百年来安徽人民的勤劳与智慧，是安徽一份厚重的历史文化遗产。

（1）沿革

徽菜发端于东晋，形成于南宋，兴盛于明清，其历史甚至可追溯至更远。早在春秋战国时

拼摆上，讲究造型整齐美观，亮丽洁净。上海菜点的口味咸不比鲁徽，辣不赶川湘，基本延续了甜咸适宜、清醇和美的特点。

营养健康，注重食补。上海菜点在不断变化的同时非常注重菜肴的营养搭配。新式海派菜非常注重荤素及各种营养素的均衡搭配，烹调上，更加趋向使用一些有益于形成低糖、低脂和低钠的健康饮食的烹调方法，减少猪油的使用，增加蔬菜水果、滋补食材的使用比例等。

（4）成因。上海作为一个移民城市，其本帮菜的形成发展，除了本土自然社会的原因外，还受到周边地区的巨大影响。同时，其海派菜的形成发展，与中国近代历史地位以及长三角的地理区位优势紧密相连。

地理依托。从地理环境看，上海位于长江三角洲，是中国经济最为活跃地区的中心。上海位于东部沿海的中部，因此属于交通枢纽地带，通过四通八达的铁路网、公路网和海路交通网络，带来全国各地的食材物产。上海属北亚热带季风气候，温和湿润，光照充足，降水丰沛，且降雨的季节分配较均匀，四季分明，非常适合农作物的种植生长，由此使得上海具有丰富的物产资源，为烹调提供了丰盛的食材。但上海的面积毕竟太小，因此利用江浙等地的物产，就成了必然趋势。

历史积淀。从历史发展看，上海是一个典型的移民城市。大约在 6000 年前，现在的上海西部即已成陆地。2000 年前，其东部地区也已成陆地。751 年（唐天宝十年），在现在的松江区设置了华亭县；991 年（宋淳化二年），在上海浦西岸设置市镇，定名为上海镇；1292 年（元至元二十九年），批准上海设立上海县，标志着上海建城之始；16 世纪（明代中叶），上海成为全国棉纺织手工业中心；1685 年（清康熙二十四年），上海设立海关，拥有 20 万人口。17 世纪前，上海的发展相对缓慢，饮食以本地风味为主。鸦片战争以后，上海成为重要的通商口岸之一，人口迅速增多。2005 年，上海已经发展成为拥有 1778 万多常住人口的国际化大都市。近 320 年的时间内，上海人口增长近 90 倍，其中大部分是外来人口。这在客观上形成了上海近现代饮食文化的多元化格局，并通过借鉴、改良其他地方的烹饪菜点，逐渐形成了独特的海派风格。

民俗传承。从社会民俗看，近代新上海人在享受饮食美味之外，更加崇尚饮食时尚新潮的特点。因此，饮食已不仅仅是单纯的生理性需求，而是一种体现身份、社交和精神享受的文化消费。许多餐馆充分利用上海齐聚烹调能手的便利条件，相互取长补短，在用料、烹调方法和使用方法上，对各大菜系中的传统特色菜点进行革新改良，推陈出新，创制出一批色、香、味、形、质俱佳的美味佳肴。如新雅粤菜馆的烟鲳鱼、清炒虾仁，扬州饭店的水晶肴肉，梅龙镇的干烧鲫鱼等。

2. 上海市菜点著名品种

1992 年编撰的《上海名菜谱》中，共收录了 1992 年以前上海菜著名品种 230 多种，而流行于市面上的实际不下千种。特别是近几年，随着上海新派餐馆对海派菜的振兴和发展，加上上海市政府大力倡导，上海菜点品种越来越多，新品不断地如雨后春笋般涌现。此处仅列举一些在市场上比较流行或具有一定历史意义的代表菜品以供考鉴。

（1）传统名菜类。用家畜制作的名菜有腌笃鲜、草头圈子、糟钵头、乳腐扣肉、走油蹄膀、枫泾丁蹄、水晶蹄、粉蒸牛肉等。用禽蛋制作的名菜有白斩鸡、八宝鸡、八宝鸭、豆腐和八宝辣酱、栗子焖童鸡、鸡骨酱等。用河鲜制作的名菜有清蒸大闸蟹、菊花蟹斗、芙蓉蟹斗、毛蟹年糕、上海醉蟹、熘黄青蟹、沙锅大鱼头、火夹鳜鱼、红烧河鳗、竹笋鳝糊、甲鱼烧肉、鲫鱼塞肉、红烧肚裆、下巴甩水、青鱼秃肺、红烧鮰鱼、油炸烤子鱼等。用海产制作的名菜有鸡汁排翅、鸡粥鱼翅、鸡粥烩鱼肚、干贝冬瓜球、虾子大乌参、蝴蝶海参等。用蔬果制作的名菜有生煸草头、炒素蟹粉、凤尾莴笋、荠菜冬笋、四喜烤麸、素鸭等。

(2) 传统名点类。属于筵席点心的名品有萝卜丝酥饼、三丝眉毛酥、翡翠烧卖、四喜蒸饺、虾肉烧卖、黄芽菜肉丝春卷、桂花甜酒酿等。属于风味小吃的名品有南翔馒头、鲜肉馒头、小笼汤包、素菜包、千层油糕、水晶蛋糕、梅花糕、叉烧蛋球、火眼金睛、蟹壳黄、油氽馒头、生煎馒头、油煎馄饨、肉丝炒饼、肉丝炒面两面黄、虾肉蒸馄饨、鲜肉月饼、鲜肉锅贴、桂花糖油山芋、桂花糖芋艿、桂花糖藕、马蹄糕、油氽排骨年糕、猪油夹沙球、黄松糕、赤豆松糕、猪油百果松糕、百果蜜糕、太白拉糕、细沙条头糕、夹心绿豆糕、鲜肉粢毛团、芝麻凉团、芝麻汤团、擂沙圆、酒酿圆子、山芋金钱饼、双色薄荷糕、八珍羹、鸡鸭血汤、桂花赤豆汤、鲜肉粽子、鸡粥、桂花糖粥等。

(3) 创新名菜类。用海鲜、湖蟹、河鲜制作的创新名菜有鱼翅捞饭、蟹粉白玉、蟹粉鱼肚、蟹粉扒翅、菊花蟹斗、蟹粉菜心、松鼠鳜鱼、干烧鳜鱼镶面、双色虾仁、水晶虾仁、龙井虾仁、醉虾、松仁鱼米等。用家畜制作的创新名菜有肉骨茶、糖醋排骨、蟹粉狮子头、田螺塞肉、黑胡椒牛柳等。用禽蛋制作的创新名菜有小绍兴白斩鸡、贵妃鸡、凤吞花菇、叉烧鸡、咖喱鸡块、五味鸡腿、生菜鸽松、八宝鸭等。用蔬果制作的创新名菜有鸡火煮干丝、扒植物四宝、炒双泥、青豆泥等。

(4) 创新名点类。属于筵席点心的名品有蟹粉小笼、黄油南瓜泥、鸽蛋桂花圆子、玉米烙等。属于风味小吃的名品有咖喱牛肉汤、西米嫩糕等。

(林苏钦)

3. 上海市菜点代表作品

(1) 虾子大乌参

典故与传说 虾子大乌参,作为一道传统上海名菜,最早创制于上海的百年老店"德兴馆"的已故名厨杨和生之手。20 世纪 30 年代,上海的十六铺码头成为进出口各国海产品的重要交易场所。日本发动侵华战争后,进口海产品的价格昂贵,而作为名贵海产品的"大乌参"更加弥足珍贵。同时,色泽乌黑、个头硕大的"大乌参"发制也较难,因此,一般的酒店皆不能较好烹制。德兴馆的杨和生师傅采用火烤水发的方法把大乌参发至软糯,再借助红烧肉卤汁和干河虾子提鲜入味,烧制成乌光亮丽、肥糯鲜香的"虾子大乌参"。从此,该菜肴被众多食客推崇,经久不衰。现在最为擅长烹制此菜的当属其嫡传弟子李伯荣。

制作过程

制作者：李兆明

① 原料：大乌参 1 只约 200 克，干河虾子 10 克，料酒 15 克,母子酱油 15 克,白砂糖 10 克,红烧肉卤汤 100 克,高汤 150 克,葱结 1 个,鸡精、水淀粉适量,精制油 750 克(实耗 85 克)。② 大乌参用小火均匀烤焦,刮去硬壳。放入冷水中浸泡 9 小时,取出放入清水锅旺火烧开,晾凉后取出,剖腹去内脏,修剪去硬皮洗净。再放入清水锅中,旺火烧开,晾凉后取出洗净,反复三四次。大乌参肉质软糯时即可放入冷水中浸泡待用。③ 炒锅旺火加热,放入精制油加热至八成热时,放入大乌参,炸至爆裂声较小时捞出沥油。锅内留少许油,放入大乌参,加料酒、酱油、红烧肉卤汤、白砂糖、干河虾子,烧开后加盖小火焖烧 10 分钟左右,取出大乌参装盆。炒锅改旺火加热,加入鸡精,用水淀粉勾芡,用葱油亮芡,最后浇淋在大乌参上即可。

风味特点　菜肴色泽红润，乌光发亮。大乌参软糯酥滑，味咸鲜香。

技术关键　火发、浸泡、烹调是贯穿整个菜肴的关键。任何一个环节出现问题皆影响该菜的品质。其中火发是最难以把握的技术，切忌火候过大，烧焦肉质而影响品质和口味。

品评　传统的大乌参在烹调中，因人们不能很好把握火发和烹制技巧，故不能充分体现其肉质口感软糯、形体完整饱满的特点。该菜肴经改良后，采用了独特的火功和打油芡及加入河虾子的烹调方式，使菜肴真正突显大乌参的软糯口感，又弥补了其作为干货制品鲜味不足的瑕疵，也逐渐成为一道沪上流行且代表本土浓油赤酱特点的高档美食。海参中的海参素，具有抑制某些癌细胞生长的作用，补肾益精，养血润燥，是一道低脂肪的健康美食。

(2) 沙锅大鱼头

制作过程

制作者：吴永杰

① 原料：鳙鱼头1个(约1000克)，粉皮6张，熟笋片50克，青蒜段3克，料酒15克，老抽100克，精盐2克，白糖20克，胡椒粉1克，鸡精4克，精制油250克(实耗50克)，熟猪油100克。② 鳙鱼头顺着鱼胸鳍处落刀取料，然后刮鳞、去鳃、洗净，再在两侧各剞两三刀，脑部轻斩一刀，再用一半的老抽涂抹待用。粉皮切成宽约3厘米，长约6厘米的长条，温水浸泡漂洗待用。③ 炒锅旺火烧热，放入250克油，油冒烟后，将腌渍过的鱼头放入，两面煎黄，沥去余油，烹入料酒，倒入剩余的老抽、白砂糖、笋片、熟猪油(50克)和清水1250克，旺火烧开，加盖改小火焖烧20分钟，至鱼眼珠泛白突出，汤汁浓白，再改用旺火，放入粉皮、精盐、胡椒粉、鸡精和剩余的熟猪油，稍烧至汤色稠浓。用漏勺把鱼头捞出，放入沙锅，余料倒入，加盖稍焖烧，撒上青蒜叶上桌即成。

风味特点　菜肴鱼头部汤汁丰满，鱼唇厚实软糯，肉质肥厚鲜嫩。菜肴汤汁浓厚，汤色乳白，口味鲜香微辣。

技术关键　此菜应采用现杀现烧的方法，才能保证肉质的鲜美度。烧制过程中要注意把鱼头煎透，再旺火烧开，小火焖烧，这样才能保证汤汁的浓白厚度。

品评　清水湖养殖的花鲢鱼，口味清醇，没有塘养的土腥味。配以笋片、青蒜、料酒、白醋和胡椒粉等去腥增香的调辅料就使该菜肴不仅鲜香味美，还具有温肾补脾暖胃的作用，可对瘦弱乏力、腹胀少食及体虚眩晕、风寒头痛等症的患者起辅助治疗的作用。

(3) 松仁鱼米

典故与传说　松仁鱼米，是以川菜的“小煎鸡米”为原型于20世纪70年代改良创新的一道海派菜肴。此菜最早为上海扬州饭店所创，后来被沪上的大饭店和酒家仿效烹制。所选原料，主要采用鳜鱼肉，也可以是鲈鱼或青鱼等肉质细嫩鲜美的鱼肉，是一道色彩亮丽的工艺菜。

制作过程

① 原料：鳜鱼肉350克，松仁80克，玉米粒30克，青椒1个，红椒1个，鸡蛋清1个，料酒25克，精盐4克，胡椒粉1克，鸡精3克，麻油15克，水淀粉70克，葱段4克，精制油1000克(实耗100克)。② 鳜鱼肉切成绿豆大小的粒，加入鸡蛋清、精盐(1克)、鸡精(1克)和厚水淀粉上劲上浆，加入精制油(15克)拌匀冷藏待用。青红椒和

技术关键　此菜应采用小火煸炒调辅料的方法烹制，这样才能使各种口味相互融合。肚丁应采用事先烹制好的，这样才能在集中时间内完成操作。为保证虾仁的鲜嫩，应单独滑炒。

品评　八宝辣酱，是一道传统的上海特色菜，因采用多种食材用料而得名，此菜肴口味兼咸、甜、鲜、辣、香，咸甜适中，兼之颜色润泽光亮，口感极佳，深受上海市民的喜欢，是上海滩上几乎所有本帮餐馆的必备菜品。

（7）八宝全鸭

制作过程

制作者：吴永杰

① 原料：光鸭 1 只（约重 1500 克），水发香菇 150 克，净笋丁 50 克，猪肉丁 25 克，鸭胗片 25 克，火腿丁 50 克，栗子肉 100 克，青豆 10 克，上浆虾仁 50 克，水发湘莲 25 克，糯米饭 150 克，料酒 10 克，酱油 30 克，白砂糖 3 克，鸡精 6 克，高汤 50 克，水淀粉 40 克，精制油 200 克（实耗 50 克）。② 香菇洗净切成丁、片各半，笋大部分切成丁，剩余切片待用。光鸭用整鸭出骨法，取出内脏、腿骨和胸骨等。放在开水锅中稍烫，排除血污，洗净。在鸭皮上涂抹酱油（10 克）上色。最后，将鸭胸朝下放入盆中待用。③ 把香菇丁、笋丁、猪肉丁、火腿丁、栗子丁、鸭胗片、莲子、糯米饭和料酒、白砂糖、酱油（20 克）、鸡精、高汤等放在一起拌匀，然后灌入鸭肚内，上火蒸约 3 小时，直至酥烂为止。④ 炒锅置旺火上，滑锅后加入精制油，加热至四成热，倒入上浆虾仁，滑熟沥油。炒锅内留少许油，放入香菇片、笋片、酱油和少许清水，烧开，倒入虾仁、青豆，用水淀粉勾芡，淋少许清油，颠翻出锅。把蒸熟的鸭子翻扣在盘上，再浇上虾仁即可。

风味特点　该菜肴色泽艳丽，鸭肉口感酥嫩香糯，八宝馅料鲜香多样。

技术关键　为保持鸭肉的鲜香口味，熟处理时不能直接放入汤水烧煮。

品评　八宝鸭，是一道经改良的上海传统名菜。该菜肴以普通原料为主，通过精细的整鸭出骨技术，结合多种用料，口味多样，味道浓厚，彰显了本帮菜浓油赤酱的特点。

（8）腌笃鲜

制作过程

① 原料：净春笋肉 150 克，腌咸猪肉 200 克，新鲜猪肋条肉 200 克，料酒 10 克，鸡精 5 克，少量精盐。② 春笋洗净，用滚料刀法切成长约 2 厘米的块待用。腌咸猪肉刮洗干净，皮朝上放入锅中，加入足够淹过猪肉的清水，先用大火烧开，再用小火炖约 30 分钟，取出放入冷水中冷却，切成条块状待用。新鲜猪肉刮洗干净，放入适量清水锅中，加入料酒，中火煮到约八成熟，取出放入冷水中冷却，取出切成约 2 厘米见方块状待用，肉汤水留用。③ 把咸肉块、鲜肉块和春笋块放入沙锅中，加入肉汤水，先用旺火烧开，再用中小火烧至肉酥笋熟，加入鸡精、适量精盐调味，原锅上桌即可。

制作者：吴永杰

风味特点　该菜汤味鲜香无比。咸肉酥香，鲜肉软烂，竹笋清香脆嫩，口味鲜咸清新。

技术关键　咸肉和鲜肉都必须事先进行焯水的熟处理，否则，成菜会造成腥味较重、汤色浑浊、咸味过重的缺陷。

品评　腌笃鲜，是地道的上海风味时令菜。在初春季节，乡间竹林的竹笋破土而出，正是春笋上市的绝佳时间，上海乡间家家户户皆传来“腌笃鲜”的鲜香芬芳。该菜肴味道鲜美，是一道口感味觉俱佳的乡土菜肴。

(9) 四喜烤麸

典故与传说　四喜烤麸是上海的风味素食面制品，是玉佛寺等寺院的代表菜肴。由于它是以素汤料为主要特色，其中共有四样主要原料，故得名为“四喜烤麸”。

制作过程

制作者：吴永杰

① 原料：熟面筋 500 克，金针菇 30 克，黑木耳 30 克，笋干 30 克，酱油 60 克，白糖 25 克，味精 5 克，姜 4 克，八角 1 个，桂皮 3 克，鲜汤 1600 克，精制油 1000 克(实耗 60 克)。② 把面筋撕成小长条，洗一下，挤压去水分待用。金针菇、黑木耳和笋干用温水浸泡涨发好。笋干切片待用。③ 油锅烧至八成热，放入油面筋条炸至变黄发脆时捞出沥油。炒锅烧热滑油，留少许底油，放入姜块、桂皮、八角、酱油、白糖和味精及鲜汤，再烧开后投入油面筋条，烧开后改小火焖 20 分钟左右，揭开盖放入金针菇、黑木耳和笋片，继续烧约 5 分钟，即可以旺火收汁，起锅装盘。

风味特点　该菜肴色泽金黄，卤汁酱浓，口感软糯鲜香。

技术关键　在制作中，一定要把油面筋炸脆，才能使卤汁烧入原料中。起锅前，要通过旺火收紧卤汁，使表面硬香，中间入味。

品评　该菜咸中泛甜，耐嚼，也可根据时令变化，加入毛豆、白果和蘑菇等变化烹制。

(10) 生煎馒头

制作过程

① 原料：面粉 1000 克，鲜肉馅心 1250 克，鲜酵母半块，精制油 100 克，麻油 25 克，葱花 1 克。② 面粉倒入锅中，逐渐加入 200 克沸水，边加边搅，拌成雪花状的小片。鲜酵母用温水溶化，倒入面粉中，再加 15 克温水，揉搓上劲，盖上布静置 1 小时左右再揉搓成面团。③ 把面团搓成长条，揪成每个 15 克左右的剂子，揿扁，放上 15 克馅心，捏拢收口，再在收口处蘸少许芝麻或葱花，即成生煎馒头生坯。④ 取一口平底锅，烧热后放 30 克精制油，再把生煎馒头坯子排列在平底锅内，上面浇一些油，盖上锅盖煎，2 分钟后揭开锅盖，沿边沿浇 150 克冷水，再盖上盖，并不时转动锅子，使其受热均匀。继续煎 5 分钟左右，见锅边热气直冒，香气四溢时揭开锅盖，把馒头逐个铲起出锅即可。

风味特点　馒头松软肥大，底部香脆，皮薄肉嫩，馅汁充足。

技术关键　在制作中，馒头生坯先煎至底部金黄，再加入水继续焖煎，这样才能使煎出的馒头充分体现松软肥大、底部香脆的风味特点。

品评　生煎馒头，是上海的一道名优点心，其中以大壶春和萝春阁的口味较佳。其以滋味鲜香、底脆皮松而独具特色，是上海人早餐餐桌上的常备面点。

制作者：穆士会

(11) 鲜肉锅贴

制作过程

①原料：面粉1000克，猪夹心肉1000克，肉皮冻300克，精盐20克，鸡精10克，老抽20克，胡椒粉5克，料酒10克，白糖10克，葱姜汁少许。②猪夹心肉剁成肉末，肉皮冻切细末，加入精盐、白糖、鸡精、胡椒粉、料酒和葱姜汁，搅打上劲成馅心待用。③面粉与热水以5∶2掺和，揉匀，摊开晾凉，搓成长条，摘成12.5克左右的剂子，擀成6厘米左右的圆形皮子待用。④取锅贴皮子包入肉馅，捏成月牙形锅贴生坯。平底锅置火上，锅底涂一层油，锅贴生坯整齐地排列在锅内，稍煎一下，然后倒入约高1.5厘米的冷水，加盖，不停地转动煎制，待水收干，锅贴即熟。装盘后与醋、辣酱油蘸食。

制作者：陈恒飞

风味特点　色泽金黄，皮薄馅香，馅嫩汁多，口味鲜美适口。

技术关键　煎制时，注意火候，不可煎煳，以焦黄色为宜。

品评　鲜肉锅贴是一种上海大众风味点心，因其兼备软脆的口味特点而颇受广大市民和游客的喜爱。

(12) 酒酿圆子

制作过程

①原料：糯米粉1500克，甜酒酿500克，白糖1000克，水淀粉、糖桂花少许。②白糖、糖桂花搅拌均匀，加适量清水，搓捏至有黏性。用面棍拍打成1厘米厚的片状，再切成1厘米见方的小丁即成圆子馅心待用。③把糯米水磨粉放入竹匾内散开，稍晾干。圆子馅心沾上少许水之后放在糯米粉中逐渐滚大成为大拇指大的圆子。④锅中放入500克清水，加入白糖，烧至糖化开后，放入酒酿搅散，加入少许水淀粉勾芡，待烧开离火，保温。⑤放半锅清水，下入圆子，用手勺轻轻推动，以免沾底。水沸加少许冷水，直至圆子呈白玉色，再稍焖一两分钟即可捞出，盛在酒酿汤中即可。

制作者：陈恒飞

风味特点 米酒香气浓郁，口感筋道、糯滑。

技术关键 注意原料配比，既不黏软，又不过于干硬。

品评 酒酿圆子是上海的风味名特点心。该点心以风味佳酿桂花甜酒酿为主要原料制作而成，成品色泽洁白，口味香甜滑爽，具有浓郁的桂花香味。可加芝麻、红枣、桃仁和蜜饯等各种果仁使其兼具香酥软糯等品质。

(二十二)浙江省菜点文化与代表作品

1. 浙江省菜点文化概述

浙江菜点作为中国著名的地方菜点种类，富有浓郁的江南特色。它历史悠久，源远流长，经历了不同历史时期的积淀，逐渐形成了自己独特的风格特征。浙江菜点有着深厚的文化底蕴，7000 年前的河姆渡文化遗址就是有力的佐证。数千年的沧桑巨变，历代浙江籍名人雅士的理论总结，均为浙江菜点注入了深厚的文化内涵。在经济发达、人才辈出的当代，浙江菜点经历了一次次的洗礼与变革，始终保持着旺盛的生命力。

(1) 沿革。浙江菜点的历史渊源应该追溯到新石器时代中晚期。约 7000 年前的余姚河姆渡文化遗址，是长江下游、东南沿海已发现的新石器时代最早的地层之一，遗址的考古发掘揭示了浙江先民的饮食风貌。春秋时期，浙江境内的越国曾一度成为长江下游地区的霸主，《越绝书》的记载，真实地表明了浙江先民的主食特色及食物原料的范围。秦汉时期，浙江已成为“南食”的重要地区和代表之一，《史记·货殖列传》中就有如下记述：“楚越之地，地广人稀，饭稻羹鱼……地势饶食，无饥馑之患……是故江淮以南，无冻饿之人……”宋室南渡，浙江成为南宋的政治、经济、文化中心，也成为全国饮食最大的中心，从《梦粱录》、《武林旧事》等古书的记载中足见当时饮食市场的繁华。明清时期是浙江菜点的重要发展时期，并最终形成了浙江菜点的风味格局。新中国成立后，特别是进入到 20 世纪 80 年代，浙江菜点受到了一次次时代的冲击，走上了继承传统与发展创新并举的道路。尤其是 20 世纪 90 年代中期以来，浙江菜点以更快的发展速度、更新的面貌、空前的繁荣景象呈现在世人面前，并不断焕发出勃勃生机。

(2) 构成。明清时期的 500 年间，是浙江菜点形成与发展的重要时期，并最终形成了浙江菜点的风味格局，承前启后地为当今的浙江菜点奠定了坚实的历史基础。浙江菜点经历了漫长的发展历程，通过不断的发掘提高和开拓创新，浙菜体系已日臻完善。

传统的浙江菜点作为一个完整独立的体系，从地域流派上看，由杭州、宁波、绍兴、温州四个地方流派组成。这四个主要流派各有特点又相互包容，构成了浙江菜点总体的风格特征。如今的浙江菜点，除较好地保留传统特色外，兼收并蓄，融会贯通，并不断适应消费市场细分的需求，使浙江菜点在消费形式上形成了诸如燕鲍翅菜类的豪华顶尖消费，概念菜、私房菜类的特色市场消费，生猛海鲜菜类的特色原料消费，乡村菜、民间菜的大众民间消费等多层次、多类型的餐饮市场和菜点格式。浙江菜点在“和而不同”的氛围下，拥有着更加成熟、更加广阔的发展空间。

(3) 特点。

选料刻求，细特鲜嫩。浙江地理条件优越，气候温和，四季物产富饶，为浙江菜点的原料选用提供了充足的保证。浙江菜点在选料上一要精细，取用物料之精华部分，使菜品达到高雅上乘；二用特产，使菜品具有明显的地方特色；三讲鲜活，使菜品保持味道纯真；四求柔嫩，使菜品食之清鲜爽脆。浙江菜点在选料中，始终秉承的原则是：凡海味河鲜，须新鲜腴美，尤以节令取胜；凡家禽、畜类，多系特产；凡蔬果之品，以时鲜为上。

烹法灵活，擅制水产。浙江菜点在20世纪80年代以前，常用的烹饪方法已达到30余种，经过了历年的吸收、借鉴与创新，目前使用的烹饪方法更加灵活多样并富于变化。在烹调方法上，尤其擅长炒、炸、烩、熘、蒸、烧。炒菜又以滑炒见长，力求快速烹制；炸菜外松里嫩，恰到好处；烩菜滑嫩醇鲜，羹汤风味独特；熘菜脆嫩润滑，卤汁馨香；蒸菜讲究火候，注重配料，主料多需鲜嫩腴美之品；烧菜柔软入味，浓香适口。这些烹调方法的应用，大都同浙江当地的原料质地及浙江菜的选料特点相符合，也适合浙江人民喜爱清淡鲜嫩的饮食习惯。同时，浙江水产资源十分丰富，海味河鲜是浙江人的至爱之物，浙江的名厨高手在烹制海味河鲜方面也独见其功，能确保海味河鲜的鲜嫩腴美，保持真味与本味。

清淡鲜嫩，本色真味。浙江人味多重清淡，朱彝尊在《食宪鸿秘》中提到："五味淡泊，令人神爽气清少病。"这也是浙江人嗜清淡的原因之一。因此，浙江菜点大多求清鲜，忌油腻。李渔在《闲情偶寄》中写道："从来至美之物，皆利于孤行。"又说："吾谓饮食之道，脍不如肉，肉不如蔬，亦以其渐近自然也。"这也说明了浙江菜突出主料之本味、追求纯真口味、保持本色真味的特点。

形巧细腻，清秀雅丽。在《梦粱录》中载有"杭城风俗，凡百货卖饮食之人……盘食器皿，清洁精巧。"由此可见，浙江菜点的精巧历史可追溯到南宋时期。如今的浙江厨坛高手，充分利用烹饪技法、美学原理、精致器皿等多种手段，将浙江菜点的精巧秀丽表现得更加淋漓尽致。

（4）成因。悠久的历史、深厚的文化底蕴、得天独厚的地理条件，这些优势无不对浙江菜点特色的形成起着至关重要的决定作用或推动作用。

地理依托。浙江位于东海之滨，地形以丘陵山地为主，地势南高北低，北部为水网密布的杭嘉湖平原，南部为山地丘陵，丘陵间多河谷盆地。省内海岸曲折，多港湾和岛屿，沿海岛屿有1800多个，约占全国岛屿总量的36%，舟山群岛为我国最大的群岛。浙江河流众多，主要有钱塘江、曹娥江、甬江、瓯江等，都自成流域，注入东海。另有著名的京杭大运河，它北起北京，南达杭州，沟通了海河、黄河、淮河、长江、钱塘江五大水系。浙江地处亚热带季风气候区，温暖多雨，四季分明，降水丰富，无霜期长。

浙江地处东海之域，滩涂广袤连绵，沿海岛屿密布，盛产多种海产经济鱼类和贝壳类水产品，品种多达500余种。省内江河纵横，内河稠密，淡水资源十分丰富。同时，又有土地肥沃的平原丘陵，种植业、养殖业也十分发达，鸡鸭成群，牛猪肥壮，四季蔬果源源不断。浙江菜点在禽肉蔬果、山珍水产等物产上占尽一切优势。

历史积淀。浙江是长江流域、东南沿海古文化的发祥地。河姆渡文化开创了浙江先民丰富灿烂的原始文化，春秋时期的越国是浙江境内最早出现的国家，到了宋室南迁，杭州成为南宋一朝140多年的政治、经济、文化中心，饮食业空前繁荣，成为"南食"体系的典型代表，大量北方人口流入浙江，饮食也出现了前所未有的南北交融。南宋以后，浙江经济持续繁荣，言及物产之富庶、文化之发达、工商之繁荣，浙江必居其一。进入改革开放年代的浙江，随着商贸、旅游事业的发展，大量人员的频繁进出流动，加之人们对饮食需求形式与层次的不断变化与提高，更加加剧了饮食市场的竞争态势。广大饮食工作者继承传统，大胆改革，推陈出新，为浙江菜点注入了新的内涵。同时，浙江作为著名的侨乡，同海外始终保持着紧密的交流，这也势必为浙江菜注入了新的理念与活力。浙江菜点在兼容并蓄中得到进一步的发展，也促使着浙江

制作者：林庆祥

净后切成长 15 厘米，厚 0.8 厘米的大片，在表面打上十字花刀（便于入味）。将河鳗骨放入焗炉内焗至色泽略焦黄，离火备用。③ 将味啉和清酒点燃，烧去酒精成分，加入绍兴母子酱油和烤好的河鳗骨一起煮约 15 分钟，最后加入冰糖煮至黏稠即成浦烧汁。④ 将河鳗鱼皮向上，放入烤炉烤至金黄色，反转鱼身，趁热在鱼肉上扫上浦烧汁再烤，烤至金黄色，重复 3 次，反转鱼身，再在皮上重复操作 3 次，总耗时 8～12 分钟。⑤ 洋葱切粗丝。锅放黄油，烧至五成热时，放入洋葱丝小火煸香，出锅放盘中垫底，烤好的河鳗放洋葱上面，盘边用菜心点缀，撒木鱼花于河鳗上即成。

技术特点　此菜色泽红亮，口味鲜香味浓，酥香滑爽。

技术关键　河鳗要修整好，刀口要切至 2/3 处，以免鱼身卷曲。

品评　将浦烧鳗鱼制作又提升一个档次，并利用原料本身的热能使轻盈的木鱼花动起来，像蝴蝶在舞动翅膀。菜肴不仅味美，而且颇具观赏性。

（2）鹅肝酱炒珍菇

制作过程

制作者：林庆祥

① 原料：茶树菇、平菇、鲍鱼菇、猪肚菇各 50 克，唐芹 15 克，干红葱 6 克，红椒 12 克，白脱油 25 克、新鲜牛奶 30 克，白兰地酒 12 克、盐 5 克，柠檬汁 4 克、油 30 克。② 将煮熟的鹅肝放入粉碎机搅碎，放入白脱油、新鲜奶、白兰地酒、盐、胡椒粉、柠檬汁拌和制成鹅肝酱。③ 将唐芹摘叶切段，红椒去囊切丝，干葱头切碎。各种杂菇用手撕好，放入鸡粉略腌，拍上干生粉，炸酥。④ 起锅放底油，将干葱头爆香，放入唐芹段、红椒丝和鹅肝酱炒香，加入炸酥的杂菌翻炒，装盘即可。

风味特点　鹅肝酱香浓味鲜，杂菌酥脆清香。

技术关键　鹅肝酱要筛细，也可加入少许鹅肝粒，增加口感，杂菌一定要吸干水分，炸酥，才有香脆口感。

品评　鹅肝酱口感香浓，各种菌类搭配合理、清香适口、营养丰富，两者相得益彰。

（3）笋汁龙凤虾

制作过程

制作者：林庆祥

① 原料：斑节虾 500 克（约 8 只），黄瓜 400 克，鲜笋、西芹、姜各 50 克，甘笋（即胡萝卜）400 克，鸡汁 12 克，瑶柱汁 6 克，A 料（盐、味精各 3 克，胡椒粉 0.5 克，料酒 10 克），色拉油 2000 克（实耗 60 克），鹰粟粉 10 克。② 剥去斑节虾的壳，留尾，挑去沙线，放入清水中冲漂 5 分钟。将焯水的虾用刀从背上划一刀，让虾成虾扇，在虾尾 2/3 处开一个口，加 A 料腌渍 15 分钟至入味后待用。③ 将西芹、鲜笋、姜分别切长 6 厘米的条，入沸水中大火氽 10 秒，捞出控干水。将黄瓜雕成莲花座待

用。将西芹、春笋和姜条放在虾身上，虾尾从虾身的口子穿过，入烧至五成热的色拉油中，小火滑半分钟，捞出控干油，放在“莲花座”上。④ 甘笋去皮洗净，榨汁后放入锅内，加水 150 克、鸡汁和瑶柱汁，小火烧开，用鹰粟粉勾芡，淋于虾身上即成。

风味特点 菜品形态生动，色彩鲜明，虾鲜味美，笋味十足。

技术关键 斑节虾要选 10 只约重 500 克最好。甘笋应用榨汁机榨汁，以确保汁和渣分离，保证芡汁明亮。

品评 把甘笋汁用到传统的龙凤虾的制作上，笋味别致，造型美观，营养丰富。

(4) 金辉元宝鲍

制作过程

① 原料：鲜鲍鱼 600 克(约 6 个)，南瓜 2500 克，排骨 300 克，老鸡 650 克，鲜蚝皇 20 克，鸡粉 5 克，高汤 20 克，鸡油。② 将南瓜雕成元宝形状加鸡粉煨制入味，放入高汤中，煮熟。③ 大鲍鱼杀好，去肠肚，同已用八成热油炸过的排骨、老鸡一同入锅，放入调料煲熟。④ 煲好的鲍鱼逐个装入南瓜元宝中，淋入鲍汁即可。

制作者：林庆祥

风味特点 菜品选料考究，形象逼真、华贵，荤素搭配合理，营养丰富。

技术关键 南瓜要去腥，一定要煨至入味，掌握好煲制时间。

品评 鲍鱼和南瓜一同吃，吃法新颖，鲍鱼的荤香和南瓜的软糯是一个良好的搭配。造型上呈“恭喜发财”之意，增添愉悦感。

(5) 君王莲雾盏

制作过程

制作者：林庆祥

① 原料：龙虾 1 只(约 650 克)，台湾莲雾 8 个，鸡蛋清 4 个，炸酥的花生仁 5 克，炸酥的松子 8 克，淡盐水 500 克，A 料(盐、味精各 2 克，鸡蛋清、生粉各 10 克)，B 料(鸡粉、盐各 2 克，牛奶 120 克，鹰粟粉 5 克，胡椒粉 0.5 克)，香油 2 克，色拉油 1500 克(实耗 120 克)。② 台湾莲雾洗净，雕成盅状，用淡盐水浸泡 30 分钟，捞出放入盘中。龙虾洗净，取出龙虾肉，顺着纤维切成小块，冲净血水，加 A 料腌渍 15 分钟。③ 取鸡蛋清打匀，加入 B 料调匀。锅放 30 克色拉油，烧至三成热时，放入调拌好的鸡蛋清，采用软炒的方法炒好，加入炸酥的花生仁和松子各 5 克翻匀，淋香油，出锅装入莲雾内。④ 锅内放入色拉油，烧至四成热时，放入龙虾肉小火滑 15 秒，捞出控油，放在莲雾上，用松子点缀。龙虾头、尾上笼大火蒸至熟，取出摆在盘子两端即可。

风味特点 造型完美，虾香果脆。

技术关键 蛋白一定要抽搅上劲，用筷子插上后不倒方可。莲雾要选台湾产的，颜色和体积都较理想。

品评 水果菜符合时尚潮流，菜品迎合了人们的口味。厦门和台湾隔海相望，用龙虾和台湾水果有机结合，采用龙船动感造型，巧妙地融合了两岸一家亲的意境。

制作者：王建富

风味特点　用料珍贵，浓郁荤香。

技术关键　注意控制火候，从坛底微火微沸，慢慢往上，层层微沸后改炆火煨制。一定选用绍兴产的母子酱油。

品评　佛跳墙历来号称闽菜首席大菜，1984年3月，闽菜大师强木根、强曲曲进京操办接待美国里根总统的国宴，烹制此菜。为简化上菜程序，事先将煨好的鱼翅、海参、鲍鱼、干贝、鱼唇、香菇、鸽蛋等高档原料装在分餐按位的小坛中，兑入原汁，上笼蒸沸后上桌，既保持了菜的原汁原味，又避免了高档原料与辅料之间相互混杂的缺点，真正成为一道集山珍海味为一体的高档菜，深受贵宾的好评。此菜1990年荣获中国商业部"金鼎奖"。

(14) 左海鲍鱼酥

制作过程

制作者：阮燕珍

①原料：面粉500克，猪油200克，吉士粉50克，鸡蛋4个，澄面50克，新鲜鲍鱼250克，五花肉200克，马蹄50克，葱10克，糖10克，蚝油5克，鸡精5克。②将新鲜的鲍鱼、五花肉丁、葱花、马蹄丁入油锅煸炒，加入蚝油、鸡精、糖等调料调味即成馅料。将面粉、牛油、吉士粉、蛋和成水油皮，包入油酥，开酥，切片，包入鲍鱼馅，捏成椭圆形，即成生胚。③澄面加开水烫熟，加入熟蛋黄、臭粉、椒盐、五香等揉均，搓成油长条，用蛋清粘一下，围在鲍鱼酥胚边上。④锅中加油，烧热，温度达到四成热时下入鲍鱼酥坯，浸炸至熟即可。

风味特点　型似鲍鱼，外酥内香。

技术关键　掌握开酥的技法，必须酥层分明，无乱酥。控制好油温，不可过热。

品评　面点塑造成鲍鱼形状，栩栩如生。以鲍鱼为馅心主料，名副其实，外部酥脆，内里荤香。

(15) 波斯花篮

制作过程

①原料：澄面500克，面粉50克，鸡蛋3个，莲茸100克，猪油200克，奶油200克，臭粉5克，白糖5克，红、黄、绿食用色油各少许。②将面粉、水、猪油和成团，分别加入红、黄、绿3种颜色，搓成花篮的把手。③澄面烫熟，加入熟蛋黄、臭粉、少许的白糖揉匀，搓条，摘剂，包入莲蓉，捏成花篮型，入油锅炸熟。④将炸熟的花篮放在盘子上，装上花篮的把手，用奶油挤成花朵摆篮中即可。

风味特点 外形似花篮，皮酥脆，入口即化。

技术关键 掌握好澄面的吃油量。控制好油温，油温太高不起巢，温度低了不成型。

品评 本道面点塑造花篮惟妙惟肖，充分体现了面点的精巧与细腻，口感酥脆，是既供食用又可欣赏的佳品。

制作者：阮燕珍

(16) 椰林象仔

制作过程

制作者：程 强

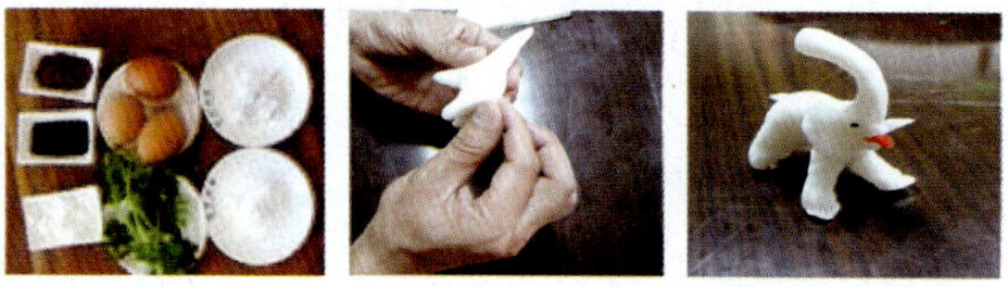

① 原料：澄面 450 克，生粉 100 克，白糖 50 克，猪油 15 克，白莲蓉 200 克，细糖粉 300 克，可可粉 10 克，琼脂 15 克，鸡蛋 3 个，香菜、黑芝麻、绿菠菜汁食用色素适量。② 取 50 克生粉与澄面混匀，淋入开水搅匀，加白糖、猪油，揉制成面团，摘成 30 个剂子。白莲蓉分成 30 份馅心。③ 每个剂子包入 1 份馅心，捏成形态各异的象仔，用黑芝麻装点象眼，上笼蒸约 8 分钟，取出晾凉。④ 鸡蛋清磕入碗中，拌入 50 克生粉、细糖粉，搅成软硬适度的面团。取 1/4 面团加入食用绿色素做成椰树叶，余下面团加入可可粉揉匀，做成椰树枝与大地，摆入盘中。琼脂泡发 1 小时，加适量绿菠菜汁煮化制成琼脂液，倒入盘中冷却，放入造型各异的象仔，香菜点缀即成。

风味特点 作品形象逼真，口感爽滑。

技术关键 澄面须烫得硬些，可塑性才更好。

品评 作品造型活泼可爱，栩栩如生。装盘后更是为人们展现了一道靓丽的热带风情。

(17) 雏鸡出壳

制作过程

① 原料：中筋粉 300 克，白糖粉 200 克，糯米粉 150 克，猪油 90 克，蛋清 70 克，澄面 50 克，吉士粉 25 克，咸蛋黄、莲蓉、黑芝麻数粒，水适量。② 将澄面用开水烫熟后，加入糯米粉，猪油 30 克，糖粉 50 克，吉士粉 25 克，适量地加水和面，揉成软硬适度的面团。③ 将面团分成 15 克重的小剂子，然后逐粒包入莲蓉馅心，捏成小鸡状，并用黑芝麻点上眼睛，入蒸笼内蒸熟备用。④ 将中筋粉、猪油 60 克加水和成面团，再分成条状，编织成篮子，用烤箱烤熟并定型备用。把 150 克白糖粉加入蛋清，揉成面团，再分成小剂子，制成鸡蛋壳状，并把蒸熟冷却透的小鸡装入蛋壳内，排入篮内，装盘内点缀即成。

风味特点　造型立体美观，口感香甜可口。

技术关键　澄面要烫熟、烫透，面团要调得稍硬些，否则菜坯蒸熟后会变形。

品评　雏鸡形象可爱，口感适宜，连蛋壳这样的细微处都巧妙制作。精巧的构思，营造了一种温馨的感觉。

制作者：程　强

(18) 长毛兔归巢

制作过程

制作者：程　强

① 原料：鱼胶粉 120 克，白糖 450 克，清水 450 克，蛋清 4 个，椰丝 150 克，干绿果丝 200 克，水油酥面团 300 克，草莓果酱、精盐适量。② 鱼胶粉和白糖放盆内混匀，淋入沸水，边烫边搅拌成鱼胶液。蛋清用打蛋机高速搅打，使其浮起，即可注入鱼胶液。用中速边注边搅拌，拌匀后稍冷却，装入裱花袋中，挤成白兔坯，放入冰箱，待其凝固。③ 取出白兔坯拍上椰丝，剪出耳朵、尾巴，用草莓果酱点上眼睛即成长毛兔。④ 水油酥面团加精盐，制成篱笆和房子(6 片饼干)生坯，置入烤炉烘烤成熟，摆入盘中。将干绿果丝撒在盘上形似绿草，摆入长毛兔即成。

风味特点　构思巧妙，口感软糯，椰子香味浓郁。

技术关键　烫鱼胶粉时须边淋沸水边搅拌，以免生粒，蛋清搅拌时间不可过长。

品评　原料巧妙的搭配，细腻的制作，在制造出一种童话般氛围的同时，也将一道美食呈现于人们眼前。

(二十四) 四川省菜点文化与代表作品

1. 四川省菜点文化概述

四川省菜点是中国著名地方风味流派——川菜的重要组成部分。在长期的历史发展过程中，川菜尽力适应人们的饮食需求，逐渐形成了自己的特色，拥有了独特的文化内涵，扎根于四川，并不断扩展到全国乃至世界，掀起了一起又一起的美食波澜。

(1) 沿革。就历史渊源而言，当今的四川省菜点与重庆直辖市菜点血脉相连，很早就共同构成了举世闻名的川菜。而川菜作为中国最具特色的地方风味流派之一，历史悠久，名闻遐迩。从现有资料和考古研究成果看，川菜孕育、萌芽于商周时期的巴国和蜀国。从秦汉至魏晋，是川菜的初步形成时期。《华阳国志·蜀志》说:“始皇克定六国,辄徙其豪侠于蜀,资我丰土。家有盐铜之利,户专山川之材,居给人民,以富相尚。”丰厚的物质基础,加上四川土著居民与外来移民在饮食及习俗方面的相互影响与融合,直接促进了川菜的发展。到了唐宋,四川尤其是成都平原经济发达,人员流动较为频繁,川菜与其他地方菜进一步融合、创新,由此进入蓬勃发展时期。明清时期,是川菜的成熟定型时期。这时,川菜在前代已有的基础上博采各地饮食烹饪之长,最终在清朝末年形成一个特色突出且较为完善的地方风味体系。新中国成立后,尤其是 20 世纪 80 年代后,川菜进入繁荣创新时期,主要表现为:烹饪技法的中外兼收,馔肴风格的多样化、个性化、潮流化,筵宴的日新月异和饮食市场的空前繁荣。这一时期的四川菜点焕发出青春活力和勃勃生机,凭借独特的个性和魅力,让无数海内外美食爱好者向往。

(2)构成。在明清时期,四川菜点已拥有了结构完整的风味体系。这个体系由筵席菜、三蒸九扣菜、大众便餐菜、家常菜、风味小吃五大类构成。《成都通览》中记载的 1000 余种清末成都风味菜点都属于这五大类。20 世纪 80 年代后,火锅从四川菜点的一个品种发展成冲击力极强、数量众多的系列品种,打破了原有的菜点格局。如今,四川省菜点由多个层次、树状结构组成。第 1 层为菜肴、面点小吃、火锅 3 大类,呈三足鼎立之势。第 2 层则由 3 大类各自派生衍变出的多个小类构成。就菜肴而言,以原料分,有海产、河鲜、禽畜、蔬果等类型;以性质分,有筵席菜、大众便餐菜、民间家常菜等类型。面点小吃有筵席点心、风味小吃等类型;火锅有火锅宴、普通火锅等类型。而由于派生衍变关系,四川省菜点的构成还有多个层次。如民间家常菜下有江湖菜、私房菜等类型,江湖菜又由许多品种构成。

(3)特点。

用料广泛,博采众长。四川菜点不仅充分发现与使用本地出产的众多优质烹饪原料,而且大量引进与采用外地、外国的烹饪原料。在优质特产原料中,禽畜类有猪、牛、羊、鸡、鸭,水产类有江团、雅鱼、石爬鱼、青波、岩鲤等,蔬菜类有豌豆苗、韭黄、冬葵、莼菜、芋艿等,山珍野蔬类有虫草、银耳、竹荪、蕨菜、椿芽等,它们为四川菜点总体上的价廉物美打下了坚实基础。从古至今,四川从外地、外国引进的烹饪原料不胜枚举,而最具影响力的主要有二:一是明末清初从海外引进的辣椒,在四川由单一蔬菜演变为几乎所有菜肴中不可缺少的辣味调料,使四川菜点发生了划时代的变化;二是改革开放以后从广东沿海引入生猛海鲜,为四川菜点锦上添花,极大地提升了川菜的形象。

调味精妙,善用麻辣。长期以来,制作者利用四川得天独厚的优质的单一调味品,如自贡井盐、汉源花椒、成都二金条辣椒、郫县豆瓣等,进行一次性调味,调制出千变万化的味道,展示了高超、精湛的调味技艺。到 20 世纪末,一些有识之士又开始大量使用复合或新型调味品进行分阶段调味,在一定程度上保证了调味质量的稳定,也出现了一些新的味型。如今,四川菜点的常用味型达 20 余种,而且清鲜与醇浓并重。但不可否认的是,在调味上最独到的还是善用麻、辣,涉及麻、辣的常用味型多达 13 种。制作者不仅使用各种形态的辣椒及其制品,如鲜辣椒、干辣椒、泡辣椒、煳辣壳、辣椒油、豆瓣酱,而且使用胡椒、芥末、姜、葱、蒜等调味,出现了拥有不同层次、不同风格辣味的众多味型,有麻辣味型、鱼香味型、怪味味型、家常味型等。四川菜点有“一菜一格,百菜百味”和“味在四川”的美誉。

烹法多样,别具一格。四川菜点在 20 世纪 80 年代以前使用的基本烹饪方法有近 30 种,到 20 世纪末,又吸收借鉴了许多外地、外国的烹饪方法,如煲法、串烤法、脆浆炸法和铁板烧法等,使烹饪方法更加丰富多样。但是,最具特色、最能反映出四川菜点在制作过程中用火技艺精绝的则是小炒、干煸和干烧。小炒,是将刀工成型的动物原料码味码芡,用旺火、热油炒散,再加配料、烹滋汁，使菜肴成熟。其妙处在于快速成菜。干煸，是川菜独有的烹饪方法，是将刀工处理的原料放入锅中，用中火、少许热油不断翻拨煸炒，使原料脱水、成熟、干香，妙在成品酥软干香。干烧，是四川又一特殊烹饪方法，用红油炒糖后再将熟处理的原料放入锅中，加适量汤汁，先用旺火煮沸，再改中小火慢烧，使半糖汤汁逐渐渗透到原料内部，或者粘附于原料之上。

(4) 成因。一方水土养一方人。同时，在一定意义上说，四川人口的迁移变化与习俗对其菜点特色的形成也起了至关重要的决定或推动作用。

地理依托。从地理环境看，四川位于长江中上游的内陆地区，四周群山环抱，中有沃野千里，江河纵横。而在四周群山护卫下，四川既无严寒又无风沙，气候温和，雨量充沛，加之有都江堰水利工程，更使得水旱无忧，早在古代就被称为“天府之国”。这里动植物门类齐全，物产丰富，不仅六畜兴旺、鲜蔬常青，而且山珍野味遍布山野，江鲜河鲜应接不暇，品质奇特优异。依托这些坚实、雄厚的物质基础，四川菜点形成了自己的用料特色。何满子在《五杂侃》中评价成都的蔬菜时说：“小小蔬菜，本非珍贵之物，但也算是一种饮食文化”，“加上特有的烹调方法，在构成这个城市的性格和风采上，起着它的一份作用”。其实，禽畜、河鲜等原料也是如此。

历史积淀。从历史发展看，四川的历史可以说是一个移民的历史。据《华阳国志》等史料记载，从秦朝前后到清末，由政府组织的大规模移民入川行动就有 5 次。专家考证说，现在的四川人中祖籍为四川者最多占 20%左右，80%左右为移川人口。民国《资中县志》言：“资无六百年以上土著，明洪武时由楚来居者十之六七，闽赣粤籍大都清代迁来。”来自中原、湖广等地的移民带来了多种多样的生产生活方式，丰富了四川菜点的技法和品种，更使其逐步形成了善于借鉴、吸收的优良传统。古语说，“有容乃大”，四川菜点正是在不断适应和满足日益交融的大量移民与原住居民的饮食需求基础上，通过兼收并蓄而在用料和技法等方面有了自己的特色。进入 20 世纪 80 年代，随着改革开放的深入，人员流动异常频繁，餐饮竞争空前激烈，制作者有意识地继承优良传统，根据人们的饮食需求，不断吸收、借鉴外地外国的原料与烹饪技法，在保持已有特色的前提下大胆改革创新，为四川菜点的特色注入了新的内涵与活力。

民俗传承。从社会民俗看，四川人历来崇尚饮食美味，喜欢悠然闲适。东晋常王象《华阳国志》言：蜀人“尚滋味”、“好辛香”。说明远在汉晋时期，四川人就已经以崇尚味道，尤其是喜爱辣味、刺激味和芳香味而著称。这是四川菜点在调味上的基本特色，也是四川人基本的饮食习俗。《隋书·地理志》言：蜀地“士多自闲……聚会宴饮，尤足意钱之戏”。《岁华纪丽谱》则详细记载了宋代成都的游宴盛况。这些民俗直到今天仍然不同程度地非常顽固地保留着、传承着。当今的四川人，随着经济和生活水平的不断提高，对饮食的需要也日益提高，不再满足于传统，而是不断追求新奇、变化，在诸因素驱使下，迫使四川菜点在基本特色尤其是调味特色不变的基础上兼收并蓄、推陈出新，不断繁荣兴盛。

2. 四川省菜点著名品种

1984 年初次编撰《川菜烹饪事典》时，收录了 1983 年以前川菜著名品种 417 种，而当时的实际品种在 3000 种以上。到 1998 年修订《川菜烹饪事典》时，该书收录的四川名菜点共 1046 种，而实际品种在 5000 种以上。如今，菜点的创新速度越来越快，新的名菜点源源不断地涌现，并且呈现出强烈的个性化、潮流化趋势。这里，仅以菜点的知名度与影响力(市场占有率)、用料与工艺特色、美学与营养价值等因素为依据，分类列出四川菜点的部分名品。

(1) 传统名菜类。用家畜制作的名菜有回锅肉、鱼香肉丝、蒜泥白肉、锅巴肉片、荷叶蒸肉、龙眼烧白、水煮牛肉、灯影牛肉、夫妻肺片、毛肚火锅等。用禽蛋制作的名菜有宫保鸡丁、棒棒鸡丝、红油鸡片、贵妃鸡翅、鸡豆花、樟茶鸭子、虫草鸭子、椒麻鸭掌、竹荪肝膏汤、椿芽烘蛋等。用河鲜制作的名菜有清蒸江团、干烧岩鲤、砂锅雅鱼、东坡墨鱼、大蒜石爬鱼、糖醋脆皮鱼、葱酥鲫鱼、凉粉鲫鱼、水煮鱼、干煸鳝鱼等。用海产制作的名菜有干烧鱼翅、菠饺鱼肚、菊花鲍鱼、绣球干贝、酸菜鱿鱼、家常海参、金钱海参、酸辣海参等。用蔬果制作的名菜有开水白菜、麻酱凤尾、干煸苦瓜、拌侧耳根、灯影苕片、麻婆豆腐、家常豆腐、过江豆花、杏仁豆腐、雪花桃泥等。

(2) 传统名点类。属于筵席点心的名品有波丝油糕、炸春卷、荷花酥、菊花酥、萝卜酥、韭菜盒子、慈菇枣泥饼、玫瑰紫薇饼、牛肉焦饼、枣糕、龙眼包子、南瓜蒸饺、翡翠烧卖、八宝羹、青菠面等。属于风味小吃的名品有龙抄手、钟水饺、赖汤圆、韩包子、担担面、甜水面、鸡丝凉面、宜宾燃面、蛋烘糕、鸡汁锅贴、川北凉粉、洞子口张凉粉、叶儿粑、三大炮、糖油果子等。

(3) 创新名菜类。用家畜制作的创新名菜有跳水兔、一把骨、大刀耳片等。用禽蛋制作的创新名菜有钵钵鸡、酱爆鸭舌等。用河鲜制作的创新名菜有开门红、少坤甲鱼、藿香泡菜鲫鱼、盆盆虾等。用海产制作的创新名菜有香辣蟹、泡椒墨鱼仔等。用蔬果制作的创新名菜有白油芦笋、生拌茼蒿等。

(4) 创新名点类。属于筵席点心的名品有像生胡萝卜、风味抛饼、黄金大包、土司香芋卷、奶香玉米饼、椰香八宝粥、田园野菜饼、千层萝卜酥、糯香芝麻球、蜜汁蛋黄粑等。属于风味小吃的名品有乐来锅魁、灌汤生煎包、泡沫果茶、菊花石榴鸡、果味冰粉等。

(5) 名火锅类。四川在毛肚火锅的基础上，常常通过变换汤汁和主要原料创制出一系列著名的新品种，有鸳鸯火锅、酸菜鱼火锅、火锅鸡、啤酒鸭火锅、排骨火锅 、羊肉火锅、海鲜火锅、鱼头火锅、菌类火锅以及麻辣烫小火锅等。 (杜　莉　包奕燕)

3. 四川省菜点代表作品

(1) 鸡汤灌鳜鱼

典故与传说　此菜源于“公馆菜”系列菜品。成都是历史文化名城，是旧时代名流缙绅会聚之地。这些人所住宅院，称之为“公馆”，其主人对烹调技术极为讲究，“食不厌细”，创造出许多脍炙人口的美味佳肴，逐渐形成川菜中一支文化含量高、刻意追求口感、讲求滋补、技艺复杂的“公馆菜”系列。鳜鱼，又名鳑花鱼，也称桂鱼，扁形阔腹，肉质细嫩，口巨鳞微，骨疏刺少，为世人推崇。唐人张志和有“西塞山前白鹭飞，桃花流水鳜鱼肥”的赞美。春秋两季，为食鳜鱼的黄金时节，世有“三月桃花开，鳜鱼上市忙；八月桂花香，鳜鱼肥又壮”的俗谚。鳜鱼和鸡汤结合，体现出制作者突出鳜鱼鲜香嫩滑，营养丰富的独特匠心。此菜用高温浓鸡汤将生鱼片在餐桌上现场烫熟，鱼片由生至熟，由软变硬，变化奇妙，鱼片极其细嫩，深受消费者喜爱。

制作过程

制作者：陈后春

① 原料：鳜鱼 1 条(约重 650 克)，芋结 1 盒，鸡腿菇 50 克，珍珠菌 30 克，牛肝菌 30 克，鸡汤 2000 克，鸡油 80 克，鸡精 10 克，鸡粉 10 克，鸡汁 10 克。② 先将鱼宰杀洗净，去鳞，去皮，斩鱼头、鱼尾待用。将鱼肉切成薄片，用清水冲干净，再用冰水镇一下，以达到鱼片光亮与脆滑，控干水分待用。③ 锅中加水烧开，放入鱼头、鱼尾、芋结、鸡腿菇、珍珠菌、牛肝菌，

煮熟捞起装入盛器中，再将鱼片一片一片地摆上待用，并摆上头尾。④ 锅中加入鸡汤 2000 克，放入鸡精、鸡粉、鸡汁，调好味，加入鸡油，盛入汤罐中，同先前做好的鱼片一起上桌，现场将鸡汤倒入，30 秒后即可食用。

风味特点　色泽明快，造型优雅，滑嫩爽口，味极鲜美，营养丰富。

技术关键　片鱼的刀工要求熟练、均匀、整洁，鱼片在鸡汤中制熟时要掌握好时间和火候，否则影响鱼片的嫩度。

品评　采用正宗土鸡熬制 6 小时的汤料，与天然野生菌搭配，营养甚为丰富，味极鲜美，鳜鱼片吸收了汤料的精华。制作技法上保留了“公馆菜”制作精细、技法考究的一贯传统，成菜鲜香细嫩，色型美观，赏心悦目，富贵华丽。

（2）黑椒牛仔骨

典故与传说　牛仔骨即小牛肉的肋骨，是西餐常用的原料。近几年被我国广泛应用，有美国进口的，也有意大利、丹麦、新西兰产的，肉质软嫩，略带软骨，在西餐菜品中比比皆是。黑椒即黑胡椒，是西餐常用的调味原料，二者的完美结合形成了一款经典、传统的西餐菜式。此菜借鉴和参考西餐的黑椒牛排，结合川菜的调味品和四川人的口味改良而成。

制作过程

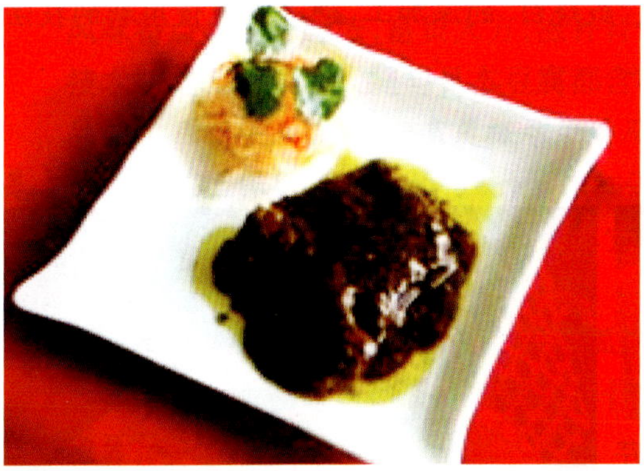

制作者：程　涛

① 原料：意大利雪花牛仔骨 150 克（1 人份），洋葱 20 克，西兰花 8 克，黑胡椒碎 3 克，黑椒汁 5 克，辣味子酱 5 克，排骨酱 3 克，味精 0.5 克，胡椒 1 克，料酒 5 克，鸡精 1 克，青椒米 5 克，红椒米 5 克，烹调油 15 克，生抽、鱼露、生粉、嫩肉粉适量。② 将牛仔骨切成 7 厘米的块，用清水漂洗，揩干。将黑胡椒碎、黑椒汁、辣味子酱、排骨酱用烹调油炒制 40 分钟，加鲜汤、味精、胡椒、料酒、鸡精、青椒米、红椒米，炒香成黑椒汁。③ 胡椒、料酒、味精、生抽、鱼露、生粉、嫩肉粉，放入牛仔骨中拌匀腌制 30 分钟。④ 将腌好的牛仔骨放在扒炉上，制成九成熟，装入盘中，浇入炒好的黑椒汁，配焯熟的洋葱、西兰花垫底即成。

风味特点　造型新颖，口感嫩滑，黑椒味浓，佐以红酒，气氛更佳。

技术关键　腌制要到时间，炒料火候到位，切忌过火、炸焦煳。

注　12 人份的用料为牛仔骨 150 克×12 块，洋葱 240 克，西兰花 100 克，黑胡椒碎 30 克，黑椒汁 60 克，辣味子酱 60 克，排骨酱 40 克，味精 3 克，胡椒 4 克，料酒 40 克，鸡精 4 克，青椒米 50 克，红椒米 50 克，烹调油 70 克，生抽、鱼露、生粉、嫩肉粉适量。

品评　借鉴和参考西餐的成功之处，引进西餐原料，再以中餐烹饪的角度和方式改良创新，是现在中餐技法的流行趋势，如港式粤菜中的做法在这方面就运用得非常得当。此菜做法中西结合、造型新颖、口感嫩滑、风味浓郁，是一款较为成功的菜式。

（3）百年千层肉

制作过程

① 原料：五花肉 600 克，荷叶饼 12 张，绿叶时蔬约 200 克，盐 4 克，味精 3 克，特制川式卤水、糖色、蚝油适量。② 将五花肉粗加工后改成长、宽约 10 厘米见方的块，氽水后在肉皮表面均匀抹上糖色，入六成油温中炸至

风味特点 洁白素雅，汤鲜味美，滑嫩爽口，酸辣开胃。

技术关键 将鱼肉打成茸后打成糁，要注意鱼茸与蛋清、鲜汤、水豆粉配放比例和先后次序，同时要顺着一个方向搅打上劲。

品评 此菜虽用料简单，但做工精细，技术含量高。成菜营养丰富，汤鲜味美，滑嫩爽口，洁白素雅，可谓“清水出芙蓉，天然去雕饰”。

(11) 姜仔鸭

典故与传说 姜子牙是中国历史上家喻户晓、声名显赫的人物。他满腹经纶，文武兼备，不论是治国安邦或是用兵作战，都能够审时度势，趋利避害，巧用谋略，先计后战，表现出高人一筹的决策方法和指挥艺术，因此被史学界誉为谋略家的开山鼻祖。此菜是一款新派川菜，主要用仔鸭和姜加工而成，制作者为了让此菜吸引人，故取其谐音而命名。

制作过程

制作者：陈后春

①原料：鸭子（约重750克），青红椒各20克，泡仔姜40克，精盐6颗，料酒20克，豆瓣20克，味精1克，鸡精2克，胡椒粉1克，色拉油1000克（耗75克），白糖10克。②将鸭子切成1.5厘米的丁，用精盐、料酒腌渍20分钟。泡子姜切成0.5厘米的粒。③将鸭丁氽水，滤干水分。锅置火上，倒入色拉油烧至170℃，将鸭子轻拉油，待用。④锅留少许油，放入仔姜、豆瓣炒香，放入鸭煸炒，放入料酒、味精、鸡精、胡椒粉、少许白糖，放入青红椒粒炒香即成。

风味特点 醇香滋润，泡姜味浓郁，风味独特。

技术关键 鸭肉要提前腌制，去异增香，烧油时注意油温，不能将鸭丁炸干，要保持其滋润的口感。

品评 大众化的原材料综合使用，工艺虽然简单，但较有新意，体现出了川菜的特点。

(12) 瓜香烩鱼唇

制作过程

制作者：杨青林

①原料：水发鱼唇200克，水发竹荪100克，南瓜茸40克，牛腿南瓜1个，青红尖椒各1个，淀粉15克，美国辣椒仔30克，浓鸡汤500克，盐6克，白醋2克，味精2克。②将牛腿南瓜划成两半，将其中的一半去内瓤，上笼蒸熟即成南瓜盛器。去掉的内瓤与另一半的内瓤一并捣成南瓜茸。③将水发鱼唇与水发竹荪切成0.30厘米×0.38厘米的丝，经焯水后待用。青椒与红椒均切成圈待用。④锅置中火上，加入浓鸡汤、水发鱼唇、水发竹荪烧沸，加入辣椒仔、盐、醋、南瓜茸、味精调味，用水淀粉勾芡收汁后起锅，倒入南瓜盛器中，加入青红椒圈点缀即成。

风味特点　酸辣可口，富贵大方，口感嫩爽，实为夏季佳品。

技术关键　烩制时控制好火候，以保证鱼唇滑嫩的质感。

品评　高级原材料鱼唇和普通原材料老南瓜相结合，中西调味品配合使用，使整个菜品层次分明，口感丰富，味型多变，主味突出，造型美观，酸辣可口，实为夏季佳品。

(13) 养生胡萝卜

制作过程

制作者：陈　君

① 原料：胡萝卜 200 克，糯米粉 50 克，澄粉 20 克，白糖 100 克，炼乳 1 听，色拉油 20 克，奶黄馅 200 克，椰蓉 50 克，芹菜茎适量。② 芹菜茎改段，劈几刀成胡萝卜根状 12 个。将胡萝卜洗净后去皮，切成 2 厘米厚的薄片，上笼蒸至熟软，取出捣成茸，并用纱布将水分滤干。在胡萝卜茸中加入糯米粉、白糖、炼乳以及少许色拉油。将澄粉用开水烫后加入拌和均匀。③ 将和好的粉团取 15 克剂，包入 8 克奶黄馅，在案板上搓成胡萝卜形状，然后在表面沾上椰蓉即成生坯，入冰箱冷藏。④ 将生坯放入 120°C 的油锅中浸炸，炸至表皮变硬、表面呈现胡萝卜的本色时捞出，将芹菜茎作根逐一插入，即可食用。

风味特点　形态逼真，甜香味浓，口感软糯，富含维生素。

技术关键　澄面烫好后再加进去，做好后冻一下再炸制。炸制时油温不能过高，馅心要包在正中心，否则易露馅。

品评　色泽艳丽，造型生动逼真，形似胡萝卜，给人回归自然的感觉，诱人食欲。

(14) 千层萝卜酥

制作过程

制作者：陈　君

① 原料：高筋粉 200 克，低筋粉 30 克，起酥油 100 克，白萝卜 200 克，火腿 100 克。② 低筋粉加上起酥油制作成油酥面，高筋粉加上低筋粉及水制作成油水面。③ 白萝卜、火腿切丝，入锅炒成咸鲜味成馅。④ 油水面包油酥面，擀好后开皮，包入馅，入锅中炸制，呈淡金黄色且浮在油面上即可。

风味特点　色泽金黄，层次分明，形状美观。

技术关键　水油面团和油酥面团的软硬度要一致，开酥时用力要均匀，扑粉要适中，包馅成形时注意手法，大小要整齐一致。注意油炸的油温和时间。

品评　此品种色泽金黄，层次清晰整齐，造型美观。

(15) 生菜酱肉包

制作过程

① 原料：面粉 200 克，酱肉 150 克，酵母 5 克，生菜 50 克，色拉油 1000 克。② 面粉中加入酵母及适量水，调和成发酵面团。酱肉切成小颗粒状，锅内略炒备用。③ 将发好的面团下剂(10 克左右)，擀成直径为 6 厘米左右的圆片，下入油温在 180°C 的油锅中，炸至其充分膨胀成圆球、表面呈浅黄色即可。④ 将圆球从中剖开(但不可剖断)，将生菜叶垫底，把酱肉放在生菜叶上，夹在剖口处摆盘即可。

制作者：陈　君

风味特点　形状美观，皮酥脆，馅肉酱香味美，生菜爽口。

技术关键　面团要发酵均匀，锅内油温要高，擀皮时一定要均匀、不可太薄。

品评　此品种颜色鲜艳，造型美观，酥脆爽口，令人食欲大增。

(16) 空心玉米饼

制作过程

制作者：陈　君

① 原料：玉米粉 100 克，白糖 30 克，色拉油 1000 克。② 将玉米粉中加入白糖，加 60℃温水调制成粉团。将粉团用刀切成 10 克的小剂，擀成圆皮。③ 将圆皮放入 120°C 油锅中，炸至其膨胀后、表面呈金黄色时捞出沥油。

风味特点　酥香可口，玉米香味浓郁，饼中空心而形饱满。

技术关键　选用熟玉米粉，擀皮时不要太薄，下锅时油温不可过高。

品评　此品种色泽金黄，形似气球，中空，口感酥脆爽口，造型美观。

(17) 南瓜抄手

典故与传说　南瓜抄手是在龙抄手的基础上演变的。龙抄手，1941 年开设于成都悦来场，上世纪 60 年代后迁入春熙南段至今。龙抄手筹建时，创办者张光武等人在“浓花茶园”商议办店之事，便借“浓花茶园”的“浓”字谐音为“龙凤”之“龙”，将店名取为“龙抄手”。龙抄手开店之初，以经营抄手为主，兼营玻璃烧卖、汉阳鸡等。抄手的品种有原汤、炖鸡、海味、清汤、酸辣、红油等。南瓜抄手选用老南瓜作皮而成，是菜与点的完美结合，深受广大顾客的喜爱。

制作过程

制作者：罗　文

①原料：老南瓜300克，猪肥瘦肉200克，鸡蛋液20克，料酒15克，味精1克，精盐6克，胡椒粉1克，香油5克，姜、葱各20克，鲜汤200克，猪油10克。②老南瓜去皮，片成薄片，放置一段时间或加入少许精盐，腌制片刻即成抄手皮。猪肉去筋，捶成细茸，加食盐、鸡蛋液、胡椒粉、料酒、味精等搅拌，加姜葱汁水、鲜汤，搅拌至呈黏稠糊状，加香油搅匀即成馅。淀粉加蛋清调成蛋清淀粉糊做黏合剂使用。③取南瓜抄手皮1张，将馅心置皮正中，对叠成三角形，再将左右两角尖向中折叠粘合(粘合处抹少许淀粉糊)成菱角形即成抄手生坯待用，放入冷藏柜。④将精盐、胡椒粉、味精、猪油等调味品均匀分于小碗内，每碗加入较多的原汤。锅内加入清水烧沸，放入抄手，煮至熟时捞出，置于已定味碗中即成。

风味特点　色泽橘黄，造型美观，口味清香。

技术关键　南瓜要选用实心老南瓜，实心南瓜易包制成形且皮不易破裂。猪肉应选择用肥三瘦七的比例，且肉一定要去筋，捶成细茸。包制成形时馅心不能太多或太少，皮和馅心的比例搭配要适当，且用蛋清淀粉糊粘牢。煮抄手时要水宽、火旺，但不能沸腾过烈，以防抄手皮碎烂。煮抄手时要点水，这样既能煮透，皮又不会破裂。

品评　此品种利用南瓜来制作抄手皮，创意新颖，色泽鲜艳，口感细腻清香，富有浓郁的南瓜风味。

(18)酸奶豌豆糕

制作过程

制作者：罗　文

①原料：豌豆300克，固体酸奶200克，琼脂50克，白糖150克，椰丝50克，炼乳30克。②将豌豆入锅煮至豆软烂翻沙，起锅，沥干水分，放于滤筛中反复擦至豆泥均匀滤出。③锅内清水烧沸，下琼脂，用小火熬至琼脂完全溶化，加入炼乳和豌豆泥煮至水分完全蒸发，最后加入白糖煮至溶化起锅，装入方形的盘器中冷却，放在冷藏柜待用即可。④将冷却的豌豆糕用刀切成小方块，再将其两两重叠，中间夹上一层酸奶，表面点缀上少许椰丝即可。

风味特点　色泽淡黄，软糯香甜，造型美观。

技术关键　煮制豌豆时要控制好火候和时间。熬琼脂要用小火，避免熬焦。夹酸奶时注意用量，只需薄薄一层即可。

品评　此品种造型美观，细腻甜润，清凉爽口，老少皆宜，诚为清暑纳凉之佳品。

(二十五)重庆市菜点文化与代表作品

1. 重庆市菜点文化概述

重庆位于青藏高原与长江中下游平原的过渡地带。气候属亚热带季风性湿润气候，年平

将冷到极致作为思考点，研究出冷火锅，使重庆火锅出现热如烈火、冷若冰霜两种形式，在重庆餐饮业各有席位。

制作过程

制作人：吴进建

①原料：牛黄喉 100 克，土鳝鱼 100 克，毛肚 100 克，牛肉 100 克，青笋 100 克，黄豆芽 100 克，青葱 100 克，盐 5 克，味精 50 克，花椒 20 克，辣椒 20 克，红油 30 克，姜 10 克，蒜 10 克。②毛肚、牛肉、黄豆芽氽水待用，青笋切片、葱切节待用，原料整齐放到盘中成形。③红油花椒面兑成汁，装入汁杯，一起上桌，即成。

风味特点　色泽多样，质地脆嫩，麻辣适中。

技术关键　选料精致，刀口均匀。

品评　此菜方便上桌，没有热气和油烟味，热火锅的特点是麻、辣、鲜、香、烫，冷火锅的特点是麻、辣、脆、嫩、凉，深受消费者喜爱。

（2）宫保鲶鱼拌芒果

制作过程

制作人：陈　卓

①原料：野生鲶鱼 800 克，芒果 3 个，熟腰果 50 克，青红椒块各 10 克，小葱节 10 克。②活鲶鱼杀好洗净后，取肉厚处改刀成方丁（6 毫米），码味上粉后待用。将芒果去核，取 1/2 改刀成丁，另一半改刀成花瓣，青红椒改刀成块各 3 克，小葱头改刀成节（2 厘米）。③主料氽水后，锅上油，放入番茄酱 25 克，白糖 60 克，醋 50 克，盐、味精少许与主料一起翻炒入味，加入小葱节，勾少许薄芡起锅。④起锅后放入盘中再把芒果与青红椒块、熟腰果均匀的撒在上面，将芒果花瓣摆盘即可。

风味特点　色泽亮丽，宫保味浓，芒果鲜香。

技术关键　鲶鱼鱼腥味大，在码味时要多做处理，否则会影响整个菜品的质量。芒果起锅后放入，过早放入易烂。

品评　传统味型，配上新的材料，吃一块软糯的鲶鱼肉，再品一块香甜的芒果，甜香适宜，色香味俱全，诱人食欲。

（3）干绷鸭丝卷

制作过程

①原料：板鸭 1 只，仔姜 50 克，韭黄 50 克，蛋皮 1 张，面包糠若干。②将板鸭蒸煮去骨改刀成丝状，仔姜改刀成丝，韭黄改刀成段待用。③将仔姜丝、韭黄码味，用蛋皮将板鸭丝、仔姜丝和韭黄一起包成长约 8 厘米，直径约 2 厘米圆柱形，用蛋浆沾裹好放入面包糠里翻滚待用。④锅上油，待油温升至七成热时，放入蛋卷炸至金黄色起锅，改刀成棱形入盘即可。

制作人：陈　卓

风味特点　外酥内嫩，仔姜味浓，鸭香味厚。

技术关键　在包鸭卷时不能包得过大，否则不易炸熟。在炸鸭卷时，温度不宜太高，否则炸煳会影响整体色泽。

品评　板鸭是重庆为数不多的老字号土特产之一，产于重庆近郊的白市驿。板鸭的制作方式是先将清理干净的鸭用调料腌制码味，然后用竹棍撑起鸭身晾，使之挺拔，晾干后用炭火熏烤而成。板鸭的成名，也成就了重庆一句地方俚语：白市驿的板鸭——干绷。其一是指板鸭的制作过程，要用竹棍将鸭身绷起，其二是引申意，指某人打肿脸充胖子，在强撑。本菜肴厨师取其"干绷"俚语并寓以新意。韭黄是柔的，蛋皮是软的，仔姜丝是脆的，唯有板鸭丝是挺拔的，在一团柔弱里"干绷"着，透出浓郁的香气。

（4）酸醡面蒸蛙腿

制作过程

①原料：蛙腿500克，玉米100克，青豆100克，酸醡面60克。②将蛙腿去皮改刀成丁，用黄酒、盐、味精少许，胡椒面码味待用。③将酸醡面与码好味后的蛙腿、玉米粒、青豆一起加入少许碘盐，味精拌匀上笼蒸。④蒸30分钟左右出笼，放上葱花即可。

制作人：陈　卓

风味特点　蛙腿细嫩，醡香浓郁，开胃爽口，玉米香味浓厚。

技术关键　蛙腿腌制时间不能过长，蒸制时间不宜过久，否则蛙腿脱水不细嫩。

品评　随着人工饲养规模的扩大，蛙肉烹制的佳肴越来越多，烧、炸、煎、炒、爆等烹制方法，随处可见。此品白嫩的蛙肉、碧绿的青豆、金黄色的玉米配在一起蒸制，成就了一款色、香、味俱佳的菜肴。

（5）麦香肚尖

制作过程

①原料：猪肚100克，麦粒80克，红椒粒、蒜薹粒各50克。②将猪肚洗净去皮改刀3成毫米正方丁，麦粒蒸煮待用，红椒、蒜薹切成小颗粒待用。③将猪肚码味上薄粉，用二三成油温滑熟待用。④锅上油，将野山椒末10克炒香，加入红椒、蒜薹粒、麦粒、肚尖一起翻炒至熟，上少许薄芡起锅入盘即可。

制作人：陈　卓

风味特点 山椒味浓，色泽光亮，造型美观，风味独特，口感丰富。

技术关键 肚尖不能用过高的油滑，否则会影响肚尖原有的嫩气，麦粒不宜蒸得过烂。

品评 此菜是佐酒的佳肴。“删繁就简三秋树，标新立异二月花”，原是指文人在作文时，不落入俗套，立意行文如同在寒风中抖擞的二月花，新颖、抢眼。这用在厨师身上，也是最恰当不过的了。永不满足，永不守成，敢于创新，是一个厨师获得成功的必备素质。这款“麦香肚尖”，就是厨师追求创新的成果。厨师大胆地将最为寻常的麦子与猪肚搭配，配以蒜薹、红椒，黄绿衬红，色泽光亮美观，充分体现了川菜灵活多变的特点，不失为一道创意新颖的美味佳肴。

(6) 生敲韭香鱼

制作过程

制作人：廖 健

① 原料：大河鲶鱼(净鱼肉约重 400 克)，抄手 100 克，韭菜 50 克，酸菜 50 克，野山椒 50 克。② 先将鲶鱼片成薄片，漂去血水，鱼片码上底味、蛋清粉，再沾上干生粉，用木椎均匀地敲打成厚薄一致的生胚，再下开水氽后改成大小一致的块待用。③ 酸菜、野山椒下锅炒出味，加鲜汤吃好底味，下抄手煮熟起锅盛盘里打底，下鱼片开锅，起锅盛抄手上，撒韭菜花，淋炸葱油即为成菜。

风味特点 色泽明快，酸辣清香，口感滑嫩，营养丰富，老少皆宜。

技术关键 木椎敲打鱼片一定要厚薄一致。

品评 1941 年创立于成都悦来场的龙抄手，做梦也没有想到，在今天会演绎出名目众多的新奇佳肴来。在这道菜里，抄手委屈地成了衬底，然而正是这衬底，才成就了这道佳肴。抄手的柔软，让厨师想到了同样细腻柔嫩的鲶鱼，正符合清者配清、浊者配浊的烹饪原理。为了使鲶鱼更加柔嫩，与抄手匹配，厨师还用木椎轻轻敲打鱼片。一道菜肴，做到这般细致，大概就只有生敲韭香鱼了。这也是传统菜“水晶芙蓉鸡片”的变种，但无论从观感和表现上，都要上档次得多，特别是鲶鱼片会对你产生一种欲罢不能的品尝刺激。

(7) 米椒煸线豆

制作过程

① 原料：嫩豇豆 500 克，红尖椒 100 克。② 豇豆切成 5 厘米的节，青红尖椒切成规格的丝。③ 豇豆下油锅炸成虎皮皱，捞起。另起锅，下尖椒煸出味，皱皮时下豇豆推转入味，下几滴香油起锅。

制作人：廖 健

风味特点 口感辣鲜，是一款佐饭的佳肴。

技术关键　油温要控制得宜，做到外部酥皮而内部嫩爽。

品评　夏天的田野，水田里稻谷迎风点头，田埂上立着竹架子，缠绕盘旋而上的豇豆苗，叶柄间垂下一串串成熟的豇豆，一旁是碧绿的辣椒苗，一颗颗朝天竖着的米椒抖擞着鲜亮的红、绿袍。这是成熟的季节，成熟季节里成熟的果实吸引了有心厨师的注意，一道田埂上的两种菜，随意地搭配在一起，自然天成，竟成了有着浓浓思乡情怀的美味佳肴。其实这是一款干煸菜肴的延续，虽然是素菜，却赏心悦目，口感脆爽，显示出厨师的高超技艺及文化素养。

(8) 民间风味藕

制作过程

① 原料：莲藕 400 克，农家老腊肉 100 克，蒜苗 50 克。② 莲藕去皮，老腊肉用火烧后洗净，和莲藕一起下锅煮熟，使莲藕渗透进了腊肉的特有香味，腊肉起锅改刀切片，莲藕切成一指条，蒜苗改成马耳形。③ 莲藕吃上卤味，起锅装盘。

制作人：廖　健

风味特点　口感粑糯腊香，是一款典型的农家风味菜。

技术关键　莲藕煮制不宜过烂。

品评　烹藕并非重庆菜的专长，只能出奇制胜。此菜奇在一个“卤”字，又与腊味相配合，给人一种全新的口感与想象。

(9) 如意富贵卷

制作过程

① 原料：猪前夹瘦肉 300 克，土鸡蛋 150 克，鲜鱿鱼 50 克，火腿 10 克，清水笋 50 克，香菇 50 克，菜胆 100 克。② 猪瘦肉绞碎，码味搅上劲，鸡蛋摊成蛋皮，把肉馅放在上面相对裹好成如意形，上笼蒸熟，切节定碗，盖上帽子蒸熟。③ 扣大圆盘上边围上菜胆，盖上三鲜，淋上玻璃芡汁成菜。

制作人：廖　健

风味特点　成菜大气，味型咸鲜，是一款很好的筵席头菜。

技术关键　蛋皮要摊得均匀，蒸制时间不宜过长。

品评　此菜主要体现出重庆菜厨师对咸鲜味型的准确把握，品尝此菜后谁又能说重庆厨师只能擅长麻辣二味呢？而更为可贵的是荤素搭配，达到了营养互补的目的。

(10) 油渣莲白

怀旧，成了时下人们共有的情愫。特别是经历过饥饿岁月和“文革”历程的人们，买什么东西都有定量，都要凭票才能买到，现在回想起来，恍若梦境。梦境里的日子虽然艰难，但却是伴随着青春年华一起走过来的。悠悠岁月，虽然艰苦，却隔不断思念情怀。这是道怀旧菜。

制作过程

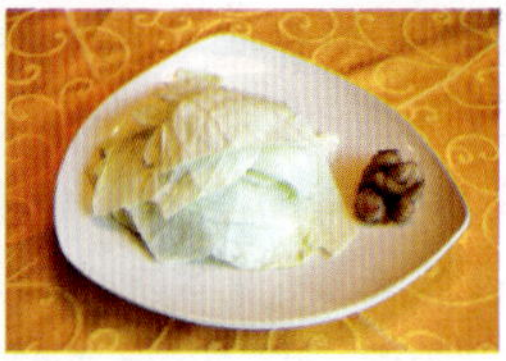

①原料：莲白菜500克，边油50克。②莲白菜去梗切块，边油切丁。③边油下锅煸香，下莲白菜炒断生，吃好味，起锅装盘。

制作人：廖　健

风味特点　是一款典型的回忆菜品，下饭。

技术关键　莲白下锅断生即起。

品评　这是一款重庆地区流行却又不起眼的菜，似乎人人都会做，然而它的重新出现却掀起一股消费的高潮。个中缘由，除了怀旧，还有吃惯了油腻后的人们对素菜的渴望。

(11)尖椒鸡

制作过程

①原料：仔鸡500克，青尖椒200克，红尖椒100克，花椒20克，仔姜20克，生抽25克，鸡精15克，味精5克，色拉油300克，料酒10克。②先将仔鸡剁成小块，起锅烧热油下花椒爆香，再下鸡块炒煎，同时下生抽爆香，再下青红尖椒、仔姜。③最后加入鸡精、味精，下料酒炒好起锅即成。

风味特点　麻辣鲜香，回味悠长。

技术关键　鸡块要完全炒去水分，然后改中火炒。

品评　对于重庆人，除了麻辣鲜香烫的火锅，最受青睐的恐怕就要数鸡了。翻开近年来的重庆饮食史，以鸡为原料，曾经辉煌风靡的有口水鸡、棒棒鸡、芋儿鸡、泉水鸡、辣子鸡等。这些菜肴经厨师精心制作，或鲜嫩，或鲜香，或麻辣，或软糯，都以其独特的风味令食客趋之若鹜。但是，永不满足的重庆厨师并没有止步，在他们辛勤的探索中，一款集众多鸡菜肴之长的尖椒鸡脱颖而出，并立刻以它的麻辣鲜香、回味悠长获得消费者的认可。此菜还避免了传统的尖椒鸡的干辣，使尖椒鸡回味更浓。

(12)干锅牛蛙

制作过程

①原料：去皮牛蛙500克，土豆片750克，干辣椒50克，青蒜50克，生抽、鸡精、盐、白糖、胡椒、料酒适量，香油5克，红油250克。②先将牛蛙剁成块，加盐、鸡精、胡椒、豆粉码味备用，土豆片用生抽码好备用。③另烧热油，分别将牛蛙、土豆片炸成金黄色待用，再起锅下红油烧热，下牛蛙、土豆片，再下干辣椒炒香，加入鸡精、白糖、料酒、香油，放入青蒜，起锅即成。

制作人：刘　平

风味特点　干香微辣，复合味浓。

技术关键　炸制的油温要控制适宜。

品评　人们耳熟能详的干锅系列很多，最常见的就是干锅鸡杂。干锅牛蛙就是由干锅鸡杂演化而来，但它又不受干锅的局限，跳出干锅藩篱借鉴了泰安鱼的某些做法，将干锅与烧、煎、炸等多种烹饪技法相结合，创新发展而成一道美味佳肴。此菜简单易做，推广性强。

（13）大蒜鲶鱼

制作过程

制作人：刘　平

①原料：鲶鱼肉750克，大蒜250克，泡红椒200克，泡姜50克，豆瓣酱100克，鸡精、味精各15克，白糖20克，胡椒10克，红油250克，猪油200克，豆粉50克，香菜25克。②先将鲶鱼剁成一指条，加精盐洗干净待用，起锅加色拉油1千克烧热，先炸好大蒜，再炸制鲶鱼条成金黄色待用。③另起锅加红油，猪油烧热，加豆瓣酱、泡红椒、泡姜爆香，加入鲜汤0.5千克，烧沸加入大蒜、鲶鱼、鸡精、味精、白糖、胡椒，用小火将鲶鱼烧入味起锅，放上香菜即可。

风味特点　成菜色泽红亮，软糯可口，泡椒味浓，蒜香突出。

技术关键　鲶鱼条一定要炸透。

品评　浓郁的蒜香冲去了鱼的土腥，充满挥发性味道的大蒜为辅料，主、辅料二者配伍，相得益彰。

（14）山城担担面

制作过程

制作人：王万全

①原料：盐5克，面粉500克，鸡蛋50克，水约175克，碱水4克，时蔬少许，油辣子辣椒3克，味精2克，鸡精2克，大蒜3克，姜汁3克，酱油3克，醋1克，花椒油1克，芝麻酱2克，牙菜米3克，花生粒3克，猪油3克，葱花2克。②先将面粉和鸡蛋、盐、碱水一起和匀，用压面机反复压成面皮，然后压成火柴杆粗细的面条备用。③锅里加入清水煮开，放入面条，用筷子挑散不要粘连，煮开后要加冷水，让其渗透。④将所有的调料放入小碗里，少加一点汤汁，用筷子拌匀，把煮熟的面条放入，放上煮熟的青菜和葱花即成。

风味特点　麻、辣、咸、鲜、香，略有醋味。

技术关键　面条煮得软硬适宜，味要调好。

品评　“小巷深处担担面，吆喝声声催人馋”这两句最能体现担担面的历史渊源，也最易

匀。烤时注意火候，边烤边翻，不要将肉烤焦。

天下一家酒店提供

品评 这是傣家招待宾客的一道佳肴。香茅草是生长在亚热带的一种茅草香料，学名香茅，云南主产于西双版纳和德宏州。其味异香，含天然柠檬香味，可提取香茅油，主要成分是香草醛、香草醇和香叶醇。香草醛为重要的食品香料。香茅油具有杀菌、消炎、舒筋、活络、止痛等功效。傣族常用嫩芽、小叶作香料烹制菜肴，其中最有名的要数香茅草烤鸡、烤鱼。香茅草烤鱼不去鱼鳞片，从鱼背剖开，去掉肚杂，将葱、辣椒、盐等佐料，放进鱼肚里，用香茅草捆好，用木炭小火慢烤至鱼熟透，食之味道鲜嫩奇香。此品有两个特点，一取青竹当容器，夹住鱼，经明火炙而成，故有竹之清香；二取西双版纳热带雨林盛产的香茅和大芫荽等调料调味，故具鲜香滋嫩、微辣回甜之美味。

（10）小锅卤饵块

典故与传说 饵，由稻米蒸熟、舂捣加工制成。昆明小吃中，最令人回味的要数端仕街翟永安的小锅卤饵块了。翟永安，玉溪州城金家营人，幼年丧父，家境贫寒，民国初年随母到昆谋生，学到一手烹调技术，在藩台衙门菜市上第一个摆摊售卖小锅煮品。原来的玉溪小锅煮品质量并不太高，仅仅使用小锅煮成，通常只罩点豆腐而已。翟永安用余肉、焖鸡、鳝鱼、叶子等罩帽，加上腌菜、豌豆尖、韭菜等配底，使小锅煮品具备了色、味俱佳的特点，经过不断研究改进，终于形成了一种具有地方特色的美味小吃，广为食客称道。1938 年藩台衙门市场拆除，翟永安迁到端仕街继续经营。端仕街虽然偏僻，但“酒香不怕巷子深”，大批食客仍然追踪而至，致使一条小小的端仕街，竟以小锅煮品知名。就在这段时期，翟永安又在原来的基础上，创造了小锅卤饵块、卤米线、卤面，并加罩脆梢、鲜豌豆等，使小锅煮品发展为民间美食。

制作过程

① 原料：饵块 150 克，鲜猪肉丝 7 克，水腌菜、豌豆尖各 10 克，熟鲜豌豆 5 克，精盐、味精各 1 克，咸酱油 2 克，甜酱油 4 克，肉上汤 10 毫升，红油 3 克，熟猪油 20 克。② 饵块切成 7 厘米长，粗二三毫米的丝。水腌菜切细丝。豌豆尖洗净切段。③ 特制铜锅上中火，放入猪油，下豌豆粒，下饵块丝，浇入肉汤、腌菜、肉丝、咸甜酱油后用碗翻扣在锅上。听到滋滋响声，汤汁快收干时，取碗，加入盐、豌豆尖，翻拌，加味精拌匀，淋入红油，出锅装盘。

天下一家酒店提供

风味特点　成菜油汪汪，红润润，香喷喷，滋润糯。

技术关键　下料注意先后，掌握好火候。

品评　翟永安的小锅煮品之所以能赢得如此盛名，首先是烹煮技术精到，火候及下料先后都有考究。选料更是严格，一锅浓酽的筒子骨汤是必不可少的，猪肉是精选的鲜嫩小公猪肉，饵块是由官渡冬吊米舂成，米线为复兴村纳家榨的，威远街“丁腌菜”家的腌菜，张官营的韭菜、豌豆尖，酱油必用浙江绍兴至味上等酱油。

(11) 宜良烤鸭

典故与传说　宜良烤鸭，已有600多年的历史，是云南省有名的传统菜肴。相传，在明洪武年间，朱元璋封颍川侯傅友德为征南首领，率领千军万马奔赴云南，傅同时带上了自己的家厨、南京著名的烧鸭师傅“李烧鸭”李海山。后来云南统一，傅友德回南京受封时却被朱元璋赐白绫而自缢身亡。“李烧鸭”闻讯不敢回南京，便隐姓埋名先后在宜良狗街、宜良蓬莱乡的李家营经营起烧鸭生意，并娶了位毛姓姑娘为妻。“李烧鸭”技艺世代相传，如今的“李烧鸭”已传至第28代。现在的宜良烤鸭除了现烤现卖，还建立了软包装食品厂，原料一律选用40天以内的嫩壮仔鸭，以祖传秘方调制生产出味香肉美的“滇宜”牌软包装宜良烤鸭。

制作过程

制作者：何　麟

①原料：壮仔鸭1只（1750克），花椒盐5克，蜂蜜5克，葱白10克，葱姜汁10克，甜面酱50克。②鸭子宰后烫褪毛羽，择净细毛，在左翅膀下切小口，掏出内脏、食袋，取下鸭舌，从关节处切去鸭翅前梢和鸭掌。用芦苇杆一节约10厘米长，削成叉形，从翅下小口放入胸腔，撑住脊骨与三岔骨，使鸭胸脯挺起，用清水漂洗干净，取鸭钩吊住头部，在左侧口吹气，使鸭皮张开，放入沸水锅中滚一滚，立即出锅，再用7厘米长的细芦苇秆两端削成斜形插入肛门，保持腹内汤水不外流。③用蜂蜜均匀涂抹鸭身，然后用鸭钩挂在鸭脖上，两只翅膀用小棍顶开，挂通风处晾皮二三个小时。腹内注入葱姜汁。烤鸭炉用干松毛网结成团（每炉需10千克左右干松毛），点燃炼炉，30分钟以后，炉体发热，松毛火苗已下，再用火铲将松毛炭火抚平。然后将鸭子吊在炉口上，盖上盖子，焖烤10分钟左右，转动一下腹背，让鸭体受热均匀，约30分钟成熟。④出炉后，拔去肛门芦苇秆，控出腹内汤汁，剖开斩成长条形，整齐入盘，保持鸭形，也可片皮切肉、剔骨熬汤。上桌时带花椒盐、葱白和甜面酱。

风味特点　色泽红艳，光亮油润，香脆鲜嫩，清香离骨，地方风味显著。

技术关键　鸭子必须清洗干净，腹内无污物，肛门要翻洗后再插入芦苇。松毛燃后，已无火苗出现，但炉体已能辐射出足够的热量。鸭体离松毛火炭约30厘米，下面放一个接油盘，避免鸭油入火，燃烧冒黑烟污染鸭子。涂抹蜂蜜和吊皮是色泽好坏的关键。

品评　宜良烤鸭是云南著名的烤鸭品种，它吸取北京烤鸭的优点，采用云南麻鸭用焖炉、暗火、吊烤成熟。其风味特点与北京烤鸭有着很大区别，自成完美风格。

(12) 炸昆虫拼

制作过程

天下一家酒店提供

① 原料:蚂蚱 100 克,竹虫 100 克,蜂蛹 100 克,水蜻蜓 100 克,精盐 6 克,花椒面 3 克,葱姜汁 50 克,花生油 80 克。②将蚂蚱去脚和翅,用开水烫后控干水分,入碗下葱姜汁,腌渍 2 分钟,滗干水分,稍晾。③锅上火,注入花生油,烧至四成热,下蚂蚱炸至金黄色捞出沥油。锅上火,注入花生油,烧至四成热,把竹虫、蜂蛹、水蜻蜓分别炸好。④把炸好的蚂蚱、竹虫、蜂蛹、水蜻蜓拼放在盘中,点缀即可。精盐、花椒面调和装盘带上。

风味特点 鲜、香、脆、麻,别具风味。

技术关键 蚂蚱炸时一定要去脚刺和翅翼,否则炸出来不清爽,特别易糊锅。花椒宜用新椒。

品评 云南人吃昆虫是沿袭了古老的食俗,蝗虫、蚕蛹、树虫、飞蚂蚁、幼蜂、蜘蛛等几种昆虫在云南人眼里是美味。蚂蚱,学名蚱蜢,农业害虫。云南彝族有"油炸蚂蚱"的美食,每年火把节,在石林举行摔跤活动,用油炸蚂蚱下酒,预祝丰收。饭桌上摆上几碟别具风味的菜肴——炸蜂蛹、焙蚂蚱、炒蕨菜等,全家人团团围坐,一齐举筷,痛痛快快地吃起来,真是一种难得的享受。昆虫食品不仅含有丰富的蛋白,而且蛋白纤维很少,容易被吸收,味道更是干香无比。

(13) 豆花米线

典故与传说 豆花米线,是昆明有名的晌午小吃。它源于民间,后逐渐成为小吃店中的一款独具特色的品种。相传清乾隆年间,昆明塘子巷有一家卖腌菜出名的小店,店主有个女儿聪明伶俐、长得清秀可人,唤作小花。后来小花被当地一姓杨的军官娶作第四房太太。杨大官人本是因三房太太都未生育男孩才娶的四太太,可是小花入门后仍只生有女孩,逐渐被冷落。四太太渐淡出家事,专心于佛门,平时在家中多吃素食,后来干脆以豆腐为主食,再不食肉。有一天小花的父亲邀亲朋好友一班人等到小花处吃饭,小花因平时吃斋,实在没有肉食的储备,于是灵机一动,把早上刚做好的米线烫熟加上冬菜、豆腐和有甜味的辣酱,端上盛与老父品尝。父亲尝后觉得极入味、极好吃,于是小花就用米线招待父亲的客人。大家品尝后,都说好吃,追问菜名,四太太小花随口答道"豆花米线"。后来四太太干脆开了店专卖豆花米线,由于做法简单,香辣爽滑,价廉物美,一传十,十传百,竟成昆明街头巷尾间极普遍的小吃。

制作过程

① 原料:米线 800 克,豆腐脑(豆花)150 克,冬菜 20 克,辣椒油、咸酱油、甜酱油各 30 克,甜面酱 40 克,味精、韭菜末、姜蒜汁各 10 克,胡椒面 15 克,花生碎 15 克。② 冬菜剁茸,韭菜切末。③ 米线用开水烫后,分装 10 个小碗。豆腐脑置火上保持微温。④ 米线入碗,放上豆腐脑,依次浇上咸甜酱油、蒜姜汁、面酱、胡椒面、味精、辣椒油、花生碎。再放上冬菜和韭菜末,拌匀即成。

天下一家酒店提供

风味特点　香辣爽滑，价廉物美。

技术关键　米线新鲜，调料正宗，豆花煮透。

品评　米线是云南著名的小吃，它是用大米发酵，磨浆，澄滤，蒸粉，压制，漂洗等工序制作而成。吃法多样，凉热皆宜。小锅米线和过桥米线最具地方特色。豆花米线香辣爽滑，价廉物美，人们戏称“解馋食品”，吃了还想吃。

(14) 过桥米线

典故与传说　过桥米线，源于滇南，已有100多年的历史。过桥米线的起源传说较多，蒙自有“过桥情”之说，建水有“锁龙桥”之说。最为人们津津乐道的是“过桥情”传说。清朝时，蒙自县城外的南湖，景致宜人，曲回的石桥延伸至湖心小岛。岛上环境幽美，是文人们攻读诗书的好地方。有一位秀才常到岛上读书，家中贤惠勤劳的妻子每天都将做好的饭菜送到小岛上给丈夫食用。可是秀才常因埋头苦读诗书而忘了用饭，往往菜凉饭冷才随便吃一点，身体日渐消瘦。妻子看在眼中，疼在心里。这天，妻子炖了一只肥母鸡，准备给丈夫补补身体。她用罐子装着送到岛上给丈夫后就回家干活了。半晌，她去收拾碗筷，看见丈夫还在聚精会神地读书，饭菜摆在一边未动，心中不免埋怨几句，准备将饭菜拿回家再热一热。当她的手摸到盛鸡肉的罐时，感到还烫乎乎的，揭开盖子一看，原来鸡汤上覆盖着厚厚的一层鸡油，把热气保护住了，用勺舀了一口汤尝尝，确实还热，她喜出望外，马上让丈夫趁热吃。从此以后，聪明的妻子就常把当地人人喜吃的食品——米线放入油汤中送给丈夫食用。后来，贤妻送米线这事逐渐被传为美谈，人们也都仿效这种制作方法食用米线。为称誉这位贤能的妇女，又因到岛上必经过一座桥，所以大家都把这种食品称之为“过桥米线”。

到了光绪年间，过桥米线有了新发展，增加了乌鱼片、酥肉丸子、瘦肉、鳝鱼等涮吃肉料。特别有趣的是，冬、春两季有藕的季节，要配一盘油煎藕片同吃，叫吃十七孔桥过桥米线，此吃法一直沿袭到解放初期。在荤吃的基础上，为满足吃斋者的要求，又创制出素清汤过桥米线，称为“白头翁”，即用菜籽油炸过的豆腐、豆腐皮、黄豆芽、冬瓜和炼熟的菜籽油为主要原料吊出来的过桥米线汤。云南过桥米线1989年获商业部金鼎奖，声誉鹊起，在全国广泛流传，仅昆明市区就有上百家专营餐厅。

制作过程

①原料：酸浆米线300克，鸡脯肉、猪脊肉、乌鱼肉、水发鱿、油发鱼肚、瘦火腿、香菜、葱头、净鸡油各20克，鸽蛋2个，水发豆腐皮、豌豆尖、韭菜、绿豆芽、草芽各50克，精盐10克，味精、胡椒面各2克，鸡、鸭、筒子骨汤2000毫升，油辣子10克，鸡油100克。②将鸡脯肉、猪脊肉、鱼肉、鱿鱼、鱼肚、火腿、分别切为薄片。鱿鱼片、鱼肚片焯水入凉开水中漂凉，一料一碟铺整齐。将豆腐皮、白菜心、韭菜、绿豆芽、草芽、豌

风味特点 金黄醒目、整齐美观、外酥内嫩、鲜香可口。

技术关键 馅心调味准确,蛋皮摊均匀。

品评 春卷,古称“春盘”,产生于民间,是春游踏青的应时小吃。北方春卷是用面粉皮,越南的春卷皮用糯米制成,而云南春卷则是用蛋皮。该品酥脆不腻,十分可口。若想品尝,可以自己动手做,既简单又便宜,外酥内软,咸中回甜,馅鲜味美,蘸吃醋汁,醒脑开胃。

(二十七)贵州省菜点文化与代表作品

1. 贵州省菜点文化概述

贵州简称“黔”,是一个有较多民族聚居的省份。在历史的发展与演变中,贵州逐渐形成了个性鲜明的饮食文化特色,并经世代传承、发展、创新,彰显出了原料的独特性,风味的特质性和以典型菜点作品为核心的饮食与烹饪风格。

(1)沿革。战国至汉初,在今贵州地区活动着一个部落联盟夜郎,其中心约在今贵州关岭一带。在夜郎墓葬出土了镢、锄、刀、斧等青铜农业工具,先后收集到青铜制的尖叶形镢、长条形锄、斧和刀等器物,在商周遗址发现了杵、研磨器、砧等磨制石器,一些战国晚期至西汉初期的墓葬则出土稻谷、大豆和麻织品,可知此时期除种植稻谷外,夜郎还种植一些其他的作物。

据《汉书·西南夷传》:西汉成帝时,夜郎王与句町王、漏卧侯相攻,汉朝牂柯太守陈立诛杀夜郎王,句町王与漏卧侯恐惧,乃献粟千斛及牛羊以犒劳吏士。此事表明夜郎已大量种植粟。另据《华阳国志·南中志》,当时贵州虽已开辟梯田或坡地,种植了旱谷、粟、大豆一类作物,但农业生产仍较粗放,畜牧业亦不发达,居民常采集桄榔木淀粉以供食用。

两汉时贵州的社会经济有较大发展。汉晋把一些四川移民迁到云贵地区,其豪强称“大姓”。1949年以后发掘出大姓的墓葬,随葬陶器有井、灯、池塘、“干栏”式房屋及鞍马、牛、狗、鸡与鸭,还有各类陶俑,由此反映出在郡县治地的大姓生活奢华。但广大山区的社会经济仍十分落后,如滇东北至黔西一带仍是“土地无稻田蚕桑,多蛇蛭虎狼”,牂柯郡“畬山为田,无蚕桑”,“寡畜产,虽有僮仆,方诸郡为贫”。

三国时贵州被蜀汉统治。蜀汉所设庲降都督曾驻平夷县(治今贵州毕节)。这也是大姓集中的地区。蜀汉在其地征收金银、丹漆、耕牛与战马,由此反映出贵州畜牧业之盛。两晋及南朝时期,云贵地区被大姓中的爨氏所统治。爨氏大姓对中原王朝奉贡称臣,这也避免内地战火蔓延入黔。

唐朝设黔州都督府(驻今四川彭水)管理贵州北部。百余年后南诏与大理国迭兴,相继统治云南及贵州部分地区500余年。以遵义为中心的贵州北部,唐宋时归四川管辖,贵州中部与南部尚为地广人稀的僻地。黔东南部的东谢蛮栽种五谷,有畬田无牛耕。黔西牂柯蛮则是“稻粟再熟”。

元朝在云南建行省,范围包括今云南与黔西,不久开通自昆明经黔西达中原的驿路。为保护驿路及恢复当地农业,元朝在滇东、黔西开展屯田并设立官衙。明代贵州正式建省,设省治于贵阳,贵阳、遵义等地逐渐内地化。明朝在边疆大量屯田,驻守贵州的14万卫所军士连同家眷,成为强制迁徙的移民。

清代全国人口空前增长。为寻求生存空间,大批流民向贵州等地迁徙。清末贵州人口达1121万人,自普安向东至镇远一带为人口稠密区。贵州省垦殖的重点主要是包括古州、清江、台拱、八寨、丹江、都江等地的“新疆六厅”。1748年清廷定各省常平仓岁储粮数,贵州为50万石，高于广西，略低于云南。传入玉米、洋芋等适宜瘠地种植作物后，山区与僻地获得开发。鸦片战争后贵阳成为全省最大的商业城市，二十世纪初贵阳建成以大十字为中心的四条大街，安顺、遵义、兴义等地也成为重要的商品聚散地。

民国时期贵州普遍种植鸦片，最盛时种植面积达5300平方千米，挤占了粮食种植。抗战爆发后，全国的政治经济中心转移到西南，贵州作为陪都重庆的屏障，贵阳成为西南最繁华的商业城市之一。遵义、安顺、都匀、镇远、毕节等城镇也有很大发展。1949年以后，贵州迎来了新的大发展时期，为饮食文化的繁荣准备了重要条件。

（2）构成。青铜时代今贵州地区的饮食已达到一定水平。稻米为平地居民主食，可熬粥、蒸饭或磨粉制面食。副食则有家养畜禽及猎获野兽所获各种肉类，捕捞的鱼虾螺蛳，以及各类瓜果与菜蔬。常见炊具有青铜或陶土制的釜、甑、罐与镬。常用食器有铜、陶以及竹木制成的碗、盆、勺与箸等。流行饮酒，在一些墓葬出土了青铜铸造的壶、尊、杯等酒具。在贵州的普安铜鼓山、威宁中水、赫章可乐等地的墓葬，还发现用于稻谷脱粒的石臼与石杵。元代《云南志略·诸夷风俗》记载了川黔相连地带所收稻谷悬于竹棚下，每日取之捣食。

两晋南朝时今贵州地区的粮食作物主要是稻谷，还有黍、稷、麻、粱、豆、芋等。这一时期经济的重要特点是芋类、薯类和豆类以及桄榔木等野生植物，成为居民重要的食物来源。芋和甘薯的普遍种植，为生活在山区和边疆湿热地区的诸族解决口粮提供了有效途径。在一些地区，还习惯将采集的芋薯类块根进行研磨、沉淀以获取淀粉。一些地方常以桄榔木代粮。桄榔木是一种羽叶棕榈，其皮和树屑富含淀粉，采之“可作饼饵”。“其大者，一树出面百斛。”唐宋时今遵义居民的饮食与四川大致相同，但其他少数民族则较多地保留传统习俗。一些山区民族靠以药箭射取野生动物为生，猎取鸟兽尽即徙他处，无羊马与桑蚕。

明清时贵州军民推重水稻。许瓒曾《滇行记程》说：贵州各地产米精绝，尽为香稻。安顺为稻米的重要产区，宜种稻谷，邻境虽有荒歉，此处仍当丰收。程番府出产稻谷甚多，“多佳稻，炊之香白异常”。贵阳大米的供应主要仰赖定番，一日大米不至，省城便有饥荒。安庄卫辖境土地肥饶，亦多产粳稻。今威宁一带“诸夷多水田”。畜牧业也较发达。各地喂养黄牛、水牛、羊、猪、鸡、犬等较普遍。

各地还普遍种植大麦、小麦、荞麦、高粱、黄豆、青豆、绿豆、小米、玉米、薏米、番薯、芋头与各种豆类；油料作物主要有花生、芝麻、茶油、棉籽、油菜与桐子。一些地区一年可种两季玉米。普遍种植的蔬菜有姜、黄牙菜、冬瓜、南瓜、黄瓜、丝瓜、韭、葱、蒜、茄子、白菜、苦菜、茼蒿、苦瓜、藕、竹笋、芹菜、萝卜、辣椒与香菇等。

民国时期，贵阳等城市五方杂聚，习俗奢靡。家常宴席多用四品五碗之平席，间用海菜。新年佳节则亲邻相邀，虽仅备家酿便菜，但情谊弥笃。随奢风愈甚，酒席常备参翅并及烧烤诸物，“非此不为请客”。

（3）特点。饮食内涵的区域性。从秦朝至元朝初年的约1500年间，今贵州与四川结下不解之缘。首先，开发较早的贵州北部长期是四川行政管辖区的一部分。自元朝在云南建行省，并开通由今昆明经贵阳达湖南的驿道，今贵州才首次成为完整的行政区域并受到重视，明朝中期方正式建立贵州省。其次，在这1500年的时期内，自四川今宜宾至昆明的五尺古道，把滇东、黔西与四川紧密地联系在一起。东汉设立的犍为属国，成为沟通四川盆地与今滇东、黔西地区的走廊。两汉时期，由官方组织来自四川的移民大量进入今云南和贵州，尤以滇东北、黔北等地最为密集。其三，四川是历代王朝经营云贵地区的基地。历代向云贵派遣军队和官吏，向云贵地区移民，均非四川莫属。其四，在元代以前的一些时期，今滇东北与黔西北曾间接或直接划入四川行政区管理。由于与四川建立了密切的联系，今滇东北与黔西北深受四川文化的影响。云贵居民说的是四川音韵的北方官话。在饮食习惯方面，云贵居民普遍嗜好辛辣，尚辛香，口味偏咸，嗜食河鲜与野味；菜肴的原料皆丰富、新鲜。四川人难以割舍的麻婆豆腐、宫保鸡丁、回锅肉、干烧鲜鱼等传统菜肴，在云贵地区也有众多爱好者。

贵州的饮食文化，属于历史积淀较厚、地方民族特色鲜明，同时受外来文化影响而文化发育程度较低、较典型的边疆区域性饮食文化。贵州饮食表现出受川味辛辣、注重小吃的深刻影响，菜肴讲究鲜嫩，原料采用及烹饪方式的多样化的特征。贵州饮食虽以本色突出、复杂多元和丰富多彩引人注目，但发展程度毕竟有限。

贵州各地的饮食文化，不能简单地以地州等行政区划为标准来划分，也不能按照边疆各民族尤其是少数民族的分布来划分。应以地域为基础大致划分为若干区域，而各地民族饮食文化方面的特色，也是划分时应考虑的因素之一。

大体来看，明代之前，今贵州外围地区分属今川、湘、滇诸地管辖。唐置黔中观察使，治黔州（驻今四川彭水），辖今普安以东之贵州大部分。北宋时今贵州大部分地区属夔州路（治今四川奉节）、梓州路（治今四川三台）、荆湖北路（治今湖北江陵）等管辖；南宋时鸭池河以西之地，被罗殿国、石门蕃部所据。为保护元代开通由云南入湖广的通道，明朝以贵阳为治所设贵州省，清朝在黔南一带改土归流。可见此前的千余年间，贵州地区的行政中心在遵义，遵义与四川的关系十分密切。贵州四周的区域则分属川湘滇诸地管辖，明代立省后，方以贵阳为中心形成省级行政区。贵州开发较晚的区域为中部与南部。以贵阳为中心的地区虽在元朝后才得到较快开发，但清末民国时已超过遵义而领全省风气之先。

黔西和黔中的社会经济以农业为主，明清以来贵阳、安顺等地成为重要的消费城市。因此，这一地区的饮食有地方汉族与当地少数民族文化交融的特点，玉米、洋芋、荞麦和壮鸡以及地方酿造酒，在当地饮食中扮演重要角色。汤爆肚、酥红豆、竹荪、罗汉笋、火腿、牛肉干巴、肝胆糁等菜肴，远近闻名。在黔南和黔西南以布依族、水族、壮族等少数民族居多，该地区紧邻越南以及中国的广西与云南，其深受上述地区风俗与文化的影响。黔南和黔西南地区的居民除喜食稻米外，还以玉米、荞麦等旱地作物为主食。布依族、水族、壮族等少数民族很早便种植水稻，各类稻米、狗肉、鸡肉等是常见的食品。因受汉族的影响，壮族地区也流行过春节、中秋节等节日，并讲究宴席的丰盛。

饮食风格的民族性。贵州是多民族的省份。汉族、彝族、苗族、布依族等民族，在贵州居住的年代均在数百年以上，由此饮食风格表现出鲜明的民族性。

平地诸族多种植稻米。因多山少平地，各地广为种植的耐瘠作物有荞与高粱。玉米、荞和高粱富含蛋白质，除充食粮，还可烤酒和制粉。在山区普遍种植的还有小麦、秫米等作物。

彝族在贵州分布甚广，内部支系众多，习俗亦不尽相同。居住平坝的彝族，主要从事以种稻为主的农业生产，居住山地的彝族多种植玉米、洋芋与荞麦，并大量饲养马羊等大牲畜。饮食最具特色者为“砣砣肉”，即割大块畜肉以大锅烹饪分食。彝族上层集会，多举办称为“四滴水”的宴席，原料有猪、羊、牛、鸡等畜禽肉，鹿、熊等野生动物肉，鱿鱼、海参、海鱼等海鲜，以及大枣、莲子、皂角米、桂圆等果品。以糯米、玉米、荞麦为主食，烹饪方法有烤、煮、炒、蒸、炖等。喜食以豆浆、豆渣、酸菜合煮的酸汤，主食为荞粑粑与米饭。过火把节时，必杀牛羊祭祀祖先，同时吃坨坨肉，男女畅饮酒类。彝族所饮酒主要为咂酒，亦饮以玉米等粮食制作的蒸馏酒。

苗族也是人数较多的民族，多以稻米与粟米、包谷诸杂粮为饭。古时，苗民，特别是居住在僻远山区的民众，生活很艰苦，少用匕箸与盘盂，或以手指摄取食物，饮食或用木器、瓷器。渴饮溪水，生啖蔬菜，得鱼为贵，获盐珍惜，食不兼味。食肉多以火燎去毛，烹而食之。平远州苗民食鸡鱼猪羊肉，俱切大片而啮。每以苦肠质为佐料，用之调和辣椒，作盐碟蘸食。喜食辛蔬，尤嗜辣椒。诸种杂粮中尤嗜食荞麦，常以之作餐。若外出远行，多置荞面或荞饼于怀。喜以酯菜为珍馐。做法是采二月间青菜洗净，在烈日中晒二三日，用大瓮层层装纳，以米粉或高粱、稗子面和井水灌入瓮中，紧封其口，三四个月后始开瓮，味如土人所食虾酱。苗族地区知名的菜肴，还有瓦罐焖狗肉、清汤狗肉、油炸飞蚂蚁、薏仁米焖猪脚、炖金嘎嘎、蒸糯米肠等。男女均嗜酒，每逢场集，苗民三五成群，必醉乃归。

壮族的主食是大米和玉米，喜食腌制及生冷食品。元明清时期，农业地区壮族的饮食习惯与汉族逐渐接近。居住山区的壮族，明代仍较贫困，山区壮族冬以编鹅毛、杂木叶为衣，团饭掬水而食。搭木板为房阁供栖，楼下畜牛羊猪犬，谓之“麻栏”。

饮食原料的广泛性。粮食主要有稻米和小米、红稗、豆类、大麦、小麦、燕麦等杂粮。明清时黔中一带种植燕麦尤多。明末清初包谷、洋芋等传入贵州，因耐旱、高产、适宜山地种植而迅速推广，并取代稻米成为酿酒主要原料。因主粮不足，古代常以桄榔木中的淀粉代粮。制法是取坚硬表皮下的内部树皮与树屑，干捣成赤黄色粉末，复淋以水，干燥后即得。

各民族大量饲养牛羊。肉类、蔬菜烹煮时不放盐，食时蘸“蘸水”以提味。贵州饲养山羊甚多。临溪村寨多养鸭鹅，普安州与毕节卫居民喜养兔。贵州居民亦喜食鱼，明代见于记载者有鲤、鳝、细鳞鱼、鲇、虾、鲦、鲫、泥鳅、赤尾鱼、花鱼、青鱼、青背鱼与江斑鱼等，尤以镇远府的娃娃鱼、都匀府的鲥鱼最有名。

明清时贵州蔬菜亦多。见于记载者有白菜、青菜、芥菜、苋菜、韭菜、芹菜、油菜、菠菜、姜、葱、蒜、芫荽、茄子、莴苣、筒蒿、萝卜、胡萝卜、葫芦、瓠、黄瓜、冬瓜、丝瓜、南瓜、豇豆与扁豆等。各处水田与池塘，多种植莲藕、慈菇和荸荠。普定卫与赤水卫，明代即引种西瓜。思南府朗溪司的辣椒，“味馨色赤”。都匀的韭菜及新添卫的姜，均甚有名。时令蔬菜有百合、莲藕、香椿、竹笋、甘露子、慈姑、茭瓜、茭芽、枸杞尖、皂角尖、茴香尖、豌豆尖、金雀花、苦刺花、花椒叶及鲜核桃等。辣椒类则有灯笼辣、菜辣子、牛角辣与涮涮辣。瓜类有冬瓜、香瓜、黄瓜、苦瓜、丝瓜、南瓜与丽南瓜等。各地豆类甚多，主要有蚕豆、豇豆、刀豆、扁豆、泥鳅豆、麻豌豆与菜豌豆。

贵州知名野菌，有鸡坳、干巴菌、松茸、牛肝菌、青头菌、羊肚菌、猴头菌、蜜环菌、鸡油菌、灵芝、竹荪等。鸡棕的特点是既肥且嫩，味特清甜。采后须洗所附土，以盐煮烘干，若见烟则不堪食。食法可炒食或煮汤，或与菜油同熬为汁以代酱豉。

据晋《华阳国志·南中志》：平夷县(今贵州毕节)“山出茶、蜜”。这是我国采集茶叶的较早记载。东汉至晋，贵州诸族还种植水果，尤以荔枝最有名。犍为、僰道等地僰人多以种植荔枝为业，园植万株。诸族还有以香料酿酒的习俗。元代《马可波罗行纪》说：秃落蛮州(今镇雄一带)居民以肉乳米为粮，“用米及最好香料酿酒饮之”。明清时贵州出产的优质茶可充贡茶。洪武初，朝廷于四川永宁置茶马司，收购川南及贵州出产的茶叶。1397年，明朝命户部于四川的成都、重庆、保宁及贵州的播州宣慰司设立茶仓，以待客商纳钱米“中买”，随后销往藏区换取马匹。1398年又下令四川布政司，除天全、六番等司茶课输硐门茶课司，其余地方的贡茶就近送成都、重庆、保宁、播州等处茶仓。

烹饪方法的多样性。受复杂的气候、地理环境、历史发展过程的影响，形成了贵州居民生产生活方式的复杂性，并因此在食物的材料、菜式、加工方法方面表现出明显的多样性。在主食方面，各地既有水田或湿地种植的稻米、芋类等作物，也有旱地栽培的玉米、洋芋、荞麦与红薯。居民将稻米、黍、稷等谷物脱粒后，装入木制甑子蒸熟。木制甑子上覆以稻草编成的锅盖，以免蒸饭时甑子漏气。木制甑子蒸出的米饭，颗粒分明，松软饱满，供即食或数日食用，无不相宜。大麦、小麦或磨粉制饼，或供酿酒之用。豆类可供主食，新摘时亦是重要的时鲜蔬菜。

在菜肴原料方面，既有经过人工驯化长期种植的各种蔬菜，也以野生的各种菌类、花卉、野菜、昆虫、苔藓等入席。加工食物的方式，平坦地区的居民与内地大致相同，如贵州汉族烹饪有注重急火快炒、嗜食辣椒和各种泡菜的特点；少数民族则长期保留了受农耕、刀耕火种采集与山地种植畜牧采集等生产方式影响而形成的烹饪习惯。如布依族、壮族等农业民族习惯炒、煮、煎、烤兼用，稍正式的场合即端上“八大碗”。彝族等山地民族则保留带游牧生活烙印的重烧烤、烹煮的传统，一些民族还有嗜食凉拌菜的习惯。在酒类方面，贵州居民既饮以玉米、稻米、红薯、高粱等粮食制成的蒸馏酒，也饮用以各种果类、甘蔗等酿造的低度发酵酒。

山居民族的饮食，荤食除家畜外还打猎与捕鱼。兽肉烹饪而食，所获鸟鱼则由妇女整理洗净，和米粉及盐腌于坛封紧，两月后可食。所种蔬菜除煮食，还待酸以食。方法是将青菜加入米汤封于坛，数日后可食。野生绿菜有竹笋、香菌、木耳等。

若论烹饪技艺与系列菜肴，贵州难与全国各大菜系比肩。但言所产果蔬之新鲜丰富，烹饪食物营养保存之科学，贵州则可居前列。贵州古代居民简单的烹饪方法，并看重原料之鲜嫩与食物原味的观念，与现代饮食文化可谓是不谋而合。

（4）成因。复杂的自然环境与生活方式。贵州位于云贵高原东北部，山地和高原占全省总面积的 97%。北部大娄山、东部武陵山、中部苗岭、西北部乌蒙山和西南部老王山构成贵州的地形骨架，因河流侵蚀切割作用，普遍形成崎岖不平的地貌。中部山地高原间的坝子是人烟稠密的农业生产区。地理气候环境的特点是多山少平地，地形地貌复杂，大部分地区远离内地，长期闭塞隔绝。其气候类型多样且复杂多变。由于纬度较低，短距离内地形高低悬殊，因此随地形高度的改变气候垂直变化显著，每一区域从山脚到山顶均可划出几个不同的垂直带，当地称为“立体气候”。由此决定了贵州居民生活方式具有明显的多样性。

若以地理环境来划分，贵州的饮食文化可分为高原盆地民族型、山地民族型、高山峡谷民族型和低纬度平地民族型。若以生产方式与所分布的民族来划分，贵州饮食文化又可分为农业民族型、农业商业民族型、畜牧采集民族型等。在烹饪方法方面，诸多民族擅长不同的烹调方法，我国“八大菜系”常用的烹、炖、炸、炒、熘、爆、焖、煨、烧、煎、蒸、烤与涮等烹调方法，在贵州各地均可见到。若以发展程度与相关文化分类，贵州饮食文化又可分初级类型、相对成熟类型等不同的类型。

贵州的整体地势为西部高，中部稍低，并从中部向北、东、南三面逐渐降低。其一面高三面低的地形，使之与邻省交往比较便利，省内各地联系反而困难。明代以前贵州地区分属四川、云南、湖南诸省，与贵州地貌的特点不无关系。贵州开发的进程也与云南、广西不同，开发地区是从四周逐渐向中部发展，以黔北及黔东北一带开发较早。

贵州自然资源丰富。生物资源种类繁多，野生动物超过 1000 种，野生植物在 3800 种以上。山地面积广阔，还决定了畜牧业在贵州占有重要的地位。贵州低热河谷地带盛产甘蔗，还是油菜、烟草、茶叶和柞蚕丝的重要产地。近代以来，烤烟、油菜和蔬菜一直是贵州省重要的经济作物。蔬菜种植也很发达，最有特色的是辣椒，如遵义等地的朝天椒、大方的七寸椒、黔南的线椒等闻名中外。辣椒的产量也很大，常年种植面积约 1670 平方千米，年产干辣椒约 40 万吨，为贵州饮食具有辛辣风味奠定了坚实基础。

社会发展的滞后与不平衡。由于受社会发展水平较低的限制，包含农业、畜牧业、养殖业、采集和狩猎成分的初级复合型经济，在很长的时期是贵州主要的经济形态。这种经济形态以

时，上火略炸后快速倒出滤油。③ 锅内留油少许，下入干辣椒慢慢煸香煸脆，下酸菜末炒香，投入炸制过的汤圆快速炒至汤圆外皮裹上一层酸菜末时装盘上桌。

风味特点　汤圆脆糯，甜香不腻，煳辣酸鲜，趁热食用。

技术关键　炸汤圆时火不可太大，否则易糊。炸冰汤圆时要加盖，以免烫人。

点评　将传统食法的汤圆加酸菜、辣椒炒食成菜，是一种借鉴炒年糕法的创新，此菜甜、酸、辣、糯，是新型的风味小吃。如配饰装盘，用在宴会上，也别有风味。

制作者：杨荣忠

(12) 耳根炒腊肉

制作过程

制作者：刘志忠

① 原料：半肥腊肉 300 克，折耳根 150 克，蒜苗 50 克，青辣椒 25 克，干辣椒 10 克，料酒 5 克，花椒 3 克，精盐 3 克，混合油 30 克。② 将腊肉烧皮后刮洗干净，煮熟切成薄片。姜切成片，青辣椒切成块，干辣椒斜切成节，蒜苗切 3 厘米段。折耳根去叶、须根，洗净切成 3 厘米的节，用食盐腌渍 2 分钟，再冲洗沥干。④ 炒锅置旺火上，倒入混合油烧至六成热，下青辣椒块、干辣椒节、花椒，炒至青辣椒八成熟，铲出待用。下腊肉片爆炒呈“灯盏窝”形，放入姜片、料酒略炒，再下折耳根和炒熟的青辣椒、干辣椒、花椒炒匀，放蒜苗和匀迅速起锅装盘。

风味特点　腊肉烟香爽口，折耳根嫩脆。

技术关键　折耳根性凉，烹制好后应迅速食用。

点评　常用来凉拌的折耳根与腊肉炒食，减少了折耳根的腥味。此菜有清热解毒、利尿消肿、开胃理气之功效。

(13) 香辣牛干巴

制作过程

① 原料：牛干巴 300 克，阴辣角 50 克，虾片 10 克，精盐 6 克，花椒 3 克，姜片 5 克，蒜片 10 克，红椒块 20 克，精盐 10 克，味精 3 克。② 将牛干巴肉横筋切成大薄片。③ 牛干巴肉、阴辣角、虾片分别下锅用热油炸酥。④ 净锅上火下油（禁用猪油），下姜蒜片、花椒炸香，下牛肉片煸炒，下红椒、阴辣角、虾片略炒，调味起锅即成。

制作者：孙俊革

风味特点　辣而不燥，香糯滋酸，回味悠长。

技术关键　酥炸阴辣角时油温保持在120℃左右，并注意酥脆时间，过火煳苦，不到火候则不脆。

点评　此菜牛干巴、阴辣角风味独特，辣而不燥，香糯滋酸，回味悠长。阴辣角，即阴辣椒。小尖青椒去蒂洗净，切成丝，纳盆，拌入酢粉和精盐，装入甑子内，上火蒸约60分钟至熟后，取出，摊入一盛器内晒干，晾晒时，要用筷子翻动几次，以免粘连成坨。

（14）肠旺面

典故与传说　贵阳肠旺面已有百余年历史。据传在清代同治初年（1862年），贵阳今北门桥一带肉摊成行，桥头开有傅、颜两家面馆，常将猪肥肠和血旺做成面食，生意红火。两家为互争顾客而不断提高技艺，使肠旺面的风味不断提高，名气也逐渐在全城传开，并声名远扬。在贵阳直至今日，大众早餐仍首选肠旺面，只是偶有加鸡肉、大排等辅料，或将主料换成米粉制成鸡片肠旺面、大排肠旺粉之类而已。肠旺面独树一帜的特色体现在其主料、辅料、调料及其色、香、味的独特风格上。早期名气最大的苏肠旺，是将油炸肥肠改为文火炖肥肠，加入少许余熟的绿豆芽，取肥肠易嚼、豆芽嫩脆清爽之特性而具特色。到了20世纪40年代发展的鸡片肠旺面，是把鸡肉煮熟切片，每碗放几片，并取鸡汤加猪骨和黄豆芽熬制，将之淋灌入面而成。如今的贵阳的食摊，顾客在品尝肠旺面时，可根据自己口味酌加精盐、味精、酱油、醋、煳辣椒面、花椒面、木姜油等调料，还可叫一碟泡酸菜、糟辣甜泡菜等小菜佐食，或加上一个卤鸡蛋、卤豆干、煎鸡蛋等，价格实惠，更见特色。

制作过程

①原料（按25碗计）：面粉1500克，鸡蛋15个，净猪肥肠750克，猪槽头肉或五花肉2000克，猪血旺50克，肠油和猪板油合炼的猪化油1500克，糍粑辣椒500克，甜酒汁50克，酱油10克，味精3克，姜30克，八角15克，花椒15克，三柰10克，醋100克，精盐50克，姜米20克，蒜米20克，豆腐乳15克，葱花5克，葱50克。②净猪肠切成约35厘米长段，将花椒、八角、三柰与肥肠入开水锅中煮至半熟捞出，切成4厘米长的肠片，再入锅，加拍破的老姜和葱搅拌，放沙锅内用文火煨炖至熟而不烂待用。③将猪的槽头肉或五花肉去皮，肥瘦分开，均匀切成1厘米大小的丁，将锅烧热下肥肉丁，加精盐和甜酒汁，合炒至肥肉丁呈金黄色时倒入瘦肉丁，炸出油后，用冷水激一下，逼出肉内余油，待肥肉丁略脆时，将锅离火，再下醋、甜酒汁翻炒，然后调至文火炖15分钟左右，起锅滤油待用。④将大肠油和脆臊油混合后下锅烧热，下辣椒熬至油呈红色，把豆腐乳加水解散，与姜米、蒜米一同入锅煮至辣椒呈金黄色时沥出杂物，即成红油。⑤将15个鸡蛋打破，放入1500克面粉内，按揉成硬面团，然后擀成薄片（又称杠子面），使之软细如绸缎（全过程操作的方法行内称“三翻四搭九道切”）。切成面条分成100克1份，逐次摆入瓷盘内，用润湿纱布盖好，即成人工鸡蛋面。⑥锅内加水烧开，将面条入锅内煮至翻滚（约1分钟）成熟，捞入碗中，加适量鸡汤，再用漏勺取生猪血旺50克左右，在面锅内略烫一下，盖在面条的一边，然后用竹筷夹肥肠四五片放在另一边，撒脆臊，淋酱油、红油，放葱花、味精即成。

制作者：杨 波

风味特点 肠烂、面脆、辣香汤鲜、豆芽嫩脆。

技术关键 切好的面按一份约100克挽成坨，整齐摆放在瓷盘内，用湿润纱布盖好静置。静置会使碱性散失，行业上叫"跑碱"。制作鸡汤时一定要用土鸡，辅以榨菜、胡椒，味就更鲜了；煮面时面锅要用大火保持沸水翻滚，放一坨面入锅煮约1分钟（一次只煮一碗），随即装碗，此时如余热一箸绿豆芽更佳；汆烫血旺的老嫩以客人的喜好和食性要求为准。

点评 肠旺面既是早晚餐主食，又可作为宴席小吃入席。具有红而不腻、脆而不生的风味特色。面条细滑、清爽，有脆性方为上乘。

(15)花溪牛肉粉

制作过程

制作者：郑生刚

①原料：熟酱牛肉100克，鲜米粉150克，混合油（含精炼油、牛油、化猪油）20克，煳辣椒面15克，花椒面5克，味精3克，鸡精2克，精盐7克，酱油8克，醋5克，香菜10克，酸菜20克，酱牛肉原汤100克。②鲜米粉投入开水中烫熟，捞入大碗内，再将牛肉切片或丁，同酸菜、香菜一起放于粉上，舀入原汁牛肉汤、混合油、鸡精等即可。

风味特点 粉白汤褐，汤鲜肉香。

技术关键 牛肉要炖至软烂，吃时韧性适度；米粉要烫过心，但不要烫过度，这样才会爽口，否则过于软烂失口感。

点评 味醇厚，辣中带微酸，米粉滑爽而有韧性。

(16)恋爱豆腐果

典故与传说 20世纪40年代，贵阳城有一对开豆腐店的张华丰夫妇。某个盛夏的一天，张氏夫妇发现他们未卖完的豆腐很快变质了，为减少损失，他们把豆腐切成小块，用火烘烤至半干，加入调料稍作加热处理，未想到别有风味，将之卖与顾客，竟深受好评。后来，张氏夫妇干脆把豆腐店改成烤豆腐果店。因其店址坐落在黔灵山的一个山洞旁，因此张氏豆腐果又称山洞豆腐果。抗日战争爆发后，贵阳城经常拉响防空警报，一些青年男女常常相聚在山洞豆腐果店以避空袭。日子久了，其中的青年男女在此相识、相恋，还真有不少后来成为眷属。于是，山洞豆腐果便有了"恋爱豆腐果"的美称。张氏夫妇的生意，也日渐红火起来。如今，在贵州省各地市州，均可见恋爱豆腐果摊点，在各类宴席中，也经常可见恋爱豆腐果这道特色佳肴。

(8) 普布咖喱土豆

制作过程

玛吉阿米西藏风情连锁企业提供

① 原料：土豆 500 克，糌粑面 10 克，盐 3 克，鸡精 3 克，咖喱粉 10 克，藏葱 10 克，菜籽油 25 克。② 土豆洗净去皮，切成滚刀块，藏葱洗净切粒待用。③ 锅内加清水烧开，倒入切好的土豆煮 25 分钟捞起。④ 锅置火上，加油烧至 60℃时，将咖喱粉用少量水调散后下锅炒香，倒入土豆，加盐、鸡精炒香后加糌粑面，捞起装盘，撒上葱花即可。

风味特点 色泽黄亮，咖喱味浓郁，鲜香扑鼻，土豆糯软，辣而不燥。

技术关键 土豆煮时注意火候，不宜太软。炒咖喱粉时油温不能太高。

品评 藏民族十分喜欢食用土豆，对咖喱也情有独钟。拉萨的土豆堪称一绝，其土豆糖分高，淀粉重，无论是做咖喱土豆还是烤土豆，风味都十分独特。

(9) 巴拉巴尼

制作过程

① 原料：菠菜 800 克，奶豆腐 80 克，干辣椒 5 克，野蒜 6 克，藏茴香 3 克，鸡精 6 克。② 将菠菜洗净，锅中加水烧开后放入菠菜煮熟。③ 将煮好的菠菜放入搅拌机中搅成泥。④ 将奶豆腐切成 1 厘米厚的菱形。⑤ 锅中倒入少许油，油温60℃时放入奶豆腐炒至金黄色，放入干辣椒、野蒜、藏茴香煸香，放入菠菜泥烧制 1 分钟，出锅装盘，上面用酸奶造型即可。

玛吉阿米西藏风情连锁企业提供

风味特点 野蒜味浓厚，奶豆腐入口有弹性，散发浓浓的奶香。

技术关键 煮菠菜的火候要掌握好，煮到手捏即烂便可。搅拌完不能有大的纤维块。

品评 菠菜养血补血，奶豆腐是藏区人民经常食用的奶制品之一。此菜给人绿色、自然之感，加上造型独特，藏味十足，是一道与尼泊尔藏餐结合的特色菜品。

(10) 藏式煎牛肠

制作过程

① 原料：牛肠 500 克，牛油 200 克，盐 3 克，白醋 5 克，蒜泥 5 克，藏式辣椒面 5 克。② 煮熟的牛肠整根待用。③ 胡萝卜 10 克，圆白菜 10 克，紫甘蓝 10 克，切成菱形，经过焯水后待用。④ 煎锅里放少许菜籽油烧至六成热，下整根牛肠煎至金黄色。⑤ 煎牛肠的同时，将已焯水的胡萝卜、圆白菜、紫甘蓝用藏式辣椒面、白醋、盐、蒜泥拌匀。⑥ 将铁盘加热，煎好的牛肠放入盘中，拌好的泡菜放在一端。

风味特点　牛肠质地松软，色泽金黄，外脆里嫩，口感饱满，肉肠和泡菜的香味经热的铁盘混合在一起，香气四溢。

技术关键　注意火候和油温，以防肠衣破裂。

品评　牛肉肠是康巴藏区最传统的藏餐食品，加入泡菜的配合，口感更加丰富，解腻。荤素搭配，体现了现代藏餐吸纳融合的创新理念。

玛吉阿米西藏风情连锁企业提供

注　(灌牛肠制法)：

牛肠 1 套，牛肉末 1000 克，鲜牛油 250 克，野蒜 8 克，藏葱 10 克，盐 10 克。将牛肠洗净待用，用盆子加牛肉、牛油、野蒜、藏葱、盐搅开，用专用灌具(藏语：穷都)把搅好的肉灌到牛肠中封口待用，每根长度约为 25 厘米。锅中加水烧开，放灌好的肠子煮熟即可。

(11) 扎西德勒

制作过程

玛吉阿米西藏风情连锁企业提供

① 原料：牦牛肉块 500 克，牦牛骨髓 300 克，胡萝卜 100 克，西红柿 100 克，土豆泥 50 克，洋葱末 10 克，八角 4 克，桂皮 4 克，香叶 4 克，盐 3 克，鸡精 3 克，白醋 3 克，奶酪 70 克，藏红花 0.5 克。② 牦牛肉和胡萝卜煮熟待用。牦牛骨髓切成 2 厘米的段。③ 将八角、桂皮、香叶放入料包。④ 在锅里倒少许油，油温 60℃时放入洋葱煸香，放入牦牛肉、牦牛骨髓、胡萝卜、西红柿、料包、盐、鸡精、糖、白醋，用小火焖 3 分钟，最后放土豆泥收汁，出锅装盘。⑤ 在上面撒上奶酪丝，在微波炉中加热，使奶酪融化。

风味特点　酸甜可口，色泽红亮，营养丰富，品位独特。

技术关键　掌握火候，小火焖制。

品评　骨髓是骨之精华，又是造血基质，含有大量鳞质、磷蛋白、维生素 A、维生素 B_1、维生素 B_2、维生素 B_6、维生素 D、骨胶、软骨素等以及丰富的矿物质。牦牛骨髓更是最优质的补骨填髓之佳品，加以蔬菜的搭配，滋补而不腻，能满足大众的口味。

(12) 酸奶

制作过程

① 原料：鲜牛奶 500 克，奶曲 50 克。② 鲜奶加入没有油渍的洁净容器内，加入奶曲，加盖密封发酵 24 小时即可。

玛吉阿米西藏风情连锁企业提供

风味特点 酸香适口。

技术关键 器皿中不能有油。发酵时间随季节变化和奶曲的多少而不同。容器最好选市场上卖的冰箱和微波炉兼用的保鲜盒，这种容器密封效果好，酸奶不易变质。做酸奶时不要放糖，吃时再放，口感更好。

品评 营养价值高，富含蛋白质、脂肪、乳糖及其他一些矿物质、维生素。加白糖食用酸甜适口，有利消化吸收。冰镇后凉爽消暑，可促进胃肠代谢功能。

(13) 酥油茶

制作过程

玛吉阿米西藏风情连锁企业提供

① 原料：酥油 50 克，开水适量，藏式砖茶，盐 8 克。② 将藏式砖茶，加水熬 15 分钟。将砖茶或沱茶加水熬煮成浓汁，滤净茶叶将汁盛入茶罐备用。③ 打茶时，从茶罐中取部分茶汁加上适量开水和盐（浓淡随自己的口味和喜好掌握），倒入专门打制酥油茶的茶桶“董莫”（意为“桶”）或“地董”（意为“茶桶”）中，加入酥油，用“甲洛”搅棍（形似“雪董”的“甲洛”只是小一些）上下打制几十回合，待水乳交融后倒入茶壶内加热，饮用时倒入茶碗。④ 通常家庭使用的是木碗或银碗，接待客人一般用带花的瓷碗，女性使用的碗较男性使用的碗小些。

风味特点 极富营养、健胃生津、消食解腻。

技术关键 盐不宜过多。用优质新鲜酥油打制的酥油茶浓香扑鼻，味道醇厚，十分可口。打制好的酥油茶平时盛入茶壶置于灶台上保持温热，注意不能煮沸，否则味道大为逊色。

品评 酥油茶既是饮品也是食品。酥油茶的制作，是藏族饮食文化的一大发明。酥油茶极富营养，酥油脂肪含量高，能产生大量的御寒热量，而茶叶中富含茶碱、维生素和微量元素，具有健胃生津、消食解腻的作用，适合高原以肉奶等高脂及高动物蛋白为主要食物的民族改善饮食结构的需要。藏民族的早餐，其他食物可以不吃，酥油茶则必饮，现在在城市和有条件的农村，人们广泛使用电动搅拌机打酥油茶，这样不仅省力，还因搅拌速度快和次数多，使茶味口感更佳。有的人打茶时还根据自己的喜好添加奶粉、鸡蛋、奶渣等，这样的酥油茶更是别有滋味。打好的茶多盛入保暖瓶中，以便于饮用，尤其是周末和节假日外出逛林卡时，一定要带上几瓶打好的酥油茶。酥油茶有各种口味，已成为藏族日常饮食、迎客送礼、婚庆节日的必备之物，并形成了独具藏族特色的茶食文化。

(14) 糌粑糕

制作过程

① 原料：糌粑面 500 克，酥油 100 克，白糖 50 克，红糖 50 克。② 将酥油熔化后，放入糌粑面和白糖，和成糌粑面团，用保鲜模具压成饼即可。

玛吉阿米西藏风情连锁企业提供

风味特点　味香甜。

技术关键　注意主辅料的比例搭配。

品评　这是一款藏民族的传统食品。糌粑营养丰富，发热量大，充饥御寒。每 100 克含热量 1075 千焦，蛋白质 4.1 克，脂肪 13.1 克，碳水化合物 30.7 克，膳食纤维 1.8 克，还含有大量微量元素和维生素。它已成为藏民放牧外出的必带食物。

(15) 曲推糕

制作过程

玛吉阿米西藏风情连锁企业提供

① 原料：奶渣 1000 克，酥油 250 克，白糖 100 克。② 将酥油放入锅内熔化，与奶渣、白糖搅拌均匀，倒入模具中做成小饼即可。

风味特点　味香甜、酥油味突出。

技术关键　饼在模具中必须压紧、压实，否则不易成形。

品评　酥油是藏族群众生活中不可缺少的食品，是从牛奶中提制的奶油制品，含脂肪 80%~90%，还有不少维生素 A。50 克酥油约可供给热能 1675 焦耳、维生素 A 200 国际单位。藏医学也认为酥油可使精力充沛，润泽气色，增加热量，使皮肤不至粗裂。曲推糕是西藏传统风味的代表之一。

（西藏菜点文字撰稿：袁新宇　常维臣）

（二十九）广东省菜点文化与代表作品

1. 广东省菜点文化概述

粤菜作为岭南饮食文化的代表，在中国饮食文化中占有特殊的位置。它以独特的岭南风味、奇杂的用料、多变的口味与烹调方法征服了海内外的食客。尤其在改革开放后，粤菜遇到了

于刀耕火种的原始落后之地，瘴疠时起，条件非常艰苦。粤人为了在如此恶劣的条件下生存，很早就学会了通过日常的饮食调节体内平衡，以抵抗疾病的入侵，而这与祖国传统的中医的理论不谋而合。在传统中医中“食”与“药”并没有明确界限，而在广东菜中，有大量的药材进入了饮食原料的行列，并根据不同的季节与不同用法对菜式进行分类，如夏暑秋燥季节，用莲子炖猪肚，功效是健脾益胃，补虚益气；芡实莲子糯米粥，除湿清心，补中养神，益胃健脾，止泻固精外，还有壮阳、补肾、滋阴等功效：内容丰富，不一而足。这也是构成广东菜的一个鲜明特点。

（4）成因。

地理与历史因素。广东地处亚热带，濒临南海，四季常绿，物产富饶，可供食用的动植飞潜物品种类繁多，蔬果丰茂，四季常鲜，给饮食烹饪提供了广阔的天地。唐代，广东饮食已形成烹饪制作技术多样化、精细化的特点。明清时，珠江三角洲富庶，中心城市广州更为兴旺，讲饮讲食之风盛行，遂使广东饮食更趋多样。清代广东竹枝词云：“响螺脆不及蚝鲜，最好嘉鱼二月天。冬至鱼生夏季狗，一年佳味几登筵。”近代商贸繁荣，中外交往频繁，更为广东饮食市场拓宽了空间。漫长的岁月，使广东人既继承了中原饮食文化的传统，又博采西方饮食文化及各方面的烹饪精华，根据本地的口味、嗜好、习惯，不断吸收、积累、改良、创新，从而形成了菜式繁盛、烹调工巧、质优味美的饮食特色。

民俗因素。广东所在区域原居住着南越族人，由于此处物产非常丰富，当地人随意选择食物，从而养成了杂食的习惯。这就是广东菜后来的选食风格的渊源。如粤菜常用于烹制的蛇、禾虫、禾花雀、狗肉、猫肉等在内地许多地方，人们会觉得简直是不可思议，但在广东却大行其道。粤菜的主要特色在于制法以炒、烩、煎、烤、焗见长；口感上追求鲜、嫩、爽、滑；口味以生、脆、鲜、淡为主，清而不淡，鲜而不俗，嫩而不生，油而不腻；炊具上讲究镬气，“五滋六味”俱全。粤菜的著名菜肴有烤乳猪、龙虎斗、太爷鸡等上百种。

事实上，广东人的这种无所不吃的性格，也正是其开放的心态在饮食上的反映。广东是中外文化交流的必经之地，形成了广东人一种开放性的思维结构，同时由于地处边疆，历代王朝对它的控制比内地弱，受正统封建思想的影响较小，加之近代史上的口岸开发，从而具有更大的自由度和容纳力。这种风格和特色成为广东菜后来发展过程中逐步形成其风格的基础——博采众长，兼收并蓄。这是粤菜能迅速发展、后来居上的重要原因，也是有别于其他地方风味发展模式的独特之处。

社会因素。自唐代起，广东经济逐步兴盛，物质比较丰富，食风得以盛行，逐渐形成了“食在广州”的美誉。“食在广州”被社会广为认可，是对广州吃得方便、吃得丰富、吃得满意、吃得新奇、吃得回味的赞美。广东人十分讲究吃，对菜点的滋味要求简直达到了挑剔的程度，对菜点的新颖性要求近乎苛刻。没有新颖的菜品，没有新颖的口味，店铺也就离关门不远了。“食在广州”是被当地人“逼”出来的。“食在广州”是广东繁荣经济的结果。来往贸易的各地商客对菜品口味要求各不相同，粤菜菜品必须符合他们的口味，而且还要提高档次。“食在广州”是在激烈的市场竞争中拼出来的。历史上，广州长期是商业活动活跃、饮食业十分发达的地方，从而引发了食肆间的激烈竞争。竞争的结果造就了许多名厨，打造了许多名店，也创造了许多名菜。今天，随着饮食业的发展，菜品的更新与开发速度呈现变快的趋势。物产丰富是“食在广州”的基础，需求强劲是“食在广州”的动力，观念开放、包容性强是“食在广州”的长盛不衰的法宝，大批的名厨、名店、名菜是“食在广州”的体现，政府的支持将使“食在广州”得以长远的发展。广东的饮食无论食品的数量、质量，酒楼食肆的数量和规模，抑或是饮食环境、服务质量，在国内都是首屈一指，在国外也久负盛名。

2. 广东省菜点著名品种

广州在 1983 年举办的名菜美点评比展览中，展出传统和创新的品种达 1238 种，市面出售的品种难以数计。名茶美点，更是广东菜的一大特色。广式点心制作精细、花样繁多、口味清新，在茶市，往往有几十种以至百多种的点心任你挑选，口味从咸到甜，各式各种，品种繁多。从 1987 年起，广州每年都举办美食节，酒家餐馆纷纷推出新创制的名菜、美点，使粤菜传统发扬光大。美食节中名菜美点展览会介绍的广式点心由传统的 815 个品种，已发展到今天的 2000 多种。

(1) 传统名菜类。较早成名的广州名菜有红烧大群翅、红烧网鲍、脆皮乳猪、龙虎斗、八宝冬瓜盅、蒜子瑶柱脯、虾子扒婆参、香滑鲈鱼球、清汤鱼肚、姜蓉白切鸡、白云猪手、白焯海虾、五彩炒蛇丝、大良炒牛奶、脆皮烧鹅等。潮味十足的名菜有红烧大群翅、佛跳墙、明炉烧响螺、潮州豆酱鸡、冷脆烧雁鹅、潮汕卤鹅、佛手排骨、酥香果肉、云腿护国菜、香滑芋泥等，还有护国素菜、厚菇芥菜、玻璃白菜、八宝素菜、烩凉瓜羹等，以及金瓜芋泥、羔烧白果、返沙香芋、羔烧姜薯、满地黄金、炖鱼翅骨、绉纱莲蓉、芝麻鱼脑、鲜莲乌石、玻璃肉饭，等等。创出许多客家风味的招牌菜有盐焗系列菜式，盐焗凤爪、盐焗虾、盐焗狗肉、盐焗甲鱼等，还有东江盐焗鸡、东江扁米酥鸡、爽口牛丸、玫瑰焗双鸽、东江酿豆腐、东江爽口扣、糟汁牛双胘、东江炸春卷等。

(2) 传统名点类。广式点心的特点是品种多样，款式新颖，造型美观，涵盖九大类点心品种：长期点心、星期点心、四季点心、席上点心、节日点心、旅行点心、午夜茶市小点、中西茶点、餐桌点心餐等。其代表品种有叉烧包、鲜虾饺、千层酥等。

(3) 创新名菜类。广东饮食文化风格多样，形成了各有特色的多种地方风味，但各地风味并不是各自为营，而是相互交流，取长补短，在坚持自身特色的同时不断创新、不断进步。在这个基础上创造了新派粤菜，也就是粤菜和港菜的融合创新。名菜有水晶肉、金光耀珊瑚、珠海丹心、椰皇酥皮雪蛤、法式焗龙虾仔、海马鹧鸪功夫汤、金粟鱼翅狮子头、乌龙吐玉珠、葡式焗响螺、三色蒸豆腐、马来西贝、泰式海皇翅、米汤鲜淮山煮龙虾、七彩官燕、锅烧石斑鱼、美味赛鲍鱼、红梅燕窝石榴翅、晶莹鹿筋球、乳燕闹竹林、果仁炒海中宝、牡丹鸡包翅、鱼子酱煎鹿柳、干邑西柚焗雀舌、飘香芙蓉燕、香槟焗鸡脯、田园一品葵、玉环海味皇、椰奶淡咖喱鱼头、谭氏极品鲍、岭南煎鹅肝、翠玉凤凰鹅肝、琵琶银鱼盏、芥辣鱿鱼筒、芬芳炒桂花、金瑶干煸四季豆、和味鹿肉肚、金秋小炒皇、云腿虾仁扒津胆、灌汤狮子球、鲍皇明珠鳄鱼掌、冰镇黄鳝、冬虫草炖共胶鲍鱼、堂做香煎蚝、柚皮扣鹅掌、红酒烩圆蹄、过桥鸡汤东星斑、荔浦绿茶虾、绿影刺参扎、果仁脆皮豆腐、玫瑰蜜汁鳝球、热沙津鲜果虾球、珍宝东瀛豆腐、金装鲍鱼盏、太极蔬菜羹、鸽吞燕、金榜题名、香炸宝蔬、天香炒百合，等等。

(4) 创新名点类。广式点心近百年来吸取了部分西点制作技术，再加以继承发展和精巧构思，创新品种比其他地区更具特色。名点有蛋黄角、猪仔角等。　（黄玉良　严金明）

3. 广东省菜点代表作品

(1) 烤乳猪

典故与传说　烤乳猪的由来，据说缘自一次失火。相传在很久以前，一天，一庄户人家院子突然起火，火势凶猛顷刻把院子烧个精光。这时，宅院的主人赶回家，只见一片废墟，惊得目瞪口呆。忽然，一阵香味扑鼻而来。他循香找去，发现此香是从一只烧焦的猪仔身上发出的，再看猪仔的另一面，皮色被烤得红红的，尝后感觉味道鲜美，借此，他发现了猪肉的烹饪新方法。

在我国，早在南北朝时，贾思勰已把烤乳猪作为一项重要的烹饪技术成果，记载在《齐民要术》中。他写道："色同琥珀，又类真金，入口则消，状若凌雪，含浆膏润，特异凡常也。"到了清康熙年间，烤乳猪被列为"满汉全席"要菜之一，它和烤鸭一起，称为"双烤"，是第二摆台的首席，上席时用红绸覆盖，厨师当众揭开片皮，十分隆重。烤乳猪从此名声大振，盛传大江南北。在广州，烤乳猪深受食客青睐。经过香港厨师改良，在烧烤过程中，以麦芽糖起焦化着色作用，白醋起脆皮作用，再加入度数高的白酒起酥化效果，皮酥起麻的"脆皮乳猪"就成了广东名菜。

制作过程

燕岭大厦提供　莫志远制作

① 原料：宰杀净乳猪 1 只(重约 2 千克)，千层饼 130 克，葱球 150 克，酸甜菜 150 克，植物油 25 克，木炭 8 千克，白糖 65 克，豆酱 100 克，芝麻酱 25 克，甜酱 100 克，汾酒 50 克，烤乳猪糖醋 150 克，红腐乳 25 克，五香盐 65 克，蒜泥 5 克。② 将乳猪放于案板上(胸脯向上)，从嘴巴开始经颈部至脊背骨尾部止，沿胸骨中线劈开(注意不要破损表皮)，掏出内脏(留下腰子不取出来)。③ 将猪体内外冲洗干净沥水，使猪壳成平板形。挖出猪脑，将两边牙关节各劈一刀(注意不要破损表皮)，使上下分离。取出第 3 条肋骨，划开扇形骨关节取出扇形骨，并将附近的厚肉以及臀部厚肉轻轻划上几刀。④ 将五香盐均匀地涂抹在猪腔内，然后用铁钩把肉挂起，腌 30 分钟左右，晾干水分。⑤ 把豆酱、芝麻酱、腐乳、汾酒、蒜泥、白糖(25 克)等，均匀地涂抹猪腔内，腌 25 分钟左右，用特制的烧叉从臀部插入，跨穿到扇形骨关节，最后穿到腮部(注意不要穿破腹皮和肘皮)，上叉后将猪头向上斜放，用清水冲洗皮上的油污，再用开水淋遍猪皮，最后用排尾刷上糖醋。⑥ 将木炭放入烤炉点燃，放入乳猪用小火烤 15 分钟左右。到五成熟时取出。在腔内用 4 厘米宽的木条从臀部直撑至颈部，在前局腿部位分别用木条摆横撑开成工字形，使猪身向四边伸展。将烤猪的前、后蹄用水草(或小绳)捆扎，用铁丝将前、后腿分别对称钩住。⑦ 将烤炉中的木炭拨成前、后两堆，把头、臀部烤 10 分钟左右，呈嫣红色。再用植物油均匀地刷遍猪皮。把木炭拨成线形烤猪身，烤 30 分钟左右，猪皮烤成大红色即成。烤制时烧叉转动要迅速、有节奏，火候要均匀，如发现猪皮上起细泡，要用小铁针轻轻插入排除内部气体，但不要插到肉里去。⑧ 将烤好的猪烧叉一起斜放在案板上的一旁，去掉前、后蹄的捆扎物，在耳朵下边脊背处和尾部脊背处各横一刀(长度相当于猪脊背的宽度)，再用横切刀口两端从上到下各直切一刀，使成长方形。再沿脊背中线直切一刀，分成两边。在每边中线又各开一刀，成为四条猪皮，抽出猪叉。而后将每条猪皮切成 8 块，共为 32 块，照原样拼盖于猪背面，供第一次上席食用。⑨ 将千层饼、酸甜芽、葱球、甜酱和白糖(40 克)等各盛两小盘，与猪皮一同上席作为佐料。⑩ 食完猪皮后，将猪取回，拆除木撑，切取猪其他部位皮肉。先把猪耳朵与尾巴取下(切的面积要大一些，摆放时才能竖起来)，而后取出猪舌头直切成两半。把前、后蹄的下节剁下一只，每只劈成两半。在猪额上用必直铲至鼻，取下皮肉，接着再把两边肋颊皮肉铲下，将腰子切成薄片。把两边腹肉片下。把这些皮肉盛于小盘中，按如下顺序向上拼装成猪的形状，供第二次上席食用。先将腹肉切成长 4.5 厘米、宽 3 厘米的块，放在小盘中；将额肉切成同样大小的块，放在小盘中；将鼻肉切成同样大小的块，放在腹肉前的中间位置；将腮肉也切成块，放在两侧；舌头肉放在鼻的两侧各一条。再将猪耳朵竖立在腮后两边；尾巴竖立放在腹肉两边；前蹄摆在腹肉前方两侧；后蹄摆在腹肉后方两侧；腰子片肉排在腹肉中线上。

风味特点　色同琥珀，皮脆酥香，肉嫩鲜美。

技术关键　用 5 千克以下、尚未断奶的小猪，破猪时要注意不要把皮劈破。烤制时烧叉转动要迅速有节奏，火候要匀，要不停地转动，使之受热均匀，同时用小刷子不断涂油于猪身，这样，肉的油脂方能慢慢渗入表皮，最终得到肥与瘦、脂与肉罕有的美妙结合，成为超凡逸品。发现猪皮起细泡要用小铁针轻轻插入排气，但不可插到肉里。

品评　“脆皮乳猪”是传统粤菜，吃法是将烧乳猪的麻皮起肉切件，吃的时候配上葱球、千层饼，蘸点咸中偏甜的乳猪酱或者砂糖来吃，风味尤胜单纯的烧乳猪。传统粤菜“片皮乳猪”的吃法，佐料都是各司其职的：葱球清香，乳猪酱甜香，前者增加香气，后者给味觉添香；粗砂糖微甜，粒子大正好增加片皮的脆度，吃起来保持脆卜卜的口感；千层饼可减少肥腻感。

（2）白云猪手

典故与传说　“白云猪手”是广东的一道名菜。相传古时，白云山上有一座寺院，一天，主持该院的长老下山化缘去了，寺中一个小和尚乘机弄来一只猪手，想尝尝它的滋味。在山门外，他找了一个瓦坛子，就地垒灶烧煮。猪手刚熟，长老化缘归来。小和尚怕被长老看见，触犯佛戒，就慌忙将猪手丢在山下的溪水中。第2天，有个樵夫上山打柴，路过山溪，发现了这只猪手，就将其捡回家中，用糖、盐、醋等调味后食用，其皮脆肉爽、酸甜适口。不久，炮制猪手之法便在当地流传开来。因它起源于白云山麓，所以后人称它为“白云猪手”。现在广州的“白云猪手”，制作较精细，已将原来的土法烹制改为烧刮、斩小、水煮、泡浸、腌渍等五道工序，最考究的“白云猪手”，是用白云山上的九龙泉水泡浸制成。

制作过程

燕岭大厦提供　莫志远制作

① 原料：猪脚500克，葱15克，姜20克，冰水400克，料酒40克，高汤200克，精盐10克，味精3克。② 将猪腿对剖切成两片，剖成长条状，清水洗净，再用热水煮5分钟，洗净沥干待用。另用半锅水加葱、姜，放入剁成小块的猪脚，中火煮30分钟后取出，马上用冰水冰凉，冲洗1小时，冷却后捞出。③ 投入料酒、高汤、精盐、味精浸腌6小时即可。

风味特点　色彩晶莹透白，骨肉易离，皮爽肉滑。

技术关键　猪手要先煮后斩件，以保持形状完整。煮后一定要冲透，并洗净油腻。煮猪手的时间不要过长或过短，长了猪皮的原蛋白溶于水中过多，皮质不爽口，时间过短，其皮老韧。

品评　以猪手为主料，沸水煮至软烂，捞出晾凉后加调料凉拌，即可食用。是佐酒佳肴，有美容、养颜的功效。

（3）广式烧鹅

制作过程

① 原料：光黑鬃鹅1只（净重约2500克）。A料有砂糖500克，盐350克，味精50克，黑椒粉15克，五香粉30克，甘草粉、八角粉、沙姜粉、桂皮粉各35克，香菜粉、蒜蓉粉各20克。B料有鹅酱（面豉酱300克，海鲜酱200克，花生酱900克，南乳、蚝油、米酒各100克）。C料有上皮水（白醋500克，红醋50克，麦芽糖250克，玫瑰露酒50克）。D料有酸梅酱50克（1份量）。

燕岭大厦提供　莫志远制作

下肚后，病情果然好转，再三道谢后自然问起老人来历。原来老人竟是宫中御厨，只因性格耿直，不慎得罪慈禧太后，侥幸逃出北京，自此隐姓埋名，四处躲避追缉。老人说："此粉出在沙河，就叫沙河粉吧！我在此镇已停留多时，再不走恐怕就要连累主人家了！"言毕就走，以后再也不见踪影，但义和居的沙河粉却从此出名。

制作过程

①原料：储存半年左右的大米，用白云山泉水浸泡一两个小时后，磨成稀浆。②稀浆倒在竹窝篮内，流荡至细滑均匀，然后放在锅架上加盖蒸约2分钟，将蒸熟的粉皮取出，在熟粉皮上轻抹一层花生油后，将熟粉皮脱去，反摞在大孔竹箕上。③待粉皮晾凉后，每张折叠3层，用薄刀切成约1厘米宽的粉条即成。

沙河粉村提供

风味特点　薄、脆、爽、韧，色如白脂，形如玉带，薄如纸，软滑而又柔韧，有稻米清香。

技术关键　制作沙河粉有4个要素，就是选米、择水、磨浆、蒸粉。选米，隔造的晚稻米(上一年收获的晚稻米)，这样才能出韧性又具米香，因新米的黏性不够，而陈年大米又会有霉味。择水，浸泡大米和磨粉浆所用的水以山泉水为上乘；且要用冷水浸泡，这样做出来的河粉才光滑且有韧性。磨浆要用石磨才能达到幼滑的口感，而且粉浆在磨成后不能久置，以免发酵变味。蒸粉要用竹窝篮上浆，最好是选用增城出产的竹品。竹子的特点是不吸水，这样蒸就的粉才能干爽。最后要即蒸即烹，使成品保持弹性的口感，保持纯正米香味。现在的机器蒸制，会使粉变脆，炒时无法成条，煮汤粉时变成糊状，有些会在粉浆中加入淀粉，但没有纯正米香味。

品评　沙河粉在广州的餐饮市场，以其吃法多样，可炒、可泡、可拌，烹制简单，而被家家经营。又因其口味独特，吃后容易消化，营养丰富，风味各异，十分可口，备受百姓青睐。现在最出名的是位于白云山麓的"沙河粉村"，其创新品种繁多，有"芝士千层沙河粉"、"上汤翠竹沙河粉"，等等。近年来，沙河粉被加入多种蔬菜(胡萝卜、菠菜等)汁，制有多种颜色与品种，并做成不添加色素的五彩缤纷的沙河粉，味道有甜、酸、苦、辣、咸，使这一传统美吃更加丰富多彩。林林总总的沙河粉，既赏心悦目，又极富保健功能，大飨食客口福。

(14)虾饺

制作过程

①原料：虾饺皮600克，饺馅1000克。A面皮：澄面360克，生粉115克，水650克，猪油23克，盐5克，肥猪肉馅100克，鲜虾500克，胡椒粉1.5克，精盐10克，味精13克，麻油8克，白糖17克，生粉5克，猪油75克。②面皮做法：水烧开，澄面与淀粉混合均匀倒入沸水中，用筷子快速搅拌。加入猪油，将"A"揉匀至面团有光泽后，盖保鲜膜，饧20分钟。面团搓长条，分成20克左右的小面团，再将面团擀成薄原片，即成面皮。③馅料做法：虾去壳、虾线，用刀背剁茸，虾留几个整只的待用。虾茸和肉糜加盐和生粉，同方向搅匀至肉上筋。加少许白糖、麻油、胡椒粉、猪油混合。整虾加入少许盐和胡椒粉。④将馅料包入面皮中，每个馅料中加

入一只或半只整虾，捏成饺子状。⑤ 蒸锅内将水烧开，将饺子放入，小火隔水蒸大约 8 分钟即可。

风味特点　皮白透明，形状美观，馅鲜湿润，滑中夹爽。

技术关键　必须要选鲜活的大对虾。包饺口要封严，蒸熟即可，久蒸质老。蒸时要大火，否则产生黏性，口感不好。馅料制作搅打次数要达 60 次，馅料才能爽口。

燕岭大厦提供　莫志远制作

品评　好虾饺，以褶纹的多少来考究面点师的技巧，也以褶纹的多少来初步评判虾饺质量的好坏。上乘虾饺呈丰满的凸月之相，前顶状如梳篦，因为褶纹多可以让馅料有充足的空间膨胀发挥。虾饺外形以 13 道的褶纹为佳，如只有七八道的褶纹，为点心工的粗浅之技。10~12 道的褶纹，则为良好。虾饺的褶纹多，除了在蒸熟之后可鼓胀而成的极佳品相和可以允许饺馅与馅汁有舒展的余地，还因为褶纹多了，澄面饺皮又能带出变化细微的咀嚼口感。吃虾饺，宜热食，入口之时略有一些烫嘴的温度比较适宜。

(15) 肇庆裹蒸

典故与传说　据说肇庆人制裹蒸始于秦代，当时农民为方便田间劳作，用竹叶或芒叶裹以大米，煮熟后随身携带以作干粮，这就是最早的裹蒸。在汉代，端州百姓已有春节包裹蒸馈赠亲友的习俗，一直沿袭至今。从唐代大诗人杜甫所写的《十月一日》一诗中可以推断出，民间每年入秋后食裹蒸的习俗在云贵高原由来已久，而汉代古端州与云贵高原同属“南蛮之地”，风俗习惯有许多相同之处，后来各少数民族与汉族在此和睦相处，肇庆人民食裹蒸的习俗大概是从那时候开始的。此后，《南史》对南北朝齐明帝吃裹蒸逸事有过记载，记载中就已提到“太官进御食，有裹蒸，帝十字画之，曰：可片破之，余充晚食。”说明裹蒸在当时已经成为“贡品”、“御食”。《广东新语》等文献也对裹蒸进行过描述，清代著名诗人袁枚称赞它“物异河豚称帝馔，岭南糯裹沁心脾”。“裹蒸”成了肇庆民间春节的传统食品，也是肇庆的“文化品牌”。

制作过程

肇庆市皇中皇裹蒸粽有限公司提供

① 原料：长糯米 500 克，绿豆仁 250 克，五花肉适量，香菇约 20 朵，米酒 3 大匙，盐 1 小匙，酱油 3 大匙，冬叶。② 冬叶用热水煮五六分钟，洗净，除去冬叶的苦涩味，泡软洗净，干后备用。③ 糯米淘洗后浸泡 1 小时，绿豆去豆衣，对半磨开，筛去瘪豆，绿豆仁泡半小时。④ 以肥瘦相间又偏肥的五花肉剁成肉馅，配上“五香”调味料，提前将肉馅腌制一晚，使之入味。在包制之前还要将肉馅炒干水，以增加肉香味。⑤ 于装有糯米、绿豆、肉馅的大木盆旁，开始包制裹蒸。包裹蒸需要模具，传统用尖顶大竹帽，将三张冬叶依次铺放在帽的中间，以 5∶3∶2 的比例先后放上糯米、绿豆和肥猪肉，依照冬叶包糯米、糯米包绿豆、绿豆包肥猪肉

的顺序包裹，然后在顶端(其实这是成品底部)覆上一到两张冬叶，接着用水草或者席草捆扎。用模具包出来的裹蒸大小相同，都有 50 克以上，呈枕头状或四角山包形。⑥ 放入铁锅中，猛火蒸煮 8 小时，边蒸煮边加入大量的开水，直至糯米、绿豆、肥猪肉溶化为止。

风味特点 色泽碧绿如翡翠，香糯醇厚，清香味美，软滑可口。

技术关键 要选用具有色绿、叶香、防腐的冬叶作裹蒸的外皮；要选用上好糯米和当年绿豆；做馅的猪肉以肥瘦相间的为上乘；要加五香粉、曲酒作调料，以使馅味醇香、肥而不腻。在包制之前还要将肉馅炒干水，可增加香味，防止肥油散失。要用猛火蒸煮 8 小时，边蒸煮边加入大量的开水，直至糯米、绿豆、肥猪肉融化为止。

品评 裹蒸粽中的糯米、绿豆、猪肉融化混为一体，吃起来香糯醇厚，味美可口，还能清热解毒，补中益气，有止夜尿和增加热能的作用。民间最喜欢吃的是新鲜出炉的“开炉裹蒸”，不加任何调料，直接食用。新鲜出炉的裹蒸，久经煲煮的冬叶已变为深绿色，糯米表层吸收了冬叶的叶绿素，呈现一层通透的浅绿，冬叶与糯米、绿豆混合的清香令人垂涎欲滴，其味甘香，口感软滑，吃后齿颊留香。根据人们口味的需求，现在用来制作裹蒸粽肉馅名目繁多，可填入冬菇、白果、栗子、腊肠、腊鸭、蛋黄、腊肉；也有的以日本大瑶柱、湖北咸蛋黄、上靓肥膘肉、自制鳗鱼干、鲜花生仁等，配以味料用干荷叶包裹，用汤水熬制 4 小时而成。现在，民间百姓常吃的大多还是以糯米、绿豆、肥肉经传统的包裹法制成的，其清香自然的味道，被称做原汁原味，广受欢迎。

(16) 顺德双皮奶

制作过程

① 原料：新鲜的牛奶 500 克(如果是水牛奶就更好了)，鲜鸡蛋两个，冰糖 15 克(白砂糖也可)。② 将新鲜的牛奶放入锅中煮沸，趁热倒入碗中。碗放入冰箱镇凉使之结出一层奶皮。③ 用筷子轻轻地在奶皮边缘穿入，挑起奶皮，缓缓地将碗中的牛奶倒出。④ 拿两个鲜鸡蛋，取其蛋清，搅拌均匀，倒入适量的牛奶，加入白砂糖(可以加入冰糖)，充分拌匀，适当加热，让糖完全化解。⑤ 将混合品缓缓注入先前的碗中，原来的那层奶皮就会慢慢地浮出。上盖，放到火上蒸 10 分钟左右。⑥ 奶香扑鼻时开锅，原来的那层奶皮下面又会结出一层皮，形成双层，是谓双皮奶。用筷子从中间刺入，没有牛奶流出说明全部凝结即成。

广州雯信顺德双皮奶甜品店

风味特点 上层奶皮甘香有型，下层奶皮松软滑口，还有悠悠奶香味。

技术关键 做双皮奶最重要的是选材，双皮奶的质量好坏首先取决于牛奶的新鲜程度，所选的牛奶必须是新鲜的草牛奶，这样做出的双皮奶才能够香、滑、浓。煮牛奶不能太久，煮沸即可，烧久了会破坏蛋白质，也结不起奶皮；蛋清不要打太久，否则会变蛋泡；用筷子从中间刺入，没有牛奶流出说明已全部凝固。热奶放置水中时，冰水越冷越好，这样可以马上结出一层奶皮，且奶皮较厚不易破碎。在挑起奶皮，将碗中的牛奶倒出时，动作要小，以免奶皮不成型，制作不出双皮奶。

品评 广东人吃甜品有很悠久的历史，广东甜品品种丰富，煮的、炖的、冰镇的、炒的，应有尽有。其中，双皮奶白而滑，给人一种端庄温柔的感觉，其奶香浓郁，蛋味十足，扑鼻而来的香气使人仿佛置身于辽阔无垠的草原上，令人产生无尽的遐思。双皮奶那入口香滑，口感细腻，给人带来了一口一回味，一匙一怡然的美感。

（17）庾家粽子

典故与传说　“庾”是古代一种计量粮食体积的量器。帝尧时期有掌“庾”的大夫，周朝有管粮的“庾廪”官。庾氏以官名做姓氏。由于庾族人世代有人管粮仓，他们对粮食品种的优劣极为熟悉。每当端午时节包裹粽子时，庾氏族人都选择口感最佳的优质糯米，并且对馅料的成分和制作工艺不断加以改良。到了唐代，庾氏族人制作粽子已经十分有名了。唐代段成式《酉阳杂俎》中说：唐代长安的“庾家粽子”白莹如玉，就连唐明皇都赞不绝口……

宋代元祐年间掌庾大夫的后裔——庾东旸出任广南东路（现今广东省大部分）经略安抚使，庾偕夫人欧氏从南京邳州下邳县（今属江苏淮安）迁到广州，让世人嘴馋的“庾家粽子”也就随之来到了岭南。近千年过去了，如今在东旸公第27代传人庾美莲的努力下，东莞市花园粥城制作的“庾家粽子”成了中华名小吃、东莞的土特产，是不少新莞人返乡探亲乐意携带的礼品。

制作过程

①糯米800克，绿豆500克，咸鸭蛋黄10个，猪肉150克，精盐15克，花生油80克，白糖250克。②将糯米浸泡两小时后洗净晾干；将少量花生油、盐、糖放在晾干的糯米上搅均；将竹叶洗净放在煲里用大米煲至水开，再放入冷水洗净待用；将去壳绿豆肉浸泡4小时蒸熟再炒，放糖、花生油、盐等炒至金黄色；按先放米后放绿豆馅、猪肉、咸蛋黄的顺序，将其包扎好后用慢火煲9小时即可。

风味特点　滑而不餬，甜而不腻，齿颊留香。

技术关键　炒绿豆要控制好火候，不停翻炒，忌火过大而炒煳。

品评　成品成五角形，造型特别，蕴含丰富传统文化。

（三十）广西壮族自治区菜点文化与代表作品

1. 广西壮族自治区菜点文化概述

广西菜点文化是西南饮食文化的重要组成部分。由于种种原因，这一区域的饮食文化缺乏系统的挖掘与整理。但自古至今，这一多民族聚居区的食源、食性、食涵、食俗、食风等所有饮食事象，对整个西南地区乃至中华民族饮食文明的影响都是悠久深远的。与其他地区一样，广西菜点（又称“桂菜”）的发展有着悠久的历史，其饮食文化的民族与地域内涵极为丰厚，它是广西本土民族的自身传统积累和外来民族交汇融合的结果，广西菜点既有中国烹饪的传统共性，又有鲜明的民族与区域个性。随着近年来广西经济社会的快速发展，桂菜创新与饮食文化内涵的发展与时俱进，新的名菜名点在源源不断地涌现，并呈现出强烈的个性化、潮流化趋势。

（1）沿革。广西菜的发展源远流长，大致经历了先秦时期壮族土著自身的萌芽生长、秦至隋代的壮汉交杂开拓、唐至五代的多民族发展积累、宋元时期的茁壮定型、明清至近代的成熟和现代的繁荣发展时期。

先秦时期的广西，尽管属“南蛮”之地，但受楚文化的影响，时为“西瓯”和“骆越”土著民族

品评　鸭肉营养丰富，尤其适宜夏、秋两季食用，既能补充过度消耗的营养，又可消除暑热给人体带来的不适。鸭属水禽，性寒凉，根据中医“热者寒之”的治疗原则，它特别适合于体内热燥、上火的人食用，对体虚弱、大便干燥和水肿患者也有补益。高峰柠檬鸭的特色在于柠檬特有的酸香味，能有效刺激人们食欲。柠檬能解除肉类、水产的腥膻之气，并能使肉质更加细嫩，还能促进胃中蛋白分解酶的分泌，增加胃肠蠕动。经常食用柠檬能防治肾结石，使部分慢性肾结石患者的结石减少、变小。这大概就是这道美味驱使人们穿越蜿蜒山路专程去吃柠檬鸭的动力所在。

(9) 灵马鲶鱼

典故与传说　灵马鲶鱼因最初出自灵马镇而名。灵马是广西的一个乡镇，地处南百二级公路边上。早在20世纪80年代初，路边开有一个由两兄弟经营的大排档，来自云南、贵州的长途客车和货车路经此地时停车就餐，店中有一道豆腐焖鲶鱼的菜很受过路食客欢迎。随着时间推移，这道菜声名鹊起，过路食客剧增，旁边仿效经营的食店也因此多了起来，且几乎都有相同的店名。兄弟店为此跟这些仿效店打起官司，最终当地政府出面调解，并想到这是一条能让当地农民脱贫致富的路子，于是使其以集体品牌，连锁的经营模式出现。“灵马鲶鱼”的牌子在短短几年间遍布南宁通往桂西的各条路边。如今挂“灵马鲶鱼”牌子经营饮食的排档食店几乎遍及桂西、桂南、桂东地区的各个入城路及主干道路边，总数究竟有多少千家已经很难统计，单是从西边入南宁市内的不足10千米的这段路两边就有30多家几乎是同名的饮食店。这是国内由一款菜支撑起一个庞大饮食产业的杰出典型。

制作过程

①原料：河鲶鱼1条(约500克)，豆腐饼250克，大蒜25克，葱10克，西红柿100克，酱油、味粉、淀粉、姜末、黄酒各适量，花生油40克。②将鲶鱼宰杀后，横切成2厘米长的段，用盐、味粉、料酒腌味，西红柿、豆腐均切块。③将腌好味的鲶鱼用油煎炸成熟至上色，放入煎黄的豆腐饼，加入西红柿块，加入大蒜、葱等料头，烹入黄酒，加清汤，用文火焖制。④将焖至成熟的豆腐鲶鱼调味收汁，然后勾芡装盘成菜。

制作者：韦起洲

风味特点　成品中鱼皮黑肉白、豆腐色黄、西红柿色红、葱蒜色绿，多色相间，很能诱发食欲。口味鲜香，含淡淡咸酸味，鱼香、豆腐香、配料香相互参合，回味无穷。

技术关键　鲶鱼宰杀时注意不要碰破胆汁，在烹制的过程中最好用猪油和茶油。

品评　鲶鱼肉含钙、磷、维生素A、维生素D，并含有人体所必需的重要氨基酸，营养丰富。鲶鱼味甘性温，有补中益阳，利排尿，疗水肿等功效，强精壮骨和益寿作用是它独具的亮点。灵马鲶鱼属大众消费菜肴，以价廉物美占有市场。其原料易得，工艺简单，营养丰富，口感鲜美，因此深受广大食客的喜爱。

先将精面粉加鸡蛋和面，反复搓揉，用竹杠反复压打，切成细面条。实际操作时可将新鲜面条变换成各种干面条、油炸面条、米粉、粉丝等；配料可加猪肝、瘦肉、粉肠、鸡肉等各种肉类；酸辣味可依口味需要而调，还可增加番茄等青菜调剂营养和口感。

（15）壮乡粉虫

典故与传说　粉虫是壮族的传统食品。粉虫始于明末清初，是“粉利”中的一个花色品种。“粉利”是一种形似短粗面杆的米制品，旧时多为年货。粉虫是当地在“小暑大暑，有米懒煮”之时做的一种形似虫蛹的粉食，用料与“粉利”基本相同。在广西壮族地区流传有一首古老的童谣：“端午包凉粽，尝新搓粉虫，包得阿姐哈眼惘，搓得阿妹膝头痛。”这首儿歌生动地描绘了壮乡过节忙于做粉虫的情景。五月初五包凉粽是技术活，阿妹难以胜任，当然由阿姐承担；六月六搓粉虫是简单活，就该轮到阿妹了。一个小姑娘坐在矮凳上，膝盖倒扣一只平时淘米洗菜的圆形竹箕，小手捏着小粉团不停地搓，一只只酷似小虫蛹的带有螺纹的“粉虫”从阿妹手中不断落入盆里，满木盆粉虫看似活的一般。六月六，壮家各户有用新米煮饭、做米粉的习俗，谓之“食新”。此时气候一般是晴空丽日，村上石磨、木椿之声此起彼伏，房顶炊烟袅袅，一派祥和喜庆气氛。这种习俗在壮乡一直沿袭至今。

制作过程

制作者：韦起洲

①原料（10碟成品计料）：粳米稀浆1000克，黄皮酱100克，鲜汤1800克，姜葱蒜茸各50克，精盐25克，白糖100克，麻油20克，湿生粉15克，熟生油200克，芫荽（碎）300克，大红辣椒酱500克，生油400克。②用大锅烧沸水3000克，冲入米稀浆慢慢铲动，当浆变稠时改用小火，加快铲速，搅成粉团后铲出晾冷。然后分次加入生粉，搅拌到纯滑即成“粉虫”的粉团。将粉团三等分，其中两份分别用黄栀子和枫叶汁开水染成浅黄色和粉红色。③将竹筲箕翻扣在案板上，扫一遍油，取粉团约1.2克放箕背上，用手掌轻轻顺竹纹搓成一条两头尖而带螺纹的黄、白、紫三色“粉虫”。逐一搓完后，淋少许油拌一下，撒入蒸笼大火蒸4分钟即熟。④炒锅下油200克、姜、葱、蒜、茸炒香，下黄皮酱、鲜汤、盐、白糖烧沸，用湿粉调稀，淋麻油打芡成酱汁。粉虫分10碟，淋酱汁、撒芫荽，放辣酱即可食用。

风味特点　成品黄、白、紫三色相间，型如虫蛹，栩栩如生，质地晶莹透明，弹韧滑软，味鲜酸微甘，咬食有劲，有黄皮的特殊清香。

技术关键　稀浆磨时米与水比例相同。比例偏大或偏小皆会影响粉团质量；传统配方每千克加硼砂20克，以增加韧性，不用生粉。但硼砂有食嫌，改配生粉安全实用；民间有用天然色素掺和粉团来做成五颜六色粉虫的习惯，但餐饮业多不用或少用。

品评　壮乡粉虫极具少数民族个性，色、型、味独具特色，近年来广西有不少城市将之推入食肆，很受城市居民喜欢。受壮族节日的影响，每年三月三、五月五、六月六等这些特定的日子人们尤为盛行食粉虫。目前，桂中、桂南、桂西等地区的城市乡镇市场，一年四季皆有此食。

（16）南宁米粉饺

典故与传说　中国饺子历史久远。1959年秋在新疆吐鲁番出土的唐代墓葬遗物中就有饺子。在北方，有“好吃不过饺子”、“没有饺子过不成年”的说法。南宁粉饺不同于北方饺子，亦异于广州的澄面皮“虾饺”，它是用粳米粉制皮的。清代李化楠《醒园录》所载的“米粉菜包”即是南宁粉饺原型。民国初期，南宁街的“天海酒家”和“万国酒家”皆有特色粉饺。解放初期南宁市兴宁路有一家“兴宁肠粉店”专营肠粉和粉饺，名声远传南宁方圆几百里。南宁粉饺是广西众多糍粑中的一种，作为餐馆主食糕点，盛行于南宁及周边地区。随着广西近年来旅游业的发展，此点已成为享誉东南亚一带的著名小吃。

制作过程

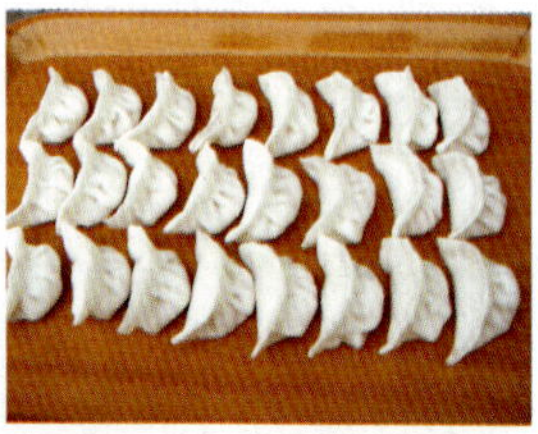

制作者：韦起洲

① 原料：粳米稀细浆 1000 克，精盐 5 克，熟猪油 25 克，干生粉 50 克，芫荽 15 克，瘦肉粗末 300 克，净马蹄（碎粒）40 克，卤菇末 80 克，葱花 40 克，虾米末 15 克，生抽 20 克，精盐 5 克，味精 15 克，胡椒粉 10 克，生油 50 克，麻油 30 克，冷鲜汤 70 克，湿生粉 30 克，黄皮酱 15 克，鲜汤 20 克，姜、葱、蒜茸各 30 克，精盐 5 克，白糖 10 克，麻油 10 克，大红辣椒酱 15 克。② 用大锅烧沸水入稀米浆蒸制成八成熟，捞起搅拌搓制成成纯滑粉团。在肉末中加入生抽、精盐、味精、胡椒粉、水淀粉、冷汤搅拌起胶，再下马蹄、冬菇、虾米、葱花、生油、麻油拌成馅料。③ 在炒锅中下酱料、生油、姜、葱、蒜茸爆料头，加黄皮酱、鲜汤、盐、白糖、麻油煮沸，用湿粉打芡，即成酱汁。将粉团挤成 8 克重剂子，撒干生粉防沾，擀成直径约 7 厘米的圆皮，放 15 克馅，捏成弯梳饺形。④ 将粉饺坯入蒸笼蒸 5 分钟即成熟粉饺。每碟装 5 只，淋浅黄色酱汁一匙，用芫荽点缀，大红辣椒酱随客选用。

风味特点 粉饺色玉白，体透明，形如梳饺。饺皮细滑爽韧，馅心鲜美，味咸中带甜。蘸汁酸甜开胃，黄皮酱香突出。装盘用碧绿、鲜红两色点缀，造型别致。

技术关键 粉团中加少量盐以增加粉筋，不起调味作用，旧时有加四硼酸钠增韧的，现已禁用；粉浆与水量及浆的浓度有关，煮浆应灵活掌握用量，水过多难以成型，过少则皮硬；肉末应逐次加汤搅打，以免“糊水”，难于包馅；粉饺包制应边紧中松，加温时才能兜住汤汁，否则容易皮破漏汁。

品评 南宁粉饺不同于北方饺子，亦异于广州的澄面皮“虾饺”，它是用粳米粉制皮的。清代李化楠《醒园录》所载的“米粉菜包”即是南宁粉饺原型。民国初期，南宁街的“天海酒家”和“万国酒家”皆有特色粉饺。解放初期南宁市兴宁路有一家“兴宁肠粉店”专营肠粉和粉饺，名声远传南宁方圆几百里。南宁粉饺是广西众多糍粑中的一种，作为餐馆主食糕点，盛行于南宁及周边地区。南宁粉饺除皮质特别，馅心亦颇具地方特色。馅料中加入清水马蹄，使其咸中带甜，质地爽脆，加入各种肉作馅使之具有肉之鲜香。用南宁特产黄皮酱蘸汁食用，味酸甜而带有特殊的黄皮果香。从工艺看，南宁粉饺是北方饺子的一种演变，风味以适应本土的咸鲜为主，做法差异体现在皮料和馅料的用料及制作不同。桂东南地区民间制作的一种“大饺”，外形似梭，体硕如小巴掌，以韭菜和猪肉为主馅，工艺与粉饺接近。 （朱照华、姜建国、周旺）

（三十一）海南省菜点文化与代表作品

1. 海南省菜点文化概述

海南省菜点，统称海南岛风味，是中国各地方风味流派中最年轻而又独具特色的一支。海南岛过去一直隶属于广东省，其菜点文化湮没在粤菜大系之中。1988 年海南建省后，随着改革开放、经济发展，海南菜点脱颖而出，迅速升华，影响波及国内外，如同风靡全球的“海南鸡饭”一样为世人所瞩目。

（1）沿革。海南岛政区建制于西汉元封元年（公元前 110 年），立儋耳、珠崖两郡。在其 2100 余年历史长河中，由于“孤悬海外”，地处亚热带，素被视为“蛮荒之地”。由于经济文化不发达，当地居民“衣食粗劣”（苏轼语）。唐宋时期，一方面，不少中原名臣、学者相继贬谪来琼，如李纲、苏东坡等，带来了中原饮食文化。另一方面，由于战乱、灾荒等，大批大陆人（主要是闽南人）南迁进岛，也带来了各地的饮食习俗，在丰富的物产资源基础上形成了海南菜点的地方个性。到了清末民初，海南对外开放扩大，海运和商业迅速发展，餐饮事业也随之兴起。特别是海口于 1926 年设市，成为海南岛的政治、经济、文化中心之后，较大型的茶楼酒馆随之出现，粤菜烹饪技术不断进入，地产原料及传统厨技得以提升，逐渐形成了海南特色的菜点美食系列。20 世纪 20 ~ 40 年代出现的一批名店、名厨、名菜点，标志着海南菜点进入了鼎盛时期。到了 20 世纪 80 年代，中国改革开放，特别是海南建省以后，经济迅猛发展，餐饮业几十倍、上百倍的增长，海南菜点步入了一个具有独立体系、全面发展的新阶段。

（2）构成。由于政治、经济、地理和民俗等原因，海南菜点的构成时间比较晚，大约在清末民初形成风味特色，而后随着历史变迁、时间推移不断地发展完善。从菜肴品质分，有宴席菜、便餐菜、家常菜 3 大类；从风味特色分，有土著居民、黎苗风味、闽粤风味、东南亚风味以及各具地域特色的市井风味等；从面点小吃分，有席上点心、大众茶点和地方小吃等类别；从物产原料分，有海产类（包括海产干货）、河鲜类、家养禽畜类、野味类、热带植物类。此外，海南菜肴中的火锅也相当盛行，几乎各种原料都能用于火锅菜肴，比较出名的有海（河）鲜火锅、狗肉火锅、羊肉火锅、骨汤火锅、杂料火锅等。

（3）特点。

原料天然丰富，名产众多奇特。海南菜点的基础在于丰富的原料资源。海南岛四面环海，地处亚热带，岛上多山林，盛产各种海鲜和野味，具有“海产万类，陆产千名”的优势。就海产而言，已知南海鱼类达千种以上，其中经济价值较高、产量较大的有 200 多种，虾类 40 多种，经济贝类 40 余种，还有藻类 162 种，海参 17 种，以及蟹类、海蜇、海胆等。陆地上的飞禽走兽也是种类繁多，不胜枚举。加上饲养业、种植业发达，家禽家畜和热带植物都非常出名。最著名的特产有禽畜类的文昌鸡、加积鸭、温泉鹅、东山羊、临高乳猪、五脚猪、五指山小黄牛；海产类的和乐蟹、后安鲻鱼、临高鱿鱼、三亚海蛇、崖州鲍鱼、石斑鱼、油鳀、剑鳙、马鲛、龙虾、对虾、基围虾、富贵虾（赖尿虾）、海参、公螺、油螺、鸡腿螺、芒果螺、血蚶及多种贝类；热带植物类的椰子、腰果、胡椒、木瓜、菠萝、芒果以及各种瓜、菜、豆，四季皆有。这些物产原料不仅十分丰富，而且出自天然的海南地理区域，为其他地方所不具备，因此比较起来，更有其奇特之处。值得一提的是，海南建省后，随着经济快速发展，全国各地风味菜点大举进岛，带进了诸多的外地特产，使海南的烹饪原料更加丰富和多样化，能够满足各种不同饮食习惯的需求。

注重原汁原味，追求鲜爽简约。海南菜点最显著的特点在于充分保留和发挥其优质原材多次反复换热水浸泡，至螺身软绵。然后用高汤（调好味）慢火煲五六个小时入味。将焗好螺只环绕花菇成圆形整齐排列盘中。④ 青菜洗净，修整 10 小棵，按常规油炒后，跟西沙螺间隔排列整齐。用汤汁勾芡均匀淋在整盘菜肴上面即成。

风味特点 西沙螺质如鲍鱼，花菇软绵，成菜黄金色，造型自然，质爽味鲜，香滑适口。

技术关键 涨发螺肉时，水至微沸（冒气眼）即可，离火浸泡，水凉后再换热水继续浸泡，反复多次，使螺身软锦，去除异味。用慢火煲五六个小时，以入味熟透为度。水发花菇要用生粉揉洗，清除苦涩味。

制作者：李学深

品评 制作西沙螺是海南厨师的专长。这道菜在传统的基础上创新，用比较平价的原料制作成高档菜肴。可以分位上菜，类似鲍鱼。不但形、色美观，而且质地爽滑，味鲜香浓，往往给食者留下深刻印象。此外，螺肉蛋白质含量丰富，并有钾、钠、钙、磷、硒、铁、锌等多种人体需要的矿物质。

（5）浓汤焗龙虾

制作过程

制作者：邢　涛

① 原料：大龙虾 1 只，重约 1250 克，南瓜面条 300 克，西兰花 250 克，调和油 1000 克，浓汤 500 克，精盐 8 克，味精 7 克，鸡粉 3 克，白糖 4 克，黄油 25 克，姜片 5 克，蒜茸 5 克，葱度 15 克，生粉适量。② 将龙虾从头至尾直切成两半，清洗干净，带壳横切成 20 件，用洁净毛巾吸干水分，拍上干生粉，置热油锅炸至七成熟捞起待用。③ 将南瓜面条（海南特产，用面粉和南瓜加工成的干面条，以海南荞润食品公司所产最佳）下沸水中煮熟捞出，放置盘中间；西兰花取净，下热油锅中，加精盐、味精、白糖配味炒熟，围放盘中南瓜面条的周边。④ 热锅下黄油、姜片、蒜茸、葱度爆香，下龙虾件拌匀，再下精盐、味精、鸡粉、白糖、浓汤调好味，焗焖约 8 分钟入味，勾薄芡，包尾油，捞出龙虾件整齐铺放在南瓜面条上，再将余下芡汁均匀淋面即成。

风味特色 龙虾味浓，鲜香滑爽；南瓜面条垫底，芡汁自然渗入调味，西兰花围边，荤素调和，面食一体，柔润可口，别有情趣。

技术关键 浓汤须使用老鸡、猪骨头熬成。龙虾切件要均匀，焗时掌握火候适中，不可将芡汁烧干。

品评 浓汤焗龙虾的创新点不仅在于改上汤焗为浓汤焗，增加了虾肉的鲜香度，而且在于利用南瓜面条来配制，使焗龙虾的汁液与南瓜面条和合，鲜香嫩滑，令人回味。中医认为，龙虾味甘性温，有滋阴壮阳，补肾镇心作用；南瓜面则含有丰富的碳水化合物和多种氨基酸，胡萝卜素和维生素 E 含量也较高。此菜属健康营养佳肴。

（6）明珠百花虾

制作过程

制作者：邢　涛

① 原料：大角虾 500 克（每只重约 50 克），冬瓜 500 克，西芹 100 克，食粉 25 克，生粉 15 克，精盐 9 克，味精 5 克，鸡粉 4 克，白糖 3 克。② 大角虾去壳取出净肉，挑去黑肠，洗净沥干水，在虾肉背部轻划 3 刀，卷成花状，焯水后放入清水，加食粉泡 30 分钟捞出，再用清水浸漂 30 分钟，冲掉食粉气味。③ 用小圆挖勺把冬瓜剜出一粒粒小圆球，热油起锅，倒入冬瓜球，下精盐、味精、白糖等调味，慢火至入味后勾薄芡，装盘中间。④ 西芹取净切长条片，炒熟入味，放在冬瓜球周边成圆圈状。⑤ 烧锅热油，将加工好的虾花入锅，加精盐、鸡粉、白糖、炒匀，挂薄芡，出锅装盘，沿西芹圆圈摆放对称整齐，再淋薄芡即成。

风味特点　摆盘简洁，色泽清雅，脆嫩爽滑，味道鲜美。

技术关键　角虾大小一致，食粉加水泡后必须用清水漂洗除净异味。生虾肉焯水仅使虾肉紧身、花纹隆起即可。

品评　大角虾，又名大虾、对虾、明虾，本身具有鲜、爽特性，这道菜系海南名厨邢涛的创新菜。经刀工处理，使虾肉外形恰似盛开的鲜花，白里透红，配以清秀的冬瓜(球)、西芹片，观感新鲜悦目，质感脆嫩爽滑，荤素搭配合理，营养丰富，味道清鲜。

（7）群蝶恋花

制作过程

制作者：李学深

① 原料：象拔蚌 10 只(重 500 克)，墨鱼胶 100 克，基围虾 150 克，青红尖椒 50 克，上汤 100 克，生油 50 克，生粉 20 克，味精 10 克，白糖 5 克，精盐 5 克。② 象拔蚌去壳洗净，将管状蚌肉从中间切开平铺成对称蝶羽，用味精、糖、精盐腌制入味。墨鱼胶加调味料拌匀后，捏出 10 件“蝴蝶身”，青红椒切丝间隔贴在“蝶”身上，再将“蝶身”安在蚌肉中间即成“蝴蝶”。③ 将 10 只“蝴蝶”，沿着圆盘周围摆放整齐(中间留空)上笼蒸 5 分钟即熟取出。用上汤调味，湿生粉勾薄芡，均匀淋在“蝶”身上。④ 基围虾去壳取整只虾肉，用味料稍腌制后，汤水烫熟捞出，围摆在盘中间成圆鼓状(寓意“花”)便成。

冷,加入盐巴和食材放在密闭容器内发酵一两个星期即可),石头烘烤的溪鱼香佐以野菜,充满山林中的芳香野趣。

布农族。布农族主要分布在中央山脉南部山区地带,居住深山者多以芋头、甘薯为主食,另有小米、玉米、南瓜等。布农族人擅长打猎,小米糕、小米酒和烤野味是其传统食物,平时仅以腌制肉品配上蔬菜、豆类煮水调盐而已。鸟兽或鱼肉只有祭典节庆或渔猎有所收获时才得享用,“山产野味”是布农族的特色。传统布农族的年月观念是依小米成长的过程而划分的,所以对小米有特殊的敬重意味,甚至将小米拟人化,认为小米有灵魂、有五官、可移动,又有父粟和子粟之分。过去每年十一二月,为了祈求小米能够丰收,布农族会举行小米播种祭。后来部落中改种稻子,小米祭仪渐渐消失。

排湾族。排湾族主要分布在屏东及台东,主食以芋头、小米为主,因此本族传统特色菜肴多以芋头或小米制成,如芋头粉肠(芋头粉、山猪肉调味后灌入猪肠中),奇拿富(山猪肉、小米、芋头干为馅,以拉维露叶为内,甘蔗叶或月桃叶为外,包绑成长条状,入水蒸煮至熟),调味则多以开水煮熟后沾盐进食。出外工作时以芋头干、烤花生果腹,口齿留香,令人回味无穷。

鲁凯族。鲁凯族人口约 1 万多,分布在中央山脉南部山区,大约在台东卑南乡、屏东雾台乡、高雄茂林乡。鲁凯族是一个阶级制度非常严谨的部落族群,百合花是该族的标志,象征女子的纯洁和男子的狩猎能力。鲁凯族以小米、芋头为主食,有特殊的烘芋技术,可将丰收时的芋头烘制成相关制品,长时间保留,并方便外出携带,小米汤圆则是鲁凯族的最爱食品。鲁凯族以农业为生,每年八月间的收获祭是最重要的祭典,只限男性参加,仪式中最重要的是烤小米饼。小米饼不只用来食用,更借它占卜预测下一季的农作物收成状况,烤得太焦,表示雨水少、收成会不好,如果考得恰到温润,则表示来年雨水充足,收成也会较好。

卑南族。卑南族分布在台东县卑南乡,有精湛的十字绣、刺绣艺术和特有的人形舞蹈纹图案,普遍有头戴花环的习惯。主食以米、甘薯、芋头、小米为主,传统的竹筒饭、“以那馡”是本族代表菜肴。“以那馡”是以糯米粉和南瓜泥揉成团为外皮,再以肉、萝卜丝炒香为内馅,用“拉维露”叶上下覆盖,再以月桃叶包紧蒸熟,可用于正式丰年祭、宴客,亦可郊游野餐用。此外,田鼠(地龙)亦是卑南族独具风味的特色菜肴食材。

赛夏族。赛夏族分布在苗栗县及新竹县的山区,人口约有 5000 多,算是原住民族中少数的族群了。赛夏族受泰雅族的影响颇多,是父系社会,男女均有文面的习俗。赛夏族以米、小米、玉米为主食,多数材料用水煮熟加盐简单调味后食用,腌肉则以煮熟的米饭加盐加材料拌和,封罐。另外,因为居于山区,所以环境中常见之笔筒树嫩芽都成了常见的食材,也被视为代表菜肴之一。

邹族。邹族主要人口分布在嘉义县阿里山乡,其次为高雄县三民乡,人口大约有 8000 多。邹族另有一称为曹族,有精细的鞣皮技术,以猎物外皮为衣饰。小米收获祭是邹族最重要的祭仪,也是邹族人的年,约在七八月间举行,主要祭祀小米神,感谢他对农作物的照顾,并借着祭典强化家族的凝聚力。由此习俗当知小米在邹族的饮食生活上具有重要意义。

邵族。邵族原括称水社化番,共有六社,多居住于南投日月潭附近,但日月潭水社化番目前尚不足 300 人,可说是传统十大原住民族中人数最少的一族,但邵族族人过去普遍反对被视为平埔族群之一,一直努力争取成为“台湾原住民族第十族”,保留其独特的语言和文化特质。传说中邵族祖先从阿里山追逐白鹿来到日月潭附近,看到一堆草,想要掘草止渴,突然从拨开的草丛中迸出鲜鱼来,那草即是“刺葱”,邵族可说是原住民中最懂得“刺葱料理”的民族。此外,由于居于潭边,所以邵族人精于渔捞,常以盐渍法处理未能吃完的鱼鲜或兽肉,因此腌肉与湖中鲜味并陈,使邵族之传统美食能独成一格。

达悟族。达悟族独立于台东外海的兰屿小岛上,人口数约有4000多,与台湾本岛的原住民族有相当大的差异性。达悟族的住屋很特别,是建立在山海交接处的半穴居,四周环海,重要的渔捞物是每年3～6月随着黑潮洄游而来的飞鱼,针对飞鱼的捕捉有隆重的招鱼祭、收藏祭和终食祭。达悟族的飞鱼文化富含敬天的宇宙观,且其食鱼的方式更兼顾了生态保育的观念。每年3月,达悟人举行招鱼祭典,之后开始晚上捕鱼行动,通常以火炬照明吸引鱼群;4月后则改为白天用小船钓大鱼,晚上休息;5～7月飞鱼潮来到,只能捕捉飞鱼,不能捕捞其他鱼类,吃不完的鱼则晒成鱼干储存,过了中秋之后则禁止再捕捉飞鱼。此外,达悟人对鱼的分类与众不同,分为老人鱼(只有老人可以食用)、男人鱼(味道较腥臭,女人不能食用)、女人鱼(肉质较细致,一般人均可食用),所以捕鱼时还要顾虑家人的不同需求,间接避免单一鱼种过度捕捞造成的危机。除了食飞鱼,达悟族主要的主食则是芋头,次之小米,重要的大船下水典礼须用芋头来当主祭食物,而在小米丰收祭时,则有达悟族妇女特别的头发舞仪式。达悟族对每一种食物都有专用的容器,谷类、肉类、鱼类装用的器皿都分得非常清楚,不可以混用。

(3)特点。台湾菜具有极强的包容性,原住民饮食、闽南饮食和日本料理互相影响,综合利用,但它的各个组成部分都有不同的特色。传统原住民菜肴烹调的方法较为简单,材料的搭配较为单纯。食材方面,山猪肉、鱼、虾、蟹,芋头、小米、南瓜等是他们的主要食物。

在台湾的汉族人以福建菜作为一般日常饮食的内容,而烹调场所及设备多半较为简陋。早期的台湾多使用"灶"来烹煮食物,加上传统的台湾家庭厨房里并没有调理台、砧板台或摆菜的琉璃台面,所以灶面几乎要揽起所有烹调准备工作的相关责任,而使用过后灶面上的余热温水,还可以用来清洗食器。在乡村,则使用稻草、薪木来取火,所以灶是用土砖或红砖砌成灶口;城市则因使用木炭、焦炭为主,所以是用铁制的机器灶。一般家庭使用的烹调方法以炒、煎、爆等这三类方式应用最为普遍,另外尚有一种"熬油",是台湾的特殊烹调习惯。此外,在日本殖民统治时期,日本料理大量进入台湾数十年,也留下了相当的影响。

(4)成因。回顾台湾的历史,台湾的菜点及饮食文化除受到明末和清朝大陆大规模移民潮所带来的闽菜影响,后来在日本对台湾长达50年(1895～1945年)的殖民统治时期,日本人所引进的日本料理也逐渐渗透到台湾人的生活中。根据《台湾省通志·人民志礼俗篇》的记载:"西餐、日本菜均于日据时代才有之","日据时期,日人嗜生鱼片及豆瓣酱汤,习惯相染,台人亦多嗜之"。甚至到日本的殖民统治结束以后,日本料理对现代的台湾人的饮食生活仍然有着重要的影响。如日本人所食用的蓬莱米取代过去台湾人吃的在来米,许多日本民间饮食也影响着台湾人的饮食生活,人们开始喝味噌汤,吃饭团,路边摊贩所贩卖的"黑轮"(鱼浆制品)也成为现代台湾小吃的一项。因此,可以在一定程度上说,是台湾特殊的历史造就了台湾菜点的特色。

2. 台湾地区菜点著名品种

1915年,日本人武内贞义所写的《台湾》第十一章列举了当时著名的台湾宴客菜,品种如下。

汤类:清汤鸭、八宝鸭、冬菜鸭、毛菰鸡、加里鸡、鲍鱼肚、清汤鱼翅、清汤鲍鱼、清汤参、合菰(即菇)、蟳丸、什锦火膏、火腿笋、杏仁豆腐、莲子汤。

羹类:红烧鱼、八宝蟳羹、什锦鱼羹锅、芋羹、卤胖鸭。

炒类:炒鸡片、炒鸡葱、炒肚尖、炒虾仁、炒水蛙、炒豆水。

煎类:烧虾丸、烧鸡管(烧鸡卷)、生烧鸡、搭鸡饼。

另外，1928年《常夏之台湾》列举了“台湾料理”的中等价位的宴席菜，包括烧粉鸟、凤煎蟹饼、幼小鸡、金银笋、燕巢、清汤鱼翅、绉纱割蛋、淡鲍肥鸭、红烧鱼、骨髓毛孤（菇）、虾仁品包、玉面、清汤鱼胶、南京烧鸡、水晶丸、杏仁冻、千员糕。（张玉欣　杨昭景）

3. 台湾地区菜点代表作品

（1）加志鸡

典故与传说　早年台湾有一句用以形容妇女出嫁后追随、陪伴丈夫的心意俗谚：“嫁鸡随鸡飞，嫁狗随狗走，你若做乞丐，我甘愿帮你提加志斗”，其中的“加志斗”是指用咸草编的草篮。早年人们为了工作出远门时，都是用加志篮携带简单的衣物和一些干粮、肉类。每当夜晚向路途中的民家借宿，也顺便借人家的余火蒸热所带食物。由于没有容器，也为了求快，便将鸡连同加志篮一起放进锅里蒸熟。没想到这样的方式却让鸡肉有了特殊的草香味道，肉质也鲜嫩好吃，因而逐渐发展成一道风味特殊的菜肴。

制作过程

制作者：黄德忠

①原料：1200克土鸡1只，花生150克，红枣12个，姜片5片，蒜头10粒，枸杞约30粒，福圆肉12粒，葱寸酥（葱切成寸长，炸香）225克，玉桂粉少许，黄酒1杯，冰糖约40克，酱油2大匙，胡椒粉少许，香油2大匙。②鸡洗净，油炸三分熟，上色。③将鸡、其他材料及调味料放入加志篮中，蒸2小时即可。

风味特点　鸡肉鲜嫩可口，具有咸草的草香。

技术关键　用绍兴酒加米酒、油桂粉（较高等级之玉桂粉），以提味。

品评　肉质鲜嫩，草香味浓，口感甚佳，器皿风格及菜品风味独特。

（2）金钱虾饼

制作过程

①原料：熟肥猪肉600克，虾仁150克，绞肉150克，荸荠75克，面粉75克，蛋白2个，面包粉150克，油1000克（实耗50克），盐5克，糖8克，香油10克，白胡椒粉少许。②肥猪肉切成圆形块，横切一刀成夹状。荸荠、虾肉洗净切碎，与盐、糖、香油、白胡椒粉拌匀成馅，适量填进每个肥猪肉夹中。将包好的猪肉夹表面先沾面粉，再沾蛋白，最后沾面包粉以固定即成虾饼生坯。③锅加油烧四成热，下入生坯，用中火炸约3分钟，即可挟出装盘供食。

制作者：黄德忠

风味特点　油而不腻，有弹牙口感。

技术关键　制作时取出已煮熟冷冻的肥猪肉，准备一大碗热水烫刀，再切肉，便能切出晶莹剔透的薄片。将馅料填入肥猪肉夹,依序穿上面粉、蛋白、面包粉三层外衣,即不会散开。

品评 由于煮熟的肥猪肉呈半透明状,亦称为玻璃肉。这道老菜是早期台北酒家的代表菜之一,以溪虾仁、三糟肉、宜兰葱等材料打制而成。因此道菜色泽金黄、形似铜钱而得名。以往商人多会上酒家应酬谈生意,店家遂利用本地食材制作较精致的菜肴,一来提高菜肴的卖相价值,同时也给生意人讨个财源广进的好兆头。

(3)彩虹蜈蚣蟳

制作过程

制作者:黄德忠

①原料:900克红蟳蟹3只,豆腐3块,猪绞肉150克,香菇2朵,甜豆夹2片,鸡蛋1个,红椒1个,红萝卜40克,荸荠40克,高汤2杯,盐少许,酒一大匙,香油一大匙,太白粉一茶匙。②红蟳蟹蒸熟取肉保留蟳盖、脚、螯。绞肉、豆腐、荸荠切末拌匀,放进大圆盘备用。蛋煎成蛋皮切丝,其余香菇、甜豆夹、红椒、红萝卜等材料亦切丝。③将切成丝状的各材料与蟳肉排放在豆腐泥上,再将红蟳盖、脚、螯组合成蜈蚣状,蒸10分钟。将盐、酒、太白粉加入高汤煮滚,淋上香油,浇在蒸熟之蟳肉上即可。

风味特点 蟹肉鲜美,垫底料味醇,盖顶料多味复合。

技术关键 注意食材彼此间的色彩配置,以及摆盘的艺术。

品评 这是制作者代表台湾参加在新加坡举行的世界级烹饪比赛的一道料理,运用传统蒸细嫩之物的做法料理优质蟹肉、豆腐、香菇、红椒、红萝卜等食材,再加上新颖的创意巧思,利用蟹壳、蟹脚装饰摆盘,成就了一道色彩丰富、形象鲜活的菜肴,还给食客带来了取食上的方便。

(4)黄金吉利好彩头

典故与传说 这是一道农历新年时应景的吉利菜。由于这段时间是萝卜的盛产期,萝卜又甜又好吃,又因萝卜在台语中叫做"菜头",历来被当做"彩头"的谐音,取农历新年给人以"好彩头"之意。但白萝卜煮汤过于单调,于是将萝卜中间挖空,填入干贝等高档食材,再以家家户户烹煮鸡、鸭、鱼、肉等的高汤蒸煮,就这样,一种平凡的食材,创造出了颇具档次的年节宴客大菜。

制作过程

①原料:白萝卜2条,干贝(黄金角)10粒,高汤2杯,盐5克,太白粉10克,味醂5克。②白萝卜去皮用白铁圆模具刀切成10块,中间用挖球器挖洞,填入干贝,蒸25分钟起锅。③热锅将高汤加入盐、味醂及太白粉煮滚,淋在蒸熟之白萝卜上即可。

制作者:黄德忠

风味特点 造型典雅,鲜醇味美。

技术关键 一定用炖煮鸡鸭之高汤炖萝卜,才能增加萝卜的鲜美味道。

品评 冬天为菜头盛产期，质量最好。但直接炖煮还是卖相不佳，将其外形加工成花环状，可增加美感。加上干贝等贵重食材，更增价值和鲜美味道。

（5）牡丹花开

制作过程

制作者：黄德忠

①原料：中等大小高丽菜800克，生金茸120克，杏鲍菇120克，木耳40克，香菇75克，海参半条（约120克），胡萝卜约20克，猪瘦肉120克，葱3支，味醂2大匙，鸡粉1大匙，酱油1大匙，酒1大匙，胡椒粉少许，香油1大匙。②高丽菜洗净，由上头心处挖大洞。生金茸、杏鲍菇、木耳、香菇、海参、胡萝卜、猪瘦肉及葱等洗水后切成丝。③锅烧热，放入一大匙油，将切成丝的食材炒香，再放入味醂、鸡粉、酱油、酒、胡椒粉、香油等，拌炒5分钟。再将所有炒好的馅料放入高丽菜内，蒸30分钟。蒸熟后，将高丽菜球头朝下放在扣盘上，用刀在菜叶上画三刀，分成六等分，再将菜叶翻开成六片花瓣，即可。

风味特点 形似牡丹，菜包馅入味，技法巧妙独到。

技术关键 挖心时不可太深亦不可太浅，太浅装的料少，太深又无法切成花形。须注意画三刀时，下刀力道要均匀，以免花叶大小不均。

品评 牡丹为花中之王，高丽菜切开后具牡丹之形，象征富贵吉祥。这道菜主要是运用食材本身的特性，将平凡的食材变化成高档且富于祝福意味的宴席菜。高丽菜，若从叶瓣处切开，能塑造成花型。高丽菜也能以大白菜取代，大白菜也叫白鹤菜，有长寿的含义。高丽菜又能展现富贵花的意义，所以此道菜肴很适合寿筵、喜宴。

（6）通心鳗

制作过程

制作者：黄德忠

①原料：河鳗2尾，冬笋300克，香菇20克，猪大腿肉约20克，松茸约100克，姜片5片，鸡粉1茶匙，高汤2杯，酒2大匙。②鳗切成段（约5厘米长），过油炸熟，蒸五六分钟至软，去除中骨备用。冬笋、香菇、猪大腿肉切成小长条，穿入鳗去中骨后之空洞内。③将穿好配料的鳗鱼排入水盘，中间放松茸、姜片，加入鸡粉、高汤、料酒，蒸30分钟即可。

风味特点 造型别致，鱼肉酥糯滑嫩，笋菇爽口。

技术关键 鳗鱼之中骨不易取出，故需经过油炸、蒸软的过程，待鱼骨凸出，经软力推拉，使鱼骨松动，便于取出鳗鱼中骨。

品评 鳗鱼是在台湾很受喜欢的一种鱼类，富贵人家、政商名流宴客时，也喜欢选用鳗鱼，但鳗鱼刺极多，为了避免让宾客吃得不舒服，厨师发明了取鱼刺的方法。不过取出鱼骨、鱼刺后，鳗鱼段中间又会出现一个空间，于是将冬笋、香菇等食材切成条状置入，既能丰富食物的口感、形态，也能展现厨师的巧思妙想。

(7) 发财龙船鱼

制作过程

制作者：黄德忠

① 原料：600 克黄鱼一条，虾仁 120 克，花枝浆 75 克，猪绞肉 75 克，马蹄 40 克，瓜子仁 40 克，人工种植发菜 10 克，味醂两大匙，高汤两大匙，黑醋一大匙，糖一大匙，酱油一大匙香油一大匙。② 黄鱼去鳞，鱼肚洗净，从鱼背切开去中骨，加入盐、味醂等腌渍 10 分钟，使鱼入味。将虾仁、花枝浆、猪绞肉、马蹄剁成泥混成馅，放入鱼肚内，上面洒上瓜子仁封口。③ 锅内加宽油，烧至八成热，将整条鱼油炸成金黄色，直至内外成熟透，即可起锅装盘。再将发菜、味醂、高汤、黑醋、糖、酱油、香油等调味料在勺内兑成汤汁烧沸，淋在炸好的黄鱼上即可。

风味特点　形似龙船，鱼外酥，馅鲜香，多种口味复合，别具特色。

技术关键　有别于一般鱼从鱼肚下刀，改为从鱼背下刀去中骨，以利鱼炸后成直立之姿。加上花枝浆有助定形。

品评　鱼料理，通常都是让鱼平铺在盘子里。此道菜改变传统做法，从鱼背下刀，取出鱼骨，填入其他食材后，再将鱼炸成立体的船型，增加卖相。加入发菜后，命名为发财龙船鱼，更增添其吉祥如意的祝福意味。若用于年节的宴席，更象征富贵饱满、年年有余。

(8) 蜂巢蚵

制作过程

制作者：黄德忠

① 原料：牡蛎 300 克，面粉 1 杯，蛋白为两个鸡蛋量，面包粉 75 克，鸭蛋 2 枚，花椒粉 3 克，盐 7 克。② 鲜蚵洗净加盐码味，用牙签穿过蚵头，每串 3 粒。将蚵串沾上面粉、蛋白、面包粉，入五成热油中炸至八成熟捞出，取出牙签备用。接着将鸭蛋和入面粉、盐、花椒粉打匀，放六成热油中油炸成圆饼形。再将蚵串排放在上面再炸 2 分钟，用大漏勺捞出，码入盘内即成。

风味特点　牡蛎外酥内嫩，鲜味浓郁，蛋皮酥香。

技术关键　取出牙签时，先将牙签稍加转动，待能自由转动时再抽出，蚵串方能保持完整蜂蛹形，不致崩解。

之称。大肠蚵仔面线是台湾相当知名的小吃，烹煮时使用添加酱油制成的红面线，而非一般常见的白面线。面线经久煮后会释放淀粉，所以吃起来糊糊的，但现在为讲求效率，大多是在汤中加入太白粉或地瓜粉勾芡。面线煮好后加入事先处理煮熟的蚵仔与卤好的大肠，就成为台湾最具代表性的美味小吃。

制作过程

珍珍面线提供

①原料：红面线300克，猪大肠300克，生蚵300克，柴鱼40克，太白粉30克，蒜酥20克，香菜10克。调味料中A料有酱油30克，黑醋10克，糖10克，红葱酥20克。B料有酱油30克，黑醋15克，蒜泥一大匙。②蚵用盐抓洗干净沥干，沾上少许太白粉，入沸水汆熟捞起。高汤放入柴鱼熬出鲜味，再过滤去渣。大肠去除内部油脂翻洗干净，放入沸水中加葱、姜汆烫后再洗净，重新放入热水中煮约20分钟，捞起切成一口大小。面线剪成寸段，入滚水中煮软，捞起以冷水冲洗后再放入高汤中煮约10分钟，加入A料后，以太白粉水勾芡即可。食用前加入已煮熟之大肠、青蚵，淋上B料，加入蒜酥及少许香菜叶提味即可。**风味特点** 台湾面线多以鸡汤、柴鱼或虾熬煮高汤，使汤底具有天然的甘甜味。汤头则因淀粉经久煮而呈现浓稠的口感。一般以蚵仔及大肠为配料，使面线品尝起来更为鲜甜，且同时可品尝到面线及蚵仔的软滑及大肠的韧滑。

技术关键 煮面线的锅子要够大，面线才有空间伸展，并让盐分释出。面线须先行汆烫，并冲冷水以防止粘黏，同时可去除盐分并增加面线的筋道度，再入锅熬煮。蚵仔须先以盐或醋去除黏液，再裹上地瓜粉汆烫，以保持蚵仔的鲜甜和滑嫩感。大肠须另行卤制，不要放入面线中同煮，以免大肠太过软烂而无味。

品评 台湾的面线，可分为粗面、细面线及手工面线。烹煮方式上，北、中、南各有不同风味，北部的面线一般都勾了浓芡，面线剪成较长段。中部老店的面线糊则是熬到像粥一样浓稠，故又叫“面线糊”。南部则是烫成一整团的椭圆状，吃起来口感最筋道。

(13) 台南度小月担仔面

典故与传说 度小月担仔面起源于清光绪年间，由洪芋头创立，是间百年老店。洪公祖籍福建漳州府海澄县四都青浦堡高港甲大厝社，早期随祖先渡海迁居来台，定居于台南。其早年原本以捕鱼为生，因台湾地区夏秋季节多台风，每当八九月台风期间，因海上风浪极大，无法出海，这段期间讨海人多统称为“小月”。年仅20多岁的洪公为了维持生计，将以前从福建漳州学来的肉臊再加以研发改良，创出自己的调味秘方。洪公选用优良的猪肉、台湾葱头爆炒，加入特制调味料增添香味，最后经长时间的炖煮，加上特制虾汤与精挑细选的油面，担仔面由此问世。早期本来是挑着竹担，沿街叫卖。为了纪念此面帮他度过“小月”的淡季，因此称为“度小月担仔面”。

制作过程

①原料：油面150克，肉臊20克，鲜虾10克，豆芽菜75克，虾汤250克，香菜10克，蒜泥10克，乌醋10克。②将黄油面置入已沸腾之热水中，烫熟。加入豆芽烫约2秒，将已烫熟之面捞出，置于碗中。调入适当之肉臊、虾汤、蒜泥、乌醋、香菜、虾子即成。

度小月担仔面提供

风味特点　高汤中具有很浓烈的虾味，有别于一般以大骨作为汤底。既保有海鲜的鲜甜，又不会有油腻感。适度的乌醋将风味提升得恰到好处。不强调分量，与现今提倡的吃巧不吃饱的慢食文化不谋而合。

技术关键　坚持每次只烫一碗面。煮面条时，水滚7秒后才加入豆芽菜。每个面碗都要先预烫加热。不用煮面机，坚持用熟手担任煮面，以求维持面条最佳的中心温度质量。

品评　当调入适当之肉臊时，整体风味不只甘鲜味美，且浓烈得让人吃了这碗还想再要下一碗。因此常有人一次吃上几碗而意犹未尽。

（三十三）香港特别行政区菜点文化与代表作品

1. 香港特别行政区菜点文化概述

（1）香港特别行政区的历史变迁。香港位于祖国大陆的南端，包括香港本岛、九龙半岛、新界及附近岛屿。其中香港岛约78平方千米，九龙半岛约50平方千米，新界及262个离岛约共968平方千米，总面积约1095平方千米，是上海市的1/6强。管辖总面积2755.03平方千米，水域率59.9%。香港大约700多万人口，人口密度为每平方千米6420人。香港是世界上人口最稠密的城市之一，市区人口密度平均2.1万人/平方千米。远在4万年以前，香港就已经有了人类活动的遗迹，秦始皇统一中国以后，于公元前214年，派兵将古越族聚居的岭南地区纳入秦国的版图，设立了南海、桂林和象三个郡，并从中原迁移了50万商人和罪犯到南方3郡，当时香港属于南海郡的番禺县。西汉初年（公元前203年）赵佗在今广东地区建立了南越国，与汉王朝分庭抗礼，公元前111年西汉派兵灭了南越国，设置了南海、合浦、交趾等9个郡。香港属南海郡博图县管辖，一直延续到西晋时期。东晋咸和六年（331年），中央政权将南海郡东南部另设为东莞郡，下辖宝安、兴宁、海丰等6个县，其中宝安县包括了今天的香港地区和广东省的东莞市、深圳市，县治就是今天深圳的南头镇。隋朝时废东莞郡，原辖地并入广州府南海郡，香港仍属宝安县管辖。唐玄宗开元二十四年（736年），朝廷派2000人驻守屯门，设立屯门军镇，保护海上贸易。唐肃宗至德二年（757年）又改宝安县为东莞县，香港归东莞管辖。唐昭宗光化四年（901年），新界五姓原住民开始在香港定居。五代十国时期，由于大步（今大埔）一带盛产珍珠，南汉刘氏政权于大宝六年（963年）设官办珠场，称为媚川都。北宋灭南汉后，明令禁止采珠，但开宝四年（971年）又恢复采珠，此后又停停采采，政令不一，但却对贝类用于烹调产生了很大的影响。北宋末年，大量中原人士避战乱南逃到广东一带，其中有些人在香港种茶、晒盐，今大屿山主峰凤凰山台地和茶湾区大帽山山腰，仍有茶园遗址，而九龙湾一带曾盛产食盐。开宝四年（971年），在九龙湾设有盐官；南宋孝宗淳熙十年（1183年）5月29日，朝廷明令取缔大奚山（今大屿山）的私盐，从而引发了庆元三年（1197年）的大奚山盐民起义。公元1276年，南宋政权最后两个小皇帝（宋端宗赵昰和末帝赵昺）在文天祥、张世杰和陆秀夫的保护下，最后逃到九龙湾西（今启德机场附近）驻跸（后人在此建“宋皇台公园”），至今该地仍有二王殿村的地名。赵昰先在大屿山病逝，赵昺在梅窝继位，不久元军追至，陆秀夫背负8岁的赵昺投海殉国。元朝时,香港仍属东莞县管辖。明神宗万历元年,广东巡盐道副使刘稳奏准朝廷,将东莞县滨海地区划出另设新安县。香港即属于新安县。万历年间的《广东沿海图》中已标有香港及赤柱、黄泥涌、尖沙咀等地名。1516年,佛朗机(即葡萄牙)将领安德拉德(Fernao Piresde Andrade)的船队前往中国,于1517年8月15日抵珠江口与明朝广东地方官接触,这是葡萄牙与明朝的第一次官方接触。其实早在1514年(明正德九年),葡萄牙人就已经占领了屯门,控制香港屯门及后海湾达7年之久,并设立刻有其国徽的台柱。正德十六年(1521年),明朝派兵向葡萄牙开战,经过40天的鏖战,最终将葡萄牙军队赶回马六甲。第二年,葡军企图反扑,最终未能成功。香港(也称元朗)从明万历六年(1573)到清道光二十一年(1841年),属广州府新安县管辖。其间于清康熙初年(1662~1669),曾为封杀郑成功而实施海禁,强迫沿海人民内迁(称为"海迁"),人民苦不堪言。

18世纪30年代,英国军队和商人在广东地区异常活跃,1839年6月20日,英国水兵在九龙尖沙咀地区醉酒滋事,打死村民林维喜,妄图逍遥法外,时任广东地方官的林则徐坚决不答应,结果发生了军事冲突,成功地将英军驱出尖沙咀。另外,林则徐对鸦片贸易的严厉禁绝,激怒了侵略者,最终爆发了1840年的鸦片战争,清政府腐败无能,最终割让了香港。1841年1月26日,英国军队在香港北岸的水坑口登陆,根据《南京条约》割让香港,直到1997年6月30日午夜,期间长达156年,香港一直处在英国的统治下。其间在1860年,清廷再败于英法联军,根据《北京条约》,九龙半岛南部连同邻近的昂船洲一带同时割让给英国;1898年英国通过与清廷签订《展拓香港界址专条》及其他一系列租借条约,租借九龙半岛北部、新界和邻近200多个离岛(但九龙寨城除外),租期99年。

1941年12月8日,日本侵略军进攻香港,英军大败,于12月25日在九龙半岛酒店三楼,时任香港总督的杨慕琦代表英国向日军投降。此后的3年零8个月,香港为日本所占领,香港同胞陷于水深火热之中。

1949年,中华人民共和国成立以后,香港的主权归属一直是中英两国外交关系的障碍,中国政府的态度明确、立场坚定,终于在1997年7月1日零时,恢复对香港行使主权,并派驻军队,根据《香港特别行政区基本法》,香港继续实行资本主义制度,香港特区成了"一国两制"的典范,走向日益兴旺发达的道路。

(2)香港饮食文化的历史变迁。毋庸置疑,在英国殖民统治之前,香港的饮食文化形态与广州乃至广东省的饮食文化形态是一致的。从远古时代起,香港人就以海产品和野味为食,而广东人吃蛇的记录,在《山海经》、《淮南子》、《北户录》、《酉阳杂俎》等古籍早有记载。此外,也有吃大象、狗、猴子、老鼠、蚕蛹等的习惯。西晋张华的《博物志》就有了"烤猪"的记载,对广东所产生猪的评价甚高,说猪"生燕冀者皮厚,生雍梁者足短,生岭南者白而极肥"。大概从唐代起,因广州是重要的对外通商口岸,许多外国的食物原料品种进入中国,香港也受其影响,到了南宋以后,海鲜成了广东地区筵席中的主菜。南宋完全灭亡前夕,赵昰和赵昺及其臣属逃到今天新界围村一带,当地居民将可能找到的食物烹煮以后,装在大木盆内交给饥饿的士兵们带走,却因此发明了今天著名的"盆菜"(盘菜),几经改良,今日的盘菜多由9种菜式组成,寓意长长久久,若用10种原料,表示十全十美。大概也就在这个时期,客家菜也传入了香港地区。

明朝正德年间的那场驱逐葡萄牙军队的屯门海战,一方面大长了民族志气,另一方面香港居民却也从葡萄牙人那里学会了用橄榄油、香草、大蒜、西红柿和海盐来调味,因为口味与香港地区的清淡海鲜味差不多,很容易为香港居民所接受。

明末清初,香港人最喜爱的一种叫"元朗丝苗"的米食被发明,甚至远销南洋各地。而一种叫“荷包饭”的名食亦为人们所喜爱，屈大均在《广东新语》中说：“东莞以香梗杂鱼肉诸味包荷叶煎之，表里香透，名曰荷包饭。”

鸦片战争后，香港开埠前后，大量潮汕地区的劳工进入香港，其中有些人经营小摊贩，潮州菜以简单的菜式进入香港，后来发展成今日的大牌（排）档。同时，西餐食谱大量进入饮食市场，西餐中的点心和相关技巧被香港饮食行业所吸收并加以改进，演变成具有岭南特色的广式点心，如餐包、奶油曲奇、马蹄糕、蛋挞等。而中上环的大街小巷都有经营粥粉面饭、凉果、糕饼等食档，形成了一条又一条的“食街”，其中供应的“煲仔饭”最受欢迎。堡仔饭将米饭和肉料融于一锅，令人食欲大增。此外，裹蒸粽也有很大的市场份额。

早在 1845 年，在西营盘至威灵顿街一带，出现了一些小型茶寮，因为只收取二厘钱的茶资，故称为“二厘馆”。二厘馆除供应茶水，还可以吃到糕点，很受普通大众的青睐。其供应方式被称为“一盅两件”，“一盅”是指以石湾产的大耳粗嘴绿釉鹌鹑壶，配一个瓦茶盅，“两件”是指粗糙的大件松糕、芋头糕、芽菜粉、大包等价廉物美的茶点。直到今天，人们上茶楼还叫做享受“一盅两件”。这种二厘馆完全是低层大众的休闲场所。

香港较大的茶楼和酒楼中，算得上“老字号”的是 1846 年开张的杏花楼（设在西环水坑口），台湾爱国诗人丘逢甲和孙中山都曾在这里活动过。还有文咸东街和大道中交界的三元楼，也开业于 1846 年。此后就有了酒吧，以英国式和爱尔兰式酒吧较多，光顾者多为在港外国人。

从二厘馆（咸丰、同治年间还有一种以销售传统“钵仔糕”的“一厘馆”）到杏花楼，标志着香港饮食行业服务档次的提升，陆续出现一批以“居”命名的茶楼（如福来居、陆羽居、茅珍居、永安居、五柳居、陶陶居等），以及一批“如”字号的茶楼（如多如楼、东如楼、三如楼、宝如楼、九如楼等）。1897 年，王老吉凉茶在香港注册，成为凉茶注册的第一家。

西餐真正进入香港是在 19 世纪的末期，在一些大酒店内设西餐厅，第 1 家华人西餐馆是 1905 年开业的华乐园，以后又有多家，以外国人和高等华人为服务对象。此时华洋杂处共存且又互相影响的香港饮食文化格局已经基本形成，先后创制了许多著名菜点，如大虾巴地、咖喱奄列、糖果布甸、王后布甸、老婆饼、娥姐粉果、蜂巢芋角、虾饺、干蒸烧卖、灌汤包、肠粉、酥皮蛋挞、菠萝包、鸡尾包、丝袜奶茶等，一大批港式名菜点中都融入了香港厨师的聪明才智。

抗日战争胜利以后，由于内地有 150 万人涌入香港，其中有一些人以经营低档餐饮为职业，港英政府发给的经营牌照比一般的小贩稍大，并需悬挂在显眼的地方，于是被称为“大牌档”，大牌档的经营场所并非固定建筑物，属于“流动小贩”，食客的座位必须离开地面，整个设施的底层必须有轮，可以方便移动。这些大牌档往往在街边一字排列，所以又称“大排档”。这个名称后来传至上海等地，那些有固定建筑的小饭店也被称为大排档。这也是香港地区的一大创造，但香港的大牌档后来却因堵塞道路，妨碍交通，影响环境卫生而被取缔。香港大牌档供应的部分菜点有足味咸蛋、姜葱焗鲤鱼、味菜炒鲳鱼、上汤杞菜浸时鲜、茄汁鲜鱼块、豉椒炒鸡宝、豉椒鸡肠、荷芹芽菇炒腊味、双肠茸扒绍菜、椰汁香芋油鸭、洋葱焗猪柳、苏梅排骨、中式牛柳等。

在 1945 ~ 1951 年，上海菜、宁波菜、安徽菜、四川菜等内地风味进入香港；1970 年前后，菲律宾菜和印尼菜进入香港；1973 年 6 月，美国肯德基家乡鸡进入香港，1975 年麦当劳在香港设铺，美式快餐文化进入香港；1980 年以后，日本料理重新进入香港；与其同时，还有韩国料理也进入香港，20 世纪七八十年代，香港经济腾飞，世界上各种著名的风味菜式都进入香港，香港成了典型的世界性的饮食文化大展台。

（3）香港菜点文化的特点。通过以上对香港历史和香港饮食文化变迁的概述，可以清楚地看出，香港菜点文化是以广东菜（包括广府菜、潮汕菜和客家菜）为基调，广泛吸收内地各著名菜系和多种国外风味融合形成的港式粤菜。

香港菜点文化特点的形成，既有其地域特征，因为它是亚热带地区濒临海洋的世界著名大都市。其食物结构一方面呈现南中国的特色，海鲜类食品特别丰富；另一方面因为它背靠祖国大陆，在现代化的交通条件下，内地的各种物产均很容易运到香港，真是可以做到想吃什么就可以吃到什么。加之，因为原属广东省，所以香港地区饮食风尚，几乎和广东是一样的。

从历史背景上看，在鸦片战争以前，香港饮食文化完全是广东饮食文化的一部分。尽管自唐朝以后，就因为海上交通而带进了外域饮食文化，丰富了人们的食物原料，但并不能完全改变香港的广东风味特色。但是自香港沦入英国侵略者手中，外国的饮食文化便迅速浸润了香港人的饮食生活，华洋杂处的生活格局加速了中外饮食文化交流，香港地区有所谓"豉油西餐"的说法，就是这种原因的一个典型例子，而"蛋挞"的创造更是典型的西点中化。蛋挞的"挞"字，源自英文的 Tart，意指馅料外露的馅饼，而馅料被密封皮的馅饼在英文中叫批或派，英文为 Pie，这样蛋挞就是以蛋浆为馅料的 Tart。香港的蛋挞以"批"的酥皮加入馅料，创造了中西合璧的新食品，这种现象在香港菜点中比比皆是。

自从香港成了"自由港"以后，世界各地的商人及其他人员云集香港，把他人的食物品种和饮食习俗一起传入了香港。而近百年来中国的内忧外患也必然波及香港，内地人员曾几次大规模地涌入香港，同时也带来了他们的地域饮食文化。

香港菜点文化有很大的包容性，香港人吸收外地和外国的菜点文化的同时，都融进了自己的创造才能，而不是依样画葫芦。香港菜点文化的创造活力源自社会下层人民的生活需要，二厘馆、大排档等都是这方面的典型实例。总而言之，香港今天绚丽多姿的菜点文化是以粤菜为基调，博采众长的结果。

（梁诚威）

2. 香港菜点代表作品

（1）八宝冬瓜盅

制作过程

制作者：郑志强 李 杰

① 原料：绿皮冬瓜 2500 克，鲜蟹肉 75 克，鲜莲子 50 克，鸡汤 1500 克，夜香花 15 克，赤肉 100 克，鸡肾 100 克，虾仁 100 克，金华火腿片 20 克，熟瑶柱 100 克，烧鸭粒 75 克，田鸡肉 100 克，盐 10 克，味精 3 克，糖 5 克。② 冬瓜 1 只，从中间横开成两份，将冬瓜内的籽和瓤挖出不用，用盐将冬瓜内壁擦匀，使冬瓜壁肉入味，放入蒸笼中蒸 10 分钟至冬瓜肉成熟，取出待用。③ 将鸡汤调好味，放入冬瓜盅内蒸 30 分钟取出。④ 将赤肉、鸡肾、虾仁、烧鸭粒、田鸡肉汆水后同瑶柱、莲子、蟹肉一起放入冬瓜盅内再蒸 10 分钟取出，洒上夜香花即成。

风味特点　汤内原料丰富，口味鲜美复合，加之冬瓜肉味蒸入其中，汤味更加爽滑清口。

技术关键　选的冬瓜一定是南方所产的皮较坚硬的品种。注意冬瓜的蒸制时间，不可蒸烂蒸塌。吊鲜高鸡汤时，油要少。

品评　本品是香港夏季十分流行的一道汤菜。冬瓜能消暑、解毒、生津，加上鸡汤配制，营养十分丰富，老少皆宜。此菜在香港已有近百年的历史，至今仍长旺不衰，是典型的香港特色代表菜。

（2）沙律烟仓鱼

制作过程

制作者：郑志强　李　杰

①原料：仓鱼500克，沙律酱100克，炼奶30克，芒果150克，菠萝100克，哈密瓜100克，猕猴桃95克，西柠檬汁15克，葱350克。②将洋葱100克、香菜30克、西芹75克、胡萝卜100克、葱50克、清水500克打成汁，加入盐2克、味精2克、糖3克、玫瑰露酒50克、老抽3克、姜5克制成腌料。③仓鱼宰洗干净，沥干水分，在鱼身上每隔1.5厘米宽剞上长抹刀斜花刀。将仓鱼放入腌料中腌制4个小时，捞出沥干。④取烤盘1个，将350克葱放在烤盘上垫底，葱上面放上腌制好的仓鱼。⑤将鱼放入烤箱，烤箱底火用100℃，面火用180℃烤至7分钟左右，鱼身呈金黄色成熟时即可取出装盘。⑥芒果、菠萝、哈密瓜、猕猴桃切成粒状。用沙律酱、炼奶、西柠檬汁调成沙律酱，将水果粒拌匀，装入碟内制成蘸料，随鱼上桌。

风味特点　鱼肉汁液饱满，味道中呈现出菜与玫瑰露酒的浓郁香气，别具风味。

技术关键　腌制时间要达到入味要求。烤制时，注意底火与面火的温差。掌握烤制时间，不可将鱼烤干。

品评　此菜创始于香港大屿山离岛一带，这里原是渔民的集中地，每当渔民出海打鱼时，他们会将所剩余的鱼用较原始的腌制方法，在岸上架起果木，将鱼熏烤成熟，这样增加了鱼的保存时间，便于出海携带。后来经过现代的烹调方法加上西式调料，使其口感、口味益臻佳美，现在已成为港式菜中的风味名品。

（3）大澳虾酱骨

制作过程

制作者：郑志强　李铁钢

①原料：猪软肋骨（燕翅骨、软肋梢子）500克，虾酱60克，盐2克，味精2克，糖5克，玫瑰露酒20克，姜100克，葱100克，粟米面粉200克，鸡蛋1只，大豆油300克（实耗30克）。②软肋骨开成1.5厘米厚，5厘米长，3厘米宽的块，洗净沥干。③用虾酱、盐、味精、糖、玫瑰露酒、姜、葱、粟米粉腌制30分钟。④锅中置入油烧五成热，放入腌好的软肋骨，半煎半炸将其余熟，捞起沥净余油。⑤另起勺，放少许底油，用姜、葱爆锅，将煎炸好的

软肋骨略烹炒几次即可装盘成菜。

风味特点 软肋骨口感脆香，有咬头，虾酱味浓郁，回味绵长。

技术关键 腌制要入味。用温油汆熟(又称半煎半炸)。

品评 本品源起于香港离岛大澳，因大澳生产虾酱而闻名。这里水上人家的渔民，经常在出海前将买回来的腩排用虾酱腌制，待出海回来后进行烹制，用来佐酒待客。由于此菜腌渍时间较长，虾酱已味透排骨肌里，其口味口感浓香脆口不腻，流传至今已成为香港传统的风味名菜。

(4) 桂花炒鱼翅

制作过程

制作者：郑志强 李铁钢

① 原料：泡发好的鱼翅200克，鸡蛋4只，鲜蟹肉75克，银芽100克，熟瑶柱50克，金华火腿丝15克，粗葱花15克，盐2克，味精3克，生抽3克，姜汁10克，料酒5克，色拉油30克。② 用上汤把鱼翅煨至入味后取出沥干待用。③ 锅内放水300克，兑入姜汁、料酒烧开，放入银芽焯片刻捞出，沥干水待用。④ 鸡蛋打开加入盐、味精、生抽，抽打均匀再加入鱼翅、瑶柱、鲜蟹肉、银芽一同拌均匀。⑤ 锅放入色拉油烧至七成热，将粗葱花放入烧香捞出不用，再将抽打均匀的鸡蛋、鱼翅、瑶柱、鲜蟹肉、银芽置入锅中的葱油内，用中火炒，边炒边用筷子不停地搅动，炒成桂花状蛋穗，鸡蛋各物干爽香味溢出时出锅装盘，将金华火腿丝和葱花撒在上面即可。

风味特点 色形如桂花，鱼翅松软滑嫩，海鲜味浓郁。

技术关键 炒制时，一定要将蛋液炒至松散成均匀的蛋穗状，不可结块。

品评 本品为一道港式菜肴中很传统的菜式，颜色金黄，鲜香脆滑，如用生菜或薄饼包食，风味更佳。

(5) 大良炒鲜奶

制作过程

制作者：郑志强 李铁钢

① 原料：活肉蟹1只500～600克，保鲜牛奶200克，鸡蛋白200克，榄仁20克，盐5克，味精3克，色拉油50克，粟粉20克，胡椒粉5克。② 活肉蟹蒸熟冷却后拆肉待用。③ 榄仁用五成热油慢火炸至金黄色，捞出沥油待用。④ 将

牛奶、鸡蛋白和调辅料同置入碗中，搅拌均匀后将小泡沥出，再加入拆好的鲜蟹肉拌匀。⑤ 锅烧至 120℃再用冷油涮锅二三次，使锅达到滑净。净锅烧至三四成热，下入搅拌好的原料慢炒至熟，即可出锅装盘，再撒入已炸好的榄仁即为成菜。

风味特点　口感软滑，入口即化，味道咸鲜微甜，奶香味突出。

技术关键　奶与蛋清配比要掌握好。要注意炒制时锅面处理和火候掌握。

品评　本品源于广东顺德大良镇，故名。大良附近多山丘，岗草茂盛，所养的本地水牛，产奶量虽少，但水分少油脂大，特别香浓。用此奶制作的大良炒鲜奶以其独特的风味饮誉中外，特别适合老年、儿童食用。此菜既可入馔豪华大宴，亦可作为名品小吃面向大众百姓。

(6) 蒜香一口牛仔粒

制作过程

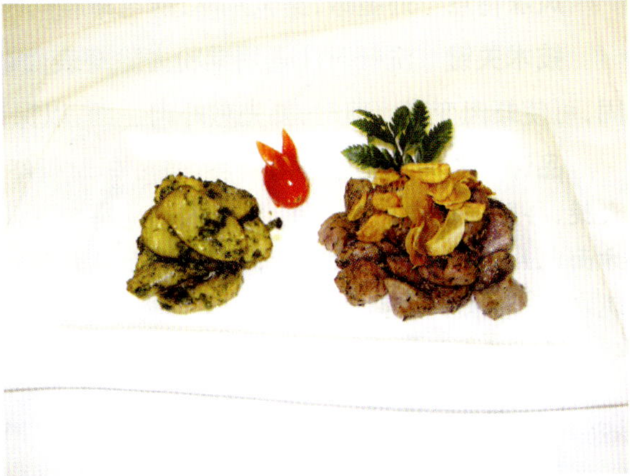

制作者：郑志强　李　杰

① 原料：雪花牛肉 300 克，保龄菇 100 克，鲜蘑菇 100 克，蒜子 100 克，蒜汁 20 克，盐 3 克，味精 3 克，酱油 15 克，砂糖 5 克，生粉 15 克，牛油 20 克，奶油 20 克，色拉油 500 克(实耗 50 克)。② 将雪花牛肉切成约 1.5 厘米见方的粒，加入盐、味精、糖、酱油、蒜汁、生粉腌约 10 分钟。③ 保龄菇、鲜蘑菇切片。④ 锅加入色拉油烧七成热，将保龄菇片、鲜蘑菇片下入，炸至微金黄色捞出，沥净油待用。再将蒜子切片下油中炸至金黄色捞出，沥净油备用。⑤ 另起锅，下入黄油、奶油、保龄菇片、鲜蘑菇片、盐、味精一同炒香，盛入盘内垫底。⑥ 另起锅，置 30 克色拉油烧至八成热，放入雪花牛柳粒，用手勺拍平，中火煎至底面微黄，大翻勺煎另一面至微黄，达到八分熟时出勺，摊在垫底的蘑菇片上，上面洒上炸好的蒜片即成。

风味特点　主料牛肉入口滑嫩，蒜香味浓，配料蘑菇奶香入味。

技术关键　选料要上等日本雪花牛肉，即红中带白似雪花状的牛肉。煎的火候要控制好，不能用手勺搅炒，只可用手勺拍平，然后大翻勺煎另一面。

品评　本品是港式较为新派的创新菜肴，现已在香港十分流行。此菜采用中西合璧的方式，以煎烤方法成熟，集烧烤香、黄油香、奶油香、蒜香味于一体，诸种味道交相辉映，是备受东西方人一致推崇的名品。

(7) 锅贴明虾(金玉良缘)

制作过程

① 原料：8 只大虾约 500 克，法式方面包 100 克，金华火腿片 20 克，鸡蛋 2 枚，粟粉 100 克，盐 5 克，味精 3 克，色拉油 300 克(实耗 60 克)，砂糖 150 克，番茄汁 75 克，白醋 100 克。② 虾冲洗干净，去壳，挑去虾线，用粟粉将虾仁搓后，用水冲洗净，沥干水分，从虾背由头到尾开一

制作过程

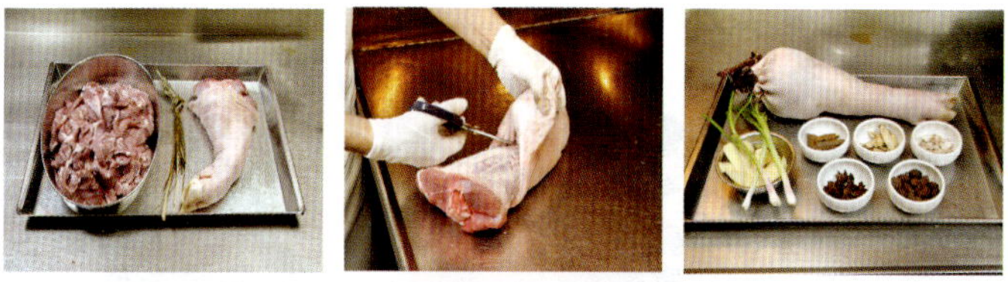

① 原料：大猪蹄连肘 1 只约重 1500 克，精肉 1800 克，水草 3 根，糖 170 克，盐 65 克，豉油 35 克，玫瑰露酒 35 克，花雕绍酒 150 克，八角 4 粒，甘草 10 克，桂皮 5 克，陈皮 20 克，花椒 5 克，生葱 100 克，老姜 100 克，生抽 200 克，老抽 30 克。② 原只猪肘去毛，剔出骨肉不用，只留完整的猪肘蹄皮待用。③ 精肉切片，加入糖、盐、豉油、玫瑰露酒 20 克、花雕绍酒 80 克，腌 30 分钟。然后，酿入猪肘皮内至八成满，用水草紧扎收口。④ 锅内加清水 4 千克，放入八角、甘草、桂皮、陈皮、花椒、生葱、老姜、花雕绍酒、生抽、老抽、玫瑰露酒、盐 30 克，烧开熬煮成卤水汁。⑤ 将绑好的猪肘蹄放入卤水锅中，温度保持微开状态，切忌火势忽大忽小，酝浸煮 90 分钟左右成熟后取出。凉透后切片上碟，佐卤水原汁作蘸汁即成。

香港镛记酒家集团提供

风味特点 菜肴色泽赤亮似金，皮胶爽嫩，馅料鲜甘，突显出烹调中“酝”之技术，物料因长时间吸热慢熟，因而吸足卤汁、调料、酒香气味，纤维松软不断，口感皮爽肉香，鲜甘可口，吃罢齿颊留香。

技术关键 本菜着重刀工、选料、火候。更需注意卤水以清香为本，香料不可过浓，味不可以过重，始能显出本菜风味。

品评 传统上本菜使用原猪肘肉作为馅料，唯肘肉脂肪重，不符合现代要求。今经改良，采用猪精肉代之，务求符合现代健康饮食。至于捆扎方法，传统上使用多量水草将原只蹄肘捆绑定形，今亦改良将肉馅酿至八成满，以水草在收口处紧扎。成品色泽均匀，更为美观。尤其酝煮慢火小炖，使调料复合味透肌里，在“鼎中之变，精在微纤”中获取了上佳风味。

（14）香港盆菜

典故与传说 一向流传在香港新界元朗围村，历史悠久的“盆菜”可算是香港始创的传统食制。盆菜的来源，据说是南宋的末代皇帝赵昺在落难时，带领败军逃难到香港新界元朗，走投无路，露宿街头，情况堪怜。乡民为了招待皇帝，纷纷烹制食物，以款待皇帝，借以慰劳，但因军队人数众多，所需食物数量庞大，一时器皿不敷应用，缺乏盛载食物器皿，于是每家每户拿出家中之洗脸盆权充盛器，然后将各家烹制好的美食佳肴，共冶一炉，置于盆中，以供宋帝及皇师进食。由此竟成为别具一格的盆菜特色食制。此后，乡民每有喜庆嫁娶或大摆筵席，招待亲友场合，都爱选用盆菜方式进行，竟成为习俗，流传至今，大受欢迎，并且被誉为香港特色。

由于盆菜始创于香港新界，故顺理成章地成为香港独具特色的代表性传统菜式，驰名远近，历久不衰。其实，盆菜所用材料并无规定，一般采用极富乡土风味的材料，例如门鳝干、虾干、鱿鱼、南乳扣肉、猪皮胶、萝卜、鱼蛋、大制鸡等，分层摆叠在盆上，上桌时任随食客自行挟食，无拘无束，别有风味。其后有人采用高价名贵材料烹制而成，摒弃乡土风味材料，改用干鲍鱼、海参、鱼翅、广肚、瑶柱等代替传统物料，食味迥然不同。惜已减少不少传统风味，怀旧气息顿减，失去始创之义。有 600 多年悠久历史的盆菜，确实值得回味，亦有其延续存在价值，况今天的盆菜已有很大的改良，以前的盆菜所用的木盆，现已改用锑盆，清洁又卫生，容易清理，减少细菌留存，观感上更放心。在用料方面，又不局限于规定，丰俭随意。原则上，值得注意的是传统规例，基本上食物只限放九层，取其长长久久之意，但亦有人加至十层或十一层，一般来说，材料分层亦要分先后，盆底应放较瘦物质例如竹笋、沙葛、笋虾，上层放较肥腴品类，使底层较瘦食物容易吸纳到肥腻，以增协调作用，加强滋味。

杨维湘(鲁夫)提供

北方有些村落或客家盆菜，是用咸酸菜为佐料，上层放肉类，中层放猪皮胶、鱿鱼、柞门鳝，基本上每个盆菜食物不少于 20 种，而烹制盆菜主要用面豉、面乳调味，亦有人不用面豉，认为只有在丧事中所食盆菜才用面豉。此外盆菜的卤类应切成长条，或长方形，如切成四方形，就是只有在白事中才用得着。切勿弄错，以免犯忌。

至于盆菜的沿革，值得留意的地方很多。因时移世易，人们对饮食习惯，对品味与材料及烹饪方式要求日增。就以盆菜为例，已不限上述，近年有素食者会将材料改为不用荤料，而选为素料，例如采用以素卤制成的素鸡、素咕噜肉、素脆鳝、素虾、素鱿鱼、素鱼丸、素鲍鱼甚至素腩肉，加上多种蔬菜，鲜菌类及蕨类，借以减低胆固醇，以确保身体健康。

除此之外，西餐亦创制盆菜供应，谋求追上潮流，不让中式盆菜专美，使得盆菜在沿革上倍增姿采，为嗜吃盆菜者又添口福。

西餐盆菜的格式与中式并无多大分别，用料亦不外多是肉类，正适合外籍人士或嗜肉者口味，计有炸石斑块、炸茨饼、西兰花、炸洋葱圈、茄汁虾、炝牛尾、德国咸猪手、西式肠仔、罐头鲍头片等。时至今日，盆菜的演变，款式之多，层出不穷，但万变不离其宗，以盆盛载，围盆而食，气氛确比一般食法热闹。

(15) 蜜汁叉烧包(传统)

制作过程

① 原料：叉烧肉 500 克，老抽 80 克，生抽 60 克，味精 40 克，糖 320 克，蚝油 120 克，生粉 120 克，粟粉 120 克，水 1280 克，麻油 20 克，胡粉 10 克，大葱 100 克，姜 100 克，洋葱 100 克，面粉 240 克，糖 650 克，面种(面肥)650 克，臭粉 4 克，枧水(成包装的食用碱水) 1 份半，泡打粉 12 克。② 将大葱、洋葱、姜切成块。③ 起锅放少许底油烧七成热，下入大葱、洋葱、姜块炒香，再下入老抽、蚝油、生抽、糖、味精，加入 700 克水烧开，用细漏勺捞出葱姜块。④ 将粟粉、生粉加入水搅化后，倒入锅中，边倒边迅速用手勺搅拌，打上劲，勾成叉烧芡，倒入器皿内。⑤ 叉烧肉切成指甲片。⑥ 将叉烧芡 750 克和叉烧肉 500 克，拌匀在一起，成为叉烧馅。⑦ 将面肥加入少许水、糖搓化再加入臭粉、枧水、泡打粉、面粉和匀揉成面团。⑧ 将面团下剂，每个剂约 25 克，擀成皮，包入叉烧馅，捏成包子形，上屉蒸约 5 分钟即可。

制作者：王　强 宋延杰

风味特点　色泽雪白，入口暄软，半流状馅心，葱香、叉烧肉香、芡的咸甜香浑然一体，相得益彰。

技术关键　打芡时一定要迅速打上劲，否则芡会结块不匀。和面时水量不要太多，否则面软，蒸包会扁塌。

品评　此道点心是港点中既传统又复杂的点心之一，非常考验师傅的手艺。做得好的叉烧包，面皮暄软，馅是半糖心状；做不好面会粘牙，馅干燥。叉烧包以其洁白的色泽，暄软的口感和独特制法的风味馅料受到了港民和内地客人的普遍青睐。

（16）巧手榴莲酥

制作过程

制作者：王　强 李　冬

① 原料：色拉油 1000 克（每个生坯耗油 5 克），榴莲肉若干（视奶黄馅料用量以 1∶1 确定）。② 奶黄馅料制法：将糖 600 克，吉士粉 200 克，面粉 200 克，粟粉 130 克，奶粉 180 克，椰汁 400 克，花奶 400 克，牛油 600 克，蛋 450 克，水 1300 克，牛奶 200 克搅拌一起，放入蒸锅蒸，每隔 15 分钟打开蒸锅搅拌 1 次，要反复搅匀，蒸 60 分钟即可。榴莲酥皮制法：水皮面团：将面粉 600 克，鸡蛋 80 克，根面 50 克，大油 80 克，糖 50 克加适量清水揉合成面团。油心面团：将面粉 800 克，大油 800 克，黄油 100 克揉合成面团。③ 将水皮面团、油心面团分别开成 2 个 3 叠，切成 5 片叠起冷藏，以免混酥。④ 将奶皇馅料和榴莲肉按 1∶1 比例和匀，制成馅料。冷藏后的酥皮，在横截面上切成 4 毫米左右厚的片，将皮擀成薄片，包入馅料成生坯。⑤ 锅内加油，烧至五成热，生坯放入油中，炸至金黄色成熟即可。

风味特点　酥层鲜明规整，外皮口感酥香，馅软滑，榴莲味浓郁。

技术关键　开酥手劲要均匀，否则酥层薄厚不均。

品评　此点造型似榴莲，皮酥馅味独特，技术含量高，是高档宴席中的风味名品，也是早茶、宵夜的上佳点心。

(17)笋尖鲜虾饺

制作过程

制作者：李铁钢　王　强

①原料：澄面250克，生粉220克，虾肉300克，笋尖50克，盐4克，鸡粉2克，味精2克，糖6克，香油10克，胡椒粉4克，生粉5克，肥肉粒40克，葱油40克，枧水（食用碱水）10分，食粉（小苏打）5分。②将虾肉用枧水、食粉腌10分钟后，用冷水反复冲漂，控干水分，放入搅拌机内，加生粉搅打起胶。③将笋尖切粒用葱油拌匀待用。④将搅打好的虾肉加入鸡粉、味精、盐、糖、香油、胡椒粉、肥肉粒，加入切好的葱油、笋粒搅匀成虾蛟馅。⑤取250克澄面加50克生粉，用开水和成烫面，再加入生粉和成面团。⑥将虾饺面下剂，用刀拍成虾饺皮，包入虾饺馅，捏成褶皱均匀虾饺的形状，上屉蒸约4分钟左右即可。

风味特点　晶莹剔透，形象美观，褶皱均匀，入口爽脆，虾鲜留香。

技术关键　打虾饺馅时，一定要打起胶。虾腌制时，用水冲漂透，否则会有枧水的味道。澄粉比例一定要合适，多则韧，少则烂，拍皮要拍得薄些。

品评　此品是香港家喻户晓的最具代表性的点心上品，是大酒楼中早茶、宵夜的最富魅力和彰显食客尊贵的佳品。

(18)蚧籽鲜虾烧卖

制作过程

制作者：王　强　李　杰

①原料：小黄皮（烧卖皮）100克，虾仁150克，梅肉粒（肩颈肉）150克，北菇粒40克，盐4克，鸡粉3粉，味精2克，糖6克，香油10克，胡椒粉10克，生粉8克，葱油40克，枧水（食用碱水）5分，食粉（小苏打）3分，蟹籽（香港称蚧）10克。②将虾仁、梅肉粒分别用枧水、食粉抓匀，腌2分钟左右，然后将虾仁、梅肉粒分别用冷水冲洗干净，漂净枧水、食粉。③将梅肉加入生粉，上搅拌机打出胶，边打边加入50克左右清水，再放入虾仁打上劲，再放入鸡粉、味精、糖、香油、胡椒粉、葱油、北菇粒、盐等拌匀成馅料。④将小黄皮包上馅料，包成酒盅形，上面点蟹籽，上屉蒸约7分钟即可。

风味特点　烧卖造型规整，口感筋道脆爽，越嚼越香。

技术关键　打烧卖馅时，梅肉和虾一定要打起胶，否则吃起来不爽脆。控制好梅肉的搅水量。加枧水和食粉是为了使肉和虾中的蛋白质凝固，达到脆嫩的目的。但腌制不可过时，而且一定要冲净，否则，原料吸收过多的枧水和食粉，会影响口味。

风味特点 外酥里嫩，奶黄香浓。

技术关键 奶油面片要破酥均匀。冰镇要彻底，面卷、模具内面皮都要冰硬，便于成型。模具内压皮要薄厚均匀。

品评 形状整齐美观，营养丰富，是传统中式酥皮与葡式小蛋糕（槽子糕）的“混血”产物，也是极富澳门特色的名点。

（13）澳门中山芦兜粽

典故与传说 澳门中山芦兜粽，是享誉澳门的澳门兰香阁酒楼的传统名品。它的制作者是现已 90 岁高龄的兰香阁酒楼董事长陈炽先生。陈炽先生 13 岁从广东中山到澳门，并于 20 世纪 60 年代创办兰香阁，将家乡的特色粽子在澳门发扬光大。芦兜属露兜树科，生长于广东、海南、广西一带，芦兜叶边缘与中部均长有锐刺，需刮净再用。芦兜粽外形为长圆形，内地罕见，极富特色。

制作过程

制作者：陈　炽　（90 岁）

① 原料（10 条份量）：糯米 5000 克，盐 200 克，花生油 75 克，咸蛋黄 25 个，五花烧肉 300 克，咸巴肉 150 克。② 将糯米漂洗 3 次，搓净，浸泡 24 小时后沥净水。拌入盐搅拌均匀。③ 将芦兜叶用水泡软，再旋卷成直径 10 厘米、长 25～35 厘米的筒。④ 将糯米、咸巴肉、糯米、蛋黄、糯米、蛋黄、糯米、烧肉、糯米分层次放入芦兜叶筒中，再用咸水草扎紧。⑤ 将包好的粽子放锅中加宽水文火煮 6 小时。熄火后不取出，再焖 4 小时即成。

风味特点 造型非凡，肉烂、米糯、蛋黄香、咸香糯于一体，极富特色，具清热解毒之功效。

技术关键 馅料要放九分满，以免煮时胀裂，但捆扎要紧，系绳法要正确。可根据粽子大小长短，分双黄、三黄不等。

品评 此粽大气磅礴，大有粽子中王者气概，既是澳门端午名品，又是祭祖礼神居中位之正品。

（澳门菜点方言翻译：岑根林 关权昌 文字撰稿：叶焯平 黄永巨 陈永龙 郑永勤 胡秀珍）

三、少数民族名食

少数民族名食是指除汉族外中华民族大家庭中其他 55 个民族的饮食名品。按人口比例而言，这 55 个少数民族，占中华民族总人口的 8.49%，有 1 亿多人，其中绝大多数分布于祖国东南西北各边疆地区。这些民族的食品类型和烹饪技术，与汉民族比较，有如下共同特点。

首先，原生态的饮食风格非常明显，具体表现为食物原料多为就地取材，充分利用本地土产，加工工具和炊餐具古朴粗糙，烹调方法单一少变，主副食没有明显的界限，一锅煮、一勺烩的莱点品种较多。营养结构是在长期生活实践中自然形成的，没有完善的食物理论，饮食卫生意识不够强。

第二，饮食礼俗表现出强烈的宗教观念，影响最大的是伊斯兰教、藏传佛教和上座部的小乘佛教，东正教、萨满教以及其他地域性的原始宗教也有一定的影响。

第三，各少数民族饮食，除了受汉民族饮食文化的影响，还受到与其相邻的其他国家的同族或异族饮食文化的影响，因此在不同的少数民族之间，往往会流行着形制、配料、烹调方法和口味都相互类似的食品和菜点，但又存在着若隐若现的区别。

第四，在西南和中南地区的某些少数民族中，还保留了相当成分华夏古代的饮食文明或其他文化元素，而这些文化元素在今日汉族地区已经消失。例如西南地区某些少数民族中流行的社饭，原本是汉族地区流传了几千年的食俗，后来因元代蒙古人防备汉人造反而取缔，其在汉族地区消失已有600多年了，但某些少数民族地区却仍保留着，这也从另一个侧面说明了中华民族人口有由北向南流动的历史。

第五，有些少数民族原先的自然生存环境是非常恶劣的，因此食物资源的获取非常困难，从而表现出无所不吃的现象。但是，这种"神农尝百草"式的古风，也为我们今后扩大食物品种资源，提供了基础。

正是上述这些特点，为我们今天如何开发利用饮食文化资源开辟了新的途径，其中有些品种，在表面上有令人难以接受的形态，但却蕴含着合理的内核，有的品种的营养素搭配天生合理；有的品种在调味、调香、调色甚至调质方面使用特殊原料，往往有独特效果；有的品种仍使用古朴奇特的烹饪工具；有的保留了当代人不常用的烹调方法和进食方法。诸如此类，都有值得吸取和提高之处。尤其是在我们摒弃滥吃珍稀野生动植物的恶习以后，这些原生态的饮食文化资源，必将成为餐饮和食品行业开发的热点。只要我们始终坚持科学营养、安全卫生、保护生态、文明饮食、和谐社会的基本原则，中国的少数民族名食在整个中华饮食文明体系中，必将成为后起之秀。为了保持这些名食的原生状态，本大典在收录它们时，没有进行任何改变，也没有做严格的量化处理，目的在于留下科学创新和技术改良的余地，希望它们能够成为中华饮食文明前进的新起点。

（季鸿崑）

（一）满族饮食

1. 满族饮食概述

满族许多节日均与汉族相同，主要有春节、元宵节、二月二、端午节和中秋节。特别地，在农历腊月初八，要吃腊八粥。除夕夜，有吃饺子的习惯。满族主食主要是高粱米、玉米和小米，现在稻米和面粉也成为主食内容。满族每家每户都有制作饽饽、点心和腌制酸菜的习惯。在炊事生活中也有自已的偏好。满族人喜爱喝乳茶，即奶茶。也喜欢喝酸茶。味道似酸汤子。酸茶用稷子米或小米泡了发酵后煮熟，只用米汤加茶再煮开，然后放些糖，酸甜爽口，解渴提神。满族人尚义好饮，酒量颇大，尤喜烈性白酒。如《宁古塔纪略》记载："满洲人家喜筵宴，客饮至半酣时，妇女俱出敬酒，以大碗满斟，跪于地奉劝，俟饮尽乃起。"亲人聚会、婚宴、孩子满月，都会举行酒宴。满族烹调技艺以烧、烤为主，擅用生酱（大酱），在不断的劳动实践中，发现了晒、腌、渍、窖储等保存肉、菜的方法，延长了肉蔬的使用时间和范围。满族先人好渔猎，喜吃肉食，尤其猪肉。猪肉多用白水煮，谓之"白煮肉"。食用油以豆油为主。肉食以猪肉为主，部分地区满族人禁食狗肉。满族祭祖先和神灵时，要吃"背灯肉"、"小肉饭"和"大肉饭"。在传统满族祭祀活动中，猪和猪头是主要祭品。满族人民独特的饮食风格为中华饮食文明增添了一份绚丽的色彩。

2. 满族菜点代表品种

(1) 白肉血肠

白肉血肠，由古代满族的国祭和家祭演变而来，历史悠久。据《满洲祭神祭天典礼·仪注篇》记载，满族信仰萨满教，祭祀过程中，以猪为牺牲。每逢宫廷举行祭祀时，“司俎太监等舁(即抬)一猪入门，置炕沿下，首向西。司俎满洲一人，屈一膝跪，按其首，司俎满洲执猪耳，司祝灌酒于猪耳内……猪气息后，去其皮，按节解开，煮于大锅内……(皇帝、皇后于)神肉前叩头毕，撤下祭肉，不令出户，盛于盘内，于长桌前，按次陈列。皇帝、皇后受胙，或率王公大臣等食肉”。这种肉叫“福肉”，即“白肉”。所谓“血肠”，即“司俎满洲一人进于高桌前，屈一膝脆，灌血于肠，亦煮锅内”，这就是血肠，合起来则通称为“白肉血肠”。沈阳和吉林地区开设的白肉馆，都有经营白肉血肠一菜，其已成为辽宁和吉林省满族特有的传统代表名菜。

制作过程：① 原料：鲜带皮猪五花肉一方，猪大肠 500 克，鲜猪血 1000 克。② 带皮猪五花肉皮朝下用明火把皮烧焦，在温水中泡半个小时取出，刮净焦皮，下开水锅中煮开后，用小火煮透，趁热抽去肋骨，晾凉后切薄片装盘。③ 猪肥肠洗净，皮朝内翻出，一头扎紧。④ 猪血澄清，上部血清加 1/4 清水、盐、味精及用砂仁、桂皮、企边桂、紫蔻、丁香合制的调料面搅匀，倒入猪肠中，扎紧封口，下开水锅用小火煮至浮出，捞出晾凉切片，下水锅中焯透捞入汤碗，加葱花、姜丝、味精等调料及肉汤，随白肉一同上桌即可。

风味特点：选料考究、制作精细、调料味美。白肉薄如纸帛、肉烂醇香。吃起来白肉肥而不腻，瘦而不柴；血肠明亮、醇香鲜嫩。热汤鲜香味醇，冬用不冷，夏用不热，脍炙人口。血肠有素有荤，由沙仁、桂皮、紫蔻等 10 多种配料灌制而成。食用时用韭菜花酱、辣椒油、姜汁腐乳、蒜末、虾油、香油等为佐料，别具风味，备受欢迎。

(2) 酸汤子

酸汤子又称汤子，流行于东北辽宁、黑龙江一带，是满族人民传统风味食品。酸汤子是一种用玉米水面做的主食。将玉米用水泡涨后，用磨磨成糊状(俗称水面)，储存到微有酸味时做汤吃。

制作过程：① 原料：水面适量，白菜或菠菜些许，盐和其他调料少许。② 先烧开半锅水，再把汤面搓成几团放到水里轻微煮一下，捞出来后备用。③ 炸锅(爆锅)哧汤，汤开后，将汤子面放在双手里，将汤子套(一薄铁片卷成一小铁筒，5 厘米长，大头比手指略粗，小头比手指略细)放于拇指与食指之间，将面用力挤到锅里。④ 待面下锅完毕，再配以些许嫩白菜或菠菜之类蔬菜，加盐和调料煮熟。

风味特点：酸汤子制作成本低，制作方法简单，原料来源容易。酸汤子已从满族人家里走向了各大餐馆，成为一道饱含满族人民风情的传统菜点，深受大众喜欢。酸汤的刺激性口感是对个人嗜酸性要求的满足。

(3) 萨其玛

萨其玛是满族传统风味糕点。“萨其玛”是满语，汉语叫金丝糕、蛋条糕，也被称做“沙其马”、“赛利马”，等等。在《燕京岁时记》中写道：“萨其马乃满洲饽饽，以冰糖、奶油合白面为之，形如糯米，用不灰木(石棉)烘炉烤熟，遂成方块，甜腻可食。”萨其玛最初是作为满族关外三陵祭祀的祭品之一，原意是“狗奶子蘸糖”。

制作过程：① 原料：精面粉、干面、鸡蛋花、蜂蜜、生油、白砂糖、金糕、饴糖、葡萄干、青梅、瓜仁、芝麻仁、桂花。② 鸡蛋加水搅打均匀，加入面粉，揉成面团。面团静置半小时后，用刀切成薄片，再切成小细条，筛掉浮面。③ 花生油烧至 120℃，放入细条面，炸至黄白色时捞出沥净油。④ 将砂糖和水放入锅中烧开，加入饴糖、蜂蜜和桂花熬制到 117℃左右(可用手指拔出单丝即可)。⑤ 将炸好的细条面拌上一层糖浆。框内铺上一层芝麻仁，将面条倒入木框铺平，撒上一些果料，用刀切成型，晾凉即成。⑥锅内花生油用微火烧至八成热，将卷圈下入油锅中炸约1分钟，待呈金红色时捞出即成。

风味特点：萨其玛具有色泽米黄，口感酥松绵软，香甜可口，甜而不腻，入口即化，桂花蜂蜜香味浓郁的特点。萨琪玛作为一种糕点小吃，深受人们的喜爱。

（周鸿承）

（二）朝鲜族饮食

1. 朝鲜族饮食概述

朝鲜族喜欢食米饭、冷面和打糕，以汤、酱、咸菜和其他泡菜为副食。朝鲜族主要从事农业，以擅长在寒冷的北方种植水稻著称，生产的大米洁白、油性大，营养丰富，延边朝鲜族自治州被称誉为“北方水稻之乡”。朝鲜族日常菜肴常见的是“八珍菜”和“酱木儿”（大酱菜汤）等。朝鲜族节日菜肴品种繁多，并备时令名菜。在节日或招待客人时的特制饮食主要有冷面、打糕、松饼等。朝鲜族名菜名点很多，主要有神仙炉、补身炉（又称补身汤、狗肉火锅）、冷面、打糕、朝鲜泡菜等。另外还有酱牛肉萝卜块、铁锅里脊、生拌鱼等朝鲜族风味菜肴。在肉食品中，朝鲜族最喜欢吃牛肉和狗肉。每当贵客来临或喜庆的日子（婚丧不杀狗），朝鲜族都要在家里摆“狗肉宴”。朝鲜族人讲究就餐礼仪。在餐桌上，匙箸、饭汤的摆法都有固定的位置。如匙箸应摆在用餐者的右侧，饭摆在桌面的左侧，汤碗摆在右侧，带汤的菜肴摆在近处，不带汤的菜肴摆在其次的位置上，调味品摆在中心等。朝鲜人喜欢喝米酒，喜欢谷物类茶，比如麦茶。

朝鲜族菜在传统风味的基础上，注重改良，注重传统技艺和营养搭配。田野小蔬、山珍海味都可以烹饪出别具一格的菜品来。烹饪方法也特别考究，有炒、熘、烫、扒、焖、炖、烧、煨等技艺。不仅地域植物的丰富性、食俗的独特性、饮食器具的多样性、烹调方法的特殊性等可以反映朝鲜族饮食文化的绚烂多彩，从延边朝鲜族自治州以及其他省市区的自治州农业政策、饮食风俗制度和居民饮食生活行为等方面，也可以看出朝鲜族饮食文化自具某些不可急视的特点。

2. 朝鲜族菜点代表品种

（1）泡菜

泡菜又称咸菜，由于朝鲜族大多使用白菜作为腌制的原料，狭义的泡菜又叫辣白菜，是朝鲜族普遍食用的传统名食。泡菜含有大量的维生素A和维生素C，长期食用可防止漫长冬季里因缺乏新鲜蔬菜而容易引起的各种疾病的发生。特别地，由于在冬季腌制的泡菜可以长期储存，延长了白菜等食物的使用时间。

制作过程：①原料：大白菜8千克，青萝卜2千克，虾仁（虾酱）100克，大蒜200克，水芹（雪里蕻）1千克，细香葱100克，大葱200克，味素、盐、辣椒粉、红辣椒、生姜、松仁、红枣等适量。②挑选好合适的包心菜后，除去硬根菜帮和泥土，用水清洗后，装入缸内，用盐水完全浸泡两三天，取出来清水洗净，扣在篓子里沥干水分。③配好调料。调料适当是腌制辣白菜的关键。调料主要是“三辣”，即辣椒、大蒜、生姜。按50千克白菜计算，调料比例为辣椒面0.3千克，大蒜泥1千克，姜适量，白梨、苹果梨、青萝卜丝各0.25千克。④按照白菜叶子层次由里向外，将调料均匀地一层一层抹进白菜里，用手搓擦均匀，将泡菜添满缸容量的4/5左右，并把腌渍的白菜外层叶子放在上部，压实。半个月后，即可食用。

风味特点：嫩脆爽口、味道鲜美、保存期长。酸、辣、香、甜、咸各味俱全，清凉可口。为居家旅行的必备食品。

（2）狗肉汤锅

制作过程：①原料：狗肉、葱、野苏子、胡椒粉、辣椒油、韭菜花、味精各适量。②狗杀好后，放血完毕，退光毛，火炙烤少许时间除去杂毛后置于清水中，处理干净，放入开水中煮烂，除腥，原汤和狗肉皆备用。③ 把乳白色的原汤倒入火锅中，将狗肉撕成丝或者小块状，置于盘中，备好蘸食的葱丝、野苏子、胡椒粉以及味精等佐料，供客人自己选择食用。④ 汤则自行盛入小碗中，配合食用狗肉。

（3）大酱汤

制作过程：① 原料：牛肉 100 克，南瓜适量，贝壳 5～7 个，豆腐半块，大葱 1 个，洋葱半个，辣椒 3 个，蘑菇 3 个，食用油少量，酱油、白糖、葱、蒜、盐等调味品各少许。② 汤料准备：大酱一大勺，辣椒酱半小勺，辣椒粉半小勺。③ 先炒牛肉，等牛肉颜色变白时，放贝壳汤水。④ 汤开始沸腾的时候，放汤料和蘑菇。这时出来的泡沫要去掉。⑤ 再放贝壳、豆腐、南瓜、洋葱、大葱，最后放辣椒。

风味特点：由于配料不同，大酱汤的风格各异，味道多样。基本特征是味浓，微辣，容易引发人的食欲。由于动物类和植物类原料使用适当，该汤富含蛋白质，有营养，是一道十分容易制作的大众食品。

（4）冷面

制作过程：① 原料：朝鲜干冷面 1 份，牛肉汤汁（清汤）一大勺，朝鲜泡菜 1 份，卤牛肉半份，煮鸡蛋 1 个，黄瓜片少量，冰块大量，酱油、盐、砂糖、味精、醋各少量。② 把干冷面用清水浸泡并用手揉搓，使其完全散开，控水待用。③ 制作牛肉冷面汤：在牛肉汤汁（清汤）里加入适量酱油、醋、食盐、砂糖、味精、醋，之后在调好的汁里加入 10 倍的冰水，待用。④ 水烧开，加入冷面，不时用筷子搅拌，防止粘结，煮 1 分钟左右待其变软无硬心时，立即捞出，放入已经备好的冰水中，并连续冲三四次，沥干水分后放入碗内。⑤ 在装有冷面的碗中加入调好比例的牛肉冷面汤，再加入卤牛肉片、朝鲜泡菜、黄瓜、鸡蛋，以及冰块即可食用。

风味特点：酸甜微辣、清爽可口、味浓，增食欲。

（5）打糕

制作过程：① 原料：糯米，辅之以豆沙、熟豆面、糖、盐少量。② 先把糯米洗好，用清水浸泡十几个小时（如果急着做，可用温水浸泡，时间可短些），泡到用手指能把米粒捏碎为止，把米捞出来，把水沥干，待用。③ 把米放入笼屉内用大火蒸半个小时左右，要蒸到软硬合适为止。④ 把蒸好的糯米饭放到砧板上，用木槌边打边翻。打糕的人用力均匀适中，以免打的饭粒四处飞溅，并且有米粒没有被打均匀；翻的人要用水沾手并不断擦砧板。直到看不到米粒为止。⑤ 把打成的糕切成适当的小块，裹上红豆沙或者其他辅料即可。

风味特点：打糕是节俗性食品。逢年过节，打糕都会在朝鲜族地区制作。按照个人口味，喜甜食者，佐之以糖；喜咸者，佐之以盐。打糕来源于糯米，香软细腻、筋道适口是其主要特征。

（周鸿承）

（三）赫哲族饮食

1. 赫哲族饮食概述

今日之赫哲族主食已经从鱼、兽肉为主，转变为吃馒头、饼、米饭、各种蔬菜和鱼、兽各半。赫哲族人喜欢吃“拉拉饭”和“莫温古饭”。“拉拉饭”是用小米或玉米小渣子做成的很稠的软饭，拌上鱼松或各种动物油即可食用。“莫温古饭”是鱼或兽肉同小米一起煮熟加盐而成的稀饭。赫哲族人喜欢吃鱼，有许多有名的烹饪菜品，比如刹生鱼（赫哲语：“塔拉卡”）、炒鱼毛、刨花鱼片、鱼条干、食鱼子、烤鱼（赫哲语：“稍鲁伊”）、生鱼片（赫哲语：“摊尔库”）等。春节等重要节日，家宴以鱼为主，又叫鱼宴，婚俗中，新郎要吃猪头，新娘吃猪尾，意为妇唱夫随。赫哲族人喜欢饮酒、抽烟，不喜饮茶，而且喜欢喝生水。渔猎经济决定了赫哲族的饮食内容和主要特征。随着时代的推移，赫哲族人的饮食习惯和食俗被保存下来，这是赫哲族先民留下的深厚文化积淀。

2. 赫哲族菜点代表品种

(1) 刹生鱼

赫哲族人民日常吃鲜鱼、兽肉，加工各种鱼、兽肉干，备常年食用。其中“塔拉卡”——刹生鱼，是用来招待客人的上菜。是用鲤、鲩、鲟、鳇、鳙等鱼加配菜调料制成的清香爽口的鱼丝类佳肴。

制作过程：① 原料：鲟、鳇、草根鱼等皆可。粉丝、绿豆芽适量。盐、生姜、葱、蒜、辣椒油和味精等调味料适量。② 先将鱼血放出，再把鱼肉从鱼骨架剔下来，切成细丝，待用。③ 用醋浸泡生鱼肉后加上盐、粉丝、绿豆芽(或土豆丝、菠菜丝、白菜丝、黄瓜丝均可)。④ 用生姜、葱、蒜、辣椒油和味精等佐料进一步调味，搅拌均匀后即可食用。

(2) 刨花鱼片

刨花鱼片或称“鱼刨花”，又叫做“冻鱼片”，赫哲语称“苏日啊克”。这道菜是在冬季将冻鱼剥皮，削成像刨花一样的薄片，蘸调料而食。

制作过程：① 原料：鲟、鲤、狗哲罗、细鳞、牙布沙等鱼类皆可。盐、醋、盐末、辣椒油等调味料备用。② 把冻鱼剥皮，削成薄片，和刨花一样薄。③ 切好片后，立即蘸醋、盐末、辣椒油等调料吃，口感清爽。④ 该菜主要在冬天食用，且在食用的时候多配以酒，方显出菜的美味与特色。

(3) 炒鱼毛(鱼松)

炒鱼毛赫哲语叫“塔斯恨”(音译)。其味道鲜美，一般作为节日和招待客人的上等食品。

制作过程：① 原料：鲤鱼、怀头、白鱼、鲢鱼、鲟鱼、鳇鱼、干条、哲罗等鱼类皆可。② 炒鱼毛前，把鱼剖腹，取出内脏洗净，切成大块煮熟，挑出鱼骨和鱼刺，把肉捣碎，凉后再炒。③ 强调火候的掌握。火候要适当，次火或过火都不好吃。炒到焦黄不粘锅，酥脆而香气扑鼻时取出，即咸鱼毛。

风味特点：鱼毛颜色金黄，呈松散的丝状或颗粒状，散发着浓郁纯正的鱼香味儿。过去赫哲人常将炒好的鱼毛放在坛子或桦木箱子里，用炼好的鱼油浸泡，封好口，放在阴凉处或埋在地下储存起来，以备长时间食用。有些妇女，把野果稠李子做成稠李子饼，上面刻有花纹和花朵的图案，放进鱼毛里，增加了鱼毛的风味和赫哲族传统食品的特色。

(周鸿承)

(四) 蒙古族饮食

1. 蒙古族饮食概述

蒙古族日食三餐，每餐主要是肉和奶。以奶为原料制成的食品，蒙古语称为“查干伊得”，意为纯洁、干净的食品，即“白食”；以肉类为原料制成的食品，蒙古族称为“乌兰伊得”，即红食。蒙古族人吃肉多讲究清煮，煮熟后即可食用，保持鲜嫩的口味。多数蒙古人擅长饮酒，多为白酒、啤酒、马奶酒等。牧区人民也喜欢喝奶茶，并且有“有好茶喝，有好脸看”的说法。食俗方面，腊月二十三过小年，吃团圆饭，喝团圆酒。除夕要吃手扒肉、包饺子、制烙饼等。由于原来“逐水草而居”生活方式的改变，城市和牧区经济发展，饮食的群体风格也在不断融合。不管社会经济如何发展，“白食”+“红食”的草原文化和游牧遗风已经深深地根植在蒙古族人的生活习惯中，其悠久的饮食文化是中国民族文化的重要组成部分。

2. 蒙古族菜点代表品种

(1) 烤全羊

制作过程：① 原料：白色羯羊 1 只，葱段、姜片、精盐、花椒、酱油、大料、糖色、小茴香末、香油等各适量。② 将羊宰杀，用 80～90℃的开水烧烫全身，趁热煺净毛，取出内脏，刮洗干净，然后在羊的腹腔内和后腿内侧肉厚的地方用刀割若干小口。③ 羊腹内放入葱段、姜片、花椒、大料、小茴香末，并用精盐搓擦入味，羊腿内侧的刀口处，用调料和盐入味。④ 将羊尾用铁签固定在腹内，胸部朝上，四肢用铁钩挂住皮面，刷上酱油、糖色略凉，条上即成。并以每个人的口味加上适量的牛肉丁、香菜末、蒜苗末及辣子油。一般每碗面条250克,加汤350~500毫升,也可视碗大小而定。

风味特点:肉汤清澈鲜美、面条筋柔入味,营养丰富。清汤牛肉面要达到色、香、味、形各方面俱佳。一碗成功的牛肉面应该是一清(汤清)、二白(萝卜白)、三红(辣椒油红)、四绿(香菜、蒜苗绿)、五黄(面条黄亮)。

(3)北京艾窝窝

艾窝窝是北京一款用糯米制作的清真风味小吃,特点是色泽雪白,形如球状,质地黏软,口味香甜。不仅北京人喜欢这款小吃,就是进京的外地人也常常要品味一下这款闻名全国的清真小吃。

制作过程:① 将2千克糯米洗净加清水浸泡6个小时(若是陈糯米要浸泡24个小时),沥净水,上笼用旺火蒸1小时,取出放入盆中,再加入2千克开水,盖上盆盖儿,浸泡15分钟,待糯米吸足水分(俗称“吃浆”)。将糯米捞入屉中,上笼蒸约30分钟取出,倒入盆中,用木槌将米捣成粉团,摊在湿布上晾凉。② 将核桃仁用微火焙焦,搓去皮,切成黄豆大小的丁,芝麻用微火焙黄擀碎,瓜子仁洗净,青梅切成绿豆大小的丁,金糕切成黄豆大小的丁。将以上原料连同白糖、冰糖渣、糖桂花等合在一起,拌匀成馅。③ 取适量大米粉蒸熟,晾凉,撒在案上,再将已晾凉的粉团揉匀,揪成100个小剂,逐个摁成小圆皮,在每个圆皮上放上20克馅心,包严实,揉成乒乓球大小的圆球形,滚上蒸熟的大米粉,点上红点即成。

风味特点:质地黏软柔韧,馅心松散香甜。

(4)河南肉丁胡辣汤

制作过程:① 熟羊肉1.6千克,羊肉鲜汤10千克,面粉1.5千克,粉皮(或粉条)500克,海带100克,油炸豆腐150克,菠菜250克,胡椒粉15克,五香粉8克,鲜姜20克,盐10克,香醋500克,芝麻油150克。② 熟羊肉切成小骰子丁;粉皮泡软后切成丝;海带胀发后洗净切成丝,用开水煮熟淘去黏液,再用清水浸泡;油炸豆腐切成丝;菠菜拣去黄叶,削根洗净,切成约2厘米长的段;鲜姜洗净切成或剁成米粒状。③ 将面粉放入盆内,用清水约1千克调成软面团,用手蘸上水把面团揉上劲;饧几分钟,再揉上劲,然后兑入清水轻轻压揉,至面水呈稠状时换上清水再洗。如此反复几次,直到将面团中的粉汁全部洗出,再将面筋用手拢在一起取出,浸泡在清水盆内。④ 锅内加水约5千克,加入鲜羊肉汤,再依次放入粉皮丝、海带丝、油炸豆腐丝和盐,用大火烧沸,然后添些凉水使汤锅呈微沸状。将面筋拿起,双手抖成大薄片,慢慢地在盆内涮成面筋穗(大片的面筋用擀杖搅散)。锅内烧沸后,将洗面筋沉淀的面芡(将上面的清水沥去)搅成稀糊,徐徐勾入锅内,边勾边用擀杖搅动,待其稀稠均匀,放入五香粉、胡椒粉,搅匀,再撒入菠菜,汤烧开后即成。食用时淋入香醋、芝麻油。

风味特点:酸辣鲜香,风味浓郁。

(5)肉油饭

肉油饭是全国各地回族人民喜用的一种传统食品,每逢开斋节、古尔邦节或其他纪念性活动,肉油饭为必备的佳餐。它味道浓郁醇香,经济实惠,也是回族群众冬令时节的上好小吃。

制作过程:① 原料:麦仁、大米、牛肉等。② 先将牛肉及牛、羊骨头下锅用宽汤炖,约1小时后,将牛肉及骨头捞出,将汤倒入容器中澄清(即沉淀),然后将清汤重新倒入锅中烧开,先将麦仁(指脱了麦膜的麦仁)下锅煮,约半小时即可煮熟,再将大米下锅与麦仁同煮,边煮边用勺子搅动,以免糊锅,之后再加入葱花、姜末、盐等佐料。随后将炖熟的牛肉用手撕成肉丝,边撕边放入锅中,用勺搅和开,尝好咸淡味,掌握好肉粥的浓度,要稀稠适中,然后将粥锅挪到温火上煮,约10分钟即熟。将粥盛入各个碗中,在每碗中加1小匙熬化的牛油,即可开始食用。

按以上方式做出来的肉油饭,味道鲜美、

营养丰富、开胃健身、老少咸宜,可以作为穆斯林封斋期间夜里的调养食品,滋补强身,还可以与油香、馓子、果子等回族待客食品一起,作为在喜庆节日里的民族传统礼仪风味食品以及老弱病者的营养食品。肉油饭备受回族广大群众的欢迎,也受到其他民族中许多人的喜爱。

(白剑波)

(九)锡伯族饮食

1. 锡伯族饮食概述

锡伯族的烹饪技法常用煮、炖、蒸、腌、烤、煎、炸,多用麻油炒菜,面酱调味。吃肉喜欢白煮,但重火候,大块装盘,自带小刀割吃,蘸盐、葱、蒜调味;吃鱼除煮炖,多腊腌。忌吃狗肉,口味咸香酸辣。其常见主食小吃有酸奶高粱饭、鱼汤高粱饭、米饭、抓饭、粥、发面饼、蒸馍、饺子、饽饽、南瓜饺子、二汤面、韭菜盒子、肉拌面片、油炸馃子、油饼、馕、奶茶、面茶等。肉肴有大盘肉、羊杂碎全羊席、猪肉拌猪血、蒸猪仔、炖鱼、蒸肉、火锅、血灌肠、熏马肠。蔬菜除白煮,以哈特混素吉(花花菜)为著名。

2. 锡伯族菜点代表作品

(1)炖鱼

炖鱼是新疆伊犁市察布查尔锡伯族自治县锡伯族过西迁节时,家家必做,户户必吃的蒸肉、炖鱼两大主菜之一。届时人们还要三五成群到野外踏青摆野餐,面对蓝天白云,凝视东方,回忆西迁戍边的祖先业绩。

"鱼汤高粱米饭",是锡伯族居住东北时传下的美食,是用鲜鱼与加布尔哈素(一种野菜)、辣椒、蒜、姜、盐白煮而成,与高粱米饭配吃。每年春夏两季,是古代锡伯族的捕鱼季节,尤其是居住在松花江沿岸的锡伯族,尤善捕鱼,他们捕的鳇鱼专供清朝皇室大年初一祭祖之用,称为支鳇鱼差。清皇室赐给锡伯人晾网地,作为生活费用,并享有种地不纳粮,养儿不当兵的特权。凡17~60岁的男子都属支鳇差的对象,不论贫富按人摊派,直到光绪二十六年才停止。鳇鱼是松花江名产,一般只长150厘米左右,重150~200千克,大者重350~400千克。送缴的鳇鱼是供皇室正月初一祭祀用的,故务必于除夕之前送到京都。否则,便受到极为严厉的处罚。由于松花江鳇鱼产量不多,他们便修鱼圈,把每年进贡的鳇鱼捕后放入圈内饲养,冬季捞出装车,启送皇宫。锡伯族善渔猎,东北扶余县有"棒打獐子瓢舀鱼,野鸡落在沙锅里"的民谣,正是古代锡伯族渔猎生活的写照。后进入农耕后,种植高粱、大豆等作物,故而产生了"鱼汤高粱饭"的美食。

乾隆二十九年农历四月十八日,从盛京抽出的锡伯族3000多人,踏上西征之途,经过1年零5个月的艰苦跋涉,到达伊犁地区屯垦戍边。现在的察布查尔县就是他们当年的驻地。为此"四·一八"被订为西迁节,人们必备丰富的食品,着盛装,唱起古老的征途歌,以示纪念。

制作过程:①原料:鲜鱼3000克,高粱米1500克,加布尔哈素(野菜)1000克,辣椒、料酒、大蒜、生姜、食盐各适量。②高粱米淘洗干净,去杂质、沙子,放入水锅中煮熟成饭,晾凉。野菜拣洗干净,稍切一下。辣椒去把,抹去灰,切节。姜蒜去皮,洗净,姜切片。③鲜鱼除去鳃、内脏,刮去鳞,洗净。锅上火,注入清水、鱼、野菜、料酒、辣椒节、姜蒜片,旺火烧开,打去浮沫,熟时调入盐即成。④将高粱米饭盛入碗,浇上鱼肉鱼汤即食。汤汁乳白,鱼肉鲜美滋嫩,米饭软糯可口。

(2)大盘肉

大盘肉是锡伯族古老的肉肴。是用大块肉白煮至熟,盛入盘中,割肉调味而食。

锡伯族家庭进餐或宴客,吃大盘肉是有许多讲究的,从中可以看出他们的饮食文化内涵之丰富。肉料,以家畜、家禽为常见,也吃野猪、野鸡、野兔、黄羊,但忌食狗肉。配食,首选主食是香软可口的发面饼,或是馒头、面条、拉面、米饭以及奶茶,佐以花花菜和"米顺呼呼"咸菜。食时,人们自带刀割食,宴客主人煮鸡蛋、獐子肉汤、铜锅炖肉、杂熬菜、炒土豆丝等。饮料有酥油茶和酸奶。

2. 珞巴族菜点代表品种

(1) 烤山鼠

山鼠是珞巴族喜欢吃的肉类，他们常用鼠肉送礼和招待宾客。珞巴族热情好客，待客以鼠肉为贵，配上玉米酒、荞饼和辣椒。吃前，主人要先尝一口酒和以上食品，示意无毒请放心食用。按习俗，主人尝后，客人必须吃光，否则主人就不高兴。

人类捕捉虫鼠是狩猎活动的开始，这与生产力低下有关。在珞巴族住区，一年四季都可捕到山鼠。只需在林间、草地、树洞有鼠之处，置放用竹棍、竹篾、石块制作的各式活套、石板压子以及小地弩等即可，捕捉后烧去毛，除去内脏，可烤可煮，亦可烘干储存备用。

制作过程：① 原料：活山鼠 5 只，花椒盐碟、辣椒盐碟各一。② 将山鼠敲死，放入沸水中烫煺去毛，剖腹除去内脏，稍晾至皮肉无水滴出。③ 用竹片挟住鼠身，放在火塘炭核上烘烤，边烘边转动，让其各部位受热均匀，至香味溢出，皮层变色即熟。去竹片上桌，跟上椒盐碟和辣椒盐碟，边蘸边咬吃。

风味特点：香气袭人，皮脆肉嫩，辣麻爽口，肉助酒兴，山林风味。

(2) 铜锅煮大额牛肉

铜锅煮大额牛肉是珞巴族博嘎尔和纳、巧雅等部落传下来的宴宾大菜。用特产大额牛肉加调料入铜锅煮炖而成。

昔日的博嘎尔等部落的富有人家从藏区购入直径达 1 米的大铜锅，此锅常用于部落聚会宴宾时煮肉，由于锅的容量大，煮一锅足够众人食用。大额牛，又称巴麦牛，珞巴族语叫“梭白”，是从野牛驯养而培育出的。此牛适于生活在亚热带潮湿森林地区，它既不同于青藏高原的牦牛和犏牛，也不同于印度平原的黄牛。它有一副俊美的高大身躯，膘肥体壮，能抗拒蚊虫叮咬，一般 3 年成熟产仔，孕期 9 个月，每年 1 胎，幼仔 1 年后体重达 60 多千克，2 年达 150 千克，大公牛达 500 千克，是一种优良的肉用牛。

制作过程：① 原料：大额牛 1 头，食盐、生姜、花椒、辣椒各酌量。② 将牛宰杀，剥去皮，砍下头蹄，剖腹取出内脏，牛身洗净，砍成大块，漂洗除去血水。头、蹄用火烧后，刮洗干净，敲去牛蹄和牛角，除去鼻污，蜕去舌膜，砍开用水浸漂。内脏分别清洗干净，除去苦胆另用。生姜去皮，洗净拍松。③ 大铜锅上火，注入清水，先下头蹄、骨架，再下肉块、内脏，旺火烧沸，打净浮沫，下姜块、花椒，改用小火炖熟，调入盐。④ 取出肉块、内脏、头蹄、肉、脏切成小坨，剔去头蹄骨头，肉质切成坨条，放入锅内。花椒面、辣椒面与盐合拌分装入碗。将肉、汤舀入盆内随辣椒、花椒盐碗上桌蘸吃。

风味特点：肉嫩皮韧，汤鲜味美，麻辣够味，合寨老少会聚，佐饮美酒，气氛热烈壮观。

(3) 石烙粑粑蘸蜂蜜

石烙粑粑蘸蜂蜜是珞巴族古老的传统面点。用野生淀粉制成坯，入石板烙制后蘸蜜而成。

珞巴族地区，出产一种柔软而耐烧的石片，将它打磨平滑当传热锅具，耐火烧，受热均匀，烙成食物不易焦煳。在马尼岗一带的博嘎尔部的艺人，还会制作有底有沿的石锅，可注入水烧煮食物。不论石板，还是石锅均是他们普遍使用的炊具。野生的达谢、达荠、青枫籽是他们最古老的主食。达谢、达荠是棕榈乔木，取茎去皮切成薄片，然后用木槌在石板上砸烂，用水浸泡去渣，澄清去水，将沉淀的粉晒干可制粥饼。青枫树的果实，味道苦涩，难以吞咽，博嘎尔人就用浸泡和蒸煮的方法除去苦涩的生物碱，使其变成味酸可口、便于贮藏的食品，以供常年食用。烙巴族采集的野蜂蜜有 3 种，其中一种叫“达义”的，一窝产蜜四五十千克。蜂蜜的食法，既可拌入炒熟的玉米粉或米粉，加工成糖块，亦可和酒一起喝，还可用做酿醇酒，又是他们进行交换的重要商品。

制作过程：① 原料：乔木淀粉 1000 克，食盐或蜂蜜适量。② 将乔木淀粉入盆，兑入清水，和成面团，下剂，搓圆按扁成生坯。③石板架在火上，烧热，贴上生坯，两面烙熟溢香，出锅入器，随蜂蜜或盐上桌蘸食。

风味特点：形圆，软韧有嚼头，蜜甜爽口，山林风味。

（梁玉虹）

（二十三）羌族饮食

1. 羌族饮食概述

羌族因大多聚居于高山或半高山地带，谷物系旱地作物，蔬菜生长受气候影响，故膳食制作，明显的是饭食品种多于菜肴。著名菜肴中，肉肴有猪膘、腊猪头、血肉香肠、血肠、酿肚、荞面血馍馍、香酥扣盘、炖大块肉、炖排骨以及羊肉炖附子、羊肉炖当归、猪肉炖杜仲、黄芪炖鸡，蔬菜常见的是圆根萝卜酸菜汤、炸洋芋、煮粉条，以及白煮各式蔬菜。饭品小吃中，饭食有米饭、玉米焖饭、玉米蒸饭、金裹银和银裹金饭、面疙瘩、搅团、面汤、烩面以及供放牧时食用的各种炒面，小吃有三叉馍馍、像型馍馍、锅塌子、玉米馍、烤饼、水粑馍、玉米汤圆、荞面条、切切面、洋芋糍粑、和气馍馍、豆泡子馍馍、锅贴馍馍、刀块子馍馍等。

2. 羌族菜点代表品种

（1）刀块子馍馍

刀块子馍馍是羌族面点中的精品。是用发酵的麦面、荞面、玉米面叠放，中间加层甜或咸的馅心，再由底往上包成一个呈三角形或半圆形的坯蒸熟，用刀切成块而食。

此馍之所以成为精品，一是主料都必须是酵面，为使各面发起，故需分别发酵；二是主料是小麦粉、苦荞粉和玉米粉，这3种谷物既是地产，又是主产；三是馅心可甜可咸，咸心可用鲜肉，亦可用腊肉配加豆腐；四是面层本味犹存，互不干扰，为此包时由底往上收拢包圆，合为一体，切开各层分明，故名刀块子馍馍。

制作过程：①原料：麦面1000克，荞面500克，玉米面300克，核桃仁、花生米、荏子（即白苏子，富油）各50克，南瓜籽仁30克，蜂蜜、猪油各适量。②核桃仁和花生米用开水烫泡去衣，入锅焙干水分时，下入苏子、南瓜籽仁，焙出香味，入臼舂成泥，入器，下入蜂蜜和化开的猪油，拌匀成甜馅。③麦面、荞面、玉米面分别入器加酵面、水和成面团饧发，发起吃上碱，分别下剂和擀圆，麦面坯最大，荞面坯稍小，玉米面坯为最小。将麦坯作底，放上一层馅，上盖荞面坯，又放上一层馅，上盖玉米坯，再放上一层馅，将麦面坯兜底提起，拉伸至顶收拢包严呈塔形或三角形或半圆形。④锅上旺火，注入水，架上蒸笼，水开气溢下入面包坯，猛蒸至熟。取出入盘随餐刀上桌切食。

风味特点：底层和外层雪白，中层黄褐，上层金黄，层次分明，面层各有本味，粗细粮搭配，营养互补。馅心蜜甜果香，入口腻化，甜中略回苦，风味特别。

（2）锅塌子

锅塌子是羌族最为古老又别有风味的塘煨（灰焐）面食。是用荞面或玉米面加麦面不经发酵，入炭核灰坑中焐烧而熟。

灰焐之法，古称塘煨，塘指火塘，煨指烧熟。民间称的“吹灰点心”，就是指将土豆、芋头、红薯之类块根食物埋入火塘炭核和灰中，烧熟后，取出用手捧住，边吹边打，让其降温去灰，趁热而吃，故雅称吹灰点心。羌族的锅塌子，则是由粒食进入粉食后，沿用塘煨之法而制成馍。这种做法由直接灌入面糊煨熟，演变为先入锅烙后定型，再入塘焐熟，减少了灰分的沾染。下面介绍前者。

制作过程：①原料：荞面500克，食盐、花椒面、香料、蜂蜜各适量。②将荞面入碗，徐徐注入冷水，调成稠的糊浆，依据食者喜吃的口味，选取下入咸或甜的佐料，调匀（不发酵）。③在火塘中，掏成一个寸把深的小坑儿，用小铲子把四壁拍平压实，或干脆用碗底儿或口杯杯底在热灰上压出一个小坑儿，倒入荞糊至平为止，盖上炭核，焐烧约半小时香锅将汁浇在乳猪上，撒上姜丝、葱丝，随炸荞丝上桌配吃。

（2）壮家烧鸭

壮家烧鸭是云南富宁县壮族的传统名菜。是将调味料装入鸭腹内烤制而成。此鸭之制法与北京全聚德的烤鸭、昆明小胖子烤鸭及宜良烤鸭制法有异，异在调味与烤制同步进行，故食时不用面酱、大葱及椒盐。相反，此鸭之做法倒颇似西双版纳傣族的“香茅草烤鸡”，须先用砂姜泥与白糖、食盐合兑为汁，抹于鸭腹内，然后再用生姜、青蒜苗丝等填入腹内，再行烘烤，故成品外脆里嫩，蔗渣味芳香，咸鲜微辛，食而回甜，别有风味。

砂姜是一种野生植物的球根，形似独蒜，味似生姜，但胜过生姜，有特殊的异香。

制作过程：① 原料：仔鸭 1 只，砂姜、白糖、食盐、生姜、青蒜苗、胡椒面、咸酱油、味精各适量。② 将鸭宰杀，烫煺去毛，去内脏，洗净上钩。砂姜洗净，捶成泥，与白糖、盐入碗兑为汁，抹在鸭腹内。生姜、青蒜苗洗净切成丝，与胡椒面、咸酱油、味精入器拌匀，填入鸭腹内，用竹签别好开口处。③ 烤炉内，点燃栗炭火，放上湿甘蔗渣，把鸭子挂入炉中，烘烤至呈金红色，取出上桌。

（3）龙泵三夹

龙泵三夹是广西巴马县壮族的独特美食，已有 300 年历史，深受当地各族人民喜爱，遂已成为办喜宴的压席菜，有不上此菜则对客不恭之说。

壮族称用猪小肠酿入用猪血拌匀的瘦肉、冬菇、网油、糯饭等料，再行煮熟叫“猪龙泵”。食时，各取龙泵、猪肝、猪粉肠 1 片合夹。通观此菜，选料讲究，做工精致，引人注目。食之软嫩，滑爽味鲜，甘香可口，久食不腻，独具风味。

制作过程：① 原料：猪小肠 1 副，猪粉肠全部，猪肝 1 笼，猪瘦肉、猪网油各 500 克，水发冬菇 200 克，糯米饭、猪血各 1000 克，狗肉香、酱油、食盐、味精、胡椒面、水淀粉、葱花、麻油、五香粉各适量。② 制蘸水：将狗肉香洗净，切碎入碗，加入酱油、盐、味精、胡椒面拌匀即成。③ 制猪龙泵半成品：小肠、瘦肉、冬菇洗净，肉、菇切粒入碗，下入水淀粉、味精拌匀；网油切成小段，入锅炒熟，切成小粒；锅上火，热时入油，下肉粒、冬菇粒炒熟，下网油粒、糯米饭、葱花、盐、味精、麻油、五香粉、胡椒面。拌匀入盆，趁热倒入猪血拌匀，灌入小肠，扎紧灌口，每隔 30 厘米用水草扎成 1 段，并用针扎肠排气。④ 合成。锅上火，注入热水，入灌肠、粉肠、猪肝，旺火烧沸，小火慢煮，熟时取出。粉肠切成段，肝切片，灌肠切成斜刀片，入盘拼成艺术冷盘，随蘸水碗上桌。

（4）壮家鱼生

壮家鱼生是广西壮族中秋前后必吃的古朴美味。是用生鱼片经腌渍杀菌入味后，再配吃花生或角薯、菠萝、木瓜丝条而成。

壮族多临水而居，历来就有善于捕捞鱼虾而食的习俗。广西的“鱼生”，到处皆有。广西上百个市县，几乎每一个县市都可找出吃“鱼生”的壮胞酷嗜者。上思县每年中秋前后，老百姓均以吃“鱼生”为乐事，吃月饼赏月倒成其次。鱼生，鱼香袅袅，爽口不腻，肥美香甜，用以下酒，备受青睐。做鱼生之鱼，要选江河现捕之鱼，不带泥腥味，向有一草二鲤三鲢四杂鱼之说。

鱼生的形成，再现了人类由生吃到熟食的历史进程，一直沿袭不衰，久传至今，深受壮胞喜爱，是壮家“适口者珍”的一种独特的饮食文化。不过要注意饮食卫生。

制作过程：① 原料：草鱼或鲤鱼、鲢鱼、鲈鱼 2000 克，花生米 200 克，食盐、黄酒、姜丝、葱节、米醋、蒜泥、糖、花椒、酱油、腐乳、味精、麻油、红油，或黄皮酱、香椿、芫荽各适量。② 制花生：花生米去皮，入油锅炸香，取出碾碎入碗，注入盐水浸泡上味。③ 制鱼生：将鲜鱼刮去鳞，沿鱼脊背中央顺长划一刀至鱼骨刺，再沿着肋刺用刀缓缓剐下两边鱼肉，片成薄片入盆。入盐、黄酒、姜丝、葱节腌渍 1 刻钟，用米醋三番五次抓腌至肉泛白色。取出用凉开水漂洗几遍，控干水分，放在洁净干爽的要地位，特别是芋头。据统计，黑芋有9种，水芋有8种，薯蓣(山药)有8种，甘薯有10种。地处台湾东部兰屿的雅美人，完全以芋为主食，此外便是捕鱼。其种芋方法是循环栽植的，即需取食时，将芋挖出切下3/4的下半部食用，另1/4的上半部连茎依然栽回原处，3个月后即可再取食，亦不施肥，他们认为粪便不洁。

鲁凯人、排湾人和卑南人的烘芋方法是：在田野挖一土灶，上置竹篦，周围壅土成方槽形，一次可堆芋100千克左右，下面烧燃柴草文火，约烘两昼夜即可成干芋。而平埔人则喜在烧炭的火窑放入芋头，用灰烬覆盖，并掩上沙土，待芋头熟透，香气四溢时，全社老老少少，围圈共尝。此种塘煨法，是台湾少年中极为盛行的烤芋法。

自番薯传入台湾后，又给高山族的主食添了花样。番薯皮薄，烤时甜液会冒出，用石板烤，既卫生，又保留了营养素。在大陆的布农人同胞，每到甘薯熟的季节，看到北方人用汽油桶的铁盖烤甘薯，就会想起家乡的烤甘薯。吃上一块北方的烤甘薯，往往还要点评上一句：没有家乡烤的好吃。下面就介绍台湾布农人的烤法。

制作过程：① 原料：红薯10千克。② 鲜红薯洗净泥沙，去根须，晾干水分。③ 在地上挖一个0.5米深的洞，上铺石板下烧柴薪，石板上放上地瓜，再用柴草盖严，待闻到扑鼻的甜香气时即熟。去皮而食。

风味特点：色泽金黄，细糯软绵，鲜甜可口，田野风味。

(4) 芎蕉粑

芎蕉粑是赛夏人有名的点心。是用熟透的香蕉肉质与大米加水磨成浆，用芭蕉叶包住蒸熟而成。

赛夏人是台湾高山族中人口最少和居住范围最小的一支。分别居住在新竹县五峰乡的五指山区和苗栗县狮谭、南庄的加里山区，五指山是台湾著名的12景之一。住区盛产热带水果，都是自食。香蕉除生吃，还可当主食，其芎蕉粑深受游客的喜爱，遂成为台湾北部浅山区的名食。

餐用香蕉，在酒席中，一是作水果压轴，二是制成拔丝香蕉作甜点。而赛夏人则将香蕉与谷物一起加工当主食，实属中国饮食中独创。香蕉含多糖及钾、维生素A、维生素C、蛋白质、脂肪和其他矿物质，既可作粮食，又有止烦渴、润肺肠、通血脉、益精髓等功效。

制作过程：① 原料：粳米3000克，香蕉2000克。② 将粳米淘洗干净，去杂质，用清水浸泡5小时左右。将熟透的香蕉剥去皮，切成小指大的丁。香蕉叶洗净，入沸水锅中烫一下，取出切成长宽各15厘米的正方形片。③ 洗净石磨，把香蕉丁放入米中，舀入磨眼，磨成稠浆，刮入盆中，盖上湿纱布饧发。④ 将蒸笼架在锅上，注入水，气上升时，将米蕉稠浆舀放在香蕉叶上，折叠包严，入笼，猛火大气蒸熟，取出入盘上桌，折开蕉叶进食。

风味特点：淡黄素雅，腻糯而甜，风味异常，热带佳品。

(5) 葫芦壳烧饭

葫芦壳烧饭是平埔人历史最悠久的主食。是用葫芦当锅，在其下部做成陶土木扣，盛入番米、赤豆、南瓜和水，置于火上，烧煮成饭菜合一的混合饭而成。

平埔人共有10个族群，10万余人，分布于台湾北部、西部、西南部沿海和平原。郑成功收复台湾后，汉人大量移入，与平埔人交错杂居，故向汉商购用铁锅逐渐多起来，在这之前，炊具主要是陶锅和竹筒、葫芦。陶锅的产生与使用葫芦敷上陶土作外壳，烹煮食物防止火把葫芦烧掉密切相关。葫芦敷泥作锅，在有专人照看的情况下，一般不易将葫芦烧毁，但亦难免不经意之中将葫芦烧成炭而剩下烧成硬壳的陶壳。通观陶罐、陶锅、陶鼎，其造型都是仿制葫芦，这一普遍现象，既说明了葫芦形美，只要把其上部锯掉，用下部当锅，以增美感，但更主要的是平埔人用葫芦敷泥当锅，用实物证据回答了制陶理论界的“依葫芦画瓢”。制陶，母系氏族社会的阿美人，大多由妇女担任;父系氏族社会的雅美人,则是男子的专长。

制作过程:① 原料:番米 1000 克,赤豆 200 克,南瓜 400 克,食盐、生姜各适量。② 将中型干葫芦锯去上部,去籽,用黏泥涂抹下半部。番米和赤豆淘洗干净,去杂质。南瓜去皮去瓤,洗净切成坨。生姜去皮,洗净,切成末。③ 将葫芦架在锅桩石上,下入米、豆、南瓜、姜米、盐、水,旺火烧沸,改用中火,烧至水气快干,用小火烧至溢香,锅离火口,敲去泥壳上桌,舀入椰碗,用手抓吃。

风味特点:黄、白、红相间,主副合一,瓜嫩,豆韧,番米味醇气馥,剩饭两三天香气不减。

(梁玉虹)

(三十二) 毛南族饮食

1. 毛南族饮食概述

毛南族的口味特点是偏酸咸、香辣、鲜嫩。在他们的族谱中,曾有“百味用酸”的记载。肉酸中“腩醒”、“瓮煨”和“索发”,是他们最喜爱的三酸,俗称“毛南三酸”。蔬酸有酸菜叶、酸竹笋、酸豆角、酸芋茎、酸辣椒、蒜头酸水等等。嗜辣,有“不吃辣椒上不得高坡”之食谚,并有随带辣椒上路解渴之俗。喜吃鲜嫩,以白切的狗肉、牛肉、鸡肉最为明显。其烹饪技法全面,节日、待客、婚丧各有定规,并擅制“盐水碗”。宴席档次,以歌为证:“阿伯家清早摆宴台,鸡鸭酒肉压得台脚歪;头道菜未吃,二道菜又来。毛南饭儿作香。鸭血酱儿美,红煨狗肉滚三滚,引得三山五岳客人来。”

毛南族地区,石山重重,石匠很多,生产的石器远近闻名,石凳、石桌、石槽、石臼、石磨、石水缸、水碾,品种多,式样好,还销往附近地区。传统制陶,有缸、盆、碗,亦有名气。铁器生产居于家庭手工业第 2 位,已有 200 多年历史,产品有犁口、耙齿、锄头、刮子、斧头、柴刀、镰刀、菜刀、禾剪、锯片、提水锡壶等。

毛南族的著名菜点,主食小吃有毛南饭、米蜂饭、花糯饭、糯米饭、米粉、粽粑、草药粽粑、糍粑、百鸟饭、米糕、软糕、鸡血糕、烤红薯、煮红薯等。菜肴有腩醒、瓮煨、索发、腩清、涮牛肉、打边炉、鸭血酱、豆腐圆、粉蒸肉、烤香猪、牛干巴、卤牛肉、牛肉丸、酸辣牛肉、红煨狗肉、炸鱼块或鱼仔、白切鸡、白煮鸭、盘闹、盏配、鸭把、炒魔芋糕等。

2. 毛南族菜点代表品种

(1) 打边炉

打边炉(火锅)在中国到处都有,但像毛南族打得这么火热,打得时间那么长,极为少见。毛南山区的冬天来得特别早,入秋后,天气逐渐变冷,寒意袭人,每天用餐,都要打边炉。合家围坐漏桌旁,面对炉火熊熊,汤水翻滚,吃一块又鲜又嫩的肉片,惬意无比,周身发热,寒气顿消。毛南族的打边炉,可称有远古遗风,(唐)刘恂著《岭表录异》说:“交趾人或经营事务,弥缝权要,但设此会。”史载:“其肉味鲜甜胜过猪肉,遇有吉筵,该地方多喜用之。”

“北京尝烤鸭,环江吃菜牛。”这是人们对以鲜、嫩香著称的环江菜牛的赞誉。环江菜牛早已誉满广西,远销港澳和南洋,荣获“特级菜牛”之称。此牛产于毛南族聚居的环江县下南地区,俗称“毛南菜牛”。据传,毛南人饲养菜牛,已有 500 多年的历史。其肉与外地牛肉迥异。一般牛肉仅有瘦肉,呈暗红色,肉质粗,含水分亦多,煮后有生草腥气。毛南菜牛肉呈粉红色,一层瘦肉夹着一层肥肉,状若猪五花肉,肉质脆嫩,不膻不腻,炖食易消化,炒吃不放油,涮吃可同涮羊肉媲美。

毛南族人饲养菜牛功夫独到。民国时《思恩县志》载:“毛南方面养沙牛崽有一种特别情形。彼全不放外出,除取青草供其吃食外,又用饲猪之饲料饲之。每饲一只重至百斤或百余斤、肥胖似猪时即宰杀剥卖,以博厚利。”其牛有两种养法:一是把小牛犊做菜牛来养,一般饲养两年,长到 100 多千克即可出栏;另一种是用外地买回的退役牛来育肥,这种牛一般喂养6～8月，即可出栏。

他们把牛圈养在干栏房底层，分栏关养，避免牛争食打架。冬天要在牛栏边遮上草帘保暖。夏天除勤换褥草，还须烧艾叶或黄金树叶驱蚊。饲料来自当地石山里的青草，如芭芒草、竹叶草、沙树叶、野青麻、鸭脚粟、芭蕉芋、鲜玉米秆、红薯藤等。对于役牛或残牛，先用山姜、山萝卜等中草药切碎拌料饲喂，给牛治病，使之恢复元气后再圈养和育肥。圈养时，每天清晨在太阳未出山前，就须割回鲜嫩而带露水的芭芒叶、竹叶草，喷上些盐水让牛吃。或把牛牵到路边活动一下再喂食，切忌喂干草。牛渴了要喂地下水，水中矿物质很丰富，故肉质有别于别处养的牛。在牛生长旺盛时，还需采回沙树叶、野青麻叶和芭蕉芋切碎，拌入玉米面或高粱面中，再加上红薯、南瓜煮熟喂养。在出售前的1个月内，除上述饲料，还需用鲜谷子穗或鸭脚粟经水泡后递喂，或用黄豆、饭豆磨浆参食加喂，并加夜餐，增加营养，增膘出栏。

打边炉，是将排骨或中筒骨汤入锅，沸时下入姜丝、番茄、大蒜，然后烫熟肉片蘸盐水而吃，随上大白菜、卷心菜、菠菜、茼蒿菜、大白菜花和豆腐配吃。

制作过程：① 原料：毛南牛肉2500克，骨汤3000毫升，大白菜、卷心菜、菠菜、茼蒿菜、菜花、豆腐各1000克，盐、味精、葱花、芫荽、酱油、毛南酱、蒜米、米辣椒、碎花生粒、豆腐乳、藠头酸水、马蹄香、原汁汤各适量。② 制盐水碗。将盐等前12味调料入碗上桌，吃时浇入火锅汤汁拌匀即成。③ 牛肉洗净，切成大薄片入盘上桌。白菜、卷心菜、菠菜、茼蒿菜、菜花分别洗净，略切一下分别入盘上桌，豆腐切成块条入盘上桌。④ 火锅架在漏桌中央，烧燃火，注入骨汤和牛油，沸时入姜丝、蒜、番茄稍煮，沸时，下入肉片，至牛肉呈灰白色时，立即夹出，放入盐水碗中蘸过即食，忌肉片过时变柴；亦可将肉片贴在锅边上，当肉卷曲如木耳状时，取出蘸盐水而吃。主吃肉片，穿插吃鲜蔬和豆腐。

风味特点：牛肉脆嫩清香，不膻不腻，不损肠胃。佐吃蔬菜，既五彩缤纷，又荤素互补，营养素俱全，且单料成席，行令敬杯，情深谊切，壮观气派，美在一室。

(2) 明伦白切香猪

明伦白切香猪是广西环江毛南族自治县传统菜。是用当地产的香猪，先腌渍吃上味，再经蒸或煮涮吃“盐水碗”而成。特点是色泽明亮，皮薄脂丰，鲜嫩爽脆，肉香甜润，油而不腻。

环江县所属明伦等乡，产有一种香猪，是用子配母的近亲繁殖法培育而成的，个体已经很小型化了，外形像香蕉，故称香蕉猪。整个猪身色呈纯黑，背凹肚坠，皮层红润，体圆腿细，小巧玲珑，肉质脆嫩，肥瘦适中，并具有特殊的清香气味，可作多种菜式，是宴席中的珍品，亦是制作烤乳猪绝好的主料。江浙、福建、广东、海南等地的一些宾馆，常来环江大批采购香猪，往往供不应求。质好的香猪出口到日本，20世纪80年代每头价达300美元。

制作过程：① 原料：香猪1只，约重4千克，香葱段100克，姜末、苏梅酱各50克，白糖、乳腐、酱油、熟油各30克，焙芝麻25克，蒜泥15克，腌柠檬果40克，鲜柠檬叶5张，食盐、味精、料酒、芝麻油、胡椒粉各适量。② 制盐水碗。把柠檬叶切成细丝，柠檬果去核剁茸与叶丝入碗，加蒜泥、白糖、芝麻、苏梅酱、酱油、熟油、盐、味精、芝麻油、胡椒粉拌匀分装10个小碟。③ 乳猪宰杀后，用一种叫米草的禾草尾梢燎烧一遍，使皮带有一些焦香味，再一剖两半去内脏，取出骨洗净。将猪入盆，下葱段、姜米、乳腐、蒜泥、盐、味精、料酒、麻油、胡椒面拌匀，抹入猪腔内，腌制半小时。④ 锅上火，架上蒸笼，注入水，放上猪盆，旺火大气猛蒸至熟，取出晾凉。切成6厘米宽条，再横刀切成片，入盘排3行拼成鱼鳞状，随汁碟上桌蘸吃。

(3) 豆腐圆

豆腐圆，族语叫“打勒婆”。是毛南族逢年过节、婚宴必做的佳肴美味。是用豆腐为皮包开，下肉片稍煮，下青菜煮至断生，酌取面剂拉成2厘米宽的长条，下入锅中，盘成圆圈状，熟时下盐、糊辣椒。用锅铲按人均一段切断入碗，舀入肉菜及汤汁而吃。

风味特点：面条苦良，腊肉郁香，青菜鲜嫩，汤汁咸辣。

（梁玉虹）

（三十八）哈尼族饮食

1. 哈尼族饮食概述

哈尼族聚居区属南亚热带气候，以善种梯田著名，并在田中养鱼，是哀牢山的鱼米之乡。哈尼族食肉量较大，讲求丰盛而实惠，喜食酸辣鲜香食品和鱼鲜、昆虫食品，烹饪技法全面，擅长烤煮、炖、炒等技法，厨师辈出，技艺较高，治席已具规模，民间节日宴（街心宴）让人耳目一新。

哈尼族的著名食品，凉拌菜有柴花拼盘、碗王。猪肉有血旺、包烧猪肉、竹筒烤猪肉、笋饺肉丸、苤菜根炒肉丝、芋头煮猪脚。牛肉有灰焐牛干巴、腌牛头蹄。狗肉是芭蕉花炒狗肉。禽肉有竹筒鸡、泥烤紫米乌骨鸡、春野鸡、雀肉松酱。麂肉有酸笋炒麂子肉、麂子肉松。水鲜有鱼蘸水、面瓜鱼煮甜菜、清汤橄榄鱼、酸笋煮螺蛳、芋头杆煮田螺、螃蟹炖蛋清、石蹦炖蛋、泥鳅干、干黄鳝。昆虫有油炸蜂蛹、蜂蛹酱、生炸竹虫、油炸蚂蚱、煮蛇圆子。野菜有椒盐芭蕉花、苦笋炒豆豉、豆豉炒刺头菜、酒腌羊奶菜、春白参。小吃有僾尼肉粥、粑粑、米线、卷粉、汤圆、豌豆凉粉、烙春过水荞粑粑等。

2. 哈尼族菜点代表品种

（1）碗王

碗王是哈尼族的蘸水碗。其《摆桌歌》云：“四角的餐桌摆起来，四方的客人坐起来。先抬盐巴辣子碟，再把金竹筷子拿出来。三抬碗王蘸水碗……”一碗蘸水，被称之为碗王，可见其味之美，少它不成，也是哈尼人善于调味的集中体现。

碗王，有如西双版纳傣族“喃咪”一样。它是用香脑等多种鲜、干调味品合制而成。

香脑，又名香丁、香乌、香辣柳，学名叫香蓼草。生长于亚热带山中，多年生草本植物，形似杨柳，择其尖或叶作香料，香味独特，对肠胃炎症有明显疗效。

制作过程：① 原料：大蒜、生姜、芫荽、韭菜、薄荷、香乌各适量，菜汤、盐巴、糊辣子面、味精、麻油、牛羊苦肠汁、花椒面、熟鸡蛋泥、蒜泥、豆豉各适量。② 制蔬菜蘸水碗。蒜、姜去皮膜洗净，捣碎。芫荽、韭菜拣洗干净，切碎。薄荷、香乌洗净，捶细。将凉后的菜汤入碗，放入上述6料，加入盐、糊辣子面、味精、麻油拌匀即成。如是热天，可加点牛羊苦肠汁，适用于蘸吃叶茎菜、萝卜、薯类等，也是蘸吃肉类的基本味。③ 制肉类蘸水碗。如吃的是猪肉，则在蘸蔬菜碗的制作中，少用或不用花椒、香乌；如吃的是鸡肉，可加煮熟捣碎的鸡蛋和多加蒜泥、烤黄捣碎的豆豉；如吃的是牛、羊肉，则多加花椒、香乌。

风味特点：喷香、色艳、鲜嫩，调味味郁，风味别致。

（2）生炸竹虫

生炸竹虫是哈尼族喜吃昆虫食品中的佳味。是用竹蜂入锅油炸而成。竹虫，又名竹蜂、竹蛆。寄生于竹筒内，以食嫩竹为生，顺竹尖往下吃，到11月体肥停食，藏于竹筒内，宜捕，过时则变蛹。竹林中找准被竹虫吃过的竹子，从竹子的上部锯掉，剖开下部，成窝的、洁白的竹虫便呈现眼前，重量常在百克以上，亦有例外，只有一只肥大的竹虫。捕到后将其装入青竹筒中，塞紧筒口携回待用。

制作过程：① 原料：鲜竹虫150克，椒盐适量。② 将鲜活竹虫入锅，用小火焙死，取出入盘。③ 锅上旺火烧热，下入菜籽油，烧至四五成热时，下入竹虫，用手勺滑散略炸，然后锅离火口养炸呈金黄色时，捞出控油，入盘撒上椒盐上桌。

风味特点：酥脆芳香，山林风味，富含蛋白质。

(3) 泥烤紫米乌骨鸡

泥烤紫米乌骨鸡是哈尼族滋补佳肴。是用哀牢山紫米饭等装入鸡腹，用荷叶包严，涂满黏泥火烤而成。

紫米主产墨江县哀牢山区，相传在元明时期已普遍栽种。墨江县志《旧厅志》说："紫色圆颗，碎者蒸之粒复续，又名接骨米。"墨江紫米，属旱谷品种，皮紫坯白，糯性，俗称"他郎"。

制作过程：① 原料：乌骨鸡 1 只，约重 1500 克，紫米饭 300 克，火腿丁、肥肉丁、蛋黄糕丁各 50 克，玉兰片丁、水发花生米、水发莲子、冬菇丁各 40 克，盐巴、胡椒面、味精各适量。② 紫米饭入盆，下入火腿丁、肥肉丁、蛋黄糕丁、玉兰片丁、花生米、莲子、冬菇丁、盐、胡椒面、味精拌匀即成。③ 将鸡杀后，去毛去内脏，扒去舌膜，挤出鼻污，蜕去爪皮和趾甲，洗净。将紫米馅心填入腹内，先用猪网油包住，再用荷叶包严，用麻线捆紧。④ 选用无味黏土加盐、水合成泥浆，用泥浆涂住荷叶鸡，放在栗炭火上慢慢烘烤，边烤边翻动，至泥壳干裂，取出剥下泥壳和荷叶，入盘上桌。

风味特点：色泽金黄，气派壮观，鸡酥馅嫩，有荤有素，滋阴补肾。

(4) 苤菜根炒肉丝

苤菜根炒肉丝是哈尼族传统春节肉肴。是用猪肉丝与苤菜根合炒而成。苤菜，又名大韭菜、野韭菜。形似蒜苗，叶、茎、花、根均可吃，味似韭菜。茎比韭菜苔肥嫩鲜香，根比韭菜根粗壮，腌成咸菜清香脆嫩，酸甜适口，胜过韭菜根。用于烧汤，是产妇下奶佳品。白族、纳西等族常将根晒干，可油炸或作火锅配料，哈尼人视它为"春节菜"。

制作过程：① 原料：猪后腿肉 600 克，苤菜根 200 克，生姜、食盐、味精、水淀粉各适量。② 后腿猪肉洗净，先切成 6.6 厘米长、1 厘米厚的片，再切成丝，入碗下入水淀粉抓匀上浆。苤菜根洗净，切成段，去根头；姜去皮洗净，切成丝。③ 锅上旺火烧热，注入植物油，烧至六成热，下姜丝炒香，投入肉丝滑散，炒至半熟，下苤菜根、盐、味精，拌炒至熟，簸锅装盘上桌。

风味特点：色泽素雅，脆嫩咸鲜，韭香突出，是产妇下奶佳品。

(5) 面瓜鱼煮甜菜

面瓜鱼煮甜菜是哈尼族传统风味鱼肴，是用面瓜鱼与甜菜分别煮熟，混合而成。面瓜鱼，又名老黄鱼、钱黄鱼，学名巨鲇。只有澜沧江、元江、怒江才有，大者重 50 千克多，常见的 10 千克以上。头扁圆、眼睛很小且长在顶上，双鼻孔，头部似鲨鱼，嘴唇也像鲨鱼一样，有小而白的锋利牙齿，头大嘴大，口部两边各有两对生鳍，尾小无鳞，背部棕黑，腹部灰中带黄，肉质黄色肥厚，味极鲜美。它在寻找食物时，多伏在水流湍急的河底，捕捉过往小鱼。它愚笨、懒惰，故易捕。甜菜，是一种生于亚热带江河山岩上的野生灌木，喜欢潮湿，叶比茶叶大，色青，立春后先从根部逐节开花，花到枝头结果，枝芽叶甜清香，可补脑。据《新平县志》云："甜菜，一名珍珠菜，碧色，野生木本类，开花后始发生嫩芽，摘而作羹，食之，味甘美异常。"

制作过程：① 原料：面瓜鱼肉 1000 克，甜菜、猪油、食盐、胡椒面、味精、葱白、姜丝各适量。② 面瓜鱼肉洗净，切成小方块。甜菜拣洗干净。③ 锅上旺火，注入冷水，下入鱼，沸时，打去浮沫，下入猪油、盐、胡椒面、味精、葱白、姜丝，熟时捞鱼入碗。就原汤下入甜菜煮沸，连菜带汤倒入鱼碗内上桌。

风味特点：鱼黄菜绿，汤清味鲜，滋嫩鲜甜，味美可口，可补脑。

(6) 坛腌牛头蹄肉

坛腌牛头蹄肉是哈尼族的传统腌制风味，是用牛头牛脚烧刮后，经入坛腌渍发酵而成。腌制牛头牛蹄，在滇南的少数民族中是常见的，如西双版纳的傣族亦有此菜。

制作过程：① 原料：牛头 1 个，牛脚 4 只，大米稀饭 500 克，食盐、花椒、姜片、辣子面、白酒各适量。② 将牛头、牛脚先冲洗干净，放在柴火上烧至焦煳，取下放入温水中用碗，由主妇均分，多为一次分完，吃不完的可以分给他人。吃饭时，非家庭成员到来，亦可分到一份。吃新米饭时，要给全寨各家送去一团米饭。这种习俗是原始社会平均分配的遗俗。还有，由于金属器皿传入较晚尚有忌讳。如产妇坐月子期间，用篾盒盛饭，葫芦瓢装汤，用手抓吃。不用碗筷，特忌用瓷碗和金属碗，认为用后牙齿会疼痛。

佤族的烹调方法，在烧烤、煮炖的基础上向炒、炸方向发展，口味嗜酸辣、腌腊、味厚之品，佤族腹心地带的西盟聚会、宴客常是饭菜一锅煮的小鸡烂饭，外加水酒。

佤族的著名菜点，菜肴有火烧蛇肉、油炸鼠肉干巴、狗香肠、佤山狗酿肠、油煎柴虫、青豌豆炒蚂蚁蛋、猪脚炖鹿筋、橄榄肚、腌牛头蹄、佤山炽烀、野黄瓜煮江鱼、凉拌龙潭菜、蘸水野黄瓜、蘸水古茶尖。饭品有五加皮鸡焖饭、茶花稀饭、酸笋鸡粥等。

2. 佤族菜点代表品种

(1) 油炸鼠肉干巴

油炸鼠肉干巴是佤族传统食鼠中的佐酒佳品，是用田鼠或家鼠烘干再炸制而成。

制作过程：① 原料：田鼠若干只，干辣椒、食盐、椒盐各适量。② 将活鼠往地上摔昏或敲死，用火钳挟住，放在火上把毛燎光，取下开膛去肚杂，放入温水中洗刮干净，再用清水漂尽血污。捞出甩干水分，抹上少许盐除去体内部分水分，置于火塘上面炕笆上，利用火塘常年不灭的余温和火烟将其烘干，即成鼠肉干巴。③ 食时，酌量取下洗净，用温水泡发回软，切成片条。铁锅上火烧热，注入植物油，烧至四成热时，下肉干划散，炸至变色溢香时，捞出控油。锅留少许油，热时下干辣子炒香，倒入肉干稍炒入盘，撒上椒盐上桌。

风味特点：酥脆干香，咸辣有味，辣中带麻，古风犹存，回味悠长。

(2) 腌牛头蹄

腌牛头蹄是佤族民间传统的腌腊肉制品，是用牛的头皮、蹄、尾和筋加调料腌渍而成。

制作过程：① 原料：牛头皮、牛蹄、牛尾、牛筋、食盐、花椒面、辣子面、草果面、白酒、炒米粉各适量。② 将牛的头皮、蹄、尾放在大火上烧至焦煳，放入水中泡透刮尽焦层，再用水浸泡。陶坛先清洗干净，再用开水涮烫内壁，接着用白酒涮过杀菌消毒。③ 冷水锅上旺火，下入头皮、蹄、尾和牛筋，煮至蹄、尾离骨。取出晾凉，皮、筋切成长条，蹄、尾去骨，肉切成条，与皮筋入盆，入盐、辣子面、花椒面、草果面、炒米粉、白酒拌匀，移入陶坛中压实，倒入盆中遗下的调料，密封坛口，置于阴凉通风处，腌渍半个月即成。④ 食时，酌量取出，稍切即食，亦可蒸、煮，或配加萝卜等蔬菜同煮而吃。

风味特点：色泽红艳，酸香突出，麻辣爽糯，味厚开胃。

(3) 佤山炽烀

佤山炽烀是佤族剽牛祭鬼时的大锅肉肴，是用牛的筒子骨等同煮而成。

砍牛尾巴，是在撒谷前后祈求木依吉鬼，保佑生产而举行的祭祀活动。哪家有牛，谁家愿做“砍牛尾巴”鬼，就可以做。每年做这个鬼的家数不统一，砍多少牛也无规定，所杀之牛，除互请寨内乡邻共吃，余下的肉、头、蹄、尾巴、内脏多以腌腊保存，供日后逐渐食用。肉腌炕成干巴，头蹄等可腌则腌，不能腌的下水就当场煮烀后共吃。由此可见，佤族善于腌腊与宗教信仰有关。

制作过程：① 原料：牛筒子骨、毛肚、千层肚、蜂窝肚、肠子、肚腩全部，芹菜、青蒜苗、薄荷各 5 千克以上，香柳、大小芫荽、花生、小米辣、花椒、胡椒面、食盐、味精各适量。② 将毛肚、千层肚、蜂窝肚、肠子、肚腩分别刮洗干净，再用清水浸漂去异味。大铁锅上旺火，注入水和上述 5 料，水沸余后，取出切成小块，再用水浸泡，再除异味。牛筒子骨洗净，放入沙锅，注入水，煮至离骨，取出除骨。③ 大铁锅上旺火，注入水和前述 5 料及筒子骨肉，沸时打去浮沫，改用中火让其涨浮。将筒子骨敲碎取出骨髓入汤锅中，入盐、香柳、米辣末、花椒面、胡椒面、味精、花生。④ 芹菜、青蒜苗、薄荷，去根须洗净，芹菜、蒜苗切成寸段，至汤锅肉熟时下入同煮。吃前，下入大小芫荽、薄荷。用盆分装上桌。

风味特点：肉烂蔬嫩，香气浓郁，麻辣够味，气氛热烈。

(4) 佤山狗酿肠

佤山狗酿肠是佤族好吃狗肉中的又一新吃法，是用狗肠酿入狗之血和内脏煮熟即成。

制作过程：① 原料：狗之肠、血、肚、心、肝、肾、胰、芭蕉花、生姜、食盐、味精、大树花椒、辣椒面各适量。② 姜洗净去皮、切碎，芭蕉花去芯，洗净稍切，用沸水焯过再用清水漂透，除去苦涩味，挤干水分。③ 狗肠用豆面或食盐反复搓揉，漂洗干净，除去异味。肚、心、肝、肾、胰洗净，切成薄片，与芭蕉花同入狗血中，下入盐、味精、辣椒、姜米、树花椒，拌匀吃上味，填入狗肠中，塞实扎好两头。在肠上戳些针眼。④ 水锅上旺火，入酿肠煮沸至熟透，取出晾凉，切片装盘，随椒盐碟、辣椒面碟上桌。

风味特点：香辣爽口，风味浓郁。

(5) 野黄瓜煮江鱼

野黄瓜煮江鱼是沧源县佤族的传统鱼肴，是用江鱼与野生黄瓜配伍煮制而成。

制作过程：① 原料：江鱼 1000 克，腌野生黄瓜 200 克，番茄 100 克，茉菜 80 克，肉汤 1000 毫升，食盐、胡椒面、味精各适量。② 腌野黄瓜切成条，番茄洗净切成块，茉菜洗净切成小节。江鱼去鳃，剖开去内脏，洗净砍成块。③ 锅上旺火，注入肉汤，下鱼烧开，打去浮沫，入番茄、黄瓜略煮，待鱼熟时撒入茉菜，调入盐、胡椒、味精，出锅装入汤碗上桌。

风味特点：汤鲜肉嫩，酸咸香醇，味美可口。

(6) 酸笋鸡粥

酸笋鸡粥是西盟县佤族宴客的名食，是用红米与仔鸡，酸笋等蔬菜同熬为粥而成。酸笋鸡粥上桌时，鸡头必须面对客人，由主人将鸡头敬给客人，表示对客人的尊敬。客人应站起来用碗接住，并表示感谢。

制作过程：① 原料：仔鸡 1 只，约重 800 克，红米 2000 克，茴香菜、面瓜尖、酸笋、茉菜各 200 克，大芫荽、青辣子、大蒜、生姜、花椒面、草果面、食盐、味精各适量。② 茴香菜、面瓜尖、茉菜洗净，切成段。酸菜略切一下。青辣子去把，洗净，切细。大芫荽洗净切细。大蒜、生姜去皮膜，洗净，剁成末。红米淘洗干净，用清水浸泡。③ 将鸡宰杀，烫煺去毛，置于栗炭上烧至皮黄，剖腹取出内脏，脱去舌膜、鼻污，扒去爪皮和趾甲。④ 锅上旺火，入水和鸡，沸后打去浮沫，改用中火，煮至离骨，捞出。就汤下入红米、酸笋。与此同时，将鸡头砍下，撕下鸡肉切成小丁，鸡骨复入米锅中同煮。至米化成粥时，下入茴香菜、面瓜尖、茉菜、鸡肉和鸡头，熟时下入大芫荽等调料即成。上桌前拣去鸡骨，取出鸡头将鸡头直立稠粥中央，上桌后，将鸡头面向客人。

风味特点：麻辣香鲜，主食副食一锅煮，荤有鸡素有蔬，滋嫩可口。

（梁玉虹）

(四十一) 拉祜族饮食

1. 拉祜族饮食概述

拉祜族会制腌肉、腌菜、豆腐、豆豉和豆酱，辣子是佐餐主菜，喜吃鲜、香、麻、辣食品，尤好烤肉和米、蔬、肉合煮的稀饭，以烤、煮、炖、腌技法擅长。

具有民族古朴风味的菜肴，一是烤肉，二是竹筒菜，三是松鼠干巴。野兽一般都用火烤熟而吃，或用芭蕉叶包住，埋入火中焐熟。烤肉喷香扑鼻，麻辣开胃，油而不腻，香嫩可口，他们有“逢年吃烤肉，过着也舒心”的美誉。竹筒菜，一般是用鲜薄竹，将菜、肉装入竹筒中煮熟，食之有竹之清香回甜之味。松鼠干巴，是苦聪人的美味，有“虎豹豺狼不难捉，小小松鼠却难捕”之说。松鼠是他们十分珍贵的动物，其肉干则视为珍贵的礼物。

拉祜族的著名菜点，烤炙有老虎糁、火烧白参、香茅草烤牛肉、琵琶叶包烧鱼。煮蒸有酸笋煮鱼、螺蛳煮洋瓜、薄片红肉、芒果叶包肉、清汤笋饺、清蒸牛鞭、魔芋烤肚、白果炖肚、玉米泡糕、鸡煮稀饭、腌腊有松鼠干巴、骨头糁、豆腐灌肠。凉拌有干糁、血鲊、蘸水野红薯。炒炸贴有酸木瓜炒鸽肉、套炸刺五加、糯米粑粑、众星捧月粑等。

2. 拉祜族菜点代表品种

(1) 干糁

干糁是拉祜族过年过节时必吃的菜品之一，而且视为主菜，是用猪皮、猪肉、猪肝烧熟后与橄榄树末、猪血拌匀而成。好吃动物血浆，是他们的饮食习俗。拉祜人集体围猎，猎肉除平均分配，兽之肚杂就地烧火用竹筒煮熟分吃。在开膛剖肚时，中年人特别喜欢用手捧喝热气腾腾的"护心血"。据说，"护心血"有补血和消除劳损的功效。

制作过程：① 原料：猪脊肉、猪肝、猪皮、猪血各 300 克，橄榄树末、苤菜根、糊辣子面、食盐、芫荽末、花椒面、蒜泥、姜末、芝麻油、味精各适量。② 用碎瓷片将橄榄树的外皮刮去不用，再将内层乳白色层刮入盆中，状似锯末，浇入热米汤拌匀，略凉后滗去汤水，除去涩味。杀猪时用盆接入猪血，加盐用竹筷不停地搅动。猪肝、猪脊肉用炭火烧熟，切成粗粒。猪皮洗净，用炭火烤脆，切成粗粒。③ 苤菜根洗净，切碎入盆，下肝、肉、皮、橄榄树末拌匀，倒入猪血、辣子面、花椒面、芫荽末、蒜泥、姜末、食盐、芝麻油、味精拌匀入味即成。猪血要分次倒入，拌至焦红色即可。

风味特点：鲜甜香脆，麻辣滋嫩，清凉可口。

(2) 薄片红肉

薄片红肉是拉祜族的血浆菜之一，是用猪嘴先腌后蒸，再与调料拌匀又和猪血拌成。猪血的制作工序，随着人民饮食生活水平的提高，吸取了他族的先进作法，一是加入酸汤，二是过滤去渣，致使血浆质纯味佳。

制作过程：① 原料：猪嘴或猪耳 600 克，猪血 300 克，苤菜根 100 克，香柳叶、大芫荽、食盐、茴香面、花椒面、糊辣子面、草果面、八角面、味精、酸汤、米酒各适量。② 将鲜猪血入盆，加花椒面、盐、酸汤，用竹筷不停地搅动，不让其凝固，然后用湿纱布过滤，去血渣，留用血清。③ 将猪嘴洗净入器，入盐、米酒、茴香粉、草果粉、八角粉，抹透腌渍一天后取出，入盘上笼蒸熟，取出切成薄片入碗。④ 把苤菜根、大芫荽、香柳叶洗净，切细放入肉碗中，下茴香粉、盐、味精拌匀再吃上味。将碗中各物倒入血清盆中搅匀穿上衣，入盘上桌。

风味特点：色泽红艳，爽脆辣麻，风味独特。

(3) 琵琶叶包烧鱼

琵琶叶包烧鱼是拉祜族近年来"农家乐"出现的新品，是沿用拉祜族善于灰焐制肴之长，由烧小鱼改用大鱼。鱼大难熟，便需剞花刀以便传热熟制，刀法由大砍大切进入了"精雕细刻"，这是一。二是不用芭蕉叶，改用琵琶叶，琵琶叶厚实耐烧。两法改进，创出新品，以清香辣爽，鲜嫩味厚而受到游者欢迎。

制作过程：① 原料：澜沧江鱼 1 尾，约重 1000 克，大香菜、荆芥、小米辣、葱、大蒜、食盐、味精各适量。② 大香菜(野生)、荆芥、米辣洗净，剁碎。葱去须，蒜去皮膜，洗净剁碎，5 料入碗，下入盐、味精拌匀为调味品。③ 江鱼去鳞、鳃、内脏，洗净揠干水分，在鱼身两侧剞波浪花刀，用调味品擦透鱼身，剩余调料塞入鱼腹，腌渍 2 小时。琵琶叶洗净，放上鱼，用叶包严，埋入炭火中徐徐焐烧至熟，取出去外叶入盘上桌。

(4) 油炸松鼠干巴

油炸松鼠干巴是拉祜族中的苦聪人的美味腌腊山珍，是用松鼠炕干经油炸而成。松鼠，是鼠类中的精品，它身躯灵敏，一见到人，如飞一样逃走，故有人叫它"飞鼠"。它体小，常在松树上活动，故捕捉十分费力。因此，它又成了苦聪人求婚的礼品。地处深山老林中的苦聪人，谁射得的松鼠越多，越受到人们的尊敬，威信越高。小伙子向姑娘求婚时，首先要献上自己亲手射杀的松鼠干巴。有的小伙子到了婚龄，仍找不到对象，就因为未射得松鼠，或射得很少，凑不起足够的松鼠干巴。

喝酒订婚，是苦聪人的婚俗。第1次媒人去女家说亲，必带3只松鼠干巴。第2次送去4～6只松鼠干巴，女方就用这些礼品请客。吃松鼠干巴，喝董棕酒，正式订婚。若女方反悔，就不吃松鼠，也不喝酒。第3次是结婚，男方要送12只松鼠干巴。如此算来，小伙子要想成婚，至少要亲手射杀松鼠19～21只。由此可见，松鼠在苦聪人人生的礼俗中占有着重要地位。

制作过程：①原料：松鼠20只，干辣子、食盐适量。②将射得的松鼠敲死，用火钳挟住放在火上将毛烧光，取下开膛去肚杂，放入温水中刮洗干净。再用清水漂尽血污。捞出甩干水分，抹上少许盐除去内体部分水分，置于火塘上方的炕笆上，让上升的余热和火烟将其焙干，即成松鼠干巴。③食时，酌量取下洗净，用温水略加泡发回软，切成片条。铁锅上火烧热，注入植物油，烧至四成熟时，下肉片划散，炸至色变溢出香气时，捞出控油。锅内留少许油，热时下干辣椒段炒香，倒入肉干稍炒，撒点盐入盘上桌，随带椒盐碟，口重者可蘸椒盐进食。

风味特点：酥脆干香，咸辣够味，美不可言。

（5）火烧白糁

火烧白糁是拉祜族的时鲜食用菌，是用鲜白糁调味后用冬叶包严，埋入火塘中焙制而成。冬叶，乔木，生长于低洼潮湿地带，叶片较为坚韧，长30～40厘米，宽12厘米，可作粽叶用。

白糁属食用菌，夏末秋初生长在热带的枯树上，菌片一两厘米，分为黑、白两种，拉祜族按口感分为饭、糯两种，饭者口感较硬，糯的香嫩鲜甜。市上常见的是干品，民间常用于与蛋液蒸熟而吃，据说可对头昏有效。

制作过程：①原料：鲜白糁500克，苤菜根100克，食盐、大蒜、大芫荽各适量。②苤菜根洗净，切成末，大蒜去皮膜，洗净切成末。冬叶入沸水中烫一下回软。③白糁洗净入碗，下入苤菜根末，食盐、蒜末、香菜末拌匀入味。平铺冬叶3片，放上白糁诸料，包成长扁形，放入火塘子母火中埋住，焐烧至第1层叶焦，第2层黄即熟，取出除去一二层，带叶入盘上桌。

风味特点：绿中缀白，鲜甜香嫩，清淡可口。

（6）众星托月粑

众星托月粑是用糯米粉坯包入花生馅，入锅贴制而成，是拉祜族过大年，拉祜语叫"扩搭"时的喜点。除夕晚上，家家户户都要舂粑粑，各家都要做一对大粑粑，象征太阳和月亮，另做许多小粑粑，象征星星。他们做粑粑，一家比一家大，有的人家把粑粑做得有簸箕那么大。

制作过程：①原料：糯米可多可少。这里按1000克计，花生米、核桃仁、红糖各100克，熟猪油、植物油各适量。②花生米入锅焙香，取出凉后搓去皮，将米舂成泥；核桃仁用开水烫后，去衣切成鳞片；红糖压成末入器，入花生泥、核桃片、熟猪油，拌匀成甜馅。③糯米淘洗干净，去砂粒谷子，放入锅中加水煮至半熟，移入饭甑中蒸成饭。将热饭放入碓中舂成泥，取出揉成团，分成两半，一半包入甜馅的1/2，另一半分成10份，分别包入甜馅。搓圆按扁成圆坯。④锅上中火，抹上植物油先贴熟大粑，再贴熟10个小粑。大粑放在盘中央，小粑放在四周即成。

风味特点：大粑象征月亮，小粑示意星星。色泽橙黄，软糯香甜，甜在心里，以庆丰收。（梁玉虹）

（四十二）纳西族饮食

1. 纳西族饮食概述

纳西族喜食酸辣、腌腊食品，在与汉、白、藏等民族交往中，善于学习吸其所长，形成了

风味特点：外皮酥脆，内心松软，闻之芳香，色泽金黄，食之可口。

注：同法可制伊特白里西，主料相同，配调料改用肉丁、葱、盐、胡椒面，属吃咸。

（2）阔西格吉达

阔西格吉达是族语，意为肉馕，是塔塔尔族的美味带馅烤点。是用酵面坯包入羊肉丁、洋葱等，贴在馕炉壁上烤熟而成。馕，俗称烤馕，源于波斯语，是中亚、西亚各国、各族人民共同喜爱的面点。馕传入新疆后，维吾尔族称为“艾买克”，直到伊斯兰教传入新疆后，才改称馕。在中国史料中称为“胡饼”或“炉饼”。馕传入新疆后迅速风行传播开来，遂成为新疆各族人民的日常主食。塔塔尔族自19世纪迁入新疆后，亦被这美味价廉的食品所吸引，制出各式各样的馕。

制作过程：① 原料：面粉5千克，玉米粉3千克，羊肉2000克，洋葱1000克，葱花、“斯亚旦”黑草籽、食盐、芝麻、胡椒面、孜然粉各适量。② 面粉、玉米粉入盆，入酵面、盐、水，和成面团，盖上湿布饧发，兑入碱除去酸味。洋葱去根部及顶部和外层老皮，洗净，切成丁入器。羊肉洗净，先切成条，再切成丁，入器，下入洋葱丁、盐、胡椒面、孜然粉拌匀成馅心。③ 面团下剂，擀成圆坯，包入羊肉洋葱馅心，收紧包口，按扁成圆形，粘上葱花、黑草籽及芝麻。④ 馕炕烧燃火，取馕坯蘸上盐水贴入炕壁上，焖烤约20分钟即成。

风味特点：色泽淡黄，大小划一，干香酥脆，馅心滋嫩，味道辛香。

（3）比罗什给

比罗什给，即烤制馅饼。它是塔塔尔族人青睐的面食品，原来流行于俄罗斯与东欧一些民族中，后来逐渐被塔塔尔人所接受仿制，19世纪，迁入新疆的塔塔尔人将此品传入新疆。是用酵面坯包入米饭与牛肉、洋葱头配制之馅，入炉烤制而成。

制作过程：① 原料：面粉3000克，大米500克，牛肉1000克，洋葱600克，食盐、花椒面、酱油、胡椒面各适量。② 面粉入盆，入酵面和清水，和成面团，盖上湿布饧发，兑碱除去酸味。牛肉洗净，先切条再切成丁入器。洋葱切去顶部和底部，撕去外层老皮，切成丁，入牛肉丁中，入锅炒熟，调入盐、花椒面、酱油、胡椒面，取出入器。③ 大米淘洗干净，去杂质，煮熟成饭，倒入肉丁、洋葱丁中，拌匀成馅心。④ 烤盘内抹上油，面团下剂，擀开成皮，包上馅心，收捏沿口，入炉烤熟。

风味特点：色泽金黄，形状各异，外层酥脆，馅心滋嫩，异香扑鼻，咸辛爽口，为东欧风味。

（4）素抓饭

素抓饭，亦称甜抓饭，是塔塔尔人喜吃的主副食合一的饭品之一，是在饭内加入葡萄干、杏干、桃子干而制成。

制作过程：① 原料：大米1500克，葡萄干、杏干、桃子干各100克，鸡蛋2只，粉丝50克，番茄40克，辣椒、食盐、白糖各适量。② 大米淘洗干净，去杂质，入锅煮熟成饭。鸡蛋液磕入碗内，加盐打散，入油锅煎成饼状，入盐再切成粒。粉丝煮熟入盐，切成末。番茄洗净，去皮切成碎丁。辣椒去柄，洗净切成末调入盐。③ 炒锅上火，注入油，下入米饭、葡萄干、杏干、桃子干、白糖，拌炒均匀，铲出入盆，盖上蛋粒、番茄丁、辣椒末上桌抓食。

风味特点：五彩缤纷，非常引目，甜中带咸，香味四溢，荤素结合，爽口别致。

（5）纳仁

纳仁是族语，意为手抓面，亦称手抓羊肉面，是塔塔尔族自进入新疆后受维吾尔等族的影响，在吃抓饭的基础上，结合本族喜吃面食的饮食特点，演变而成。其为烙制面饼与煮熟的羊肉，抓而合一，配饮原汤而吃。抓肉、抓饭、抓面，主在一个“抓”字，即将烹制好的熟食用手抓吃，这应属突厥民族群体游牧时期的遗风，不足为奇。然而随着时代的进步，受东西方文明熏陶的塔塔尔人，在保持传统文化的基础上，已将上述食品改进为用刀、叉、勺等进食工具食之。

制作过程：① 原料：面粉2000克，鲜羊肉 3000 克，洋葱 500 克，辣椒、生姜、食盐、胡椒面各适量。② 面粉入盆，注入水，和成软嫩的面团，下剂，擀成圆形生饼。锅上火，抹上一层油，入生饼，烙至起泡取出入盘。③ 洋葱切去顶部和底部及外层老皮，洗净用 1/3 切成末，2/3 切成片。辣椒去柄，洗净切成末。生姜去皮洗净，切成片。④ 羊肉洗净，切成大块，入冷水锅中，入姜片，旺火烧开，打去浮沫，改用小火炖至半熟时入盐、胡椒面、洋葱末、辣椒末，熟透取出入盘，放上洋葱片，浇上原汤，盖上烙饼随碗装原汤，刀、叉、勺上桌配吃。

风味特点：羊肉鲜嫩，烙饼软糯，原汤鲜美，爽口惬意。

（梁玉虹）

第六编　中国饮食民俗篇

民俗即民间风俗，是广大民众在长期历史发展过程中相沿积久而成的行为传承和风尚。《诗经·关雎序》言："美教化，移风俗。"唐代孔颖达疏引《汉书·地理志》云："凡民禀五常之性，而有刚柔缓急音声不同，系水土之风气，故谓之风；好恶取舍动静无常，随君上之情欲，故谓之俗。是解风俗之事也。风与俗对则小别，散则义通。"他认为，如果风与俗对立使用，那么，风是指由自然条件不同形成的习尚，俗是指由社会环境不同形成的习尚，如果二者分开使用则意义相通。可以说，民俗是在一定自然条件和社会条件下形成的，并且随二者的变化而变化，具有极强的地域性、社会性、民族性和传承性。而礼仪大多是指为表示某种情感而举行的仪式。它常常与民俗交织在一起，共同展示一个国家、民族、地区的思想与精神风貌，在一定意义上是审视各地区、各民族、各个国家社会心态的重要窗口。

民俗的内容与分类多种多样，饮食民俗是其重要组成部分。饮食民俗，即民间饮食风俗，是广大民众从古至今在饮食品的生产与消费过程中形成的行为传承和风尚，又简称为食俗，可以分为日常食俗、节日食俗、生婚寿丧食俗、社交食俗、民族食俗、宗教食俗，等等。

一、汉族饮食民俗

（一）日常食俗

汉族的日常食俗是指汉族民众在平时的饮食生活中形成的行为传承和风尚，重点包括汉族的主要饮食品种、饮食制度以及进餐工具与方式等。

1. 汉族的主要饮食品种与制度

汉族的主要饮品是茶和酒。对许多人来说，茶几乎是一日不可无之物。俗语说"开门七件事，柴米油盐酱醋茶"，可见茶与人们日常生活息息相关。人们用茶来消暑止渴、提神醒脑，视茶为纯洁、高雅且能净化心灵、清除烦恼、启迪神思的人间仙品。正因为如此，作为茶叶故乡的中国，大多数汉族聚居地区广种茶树，制作出了无数品类丰富、质地优良的著名茶叶。以类型言，基本类有绿茶、红茶、青茶（乌龙茶）、黄茶、黑茶、白茶，再加工类有花茶、紧压茶、萃取茶、果味茶、药用保健茶、含茶饮料等，其著名品种更是繁多。据《中国茶经》载，属于绿茶的名品有西湖龙井、黄山毛峰、洞庭碧螺春、蒙顶甘露等 138 种，属于红茶的名品有祁门红、滇红、宁红等 10 种，属于乌龙茶的名品有武夷岩茶、铁观音、黄金桂等 10 种，属于黄茶的名品有君山银针、蒙顶黄芽等 10 种，属于紧压茶的名品有沱茶、竹筒香茶、普洱方茶等 16 种，属于花茶的名品有茉莉花茶、桂花茶、玫瑰花茶等 7 种，此外还有众多品种，数不胜数。中国茶、咖啡和可可并称为世界三大非酒精饮品。

而酒作为饮品，虽然不是一日不可无，却

也是许多人爱不释手的。人们用酒来成就礼仪、消忧解愁，视酒为神奇、刺激且能催人幻想、美化生活、激发灵感的魔术般的佳品。李白在诗里称：“但得酒中趣，勿为醒者言。”因此，汉族地区历代酿酒、饮酒成风，人们大多用粮食酿造出香型众多、名称美妙的优质白酒。以香型分类，白酒有基本香型的浓香型、清香型、酱香型、米香型等4种，还有特色香型的药香型、豉香型、芝麻香型等类型，后者又被称作其他香型。以名称和品种而言，人们常用“春”来命名白酒，如剑南春、御河春、燕岭春、古贝春、嫩江春、龙泉春、龙江春、陇南春等。以春名酒，最初是因为人们习惯于冬天酿低度酒，春天来临即可开坛畅饮，后来则认为酒能给人带来春天般的暖意，享受春天来临般的快乐，言简意赅，妙在其中。此外，还有大量以“曲”、“液”、“酩”、“醇”、“津”、“霞”等命名的白酒，人们把对酒的热爱、赞美之情寓于其中，也创造了丰富的品种。而中国黄酒更是具有民族特色的风味酒品，与啤酒、葡萄酒并称为世界三大风味酒品。

汉族的食品基本上以植物为主、动物为辅。这是因为长期以来，中国是农业大国，在广大的汉族聚居地区，种植技术较为发达，生产出了众多的植物原料。各种粮食、蔬菜等品种多、质量好、产量大、价格低廉，而动物的养殖相对较少，价格较贵。人们用植物原料和动物原料巧妙组合、精心烹饪，制作出大量的美味可口的饭粥、面点、菜肴等。其中有许多品种早已名扬四海，如饺子、元宵、春卷、羊肉泡馍、全聚德烤鸭、回锅肉、鱼香肉丝、麻婆豆腐等。

汉族的大多数地区都采取一日三餐制。早餐品种简单，或豆浆油条，或稀饭馒头与包子，或一碗面条，谷物类食品占有绝对优势。然而，早餐虽然简单却不单调，人们把谷物与蔬菜、果品和各种动物原料组合，制作出了内容丰富的系列品种。如清代黄云鹄《粥谱》中记载有237种粥品，其中谷类粥品54种，蔬菜类粥品50种，瓜果类粥品53种，花卉类粥品44种，草药类粥品23种，动物类粥品13种，非常丰富。汉族各地的面条更是数以百计，令人目不暇接，仅四川就有纤细如丝的金丝面、银丝面，猫耳形的三鲜支耳面，菱形的旗花面，韭菜叶形的铜井巷素面，还有风味别致的担担面、甜水面、牌坊面、豆花面、炉桥面、炸酱面以及砂锅面、鳝鱼面、鸡丝凉面、叙府燃面等数十种。除了早餐，其余两餐常常分为便餐和正餐。由于工作、学习或其他原因，大多数人把午餐作为便餐，食品多是简单的菜肴、米饭或面点，以方便、快捷为原则；而把晚餐作为正餐，人们常用较多的时间精心制作美味佳肴，品种比较丰富，由米饭、菜点构成，随意性很强，没有固定的格局。

2. 汉族的进餐方式与器具

汉族的进餐方式从早期的分餐逐渐演变，最终固定为合餐。所谓分餐，是指将菜点分别放在每个人的面前，每个人只吃属于自己的菜点而互不混淆。所谓合餐，则指将菜点放在所有进餐者的面前，人们共同食用这些菜点而不分彼此。费孝通先生在《乡土本色》中分析指出：“游牧的人可以逐水草而居，飘忽不定；做工业的人可以择地而居，迁移无碍；而种地的人却搬不动地，长在土里的庄稼行动不得，侍候庄稼的老农也因之像是半个身子插入了土里，土气是因为不流动而产生的。”以农业为主的社会必须处于相对稳定的状态才能发展。聚族而居是其主要的生活方式，在同一宗族内的人们常常互相帮助，形成宗族集体从而产生比较浓厚的宗族观念。而在伦理观念方面占支配地位的儒家，强调“和为贵”，并将这种观念渗透到人们的饮食生活中。

汉族使用的餐具乃至炊具常常是一具多用、品种比较单一。所谓一具多用，是指一种工具拥有多种用途。其中，最常用、最具代表性的是筷子。它有着众多的功能，几乎能够取食餐桌上所有的菜肴和饭粥、面点。尤其是吃面条，使用筷子更是得心应手、事半功倍。不仅如此，如今的筷子还成为烹饪中不可缺少的工具。如做凉拌菜，常常用筷子拌味；蒸鸡蛋羹时以筷子搅打;烧烤鲜鱼时以筷子串连;油炸食物时以筷子拨捞,等等,不一而足。此外,汉族人饮白酒通常喜欢用小酒杯,不论饮什么品种的白酒,酒杯大多不变,一只杯子可以喝所有的白酒。其实,在汉族人的饮食生活中,不仅是筷子、酒杯有多种功能,锅和菜刀作为炊具也有众多功能。一口锅,既可做饭也可做菜;既可炒、爆、炸、熘,也可蒸、煮、焖、煨,万千菜点皆出于一锅之中。一把菜刀,既可用来切、片、排、剞,也可用来剁、砍、捶、砸;所切割的形状繁多,不仅有丝、丁、片、条、粒、茸等多种类型的形态,而且同一类型的形态有不同品种,如片,就有牛舌片、刨花片、骨牌片、瓦楞片、指甲片、柳叶片、月牙片、灯影片等十余种。

(二)年节岁时食俗

年节食俗是指广大民众在年节即一年中特定的日子里创造、享用和传承的饮食习俗。汉族年节食俗有自己的特点,即是源于岁时节令,以吃喝为主,祈求幸福。这是因为长期以来,汉族地区以农业为主,在生产力和科学技术不发达的情况下,靠天吃饭成为必然,农作物的耕种与收获有着强烈的季节特征,于是中国人尤其是汉族十分重视季节气候对农作物的影响,在春种、夏长、秋收、冬藏的过程中认识到了自然时序变化的规律,总结出四时、二十四节气学说。人们不但把它看做农事活动的主要依据,而且逐渐把一些源于二十四节气的特殊日子规定为节日,由此形成了以岁时节令为主的传统年节体系及相应的习俗。又由于汉族人十分重视饮食,崇尚“民以食为天”,使得其年节习俗始终有饮食相伴,常以吃喝为主题,几乎每个节日都有品种多样的相应食品,并且通过这些节日食品等祈求自身的健康幸福。

一年之中,汉族依据岁时形成的传统节日非常多。据宋朝陈元靓《岁时广记》所载,当时的节日有元旦、立春、人日、上元、正月晦、中和节、二社日、寒食、清明、上巳、佛日、端午、朝节、三伏、立秋、七夕、中元、中秋、重九、小春、下元、冬至、腊日、交年节、岁除等。明清以后基本上沿用这个序列,但逐渐淡化了其中的一些节日。至今,仍然盛行的传统节日有春节、元宵节、清明节、端午节、中秋节、重阳节、冬至节、除夕等,而除夕由于时间上与春节相连,往往被人们习惯性地连成一体,成为春节的前奏。

1. 春节

春节是汉族最大的节日,其时间在汉魏以前是农历的立春之日,后来逐渐改为农历的正月初一。但是,人们常常从腊月三十算起,直至正月十五,又称“过年”。春节期间,人们最重视的是腊月三十和正月初一,其节日食品从早期的春盘、春饼、屠苏酒,到后来的年饭、年糕、饺子、汤圆等多种多样。

俗语说,一年之计在于春。一年的收获也来源于春天的耕种。古人认为,立春之日是春天的开始,也是一年的开始,于是在这一天有了劝人耕种并且希望人们以良好的精神和身体状况耕种的习俗。《后汉书·礼仪志》载:“立春之日,夜漏未尽五刻,京师百官皆衣青衣,郡国县道官下至斗食令史皆服青帻,立青幡,施土牛耕人于门外,以示兆民。”土牛是土制的牛,各级官吏以立土牛或鞭打土牛的方式劝民农耕,象征春耕的开始。后来,虽以正月初一为春节、为一年之始,又称元日,但耕种的重要性并没有改变。耕种需要强壮的身体,因此在饮食上有了相应的食品。最早出现的是由五种辛辣刺激性蔬菜构成的五辛盘即春盘。南朝梁宗懔《荆楚岁时记》引晋朝周处《风土记》言:“‘元日造五辛盘,正元日五熏炼形。’五辛所以发五脏之气。《庄子》所谓春日饮酒茹葱,以通五脏也。”可见,五辛盘是通过疏通五脏来强健身体的。而屠苏酒则是通过避瘟疫来健体。唐韩谔《岁华纪丽》注言:“俗说屠苏乃草庵之名。昔有人居草庵之中,每岁除夜遗闾里一药帖,令囊浸井中,至元日取水，置于酒樽，合家饮之，不病瘟疫。今人得其方而不知其姓名，但曰屠苏而已。"随着时间的推移，春节劝民耕种的意义逐渐淡化，而希望身体强健之意得到加强，并进一步希望新的一年幸福吉祥、万事如意，于是又出现了新的节日食品，如年饭、年糕、饺子、汤圆等。清朝时年饭是在正月初一时食用。清顾禄《清嘉录》载："煮饭盛新竹箩中，置红橘、乌菱、荸荠诸果及糕元宝，并插松柏枝于上，陈列中堂，至新年蒸食之。取有余粮之意，名曰年饭。"但民国以后，年饭就基本上在腊月三十食用，名称也变成了"年夜饭"。民国时四川成都的一首年景竹枝词言："一餐年饭送残年，腊味鲜肴杂几筵。欢喜连天堂屋内，一家大小合团圆。"同时，吃年饭也多了一些禁忌，如年饭的菜肴数量要双数，要有鸡、鱼，并且不能吃完，以示大吉大利、年年有余。年糕更因为其谐音"年年高升"而特别受人喜爱。《帝京景物略》载清代的年糕是由黍米制成的："正月元旦……啖黍糕，曰年年糕。"现在的年糕则用糯米粉制作。饺子，长久以来是中国北方春节期间必食之品，因谐音"交子"，而交子曾经是中国钱币的一种，便以此寓意财源广进、吉祥如意。为了突显其寓意，人们还常在饺子中包入糖果、钱币等。清富敦崇《燕京岁时记》言：北京人在正月初一"无论贫富贵贱，皆以白面作角而食之，谓之煮饽饽"，"富贵之家，暗以金银小锞及宝石等藏之饽饽中，以卜顺利。家人食得者，则终岁大吉"。

可以说，无论春节的节日食品发生怎样的变化，也无论哪一种节日食品，都寄托着人们对幸福生活的祈求和向往。

2. 元宵节

元宵节又称上元节、元夕节、灯节，时间是农历的正月十五，其主要的节日食品是元宵。

关于元宵节的起源，主要有 4 种传说：一是庆祝汉朝周勃、陈平戡平"诸吕叛乱"。当时，周勃、陈平平叛迎立刘恒为帝时正值正月十五。此后，每年汉文帝都要出宫，与民同乐，共同庆祝，并定为节日。二是汉朝祭祀东皇太一神。唐朝徐坚《初学记》载："汉家祀太一，以昏时祠到明；今人正月望日夜游观灯，是其遗事。"三是汉明帝时为弘扬佛法，下令正月十五夜燃灯。《西域记》称印度摩揭陀国正月十五会聚僧众，"观佛舍利放光雨花"，汉明帝则下令正月十五夜，在宫廷和寺院"燃灯表佛"，逐渐演化为节日。四是道教的陈规。道教有"三元"节，分别将正月十五、七月十五、十月十五定为上元、中元、下元三节，举行隆重的祭祀活动。其实，元宵节的节俗意义与岁首密切相关。这不仅因为它在时间上与元日连接，意味着春节的最后终结，而且传承了古代太阴历的岁首部分习俗。古人重视月亮盈亏变化对自然物候和人生命节律的影响，而正月十五作为新年的第一个望日(月圆之日)更有特殊的意义。

元宵节可以说是整个新春佳节的高潮和尾声。此后，春耕全面展开，人们也将开始新一年的辛苦与忙碌。为了笑对即将来临的辛苦工作，笑对辛劳的人生，人们便在正月十五这一天创造欢乐、享受欢乐。自唐代以来，元宵节最隆重、最盛大的娱乐活动就是夜晚观灯。宋代词人辛弃疾的《青玉案·元夕》形象地描绘道："东风夜放花千树。更吹落、星如雨。宝马雕车香满路。风箫声动，玉壶光转，一夜鱼龙舞。蛾儿雪柳黄金缕。笑盈盈暗香去。众里寻他千百度。蓦然回首，那人却在灯火阑珊处。"古代女子不能轻易出门，只有在元宵节时才能任意地盛装出游、逛街观灯，因此又多了几分欢乐与浪漫。在元宵节时，与观灯娱乐相伴的是饮食活动，东西南北之人都吃元宵。用糯米粉包入或裹上各种馅心制成的元宵，香甜、滋补，是元宵节特定的节日食品。据专家考证，元宵是因在上元之夜食用而得名，又称汤团、汤丸、圆子、乳糖元子、水团等。另传袁世凯称帝后做贼心虚，听到街巷中叫卖"元宵，元宵"之声，就疑为"袁消，袁消"，便下令不准叫"元宵"，只能叫"汤圆"。这样做虽然没有改变袁世凯被消灭的命运，却使元宵增加了一种名称。无论如何，这个节日食品的形与音，都有祈求团圆、美满的寓意。

3. 清明节

清明节的时间在农历的冬至后一百零七日、春分后十五日，大约是阳历的四月五日前后，其饮食习俗主要是寒食和野宴。

清明是二十四节气之一，最初主要为时令的标志。《岁时百问》载："万物生长此时，皆清洁而明净，故谓之清明。"清明是春耕春种的农事时节，因为它能够比较准确地反映出气温、降雨、物候方面的变化，在农事活动上有较大的指导意义，出现了许多相关的农谚。如北方的"清明忙种麦，谷雨种大田"；南方的"清明谷雨两相连，浸种耕田莫迟疑"；"清明前后，种瓜种豆"；等等。一些研究者认为，在汉魏以前，清明主要指自然节气，与农事活动密切相关；但是此后，清明逐渐成为民俗节日，在唐朝时已经与寒食节并列，宋朝则进一步将寒食节的节俗并入清明。到明清时期，寒食节已基本消亡，清明节独自盛行了。

在寒食节与清明节并存时，寒食节的习俗主要是禁火冷食，清明节的习俗主要是取新火踏青。所谓禁火冷食，就是禁止用火，只吃冷食如冷菜、冷粥、醴酪、馓子、糕饼等。关于此俗的起源，有两种说法：一是纪念介子推；二是沿袭周朝禁火的旧制。寒食禁火，就必须灭掉火种，因此到清明时就要重新获得火种。《岁时广记》言："唐朝以清明取榆柳之火赐近臣，顺阳气也。"柳木不仅带来新火，而且被认为有驱邪避鬼、护佑生灵的功用。此外，祭墓祭祖则是由最初寒食的习俗扩展到清明的。唐朝时，玄宗鉴于士庶人家无不寒食上墓祭扫，于是下诏："士庶之家，宜许上墓，编入五礼，永为常式。"(《旧唐书·玄宗纪》)柳宗元在《与许京兆书》则言，每至清明，"田野道路，士女遍满，皁隶佣丐，皆得上父母丘墓"。墓祭分山头祭和祠堂祭。祠堂祭，又称庙祭，宗族之人在祭祖仪式后都要会聚饮食，共同分享祖宗福分。而山头祭和踏青则都离不开野宴聚餐。宋朝《东京梦华录》言，清明节时"凡新坟皆用此日拜扫。都城人出郊"，"四野如市，往往就芳树之下，或园囿之间，罗列杯盘，互相劝酬"。由于寒食节与清明节的时间相近，习俗活动相关、相似，便逐渐融合，最终由清明节取代了寒食节，习俗也合而为一，并体现着追求健康幸福的意义。对此，萧放在《岁时——传统中国民众的时间生活》中指出："唐代以前寒食与清明是两个主题不同的节日，一为怀旧悼亡，一为求新护生。寒食禁火冷食祭墓，清明取新火踏青出游。一阴一阳，一息一生，二者有着密切的配合关系，禁火为了出火，祭亡意在佑生，这就是后来清明兼并寒食的内在文化依据。"

4. 端午节

端午节的时间是农历的五月初五，其主要的节日食品是粽子。

许多民俗学者认为，端午节起源于农事节气——夏至。今人刘德谦曾在《"端午"始源又一说》中作了详细论证。而夏至标志着夏季的开始，常出现在农历的五月中。这一时期，昼长夜短，气温逐渐升高，是农作物生长最旺盛的时期，也是杂草、病虫害最易孳生蔓延的时期，必须加强田间管理。农谚说："夏至棉田草，胜如毒蛇咬。"搞好田间管理成为秋天收获的重要保证。为了提醒人们重视夏至、管好田间，也为了祈求祖先保佑农作物丰收，早在商周时代，天子就在夏至日专门品尝当时主要的粮食黍米，并用它来祭祀祖先。《礼记·月令》言，仲夏之月"天子乃以雏尝黍，羞以含桃，先荐寝庙"。俗语言，上行下效。周天子在夏至尝黍并以黍祭祖的活动必然逐渐渗透、影响到民间，久而久之形成习俗，最终出现了"角黍"，即粽子这一特殊食品，供人们在夏至祭祀和食用。又由于端午节从夏至发展演变而来，于是"角黍"也成了端午节的节日食品。晋人范汪《祠制》载："仲夏荐角黍。"《太平御览》引晋周处《风土记》言："俗以菰叶裹黍米，以淳浓灰汁煮之令烂熟，于五月五日及夏至啖之。一名粽，一名角黍，盖取阴阳尚相裹未分散之时象也。”可见，端午节及其节日食品粽子的产生与农事节气有着非常密切的联系。

然而，人们并不满足于这种客观存在，又为其起源赋予了许多动人的故事传说，而流传最广、影响最大的是纪念屈原说。南朝梁吴均《续齐谐记》言，屈原于五月五日投汨罗江，楚人哀之，乃于此日以竹筒贮米，投水祭祀他。汉建武年间，长沙区曲忽见一士人自称三闾大夫说：“闻君当见祭甚善，常年为蛟龙所窃。今若有惠，当以楝叶塞其上，以彩丝缠之。此二物蛟龙所惮。”曲依其言。今五月五日作粽并带楝叶五丝花，遗风也。也许是由于这个动人传说的推波助澜，端午节及其节日食品粽子的影响不断扩大，以至于中国的邻邦朝鲜、韩国、日本、越南、马来西亚等国也时兴过端午节并吃粽子。粽子的品种也因习俗、爱好的不同而不同，如形状有三角形、锥形、斧头形、枕头形等，馅心有火腿馅、红枣馅、豆沙馅、芝麻馅、肉馅等。这些品种众多的粽子不仅表达了人们对丰收的祈求、对先民的崇敬，也实实在在地丰富了人们的饮食生活，客观上为人们的幸福生活创造了条件。

5. 中秋节

中秋节的时间是农历的八月十五，因它正好处于孟秋、仲秋、季秋的中间而得名。其主要节日食品是月饼。然而，中秋节的形成及其与月饼之间产生的对应关系却经历了漫长的历史过程。

秋天是收获的季节。五谷飘香，瓜果满圆，人们怀着喜悦的心情收获着一切。面对丰硕的成果，中国人便产生了感激之情，感谢大自然的恩赐。而月亮即是大自然的杰出代表，又是中国人推算节气时令的重要依据，于是据《周礼》记载，周朝就有了祭月、拜月活动。随后，在很长一段历史时期，人们都于中秋时祭祀月神、庆祝丰收。直到隋唐时代，人们才在祭月、拜月之际逐渐发现中秋的月亮最大、最圆、最亮，从而开始赏月、玩月，以至形成了以赏月、庆丰收为主要习俗的中秋节。唐人欧阳詹《玩月诗序》言：“八月于秋，季始孟终，十五于夜，又月之中。稽于天道，则寒暑均；取于月数，则蟾魄圆。……升东林，入西楼，肌骨与之疏凉，神气与之清冷。”在中秋这个良辰美景、赏心悦目之时，历来讲究“民以食为天”的中国人自然不会忘记用美酒佳肴相伴，但最初产生的是赏月宴会。据史料记载，唐高祖李渊就曾于中秋之夜设宴，与群臣赏月。在这次赏月宴上，他与群臣一起分享了吐蕃商人进献的美食——一种有馅且表面刻着嫦娥奔月、玉兔捣药图案的圆形甜饼。这饼也许就是后世“月饼”的始祖，只是当时还没有“月饼”的称呼，并且只是偶然食用，不具备普遍意义。到宋朝时，中秋节赏月宴非常盛行，而且有了“月饼”的称呼和品种，但是中秋节与月饼还没有密切联系。最早记载月饼的是宋朝吴自牧的《梦粱录》和周密的《武林旧事》，但都未将月饼与中秋节联系起来。《梦粱录》在卷十六“荤素从食店”中列有月饼，说明它是市场面食品的一种。在卷四“中秋”则叙述了中秋节赏月宴的盛况：“王孙公子，富家巨室，莫不登危楼，临轩玩月，或开广榭，玳筵罗列，琴瑟铿锵，酌酒高歌，以卜竟夕之欢。至如铺席之家，亦登小小月台，安排家宴，团圆子女，以酬佳节。”

月饼成为中秋节的主要节日食品大约在元明时代。相传元朝末年，人们不堪忍受残酷统治，朱元璋乘机发动起义。为了统一行动，有人献计：将起义时间写在纸条上，藏入月饼中，人们在互赠月饼之时便得知。于是，起义得以成功，最终推翻了元朝统治。这一传说表明，中秋吃月饼的习俗在元朝已很普及。到明朝，关于中秋吃月饼的习俗已有许多记载。明田汝成《西湖游览志余》卷二十“熙朝乐事”载：“八月十五谓之中秋，民间以月饼相遗，取团圆之义。”《明宫史》言：此日“家家供月饼瓜果，候月上焚香后，即大肆饮啖，多竟夜始散席者。如有剩月饼，仍整收于干燥风凉之处，至岁暮合家分食之，曰团圆饼也。”此时，家家户户将大量的白菜、萝卜洗净晾干之后,加辣椒、蒜、姜、葱、鱼子酱等各种调味料,用大缸腌渍起来,密封半个月至1个月后即可食用。泡菜一年四季皆可制作。大宗原料为大白菜,具体腌制方法是:挑选大小适中的包心白菜,洗净后,装入缸内,用1:10的盐水浸泡,过一天半左右的时间倒个,3天后取出,用清水洗净后控干,配好辣椒、大蒜、生姜等"三辣"调料,按50千克白菜计算,调料比例为辣椒面0.3千克,大蒜泥1千克,姜适量,白梨、苹果梨、青萝卜丝0.25千克,放入适当的味精、苹果和虾仁。按照白菜叶子层次由里向外,将调料均匀地一层层抹进白菜里,涂抹均匀,然后装入缸内,放到低温的地方,半个月后,即可食用。一般情况下泡菜坛都是放在室外的地窖里,这样既可以避免冬季寒冷露天放置终止发酵和结冻变质,也不会因置于室内温度的影响而过度发酵。窖贮的泡菜风味俊美独特,极为脆爽可口,是佐餐行酒的上选佳肴。泡菜是"朝鲜族妇女的骄傲",每个家庭主妇都有腌制泡菜的独到经验与技巧,因此也就形成泡菜口味适应和风味差异的家庭性不同的文化特点。朝鲜族泡菜可以大致区分为韩国风味、朝鲜风味、中国东北风味3大类型。韩国泡菜因多用鱼子等海鲜调味料,且发酵程度较深,故风味鲜酸突出;朝鲜泡菜则甜脆明显;中国东北地区朝鲜族泡菜则"入乡随俗"而呈略咸、微酸、脆爽风味。中国东北地区由于冬季漫长、无霜期短的自然与生态特点,朝鲜族泡菜的风味特色也就与朝鲜半岛迥然有异。由于中国东北朝鲜族的泡菜在咸、酸、辣、甜主味中偏重于咸,也由于东北地区汉、满等各民族有用萝卜、白菜等蔬菜大量腌渍和食用咸菜的习俗,因此中国东北朝鲜族泡菜便被习惯称为"朝鲜咸菜"。其实,朝鲜族泡菜与咸菜是不同的,后者没有酸酵过程。咸菜也是朝鲜族喜爱的佐餐食品,原料多是桔梗、蕨菜、白菜、萝卜、黄瓜、芹菜等,方法是将原料洗净后切成片、块、丝,用盐卤上,然后再拌以芝麻、蒜泥、姜丝、辣椒面等多种调味品制成。又因为辣椒、蒜、姜调味料的呈辣味,用白菜制作的泡菜同时也被称为"辣白菜"。朝鲜族泡菜有几十个品种,以植物为主要原料的各式泡菜都属于高纤维、低热量食品,有助于消化,减少脂肪累积。而白菜中的谷固醇,还能降低血液中的坏胆固醇,减少血管阻塞的机会。泡菜的佐料也很有营养价值,其中的辣椒红素能预防癌症、防止动脉硬化,姜油酮能缓解心血管疾病,适度刺激身体,活络肠胃器官,增进食欲和血液循环。

朝鲜族人爱吃牛肉、鸡肉和鱼,不喜欢吃羊肉、鸭子以及油腻的食物。狗肉是朝鲜族人有悠久历史传统的肉食之一,通常是煮食、凉拌,最著名的是狗肉汤。中国俗语说"狗肉滚三滚,神仙站不稳";朝鲜族中则有"三伏天喝狗肉汤如吃补药"的说法。也就是说,朝鲜族人认为狗肉和狗肉汤是一年四季的美食。

狗肉汤的制作方法是:将狗杀后放净血,退净毛、洗净内脏,放到大锅里煮,一直煮到狗肉可以撕出肉丝为止。煮成的汤为乳白色,加上调料即可食用。调料一般是辣椒面、香菜、酱油、食盐、韭菜花、葱、蒜等,把各种调料放在一个小锅里,加上肥狗肉,熬成既辣且香的汁酱,然后调在汤里。

中国东北历史上是诸多游牧涉猎民族的文化区,由于生产、生活的需要和肉食原料的充足等原因,狗一向不在肉食选材之内。因而后来逐渐移入的汉族也多不吃狗肉。因此可以说,东北地区逐渐流行开来的食用狗肉习惯,深深受了朝鲜族饮食文化的影响。20世纪末以来,传统的朝鲜族狗肉汤,不仅在东北地区流行开来,而且还呼应"韩国料理"的红遍中国而走进中国内地许多大中城市,成为众多人竞相品尝的特色佳肴。朝鲜族有用"狗肉宴"待贵客或喜庆的传统,但婚丧宴事则不杀狗。朝鲜族人一般没有喝茶和饮用开水的习惯,朝鲜族人的餐桌上一年四季都离不开冷泉水。

(2)其他饮食习俗

朝鲜族有厚重的礼教传统,敬老尊客是

重要的饮食礼俗。在有老年人的家庭里，进餐时一般要为老人单摆一桌。全家人进餐时，不许在长辈面前饮酒吸烟。朝鲜族注重节令，每逢年节和喜庆之时，在菜肴和糕饼上要用辣椒丝、鸡蛋片、紫菜丝、绿葱丝或松仁米、胡桃仁加以点缀。朝鲜族注重根据不同季节调整饮食，如春天食用“参芪补身汤”，清明节必食明太鱼，伏天食用狗肉汤，冬天食用肉与各种海鲜制成的“神仙炉”。在节日或招待客人时冷面、打糕、松饼等是必备的主食品。

冷面的制法是：先把荞麦粉、面粉和淀粉等和好用专用机械压成面条直接入沸水锅中煮，熟后捞出，入冷水冷却，然后加以牛肉汤或鸡肉汤，再于面条上放一些胡椒、辣椒、牛肉片、鸡蛋、苹果片、香油等调料，佐以泡菜等即可食用。

朝鲜族有正月初四中午吃冷面的传统，认为这一天吃冷面会长寿，现在一年四季都喜欢吃。过去，打糕是朝鲜族著名的传统风味食品，因为是将糯米饭放在石臼里用木杵长时间反复砸打制成，故名“打糕”。食用时切成块，蘸上豆面、白糖或蜂蜜等，口感筋道，糯韧香甜。打糕有糯米制作的白打糕和黄米制的黄打糕两种。松饼是用蒸熟的米面擀出小面片，然后把小豆、豌豆、芝麻、枣、糖等馅像包饺子一样包制而成，吃起来也别有风味。

目前朝鲜族家庭中的进餐方式分餐桌椅式和炕桌式两种类型，后者是传统模式。而社会餐饮或是其中一种形式，或者两种进食方式同时设备。身着民族服装炕桌式方式进食时，要求男人盘腿而坐，女人右膝支立。女性平时不穿韩服，只要把双腿收拢在一起坐下就可以了。朝鲜族的食具也极具民族特性，由于盘坐而食的习惯，韩国人餐桌一般都比较矮。小餐桌上摆有饭碗、汤碗、盛酱的小碟，以及装小菜的盘子。进食时是箸、匙并重。不锈钢筷子具有环保、耐久用、易洁净的优点。朝鲜族人进食不端起饭碗，进食期间，左手一般不在桌面上出现。一个重要的习俗是：右手一定要先拿起勺子，从水泡菜中盛一口汤喝完，再用勺子吃一口米饭，然后再喝一口汤、再吃一口饭后，便可以随意地吃任何东西了。勺子在朝鲜族人的餐桌上，作用远比在中国人餐桌上重要，它负责盛汤、捞汤里的菜、装饭、拌饭，不用时要架在饭碗或其他食器上。筷子则仅仅负责夹菜。这是韩国人的食礼要求。筷子在不夹菜时，礼俗要求是放在右手方向的桌面上，两根筷子要拢齐，三分之二在桌上，三分之一在桌外，这是为了便于拿起来再用。朝鲜族人的饮酒礼仪也很严格。朝鲜族人的好客一如汉人。主人希望客人尽兴、尽量多喝酒，多吃饭菜。吃得越多，主人越是欣慰。在酒席上要按身份、地位和辈分高低依次斟酒，位高者先举杯，其他人依次跟随。级别与辈分悬殊太大者不能同桌共饮。在特殊情况下，晚辈和下级可侧身背脸而饮。朝鲜族人的传统观念是“右尊左卑”，因而用左手执杯或取酒被认为是不礼貌的。在得到允许的情况下，下级、晚辈可向上级、前辈敬酒。敬酒人右手提酒瓶，左手托瓶底，上前鞠躬、致词，为上级、前辈斟酒，一连三杯，敬酒人自己不饮。要注意的是，身份高低不同者一起饮酒碰杯时，身份低者要将杯举得低，用杯沿碰对方的杯身，不能平碰，更不能将杯举得比对方高，否则会被认为是失礼。这样一些曾经是中国传统的宴会礼俗，今天仍然被朝鲜族社会严格地恪守着。

（赵荣光）

4. 达斡尔族饮食习俗

达斡尔族人口13.24万人（根据2000年第五次全国人口普查统计），主要聚居在内蒙古自治区莫力达瓦达斡尔族自治旗及附近旗县、黑龙江省齐齐哈尔市郊及附近县，少数居住在新疆维吾尔自治区塔城县。此外，吉林、辽宁、北京、天津、上海、陕西、广西等20多个省、市、自治区也有零散分布。达斡尔族是中国东北地区有悠久历史和农业文化的民族。达斡尔，意为“耕耘者”，是达斡尔人的自称，最早见于元末明初。清康熙初年，出现了“打包吾尔萨克多为节庆或招待客人而做。

烧小麦，炒前除掉麦皮，放羊油炒后捣成粉，再放羊尾油与茶水拌着吃。

小麦饭，把除皮的小麦舂成半碎，放进锅内加水煮熟，再放入溶稀的酸奶疙瘩或放点酸奶和肉，牧民们喜欢在秋冬季吃这种食品。哈萨克牧民为了适应经常变换牧场和迁移住所的草原生活，往往特制出一些便于携带的方便食品。有一种用小米炒熟制成、用水冲饮的“米星茶”，就是这种方便食品，说是茶，实际上是稀汤。吃完肉食后饮用会感到特别舒服。而且，因为小米中含有丰富的碳水化合物、钙、磷、铁、胡萝卜素、硫胺素、核黄素、尼克酸等，故常饮用能弥补在草原上长期缺乏蔬菜所造成的营养不足。还有“柯柯”(哈萨克语)，也是用小米或麦粒炒熟制成的食品，质脆而味香，往往和肉食一起食用，十分耐饥，放牧时随身携带，食用方便。

日常饮品。哈萨克族在长期游牧生活中，擅长用牛奶、羊奶加工成奶皮子、奶油、奶疙瘩、奶豆腐、酸奶子等各种各样的奶制品，其中以奶茶和马奶子最有名气。奶茶是哈萨克族牧区人民不可缺少的一种饮料，他们有“无茶则病”，“宁可一日无食，不可一日无茶”之说，其重要性可见一斑。他们如此喜欢饮奶茶，主要原因有三：一是牧区或高寒地区肉食多，蔬菜少，奶茶成为助消化之佳品；二是当地气候也特别适宜饮奶茶，冬季大量饮热奶茶迅速驱寒，夏季则消暑解渴；三是牧区地广人稀，人们常年放牧在外，口渴时不易找到饮用水，因此离家前喝足奶茶，路途补充干粮，就比较耐渴耐饿。有时也随身携带简单炊具，随时煮些奶茶。牧民们的奶茶有茶又有奶，还可放入酥油、羊油、马油等。牧民常常以茶代饭，一天中喝无数次，每次喝足喝透，直到出汗为止。

哈萨克族烧制奶茶的方法很特别，是将茶水和开水分别烧好，待喝奶茶时才将鲜奶和奶皮子放入碗内，倒入浓茶，再冲以开水。每碗都采取这3个步骤，每次只盛半碗多，这样喝起来浓香可口且凉得快。冬季喝奶茶时，加入适量的白胡椒面，奶茶略带辣味，主要为增加热量，提高抗寒能力。奶茶的优点在于现烧现喝，从来不会有哪个民族用剩奶茶或凉奶茶待客。喝奶茶也颇重礼节，哈萨克族大都用小瓷碗，且先送给坐在首席的客人。客人喝完第一碗后，如果还想喝，就把碗放在自己面前或餐布前，主人会立即再斟上，如果喝足，不想喝了，就用双手把碗口捂一下，如果主人继续劝，则再捂一下，并说“谢谢”。这样，主人就不为你斟奶茶了。

餐饮器具。哈萨克族餐具主要有木制餐具、青铜餐具、铜制餐具和用生铁做的餐具等。木制餐具称为“沙布塔雅克”。在牧区有专门从事木器制作的能工巧匠，他们凭借锯、刀、斧等简单的工具，制作出各种各样精巧的木器来，做工精细，十分考究，件件都是招人喜爱的工艺品。木制品还有精致的长形木盆、小木盆、木桶、带耳的木碗和小木碗以及木勺等。据说用桦木桶盛马奶，可使马奶不变味，并能够保持醇香味道。有趣的是，在盛马奶的木杯中有一种2个或3个并排在一起的“连体木杯”，只有一个把手，而杯子的底部却是相通的。喝马奶时，必须端起杯子侧着喝，其他杯子的马奶就会流入靠近你喝的杯子里；如果端起连体木杯平行喝的话，其他杯子里的马奶便会流到外面。连体木杯有大有小，其容量也就不一样。哈萨克族的馕锅等是用生铁做的，而茶壶、水壶等往往是用铜做成的；用铁做成的有“莫”、火钳等。哈萨克族非常讲究餐具的美观、实用。富裕家庭常有金制餐具，如金碗、金勺等，同时也非常喜欢用有图案、美观精致的瓷器，如瓷碗、瓷壶等。为使新挤的马奶快速发酵，将马奶倒进一种大皮囊中，用专门的捣奶杆捣动数小时，以使其发酵。这种大皮囊是用牛皮、马皮制作的，一般口比较小，皮囊比较长，容量比较大。

(2) 节日饮食习俗

哈萨克族的节日主要有肉孜节、古尔邦节和纳吾鲁孜节等。

肉孜节。这个名称来自波斯语音译，而阿拉伯语的音译则为“尔德·菲土尔”，意为“开斋节”，所以“肉孜节”又称为“开斋节”。哈萨克人每年都欢度肉孜节3天。过节时，男女都要穿上最新最好的衣服，骑着马，成群结队地互相拜节。每家都准备丰盛的食品，这些食品大都是在斋月最后一个主麻日（星期五），也就是第4个主麻日后开始制作的。这些食品以油炸食物为主。这一天还要举行各种文娱活动。

古尔邦节。古尔邦节在肉孜节之后70天，比肉孜节隆重。在古尔邦节里，家家户户都要打扫卫生，每个家庭都要准备“包吾尔萨克”（油炸果子）、油饼和各种点心。富有的人家宰羊、宰牛或宰骆驼，待客或馈赠。宰羊时，传统习惯是不绑羊腿。因为据传说，宰的这只羊是上天堂乘骑的牲畜，绑了腿就没法行走，也就上不了天堂。宰后切成大块煮熟，放在大盘子内，客人来后，主人当着客人的面用刀子削成片，热情地请客人吃肉，并请喝一碗肉汤。节日里，男女老少都穿上节日盛装，走亲串邻，祝贺节日。在节日的白天，还要举行赛马、刁羊、姑娘追等富有情趣的，别具一格的民族传统体育活动。晚上，人们欢聚一堂，唱歌跳舞。

纳吾鲁孜节。“纳吾鲁孜”，在哈萨克语中有“送旧迎新”之意。节期在民间历法的新年第一天，大致为农历春分日，是哈萨克人民的春节，即哈历新年的元旦。这一天，各家都吃一种用小米、大米、小麦、奶疙瘩和肉混合做成的“纳吾热孜”饭，还要食用珍藏过冬的马肋条灌肠、马肥肠、马碎肉灌肠、马脖肉、马盆骨包肉和其他肉类。人们穿上鲜艳的民族服装互相登门祝贺，主人要用亲手制作的节日食品招待客人。大家在冬不拉的伴奏下唱一种专门在这一天唱的、有固定曲调、即兴填词的节日歌，并翩翩起舞。在牧区的一些地方，人们还要在这一天宰杀牲畜，把羊头赠给老人，借老人的祝福祈求来年获得丰收。老人口念祝词：“愿你的牲畜满圈，奶食丰盛。”在节日期间，还要开展各种文娱体育活动，如弹唱、对唱、摔跤等，另外还有绕口令、猜谜语等内容。

（3）其他饮食习俗

哈萨克族有史以来就以殷勤好客而闻名。凡是前来拜访和投宿的客人，无论是否认识，也不论是哪个民族，不论懂不懂他们的语言，都热烈欢迎，竭诚接待。哈萨克人认为，宰羊待客是光荣体面的事情，也是应尽的义务，常常举行具有浓郁民族特色的宴会招待宾客。《清稗类钞·哈萨克人之宴会》载：“哈萨克人朴诚简易，待宾客有加礼。戚友远别相会，必抱持交首大哭，侪辈握手搂腰，尊长见幼辈，则以吻接唇，唼喋有声。既坐，藉新布于客前，设菜食、醺酪。贵客至，则系羊马于户外，请客觇之，始屠以饷客。杀牲，先诵经（马以菊花青白线脸者为上，羊以黄首白身者为上）。血净，始烹食。然非其种人宰割，亦不食也。客至门，无识与不识，皆留宿食。所食之肉，如非新割者，必告之故。否则客讶于头人，谓某寡情，失主客利，以宿肉病我，立拘其人，责而罚之。故宾客之间，无敢不敬也。”“每食，净水盥手，头必冠，倘事急遗忘，则以草一茎插头上，方就食，否则为不敬。食掇以手，谓之抓饭。其饭，米肉相瀹，杂以葡萄、杏脯诸物，纳之盆盂，列于布毯。主客席地围坐相酬酢。割肉以刀，不用箸。禁烟酒，忌食豕肉，呼豕为乔什罕，见即避之。尤嗜茶，以其能消化肉食也。”此外，他们很重视“羊头敬客”。客人用刀先割一片羊脸颊肉献给长者，再割一块羊耳朵给主人的小孩或妇女，最后割一块自己吃。用刀割毕将羊头奉还主人，宾主就可以自由吃喝了。该族认为，筵宴重在一个“礼”字，待客贵在一个“诚”字，“如果太阳落山的时候放走客人，那就是跳进大河也洗不清的耻辱”。

以牧业为主的哈萨克人把搬迁当做生活中的大事。搬迁时，他们一定要穿上最好的衣服，牲畜所驮的毡房及家具什物上要覆盖漂亮的毡子和毛毯，用以装饰。到达居住地后，已迁来的人都要出来欢迎刚搬来的人家，并要帮他们卸东西、搭毡房，向新来户送饭食。这种在搬迁中先来户款待新来户的习俗叫做“艾露勒克”。

在饮食忌讳方面，哈萨克族基本上同于回族和维吾尔族。此外，他们不准用手背擦摸食物，不准乱丢食物，不准坐在食物箱上。主人做饭时，客人最好不要动餐具，更不要用手拨弄食物或掀锅盖。饭前饭后，主人都会给客人倒水洗手。洗完手后，不能乱甩水，而应用毛巾擦干。吃馕时，不能把整个馕拿在手上用嘴啃，而应该掰成小块吃。茶不能喝一半剩一半就离席。主人给的肉要痛痛快快地接受，不要不吃，否则主人会不高兴的。吃饭、喝茶时，不能脚踩餐布，更不许跨越餐布。在餐布收起来之前，最好不要随便离开。如有事外出，不能从人前走过，须绕到人后面走。不准乱倒污水，不准青年人坐上席，不准将自己碗中的食品分给别人吃，不准接近嗅闻饭菜，不准在吃饭时打哈欠等。

（白剑波）

4. 撒拉族饮食习俗

撒拉族生活在青藏高原的边缘，自称“撒拉尔”，史称“沙喇族”、“撒喇”、“撒拉回”等，是由元代进入青海的中亚撒马尔罕人与周围的藏、回、汉等族长期结合发展而成的中国少数民族之一，主要聚居在青海省循化撒拉族自治县及其毗邻的化隆回族自治县甘郸乡和甘肃省石山保安族东乡族撒拉族自治县的一些乡村，还有少数散居在青海、甘肃和新疆的部分地区。撒拉族人口数为 10.45 万人（根据 2000 年第五次全国人口普查统计）。撒拉族使用撒拉语，属阿尔泰语系突厥语族西匈奴语支。不少撒拉族人会讲汉语和藏语。撒拉族没有本民族文字，一般使用汉文。

撒拉族聚居区位于青海省东部的黄河沿岸，气候温和，太阳辐射强，日照时间长，适于小麦、青稞、荞麦、玉米、谷子等农作物及瓜果蔬菜的生长。“循化椒”是驰名的土特产，颗粒丰满，颜色鲜红，香味浓郁，是调味的佳品。“循辣”具有肉厚、油多、籽少、味香和耐贮存等特点，吃一口香辣满嘴，令人食欲大增。撒拉族的园艺业比较发达，户户擅长园艺，家家辟有果园。走进撒拉族村庄，就像走进百果园：桃、梨、杏、苹果、樱桃、枣子、葡萄、核桃……应有尽有。此外，养蜂是撒拉人最喜爱的副业生产。

撒拉族的主要粮食为小麦、青稞、荞麦，制作方法颇为讲究，有馒头、面片、拉面、散饭、搅团等许多品种。副食主要为牛、羊、鸡肉和各种蔬菜瓜豆。逢有节庆或宴请宾客，则炸油香、馓子、吃手抓肉和烩“碗菜”。撒拉族喜欢喝奶茶和麦茶，家家备有茶壶和盖碗等茶具，而且撒拉族人还十分讲究制茶方法和饮茶礼节。

（1）日常饮食习俗

日常饮食。撒拉族习惯于日食三餐（农忙时根据情况适当加餐），主食以面粉为主，家常品种有花卷、馍馍、馒头、烙饼、面片、拉面、擀面、散饭、搅团等。此外，辅以青稞、荞麦、洋芋及各类蔬菜。在一年一度的斋月里，一般都只食早、晚两餐，饭菜比平时丰盛一些。

撒拉族人喜欢吃面食，雀舌面是撒拉人待客敬老时特意做的一种面食。这种面条形似雀舌，很薄，小巧玲珑，故名雀舌面。其制作方法是：将白面调制好，精心擀平，待薄如蝉翼时切成像雀舌样的菱形小块，撒上少量面粉，放置在面板上。炒勺里入油烧热，放入葱花、羊肉丁爆炒，炒好后装碗，称为“乔花得”。面条下锅煮熟后，倒入乔花得，用勺子搅匀即可。吃时还配有自制的辣酱、蒜泥、醋等佐料，任意调制。雀舌面一般是在其他饭菜上完之后的最后一道面食。除此以外，抻面、凉面、碎饭、搅团、粉汤、油茶及各式花卷、包子、油饼等都是撒拉族人一日三餐的主食，平时也炸些麻花、馓子、油条、花花等来调剂生活。

副食主要吃牛羊肉和骆驼肉，也吃鸡兔鸭鱼等肉。禁食猪、狗、骡、马、驴等不反刍动物肉和一切凶猛禽兽的肉，忌食一切动物的血和自死禽兽，包括牛羊在内。牛羊等及家禽一般由阿訇和年老人宰了,放血后才吃。

日常饮品。日常饮品除清茶、奶茶和盖碗茶以外,还常饮麦茶和果叶茶。制作麦茶时,将麦粒炒焙半焦后捣碎,加盐和其他配料,以陶罐熬成,味道酷似咖啡,香甜可口。果叶茶是用晒干后炒成半焦的果树叶子制成,饮用别具风味。盖碗茶是撒拉人的最爱,其茶具由茶碗、碗盖、碗托3部分组成,茶碗用来盛水,碗托用来托举,碗盖主要用来刮动茶叶,所以撒拉人又称之为"刮碗子"。碗里放有冰糖、桂圆、红枣、核桃仁和茶叶。茶叶一般是春尖茶或茉莉花茶,必须用沸水冲茶,否则茶叶就泡不开。撒拉人家家备有盖碗茶具,很少用茶杯。撒拉族人还喜欢喝核仁茶,人们把核桃仁放进茶罐里,配之以松川茶(四川松潘一带运来的茶叶,现在多用湖南益阳的茯茶),加少量盐,反复熬煮。这种茶水喝起来浓郁芳香,具有益气理肺、振奋精神、养颜乌发、热身御寒之功效。

(2)节日饮食习俗

撒拉族信仰伊斯兰教,重视三大宗教节日,即尔德节(开斋节)、古尔邦节(宰牲节)和圣纪节。逢年过节,人来客至,炸油香、馓子和鸡蛋糕,煮手抓肉,还要蒸糖包子和菜包子,要烩"碗菜",煮大米饭,装火锅。婚嫁喜庆日接待客人,就很丰盛了,要宰牛羊,水煮油炸,做出佳肴,次第端进:馓子、油香、"玉木塔"、馍馍、糖包、麦穗包、碗菜、火锅子、手抓羊肉、米饭、肥肠、肉份子。

(3)其他饮食习俗

按照伊斯兰教义,撒拉族严禁饮酒,一般在撒拉族的筵席上不备酒,平时更无饮酒的习惯。撒拉族人把狗、驴、骡等动物视为不洁之物,严禁食用其肉,尤其忌讳食用猪肉,通常不许言及或接触它。那些自死动物和动物血液,也属于不洁净的"秽物"之列,禁止食用。

凡有客人来,撒拉族人都先上一碗热腾腾的盖碗茶,才开始说话,足见撒拉族人的好客。而到撒拉族人家做客,必须尊重其宗教信仰,餐饮时避免提及猪肉等词汇。进餐时,忌讳随便拨弄盘中的食物,不要随意靠近锅灶。如果吃抓饭,食前要洗手。不得反手舀饭、倒水,吃馍时要用手掰开吃,不准口咬。一日三餐,长幼有序。

(白剑波)

5. 塔吉克族饮食习俗

塔吉克是中亚的一个民族,在公元5~9世纪时由大夏人、粟特人、塞种人和西徐亚人结合而形成,主要居住在阿富汗、塔吉克斯坦、乌兹别克斯坦、吉尔吉斯斯坦和伊朗。我国的塔吉克族60%分布在新疆维吾尔自治区西南部、帕米尔高原东部的塔什库尔干塔吉克自治县,其余分布在莎车、泽普、叶城和皮山等县。现有人口4.1万人(根据2000年第五次全国人口普查统计),使用塔吉克语,莎车等地的塔吉克族也使用维吾尔语,没有本民族的文字,普遍使用维吾尔文,信仰伊斯兰教。

许多世纪以来,塔吉克族人民利用帕米尔地区牧草丰茂、水源充沛的自然条件,主要从事畜牧业,兼营农业。他们在海拔3千米左右的大小山谷里安家落户,建设村庄和田园,每年春天播种青稞、豌豆、小麦等耐寒作物,初夏赶着畜群到高山草原放牧,秋后回村收获过冬,周而复始,过着半游牧半定居的生活。居住在平原的塔吉克人则多定居务农。

(1)日常饮食习俗

日常饮食。由于长期居住在高山地区,塔吉克族人民的饮食起居都已适应了自然环境,特别是饮食品种和制作方法反映了他们的经济状况、生活需要和民族特色。牧区的饮食以奶制品、面食和肉食为主;农业区则以面食为主,奶和肉食为辅。面食主要是用小麦、大麦、玉米、豆子等面做成的馕。每日有早、中、晚三餐。农民们一般早上喝奶茶,吃少许馕;中午吃用玉米面、青稞面煮的糊糊,或者吃肉片面条;晚餐是正餐,较为丰盛,多是肉、抓饭、抓肉、甜面糊等。牧民们的早餐一般是奶茶,午餐是酸奶和馕,晚餐花样较多。

塔吉克族的饮食品种较少,大都与牛、羊奶、酥油等奶制品分不开,主要有奶粥(西尔布林济)、奶面片(西尔太力提)、奶面糊(布拉马克)、酥油面糊(哈克斯)、酥油奶糊(扎忍)、酥油奶糊(扎忍)、酥油青稞馕。

副食很少,人们不大习惯食用蔬菜。在一些海拔较高的乡村也没有瓜果可吃。在泽普等地农业区的农民由于园艺比较发达,夏秋季常常能吃到甜瓜、西瓜、葡萄、桃、杏等瓜果,冬季也常备有各种干果待客。

日常饮品。塔吉克族人的日常饮料是奶茶,塔吉克语称之为"艾提干恰伊",是将少许红茶或砖茶加水煮沸,然后加入适量已煮熟的新鲜奶子,搅拌而成。

餐饮器具。新中国成立前由于铜、铝、铁制品很少,水桶、酥油桶、饭勺、盆子等皆为木制。新中国成立后,现代炊具才开始被普遍使用。

(2)节日饮食习俗

塔吉克族的许多传统节日,与当地维吾尔族、乌孜别克族、柯尔克孜族等信仰伊斯兰教的民族基本相同,节日食品也大致相似。除了与宗教信仰有关的古尔邦节、肉孜节和巴拉提节以外,塔吉克民族的传统节日还有肖公巴哈尔节(春节)、铁合木祖扎提斯节(播种节)和祖吾尔节(引水节)等。每逢节日,家家都要宰牛、宰羊,做各种油炸食品,并以相应的方式进行庆祝。

肖公巴哈尔节(春节)。"肖公巴哈尔"是塔吉克语"迎春"的意思。这一节日另一较为普遍的说法是"诺鲁孜节",意思是"新日"、"新年"或"新春",也可以理解为新年的第一天。节期在每年(公历)3月,具体日期由该族宗教人士选定。这一节日还称为"且得千德尔",意思是"洒扫庭除"。节日当天的清晨,每家先让一名男孩牵头毛驴或一条牛进屋绕行一周,主人给驴喂块馕,在它背上撒些面,把驴牵出去,然后将挪在室外的所有物品搬回家中。接着,人们在众人推举的"肖公"(率领一群人去各家拜年的首领)带领下,去各家拜年,进门便道"恭贺新年"。主人回答"但愿如此",接着将面粉撒在"肖公"及来客的肩上,以示祝福,而后热情地款待来客。按照习俗,先由肖公亲手将馕分成块状,念一句"比斯米拉"(以安拉的名义),并吃一口,然后众人一同进食。妇女们节日在家中待客,孩子们同男子去拜年,姑娘、媳妇则携带节日油馕去给父母、亲友拜年。各家还用面粉做成面牛、面羊和面犁等,喂给牲畜吃。直系亲属纷纷欢聚一堂。各村还举行赛马、刁羊、歌舞等活动。节期一般为2天。

铁合木祖瓦提斯节(播种节)。节日这天,各家要烤馕,还要做一种叫"代力亚"的饭,是用碾碎煮熟的大麦和压碎的干酪混合在一起制成的。当前来拜节的人出门时,妇女跟随其后出来洒水,以祈求丰收。人们象征性地在口袋里装点种子,请富有农作经验的老人向地里撒种,撒种时要烧点烟火。老人撒种时,其余人都将衣襟宽宽地撩起,让种子落进怀内,带回家去,再请一位有福气的老婆婆坐于地中间,一个人象征性地围绕并翻挖土地。接着,人们相互发剩在口袋里的种子,并开渠把溪水引入农田。这时,大人、孩子互相用手往身上泼些水,预祝丰收。

祖吾尔节。"祖吾尔",在塔吉克语中是"引水"的意思,这个节日属于农事节日。塔吉克人聚居的地区气候寒冷,降水稀少,他们的农牧业无法依靠雨水来灌溉,只能在每年春月,砸开冰块,引水入渠,灌溉播种。引水入渠后,人们便不约而同地跪在地上共同祈祷,共同分食各自带来的大型烧馕,以示风调雨顺,五谷丰登。最后,人们还要举行刁羊、赛马等传统的游艺活动,庆祝引水节。

皮里克节。皮里克节又叫"灯节",在伊斯兰教历每年的八月十四日到十五日举行,故又叫"八月节"。这是我国塔吉克族独有的节日。节日前夕,家家户户用一种名叫"卡乌热"草的茎做芯,外面裹上棉花,放在羊油中浸泡,制成许多羊油烛。节日的第一天,即八月十四日傍晚，全家人都穿上节日的盛装，围坐在土炕中心的细沙盘周围。家长按辈分、年龄逐一叫家人的名字，被叫到的人点2支羊油烛插入沙土，最后全家共同祈祷安拉赐福。天黑后，每家还在自家房顶上点一支大羊油烛，以此象征光明、幸福。第二天，即八月十五日中午，家长带领家里的男人们带上羊油烛和食物到家族墓地扫墓，给每个坟墓点上2支羊油烛，并念经祈祷，随后在此进餐，灯节仪式才告结束。

（3）人生仪礼食俗

塔吉克族在人生的重要阶段大多用面粉来表达特殊的感情。在塔吉克族家庭里，婴儿出生是件大喜事。亲友们得知婴儿出生后，都要赶来祝贺，并在婴儿身上撒些面粉，预祝婴儿一生吉利。

在青年男女定亲时，男方要向女方送羊、牦牛和金银首饰作为定亲礼。婚礼仪式一般在女方家里举行，新郎由伴郎陪同来到女方家，男女青年举行婚礼的当天，由宗教人士主持婚礼。主持人先向新郎的身上撒些面粉，然后男女双方交换系有红、白布条的戒指，最后新郎、新娘同吃一些肉、馕，同喝一些水。第二天，在乐队的护送下，一双新人共乘一匹马到男方家去。

（4）其他饮食习俗

塔吉克族人进餐时注重传统的礼仪和习惯。进餐前，在地毯上铺一块饭布，大家围坐成一圈。座次有尊卑之分，长辈和客人坐上座，端茶送饭按座次先后递送，通常是男女分座。进餐时很少说笑，以示对饭食的尊重。如有远方贵客来临，他们都要捧出具有民族风味的抓肉、牛奶煮米饭、牛奶煮烤饼、酥油面酱以及清香四溢、碧绿透亮的杏子酱，竭诚待客。家中有羊者即宰羊招待，无羊的人家也以最好的饮食款待客人。宰羊待客时，主人先将羊牵至客前，请人过目，客人表示满意，即行宰杀。进餐时，主人先向最尊贵的客人呈上羊头，客人割下一块肉，再把羊头双手送还主人。主人又夹一块夹羊尾巴油的羊肝请客人吃。然后主人拿起一把割肉的刀，刀柄向外，请一位客人接刀分肉。这时，客人往往互相推让，或同请主人分肉。一般由有经验的客人分肉，分得很均匀，人各一份。食毕，大家按照伊斯兰教礼仪，同时捧起双手做“都瓦”（祈祷），然后主人取走饭布，这时大家方能起身。进餐的客人中若有男有女，一般是男女分席，但进餐方式和食物相同。

塔吉克族注重卫生，饭前饭后都要洗手。洗手时，主人执具有民族特色的铜壶给客人双手浇水，客人自行搓洗，地上放一铜盆接水。洗过后，主人递过干净的毛巾，让客人擦手。平日家中的一日三餐和招待客人的宴席，都由主妇负责管理，家中所有中青年妇女都一起动手制作饭菜。

塔吉克族严格遵守伊斯兰教饮食禁忌，禁食没有经过宰杀而死亡的动物。由于尊奉伊斯玛仪派的教规，塔吉克族不吃马肉，不饮马奶。主要忌食猪、马、驴、熊、狼、狐、狗、猫、兔和旱獭等动物的肉，以及一切动物的血。另外，还有一些注意事项。如到塔吉克人家做客，绝对不能把脚踩到食盐或者其他可供食用的东西上，也不能骑马穿过羊群或者接近主人的羊圈，更不能用脚踢主人的羊。这样做就会被认为是对主人的不尊敬。

（白剑波）

6. 东乡族饮食习俗

东乡族是由13世纪进入甘肃临夏东乡地区的蒙古人为主，与周围的回、汉等族长期交往发展而形成的，分布在甘肃省临夏州境内洮河以西、大夏河以东和黄河以南的山麓地带。大多数人聚居在东乡族自治县，其余散居在兰州、宁夏、新疆等地，人口有51.38万人（根据2000年第五次全国人口普查统计）。东乡族有语言而无文字，其语系属阿尔泰语系蒙古语族。

东乡族主要从事农业，农业人口占总人口的98%，自然经济占绝对优势；以养羊为主业，还经商、运输、擀毯、织褐、制革、钉碗，以补贴家用。东乡族多居干旱山区,全境山岭重叠,沟壑纵横,所耕土地都是山坡旱地,只能种些土豆、小麦、青稞、大麦、糜谷、玉米、蚕豆等。

(1) 日常饮食习俗

日常食品。东乡族的日常饮食多为小麦、青稞、玉米、豆子、谷子、荞麦、胡麻和“东乡土豆”。“东乡土豆”水少面饱,沙而甜,含淀粉量高。东乡人常用土豆作点心、醋、粉条等多种食品,深受喜爱。副食是鲜嫩醇香的“栈羊”、牛、鸡、蛋、蔬菜和瓜果。他们一日三餐,饭菜合一、多原料合烹是其饮食的显著特色。如青稞炒面,拌胡麻煮的稠汤;嫩麦穗煮熟磨成长“麦索”,拌炒菜、油辣子、蒜泥合食;青稞、豆子混合磨粉,用酸浆水和匀做成面疙瘩;面粉搅成糊,加土豆丁和酸浆水制成的“散饭”;稠面浆加韭菜、胡萝卜、咸菜、葱花、辣椒、蒜泥、酸浆水做的“搅团”;牛羊头蹄汤加各种粮食煮成的“罗波弱粥”。东乡族饭食中也有单料单做的,如青稞发酵后蒸熟的“锅塌”,硬面团放在琼锅中焐熟的“琼锅馍”,发芽小麦磨浆夹在两层薄饼中烙熟的“芽尝”,小米面用滚开水搅成糊状在炕洞焐熟的“米面窝窝”。由于许多粮食事前都要粉碎,所以东乡族中每户都有一副小石磨,相当精巧。在日常饮食中,东乡人特别偏爱土豆制品,几乎餐餐不离。有时在炕火灰中焐,有时放在火上烤,有时加羊肉丝炒,有时煮烂用青稞面、酸菜、蒜泥拌吃,真是百吃不厌。

东乡族的肉制品也很有特色。如吃羊,全羊下锅清煮。内脏(当地称为“发子”)切碎盛于碗中,调入姜米、花椒、葱花、细盐,用笼蒸熟。进餐时,先上“发子”后上全羊,故有“先来的发子比后来的肉香”之说。待到上全羊时,要将各个部位(如脖子、肋条、前后腿、尾等)依次入席,使餐桌上样样俱全。煮过羊的汤,则加精肉少许和各种调料,最后端上,也是求“全”。现在东乡族人已将这种吃法演变为手抓羊肉,且在全国流行。

日常饮品。东乡族喜欢饮茶,爱喝云南的春尖茶和陕青茶,几乎每餐都离不开茶。多数用盖碗泡茶,也有人喜欢用小茶壶泡茶。在盖碗茶内放有茶叶、冰糖、桂圆或红枣、葡萄干、杏干等,名为“三炮台”。茶叶短缺时,人们还采些当地的一种干草当茶叶。东乡人把平时喝茶称做“刮碗子”,其含义除了喝茶外,还有聊天的意思。此外,常以“三香茶”(一般加冰糖、桂圆或烧枣)待客。

(2) 节日饮食习俗

东乡族的主要节日与其他信仰伊斯兰教的民族相同,即“开斋节”、古尔邦节、圣纪日。圣纪日一般在清真寺集众举办,节日活动有诵经、赞圣、讲述穆罕默德生平事迹等。开斋节又称“尔德节”。按伊斯兰教规定:伊斯兰教历每年九月是斋戒月份,凡能参加斋戒的男女,每日从黎明到日落不饭不食,这一月的开始和最后一天,均以见新月为准。斋期满的次日,即为节日。因此,它既是民族节日,也是宗教节日。

每逢节庆,东乡族人都要摆“古隆伊杰宴”,意为“吃面食”。主要食品有炸油香、麻贴(油花小馒头)、酥馓(大麻花)、仲卜拉(3千克左右的白面蒸馍)、拉拾哈(刀切面)、锟锅子(果糖蛋奶馅料的发酵饼)、荞麦煎饼、芽尝、米面窝窝等。此外,还要吃一种特制的美味可口的肉粥,和回族人爱吃的肉油饭相类似,东乡人称“罗波弱”。其做法是,在肉汤里放入小麦、青稞、蚕豆、扁豆、玉米和肉丝,煮成糊状即成,美味可口,若再泡上油香,就是东乡族的上等佳肴。

(3) 其他饮食习俗

东乡族十分好客,当客人来访时,除用“三炮台”盖碗酽茶款待外,常以油香、“尕鸡娃”待客,有条件的人家还宰羊,用“全羊”席招待。东乡族对吃“尕鸡娃”别有讲究。他们将整鸡按各个部位分做鸡尖(鸡尾)、胯子(2块)、大腿(2块)、勺勺肉(2块)、叉子骨(3块)、翅膀(2块)、鸡头等13块,分成不同等级。各按辈分吃相应的等级,其中以“鸡尾”最尊贵,一般只有最受尊重、最年长者或“首席”宾客才能享用。“端全羊”也是东乡人招待贵客的隆重礼节。东乡人的“端全羊”并不是将煮熟的全羊端上席，而是按全羊的部位，脖子、肋条、前腿、后腿、尾巴依次用碟子送上。较讲究的人家待客，有时还先把肺肝炒熟上菜，民间称为“客巴布”。“前头的客巴布比后头的肉香”，这是东乡族民间流传的俗话。

东乡族的陪客习俗也很有特色。客人来后全部上炕，主人负责招待而不陪吃。开席前由德高望重的老人致颂词，大家静心恭听，此为“告毕”。然后众人边吃边议，山南海北地聊天，此为“论”。客人的食兴与谈兴愈高，主人愈高兴，说明饭菜精美，客人满意，待客热情。此外，男客人由男主人招待。一般男主人在炕边给客人添茶取饭，自己不坐也不吃，妇女则避而不见。女客人由女主人招待，女主人可以陪同客人坐下一起吃。

东乡族人在农闲时，往往有多个人“打平伙”的习惯，即除一人做东不出钱外，其他人摊份子买只羊到东家连做带吃。以后各家轮流做东。若是东家拿出自养的羊，过后折成钱粮由众人分摊。东家做饭时，要另行准备油香、馒头、盖碗茶（八宝茶、紫阳茶、细毛尖茶均可），并将羊肉煮熟分割成胸、背、肋、前腿、后腿、尾巴6大块，配搭成堆，人各一份。羊杂碎和脖子肉切碎煮汤后，也是人各一大碗，大伙吃不完的食物也可以带回家。东家除一份肉、一碗汤外，还独得羊皮。进餐时，大家高高兴兴边吃边“论”，不论多长时间，东家都要招待到底。

东乡族的饮食禁忌与其他信仰伊斯兰教的民族基本相同。突出之处在于注重礼仪，例如来客，主人要率领全家成员出门迎候；敬茶端食均需双手呈送；老人坐炕必居上方，老人未食，晚辈不可动筷；媳妇送菜必须躬身进出等。

（白剑波）

7. 柯尔克孜族饮食习俗

柯尔克孜族史称坚昆、黠戛斯、吉利吉斯、布鲁特等，现有人口16.08万人（据2000年第五次全国人口普查数字），主要分布在新疆克孜勒苏柯尔克孜自治州，少数散居在其他各县，另有数百人聚居黑龙江省富裕县，是18世纪中叶由新疆迁去的。柯尔克孜族人以从事畜牧业生产为主，兼营农业和手工业。传统工艺美术有刺绣、擀毯、雕刻、织花和金银器，习以兵器、山鹰、云彩、猛兽作图案。柯尔克孜族喜爱赛马、刁羊、马上打靶和飞马拾物等。其物质生活与经营畜牧业有密切关系，饮食起居也有着游牧生活方式的特点。居住在城市的人多为一日三餐，牧区则多为一日两餐。早餐较简单，但营养丰富，多以鲜牛奶佐以其他食物，午餐也较简单，牧民们大都是携带干粮在野外食用，晚餐一般较丰盛。

（1）日常饮食习俗

日常食品。柯尔克孜族的饮食主要是肉制品、奶制品和面食品，也喜欢吃圆白菜、洋葱（皮牙子）、土豆等。其肉食主要有库尔玛（锅烤羊肉块）、烤全羊、库尔达克（炖牛羊肉）、马肠、肖奴帕（即手抓肉、肉块）。手抓肉在煮制时有一个要点，就是将肉凉水下锅，煮熟的肉香而不腻，嫩而不烂，牧民们外出放牧时一般都喜欢带这种肉块作干粮。此外，肉食还有煮全羊、烤羊肉片、烤肝子、烤腰子等。其中，最珍贵的是“马驹肉”和“驼羔肉”。

柯尔克孜族的乳制品有酸奶酪、干酸奶、酸奶疙瘩、奶皮子等。酸奶酪以新鲜牛奶为原料（绵羊奶最佳），煮沸后加入乳酸杆菌（即少许酸奶或酸奶疙瘩）发酵后即成。酸奶酪营养丰富，含有多种乳酸、氨基酸、矿物质、维生素、酵酶等。对于以肉、奶为主食的柯尔克孜人来说，食用酸奶酪具有改变口味、开脾健胃、清热降火的作用。每年鲜奶旺季，柯尔克孜族妇女们把一大锅一大桶的鲜奶煮沸，用瓢勺舀出上面金黄色的一层油，将剩下的奶加工成酸奶酪，作为夏季的主要食品。干酸奶是将酸奶酪过滤去水制成的。一般都装入细白布口袋内，外出时放在马背上，饥饿时可食，口渴时加水饮用，是夏秋季外出时携带的方便食品。酸奶疙瘩是将挤干水分的酸奶，用手抟成一个个小圆球，整齐地摆放在芨芨草编成的席子上晒晾。酸奶疙瘩晒干后,可长期存放,三五年不会变质霉坏,常作为柯尔克孜人冬季的主要食物。柯尔克孜人还可以将酸奶疙瘩还原成酸奶。进入高山牧区,经常可以看到柯尔克牧毡房前,有一个高65~100厘米,直径约12~20厘米的木桶。这种木桶大多是用一节圆木凿空做成的,下端固定在毡房外的草地上。平时用羊皮盖着上面的口,用时将酸奶疙瘩放进桶内加水后用木棒捣动。随着木棒的捣动,不到2个小时,水就变成了越来越浓的雪白的酸奶。奶皮子是将鲜奶煮熟放凉后表面凝结的一层黄色凝固物,柯语称“卡依玛克”。奶皮子可以加工成酥油等食品,又可以放茶中或直接抹在馕上吃。

柯尔克孜族的面食品有居布尕、卡特玛、窝馕、库鲁提苏依合希等。① 居布尕,即酥油糖饼。先将面粉调成团,擀成很薄的饼子,放在锅里烙熟,然后抹上酥油,撒上白糖,再叠成三角形即成。这种饼子香甜酥脆,大人小孩均喜食。② 卡特玛,即油卷。将调好的面团,切成数等份,擀成数张薄饼,然后抹上油,一张张地叠起来,放在锅内用文火烙烤成橘黄色即可。或者是把调好的面擀薄,将奶皮子或酥油均匀地抹在面上,卷成长条,然后盘成圆形,放在锅内用文火烙烤,两面烤成橘黄色即可今用。其特点是外酥里软,香味浓郁,系待客的上乘食品。③ 窝馕,是馕食品之一种。把调好的面团擀薄,上面抹奶皮子或者酥油,卷成一根长条,再盘成圆形,放在蒸笼内蒸熟(亦有在馕坑中烤的),然后在上面撒上白糖即成。这种食品吃起来松软香甜,尤为老年人所喜爱。④ 库鲁提苏依合希,即酸奶面条或酸奶疙瘩汤面。把酸奶疙瘩放在水中泡软,搅拌成糊状,加水烧开下入面条。有的地方还用鲜奶加水烧开下面条。酸奶面条是典型的牧区饮食,吃起来又酸又有奶香味。

另外,柯尔克孜人的日常饮食还有馕、锅贴、库依玛克(油馕)、包尔沙克(油炸面块)、曲依包尔沙克(油炸果)、烙饼、油饼、奶皮面片、油炸疙瘩、沙木沙(烤包子)、曲曲尔(水饺)、油馓子、奶油稀饭、抓饭、拌面、花卷等。随着人民生活水平的提高,以及与各族人民共同聚居、共同生产与生活,柯尔克孜人的饮食结构亦发生了很大的变化。蔬菜开始进入农牧民的家庭,饭菜的品种也日益丰富多彩了。

日常饮品。茶是柯尔克孜人不可缺少的饮料。他们喜欢砖茶,一日三餐都离不开。奶茶是常用的饮料,其做法是先把茶叶放在水壶里煮沸,再加入一些奶子和食盐,就可以饮了。亦饮用小米或麦子做的“包扎”。他们喜吃用牛羊乳制成的“库如特”(一种酸奶),这种食品味道很酸,营养价值很高,含有蛋白质和脂肪,有助消化。

餐饮器具。柯尔克孜族吃饭用手、刀、匙。农村和山区都使用木头制作的碗、盘、勺等餐具,坚固、方便而又经济,在城市则多用瓷器。制作面食时,没有案板,而是用皮子制成的擀面布。他们还将宰杀后经过加工的牛胃、羊胃作为容器,把做好的酥油存放在里边。

(2)节日饮食习俗

柯尔克孜人的传统节日有诺鲁孜节、喀尔戛托依节、马奶节等。此外,信仰伊斯兰教的柯尔克孜族群众也过肉孜节和古尔邦节等穆斯林传统节日。

诺鲁孜节。“诺鲁孜”意为新年。柯尔克孜人将白羊星升起的时候定为一年的开始,每年第一个月出现时,柯尔克孜族人民就欢度此节。这与汉族的春节很相似,时间相当于每年的农历春分时节。在节日期间,每家都按自己的能力把菜饭办得丰盛些,互相请客,以示庆祝。用小麦、大麦、豌豆、黄豆、羊肉、奶油等7种以上的食物熬制而成的黏粥“克缺”,是过节必不可少的食品,用以预祝在新的一年里饮食丰盛。节日的傍晚,当畜群从牧场上回来的时候,每家毡房前都用芨芨草生一堆火,人先从上面跳过,接着让牲畜从上面跳过,以示消灾解难,预祝在新的一年里人畜两旺。这时,人们要围在火堆旁唱“诺鲁孜节”歌,并举行传统庆祝活动。

喀尔戛托依节。这是柯尔克孜族妇女的

传统节日。传说古代柯尔克孜族遭到外来侵略时，妇女们以歌声和舞蹈吸引敌人，掩护男人们转移牲畜后袭击敌人。后来，人们就在每年阳历5月1日举行仪式，久而久之，成为一种节日。“喀尔戛托依”，意为“乌鸦宴”。在节日这天，妇女们聚在一起，穿上新装，在一位德高望重的妇女主持下，先每人喝下一碗奶子，以示忠诚、洁白、勤劳，然后唱歌、跳舞、讲故事。男人们则为妇女们宰羊、准备食物。

马奶节。每年农历小满节气的第2天是柯尔克孜族的马奶节。由于柯尔克孜人每年从这一天开始生产和食用马奶，所以逢此时节就要举行庆祝活动。这一天清早，人们穿上盛装，到拴马处，在家长抓住马鬃祈祷后由一个老年妇女挤马奶，先用一木碗盛初乳喂马驹，再舀一勺喂家里最小的孩子，以示小马健康生长、孩子纯洁幸福，然后大家分食挤出的马奶。这一天家家户户宰羊、做丰盛的食品，人们互相拜贺。节期一般为3天。

（3）人生仪礼食俗

柯尔克孜族的“诞生礼”是在婴儿出生的当日举行。由产妇的家人宰羊炖肉招待来宾。席间举行各种传统的民间娱乐活动，以表达新添人丁的喜悦之情。“摇篮礼”一般在孩子出生的第7天或第9天举行，要宰牲、设宴，请客吃饭，规模不大，参加者仅限妇女。在小孩出生第40天时要举行“满月礼”，这一习俗近似于汉族的“做满月”。“割礼”是在男孩7岁时进行的一种伊斯兰教教礼，“割礼”仪式非常隆重，是柯尔克孜族仅次于婚礼的重要仪式，民间也认为是婚前的必要准备，是男子成人的标志。柯尔克孜族青年的婚礼仪式由阿訇主持。在新郎新娘的婚礼仪式上，阿訇将一个馕分成两半，蘸上盐水，分送给两个新人，其含义是表示同甘共苦，永不分离。

（4）其他饮食习俗

柯尔克孜族十分好客和有礼貌，有“友谊与热情是柯尔克孜人的金子”的名言传世。凡有客人来访，不论相识与否都热情招待，拿出家里最好的食物请客人吃，而以羊头肉待客最为尊敬。在请客人吃羊肉时，先请客人吃羊尾油，再请吃胛骨肉和羊头肉。客人也要分出一些给主人家的妇女和小孩，表示回敬。

柯尔克孜族的饮食忌讳，与新疆其他民族既有相同，也有相异之处。饭前洗手后余水不可乱甩，须用布擦干。主人让吃时客人才能吃。男客不可从女主人手中直接接取食物，以示男女有别。客人应将碗中食物吃净，切忌将剩饭倒在地上。吃饭时不可揭开厨房门帘窥视，餐后要背向门退出。

（白剑波）

8. 乌孜别克族饮食习俗

我国乌孜别克族是17世纪从中亚地区迁入的，现有1.23万人（根据2000年第五次全国人口普查统计），主要分布在新疆的天山南北。历史上的乌孜别克人以经商为主，少数人经营手工业，故多居城市。现在，乌孜别克族散居在伊宁、喀什、乌鲁木齐、塔城、莎车和叶城等地，从事商业和手工业。在木垒、奇台、特克斯、尼勒克等地也居住着一部分乌孜别克牧民。在巴楚、阿克苏、伊犁、喀什、莎车等农村，则有一部分乌孜别克人从事农业。乌孜别克族有自己的语言，通用维吾尔文。他们的宗教信仰、风俗习惯、衣食起居等，与维吾尔族基本相似，信仰伊斯兰教，禁食猪、狗、驴、骡肉等，多吃牛、羊、马肉和乳制品。

（1）日常饮食习俗

日常食品。乌孜别克族通常是一日三餐中，早晚两餐较简单，早餐吃馕、喝奶茶，既简便又实惠，午饭是正餐，吃各种丰富的主食。用餐时，长者居上座，晚辈坐下席，家中人口多的就分桌用餐。

在乌孜别克族的食物结构中，馕是最常见的主食。其他主食还有汤面、抻面、爆炒面、揪面片、油饼、馃子、薄饼、煎饼、肉焖饼、蒸包子、烤包子、馓子、花卷、饺子、馄饨、馒头、甜搅团等。其中，馕的制法很多，有配加植物油或羊油、酥油的油馕；配加羊肉丁，孜然粉、胡椒粉、洋葱末的肉馕，以及薄片馕、窝窝馕、小圆馕、

闹闹直至深深夜。

(4) 其他饮食习俗

保安族的饮食禁忌与回族基本相同,忌食猪、马、驴、骡和其他凶猛禽兽之肉,忌食一切自死动物的肉和血。到保安族人家做客,不能进厨房以及女人的卧室,不许坐在门槛上尤其是女人,更不能坐门槛。

(白剑波)

10. 塔塔尔族的饮食习俗

塔塔尔族是我国信仰伊斯兰教民族中人口最少的一个民族,只有0.49万人(根据2000年第五次全国人口普查统计),主要分布在新疆伊宁、塔城、乌鲁木齐等地。塔塔尔族使用塔塔尔语,与维吾尔、哈萨克族杂居,故也通用这两个民族的语言文字。

塔塔尔族是15世纪时期由保加尔人、奇卡察克(钦察)人、蒙古人及许多其他使用突厥语的部落相互融合发展形成的。新疆的塔塔尔族主要是19世纪二三十年代及以后陆续从喀山、斜米列齐、斋桑等地迁徙来的。随后又有一些商人、宗教界人士、教育界人士、农民、手工业者和畜牧业者来新疆定居。新疆的塔塔尔族在历史上以经营商业为主,少数人从事畜牧业和手工业,也有少数农户。塔塔尔族的传统饮食十分丰富,独具民族风味。肉食的原料有马、牛、羊、山羊、鸡、鸭、鹅、鱼肉,面食的原料主要是小麦和大米,蔬菜类有土豆、豆角、豇豆、黄萝卜、皮牙孜(洋葱)、包心菜、南瓜等。鸡蛋、清油、牛羊奶、奶皮、砂糖、蜂蜜、各种干鲜瓜果也是重要的原料。

(1) 日常饮食习俗

日常食品。塔塔尔族一日三餐,早晚多用茶点,中午吃正餐。日常食馔以面、肉、奶为主体,也吃大米、蔬菜和水果。塔塔尔族妇女以烹饪手艺高超、善于制作各种烤饼和糕点而闻名遐迩。她们做出来的糕点,不仅美味可口、品种繁多,而且形状也很美观。用鸡蛋、面粉做成的小馕,以灵巧精致、口味鲜美而驰名全疆。制作糕点的原料与内地基本一样,也是面粉、鸡蛋、奶油和白糖等。此外,塔塔尔族的特色点心有饼干和“巴哈力”两种。制作饼干,大多以面粉、砂糖、牛奶、鸡蛋为原料,其形状丰富多样,有核桃状、娃娃状和动物状。“巴哈力”,就是将蜂蜜、鸡蛋、砂糖、清油、面粉和在一起,放在烤盘上摊开,上面点缀核桃仁、杏仁及葡萄干,经火烤而制作的,味道香甜酥松。

塔塔尔族最具特色的传统风味食品是“古拜底埃”和“伊特白里西”。“古拜底埃”是用大米洗净后晒干,上覆奶油、杏干、葡萄干等,放在火炉中烤制而成的一种糕饼,其特色是外皮酥脆,内芯松软,香甜可口;“伊特白里西”的做法与“古拜底埃”基本一样,所不同的是原料以南瓜为主,再加入肉和大米。塔塔尔族有一首描写饮食的民歌,很有意思:“古拜底埃嗡嗡响,哈巴克白里西(南瓜烤饼)哈哈笑,烤炉内的斋比白里西(烤包子)熟后待吃嘣嘣跳。”其他名食还有用面粉与鸡蛋、奶油、砂糖、鲜奶、可可粉、苏打制成的“去买西”,用牛肉、土豆、大米、鸡蛋、盐、胡椒粉制成的“卡特力特”(抓饭),以及“帕拉马西”馅饼、带土豆泥的油煎饼、饺子、面条、拌面、油煎肉等。

副食主要有肉类食物和奶类食物。肉类食物有“开西米日”、“克孜都日米拉”、奶油酥鸡等。“开西米日”即把羊肉、马肉或牛肉块和胡萝卜煮熟后食用。“克孜都日米拉”就是把熟肉块(牛、鸡、鸭、鹅肉块)和煮熟的土豆放在平底锅烧烤,然后将肉块和土豆片混合食用。奶油酥鸡别有风味,把酥油、鸡蛋和牛奶灌入鸡膛内,把口缝紧,用慢火炖熟即可食用。

果酱也是塔塔尔族的重要副食之一。伊犁地区的塔塔尔人常用苹果、海棠果、杏子、红枣、葡萄干、草莓果等制作果酱。果酱因水果名称不同而异,最为有名的是以野生马林(树莓)为原料制作的“唐古来酱”和草莓酱。苹果酱的制法是:将优质苹果摘除果把,用清水洗净,按1千克白糖1千克水果的比例投料。先将白糖放入铜锅内以微火煎熬,待白糖全部熔化后,放入苹果并不住地搅动,煎熬4~5个小时即成。草莓果酱只需煎熬15~20

分钟即可。冷却后舀入容器贮存，一般可存放3～5年，可随时取出食用。

日常饮品。塔塔尔族的饮料除各种茶外，还有牛奶、羊奶和马奶。塔塔尔族最富有民族特色和最喜欢喝的饮料是用蜂蜜发酵制成的“克尔西麻”，用野葡萄、砂糖和淀粉酿制的“克赛勒”以及用茶叶、枸杞、杏仁、冰糖泡制的五香茶。

奶茶是塔塔尔族人生活中不可缺少的饮料，烹制奶茶很有讲究。不同民族、不同地区、不同时代，烹制的原料和方法也不尽相同。塔塔尔族一般多用茯茶作原料烹制奶茶。烧奶茶时，先将茶水熬得浓淡适宜，撇去茶渣、将熟奶掺入混匀，使其沸腾，待茶乳交融后加适量食盐即成。饮奶茶时，把奶茶盛入碗中，稍加奶油或酥油，然后将呈小片的馕泡入奶茶食用，可谓最简单的一餐。

（2）节日饮食习俗

塔塔尔族的主要节日有肉孜节和古尔邦节。此外，“撒班”节（也称犁头节）是塔塔尔族特有的传统节日。塔塔尔族习惯每年在全村所有农户都完成春播后，举行一次群众性的集体庆祝活动。因此，提前完成的人家，要出人力、物力无偿帮助未完成春播的村民播种，塔塔尔语称“乌买克”即“团会”。庆祝仪式在田边举行，主要活动有摔跤、攀高竿、对唱、跳舞、赛跑等。对唱是节庆的主要内容，成年人唱希望丰收，青年人歌唱友谊与爱情，少年围着人群唱：“雨呀，雨呀，快快下，我们不要饥饿，永远不要见那像狮子般的瘟疫。”群众在对唱时，还唱教训懒汉的歌：“不要流浪快回家，快把酒瓶变骏马，快把酒瓶变犁铧，老老实实种庄稼。”塔塔尔族酷爱戏剧、音乐和歌舞，文化生活丰富多彩。

（3）人生仪礼食俗

塔塔尔族的婚宴食俗颇有情趣。举行婚宴时，客人登门祝贺，主家热情接待。夕阳西下时，新郎来到女方家，先按教规举行仪式，然后夫妇共饮一杯糖水，表示生活甘甜似蜜。从当晚开始，新郎要在女方家留住一段时间，有的地方要一直要住到孩子出生才双双回到男方家。新娘回到夫家，亲友们还要向她身上撒糖果，举行宴会，以示欢迎。

（4）其他饮食习俗

塔塔尔族用餐很重礼节。进餐时，按长幼就座，家庭人口众多的，还分席用餐，妇女和孩子另设一席。每人面前置放一块手巾，用于擦嘴和手，防止饭菜溅污衣服。饭前洗手，人各一把刀叉、勺子。主妇端送食物，先长后幼，秩序井然，有些人家有饭后吃水果的习惯。吃饭时可用手抓食，也用筷子、勺子，严禁脱帽，不能大声说话，不能剩饭剩菜，饭毕要做“巴塔”（祈祷），并向主妇致谢。

奶茶又是塔塔尔族人待客的常备饮料。待客时，主人坐在客人的下方给客人敬茶，随喝随盛。宾主谈笑风生，情感水乳交融，是宾主交往的重要方式。

塔塔尔族信仰伊斯兰教，其饮食禁忌基本上同维吾尔族、哈萨克族一样。最忌讳猪，不吃猪肉。禁食驴、狗、骡肉和自死牲畜以及凶禽猛兽，禁食一切动物的血（包括羊血在内）。并且不吃未诵安拉之名而宰杀的牛、马、鹅、鸡、鸭等。

（白剑波）

11. 土族饮食习俗

土族自称“蒙古勒”或“蒙古尔孔”（意为蒙古人），藏族称其为“霍尔”，在其民族形成过程中，与吐谷浑及蒙古诸族有渊源关系，也有认为与匈奴有关，现有人口约24.11万（根据2000年第五次全国人口普查统计）。青海省互助土族自治县是最大的土族聚居区，地处青藏高原东北部，全境分山区、浅山区和川水区3种地形。北部山区森林茂密，有广袤的草山牧场。南部浅山，河川交错，气候温暖，遍布良田园林，盛产蔬菜瓜果。土族是本民族的自称，因地区不同，还有“蒙古尔”、“察罕蒙古”、“土昆”、“土户家”等多种称谓。新中国成立后，土族成了他们的统称。土族有自己的语言，属阿尔泰语系蒙古语族。内部又分互助、民和、同仁三大方言。部分土族兼通汉语和藏语。土族无文字，长期以来，一直使用汉字和藏文。

土族的饮食文化与其以农为主、农牧兼营的高原山区生活紧密相连。牧区以肉类、乳品为主食，农业区以青稞、荞麦、薯类为主。喜饮奶茶，吃酥油炒面。

（1）日常饮食习俗

日常食品。土族以农业生产为主，喜欢吃酥油炒面、油炸馍、手抓大肉、手抓羊肉、沓呼日、海流、哈力海、烧卖、焜锅等，蔬菜较少，主要有萝卜、白菜以及葱、蒜、莴笋等10余种。平日多吃酸菜，辅以肉食。最具特色的食品是“沓呼日”。其制法是在麦面中加上清油、盐水拌匀，做成圆饼，放进灶内烤熟，吃起来酥脆可口。

土族也有很多独特的美味小吃，比如哈力海，也叫“背口袋”，就是用山里野生植物荨麻晒干后磨成粉末，将它和青稞面做成糊状的拌汤。此外，土族人还有独特的“狗浇尿饼”，是一种很薄的油饼，卷着拌汤吃。

日常饮品。土族人爱喝奶茶，饮青稞酒，土语称“酩酼”。男子大多喜欢饮酒，多数人家都自酿青稞酒。

（2）节日饮食习俗

春节是土族人最热闹隆重的节日。节日前10多天就开始准备，打扫房屋，缝制新衣，杀猪宰羊、烙炸年馍、酿造青稞酒等，一片繁忙景象。春节一般要过10多天。腊月三十那天，把院落房屋重新打扫一遍，贴上对联、年画，然后吃年饭，也叫团圆饭，主要有大块肥肉和长条面。大年初一的早晨，鸡叫第一遍的时候，大约早上4点钟左右，男人们就登上高山进行祭祀活动。妇女们和孩子们开始穿上节日盛装，等天刚蒙蒙亮，太阳还没有升起来时，就开始在家里给长辈拜年，然后走出家门，到亲戚朋友家去拜年，相互请客、喝年茶。所谓喝年茶，包括吃肉喝酒。

除了春节、端阳节与汉族相同外，土族还有本民族的节日和庙会等。如正月十四日佑宁寺的“观经会”，二月二日威远镇的“擂台会”，三月三、四月八的“转山会”，六月六、六月十三、六月二十九各地的“花儿会”，七月二十三日的“纳顿会”（又名庆丰收会），还有晒佛节、灯会、麻子沟刀山会、鸡蛋会、邦邦(Biang)会、祭祖节、五月二十八东岳庙会、六月鲁若等。其中以“擂台会”、“花儿会”和“纳顿会”最有特色。届时，人们不仅要载歌载舞，欢庆节日，还要进行赛马、摔跤，武术表演等文体活动，进行物资交流，颇为热闹。民和三川地区的纳顿节，从农历七月二十二日开始到九月十五日结束，被誉为世界上历时最长的狂欢节。互助、大通等地的鸡蛋会，在农历三月三、三月十八、四月初八在寺庙举行。届时进香民众带许多鸡蛋赴会，除自食外还敲击作戏。会毕，满地蛋壳，如同一地冰雹，意为禳解一年雹灾。节日里，土族人要做各种花样的油炸食品及手抓大肉、手抓羊肉，还要做不同花样的馍，吃不同花样的饭。

（3）人生仪礼食俗

在土族的婚礼中有一种羊头献客的礼仪，即把羊头煮好，盛在大木方盘里，插一把五寸（约15厘米）刀，端给新娘的喜客，称“羊头敬客”礼。其方法是：男方家主事人把准备好的羊头端到麦场上，敬献给喜客分食。在分食羊头时，一要共商宴席上双方交涉的有关重要事宜，二要给村里与女方有血缘关系的每户人家打羊头肉分子。现在一般用猪头肉代替羊头肉。此外，最为讲究的是婚宴五道饭，第一道是酥油奶茶、焜锅馍及花卷，第二道为馃子、油炸馓子、牛肋巴、炒油茶，第三道是油包子、糖包子、油面包子，第四道是手把肉，第五道是擀长面，颇有特色。

（4）其他饮食习俗

土族人非常好客，特别欢迎客人来访，哪怕是路过或前来投宿的客人都会设宴招待。当地有句俗话说：“客来了，福来了。”通常情况下，客人到主人门前时，主人敬3杯酒，叫做“临门三杯酒”。客人坐在炕上，主人敬3杯酒，叫做“上马三杯酒”。开宴后，主人再敬客人3杯酒。不会喝酒的人也不用害怕，只要客人用中指蘸上酒，对着空中弹3下就可以不喝了，可见土族人是非常尊重客人的意愿的。土族人招待贵客时，桌上要摆一个酥油花的炒面盒，端上一盘大块肥肉，上插一把五寸（约15厘米）长的刀子，酒壶上系一撮白羊毛，这是主人对贵客最尊敬的招待。

“西买日”是土族人招待客人的食品。“西买日”是土族语音译，意为“供献品”。其制法为，将炒面盛在彩绘圆形盒内，炒面上用酥油花装饰，顶端置日月为饰，取吉祥如意、与日月同辉之意。在招待贵宾时，为了表示敬意和增加热烈隆重的气氛，便在贵客面前供献“西买日”。如今人们的饮食结构发生变化后，人们很少吃炒面和酥油，主要食物是白面、杂面馍，所以待客时，以馄锅馍代替“西买日”，在桌上供献上一碟馄锅馍(3个)。若不知情者吃此供食，则视为失礼。但在十分庄重的场合下，人们仍千方百计地备办真正的“西买日”。

土族人信仰喇嘛教，不少禁忌与宗教信仰有关。土族忌讳过中秋节。中秋之夜，人们要朝月亮撒一把草灰。土族忌讳吃骡、马、驴等圆蹄牲畜的肉。其原因说法不一：有人说，昔日唐僧取经，白龙马驮经卷有功，为了对白龙马报恩，所以不吃；又有人说，土族人供奉骡子为天王神，所以不吃；还有一种说法是吃了圆蹄牲畜肉，来世转牲畜，不能投人胎。此外，土族人吃饭时每人都有固定的碗筷，请客吃饭也是每人一份。

（白剑波）

12. 锡伯族饮食习俗

锡伯族是我国人口较少的民族之一，人口数为18.88万人(根据2000年第五次全国人口普查统计)。“锡伯”是本民族自称。锡伯族是古拓跋鲜卑的直系后裔，史称席伯、西伯、席北。17世纪前居住在东北各地，清乾隆廿九年(1764年)，清政府征集3000余锡伯人去新疆伊犁河南戍边，故而现在主要分布在新疆伊犁地区的察布查尔锡伯族自治县和辽宁、吉林等省。现在生活在乌鲁木齐市的锡伯族在居住、家庭婚姻方面已与汉族基本相同，过去信仰多神教，还有信奉萨满教、喇嘛教的，普遍重视祭祖扫墓。锡伯族兼用汉、维吾尔、哈萨克语。锡伯文是在满文基础上改变而成的，一直沿用至今。锡伯族人也过春节、清明、端午、中秋等传统节日。锡伯族人以面、米为主食，喜喝奶茶，食酥 油、奶油等乳制品，忌食驴、马、狗肉。

（1）日常饮食习俗

日常食品。东北地区的锡伯族以小麦、大米、玉米、高粱为主食，喜吃蒸馍、发面饼子、面条、高粱米饭、韭菜合子、南瓜蒸饺等。在秋季常撒网捕鱼，做最具民族风味的鱼汤高粱米饭，还将韭菜、青椒、胡萝卜、莲花白、芹菜切成丝拌在一起贮于坑内腌制“花花菜”以便冬季食用。新疆的锡伯族除保留了锡伯族的饭食传统外，受维吾尔、哈萨克等族的影响，也喜欢吃抓饭、馕、手抓肉，喝用羊杂碎做成的汤。他们也用韭菜、青辣椒、红辣椒、胡萝卜、芹菜等各色蔬菜切丝，加工成“花花菜”。这种“花花菜”清淡爽口、营养丰富，是锡伯族人饮食中不可缺少的菜肴。

锡伯族的肉食以食牛、羊肉为主，兼食猪、鸡肉。吃肉的方法主要有2种，一是清炖，二是干炒。清炖的方法是：将新鲜肉或熏肉放清水里煮熟后，把肉捞出来，在肉汤里加些调料、葱花、白菜叶、胡萝卜、洋芋等，边吃肉边喝汤，或者把煮熟的肉切成碎块，再放到肉汤里吃。锡伯族人也好吃野味，冬季降雪时，常出去撒围，猎取野猪、野鸡、兔子等，尤其爱吃飞禽，民间流传的“宁吃飞禽四两，不吃走兽半斤”。在捕鱼季节里，打捞鲜鱼，除常做具有民族风味的“鱼汤高粱米饭”外，还晒腌储备，供冬天食用。

锡伯族人爱吃的菜蔬有韭菜、辣椒、芹菜、西红柿、茄子、洋芋(土豆)、白菜、青萝卜、黄萝卜、卷心菜、豇豆、刀豆、香菜等。其中，最喜欢吃而且常年吃的是韭菜和辣椒。韭菜一开始是拌进辣椒酱里吃，接着就做韭菜合子、稣死后复活,没有固定的日期,每年春分月圆后的第一个星期日举行,一般在4月4日至5月10日之间。节前,人们按照宗教传统斋戒49天,每天只吃一顿饱饭,其余两顿吃半饱,而且不吃荤、只吃素,也不许唱歌跳舞。过节这天,每家除准备丰富多彩的“比切尼”(糕点)之外,还要准备煮熟的彩蛋,即将煮熟的鸡蛋涂上红、黄、蓝、咖啡、绿、紫等色彩。每当客人来到,主人就分一个彩蛋,以象征生命的昌盛。节日期间,人们用上好的点心、饼干款待来客,亲友们互相登门祝贺,青年男女则载歌载舞,尽情欢乐。

圣诞节。圣诞节也是俄罗斯族人的一个盛大的宗教节日,是为了庆祝耶稣的诞生。俄罗斯族人的圣诞节在每年俄历的1月7日举行,当节日来临时,俄罗斯族人都要用柏树或松树布置成华丽的圣诞树,准备丰盛的节日食物。晚上团聚时,装扮的圣诞老人要给大家赠送圣诞礼物,还要举行唱诗会。

丰收节。这是新疆等地的俄罗斯族传统农祀活动,每年公历十月的第二个星期日举行。收割结束时,人们特意在地里留下最后一束小麦,将它周围的杂草除尽,然后摆上面包、盐和奶酪等供品,表示感谢大地的恩赐,祈求来年获得更大丰收。

谢肉节。谢肉节又称“送冬节”,新疆等地俄罗斯族人的传统节日。时间由原来每年的公历2月底或3月初改定为大斋(东正教的斋戒日期在复活节之前7周开始,无固定日期,一般不得早于每年的3月22日或晚于4月25日)前的一周举行。节期为7天。按照民间习俗,节期每一天都有不同的内容:星期一是迎春日,星期二是娱乐日,星期三是美食日,星期四是醉酒日,星期五是新姑爷回门日,星期六是姑娘相新嫂子日,星期天是送冬日和宽恕自己的言行日。在谢肉节期间,家家户户大摆酒宴,因为在谢肉节过后的斋戒期内不能吃荤和喝酒。

(3)其他饮食习俗

俄罗斯族人忌食马肉、驴肉,少数人不食狗肉。受哈萨克、维吾尔等兄弟民族的影响,有些俄罗斯族人还不吃猪肉。饮酒时不可以左手举杯。喝汤时必须用勺,但不得用左手拿勺。在宴会上,男子不可以在妇女入座前先坐。

(白剑波)

14. 裕固族饮食习俗

裕固族自称“尧乎尔”,宋时称“黄头回鹘”,元代称“萨里畏吾”,明称“撒里畏兀”,清代称“萨里辉和尔”等,系由古代河西回鹘后裔与蒙、汉等族长期相处融合发展而形成的。近90%聚居在甘肃省肃南裕固族自治县境内的康乐、大河、明花、皇城区及马蹄区的友爱乡,其余居住在酒泉市的黄泥堡裕固族乡。裕固族人口数为13.71万人(根据2000年第五次全国人口普查统计),没有本民族文字,一般通用汉文。裕固族人的饮食与他们从事的畜牧业相适应,一般一日喝3次加炒面的奶茶,吃一顿饭。主食是米、面和杂粮,副食是奶、肉。他们还喜欢饮烧酒,抽旱烟。裕固族主要信奉喇嘛教格鲁派。

(1)日常饮食习俗

日常食品。裕固族的饮食,牧区以牛羊肉、酥油、乳制品、糌粑为主,农区以粮食、蔬菜为主。裕固族用羊肉制作各种菜肴,其中较有代表性的是肉肠和支果干。肉肠是将羊脖子上的肉与里脊肉切碎,拌上盐和调味品、熟面,装进羊肚肠里煮熟;支果干是把羊肝、肺等内脏切碎拌以炒面、葱、蒜等用肚油卷成卷,煮熟。食用时将肉肠和支果干切成薄片,蘸上蒜、醋,是下酒时不可缺少的小菜。

裕固族的奶食品主要用牦牛奶、黄牛奶和羊奶为主制作,有甜奶、酸奶、奶皮子、酥油和曲拉。裕固族还喜欢在大米饭里、粥里加些蕨麻、葡萄干、红枣,拌上白糖和酥油,或在小米、黄米饭内加些羊肉丁、酸奶,作为主食。裕固族平时还喜将面粉做成面片、炸油饼、包子等,最拿手的是水饺。到了冬天,家家都要做许多饺子,然后冻起来,现吃现煮,有的人家甚至一直可以存到春天大忙时再吃。

人们在野餐时，将猎获的野羊切碎，装进翻洗过的羊肚子内，埋进余火燃烧的火坑，培上黄土、抹上泥巴，焖半天的时间即熟。参加野餐的人佐以野葱、野蒜、地卷皮，尽情享用。

日常饮品。裕固族的饮品主要是奶和茶，民间有一日三茶一饭或两茶一饭的习惯。每天早晨起床后，一般先将净水或刚开锅的茶舀一勺洒在帐篷周围，意味着新的一天已经开始，然后调入酥油、食盐和鲜奶反复搅动后即可饮用。如果加上酥油、奶皮、曲拉(奶疙瘩)、炒面、红枣或沙枣就可当早点了。中午也要喝茶，有的人家就炒面，有的人家就烫面或烙饼，算是午餐。下午还是喝茶，在茶内加酥油和奶或吃稠奶(酸奶)。

(2) 节日饮食习俗

春节。春节也是裕固族一年中最大的节日，一般节期为5天，从正月一日到五日，有的地方要持续到十五日。每当春节来临，家家户户拆洗衣被，打扫卫生，准备节日食品，还要准备鞭炮、酥油灯和蜡烛。腊月三十日下午，人们还要选一块干净的空地点燃两堆火，然后放鞭炮，驱赶牲畜从火堆中间走过，以示在新年里人畜两旺。这天要将刀、剪、扫帚都收起来，不到初五不得动用。晚上全家人围坐在一起吃年夜饭，饭后相聚在一起，通宵达旦地欢乐唱歌。年初一拂晓，进行敬天神活动。清晨吃过饺子，喝过奶茶，便穿上新衣，戴新帽，走亲访友，相互拜年祝福。

正月大会。正月大会是裕固族最隆重的宗教节日，流行在甘肃肃南一带，具体日期不完全一致，一般在农历正月十日至十五日举行，为期6天。届时，男女老少身着节日盛装，来到寺院，老人们为祈平安烧香磕头，点灯祈祷。寺院僧众戴面具，装扮成马、牛等形象，跳古老的祭神舞，裕固语称“禅”，并向人群抛撒红枣，以示吉利。寺院用手抓羊肉、油炸馃子、奶茶等招待参加者。有时还举办酥油花灯会。

六月大会。六月大会俗称“过会”，是裕固族传统宗教节日，流行于甘肃肃南县裕固族居住地，各寺院会期时间不一，多在农历六月初一至十五日举行。届时，山区牧民要请喇嘛念平安经，并上山祭鄂博。去时，人们手拿鄂博杆和清茶，来到规定的祭神地点，边向山上洒清茶，边祈求山神保佑。

九月大会。九月大会亦称“十月大会”，流行于甘肃肃南县裕固族聚居区，每年农历十月二十四至二十六日举行，为期3天，系纪念藏传佛教格鲁派创始人宗喀巴逝世日而举行的传统宗教活动。节前寺院墙壁及门窗都刷成白灰色以示纪念。节日期间，寺院内正中挂宗喀巴像，人们从四面八方聚集在寺院，向宗喀巴像上香、叩头，喇嘛、僧人诵经。寺院以手抓羊肉、油炸馃子等食物招待参加者。

(3) 其他饮食习俗

在喜庆的日子或有客人拜访时，裕固族家家户户都要拿出最好的食品进行庆祝和招待，待客和节庆期间，最讲究、最好的菜肴是牛、羊背子和全羊。其中以烤全羊最具特色。裕固族饮酒时有一敬二杯的习俗。饮用的酒除白酒和各类果酒外，更多的是独具特色的青稞酒。

裕固族有打平伙也叫“吃平伙”的习惯。在羊膘肥体壮的季节，裕固族男子相聚一起，在相遇之家买一只膘肥体壮的羯羊，把羊宰掉，按羊全身部位，按参与人数搭份子。份子搭好后每份用干净白棉线捆扎一起，全部下锅煮，然后装好肉肠，卷好脂裹干下锅。肉肠、脂裹干熟后，切成一节一节的装盘端上，大家一起吃，羊份子煮好后每人可带着一份回家。羊按讲定的价钱，按份摊钱，每人把钱交给羊的主人。

裕固人在过去禁食“尖嘴圆蹄”肉。“尖嘴”主要指飞禽和鱼类，“圆蹄”则指驴、骡、马这3种动物。现代裕固人基本上不禁食“尖嘴”类动物，而对于“圆蹄”类则仍禁食。另外，也严格禁食狗肉。喝茶时一般用1根筷子，忌用2根。给客人递茶碗、敬酒时忌用单手，须用双手以表敬意。

(白剑波)

人入目生凉，吃上几碗加糖的酸奶，不仅解暑生津，而且心旷神怡。不少老年人在夏季以酸奶为主食，不仅开胃，还可催眠、延年益寿。

（3）人生仪礼食俗

诞生礼。孕妇在产前，家人一般都要为她准备够吃1个月以上的营养品，最困难的人家也得备下十天半月的食品。除鸡、鸡蛋、米酒、酥油、牛肉等外，特别喜欢吃牦牛母畜的坐子骨，因为它是滋骨补骨佳品，多数人家在几个月前就要备好一架牛的坐子骨晒干收存。产妇一般喜吃酥油、牛肉，忌吃羊肉、猪肉、蔬菜、奶渣等。

孩子生出后，亲友以鸡、鸡蛋、酥油、牛肉、猪脚等厚礼相送。许多地方有“请春茶”之俗。当产妇身体基本恢复时，家人备办丰盛的食品宴请亲友和乡邻到家喝茶（来的人主要是妇女），吃青稞米酒、鸡蛋和“屯洪插”（奶渣红糖酥油汤）。客人临行前要向产妇说：“烦劳了，请多多忌嘴，保重身体！”孩子生后的一个月左右，要带上被褥衣服、酥油、牛骨头等食物到温泉泡上几天几夜，母子二人洗得白白净净才回家。孩子长到1岁左右，由父母到寺院朝拜，并带上四五十颗反复洗过的青稞，放入盘中请活佛进行巷朵（向盘中青稞吹一口气），然后装入红色小巧的布袋中，长期挂在孩子的颈上，防止邪恶近身。

婚礼。藏族的婚姻分说亲、迎亲和回门三段。

说亲。男方请媒人带上一盒糖、一坨茶、一壶酒、两把粉丝等礼物去说亲。女方父母同意即定下聘礼。

迎亲。在云南迪庆藏族自治州，婚礼前一天，男方送一匹马给岳父，一条牛给岳母，一只羊给哥姐等为聘礼。第二天迎亲队伍到女家后，坐上位，以酥油茶相待，吃一餐饭。当新娘到夫家门口时，男家用盘端上酥油、粮食、茶、盐、糖、酒等9种颜色的物品前来迎接，并背着两桶清水等候。进门时，男家向新娘和来宾洒水祝福，同时其他人以水相泼，直至人们全身湿透，唱“洒水喜调歌”，然后进屋依次坐好，开始吃茶宴请。习惯在每个客人面前设一方桌，上摆高脚盘，盘里有两份饭菜，一份当场食用，一份让客人带回，请家人同喜。饭毕，跳锅庄起舞，通宵达旦。

四川藏族的婚礼，新娘先要用脚踩茶叶包，以示丰衣足食，随即举行婚礼仪式，设矮桌一排，上列酥油、奶饼、果物等，两边铺皮垫，上铺白毡，中心用青稞摆成“卍”字，新郎新娘上座，先吃人参果茶一杯和麦粥一碗，由主婚人唱祝婚词。接着宴客，男女青年歌舞助兴。晚上点燃篝火，又歌又舞，通宵达旦。凉山州木里、盐源一带当迎亲队伍把新娘迎到夫家时，举行婚礼，摆酒宴客。当天下午，新娘与送亲人同回娘家。新娘要在娘家住一两年才回婆家从夫定居。

丧礼。老人去世，当天晚上就请小孩唱挽歌，供一顿肉丁稀饭。举行葬礼时，请喇嘛念经。亲友邻居必带小麦、猪小腿、粉丝、茶叶、红糖等前来吊唁。主人要以丰盛的饭菜招待喇嘛和参加送葬的亲友和邻居，并给他们还礼。还礼少于来礼，使用麦面做成的团饼必不可少。

（4）其他饮食习俗

川滇的藏族待客，以酒为礼。客至，主人用木盘盛着青稞酒、酸奶子、酥油、糌粑、奶渣、牛肉等，摆在客人面前、盛情款待。习俗是：请客人喝酒时，主人为客人斟上满杯，客人接后得先用无名指沾点酒，对着天空弹三下，分别表示敬天地、敬父母长辈、敬兄弟朋友，然后喝一口，随即添满，又喝上一口，再添满，再喝一口。三口以后才能满杯随意畅饮，进食饭菜。

青藏的藏族牧民，也十分好客。客至，主人先敬奶茶，接着上人参果、米饭、灌肠包子、手抓羊肉、大烩菜、酸奶子6道，此属贵客。如遇普通客人，则无大烩菜和手抓羊肉，或只有其中一样，多以牛羊肉的肋条肉待客。如果用肥美的羊尾待客，那客人就是最尊敬的客人。如果客人缺少盘缠，主人还会为他准备旅途食物。若有人不敬过客，不供给食宿，则认为是败坏了本村声誉，人人口诛之。来客如是某家的亲友，全村人相邀至家，设酒宰羊，敬若至宾。故藏谚云："把珍馐佳肴献给别人"，"献美食于人是待客之道"。

藏族在饮食禁忌有许多：忌把骨头扔到火中，禁止碗杯扣置，不许跨越火塘。不熟悉的男女，忌在一个碗内揉糌粑。家中办丧事，百天之内不能杀自养之畜禽，只能买别人杀的。可以食用偶蹄动物如牛、羊、猪等，不能食用蹄趾是奇数或伍爪相连的动物。过去，藏族还不吃鱼虾和鸟类。

（梁玉虹）

2. 彝族饮食习俗

彝族有人口 776 万余人（据 2000 年第五次全国人口普查数字），主要分布在云南、四川、贵州和广西等省区，居住呈大分散、小聚居的状态。其中，四川凉山州和云南楚雄、红河彝族自治州是彝族人口最多的地区。不同地区的彝族的自称有"诺苏"、"米撒泼"、"撒尼"、"阿西"等，与唐宋时的乌蛮有渊源关系，元明以来称为"罗罗"、"倮罗"等。彝族人大多数生活在山区和半山区，主要从事农业，出产玉米、荞麦、大麦和小麦等农作物，副业是畜牧业，主要饲养猪、牛、羊、鸡等，崇拜万物有灵和祖先。由此在饮食习俗上形成了别具一格的特点，即山地气息浓郁，敬重神灵、祖先和长辈，待客热情等。

（1）日常饮食习俗

日常食品。大多数彝族习惯于日食三餐，以杂粮面、米为主食。金沙江、安宁河、大渡河流域的彝族，早餐和晚餐多为疙瘩饭，午餐则以粑粑作为主食。疙瘩饭是将玉米、荞麦、大麦、小麦、粟米等磨粉后和成的小面团，入水中煮制而成。在所有粑粑中，以荞麦面烙制的荞粑最富有特色，可以久存不坏，有消食、止汗、消炎等功效。吃饭时，长辈坐在上方，晚辈依次围坐在两旁和下方，并随时为长辈进餐服务。

在副食方面，以猪、牛、羊为主要肉食，也将猎获的鹿、岩羊、野猪等作为肉类补充。其中，最有特色的菜肴是坨坨肉，即将猪肉切成较大的块，入锅中煮熟，拌上盐、蒜、花椒、辣椒和木姜子等特产香料制成。彝族的蔬菜来源比较广泛，菌菇、豆类、绿叶蔬菜等都有，除鲜食外，大多制作成酸菜。酸菜分干酸菜、泡酸菜两种，用酸菜煮的汤几乎每餐都有。

日常饮品。彝族的日常饮品是酒和茶，尤其重视酒，有"汉人贵茶，彝人贵酒"之说。彝族的酒大体有 3 类：一是"值曲"，汉语称醪糟、甜酒。二是"值及"，汉语称的白酒。三是"值野"，汉语称咂酒、杆杆酒、坛坛酒、泡水酒等，最有特色。它是将高粱、玉米、荞子等杂粮蒸熟，加上草药制成的酒曲，入坛后用土泥封口、发酵而成，酒味甜中带苦。饮时常常加水，并且用竹管吸食，一人一根。彝族人习惯于聚众而饮，喝酒方式是"转转酒"，即众人席地而坐，围成一个圆圈，边谈边饮，端着酒杯依次轮饮。同时，还有饮酒不用菜的习俗。

饮茶之俗在老年人中比较普遍，以烤茶为主，一般是天刚亮就坐在火塘边泡饮焙烤至酥脆略呈黄色的绿茶。饮用时，每次只斟半杯，缓缓而饮。

餐饮器具。在四川和云南，彝族的餐饮器具几乎都用马樱花树（杜鹃树）和红椿木制成，分为有漆、无漆两大类。其中，名为"散拉博"的酒壶是彝族酒具中的珍品，有圆球、扁圆、鸟形等形状，最大的特点和科学之处是以一竹管从壶底的孔中注入酒，再将壶直立，酒液不会流出、不易蒸发，而壶的上部有一吸管可供饮用。酒杯的种类很多，有木制的，还有用羊角、牛角、牛蹄、猪蹄挖空制成的，而用鹰爪制成杯脚的鹰爪杯更为独特。此外，彝族的餐饮器具常常用红、黄、黑 3 种颜色绘上各种图纹，既实用又美观。

（2）节日饮食习俗

彝族的民间传统节日很多，最主要、最有特色的节日是十月年和火把节。

十月年。这是彝族的传统年，时间多在农历十月，但没有统一、固定的日期，常常由各第五次全国人口普查统计）。贵州居住的苗族，占苗族总人口的一半以上，其中以黔东南苗族侗族自治州最多。湘、滇、桂也是主要分布区，渝、鄂、川有少量分布。中国古代即有有苗、三苗的古族名，据传是尧时的诸侯国。苗族信仰万物有灵或多神，祀奉祖先。苗族生产以农业为主，谷物有稻谷，小麦、玉米、荞麦、小米、薯类、芋类等，饲养牛、马、猪、羊、狗、家禽等。苗族饮食口味偏酸重辣，喜食糯食、水鲜、狗肉、鼠肉，烹饪技法较全面，烤、煮、炖、焖、蒸、煎、炒、炸均常用。

（1）日常饮食习俗

日常食品。大部分地区的苗族一日三餐，以大米为主食，少数地区平时两餐，忙时三餐，以玉米、荞麦、洋芋为主食。民间以糯米为贵，将食糯米饭作为丰收和吉祥的象征。食用糯米有粒食和粉食之别：粒食，除吃饭外，亦可将饭趁热放入碓中，捶捣成泥，下剂搓圆，用木板压平，冷却后入泉水浸泡，随时换水，可存放4～5个月，吃时烧、烤、炸均可。粉食，是将糯米磨成粉，可做成汤圆、粑粑等，亦可浸泡磨成稠浆，放入布袋，压上重物，挤去水分，晒干成块，叫吊浆面，口感细腻。玉米的吃法主要有两种：一种是把玉米磨成面，蒸制成面饭，煮成粥；另一种是将玉米磨成粗粒，簸去皮，制成干饭或稀饭。其名品要数叶包玉米饭，即选刚收下的玉米棒脱粒，放入石碓舂碎、去皮，入锅煮至胶融，稍凉后捏成型，用叶包住煮熟吃，清香味美，软糯回甜，金黄悦目。糯玉米汤圆是云南、黔南苗族传统风味小吃，制法似吊浆汤圆，冷后不硬，口感赛过糯米汤圆。此外，燕麦炒面是山地苗家出外的干粮，吃时加水拌匀即可。

多数苗区蔬菜十分丰富，四季不断青，白菜、青菜、萝卜、南瓜应有尽有，冬瓜、苦瓜、茭瓜、莴苣、莲藕、茨菇等已是寻常蔬菜。少数苗区以青菜、白菜、南瓜、豆类为主。食时有的炒，有的白煮，蘸各种蘸水而食。豆制品较多，如用黄豆磨浆、滤渣、点成豆腐，如不滤渣，煮成连渣捞。风味菜要数菜豆腐，即加白菜同煮，点入石膏水，边煮边用筲箕压榨让其板结，切块后蘸水吃。一些蔬菜可腌成酸菜、泡菜，做成豆豉、豆酱。

肉食以猪、牛、羊、狗、鸡、鸭、鹅、鱼肉为多。苗家尤其嗜吃狗肉，云南有“苗家的狗，彝家的酒”之说，集市上常年都有“狗肉汤锅”出售。老年人赶集吃上一碗狗肉，来二两（100克）白酒，再加一坨糯米饭，那是最惬意的。狗肉性热，食谚有“三伏天吃狗肉避暑，三九天吃狗肉驱寒”之说。狗肴，除狗肉汤锅外，还有“清汤狗肉”、“砂锅黄焖狗肉”等。

苗族嗜酸，家家腌酸，四季备酸，顿顿不离酸。其酸类品种繁多，肉类有酸猪肉、酸鸭肉、酸鹅肉、酸鸡肉。鱼类有草鱼酸、鲤鱼酸、鱼子酸、虾米酸。蔬菜酸就更多了。蔬菜酸可保存2年，肉类酸可保四五年，鱼类酸能保存10年。特有的草鱼酸，长至一二十年，鲜美透红，醇厚芳香。在黔东南，客人夏天进门，主人会送上一碗酸汤让客人解渴消暑。此外，苗家还以辣椒为主要调味品，有的地区甚至有“无辣不成菜”之说。

日常饮品。苗族的日常饮料是茶、酒和酸汤。

茶。除常用的茶叶外，最著名的是湘西南城步县长安营乡苗家的虫茶。它是由虫子吃带苦味的野山楂等灌木叶后排出的粪便晒干制成，曾为贡茶，含茶多酚较多。另外，“万花茶”则是借茶字冠名而已，常为清饮，亦食油茶。

酒。苗族酿酒历史悠久，从制曲、发酵、蒸熘、勾兑、窖藏都有一套完整的工艺。除甜米酒外，还有窖酒（白酒）和咂酒（水酒），但以咂酒别具一格，饮时用竹管插入瓮中，饮者围饮，由长者先饮，然后再由左而右，依次轮饮，直至味淡而止。

（2）节日饮食习俗

苗族的节日，以苗年、吃新节最为隆重。

苗年。苗年一般选在农历正月第一个卯日，历时三五天或十五天，最为隆重。现在虽然大部分苗族也过春节，但还是以本族苗年为主。

年前各家都要杀猪宰鸡，打糍粑，做腊肉、血肠，并酿几坛糯米酒。年饭非常丰盛，黔东南、湘西的苗族除了猪鸡鹅鸭外，肉鲊、鱼鲊、烤鱼是节日主要食品，糍粑、姐妹饭、灌肠粑更是必不可少。在黔南、滇东北与滇南一带，则以猪、鸡肉为主，别有风味的"油滚肉"、"剁鸡糁"、"白旺"等应时而上。除夕下午，特意给家里的六畜一点饭菜吃。房前屋后的果树也要喂一点年饭，还要往磨眼里放包谷，直到磨盘装不下为止，以此表示它们与人兴衰与共，应该一同过年。滇东北苗区在炸酥肉时忌外人进来，否则油会漫出来，燃烧起火。除夕夜吃"团年饭"时，老人小孩可选择最合口味的吃，但年轻的小伙子必须吃肥肉，而且要选大块的吃。因为在苗家看来，"吃不得大块肥肉不算好后生"。吃年饭时，谁都不准在饭碗里泡汤，如泡了，来年会遭雨淋。湘西苗家吃年饭时，特别忌外人来串门，若是有人来了，就是"踩年饭"了，来年全家将不得安宁。

初一天未亮，未婚青年就要争先恐后地去抢挑第一担新水，谁先抢到，被认为是最勤快的人。没有后生姑娘的人家，由主妇去抢。12 岁以下或 60 岁以上的人不能"抢头水"。此外，大年初一要吃"走寨酒"，即互相拜年，拜到哪里就吃到哪里。

苗家过年，还要隆重祭祀祖先，举行盛大的娱乐活动，如斗牛、赛马、跳芦笙、吹唢呐、耍龙灯、耍狮子等。遇有客人，则用水牛角斟酒并唱歌助兴，然后拿出鸡心、鸭心，表示"把心交给你"。但客人应按习俗，同在座的老人分享，表示自己是主人的知己。

黔东南龙胜苗家在正月初一和初二都要"郎爵勤"，意为"吃鼠肉过年"。为备鼠干，他们在秋收后便捕鼠、烘干备用。是时，包括出嫁不久的女儿，都要回家过节祭祖。祭品是精心烹制的鼠肉，若无鼠肉，则用糯米粉做成鼠形油炸后代鼠。否则，就被看做是姑息鼠害的不肖子孙。祭鼠日的晚餐，便是鼠肉宴。其中的"鼠肉酸汤"、"鼠肉辣椒"等鼠肴无不滋味鲜美，喷香诱人，吃时，边吃边祈愿消灭鼠患，保新年大丰收。

吃新节。这是湘西、黔东南苗家之节，时间在稻谷成熟之际。届时，饭要新米做的，酒要新米酿的，菜要才出园的，鱼要才出塘的。除办鱼肉酒饭外，还将禾胎、新包谷、豆荚、茄子、辣椒、苦瓜陈列于家龛之前及土地神祠前供祭。门上、屋里、牛棚、猪厩，都要挂起新谷穗、新葵花、新瓜豆等，以示六畜兴旺、五谷丰登。进餐前，必先盛一碗饭给狗先吃，因为狗给苗家带来谷种，以此酬谢，然后才是全家进餐，欢欢喜喜迎接丰收的到来。

（3）人生仪礼食俗

诞生礼。云南富宁、广南、麻栗坡三县苗族，孩子出生 3 天后就请亲戚来吃月米酒，主要目的之一是为孩子取名。在宴席开始之前，姑爷姑娘将婴儿抱来，磕头后请岳母取乳名，接着姑爷向岳母敬一杯酒，要求岳母取苗名。岳母甜甜地喝了两口酒，笑着说："姑娘姑爷成了家，又生儿长女，好啦！望你俩一生中，没灾没难，盘好家常，和和气气，白头到老！"姑娘姑爷听了笑盈盈地向老人敬酒，磕头。接着，岳母又问："你俩喜欢哪样名？"小夫妻将想好的名字，分别对老人讲。岳母听后说："好！既好听，又好叫，就照你俩的爱好改名吧。"小两口向母亲敬酒、磕头、感谢。这时，参加吃月米酒的人，都争着看婴儿，用吉语祝福。大家欢聚一堂，吃肉、喝酒、谈笑。一些地区，婴儿满周岁还兴办周岁酒席，宴请三亲六戚。

订婚。贵州威宁苗族青年在吃姐妹饭时，如姑娘相中小伙子，就带他到家里住一两天。若小伙子对姑娘满意，就获得了找"子稿"（介绍人）提亲的权利。在赛歌中如双方都有意，小伙子就获得"带婚"或"对话订婚"的权利。带婚在农历五月初五的花场等场所举行，由男方的几个伴友团团围住姑娘，请她"去当家"。来到男家，请人通知女方父母，求派伴娘来陪姑娘。女方父母会立即应允。随后，男方父母请子稿去"觉鲁"（送话提亲）。是时，子稿约个伴，带上酒到女方寨，找个熟人家歇脚表示来意。吃过晚饭，在熟人带领下，打着火把到女家门口，人未进门便说："哈哈！今天晚上有碗酒放在你家堂屋里"；"今晚有鸡腿、猪脚落在你家堂屋里。"女方父母闻声便请他们进屋，热情招待。坐下后，子稿说："今晚我们来，是望岳母、岳父给双草鞋穿，给件蓑衣披，让我们好回去。"说罢，便点燃火把离去。如同意，过十来天，男家就会有人来"的鲁"(对话订婚)。又过十多天，子稿就领着小伙子和陪伴人，带上一瓶酒、一对鸡、鸡蛋若干、一小袋炒面，依旧歇脚熟人家，再由熟人带到女方家。坐定后，子稿当着姑娘父母，夸奖姑娘。姑娘的父母要问小伙子和姑娘是否愿意。如果愿意，即将男方带来的食物，加上女方家的两只鸡和猪肉设席共餐，以示订下婚姻。此外，广西苗族男女青年相好定情后，有"喝崩"之俗。喝崩是指男女各帮对方刺破中指，让血滴在泉水碗中，各喝上三口即成生死相依的血誓定情，父母即使反对，也不能再干涉了。云南省苗族男女双方真诚相爱后，男家即请一位媒人向女方父母求亲。媒人到女家时，带去酒肉，请女方的姑舅表亲吃"平伙猪"。吃完，即告订婚。

婚礼。在云南，结婚那天，新郎由一位伴郎相陪去女家迎亲，女方由七八个姑娘陪送新娘到夫家。当天，全村喜气洋洋，新郎家设宴招待客人。次日，由新郎的父亲伴领一对新人回门。在新娘家住一天后，即返夫家。在广西，结婚这天，女家由一位亲人打着火把送亲，让人挑上一担前头重 2.5 千克、后头重 10 千克的糯米饭、酸鱼等。到新郎家后当夜举行婚礼时，新郎必须回避，新娘和伴娘们则在火塘边朝东的方向并排而坐，前面地上摆一坛糯米甜酒、一盘糯米饭、一碟剪得参差不齐的酸鱼。男家人则斟酒、递饭、送鱼，让新娘和伴娘们先吃先喝，再轮到新郎的双亲。酒过三巡，男家的人从碟里拿出一条最大的用麻线缠着的酸鱼递给新娘，新娘象征性地咬一口鱼头，婚礼遂进入高潮。看热闹的男女老少则分享甜酒、鱼肉、糯饭。随后，新娘返回娘家。伴娘们挑着一担糯饭、一担糍粑、一担熟鸡鸭肉和酸鱼酸鸡、一担熟的鸡鸭蛋相随左右前后。在一两年中，新娘有回娘家的"自由权利"，这期间新娘在夫家不端饭甑，不上灶，也不拿锅铲炒菜。

在贵州的威宁，结婚分"小娶"、"大娶"两种仪式。新郎在子稿带领下，到女家住十天半月，再由女家择日，请 5～9 位伴娘陪新娘到夫家，同住 3 天后一同返回，这叫小娶。大娶常为 1～3 天，新郎随迎亲队带上猪一头、羊一只、牛一头、鸡两只、酒一罐、炒面、鸡蛋去迎亲。晚饭后由说亲人交礼。猪给岳父母待客，牛给岳父母以谢养育之恩。羊给姑娘亲舅，鸡专供女家宴上制"鸡辣汤"，让所到客人都尝到，意为尝尝人生的酸、辣、苦、咸，而把甜美留给姑娘。炒面做客人早餐。鸡蛋给来参加婚礼的小孩，人均一个。酒给客人喝，以示男方大方。次日，女家请 8～10 名男(兄弟亲)女(姐妹亲)青年送亲，还要请一对家庭和睦、子女多的青年夫妇相送。当走到离夫家五六里时，要吃两个男青年背去的炒面，俗称"吃晌午"。傍晚时来到夫家，四方宾客又一起出迎。入夜，芦笙歌舞骤起，喧闹一夜祝贺。第 3 天送亲人返回时，新郎应送给"兄弟亲"每人一头双月猪，送给"姐妹亲"每人一只鸡作谢礼，名叫"脚价"。大娶后，新娘偕夫应在 1 个月内回娘家探望父母，俗称回门。届时必带上鸡、蛋、酒、炒面等礼物，除探望父母外，还应到嫡系亲友家送礼，众亲友家要轮流宴请，3～7 日后夫妇俩辞行，岳父母馈赠未下过崽的童牛一头、童马一匹、配偶小猪一对、母羊一只，嫡亲也回赠礼物。此后是第二次回门，岳父母家得杀猪宰羊用半个猪或半个羊招待，另外的半个必须保留心、肺在上面，让其带回，俗称指人宴客(敬奉姑娘公婆)。

隆重的婚宴要数湘黔交界的会同县苗寨。入席前，先吹奏唢呐入席曲，放三响铁炮，主人放喜炮，两手捧红漆茶盘，内放红纸一张，用两双筷子摆成"V"形压住红纸，按辈分、年龄、身份逐一请到座位上。每请一客，须将茶盘托至头顶，躬身至客前，并吹以“请客调”开宴，主人要请客人喝“先行杯”，常是2杯(双福双寿)或4杯(四季往来)，然后同饮，表示“人人有喜，个个发财”。同饮时，应先左后右交换杯盏。尔后，饮“扯扯杯”，两人对面而立，各用右手把杯递给对方，左手接杯，同饮而尽，如此直至全席人饮完为止。

丧礼。老人死了，要吹芦笙、击鼓、椎牛祭丧，牛杀得越多则越有脸面。先由死者女儿向某人敬酒，请他当管事。管事找来厨官、饭将、吹师共7人，全家人齐向他们敬酒，同时管事请人去请么公。么公到后，给死者唱开路歌，捏死一只小鸡，将鸡心烤熟喂死者。在一片哭声中，吹师吹笙围鼓转圈打鼓，昼夜不停。继而是厨官杀狗煮熟，由管事献祭。出殡时，厨官又要杀一头牛，用千层肚上面的油皮蒙在鼓上，半小时后取下。煮熟牛肉，由管事祭献。

(4) 其他饮食习俗

苗族待客，一是敬茶解渴，二是献酒沟通，三是设宴饱腹。敬茶，因域而别。湘西是用万花茶，即在杯里放3片万花茶，冲入开水，随同汤匙，敬给客人，香甜浓郁，以示主客亲密无间。客人饮茶后要将杯子放回茶盘中原来的位置，否则就失礼。广西融水则敬油茶，规矩是一台油茶，每人要喝3杯，主人烧不足3杯，是对客人的失礼，客人喝不足3杯，是嫌主人的油茶打不好，甚至是丢主人的脸。

苗族在饮食上有一些禁忌：父母或同村人去世，1个月内忌食辣椒；父母去世，3年内忌吃狗肉、泥鳅和鳝鱼。在祭山、树、石等时，所杀的鸡、羊和所煮的食物要就地吃光，不许带回家里吃。川南苗族禁吃猪心。广西龙胜苗民禁忌讲粗话，违者就要罚吃用油炸豆腐加烈酒冲泡的豆腐酒，其味苦涩不堪，以示警戒。

（梁玉虹）

4. 傣族饮食习俗

傣族在汉晋古籍中称“滇越”、“掸”，唐以后称“金齿”、“黑齿”、“银齿”、“白齿”，明代又称“百夷”、“白夷”，清代以来称“摆夷”。自称为“傣”，但不同地区又有“傣仂”、“傣雅”、“傣哪”、“傣绷”等自称。我国境内傣族约有人口115.9万人（根据2000年第五次全国人口普查统计），主要聚居在云南的西双版纳傣族自治州、德宏傣族景颇族自治州，景谷、耿马、腾冲、孟连、澜沧、金平、元阳、新平、元江等县亦较集中。傣族信仰小乘佛教、崇拜祖先。生产以农业为主，是我国种植水稻最早的民族之一。谷物有稻谷、玉米、小麦等。傣族饲养猪、牛、鸡、鸭和捕鱼捞虾，喜食糯食、凉食、鱼鲜和昆虫，嗜酸、重辣、偏苦，擅长烧烤、精于凉拌，饮食富有热带风味。

(1) 日常饮食习俗

日常食品。傣族闲时一日两餐，忙时三餐。以稻米为主食，德宏傣族景颇族自治州主食粳米，西双版纳傣族自治州主食糯米。不食隔夜粮，认为米只有现舂现吃才不失其原有的色泽和香气，因此在傣族村寨，水碓声长年不断。食米非常讲究，舂出之米，除簸扬弃糠皮外，还要过筛，只食颗粒完整的大米。食时，或焖或蒸成干饭。饭中佳品以“菠萝八宝饭”和“香竹饭”名声远播。香竹直径3～4厘米、约长30厘米，壁薄，带有香味，饭柱被竹膜包住，糍糯耐嚼，香甜爽口。除饭外，糯米、黏米还被制成佳点名吃。如“毫补冷细”(带馅糍粑)，馅心为苏子甜馅，成形抹上油用芭蕉叶包住，食时或烘或炸。傣族名食有“毫甩”(粑粑丝，与汉族的饵丝相似)、“毫栋贵”(芭蕉叶粽子)、“毫诺索”(芭蕉叶年糕，又名“泼水粑粑”)、“油炸麻脆”(糯米片)、“风吹粑粑”(又名“象耳粑粑”)、“火烧肉米线”和“稀豆粉米线”等40多种。

傣族园艺种植较发达，有白菜、萝卜、胡萝卜、芹菜、韭菜、莴苣、番茄、洋葱、茴香、瓜类、豆类、薯类，还有采摘的竹笋、马蹄菜、刺五加、薄荷、芭蕉花、野茄子、羊奶菜、帕哈、蒛菜、青苔等。这些蔬菜，多为白煮、打蘸水而食，亦可与肉类相炒。肉食以猪、牛、鸡、鸭肉为大宗，次为鱼、虾、螺蛳、螃蟹、昆虫。傣族嗜重新上菜。特别讲究三味：头菜是热的，表示爱情像火一样炽热；第二道菜要盐够，表示爱情不会淡漠；第三道要是甜的，象征爱情越来越甜蜜。开席后，小伙子要给姑娘敬酒，姑娘要领情而饮，这就叫“吃小酒”。小酒一吃，表示婚约已经缔结。

成亲之日，新娘要走进厨房，在饭甑中放少许钱，表示报答甑子的养育之恩，习称“告别甑子”。迎亲日，男女两家分别设婚礼桌。男家桌上有酒一碗、白线两束、家织筒裙及上衣一套、银腰带两条、银手镯一副、长刀一把、糯米饭一碗、鸡蛋两个、熟鸡一只。女家桌上有酒一碗、芭蕉叶做的尖帽两顶，家织白布及黑布各一块、槟榔五串、香蕉两串、红糖和盐巴各一块。上述食物，槟榔意为钱币，香蕉意比围着一个中心生长，糖喻婚后甜蜜，糯饭要新娘第一次在夫家做饭时抹在火塘三角架上，表示百年好合，鸡有团结互助之情，蛋有因贫守志之意等。

婚礼大多在女家举行，拴线是主要仪式。双方要到佛寺接受佛爷的拴线诵经，后回到女家竹楼，并排坐在婚礼桌前，桌上铺着蕉叶，摆着男方送给女方的礼物和女方的礼品。其中，有两顶用蕉叶做成的锥形帽子，下面放着煮熟的公母鸡各一只。主婚人上坐，念祝词，尔后新郎新娘争抢酒杯中的槟榔叶，谁先抢着就意味着在日后家庭中居主导地位。接着，双方向主婚人下跪，让其用一根白线绕过双方的肩膀，又用两根白线拴在双方手上，在座的老人亦为之拴线。然后，双方向主婚人致谢。撤桌时，一只鸡献给主婚人，一只鸡让小伙子们分吃。其余的东西放在帐子边，内中食物要3天后才能吃，其中的糯饭要由高龄老人捏成三角形，沾上盐分放在铁三角架的3个顶点上，任其火烧，预示幸福生活的饭碗十分牢固，爱情像铁一样坚实。

新娘到新郎家后再行拴线仪式后，便开始宴客。桌上必铺绿色的蕉叶，桌上必有一碗吉祥的“血旺”，还有一包年糕及各式傣肴，由一对新人逐一向客人敬酒。这时，新郎要找新娘，因为新娘的女伴于敬酒前故意将新娘藏起。找来新娘方可给客人敬酒，否则宾客只得面对空杯冷坐，嘲笑新郎为“憨姑爷”。敬酒开始，歌手是活跃人物，当他唱到精彩处，人们欢呼声爆起。宴完舞起，通宵达旦。婚后第3天，新郎母亲挑着凉粉到女家认亲，分赠凉粉。第5天新郎新娘又挑着凉粉到男家，由婆婆陪着新娘认亲赠凉粉，婚礼至此结束。婚后从妻居，时间长短，视情而定。

居住在内地的傣族婚礼与边疆的有所不同：

定亲。居内地新平的花腰傣族，婚姻自主。当姑娘给小伙子送食篮后，小伙子回送食篮给女家还礼。尔后，由男方的两位媒人抱着饭盒到女家提亲，女方父母如收下，就定下婚事。结婚头天，男方将一对鸡、5千克酒、5千克肉、一担菜送到女家。女家请近亲“吃小酒”，以征询亲戚意见，同时有婚宴之意。

迎亲叫“办大酒”。这天，要请来男方三亲六戚。迎亲要送一只狗。新娘离家时，娘家陪嫁品内中有一个柜子，内装一些米、红糖、松明。其中，米表示婚后有吃有穿；红糖表示新娘心甜；松明表示婚后前途光明，日子火红。新娘到夫家后，先拜祖，后由公婆给夫妻拴红线，吃蛋黄饭，意为团结、永不分离。当晚送亲人与新娘同宿。次日天不亮，新娘和送亲人回娘家磨豆腐。这天上午，由媒人率领10个人，挑着狗肉、白酒、蔬菜到女家办大酒，由伴郎陪着新郎到女家的邻居就餐。饭后由媒人领着新郎认新娘家的亲戚。天黑，媒人要偷女家的杵盐棒藏起，把一对新人领回夫家，把杵盐棒交给新娘，祝她生儿子。第3天回门。

丧礼。人死当天，丧家只吃两餐饭，必须重新用一箩谷子舂成米，招待帮忙的家族亲友。舂时，凡是跳出石碓的不能拾起。吃饭时不用原来的篾桌，要换成一个簸箕，并在死者原吃饭的座位处放上副碗筷，以示怀念。守灵期间，孝子孝孙不准吃肉喝酒。丧家要用好酒、饭、肉待亲友，每晚还要煮饵块、糯饭款待。选定祭、葬日期后，派本寨青年按两人一组持拐棍分头向亲友家报丧，到后一定要吃一顿饭，这是代替死者来向亲友道别和与亲友吃最后一顿饭。随后，亲友带上酒、米、粉丝、木耳、鸡蛋、祭帐等按时赶到。祭奠由长老主持，灵柩前摆一桌死者生前爱吃的饭菜、水果和两杯酒。出殡时，孝子要帮抬灵房的人穿上一双草鞋，肩搭一块白汗帕，敬上一碗酒下肚，方可出殡。

(4) 其他饮食习俗

傣族热情好客。凡过往客人，都会受到主人的盛情招待。平时客人跨进门槛，主人必先敬酒。当客主对饮后，善喝的主人常要起歌助兴。若醉酒，不许打人骂人，不许损坏物件、庄稼，不许调戏妇女，不许上佛寺，只能休息睡觉，否则，就要受到寨里老人的斥责或罚款。所以，傣族男子很少有酗酒发疯者。

傣族非常讲究卫生，对水很有感情。谚语说："泡沫随浪漂，傣家跟着水走。"每个寨子里，几乎都有一口式样美观、富于民族特色的水井，井用石砌成，有一座留有空间的井盖。整个建筑分4层，层层逐渐往上收缩，最后束成一个宝塔式尖顶，称为"南磨广母"(井塔)。由于井塔三面遮住井，避免了落叶、灰尘的污染，故水清凉爽。

在饮食禁忌方面，边疆的傣族不吃狗肉并忌杀羊。人们以为，狗很脏很臭，是下等动物，吃了会影响来世托生。而羊则是善良之物，除食用青草而别无所求，恰巧他们称呼羊为"咩"，正是母亲的同音，不忍心杀羊。另外，不准跨越火塘，也不能随便移动火塘上的铁三脚架，烧柴时要从根部烧起，从三脚架的两边放柴进去，不得由后边送入，客人不能坐火塘边的座位。

(梁玉虹)

5. 白族饮食习俗

白族自称"白子"、"白尼"，与唐宋史籍所称的河蛮、白蛮有渊源关系，元明时称"白人"或"僰人"，明清以后称为"民家"(汉语)、"那马"(纳西语)、"勒墨"(傈僳语)。白族现有人口185.81万人（根据2000年第五次全国人口普查统计)，主要分布在云、贵、湘三省。居滇的有147.25万人，80%居住在大理白族自治州，另与大理白族自治州邻近的怒江州、丽江市、迪庆藏族自治州、保山市、楚雄、思茅地区亦有分布。白族崇拜本主，信仰佛教，农业发达。洱海地区属鱼米之乡，谷物有水稻、小麦、玉米、荞麦、高粱、大麦；饲养牛、马、骡、驴、猪、羊、狗、鸡、鸭、鹅、鸽，并捕鱼、虾、螺。口味偏酸辣，名食甚多，宴席菜式多样，烹调技艺较高，寄情寓食境界较高。

(1) 日常饮食习俗

日常食品。白族一日三餐。坝区以大米、小麦为主食，山区以玉米、荞子、洋芋为主食。元江白族的汽锅饭特别香，软糯耐嚼，营养价值高，别有风味。大米除蒸饭之外，还制成饵块粑粑和饵块片、丝。粑粑用火烘烤后，抹上咸或甜佐料当早点或小吃。饵块片丝或炒或卤或煮，巍山粑肉饵丝享誉全省。糯米碾成粉或做成吊浆面，可做出种类繁多的小吃，其中以豆面汤圆(牛打滚)、青蚕豆糯米汤圆和粑粑颇具特色。牛打滚与北方的驴打滚相似。豆米汤圆，是青蚕豆米、猪肝鲊与汤圆合煮而成的。豆米粑粑，是用鲜蚕豆泥与糯米粉和成面团，下剂按扁，入锅煎或炸，撒上椒盐而成的，绿白相间，清香脆糯。小麦、玉米、荞麦经磨粉后，加工成粑粑亦是调剂口味的主食。麦面发酵制成的"喜洲粑粑"遍布全省。中秋节的主点"大面糕"，直径66厘米，中间厚四边薄，最厚处达17厘米，内夹果仁甜馅，蒸熟后洁白光滑、鲜嫩酥软蜜甜，常为当年娶来的新媳妇亲手烹制。而山区的白族用荞麦面制成的"葛的吊"(荞面条)和"三吹三打"(塘煨荞粑)，让人耳目一新。豌豆凉粉和稀豆粉，遍布城乡。白族还在熟浆入盆冷却冻结时，撕下表皮晒干成粉皮，经油炸佐酒，酥脆爽口。

白族善于园艺种植，蔬菜品种繁多，常年不断青，以大白芸豆、玫瑰糖、祥云辣椒、大理雪梨和雕梅、宾川柑橘、漾濞核桃为著名特产。肉食以猪肉为大宗，次为牛、羊、狗、驴、家打碎则抬棺上山埋葬。葬后，人们回到主人家吃“正席”。第4、5天和“头七”到“四七”之日，丧家都要在坟前敬酒献饭。过了百日做“百期”，主人家请亲戚吃顿酒席即告结束。

（4）其他饮食习俗

羌族对羊有特殊感情，如以羊为牺牲，作为祈山神之品。羌人有尚礼好客的传统，贵客临门要鸣枪欢迎，入房后坐于锅庄上方，上咂酒祝福。宴客时视上血肠为佳肴，倾其所有，热情款待。

在饮食禁忌方面，吃饭时不能当着长辈跷二郎腿，碗打碎当天不能出门。上菜时需从下位端来，并让老人先吃。不能随意翻动盘中肉肴。吃完后离席，不能从老人面前穿过，不能把筷子横放在碗上，不能倒扣酒杯。严禁吃没有产子的牛羊，不吃马肉。办席时的菜数不可为10(因10与石谐音，触犯了白石神)。不能践踏、跨越锅庄，不许挪动锅庄石和三脚架，不能往火上泼水。

（梁玉虹）

7. 布依族饮食习俗

布依族旧称“仲家”，是由古代百越的一支发展演变而来的，现有人口为297.15万人(根据2000年第五次全国人口普查统计)，主要居住在贵州的黔南、黔西南布依族苗族自治州，云南、广西、四川有少量分布。布依族信仰原始宗教和崇拜祖先，居住区山清水秀，气候宜人，是一个古老的种植水稻的民族。布依族种植的谷物有水稻、玉米、小麦、高粱、薯类和豆类，饲养牛、马、猪、羊、狗、鸡、鸭、鹅和鱼虾螺虫，好吃狗肉、糯食，饮食讲究卫生，喜食酸辣脆嫩食品，常用煮蒸、腌腊、冻拌、炒炸技法，以歌敬酒，风情别致。

（1）日常饮食习俗

日常食品。布依族闲时一日两餐，忙时一日三餐。主食以大米为主，次为小麦、玉米、小米、高粱。水稻分黏、糯两类，多用水碾加工，没有河流的地方，仍用碓舂。他们制作黏米饭时，干饭有的用木甑蒸，有的用锅焖，不滤米汤，亦食稀饭。玉米，常将其粗磨成沙粒般大小与大米合煮，或是磨成面，掺入糯米面，做成粑粑。布依族小吃颇多，如米线、卷粉、米凉糕、米凉虾、豌豆凉粉，各式粑粑，名品有“芝麻油团粑”、“独山香藤粑”、“独山糌粑”。

布依族的蔬菜较丰富，以竹笋、薯类、瓜豆为主要副食品。蔬菜除鲜吃外，还加工腌制成盐酸、糟辣、面辣、豆豉、泡菜、干酸菜等，以盐酸最为有名。而云南罗平九龙河流域的干腌菜和酸笋亦有独到之处。酸笋，是先把鲜竹笋晒干，然后再发酵，既卫生又驱除了臭气，酸中带有植物清香，令人胃口顿开、食之难忘。干酸菜，是用油菜花茎洗净晒干，切细腌渍后，再晒干，便成了人见人爱的干腌菜。此干腌菜为九龙河独产，尤宜烧汤，喝上一碗干腌菜汤，透身沁凉，浑身清爽。

布依族的肉食有猪、狗、牛和鱼、虾、螺、虫。农村的布依族习惯于年前宰杀肥猪，然后腌制，制作香肠、皮酸、血豆腐、醅、荔波风猪，醅和荔波风猪都是享有盛名的名食。吃“活血”，是用猪的胸叉骨肉、脾脏和瘦肉剁碎，入锅煸炒，入盐、汤、葱、酱油等佐料，熟后入器，倒入鲜猪血拌匀，凝固后即食，特点是酥嫩软糯，咸鲜可口，别有风味。“肥羊抵不得瘦狗”是布依族的食谚，狗肉驱寒补温，“头黄二黑三花四白”是他们的识狗之说。他们一年之中有五六个月在水田中赤足劳动，身体受凉并积聚着大量湿气，吃狗肉正好健身。布依族善烹狗肴，有狗灌肠、盘江黄焖狗肉、六马狗肉火锅、花江狗肉等名品。

日常饮品。布依族的日常饮料有茶和酒。茶常为开水现泡清饮。酒在民间酿制很普遍，近代以来，酿造白酒多用大米，贵州西部多用玉米、高粱，都用蒸馏法取酒。贵阳花溪布依族的刺梨酒驰名中外，它是清咸丰同治年间，青岩附近的龙井寨、关口寨布依族首创的。刺梨酒的制法是，每年春秋之交，先酿成糯米酒，用布包着的刺梨浸渍酒中，旬日取出，然后用谷壳壅盖酒坛，燃烧后下窖储藏，秋冬取出饮用，味极醇美。另外，惠水的黑糯米酒亦很有名。他们饮酒很普遍，每遇节庆，必须有酒，用芦管插入坛中，围着酒坛聚饮，称扎马酒米酒。

炊餐器具。布依族居住区翠竹成林，高大茂密，常取竹子编织各事炊事用具。贵州的布依族用竹编的生活用具如饭箩、提篮等精致玲珑，逗人喜爱，饭甑有竹制、木制，亦是自产。

(2) 节日饮食习俗

布依族的节日，以过大年、三月三最隆重。

过大年。从农历除夕至正月十五止。除夕前，要杀年猪，熏制腊肉，做香肠和血豆腐，打糍粑，舂饵块，包枕头粽子，备蔬菜，办年货。除夕，做好丰盛的饭菜，先祭祖先，再吃团圆饭，全家围坐火塘守岁至天亮。云南巧家县和四川的布依族有吃鸡血米煮鸡肉稀饭之俗。传说此风俗源于清乾隆嘉庆年间，时在贵州的布依族为躲避官军追剿，各家把鸡杀了，用鸡血淋在大米上，表示抵抗官兵的决心，除夕吃此粥后，各奔东西，从此成习。巧家县姓韦的布依族杀年猪时，只把猪身对半剖为两扇，吊在屋内。到三十晚上做菜时，便由一位家长翻窗而入，割下要"偷"之肉而出，交厨房做菜。此俗是反映他们从贵州逃出来后避难时的一段情景，流传下来，沿袭至今。

初一凌晨，姑娘们争先挑"聪明水"，男人们做早饭，先祭祖，再请妇女们吃饭。初一吃荤，初二吃素（汤圆、白酒煮糯米粑、豆沙粑、饵块、糍粑等甜食），初三吃荤。初一早上吃得最好，佳点是鲜肉糯米粽粑。届时，要先喂狗，而且无论哪家来的狗都要先喂它，俗称"狗来富，猫来扯麻布（不吉利）"。初二深夜，家家门上要摆几个粑粑，给寨里吹牛角号撵鬼的人当夜宵。

初三至十五前，举行互相拜年，互请春客，玩狮子等文娱活动。十五这天，每家接回出嫁的姑娘。全寨人煮肉献祖后，铜锣、铜鼓、爆竹、火枪齐鸣，撵野猫和火星，当事人宣布从现在起要注意防火。若有失火者，要承担这天集体进餐的开支，同时还要重办一次集体伙食。这天，人们到山洞挖一种叫"破皮根"的草药和猪肉一起煮吃，可治腰痛又可补身。

三月三。为期3天，祭山神、龙潭和冰雹，并举行文体活动。事前每户凑钱买羊、鸡等祭品。初三杀羊，祭山神，各家随带五彩糯饭下羊肴会餐。初四祭冰雹，杀羊、鸡各一只做成菜，祭毕聚餐。初五祭龙潭（水神），杀白公鸡和猪各一只，边杀边祭龙王，大伙清除井里的杂草、枯枝、淤泥，修井边道路和砖石，完毕就在井旁会餐。承头人公布开支账目并嘱咐管好孩子，爱护水井卫生和道路以及风景树。节日期间，儿童们带着小水车，背着一袋煮熟的红鸡蛋去河边玩水车，划竹排，打水枪，父母们要送去鸡、鱼、肉、蛋等上好的饭菜，摆在河滩上与孩子们吃顿美餐。同时具有互相观摩比赛烹调技艺的含义。青年们亦在河边划竹排，打水战，游戏比赛，唱山歌，吹木叶求恋，也有的出猎或捕鱼。

(3) 人生仪礼食俗

诞生礼。布依族的婴儿诞生礼仪分报喜、三朝、满月三段。

报喜。贵州紫云县的布依族产妇生下婴儿后，立即派人带上鸡和酒到岳父家报喜，生男抱公鸡，生女抱母鸡。云南的布依族向娘家、姨家或舅舅报喜后，各自带"双"礼祝贺，包括2只鸡、2罐酒、20个（对）鸡蛋及鞋帽衣服。

三朝。婴儿出生的第三天宴客叫做"三朝"。这天，杀一只公鸡，再备些酒菜，先祭祖后请族中女主人"吃三朝"，再由父母亲或外公或舅舅给孩子取名。

满月。要办月米酒，为期3天。第1天外婆家要送甜米酒、糯米面、衣被等，亲友送米、蛋、布。主家杀猪宴客，族中女主人前来作陪。晚上开"扎马酒"，唱酒歌。第2天由家族合伙杀猪宰羊宴宾。第3天由主家操办。月米酒，热闹非凡，盛况仅次于婚宴。

婚礼。布依族的结婚礼仪分定亲、过门、回门三段。

定亲必靠媒人，媒人有“走媒”(男方媒人)、“坐媒”(女方媒人)之分。走媒提亲起码要经过三四次，当坐媒告知女家有意时，走媒就带上一壶酒、一包红糖或糕点，和坐媒一起到女方家说亲。女家饭菜招待，并将带来的酒斟给媒人喝，收下红糖，不退还酒壶，即表示同意婚事。随后由坐媒去征求本族中老辈和外祖父母、舅舅的意见。接着，男方备礼，约请双方媒人同到女家，交“开口钱”。礼含礼金和酒糖等，其数量除给女家外，还有女方叔伯兄弟每家1壶酒、0.5千克红糖。届时各家分别请媒人吃顿饭，至此，说亲大功告成。接着才是定亲，由男家的20人左右，抬着一大坛酒、红糖、爆竹、公鸡以及彩礼钱到女家，举行订婚仪式。次日，把男方带来的礼物分送家族各家后，由各户分请定亲人吃饭，叫“吃转转酒”。最后一顿又回到女家吃“发脚饭”，方可返回。

布依族婚事有“背八字”的隆重仪式，有的和订婚仪式一起进行，有的则是先定亲，后背八字。是时，男方备猪一头、酒50千克、一只鸡、糖、糍粑、彩礼、“鸾书”、爆竹、蜡烛等，请媒人和几位亲友送到女家。猪、鸡杀后煮熟献祭祖先后，请族中亲友吃八字酒，行“背八字”仪式。由先生写好男女双方生辰交给女方家长，用红布包好与祭祖留下的那只鸡腿及青布、布鞋、3个碗筷装入提篮，放在神龛前，由男家派去的少年相机取走。少年要倒背鸾书不回头地跑回家，故称“背八字”。其他客人要宴饮后才返回。“八字”到家，要请家族吃喜酒。

过门就是迎亲。婚前，男方先给女家送去糯粑、肉、酒、红糖等彩礼。婚期有2天、3天或3天以上之别。

镇宁扁担山一带，接亲这天，男方的两位小伙子和少女，携带一瓶酒往女家迎亲，任务是要把女家送的2块约重25～30千克的大糯粑挑回男家供祖。迎亲人进入女家后，就要查清喜粑放在何处，吃饭时未等众人吃完，就趁机把粑抢到手快走。这时，云集在女家房子周围的孩子们即用苦楝子、桐子果、小泥块等追打到寨外，直追出很远。倘若迎亲者未拿到喜粑，则女家的男青年就把喜粑送出寨外，这时喜粑已被孩子护着，迎亲者要去抢，就要挨打，直至把喜粑抢到男家，这叫“打报古”。

在盘江地区，迎亲队伍庞大，有“八仙乐队”、彩旗队、灯笼队、礼品队，由押礼先生率领。途中，必遇女家孩童们设下的障碍。迎亲者送糯粑，方能通过。到达新娘家门口时，女方的姑娘们很有礼貌地迎接客人的雨伞、礼篮和花轿。发亲前，押礼先生要把姑娘们收藏的雨伞、礼篮，花轿用礼信(封封钱)赎回。这时姑娘们要故意“讨价还价”，惹得众人哄堂大笑，热闹非凡。

在贵阳一带，当送亲客到达新郎寨门前，要用长凳和荆棘拦住寨门。年轻妇女提一壶酒，端上托盘，盘上有酒杯，为送亲客敬酒。送亲客必先唱答谢歌和开门歌，后才喝酒，搬开路障，进入寨子。当客至男家门口时，年长的妇女又逐个敬酒，唱“迎客歌”，客以歌对答，唱毕捧杯饮酒，方可进门。

婚日，新郎家门槛上跨着一个马鞍，鞍上有坐垫和一只公鸡。吉时新娘进家，巫师念诵经词，杀公鸡，将血洒在大门口的石阶上驱邪，然后，放鞭炮。新娘进门，过门口时用手摸马鞍，表示出门有马骑；提一下斗，摸摸斗里的粮食和钱，表示到夫家管钱粮。拜祖前，公婆回避，拜后才出来见新娘，表示让她当家，然后入新房换装。

在贵阳一带，摆宴席时，送亲客的席桌摆在堂屋大门前院子里的上方，桌子斜歪着，4条长凳，2条2条地摞起来。桌上的杯、碟、碗、筷只置一半，并且连同酒壶都用红纸封着。客人入席时，男家几名青年站立在桌旁招待。这时，送亲客要先唱感酒壶，后唱杯、碟、碗、筷的“启封歌”，唱完一首启封一样，把餐具补齐，桌凳摆好，方可就餐。

晚间，主客双方对歌，通宵达旦。对歌中，数“要荷包”最为风趣。荷包由女家缝制，交与伴娘转交男家，内装桂圆、白果、花生之类，象征早生贵子和"岔花生"。届时二人一对"搭帮腔"齐唱，唱足12首可得一荷包。

第三天吃过午饭，送亲客返回。客人出门时，主家年轻妇女用板凳和荆条拦在门外和村外，以酒送行，客人必须唱歌喝酒才放行。客去，新娘留夫家住几天，每天由家族和寨里的近亲轮流请去吃饭，直到吃遍各家，晚上由小姑陪宿，尔后由新郎或小姑陪同新娘回门，送些喜粑和酒。女家要把喜粑切成若干小块，分送家族各户，至此婚礼结束。

丧礼。布依族实行土葬。老人去世，孝子持一瓶酒、一根龙竹去外家报丧。丧家杀猪宰羊，招待来吊丧的人。来者送酒肉或钱。丧家女婿或侄女婿要做一席猪羊、果品、纸扎金童玉女来祭奠，至亲要用篮子挑一桌酒席来祭奠。

有的地区在祭奠中，还要举行"转场"仪式。即选一块平地，用松柏树枝围圈，四角各放一方桌置放祭品。主持人牵一头大牯牛，沿场周赶牛驱鬼。其他人猛击铜鼓，放鞭炮。吊丧者吹唢呐、敲锣鼓。转场一结束立即宰杀祭牛，将牛头置于死者棺木灵前祭献，同时煮牛肉宴亲朋，转场结束有的即可开荤，有的要在安葬后才可吃荤。

（4）其他饮食习俗

布依族重礼好客，待客如宾。席上鸡头要敬给客人，次进鸡爪，认为爪子是抓财的工具，表示让客人发财致富。为了待客杀的鸡，鸡肠必须完整，剖开洗净，不得细切。切下的鸡块数与来客数相等。切鸡要有一定顺序，先鸡头，后两腿，再切鸡身。待客时，主人先将缠有鸡肠的鸡头、鸡脖子和一些鸡血、鸡肝敬给来客中年龄最长之人，表示肝胆相照、血肉相连、常(肠)来常往(网)。鸡腿给小孩，以示对下一代的关心。等客人吃了鸡头，大家才动手吃肉饮酒。

主人以歌敬酒风情别致。男主人唱："凤凰飞落刺笆栏，金鲤游到浅水滩，今朝贵客到我家，不成敬意太简慢，献上一碗薄水酒，只望客人多包涵。"客人唱："画眉飞上金梧桐，毛虾游到银海湾。今天来到主人家，碗堆碗来盘堆盘。这杯仙酒我饮了，情深似海义重山。"女主人唱："客人远道来山乡，一路辛劳情意长。穷家没有好招待，薄酒一杯暖肚肠。"客人唱："八仙大桌四角方，鸡鸭鱼肉摆中央。菜好酒好情更好，今生今世都难忘。"难怪清人莫与俦在《黔中竹枝词》中赞曰："朴素民风属四乡，一家春酒几家尝。屠犬烹猪成欢会，醅菜坛开十里香。"

布依族最大的饮食禁忌是媳妇一般不与公婆同桌吃饭。"坐月子"期间，不许产妇到井边，食山上野味。

（梁玉虹）

8. 傈僳族饮食习俗

傈僳族自称"傈僳"，唐宋元古籍中称"栗粟两姓蛮"或"粟蛮"、"施蛮"、"顺蛮"、"长裈蛮"、"卢蛮"，明清称"力些"、"栗粟"。傈僳族现有人口63.49万(根据2000年第五次全国人口普查统计)。其中，云南省有60.16万人，聚居在怒江傈僳族自治州的约有20万人，其他分布在丽江、迪庆、保山、德宏、楚雄、大理地区。四川省的凉山州和盐边、米易有少量分布。傈僳族从事农业，以种植谷物玉米、荞麦为主，稻米甚少。他们饲养猪、牛、羊、狗、鸡和蜂，兼事渔猎，信仰原始宗教崇拜自然，喜食饭菜合一的粥食，以及漆油、蜂蛹、蜂蜜，口味以麻辣为主。

(1) 日常饮食习俗

日常食品。傈僳族普遍一日三餐，以玉米、荞麦为主食，并有饭菜一锅煮的食法和爆吃玉米花的习俗。荞麦磨后去壳，取面蒸成疙瘩饭或做成粑粑。包谷有干吃和阴吃之别。干吃，一是将包谷磨成粒蒸后煮成干饭或稀饭。玉米粒稀饭，是将干玉米先用水泡后，放入木碓中舂去皮成玉米粒，淘净后掺入四季豆及其他蔬菜，煮三四小时即可进食，吃时配以漆油、核桃仁、辣椒、水豆豉和食盐炒成的佐料。由于舂后筛去了玉米的表皮，故吃起来细腻香甜。如在煮玉米粉稀饭时，加上腊肉或野味，味道就更加鲜美。二是将干玉米磨成面，席前，男女双方代表按古歌对答为何开亲，然后举杯祝酒，宣布陪客开席，接着又各喝一碗酒，自行对答，举杯饮酒。这时，证婚人将红包送给新人，其余客人就席饮酒对歌。次日，女方族中人分别或联合宴请来客，宣告吃订婚酒结束。

吃大酒，又称接亲酒、借薅劳。接亲时，新郎不亲迎，由男方杀猪办席，派押礼先生、歌手与2对童男童女随同挑糯米饭、熟猪肉和酒等人，提着鱼笼和金刚藤叶，前往女家供祖。这天，女家杀猪宴客，席间往往要喝肝胆酒和交杯酒。晚上对歌达旦。次日，新娘盛装出阁到夫家，不拜堂，不闹房，夫妇不同居。次日回门，夫家派2位青年妇女送新娘回家，婚礼后的一段时间，新娘住娘家，谓之"不落夫家"。

丧礼。水族实行土葬，十分重视吊丧活动。人死后用鸣铁炮三响报丧，亲友送糯米、酒、豆、鱼前来吊唁。同宗族人及直系亲属自动忌荤吃素，忌陆产动物肉与油，但水产动物如鱼虾不忌，而且作为必需的祭品和招待亲友的唯一佳肴。女丧杀猪宰牛，男丧杀牛敲马，作为祭品。这些肉是忌肉，丧家族中的人都不能吃，即使开荤后也不能吃，而要将这些肉按亲情的亲疏、送祭奠的多少，分给亲友。

（4）其他饮食习俗

水族非常好客，待客方式很特别，习俗为"酒重于肉，烟重于茶"。一般客人待以肉类和豆腐，对上客则杀鸡鸭鱼款待，对贵宾则杀猪招待，要饮肝胆酒。若是乳猪则全猪煮熟，若是大猪就煮猪头，然后置于木盘中，掐猪耳祭祖后，主人即制肴宴客。独具特色的是，无论什么猪，附着苦胆的那页猪肝不能切下炒吃，而是用火烤结胆管口，煮熟后一起供祭，然后待客。当酒过三巡，主人取出这页猪肝，剪开胆管口把胆汁注入酒壶里，并给每个人斟上一杯，让德高望重的长者或贵客先喝，然后才顺序往下喝，喝时要联臂举杯喝交杯酒。肝胆酒表示主人真心实意待客，有肝胆相照、苦乐与共的含义，是水族表示诚挚友谊的古朴礼仪。同时，苦胆有清火明目、助消化和降压之效。

水族好客，往往是一家来客，通寨宴请。如若客人一时不走，可逐家宴请；如客人急着要走，则以见面席或吃联桌饭宴客。见面席，即客人在已请之家进过餐，还有许多家的宴席未赴，客人即使吃得再饱，也得去邀请人家喝上一口酒，尝上一筷菜，以表示见面的深厚情谊。有时一天要走上七八家或串通全寨。吃联桌饭，是指客人在这家的主人办过第一次酒席待客以后，各家的主人又自动背来水酒，提来腊肉、豆腐等，在这家集中摆上几个火盆，每个火盆上架着铁三脚架，烧燃柴火，然后十几个、二十几个或更多的人围坐两旁，排成一个长桌，同邀客人入席，大家开始畅饮。

在饮食禁忌方面，禁跨火塘，待客时忌杀白鸡和敲狗，猪仔不能给岳父，狗仔不能送女婿。出门办事，忌发生碗钵无故破裂或米饭夹生的事。

（梁玉虹）

15. 景颇族饮食习俗

景颇族，自称"景颇"、"载瓦"、"喇期"、"浪峨"，由唐代"寻传"等部落的一部分发展而形成的。近代多称为"山头"，又分"大山"、"小山"、"茶山"、"浪速"等。有人口13.21万（根据2000年第五次全国人口普查统计），有本民族文字。主要分布在云南的德宏傣族景颇族自治州等地，以农业为主，谷物有水稻、旱稻、豆类和洋芋等。饲养畜禽，有牛、猪、鸡、兼事渔猎。宗教以鬼灵信仰为主，擅长烤、煮、舂技法，以舂菜最具民族特色，喜食酸辣、苦凉、酥香食品。

（1）日常饮食习俗

日常食品。景颇族一日三餐或两餐，主食以大米干饭为主，喜吃竹筒饭或饭菜合一的粥，兴吃新谷炒米，配吃干鱼和大米磨粉做成粑粑，尤喜糯米舂成的年糕。

景颇族宅旁园地均种植蔬菜，但主要是瓜豆类、青菜、洋芋等不需精耕细作的大路菜，也有竹笋、香菜、水芹菜、蕨菜、小蒜等。吃法：一是一锅煮蘸吃，用绿菜与酸笋白煮，吃时蘸豆豉、辣椒，食盐调制的蘸水，称“酸炽菜”。二是舂，将采集和种植的多种菜煮熟后与调料放入臼或舂筒中，舂细而成。“舂筒不响，吃饭不香”是他们的食谚。景颇山寨，每家都有一个舂筒，每顿饭几乎都有舂菜。用一节长约25厘米的龙竹为臼，用木棒为杵，野菜、野果、瓜、豆、干巴、干鱼、虾等都可作舂菜原料，以豆豉、蒜、香菜、葱、姜、辣椒、芝麻、花生、核桃等为佐料，佐料越齐全，味道越美。舂菜原料不宜生吃的，如瓜、豆、鱼、虾、黄鳝等则先用火烤熟再舂。肉食以猪肉为主，牛肉、鸡肉次之，辅以渔猎所获。烹制以烧烤为主，一种吃法是放在明火上烤至香脆，与野菜一同舂成泥而食；另一种是烤熟后，蘸盐巴、辣椒面吃。如系牛干巴则埋入火中焐熟，用刀捶松后撕着吃。

家中就餐，饭、菜用芭蕉叶均分包好，每人一份，打开芭蕉叶用手抓吃。愿意集体进餐的，可围坐一圈，亦可拿走单吃。

日常饮品。景颇族的日常饮品是酒和茶。

景颇人常说：“不喝酒，就不能讲故事。”所以，酒成了他们日常生活中不可缺少的饮料。水酒，全由妇女酿制，是用粮食煮熟加酒曲发酵而成的，饮时兑入水。酒曲制作，有“采草”仪式。农历九、十月间，当山上的苦、甜、酸、辣的草成熟时，寨中选出一对最漂亮、品行最好的姑娘和小伙子，由祭司和威望高的老人带领，背上米酒、鸡蛋、糯米饭到山上，择地摆上食物，坐好，由祭司唱祖先找药草的仪式歌，唱毕，一起采药草，带回去制成曲酿酒。习俗认为，采草仪式举行得越隆重，做出来的酒药质量越好。白酒，是成年男子喜喝的烧酒，赶街外出须臾不离，随带用杯口粗的竹筒制成的酒筒。盖是杯，筒是瓶，严密不漏不透气，路遇好友亲朋，敬一杯，有如汉人的传烟和语言问候一样。

饮茶，兴用竹筒煮茶，茶水香浓，几乎家家都有煮茶的竹筒。每年采春茶时，男女青年上山采春茶，舂春茶，煮香茶，献给老人。

炊餐器具。景颇族具有特色的饮餐用具，一是竹筒，有竹水桶、烹煮的竹锅、舂菜的竹舂筒、煮茶的竹茶筒、盛酒饮酒的竹酒筒。二是牛角，不仅有号角、猎人的火药筒，更重要的是用来制作原始的取火工具。三是男子挎挂的长刀，它是生产中的工具、生活中的刀具、自卫的武器，是形影不离的伙伴，故称它为“日恩途”，意为生命之刀。

（2）节日饮食习俗

景颇族的节日以“木脑脑”、秋收两大节为重。

木脑脑节。“木脑脑”（纵歌）就是为“木代（太阳）鬼”举行的祭典。一般四五年一次，由山官举办，辖区内百姓参加，以寨为单位送祭品，主要是牛。每次要杀牛十几头至几十头，稻谷至几千千克。祭祀后，酒足饭饱即纵歌，是一种几百人至两三千人齐跳的大型舞蹈。祭典3天，第1天开幕式，第2天高潮，第3天闭幕。这3天，从清晨到夜晚，通宵达旦地尽情欢跳。

秋收节。农历八月龙日举行，又叫吃新米，活动之一是吃炒米。前一天，青年妇女背着插上鲜花的背箩去田里割些半熟的青谷，炒熟去皮，拌以盐、辣椒、姜、干鱼等佐料，制成可口的炒米。是日，先祭鬼，请寨子的亲朋共尝炒米。活动之二是吃新米，时在谷子成熟时，吃时要请乡邻和亲友共吃，要吃水菜、芋头和鱼，没鱼要杀鸡，富裕之家要杀猪，还要给岳父家送去些新米、肉、酒等。新谷打出后，要举行叫谷魂仪式，随后将新谷炒干，舂成米与老米混合烧成饭，暗示老米未完，新米又登场，吃穿不愁。蒸饭时，蒸盖上摆谷穗，闰年摆13穗，不闰年12穗。

（3）人生仪礼食俗

诞生礼。孕妇分娩时，要请一位子女齐全的妇女来接生、拴线、取名。她手持舂臼，臼内放入烤熟的干巴或干豆、生姜和一些新鲜香料菜，边舂边念：“祝主人家又增添了新人，让他健康成长，无灾无病，全家幸福快乐。”

在婴儿生后的7天内，要举行“卡布布”

活动。这天，当太阳初升的时候，产妇在寨中两位老年妇女相陪下，去水边洗东西。其中一位老人要背着孩子爸爸的长刀，另一位则扛着长矛，当她们来到水边后，要立即挥舞起长刀与长矛，至此就结束了整个生育的礼仪活动。这天上午，主人用水酒款待亲友，新生儿也可以抱出来了。

景颇族的结婚礼仪分订婚、结婚送聘礼、回门 3 个阶段。

订婚。在澜沧和孟连，如双方经过“干脱总”（串姑娘）活动后感情交融，男方就请媒人带上布料、2筒水酒、1 只鼠干、1 条鱼为聘礼，装入一个破烂不堪的筒帕里，来到姑娘家门楼上高喊：“丑陋贫穷的人来了，快快煮饭泡水酒。”女方母亲回答：“快走开，我们不想见叫花子。”媒人即回身走出，很快又返回叩门，高喊：“快开门，吉祥的贵客来了，我背来了猪鸡牛马财，粮食谷子财。”姑娘父亲马上开门把媒人迎上楼，媒人将烂筒帕挂在门上，进门与父母相见，双方互敬槟榔或草烟后，商议亲事。若姑娘母亲忙把筒帕拿进家杀鸡、煮稀饭款待媒人，表示亲事谈成。

结婚方式有 6 种，其中以“迷确”（拉婚）颇具特色。拉婚时，先请女方寨中的媒人了解姑娘每日的行踪，再由男方寨中的媒人携酒带领新郎和几个小伙子，前往女方寨中截获姑娘，然后，女方媒人携酒到姑娘家告知。第 2 天举行婚礼（如果女方父母后来反对这门亲事，可把女儿带走）。第 3 天由新郎陪送新娘，背酒牵牛前往女家送聘礼。举行婚礼时，女方亲友近邻及本寨老人前来男家赴宴，以示祝贺。舂茶是盈江景颇族婚礼中的仪式，婚日午夜，分别在邻居家里休息的新郎和新娘，被寨中的年轻人拉到新郎家楼下，同持一木杵，舂一盛有茶叶、鸡蛋、姜蒜等食物的石臼，须捣 10 杵方可。舂时，围观的人不断嬉闹，逗一对新人。由于新娘害羞，常未捣 10 杵即止。这样往返数次，直至捣至要求次数为止，方才罢休，舂茶之后，婚礼告成。

除拉婚外，还有由新郎及已婚男女青年各一名陪同迎亲的结婚方式。迎亲者带上用糯米饭揉成筒形的饭筒 10 多个（每个够 10 人吃），芭蕉叶包好的菜包若干个（数目与女方告知的女方客人相等），内包熟肉、菜蔬和必备的“冲冲菜”。到后，交过彩礼，切开饭筒，按人分送一团饭和一个菜包，饭完即可接走新娘。

丧礼。景颇族实行土葬和火葬。老人去世，必须杀牛祭祀。一般亲友送谷、酒，近亲属还要抬着铁矛、猪、鸡等来吊丧，“姑爷种”则需送酒、糯米，甚至宰牛。普通人家丧礼要剽一二头牛，多者可达十余头。剽牛由董萨主持举行仪式，在送葬前，凡是来吊丧的都要在丧家中跳“格崩舞”，通宵达旦，主人以酒肉招待。

（4）其他饮食习俗

景颇族好客，其俗语：“景颇家里只有撵狗的棍子，没有赶走客人的道理。”他们对客人来访，无论生人或熟人都要热情留食留宿。若客人到家，主人又不在家，客人只需把自己的挎包挂在房里便可去办事，主人回家看见客人的挎包即烧火做饭候客。宴客时，主人把酒筒交给客人中的长者，长者给在座者平分其酒，但需留少许在筒内，表示酒永远喝不完。下酒菜以火烧牛干巴、鸡肉和鸡肉稀饭为贵。鸡杂与生姜等调料用芭蕉叶包住，入火塘焐热，用鸡肉拌“普公抗命”（一种水腌菜）炒出来下酒。有的开餐前习惯将饭菜包在芭蕉叶内，献给客人，客离时，要让他带上当天路上食用的米饭。

在饮食禁忌方面有：用阔叶代碗碟时，不能反用。若偷谷、鸡和蜂蜜处罚最重，偷鸡除赔一只鸡外，还必须按鸡的各个部位再进行赔偿，如：鸡嘴赔犁头一个，鸡脚赔铁矛一支，鸡头赔烟锅头一个，鸡毛赔满缀银饰的衣服一件等。

（梁玉虹）

16. 仡佬族饮食习俗

仡佬族与古僚族有渊源关系，史籍中又称为“仡僚”、“葛僚”、“革僚”等，现有人口

57.94万人（根据2000年第五次全国人口普查统计）。主要分布在贵州省的务川县和道真县，云南和广西有零星分布。主要从事农业，作物有稻谷、玉米、小麦、荞麦、小米、高粱、红稗、薯类、豆类，饲养禽畜，有牛、马、猪、羊、狗、鸡、鹅。信仰多神，崇奉"宝王菩萨"，菜点烹制与汉族无异，嗜辣，油茶做工精细，"三幺台"酒席别具特色。

（1）日常饮食习俗

日常食品。仡佬族日食三餐，早为稀饭，午、晚为干饭。居平地者，以吃稻米为主，住山区者以玉米、土豆为主。玉米饭制作别致，一是先将玉米磨成粒，蒸至半熟，摊开碾碎，掺水，再复蒸2次，故饭粒软韧甜香；二是将玉米粒先用水淘，再煮至半熟，再蒸而成。坝区习惯吃大米和玉米粒混制的"金银饭"，即将二者先分别蒸至半熟，再混合蒸后食用。糯米是谷中上品，常先把糯米先蒸熟为饭，再经打和揉两道工序揉成团，下剂做成各种形状的粑粑，或烤，或炸，或煮，甜吃或咸吃。面点，常用小麦、荞麦磨粉，合成面团，发酵，下剂造型蒸成馍，亦有用玉米制成粑粑，即将玉米粉先蒸熟，再用杵打后，用手揉制成形蒸熟，其中尤以用糯玉米为佳。包谷粑粑常作为过节时供奉祖先的佳品。洋芋作为主食，多为整只烧或煮后去皮，蘸吃辣椒面，亦可将洋芋磨碎，加水沉淀晒干成粉，再与鸡蛋调匀油炸，可作席面点心。

仡佬族的蔬菜有青菜、白菜、萝卜、黄瓜、南瓜、茄子、茴香、辣椒、大蒜，以及香椿芽、鱼香菜、花椒等。除少量鲜吃煮或炒外，多腌制成酸菜。如用青菜、辣椒、大蒜、生姜、盐混制的酸辣菜，用香椿芽腌成的腌香椿，既可凉拌又可作为大菜扣肉的垫底配料。仡佬族喜欢单吃辣椒，吃法较多，既可用鲜品单个泡腌，佐饭，又可用干品先焙香，再用油炸煎，还可将鲜椒先煮后晒干，再油炸，供下酒。肉食有猪肉、羊肉、牛肉、马肉、狗肉、鸡肉、鹅肉和鱼肉，除了制作大菜和熏成腊肉外，还善于做成"辣椒骨"。即用带骨的猪肉和鸡肉、辣椒等混合舂碎成泥，加白酒、花椒、盐巴拌匀，入坛密封腌渍而成，既可蒸后单吃，也可佐酒烧汤。

日常饮品。酒和油茶是仡佬族的传统饮品。酒分水酒、白酒、甜酒。仡佬族古代盛饮砸酒，今黔北地区仍有遗风，将谷物蒸熟，拌曲入瓮密封发酵，饮时插入空心竹管，饮后掺水复饮，直至味淡为止。用玉米、高粱、毛稗、稻谷酿制的"爬坡酒"系馈赠佳品，著名的茅台酒就是在仡佬族古酒"牂柯酒"的基础上精制而成的。甜酒即醪糟，除用糯米外，还用包谷酿制。

"碗碗油茶香喷喷，男女老少都能饮，不吃油茶没精神，吃了油茶有干劲"，这是流传于道真仡佬族苗族自治县的顺口溜。油茶是用猪油将茶叶炒香后，注水熬煮微干时，用瓢捣细成羹，食时，酌量取出加水煮沸，入猪油、油渣、盐、碎韭菜、花椒叶及芝麻、花生、黄豆焙后合舂而成泥状即可。据传，道光年间，当地有一个大财主吃了此茶后竟戒掉了大烟（鸦片）。

（2）节日饮食习俗

仡佬族现保留有三月三、吃新和牛王3个节，但因自汉代以来均与汉族杂居，故重春节，然而节日内容主要是本族的。

春节。节前要打扫卫生，杀年猪，打糍粑，做糯食，办年货。除夕之夜，要制作丰盛的菜肴，席中必有鱼，表示来年钱粮有余，而椿芽扣肉、腊猪头、糯米粑粑、包谷粑粑必不可少。饭前必先祭祖，坝区每家必用一升或几升糯米做成一个大粑粑，放在簸箕里方木盘内，供奉祖先，3天之后才食用。黔西的仡佬族还用扁竹叶插在粑粑上，以表示祖先开荒辟草为标。广西的仡佬族要在供品中加粽粑和红薯。有的地区还用糍粑捏成牛、锄、犁、谷穗等供祭。山区糯米少，则用包谷粑粑摆成3叠，每叠9个奉祀。祭完祖，全家老幼入席，吃"年夜饭"，又叫"团圆饭"，外出的人要赶回来相聚，然后是用热水烫脚求吉利和"守岁"。

大年初一晨，要挑新鲜水来祭祖煮饭、"封刀"。初二全家喝甜酒，吃糯食，由家长背

拜年人要备2份糯米粑粑，用芭蕉叶包好，上插一对蜡条、2朵鲜花送去。一份放在家族长（高嘎滚）卧室上方供奉着胎嘎滚（父系大家庭组织）的竹筐内，以示对祖宗祭祀，另一份献给家族长，表示尊敬拜年。

临沧地区的布朗族，过节的第1天到佛寺前的菩提树下，堆沙、插花，向佛爷敬献米花、糯米糕、芭蕉等食品，然后老人赕佛。太阳偏西时，表演各种队列，叫“走阵势”。第2天，青壮年打猎，妇女做食物，老人喝酒聊天，青年们则歌舞尽兴。

山抗节是澜沧县布朗族的传统节日，与前述的宋凋不同，宋凋受傣族泼水节的影响，属小乘佛教节日，而山抗节则是布朗族的传统节日。

过山抗节，时在农历四月十五日。这天，青年们要向老年人赠送糯米粑粑、芭蕉和春茶，对男性老人，还要加送1份香烟。节日里，有吃“团圆饭”之俗，各家把煮好的糯米饭和可口的菜肴集中摆在一起，愉快地聚餐。菜肴之丰盛，有时多达30多种，饭有六七种，被称为“什锦菜”、“八宝饭”，既有腊肉麂子、山兔、雉鸡等野味，又有猪、牛、羊、鸡和水鲜、虫类，还有各式凉粉、豆腐或咸菜，家蔬野菜应节都上。人们一边品尝，一边议论，心灵手巧的妇女们所做的饭菜，最受人们欢迎，爱尝的人亦多，大家都向她们祝贺和学习，争取来年献上美馔佳肴。席上歌手们唱着“祝酒歌”，预祝丰收的来临。傍晚，男女青年舞毕则上山燃烧篝火，饱食自己做的野餐，主食是竹筒饭。

（3）人生仪礼食俗

诞生礼。布朗族婴儿出生后，请家族中的老人、外人或父母来取名，取名要与母亲的名字连名。各家携带一两碗米、一只鸡、一块红糖前来祝贺。满月时，亲友又要带来一些食物和婴儿的服饰前来看望，产家要用酒饭宴请。

婚礼。布朗族的结婚礼仪分订婚和结婚，结婚要举行2次婚礼。

订婚。有2种方式：一是女方主动示意。当姑娘的父母觉得可以让女儿定亲了，就杀一只鸡包好送给男家。男方接到后就杀猪，或是买肥肉1.5千克，糯米饭一包，请媒人悄悄送到女家。姑娘家收到后，备办些槟榔、草烟、茶叶等请亲人来吃，这就算是正式订婚了。二是男方主动求爱。男方请媒人带腊肉、茶叶等礼品去女家提亲。第一次去，女方父母要有意推让，一连几天，小伙子仍到女家求亲，女方父母同意后，小伙子再送给女方父母1筒酸茶叶、500克盐、1元钱、1包米、1包饭、1包菜，女方父母收下后即算定亲了。然后，女方父母把酸茶叶、盐巴分成许多份送给寨内亲友，并说：“别的小伙子们不要来串我家姑娘了，姑娘已经有小伙子了。”从此，小伙子晚上便可到女家与姑娘同宿。

结婚。结婚要举行2次婚礼。第1次婚期在晚上，小伙子的朋友把新郎送到女家，并随带鸡、米等物，请女家亲友吃饭，俗称“小请客”。布朗族新婚之家，当吉日完婚后，要请召曼作为媒证告诉全寨亲族友邻，“欢迎大家去吃肉”。结婚的当天两家都要杀猪，大宴宾客，习惯要用竹篾将肉串成串，每户分送一串，表示“骨肉至亲”。还要用猪肝、猪心剁碎后与糯米煮成饭，请全寨儿童来吃，暗示婚后早生贵子。同房后情投意合，举行第2次婚礼，正式出嫁。届时，双方都杀猪，盛席宴请本寨乡亲和双方的亲戚。新娘到夫家后，堂屋里摆着两张铺满芭蕉叶的圆篾桌，上面放着2段白布、2瓶米酒、2只熟鸡，象征甜蜜、成双、白头到老，鸡似凤凰，圆满完婚。

丧礼。布朗族实行土葬和火葬。老人和成年人病故，亲友、四邻都要带些米、鸡、羊、蔬菜等前来吊唁。丧俗是杀牲引路，有的杀狗引路，有的杀猪和鸡为亡灵引路。死者家属从猪颈上割下3片肉，从鸡脖子上切下3段，用以敬献亡灵。割剩的猪肉和鸡肉给帮助丧事的人吃，死者家属忌吃。

（4）其他饮食习俗

布朗族热情好客。远方客人踏进布朗山寨的竹楼时，主人便会双手献上一杯烤茶，让客人先解渴，然后传烟、佳肴美酒款待。他们尤重与周围各族交往，结成干亲家，互相帮忙，节日互请，关系十分密切。

吃红土是旧时布朗族妇女的一种食俗。她们在村旁选挖湿润、洁净的红土，筛去杂物，晾干装入竹筒备食用。食之味麻而辣，有止吐、除腥、提神之效。妇女一般都喜食，尤其是孕妇最嗜食。

在饮食禁忌方面有：不许跨越火塘、用脚蹬火塘、触动火塘侧面的中柱。不能把别人用过的铁三足架支在自己家中火塘上，否则，家人会生病。

（梁玉虹）

18. 阿昌族饮食习俗

阿昌族自称“蒙撒”、“衬撒”、“汉撒”或“阿昌”，系由唐代“寻传”部落的一部分发展而来，元明以后称为“峨昌”或“阿昌”，现有人口 3.39 万人（根据 2000 年第五次全国人口普查统计）。主要分布在云南的陇川县、梁河县、潞西市等地。以农业为主，谷物有稻谷、小麦、玉米、薯类、豆类等。饲养畜禽，有牛、马、骡、猪、狗、鸡、鸭、鹅等。以擅长打制铁器著称，阿昌刀素享盛誉。他们长于大米制品加工，善于腌制咸菜、腌肉、做豆腐、酿酒、榨油，信仰小乘佛教，喜食酸辣糯香凉拌食品，尤好蛇肉和狗肉。

（1）日常饮食习俗

日常食品。阿昌族一日三餐，均以大米饭为主食，也用大米制成饵丝、米线、粑粑、汤圆、年糕等小吃，而且多喜欢吃凉米线，或在凉米线里加上一勺热稀豆粉（豌豆面与水合煮而成），再加油辣椒、姜蒜泥、味精等调料，热天吃清凉爽口，满口生津。名品过手米线是用花生、大蒜、生姜、豌豆凉粉分别制成泥，与芫荽、辣椒面、盐、味精、酸水、花椒油、芝麻混合为馅，抓一撮米线放入手心，放上馅，再用米线裹紧进食，麻辣酸香，滑润软糯，独具一格。

在阿昌族的菜园里，青菜、白菜、南瓜、茄子、番茄、豆荚、萝卜、辣椒、葱、姜、蒜等都有出产。阿昌族人喜吃芋头，是他们的传统习俗，传说古代在举行庆丰收时，杀狗和吃芋头是必不可少的。妇女普遍会做豆腐、豆粉、腌菜、卤腐、豆豉。猪、牛、狗、鸡、鸭、鹅、鱼是肉食的主要来源，经煮、烧、烤、炒、舂、拌而制成各式菜肴。梁河等地的阿昌族有利用稻田养鱼的习惯，秧栽下后放入鱼苗，谷子成熟鱼长至巴掌大，撤水割谷时，只需放一个鱼笼在出水口处，鱼会自动流入。携笼回家，鱼用油煎，兑入水、酸辣椒煮成鱼汤，或盖上佐料蒸熟，制成酸辣鱼，即成时鲜鱼。民谚云：“新谷米饭小鱼汤，年年吃了不会忘。”

日常饮品。酒是阿昌族的主要饮品。妇女们常用糯米做甜酒和白酒。甜酒，是用糯米蒸熟冷却拌入酒曲，入盆捂盖发酵而成，吃时连渣带汁，有浓香的酒味和甜味，供客人或小孩吃，也可作酵母发面，甜味随时间延长而变辣。成年人多饮用白酒，他们会制作蒸馏而成的烧酒，贮之于瓮，供年节和待客用。

（2）节日饮食习俗

阿昌族的节日较多，节日都有主菜，如泼水节吃苏子粑粑和八碗鸡肉菜，火把节吃火烧小猪和米线，热露节吃斋饭。窝罗节是阿昌族典型的传统民族节日。

窝罗节。窝罗节于农历正月初四举行，是为了纪念传说中的遮帕麻和遮米麻为民除害、造福人类而举行的。这天，远近村寨的人们汇集到指定的寨子，围着窝罗场地的中心，放鞭炮，迈着“龙形虎步”，如痴如醉地跳舞、狂欢，并把一碟碟佳肴美果虔诚地祭献于“窝罗”台上。

“窝罗”台高 1 米，边长 4 米，中央矗立着两块牌坊，牌坊顶端的中央高高耸立着一棵巨木，巨木上刻满弦弓箭，称为神箭。牌坊上分别绘着太阳、皎月及本族男子、女子的彩图，表示始祖遮帕麻和遮米麻。左右牌坊都绘着本族妇女桶裙花纹节子花，恰似一个手执兵戈的战士，标志着阿昌族的始祖遮帕麻用神箭射落了妖魔腊訇的假太阳，恢复了大地万物的生机。神箭的箭头还标志着阿昌族妇女的包头，而节子花表示边民执戈卫疆。这天,必吃狗肉和芋头,能捕到蛇则更能增加节宴气氛。因为狗给人类找来了种子,芋头是最古老的食物，蛇是阿昌族常捕常食和出售的肉食。

（3）人生仪礼食俗

诞生礼。阿昌族婴儿出生3天后，要取名。取名分进家与不进家,谁先闯进产家即为婴儿的干爹或干妈,由他(她)取名。产家要以米酒、红糖、茶款待,并确定为亲戚关系,称为“亲家”,从此负有成长、教育、成婚的义务。如无人闯家,需举行“闯名”仪式。到“闯名”这天,在预先卜定的河或沟溪上搭座小木桥,将熟猪肉1块、熟鸡1只、盐饭3碗,置于沟边或桥上,再在桥两头四角插上五色小纸旗,旗旁放3张黄纸钱、3炷香、1对大纸“元宝”,然后把求亲礼品放于桥中央，便躲到路旁等待过往客人来“闯”亲。当第一个人路过时,主事人便跑出来抓住他(她),说明情况,令其做孩子的干爹或干妈,赐给小名,随即把全部纸钱烧去,再在桥中央和四角滴3滴酒、3滴茶祭桥,请客人回到家,酒肉款待。

婴儿满3天后，还要宴请本村老人和亲戚。满周岁时,要吃“周岁酒”,宴请亲友和孩子的干爹和干妈。这天,要做8碗菜待客,杀鸡、买鱼肉之类,做足8个菜,再加上自酿的米酒。酒宴散后,接着举行“开荤”和“抓周”仪式。开荤是用豹子肉干和猴子肉干,烧熟或蒸熟后捶碎给孩子吃。习俗认为：吃了豹子肉,可使孩子勇敢、坚强,不怕任何困难,吃了猴子肉,可使他聪明、灵巧。

婚礼。阿昌族的结婚礼仪自始至终充满着生活的乐趣,具有喜剧色彩的“闹婚宴”极为别致。婚礼分送礼认亲(订婚),接亲、进亲、拜堂成亲(婚礼),女家宴客(回门)3个阶段。

订婚。一旦双方自定终身时,男方即以明接或暗接的方式把姑娘领到寨子里，安排在别家住下,然后请媒人到女家“送礼认亲”。到后要举行“揭锅盖”仪式。双方的老人要互敬锅里的食物,互相夹一片肉喂亲家,夹一个鸡蛋喂媒人。蛋是一个带壳的熟鸡蛋，又圆又滑,夹了掉,掉了夹,动作十分有趣。媒人接蛋只能用嘴接,蛋到嘴里,又要剥皮,又要嚼蛋,十分滑稽,引得围观者捧腹大笑。蛋吃完,认亲仪式结束。

接亲时,新郎要在岳父家吃早饭,用一副约2米长刚砍下的竹子制成的筷，夹食花生米、米粉、豆腐之类的菜。夹时,不是细得夹不起,就是滑得夹不住,或是松软得一碰即碎,目的在于考验新郎的沉着、机智,更近乎是一场游戏。观者很多,常引得哄堂大笑。饭后,新娘的父母便带着糯米饭和女儿的衣饰，到男家来“看新家”。是时,新郎和新娘坐在一条凳上,每人递给一碗糯米饭,双方必须边换碗边吃饭,至少换3次,意为相亲相爱,有福同享。次日一早,新娘随父母回家叫做“回门”,到家即将女儿藏到别家去。下午新郎带一伙伴,挑着酒肉和礼品来到女家,摆出酒饭,请岳父母上座吃饭。这时新郎要跪在二老脚下,磕头求亲。待二老满意时,才把女儿叫回,由新郎迎回去,这叫“接亲”。接着是“进亲”,把姑娘接回寨子后安置在邻居家暂住。等到大喜之日,燃放爆竹,摆开酒宴,亲友前来祝贺。新娘由伴娘引进家门,拜堂成亲。

摆酒宴时,新娘的舅舅们坐的桌上,必放一碗用猪脑拌的凉菜,否则,他们就不吃饭。酒宴结束,舅舅要送一份“外家肉”。这肉十分考究,一条后腿,必须带着猪尾巴,重量恰好2250克,送“外家肉”是为让新娘不要忘记外家。当婚宴快结束时,新郎新娘去迎接“小饭盒”(由女家亲人送来)和“大饭盒”(由新娘的女友送来)的客人,此间要走出500米以外去迎接,送饭盒者必“有意作难”,走走停停,玩笑开够了,才来到家里。然后,把鸡肉和饭盛入碗里,让一对新人按她们的要求换饭吃,边吃边乐。嬉戏快结束时,寨子里的小伙子们又来了,一人端着碗,唱着山歌,边劝饭边对歌,一直到深夜,小伙子们才把她们送回寨子。

婚后的第2天,女家请客,一对新人回娘家,新郎劝饭敬酒认亲戚,下午媒人一行来送彩礼。第3天女家送来“大饭盒”和嫁妆。第4天后婚礼方告结束。

丧礼。阿昌族行土葬，老人死后，要在灵柩头处点长明灯，放一碗饭，饭上放一熟鸡蛋，习称“倒头碗”。若有人敢拿碗上的蛋吃，那会被认为是最胆大最活泼的人。出殡这天，亲戚都带着祭品来参加，一般多为一升米、一两只鸡不等，近亲则带重礼，丧家要酒肉招待。

（4）其他饮食习俗

阿昌族待客热情，客人到来必邀上座，敬上甜酒或烧酒，主妇煮饭做菜款待。漕涧地区的阿昌族过端午节时，不包粽子，而是炒食玉米、大米、蚕豆、黄豆、豌豆等五谷，以此待客，视为尊客。

在饮食禁忌方面有：阿昌族最忌挖到红色的泥鳅、黄鳝，认为若吃了则家中会遭火灾，若只是看见而未拿回家，也预示会遭灾。只有杀猪、鸡，用猪头、鸡去祭土主庙、祭天地和灶神，请巫师来“开门”驱邪送鬼，才能消灾除难。婴儿开荤，忌用猪肉，否则认为孩子会像猪一样笨。

（梁玉虹）

19. 普米族饮食习俗

普米族的先民称西番族，是古代羌戎的分支。西羌与秦国斗争失利，其中有一部分退入青藏高原，以后南移进入云南，明清史籍称“西番”、“巴苴”。普米族自称“普英米”、“普日米”、“培米”，现有人口3.36万人（根据2000年第五次全国人口普查统计）。主要分布在云南兰坪、宁蒗、丽江、永胜、维西、中甸，四川盐源、木里亦有分布。主要从事山地农业，谷物以玉米为主，次为大米、小麦、大麦、燕麦、青稞、荞麦，兼事畜牧，饲养牛、马、羊、猪、狗、鸡等，以擅长养羊著称。信仰多神，崇拜祖先，喜食辛辣、酸、香甜食品，石烹遗迹明显，以“猪膘”、金边木碗、木盒为名特产品。

（1）日常饮食习俗

日常食品。普米族日食三餐。主食以玉米为主，掺吃大米、小麦、青稞、燕麦、稗子、小米、红薯、土豆和蚕豆等。早点吃面食，喝酥油茶或盐茶。午晚正餐，有饭食和菜肉，常将玉米、荞子做成牛头饭，大米、稗子做成干、稀饭，稗子出饭率高，煮时要时时搅拌，吃时味香可口，耐饥。粉食吃法较多，可蒸成粑粑，也可用玉米、青稞、小麦磨成粉，做成面片、面条与青菜、酸菜煮成面汤。苦茶拌炒面是干粮，是用谷物焙香磨粉，用烤茶茶水拌食。米花苦荞头是甜食，是将荞片煎熟，趁热捏成长条，涂上蜂蜜，粘上爆小米花而成。油煮燕麦粥，是用猪油入锅烧至四五成热，下入燕麦面搅拌成糊，咸吃加盐，甜食加糖。土豆、红薯当主食，吃法有三：一是将其煮熟，去皮捣碎成泥，与炒面拌匀制成团子；二是将其埋入火塘中焐熟，拍打去灰去皮而成；三是将其涂以黏泥，放在火上烧，泥壳干裂脱壳即熟。

面食的石烹法，有无器和有器之别。无器一是“仲宗”，是用燕麦面做成粑粑，外面抹上油，或面坯里掺点盐，穿在枝头上，插在火塘里烘烤；二是将面坯放在火塘中的炭屑上烧烤，熟后取出三吹三打去其灰，佐以辣椒、青菜汤等，富裕人家还要伴食蜂蜜，喝酥油茶。熟制方法，一是石头烤粑粑，是将面和好，在火上烧几块石头，石头炽热时，放上面坯，厚薄均匀，片刻即熟；二是石烙粑粑，把平整光滑的石板架在火塘上，热时放上面坯两面烙熟。

普米族普遍种植蔬菜，有南瓜、茄子、番茄、萝卜、芜菁、韭菜、豆类、辣椒、葱、姜、蒜、青菜、白菜等，也常吃木耳、苦菜花、花椒、香菌、蕨菜、等野生植物，并会用核桃、麻籽、苏子、菜籽榨油。蔬菜鲜吃或煮或炖，并会做豆腐、磨凉粉、腌制咸菜。肉食有猪、牛、羊、鸡肉，并能制作酥油、乳饼、奶酪品。烹调方法多烧、煮、炖、蒸、腌，少炒、爆。

在名菜中，以腌腊和石烹特色突出。腌腊常见于杀猪时腌制猪膘、猪腿和灌肠。猪膘，因造型似琵琶，故又名叫琵琶肉，是用肥猪砍去脚瓜，自头沿腹中线剖开，取出内脏，除尽全骨，以盐酒搓揉，缝合还原，四肢卷曲似琵琶，用两块木板夹住，上压重石定型后挂于阴是将3~5千克重的鲤鱼或草鱼，洗净刮鳞，去其内脏，拔去鱼骨，再用纱纸把鱼抹干，切成薄片，装入大盘子里，加入麻油、香菜、花生、姜、葱、蒜、糖、醋、盐等，捞匀后稍腌即吃，味鲜香甜可口。

日常饮品。壮族习惯自家酿制米酒、红薯酒和木薯酒，度数都不太高。其中，米酒是过节和待客的主要饮料，有的在米酒中配以鸡胆称为鸡胆酒，配以鸡杂称为鸡杂酒，配以猪肝称为猪肝酒。饮鸡杂酒和猪肝酒时要一饮而尽，留在嘴里的鸡杂、猪肝则慢慢咀嚼，既可解酒，又可当菜。壮族传统的夏天清凉饮料是凉粉果汁。凉粉果是一种小灌木的果实，大如鸭蛋，皮青绿色，里边有白色液体，经过加水和加热，形成一种透明的半流体，加些红糖水作饮料，清凉甜爽，口渴马上缓解。各种现代饮料也进入了壮人的家庭生活，他们的餐桌上除了传统的美酒，更多的则是桂林三花、茅台和金奖白兰地。夏天里，气温高达30℃以上的壮乡，也可以享受到冰镇汽水、冰淇淋这样的清凉饮料。

(2) 节日饮食习俗

壮族最隆重的节日莫过于春节，其次是三月三、七月十五中元节、八月十五中秋，还有端午、重阳、尝新、冬至、牛魂、送灶等节。

春节。春节一般在腊月二十三过送灶节后便开始着手准备，要把房子打扫得窗明几净，二十七宰年猪，二十八包粽子，二十九做糍粑。除夕晚餐常备的菜肴有：甜酸排骨，咕噜肉，炸大肠酿(形似香肠，在猪大肠内酿入猪肉、糯米等，先煮后炸)，网油猪肝卷，蛋卷，扣肉，豆腐夹，白切鸡，炸鸭，炸鱼，粉丝青菜汤等。桂西北的东兰、巴马、凤山三县一带，壮族过春节不可无豆腐圆子，称豆腐圆子为“团结圆”，有“过年不吃团结圆，喝酒嚼肉也不甜”和“不吃团结圆，枉自过个年”的说法。在丰盛的菜肴中最富特色的是整只煮的大公鸡，家家必有。壮族人认为，没有鸡不算过年。年初一喝糯米甜酒、吃汤圆(一种不带馅的元宵，煮时水里放糖)，初二以后方能走亲访友，相互拜年，互赠的食品中有糍粑、粽子、米花糖等，一直延续到十五元宵。有些地方甚至到正月三十，整个春节才算结束。

三月三。农历三月三是清明节，同时也是壮族的歌节，作为清明节是受汉族的影响。但也有的壮人在三月十三、十四、二十六过清明节扫墓的，与汉族大不相同。壮人对祭扫十分看重，届时家家户户都要派人携带五色糯米饭、彩蛋等到先祖坟头去祭祀、清扫墓地，并由长者宣讲家史、族规，共进野餐。还有的对唱山歌，热闹非凡。1940年后，这一传统已逐步发展到有组织的赛歌会，气氛更加隆重、热烈。

牛魂节。每年的四月初八是牛魂节，又叫做脱轭节。在壮人的意识里，牛是天上的神物，不是凡间的一般牲口。是日，主人用枫叶水泡糯米蒸饭，然后先捏一团给牛吃。牛栏外安个小矮桌，摆上供品，点香烛，祭祀牛魔王，人们还要唱山歌，唱彩调，欢庆牛的生日。

端午节。农历五月初五是端午节，壮民此日在门前悬剑蒲，以雄黄酒涂头顶发际并遍洒室内外，妇女为孩子缝布猴戴，谓可防蛇避邪。老年人上山采百草，用糯稻草灰滤水制作糯米三角粽祭秧神。壮族的粽子分为包米粽(用浸泡后的糯米包扎)和包糕粽(经浸好的糯米水磨成浆和过滤成“糕”后再包扎)。

中元节。农历七月十四至十六是中元节，俗称鬼节。这是壮人仅次于春节的大节。从七月初七就已经开始有节日的气氛了。七夕是牛郎织女相会的日子，壮族受汉族的影响，也很同情这对难得相会的夫妻。但壮人还另有说法，认为这天是仙女沐浴的日子，用水来染布、做醋、煮药，格外好，所以中午，家家户户有人赶往河边或山泉挑水。有些地方把初七当女儿节，出嫁的女儿不但不像织女那样渡过鹊桥寻夫，反而离开夫家回到母亲的怀抱。初七过后，人们便为中元节办货，忙着赶圩采购香烛和鬼衣纸。节日到，家家户户杀鸡宰鸭杀猪，一派节日气氛。有的地方从初七开始就用鲜笋煮水迎祭祖先。十四日开始大祭，供桌上摆满了猪肉、整鸡、整鸭、米粉、发糕、糍粑、糯饭，一直摆到十六日。每次用膳之前，得先把供品热一下，祭过祖才能进餐。供桌下放着一个很大的纸包袱，里面塞满了蓝、白、紫色纸剪成的鬼衣和纸钱，每次祭祀都烧一些。烧过之后，用芭蕉叶、海芋或荷叶包好灰烬，等到十六日最后一次烧完，一起包成两大包，由一位老人头戴竹帽，用竹棍挑往河边，放在水面任其沉浮。有的人家还烧纸船、纸马和纸屋，让祖先满载而归。

中秋节。农历八月十五日，壮族准备月饼、熟芋头、柚子果拜月。柚子上插满线香，用长竿举于栏棚上。儿童们提着各式纸灯游玩取乐。这天，壮民喜欢将未熟透的糯谷脱粒炒黄，拌嫩姜叶舂成扁米，邻里互赠尝新。

（3）人生仪礼食俗

诞生礼。壮家得子，习惯办满月酒和满年（周）酒，亲人带礼物来祝贺。宴客必上鸡酒、红鸡蛋、糯米饭。客人吃完酒宴，还要拿些菜回家，当地称之为“打包”。

结婚礼。壮族男女婚嫁礼仪甚繁，一般有问婚、订婚和结婚3个过程。

壮族青年男女习惯在歌墟里以歌传情，条件成熟，即通过家人办订婚酒和结婚酒。结婚喜酒，男女双方都办。如系新郎入赘，女方就办得隆重些；否则，男方就要办得隆重点。一般都要请宾客吃2天酒席。

第一天的喜酒称迎亲喜日宴。这日，新娘在早上四五点钟到新郎家，新郎则于前一二日带彩礼到新娘家迎亲。新郎家在婚礼仪式举行后，办酒宴招待陪护的伴娘。菜肴有烧鸭、煮鸡、大肠糯果、扣肉、金丝粉汤等。酒宴开始时，新郎的长辈来给伴娘们（通常由12～18个姑娘组成）敬第一轮酒，并唱《唱贵村》；然后是伴娘们回敬酒，并唱《唱亲家》。如果伴娘们害羞，新郎的亲友就唱盘问的《伴娘歌》，如果伴娘们答得不及时或答得不好，就得接受罚酒。

第二天为酬宾酒宴，主要招待男方的亲友。新娘一早起床，打热水给公婆洗脸，并给亲近的邻居老人打水洗脸。洗脸巾是新娘从娘家带来的。老人们洗过后，将赏给新娘的利市包放在脸盆里。客人来饮喜酒，要送壮锦布条和利市包。新娘一定要端饭菜上席，并敬酒敬茶。宴毕，客人们喜欢将余菜拿回家。

红水河畔的壮族新嫁娘，在二三月间，习惯邀请姐妹亲友成群结队到丈夫家的荒山上开荒种地。人多时可达数百，夫家要杀猪设宴款待。晚上设歌台，热闹到天明。

丧葬礼。壮家死了人，亲友们打封包或送祭品来。人断气，即用清水煮柚叶洗身，穿寿衣，仰放堂前，由儿子持酒杯跪在死者跟前，用食指蘸酒点在死者下唇上，意为敬以美酒让死者“登程”。祭礼后3天下葬，抬棺者均为外姓人。祭礼期间一般只吃豆腐等斋食。出殡后，白事转为红事办，饮食上不再上斋食，感情虽有点压抑，但气氛还是较热烈的。

（4）其他饮食习俗

壮族好客，凡有客至，必定热情接待。平时就有相互做客的习惯，比如一家杀猪，就请全村各户来一人，共吃一餐。招待客人的餐桌上务必备酒，方显隆重。敬酒的习俗为“喝交杯”，其实并不用杯，而是用白瓷汤匙。两人从酒碗中各舀一匙，相互交饮，眼睛真诚地望着对方。壮族筵席实行男女分席，一般不排座次，不论辈分大小均可同桌。按规矩，即使是吃奶的婴儿，凡入席即算一座，有一份菜，由家长代为收存，用干净的阔叶片包好带回家，意为平等相待。每次夹菜都由一席之主先夹最好的送到客人碗碟里，其他人才能下筷。

壮族过去信仰多神，崇拜自然，认为万物有灵。如果村寨中有一棵参天大树，往往被视为全村的保护神而加以崇拜，谁家有人病重必定要到树前烧香焚纸，祈求保佑。村后有个悬崖龙洞也被认为是显灵圣地或鬼神栖息之所，而常去焚香超度，祭鬼消灾。更多的是祭土地神，壮族地区几乎每个村寨都在离村不远的山脚下立一土地庙，每逢过节或是平时杀猪，都要以煮整猪头去那里祭祀一番，若做烤猪则抬着整猪前去敬祭。家神更是每节必祭，摆上酒、肉、整鸡等供品，祭罢方能食用。

酒干杯时可以向对方亮杯底，但千万别把酒杯倒扣在桌上。每逢节日或家里杀牲时，都要把煮熟的鸡、鸭、乳猪（鹅、兔、狗除外）和酒、饭摆在祖先灵桌上供奉，然后才能用餐，否则就是忘了祖宗。进餐时，大人先尝一口，然后小孩才能动筷。鸡、鸭的腿要让给小孩吃，大人吃鸡、鸭腿被看做不懂人情。小孩忌吃鸡和鸭的爪子、心和屁股。民间认为小孩吃了爪子以后写字难看；吃鸡、鸭的心，今后记性不好；吃鸡、鸭屁股，今后做事、干活、读书样样落后。

家人吃饭时，不能用筷子敲打饭碗。不小心把碗、杯跌打碎了，民间认为造化不好。掉下来的米饭、肉、菜不能用脚去踩。进餐时可以谈笑风生，但不能谈及哀事和不幸的事，不能离席去解大小便。席间不谈挖粪、进厕所、猪牛粪等脏臭的东西，放屁被视为极不礼貌的行为。

客至，如果是男客，主家妇女和小孩另设一桌；有女客则不必另设。入席就餐，要让客人坐在上方，先给客人斟酒、夹菜。客人端杯喝酒时，先用手指或筷条弹一下酒，把几滴酒洒下地，表示先敬主家的祖先，祝愿主家万事如意，然后主客双方碰酒杯说彩话，尔后就边食边谈。客人用饭时，不能让客人自己到锅边去盛饭，要由晚辈帮客人打饭，并双手递给客人。接着盛一大碗饭在桌上，让客人自己添饭。晚辈吃饱离席，要向客人讲一声："请慢吃！"用鸡招待客人时，鸡肉盘中竖起鸡头，意思是让客人领头。客人也可以主动夹起鸡头肉，表示接受主人的盛情款待。

（谢定源）

三、宗教饮食习俗

（一）佛教饮食习俗

1. 佛教概述

佛教是世界三大宗教之一，在公元前6世纪～前5世纪中期由古印度迦毗罗卫国王子乔答摩·悉达多创立。佛教徒尊称他为"释迦牟尼"，即释迦族的"圣人"。佛教以无常和缘起思想反对婆罗门的梵天创世说，以众生平等反对婆罗门的种姓制度，其基本教义有"四谛"、"八正道"、"十二因缘"等，主张依据经、律、论三藏，修持戒、定、慧三学，以断除烦恼、得道成佛为最终目的。

佛教在古印度经历了4个发展阶段：一是原始佛教，由释迦牟尼自己阐释教义；二是部派佛教，佛教僧侣因传承和见解不同，先分裂成上座部、大众部两大派，后继续分裂成18部或20部；三是大乘佛教，由部派佛教的大众部中产生，并且形成中观、瑜伽两大系统，而将早期佛教称为小乘佛教；四是大乘密教，由大乘佛教的部分派别与婆罗门教相互协调、结合，主要是秘密传授经典。佛教自西汉哀帝年间传入中国，由于传入时间、途径、地区和民族文化、社会历史背景的不同，在中国形成了三大系，即汉地佛教（汉语系）、藏传佛教（藏语系）和云南地区上座部佛教（巴利语系），而汉地佛教更演化出八个宗派，即天台宗、三论宗、法相宗、律宗、净土宗、禅宗、华严宗、密宗，使佛教完成了"中国化"的进程。

2. 佛教食俗

佛教主张依据经、律、论行事，对于饮食有许多相关的戒律和规定，由此形成了相应的佛教饮食习俗。

（1）饮食品种

在早期，佛教尤其是小乘佛教要求在宗教道德修养上自我完善，着眼于个人的自我解脱。因此，在饮食品的选择上比较宽泛，只有不准饮酒、不准杀生的戒律，没有禁止吃肉的戒律，即只要不杀生，并不禁荤腥。《十诵律》三十七言："我听啖三种净肉。何等三？不见，不闻，不疑。不见者，不自眼见为我故杀是畜生。不闻者，不从可信人闻为汝故杀是畜生。不疑者，此中有徒儿，此人慈心不能夺畜生命。"此外，还有"五净肉"、"九净肉"可吃。而大乘佛教大力宣传大慈大悲、普度众生、建立佛国净土，因为害怕有损于菩萨之大悲心，所以禁止一切肉食，要求"只吃朝天长，不吃背朝天"，不杀生、戒肉食，并且禁食葱、姜、蒜等辛辣刺激的蔬菜，只吃粮豆、蔬果、菌笋等素食。

在中国，由于佛教各派对饮食品种选择的戒律有所不同，加上受当地文化与物产等因素的影响，三大派系对饮食品的选择也是不同的。汉地佛教主要源于大乘佛教，讲究禁欲修行，但汉族佛教徒禁止肉食的习惯和制度在最初则是由梁武帝提倡并强制施行的。他根据《大涅槃经》等教义，提出并采取强迫命令的手段，强制佛教徒不准吃肉，一律吃素，同时促进了中国很早就有的素食与佛教的融合与发展。云南地区的佛教主要源于小乘佛教，其佛教徒在饮食品的选择上遵循不准饮酒、不准杀生的戒律，可以吃肉。而藏传佛教虽然主要源于大乘密教，但与当地的原始宗教结合，并且为了适应当地的物产条件，在饮食品的选择上常表现为禁止杀生而不禁食肉。不过，佛教徒只能吃牛、羊、鹿、猪等偶蹄动物，不吃被视为恶物的马、驴、狗、兔等奇蹄动物和鸡、鸭、鹅等五爪禽，不吃龙王的子孙如鱼、虾、蚌、贝等。

（2）饮食方式

佛教徒具有独特的饮食方式。他们认为，饮食不是目的而是手段。《智度论》言："食为行道，不为益身。"所得饮食不择精粗，只要能维持身体健康，能够继续修行即可。印度的僧侣常常是托钵乞讨，"外乞食以养色身"。在中国，最初的僧侣们主要靠施主供养，到唐朝中期，禅宗怀海在洪州百丈山创立禅院，制定《百丈清规》，倡导"一日不作，一日不食"，佛教徒们才开始自食其力。

（3）饮食制度。

佛教徒的饮食制度主要是分食制和过午不食制。佛教徒吃同样的饭菜，但分为每人一份，独自食用，只有生病的僧侣或有特别事务者可以另开小灶。过午不食制，是指午后不能吃食物。《毗罗三昧经》言："食有四时：旦，天食时；午，法食时；暮，畜生食时；夜，鬼神食时。"即只有中午才是僧侣吃饭之时。但这种制度在中国很难实行，尤其是对于参加劳动的僧侣，于是又有了变通之法：　只在正月、五月和九月之中自朔至晦时每日遵循过午不食制。在其他时间，则早餐食粥，时间在晨光初露、能见掌中之纹时；午餐吃饭，时间在正午之前；晚餐大多食粥，并且称为"药食"。因为佛教戒律规定，午后不可吃食物，但有病的僧侣例外，可以在午后加食一餐，称为"药食"，后来则推而广之，所有僧侣都可以在午后加餐，并且沿用其名。

（4）饮食礼仪

佛教徒有较多的饮食礼仪。在进餐前，他们常常要念供，以所食供养诸佛菩萨，为施主回报，为众生发愿，然后才能进食。在进餐中，他们要思考饮食的目的，讲究"食时五观"。《行事钞》言："今故约食时立观以开心道，略作五门，明了论如此分之。初，计功多少，量他来处；二，自忖己身德行；三，防心离过；四，正事良药；五，为成道业。"《优婆塞戒经》则言，进餐时"复须作念，初下一匙饭，愿断一切恶尽；下第二匙时，愿修一切善满；下第三匙时，愿所修善根，回施众生，普共成佛"。此外，唐朝中叶以后，禅宗对佛教徒进餐又进行了许多规定。如寺庙中设有专门供僧侣吃饭的斋堂，吃饭时用击盘或击钟的方法召集僧侣，从方丈到小沙弥听到钟响后聚集到斋堂进餐。《百丈清规·日用轨范》还指出："吃食之法，不得将口就食，不得将食就口。取钵放钵，并匙箸不得有声。不得咳嗽，不得搐鼻喷嚏……不得将头钵盛湿食，不得将羹汁放头钵内淘饭吃，不得挑菜头钵内和饭吃。食时须看上下肩，不得太缓。"做这些规定的目的主要是为了保持进餐时的肃穆气氛，头鼓动出来的应当咽下去。

第七，放置食物时，要有所遮盖，不可暴露在外边，以防被污染。被脏物污染或腐烂变质的食物，绝对不能食用。

第八，会见客人、外出办公或参加礼拜，均忌食生葱、生蒜之类，因其有难闻的恶味，令闻者不快。穆圣说："谁吃生葱、生蒜一类的东西，当远离人，呆在家中。"

第九，不可借用非穆斯林的烹调用具，非不得已，可借用铁器类餐具，而不用木质类餐具。铁器类餐具也须清洗后再用。

第十，不可浪费食物，也不可胡乱放置食物。食物掉在地上，应当捡起来，去掉脏污而食之。

（2）饮食禁忌

伊斯兰教在饮食卫生方面的一大特色是禁忌规定，这些均来自教法律例，多以经训为据，以讲究卫生、以利身心健康为其现实目的。

关于饮食禁忌的《古兰经》经文有：

"禁止你们吃自死物、血液、猪肉，以及诵非安拉之名而宰杀的、勒死的、捶死的、跌死的、触死、野兽吃剩的动物，但宰后才死的，仍然可吃；禁止你们吃在神石上宰杀的……

"你们可以吃安拉赏赐你们的合法而佳美的食物，你们应当感谢安拉的恩惠。如果你们只崇拜安拉，安拉只禁止你们吃自死物、血液、猪肉，以及诵非安拉之名而屠宰者。但为势所迫，非出自愿，且不过分者，那么安拉确是至赦的，确是至慈的。"

从以上引文中可知，禁忌食物有限，就那么几种：自死之物、血液、猪肉和未诵安拉之名而宰的动物。禁食，是在平日一般正常情况下，如在非常变故、形势逼迫的场合，可以暂时不议禁忌，不算罪过。至于为什么禁止这几种食物，经文中有概括的说明："你说：'在我所受的启示里，我不能发现任何人所不得吃的食物；除非是自死物，或流出的血液，或猪肉——因为它们确是不洁的——或是诵非安拉之名而宰的犯罪物。'"这节经文在重申禁食之物中，简单说明了禁食的理由是"不洁"。在各种禁忌中，人们对穆斯林禁食猪肉有深刻的印象。但直至今日，依然有人不知就里，缺乏了解，甚至乱加猜测。其实，《古兰经》中关于被禁之物"不洁"的论述，就是最好的解释。

伊斯兰教还严禁饮酒，《古兰经》说："饮酒、赌博、拜像、求签，只是一种秽行，只是恶魔的行为，故当远离，以便你们成功。恶魔唯愿你们因饮酒和赌博而互相仇恨，并且阻止你们纪念安拉，和谨守拜功。你们将戒除饮酒和赌博吗？"

（3）特殊食品

伊斯兰教食品，在我国国内叫清真食品。从明代起我国穆斯林即将与伊斯兰教有关者称为"清真"。如伊斯兰教寺院称为清真寺，伊斯兰教食品称为清真食品，清代的一些伊斯兰教著作也冠以"清真"，如《清真大学》、《清真指南》等。明代穆斯林学者王岱舆如此解释"清真"："纯洁无染之谓清，诚一不二之谓真。"其实，这就是对伊斯兰教精神的一种诠释。

全世界信仰伊斯兰教的穆斯林由众多民族所组成，每个民族都有自己独特的饮食文化，这里只论述伊斯兰教传统食品，至于穆斯林各个民族的饮食文化，则在相关的民族饮食中论述。

阿拉伯大饼。阿拉伯大饼是伊斯兰教最著名的食品，也是历史最为悠久的食品之一，早在1400年前的《古兰经》中就有记载。阿拉伯语称"胡卜兹"，即烤饼。面粉中辅以调料，用木炭火烘烤，水分少，酥香耐存，特别适应阿拉伯商人远道经商时携带。随着伊斯兰教的传播，阿拉伯大饼也走向西域穆斯林各民族，伊朗、阿富汗及我国的维吾尔、哈萨克、柯尔克孜等称阿拉伯大饼为馕，已成为日常生活的主食之一。

椰枣。椰枣是阿拉伯的传统种植物，已有数千年的栽种历史，在伊斯兰教兴起前，阿拉伯人就开始广泛食用椰枣了。伊斯兰教先知穆罕默德在23年的传教活动中，生活朴素，饮食简约，喜食椰枣。有一次穆圣吃大饼，在上面放了一枚椰枣，高兴地说："这就是大饼的佐料。"穆圣曾嘱咐其弟子说："你们要尊敬你们的姑祖母——椰枣，因为椰枣和人祖阿丹(即"亚当"——本文作者注)是用同一种泥土造成的。"伊斯兰教十分重视遵循"圣行"，故此，椰枣就成为穆斯林喜爱的食品了。

油香。油香是伊斯兰教传统食品，以面做成饼状，用清油炸制而成。因炸锅时油香四溢而得名。据传说，油香的起源与伊斯兰教先知穆罕默德有关。一次，穆罕默德率大军征战归来，穆斯林大众纷纷携肉食品夹道迎接，唯人群中一位老年妇女因家境贫困，只能以油炸食品犒军。穆圣见此，亲自下驼品尝，后来即成为伊斯兰教节日的"圣洁"食品。现在穆斯林家庭举行诵经礼仪时，多用油香招待阿訇，有时还广为散发。

羊羔肉。羊羔肉是阿拉伯地区主要的食用肉。将羊羔宰后，放入盐水中煮熟，肉质软嫩，味道非常鲜美。当年，阿拉伯商队行进在茫茫无垠的大沙漠中，几乎每天都要吃羊羔肉。有时，他们还把肉切成小块，穿成串，用篝火烤，待溢出肉汁后再与米、松子、杏仁、葡萄干等一起食用。这类食品叫"西西卡巴布"，源于土耳其语，是"签"、"串"、"烤肉"的意思。为了增加其香度，往往还要加入小牛肉。

（白剑波）

四、饮食礼仪

饮食礼仪是指人们在日常饮食生活和交往过程中形成并长期遵循的礼节仪式和风俗习惯。在独特的文化传统、社会风尚、道德心理等因素的直接影响下，中国饮食礼仪最主要的特点是在行为准则上注重长幼有序，尊重长者，即尊老原则。

在中国历史上，长期占据统治地位的是儒家思想与文化。儒家自孔子起就提倡礼治，即以礼治国、以礼治家，使礼成为处理人际关系、维护等级秩序的重要社会规范和道德规范。《荀子·修身篇》言："人无礼不生，事无礼不成，国无礼不宁。"《礼记·乐记》则将礼与乐并列而言："乐者，天地之和也；礼者，天地之序也。和故百物皆化，序故群物皆别。"儒家认为社会秩序主要存在于君臣、父子、夫妻、长幼之间，以君、父、夫、长为尊、为先，以臣、子、妻、幼为卑、为后，尊卑分明，进而形成了贵贱有等、夫妻有别、长幼有序的思想和行为准则。另外，由于中国长期以来是以农业为主的国家，强调"家国同构"的关系，注重实践经验的积累，认为年长者是家与国稳定和繁荣的关键，只有年长者才会因为有丰富的经验而成为德才兼备的贤人，于是，很早就形成了尚齿、尊老(即崇尚年龄，以年龄大者为尊)的社会风尚。同时还将老与贤视为一体，"老即是贤"，尊老也意味着重贤，是尊重人才、获取人才的一个重要表现和途径。高成鸢的《中华尊老文化探究》指出："古代在大多数情况下，德才兼备是老年人才能具有的品性，所以在中华文化中尊老与敬贤曾是同一回事。"因此，中国人在日常的饮食生活和交往过程中，在贵贱相等的前提下，便极力提倡长幼有序，尊重老者，以长者为先。

（一）日常饮食礼仪

日常饮食礼仪十分众多，这里主要介绍座位的安排、餐具的使用、菜点的食用、茶酒的饮用这 4 个方面的礼俗。它们不同程度地体现了中国饮食礼仪的特点。

1. 座位的安排

通常而言，座位的安排涉及桌次的排列与位次的排列两个方面。但是，在日常饮食中，进餐的人数不会太多，很少有桌次排列问题，主要是位次的排列。

在排列位次时，其主要原则是右高左低、中座为尊和面门为上。所谓右高左低，是指两个座位并排时，一般以右为上座，以左为下座。这是因为中国人在上菜时大多按顺时针方向上菜，坐在右边的人要比坐在左边的人先受到照顾。所谓中座为尊，是指3个座位并排时，中间的座位为上座，比两边的座位要尊贵一些。所谓面门为上，是指面对正门的座位为上座，而背对正门者为下座。上座常常是安排给年长者或长辈坐的，这不仅是汉族的礼仪，也是白族、彝族、哈萨克族、维吾尔族、朝鲜族、土家族等众多少数民族的礼仪。如白族和彝族人家，在进餐时，年长者或长辈都坐在上座即上方，其余人则依次围坐在两旁和下方，还要随时为年长者或长辈盛饭、夹菜。

2. 餐具的使用

中国人进餐时主要使用的餐具有筷、匙、碗、盘。其中，最具特色的是筷子，中国人在使用它时有比较系统的礼仪与习俗。

筷子，古称“箸”，后来因船家避讳而改称“筷”。船家认为，“箸”与“住”谐音，是不吉利的，于是就用“住”的对应词“快”来代替，又因箸大多是用竹子制成，就在“快”字上再加一个竹头，成为“筷”。明朝陆容在《菽园杂记》中说：“明间俗讳，各处有之，吴中为甚。如舟行讳‘住’、讳‘翻’，以‘箸’为‘筷儿’、‘幡布’为‘抹布’。”人们在使用筷子时有许多礼节和忌讳，归纳起来大致有10点：① 进餐时，年长者或长辈先拿起筷子吃，其余人方可动筷。② 吃完一箸菜时，要将筷子放下，不可总是拿在手中。放筷子时应放在自己的碗、盘边沿，不能放在公用之处。喝酒时更是这样，切忌一手拿酒杯、一手拿筷子。③ 举筷夹菜时，应当看准一块夹起就回，忌举筷不定。否则，就表示菜肴不好吃，其他人也常常会觉得茫然。④ 切忌用筷子翻菜、挑菜。如在盘中翻挑，其他人会认为再夹此菜是吃剩下的。⑤ 忌用筷子叉菜。传统田席中的甜烧白、咸烧白等菜肴，通常是一道菜10片或12片肉，每人一片，如果用筷子横着去叉，就会叉2片以上。这样既显得太贪吃，又造成同桌的10人中有人吃不到这个菜。⑥ 忌用筷子从汤中捞食。这种捞食的动作，俗称“洗筷子”，“洗”过筷子的汤被视为洗碗水或泔水，其他人不愿意再喝。⑦ 忌用粘着饭粒或菜汁、菜屑的筷子去盘中夹菜。否则，被视为不卫生。⑧ 忌用筷子指点他人。要与人交谈时应当放下筷子，不能在他人面前“舞动”。⑨ 忌将筷子直立插放在饭碗中间。因为人们认为这是祭祀祖先、神灵的做法。⑩ 忌用筷子敲打盘碗或桌子，更忌讳用筷子剔牙、挠痒或夹取非食物的东西。

除了筷子之外，匙、碗、盘的使用也有一定的礼仪与习俗。匙，又称为勺子，主要用途是舀取食物，尤其是流质的羹、汤。用它取食时，舀取食物的量要适当，不可过满，并且可以在原处停留片刻，待汤汁不滴下时再移向自己食用，避免弄脏桌子或其他东西。碗，主要是用来盛放食物的，使用时的礼节和忌讳主要有3点：① 不要端起碗来进食，更不能双手捧碗。② 食用碗中食物时，要用筷子或勺子，不能直接用手取食或用嘴吸食、舔食。③ 不能往暂时不用的碗中乱扔东西，也不能将碗倒扣在餐桌上。盘子也是用来盛放食物的，它在使用的礼俗上与碗大致相同。

3. 菜点的食用

中国菜品种繁多，人们在食用菜点时的礼俗也是多姿多彩的。以待客吃鸡为例，不同民族就有不同的礼俗。东乡族根据部位把鸡分为13个等级，人们进餐时按照辈分和年龄吃相应等级的部位。其中，最贵重的是鸡尾（又称鸡尖），常常是给年长者或长辈享用的。苗族人最看重的是鸡心，由家长或族中最有威望的人将鸡心奉献给客人吃，比喻以心相托，而客人则应当与在座的老人分享，以表示自己大公无私，是主人的知己，若独食则会受到冷遇。侗族、水族、傣族却常常用鸡头待客，人们认为它代表着主人的最高敬意。若客人是年轻人,在恭敬地接过鸡头后,应当主动地将鸡头回敬给主人或年长者。汉族人大多看重的是鸡腿，人们常常用这些肉多的部分表达自己的盛情。

待客时吃鸭和吃羊,也有不同的礼俗。布依族待客,常常用鸭头、鸭脚。主人先将鸭头夹给客人,再将鸭脚奉上,表示这只鸭子全部供给客人了，是最盛情的款待。塔吉克族待客,主人首先向最尊贵的客人呈上羊头,客人割下一块肉吃后再把羊头双手送还主人,主人又将一块夹着羊尾巴油的羊肝呈给客人吃,以表达尊敬之意。

4. 茶酒的饮用

茶与酒是中国人的日常饮品和待客的常用饮品。人们以茶待客、以酒待客,不同的民族、地区有着不同的礼仪与习俗,但大多遵循着一个原则,即“酒满敬人,茶满欺人”。

就以茶待客而言，饮茶的礼俗主要涉及到茶叶品种与茶具的选择、敬茶的程序和品茶的方法等。在以茶待客的过程中需要走好4步:第1步是主人应当根据客人的爱好选择茶叶。一般情况下,汉族人大多喜欢绿茶、花茶、乌龙茶,而少数民族大多喜欢砖茶、红茶,主人在上茶时可以多备几种茶叶,或询问客人,由客人选择;或了解客人的爱好,做出相应的选择。第2步是主人根据茶叶品种选择茶具。茶具主要包括储茶用具、泡茶用具和饮茶用具,即茶罐、茶壶、茶杯或茶碗等。不同的茶叶品种需要使用不同的茶具，但最常用的是紫砂茶具，因为它有助于茶水味道的纯正。如果要欣赏茶叶的形状和茶汤的清澈,也可以选择玻璃茶具。在同时使用茶壶、茶杯时必须注意配套,使其和谐美观、相得益彰。第3步是主人精心地沏茶、斟茶与上茶。沏茶时，最好不要当着客人的面从储茶具中取出茶叶，更不能直接用手抓取，而应用勺子去取,或直接倒入茶壶、茶杯中。斟茶时,茶水不可过满,而以七分为佳,民间有“七茶八酒”的说法。上茶时,通常先给年长者或长辈上茶,然后按顺时针方向依次进行。上茶的方法是:先将茶杯放在茶盘中，端到临近客人的地方,然后右手拿着茶杯的杯托,左手靠在杯托附近,从客人的左后侧双手将茶杯奉上,放在客人的左前方。如果使用的是无杯托的茶杯,也应双手奉上茶杯。第4步是客人细心地品茶。客人端茶杯时,若是有杯耳的茶杯,应当用右手持杯耳;若无杯耳,则可以用右手握住茶杯的中部;若是带杯托的茶杯,可以只用右手端茶杯而不动茶托，也可以用左手将杯托与茶杯一起端到胸前,再用右手端起茶杯。饮茶时,应当一小口一小口地细心品尝,慢慢吞下,不能大口吞咽,一饮而尽,更不能将茶汤与茶叶一起吞入口中。

就以酒待客而言，饮酒的礼俗主要涉及到酒水品种的选择、敬酒的程序与方法等。中国的酒水种类繁多,许多民族都有自己喜欢的酒水和常用的待客酒水,如汉族通常喜欢并用白酒、黄酒、啤酒等待客,蒙古族崇尚马奶子酒,藏族崇尚青稞酒,羌族喜欢咂酒,等等。待客时必须根据客人的爱好和自身的具体情况对酒水品种进行恰当选择。在敬酒前,常常需要先斟酒,而且必须斟满,民间有“酒满敬人”之说。在敬酒时,最重要的是干杯。过去,人们干杯时强调“一饮而尽”,杯内不能剩酒,而现在已没有十分强求。干杯的方法是:主人举起酒杯向客人敬酒，其酒杯应稍微低于客人的酒杯并轻轻碰一下,然后各自或者一饮而尽,或饮去一半或适量。客人也应回敬主人,右手持杯、左手托底,与主人一同饮下。除了这些常见的敬酒程序与方法外,一些少数民族还有独特之处。如壮族敬酒,是“喝交杯”,两人从酒碗中各舀一汤匙,眼睛真诚地看着对方,相互交饮。傈僳族敬酒,有饮双人酒的习俗,主人斟一木碗酒,与客人各出一只手捧着,同时喝下去。彝族敬酒,常常喝的是“转转酒”,大家席地而坐,围成一圈,一碗酒依次轮到每个人的面前然后饮用。

（二）宴会礼仪

中国历代的各种宴会名目繁多，从上古三代到当代，宴会礼仪经历了由繁琐到简洁的过程。但是，无论如何，其礼俗的特点没有变，尤其是尊敬老者、长幼有序的行为准则贯穿始终，并且通过代代相传的中国特有的养老宴集中体现着。养老宴始于虞舜时代，《礼记·王制》载："凡养老，有虞氏以燕礼，夏后氏以飨礼，殷人以食礼，周人修而兼用之。"燕礼、飨礼、食礼都是上古时期人们实现尊老养老之礼的特殊宴会，到周朝则演化为乡饮酒礼。它不仅用来宴请老人，也用来宴请乡学毕业、即将荐入朝廷的贤人，其作用从尊老、养老扩大到重贤、荐贤，将老与贤相结合。在乡饮酒这一特殊的宴会上，处处体现着长幼有序准则和规范性等特点。《礼记·乡饮酒义》言，在迎送宾客时，作为宴会主人的乡大夫或地方官要多次揖拜、礼让，"主人拜迎宾于庠门之外，入三揖而后至阶，三让而后升，所以致尊让也"，即通过多次揖拜、礼让来表示尊敬与谦让。在安排座位时更要注意长幼有序，"主人者尊宾，故坐宾于西北，而坐介于西南，以辅宾"，主人自己"坐于东南"，并且言"六十者坐，五十者立侍，以听政役，所以明尊长也"。参加宴会的宾客至少分为3等，即宾、介、众宾。而宾通常只有一名，多由德高望重的贤能老人担当，居于最尊贵的位置。介通常也为一名，年轻的贤才最多为介（副宾），居于其次。在上菜点时，则通过数量的多少来表示尊老养老，"六十者三豆，七十者四豆，八十者五豆，九十者六豆，所以明养老也"。在进餐过程中，主人与宾客之间仍然要多次揖拜，并通过劝酒形式体现出长幼有序的准则，"宾酬主人，主人酬介，介酬众宾。少长以齿，终于沃洗者焉。知其能弟长而无遗矣"。酬即劝酒，按常理是主人劝宾客饮酒，但在乡饮酒中却是最尊贵的宾劝主人，主人劝介，介劝众宾之一，接着是年龄大的向年龄小的劝酒。这种特别的劝酒程式和饮酒形式是为了更加突出长幼有序的准则。到唐宋时期，由于宴会的桌椅发生变化，宴饮的进餐方式从分餐过渡到合餐，使得乡饮酒无法以菜点数量明长幼，但仍然通过迎送和席位、座次以及劝酒程式等表现长幼有序。到清朝时还增加了"读律令"的礼仪，以便让人们铭记此宴的目的："凡乡饮酒，序长幼，论贤良，别奸顽。年高德劭者上列，纯谨者肩随，差以齿。"除了乡饮酒外，许多普通的宴会也自始至终地体现着长幼有序准则及其他礼俗特点。《礼记·曲礼》最早也最详细地做了记载和规定。在宴会上，安排座位时如"群居五人，则长者必异席"。周朝的席是坐具，通常坐4人，如果有5人，必须为年长者另设一席，唐朝孔颖达在疏中还指出，"群"指朋友，如果只有4人，则应推长者一人居席端。若父子兄弟共同参加宴会，则"兄弟弗与同席而坐，弗与同器而食；父子不同席"，儿孙小辈是不能与长辈坐在一起的，若为夫妇则一样不能同席。在年少者与年长者共同进餐过程中尤其是饮酒上更有一套严格的礼仪规定："侍食于长者，主人亲馈，则拜而食。"即当年少之人作为侍者接受主人亲自赐的菜肴时必须拜谢后才能食用；"侍饮于长者，酒进则起，拜受于尊所，长者辞，少者反席而饮"，"长者赐，少者贱者不敢辞"，即少者看见长者要赐酒给自己时，必须立即起身，进到盛酒的樽旁跪拜接受，等到长者止住自己时才能回到席上饮酒，但还要在长者干杯后才能饮。只要是长者赐的，少者无论自己喜好与否，都不能推辞。

随着时代的发展和筵席坐具的变化，过分繁缛的礼仪逐渐减少。如今，人们在宴会上仍然遵循着长幼有序的准则，但无须作揖、跪拜，同时还借鉴了西方的部分饮食礼仪，使整个宴会礼仪更加简洁、清晰与合理。这里主要以正式宴会的常规做法为线索进行介绍。

1. 宴会举办方的礼仪程序

（1）邀请

当决定要举办宴会后，宴会的举办方即

主人就要考虑和确定宴请的对象，列出相应的名单,然后向宴请的对象即宾客发出邀请。而邀请的形式有两种：一是口头邀请，直接告之或打电话通知;二是书面邀请,主要是发请柬。请柬的内容应包括宴会的名义、形式、时间、地点、主办者名称或姓名。如果有穿着要求，也应写入请柬，或提前数天打电话通知。请柬的信封上工整地写上被邀请者的姓名、职务及敬称。请柬通常要提前 7 ~ 15 天左右发出,以便被邀请者能够及早安排。

（2）排座

在得到所邀宾客的回复后，就应当根据尊卑长幼列出名单，然后根据名单安排座位的形式和具体的座次。在中餐宴会中,常常采用一张以上的餐桌设宴，于是有桌次排列和位次排列两方面的问题。在桌次排列上,分为设宴为 2 桌的类型、设宴为 3 桌及 3 桌以上的类型。以 2 桌的宴会而言,桌次的排列可以为横排和竖排。横排的原则是以面门定位,以右为尊、以左为卑；竖排的原则是以面门定位,以远为上、以近为下。以 3 桌及 3 桌以上的宴会而言,除了遵循"面门定位"、"以右为尊"、"以远为上"的 3 条原则外,还必须遵循"主桌定位"的原则,注意其他各桌与主桌即第一桌的距离。通常情况下,距离主桌越近则桌次越高,距离主桌越远则桌次越低。在每一桌的位次排列上,有 3 个原则:一是主人应当在主桌面门而坐;二是对于多桌宴会,各桌之上应有一位主桌主人的代表称为各桌主人,其位置应当与主桌主人同向或相对；三是每桌的位次根据该桌主人而定,以近为上、远为下,以右为尊、左为卑。

（3）迎宾与上菜

在举行宴会时，主人应当在宾客到达现场之前做好准备工作，进行一些适度的个人修饰。当宾客到达时,主人应热情相迎,并且将宾客领进大厅。宴会开始后,服务人员应当以适当的节奏上菜,不能太快或太慢。需要上每人一份的菜点时，应当首先给长者或德高望重者上菜，再按顺序进行。需要撤换餐具时,应当从主人或宾客的右侧撤下。

2. 宴会参与方的礼仪程序

（1）回复

对于受邀请者而言，接到请柬后可以根据自己的实际情况确定是否参加，但是应当尽快回复信息，以便使主人有足够的时间做相应的安排。如果不能参加,则应当向主人诚恳致歉。如果已经答应参加,却因临时变故而不能参加,则应立即通知主人,并说明原因。最不应该犯的错误是收到请柬后不做任何回复。

（2）赴宴与入席

在赴宴以前，受邀请者应当适度地进行个人修饰,要求衣着考究、整洁优雅而有一定个性。在赴宴时,要求准时到达宴会场地,过早或过晚到达都是失礼的。当宴会开始时,首先由主人邀请长者或德高望重者入席，并为其拉开椅子，帮其入座，其他宾客则各就各位。

（3）进餐

在整个进餐过程中，除了不同的菜点和茶、酒有不同的食用方法外,还有一些基本的原则和要求。一是举止高雅。进餐时要细嚼慢咽,取菜时要相互礼让、依次而行、取用适量,不能只顾自己吃,不能争抢菜肴,不能吃得太饱,喝汤时不能大口猛喝,否则会被认为太贪吃。吃饭菜时不能咋舌,不能挥手扇较烫的饭菜,不能把剩的骨头扔给狗,不能梳理头发、化妆等,否则会被认为目中无人,缺乏教养。二是尊重长者。进餐时,主人要积极、主动地照顾长者或德高望重者。三是积极交际。宴会的一个重要目的在于促进人们的社交活动、以宴会友，因此在品尝美酒佳肴时不能忽视适当的交际活动。在宾主之间,宾客一定要找时间和机会向主人致意和叙旧等。在宾客之间,不仅要与老朋友交流,还要借机多交新朋友,不能只吃不说或只与个别宾客交谈。

（4）退席

在退席时，主人需要为长者或德高望重

第七编　中国餐饮名宴名店篇

一、中餐名宴

（一）概念

人类的饮宴活动缘起于对大自然的崇敬和对祖先的追思。大概在新石器时代，从现已发掘的古代遗址看，凡是人类社会结构比较完整时，常有祭台（坛）之类的祭祀设施，说明那时候的古人已经用集体饮食的方式表示人神（鬼）共享劳动成果的愿望。为了表示对鬼神的敬畏，总是先举行祭祀仪式，将食物和其他被人们认为是神圣的物品奉献给鬼神。在祭祀仪式之后，参加者便集体分享用于祭祀的物品，这便是最早的饮宴活动。

在阶级社会产生以后，部落首领和原始宗教的祭司之类的人物以鬼神代言人的身份，将原本人人平等的饮宴活动分出了等级，从而形成了相关的礼仪规范。儒家经典之一的《仪礼》便是专门记述古代礼仪的现存古籍，其中饮食礼仪占有最重要的地位。《礼记·礼运》"夫礼之初，始诸饮食"就是这个意思。天上的神和地上的君王都是这些礼仪的崇拜对象。实际上，地上的君王是这些礼仪的最大受益者，因为他们可以封神，在原始社会实行的祭祀礼仪的初衷已经变味。

当人类社会的组织结构日益复杂以后，礼仪规范的内容也日益丰满。从最初的崇拜自然、纪念祖先到尊君主、尊圣贤人物，发展成尊老尊师，乃至人际间的情感交流和娱乐合欢，礼制发展成风俗，即所谓"上行下效谓之风，众心安之谓之俗"（《风俗通义》李果题词）。风俗成了比法律还要威严的人类生活准则，其中当然也包括了饮食生活，饮宴的物质内涵和精神外延都更加丰富了，筵席和宴会就成了饮食礼制和饮食方式的集中体现。从某种意义上讲，筵席和宴会是特定人群的饮食文明的标志，它的层次远在单纯为了果腹充饥的日常饮食之上。

1. 筵席

从形式上讲，筵席是人类饮宴活动时，成套的肴馔、饮品等食品组合和相关进食设施以及参与者座次规则的统称，习俗上也称酒席。《左传·昭公四年》："夏启有钧台之享"，是我国有筵席的最早的文字记述。至于"筵席"一词的起源，则是因为古人席地而坐的习惯，筵和席都是铺在地上的坐具，筵和席是重叠放置的，直接接触地面的那一层叫做筵，置于筵上的叫做席，统称筵席。唐代贾公彦在解释《周礼·春官·司几筵》时说："凡敷席之法，初在地一重即谓之筵，重在上者谓之席。"由此可见，筵和席都是我们今天所说的席子。古代礼制规定，不同等级的坐具席子的质料和层数是有严格规定的。在奴隶制社会和封建制社会里，如果违反这些规定，叫做"逾制"或"僭越"，那是要受到严厉惩罚的，甚至有杀头的危险。

古人的饮宴活动就是在筵席上进行的，地位不同的参与者分坐在不同规格的筵席上。食物和器具、饮具、食具都陈列在进食者的面前，后来为了增加进食者的舒适度，在席上加置"俎"。上述这些食物和用具都置于俎上，即所谓"铺筵席，陈尊俎"（《礼记·乐记》）。

铺筵设俎是典型的筵席设置状况,“筵席”这个名称就成了正规的饮宴活动的表述方式,后来发展到多人共坐一席进行饮宴活动也叫做筵席。

最初的俎就相当于今天的砧板，后来发展到有足的俎(即相当于今天的炕桌)。直到魏晋以后，从西北方游牧民族那里输进了叫“交床”(又称“胡床”,形似今天的马扎子)的坐具,人坐上去比席地而坐更为舒适,于是就要求俎足的高度有所增加。这就是我们今天在魏晋墓室壁画饮宴图上见到的那种坐姿,交床也变成了矮凳。到了隋唐以后,有了靠背交椅和高脚大桌,才形成了今天的进食姿态,这就是我们在五代顾闳中绘制的《韩熙载夜宴图》上所见到的那样。但礼仪性的饮宴活动仍称为筵席。高桌大椅的使用导致了人们进食方式的变化,大概在宋元以后,出现了会食制(也称共食制)。明清以后,这种食制成了中国人进食的唯一方式,并且有方桌、圆桌等多种形式。到了现在,采用以滚珠驱动原理制成的放菜转盘以后,逐渐出现了大圆桌,人们觉得从摆成一圈的盘、碗中取菜进食非常方便。

会食方式的确有亲切融和的进食氛围,但是有一个难以克服的诟病，那就是现代著名语言学家王力先生所说的“津液交流”,容易导致疾病传播的卫生问题。于是人们又想回复到祖宗们一直采用的分食制，但是因袭了1 000多年的积习很难改变。

鸦片战争以后，欧美的饮食方式进入中国,但在改革开放以前,这种影响并不普通。可是到了现在,由于时尚概念的驱使,在家庭中人们乐意使用长方形的条桌，但在社会餐饮中,圆桌仍然是中餐常用的进食设备。由于自助餐日益受到知识阶层的青睐,使方桌、圆桌或长条桌，变得越来越多元化。但古典的“筵席”方式却仍在西北某些席地而坐的少数民族家庭存在。

作为礼仪性的饮宴活动的筵席，其所组成的菜肴、点心、饭(主食)、酒水饮料、果品等，都是事先进行精心设计的，所以名目繁多。因此筵席的名称也是多种多样的,有以珍稀原料命名的燕窝席、鱼翅席、燕翅席、鲍鱼席、海参席,甚至还有河豚席,等等;有以单一主打原料制成的筵席如全猪席、全羊席、全鱼席、全鸭席、素席,等等;还有以地方饮食习俗为指导思想组成的洛阳水席、田席,等等,不一而足。

2. 宴会

在古汉语中,宴与燕同义,所以宴会也称燕会,又因古代宴会必须有筵席,所以又称筵宴。现代宴会有时只有酒和少量其他食品,所以也称酒会,如大家熟悉的鸡尾酒会。

宴会是人们因习俗和社交礼仪的需要而举行的饮宴聚会，是社交与饮食相结合的一种饮食文化形态。除少数场合,宴会就是多桌筵席的组合,筵席是宴会的核心,所以人们日常把筵席和宴会当做同义语，在口语中往往不加区别。正因为如此,宴会的发展过程实际上就是筵席的发展过程，最早也是起源于祭祀活动后的聚餐行为。

中国古代宴会的较早历史文献记载,当推《周易·需卦》:“饮食宴乐。”所以宴会自从诞生以后,除了具有饮食的生理功能以外,还有社交礼仪和娱乐功能。也就是说,宴会不等于单纯的美食品尝,这在《礼记·燕义》中早有明确的叙述:“燕礼者，所以明君臣之义也”;“所以明贵贱也。”等级意识非常突出。

宴会的规模取决于参加人数的多少,因不同的宴会形式而有不同组合单位，通常称这种单位叫做“桌”,如用传统的八仙桌即8人一桌。现在用大圆桌则有10人、12人甚至18人一桌的,每桌即是一桌筵席(酒席),不仅每桌的参与者的座次有主宾之分，整个宴会也设主桌(席)。而当代的自助餐式的宴会或鸡尾酒会则比较随便,并不一定要设主桌。宴会有严格的服务程序，包括开宴前的准备工作,宴会进行中的上菜、斟酒、餐具的撤换等,以及宴会后的清理等,都有一定的服务规范和先后次序。对于那些隆重的宴会,则要有周密的计划，以确保宴会既定任务的完成，使得每位参加者都满意。对于那些由多桌筵席组成的宴会，亦应确保所提供的食品和服务的质量和水平均匀一致。

中国历史上有许多名宴见载于史册，它们因为在历史事件中的特定作用而千古留名，例如以政治斗争为背景的战国时期的吴国炙鱼宴，刺客厨师专诸为吴国公子光（即吴王阖闾）夺王位而刺杀吴王僚；再如秦朝末年楚汉相争时，项羽在鸿门为刘邦设下的鸿门宴，等等。其在饮食文化史中属于另类的宴会，在当代已没有现实意义。同样，那些炫耀皇权政治的大型宴会，如乾隆年间的千叟宴等，还有于史有据留下准确食单的如唐代韦巨源的烧尾宴、南宋时张俊宴请宋高宗及秦桧父子的家宴等，也只有史料价值。而见诸于《扬州画舫录》、曲阜《孔府档案》和《清宫膳档》等历史文献中的相关资料，再被人们演绎成“满汉全席”、“孔府宴”等高、大、全的筵席，至今还有相当的市场规模。由此引发的一股复古筵席的风气，如西安的仿唐宴、开封和杭州的仿宋宴，还有从文学作品中提炼的如红楼宴、金瓶梅宴，等等，都属于餐饮行业的经营策略，如此而已。

当今的宴会按接待礼仪规格分有国宴、家宴、便宴、冷餐会、招待酒会等；按社会习俗分有诞生宴、寿宴、婚宴、接风宴、饯别宴等；按宴会实施环境分有野宴、长街宴等；按实施时间分有午宴、晚宴、夜宴等。尽管名目繁多，但宴会最大的亮点还是举办的目的和水平，只有这两个方面才能集中体现宴会的文化内涵。

（季鸿崑）

（二）中华名宴举例

1. 中华人民共和国国宴

国宴是国家元首或政府首脑为国家的庆典或为外国元首、政府首脑来访而举行的正式宴会。国宴既是国际交往中的一种重要的礼仪形式，又是各类宴请活动中规格最高、最为隆重的一种宴请形式。

国宴的主要标志是以国家的名义举行的宴会。一种是以国家名义举行的庆祝国家重大节日，如国庆节等而举行的宴会，党和国家领导人主持，邀请驻华使节、外国驻华的重要机构、记者、国家各有关部门负责人，还有人大、政协、群众团体代表，劳动模范等出席，在宴会厅内悬挂国徽；一种是以国家名义邀请来访的国家元首或政府首脑出席的宴会，宴会厅内悬挂双方国旗，设乐队，奏国歌，席间致辞，菜单和坐席卡上均印有国徽。国宴的特点是：出席者的社会身份高，接待规格高，场面隆重，政治性强，礼仪严格，工作程序规范、严谨等。

我国的国宴历史悠久，独具特色，而且仍在不断发展中。国宴活动，在长期实践中，以继承、发展我国中餐宴会优良传统为基础，吸取了国际上一些好的惯例，不断进行探索和改革，逐渐形成了现在这种以中餐菜点为主，以中西餐具合璧、单吃分食为特点的宴请招待服务形式。

国宴一般在国家宴会厅举行。有时也根据不同情况和来访国代表团人数的多少，选择在其他宴会场所。承接国宴活动的厅室布置形式一定要庄重、美观、大方，设计上切忌张灯结彩，过多装饰。宴会厅的正面并列悬挂或竖立两国国旗。由我国政府邀请来宾时，我国的国旗挂左方，外国的国旗挂在右方。来访国举行答谢宴会时则两国国旗互相调换位置。

我国国宴餐桌多采用圆桌。主宾席的桌面大于其他的桌席，而且位置醒目。其他坐席可根据出席人员的多少，摆成梅花形。餐桌台面要布置花坛或插花。各种鲜花的品种一定要根据来访国的国花和风俗习惯适当选择，在布置花坛时不要过于花哨，保持严肃、庄重，宴会厅内所有餐桌和工作台都要加台围。在主宾席的左侧上方设讲台，讲台上摆设麦克风、台灯、茶盘，供两国领导人讲话用。乐队的位置设在整个宴会桌区的下方，一般不要离宾客的坐席过近。

国宴通常设专门的休息区，也叫迎风酒会区，布置小圆桌，周围适当摆些椅子，在宴会厅周围设贵宾休息厅，按会见的要求进行。

制订国宴菜单是件严肃的事情，一定要与主办单位进行协商。国宴选菜一般不以主人的爱好为准，要根据宴会标准，宾客的生活习惯与忌讳，同时兼顾季节、食品原料、营养等诸因素进行科学安排。如果宴会上个别人有特殊需要，也可以单独为其上菜。菜肴道数和分量都要适宜，国宴因时间性较强，时间较短，所以菜点不宜太多。

国宴摆台与中餐宴会摆台基本相同，但也有所区别，不同点主要是实行分食单吃服务方式所决定的。宾客前的食盘用比一般食盘大一些的装饰盘（此盘的用途不是作食盘用，而是作为装饰垫盘用），盘上放有装饰垫。

一般宴会前 15 分钟上冷菜盘。国宴的冷菜是用几种冷菜组成一定图案的拼盘。然后用保鲜纸包好将拼盘置于装饰盘上，将黄油、小菜放在点心盘上方，面包摆在点心盘内。接着打开口布花，斟好酒，备主宾致辞后敬酒用。

国宴多采用单吃服务方式。这种服务方式既卫生又方便客人，深受国内外贵宾欢迎。

国宴餐具非一般宴会可比，它具有中华民族特有的风格。中国菜点讲究配备器皿，“美味还须美器盛”古来有之。从古至今，中国菜点讲究一条龙，一条凤，非常重视菜点形状。近几年来，国宴实行单吃，菜型受到一定影响，所以选择合适的容器十分重要。为此，我们不断进行改革，逐步形成了一整套国宴餐具器皿。刀叉使用银质，筷子选择象骨，器皿选用象形餐具，如牛、鱼形罐，鱼形盘，海螺、苹果形碗等。这些象形餐具不仅为菜点增色，同时又使国宴具有“色、香、味、型、器”俱佳的特色。

除以上介绍的特色外，国宴其他服务规程与中餐宴会相同。

（周继祥）

2. 中华人民共和国开国第一宴

1949 年 10 月 1 日，中华人民共和国中央人民政府在举行开国大典之后，在北京饭店设宴招待中外贵宾，这个宴会被后来称为“开国第一宴”。

1999 年，中华人民共和国成立 50 周年之际，北京饭店重开“开国第一宴”。社会上许多餐饮企业跟风而上，各种各样的“开国第一宴”纷纷登场，有的自称菜单是从国家档案馆挖来的，有的厨师自称是“开国第一宴”的掌勺大师的徒弟，受到过真传，甚至有些淮扬菜的餐厅干脆自称“国宴餐厅”。一时间鱼目混珠，很不严肃，有的将相关人物的姓名都搞错了。2007 年出版的《北京纪事》有专文介绍“开国第一宴”，其神秘面纱才被真正揭开。

（1）历史纪实

中华人民共和国开国大典于 1949 年 10 月 1 日下午 3 时开始，大约在下午 5 时结束。夜幕降临时，参加大典的以新中国领袖为首的党和国家的领导人，中国人民解放军高级将领，各民主党派和无党派的民主人士，社会各界知名人士，原国民党军队的起义将领和少数民族代表，工人、农民和解放军的代表，一共 600 多人，聚集在北京饭店的宴会厅，为新中国的诞生而庆贺。

“开国第一宴”最高主事者是政务院典礼局局长余心清。虽然宴会地点选在北京饭店，但当时的北京饭店只有西餐，以烹制法式大菜最为著名。但开国大典不能用西餐，为此余心清局长和当时的北京饭店经理王韧商量，认为淮扬菜口味比较适中，北方人和南方人都可以接受，于是决定调当时北京最著名的淮扬菜馆“玉华台”（当时该店位于王府井附近的锡拉胡同）的一批厨师到北京饭店服务。事前调了朱殿荣、王杜昆、杨启荣、王斌、孙久富、景德旺、李世忠等几位名厨。他们到北京饭店后，首先为参加第一届中国人民政治协商会议的 130 多位代表的宴会服务，获得广泛好评，所以决定仍然由他们承担“开国第一宴”的菜点烹制任务。

“开国第一宴”的“宴会总管”(即现在的“宴会设计师”)是北京饭店的郑连富(他后来获得新中国第一宴会设计师的称号),“总厨师长”是玉华台来的朱殿荣。参加宴会的领导人有周恩来、朱德、刘少奇、宋庆龄等。在参加宴会的军队代表中,有最早驾机起义、投奔解放军的刘善本和为人民空军的创建做出杰出贡献的邢海帆等。他们刚刚驾机从天安门上空飞过接受检阅,连飞行服都来不及脱,就应朱德总司令的邀请来到宴会现场。那次是新中国空军第一次接受检阅,加之前不久,蒋介石集团还派飞机轰炸过北京南苑机场,为了防止国民党反动派的空军再次捣乱,受检阅的战斗机是带弹飞行的。所以朱德在宴会上很高兴地说:“从今天开始,我是陆海空三军的总司令了。”而过去,他实际上就是一位陆军总司令。

(2)“开国第一宴”的菜单

“开国第一宴”的策划和实施是由余心清局长亲自布置,并由杨绍德具体落实的。菜单的拟订主要考虑赴宴者的口味,也考虑到厨师的擅长和当时能够采购到的原料,具体的菜单是:

冷菜4种:五香鱼、油淋鸡、炝黄瓜、肴肉。

头菜:燕菜汤。

热菜8种:红烧鱼翅、烧四宝、干焖大虾、烧鸡块、鲜蘑菜心、红扒鸭、红烧鲤鱼、红烧狮子头。

在第2道和第3道热菜之间上4种点心:菜肉烧卖和春卷两种咸点心,豆沙包和千层油糕两种甜点心。

(3)特点

从上述菜单可以清楚地看出,这是以淮扬风味为核心的高档燕翅席,热菜的烹制主要用红烧法,充分考虑了厨师们的厨艺擅长。例如孙久富师傅擅长做点心,而且手脚麻利,有“孙快手”之美誉,他做的“淮扬汤包”和“火腿江米烧卖”软糯鲜香,满兜汤汁,而且从不破皮。而总厨师长朱殿荣更是艺高人胆大,他竟然能用大锅烧如此隆重的国宴热菜,一口大锅一下子就同时烧出几十桌大菜,确保了几十桌的同一道菜的色、香、味、形完全一致,堪称绝技。参加宴会的人士中,不乏美食家,都对此叹为观止。

“开国第一宴”是在特定时间、特定条件下的特殊宴会,其人文环境和历史背景完全不可复制。如果有人要重复举行这种名目的宴会,即使菜品做得再好,充其量也只是仿制而已。

(季鸿崑)

3. 2001年上海APEC领导人非正式会议晚宴

APEC领导人非正式会议是20世纪末期,亚洲及太平洋地区的一些国家定期举行的政府间互相交流的重要活动,虽说是非正式会议(参加者不打领带),但其作用却很大,故而深受各参加国的重视。其主要参加国有中国、俄罗斯、日本、韩国、菲律宾、泰国、印度尼西亚、马来西亚、新加坡、文莱、澳大利亚、新西兰、美国、秘鲁、墨西哥、巴西等,通常都是由国家元首、政府首脑或他们的代表亲自参加。会议由各成员国政府轮流主办,2001年的会议由中国政府承办,地点在上海,时间是该年的10月份。2001年10月20日,坐落于上海浦东滨江大道上的上海国际会议中心上海厅,是时任中华人民共和国主席江泽民宴请到会各国领导人和他们的配偶,举行晚宴的宴会厅。晚宴菜单上印有团花图案,以及烫金的“亚太经合组织领导人晚宴”和“中国上海2001年10月20日”等字样,显得美观大方、隆重庄严。菜单上列有1道冷盘、4道热菜和1道点心加水果。计有:

迎宾冷盘:上桌前盖上银盖,掀开银盖,展现的是一幅“画”。“鲜花”植根于“泥土”中,“泥土”是2片连肉带皮的烤鸭,“花秆”是植在“泥土”中的3根芦笋,“花叶”是2片三角形的鹅肝,圆形“花盘”由3片白煮蛋的蛋白

组成,“花蕾”是由三四粒产于乌苏里江的大麻哈鱼的黑色鱼子和红色鱼子组成。

鸡汁松茸(汤菜):鸡汁是用农家散养的优质家鸡熬制的，松茸和竹荪是产自云南的山珍,成菜装在一个瓷罐中,每罐装有 8 片松茸、8 段竹荪、2 根小菜心,菜心的头上插 2 根胡萝卜小梗美化。这道菜的特点是香鲜浓郁,清亮透明。

青柠明虾（热菜):明虾去壳切成片,再将南瓜刻成虾状,将虾片铺在南瓜上,再用土豆片封住,周围标上花边。土豆片用鳜鱼汤拌成。这道菜成形后经过烤制,在装盆时,2/3 的位置放虾,边上放半只柠檬,并用一片荷兰芹的叶子点缀。这道菜的做法符合外国人的饮食习惯。

中式牛排(热菜):这道菜的牛排取自内蒙古赤峰地区放牧的牛。牛排用番茄沙司和辣酱油制作调味,微辣带甜,色香味俱佳。装盆时上端放 2 根涂了蜂蜜后烙 2 小时的薯条,金黄色且带有甜味;两边各放置 4 根月牙形的荷兰豆,翠绿鲜艳。

荷花时蔬(素菜):整盆菜呈现为一幅荷花绽放于水中的景致，黄瓜汁水造就的荷塘一抹淡绿,上面浮着用红菜头刻成的“荷花”,用冬瓜皮刻成的“荷叶”，用白萝卜雕成的“藕”。“荷塘”上置一艘 15 厘米长用节瓜雕成的小船,船上满载着用橄榄菜、条状的油焖茭白切成的丝作为“柴梗”。全菜色彩鲜艳。

申城美点:一只萝卜丝酥饼、一只小小的素菜包和一只翡翠水晶饼。素菜包只有生煎馒头那么大，翡翠水晶饼是用小豌豆片和小麦淀粉制作,上面压有 APEC 的字样。这盘点心用素菜装点成一片草地，用麦淀粉捏成 2 只和平鸽,鸽子用嘴衔着牡丹和玫瑰,完全像一幅风景画。

硕果满堂(水果):用西瓜、芒果、木瓜、猕猴桃等 4 种水果放在玻璃盆中，红橙黄绿相间,非常美观。

这次国宴的宾客是多国贵宾，所以菜单设计和食品制作,采用中西合璧的形式,但又以中国的传统理念为主,所以很有特色。这次宴会的饮料有葡萄酒、青岛啤酒、橙汁、可口可乐、雪碧、矿泉水等,但是在主桌上加了茅台和五粮液两种白酒。

（季鸿崑据陈金标《宴会设计》一书整理）

4. 毛泽东生前主持过的两次宴会

这里收集的毛泽东主席生前主持的 2 次宴会菜单，均由长期服务于中南海和钓鱼台国宾馆等中央接待单位，被指定为毛泽东专职厨师长的程汝明先生所拟定。

（1）1961 年 9 月 23 日毛泽东主席宴请蒙哥马利元帅之国宴菜单

四干果:核桃(甜)、杏仁(咸)、葡萄干(甜)、腰果(咸)。

四鲜果:葡萄、香蕉、苹果、橘子。

调味:秘制辣椒（黄油、大面包、小面包)。

凉菜:花篮红鱼子、酿鸽子、法式凉虾、烤猪排、麻辣牛肉、什锦沙拉。

汤品:奶油豆茸汤。

主菜:铁板扒桂鱼、元帅虾卷、牛肉扒、烤蟹盖、炒豆苗。

主食:什锦炒饭。

点心:奶油克斯特小薄饼。

水果:水果拼盘。

饮料:牛奶、咖啡、冰水、果汁、红酒、龙井茶。

（2）1962 年 12 月 26 日毛泽东主席之生日宴菜单(宴请王海容等亲友同乡）

四干果:杏仁(咸)、葡萄干(甜)、腰果(咸)、核桃(甜)。

四鲜果:苹果、香蕉、橘子、寿桃。

调味:秘制辣椒（黄油、大面包、小面包)。

凉菜:豆豉腊鱼、辣子苦瓜、湖南辣狗肉、三丝黄瓜卷、蛋黄鸭卷、蟹肉沙拉、大虾冻、柠檬黑鱼子。

汤品:砂锅四宝。

主菜:毛式红烧肉、玻璃虾仁、叫花仔

鸡、清蒸鲥鱼、口蘑龙须菜。

主食：二米饭。

点心：核桃酪、煎山药饼、炸鲜奶、花蛋糕。

水果：水果拼盘。

饮料：牛奶、咖啡、冰水、果汁、红酒、龙井茶等。

程汝明烹调技艺精湛，曾为毛泽东和中共中央第一代领导集体成员创制过紫苏武昌鱼(1956 年 6 月于武汉)、元帅虾卷(1961 年 9 月毛泽东招待蒙哥马利之国宴)、红烧肉(毛泽东的常膳)、国宴狮子头(20 世纪 60 年代用于周恩来的外事活动)、罐焖鹿肉(为毛泽东、刘少奇的常膳和国事活动创制)、酥皮汤（毛泽东及其家人的常膳)、烧青鱼(1972 年接待尼克松)等高水平的菜肴,深得相关人士的赞赏。

（刘　建）

5. 1999 年世界财富全球论坛年会的宴会

1999 年 12 月，世界财富论坛在上海国际会议中心 7 楼设置了 120 桌筵席，宴请 1999 年参加世界财富全球论坛的跨国企业代表。当时设计的菜单是：风传萧寺香(佛跳墙)、云腾双蟠龙(菠萝明虾)、际天紫气来(中式牛排)、会府年年余(烙银鳕鱼)、财运满园春(美点小笼)、富岁积珠翠(椰汁米露)、鞠躬庆联袂(冰渍鲜果)。

像这种用诗文表征特定菜点名称的做法,是中国传统习俗,意在讨吉利的口彩,如将上述每道菜点诗名第一个字联起来，便是“风云际会，财富鞠躬”(最后一道取前 2 字：鞠躬)，表示对会议本身和参加宴会者的祝福。把中国的传统习俗用于国际会议,也算是一种创新。不过这种做法也只适合在财富论坛这种场合使用，用于宴请外国政要的国宴则不一定妥当。

(季鸿崑据陈金标《宴会设计》一书整理)

6. 国家体育总局的运动餐饮

现在竞技体育水平越来越高，强队之间的差距不大,要想取得好成绩,饮食方面的作用越来越重要。运动员训练、比赛需要良好的体能，合理营养有利于提高训练效果和比赛成绩,有利于赛后疲劳的消除和体力的恢复,有利于运动性疾病的预防，有利于平稳顺利转入下一个阶段的训练和比赛。因此,合理营养在现代竞技体育中的作用越来越突出。

（1）运动餐饮的主要特征

运动餐饮对体育比赛和运动员健康的作用非常重要。从安全的角度来讲,大众餐饮要求卫生就行，可以根据厨师的技术和喜好进行操作，消费者可以享受到足以令人眼花缭乱的菜肴。而运动餐饮则相对严格得多,运动餐饮需要优质的肉质原料,油脂又不能太多,色彩不能太过鲜艳。要严防农药含量超标,运动员如果长期摄入农药残留超标的食物,会对神经系统造成损伤。更重要的是要防止摄入兴奋剂,如果因为餐饮原材料选择不当,而使运动员吃到含有兴奋剂的食物，致使在训练和比赛中被检测出兴奋剂，那么将会带来不可挽回的损失。

运动餐饮和大众餐饮一样，都以为人提供能量、延续生命、满足人的生长需要为目的。不同之处就在于“运动”二字。运动员的体力消耗大于常人，与正常人消耗的碳水化合物相差 20%以上，所消耗的糖原也是不一样的。运动员的能量代谢主要取决于运动强度、运动频率、运动时间 3 个要素。同时也受运动员的体重、年龄、营养状况、训练水平、精神状态及训练时投入的程度等因素的影响。不同运动项目的能量代谢特点也不同，运动员对营养需求也不一样，不同膳食的平衡度也是不一样的,需要合理的膳食。在运动员的营养膳食中脂肪比例要少，因为过多的脂肪在代谢过程中，对运动员的耐力及运动后的体力恢复不利。所以,运动员餐的制作原则是：口味清淡、少油少脂、营养丰富。由于运动员膳食结构中碳水化合物比例较高，而碳水化合物在胃中的消化速度快，常常会使运动员产生饥饿感。因此,还要采用少量多餐的进餐方式，如三餐两点制、三餐三点制等。

(2) 运动餐饮的一般模式

国家体育总局目前的体育训练基地比较多，许多运动项目都有自己的训练和调整基地，各个省市还有一些具备一定规模、项目特点明显的基地。在众多的竞技体育基地中，国家体育总局训练局是历史最悠久、驻训队伍最多、取得成绩最多的一个综合性基地，被誉为“世界冠军的摇篮”、“奥运会金牌的加工厂”。它被视为中国竞技体育对外开放的窗口而享誉国内外。因此，从运动餐饮而言，该局具有代表性。

国家体育总局训练局坐落在北京风景秀丽的龙潭湖畔，西倚著名的天坛。膳食处是训练局的内设机构，主要承担驻局国家级优秀运动队的膳食保障、营养配餐和食品安全工作，下设运动员餐厅和职工食堂。目前共有10个项目，14支国家优秀运动队在局训练，它们是中国田径队、中国体操队、中国羽毛球队、中国乒乓球队、中国游泳队、中国跳水队、中国男子举重队、中国女子举重队、中国男子篮球队、中国女子篮球队、中国男子排球队、中国女子排球队、中国花样游泳队和中国蹦床队。

国家体育总局训练局运动员食堂几乎和共和国同龄。由于当时的条件限制，早期的食堂比较简陋，就是个能吃饭的房间，运动员、教练员和工作人员大家在一起用餐。1963年，训练局的运动员有了一个比较好的运动员餐厅，从早期的四菜一汤，到今天拥有20多道菜十几道主食的自助餐，其间几经变化。目前的训练局运动员餐厅是2002年改建而成的，设有综合餐厅、体操跳水餐厅、乒乓球羽毛球餐厅、清真餐厅和西餐厅。为了增加运动员的食欲，突出现代运动餐饮的特点，餐厅的主要设备采用国际领先的现代化产品，操作间采用了开放透明式设计。餐厅食品从采购到加工都执行严格的检验程序。运动员食堂还建有食品化验室和一流的检验设备，保证了运动员吃上放心食品，确保了食品安全。目前，膳食处拥有中国餐饮文化大师1人，中国餐饮名师1人，中国药膳师2人，高级营养保健师2人；设有行政总厨1人，工人技师10人，高级厨师和中级厨师占厨师总数的90%；可烹调川、鲁、粤、湘、淮扬等风味菜肴，可制作数百种风味点心。运动员餐厅作为中国体育对外开放的窗口，党和国家领导人多次来视察，接待了许多中外宾客。中央领导视察后曾亲笔写下了“无名英雄”4个字。2006年，北京电视台以“无名亦英雄”为题制作了专题片，介绍了膳食处的先进事迹，在社会各界引起了广泛反响。

近年来，国家体育总局训练局膳食处的工作先后被中央电视台、北京电视台、广东电视台、湖南电视台、美国有线电视新闻网、《中国日报》、《中国体育报》、《中国食品报》、《竞报》、《北京晚报》、《法制晚报》、《新京报》、日本《读卖新闻》、《饮食文化研究》杂志、《中国烹饪》杂志、《中国食品》杂志、《新西餐》杂志、《中国饭店》杂志、新浪网、搜狐网、中国食品网等众多媒体报道，被媒体亲切地誉为“金牌炊事班”，其符合运动营养特点的菜肴被誉为“金牌菜系”。

(3) 运动餐饮营养配餐的原则和分类

爆发力型项目的营养配餐。在体育运动中的投掷、短跑、跳高、跳远、举重、短距离游泳、速度滑冰等项目被称做爆发力型项目。他们的运动强度在短时间内骤然增大，单位时间内能量消耗也最大，但其运动频度低，持续时间短，体力容易恢复。对于这些需要四肢爆发力的项目，会造成四肢的氧缺乏，要在补氧性食物上做文章。要增加食物中蛋白质的供给量，尤其是优质蛋白质应达到一半以上。需要更多的碳水化合物食物，食物中蔬菜和水果应占总能量的15%～20%，以满足运动员对碳水化合物、维生素和无机盐的需要。在营养配餐中可多增加一些诸如牛排、土豆、面条、菌藻等类的食物，让他们得到更多的能量。

耐力型项目的营养配餐。长跑、马拉松、

竞走、自行车、摩托车、长距离游泳、滑雪等项目，虽然运动强度较小，但运动频度高，持续时间长，能量消耗较大，需要长时间维持心脏大输出量水平，有的长达两个小时以上，总能量消耗较多。在这种情况下，运动员对能量和各种营养素的需求量也增加。运动员的能量来源主要为碳水化合物，当运动员体内有足够的碳水化合物和脂肪作为能源时，蛋白质几乎不被动用。随着运动强度的增加和时间的延长，对脂肪的利用也逐渐增加。更由于这些运动后期使运动员糖原大量消耗，中枢神经疲劳，耐久力下降，代谢的稳定性受到破坏，所以，我们要在补充蛋白质上面下工夫。在这类运动员的饮食中应当注意增加丰富的蛋白质、铁和维生素 E、维生素 C、维生素 B 等，以保证血红蛋白和呼吸酶维持在较高水平，增强机体能力，促进疲劳消除。食物中应含有占总能量 32% ~ 35% 的脂肪，以缩小食物体积，减轻胃肠道负担。还应供给一些含蛋氨酸丰富的食物，以促进肝脏中脂肪的代谢。在营养配餐中主要以优质牛羊肉、蛋、奶和鱼类产品为主。

技巧型项目的营养配餐。体操、跳水、艺术体操、蹦床、花样游泳、花样滑冰、射击、高台跳雪等项目的跳跃性动作和空中翻腾的动作比较多，需要一定的灵活性、柔韧性和稳定性，还要具备一定的爆发力，对运动员的心理素质要求较高。这些项目的运动员大多年龄小，食物供给中的碳水化合物和脂肪的含量不能太高，要多提供水果、蔬菜，体现食物的丰富性，保证营养的全面摄入。为避免食物体积过大，增加胃容量而影响运动，食品加工中应注意主副食品的色、香、味、形和一定的硬度，并能促进食欲，容易消化吸收。同时还要注意食物多样化以增加食欲。在营养配餐中，主要选择能量密度和营养密度高的食物，如黄油、奶酪、坚果、巧克力、麦片等。可以通过增加面食的花色品种来提高运动员的食欲，还应该多增加水果、蔬菜和乳制品。

对抗型项目的营养配餐。足球、篮球、排球、手球、水球、乒乓球、羽毛球、击剑、武术、柔道、摔跤等项目，要求较大的力量和神经系统的协调性，对机体的灵敏性、反应性、技巧和力量等方面的要求也比较全面。由于这些项目能量消耗较大，并且要在极短的时间内产生爆发力，因此这类运动缺氧严重，氧债大，含氮物质代谢强，对运动员的身体素质和体能要求高，故对各种营养素的供给应全面考虑。这些项目在运动中神经系统异常活跃，在食物中蛋白质、维生素和钙、磷等供应应当充分，特别是击剑、射击、乒乓球、羽毛球等项目。在运动期间，视力(乒乓球、羽毛球、击剑)活动紧张，应给予充足的维生素 A，除食用含维生素 A 或胡萝卜素丰富的食物外，必要时服用适量维生素 A 补充剂，如鱼肝油等。击剑项目的运动员比赛时需要保持高度的精力集中，在饮食上就要吃多糖的食物，多喝水，少吃肉，运动中可选用葡萄糖、果糖、低聚糖的复合糖液。在营养配餐中注意补充优质的肉类和动物性蛋白类，适当增加豆制品类，可选用上好的牛排、优质的海产品等。

无论是技巧型的项目还是对抗性的项目，体能都是重要的保障。比如说，在参赛双方选手竞技水平不相上下的情况下，一方运动员拥有打两场比赛的体能，那么体能占优的运动员就已经赢了一半。体能源于何处？源于营养，源于一个“吃”字。在营养配餐中，总的来说可以用 8 个字来概括：“荤素搭配，营养美味”。补充碳水化合物对运动员非常重要，营养配餐的主食品种要多，馒头、花卷、米饭、炒饼、肉饼、烧饼、广式炒面、西式海鲜面、炸酱面、芋头，各种不同馅的包子等主食每餐都要有。

（贾　凯）

7. 满汉全席

“满汉全席”是 20 世纪乃至当代文化界颇感兴趣的老课题，不仅有宫廷、官府、市肆等多种不同的说法，而且有各种不同面孔的“满汉全席”菜单。在几经炒作之后，有人直言

“满汉全席”是中国烹饪的最高成就，从而有多次、多种“满汉全席”的制作，并有以“满汉全席”为店标的餐饮企业，有以“满汉全席”为名的刊物，甚至中央电视台还以“满汉全席”为专栏名称，连续数年举办了厨艺的电视擂台赛……但所有这些活动的主持者，几乎都说不清“满汉全席”的真正原委。

赵荣光先生经过20多年的潜心研究，先后发表了相关论文近10篇，相关著作数部，其中最具有标志性的研究成果是1995年5月发表于《历史研究》杂志上的论文《“满汉全席”名实考述》、1992年黑龙江科学技术出版社出版的专著《天下第一家衍圣公府食单》、1996年黑龙江人民出版社出版的专著《满族食文化变迁与满汉全席问题研究》和2003年昆仑出版社出版的专著《满汉全席源流考述》（归入季羡林主编的《东方文化集成》丛书的“中华文化编”）。此外，他还应日本NHK电视台的邀请，指导按历史复原原则制作了中日邦交正常化30周年大型纪念文献片《中国满汉全席再现》。在这其中又以《满汉全席源流考述》的学术和史料价值最高，本条目即据此写成。

（1）沿革

根据史料考证，“满汉全席”的名、实经过了“满席、汉席”、“满汉席”、“满汉全席”3个阶段。而从历史文化生态演变角度认识，则还应当有改革开放以来的“大满汉全席”的第4个发展阶段。第一阶段：满席和汉席是2种不同风格的朝廷礼食筵式，正式颁行于康熙二十三年（1684），并且作为朝廷礼食筵式固定模式一直维系到清帝国的完结。作为清朝国家典章制度汇编的《钦定大清会典条例》中明确规定宫廷膳食分为“满席”6个等级、“汉席”3个等级及其具体品目、价钱。这时的满席实际上就是满人常食的“饽饽席”，仅有主食而无菜肴，这六等满席的“价银”依次是八两、七两二钱三分一厘、五两四钱四分、四两四钱三分、三两三钱三分和二两二钱六分。例如《钦定大清会典条例》中明确规定“满席一等席用面百二十斤、红白馓支三盘、饼饵二十四盘又二椀、干鲜果十有八盘（四十七盘碗）；……六等席用面二十斤、红白环馓三盘、棋子二椀、麻花二盘、饼饵十有二盘、干鲜果十有八盘（三十七盘碗）”。到清朝中叶以后，这种规定又有了变化，不同等级的满席食品名称中，除了面食和干鲜果以外，还加了酒、茶、熟鹅、熟鸡和羊肴，而且通常吃的都是四等以下的席面。清宫中与满席并立的“汉席”共分三等：“一等汉席：内（肉）馔鹅鱼鸡鸭猪肉等二十三碗，果实（食）八碗，蒸肉三碗、蔬食四碗；二等汉席：肉馔二十碗，不用鹅，果食以下与一等席同；三等汉席：肉馔十五（碗），不用鹅鸭，果食以下与二等席同。”此外，清宫廷的宴享还有“上席、中席”的名目，所谓“上席：高卓（桌）陈设宝装一座，用面二斤八两，宝装花一攒，肉馔九碗，果食五盘，蒸食四碟；矮卓（桌）陈设猪肉、羊肉各一方，鱼一尾。中席：高卓（桌）陈设宝装一座，用面二斤，绢花三朵，肉馔以下，与上席高卓（桌）同”。将上列各种席面所列食品和摆设进行比较，立显满席重馔、汉席重肴的特点，而“上席、中席”则介于二者之间，体现了关外游牧民族接受汉族饮食文化的影响非常显著，此时还谈不上山珍海味、四时佳肴。刚入关不久的清朝皇帝，在饮食消费心理上很像发迹不久的土财主。值得注意的是，朝廷上的“满席”是典章制度明确规定的“国宴”。凡以国家名义举行的庆典一律只能用“满席”，对内的皇子娶亲、公主下嫁，蒙、藏地方首领与衍圣公来朝等，对外的各国使节接待等都是“满席”。“天下”是满族的，清国是满族的，历史上的满族就是这样理解的。如同爱新觉罗是“国姓”，满语是“国语”，满服是“国服”，满席自然也就是“国食”。同时不能忽视的是：与清代宫廷中的“满席”、“汉席”分立席面的礼食制度并行的，是地方官场上“满席、汉席”酬酢筵式模式的存在。清初上海人姚廷璘的《续历年记》，称之为“满、汉饭”，具体时间是康熙三十三年，地点在上海县城，享宴者是清初封疆重臣两江总督范承勋（范文程之子)。又康熙五十七年(1718)九月初四日,参加六十六代衍圣公孔兴燮继配夫人吕氏祭典的"天使"(朝廷钦差),便收到孔府的"下程"(很像当代的回扣),其清单中便有"满席二桌"和"汉席二桌"。直到道光二十七年(1847),孔府与朝廷之间的往来中,满席和汉席仍是席面不同的筵席,这种宫廷之外的"满席、汉席"格局早在乾隆时期就传到了日本。即使到了乾隆年间,袁枚在《随园食单》、李斗在《扬州画舫录》中所说"满、汉席",都是类似于"满、汉饭"的"满、汉席"。特别是在《扬州画舫录》中所记载的供随从乾隆南巡的"六司百官"人等饮食的食单,后来被好事者说成是"满汉全席"的菜单,从而造成满汉全席要吃"三天三夜"之类的神话。其实,在道光、咸丰年间生活在苏州的顾禄所著的《桐桥倚棹录》中,就有了"满、汉大菜"的说法。还有稍后的佚名《调鼎集》所记的"满席、汉席"之类,都属于这种"满、汉席",都没有真正的合二为一。

据赵荣光考证,真正融满席和汉席于一席的"满汉席",最早出现于嘉庆、道光年间,钱塘(今杭州)人陈退庵在其所作的《莲花筏(笺)》卷一中说:"余昔在邗上(今扬州),为水陆往来之冲,宾客过境,则送满汉席。"席面上"一席百余命",显然是一种大型的豪华筵席。此后出现的同类证据还有:作家李劼人(1891—1962)的《旧账》,记述了他的外祖父家在民国三十三年(1944)的旧账簿,提到了成都地区道光十六年(1836)的"满汉席",李劼人认为:因为海味不全,还算不上是"全席";光绪三年(1877)刊行的金安清著《水窗春呓》记述了清江、淮城(今淮安市)的河工、漕运、盐务 3 个衙门的豪奢生活,其中提到了"二十四碟、八大八小"共 40 道肴品(不包括点心)的"燕菜烧烤"席;光绪十三年(1887)3 月 9 日的《纽约时报》报道了时任两江总督的曾国荃招待美国公使田贝的官宴,宴会上用了"满汉全席"不可或缺的"烤乳猪",赵氏以此推断曾国荃这次"官式晚宴"可能就是当时盛行的"满汉全席";另外,成书于清末民初的何刚德《春明梦录》,提到了吉林的"满汉席"。以上这些豪华筵席,都可能是导致"满汉全席"诞生的二合一式的"满汉席"。而成书于民国六年(1917)的徐珂《清稗类钞》"饮食部"则说:"烧烤席,俗称满汉大席,筵席中之无上上品也。烤,以火干之也。于燕窝、鱼翅诸珍错外,必用烧猪、烧方,皆以全体烧之。"《清稗类钞》系徐珂的读书及见闻杂录,资料常不注出处,所以只能当做清末民初的流行说法,并不能据以认定为"满汉全席"的原始出典,尽管他说到了"满汉大席"。但是,历史进入清末,由于皇权的日趋衰微和封建国家政权的日渐崩析,作为官场酬酢筵式的垄断禁忌开始被打破,于是"满汉全席"演化为了更广阔民间社会的时尚高等席面。

在赵荣光所查阅的文献资料中,最早出现"满汉全席"4 个字的是韩邦庆的小说《海上花列传》,在其第十八和十九回有一句"中午吃大菜,夜饭满汉全席"的话。赵先生推定该书出版于光绪十八年(1892)六七月间,故事的地点是上海。这里的"大菜"是上海人对西餐的流行说法,书中的描写也清楚地说明了这一点。但是对"满汉全席"并没有详细的描写。另外,由吴永口述、刘治襄笔录的《庚子西狩丛谈》是一种纪实的史料笔记,记录了慈禧太后和光绪皇帝在八国联军之役后逃出北京时的所见所闻。全书共 5 卷,其第 3 卷记光绪二十六年(1900)七月二十二日,当慈禧等逃到延庆和怀来交界处时,延庆州知州秦奎良曾于仓促间手书指令下属怀来县令吴永(曾国藩孙女婿)为她(他)们备办一桌"满汉全席"。此外,清末民初李宝嘉的小说《官场现形记》说到"满汉酒席",梦花馆主小说《九尾狐》的第二十四回说到"满汉全席"和"满汉酒菜",这两部小说中的宴会场所都是妓院,说明"满汉全席"绝不是什么"清宫御膳"。尔后出现"满汉全席"名称的文献也越来越多了,甚至台湾旧台南街坊祀神也用到了"满汉大席"。这些都说明在光绪年间以后,满汉全席已成为富人聚会、官方应酬时的一种高、大、全的豪华宴会的代称，在流行中并无固定的款式和菜点结构，大体上就是燕翅加烧烤。

到了20世纪60年代以后，香港的一些酒楼应日本一些品尝团体之约，在“清宫御膳”的名义之下，操办了大型的超豪华筵席，并说成是“满汉全席”。这完全是由好事者杜撰出来的饮食文化赝品，赵荣光先生把它们叫做“大满汉全席”。尽管这种超豪华筵席于史无据，但却因此掀起了一股“满汉全席”热，影响范围包括日、韩，中国内地、港、台、澳，以及东南亚的广大地区，以中国内地为最，而且至今仍没有消退的迹象。

（2）清宫御膳、孔府膳食和满汉全席的关系

赵荣光曾详细检索了藏于第一历史档案馆的《清宫御茶膳房档案》和山东曲阜《衍圣公府档案》中的膳事内容，据此澄清了“满汉全席”和清宫御膳的关系。“满汉全席”不是清宫御膳，但却和慈禧太后时代的“添安膳”有密切的关系。“满汉全席”事实上模仿了“添安膳”的膳品结构与制作方法。关于“添安膳”，赵氏书中引有许多实例菜单，每次都有象征吉祥的大碗菜，一般都是四碗一组，以“江山万代”、“万寿无疆”、“白猿献寿”、“寿比南山”、“庆寿双全”、“天下太平”、“五谷丰登”、“迎喜多福”、“洪福万年”、“江山万年”、“迎寿多福”、“万福万寿”、“蟾宫折桂”、“庆贺中秋”、“喜寿平安”、“艾叶灵符”、“膺寿多福”、“庆贺新年”、“庆贺端阳” 等四字一句的吉祥语表示，在每碗菜上各放一字，也有只用“寿”和“福”字的单碗头菜，但用得最多的是“万寿无疆”。早期的菜字好像是事先用金银做成的汉字，放置在烹制好的菜肴上。后来出现了一些“燕窝字菜”是汤菜，这些字应该是用食物原料做成的，赵荣光认为是蛋黄所制，也有人说是用红白蛋糕做的。“添安膳”实际上就是两宫皇太后的常膳，也应算做“清宫御膳”，因此也有早膳和晚膳之分，例如光绪二年(1876)七月十二日的食单是：

添安早膳一桌。

海碗菜二品：八鲜鸭子、金银奶猪；

大碗菜四品：燕窝“迎”字金银鸭子、燕窝“寿”字什锦鸡丝、燕窝“多”字三鲜鸡、燕窝“福”字红白鸭子；

怀碗菜四品：燕窝鸡皮、氽鲜丸子、大炒肉炖海参、荸荠蜜制酱肉；

碟菜六品：燕窝拌炉鸭丝、大炒肉焖玉兰片、芽韭炒肉、荸荠炒鸡丁、口蘑炒鸡片、肉丁果子酱；

片盘二品：挂炉鸭子、挂炉猪；

饽饽四品：寿意木(苜)蓿糕、寿意白糖油糕、澄沙馅立桃、枣泥馅百寿糕；

燕窝福寿汤，鸡丝卤面。

添安晚膳一桌。

海碗菜二品：“万”字奶猪、金银“寿”字鸭羹；

大碗菜四品：燕窝“万”字八仙鸭子、燕窝“寿”字五柳(绺)鸡丝、燕窝“无”字三鲜鸭子、燕窝“疆”字口蘑肥鸡；

怀碗菜四品：燕窝鸭条、莲子樱桃酱肉、鸡丝煨鱼翅、大炒肉炖榆蘑；

碟菜六品：燕窝炒炉鸭丝、炒里脊丝、烹鲜虾、炒蟹肉、八宝鸭子、肉片炒茭白；

片盘二品：挂(炉)鸭子、挂炉猪；

寿意苜蓿糕、寿意白糖油糕、澄沙馅立桃、枣糖馅百寿桃、燕窝攒丝汤、鸡丝卤面，进母后皇太后晚膳一桌，克食二桌，照此添(安)晚膳一样。

档案中其他食单与此一样格式，贵重原料，突出燕窝，其次是鱼翅，挂炉鸭子和挂炉猪几乎必不可少。普通原料多为鸡鸭和猪。羊和鱼、虾、蟹也用，但不及前者多。在烹调技法方面，则烧烤蒸煮都用，但烧烤菜几乎每餐都有。所以赵荣光认为：“添安膳”这种“燕翅加烧烤”的特点和“满汉全席”非常相似。

“添安膳”的筵式，特别是“燕窝字菜”流行于慈禧太后时代，档案中出现的最早年代是同治元年(1862)，在此之前的历代皇帝，尚未如此豪吃。赵荣光先生最先发现了《衍圣公府档案》中的“添安膳”记录。光绪二十年(1894)，七十六代衍圣公夫妇奉七十五代衍

圣公夫人赴京为慈禧太后贺六十大寿。两代衍圣公夫人在十月初四日分别给慈禧各进了一桌“添安膳”。七十五代衍圣公夫人所进席面：

海碗菜二品：八仙鸭子、锅烧鲤鱼(“鲤”在曲阜讳称为“红”，此处因下对上不能称讳)；

大碗菜四品：燕窝“万”字金银鸭块、燕窝“寿”字红白鸭丝、燕窝“无”字三鲜鸭丝、燕窝“疆”字口蘑肥鸡；

中豌(碗)菜四品：清蒸白木耳、葫芦大吉翅子、寿字鸭羹、黄焖鱼骨；

怀碗菜四品：溜鱼片、烩鸭腰、烩虾仁、鸡丝翅子；

碟菜六品：桂花翅子、炒蕉(茭)白、芽韭炒肉、烹鲜虾、蜜制金腿、炒王瓜酱；

克食二桌：蒸食四盘、炉食四盘、猪肉四盘、羊肉四盘；

片盘二品：挂炉猪、挂炉鸭；

饽饽四品：寿字油糕、寿字木樨糕、百寿桃、如意卷；

燕窝八仙汤，鸡丝卤面。

七十六代衍圣公夫人所进席面：

海碗菜二品：八仙鸭子、锅烧鲤鱼；

大碗菜四品：燕窝“万”字金银鸭块、燕窝“寿”字红白鸭丝、燕窝“无”字口蘑肥鸭、燕窝“疆”字三鲜鸭丝；

中碗菜四品：清蒸白木耳、葫芦大吉翅子、寿字鸭羹、黄焖海参；

片盘二品：挂炉猪、挂炉鸭；

怀碗菜四品：熘鱼片、烩鸭腰、烩虾仁、鸡丝翅子；

碟菜六品：桂花翅子、炒蕉白、芽韭炒肉、烹鲜虾、蜜制金腿、炒王瓜酱；

克食二桌：蒸食四盘、炉食四盘、猪肉四盘、羊肉四盘；

饽饽四品：寿字油糕、寿字木樨糕、百寿桃、如意卷；

燕窝八仙汤，鸡丝卤面。

上列肴馔各为44品，主食12品，32品为菜肴。菜肴之中，大菜至少占18品，燕菜5品，鱼翅3品。因为是婆媳俩同时给太后奉进席面，故奉进者应有长幼、尊卑之分，这便在一品中碗大菜中体现了出来，因为那“万寿无疆”四大碗菜是不能更易的。七十五代衍圣公夫人的一品是“黄焖鱼骨”，七十六代衍圣公夫人的一品是“黄焖海参”。

但通常情况下，衍圣公府是绝不会仿制“添安膳”的。而且人们也注意到这种满席和汉席合一、“燕翅加烧烤”式菜肴组合的“满汉席”，孔府始终没有定名，也没有渲染过什么“满汉全席”之类，但事实上他们早已享用了。至于《扬州画舫录》所记为随同乾隆南巡的“六司百官”的饮食所开列的共有110品菜点并非是一桌宴席大食单，这一点赵荣光先生最先点破迷津。它们和乾隆皇帝的实际饮食毫无关系，因为在清宫膳档中明确记载了乾隆实际食用的肴馔的名称。因此将这个大食单硬说成是乾隆御膳或“满汉全席”食单，显然都是极不严肃的炒作。

总而言之，二合一的“满汉席”曾是“衍圣公府”早已使用的筵席席面，它与清宫“添安膳”的互动，形成了“燕翅加烧烤”的超豪华型的筵式，最终催生了“满汉全席”称谓的出现。但是，不管何种名目的“满汉全席”，都不是“清宫御膳”，而且也没有固定的菜单格式，更不是按清宫礼仪进行服务的。

(3)满汉全席的特点和评价

满汉全席是在清中叶以后，当满席和汉席被合组成“满汉席”时，人们以“燕翅加烧烤”为筵席设计的指导思想，进一步发展而形成的一类超豪华型的筵席格局。它并无十分严格固定的膳品结构，完全是官商豪富们的畸形消费。正如赵荣光先生所说：“相对稳定的模式和不可或缺的膳品”使“满汉全席”成为清代光绪至民国初期官场酬酢、世俗宴享的高级筵席模式。其中的一些名菜名点，的确是中国烹饪文化的结晶，一份值得认真对待的非物质文化遗产。但是将大量高档菜点进行超过人们正常生理需要的畸形组合，这不是中国饮食文化的优良传统。特别是20世纪中叶以后，由好事者杜撰的各种各样的“大满汉全席”，更加不值得提倡。

（季鸿崑据赵荣光《满汉全席源流考述》整理）

8. 孔府宴

北宋仁宗至和二年（1055），孔子四十六代嫡长孙孔宗愿被封为“衍圣公”以后，直到中华民国二十四年（1935），这个称号一直没有变。封建王朝结束以后，民国二十四年一月十八日，国民政府发布“以孔子嫡系裔孙为大成至圣奉祀官”的命令。1949年中华人民共和国成立以后，由于“奉祀官”孔德成（第七十七代）去了台湾，这个命令在中国内地已失去效力。但由于“衍圣公”这个封号从四十六代延续到七十七代，前后经历了六七个朝代，共计881年，山东曲阜的孔府，一直被称为“衍圣公府”。所谓的孔府宴，就是衍圣公府的饮宴，而且当代人们所说的孔府宴，实际上就是七十六代孔令贻和七十七代孔德成青年时代的饮食生活。赵荣光先生对孔府上万件档案进行过详细的梳理和认真的研究，先后出版过七八种有关的论文集和专著，2007年又综合整理出版了专著《〈衍圣公府档案〉食事研究》（山东画报出版社），这里就是根据这个专著所作的介绍。

（1）沿革

如何评价孔子及其宗族是个大学问，这里不作深究，但可以概括为3句话，即“天下第一家”——中国历史上天字第一号的精神家族；“文章道德圣人家”——百官之首的贵胄之家；“安富尊荣公府第”——财力雄厚的超级地主。由此人们可以想象出，这种人家的饮食生活一定是豪华气派，富埒王侯的。然而孔府的饮食生活并不等于孔子的饮食生活，因为孔子有生之年，大多是在贫困拮据的境况下生活的，所以他不可能是“饮食之人”。现在有些人根据《论语·乡党》作片面的解释，把他说成是“亘古第一的美食家”，那真是冤枉了他。他的饮食名言“食不厌精，脍不厌细”，主要是他的礼食主张，就是在祭祀活动中的食品制作和供献都要合乎礼节，千万不可马虎。另外他极力提倡饮食卫生，这既是出于对鬼神的尊敬，也是要求人们注意自己的饮食洁净。所以我们在研究孔府的饮食生活时，切不可把他后代的豪奢极欲加到孔子的头上。但是话又说回来，如果那些人不是孔子的后代，他们也不可能过着那种豪华的生活。

（2）孔府宴席的类型

孔府宴席最初始于对孔子的祭奠，司马迁《史记·孔子世家》说：“后世因庙藏孔子衣冠琴车书，至于汉二百余年不绝。”此说是可靠的。但孔庙始于何时？似无确切史录。《衍圣公府档案》记为鲁哀公十七年，即孔子死后的第二年（公元前478年），“宅立庙宇，每岁春秋祭祀”。这可能是家庙祭祀。至于国家资助修庙的可靠史料，始见于南朝刘宋元嘉十九年（443年）二月四日，《宋书·本纪》卷五记有祀孔的朝廷诏文。此外每朝每代都有祭孔典礼。而最早记录以“太牢”的规格祭祀的是汉高祖刘邦。正因如此，当孔子嫡系后裔得到朝廷封赏以后，这种祭祀活动荫及其子孙，甚至形成固定的供祀筵式，诸如“六味供”等等。因此祭祀宴是孔府宴的主要类别，其中有全席供、翅子鱼骨供、翅子供、海参供、一品锅供、荤供、素供等名目，以鱼翅席、海参席祭祀鬼神，除了孔府，恐怕难有第二家。

孔府宴第二种高规格筵席是延宾宴，用于接待朝廷和地方重要官员，有上席、中席、下席、南席、北席、满席、汉席等名目。

第三种类型的筵席可以统称为府宴，计有寿庆宴、婚庆宴、节庆宴、衍圣公居家常宴、府务常例宴、白喜宴等多种类型，具体规格则有近百种。著名的如“九大件”、“三大件”等固定筵式，以下是“三大件”的筵式菜单的示例：

三大件：红烧海参、清蒸鸭子、红烧大鱼（大鱼即鲤鱼，因孔子之子名孔鲤，以为家讳）。

八凉盘：熏鱼、盐卤鸡、松花、熩虾、海蜇、花生、长生仁、瓜子。

八热盘：炒鱼、炒软鸡、炒玉兰片、烩口蘑、汤泡肚、炸胗干、鸡塔、山药。

四饭菜：红肉、清炒鸡丝、烧肉饼、海米白菜。

点心：甜、咸各一道。

大米干饭每桌全，言定每桌合钱八千五百文(这是道光二十一年的价钱)。

(3) 孔府筵席的菜点组成

由于历代皇朝的恩宠有加，衍圣公府的饮食生活几乎很少有质量下降的趋势。无论是来自北方的少数民族统治者，还是像朱元璋那样出身卑微的皇帝，他们都不曾动摇过孔府的经济基础，所以孔府筵席一直随着中国烹饪技术的提高而日益精美。应当指出，孔府筵席并无固定不变的菜点组成，根据档案资料的归纳，这些筵席的菜点品种分为头菜、大菜、行菜、饭菜、面点、果品等几大类，并且有酒、茶、烟、糖果等的配合，设计筵席时便将这几类中的具体品种根据筵席的档次进行组合。

头菜，是指一桌筵席全部菜肴中最重要的一道菜，可以说是大菜中的大菜。清中叶以后，衍圣公府不再以“上席”、“中席”、“下席”或“南菜”、“北菜”、“汉席”、“满席”来区分不同规格的席面，而是以头菜来表征席面的特征，例如“燕菜几大件”、“翅子几大件”或几大碗来命名，例如前述的“三大件”筵式的头菜是“红烧海参”，其他两道大菜就是“清蒸鸭子”和“红烧鱼”，则这个筵席便称为“海参三大件”。头菜上桌的时间并不固定，一般在宴享节奏达到高潮时上席。

大菜，是一桌筵席的主体菜，通常由几道大菜构成筵席的重心和主体结构。大菜是头菜的候选品种，也就是说，头菜也是大菜品种之一。衍圣公府档案中常出现的大菜有八仙鸭子、清蒸白木耳、葫芦大吉翅子、寿字鸭羹、黄焖鱼骨、红烧鱼翅、黄焖海参、鸡丝翅子、桂花翅子、蜜制金腿、挂炉猪、挂炉鸭、燕窝八仙汤、烩江瑶柱羹、烹鲜虾、红烧海参、清蒸鸭子、红烧鱼、葱烧海参、翅子一品锅、海参一品锅、菊花火锅、罐蹄、黄焖鸡、海参烧卤肉、海参汤面饱(泡)、玉带虾、佛手鱼翅、烤花篮桂(鳜)鱼、神仙鸭子、烤鸭、红鸭子、烧鸡、绣球干贝、诗礼银杏等。

行菜，是大菜的组配菜，与大菜主副配伍。孔府宴中行菜的种类很多。诸如：熘(档文作“溜”)鱼片、烩鸭腰、烩虾仁、熏鱼、盐卤鸭、海蜇、炒王瓜酱、熗虾、虾子龙爪笋、虾子龙须菜、炒鱼、汤泡肚、炒软鸡、炸胗(档文作“针”)干、炒玉兰片、鸡塔、烩(档文作“会”)口蘑、山药、清鸡丝(去骨)、红肉、烧肉饼、海米白菜、炝鸡丝、鱼脯、烧虾、黄花川、松花、鱼肚、五香肠子、瓦块鱼、肉饼(冬菜)、元宝菜、芥末白菜(荤拌)、酥肉、丸子、炒白肉、软烧鱼、桶子鸡、烧青鱼、炸熘(档文作“溜”)鱼、氽鸭肝、芥末芹菜、拌鸡丝、烧茄子、烧面鱼、炸肘子、芥末鸡、炒鸡片、炒双翠、盐水肘子、烧鲫鱼、醉活虾、蒲菜茶干、红炖肉、醋熘(档文作“溜”)豆芽、五香鱼、盐水鸡、拌什锦菜、糖醋鱼、糖烧鱼、芸豆炒肉、芥末豆芽、芥末肘子、鸡肘子、炒蒲菜肉丝、粉蒸鸡、粉蒸肉、油焖笋、烩乌鱼穗、炒鱿(档文作“尤”)鱼、桂花银耳、炸葡萄虾仁、奶汤龙须菜、海米炝韭黄、奶汤白菜、奶汤鱼块、炝香菇、冰糖核桃仁、烤排子、炒泡肚、白鸡、罗圈肉、琵琶肉、蝎子尾、氽鸡丸、鸡鸭腰、双素盒子等。

饭菜，即所谓的“下饭菜”，是伴进主食的菜肴，区别于佐饮的酒菜，诸如：炒蕉(茭)白、芽韭炒肉、拌莴苣、白肉、海带、和拉汤(即“胡辣汤”)、炒鸡子、炒蒲菜、烹蛋角、三鲜汤、氽丸子、炒肉丝、烧鱼、炒芸豆、烩面泡、酱汁豆腐、拌芹菜、卤鸡子、炒豆腐、烧面筋(档文作“巾”)、清蒸丸子、拌鸡、白菜烩(档文作“会”)肠子、白菜拌肉、炒鸡丁、三熏豆腐、炸面泡(档文作“包”)、干炸鱼、拌伙菜、烧蒲菜(或即前面提到的炒蒲菜，原档如此)、虾仁汤、蟹黄白菜、冬笋炖肉、鸡松、杂烩、大肠、各种酱菜等等。

面点，即面食点心，诸如寿字油糕、寿字木樨糕、百寿桃、如意卷、烘糕、枣煎饼、缠手酥、萝卜饼、凉饼、菊花酥、百合酥、桂花饼、大酥盒、梢梅、一口盅、虾蓉蛋糕、鸡蛋糕、核桃山楂糕、黑麻糕、绿豆糕、白果糕、大桃酥、百果糕、元宵、月饼、火腿烧饼、龙凤饼、荷叶饼、荷叶夹子、杏仁茶，以及油炸糖面饼、扁食、鸡丝卤面、太史饼、白饼、黑饼、粽子、鸡丝炒面、馄饨、京卤、年糕、糖面饼(吹饼)、千层饼、水晶包、包子等可充主食的面点，当然还有基本主食的米饭、稀饭、粥、馍馍、煎饼、糊糊、炒金银饭、甜饭、腊八粥等等。

果品，包括各种鲜果和干果，以及多种蜜饯。此外便是酒、茶、糖果和烟草制品。

衍圣公府的宴饮活动，对于饮食器具亦很重视，除了各地的名窑瓷器，还有乾隆三十六年于广东汕头颜和顺老店特别定制的点铜锡礼食餐具，这是非常罕见的，传说这与“乾隆嫁女”有关。餐桌椅和各种助食器(如筷子)也都特别讲究。

(4)孔府宴的特点和当代的利用价值

孔府宴是中国历史上延续时间最长、唯一可以富比王侯的宴享活动，豪华达到极顶但却在“圣人”光环的保护下，不受史家鞭笞的饮食生活。历史上除了清宫膳档之外，再没有第二家能有如此珍贵的、大量的、实际存在过的饮食记录，保存得如此完好。历史上，有关石崇、王恺、何曾、阮佃夫、韩世忠乃至蔡京、年羹尧、和珅等等的奢华生活，其具体饮食资料记录都只有只言片语，已经没有多少实际价值，而孔府的饮食格局不仅有文献记录，而且有实物可证。除了饮食器具之外，就连宴乐活动的各种“行头”都完整地保存了下来，这些对我们研究封建社会的食事制度是不可多得的实物根据。至于孔府宴中透露出来的圣人家的气派更是绝无仅有，一道银杏(白果)做的甜菜被称为“诗礼银杏”，天下能有第二家吗?

孔府宴的历史价值不容置疑，其现实价值更不可低估，特别是那些“大菜”的烹制方法，几乎大部分都可以模仿。这对现代餐饮行业可以带来可观的商机，问题是不能胡乱喧闹，把这份宝贵的非物质文化遗产给糟蹋了。(季鸿崑据赵荣光《〈衍圣公府档案〉食事研究》整理)

9. 田席

田席是清代中叶开始在四川农村流行的一种筵席，因常设在田间院坝而得名。由于上席的菜肴以蒸扣为主并且多用大碗、斗碗盛装，所以又将田席称为“三蒸九扣席”和“八大碗”、“九斗碗”。

(1)沿革

最初的田席是秋收之后农民为庆祝丰收宴请乡邻亲友而举办的，后来逐渐发展，凡是嫁娶丧葬、迎春、祝寿甚至栽秧打谷等活动都要举办类似的酒席。傅崇榘在《成都通览·成都之民情风俗》附录中记载的接亲、送亲时的“下马宴”与“上马宴”都是采用的田席。清末民初以后直至当今，田席不仅在四川农村盛行，而且对四川饮食业的发展产生了极大的影响，许多中低档餐馆大量经营改良的蒸扣类菜肴，非常受欢迎。

(2)特点

田席的突出特色是就地取材，朴素实惠，蒸扣为主，肥腴香美。

人们制作田席时一般不用山珍海味，主要选用农家自产的猪、鸡、鸭、鱼和蔬菜水果为原料，取材极为普通、方便。其中，又以猪肉为基本原料，要求肉质肥厚，以便使成菜肥腴香美，能够润肠解馋、满足口腹之欲。在制作方法上多采用蒸扣法，如蒸烧白、蒸肘子、扣鸡、扣鸭、八宝饭等。因为田席的规模普遍较大，通常而言，一轮田席就有十几桌甚至几十桌，有时还有几轮席，甚至是“长流水席”，连续进行几天几夜，席桌多、客流量大，要求出菜必须迅速。而蒸扣菜肴能够提前制成，一旦需要，即可一起上桌，被称为“一道快”，客满一桌开一桌，快捷利落。田席菜肴丰盛实惠、肥腴香美，最典型的菜品是蒸肘子。肘子，旧称“大姨妈”，意在形容其又肥又嫩、秀色可餐的形象。经蒸制的肘子形整丰腴，肥而不腻，软糯适口，极为诱人，常用来作为压轴菜，以便让人过足吃肉之瘾并产生回味无穷的感受。此外，烧白亦堪称极佳之品。它排列整齐、形圆饱满、肥而不腻、软熟而不烂，令人垂涎。筵席结束后，主人还让宾客将杂糖、点心或席上剩余的可包之物打包后带回家，给没有到席的人分享，自始至终都非常朴素实惠。

（3）分类与组成

以地域而言，田席可以分为四川西部田席、四川东部田席两大类。在各个地域中，田席又可以根据规格、档次分为高档、中档、低档3类。

在四川西部，低档的田席常由大杂烩、红烧肉、姜汁鸡、烩明笋、粉蒸肉、咸烧白、甜烧白、蒸肘子、清汤等"九斗碗"组成。有时不用清汤，而用萝卜干、胡萝卜干、青菜头与腊肉骨头汤煮的"三下锅"为汤菜。四川西部的中档田席则由攒盒加九大碗组成。攒盒多为7格、9格或13格，也有1个大盒套9个小盒的，分别装入腌腊的猪肝腰心或花生、瓜子等炒货，也可以装杂果、杂糖、蜜饯等，其数量和质量由主人随意而定。九大碗则包括杂烩汤、拌鸡块、炖酥肉、白菜圆子、粉蒸肉、咸烧白、蒸肘子、八宝饭、攒丝汤。这些菜肴不是固定的，可以根据季节和原料出产情况而变化。此外，也有一种用冷盘加大菜的中档田席。冷盘为四八寸盘，中盘为黑瓜子，旁边放姜汁肚片、鱼香排骨、椒盐炸肝、松花皮蛋4个碟子；大菜则有芙蓉杂烩、白油兰片、酱烧鸭条、软炸子盖、豆瓣鲫鱼、热窝鸡、红烧肘子、水晶八宝饭、酥肉汤等。高档田席品种较多，由九围碟、四热吃、九大碗组成。九围碟包括1个中盘和8个小碟，中盘为金钩，8个小碟是糖醋排骨、红油老肝、麻酱川肚、炸金箍棒、凉拌石花、炝莲白、红心瓜子、盐花生米；四热吃包括烩乌鱼蛋、水滑肉片、烩鸡松菌、烩百合羹；九大碗是攒丝杂烩、明笋烩肉、炖坨坨肉、椒麻鸡块、肉焖豌豆、粉蒸肉、咸烧白、甜烧白、清蒸肘子等。

四川东部的田席总体上与川西田席基本相同，但在组成中有一些独特品种，如鱼乍肉、鱼乍海椒蒸肉、扣鸡、扣鸭等。在原属四川的涪陵地区，其田席则先上葵花瓜子，接着上八大碗，包括扣杂烩、扣鸡、扣榨菜鸭条、红烧肘子、肉烩笋子、闷大脚菌、扣酥肉、攒丝汤等。

（杜　莉）

10. 全羊席

全羊席是以羊为主料制成的筵席。一种是将治净的全羊进行烧烤或煮焖，随带味碟和点心整只上席，由客人自己割食；另一种是将整羊分解后，除毛、角、齿、蹄甲不用外，切割成细小形状，适当添加调配料，用煮、烤、蒸、烹、炝、炒、爆、烧、熏、炸等烹调方法，分别制成各种冷热菜肴，组合成筵席。

（1）沿革

全羊席的孕育年代久远，它与我国北方少数民族的生活习俗有着相当密切的关系。金、元时期已经具备全羊席的雏形。《松漠纪闻》记有女真人食全羊的习俗，《居家必用事类全集》"筵上烧肉事"菜单记载了元代已有烤全羊。清代出现了详细的全羊席席谱。《奉天通志·礼俗三·饮食》、《随园食单》和《清稗类钞》等书均有记述，当时的全羊席有七八十种菜品，甚至有108品者。全羊席均"以羊之全体为之"；可蒸，可烹，可炮，可炒，可煮，可灼，可熏，可炸，不论碗、盘、碟、盆，"无往而不见为羊也"；并且"品各异味"，号称"屠龙之技"。到了20世纪40年代，天津、河南等地全羊席谱有多达128款冷热肴馔。目前辗转留存的全羊席席谱，多见于中国北方地区，分别来自内蒙古、辽宁、吉林、新疆、甘肃、宁夏、陕西、天津、河南等地。

（2）典型宴席

金代女真人食全羊。生活在北方的金代女真人，有喜食羊肉的饮食习俗。《松漠纪闻》等书记载："金人旧俗，凡宰羊但食其肉，贵人享重客，间兼皮以进曰全羊。"

元代筵上烧肉事件。元代无名氏编撰的《居家必用事类全集》记载了元代蒙古族（或回族)的一份大型烤肉宴的席单,有烤全羊和烤野味菜肴25道,是一份以烤全羊为主、烤野味为辅的完整席谱。

蒙古族清水煮全羊。据尹湛纳希《青史演义》等书的记载,早在元代,蒙古族就创制出不同风味的全羊席。其中清水煮全羊的操作工序是:选绵羊1只,以两三岁的羯羊为上品。将羊宰杀治净,解下头、四肢(连带肋骨)、腰、臀、胸膛、尾等部位,用刀将各部位的关节从里面解开,将肉厚之处划开,然后置入冷水锅中煮至断生,撤火稍焖,随即捞出,剔出肉膜和筋丝,按部位在木制(或银制)大托盘中拼装成羊的原形。煮时不放作料,也可在出锅前放少量盐,带盐、酱油、醋、大蒜、韭菜花等作料上席。

蒙古族烤全羊。烤全羊的做法是将羊宰后掏出内脏,煺毛留皮,加各种调料在特制的炉中用扎嘎梭梭烤制而成,其色、香、味、形俱佳,有浓郁的民族特色和地方风味,多在隆重宴会或祭奠供献时食用。吃时,通常要配几盘热菜、牛羊肉内脏做的冷盘和奶食品。当吃喝到了一定的兴味时,将一只前腿趴下、后退弯曲、蹲卧在大木盘里的完整烤羊抬上来。羊呈棕红色,油亮并不断吱吱作响,香气扑鼻。在客人们的赞誉声中,主人向客人介绍"烤全羊"的由来和做法,之后厨师将全羊撤回厨房。先用片刀把皮层肉切成2厘米宽、6厘米长的长方块,放在大盘内,再把贴骨肉切好,一同上桌,请客人吃食。有的地区把刚从烤炉中抬出来的全羊,由厨师直接在客人面前切成若干大小块,放在大盘中供客人食用。

清代满人全羊席。《奉天通志·礼俗三·饮食》云:东北地区的满族,"富人宴客,或食全羊,即筵间不设杂肴,惟羊是需;除精肉外,如头、蹄、腑以及尾、舌兼篚并进,尽量而止"。这种席面是用羊的各个部位烹制而成的清一色的羊菜,菜品丰盛,席面具有相当规模。

清代兰州全羊席。清人徐珂所著的《清稗类钞·饮食》载:"甘肃兰州之宴会","居人通常所用者,曰全羊席。盖羊值殊廉,出二三金可买一个,尽此羊而宰之,制为肴馔;碟与大小之碗,皆可充实,专味也"。

清代清江全羊席。清人徐珂所著的《清稗类钞·饮食》载:"清江(今甘肃东南文县、武都一带)庖人善治羊,如设盛筵,可以羊之全体为之。蒸之、烹之,炮之,炒之,爆之,灼之,熏之,炸之。汤也,羹也,膏也,甜也,咸也,辣也,椒盐也。所盛之器,或以碗,或以盘,或以碟,无往而不见为羊也。多至七八十品,品各异味。号称一百有八品者,张大之辞也。中有纯以鸡鸭为之者,即非回教中人,以优为之。谓之曰全羊席。同(1861~1875年)、光(1875~1908年)间有之。"清江全羊席多达七八十品,技法全面,味型多样,盛器不拘一格,具有相当高的规格。

《随园食单》全羊席。袁枚《随园食单》载:"全羊法有七十二种,可吃者不过十八九种而已。此屠龙之技,家厨难学。一盘一碗,虽全是羊肉,而味各不同才好。"

清代锦州全羊大席。辽宁省锦州市《流通与管理》杂志1983年第3期载:辽宁省锦州地区的老厨师高云峰,原是清末宫廷的一位御膳房厨役,后在锦州市经营全羊席,并以此闻名远近。根据高云峰的回忆,晚清锦州全羊大席有菜肴112道,点心16道,果碟12道,共计140品。

天津全羊席。辛亥革命前后,全羊席传至天津,许多回民餐厅纷纷仿制,一时形成风尚。20世纪40年代,鸿宾楼名师宋少山设计出由128款冷热肴馔组成的全羊大宴。新中国建立以后,天津继续供应全羊席,但菜点数目一般控制在30道左右。

民国初年的开封全羊席。这份席谱是河南省开封名厨李春芳于1920年抄录整理的,羊头、羊身、羊尾、羊蹄、羊内脏菜式共计128品。

银川全羊席。牛羊肉是回民的主要肉食。回民在长期的生活实践中,能用羊头、羊肉、羊肚等做出品种繁多的羊肉菜肴。银川全羊席是宁夏回族自治区回族厨师王自忠在继承吸收的基础上,积50余年的操作经验,口授而汇集成的宴单。该书经邹英杰整理定名为《清真全羊菜谱》,1983年已由中国商业出版社出版。银川全羊席保留了较多的阿拉伯人和回、维等游牧民族的饮食特色,风格古朴。

维吾尔族烤全羊。选用2岁左右的肥壮绵羊宰杀治净，用细盐粉在羊腔内外均匀涂抹,并刷上鸡蛋、面粉、胡椒调制而成的浆汁,取一根结实的木棍,将全羊从头至尾穿牢,置于燃烧炭火的馕坑中,随后将炉口严封。约2小时后,羊皮色呈金黄,香气外溢,肉嫩味鲜,即可。再将全羊放进朱漆大木盘,身覆红绸,抬着入席。待客人观赏之后,然后由厨师将全羊分别片成一盘一盘,依次上桌。

锡伯族全羊席。该席分为两大部分：先将用羊的心、肝、肺、大肠、小肠、肾、羊舌、羊眼、羊耳、羊肚、羊蹄、羊血、血清等杂碎做成的16种汤菜,分别盛在16个小瓷碗里,每碗都不盛满,随吃随添,然后上羊肉汤、羊肉以及松软的发面饼。

西安老孙家饭庄全羊席。西安市清真老孙家饭庄建于1911年,以经营回族名菜和牛羊肉泡馍而享誉西北，当年的国民党元老于右任和杨虎城将军都是这里的常客。1991年9月西安古文化艺术节期间，该店推出别具一格的全羊席,全羊席共计100多道热菜,实行轮番供应,每桌只上凉菜与热菜16道(由顾客点菜或由饭庄安排)。

江苏靖江全羊席。靖江位于江苏省南部的长江北岸,以善烹羊肉菜著称,其全羊席早在清末民初就已脍炙人口。靖江全羊席多是小席,一般由带皮羊肉、水晶羊肉、芝麻羊排、羊肉串、锅烧羊肉、烧龙眼、扒羊腿、羊羹等二三十道菜品组成。它多选用骟过的公羊或母羊,配料中重用水鲜,调味鲜香,菜品具有江南特色。

(3)特点

席面规格多样。全羊席以羊为主料制成,其规格从每席10多道菜到每席100多道菜高低不等,总体上规模大、菜品多。有的以整只羊、大块羊肉烤制或煮制后上桌,有的将羊分割后烹制成各种菜品上桌。

菜品名称各异。有的全羊席从头到尾没有一个羊字,而是以生动形象的别称代替,如锦州全羊大席中“明开夜合”是指羊眼,“金鼎炉盖”是指羊心,“喜望峰坡”是指羊鼻梁骨两侧之嫩肉,“采闻灵芝” 是指羊鼻尖上的一块圆肉,“玻璃鹿唇” 指羊唇,“银镶鹿筋” 指羊筋,别有情趣。有的全羊席部分用吉语,如朝天一炷香、狮子滚绣球;部分用本名,如金银羊肝、水磨羊肉,天津全羊席便是如此。

民族特色鲜明。全羊席从选料到制作、食用均具有浓郁的北方回族、维吾尔族、蒙古族、满族等少数民族饮食特征。传统的全羊席多以游牧民族独特的煮、烧烤、蒸等法制成。

(谢定源)

11. 狗肉全席

狗又称黄耳、地羊,在所有的家养动物中历史最长,是由狼驯化而来的。我国各民族都饲养狗,早期狗是作为人们狩猎时寻找、追捕野兽的助手。例如黎族称狩猎首领为“俄巴”,意为领犬者,可见狗在当时的重要性,因而有些民族有崇拜狗的习俗。

(1)沿革

在我国的食谱中狗肉曾是主要的肉食之一,《周礼·天官·膳夫》中说的“膳用六牲”,六牲通常是指：牛、羊、豕(去势的猪)、犬、马、鸡。从天子到平民都喜欢食用狗肉,例如,《礼记·月令》云：“孟秋之月……天子……食麻与犬。”在六畜中狗是上等的肉食,《国语·越语》记载,东周时,越王勾践为了鼓励繁衍人口,规定“生丈夫,二壶酒,一犬;生女子,二壶酒,一豚”。生男孩奖一条狗,生女孩奖一头猪，这种奖励可能说明在当时狗肉比猪肉更受欢迎。到了东周以后出现了屠狗的专业户。在吃狗肉时也有讲究,例如《周礼》中：“内饔,掌王及后、世子膳馐之割、烹、煎、和之事。……犬赤股而躁臊。”同时在食物的搭配上也指出：“牛宜稌、羊宜黍、豕宜稷、犬宜粱……”而用狗肝制成的“肝膋”，在《周礼·内则》中被称为“八珍”。由此看来，狗肉作为上等的肉食，在宴席中占有一席之地不足为怪。但是，仅以狗肉制作的宴席自古以来少见。

食用狗肉之风首先起源于北方，到了魏晋南北朝时随着大量北方人的南迁，也使食狗肉之习盛行于长江流域。但是，到了隋唐五代时期，狗肉逐渐退出了主要肉食的行列，除黑龙江、吉林、广州、贵州、云南等一些民族和地区仍保留着吃狗肉的传统外，食狗肉已经不是一种普遍的食俗了。

这里介绍的狗肉全席是流行于黑龙江省牡丹江市的一种较有地方特色的宴席，它是在承袭食用狗肉习俗的前提下，以市场竞争为动力的创造。

（2）特点

狗肉皮薄，肉质细嫩，味香醇厚，富含蛋白质，低脂肪，具有补中益气、温肾助阳的滋补作用，冬夏皆宜。狗肉全席选 1.5 ~ 2 年的狗，宰杀后放净血，煺净毛，洗净除去内脏，用清水浸泡后使用。狗肉全席的烹制是用狗的各个部位，包括内脏（肺脏除外），用不同的烹调方法烹制而成。烹制狗肉与其他的肉不同，要将狗肉事先煮熟，然后再烹制。煮狗肉的汤加上调料制成狗肉汤，这样制成的狗肉汤是狗肉全席中不可缺少的一道美味。

（3）组成

狗肉全席的席面一般由 12 ~ 14 道菜组成，核心菜肴是狗肉火锅。狗肉火锅使用煮狗肉的汤，配上葱丝、野苏子、胡椒粉、韭菜花、辣椒油、精盐、味精、葱姜末等调料。涮的主料是将煮熟的狗肉撕成丝，狗尾、狗肠、狗肚等狗杂切成段，边涮边喝汤。其他菜肴分成凉菜和热菜两大类，以凉食为主。

凉菜：酱狗脊、拌狗耳、酱狗蹄、酱狗小腿、凉拌狗肉（蘸食盐或狗酱）、熏狗肠（蘸辣椒酱）、拌狗皮、拌狗脖子。另配几种朝鲜咸菜。

热菜：蒜烧狗宝、蒸狗脸、炸狗排、尖椒炒心、溜肚片、狗肉汤。

主食：打糕、大米饭。

一般饮自酿的米酒。

（郑昌江）

12. 素席

我们祖先的饮食取之于大自然，对于荤、素没有界定。随着人类对自然的适应，人类文明发展起来，食物越来越丰富，人们对蔬食和肉食开始有了不同的认识和选择。

斋和素原本不是一码事。吃“素”是指普通人日常饮食中不吃动物性食物。而吃“斋”，则原指佛家弟子的修持行为，源于魏晋南北朝时期佛教的传入。斋是佛家弟子在中午以前所食用的食物，除不许吃动物性食物外，还禁食所谓的“小五荤”或“五辛”。佛教认为午后应禁食，否则就不是清净身心了。随着当时佛教的迅速发展，从吃“斋”到不吃动物性食物也就顺理成章地成为汉族佛教徒所持守的戒律，吃斋与吃素也就成了同一个意思。

（1）沿革

早在《诗经》中就“不素餐兮”，当时“素”是指白吃，不劳而食。而民间食素的传统也可以追溯到夏商时期。相传夏桀王是在乙卯日被商汤所灭，商纣王是在甲子日灭亡，他们是中国历史上最著名的暴君，后世帝王引为前车之鉴，便在这些日子斋戒养心，节俭寡欲，以示警惕。民间也就随之纷纷效仿，初一、十五食素的习俗也就流传至今。先前人们开始将吃素纳入神圣庄严的场合，在重大的祭祀活动的前夕，一定要“茹素数日，以净其身，清其心”。上至皇帝、贵族，下至黎民百姓，莫不认同，莫不遵行。

中国素席的信史可追溯到西汉时期。相传西汉时期的淮南王刘安发明了豆腐，为素菜的发展立下了汗马功劳。豆腐不仅是素菜的重要原料，也是素食中的优质蛋白质的来源。因此，豆腐的发明不仅大大丰富了素菜的内涵，而且在营养学方面使素食主义有了更加强有力的物质保证。

而素馔在中国作为一个菜系的形成，是

在唐宋之际才开始的。唐宋时，经济繁荣，城市的市肆素馔风行一时。唐代有了花样素食，北宋有了专营素食素菜的店铺。宋代还出现了较多的素食研究著作和素食谱，林洪的《山家清供》、《茹草纪事》，陈达叟的《本心斋蔬食谱》都是提倡素食的力作。宋代素馔，可以说早已超出果腹的实用目的，堪称一门独特的烹饪艺术了。元明两代，素菜更进一步朝着花色菜的方向演化。到清代，素馔进入鼎盛时期，已形成寺院素菜、民间素菜、宫廷素菜 3 个分支，具有各自的特色。素馔以时鲜为主，清雅素净。清人李渔在《闲情偶记·饮馔部》中说："论蔬食之美者，曰清、曰洁、曰芳馥、曰松脆而已矣。不知其至美所在，能居肉食之上者，忝在一字之鲜。"除了清鲜的特点，素馔在花色品种、工艺考究等方面都不亚于荤菜。随着我国饮食文化的愈加丰富，素菜在各种书籍中的记载也越来越多。

清末薛宝辰所著《素食说略》记录的 200 多种素食，其品种数量大大超过了前代，把中国传统的素食文化提高到了一个崭新的高度。近代，孙中山是提倡食素的先行者。因为革命奔波劳碌，他患上了严重的胃溃疡，后在医生的建议下改食素，于是就有了"戒除肉类、治愈胃疾"的"病者自述"。素食主义的发展远远超越了以往任何时代，形成一种全新的素食理念。

"素菜"与"素食"，从食物角度来看，这是意义相同或相近的两个词。但从社会角度来看，素菜是指食品、菜品，而素食是指一种生存状态。

（2）特点

中国素菜经过两三千年的发展，逐渐形成选料精细、制作考究、花色繁多、风格独特等基本特色。中国素菜有四大流派，两大方向。所谓四大流派是指宫廷素菜、寺院素菜、民间素菜和现代素食。所谓两大方向是指"全素派"和"以荤托素派"。全素派主要以寺院素菜为代表，不用鸡蛋和葱蒜等"五荤"。以荤托素派主要以现代素食为代表，不忌"五荤"和蛋类，甚至用海产品及动物油脂和肉汤等。北魏的《齐民要术》中专列了素菜一章，介绍了 11 种素食，是我国目前发现的最早的素食谱。南朝的梁武帝崇尚佛学，终身吃素并倡导素食，大大推进了中国素菜文化的发展。据《东京梦华录》和《梦粱录》记载，北宋汴京和南宋临安的市肆上曾有专营素菜的素食店。宋朝林洪在《山家清供》中还首次记载了当时有"假煎鱼"、"胜肉夹"和"素蒸鸡"等"素菜荤作"的手法。《山家清供》，其所载 100 多种食品中大部分为素食，包括花卉、水果和豆制品等。此外还有陈达叟的《本心斋蔬食谱》，记录了 20 种用蔬菜和水果制成的素食。清代素菜制作之考究也到了登峰造极的地步。中国素菜花色繁多，但价格大多较廉，为素菜发展提供了十分便利的条件。菜馆经营，取得原料也很方便。

（3）分类与组成

寺庙素食。在中国，宗教素食源于道教"斋戒"，斋即宗教仪式，俗称"道场"，故斋戒系宗教仪式前生活戒律，其中有关吃素食的戒条，在东汉时仅为不杀生，后来有《老君说百八十戒》(收入宋张君房《云笈七签》卷三十九)，其中有"第十戒，不得食大蒜及五辛"；"第二十四戒，不得饮酒食肉"。卿希泰主编之《中国道教》(上海知识出版社) 第二册对这些有详细考证。魏晋南北朝时期，佛教传入中国，并得到较大发展，全国各地佛寺林立。佛教宣扬的"戒杀放生"与儒家传统的观点"仁"相结合，加上梁武帝的硬性规定，使素食之风大盛，出现了有目的的专门吃素的人群。此时出现了寺院素菜。寺院素菜不仅选用原料最精华部分，还不能使之受到荤腥的污染。隋唐时期，素菜得到了很大发展，据记载，少林寺曾用少林素食在寺中先后招待过唐太宗、元世祖、清高宗等 20 多位帝王。公元 629 年 9 月，唐太宗因念及当年十三棍僧救驾之恩，亲率魏徵等人拜访少林寺。昙宗和尚以 60 款素菜摆设"蟠龙宴"招待唐太宗。公元 1292 年 4 月，元世祖前往少林寺寻访他的好友福裕大和尚，寺中为他特设“飞龙宴”，该多达90道菜。

宫廷素食。宫廷素食起先发展于宫廷，主要供帝王享用，后流传于民间。明代宫中素菜所用原料最广，有云南鸡枞，五台山的天花子肚菜，鸡冠山的蘑菇，东海的石花海白菜、龙须菜、海带、鹿角菜、紫菜，江南的莴苣、糟笋、香菌，辽东的松子，苏北的黄花、金针，北京的山药、土豆，南京的苔菜，武当山的莺嘴笋、黄精、黑精，北京北山上的榛、栗、梨、枣、核桃、黄连茶、木兰芽、蕨菜、蔓菁，等等。清宫御膳曾下设荤局、素局、饭局和点心局。其中素局专门负责烹调素菜。其特点是制作极为精细，配菜规格繁杂。

民间素食。民间素菜是指民间的素菜馆和家常烹制的素菜，民间烹饪的突出特色就表现在质朴自然、原汁原味的鲜明个性上。民间菜在烹制过程中，绝无刻意雕塑之态，却有活泼、自然、拙朴之美，在选料时，并不像经典烹饪那样严谨，其风格是自然质朴的、本味的，亦有自己的流派，如川菜素食、云南圆通寺的素宴等。清光绪初年，北京前门大街曾有“素真馆”，之后又有“香积园”、“道德林”、“功德林”、“菜根香”、“全素斋”等。

现代素食。现代人的生活讲求生态环保和养生，科学的素食力求健康美味，营养均衡。素菜经长期的历史发展，其品种已相当丰富。素菜的仿真可谓神形兼备，以假乱真，同时采用纯天然植物为原料，经过科技手段加工提取，其营养价值远非肉食可比。可分为：素什锦系列、酥而香系列、食用菌深加工系列、快餐罐头系列、速冻食品系列、全素酱品加工系列6类。同时在菜肴营养方面，能视人身体状况安排不同的菜式，达到食疗、食补之目的。素食，已经成为一种全新的健康生活方式。吃素，对绝大多数人来说，已不再是出于宗教的禁忌和约束。“吃斋”不念佛，已经成为一种很时尚的“我行我素”的美食态度。

现代素菜的品种越来越多，如包心洋芋球、炒小窝头、橙香豆粉、大德炒鲜奶、凉米线、瓜尖炒洋芋、锅煽香蕉、海菜汤、红椒三分地、红嘴拌猴头、花生汁煮萝卜、江川杂锅菜、韭菜盒拼脆骨、苦瓜封、芦荟银鱼、麻香藕卷、蜜汁乳球、蜜汁紫米球、面包洋芋饼、寺庙小炒王、南瓜夹、牛粒藕饼、葡萄洋芋球、奇花海鲜羹、青豆苦刺花、三味喃咪野菜拼、时尚青白、明灯豆腐、双味金雀花、水晶芦荟、水晶时蔬、素狮子头、野菌香豆腐、香菜豆渣、五谷丰登、腐皮卷、海味冬瓜球、白汁老南瓜、松毛洋芋等。

（关　明）

13. 海参席

海参席是以海参菜品作为大件（头菜）菜肴，在宴席中起主导作用的一种筵席。海参席在我国的明清年间广为流行，时至今日尤其盛行。海参，自古以来，作为山珍海味中的名贵食品之一，在人们心目中的地位几乎可以说是至高无上的，尤其在我国北方的坊间，其珍贵程度仅次于燕菜。因此，无论宫廷官府、宾馆酒楼、民间高宴，大凡为了提高宴席的档次与身价，无不在宴席中以一款海参菜肴作为头菜，以显示宴席的豪华等级。清朝年间，海参菜肴的制作技法大多以烧、扒见长，常用的菜式如“红烧海参”、“葱烧海参”、“肘花烩海参”等，而今更有“凉拌海参”、“海参捞饭”、“鲍汁海参”等充之宴间，使海参席的运用久盛不衰。

（1）沿革

海参的食用历史在我国由来已久。三国时，丹阳太守沈莹所著《皦子》就对其有最早的记载，称海参为“土肉”，曰“土肉正黑，如小儿臂状，长五寸，有腹无口目，有三十足，炙食”。但将海参菜肴用于宴席中并名之“海参席”，却是明清以来的事情。根据有案可稽的记录，海参首先是作为帝王膳食入宴的。据《明宫史·饮食好尚》中记载：“先帝最喜用……又海参、鳆鱼、鲨鱼筋、肥鸡、猪蹄筋共烩一处，名曰‘三事’，恒喜用焉。”“上有所好，下必甚焉”，有了皇帝的身体力行，到了明朝中后期，以海参为头菜的“海参席”也就大行于世。至晚清时，海参菜更是“气度不凡”，在收入217道菜品的“满汉全席”中，海参菜就出现了12次之多。有“中国古代宴席典范”之称的孔府宴中，海参席高居九等中的第二等，仅次于第一等的招待皇帝和钦差大臣的“满汉席”。

明清以来民间的“海参席”，早期主要用于老人的庆寿宴中。这主要是由于海参的药用滋补作用，使人们逐渐认识到它的养生功能，并且使中老年人延年益寿的实践认知得到人们的广泛认同，于是逐渐成为馈赠尊者、老人的珍贵礼品，而进一步成为“珍贵食品”，并在我国民间的寿庆宴席中得到广为应用。

据常人春《老北京的风俗》中记载说，清朝年间大凡官宦人家及富庶门第，给老人庆寿无不举办寿宴，用以招待前来贺寿的亲朋好友。宴席一般有“猪八样”、“花九件”、“海参席”、“鸭翅席”、“燕翅席”等。不过在清朝中叶以前，能置办“海参席”一类高档寿宴的多为有钱人家与官宦人家，非一般老百姓所能承担。但到了清末，有钱人家则以“翅子席”、“燕菜席”为尚，在民间有条件的人家也开始置办“海参席”之类的较高档寿宴。以海参作为养老寿宴的风俗在我国的地方县志中多有记载。如清光绪年间的《宁津县志》记载：“其肴品以燕窝为上，而海参、鱼翅次之”，这种情况说的是有钱与有地位的人家举办寿宴时是如此情形，在一般老百姓家，海参席就成为上等寿宴了。民国年间编撰的《江阴县续志》记载说：“宴会之礼，如喜筵、寿筵、接风、饯行等，向以八簋八碟海参席为上筵。”

民间“海参席”的运用大多数是在清朝中后期兴起的。民国年间的《孟县志》就说：“则中人之家多用海参，稍丰即用鱼翅四味。厨役工价，则海参向仅每席百文，今则一两千文不等。至由馆中包办，海参席向仅每席一千文，今则四五圆。”

当时，海参宴席的运用主要是在沿海地区及内地一些交通发达的地方，如在长江两岸，海参席面就极为流行。民国《涪陵县续修涪州志》记载说：“州中筵席，肉食之外，从前只有黄花、木耳、笋干，来自川南，继有海带之属。道、咸间重洋菜，称洋菜席。先惟城中之用，嗣遍及乡间，并金钩、海蜇等物，所在多有。及光绪时，海参、鱼翅、鱼肚、鲍鱼诸珍品，视为寻常矣。”民国年间的《资中县续修资州志》中也类似的记载：“先年治席，除肉食外，采用运自外来者，惟木耳、笋干、黄花等，继有海带之属。道、咸间重洋菜输入，金钩、海蜇渐次通用。逮光绪以来，海参、鱼翅、鱼肚、鲍鱼诸珍品视为寻常矣。”由此可以看出，海参无论是在寿宴，抑或是其他宴席的运用，在我国清末民初时已广为盛行。尤其是在沿海地区的民间喜寿宴席中，更是不可或缺的必备之肴，“海参宴”也因此广为流行。

（2）典型宴席

孔府海参席。孔府繁多筵席之一，是衍圣公府食事中最高档次的宴会形式。有四大件、三大件、两大件不同格局。一般都是按照四四制排定的，开席时先是干、鲜果，蜜饯碟，冷荤素大冰盘（即大拼盘）。咸丰二年（1852）“太太千秋”摆宴席12天，共计469桌，海参席为主要筵席之一；宣统三年（1911）十月初六，“太太千秋”之外客宴席，一天中摆席类型有海参席23桌。孔府海参席菜单范例如下。

海参四大件席。

每份手碟：黑白瓜子、长生果仁。

八冷荤：洋粉鸡丝、绣球鸡胗、松花、鱼脯、海蜇、熗虾、麻酥藕、油焖鸡。

四大件：玛瑙海参（大冰盘）、三套鸭子（大鸭池）、炸熘鲤鱼（大鱼池）、冰糖莲子。

八行件：鸡里爆、煎鸡塔、糟烧大肠、虾子烧玉兰、熘鱿鱼卷、清炒虾仁、水晶桃、口蘑汤。

点心：菊花馓子、佛手酥、雪饺、大酥合。

四压桌菜：四喜丸子、螺蛳肉、鱼肚汤、玉带鸡。

四饭菜：炒豆腐、炒鸡子、炒芸豆、炒菠菜泥。

四小菜：府内自制小菜。

四面食：荷叶饼、云彩卷、百合卷、喧糕。

海参三大件席。

三大件：红烧海参、清蒸鸭子、红烧鱼。

八凉盘：熏鱼、瓜子、盐卤鸡、海蜇、松花、花生、熗虾、长生仁。

八热盘：炒鱼、汤爆肚、炒软鸡、炸肜干、炒玉兰片、鸡塔、烩口蘑、山药。

四饭菜：清鸡丝、红肉、烧肉饼、海米白菜。

点心：甜、咸各一道。

大米干饭。

海参二大件席。

两大件：烧海参、鱼(鸭亦可)。

两干果：瓜子、长生仁。

六凉盘：炝鸡丝、鱼脯、烧虾（鸡酱亦可)、黄花川、松花、海蜇。

六行件：炒软鸡、炸肜干、炒鱼、炒玉兰片、烩口蘑、山药。

六压桌：红肉(凤眼块)、鱼肚、鸡丝(去骨)、肉饼、白肉、海米白菜。

北京丰泽园饭店海参宴。海参宴是丰泽园饭店主要宴席形式之一，分为“豪华海参宴”、“精品海参宴”、“富贵海参宴”等不同规格和价位。在一桌“海参宴”菜单中,除第一道海参大菜外,在配餐的菜点中亦有海参品种。近年来在鲁菜大师王义均的指导下，丰泽园饭店在对海参菜长期的研究中，形成了一整套“海参王”烹制技艺。他们汲取传统做法的精髓,并结合现代餐饮的科学工艺,烹制出适合消费者食用的爽滑可口、汁香芡浓、健康营养的海参菜肴。

御厨海参系列宴席。御厨海参宴席主要包括：

福山御厨海参宴。根据成书于清朝中叶的海内手抄孤本、御厨家传《御制海参三十二法集》秘笈，结合当代人的饮食习惯研制而成。

孔府官制海参宴。是在孔府海参宴的基础上,结合现代人的饮食习惯创制而成的。

齐鲁风情海参宴。是在汇集山东各地名菜的基础上，创制而成的具有鲁菜综合风味的海参宴。特点是菜品大方,推陈出新。

胶东渔家海参宴。采用胶东海边渔民烹制菜肴的方法制作，菜品追求原料的优质和烹饪的归真,具有海上炊烟的特色。

古法民间海参宴。是从民间现存的烹饪菜肴中吸取传统方法，并进一步挖掘古代烹制菜肴的技巧,归纳总结,全新推出的具有古老民间遗风的海参宴。特点是古朴典雅,回归自然。

海参八大碗宴席。“八大碗”是胶东地区宴席的一种形式,菜品都是用大碗做器皿。因为胶东菜品讲究气势恢弘,大碗大盘,给人以饱满感觉，尤其是其中的大碗海参，物丰味足,使人久久回味。

及第状元海参宴。清朝年间,山东鲁中地区的淄博、潍坊等地，曾经诞生过十几个状元。在潍坊城区，至今还有一个状元胡同存在。据传,在这个状元胡同中,有人中了状元回到家乡的时候，家人及近族为状元举行的庆贺宴席,其中的头菜用的就是海参菜肴。其后,便相沿成习,凡中了状元回乡的庆贺宴,皆以“海参席”为之。

东海海参千秋宴。在中国烹饪史上,海参宴的生命力最为强大，一代又一代的食客和名厨都极力推崇海参宴席,所以海参宴有“千秋宴”之美称。

秦皇东巡海参宴。是以秦始皇先后3次东巡胶东的史料为依据，以道道经典的菜点为载体，再现了当年秦始皇统师东巡求仙的传奇故事。它以雍容华贵的恢弘气势,成为胶东烹饪发展史上的经典宴席，堪称胶东第一宴。

八仙过海海参宴。是根据“八仙”传说研制而成的。传说吕洞宾、张果老、铁拐李、曹国舅、汉钟离、韩湘子、蓝采和、何仙姑并称“八仙”,他们以神通广大、抑恶扬善而被人们崇敬。据说有一次他们聚会蓬莱各施法术,漂洋过海,因此传下“八仙过海,各显神通”的神话。八仙过海海参宴就是借仙人的神威和谐音，用胶东盛产的海参等名贵海鲜设计出来的。其中8个冷菜是仿八仙宝器的造型精制而成的，形象地展现宝器的精致和菜品的美味。热菜则是借八仙的气质风采和治世救人的故事，用相应的菜品表现出来，并以此褒善贬恶，使人食后不仅可满足口腹之欲，还可从中得到启迪，访仙人足迹，走人生之路，食（世）之冷暖，胃（唯）肠（长）明之。

至尊泰山海参宴。是以神秘而光大、多样而专一、庄重而质朴的泰山饮食文化为底蕴，选用泰山所独有的“三美”、“四大名药”等特产为原料研制而成的筵席，具有清、鲜、平、和等特点。

四季养生海参宴。是根据人体在一年四季都需要进行补养的中医原理，针对春、夏、秋、冬的不同情况，以各种主料，与不同的中草药配伍研制的营养保健筵席。春季配以西洋参、山药、黄芪、红枣等，夏季配以麦门冬、薏仁、莲子等，秋季配以山药、百合、白木耳、梨子等，冬季配以人参、当归、黄芪、姜等。

相关的御厨海参系列宴席菜单如下：

福山御厨海参宴：

四小碟：御厨秘制小菜；

四凉盘：烹乡蹄冻、翡翠西施、御露芹菜、茴香杏仁；

两干拌：菜心拌虾干、芥菜拌鱼子；

两大拌：金丝拌海参、凉拌海肠；

八热菜：懿荣海参、酥皮藏娇、红焖海螺、御品牛郎、金牌乌鱼蛋、福山烧酥鸡、白果合蔬、糟熘黄花全鱼。

孔府官制海参宴：

四小碟：御厨秘制小菜；

四凉盘：海参罗汉肚、糯米酥藕、玛瑙双黄蛋、清脆马蹄；

两干拌：菠菜拌蛸干、雪菜拌黄花；

两大拌：陈醋蜇头、温拌海螺；

八热菜：内宅什菌海参、金口鱼唇、圣府酥卷、翡翠双色鱼线、一品三孔鸡、带子上朝、御笔鲜猴头、酥皮花篮鱼。

齐鲁风情海参宴：

四小碟：御厨秘制小菜；

四凉盘：盐卤双肚、蒜泥裙带、爽口三根、五香叉烧鱼；

两干拌：翠绿淡菜、野山芹拌劳干；

两大拌：凉拌海参、红油蜇丝；

八热菜：烧焖海参、菘菜炒对虾、赛西施、历下牛柳、原汁德州扒鸡、糟香三白、浓汤太子菜、糖醋棒子鱼。

胶东渔家海参宴：

四小碟：御厨秘制小菜；

四凉盘：海参鱿鱼卷、芝麻鲜海蜇、胶东泡菜、金瓜山芋；

两干拌：时蔬拌鱿丝、洋葱拌虾皮；

两大拌：脆拌八带、云耳海蚬；

八热菜：红顶海参、萝卜丝炖虾、芝罘三鲜、海沙龙勾酱、沙锅肘子、双味天鹅蛋、胶东小炒、渔家烤鲐鱼。

古法民间海参宴：

四小碟：御厨秘制小菜；

四凉盘：大漠风沙鱼、醉炝腰丝、农家腊疙瘩、生腌金瓜；

两干拌：渔家鲨鱼皮、甘蓝拌海米；

两大拌：榨拌海参、温拌乌贝；

八热菜：烙烤海参、古法虾片、锅煸五丝筒、捶烩三丝、香酥麦香鸭、孜然双鲜、野菜小炖蘑、家常焖黄花鱼。

海参八大碗宴席：

四小碟：御厨秘制小菜；

四凉盘：水晶活参丝、糟香带鱼、辣根鹿角菜、果味百合；

两干拌：芹菜拌贝松、椒丝烤鱼片；

两大拌：温拌天鹅蛋、芸豆拌蟹柳；

八热菜：海参全家福、独占鳌头、招远蒸丸、胶东鱼羊鲜、八宝布袋鸡、山东酥肉、蟹酱茄丁、侉炖鱼。

及第状元海参宴：

四小碟：御厨秘制小菜；

四凉盘：咖喱乌贝、美味海带卷、海味老虎菜、桂花芦荟；

两干拌：青瓜爬虾干、萝苗拌鳐干；

两大拌：四味海参、脆拌八带；

八热菜：状元海参、连中三元、辈辈福、驸马萝卜丸；胡同健脑肉、芙蓉海鲜、苦尽甘来、鲤跃龙门。

东海海参千秋宴：

四小碟：御厨秘制小菜；

四凉盘：茶香海参糕、酱香瓜条、白玉藕片、琥珀桃仁；

两干拌：天葵拌蛎干、莴苣海龙筋；

两大拌：鱼鳔鸭掌、荠菜拌海蚌；

八热菜：銮驾海参、蟹黄贝茸鱼肚、一品东海夫人、寿桃鱼仁、群龙献宝、醋烹双脆、芙蓉西施舌、太极鸳鸯鱼。

秦皇东巡海参宴：

四小碟：御厨秘制小菜；

四凉盘：秋菊木耳、酒醉梭蟹、芹香鸡冻、山椒双笋；

两干拌：香果银鱼干、豉香飞蛤；

两大拌：虾酥拌海参、金针拌赤贝；

八热菜：一统江山、芝罘射鲲、琅琊仙丹、徐福仙船、鲍纳四海、神龙出世、系马神柱、秦皇石桥鱼。

八仙过海海参宴：

四小碟：御厨秘制小菜；

四凉盘：花篮海肠、竹笛鱿鱼、简板蚬子、葫芦海螺；

两干拌：钟离蕉扇、洞宾日月贝；

两大拌：笏板海参、荷花蜇头；

八热菜：加吉海参、仙风道骨、延寿银丹、仙姑出世、古道热肠、采和月英、钟离拜师、金钱银鼠。

至尊泰山海参宴：

四小碟：御厨秘制小菜；

四凉盘：穿山龙凤爪、椒油雪里青、八珍罗汉肠、酸辣黄瓜卷；

两干拌：巧拌马步干、四叶参拌黄花；

两大拌：虫草花拌海参、拌鲜首乌；

八热菜：龙袍海参、御幛赤鳞鱼、神手大墨、脆皮黄精双拼、泰山松茸鸡、五福素拼盘、赤灵一品肘、奶汤三美。

四季养生海参宴(以春季为例)：

四小碟：御厨秘制小菜；

四凉盘：暴腌潍萝皮、金瓜鹅糕、腌海瓜子、红酒啤梨；

两干拌：椿芽拌鱼干、茼蒿拌虾籽；

两大拌：芥末海参、韭拌贻贝；

八热菜：四季补养海参、参汁原壳鲍、椒芽春卷、蛋黄烤牡蛎、皇帝药材鸡、金菇银丝、银杏鱼芹、御带山药。

（高速建　柳仁尧）

14. 全聚德烤鸭席

“全鸭席”是北京全聚德烤鸭店的著名筵席。宴席以著名的全聚德烤鸭为代表，从冷菜、热菜到面点的馅心全部以北京填鸭或鸭身各部位为主料烹制各类菜肴。既可在一桌宴席中组合，亦可连续几天在不重合的宴席菜单中组合，烹制菜点的技法不同，调味方法各异。

“全聚德”建店百余年来，历代厨师不仅在烤鸭制作上精益求精，不断完善创新，同时综合利用鸭膀、鸭掌、鸭心、鸭肝、鸭胗等原料，精心创制了各种美味的冷热菜肴。经过上百年的积累，形成了以烤鸭、芥末鸭掌、红曲鸭膀、盐水鸭肝、火燎鸭心、清炸鸭胗肝、糟熘鸭三白、烩鸭四宝、芙蓉梅花鸭舌、鸭包鱼翅等为代表，共有400多道鸭类特色菜点的“全鸭席”。

(1)沿革

“全鸭席”是由全鸭菜演变而来的，而全鸭菜是“全聚德”首创的。早年的全聚德，作为一个老炉铺餐馆，主要是卖烤鸭、烤炉肉。然而顾客到此吃烤鸭，如果仅此一个品种，未免过于单调。为了调剂一下花样，同时也为了表示“买卖公平，童叟无欺”，绝不揩顾客的油，所以全聚德在烤鸭第一吃之外，又有了第二吃，即将片烤鸭时流在盘子里的鸭油，做成“鸭油蛋羹”。第三吃是将烤鸭片皮下较肥的部分，片下切丝，配掐去头尾的豆芽菜，做成

"鸭丝烹掐菜"。第四吃是将鸭片后剩下的骨架，加冬瓜或白菜熬成"鸭骨汤"，这就是声名远扬的"鸭四吃"。当年，"鸭四吃"这种方式，虽然不过是在烤鸭本身的基础上，在鸭肉、鸭油、鸭汤上下了些功夫，但它为全聚德招徕了不少顾客。正是这种"鸭四吃"的方法，成了后来"全鸭席"的雏形。

清光绪二十七年(1901)，全聚德盖起了新楼，生意扩大了，增添了各式炒菜。久而久之，在"鸭四吃"的基础上，又进一步发展，增加了各种鸭菜，如红烧鸭舌、烩鸭腰、烩鸭胰、烩鸭雏(鸭血)、炒鸭肠、糟鸭片、拌鸭掌等。当顾客点这些菜吃时，便为之取了个名称，叫做"全鸭菜"。久而久之，"全鸭菜"便叫响了。今天的全聚德"全鸭席"是在"全鸭菜"的基础上发展起来的，所不同的是："全鸭菜"完全是用鸭子做的菜，品种有限，菜点仅局限于山东风味；而"全鸭席"则是以鸭子为主要原料，加上其他原料，技法博采各菜系之长，调味涵川鲁粤淮及西餐之味，经过精心烹制而成的宴席。

(2)特点

全鸭席的特点是菜点繁多。全鸭席发展到今天，一共有400多种冷热菜和面点。著名的冷菜有：芥末鸭掌、卤鸭胗、盐水鸭肝、五香鸭、香糟鸭、酱鸭膀、茅台鸭卷、水晶鸭舌等。著名的炒菜有：火燎鸭心、糟熘鸭三白、干烧四鲜、清炸胗肝、芝麻鸭肝、葱爆鸭心、青椒鸭肠、芫爆鸭胰等。著名的烩菜和汤菜有：烩鸭四宝、烩鸭舌乌鱼蛋、糟烩鸭条豆苗、烩鸭丁腐皮、鸭骨奶汤等。著名的大菜有：飞燕穿星、鸭包鱼翅、鸭茸银耳、白扒三珍、罐焖鸭丝鱼翅、清蒸炉鸭、北京鸭卷、芙蓉梅花鸭舌、玻璃花鸭膀等。还有别具一格的著名面点，如小鸭酥、雪花鸭蛋酥、鸭丁冬菜包、鸭丝春卷、四喜鸭茸饺、鸭四宝烧卖、盘丝鸭油饼等。

烤鸭席用料特殊。宴席全部以北京填鸭的各个部位为主料，包括鸭膀、鸭掌、鸭心、鸭肝、鸭胗、鸭舌、鸭肠、鸭胰、鸭蛋等。烹制各类菜肴，同时也搭配其他原料，有各类海鲜、山珍等高档原料，也有禽类、畜类原料，还有蔬菜类和菌类等，原料十分丰富，工艺精湛，技法独特。

由于菜肴全部是用鸭身上的原料制成，为了使每道菜都味道鲜美，对原料的处理就格外讲究，不同的部位处理的方法和技巧都不一样，对技艺的要求比较高。而且很多菜都是"全鸭席"独有的，做法和风味都十分独特，如火燎鸭心等。

全聚德在鲁菜的基础上，经过历代厨师不断的研究和改进，形成了技艺精湛、名扬四海的全鸭席。菜肴加工制作注重制汤，五味调和，讲究甘而不浓、酸而不酷、咸而不减、辛而不烈、淡而不薄、口感适中。以鸭子各部位为主体，又兼顾禽、畜和水产以及植物料为配伍，善于变通，独辟蹊径，形成了自身独特的特色，又适应了各类食客求新、求特、求细的心理要求。因此，全聚德在百余年的经营中，经久不衰，在餐饮业这条宽阔的大道上始终走在前列。

(3)组成

"全鸭席"还细分为"鸭珍圣宴"、"王府盛宴"、"名人宴"、"体育主题宴"等精品宴席。除了"全聚德全鸭席"以外，北京的"便宜坊烤鸭店"也有全鸭席，像芫爆鸭四宝、金鱼鸭掌、双作鸭心卷、果仁鸭肝等是"便宜坊全鸭席"中的代表作。

(中国全聚德股份有限公司供稿)

15. 仿膳饭庄满汉席

"满汉全席"是满族和汉族菜点之精华相结合而形成的一种最豪华的大型宴席，以其礼仪隆重、菜点繁多、用料华贵、技艺精湛而著称于世，流传至今。

(1)沿革

"满汉席"起于康熙年间，兴于乾隆年间。几百年来，"满汉席" 从形式到内容都在不断发展完善。"满汉席"的出现与当时特定的历史背景有着密切联系。满族长期生活在东北地区的白山黑水之间。渔猎是他们的重要生产方式，渔猎品是他们的主要食物，对野味的烹调，主要采取烤和煮的方法。清朝入关后，满族食俗逐渐与汉族食俗相融合。满汉食俗的交融，为“满汉席”的形成奠定了基础。

清代帝王经常举行各种名目的宫廷宴。如皇帝登基时要办“元会宴”，皇帝过生日时要办“万寿宴”，皇后过生日时要办“千秋宴”，皇太后过生日时要办“圣寿宴”，恭贺新春时要办“元日宴”，庆祝胜利时要办“凯旋宴”，以及“冬至宴”、“大婚宴”、“耕耘宴”、“乡试宴”等等。这些宴席名目虽多，但随着满菜与汉菜逐渐融合，基本都是集满菜与汉菜的精华于一席。

1979年，北京仿膳饭庄在全国首家重新整理推出了“满汉全席”，在社会上引起了热烈反响。末代皇帝溥仪的胞弟溥杰先生在品尝了仿膳饭庄的“满汉全席”后，感慨万千，提笔写下了“正宗满汉全席”6个大字。目前，仿膳饭庄的“满汉全席”作为中国宫廷饮食文化的经典代表，正在申报非物质文化遗产。

“满汉全席”作为一种宴席形式，经历了满席→汉席→满汉席→满汉全席的发展过程。随着社会的发展进步，“满汉全席”不论从形式到内容都在发生着变化。随着国家《野生动物保护法》的颁布实施和人们环保意识的提高，一些野生原材料已明令禁止使用，如熊掌、猴脑、豹胎等，取而代之的是人工饲养的鹿、骆驼等。北京仿膳饭庄正在大力开发以人工饲养的动物为原料的菜肴品种，并在继承的基础上，创新发展适合当代人需求的“满汉全席”。当今，人们对品尝“满汉全席”的认识也在发生变化，不再追求单纯品尝所谓完整的“满汉全席”，而是把它作为一种宫廷饮食文化来理解、鉴赏和品尝。

(2) 特点

“满汉全席”的特点是礼仪隆重、菜点繁多、用料考究、满汉技法兼容。

礼仪隆重。文献记载的满汉全席有一套繁冗的进餐程序。客人进入宴会厅，有身着满族服饰的宫女行礼问安，引客人入座，上小毛巾请客人净面，随后奉上一杯香茗，谓之“到奉”。到奉以后，便开始茗叙。随时奉上香茗供客人啜饮，上瓜子、榛仁之类，供客人嗑食。

上菜顺序严格。茗叙以后，酒席的台子已经摆好。四生果如鲜橙、甜柑、柚子、苹果摆在台中四周，四干果如倭瓜子、炒杏仁、荔枝干、糖莲子之类也放在四周，四看果(做点缀用)围在周边。台子上匙、箸、碟、杯及口布，五色纷呈。台面摆成一个十分美丽的图案。

客人入座后，先把鲜果剖开，去皮献上，然后上冷荤喝酒，继以四热荤。酒过三巡，上大菜鱼翅。至此，碟碗撤去，重新换过，谓之翻台或清台，然后献香巾揩汗，续上第二道的双拼、热荤。随后，又献一次香巾，再上第三道、第四道。酒尽兴后，门前喝罄。第五道上饭菜、粥、汤。整桌吃完，最后用一个精致的小银托盘，盛着槟榔、蔻仁等备客人选用，并再上小毛巾净面，筵席即结束。整个宴席过程有歌舞伴宴。

菜点繁多。“满汉全席”最大的特点是菜点数量多，其流传的有108道式、134道式、196道式、360道式，说法不一，莫衷一是。其实，满汉全席的“全”是个相对概念，是说菜点数量之多，并无定势。由于菜点较多，一餐不能尽食，需吃3天6餐。仿膳饭庄根据清朝文学家李斗在其所著的《扬州画舫录》中记载的“满汉全席”菜单经过创新改进，推出的“满汉全席”共有134道菜肴和面点。仅以“满汉全席”膳单之一举例：到奉香茶，四干果四蜜饯(五香花生、金丝蜜枣、椒盐腰果、蜜汁山药、珊瑚核桃、蜜苹果、糖炒杏仁、蜜桂圆)、御点四品(豌豆黄、芸豆卷、红果塔、翡翠糕)、龙凤呈祥雕刻、戏珠大菜、姜汁鱼片、蜜汁排骨、杏仁佛手瓜、红油莴笋、蒜泥白肉、鸡油茭白、麻辣鸡块、炝西芹、八珍一品锅、金蟾玉鲍、桂花干贝、红油牛筋、香酥乳鸽、山参扒鹿筋、古板龙蟹、炸佛手卷、枸杞鱼皮、抓炒大虾、沙舟踏翠、口蘑肥鸭、宫保鹿肉丁、滑溜飞龙、白扒广肚、烧烤二品(烤鹿肉、烤黄羊腿)、京蔬四宝、金钱鱼肚、黑椒驼峰肉、鹿茸鸡片、菊花里脊、肉末烧饼、御点四品(鸳鸯酥合、油酥虾、炸春天爆满。特别是武大郎炊饼，每个50台币，台北市民排队争购，场面壮观。台湾、香港、新加坡、日本、韩国等地的20多家报纸和电台、电视台进行了报道。台湾当地媒体盛赞金瓶梅宴："道道真功夫，款款真材料，不是春膳，胜似春膳"，"为小说留见证，为厨艺留绝学"。

（2）特点

《金瓶梅》小说中的故事发生在运河两岸，故菜点制作颇有运河遗风，制作精细，南北风味兼容，品味独特，滋补而无药味。

金瓶梅宴有真实可靠的史料依据。《金瓶梅》托言宋事而实写明朝中晚期，被称为天下第一奇书。它运用自然主义描写手法，对饮食男女进行了充分的现实主义描绘，向我们展示了一幅明朝中晚期的市井百态风俗画。作者为我们研究明中晚期的市井美食，提供了史志所不可替代的丰富史料和依据，而且书中的饮宴肴馔，大多可在元明时期的笔记体小说中找到具体的制作方法。如"骑马肠"（《金瓶梅》第四十九回）在《食宪鸿秘》中就有制法；"烧猪头"、"炖烂羊肉"、"香茶饼"、"荷花酒"等，均可在宋明时期的《宋氏养生部》、韩奕的《易牙遗意》、李时珍的《本草纲目》，徐光启的《农政全书》等书中找到详细的配方和制法。这样，金瓶梅宴中的菜点就有了真实可靠的依据。

金瓶梅宴菜点档次和运作的文化定位。金瓶梅宴打文化牌，定位以运河市井美食为主，兼顾官府和民间菜，既有较少的昂贵的参翅海味，也有中档丰盛的荤菜、托荤素菜佳肴，还有风味独特的市肆小吃、平民饮食，而且从实际出发，肴馔突出经济实惠、可操作性强的特点，特别是那些能够适应经营的、可批量生产的品种，优先选入改造，使试制的宴饮美食富有特色，适应正常经营运作。如"捶熘凤尾虾"，运用"捶熘"技法，将草虾捶成大薄片，经水氽后，晶莹剔透，有玉质感，且口味鲜美，脆滑爽口，再加上每个菜的故事讲解，深受食客欢迎。这道菜还可批量生产，提前准备，大大节约了烹调时间，给餐厅带来了较好的效益。

金瓶梅宴"瓶内"与"瓶外"肴馔并举。虽然金瓶梅宴是依据《金瓶梅》一书中的饮食记载整理推出的，但小说毕竟不是菜谱。因此，仅靠书中记载的菜点还远远满足不了菜点更换的需要。因此，在故事发生地挖掘整理了一部分与《金瓶梅》故事有关的，符合金瓶梅宴菜点整体风格的肴馔，充实进入宴席，使宴席常吃常新。

（3）分类与组成

金瓶梅宴席有"家常小吃宴"、"四季滋补宴"、"梵僧斋宴"、"金瓶梅宴全席" 等6个系列。

金瓶梅宴全席美食单是金瓶梅宴档次最高的宴席食单，共有四干鲜、四果碟、四小菜、四冷碟、十大菜、二小吃（扣碗）、四小炒等32道菜点。

干鲜一般选用时令干鲜果品，如桃子、杏、葡萄、提子、冬枣、樱桃、草莓、金橘、橘子、小西红柿、白果、大杏仁、长生果、葡萄干、松子仁、榛子仁、荸荠、菱角、焦枣、栗子等；果碟又叫点心茶食，一般有白糖万寿糕、酥油泡螺、雪压金菊、艾窝窝、核桃酥、木樨饼、果馅顶皮酥、白糖薄脆、椒盐金饼、定胜糕等；小菜一般指小咸菜，如酱瓜茄、油浸鲜花椒、五方豆豉、盐醋苔菜、糖蒜、腌韭菜、卤香菌、酱姜、什香酱瓜、什锦菜等；冷碟又叫按酒、凉菜，一般有山椒凤爪、腌螃蟹、五味泥鳅、洋葱银鱼干、珊瑚菜卷、割切香芹、蒸腌鲜鱼、骑马肠、水晶蹄髈、白切羊肉、豆芽拌海蜇、腌腊鹅脖等；座盘一般指大盘冷菜，如王瓜拌辽虾、冻粉鸡丝、珊瑚合菜、橘味黄芽白、王瓜拌猪脸等。金瓶梅宴中的迎门茶一般是炖茶，胡桃松子炖茶、木樨炖茶、盐笋炖茶、桂圆核桃仁炖茶等；金瓶梅宴中的大菜，又叫主菜，如绣球官燕、柴把鱼翅、芙蓉鲍鱼、捶熘凤尾虾、花酿两吃大蟹、干蒸批晒鸡、油煤烧骨、炒虾腰、宋蕙莲烧猪头（带葱、瓜段及甜酱、春饼佐食）、炖烂羊肉方（带葱、瓜段及甜酱、春饼佐食）、金钱鳜鱼、柳蒸鲥鱼等；扣碗又叫炖烂嘎饭，如扣莲蓬肉、扣白菜卷、扣白鸡、扣红肉、江米鸡、八宝饭、扣鸭条等；小炒一般为素菜，如醋烹山药条、豆芽炒海蜇、细粉胡萝卜、椒油小菜心、黄豆芽炒粉条、哑巴辣椒等；饭和点都是面食，如鹅油玉米饼、黄芽菜肉包、桂花汤圆、银丝鲊汤等。

家常小吃宴，没有固定格式，一般由扣碗、小炒、小吃组成，如扣丸子、扣方肉、白煮羊肉、柳蒸鱼、炒虾腰、珊瑚藕卷、骑马肠、蒸腌鲜鱼、醋烹山药条、春不老炒冬笋、竹荪王瓜、割切香芹、桔味白菜丝、和合汤、馄饨肉圆子头脑汤、酸笋汤、大饭糯米卷、豆香棋馏等。

四季滋补宴，没有固定格式，按四季差异及人的状况不同，主打一款滋补大菜，配一般小炒和面食粥品。如炒虾腰，主治肾虚腰疼，一般在秋冬季食用为好；滋补头脑汤，一般用于男性肾亏阳虚，四季皆可食用。

梵僧斋宴，没有固定格式，菜品多以托荤出现。如托荤素肉、酱素鸡、素火腿、素鳝丝、素鹅脖、烧素鹅、炒素虾仁、烧面筋素肠、素豆腐箱、酿素鲫鱼、烧面筋、春不老烧冬笋、栗子烧黄芽白、豆皮炝豆芽。

另外，金瓶梅宴中的茶与酒也很有特色。金瓶梅宴炖茶以煮茶和烧茶为多，此茶特别香味浓郁，爽口而酽，且喜欢放果仁等杂料。如"木樨果仁浓茶"、"盐笋芝麻香茶"等，另外还有洗手茶、涮口茶等。金瓶梅宴中的酒独具一格，如"荷花酒"、"菊花酒"、"羊羔酒"等，这些酒选用粮食酿造的酒头，加荷花、菊花和羊羔肉酿制而成，味道清冽，别有风味。

（李志刚）

18. 齐民要术宴（齐民大宴）

齐民大宴是根据《齐民要术》一书关于饮食菜点制作的记载，结合山东潍坊寿光当地的宴饮习俗而创制的一整套宴饮菜点。其程序安排、宴饮风格以及酒茶的配备，反映了寿光历史上魏晋南北朝时期的庄园饮食风貌，是历史庄园美食的再现。

（1）沿革

《齐民要术》是中国完整保存至今的最早的一部古农书和古食书，距今已有 1400 多年。作者贾思勰，山东寿光人。作者运用自己掌握的丰富的古代农学、医药、天文气象和烹调理论知识，"采据经传，爰及歌谣，询之老成，验之行事，起自耕农，终于醯醢"。在书中全面论述了谷物、蔬菜、瓜果、林木的栽培，家畜、家禽、鱼类的饲养，兽医、酿造、制饴、烹调、食品加工储藏等技术知识，比较系统地总结了 6 世纪以前，黄河中下游地区的农业生产经验和食品加工技术。这些对魏晋南北朝之前齐鲁一带的食品构成和烹饪情况的完整而细致的总结，为我们研究魏晋南北朝时期齐鲁饮食文化提供了重要的依据，也为齐民大宴的研究和推出，起到了奠基作用。

（2）特点

齐民大宴的特点是古朴典雅，就地取材，味浓实惠，风味突出。大宴中的菜点虽然都来自《齐民要术》的记载，但也不是全部的照抄照搬，而是以庄园美食为主，兼顾官府菜和民间菜，既有较少的昂贵高档的鲍翅参肚，也有中档丰盛的荤素佳肴，还有风味独特的潍坊寿光当地的市肆小吃、平民饮食。

（3）分类与组成

齐民大宴共有菜点 200 多款，内容有"齐民小吃宴"、"齐民素宴"、"齐民大宴全席"等多个系列，制作精美、品味独特，有古之遗风。

齐民大宴的宴饮格局、程序礼仪、肴馔食风、酒茶配备都体现了寿光当地的饮食习惯和风俗，模拟魏晋南北时期庄园宴饮的程序格局。仿古菜式有炙豚、捣炙、跳丸炙、腩炙羊肉、捣炙肥子鹅、腩炙肥鸭、胡炮肉、燥脡、炙蚶、炙蛎、炰豚、猪肉鲊、蒸猪头、悬熟、腤白肉、烂熟、羊盘肠、犬蹀、损肾、羌煮、五味脯、甜脆脯、炰鹅、勒鸭消、腤鸡、鸭臛、鸡鸭子饼、范炙鹅鸭、白菹、炙鱼、酿炙白鱼、蜜纯煎鱼、裹蒸生鱼、鲤鱼臛、毛蒸鱼菜、蒲鲊、干鲚鱼酱、虾酱、鳖臛、菰菌鱼羹、脍鱼莼羹、瓠羹、瓠叶羹、膏煎紫菜、蒸藕、油豉、苦笋紫菜菹、菘根萝卜菹、蜜姜、薤白蒸等。同时也有许多像息，只有全部符合标准才能进入场馆。

奥运期间，为了保证运动员24小时都能用餐，厨师24小时轮班，每个人分配到具体的任务，确保整个餐饮系统正常运行。无论西餐还是中餐，每道菜从投料、改刀、加热到成品都有严格的标准，厨师必须严格按照标准操作。这种标准化的生产，保证了批量生产的要求和菜肴口味的一致性。

在奥运厨房里，闻不到一点油烟的味道，随时抹灶台，永远保持干净无水。操作服的左臂上，有一个小袋子，里面别着两样东西：一次性勺子和温度计。奥运餐饮中70%是西餐，对原料是否合格有严格的温度规定，在使用原料时，全部要用温度计来测量是不是符合标准，将温度计的感应杆插入食品的中心位置5~10秒钟，达到标准温度才算完成一道菜的制作。凉菜温度不能超过10℃，热菜温度不能低于60℃，菜从做完到吃完，不能超过4个小时。

加工过程中，操作人员绝对不允许有挠头皮、拢头发、搓耳朵、摸脸、对着手打喷嚏、吐痰等行为。在个人卫生的规定中，洗手的程序最为繁琐，其程序和规定也非常细化。洗手要求必须用38℃的水，必须流水冲洗，必须要打肥皂或洗手液，必须要搓洗，至少冲洗28秒，如有皮肤褶皱以及指甲缝存在污染的情况，清洗时还要用刷子仔细刷洗皮肤褶皱和指甲缝。凡是接触了非食物物品后都必须洗手，丢弃垃圾后、处理可能影响食品安全的化学药品后、收拾桌子或把不干净的餐具拿走后、摸过衣服或围裙、摸过其他可能污染手的东西如工作台的表面或抹布等，以及戴手套之前都必须洗手。对于厨房中不同岗位的人员，洗手还有不同的要求。做凉菜的人员，洗手必须清洁到肘部，按照程序洗手后至少要冲洗30秒，清洗过程中绝对不允许用毛巾擦拭，一般要像医院里医生洗手后那样端着双手自然晾干，或用一次性卫生纸巾擦拭或烘干。做热菜的人员，洗手要求至少要洗到前臂。进厨房前，先要换一身干净的操作服，戴上帽子，系上围裙，戴上口罩和一次性手套，之后再进行全面消毒，然后才可以进行操作。同时，要求男士的发型基本是寸头，无鬓角和胡须，要求女士戴帽子后没有凌乱头发露在外面，无论男女，在厨房操作过程中不能佩戴任何首饰。对于食品操作人员的要求是：指甲要短且干净，不能戴假指甲以及涂指甲油。操作中一旦发生手指受伤的情况，一定要在包扎后戴上专门的指套才能继续操作。

奥运会的食谱操作起来都比较简单，太复杂的菜肴不易量化，更不宜批量生产，最重要的是食品安全。北京奥运会餐饮投诉率为零，也许只有北京奥运会才能创造出这样的奇迹。

（周亚峰）

中华著名老字号“全聚德”，始建于1864年（清同治三年）。140多年来，历经几次重大历史变革，获得了长足的发展。

1993年5月，中国北京全聚德烤鸭集团公司成立，为全聚德在改革开放时期的大发展奠定了坚实的基础。1997年，中国北京全聚德烤鸭集团公司转制为中国北京全聚德集团有限责任公司。2003 年11月，全聚德集团与华天饮食集团共同投资组建了聚德华天控股有限公司，将鸿宾楼、烤肉宛、砂锅居等20余家餐饮老字号纳入全聚德集团管理体系。2004年4月，全聚德集团与首都旅游集团、新燕莎集团实现强强联合，经过资产重组，仿膳饭庄、丰泽园饭店、四川饭店三家著名餐饮品牌企业进入全聚德集团，标志着全聚德集团不再仅仅是一个烤鸭品牌，而是由众多优秀老字号餐饮品牌企业组成的首都餐饮联合舰队，“全聚德”进入了一个崭新的发展阶段。

全聚德

中国驰名商标

全聚时刻　当然在全聚德

Grand Reunion at Quanjude
——Diners`Paradise.

全聚德集团成立十七年来，坚持发挥老字号品牌优势，走规模化、现代化和连锁化经营道路，以独具特色的饮食文化打造国际知名品牌。建立了科学、规范的ISO9001/14001/22000质量/环境/食品安全管理体系；CIS企业形象识别管理体系；建设了现代化的生产加工基地和与之配套的物流配送系统；同时，积极开拓国内外市场，加快连锁经营发展。现已形成拥有70余家成员企业，年营业额10多亿元，销售烤鸭近600万只，接待宾客600多万人次，资产总量7亿元，品牌价值106.34亿元的国内大型餐饮集团，2007年成功挂牌上市。

在取得良好经济效益的同时，全聚德集团其他各项工作也取得了优异的成绩。先后被中央文明办、国务院纠风办、全国总工会、国家质量技术监督检验检疫总局、中国饭店协会、中国商业联合会等单位授予“全国文明行业示范点”、“全国五一劳动奖状”、“全国质量管理先进企业”、“国际餐饮名店”、“国际质量金星奖、白金奖和钻石奖”、“国际美食质量金奖”、“全国商业质量管理奖”、“中国餐饮文化象征企业”、“中国十大文化品牌”、“中国餐饮十佳企业”和“中国最具竞争力的大企业集团”等荣誉和奖励。“全聚德”商标已连续四届被评为“北京市著名商标”；1999年1月被国家工商行政管理局认定为首例服务类“中国驰名商标”。

经过百余年的传承与创新，与多家餐饮老字号企业的联合重组，全聚德集团已形成了以独具特色的全聚德烤鸭为龙头，集“全聚德全鸭席”和400多道特色菜品于一体的全聚德菜品系列；以“满汉全席”为代表的仿膳宫廷菜品系列；以“海参王”为拳头产品的丰泽园鲁菜系列；以京派川味为特色的四川饭店“官府川菜”系列；以及涵盖了京城清真餐饮、烧烤食品和风味小吃等多种传统佳肴，成为集各色中华饮食文化精品于一身的中华饮食业的杰出代表。

宏图已绘，信心百倍。全聚德集团将遵循毛泽东主席“全聚德要永远保存下去”的指示，秉承周恩来总理为全聚德确立的“全而无缺，聚而不散，仁德至上”的企业理念，发扬“想事、干事、干成事，创业、创新、创一流”的企业精神，为实现“中国第一餐饮，世界一流美食，国际知名品牌”的宏伟愿景而不懈努力！

秦皇食府餐饮有限公司

QINGUANGSHIFUCANYINYOUXIANGONGSI

长沙秦皇食府餐饮有限公司是以秦文化为背景，集全国名厨、名菜于一体的大中型餐饮管理企业。自2003年10月26日开业以来至2006年10月，旗下已拥有18家大型餐厅，分店遍及湖南、陕西、云南、新疆、北京等省市。总店座落在长沙湘江中路一段199号通泰街口，营业面积4000平米，设豪华包间26套，散台卡座80个，可同时容纳千余人就餐。旗舰店位于劳动西路272号嘉盛•奥美城裙楼，营业面积5000平米,设豪华包间36套，散台卡座百余个，可接待大型高档宴会。位于车站北路的新锐店其档次更上新台阶，餐厅内设施先进，设备齐全，店堂装饰、摆设均以古秦文化、风俗为主元素，配以秦国兵俑和铜车马、战车、瓦当、文饰、古典音乐及仿秦服装，以其独特的文化氛围和“集八大菜系于一体、收七国佳肴于一席”的菜品口味独树餐饮一帜，深受顾客的青睐。秦皇历史、秦朝文化更是嚼于口中，谈于舌尖，品于心上。“秦皇食府”已成为高品味的用餐休闲之处。乌鲁木齐分店在新疆地区更是独领风骚，以特有的秦文化风格填补了该区域中餐厅的空白。现在各门店的日营业额已近10万元，且呈稳定上升趋势。

为打造中国餐饮文化品牌，公司制订了统一的目标与计划，即选定各大省份最具影响力的城市，开设秦皇食府大型文化餐厅，以连锁经营形式传播独特的饮食文化。秦皇食府餐厅文化及其经营模式给中国餐饮文化带来了新的元素。为推动餐饮产业的发展做出了贡献。

汇冀菜之精华　邀八方之宾客

冀菜会馆

冀菜会馆汇集河北菜点之精华，浓缩燕赵美食之珍馐，以经营京东沿海菜、冀中南菜、宫廷塞外菜、谭氏官府菜为主。菜肴品种200余道，其中有久负盛名的金毛狮子鱼、酱汁瓦块鱼、笏板鸡、改刀肉、御品锅、锅包肘子、溜腰花、煨汤羊肉、保定碗菜、未庄鸡等。会馆营业面积4000多平方米，装修风格上体现了独特的河北历史、人文和民俗文化，并以各种艺术形式将河北的名胜古迹、历史典故、民间风俗等演绎出来，使菜品和文化相得益彰，交相辉映，豪华而不失亲切，活泼而不致庸俗，时尚与传统交汇，让人们在品尝美味佳肴的同时感受到浓郁的文化氛围。

冀菜会馆于2006年12月22日正式开放，由河北恒倩饮食有限公司投资兴办，该企业曾被河北省商务厅、省烹饪协会命名为“2006河北餐饮30强企业”。目前旗下有六家直营餐饮分店、一个酒类饮品分公司和一个物流中心。现有员工500余人，总经营面积16000多平方米，总餐位2300多个，总床位600多张。冀菜会馆推出的“河北风光宴”在冀菜饮食文化展演大赛中获“河北名宴金鼎奖”，热菜笏板鸡、一品玉丸等9道菜品获“河北名菜奖”。技术顾问中国烹饪大师剧建国被授予“冀菜突出贡献杰出人物”称号。

冀菜会馆地址：河北省石家庄市中山东路176号
电话：0311—85116628 85116665
河北恒倩饮食有限公司董事长兼总经理张振国
冀菜会馆执行总经理张恒　驻店经理孙庆山　行政总厨邱建伟

LIXIANG RUGE

理想乳鸽

——哈尔滨经营乳鸽的旗舰店

哈尔滨理想乳鸽餐饮有限公司

HAERBINLIXIANGRUGECANYINYOUXIANGONGSI

哈尔滨理想乳鸽餐饮有限公司，是近年来发展起来的集餐饮、养殖和种植于一体的新型餐饮大型管理企业。公司麾下的“理想乳鸽”酒楼，目前是哈市经营乳鸽的旗舰企业，营业面积达6000余平方米。60多间各具特色的包房，金碧辉煌的接待大堂，处处彰显了中国饮食文化的精粹。

理想乳鸽餐饮有限公司创始人李伟明，1998年与夫人周建坤开始创业，在哈市开发区开办了以经营乳鸽为主打的门店，取名“乳鸽王”，当时面积不足400平方米。由于其市场定位准确，制品加工地道，定价合理和周到热情地服务，很快便赢得了消费者。如今，“理想乳鸽”新店已成为哈尔滨市极具影响力的特色餐饮企业之一。

走特色之路，集产供销一条龙是“理想乳鸽”酒楼成功的重要经验之一。企业现在不仅有乳鸽养殖基地，也有原料种植基地，销售也由内向外扩展，酒楼已形成了科学的运营机制。

“理想乳鸽”酒楼加工的乳鸽产品已达40多个品种，除乳鸽制品外，他们还结合消费者不同口味需求，开发了川、鲁、苏、粤、湘，以及东北喜闻乐见的多款名菜佳肴，受到顾客赞扬。由于其在乳鸽产品开发与研制方面取得了令人瞩目的成果，曾获得“黑龙江名酒店”、“中国餐饮名店”、“黑龙江餐饮50强”、“黑龙江餐饮文化精品企业”称号。

1996年5月，三个年轻的东莞人黎平、黄锡坤和庾美连在东莞最早的食街花园新村办起了一间仅有35人的小企业——东莞市花园粥城服务有限公司。创业以来，花园粥城的经营者秉执“办实业，走正道，讲诚信”的经营思路，采用“让文化上餐桌”的经营策略，经过一批又一批粥城人的不懈努力，现已从一家小企业发展成享有较高知名度和美誉度的餐饮连锁企业，继承和开发了一大批具有岭南特色、特别是东莞特色的美食，比如庾家粽子、冬团、艾角、虎门大宁蟹黄粥、茅根粥、荷香糯米骨、塘厦碌鹅、梅菜肉卷、洗沙鱼丸等。

在花园粥城成长过程中，公司领导层始终把企业文化建设放在重要位置，做到物质文明和精神文明一起抓，争取企业的经济效益和社会效益比翼齐飞。由花园粥城筹办的东莞饮食风俗博物馆，于2006年开馆。“做生意先从做人开始”，这是花园粥城的经营者们经常说的一句话。早在1997年就采用“公司+农户”的形式，开始了绿色食品基地的建设，如今花园粥城建有粥城咸鸡放养基地、淡水鱼饲养基地、无公害青菜种植基地、乳鸽放养基地等。

花园粥城先后被授予“食品卫生信誉度等级A级”、“东莞市饮食服务质量跟踪单位”、“东莞市明码标价示范单位”、“东莞市青年文明号”、“广东省非公有制经济组织团建工作示范点”、“广东省五四红旗团委”、“中华餐饮名店”、“中国绿色饭店”、“东莞市文化建设先进企业”、“广东省青年文明号”、“东莞市固本强基市级示范单位”等荣誉称号。

办实业，走正道，讲诚信

让文化、诚信上餐桌

RANGWENHUA CHENGXINSHANGCANZHUO

眉州东坡酒楼
王光英
MEI ZHOU DONG PO REATAURAN
中华餐饮名店 四川餐饮名店
China Famous Restaurant Sichuan Faumous Restaurant
北京眉州酒店管理有限公司
[简 介]
东坡风韵，千古流传。巴山蜀水，川味不息。优雅舒适的环境、周到热情的服务、美滋美味的菜肴，这里是引人入胜的眉州东坡，文化与味道此时亲密无间……
1996年6月6日，由全国人大常委会副委员长王光英先生题匾的眉州东坡酒楼在京开业。随着企业规模的不断扩大，2003年成立北京眉州酒店管理有限公司。在董事长王刚的带领下，企业秉承“为全世界人民做饭”的经营使命，坚持品质与创新，坚守严格的质量方针，大力塑造眉州东坡品牌，使企业得到迅速发展，现已在全国开办二十多家连锁店，员工2500多人，成立了眉州东坡集团总部、物流中心、中央厨房，成为国内运行最稳定的大型餐饮企业之一。公司旗下的机构分别有眉州东坡酒楼、王家渡火锅、眉州小吃、私家厨房、四川王家渡食品有限公司。
2000年10月，企业被四川省政府评为“四川餐饮名店”；2002年10月，企业参加第十二届全国厨师节暨首届川菜烹饪大赛，荣获“团体金奖”，金牌总数居全国第一，眉州东坡宴被评为“中国名宴”；同年，企业被中国烹饪协会评为“中华餐饮名店”；2003年，企业被清华大学经管学院选为中国餐饮首例跟踪案例；2005年，世界三大肉食品制造商之一的美国荷美尔公司与眉州东坡集团签约联合生产“荷美尔·眉州东坡香肠”；2006年4月公司通过国际化标准组织的ISO9000质量管理体系认证；2007年4月，公司荣获北京市和谐劳动关系先进单位。
董事长王刚被聘为清华大学MBA辅导员；2003年，董事长王刚被选为眉山市政协常委；2003年7月，董事长王刚被评为北京市“优秀进京创业青年”；2007年2月，董事长王刚被选为北京美食联盟第一届轮值主席；2007年4月被评为“中国优秀餐饮企业家”。
北京眉州酒店管理有限公司被授予第29届奥运会组委会奥运村运行团队餐饮服务商。
红花汁鱼翅
东坡肘子
中国味 为天下
Chinese Flavour-Entertain the whole world
北京眉州酒店管理有限公司 总部地址：北京市朝阳区将台洼甲4号 邮编：100016
总部电话：010-84301666 传真：010-84301888 http://www.meizhou.com.cn

艺术美食；沟通世界

雪满天酒店

XUEMANTIANJIUDIAN

雪满天酒店地处富饶辽阔的黑龙江省鹤岗市工农区，总占地面积8000余平方米，毗邻鹤岗火车站、汽车站及大型商业购物中心，是现代化豪华酒店。雪满天酒店隶属于雪满天餐饮集团，成立于1989年，因注册当日天降百年不遇的大雪，故得名“雪满天”。雪满天酒店现已发展成为鹤岗地区餐饮行业的龙头企业，是集绿色生产基地、菜品研发基地、物流配送中心为一体的大型综合连锁餐饮企业。雪满天酒店菜品汲取各菜系之精华，融传统与现代工艺之长，形成了雪满天独有的制作工艺流程，开创了以绿色、营养、健康、环保为特色的雪派风味。菜品原料主要来自大小兴安岭原始森林、长白山以及雪满天绿色产品生产基地，菜品原料独具一格。

酒店先后被评为“绿色餐饮企业”、“黑龙江省餐饮50强企业”、“消费者放心酒店”、“黑龙江省公共关系礼宾委员会指定机构”。多年来，雪满天集团在青年企业家、市人大代表、市餐饮协会会长周天臣董事长的带领下，以“五心服务，顾客至尊”为宗旨，本着“常换常新”、“尝遍尝鲜”的原则，勇于实践、开拓进取，形成了多元化经营的格局。

雪满天集团下设：雪满天酒店（总店）、新天地美食坊、帝王鲍翅店、汉城烧烤分店、吉林雪满天火锅店等8家直营连锁店。雪满天人一如既往地秉承一流服务、一流菜品、一流环境、一流品牌的原则回报社会、回报广大的消费者。

地址：黑龙江省鹤岗市工农区东解放路　　电话：0468—3235444　3236444
传真：0468—6105355　　邮箱：XUEMANTIAN3235444@163.COM

红花盛开湘江岸，佳肴引来四方客

湖南红花树食坊

“红花盛开湘江岸，佳肴引来四方客”，湖南株洲红花树食坊创办于1998年4月，下辖红花树神农店、红花树麒麟店。神农店为株洲市首家园林式餐厅，占地面积5000余平方米，分春、夏、秋、冬四园，各具特色。麒麟店建筑面积3000余平方米，装修气派，风格多样，集豪华、古朴、典雅、生态于一体，共有6层，每层各有特色：一楼以接待大型宴席为主，庄重、雅致；二楼的装修为北京四合院的风格，有着浓郁的古典韵味，尽显闹市中的幽静；三楼是豪华包房，气派的欧式装修风格突显出宾客的尊贵，成为当地接待政要、富商的首选；四楼是出品部；五楼有着规格多样的各式包厢和连体包厢；六楼的十多个包厢都设置了小厨房，各小厨房聘请农家巧妇主理的不同特色私家菜，充满浓郁家庭情趣特色，为湖南首创。

红花树食坊自开业以来，每天就餐宾客络绎不绝，生意兴隆。以特色经营引领餐饮潮流，以充满个性化和人文关怀的服务诚挚接待每位宾客。红花树食坊经营8年来始终为同行业排头兵，并获湖南省饮食文化名店、株洲市十佳餐饮名店等多项殊荣，红花树食坊开发的菜品谭府万寿翅、小炒野生裙边等在湖南省美食大赛中获得金奖。

湖南红花树食坊被《中国烹饪文化大典》收录，为著名湘菜

北京金莎苑餐饮管理有限责任公司

SHASHA GARDEN

北京金莎苑餐饮有限公司

“艺术美食，沟通世界”这是金莎苑餐饮投资机构的创始人，我国著名男女声二重唱表演艺术家廖莎、叶茅投身餐饮行业的理念。1996年11月18日，在西客站北羊坊店路上，一家小小的米粉屋开张了。那个时候，没人知道日后这个不起眼的小店会成长为京城一家最有影响的湘菜美食品牌之一。

做一家有艺术追求和文化内涵的的餐饮企业，是廖莎、叶茅一直的梦想。他们遵循把餐饮业做精、做深、做透、做活，引领行业文化新风尚的理念，围绕和谐文化主题不断开发新产品，从“色、香、味俱全”到“色、形、意和谐”，以其独特的主顾服务模式形成了自己的产品标准、文化标准及价值标准，不断彰显出中国新餐饮文化的魅力。

金莎苑目前有两家店。羊坊路店为国家四星级酒家，经营精品湘菜与高档粤菜。万寿路店为国家五星级酒家，地处西长安街繁华地段万寿路口，以“玻璃园林、空中花园”为主题，将饮食文化与舞台艺术融为一体，装饰时尚，风格独特。

董事长廖莎女士提倡用“诚明之道”做事做人，以佛学文化度人、育人，以为社会培养人才、造就人才为目的，十年来为中国餐饮业培养了数以千计的行业人才，赢得了大批忠诚顾客。同时，企业信奉双赢共赢的理念，将供应商、上下游产业链协同起来，共谋发展，取得了供货商的大力支持，形成了良好的产供销一条龙系统。2007年出版了企业文化手册《红尘道场》，总结了十年来金莎苑的经营思想以及一些经营心得，为餐饮行企业文化建设提供了一个成功范例。

金莎苑勇于担当社会责任，多次参加捐助活动，仅2006年就向湖南受灾地区和湘潭大学等单位捐款数十万元，并在企业内部设立“爱心基金”等慈善项目。多年来一直是海淀区利税大户，得到了政府有关部门的支持，取得良好的社会信誉。

2009年，金莎苑在北京麦子甸投资兴建了以“家”为主题的“我家”主题餐厅，以爱国爱家的艺术餐饮形式向新中成国成立60周年献礼。

艺术美食
沟通世界

定餐热线：羊坊路店　010-63956405　63956382　63956370—805
万寿路店　010-88211133　88212233　68228799—800
公司网站：www.shasha.cn　邮箱：jinshayuan@163.com

山东中豪大酒店

SHANDONGZHONGHAODAJIUDIAN

"实、精、特"构筑山东中豪大酒店餐饮新亮点

绿色、健康、营养、风味、特色

"亲耳聆听来自内蒙古大草原的嘹亮歌声，亲口品尝来自内蒙古大草原的健康美食，是真正的享受"。中豪大酒店探索千里之外的天然、无公害、鲜美原材料和道地、质朴、传统的制法，高薪聘请草原厨师为客人奉献一席绿色、健康、营养、风味、特色的大草原美食，让客人仿佛置身于美丽辽阔的大草原之中……

1998年5月8日，山东省烟草公司在名胜聚集、古迹众多的济南护城河畔创建了一家建筑造型新颖独特、富有时代气息的国际四星级旅游涉外酒店——山东中豪大酒店。它位于济南解放路165号，建筑面积4.5万平方米，主楼地上29层，地下三层，高104米，它的诞生为济南市的城建景观增辉添色。1999年10月，酒店荣膺为四星级酒店，经过九年的运营，已成为济南市著名的星级酒店之一。

自2006年开始，中豪大酒店的餐饮紧紧围绕"实、精、特"大做文章，构筑了"中豪"餐饮新亮点。"实"，就是让客人感觉到实惠，认可酒店的诚信经营，而其关键在于菜品质量的稳定。"精"，体现在菜品的精益求精，做法正宗，营养合理搭配，并通过服务的用心极致，配合整体环境达到完善。"特"，就是博采众家之长，创出自己的特色，通过走出去学习，根据市场和客人的口味不断推出新菜品，逐渐形成自己的特色，闯出一条适合自己发展的道路。目前，酒店在不断求变、不断创新基础上，保留特色菜品，同时推出了新、特菜品，赢得了顾客认可，取得了显著的成果。

中豪大酒店现任总经理王明述先生2006年荣任山东省烹饪协会副会长，荣膺"全国餐饮业优秀企业家"称号。2005年酒店推出的"菊花燕菜"获得了济南市名人名家杯特别奖；2006年酒店推出的"葱泊麻球"、"冰爽豌年糕"荣获山东省职业技能大赛二等奖；2006年酒店被济南市旅游局评为"十佳旅游星级饭店"，另外餐饮部陈冉冉同志被授予"济南市旅游服务明星"的荣誉称号。

亲耳聆听来自内蒙古大草原的嘹亮歌声，亲口品尝来自内蒙古大草原的健康美食，是真正的享受

尚志宾馆

北国餐饮业的一颗亮丽奇葩

尚志宾馆位于黑龙江省尚志市繁华市区中心，距火车站、客运站不足1公里，北方商场、集贸大厦、佳斯特超市、宝兴购物广场等大型商场超市环布四周，301国道、铁通公路交汇于此，东有全国闻名的亚布力滑雪旅游度假区等景区，西有游人如织的帽儿山吕家围子风景区，北邻闻名遐迩的中国书法博物馆，是一座集美食、住宿、商务、旅游、娱乐、购物于一体的综合型三星级宾馆。

“绿色食品农家美味，鲜活海鲜特色佳肴，四季如春生态园林，北国名店尚志宾馆。”尚志宾馆是尚志市唯一一家三星级宾馆，始建于1985年，经过2001年、2003年两次大规模改造的尚志宾馆占地10,000平方米，建筑面积7,000平方米，内设大、中、小三种不同规格的会议室，拥有豪华套房、标准套房、标准客房共68间，一次可接待200人入住。宾馆内设商务中心、购物中心、美容美发中心、多功能厅、酒吧、台球厅、乒乓球厅和棋牌室，提供全方位的优质服务，是召开会议、洽谈、会客、娱乐的理想场所。

尚志宾馆以环保理念为主，集百家风味之长，汇绿色原料于一体，拓建了1000多平米的绿园餐厅，拥有可容纳300人就餐的宴会大厅1间，贵宾厅14间，绿园餐厅包房11间，拥有直径4米的“第一桌”。宴会厅和包间采用中国古典风格装饰，红木家具，淳朴精致、宽敞明亮。绿园餐厅以鲜花和绿树为基调，将餐饮和园林景观有机结合起来，透明屋顶，绿树、山石、瀑布、喷泉点缀其中，花香鸟语、游鱼戏水，情趣盎然，四季如春。

宾馆烹饪原材料均以绿色食品为主，鲜活海鲜尤为出色。宾馆聘请名师主理，集川、粤、淮、徽菜系为一体，擅长炖、焖、蒸、炸、烩、煎、烧、炒，风格独特，风味突出。

尚志宾馆总经理韩喜志始终坚持“顾客第一，服务第一”的经营宗旨，采用了科学经营理念和管理方式，以一流的环境，一流的设施，一流的服务，为海内外宾客提供一个舒适的起居、饮食环境，赢得了中外名人及社会各界人士的赞誉。尚志宾馆曾获哈尔滨饮食名店荣誉称号。

HNHSSCYGLYXGS
湖南好食上餐饮管理有限公司

湖南省好食上餐饮管理有限公司于2004年2月成立，同年5月9日位于长沙市沿江大道235号的江景店正式营业。以粤菜、湘菜经营为主，营业面积近5000平方米，能容纳近1000名食客同时进餐。曾荣获湖南省卫生厅颁发的“湖南省食品卫生五A等级”证书，长沙市第三届美食节“长沙人最喜爱的十大酒楼”、“长沙人必吃的酒楼”、“中国十大湘菜名店”等荣誉称号。

经过两年多的沉淀与积累，2006年6月17日，位于长沙市八一路燕山街123号鸿飞大厦内的好食上八一店又喜迎开张，餐厅共有5层，1—2层为大厅，3—5层为高档厅房。

公司现任董事长尚刚先生与总经理汪峥嵘女士及行政总厨练玉文先生从好食上开业以来，共同引领着员工稳健踏实的一步步走到今天。好食上人致力于将“好食上”打造成湖南省最好的餐饮企业，始终坚持“顾客满意，员工满意”的经营宗旨，把“用心做菜，乐在其中”、“不是精品，就是废品”作为出品质量的标准和要求，不断追求中华美食传统文化的创新和更高境界。“雷公鸭”、“0731鸡煲”、“碧绿玻璃片”、“脆脆特色黄瓜皮”等菜肴皆是好食上点击率极高的经典特色菜。

好食上江景店订餐电话为0731-4331111，4331118
好食上八一店订餐电话为0731-4460303，4463030

人杰餐饮文化管理集团——餐饮业新旧世纪十年交响的不朽乐章

人杰餐饮文化管理集团是拥有多个餐饮品牌，数家子公司，在全国各地（包括台湾省）连锁店达50余家的大型餐饮企业。从1996年至今，人杰企业以“尊崇、健康、简约、时尚”八字经营理念赢得了市场，创造了财富和奇迹。

自2001年起，人杰企业各品牌曾荣获“全国绿色餐饮企业”证书、“优秀菜品奖”、“优秀创作奖”、“中华营养保健菜肴推广示范单位”、“黑龙江省工商行政管理学会理事单位”等多项荣誉。2005年又成为黑龙江省营养师实习基地。

到人杰企业旗下任何一家店面，就会发现这里处处都显示出别致和典雅，流露出远古中华文化与现代东、西方时尚元素融合的结晶，食客不仅能品尝到绿色健康的美味，还能领略到现代时尚文化的风采。

曾有人风趣称呼人杰集团掌门人王家辉先生为“印钞机”，虽略显夸张却不为过。人杰企业旗下的“人杰老四川”店，开业十年始终宾客盈门，食客排队等餐，在东北地区享有“川菜大王”的美称。“宏锦记”更被誉为“行业先锋”、“菌菜大王”，其单一品牌在一年内发展到十几家连锁店，成为业内佳话。2006年人杰集团与国际著名的北大荒集团联合打造了高科技的时尚文化餐厅——“犇业牛烧”，为哈埠餐饮业又添加了新亮点。创造健康、引领时尚的人杰餐饮文化管理集团，在新旧世纪交替的十多年中奏响了一曲餐饮业新乐章。

人杰餐饮文化管理集团——黑土地上的璀璨奇葩

BEIJING BAIHUA CANTING 北京百花餐厅

北京百花餐厅由北京旅游开发股份有限公司投资兴建，总面积3500平方米。百花餐厅位于北京门头沟黄金地段，距天安门广场直线距离约25公里。现任董事长邵喜国，总经理曲发良。

百花餐厅是京西具有特色的餐厅。餐厅环境典雅，功能齐全，设备先进，有风格各异的包房32间，能同时容纳600人就餐。中式大红色调与金黄色调相呼应的大厅，是婚庆喜宴的亮点。百花餐厅特聘大师级名厨主理，餐厅经营理念是：“荟萃传统精品菜系，真情烹调人间美味。”经过大师们精心打造，融汇各菜系精华的特色菜肴——百花家常菜，已初具规模，独领风骚。如“葱烧野山耳”、“四味带鱼”、“米香凤翅”、“六味烤羊腿”、“宝塔功夫肉”等名菜多次被媒体报道。后厨菜品实行三定位：定质，定量，定口味。厨师挂牌上岗，出品带号上桌，海鲜明码实价，少一罚十，童叟无欺。

百花餐厅严把原料关，如野生山木耳、冰鲜带鱼、火山针蘑全部购于产地，货真价实，深受广大消费者信赖。精湛的厨艺、人性化的服务、异国风情的表演及正宗的百花家常菜，使顾客流连忘返，回味无穷。

长沙大芙蓉酒楼 CHANGSHA DAFURONGJIULOU

长沙大芙蓉酒楼成立于2004年6月26日，系全国性连锁企业。创始人、董事长徐烽，执行总经理余自力，行政总厨饶强。公司在董事长带领下通过几年经营，已经成为长沙市餐饮行业中升起的一颗新星，是一家以经营湘、粤、川菜为主的中高档酒楼。酒楼位于长沙市芙蓉中路一段524号，总面积3480平方米，备有专用的宽大停车场，拥有豪华包间35个，其中2个可容纳16人座超豪华包间，5个可容纳10—14人座豪华包间，8个可容纳10人座连体包间。大厅散座30多桌，可同时容纳600余人用餐。

大芙蓉酒楼奉行“真诚、团结、务实、向上、追求完美”的管理理念，自2004年开业以来，门庭若市，食者云集，其“土鸡下千丈”、“秘制油椒蛇”、“南非极品干鲍”等金牌菜肴，物美价廉，倍受消费者的青睐。

酒楼在不断成长中深刻体会到，质量是酒楼永恒的主题，规模餐饮发展的关键。在品质管理、菜肴出品方面，酒楼汇聚了顶尖的餐饮人才，敢于打破常规，推陈出新，使菜式品种更丰富，口味更纯正。在服务方面，酒楼一直奉行“顾客是朋友，顾客是上帝”的服务理念，奉行“想客人之所想，急客人之所急”的服务宗旨。在做好正规化服务的同时，更注重于做好个性化服务，力争做到让客人开心而来，满意而归。舒适的环境、优质的服务、物美价廉的菜肴使大芙蓉酒楼真正成为长沙乃至中国餐饮界的一面旗帜。

真诚、团结、务实、向上、追求完美

顾客是朋友、顾客是上帝　想客人之所想，急客人之所急

重庆刘一手餐饮管理有限公司成立于2000年，是专业从事火锅连锁和特许经营的全国知名企业。公司是集火锅文化研究与传播、火锅专业人才培养、火锅产业开发、火锅原材料配送、酒店服务等产业于一体的多元化、现代化民营企业。公司成立十多年来，坚持走“奉献创业，学习创新，竞合创效，诚信创优”的发展之路，秉承“业精于勤、商精于诚”的企业理念和发扬不断进取、奋勇争先的执业精神，将刘一手从一个几百平米的街边火锅小店造就成一个拥有238家分店，享誉祖国大江南北，遍及十八个省、市、自治区，年销售额达十亿余元的大型火锅特许连锁经营企业，在全国餐饮企业排名中名列第22位，成为重庆火锅的优秀代表。企业先后被评为中国火锅十佳著名品牌、中国优秀品牌、中国知名商标、中华名火锅、中华餐饮名店、全国绿色餐饮企业、重庆名火锅、中国连锁企业五十强，获得了重质量、守信誉、无投诉等众多荣誉。

刘一手公司总部设在重庆市高新区石桥铺渝州路，下设行政人事中心、财务中心两大控制与服务部门，加盟中心、运营中心两大经营部门，物配中心、研发中心、设计中心三大支持保障部门，直属单位有重庆刘一手火锅底料厂、刘一手山庄、时代光华重庆刘一手卫星远程商学院。

为进一步提高公司及全国各连锁店的管理水平，公司投入巨资聘请专家学者设计了“刘一手管理模式”，此举开创了重庆火锅行业的先河，为刘一手持续、快速的发展奠定了基础。

未来的刘一手将继续坚持“业精于勤，商精于诚”的企业理念，在不断完善管理体系、技术支持体系、督导运营体系、质量保证体系的同时，努力发展特许经营事业，让第四代重庆火锅的时尚品位理念发扬光大。

让世界了解重庆，让重庆火锅魅力无限，刘一手正在以前所未有的骄人姿态，昂首阔步走向全国，走向世界！

了 解 重 庆，让 人 类 品 味 重 庆 火 锅

业精于勤、商精于诚 奉献创业，学习创新，竞合创效，诚信创牌

陆羽酒家
CHINESE RESTAURANT“PASSY MANDARIN”

陆羽酒家，位于法国首都巴黎16区时装名店街附近的菜市场对面，营业面积约300平方米。酸枝傢俱、满洲窗等一派中国式古色古香陈设装饰，令其室内溢散着高贵典雅气息。“陆羽”始创于1975年，创办人黄伟培是旅居巴黎的澳门人，为创办“陆羽”投下逾百万法郎巨资。

“陆羽”的经营服务对象以当地高级住宅区居民为主，但也常有各地政要名人慕名而来。法国许多政要是它的常客，国际巨星苏菲亚•罗兰等时有光顾，何鸿燊、李兆基、梁朝伟等香港各界名人凡到巴黎必来“陆羽”，更有沙特阿拉伯王国的皇帝每年到法国渡假时也必定光临。

“陆羽”以广东菜点为主打，也兼有越南菜和泰国菜，以满足不同客人的需求。“陆羽”的出品以精益求精著称，选料精良、制作严谨，深得顾客赞赏。北京烤鸭、凤尾虾、即做即蒸的广式点心等等都是”陆羽”的招牌出品。巴黎电视台曾多次邀请“陆羽”的厨师在电视节目上演示凤尾虾等中菜烹饪技术，“GUIDE GAULT MILLAU”、“韦特朗”等法国饮食界权威杂志也经常为“陆羽”作专访报道。

港澳名人何鸿燊先生多年来不断光顾“陆羽”，对黄伟培从认识到了解，从了解到深交。他敬重黄伟培的品格为人，赏识黄伟培经营饮食业的才干。1991年，双方合股在巴黎2区开办另一间陆羽酒家。2区的新“陆羽”由何鸿燊任董事长，黄伟培任总经理。新“陆羽”规模更大，营业面积近400平方米，装修陈设比老店更为豪华，但仍然保留中国式古色古香的特色，经营方面也延袭老店的模式，继往开来，发扬光大。自开业以来，业绩不断进步。

1993年黄伟培应何鸿燊邀请返澳门执掌澳门葡京潮州酒楼后，巴黎的“陆羽”交由其长子黄浩然承接掌管。此后，黄浩然一方面承传着宝贵的经营经验，另一方面以新一代的新理念，不断改革创新，把“陆羽”的成就推向新的高峰。

Add.：6,RuA Bois ie Vent 75016 Paris France
Tel：33-1-4288 1218
Fax：33-1-4260 3392

湘菜名店
最具特色酒楼
最具人气酒楼
消费者信得过酒楼
中国十佳湘菜名店
湖南省饮食文化名店
长沙人必吃的十大酒楼
长沙人最真爱的十大酒楼

特色餐饮 全国连锁

湘西部落原生态民俗演艺餐厅

中国十佳湘菜名店——湘西部落是一家特色餐饮全国连锁企业，目前在湖南、甘肃、浙江、河南、山西等地拥有20多家直营与合作加盟站，是湘菜产业的杰出代表。

湘西部落秉承湘西地区特色美食之根源，传承与创新相结合，并首创性的将湘西民风民俗表演融入到餐饮经营中，形成自己独特的经营理念与企业文化。

近三年来，湘西部落不断发展创新，由一家单纯经营湘西特色美食的酒楼，发展成为集湘西民俗表演、酒西美食经营、湘西文化传播与原生态食品生产加工于一体的大型餐饮连锁企业。

“湘西部落”特色餐饮着眼于品牌建设与管理，努力创造品牌核心竞争力，为使“湘西部落”成为管理规范化、服务标准化、经营特色化的一流餐饮企业而不断奋斗，全国连锁加盟体系始终坚持“诚信、服务、欢赢”的经营理念，积极开展全国市场，将“立足长沙、辐射全国、稳健发展、连锁经营”的发展战略稳步推向深入。

公司以餐饮业为依托，倡导多元化、集团化、规范化的发展方针，开发了与餐饮相配套的相关产业，同时在湘西建立了企业的人才培训基地、物流配送中心和熟食加工生产基地，为企业的长足发展提供竖实的基础。同时为各连锁店提供优质的餐饮管理、楼面服务人才与完备的物流支持。

公司地址：湖南省长沙市岳楚区桐梓垸路290号
加盟热线：0731-6627888
http://www.xxblcom　E-mail：xxbl@xxbl.com

湘西部落特色餐饮全国连锁管理机构
创意湘菜专家　健康美食工场

昆明 新世界 饮食娱乐策划管理有限公司

位于昆明市圆通街16号的昆明新世界饮食娱乐策划管理有限公司，属五华区重点企业。公司成立于1996年，是一家集餐饮、娱乐为一体的综合性民营企业。现有员工525人。下属全资机构有新世界美食娱乐广场、新世界春临天下风味食艺，经营面积6100平方米，内部服务设施完善，服务功能齐全，社会效益及经济效益在云南省同类企业中处于领先地位。主营云南风味过桥米线、民族风味菜肴。公司管理的商务水会集沐浴、餐饮、健身、娱乐为一体，倡导自然沐浴新概念。在取得良好经济效益的同时，公司努力回报社会，热心公益事业。

公司先后获得云南省“支持再就业先进单位”、“诚信单位”、全国“巾帼文明岗”、昆明市“双爱双评”先进集体、昆明市工商联合会、总商会“吸纳下岗职工先进企业”、“昆明市劳动关系和谐企业”、昆明市五华区政府“重合同、守信用企业”、“先进私营企业”、“先进集体”、“先进企业会员”、“‘五一’巾帼标兵岗”、“善待农民工十大和谐企业”、“厂务公开工作先进单位”、“中华餐饮名店”、“云南省餐饮名店”、“全国餐饮业优秀企业”、“云南省餐饮企业二十强”、香港美食促进会授予“国际美食名店”等荣誉。

新长福餐饮集团董事长龙伟里先生最初在长沙市韶山中路创办长福公司时，营业面积仅1000余平方米，店虽不大，但却以实惠的价格、优质的服务赢得了社会的认可。后投资兴建新长福长信店，2003年又投资兴建新长福（国贸店），位于长沙市国贸金融中心，总营业面积近5000平方米，是容纳1500人同时用餐的四星级餐厅。2003年9月在长沙市芙蓉路南端成立新长福（新时空店），投资近四千万元打造了一家五星级的餐饮公司，营业面积达12000来方米。2006年 11月，新长福（北京店）正式营业，北京店位于北京海淀区中关村南大街北京国际大厦，投资近四千万元，营业面积达5000平方米。新长福餐饮集团自2003年起先后荣获“金色十五佳酒楼最佳人气奖”、“长沙市十大金牌酒楼”、“湖南省餐饮行业食品卫生A级单位”、“全国绿色餐饮企业”、“5A卫生单位”、“消费者信得过单位”、“诚信经营企业”、“长沙市纳税十强企业”、“湖南省旅游餐饮示范点”等称号。

新长福 餐饮集团

XINCHANGFUCANYINJITUAN

新长福餐饮集团注重湘菜的创新与研究，从民间挖掘出了古朴菜式的寻根菜，使食客得到返璞归真的感觉。公司在长沙拥有的两家高档酒楼，依靠全新概念的装修设计、全新的服务理念成为长沙餐饮业的亮点。

京豪酒家

丰富海南餐饮文化 创造京豪百年品牌

JINGHAOJIUJIA

海南京豪酒家俱乐有限公司是由林贵营先生在海南投资兴建的一家高档次并具有相当规模特色的餐饮连锁经营企业。公司成立于1998年8月，以经营正宗潮粤风味、海鲜系列以及潮州特色菜为主，深受广大客人的青睐，并在海南餐饮业率先导入ISO9001/2000国际质量体系认证系统。

京豪酒家在实践中，始终坚持“宾客至上，服务第一”的经营宗旨，采用了科学的经营机制和管理方法，广招社会贤能，走出一条科学的管理之路。京豪酒家发展中不忘热心社会公益事业，曾先后向社会和个人多次捐赠，每逢过年过节，企业领导亲自带队慰问孤寡老人、部队和学校，在社会上树立了良好的企业口碑形象。由于业绩突出，酒家自开业以来，先后荣获全国、省、市等有关部门颁发的“全国绿色餐饮企业”、“中华餐饮名店”、海南省“重合同守信用企业”、“海南省食品卫生管理、消防管理、环境卫生管理先进单位”等荣誉称号。

京豪酒家在实践中，始终坚持“宾客至上，服务第一”的经营宗旨，采用了科学的经营机制和管理方法，广招社会贤能，走出一条科学的管理之路。京豪酒家发展中不忘热心社会公益事业，曾先后向社会和个人多次捐赠，每逢过年过节，企业领导亲自带队慰问孤寡老人、部队和学校，在社会上树立了良好的企业形象。由于业绩突出，酒家自开业以来，先后荣获全国、省、市等有关部门颁发的“全国绿色餐饮企业”、“中华餐饮名店”、海南省“重合同守信用企业”、“海南省食品卫生管理、消防管理、环境卫生管理先进单位”等荣誉称号。

随着京豪品牌在海南餐饮行业的影响力不断提高，京豪酒家连锁经营酒店策略逐步变为现实，至今已拥有4家连锁店，为海南的旅游产业发展做出了贡献。京豪人今后将不断追求卓越，以“丰富海南餐饮文化”为已任，“创造京豪百年品牌”为目标，以严谨、高效的管理和真诚的服务着力打造一个轻松、幽雅、温馨的用餐环境，为海内外宾客提供一个舒适的家外之家。

茅园宾馆

茅园宾馆是中国贵州茅台酒厂有限责任公司直属宾馆，建于1986年，被国家旅游局评定为三星级宾馆。

宾馆位于仁怀市茅台镇茅台酒厂入口处，毗邻茅台酒厂规模宏大的排排厂房。微风徐来，送来阵阵浓郁的酒香，使人闻之欲醉。宾馆建筑面积15000余平方米，设有豪华套房、豪华标间等多种房型。宾馆餐饮独具贵州特色，其烹制的茅酒焗狗肉、茅村情、美酒河鲢、东蓉圈、水果蜂糕、天之骄子等菜点，先后荣获了贵州省地方名菜、中国伊尹奖首届中华烹饪技术创新大赛金牌等多项殊荣。宾馆先后接待了历届党和国家领导人及多国政要。2004年7月18日，贵州仁怀被中国食文化研究会认定为“中国酒都”后，茅园宾馆的餐饮将中国酒文化与中国烹饪文化紧密地相结合，又创新研制出了一大批凸显中国酒文化的精品菜点。用80年茅台陈酿制作的火燎鸭心、用50年茅台陈酿制作的酒燸大肠、煎钻牛柳等已成为招待重要来宾的必上之品，受到了一致的赞誉。

茅园宾馆的全体同仁将一如继往地弘扬中国烹饪文化，在结合中国酒文化的基础上，向着更高、更强、更好的目标迈进，力争打造出更完善、更系统的中国酒都典型的菜点作品，为中国烹饪文化的传承与发展作出更大的贡献。

澳门万豪轩酒家

澳门万豪轩酒家于1993年开业，一向坚持以优取胜，服务领先，取价公道的宗旨和不断改革，不断创新的精神，打造出了澳门最具规模之五星级食府，誉满豪江。

万豪轩酒家位于新口岸商业中心地带新华大厦二楼，欧陆宫廷式设计，豪华典雅，气派堂皇。多功能宴会大厅，活动大舞台等设备完善，可宴开百席，被冠以“澳门特区人民大会堂”之称号。曾参与见证了澳门回归祖国的历史时刻，多次接待国家领导人及外国政要，包括前国家副主席荣毅仁、副总理钱其琛、葡国总统苏亚雷斯•桑柏若。葡国总理斯华高•古特雷斯每次访澳必到万豪轩酒家。光荣自豪的使命，激励了员工高昂的士气，上下一心，从服务的每一细节到出品每一道菜式都一丝不苟，无微不至，精益求精。

万豪轩酒家紧贴潮流，与时俱进，积极参加澳门历届澳门美食节嘉年华及国际烹饪活动，成绩骄人。行政总厨荣获“中国烹饪大师”、“粤港澳十佳名厨金奖”等殊荣。2005年集团总经理李汝荣先生被评选为“粤港澳餐饮业十大风云人物”。

地址：澳门新口岸长崎街新华大厦四字楼
电话：00853-28718878　传真：00853-28718873
网址：www.grandplaza.com.mo

商大酒店
SHANGDAJIUDIAN

网　址：www.hsdjd.com

商大酒店
SHANGDAJIUDIAN

进德笃信，修业达礼

商大酒店是哈尔滨商业大学旅游烹饪学院的实训基地，是集教学、科研、经营于一体的现代化三星级旅游饭店。拥有套房、商务房和标准客房共100间；风格各异的餐饮包房22间及可同时容纳500人就餐的宴会大厅；有现代化多媒体大、中、小会议室、多功能厅、商务中心及国内一流的游泳馆。能够为宾客提供餐饮、住宿、娱乐、会议、购物、订票等各项服务，是会议、住宿、商务、娱乐的理想场所。

商大酒店本着“以经营保教学，以教学促发展”的办店宗旨，遵循“进德笃信，修业达礼”的店训。经过几年的努力，商大酒店实现了“产学研”相结合的经营与教学模式，完成了多项科研项目，充分发挥了酒店的教研功能。同时，经济效益逐年提高，已成为区域内的知名酒店，是全国500家最值得入住的酒店之一。酒店总经理郑昌江教授、副总经理杨光顺先生携全体员工正竭力营造温馨舒适的环境和优质周到的服务，努力将酒店办成全国一流的旅游管理专业的实训基地。

地　　址：哈尔滨市道里区通达街138号

订餐电话：0451－84866288　　订房电话：0451－84866388

航天桥总店 地址:北京市海淀区阜成路46号 电话:010-88130733 88139888
中轴路店 地址:北京市朝阳区鼓楼外大街23号 电话:010-62373333 62379999
西便门店 地址:北京市宣武区西便门内大街85号 电话:010-63168999 83167999
西直门店 地址:北京市西直门外大街52号 电话:010-82293366
企业域名:WWW. JINYUEWORLD.COM 电子邮件:jinyue@163.com

金悦 世界餐飲 Beijing · Jin Yue

World of Dining and Drinking
Dining and Drinking of the World

餐饮的世界
世界的餐饮

北京金悦世界餐饮管理有限公司

北京金悦世界餐饮管理有限责任公司于20世纪90年代在湖南岳阳创建，1999年底进入北京，至2006年12月，金悦已创建了四家直营店。

北京金悦世界餐饮管理有限责任公司现有营业面积1.8万平方米，豪华包厢150间，以经营新派高档粤菜、生猛海鲜为主，兼营湘菜和各式面点。

公司总经理沙炎先生，勇于开拓，求新求变，通过十余年的经验积累，创立了独具特色的管理模式，确立了符合市场经济规律的经营理念，被誉为“餐饮奇才”。2006年曾荣获餐饮中华英杰奖，粤、港、澳餐饮业十大风云人物等荣誉称号。在他的麾下聚集了大批餐饮精英，其中国家高级技师15人、粤菜烹饪大师4人、高级专业职称人员几十人、中等专业职称人员150余人。

金悦人奉行“永奉来宾为上帝，争当餐饮领头雁”的企业精神，在经营上，口味独特，品质优良，服务热情，环境典雅，被赞誉为“京城第一食府”，年营业额达3亿余元。在出品上，追求高档化、美味化、精细化与健康、营养、绿色食品的完美结合。王牌菜“黄烧鱼翅”堪称一绝，曾经轰动整个京城，“松露汁扣鲍鱼”、“米汤炖燕窝”、“堂煎雪花牛扒”、“鸡汤炖辽参”、“蚝皇扣原只花胶”等深受广大顾客的青睐，“日式冰镇鲜鲍”、“日禾牛扒”、“香草汁煎焗响螺”等菜品荣获市、区餐饮协会和中关村美食节金牌奖等各类奖项。在服务上，贯彻细微、流畅、配合和人性化服务的理念，让客人享受到帝王般的尊贵、亲人般的温馨，特别是巡台ABC法则，更是操作技术上的一大突破。在管理上，把企业精神与个人素质融为一体，为每一个员工创造了一个创新和发展的空间。在硬件建设上，既有极尽奢华，金碧辉煌，庄重典雅，处处彰显皇家气派的装潢，又有小桥流水，鸟语花香，返璞归真，给人以回归大自然之美感的环境，令人心旷神怡，流连忘返。

走过了十几年悠悠岁月，也取得了辉煌的业绩。今天的金悦人，将继续艰苦奋斗，锐意进取，服务餐饮，回报社会，以全球意识，世界眼光，国际水平，成就金悦百年品牌。

御府美食

御府美食 惊世名宴

北京御府饮食文化艺术发展中心

北京御府饮食文化艺术发展中心汇集了中华食育文化、民族饮食文化、古代御膳文化、食疗养生文化等诸多食文化特质，以挖掘整理的精美御府秘制菜点，蔚为壮观的满族食俗菜点为展示平台，为现代文化型新兴餐饮企业提供了填补空白支撑，赢得了餐饮市场高度赞誉。

北京御府饮食文化艺术发展中心长期以来致力于御膳养生菜肴和满族风味菜肴的挖掘和创新，将传统生态饮食和现代养生饮食有机结合，继承和发展御府饮食文化、满族饮食文化，开拓适应餐饮市场需求的经营领域和消费渠道，搭建连锁加盟运营管理机制的平台，提供饮食文化艺术交流、御膳、药膳技术研究、开发、推广、培训，为企业树立形象、提高知名度、寻求发展提供机会。截至2010年6月，已为全国17家餐饮企业提供了连锁加盟服务。

北京御府饮食文化艺术发展中心下设的北京御府饮食文化公司，拥有由食文化学者、专家、中国御膳文化大师、中国药膳养生专家等业界权威人士组成的强大顾问团队伍，他们运用文化理念、现代科技知识、现代科学管理模式，为企业培训适应现代化需要的餐饮行业技术人才和管理人才，提供御府美食文化和满族饮食文化圈的权威信息。

北京御府饮食文化公司设有中心主题店：有以食用本草养生宴、四季养生菜肴为主题的“御府传奇”；有以清宫御膳养生为主题的“御府宴”（御府宴曾在全国美食节被评为“中国名宴”，被中国食文化研究会认定为“中国经典文化名宴”）；有以宫廷寿面为主题的“千叟面大观”，（采用古方秘制原汤，经特殊加工，风味独特，是生日宴会的上乘面食，亦是操作简便、粮菜混吃的快餐品种）；有以御府饮食文化为主题的“御府饺子宴”；有以满族传统食俗为主题的“三生养生火锅”；还有以中医理论为指导，中草药与优质食材合理配伍，采用现代工艺的“御府酱园”等主题文化品牌店。

展望北京御府饮食文化艺术发展中心未来，董事长常国章先生愿强强联手，真诚合作，为繁荣国内外餐饮市场做出更大贡献。

御府宴

御府千叟面

御府醬園

御府传奇

盛京御府

中国食育网　www.chinashiyu.com　中国满族饮食文化网　www.cmzyswh.com
地址：北京通州通惠南路8号1-403　邮编：101100　电话：010-57122588　13810062268
网址：www.cyufu.com　电子邮箱：yufushiwenhua@sina.cn

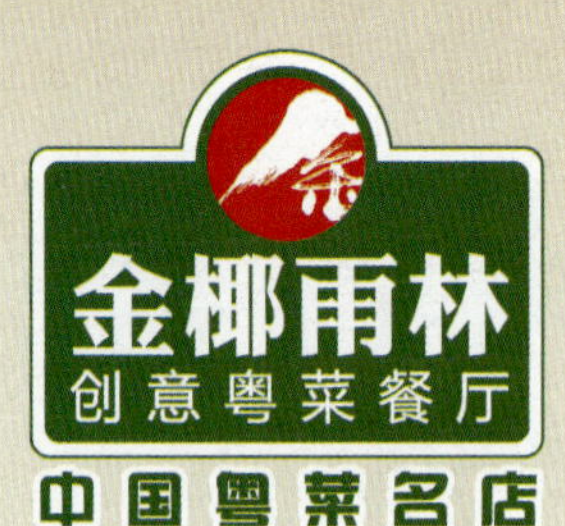

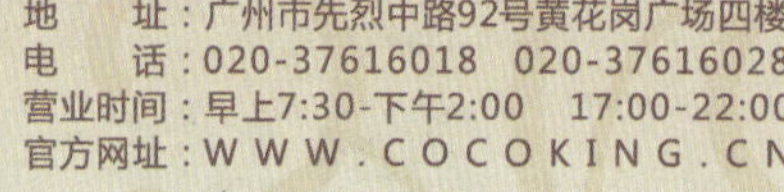

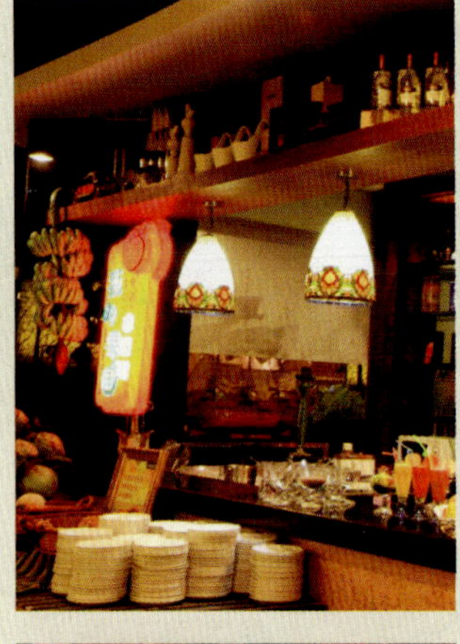

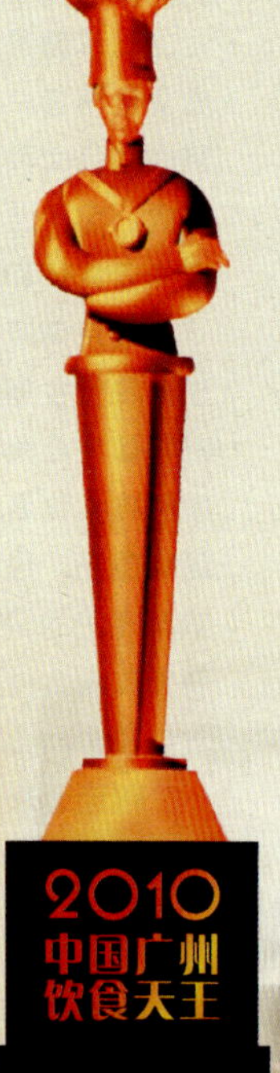

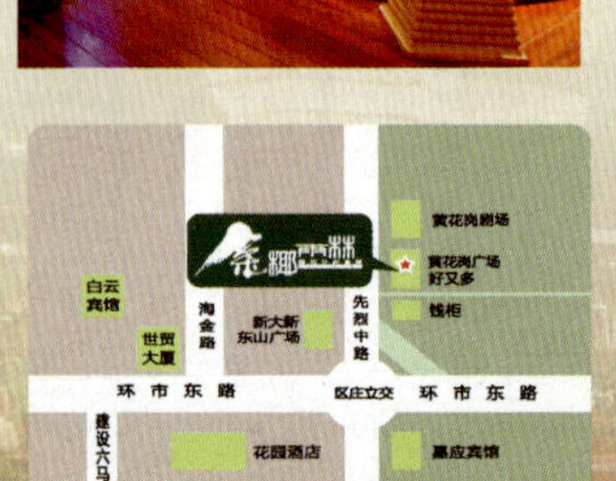

骨子里熬出de幸福滋味

——海南拾味馆餐饮连锁管理有限公司

海南拾味馆家喻户晓，砂锅熬骨汤千古绝唱。2005年诞生于海口市的海南拾味馆餐饮连锁管理有限公司，在短短5年内，就由1家企业，迅速发展为海口、北京、深圳、广州、武汉、长沙、贵阳、昆明、西安等20多家拾味馆的连锁企业。拾味馆出奇制胜靠的是拾味骨汤特色主打菜品，让顾客实现体验品味关爱幸福的核心价值诉求与提供温馨舒适的第三生活空间环境三件法宝。如今，拾味馆餐饮连锁企业在董事长龚季龙先生带领下，已拥有员工1000余人，营业面积2万余平方米，年营业额连续数年超过亿元，餐厅数量以每年300%的速度在稳步增长。5年里，拾味馆先后获得中国餐饮连锁行业最具公信力十佳品牌、中国餐饮文化象征企业、中华餐饮名店、全国绿色餐饮企业、国际优质服务标准推广示范企业、海南最受消费者喜爱的餐饮品牌企业、海南最佳烹饪餐饮企业奖、5.12抗震救灾组织奖、品牌创建示范企业、海南省节能减排功勋企业、海南标志性品牌行业十强等多项殊荣。

拾味馆在取得经济效益的同时，时刻不忘社会责任。龚季龙董事长在四川5、12地震、2010年10月海南水灾时果断决策，出人出资，量企业全部所能积极参与救灾，为此，得到海南省委、省政府的高度评价与表彰。

拾味馆将一如既往地追求“成为中国骨汤休闲餐饮品牌的引领者”的企业愿景，践行“为员工创造一个实现自我价值的平台，为消费者持续不断地提供健康、美味的餐饮服务”使命，发扬艰苦奋斗的企业精神，将拾味馆打造成世界级的餐饮品牌。

琼菜王美食村

QCW

地 址：海南省海口市龙华区金垦路农垦机械厂对面
电 话：0898—66667788 传 真：0898-68960020
邮 箱：510439843@qq.com

ramous catering enterprises in Hainan
海南知名餐饮企业
——海口迄今最大的园林式琼菜食府

海口琼菜王美食村座落于海口市风光旖旎的金牛岭公园金牛湖畔，占地11000平方米，拥有风格各异的包厢，可容纳480人的豪华宴会大厅，可容纳600人同时用餐的园林式外场和设有300多个车位的生态停车场。创建于2002年的琼菜王，是一家从店名到菜肴出品、到经营风格都始终坚持突出海南地方风味，创新健康特色菜肴，具有鲜明个性的著名餐饮企业。

8年来，琼菜王始终秉承"诚信、团结、高效、创新"的企业精神，锐意进取，不断开拓，以"菜式健康美味、服务周到快捷、菜品优质价廉、环境舒适典雅、管理科学规范"的五大经营特色吸引着广大消费者，赢得了社会各界的高度赞誉。曾先后摘取了“中国餐饮文化象征企业”、“中华餐饮名店”、“海南省最佳烹饪餐饮企业奖”等多项桂冠，并被推举为海南省烹饪协会副会长单位，为弘扬海南饮食文化起到了积极的推进作用。

现在，琼菜王美食村的名字为越来越多的民众所熟知，“到海南不到琼菜王等于没来海南”的口头禅已被外乡人普遍认同。琼菜王将一如既往的发掘传统海南地方风味，不断创新琼菜，改进服务方式，提高服务效率，满足宾客需求，为海南本土菜肴和食风食俗走向国内外做出更大贡献。

晋·韵·风·采

山西晋韵楼

古城太原的夜晚，车水马龙，繁华热闹。体育西路上，华彩齐放的晋韵楼昂首矗立在这里。大楼上色彩斑斓的霓虹灯照亮了整条街道。酒店大堂内，酿造文化浮雕恢弘磅礴，“中国餐饮文化象征企业”、“山西面食国家级非物质文化遗产”、“中国餐饮诚信企业”三块金质牌匾分外抢眼。一楼大厅内，400余张餐位，座无虚席，宾客们在大快朵颐中推杯换盏，尽享晋韵美食文化给他们带来的无尽快乐！拾阶而上，二楼以“晋商大院”为主题的餐厅，凸显“领三百年风骚晋商霸主，纵九千里欧亚汇通天下”之晋商风采；来到三楼，犹如置身于三国文化中，群雄逐鹿，“赵云、张辽、周瑜”等各路英雄在此伴你觥筹交错，“江山如画，一时多少豪杰!”；四楼为三晋名人居。王勃、狄仁杰、尉迟恭等辅国良弼，战功彪炳，威震寰宇的三晋英雄之丰功伟绩被展现得淋漓尽致；五楼设施最为豪华，唐王阁宫灯盏盏，壁光连连；尧舜禹石雕浑厚，木刻古雅；阿房宫富丽堂皇，豪华气派，如此种种，令人叹为观止……这就是太原清徐人家晋韵楼餐饮文化发展有限公司麾下的晋韵楼。晋韵楼建筑面积1万平方米，餐位1500余个，豪华包间50余所，拥有2个可容纳300—500人同时就餐的大宴会厅，同时设有可举办舞会及小型会议的多功能厅。

晋韵楼在董事长韩永旺带领下，以“尊客在心、待客贵诚”为理念，以“弘扬山西饮食文化，传播晋商诚信精神”为己任，经全体员工艰苦卓绝的不懈努力，连年创造了骄人业绩，得到了顾客的一致赞誉，先后摘取了中国餐饮文化象征企业、山西面食国家级非物质文化遗产、中国餐饮诚信企业、国家级（五钻石）特级酒家、中国餐饮业十佳企业、中国餐饮名店、山西第一家新派晋菜特色酒店、山西第一家饮食文化特色酒店，山西金牌面食店、山西特级风味店、山西面食宴席示范店、2009年第六届全国烹饪技能大赛金奖，山西省总工会集体一等功，深圳文博会中国酒店业十大主题文化酒店一金樽奖等多项桂冠。

名闻遐迩的晋韵楼，将悠久的历史文化，绚丽多彩的民俗文化，绝无仅有的晋商文化与山西古老的饮食文化进行有机结合，以精美的菜品、高档的服务、典雅的环境、创造出了全新的餐饮经营管理奇迹。晋韵楼不仅是一座提供美食文化的餐饮广场，更是一座弘扬中华五千年文明的鲜活博物馆。

地址：山西省太原市体育西路188号
电话：0351－7229666
0351－7322777

附录1　中国烹饪文化大事年表

公元与中国王朝纪年	中国烹饪文化大事	外国烹饪文化大事
距今约170万年前	元谋人(亦称元谋直立人),1965年在云南元谋上那蚌村被发现,会使用石器,可能会用火。	
距今约150万年前		非洲南部的人类可能知道用火。
距今约69万年前	北京人(亦称北京直立人),1927年在北京西南之周口店被发现,使用打制骨器、石器,发现碳化物和烧过的兽骨、石头等用火的遗物和遗迹,这是迄今为止人类使用火的最早证据。北京人已经会制造石器,会用火。	海德堡人以鹿、熊、洞熊、洞狮为食,并开始食鱼。 尼安德特人食兽肉。 克鲁马农人(白人)发明弓箭。 格里马迪人(黑人)组织狩猎。 尚塞拉德人(黄人)壁画、洞穴。 大量证据表明,在旧石器时代,生活在欧洲和亚洲的原始人就已经在使用火了,而到了新石器时代,抑或较早的旧石器时代中晚期,他们已开始通过敲凿来取火。
距今11.4~8.8万年前	山西省阳高县许家窑村发现的许家窑人,除使用石核、石片、刮削器、尖状器、石锥外,还使用了大量的石球,主要获猎野马、毛犀、羚羊等动物,食其肉,已出现狩猎专业化的迹象。	
约10万年前(北京猿人和山顶洞人之间)	北京市房山县周口店发现的新洞人,主要猎获物为鹿,此外还捕获鼠、象、蛙、鸟等动物,烧烤后食用。另外,还食用糙叶树的种子。石器主要有单刃和两面刃的刮削器,还使用砍砸器和尖状器。这些石器都经过精细的二次加工。山西阳高许家窑遗址是中国旧石器时代中期最大的遗址,有石器1万多件和以吨计的动物骨骼。	
约2.9万年前	山西省朔县峙峪村发现的峙峪人,制造的石器的造型很小且十分精巧,还使用能射出石镞的弓箭,主要猎获物为野马和野驴。	
距今2.3万~1.6万年前	沁水的下川遗址是由旧石器时代末期向新石器时代过渡时期的重要遗址,在下川遗址发现有锛形器、石磨盘等石器。有学者指出:下川遗址出土的锛形器,是我国新石器时代主要生产工具石锛的先祖,以农业生产工具为代表的新石器时代的磨制石器则可在下川文化中找到雏形。也有人认为:下川石磨盘"中间由于多次研磨而下凹,显然是加工谷物的痕迹";"石磨盘在下川文化中的出现,代表了我国粟作文化的先声"。	
距今约18000年前	山顶洞人,1933年在北京周口店龙骨山山顶洞被发现,从事采集渔猎,能人工取火,出现氏族公社。相传燧人氏钻木取火,教人熟食,反映了原始时代从用自然火到人工取火的情况。	
距今14000年前	稻作农业以种植稻谷为标志。目前世界上已知的最早的栽培稻谷遗存发现于江西万年县的仙人洞遗址和吊桶环遗址,以及湖南道县的玉蟾岩遗址。2004年11月	现代人出现。 陶器的制作,使用打磨石器。 驯养生物(狗、猫、马、驴、猪、山

	28日湖南永州市道县玉蟾岩遗址发现一枚水稻炭化米粒，估计出自1.2万年以前，属于旧石器向新石器过渡时期的栽培稻，甚至有可能更早。这是世界上最早的栽培稻标本。	羊、牛、鸽、鸡、养蚕）。农耕开始（食用植物的栽培，谷物的发现）。
约12000年前	岭南众多新石器洞穴遗址之甑皮岩遗址代表了该地区7000~12000年前的“土著文化”。科学家们在那里发现的陶片，是目前中国已知最原始的陶片，有12000年的历史。目前所知最早的家猪出自广西桂林甑皮岩遗址，距今约8000多年。	
约公元前8000~前4000年	山西怀仁鹅毛口遗址，发现了迄今为止中国最早的农具，石锄、石斧、石镰，其形制已与新石器时代同类的工具相近。锄、镰都是农具，是以鹅毛口遗址时代可能已有农业生产。不过，锄是翻土工具，也可用来挖掘植物的根茎，镰是收割的工具，也可用于割取果实及枝叶。两者都可以是采集食物的工具，其出现未必即是农业生产的证据。	
约公元前7000~前5000年	在河南省舞阳县新石器时代早期遗址贾湖遗址中出土了陶鼎、陶罐、陶壶、陶碗、陶杯、骨鱼镖、骨镞、骨针、骨锥、骨刀、杈形器、骨笛、石磨盘、磨棒、石斧、石镰、石铲、石凿、石刀、石钻、砧帽、石环等器物。此外，考古人员还发现了具有原始形态的粳稻碳化稻粒，是目前在中国发现的最早的明显带有稻作农业生产特点的考古遗址，发现陶、石、骨各种质料遗物数百件，有各类鱼、鳖、龟、鹿、猪、狗等动物骨骼，其中可以确定无误的驯化动物仅有狗。出土猪骨的形态特征虽已呈现出一些家猪的迹象，但不足以被确定为家猪。中美联合考古小组发现，这里发掘出的陶器皿中遗留下来的残渣经鉴定分析极有可能是一种酒的发酵饮料。	在公元前6000年前后，生活在幼发拉底河和底格里斯河流域（今伊拉克）的苏美尔人首先发明了用大麦（野生）等酿造啤酒的技术。文献记载最早的啤酒是公元前5000年出现的，美索不达米亚的一间庙宇以啤酒作为工人的部分工资。
约公元前6000~前5600年	磁山文化遗址，位于河北省武安县磁山村东南约1公里处，是1972年发现的新石器时代文化遗存，出土遗物有陶器、石器、骨角器、蚌器、动物骨骸、植物标本等6000余种。遗物中以陶支架（座）和石磨盘最具特点。石器中有打制石器、打磨兼制石器和磨制石器3种，主要器形有石磨盘和石磨棒。陶器均为手工制作，用泥条盘筑法和捏塑法制成，以素面为主，主要器形有陶盂和陶支架（座）等。在发现的88个窖穴（灰坑）内有堆积的粟灰，一般堆积厚度为0.2~2米，有10个窖穴的粮食堆积厚达2米以上。这些粮食刚出土时，尚有部分颗粒清晰可见。以往人们认为粟起源于埃及、印度，磁山遗址粟的出土，提供了中国粟出土年代最早的证据。磁山人已经有了比较发达的农业，并种植粟类作物，这是中国目前发现栽培粟的最早年代。遗址内出土有狗、猪、羊、鸡等骨骼。在这里发现的鸡是迄今发现的中国最早的家鸡，也是世界上发现最早的家鸡，比原来认为的世界最早饲养家鸡的印度，要早3300多年。遗址中还出土了榛子、胡桃和小叶朴等炭化果实。	

约公元前 6000 ~ 前 5500 年	位于西辽河上游地区的内蒙古赤峰市敖汉旗境内兴隆沟遗址在第一地点出土有栽培作物粟和黍，其中黍的出土数量较多，共计约 1500 粒，粟的数量较少，仅发现了数十粒。这一发现是目前可以确定的在我国北方地区发现的最早的栽培作物。	
约公元前 6000 ~ 前 5000 年	在河南新郑发现的早期新石器遗存裴李岗诸遗址中出土的农业生产工具种类基本齐全，包括磨制的石斧、石锄、石铲、石镰和石磨盘、石磨棒等，最有代表性的器型是带足磨盘、带齿石镰和双弧刃石铲。农业生产方式已跨过了点种(即刀耕火种)阶段，进入锄耕阶段。农业占有主要地位，作物是粟，有稷出土。裴李岗和沙窝李遗址中出土许多弹丸、骨镞、石矛、石球和大量猪、羊、狗、牛、鹿等的骨骼。其中的弹丸、石矛和石球是渔猎工具，这说明当时还存在着渔猎生活。出土的枣和核桃核，说明当时有采集活动。出土的动物猪骨和狗骨经过有关专家鉴定确认为家畜。	
约公元前 5300 ~ 前 4800 年	1973 年，在辽宁省沈阳北郊新乐工厂附近发现的新乐遗址，是中国北方新石器时代最早的遗存之一。遗物中有不少磨制石器，比如长三角形石镞、斧、网坠等。打制石器有砍砸器、石铲、网坠和磨盘、磨棒等。遗址中还发现了磨制的圆泡形饰、圆珠等煤精饰物，饰物雕刻精细，漆黑光亮，是目前发现的最早的煤精制品。	
约公元前 5000 年	最早的家牛出自陕西临潼白家遗址。	
约公元前 5000 ~ 前 4000 年	1973 年人们在浙江余姚发现河姆渡文化，出土文物中有骨木耜，表明我国农艺已发展到耜耕阶段，发现大量的人工栽培水稻的谷粒和秆叶等遗物。以往的国际研究认为，印度是亚洲水稻的原产地。但印度最早的稻谷发现于中部的卢塔尔，经 C14 测定，它的时代为公元前 1700 年，比河姆渡遗址出土的水稻晚 3000 年。河姆渡人同时还采集和栽培栎、菱、枣、桃、薏仁米、茸、水草、瓢箪等。在动物遗骨中，有人工饲养的猪、狗、水牛骨骸，其中猪骨的数量最多。73 个猪体遗骸经专家鉴定，为人工饲养猪。1 件陶塑小猪，其形态特征介于野猪和现代家猪间。遗址还出土不少水牛骨骸和 1 只陶塑小羊。水牛形态特征为角短、向外向后伸展，与圣水牛一致，是目前所知最早的被驯养的水牛。陶塑小羊头部小，颈项粗短，四肢矮，体态肥宽而略长，特征与现代家羊相似。猎获物以鹿为主，还包括水鸟、象、犀、猿、四不像。此外还捕捞鲻和鳖。河姆渡稻作遗址的先民们使用了较为先进的农业生产工具——骨耜，标志着河姆渡稻作农业已经脱离了刀耕农业阶段而进入了耜耕阶段。同时出土的夹炭陶的数量相当多，说明了当时稻作农业的发达。	

约公元前21世纪	禹死，子启杀伯益，嗣位，称夏后帝启。世袭制从此开始，即由部落联盟首领转变为奴隶制国家的君主。《周易·鼎》：“以木巽火，亨饪也。”这是最早有关“烹饪”的记载。传少康发明酿酒，习称杜康造酒，杜康即少康。少康命有虞氏任庖正。是为执掌庖厨职官之始。 《左传·昭公四年》：“夏启有钧台之享。”这是我国有关筵席的最早的文字记载。 农业栽培作物增多。《夏小正》载有：黍、椒、糜、禾、荼、稻、芸、麻等。 菜园和果园开始出现。《夏小正》有：“囿有见韭”，“囿有见杏”。蔬菜有韭、芸，果子有梅、杏、枣、桃等，还有加工的煮梅、煮桃等。	
公元前1900～前1600年	河南省偃师县二里头遗址出土了青铜制的爵(酒器)。	约公元前1800年欧洲农耕使用锄。在埃及贝尼哈桑的墓葬资料表明此时人们大规模使用干燥的方法贮存食物，如储藏葡萄干、无花果、药用植物、药物、肉、鱼等。同时《撒母耳记》中记载了古巴勒斯坦和美索不达米亚人知道无花果饼和葡萄饼。遗迹表明，富人有用于保存成堆的干肉片的贮存室，但直到公元前1000年，人们才使用表示经过烟熏和腌制过的牛肉的术语。 公元前18世纪，古巴比伦国王汉穆拉比(Hammurapi，公元前1792—前1750)颁布的法典中，已有关于啤酒的详细记载。
公元前1600年前后	河南省郑州市二里冈遗址：造酒作坊遗址。	
约公元前14世纪	商(殷)中期。1928年以来在殷墟进行多次发掘，发现大量甲骨、青铜器。日常生活用具中以酒器居多，证明粮产较丰及贵族嗜酒之俗。 农业生产规模扩大，粮食增多，仓廪开始出现，酿酒也随之增多，甲骨文曾有记载，一次祭祀用酒至“百卣”。 成汤定各地贡献之制。伊尹令“东夷蛮越”之地，“以鱼支之鞞斡鲗之酱鲛瞂、利剑为献”。 畜牧业更加发达，甲骨文中有圈牛于“牢”、圈羊于“宰”、圈犬于“宊”、圈豕于“圂”、圈马于“写 ”的记载，为当时提供了较多的肉食、乳制品。 发明曲和蘖。曲造酒，蘖造醇。曲的出现是世界酿酒史上的一大突破。 《逸周书》载：伊尹受命于汤，赐斡鲗之酱。《墨子·尚贤》又载：“汤举伊尹于庖厨之中”。 1976年在河南安阳殷墟出土有“汽柱甑形器”。此器之柱，中空、透底，顶部有小孔，用以蒸熟食物，是当时烹饪器具高度发展的一个重要标志。	

	制成司母戊大鼎。通耳高 133 厘米，横长 110 厘米，宽 78 厘米，重达 875 千克，形制雄伟，花纹精细清晰。 饮食业开始萌芽。城镇已有杀牛卖肉的商贩和酒饭店。谯周《古史考》载:吕望曾“屠牛于朝歌，卖饮于孟津”。 《新序》载:纣王(即帝辛)怒熊羹不熟而杀庖人。 《史记·殷本纪》载:“(纣王)好酒淫乐……以酒为池，悬肉为林，使男女倮，相逐其间，为长夜之饮。” 自 20 世纪 40 年代以来在殷墟发现的兽类遗存有肿面猪、鹿、圣水牛、狗、猪、獐、鹿、羊、牛、狸、熊、獾、虎、黑鼠、竹鼠、兔、马、狐、乌苏里熊、豹、猫、鲸、田鼠、貘、犀牛、山羊、扭角羚、大象、猴等;鸟类有雕、褐马鸡、丹顶鹤、耳鸮、冠鱼狗等;鱼类有鲻鱼、黄颡鱼、鲤鱼、青鱼、草鱼、赤眼鳟、鲟鱼及龟、丽蚌、蚌等 40 余种。另外古生物学家周本雄认为，早在 20 世纪 40 年代被石璋如先生鉴定为“麻龟板”的动物，应为鳄鱼。	
公元前 1300 年前后	河南省藁城县台西遗址保存有完整的造酒作坊遗址，从中发掘出各种酒器(瓮、缸、罍、尊、壶、盉)、人工培育的酵母，以及桃、郁李、毛樱桃等 30 余种植物的种子和核。	
公元前 1200 年前后	云南省建川县海门口遗址出土了麦穗。	在新石器时代结束之际，饼干和未发酵的蛋糕也被生产出来。哈里斯纸莎草纸文稿(第二十王朝)提到了 30 余种不同形式的面包和饼干。
公元前 1076 ~ 前 771 年	西周宫室，设有膳夫、庖人、内饔、外饔、烹人、酒正、浆人、凌人、笾人、醢人、醯人、盐人等职，掌王室饮食，烹饪技术已达到一定水平。 西周官名中，设有“膳夫”。《周礼·天官》谓:掌王之食饮膳，为食者之长。此时已有专门厨工和完备的厨事管理制度。 有“冰鉴”的制作。《周礼·凌人》:“(鉴)以盛冰，置食物于中，以御温气。”设专管冰窖的职官。据《周礼·天官冢宰·凌人》记载:凌人一名，下有“下士二人，府二人，史二人，胥八人，徒八十人”，计九十四人，专管王室冰藏事。(1978 年在湖北随县出土有曾侯乙“冰鉴”) 周王室和贵族都有菜园。《史记索引》注《燕召公世家》:“召者畿内菜地，奭始食于召，故曰召公。”《史记·卫康叔世家》:“良夫与太子入舍孔氏之外圃”。《庄子·天地篇》有子贡到楚国劝菜圃老农用桔槔灌水事。《论语·子路》记有孔丘与专业园艺者樊迟对话的故事。 《诗·小雅·无羊》:“谁谓尔无羊，三百维群;谁谓尔无牛，九十其犉。”可见西周时已有专事畜牛、羊的大户。 置醋官“醯人”和制醋作坊。制醋是继酒之后我国饮食史上的一大成就。中国人在新石器时代已懂制醋。三代时，称醋为“醯”，贵族以醋助餐。《周礼·天官冢宰》所载“醯人”，即王宫任命的制醋之官。周代宫廷已有 140 多人从事制醋的作坊。	

《周礼·地官·遣人》:"凡国野之道,十里有庐,庐有饮食。二十里有宿,宿有路室,路室有委。五十里有市,市有候馆,候馆有积。"这反映了当时各地已出现较大的都邑。市肆上有饮食店和食品供应。

周制:天官太宰"以九贡致邦国之用",其九为"物贡"。扬州东南沿海一带贡禺禺鱼、煇(羊)、海蛤、蝉蛇、文蜃、元贝、长沙贡鳖、大蟹等物产。

《周礼》一书中将动、植物各分为5类。又记载了烹调、饮食卫生、辨别食物质量、四时饮食制度等多方面内容。

《诗经·大雅·行苇》:"肆筵设席,授几有缉御。或献或酢,洗爵奠斝。醓醢以荐,或燔或炙。嘉殽脾臄,或歌或咢。"反映了贵族燕饮享乐的情景,以及陈列的各种美味食品。

《逸周书·世俘》载:周武王灭殷后,祭天祭社稷坛,用牛504头;祭百神共用猪、羊2701头。

《诗经·鲁颂·閟宫》:"秋而载尝,夏而楅衡。白牡骍刚,牺尊将将。毛炰胾羹,笾豆大房,万舞洋洋,孝孙有庆。"为颂扬僖公祭祀乐歌,记载了祭祀的场面和各种祭品。

《诗经·小雅·六月》:"饮御诸友,炰鳖脍鲤。"所列之"炰鳖"、"脍鲤",是为我国最早之食谱。

宫廷筵席和组合菜开始出现。《诗经》的"良耜"、"载芟"、"公刘"、"宾之初筵"等篇章中,反映了早期筵席的状况。

开始以酒为烹饪食物的调料。《礼记·内则》所载周代"八珍"之一的"渍",即酒香牛肉。

《礼记·杂记》谓:功衰,食菜果,饮水浆,无盐酪不能食,食盐酪可也。反映当时对调料的要求。

《礼记·内则》载"滫瀡以滑之"。《说文》:"滫,久泔也;瀡,滑也。"用淘米水之沉淀物打芡。

《吕氏春秋·本味》有"大夏盐"。是为青海之岩盐。可知周时已开采岩盐。

《礼记·檀弓》载,宋襄公丧其夫人,"醯醢百瓮"。醯醢,也叫苦酒,即醋。是知周代丧事用醋。

三代已有酱油、豆酱和豉。《周礼·宫伯》载王室"酱用百有二十瓮"。

《淮南子·修务训》:"神农尝百草之滋味、水泉之甘苦,令民知所避就;一日而遇七十毒。"

《山海经》中记载食疗之方近百种。

《周礼》有草、木、虫、石、谷等"五药"的记载,又有食医、疾医、疡医、兽医等四种医生名称。

《天官》篇中载有"馐笾之食,糗饵粉糍"。糗和糍,为古代用米粉、饭或面制成的食品,为糕点之萌芽。

《礼记》中的"饤",今称拼盘。《楚辞·招魂》中所载"挫糟冻饮",即为冷饮。《说苑》载:吕望行车五十卖饭棘津(在今河南延津县)。

《礼记·内则》中记载了当时北方的食单,以及中国北部的烹、煮、炮,烩、烤、炙等治馔技术。《山海经·南山经》

荷马时代(公元前11—前9世纪)欧洲已有葡萄酒,希腊诗人荷马在史诗《伊利亚特》和《奥德赛》中曾提到葡萄和葡萄酒。欧洲最早的葡萄酒是由古希腊人带入的。

当时最好的葡萄酒产于色雷斯(今希腊东北部地区),而色雷斯正是希腊神话中酒神狄俄尼索斯的故乡。

公元前8~前5世纪,随着古希腊人的海外贸易与海外扩张活动,啤酒传入欧洲。公元前,美洲的印第安人也发明了用玉米酿造啤酒的方法。

	中则记载了我国南方的野生动物等食料。《楚辞》的《招魂》中也记载了我国南方的丰富食物，以及红烧、烤炸、焖扒卤、炖等南方烹饪方法。 据《诗经》记载，自西周至春秋时期，最主要的粮食作物是黍和稷，同时也种植粟、禾、麦、牟、麻、菽、稻等。并且人们还用这些作物酿造酒、鬯（香酒）、醴（甜酒）。当时种植的蔬菜有蒲、瓜、瓠、韭、芹、瓠、葑、菲、荠、笋、茆等，还用瓜制作菹，另外还种植桃、枣、栗等，并食用野生的荼、郁、薁、葵等。王公大人以蘩、蘋、藻为珍味。饲养的畜禽有马、牛、羊、犬、猪、鸡、鹅、家鸭等，并且还养殖和捕捞鱼类。 根据发掘调查，当时谷物作物并没有成为主食，谷物种植也未占主导地位。牧畜、狩猎乃至采集都在生活中占有相当大的比重。河南省新郑县仓城韩古城遗址、登封县告成韩阳城遗址、西平县酒店楚棠谿遗址发掘出铸铁作坊遗址。	
公元前 1000 年前后	河南省罗山县天湖村殷周墓群的 8 号墓内发掘出密封于青铜提梁卣中的古酒。	
约公元前 995 ~ 前 922（约西周昭、穆之际）	陕西省宝鸡市茹家庄西周墓出土了煤制的玦（即有部分残缺的圆环形装饰品）。当时可能已将煤用于烹调。农作物以黍和稷为主，菽、粟、稻、麦次之。饮食时，坐在草席上，食具则直接放在地上（这一习惯一直延续到后汉末期）。	
公元前 684 年（周庄公十三年）	易牙为齐桓公（？—前 643）调羹。 晋国尚奢，文公（前 636—前 628）以俭矫之。无几，国人皆食脱粟（粗米）之饭。	
公元前 636 年（周襄王十六年）	晋公子重耳流亡 19 年，是年回晋，杀怀公而立，是为晋文公，遍赏随从臣属。介之推从公子流亡有功，独不言禄，隐于绵上。文公遣人访之不得，烧山逼其出，子推执意不出，焚死。后人怀念，每年清明节前二日不举火，传为寒食节之始。	
公元前 547 年（周灵王二十五年，齐景公元年）	《春秋战国异辞》：晏子相齐（前 547—前 490），“食脱粟之食，炙三弋五卵苔菜。”	
公元前 529 年（周景王十六年，楚灵王十二年）	《左传》有“芋尹”（即芋田的管理人），当时应已经种植芋了。	
公元前 525 年（周景王二十年，鲁昭公十七年）	日食，天子不举盛馔，伐鼓于社，诸侯伐鼓于朝，以自谴责。	
公元前 500 年（周敬王二十年）前后	在句容、金坛乃至整个江南约有 5000 多座独具特色的土墩墓，它们代表着西周至春秋战国时期江南特有的土著文化。2005 年，在句容天王寨花头的 2 号墩里出土满满一罐鸭蛋，白白的蛋比现在的鸭蛋小，可以嗅到一股咸味，推测是 2500 年前这户人家腌制的鸭蛋。	

公元前494年（周敬王二十六年）前后	置府正，掌膳馐之事。《左传》哀公元年："逃奔有虞，为之庖正。"（杜预注："庖正，掌膳馐之官"） 《论语·乡党》记孔子（前551—前479）"食不厌精，脍不厌细"的"二不厌、三适度、十不食"论。 孔子厄于陈蔡，从者七日不食。子贡以所赍货窃犯围而出，告籴于野人，得米一石。	
春秋时期（前770—前476）	《管子》记载，春秋时有"雕卵"，为彩绘的蛋。	
公元前460前后	范蠡著《陶朱公养鱼经》，是我国第一部鱼类学专著，涉及池养鲤鱼时雌雄比例与鱼卵孵化等问题。	
公元前443年前后	湖北省随州市曾侯乙墓出土了青铜制方鉴（利用冰和开水的制冷、制热器）和炒炉（这时期鼎已经分化为炉和釜）。	
公元前327年（周显王42年）		亚历山大大帝的印度远征——东西文化的交流。
公元前310年前后	河北省平山县中山王1号墓出土了装在罐中的两种古酒。	植物学之父，德奥弗拉斯特（约公元前372—约前288）撰《植物研究》、《植物的起源》。
公元前300年前后	《楚辞·招魂》记"粔"（即馓子）、"柘浆"（用甘蔗汁做的饮料）。这时期的农作物以菽（豆）和粟为主。《书经·禹贡篇》所载各区的农作物如下。青州（山东省东部地区）：絺、枲。扬州（江苏省、浙江省、安徽省南部、江西省等地）：卉服、纤、橘、柚。荆州（湖北、湖南两省）：菁、包。豫州（河南省、湖北省北部等）：絺、枲、纻。《周礼·夏官·职方氏》所载各地农作物和家畜如下：冀州（河南省北部、山西省南部等）：黍、稷、稻、马、牛、羊、豕。兖州（河北省南部、山东省中西部等）：黍、稷、稻、麦、马、牛、羊、鸡、犬、豕。青州（山东省南部、安徽省北部、江苏省北部等）：稻、麦、鸡、狗。扬州（安徽省南部、江苏省南部、浙江省、江西省等）：稻。豫州（河南省南部、湖北省北部、安徽省北部等）：黍、稷、菽、麦、稻、马、牛、鸡、犬、豕。雍州（陕西省、甘肃省、四川省等）：黍、稷、马、牛。幽州（河北省和山东省的沿海地区）：黍、稷、牛、羊。并州（山西省北部、河北省北部）：黍、稷、菽、麦、稻、牛、马、羊、犬、豕。 战国时期，郑韩故城建有食物冷藏库。（今河南新郑，在郑韩故城宫殿区内，发现在9米长、3米宽的狭长室内，有一五眼深井，出土许多陶片及牛、羊、猪、鸡等食物骨骼，是为当时的冷藏库。）当时王室、诸侯在夏天建荫凉餐厅，称"冰室"。《越绝外传》有"休谋石室，食于冰厨"，又有"巫门外冢者，阖闾冰室也"。 《庖丁解牛》演说梁惠王（前400—前319）庖丁以动物解剖学经验解牛技艺。 越王勾践（？—前306）时，交州糠头山曾贮米于上，舂积糠竟为山。	

公元前278年（周赧王37年）	传屈原卒于农历五月五日，楚国百姓伤其死，故命舟楫以拯之。后每年此日以竹筒贮米投水以祭。	
公元前257年（周郝王58年）	蜀中已产井盐。《黄帝内经》成书于战国至秦汉时期，既是我国最早的医药专著，又是一部烹饪学著作。书中提出了"五谷为养"、"五果为助"、"五畜为益"、"五菜为充"的配膳原则。"四乌鲗一藘茹丸"，以乌雀制丸，用鲍鱼汤送服，是为记载药膳食品之始。《黄帝内经》中又提出"寒热"，以及食无求过饱等有关饮食卫生的要求。 开始用蜜汁做饼餐、果酱。《楚辞·招魂》："粔籹蜜饵，有怅餭些。瑶浆蜜勺，实羽觞些。" 甘蔗之浆用作调料。	
公元前239年前后	《吕氏春秋》成，其中《本味篇》记载天下美食之品种、产地及烹调理论。 《黄帝内经·素问》（约成书于战国时期）记载了大豆黄卷（即豆芽）。	
公元前221～前206年	始置尚食，掌膳馐之事。 湖北省云梦县睡虎地11号墓出土了记有传食律（即有关驿传的给食制度）的竹简。	
公元前206～公元8年	《汉书·食货志》载：汉初，接秦之敝，民失其业，大饥，米石五千，人相食。王室膳食机构有6000人之多。"大官、汤官、奴婢各三千人"。大官主膳食，汤官主饼饵。 置汤官令，属少府，主供饼饵果实。置太子食官局，掌时膳尝食之事。岭南以蔗制糖业发达。杨孚《异物志》："乍取汁如饴，名之曰糖，益复珍也。又煎而曝之，既凝而冰，破如砖。其食之入口消释，时人谓之石蜜也。" 汉初时，南越王赵佗献鲛鱼荔枝，高祖报以蒲桃、锦四匹。闽越王献石蜜五斛，高帝大悦，厚报遣其使。 汉初发明豆腐和豆制品。《盐铁论》中称类似今甜豆浆、豆腐脑的"豆饧"为时尚食品。相传豆腐是淮南王发明的。《古今事物考》："草木子白豆腐，始于汉淮南王刘安方士之术也。"1961年在河南密县打虎亭出土了汉代画像石《豆腐作坊图》。 《淮南子》一书，提出五味调和之理论。《史记·货殖列传》："通邑大都，醯酱千瓿，比千乘之家。" 出现多火眼陶灶。可同时煮饭、炒菜、烧水。烟囱改为曲突或高突，拔火力强，并逐步使用煤炭，利于控制火候。洛阳烘沟出土有"铁炭锅"，内蒙新店子汉墓壁画中有6种厨灶，提高了烹调速度和质量。 由于铁的开采和冶炼技术的提高，汉代时已经铜铁餐具并用，有小釜、五熟釜等出现。铁制刀具，改进了刀工刀法。木碓代替三代的木杵，可以用脚踏或水力。大量生产米面，点心面食更加丰富。桓谭《新论》："役水而舂，利乃且百倍。"能制作发酵食品。20世纪70年代初，在甘肃嘉峪关出土的汉代画像砖《庖厨图》，有一组仕女揉面、手持托盘时奉馒头的图像。 新工艺不断出现，以天然色素染色，以水果添香，以蜂	

	蜜、糖助味，以蛋雕、酥雕造型。红白两案分工。《汉书·百官公卿表》载明有主管饼饵的汤官，主择米的导官，主宰割的庖人。 烹调技术更趋精细。《齐民要术》载有齑、酢、脯、腊、羹臛、蒸缹、脏、腤、煎、消、菹、绿、炙、作脺、奥、糟、苞、饧脯等。做菜使用大豆油、芝麻油和菜籽油（江陵凤凰山167号墓出土大量菜籽）。油煎法成为烹调中重要一法。山东诸城出土汉墓画像石，反映当时烹饪技艺的《庖厨图》刻于墓石，图上有宰牲、炊爨、酿造等分组。 《盐铁论》载“熟食遍列，肴旅成市”，“肴旅重叠，燔炙满案”。其时，酒肆饮食店普遍兴起。 《史记》载有淳于意（约前205—？）医案20例，曾用“火剂粥”、“火剂米”治病，多有效验，并谓：“得谷者昌。”坚持以粮食为主的配膳方案。枚乘（？—前140）撰《七发》，以七事答太子问，警告暴食者，肥肉浮酒是腐肠之毒药。《七发》中还记述了当时的食谱和著名厨家。《汉书·召信臣传》：“太官园中种冬生葱韭菜茹，复以屋庑，昼夜燃蕴火，待温气乃生。”是知长安上林苑中有专为王室栽培冬令瓜菜的温室。	
公元前180年		老加图（罗马）（前234—前149）《农业论》。
公元前168年以后	陕西省临潼县武象屯栎阳古城出土了石磨。 湖南省长沙市马王堆一号汉墓出土了粟、稻、大麦、小麦、黍、大豆、赤豆、麻、芥菜、冬葵、姜、莲、菱、牛、马、羊、猪、犬、鸡、兔、鹿、雁、鸭、雉、鹄、鹤、鹧鸪、鹑、雀、鲤、鲼、刺鳊、银鲴、鳡鳜等。出土的遣策（随葬品一览表）上还记有动物身体部位和内脏的名称，如肋、肩、胫（腿）、肝、胃、张、脾、含（舌）、心、肺等。	
公元前139～前126年（汉建元二年至元朔三年） 公元前121～前115年（汉元狩二年至元鼎二年）	张骞（？—前114）出使西域，与中亚、西亚以至欧洲各国进行经济、文化和饮食交流。天汉二年（前99年），汉使自西域带回葡萄、苜蓿、蚕豆、黄瓜、西瓜、石榴、胡桃、胡萝卜、大蒜等。《史记·大宛列传》：“汉使取其实来，于是天子始种苜蓿、蒲陶肥饶地。及天马多，外国使者来众，则离宫别馆旁尽种蒲陶、苜蓿极望。”《博物志》：“汉张骞出使西域，得涂林安国石榴种以归，故名大夏芫荽、苜蓿、葡萄、安石榴、西羌胡桃于中国。”《古今事物考》：“张骞使外国，得胡豆。”同时他还从大宛（古西域国名，位于今塔吉克斯坦和吉尔吉斯斯坦境内的弗尔干纳盆地）带回了葡萄酒的酿造技术，中国开始酿造葡萄酒。	东西文化的交流（中国，张骞出使西域）。
公元前119年（汉元狩四年）	首次实施食盐专卖制。 司马相如（前179—前117）著《上林赋》，其中提到枇杷、杨梅和荔枝。	
公元前111年（汉元鼎六年）	汉太始年间时（前96—前93），西域一带饮食传入中国。《搜神记》：“羌煮貊炙，狄之食也，自汉太始以来，中国尚之。”	

	汉元帝、成帝年间(前32—前7),楼护以王氏五侯之奇馔合为"五侯鲭",为当时珍膳。 蔡质《汉官仪》载:尚书郎直入台太官供食,五日一美食,下天子一等。	
公元前104年以前(太初元年以前西汉前期至中期)	河北省满城县满城汉代墓出土了石磨(带有青铜制漏斗)。 甘肃省武威县磨嘴子汉代墓出土了荞麦。	
公元前102年(汉太初三年)		萨塞尔父子著《农业论》。
公元前101年(汉太初四年)	大宛城中传入穿井术。	
公元前98年(汉天汉三年)	首次实施酒专卖制。 司马迁《史记·货殖列传》记载了盐豉,以及大规模养殖淡水鱼。	
公元前59年(汉神爵三年)	王褒著《僮约》提到烹茶和买茶。	
公元前75～前33年(汉元帝在位期间)	史游著《急就篇》记载了豆酱。 扬雄(前53～18)著《扬子法言》,记载了各种各样的酒粬。	公元前37年,瓦罗(公元前116—前26)著《农业论》。
公元前27年(汉成帝河平二年)		罗马美食家蔡流斯·阿比鸠斯著有《论烹饪》。
西汉末期	河南省镇平县侯集镇出土了装在青铜方壶中的酒(据推测这种酒是以粟为原料酿造的)。 陕西省西安市上林苑遗址发现埋有85件铁制农具的土坑,并且还出土了刻有"粟囤"、"小麦囤"等文字的陶质谷仓冥器。这些谷仓的造型可分为方形、圆形、扁平形,平家式、阁楼式等,其颜色有无色、彩色的,还有的涂有黄、绿等色的釉。 酿酒的最早的原料与粬子的比例:一酿,用糙米二斛、粬一斛,得成酒六斛六斗。(据《汉书·食货志》) 《汉书·循吏传》:利用温室栽培葱、韭、菜茹。这一时期的农作物主要为粟,黍次之。	
公元8年(汉初始元年)	王莽新朝(8—23)时期,天下"饥馑荐臻,百姓困乏流离道路","关东人相食","流民入关者数十万人饥死者十七八"。王莽即命令有司进行人工代食品的实验:企图以少量的粮食或淀粉原料与高比例的水融合,再经某种凝固剂凝结成近似豆腐那样的胶凝状的"酪"。	公元1世纪日本输入大陆文化(传进金属器具)开始种植水稻。 公元1世纪时《阿彼修斯的罗马食谱》广为流传。
公元37年(汉建武13年)	东汉时并尚食于太官、汤官。 诏禁郡国勿贡异味。《拾遗记》:"汉明帝(58～74)时,中秋夜宴群臣于华林园,诏太官进樱桃,以赤霞璜为盘。赐群臣而去其叶,月下视盘与樱桃一色。" 王充(27—97)在《论衡》中总结烹调经验:水火相变易,可调节膳之咸淡。其《谴告篇》云:"狄牙之调味也,酸则沃以水,淡则加之以盐,故膳无咸淡之失也。"又,"此犹憎酸而沃之以咸,恶淡而灌之以水也"。 汉和帝(89—105)时,南海献龙眼、荔枝,十里一置、五里一候,奔腾阻险,死者继路,诏罢之。	

300 年(晋永康元年)	石崇与其党被杀。崇饮食奢侈,常以"豆粥"飨客,冬天则备有"韭菜"。晋及南朝贵族等还风行羊羹与牛心炙,好饮蜜。 葛洪(284—364)撰《抱朴子》,其中《极言》篇中谓五味偏多,各伤一经,强调"不欲极饥而食,食不过饱;不欲极渴而饮,饮不过多",主张饮食有时,不可过量。在《酒诫》篇谓口之所欲,不可随之,表达了五味要适中,不能偏重一味的观点。 嵇含(263—306)著《南方草木状》,记载了两广地区草木水果 80 种,多数可食。如蕹(即空心菜)、茉莉花、槟榔、椰子、五敛子、草粬等。 张华(232—300)撰《博物志》。 江统(250—310)撰《酒诰》。 干宝(?—317)撰《搜神记》,记载了松江鲈鱼。 杜育撰《荈赋》。 张君举撰《食檄》,提到炙鸭。 这一时期,小麦种植在江苏、浙江两省的农作物中占有一定的地位。	
312 年(晋永嘉六年)	匈奴汉国君刘聪以鱼蟹不供,杀其左都水使者王摅。	公元 4 世纪,百济人向日本献蚕种。
372 年(晋壬申二年)		佛教传到高丽,384 年传到百济。
472 年(南朝宋泰豫元年、北魏延兴二年)	魏诸祠祀共 1075 所,岁用牲 75500 头。是年,魏诏除天地、宗庙、社稷皆勿用牲,荐以酒脯而已。 毛修之能为南人饮食,手自煎调,多所适意。世祖亲待之,进太官尚书,赐爵南郡公,加冠军将军,常在太官主进御膳。 高阴王元雍,有童仆六千,妓女五百,每饭数万钱。河间王元琛,宴请诸王,餐具全用金银镶嵌,酒杯为美玉制成。	
491 年(南朝齐永明九年、北魏太和十五年)	正月,诏太庙四时祭荐:"宣皇帝,面起饼、鸭臛;孝皇后,笋、鸭卵、脯、酱、炙白肉;高皇帝荐肉脍、菹羹;昭皇后,茗、粣、炙鱼。皆所嗜也。" 刘休撰《刘休食方》一卷(已佚)。 南朝虞悰(435—499)撰《食珍录》一卷,记载有六朝帝王名门家中最珍贵的烹饪名物,如"炀帝御厨用九牙盘食","谢传有汤法","韩约能作樱桃,其色不变","金陵寒具,嚼着惊动十里人"等等。	5～6 世纪,这一时期养蚕法传到东罗马。
502 年(南朝梁元年、北魏景明三年)	始置光禄寺,长官为光禄卿,掌皇室膳食等事。(北齐亦置之。唐一度改司宰寺,寻复。掌祭祀、朝会、宾客所用酒醴膳馐等事。历代因之。清末始废。) 任昉(460—508)任义兴太守,岁荒民散,以私俸米豆为粥,活三千余人。	公元 6 世纪,啤酒的制作方法由埃及经北非、伊比利亚半岛、法国传入德国。那时啤酒的制作主要在教堂、修道院中进行。为了保证啤酒质量,防止由乳酸菌引起的酸味,修道院要求酿造啤酒的器具必须保持清洁。

511年（南朝梁天监十年、北魏永平四年）	梁武帝撰《断酒肉文》，禁僧尼食酒肉。 陶弘景（456—536）注《神农本草经》，将果菜米食列为药物，已注意到用维生素食物治疗营养性疾病。诸葛颖（建康人）撰《淮南王食经》。 宗室临川静惠王宏好食鲭头，常日进三百。梁时佚名撰著有《食经》二卷（已佚）、《食经》十九卷（已佚）、《黄帝杂饮食忌》二卷（已佚）、《太官食经》五卷（已佚）、《太官食法》二十卷（已佚）、《食图》（已佚）、《杂酒食要法》（已佚）、《饮食法》（已佚）、《鲢及铛蟹方》（已佚）、《羹臛法》（已佚）、《鉏膢朐法》（已佚）、《北方生酱法》（已佚）。	
约533～534年（南朝梁中大通五年至六年、北魏永熙二年至三年）	贾思勰撰《齐民要术》，记载了饦馎（棋子面）、酱黄瓜、酱冬瓜、豉酱、五加皮酒、咸蛋、腌蛋。此外还记载了下列动植物，谷物：谷、黍、穄、粱、秫、大豆、小豆、麻子、大麦、小麦、瞿麦、水稻、旱稻、胡麻等；蔬菜：茄子、瓠、芋、葵、芜菁、菘、芦菔、蒜、葱、韭、蜀芥、芸苔、芥子、胡荽、兰香、荏、蓼、蘘荷、芹、苣等；瓜果：各种瓜、枣、桃、李、梅、杏、梨、栗、柰、林檎（苹果）、柿、安石榴、木瓜等；家畜及禽：牛、马、驴、骡、猪、鸡、鹅、鸭等。这是第一本记载有豆酱制法和使用豆酱清的书。	
538年（南朝梁大同四年、东魏元象元年）		佛教传入日本（自百济）。
540年（南朝梁大同六年、东魏兴和二年）	河北省赞皇县南邢郭李希宗（501—540）墓出土了仰莲水波纹银杯（即注水时水面有莲花浮现的杯子）。 宗懔（499—563）著《荆楚岁时记》（成书时间不详），记载了菊花火锅。	
550年（南朝梁大宝元年、北齐天保元年）	北齐（550—577）于门下省置尚食局，置典御二人。于门下坊别置典膳局，有监丞各二人，置殿中局，掌驾前奉行。改晋尚书左士为膳部郎，掌陵庙之牲、豆、酒、膳等事。	
557年（南朝梁太平二年、北齐天保八年）	北齐诏停捕捉虾、蟹、蚬、蛤之类，只许捕鱼。	
581～618（隋）	因北齐制，置尚食局，属殿内省，改典御为奉御。 吴都献松江鲈鱼，炀帝曰："金齑玉脍，东南佳味。" 禁止将狗肉作为献给皇帝的贡品。 莴苣（千金菜）传入中原（据《清异录》）。 粉角（即饺子）从馄饨中分化出来。	
610年（隋大业六年）	吴郡献海鲵干脍，并奏作干脍法。 炀帝北巡，代州刺史丘和馈献精腆，诏以此为式。由是所过之处，竟为珍侈。 谢讽撰《食经》，列名膳50余种。另撰《淮南玉食经》，已佚。 隋代有"镂金龙凤蟹"，在糖醉蟹上面覆盖一张用金纸镂刻成的龙凤图形，是为我国"工艺菜"之始。	2005年11月15日出版的美国国家科学院学报上刊载，考古学家在秘鲁的塞罗·包尔山山顶上发现了一个古老酿酒厂。它们属于印加文明出现之前的瓦利文化，年代为公元600至1000年左右。这是一个一次可

	佚名撰著有:《神服服食经》十卷(已佚)、《杂仙饵方》八卷(已佚)、《服食诸杂方》二卷(已佚)、《老子禁食经》二卷(已佚)、《食经》十四卷(已佚)、《食馔次第法》一卷(已佚)、《四时御食经》一卷(已佚)。	以酿造几百乃至几千升酒的古代大型酿酒厂。酿酒厂有3个房间,总面积约有200平方米。其中一个应该是玉米碾磨室。另一个是蒸汽室,里面有许多直立的石柱,估计可以同时将20个大型酒缸架在火上,可一次造1000~2000升啤酒。还有一个贮存室,可放1.2米高的大型陶瓷贮酒容器。这意味着每5~6天,此酒厂就能生产至少2200升的酒。不仅如此,科学家还发现此酿酒厂的工作人员都是从美丽而高贵的女性中挑选出来的。这一发现再次探寻了印加帝国文明,更表明了当时女性在社会中的较高地位。
618~907年(唐)	置殿中省,掌诸供奉,领尚食、尚药、尚衣、尚舍、尚乘、尚辇六局,有监一人,从三品;少监二人,从四品上;丞二人,从五品上。 于礼部置膳部司,掌陵庙之牲豆、酒膳等事,郎中一人,从五品上;员外郎一人,从六品上。 唐初制定百官岁贡、十常道贡及受内外贡献之仪,设太常府卿掌之,右藏令藏之。 欧阳询(557—641)编撰《艺文类聚》,其中卷79为食物部。其余各卷中还有谷、果、鸟、兽、鳞介等记载。 虞世南(558—638)编撰《北堂书钞》,计分19部,160卷,852篇。其中酒食部60篇(实有44篇,余有目无文)。 孙思邈(581—682)撰《备急千金要方》,内有《食治篇》卷,是为我国最早的食疗专著,其中收载食物150多种。书中指出:“凡欲治疗,先以食疗,既食疗不愈。后乃用药尔。”	
	唐时出现金刚炭的燃料,“有司以进御炉,围经欲及盆口,自唐宋五代皆然。方烧时,置式以受柴,稍劣者必退之,小炽一炉可以终日”。 唐时发明“火寸”(类今之火柴),点火方便。使用“消灵炙”保藏食物。《唐书·同昌公主传》载:“同昌公主下嫁,上每赐御馔,有消灵炙,一羊之肉,取之四两,虽经暑毒,终不败臭。”《广州志》载:“旧时采贡,以蜡封其枝,或蜜渍之。”《大唐新语》载:“益州每岁进柑子,皆以纸裹之。”此时已有较为先进的食物保藏方法。 唐比丘尼梵正创造《辋川小样》大型组合式食品风景雕塑。 唐末李济翁所撰《资暇录》中,辩论“合酱必于正月晦日”为非,而应注意合酱之菽豆得法与否。	

	佚名撰《砍脍书》，首篇制刀砧，次列鲜品，又次列刀法，“大都为运刀之势与所砍细薄之妙也”。 昝殷撰《食医心鉴》三卷，为营养学之专著。 甘肃省敦煌县莫高窟第437号窟的宴饮图中描绘了箸、勺、长桌和椅子。 苏廙著《汤品》(即《十六汤品》)。 新疆维吾尔自治区吐鲁番县阿斯塔那村唐代墓出土了饺子。 节日饮食有元阳脔(元日)、油画明珠(上元油饭)、六一菜(人日)、涅槃兜(二月十五)、手里行厨(上巳)、冬凌粥(寒食)、指天餕馅(四月八)、如意圆(重午)、绿荷包子(伏日)、辣鸡脔(二社饭)、摩喉罗饭(七夕)、玩月羹(中秋)、盂兰饼餤(中元)、米锦(重九糕)、宜盘(冬至)、萱草面(腊日)、法王料斗(腊八)等。 “酿金钱发菜”。	
619年(唐武德二年)	凉州刺史献“醉酥”、“答剌酥”。 王焘撰《外台秘要》，书中说糖尿病要禁忌面、粳米饭等产生糖分的食物。	
621年(唐武德四年)	东突厥更请和好，献唐鱼胶5千克。	
631年(唐贞观五年)	定制：死刑决刑日，皇帝不食荤腥，内教坊及太常不举乐。	
640年(唐贞观十四年)	马奶葡萄以及葡萄栽培技术和酿造葡萄酒技术传入高昌国(今新疆维吾尔自治区吐鲁番县)。	
646年(唐贞观二十年)	唐玄奘在徒弟辩机的协助下撰成《大唐西域记》，记述了玄奘所经历的及得自传闻的138个国家、地域和城邦的地理、物产、农业、商业、风俗等，保留了大量珍贵的史料。	
647年(唐贞观二十一年)	泥钵罗(尼泊尔)献波稜菜、酢菜、胡芹、浑提葱。 康国贡黄桃(亦称金桃)，西突厥贡马蹄羊、马乳蒲桃、金卵饼等。 健达(健陀罗)王献佛土菜于唐。摩揭陀使献波罗树于唐。 贞观年间以蔗汁熬糖。《新唐书·西域传·摩揭陀传》记载：“唐太宗遣使取熬糖法，即诏扬州上诸蔗，榨沈如其剂，色味愈西域远甚。” 释玄应著《一切经音义》提到馄饨(即饺子)。	
649年(唐贞观二十三年)	松赞干布请蚕种、造酒、碾硙等工匠于唐。	
七世纪中叶	孙思邈(581—682)著《备急千金要方》提到荞麦。 陆德明著《尔雅音义》提到黍粟(即高粱)。 苏敬著《新修本草》(54卷)(即《唐本草》)记载了药醋的制作方法。	
651～674年	“烧春菇”见于湖北省黄梅县五祖寺。该菜与“煎春卷”、“烫春菜”、“白莲汤”一起被称做“五祖素菜”。	

691年(武周天授二年)	禁天下屠宰及捕鱼虾,前后共8年,实际上"富者未革,贫者难堪"。 鉴真和尚(688—763)把中国的佛学、医药传至日本,同时也带去了酿造和烹饪技艺。	
703年(武周长安三年)	在花朝(农历二月十五日为百花生日)每命采百花蒸糕以赐从臣,又盛行立春日食春饼、生菜的习俗。春饼是一种菜肉裹食的薄饼。	
709年(唐景龙三年)	韦巨源著《食谱》,反映唐代烹饪技艺、王室饮馔概貌及陕西地方特色。巨源曾以"烧尾宴"进奉皇帝,"烧尾宴"食品记录的《食单》流传至今。	
712年(唐先天元年)	是时有波斯石蜜输入中国。	
713年(唐先天二年)	孟诜(621—713)撰《食疗本草》,其中记载药用食物241种。 唐玄宗(712—756)在位时,每逢上元节,举行临光宴。按唐代宫宴名目甚多,有争春宴、曲江宴、九盏宴、天基圣节宴、省亲宴、游乐宴、金帐宴、头鹅宴以及各种赏赐宴。 唐明皇命射生官射鹿取血,煎鹿肠食之,谓之"热洛河"。	
741年(唐开元二十九年)	陈藏器著《本草拾遗》记载了蒸包(即包子)。 是时,波斯胡商足迹遍扶风、长安、豫章、广陵、洛阳、宝应、扬州、苏州、睢阳、建昌、广州诸地,有胡姬酒家应运而生。唐长安、洛阳流行胡音、胡骑和胡妆,衣食住行均崇尚西域风气。	
746年(唐天宝五年)	闰十月,陀拔斯丹遣使献千年枣于唐。	
751年(唐天宝十年)	火寻君稍施芬遣使朝贡于唐,献黑盐。	
755年(唐天宝十四年)	杜甫自京赴奉先县,作《咏怀五百字》,中有"朱门酒肉臭,路有冻死骨"名句。 开元天宝间(712—756),杨国忠家以炭屑和蜜,塑成双凤。	
758年以后(唐乾元元年以后)	陆羽著《茶经》,提到用蒸青法制作绿茶。	
762年(唐宝应元年)	杜环撰《经行记》(佚),杜佑《通典》曾加以征引,计有1700余字,记载了中亚及西亚一些地区的风土、物产、饮食、习俗、信仰等方面的内容。	
768年(唐大历三年)	杜甫作《岁晏行》,反映湖南洞庭湖边人民的痛苦生活,与官府享乐生活形成强烈对比:"高马达官厌酒肉,此辈杼柚茅茨空。" 杜甫寓夔州,作《槐叶冷陶》诗,有"碧鲜俱照箸,香饮兼苞芦"句。"冷陶"类今之手工凉面。 张志和作《渔父歌》,记述江南一带自然美貌和美味食物,中有"桃花流水鳜鱼肥"、"菰饭莼羹亦共餐"句。 唐穆宗时,丞相段文昌(773—835)精于饮食,名厨房为	首次明确使用酒花作为苦味剂是在公元768年。

	"炼珍堂",餐厅称"行珍馆",其家老媪主餐务40年,时人目为"膳祖"。 唐德宗(779—805)在位时,长安有大招待所,日有礼席,举铛釜而取,三五百人之馔,常可主办。 白居易(772—846)任外官,见当地胡麻饼学自京师,作《寄胡饼杨万州》寄意,有"寄与饥馋杨大使,尝看得似辅兴无"句。(当时长安城西北的辅兴坊所制胡饼甚著名) 白居易履道里宅,有池水可泛舟,命宾客绕船以油囊百十,悬酒炙沉水中,沉盘筵于水底,随取随用,为当时通行的冷藏食物的方式之一。 唐元和(806—820)时,僧鉴虚善烹饪,有煮肉法行于世。	
780年(唐建中元年)	始征茶税。 张又新著《煎茶水记》。	
805年(唐永贞元年)	是时,唐宫中有乌戈山离所酿龙膏酒。	
813年(唐元和八年)	大轸国贡碧麦、紫米。紫米食之令人髭发缜黑,颜色不老。 李德裕(787—850),一杯羹费钱三万,以珠玉宝贝、雄黄朱砂并煎而成。	
820(唐元和十五年)	李肇(元和中人)《唐国史补》卷下载有三勒浆类酒,法出波斯,传于长安。	
827年(唐宝历三年)		日本人物部广泉著《摄养要诀》(20卷)。
835年(唐大和九年)	开始实行茶专卖制(但仅实行2月止)。 是时,广州有蕃坊,献食多用糖蜜、脑麝、鱼俎。	
836年(唐开成元年)	日僧圆仁《入唐求法巡礼行记》载有:"正月六日立春,命赐胡饼、寺粥。"	
839年(唐开成四年)	八月,帝诞,天下赐宴,恐广置斋筵,诏一律用蔬食。 崔安潜镇西川三年,惟多蔬食宴,诸司以面及筠篛之类染作颜色,以象豚肩、羊臑、脍炙之属。时人比之梁武帝以蔬餐染色。	
851年(唐大中五年)	是年,阿拉伯佚名《中国印度见闻录》撰成。书中关于各地的物产、商品价值、货币等的记述比比皆是,其中有关于中国茶和中国瓷器的记载。	
856年(唐大中十年)	杨晔撰《膳夫经》(亦称《膳夫经手录》)一卷,记述唐代食品名物,饮食习俗。 段成式(803—863)撰《酉阳杂俎》三十卷。卷之七专记酒食,记录了唐以前一些名产及烹饪方法,还记载了波斯枣、金桃、银桃、波棱菜、莙荙菜、扁桃等隋唐时期引进的外来植物。此书还辑录了已散佚的《食次》、《食经》两书所载菜点的做法。	

881年(唐广明二年)~907(唐天祐四年)	陆龟蒙(?—881年左右)撰《蟹志》,是我国也是世界上第一部论蟹专著。 唐昭宗(889—903)时,刘恂撰《岭表异录》,记载岭南物产及风俗、饮食,以及岭南特有的烧食器、餐具、酒具等。	
907~960年(五代时期)	五代时,开封张手美"水产陆贩随需供",按季节供应时新特色食品,有绿荷包子、玩月羹、冬凌粥、萱草面等。 南唐陈士良撰《食性本草》。 在辽王朝(916—1125)的版图内(河北、山西两省以北)栽培西瓜。 顾闳中作《韩熙载夜宴图》,其中描绘了椅坐式宴饮,以及馒头和点心(可能是包子或饺子)。 甘肃省敦煌县莫高窟第61号窟壁画中描绘了酒店内的情景,如靠背很矮的长椅子。 陶穀(903—970)撰《清异录》,全书四卷三十七门,记载饮馔的有百果、蔬菜、禽名、兽名、鱼名、酒酱、茗荈、馔馐诸门。	918年,日本人深江辅仁著《掌中要方》、《本草和名》(代表性的本草书)。
908年(后梁开平二年、辽太祖二年)	九月,福建贡玳瑁琉璃犀象器并珍玩、香药、奇品、海味于后梁。	
911年(后梁乾化元年、辽太祖五年)	安南两使留后曲美进筒中蕉500匹、龙脑、郁金各5瓶,其他海货有差。	
938年(后晋天福三年、辽会同元年)	九月,于阗使马继荣至后晋,贡红盐。	
953年(后周广顺三年、辽应历三年)	是时,契丹破回鹘,得西瓜种。	
960~1278年(宋)	因唐制,置殿中省。 宋制:各州军任土作贡名物。有关食物者,开封府贡酸枣仁,青州贡梨枣,莱州贡海藻、牡蛎,房州贡笋,孟州贡粱米,广信军贡粟,隆德府贡蜜。泽州贡禹余粮,京兆府贡酸枣仁,邠州贡荜豆,庆元府贡千山薮、乌贼,濠州贡糟鱼,福州贡荔枝、鹿角菜、紫菜,广州贡糖霜,融州贡桂心,琼州贡槟榔。 已开设夜市。据《东京梦华录》,宋太祖撤夜禁,汴京"夜市直至三更尽,才五更又复开张,如要闹去处通宵不绝"、"冬月虽大雨雪,亦有夜市"。 张择端绘《清明上河图》,描绘北宋时汴京沿汴河自虹桥到水东门一带酒楼、餐馆繁华景象和社会生活面貌。 北宋时,都市中食品专业户不断涌现。汴京(今开封市)有王楼包子、曹婆婆肉饼、段家爊物、薛家羊饭、金家和周家南食、梅家鹅鸭、曹家从食乳酪、张家史家瓠羹、万家馒头、郑家张家饼店等。 北宋时,"八仙桌"问世。桌因"饮中八仙"而名之。翟灏《通俗编》:"古人无桌椅,智非不能及也,但席地则恭耳。"晁补之有《八仙案铭》。 宋时,出现加工食品的"刀机",可加工牛饼子、猪肉饼、	

	田鸡饼子。李济翁《资暇录》:"不托,言旧未有刀机之时,皆掌托烹之,刀机概有,乃云不托。" 《吴越世家》载:孙承祐,其姊钱俶纳为妃,凭借亲宠恣为奢侈,每一饮宴,凡杀牲物千数,常膳数十品方。 江南一带出现苏式月饼。苏轼诗:"小饼如嚼月,中有酥与饴。"《武林旧事》卷六:"蒸作从食"中已有"月饼"的名称。 《茶香室丛钞》谓南人食粥,此风颇古。宋《杜清献公文集》有奏札曰:"范钟令臣粥后过堂议事。"是知粥在宋时已颇盛行。 释赞宁撰《笋谱》二卷。 石守信(928—984)子保吉,家多财,所在有邸舍别墅,虽馔品亦饰以彩缋。 李昉(925—996)等辑《太平御览》一千卷。其中843~867卷为饮食部,分62个类目。各有关于饮食之史实、典故。 丞相张齐贤(943—1014)一生食羊万只。 王禹偁(954—1001)效杜甫的《槐叶冷陶》,撰《甘菊冷陶》,咏其时之"清凉拌面"。	
964年(宋乾德二年)	实施茶专卖制(此后除实行通商法的1059—1101年以外,茶的专卖一直存续到清代后期)。	
977年(宋太平兴国二年)	蒸制散茶。	
984年(宋太平兴国九年)	是年,大食国人花茶以白砂糖等献于宋。	
993年(宋淳化四年)	何承矩、黄懋经营河北屯田,引种江东水稻获得成功,后在河北、河东、京西等路逐步推广。	
约1000年(宋咸平三年)前后		"女体盛",日语意为用少女裸露的身躯作盛器,装盛大寿司的宴席。最早出现在原日本皇室。
1012年(宋大中祥符五年)	宋遣使至福建取占城稻,给江淮、两浙等路种植。占城稻由越南传入,抗旱早熟,宜于普遍栽种。	
1015年(宋大中样符八年)	二月丁酉仁宗诞日,宫中出包子赐臣下,其中所裹皆金珠。 宋仁宗忍饿思食烧羊,曰:"忍一夕之饥,不可启无穷之杀。" 范仲淹(989—1052)未仕时,在长白山读书,日煮粟米作粥,待其凝,划为四块,断齑数茎,旦暮食此。	
1040年(宋宝元三年)		德国慕尼黑郊区弗赖辛的威亨斯蒂芬啤酒厂,是世界上最古老的啤酒厂。该厂自1040年获得酿造和贩卖啤酒的特权以来,至今生产从未中断。
1043年(宋庆历三年,辽重熙十二年)	辽允许丞相、节度使之家用银器,仍禁杀牲以祭。	

1050年(宋皇祐二年)	吴中大饥,唯杭州平静,民有所食。范仲淹领浙西,纵民竞渡宴饮,并兴佛寺。谓:"宴游兴造,可发有余之财以惠贫者,荒政之施莫此为大。" 李公著知颍,时欧阳修(1007—1072)致仕居颍,赵概居睢阳来访。李公著开宴,欧阳修作《宴会老堂》诗,有"金马玉堂三学士,清风明月两闲人"之句。	
1054年以后(宋重熙年间以后)	炒栗。	
1057年(宋嘉祐二年)	蚕豆自印度传入中国,其最早的名称是佛豆,见于北宋年间宋祁的《益都方物略记·佛豆赞》中。	
1059年(宋嘉祐四年)	蔡襄(1012—1067)撰《荔枝谱》,记福建荔枝之品种、产地、栽培、加工及贮藏方法,为我国第一部记述荔枝之专著。	
1064年(宋治平元年)	蔡襄著《茶经》,记载了在制茶时添加龙脑的制茶方法。	
1073年(宋熙宁六年)	黄儒著《品茶要录》。	
1080~1084年(宋元丰三年至七年)	苏轼(1073—1101)被贬黄州,作有《食猪肉诗》:"慢著火,少著水,火候足时他自美。" 苏轼撰《老饕赋》,记当时烹饪技巧及各种珍馐,谓"盖聚物之夭美,以养吾之老饕"。 苏轼借王参军地半亩种菜,供终年之用。以味含土膏,气饱霜露,虽粱肉不能及,作诗曰:"我与何曾同一饱。"后人题其庐曰"安蔬"。 沈括(1031—1095)撰《梦溪补笔谈》,辨明河鲀有毒,食之往往杀人,可为深戒,还记载了将胡麻油用于烹调。 黄庭坚(1045—1105)撰《士大夫食时五观》。谓"古者君子,有饮食之教,在《乡党》《曲礼》,而士大夫临尊俎则忘之矣。故约释氏法,作君子食时五观"。强调珍惜饮食及饮食之冶心养性。 北宋末,宗汝霖令开封,初至而物价腾贵,七钱之饼售至二十文,问之,谓"都城乱后,因袭至此"。汝霖斩饼师之首以徇,饼复原价,亦无敢闭肆者。	
1078~1085年(宋元丰年间)	陈直著《养老奉亲书》。	
1107年(宋大观元年)	宋徽宗著《大观茶论》,其中记述了茶筅和制抹茶法。	
1112年(宋政和二年)	唐庚著《斗茶记》。	
1116年(宋政和六年)	寇宗奭著《本草衍义》,记载了豆腐的制作方法。	
1117年(宋政和七年)	朱翼中著《北山酒经》,记载了酿酒时使用"追魂"(热气桶)、"火迫"(加热)、"蛇麻"(酒花)等方法。	
1100~1125年(宋徽宗在位期间)	《文会图》中描绘了离宫庭园中的宴饮。 河南省偃师县酒流沟水库宋代墓出土的画像砖庖厨图描绘了斫鲙、烹茶、镣炉。 汴京(开封)有"花瓜"、"蜜煎彫花"、南食店、北食店、素食店、素食分茶店(据《东京梦华录》)。	

	“烧臆子”、“麻腐海珍”(均为河南菜)。 吴氏著《中馈录》。 窦苹著《酒谱》。 水稻种植不仅在南方,在北方也取得很大发展。水稻在全国粮食中已居首位。	
1128 年(宋建炎二年)	金华火腿,由高宗命名。 甘肃省陇西县仁寿山李泽夫妇合葬墓壁画庖厨图,描绘了五六层的竹制或木制的蒸笼。 郑望著《膳夫录》。 李保著《续北山酒经》。	
1142 年(宋绍兴十二年)	洪皓(1088—1155)从金国将西瓜引入家乡(鄱阳)种植。(据《五杂俎》) “油炸桧(鬼)”(即油条)。	
1147 年(宋绍兴十七年)	孟元老撰《东京梦华录》,追忆汴梁(今开封)盛景。自序中有谓“会寰区之异味,悉在庖厨”。书中记述汴京饮食业之繁荣和节日饮食之名目、酒楼食店之经营方式,以及各种社会饮食习俗。 南宋初,临安商业景象繁华。当时官办的大酒楼有和乐楼、和丰楼、中和楼、春风楼、西楼、太平楼、丰乐楼、涌金楼等家。民办的大酒楼有 9 家,还有不少称做“分茶”、“脚店”的中小型食店。 临安出现四司(帐设司、茶酒司、厨司、台盘司)六局(果子局、蜜煎局、蔬菜局、油烛局、香药局、排办局),“凡吉凶之事自有,所谓‘茶酒厨子’,专任饮食请客宴席之事,凡合用之物,一切赁至,不劳余力”。 临安出现供应饮食之餐船。《梦粱录·湖船》:“杭州左江右湖,最为奇特,湖中大小船只,不下数百舫。” 袁褧撰《枫窗小牍》,记旧京汴梁故事,其中记载了当时著名的特色饮食店,有曹婆婆肉饼店、宋五嫂羊肉店等十余家。 郑堂之(1078—1161)撰《膳夫录》共十六题,简释烹饪原料及方法。 郑樵(1103—1162)著文,提出“饮食六要”,谓“食品无务于淆杂,其要在于专简;食味无务于浓酽,其要在醇和;食料无务于丰赢,其要在于从俭;食物无务于奇异,其要在守常;食制无务于脍炙生鲜,其要在于蒸烹如法;食用无务于厌饫口腹,其要在于饥饱处中”。	
1148 年(宋绍兴十八年)	宋高宗(1127—1160)时,司膳内人(宫内之女厨)撰《玉食批》,计列帝王食名近 30 种,并列宋高宗幸清河王张俊家供进御筵的食单。 绍兴中,大旱,谏议大夫赵霈奏禁宰鹅鸭:“自来屠宰,但禁猪羊而不及鹅鸭,请并禁之。” 洪迈(1123—1202)撰《糖霜谱》一卷。	

1151 年(宋绍兴二十一年)	在张俊宅邸举行向高宗进奉的筵宴,宴席上有 12 种彫花蜜煎。(据《梦粱录》、《武林旧事》)	
1163 年(宋隆光元年)	吴悮著《丹房须知》,记载了蒸馏器。	
1172 年(宋乾道八年)		1172 年英国攻打爱尔兰时,文献中记录了当地人饮用的一种以大麦蒸馏的酒,爱尔兰盖尔特语称为"Uisge-beatha"。这被认为是威士忌的起源,也是威士忌名称的最早的由来。
1178 年(宋淳熙五年)	韩彦直(1131—?)撰《桔录》成书,是我国也是世界上第一部论述柑橘的专著。所记温州所产之桔,列桔品 18 种、柑品 8 种、橙品 1 种。 周去非撰《岭外代答》,记岭外制度、物产、风俗人情。	
1179 年(宋淳熙六年)	四方献时新食味,奔走争光,劳人动众,帝欲痛革之。 宋五姐于杭州珍珠园向宋高宗敬上"宋姐鱼"(亦称赛蟹羹),此后她被称为烹饪脍鱼的祖师。 陆游(1125—1210)自制馎饦、胡羹,并以诗记咏。其认为烹饪重在选用原料,提倡乡土风味,强调蔬食及粥等食物的养生作用,具有独特见解。 范成大(1126—1193)作《口数粥行》,咏吴中风俗,有"家家腊月二十五,淅米如珠和豆煮"句,又撰有《桂海禽志》一卷。 杨万里(1127—1206)作《吴春卿郎中饷腊猪肉》诗,有"霜刀削下黄水精,月斧斫出红松明"句,可见南宋时已有腊肉。 王灼撰《颐堂先生糖霜谱》一卷,记福鹿(福禄,在当今越南北部)、四明、番禺、广汉、遂宁五地之糖。	
1182 年(宋淳熙九年)	熊蕃著《宣和北苑贡茶录》。	
1186 年(宋淳熙十三年)	赵汝砺著《北苑别录》。 陆游(1125—1210)著《老学庵笔记》,记载了面筋。	
1161~1189 年(金大定年间)	河北省青龙县西山嘴村出土了当时的黄铜烧酒锅(制作白酒的蒸馏器)。 周必大(1126—1204)著《周益公集》,记载了元宵圆子。	
1190 年(宋绍熙元年)	光宗赵惇即位,诏每月三日、七日、十七日、二十七日皆进素膳。 高似孙(?—1231)撰《蟹略》四卷,有关烹饪记有糖蟹、洗手蟹、酒蟹、盐蟹、蟹馐、蟹羹等 10 个品种。 岳珂(1183—1234)作《九江霜蟹》诗,序引谚曰:"不到庐山辜负目,不吃螃蟹辜负腹。"	
1032~1227 年(西夏王朝时期)	甘肃省安西县榆林窟酿酒图,描绘了白酒蒸馏器。	

1115～1234年(金代) 1194年(金明昌五年)	始置司膳,为女官,掌膳馐器皿,隶尚食。 李俊民(1176—1260)作《饷黍》诗,咏在异族统治下,生产遭受破坏,人民生活困苦之景象:"胡儿皆饱肉,我民食不足。"	1220年成吉思汗远征欧洲。
1235年(宋端平二年)	耐得翁撰《都城纪胜》(也称《古杭梦游录》),记述南宋都城临安的市井盛事、当时饮食业状况,所列各种食品名目颇详实。	
1245年(宋淳祐五年)	陈仁玉撰《菌谱》,记自己故乡台州所产之菌类11种。 淳祐间,林洪撰《山家清供》,列举饮馔104种,其中有些是用中药草加工制成的食疗饮馔。其中最早出现了"酱油"一词,还记载有"拨霞供"(涮羊肉)。米或撰《可谈》,论各地饮食习俗,谓大率南食多咸,北食多酸,田边及村落食甘,中州及城市人食淡。沈作喆撰《寓简》,中有论"饥饱"曰:"以饥为饱,如以退为进","已饥而食,未饱而止",以为是极有味之"安乐法"。 宋代《烹调画像图》(河南偃师出)中,有镣锅图像,不用人力吹火,通风良好,燃烧力强,为前所未有之新炊具。岳珂《桯史》中亦有记载。	德国人大阿尔伯特(约1193—1280年)著《植物学》。
1269年(宋咸淳五年)	审安老人著《茶具图赞》。	
1278年(宋祥兴元年)	南宋王朝最后一位皇帝卫王昺在潮州某深山古寺中藏身时,僧人为其供上"护国菜"(广东菜)。 在临安(杭州),有餐船(据《梦粱录》)、筵席假赁、四司六局(据《武林旧事》)、女厨师(据《旸谷漫录》)。 "探春玺"(即卷煎饼或春卷)。 陈达叟撰《本心斋蔬食谱》,其中记载了银缕(即绿豆粉丝)。 宋朝廷逃往南方时,大批习惯于吃小麦的北方人也随之迁居南方。于是在南方,对小麦的需求量急剧增长,人们开始大量种植小麦,有的地区甚至每年种植两季小麦。此外,无论在南方还是北方,人们开始大量种植高粱。	
1279~1368年(元代)	因唐、宋制,置尚食局,属宣徽院。 置供膳司,隶司农,掌供给应需,货买百色生料,有达鲁花赤、提点及司令、丞等官。 置掌薪司,掌薪炭之事,属礼部。有司令一员,正七品;司丞二员,正八品。 戴表元(1244—1310)作《剡民饥》诗,咏剡(今浙江嵊州一带)民遭灾后,挖食野菜的苦况。 瞿氏发明"机磨"。陶宗仪《辍耕录》载:"尚食局磨面,其磨在楼上,于楼下设机轴以旋之,驴畜之蹂践,人役之往来,皆不能及,且无尘土臭秽所侵。" 宫廷行"诈马宴"(也称衣宴),岁以六月吉日进行,前后三日。周伯琦《近光席》:"太官用羊二千噭,马三匹,他费称是。" 王祯撰《农书》二十二卷,卷七—十为百谷部。其中有关	1271~1295年,意大利人马可·波罗(1245—1323年)到中亚细亚、中国、印度旅行,于1275年来到中国上都(今内蒙古自治区多伦县西北),得到元世祖忽必烈信任,仕元十七年,广游中国。他回国后,《马可·波罗游记》(又称《东方见闻录》)问世,盛称中国之富,物产昌盛。他还把中国的面食带到意大利。

1498 年(明弘治十一年)		葡萄牙人达·迦马（约 1469—1524）发现印度航线——绕过非洲好望角到达印度，开拓了印度洋贸易。
1501 年(明弘治十四年)	邝璠撰(一说刻印者)农书《便民图纂》十六卷,卷十五所载饮馔,皆具江南风味。	3000 多年前,拉丁美洲印第安人就已开始栽培可可树，用果实制作饮料。航海家哥伦布在发现美洲大陆的同时,于 1502 年首次将可可豆带回了西班牙。
1504 年(明弘治十七年)	宋诩撰《养生部》六卷(其中饮食部分出自其子宋公望之手)。作者之母善京菜调制,宋诩得其母口心传授著此书。所记食物内容广博,品目繁多,并有各种制作方法。	
1488~1505 年(明弘治年间)		《正当的狂歌》法文译本于 1505 年发行。
1511 年(明正德六年)	王磐（约 1470—1530)撰《野菜谱》,记高邮一带所产之野菜 60 种。 卢和撰《食物本草》二卷,分水、谷、菜、果、禽、兽、鱼、味 8 类。	
1514 年(明正德九年)		意大利有关于口蹄疫的最早记述。
1516 年(明正德十一年)		1516 年,巴伐利亚(今德国境内）的两位公爵威廉四世和路德维希十世首次以书面形式对他们属地内的啤酒酿造业规定了原料标准，把啤酒限定为由大麦芽、啤酒花和水酿造的饮料。这一限定至今仍被德国人所沿用。这个历史上最早的食品法规为保证啤酒的纯度和质量发挥了重要的作用。
1519 年(明正德十四年)		1519 年,一位西班牙冒险家 H. 科尔特斯在墨西哥阿兹台克印第安人统治者蒙提祖骊的宫中喝到一种称为“Xocoatyl”的苦味饮料。这是一种用可可豆与草药、香料、玉米等搅打起泡的混合饮料。在印第安语中“Xoco”是泡沫,“Atyl”是水。巧克力的英文名字“Chocolate”就是由此演变而来的。后来,科尔特斯将这种饮料带回了西班牙，这是欧洲的第一个可可饮料配方。西班牙人很珍视这个

		配方，保密了近百年。直到1606年，意大利人卡尔雷迪才将制作巧克力饮料的秘方带到了意大利，随后又转入了法国、英国。到了17世纪中叶，在法国和英国，巧克力饮料已颇为流行。
1506~1521年（明正德年间）		1519—1522年，麦哲伦完成最早的环球航行。
1530年（明嘉靖九年）	北京六必居酱园开业，是我国迄今仅存的最古老的食品作坊和商店。	
1532年（明嘉靖十一年）		德国人布吕费尔斯（1490—1534）《植物生态图》——近代植物学的先驱。
1535年（嘉靖十四年）	夏四月初，荐新麦于内殿，作麦饼赐予群臣。 宁原编《食鉴本草》二卷，为食疗之书。 南通抗倭英雄曹顶系白案师傅，刀切面有技巧。	
1539年（明嘉靖十九年）		伯克（德）著《新植物书》。
1500~1541年（明弘治十三年至嘉靖二十年）	钱椿年著《制茶新谱》。	
1542年（明嘉靖二十一年）		弗克斯（德）《植物学》。 《正当的狂歌》德文版于奥古斯堡以《道德上正当、合宜且受到认可的肉体欢愉》为书名出版。
1549年（明嘉靖二十八年）		在费拉拉出版由克里斯多福罗·德·麦西布枸所著的《盛宴、菜肴摆设与一般性布置》一书。
1550年（明嘉靖二十九年）		世界上最早的瓶装啤酒产生于1550年。 16世纪50年代初，在法国巴黎有一家意大利贵妇人开设的饮食店首次出现了以牛奶、鸡蛋为原料冷冻而成的“雪糕”。
1554年（明嘉靖三十三年）	田艺蘅著《煮泉小品》。 南京金陵老便宜坊出售烤鸭。	乔凡尼·德拉·卡隆《关于善良风俗的小册子》。
1561年（明嘉靖四十年）		法兰蔻斯·皮尔·德·拉·法瑞尔《法国厨师》。
1570年（明隆庆四年）		在威尼斯发行《巴托罗缪·史卡皮作品》。巴托罗缪·史卡皮是烹饪大师，教皇比约五世的厨师与亲信，此书共6册，还著有《作品集》。

1571年(明隆庆五年)	佚名撰《墨娥小录》,在"饮膳集珍"类,记述糟鱼、糟蟹、煮蛤蜊、制腊肉等食品之简要制法,均为南方风味食品。	
1578年(明万历六年)	李时珍(1518—1593)撰《本草纲目》六十二卷,共收药物1892种,其内容多有兼述食品、食养、食疗及烹饪者。其中还记载了豆油的制作方法等。	
1579年(明万历七年)	相传广东吴川林怀芝行医交趾(今越南)带回甘薯种。又,明万历年间,福建长乐人陈振龙由菲律宾带回甘薯种,由巡抚金学曾试种成功。后人在福州乌石山建《先薯祠》,祭祀陈、金二人。甘薯在明代末年成为广东、福建两省的重要粮食。自徐光启(1562—1633)在上海种植以后,甘薯栽培迅速普及起来。清代乾隆年间(1736—1795),甘薯在沿海地区及各岛屿上取代谷类作物占据了主食的地位,成为南方各省的粮食作物之一。	
1581年(明万历九年)	意大利人利玛窦到中国传教,将西方学术传到中国。	
1591年(明万历十九年)	高濂撰《遵生八笺·饮馔服食笺》,载食品150种,系列记录了当时烹饪技术,同时还记载了酱油、绿豆芽和黄豆芽的制作方法。其所撰《野蔌品》一卷,为记载蔬菜之作。《遵生八笺》之五《燕闲清赏笺·四时花纪》中最早记载了辣椒。	
1573~1593年(明万历元年至二十一年)	花生传入广东、福建两省,见于徐渭(1521—1593)作《渔鼓词》。 二十世纪五六十年代曾有报告说在浙江和江西两省发现了炭化的花生,但至今未能断定那就是花生。另外,万历年间引进的花生是小粒花生,而现在人们种植的花生是1885年前后传入上海和蓬莱(山东省)的,稍后又传入广东省。由于这种花生产量高,因而取代了以往的小粒花生。现在中国花生的主要产地是河北、河南、山东三省,它是一种极为重要的榨油原料。 万历时,高濂编《居家必备·饮撰》,内列"法制谱",记述各种食用植物及加工成食品或饮料的方法,还有各种干鲜果的加工方法。	
1598年(明万历二十六年)		在沃芬布特尔出版由法兰兹·德·隆特兹尔所著的《各式美食之书》。同时还有奥古斯堡的萨宾娜·魏瑟茵与菲丽苹·魏瑟合著的食谱《萨宾娜·魏瑟茵的烹调书》。
1602年前后(明万历三十年前后)	许次纾著《茶疏》。	
1608年(明万历三十六年)	潘之桓(约1536—1621)撰《广菌谱》一卷。 赵南兰(1550—1627)撰《上医本草》四卷,为食疗之书。	1607年林罗山在日本长崎最早获得李时珍的《本草纲目》,1612年摘编、按训读作为《多识篇》出版。
1615年(明万历四十三年)		最早的咖啡出自埃塞俄比亚南部的咖法省(kaffa)。它是咖啡

		的故乡。1615年，威尼斯商人首次从君士坦丁堡将咖啡运到意大利。到17世纪末，整个欧洲到处都出现了供人们聚会和高谈阔论的咖啡馆。
1573~1620（明万历年间）	烟草传入广东省、广西省（今广西壮族自治区）（据《景岳全书》）。 烟草传入的路线有三条：一、自菲律宾经台湾传入福建的漳州和泉州；二、从南洋经越南传入广东省；三、从日本经朝鲜传入辽东。 马铃薯传入我国。 向日菊（即向日葵）和西蕃柿（即西红柿）传入中国。	
十七世纪初叶	菠萝自菲律宾传入福建省，又经澳门传入广东省（据高拱乾著《台湾府志》）。	17~19世纪日本德川幕府统治的时期，给日本的经济带来了很好的影响。很多农作物都发展起来了，如桑树、楮树、黄瑞香、漆树、茶及柑橘类以及从海外传入的甘薯、烟草、棉花等。
1621年（明天启元年）	王象晋编《群芳谱》，记载了蕃柿（西红柿）和水蜜桃。	
1628年（明崇祯元年）	徐光启（1562—1633）撰《农政全书》六十卷。其中农器图谱内列烹饪之器。“荒政”内之《救荒本草》系明周王所撰，《野菜谱》由王盘所撰。二书均附图谱。 戴羲辑《养余月令》三十卷，记述238种饮馔制法，还记载了皮蛋。 张岱（1597—1676）撰《陶庵梦忆》，记有自制乳酪方法及用途。 佚名撰《天厨聚珍妙馔集》，所言皆制造饮食法度科例。 郑瑄撰《昨非斋日纂》，其卷九为饮食专论，口腹随着客观环境而变化并无常性，认为物无精粗，随遇而安，是动心忍性的一种修养。 慈溪潘清渠为美食家，以其一生美食经验撰成《饕餮谱》，书中记述412种名菜。 顾元庆撰《云林遗事》，记述具有江苏地方特色的8种饭菜及其制作方法。 扬州有西瓜灯出现。李斗《扬州画舫录》：“民间取西瓜镂刻人物、花卉、虫鱼之戏，谓西瓜灯。”后人用此点缀酒席。	
1633年（明崇祯六年）	李日华（1565—1635）著《蓬栊夜话》，其中提到了“醢腐”（即豆腐乳）。	
1637年（明崇祯十年）	宋应星著《天工开物》。据该书上卷载，天下养人之谷物，水稻占七成，小麦、大麦、稷、黍占三成。当时种植水稻的地区都位于长江流域和长江以南，特别是太湖（位于江苏省南部）周围的苏州、松江、常州、嘉兴、湖州五府是水稻的最主要的产地。另据该书上卷载，黄河流域	

	的粮食生产情况是，小麦占一半。就是说，从全国范围来看，水稻占70%，小麦占15%，黍、稷（在该书中都作为黍）和粱（同粟）占不足15%。	
1639年（明崇祯十二年，明代末期）	河北、山东两省开始栽培马铃薯。 “山西过油肉”（山西菜）。	
1644—1911年（清）	沿明制，置大官署，为光禄寺四署之一。长官为署正，满汉各一人，从六品。署丞副，满族二人从七品，掌祭祀燕飨之礼和蔬菜之事。 置珍馐署，掌供备禽、兔及鱼物。 置掌醢署，为光禄寺四署之一，掌供盐、蜜、醢酱之事。 置尚膳正，属内务府御茶膳房总管大臣，掌宫廷筵宴及赐茶之事。 于内务府置御茶膳房，掌供御茶、御膳，属总管大臣以领之。 设尚膳监，管理御膳，下设荤局、素局、点心局、饭局、包哈局，专做烤鸭、烤鸡及咸菜。有厨师300人。为太后做饭的叫“寿筵房”，为皇帝做饭的叫“御膳房”，为后妃做饭的叫“主子膳房”，随行宫走的叫“野膳房”。 《大清会典》：御茶膳房掌供大内之食饮膳馐。膳房恭备分例：“御前每日盘内二十二斤。汤肉五斤、猪油一斤、羊二、鸡二、鸭三、当年鸡三。”皇后、皇贵妃各有等差。 礼部主客司定朝贡通例。《大清会典》：“国家一统之盛，超迈前古，东西朝南称藩服奉朝贡者不可胜数。凡蒙古部落，专设理藩院以统之，他若各藩土司，并隶兵种，其属于主客司会同馆者，进贡之年有期，入朝之人有数，方物有额、颁赏有等。” 清初，蒋埴所撰《宦海慈航》中有论“燕会”专文，谓：“杯酒以叙寒暄，献酬以洽宾主，二簋已足享，三酌可称欢。” 京师崇文门为户部所设税关，各地向宫中缴进鲜鱼，每年三月，由崇文门税关进呈黄花鱼。 海昌陈相国携蚕豆种栽于桂林，遂呼“陈豆”。 唐赓尧作《杀虎口》诗，咏外人饮食，牛羊性热，乳酪腻，必得以茶解之，时论以为有远识。 康熙（1662—1722）初年，神京丰稔，笙歌清宴，达旦不息，达官贵人盛行“一品会”。 朱彝尊（1629—1707）撰《食宪鸿秘》二卷，以原料所属归类，以品种列目，详记食品制作方法。	
清代初期	“荷包里脊”（宫廷菜）、“北京涮羊肉”（北京菜）、“猴脑汤”（广东菜）、“梁溪脆鳝”（江苏无锡菜）、“太原头脑”（山西菜）、“清炖荷包红鲤鱼”（江西菜）。 “大釉酒”（四川省绵竹县产“五粮液酒”的前身）。	1649年，日本公布《御触书》32条布告，彻底干预农民生活。
1650年（清顺治七年）		朗姆酒又译作兰姆酒，是糖蜜蒸馏酒。它约在1650年诞生于西印度群岛的巴巴多斯，为美洲人所喜爱。它曾被称为“辟邪

		酒”(rumhullion),1667 年起简称为朗姆酒(rum)。
1660 年(清顺治十七年)		在巴黎经商的意大利人普罗皮奥·卡尔特里发明了制作冷食的搅拌器，这为机械制冰迈出了重要的一步。
1661 年(清顺治十八年) 清顺治年间	河南省滑县义兴张烧鸡店出售“道口烧鸡”。 方以智(1611—1671)著《物理小识》。 “益源庆”(山西老陈醋工厂)在山西省清徐县开业。	
1664 年(清康熙三年)	“沈永和”(绍兴酿酒厂)在浙江省绍兴府(今绍兴市)开业。 李渔(1611—1679)著《闲情偶寄》,卷十二为《饮馔部》,主张选用新鲜原料,烹饪食物要保持本色、真味,讲究火候。	
1666 年(清康熙五年)		日本人中村惕斋的《训蒙图汇》(21 卷)刊印了动植物图解。
1671 年(清康熙十年)	保定制作槐芪酱菜(“义和拳”事件后,慈禧曾至保定食此菜,谓之“太平菜”)。 周亮工(1612—1672)撰《闽小记》记闽中物产民风、琐事遗闻,记闽地特产,简述其性味、形状。其中记载了甘薯。	日本人向井元升的《庖厨备用和名本草》(13 卷)记载动植物食品 400 种。
1674 年(清康熙十三年)		闵内尔于法国出版《烹饪艺术》。
1675 年(清康熙十四年)		德国人克莱耶抵日（欧洲人研究日本动植物之始)。
1676 年(清康熙十五年)	冒辟疆(1611—1693)大宴天下名士于水绘阁,在江苏妙如泉请一名厨娘,从者百余人,宴取“中席”规格,用羊三百只。 尤侗(1618—1704)撰《簋贰约》,述官宦人家待客饮馔之简约。	
1682 年(清康熙二十一年)		英国人格鲁著《植物的解剖》。
1688 年(清康熙二十七年)	陈淏子著《花镜》,记载了番椒,即辣椒。	日本人大阪堂岛开设粮食交易所。 法国香槟地区维莱修道院的一位修道士 D.P.佩里农,在 1688 年春天，酿造出新型的发泡葡萄酒，后来这种酒以产地香槟命名。
1689 年(清康熙二十八年)	蒲松龄(1640—1715)撰《日用俗字》。全书 31 章,其中饮食、菜蔬、果实之章有食物制法等,是有关烹饪技术之通俗读物。	
1694 年(清康熙三十三年)	王讱庵著《本草备要》。	
1695 年(清康熙三十四年)	《檀几丛书》收录陈鉴所撰《江南鱼鲜品》,述苏浙地区鱼类品名、形体、性味。	

1696 年(清康熙三十五年)		日本人宫崎安贞著《农业全书》(10 卷),集农业知识之大成,是江户时代的代表性农业著作。
1698 年(清康熙三十七年)	顾仲著《养小录》。	
1704 年(清康熙四十二年)	端午,赐群臣高丽米粽。圣祖(玄烨)谕云:"米粽原出高丽,自太宗(即皇太极)朝岁贡百石为端午上供。" "茅台酒"(贵州省仁怀县茅台镇)。	
1707 年(清康熙四十六年)	康熙作《塞上宴诸藩》诗,记咏巡视蒙古时宴请诸部落事,有"龙沙张宴塞云收,帐外连营散酒筹。万里车书皆属国,一时剑佩列通侯"句。	
1709 年(清康熙四十八年)		日本贝原益轩的《大和本草》(16 卷)记载动植物 1362 种。
1710 年(清康熙四十九年)	张英撰《饭有十二合说》,列举与日常吃饭的习俗、礼仪及其他相关之事,共 12 项。	张英编《渊鉴类函》450 卷。其中食物部 6 卷,分为 50 类,每类有释名、典故及摘引诗文,摘录资料中,有的简述制造方法。
1714 年(清康熙五十三年)	农历三月二十五日和二十七日 2 次宴赏耆老,名曰"千叟宴",前后有 2 800 余人赴宴。	
1716 年(清康熙五十五年)		日本吉宗为将军(德川中兴的明君)尊重实学、奖励产业(养蚕、甘蔗、甘薯、开荒等)。
1721 年(清康熙六十年)	开始由海外输入洋米。	
1644~1722 年(清顺治至康熙年间)	"泸州大曲酒"(四川省宜宾市产"泸州老窖特曲"的前身)。	
1662~1722 年(清康熙年间)	上海人姚廷遴所著《续历年记》文中叙述到"满、汉饭"(即满、汉席),满席、汉席分列,是迄今为止所见"满汉席"的最早史料。	
1725 年(清雍正三年)	陈梦雷、蔡廷锡等编纂《古今图书集成》一万卷。其中经济汇编、食货典第 257 ~ 308 卷为饮食部。饮食大类中并列米、糠、饭、粥、糕、饼及茶酒、盐、糟、肉、羹、酢、醢、豉等 29 部,在"汇考"中,记载烹饪技术,资料极为丰富。	
1727 年(清雍正五年)		日本吉宗将军试种甘蔗,试制砂糖。
1735 年(清雍正十三年)	因百姓往往借丧事"招集亲邻,开筵剧饮",且于殡所"杂陈百戏",悖理忍情,敕督抚严加禁止,违者治罪。	
1738 年(清乾隆三年)	北京开设天福号酱肘店。	

1741 年(清乾隆六年)	北京开设砂锅居饭庄(原名和顺居),以出售白肉著名。 杨屾著《豳风广义》记载了“火菢法”大量人工孵化鸡和鸭。	
1746 年(清乾隆十一年)	范成著《台湾府志》记载了“番姜”(即玉米)。 黄之隽(1668—1748)作《西瓜灯十八韵》。 吴敬梓(1702—1754)著《儒林外史》,其中记载了不包馅的馒头。	
1747 年(清乾隆十二年)	潍县连年遭灾,县令郑燮为民求赈。是年丰收,央子村民以大虾干、蟹黄、银鱼磨成红面招待他,感而作诗,谓“泽加于民刻心田”。 曹雪芹(1715—1763)所撰《红楼梦》一书中,有关饮食方面的描写,反映了清代“贵族之家”的奢侈,从大观园食谱中,可窥见当时食谱制作之精巧别致。	
1755 年(清乾隆二十年)	丁宜增撰《农圃便览》,其中记述山东日照地区农村饮馔的地方色彩。	
1756 年(清乾隆二十一年)		1756 年德国记载了动物和人的口蹄疫。
1765 年(清乾隆三十年)	赵学敏著《本草纲目拾遗》,记载了洋鸭。	1765 年在北美马萨诸塞的多尔切斯·J.贝克博士办起了第一个用可可豆生产巧克力粉的工厂。
1768 年(清乾隆三十三年)	陈世元著《金薯传习录》。	
1770 年(清乾隆三十五年)		《天工开物》在日本出版。
1772 年(清乾隆三十七年)		英国化学家普利斯特里将“固定空气”——二氧化碳用管子通入盛水的容器中,虽然有部分气体溢出,但是大部分被水吸收。因它含有“固定空气”,被称为“汽水”。
1773 年(清乾隆三十八年)	曹廷栋撰《粥谱》一卷,列“粥方”100 种,对研究传统粥品及保健食品有参考价值,还著有《养老随笔》(即《老老恒言》)。 英国人自此向中国输入鸦片。	
1774 年(清乾隆三十九年)		巴黎一家饮料老店的老板为他的上等顾客用牛奶冰点心制作成族徽,并起名为“冰淇淋”。当时冰淇淋的价格很昂贵,据说美国第一任总统乔治·华盛顿在 1790 年的两个月里,买冰淇淋就花掉了 200 美元。这在当时可是一笔相当可观的数目。
1775 年(清乾隆四十年)	回民马庆瑞在北京前门创月盛斋号,以烧制酱羊肉和夏令烧羊肉驰名。	

1779 年(清乾隆四十四年)		瑞典人德·拉巴尔发明了奶油分离机。这是借助滚筒产生的离心力,利用奶油与脱脂奶的不同比重,使奶油得到分离,为奶油生产的机械化开辟了道路。
1780 年(清乾隆四十五年)	"松鹤楼"菜馆(江苏省苏州)开业。	
1785 年(清乾隆五十年)	内地之米在上海沿海一带大量出口，吴蔚光作《出洋米》诗,道其危害,使"小乡镇多绝粒人"。 李化楠撰《醒园录》一卷,记载其宦游时随访厨人,撰为食书。 赵信撰《醯略》四卷。 和珅(1750—1799)每日清晨以珠作食。 钱泳(1759—1844)撰《履园丛话》,在"治庖"一则中谓:"凡治菜,以烹庖得宜为第一,而不在山珍海错之多",食物"必各随其时,愈鲜愈妙。" 粤东田少人多,仰越南、西贡洋米,颇贱。阮元(1764—1849)奏请乞税,作《西洋米船》诗记之,有"免税乞帝恩,米船来颇速;以我茶树叶,换彼岛中粟"句。	1784 年日本出版《日本植物志》。
1790 年(清乾隆五十五年)		法国人路布兰从食盐中制碱。
1792 年(清乾隆五十七年)	袁枚(1716—1798)撰《随园食单》,全书分 14 单：须知单、戒单、海鲜单、江鲜单、特生单、杂牲单、羽族单、水族有鳞单、水族无鳞单、杂素菜单、小菜单、点心单、饭粥单、茶酒单,记录了元明金至清共 326 种菜肴、饭点和茶酒,被公认为"厨者之典"。其撰《厨者王小余传》为其家厨立传,为目前仅见之厨师传。	"三明治"原来是大不列颠王国的侯爵的封号。三明治侯爵的第四代约翰·蒙泰古(1718—1792)是一个一天到晚沉湎于纸牌的贵族老爷，为打牌方便就随手将肉或香肠放在两片面包之间，一面吞食，一面玩纸牌。以后,这种用两片面包夹肉或香肠的吃法就流传开了,并被称为三明治或夹肉面包。
1795 年(清乾隆六十年)	李斗著笔记集《扬州画舫录》,共 18 卷。书中记载了扬州一地的园亭奇观、风土人物。	
1736—1795 年(清乾隆年间)	"瓜灯"。 "伊府面",即在扬州知府伊秉绶(1754—1815)家的厨房中产生的油炸鸡蛋面。 童岳荐汇集《调鼎集》。也有人说此书作者佚名。	日本农业技术取得进步，通过开荒和改进农业技术使米产量大大增加。 林耐发表动植矿物分类法。
1796 年(清嘉庆元年)		阿米丽亚·西蒙斯(Amelia Simmons)撰写的美国第一部烹调书籍——《美国烹调》出版。
18 世纪		在印度最早出现霍乱，传播动物：鸡。最早说的鸡瘟,也就是鸡霍乱,后来由鸡传给人。死亡率 30% ~ 100%。
1802 年(清嘉庆七年)		日本人大藏永常著《农家益》,作者是有代表性的农业技术家。

1804(清嘉庆九年)		巴黎有一个食品工人出身的糕点商尼古拉·阿佩尔,他把处理好的肉或蔬菜装入广口瓶,轻轻塞上软木塞，将瓶放入水中煮沸2小时后取出，再将软木塞塞紧,用蜡密封。1804年,阿佩尔的罐头送交法国政府试验,3个月后开封,食品保存良好,质地新鲜,风味未变。此后阿佩尔在巴黎郊外建起了世界上第一个罐头厂。 几乎与阿佩尔同时，英国的萨蒂顿也于1807年制出了瓶装水果罐头。而英国人杜兰德则在研究金属罐装罐头，这可以减轻罐头重量,减少罐头破损,并且密封简便。布蒂恩·唐金和约翰·霍尔购买了杜兰德的发明,又用马口铁罐代替钢罐,于1811年建厂生产出世界上第一批马口铁罐头。1814年,英国海军开始订购唐金—霍尔公司生产的罐头。 1980年，法国的弗朗索瓦·鲁维埃发明了自动加温罐头。这种罐头分上下两层，上层放食品,下层装有两种化学药剂。拉动舌片，化学药剂混合发生化学反应,产生热量加热食品。到今天，全世界每年生产各种罐头1750亿个,达4000多万吨。
1805年(清嘉庆十年)	“恒顺”酱醋厂(江苏省镇江市)开业。	1805年,法国人帕芒蒂伦瓦尔德建立了一个奶粉工厂，开始正式生产奶粉。
1807年(清嘉庆十二年)	郝懿行(1755—1825)撰《证俗文》。其中对食物之俗语习风,乃至制法,旁征博引,可视为烹饪文字学之专著。	19世纪初,英国的啤酒生产大规模工业化,年产量达20万升。
1809年(清嘉庆十四年)		日本人水谷风文著《物品识名》一书确定日本植物学名。
1813年(清嘉庆十八年)	章穆撰《调疾饮食辨》六卷、卷末一卷,为利用饮食调治疾病之作。	
1819年(清嘉庆二十四年)		瑞士23岁的F.L.卡耶尔制造出第一块巧克力糖。从此,巧克力就不再单纯是作为一种饮料,而且成为糖果和点心了。
1820年(清嘉庆二十五年)	茶叶的出口量占世界茶叶贸易额的75%。	

1823年(清道光三年)	章杏云著《饮食辩录》。	卡尔·福立德西·冯·鲁莫尔(1785—1843)出版著作《烹调艺术的精髓》。
1824年(清道光四年)		瑞典人德·坎达勒对植物分类。
1827年(清道光七年)		英·沃克发明磷制火柴。 法国的N.阿佩尔首先发明了浓缩牛奶制成炼乳的技术，阿佩尔曾把无糖炼乳装入罐头瓶送给当时的法国海军。 非洲裔烹饪作家罗伯特·罗伯特的《家庭雇工指南》一书出版，是非洲烹饪历史上的一个里程碑。
1828年(清道光八年)		荷兰人冯·霍滕将可可浆脱去可可脂，第一次制出速溶可可粉,同时,用可可粉加入可可脂制作巧克力，也比原先直接用可可豆质量好得多。霍滕的发明彻底改变了可可和巧克力工业的面貌。
1829年(清道光九年)		日本人伊藤圭介著《西洋本草名疏》(介绍林耐分类法)。
1830年(清道光十年)		在1830年前后,由食品科学历史上的代表人物拜伦·冯·李比希发起了第一个食物营养问题的系统调查，他将所有食物营养成分归纳为3类：碳水化合物、蛋白质和脂肪。
1831年(清道光十一年)		饼干是一种用面粉加糖、鸡蛋、牛奶等烤制的小而薄的块状食品。它起源于19世纪30年代的英国。
1832年(清道光十二年)		安东尼斯·安图斯《饮食艺术讲座》。
1833年(清道光十三年)		日本人宇田川榕庵著《植学启源》,是权威性的理论植物学著作。 英国皇家海军开始用蒸汽动力机器生产面包。
1837年(清道光十七年)		在丹麦的哥本哈根城里，诞生了世界上第一家工业化生产瓶装啤酒的工厂，其啤酒酿造技术至今仍居世界前列。

1839年(清道光十九年)		7月,在大不列颠、伦敦、斯特拉特福,口蹄疫首次感染乳牛,并于1840～1841年达到了高潮,随后口蹄疫陆续在世界各地爆发或扩散。
1844年(清道光二十四年)		日本人大藏永常著《广益国产考》(日本江户农法)。
1846年(清道光二十六年)		一位名叫南希·约翰逊的美国女士制造了一种动曲柄式冷冻机,并使冰淇淋复杂的制造工艺大大简化,为冰淇淋的大规模生产创造了条件。由美国巴尔的摩市一位牛奶销售商杰伊科布·弗塞尔开设的世界上第一家冰淇淋工厂于1851年6月15日正式投产。
1847年(清道光二十七年)		英国的弗赖伊父子公司在可可粉中加糖和可可脂,并用模子将它们成型为巧克力块,制出了我们今天所吃的巧克力糖。
1848年(清道光二十八年)		口香糖是一种供人们放入口中咀嚼,带有甜味的树胶食品,它又被叫做胶姆糖。地中海一带的居民自古就有咀嚼乳杏树的甜树脂,用以清洁牙齿和清爽气息的习惯。美国新英格兰地区的殖民者为同一目的,从印第安人那里学会了咀嚼芳香而带酸涩味的云杉树脂。同样,许多世纪以来,中美洲尤卡坦半岛的居民喜爱咀嚼人心果里的糖胶树脂。1848年,美国缅因州的约翰.卡奇斯用自己家里做饭的锅熬制加入糖的云杉树脂,起名为"缅因州精制云杉口香糖"。1850年,卡奇斯移居波兰后,继续制作云杉口香糖出售,但一直没有大规模生产。
清道光间	龚自珍(1792—1841)撰《馎饦谣》,以馎饦喻国力之盈虚。 清宣宗旻宁(1821—1850)喜食片儿汤,内务府奏请置御膳房,设专官,专供片儿汤,即设开办费需数万金。宣宗谓:不要因口腹之故,妄费一钱。前门外有一饭馆所制甚佳,内监往购,一碗不过四十文。	

	顾禄撰《桐桥倚棹录》十二卷，记苏州虎丘山塘一带风物、胜迹、市廛、特产等，详列菜品点心名目，多达数十种。此书及《清嘉录》，为外洋日本所重刊，称为才子书。 来华外籍侨民不断增加。法、英、俄、日式菜点被介绍进来。我国厨师吸收洋菜、洋食的技艺，由仿制外国菜而有"中式西菜"、"西式中菜"的出现，扩大了中菜品种。 梁章钜(1775—1849)以起家寒俭，以各种珍馐及不喜爱之蔬菜，列为《不食物单》。 "聚春园"菜馆(福建省福州市)出售"佛跳墙"。 道光中叶，已见合一的"满汉席"。目前所见反映这一合一筵式的最早文字资料是陈退庵的《莲花笺(筏)》、金安清的《水窗春呓》、李劼人的《旧帐》等史料。	
1853年(清咸丰三年)	英国人在上海开办的"老德记"药房出售冰淇淋和汽水。	
1855年(清咸丰五年)	北京便意坊挂炉烤鸭开业。 咸丰年间，上海开设鸿运楼、荣顺馆等本帮菜馆，之后又有德兴馆的开设。 京师每冬设立粥厂惠养穷黎。咸丰时，王再咸作《饭厂行》，反映赈米被官吏居中侵吞，穷黎不得其惠的状况："搜粟尉、积谷翁，唱筹夜半声嗈嗈"，"可怜候赈如候潮"、"伸来十指如麻细"。 王韬(1828—1897)在所撰《瓮牖余谈》中论禁食蛙，谓蛙能啄虫保禾，有益农田，每岁四五月青蛙生发之际，官府应出示禁捕，入市售蛙者有罚。	
1856年(清咸丰六年)	林鼎鼎(福建省福州市)出售"油酥肉松"。	美国人G. 博登研制出采用减压蒸馏方法将牛奶浓缩至原体积的1/3左右的生产炼乳的技术。他还在炼乳中加入大量的糖，达到成品重量的40%以上，这实际起到了抑制细菌生长的作用。1856年博登获得了加糖炼乳的专利。1858年，博登在美国建起了世界上第一座炼乳工厂。博登生产的炼乳罐头曾在美国南北战争期间(1861—1865)供军队食用。
1857年(清咸丰七年)		法国的著名生物化家家L.巴斯德首次发现乳酸发酵和酒精发酵，证实发酵由微生物引起，食物腐败是由于微生物繁殖所致。
1859年(清咸丰九年)		英国人达尔文著《物种起源》出版。
1860年(清咸丰十年)	中国与印度、爪哇、菲律宾、古巴等并列为世界六大产糖国之一。	意大利人卡尔罗·加蒂发明了三色大冰砖，在伦敦市场上很受欢迎。

1861年(清咸丰十一年)	王世雄著《随息居饮食谱》。	德国人西门子发明煤气发生炉和蓄热式煤气燃烧法。
1851～1861年(清咸丰年间)	丁义兴酒店（今上海市金山县枫泾镇）出售“枫泾丁蹄”。	
1864年(清同治三年)		德国人肖尔采发明打猎用的无烟火药。
1865年(清同治四年)		法国著名的生物化学家巴斯德于1865年4月11日发明了葡萄酒的加温杀菌处理方法,这就使酒可以长期存放而不变质。
1866年(清同治五年)		德国的雷特豪生教授利用硫酸与小麦中的麦胶蛋白分离制出了谷氨酸（味精的化学成分），但他并没有发现谷氨酸在饮食上的用途。
1867年(清同治六年)	清政府在北京创设的京师同文馆增设了与近代西方营养卫生学有关的化学、生物和医学科。	
1868年(清同治七年)		达尔文著《动物和植物在家养下的变异》。
1869年(清同治八年)		法国化学家H.梅热·莫里哀于1869年7月15日获得人造黄油的发明专利。由于在合成人造黄油过程中，黄乳像珍珠一样流动,莫里哀借用希腊语“珍珠”(margaron)将自己的发明命名为“麦淇淋”。
1870年(清同治九年)		美国泽西城的托马斯·亚当斯在树脂中加入糖和香料制成口香糖，放在药店出售，销路很好,并开始大批生产。
1871年(清同治十年)		荷兰黄油商购买了人造黄油的制造权，建厂生产出世界上第一批人造黄油。 美国最早的犹太烹饪作家勒维的《犹太烹调》出版。
1872年(清同治十一年)		德国人施罗德用马铃薯作固体培养基。
1873年(清同治十二年)	北京全聚德挂炉烤鸭店开业。 同治年间,浙江人在上海南京路大陆商场附近(今东海大楼处)开设正兴菜馆,由于生意兴隆,以正兴馆为名开设的菜馆多至百家。	法国著名的生物化学家巴斯德于1873年3月3日发明了加温发酵灭菌的啤酒酿造工艺，可使啤酒在较长时间内不变质。

1874 年(清同治十三年)	"烤肉季"(北京的烤肉店)开业。	由德国的 M. 哈尔曼博士与 G. 泰曼博士于 1874 年合成成功的香兰素，是人类所合成的第一种食用香精。
1862～1874 年(清同治年间)		
1875 年(清同治十四年)		日本开始出现火柴。
1876 年(清光绪二年)		瑞士人 M.O.彼得将牛奶加到巧克力中,第一次制出牛奶巧克力。
1877 年(清光绪三年)	"聚春园"菜馆(福建省福州市)出售"鸡茸金丝笋"。 汪曰桢(1812—1881)撰《湖雅》九卷,书中将湖州(今浙江省吴兴县一带)的物产分为谷、蔬、瓜、果、茶(附泉水)、禽、鱼、介、酿造、饼饵(附粥饭)、烹饪等 26 类,分别作了记述。	美国人帕西于 1877 年发明的奶粉制作喷雾法，是迄今为止最好的奶粉制作方法，至今仍被沿用。它的诞生推动了奶粉制造业在 20 世纪初的大发展。
1878 年(清光绪四年)		最早在意大利发生这种后来被称为"禽流感"的鸡瘟。
1879 年(清光绪五年)		美国巴尔的摩的约翰·霍普金斯大学教授美国人 I.雷姆森和德国人 C.法尔贝制得邻一苯甲酰磺酰亚胺，并发现这种新化合物的甜味为砂糖的 500 倍。这种化合物后来被叫做糖精。 玛丽·林肯 (Mary J.Lincoln)创建了美国第一个正式法人的烹饪学校——波士顿烹饪学校，并任校董，为美国正式烹饪教育的里程碑。
1880 年(清光绪六年)	上海元利食品厂开设,经营潮式茶点。	
1881 年(清光绪七年)	四川省通江县发现野生银耳(据《通江县志》)。 黄云鹄撰《粥谱》一卷、《广粥谱》一卷,列粥方 240 多种。 由英国传教士傅兰雅口述，栾学谦笔录的《化学卫生论》在上海《格致汇编》杂志上连载,以后又出版多种单行本。本书原版是英国化学家 Johnson 于 1850 年著作,1854 年又由 Lewis 修订的关于生命化学的早期著作。《化学卫生论》的出版发行标志着西方近代生理学和营养学知识传入中国。该书对谭嗣同、孙中山、鲁迅等都产生过影响。	
1883 年(清光绪九年)		德国的贝利纳布劳又发现了一种甜味剂,它比砂糖甜 300 倍,命名为甘精。
1884 年(清光绪十年)		德国人费歇尔合成糖类。

1886年(清光绪十二年)		日本自此展开了近代的机械工业。 1886年由美国佐治亚州亚特兰大人约翰·潘伯顿(John S. Pemberton)在家中后院中将碳酸水和糖以及其他原料混合在一个三脚壶中而发明了可口可乐这风行100多年的奇妙液体。
1890年(清光绪十六年)	上海老晋隆洋行开始进口和生产卷烟。 瑞典人在上海开办火柴工厂。	《米其林餐饮指南》由米其林轮胎公司创刊出版。
1892年(清光绪十八年)		可口可乐公司(Coca-Cola Company)正式成立。
1895年(清光绪二十一年)	张振勋在山东省烟台建立张裕葡萄酿酒公司,酿造葡萄酒和白兰地酒。	19世纪末,法国记者马修·迪斯特发行周刊“La Cuisinere Cordon Bleu”,成为世界上最大的收集菜谱的刊物。
1896年(清光绪二十二年)		日本人高田嘉助发明制盐锅。 1月14日,法国蓝带烹饪学校诞生。至今,学院已有100多年的历史,在世界12个国家开设分校,培育了75个国家的学生。
1897年(清光绪二十三年)		日本人宫原三郎发明宫原式水管锅炉。
1899年(清光绪二十五年)	湖北省宜昌县“荣生昌”酱园的邱寿安出售榨菜。 刘世忠在辽宁省北镇县的沟帮子出售“沟帮熏鸡”。	
1900年(清光绪二十六年)	胡延作《清宫词百首》,记咏慈禧西狩事实,其中咏行宫膳房,生菜“悉以传单购备”的困难境况。同时,颜缉祜作《长安宫词》亦有咏及饮食事。 “杏元鸡脚炖海狗”(广东菜)。 乌卢布列布斯基啤酒厂在黑龙江省哈尔滨市建立。 光绪中叶以前,开始出现“满汉全席”之称,始于清末,盛于民初。	20世纪初,俄国科学家伊·缅奇尼科夫分离发现了酸奶的酵母菌,命名为“保加利亚乳酸杆菌”。
1901年(清光绪二十七年)		日本出现餐车。 美国孟山都公司(The Mosanto Corporation)成立。其最初是一家化学公司,后来逐步将生产领域扩展到到农业、生物科技和制药。该公司目前拥有世界上许多最先进的生物科学技术,其生产的转基因农作物基本上垄断了全球转基因市场。自创立至今,孟山都公司已成长为拥有90多亿美元资产,数万名员工,在全球销售农业化工、农业和医药产品的跨国公司。

1902年(清光绪二十八年)	上海创设利男居茶室,专营广式糕点。	自此美国农业使用拖拉机。 日本下田歌子(1854—1936)撰《新编家政学》,其第四编第三章中列有食物10类,记食单、调理、贮藏诸法,称"中国盛馔,品种极多,不可胜食"。
1905年(清光绪三十一年)		日本盐统销。
1908年(清光绪三十四年)	光绪年间,元知山人鹤云氏撰《食品佳味备览》,自序谓:"人生饮食系养命之本,余讲求数十年,食尽各省精粗之味,以及口外东西洋各国之食品,分别精粗之味,汇成一本,以济世用。"	日本帝国大学教授池田菊苗从海带中提取出味精(谷氨酸钠)。
1909年(清宣统元年)	傅崇椝撰《成都通览》。其卷七为饮食类,载有成都餐馆、物产、饮食习俗、民间风味饮食等,记载的菜品品名达1328种,"食品类及菜谱"条,记有菜品405种。	美国教会出版社编《造洋饭书》,共收271种菜品及西式糕点的烹制方法,亦适应于中国厨师之用。
1910年(清宣统二年)		日本帝国农会创办。 世界上第一台压缩式制冷的家用冰箱在美国问世。
1911年(清宣统三年)	南京韩复以鸭铺之板鸭,在南洋劝业会上被评为一等奖,并荣获金质奖,自此南京板鸭声名远扬。同年,我国鸡仔饼行销东南亚,并多次获奖。	"维生素"一词被用于描述饮食必需的化学成分。
清代末期	清末,谭宗浚、谭瑑父子创造"谭家菜",京官宴请多用之。民国后流到社会,有"戏界无腔不学谭(谭鑫培),食界无口不夸谭(谭家菜)"之谚。 无名氏作《宫词》,咏清宫御用食品,注:上膳掌于御膳房,聚山海珍错,书于牌,除远方珍异之品以时进御外,常品如鸡、鱼、羊、豕,每膳皆具,每具必双,盖古制公膳双鸡之遗意。 夏仁虎作《清宫词》,咏及御膳房,自注谓:"御膳房内分七部:曰膳房、茶房、太监库房、收鲜处、买办处、档房,均由内府大臣领之。下各置拜唐阿(执事人)若干。" 兰陵忧患生作《宴客》诗,自注:"从前宴客,一席不过十余金。近日豪士宴客,动逾百元。" 张荩撰《仿园清语》。其中专文谈饮食之道,谓饮食各有爱憎,而大略则异固不相远。肴之讲求,列出十项:味、色、洁、清、时、气、配搭、调和、寻常、器具。 吴林撰《吴蕈谱》一卷,记苏州地区食用蕈8种。 曾懿(女)撰《中馈录》,记录总结我国20种食品的制造和保藏方法。 稚虹作《贺新郎·蝴蝶会》词。友人小聚各出酒一壶、肴一碟,谓之"蝴蝶会"。 清季名厨众多:坊间传董小宛菜谱、食经莫不通晓,董桃媚被誉为"天厨星",萧美人擅千秋食品,陶方伯夫人以"十景点心"压倒天下,余媚娘"五色脍"妙不可及,嘉兴米二嫂创"芙蓉蟹",陈麻婆创"麻婆豆腐"。	

	江南一带名厨荟萃：吴一山善炒豆腐，田雁门做走炸鸡，江郑堂做十样猪头，汪南谿做拌鲟鳇，施胖子做梨丝炒肉，张回回子做全羊，江文做蜜车，管大做骨董汤、鮆鱼糊涂，孔认庙做螃蟹面，文思和尚做什锦豆腐羹。 清季各地名厨有录者：京菜有刘海泉、赵润斋、孙绍然、赵永寿；鲁菜有周进臣、刘桂祥；川菜有关正兴、王海泉、戚乐斋、黄晋龄、贵宝书、杜小恬、傅吉廷、陈吉山；粤菜有梁贤；苏菜有孙春阳等。 清末高贵友创“狗不理包子”，郑春发创“佛跳墙”，朱阿二创“叫化鸡”，义兴张炳创“张烧鸡”，肖代创“散烩八宝”，曾永梅创“皮条鳝鱼”，余四方创“早汤面”，詹阿定创“什锦饭过桥”。 四川省开始人工栽培银耳。 “德顺斋”（山东省德州市）出售“德州扒鸡”（即德州五香脱骨扒鸡）。 “黄焖羊肉”（宫廷菜）、“贵妃鸡”（北京菜）、“太爷鸭”（广东菜）、“鼎湖上素”（广东菜）、“白斩鸡”（即三黄油鸡，上海菜）、“青鱼下巴甩水”（甩水即划水，上海菜）、“红烧圈子”（上海菜）、“荷叶粉蒸肉”（浙江菜）、“腌鲜桂鱼”（安徽菜）、“金边白菜”（陕西菜）、“汽锅鸡”（云南菜）、“潘鱼”（北京菜）、“炸佛手卷”（北京菜）、“糟溜三白”（北京菜）、“黄焖甲鱼”（山东菜）、“夜香冬瓜盅”（广东菜）、“三套鸭”（江苏菜）、“黄泥煨鸡”又称“叫化鸡”（江苏菜）、“扒猴头”（河南菜）、“青蛙麒面”（东北菜）。	
1912～1949 年（民国年间）	孙中山说：“本世纪初，伦敦、纽约、巴黎、马德里、米兰、利马、东京、马尼拉、曼谷等各国城市中都有中国饮食之风盛传。”又说：“西人知烹调一道，法国为世界之冠，及一尝中国之味，莫不以中国为冠也。”又说：“烹调之术，亦美术之道也。”把我国烹调之术第一次列入文化艺术范畴。 民国初年，北京军界有段家菜，银行界有“任家菜”，财政界有“王家菜”著称于时。	
民国初年	“毛肚火锅”（四川菜）、“薄片火腿”（浙江菜）、“青鱼秃肺”（上海菜）。	
1912 年（民国元年）		1912 年日本人田熊常吉发明田熊式锅炉。 第一家自助餐馆在加利福尼亚开张。
1914 年（民国三年）	永城贡枣干在美国旧金山万国博览会上展出。 1914 年哈尔滨建起了五洲啤酒汽水厂；同年北京建立了双合盛啤酒厂	从俄罗斯到乌克兰的航线出现首次航空旅客进餐服务。
1915 年（民国四年）	太仓糟油出口东南亚和港澳地区。巴拿马国际博览会上获超级大奖（1914 年、1921 年、1925 年 3 次获地方物品展览会银质奖）。	詹姆斯·利维斯·克拉夫特在加拿大推出了加工乳酪。

1916 年(民国五年)	徐珂编《清稗类钞》,总结有清代饮食情况,按条列饮食名目、烹饮技艺、饮食掌故,总计饮食类记述 1 724 条。	可口可乐公司推出了以可乐果为模型的曲线瓶子。
1917 年(民国六年)	卢寿篯编《烹饪一斑》。全书分 8 节,供妇女学习家庭烹饪,适应有产家庭之需。其第五节,述各地风味饮馔之特点。 李公耳撰《家庭食谱》。全书分章记述,有点心、荤菜、素菜、盐货、糟货、酱货、熏货、糖货、酒、果十大类,计 228 种,具有太湖地区家庭烹饪特点。	
1918 年(民国七年)	王言纶编《家庭实习宝鉴》,其第二编为"饮食论",比较全面地介绍了中西烹调诸法。其中收录中菜 87 种,西菜 120 种。因切合时用,此书十余年间多次重印。	
1919 年(民国八年)	梁桂琴女士辑《治家全书》,其第四卷为烹调篇,分总论、蔬菜烹调、肉食烹调、西餐烹调 4 章,是研究我国近代烹饪,特别是上海地区烹调历史的重要参考书。 20 世纪 20 年代,程英、屠杰、佩兰三女士合撰《家庭万宝全书》,为女子学校授课所用,此书对烹饪学教育有参考作用。	
1920(民国九年)		第一根冰淇淋棒由哈利·贝特在他的"好幽默"酒吧出售。
1921 年(民国十年)	1921 年前后,日本"味之素"广告遍布中国市场。 中国的化工实业家吴蕴初发明了盐酸水解法，成功提取出谷氨酸钠,并为它起了一个中国式的名字"味精"。	美国人 C.K. 纳尔逊于 1921 年发明了紫雪糕。他在普通雪糕外面镶了一层巧克力，并为其命名为"爱斯基摩冰砖"。
1922 年(民国十一年)	李公耳编《西餐烹饪秘诀》。全书分列 138 品种,其中叙述器具材料的整备和烹调方法。 农历四月初八(公历 5 月 4 日)释迦牟尼生日,上海开设功德林素食处(今北京东路贵州路口)。	
1923 年(民国十二年)	时希圣仿李公耳《家庭食谱》之例,撰《家庭食谱续编》,1925、1926 年,又分别撰三编、四编,连李公耳所撰,收录食品计 1022 种。 吴蕴初与实业家张逸云等人合作建立了中国的第一个味精厂——天厨味精厂。	法兰克·爱波森把他的柠檬汁忘在窗台整整一夜后发明了棒冰。
1924 年(民国十三年)	《上海快览》出版,其中第六编为上海之饮食,分别记载 20 年代上海之著名餐馆、饮食店、经营品种及方式,并分别介绍餐馆之帮别菜系，还有关于宴席礼仪方面的介绍。 郑贞文著《营养化学》由上海商务印书馆首版发行,该书后又曾重版多次,"营养"一词首次由日本传入中国。	日本农艺化学会、日本畜产学会创办。 美国的博物学家和皮毛商克拉伦斯·伯宰于 1924 年在美国的马萨诸塞州建立了一个海产品公司，研究使冷冻加工食品商品化的生产技术。 纽约的一家饭店"恺撒皇宫"的主人恺撒·卡蒂尼沙皇发明了恺撒沙律。 世界动物卫生组织是权威的政府间动物卫生技术组织，创建

		于 1924 年，总部设在法国巴黎,目前有 168 个成员。其职责主要是通报各成员国动物疫情，协调各成员国动物疫情防控活动，制订动物及动物产品国际贸易中的动物卫生标准、规则等。
1925 年(民国十四年)	北京北海公园设仿膳饭店,经营仿制的清宫菜。自此,“仿膳菜”始风靡。 时希圣撰《素食谱》。全书 5 辑,每辑介绍素食 50 种,提倡素食主义。	瑞典丽都公司开发了家用吸收式冰箱。
20 世纪 20 年代初	上海菜馆改良“清炒鳝鱼”,制作成“竹笋鳝糊”,并开始出售。 薛宝辰(1850—1926)撰《素食说略》,列陕西、京师一带素食百种以上。	
1926 年(民国十五年)	丁福保(1874—1952)译述《食物新本草》,食物按部分为 10 章,对食品的阐述,均从对人体的益害加以分析,是一部具有近代科学观点的食养书。	马利安·B·斯凯格成立 Safeway 食品商店。
1927 年(民国十六年)	《济南快览》出版,其第二节为衣食部分,记述济南食品及饮食习俗,在“中西餐馆”内,记济南餐馆帮系及风味、特色。 辽宁省大连市开始养殖海带。	美国通用电气公司研制成功全封闭式冰箱。
1928 年(民国十七年)	吴宪著《营养概论》首版发行,近代营养科学正式传入中国。该书后来又多次修订,从第二版起即附有“食物成分表”,是中国的第一个食物成分表。	美国费城的一个名叫沃尔特·戴默的会计发明了泡泡糖,当时他把它叫做 Dubble Bubble (大宝泡泡糖)。直到 1937 年,第一批泡泡糖产品才问世。
1929 年(民国十八年)		克拉伦斯·伯宰把他的公司和冷冻加工技术以 2200 万美元的价格卖给了波森塔姆，但产品需以“伯宰”为商标。
20 世纪 20 年代末期	上海市德兴馆出售“虾子大乌参”。	
1930 年(民国十九年)		1930 年,波森塔姆公司生产出了第一批冷冻食品,3 月 6 日在斯普林格菲尔德的 10 家食品商店同时销售。这些冷冻食品中有青豆、菠菜、木莓、樱桃、鱼、肉等。 采用不同加热方式（以煤气、电、煤油为热源)的空气冷却连续扩散吸收式冰箱投放市场。 1930 年,美国诞生了世界上第一家现代超级市场，创办者是美国人万克尔·库耸。

1931年(民国二十年)	辽东饭庄编《北平菜谱》,为当时高级饭庄之典型菜谱。 30年代,在巴拿马国际烹饪比赛大会上,我国粤菜厨师梁贤获金质奖。	《米其林餐饮指南》设计出以叉子来标示餐厅好吃的程度,后来则改以星星为标志。 研制成功新型制冷剂氟利昂12,并在工业上使用。
1933年(民国二十二年)	岳俊士编《民众常识丛书》,以妇女为主要读者对象,专列烹饪一类,所介绍品种,均属南方菜系。	如西·威克费尔发明巧克力饼干。2月5日美国取消禁酒法,当晚即消费了150万桶啤酒。
1934年(民国二十三年)		日本禁止学生出入咖啡馆。 卡尔·克林在其位于肯塔基州路易斯威尔的汉堡店推出了芝士汉堡。
1935年(民国二十四年)	广州出现了五羊啤酒厂(广州啤酒厂的前身)。	克鲁格公司推出罐装啤酒。
1936年(民国二十五年)	陶小桃撰《陶母烹饪法》,内容专记上海一带小康家庭之烹饪经验。 张恩廷编《饮食与健康》,用科学的化学分析方法,说明食物之成分与功用,烹调方法与保持食物营养价值的关系,该书是我国早期研究食品化学之专书。	
1937年(民国二十六年)	李家瑞编《北平风俗类征》,按事物性质分列13部。饮食部述北京食品品目、渊源、演变、烹调方法。在岁时部列有节令食品,还介绍了北京著名的酒楼、饭店,为研究北京风味饮食与烹饪特点的资料书。 上海市马永斋熟食店出售“三黄油鸡”。	霍梅公司推出罐装火腿、猪肉。
1938年(民国二十七年)	费子珍撰《费氏食养三种》,计《食鉴本草》一卷,《本草饮食谱》一卷,《食养疗法》一卷。	瑞士雀巢公司制成世界上最早的商品化的速溶咖啡。
1939年(民国二十八年)	龚兰真、周旋编撰《实用饮食学》。本书的编写目的是“改进日常的膳食,以期达到标准的健康”。 私立北京辅仁大学于1939年设家政系,其教学计划中有一门烹调技术方面的课程,烹饪教学参考书或教科书,主要有《家事实习宝鉴》、《家政万宝全书》、《实用饮食学》和《姑姑筵食谱》等。	波森塔姆公司又用伯宰发明的双带冷冻机和多板冷冻机生产出了首批速冻食品和冷冻熟食。 通用电气公司推出带双温的电冰箱。
二十世纪三十年代	广东省广州市六榕寺榕阴园出售“鼎湖上素”。 “夫妻肺片”(四川菜)、“西湖莼菜羹”(浙江菜)、“符离集烧鸡”(安徽菜)、“沙茶焖鸭块”(福建菜)。	
1940年(民国二十九年)	20世纪40年代初,上海“老正兴”菜馆出售“炒蟹黄油”。	军队配给包中出现M&M口香糖。 肯德基的创始人哈兰·山德士被肯德基州授予山德士上校的荣誉称号,以表彰他为家乡作出的贡献。山德士上校的食谱被用于制作肯德基炸鸡。
1941年(民国三十年)	任邦哲等编《新食谱》,也附有“普通食物成分表”。	

1942年(民国三十一年)		在英国，里昂咖啡公司最早在其产品包装上显示“最佳销售日期”。 1942年,全球第一家自选超市在英国伦敦出现。
1943年(民国三十二年)		爱尔兰厨师乔·谢里丹在爱尔兰香农机场推出了爱尔兰咖啡。 现代超市的英文Supermarket,是1943年在美国开设的奥拉斯超市（Allers Supermarket)首先启用的。
1944年(民国三十三年)	单英民编《吃饭问题》。全书为12章,介绍食物的重要性、消化的功能、食物的选择,以及疾病预防、烹调方法等。	日本寺尾博展开水稻冻害的研究。
1945年(民国三十四年)		皮斯·乐巴朗·斯宾塞发明微波炉。 “Coke”被可口可乐公司注册为商标。
1946年(民国三十五年)	“瓦罐鸡汤”(湖北菜)。	西班牙商人萨克·卡拉索在第一次世界大战后建立酸奶制造厂，把酸奶作为一种具有药物作用的“长寿饮料”放在药房销售。
1948年(民国三十六年)		健纳·伍德推出健伍厨师牌食品搅拌机。 1948年,世界上第一个大型超市诞生于伦敦。
1950年	中国从50年代开始生产电冰箱。1956年,天津市医疗器械厂试制成功封闭式压缩机,并用于电冰箱。1980年中国生产冰箱4.90万台,1988年达到755万台。	饮食民族学在英、法两国奠立,扎下现代文化学研究饮食的真正根基。英国社会史学家约翰·布涅和法国社会学兼人类学家李维史陀自1950年开始探讨食物和饮食行为的社会及文化意涵。
1951年		20世纪50年代,菲律宾一位名叫威廉斯的博士首次成功使用用经过化学处理的维生素B溶液,浸渍或喷洒在精米的表面,然后烘干，使维生素附在米粒上形成薄膜,即使搓洗蒸煮,养分仍然完好无损的方法。这种添加维生素的米就被人们称作“强化米”。此后,各种强化食品在世界各国陆续出现。美国在

		70年代后期曾规定，为了弥补面粉在加工过程中丢失的养分，食品厂制作面包必须要添加维生素和矿物质，使之成为“强化面包”。
1953年		美国化学家波耶于1953年取得“人造肉”的发明专利。 美国生理学家安塞·克斯认为心脏病与高脂肪饮食有关。
1954年		雷·科洛克创建麦当劳。
1957年		医学研究委员会认为肺癌与吸烟有关。
1958年		8月，由日本日清食品公司社长安藤百福（1910—2007，原名吴百福，台湾嘉义人）发明并出品的世界上第一份方便面“鸡肉方便面”正式问世。因其味道好、易保存，可简单烹饪而且便宜、卫生，又被称为“魔术面”。安藤百福被称为“方便面之父”。1971年，日清公司推出了以叉子代替筷子、用泡沫苯乙烯杯子代替碗的世界上首创的杯装方便面。而几乎与之同时出现的“供应开水的杯装方便面销售机”也在1年后增至2万台（这一数字仅次于可口可乐自动售货机，排在第二位）。现在，以“鸡肉方便面”为主的速食面每年在全世界80多个国家消费300亿份。
1959～1961年	“三年灾害”时期。 黑龙江商学院（现哈尔滨商业大学）于1959年创办了中国历史上第一个大专学历层次的公共饮食系（后改为烹饪系），并以调干的形式，在全国饮食技术骨干中招收了“烹饪研究班”、“烹饪专修班”共4个班146名学员。	1960年，中欧人民开始普遍接受家用冰箱，此后冰箱迅即进入家家户户。
1963年	60年代初，全国已有20多所技工学校设置了烹饪专业，如商业部门的山东饮食服务学校、吉林商业技工学校、上海市饮食服务学校、西安市服务学校、北京市服务学校等。	法国家乐福集团成立于1959年，是超大型超级市场（Hypermarket）概念的创始者，于1963年在法国开设了世界上第一家家乐福超大型超市，如今已发展成为欧洲最大、全球第二大的零售商。

1964年		维邦·莫尔克雷公司在瑞士推出保鲜期长的牛奶。
1967年		德国人钧特·魏格曼发表《日常暨节庆菜肴》。
1968年		世界上最早的软罐头食品——“BON咖喱”，是由日本关西地区的大冢食品株式会社在世界上首创的。它的灵感来自于被称为“袋装罐头”的瑞典军队的便携食品和阪急共荣商店中放入透明塑料薄膜中称量销售的咖喱饭。在1968年上市时“BON咖喱”是透明包装，为防止破损，用一个个缓冲材料包裹后装箱。之后该公司开发出使用以铝为材料的三层结构的包装袋，保质期也从3个月延长至2年，在食品世界中创造出新的标准。
1972年		德国人钧特·魏格曼和汉斯·尤根·托特贝格共同出版《工业化影响下的饮食习惯变迁》。
1977年		美国食品与药物管理局因糖精有致癌可能性而禁止在食品中使用糖精。
1978年	中国全社会餐饮业营业总额仅为54.8亿元，从业人员104.4万人	
1979年		日本发明了酸奶粉。 日本东京岩波书店出版日文版《随园食单》。
1980年	中国商业联合会下属中国商报社主办的《中国烹饪》创刊。	日本研制成功罐装茶饮料。
1982年	由原商业部饮食服务局与部分省市联合，先后建立了沈阳、武汉、重庆、成都、西安、呼和浩特、烟台、南京、福州等9个烹饪技术培训中心(站)。	
1983年	全国首届烹饪大赛举办。 1983年，原商业部在江苏商业专科学校(现扬州大学旅游烹饪学院)建立了烹饪系(以培养淮扬菜为主的高级人才)。	
1985年	四川烹饪高等专科学校创建于1985年，先后隶属于商业部、国内贸易部，1998年划归四川省人民政府主管，是全国唯一一所以烹饪命名、专门培养旅游、餐饮人才的公办普通高校。	商业捕鲸被禁止。 1985年4月，英国出现首例疯牛病。此后这种病迅速蔓延，波及到世界其他国家，如法国、爱尔兰、加拿大、丹麦、葡萄牙、瑞

		士、阿曼和德国等。据考察发现，这些国家有的是因为进口英国牛肉引起的。传播动物：牛。死亡率 100%。
1986 年	中国旅游饭店业协会(英文缩写为 CTHA)成立于 1986 年 2 月,经中华人民共和国民政部登记注册,具有独立法人资格,其主管单位为中华人民共和国国家旅游局。 东商学院(1983 年成立,原名广东财经学院,1985 年改现名）于 1986 年设立烹饪工程专业并于该年开始招生。该专业 1989 年更名为餐饮和旅游专业。 武汉商业服务学院(1985 年组建,前身为武汉市服务学校,于 1963 年经武汉市政府批准成立)创建烹饪系。	反对快节奏生活的运动最早诞生于 1986 年的罗马,是为了抗议在著名的西班牙广场纪念碑的台阶旁建立快餐店。相对于“快餐”,反对者们以“慢餐”命名自己的组织。现今,这一组织已在世界上 42 个国家建立。
1987 年	4 月，中国烹饪协会（英文名称 China Cuisine Association,缩写 CCA,简称中国烹协)成立,该协会是经国家有关部门批准成立，并在民政部登记的全国餐饮业行业协会。 11 月 12 日,肯德基在北京前门设立了在中国的第一家餐厅。 原黑龙江商学院拥有全国第一个烹饪专业副教授、教授。	第一届法国博古斯世界烹饪金奖大赛举办。博古斯世界烹饪金奖大赛是由法式西餐界的厨艺泰斗保罗·博古斯(Paul Bocuse)先生发起并以他本人名字命名的,每两年一届,在法国国际酒店、餐饮、食品展(SIRHA 展)期间举办,被业内一致公认为当今国际法式西餐烹饪界的奥林匹克大赛。
1988 年	中国烹饪协会加入世界厨师联合会，成为该联合会第 40 个国家级会员。	
1989 年	黑龙江商学院(现更名为哈尔滨商业大学)在全国最早开办烹饪营养专业。 80 年代后期，全国已有 360 多所设有烹饪专业的中等(中级)学校。其中,商业技工学校 70 多所,劳动技工学校 130 多所,旅游中专学校 10 多所,职业中学 150 多所。这些学校每年为各行各业培养中等烹饪技术人才达 2 万左右。	
1990 年	10 月 8 日,我国内地第一家麦当劳餐厅在深圳市解放路光华楼西华宫正式开业。	
1992 年	5 月 12 日,中国第一所省级层次社会力量办学的“黑龙江省烹饪技术学校”成立,党委书记周德文、副书记梁德全、校长陈学智。当年招收烹调专业学生 1207 名,创全国烹饪类院校烹调单一专业年招生之最。	世界上第一个伤害奖评选在悉尼被判给因被动吸烟而引起的疾病。
1993 年	1993 年 11 月,中国学界首度提出袁枚为中国“食圣”的观点。(赵荣光《平生品味似评诗,落想腾空眩目奇——中国古代食圣袁枚美食实践暨饮食思想述论》，收于《赵荣光食文化论集》,黑龙江人民出版社,1995) 1993 年扬州大学商学院(现扬州大学旅游烹饪学院)开设烹饪与营养专业本科和烹饪教育函授本科教育。 黑龙江商学院(现更名为哈尔滨商业大学)培养了全国第一个烹饪方向硕士研究生。	

1994 年	中国食文化研究会（CFCRA）是经民政部批准的全国性食文化研究学术组织、社会团体法人，于 1993 年 10 月 25 日经文化部批准、民政部注册登记成立，1994 年 6 月 7 日在北京钓鱼台召开成立大会，总部设于北京。	
1995 年	中国调味品协会成立于 1995 年 11 月，由全国酱油、食醋、酱类、酱腌菜、腐乳、烹调酒和各种调味料生产经营及相关的企业、事业单位组成，是跨地区、跨部门、不分所有制的全国性、非盈利性行业组织，是国家一级协会，具有法人资格的社会团体。	转基因食品是通过遗传工程改变植物种子中的脱氧核糖核酸，然后把这些修改过的再复合基因转移到另一些植物种子内，从而获得在自然界中无法自动生长的植物物种。20 世纪 80 年代末，科学家们开始把 10 多年分子研究的成果运用到转基因食品中，1995 年成功地生产出抗杂草黄豆，并在市场上出售。现在他们利用基因技术已批量生产出抗虫害、抗病毒、抗杂草的转基因玉米、黄豆、油菜、土豆、西葫芦等。目前，转基因食品的主要产地是美国、加拿大、欧盟国家、南非、阿根廷等。
1996 年	中国出现猪蓝耳病疫情。 1996 年 3 月，黑龙江餐旅专修学院成立，设立烹饪与管理、酒店管理等 7 个大专专业。	
1997 年	国家教委登记备案了河北师范大学的烹饪与营养教育（040431W）本科专业。	亚洲等地的禽流感爆发中已有人被传染并死亡。
1998 年		9 月，尼巴病毒在马来西亚首次爆发。该病先在猪群中大范围爆发，后传播给人，病人均为猪场或屠宰场工人。临床及流行病学均认为这是一种新的病毒，取名为尼巴病毒。
1999 年	第四届全国烹饪大赛举办。	
2000 年	中国饭店协会（China Hotel Association）是经国家民政部批准的中国国家级住宿与餐饮业行业协会，于 2000 年 8 月正式成立，会址设在北京。协会接受国务院国资委的领导和民政部的监督管理，属于中国商业联合会代管协会。 2000 年 10 月，《世界食品经济文化通览》（第一卷），由中国食文化研究会主编，西苑出版社出版。《通览》收入 300 多篇文章，160 万字。 11 月 1～8 日，首届中国美食节在杭州举行。	
2001 年	《饮食文化研究》学术期。 中国烹饪协会、世界中国烹饪联合会主办的《餐饮世界》创刊。	9 月 22 日，日本确认了亚洲首例疯牛病。 2001 年，口蹄疫在欧洲、美洲、

	4月18日，第一届东方美食国际大奖赛暨新厨艺论坛全体职业厨师于泰山极顶提出"珍爱自然：拒烹濒危动物"宣言。起草人、宣布人为新厨艺论坛评委会主任中国著名食文化学者赵荣光。 11月1~6日，第二届中国美食节在杭州举行。	非洲、亚洲的许多国家爆发流行，其中以英国的疫情最为严重，造成的损失也最大。
2002年	3月，北京北方霞光食品添加剂有限公司首开世界食品添加剂行业创办专业交易超市之先河，创办了北方霞光食品添加剂超市，超市经营面积1000~4000平方米，经营各种食品添加剂、原辅料、包装器具、餐饮用调味料2000余种。 2002年啤酒总产量实现2386.83万吨，结束了自1993年以来连续9年的世界第二，超过了美国，排位世界第一。 中国商业联合会、中国烹饪协会、中国饭店协会共同发布"2002年中国商业（餐饮）十件大事"：① 2002年全社会餐饮业营业额突破5000亿元大关；② 全国绿色餐饮和绿色饭店企业产生；③ 国家经贸委召开全国餐饮业工作会议；④ 全国餐饮职业道德规范正式颁布；⑤ 节假日市场消费成为餐饮业的新亮点；⑥ 餐饮业连锁经营发展迈出新步伐；⑦ 餐饮业已成为我国安置下岗再就业工程的生力军；⑧ 全国厨师节和美食节盛况空前；⑨ 中国烹饪代表在国际中餐大赛中取得优异成绩；⑩ 首届全国烹饪电视擂台赛成功举办。 中国商业联合会和中国烹饪协会、中华全国商业信息中心联合发布了"2002年度中国餐饮企业经营业绩统计信息"：2002年我国餐饮业营业额达到5092亿元，比上年增长16.6%；全国餐饮经营网点达到380万家，从业人员1800多万。 8月16日，中国食文化研究会向社会公布了中国食文化非物质文化遗产记忆名录理论框架和《中国餐饮（菜系）文化认定标准ICO1002-系列》。	
2003年	2003年4月1日青岛"地球与人类健康饮食国际论坛"一致通过了中国著名食文化学者赵荣光先生倡议的以中国古代食圣袁枚诞辰日（1716年）3月25日为"国际中餐日"的决定，并向海内外餐饮界发布庆祝活动倡议。 4月，中华人民共和国商业行业标准《月饼馅料》（SB/T10350-2002）、《月饼 广式月饼》（SB/T10351.1-2002）、《月饼 京式月饼》（SB/T10351.2-2002）、《月饼 苏式月饼》（SB/T10351.3-2002）、《月饼类糕点通用技术要求》（SB/T10226-2002）（简称月饼系列标准）正式实施。 5月30日，中国商业联合会和中国消费者协会以中商会办[2003]6号文联合发出《关于开展"倡导文明饮食，不经营不食用野生动物"活动的紧急通知》，提出了三点要求：一是广泛宣传这项活动的重要意义，让经营、食用野生动物的危害性家喻户晓；二是加强行业自律，坚	

	决不经营野生动物,使野生动物失去食用市场;三是充分发挥各级消费者协会的监督指导作用,监督商业、餐饮业不经营野生动物,教育广大消费者不食用野生动物。 6月1日,针对是否推行分餐制以及分餐是否需要制定强制性国家标准问题,中国商业联合会召开了分餐问题研讨会。与会者一致认为,对分餐要加以规范,但不宜制定强制性国家标准。 9月8~11日,中国食文化研究会、中国饭店协会、劳动和社会保障部中国就业培训技术指导中心、中华全国总工会中国财贸轻纺烟草工会全国委员会4部门联合举办的"首届伊尹奖中华烹饪技术创新大赛"在贵州省贵阳市开赛。来自全国27个省、市、自治区的509名选手参加了决赛,开幕式上,举行了盛大的祭祀厨师鼻祖伊尹仪式。赵荣光教授推出中国食文化9大历史人物(至尊),分别是:中华酿酒第一人仪狄、中华熟食发轫人灶君、中华美食之圣袁枚、中华茶道始祖陆羽、中华豆腐发明人刘安、中华烹饪祖师爷伊尹、中华食学奠基人孔子、中华播火者燧人氏、中华原始农业开拓者神农氏。 10月,中国食用菌协会在北京举办"全国首届食用菌烹饪大赛"。 12月26日:中国商业联合会、中国烹饪协会、中国饭店协会联合评出并对外发布"2003年中国餐饮业十件大事":①全国餐饮业遭受非典疫情重大冲击;②商务部制定《全国餐饮业和住宿业振兴计划》;③全国餐饮业健康营养型消费升温;④全国餐饮业高等教育自学考试全面启动;⑤国家绿色饭店行业标准发布,以安全、健康、环保三大理念为核心指标的首批绿色饭店产生;⑥第五届全国烹饪技术比赛举办;⑦第四届中国美食节、第十三届中国厨师节成功举办;⑧企业并购重组趋势增强;⑨餐饮业实行职业经理人制度;⑩餐饮业国际化发展迅速。	
2004年	1月,中国大陆首次公布H5N1型禽流感疫情。 2004年7月18日,中国食文化研究会"中国酒都——仁怀"命名认定。 中国学者倡导"双筷制"助食。 9月7~9日,中国食用菌协会与中国烹饪协会联合举办"第二届全国食用菌烹饪大赛"。 10月15~25日在重庆市举办第五届中国美食节暨第三届国际美食博览会。 哈尔滨商业大学"烹调技术"课程成为全国烹饪专业第一门国家级精品课。 12月4日,中国食文化研究会根据《中国餐饮(菜系)文化认定标准ICO1002-5》首批认定郑昌江等24人为中国餐饮文化大师。 12月5日,中国食文化研究会组织百名专家、学者联名	

	向国家教育部发出建议，要求将“科学饮食”写入中学生教科书。陈学智教授提出了“食育”教育主张，即：学生要“德、智、体、食”全面健康发展。	
2005年	1月，中国首次选派自己的选手参加了在法国里昂举办的第十届博古斯世界烹饪金奖大赛，获最佳宣传海报奖。 2月，由五芳斋实业公司独家起草，国家商务部批准并颁布的全国粽子行业标准正式实施。 2月23日，国家质量监督检验检疫总局紧急通知，要求各地质检部门加强对含有苏丹红（一号）食品的检验监管，严防含有苏丹红（一号）的食品进入中国市场，一场围剿苏丹红的战役就此铺开。肯德基、亨氏等众多国际品牌也成为围剿对象。 4月15日在2005中国（杭州）西湖国际茶文化博览会开幕式上，中国茶叶学会、中国国际茶文化研究会等10家机构授予杭州“中国茶都”的称号。 5月，“中国杂交水稻之父”袁隆平院士新选育的杂交水稻超高产新组合“准两优527”，首次在贵州省遵义县试种获得成功。8.8公顷共产水稻97936公斤，加权平均亩产741.9公斤，达到预期产量。这一组合品种具有穗大、粒重、产量高、品质优良、抗逆性较强等特点。 5月13日，在西安召开的2005年职业经理人专业委员会年会上，“中国饭店互动联盟”宣告成立。 9月6~9日，由中国食用菌协会、中国烹饪协会、国际蘑菇协会共同主办的“中国首届国际食用菌烹饪大赛平泉杯邀请赛暨亚太地区食用菌联谊会”在承德举办。 9月28日，于贵州省遵义县召开“首届中国辣椒文化论坛”。并于“中国遵义首届辣椒节”上由中国食文化研究会授予贵州省遵义县为“中国辣椒之都”的称号。 10月18~21日第十五届中国厨师节暨2005中国餐饮业及调味品博览会在武汉举办。 11月25日至12月11日第六届中国美食节暨第十九届广州（国际）美食节、2005国际饭店与餐饮业CEO峰会暨国际酒店设备用品展览交易会在广州举办。 中国烹协《餐饮世界》杂志社独家评出了“2005中国餐饮业十件大事”：①《餐饮业和集体用餐配送单位卫生规范》颁布实施。②“苏丹红”事件波及全球，相关餐饮企业受到冲击。③“禽流感”疫情频起对全国餐饮业无明显影响。④第十五届中国厨师节暨第七届武汉（国际）美食文化节于2005年10月18日举办。⑤由商务部主办的中国首届餐饮博览会于2005年10月18~20日在成都成功举行。⑥自带酒水又起争议，行业协会首次维权。⑦“狗不理”国有资产整体转让，餐饮老字号改制步伐加快。⑧企业维权走上法庭，拥有“谭家菜”、“谭”、“谭府”等注册商标的北京饭店，诉谭氏官府菜酒楼侵犯“谭家菜”商标。⑨一次性筷子出台国标强制性标准正式实施。2005年6月28日，由国家林业局和商	

	务部提出、国家质检总局和国家标准委批准发布的一次性筷子系列国家标准正式出台实施。⑩洋快餐进军中式快餐领域,外资加快进入中国市场步伐。2005 年 6 月 19 日,百胜集团旗下的中餐品牌"东方既白"第二家门店在上海浦东昌里社区开业;6 月 27 日,全球西式快餐巨头"汉堡王"中国内地第一家门店在上海静安区开业;11 月上旬,南非第一大连锁餐饮品牌"世霸"投资 600 万元的亚洲第一家门店在上海开业。中国巨大的市场消费能力,日益引起世界餐饮品牌与各国餐饮企业的关注。
2006 年	2006 年 6 月,"高致病性猪蓝耳病"疫情先在两广、江、浙出现,随后几乎蔓延各地。 2006 年 9 月 6 ~ 8 日,世界中国烹饪联合会、中国烹饪协会、中国食用菌协会经研究决定联合国际蘑菇学会于北京联合举办"第二届中国国际食用菌烹饪大赛"。 2006 年 9 月 21 ~ 23 日,第二届中国伊尹奖中华烹饪技术创新大赛在浙江省岱山举行。 10 月 16 日,北京市首家有机食品超市——"蟹岛有机食品超市亦庄店"正式开业。 10 月 17 ~ 22 日,第七届中国美食节暨 2006 中国丝绸之路国际旅游美食节在陕西西安举办。 10 月 20 ~ 23 日,第 27 届 IDF 世界乳业大会在中国成功举办。IDF 是唯一独立的、非营利性的世界级组织,现有 49 个成员国,覆盖了全球 73%的牛奶产量,目前在亚洲仅有日本、印度、中国 3 个国家是 IDF 成员国。IDF 世界乳业大会每 4 年举办一次,2006 年是 IDF 成立 103 年以来首次在中国(上海)召开会议。本次大会上蒙牛特仑苏赢得全球乳业的最高荣誉,这是我国食品产业的第一个"世界冠军"。 中国高校首届烹饪技术大赛于 10 月 29 日在武汉华中科技大学落幕。 10 月,由中国烹饪协会主办的第 16 届中国厨师节暨顺德岭南饮食文化节举办。 12 月,中国首个虚拟餐饮银行亮相。北京华汇君宴信用担保有限公司(简称华汇君宴)携手中国银联及国际顶级数字消费卡企业——法国索迪斯在北京宣布,中国首个为消费者建立的虚拟"餐饮银行"——君宴卡正式亮相,以餐饮中介服务为主要功能的华汇君宴成为第一个"餐饮经纪人"。 《中华人民共和国 2006 年国民经济和社会发展统计公报》显示:2006 年全年住宿和餐饮业零售额 10345 亿元,增长 16.4%。 2006 年粮食生产实现了继 2004 年以来的连续第 3 年增产,全年粮食产量达到 4900 亿公斤以上,这是 1985 年以来我国粮食生产首次实现连续 3 年增产。单产方面,全国粮食亩产连续 3 年创历史最好水平。粮食亩产年平均超过 310 公斤,比 2005 年增加 2 公斤以上。这

	表明我国粮食增产由过去主要依靠扩大面积，转向稳定面积，主要依靠科技进步、提高单产的轨道。此外，粮食优质化水平进一步提高，水稻、小麦、玉米、大豆四大粮食品种优质率分别达到69.1%、55.2%、42%、65.7%，综合优质率比去年提高5个百分点。全国13个粮食主产区的产量约占全国的75%，对粮食稳定发展的支撑作用更加凸显。 2006年国内食品卫生十件大事：① 国务院2月发布国家重大食品安全事故应急预案。卫生部逐步开通"12320"全国公共卫生公益电话，构建与公众沟通的绿色通道。② 卫生部规范食品卫生许可和重大活动的食品卫生监督。卫生部2月13日发布实施了《重大活动食品卫生监督规范》，6月1日起《食品卫生许可证管理办法》开始施行。③ 5月~9月，北京福寿螺引发食源性疾病事件。④ 8月，浙江查处劣质食用猪油事件。⑤ 11月，"苏丹红红心鸭蛋"事件。《中华人民共和国农产品质量法》11月1日起实施。⑥ 11月，多宝鱼、大闸蟹风波。⑦ 9月，上海瘦肉精中毒事件。⑧ 5月，劣质"毒"奶粉事件。⑨ 4月中旬，"返青粽叶"事件。⑩ 10月，回炉牛肉干事件。	
2007年	2月9日，超市食品安全信息网站——超市食品安全网(www.food-safety.cn)开通。 3月13日，广州信息时报刊出广州香蕉感染"蕉癌"的假新闻，把香蕉生产中一种叫"巴拿马"的病害比喻成蕉癌。3月20日，广州日报曝光了12种常吃的"毒"水果，香蕉也赫然列入其中。3月31日，一则"香蕉用氨水或二氧化硫催熟"的报道更是违背事实。农业部新闻办公室5月23日发布消息称，近段时间国内部分手机使用者收到关于香蕉含有类似SARS病毒的信息，纯属谣言，香蕉中根本不会含有类似SARS的病毒，消费者不要听信谣言，传播谣言，可放心食用香蕉。 3月26日，央视曝光："胡师傅"无烟锅使用的所谓宇宙飞船外表材料——锰钛合金，竟然是普通的铝片，而锅底上所谓的纯天然矿产——紫砂，也不过是一层涂料而已。自此，整个无烟锅产业陆续遭遇信誉危机。质检总局首次对"胡师傅"事件表态：已构成虚假宣传。据悉，我国目前尚未制定无油烟锅的国家标准或行业标准，市场上的产品均按企业标准生产。 4月22~24日在北京举行奥运美食中国超厨总决赛暨第4届东方美食国际大奖赛，其主题定为"东方创意，奥运美食"。 4月27日，国家质检总局召开全国食品生产监管工作会议，将2007年作为全国质检系统食品生产加工小企业、小作坊整治年，加大对食品生产加工小企业、小作坊的监管和整治。 4月，与食品安全相关7大类产品将采取市场准入制。 5月7日，中国矿业联合会天然矿泉水专业委员会组织	4月美国发生多起猫、狗宠物中毒死亡事件。美国食品药品管理局调查发现从我国进口的部分小麦蛋白粉和大米蛋白粉中检出三聚氰胺，并初步认为宠物食品中含有的三聚氰胺是导致猫、狗中毒死亡的原因。 4月11日，中日两国签署协议，结束中国为期4年的日本大米进口禁令，日本大米将正式恢复对华出口。 7月16日，菲律宾宣布，抽查市面多款中国食品样本后，发现其中4款食品含甲醛等有害物质，其中包括在中国销售多年的知名糖果品牌——上海冠生园公司生产的大白兔牛奶糖。7月19日上午10时，国际公认的权威检测机构SGS（通标标准技术服务有限公司上海分公司）公布检测结果：大白兔奶糖未检出甲醛(福尔马林)。受菲律宾方面发布大白兔奶糖中含有甲醛的检测报告影响，我国产的大白兔奶糖在菲律宾、中国香港等地商场和超市遭遇撤架。7月20日，事件澄清，大白

专家召开评审会。四川蓝剑－冰川时代矿泉水水源、云南“石林天外天”矿泉水水源、5100西藏冰川矿泉水水源、四川“峨眉山温泉”矿泉水水源、辽阳弓长岭八宝琉璃井矿泉水水源获“中国优质矿泉水源”称号。

5月，第八届中国美食节暨第六届国际美食博览会在青岛举行。

石家庄农业科学院培育出节水高产“石麦15”小麦新品种，只浇一水亩产突破600公斤，平均每亩节水至少100～150立方米。

5月底，中国全面加入世界动物卫生组织。

1至5月，全国有22个省份先后发生高致病性猪蓝耳病疫情。截至7月10日，25个省份先后发生高致病性猪蓝耳病疫情，疫情县次302个，疫点586个，发病143221头，死亡39455头。7月25日，北京研究出新方法，3小时内能检出猪蓝耳病病毒。9月4日，我国猪蓝耳病防控取得积极成效，疫情已得到遏制。

2007年，普洱茶的价格一路飙升，老茶的拍卖更是天价迭出，仅仅50克重的茶，竟然拍出十几万元，甚至上百万元。6月8日，《北京晨报》报道，名牌普洱茶价格暴跌一半，过度炒作泡沫破裂。

6月21日，伊利、蒙牛、三鹿、光明、完达山、新希望、雀巢等众多乳品企业代表签订了宣言，要求公平竞争，善待奶农、消费者及同行。反对捆绑销售、特价销售等低于成本价销售的恶性竞争行为，保障市场规范和有序竞争，谋求共同发展的局面。

7月1日起，国家商务部公布的新《速冻面米食品行业标准》正式实施，不经分装的速冻产品将一律不得再行销售。国内的各大超市和卖场内再也看不到散装的速冻饺子、馄饨等食品，杜绝了速冻食品裸露销售时的安全隐患。

7月8日晚7时，北京电视台生活频道《透明度》播出“纸做的包子”。节目曝料称，用废纸制作肉馅“已经成了行内公开的秘密”。7月10日，北京卫视《北京新闻》以《“纸箱馅”包子流入早点摊》为题报道此事。随后，多家中央和地方的电视台、报纸转载此报道，并结合猪肉涨价的背景，海外媒体也开始关注。7月18日晚间，北京电视台在《北京新闻》中称，“纸馅包子”被认定为虚假报道，摄制者已被刑事拘留，北京电视台向社会深刻道歉。

7月26日，国务院发布《国务院关于加强食品等产品安全监督管理的特别规定》。

8月2日，康师傅方便面率先涨价。8月16日，国家发改委认定：方便面中国分会多次组织、策划、协调，与企业相互串通操纵价格，严重扰乱了市场价格秩序，阻碍了经营者之间的正当竞争，损害了消费者的合法权益。

8月17日，多个方便面品牌价格跳水。世界方便面协会中国分会发出了致广大消费者的公开信，承认他们的行为违反了价格法的有关规定，损害了消费者的合法兔奶糖恢复出口。

5月，巴拿马发现从中国进口的牙膏含二甘醇，6月美国联邦食品和药品管理局发出“中国毒牙膏”警示，从中国的牙膏中检出了最高含4%的二甘醇，美国食品和药品管理局对中国的牙膏采取了扣留措施。随后日本、加拿大、新西兰、新加坡和中国香港也相继对市民发出警示，要求停用中国内地产的含过量二甘醇的牙膏。中国香港、也门等对这些牙膏采取封存下架措施。多个国产品牌的牙膏出口大受影响。中国国家食品质量监督管理局（SFDA）回应，中国制造的牙膏中所含的二甘醇含量对人体是安全的。

权益，对此向广大消费者表示歉意。8 月 17 日，民政部认定方便面中国分会不是合法组织。

8 月 31 日，国家质检总局宣布产品质量食品安全整治开始。9 月 5 日，卫生部决定在全国范围内组织一次餐饮安全的专项整治行动。商务部、公安部、农业部、卫生部、工商总局、质检总局六部委联合对全国猪肉质量安全专项整治行动进行部署。

8 月 31 日，粮、油、肉及肉制品、蔬菜、调味品、辣椒制品、酱腌菜、禽蛋及其制品、桶装水、饮料、月饼、糕点、酒类、边销茶、水产品、豆制品、鲜奶及奶制品、儿童食品、保健食品等 20 个品种作了硬性质量规定。四川企业已开始实施食品召回制。如果发现不合格产品，鼓励经营者主动召回。国家质检总局 2007 年 8 月 31 日发布第 98 号令，公布并正式实施《食品召回管理规定》。

9 月 1 日起，包括月饼在内的糕点类、鸡精调味料、酱类、蜂产品、挂面等七大类食品必须完成食品质量安全的认证，即外包装上要有"QS"标识。相关食品生产企业如果在规定日期前拿不到 QS 认证，这些企业将不能生产糕点。如果违反，罚款金额将在 5万元以上。酱油新标准中，在理化指标中新增了 3-氯-1,2-丙二醇，菌落总数等微生物指标更为严格。铁酱油成为酱油的一个新类别，调味品类的新卫生标准将于 2008 年底前全部报卫生部审批并颁布。

9 月 1 日，食品出口必须加贴检验检疫标志（即 CIQ 标志）。国家质检总局发布了《关于出口食品加施检验检疫标志的公告》，要求自 9 月 1 日起，所有经出入境检验检疫机构检验合格的出口食品，运输包装上必须注明生产企业名称、卫生注册登记号、产品品名、生产批号和生产日期，并加施检验检疫标志。

10 月 31 日，国务院常务会议原则通过食品安全法（草案）。食品安全法草案经国务院讨论通过后已提交全国人大常委会进行审议。12 月 17 日，十届全国人大常委会第七十次委员长会议在京举行。会议决定，十届全国人大常委会第三十一次会议于 12 月 23 ~ 29 日在北京举行。本次常委会将首次审议食品安全法草案。最后，审议没有通过。

11 月 9 日，国家质检总局和农业部联合下发的《关于加强液态奶标识标注管理的通知》，要求自 2008 年 1 月 1 日起，企业用复原乳做原料生产液态奶的，要标注"复原乳"，并在产品配料表中如实标注复原乳所占原料比例。以生鲜牛乳为原料，经巴氏杀菌处理的巴士杀菌乳标"鲜牛奶（乳）"。以生鲜牛乳为原料，不添加辅料，经瞬时高温灭菌处理的超高温灭菌乳标"纯牛奶（乳）"。并须在包装主要展示面上紧邻产品名称的位置，使用不小于产品名称字号且字体高度不小于主要展示面高度 1／5 的汉字分别标注，原标签使用截止日期为 2008 年 10 月 31 日。

由国家质检总局发起并与卫生部和世界卫生组织共同

	主办的国际食品安全高层论坛于 11 月 26 日至 27 日在北京举行。来自 40 多个国家和地区以及十几个国际组织的高级官员共商加强全球食品安全之策。论坛的主题是加强交流合作,确保食品安全。 国家质检总局发布消息称，自 2008 年 1 月 1 日起,食品包装将开始实行市场准入制，凡食品用塑料袋必须标注“食品用”字样,并须有国家质检总局统一颁发的 QS 标志及编号,用来盛装“麻辣烫”和“烧烤”的饭盒食品袋也不例外。	
2008 年	2008年1月1日起,“小麦粉馒头”标准成为国家标准(GB月T21118—2007)正式实施。由河南兴泰科技实业有限公司牵头起草的“小麦粉馒头”国家标准不仅从原料配方、质量控制指标、检测方法等多方面对馒头生产进行了规范,详细描述了外观、内部、口感、滋味和气味等“感官质量要求”,还确定了重金属含量、微生物含量等卫生指标范围。 1月30日,日本向中国通报,有日本消费者食用中国河北石家庄天洋食品厂出口的饺子后发生食物中毒。2月底国家质检总局和公安部公布调查结果称，这不是一起因农药残留问题引起的食品安全事件，而是人为作案的个案，而且投放甲胺磷发生在中国境内的可能性极小。 2008年初,北京宣布建立“奥运食品安全指挥中心”,负责对2008年奥运会赛时食品安全工作实施集中统一指挥,并发布食品安全风险预警,对突发食品安全事件进行应急调度处理。奥运食品安全标准严于国际安全标准。 1月,由北京市人民政府外事办公室和北京市旅游局联合翻译的《中文菜单英文译法》出版发行。该书对中餐、西餐中的2400多种冷菜、热菜、汤和酒水饮料等进行了翻译,为加强中餐企业服务规范、走向国际迈出坚定步伐。 4月20日,食品安全法草案向社会广泛征求意见。草案明确提出,要建立畅通、便利的消费者权益救济渠道,对消费者的赔偿将提高到10倍。为防止问题奶粉事件重演,10月的食品安全法草案三审作出八项修改,包括突出全程监管，强调地方政府、部门的职责及沟通配合;加强食品安全风险监测和评估,尽快尽早控制事故蔓延;完善食品召回制度,加强对食品小作坊和摊贩的监管等。 5月1日。由中国烹饪协会起草，商务部发布的SB月T 10443-2007《早餐经营规范》正式实施。该规范对早餐店、早餐亭、早餐车、早餐供应单位和食品供应商的资质、经营及食品卫生等做出了规定与要求。 5月8日，中国食文化研究会第三届会员代表大会在北京钓鱼台国宾馆召开。会议选举产生了新一届中国食文化研究会第三届常务理事会,并将《饮食文化研究》	5月31日,台湾报道有关部门在红牛可乐中发现含有一级毒品古柯碱(义称可卡冈)成分。台北、高雄两处共查扣1万7千多箱，台湾有关部门已要求进口商将已流入市面的此批产品全面下架。据德国媒体22日报道,因在红牛可乐中发现微量古柯碱(又称可卡因),德国黑森州和北莱茵-威斯特法伦州的食品监督部门已下令禁止销售红牛可乐。 8月18日,澳新食品标准局发布消费警示,AGB国际公司召回多种面包产品，原因是产品在加热时蒜蓉变成蓝色。 8月20日，加拿大1名消费者食用被单增李斯特杆菌污染的熟肉食品死亡，该产品由加拿大枫叶公司(Maple Leaf)多伦多工厂生产。截止2008年8月28日当地时间16时，加拿大李斯特杆菌爆发事件已有15人死亡，其中8名死者被确认为由李斯特菌感染所致,其余7名死者的死因尚在调查中。 10月2日,日本爆出东京大学人学院农学生命研究科附属农场“出售使用违禁(含水银)农药生产的大米事件”。 10月30日，中国国家质检总局发布消息说，从广东出入境检验检疫机构获悉，在从日本进口的日式酱油、芥末酱中检测出了甲苯和乙酸乙酯。 11月，美国食药局在畅销婴儿奶粉生产厂家的产品中检测出三聚氰胺和与其相近的三聚氰

正式定为会刊。

5月28日至30日，第十届国际茶文化研讨会暨浙江湖州(长兴)首届陆羽茶文化节成功举行。2008年5月，商务部、发改委、工商总局联合发布《商品零售场所塑料购物袋有偿使用管理办法》，俗称“限塑令”，旨在节约资源、保护生态环境，引导消费者减少使用塑料购物袋。2008年6月1日，“限塑令”正式实施，中国告别免费使用塑料购物袋时代。自6月1日起，所有超市、商场、集贸市场等商品零售场所实行塑料购物袋有偿使用制度，一律不得免费提供塑料购物袋。

5月12日汶川地震，灾后救援中的食品药品安全保障体系经受住了考验，经过科学预防和严格处置，四川地震灾区无重大传染病疫情发生。

6月1日，新的GB 2760—2007《食品添加剂使用卫生标准》开始实施。

6月12日，内蒙古小肥羊餐饮连锁集团有限公司在中国香港联合交易所有限公司主版成功上市。

6月18日，中国首届便宜坊与焖炉烤鸭高层论坛在便宜坊西四环店举行。

8月，有媒体爆料，康师傅矿物质水系以自来水为原料，经净化以后加入矿物质配制而成。8月6日，康师傅承认部分矿物质水产品由自来水净化而成。2008年9月2日，就矿物质水产品广告中标示“选用优质水源”，造成部分消费者认知差距一事，康师傅饮品控股公司首次公开表示道歉。

8月19日，日本共同社报道说，北京奥运村和赛场等奥运会相关区域并没有发生食品安全问题，这是因为中国政府全力实行严格的安全管理措施。2008年10月9日，中国质量报报道，奥运会、残奥会期间，北京奥运食品安全实现了食品供应零中断、餐饮运行零投诉和食品安全零事故。

9月3日，可口可乐公司与汇源果汁在港联合公告，可口可乐拟以每股现金作价12.2港元，总计约179.2亿港元(约合24亿美元)，收购汇源果汁所有已公开发行股份。12月5日，商务部反垄断局局长尚明接受中国政府网专访时透露，可口可乐并购汇源案整套申报材料已经达到了《反垄断法》规定的标准，此案已经正式进入反垄断审查程序。

9月8日，甘肃媒体曝光不满周岁婴儿疑食用三鹿奶粉导致患有肾结石，揭出三鹿婴幼儿奶粉违法添加三聚氰胺事件，震惊全国。随后，“毒奶粉”风暴越刮越猛，22家企业69批次产品被检出了含量不同的三聚氰胺。截至11月27日8时，全国累计报告因食用三鹿牌奶粉和其他个别问题奶粉导致泌尿系统山现异常的患儿29万余人，并有多名患儿死亡。10月8日上午，卫生部举行新闻发布会，发布了五部门关于乳制品及含乳食品中三聚氰胺临时管理限量值规定的公告。10月，我国许多食品在国外被检出含有三聚氰胺。11月14日，广州日报报酸。这3家婴儿奶粉生产厂家雅培、雀巢、美赞臣负责生产美国的所有婴幼儿奶制品中的90%。

12月，上海、四川等出入境检验检疫机构在入境口岸例行检查中，从多种欧洲输华食品中相继检出质量安全问题。包括：意大利白兰地酒甲醇超标、英国调味酱山梨酸超标、荷兰大豆蛋白粉检出转基因成分、西班牙奶制品苯甲酸超标、比利时巧克力制品柠檬黄、亮蓝、喹啉黄超标以及果酱山梨酸超标等。

12月23日，国家质检总局发布消息称，近日浙江检验检疫局在对一船从美国进口的5.7万吨大豆实施检验检疫时，检出混有蓝色种衣剂大豆。经实验室检测，含有甲霜灵、咯菌清、噻虫嗪三种农药成分。

道，环保专家董金狮表示，劣质的仿瓷餐具在高温状态下会释出三聚氰胺分子。11月25日，美国食品和药品管理局(FDA)的一份美国产婴儿配方奶粉样本中，检测出了“含量极低的”三聚氰胺。12月26日，三鹿奶粉系列案开审，原董事长最高可判死刑。9月17日，国家质检总局发布公告，决定从即日起，停止所有食品类生产企业获得的国家免检产品资格，相关企业要立即停止其国家免检资格的相关宣传活动，其生产的产品和印制在包装上已使用的国家免检标志不再有效。

9月18日，国家质检总局发布公告废止《产品免于质量监督检查管理办法》。

10月23日，十一届全国人大常委会第五次会议审议的食品安全法草案规定，明确食品安全监督管理部门对食品不得实施免检。国家工商行政管理总局也作出规定，禁止在广告中使用“免检”内容。

9月，由中国食文化研究会第三届常务理事会组织，中、美、意、日、韩、新、泰7国和港、澳、台3地区专家学者撰写的中国第一部酱文化的论文文献专著《酱缸流淌出的文化》出版发行。9月，第六届全国烹饪技能竞赛和第六届中国烹饪世界大赛开赛。

9月24日，全国55家粮油骨干企业集体承诺从各个环节把好粮油质量关，让广大消费者放心，并呼吁国家禁止使用面粉增白剂。12月7日，西安22家面粉生产企业率先带头不再使用面粉增白剂，并呼吁所有的面粉和食品生产企业不要使用有害的添加剂。12月10日，卫生部新闻发言人说，卫生部9日收到国家粮食局提交的有关“停用面粉处理剂——过氧化苯甲酰”的申请材料，将提请全国食品添加剂标准化委员会按照有关规则进行讨论，再最后作出是否禁用的决定。

10月26日，香港食物及卫生局表示，香港市场上一种大连韩伟集团生产的鸡蛋被检测出含有三聚氰胺，三聚氰胺事件从奶粉转向鸡蛋，全国各地纷纷抽查鸡蛋，多个牌子的鸡蛋检出三聚氰胺。10月30日，南方日报报道，媒体调查称饲料中添加三聚氰胺已成公开“秘密”。

11月7日至10日，2008中国食品博览会在宁波国际会展中心举办。

11月27日至11月30日，第五届中国(上海)国际餐饮博览会暨第九届中国美食节、第七届国际美食博览会在上海举办。

11月，由北京数十家知名餐饮企业投资，首部由餐饮业策划、导演、编剧，并参演的电影《味道男女》正式上映，这是第一部真正意义上的餐饮题材电影。

12月2日，国家发改委宣布，根据《价格法》第32条规定，自12月1日起解除年初对成品粮及粮食制品、食用植物油、猪肉和牛羊肉及其制品、乳品、鸡蛋等食品类商品的临时价格干预措施，停止对相关商品的提价申报和调价备案工作，由经营者自主定价。

12月10日起，我国9部门联合组成全国专项整治领导小

	组，在全国范围内启动打击违法添加非食用物质和滥用食品添加剂专项整治行动。15日，专项整治领导小组公布第一批"食品中可能违法添加的非食用物质和易滥用的食品添加剂品种名单"，其中包括17种非食用物质和10种易滥用的食品添加剂。 12月18日至20日，2008首届中国酒文化节在贵州省贵阳市展览中心举办。 12月27日至28日，2008中华民族酒文化保护及投资高峰论坛在北京大学举办。 2008年，烤鸭技艺、聚春园佛跳墙制作技艺、真不同洛阳水席制作技艺等多项烹饪技艺入选第二批国家级非物质文化遗产名录。 2008年北京奥运会和残奥会供餐1200万人次，奥运餐饮创下零事故、零投诉的纪录，北京烤鸭、扬州炒饭等中国传统美食受到国际友人的普遍欢迎，成为北京奥运会和残奥会的一大亮点，中华饮食文化也借此到剑大力弘扬，为中餐进一步走向世界奠定坚实基础。 2008年是国际马铃薯年，联合国粮农组织与中国烹饪协会在辽宁、陕西、宁夏、内蒙古等马铃薯主产区联合举办了马铃薯烹饪表演、专题论坛、图片展等系列活动，进一步强化了马铃薯在全球粮食系统中的重要地位和作用。	
2009年	1月8日，南京警方在南京栖霞区马群花岗村，查扣假冒各类高档白酒3000余瓶，查封用于制假的各类材料10万件及一人批封口机、打码机等制假工具。 1月22日，三鹿问题奶粉系列刑事案件在石家庄市中级人民法院一审宣判。三鹿集团原董事长田文华被判处无期徒刑，剥夺政治权利终身。生产销售含三聚氰胺混合物的张玉军被判处死刑，张彦章被判处无期徒刑。向原奶中添加含有三聚氰胺混合物并销售给三鹿集团的耿金平被判处死刑。生产销售含有三聚氰胺混合物的高俊杰被判处死刑、缓期两年；薛建忠被判处无期徒刑。其他人被判有期徒刑。 2月1日，江西省新余市举行中国农业大学落户现代农业科技园签约仪式。新余市仰天岗新区与中国农业大学将共同合作发展南中国酒业葡萄酒庄、中国农业大学葡萄酒科技发展中心南方葡萄酒分中心。项目建成后，将成为我国南方最大的葡萄酒生产基地。 2月9日，根据食品安全法有规定，国务院决定设立国务院食品安全委员会，并召开第一次全体会议。作为国务院食品安全工作的高层次议事协调机构，国务院食品安全委员会的主要职责是分析食品安全形势，研究部署、统筹指导食品安全工作；提出食品安全监管的重大政策措施；督促落实食品安全监管责任。 2月18日，广州市出现瘦肉精中毒事件，70余人住院治疗。这已经是近年来，广东省的第六次大规模爆发。此次瘦肉精中毒事件发生的原因是由于个别生猪养殖户	1月，美国"花生酱"事件，已使得美国43个州的491人感染沙门氏菌，并已有7人死亡。 1月12日，世界第一大葡萄酒供应商美国星座集团将旗下绝大部分烈酒业务(涵盖了约40个不同品牌)转让给了Sazerac公司。 1月24~28日，法国里昂酒店用品及食品展SIRHA2009举办。同时举办2009博占斯法餐烹饪大赛。 2月4~6日，德国柏林举办国际水果蔬菜展。 2月9~13日，第16届俄罗斯国际食品及配料展在莫斯科举办。 2月11日，因浙江省63名婴儿在饮用多美滋婴儿配方奶粉后出现肾结石的症状，上海质量技术监督部门开始对2008年9月14日前生产的多美滋奶粉的产品质量安全状况进行调查。 2月17日，澳洲第一大葡萄酒制造商福斯特集团宣布，尽管葡萄酒业务不断下滑，但公司依然会力挺葡萄酒业务。不过，公

使用违禁药物瘦肉精喂养生猪，生猪经销者伪造检疫合格证逃避检验，导致含瘦肉精残留的猪肉流入广州市零售市场，最终导致大范围的中毒事件。

2月24日，韩国的好丽友食品、海太饮料等6家生产商生产的食品和饮料由于使用了可能含有三聚氰胺的西班牙产的食品添加剂被下令召回。

2月25日~27日，中国酿酒工业协会三届七次理事会(扩大)会议暨“食品安全·金融·信息”论坛在北京举行。

2月，蒙牛特仑苏OMP牛奶由于添加安全性不明物质OMP引发安全性争议。蒙牛声称，这种OMP蛋白对人体骨密度提高和促进骨骼合成代谢具有独特机理和功效。但在中国对OMP的安全性尚未做出明确规定。

3月，调查发现奶精不含奶、鸡精也不含鸡，而是由化学物合成；饮料商为节省成本，珍珠奶茶中不仅不含奶(以食品添加剂冲泡)，且将珍珠粉圆添加高分子材料-塑胶，以增加其弹性。陕西馒头业者为提高馒头的筋度及口感，将农药二氯松(俗称敌敌畏)等有毒物质加入其中，并使用硫黄熏蒸漂白以增加卖相；羊肉商贩以羊尿浸泡鸭肉，使鸭肉带有羊膻味，冒充羊肉贩卖。

4月12日，央视曝光了一些企业竟然使用国家禁用的工业用料——尿素甲醛树脂生产仿瓷餐具，而用尿素甲醛树脂违规生产仿瓷餐具几乎是业内公开的秘密。

4月24日，质检部门从浙江金华晨园乳业有限公司多批次牛奶中检出一种名为“皮革水解蛋白粉”的物质。这种物质为可疑致癌物。皮革水解物主要成分是皮革水解蛋白，而劣质水解蛋白的生产原料主要来自制革工厂的边角废料，含有重铬酸钾和重铬酸钠。这些物质在体内无法分解，可导致中毒，使关节疏松肿大，甚至造成儿童死亡。

4月，由中国烹饪协会名厨专业委员会主办、《名厨》杂志和名厨网承办的大型全国烹饪技术比赛“味道2009——青年名厨烹饪大赛”启动。

5月，卫生部牵头进行了一项“沿海地区居民碘营养状况”普查，在浙江、辽宁、福建、上海四省市展开。此次普查提出了八字方针，即“科学补碘，分类指导”。8月份，卫生部表示，2010年上半年将适当下调现行食盐加碘量。此次调整的主要内容为：将现行加碘量适当下调，精确度更高，浓度更适宜；如果碘含量仍不适合某些省(区、市)的实际情况，应由该省级卫生行政部门酌情做出适当调整，报国家卫生行政部门备案后执行。原本预防甲状腺疾病的碘盐，反而导致市民碘过量，存在巨大的健康风险。有专家呼吁，停止对食盐进行国家的强制加碘，应该根据不同地区的实际情况来决定是否应该加碘。

5月，武汉市工商局查获，中国市面上生产的猪血大都是仅以少量猪血，混合甲醛、工业用盐、玉米粉、染色剂凝固而成的人造猪血，其中甲醛为高毒性物质。食用后，会致癌和畸形。而工业用盐中的亚硝酸盐，大量摄

司将剥离葡萄酒和啤酒业务，并拟出售30个非核心酒庄以及旗下37个品牌。

3月3~6日，第34届日本国际食品与饮料展在千叶举办。

3月14~17日，西班牙巴塞罗那国际食品展召开。

3月6~8日，美国西部天然有机产品博览会在加州召开。

3月6~9日，第20届希腊国际食品与饮料及机械设备博览会在希腊萨洛尼卡举办。

3月15~17日，美国波士顿国际水产展举办。

3月15~18日，第16届英国国际食品饮料展(IFE)在伦敦召开。

3月18日，中国商务部宣布根据《反垄断法》第二十八条，禁止可口可乐出价24亿美元收购汇源。这是反垄断法自2008年8月1日实施以来首个未获通过的案例，可口可乐公司在华扩张战略遭遇重大挫折。

4月1~4日，加拿大蒙特利尔国际食品饮料展览会(SIAL Montreal)举办。

4月6日，世界饮料巨头可口可乐购买了英国天然饮料制造商Innocent Drinks少数股权，此举是为了进一步拓展欧洲市场。

4月9~12日，第八届埃及国际食品及食品设备展在开罗召开。

4月15~18日，印度尼西亚国际食品展(food&hotel Indonesia)举办。

4月17~19日，2009年26届意大利切塞纳国际果蔬及技术博览会举办。

4月22~25日，伊朗、巴基斯坦国际食品工业展览会召开。

5月6~10日，马来西亚清真食品展在吉隆坡举办。

5月7日，世界第一大啤酒制造商英博公司最终同意作价18亿美元将韩国第二大啤酒酿造企业OrientalBrewery Co.出售给私人资本运营公司Kohlberg Kravis Roberts&Co.(简称KKR)。

取会导致体内缺氧，转变为强烈致癌物质亚硝胺。

5月13日~15日，中国饭店协会主办、国际饭店与餐馆协会协办的“2009中国国际饭店业博览会”召开。

5月25日，由加拿大饮食行业协会、国际食品设计家协会(美国)、天津卫视、搜厨网共同举办的中-加-美国际烹饪技术交流大赛中国赛区华东分赛区落下帷幕。

6月1日，《食品安全法》开始实施，取代原《食品卫生法》；7月20日，《食品安全法实施条例》发布并实施。《食品安全法》的亮点主要集中在8方面：地方政府及其有关部门的监管职责、食品安全风险监测和评估、食品安全标准、对食品加工小作坊和摊贩的管理、食品添加剂的使用规定及监管、食品召回制度、食品检验和食品安全事故处置等。

6月1日，正式启用餐饮服务许可证。

6月18日~20日，中国食文化研究会分别在哈尔滨市、大庆市隆重举行“第一届中日食育高峰论坛”，论坛主题是“基于主食革命的生活习惯病预防”。

7月6日~10日，由中国饭店协会主办，中国饭店协会培训中心承办，上海餐饮行业协会等协办的“首期餐饮创新实践暨海派餐饮深度研修班”开班。

7月6日，由青岛市旅游局、青岛城投集团主办，青岛市旅游饭店业协会、青岛城投集团酒店管理公司承办，青岛华乐葡萄酿酒有限公司、青岛良友饮食股份有限公司联合协办的2009中国青岛国际海洋节“华尔葡萄酒杯”海鲜烹饪大赛拉开帷幕。

7月7日，蒙牛集团发布公告，宣布中粮集团及厚朴投资公司共同出资61亿港元收购蒙牛集团20%股权，从而使中粮集团成为蒙牛最大的单一股东，这是迄今为止中国食品行业最大的一宗股权交易。

7月，方便面行业“辐照”潜规则曝光。为避免方便面调料微生物指标超标，目前一些厂商生产的调料都在包装后送专门机构对其进行γ射线辐照消毒处理。不过1996年4月5日中国出台颁布的《辐照食品卫生管理办法》规定：辐照食品必须严格控制在国家允许的范围和限定的剂量标准内，辐照食品在包装上必须贴有卫生部统一制定的辐照食品标识，而此前国内市面上销售的方便面几乎都没标注。

8月1日起，开始试行《白酒消费税最低计税价格核定管理办法》。一些高档白酒已经开始因应这一政策提高了出厂价和零售价。

金银花的价格由5月份的58元每公斤涨至高峰期的208元每公斤，巅峰时期高达260元每公斤。两年前山东地区大蒜每公斤仅卖0.2元，但今年10月初，山东个头小的大蒜价格达到每公斤7元左右，直径6厘米以上的更高达每公斤9元左右，比去年同期猛涨40多倍。官方的数据也披露，10月以来，太原、兰州、南昌、南宁、杭州、北京等城市的大蒜价格也都涨到了10元每公斤，甚至更高。继大蒜疯涨之后，作为调味料所用的辣椒价格也是

5月13~17日，第六届亚洲世界食品博览会在泰国曼谷召开。

5月16日，美国纽约举办第九届国际美食节。

5月20~22日。波兰国际食品饮料及餐饮设备展览会在华沙举办。

5月20~22日，2009第十四届日本国际食品配料及添加剂展览会在东京召开。

5月24~27日，伊朗国际食品、饮料及设备展览会在德黑兰举办。

6月7~9日，IFT美国食品科技展举办。

6月15~18日，2009年第25届巴西国际食品博览会FISPAL在圣保罗召开。

6月23~26日，台湾国际食品展召开。

6月23~25日，2009国际食品包装材料制品及包装设计展广州召开。第四届国际糖果饼干及休闲食品原料机械包装展及2009国际食品安全卫生检测技术及包装打码防伪技术展同期举办。

7月1日，世界第一大烈酒集团帝亚吉欧在苏格兰裁员10%。

7月9~11日，2009第十届马来西亚国际食品展在吉隆坡太子世界贸易中心(PWTC)召开。

7月19~21日，2009南非BIG SEVEN食品博览会在约翰内斯堡召开。

7月22日，全球第二大烈酒与葡萄酒集团保乐力加将旗下著名咖啡甜酒品牌Tia Maria卖给Illva Saronno公司，以继续其品牌剥离计划。

8月25日，在经历了相当长一段时间的谈判之后，全球第一大烈酒集团帝亚吉欧与印度联合酒业公司(United Spirits)谈判破裂。

8月，百事可乐成功购买了包装瓶制造商美国百事以及百事瓶装集团。

实现T-级跳。由于贴上了"防甲流概念",辣椒涨价基本在50%左右,部分辣椒品种价格甚至翻了一番。其中干辣椒的涨幅最引人注目,以国内辣椒最大交易地之一的山东胶南为例,去年收购价为每斤1元多,12月初已涨到4至5元一斤。罗汉果、大青叶等中草药的价格都在上涨,平均涨幅达20%~30%。

8月,江西龙南县查获用于熏制辣椒干的工业硫黄45公斤.熏制好的辣椒干1500公斤。经过工业硫黄熏制的辣椒干颜色鲜亮,存放时间长,不需完全干燥也不易腐烂。但熏制后的辣椒含有多种有害残留物,食用后将对人体健康造成危害。

9月16日,"漆宝斋"第二十六届中国饭店业设备用品采购订货会在北京大观园酒店落下帷幕。涉及食品饮料、电器、厨具、餐饮用具等产品,吸引了近三百名饭店、餐饮企业的总经理和采购、餐饮、工程的经理人员前来参观洽谈。

8月中旬开始至10月15日,全国各省市的公安交警部门开始严查酒后驾驶行为,此举被称之为"限酒令"。无论是白酒商、啤酒商还是洋酒商均深受影响,而白酒最重要的消费渠道餐饮渠道下滑尤为严重,酒类销售整体下滑三成左右,城市越大受影响越大。

9月,国家质检总局从上海熊猫乳品有限公司和上海宝安力乳品有限公司产品中检测出三聚氰胺,封存原料成品,公安部挂牌督办并追究相关责任。

10月1日起,关于啤酒、饮用水、橄榄油的3条国家标准开始实施。

10月14日,香港知名零食品牌自然派的沙爹鱼串苯甲酸超标,被北京市工商局责令下架。

10月18日,2009年度中华金厨奖颁奖盛典暨"中国烹饪(餐饮服务)大师名师"表彰大会在扬州会议中心隆重举行。

10月28日,位于上海市嘉定区南翔镇的全国糖酒商品展示交易中心举行试营业典礼。

11月4日,三元宣布,其母公司首都农业集团已经与河北国信资产运营有限公司签署协议,购买后者所持唐山三鹿等资产。除君乐宝回收自己的股份外,三鹿全部资产已都由三元接手。

11月24日,海口工商局发布2009第8号消费警示,包括部分批次的农夫山泉、统一蜜桃多汁等品牌饮料在内的9种食品总砷或二氧化硫超标,不能食用。11月30日,农夫山泉召开新闻发布会,出示了同批次产品送交国家食品质量监督检验中心、国家加工食品质量监督检验中心及河源市质量计量检测所检测的报告,均显示砷含量合格。12月1日,统一在上海召开新闻发布会,出示了公司协助海口市工商局送至中国检科院综合检测中心检测的报告,显示同批次统一蜜桃多是合格产品。被送往中国检验检疫科学研究院综合检测中心复检的农夫山泉及统一饮料合格。农夫山泉称损失超过10亿,

9月7~10日,2009年第29届澳大利亚国际食品展FINEFOOD在悉尼举办。

9月15~18日,2009第18届莫斯科国际食品展在莫斯科EXPOCENTRE展览中心举办。

10月3~9日,iba国际烘焙业贸易博览会在德国杜塞尔多夫展览中心召开。

10月3日,悉尼国际美食节开幕。

10月10~14日,德国科隆世界食品博览会(ANUGA)举办。

10月12日~17日,举行世界粮食奖颁奖仪式和研讨会。Gebisa Ejeta是2009年世界粮食奖获得者。今年世界粮食日的主题是"实现危机时刻的粮食安全"。

10月29日,世界粮食日纪念活动在联合国总部纽约举行。

10月29~31日,由国家农业部、上海市农业委员会、上海市农业科学院、上海交通大学农学院等多家权威机构共同举办的"世博与农产品(食品)保鲜技术与设备国际论坛"在中国上海召开。

11月17~19日,欧洲食品配料、天然原料、健康原料展览会在德国法兰克福召开。

11月18日,由上海市烹饪协会和华汉国际会议展览(上海)有限公司合作主办的FHC上海国际烹饪艺术比赛在浦东上海新国际博览中心拉开战幕。来自美国、俄罗斯、中国台湾与澳门、北京、江苏、浙江、安徽、山东等省市和上海的60多家高星级宾馆的近300位西厨报名参赛;比赛共设有糕点烘焙、自助餐、甜品、果蔬雕、冰雕、蛋糕制作和牛肉、童子鸡、三文鱼烹饪等13个项目,其中还专门设置了28岁以下选手的比赛项目。

12月12日,由中国国际外交公关协会主办,《外交官》(DIPLOMAT)杂志协办,中国烹饪协会、中央电视台国际频道、新华社、香港经济网等多家单

在新浪等网站的调查中，农夫山泉惨跌到最不受信任品牌之列。

11月26日，全国食品安全整顿工作办公室召开全国食品安全整顿工作电视电话会议，并发布了《食品安全整顿工作方案》。

12月1日，经国家质量监督检验检疫总局、国家标准化管理委员会联合下发公告批准的《浓酱兼香型白酒国家标准》(GB月T23547—2009)正式实施。

12月17日，2009宜宾酒圣节在四川省宜宾市开幕。酒圣节期间，还举行了五粮液第十三届"12.18"经销商人会、"中国(宜宾)白酒之都"授牌仪式暨中国白酒产业发展高峰论坛等一系列活动。

12月19日，在四川宜宾举行的"中国(宜宾)白酒之都"授牌仪式上，四川省宜宾市被中国轻工业联合会和中国酿酒工业协会联合授予"中国(宜宾)白酒之都"称号。

2009年，上海熊猫乳业等多家企业又被曝出使用了2008年未被销毁的问题奶粉作为原料生产乳制品，三聚氰胺问题阴云不散。

2009年，食用油价格坐"过山车"。

2009年中国酒店业大事：7天连锁上市，纽交所迎来首家中国连锁服务企业；携格之争，揭开了酒店供应商与渠道商之间首次公开化的矛盾；上海锦江收购美国州际，上演最大的国际收购案；酒店业呈现出与以往不同的发展趋势：国际化进程加快、大集团运作充满生机、西部地区发展后劲十足，各种类型酒店快速设阵布局，等等。

2009中国葡萄酒行业大事：法国拉菲集团在蓬莱建酒庄；中国酿酒工业协会市场专业委员会正式成立；长城葡萄酒牵手上海世博会；青岛红酒坊开街为国内首条葡萄酒文化街；《中国葡萄酒业三十年》出版发行；张裕加速扩张；王朝与叶氏酒业联合打造高端产品；《国家职业技能葡萄酒(果酒)》教材审稿会召开；国家葡萄酒及白酒、露酒产品质量监督检验中心喜迎二十华诞；中国第一家葡萄酒保税仓库落户山东蓬莱；通天酒业在香港上市；《酒类及其他食品包装用软木塞》国家标准于2009年12月1日正式实施；全国酿酒标准化技术委员会在京成立；中国酒类流通协会拟设立进口酒专业委员会；云南红入主通葡。

位联合组织的"2009第四届驻华外交官烹饪大赛"在北京万豪酒店隆重举办。

2009年，世界饥饿人口预计增加1.05亿，有10.2亿人口营养不良。

2009年，越南发生食物中毒事件147起，5000余人中毒。其中，近4000人住院治疗，33人死亡。较之2008年中毒事件减少53起，下降26.3%，中毒人数下降30.6%，死亡人数下降45%。

2009年，受"饺子事件"等影响，日本的中国食品进口额为6405亿日元，比2007年下降30%。其中肉类、鱼类、蔬菜分别下降39%、34%、28%。

郑　南(编写过程中参考了张哲永等编《饮食文化辞典》等诸种出版物)

附录 2　各类烹饪饮食语言集录

一、饮食名言

1. 食为八政之首

语出《尚书·洪范》:“三、八政:一曰食,二曰货,……”这里的“食”是指教民勤于农耕,从而确保食物充足。而这正是治国理政的八大政务之首务,故曰“食为八政之首”。

2. 民以食为天

语出《史记·郦生陆贾列传》,也见于《汉书·郦食其列传》。郦生即郦食其,他以儒生身份投奔刘邦,以求得谋士的地位。刘邦开始骂他“竖儒”,他批评刘邦不尊重长者,令刘邦刮目相看,从而耐心听取他如何击败项羽的计谋。这个计谋就是劝刘邦不要放弃成皋,因为该地有秦国重要粮库“敖仓”,而“敖仓之粟”正是击败项羽安定天下的战略物资。这时刘邦正面对着项羽,背后有齐王田广。郦生令其弟郦商守住西南方向,自己则作为说客前去说服田广保持中立,以免刘邦腹背受敌。结果韩信奔袭田广,当田广得知上了郦生的当,将其烹死。郦生以死效忠刘邦,解了成皋之困。而郦生献策的开场白是:“臣闻知天之天者,王事可成;不知天之天者,王事不可成。王者以民为天,而民以食为天。”这便是“民以食为天”这句话的来历,说明了食物(主要是粮食)对于社会稳定的重要性。

3. 夫礼之初,始诸饮食

语出《礼记·礼运》,孔颖达疏注时指出:这里的礼指祭祀之礼,而祭祀之礼是从向鬼神供献饮食开始的。当代有人释“礼”为文明,于是得出了人类文明,是从饮食开始的,即“人类文明始于饮食”,把人类文明归纳为吃出来的,显然失之偏颇。

4. 衣食足,知荣辱

语出《管子·牧民》:“仓廪实则知礼节,衣食足则知荣辱。”即老百姓有吃有穿,便能区分光荣和耻辱。

5. 尸位素餐

语出《汉书·朱云传》:“今朝廷大臣,上不能匡主,下亡(无)以益民,皆尸位素餐。”尸,古代代表鬼神受祭的活人。“尸位”就是受人们供奉的神灵的座位,这在《仪礼》中常见。“素餐”见于《诗经·伐檀》:“彼君子兮,不素餐兮”,指白吃不劳而获。“尸位素餐”就是指占着职位享受俸禄却不干实事的人。

6. 食不厌精,脍不厌细

语出《论语·乡党》。孔子原意是指用于祭祀鬼神的食物,一定要做得精细。这里的“食”指饭食,“脍”指细切的肉类。后来被人们理解为孔子讲究饮食的根据,甚至有人据此说孔子是“亘古第一美食家”,故现在常用来表示追求美食享受的理论。

7. 五世长者知饮食

语出曹丕《诏群臣》(收录于严可均《全上古之代秦汉三国六朝文》):“三世长者知被服,五世长者知饮食。”说的是三代豪门才知道如何穿衣,五代豪门才知如何吃饭,以此比

古人早已把人的饮食活动和医疗行为视为互相联系的整体，所以在中草药中有许多药物也是食物，例如大枣、枸杞之类。同时在中医看来，即使粥饭馒头，也有调节生理健康的功能，因此用“医食同源”或“药食同源”来表征食和药的关系，不仅因为它们的来源相同(中药都是未经化学合成的天然产物)，而且它们中的某些品种也兼具食和药的功能。

49. 食治未病

“治未病”是中医预防医学的重要思想，出自《黄帝内经素问·四气调神大论》：“是故圣人不治已病，治未病；不治已乱，治未乱，此之谓也。夫病已成后而药之，乱已成而后治之，譬犹渴而穿井，斗而铸锥，不亦晚乎。”再如中医认为，热病会在不同部位出现赤色，《黄帝内经素问·刺热篇》：“肝热病者，左颊先赤；心热病者，颜先赤；脾热病者，鼻先赤；肺热病者，右颊先赤；肾热病者，颐先赤。病先未发见赤者刺之，名曰治未病。”这里讲的是针刺。但对于饮食而言，更是预防疾病的重要途径，所以唐代孙思邈在《备急千金要方·食治》中说：“安身之本，必资于食，不知食宜者，不足以生存也。”故而称为“食治未病”，因此他主张：“凡欲治病，先用食疗，既食疗不愈，后乃用药尔。”

50. 养助益充

语出《黄帝内经素问·藏气法时论》，原文为：“五谷为养，五果为助，五畜为益，五菜为充，气味合而服之，以补精益气。”我们可简约为“养助益充”，这是中国古人最早发现的以植物性食物为主的食物结构，非常符合现代营养学理论指导下的膳食宝塔，这是一份宝贵的饮食文化遗产。

（季鸿崑）

二、烹饪饮食俗语

(一)烹饪原料俗语

诸肉不如猪肉，百菜不如白菜。
鱼吃跳，鸡吃叫。
大头菜，小头鱼。
歪瓜裂枣甜。
青皮萝卜紫皮蒜。
夏鱼吃鲜，腊鱼吃腌。
姜是老的辣，醋是陈的酸。
宁吃飞禽四两，不吃走兽半斤。
天上的龙肉，地上的驴肉。
要吃飞禽，还数鹌鹑。
夜雨剪春韭，新炊间黄粱。
渐觉东风料峭寒，青蒿黄韭试春盘。
三天不吃青，满眼冒金星。
宁可食无肉，不可食无汤。
蔬菜水果趁鲜用，少把酸菜泡菜腌。
清水下杂面，你吃我看见。
走过三江四码头，吃过奉化的大芋头。
蔬菜买鲜不买蔫，早晨水灵晚上端。
菜花松散吃着柴，结实无斑是好菜。
芹菜不用空心，莲藕不用无结。
鳝鱼出水面，离死已不远。
带鱼发黄，品质大降。
鲜虾发青，陈虾发红。
亮皮鸡蛋，孵化一遍。
一平、二鲶、三鳎目。
圆为雌来尖为雄，腹下节脐可分清。(辨蟹)
九月团脐十月尖。
加吉头、巴鱼尾，刀鱼肚皮鲅鱼嘴。
赵县梨、深州桃，沽源口蘑质量高。
离了黄花菜，照做八大碗。
黄鳝砍了三节尾，也比泥鳅长三分。
鲤吃一尺，鲫吃八寸。

鞭杆鳝鱼、马蹄鳖，每年吃在三四月。

鳙鱼头、鲫鱼背，草鱼肚裆青鱼尾。

菜花甲鱼菊花蟹，刀鱼过后鲥鱼来；春笋蚕豆荷花藕，八月桂花煮芋艿。

雨前椿芽雨后笋。

鲥鱼若去鳞，不是行里人。

秋冬吃鸭，春夏吃鹅。

初春早韭，秋末晚菘。

六月韭，驴不瞅。

可荤可素，竹笋蘑菇。

无鸡不香，无鸭不鲜；无皮不稠，无肚不白。

冬吃萝卜夏吃姜，不劳医生开药方。

鱼生火，肉生痰，青菜豆腐保平安。

不喝隔夜茶，不饮过量酒。

土豆藕片水中泡，颜色一定黑不了。

（二）刀工俗语

饔子左右挥霜刀，鲙飞金盘白雪高。

切必整齐，片必均匀，解必过半，斩而不乱。

前切后剁中间片，刀背砸泥面拍蒜，刀头能把菜墩刮，刀尖能把原料删。

切片斩剖劈，拍排旋剜剞。

三分墩，七分灶。

磨刀不用看，全凭一身汗。

快刀不磨是块铁。

巧切食物妙用刀。

有刀就能切蛋糕。

肝不早去胆，肾不早撕衣。

麦穗花刀有学问，斜刀浅来直刀深。

蓑衣花刀有学问，刀尖不能离开墩。

刀技姿势要规范，不可弯腰墩子前，上身稍微往前倾，丁子脚步腰板挺。

雕刻基础是打圆，不能使用旋刀旋。

要想切得薄，必须用快刀。

里七外八抓炒鱼，改刀之时分仔细。

左头右尾腹朝前，制作之时方向辨。（剞鱼花刀）

切葱如果怕辣眼，一盆清水放眼前。

拍蒜力气要用足，一拍下去蒜碎酥。

段不过寸，过寸有人问。

凉菜独碟分三步，垫底围边刀面铺。

顺色搭配不太好，行话讲究用花哨。

拉刀着力点，应该在刀尖；推刀着力点，恰恰正相反。

切菜原料应摁牢，中指在前顶住刀，小臂带着手腕动，幅度一定掌握好。

刀工一定要均匀，不能有爷又有孙。

古书所讲“晃梨花”，就是冀菜“甩刀法”。

牛肉横纹切，纤维容易截。

上案的讲刀口，上灶的重火候。

刀批肉片要注意，肥由顶始瘦由底。

蒜皮如果不好剥，先在水中泡一泡。

鲤鱼身上有臊筋，皮下一边各一根。

切葱之刀，不可切笋；捣椒之臼，不可捣粉。

黄鱼不开膛，头皮撕莫忘。

（三）火候俗语

大火煮粥，小火煨肉。

厨师无巧，烂淡就好。

咸鱼咸肉，见火就熟。

火急烙不好饼。

煮饺子要水多，蒸包子要火猛。

揭揭锅，三把火。

三分技术，七分火候。

扬汤止沸，不如釜底抽薪。

懒木匠常怪刨子钝，笨厨师总嫌灶不灵。

冬不白煮，夏不火熬。

狗肉滚三滚，神仙站不稳。

要想吊奶汤，火力必须旺；要想吊清汤，小火时间长。

炒勺一定要光滑，以免炒菜把锅抓。

汤勺不炒菜，炒勺不做汤，明白其中理，就知是内行。

焯菜加点油，青菜绿油油。

过分煸炒，肉质变老。

勺要光滑火要均，热勺凉油肉质嫩。
蛋羹蒸时小火嘘，大火适合蒸鲜鱼。
蛋羹蒸时须放气，才能避免蜂窝集。
三把鸭子两把鸡，水的温度要牢记。
炼制鸡油要弄清，方法应该用干蒸。
干烧不勾芡，汤汁自来黏。

（四）调味俗语

蒸咸煮淡。
一香能解百臭，一辣能解百瘟。
油多不坏菜。
一滚胡椒千滚姜。
百味调和盐当先。
南甜北咸，东辣西酸。
唱戏的腔，厨师的汤。
少吃多滋味，多吃没滋味。
食无定味，适口者珍。
胶多不粘，糖多不甜。
调和五味醋当先，料酒味精须精选。
有味使之出，无味使之入。
蒸制火腿请莫忘，皮上应当抹上糖。
炒菜不要先放盐，以免汤汁流满盘。
求色可以用糖代，求香不可用香料。
五味调和百味香，美食尚需美器装。
十个厨子九个淡，如果一咸就难办。
先烹料酒后烹醋，前后顺序要记住。
骨要酥，多放醋；味要鲜，醋放晚。
先加醋，去异味，后加醋，显风采。
早放酱油盐，炖肉不易烂。
烹制绿色菜，酱油要少来。
少盐多醋，必有好处。

（五）其他饮食俗语

戏界无腔不学谭，食界无口不夸谭。
望梅难以止渴，画饼不能充饥。
千里搭长棚，没有不散的筵席。
菜花不开蜂不采，灶米无食蚁不来。
一根甘蔗榨不成糖，一粒米熬不成汤。
粒米积成箩，滴水成江河。
包子有肉不在褶上，人有学问不在嘴上。
渴时一滴如甘露，醉后添杯不如无。
若要断酒法，醒眼看醉人。
晴带雨伞，饱带粮。
走路防跌，吃饭防噎。
药补不如食补。
病从口入，祸从口出。
要想身体好，吃饭不过饱。
饥不暴食，渴不狂饮。
一顿吃伤，十顿喝汤。
食多伤脾，忧多伤神。

（单守庆　朱长征　房四辈　孔润常整理）

三、烹调方法顺口溜

1. 炒

原料技法范围广，刀口细薄莫粗长；
急火热锅速度快，风味各一少有汤。

2. 熘

刀口小巧须均匀，芡汁提前兑料盆；
旺火油水手头快，明油亮芡方化神。

3. 炸

原料可大也可小，油量宜多不宜少；
码味拍粉或挂糊，纸包风味香色好。

4. 烹

刀口宜小不宜大，逢烹必须先油炸；
调味汁里不加芡，成品外焦内爽滑。

5. 爆

原料小巧带花刀，提前兑汁最重要；
热油闯冲三四秒，手头慢了做不好。

6. 煎

原料必须要平扁，灵活翻动两面煎；
喂足底口火勿忽，外焦里嫩色味鲜。

7. 贴

只煎一面不翻身，一面香酥一面嫩；
三二原料叠一起，底用肥膘火要温。

8. 煸

原料排刀形整齐，拍粉拖蛋炸外衣；
高汤添入莫放酱，小火汁尽软嫩奇。

9. 烧

原料过油或焯水，葱姜料头必须备；
干烧炒糖不勾芡，红烧带芡滋味美。

10. 焖

焖制菜肴长时间，汤大火慢锅盖严；
浓厚醇香软酥烂，葱姜大料要放全。

11. 扒

扒制菜肴形状好，主料下锅慢火烧；
出勺之前米汤芡，拉送扬接大翻勺。

12. 酿

酿制菜肴艺术性，原料剜空馅成形；
成熟方法随机变，甜咸调剂口味明。

13. 蒸

原汁原味要醇正，拼摆叠码须造形；
旺火时间掌握好，上下莫差一分钟。

14. 挂霜

油炸之后挂糖浆，出勺趁热再滚糖；
色泽洁白似雪裹，既可热吃亦可凉。

15. 蜜汁

色泽红亮先炒糖，水果原料着新装；
收汁之时火宜小，加入蜂蜜切莫忘。

16. 烩

烩制菜肴汤汁多，原料刀口要灵活；
不稀不烂米汤欠，口味酌情来掌握。

17. 熬

原料可多也可少，火候宜低不宜高；
菜品软糯入真味，老少妇孺皆叫好。

18. 汆

此法似简实很繁，吊好鲜汤是关键；
汤色洁乳两相取，脆滑爽嫩汤味见。

19. 炖

锅开之后要去沫，葱姜大料桂皮搁；
小火中途莫添水，不用勾芡好颜色。

20. 涮

有荤有素还有汤，火锅一尊桌中央；
原料质地鲜且嫩，待其熟后举箸忙。

21. 烤

选料严格工序繁，火炉辐射翻转遍；
提前码味和着色，上桌切片料备全。

22. 拔丝

原料裹糊先炸好，糖入勺中慢火熬；
此法本有三种技，金丝满盘缠箸绕。

（孔润常　剧建国 整理）

四、饮食歇后语

案板上砍骨头——干干脆脆
按鸡头啄米——白费心机
案板底下放风筝——出手不高
葱头不开花——装什么蒜
擀面杖吹火——一窍不通
嘎小子买烧鸡——闹了个大窝脖
擀面杖分长短——大小各有用场
胡萝卜刻的小孩儿——红人
烘炉里的王八——干瘪(鳖)
就着猪肉吃油条——腻透了
吃鱼不吐骨头——带刺
葵花籽里拌盐水——唠闲(捞咸)嗑
嗑瓜子嗑出虾米来——遇上了好人(仁)了
嗑瓜子瞌出个臭虫——充人(仁)来了
啃着鱼骨聊天——话中带刺
嗑瓜子吃核桃——不能不求人(仁)
开水碗上的葱花——华(花)而(儿)不实
咸菜煮豆腐——不必多言(盐)
咸菜缸里放白螺——难养活
咸鱼落塘——不知死活
咸肉里加酱油——多此一举
懒厨子做席——不想给你吵(炒)
麻油炒豆腐——不惜代价
马尾穿萝卜——粗中有细
马尾巴穿豆腐——提不起来
泥蒸的馒头——土腥味
拿着铁锹当锅使——穷极了
黏豆粥糊锅——难产(铲)
黏米煮山芋——糊糊涂涂
牛羊的肚腹——草包
你吃鸡鸭肉，我啃窝窝头——各人享各人福
藕丝炒黄豆芽——勾勾搭搭
藕炒豆芽——内外勾结
沤烂的花生——不是好人(仁)
跑马吃烤鸭——这把骨头不知扔哪
砒霜拌大葱——又毒又辣(毒辣)
螃蟹上树——巴不得
螃蟹爬到路上——横行霸道
螃蟹过门槛——七手八脚
盘子里生豆芽——根底浅
剖鱼得珠——喜出望外
破蒸笼蒸馒头——浑身是气（气不打一处来）
七八月的南瓜——皮老心不老
墙头上种菜——没缘(园)
七石缸里捞芝麻——费工夫
热炕头上的白面——发啦
软面包饺子——好捏
豆腐干煮肉——有分数(有荤也有素,意为心中有底)
豆腐乳煮菜——哪敢多言(盐)
黄豆煮豆腐——都是自己人

（朱长征　房四辈收集）

猴吃麻花——满拧
猴拉磨——玩不转
就着蒜吃山药——又辣又面
刘姥姥坐席——出洋相
头发丝炒韭菜——乱七八糟
狗掀帘子——嘴上功夫
秋后的兔子——又撒欢儿了
秋后的蚂蚱——蹦跶不了几天了
秋后的高粱——从头到脚红透了
豆瓣子攥球——是个大犟(酱)驴
豆腐渣贴对子——不沾(粘)
豆腐垫床脚——白搭
豆芽子长一房高——也是菜
豆腐渣下水——一身松
狗吃豆腐脑——闲(衔)不住
狗尿台打卤——天生不是好蘑菇

六月的火腿——走油了
六月的冬瓜——越大越不值钱
九月的甘蔗——甜到心了
九月的茭白——灰心
油锅里撒盐——热闹啦
肉包子打狗——一去不回头
皇帝的脑壳——御(芋)头
网里的鱼——跑不了啦
霜打的茄子——蔫了
凉水泼藕粉——硬冲
羊羔吃奶——跪下了
羊嘴里没草——空嚼
苍蝇落到鸡蛋上——无缝下蛆
长虫过门——不怕腰折
黄米煮红薯——糊里糊涂
王八看绿豆——对眼了
王八吃西瓜——滚的滚,爬的爬
双手捧蜜桃——有礼(理)了
盲人卖豆芽——瞎抓
酱萝卜——没影(缨)了
炕上安锅——改(造)灶
光吃饺子不拜年——装傻
黄牛菜拌辣椒——个人爱好
黄瓜敲锣——越敲越短
大车拉煎饼——(贪)摊多了
大风里吃炒面——开不了口
大头针包饺子——露馅了
大虾掉进油锅里——闹了个大红脸
大虾炒鸡爪——蜷腿带弓腰
打碎油瓶——全倒光
打兔子碰见黄羊——拣了个大便宜
出土的甘蔗——节节甜
醋泡蘑菇——坏不了
壶里煮粥——不好搅
土地爷吃窝头——当不得大供(贡)献
土豆下山——滚蛋
兔子进磨道——充什么大耳驴
胡萝卜就烧酒——找个干脆
卤水点豆腐——一物降一物
苏小妹三难新郎——考夫(烤麸)
初一的饺子——家家都有
出了芽的蒜头——多心
厨房里的灯笼——受气
梳头姑娘吃火腿——油(游)手好咸(闲)
属公鸡的——光啼不下蛋
属黄花鱼的——溜边走
属灶王爷的——谁家锅台都上
布袋里兜菱角——尖的出头
不熟的葡萄——酸得很
乌龟变黄鳝——解甲归田
武大郎卖豆腐——人熊货软
武大郎卖王八——什么人卖什么货
武大郎卖烧饼——晚出早归
兔子刨坑——不是人干的活
乌贼心肠河豚肝——又黑又毒
热锅里的龟蟹——爪子紧挠
热锅里煮汤圆——翻翻滚滚
火爆玉米——开心
火炉里撒盐——噼里啪啦
热锅炒辣椒——够呛
火盆里放泥鳅——看你往哪里钻
过冬的咸菜缸——泡着吧
喝水拿筷子——没用
豁牙吃西瓜——道道多
蛤蟆跟着鳖转——装王八孙子
腊肉上席——不带劲
搭起戏台卖螃蟹——买卖不大,架子不小
哈巴狗撵兔子——要跑没跑,要咬没咬
砂锅砸蒜——一锤子买卖
杀鸡取鸡蛋——只得一回
手勺敲大鼓——响当当
哑巴吃饺子——心里有数
牙缝里剔肉——解不了馋
拿着鸡蛋走路——格外小心
瓜地里挑瓜——花了眼
八月十五的核桃——满人(仁)
下了锅的面条——硬不起来
芝麻开花——节节高
十月里的芥菜——齐心
十八亩地一棵谷——单根独苗

石板上的泥鳅——钻不动
石头蛋子腌咸菜——一言(盐)难尽(进)
吃不了——兜着
吃对门谢隔壁——不当
吃糠窝就辣椒——图个嘴爽
吃烙饼卷手指头——自己咬自己
冬天进了豆腐房——好大的气(汽)
冬天的大葱——不怕冻
冬瓜大的茄子——不嫩
冬天做凉粉——不看天时
冷锅爆豆子——没道理
冷锅贴饼子——出溜到底了
冷水发面——没多大的长劲
柠檬汁加醋——酸上加酸
清水炖豆腐——淡而无味
送猪肉上案板——找着挨刀
烫鸡用凉水——一毛不拔
风箱盖当锅盖——受了冷气受热气
擀面杖吹火——一窍不通
擀面杖敲鼓——抡的哪一锤
生姜脱不了辣气——本性难改
清明的韭菜——头刀
干萝卜丝煮水——清汤寡味
慢火炖牛肉——别性急
面条点灯——犯(饭)不着
粘糕掉进灰堆里——吹不得打不得
拳头捣辣椒——辣手
三个指头捏田螺——稳拿了
三钱的胡椒面——一小撮儿
年三十的砧板——不得闲
半夜里摘茄子——不管老嫩
山东人吃烙饼——把里(理)攥
空笼上锅台——争(蒸)气
砂锅居的幌子——过午不候
园子里的韭菜——你算哪一茬
阎王开饭店——死吃
蚕豆开花——黑了心
面盆里的泥鳅——看你滑到哪
坛子里的豆芽菜——不得伸腰
年三十拾兔子——有它过年,没它也过年
可口可乐煮面条——不对味
猪鼻子插葱——装象
串起来的螃蟹——横行不了啦
盘子盛水——看到底了
菜刀切藕——片片有眼
开春的兔子——成帮结伙
快刀切西瓜——一刀现两块
快刀切豆腐——两面光
筷子搭桥——难过
卖鸡蛋的换筐——捣(倒)蛋
快刀斩黄鳝——一刀两断
挨了刀的肥猪——不怕开水烫
才出壳的鸡仔——嫩得很
排骨烧豆腐——有硬有软
筷子顶豆腐——竖不起来
三分面粉七分水——十分糊涂
小葱拌豆腐——一清二白
敲锣卖糖——各管一行
荞麦面打酱糊——两不沾(粘)
小案板盖井口——随方就圆
小葱沾酱——头朝下
小鸡下蛋——憋红了脸
抱着木炭亲吻——碰一鼻子灰
烧火棍子——一头热
敲猪割耳朵——两头受罪
摇着脑袋吃石榴——看你酸的
咬口生姜喝口醋——满腹辛酸
炒韭菜放葱——白搭
鸡抱鸭子——白操心
一辈子卖蒸馍——啥气都受过
鲫鱼下锅——死不瞑目
一分钱的醋——又贱又酸
拼死吃河豚——犯不着
温水烩饼子——皮热心凉
钝刀子切莲菜——藕断丝连
钝刀子割肉——不出血
冻黄米熬饭——黏糊了
湿手抓面粉——甩不掉
温水烫鸡毛——难扯
炒莲藕加米汤——糊了眼

雷公打豆腐——专捡软的捏
北京鸭吃食——全靠填
回炉的烧饼——不香甜
铁板上炒豆子——熟了就蹦
铁锤掉到锅里——不敲也响
铁打的馒头——啃不动
黄花鱼开膛——外行

（孔润常　剧建国 整理）

五、餐饮业楹联诗赋集锦

（一）赞美厨艺的楹联

勺炒五味鲜
油滴一点香

荤席鱼肉皆是
素宴豆品大全

山珍海味食固美
粗茶淡饭餐亦香

蒸肉蒸鱼蒸蒸好
罐鸡罐鸭罐罐香

“可乐㸆鸡”创新名菜
“糖醋鳜鱼”传统佳肴

新朋旧友喜临门齐夸烹饪好
海味山珍皆入筵远胜菜根香

蒸饺水饺锅贴饺各样皆合众人心
花茶绿茶龙井茶请君更上一层楼

老陈醋老黑酱老白汾酒老寿星品味
小花椒小茴香小磨麻油小顽童闻香

（单守庆 收集）

（二）酒店楹联

便于佐膳焖炉烤鸭皆言妙
宜乎品味明代作坊永存香
横批：永乐便宜坊

（刘学治为北京便宜坊撰联）

市离十里，难备佳肴以待客
家有王德，自当为黍而杀鸡

市上数百家，此是李翰林乐处
瓮边尺寸地，可为毕吏部醉乡

贾岛醉来非假倒
刘伶饮尽不留零

酒客酒楼同醉酒
诗人诗社共吟诗

宇内江山，如是包括
人间骨肉，同此团圆

世间无此酒
天下有名楼

醉里乾坤大
壶中日月长

花好月圆人寿
酒醒饭饱茶香

雅胜消闲棋一局
还宜夜饮酒三杯

虽无易牙调羹手
却有孟尝饱客心

画栋前临杨柳岸
青帘高挂杏花村

酒外乾坤大
壶中日月长

一川风月留酣饮
万里山河尽皆歌

店好千家颂
坛开十里香

酌来竹叶凝怀绿
饮罢桃花上脸红

酒闻十里春无价
醉习三杯梦亦香

玉井秋香清泉可酿
洞庭春色生涯日佳

文同画竹韵满瀛
酒仙邀月怀溢楼

斟盏隔壁醉
开坛对门香

一楼风月当酣饮
万里溪山豁醉眸

杯中倾竹叶
人面笑桃花

水如碧玉山如黛
酒满金樽月满楼

梅花香锦砌
旭日漾金樽

瓮畔夜风眠吏部
楼头春色醉人间

泛花浮座客
命酒酌幽心

陈酿美酒迎风醉
精烹珍馐到口香

绮阁云霞满
清樽日月长

铁汉三杯软脚
金刚一盏摇头

花映玉壶红影荡
月窥银瓮紫光浮

楼头人醉三更月
江上云横六代山

一榻暗香薰醉梦
千峰秀色送余杯

猛虎一杯山中醉
蛟龙两盏海底眠

千年龙潭蒸琥珀
万古仙桥起祥云

山径摘花春酿酒
竹窗留月夜品茶

沽酒客来风亦醉
欢宴人去路还香

杨柳晚风深情酒
桃花春水幸福人
莫思世上无穷事
且尽眼前有限杯

山雨欲来迎风把盏
夕阳将下醉月飞觞

远客来沽只因开坛香十里
近邻不饮原为隔壁醉三家

美酒可消愁入座应无愁里客
好山真似画倚栏都是画中人

喜待东西南北客
献出兄弟姐妹情

客从千里而来请进
君自小店而去祝安

色香味俱全食之不厌
桃梅李并蓄吃了再来

真是情的元素
素乃味之本真

味甘腴见真德性
数晨夕有素心人

四海珍馐荟萃
五洲贵客光临

名震塞北三千里
味压江南十二楼

一脔佳味供肴馔
四海珍奇任取求

水陆兼呈皆上味
宾朋尽兴共加餐

佳肴馨动三江岸
和气笑生四座春

山间走兽云中雁
天上飞禽海里参

随来随吃如流水
有饭有汤供客人

买醉归来春几许
消闲休问夜如何

迎来最爱廉颇健
到此何愁方朔饥

无人不道佳肴美
有客常来满座春

尽多风味开琼宴
常有冰心在玉壶

诸宾试宴餐虽薄
万客争尝味也鲜

炸熘煎烧香十里
甘甜酸辣乐千家

卫生方便调味美
经济实惠可口香

酒好菜香宾朋满意
价廉物美生意兴隆

南北烹调闻香下马
东西饭菜知味停车
生意兴隆通四海
风味佳美誉三秦

美酒佳肴从心所欲
晚来早到随遇而安

海角佳肴名扬海外
天涯美酿香溢天边

品重银条联架上
姿分玉屑涌轮中

座列刀叉星罗众品
餐分欧美风味重洋

食莫多贪充饥便足
酒防狂饮不醉方佳

满面春风顾客喜
一片诚心饭菜香

分而食之刀叉各具
物其多矣黍稷全馨

座中美酒佳肴贵客
厅里晋书宋画唐诗

南北东西客来不断
秋冬春夏宾至如归

客来客往笑接客中客
楼上楼下请登楼外楼

有名店店有名名扬四海
迎客楼楼迎客客满一堂

川菜正飘香麻辣可口
嘉宾堪入座蒸炒称心

福聚香楼邀朋会饮倾美酒
功成名就劝友加餐品酥禽

盘浅情浓味适嘉宾口
价廉物美甜饴贵客心

今饪古烹拈来五味调奇味
中肴西馔群集一家乐大家

个个随心饥有佳肴馋有酒
口口适意冷添冰啤热添茶

厨下烹鲜门庭成市开华宴
天宫摆酒仙女饮樽醉广寒

酒香十里招客举杯邀明月
饭悦一堂引人挥箸唱春风

荟萃东西海鲜涌香来福巷
兴隆气象宾客满座居仁门

粒粒辛苦盘中餐弃之可惜
口口香甜杯内酒酌量休多

横溢奇香笑迎四面八方客
同饮共赏喜送天涯海角人

美味常招云外客
清香能引月中仙

胜友常临修食谱
高朋雅会务山珍

饭菜好吃客常满
便餐适口座无虚

路旁小店最顺路
家常便饭如到家

五味烹调香千里
三餐饭美乐万家

一人巧做千人饭
五味调和百味香

留得声誉充宇内
巧把牛羊泡馍间

到门都是清流客
入座原非大嚼人

玉液香浮斟美酒
银丝细切借吴刀

面似银蛇盘中舞
馍如玉兔笼上蹲

清真真清清真店
雅逸逸雅雅逸门

竹鼯花猪春游好读坡仙赋
莼鲈福蟹秋兴应题杜老诗

色香味形俱佳美肴出自妙手
烧炒炸熘皆好名师乃有高徒

五洲宾客竞来同品尝五香美馔
一样菜肴捧上却别有一番风情

(三) 面食店楹联

白雪纷纭磨雀麦
黄龙变幻化龙须

汤饼可会食
黍稷不独馨

几盘饭菜知客味
十分热情暖人心
登门亲尝饭菜美
过街远闻酒酩香

饭香菜香八方客常满
面好汤好四季店如春

五洲宾客品尝五香美馔
一样菜肴别有一番风情

甘白俱能受
升沉总不惊(指汤圆)
(朱长征　房四辈 收集)

(四) 炒勺、菜墩、锅铲、蔬菜诗

面目乌黑不自嫌,任人敲打任人颠。
宾朋满座开盛宴,火燎烟熏一身担。

或薄或厚或圆方,一祖同宗继世长。
生来木讷耐利刃,无言换取满屋香。

方头愣脑甚堪怜,忙时不过日三餐。
胡搅乱翻唯有你,不知浓淡不知咸。

莫恃嫩美莫恃鲜,厨人刀下客人前。
佐酒下饭同归矣,争尽芳春有谁怜。
(摘自黑龙江王树民　《赋闲集》)

六、餐饮业行话

(一)南方饮食业行话

1. 行业类型行话

【勤行】饮食行业工作人员起早摸黑,工作时间长,劳动强度大,动作快捷迅速。从事这一行业的人都要勤快,俗称“勤行”。

【油大行】饮食行业因常与油汤油水接触故称油大行,是民间或行业内部对饮食行业的一种通俗称呼。

【饭食业】又称“饭食帮”、“饭帮”，饮食业中的一大经营业类别包括四六分饭铺（红锅炒菜馆）、便饭馆和豆花馆等，以经营炒菜、小菜、豆花饭为主要业务，可以随配合菜，不承办筵席，不制售高档菜肴。

【燕蒸业】又称“燕蒸帮”，饮食业中的一大经营业别，以经营大菜和承办筵席为主要业务，包括包席馆和南堂两个部分。“燕”通宴，即“筵宴”。“蒸”，“蒸笼”之意，是区别于其他饭铺、炒菜馆的重要标志。

【面食业】又称“面食帮”，饮食业中的一大业类别，以经营锅魁、面条、抄手、水饺等各种面食制品为主。

【腌卤业】又称“腌卤帮”，饮食业中的一大经营业类别以制售腌、卤、熏、腊食品为主的业别。清末民初，开始出现了以经营熏卤食品为主的熟食店，主要以外卖为主。20世纪20年代初期，由于腌卤摊、店以及“冷酒馆”不断增多，逐渐形成了一个行帮即腌卤业。现在已形成各类以熟制肉食为标志的连锁店。

【包席馆】以操办筵席为主要业务，包席馆一般没有座场，以上门服务为主。客人包席须提前一天预定。筵席的各种菜点先在店内制成半成品，届时，厨师随“酒席担子”(盛有菜点的半成品和筵席所需的杯盘碗盏）到客人住宅或要求的游宴所在地烹制成菜。

【南馆】又称“南堂”，南馆为“江南馆子”的简称。最初的南馆多系江浙人所开，以经营江浙风味为主。菜品蒸炒俱全，陈设雅致，设备齐全。以后，蜀人吸收南馆经营形式之长，代之以四川风味，经营零餐，并承办筵席和出堂等业务，逐渐形成一类综合性的餐馆。

【四六分饭馆】旧时四川一般饭馆的别称。除包席馆、南馆外，还有以经营炒菜为主的炒菜馆，以经营小菜饭、豆花饭，并代客加工的饭铺。炒菜馆、饭铺分工严格，各为一业，直至清末，两者才互相兼营，统称四六分饭馆。四六分的分，是一种计价单位，炒菜馆的炒菜每份四分，六分为一份半。顾客买菜多买四分、六分，于是行业中就将四六分作为对一般饭馆的称呼。

【便饭铺】以经营小菜、豆花饭为主要业务的饭铺，具有经济实惠、方便顾客的特点。这类便饭铺，还为顾客加工食物。

【茶餐厅】一种具有茶屋和餐厅功能的综合饮食厅，从早到晚都可营业，经营方式灵活多变。

【明档明厨餐厅】顾客可根据食品原料陈列点菜，并可目睹厨房烹饪加工过程的餐厅。此类餐厅对顾客有特殊的吸引力。

【排档】又称“大排档”，专营简易菜肴、酒水的街头食摊，常出现在城市街头、闹市、马路旁，规模比一般食摊大。食客当街而食，多供应夜宵。

【冷酒馆】以卖酒、佐酒小菜为主的小店。这类酒馆开堂后多不动烟火，菜在开堂之前做好，故在酒馆之前冠以“冷”字。

【冷啖杯】主营白酒、啤酒、泡酒和佐酒菜的小店。冷啖杯经营的下酒菜不管荤、素都预先烹制成菜，晾冷后供应。由于营业时不需动火加热菜品，故名“冷啖杯”。经营特色类似于早年的冷酒馆。现在，冷啖杯的经营形式逐步发展为啤酒广场，也销售一些烧烤、特色风味菜、小吃等。

【食担】一种盛装食品的器具(有的地方称担子、担担)。经营者肩挑着食品走街串巷，沿街叫卖。食担经营的品种比较单一，有的只装食品，不动烟火；有的则一头装原材料或半成品，一头挑火炉，遇有食者则现做现卖。目前四川及重庆还存在的食担有豆花、春卷、蛋烘糕等。

2.行业工种分工行话

【红案】饮食行业的工种(红案、白案、招待)之一。负责菜肴烹制所有工种的总称。包括从原材料的初加工、刀工、精加工、配菜、加热烹调到成菜的全部工艺流程。根据工作内容和责任的不同，红案又细分为炉子、墩子、冷菜、笼锅和水案等若干工种。现已规范为烹调工种，原红案厨师一律称为烹调师。

【炉子】又称“当厨”、“炉灶”、“火上的”、“候镬”、“后镬”，根据菜肴制作的要求，运用与之相适应的烹调方法加热烹制热食菜肴。“炉子”是菜肴烹制的最后一道工序，其工作的好坏，直接关系到菜肴的质量，是厨房技术中最重要的工种。中餐厨房热菜烹调的厨师，根据技术水平的好坏分工为头炉、二炉、三炉、四炉……尾炉。

【头炉】也称“大佬”、“主厨”、“头锅”、“掌灶”、“掌勺”、“炒头火”、“炒头灶”、“灶头”、“正后镬”、“头镬”，用第一个火眼或第一面炒灶，由较有经验、烹调技术水平最高者（一般由炉灶厨师长）担任，全面指导厨房的技术和管理工作。广东厨房“头炉”的工作内容目前已影响到全国各地。现在常称为行政总厨。

【二炉】也称“二锅”，“炒二火”、“二镬”、“帮后镬”。烹调技术水平仅次于“头炉”，主要协助“头炉”工作，由厨房技术较佳的人员担任，负责早上滚煨鱼翅等名贵干货原料；负责浸制鸡、鸭等熟处理工作，协助正后镬起大小筵席菜，起例牌菜中技术性强的菜品，辅导其他候镬的技术工作。

【上杂】也称“帮锅”、“上什”，原为广东饮食行业用语，现在全国各地厨房中也有此称法，中餐厨房热菜烹调的厨师的另一分工，负责除传统“炉子”以外的，长时间加热和以蒸汽为传热媒介的原料准备和菜肴制作工作。有的特大型厨房还设“副上杂”协助工作。

【汤锅厨师】俗称“吊汤”，中餐厨房热菜烹调的厨师分工之一，即看汤锅的，除负责制汤外，还要负责炖、熬等长时间加热菜肴的制作和干货原料初步涨发。现在往往由上杂承担其工作内容。

【笼锅厨师】俗称“打笼”，中餐厨房热菜烹调的厨师分工之一，原指制作蒸菜所用的器具，现用做蒸菜工种的代称，负责半成品原料的蒸制加工、部分干货原料的发制和蒸菜的制作。现在往往由上杂承担其工作内容。

【打荷】也称“助后镬”、“助烹调”。打荷一词来源于赌场，意为“助手”，可解释为厨师的助手，原是粤菜厨房工种之一，现已被全国烹饪界接受。主要工作内容：检查砧板师傅所配主配料及料头是否齐全；将砧板切配好的原料上粉上浆；菜品出锅后协助炉子师傅拼扣造型；负责开收炒镬、炉火和酱料档，以及一般制品的初步熟处理工作。

【墩子】也称“案板”、“墩子”、“砧板”、“案子”，负责烹饪原料的刀工、精加工、半成品原料制作和组配。此外，墩子的工作内容还包括制定原料的购进计划（即通常所谓“开买账”、“原料单”）。根据技艺水平、经验、分工不同，墩子又分为头砧（墩）、二砧、三砧、四砧、五砧等。

【头砧】也称“头墩”、“案子头”，案板的首席厨师。由熟悉厨房全部工序、经验较丰富、技术水平较高的厨师担任。头砧既要有较强的刀工技术，还要熟悉原料的性能、价格、净料率，菜肴组配知识，同时负责安排、组织案子的工作，承担高档菜品的半成品制作，负责编制筵席菜单等。日常头砧的主要工作就是“配菜”。

【切配】行业术语，刀工和配菜的简称，因配菜是紧接着刀工的一道工序，与刀工有着连带关系，行业上习惯合称为“切配”。

【水案】也称“水台”、“水案板”，泛指对动物性原料的初加工，特别是当今鲜活水产种类众多，餐饮企业往往采用鲜活点杀方式经营，所以水台工种发达，加工品种多，加工精细，并为改良厨房卫生打下基础。水台是红案的一个基础工种，直接为墩子服务，不仅要求有娴熟的技术，还应掌握识别各种原料性能的知识。

【剪菜】也称之为“菜房”。主要负责各类蔬菜原料的初步加工，按菜肴制作要求剪改、洗涤、保管、送递。在中小厨房常与水台工作合并。

【菜杂】负责小菜菜品的制作（各种凉拌小菜，泡菜，用各种干鲜豆、豆制品做成的菜肴），并负责泡制辣椒、泡子姜、泡青菜等。四六分饭馆、豆花小菜饭铺多设菜杂这一工种。

【冷菜】又称“冷菜间”、“冷盘间”、“碟子房”，专门制作冷菜的操作间。传统上将菜肴制作分成冷菜、热菜两部分，并以明档的形式单独存在，由冷菜厨师专门独立从事冷菜的烹调加工、存放、装点、成品。冷菜也是一种工种，负责冷菜制作，其工作原属墩子的一个部分(称熟墩子)，现已成为与热菜(炉子)、蒸菜(笼锅)并列的一个工种。

【白案】是和红案相对而言的，指专门负责糕团、面点的制作。因糕团和面点的制作多与米、面和案板有关，故习惯上把这一工种称“白案”，现规范为面点。从事此类工作的厨师被称为“白案师”、“点心师”、“面点师”，现规范为面点师。

【大案】负责大宗面食点心的制作。因其所用案板较大，故名。大案的生产量较大，其制作的成品多用于早点、专业面店、小吃店、食堂的供应。

【小案】负责筵席点心的制作。因其使用的案板较小，生产量也不大，故称小案。工作内容主要根据筵席或供应的需要，有计划地制作各种糕团、点心、风味小吃。小案多见于酒楼餐厅。

【味部】又称“烧腊部”。中餐厨房专门从事烧味、卤味、腌腊制品的一个厨房工种。烧腊部在厨房常辟有专门工作间，自成体系。从事此类工作的厨师称烧腊师，又可分为“宰杀”、“烧卤杂”、“低档杂”、“企档”。

【七匹半围腰】又称“七角半活路”。旧时饭馆中所有工种的总称。指根据各工种的技术高低、作用大小来确定其小费分配的计算单位。如“一匹围腰”(一角活路)，可分得一份“小费”。“一匹”多指那些技术性较强的工种；“半匹”则主要指那些技术性不强的辅助工种。由于各地区、各饭馆的情况不同，所以“七匹半围腰”的具体内容也不尽一致。此外，还以“七匹半围腰”美言事厨者具有多种技能。

【掌墨师】又称“坐押师”。旧时称在包席馆和南堂中主理厨政的厨师，相当于现在的厨师长。多由本店的头炉担任。掌墨师原指木工中的关键人物，木活好坏取决于掌墨师的水平。饮食业借用此名，用以表明主厨在饭馆中的重要地位。

3. 工具类行话

【盅】一种形似缸，但比缸小的圆桶形盛器，按用途常分为3类：调味盅，如糖盅、盐盅、果酱盅、油盅；洗手盅，供客人就餐时洗手用；炖盅，主要用于炖制汤品、菜肴和甜羹类食品。

【味碟】也称“醋水碟”、“跟碟”。有圆形或椭圆形等不同形状，常用来盛装酱油、醋、辣酱、蒜蓉等调味品，专供客人蘸食以调剂口味，或者用于某些菜肴的辅助调味。

【吃碟】也称“骨碟”、“餐碟”、“骨渣碟”、“食盘”、“布碟”、“接食盘”，是为客人就餐时收集骨、刺、壳、渣等用的碟子，摆台时先摆，以其定位，宴席进行期间服务人员视需要更换。

【备餐台】又称“落台”、“边桌”。餐厅中用于服务员临时放置瓶酒、饮料、备用小餐具，以及传送、整理菜点的桌子，就是给客人上菜的辅助小桌。

【蒸器】专门用于蒸制各种食物的烹饪器具，与“蒸锅”或供汽设备配套使用，包括蒸屉、蒸笼、蒸箱、蒸柜等。一般把圆形的称为“蒸笼”，小矩形的称“蒸箱”，大矩形的称“蒸柜”，现在行业多用“蒸柜”。

【箅子】俗称“箅品”、“竹箅”、“竹笪”，以竹片编成网格状，可放入锅内水上，上置食物，水烧沸后蒸气将食物蒸熟。箅子常与笼身、笼盖配套使用，也可垫在锅底，上置食物，加热时食物不粘锅底。

【手勺】又称“勺子”、“排勺”、“铁壳”、“油壳”，圆形、敞口，底为弧形，有圆径铁柄，柄尾装木把。厨房必用炊具，主要用来投料、搅拌和盛舀菜肴等用。

【笊篱】又称“炸篱”、“罩篱”，以竹丝、柳丝、铁丝、铜丝等编制成的能漏去液体的瓢形滤器，用于捞取面条、油炸食品，氽制或焯水的食料。

【钢汤隔】又称“钢箩斗”、“不锈钢箩筛”、“密隔”，不锈钢身，身直底平，底面是用不锈钢丝编织的细网。主要用于过滤油渣、汤汁，也可以用来作面筛。

【码斗】配菜时盛装各菜码的盛器，往往用金属材料制成大小各异的碗形盛器，码斗的使用对厨房生产是一个划时代的影响，对餐具的使用、厨房操作、卫生状况都有良好作用。

【振布】又称“随手”、“代手”、“镬布”，即厨房用的“抹布”。在墩子、炉子上，厨师主要用它来端锅，清洁刀、瓢、墩子、炒瓢等工具。

【操作台】又称“案板”、“打码台”、“打荷台”、“厨房工作台”，是厨师切菜、配菜、做点心、打荷、摆餐具不可缺少的厨具。操作台多为长方形，规格视场地大小、操作方便而定。操作台的材料用不锈钢板制成。这种操作台有的带有抽屉、工具箱，有的带有橱柜，有的带有冷藏保鲜设施。

【鼎锅】又称“吊子”，是一种形如陀螺的传统的烧煮锅，用生铁铸成，外形上、下部略小，中部向外凸起，放在炒灶火眼的前面，利用炒灶的余热烹物，主要用于烹制菜肴用的毛汤和煮肉等，也可用铁丝悬挂起来烧煮。现在开发有吊锅系列菜。

【平鏊】又名“鏊子”、“云板”。一般用生铁铸成，或用熟铁捶打而成。圆形，呈平面状，有一提手把。多用于烤制各种锅魁、烤饼，或烙制春饼皮、芝麻块饼等。

【汽锅】隔水汽蒸食品的炊具，土陶紫砂制成，形如品锅，口大、底深、有盖，锅的中心有汽管，将蒸汽导入锅中。

【饭甑】又称“甑子”，蒸饭用的木制炊具，筒形，口圆腹深，上有盖，底有蒸箅。规格有大有小，大的可供上百人的伙食团、饭店、招待所用，小的见于农家。

4. 厨艺行话

【生油】指未经过炼制的植物油，广东地区将花生油也简称为生油。

【猪油】又称“荤油”、“大油”、“白油”，为猪体内的油脂，往往经熬制取得半固态的油脂。

【生粉】又称“木薯淀粉”，以木薯为原料，经粉碎、漂洗、沉淀后取得的淀粉，用来给菜肴勾芡，现往往通常也泛指其他原料制成的干细淀粉。

【澄粉】俗称“小粉”、“小麦淀粉”，小麦粉经洗去面筋沉淀后所得的淀粉，可作芡粉和皮料。

【食粉】对“小苏打”的俗称。

【枧水】又称“草木灰水”，将草木灰用水淋后除渣的碱性液体，可代碱用。

【蓬灰】又称“蓬碱”，秋季时取戈壁滩上一种叫“臭蓬蒿”的野生植物，集中于挖好的坑中，点火烧之后即为“蓬灰”，用于拉面等食品中，可增加面团韧性，西北地区常用。

【老蛋】又称“鸡蛋糕”、“蛋糕”，鸡蛋打散，加适量精盐、湿淀粉调匀后，上屉用小火蒸熟，晾冷后成糕状，用途较广，多用于花色冷盘的配料，也可切成丝、片、丁作热菜的配料。

【菜核】又称“菜心”、“菜胆”，将叶类蔬菜去掉外层大叶柄，只留2～3片内核部分，并将根茎削圆，用刀剖划十字形即成，作主料、配料均可。

【水淀粉】又称“水豆粉”、“湿淀粉”、“湿粉”、“水芡”、“湿板芡”。以水和淀粉调成，平时将芡粉调好放于盛器中备用。

【蛋泡糊】又称“高丽糊”、“雪衣糊”、“芙蓉糊”、“滚袍糊”、“轩糊”、“起糊”、“蛋泡豆粉”、“雪花糊”，将鸡蛋清搅打成泡沫状后加干淀粉、干面粉等拌匀而成，色白如雪，炸后饱满松软。

【脆浆】以面粉、淀粉、发酵粉、老酵面、盐、清水等原料调成浆糊状，静置发酵至发起，再加植物油、碱水拌匀，静置5分钟即可。用于炸制方法，成品涨发膨大，色金黄，外脆里嫩，甘香松酥，有“急浆”和“有种脆浆”两种。

【撕筋】也称“掐纤”，将蔬菜的不宜食用的边纤(筋)摘掉。

【摘尖】初加工方法，将蔬菜的不宜食用的尖端部位摘掉。

【晾响皮】猪坐臀皮刮洗干净，煮熟捞出，再压平，晾凉后，铲尽肥肉，挂通风处晾至极干。

【追】水发原料经煮焖后，放入较多的清水中使之进一步涨发，并能使异味溢出，用凉水浸泡，称“凉水追”，凉水中放入冰块，称“冰块追”，能使原料进一步涨透发足。

【透碱】也称“退碱”、“漂碱”，干料碱发后用清水漂去碱水，消除碱味。如果发好的原料不急用，可暂时不漂透，以保持一定的碱度，避免收缩。

【单背】“划鳝丝”方法之一，划成鱼腹一条，鱼背两条，即整个背部肌肉中间断开成为两条。

【双背】“划鳝丝”方法之一，将鳝丝划成鱼腹一条鱼背一条，即整个背部去骨后肌肉连成一片，中间断开。

【偏锋】指刀刃偏向一侧，系磨刀时两面用力轻重不一，磨刀次数不一，造成刀刃向一侧偏移。

【毛口】也称“卷口”，指刀刃偏锋过度，刀刃向一边翻卷。

【花刀】又称“剞”、“剞花”、“刻刀”“综合刀法”，一种混合刀法，将直、斜刀法综合运用，在原料上切出花纹，但又不切断，从而形成一种特殊的料形。有“直刀剞”、“斜刀剞”两种。

【松】广东一带对“米”的俗称。现在其他地区也常用此说法。如牛肉松、鸽松、鳝松。“松”还可指原料加工成细丝后，经油炸或焙干形成的一种干、松、软、细的丝状料形，常见的有油菜松、白菜松、菠菜松。

【蓉】又称“泥”、“茸”、“胶”、“腻子”、“糊”、“缔子”、“糁”，各地叫法不同。将精选的动植物原料切、剁或绞成茸泥状，再加辅助原料、调味品，搅拌而成。

【脯】指扁平而长的料形，指大而厚的片，净肉料用平刀片成，比片大、比片厚。

【花(料形)】对料形的一种称法。一类是以葱、青蒜、韭菜苔等原料切成细小的成形，称葱花、蒜苗花；一类是将原料切成花鸟外部形状的象形，统称其为花。其大小厚薄没有一定的标准，多作装饰或配料用。

【整姜葱】又称“长姜葱”、“梗姜葱”，指切成长段或厚片的姜葱，宜用于码味，蒸、烧等方法，主要取姜葱之味，成菜时多去掉不用。

【马耳朵葱】又称“马耳葱”、“葱榄”，葱段斜切长约 3 厘米的段，因形似马耳，故名。可作炒菜配料，多用于炒、爆、熘等菜肴。

【弹子葱】又称“葱弹子”、“磉礅葱”、“葱丁”，粗或中粗葱切成 1 ~ 1.5 厘米长，可作炒菜配料，多用于炒、爆、熘等菜肴。

【鱼眼葱】又称“颗子葱”、“葱颗”、“葱珠”，细葱切成小颗粒，一般长约 0.2 ~ 0.4 厘米，因断面形似鱼眼，故名，主要用于“鱼香味”菜肴的调味。

【姜花】鲜姜去皮，削去边角，在截面刻各种动植物形象，然后横切成片即成，用作菜肴装饰。

【配料】又称“辅料”、“副料”、“配头”、“大宾俏”。配料相对于“主料”、“调料”而言，指菜肴除主料以外的配衬原料，在菜肴中为从属原料，起配合、辅佐、衬托、点缀、补充、增强主料风味效果的作用。

【菜码】指配菜时用的各种基本成形原料，往往有主料、辅料、料头 3 个部分。

【味料】又称“调味料”，菜肴中主要用于矫味、配味、调味的原料，泛指一切调味原料，又分为“油料”、“味料”。

【小配料】也称“小料”、“小料子”、“小宾俏”、“料头”，配料的一种，指菜肴配料中用量少、成形小、本味香浓，对菜肴风味影响较大，并能区分菜肴类别的这部分配料。它属调味类原料，常用的料头有姜、葱、蒜、青红辣椒、蒜苗、洋葱等。

【制蓉】又称"制馅"、"搅泥子"、"制缔"、"打糁"、"搅糁",将色浅、味鲜、质细嫩的动物原料经剁细捶蓉,加蛋清、水、盐、淀粉、味精等,向同一方向搅打至起胶上劲即成,成品应以达到色白、发亮、细嫩、入水不沉不散为标准。制好的馅能将几种原料进行融合,从而改变原有原料的质地和风味,形成一种新的风味特色,运用广泛,便于造型,可以制作丸、球、饼等成型菜,可作多种工艺菜的瓤料。

【蒙制】指将打好的糁粘裹在鲜菜心等原料上。操作时,糁要稀稠适度,下锅前蒙上不变形,受热后质松,泡嫩。蒙制菜品的原料,多选用鲜嫩色绿的时令蔬菜或菌类。

【肉蓉】又称"肉料子"、"肉泥"、"肉糁",猪里脊肉用刀背捶砸成蓉,然后用鸡蛋清、水、盐、淀粉、料酒、食用油、味精,向同一个方向搅匀,至上劲即成。现在多用机器绞碎,人工搅打上劲,同样的还有"鸡蓉"、"鱼蓉"、"虾蓉"。

【清汤】汤的一种,相对于"白汤"而言,以鸡、鸭、排骨、猪瘦肉或其他肉料,经小火、长时间熬煮,再取汤汁经扫汤处理制成的汤汁澄清、口味鲜醇的汤,具有汤清如水、鲜香味醇的特征,分为一般清汤和高级清汤两种。

【奶汤】又称"浓白汤"、"奶白汤"、"高级浓汤",一般是将鸡、鸭、排骨、猪瘦肉、猪肚、鸡爪、蹄膀、猪脚等肉料,经中火、长时间熬煮,直至汤稠,呈乳白色。汤的浓度较高,口味鲜醇,常作煨、焖、煮、烧、扒等菜肴的调味之用。

【上汤】又称"顶汤"、"高汤"、"尚汤",界于"清汤"和"奶汤"之间的一种汤汁,一般是指将鸡、鸭、排骨、猪瘦肉、鸡爪、蹄膀、火腿等肉料,经中小火长时间熬煮,直至汤色微黄,汤清味醇,鲜香味浓的汤。一般用于燕窝、鲍鱼、鱼翅等贵重菜肴和高级宴席的制作。

【哨汤】又称"扫汤"、"打汤"、"潲汤",汤煮成后,取其澄清的汤汁,趁沸下入哨汤用的肉蓉,搅匀,再端离火口,利用肉蓉的吸附作用,除去汤中的杂质,待肉蓉全部浮起,将其捞去,使汤汁澄清的过程。

【哨子】又称"肉哨"、"肉茸"、"稍子"、"臊子",制作清汤时下入肉蓉,利用肉蓉中蛋白质的吸附作用,除去汤中的杂质,使汤质澄清,此肉茸即称为哨子,是用动物瘦肉捶茸,加清水调散而成,因用料不同,有红哨、白哨之分。

【挂糊上浆】又称"抓浆"、"吃浆"、"着衣"、"穿袍"、"穿衣"、"粉浆"、"码芡",在经过刀工处理的原料表面挂上一层以淀粉调制的浆糊,加热以后,使制成的菜肴达到酥脆、松软、滑嫩的一项技术措施。主要作用在于保持原料内部不过分受热,原料内部的水分不外溢,使菜肴达到外部香脆、柔滑,内部嫩滑,色彩美观,形态自然,原汁原味的成菜效果,并保持菜肴的营养成分。挂糊与上浆为两种不同技法,有不同的用途。

【腌渍调味】又称"腌渍"、"腌制"、"码味"、"打底味"、"喂菜"、"喂料"。在原料加热前,将调味料与菜肴主料拌和均匀,或将菜肴主料浸泡在调料中,放置一定时间,进行腌渍入味的过程,现在采用肉料腌制的方法代替。

【跟碟】又称"配味碟",调味的一种方法。将调料盛入小碟或小碗中随菜一起上席,由用餐者蘸而食之的调味方法。可以一菜多味,或由食用者根据各自的需要自选蘸食,此法多用于烤、炸、蒸、涮菜的调味。

【上劲】又称"起胶",指上浆或制馅时,加入一定量的调味料并搅拌,直至原料黏稠有劲,搅拌时有较大阻力,即原料已上劲。其作用是稳定原料的持水量,加热时水分不外溢。

【吐水】指已经上浆或制馅的原料静置时或加热后水分溢出的现象。多为浆制时吃水太多、或上劲不足、或滑油没有掌握好油温所致。

【贴】是将所用的几种原料分层整齐、相间、对称地贴在一起,成扁平形状的生坯。下层一般是片状的整料,多为馒头片、面包片、猪肥膘片等。中层为特色主料并起粘连作用,多为茸泥、片、丝,上层为点缀之物。旧时曾把

"贴"归为一种烹调方法。

【扣】将所用原料有规则地排在碗内，成熟后翻入盛器中，使菜肴具有光滑、整齐、饱满、美观大方的特征，有时也可扣成一定的花形图案。

【荚】将一种料夹入另一种原料而制成生坯的方法，多选用动、植物性原料，切成一个个夹刀片，然后在夹刀片的中间夹上事先调制好的茸泥即成生坯；也有的直接将馅料夹在两片原料之间，再在外面裹糊炸制成形。

【套】是将同样大小的两片不同原料相叠，在中间划1～3刀，再以一头穿入拉紧成麻花状的生坯，使两种原料套在一起。

【勾芡】又称"落芡"、"埋芡"、"拢芡"、"上芡"、"挂芡"、"着腻"、"着芡"、"走芡"、"发芡"、"打芡"、"抓汁"、"勾糊"、"打献汁"，在烹调菜肴接近成熟时，将调好的芡汁倒在锅中，使菜肴汤汁增稠的一种操作方法。勾芡有许多操作方法。

【自来芡】指有些菜肴因原料含胶质、淀粉，经烧、烩后汤汁自然浓稠，不用芡汁，称"自来芡"。

【对汁芡】又称"碗芡"、"混芡"、"兑汁芡"、"调味滋汁"、"兑滋汁"，用芡粉加调味品兑成的芡液，多用于爆、炒、溜的菜肴。此类菜肴加热时间短，操作速度快，须先将芡汁兑好，菜一熟即烹汁下锅。

【包芡】又称"抱汁芡"、"抱芡"、"吸汁"、"立芡"、"包心芡"，是芡汁中浓度最稠的，用于汤汁较少的炒、爆、溜菜肴，要求芡汁能裹住原料，吃完后盘中无余汁。

【薄芡】又称"玻璃芡"、"流芡"、"奶汤芡"、"清二流芡"、"二流芡"、"米汤芡"，淀粉用量较少，芡汁成熟后比较稀薄，具有流动性，多用于烧菜和白汁菜类，要求一部分芡汁粘在菜肴上，一部分流入盆中，稀薄而透明，有光亮度。

【六大芡色】指芡汁按色泽分类，分为红色芡、黄色芡、黑色芡、清色芡、青(或绿)色芡、白色芡。

【浇汁】又称"浇芡"、"挂汁"、"泼汁"、"蒙芡"、"泼芡"，菜肴烹制成熟后，另起锅调制芡汁或将菜料出锅，留下汤汁，锅内加水淀粉勾芡，调制成芡汁，最后将芡汁淋于菜肴之上。

【活汁】调制好的芡汁，投入热油搅炒后起泡光亮，并有轻微沸腾现象，动态感强。这样的芡汁称为"活汁"。

【吃味】又称"尝口"、"尝味"、"找口"，指菜肴烹制过程中加入调料，并确定所加调味品的多少，厨师往往通过品尝(吃味)的方法来确定是否符合口味的要求，多用于烧、烩、焖、煨一类的菜肴。

【口重】又称"口大"，在食物调味中，某种调味料用多了，出现偏重的口味现象，称"口重"。反之称"口轻"。

【爽口】指菜肴口味清鲜、滑爽、汁清少芡，口腔感觉舒适。

【收汁】某些菜肴制作结束前，用旺火或其他方法将汤汁烧至稠浓，称"收汁"。根据不同的烹调方法和成菜要求，收汁的情况也不完全一样。如干烧类菜肴须将汤汁收干入味，也称"收干"；爆、熘类菜肴须烹入滋汁，收汁亮油；烩、烧类菜肴是勾芡收汁，亮汁亮油。

【出水】又称"焯水"、"划水"、"飞水"、"焯"、"紧"、"笊"、"炟"、"掸"、"渡"等，初步熟处理方法，指荤素原料治净后，入沸水或沸汤中煮至一定成熟度捞出。焯水时要火旺、水沸、水量大，并依原料大小、老嫩程度，掌握好焯制时间。

【冒】指将已晾冷的丝、片、块等小型熟料或部分易熟的生料盛在焯瓢或漏勺内，入沸水或沸汤中起落几次，使其烫熟、烫热。

【冷水激】又称"冰水激"、"过冷河"、"过冻水"、"漂冷"，将焯过水的原料快速投入冷水中，使其尽快降温，避免继续受热过熟，能保护好原料的色泽和质地，特别是绿色蔬菜原料更应使用此种方法。

【进皮】又称"紧皮"，一些菜肴在烹制前将原料放入较高油温的油锅中炸至表皮质地变硬，色微黄，使原料形态在以后烹调中得到良好保护。

【滑油】又称“油滑”、“拉油”、“划油”、“跑油”、“泡油”、“过油”，是以油为介质的预熟加工法，操作时，原料加工后入锅，滑散至近熟即可。滑油时油量要大，油温要低。

【走油】又称“旺油锅”，一般是已经焯水，或经过调味腌渍，或挂糊上浆的原料，放入七成热的油锅中炸制。操作关键是原料下锅前要揩去水分，油温高，油量大，原料下锅时皮朝下，并盖上锅盖，以避免油水飞溅。

【煸】指将泥、末状的原料放入锅中，加油，用中火加热，炒干水分，炒出颜色，炒出香味。如煸肉末、煸豆瓣。川菜中有煸香上色的说法。

【走红】又称“红锅”、“卤汁走红”、“走油走红”、“增色”，有两种方法：一是在原料表面涂上本身有色或加热后可生成色彩的调料，如饴糖、蜂蜜、麦芽糖、酒酿汁等，经过煎、炸、烤而上色。二是把经过焯水或油炸的原料，放入锅中，加入绍酒、酱油、糖色、水及香料等，用小火加热至原料色泽红润。

【回笼】将晾凉的蒸菜重新放入笼内，用旺火蒸透蒸热。

【搭火】俗称“打一火”，将制成蓉糊状的原料放入笼内进行短时间的蒸制，使之成熟或定型。

【晾坯】又称“晾皮”，鸡、鸭、乳猪等原料趁热抹上一层薄薄的红酱油、料酒、饴糖(或蜂蜜等)，挂在通风处，使之晾干外表水分，便于烤或炸后上色。

【火功】指烹饪者掌握火候的功力和驾驭火候的技能。

【旺火】又称“大火”、“武火”、“爆火”、“急火”、“猛火”、“烈火”，是最强的一种火力，适用于短时间加热的烹调方法，如炒、爆、炸、烹等。

【中火】也称“文武火”，火苗较旺火小，火焰已不稳定，呈黄色，光度较暗，热气很重。这种火力适用于烧、煮、扒、煎、贴等烹饪方法。

【小火】又称“文火”，此火力适用于炖、焖、煨、火靠等烹调方法，成菜特点多为酥烂。

【灰火】又称“子母火”、“煨火”。用木柴、芦苇、麦草等作燃料，烧剩的火灰可用以埋煨马铃薯、甘薯、芋艿等。

【熏火】以锯末、谷壳、稻糠、麦　或茶叶作燃料，置火种之上，使之自下而上或由里及外慢慢燃烧生烟，常用于熏制或烘烤食物。

【飞火】又称“上火”、“裹火”，指旺火热油烹制爆炒类菜肴时，锅内有燃烧的火苗。

【烹火】制作爆炒类菜肴，火旺油热，以姜、葱炝锅后烹入醋或酒时，锅中往往起火，称“烹火”。

【离火】又称“欠锅”、“顿火”、“炖火”、“吊火”。在用炒、烧、炸等烹调法烹制菜肴时，为减小火力，需将锅端离火眼以控制温度，稍停后，回到火上继续烹制，称为“欠锅”。现在的炉灶上设置有“避火架”，离火操作非常方便。

【欠火】俗称“软火”，即火候不足，没有烹制到理想的成熟度。

【伤火】又称“过火”、“色火”，指烹制菜肴用火过多。

【虾眼水】又称“蟹眼水”、“鱼眼水”，指锅内水接近沸腾时锅底产生微小气泡，以此水中气泡的形象来命名的水。

【上汽】蒸制食物时，蒸笼上面缝隙开始冒汽称“上汽”，一般均以此现象作为蒸制时间的计算起点。

【圆汽】又称“汽圆”。蒸制食物时，上大汽之后，笼内蒸汽逸出越来越多，直往上冲，形成汽柱。此时笼内温度最高，压力最大，称“圆汽”，是蒸制的最佳效果。

【临灶】又称“当灶”、“上灶”，指在炉灶上的烹饪工作。

【起锅】又称“起炒锅”、“起镬”，往往指一个菜肴正式烹调的开始。厨师准备制作菜肴时，须将炒锅置火上，添油烧热，再制作菜肴，这个过程称“起锅”。

【滑锅】又称“炙锅”、“润锅”、“润勺”、“烧锅”、“滑勺”，烹制菜肴前的一项准备工作，炒锅置于火上，用旺火烧至温度很高时，舀进冷油晃动，使油向四周散开，润匀锅底，然后倒去油。炙后的锅光滑、油润、干净，再下油做菜时，原料则受热均匀，不易粘锅。

【热锅冷油】俗称“猛镬阴油”，指在炙锅后的热锅里放入熟凉油，马上加入肉类原料进行烹调，原料受热均匀，容易散开，不易粘锅。

【辣锅】是指将炒锅置炉上，用旺火将炒锅烧至温度很高，有时锅底几乎呈红色。

【炝锅】又称“爆锅”、“炸锅”、“煸香头”、“炒料头”。将葱末、姜末、蒜片、辣椒末等有辛香味的调料，放入烧热的少油量的锅中，煸炒出香味，再及时下菜料的过程，称“炝锅”。

【炒红】又称“炒糖色”，加白糖、食用油入锅，中小火加热至糖熔化，继续加热，可见糖液逐步变成红色时，迅速加入水，搅匀后即成。

【锅气】即“镬气”，菜肴加热时通过加入调味用酒，使香辛类调味料所含有的各种香气能在烹调加热过程中挥发出来，并渗透到主料中去，增加菜肴的香气，成菜所能闻到的香气称为“锅气”。镬气是鉴别厨艺和成菜质量好坏的标志。

【攒酒】也称“溅酒”，指烹调用酒加入的方式，烹调用酒往往在未加入汤汁之前加入锅内，因锅内温度较高，加入后立即蒸发，并有明显的攒射声。此法能最大限度表现烹调用酒的调味作用。

【散籽发白】又称“拨散”、“散籽”，指动物性原料经码味、上芡后，下锅翻炒，受热后彼此分开，互不粘连，此即为“散籽”，并可见动物原料颜色由深变浅，此即为“发白”。此时的原料相当于断生的程度。

【泄盖】即将笼盖不盖严，稍留缝隙，以便散失一部分蒸汽，减轻压力，达到既不蒸过火又保持一定温度的目的。

【翻锅】又称“翻勺”、“抛锅”、“簸锅”、“抛窝”，厨师在烹调过程中，为使原料在铁锅中受热均匀、调味均匀、挂芡均匀、成熟均匀，除以手勺翻炒外，还用翻锅的方法达到上述要求。翻锅有大翻锅、小翻锅、翻四面锅、花翻锅等多种技法。

【晃锅】又称“转菜”、“搪镬”，指炒锅在灶口晃动，原料在锅内旋转，使其均匀受热而不粘连锅底

【重油】又称“重温”、“重油炸”、“二次油炸”，油炸菜肴原料时，第一次使原料料形固定，内部半熟或刚熟时捞出，待油温加热回升后，再行重炸，成品可达到油炸所要求的“外脆里嫩”的质量标准。

【滗油】菜肴烹调时为方便加热，用油量大，成菜时需要除去过多的油脂，把去油的方法称为滗油，现在往往是将锅内的油和炸制的原料倒入搭在油缸口上的笊篱内，使原料沥净油分。

【散火】菜肴在烹制过程中，因熄火、水干、断汽等原因而使烹制过程暂时中断。

【亮油】对爆、炒、熘类菜的感观要求，成菜装盘后，菜肴周围吐出一圈适量的油，即所谓的“明油一线”或“收汁亮油”。

【叫勺】厨师常用炒勺连续敲响铁锅，示意菜肴制作完毕，催促服务员出菜，这个过程称“叫勺”。

【脱浆】又称“脱袍”、“脱芡”，指原料上浆挂糊时没有拌透、上劲，加热时未掌握好火候，致使原料与所挂浆糊脱开分离，称为“脱浆”。

【吃油】又称“喝油”、“含油”、“吸油”、“浸油”，原料油炸时，因油温不够，火力不足，造成原料吸入过多油脂，成菜显得油脂富余。

【伤油】又称“油大”、“油重”，在原料加工过程中或烹制菜肴时，因油量过多，致使制成品因油重而影响味道和食用时腻口的缺点，称“伤油”。

【吐油】指富含脂肪的原料、需加食用油一起烹制的原料，烹制到一定火候时，有部分油脂从原料中渗透出来，称“吐油”，是原料成熟度的一种标志。

【锅蚂蚊】又称“焦碎”，因炙锅不好或烹调不当，一些食物残渣长期存留在锅边，因炉

火燎着，慢慢焦化形成一种锅垢，又因没有清洗干净，使锅内残留很多形似蚂蚁的黑色细粒，容易掉入菜肴中，严重影响菜肴的外观。

【吊膛】指烧烤时，将原料腹部朝向炉火，烤干膛内水分，防止烤制时因水分透出而起泡，为下一步的烤皮创造条件。在吊膛时，火不宜大，要将炭火勾平散开，慢慢烤制，现也可放入烤鸭炉中吊膛。

【滚叉】指烤制菜肴时，由于火力分散，烤制中叉柄不断滚动，以随时改变原料方向，使原料受热均匀，色泽一致，在操作中应做到“两慢一块，眼观全面，照顾四方”。

【顺菜】是将已配制好的菜肴按上菜次序排列整齐，便于炉上加热出菜。

【排菜】除含有“顺菜”的内容外，还有根据各个菜肴加热特点合理走菜，并根据每桌客人点菜、走菜的情况，安排走菜，通常由案板上的人员担任，需要有较大的灵活性。

【白煮】又称“白焯”、“白灼”，清水、清汤、奶汤烧沸，放入原料后，煮时不加有色调味料的煮制方法，常用于汤菜或宽汤菜，也有到原料刚熟时成菜，煮后不带汤汁，配味碟蘸食的。

【白切】又称“白斩”、“白片”、“白砍”，原料煮时不调味，煮熟后捞出，晾冷后切片或斩块，加热或不加热，再调味供食。调味料也可另备，供食者自行蘸食。

【焖】又称“炆”，指块状、整只的原料与料头、汤汁、调味品一起，加盖焖烧，中途不加汤水，使之软熟或酥烂，最后收汁勾芡成菜的一种烹调方法。焖有“红焖”、“黄焖”、“酱焖”、“酒焖”、“生焖”、“熟焖”、“油焖”、“炸焖”、“家常焖”等多种。粤菜对“焖”特别擅长，称为“炆”，粤菜根据原料预处理方法的不同，又分为“生炆”、“炸炆”、“煲炆”、“拉油炆”几种。

【焗】略同焖，多见于广东、福建，在生料或经初步熟处理后的原料中，加入焗料(即配料)、汤、调味后加盖，用中火加热至熟而成菜的烹调方法。分为“煎炸焗”、“拉油焗”、“生焗”、“锅焗”、“瓦缶掌焗”、“原汁焗”等几种

【煲】流行于南方地区的一个专业术语，有三层含义。第一：煲是一种炊具，是砂锅的代名词，南方的砂锅、砂煲品种多，大小规格、形状、材质、色泽丰富多彩。第二：煲是一种烹调方法，凡是以砂锅为炊具，进行菜肴制作的方法都称为煲，与我们常见的烧、煨、炖、焖等方法近似。第三：煲是一种成菜风格，凡是以砂锅作为餐具来盛装菜肴的成菜形式都称为煲，可以加热或不加热，有特殊个性风味特色

【烤】有的地区写作独、渡、熇，类似“烧”，原料经煸炒、煎炸，调味后加汤汁，改小火炖煮至原料软烂、入味、收汁起锅。

【㸆】又称“焅”，略同焖，是将经煸炒、煎炸、生鲜的动物性原料，微火烧至烂熟入味，再将汤汁收至稠浓，裹附于菜料上，无汁或少汁时起锅。有“生㸆”、“熟㸆”、“干㸆”、“煎㸆”、“湿㸆”、“白㸆”、“红㸆”、“酱㸆”、“卤汁㸆”等多种㸆法。

【氽】又称“川”，将原料加工成丝、片或丸后，放入沸水或沸汤中稍微一烫即成，菜品柔软细嫩，味道清鲜。氽法有“水氽”、“汤氽”、“清氽”、“浑氽”等多种，类似于氽的有“灼”、“涮”、“烫”、“滚”。

【水炒】又称“老炒”、“汤炒”。炒制时，是以汤为主要传热介质，原料不经上浆、滑油、煸炸，直接与汤汁、调味料一同下锅炒成，炒时要略焖、勾芡。成菜清爽明亮，包汁不腻，热烙鲜香，有肉类原料自然的质地特征。

【油氽】又称“焐油”、“浸”，将原料投入大油量的锅中，用中、低油温(120℃以下)缓缓加热，使原料成熟。

【浸】是以水、酒或油为传热介质的一类烹调方法，先用旺火烧热传热介质，再将生料放入，改用文火保持温度(100℃的左右)，使料逐渐受热成熟，起锅滤去传热介质，另加调味汁浇淋其上。原料慢慢浸熟，脱水不严重，具有鲜香嫩滑的特点。有“油浸”、“水浸”、“汤浸”、“酒浸”等几种。

【清炸】又称“净炸”，原料生熟均可，因炸

时不挂糊、不上浆，故名。清炸需根据原料的老嫩、大小，掌握好油温和火候。一般需二次加热，第一次低温加热使其成熟或热透，第二次高温加热炸至外表香脆，一般成菜需配调味品上桌。

【脆皮炸】又称“脆炸”，原料下沸水或白卤水紧身，外涂饴糖等料调制的脆皮浆，再挂在通风、阴凉处，晾干表皮，先用温油浸至全熟，再旺火热油翻炸至表皮金黄，成菜外皮香脆、内滑嫩、骨香醇。

【卷包炸】又称“纸包炸”、“包皮炸”，将加工成片形、条状、蓉状的无骨原料加调料拌和，再用其他原料（如豆腐衣、猪网油、糯米纸、蛋皮、百叶等）包裹或卷裹起来，挂糊或不挂糊，放入热油中翻炸至表皮金黄色即成。

【脆浆炸】又称“胖炸”、“脆炸”，炸时先挂一层脆浆糊，经2～3次炸制。第一次炸胖，第二次养炸，第三次脆壳炸。成菜外形膨大，外脆里嫩。其中脆浆糊又分为“有种脆浆”和“急浆”。

【软炸】“挂糊炸”的一种，将质嫩而形小的主料经腌制入味，再均匀地挂一层（软炸）糊，投入五成热的油锅炸制成菜。软炸糊有鸡蛋糊、蛋清糊、雪泡糊等。

【酥炸】又称“熟料炸”，主料经煮、蒸至酥软，挂糊或不挂糊入锅，不断翻炸至表面定型，再用高油温炸至外皮酥脆，色泽一致。

【煎炸】又称“半煎炸”，原料加工后先沾上蛋浆，再沾上干淀粉，先煎制定型，两面金黄，再加入高温油的锅中，浸炸至上色、成熟。

【香炸】又称“拖香炸”，原料先经调味，然后拍干粉，拖蛋液，再沾上芝麻、松仁、腰果、花生米等果料，先养炸至熟，再炸脆表皮后起锅。成菜香脆、鲜嫩。

【吉列炸】又称“炸板”、“西炸”，又称“面包渣炸”。将主料加工成厚薄一致的片状，先腌入味，粘鸡蛋液，然后粘一层如芝麻大小的面包渣，下油锅炸制成熟。也有主料制成丸状，滚上面包渣炸成的，形似杨梅，称“杨梅炸”。

【淋】又称“生淋”，以沸油或沸水为传热介质的一种烹调方法，有油淋和生淋两种。原料收拾干净后，置于桶内，以100℃沸水或热油淋入，加盖，10～20分钟后取出，置盘中，吃时配味碟蘸食。

【冲】将加工处理成流体的原料，放入油锅或沸汤中加热，使之受热后成团、成片的一种烹调方法，有“汤冲”和“油冲”两种。

【泼】以沸油为传热介质的一种烹调方法，把沸油或多油的调味汁倒或淋在原料上，利用油汁的高温将原料烫熟、烫香、烫热的方法。

【烹】又称“炸烹”，将小块主料，用旺火热油炸成金黄色，捞出沥油，锅底留少许油，炝锅，下料，烹入调味品，炒匀出锅，成菜外焦里嫩，滑润香醇。行业上有“逢烹必炸”之说。

【涨】又称“烘”，多用于蛋类为主料的菜肴。蛋液加葱花、盐、味精等（也可加韭菜末、香椿末等）搅匀，倒入少油热锅，中火略煎定型，再文火烘烤或高温油炸至金黄色起锅，切块装盘。菜品半球形，淡黄、金黄交错，间以点点葱绿，色泽美观，香味扑鼻。

【煎封】将先腌制的主料，用慢火半煎半炸至金黄色时，放入料头和事先调制的煎封汁，约焖入味，调以湿粉勾芡或不勾芡，淋入明油即成。成菜色泽深红，香味浓郁，味感独特。

【贴】又称“锅贴”、“窝贴”，一般用2～3种改刀成片状的原料叠在一起，中间以糊料或瓤料粘连，单面煎至底呈金黄色时即成，成菜一面香脆，一面软嫩。若制作面食时，可烹少量汁水加盖蒸焐，至汁水干时出锅。

【干炒】又称“干煸”、“煸”、“煸炒”，原料不上浆，放入少油量的锅内，先煸干原料内部的部分水分，煸炒，再调入调味料，不勾芡，自然收汁起锅成菜，有干香特征。煸的目的是使原料除去水分，上色入味。成菜汤汁极少，色重味浓，干香滋润，盘中见油不见汁。

【软炒】又称“推炒”、“泡炒”、“湿炒”，主料加工成蓉或细粒，经分散成液状后再炒制成菜。操作时宜用锅铲稳而快地推炒，使其受热均匀，不致过碎，凝结致熟即可。成菜细软滑嫩，多为白色。

【小炒】又称“随炒”，指一般的大众化的炒法。原料经码味上浆，用旺火热油，迅速翻炒，临时兑汁，收汁成菜。有小锅单炒、一锅成菜、随炒随卖的特征。

【(粤式)炖】粤菜的炖与蒸极为相似，区别在于炖要用炖盅，原料入盅后，加味料、汤汁盖严，入笼加热，成品酥烂、汤汁清澈见底、汤清味醇是炖菜最大的特点。炖还可分为“原炖”及“分炖”。原炖将所有原料、汤汁都一次放入，炖好直接连盅上席；分炖是主料配料分别炖透，然后再合在一起炖成，多用于药膳炖品，可使不同质地的原料同时软烂。

【泥烤】原料治净后，用网油、荷叶、玻璃纸逐层包裹，再用湿黄泥包紧，放在烤箱或火灰中烤烧，熟后去泥等包裹料而食。现泥烤多用瓦缸加热的方式来制作。

【焗】原始的焗是将已处理至熟的原料浇上调味料，放在烘炉内，在炉火上将外面烘烤成黄(褐)色的烹调方法。而现在的意义非常广泛，凡是以汤汁、盐、空气等为传热介质，在密闭的容器中进行，给原料一定的压力，使原料成熟，并形成特有的质感和风味的加热方法都可称为焗。因焗器、传热介质、调味不同，焗法有“盐焗”、“原汁焗”、“汤焗”、“水焗”、“煎焗”、“酒焗”、“西汁焗”、“豆酱焗”、“锅焗”、“瓦罉焗”多种。

【熟渍】又称“激”，渍法之一，生料经过预熟，投入调味液中浸泡入味而成菜。如激胡豆。

【炸收】是将经清炸后的半成品原料入锅，加调料，用中小火加热入味，再用旺火收干汤汁，晾冷后食用。成菜干香滋润、油亮无汁，适用于动物性原料、豆制品、笋类。

【挂霜】又称“糖粘”、“砂浆”、“翻砂”，锅内放入白糖、水熬熔，待糖汁稠浓时，下原料颠翻几次，以小铲慢慢翻动，使糖汁均匀地粘附于原料表面，晾凉后原料外面呈糖霜状。成菜色泽洁白、甜香酥嫩。

【皮料】又称“皮坯”、“皮坯原料”，相对于“馅料”而言，指中式包馅面点中用以包裹馅心的原料。包馅面点一般须先调制面团后擀制成皮，再用来制作面点。可作为面点皮料的有麦类、米类、豆类、杂粮类等。

【馅料】“中点制馅原料”的简称，相对于“皮料”而言，即调制好的面点馅心，馅心种类繁多，有荤有素，有甜有咸，各地有各地的风味。

【夹生】指食物没有完全熟透。面团没有完全揉透、揉匀也称“夹生”。

【伤水】指面团(或馅料)中水分过多，过分软烂。

【面肥】又称“老肥”、“老面”、“面头”，是小块已发酵的面团，发面时用来引起发酵，内含大量酵母菌。

【大发酵面】又称“大酵面”、“全发面”、大发酵”、“大酵”，是把酵面掺到面粉中，加水拌匀，揉成面团，经过一次发酵，并发好、发足的面团。

【嫩酵面】又称“嫩发面”、“嫩面肥”、“小酵面”，调制方法和“大发酵面”一样，只是发酵时间短，面稍稍发起，使其既有发面的一些膨松性质，又有水面的一些韧性性质，宜包制带汤汁的软馅。

【扎碱】又称“使碱”、“打碱”、“下碱”、“兑碱”、“吃碱”、“揣碱”，是紧接着面团发酵完成后的一道工艺。酵种发酵因含有杂菌，酵面产生酸味，在发酵面团中加入适量的食用碱，经过酸碱中和，去除酸味，并帮助继续起发，使成品洁白、膨大。

【正碱】指发酵面团的对碱量恰到好处。成品有色白、味香、略甜的特点。

【跑碱】也称“走碱”，对好碱的发面团，因长时间不制作，或饧的时间过长，面团继续发酵产酸，从而造成碱的消耗过多，制成品有酸味。

【伤碱】也称“黄碱”、“碱大”，指下碱量超过需要量，成品色黄、碱味重。

用。

【首汤】又称“开席汤”，是宴会中宴客的第一道汤菜，相对于“二汤”、“中汤”、“座汤”而言，用于清口润喉，多呈羹状。

【二汤】筵席第二道正菜后的汤菜，列于干炸或味浓菜品后面上席。

【座汤】又称“大汤”、“主汤”、“压座汤”、“镇席汤”、“尾汤”、“收席汤”，筵席正菜中押座的最后上的一道汤菜。通常在同一席间，座汤所用的汤须与二汤不同，二汤若用清汤，座汤则应用奶汤。

【抢火菜】爆、炒、炝一类，以旺火旺油烹制的菜肴。烹制时注意油温，把握时机，及时投料，翻炒迅速，及时成菜。

【杂包】从前，无论是平民百姓，还是官宦人家，宴请宾客都要在筵席后准备一些点心和水果之类，供客人包上带走，这个包就叫杂包。

【每人每】每人一份之谓，席桌中的小吃、点心、甜羹等，不是整盘整碗上席，而是给客人每人上一份，以减少客人分食之烦。

（尹　敏）

（二）旧时北方饮食业行话

饮食业南北方行话，有许多是通用的，在南方行话已列的，这里不再重复。

1.行业类型行话

【羊肉床子】清真牛羊肉铺。

【猪肉杠】卖生熟猪肉的店铺。

【二荤铺】即切面铺，经营打卤面、炸酱面、家常饼和简单的炒菜，是北京早年最普通的小饭馆。

【大酒缸】旧时北京的平民酒馆，因其店内将贮酒用的缸埋进地下四分之一，缸上覆以朱红的缸盖，代替桌子，周围设凳，酒客围缸坐饮，因此得名“大酒缸”。大酒缸以卖小碟酒菜为主，非常受劳苦大众的欢迎。但因用餐形式有趣，也吸引了许多文人墨客。

【盒子铺】旧时北京专卖酱卤烧熏猪肉类的铺子。因旧时这种肉铺把煮熟的猪肉、猪头、猪内脏等分开切好，装入有格子的大木漆盘内，上有木漆盖儿，每盒标着卖多少钱，称之为“盒子菜”。后来，盒子虽然不用了，但其名字却因此被保留下来。

【大教馆子】汉族饭馆。

【隔教馆子】回民清真饭馆。

【高丽馆子】朝鲜饭馆。

【东洋馆子】日本料理店。

【西洋馆子】西餐馆，也称“番菜馆”。

2.行业工种分工行话

【窝子行】饮食行业中从事食堂大灶工作人员的称呼。

【堂头】是跑堂儿的老大，负责解决前堂出现的各种问题，接待重要客人。此工作一定要由经验丰富的人担任。在勤行中有“三年能培养出一个厨师，但不一定能培养出一个好堂头”之说。

【柜上】掌管财务的部门，负责每天的收入、支出，管理店里的各种账目。

【坐柜】属前堂的一个工种，负责收款、接包宴席、制定席单、观察堂口等工作。坐柜是联系顾客和前堂与后灶的纽带。坐柜之人必须了解本家的经营特色、经营品种和价格，而且一定要由本家人来担任。

【外柜】外柜管发放伙计工资、交付各种费用开支、搞好经营核算、代理掌柜外出要账等。

【大把儿】勤行厨房中主理厨政的总厨。大把儿一般要由本家的头灶或头墩担任。

【挑班儿】饮食业厨房领头的厨师。

【盘工】又称“管碗匠”，包括馆中负责碗盏家具的人。出堂办席时，由他挑上酒席担子，装上所需的餐具到指定地点，席间也要搞一些辅助工作，席毕清洗、整理所带餐具挑回店铺。

【打掌子】饭铺中的临时工，在饭铺帮工的伙计。由于某种原因较固定的工人临时不能坚持干活，但又怕失业，就找相好的失业同行顶替自己做三、五天工，这样既可解决自己的问题，又可帮助朋友解决暂时的困难，这个顶缺的伙计就叫“掌子”，而这种临时工的活动，则叫“打掌子”。

【跑大棚】专门到私家宅府开大席的厨师，即专门承办红白喜事之宴会的厨师。也称“口子厨师”。

【搁客】饭馆老板的自称。

【名堂儿】即有名的堂头。

【冷庄子】专门承揽红白喜事，平时不接待散客的饭庄。这些饭庄虽不做门市买卖，但一切设备俱全，厨师、堂倌全在。业者每天早晨在茶馆里喝茶坐等，等候办事的人家来找。有事，立等可办。也有一些“冷庄子”虽有店名店面，只是空门面，平时连固定的厨师、堂倌，甚至连家具台面都是接到预订酒席后，才临时招请或租赁使用的。

【财东】为商号出资本，坐享利息的人，也称“东家”。

【掌柜】持有股份，并直接经营商号或主持商号的人。

【份子掌柜】主持商号，没有股份资金，但享受一定的利润分红。

【身股】也叫“好汉股”。不出股金，凭身份参加劳动，也参与分红。

【头火】即主灶厨师，技术水平最高的厨师。

【二火】即副灶，仅次于头火的厨师。

【三火】即三灶，技术水平次于“二火”。此外根据店铺的规模和营业需要还有四火、五火等。

【瞧火】即灶房配菜的，负责营业前调料的准备和闭店后灶房的整理工作。

【先生】商号内部的记账人员，有的兼理现金。

【二把刀】店内比学徒的地位高些，又比吃劳金的伙计低些的人。

【抱刀】厨房切墩的。

【抱勺】灶上掌勺炒菜的。

【五子行】旧时对戏园子、剃头挑子、澡堂子、窑子（妓院）、饭馆子贬称为“五子行”。

【烧锅】即烧制白酒的大作坊。

【看大塔】负责五六截大笼屉的蒸锅厨师。

【小力把儿】打杂的徒工。

【租家伙的】过去北方“五行八作”中单有一种行业，他们备有各种碗盏、筷子等餐具，用以租给办事设宴的人家，赚取租金，又称“开大棚的”。

【老铺底子】商业经营中具有一定技术水平、功夫的传统技艺，一般指濒临失传的绝技、绝活。

【劳金】指所挣的薪水。

【行灶】过去北方人家在家里办酒席，专门盘建（搭建）炉灶的人叫行灶。

3.厨艺行话

【帮口】帮，具有地域性的帮派；口，即口味。帮口指不同区域的烹饪技法及菜肴风味风格流派。如：山东帮、京东帮、奉天帮。据郑义林生前讲，“帮口”之称始于清末，到20世纪60年代才被“菜系”所取代。

【早铺晚撂】厨房伙计在上班时，把各种烹饪原料根据每天的销售情况，依次备好，叫“早铺”。收市前再把所有剩余材料冰镇、换水、保管好，叫“晚撂”。

【入摆知】徒弟学艺将成时必须先摆谢师宴，才能出徒单干，叫“入摆知”。谢师宴多者摆二三十桌，少者十几桌。旧时，如果不谢师，在勤行是行不通的。

【荣扯】勤行徒工学艺没出徒就偷偷地跑掉了。

【卖腕子】用自己的手艺，为别人打工，挣钱养家。

【没托过杵】指在勤行没拜过师的厨子。

【杵门子硬】厨师手艺好，小有名气，则能多挣钱。

【杵门子软】厨师手艺一般，经常失业，没挣多少钱。

【杵门】价目、价钱多少之意。

【容人家的活儿】把别人的技术绝活学来，加到自己的手艺当中。

【跑城】旧时，厨师为了开阔眼界，多学手艺，到很多城市边打工边学艺的称谓。这些厨师走到某座城市、某家酒店对上行话，亮上手艺，该店头火则允许他在手下干上 3～5 天，管饭不给工钱，走时只给一点盘缠。

【老帅儿】指师傅（此话多在师兄弟之间说起）。

【夹当子】到官宦人家烹调菜肴。

【名堂】手艺乃家传。

【传堂】手艺为师傅所传。

【过堂】手艺为朋友所教。

【报报蔓】报家门，意为你师为何人，出自何派。

【相家】行家。

【海】大、多的意思。如"海了去了"、"大海碗"等。

【先下窑、后安根】意思是先给他找个地方住下，然后再给他安排点儿饭吃。

【细切粗斩】是在加工肉陷制品时，把肥瘦肉分开，分别切成细丝，再把肉丝切成半分大小的细丁，然后两种混合在一起，再稍斩儿下的过程

【烧燎白煮】烧燎白煮是满族传统的煮祭肉的方法。北方也叫烀肉，就是将猪肘、臀肉、腿肉先用木柴微火略烧，不要烧煳，然后放在水中煮，煮时不加任何调料，故称烧燎白煮。

【漫大联儿浪荡着点儿】是后灶"大把儿"（管事的头）告诉灶上厨师，炒这个菜油大点。

【漫大联木着点儿】就是说炒这个菜油小点。

【闷着点】这个菜要炒的口重点。

【白提】指刚煮好的，不加调料、汤水、卤水的面条。

【闯油】烹调时把原料用急火热油快速再炸一遍。

【偷芡儿】在烹制菜肴时，对菜肴加入非常少的淀粉，使炒熟的菜品，表面油亮，又看不出芡汁来，叫"偷芡儿"。

【过河】水焯后的原料用清水漂清。

【小料】主要指刀工处理过的葱、姜、蒜、辣椒等细碎调料。

【俏头】指搭配主料的配料。"俏头"配料大约只占主料的 1/5。

【点头】菜肴成熟装盘后放在上面一点点末、丁之类原料。有的为了调味，如香菜末、梗；有的为了点缀色彩，如青、红丝，五彩辣椒丁等。

【拼头】搭配主料的配料。配料一般占主料的 1/3 或 1/2。

【菜码】指菜肴分量、体积。

【卖】指菜肴的数量，一卖为一份（一盘或一碗）。一般指菜肴准备的数量，如"糖醋排骨备十卖"。

【紧】荤料焯水除去血污和异味。

【响灶】也称"叫勺"。是厨房炒菜师傅用敲打炒勺的形式与饭馆各部门沟通的方法，像唱戏的打板一样，有敲两拍、三拍、四拍不等。

【两拍】"嗒嗒"、"嗒嗒"，两拍有两层意思，一为净勺，即敲掉粘在手勺上的调料；二是通知切墩的要快一点把菜配好。

【三拍】"嗒嗒嗒"、"嗒嗒嗒"，意为告知厨房伙计，菜肴就要炒好，马上准备盘子。

【四拍】"嗒嗒嗒嗒"、"嗒嗒嗒嗒"，就是告诉堂倌，菜已经炒好，马上到厨房端菜上桌。

【备叫】食客点完菜后，不需要马上上菜，等待通知的菜。

【炸】原为烹调菜肴的一种方法，如：干炸、软炸。在旧时勤行行话里指焯水之意。

【串气儿】把菜肴轻轻蒸一下。

【带手儿】与厨房工作的厨师寸步不离的"抹布"，如同连在厨师手上，故名。

【找口】调准菜肴的口味。

【码味】菜肴正式烹调前，把切好的原料用调料拌和或腌渍一下，以便入味。

【底漫】即底油，炒菜时，放在炒锅里的少量油。

【芡儿紧】烹制菜肴时，用淀粉把汤汁勾成浓芡，使菜肴表面看不出汤汁。

【裹手】指制作工序较多，异常费时，质量要求很高的菜肴。

【走手】菜肴制作失败。

【盖味】重施调料、香料，以去除原料中的异味使菜肴味道浓厚。

【抄子】漏勺。

【外会】也称外酌，又称“耍外桌”。指厨师、跑堂的到顾客家里烹饪饭菜。

【起底子】厨师在炒菜时偷留客人的菜。

【捋叶子】偷学别人的手艺，京帮行话。

【了青】即杂工。负责鸡、鱼类的宰杀，青菜的摘洗和清理。

【抱墩】勤行对找不着工作的人员的称呼。

【深窝】带沿有深度的盘子。

【鱼池】椭圆形的长盘。

【汤斗儿】带盖的大汤碗。

【大海】直径约 40 厘米的碗，用来盛鸡、鸭、肘子、鱼之类的菜。

【二海】直径约 33 厘米的碗，用来盛烩、炖、焖类菜。

【三海】也称“草帽碗”，直径 30 厘米左右。一般“定碗”菜，均需扣于“三海”碗中上席。

【高脚子】下面有倒牵牛花形的底座和碗连在一起，即“高脚碗”，一般用于高档筵席。

【打小秤】卖东西时，克扣顾客，少给分量。

【老虎酱】用蒜泥、香油和黄酱调成的酱，又叫“蒜酱”。因其辛辣俱有，故名“老虎酱”。

【溃】在烹调菜肴时，用微火温炖。

【勺把儿】指厨师炒菜剩下的吃食。

【锅子】即涮火锅。

【摆件子】原指在清宫祭祀活动中，切取猪体各部的肉和内脏，摆在桦木大槽中呈整猪形的祭肉。旧时饮食业指“白煮肉拼盘”。

【折落】饭馆里顾客吃剩下的饭菜，倒在一起叫折落（发音：罗）。

【追风口】也称“梯子口”，即菜肴入口后，感到层次分明，酸、甜、咸、辣等口味逐一品出。

【三致口】即盐、糖、醋 3 种调料比例一样，酸、甜、咸口味大致相同，各占 1/3。

4. 烹饪原料行话

【雪花子】白面。

【长生果】花生米。

【大扁】干杏仁。

【红参】胡萝卜。

【红果】山楂。

【金糕】山楂糕。

【铁雀】麻雀。

【窜山龙】野兔。

【明镜】北方清真馆对羊眼的称呼。

【金种】北方清真馆对羊心的称呼。

【蝴蝶】北方清真馆对羊肺的称呼。

【斩草】北方清真馆对羊舌的称呼。

【千里风】北方清真馆对羊耳的称呼。

【登云】北方清真馆对羊蹄的称呼。

【天花】北方清真馆对羊脑的称呼。

【龙门角】北方清真馆对羊耳根一带脆骨部分的称呼。

【孔脆】北方清真馆对鼻脆骨的称呼。

【口白】北方清真馆对牛舌的称呼。

【金茸】北方清真馆对公牛阴茎的称呼，又叫“牛鞭”。

【炸弹】北方清真馆对羊睾丸的称呼。

【虎丹】虎睾丸，清朝宫中有一道菜叫“清汤虎丹”。

【杂拌儿】什锦之意，就是多种原料合在一起做成的菜肴，视原料不同，可分“素杂拌儿”、“荤杂拌儿”、“海杂拌儿”。

【滚子】鸡蛋。

【扁嘴】鸭子。

【干支子】粉条。

【高头】鹅。

【犄角】羊。

【尖角子】牛。

【小脚】猪。

【枕头】鸡丝卷。

【气管子】肉食品红肠。

【浅圆】圆型平盘子。

【大青、小青】绿叶蔬菜叫“大青”,葱花、香菜末等称“小青”。

【漫】油。香油称“香漫”,猪油称“荤漫”。

【勤】糖。红糖为“红勤”,白糖为“白勤”。

【沫子】酱油。黑酱油称“黑沫子”,白酱油称“白沫子”。

【它罗子】盐。

【方错】干豆腐。又称“千层”、“千张”。

【春不老】雪里蕻。

【兰葱】芹菜。

【万鱼】鱼籽。

【翅子】鱼翅。

【燕菜】燕窝。

【水鱼】甲鱼。

【雁翅】猪硬肋骨下方的软肋稍,煮熟为脆骨。

【麒麟面】犴达罕的鼻子,即犴鼻(麋鹿的鼻子)。麋鹿的蒙古语名字叫犴达罕（四不像),是旧时黑龙江省著名的特产之一,用犴鼻烹调的名菜有“红油犴鼻”、“麒麟送子”。

【果子】炸油条。还指普通的糕点。

【白果】剥了皮的熟鸡蛋。清代北方饮食行业菜品中忌讳“蛋”、“鸡”二字,据郑义林讲,这与京城的太监有关系。宫里的太监是净身之人,没有“鸡”和“蛋”,他们出宫办事时常到饭店解馋,借机抖抖威风。一些官员求太监办事,也少不了请太监吃饭。饮食业为了招揽生意,笼络太监,菜名上不敢犯忌,就把“蛋”和“鸡”改变了称号。

【荷包】卧熟的鸡蛋。

【甩袖汤】鸡蛋汤。因汤中先勾芡,将蛋液淋入后,形成长长的大片,如同京剧服装中的长袖,故名。

【松花】皮蛋。

【摊黄菜】摊鸡蛋。

【酥黄菜】挂浆鸡蛋。

【青果】鸭蛋。

【木樨】即炒鸡蛋之意。因鸡蛋推炒后碎片色黄似木樨花而得名。如木樨虾仁、木樨肉等。

【芙蓉】用鸡蛋清做辅料烹制的菜肴,意指其洁白无瑕。如:芙蓉鲜贝、芙蓉鸡片。

【凤凰】鸡。

【凤翅、凤腿】鸡翅、鸡腿。

【什件】鸡杂。

【炸八块】把一只雏鸡切成八块,其中翅膀两块,胸脯两块,鸡腿两块,脖子一块,脊背一块,炸制而成。

【实菜】韭菜。

【丁香】掐去根、叶的绿豆芽,又称“银针”、“掐菜”、“银勾”。

【黑菜】木耳。

【烧鸭子】老北京对烤鸭的称呼。

【烧猪】即烤整猪。

【烧方】即烤方肉,也称“烤方”、“炉肉”。

【关东货】指东北的鹿、狍、山鸡、沙鸡、野兔、鲟鳇鱼、哈什蚂等野禽兽肉。

【省牲】清代皇宫举办的各种祭祀活动,一般都要杀猪,因忌讳“杀”字,所以称杀猪为“省牲”。后北方厨师也称杀猪为“省牲”。

【套头】即规矩、讲究。

【主师】即启蒙的师傅。

【客师】即厨师有一定基础后,要继续深造,所拜的师傅叫“客师”。

【参师】即厨师在学徒期间,得到其他帮口的师傅所教，这个外帮口的师傅就称“参师”。

【鸳鸯月】鹿的眼睛,也称“明月”。

5. 筵席行话

【落作儿】指旧时专门上门制作红白喜事酒席的口子厨师。他们与主顾谈好生意,拿到预付款,从采购、搭灶、原料初加工最后做成半成品，只待第二天正日子开席的过程,叫“落作儿”。

【红事儿】即婚庆宴席

【白事儿】即丧葬宴席。

【炒菜面儿】旧时北方人家办婚丧事，简办的席面叫“炒菜面儿”。炒菜面儿多为四道炒菜加打卤面或炸酱面，配以“菜码儿”，炒菜以肉炒菜为主。此席面儿一般用于“白事儿”。

【菜码儿】配过水面、打卤面、炸酱面的生蔬小碟，一般有：水焯绿豆芽、水焯菠菜、白菜丝、黄瓜丝、水萝卜丝、青豆嘴儿、黄豆嘴儿、芹菜末儿、香椿末儿、韭菜段儿。又称“面码”。

【席面儿】筵席上的菜肴和所使用的餐具的总称。

【肉打滚】旧时北方民间办红白喜事，以肉类菜肴为主的席面儿称“肉打滚”。一般有红烧肘子、四喜丸子、扣肉、熘肉段、烩肠肚、干炸丸子等菜品，属中低档酒席。

【三点水席】宴席的一种组合形成。即四冷盘、四热炒、四大碗加两道点心，旧时北方人家办红白喜事用得最多的就是“三点水席”。

【四四席】宴席的一种组合形式，分“大四四”、“小四四”两种。“大四四”有海味，为高档酒席；“小四四”没有海味，以肉菜为主，属于一般酒席。“大四四”有固定规格。第一组菜有四干果、四鲜果、四点心。次上八凉碟。第二组菜上八小碗炒菜，以肉类为主，同时上酒。第三组上四大盘，多为肘子，鸡、鸭之类，四海碗，为鱼肚、鱼翅、海参之类高级海味菜。最后是四中碗，多系带汤水和芡汁的下饭菜。“小四四”席，开始上八凉碟，包括六冷荤、二软炸，依次上四小碗、四大盘、四大碗、四中碗熘炒，最后上汤。

【六六席】宴席的一种组合形式，取六六大顺的口彩，即冷盘、热炒、大碗皆为六数。

【八八席】宴席的一种组合形式，即冷盘、热炒、大碗皆为八数。“六六”和“八八”都是民间的高档大席。民间所说的“八个碟子八个碗”就是指此宴席。

【八五席】宴席的一种组合形式，民间也称此席为“八大碗”，即五冷荤(就是一个什锦大拼盘带四个双拼围碟）和八大碗热菜组合的宴席。

【中席】一种筵席规格。旧时，官吏豪绅办席请客，其客人均入正席，但随从人员，既不能上正席，又不可怠慢，故择地另设较正席等级稍低的筵席。这种席即“中席”，食者称“中宾”。

【定碗】也称“扣碗”，加工菜肴半成品的一种方法，就是把烹饪原料码在碗内，然后加调料上笼蒸或直接覆扣在盘中。

【采灵芝、明开夜合】采灵芝、明开夜合为清宫“全羊席”中的两道名菜。“采灵芝”需用30只羊的鼻尖肉烹制，“明开夜合”则要用20只羊的眼皮制作。从宫廷传到民间后，因原料太过奢侈，得不到发展而失传。

6.前堂经营行话

【开板儿】过去一般饭馆下班后，门脸都要用木板一块挨一块地封好，叫“上闸板儿”，也叫“关板儿”。第二天早晨，打开营业，称之为“开板儿”。

【饭口】指饭馆进餐人数多、业务最忙的时间，通常是午餐和晚餐的正餐时间。

【涌堂】指饭馆的营业高峰，顾客人数达到满座的时候。

【叫菜】根据饭馆提供的菜牌所列菜点，食客按其所好，随意选择，自行点菜，称“叫菜”。

【走合】饭馆根据食客每人或几个人所定的金额，配成几种适合顾客需要的套菜称“走合”。

【发包】过去饭馆、酒楼的一个服务项目，由食客和饭馆双方约定，一方按月付给规定的饭金，一方负责供给饭食。发包的标准可高可低，包一餐三餐均可。

【堂会、走堂会】就是食客不到饭馆用餐，在自己家中或在大的公共场所如会馆之类请客的情况，叫做“堂会”，饭庄派人去应这种生意叫做“走堂会”。

【堂口】又称“堂面”、“店堂”。饭馆、酒楼中食客用餐的地方。

【雅座】指饭馆、酒楼中陈设比较精致、座

场比较舒适的小房间。

【起菜】安排整桌宴席，当客人入座后，厨师相互之间示意，可以依次烹制菜肴上席了。

【翻台】第一轮用餐完毕，立即安排第二轮，称为“翻台”。

【幌子】也叫“望子”、“酒望”、“酒帘”、“酒旗”，缀于竿头，悬在门前，招引食客。汉族馆幌子多为主体红色，下方红条带表示火焰，上方圆萝图表示蒸锅，萝图缀白花表示馒头、花卷。清真馆则用蓝色。

【应堂儿】堂头在工作时，应付前堂出现的各种事情、解决问题。

【座头】计算饭馆、酒楼规模大小的单位。一个座头即一个座位。

【带座】旧社会饭馆的营业好坏与掌灶的师傅有直接关系。如果名厨在某个饭馆掌勺儿，爱吃他做的菜的顾客，便争相趋往。如果这位名厨转到另一饭馆掌勺儿，则这批顾客也会追随他到新的饭馆就餐，这种现象称为“带座”。

【代东】旧时私家办席时代替东家处理事物的人称“代东”。跑大棚厨师到私家烹调，主要与“代东”沟通。

【落忙】为请客办席的人家帮忙的人。“落”在此发音为“烙”。

【一槽子】1 千元钱。

【一砍子】1 万元钱。

【上座儿】指餐馆、酒楼到营业时间时，顾客进来。

【三头亮】指餐饮业的铺面门头亮、柜头亮、灯头亮，是旧时餐饮业店铺卫生的三大要素。

【压桌菜】大饭馆在客人未点菜饭之前，先上 4 个小菜，是柜上给顾客的敬菜，不另外收钱。

【倒】店铺出兑、转让给别人。

【净了手】店铺没有生意上门，手艺闲置起来。

【满堂彩】浇汁鱼。

【蝴蝶肉片】木耳炒肉。因木耳形似蝴蝶翅膀而取名。

【炒玻璃肉】肉炒粉皮。因粉皮透明，形似玻璃而取名。

【棒打绣球】青豆炒肉丝。因肉丝似棒、青豆似球而取名。

【金钩挂红灯】海米炒红辣椒圈。因海米呈黄色弯曲状，经炒后搭挂在红椒圈上而得名。

【溜耳闻目】堂倌在喊堂叫菜时，隐去“肚”字，意为“熘肚片”。

【乌龙抱柱】葱烧海参。海参用乌龙形容，葱段用柱形容。

【太子登(基)】堂倌在喊堂叫菜时，隐去“基”字，意为“鸡”。

【大转弯】鸡翅。

【抓钱手】鸡手。

【儿女英雄】鸡杂。

【庖有肥】猪肉。

【一年到(头)】堂倌在喊堂叫菜时，隐去头字，意为“猪头”。

【口条】猪舌。

【皮外皮】猪耳朵。

【巴心巴(肝)】堂倌在喊堂叫菜时，隐去肝字，意为“猪肝”。

【(心)到佛知】堂倌在喊堂叫菜时，隐去心字，意为“猪心”。

【摆尾】鱼。

【呱呱叫】鸭子。

【田鸡】蛙。

【银针】豆芽，又称“掐菜”，指豆芽掐去根、梢，形似白色的针。

【鹦哥绿】菠菜。

【金针】黄花菜。

【红】辣椒。

【翻张子】饼。

【铲】锅贴或褡裢火烧。

【水上漂】水饺。

【挑龙】面条。

【雪花扣手】白面馒头。

【白洋】米饭。日本统治时，不允许东北人

吃大米,因此,隐去白米饭称呼。

【天长地(久)】堂倌在喊堂叫菜时,隐去“久”字,意为“酒”。(天长地“酒”)

【八加一】指酒(九)。

【议合菜】大蒜。因大蒜由诸瓣合拢形状而得名。

【忌讳】醋。因典故来历,不能叫“吃醋”。

【盒子菜】旧时把荤菜熟食称为“盒子菜”,由堂倌送外卖而得名。

【香片】用茉莉花熏过的花茶。

【上座】即正座,宴席中主宾坐的位置。

【双上】上菜时带调味碟。

【单走】不要味碟。

【三不献】旧时勤行有鸡不献头、鸭不献掌、鱼不献脊(专诸刺王僚典故)的规矩,即上整只的鸡、鸭、鱼类菜肴时,鸡头、鸭掌、鱼脊背不能对着上座主宾。

【一星管(二)】堂倌在喊堂叫菜时,隐去“二”字,意为“两种菜拼盘”。

【接二连(三)】堂倌在喊堂叫菜时,隐去“三”字,意为“三种菜拼盘”。

【和尚归(寺)】堂倌在喊堂叫菜时,隐去“寺”(易同“死”音混)字,意为“四种菜拼盘”。

【校场比(武)】堂倌在喊堂叫菜时,隐去武字,意为“五种菜拼盘”。

【下】即煮。

【糖】沙子。

【带青】放绿叶蔬菜。

【免青】不放蔬菜。

【重红】多放辣椒。

【免红】不放辣椒。

【口大】口味偏重。

【味甜】菜肴口味淡点儿。

【未吃先开】食客点完菜,先付钱。

【下柜】把食客付的钱,交到柜上。

【扇一个】意思是来一个火锅,过去火锅店都用烧炭火锅,伙计用扇子扇点着的锅子,加氧助燃。

【草料】烟卷。

【串皮】喝酒后脸红。

【串山】喝醉酒的人。

【桌子次序】门外左侧的称外左一、外左二……门外右侧的称外右一、外右二……门内左侧的称内左一、内左二……门内中间的桌子内称中一、内中二……门内右侧的称内右一、内右二……

【垫菜】即赠菜,在顾客点定的菜以外,饭馆额外白送的一个或两个菜。

【摞高的】餐饮店门口迎客、让座的伙计。

【自摸刀】就是几位食客,每人出多少钱,合在一起,让饭馆给安排配菜。

【吃堂口儿】由于堂倌儿伺候殷勤周到,食客是奔着堂倌儿来用餐的。

【吃灶儿】食客用餐是冲着灶上师傅的手艺来的。

【吃飞】旧时大饭庄承办酒席时,店家把席上的菜,拿出一点招待熟散客或朋友。他们吃完不用给线,店家没花本钱,送了人情,可办席的人家却吃了亏。“吃飞”是旧时勤行的恶习。

【把眼儿】照看。

【作本】旧时饮食店没有印好的菜谱,菜品全凭跑堂的脑子记。饭店前堂伙计为客人点完菜,把菜品酒水用脑子记住并计算出来,这个过程叫“作本”。

【回勺儿】旧时餐馆为了服务周到,多拉回头客,把顾客吃到一半的菜,端回厨房,一是再加热一下,二是增加一些青菜或豆腐重新烧制一遍,叫“回勺儿”。

【马前】前堂伙计在工作时,如有客人催菜,堂倌马上会高喊:“某某菜马前。”意思是通知厨房某某菜着急要先做。

【抄】即挂账。旧时,到某一饭馆吃饭的常客,因手头不宽裕或是为了显示有面子,不想马上结算饭钱,吃完饭后对店内伙计喊一声“抄”。伙计即可把账算好后,说道:记上。

【顶点货】送礼行贿。

【小卖】零点散客所点的菜品。

【炸了】食客不满意了,发脾气了。

【顺副】筷子。

【汗条子】毛巾。

【起灯】火柴。

【码海】人多的意思。

【码密】人多拥挤。

【码念】人少或没人的意思。

【流幅子】到外面散发传单。

【喷口好】指前堂小二业务熟练,喊堂、唱茶,字音清楚流畅。

【碟子顺】考查新来的前堂伙计,说话是否唇齿流利。

【掌上亮子】把灯点上。

【下窑】找地方住下。

【响堂】饭馆的传统服务形式。前堂伙计为食客安排坐下后,先摆小餐具,即介绍菜品,然后把定下的菜饭,以口唱形式通知厨房,待食客餐毕结账,又以口喊的形式通知坐柜结账,称“响堂”,也称“喊堂”。

【小柜】即“小费”。饮食业或服务员对顾客服务周到,顾客付钱时,把应找的零钱不要了,或者另外还加钱,叫给“小柜”。积累几天后,全体人员按比例分劈。

【办事儿】旧时北方民间婚丧嫁娶,除要举行仪式外,还要为来客置办酒席,谓之“办事”。如果只举行仪式,不备酒席,不论举动多大,即谓之“不办事”。

【放封儿】旧时北方人家办喜事儿时,酒席最后上汤时,由掌灶师傅亲自捧汤上桌,并向新人道喜。娶亲太太或送亲太太一见上汤,立即掏出事先准备好的内装赏钱的红封套,赏给厨师,厨师领钱谢赏。此为通例。

【外厨房、内厨房】旧时京城王府或大户人家的厨房有内外之分。外厨房是全府第的总厨房,承制全家上下人等的日常膳食。外厨房又称大厨房,地处内宅之外;内厨房是只管府内老爷、太太等一部分人膳食的小灶儿。

【独座儿】就是饮食行业供奉的灶王爷。旧时,全国各地民间皆有木刻版印制的“神码”,由纸店出售。除夕接神有全神码儿,有财神码,有灶王码。北方的灶王码儿有两种,一种是神像男女二人并坐,称为灶王爷和灶王奶奶。这种双人的灶王码儿是家庭供的。另一种是只一单身男神像,并无女像并坐,这表示只有灶王爷而无灶王奶奶,是一无配偶的独身的灶王爷。这种独身的灶王码儿用于外厨房和商店,因过去的商店自掌柜到伙计至学徒皆为男性,没有女性,所以供这种独身无配偶的灶王码儿。

【肉井】旧时北方的大饭庄、肉铺存放鲜肉或熟肉用的无水干井。那时还没有电冰箱、冰柜。店家在自家院中或室内挖一个没有水的干井,井口架着几根粗铁棍,上面系着数根带有铁钩的绳子,铁钩上挂着大柳条篮子,里面可存放生熟肉。

【庄眼儿】旧时北方人家办红白喜事,娶亲过寿,把宴席制作包办给有字号的饭庄、酒楼。

【散包儿】就是请厨行中的私人来包办。

【落码头】勤行伙计收到小费要交店里,统一分配,不得私自装入腰包,如被发现就要被开除,名声扫地,哪儿也不要。旧时,把这个被开除的伙计叫“落码头”。

【活儿潮】即技术差。

【活儿硬】即技术过硬,手艺高。

【出份子】过去北方人家办喜事儿,亲朋好友前来贺喜,都要给一定数额的钱作为贺礼,叫“出份子”。

【席棚】办红白事儿,在自家设酒席,临时搭建的草席棚或布棚,以便摆设桌椅,招待前来出份子的亲朋好友。

【戳活】旧时北方饭庄(带戏台的)的食客向戏班子单点曲目。戏班子管这叫“戳活”。

【席票】旧时北方一些大饭庄预售的酒席礼券,上印饭店字号和凭票取几元的酒席一桌,盖着饭店的印章。这种礼券多为一种礼品相互转送,很少有人去饭庄子取酒席。饭庄子也以卖“席票”为一种额外收入。更有饭庄子已歇业多年,而其席票尚散在一些老客户手上。

【海翅子】指当大官(社会职务较高)的人。

【挂子行】练武人的总称。

【卡拉码子】农村人。

【出大力的】赶大车、背大包等卖苦力的人。

【冷子】当兵的人。

【跑道边的】做小买卖的。

【白帽子】没什么本事的人。

【碎催】下等人。

【板儿爷】蹬三轮车、拉平板车的人。

【老衫】老年男子。

【中衫】中年男子。

【才老纪】少妇人。

【喘科子】小孩。

【小光子】小男孩。

【斗花子】小女孩。

【丢子点】疯子。

【江三】未结婚的妇女。

【串百家门的】要饭的乞丐。

【赶趟儿】马贩子雇的伙计。

【蝈蝈儿】怀孕的妇女。

【酒腻子】嗜酒如命、整日酗酒闹事的人，也称“酒魔子”。

【叶子】衣服。

【长叶子】长袍。

【洋叶子】西服。

【叶子活】衣服漂亮阔气。

【叶子水】衣服破烂不堪。

【拉光子】照相的人。

【全科人】父母、兄弟、姐妹、夫妻、子女俱在的人。

【道上的】指黑道的人。

【瘦】贫困、没有钱的人。

【实心蛋】老实人。

【左爷】一本正经，十分清高。

【挑红线的】卖血的人。

【赶川儿的】专到办红白喜事的人家要饭的乞丐。

【里扇儿的】民间对清宫太监的尊称。

（郑学章口述　郑树国记录、整理）

本书主要参考文献

1.《周易正义》,(清)阮元校刻:《十三经注疏》,北京:中华书局,1980年。
2.《尚书正义》,(清)阮元校刻:《十三经注疏》,北京:中华书局,1980年。
3.《毛诗正义》,(清)阮元校刻:《十三经注疏》,北京:中华书局,1980年。
4.《周礼注疏》,(清)阮元校刻:《十三经注疏》,北京:中华书局,1980年。
5.《仪礼注疏》,(清)阮元校刻:《十三经注疏》,北京:中华书局,1980年。
6.《礼记正义》,(清)阮元校刻:《十三经注疏》,北京:中华书局,1980年。
7.《春秋左传正义》,(清)阮元校刻:《十三经注疏》,北京:中华书局,1980年。
8.《论语注疏》,(清)阮元校刻:《十三经注疏》,北京:中华书局,1980年。
9.《孟子注疏》,(清)阮元校刻:《十三经注疏》,北京:中华书局,1980年。
10.(西汉)司马迁:《史记》,北京:中华书局,1959年。
11.(东汉)班固:《汉书》,北京:中华书局,1962年。
12.(南朝宋)范晔、(西晋)司马彪:《后汉书》,北京:中华书局,1965年。
13.(晋)陈寿、(南朝宋)裴松之注:《三国志》,北京:中华书局,1959年。
14.(唐)房玄龄等:《晋书》,北京:中华书局,1974年。
15.(南朝梁)沈约:《宋书》,北京:中华书局,1974年。
16.(南朝梁)萧子显:《南齐书》,北京:中华书局,1972年。
17.(唐)姚思廉:《梁书》,北京:中华书局,1973年。
18.(唐)姚思廉:《陈书》,北京:中华书局,1972年。
19.(北齐)魏收:《魏书》,北京:中华书局,1974年。
20.(唐)李百药:《北齐书》,北京:中华书局,1972年。
21.(唐)令狐德棻等:《周书》,北京:中华书局,1971年。
22.(唐)李延寿:《北史》,北京:中华书局,1974年。
23.(唐)李延寿:《南史》,北京:中华书局,1975年。
24.(唐)魏徵:《隋书》,北京:中华书局,1973年。
25.(后晋)刘昫等:《旧唐书》,北京:中华书局,1975年。
26.(北宋)欧阳修、宋祁:《新唐书》,北京:中华书局,1975年。
27.(北宋)薛居正:《旧五代史》,北京:中华书局,1976年。
28.(元)脱脱等:《宋史》,北京:中华书局,1977年。
29.(明)宋濂等:《元史》,北京:中华书局,1976年。
30.(清)张廷玉等:《明史》,北京:中华书局,1974年。
31.(民国)赵尔巽:《清史稿》,北京:中华书局,1977年。
32.《管子》,见《诸子集成》,北京:中华书局,1954年。
33. 孙诒让:《墨子间诂》,见《诸子集成》,北京:中华书局,1954年。

34. 王先谦:《韩非子集解》,见《诸子集成》,北京:中华书局,1954 年。
35.《吕氏春秋》,见《诸子集成》,北京:中华书局,1954 年。
36.《淮南子》,见《诸子集成》,北京:中华书局,1954 年。
37.《潜夫论》,见《诸子集成》,北京:中华书局,1954 年。
38.《尸子》(东汉)班固注本,上海:上海商务印书馆,民国 19 年(1930)。
39.《荀子》(唐)杨谅注本,引自《文渊阁四库全书》第 695 册,台北,台湾商务印书馆,1984 年。
40.《山海经》,上海:上海古籍出版社,1978 年。
41.(西汉)史游:《急就篇》,长沙:岳麓书社,1989 年。
42.(西汉)枚乘:《七发》,引自(南朝梁)萧统:《文选》,北京:中华书局,1977 年。
43.(西汉)董仲舒:《春秋繁露》,引自《文渊阁四库全书》第 181 册,台北,台湾商务印书馆,1984 年。
44.(西汉)桓宽:《盐铁论》王利器校注本,北京:中华书局,2005 年。
45.(西汉)王褒:《僮约》,引自(北宋)李昉:《太平御览》,北京:中华书局,1960 年。
46.《西京杂记》,引自《文渊阁四库全书》第 1035 册,台北,台湾商务印书馆,1984 年。
47.(东汉)王逸:《楚辞章句》,引自《文渊阁四库全书》第 1062 册,台北,台湾商务印书馆,1984 年。
48.(东汉)桓谭:《新论》,上海:上海人民出版社,1977 年。
49.(东汉)王充:《论衡》,引自《文渊阁四库全书》第 862 册,台北,台湾商务印书馆,1984 年。
50.(东汉)班固:《白虎通义》,上海:上海古籍出版社,1992 年。
51.《东观汉记》,北京:中华书局,2008 年。
52.(东汉)崔寔:《四民月令》,引自(清)严可均辑校:《全上古三代秦汉三国六朝文》,北京:中华书局,1958 年。
53.(东汉)刘熙:《释名》,上海:上海古籍出版社,1989 年。
54.(三国吴)束皙:《饼赋》,引自(清)严可均辑校:《全上古三代秦汉三国六朝文》,北京:中华书局,1958 年。
55.(西晋)皇甫谧:《帝王世纪》,《丛书集成初编》,北京:中华书局,1985 年。
56.(西晋)常璩:《华阳国志》刘琳校注本,成都:巴蜀书社,1984 年。
57.(南朝宋)刘义庆撰:《世说新语》余嘉锡笺注本,北京:中华书局,1983 年。
58.(南朝梁)萧统:《文选》,北京:中华书局,1977 年。
59.(北魏)贾思勰:《齐民要术》,缪启愉校释本,北京:农业出版社,1982 年。
60.(北魏)郦道元:《水经注》,陈桥驿校点本,北京:中华书局,2007 年。
61.(北齐)颜之推:《颜氏家训》,王利器注释本,上海:上海古籍出版社,1980 年。
62.(唐)刘洵:《岭表异录》,引自《文渊阁四库全书》第 589 册,台北:台湾商务印书馆,1984 年。
63.(唐)冯贽:《云仙杂记》,引自《文渊阁四库全书》第 1035 册,台北,台湾商务印书馆,1984 年。
64.(唐)段成式:《酉阳杂俎》,北京:中华书局,1981 年。
65.(唐)杜佑:《通典》,北京:中华书局,1984 年。
66.(唐)萧炳:《四声本草》,引自《证类本草》,北京:华夏出版社,1993 年。
67.(唐)杨晔:《膳夫经手录》,上海:上海古籍出版社,1978 年。

68.（唐）王冰注，（南宋）史崧校正音释：《灵枢经》，引自《文渊阁四库全书》第733册，台北，台湾商务印书馆，1984年。
69.《全唐诗》，北京：中华书局，1960年。
70.（五代北宋之际）陶穀：《清异录》，引自《文渊阁四库全书》第1047册，台北，台湾商务印书馆，1984年。
71.（北宋）李昉等编：《太平广记》，北京：中华书局，1961年。
72.（北宋）张君房：《云笈七笺》，扬州：江苏广陵古籍刻印社，1998年。
73.（北宋）王溥：《唐会要》，北京：中华书局，1955年。
74.（北宋）洪兴祖：《楚辞补注》，北京：中华书局，1983年。
75.（北宋）郑侠：《西塘集》，引自《文渊阁四库全书》第1117册，台北：台湾商务印书馆，1984年。
76.（北宋）庄绰：《鸡肋编》，引自《文渊阁四库全书》第1039册，台北：台湾商务印书馆，1984年。
77.（北宋）王安石：《临川文集》，引自《文渊阁四库全书》第1105册，台北：台湾商务印书馆，1984年。
78.（两宋之际）孟元老：《东京梦华录》，伊永文笺注本，北京：中华书局，2006年。
79.（南宋）吴自牧：《梦粱录》，引自《文渊阁四库全书》第590册，台北：台湾商务印书馆，1984年。
80.（南宋）陈旉：《农书》，引自《文渊阁四库全书》第730册，台北：台湾商务印书馆，1984年。
81.（南宋）周紫芝：《竹坡诗话》，引自《文渊阁四库全书》第1480册，台北：台湾商务印书馆，1984年。
82.（南宋）吕本中：《吕氏春秋集解》，引自《文渊阁四库全书》第150册，台北：台湾商务印书馆，1984年。
83.（南宋）陆游：《老学庵笔记》，李剑雄、刘德权点校本，北京：中华书局，1979年。
84.（南宋）周必大撰，（南宋）周纶编：《文忠集》，北京：北京图书馆出版社，1997年。
85.（南宋）洪皓：《松漠纪闻》，引自《文渊阁四库全书》第407册，台北：台湾商务印书馆，1984年。
86.（南宋）杨万里：《食蛤蜊米脯羹》，《诚斋集》，引自《文渊阁四库全书》第1160册，台北：台湾商务印书馆，1984年。
87.（南宋）朱熹：《劝农文》，《晦庵集》，上海：上海古籍出版社，1987年。
88.（南宋）林洪：《山家清供》，上海：上海涵芬楼，民国29年（1940）影印本。
89.（南宋）李心传撰：《建炎以来朝野杂记》，北京：中华书局，2000年。
90.（南宋）浦江吴氏、（南宋）陈达叟撰：《吴氏中馈录》，北京：中国商业出版社，1987年。
91.（南宋）周密：《武林旧事》，引自《文渊阁四库全书》第590册，台北：台湾商务印书馆，1984年。
92.（南宋）魏了翁：《经外杂钞》，引自《文渊阁四库全书》第853册，台北：台湾商务印书馆，1984年。
93.（元）王祯撰：《东鲁王氏农书》，缪启愉、缪桂龙译注本，上海：上海古籍出版社，2008年。
94.（元）大司农司编：《农桑辑要》，马宗申译注本，上海：上海古籍出版社，2008年。
95.（元）忽思慧：《饮膳正要》，引自《续修四库全书》第1115册，上海：上海古籍出版社，

1995年。
96.(元)倪瓒:《云林堂饮食制度集》,引自《续修四库全书》第1115册,上海:上海古籍出版社,1995年。
97.(元)佚名:《居家必用事类全集》,引自《续修四库全书》第1184册,上海:上海古籍出版社,1995年。
98.(元)贾铭:《饮食须知》,北京:中华书局,1985年。
99.(明)胡广:《礼记大全》,引自《文渊阁四库全书》第122册,台北:台湾商务印书馆,1984年。
100.(明)宋诩:《竹屿山房杂部》,引自《文渊阁四库全书》第871册,台北:台湾商务印书馆,1984年。
101.(明)兰陵笑笑生:《金瓶梅词话》,济南:齐鲁出版社,1987年。
102.(明)李时珍:《本草纲目》,北京:人民卫生出版社,1985年。
103.(明)缪希雍:《神农本草经》,引自《文渊阁四库全书》第775册,台北:台湾商务印书馆,1984年。
104.(明)陈继儒:《书蕉》,《丛书集成初编》,北京:中华书局,1985年。
105.(明)徐光启:《农政全书》,陈焕良、罗文华校注本,长沙:岳麓书社,2002年。
106.(清)袁枚:《随园食单》,引自《续修四库全书》第1115册,上海:上海古籍出版社,1995年。
107.(清)袁枚:《随园食单》,南京:江苏古籍出版社,2000年。
108.(清)袁枚:《小仓山房诗集》,上海:上海古籍出版社,1988年。
109.(清)李化楠:《醒园录》,北京:中华书局,1985年。
110.(清)童化楠编撰:《清代菜谱大观:调鼎集(筵席菜肴编)》张延年校注本,郑州:中州古籍出版社,1988年。
111.(清)朱彝尊:《食宪鸿秘》,北京:中国商业出版社,1985年。
112.(清)郝懿行:《尔雅义疏》,上海:上海古籍出版社,1983年。
113.(清)钱绎:《方言笺疏》,北京:中华书局,1991年。
114.(清)陈世元:《金薯传习录》,北京:农业出版社,1982年。
115.(清)陆耀:《甘薯录》,上海;上海书店,1994年。
116.(清)傅崇矩:《成都通览》,成都:巴蜀书社,1987年。
117.(清)左宜似等修:《乾隆东平州志》,清光绪5年刻本。
118.(清)陈懋修:《光绪日照县志》,清光绪12年刻本。
119.(清)张世卿修:《光绪平度州乡土志》,北京:线装书局,2002年。
120.(清)顾仲:《桐桥倚棹录》、《清嘉录》,北京:中华书局,2008年。
121.(清)李渔:《闲情偶寄》,北京:中华书局,2007年。
122.(清)李斗:《扬州画舫录》,北京:中华书局,1960年。
123.(晚晴民国之际)薛宝辰:《素食说略》,北京:中国商业出版社,1984年。
124.(晚晴民国之际)徐珂:《清稗类钞》,北京:中华书局,1986年。
125.重庆市博物馆:《重庆市博物馆四川汉代画像砖选集》,北京:文物出版社,1957年。
126.湖南省博物馆等:《长沙马王堆一号汉墓》,北京:文物出版社,1972年。
127.梁漱溟:《东西文化及其哲学》,台北:台北向学出版社,1977年。

128. 湖南农学院等：《长沙马王堆一号汉墓出土动植物标本的研究》，北京：文物出版社，1978 年。
129. [美]达旦父子公司编:《蜂箱与蜜蜂》,北京：农业出版社,1981 年。
130. 辛树帜:《中国果树史研究》,北京：农业出版社,1983 年。
131. 张富儒主编:《川菜烹饪事典》,重庆：重庆出版社,1985 年。
132.《马王堆汉墓帛书(肆)》,北京：文物出版社,1985 年。
133. 陶振刚:《中国烹饪文献提要》,北京：中国商业出版社,1986 年。
134.《简明中国烹饪辞典》编写组:《简明中国烹饪辞典》,太原：山西人民出版社,1987 年。
135. 胡朴安:《中华风俗志》,上海文艺出版社,1988 年。
136. [英]爱德华·伯内特·泰勒著,蔡江浓编译:《原始文化》,杭州：浙江人民出版社，1988 年。
137. 王长信、亚飞编写:《山西面食》,太原：山西科学教育出版社,1988 年。
138. 中国大百科全书宗教编辑委员会:《中国大百科全书(宗教卷)》,北京：中国大百科全书出版社,1988 年。
139. 梁家勉:《中国农业科学技术史稿》,北京：农业出版社,1989 年。
140. 邱庞同:《中国烹饪古籍概述》,北京：中国商业出版社,1989 年。
141. 尤玉柱:《史前考古埋藏学概论》,北京：文物出版社,1989 年。
142. 施继章、邵万宽:《中国烹饪纵横》,北京：中国食品出版社,1989 年。
143. 邵万宽:《菜点开发与创新》,沈阳：辽宁科学技术出版社,1989 年。
144. 郑奇、陈孝信:《烹饪美学》。昆明：云南人民出版社,1989 年。
145. 赵荣光:《中国饮食史论》,哈尔滨：黑龙江科学技术出版社,1990 年。
146. 萧帆主编:《中国烹饪百科全书》,北京：中国大百科全书出版社,1992 年。
147. 萧帆主编:《中国烹饪辞典》,北京：中国商业出版社,1992 年。
148. 熊四智:《中国人的饮食奥秘》,郑州：河南人民出版社,1992 年。
149. 翁维健主编:《中医饮食营养学》,上海：上海科学技术出版社,1992 年。
150. 鲁克才主编:《中华民族饮食风俗大观》,北京：世界知识出版社,1992 年。
151. 严绍:《汉籍在日本的流布研究》,南京：江苏古籍出版社,1992 年。
152. 孟景春、姜帏、鞠兴荣:《饮食养生》,南京：江苏科学技术出版社,1992 年。
153. 王英志主编:《袁枚全集》,南京：江苏古籍出版社,1993 年。
154. [美]亨特:《广州"番鬼"录》,广州：广东人民出版社,1993 年。
155. 赵荣光:《赵荣光食文化论集》,哈尔滨：黑龙江人民出版社,1995 年。
156. 国家旅游局人事劳动教育司:《原料制作与加工》,北京：中国旅游出版社,1996 年。
157. 国家旅游局人事劳动教育司:《中餐烹调技术》,北京：中国旅游出版社,1996 年。
158. 赵荣光:《中国古代庶民饮食生活》,北京：商务印书馆国际有限公司,1997 年。
159. 周宝珠:《清明上河图与清明上河学》,开封：河南大学出版社,1997 年。
160. 金正昆:《社交礼仪教程》,北京：中国人民大学出版社,1998 年。
161. 徐海荣主编:《中国饮食史》,北京：华夏出版社,1999 年。
162. 崔桂友:《食品与烹饪文献检索》,北京：中国轻工业出版社,1999 年。
163. 任百尊主编:《中国食经》,上海：上海文化出版社,2000 年。
164. 瞿明安：《隐藏民族灵魂的符号——中国饮食象征文化论》，昆明：云南大学出版社，

2001年。
165. 路新国、刘煜：《中国饮食保健学》，北京：中国轻工业出版社，2001 年。
166. 李自然：《生态文化与人 -- 满族传统饮食文化研究》，北京：民族出版社，2002 年。
167. 邵万宽：《菜点创新 30 法》，南京：江苏科学技术出版社，2002 年。
168. 赵荣光：《中国饮食文化概论》，北京：高等教育出版社，2003 年。
169. 赵荣光：《中国饮食文化研究》，香港：东方美食出版社（香港），2003 年。
170. 赵荣光：《满汉全席源流考述》，北京：昆仑出版社，2003 年。
171. 祝贺石兴邦先生考古半世纪暨八秩华诞文集编辑委员会：《一位叩访古代中国的勤谨谦和的学者》，《中国史前考古学研究》，西安：三秦出版社，2003 年。
172. [美]尤金·N·安德森：《中国食物》，南京：江苏人民出版社，2003 年。
173. 杜莉：《川菜文化概论》，成都：四川大学出版社，2003 年。
174. 博巴蓍：《中国少数民族饮食》，北京：中国画报出版社，2004 年。
175. 宋路霞：《梦回上海大饭店》，上海：上海科学技术出版社，2004 年。
176. 李维冰：《国外饮食文化》，沈阳：辽宁教育出版社，2005 年。
177. 杜莉、姚辉：《中国饮食文化》，北京：旅游教育出版社，2005 年。
178. 赵荣光：《中国饮食文化史》，上海：上海人民出版社，2006 年。
179. 何宏：《中外饮食文化》，北京：北京大学出版社，2006 年。
180. 周颖南：《周颖南文库》，北京：北京师范大学出版社，2006 年。
181. [美]魏若望：《耶稣会士傅圣泽神甫传》，郑州：大象出版社，2006 年。
182. 邵万宽：《现代烹饪与厨艺秘笈》，北京：中国轻工业出版社，2006 年。
183. 陈苏华：《中国烹饪工艺学》，上海：上海文化出版社，2006 年。
184. 赵荣光：《〈衍圣公府档案〉食事研究》，济南：山东画报出版社，2007 年。
185. [英]J·A·G·罗伯茨：《东食西渐：西方人眼中的中国饮食文化》，北京：当代中国出版社，2008 年。
186. 郭宝钧：《洛阳西郊汉代居住遗址》，《考古通讯》1956 年第 1 期。
187. 甘肃省博物馆：《甘肃武威磨咀子汉墓的发掘》，《考古》1960 年第 3 期。
188. 贾兰坡：《中国猿人不是最原始的人》，《新建设》1962 年第 7 期。
189. 湖南省博物馆：《长沙砂子塘西汉墓发掘简报》，《考古》1963 年。
190. 王建、王向前、陈哲英：《下川文化——山西下川遗址调查报告》，《考古学报》1978 年第 3 期。
191. 咸阳市博物馆：《陕西咸阳马泉西汉墓》，《考古》1979 年第 2 期。
192. 唐兰：《长沙马王堆汉口侯妻辛追墓出土随葬遣策考释》，《文史》1980 年第 10 辑。
193. 甘肃省博物馆：《敦煌马圈湾汉代烽燧遗址发掘简报》，《文物》1981 年第 10 期。
194. 杨乃济：《乾隆朝西餐具的制作》，《紫禁城》1984 年第 6 期。
195. 戴延春：《辽宁肴馔的沿革和发展》，《中国烹饪》1984 年辽宁专号。
196. 铁玉钦：《论清入关前的满族饮食》，《中国烹饪》1984 年辽宁专号。
197. 鄂世镛：《辽菜与满族饮食》，《中国烹饪》1984 年辽宁专号。
198. 王吉怀：《齐家文化农业概述》，《农业考古》1987 年第 1 期。
199. 史谭：《试论中国饮食史上的层次性结构》，《商业研究》1987 年第 5 期。
200. 徐州市博物馆：《徐州北洞山西汉墓发掘简报》，《文物》1988 年第 2 期。

201. 田毅鹏：《西洋饮食文化入传中国始末》，《中外文化交流》1994 年第 6 期。
202. 徐吉军、姚伟钧：《二十世纪中国饮食史研究概述》，《中国史研究动态》2000 年第 8 期。
203. 姚伟钧、王玲：《二十世纪中国的饮食文化史研究》，《饮食文化研究》2001 年第 1 期。
204. 石兴邦：《中国新石器时代考古文化体系的研究与实践》，《考古与文物》2002 年第 1 期。
205. 中国社会科学院考古研究所甘青工作队、青海省文物考古研究所：《青海民和县喇家遗址 2000 年发掘简报附录——青海民和县喇家遗址人骨及其相关问题》，《考古》2002 年第 12 期。
206. 程美宝等：《18、19 世纪广州洋人家庭里的中国佣人》，《史林》2004 年第 4 期。
207. 赵荣光：《中国历史上的酱园与酱园文化流变考述论》，《饮食文化研究》2005 年第 4 期。
208. 赵荣光：《"绍兴酱缸文化"的区域特征与历史意义评估》，《饮食文化研究》2006 年第 3期。
209.《余杭南湖考古发现古代"蒸锅"》，《钱江晚报》2007 年 1 月 12 日。
210. 赵荣光：《中国人辣味嗜好论述》，《韩国食生活文化学会志》2008 年第 4 期。

后　记

这部历时1000天，由近500人参与编撰、制作，集我国当代食学烹饪领域高端专家、学者科研学术成果于一体，囊括中华五千年烹饪文明的宏篇历史文献《中国烹饪文化大典》问世了。

中国向以烹饪文化源远流长、积淀丰厚、成就辉煌著称于世，但迄今为止尚未出现过一部名实相当的系统全面集结中国烹饪文化精华的文献型工具书，有五千年文明史的中华民族没有这样一部书是说不过去的。改革开放以来的30年，中国烹饪文化迎来了史无前例的新时代，"餐饮"社会角色的变化翻天覆地，食学学科地位确立，烹饪研究突飞猛进，大量研究成果亟待整理集结。400余万家餐饮企业、数百万的业界专家、学者、专业学子和数以千万计的烹饪工作者及更广大的烹饪爱好者们，迫切需要这样一部书。正是这样三大原因促使当代中国烹饪文化业界的精英学者、专家们，于2006年4月23日"世界读书日"发轫至今，集体完成了这部《大典》。

浩大的编撰工程，既然是史无前例的，就要有超越前人的价值。因此，在大典的编撰过程中，我们遵循了以下基本原则：

一、学术性原则。这部大典作为对中国五千年烹饪文明的历史性总结，不仅应用于当代，还要留给后人，留给历史，其学术性是第一位的。确切地说，书中的每一个观点，都应是经得起历史推敲的前瞻性的科研成果，要极富重要的历史价值。

二、权威性原则。这部典范性文献是供读者随时查检，作为指导应用的，因此，必须做到正确、权威，不能有任何硬伤出现。每一条文献的引用，都要出处明确，便于复核。每一事件的出现，都要收集到第一手资料，做到信而有徵。每一视点乃至技法的收录，都要科学、严谨，经得起实践检验。

三、丰富性原则。作为囊括五千年烹饪文化发展的集结性工程，其文献内容的信息量必须做到最大化，应分门别类地全方位进行收录、撰写，让它真正成为一部生命力持久的经典性文献。

四、拓展读者群原则。大典编撰的终端目的是让它具有广泛的实用性和科学性，为现代社会和未来社会提供行之有效的服务。它的读者群应是数以千万计的烹调师、面点师队伍，大、中型餐饮企业的经理，从事烹饪文化、饮食文化研究的学者、专业教师、各类烹饪院校的学生及相关人员队伍，还有那些难以数计的烹饪爱好者。因而，必须编写得深入浅出，对各个群体都具有可读性、应用性，达到各取所需的目的。

五、珍藏性原则。大典的编撰立足于流传百年。首先，书中的基本理论应在 50 年至 100 年内做到难以颠覆，让下个世纪的后来者，视为一座不朽的丰碑。其次，它的印刷、装帧必须达到耐翻耐用、美观醒目的上乘制作质量标准。要让每一位从事烹饪研究与实践工作的读者，放在书柜中成为镇柜之宝，永久收藏。

这部巨著文献工具书，概括起来有以下三大特征：

内容全面丰富，史料翔实客观

明眼读者从八大编的标题中，就可得出结论，这是一部划时代的全方位展现中国烹饪文化的巨著，不仅内涵丰蕴，史料翔实，而且还有诸多亮点。

第一编的内容亮点：一是将中国烹饪文化以中华民族的民族性为基点，概括出五大基本特征。通过对这些特征的阐述，凸显出中华民族从产生开始，烹饪文化便伴随而生。从某种意义上讲，中国烹饪文化符号，超越了其他任何文化符号，是真正意义上的中国文化根脉，是源文化。二是中国烹饪文化四大基本理论的提出。中国是有着五千年饮食文明的大国，中国的烹饪文化一直遵循一个什么样的理论原则，不仅一般大众说不清，就连一直按此理论实践着的历代实践者中的职业厨师们，能说清者也寥寥无几。以当代食文化学者赵荣光为首的本书作者，集古代圣贤饮食理念和近年研究成果提出的医食同源、饮食养生、本味主张、孔孟食道为中国烹饪文化的四大基本理论纳入本编中。其严谨的论述内容和无懈可击的学术观点，厘清和奠定了中国烹饪文化的理论基础。三是烹饪饮食文献举要。编写此节内容的目的，是为了理清中国烹饪文化的历史脉络，彰显博大精深的中国烹饪文化历史渊源。文中分别论述了无文字的烹饪饮食资料和有文字的烹饪饮食资料。在有文字的烹饪饮食资料阐述中，由经、史、子、集各类文献中广泛搜寻，汇录了古代烹饪饮食文化的可见史料，将先秦至清代的文献，按时间先后分八个时段重点列举了 150 余部，每部用二三百字高度概括了该部文献的主要特点和简要评价，既全面翔实，又言简意赅，以简驭繁，弥补了以往食学书籍专而不博的缺憾，给从事食学工作的读者们指明了研究方向。四是现当代烹饪文化出版物评述。鉴于 1900 年以前中国烹饪文化研究是滞后期，进入民国后，烹饪文化研究受西风东渐影响才开始了起步这一烹饪文化历史阶段的划分，这部分内容是对 20 世纪初至 1949 年的起步阶段、1949 年至 1980 年的缓慢发展阶段和 20 世纪 80 年代初至今的爆发式高涨阶段的学述论著、教材、专业期刊、大陆以外地区的烹饪文化研究等进行的第一次全面梳理。由于纳入的史料内容系统、全面，弥补了中国烹饪文化发展史上的这段梳理空白，为后人留下了这一历史时期清晰有序的烹饪文化史料纲目。

第二编的内容亮点：本编一是对“烹饪文化”进行了科学界定，阐述了“文明进化”和“烹饪文化”的结点在于“加工”这一自觉行为的产生，文化的意义也就在于此。随后，阐述了烹饪文化的本质特征是工具与熟物过程直接相关。这是以往食学书籍从没有界定的全新内容。紧接着，阐释了火塘、陶器中体现的文化符号是实质意义上的中国烹饪文化起源。二是将史前时期、三代期、两汉期、魏晋南北时期、隋唐五代时期、宋元时期、明中叶至清中叶时期、晚清与中华民国时期的中国烹饪文化历史画卷逐一翻转开来。其中，对甑使“饭”“菜”分家、“羹”的烹饪历史地位、“和”的理念与“宜配”原则、调味认识与实践、旋转磨的普及与碓的作用、面食发酵技术的利用等问题的归纳与提出，再加上观点独到和透彻精辟的论述，将一幅宏大的中国烹饪历史画卷生动地展示给了读者。尤其是对两汉时期的厨事管理，魏晋南北朝时期少数民族与汉族烹饪文化的交互影响，汉族南迁促动的烹饪文化南北融汇，《齐民要术》的时代意义，袁枚食学的历史成就，权贵阶层的烹饪文化特征，欧风东渐及外来物种对中国社会食生产与食生活的影响，两极分化的民族烹饪文化意义等方面的重点阐述，会使读者牢牢把握中国烹饪文化的主体脉络，对中国烹饪文化产生全面系统的了解和认识，解决了以往食学书籍零散无序的不足。尔后又从张骞开辟丝绸之路，“释教弘法” 与求法，“贡使”与商人，“郑和下西洋”与海上丝绸之路，“传教士”与中华烹饪文化的海外承传，从与烹饪文化相关的历史人物到食物原料、品种、饮食器具及在中外烹饪文化交流中所起的作用等，进行了逐一阐释，令人耳目一新，既获得了生动的领受与陶染，又开阔了烹饪文化领域的研究视野。

第三编的内容亮点：第三编的内容克服了以往诸多书籍介绍原料的单一性弊端，将重点放在了原料的文化科学层面。一是将原料分成粮食原料、蔬菜原料、果品原料、畜禽乳蛋原料、水产及其他动物原料、调辅原料七大类别，对各类原料的组织结构特点进行了剖解论述，阐释了由原料自身特点引发的对烹饪加工的影响。其论述建立在现代营养学理论基础之上，可使读者对各类别原料的烹饪加工有一个宏观的总体把握。二是对全部的几百种类的原料、调配料，凡是舶来物种均逐一考证编述了栽培史、文化传播史，并详尽介绍了每种原料的文献记载情况，产地分布状况，最适合的烹饪技法，又参考中国疾病预防控制中心与食品安全所 2002 年至 2006 年编著的每年一部《中国食物成分表》，逐一介绍了菜品的营养成分，还索引了《神农本草经》，晋《南方草木状》，南朝·梁《名医别录》，隋《食经》，唐《本草拾遗》、《千金·食治》、《千金翼方》、《食疗本草》、《食医心鉴》、《唐本草》、《新修本草》、《药性论》，五代《日华子诸家本草》、《蜀本草》，宋《开宝本草》、《图经本草》、《证类本草》、《经史证类备急本草》，元《食物本草》、《饮膳正要》，明《本草纲目》、《本草经疏》、《本草会编》、《滇南本草》、《闽中海错疏》、《食鉴本草》，清《食物秘书》、《淮县竹枝词》等古文献记载的医疗养生功效。全篇既是原料文化介绍，又是一部医食同源的营养专著，还可视为一部新编的"《烹饪饮食本草》"，完全可以指导读者进行食疗烹饪，调理健康。

本编体例遵循的是国际《大百科全书》的原则，既可汇入全书的总体内容，又可独立成章。可以毫不夸张地说，这是迄今为止内容最为丰富翔实的原料全书。

第四编的内容亮点：第四编是烹饪文化的核心内容之一，即：加工与熟物过程。一是逐一阐述了烹饪原料加工、成型、配菜、调味、生熟处理、装饰等内容。尤其在刀工、配菜、调味、成熟等章节上，侧重科学性与文化性的有机结合，体现出"切片斩剖劈、拍排旋剜剞""庖丁解牛"似的磅礴大气的刀工技法及"炒溜炸烹爆、煎贴熇煸烧、焖扒酿蒸浆霜蜜、烩熬汆炖煨涮烤"等三十八大类，一百单八种熟物技法和成菜色、味、香、型、皿背后蕴含的中国传统文化。二是增加了以往各类烹饪图书从未有过的勺功章节。在以往出现过的林林总总的教材、专著、菜谱中，仅有屈指可数的几本教材，也仅用寥寥二三百字的短文，提到过勺功，又只是一带而过，似乎无人能说清它。本篇原创性地详尽阐述了伴随烹饪历史文化发展应运而生的炒勺起源、勺功基础、勺功训练、勺功的实践应用，图文并茂地讲解了勺功，具有很强的实用性和文化性，填补了我国烹饪史上的空白。三是阐述了以中国传统文化"五味调和"为核心的风味调配与味型。首次将味型分为传统复合味型和新潮调味味型两大类，并分门别类的介绍了复合味中近五十余种味型的用料和制作工艺。通过对味型的阐述，划分了中国味道新的分野时期，即：通过近三十年的改革开放，中国味道已由原来的咸苦酸辛甘五种基本味，不断吸收外来味道元素，古为今用，洋为中用，演化为现代丰富多彩的不同味型，不仅应用于当代，而且也为后世留下了清晰的味道文化发展的阶段标志。四是原创了厨师分工和厨房生产流程，菜点生产的质量控制，菜品的评价原则、评价标准等全新内容。尤其是原创的菜点创新方法中的组合法、采掘法、借鉴法、换味法、更材法、巧用法、探古法、仿造法、替代法、变技法、描摹法、缩减法、添加法、颠倒法、移植法、引入法等十余种方法，定会给烹饪工作者们的创新思维、创新立意、创新模式等带来启示和原则上的遵循，也为今后烹饪文化的发展开拓了新的更为广阔的空间。

第五编的内容亮点：第五编是烹饪文化终端体现的菜肴与面点。本编以宏大的气势，兼收并蓄的博大包容，纵横捭阖的通古贯今，将中国菜点的五千年文明立体化地展示给了读者。一是介绍了历代典型肴馔名录和历代宫廷著名膳品述略。这是作者通过大量的古文献收集、整理、考证获取的第一手全新内容。这些烹饪文化符号，反应了不同历史阶段中国烹饪文化的发展变化，是中国菜品发展至今的根脉所在。二是全面地将我国 34 个区域的菜点风格沿革、构成及地理因素、气候因素、历史文化等因素，进行了逐一分析阐述，文化底蕴厚重，历史史实清楚，可使读者对中国各地方风味有更加深入系统的理解和把握。三是重点列举了34个区域菜点中典型特色风味代表作品的加工制作。在列举中，采取三七比例，每区域菜点，传统传承下来的且经久不衰的占三，如：东坡肉、佛跳墙、宫保鸡丁等。现当代发展创新且经得起市场检验的占七，如，大拌菜、XO酱爆螺片、酥皮包等。在制作和拍摄上，选择对象都是各地域风格的著名代表人物、嫡传大师及他们的再传弟子。这些人的通力合作，用的是真材实料，使的是师承技法，做出的是道地菜点，而且都是精烹细作，不惜成本，一遍不满意，再来二次，直至拍摄满意为止。编委会到澳门拍摄，仅澳门的十几道菜点，就耗掉原料成本八千余港币。这些异彩纷呈的原创图片，为当代烹饪吹入了清新之风，可引领时代潮流，展现前贤和当今名家风采，对今生后世的技术层面操作者及从事研究的烹饪文化专家学者，不可或缺。四是每道风味品种，除挖掘其历史典故外，还增加了品评环节，这一环节是以往食学烹饪书籍中鲜见的，极具启发价值。五是对55个少数民族的近千种最典型名馔美食做了详尽阐释。其内容既有对少数民族如竹筒、塘坑、馕锅等数十种烹饪工具的介绍，也有对鱼露、酸汤、鱼酢等特殊调料的说明，还有对雷公根、灯叶、风吹粉等数百种特有原料的展示，更有对石烙、灰焐、塘煨、盐焖等古老奇特工艺技法的讲解。同时，还将不同民族的饮食口味喜好、菜点寓意、特有时令制法、承袭下来又具实践疗效作用的各式菜融合其中，从不同侧面体现了中华民族56个大家庭烹饪文化的博大精深。需要说明的是，随着社会节律的加快和农村城市化进程的提高，现代年轻人已很少有人能全面了解和制作这些传统美食，加之囿于工艺的复杂性、原料的特殊有限性、节令的限时性、气候条件的制约性等多方面因素，目前全国的400万家餐饮企业能经营这些美食者已是凤毛麟角。如果有一天，散落于个各少数民族地区这些目前在世的70岁以上的能工巧厨制作者们都悄然离去的话，本书当成绝唱。这是该部大典对保护、传承、发展中国烹饪文化的又一重大贡献。

第六编的内容亮点：第六编是一篇反映13亿中国人食生产、食生活的鲜活历史画卷。正如英国人类学家E·B泰勒在其《原始文化》（1871年）一书中给文化下的经典定义："文化，就其在民族志中的广义而言，是个复合的整体，它包括知识、信仰、艺术、道德、法律、习俗和个人作为社会成员所必需的其他能力及习惯"。本编的核心内容是饮食习俗，是中华民族文化的写实与具体体现。该编一是将我国56个民族的饮食民俗，包括饮食器具、饮食方式、饮食制度、饮食理念等逐一地，全面地进行了阐述。不仅囊括了各民族的婚丧嫁娶、生儿育女、节令、日常食俗，而且还涵盖了宗教食俗、礼仪食俗等。同时，简略介绍了不同民族的由来、目前分布、人口数量、习惯种植及当地自然条件等基本情况。编委会选择的本篇作者都是长期生活在少数民族地区的食文化学者，多年来，他们查阅史料，深入实地，通过走访调查，和当地居民共同生活等考察方法，获取了原汁原味的第一手资料。令人欣慰的是，其中很多食俗文化在近几十年中已失传中断，有幸被这部大典保留下来，必将作为宝贵的非物质文化遗产文献留给中华民族的子孙后人。二是阐释了中华民族传之久远的饮食礼仪文化和厨神、酒神、茶神等中国餐饮行业崇拜，反映了古老的中华民族在与自然界斗争的过程中，产生了许许多多被时代科技破译了的和尚未破译的自然现象，由此，在文化的传递过程中引发了信仰、崇拜和祭奠等文化现象。这种信仰崇拜是属于大众的，它出自民间，为民众所写，为民众所存，为民众所嗜好，为民众所喜悦。将这一口传的、鲜活的，具有奔放想象力的独特中国烹饪文化现象载入大典，是本部著作又一鲜明特色之一。综观第六编饮食民俗，它是中华民族独特的民族文化符号，是“魂系中华”、“爱我中华”民族性凝聚力的重要渊源，阅后如身临其境，民族敬仰油然而生！

第七编的内容亮点：第七编共有两部分组成——名宴、名店。名宴内容因见诸以往书籍较多，编写中没有像棉花包似的将见诸各类专著的宴席例举一并收入，而只是将中华人民共和国国宴、中华人民共和国开国第一宴、满汉全席、孔府宴、毛泽东的生日宴、上海 APEC 会议宴、2008 北京奥运餐饮菜单、国家体育总局的运动员餐饮等近乎神秘的，鲜见记载的宴席通过当事者的回忆整理和现代参与主事者的口述撰写，进行了史料翔实的首次披露介绍。例如，中华人民共和国国宴由人民大会堂原培训科长周继祥撰稿；毛泽东一生为数不多的两次生日宴，根据当事的操作厨师、耄耋之年的程汝明先生口述撰稿；中华人民共和国开国第一宴，则是根据 2007 年出版的《北京纪事》进行整理。对这些宴会的收录，不仅时间、地点、人物、菜谱真实具体，而且在一个侧面反映了不同历史时期，尤其是新中国建立以来重大历史事件的特有元素，起到了还原历史本来面目的作用。在名店的编写中，出发点基于自宋代始，宫廷饮食、官府饮食、民间饮食以饮食餐饮业为平台，纷纷步入社会。虽然中国的饮食烹饪以餐饮业态形式生存发展了一千余年，但囿于“重农抑商”传统观念制约，各种史料和地方志对古往今来饮食餐饮名店的记载微乎其微，即便有记载者，也都十分珍惜笔墨，仅以十几字一带而过，很难寻觅到更多的餐饮店时代发展信息，留下了诸多历史文化遗憾。鉴于此，我们选择了颇具代表性的，有百年以上历史的中华老字号餐饮名店和现代发展起来的颇有名气的三十余家餐饮名店入编，目的旨在将餐饮业的发展切开一个时代横断面，为后人留下图文并茂、内容详实的烹饪餐饮文化发展的历史史料。

附录的内容亮点：本编内容一是将有史以来截止 2009 年的中国烹饪大事记，以年表形式予以挖掘、考证、整理出来，令人一目了然。同时，还将影响中国的西方烹饪文化大事，按同一时代划分梳理于后，较之以往任何烹饪类书籍的挖掘、归纳、整理都要系统、全面，工具性特征更加突出。其中，载入了旧石器、新石器时期相关烹饪工具的出土时间、地点，不同具体农作物和家禽畜类等烹饪原料的种、养和引入时代，熏、

母子酱油

——全球中餐“白切鸡”顶级蘸料

绍兴母子酱油创始于清康熙年间，几百年来盛销不衰，堪称调味之上品。该传统酱油系用面粉、脱脂黄豆酿造而成。面粉加水和成糕蒸熟，利用自然界微生物作用做成酱饼，干燥粉碎后倒入陶缸或木桶内，再用脱脂黄豆生产的上等优质酱油搅拌均匀，如同酿酒一样经半年以上天然发酵而成。成熟后将酱醪灌入缝制结实的生丝袋中，扎紧袋口，用木榨重压，取滤汁，高温杀菌，好成为色泽棕红、香气浓郁的母子酱油，有“酱香浓郁有点甜”之特点。人们因此法以酱饼为“娘”，上等优质酱油为“子”，故名母子酱油。

玫瑰米醋

浙江玫瑰米醋是中国“四大名醋”之一。以优质大米为原料，不加菌种，经半年以上天然发酵。一般经春浸米，夏初花，夏中醪，秋成醋，冬炼酿过程酿造而成。产品含有多种有机酸和氨基酸，具有浓郁的能促进食欲的特殊清香，且酸而不涩，略带鲜甜味，有“色泽红润清香鲜”之特点。它同时具有抑菌和杀菌的功能，可作为保护我们健康的调味品。

绍兴至味　倾力打造

三百年传奇焕新貌

WWW.ZGJB.COM.CN

北京 稻香村

北京稻香村食品有限责任公司

简　介

北京稻香村始建于1895年（清光绪21年），位于前门外观音寺街，时称稻香村南货店，系京城生产经营南味食品的第一家，因南店北开、自产自销、做工精致、口感独特，加上诚信经营和特色服务，生意十分红火。鲁迅先生寓居北京的时候，经常前往购物，《鲁迅日记》中有十几次记载。

改革开放后，北京稻香村秉承传统，锐意创新，以其独具特色品质优良的产品和热情守信的真诚服务赢得了消费者的赞誉，以工贸一体的方式迅速发展，稻香村的品牌日益深入人心。1994年，组建了北京稻香村食品集团，2005年成立了北京稻香村食品有限责任公司。现拥有50多家连锁店，一个物流配送中心，200多家经销商经营的300多个销售网点，一个占地120亩建筑面积6万平方米的现代化综合食品加工中心，生产糕点、肉食、速冻食品、休闲小食品、月饼、元宵、粽子等各种节令食品共600多种。

悠久厚重的文化内涵、独特传统的民族品牌、品质突出的商品服务、历代相传的生产工艺、诚信为本的经营理念，使北京稻香村得到了社会与消费者的认可和信赖。曾荣获“中华老字号”、“北京市著名商标”、2005年度及2006年度“北京十大商业品牌”、“中国商业服务名牌企业”等多项荣誉。2006年，北京稻香村三禾牌月饼又荣获“中国名牌产品”荣誉称号。2007年被认定授予唯一“中国糕点文化象征企业”称号。2000年北京稻香村食品厂通过了ISO9000质量管理体系认证，2002年食品厂通过了ISO9000（质量）、ISO14000（环境）、HACCP（食品安全）三体系综合认证。2006年北京稻香村在全国首家通过了ISO22000食品零售终端实施体系认证，于京城首家获得糕点市场准入。

北京稻香村的企业理念是：承中华智慧，融现代精神，弘扬中国食品文化。

董事长兼总经理：

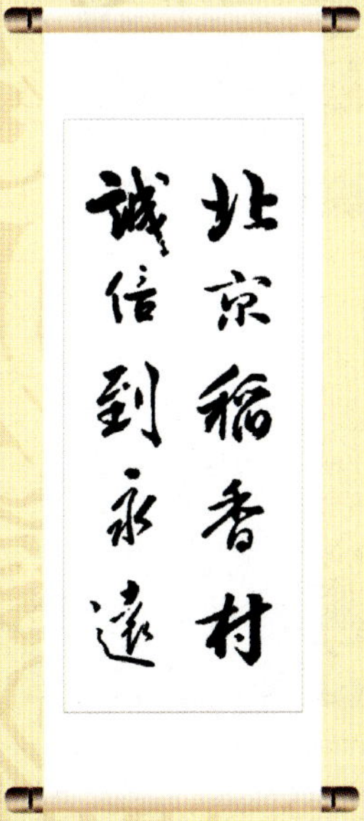

公司领导会议

公司地址：北京市东直门内大街19号
电话：(010)84043305
网址：www.daoxiangcun.com

老字号

北京稻香村

BEIJING DAOXIANGCUN FOODSTUFF CO.,LTD.

北京稻香村产品介绍

糕点

北京稻香村自制糕点是以粮食、食糖、油脂、蛋品为主要原料，添加适量辅料（如果料、籽仁）经配制成型、熟化等工序加工而成的一种营养丰富，色、香、形、味良好的方便食品。糕点种类繁多，可分为中式糕点和西式糕点。传统的中式糕点中能保持长盛不衰的产品首推月饼，其次是桃酥、酥皮点心等。西式糕点其代表产品有戚风蛋糕、裱花蛋糕等。

『广式月饼』

『白萨其玛』

熟食

北京稻香村自制熟食类产品，选料精良、配方独特、工艺考究。对不同原料分别采用腌、炸、焯、卤、蒸、熏、烤等不同处理和加工工艺，再辅以多种名贵香辛料和调味品精心加工而成。在制作过程中，通常添加一些不同的辅料、调味料及添加剂，提高口味口感及外观色泽，使其组织更富有弹性，延长货架期。稻香村各种肠类制品以其独特的配方和先进的生产工艺，赢得了广大消费者的青睐。

『猪耳皮』

『蒜肠』